NR. 13
REFERAT 0001–2776
SEITE 1–288

1964
1. APRIL

# CHEMISCHES ZENTRALBLATT

1830 gegründet
1897—1945 von der Deutschen Chemischen Gesellschaft fortgeführt

Herausgegeben im Auftrage
der Deutschen Akademie der Wissenschaften zu Berlin,
der Chemischen Gesellschaft in der DDR,
der Akademie der Wissenschaften zu Göttingen
und der Gesellschaft Deutscher Chemiker
von Prof. Dr. HEINRICH BERTSCH und Prof. Dr. Dr. h. c. WILHELM KLEMM

Chefredakteure
Dr. EUGEN KLEVER und Prof. Dr.-Ing. EBERHARD LEIBNITZ

135. JAHRGANG
1964

Chem. Zbl. 135. Jg. Nr. 13 Ref. 0001—2776 S. 1—288 Berlin, 1. April 1964

AKADEMIE-VERLAG GMBH · BERLIN · VERLAG CHEMIE GMBH · WEINHEIM · BERGSTRASSE

# Inhalt



---

# Namenregister

Ein vollständiger oder gekürzter Abdruck der Referate ist ohne Genehmigung der Redaktion und des Verlages verboten!

# Patentregister

## Amerikanische Patente (A.P.)

| Nr. | Referat |
|---|---|
| 2045748 | 1860 |
| 2827475 | 2226 |
| 2829172 | 2180 |
| 2831901 | 2159 |
| 2832671 | 1855 |
| 2832809 | 2164 |
| 2841619 | 2428 |
| 2842603 | 2157 |
| 2859249 | 2179 |
| 2861103 | 2178 |
| 2864873 | 2158 |
| 2870192 | 2749 |
| 2877259 | 2434 |
| 2924504 | 1844 |
| 2935480 | 1842 |
| 2938922 | 2439 |
| 2941868 | 1849 |
| 2941873 | 1848 |
| 2943060 | 2156 |
| 2944030 | 2210 |
| 2944960 | 2165 |
| 2945793 | 1869 |
| 2946659 | 1857 |
| 2950954 | 1847 |
| 2951849 | 2215 |
| 2957024 | 2333 |
| 2957930 | 2741 |
| 2958572 | 1856 |
| 2961301 | 1851 |
| 2964545 | 2191 |
| 2965639 | 1578 |
| 2970139 | 1614 |
| 2980655 | 2321 |
| 2984679 | 2418 |
| 2986554 | 2441 |
| 2989530 | 1612 |
| 2991272 | 2437 |
| 2992145 | 2117 |
| 2992195 | 2399 |
| 2997460 | 2392 |
| 2997461 | 2392 |
| 2998468 | 2435 |
| 2999081 | 2444 |
| 2999822 | 2452 |
| 2999851 | 2411 |
| 3000786 | 1604 |
| 3003984 | 2405 |
| 3003985 | 2406 |
| 3004925 | 2122 |
| 3005740 | 2456 |
| 3005792 | 2386 |
| 3006914 | 1601 |
| 3007870 | 2751 |
| 3007880 | 2734 |
| 3007883 | 2417 |
| 3007884 | 2419 |
| 3007894 | 2409 |
| 3008796 | 1845 |
| 3008897 | 2736 |
| 3009900 | 2401 |
| 3009902 | 2391 |
| 3013039 | 2742 |
| 3013094 | 2431 |
| 3013894 | 2301 |
| 3013941 | 1608 |
| 3013957 | 2453 |
| 3014006 | 2449 |
| 3014893 | 2356 |
| 3020219 | 2113 |
| 3020285 | 1568 |
| 3021278 | 2124 |
| 3023149 | 2114 |
| 3024208 | 2310 |
| 3029228 | 2337 |
| 3035991* | 2130 |
| 3043832 | 1596 |
| 3044981 | 2289 |
| 3046168 | 2764 |
| 3048585 | 1564 |
| 3057917* | 2061 |

## Australische Patente (Aust.P.)

| Nr. | Referat |
|---|---|
| 231926 | 2408 |
| 233949 | 2385 |
| 234524 | 1587 |
| 234872 | 1560 |
| 234993 | 2426 |
| 235040 | 2415 |
| 235285 | 2416 |
| 235295 | 2412 |
| 236329* | 2129 |
| 236378 | 2738 |
| 236716* | 2058 |

## Belgische Patente (Belg.P.)

| Nr. | Referat |
|---|---|
| 555709 | 1580 |
| 558647 | 1561 |
| 564467 | 2217 |
| 568297 | 2272 |

## Canadische Patente (Can.P.)

| Nr. | Referat |
|---|---|
| 569168 | 2753 |
| 569186 | 2442 |
| 569515 | 2325 |
| 569560 | 2377 |
| 569708 | 2355 |
| 570906 | 2739 |
| 571015 | 2110 |
| 571334 | 2638 |
| 571358 | 2241 |
| 571367 | 2636 |
| 571398 | 2175 |

## Auslegeschriften der Patentanmeldungen des Deutschen Patentamtes München (D.A.S.)

| Nr. | Referat |
|---|---|
| 1075593 | 2167 |
| 1085142 | 1843 |
| 1091336 | 2337 |
| 1099167 | 2750 |
| 1100955 | 2295 |
| 1102757 | 2214 |
| 1109898 | 2336 |
| 1111395 | 2332 |
| 1112298 | 2331 |
| 1113309 | 2338 |
| 1113562 | 2343 |
| 1114320 | 2339 |
| 1115230 | 1845 |
| 1115723 | 1851 |
| 1116402 | 2335 |
| 1119238 | 1866 |
| 1119835 | 1859 |
| 1122045 | 1861 |
| 1124024 | 1858 |
| 1124694 | 2287 |
| 1125902 | 2194 |
| 1130419 | 1868 |
| 1132333 | 2311 |
| 1133120 | 2281 |
| 1133139 | 2111 |
| 1133553 | 2369 |
| 1134059 | 1867 |
| 1134200 | 2290 |
| 1134512 | 2346 |
| 1135173 | 2321 |
| 1136112 | 2288 |
| 1136920 | 2765 |
| 1137050 | 2044 |
| 1137051 | 2045 |
| 1137204 | 2315 |
| 1137206 | 2289 |
| 1137555 | 2314 |
| 1137719 | 1840 |
| 1137858 | 2317 |
| 1137864 | 2299 |
| 1138215 | 2304 |
| 1138398 | 1861 |
| 1138581 | 2046 |
| 1138774 | 2320 |
| 1138787 | 1863 |
| 1138920 | 2303 |
| 1138921 | 2292 |
| 1138938 | 2300 |
| 1138939 | 2342 |
| 1139119 | 2056 |
| 1139125 | 2282 |
| 1139133 | 2042 |
| 1139134 | 2043 |
| 1139645 | 2298 |
| 1139646 | 2296 |
| 1139692 | 2053 |
| 1139693 | 2054 |
| 1139694 | 2055 |
| 1139696 | 2049 |
| 1139822 | 2048 |
| 1139972 | 2310 |
| 1139975 | 2294 |
| 1139979 | 2297 |
| 1140345 | 2330 |
| 1140391 | 2050 |
| 1140392 | 2051 |
| 1140393 | 2052 |
| 1140394 | 2057 |
| 1140703 | 2284 |
| 1140705 | 2319 |
| 1140706 | 2293 |
| 1141079 | 2285 |
| 1141446 | 2349 |
| 1141788 | 2365 |
| 1141789 | 2381 |
| 1141851* | 2128 |
| 1142235 | 2291 |
| 1142353 | 2144 |
| 1142354 | 2186 |
| 1142356 | 2198 |
| 1142364 | 2218 |
| 1142590 | 2168 |
| 1142591 | 2183 |
| 1142592 | 2184 |
| 1142593 | 2182 |
| 1142594 | 2145 |
| 1142597 | 2250 |
| 1142703 | 2358 |
| 1142850 | 2208 |
| 1142855 | 2176 |
| 1142856 | 2265 |
| 1142857 | 2189 |
| 1142858 | 2263 |
| 1142859 | 2197 |
| 1142860 | 2199 |
| 1142862 | 2181 |
| 1142872 | 2257 |
| 1142873 | 2233 |
| 1143023 | 2363 |
| 1143024 | 2371 |
| 1143025 | 2351 |
| 1143026 | 2347 |
| 1143079* | 2134 |
| 1143193 | 2252 |
| 1143194 | 2200 |
| 1143327 | 2316 |
| 1143328 | 2361 |
| 1143329 | 2352 |
| 1143330 | 2286 |
| 1143331 | 2307 |
| 1143497 | 2203 |
| 1143498 | 2173 |
| 1143499 | 2142 |
| 1143500 | 2143 |
| 1143503 | 2196 |
| 1143505 | 2251 |
| 1143506 | 2242 |
| 1143510 | 2255 |
| 1143516 | 2216 |
| 1143640 | 2350 |
| 1143798 | 2205 |
| 1143801 | 2239 |
| 1143803 | 2246 |
| 1143808 | 2244 |
| 1143814 | 2262 |
| 1143825 | 2253 |
| 1144003 | 2309 |
| 1144006 | 2394 |
| 1144012* | 2126 |
| 1144246 | 2206 |
| 1144247 | 2207 |
| 1144250 | 2150 |
| 1144254 | 2243 |
| 1144255 | 2249 |
| 1144260 | 2166 |
| 1144262 | 2193 |
| 1144265 | 2228 |
| 1144275 | 2227 |
| 1144276 | 2260 |
| 1144277 | 2234 |
| 1144284 | 2254 |
| 1144286 | 2232 |
| 1144287 | 2231 |
| 1144703 | 2147 |
| 1144704 | 2261 |
| 1144706 | 2247 |
| 1144725 | 2174 |
| 1144729 | 2264 |
| 1145155 | 2204 |
| 1145159 | 2153 |
| 1145160 | 2152 |
| 1145176 | 2213 |
| 1145289 | 2752 |
| 1145356 | 2353 |
| 1145357 | 2348 |
| 1145360 | 2354 |
| 1145614 | 2256 |
| 1146485 | 2148 |
| 1146858 | 2202 |
| 1146861 | 2201 |
| 1147211 | 2185 |
| 1147213 | 2259 |
| 1147569 | 2146 |
| 1147573 | 1565 |
| 1147950 | 1573 |
| 1148685 | 2754 |
| 1148747 | 2340 |
| 1148748 | 2341 |
| 1149362 | 1574 |
| 1149487 | 2771 |
| 1149655 | 2763 |
| 1149894 | 2368 |
| 1149896 | 2326 |
| 1149898 | 2362 |
| 1149903 | 2393 |
| 1150057 | 1806 |
| 1150202 | 2364 |
| 1150203 | 2375 |
| 1150242* | 2060 |
| 1150390 | 1864 |
| 1150522 | 2372 |
| 1150523 | 2370 |
| 1150524 | 2373 |
| 1150809 | 2367 |
| 1150980 | 2755 |
| 1151118 | 2334 |
| 1151210 | 1807 |
| 1151376 | 2360 |
| 1151377 | 2359 |
| 1151933 | 2366 |
| 1151935 | 2357 |

## Deutsche Patente (D.P.[DDR])

| Nr. | Referat |
|---|---|
| 23551 | 2384 |
| 23734 | 2305 |
| 24170 | 2382 |
| 24546 | 2407 |
| 24464 | 2047 |

## Englische Patente (E.P.)

| Nr. | Referat |
|---|---|
| 800787 | 2160 |
| 816236 | 1571 |
| 823707 | 1613 |
| 835840 | 2149 |
| 836332 | 2215 |
| 837035 | 2272 |
| 839813 | 2154 |
| 840405 | 2236 |
| 843597 | 1843 |
| 843924 | 1566 |
| 848385 | 2155 |
| 850003 | 1563 |
| 852661 | 1865 |
| 853592 | 1581 |
| 854553 | 1579 |
| 857111 | 1852 |
| 859330 | 2299 |
| 866450 | 2059 |
| 869472 | 1867 |
| 870211* | 2127 |
| 871500 | 1583 |
| 874369 | 2388 |
| 877225 | 2450 |
| 877289 | 2413 |
| 879056 | 2414 |
| 880509 | 2427 |
| 881273 | 2403 |
| 881827 | 1575 |
| 882054 | 2420 |
| 883323 | 2395 |
| 883344 | 2451 |
| 886109 | 2125 |
| 887676* | 2062 |
| 887924 | 2119 |
| 889037 | 1851 |
| 889051 | 2737 |
| 890660 | 2116 |
| 891150 | 2120 |
| 893175 | 2744 |
| 894261 | 2115 |
| 894451 | 2732 |
| 894458 | 1868 |
| 896470 | 2748 |
| 898059 | 2735 |
| 899261 | 2745 |
| 899684 | 2740 |
| 900453 | 2746 |
| 901689 | 2743 |
| 902437 | 2747 |
| 902600 | 2733 |
| 902807 | 1603 |
| 904985 | 2309 |
| 905722 | 1599 |
| 907763 | 2306 |
| 909365 | 1600 |
| 912894 | 1556 |
| 913863 | 1555 |

## Französische Patente (F.P.)

| Nr. | Referat |
|---|---|
| 75478* | 2132 |
| 1179087 | 2756 |
| 1202219 | 2647 |
| 1202571 | 2313 |
| 1206402 | 2648 |
| 1209887 | 2378 |
| 1210719 | 2272 |
| 1213171 | 2379 |
| 1220337 | 1850 |
| 1220360 | 2374 |
| 1220696 | 2812 |
| 1221473 | 1871 |
| 1222166 | 2308 |
| 1223467 | 2328 |
| 1223847 | 2323 |
| 1223848 | 2324 |
| 1224490 | 2327 |
| 1224669 | 2436 |
| 1225463 | 2641 |
| 1226740 | 1870 |
| 1227280 | 2440 |
| 1227920* | 2131 |
| 1228668 | 2642 |
| 1229718 | 1872 |
| 1230334 | 2643 |
| 1230796 | 2640 |
| 1232647 | 2644 |
| 1233235 | 2455 |
| 1233825 | 2645 |
| 1234375 | 2639 |
| 1235663 | 2646 |
| 1236270 | 2376 |
| 1238392 | 2271 |
| 1238477 | 2635 |
| 1239506 | 1572 |
| 1239634 | 2322 |
| 1241140 | 1576 |
| 1241743 | 2380 |
| 1241888 | 2637 |
| 1241964 | 2344 |
| 1242836 | 1569 |
| 1244691 | 2400 |
| 1247932 | 1611 |
| 1262541 | 2115 |
| 1264377 | 2425 |
| 1269582 | 1584 |
| 1272704 | 2121 |
| 1273571 | 2123 |
| 1274419 | 1590 |
| 1278632 | 2109 |
| 1281867 | 1592 |
| 1282887 | 2112 |
| 1283158 | 1593 |
| 1287301 | 1557 |
| 1288449 | 2772 |
| 1288705 | 1558 |
| 1288729 | 1595 |
| 1294961 | 1594 |

## Indische Patente (Ind.P.)

| Nr. | Referat |
|---|---|
| 65115 | 1587 |
| 65999 | 2424 |
| 67218 | 2428 |
| 67558 | 1567 |
| 67585 | 2283 |
| 67602 | 1615 |
| 67738 | 2433 |
| 68463 | 1588 |
| 68584 | 1586 |
| 68598 | 2345 |
| 68625 | 1582 |
| 68825 | 1570 |
| 68878 | 1585 |
| 69103 | 1609 |
| 69269 | 2383 |
| 69318 | 1559 |
| 69651 | 1606 |
| 69720 | 2396 |
| 69845 | 2302 |
| 69871 | 1854 |
| 70187 | 1554 |
| 75400 | 1610 |

## Israelische Patente (Israel.P.)

| Nr. | Referat |
|---|---|
| 16440 | 1553 |

## Italienische Patente (It.P.)

| Nr. | Referat |
|---|---|
| 548235 | 2220 |
| 548236 | 2225 |
| 548237 | 2219 |
| 551808 | 2758 |
| 553888 | 2279 |
| 558133 | 2757 |

## Japanische Auslegeschriften (Jap.A.S.)

| Nr. | Referat |
|---|---|
| 882/1961 | 2410 |
| 892/1961 | 2404 |
| 896/1961 | 2387 |
| 2187/1961 | 2398 |
| 2947/1961 | 2400 |
| 3878/1961* | 2131 |
| 4987/1961 | 2402 |
| 5394/1961 | 2397 |
| 5395/1961 | 2389 |
| 6682/1961 | 2454 |

## Niederländische Patente (Niederl.P.)

| Nr. | Referat |
|---|---|
| 102487* | 2133 |

## Österreichische Patente (Oe.P.)

| Nr. | Referat |
|---|---|
| 212626 | 1607 |
| 218526 | 1577 |
| 218533 | 1562 |
| 220910 | 2118 |
| 224274 | 1589 |

## Sowjetische Patente (UdSSR.P.)

| Nr. | Referat |
|---|---|
| 99258 | 2235 |
| 122278 | 2162 |
| 123697 | 2192 |
| 123958 | 2161 |
| 123959 | 2221 |
| 123960 | 2222 |
| 124419 | 2248 |
| 124426 | 2151 |
| 124428 | 2190 |
| 124429 | 2170 |
| 124430 | 2238 |
| 124436 | 2223 |
| 124438 | 2229 |
| 124439 | 2229 |
| 124884 | 2107 |
| 125552 | 2172 |
| 125673 | 2429 |
| 127647 | 2169 |
| 127648 | 2171 |
| 127649 | 2177 |
| 127650 | 2212 |
| 127651 | 2240 |
| 127652 | 2188 |
| 127654 | 2195 |
| 127655 | 2187 |
| 127657 | 2245 |
| 127659 | 2163 |
| 127660 | 2224 |
| 127662 | 2209 |
| 127663 | 2211 |
| 127963 | 2108 |
| 128139 | 2443 |
| 128600 | 2432 |
| 128601 | 2448 |
| 128603 | 2447 |
| 128604 | 2445 |
| 128607 | 2423 |
| 128854 | 1853 |
| 128855 | 1841 |
| 128862 | 2258 |
| 129013 | 2390 |
| 129017 | 2329 |
| 130665 | 2430 |
| 130667 | 2446 |
| 131084 | 2280 |
| 131085 | 2318 |
| 131344 | 1846 |
| 146309 | 1591 |
| 150581 | 1605 |
| 150582 | 1598 |
| 150583 | 1597 |
| 150590 | 1602 |

## Ungarische Patente (Ung.P.)

| Nr. | Referat |
|---|---|
| 145633 | 2237 |

# CHEMISCHES ZENTRALBLATT

Nr. 13 · 1. April 1964
Referat 1—2776
Seite 1—288

## Geschichte, Unterricht

*0001* **Zum 70. Geburtstag Ss. Ss. Kusnetzows.** S. G. Balaschow, M. I. Wrublewski, W. I. Lebedew und W. M. Ssinitzyn. (Nachr. Leningrader Univ. **18**, Nr. 6, Ser. Geol. Geogr. Nr. 1, 5—7, 1963; russ.) — Kurze Ehrung von Leben u. Werk Ss. Ss. Kusnetzows, dessen Hauptarbeitsgebiete stratigraph., tekton., regionalgeolog. u. hydrogeolog. Probleme umfassen, anläßlich seines 70. Geburtstages. M. Hähnert 1◇

*0002* **Bergrat Henckel — ein Wegbereiter der Bergakademie.** Walther Herrmann. (Freiberger Forsch.-H., Reihe D **37**, 1—218, 1962; dt.) — Lebenslauf u. Würdigung der Verdienste von Johann Friedrich Henckel (1/8. 1678 bis 26/1. 1744), zuerst Arzt, später Bergrat in Freiberg. Ferner Angaben über Freiberg als Bergstadt, seine Lehreinrichtungen u. den Stand der Hüttentechnik zu Beginn des 18. Jahrhunderts. D. Hoene 1◇

*0003* **Die Verbrennung von Kohle.** R. A. Mott. (J. Inst. Fuel **36**, 355, 1963; Chesterfield, Derbyshire, Brit. Coke Res. Assoc.; engl.) — Hinweise auf die Verw. von Anthrazit als S-armen Brennstoff bei der Erzeugung von Eisen im 19. Jahrhundert u. früher. F. Rosendahl 2△

*0004* **Erneute metallurgische Untersuchung der großen Buddhafigur in Kamakura (Kamakura Daibutsu).** Kenzo Toishi. (Kinzoku [Metals] 32, Nr. 2, 73—76, 1962; engl.) — Während der Reparatur des Daibutsu wurden γ-Strahlen-Unterss. zur Klärung der vor 700 Jahren üblichen Gießtechnik herangezogen. M. Gehlen-Keller 2◇

*0005* **Perkin und Lean.** John Bradley. (School Sci. Rev. **43**, 571—76, 1962; Hull, Univ., Dep. of Educ.; engl.) — Besprechung des Lehrbuchs „An Introduction to the Study of Chemistry" von Perkin jun. u. Lean aus dem Jahre 1896, das als Grundlage für den Chemieunterricht genommen wird. D. Hoene 6◇

*0006* **Das Lehren der Kinetik.** J. Blackledge. (School Sci. Rev. **43**, 588—93, 1962; Lancashire, St. Helens Techn. Coll.; engl.) — Besprechung einiger Begriffe der Rk.-Kinetik: Rk.-Ordnung u. -Molekularität, Temp.-Abhängigkeit, geschwindigkeitsbestimmender Schritt, Katalyse. D. Hoene 6◇

*0007* **Einfache Darstellung von Strukturmodellen.** Richard L. Barrett. (J. chem. Educat. **39**, 472, 1962; University Park, N.Mex., New Mexico State Univ.; engl.) Ch. Weiske 6◇

*0008* **Die Formen einfacher Moleküle.** E. Sherwin. (School Sci. Rev. **43**, 625—30, 1962; Bradford, Inst. of Techn.; engl.) — Anleitung zur Beschreibung der Mol.-Struktur verschiedener anorgan. Verbb. mit Hilfe der Atomorbitale im chem. Unterricht. D. Hoene 6◇

*0009* **Eine Methode zur Darstellung einiger Aspekte anorganischer Stereochemie für Schüler der sechsten Klasse.** E. E. Aynsley. (School Sci. Rev. **43**, 577—84, 1962; Durham, Univ., King's Coll., Dep. of Chem.; engl.) — Beschreibung des Einfl. der Elektronenhülle auf Mol.-Formen. D. Hoene 6◇

*0010* **Elektronenniveaus, elektrochemische Effekte und Thermoelektrizität.** William T. Scott. (Amer. J. Physics **30**, 727—37, 1962; Reno, Nev., Univ. of Nevada; engl.) — Beiträge zur zweckmäßigen Klarlegung grundsätzlicher elektrochem. Begriffe im Rahmen einer Lehrtätigkeit. W. Betcke 6◇

*0011* **Eine quantitative Untersuchung der Valenzzustände von Vanadin.** W. J. Hughes. (School Sci. Rev. **43**, 728—29, 1962; Liverpool, Univ., Dep. of Educ.; engl.) — Volumetr. Verf. zur Erfassung der verschiedenen Oxydationsstufen von V im Unterricht. D. Hoene 6◇

*0012* **Bestimmung der Quantenzahlen für die Niveaus der 5461-Å-Linie in Hg.** Jorge Merlo Flores. (Amer. J. Physics **31**, 181—83, 1963; Buenos Aires, Univ., Fac. de Cienc. Exactas y Nat., Phys. Dep.; engl.) — Für Unterrichtszwecke schlägt Vf. Messung des Zeeman-Effekts der grünen Hg-Linie bei 5461 Å vor. Die experimentelle Anordnung wird kurz beschrieben. Unter der Annahme, daß die Kopplung vom LS-Typ ist, läßt sich bestimmen, daß der Übergang vom Typ $^3S_1-^3P_2$ ist. C. Gottfried 6△

*0013* **Einige interessante anorganische Herstellungsverfahren für Schüler der sechsten Klasse.** G. F. Hood. (School Sci. Rev. **43**, 727—28, 1962; engl.) — Beschreibung einiger geeigneter Unterrichts-Verss.: Darst. von *Mennige* durch Umsetzung von PbO u. $KClO_3$; *Musivgold* durch Umsetzen von SnS mit überschüssigem S; $K_3[Cr(C_2O_4)_3]$, Red. von $K_2Cr_2O_7$ durch überschüssiges $KHC_2O_4$; $K_3[Fe(C_2O_4)_3]$, Umsetzung von $FeCl_3$ mit $K_2C_2O_4$; $K_3[Al(C_2O_4)_3]$, analog vorst. Verb.; $(NH_4)CoPO_4 \cdot 6\,H_2O$, Umsetzen von $CoCl_2$ oder $CoSO_4$ mit $(NH_4)_2HPO_4$ in Ggw. von $NH_4Cl$ u. $NH_4OH$; $(UO_2)SO_4 \cdot K_2SO_4 \cdot 6\,H_2O$, Herst. von $UO_2SO_4$ u. Umsetzen mit der stöchiometr. Menge $K_2SO_4$ u. von $(Cu, Fe)SO_4 \cdot 7\,H_2O$ aus $CuSO_4 \cdot 7\,H_2O$ u. $FeSO_4 \cdot 7\,H_2O$. D. Hoene 6◇

*0014* **Demonstration des Downs-Prozesses zur Herstellung von Natriummetall im Laboratorium.** J. G. L. Richardson. (School Sci. Rev. **43**, 729—30, 1962; engl.) — Beschreibung einer Vers.-Anordnung zur elektrolyt. Na-Gewinnung unter Umgehung der NaOH-Stufe (Downs-Prozeß) im Unterricht. D. Hoene 6◇

*0015* **Ein Versuch mit Farbstoffen zur Demonstration der Gegenstromverteilung.** B. Arreguín, J. Padilla und J. Herrán. (Bol. Inst. Quím. Univ. nac. autonoma México **14**, 90—98, 1962; span.) — Vff. untersuchten die Verteilung von Phenolrot u. Bromkresolgrün zwischen n-Butanol u. 0,1 n $Na_2CO_3$-Lsg. in 29 aufeinanderfolgenden Stufen im Gegenstromverfahren. Die Farbstoff-Konzz. wurden spektrophotometr. gemessen. Die gemessenen Werte stimmen mit den berechneten gut überein. P. Kurzmann 6◇

*0016* **Engineering-Ausbildung für Kernenergie.** J. M. Kay. (J. Brit. nuclear Energy Soc. **1**, 168—74, 1962; engl.) — Unters. der Probleme der Ingenieurausbildung im Unterschied zur wissenschaftlichen Ausbildung. Herbert Weber 6◇

*0017* **Ausbildung für Atomenergieforschung und -entwicklung.** F. A. Vick. (J. Brit. nuclear Energy Soc. **1**, 175—77, 1962; Harwell, AERE, UKAEA Res. Group; engl.) — Stellungnahme zur Ausbildung auf dem wissenschaftlichen Sektor. Herbert Weber 6◇

*0018* **Ein Universitäts-Reaktorzentrum.** S. C. Curran. (J. Brit. nuclear Energy Soc. **1**, 178—85, 1962; Glasgow, Royal Coll. of Sci. and Technol.; engl.) — Beschreibung der Anwendungen eines Reaktors niedriger Leistung zur Ausbildung u. Forschung. Herbert Weber 6◇

## A. Allgemeine, physikalische und anorganische Chemie

*0019* **Messung in der Quantenmechanik.** 2. Mitt. **Reduktion eines Wellenpakets.** Hitoshi Wakita. (Progr. theoret. Physics [Kyoto] **27**, 139—44, 1962; Hiroshima Univ., Res. Inst. for Theor. Phys.; engl.) — 1. vgl. Progr. theoret. Physics [Kyoto] **23**, [1960], 32. — Als Beispiel der gegebenen Interpretation wird das Stern-Gerlach-Experiment erörtert. M. Wiedemann 10◇

*0020* **Relativistische invariante Formulierung der Theorie des gequantelten Wahrscheinlichkeitsamplituden-Feldes.** Yu. M. Lomsadze. (Nuclear Physics [Amsterdam] **37**, 147 bis 149, 1962; Uzhgorod, UkrainSSR, Univ.; engl.) — Unters. zur Bewegungsgleichung. H.-D. Freyer 10◇

*0021* **Über die Interpretation der Quantenmechanik. Relativistischer Fall eines Teilchens mit Spin.** Assène Datzeff. (C. R. hebd. Séances Acad. Sci. **254**, 641—43, 1962; franz.) — In die Wahrscheinlichkeitsgleichungen wird das elektr. Eigenmoment des Elektrons eingeführt, das bei

relativist. Geschw. existieren muß. Die erhaltenen Gleichungen $(E^+E^- + \hbar^2 \Delta)\psi_k = 0$ $(k = 1, 2)$ werden in unabhängige gewöhnliche Differentialgleichungen umgeformt u. die Fälle der Abhängigkeit von $\psi_k$ von x u. y erörtert.
R. K. Müller 10◇

*0022* **Die beobachtbaren und lokalisierten Zustände eines Dirac-Teilchens.** P. M. Mathews und A. Sakaranarayanan. (Progr. theoret. Physics [Kyoto] **27,** 1063 bis 1067, 1962; Madras, Univ., Dep. of Phys.; engl.) — Für ein Dirac-Teilchen der Masse Null hat nur einer der 4 Positionsoperatoren Eigenzustände, doch bleibt die Multiplizität der möglichen Positionsoperatoren bestehen.
M. Wiedemann 10◇

*0023* **Gyro-Gravitationsverhältnis der Dirac-Teilchen.** A. Peres. (Nuovo Cimento [10] **28,** 1091—92, 1963; Haifa, Israel, Inst. of Technol.; engl.) Gerhard Schmidt 10◇

*0024* **Der Aharonov-Bohmsche Effekt.** Th. W. Ruijgrok und N. G. van Kampen. (Nederl. Tijdschr. Natuurkunde **29,** 137—53, 1963; Utrecht, Inst. voor Theoret. Fys.; niederl.) — Übersicht über den Aharonov-Bohmschen Effekt (Einfl. von Potentialen auf geladene Teilchen, vgl. C. **1960,** 4087). — 18 Literaturangaben. W. Wesly 10◇

*0025* **Ladungsüberauswahl auf Grund von elektromagnetischen Zufallswechselwirkungen.** E. Fabri und G. Fiorio. (Nuovo Cimento [10] **27,** 1037—38, 1963; Pisa, Univ., Ist. di Fis.; Ist. Naz. di Fis. Nucl.; engl.) — Vff. zeigen, daß das Prinzip der Ladungsüberauswahl durch elektromagnet. Zufalls-Wechselwrkg. eines Teilchens bei seiner Bewegung durch eine zufällige Anordnung von Atomen erklärt werden kann.
H. Schroeder 10◇

## A₁. Kernphysik und Kernchemie

*0026* **Verhalten des Energiespektrums der Höhenstrahlung bei großen Energien.** W. M. Bjakow. (Astronom. J. [UdSSR] **40,** 625—32, 1963; russ.) — Der Anstieg des Exponenten im Energiespektrum der Höhenstrahlung $f(E)\,dE \sim dE/E^\gamma$ von $\gamma = 2{,}5$ auf ca. 3,2 wird mit dem Einsetzen einer Anisotropie in der Streuung der Höhenstrahlteilchen an den Ungleichförmigkeiten des Magnetfelds der Milchstraße in Verbindung gebracht. M. Wiedemann 85◇

*0027* **Größenverteilung ausgedehnter atmosphärischer Schauer.** Ju. A. Fomin und G. B. Chrisstianssen. (J. exp. theoret. Physik [UdSSR] **44,** 666—75, 1963; Moskau, Univ., Inst. für Kernphys.; russ., Auszug: engl.) — Um die plötzliche Änderung des Exponenten des Spektrums der ausgedehnten Luftschauer nach der Teilchenzahl bei $10^5$—$10^6$ auf Seehöhe zu deuten, müssen eine entsprechende Verteilung der magnet. Wolken in der Galaxis nach Größe u. Magnetfeld u. dementsprechend eine Änderung des Diffusions-Koeff. sehr energiereicher Höhenstrahlung angenommen werden.
M. Wiedemann 85◇

*0028* **Doppelcoreereignis im ausgedehnten Luftschauer.** Saburo Miyake, Kensaku Hinotani, Tatsunosuke Kaneko und Nobuo Ito. (J. physic. Soc. Japan **18,** 592—93, 1963; Osaka, Osaka City Univ.; engl.) — Ergebnis von Nebelkammeraufnahmen. M. Wiedemann 85◇

*0029* **Geringe Wahrscheinlichkeit der $\mu \to e + \gamma$- und $\mu \to e + e + e$-Prozesse und neutrale Ströme bei schwachen Wechselwirkungen.** B. Pontecorvo. (Physics Letters [Amsterdam] **1,** 287—88, 1962; Dubna, Joint Inst. for Nucl. Res., Labor. of Theor. Phys.; engl.) — Falls die Experimente die Existenz nur eines Typs von Neutrinos anzeigen, würde die geringe Wahrscheinlichkeit obiger $\mu$-Prozesse Argumente für die Existenz von symm., neutralen Strömen bei schwachen Wechselwrkg. liefern.
Gerhard Schmidt 90◇

*0030* **Winkelverteilung von Elektronen des $\pi^+ \to \mu^+ \to e^+$-Zerfalls.** I. I. Gurewitsch und B. A. Nikolski. (J. exp. theoret. Physik [UdSSR] **43,** 724—25, 1962; Inst. für Atomenergie der Akad. der Wiss. der UdSSR; russ.) — Der $\pi \to \mu \to e$-Zerfall im Magnetfeld von 10000—35000 Gauß wurde untersucht u. die Projektion des Winkels der Flugrichtung des Elektrons auf die Emulsion bestimmt. Theoret. u. experimentelle Winkelverteilungen der Elektronen stimmten überein. M. Wiedemann 90◇

*0031* **Erzeugung positiver Pionen durch polarisierte Röntgenstrahlen zwischen 227 und 373 MeV.** R. C. Smith und R. F. Mozley. (Physic. Rev. [2] **130,** 2429—40, 1963; Stanford, Calif., Stanford Univ., High-Energy Phys. Labor.; engl.) — Messungen des Verhältnisses der $\pi^+$-Photoerzeugungsquerschnitte unter rechten Winkeln zum/bzw. entlang des elektr. Feldvektors zeigen die Notwendigkeit eines Mesonenstromterms. Als Target diente fl. $H_2$. Herbert Weber 90◇

*0032* **Bestimmung der $\varrho,\gamma,\pi$-Kopplungskonstante aus der $\pi^+$-Photoerzeugung.** C. S. Robinson, P. M. Baum, L. Criegee und J. M. McKinley. (Physic. Rev. Letters **9,** 349—51, 1962; Champaign, Ill., Univ. of Illinois, Phys. Res. Labor.; Manhattan, Kans., Kansas State Univ., Phys. Dep.; engl.) — Aus früheren Berechnungen u. experimentellen Messungen wurde die obige Konst. $\Lambda$ zu $-1{,}3 \pm 0{,}1$ abgeleitet. H. Schroeder 90◇

*0033* **Neue Charakteristiken der multiplen Mesonenerzeugung.** Shun-ichi Hasegawa. (Progr. theoret. Physics [Kyoto] **29,** 128—54, 1963; Tokyo, Tokyo Univ., Inst. for Nucl. Stud.; engl.) — Nach Einführung einer neuen Quantenart, des *H*-Quants, wird der Prozeß der multiplen Mesonenerzeugung in 2 Stufen beschrieben. In der ersten Stufe wird unmittelbar nach dem Kernstoß eine definierte Anzahl von *H*-Quanten emittiert, während in der zweiten Stufe jedes *H*-Quant in mehrere Mesonen zerfällt.
Gerhard Schmidt 90◇

*0034* **Eine Untersuchung der Erzeugung von Teilchen bei unelastischen Pion-Nucleon-Wechselwirkungen.** A. Ch. Winitzki, I. G. Goljak, W. I. Russkin und Sh. Ss. Takibajew. (Ber. Akad. Wiss. UdSSR **148,** 796—98, 1963; Inst. für Kernforsch. der Akad. der Wiss. der KasachSSR; russ.) — Ein Photoemulsionsstapel wurde dem Pionenbündel des Synchrophasotrons ausgesetzt. Unter 2100 Wechselwrkg. wurden 200 als unelast. Pion-Nucleon-Wechselwrkg. klassifiziert mit 323 Sekundärteilchen, nämlich 259 Pionen, 19 K-Mesonen u. 45 Protonen. M. Wiedemann 90◇

*0035* **Die Einflüsse der beiden Bipionenresonanzen auf die energiearme Meson-Nucleon-Streuung.** Tetsuya Tsuchida. (Progr. theoret. Physics [Kyoto] **29,** 60—70, 1963; Mito, Ibaragi Univ., Dep. of Phys.; engl.) — Theoret. Unters. einiger Gesichtpunkte der Pion-Nucleon-Streuung unter Berücksichtigung der beiden Bipionen-$(I = 1)$-Resonanzen $\zeta$ u. $\varrho$. Gerhard Schmidt 90◇

*0036* **Die analytischen Eigenschaften des Meson-Nucleon-Vertexanteils und der Streuamplituden pseudoskalarer Mesonen in der Störungstheorie.** M. A. Messtwirischwili und I. T. Todorow. (Ber. Akad. Wiss. UdSSR **148,** 562—65, 1963; Verein. Inst. für Kernforsch.; russ.)
M. Wiedemann 90◇

*0037* **Reaktion $\pi^- + p \to \pi^- + \pi^+ + n$ von 360 bis 800 MeV.** Janos Kirz, Joseph Schwartz und Robert D. Tripp. (Physic. Rev. [2] **130,** 2481—84, 1963; Berkeley, Calif., Univ. of California, Lawrence Radiat. Labor. and Dep. of Phys.; engl.) — Unters. mit der $H_2$-Blasenkammer. Querschnitte, Dalitz-Diagramme u. $\pi^+\pi^-$- u. $\pi^\pm n$-Massenspektren bei Bündelenergien von 360, 430, 460, 480, 555, 605, 673 u. 780 MeV werden wiedergegeben. Das $N_{3/2}^*(1238)$-Isobar wird in seinem negativen Ladungszustand beobachtet.
Herbert Weber 90◇

*0038* **Bildung von $\gamma$-Quanten bei Wechselwirkung von 7-GeV-$\pi^-$-Mesonen mit Nucleonen.** W. B. Ljubimow, Mu Zsun, M. I. Podgoretzki, Ss. I. Portnowa, W. N. Strelzow und S. Trka. (J. exp. theoret. Physik [UdSSR] **44,** 760—63, 1963; Verein. Inst. für Kernforsch.; russ.) — In einer Propanblasenkammer wurden 395 unelast. Wechselwrkg. von $\pi^-$ mit Nucleonen u. dabei 454 $e^-e^+$-Paare beobachtet. Die Energieverteilung der $\gamma$-Quanten zeigte neben dem Maximum beim Zerfall $\pi^0 \to 2\gamma$ ein zweites mit $E_\gamma$ 250 bis 300 MeV u. vielleicht ein drittes mit $E_\gamma$ 500—800 MeV. Das zweite könnte auf dem Zerfall $\eta \to \pi^0 + \gamma$ oder auch $\chi \to \pi^+ + \pi^- + \gamma$ beruhen. M. Wiedemann 90◇

*0039* **Neue Angaben über die Herkunft von $\pi^0$-Mesonen im Coulomb-Feld des Kernes.** W. W. Barmin, Ju. Ss. Kresstnikow, Je. W. Kusnetzow, A. G. Meschkowski, Ju. P. Nikitin und W. A. Schebanow. (J. exp. theoret. Physik [UdSSR] **44,** 748—49, 1963; Inst. für theoret. u. exper. Phys. der Akad. der Wiss. der UdSSR; russ.) — In einer Xe-Blasenkammer wurde die Rk. $\pi^- + Xe \to \pi^- + \pi^0 + Xe$ untersucht, unter 23400 unelast. Wechselwrkg. wurden

53 Fälle gefunden. Bei einem Gesamt-Wrkg.-Querschnitt von 1200 mbarn für 2,8-GeV/c-Pionen wurden die differentiellen Wrkg.-Querschnitte ermittelt. Für die Rk. $\gamma + \pi^- \to \pi^- + \pi^0$ wurde ein Querschnitt von $0,35 \pm 0,12$ mbarn abgeschätzt. M. Wiedemann 90◇

*0040* **Experimentelle Daten über neue Pionen-Resonanzen.** Ja. Ja. Schalamow und A. F. Graschin. (J. exp. theoret. Physik [UdSSR] **43**, 726—27, 1962; Inst. für theoret. u. experimentelle Phys. der Akad. der Wiss. der UdSSR; russ.) — Mittels 2,8-GeV/c-Pionen wurden in einer 17-Liter-Blasenkammer, die mit einer Mischung aus Xe + Propan gefüllt war, die Rkk. an freien u. quasifreien Protonen untersucht ($\pi^- + p \to \pi^- + \pi^0 + p$), ferner an quasifreien Protonen bei Füllung mit Freon. Im ersten Fall wurden Hinweise auf Resonanzen bei den Massen $M_{\pi\pi} \approx 0,77$ GeV, 0,99 GeV u. wesentlich schwächer bei 1,16 GeV gefunden, im zweiten bei $M_{\pi\pi} \approx 0,59$; 0,78; 0,98 u. 1,2 GeV. Bei ca. 570 MeV dürfte tatsächlich eine Pion–Pion-Resonanz vorliegen. M. Wiedemann 90◇

*0041* **Über die Existenz von Lösungen der Pion–Pion-Dispersionsgleichungen.** 1. Mitt. C. Lovelace. (Nuovo Cimento [10] **21**, 305—15, 1961; London, Imp. Coll., Dep. of Phys.; engl.) — Die Chew-Mandelstam-Gleichungen für die Pion–Pion-Streuung werden für den Fall behandelt, daß S- u. P-Wellen vorliegen. M. Wiedemann 90□

*0042* **Über die Konsistenz der gekoppelten S- und P-Wellen-Lösungen in der Pion–Pion-Streuung.** B. H. Bransden und J. W. Moffat. (Nuovo Cimento [10] **23**, 598—605, 1962; Glasgow, Univ.; Baltimore, Md., RIAS; engl.) — Vgl. C. **1964**, 5-0031. — Das asymptot. Verh. der Pion–Pion-Partialwellen-Streuamplituden wird in Beziehung zur Rolle der doppelten Spektralfunktionen erörtert. M. Wiedemann 90◇

*0043* **Die s-Wellen-$\pi$–$\pi$-Streuung.** N. Hu und G. Z. Yang. (Scientia sinica **12**, 317—26, 1963; Peking, Univ., Dep. of Phys.; engl.) — Die S-Wellen-$\pi$-$\pi$-Streuamplitude wird nach der Kettenapproximation berechnet. Es ergibt sich eine Resonanz im I = 0-Zustand bei niedriger Energie. M. Wiedemann 90◇

*0044* **Vorschlag eines Experiments, um die p-Resonanz bei der $\pi$-$\pi$-Streuung nachzuweisen.** Tso-Hsiu Ho und Kuang-Chao Chou. (Acta physica sinica **17**, 133—34, 1961; chin., Auszug: engl.) M. Wiedemann 90◇

*0045* **Über die Möglichkeit der Bestimmung der Phase der $\pi\pi$-Streuung aus der Winkelkorrelation des $K_{e4}$-Zerfalls.** Je. P. Schabalin. (J. exp. theoret. Physik [UdSSR] **44**, 765—67, 1963; Inst. für theoret. u. experimentelle Phys. der Akad. der Wiss. der UdSSR; russ.) — Die Phase der $\pi\pi$-Streuung wird aus der Winkelkorrelation des Zerfalls $K^+ \to \pi^+ + \pi^- + e^+ + \nu$ abgeleitet. M. Wiedemann 90◇

*0046* **Test der Ladungssymmetrie von $K^+$- und $K^0$-Mesonen in den Prozessen der assoziierten Erzeugung.** Janice B. Shafer, Frank S. Crawford, Richard Hubbard, M. Lynn Stevenson, Martin Block, Arnold Engler, Rosanna Gessaroli, Arthur Kovacs, Carl Meltzer, Richard Kraemer, Mirko Nussbaum, Aihud Pevsner, Peter Schlein und David Onley. (Physic. Rev. [2] **130**, 2077—79, 1963; Berkeley, Calif., Univ. of California, Lawrence Radiat. Labor.; Evanston, Ill., Northwestern Univ.; Baltimore, Md., Johns Hopkins Univ.; Durham, N.C., Duke Univ.; engl.) — Vgl. von $\pi^+$- u. $\pi^-$-Wechselwrkg. bei 1,23 GeV/c in der $D_2$-Blasenkammer. Ca. 350 Ereignisse des Typs $\pi^+ + d \to K^+ + \Lambda$ (oder $\Sigma^0$) + p u. ca. 700 Ereignisse des Typs $\pi^- + d \to K^0 + \Lambda$ (oder $\Sigma^0$) + n werden verglichen. Totale Querschnitte, Winkelverteilungen, Impulsspektren u. $\Lambda$-Zerfallsasymmetrien zeigen keine Abweichungen von der Ladungssymmetrie. Herbert Weber 90◇

*0047* **Eine Untersuchung der in Pb und Al erzeugten $\Lambda^0$- und $\Theta^0$-Teilchen.** Yü Min, Cheng Jen-Chi und Li-Ho-Nian. (Scientia sinica **8**, 485—509, 1959; Inst. of Atomic Energy; engl.) — Mittels einer Mehrplattennebelkammer wurden 550 $V^0$ beobachtet, von denen 67 als $\Lambda^0$ u. 44 als $\Theta^0$ identifiziert wurden. Hiervon wurden 58 bzw. 38 in Pb u. 9 bzw. 6 in Al erzeugt. Bei den in Pb erzeugten $\Lambda^0$ wurde keine Asymmetrie der Winkelverteilung im Zerfall festgestellt. Die Lebensdauern bestimmten sich zu 3,39 (+0,63, −0,44)·$10^{-10}$ s für $\Lambda^0$ u. zu 0,86 (+0,26, −0,16)·$10^{-10}$ s für $\Theta^0$. Das Verhältnis $N(\Lambda^0)/N(\Theta^0)$ war ca. 1,4. Der Gesamt-Wrkg.-Querschnitt für die Erzeugung seltsamer Teilchen in Pb u. Al beträgt ca. 0,8 mbarn/Nucleon. M. Wiedemann 90□

*0048* **Pol-Approximationsmodell bei Hyperonenzerfällen und unitäre Symmetrie.** E. Eberle und S. Iwao. (Physics Letters [Amsterdam] **6**, 302—04, 1963; Genova, Univ., Ist. di Fis., Ist. Naz. di Fis. Nucl.; engl.) — Die Polapproximation nach Feldman wurde am Hyperonenzerfall geprüft u. gefunden, daß nur eine Lösung des Modells im Schema der unitären Symmetrie ein korrektes Resultat liefert (reiner p-Wellen- bzw. reiner s-Wellen-Zerfall für $\Sigma^+ \to n + \pi^+$ bzw. $\Sigma^- \to n + \pi^-$). M. Wiedemann 90◇

*0049* **Nichtleptonische Hyperonenzerfälle in der Pol-Approximation und die Konstanten starker Kopplung.** Jogesh Chandra Pati. (Physic. Rev. [2] **130**, 2097—2104, 1963; Princeton, N.J., Inst. for Advanced Study; engl.) — Unters. zu $Y \to N + \pi$ unter Annahme einer geraden relativen $(\Sigma\Lambda)$-Parität. Herbert Weber 90◇

*0050* **Auswahlregel $|\Delta T| = 1/2$ und Zerfall von Hyperkernen.** W. A. Ljulka. (Hochschulnachr. [Tomsk], Physik **1961**, Nr. 6, 90—94; russ.) — Ausgehend von der Auswahlregel für Isotopenspin $\Delta T = 1/2$ werden die Zerfallswahrscheinlichkeiten der Hyperkerne $^4_\Lambda He$, $^4_\Lambda H$, $^5_\Lambda He$, $^7_\Lambda Li$ u. $^9_\Lambda Be$ über verschiedene Isotopenkanäle berechnet. M. Wiedemann 90◇

*0051* **Ein Modell von Baryonenzuständen.** R. E. Cutkosky. (Ann. Physics **23**, 415—38, 1963; Pittsburgh, Pa., Carnegie Inst. of Technol., Dep. of Phys.; engl.) — Anwendung der selbstkonsistenten Näherung des gebundenen Zustandes auf das Oktett-Modell. Gerhard Schmidt 90◇

*0052* **Die Suche nach dem magnetischen Monopol.** S. Devons. (Sci. Progr. **51**, 601—10, 1963; New York, N.Y., Columbia Univ.; engl.) H. Roschkowski 90◇

*0053* **Über kohärente Wechselwirkungen zwischen energiereichen Teilchen und Kernen.** M. I. Podgoretzki. (J. exp. theoret. Physik [UdSSR] **44**, 695—96, 1963; Verein. Inst. für Kernforsch.; russ., Auszug: engl.) — Für verschiedene Rkk. an Kernen wird der sog. krit. Impuls des Primärteilchens diskutiert, bei dem der Kern keinen Rückstoß erleidet. M. Wiedemann 90◇

*0054* **Teilchenerzeugung bei sehr hohen Energien.** W. Ss. Baraschenkow und W. M. Malzew. (Atomenergie [UdSSR] **13**, 221—27, 1962; russ.) — Vff. führen eine Schätzung der Intensität verschiedener Teilchen durch, die sich durch unelast. Stöße im Energiebereich 1—$10^3$ GeV bilden. Bei der Berechnung der mittleren Zahl von geladenen u. neutralen $\pi$-Mesonen, die durch pp-Stöße bei verschiedenen Primärprotonenenergien gebildet werden, wird von der Fermi-Statistik ausgegangen (bis 50 GeV). Die Zahl der Protonen beträgt 25% der $\pi$-Mesonen; im gleichen Verhältnis bilden sich Neutrinos u. $\pi^0$-Mesonen. Die Zahl der erzeugten schweren Teilchen bei diesen Energien beträgt 25% der gebildeten $\pi$-Mesonen bzw. 20% aller erzeugten Teilchen. G. Ewald 90◇

*0055* **Berechnung der Energie- und Winkelcharakteristiken bei der Bildung mehrfach geladener Teilchen durch Protonen hoher Energie.** M. M. Makarow. (J. exp. theoret. Physik [UdSSR] **44**, 962—68, 1963; Phys.-techn. Joffe-Inst. der Akad. der Wiss. der UdSSR; russ.) W. Pump 90◇

*0056* **Störungstheorie von Streuamplituden bei hohen Energien.** James D. Bjorken und Tai Tsun Wu. (Physic. Rev. [2] **130**, 2566—72, 1963; Princeton, N.J., Inst. for Advanced Study; engl.) Herbert Weber 90◇

*0057* **Beitrag zur Untersuchung der Eigenschaften der Streuung durch Potentiale von verallgemeinertem Yukawa-Typ.** Henri Cornille. (Cahiers de Physique **17**, 209—63, 1963; franz.) — Vgl. C. **1963**, 4218. — Transformation der Schrödinger-Gleichung durch Funktionen, die sphär. Hankel-Funktionen assoziiert sind, u. Behandlung von Analytizitäts-Eigg., die mit der Streuung durch ein Potential vom Yukawa-Typ verbunden sind. Gerhard Schmidt 90◇

*0058* **Energiemomente der Phasenverschiebungen bei Streuvorgängen. 2. Mitt. Höhere Partialwellen.** I. C. Percival und M. J. Roberts. (Proc. physic. Soc. **82,** 519—28, 1963; London, Univ., Queen Mary Coll., Dep. of Math.; engl.) — 1. vgl. Percival, Proc. physic. Soc. **80,** [1962], 1290. — Die Meth. der Verteilungsfunktion zur Berechnung regularisierter Energiemomente der Phasenverschiebungen bei Streuvorgängen wird auf höhere Partialwellen ausgedehnt. Es werden Potentiale betrachtet, für welche $\int_0^\infty dr|V(r)|$ existiert u. V(r) eine analyt. Funktion von $r^2$ in einer Umgebung der positiven reellen Achse ist. Die ersten drei Momentenbeziehungen für die Phasenverschiebungen der p- u. d-Welle werden angegeben. P. Detje 90◇

*0059* **Energiemomente und Wirkungsquerschnitte für ein Gaußsches Potential.** M. J. Roberts. (Proc. physic. Soc. **82,** 594—604, 1963; engl.) — Vgl. vorst. Referat. — Phasenverschiebungen u. Wrkg.-Querschnitte bei nichtrelativist. Streuvorgängen können näherungsweise durch die Koeff. der Momenten-Energie-Beziehung des Problems berechnet werden. Als Beispiel wird ein Gaußsches Potential behandelt. Die Näherung ist sehr gut für nicht zu große Energien, aber nicht so gut wie die erste Bornsche Näherung für niedrige Energien. P. Detje 90◇

*0060* **Streuung von γ-Strahlen an dünnen Streutargets.** David G. Chappell. (Nucleonics [New York] **14,** Nr. 7, 36—37, 1956; Schenectady, N.Y., Gen. Electr. Co.; engl.) — Nomogramme für die schnelle Ermittlung des von einem dünnen Objekt reflektierten Photonenflusses. W. Wenzel 90◇

*0061* **Resonanz- und direkte γ-Wechselwirkungen.** L. Estrada und H. Feshbach. (Ann. Physics **23,** 123—32, 1963; Mexico, D.F., Univ. de México, Inst. de Fís.; Geneva, CERN; engl.) — Die Ergebnisse des Projektionsoperatorformalismus für Kern-Rkk. werden für γ-Prozesse abgeschätzt, wobei ein direkter u. ein Resonanzterm in der Breit-Wigner-Form erhalten werden. Gerhard Schmidt 90◇

*0062* **Suche nach einem Effekt magnetischer Felder auf die elektromagnetische Strahlung.** S. S. Hanna, G. J. Perlow, J. P. Schiffer und J. A. Weinman. (Nature [London] **195,** 791—92, 1962; Argonne, Ill., Argonne Nat. Labor.; engl.) — Die Hypothese, daß beim Passieren elektromagnet. Strahlung durch Magnetfelder (bzw. Bereiche hoher elektromagnet. Energiedichte) infolge einer Photon-Photon-Wechselwrkg. eine Frequenzänderung auftritt, konnte bei Verss. mit der 14-keV-γ-Strahlung von $^{57}$Fe, die starken Dauermagnetfeldern ausgesetzt wurde, nicht bestätigt werden. Die gefundenen Toleranzbereiche des Effekts um den Nullpunkt sind um $10^5$—$10^6$ kleiner als die theoret. Voraussage über die Größe dieses Effektes. Gleichzeitig zeigen die Ergebnisse, daß die magnet. Nettoladung auf dem Photon geringer als $3\cdot10^{-26}$ elektromagnet. Einheiten ist. D. Jörchel 90□

*0063* **Stationäre Cyclotronwellen beim Stoß zweier Elektronenbündel.** Claude Étiévant und Mario Perulli. (C. R. hebd. Séances Acad. Sci. **256,** 5080—82, 1963; franz.) — Der Stoß zweier Elektronenbündel im Magnetfeld wurde untersucht. Die Wellenlänge der Wechselwrkg. wurde mittels einer Langmuir-Sonde ermittelt. Die Wechselwrkg. wird auf Kopplung zwischen der „Cyclotronwelle" des einen u. der „Plasmawelle" des anderen Bündels zurückgeführt. M. Wiedemann 90◇

*0064* **Vernichtung im Flug und Bremsstrahlung von 650-MeV-Positronen in Propan.** E. Malamud, R. Weill und J. G. McEwen. (Helv. physica Acta **34,** 497—500, 1961; Lausanne, Labor. de Rech. Nucl.; Ithaca, N.Y., Cornell Univ., Labor. of Nucl. Stud.; franz.) — Positronen oder auch Elektronen von 680 ± 10 MeV wurden magnet. in eine Propanblasenkammer gelenkt, die sich in einem Magnetfeld von 7350 Gauß befand. Bestimmt wurden die Wrkg.-Querschnitte für beide Prozesse. M. Wiedemann 90□

*0065* **Untersuchung der Lebensdauer von Positronen in Metallen.** Nicole Longequeue. (C. R. hebd. Séances Acad. Sci. **251,** 1376—78, 1960; Grenoble, Fac. des Sci., Labor. de Phys. nucl., Centre d'Études nucl.; franz.) — Mit Hilfe eines Koinzidenz-Verf. wird die Lebensdauer 1/λ von Positronen in *Teflon* (I), *Quarzglas* (II), *Polyäthylen* (III), *Au, Al* bzw. *Cu* bestimmt. In allen Materialien werden zwei Werte von 1/λ beobachtet: I: $1/\lambda_1 = 1{,}3\cdot10^{-10}$ s u. $1/\lambda_2 = (1{,}76\pm0{,}1)\cdot10^{-9}$ s; II: $3\cdot10^{-10}$ s u. $(1{,}74\pm0{,}15)\cdot10^{-9}$ s; III: $3\cdot10^{-10}$ s u. $(1{,}83\pm0{,}1)\cdot10^{-9}$ s; Au: $1\cdot10^{-10}$ s u. $(6{,}6\pm0{,}3)\cdot10^{-10}$ s; Al: $1\cdot10^{-10}$ s u. $(10\pm2)\cdot10^{-10}$ s; Cu: $1\cdot10^{-10}$ s u. $(7\pm0{,}6)\cdot10^{-10}$ s. Zwischen dem Verh. von Metallen u. Nichtmetallen wird kein grundlegender Unterschied beobachtet. Herbert Müller 90◇

*0066* **Zur Interpretation eines Versuchs mit Neutrinos hoher Energie.** L. I. Lapidus. (J. exp. theoret. Physik [UdSSR] **44,** 755—58, 1963; Verein. Inst. für Kernforsch.; russ.) — Zur Klärung der Frage von Elektron- u. Myon-Neutrino wird ein doppeltes Experiment für erforderlich gehalten. M. Wiedemann 90◇

*0067* **Benutzung des strahlenden π-Zerfalls zur Begrenzung der Neutrinomasse.** Alfred S. Goldhaber. (Physic. Rev. [2] **130,** 760—61, 1963; Princeton, N.J., Palmer Phys. Labor.; engl.) — Theoret. Unters. zur Best. einer Grenze zur Masse des μ-Neutrinos durch Beobachtung des Zerfalls $\pi\to\mu+\nu+\gamma$. Herbert Weber 90◇

*0068* **Der Einfluß der von Null verschiedenen Neutrino-Ruhmasse auf die Zerfallsgeschwindigkeit gebundener μ-Mesonen.** T. Nagy. (Acta physica Acad. Sci. hung. **16,** 69—72, 1963; Budapest, Roland Eötvös Univ., Inst. of Theor. Phys.; engl.) M. Wiedemann 90◇

*0069* **Erzeugung von π- und K-Mesonen in Prozessen, an denen energiereiche Neutrinos beteiligt sind.** Wan-Cheu Ngujen. (J. exp. theoret. Physik [UdSSR] **44,** 626—27, 1963; Verein. Inst. für Kernforsch.; russ., Auszug: engl.) — Die Querschnitte für die multiple Erzeugung von Pionen u. K-Mesonen durch Rkk. energiereicher Neutrinos mit Nucleonen werden theoret. ermittelt, sie liegen für Neutrinoenergien von 1—5 GeV in der Größenordnung von $10^{-40}$ cm². M. Wiedemann 90◇

*0070* **Inelastische Streuung von 14-MeV-Neutronen an Blei, Quecksilber und Uran.** P. Niklaus, P. Huber und R. Wagner. (Helv. physica Acta **34,** 520—41, 1961; Basel, Univ., Phys. Anst.; dt.) — Mittels geeigneter Ionenquelle u. Ablenk-Syst. wurde eine (d, t)-Neutronenquelle erhalten, die Stöße von 2 ns Dauer lieferte. Das Energiespektrum der gestreuten Neutronen wurde zwischen 1 u. 4 MeV erhalten. Es ergaben sich Kern-Temp. von 1,06 MeV für Pb; 0,98 MeV für $^{238}$Pb u. 0,8 MeV für Hg. M. Wiedemann 90□

*0071* **Selbstabschirmungskoeffizient für dünne Goldfolien bei Aktivierung mit Resonanzneutronen.** W. Christow und M. Sabcu. (Rev. Physique [Bucarest] **7,** 101—06, 1962; Bukarest, Inst. für Atomphys.; Wolga-Akad. der Wiss., Inst. für Atomphys.; russ.) — Mittels Reaktorneutronen wurden Au-Folien von 2—80 mg/cm² paarweise bestrahlt, die γ-Aktivität von $^{198}$Au wurde mittels eines Scintillationszählers gemessen. Der Koeff. der Selbstabschirmung stieg von 1,035 bei einer Dicke von 2,3 mg/cm² auf 2,20 bei 80 mg/cm² in Übereinstimmung mit den theoret. Werten. M. Wiedemann 90◇

*0072* **Das effektive Resonanzintegral von Goldfolien.** Arnold E. Grün. (Nukleonik [Berlin] **3,** 301—03, 1961; Garching bei München, Siemens-Schuckertwerke A.G., Zentrale Forsch. u. Entw.; dt.) — Die Messungen erfolgten relativ zum Resonanzintegral von Au für unendliche Verdünnung. Das Verhältnis der beiden Resonanzintegrale, der „G-Faktor", wurde aus der Aktivität eines Satzes verschiedener dicker Folien bestimmt, welche im selben Resonanzfluß aktiviert wurden. Die Foliendicke variierte zwischen 0,06 u. 200 mg/cm². O. Jansen 90◇

*0073* **Zur Berechnung des Resonanzintegrals von $^{238}$U.** Albert Müller. (Nukleonik [Berlin] **3,** 303—08, 1961; Erlangen, Siemens-Schuckertwerke A.G., Abt. Reaktor-Entw.; dt.) — Vgl. C. **1961,** 13795. — Zur Berechnung des Resonanzintegrals für verschiedenartig zusammengesetzte Brennelemente u. verschiedene Temp. wurde die l. c. entwickelte Theorie verwendet. O. Jansen 90◇

*0074* **Bemerkung über die Messung des Cadmium-Verhältnisses von $^{238}$U.** Biagio Arcipiani, Delfina Ricabarra und Guillermo H. Ricabarra. (Nuclear Sci. Engng. **14,** 316—17, 1962; Upton, N.Y., Brookhaven Nat. Labor.; engl.) — Mittels eines Gitters mit an $^{235}$U angereicherten Stäben u. $H_2O$ als Moderator wurde das Verhältnis der in bloßen u. mit Cd-Folien bedeckten U-Folien ausgelösten Aktivitäten nach verschiedenen Meth. gemessen. Es wurden Werte zwischen 1,99 u. 1,91 gegenüber dem theoret. Wert von 2,02 erhalten. M. Wiedemann 90◇

*0075* **Die Energieverteilung der Primäratome in Kupfer bei Bestrahlung mit schnellen monoenergetischen und Reaktorneutronen.** Heinrich Wollenberger. (Nukleonik [Berlin] **4**, 25—30, 1962; Jülich, Kernforsch.-Anlage, Inst. für Reaktorwerkstoffe; dt.) — Unter Verw. gemessener differentieller Wrkg.-Querschnitte für elast. Neutronenstreuung wird die Energieverteilung der Primäratome in Cu für 1,5-MeV-, 3,7-MeV- u. Reaktorneutronen berechnet. Für die gleiche Neutronenenergie werden die durch die Bestrahlung erzeugten Anzahlen von Frenkel-Paaren nach Kinchin u. Pease [1955] ermittelt. Die Energieverteilung kann im Falle der Reaktorneutronen bis zu einer Primärenergie von 60 keV durch zwei einfache Funktionen wiedergegeben werden. Als totale Wrkg.-Querschnitte für die Erzeugung von Primäratomen ergeben sich 5,7 barn für die Reaktorneutronen, 2,9 barn für die 1,5-MeV- u. 2,3 barn für die 3,7-MeV-Neutronen. Nach Kinchin u. Pease sollten im Mittel 75 Frenkel-Paare pro Primäratom bei Reaktorbestrahlung, 650 bei Bestrahlung mit 1,5-MeV- u. 640 bei einer solchen mit 3,7-MeV-Neutronen gebildet werden. H. Jehne 90◇

*0076* **Elastische Proton-Triton-Streuung unterhalb 1 MeV.** Nelson Jarmie, M. G. Silbert, D. B. Smith und J. S. Loos. (Physic. Rev. [2] **130**, 1987—89, 1963; Los Alamos, N.Mex., Univ. of California, Los Alamos Sci. Labor.; engl.) — Querschnitte für elast. p-t-Streuung wurden zwischen 163 u. 520 keV (Schwerpunktsenergie) für einen Streuwinkel von 120° (Schwerpunkts-Syst.) gemessen. Ein $H_2$-Gas-Target u. ein Magnetspektrometer zur Analyse der Rückstoßprotonen unter einem Labor.-Winkel von 30° wurden benutzt. Der Querschnitt hat ein breites Maximum von 240 mb/sr nahe 275 keV. Es wurden Beweise für einen angeregten $0^+$-Zustand im Compoundkern $^4$He gefunden. Herbert Weber 90◇

*0077* **Phasenverschiebungsanalyse der elastischen Streuung von Protonen an Tritium nahe der Schwelle der Reaktion T(p,n)$^3$He.** Ju. G. Balaschko und A. B. Kurepin. (J. exp. theoret. Physik [UdSSR] **44**, 610—12, 1963; Physik. Lebedew-Inst. der Akad. der Wiss. der UdSSR; russ., Auszug: engl.) — Die experimentellen Daten über die elast. Streuung von 990-keV-Protonen an T werden analysiert u. die Phasenverschiebungen ermittelt. Die Lösungen lassen sich auf zwei reduzieren, die der Resonanz im $^1S_0$-Zustand entsprechen. M. Wiedemann 90◇

*0078* **Elastische Streuung von Protonen an $^6$Li-Kernen.** J. A. McCray. (Physic. Rev. [2] **130**, 2034—42, 1963; Pasadena, Calif., California Inst. of Technol.; engl.) — Der differentielle elast. p-$^6$Li-Streuquerschnitt wurde für $E_p = 0{,}45—2{,}9$ MeV bei 6 Winkeln gemessen. Die Streudaten sind in Einklang mit einer s- u. p-Wellen-Phasenverschiebungsanalyse. Herbert Weber 90◇

*0079* **Winkelverteilungen für elastische Streuung von 15-MeV-Deuteronen.** R. K. Jolly, E. K. Lin und B. L. Cohen. (Physic. Rev. [2] **130**, 2391—96, 1963; Pittsburgh Pa., Univ. of Pittsburgh; engl.) — Vgl. C. **1963**, 21409. — Messungen für die Streuung an Al, Ti, Fe, $^{58}$Ni, Cu, Zn, Zr, Y, Nb, Mo, Rh, Pd, Ag, Cd, In, $^{120}$Sn, Er, Yb, Ta, W, Pt, Au u. Pb. In einigen Fällen treten ausgeprägte Unterschiede zwischen Winkelverteilungen von Kernen mit nahezu gleichen Massen auf. Herbert Weber 90◇

*0080* **Verstärkte Anregung von Zuständen T = 0, S = 0 der Grundzustandskonfiguration in der $^{12}$C-$^{12}$C-Streuung bei 126 MeV.** Gerald T. Garvey, Andrew M. Smith und J. C. Hiebert. (Physic. Rev. [2] **130**, 2397—2407, 1963; New Haven, Conn., Yale Univ.; engl.) — Unter Benutzung von Koinzidenz-Verff. wird gezeigt, daß der wichtigste Beitrag zum Peak bei Q = —9 MeV einer Anregung von beiden $^{12}$C-Kernen zu ihren ersten angeregten Zuständen (4,43 MeV) zuzuschreiben ist. Die Winkelverteilung für diesen Prozeß wird aufgenommen u. mit einer Born-Approximationsberechnung verglichen. Das Maximum bei Q = —14 MeV wird auf die Anregung eines α-unstabilen Niveaus in $^{12}$C bei 14,0 ± 0,5 MeV zurückgeführt. Die in den Rkk. am stärksten angeregten Niveaus (4,43 MeV, 2+; 14,0 ± 0,5 MeV, 4+) zeigen eine starke Ähnlichkeit zur Niveaufolge, die für ein Grundzustandsrotationsband in $^{12}$C erwartet wird. Herbert Weber 90◇

*0081* **Das nucleare Vielkörperproblem bei Verwendung des Grenzbedingungsmodells.** Earle L. Lomon und Malcolm McMillan. (Ann. Physics **23**, 439—68, 1963; Cambridge, Mass., MIT, Labor. for Nucl. Sci.; Torino, Univ., Ist. di Fis.; engl.) — Neuformulierung des Grenzbedingungsmodells u. Behandlung des unbegrenzten Kernmaterieproblems unter Verw. des Pseudopotentials. Gerhard Schmidt 95◇

*0082* **Berechnung der gebundenen Zustände des Neutrons mit einem nichtlokalen Einzelteilchenmodell.** H. Meldner und G. Süssmann. (Physics Letters [Amsterdam] **6**, 353—54, 1963; Frankfurt/Main, Univ., Inst. für Theor. Phys.; engl.) — Wiedergabe der berechneten Einzelneutronenenergien unter Verw. eines realen, nichtlokalen Schalenmodellpotentials u. der Grundzustände einiger Kerne mit einer geschlossenen Neutronenschale plus einem Neutron. Gerhard Schmidt 95◇

*0083* **Über die Gültigkeit des Supermultiplettmodells.** P. Franzini und L. A. Radicati. (Physics Letters [Amsterdam] **6**, 322—24, 1963; Pisa, Scuola Normale Super.; I.N.F.N., Sez. di Pisa; engl.) — Behandlung der Supermultiplettapproximation der Kernkräfte für ziemlich große Werte von A. Gerhard Schmidt 95◇

*0084* **Eine neue halbempirische Massenformel.** R. Ayres, W. F. Hornyak, L. Chan und J. Fann. (Nuclear Physics [Amsterdam] **45**, 352, 1963; engl.) — Vgl. C. **1963**, 10711. — Berichtigung von Parameterwerten zu l. c. Gerhard Schmidt 95◇

*0085* **Beiträge zur Kenntnis der Energieniveaus und der Eigenwellenfunktionen der Atomkerne mit inhomogener Verteilung.** G. T. Jeverdan und Gh. Ilie Rusu. (An. ştiinţ. Univ. „Al. I. Cuza" Iaşi, Secţ. I. [N. S.] **8**, 139—44, 1962; rum.) — Für Kerne mit inhomogener Verteilung der Neutronen u. Protonen vom Roche-Typ werden Näherungsgleichungen der Form der Eigenwellenfunktionen u. der Energieniveaus von Neutronen u. Protonen entwickelt. R. K. Müller 95◇

*0086* **Energieniveaus von $f_{7/2}$-Kernen und Konfigurationswechselwirkung.** T. Komoda. (Nuclear Physics [Amsterdam] **43**, 156—69, 1963; Montreal, Quebec, Canada, McGill Univ.; engl.) — Die Energieniveaus der $f_{7/2}$-Kerne mit 2 oder 3 Nucleonen außerhalb der geschlossenen Schale wurden vom Standpunkt der Konfigurationsmischung unter der Annahme verschiedener Spinaustauschtypen der Zweikörper-Wechselwrkg. in Übereinstimmung mit experimentellen Werten berechnet (Beispiele: $^{42}$Ca, $^{43}$Ca, $^{51}$V). H. Schroeder 95◇

*0087* **Die Verformungsenergie eines geladenen Tropfens. 5. Mitt. Ergebnisse von Untersuchungen mit einem Elektronenrechner.** Stanley Cohen und Wladyslaw J. Swiatecki. (Ann. Physics **22**, 406—37, 1963; Argonne, Ill., Argonne Nat. Labor.; Berkeley, Calif., Univ. of California, Lawrence Radiat. Labor.; engl.) — 4. vgl. C. **1963**, 19089. — Die symm. Gruppe der Sattelpunktsformen wurde als Funktion des Spaltbarkeitsparameters x mit Hilfe eines Elektronenrechners für $0{,}30 < x < 1{,}00$ berechnet u. tabelliert. H. Roschkowski 95◇

*0088* **Supraleitfähigkeit des $^{238}$U-Kerns. Eine mögliche Erklärung der gemessenen Kerntemperatur.** Z. Lewandowski. (Physics Letters [Amsterdam] **6**, 342—43, 1963; Cracow, Inst. of Nucl. Phys.; engl.) — Im Augenblick der Neutronenverdampfung ist der U-Kern stark deformiert. Diese Deformation u. ein von Rotation u. Schwingung herrührender Beitrag werden als „kühl" erwartet, wobei der Kern die intrins. Anregungsenergie herabsetzt. Für diese Erscheinung werden Erklärungen über den Verlauf der Kern-Temp. angestrebt. Gerhard Schmidt 95◇

*0089* **Vorschläge für die Untersuchung des Einfangs schneller Neutronen durch die leichtesten Kerne.** K. Ilakovac und V. Knapp. (Nuclear Physics [Amsterdam] **43**, 69—75, 1963; Zagreb, Inst. „Rudjer Bošković"; engl.) — Zur Messung der totalen Wrkg.-Querschnitte der leichtesten Kerne (p u. d) werden Experimente mit Neutronenbündel

mit breitem Energiespektrum u. zur Unters. der Energiespektren der entstehenden Kerne Verss. mit monoenerget. Neutronen vorgeschlagen. Die Unterss. sollen die Kenntnisse über die Wechselwrkg. u. Niveaus erweitern.
H. Schroeder 103◇

*0090* **Beitrag zur Theorie des Coulomb-Strippings.** A. Dar, A. De-Shalit und A. S. Reiner. (Physic. Rev. [2] **131**, 1732—39, 1963; Rehovoth, Israel, Weizmann Inst. of Sci., Dep. of Nucl. Phys.; engl.) — Die Theorie des Deuteron-Strippings für einfallende Deuteronenenergien unterhalb der Coulomb-Schwelle wird für Proton–Neutron-Wechselwrkg. endlicher Reichweite wiedergegeben. Die Ergebnisse erklären die beobachteten Regelmäßigkeiten u. die Diskrepanz zwischen Experiment u. einer Theorie, die sich auf Nullbereichskernkräfte gründet. Stripping mit assoziierter Coulomb-Anregung erweist sich als ein konkurrierender Prozeß für ziemlich niedrige Deuteronenenergie. Die Rk. ermöglicht die Anregung einer neuen Klasse angeregter Zustände.
Gerhard Schmidt 103◇

*0091* **Berechnung von Deuteron-Strippingamplituden unter Benutzung der S-Matrix-Reduktionsverfahren.** Alvin M. Saperstein. (Physic. Rev. [2] **130**, 2054—60, 1963; Argonne, Ill., Argonne Nat. Labor.; engl.)
Herbert Weber 103◇

*0092* **(p, 2p)-Winkelkorrelationen in der Born-Approximation der verzerrten Welle.** K. L. Lim und I. E. McCarthy. (Physic. Rev. Letters **10**, 529—31, 1963; Adelaide, South Australia, Univ. of Adelaide, Dep. of Math. Phys.; engl.) — Parameter-Unters. an den Ergebnissen des $^{12}C(p, 2p)^{11}B$-Experimentes bei 155 MeV von Garron u. Mitarbeitern (C. **1964**, 10-0070). Gerhard Schmidt 103◇

*0093* **Anregung von Isobarenzuständen in (p, n)-Reaktionen bei 30 und 50 MeV.** C. J. Batty und G. H. Stafford. (Physics Letters [Amsterdam] **6**, 292—93, 1963; Chilton, Berks., Rutherford High Energy Labor.; Belfast, Queen's Univ.; engl.) — Eine Reihe von Elementen (*Al*, *V*, *Cu*, *Zr*, *Ag*, *Pt*, *U*) wurden mit Protonen beschossen u. unter $0^0$ die Neutronenspektren nach einer Flugzeit-Meth. mittels eines Plastescintillators aufgenommen. Es ergaben sich Hinweise auf die Anregung von Isobarenzuständen. Die Q-Werte sind tabelliert. M. Wiedemann 103◇

*0094* **Emission von $^7$Be und konkurrierende Prozesse bei 30 bis 42 MeV.** Edward F. Neuzil und Richard H. Lindsay. (Physic. Rev. [2] **131**, 1697—1701, 1963; Bellingham, Wash., West. Washington State Coll., Dep. of Chem. and Dep. of Phys.; engl.) — Untersucht werden die Querschnitte für die Rkk. $^{27}Al(p, ^7Be)$ bei 30—39 MeV, $^{51}V(p, ^7Be)$ bei 33—39 MeV, $^{51}V(^4He, ^7Be)$ u. $^{51}V(He, ^4He^3He)$ bei 40 MeV, $^{59}Co(^4He, ^7Be)$ u. $^{59}Co(^4He, ^4He^3He)$ bei 36—41 MeV u. $Ni(^4He, ^7Be)$ bei 33—41 MeV. Bei den Verss. mit dem $^{59}$Co-Target ist die $^4He + {}^3He$-Emission um einen Faktor 6 oder 7 gegenüber der $^7$Be-Emission bevorzugt. Durch He-Ionen u. Protonen induzierte Rkk., die zu dem gleichen Compoundkern mit nachfolgender Emission von $^7$Be führen, zeigen, daß die ($^4$He, $^7$Be)-Rk. einen etwas höheren Querschnitt bei äquivalenten Anregungen der Compoundkerne besitzt.
Gerhard Schmidt 103◇

*0095* **Wirkungsquerschnitt für die Bildung von $^8$Li in einer Kernemulsion durch 9-GeV-Protonen.** N. P. Bogatschew, Je. L. Grigorjew und Ju. P. Merekow. (Ber. Akad. Wiss. UdSSR **148**, 1046, 1963; Verein. Inst. für Kernforsch.; russ.) — Unter 19411 Kernspaltungen wurden 109 gefunden, bei denen $^8$Li auftritt. Der Erzeugungsquerschnitt für $^8$Li ergab sich zu 2,4 ± 0,6 mbarn, er ändert sich im Bereich 1—9 GeV kaum. Der Erzeugungsquerschnitt an leichten Kernen liegt unter 0,3 mbarn.
M. Wiedemann 103◇

*0096* **Die Resonanzen bei den Protonenenergien von 483 und 597 keV in der Reaktion $^{19}F + p$.** I. Berkes, I. Dézsi, Ilona Fodor und L. Keszthelyi. (Nuclear Physics [Amsterdam] **43**, 103—09, 1963; Budapest, Central Res. Inst. of Phys.; engl.) — Für die Rk. $^{19}F(p, \alpha\gamma)^{16}O$ wurden die relativen Übergangsverhältnisse zu den Niveaus bei 6,14; 6,92 u. 7,12 MeV in $^{16}$O zu $I_{6,92}/I_{6,14} = (2,7 \pm 0,9) \cdot 10^{-2}$ u. $I_{7,12}/I_{6,14} = (2,7 \pm 0,18) \cdot 10^{-1}$ bestimmt; zusammen mit den Ergebnissen der Winkelverteilungsmessungen der $\gamma$-Strahlen wurde dem 13,332-MeV-Niveau von $^{20}$Ne Spin u. Parität $1^+$ zugewiesen. Auf Grund entsprechender Unterss. mit $E_p$ = 597 keV erscheint $2^-$ für das 13,440-MeV-Niveau in $^{20}$Ne wahrscheinlich. H. Schroeder 103◇

*0097* **Untersuchung der Reaktion $^{19}F(p, \alpha_0)^{16}O$ mit 3—12-MeV-Protonen.** K. L. Warsh, G. M. Temmer und H. R. Blieden. (Physic. Rev. [2] **131**, 1690—96, 1963; Tallahassee, Fla., Florida State Univ. Dep. of Phys.; engl.) — Die Winkelverteilungen bei obiger Rk. werden bei 23 Energien gemessen. Die Anregungskurven werden über weite Energiebereiche bei 70 u. 165° verfolgt. Die Winkelverteilungen zeigen eine große Mannigfaltigkeit von Verläufen mit Kombinationen von Vorwärts- u. Rückwärtspeaks. Die Anregungskurven besitzen eine Struktur, die nicht fein genug ist, um als Einzel-Compoundkernniveaus interpretiert zu werden.
Gerhard Schmidt 103◇

*0098* **Die Reaktion $^{23}Na(p, \alpha)^{20}Ne$ für Protonenbeschußenergien von 100 bis 450 keV.** T. R. Fisher und W. Whaling. (Physic. Rev. [2] **131**, 1723—26, 1963; Pasadena, Calif., California Inst. of Technol.; engl.) — Bei obiger Rk. werden 4 enge Resonanzen bei Beschußenergien von 286, 338, 374 u. 445 keV beobachtet. Die Anregungsfunktionen werden für jede dieser Resonanzen aufgestellt, die $\alpha$-Ausbeute, Breite u. Resonanzenergie werden bestimmt. Auf der Grundlage der Winkelverteilungsmessungen werden Spin- u. Paritätszuordnungen für die Resonanzen bei $E_p$ = 286, 338 u. 374 keV durchgeführt. Die Rk.-Rate für $^{23}Na(p, \alpha)^{20}Ne$ in den Sternen wird für Temp. von $5-10 \cdot 10^8$ °K berechnet.
Gerhard Schmidt 103◇

*0099* **Der Wirkungsquerschnitt für den $^{58}Ni(n, \alpha)^{55}Fe$-Grundzustandsübergang.** W. G. Slinn und J. M. Robson. (Canad. J. Physics **41**, 545—46, 1963; Ottawa, Univ., Phys. Dep.; engl.) — Die Messung ergab mit 14,7-MeV-Neutronen einen Querschnitt von 1,0 ± 0,3 mbarn; Vgl. mit einem Wert von 1,5 ± 0,5 mbarn, der von anderen Autoren aus der Rk. $^{58}Ni(p, \alpha)^{55}Co$ erhalten wurde.
H. Schroeder 103◇

*0100* **Absolute Querschnitte und Anregungsfunktionen für (d, p)- und (d, 2n)-Reaktionen an $^{55}$Mn, $^{63}$Cu, $^{65}$Cu, $^{66}$Zn und $^{68}$Zn zwischen 3 und 11,6 MeV.** L. J. Gilly, G. A. Henriet, M. Preciosa Alves und P. C. Capron. (Physic. Rev. [2] **131**, 1727—31, 1963; Louvain, Univ. de Louvain, Centre de Phys. Nucl.; engl.) — Durch Aktivierungs- u. Folienstapeltechnik werden die abs. Querschnitte u. Anregungsfunktionen für (d, p)- u. (d, 2n)-Rkk. gemessen. Die Querschnitte für (d, p)-Rkk. scheinen einen direkten Mechanismus anzuzeigen, obgleich etwas Compoundkernbeimischung oberhalb der Coulomb-Schwelle vorliegt. Auffällig ist die große Differenz (Faktor 3,5) zwischen den (d, p)-Querschnitten bei den beiden Cu-Isotopen. Die (d, 2n)-Rk. verläuft über Compoundkern-Bldg., die theoret. Anregungsfunktionen, die auf der Basis der Compoundkern-Bldg. mit nachfolgender Teilchenverdampfung berechnet worden sind, stimmen jedoch nicht mit dem Experiment überein.
Gerhard Schmidt 103◇

*0101* **Anregungsfunktion für die ($\gamma$, p)-Reaktion an Wolfram.** W. G. Schewtschenko, B. A. Jurjew und B. P. Lewkin. (J. exp. theoret. Physik [UdSSR] **44**, 808—10, 1963; Moskau, Univ., Inst. für Kernphys.; russ., Auszug: engl.) — Vff. bestimmten mit Hilfe eines Scintillationsspektrometers die Ausbeute der ($\gamma$, p)-Rk. an W im Energieintervall $15,5 \leqslant E_{\gamma max} \leqslant 33,5$ MeV. Die nach der Matrix-Meth. nach Penfold-Leiss aus der Ausbeutekurve bestimmte Abhängigkeit des Querschnittes der ($\gamma$, p)-Rk. von der $\gamma$-Energie hat zwei Maxima bei 20,5 MeV (2,2 mbarn) u. bei 28 MeV (4,3 mbarn). Der Integralquerschnitt bis 33 MeV beträgt 50 ± 10 MeV·mbarn. G. Ewald 103◇

*0102* **Über das angenommene Isomer $^{186}$Ir.** N. A. Bontsch-Ossmolowskaja, K. Ja. Gromow, B. Ss. Dshelepow, O. Je. Kraft, T. W. Malyschewa, L. N. Nikitjuk, B. A. Chotin, Juje-wa Tschshou und W. G. Tschumin. (Nachr. Akad. Wiss. UdSSR, physik. Ser. **26**, 975—76, 1962; russ.) — Bei der Bestrahlung von Au-Folien mit 660-MeV-Protonen wurde mittels eines dreifach fokussierenden Spektrometers eine Ir-Positronenfraktion mit einer Halbwertszeit von ca. 2 h gefunden, die 5 Komponenten mit Maximalenergien von 3400, 2600, 1930, 1300 u. 800 keV mit den relativen Inten-

sitäten 1, 20, 44, 12 u. 22 zeigte. Ferner wurde der komplexe Charakter der dem 137-keV-Übergang des $^{186}$Ir (14—16 h) entsprechenden Elektronenlinien bemerkt. Die Positronen werden einem neuen Isomer von $^{186}$Ir zugeordnet.
M. Wiedemann 103◇

*0103* **Suche nach der anomalen $\beta$-$\gamma$-Richtungskorrelation in $^{198}$Au.** B.-G. Pettersson, W. L. Croft und J. H. Hamilton. (Physics Letters [Amsterdam] **1**, 285—86, 1962; Nashville, Tenn., Vanderbilt Univ., Phys. Dep.; engl.) — Mit einem Magnetlinsenspektrometer wird obige Richtungskorrelation untersucht. Für 4 $\beta$-Energien von 70, 150, 400 u. 600 keV wird der Winkelkorrelations-Koeff. $A_2$ gemessen u. mit Werten anderer Autoren verglichen.
Gerhard Schmidt 103◇

*0104* **Über den $\alpha$-Zerfall von Neutronendefizit-Isotopen des Po.** B. N. Beljajew, A. W. Kaljamin und A. N. Murin. (Nachr. Akad. Wiss. UdSSR, physik. Ser. **26**, 1034 bis 1036, 1962; russ.) — Bei einer Reihe von Po-Isotopen wurde der Anteil des $\alpha$-Zerfalls u. des Elektroneneinfangs E durch Vgl. mit den Werten bei $^{206}$Po[$\alpha_1/(\alpha + E) = 5 \pm 1\%$; $\alpha_1$ = Grundzustandsübergang] bestimmt u. folgende $\alpha_1/(\alpha + E)$-Werte erhalten: für A = 199 u. $E_\alpha$ = 5,87 MeV ca. 7%, für A = 200 u. $E_\alpha$ = 5,86 MeV ca. 5%, für A = 201 u. $E_\alpha$ = 5,67 MeV 0,8% u. für A = 203 u. $E_\alpha$ = 5,48 MeV 0,02%.
M. Wiedemann 103◇

*0105* **Schweres Wasser.** L. Küchler. (Atom u. Strom **6**, Folge 4, 35—40, 1960; Frankfurt/M., Farbwerke Hoechst Akt.-Ges.; dt.) — Vgl. C. **1961**, 6033. — Herst. durch Austausch-Rkk., techn. Anlagen zur Gewinnung u. Bedarf an Schwerem Wasser. Gerhard Schmidt 104□

*0106* **Trennung der Lithiumisotope.** 1. Mitt. **Unvollständige Fällung von Lithiumcarbonat aus ammoniakalischer Lösung.** Setsuo Taniguchi, Izumi Shioya, Osamu Toyama und Teruo Hayakawa. (Bull. Univ. Osaka Prefect., Ser. A **9**, 59—62, 1960; Osaka, Univ., Graduate Fac., College of Engng., Dep. of Appl. Chem.; Coll. of Gen. Educ., Dep. of Chem.; engl.) — Für die unvollständige u. langsame Fällung von $Li_2CO_3$ aus ammoniakal. Lsg. wurden die Isotopentrennungsfaktoren durch massenspektrometr. Best. des Isotopenhäufigkeitsverhältnisses von Li in der festen u. fl. Phase bestimmt. Die mittleren Trennungsfaktoren betrugen für die Fällung von 30—40 Gew.-% bei 0° 1,015 ± 0,004 u. bei 18° 1,011 ± 0,003. U. Drehmann 104◇

*0107* **Die Trennung von Lithiumisotopen durch absatzweisen oder kontinuierlichen Ionenaustausch mit Decalso oder Dowex-50.** R. E. Blanco und J. T. Roberts. Reactor Sci. Technol. **16**, 161—85, 1962; Oak Ridge, Tenn., Oak Ridge Nat. Labor.; engl.) — Die Trennfaktoren für $^6$Li/$^7$Li betragen für die Ionenaustausch-Syst. Dowex 50-X12 u. Decalso (Na-Alumosilicat) mit wss. LiCl-Lsg. 1,0027 bzw. 1,008. Die Höhe der Übergangseinheit HTU ist gering u. annähernd dem Durchfluß proportional. Organ. Komplexbildner erhöhen HTU etwas; die Proportionalität zum Durchfluß bleibt bestehen. K.-D. Asmus 104◇

*0108* **Chromatographische Bestimmung der Trennfaktoren der Li-Isotope beim Ionenaustausch.** D. A. Knjasew. (J. physik. Chem. [UdSSR] **37**, 1639—40, 1963; Moskau, Chem.-techn. Mendelejew-Inst.; russ.) — Untersucht wurden die 3 Syst. KU-2 (10% Divinylbenzol, gemischte H-Li-Form) — wss. Lsg. von LiCl + HCl (Konz.-Summe 0,05 n), das analoge Syst. mit dem Sulfoharz SBS sowie KU-2 (gemischte Li-$NH_4$-Form) — wss. Lsg. von LiCl + $NH_4$Cl (Konz.-Summe 0,07 n) in 6,0 n $NH_4$OH. Gefunden wurden die Trennfaktoren für $^7$Li/$^6$Li 1,0023, 1,0039 u. 1,0013, welche gut mit berechneten u. Literaturwerten übereinstimmen.
W. Dedek 104◇

*0109* **Reaktionen mit $^{15}$N.** 37. Mitt. **Trenneffekte bei den Isotopen $^{14}$N und $^{15}$N während der Herstellung wasserfreier Salpetersäure nach dem direkten Verfahren.** K. Clusius und H. J. Poschet. (Helv. chim. Acta **45**, 1—4, 1962; Zürich, Univ., Physikal.-Chem. Inst.; dt.) — 36. vgl. C. **1962**, 15912. — Bei der Herst. von hochkonz. $HNO_3$ durch Einw. von $N_2O_4$ u. $O_2$ auf wss. $HNO_3$ finden Anreicherungen des $^{15}$N-Geh. vom Wert des Luft-$N_2$ (0,365%) bis auf 0,388% im Teilprozeß der Gewinnung mäßig konz. $HNO_3$ (40—60%ig) durch Kühlung der von der $NH_3$-Verbrennung kommenden Gase statt. Im Endprod. (98,7%ig. $HNO_3$) tritt eine Anreicherung auf 0,358% $^{15}$N auf, die auf die Entnahme von wss. Säure mit erhöhtem $^{15}$N-Geh. im Laufe der Fabrikation zurückzuführen ist. B. Gnauck 104◇

*0110* **Eine verbesserte Gallium-68-Quelle.** M. W. Greene und W. D. Tucker. (Int. J. appl. Radiat. Isotopes **12**, 62—63, 1961; Upton, N.Y., Brookhaven Nat. Labor.; engl.) — Es wird eine Meth. zum Abziehen des kurzlebigen $^{68}$Ga (68 Min.) von dem längerlebigen $^{68}$*Ge* (290 Tage) beschrieben, das für die Lokalisierung von Gehirntumoren benötigt wird. Dabei wird das $^{68}$Ga in einer $Al_2O_3$-Schichtung auf einer Glasfritte verteilt, aus der es mit EDTA als Komplex ausgewaschen wird, während das $^{68}$Ge in $Al_2O_3$, wahrscheinlich als Anion, zurückgehalten wird. Die Vorr. zur Durchführung dieser Trennung wird kurz erläutert. W. Reusse 104◇

*0111* **Die Darstellung eines eindimensionalen Modells eines Kernreaktors an einem Analogrechner.** 1. Mitt. W. G. Proctor und B. Wilson. (Nuclear Power **8**, Nr. 81, 56—59, 1963; Risley, U.K.A.E.A., Reactor Group; engl.) — Beschreibung axial räumlicher Änderungen durch eine Reihe von mittleren radialen Gleichungen.
Gerhard Schmidt 110◇

*0112* **Analyse des prompten Leistungskoeffizienten des Natrium-Reaktorexperiments.** C. W. Griffin. (Nuclear Sci. Engng. **14**, 304—11, 1962; Canoga Park, Calif., Atomics International, Div. of North Amer. Aviat.; engl.)
M. Wiedemann 110◇

*0113* **Über die Stabilität homogener Siedewasserreaktoren.** B. V. Ershler, B. Z. Torlin und L. Ya. Suvorov. (Reactor Sci. Technol. **16**, 543—46, 1962; engl. — C. **1961**, 9181.)
Gerhard Schmidt 110◇

*0114* **Natriumgekühlte Reaktoren: Der epithermische Thoriumreaktor (A.E.T.R.).** Donald T. Eggen. (Ind. atom. **6**, 63—78, 1962; Canoga Park, Calif., Atom. Internat.; franz.) — Verw. einer krit. Anordnung mit mehreren Zonen zur Best. der Reaktorparameter; die Vorteile des epitherm. Bereichs gegenüber dem therm. werden dargestellt.
Gerhard Schmidt 110◇

*0115* **Betrieb und Verwendung des Materialtestreaktors Dounreay.** W. H. Lunning. (Nuclear Power **8**, Nr. 81, 51—54, 1963; DMTR, Operat. Group; engl.) — Bericht über das Forschungs- u. Testprogramm seit 1959.
Gerhard Schmidt 110◇

*0116* **Modell der Indium-Gallium-Strahlungskontur für den IRT-2000-Reaktor in Tbilissi.** E. L. Andronikaschwili, B. G. Buda, G. I. Kiknadse, L. I. Feldman und W. M. Tschanturija. (Atomenergie [UdSSR] **13**, 342—49, 1962; russ.) — Vff. beschreiben das flexible Modell einer mit einer Lsg. aus 24,5 Gew.-% In u. 75,5% Ga gefüllten Bestrahlungsschleife (Loop). $\gamma$-Aktivitätsträger ist $^{116}$In. Die Anlage besteht u. a. aus einem sog. Aktivitätsgenerator in der aktiven Zone des Reaktors, einer Bestrahlungsanlage außerhalb des Reaktors u. einer elektromagnet. Pumpe. Durch Wasserkontakt entsteht in der Lsg. ein Nd.; eine Korrosion des Loopmaterials, Stahl 1Ch18N9T, trat nicht auf.
G. Ewald 110◇

*0117* **Das Hauptgebäude für das 7-GeV-Protonensynchrotron in Harwell.** S. A. Rossiter und J. S. Brown. (J. Brit. nuclear Energy Soc. **1**, 51—68, 1962; London; South. Works Organizat. U.K.A.E.A.; engl.) — Bauliche Anordnung für das Projekt NIMROD, bes. für den Magnetraum. Gerhard Schmidt 112◇

*0118* **Die Einstellung eines Cyclotrons für die Beschleunigung einfach geladener Ionen.** G. Indreasch und Ju. Oganessian. (Rev. Physique [Bucarest] **7**, 25—27, 1962; Dubna, Verein. Inst. für Kernforsch.; russ.) — Vgl. C. **1963**, 20278. — Zur Einstellung des Cyclotrons kann (DH)$^+$ verwendet werden. M. Wiedemann 112◇

*0119* **Numerische Berechnung von axialsymmetrischen elektrostatischen Ionen-Beschleunigern.** Gerhard Rohringer. (Rev. sci. Instruments **34**, 198—99, 1963; Santa Barbara, Calif., Gen. Electr. Co.; engl.) — Es werden Berechnungsgrundlagen für die Ionenoptik in axialsymm. Beschleunigern mitgeteilt. Ein mit Hilfe eines IBM-704-Computers (Polynome 8. Ordnung) berechnetes Diagramm ist wiedergegeben. W. Reusse 112◇

*0120* **Die magnetischen Quadrupollinsen.** 2. Mitt. Pierre Grivet und Albert Septier. (Nuclear Instruments [Amsterdam] **6**, 243—75, 1960; Fontenay-aux-Roses, Seine, Labor. d'Électron. et Radioélectr. de la Fac. des Sci. de Paris; franz.) — 1. vgl. Nuclear Instruments [Amsterdam] **6**, [1960], 126. — Die elektronenopt. Eigg. eines Syst. von zwei in Strahlrichtung hintereinander angeordneten magnet. Vierpollinsen werden mit Hilfe einer ionenopt. Bank experimentell untersucht. Es wird vorgeschlagen, den Öffnungsfehler eines solchen Syst. durch geeignete Formgebung der Polschuhprofile zu korrigieren. Die gemessenen paraxialen Kardinalelemente sind ebenso wie die Öffnungsfehler-Koeff. in guter Übereinstimmung mit auf Grund einfacher Modelle für die Feldverteilung durch Bahnberechnung ermittelten Werten. F. Lenz 112□

*0121* **Apparatur zur Vervielfachung des Auflösungsvermögens für Massenspektrometer.** B. R. F. Kendall. (Rev. sci. Instruments **33**, 30—37, 1962; Ottawa, Canada, Nat. Res. Council, Radio and Electr. Engng. Div.; engl.) — Beschreibung einer elektron. App., mit der das Auflösungsvermögen von Massenspektrometern um den Faktor 8 erhöht werden kann. H. Roschkowski 112◇

*0122* **Ein doppelt-fokussierendes $\beta$-Spektrometer vom Sektortyp.** Yoshihiko Tendow und Akira Hashizume. (Sci. Pap. Inst. physic. chem. Res. [Tokyo] **57**, 1—6, 1963; Tokyo, Univ., Inst. for Nucl. Study; engl.) — Es wird ein verbessertes Siegbahn-$\beta$-Spektrometer mit doppelter Fokussierung beschrieben. Der mittlere Bahnradius im Magnetfeld ist 10 cm, der Ablenkwinkel 180°. Die Theorie der Anordnung (Dispersion, Auflösung) wird erörtert, u. es werden prakt. Meßergebnisse mitgeteilt. Die Auflösung für die $^{137}$Cs-K-Konversionslinie wird mit 0,58% angegeben. W. Reusse 112◇

*0123* **Ein neuer Typ eines Spektrometers für innere Paare.** B. Rosner, R. Kalish und M. Loebenstein. (Nuclear Instruments Methods [Amsterdam] **22**, 149—52, 1963; Jerusalem, Hebrew Univ., Dep. of Phys.; Rehovoth, Weizmann Inst. of Sci.; engl.) — Das Spektrometer nimmt Paare auf, die mit kleinen Winkeln zwischen den beiden Paargliedern emittiert werden. Aus den Ergebnissen läßt sich der Konversions-Koeff. der inneren Paar-Bldg. berechnen. Gerhard Schmidt 112◇

*0124* **Automatisches Gerät zur Messung der Spektren von Konversionselektronen durch Anlegung einer elektrischen Spannung an die Quelle.** I. M. Besskrowny, I. A. Kuragina und A. Ja. Tschesganowa. (Nachr. Akad. Wiss. UdSSR, physik. Ser. **26**, 1090—92, 1962; russ.) — Die Spektren werden im kleinen Energieintervall bei konst. Magnetfeld vermessen, indem der Quelle der Teilchen eine entsprechende beschleunigende oder bremsende Spannung zugeführt wird. Das Blockschema u. die Dimensionierung der Anordnung sind angegeben. M. Wiedemann 112◇

*0125* **$\gamma$-Spektrometer summarischer Koinzidenz.** W. A. Ssergijenko, L. A. Popeko und Ju. Ss. Jegorow. (Versuchsgeräte u. Versuchstechn. [UdSSR] **7**, 28, 1962; Leningrad, Staatsuniversität; russ.) — Es wird ein Koinzidenz-$\gamma$-Spektrometer mit Summationsprinzip beschrieben. Es zeigt keinen oder kaum einen Compton-Untergrund. Die Unters. von Dreifachkoinzidenzen mittels des Dreikristallspektrometers wird diskutiert. M. Wiedemann 112◇

*0126* **Ein $\gamma$-Spektrometer für hohe Energien.** A. F. Dunaitsev, Yu. D. Prokoshkin, A. N. Seanaev, Syao-Wei Tang und J. Naura. (Acta physica sinica **18**, 486—89, 1962; chin.) A. Blaschette 112◇

*0127* **Schätzung des Wirkungsgrades der Durchmusterung.** R. Weill. (Helv. physica Acta **36**, 83—89, 1963; Lausanne, Labor. de Rech. Nucl.; franz.) — Erprobung der Meth. an Blasenkammeraufnahmen u. Kernemulsionen. M. Wiedemann 112◇

*0128* **Selbständiger Strahlungsmonitor und Analysator.** D. P. Brown und E. M. Sheen. (Health Physics **9**, 511—21, 1963; Richland, Wash., General Electric Comp.; engl.) — Ein tragbares Batterie-Instrument, welches für die allg. Strahlenüberwachung verschiedener $\alpha$-, $\beta$- u. $\gamma$-emittierender Nuclide geeignet ist, wurde beschrieben. Schaltungen für $\gamma$-Energieanalyse als auch für Grobzählung sind eingebaut. O. Jansen 112◇

*0129* **Messung der absoluten $\beta$-Radioaktivität in $4\pi$-Geometrie.** W. B. Lukjanow. (Nachr. Moskauer Univ., Ser. II **17**, Nr. 4, 26—30, 1962; russ.) — Mit relativen Raumwinkeln von 0,203, 0,0754 u. 0,0248 wurden an $^{32}P$, $^{91}Y$, $^{36}Cl$, $^{185}W$, $^{45}Ca$ u. $^{35}S$ Messungen der $\beta$-Aktivität durchgeführt. Als Detektor dienten Ringzähler mit Fenstern. Absorptionsmessungen wurden in Al ausgeführt. Es werden Extrapolationsformeln für die abs. Aktivität angegeben u. die Fehler (5—10%) diskutiert. M. Wiedemann 112◇

*0130* **Untergrund von Geiger-Zählern.** B. L. Cohen. (J. sci. Instruments **37**, 475—78, 1960; Pittsburgh, Pa., Univ. of Pittsburgh; Oak Ridge, Tenn., Oak Ridge Nat. Labor.; engl.) — An zehn im wesentlichen ident. Geigerzählern werden die Einfl. der Untergrundstrahlung auf die Meßergebnisse überprüft. Schwankungen treten dabei über längere Zeit in unterschiedlicher Weise für alle Zähler auf. Mit einer Genauigkeit von 1:300 werden keine Tag-Nacht-Untergrundsunterschiede festgestellt. Die Einfl. der Temp. sind jedoch sehr stark. H. Roschkowski 112◇

*0131* **Berechnete Wirkungsgrade eines 3×3 in. NaJ(Tl)-Scintillationskristalls vom Rohrlochtyp.** M. L. Verheijke. (Int. J. appl. Radiat. Isotopes **13**, 583—85, 1962; Eindhoven, N. V. Philips' Gloeilampenfabr., Philips' Res. Labor.; engl.) — Für den Wrkg.-Grad eines Bohrloch-NaJ(Tl)-Scintillationskristalls werden eine Formel sowie die mit Hilfe eines Computers berechneten Zahlenwerte für verschiedene $\gamma$-Strahlenenergien u. Abstände Strahlenquelle–Kristall angegeben. Die in Tabellen- u. Diagrammform wiedergegebenen Ergebnisse werden interpretiert. W. Reusse 112◇

*0132* **Über die Anwendung von Scintillatoren in der Dosimetrie.** 2. Mitt. I. M. Rosman und K. G. Zimmer. (Atomkernenergie **2**, 429—37, 1957; Heidelberg, Univ., Med. Fak.; dt.) — Die Beschädigung von Kunststoffscintillatoren durch ionisierende Strahlungen sowie die Proportionalität zwischen Anzeige u. Dosisleistung werden untersucht. Die Luminescenzausbeute nimmt mit steigender Dosis ab, wobei ein Unterschied je nach der Art der Anregung (ionisierende Strahlen oder langwelliges UV) besteht. Bei gleicher Dosis ist die Beschädigung der Scintillatoren durch $\alpha$-Strahlen größer als die durch $\beta$-Strahlen. Die Gesamtdosis, nicht die Dosisleistung, ist für den Grad der Beschädigung maßgebend. Bei der Bestrahlung der Scintillatoren werden im UV (bes. die Luminescenzstrahlung des Polystyrols) stark absorbierende Stoffe gebildet. Die Verminderung der Luminescenzausbeute in Abhängigkeit von der Dosis(D) folgt bei reinem Polystyrol anfangs der Formel $1/(1 + kD)$ ($k$ = Konst.), bei Polystyrol mit Zusätzen von p-Terphenyl oder Tetraphenylbutadien dagegen einem Exponentialgesetz. Die Verminderung der Luminescenzausbeute auf $1/e$ durch $\alpha$-Strahlen erfordert Dosen von $10^{10}$ erg/g. Die Luminescenzintensität wurde bis $10^{6}$ erg/g·s der Dosisleistung linear proportional gefunden. — Es wurde ein neuer Scintillationsisodosograph für die strahlentherapeut. Praxis entwickelt. W. Betcke 112◇

*0133* **Der Einsatz von Gesamtkörper-Radioaktivitäts-Detektoren mit flüssigen organischen Scintillatoren in der klinischen Radioisotopen-Diagnostik und Forschung.** H. C. Heinrich und A. A. Pfau. (Atomkernenergie **6**, 463—75, 1961; Hamburg, Univ., Physiol.-Chem. Inst.; dt.) — Beim Vgl. mit Gesamtkörper-Radioaktivitätsdetektoren erreichbarer Meßdaten zeigt sich, daß *NaJ*-Detektoren nur beim energet. Auflösungsvermögen günstigere Werte liefern. Sonst sind die Gesamtkörperdetektoren mit fl. organ. Scintillatoren überlegen. Durch diese wurde es möglich, die Verw. von $^{60}$Co-Vitamin $B_{12}$ in der klin. Diagnostik von 0,2—1 auf 0,01 $\mu c$ $^{60}$Co herabzusetzen. O. Jansen 112◇

*0134* **Lichtleiter für einen Großflächen-Scintillator.** Paul Gorenstein und David Luckey. (Rev. sci. Instruments **34**, 196—97, 1963; Cambridge, Mass., MIT, Labor. for Nucl. Stud.; engl.) — Es wird eine aus 8 getrennten Plexiglasfasern bestehende Lichtkopplung zwischen der langgestreckten Grenzfläche eines Scintillators u. der kreisförmigen Photokathode eines Photomultipliers beschrieben. Die Fasern sind beiderseits mit entsprechend geformten massiven Endkörpern aus Plexiglas zur Kopplung an den Scintillator bzw. den Multiplier verklebt. Mit einer solchen Anordnung können ca. 25% des Scintillationslichtes auf die Photokathode übertragen werden. W. Reusse 112◇

*0135* **Der periodische Integrator, ein Instrument zur Aufzeichnung schneller Änderungen einer Zählrate. I.** Mannelli und L. Donato. (Int. J. appl. Radiat. Isotopes **13,** 582—83, 1 Tafel, 1962; Pisa, Univ., Ist. di Fis.; Clin. Med., Centro di Med. Nucl.; engl.) — Der Ladekondensator des RC-Kreises, dessen Momentanspannung als Maß für die Zählrate des als Input geschalteten Ratemeters gemessen wird, kann schnellen Schwankungen der Zählrate nicht folgen. Für diesen Fall wird in die Ableitung des RC-Kreises zur Erde ein von einem Thyratron getriggertes Quecksilberrelais (Periode regelbar von 1/20—1/2 s) geschaltet. W. Reusse 112◇

*0136* **100-MHz-Digitron, ein Digital-Zeitanalysator.** R. A. Lundy. (Rev. sci. Instruments **34,** 146—49, 1963; Chicago, Ill., Univ., Enrico Fermi Inst. for Nucl. Stud.; engl.) — Der beschriebene Zeitmesser für $\mu$s-Intervalle enthält einen Hochfrequenzimpulsgeber für 120 MHz. Zur Zeitmessung wird eine Impulsfolge zwischen einem Start- u. einem Stopimpuls über Torschaltungen in einen Magnetkernspeicher gegeben u. durch diesen ein Scaler eingestellt. Die Totzeit ist 85 $\mu$s. W. Reusse 112◇

*0137* **Neutronenenergiespektren. 1. Mitt. Deren Messung im Energiebereich 0,5 bis 15 MeV.** R. A. Coombe. (Nuclear Power **8,** Nr. 81, 47—50, 1963; Staffordshire, Coll. of Technol.; engl.) — Übersicht u. Vgl. der verschiedenen Nachw.-Meth. (Emulsion, Nebel- u. Blasenkammer, Rückstoßteleskop, Scintillator). Gerhard Schmidt 112◇

*0138* **Reflexionskorrektur für thermische Neutronenspektren, die aus Durchlässigkeitsdaten abgeleitet worden sind.** E. A. Burke und L. F. Lowe. (Nuclear Instruments Methods [Amsterdam] **24,** 131—32, 1963; Bedford, Mass., L. G. Hanscom Field, Air Force Cambridge Res. Labor.; engl.) — Vgl. C. **1962,** 11802. — Experimentelle Prüfung der l. c. beschriebenen Meth. mit den therm. Neutronen des MIT-Reaktors. Gerhard Schmidt 112◇

*0139* **Neutronenaktivierung von Natrium in anthropomorphen Phantomen.** F. W. Sanders und J. A. Auxier. (Health Physics **8,** 371—79, 1962; Oak Ridge, Tenn., Oak Ridge Nat. Labor., Health Phys. Div.; engl.) — Messung der $^{24}$Na-Erzeugung durch Reaktorneutronen in Phantomen, die mit homogener wss. NaCl-Lsg. gefüllt sind. Gerhard Schmidt 112◇

*0140* **In den Reaktor eingebrachter Spaltzähler für den Reaktorstart.** A. L. Gray, M. W. Jervis und J. Shaw. (Nuclear Power **7,** Nr. 74, 62—64, 1962; Nucl. Power Group; engl.) — Beschreibung des Zählers. L. Roth 112◇

*0141* **Temperaturregler und Probenwechsler für die Messung von totalen Neutronen-Wirkungsquerschnitten bei tiefen Temperaturen.** A. M. Kistner und O. C. Kistner. (Rev. sci. Instruments **34,** 194—96, **1963**; New York, N.Y., Columbia Univ.; Upton, N.Y., Brookhaven Nat. Labor.; engl.) — Zur Transmissionsmessung von Neutronen bei tiefen Temp. wurde eine Vorr. konstruiert, bei der 2 Transmissionskörper in Blechform (z. B. Cu) in fl. $N_2$ tauchen u. zur Messung wahlweise mittels eines pneumat. bedienten Stabes aus der Fl. herausgehoben u. der Durchstrahlung mit Neutronen ausgesetzt werden können. Der Objekthalter trägt ein Thermoelement zur Temp.-Kontrolle. Der fl. $N_2$ wird in bestimmten Mengen u. Zeitabständen mit Hilfe einer Regelvorr. aus einem Vorratsbehälter in das Kühlgefäß abgezapft. W. Reusse 112◇

## $A_2$. Optisches Verhalten der Materie

*0142* **Elektron-Positron-Paare bei sehr hohen Temperaturen.** Douglas H. Sampson. (Astrophysic. J. **135,** 261—71, 1962; Los Alamos, N.Mex., Univ. of California; engl.) — Bei der Entw. von Sternen dürften Zustände mit niedriger Energiedichte u. hoher Temp. auftreten, bei denen diese Paare maßgeblich die Eigg. des Sterns bestimmen. M. Wiedemann 113□

*0143* **Neue Erfolge auf dem Gebiete der Untersuchung chemischer Reaktionen in der Atmosphäre.** P. Harteck und R. Reeves. (Fortschr. Chem. [UdSSR] **32,** 882—95, 1963; russ. — C. **1962,** 10730.) Ch. Weiske 113◇

*0144* **Über den relativistischen K-Schalen-Photoeffekt.** M. Gavrila. (Nuovo Cimento [10] **15,** 691—94, 1960; Bucharest, Parhon-Univ., Dep. of Phys.; engl.) — Theoret. Diskussion u. Vgl. verschiedener Arbeiten. G. Heinsohn 116□

*0145* **Winkelverteilung und Polarisation der Photoelektronen aus der K-Schale bei der Grenze hoher Energie.** Bengt Nagel. (Ark. Fysik **24,** 151—59, 1963; Stockholm, Royal Inst. of Technol., Div. of Math. Phys.; engl.) — Unters. mittels der hypergeometr. Appell-Funktion u. numer. Berechnungen für $\alpha Z = 0{,}3$; 0,6 u. 1. M. Wiedemann 116◇

*0146* **Suche nach einer Isomerenverschiebung im $K\alpha_1$-Röntgenstrahl von $^{169}$Tm.** P. Bergvall, B. Lindström und E. N. Hatch. (Ark. Fysik **24,** 257—67, 1963; Uppsala, Univ, Inst. of Phys.; engl.) — Vgl. C. **1963,** 1542. — Nach dem Zerfall von $^{169}Yb$ durch Elektroneneinfang wird etwa die Hälfte der $K\alpha$-Röntgenstrahlung emittiert, wenn sich $^{169}$Tm in isomeren Zuständen mit 473 u. 379 keV befindet. Infolge der Unterschiede in der Kernladungsverteilung wäre eine Isomerenverschiebung zu erwarten. Eine solche wurde jedoch bei Messungen mit einem Kristallspektrometer mit 2 m Krümmungsradius auch beim Vgl. mit einer $^{169}$Tm-Quelle, wo alle Kerne sich im Grundzustand befinden, nicht gefunden. Als obere Grenze ergibt sich 1,8 eV. M. Wiedemann 116◇

*0147* **Isotopenverschiebungen in der Resonanzlinie des Bogenspektrums von Barium.** D. A. Jackson und Duong Hong Tuan. (Proc. Roy. Soc. [London], Ser. A **274,** 145—53, 1963; Bellevue, Seine-et-Oise, C.N.R.S., Labor. de Bellevue, Labor. Aime Cotton; engl.) — Die Verschiebungen der 5536 Å-Linie von BaI bezogen auf $^{138}$Ba sind: $^{137}$Ba 7,7 (mk); $^{136}$Ba 4,2; $^{135}$Ba 8,4; $^{134}$Ba 4,6; $^{132}$Ba 7,4 u. $^{130}$Ba 7,8. Vgl. mit Werten anderer Autoren. G. Klotz 118◇

*0148* **Intensitätsverhältnisse in den Feinstrukturdubletts des Al III-Spektrums.** A. Kisiel und H. Niewodniczański. (Acta physica polon. **20,** 633—45, 1961; Cracow, Jagellonian Univ., Inst. of Phys.; engl.) — Die Intensitätsverhältnisse in den Feinstrukturdubletts des Al III: $3p\,^2P^0_{1/2,3/2}$–$3s\,^2S_{1/2}$ (A); $4p\,^2P^0_{1/2,3/2}$–$4s\,^2S_{1/2}$ (B); $5s\,^2S_{1/2}$–$4p\,^2P^0_{1/2,3/2}$ (C) u. $4p\,^2P^0_{1/2,3/2}$–$3d\,^2D_{3/2,5/2}$ wurden gemessen u. für (C) das Verhältnis 100 : (94 ± 8) gegenüber dem berechneten von 100 : 50 gefunden. Die Ergebnisse für die anderen Dubletts stimmen mit der Theorie überein. G. Heinsohn 118◇

*0149* **Intensitätsverhältnisse von Spektrallinien in den Tripletts der scharfen Serien von Atomen der zweiten Gruppe des Periodensystems.** Z. Leś und H. Niewodniczański. (Acta physica polon. **20,** 701—14, 1961; Cracow, Jagellonian Univ., Inst. of Phys.; engl.) — Die Intensitätsverhältnisse in den Linien von verschiedenen Zn I-, Cd I- u. Hg I-Tripletts im Sichtbaren u. UV wurden unter verschiedenen Anregungsbedingungen wie Funken, Bogen, elektrodenlose Entladung u. Hohlkathodenentladung gemessen. Die Ergebnisse für die UV-Messungen sind in Übereinstimmung, die für die Tripletts nicht in Übereinstimmung mit der Summenregel. Die größte Abweichung tritt bei Hg, die geringste bei Zn auf. Diese Erscheinungen werden theoret. gedeutet. G. Heinsohn 118◇

*0150* **Änderung der elektronischen Übergangsmomente im Schumann-Runge-Bandensystem des $O_2$-Moleküls.** S. S. Prasad. (Proc. physic. Soc. **80,** 873—76, 1962; Muzaffarpur, Bihar, India, L. S. Coll., Dep. of Phys.; engl.) — Vf. erörtert die r-Zentroide für einige der Banden der ($v' = 0{,}1$ u. 2)-Folgen u. berechnet unter Verw. experimenteller Intensitätsdaten folgende Abhängigkeit des elektron. Übergangsmoments im Bereich 1,51 Å $< r <$ 1,71 Å: $R_e(r) = \text{const.}\,(1 - 0{,}555\,r)$. D. Jörchel 118◇

*0151* **Absorptionskoeffizienten von Ozon im sichtbaren und ultravioletten Bereich.** Edward C. Y. Inn und Yoshio Tanaka. (Advances Chem. Ser. Nr. **21,** 263—68, 1959; San Francisco, Calif., U.S. Naval Radiol. Defense Labor.; Bedford, Mass., Geophys. Res. Directorate, Air Force Cambridge Res. Center, Air Res. and Dev. Command.; engl.) — Vff. vergleichen die $O_3$-Absorptions-Koeff. im sichtbaren u. ultravioletten Bereich mit denen von Vigroux (C. **1954,** 6420). Die experimentellen Meth. zur Darst. u. Reinigung des $O_3$, die Meth. zur Messung der Absorptionsintensität u. die Anordnung der App. werden beschrieben. Im allg. stimmen beide Ergebnisreihen im Bereich der Hartley-, Huggins- u. Chappuis-Banden überein. Die Ergebnisse werden diskutiert. P. Golinske 118◇

*0152* **Absorptionsspektren von Komplexverbindungen von Kupfer(III) in Lösung.** K. B. Jatzimirski und Tschshaoda Lu. (J. anorg. Chem. [UdSSR] **6**, 1129–34, 1961; Iwanowo, Chem.-technol. Inst.; russ.) — Von Perjodatokomplexen von Cu(III) werden bei verschiedenen Konzz. im Bereich $2{,}45 \cdot 10^{-5}-1{,}23 \cdot 10^{-3}$ Mol/Liter in W. Absorptionsspektren aufgenommen u. ausgewertet. Ein Maximum bei 18500 $cm^{-1}$ entspricht d-d-Elektronenübergängen, zwei weitere (24100 u. 27300 $cm^{-1}$) entsprechen Elektronenübergängen von Sauerstoff auf Cu-Ionen. Darst. der Lsgg.: zu 6—10 ml $2{,}05 \cdot 10^{-4}$ oder $5{,}11 \cdot 10^{-3}$m Lsg. von $CuSO_4$ werden 5 ml gesätt. Lsg. von $KJO_4$, 10 ml 1 m KOH, 20 ml W. u. 0,5 g $K_2S_2O_8$ gegeben. Zum Sieden erhitzen u. auf 50 ml auffüllen.

R. Teichmann 118◇

*0153* **Molekularspektroskopie an wasserfreien Uranylsalzen. 3. Mitt. Spektroskopische Charakteristika von wasserfreiem Uranylnitrat und Uranylnitrathexahydrat.** B. Jeżowska-Trzebiatowska, A. Bartecki und B. Kedzia. (Bull. Acad. polon. Sci., Sér. Sci. chim. **10**, 433—38, 1962; Wrocław, Techn. Univ., Dep. II of Inorg. Chem.; engl.) — 2. vgl. C. **1963**, 19101. — Beim Vgl. der Absorptionsspektren von $UO_2(NO_3)_2 \cdot 6\,H_2O$ u. $UO_2(NO_3)_2$ in Dioxan, Aceton, Formamid u. Ae. wurden hypsochromat. Bandenverschiebungen beobachtet, die auf der Verdrängung des W. aus der Koordinationssphäre des $UO_2^+$ durch organ. Lsgm. beruhen. Wahrscheinlich werden die Banden im UV-Bereich durch Elektronenübergänge vom Liganden zu $UO_2^{2+}$ erzeugt.

G. Heller 118◇

*0154* **Mechanische Verschlechterung des Absorptionsspektrums des Cadmiumsulfids.** George W. Ingle. (J. opt. Soc. America **52**, 579—80, 1962; Springfield, Mass., Monsanto Chem. Comp.; engl.) — Ergänzende Notiz zu der Arbeit von Gross u. Mitarbeitern (vgl. Opitk u. Spektroskopie [UdSSR] **11**, [1961], 43) über den Einfl. mechan. Behandlung auf das Absorptionsspektrum von CdS-Kristallen bei tiefen Temperaturen. Die Verschiebung der Absorptionskante zu größeren Wellenlängen u. der Verlust an Schärfe des Spektrums wird auch an $TiO_2$, CdS, CdSe(S) u. Cd(Hg)S beobachtet.

H. Roschkowski 119◇

*0155* **Über die Eigenabsorption in Silberhalogenid.** M. M. Woronzowa. (J. wiss. angew. Photogr. Kinematogr. [UdSSR] **4**, 329—33, 1959; Odessa, Metschnikow-Univ., Physik. Forsch.-Inst.; russ.) — Die Eigenabsorption von AgCl u. AgBr liegt hauptsächlich im UV-Gebiet u. nimmt nach längeren Wellen ab. Die sehr intensiven u. deutlich ausgeprägten Maxima liegen für AgCl bei 250 u. 270, für AgBr bei 270 u. 305 nm. Sie hängen wahrscheinlich mit der Anregung u. Ionisation der $Cl^-$- bzw. $Br^-$-Ionen des normalen Kristallgitters zusammen. Der Abfall der Kurve nach längeren Wellen wird auf die durch den $Ag^+$-Überschuß entstandenen Zentren zurückgeführt. Der Beginn der Absorption des Kristallgitters wird für AgCl bei ca. 370, für AgBr bei ca. 400 nm angenommen.

R. K. Müller 119◇

*0156* **Struktur des F-Zentrums in NaF.** William T. Doyle. (Physic. Rev. [2] **131**, 555—62, 1963; Hanover, N.H., Dartmouth Coll., Phys. Dep.; engl.) — Die Elektron-Kern-Doppelresonanz-Meth. (ENDOR) wird zur Unters. der F-Zentrenstruktur in NaF benutzt. Die erhaltenen Strukturen zeigen gute Übereinstimmung mit den durch EPR-Spektren erhaltenen.

R. Nink 119◇

*0157* **Mechanismus für die Erzeugung von F-Zentren in NaCl durch Bestrahlung mit $\gamma$-Strahlen.** J. H. Crawford jun. und F. W. Young jun. (J. appl. Physics **31**, 1688—89, 1960; Oak Ridge, Tenn., Oak Ridge Nat. Labor., Solid State Div.; engl.) — Experimentelle Unterss. u. theoret. Überlegungen zeigen, daß der von Seitz (Rev. mod. Physics **26**, [1954], 1; vgl. auch C. **1955**, 5477) vorgeschlagene Mechanismus der F-Zentren-Bldg. bei $\gamma$-Bestrahlung durch Verdampfung von Leerstellen aus Versetzungen, wenn er überhaupt auftritt, nur eine untergeordnete Bedeutung haben kann.

D. Jörchel 119◇

*0158* **Über das Entstehen der $OH^-$-Bande bei elektrolytischer Verfärbung verschiedener NaCl-Kristalle.** A. Trutia und R. Voszka. (Physica Status solidi [Berlin] **3**, K175—K177, 1963; Bukarest, Rumän. Akad. der Wiss., Physikal. Inst.; Budapest, Medizin.-physikal. Inst.; dt.) — Verschiedene NaCl-Kristalle werden elektrolyt. verfärbt (vgl. Sander, C. **1963**, 17585) u. die Absorptionsspektren gemessen. Mit den Ergebnissen wird ein in einer früheren Arbeit (vgl. Voszka u. Mitarbeiter, C. **1963**, 17219) aufgetretener Meßfehler korrigiert. Folgende Ergebnisse werden zusammengefaßt: Nur bei $OH^-$-Überschuß ist vor der elektrolyt. Verfärbung eine Bande bei 185 nm vorhanden, deren Stärke nicht vom gesamten OH-Geh. des Kristalls, sondern nur von der $OH^-$-Überschuß-Konz. abhängt. Sind zweiwertige Kationen ($Ca^{2+}$) im Überschuß, existiert nur die OH-Bande im IR. Bei elektrolyt. Verfärbung erhöht sich die Stärke der $OH^-$-Bande, da „Verbb." zwischen OH u. zweiwertigen Kationen zerstört werden. Die Verfärbung erfolgt leichter, wenn keine OH-Bande bei 185 nm vorhanden ist. Kristalle mit 1% NaOH-Zusatz erleiden an der Kathode eine Gitterzerstörung.

H. Roschkowski 119◇

*0159* **Über die N-Zentren in KCl.** Sadao Hattori. (J. physic. Soc. Japan **17**, 1454—64, 1962; Nagoya, Aichi Gakugei Univ., Nagoya Branch, Dep. of Nat. Sci.; engl.) — Unterss. der opt. u. therm. Eigg. der N ($N_1$ u. $N_2$)-Zentren in additiv verfärbten KCl-Kristallen. Die Zentren sind opt. stabil, therm. sensitiv. $N_1$-Zentren entstehen bei therm. Abbau von R-Zentren; bei Einstrahlung in die $N_1$-Bande werden R-Zentren erzeugt. Die Eigg. der $N_2$-Zentren sind sehr ähnlich denen der R-Zentren. Diskussion des Pick-Modells der N-Zentren.

J. M. Spaeth 119◇

*0160* **Fallen-Charakter des M-Zentrums in verfärbtem KCl.** Hiroshi Ohkura und Sei-ichi Nagata. (J. physic. Soc. Japan **17**, 1069—70, 1962; Osaka, Osaka City Univ., Dep. of Appl. Phys.; engl.) — Messungen der opt. Absorption bei —180° an verfärbtem KCl zeigen, daß das M-Zentrum ähnlich wie das F-Zentrum beim F → F'-Prozeß bei —100° ein Photoelektron einfangen u. zum negativ geladenen M'-Zentrum werden kann. Die M'-Absorptionsbande liegt zwischen 700 u. 2000 nm.

J. M. Spaeth 119◇

*0161* **Über die optische Absorption von Schichten aus $PbCl_2$ und des Systems TlCl–KCl.** Karl-Jürgen Best. (Z. Physik **163**, 309—20, 1961; Göttingen, Univ., I. Phys. Inst.; dt.) — Vf. untersuchte die Absorption von durch abschreckende Kondensation hergestellten amorphen Filmen aus $PbCl_2$ u. vergleicht das Spektrum mit dem des $PbCl_2$ in normalem Zustand. Der Übergang vom amorphen in den kristallinen Zustand wird durch einen irreversiblen Sprung in der Absorptionskurve bei 260° K angezeigt. Diese relativ hohe Kristallisations-Temp. ist anscheinend auf die komplizierte Struktur des $PbCl_2$ zurückzuführen. Vf. nahm ebenfalls die opt. Absorptionsspektren von Aufdampfschichten des Syst. TlCl–KCl auf u. fand eine Verschiebung der Absorptionsbanden in Abhängigkeit von der Zus., u. zwar mit abnehmendem TlCl-Geh. stetig zu höheren Energien hin. Das 3,46 eV-Maximum des reinen TlCl ist der A-Bande des KCl: Tl-Phosphors zuzuordnen. Andererseits besteht zwischen dem 5,82 eV-Maximum von TlCl u. den bekannten Banden des KCl: Tl keine Verbindung.

O. Kurzmann 119◇

*0162* **Natur des $V_1$-Zentrums.** Frederick Seitz. (Phys. Rev. Letters **7**, 282—83, 1961; Urbana, Ill., Univ., Dep. of Phys.; engl.) — Diskussion verschiedener Modelle des $V_1$-Zentrums. Vf. schlägt folgendes Modell vor: ein negatives Ion auf Zwischengitterplatz, das tetraedr. von gleichen u. ungleichen Nachbarn umgeben ist, d. h. eine (1/4, 1/4, 1/4)-Position einnimmt.

J. M. Spaeth 119◇

*0163* **Die Summenregel in der Theorie der Excitonenabsorption des Lichtes.** I. P. Dsjub. (Festkörperphysik [UdSSR] **5**, 1577—85, 1963; Kiew, Akad. der Wiss. der Ukrain-SSR, Phys. Inst.; russ.) — Entwickelt wird eine Meth. zur Berechnung der Momente der Excitonenabsorptionskurven. Diese Momente werden für Mott-Excitonen als Funktion der Temp. mitgeteilt. Die Form der Excitonabsorptionsmaxima ist mit der Struktur der Energiebänder der Excitonen verknüpft u. wird für eine quadrat. $\varepsilon$(k)-Abhängigkeit durch das Vorzeichen der effektiven Masse bestimmt. Die experimentelle Realisierung der Ergebnisse wird diskutiert.

K. Jaeger 119◇

*0164* **Anregung mechanischer Excitonenwellen durch ein elektromagnetisches Wellenfeld auf der Oberfläche eines optisch-aktiven Kristalls.** Ju. A. Zwirko. (Festkörperphysik [UdSSR] **5**, 1496—1510, 1963; Odessa, Metschnikow-Univ.; russ.) — Untersucht wird die Wechselwrkg. zwischen elektromagnet. Wellen u. Excitonen in einem einaxialen, opt.-akt. Kristall ohne Schraubenachsen. Für doppelt entartete Excitonenbänder ist, für große k-Vektoren parallel zur opt. Achse, die $\varepsilon$(k)-Abhängigkeit charakterist. unterschiedlich beim Vorhandensein oder Fehlen einer Schraubenachse. Für den Fall eines dünnen Blättchens, dessen opt. Achse parallel zur Blättchendicke verläuft, treten zusätzliche Rand-

probleme auf, wenn die elektromagnet. Welle parallel zur opt. Achse fortschreitet. Diese Randbedingungen verbinden die langwelligen u. kurzwelligen Licht-Excitonen. Kurzwellige Licht-Excitone müssen in der Nähe der Resonanzfrequenz $\omega_0$ in Rechnung gestellt werden, um das Energieprinzip nicht zu verletzen. Sie sind jedoch für $|(\omega-\omega_0)/\omega_0| \gtrsim 10^{-2}$ unwichtig, solange nur kohärente Wellen betrachtet werden. Der Einfl. mkr. Oberflächenunregelmäßigkeiten wird diskutiert.
K. Jaeger 119◇

*0165* **Elastische Streuung nichtlokalisierter Mott-Excitonen an Versetzungen.** M. A. Ruwinski. (Festkörperphysik [UdSSR] **5**, 1706–13, 1963; Drogobytsch, Päd. Inst.; russ.) — Berechnet werden die Wrkg.-Querschnitte der unelast. Streuung eines Mott-Excitons an Kanten- u. Schraubenversetzungen. Für den Fall der Streuung an Schraubenversetzungen werden die Relaxationszeit u. die mittlere Freie Weglänge mitgeteilt. Diese Streuung wird mit der Streuung an Phononen u. Verunreinigungen verglichen.
K. Jaeger 119◇

*0166* **Frenkel-Excitonen in Kristallen verschiedener Symmetrie.** W. N. Pisskowoi. (Festkörperphysik [UdSSR] **4**, 1393–99, 1962; Kiew, Akad. der Wiss. der UkrainSSR, Inst. für Halbleiter; russ.) — Die Energie eines Frenkel-Excitons wird für kleine Wellenvektoren mit Hilfe der linearen Heitler-Londonschen Meth. berechnet. Für Kristalle der Symmetrie $O_h$ werden Wellenfunktionen mitgeteilt. Angeregte Zustände, die nicht über Dipolübergänge zu erreichen sind, werden erörtert.
P. Frenzel 119◇

*0167* **Optische Absorption von thermisch erzeugtem Si-Oxid-Film.** Hiroshi Edagawa, Yoshinori Morita und Yoshio Inuishi. (J. physic. Soc. Japan **18**, 314–15, 1963; Kobe, Kobe Kogyo Corp.; Osaka, Univ., Coll. of Engng.; engl.) — Si-Proben werden in gesätt. Wasserdampf oxydiert, wodurch ca. 0,5 $\mu$ dicke Oxidfilme erzeugt werden. Von den oxydierten Proben werden vor u. nach Bestrahlung mit $2 \cdot 10^7$ r ($^{60}$Co-$\gamma$-Strahlung) die opt. Absorptionsspektren zwischen 2 u. 15 $\mu$ untersucht. Der Absorptions-Koeff. der 9 $\mu$-Bande des Oxidfilms nimmt durch $\gamma$-Bestrahlung bes. an der Si-Si-Oxid-Grenzfläche beträchtlich ab. Die Abnahme hängt offenbar mit dem Verschwinden der durch Oxydation gebildeten n-leitenden Schicht zusammen.
Herbert Müller 119◇

*0168* **Plasmaresonanzabsorption in dünnen Metallfilmen.** Masumi Hattori, Kazuo Yamada und Hideo Suzuki. (J. physic. Soc. Japan **18**, 203–06, 1963; Nagoya, Univ., Phys. Inst.; engl.) — Vff. untersuchen die Resonanzabsorption (RA) von in dünne Metallfilme eingestrahltem Licht; die RA wird als Beispiel der Plasmaresonanz behandelt. Die Ra wird durch Anregung von an der Oberfläche gebundenen Plasmonen mit Licht verursacht u. entspricht dem umgekehrten Prozeß der Strahlungsübergänge. Mit der DK werden Reflexionsvermögen u. Transmissions-Koeff. von Ag-Schichten berechnet u. mit Meßwerten von Yamaguchi (J. physic. Soc. Japan **17**, [1962], 1172) verglichen.
Herbert Müller 119◇

*0169* **Wechselwirkung des Festkörperplasmons mit Strahlung.** 2. Mitt. **Optische Absorption von dünnen Metallfilmen.** Noboru Matsudaira. (J. physic. Soc. Japan **18**, 380–87, 1963; Tokyo, Univ. of Tokyo, Coll. of Gen. Educat., Inst. of Phys.; engl.) — 1. vgl. J. physic. Soc. Japan **17**, [1962], 1563. — Vf. untersucht theoret. die Absorptionsquerschnitte $\sigma_d$ von dünnen Metallfilmen für parallel zur Einfallsebene polarisiertes Licht. Die opt. Absorption der Filme zeigt Resonanzen an Stellen der Plasmafrequenz des kompakten Metalls, wenn der imaginäre Teil der DK genügend klein ist. Diese Resonanzabsorption ist auf die Anregung von Plasmaschwingungen im Film zurückzuführen. Pro Elektron ist $\sigma_d$ der Filmdicke umgekehrt proportional. Für 100 Å dicke *Al*-Schichten wird $\sigma_d$ zu $10^{-17}$ cm²/Elektron berechnet.
Herbert Müller 119◇

*0170* **Niedrig liegende Energieverluste in Silberfilmen.** Masumi Hattori und Kazuo Yamada. (J. physic. Soc. Japan **18**, 200–02, 1963; Nagoya, Univ., Phys. Inst.; engl.) — Vff. diskutieren die Beziehung zwischen Plasmaschwingungen an der Metalloberfläche u. den homogenen Lösungen der Strahlungsgleichung nach Maxwell.
Herbert Müller 119◇

*0171* **Optische Eigenschaften von Silberfilmen. Direkte Beobachtung des Im 1/ε-Spektrums.** Shigeo Yamaguchi. (J. physic. Soc. Japan **18**, 266–72, 1963; Tokyo, Metropol. Univ., Fac. of Sci., Dep. of Phys.; engl.) — Durch Vakuumaufdampfen mit Aufdampfgeschw. von 30 Å/s werden auf Quarzträgern Ag-Schichten erzeugt. Von den Schichten werden Reflexions- u. Transmissions-Koeff. für normal zur Schichtebene polarisiertes Licht mit Wellenlängen von 3000 bis 6000 Å bestimmt. Das Spektrum wird mit Werten verglichen, die mit bekannten opt. Konst. des Ag berechnet werden. Unterschiede zwischen beiden Spektren sind offenbar auf eine starke Anisotropie der dielektr. Eig. der Ag-Filme zurückzuführen. Die Anwendbarkeit der Meth. auf den UV-Bereich wird diskutiert.
Herbert Müller 119◇

*0172* **Optische Eigenschaften und Struktur dünner metallischer Schichten. Einfluß der Bildungsgeschwindigkeit.** Roger Philip. (Ann. Physique **5**, 805–64, 1960; Marseille, Fac. des Sci., Labor. de Phys. Gén.; franz.) — Vf. berichtet über eine systemat. Unters. der opt. Eigg. dünner *Au*- u. *Ag*-Schichten als Funktion der Wellenlängen 2967–5780 Å. Weiter wurde der Einfl. der Bldg.-Geschw. auf die opt. Eigg. der dünnen Au- u. Ag-Schichten näher untersucht. Die Vers.-Ergebnisse sind tabellar. u. graph. wiedergegeben.
C. Gottfried 119△

*0173* **Untersuchungen über die optischen Eigenschaften, die Struktur und die Entwicklung dünner fester Schichten.** M. Trompette. (Ann. Physique **5**, 915–72, 1960; Marseille, Univ., Fac. des Sci.; franz.) — Untersucht wurden die opt. Konst. (Transmissions-, Reflexions- u. Absorptionsfaktoren) verschieden dicker Schichten von *Ag*, *Pd*, *Tl*, *Pb*, *Na*, *Ca*, *Sn* u. *Ge*. Die Vers.-Ergebnisse sind tabellar. u. graph. zusammengestellt u. werden ausführlich besprochen.
C. Gottfried. 119△

*0174* **Optische Streuung an dünnen Metallschichten.** Roger Garron. (C. R. hebd. Séances Acad. Sci. **254**, 2952 bis 2954, 1962; Marseille, M.P.C., Labor. de Phys.; franz.) — Vf. untersuchte mit Hilfe einer speziellen App. die opt. Streuung an dünnen Schichten von *Ag* u. *Al*. Das gestreute Licht wurde von der inneren Oberfläche eines geschlossenen Metallzylinders aufgefangen, der die Kathode einer photoelektr. Zelle bildete. Die dünne Schicht des zu untersuchenden Metalls, die auf ein Quarzplättchen, das in eine metall. Fassung gespannt war, therm. aufgetragen wurde, bildete die Anode. Die Fassung, die isoliert aufgehängt war, wurde mit dem positiven Pol einer variablen Spannungsquelle verbunden. Die ganze App. stand unter Vakuum u. das Licht fiel unter 45° auf die Anode. Wie die Messungen zeigten, hängt die maximale Größe der Streukoeff. von der Wellenlänge des einfallenden Lichtes u. der Dicke der Schicht ab. Während die Intensität des diffusen Lichtes bei Ag nur $^1/_{100}$ des einfallenden Lichtes beträgt, liegt der Wert für Al bei 5%. Für Ag variiert das Streumaximum zwischen den Schichtdicken 23 u. 44 nm, wenn die Wellenlänge des einfallenden Lichtes von 244 bis 313 nm wächst; für Al sind die entsprechenden Werte 46 u. 54 nm bzw. 244–366 nm.
H. Fries 119◇

*0175* **Zur graphischen Bestimmung der Brechungsindices in bezug auf eine ebene Welle, die einen 2-achsigen Kristall in beliebiger Richtung durchquert.** G. Sabatier. (Bull. Soc. franç. Mineralog. Cristallogr. **84**, 403, 1961; Paris, Sorbonne, Labor. de Minér. Cristallogr.; franz.) — Mathemat. Entw. einer abgekürzten Methode.
F. Ensslin 119◇

*0176* **Refraktometrische Untersuchung des Systems Ammoniumnitrat–Harnstoff im geschmolzenen Zustand.** Ju. I. Wessnin. (J. anorg. Chem. [UdSSR] **8**, 2006–07, 1963; Inst. für anorg. Chem. der Sibir. Abt. der Akad. der Wiss. der UdSSR; russ.) — Im Temp.-Intervall 50–200° werden für das Syst. $NH_4NO_3$–$CO(NH_2)_2$ im Bereich von 0–100 Mol.-% $NH_4NO_3$ die Abhängigkeit zwischen Zus. u. FF. sowie die Änderung der Brechungsindices untersucht. Ein extrem tiefschm. eutekt. Punkt bei ca. 45° mit XX $n_D$ = 1,496 wird beobachtet, sowie ein Umwandlungspunkt zwischen kub. Hochtemp. u. Tieftemp.-Modifikation des $CO(NH_2)_2$ bei 103° durch Unterss. der Abhängigkeit des Brechungsindex von der Temp. nachgewiesen.
W.-D. Heußner 119◇

*0177* **Dispersion der Doppelbrechung der Chlorite und ihrer Zusammensetzung.** Je. W. Burikow. (Hochschulnachr. [Moskau], Geol. Schürfung **6**, 70–82, 1963; Moskau, Lomonossow-Univ.; russ.) — Vf. untersuchte den Einfl. des isomorphen Ersatzes von Al auf Tetraederplätzen durch Si, des Ersatzes $R_2^{3+}$ gegen $R_3^{2+}$, der isovalenten Isomorphie vom

Typ $Fe^{2+} \rightarrow$ Mg u. übriger Formen des isomorphen Ersatzes auf die Dispersion der Doppelbrechung der Chlorite. Es werden Möglichkeiten der opt. Unterss. polymorpher Erscheinungen an Chloriten aufgezeigt. Zur exakten kristallchem. Klassifikation wurde ein Diagramm „Dispersion der Doppelbrechung-Zus." aufgestellt, wobei die Zus. der Chlorite durch die relativen Atommengen, die sich in den Elementarzellen befinden, ausgedrückt wird. H. Kelch 119◇

*0178* **Defekte in Maser-Rubinkristallen.** G. D. Adam, K. J. Standley, B. E. Storey. (Brit. J. appl. Physics **14**, 606, 1963; Univ. of Nottingham, Dep. Phys.; engl.) — ESR-Messungen an Kristallen mit verschiedenem Cr-Geh. bei 77° K u. Raum-Temp. zur Auffindung bes. schwer nachweisbarer Defekte. R. Nink 119◇

*0179* **Kohärenz und Zeitabtastung des Strahlungsspektrums eines optischen Rubin-Generators.** W. W. Korobkin und A. M. Leontowitsch. (J. exp. theoret. Physik [UdSSR] **44**, 1847—51, 2 Tafeln, 1963; Akad. der Wiss. der UdSSR, Lebedew-Inst. für Phys.; russ., Auszug: engl.) — Es wird gezeigt, daß die Strahlung eines opt. Kristall-Generators aus Rubin in allen Richtungen kohärent ist u. daß die Oscillationen bei —165° regelmäßig sind. Es wird ferner das Spektrum sowie die Divergenz der Strahlung einzelner Impulse untersucht. Obgleich die Erzeugerfrequenz axialen Moden entspricht, trifft dieses für die Strahldivergenz nicht zu, sie ist ebenso nicht durch opt. Inhomogenitäten im Kristall bedingt. D. Noack 119◇

*0180* **Normalschwingungen von Ge und Si auf Grund von Theta-Reihenentwicklung.** A. B. Almazov. (Physics Letters [Amsterdam] **2**, 277, 1962; Moscow, Inst. of Gen. and Inorg. Chem.; engl.) — Dispersionskurven können durch einfache Kombination von Theta-Funktionen analyt. beschrieben werden. Kurven für Ge u. Si werden berechnet. Das Verf. ist auch auf *Diamant* u. *Cu* anwendbar. K.-E. Müller 120◇

*0181* **Gitterschwingungsspektren von Germanium-Silicium-Legierungen.** R. Braunstein. (Physic. Rev. [2] **130**, 879—87, 1963;, Princeton, N.J., RCA Labor.; engl.) — Zwischen 8 u. 48 $\mu$ werden die IR-Gitterabsorptionsspektren aufgenommen, um Aussagen über die Spektren ungeordneter Kristalle zu erhalten. Die Zus. der Proben wird zwischen reinem Ge u. reinem Si variiert. Die wichtigsten 2-Phononen-Kombinationen können identifiziert werden. Die Ergebnisse werden mit verschiedenen theoret. Vorhersagen für die Gitterabsorptionsspektren ungeordneter Kristalle verglichen. R. Nink 120◇

*0182* **Zur Näherung in der Theorie der Polarisierbarkeit bei der Raman-Streuung durch Kristalle.** W. L. Strishewski. (Festkörperphysik [UdSSR] **5**, 1511—13, 1963; Kiew, Schewtschenko-Univ.; russ.) — Mit Hilfe einer Summation wird der allg. Ausdruck für den Raman-Tensor umgewandelt in Matrixelemente zwischen dem anfänglichen u. dem Endschwingungszustand. Diese Matrixelemente hängen nur von den Schwingungskoordinaten ab. Zu dieser Umwandlung wird eine Näherung benutzt, die der Näherung für die Polarisierbarkeit, wie sie in der Theorie der Raman-Streuung benutzt wird, analog ist. K. Jaeger 120◇

*0183* **Indikatrix der Raman-Streuung in kristallinen Medien.** I. I. Kodilenko, E. M. Werlan, P. A. Korotkow und W. L. Strishewski. (Festkörperphysik [UdSSR] **5**, 1595—1600, 1963; Kiew, Schewtschenko-Univ.; russ.) — Abgeleitet werden allg. Ausdrücke für die Winkelabhängigkeit der Raman-Streuintensität in einem beliebigen Kristall. Die Ergebnisse werden an der *Quarz*-Schwingung bei 466 cm$^{-1}$ zwischen 40 u. 140° bestätigt. Aus diesen Verss. wird der Winkel zwischen der Si—O-Bindung u. der opt Achse zu ca. 56° bestimmt (röntgenograph.: 54° 44'). K. Jaeger 120◇

*0184* **Raman- und Rayleigh-Streuung des Lichtes an Störstellenzentren in Festkörpern.** A. F. Lubtschenko und B. M. Pawlik. (Festkörperphysik [UdSSR] **5**, 1714—23, 1963; Kiew, Akad. der Wiss. der UkrainSSR, Phys. Inst.; russ.) — Behandelt werden die Raman- u. Rayleigh-Streuung des Lichtes an Störstellenzentren in Festkörpern. Berechnet werden Streu- u. Anregungsspektren. Für Übergänge unter Strahlung, während deren nur ein geringer Energieanteil an das Gitter übertragen wird, besteht das Streuspektrum aus „normalen" Streulinien u. einem langwelligen Schwanz von Sekundärlinien. In der Nähe eines Absorptionsmaximums nimmt die integrale Streuintensität mit der Frequenz $\nu$ des anregenden Lichtes schneller als $(\nu-\Omega_0)^4\alpha(\nu)^2$ zu ($\Omega_0$ = Schwingungsfrequenz eines Störstellenatoms, $\alpha(\nu)$ = Absorptions-Koeff.). K. Jaeger 120◇

*0185* **Zeeman-Effekt im Grundmultiplett von Samarium.** F. M. J. Pichanick und G. K. Woodgate. (Proc. Roy. Soc. [London], Ser A **263**, 89—99, 1961; Oxford, Univ., Clarendon Labor.; engl.) — Mit Hilfe der magnet. Atomstrahlresonanz-Meth. wurden die $g_J$-Faktoren für alle Niveaus des Grundterms $^7F$ von Sm zu $g_{J=1} = 1{,}49840 \pm 0{,}00005$; $g_{J=2} = 1{,}49779 \pm 0{,}00003$; $g_{J=3} = 1{,}49707 \pm 0{,}00003$; $g_{J=4} = 1{,}49625 \pm 0{,}00004$; $g_{J=5} = 1{,}49533 \pm 0{,}00006$ u. $g_{J=6} = 1{,}49419 \pm 0{,}00010$ bestimmt. Die Ergebnisse werden theoret. diskutiert. Ferner wird der $g_J$-Wert des Niveaus $^8S_{7/2}$ von *Eu* zu $1{,}99340 \pm 0{,}00007$ gemessen. G. Heinsohn 121◇

*0186* **Dünne Metallschichten bei Millimeterwellenmessungen.** M. H. Cufflin. (Electronic Engng. **33**, 808—10, 1961; Marconi's Wireless Telegraph Co. Ltd.; engl.) — Für Millimeterwellenmessungen mußten Kopplungs- u. Reflektorscheiben für kreisrunde Hohlleiter entwickelt werden. Zu diesem Zweck wurden auf dünne Glasscheiben aufgedampfte Metallschichten (Al u. Au) mit u. ohne Schlitze untersucht. I. Zoll 121◇

*0187* **Analyse der Schwingung eines Gaslasers durch gepulste Spannung.** Claude Brachet, Bernard Decomps, Georges Durand, Louis Heriard-Dubreuilh, Henri Lamain, Pierre Vasseur und Philippe Vautier. (C. R. hebd. Séances Acad. Sci. **255**, 73—75, 1962; École Polytechn., Labor. de Phys.; franz.) — Es wurde die Funktion eines Gaslasers (Ne-He) durch Anregung mit Hochfrequenz (HF) untersucht. Abhängig von der Stärke des HF-Feldes wurden die Verzögerung der Zündung, die Amplitude des Schlußimpulses nach Abschalten der HF u. die Intensität des Lasersignals gemessen. Helmut Seifert 121□

*0188* **Ausgangsleistung eines 6328-Å-Gasmasers.** A. D. White, E. I. Gordon und J. D. Rigden. (Appl. Physics Letters **2**, 91—93, 1963; Murray Hill, N.J., Bell Telephone Labor., Inc.; engl.) — Unters. der Ausgangsleistung eines *He-Ne*-Gasmasers als Funktion der akt. Plasmalänge u. des Entladungsstroms. G. Klotz 121◇

*0189* **Zwischenbandübergang und Maserbetrieb.** W. P. Dumke. (Physic. Rev. [2] **127**, 1559—63, 1962; Yorktown Heights, N.Y., IBM Corp.; engl.) — Vf. diskutiert die Möglichkeit der Anwendung von Zwischenbandübergängen auf den Maserbetrieb. Die Absorptions-Konst. für Zwischenbandübergänge, die in Ggw. einer Besetzung negativ ist (entsprechend einer induzierten Emission), wird mit der normalen Absorptions-Konst. für direkte, indirekte u. indirekte Excitonenanregungen verknüpft. Vf. zeigt, daß zwar in Ge ein Maserbetrieb unter Verw. indirekter Übergänge oder indirekter Excitonenübergänge durch Absorption infolge freier Träger verhindert wird, jedoch in GaAs oder anderen Materialien mit einem direkten verbotenen Band möglich ist. D. Jörchel 121◇

*0190* **Anwendung der Prinzipien der Doppelresonanz auf die Realisierung von Atomuhren.** Maurice Arditi. (Ann. Physique **5**, 973—1025, 1960; Paris, Univ., Fac. des Sci.; franz.) — Vf. beschreibt ausführlich die Anwendung der Doppelresonanz zum Nachw. der Hyperfeinübergänge von $^{23}Na$, $^{85}Rb$, $^{87}Rb$ u. $^{133}Cs$ in einer einfachen Gaszelle, um einen Frequenzstandard hoher Genauigkeit zu erhalten. C. Gottfried 121△

*0191* **Luminescenzmessung.** G. P. Burn. (Electronic Engng. **33**, 806—07, 1961; Oxford, Radcliffe Infirmary, Nuffield Dep. of Clin. Biochem.; engl.) — Es wird ein Gerät beschrieben, mit dem man sehr schwache Luminescenz durch Zählen der Ausgangsimpulse eines Photomultipliers messen kann. Es besteht aus dem Multiplier, seiner Stromversorgung u. Vorverstärker, dessen Ausgang in einem Standard-Impulshöhendiskriminator u. -zähler gespeist wird. I. Zoll 125◇

*0192* **Einfluß des Oberwellenanteils der Anregungsfrequenz auf das mittlere Leuchten einer Elektroluminescenzzelle.** Gilles Bataille r. (C. R. hebd. Séances Acad. Sci. **255**, 94—96, 1962; Fac. des Sci. de Poitiers, Labor. d'Électron. appl.; franz.) — Es wurde festgestellt, daß das mittlere Licht der Elektroluminescenzzelle bei Oberwellenanteilen bis zu

50—90% größer als das bei reinen Anregungswellen erhaltene ist. Dies gilt über einen sehr großen Spannungsbereich, wobei bei zunehmender Spannung der Oberwellenanteil steigen darf. Helmut Seifert 125□

*0193* **Durch Tunnelinjektion erzielte Elektrolumineszenz.** Albrecht G. Fischer und Herbert I. Moss. (J. appl. Physics **34,** 2112—13, 1963; Princeton, N.J., R.C.A. Labor.; engl.) — In den II–VI-Verbb. mit großem Bandabstand erweist es sich als schwierig, p–n-Elektrolumineszenz zu erzeugen, da man diese Halbleiter nicht p- u. n-leitend machen kann. Vff. beschreiben ein neues Verf., das diese Schwierigkeit umgeht. Dabei wird das lumineszierende, halbleitende Material I (z. B. CdS, ZnS, ZnSe, ZnTe, GaP) durch dünne isolierende Schichten (MgO, $Al_2O_3$) von einem anderen Halbleiter II ($SnO_2$, CuJ) getrennt. Das Fermi-Niveau der Halbleiter II liegt derartig, daß bei Anlegen von Spannung Ladungsträger die dünne isolierende Schicht durchtunneln u. in den Halbleiter I eindringen. Dort geben sie, indem sie strahlungslos rekombinieren, Anlaß zu p–n-Lumineszenz. K. H. Härdtl 125◇

*0194* **Chemilumineszenz.** Taro Hayashi. (Kagaku [Science] **33,** 114—19, 1963; Tôkyô, Otyanomizu-Zyosi-Daigaku; jap.) — Übersicht. — 17 Literaturangaben. E. Maekawa 125◇

*0195* **Lumineszenz von Aluminium-Elektroden bei der elektrolytischen Oxydation mit Wechselstrom.** T. Lewowski. (Acta physica polon. **23,** 215—20, 1963; Wrocław, Univ., Inst. for Exp. Phys.; engl.) — Vf. untersuchte die Lumineszenzerscheinungen bei der elektrolyt. Oxydation von 0,1 mm dicken Al-Folien in 1—3%ig. $(COOH)_2$-Lsg. mit oder ohne Zusatz von 5 g/Liter $Na_2B_4O_7$ durch Wechselstrom von 50 Hz. Es wurde festgestellt, daß die spektrale Verteilung der Lumineszenz von der Zus. des Elektrolyten abhängt. E. Winkler 125◇

*0196* **Fluoreszenz, Phosphoreszenz und „Reduktion" einer mit Mangan aktivierten Probe von Willemit.** Hector A. Arduino, Juan C. Guebci, Andrea Levialdi und Norberto Majlis. (J. Physique Radium **22,** 220—24, 1961; Buenos-Aires, Fac. de Cienc. Exactas y Naturales, Dep. de Fis.; franz.) — In Fortsetzung früherer Unterss. von Arduino u. Mitarbeitern (vgl. C. R. hebd. Séances Acad. Sci. **250,** [1960], 831) u. mit dem l. c. beschriebenen Phosphoroskop photographierten Vff. die Anregungs- u. Abklingkurven von 1% Mn enthaltendem Willemit zwischen 15 u. 200°, wobei als anregende Strahlung Licht der Wellenlänge 2537 Å verwendet wurde. An vergrößerten Negativen wurde die Lichtsumme gemessen u. mit dem gesamten Extinktionslicht verglichen. Aus der zuerst bestimmten Änderung der Emission unter Anregung u. der Extinktion als Funktionen der Zeit u. der Temp. ergab sich, daß sich die Intensität der relativen Sättigung linear mit der Temp. ändert, was beweist, daß die Emissionszentren linear red. werden. Die Red. als Funktion der Temp. zwischen 60 u. 200° ergab, daß während einer Zeit $< 10$ ms die Änderung der Red. linear u. schnell u. hierauf nahezu konst. erfolgt. Die Red. als Funktion der Zeit folgt einem sehr ähnlichen Gesetz. Die Anwendung einer Meth. von Saddy (vgl. J. Physique Radium **20,** [1959], 890) ergab, daß man 2 Fluoreszenzemissionen mit den mittleren Lebensdauern von $2{,}1 \pm 0{,}2 \cdot 10^{-3}$ u. $5{,}5 \pm 0{,}3 \cdot 10^{-3}$ s u. eine Phosphoreszenzemission mit $E = 0{,}41 \pm 0{,}02$ eV unterscheiden muß. C. Gottfried 125△

*0197* **Über die Ausbildung einer leuchtfähigen Struktur beim $CaWO_4$.** R. Piwonka. (Mber. dtsch. Akad. Wiss. Berlin **4,** 24—26, 1962; Liebenwalde, Phys.-Techn. Inst. der Dt. Akad. der Wiss., Bereich Lumineszenzforsch.; dt.) — Die Temperung von gefälltem $CaWO_4$, das durch Umsetzung von Alkaliwolframat- u. $CaCl_2$-Lsg. dargestellt wurde u. dessen annähernd kugelförmige Teilchen einen Ø von ca. 30 μ aufweisen, wurde zwischen 100 u. 800° mit Hilfe der Lumineszenz, der DTA, der mkr. Betrachtung u. von Röntgenaufnahmen verfolgt. Bis 400° nimmt die Lumineszenz kontinuierlich zu, während bei 500° ein schneller Lumineszenzanstieg erfolgt. Der progressive Anstieg ist auf den Zerfall der Kristalle in kleinere definierte Kristallite zurückzuführen, wobei die Ursache für den Zerfall Einschlüsse aus der Mutterlauge sind. $CaWO_4$, das nur W. u. $NH_4Cl$ enthielt, zeigt bei der Temperung diesen Verlauf nicht, so daß dem gebundenen W. ein hemmender Einfl. zugeschrieben werden kann. G. Herzog 125◇

*0198* **Kathodenlumineszenz von Cadmiumsulfid.** F. Bombré und F. Gans. (J. Physique Radium **24,** 143—45, 1963; franz.) — Vgl. C. **1964,** 12-0180. — Die Kathodenlumineszenz von CdS-Pulver, CdS(Ag)-Pulvern u. CdS-Kristallen besteht bei 300° K aus 3 Banden bei 5100, 6050 u. 7200 Å. Bei 77° K werden neben der grünen Kantenemission blaue Banden beobachtet: 1. E ⊥ c bei 4880, 4920, 5020 Å (stark); 2. E ∥ c bei 4870, 4940, 5020 Å (schwach). Die Spannung betrug 25 kV, der Strom bis zu 100 μA, der Brennfleck ca. 0,1 mm². Die 5100-Å-Bande verschiebt sich mit steigender Intensität zum Roten hin. R. Rass 125◇

*0199* **Temperversuche an ZnCdSAg.** H. Ortmann. (Mber. dtsch. Akad. Wiss. Berlin **4,** 32—35, 1962; Liebenwalde, Phys.-Techn. Inst. der Dt. Akad. der Wiss., Bereich Lumineszenzforsch.; dt.) — Für die Ausbildung von ZnCdS-(Ag)-Luminophoren ist, bei Einsatz von $N_2$/HCl als Schmelzmittelgas, die Temp. im Temperbereich von 300—900° ohne Einfluß. Die Verw. von 2% NaCl an Stelle von HCl als Schmelzmittel führt dagegen zum Auftreten der blauen Lumineszenz gegenüber der sonst vorhandenen grünen, wobei die Verschiebung des Maximums 100 Å beträgt. Der Cd-Geh. der kurzwellig emittierenden Präpp. ist geringer als der der langwellig emittierenden. G. Herzog 125◇

*0200* **Die Bedeutung der Dispersoidanalyse für die Darstellung und Verwertung anorganischer Kristallphosphore.** H. Witzmann und G. Semisch. (Wiss. Z. Ernst-Moritz-Arndt-Univ. Greifswald, math.-naturwiss. R. **7,** 71—82, 1957/58; Inst. für Phys. Chem.; dt.) — Dispersoidanalyt. Unters. (Sedimentations-Verf., Tauchwaagen-Meth. nach Berg) werden an wasserfreien Kieselsäuren, Glaspulver (Jenaer Geräteglas 20), Zinkberylliumsilicat: Mn u. Cadmiumborat: Mn durchgeführt. Zwischen Zerteilungsgrad u. Mahldauer bestehen einfache logarithm. Zusammenhänge. Kieselsäuren unterschiedlicher Struktur u. bekannter Korngrößencharakteristik wurden zur Herst. von Silicatluminophoren verwendet. Die Dispersoidanalyse der Glüh-Prodd. zeigte, daß man durch geeignete Variation von Korngröße u. -beschaffenheit der Rk.-Partner Endprodd. mit bestimmtem, techn. erwünschtem Zerteilungsgrad erhalten kann. I. Zoll 125◇

## $A_3$. Elektrizität, Magnetismus, Elektrochemie

*0201* **Spektroskopische Untersuchungen des Plasmafesthaltens in „ZETA".** W. M. Burton und R. Wilson. (Proc. physic. Soc. **78,** 1416—38, 1961; Harwell, A.E.R.E.; engl.) — Vff. berichten über Beobachtungen der zeitlichen Veränderung der Intensitäten von Spektrallinien, die durch kleine Mengen von verunreinigenden Ionen in einer Deuteriumentladung in dem von Mitchell u. Mitarbeitern (vgl. Proc. Instn. electr. Engr., Part A **106,** [1959], Nr. 2, 74) beschriebenen Gasentladungs-App. ZETA 1 A emittiert werden. Mit einem Vakuum-UV-Monochromator konnte das Wellenlängengebiet 500—2000 Å untersucht werden. Das ZETA-Spektrum besteht bei diesen Wellenlängen hauptsächlich aus intensiven Resonanzlinien von verunreinigenden Ionen, einschließlich *C*, $N_2$ u. $O_2$, die in Konzz. von ca. 1% auftreten. Zusätzlich wurde noch eine geringe Menge *Ar* zugesetzt, die ca. 1% des $D_2$-Drucks betrug. Gemessen wurden die Intensitäten der Linien der Ionen *C IV, N IV, N V, O IV, O V, O VI, Ar V, Ar VI, Ar VII* u. *Ar VIII*. Die Beobachtungsergebnisse werden an Hand eines Modells theoret. diskutiert. C. Gottfried 131△

*0202* **Eigenschaften einer Hochfrequenzionenquelle.** Masao Seki, Akira Katase, Yoshihisa Wakuta und Masateru Sonoda. (Mem. Fac. Sci.. Kyushu Univ., Ser. B **3,** 9—14, 1960; Kyushu Univ., Fac. of Engng., Dep. of Nuclear Engng.; engl.) — Mit der von Vff. beschriebenen Hochfrequenzionenquelle wurde unter optimalen Bedingungen ein *Protonen*-Strahl von ca. 150 μA bei einem Hochfrequenzleistungsverbrauch von 35 W u. einer $H_2$-Fließ-Geschw. von 30 cm³/h erhalten. C. Gottfried 131△

*0203* **Der Einfluß von Schwingungen auf die Ionisation in einer Entladungsstrecke.** J. Habanec. (Czechoslov. J. Physics **12,** 821—32, 1962; Řež, Czechosl. Acad. Sci., Nucl. Res. Inst.; engl.) — Vgl. C. **1964,** 6/7-0226. — Vf. behandelt zunächst theoret. das Problem der Gasionisation in einer Entladungsstrecke in einem sehr verd. Gas, in dem die freie Weglänge der Elektronen sehr viel größer ist als die Dimensionen der Strecke, u. in dem außerdem die Laufzeit der Elektronen zwischen den Elektroden von der Größenordnung der Periode der angelegten Hochfrequenzspannung ist. Experimentell wurde gefunden, daß für ein gewisses Verhältnis der Laufzeit der Elektronen zwischen den Elektroden in der Entladungsstrecke zu der Periode der Hochfrequenzschwingung Resonanz eintritt, wenn die wattlose Stromkomponente Null ist; die Elektronendichte steigt in der Entladungsstrecke an u. damit auch die Gasionisation. C. Gottfried 131△

*0204* **Spektroskopische Untersuchung eines thermionischen Cäsium-Capillarenergieumwandlers.** R. T. Schneider und J. D. Dunlop. (Appl. Physics Letters **3**, 73—75, 1963; Indianapolis, Ind., Gen. Motors Corp., Allison Div.; engl.) — Durch ein Saphirfenster in der Seitenwand eines Plasma-Energieumwandlers wird das Emissionsspektrum des Cäsiumplasmas aufgenommen. Es werden je nach den entsprechenden Bereichen der Strom- u. Spannungskennlinien vier Betriebsmoden unterschieden: passiver, oscillierender, gezündeter u. Bogenmodus. Im passiven Modus, in welchem die Diode unter Raumladungsbegrenzung arbeitet, ist die Intensität der beobachteten Strahlung sehr gering. Im passiven Modus werden nur die Resonanzlinien beobachtet, während in den anderen Moden auch andere Linien auftreten. Im Bogenmodus reicht die Intensität aus, um die Elektronendichte aus der Linienverbreiterung u. die Elektronen-Temp. durch Messung der Linienintensitäten zu bestimmen. F. Lenz 131◇

*0205* **Kathodenzerstäubung von Glimmer und Quarz durch Krypton-Ionen.** A. I. Akischin, Ss. Ss. Wassiljew und L. N. Issajew. (Nachr. Akad. Wiss. UdSSR, physik. Ser. **26**, 1356—58, 1962; russ.) — Die Zerstäubungs-Verss. wurden im Vakuum von $3 \cdot 10^{-4}$ Torr mit Kr-Ionen von 4—30 keV u. Intensitäten von 10 A/cm² bei Glimmer u. 100—200 A/cm² bei Glas u. Quarz durchgeführt. Als Proben dienten Folien von 10×30×0,015 mm. — Der Zerstäubungs-Koeff. erreicht den Maximalwert von ca. 170 Atomeinheiten/Ion ab 10 keV bei Quarz, 135 ab 15 keV bei Glas u. 140 Atomeinheiten/Ion ab 10 KeV bei Glimmer. J. Tůmová 131◇

*0206* **Calorimetrische Messung der mittleren Energie von Metallatomen bei der Zerstäubung.** C. H. Weijsenfeld. (Physics Letters [Amsterdam] **2**, 295—96, 1962; Utrecht, Univ. van Utrecht, Fys. Labor.; engl.) — Entw. einer Meth. zur Best. der mittleren kinet. Energie. Die Messungen werden an Au-Atomen, die durch Beschuß mit Kr-Ionen zerstäubt werden, durchgeführt. Es wird über den Einfl. der Fehlerquellen berichtet u. die Ungenauigkeit der Messungen auf ca. 30% geschätzt. K.-E. Müller 131◇

*0207* **Besondere Merkmale der kontaktlosen Bestimmung von Dielektrizitätskonstanten und spezifischen Leitfähigkeiten.** Ss. W. Ussikow. (J. physik. Chem. [UdSSR] **37**, 1641—44, 1963; Leningrad, Inst. für angew. Chem.; russ., Auszug: engl.) — Vf. beschreibt ein analyt. Verf. mit graph. Auswertung zur Best. der parasitären Kapazität von Meßzellen, die bei der kontaktlosen Best. der DK u. spezif. Leitfähigkeit verwendet werden. Experimentell ermittelte Werte von $\varepsilon$ u. $\varkappa_0$ für W. u. A. werden angegeben u. die Genauigkeit der Meth. diskutiert. Eine vereinfachte Gleichung zur Best. von DK mit der kontaktlosen Meth. wird vorgeschlagen. A. Kumm 132◇

*0208* **Anwendung des BC-221-Frequenzmeters zur Messung von Dielektrizitätskonstanten.** George K. Estok. (J. chem. Educat **39**, 478, 1962; San Diego, Calif., Univ. of San Diego; engl.) — Beschreibung des Geräts. Ch. Weiske 132◇

*0209* **Die Deformation piezoelektrischer Platten.** H. S. Paul. (Appl. sci. Res. [The Hague], B **9**, 359—73, 1962; Kharagpur, India, Indian Inst. of Technol., Dep. of Math.; engl.) — Für die Deformationsschwingungen von Quarzplatten sind 2 dimensionale stat. Beziehungen formuliert worden, die sich auf die Airy-Spannungsfunktion u. das elektr. Potential beziehen. Lösungen für die Verbiegung der Platten durch an einer Ecke angreifende Scherkräfte u. für die Deformation durch gleichmäßig verteilte elektr. Ladung werden gegeben. H. U. Borgstedt 133◇

*0210* **Apparatur zur schnellen Messung des Seebeck-Koeffizienten.** M. Fraser. (J. sci. Instruments **39**, 227—28, 1962; Rugby, Assoc. Electr. Ind. Res. Labor.; engl.) — Vf. beschreibt den Aufbau u. die Wirkungsweise des Geräts mit dem zugehörigen Probenkopf; Reproduzierbarkeit $> 3\%$. K.-E. Müller 133◇

*0211* **Über die Möglichkeit der Bestimmung der effektiven Tiefe für den Sekundärelektronenaustritt aus Dielektriken bei der Ionen-Elektronenemission.** L. P. Moros und A. Ch. Ajuchanow. (Nachr. Akad. Wiss. UdSSR, physik. Ser. **26**, 1322—27, 1962; russ.) — Messung der Elektronenemission von *NaCl*-Schichten auf Mo-Unterlage bei Beschießen mit Ionen der Energie zwischen 0,2 u. 2,5 keV. — $Na^+$-Ionen sind bereits bei Energien von 100 eV fähig, eine Elektronenemission in der Schichttiefe von $6 \cdot 10^{-6}$ cm zu erregen. Die Unabhängigkeit der Schichttiefe der Sekundäremission von der Energie $E > E_{krit.}$ weist darauf hin, daß die Sekundärelektronen in einer größeren Tiefe entstehen, als die, von der die Sekundäremission ausgeht. Die effektive Tiefe der ausgehenden Sekundärelektronenemission ist bei der Ionen-Elektronenemission sowie der Elektronen-Elektronenemission dieselbe. J. Tůmová 134◇

*0212* **Sekundäremission aus Metallen unter der Einwirkung positiver Ionen.** N. N. Petrow. (Nachr. Akad. Wiss. UdSSR, physik. Ser. **26**, 1327—32, 1962; Leningrad, Polytechn. Kalinin-Inst., Lehrst. für Elektron.; russ.) — Kurze Zusammenfassung der am genannten Inst. durchgeführten Arbeiten. — Best. der kinet. Emission von Elektronen aus schwerschmelzenden Metallen wurden mit Hilfe von $H_1^+$; $H_2^+$; $H_3^+$; $He^+$; $Li^+$; $N_1^+$; $N_2^+$; $Ne^+$; $Ar^+$; $K^+$, $Ca^+$ u. $Cs^+$ durchgeführt. Beim Beschießen mit Ionen der Energie 1—2 bis 10 keV zeigt der $\gamma$-Koeff. (außer bei H u. He) einen linearen Charakter außerhalb eines geringen Gebietes unterhalb der Grenzenergie von $\approx 1,5$ keV. $\gamma$ hängt weiter von der Struktur der auffallenden Ionen ab, nicht aber vom Werkstoff des Targets (Ta oder W). Die Energie der Sekundäremission kann bis 90% der auffallenden Energie betragen. J. Tůmová 134◇

*0213* **Theoretische Form von Metall-Isolator-Metall-Potentialschwellen.** D. V. Geppert. (J. appl. Physics **34**, 490—93, 1963; Menlo Park, Calif., Stanford Res. Inst.; engl.) — Ableitung unter Berücksichtigung von Raumladungseffekten. Für sehr dünne isolierende Filme ist die Schwelle im wesentlichen rechteckförmig bzw. trapezförmig, wenn die Metalle verschieden sind. Der Einfl. der Bildkräfte auf die Rechteckschwelle wird untersucht; er ist bei sehr dünnen isolierenden Filmen nicht zu vernachlässigen. Es wird ferner der Einfl. der Isolatordotierung betrachtet. H. Liepack 135◇

*0214* **Wechselwirkungen von Leitungselektronen in Festkörpern.** L'. Hrivnák. (Czechoslov. J. Physics **13**, 482—92, 1963; Zilina, Kat. fyz. Vysokey skoly dopravnej; engl.) — Es wird gezeigt, daß der Einfl. der Wechselwrkg. zwischen Leitungselektronen u. Phononen teilweise durch die potentielle Energie der Wechselwrkg. mitbehandelt werden kann. Die gefundene „effektive" potentielle Energie wird herangezogen, um die Existenzmöglichkeit für gebundene Zustände zweier Elektronen, in polaren, homöopolaren u. metall. Kristallen zu prüfen. R. Nink 135◇

*0215* **Elektronenzustände an Versetzungen in Halbleitern.** V. Celli, Albert Gold und Robb Thomson. (Physic. Rev. Letters **8**, 96—97, 1962; Urbana, Ill., Univ.; engl.) — Untersucht wurden das Spannungsfeld von Schraubenversetzungen u. die Spannungsfelder von Kanten- u. 60°-Versetzungen in n-*Ge*. In allen Fällen erzeugen die Spannungsfelder Acceptorenniveaus, die ca. 0,05 eV unterhalb der unteren Leitungsbandkante liegen u. von großem Einfl. auf die elektr. Eigg. von n-Ge sein können. K. Jaeger 135◇

*0216* **Elastocalorischer Effekt in Vieltalhalbleitern.** Akio Kobayashi. (J. physic. Soc. Japan **17**, 1518, 1962; Musashino, Tokyo, Japan, Electr. Communicat. Labor.; engl.) — Berechnet wird der Temp.-Abfall $\Delta T$, der auftritt, wenn der auf einem donatordotierten Ge-Kristall lastende Kompressionsdruck adiabat. entfernt wird. Es ist $\Delta T = (TN_D/IC_v\varrho) \cdot \ln 4$ mit $N_D$ = Donatordichte, I = mechan. Wärmeäquivalent, $C_v$ = spezif. Wärme u. $\varrho$ = Dichte. K. Jaeger 135◇

*0217* **Hall-Effekt in Halbleitern mit geringer Beweglichkeit.** M. I. Klinger. (Physica Status solidi [Berlin] **3**, 805—23, 1963; Leningrad, Halbleiter-Inst. der Akad. der

Wiss. der UdSSR; russ.) — Für den antisymm. Teil des Beweglichkeitstensors u. die Hall-Beweglichkeit eines Halbleiters mit geringer Beweglichkeit werden Gleichungen abgeleitet. Größe u. Abhängigkeit der Hall-Beweglichkeit (des Hall-Winkels) von der Temp. u. von der Elektron-Phonon-Kopplungs-Konst. werden bestimmt. Im allg. werden viel größere Werte für die Hall- als für die (ohmsche) Driftbeweglichkeit gefunden. H. Roschkowski 135◇

*0218* **Galvanomagnetische Erscheinungen in hohen elektrischen Feldern.** Herbert F. Budd. (Physic. Rev. [2] **131**, 1520—24, 1963; Paris, l'École Normale Sup., Labor. de Phys.; engl.) — Der Hall-Koeff. in einem Vieltalhalbleiter wird für hohe Felder berechnet; er ist unabhängig vom elektr. Feld. Für *Si* ist $R_{100}/R_{111} = 0{,}9$ u. $R_{110}/R_{111} = 0{,}85$, $R_{ijk}$ ist der Hall-Koeff. für den Strom in [i j k]-Richtung. Für *Ge* ist $R_{111}/R_{100} = 0{,}68$. Die Verteilungsfunktionen für heiße Elektronen in hohen Magnetfeldern werden für Streuung durch akust. Phononen bei hohen u. tiefen Temp. berechnet. H. Liepack 135◇

*0219* **Leitungsmechanismen und Bänderstruktur in der Tunneldiode.** Günter Winstel. (Z. angew. Physik **15**, 73—89, 1963; München, Siemens & Halske AG, Forsch.-Labor.; dt.) — Beschreibung der gesamten Strom-Spannungs-Charakteristik einer Tunneldiode einschließlich ihres Temp.-Verh., wozu ein modifiziertes Bändermodell benutzt wird. In *Si-*, *Ge-* u. *GaAs*-Tunneldioden treten bei Belastung in der konventionellen Flußrichtung drei verschiedene Leitungsmechanismen auf: 1. Band-Band-Tunnelprozeß, 2. Band-Term-Tunnelstrom über Terme im verbotenen Band [$i \sim \exp \cdot (U/U_0)$] u. 3. Diodenstrom [$i \sim \exp(eU/kT)$]. K. Jaeger 135◇

*0220* **Die „Sandwich-Methode" — ein neues Verfahren zur Herstellung dünner Halbleiterschichten.** E. Sirtl. (Z. Naturforsch. **18a**, 884, 1963; München, Siemens & Halske AG, Forsch.-Labor.; dt.) — Plättchen von Vorratssubstanz u. Substrat werden im Temp.-Gradienten der Einw. eines Gases ausgesetzt, das über chem. Transport-Rk. zwischen den Plättchen einen Substanztransport bewirkt; auf geeigneten Substraten erfolgt epitakt. Aufwachsen. Mit dem Verf. werden dünne einkristalline Schichten von *Si, Ge, GaAs, InAs* u. *SiC* auf arteigenem Substrat sowie von GaAs auf Ge, *GaP* auf Ge bzw. *ZnS* auf GaP erhalten. Herbert Müller 135◇

*0221* **Die Charakteristik durch Licht ausgelöster Entladungen in amorphen Selen-Platten.** H. Tung Li und Paul J. Regensburger. (J. appl. Physics **34**, 1730—35, 1963; Webster, N.Y., Xerox Corp.; engl.) — Ein theoret. Modell, das nicht nur die Haftung von Ladungsträgern im Innern der Probe, sondern auch Rekombinationen von durch Bestrahlung erzeugten freien Elektronen u. Löchern berücksichtigt. Die Ergebnisse stimmen mit experimentellen Daten überein. R. Nink 135◇

*0222* **Die elektrischen Eigenschaften von mikrokristallinem Selen.** 1. Mitt. **Chloriddotiertes Selen.** Tsuneo Araki. (Bull. chem. Soc. Japan **36**, 247—52, 1963; Kawasaki, Japan, Nippon Electr. Comp., Electron. Components Joint Div., Semiconductor Engng. Dep.; engl.) — Der elektr. Widerstand Cl-dotierter, mikrokristalliner, hexagonaler Se-Proben nimmt mit zunehmender Temp. ab. Mit zunehmender Dotierung nimmt auch die Se-Kristallitgröße ab. Die Temp.-Abhängigkeit des elektr. Widerstands wird durch die vorhergehende Wärmebehandlung der Probe beeinflußt; die Effekte waren für nichtdotierte Proben am größten. Aus Messungen der thermoelektr. Kraft u. der Kapazität wurden die Ladungsträger-Konzz. berechnet. Die Ladungsträger-Konzz. wachsen mit abnehmenden Temp. an. K. Jaeger 135◇

*0223* **Relaxationszeiten der mm-Wellen-Cyclotronresonanz in Silicium bei niedrigen Temperaturen.** J. C. Hensel. (Physics Letters [Amsterdam] **4**, 38—40, 1963; Murray Hill, N.J., Bell Telephone Labor., Inc.; engl.) — Die bei Gitterstreuung beobachtete Relaxationszeit ($\tau$) der Cyclotronresonanz wird auf ihre Frequenzabhängigkeit im Temp.-Gebiet zwischen 1,20 u. 4,2° K u. bei Frequenzen zwischen 8,8 GHz (Quantenbeziehung: $\hbar\omega_c/kT = 0{,}35$; mit $\omega_c$ = Cyclotronresonanzfrequenz) u. 80 GHz ($\hbar\omega_c/kT = 3{,}2$) mit drei verschiedenen Mikrowellenspektrometern untersucht. Die experimentellen Ergebnisse stimmen mit der Theorie von Meyer (vgl. Physics Letters [Amsterdam] **2**, [1962], 259) überein. Bei 59 GHz u. unter 2° K nähert sich die reziproke, transversale Relaxationszeit einem konst. Wert von ca. $0{,}4 \cdot 10^9$ s. Bei 54 GHz wird eine Anisotropie in der Form $\tau_{\parallel}$ (= longitudinale $\tau$) $> \tau_{\perp}$ gefunden. Nach der Theorie von Herring u. Vogt (vgl. C. **1958**, 7665) folgt daraus, daß sich das Verhältnis der Deformationspotentiale des Leitungsbandes red. zu $\Xi d/\Xi u < 0$. H. Schibilla 135◇

*0224* **Eine Sonde mit vier Quecksilberkontakten für die Bestimmung des spezifischen Widerstandes von Silicium.** Helmar Frank. (Československ. Časopis Fysiku **9**, 173—77, 1959; Praha, Výz. ústav pro sdělovací techn.; tschech.) — Konstruktionsbeschreibung mit Schema einer App., die Hg-Kontakte benutzt. Der Kontakt wird durch einen Oberflächendurchschlag (Kondensator 1—4 μF, 70—100 V) hergestellt; Meßbereich $10^{-4}$ bis $10^4$ Ω·cm; Fehler <2%. J. Tůmová 135◇

*0225* **Beweglichkeitsanisotropie und Relaxation warmer Elektronen in n-Typ-Germanium.** Karlheinz Seeger. (Z. Physik **172**, 68—79, 1963; Heidelberg, Univ., II. Phys. Inst.; dt.) — Gemessen wurde die elektr. Leitfähigkeit (Gleichstrom- u. Mikrowellenfeld) von n-Ge-Einkristallstäbchen (Sb-dotiert; $5{,}6 \cdot 10^{13}/cm^3$) bei Gitter-Temp. von 85—273° K. Die longitudinale Anisotropie der elektr. Leitfähigkeit in mittelstarken Feldern läßt sich durch die von Schmidt-Tiedemann berechnete Winkelabhängigkeit wiedergeben. Die Anisotropie nimmt ab mit zunehmender Frequenz des Feldes u. zunehmender Temperatur. Die Anisotropie der effektiven Elektronenmasse wird durch Zwischentalstreuung verstärkt. Aus der beobachteten Frequenzabhängigkeit der Anisotropie der elektr. Leitfähigkeit wurden mit Hilfe der Beziehungen von Morgan u. Kelly u. von Schmidt-Tiedemann die Energie-Relaxationszeit u. die Zwischental-Relaxationszeit ermittelt u. mit den Ergebnissen aus Messungen des akustoelektr. Effektes u. mit den Resultaten anderer Autoren verglichen (Übereinstimmung innerhalb der Meßfehler). K. Jaeger 135◇

*0226* **Bandstruktur und Transporteigenschaften einiger III—V-Verbindungen.** H. Ehrenreich. (J. appl. Physics, Suppl. zu **32**, Nr. 10, 2155—66, 1961; Schenectady, N.Y., Gen. Electr. Res. Labor.; engl.) — Zusammenfassung u. Diskussion der in der Literatur vorliegenden Ergebnisse für *InSb, InAs, GaSb, GaAs, GaP* u. *AlSb*. — 118 Literaturhinweise. K. Jaeger 135◇

*0227* **Beobachtung von d-Bänder in III—V-Halbleitern.** H. R. Philipp und H. Ehrenreich. (Physic. Rev. Letters **8**, 92—94, 1962; Schenectady, N.Y., Gen. Electr. Res. Labor.; engl.) — Untersucht wurden die d-Bänder von In u. Ga in *InSb, InAs* u. in *GaAs* u. *GaP* in der UV-Vakuumreflexion bei Photonenenergien >16 eV. Die Reflexionskurven der untersuchten Verbb. zeigten in der Nähe von 20 eV ein deutliches Maximum (im Gegensatz zu entsprechenden Kurven des Si), das auf eine effektive relative Elektronendichte >4 u. damit auf eine Beteiligung der d-Elektronen an der Reflexion hinweist. K. Jaeger 135◇

*0228* **„Direkt-indirekt"-Übergänge in $Ga(As_{1-x}P_x)$-p-n-Schichten.** N. Holonyak jun., S. F. Bevaqua, C. V. Bielan und S. J. Lubowski. (Appl. Physics Letters **3**, 47—49, 1963; Syracuse, N.Y., Gen. Electr. Co., Semiconductor Prod. Dep., Adv. Semiconductor Labor.; engl.) — Es werden die Luminescenz, die Strom-Spannungs-Charakteristik u. das Temp.-Verh. zwischen 77 u. 300° K von Laserdioden mit Zn- u. Te-Dotierung beschrieben u. diskutiert. R. Nink 135◇

*0229* **Donator-Acceptor-Paarabsorption in GaAs-Dioden bei 2,1° K.** R. F. Schaufele, H. Statz, J. M. Lavine und A. A. Iannini. (Appl. Physics Letters **3**, 40—41, 1963; Waltham, Mass., Raytheon Co., Res. Div.; engl.) — Bei 2,1° K ist der Elektroluminescenz von GaAs eine Serie von scharfen Absorptionslinien (ca. 0,1 Å) überlagert, die wahrscheinlich dann entstehen, wenn die im Raumladungsbereich gebildete Rekombinationsstrahlung das n-Typ-Material durchdringt. R. Nink 135◇

*0230* **Die Schwächung der Luminescenzausbeute von Galliumarsenid-Dioden durch Neutronenbestrahlung.** Marcella C. Petree. (Appl. Physics Letters **3**, 67, 1963; White Oak, Md., U. S. Naval Ordn. Labor., Adv. Engng. Div.; engl.) — Inkohärente GaAs-Dioden werden mit Dosen bis zu

$3\cdot10^{14}$ Neutronen/cm² (>10 keV) bestrahlt. Während die Luminescenzausbeute merklich kleiner wird, zeigt die Bestrahlung auf die Strom–Spannungs-Kurven keinen Einfluß. R. Nink 135◇

*0231* **Resonanzabsorption an Bandträgern in InSb.** Ju. A. Bratasсhewski, A. A. Galkin und Ju. M. Iwantschenko. (Festkörperphysik [UdSSR] **5**, 358–59, 1963; Charkow, Phys.-techn. Tieftemp.-Inst. der Akad. der Wiss. der UkrainSSR; russ.) — Bei 75 GHz wurden in einer *n-InSb*-Probe mit einer Träger-Konz. von $8\cdot10^{13}$ cm$^{-3}$ bei der Temp. des fl. $N_2$ neben der Cyclotronresonanzlinie 4 weitere Absorptionslinien beobachtet. Die zusätzlichen Linien treten nur bei paralleler Polarisation auf, haben elektr. Charakter u. werden auf kombinierte Resonanz zurückgeführt. G. Winkhaus 135◇

*0232* **Zum Einfluß des Hall-Effektes auf die transversale magnetische Widerstandsänderung in Indiumantimonid.** Charles A. Simmons. (J. appl. Physics **32**, 1970–74, 1961; Paoli, Pa., Burroughs Corp. Res. Center; engl.) — Gemessen wurde der Einfl. der Probengeometrie auf die transversale magnet. Widerstandsänderung. Die Verstärkung der magnet. Widerstandsänderung in rechtwinkligen Proben ist auf den Hall-Effekt zurückzuführen. Die Eigg. der Probenmasse gehen mit $H^2$ ein, während die geometr. Verhältnisse linear mit H eingehen. Die Verstärkung der magnet. Widerstandsänderung ist dem Verhältnis Länge: Breite der Probe umgekehrt proportional. K. Jaeger 135◇

*0233* **Ein Magneto-Stark-Effekt und Excitonenbewegung in CdS.** D. G. Thomas und J. J. Hopfield. (Physic. Rev. [2] **124**, 657–65, 1961; Murray Hill, N.J., Bell Telephone Labor.; Paris, École Normale Super., Labor. de Phys.; engl.) — Die Excitonenmasse der Excitonenzustände mit n = 2 aus dem obersten Valenzband von CdS wurde mit dem Magneto-Stark-Effekt zu $0{,}92 \pm 0{,}18$ bestimmt. Unregelmäßigkeiten des Magneto-Stark-Effektes werden auf ein äußeres Hall-Feld zurückgeführt. Diese Deutung liefert eine Abschätzung von $\omega_c\tau \simeq 2$ für Elektronen in „guten" CdS-Kristallen bei 1,6° K u. 31000 Gauß. G. M. Neumann 135◇

*0234* **Elektrische und thermische Eigenschaften im System $As_2Te_3$–$Tl_2Te$–$As_2Se_3$.** H. L. Uphoff und J. H. Healy. (J. appl. Physics **33**, 2770–73, 1962; Milwaukee, Wis., A. O. Smith Corp., Res. Div.; engl.) — Im Syst. $As_2Te_3$–$Tl_2Te$–$As_2Se_3$ werden nach dem in C. **1963**, **19108** beschriebenen Verf. Proben hergestellt u. ihre elektr. u. therm. Parameter bestimmt. Die festen Lsgg. im bin. Syst. $As_2Te_3$–$Tl_2Te$ mit 11,8–34,8 (Atom-%) As, 47,0–8,7 Tl u. 41,2–56,6 Te zeigen Übergänge kristallin-amorph; mit steigendem As-Geh. nehmen die Wärmeleitfähigkeiten $\lambda$ von 0,0111 auf 0,0182 W/Grad·cm zu. Die Temp.-Abhängigkeit des spezif. elektr. Widerstandes $\varrho$ u. des Seebeck-Koeff. S ist graph. wiedergegeben. Im tern. Syst. $As_2Te_3$–$Tl_2Te$–$As_2Se_3$ werden feste Lsgg. mit 22,2 u. 25,0 (Atom-%) As, 29,7 u. 25,0 Tl, 37,0 u. 12,5 Te bzw. 11,1 u. 37,5 Se hergestellt; die Proben sind röntgenamorph. $\lambda$ fällt mit dem As-Geh. von 0,0038 auf 0,0022 W/Grad·cm. Für die Proben sind die Funktionen $\varrho = f(T)$ u. $S = f(T)$ graph. angegeben. Bei den untersuchten Proben gilt für Raum-Temp. $4\cdot10^{-3} \leq \varrho \leq 1{,}8\cdot10^5\,\Omega\cdot$cm u. $40 \leq S \leq 1210\,\mu$V/Grad. Herbert Müller 135◇

*0235* **Untersuchungen der Valenzbandstruktur von $Bi_2Te_3$ mit Hilfe des de Haas-Van Alphen-Effekts und des galvanomagnetischen Effekts bei hohem Feld.** L. R. Testardi, P. J. Stiles und E. Burstein. (Solid State Commun. **1**, 28–34, 1963; Philadelphia, Pa., Univ. of Pennsylvania, Labor. for Res. on Structure of Matter and Phys. Dep.; engl.) — Unterss. der de Haas-van Alphen-Oscillationen an p-leitendem $Bi_2Te_3$ liefern sämtliche Parameter zur effektiven Masse. Die Messungen erlauben eine genaue Beschreibung der Valenzbandstruktur (sechs an den Spiegelebenen zentrierte, geneigte Ellipsoide). R. Nink 135◇

*0236* **Neuere Untersuchungen an Wismuttelluriden und ihren Legierungen.** H. J. Goldsmid. (J. appl. Physics, Suppl. zu **32**, Nr. 10, 2198–2202, 1961; Wembley, England, Gen. Electr. Co., Ltd., Central Res. Labor., Hirst Res. Center; engl.) — Festgestellt wurden für p-$Bi_2Te_3$ eine 3-Talbandstruktur u. für n-$Bi_2Te_3$ eine 6-Talbandstruktur. Für hochdotiertes n-$Bi_2Te_3$ ist die Form der Oberflächen gleicher Energie jedoch von der Konz. der Ladungsträger abhängig. Stark abhängig ist die Wärmeleitfähigkeit des Kristallgitters von einer Substitution des Te durch J, Se oder S. Die Anisotropie der Wärmeleitfähigkeit des Kristallgitters ist für reines $Bi_2Te_3$ u. $Bi_2Te_3$-Legg. nahezu gleich. K. Jaeger 135◇

*0237* **Der elektrische Widerstand von chromdotiertem Mangantellurid.** Hidesuke Yadaka, Takashi Harada und Eiji Hirahara. (J. physic. Soc. Japan **17**, 875–76, 1962; Sendai, Japan, Tohoku Univ., Fac. of Sci., Dep. of Phys.; engl.) — Gemessen wurden die Temp.-Abhängigkeit des spezif. elektr. Widerstandes, des Hall-Koeff. u. der magnet. Susceptibilität ∥ u. ⊥ zur c-Ebene von *MnTe* im Temp.-Bereich 4–600° K sowie die Temp.-Abhängigkeit des spezif. elektr. Widerstandes von $Mn_{1-x}Cr_xTe$ mit $x \leq 0{,}05$. K. Jaeger 135◇

*0238* **Photoleitfähigkeit in Kupfer(I)-oxid-Einkristallen.** Emery Fortin und Frank L. Weichman. (Canad. J. Physics **40**, 1703–13, 1962; Edmonton, Alberta, Univ. of Alberta, Dep. of Phys.; engl.) — An einkristallinem u. an polykristallinem, hochohmigen $Cu_2O$ wurden Leitfähigkeitsmessungen durchgeführt. Leitfähigkeitsmessungen in Abhängigkeit von der Temp. zeigten drei verschiedene Aktivierungsenergien: 1,0; 0,5 u. 0,027 eV. Die Abhängigkeit der Photoleitfähigkeit von der Wellenlänge bei konst. Temp. u. von der Temp. bei konst. Wellenlänge wurden gemessen. Der Temp.-Bereich betrug −125 bis +350°. In diesem Bereich konnte kein typ. Unterschied zwischen einkristallinem u. polykristallinem Material festgestellt werden. Es werden Oberflächen-Rekombinationszentren postuliert, um die sehr geringe Temp.-Abhängigkeit der Leitfähigkeit bei tiefen Temp. zu erklären. K. Jaeger 135◇

*0239* **Abhängigkeit der elektrischen Leitfähigkeit und der Thermokraft in reinem und aluminiumdotiertem Rutil vom Gleichgewichtssauerstoffdruck und der Temperatur.** J. Yahia. (Physic. Rev. [2] **130**, 1711–19, 1963; Washington, D.C., Nat. Bur. of Stand.; engl.) — Gemessen wurden die elektr. Leitfähigkeit $\sigma$ u. die Thermokraft Q als Funktionen des Gleichgewicht-Sauerstoffdruckes in reinem u. Al-dotierten Rutilkristallen. Der Druck wurde bei verschiedenen konst. Temp. in der Nähe von 1000° K von $10^{-4}$ bis ca. $10^3$ Torr variiert. Gefunden wurde für reinen Rutil $\sigma \sim p^{-1/x}$ mit $x \approx 6$ für $p_{O_2} > 10$ Torr u. $x \approx 5$ für $p < 10$ Torr. In Al-dotierten Kristallen zeigte $\sigma$ ein Minimum für $p = p_0$ Torr. Bei niedrigen Drücken ist $\sigma \sim p^{-1/x}$ mit $x \approx 5$, bei hohen Drücken ist $\sigma \sim p^{+1/x}$ mit $x \approx 5$. Die Thermokraft kehrt sich in der Nähe von $p_0$ um u. ist negativ bei niedrigeren Drücken u. positiv für $p > p_0$. Für reinen Rutil führt ein Störstellenmodell mit Anionenleerstellen u. abgeschätzten Werten für die Gleichgewichts-Konst. zu einer Druckabhängigkeit $\sigma \sim p^{-1/6}$ u. ein Modell mit Ti auf Zwischengitterplätzen zur Abhängigkeit $\sigma \sim p^{-1/5}$. Für Al-dotierten Rutil vermögen beide Modelle näherungsweise die experimentellen Ergebnisse zu beschreiben. Die Gleichungen für das Anionenleerstellenmodell werden im Detail behandelt. Die Analyse eines Zweibänderformalismus führt zu guter Übereinstimmung mit den Beobachtungen. Diskutiert werden Hinweise auf eine beträchtlich größere Beweglichkeit der Defektelektronen (ca. 180 cm²/Vs) bei 1000° K als jene der Elektronen. Aus den Beweglichkeitsberechnungen wird eine effektive Masse der Defektelektronen von $10^{-2}\,m_0$ abgeleitet ($m_0$ = Masse des freien Elektrons). K. Jaeger 135◇

*0240* **Elektrische Eigenschaften von nichtstöchiometrischem Urandioxid.** S. Aronson, J. E. Rulli und B. E. Schaner. (J. chem. Physics **35**, 1382–88, 1961; Pittsburgh, Pa., Westinghouse Power Corp., Bettis Atomic Labor.; engl.) — Vff. bestimmten die spezif. elektr. Leitfähigkeit $\sigma$ u. die thermoelektr. Kraft Q an Sinterkörpern (scheinbare Dichte 98–99%) aus nichtstöchiometr. $UO_{2+x}$ ($0{,}001 \leq x \leq 0{,}23$) zwischen 50 u. 1150°. Danach läßt sich die Abhängigkeit der spezif. elektr. Leitfähigkeit von Temp. u. Zus. durch $\sigma = (3{,}8\cdot10^6/T)\,2x(1-2x)\exp\,[(-0{,}30 \pm 0{,}03)/kT]$ u. die Abhängigkeit der Thermokraft von der Zus. durch $Q = (k/e)\ln[(1-2x)/2x]$ darstellen. Die Messungen können in Übereinstimmung mit den Ergebnissen thermodynam. Unterss. gedeutet werden, wenn man auf die Phase $UO_{2+x}$ das Ionenmodell anwendet mit $U^{4+}$-Ionen auf Gitterplätzen u. $O^{2-}$-Ionen auf Zwischengitterplätzen. Die elektr. Leitfähigkeit ist dann auf Defektelektronenübergänge von $U^{5+}$ auf $U^{4+}$

(Aktivierungsenergie 0,30 eV) u. die Thermokraft auf die Temp.-Abhängigkeit des chem. Potentials der Defektelektronen zurückzuführen. K. Hardel 135◇

*0241* **Eine Bemerkung zur elektrischen Leitfähigkeit in Ferriten bei niedrigen Temperaturen.** Z. Šimša und K. Závěta. (Czechoslov. J. Physics **13**, 471–73, 1963; Praha, ČSSR, ústav fyz. pevných látek ČSAV; tschech.) – Gemessen wurde die Temp.-Abhängigkeit der elektr. Leitfähigkeit von polykristallinen $Mn_xFe_{3-x}O_4$-Proben (x = 0,5; 0,75; 0,85; 0,95) bei Temp. zwischen der des fl. $N_2$ u. Zimmertemperatur. Die Aktivierungsenergie $\varepsilon$ nimmt mit steigenden Temp. kontinuierlich zu. Zwei Modelle werden für die Ergebnisse diskutiert. K. Jaeger 135◇

*0242* **Elektrische Leitfähigkeit in Nickel-Eisen(II)-Ferriten.** T. Kohane und B. D. Silverman. (J. physic. Soc. Japan **17**, 249–50, 1962; Waltham, Mass., Raytheon Co., Res. Div.; engl.) – Untersucht wurde das System $Ni^{2+}_{1-x}Fe^{2+}_x(Fe^{3+}_2)O_4$. Für $x \geqq 0{,}2$ findet man $\sigma = A \cdot \exp(-W/kT)/T$ mit W = Aktivierungsenergie, für $x < 0{,}2$ $\sigma = A \cdot \exp(-W/kT)$. Dieses Verh. wird auf die Temp.-Abhängigkeit der Ladungsträger-Konz., letztlich auf die $Fe^{2+}$–$Ni^{3+}$-Paar-Bldg. zurückgeführt. Die abgeleitete Gleichung für den Widerstand, $\varrho = \mathrm{const} \cdot T \cdot \exp(W/kT)\,[\exp(\Delta - \varepsilon)/kT + 1]$, liefert Werte, die mit den experimentellen Ergebnissen gut übereinstimmen ($\Delta$ = Bandabstand vom O-Niveau, $\varepsilon$ = Abstand des Fermi-Niveaus vom O-Niveau). Die Aktivierungsenergien für die jeweiligen x-Werte liegen zwischen 0,10 eV (x = 0,1) u. 0,042 eV (x = 1,0). Die Thermokraft wurde zu 178 $\mu$V/Grad (x = 0,1) gefunden u. nach dem vorgeschlagenen Modell zu $\Theta$ = 191 $\mu$V/Grad berechnet. K. Jaeger 135◇

*0243* **Ein Modell für die elektronischen Transporteigenschaften der Mischkristalle von Valenzhalbleitern.** R. C. Miller, R. R. Heikes und R. Mazelsky. (J. appl. Physics, Suppl. zu **32**, Nr. 10, 2202–06, 1961; Pittsburgh, Pa., Westinghouse Res. Labor.; engl.) – Untersucht wurde die Temp.-Abhängigkeit des spezif. elektr. Widerstandes u. des Seebeck-Koeff. des Syst. $La_xCa_{1-x}MnO_3$ (Perowskit-Typ). Es zeigte sich, daß das Sprungmodell für Dotierungs-Konzz. $\gtrsim 1\%$ nicht mehr zutreffend ist. Es wird durch ein Modell ersetzt, das als Grenze der Fremdhalbleitung im Sprungmodell betrachtet werden kann. K. Jaeger 135◇

*0244* **Die Darstellung von Siliciumcarbid-Einkristallen.** Tsutomu Kawamura und Kazuo Hayashi. (J. physic. Soc. Japan **17**, 1517–18, 1962; Kawasaki, Japan, Nippon Electr. Co. Ltd., Fundamental Res. Labor.; engl.) – SiC-Einkristalle mit planaren Oberflächen (hexagonale Blättchen) u. einer Länge von 3–5 mm (maximal 10 mm) wurden bei 2500–2700° nach der Sublimations-Meth. gezüchtet. Die Kristalle waren farblos bis schwach grünlich. Die farblosen Kristalle sind p-leitend, haben eine Ladungsträger-Konz. von $10^{15}$ cm$^{-3}$ u. eine Ladungsträgerbeweglichkeit von ca. 50 cm²/Vs. K. Jaeger 135◇

*0245* **Photoleitfähigkeit von KCl:Ag-Kristallen.** Takeshi Okuno. (Mem. Inst. sci. ind. Res., Osaka Univ. **19**, 47–49, 1962; engl.) – Untersucht werden KCl-Kristalle mit verschiedenem $Ag^+$-Geh. ($8 \cdot 10^{16} \sim 3{,}3 \cdot 10^{18}$ cm$^{-3}$), die bei Raum-Temp. mit Röntgenstrahlen zur Bldg. von F-Zentren ($5 \cdot 10^{16}$ cm$^{-3}$) bestrahlt wurden. Das Prod. aus Quantenausbeute $\eta$ u. Schubweg ist der Photoleitfähigkeit proportional, die mit steigendem $Ag^+$-Geh. abnimmt. In reinem KCl ist $\eta$ oberhalb –130° etwa gleich 1, in KCl mit $3{,}3 \cdot 10^{18}$ cm$^{-3}$ $Ag^+$ bei –100° ca. 0,67. I. Zoll 135◇

*0246* **Die elektrische Leitfähigkeit von Kaliumthiocyanat.** Juan M. Lomelin und Theodore J. Neubert. (J. physic. Chem. **67**, 1115–18, 1963; Chicago, Ill., Illinois Inst. of Technol., Dep. of Chem.; engl.) – Die elektr. Leitfähigkeit $\sigma$ von polykristallinem KSCN wird in Abhängigkeit von der Temp. von Raum-Temp. bis 175° (F.) gemessen. Wasserspuren verursachen bei niedriger Temp. eine abnorme Erhöhung der Leitfähigkeit. Bei vorsichtig entwässertem KSCN macht die Leitfähigkeitskurve ($\log\sigma$ – 1/T) bei 120° einen Knick. Die Aktivierungsenergie des Leitungsvorgangs beträgt bei höherer Temp. 2,13 eV, in niederen Bereichen 1,30 eV. Zugabe von $10^{-2}$% $BaCl_2$ erhöht die Leitfähigkeit, $10^{-2}$% $Na_2S$ ruft dagegen keine Veränderung hervor. M. Engel 135◇

*0247* **Magnetische Leitfähigkeitsänderung und polare Streuung in gemäßigt ionischen Kristallen.** F. Garcia-Moliner. (Physic. Rev. [2] **130**, 2290–2301, 1963; Urbana, Ill., Univ. of Illinois, Phys. Dep.; engl.) – Mit einem Modell schwacher Kopplung für die Elektron–Phonon-Wechselwrkg. wird der Gleichstromtransport in einem polaren Kristall im Gebiete der Streuung der opt. Mode untersucht. Dabei wird eine Variationsrechnung für die Ggw. eines magnet. Feldes vervollkommnet u. für einen elektron. Rechner auf große Genauigkeit gebracht. Bei der magnet. Leitfähigkeitsänderung müssen physikal. Effekte erörtert werden. Das Modell, das auf eine kleine Kopplungs-Konst. ($\alpha \ll 1$) beschränkt ist, hat interessante Streu-Eigg. u. ist zu einer Beschreibung des Gesamtbildes des Transportproblems in Ggw. eines Magnetfeldes in der Lage. Mit einer heurist. Korrektur kann der Anwendungsbereich der Theorie auf höhere $\alpha$-Werte erweitert werden. Das wird bei Anwendungen auf *AgBr* u. *AgCl* mit $\alpha \approx 2$ gezeigt. H. Fahlenbrach 135◇

*0248* **Ein neuer Effekt bei der magnetischen Widerstandsänderung von Antimon bei 4,2° K.** W. R. Datars und P. C. Eastman. (Canad. J. Physics **40**, 670–72, 1962; Ottawa, Ontario, Canada, Def. Res. Telecommun. Establ.; engl.) – Vgl. C. **1964**, 3-0291. – Bei Sb-Einkristallen sehr hohen Reinheitsgrades wird bei 4,2° K im transversalen Magnetfeld H die lineare Strom–Spannungs-Charakteristik bei einem E/H-Wert von $1{,}2 \cdot 10^{-5}$ V/cm·Oe unstetig unterbrochen, wobei das nichtlineare Gebiet mit einem plötzlichen Spannungsabfall einsetzt. Der Effekt zeigt sowohl im Strom–Spannungs- wie im Feldstärke–Spannungs-Diagramm deutliche Hystereseerscheinungen, er ist auch von Relaxation begleitet. Für den Effekt läßt sich nicht die Elektron–Phonon-Wechselwrkg. nach Esaki (C. **1963**, 10734) als Erklärung heranziehen. H. Fahlenbrach 136◇

*0249* **Klassische Erklärung der anomalen magnetischen Widerstandsänderung von Wismut.** J. J. Hopfield. (Physic. Rev. Letters **8**, 311–12, 1962; Berkeley, Calif., Univ. of California, Dep. of Phys.; engl.) – Für die anomalen Strom–Spannungs-Kurven von Bi bei hohen elektr. Feldstärken in Ggw. von Magnetfeldern wird eine andere Erklärung, als von Esaki (C. **1963**, 10734) angegeben, vorgeschlagen. Es wird eine zusätzliche Kraft angenommen, die durch die Möglichkeit der Wanderwellenverstärkung gegeben ist. Es handelt sich um eine kollektive Kraft, die die Drift-Geschw. einschließt. Die beobachteten MHz-Schwingungen sind die Folge von solchen kollektiven Prozessen. Auf Grund dieses Modells wird eine Theorie entwickelt, die die Esakischen Ergebnisse qual. gut beschreibt. H. Fahlenbrach 136◇

*0250* **Nichtlineare magnetische Widerstandsänderung von Wismut.** Satoru J. Miyake und Ryogo Kubo. (Physic. Rev. Letters **9**, 62–63, 1962; Tokyo, Japan, Univ. of Tokyo, Dep. of Phys.; engl.) – Die von Esaki (C. **1963**, 10734) an Bi beobachteten Anomalien werden durch die Annahme gleicher Dichten der positiven u. negativen Ladungsträger zu erklären versucht. Da dann das Hall-Feld bei großen Magnetfeldern u. niedrigen Temp. Null wird, liegt das elektr. Feld in Stromrichtung. Damit wird eine Verschiebung (Drift) der Ladungsträger beider Vorzeichen in einer Richtung senkrecht zu den Richtungen des elektr. u. des magnet. Feldes hervorgerufen. Es ist dann nur der Streuprozeß zu betrachten, bei dem die Ladungsträger Phononen aussenden. Dieser nimmt mit der Drift-Geschw. stark zu, wenn die Drift-Geschw. einen bestimmten Wert überschreitet. Dieses Modell wird quant. berechnet, wobei Abweichungen gegenüber dem Experiment diskutiert werden. H. Fahlenbrach 136◇

*0251* **Zustandsdichte im Leitungsband von Wismut.** D. W. Gitzu und G. A. Iwanow. (Festkörperphysik [UdSSR] **5**, 1406–10, 1963; Leningrad, Päd. Inst.; russ.) – Eine Analyse der experimentellen Ergebnisse zeigt, daß die Zustandsdichte im Leitungsband von Bi zufriedenstellend durch ein $E^{1/2}$-Gesetz bis ca. 0,4 eV oberhalb der Bandkante beschrieben werden kann. K. Jaeger 136◇

*0252* **Temperaturabhängigkeit der elektrischen Leitfähigkeit und Hall-Effekt von Dysprosium und Erbium.** N. W. Wolkenstein und G. W. Fedorow. (J. exp. theoret. Physik [UdSSR] **44**, 825–31, 1963; Inst. für Metallphys. der Akad. der Wiss. der UdSSR; russ., Auszug: engl.) – Gemessen wurden im Temp.-Bereich von 4,2–350° K der spezif. elektr. Widerstand $\varrho$ u. die Hall-EMK. Der Übergang vom paramagnet. in den antiferromagnet. Zustand kann leicht aus den ϱ(T)-Kurven entnommen werden. Maxima der spezif. Hall-EMK für Dy treten an den Übergängen paramagnet. → antiferromagnet. Zustand u. antiferromagnet. → ferromagnet. Zustand auf. In Er wird nur für die letzte Umwandlung ein Maximum in der spezif. Hall-EMK gefunden. Der Hall-Effekt in Dy weist im antiferromagnet. u. im ferromagnet. Bereich eine Hysteresis auf u. ändert sein Vorzeichen von Minus nach Plus bei 100–150° K. Das Vorzeichen des Hall-Effektes in Er ist über den ganzen untersuchten Temp.-Bereich gleich; eine Hysteresis wurde nicht beobachtet. K. Jaeger 136◇

*0253* **Die Fermi-Oberfläche von Aluminium.** N. W. Ashcroft. (Physics Letters [Amsterdam] **4,** 202–05, 1963; Cambridge, Cavendish Labor.; engl.) — Vf. stellt ein neues phänomenolog. Modell der Fermi-Oberfläche (FO) von *Al* für hoch- u. niederfrequente Schwingungen im schwachen u. hochfrequente Schwingungen im starken Feld aus einer 4-OPW-Approximation (vgl. Harrison, C. **1961, 4603**) für Energieoberflächen in Nachbarschaft einer Ecke der Fermi-Zone auf. Die Form dieser Oberflächen, bes. der FO, kann über die Fourier-Komponenten $V_{111}$ u. $V_{200}$ des effektiven Potentials ermittelt werden. Es werden verschiedene mögliche Strukturen der FO berechnet u. diskutiert. W. Sobieski 136◇

*0254* **Beitrag zum Problem der Entscheidbarkeit der Gültigkeit eines Prinzips extremalen Energieverbrauchs beim Stromdurchgang durch einen Leiter.** Kurt H. Kischel und Johannes Wilhelm. (Beitr. Plasmaphysik **1,** 11–29, 1960/61; Greifswald, Univ., Inst. für Theoret. Phys., DAW, Forsch.-Gemeinsch., Inst. für Gasentladungsphys.; dt.) — Es wird gezeigt, daß das Steenbecksche Minimumprinzip bei seiner Anwendung als zusätzliche Aussage fungiert, u. zwar in dem Sinne, daß es Beziehungen zwischen den Leitfähigkeiten liefert. L. Roth 136◇

*0255* **Bestrahlung von Übergangsmetallen mit Neutronen bei tiefer Temperatur.** Pierre Lucasson. (J. nuclear Energy, Part A **11,** 108–13, 1960; Paris, Labor. de Chim. Phys.; franz.) — Vgl. C. **1961,** 3249. — Drähte aus *Nb*, *Mo*, *Pd* u. *Ta*, *W*, *Pt* wurden gleichzeitig unter Kühlung mit fl. $N_2$ mit schnellen Neutronen bestrahlt. Die dabei gemessene Zunahme ihrer elektr. Widerstände zeigen eine mit der Elektronenstruktur der Metalle zusammenhängende Periodizität. A. Blaschette 136◇

*0256* **Quasiteilchen und Eichinvarianz in der Theorie der Supraleitfähigkeit.** Yoichiro Nambu. (Physic. Rev. [2] **117,** 648–63, 1960; Chicago, Ill., Univ. of Chicago, Enrico Fermi Inst. for Nucl. Stud. and Dep. of Phys.; engl.) A. Blaschette 136◇

*0257* **Die Theorie der Supraleitfähigkeit in der Näherung von Tamm und Dancoff.** B. P. Nigam. (Progr. theoret. Physics [Kyoto] **25,** 436–40, 1961; Rochester, Univ., Dep. of Phys. and Astron.; Rochester, N.Y., Gen. Dynamics/Electronics, Res. Div.; engl.) A. Blaschette 136◇

*0258* **Zur praktischen Anwendung von Supraleitern.** Felix Lange. (Forsch. u. Fortschr. **35,** 138–42, 1961; Dresden; dt.) — Übersicht. — 27 Literaturangaben. A. Blaschette 136◇

*0259* **Oberflächenimpendanz eines Supraleiters im Magnetfeld.** G. Dresselhaus und M. Spiewak Dresselhaus. (Physic. Rev. [2] **118,** 77–91, 1960; Ithaca, N.Y., Cornell Univ., Labor. for Atomic and Solid State Phys. and Dep. of Phys.; engl.) — Theoret. Untersuchung. A. Blaschette 136◇

*0260* **Zur Theorie der Supraleitfähigkeit von Ferromagnetika.** Chan-Schen U. (Acta physica sinica **19,** 103–15, 1963; Peking, Physikal. Fak.; chin., Auszug. russ.) H. Liepack 136◇

*0261* **Eigenschaften einiger magnetischer Supraleiter.** R. M. Bozorth, D. D. Davis und A. J. Williams. (Physic. Rev. [2] **119,** 1570–76, 1960; Murray Hill, N.J., Bell Telephone Labor.; engl.) — Vgl. C. **1961,** 16376. — Magnet. untersucht wurden $Gd_{0,082}Ce_{0,918}Ru_2$ (I), $Gd_{0,04}Ce_{0,96}Ru_2$ (II) u. zum Vgl. das Syst. $GdOs_2$–$LaOs_2$ u. eine Fe-Hg-Leg. mit 1% Fe. Für I, dessen Curie-Punkt Θ über der Sprung-Temp. $T_s$ liegt, konnten Ferromagnetismus u. Supraleitung nebeneinander nachgewiesen werden. In II mit $\Theta < T_s$ war das ferromagnet. Moment nicht nachweisbar. Mit wachsendem Gd-Geh., wenn Θ deutlich größer ist als das zu erwartende $T_s$, fällt $T_s$ plötzlich gegen 0 ab; andererseits geht Θ gegen 0 für $T_s > \Theta$. Gleiche Ergebnisse liefert das Syst. $GdOs_2$–$LaOs_2$. Die Existenz des Ferromagnetismus u. der Supraleitfähigkeit läßt sich aus der Form der Hysteresisschleifen eindeutig nachweisen. Die Mol.-Felder, die aus der Wechselwrkg. der Gd-Atome resultieren, u. die daraus berechneten Curie-Punkte wachsen mit ansteigender Temp., was mit der Broutschen Theorie der Fernbereichsaustauschkräfte im Einklang steht. K. Jaeger 136◇

*0262* **Der Skin-Effekt in Eisenplättchen.** J. E. L. Bishop, E. W. Lee und L. Alberts. (J. physic. Soc. Japan, Suppl. B-I **17,** 346–48, 1962; Sheffield, Univ. of Sheffield; engl.) — Über den Frequenzbereich von 0–30 MHz wurden an Fe-Plättchen verschiedener Dicke zwischen 7 u. 93 μ Widerstands- u. Induktionsmessungen durchgeführt. Für die Berechnungen wird das Domänenmodell von Polivanov zugrunde gelegt, die Ergebnisse stimmen jedoch nur qual. mit der Theorie überein. Zur besseren Deutung der experimentellen Ergebnisse wird die Theorie erweitert, indem berücksichtigt wird, daß unterschiedliche Domänenwände im allg. auch unterschiedliche Restaurationskräfte besitzen. D. Noack 137◇

*0263* **Diffusion eines Magnetfeldes in einen Leiter mit einer beweglichen Grenzbedingung.** J. K. Oddson. (J. appl. Physics **34,** 2097–2101, 1963; Waterloo, Ontario, Canada, Univ. of Waterloo; engl.) — Die Diffusion eines Magnetfeldes in eine elektr. leitende Platte endlicher Länge, wenn die Platte durch das Magnetfeld bewegt wird, wird berechnet. Das Problem wird durch eine parabol. Differentialgleichung mit Grenzbedingungen auf einer vorgeschriebenen bewegten Zwischenfläche beschrieben. Die Lösung ergibt sich als Kombination zweier Funktionen, von denen die eine die Grenzbedingungen, die andere die Differentialgleichung befriedigt. Die Ergebnisse werden mit Hilfe der magnet. Reynolds-Zahl des Syst. dargestellt. H. Fahlenbrach 137◇

*0264* **Theorie der Einflüsse der Anisotropie auf die Spiralspinkonfigurationen mit Anwendung auf die Seltenerdmetalle.** T. A. Kaplan. (J. physic. Soc. Japan, Suppl. B-I **17,** 3–4, 1962; Lexington, Mass., MIT, Lincoln Labor.; engl.) — Vgl. C. **1963,** 18727. H. Roschkowski 137◇

*0265* **Symmetrie des elektrischen Kristallfeldes des $Yb^{3+}$-Ions im $Yb_2(SO_4)_3 \cdot 8\,H_2O$-Kristall.** A. Mookherji und D. Neogy. (Indian J. Physics Proc. Indian Assoc. Cultivat. Sci. **36 (45),** 107–09, 1962; Agra, Agra Coll., Phys. Labor.; engl.) — Zur Best. der Natur des Kristallfeldes im $Yb_2(SO_4)_3 \cdot 8\,H_2O$-Kristall, das auf das $Yb^{3+}$-Ion wirkt, werden die magnet. Anisotropie u. das magnet. Moment bei 100, 140, 200, 240 u. 300° K nach der Meth. von Krishnan, Mookherji u. Bose [1939] gemessen. Die Ergebnisse werden nach der Theorie von Elliot u. Stevens (vgl. Proc. Roy. Soc. [London], Ser. A **215,** [1952], 437), aber unter Anwendung eines allg. tetragonalen Feldes, ausgewertet. Die berechneten u. gemessenen Werte für die Differenz der Susceptibilität in Richtung u. senkrecht zur Richtung der Symmetrieachse des Wasserclusters um das $Yb^{3+}$-Ion herum u. für $\bar{\mu}^2$ (mittleres Moment) werden tabelliert. H. Schibilla 137◇

*0266* **Paramagnetische Elektronenresonanzspektren von $OH_2$-, OH-, $DO_2$- und OD-Radikalen.** Ss. D. Kaitmasow und A. M. Prochorow. (Festkörperphysik [UdSSR] **5,** 347 bis 348, 1963; Moskau, Physikal. Lebedew-Inst. der Akad. der Wiss. der UdSSR; russ.) — Das EPR-Spektrum bei 77° K von mit UV-Licht bestrahltem $H_2O_2$ (I), das bei einer I-Konz. von 98% dem Radikal $HO_2$ entspricht, gleicht sich bei Verdünnung der Probe (<3 bis 0,01% I) dem Spektrum des auch aus $H_2O$ oder aus 0,003% ig. I erhaltenen OH-Radikals an. Das Spektrum von UV-bestrahltem $D_2O_2$ unterscheidet sich vom Spektrum von I durch Fehlen des Dubletts (12 Oe) in konz. Proben u. durch Erscheinen eines Tripletts (Aufspaltung 15 Oe) an Stelle des Dubletts (Aufspaltung 45 Oe) in verd. Lsgg. von I. Das Dublett (Triplett) ist durch Hyperfeinaufspaltung an H (D) bedingt. G. Winkhaus 137◇

*0267* **Spinresonanz von Leitungselektronen in den Alkalimetallgraphiten $C_8Me$ und $C_{24}Me$.** K. A. Müller und R. Kleiner. (Physics Letters [Amsterdam] **1,** 98–100, 1962; Geneva, Battelle Mem. Inst.; engl.) — Die Linienbreite u. die Verschiebung des g-Faktors gegenüber denen des freien Elektrons nehmen mit größer werdendem Me-Geh. u. steigender Spin–Bahn-Kopplung zu (Me = K, Rb). Daraus folgt, daß die Elektronenbahnen der Metalle an der Bewegung der Lei-

tungselektronen beteiligt sind u. daß örtliche Bindungen zwischen den Me- u. den C-Atomen bestehen.
F. Schneider 137◇

*0268* **Untersuchung der Bindung von Ionen der Eisengruppe in Fluoridkristallen. 2. Mitt.** T. P. P. Hall, W. Hayes, R. W. H. Stevenson und J. Wilkens. (J. chem. Physics **39**, 35—39, 1963; Oxford, England, Clarendon Labor.; engl.) — 1. vgl. J. chem. Physics **38**, [1963], 1977. — Die Bindung der Ionen $Fe^{2+}$ (Konfiguration $d^6$) u. $Fe^{+}$, $Co^{2+}$, $Ni^{3+}$ (Konfiguration $d^7$) auf kub. Gitterplätzen in LiF, NaF u. $KMgF_3$ wird mit Hilfe der ESR untersucht. Die g-Faktoren u. die Aufspaltungs-Konst. werden in Form einer Tabelle angegeben. Die Beimischungen der $2p\pi$- u. $2p\sigma$-Wellenfunktionen zum Grundzustand sind gleich groß (2—10%), während der s-Anteil zwischen 0,3 u. 0,6% liegt.
F. Schneider 137◇

*0269* **Elektronenspinresonanz im kubischen Kristallfeld von CaO.** W. Low und R. S. Rubins. (Physics Letters [Amsterdam] **1**, 316—18, 1962; Jerusalem, Hebrew Univ., Dep. of Phys.; engl.) — Die ESR-Spektren von $V^{2+}$, $Cr^{3+}$, $Mn^{2+}$, $Fe^{3+}$, $Co^{2+}$, $Ni^{2+}$, $Eu^{2+}$ u. $Gd^{3+}$ in CaO zeigen kub. Symmetrie. Alle Ionen werden also auf Ca-Gitterplätzen eingebaut. Die Linienbreiten liegen bei einigen Gauß. Die Feldaufspaltungen deuten darauf hin, daß die Kristallfelder viel kleiner sind als im isomorphen MgO. Aufspaltungsfaktoren A u. g-Werte werden in Form einer Tabelle angegeben.
F. Schneider 137◇

*0270* **Paramagnetische Elektronenresonanz von $(NH_4)_2 \cdot Cd_2(SO_4)_3$–$Mn^{2+}$.** Itaru Tatsuzaki. (J. physic. Soc. Japan **17**, 582, 1962; Sapporo, Japan, Hokkaido Univ., Res. Inst. of Appl. Electr.; engl.) — Aus einer wss. Lsg. von $^1/_{15}$ Mol $3\,CdSO_4 \cdot 8\,H_2O$, 0,1 Mol $(NH_4)_2SO_4$ u. 0,001 Mol $MnSO_4 \cdot n\,H_2O$ in 300 $cm^3$ W. wurden bei $83 \pm 3^0$ Einkristalle gezüchtet. Das linienreiche, stark anisotrope EPR-Spektrum kann nur an den Flanken aufgelöst werden. Dort wird es gut durch eine von Bleaney u. Trenam [1954] angegebene Hamilton-Funktion dargestellt. F. Schneider 137◇

*0271* **Spin–Spin-Relaxation und magnetische Resonanzen in einer Reihe hydratisierter paramagnetischer Salze.** P. R. Locher und C. J. Gorter. (Physica [Utrecht] **28**, 797—822, 1962; Leiden, Kamerlingh Onnes Labor.; engl.) — Real- u. Imaginärteil der Susceptibilität von gepulverten Salzen wurden bei 20° K u. bei Frequenzen zwischen 180 u. 3200 MHz gemessen. Bei $Gd_2(SO_4)_3 \cdot 8\,H_2O$, $KCr(SO_4)_2 \cdot 12\,H_2O$, $(NH_4)_2Mn(SO_4)_2 \cdot 6\,H_2O$ u. $NH_4Fe(SO_4)_2 \cdot 12\,H_2O$ ist die Dipol-Dipol-Wechselwrkg. kleiner oder gleich der Kristallfeldaufspaltung, so daß die Termstruktur nicht aufgelöst werden konnte. In $MnCl_2 \cdot 4\,H_2O$, $CuSO_4 \cdot 5\,H_2O$ u. $CuCl_2 \cdot 2\,H_2O$ überwiegt die Austauschwechselwirkung. Die Theorie erlaubt nur einen ungefähren Vgl. mit den gemessenen Linienbreiten.
F. Schneider 137◇

*0272* **Nichtresonante paramagnetische Schallabsorption in Kalium-Chromalaun.** W. A. Golenitschtschew-Kutusow. (J. exp. theoret. Physik [UdSSR] **44**, 63—64, 1963; Kasan, Univ.; russ., Auszug: engl.) — Die nichtresonante paramagnet. Schallabsorption in *K-Cr-Alaun* wurde in Abhängigkeit von der Stärke H des angelegten stat. magnet. Feldes bei 30 MHz gemessen. Das Schallfeld lag in Richtung der trigonalen Symmetrieachse des Feldes eines der beiden nichtäquivalenten $Cr^{3+}$-Ionen. Die Absorption beruht hauptsächlich auf magnet. Spin–Spin-Wechselwirkung. Die Signalbreite beträgt ca. $0,4 \cdot 10^{10}$ Hz u. ist größer als im magnet. Wechselfeld. Der Absorptions-Koeff. beträgt für H=0 bei 295° $10^{-6}\,cm^{-1}$. G. Winkhaus 137◇

*0273* **Spezifische Wärme superparamagnetischer Teilchen.** J. D. Livingston und C. P. Bean. (J. appl. Physics **32**, 1964—66, 1961; Schenectady, N.Y., Gen. Electr. Res. Labor.; engl.) — Vgl. C. **1963**, **13446**. — Berechnet wurde mit Hilfe der statist. Mechanik die spezif. Wärme einer Ansammlung unabhängiger superparamagnet. Teilchen. Diskutiert werden die Fälle isotroper Teilchen in einem äußeren Feld u. anisotroper Teilchen in Abwesenheit eines äußeren Feldes. Die berechnete spezif. Wärme ist temperaturabhängig u. liegt in der Größenordnung von k pro Teilchen bei tiefen Temperaturen. Diskutiert wird ferner die Möglichkeit der experimentellen Prüfung dieser Ergebnisse. K. Jaeger 137◇

*0274* **Paramagnetismus von Mn–Cu-Legierungen oberhalb der Schmelztemperatur.** P. A. Pschenitschkin. (Metallphysik u. Metallkunde [UdSSR] **14**, 378—82, 1962; Moskau, Lomonossow-Univ.; russ.) — Eine Unters. der Abhängigkeit der magnet. Susceptibilität von der Temp. in Legg. mit 10—90 Gew.-% Mn im Temp.-Intervall von 1000—1650° K wird durchgeführt. Die paramagnet. Eigg. der fl. Legg. unterscheiden sich wenig von den paramagnet. Eigg. der festen Legg., worauf die geringe Veränderung der Curie-Temp. u. der Curie-Weiß-Konst. hinweisen. N. Kubeth 137◇

*0275* **Superparamagnetische Eigenschaften einiger antiferromagnetischer Legierungen des Systems Cu–Mn.** B. W. Snamenski und I. G. Fakidow. (Metallphysik u. Metallkunde [UdSSR] **14**, 391—95, 1962; Inst. für Metallphys. der Akad. der Wiss. der UdSSR; Swerdlowsk, Pädagog. Inst.; russ.) — Die magnet. Eigg. einer polykristallinen Leg. von Cu + 22,8 Atom-% Mn wurden in Magnetfeldern von 200 kOe u. im Temp.-Intervall von 56—450° K untersucht. Die erhaltenen Ergebnisse werden befriedigend durch Bestehen einer antiferromagnet. Matrix mit ferromagnet. Eindomänenteilchen erklärt. Diese Teilchen besitzen oberhalb des antiferromagnet. Néel-Punktes ein superparamagnet. Verhalten.
N. Kubeth 137◇

*0276* **Kernmagnetische Resonanz im antiferromagnetischen α-Mn-Metall.** Junkichi Itoh, Yoshika Masuda, Kunisuke Asayama und Shun-ichi Kobayashi. (J. physic. Soc. Japan **18**, 455, 1963; Nakanoshima, Osaka, Osaka Univ., Dep. of Phys.; engl.) — Mit einer Impuls-Meth. wird zwischen 1,5 u. 4,2° K die kernmagnet. $^{55}$Mn-Resonanz an antiferromagnet. α-Mn-Pulver untersucht. Dabei wurde kein äußeres Magnetfeld angelegt. Ein Vgl. der Ergebnisse zu älteren Kernresonanz-Verss. im äußeren Magnetfeld führt unter der Annahme einer Knight-Verschiebung von —0,13% bei 20° u. einem mittleren Spinmoment pro Mn-Atom von 1 Bohr-Magneton zur Abschätzung eines inneren Magnetfeldes von 13000 Oe. Verss. bei verschiedenen Frequenzen zeigen, daß die Null-Feldresonanz nicht unter 3 MHz u. nicht zwischen 10 u. 20 MHz auftritt. Bei Resonanz-Verss. mit äußeren Gleichfeldern tritt die Null-Feldresonanz in vektorieller Addition mit auf. H. Fahlenbrach 137◇

*0277* **Kernmagnetische Resonanz bei ferromagnetischem $Mn_4N$ und $Mn_5Ge_3$.** Tadamiki Hihara, Yoshitaka Kôi und Akira Tsujimura. (J. physic. Soc. Japan **18**, **454**, **1963**; Hiroshima, Univ., Dep. of Phys.; Tokushima, Univ., Fac. of Engng.; engl.) — Vgl. C. **1963**, 22599. — Bei $Mn_4N$ wurde nur eine starke Resonanzlinie mit einer Resonanzfrequenz von 117,9 MHz bei 9° u. mehrere Satelliten beobachtet. Die Satelliten werden Gitterfehlern zugeschrieben, die in der Umgebung der Mn-Atome die kub. Symmetrie stören u. am Mn-Kern einen elektr. Feldgradienten hervorrufen. Bei $Mn_5Ge_3$ besteht das Resonanzspektrum aus einer starken u. 5 schwächeren Linien, deren Frequenzen bei —180° bei 201,8 (MHz, Hauptlinien), 181,5, 187,2, 192,8, 198,3 u. 203,8 liegen. Die Hauptlinienfrequenz nimmt mit zunehmender Temp. schneller ab als die der Nebenlinien. Die starke Resonanzlinie soll von $^{55}$Mn-Atomen auf 4 d-Gitterplätzen, die anderen Linien von $^{55}$Mn auf 6 g-Plätzen herrühren. Die inneren Magnetfelder u. daher auch die magnet. Momente der Mn-Atome auf den verschiedenen Gitterplätzen sind einander angenähert gleich.
H. Fahlenbrach 137◇

*0278* **Kernmagnetische Resonanz in Metallpulvern bei tiefen Temperaturen.** Rex J. Snodgrass und Lawrence H. Bennett. (Appl. Spectroscopy **17**, 53—54, 1963; Washington, D.C., Nat. Bur. of Stand.; engl.) — Es wird eine verbesserte Meth. für KMR-Messungen in Metallpulvern bei tiefen Temp. beschrieben. Hierzu wird ein Varian-Breitband-KMR-Spektrometer vom Kreuzspultyp benutzt. Der Boden des verwendeten Dewargefäßes besteht aus einem unversilberten Finger, der in die Varian-Hochfrequenzsonde paßt. Das vorher eingeschmolzene Metallpulver wird in den Finger gebracht. Um eine Bewegung dieser Probe durch das Kochen des fl. $N_2$ oder He zu verhindern, wird sie mit Paraffinöl am Boden festgeklebt. K. Scheffler 137◇

*0279* **Starke Kopplung bei Kernresonanzspektren. 4. Mitt. Exakte Analyse der 3-Spin-Spektren.** S. Castellano und J. S. Waugh. (J. chem. Physics **34**, 295—309, 1961; Cambridge, Mass., MIT, Dep. of Chem. and Res. Labor. of Electron.; engl.) — 3. vgl. C. **1962**, 17356. — Entw. einer Meth. zur Berechnung der chem. Verschiebung u. der Spin–Spin-Kopplungs-Konst. für ein Syst. von 3 Kernen mit Spin 1/2 (ABC) direkt aus den Kernresonanzspektren. „Trial-and-error"-Behandlung dieser Parameter wird völlig vermieden. Die

Verw. experimenteller Intensitäten wird getrennt von der experimenteller Frequenzen, erstere können auch ganz weggelassen werden, wenn keine experimentellen Werte genügender Genauigkeit zu erhalten sind. Es wird gezeigt, daß sich manchmal vorher unbekannte Zweideutigkeiten bei der Zuordnung der Parameter ergeben u. daß die konventionellen iterativen Analysen gelegentlich zu falschen Ergebnissen führen. Die Protonenresonanzspektren von 4 Verbb., die Vinylgruppen enthalten (*Acrylnitril, Acrylsäure, Methylacrylat, Vinylacetat*), werden diskutiert. J. M. Spaeth 137□

*0280* **Spin-Gitter-Relaxation von $Yb^{3+}$ in $CdF_2$.** P. P. Paschinin und A. M. Prochorow. (Festkörperphysik [UdSSR] **5,** 359—60, 1963; Moskau, Physikal. Lebedew-Inst. der Akad. der Wiss. der UdSSR; russ.) — Die Spin-Gitter-Relaxationszeit $T_1$ von $Yb^{3+}$ in $CdF_2$-Einkristallen wurde durch EPR-Messungen bei 3200 u. 9160 MHz im Konz.-Bereich c 0,01—0,1 Gew.-% Yb bei 2—77° K bestimmt. In den Proben ist das kub. Gitter des $CdF_2$ erhalten. Bei der Temp. des fl. He ist $T_1$ proportional c, umgekehrt proportional der Temp. u. wächst linear mit der Frequenz. Bei 20—77° K ist $T_1$ proportional ($Temp.^{-7}$) u. nahezu unabhängig von c u. von der Frequenz. Die anomale Frequenzabhängigkeit von $T_1$ kann nicht durch bekannte Theorien über die Relaxation von Ionen der Seltenerdmetalle erklärt werden. G. Winkhaus 137◇

*0281* **Konzentrations- und Temperaturabhängigkeit der Spin-Gitter-Relaxation in Rubin.** Yosio Nisida. (J. physic. Soc. Japan **17,** 1519, 1962; Musashino, Tokyo, Japan, Electr. Communicat. Labor.; engl.) — Gemessen wurden die Spin-Gitter-Relaxationszeiten in Rubin in Abhängigkeit von der Cr-Konz. (0,0092—0,79 Mol-% Cr) u. der Temp. (1,8 bis 4,2° K). Die Ergebnisse geben keinen Anlaß, einen Phononflaschenhals anzunehmen. K. Jaeger 137◇

*0282* **Magnetische Kernrelaxation in Gasmischungen.** D. Llewelyn Williams. (Canad. J. Physics **40,** 1027—35, 1962; Vancouver, B.C., Univ. of Brit. Columbia, Dep. of Phys.; engl.) — Die Protonenspin-Gitter-Relaxationszeiten werden nach der Impuls-Meth. für Mischungen von $H_2$ mit $N_2$, *Ne* bzw. *He* als Funktion des Drucks, der Temp. (60° K bis Raum-Temp.) u. der Zus. gemessen. Die experimentellen Ergebnisse stimmen gut mit der Theorie von Oppenheim-Bloom überein. Sie zeigen die Bedeutung der radialen Verteilung der Gas-Moll. u. von Beugungseffekten, die auf der de Broglie-Wellenlänge beruhen. K. Scheffler 137◇

*0283* **Kernmagnetische Resonanzuntersuchungen von Ammoniumhalogeniden.** 1. Mitt. **Protonenmagnetische Resonanz in Einkristallen von Ammoniumchlorid und Ammoniumbromid.** Junkichi Itoh, Riichiro Kusaka und Yushiro Saito. (J. physic. Soc. Japan **17,** 463—80, 1962; Osaka, Univ., Dep. of Phys.; engl.) — Die KMR-Spektren von Einkristallen des $NH_4Cl$ u. $NH_4Br$ werden im Temp.-Bereich von 90° K bis Zimmer-Temp. mit Feldern in [1 1 0]-, [1 0 0]- u. [1 1 1]-Richtung gemessen. Die theoret. berechneten Resonanzfrequenzen u. die Linienbreiten werden mit den experimentellen Ergebnissen verglichen, wobei für $NH_4Cl$ gute Übereinstimmung, für $NH_4Br$ jedoch schlechte Übereinstimmung, deren Ursache ausführlich diskutiert wird, festzustellen ist. Bei der Temp. der fl. Luft werden breite Linien entsprechend der festen Anordnung der $NH_4^+$-Ionen in beiden Salzen beobachtet, bei Temp. oberhalb 150° K nimmt die Linienbreite infolge schneller Rotation der $NH_4^+$-Ionen ab. K. Scheffler 137◇

*0284* **Kernmagnetische Resonanzuntersuchungen von Ammoniumhalogeniden.** 2. Mitt. **Magnetische Resonanz der Halogenkerne.** Junkichi Itoh und Yukio Yamagata. (J. physic. Soc. Japan **17,** 481—506, 1962; engl.) — 1. vgl. vorst. Referat. — Chem. Verschiebungen, Spin-Gitter-Relaxationszeiten u. Intensitäten der KMR-Linien werden für $NH_4Cl$-, $NH_4Br$- u. $NH_4J$-Kristalle in ihren jeweils 3 bei verschiedenen Temp. beständigen Modifikationen gemessen u. berechnet. Die Reorientierungsbewegung der $NH_4^+$-Ionen bei höheren Temp. wird als Ursache der zeitabhängigen zwischenion. Wechselwrkg. bzw. der Spin-Gitter-Relaxation erkannt. Messungen der Linienintensitäten lassen den Einfl. eines unvollkommenen Kristallaufbaus auf das KMR-Spektrum erkennen. K. Scheffler 137◇

*0285* **Protonenmagnetische Resonanz in Ammoniak-Nickelcyanid-Clathraten.** Haruo Nakajima, V. M. Bhatnagar und A. R. H. Cole. (J. physic. Soc. Japan **17,** 1194, 1962; Sapporo, Japan, Univ., Dep. of Phys.; Perth, Australia, Univ., Dep. of Chem.; engl.) — Die Temp.-Abhängigkeit des Protonenresonanzspektrums von pulverförmigem $Ni(CN)_2 \cdot NH_3 \cdot M$ wird untersucht, wobei M das eingeschlossene Mol. (Bzl., Anilin oder Pyridin) ist. Die Absorptionskurven haben einen asymm. Verlauf. Die Linienbreiten zwischen Maximum u. Minimum der Kurven, die eindeutig von M abhängen, nehmen mit zunehmender Temp. für die 3 eingeschlossenen Moll. jeweils in charakterist. Weise ab, woraus auf Bindungsstärke u. Orientierung der organ. Moll. in den Clathraten geschlossen werden kann. K. Scheffler 137◇

*0286* **Untersuchung über den Mechanismus der Eiskristallkeimbildung durch Protonenspinresonanzspektroskopie.** Geoffrey T. Barnes und Raymund Sänger. (Z. angew. Math. Physik [Basel] **12,** 159—64, 1961; Zürich, Swiss Federal Inst. of Technol., Labor. of Atmospheric Phys.; engl.) — Nach dem Verf. von Katz (vgl. Z. angew. Math. Physik [Basel] **12,** [1961], 76 u. früher) dargestellte Eiskeim-Bldg.-Kerne aus *AgJ* u. *CuO* wurden mehrere Tage bei 0° in mit Wasserdampf gesätt. Luft aufbewahrt u. hierauf bei Temp. zwischen + 20 u. — 20° bei AgJ u. + 10 u. — 40° bei CuO protonenspinresonanzspektroskop. untersucht. Es wurde beobachtet, daß die adsorbierte Wasserschicht unterhalb einer bestimmten Temp., die nahe der Schwellen-Temp. für die Eiskeim-Bldg.-Aktivität liegt, teilweise in einem flüssigkeitsartigen u. teilweise in einem festkörperartigen Zustand auftritt. Bei sinkender Temp. wächst der feste Anteil der Schicht auf Kosten des fl. Bestandes. Der vollständige Verfestigungsvorgang wickelt sich dabei in einem Temp.-Bereich von ca. 20° ab. Es wird auf Grund der Beobachtungen angenommen, daß zwischen dem Auftreten der eisartigen Struktur in der adsorbierten Schicht u. der Eis-Bldg.-Wirksamkeit der Kernstoffe eine Beziehung besteht. C. Gottfried 137

*0287* **Untersuchung des Zustandes des an Calciumsilicathydrat sorbierten Wassers durch kernmagnetische Resonanz.** W. I. Kwliwidse und K. G. Krassilnikow. (Ber. Akad. Wiss. UdSSR **145,** 1305—07, 1962; Moskau, Lomonossow-Univ.; russ.) — Protonenmagnet. Resonanz-Unterss. an pulverförmigen Ca-Silicathydratproben ($CaO/SiO_2$ = 0,8) unterschiedlichen relativen Wasserdampfdrucks ($p/p_s$ 0 bis 0,5, entsprechend 1,0 bis ca. 2,6 $H_2O/SiO_2$) zeigten, daß das sorbierte W. nicht im Kristallgitter gebunden u. relativ beweglich ist. Die unterschiedlichen Entwässerungsstufen entsprechenden Proben unterscheiden sich nur durch den mit der Entwässerung abnehmenden Grad der Wasserbeweglichkeit. Bei Proben mit $p/p_s$ = 0,5 treten 2 Linien auf. Die 1. Linie ($\Delta H$ = 0,15 Oe) entspricht beweglicheren Wasser-Moll., die 2. Linie (0,25 Oe) weniger beweglichen Wassermolekülen. In Proben mit $p/p_s$ < 0,35 tritt nur 1 Linie der weniger beweglichen Wasser-Moll. auf, u. das Spektrum der Probe mit $p/p_s$ = 0 entspricht dem Spektrum von *Tobermorit.* Die Korrelationszeiten der Bewegungen der Wasser-Moll. wurden zu $1{,}7 \cdot 10^{-7}$ (s) für weniger bewegliches u. zu $7{,}8 \cdot 10^{-8}$ für beweglicheres W. abgeschätzt. G. Winkhaus 137◇

*0288* **Sauerstoff-Adsorption und magnetische Susceptibilität von Eis bei tiefen Temperaturen.** Frank E. Senftle und Arthur Thorpe. (Nature [London] **194,** 673—74, 1962; Washington, D.C., Howard Univ., U. S. Geol. Surv.; engl.) — Die diamagnet. Susceptibilität von Eis nimmt mit der Adsorption von $O_2$ zu. Sorgfältig von $O_2$ gereinigtes Eis besitzt zwischen 77 u. 235° K eine Susceptibilität von $(-0{,}683 \pm 0{,}001) \cdot 10^{-6}$ elektromotor. Einheiten/g. H. Fahlenbrach 137□

*0289* **Versuche zur Entmagnetisierung von Substanzen mit großen magnetischen Dipolwechselwirkungen.** A. H. Cooke, D. T. Edmonds, C. B. P. Finn und W. P. Wolf. (J. physic. Soc. Japan, Suppl. B-I **17,** 481—86, 1962; Oxford, Clarendon Labor.; engl.) — Die Eigg. einiger Seltenerdmetallsalze werden stark durch die magnet. Dipol-Wechselwrkg. der Seltenerdmetallionen beeinflußt. Bei genügend tiefen Temp. wird ein geordneter Zustand hergestellt, der ferromagnet. oder antiferromagnet. sein kann. Es wird über magnet. Susceptibilitätsmessungen an *Dysprosiumäthylsulfat* berichtet, das bei 0,13° K ferromagnet. wird. Die magnet. Eigg. der Substanz oberhalb u. unterhalb des Umwandlungspunktes werden mit Werten der Mol.-Feldtheorie, der van Fleck-Gleichung u. des Ising-Modells verglichen. D. Noack 137◇

*0290* **Ferromagnetismus bei Gadoliniumtrichlorid.** W. P. Wolf, M. J. M. Leask, B. Mangum und A. F. G. Wyatt. (J. physic. Soc. Japan, Suppl. B-I **17**, 487—92, 1962; Oxford, Clarendon Labor.; engl.) — Im Temp.-Bereich von 1,5—20° K wurden Susceptibilitäts- u. Magnetisierungsmessungen an nadel-, kugel- u. scheibenförmigen $GdCl_3$-Einkristallen senkrecht u. parallel zur c-Achse durchgeführt. Die Ergebnisse zeigen, daß diese Substanz bei 2,2° K ferromagnet. geordnet wird. Eine Extrapolation der Meßergebnisse auf T = 0° K zeigt, daß das spontane Moment den theoret. Wert von 7 $\mu_B$/Ion zu 80% erreicht. Die Diskrepanz wird auf Nullpunktsfehlordnung, die durch die relativ starke Dipol-Wechselwrkg. verursacht wird, zurückgeführt. D. Noack 137◇

*0291* **Theorie des Antiferromagnetismus der Tuttonsalze von Mn und Co.** Tutô Nakamura und Norikiyo Uryu. (J. physic. Soc. Japan, Suppl. B-I **17**, 493—96, 1962; Osaka, Osaka Univ., Dep. of Phys.; Fukuoka, Kyusyu Univ., Dep. of Phys.; engl.) — Der parasit. Ferromagnetismus, der bei den Tutton-Salzen von Mn u. Co auftritt, wird theoret. untersucht. Es kann gezeigt werden, daß der parasit. Ferromagnetismus im Mn-Salz vom Kristallfeld u. im Co-Salz von der anisotropen Dipol- u. Austausch-Wechselwrkg. herrührt. Die berechneten Werte für die Spinorientierung, die Néel-Temp. sowie die Susceptibilität stimmen für beide Salze gut mit Meßdaten überein. D. Noack 137◇

*0292* **Die spezifischen Wärmen von antiferromagnetischem $MnF_2$ und $CoF_2$ bei tiefen Temperaturen.** Edward Catalano und Norman E. Phillips. (J. physic. Soc. Japan, Suppl. B-I **17**, 527—29, 1962; Livermore and Berkeley, Calif., Univ. of California, Lawrence Radiat. Labor.; engl.) — Die Messungen wurden zwischen 1 u. 4,2° K durchgeführt. Die Werte für die magnet. spezif. Wärme für $MnF_2$ werden mit theoret., nach einem modifizierten Spinwellenmodell berechneten Werten verglichen. Innerhalb des untersuchten Temp.-Bereiches wurde für $CoF_2$ kein magnet. Anteil an der spezif. Wärme gefunden. Dieser Meßbefund wird auf das große Anisotropiefeld dieser Verb. zurückgeführt. D. Noack 137◇

*0293* **Thermische Schwankungen eines Einbereich-Teilchens.** William Fuller Brown jun. (Physic. Rev. [2] **130**, 1677—86, 1963; Rehovoth, Israel, Weizmann Inst. of Sci., Dep. of Electron.; engl.) — Bei genügend feinen ferromagnet. Teilchen besteht eine gleichförmige Magnetisierung, deren Richtung aber therm. Schwankungen unterworfen ist. Solche Schwankungen, die beim Superparamagnetismus u. bei der Nachwirkung erheblich sind, werden mit der stochast. Theorie theoret. erfaßt. Die Theorie führt zu einer Fokker-Planck-Differentialgleichung, die die Entw. einer Orientierungsdichtewahrscheinlichkeit beschreibt. Dazu wurde in der Langevin-Gleichung ein „wahlloser" Feldterm eingeführt. Dieser Term kann durch Benutzung des „Schwankungs-Streu"-Theorems vermieden werden. Der Fall von Energieschwellen, die groß gegenüber der Wärmeenergie kT sind, wird sowohl durch eine angenäherte Minimumbetrachtung als auch durch eine Anwendung der Kramerschen Theorie auf den Sprung der Teilchen über diese Energieschwellen behandelt. Die Gültigkeitsgrenzen dieser diskreten Orientierungsnäherung werden erörtert. H. Fahlenbrach 137◇

*0294* **Über Domänenstruktur und Magnetisierungsprozesse.** J. Kaczér, R. Gemperle, M. Zelený, J. Pačes, P. Šuda, Z. Frait und M. Ondris. (J. physic. Soc. Japan, Suppl. B-I **17**, 530—34, 1962; Prague, Czech. Acad. Sci., Inst. of Phys.; engl.) — Folgende vier Probleme werden behandelt. 1. Berechnung der Domänenstruktur eines unendlichen Zylinders, dessen Ebene leichter Magnetisierung normal zur langen Achse orientiert ist, 2. Temp.-Abhängigkeit des Domänenabstandes u. Austausch-Konst. des Magnetoplumbits, 3. Abhängigkeit der Magnetostriktions-Konst. von Fe–Ni-Legg. von der elast. Dehnung u. 4. ferromagnet. Resonanz in dünnen magnet. Filmen. — 18 Literaturangaben. D. Noack 137◇

*0295* **Die Domänenstruktur von Kobaltkristallen.** L. F. Bates und D. J. Craik. (J. physic. Soc. Japan, Suppl. B-I **17**, 535—39, 1962; Nottingham, Univ. of Nottingham; engl.) — Es wird über elektronenmikr. Vgl.-Messungen an Basisflächen von *Bariumferrit*- oder *Magnetoplumbit*-Kristallen einerseits u. *Co*-Kristallen andererseits während Magnetisierung in schwachen u. starken Feldern berichtet. Die von Lifshitz [1944] geforderten komplexen geschlossenen Strukturen konnten für Co bestätigt werden. Die beim Co beobachteten Strukturen bestehen aus feinen Streckdomänen, die durch örtliche starke plast. Verformungen zustandekommen, sowie solchen in sehr feinen Zwillingskristallen. Messungen des Domänenabstandes als Funktion der Kristalldimensionen werden mit theoret. berechneten Werten verglichen. D. Noack 137◇

*0296* **Näherungsberechnung magnetostatischer Energien.** William Fuller Brown jun. (J. physic. Soc. Japan, Suppl. B-I **17**, 540—42, 1962; Minneapolis, Minn., Univ. of Minnesota, Dep. of Electr. Engng.; engl.) — Es wird eine mathemat. Meth. beschrieben, die zur Best. der oberen u. unteren Grenzen der magnetostat. Eigenenergie für eine gegebene Magnetisierungsverteilung führt. D. Noack 137◇

*0297* **Magnetisierungsenergien und -verteilungen in ferromagnetischen Stoffen.** P. Rhodes, G. Rowlands und D. R. Birchall. (J. physic. Soc. Japan, Suppl. B-I **17**, 543—47, 1962; Leeds, Univ. of Leeds, Phys. Dep.; engl.) — Kurzer Überblick über neuere theoret. Arbeiten über magnetostat. Stoffe. Daneben wird eine Meth. zur Berechnung der Magnetisierungsverteilung in zylindr. Stäben angegeben. — 11 Literaturangaben. D. Noack 137◇

*0298* **Magnetische Anisotropie aufgedampfter Filme.** Minoru Takahashi, Denjiro Watanabe, Tetsuo Kono und Shiro Ogawa. (J. physic. Soc. Japan, Suppl B-I **17**, 554—57, 1962; Sendai, Tohoku Univ., Res. Inst. for Iron, Steel and Other Metals; engl.) — Vgl. C. **1963**, 5720. — Es wird die Ursache der Anisotropie in aufgedampften Fe- u. Ni–Fe-Filmen untersucht. Bes. wurden die Temp.-Abhängigkeit der induzierten magnet. Anisotropie, die Beziehungen zwischen der Anisotropie einerseits u. Filmdicke, Temp. der Unterlage u. Unterlagenmaterial andererseits sowie die Relaxationsphänomene der Anisotropie während isothermen Temperns mit u. ohne Magnetfeld untersucht. D. Noack 137◇

*0299* **Positive und negative Anisotropie in Nickel-Eisen-Filmen.** Donald O. Smith. (J. physic. Soc. Japan, Suppl. B-I **17**, 550—53, 1962; Lexington, Mass., MIT, Lincoln Labor.; engl.) — Bei Proben u. Filmen von Ni–Fe-Legg., die in einem magnet. Gleichfeld getempert bzw. niedergeschlagen wurden, konnte die Ausbildung einer 2fach nichtaxialen magnet. Anisotropie beobachtet werden, wobei die Achse leichter Magnetisierung parallel zum magnet. Gleichfeld orientiert ist (positive Anisotropie). An einigen Filmen wurde außerdem eine 2fach einfache Achse im rechten Winkel zum angelegten Feld beobachtet (negative Anisotropie). Die experimentellen Ergebnisse, die sich noch nicht vollständig theoret. deuten lassen, werden diskutiert. D. Noack 137◇

*0300* **Anisotropie in dünnen polykristallinen Nickel-Eisen-Filmen im Zusammensetzungsbereich 40—100% Nickel.** G. Robinson. (J. physic. Soc. Japan, Suppl. B-I **17**, 558—62, 1962; Redhill, Surrey, Mullard Res. Labor.; engl.) — Es wird über die Herst. der ca. 1000 Å starken Filme in einem Feld von 50 Oe sowie über Torsionsmessungen in starken u. schwachen Feldern u. abschließend über Rotations-Hysteresis-Messungen berichtet. Die experimentellen Torsionskurven werden mit theoret. Kurven für Einzeldomänen verglichen. D. Noack 137◇

*0301* **Winkelabhängigkeit der Torsion in anisotropen Permalloy-Filmen.** W. D. Doyle, J. E. Rudisill und S. Shtrikman. (J. physic. Soc. Japan, Suppl B-I **17**, 567—70, 1962; Philadelphia, Pa., Franklin Inst., Labor.; engl.) — Vgl. C. **1963**, 19917. — Mit Hilfe eines hochempfindlichen ($10^{-3}$ dyn·cm), kontinuierlich registrierenden Torsionsmagnetometers wurden Torsionskurven dünner Permalloyfilme aufgenommen. Das Verh. der Torsionskurven ist von dem Verhältnis der Koerzitivkraft zum Anisotropiefeld $h_c$ abhängig. Es wird über Ergebnisse für $h_c < 0,5$ berichtet. Die experimentellen Ergebnisse werden mit drei verschiedenen Modellen für die Magnetisierungsprozesse in Ferromagneten verglichen: a) kohärente Rotationen, b) 180° Wandbewegung in einem einachsigen Kristall u. c) nichtkohärente Umkehr in einem unendlichen runden Zylinder. Die experimentellen Ergebnisse stimmen für Felder, die im Vgl. zum Anisotropiefeld groß sind, gut mit dem ersten Modell überein; im umgekehrten Fall ist das zweite Modell besser erfüllt. Das letzte Modell wird für den ganzen Feldbereich erfüllt. D. Noack 137◇

*0302* **Zur Greenschen Funktion des Spin-Systems. 1. Mitt.** Kyozi Kawasaki und Hazime Mori. (Progr. theoret. Physics [Kyoto] **25,** 1043—45, 1961; Kyoto, Kyoto Univ., Res. Inst. for Fundament. Phys.; engl.) — Vgl. Bogoljubow u. Tjablikow, Nachr. Akad. Wiss. UdSSR **126,** [1959], 53. — Die l. c. entwickelte Meth. wird zur Berechnung der räumlichen Korrelation der Spins ein einem Ferromagnetikum in der Näherung der niedrigsten Ordnung angewandt. J. M. Spaeth 137□

*0303* **Zur Greenschen Funktion des Spin-Systems. 2. Mitt.** Kyozi Kawasaki und Hazime Mori. (Progr. theoret. Physics [Kyoto] **25,** 1045—47, 1961; engl.) — 1. vgl. vorst. Referat. — Die in l. c. angewandte Meth. der Greenschen Funktion von Bogoljubow u. Tjablikow, die nur für den Fall mit dem Spin 1/2 erfolgreich war, wird ausgedehnt auf Fälle mit beliebiger Größe des Spins u. für den Spin 1 beschrieben. J. M. Spaeth 137□

*0304* **Einige Matrixrechnungen über das Ising-Modell.** R. O. Robinson. (Canad. J. Physics **40,** 992—99, 1962; St. Augustine, Trinidad, Univ. of the West Indies, Fac. of Engng.; engl.) A. Blaschette 137◇

*0305* **Magnetische Kontrastbilder in der Elektronenspiegelmikroskopie.** Ludwig Mayer. (J. physic. Soc. Japan, Suppl. B-I **17,** 547—49, 1962; Minneapolis, Minn., General Mills, Inc., Electron. Group; engl.) — Es wird gezeigt, daß sich die Elektronenspiegelmikroskopie für die visuelle Beobachtung magnet. Streufelder auf Oberflächen eignet. Es wird kurz über magnet. Kontrastbilder sowie über die Kriterien berichtet, die ein Unterscheiden der magnet. Muster von Mustern anderen Ursprungs ermöglichen. Die Wirkungsweise wird an Si-Fe-Proben demonstriert. D. Noack 137◇

*0306* **Elektronenoptische Untersuchung des magnetischen Streufeldes über (1 $\bar{1}$ 0)-Flächen prismatischer Nickel-Einkristalle.** Helmuth Murrmann und Christoph Schwink. (Z. Physik **174,** 536—45, 1963; München, Univ., II. Physik. Inst.; dt.) — Mit dem Brennpunkt einer Elektronenlinse als Projektionszentrum wird ein Schattenbild eines Ni-Einkristalls auf einen Leuchtschirm projiziert. Die nahe einer (1 $\bar{1}$ 0)-Oberfläche in (0 0 $\bar{1}$)-Richtung passierenden Elektronen werden durch die aus dieser Oberfläche heraustretenden magnet. Streufelder derart abgelenkt, daß dabei das Schattenbild des Kristalls verzerrt wird. Aus dieser Verzerrung kann auf Größe, Richtung u. örtliche Verteilung der Felder geschlossen werden. Es kann sich bei den an der Oberfläche auftretenden Ladungen um Flächenladungen als Folge eines endlichen Winkels zwischen Oberfläche u. Magnetisierungsrichtung u. um Linienladungen als Folge der Drehung des Magnetisierungsvektors in der Bloch-Wand handeln. Die Vers.-Ergebnisse deuten auf Linienladungen hin, u. die quant. Auswertung unter dieser Annahme ergibt ein Tangentialfeld von ca. 3 Oe unmittelbar an der Oberfläche zwischen zwei Bloch-Wänden u. in normaler Richtung eine Feldstärke von ca. 100 Oe im Abstand von 1 $\mu$m über einer 71°-Bloch-Wand. F. Lenz 137◇

*0307* **Ferrimagnetische Resonanz in Systemen mit drei Untergittern.** Roald K. Wangsness. (Physic. Rev. [2] **119,** 1496—1500, 1960; White Oak, Md., U.S. Naval Ordn. Labor.; Tucson, Ariz., Univ. of Arizona, Dep. of Phys.; engl.) — Die ferromagnet. Granate besitzen drei Untergitter, die parallel bzw. antiparallel zum Magnetfeld H polarisiert sind. Für diesen Fall werden die Bewegungsgleichungen aufgestellt u. hieraus die Komponenten des Susceptibilitätstensors bis zu Gliedern 4. Ordnung berechnet. Für den hypothet. Fall, daß zwei Untergitter untereinander u. zu H nicht parallel sind, wird die Rechnung bis zur 3. Ordnung durchgeführt. F. Schneider 137◇

*0308* **Nullfeldaufspaltung des $Cr^{3+}$-Grundzustandes in Yttriumgallium- und Yttriumaluminiumgranat.** J. W. Carson und R. L. White. (J. appl. Physics **32,** 1787, 1961; Malibu, Calif., Hughes Res. Labor.; engl.) — Vff. berichten über die paramagnet. Resonanzspektren von $Cr^{3+}$ in den diamagnet. Granaten $Y_3Ga_5O_{12}$ (I) u. $Y_3Al_5O_{12}$ (II). Die Messungen wurden bei 35 KMHz bei 300 u. 77° K an orientierten Einkristallen durchgeführt, in denen ca. 3% der Ga- oder Al-Plätze durch $Cr^{3+}$-Ionen besetzt waren. Die $Cr^{3+}$-Ionen besetzen bevorzugt einen Platz 6fach kub. Koordination mit leichter trigonaler Verzerrung parallel der [1 1 1]-Richtung. Diese trigonale Verzerrung bewirkt die Nullfeldaufspaltung 2 D des Grundzustand-Spinquartetts in 2 Dubletts. Die für die beiden Granate erhaltenen Parameter 2 D u. G∥ sind tabellar. angegeben. Für I stimmten die Ergebnisse der Messungen bis 300° K mit Werten von Geschwind u. Nielsen (Bull. Amer. physic. Soc. **5,** [1960], 252) überein. Das Vorzeichen der Temp.-Abhängigkeit der Nullfeldaufspaltung ist für die beiden Granate verschieden. Die Werte von G∥ u. 2 D bei Zimmer-Temp. waren für alle untersuchten II-Proben gleich, die 2 D-Werte bei 77° K variierten bei den Proben zwischen 15,5 u. 15,7 KMHz. 24std. Anlassen bei 1200° erzeugte keine merkbare Änderung der 2 D-Werte bei 300 oder 77° K bei allen Granaten. Der Unterschied in der Nullfeldaufspaltung der beiden Granate ist stark von den genauen Lagen der O-Nachbarn abhängig, die jedoch nicht genau bekannt sind. C. Gottfried 137

*0309* **Untersuchung der magnetischen Eigenschaften und der ferromagnetischen Resonanz des Systems Yttrium-Lanthan-Eisen-Granat.** Guo-Dong Li, Ching-Yong Zhai, De-Quan Guo und Jing-Yuan Li. (Acta physica sinica **19,** 1—10, 1963; Acad. Sinica, Inst. of Phys.; chin., Auszug: engl.) — Die magnet. Eigg. u. die ferromagnet. Resonanz von Verbb. der Zus. $Y_{3-x}La_xFe_5O_{12}$ mit x = 0; 0,05; 0,10; 0,20; 0,30; 0,50; 0,75 u. 1,00 wurden untersucht. Für 0,10 < x < 0,20 wird metallograph. u. röntgenograph. ein Einphasengebiet mit Granatstruktur bestimmt. Die magnet. Messungen lassen jedoch einen engeren Einphasenbereich vermuten. Die magnet. Sättigungsmomente $\sigma_0$, die Anfangspermeabilität $\mu_0$, Koerzitivkraft $H_c$, effektiven g-Faktoren u. die Resonanzlinienbreite $\Delta H$ bei 3970 u. 9160 MHz werden als Funktionen der Zus. bestimmt. Die Änderungen von $\sigma_0$ mit der Zus. u. der Größe von $\mu_0$ werden auf Grund verschiedener Magnetisierungsmechanismen besprochen. Aus der Frequenzabhängigkeit von $g_{eff}$ werden die einzelnen g-Faktoren u. die inneren Felder $H_i$ berechnet. Die exponentielle Abhängigkeit von $\Delta H$, $H_i$ u. $H_c$ von x in gewissen Konz.-Bereichen wird mit magnet. Inhomogenitäten erklärt. H. Roschkowski 137◇

*0310* **Kernmagnetische Resonanz von $^{57}Fe$ in Lithiumferrit und Magnetit.** Shizuko Ogawa, Setsu Morimoto und Yoshiko Kimura. (J. physic. Soc. Japan **17,** 1671 bis 1672, 1962; Tokyo, Japan, Ochanomizu Univ., Dep. of Phys.; engl.) — Das KMR-Spektrum von $^{57}Fe$ in $Li_{0,5}Fe_{2,5}O_4$ weist 2 intensive Linien a u. d u. 2 schwache Linien b u. c auf. Die starken Linien entsprechen oktaedr. bzw. tetraedr. koordiniertem $Fe^{3+}$. Die schwachen Linien rücken mit abnehmender Temp. zusammen u. wechseln ihre Reihenfolge bei 77° K. a u. c haben gleiche Temp.-Abhängigkeit mit einem konst. Abstand von 1,5 MHz. Sie entstammen offenbar dem gleichen Subgitter; der Ursprung von c ist aber nicht klar. b ist bei Zimmer-Temp. 1,1 MHz, bei 0° K 16 kOe (extrapoliert) von a getrennt u. entstammt oktaedr. Zentren. Das Spektrum von *Magnetit* ist ähnlich. Eine schwache Linie mit einer Trennung 0,9 MHz von a bei Raum-Temp. [1,4 MHz bei 180° K; 12 kOe bei 0° K (extrapoliert)] entspricht der Linie b in Li-Ferrit. Die Resonanz verschwindet in einem externen Feld von 1000 Oe, ist also hauptsächlich durch Wandanregung bedingt. G. Winkhaus 137◇

*0311* **Austauschfelder bei Seltenerdmetall-Eisengranaten.** J. H. Van Vleck. (J. physic. Soc. Japan, Suppl. B-I **17,** 352—57, 1962; Cambridge, Mass., Harvard Univ., Lyman Labor. of Physics; engl.) — Kurze allg. Behandlung der Austauschfelder bei Seltenerdmetall (SE)-Eisen-Granaten unter besonderer Berücksichtigung der Verhältnisse bei SE = *Eu*, *Sm* u. *Yb*. — 24 Literaturangaben. D. Noack. 137◇

*0312* **Magnetische Eigenschaften von Zn-substituierten Kobalt-Titan-Spinellen.** N. Sakamoto und Y. Yamaguchi. (J. physic. Soc. Japan, Suppl. B-I **17,** 276—78, 1962; Tokyo, Electrotechnical Labor.; engl.) — Im Temp.-Bereich zwischen 1,6 u. 400° K wurden die magnet. Eigg. von $Co_2TiO_4$ u. $Co_{2-x}Zn_xTiO_4$ (x = 0,2—1,2) untersucht. Diese Verbb. besitzen Spinellstruktur u. werden bei tiefen Temp. ferrimagnetisch. Die ferrimagnet. Curie-Temp. von

$Co_{1,8}Zn_{0,2}TiO_4$ liegt bei 45° K, u. das spontane magnet. Moment erreicht bei 35° K ein Maximum. Knapp unterhalb 20° K tritt ein magnet. Viscositätseffekt auf. Bei der Temp. des fl. He hängt das magnet. Verh. stark von den Abkühlungsbedingungen ab; bei dieser Temp. wird ferner einseitig gerichtete Torsion beobachtet. Auf Grund der kleinen Werte für das maximale spontane magnet. Moment von 0,04 $\mu_B$ für $Co_2TiO_4$ bzw. 0,1 $\mu_B$ für $Co_{1,8}Zn_{0,2}TiO_4$ wird angenommen, daß die Spins in diesen Verbb. geneigt zueinander angeordnet sind. D. Noack 137◇

*0313* **Magnetische Eigenschaften des Doppeloxid-Systems $CuO-Fe_2O_3$.** W. O. Milligan, Y. Tamai und J. T. Richardson. (J. appl. Physics **34**, 2093—96, 1963; Houston, Tex., William Morsh Rice Univ.; Baytown, Tex., Humble Oil and Refining Co.; engl.) — Gemische aus $Fe_2O_3$- u. CuO-Gelen mit sehr kleinen Teilchengrößen u. magnet. verd. $Fe^{3+}$- u. $Cu^{2+}$-Ionen wurden erwärmt u. gealtert u. dabei zur Vergrößerung der Teilchengröße u. zur kristallinen magnet. Wechselwrkg. gebracht. Zusammen ausgefällte Proben dieser Oxide enthalten nach dem Trocknen bei Temp. bis 170° kein $CuFe_2O_4$, sondern nur Mischungen aus CuO u. $Fe_2O_3$. Wärmebehandlungen bei Temp. bis zu 900° führen zur Bldg. von $CuFe_2O_4$ neben CuO u. $\alpha$-$Fe_2O_3$, wobei mit wachsender Temp. die Ferrit-Bldg. zunimmt. Wärmebehandlungen bei 1100° führen bei Geh. von mehr als 40 Mol-% $Fe_2O_3$ zur festen Lsg. von $CuFe_2O_4$ in $\gamma$-$Fe_2O_3$. Dabei besitzt $\gamma$-$Fe_2O_3$ einen Curie-Punkt von 625° u. eine Sättigungsmagnetisierung von 65,0 elektromagnet. Einheiten. Die Kationenverteilung auf die Tetraeder- u. Oktaederplätze (letztere in []) ist: $Fe[Fe_{5/3}\square_{1/3}]O_4$ u. $Fe[CuFe]O_4$ ($\square$ = Gitterleerstelle). H. Fahlenbrach 137◇

*0314* **Magnetostriktionskonstanten von Ferriten $Mn_xFe_{3-x}O_4$.** Nahonori Miyata und Zenya Funatogawa. (J. physic. Soc. Japan, Suppl. B-I **17**, 279—81, 1962; Yokohama, Yokohama Nat. Univ., Dep. of Phys.; engl.) — Mit Hilfe von Dehnungsmessungen wurden zwischen —100° u. Zimmer-Temp. die Konst. der Magnetostriktion $\lambda_{100}$ u. $\lambda_{111}$ für Ferrite der Zus. $Mn_xFe_{3-x}O_4$ (x = 0,1; 0,4; 0,6; 0,75; 0,85; 0,95 u. 1,05) bestimmt. In allen Fällen sind die Werte für $\lambda_{100}$ negativ u. die ür $\lambda_{111}$ positiv. $\lambda_{111}$ steigt mit fallender Temp., mit Ausnahme für x = 0,1, wo bei Temp. $< -50°$ ähnlich wie beim Magnetit ein Abfallen der Werte beobachtet wird. Die Abhängigkeit von $|\lambda_{100}|$ von der Zus. weist bei x = 0,6 ein Minimum auf, während $\lambda_{111}$ mit kleiner werdendem x monoton ansteigt. Eine Ausnahme bildet lediglich der Fall für x = 0,1 bei tiefer Temperatur. D. Noack 137◇

*0315* **Elektronenbeugungsanalyse der Magnetisierung von $Fe_3O_4$.** S. Yamaguchi. (Brit. J. appl. Physics **14**, 465—66, 1963; Tokyo, Inst. of Phys. and Chem. Res.; engl.) — Eine dünne Schicht eines magnetisierten $Fe_3O_4$-Kristalls wird in streifender Beugung in [1 $\bar{1}$ 0]-Richtung bestrahlt. Zwei mit verschiedenen Wellenlängen (0,0274 u. 0,0301 Å) erzeugte Reflexions-Beugungsdiagramme werden auf derselben Photoschicht registriert. Aus der Lagenänderung entsprechender Reflexe in beiden Teildiagrammen kann auf die magnet. Ablenkung u. daraus weiter auf die Flußdichte im Kristall geschlossen werden, die sich zu 9600 Gauß ergibt. F. Lenz 137◇

*0316* **Über die Möglichkeit der Anwendung der Faraday-Methode als Absolutmethode.** 1. Mitt. W. B. Jewdokimow. (J. physik. Chem. [UdSSR] **35**, 1362—66, 1961; Moskau, Lomonossow-Univ.; russ., Auszug: engl.) — Vgl. C. **1957**, 9576. — Aus Analysen von Vers.-Daten wird abgeleitet, daß die Feldstärke entlang der Senkrechten zum Mittelpunkt des Zwischenraums zwischen kon. zugespitzten Magnetpolen durch $H = H_0 \exp(-z^2/4\varepsilon^2)$ ausgedrückt werden kann; $H_0$ = Stärke des Magnetfelds im Mittelpunkt zwischen den Polen, H im Abstand z (cm) hiervon, $\varepsilon$ = Längen-Konst., abhängig von der Form der Polenden. Wenn die funktionelle Abhängigkeit von H von den Punktkoordinaten bekannt ist, vereinfacht sich die Umwandlung der Faraday-Meth. in eine abs. Meth., wobei die Bedingung ist, daß $\chi = q(\Delta w/m)$ ist; $\Delta w$ = Gew.-Änderung des Körpers im Magnetfeld, m dessen Masse, q = Feld-Konst. = $g(2^{1/2}\varepsilon/H_0^2)e^{1/2}$. Bei der Best. von $\varepsilon$ nach 2 verschiedenen Verff. werden ziemlich übereinstimmende Werte erhalten. R. K. Müller. 137◇

*0317* **Über die Möglichkeit der Anwendung der Faraday-Methode als Absolutmethode.** 2. Mitt. Fen-I Li und W. B. Jewdokimow. (J. physik. Chem. [UdSSR] **35**, 1636—37, 1961; russ., Auszug: engl.) — 1. vgl. vorst. Referat. — Die l. c. abgeleitete Gleichung für die magnet. Feldstärke H wird nach der ballist. Meth. geprüft, wobei die Konst. $\varepsilon$ mit hoher Genauigkeit erhalten wird. Messungen der magnet. Susceptibilität von W. bei 23° ergeben $\chi_{H_2O} = -0{,}72198 \cdot 10^{-6}$ (CGS-Einheiten $\mu_0$) mit einer Genauigkeit von $5 \cdot 10^{-4}$. Auch diese Ergebnisse sprechen für die Möglichkeit der Anwendung der Faraday-Meth. als Absolutmethode. R. K. Müller 137◇

*0318* **Elektronische Konfiguration und Wertigkeit des Urans im $UCd_{11}$, einer magnetisch verdünnten Legierung.** F. A. Cafasso, H. M. Feder und D. M. Gruen. (J. chem. Physics **38**, 1256, 1963; Argonne, Ill., Argonne Nat. Labor.; engl.) — Es wurde die magnet. Susceptibilität von $UCd_{11}$ u. zum Vgl. von $NdCd_{11}$ zwischen 2 u. 300° K nach der Faraday-Meth. gemessen; graph. Darst. der reziproken molaren Susceptibilität als Funktion der Temperatur. Oberhalb 4,2° gehorcht die Susceptibilität für U dem Curie-Weiss-Gesetz $\varkappa = C/(T + \Delta)$, C = 1,798 ± 0,001 (elektromotor. Einheiten·Grad/Mol), $\Delta$ = + 41,5° K, unterhalb 4,2° besteht Temp.-Unabhängigkeit, $\varkappa = (39{,}6 \pm 0{,}1) \cdot 10^{-3}$ elektromotor. Einheiten/Mol. Nd zeigt in $NdCd_{11}$ entsprechendes Verh.; oberhalb 7° K, C = 1,668 ± 0,001, $\Delta$ = + 8° K, unterhalb 7° K biegt jedoch die Kurve von der Achse der Susceptibilität in Richtung des Ursprungs ab. Vff. deuten das magnet. Verh. u. schließen auf $sf^2$-Konfiguration u. Vorliegen von U(IV) bzw. $4f^3$-Konfiguration u. Nd(III). R. Uttech 137◇

*0319* **Auftreten von Ferrimagnetismus in dem gemischten Oxid $Mn_2VO_4$.** Jean-Claude Bernier, Paul Poix und André Michel. (C. R. hebd. Séances Acad. Sci. **256**, 5583—85, 1963; Vitry-sur-Seine, Centre d'Étude de Chim. métallurg. du C.N.R.S.; franz.) — Die Verb. $Mn_2VO_4$ krist. im Spinelltyp mit a = 8,575 ± 0,001 Å mit $Mn^{2+}$ u. $V^{4+}$ in folgender Verteilung: $(Mn_{0,8}V_{0,2})[Mn_{1,2}V_{0,8}]O_4$. Die Messung der molaren Susceptibilität zwischen 80 u. 100° K ergab die Kurve $1/\chi = T/8{,}975 + 36{,}1 - 310/(T - 73)$. Der ferrimagnet. Curie-Punkt beträgt 62 ± 3° K, die theoret. Néel-Temp. 80° K. B. Krebs 137◇

*0320* **Messung der Einkristall-Magnetostriktion an verdünnten Eisenlegierungen.** R. Gersdorf, J. H. M. Stoelinga und G. W. Rathenau. (J. physic. Soc. Japan, Suppl. B-I **17**, 342—45, 1962; Amsterdam, Univ. van Amsterdam, Natuurkundig Labor.; engl.) — Im Temp.-Bereich zwischen 4 u. 300° K wurden die Konst. der Einkristallmagnetostriktion von Fe u. verd. Legg. von Fe mit Si, Al, Be, Be + Al, Ge u. Sn gemessen. Die Abhängigkeiten der Konst. von der Temp., der Zus. u. dem Ordnungsgrad werden diskutiert u. mit früheren Ergebnissen verglichen. D. Noack 137◇

*0321* **Verstärkte Magnetostriktion in ferromagnetischen Legierungen mit Ordnungs-Fehlordnungs-Übergang.** Hideo Takaki, Yoji Nakamura und Tetsuo Nakajima. (J. physic. Soc. Japan, Suppl. B-I **17**, 349—51, 1962; Kyoto, Kyoto Univ., Fac. of Sci.; engl.) — Es werden Fe-Legg. mit Ni, Co u. Pt untersucht. Es wurde festgestellt, daß für die fehlgeordneten Zustände die thermodynam. Beziehung für die Abhängigkeit der Vol.-Magnetostriktion von der Änderung der Sättigungsmagnetisierung mit dem Druck für alle drei Legg. Gültigkeit besitzt. Für die geordneten Zustände der Fe-Ni- u. Fe-Pt-Legg. ist die Vol.-Magnetostriktion kleiner als die entsprechende für den fehlgeordneten Zustand. Bes. wurde bei den Fe-Pt-Legg. eine große Vol.-Magnetostriktion für den fehlgeordneten Zustand beobachtet. Der gleiche Effekt konnte bei der Temp.-Abhängigkeit der Vol.-Magnetostriktion der Fe-Pt-Legg. festgestellt werden. Der Effekt läßt sich durch die Mol.-Feld-Näherung deuten. D. Noack 137◇

*0322* **Einige Effekte von Richtungsordnung in zonengeschmolzenem Eisen.** R. E. Maringer. (J. appl. Physics, Suppl. zu **32**, Nr. 3, 366 S—367 S, 1961; Columbus, Ohio, Battelle Memorial Inst.; engl.) — Vgl. C. **1962**, 9241. — Die Einfl. von C u. N in Fe werden unter Anwendung sowohl der mechan. als auch magnet. Meth. untersucht. Die innere Reibungstechnik wurde angewendet, um die magnetoelast. Nachwrkg. zu verfolgen; sie zeigte das Auftreten einer Spitze in der magnetoelast. Dämpfung in der Nähe der Snoek-

Spitzen. Bei höheren Frequenzen werden die Effekte der Richtungsordnung mit einer umformerartigen Vorr. beobachtet, wobei die innere Reibungsprobe als Kern wirkt. Die Relaxationszeiten, die aus den magnetoelast. Werten berechnet wurden, stehen in guter Übereinstimmung mit veröffentlichten Werten, während die Relaxationszeiten, die aus den magnet. Spitzen u. aus den Umformerwerten berechnet wurden, damit nicht übereinstimmen. Die Gründe für diese scheinbare Diskrepanz werden erörtert.
H. Hochstein 137□

*0323* **Untersuchung der Koerzitivkräfte von Nickel-, Eisen- und Nickel-Eisen-Filmen während der Verdampfung.** Klaus H. Behrndt. (J. appl. Physics **33**, 193–96, 1962; Kingston, N.Y., IBM Federal Syst. Div.; engl.) — Bestimmt wurde die Abhängigkeit der Koerzitivkraft $H_0$ von Ni-, Fe- u. Ni–Fe-Filmen von der Filmdicke u. der Menge eingeschlossenen Gases. Der magnetoopt. Kerr-Effekt wurde für diese Unterss. benutzt. $H_0$ ist von der Filmdicke unabhängig, solange das Verhältnis des Restgasdruckes p zur Abscheidungs-Geschw. der Filme V sehr klein ist (für Ni-Filme $5 \cdot 10^{-8}$ Torr/Å·s; für Ni-Fe-Filme $5 \cdot 10^{-7}$ Torr/Å·s; nicht bestimmt für Fe-Filme). Bei höheren p/V haben Ni-Fe-Filme ein Maximum bei 750 Å u. Fe-Filme bei 800 Å. Ni-Filme weisen nach einem anfänglichen steilen Anstieg ein flaches Minimum auf. Eine Hypothese zur Deutung der Beobachtungen wird mitgeteilt. K. Jaeger 137◇

*0324* **Zum Mechanismus thermomagnetischer Behandlung hochkoerzitiver Legierungen des Typs Alni und Alnico.** A. Ss. Jermolenko und Ja. Ss. Schur. (Metallphysik u. Metallkunde [UdSSR] **14**, 348–57, 1962; Inst. für Metallphys. der Akad. der Wiss. der UdSSR; russ.) — Vgl. C. **1963**, 9204. — Bei der thermomagnet. Bearbeitung (TMB) entsteht eine einachsige Anisotropie der Legg. unabhängig von der Ausgangs-Zus. bei allen Temp. unter dem Curie-Punkt der stark magnet. Phase, wenn dabei Diffusionsprozesse stattfinden. Die Ursache der Anisotropie der Ausscheidungsform ist neben der magnet.-stat. Energie auch die Anisotropieenergie der Oberflächenspannung zwischen den Phasen. Die erhaltenen Ergebnisse dienen zur Interpretation des Strukturänderungsmechanismus der Legg. bei der TMB.
N. Kubeth 137◇

*0325* **Über die Ursache des Ferromagnetismus der Silber-Mangan-Aluminium-Legierungen.** Werner Köster und N. K. Anantha Swamy. (Z. Metallkunde **53**, 299–301, 1962; Stuttgart, MPI für Metallforsch.; dt.) — In Ag–Al–Mn-Legg. scheidet sich aus einem übersättigten kub. flächenzentrierten Ag-Mischkristall unterhalb 450° zunächst eine metastabile, ferromagnet. kub. flächenzentrierte Kristallart (a = 3,72 Å) aus. Sie wird als ein γ-Mn–Al-Mischkristall angesprochen. Bei längerem Anlassen oder bei Temp.-Steigerung wandelt sich der γ-Mn-Mischkristall in die Gleichgewichtsphase, den β-Mn–Al-Mischkristall, um. Der Ferromagnetismus der Leg. Silmanal beruht demnach auf der Ausscheidung einer metastabilen ferromagnet. Phase.
H. Hochstein 137◇

*0326* **Messung schwacher magnetischer Felder durch optisches Pumpen.** P. L. Bender. (Arch. Sci. [Genève] **13 (165)**, Sonderh. 621–28, 1960; Washington, D.C., Nat. Bur. of Standards; engl.) — Vf. beschreibt die Wirkungsweise des Gleichstrom-Rubidiumdampfmagnetometers, das von Dehmelt u. von Bell u. Bloom beschriebene selbstoscillierende Alkalidampfmagnetometer u. das von Colegrove u. Franken entwickelte Heliummagnetometer.
C. Gottfried 137△

*0327* **Die Acidität der Tetraphosphorsäure.** James I. Watters, Peter E. Sturrock und R. E. Simonaitis. (Inorg. Chem. [Washington] **2**, 765–67, 1963; Columbus, Ohio, Univ., McPherson Chem. Labor.; engl.) — Durch potentiometr. Titration u. Anwendung der Meth. von Bjerrum (C. **1957**, 1353) wurden die pK-Werte der *Tetraphosphorsäure* (I), $H_6P_4O_{13}$, ermittelt. Zwei $H^+$-Ionen sind prakt. quant. abdissoziiert. Für die übrigen $H^+$-Ionen ergaben sich bei der Ionenstärke 1 [eingestellt durch $(CH_3)_4NCl$] folgende Werte: $pK_3$ = 1,36, $pK_4$ = 2,23, $pK_5$ = 6,63 u. $pK_6$ = 8,34. Für unendliche Verdünnung wurde ermittelt: $pK_5$ = 7,38 u. $pK_6$ = 9,11. Ein Vgl. der pK-Werte von Di- u. Triphosphorsäure u. I zeigt, daß $pK_N$ (N = maximale Ladung des Anions) mit zunehmender Kettenlänge (KL) abnimmt, während $pK_{N-2}$ u. $pK_{N-3}$ mit zunehmender KL zunehmen. Für $pK_{N-1}$ dagegen ist der Wert bei Triphosphorsäure am kleinsten, es folgt Diphosphorsäure u. I. Die Werte von $pK_5$ u. $pK_6$ von I werden durch Zusatz von $Na^+$, $K^+$ u. Guanidiniumionen merklich vermindert, was Vff. auf Komplex-Bldg. zurückführen. Die Kurve der Titration von $P_4O_{13}^{6-}$ mit $H^+$ zeigt keinen Knick zwischen $H^+/P_4O_{13}^{6-}$ = 1 u. = 2. W. Feldmann 139◇

*0328* **Die mögliche Verwendung von Gallium als negative Elektrode in galvanischen Elementen.** D. Jahn und H. G. Plust. (Nature [London] **199**, 806–07, 1963; Baden, Switzerland, Brown, Boveri & Co. Ltd.; engl.) — Vff. untersuchen die Eigg. von Ga bei Verw. als Anode in galvan. Primär- u. Sekundärelementen im Temp.-Bereich 20–80°. Es wurde festgestellt, daß die Polarisation in 2n $H_2SO_4$-Lsg. infolge der Bldg. von $Ga_2(OH)_4SO_4$-Schichten sehr hoch (0,6 V; 50°; 20 mA/cm²) u. in 8n HCl-Lsg. sehr niedrig (0,1 V; 50°; 200 mA/cm²) ist; für 6n KOH-Lsgg. wurden bei 100 mA/cm² folgende Polarisationswerte gefunden: 20°: 0,66 (V); 50°: 0,45; 80°: 0,37. Ungefähr 0,2 V der Gesamtpolarisation sind auf die Bldg. einer Passivschicht zurückzuführen. Das stationäre Potential in 6n KOH liegt bei −1,42 V, bezogen auf die Standard-$H_2$-Elektrode. Die Stromausbeute der Auflösung lag für alle Gallat-Konzz. bei 80° u. einer Stromdichte von 100 mA/cm² bei 100 ± 5 (%), die der Abscheidung unter den gleichen Vers.-Bedingungen bei 90 (Polarisation 0,05 V). Nur bei Gallat-Konzz. < 50 g/Liter steigt die Polarisation auf 0,3 V, u. die Stromausbeute sinkt auf 50%. Geschätzte Leistungs-Gew. in Abhängigkeit von der Kapazität des Syst. Ga/6n KOH/$O_2$, Ag als Primär- u. als Sekundärelement werden graph. dargestellt. Schwierigkeiten bei der Konstruktion der Elemente u. der hohe Preis des Ga standen bisher einer Verw. entgegen. E. Winkler 140◇

*0329* **EMK-Messungen an der Kette Pt, $H_2$/HCl(m)/AgCl, Ag in Propanol-(1)-Wasser-Gemischen.** Philip S. Gentile, Ludwig Eberle, Michael Cefola und Alfred V. Celiano. (J. chem. Engng. Data **8**, 420–21, 1963; Bronx, N.Y., Fordham Univ.; South Orange, N.J., Seton Hall Univ.; engl.) — Vff. führten EMK-Messungen an der Kette Pt, $H_2$/HCl(m)/AgCl, Ag (m = 0,01–0,1 molal) in $C_3H_7OH$–$H_2O$-Gemischen mit 0–100 Gew.-% $C_3H_7OH$ bei 0–40° durch. Für die Standard-EMK bei 0, 25 u. 40° ergaben sich in Abhängigkeit vom $C_3H_7OH$-Geh. die folgenden Werte: 10%: 0,22852 (V); 0,21413; 0,20349; 20%: 0,22543, 0,20871; 0,19514; 40%: 0,21240; 0,18862; 0,17292; 60%: 0,19092; 0,15896; 0,13995; 80%: 0,15264; 0,10939; 0,08094. Für die mittleren Aktivitäts-Koeff. des HCl bei einer Konz. von 0,01 (0,1) molal wurde bei den untersuchten Temp. gefunden: 10%: 0,900; 0,892; 0,888; 20%: 0,889 (0,783); 0,874 (0,740); 0,880 (0,726); 40%: 0,840 (0,711); 0,823 (0,651); 0,809 (0,625); 60%: 0,748 (0,578); 0,725 (0,516); 0,713 (0,450); 80%: 0,626 (0,443); 0,597 (0,366); 0,572 (0,326).
E. Winkler 140◇

*0330* **Theorie der Elektrolyse an einer Plattenelektrode bei Kombination von Konzentrations- und chemischer Polarisation unter den Bedingungen einer natürlichen Konvektion.** 2. Mitt. L. P. Cholpanow. (J. physik. Chem. [UdSSR] **35**, 2223–27, 1961; Moskau, Chem.-techn. Mendelejew-Inst.; russ., Auszug: engl.) — 1. vgl. J. physik. Chem. [UdSSR] **35**, [1961], 1975. — Nach der l. c. entwickelten Theorie der Geschw. einer elektrochem. Rk. bei gleichzeitiger chem. u. Konz.-Polarisation werden Gleichungen für die Stromstärke an der Oberfläche einer Plattenelektrode bei natürlicher Konvektion u. für die effektive Aktivierungsenergie des Elektrodenprozesses unter diesen Bedingungen abgeleitet. R. K. Müller 141◇

*0331* **Potentialverteilung in der Diffusionsschicht an der rotierenden Scheibenelektrode bei einem Konzentrationsmechanismus der Elektrolyse.** L. P. Cholpanow. (J. physik. Chem. [UdSSR] **36**, 214–16, Jan. 1962; Moskau, Mendelejew-Inst. für chem. Technol.; russ.) — Auf der Grundlage einer früher von Vf. veröffentlichten theoret. Meth. (vgl. vorst. Ref.) wird die Potentialverteilung in der Diffusionsschicht einer rotierenden Scheibenelektrode berechnet.
E. Winkler 141□

*0332* **Die Potentialverteilung über niedrig indizierte Germanium-Kristallflächen, die eine wässerige Lösung berühren.** W. H. Brattain und P. J. Boddy. (Proc. nat. Acad. Sci. USA **48**, 2005–12, 1962; Murray Hill, N.J.,

Bell Telephone Labor., Inc.; engl.) — Vff. untersuchen die Änderung der Potentialverteilung über den Helmholtz-Bereich $V_H$ auf (1 1 0)-, (1 0 0)- u. (1 1 1)-Flächen von Ge, die mit $O_2$-freien, auf pH 5,0, 7,4 u. 10,9 gepufferten m/10-$K_2SO_4$-Lsgg. in Berührung stehen, durch Messung der Grenzflächenkapazität u. der Photospannung. Die (1 1 0)- u. (1 1 1)-Flächen folgen der einfachen Näherung für die Raumladung nach Poisson-Boltzmann. Die Änderung von $V_H$ ist auf Grund des bei den einzelnen Flächen verschiedenen Oberflächenpotentials unterschiedlich. Das gesamte Oberflächenpotential zwischen den beiden Phasen des Meßsyst. ist komplex. Die Änderung von $V_H$ mit dem pH-Wert entspricht bei allen drei Flächen etwa RT/F.
W. Sobieski 142◇

*0333* **Untersuchungen über die Wasserstoffüberspannung an Metalleinkristallen: Gold.** Luisa Peraldo Bicelli und Maria Rosa Graziano. (Rend. Ist. lombardo Sci. Lettere, A **96,** 98—106, 1962; Milano, Politecnico, Ist. di Chim. Fis., Elettrochim. e Metallurgia; ital.) — In 0,1 n-$HClO_4$-Lsg. u. bei 25°, 40° u. 55° untersuchten Vff. die Wasserstoffüberspannung an Kathoden von polykristallinem Au sowie an Einkristallen von Au, die nach (1 0 0), (1 1 0) oder (1 1 1) orientiert waren, bei Stromdichten bis 200 A/m². Vor den Messungen wurden die Einkristallelektroden bei 150 A/dm² elektrolyt. poliert. Die Meßergebnisse sind graph. u. tabellar. angegeben. Die Überspannung nimmt in der folgenden Reihenfolge zu: (1 1 0) $\leqq$ (1 0 0) < (1 1 1) < polykristallin. Der Einfl. der Vers.-Temp. war prakt. zu vernachlässigen.
C. Gottfried 142△

*0334* **Untersuchungen über Polarographie. 1. Mitt. Die Reduktion von Kaliumpermanganat an der Quecksilbertropfelektrode.** I. M. Issa, S. E. Khalafalla und R. M. Issa. (Recueil Trav. chim. Pays-Bas **75,** 1031—42, 1956; Giza, Cairo Univ., Fac. of Sci.; engl.) — Die Red. von $KMnO_4$ an der Hg-Tropfelektrode in saurer, neutraler u. alkal. Lsg. (pH 1, 3, 5, 7, 9, 12; Acetat-, Phosphat- u. Boratpuffer) liefert Polarogramme, die aus zwei u. mehr Wellen bestehen. In gepufferten Lsgg. bei pH 3 u. 5 entspricht die 1. Welle der Red. $MnO_4^- \rightarrow Mn^{2+}$, die 2. der Red. zu $MnO_2$, die auch bei pH 7 u. 9 beobachtet wird; bei pH 12 entspricht eine weitere Welle der Red. $Mn^{3+} \rightarrow Mn$ bzw. $Mn^{2+} \rightarrow Mn$, die bis pH 5 auftritt. In nicht gepufferten neutralen Lsgg. [KCl, $BaCl_2$, $Ba(NO_3)_2$] erfolgt die Red. $MnO_4^- \rightarrow Mn^{2+}$ über alle Zwischenstufen hinweg, in alkal. Lsgg. in drei deutlichen Stufen: $Mn^{7+} \rightarrow MnO^{4+} \rightarrow Mn^{3+} \rightarrow Mn^{2+}$.
H. Gold 142◇

*0335* **Untersuchungen über Polarographie. 2. Mitt. Die Reduktion von Tellursäure an der Quecksilbertropfelektrode.** I. M. Issa, S. E. Khalafalla und R. M. Issa. (Recueil Trav. chim. Pays-Bas **75,** 1105—14, 1956; engl.) — 1. vgl. vorst. Referat. — Die Red. der Tellursäure bei pH 1—12 in gepufferten Lsgg., in KCl-Lsgg. u. in alkal. Lsg. (Tellurate) verläuft ohne Ausbildung von Zwischenstufen direkt bis zum elementaren Te unter Aufnahme von 6 Elektronen. H. Gold 142◇

*0336* **Untersuchungen über Polarographie. 3. Mitt. Die Reduktion von Permanganat in Gegenwart von Tellursäure an der Tropfelektrode.** I. M. Issa, S. E. Khalafalla und R. M. Issa. (Recueil Trav. chim. Pays-Bas **76,** 506—14, 1957; engl.) — 2. vgl. vorst. Ref.; 4. vgl. C. **1962,** 15129. — Während in saurer Lsg. Tellursäure keinen Einfl. auf die Red. von $KMnO_4$ zeigt, verläuft die Red. in alkal. Lsgg. unter Aufspaltung der 1. Welle u. führt zunächst zu $Mn^{3+}$, das später zu $Mn^{2+}$ red. wird. Obwohl einwertiges Mn mit Tellurat einen stabilen Komplex bildet, kann ein Übergang $Mn^{7+} \rightarrow Mn^{4+}$ nur in 0,1 n NaOH festgestellt werden. Die starke Verschiebung der Stufe $Mn^{3+} \rightarrow Mn^{2+}$ zu negativen Potentialen wird durch die Bldg. eines stabilen Komplexes von $Mn^{3+}$ mit Tellursäure erklärt. Das Auftreten eines Doppelsalzes zwischen Permanganat (A) u. Tellurat (B) der Zus. $AB_2$ u. die stabilisierende Wrkg. von Tellurat auf $KMnO_4$ werden diskutiert.
H. Gold 142◇

## $A_4$. Thermodynamik, Thermochemie

*0337* **Zur Grüneisen-Näherung in der Zustandsgleichung der Festkörper und Berechnung einiger Eigenschaften von Ionenkristallen.** W. W. Mitzkewitsch. (Festkörperphysik [UdSSR] **5,** 1552—60, 1963; Wilnja, Kapsukass-Univ.; russ.) — Berechnet werden die Wärmeausdehnung, Kompressibilität u. spezif. Wärme von *NaCl-*, *KCl-*, *KBr-* u. *CsBr*-Kristallen bei tiefen u. hohen Temperaturen. Unterhalb Zimmer-Temp. nimmt der Grüneisen-Koeff. für NaCl mit der Temp. stark ab, wogegen CsBr nur eine geringe Änderung zeigt. Diskutiert werden die durch Deformation erzeugten Änderungen des Schwingungsspektrums u. die Anwendbarkeit des Einsteinschen Modells.
K. Jaeger 146◇

*0338* **Gasthermometrische Messungen bei hohen Temperaturen. 3. Mitt. Bestimmung der thermodynamischen Temperatur von Fixpunkten zwischen 419 und 1065° C.** H. Moser, J. Otto und W. Thomas. (Z. Physik **175,** 327—36, 1963; Phys.-Techn. Bundesanstalt; dt.) — 2. vgl. C. **1957,** 9465. — In Fortführung früherer gasthermometr. Messungen (l. c.) wurden die thermodynam. FF. nachst. Elemente nach der Meth. der „Konst. Gefäß-Temp." unter besonderer Berücksichtigung der therm. Ausdehnung des Gefäßmaterials (Quarz) bestimmt: Zn (0,0014% Verunreinigungen) $419{,}58_2 \pm 0{,}02°$, Sb (0,2%) $630{,}65^{+0{,}06}_{-0{,}04}$ Ag (0,0062%) $961{,}93 \pm 0{,}1°$, Au $1064{,}4_8 \pm 0{,}1°$, Eutektikum Cu–Ag 779,11 $\pm 0{,}08°$; der Kp. von S (0,001%) wurde zu $444{,}66_7 \pm 0{,}02°$ ermittelt. Es wird gezeigt, daß alle bisherigen, auf der Internationalen Temp.-Skala beruhenden Temp.-Angaben einer Korrektur bedürfen, die beim F. des Zn + 0,06° beträgt u. bis zum F. des Au auf + 1,5° ansteigt.
G. Gattow 146◇

*0339* **Die thermische Ausdehnung von Quarzglas im Temperaturbereich von 0—1060° C.** J. Otto und W. Thomas. (Z. Physik **175,** 337—44, 1963; dt.) — Vgl. vorst. Referat. — Mit Hilfe einer ausführlich beschriebenen Absolutmeth. wurde die therm. Ausdehnung von 4 Quarzsorten (Herasil I, Ultrasil, Heralux, Rotosil), die 8 Std. lang bei ca. 1080° gealtert wurden, zwischen 200 u. 1060° bestimmt u. die mittleren linearen therm. Ausdehnungs-Koeff. (AK) errechnet; die Werte sind tabelliert. Der AK durchläuft als Funktion der Temp. bei 300° einen Maximalwert von $59 \cdot 10^{-8}$ $Grad^{-1}$ u. nimmt bis auf $47 \cdot 10^{-8}$ bei 1000° ab. Die AK der verschiedenen Quarzglassorten stimmen innerhalb der Meßgenauigkeit (± 2%) miteinander überein.
G. Gattow 148◇

*0340* **Methode zur Bestimmung der Dichte kristalliner, bei tiefen Temperaturen stabiler Verbindungen.** G. B. Boki und W. I. Ssokol. (J. anorg. Chem. [UdSSR] **8,** 1041—44, 1963; russ.) — Vff. benutzen die Meth. der hydrostat. Wägung des Kristalls in einer Fl. mit bekannter Dichte zur Best. der Dichte von $NaCH_3COO \cdot 3\,H_2O$, $(NH_4)_2C_2O_4$, $KCH_3COO \cdot H_2O$, $NH_4Cl$, $(NH_4)_2SO_4$, $Na_2B_4O_7 \cdot 10\,H_2O$, $NH_4 \cdot H_2PO_4$, HCOONa u. KCl u. vergleichen diese mit pyknometr. bestimmten Dichten. Als Fl.-Gemische dienten Äthyljodid/Toluol u. Äthyljodid/Äthylenjodid. Die Temp. wurde bis zur Gleichheit der Dichten der Vgl.-Fll. u. der Verb. verändert.
G. Ewald 148◇

*0341* **Methode zur Bestimmung der Dichte von Flüssigkeiten und ihrer gesättigten Dämpfe im Druckbereich oberhalb 1 Atmosphäre.** Janina Janik. (Roczniki Chem. [Ann. Soc. chim. Polonorum] **37,** 849—61, 1963; Kraków, Jagiellonian Univ., Dep. of Phys. Chem. and Electrochem.; engl.) — Mit Hilfe einer ausführlich beschriebenen App. wurden die Dichten nachst. Fll. u. ihrer gesätt. Dämpfe bei höheren Drücken zwischen 10 u. 50° bestimmt: $H_2S$, $NH_3$ u. $CH_3SH$. Außerdem wurden die Dichten von *Ae.*, *A.*, *Methanol* (I), *Aceton* u. der Mischungen 60% Ae. + 40% I, 50% Ae. + 50% A. bei 20° neu ermittelt: 0,7242, 0,8072, 0,7938, 0,7944 u. 0,7566, 0,7727 g/cm³ (± 0,0001). Vf. diskutiert die Fehler u. ihre Abhängigkeit von den experimentellen Bedingungen. G. Gattow 148◇

*0342* **Die plötzliche und hochgradige adiabatische Kompression eines Gases.** Pierre Vernotte. (C. R. hebd. Séances Acad. Sci. **256,** 4168—69, 1963; franz.) — Bei geringer u. langsam ausgeführter Kompression eines Gases werden die thermodynam. Gleichungen vollständig bestätigt. Unterss. plötzlicher Kompressionen, bes. einatomiger Gase führen zu geringeren Drücken, als die klass. Theorie angibt.
W. Wesly 149◇

*0343* **Druckabhängigkeit der Viscosität von überhitztem Wasserdampf.** A. K. Barua und A. Das Gupta. (Trans. Faraday Soc. **59,** 2243—47, 1963; Calcutta, India, Indian

Assoc. for the Cultiv. of Sci.; engl.) — In Widerspruch zu der Theorie verdichteter Gase von Chapman u. Enskog nimmt die Viscosität von überhitztem $H_2O$-Dampf mit steigendem Druck ab; die Vers.-Ergebnisse werden für Temp. von 170—350° u. für Drücke von 0 bis maximal 70 atm mitgeteilt. Diese ungewöhnliche Druckabhänggkeit der Viscosität, die andere Gase nicht zeigen, wird durch das Gleichgewicht $2\,H_2O \rightleftharpoons (H_2O)_2$ erklärt. G. Gattow 149◇

*0344* **Thermodiffusion in ternären Mischungen. 1. Mitt. Theorie.** F. Van Der Valk. (Physica [Utrecht] **29**, 417—26, 1963; Amsterdam, F. O. M. Labor. v. Massascheiding; engl.) — Für den von Waldmann (Handbuch der Physik XII, Berlin, Göttingen, Heidelberg 1958) eingeführten Thermodiffusionsfaktor $\alpha_{ij}^{(\mathrm{tern})}$ der beiden Komponenten i u. j einer tern. Mischung wird ein verhältnismäßig einfacher Ausdruck abgeleitet, der mit der ersten Chapman-Cowling-Näherung gleichbedeutend u. für jede tern. Mischung gültig ist. J. Simon 149◇

*0345* **Thermodiffusion in ternären Mischungen. 2. Mitt. Versuche.** F. Van Der Valk und A. E. De Vries. (Physica [Utrecht] **29**, 427—36, 1963; engl.) — 1. vgl. vorst. Referat. — Die Thermodiffusion einer aus 2 Isotopen u. einer inerten Komponente bestehenden Gasmischung wird an einigen Beispielen experimentell untersucht u. mit der Theorie verglichen. Folgende Thermodiffusionsfaktoren wurden gemessen (die Werte in 100%ig. Inertgasmischung sind jeweils extrapoliert): $\alpha(^{22}Ne-^{20}Ne)$ in reinem Ne: 0,027 (bei 490° K), in 100%ig. $H_2$: 0,009, in 100%ig. He: 0,013; $\alpha(^{4}He-^{3}He)$ in reinem He: 0,060 (bei 490° K), in 100%ig. Ne: 0,011; $\alpha(^{40}Ar-^{36}Ar)$ in reinem Ar: 0,014 (bei 440° K), in 100%ig. Ne: 0,034; $\alpha(^{14}CO-^{12}CO)$ in reinem CO: 0,020 (bei 410° K), in 100%ig. $C_2H_4$: 0,014, in 100%ig. $C_2H_2D_2$: 0,014, in 100%ig. $C_6H_6$: 0,011. Allg. ist die Übereinstimmung von Theorie u. Praxis befriedigend. J. Simon 149◇

*0346* **Eine direkte Methode zur Berechnung der optimalen Betriebsbedingungen von Isotopentrennsäulen.** I. E. Bock. (Z. Naturforsch. **18a**, 465—72, 1963; Amsterdam, F. O. M. Labor. voor Massascheiding; engl.) — Das Trennvermögen eines infinitesimalen Gegenstromelementes wird durch Radialparameter beschrieben. Da das Trennvermögen unabhängig vom Wert des radialen Massenstroms ist, wird dieser gleich Null gesetzt (Zustand der Gleichgewichtsdiffusion). Damit kann die optimale radiale Isotopen-Geschw. sowie das axiale Profil direkt aus den Diffusions- u. Kontinuitätsgleichungen berechnet werden. Die optimalen axialen Strömungsprofile u. das maximale Trennvermögen von Gaszentrifugen u. Thermodiffusionssäulen werden berechnet u. mit bekannten Daten verglichen. Bzgl. der Gaszentrifuge wurde der Einfl. der axialen Rückdiffusion auf das optimale Profil u. das maximale Trennvermögen ermittelt. Für die Thermodiffusionssäulen untersuchte man die Änderung des Trennvermögens in Abhängigkeit von verschiedenen axialen Profilen. Die Berechnungen zeigen, daß Säulen mit ruhender Trennschicht u. Grenzströmung ein maximales Trennvermögen aufweisen u. für die Anreicherung bestimmter Isotope geeignet sind. Ferner bieten sie die Möglichkeit einer Messung der Stoßparameter. W. Wiechmann 149◇

*0347* **Quantitative Untersuchungen der Cryotrapping-Wirkung von Argon an Wasserstoff bei 4,2° K.** J. Hengevoss und E. A. Trendelenburg. (Z. Naturforsch. **18a**, 558, 1963; Fürstentum Liechtenstein, Balzers Akt.-Ges. für Hochvakuumtechn. u. Dünne Schichten, Forschungslabor.; dt.) — Vgl. Z. Naturforsch. **18a**, [1963], 481. — Quant. Unterss. der Cryotrapping-Wrkg. von Ar auf $H_2$ zeigen, daß bei 4,2° K $H_2$ in Ggw. von Ar maximal mit einer Haftwahrscheinlichkeit von 0,5 gepumpt wird. Bei He-Ar-Gemischen wurde eine Haftwahrscheinlichkeit von 0,03 beobachtet. G. M. Neumann 149◇

*0348* **Schall in Helium II in der Nähe des absoluten Nullpunkts.** A. Andrejew und I. Chalatnikow. (J. exp. theoret. Physik [UdSSR] **44**, 2058—61, 1963; russ., Auszug: engl.) — Für den Temp.-Bereich, in dem Zusammenstöße zwischen angeregten Zuständen nicht mehr ins Gewicht fallen, werden Schwingungen in He II berechnet. Aus den Ergebnissen geht hervor, daß die Schall-Geschw. mit der Temp. mit $T^4 \ln(\mathrm{konst}/T)$ ansteigt, während die Absorption des Schalles einem $T^6$-Gesetz folgt u. proportional der Schallfrequenz ist. D. Noack 149◇

*0349* **Zustandsdiagramm von $^3$He-$^4$He-Lösungen: Schichtungs- und Schmelzkurven.** K. N. Sinowjewa. (J. exp. theoret. Physik [UdSSR] **44**, 1837—46, 1963; Akad. der Wiss. der UdSSR, Inst. für physikal. Probleme; russ., Auszug: engl.) — Für verschiedene Drücke zwischen 25 u. 45 atm werden für feste Lsgg. zwischen $^3$He u. $^4$He über den gesamten Mischungsbereich die Mischungslücken sowie die Schmelzkurven angegeben. D. Noack 149◇

*0350* **Hochdruckverhalten von festem Helium.** L. N. Simcox und N. H. March (mit einem Anhang von P. M. Lee). (Proc. physic. Soc. **80**, 830—38, 1962; Sheffield, Univ., Dep. of Phys.; engl.) — Auf der Grundlage des Zustandes $k = 0$ behandeln Vff. genäherte SCF-Berechnungen für festes He u. leiten mittels einer analyt. Form des so gewonnenen sphär. Potentials die Zustandsgleichung bei sehr hohen Drücken ab. Unter Verw. sowohl der Wigner-Seitzschen Zellen-Meth. als auch einer Entw. nach ebenen Wellen werden wichtige elektron. Eigenfunktionen als Funktion der Gitterparameter für einen kub. flächenzentrierten Kristall diskutiert. Es zeigt sich, daß ein Übergang zu einem metall. Zustand bei ca. $10^8$ atm auftreten sollte. Das ist ein um den Faktor 2 geringerer Wert als in der Literatur (Seldam, C. **1958**, 13166) angegeben. D. Jörchel 149◇

*0351* **Eine Modifikation der Reihenentwicklung für die Abhängigkeit der Gleichgewichts-Phasenzusammensetzung.** E. Hála. (Collect. czechoslov. chem. Commun. **27**, 1323, 1962; Prague, Czechoslov. Acad. of Sci., Inst. of Phys. Chem.; engl.) — Die früher beschriebene Meth. (C. **1964**, 10-0372) wird durch eine kleine Modifikation noch anpassungsfähiger, bes. für stark nichtideale Syst., gemacht. I. Frič/Prag 150△

*0352* **Die kondensierten Phasen des Schwefeltrioxids. 2. Mitt. Dampfdrücke der Flüssigkeit bis zu Temperaturen des kritischen Punktes.** D. C. Abercromby und P. F. Tiley. (J. chem. Soc. [London] **1963**, 4902—04; Bristol, Bristol Coll. of Sci. and Technol.; engl.) — 1. vgl. C. **1962**, 29. — Vff. beschreiben ausführlich eine Spiralmanometer-Meth., mit der sich die Dampfdrücke korrosiver Fll. zwischen 50 u. 250° u. von 2—100 atm bestimmen lassen. Die Dampfdrücke von fl. $SO_3$ (I) wurden zwischen 60 u. 210° ermittelt (p in atm; t in °C): $\log p = 4{,}2719 - 945{,}78/(t + 180)$. Die krit. Temp. u. der krit. Druck von I konnten zu 217,7° u. 80,8 atm bestimmt werden. G. Gattow 150◇

*0353* **Untersuchung der Kristallisation der Eutektika bei der thermographischen Untersuchung von wässerigen Salzsystemen.** W. B. Tschernogorenko. (Ukrain. chem. J. **24**, 292—97, 1958; Inst. für allg. u. anorgan. Chemie der Akad. der Wiss. der UkrainSSR; russ.) — Aus den Thermogrammen der mit 0,5 (a) bzw. 5°/Min. (b) eingefrorenen Syst. $KCl-K_2SO_4-H_2O_4$ (0,25 m Lsgg.) geht hervor, daß die Erwärmungskurven von b 3 Effekte aufweisen, entsprechend —10,76° (F. des Eutektikums KCl-Eis), —1,9° (F. des Eutektikums $K_2SO_4$-Eis) u. Schmelzen des letzten Eiskristalls. Bei a liegen die entsprechenden Punkte der Erwärmungskurve bei —9,80° (F. des Eutektikums $KCl-H_2O$-Eis) u. —1,52° (F. des Eutektikums $K_2SO_4 \cdot H_2O$-Eis). Die Abkühlungskurven weisen 3 exotherme Effekte auf. Zunächst erfolgt eine Unterkühlung, dann Temp.-Erhöhung u. Kristallisation des Eises, erneute Unterkühlung u. Temp.-Erhöhung unter Ausscheidung von $K_2SO_4$, starke Unterkühlung u. Temp.-Erhöhung unter Ausscheidung von KCl. Auf der b-Kurve werden folgende Kristallisationspunkte beobachtet: —10,76° (Eutektikum KCl-Eis); —1,9° (Eutektikum $K_2SO_4$-Eis); —1,28° (Eis). In der b-Reihe zeigt die Abkühlungskurve mitunter nur 2 exotherme Effekte: Kristallisation von Eis u. $K_2SO_4$ bzw. von Eis u. KCl. O. Lebtag 150△

*0354* **Anwendung des Gesetzes der korrespondierenden Zustände auf die Komprimierbarkeit und Molwärme von Flüssigkeiten.** N. N. Afenkow. (Hochschulnachr. [Iwanowo], Chem. u. chem. Technol. **5**, 672—74, 1962; russ.) — Auf Grund von Vers.-Daten für KW-Stoffe, Halogen-KW-Stoffe, Alkohole wird die Geltung des Gesetzes der korrespondierenden Zustände für den Koeff. $\beta$ der isothermen Komprimierbarkeit u. Mol-Wärmen ($C_p - C_v$, $C_p/C_v$, $C_v$) für den Existenzbereich der Fll. nachgeprüft (Diagramme). Die experimentellen Werte für $(\beta_T/\beta_T^{0,5})$, $(C_p - C_v)/(C_p - C_v)^{0,5}$, $(C_p/C_v)/$

$(C_p/C_v)^{0,5}$ u. $(C_p/C_v^{0,5})$ bei normalen u. assoziierten Fll. lassen sich in 2 Kurven anordnen. Die Abweichungen der Werte von den theoret. Kurven in der Nähe der krit. Temp. übersteigen nicht 3—4%. R. K. Müller 151◇

*0355* **Änderungen des Volumens und der spezifischen Wärme in wässerigen Salzlösungen. 1. Mitt. Die Systeme CsCl-LiCl-$H_2O$ und CsCl-NaCl-$H_2O$.** M. Ss. Stachanowa und W. A. Wassilew. (J. physik. Chem. [UdSSR] **37**, 1568—74, 1963; Moskau, Chem.-Technol. Inst.; russ., Auszug: engl.) — Vff. untersuchen den Verlauf der spezif. Wärme u. des Vol. in Abhängigkeit von Gesamt-Salz-Konzz. von 0,5—5 m. Die spezif. Wärmen wurden in einem Wrewskischen adiabat. Calorimeter mit einer Genauigkeit von ±0,05% u. die Dichten mit einem Pyknometer mit einer Genauigkeit von 0,001% bestimmt. Werte für die spezif. Wärmen von LiCl-, NaCl- u. CsCl-Lsg. werden angegeben. Die beiden Eigenschaften sind für beide Syst. nicht rein additiv. Die Abweichungen werden durch einen Ioneneffekt auf die Struktur des Lsgm. gedeutet. Die spezif. Wärme u. das Vol. hängen näherungsweise linear voneinander ab. Mit diesen Beziehungen lassen die schwierig meßbaren spezif. Wärmen ($C_p^{25}$) aus dem Vol. ($V_4^{25}$) mit einer Genauigkeit von 0,1—0,2% berechnen. A. Kumm 151◇

*0356* **Thermische und elastische Eigenschaften von Kristallen bei tiefen Temperaturen.** T. H. K. Barron und M. L. Klein. (Physic. Rev. [2] **127**, 1967—98, 1962; Ottawa, Ontario, Nat. Res. Council, Div. of Pure Phys.; Bristol, Univ., Dep. of Inorg. and Phys. Chem.; engl.) — Durch eine erste Näherung der Störungstheorie zeigen Vff., daß die Freie therm. Energie eines anharmon. Kristalls bei tiefen Temp. durch eine effektive harmon. Frequenzverteilung gegeben ist, deren Grenzformen bei niedrigen Frequenzen (wie für einen harmon. Kristall) aus der Geschw. langer elast. Wellen berechnet werden kann. Somit ist dann die aus der Molwärme bei niedrigen Temp. ermittelte Debye-Temp. $\Theta_0^c$ gleich der aus den ebenfalls bei niedrigen Temp. erhaltenen Elastizitäts-Konst. errechneten Temp. $\Theta_0^{el}$. — Vff. diskutieren die in früheren theoret. Unterss. aufgetretenen Unterschiede zwischen $\Theta_0^c$ u. $\Theta^d$ u. führen diese auf die zur Ermittlung von $\Theta_0^d$ angewandte spezif. Approximation zurück. W. Sobieski 151◇

*0357* **Molwärme von Ammoniumhydrogensulfat im Temperaturbereich —70 bis +14°.** B. A. Strukow und M. N. Danilytschewa. (Festkörperphysik [UdSSR] **5**, 1724—27, 1963; Moskau, Lomonossow-Univ.; russ.) — Gemessen wurde die Molwärme von $NH_4HSO_4$-Kristallen als Funktion der Temperatur. Die Messungen wurden in einem Vakuumcalorimeter ausgeführt. In der Nähe des Curie-Punktes (—2,55°) wird ein anomales Verh. beobachtet, das auf Polarisationsschwankungen zurückzuführen ist. K. Jaeger 151◇

*0358* **Die Temperaturabhängigkeit der charakteristischen Temperatur von Nickel.** M. Simerská. (Czechoslov. J. Physics **12**, 858—59, 1962; Prague, Czechosl. Acad. Sci., Inst. of Solid State Phys.; engl.) — Mit Hilfe der früher (vgl. C. **1963**, 8440) beschriebenen Meth. bestimmte Vf. die Temp.-Abhängigkeit der charakterist. Temp. des Ni durch Messen der integralen Intensitäten einer flachen polykristallinen Probe von Ni bei Temp. zwischen 20 u. 600° u. $MoK_\alpha$-Strahlung. Vor den Messungen wurden die Proben 3 Std. lang im Vakuum bei 600° angelassen. Die $\vartheta$-Werte nehmen mit steigender Temp. ab. Diese Abnahme war größer, als die aus dem Grüneisenschen Gesetz für den bekannten Wert von $\gamma = 1,88$ zu erwartende Abnahme. Die Meßergebnisse entsprechen einem $\gamma$-Wert von 3,98. C. Gottfried 151△

*0359* **Spezifische Wärme von Ti-Legierungen mit geordneter Struktur vom CsCl-Typ bei tiefen Temperaturen.** E. A. Starke jun., C. H. Cheng und Paul A. Beck. (Physic. Rev. [2] **126**, 1746—48, 1962; Urbana, Ill., Univ. of Illinois; engl.) — Vff. berichten über einen kontinuierlichen bis 1100° ausgedehnten Mischkristallbereich zwischen den bin. Phasen TiFe u. TiCo (CsCl-Typ) im tern. Syst. Ti-Fe-Co u. ein ähnliches bis 1175° reichendes Mischkristallfeld von TiCo bis $Ti_4Co_3Ni$, im tern. Syst. Ti-Co-Ni. Die Koeff. der spezif. elektron. Wärme von $Ti_4Co_3Ni$ u. TiFe-TiCo-Legg. haben bei derselben mittleren Elektronen-Konz. eine starke Spitze, bei der die $\gamma$-Spitze der kub.-raumzentrierten CrFe-Legg. liegt. W. Sobieski 151◇

*0360* **Spezifische Wärme von kubisch-raumzentrierten Ti-V-Legierungen bei tiefen Temperaturen.** C. H. Cheng, K. P. Gupta, E. C. van Reuth und Paul A. Beck. (Physic. Rev. [2] **126**, 2030—33, 1962; engl.) — Vgl. vorst. Referat. — Vff. bestimmen den Koeff. der spezif. elektron. Wärme $\gamma$ von reinem V u. kub.-raumzentrierten Ti-V-Legg., der bei ca. 60 Atom-% V ein Maximum hat u. der Übergangs-Temp. zur Supraleitung nach der BCS-Theorie u. einem von der Zus. unabhängigen Wechselwrkg.-Koeff. entspricht. Eine Energielücke von 0,0014—0,0025 eV (in Abhängigkeit von der Zus.) konnte aus der experimentellen Abhängigkeit der spezif. elektron. Wärme im Supraleitungszustand von der reziproken Temp. errechnet werden. W. Sobieski 151◇

*0361* **Druck des gesättigten Dampfes von Rutheniumtetroxid.** A. B. Nikolski. (J. anorg. Chem. [UdSSR] **8**, 1045—48, 1963; Leningrad, Univ.; russ.) — Vf. bestimmte den Dampfdruck nach der Kompensations-Meth. sowie nach einer radiometr., statist. Meth. mit $^{106}$Ru im Temp.-Intervall 0,4—90,8°. Für das Gleichgewicht zwischen fester u. Gasphase gilt die Gleichung log p[Torr] = —2880,3/T + 10,673; für das Gleichgewicht fl./gasförmige Phase log p[Torr] = —2847,9/T + 1,95 logT. Die Umwandlungswärmen u. die Entropieinkremente betragen bei 25° für die Sublimation, Verdampfung u. Schmelze entsprechend: $\Delta H_{298} = 13200 \pm 600$; $10600 \pm 200$ u. $2600 \pm 800$ cal/Mol sowie $\Delta S_{298} = 44,3 \pm 1,9$; $35,6 \pm 0,7$ u. $8,7 \pm 2,6$ cal/Mol·Grad. Die Freien Standardenergien für das fl. bzw. feste Rutheniumtetroxid betragen $\Delta F_{fl}^0 = 2558 \pm 12$ cal/Mol bzw. $\Delta F_{fest}^0 = 2563 \pm 26$ cal/Mol. Die Verb. zersetzt sich ab ca. 105°, der Kp. wurde zu $133,4 \pm 1,0°$, die Trouton-Konst. zu $20,0 \pm 0,5$ berechnet. G. Ewald 155◇

*0362* **Berechnung der Hydratationsenergie von Kationen.** Ss. I. Drakin und W. A. Michailow. (J. physik. Chem. [UdSSR] **33**, 1544—50, 1959; Moskau, Chem.-technol. Mendelejew-Inst.; russ., Auszug: engl.) — Eine früher (vgl. Michailow u. Mitarbeiter, C. **1957**, 2122) vorgeschlagene Meth. zur Berechnung der Hydratationsenergie einatomiger Kationen wird auf Ionen ohne Edelgaskonfiguration angewendet. Die Gleichungen erklären die näherungsweise lineare Abhängigkeit der Hydratationsenergie von z/r (z = Ladung, r = Radius). Hydratationsentropien u. -wärmen für $(Li, Na, K, Rb, Cs)^+$, $(Be, Mg, Ca, Sr, Ba, Ra)^{2+}$, $(Al, Sc, Y, La, Ce)^{3+}$, $(Cu, Ag, Tl)^+$, $(Zn, Cd, Hg, Fe, Co, Ni, Cu, Pb, Sn, Mn)^{2+}$ u. $(Ga, In, Tl, Fe, Ti)^{3+}$ sind zusammengestellt u. stimmen mit Literaturwerten überein. H. Roschkowski 156◇

*0363* **Messung des Ca-Gleichgewichtsdampfdruckes bei der Reaktion $CaC_2 \rightleftharpoons Ca + 2C$.** Yoshio Yamanaka. (J. electrochem. Soc. Japan [Overseas Edit.] **28**, 146—49, 1960; Shin-etsu Kagaku Kogyo Co., Ltd.; engl.) — Der Gleichgewichtsdampfdruck $p_{Ca}$ des Ca wurde bei 1100, 1150 u. 1200° zu 1,3 bis $1,7 \cdot 10^{-2}$ bzw. 2,3 bis $3,0 \cdot 10^{-2}$ bzw. 3,9 bis $5,2 \cdot 10^{-2}$ Torr bestimmt. Beim Auftragen von log $p_{Ca}$ gegen 1/T ergibt sich eine Gerade, aus deren Anstieg $\Delta H$ in verschiedenen Verss. zu 44,6—45,3 kcal/Mol im Bereich 1000 bis ca. 1300° berechnet wurde. P. Kurzmann 156◇

*0364* **Bildungswärmen von Cuspidin $3\,CaO \cdot 2\,SiO_2 \cdot CaF_2$ und der Mineralphase $3\,CaO \cdot 3\,Al_2O_3 \cdot CaF_2$.** J. K. Jacques. (J. chem. Soc. [London] **1963**, 4297—99; Oldbury, Birmingham, Albright and Wilson [Mfg.] Ltd., Res. Dep.; engl.) — In einem rotierenden Cu-Calorimeter (Calorimeter-Fl.: Chlorbenzol) wurden die Lsg.-Wärmen von Cuspidin $3\,CaO \cdot 2\,SiO_2 \cdot CaF_2$ u. Calfidin $3\,CaO \cdot 3\,Al_2O_3 \cdot CaF_2$ in 40%ig. wss. HF bei 25° bestimmt u. aus den Vers.-Ergebnissen die Bldg.-Wärmen zu $\Delta H_f^0 = -1219,5 \pm 4,5$ u. $-1845,3 \pm 5,5$ kcal/Mol berechnet. G. Gattow 156◇

*0365* **Bildungswärmen und Bindungsenergien. 9. Mitt. Aluminiumtrimethyl und Aluminiumtriacetat.** C. T. Mortimer und P. W. Sellers. (J. chem. Soc. [London] **1963**, 1978—81; Keele, Staffords., Univ., Dep. of Chem.; engl.) — 8. vgl. J. chem. Soc. [London] **1962**, 3212; 5. vgl. C. **1963**, 19177. — Vff. bestimmten in einem rotierenden Bombencalorimeter die Enthalpien nachst. Rkk. (Ac = $CH_3COO$): $Al(CH_3)_3$ (fl.) + 3 HAc (in Toluol) → $Al(Ac)_3$ (krist.) + $3\,CH_4$ (Gas) u. $Al(Ac)_3$ (krist.) + 3 HCl (4,36 m) → $AlCl_3$ (Lsg.) + 3 HAc (Lsg.). Aus den experimentellen Daten wurden die Bldg.-Wärmen von fl. $Al(CH_3)_3$ u. krist. $Al(Ac)_3$ zu

$\Delta H_0^f = -36{,}1 \pm 1{,}6$ u. $-451{,}8 \pm 0{,}8$ kcal/Mol sowie die mittlere Dissoziationsenergie der Bindung Al—$CH_3$ zu D = 64,5 ±2,0 kcal/Mol errechnet. G. Gattow 156◇

*0366* **Thermische Zersetzung von gasförmigem Quecksilberdimethyl.** R. Ganesan. (J. sci. ind. Res. [New Delhi], Sect. B **20**, 228—29, 1961; Madras, Univ., Dep. of Phys. Chem.; engl.) — Aus den experimentellen Daten von Yeddanapalli u. Mitarbeitern (C. **1956**, **4653**) wurde die Aktivierungsenergie für den therm. Zerfall von gasförmigem $Hg(CH_3)_2$ zu 48,2 kcal/Mol berechnet u. als ident. mit der Dissoziationsenergie $D(CH_3Hg-CH_3)$ angesehen. P. Nachtwey 156◇

*0367* **Das Gleichgewicht der Dissoziation von $Hg_2$ und $As_2$.** H. J. Spangenberg. (Z. Chem. **3**, 315—16, 1963; Berlin; dt.) — Mit Hilfe bekannter Meßgrößen wurden die Gleichgewichts-Konst. $K_p$ der Dissoziationsgleichgewichte $Hg_2 \rightleftharpoons 2$ Hg bzw. $As_2 \rightleftharpoons 2$ As zwischen 300 u. 2100° K bzw. 1000 u. 3000° K unter der Annahme, daß die Mol.-Schwingungen harmon. sind, u. unter Vernachlässigung der Schwingungs-Rotations-Wechselwrkg. statist. berechnet; die Werte sind tabelliert. Für Hg folgt bei 357° (1 atm) für $K_p = 378{,}5$ u. für den Dissoziationsgrad $\alpha = 0{,}9935$. G. Gattow 156◇

*0368* **Statistisch-thermodynamische Untersuchung des Gleichgewichtes zwischen gasförmigem Wasserstoff und der Plutoniumdihydridphase.** Sakae Takeuchi und Kenji Suzuki. (Trans. Japan Inst. Metals **3**, 41—47, 1962; Sendai, Tohoku Univ., Res. Inst. for Iron, Steel and Other Metals; engl. — C. **1963**, **16451**.) F. Weigel 156◇

*0369* **Anlagerungswärmen des Anilins und seiner Derivate an Kobalthalogenide.** A. W. Ablow und Z. B. Konunowa. (J. anorg. Chem. [UdSSR] **8**, 1122—30, 1963; Kischinew, Univ.; russ.) — Vff. bestimmten mit Hilfe eines isotherm. Calorimeters die Lsg.-Wärmen in 2n HCl bei 25° folgender Verbb.: $CoCl_2$, $CoCl_2 \cdot 2\,H_2NC_6H_5$, $CoCl_2 \cdot 2$ o- bzw. p-$H_2NC_6H_4X$ (X = $CH_3$, $OCH_3$ bzw. Br), $CoCl_2 \cdot 2$ m- bzw. p-$H_2NC_6H_4Cl$ sowie der freien Amine, $CoBr_2$, $CoBr_2 \cdot 2\,H_2N \cdot C_6H_5$, $CoBr_2 \cdot 2$ p-$H_2NC_6H_4Y$ (Y = $CH_3$, $OCH_3$, Cl, Br), $CoBr_2 \cdot 2$ o-$H_2N \cdot C_6H_4OCH_3$ u. $CoBr_2 \cdot 2$ m-$H_2NC_6H_4Cl$, $CoJ_2$, $CoJ_2 \cdot 2\,H_2NC_6H_5$ u. $CoJ_2 \cdot 2$ p-$H_2NC_6H_4Z$ (Z = $CH_3$, Br). Es wurden weiterhin die Schmelzwärmen der Amine bestimmt. Aus beiden Werten berechneten Vff. über einen Kreisprozeß die Bldg.-Wärmen der Anlagerungs-Prodd. $CoHal_2 \cdot 2$ Amin. Daraus ergibt sich weiter die Bldg.-Wärme bei Anlagerung von 2 Mol gasförmiger monosubstituierter Amine an das wasserfreie Kobalthalogenid. Diese Größe ist für alle Verbb. annähernd konst. 43,0—47,1 kcal/Mol (Anstieg in der Folge Cl < Br < J) Aus der Sublimationswärme von $CoCl_2$ u. den nach der Troutonschen Formel berechneten Sublimationswärme der Verbb. $CoCl_2 \cdot 2$ Amin u. der Bldg.-Wärme der gleichen Verbb. ergibt sich für die Anlagerungswärme von 2 Moll. Amin an das gasförmige $CoCl_2$-Mol. ca. 95 kcal/Mol. G. Ewald 156◇

*0370* **Thermodynamische Eigenschaften von $NiSeO_3 \cdot 2\,H_2O$.** N. M. Sseliwanowa, S. L. Leschtschinskaja, A. I. Maier, I. Ss. Strelzowa und Je. Ju. Musalew. (J. physik. Chem. [UdSSR] **37**, 1563—67, 1963; Moskau, Chem.-Technol. Inst.; russ., Auszug: engl.) — Vff. bestimmten die Standard-Bldg.-Wärme von röntgenamorphem $NiSeO_3 \cdot 2\,H_2O$ aus den Elementen calorimetr. zu $\Delta H^0_{298} = -267{,}92$ kcal/mol. Das isobare Standard-Bldg.-Potential der Substanz aus den Elementen wird aus Löslichkeitsangaben zu $\Delta Z^0_{298} = -221{,}65$ kcal/mol berechnet. Die Standardentropie $S^0_{298}$ beträgt 47 Entropieeinheiten. A. Kumm 156◇

*0371* **Wärmeleitfähigkeit anisotroper Festkörper bei hohen Temperaturen. — Die Wärmeleitfähigkeit von gepreßtem und pyrolytischem Graphit.** Joseph Vardi und Michael Hoch. (J. Amer. ceram. Soc. **46**, 129—32, 1963; Cincinnati, Ohio, Univ. of Cincinnati, Graduate School, Materials Sci. Program; engl.) — Für die benutzte Unters.-Meth. (Erhitzen eines Zylinders im Vakuum durch Induktion) werden die mathemat. Ableitungen gegeben. Die radiale ($k_r$) u. die axiale ($k_z$) Wärmeleitfähigkeit von gepreßtem ZT- u. pyrolyt. Graphit im Bereich 1260—2200° K wurden bestimmt. Für den ZT-Typ beträgt $k_z/k_r = -0{,}101 + 2{,}002 \cdot 10^{-4} \cdot T$ (1260° K < T < 2200° K), für den pyrolyt. $k_z/k_r = 0{,}0376$ bei 1817° K. J. Heinze 158◇

*0372* **Zur Wärmeleitfähigkeit ferromagnetischer Metalle.** L. N. Petrowa. (Festkörperphysik [UdSSR] **5**, 1682—86, 1963; Swerdlowsk, Polytechn. Ural-Inst.; russ.) — Aus der Energiedifferenz der Elektronen mit verschiedenen Spins wird, unter der Annahme vorherrschender Gitterstreuung, eine Dichtematrix der Wärmeleitfähigkeit in ferromagnet. Metallen berechnet. Dieser Beitrag zur Wärmeleitfähigkeit ist von der Größenordnung des elektron. Anteils in gewöhnlichen Metallen. Die abgeleitete Temp.-Abhängigkeit stimmt in der Nähe des Curie-Punktes qual. mit den experimentellen Daten überein. K. Jaeger. 158◇

*0373* **Phononenbegriff bei hohen Temperaturen.** Douglas Probert. (Nature [London] **199**, 165, 1963; Cardiff, Welsh Coll. of Adv. Technol.; engl.) — Hinweis auf die Einschränkung der Gültigkeit des Phonon—Quasiteilchen-Dualismus bei hohen Temperaturen. Es werden Unterss. der Wärmeleitung an festen Lsgg. von $Mg_2Pb_xSn_{1-x}$ von van Houten (C. **1963**, **18739**) als Beispiel erwähnt. H. Liepack 158◇

*0374* **Streuung von Spinwellen an Punktfehlern.** Shozo Takeno. (Progr. theoret. Physics [Kyoto] **29**, 937—38, 1963; Sapporo, Hokkaido Univ., Fac. of Sci., Dep. of Phys.; engl.) — Theoret. Betrachtung der Verhältnisse im *Y-Fe-Granat*, die zu einem Ausdruck für die Wärmeleitfähigkeit bei tiefen Temp. führt. R. Nink 158◇

*0375* **Über die Messung der von einem Quarzkristallüberträger in ein flüssiges Medium eingestrahlten Ultraschalleistung.** 1. Mitt. T. C. Bhadra. (Trans. Bose Res. Inst. Calcutta **21**, 81—93, 1958; Calcutta, Bose Inst.; engl.) — Ein Verf. zur getrennten Best. der Energie der akust. Strahlung u. der durch Schall-Einw. erzeugten Strömungsenergie von Fl. wird beschrieben. Durch Extrapolation kann die Intensität der Schallquelle ermittelt werden, die Dämpfungs-Konst. der Fl. wird aus dem exponentiellen Abfall der Schallenergiekurve bestimmt. H. Roschkowski 159◇

*0376* **Über die Messung der akustischen Energiedichte und Strömungsgeschwindigkeit zur Bestimmung des Absorptionskoeffizienten nach der Strömungsmethode.** 2. Mitt. T. C. Bhadra. (Trans. Bose Res. Inst. Calcutta **21**, 95—107, 1958; engl.) — 1. vgl. vorst. Referat. — Ein Verf. u. eine App. zur Best. der Schallenergiedichte u. der Strömungs-Geschw. einer Fl. werden eingehend beschrieben. Die durch Einw. von Schall erzeugte Strömungs-Geschw. einer Fl. ist derem Schallabsorptions-Koeff. proportional. Die für *W.*, *Methylalkohol* u. *A.* ermittelten Werte dieses Koeff. stimmen mit der Theorie besser als frühere Literaturangaben überein. Für stark schallabsorbierende Fll. (*$CS_2$*, *Bzl.*, *$CCl_4$*) war keine Messung möglich. H. Roschkowski 159◇

## A₅. Kolloidchemie, Grenzschichtforschung

*0377* **Thermodynamische Gesichtspunkte bei der Micellenbildung.** Ingvar Danielsson. (Finska Kemistsamfundets Medd. **72**, 90—98, 1963; Åbo, Finland, Åbo Acad., Inst. of Phys. Chem.; engl.) — Betrachtung der Micellen-Bldg. u. bes. der krit. Micellen-Konz. unter dem Gesichtspunkt des Massenwirkungsgesetzes, der Gibbsschen Phasenregel, des chem. Potentials, der Clausius-Clapeyronschen Gleichung u. der elektrostat. Kräfte. D. Forst. 160◇

*0378* **Eigenschaften und Strukturen von Systemen aus zusammengesetzten Kolloiden.** Per Ekwall. (Finska Kemistsamfundets Medd. **72**, 59—89, 1963; Åbo, Finland, Åbo Acad., Inst. of Phys. Chem.; engl.) — Die genaue Unters. der Verhältnisse in koll. Syst. führt u. a. zu der Annahme, daß unter- u. oberhalb der krit. Micellen-Konz. (KMK) alle beobachtbaren Übergangserscheinungen an Aggregatzuständen durch eine stufenweise Änderung der jeweiligen mol. Verhältnisse bedingt sind. Als Ursache für die Änderung der Micellenstruktur in der Lsg. bei zunehmender Konz. wird einerseits die Solvatation der Micellen angesehen, die zu entsprechenden Vol.- u. Konz.-Änderungen in der innermicellaren Lsg. führt, u. andererseits die gegenseitige Annäherung der Micellen bis zu einem Punkt, an dem ihre Oberflächenschichten miteinander in Wechselwrkg. zu treten beginnen. Oberhalb der KMK erstreckt sich ein genau definierter Konz.-Bereich, in dem die Micellen gleichbleibende Eigg. besitzen u. an dessen oberem Ende eine 2. KMK auftritt, oberhalb der die Bindung der Gegenionen u. das Micellen-Vol. größer werden. Schließlich folgt eine 3. KMK, an der die einzelnen Micellen infolge der noch weiter erhöhten Bindungskräfte zwischen den Gegenionen zylinderförmige Gestalt annehmen. Das Auftreten mesomorpher Phasen in koll. Syst. ist im wesentlichen an die Einführung einer dritten Komponente gebunden. Die im einzelnen zur Bldg. mesomorpher Phasen erforderlichen Bedingungen werden besprochen. D. Forst 160◇

*0379* **Röntgenuntersuchungen an Systemen aus zusammengesetzten Kolloiden.** Krister Fontell. (Finska Kemistsamfundets Medd. **72**, 99—107, 1963; Åbo, Finland, Åbo Acad., Inst. of Phys. Chem.; engl.) — Die Unters. von Syst. aus zusammengesetzten Koll. mittels Röntgenstrahlen führt zu einer weiteren Unterscheidungsmöglichkeit zwischen den sog. kristallinen u. amorphen Phasen. Sofern die Intensitätskurven mit zunehmendem Streuwinkel gleichmäßig abfallen, kann in Verbindung mit anderen experimentellen Werten aus der Kurvenneigung auf die Abstände innerhalb des untersuchten Syst. geschlossen werden. D. Forst 162◇

*0380* **Pseudoplastische Eigenschaften von Eisen(III)-succinat-Sol.** S. K. Bose, S. P. Mushran und S. Ghosh. (Rheol. Acta [Ergänzungsh. z. Kolloid-Z.] **2**, Nr. 2, 89—91, 1962; Allahabad, Univ., Chem. Labor.; engl.) — Das strukturviscose Verh. von gelierenden Fe(III)-Succinat-Solen (I) wurde untersucht. Es wurde gezeigt, daß die Strukturviscosität eng mit der Neigung des Sols zur Gel-Bldg. verknüpft ist. Je ausgeprägter die Strukturviscosität auftritt, um so stärker beginnt das Sol Gelstrukturen auszubilden oder gar die Eigg. eines elast. Festkörpers anzunehmen. Schließlich wurde gezeigt, daß die Viscosität mit zunehmendem Alter der reinen I stark anwächst. K. Huste 162◇

*0381* **Untersuchung der Ausfällung einer Kaolinsuspension unter Einwirkung eines Flockungsmittels.** W. D. Pusako, W. N. Musgin und G. K. Winogradow. (Hochschulnachr. [Iwanowo], Chem. u. chem. Technol. **4**, 509—11, 1961; Polytechn. Kirow-Inst. des Urals; russ.) — Die Abhängigkeit des Verbrauchs an Flockungsmittel u. des Aufhellungsgrades einer Kaolinsuspension von deren Konz. wird untersucht. Für Separin-2610 als Flockungsmittel beträgt der optimale Verbrauch ca. 0,1% vom Gewicht der festen Phase. Der Aufhellungsgrad nimmt bei konst. Geh. an Flockungsmittel mit der Konz. der Suspension zu. Die Dichte des Nd. hängt vom Geh. an Flockungsmittel, nicht aber von der Konz. der Suspension ab. R. K. Müller 163◇

*0382* **Ein Abstandsgesetz für Liesegang-Ringe. Das System Quecksilber(I)-jodat.** Prem Behari Mathur und A. S. Lakshmanan. (J. Colloid Sci. **15**, 205—08, 1960; Karaikudi, India, Central Electrochem. Res. Inst.; engl.) — Es wird eine Gleichung für die Abstände der Ringe bei der period. Fällung in Gelen entwickelt: $\log (x_n - x_{n-1}) = A + a x_n$ [$x_n$ u. $x_{n-1}$ = Abstände des n-ten u. (n-1)-ten Ringes von einer festen Bezugslinie, A u. a = Konst.]. An Gelen mit 0,5, 0,75 u. 1% Agar-Agar u. 0,006, 0,003, 0,016 u. 0,033 m $KJO_3$ sowie $Hg_2(NO_3)_2$ als Fällungsreagens konnte die Gültigkeit des Gesetzes bewiesen werden. K. Strenge 164◇

*0383* **Die mathematische Theorie der Capillarität.** 1. Mitt. F. C. Goodrich. (Proc. Roy. Soc. [London], Ser. A **260**, 481 bis 489, 1961; Richmond, Calif., California Res. Corp.; engl.) — Im Rahmen einer Prüfung der Theorie stat. Grenzflächen untersucht Vf. mathemat. die Probleme der Bldg. eines stat. Meniskus u. der Wellenbewegung von inkompressiblen reibungsfreien Flüssigkeiten. W. Sobieski 166◇

*0384* **Die mathematische Theorie der Capillarität.** 2. Mitt. F. C. Goodrich. (Proc. Roy. Soc. [London], Ser. A **260**, 490 bis 502, 1961; engl.) — 1. vgl. vorst. Referat. — Durch Analyse der variablen Oberflächenspannung u. -belastung stellt Vf. ein Modell zur hydrodynam. Theorie von flachen capillaren Oberflächenwellen auf, die durch Einbeziehung Newtonscher Viscositätsterme für Grenzflächenverhältnisse modifiziert wird. Zwei spezielle Fälle werden dabei bes. behandelt: 1. Wellenbewegung bei niedriger Frequenz u. sehr hoher Oberflächenviscosität, d. h. vollständig gedämpfte Bewegung; 2. Wellenbewegung bei mittlerer bis hoher Frequenz u. niedriger Oberflächenviscosität, d. h. schwach gedämpfte Bewegung. Bei Fall 2 sind die Einfl. der inneren Viscosität der Fl. unter der Oberfläche berücksichtigt. W. Sobieski 166◇

*0385* **Die mathematische Theorie der Capillarität.** 3. Mitt. F. C. Goodrich. (Proc. Roy. Soc. [London], Ser. A **260**, 503 bis 509, 1961; engl.) — 2. vgl. vorst. Referat. — Vf. vergleicht die in der 1. u. 2. Mitt. beschriebenen theoret. Unterss. mit Messungen des Hysteresisverlustes an einem Instron-Dehnungsmeßgerät. Zwei Arten von Verss. werden durchgeführt: 1. sehr langsam verlaufende Störungen hochviscoser Oberflächenfilme; 2. die räumliche Dämpfung einer ebenen Welle auf einer von einem Ölfilm bedeckten Wasseroberfläche. Die Ergebnisse können nur unter der Annahme einer gewissen horizontalen Verschiebung zwischen Film u. Fl. gedeutet werden. W. Sobieski 166◇

*0386* **Monomolekulare Schicht und Molekularstruktur.** Henrik H. Bruun. (Finska Kemistsamfundets Medd. **72**, 6—13, 1963; Åbo, Finland, Åbo Acad., Inst. of Wood Chem.; engl.) — Allg. Überblick über die Eigg. monomol. Schichten, bes. unter Berücksichtigung ihrer Molekularstruktur. — 28 Literaturangaben. D. Forst 166◇

*0387* **Eine Methode zur Kompression monomolekularer Filme an Öl-Wasser-Grenzflächen.** D. B. Zilversmit. (J. Colloid Sci. **18**, 794—98, 1963; Memphis, Tenn., Univ. of Tennessee, Med. Units, Dep. of Physiol.; engl.) — Beschreibung einer verbesserten Filmwaage zur Best. von Kraft-Fläche-Kurven für Albumine an einer Heptan-W.-Grenzfläche. D. Forst 166◇

*0388* **Capillarwellendämpfung durch unlösliche organische monomolekulare Schichten.** William D. Garrett und John D. Bultman. (J. Colloid Sci. **18**, 798—801, 1963; Washington, D.C., U.S. Naval Res. Labor., Surface Chem. Branch; engl.) — Mit Hilfe einer modifizierten Filmwaage wurde die Capillarwellendämpfung durch unlösl. monomol. Schichten von *9(10)-Phenylstearinsäure, Ölsäure, Oleylalkohol, Triolein, Cetylalkohol* u. kristallinem *Ovomucoid* auf synthet. Meerwasser bestimmt. Ein Vgl. zwischen Dämpfungsfaktor u. Filmdruck, bezogen auf gleiche molare Oberfläche, läßt erkennen, daß der scharfe Knick des Dämpfungsfaktors in der Nähe jenes Übergangsbereiches liegt, in dem die monomol. Schicht aus dem gasförmigen in den mehr kondensierten Zustand übergeht. D. Forst 166◇

*0389* **Die Berechnung der Oberflächenspannung und des Randwinkels nach der Methode des hängenden Tropfens.** 2. Mitt. D. N. Staicopolus. (J. Colloid Sci. **18**, 793—94, 1963; Wilmington, Del., E. I. du Pont de Nemours & Co., Engng. Res. Labor.; engl.) — 1. vgl. C. **1962**, 17662. — Es wird auf zwei dem Artikel nicht beigefügte Tabellen mit Werten für die Oberflächenspannung $\gamma$ u. den Randwinkel $\Phi$ als Funktion von $(x_e/y_e)_\Theta$ für $\Theta = 45^0$ bzw. $\Theta = 90^0$ u. von $V_e$, entsprechend den l. c. veröffentlichten Gleichungen, hingewiesen; der Abstand zwischen den einzelnen Tabellenwerten beträgt 0,001. D. Forst 166◇

*0390* **Bestimmung der elektrophoretischen Beweglichkeit mittels Zonenelektrophorese im Dichtegradienten.** H. G. Aach. (Z. Naturforsch. **18b**, 337—39, 1963; Köln, Univ., Botan. Inst.; dt.) — Eine neu entwickelte App. gestattet die Messung der elektrophoret. Beweglichkeit (z. B. von Viren) in einem linearen Dichtegradienten, der durch Überschichtung verschieden konz. Rohrzucker-Lsgg. erzeugt wird. Gegenüber anderen Verff. hat diese Meth. den Vorteil, daß der Substanzbedarf gering ist u. die wandernden Teilchen nach der Elektrophorese ohne Elution wieder zur Verfügung stehen. Komponenten mit unterschiedlichen Beweglichkeiten werden präparativ getrennt. J. Simon 168◇

*0391* **Eine fundamentale Erweiterung der Einsteinschen Diffusions-Beweglichkeits-Beziehung.** E. R. Pike. (Nature [London] **199**, 994, 1963; Great Malvern, Worcs., Royal Radar Establ.; engl.) — Vf. weist darauf hin, daß die Begriffe Diffusionskraft der Teilchen u. Energiegewinn, die in der kürzlich unter obigem Titel veröffentlichten Arbeit von Melehy (C. **1963**, 21439) verwendet wurden, in diesem Zusammenhang bereits in der Thermodynamik irreversibler Prozesse bekannt sind. Es existieren Gleichungen, die für jeden irreversiblen Energie- oder Teilchenfluß anwendbar sind. J. Simon 171◇

*0392* **Beschreibung einer bei niedrigen Drücken arbeitenden Adsorptionsapparatur.** Yves Larher. (J. Chim. physique Physico-Chim. biol. **57**, 1107—08, 1960; Saclay, Centre d'Études Nucl., Serv. de Chim.-Phys.; franz.) — Vf. beschreibt eine Kryptonadsorptions-App. zur Messung der spezif. Oberflächen von Graphit, wobei das MacLeod-Manometer gleichzeitig als Gasbürette benutzt wird. A. Kumm 176◇

*0393* **Untersuchung der Oberflächeneigenschaften frischer Graphit-Spaltflächen. 1. Mitt. Adsorption und differentielle chemische Adsorptionswärme von Sauerstoff.** G. G. Fedorow, Ju. A. Sarifjanz und W. F. Kisselew. (J. physik. Chem. [UdSSR] **37**, 1619—22, 1963; Moskau, Lomonossow-Univ., Phys. Fak.; russ.) — Natürlicher Graphit wurde in einer Vibromühle unter Ar-Überdruck 20 Min. lang zermahlen, in eine Adsorptions-App. bei $1 \cdot 10^{-5}$ Torr eingebracht u. die $O_2$-Adsorption gemessen. Die spezif. Oberfläche des Graphits wurde durch $N_2$-Adsorption bei tiefen Temp. bestimmt. Die Adsorptionswärmen für $O_2$ wurden mit Hilfe eines Calorimeters mit einer Temp.-Empfindlichkeit von $5 \cdot 10^{-5°}$ gemessen. Die spezif. Adsorptionswerte für verschiedene Graphitproben sind reproduzierbar. Die Adsorptionsisothermen, für in Glasvibromühlen zermahlenen Graphit liegen etwas niedriger als bei Vermahlung in Stahlvibromühlen, da bevorzugte Spaltung in Basisflächen zu einer Verringerung der Adsorptionsaktivität führt. Zu Beginn zeigen die Adsorptionsisothermen (AI) einen bedeutenden Anstieg, dementsprechend sind die differentiellen Adsorptionswärmen (DAW) groß. Wahrscheinlich werden zuerst Peroxidgruppen R—O—O˙ an der Graphitoberfläche gebildet, was durch Messungen der paramagnet. Elektronenresonanz bestätigt wird. Die hohen DAW entsprechen der Bldg. von Carbonylgruppen u. weiteren Radikalen, für die einige mögliche Typen angegeben werden. Im mittleren Gebiet der AI mit geringem Anstieg existieren wahrscheinlich Sauerstoffbrückenbindungen oder Peroxidradikale. Eine Erklärung ist auch vom Standpunkt der Elektronentheorie der Adsorption möglich. Im Gebiet hoher Drücke wächst die Adsorption äußerst langsam. Das geringe Ansteigen der $O_2$-Adsorption ist mit dem Lösen von $O_2$ im Graphitgitter verbunden. Die Desorptionsisotherme ist schwer meßbar, verläuft sehr flach u. kann mit der Ggw. von $O_2$ im Graphitgitter verbunden werden. Schon bei geringen Drücken entstehen auf Grund der Oberflächen-Rkk. Prodd. (z. B. CO u. $CO_2$), die adsorbiert werden u. eine weitere Graphitoxydation inhibieren, ungeachtet eines $O_2$-Überschusses in der Gasphase. M. Bülow 176◇

*0394* **Molekularstatistische Berechnung der spezifischen Wärme von an Graphit adsorbiertem Argon und Benzol.** A. W. Kisselew und D. P. Poschkuss. (J. physik. Chem. [UdSSR] **37**, 1504—09, 1963; Moskau, Akad. der Wiss. der UdSSR, Physikal.-Chem. Inst. u. Akad. der Wiss. der Litau-SSR, Chem. u. chem.-Technolog. Inst.; russ., Auszug: engl.) — Vf. berechnet molekularstatist. die differentielle molare spezif. Wärme von isolierten, an gleichartigen Basisflächen von Graphit adsorbierten Ar- u. Bzl.-Molekülen. Die Werte der spezif. Wärme von einatomigem Argon, die für verschiedene Kraft-Konst. der Bewegungshinderung der Moll. an der Oberfläche für lokalisierte u. nicht lokalisierte Adsorption berechnet wurden, überschneiden sich nicht, was zu eindeutigen Best. des Adsorptionszustandes aus empir. bei kleinen Oberflächenbedeckungen ermittelten Werten dienen kann. A. Kumm 176◇

*0395* **Strömen adsorbierbarer Gase und Dämpfe in einem mikroporösen Medium. 1. Mitt. Einzelne Sorbate.** R. Ash, R. M. Barrer und C. G. Pope. (Proc. Roy. Soc. [London], Ser. A **271**, 1—18, 1963; London, Imp. Coll., Chem. Dep., Phys. chem. Labor.; engl.) — Es wird über Adsorptions- u. Strömungsmessungen an einer mikroporösen Membran aus verfestigter Gassorptionskohle hoher spezif. Oberfläche berichtet. Bei verschiedenen Temp. zwischen —196° u. —10° sowie bei unterschiedlichen Drücken wurden $SO_2$, $CO_2$, $N_2$, *Ar* u. *He* untersucht. Aus den Durchlaß-Geschw. im Gleichgewichtszustand geht hervor, daß bei den Temp. des fl. $O_2$ u. fl. $N_2$ das Fließen des adsorbierten Films bei $SO_2$, $CO_2$, $N_2$ u. Ar den Fließvorgang bestimmt. Für $N_2$ ist selbst bei 190° K die über die adsorbierte Phase transportierte Gasmenge größer als die über die Gasphase transportierte Menge. Aus den Ergebnissen wurden für $SO_2$, $CO_2$ u. $N_2$ charakterist. Beziehungen für die Oberflächendiffusions-Koeff. ermittelt. Dabei wurden die Porenstruktur, der Bedeckungsgrad der Oberfläche sowie die Zeitgesetze für den Übergang in den Dampfzustand berücksichtigt. D. Noack 176◇

*0396* **Strömen adsorbierbarer Gase und Dämpfe in einem mikroporösen Medium. 2. Mitt. Binäre Mischungen.** R. Ash, R. M. Barrer und C. G. Pope. (Proc. Roy. Soc. [London], Ser. A **271**, 19—33, 1963; engl.) — 1. vgl. vorst. Referat. — Unter Verw. der l. c. beschriebenen Aktivkohle-Membran werden die bin. Gasmischungen $H_2 + SO_2$, $N_2 + CO_2$, $Ne + CO_2$ u. $Ar + N_2$ durch Diffusion fraktioniert. Der Wirkungsgrad des Trennungsprozesses ändert sich mit den Unterschieden in der Kondensierbarkeit der Gaspaare bei den verschiedenen Partialdrücken. Bei den weniger flüchtigen Komponenten erfolgt der Transport über die auf der Oberfläche adsorbierte Gasmenge, folglich besteht für die Trennungsfaktoren keine Beziehung zu den Diffusions-Geschw. in der Gasphase. Die Blockierung des über die Gasphase erfolgenden Fließvorganges durch die adsorbierte Phase wird quant. untersucht. Diese Blockierung kann so bedeutend sein, daß die Membran für die nichtadsorbierte Komponente ($H_2$) undurchlässig wird, während der Durchtritt der sorbierten Komponente ($SO_2$) ungehindert erfolgt. Für die Gasmischungen $N_2 + CO_2$ u. $Ne + CO_2$ wurden ebenfalls hohe Trennfaktoren ermittelt. Im Falle von $Ar + N_2$ ist die Trennung weniger effektiv, weil beide Komponenten in vergleichbaren Mengen adsorbiert werden. D. Noack 176◇

*0397* **Adsorption von Gasen und Gasmischungen. 3. Mitt. Untersuchung der Adsorptionsgleichgewichte von binären Gasgemischen.** L. Szepesy und V. Illés. (Acta chim. Acad. Sci. hung. **35**, 245—54, 1963; Veszprem, Hung. Petroleum and Gas Res. Inst.; engl.) — 2. vgl. Acta chim. Acad. Sci. hung. **35**, [1963], 53. — Vff. untersuchen die Adsorption von Gemischen aus $CH_4/C_2H_4$, $CH_4/C_2H_5$, $C_2H_4/C_2H_6$, $C_2H_6/C_3H_8$, $C_2H_4/C_3H_6$, $C_3H_8/C_3H_6$, $C_3H_8/C_4H_{10}$, $CO_2/C_2H_4$, $H_2/CH_4/C_2H_6$ u. $H_2/C_2H_4/C_2H_6$ bei 20° u. von $C_2H_4/C_2H_6$ sowie $C_2H_6/C_3H_8$ bei 60° an Aktivkohle Nuxit-AL. Die adsorbierten Mengen, die Zus. der Gas- u. Adsorptionsphase sowie die Trennungsfaktoren sind tabellar. angegeben. D. Hoene 176◇

*0398* **Untersuchung des Dampf–Kohle-Komplexes.** D. D. Singh, Sat Parkash und Balwant Rai Puri. (Chem. and Ind. **1959**, 18; Hoshiarpur, India, Panjab Univ., Dep. of Chem.; engl.) — Über 10 g aschefreie, bei 1200° entgaste Kohle aus Cocosnußschalen wurde überhitzter Wasserdampf 2—16 Std. lang bei Temp. zwischen 200 u. 1200° geleitet; darauf wurde die Kohle bei 1200° im Vakuum entgast u. die abgegebenen Gase ($H_2O$, CO u. $CO_2$; kein $H_2$) wurden bestimmt. In allen Fällen wird die Kohle von einer monomol. Wasserschicht bedeckt. Optimale Bedingungen zur Fixierung von Sauerstoff: 4 Std. bei 400°, hierbei werden 42,54 mg CO u. 58,74 mg $CO_2$/g Kohle gefunden. In Ggw. von Wasserdampf ist der Kohle–CO-Komplex weniger stabil als der Kohle-$CO_2$-Komplex; bei Temp. > 400° sowie bei 8 std. Rk. bei 400° verschwindet der CO-Komplex, während der $CO_2$-Komplex sein Maximum mit 60,59 mg $CO_2$/g Kohle nach 16 std. Rk. bei 400° erreicht. Die Behandlung mit überhitztem Wasserdampf gestattet somit die Herst. CO-freier Kohlen sowie ausschließlich mit $CO_2$-Komplex bedeckter Kohlen bei 400°. M. Schenk 176◇

*0399* **Infrarot- und volumetrische Ergebnisse zur Adsorption von Ammoniak, Wasser und anderen Gasen an aktiviertem Eisen(III)-oxid.** George Blyholder und Edwin A. Richardson. (J. physic. Chem. **66**, 2597—2602, 1962; Washington, D.C., Nat. Bur. of Stand.; engl.) — Vff. untersuchen die Chemisorption von gasförmigem $NH_3$, $H_2O$, $H_2S$, $C_2H_5OH$ u. $(C_2H_5)_2O$ an aktiviertem $\alpha$-$Fe_2O_3$ u. nehmen die IR-Spektren im Bereich 3—13 $\mu$ auf. W. chemisorbiert durch Dissoziation in $OH^-$ u. $H^+$, wobei das Proton mit einem $O^{2-}$-Ion der Katalysatoroberfläche unter Bldg. eines weiteren $OH^-$ reagiert. $NH_3$ dissoziiert nicht, nimmt aber die gleichen Oberflächenplätze wie W. ein. Die durch Ion-Dipol-Wechselwrkg. (zwischen $NH_3$ u. $Fe^{3+}$) u. H-Bindungen bestimmte Chemisorptionswärme wurde durch Gleichgewichtsmessungen bei 200—350° zu 11,5 kcal/Mol bestimmt. Die Bldg. von $NH_4^+$ erfolgt nur in Ggw. von physikal. adsorbiertem W. u. $HNO_3$, die Anwesenheit von $NH_3$ u. $OH^-$ (aus chemisorbiertem W. stammend) genügt nicht. IR-Banden von physikal. u. chem. adsorbiertem $NH_3$ zeigen keine Überlagerung von Rotationsstrukturen auf die Schwingungsbanden. $N_2$, $O_2$, $H_2$, $CO$, $SO_2$, $Cl_2$, $C_2H_6$ u. $C_2H_4$ chemisorbieren bei 25° nicht an aktiviertem $\alpha$-$Fe_2O_3$. W. Sobieski 176◇

*0400* **Dünnschichtchromatographie.** A. A. Achrem und A. I. Kusnetzowa. (Fortschr. Chem. [UdSSR] **32**, 823—59, 1963; Zelinsky-Inst. für organ. Chem. der Akad. der Wiss. der UdSSR; russ.) — Übersicht über Adsorbentien u. Entwickler, Beispiele für die Trennung der Terpenoide, 2.4-Dinitrophenylhydrazone, Steroide, Glykoside, Lipide, KW-Stoffe, Polyhydroxyverbb., Cumarine u. Flavonoide, Carotine, Vitamine, Autoxydantien, Insekticide, Aminosäuren, Amine, Peptide, Nucleotide, Alkaloide, Pteridine, Heterocyclen. — 168 Literaturangaben. Ch. Weiske 177◇

*0401* **Flüssigkeitschromatographie bei hohen Temperaturen.** T. D. Ssemenowskaja, W. T. Awgul und K. W. Tschmutow. (J. physik. Chem. [UdSSR] **37**, 1160—62, 1963; Akad. der Wiss. der UdSSR, Inst. für phys. Chem.; russ.) — Untersucht wird der Diffusions-Koeff. des $Ni^{2+}$-Ions an einem mit $H^+$-Ionen beschicktem Kationenaustauscher KU-2 bei verschiedenen Temperaturen. Für 20, 95 u. 200° ergeben sich die Werte $1,0 \cdot 10^{-4}$; $7,0 \cdot 10^{-4}$ u. $1,5 \cdot 10^{-3}$ cm²/s. P. Kadach 177◇

*0402* **Chromatographische Methode zur Bestimmung der Trennungskoeffizienten verwandter Substanzen.** D. A. Knjasew. (J. physik. Chem. [UdSSR] **37**, 1190—93, 1963; Moskau, Chem.-technol. Mendelejew-Inst.; russ., Auszug: engl.) — Vff. entwickelt Gleichungen zur Best. der Trennungsfaktoren verwandter Verbb. aus chromatograph. Messungen. P. Kadach 177◇

*0403* **Die Verteilung von Säuren, Wasser und Butanol-(1) auf Chromatogrammen bei absteigender Entwicklung.** E. C. Martin. (J. Chromatogr. [Amsterdam] **10**, 347—53, 1963; Sidney, Univ. of New South Wales, School of Chem.; engl.) — Vgl. C. **1962**, 13142. — Für die Höhe der Adsorptionsfront wird die Adsorption von Hydroniumionen an der Cellulose verantwortlich gemacht. Der Vorgang kann durch die Langmuirsche Isotherme beschrieben werden. Die $R_F$-Werte steigen in der Reihe der dem Laufmittel zugesetzten Säuren an: Weinsäure, HCl, HBr, $HNO_3$, $HClO_4$, Essigsäure. F. M. Friedrich-Andersеck 177◇

*0404* **Schnellmethode zur titrimetrischen Bestimmung der Kapazität von Anionenaustauschern.** N. G. Poljanski und M. A. Schaburow. (J. analyt. Chem. [UdSSR] **18**, 304—09, 1963; Nowokuibyschew, Abt. des Forsch.-Inst. für synthet. Alkohole u. organ. Prodd.; russ., Auszug: engl.) — Eine exakte Best. der Gesamtaustauscherkapazität (GAK) stark bas. Anionite gelingt durch Behandlung des Austauscherharzes mit einem Überschuß an 0,1n HCl, Filtration u. alkalimetr. Titration der freien Säure im aliquoten Teil des Filtrates. Vff. schlagen eine Schnellmeth. vor, bei der die Titration ohne Filtration in Ggw. des Anioniten erfolgt. Bei Anwendung der Meth. auf polyfunktionelle oder schwach bas. Anionite wird die stat. Austauschkapazität erfaßt, die ca. 80% der GAK beträgt. Zur getrennten Best. der stark u. schwach bas. Gruppen in Anioniten werden die OH-Gruppen der stark bas. Gruppen durch ein Neutralsalz verdrängt. Die Meth. kann bes. für die Kontrolle solcher Anionite verwendet werden, die eine partielle Abnahme ihrer Wirksamkeit zeigen. H.-P. Pietsch 177◇

*0405* **Molekularsiebe mit farbiger Indizierung des Wassergehaltes.** M. Rálek, P. Jírů, O. Grubner und H. Beyer. (Collect. czechoslov. chem. Commun. **27**, 142—46, 1962; Prag, Tschechoslow. Akad. der Wiss., Inst. für phys. Chem.; dt.) — Herst. u. Eigg. von Molekularsieben vom A-Typ mit verschiedenem Geh. an $Ag^+$-Ionen werden beschrieben. Röntgenograph. wurde festgestellt, daß die Kristallgitter des Ausgangsstoffes — eines Molekularsiebes vom Na-A-Typ der Brutto-Zus. $Na_2O \cdot Al_2O_3 \cdot 2\,SiO_2$ — durch den Ionenaustausch $Na^+$-$Ag^+$ nicht verändert wurde. Die Ag-A-Siebe besitzen in wasserfreiem Zustand nach der Aktivierung eine satt gelbrote Farbe. Im Intervall der Wasserdampf-Gleichgewichtsdrücke $(3-5) \cdot 10^{-2}$ Torr geht diese Farbe in Hellgelb u. im Intervall $(0,8-1) \cdot 10^{-1}$ Torr über Rosa in Grauweiß über. Die Sorptionskapazität der Ag-A-Siebe nimmt geringfügig mit zunehmendem Geh. an voluminöseren $Ag^+$-Ionen ab. Es wird vorgeschlagen, Ag-A-Molekularsiebe als Indicatoren geringer Spuren $[(4-7) \cdot 10^{-3}\%]$ von Wasserdampf zu benutzen. I. Frič/Prag 177

*0406* **Über den Einfluß der Ladungsverhältnisse auf das Kaliumfestlegungsvermögen dioktaedrischer Schichtsilicate.** H. Graf von Reichenbach. (Z. Pflanzenernähr., Düng., Bodenkunde **102**, 227—40, 1963; Kiel, Univ., Inst. für Pflanzenernährung u. Bodenk.; dt.) — Wird *Muskovit* bei 300° mit *$LiNO_3$*-Schmelze behandelt, so werden Rk.-Prodd. erhalten, bei denen in Abhängigkeit von der Rk.-Zeit die K-Geh. zwischen 217,5 u. 110,3 (mVal/100 g), die Austauschkapazität zwischen 3,7 u. 72,8, die Gesamtladung zwischen 242,8 u. 195,7 u. die Ladungsdichte zwischen $1,0 \cdot 10^5$ u. $5,95 \cdot 10^4$ e.s.E./cm² variiert. Das K-Festlegungsvermögen der Rk.-Prodd. wurde bei gestaffelten K-Angeboten untersucht u. die Beziehung zwischen festgelegten K-Mengen u. den Ladungsverhältnissen analysiert. Die Höhe der bei trockener Behandlung festgelegten K-Mengen wird bei gleichbleibenden K-Angeboten weitgehend durch die maximale Festlegungskapazität der Minerale bestimmt, sie entspricht der durch die $LiNO_3$-Behandlung hervorgerufenen Zunahme der Austauschkapazität. Bei feuchter Behandlung wirkt sich außer der Festlegungskapazität ein Intensitätsfaktor auf die K-Festlegung aus. Die Festlegungskapazität nimmt mit abnehmender Ladungsdichte im K-freien Zwischenschichtbereich der Minerale ab. Die Abnahme erfolgt sprunghaft bei Überschreiten einer Ladungsdichte von $6,2 \cdot 10^4$. Ernst Schulte 177◇

*0407* **Titration von H-Al-Bentonit mit Tetraalkylammoniumbasen.** J. M. Spain und Joe L. White. (Proc. Soil Sci. Soc. America **25**, 480—83, 1961; North Carolina, State Coll.; Lima, P.C.E.A. Edificio Ministerio de Travajo; engl.) — Durch konduktometr. Titration von sauren Tonen mit Tetramethyl- u. Tetraäthylammoniumhydroxid konnte gezeigt werden, daß die konventionelle Titrations-Meth. falsche Ergebnisse liefert. Die Einstellung eines konst. Widerstandes kann einige Std. betragen, was auf die Differenz der Diffusions-Geschw. der einzelnen Kationen im Ton zurückgeführt wird. Eine verbesserte Titrations-Meth. wird angegeben. K. Strenge 177◇

*0408* **Diffusion von Ionen in Bentonit und Vermiculit.** T. M. Lai und M. M. Mortland. (Proc. Soil Sci. Soc. America **25**, 353—57, 1961; East Lansing, Mich., Agr. Exp. Stat., Dep. of Soil Sci.; engl.) — Die Diffusion von 5 Ionen in drei verschiedene homoion. Bentonitgelen gehorcht dem Fickschen Gesetz mit den bes. Grenzbedingungen für die Diffusion in Festkörpern. Die Diffusions-Koeff. folgen der Reihe $SO_4^{2-} > Na^+ > Rb^+ > Ca^{2+} > Cs^+$ für alle drei Gele. Der Effekt austauschbarer Kationen auf den Diffusions-Koeff. des diffundierenden Ions in das Gel folgt der Reihe $K^+ > Na^+ > Li^+$. Der Einfl. des austauschbaren Kations auf die Aktivierungsenergie u. den Abstand zwischen den aufeinanderfolgenden Absorptionsstellen des diffundierenden Kations ist $Li^+ > Na^+ > K^+$. $Cs^+$ diffundiert in Cs-Vermiculit, aber nicht in Na-Vermiculit. Die Beweglichkeit von $SO_4^{2-}$ ist bei niedrigen Ton-Konzz. größer als in reinem Wasser. Bei steigender Ton-Konz. stieg die Diffusions-Geschw. von $SO_4^{2-}$ schneller als die von austauschbarem $Na^+$. DieFaktoren, die die Diffusion von Ionen in Tongelen beeinflussen, werden diskutiert. K. Huste 177◇

*0409* **Das scheinbare Quellverhalten einiger schwach dispergierter Bentonite.** Myron B. Rollins, Merrill J. Hallam und Victor I. Myers. (Proc. Soil Sci. Soc. America **25**, 407—09, 1961; Brigham Young, Nev., Agr. Exp. Stat. Co., Soil and Water Conservation Res. Div., ARS, USDA u. Univ.; engl.) — Die Quell-Geschw. einiger dispergierter Bentonite wurde untersucht. Die Bentonitmicellen wurden durch Zentrifugieren von dem anhaftenden W. befreit u. ihr hydratisiertes Vol. gemessen. 7 von 8 Proben zeigten eine fortdauernde Quellung, obwohl der Maximalwert schon nach 15 Min. fast erreicht war. Bei einigen Bentoniten wurde das maximale Vol. erst nach 3—21 Tagen erreicht. K. Huste 178◇

*0410* **Experimentelle Untersuchung über das Gefrieren von Wassertröpfchen und Tröpfchen wässeriger Lösungen, in besonderem Hinblick auf den Einfluß des gelösten Stoffes.** Y. Uzu, I. Sano und Y. Fujitani. (J. Colloid Sci. **18**, 697 bis 704, 1963; Nagoya, Japan, Nagoya Univ., Fac. of Sci., Chem. Inst.; engl.) — Bei kleinen Wassertröpfchen liegt die Unterkühlungs-Temp. (Gefrier-Temp.) T bei ca. —10°. Dies erklärt sich aus der geringeren Wahrscheinlichkeit der Verunreinigung der kleinen Tropfen durch Keimbildner. Vff. untersuchten die Abhängigkeit von T 5 μm großer Tröpfchen von der Konz. verschiedenwertiger Elektrolyte. Die höchsten T-Werte lagen für 1:1-Elektrolyte (NaCl, NaBr, NaJ, KCl, KBr, KJ) bei $10^{-4}$ bis $10^{-5}$n Lsgg., für 1:2- u. 2:1-Elektrolyte ($K_2SO_4$, $BaCl_2$, $BaBr_2$, $BaJ_2$) bei $10^{-6}$n u. für 1:3 u. 3:1-Elektrolyte ($K_3PO_4$, $AlCl_3$, $AlBr_3$, $AlJ_3$) bei $10^{-8}$n. Die Ergebnisse stimmen mit Angaben anderer Vff. überein. Die Vers.-App. (Aerosolkammer mit heißem Pt-Draht) wird ausführlich beschrieben. K. Strenge 180◇

## $A_6$. Strukturforschung

*0411* **Quantikeltheorie der chemischen Bindung.** Kasimir Fajans. (Rev. Sci. quím. México **7**, 7–28, 1963; Ann Arbor, Mich., Univ. of Michigan; span. – C. **1963**, 1576.) A. Blaschette 182◇

*0412* **Weitere Betrachtungen der Eigenschaften der π-Elektronen von Graphit.** T. E. Peacock. (Proc. Vth Conf. Carbon, University Park, Pa., 1961 **1**, 8–12, 1962; London, King's Coll., Chem. Dep.; engl.) – Beschrieben wird ein zweidimensionales π-Elektronenbandmodell für Graphit. Die Ladungsträgerdichte u. die effektive Masse des Ladungsträgers bei Zimmer-Temp. wurden auf Grund dieses Modelles aus der Dichte der Zustandskurven berechnet. Es zeigt sich, daß das zweidimensionale Modell die Eigg. der Elektronen des obersten besetzten Energiebandes sehr gut beschreiben kann. K. Jaeger 182◇

*0413* **Die Beziehung zwischen den Atomradien in dichtgepackten und kubischraumzentrierten Strukturen.** Jerry Donohue. (J. Amer. chem. Soc. **85**, 1238–40, 1963; Los Angeles, Calif., Univ. of Southern California, Dep. of Chem.; engl.) – Mit Hilfe aus der Literatur entnommener Gitter-Konst. wurden die Atomradien für die Koordinationszahlen 8 u. 12, R (8) u. R (12), von *He-3, He-4, Li, Na, Ca, Sr, La, Ce, Pr, Nd, Yb, Tl, Ti, Zr, Th, Mn, Fe* berechnet. Die Beziehung R (1)–R (n) = 0,300 log n (Pauling [1947]), gibt die Atomabstände nur unzureichend wieder. Unter der Annahme eines beim Phasenübergang konst. bleibenden Vol. gilt R (12) = 1,029 R (8) in besserer Übereinstimmung mit den gefundenen Werten. – 33 Literaturangaben. R. Uttech 182◇

*0414* **Momente des Frequenzspektrums und thermodynamische Funktionen von Kristallen mit Defekten.** Otto Litzman. (Czechoslov. J. Physics **9**, 692–700, 1959; Brno, Univ., Natural Sci. Fac., Inst. of Theor. Phys.; engl.) – Die von dem Vf. früher (vgl. C. **1960**, 12255 u. früher) ausgearbeitete Meth. zur Berechnung der Schwingungsfrequenzen eines gestörten Kristallgitters wurde mit der „Meth. des Konturintegrals" kombiniert, um die additiven Funktionen der Frequenzen zu berechnen. Hiermit erhält man eine Gleichung, mit der man die Änderungen berechnen kann, die durch einen Defekt in den geraden Momenten des Frequenzspektrums verursacht werden, u. zwar ohne das Spektrum des gestörten oder ungestörten Kristalls zu kennen. Mit Hilfe dieser Änderungen in den Momenten lassen sich die Änderungen der thermodynam. Funktionen u. der spezif. Wärme angenähert berechnen. Vf. berechnete weiterhin die Änderung im Frequenzspektrum einer einatomigen Kette, die durch ein fremdes Atom verursacht wird, wobei er sich auf den Isotopeneffekt beschränkt. C. Gottfried 190△

*0415* **Die elektrostatische Gitterenergie von Tetraedern aus alternierend angeordneten gleichnamig geladenen dreieckigen Netzebenen (Würfeleck-Schicht-Tetraeder).** Otto Emersleben. (W. Z. Ernst-Moritz-Arndt-Univ. Greifswald, math.-naturwiss. R. **10**, 31–45, 1961; Greifswald, Ernst-Moritz-Arndt-Univ., Inst. für angew. Math.; dt.) – Das ungleichmäßig neutrale Gitter u. das schrittweise alternierende nichtneutrale Tetraedergitter werden beschrieben u. das Selbstpotential der Würfelecktetraeder berechnet. Anwendungsbeispiele für den Einsatz der Selbstpotentiale derartiger Schichtgitter werden gegeben. Ernst Schulte 190◇

*0416* **Kristallmorphologie von Schneeflocken.** I. I. Schafranowski. (Hochschulnachr. [Moskau], Geol. Schürfung **6**, 62–69, 1963; Leningrad, Berg-Inst.; russ.) – Da Schneeflocken typ. kristallograph. Skelette bilden u. diese mit Hilfe der bekannten einfachen Kristallformen nicht beschrieben werden können, wurde der Vers. unternommen, mittels flächenhafter Ornamente u. verschiedener Grundtypen spitzer u. rippiger Formen eine kristallograph. Beschreibung der Schneeflocken zu ermöglichen. H. Kelch 190◇

*0417* **Methoden zur Herstellung von Eis bestimmter Struktur.** B. A. Ssawljew und A. Je. Gulikow. (Nachr. Moskauer Univ., Ser. IV **18**, Nr. 3, 55–67, 1963; Moskau, Lehrst. für das Verh. von Dauerfrostboden; russ.) – Polykristalline Eischargen werden auf verschiedenen Wegen u. aus verschiedenen Materialien (z. B. Meerwasser) hergestellt, Gefügediagramme angefertigt sowie Dichtemessungen durchgeführt. M. Hähnert 190◇

*0418* **Bemerkungen zur Theorie der Kristallisation aus der Schmelze und zur Entstehung wachstumsbedingter Kristallbaufehler.** H. Peibst. (Physica Status solidi [Berlin] **3**, K 171–K 174, 1963; Berlin, Humboldt-Univ., Inst. für Miner.; dt.) H. Roschkowski 190◇

*0419* **Reinigung, Einkristallwachstum und ausgewählte Eigenschaften von $MgF_2$.** William D. Scott. (J. Amer. ceram. Soc. **45**, 586–87, 1962; Berkeley, Calif., Univ. of California, Lawrence Rad. Labor., Inorg. Mater. Res. Div., Dep. of Min. Technol., Ceram. Labor.; engl.) – $MgF_2$-Kristalle von ca. 200 g wurden nach einer modifizierten Bridgman-Stockbarger-Meth. gezüchtet. Das Ausgangsmaterial wurde durch Vakuumverdampfung gereinigt. Die spektrale Durchlässigkeit wurde gemessen. Gegenüber $CaF_2$ ist $MgF_2$ im IR etwas weniger durchlässig u. etwa gleich durchlässig im UV. Die Werte des Bruchspannungsmoduls für verschiedene Orientierungen wurden erhalten, plast. Fließen konnte nicht beobachtet werden. J. Heinze 190◇

*0420* **Wachstum von GaAs aus der Dampfphase in polarer Richtung.** Takasi Okada. (Jap. J. appl. Physics **2**, 206–11, 1963; Kawasaki, Nippon Electr. Co. Ltd., Fund. Res. Labor.; engl.) – Unter Verw. von $J_2$ als Trägergas wurde Kristallwachstum von GaAs (I) u. Ge (II) auf den {1 1 1}-Flächen von I- u. II-Einkristallen beobachtet. I wächst epitakt. auf der Ga (1 1 1-)Fläche u. nicht auf der As ($\bar{1}\,\bar{1}\,\bar{1}$)-Fläche, während aus der Schmelze die besten Kristalle auf den As ($\bar{1}\,\bar{1}\,\bar{1}$)-Flächen wachsen. II wächst epitakt. auf den Ga (1 1 1)- u. As ($\bar{1}\,\bar{1}\,\bar{1}$)-Flächen, I auf den Ge (1 1 1)-Flächen, wobei die Wachstumsrichtung der ⟨1 1 1⟩-Achse von I entspricht. Auf den Ge (1 1 1)-Flächen wächst I zuweilen lokal in der ⟨$\bar{1}\,\bar{1}\,\bar{1}$⟩-Richtung, jedoch verschwinden diese Bezirke mit fortschreitendem Wachstum. Eine mögliche Erklärung dieser Phänomene wird diskutiert. Ernst Schulte 190◇

*0421* **Einige strukturelle Eigenheiten von Indiumantimonid-Dendriten.** M. Ja. Daschewski und M. Ss. Mirgalowskaja. (Ber. Akad. Wiss. UdSSR **150**, 297–300, 1963; Baikow-Inst. für Metallurg.; russ.) – Dendrite von Indiumantimonid, welche vertikal aus einer um 7–10° unterkühlten Schmelze mit einer Geschw. von 4–6 cm/Min. gezogen werden, sind nach [2 1 1] orientiert. Innerhalb der Fläche (1 1 1) in Verbb. des Typs $A^{III}B^{V}$ werden 2 geometr. Flächen ausgebildet, wobei eine von ihnen aus Atomen von $A^{III}$, die andere aus Atomen des Elements $B^{V}$ besteht. Nach geometr. Unterss. ist zu schließen, daß nur verzwillingte Flächen Dendrite von Verbb. $A^{III}B^{V}$ enthalten können. Für die Ausbildung verzwillingter Flächen unterscheiden Vff. 3 Strukturtypen. – 13 Literaturangaben. W.-D. Heußner 190◇

*0422* **Einfluß der Diffusion auf den Prozeß der gemeinsamen Kristallisation isomorpher Salze.** L. N. Matussewitsch. (J. anorg. Chem. [UdSSR] **6**, 1020–27, 1961; Uraler polytechn. Kirow-Inst.; russ.) – Bei der theoret. Betrachtung der Prozesse gemeinsamer Kristallisation isomorpher u. isodimorpher Salze wird eine Abhängigkeit der Reinheit der Kristalle von der Diffusions-Geschw. der Mikro- u. Makrokomponenten in der Lsg. festgestellt. Folgende Verss. wurden durchgeführt: $NH_4Al(SO_4)_2 \cdot 12\,H_2O$ wird in Ggw. des isomorphen $NH_4Fe(SO_4)_2 \cdot 12\,H_2O$ bei Rühr-Geschw. von 0,6–180 U/min. auskristallisiert. Mit steigender Rührgeschw. nimmt der $Fe^{3+}$-Geh. im Kristall ab. Der Verteilungs-Koeff. D der Salze (D = Konz. in fester Phase/Konz. in Lsg.) ist $< 1$; 0,022 bei 50°, 0,086 bei 20°. Bei Kristallisation von $CuSO_4 \cdot 5\,H_2O$ in Ggw. des isodimorphen $FeSO_4 \cdot 7\,H_2O$ wird die gleiche Tendenz festgestellt. D = 0,11 bei 40° u. 0,084 bei 20°. Wird Bleinitrat mit dem isomorphen Bariumnitrat auskrist., so wird Anreicherung des $Ba^{2+}$ mit steigender Rühr-Geschw. gefunden. D = 2,47 bei 25° u. 2,83 bei 100°. Daraus folgt allgemein: Mit zunehmender Diffusions-Geschw. wird sowohl bei isomorphen als auch bei isodimorphen Zusätzen deren Geh. im Kristall verringert, wenn $D < 1$. Ist $D > 1$, so wird der umgekehrte Effekt beobachtet. R. Teichmann 190◇

*0423* **Die Kinetik der Ausscheidung von Verunreinigungen an Versetzungen. Theorie des geringen Driftfließens.** R. Bullough und R. C. Newman. (Philos. Mag. [8] **6**, 403–17, 1961; Aldermaston, Assoc. Electr. Ind., Res. Labor.; engl.) – Unter Annahme eines Kristalls, der anfänglich eine gleichförmige Konz. an Verunreinigungen enthält, untersuchten Vff. theoret. die Kinetik der Wanderung der Verunreinigungen, die nach früheren Unterss. der Vff. (vgl.

C. **1959,** 16241) durch Diffusion u. Driftfließen bestimmt wird. Bei der allg. Lösung der Differentialgleichungen, die die Wanderung von Verunreinigungen nahe einer Versetzung wiedergeben, wurde das Diffusionsfließen berücksichtigt, während zur Berücksichtigung des Beitrages des geringen Driftfließens eine Störungs-Meth. angewandt wurde. Die innerhalb der Gültigkeit der Störungsanalyse erhaltenen numer. Ergebnisse wurden zur Diskussion der aus der Literatur bekannten Alterung der C- u. N-Verteilung in Fe verwendet.
C. Gottfried 190

*0424* **Die mikroskopische Struktur von Pyrographit.** G. Susich und L. M. Dogliotti. (Proc. Vth Conf. Carbon, University Park, Pa., 1961 **2,** 467—70, 1963; Natick, Mass., Quartermaster Res. and Engng. Center, Pioneering Res. Div.; engl.) — Die mkr. Unters. wurde an Schnitten einer mit $CrO_3$ geätzten Pyrographitplatte durchgeführt. Er besteht aus kon. Faserbündeln, deren Größe verschieden sein kann. Die Struktur von Pyrographit zeigt einige Analogien zur Struktur von pyrolyt. Graphitwhiskern. Ernst Schulte 190◇

*0425* **Einige Effekte beim Anlassen von pyrolytischem Graphit.** J. T. Meers. (Proc. Vth Conf. Carbon, University Park, Pa. 1961 **2,** 461—65, 1963; Parma, Ohio, Div. of Union Carbide Corp., Res. Labor. of Nat. Carbon Comp.; engl.) — Die Struktur des pyrolyt. Graphits ist von den Abscheidungsbedingungen u. von der nachfolgenden therm. Behandlung abhängig. Faktoren, wie die diamagnet. Suszeptibilität, elektr. Widerstände u. einige mechan. Eigg. als Funktion der Temp. sind in Abb. dargestellt. Soweit es möglich ist, werden Änderungen dieser Parameter als Folge von Ausheilvorgängen in Beziehung gesetzt. Ernst Schulte 190◇

*0426* **Messung der gespeicherten Energie von NaCl nach Reaktorbestrahlung.** Norbert Hennen. (Z. angew. Physik **15,** 48—54, 1963; München, TH, Labor. für techn. Phys.; dt.) — Vf. berichtet über Messungen an *NaCl*-Einkristallen, die im Temp.-Bereich 70—90° einer Reaktorbestrahlung ausgesetzt worden waren. Die Zunahme der inneren Energie ergab sich als Differenz der Lösungswärme vor u. nach der Bestrahlung. Die gespeicherte Energie als Funktion der Dosis gibt einen deutlich trennbaren Kurvenverlauf in 3 Stufen mit einem Sättigungswert von 1,1 cal/g NaCl nach einer Dosis von $2{,}4 \cdot 10^{18}$ schnellen Neutronen/cm². Der Einfl. der $\gamma$-Bestrahlung u. ein möglicher Mechanismus der Stufenspeicherung wird diskutiert u. die induzierte Defekt-Konz. abgeschätzt. Aus der Unters. der isothermen Erholung der Strahlenschäden ergibt sich eine Rk. 1. Ordnung u. für den Temp.-Bereich 160 bis 203° eine Aktivierungsenergie von 1,18 eV. Die Meßergebnisse werden ferner im Zusammenhang mit isochromer Erholung, opt. Bleicheffekten, Einfl. der Korngröße des Salzes u. Dosisabhängigkeit diskutiert. W. Sobieski 190◇

*0427* **Elektronenmikroskopische Beobachtung der Versetzungen in Talk.** S. Amelinckx und P. Delavignette. (J. appl. Physics **32,** 341—51, 1961; Mol-Donk, Belgique, C.E.N.; engl.) — Die Versetzungen in Talk bestehen aus partiellen Versetzungen, die voneinander durch Baufehlerbänder getrennt sind. Diese Erscheinung wird aus der Struktur des Talkes erklärt. Aus der Gleichgewichtsbedingung der vier partiellen Versetzungen kann die Baufehlerenergie berechnet werden. Beobachtet werden kompliziertere Netze, die durch Wechselwrkg. der Baufehlerbänder gebildet werden.
K. Jaeger 190◇

*0428* **Fehlstellenverteilung in plastisch verformtem Magnesiumoxid.** G. W. Groves und A. Kelly. (Proc. Roy. Soc. [London], Ser. A **275,** 233—44, 1963; Univ. of Cambridge, Dep. of Metallurg.; engl.) — Vgl. C. **1963,** 1186. — Mit Hilfe von Ätz-Meth. u. elektronenmkr. Unterss. konnte die Fehlstellenverteilung in plast. verformtem MgO ermittelt werden. Während des Dünnschleifens der Kristalle treten in gewissem Maße Rückordnungen der Fehlstellen auf. Die Gleitbänder-Fehlstellenstruktur der deformierten Kristalle ist im Bereich 80—800° K qual. ähnlich. Die vorherrschenden Erscheinungsformen sind Fehlstellenschleifen auf den Gleitbändern. Ein Mechanismus für die Schleifen-Bldg. wird vorgeschlagen.
Ernst Schulte 190◇

*0429* **Durch Druck induzierte Stapelfehler in Zinksulfidkristallen.** L. T. Chadderton, A. G. Fitzgerald und A. D. Yoffe. (J. Physics Chem. Solids **24,** 592—93, 3 Tafeln, 1963; Cambridge, Cavendish Labor., Phys. and Chem. of Solids; engl.) — *Wurtzit*-Einkristalle mit geeigneten Dimensionen werden in der von Hall (C. **1963,** 2935) beschriebenen App. bei Raum-Temp. Drücken $\leq 60$ kbar ausgesetzt u. anschließend elektronenmkr. in Durchstrahlung untersucht. Mechan. Kompressionsspannungen rufen in der Basisebene eine ausgedehnte Anordnung von Stapelfehlern hervor, die senkrecht zur c-Achse in (0 0 1)-Ebenen u. in den Ebenen (1 1 0) u. (1 $\bar{2}$ 0) liegen. Herbert Müller 190◇

*0430* **Veränderung von $TiO_2$ im Verlauf der Untersuchung im Elektronenmikroskop.** Jean-Baptiste Donnet, Georges Filosof und Jacqueline Jaeger. (C. R. hebd. Séances Acad. Sci. **255,** 1890—92, 1962; Mulhouse, École Sup. de Chim.; franz.) — Handelsübliche Rutilproben mit einer Teilchengröße von ca. 2000 Å auf einem Objektträgerfilm aus Kohlenstoff ändern während der Beobachtung im Elektronenmikroskop bei einer Beschleunigungsspannung von 100 kV ihre Form u. laufen schließlich zu wesentlich größeren kugelförmigen Teilchen zusammen. F. Lenz 190◇

*0431* **Diffusionskoeffizienten von Verunreinigungen in der Siliciumschmelze.** Hiroshi Kodera. (Jap. J. appl. Physics **2,** 212—19, 1963; Kokubunji, Tokyo, Hitachi Ltd., Central Res. Labor.; engl.) — Si-Einkristalle wurden nach der Meth. von Czochralski mit verschiedener Wachstums-Geschw. hergestellt. Die Segregations-Koeff. der Verunreinigungen sind, wie nach der Theorie zu erwarten, von den Wachstumsbedingungen abhängig. Die Diffusions-Koeff. in der Si-Schmelze wurden für *B, Al, Ga, In, P, As* u. *Sb* bestimmt. Die Diffusions-Koeff. der Elemente der 5. Gruppe steigen in dem Maße an wie der tetraedr. kovalente Atomradius abnimmt. Im Falle der Elemente der 3. Gruppe ist diese Abhängigkeit nicht so klar. Ernst Schulte 190◇

*0432* **Konstanten der reaktiven Diffusion und physikalische Grundparameter für Halbleiterverbindungen des Typs $A^{II}B^{VI}$ und $A^{II}B^{V}$.** N. N. Ssirota und N. N. Koren. (Ber. Akad. Wiss. BelorussSSR **7,** 160—62, 1963; Abt. für Phys. der Festkörper u. Halbleiter der Akad. der Wiss. der BelorussSSR; russ.) — Die für die Syst. *Zn–O, Zn–S, Zn–Se, Zn–Te* u. *Zn–Sb* ermittelten Diffusions-Koeff. bei Temp. zwischen 300—720° sowie die gefundene Abhängigkeit der Aktivierungsenergie der Diffusion vom F. der gebildeten Verbb. werden in einer Übersicht angegeben. W.-D. Heußner 190◇

*0433* **Diffusion von Zinn in Galliumarsenid.** B. Goldstein und H. Keller. (J. appl. Physics **32,** 1180—81, 1961; Princeton, N.J., R.C.A. Labor.; engl.) — Vgl. C. **1961,** 7509. — Aus der Diffusion von $^{113}$Sn wurden $D_0 = 6 \cdot 10^{-4}$ cm²/s u. $E = (2{,}5 \pm 0{,}1)$ eV ermittelt. Aus der Gleichheit der Aktivierungsenergien für Cd, Zn u. Sn sowie aus ihren Acceptor- u. Donator-Eigg. wird geschlossen, daß diese Ga ersetzen u. über einen Substitutionsmechanismus mit derselben Aktivierungsenergie durch das Ga-Gitter diffundieren.
H. Liepack 190◇

*0434* **Untersuchung der Diffusion des Cadmiums in Indiumantimonid mit einer neuen Autoradiographie-Technik.** B. I. Boltaks und W. I. Ssokolow. (Festkörperphysik [UdSSR] **5,** 1077—81, 1963; Leningrad, Akad. der Wiss. der UdSSR, Halbleiter-Inst.; russ.) — Mit Hilfe von Leitisotopen u. photograph. Registrierung werden der Diffusions-Koeff. D u. die Löslichkeit $N_s$ von Cd in InSb zwischen 250 u. 500° gemessen. Es ist $D = 1{,}0 \cdot 10^{-5} \exp(-1{,}1\ \mathrm{eV}/kT)$. $N_s$ zeigt bei 400° ein Maximum von $2{,}5 \cdot 10^{21}$ cm$^{-3}$.
K. Jaeger 190◇

*0435* **Diffusion von Nickel in Einkristallen von Nickeloxid.** Jae Shi Choi und Walter J. Moore. (J. physic. Chem. **66,** 1308—11, 1962; Bloomington, Ind., Indiana Univ., Chem. Labor.; engl.) — Aus NiO-Einkristallen werden 2—2,5 mm dicke Plättchen geschnitten, parallel geschliffen u. mit $^{63}NiCl_2$ an einer Oberfläche imprägniert. Nach dem Diffusionsglühen bei 1000—1470° (5—95 Std.) werden von der $^{63}$Ni-imprägnierten Seite her 10—30 $\mu$ dicke Schichten abgeschliffen, u. die Restaktivität der Oberfläche wird gemessen. Das Ficksche Diffusionsgesetz ist erfüllt; die Temp.-Abhängigkeit des Diffusions-Koeff. wird mit $D = 1{,}83 \cdot 10^{-3} \exp(-45{,}6 \cdot 10^3/RT) \cdot$ cm²/s beschrieben. Die Meßwerte sind von $4 \cdot 10^{-4}$ (Molenbrüchen) dreiwertiger Verunreinigungen bzw. $6 \cdot 10^{-3}$ Co weitgehend unabhängig. Mit einem Diffusionsmechanismus, in dem nach $\frac{1}{2} O_2 + Ni^{2+} \rightarrow O^{2-} + Ni^{3+} + V_{Ni}^{+}$ einfach positiv

geladene Ni-Leerstellen $V_{Ni}^+$ berücksichtigt werden, wird für die Diffusionsenthalpie bei 1500° K $\Delta H^* = 42{,}6$ kcal/Mol u. die Diffusionsentropie $\Delta S^* = -7{,}4$ cal/Grad Mol berechnet.
Herbert Müller 190□

*0436* **Einlagerung von Wasserstoffionen in Kristallen.** Duncan McConnell. (Science [Washington] **141,** 171, 1963; Columbus, Ohio, Ohio State Univ., Coll. of Dentistry; engl.) — Die Protonen in Kristallstrukturen können durch verschiedene räumliche Anordnungen in Beziehung zum Sauerstoffgitter gesetzt werden. In Orthosilicaten (z. B. Hydrogranaten) wurden mit Hilfe indirekter Meth. sog. „tetraedr. Hydroxide" nachgewiesen. Ähnliche Meth., angewandt auf Kehoeit u. Viseit, führen zu der Folgerung, daß $(H_3O_2)^-$-Einheiten im Netzwerk des Analcim auftreten können.
Ernst Schulte 190◇

*0437* **Beeinflussung der Stabilisierung von $ZrO_2$ durch Oxide der Eisengruppe.** Shigeharu Naka und Etsuro Kato. (Rep. Government ind. Res. Inst., Nagoya **12,** 318—22, 1963; jap., Auszug: engl.) — Zur Unters. der Einfl., die Oxide der Fe-Gruppe auf die Stabilisierung von $ZrO_2$ in Ggw. von CaO ausüben, werden entsprechende Gemische 1 Std. lang auf 1500° erhitzt u. röntgenograph. untersucht. Die Best. des stabilisierten $ZrO_2$ zeigt, daß CoO bessere Ergebnisse als $Fe_2O_3$ u. NiO liefert. Die Hälfte des zur Stabilisierung von $ZrO_2$ erforderlichen CaO kann durch CoO ersetzt werden.
W. Wesly 190◇

*0438* **Röntgenographische Untersuchung des Dehydratationsprozesses von 12-Wolframatokieselsäure und 12-Molybdatophosphorsäure.** A. A. Babad-Sachrjapin. (Nachr. Akad. Wiss. UdSSR, Abt. chem. Wiss. **1963,** 215—20; Inst. für Physikal. Chem. der Akad. der Wiss. der UdSSR; russ.) — Übereinstimmung im Dehydratationsmechanismus u. dem Bau der erhaltenen Hydrate werden bei verschiedenem Dehydratationsgrad an $H_4SiW_{12}O_{40}$ (I) u. $H_3PW_{12}O_{40}$ (II) beobachtet, die jeweils 29 Moll. W. je Heteropolyanion enthalten. Lediglich ein Unterschied wird im Rk.-Mechanismus bei der Dehydratation von $H_3PMo_{12}O_{40} \cdot 29\,H_2O$ (III) im Vgl. zu **I** u. **II** festgestellt, wobei der Valenzzustand des Mo ebenso keinerlei Hinweise auf den Bau des $[PMo_{12}O_{40}]^{3-}$ in Kristallen von **III**, wie auf die Hydratstruktur verschiedener Dehydratationsstufen gibt. Beim Erwärmen von **I** u. **II** auf Temp. von 700—900 u. 400—850° werden isomorphe, tetragonal kristalline Verbb. erhalten. Die therm. Beständigkeit ist bei **II** weitaus größer als bei **I**.
W.-D. Heußner 190◇

*0439* **Die Koordination des Uranylions.** Howard T. Evans jun. (Science [Washington] **141,** 154—58, 1963; Washington, D.C., U. S. Geol. Surv.; engl.) — Eine Überprüfung der bekannten Strukturen, die $UO_2^{2+}$ enthalten, ergab, daß die Fünferkoordination ebenso häufig ist wie die ebene Vierer- u. die Sechserkoordination. Die Diskussion zeigt, daß die gefalteten Sechserkoordinationen von $OH^-$ u. $H_2O$ um die $UO_2^{2+}$-Gruppe zur Umwandlung in die Fünferkoordination neigen. Mit Hilfe der Fünferkoordination sind Erklärungen der komplexen Kristallographie von natürlichen Uranylhydroxiden u. des ungewöhnlichen Verh. von mehrkernigen Ionen in hydrolysierten $UO_2^{2+}$-Lsgg. möglich. — 37 Literaturangaben.
Ernst Schulte 190◇

*0440* **Derivatographische Untersuchung von synthetischen Zeolithen.** 1. Mitt. K. Tóth und T. Flóra. (Acta chim. Acad. Sci. hung. **37,** 371—79, 1963; Veszprém, Wiss. Forsch.-Inst. der chem. Schwerind.; russ., Auszug: dt.) — Durch Modell-Verss. wird die Brauchbarkeit der derivatograph. Meth. zur Verfolgung des Kristallisationsprozesses von synthet. *Faujasit* aufgezeigt. Aus den Änderungen der $H_2O$-Verlustsenthalpien u. den charakterist. Maxima der differentialthermogravimetr. Analyse wird ein Verf. zur Best. des Verhältnisses des röntgenamorphen Gels u. der kristallinen Phase vorgeschlagen.
M. Hähnert 190◇

*0441* **Eine Neubestimmung der orthorhombischen $JF_7$-Struktur. Eine Korrektur.** R. D. Burbank. (Acta crystallogr. [Copenhagen] **16,** 700, 1963; Murray Hill, N.J., Bell Telephone Labor., Inc.; engl.) — Korrektur einiger vom Vf. C. **1963,** 17985 mitgeteilter Atomkoordinaten.
R. Uttech 195◇

*0442* **Bestimmung des Schichtabstandes in Kohlenstoffen bei hoher Temperatur.** Kwan Teh Yang. (Proc. Vth Conf. Carbon, University Park, Pa., 1961 **1,** 492—96, 1962; Buffalo, N.Y., Univ. of Buffalo, Carbon Res. Labor. and Dep. of Phys.; engl.) — Mitgeteilt werden die d-Werte für spektroskop. reinen Graphit AGKSP, spektroskop. reine Kohle L 113sp u. Hartkohle zwischen 0 u. 2600°. Die Werte wurden aus Debye-Scherrer-Aufnahmen (modifizierte Debye-Kamera mit direkter elektr. Beheizung der Probe) ermittelt.
K. Jaeger 195◇

*0443* **Struktur der Hochdruckphasen von CdS, CdSe und InSb.** C. J. M. Rooymans. (Physics Letters [Amsterdam] **4,** 186—87, 1963; Eindhoven, Netherlands, N. V. Philips' Gloeilampenfabr., Philips Res. Labor.; engl.) — Mit Hilfe der Röntgenhochdruckkamera von Piermarini u. Weir wurde für die Hochdruckformen der folgenden Verbb. NaCl-Struktur nachgewiesen: CdS, a = 5,30 Å, $D._R$ 6,44, 20000 kg cm$^{-2}$; CdSe, a = 5,54 Å, $D._R$ 7,48, 30000 kg cm$^{-2}$; InSb, a = 5,84 Å, $D._R$ 7,88, 25000 kg cm$^{-2}$.
R. Uttech 195◇

*0444* **Struktur und Polymorphie von Tricalciumgermanat.** Th. Hahn und W. Eysel. (Naturwissenschaften **50,** 471, 1963; Frankfurt/M., Univ., Min. Inst.; dt.) — $Ca_3GeO_5$ ist nur oberhalb 1320° stabil, es läßt sich jedoch leicht auf Raum-Temp. abschrecken. Dieses Verh. entspricht dem des $Ca_3SiO_5$, jedoch zerfällt das Germanat rascher. Bei Raum-Temp. wurde röntgenograph. eine monokline u. eine trikline Modifikation festgestellt, die erstere kann durch kurzes Anlassen bei Temp. > 300° in die trikline übergeführt werden. $Ca_3GeO_5$, monoklin I, a = 12,51 (Å); b = 7,18; c = 25,20; $\beta$ = 90,1°; triklin I, a = 12,43; b = 7,28; c = 25,50; $\alpha$ = 90; $\beta$ = 89,8; $\gamma$ = 89,9°. Mit Röntgen-Hochtemp.-Verf. u. DTA ergaben sich bei $Ca_3GeO_5$ drei Phasenumwandlungen bei 750, 1030 u. 1160°. Beziehungen zum $Ca_3SiO_5$ werden beschrieben.
Ernst Schulte 195◇

*0445* **Das Metall-Metall-Bindungen aufweisende, mehrkernige Komplexanion im $CsReCl_4$.** J. A. Bertrand, F. A. Cotton und W. A. Dollase. (J. Amer. chem. Soc. **85,** 1349—50, 1963; Cambridge, Mass., MIT, Dep. of Chem.; engl.) — $CsReCl_4$ krist. orthorhomb., a = 14,06, b = 14,00, c = 10,69 Å, A m a 2, Z = 12. Auf Grund dreidimensionaler Daten ließ sich die Struktur nach Patterson- u. Differenz-Fourier-Verff. u. nach der Meth. der kleinsten Quadrate bestimmen. Es liegen $[Re_3Cl_{12}]^{3-}$ mit $D_{3h}$-Symmetrie vor. Die Re nehmen die Ecken eines Dreiecks ein (Re—Re 2,47 Å) u. sind zusätzlich über drei Cl-Brücken (Re—Cl 2,39 Å) verknüpft. Jedes Re ist ferner an ein Cl (Re—Cl 2,502 Å) innerhalb der $Re_3$-Ebene sowie an zwei Cl (Re—Cl 2,36 Å) oberhalb u. unterhalb der $Re_3$-Ebene gebunden. Die kurzen Re—Re-Abstände werden vom Standpunkt der Drei-Zentren-Bindung behandelt. Auf mögliche Folgerungen für die Strukturen des $ReCl_3py$, $ReCl_3(C_6H_5)_3P$, $ReCl_3[(C_6H_5)(C_2H_5)_2P]$, $ReCl_3$ in $H_2O$, $K_5W_3Cl_{14}$ wird verwiesen.
R. Uttech 195◇

*0446* **Die Kristallstruktur des Bis-[-1-aminocyclopentancarboxylato]-kupfer(II).** G. A. Barclay und F. S. Stephens. (J. chem. Soc. [London] **1963,** 2027—31; Kensington, N.S.W., Univ. of New South Wales, Dep. of Inorg. Chem.; engl.) — Nach Rotations- u. Weissenberg-Aufnahmen krist. $Cu(O_2CC_5H_8NH_2)_2$ monoklin, a = 10,824 ± 0,012, b = 5,496 ± 0,006, c = 10,789 ± 0,014 Å, $\beta$ = 94° 17′ ± 7′; $D._{exp}$ 1,64 ± 0,01, $D._R$ 1,660 g·cm$^{-3}$, Z = 2; $P\,2_1/a$; Liste der Atom- u. Schwingungsparameter, Darst. der Bindungsabstände u. -winkel nach dreidimensionalen Weissenberg-Daten über Schweratom-Meth., Differenz-Synth. u. Verfeinerung nach der Meth. der kleinsten Quadrate. Cu wird planar quadrat. koordiniert von zwei N (Cu—N 1,98 Å) u. zwei O (Cu—O 1,91 Å). Längere fünfte u. sechste Bindungen an das 2wertige Cu fehlen. Die nächsten Nachbarn in oktaedr. Lagen sind 3,17 Å entfernte O-Atome. Die zentrosymm. Moll. werden von H-Brücken zusammengehalten.
R. Uttech 195◇

*0447* **Isodimorphie der Polybasit- und Pearceit-Serien.** Clifford Frondel. (Amer. Mineralogist **48,** 565—72, 1963; Cambridge, Mass., Harvard Univ.; engl.) — Das As-Analoge von Polybasit u. das Sb-Analoge von Pearceit kommen in der Natur vor, sie werden als *Arsenpolybasit* u. *Antimonpearceit* bezeichnet. Polybasit–Arsenpolybasit u. Pearceit–Antimonpearceit bilden wahrscheinlich eine vollständige Serie fester Lsgg.: $(Ag,Cu)_{16}(Sb,As)_2S_{11}$–$(Ag,Cu)_{16}(As,Sb)_2S_{11}$. Die beiden Serien sind isodimorph, analog zu *Enargit–*

*Stibioenargit* u. *Luzonit-Famatinit*, beide von der Zus. $Cu_3 \cdot (As,Sb)S_4 - Cu_3(Sb,As)S_4$. Die Gitter-Konst. der Serie Polybasit–Arsenpolybasit sind mit a ~ 26 (Å), b ~ 15, c ~ 24, $\beta = 90^0$ doppelt so groß wie die der Serie Pearceit–Antimonpearceit. Raumgruppe C 2/m. Röntgenograph. u. chem. Daten sind für Glieder dieser Serien von 25 Fundorten angegeben. Ernst Schulte 195◇

*0448* **Durch parallele vier- und achtgliedrige Ringe gebildete Gerüststruktur.** J. V. Smith und F. Rinaldi. (Mineralog. Mag. J. mineralog. Soc. **33**, 202–12, 1962; Chicago, Ill., Univ., Dep. of Geophys. Sci.; engl.) — Die Viererringe, die die Ketten in der Feldspatstruktur bilden, haben je 2 Tetraeder nach der einen u. nach der anderen Seite. Dabei entstehen die Ketten durch Verknüpfung über gemeinsame O-Atome. Die Querverknüpfung der Ketten erzeugt die Gerüste mit parallelen Achterringen. Zeigt in den Ringen jedes zweite Tetraeder nach der gleichen Richtung, entsteht ein neuer Kettentyp, aus dem 4 verschiedene Gerüste konstruiert werden können. Zeigen alle Tetraederspitzen nach einer Richtung, so entsteht nur eine Struktur, die für die *Harmotom*-Familie angenommen wird. Wenn 3 Tetraeder eines Ringes nach derselben Seite zeigen, kann eine ganze Reihe von Strukturen abgeleitet werden. Aus dem Vgl. der Zelldimensionen wird geschlossen, daß *Gismondin* u. vielleicht *Yugawaralith* zu diesen Strukturen gehören. J. E. Hiller 195◇

*0449* **Der Ursprung von während des Wachstums von Kristallen aus der Schmelze gebildeten Substrukturen.** B. Chalmers. (J. Soc. physic. Japan, Suppl. Nr. III, Proc. int. Conf. Crystal Lattice Defects, Kyoto **1962**, 64–68, 1963; Cambridge, Mass., Harvard Univ.; engl.) — Der Ursprung der nach dendrit., cellularen u. linearen Unvollkommenheiten eingeteilten opt. sichtbaren Baufehler in aus der Schmelze gezogenen Metallkristallen wird theoret. an Hand früherer experimenteller Ergebnisse untersucht. Die beiden ersten Fehlerarten werden der Instabilität des linearen Wärmeflusses u. der Diffusion des gelösten Stoffs in der Fl. zugeschrieben, der Ursprung der linearen Strukturen ist schwerer zu erkennen u. wird mit Hilfe von Leerstellenmechanismen u. anderen möglichen Wegen zur Bldg. von Versetzungen behandelt. H. Roschkowski 197◇

*0450* **Atombewegungen und Versetzungsstrukturen in einigen gewöhnlichen Kristallen.** M. L. Kronberg. (Acta metallurg. [New York] **9**, 970–72, 1961; Schenectady, N.Y., Gen. Electr. Res. Labor.; engl.) — Vf. nimmt Bezug auf eine Arbeit von Bell u. Cahn (vgl. C. **1958**, 7396) über Beziehungen zwischen Versetzungen u. Gleitung in *Zn* u. schlägt das (C. **1960**, 10504) mitgeteilte verallgemeinerte zonale Schermodell als Erklärung, auch für andere Kristalle, vor. C. Gottfried 197△

*0451* **Sattelpunktkonfiguration bei Fremddiffusion in kubisch-flächenzentrierten Metallen.** G. K. Corless und N. H. March. (Philos. Mag. [8] **7**, 1765–72, 1962; Sheffield, Univ., Dep. of Phys.; engl.) — Zur Berechnung der durch Diffusion von Fremdatomen in Metallen mit einfacher Matrix bewirkten Aktivierungsenergieänderungen gegenüber Selbstdiffusionsmeßwerten nehmen Vff. die Sattelpunktkonfiguration in einem Punktionenmodell an. Es wird die Theorie der Störungen niedriger Ordnung verwendet. Für die Berechnung muß das Sommerfeld-Modell modifiziert werden, da die Differenz der elektrostat. Energien der Wechselwrkg. mit dem Gitter des Verunreinigungsatoms auf einem Gitterplatz u. dem Sattelpunkt entscheidend ist. Bei der Diffusion von *Zn* in *Cu* wird die Änderung der Bewegungsenergie zu 0,079 u. unter Verw. des von Manning bei der Diffusion von *Cd* in *Ag* ermittelten Korrekturwertes eine Aktivierungsenergie von 0,11 eV errechnet. Der experimentell bestimmte Wert (0,17) stimmt damit unter Berücksichtigung der verwandten Näherungen ungefähr überein. W. Sobieski 197◇

*0452* **Winkel-Gesetzmäßigkeiten der Zerstörung von Metallen durch Ionenbündel.** W. A. Moltschanow und W. G. Telkowski. (Nachr. Akad. Wiss. UdSSR, physik. Ser. **26**, 1359–65, 1962; russ.) — Vff. erläutern die in den letzten Jahren an der Moskauer Universität durchgeführten Unterss. der Zerstörung von Metallen (vor allem Cu u. Ni) durch Ionenbündel verschiedener Energie u. vergleichen die Resultate mit den Literaturangaben. — Allg. entspricht der Zerstörungs-Koeff. dem Cosinusgesetz. Abweichungen erscheinen nur bei großen Winkeln; die Abweichungen erscheinen um so früher, je kleiner die Energie der auffallenden Ionen; oder bei gleicher Energie, je größer die Masse ist. Die Zerstörung verläuft nicht linear, sondern ändert sich mit den Flächen der beschossenen Kristalle. — 28 Literaturangaben. J. Tůmová 197◇

*0453* **Wachstumsgeschwindigkeit eines Kalium-Kristalles aus der Dampfphase.** R. L. Parker. (J. chem. Physics **37**, 1600–05, 1962; Washington, D.C., Nat. Bur. of Stand., Metal Phys. Sect.; engl.) — Das Wachstum der (1 1 0)-Flächen von K-Kristallen bei Übersättigungsgraden der Dampfphase von $3{,}1 \geq \sigma \geq 0{,}11$ wurde gemessen. Für alle Übersättigungen wurden Einheits-Kondens.-Koeff. gefunden: $\beta C_0 = 1$, $\sigma_1 \leq 0{,}046$ für K. Für eine zweidimensionale Flächenkeim-Bldg. wurde kein Hinweis gefunden. Die ermittelten Einheits-Kondens.-Koeff. stehen nicht mit theoret. Voraussagen im Einklang. Verunreinigungseffekte wurden sorgfältig in Rechnung gestellt. K. Jaeger 197◇

*0454* **Zur Frage der Löslichkeit von Beimengungen in Beryllium.** W. M. Amonenko, W. Je. Iwanow, G. F. Tichinski und W. A. Finkel. (Metallphysik u. Metallkunde [UdSSR] **14**, 128–30, 1962; russ.) — Die Temp.-Abhängigkeit der Gitter-Konst. a u. c von Be mit techn. bzw. 99,98%ig. Reinheit sowie der Temp.-Verlauf der Wärmeausdehnungs-Koeff. des reinen Metalls werden graph. angegeben. Die Verunreinigungen des techn. Be bestehen hauptsächlich aus C u. O. Die a-Werte beider Proben entsprechen sich annähernd bei allen Temp., während der Unterschied der c-Werte bei hohen Temp. (1200°) 0,03 kX beträgt. N. Kubeth 197◇

*0455* **Über in Zinkkristallen während pyramidalen Tieftemperaturgleitens gebildete Versetzungsschleifen.** P. B. Price. (Philos. Mag. [8] **6**, 449–51, 1961; Cambridge, Cavendish Labor., Phys. and Chem. of Solids; engl.) — Unter Bezugnahme auf frühere (vgl. C. **1962**, 5577), bei Zimmer-Temp. durchgeführte elektronenmkr. Unterss. an im Elektronenmikroskop durch Zug verformten, aus der Dampfphase erhaltenen Zn-Kristallen berichtet Vf. über analoge Unterss. bei −60°. Auch in diesem Fall wurden verlängerte Versetzungsschleifen beobachtet, die sich jedoch nur, wie l. c. vermutet worden war, bei tiefer Temp., d. h. bei abgeschaltetem Elektronenstrahl als stabil erwiesen. Bei eingeschaltetem Elektronenstrahl wurden sie jedoch, wie l. c. beobachtet, instabil u. spalteten kreisförmige Versetzungsringe ab. Mit einer Genauigkeit von ±10% war der Flächeninhalt der beobachteten 6 kreisförmigen Versetzungen derselbe wie der der Ausgangsschleife, so daß ein Zu- oder Abfließen von Leerstellen nicht in Frage kommen kann. C. Gottfried 197

*0456* **Zonenschmelzen von Aluminium.** H. G. Bratsberg, D. Foss und O. H. Herbjørnsen. (Rev. sci. Instruments **34**, 777–78, 1963; Blindern, Univ. of Oslo, Inst. of Phys.; engl.) — Durch Zonenschmelzen von Al in einer hochreinen Graphitform in sauerstofffreier Inertgasatmosphäre ($N_2$, Zieh-Geschw. 2,5 cm/h, Länge der Schmelzzone 10 cm, gesamte Stablänge 100 cm) wird ein Material vom Reinheitsgrad >99,9996 Atom-% erhalten. Aktivierungsanalyse, spektrograph. Unterss. u. Widerstandsmessungen zeigen eine hohe Abreicherung von Cu, Fe, Si u. Mg, eine weniger gute vom Na u. Ca; für Cr u. Mn ist das Verf. unwirksam. L. Mögele 197◇

*0457* **Einfluß geringer Silberzusätze auf die Rekristallisation von zonengeschmolzenem Aluminium.** Colette Frois. (C. R. hebd. Séances Acad. Sci. **256**, 5137–40, 1963; Vitry, C.N.R.S., Labor.; franz.) — Vf. untersucht metallograph. die Rekristallisation von zonengeschmolzenem Al mit ca. $5 \cdot 10^{-4}$% Verunreinigungen zwischen −38 u. 34,5°, das durch Walzen zu 97% verformt war u. Zusätze von $1{,}5 \cdot 10^{-3}$ bis $1{,}35 \cdot 10^{-2}$% Ag enthielt. Die Aktivierungsenergie des Kristallwachstums steigt mit dem Ag-Geh. linear an; Al mit Ag-Zusätzen rekrist. bereits bei Raumtemperatur. Herbert Müller 197◇

*0458* **Eine experimentelle Untersuchung der Leerstellen–Verunreinigungs-Wechselwirkung bei Aluminium.** T. Kino, S. Kabemoto und S. Yoshida. (J. physic. Soc. Japan, Suppl. Nr. III, Proc. int. Conf. Crystal Lattice Defects, Kyoto **1962**, 85–90, 1963; Hiroshima, Univ., Labor. of Crystal Phys.; engl.) — Vgl. C. **1964**, 3-0548. — Das Er-

holungs-Verh. eines durch Abschrecken zusätzlich eingeführten elektr. Widerstands in verd. Al-Legg. wird durch den Zerfall übersätt. Leerstellen erklärt. Die Aktivierungsenergien der Leerstellenwanderung werden zu $0{,}47 \pm 0{,}02$ (eV) für Al mit $0{,}8 \cdot 10^{-4}$ (Atom-%) Mg; $0{,}55 \pm 0{,}04$ für Al mit $1{,}0 \cdot 10^{-4}$ Si u. $0{,}55 \cdot 0{,}03$ für zonengereinigtes Al erhalten. Die Geschw. der Widerstandsabnahme wird mit steigendem Mg-Geh. der Proben größer. Die Ergebnisse werden mit der leichten Beweglichkeit eines Mg-Leerstellenpaares in Al gedeutet.
H. Roschkowski 197◇

*0459* **Zusammenhang zwischen Röntgenreflexverbreiterung von Aluminiumpulvern und der Warmhärte daraus gewonnener Preßkörper.** H. Romeis und P. Royen. (Naturwissenschaften **48**, 376, 1961; Frankfurt/M., Univ., Inst. für anorg. Chem.; dt.) — An Röntgenaufnahmen von Al-Pulvern verschiedener Herst. wurde die Linienverbreiterung mit dem Zählrohr-Interferenzgoniometer quant. gemessen. Es zeigen sich Verbreiterungen durch Teilchenkleinheit u. Gitterverzerrungen. Im Vgl. zu Feilspänen aus Reinst-Al ist die Verbreiterung groß. Die Kohärenzbereiche sind mit z. T. 500 Å um den Faktor 10—100 kleiner als bei kaltverformtem Reinst-Al ohne feinverteilte Oxideinlagerung. Tempern auf 500° vergrößert die Kohärenzbereiche nicht. In den Ausgangspulvern mit kleiner Primärteilchengröße müssen also bereits die Voraussetzungen für die hervorragende Warmfestigkeit der Festkörper (Al-Sinterwerkstoffe) vorhanden sein.
B. Krebs 197◇

*0460* **Herstellung und Eigenschaften von sehr reinem Scandiummetall.** F. H. Spedding, A. H. Daane, G. Wakefield und D. H. Dennison. (Trans. metallurg. Soc. AIME **218**, 608—11, 1960; Ames, Iowa State Univ.; engl.) — Die Herst. von reinem Sc wird durch Ca-Red. des Fluorides durch zwei Meth. bewirkt, nämlich durch einen Niedertemp.-Leg.-Prozeß u. durch direkte Red. mit nachfolgender Dest. des Produktes. Von dem reinen Sc-Metall wurden folgende Eigg. bestimmt: F. bei 1181° K; Kp. (berechnet) bei 3000° K; Gitter-Konst. bei 298° K (hexagonales Gitter): $a = 3{,}308 \pm 0{,}001$, $c = 5{,}267 \pm 0{,}003$ Å; berechnete Dichte bei 298° K $2{,}990 \pm 0{,}007$ g/cm³; elektr. Widerstand bei 299° K $66{,}6 \pm 0{,}2 \cdot 10^{-6}$ $\Omega \cdot$cm u. bei 373° K $77{,}4 \pm 0{,}2 \cdot 10^{-6}$ $\Omega \cdot$cm; Wärme-Koeff. bei 299° K $5{,}4 \cdot 10^{-8}$ $\Omega \cdot$cm je Grad; Sublimationswärme bei 298° K 80,79 kcal/Mol. Der Dampfdruck wurde als eine Funktion von der Temp. zwischen 1505 u. 1748° K entsprechend der Gleichung bestimmt: $\log p_{mm} = -(1{,}718 \cdot 10^4)/T°K + 8{,}298$.
H. Hochstein 197◇

*0461* **Einige Untersuchungen an Ytterbium bei hohen Drücken.** H. Tracy Hall und Leo Merrill. (Inorg. Chem. [Washington] **2**, 618—24, 1963; Provo, Utah, Brigham Young Univ.; engl.) — Aus Druck-, Temp.-, Vol.- u. Widerstandsmessungen sowie Röntgenbeugungs-Unterss. wurde für den Temp.-Bereich von 0—1200° u. für Drücke bis 65 kbar das Phasendiagramm von Yb aufgestellt. Eine von Bridgman bei 60 kbar u. 25° beobachtete Änderung der Leitfähigkeit wurde bereits bei 39,5 kbar u. 25° gefunden. Sie ist mit einer Umwandlung der Kristallstruktur von kub.-flächenzentriert nach kub.-raumzentriert verbunden. Die Umwandlungsenthalpie beträgt 89 cal/Mol. Der Umwandlungsdruck sinkt mit steigender Temp. bis ca. 1000°. Bei beiden Modifikationen wurden Umwandlungen zweiter Ordnung beobachtet. Die beobachtete Umwandlung ist die erste, bei der mit zunehmendem Druck eine Modifikation geringerer Packungsdichte entsteht.
Wolfgang Krüger 197◇

*0462* **Ausheilung von mit Elektronen bestrahltem Germanium.** G. Airoldi, Z. Fuhrman und E. Germagnoli. (Nuovo Cimento [10] **14**, 452, 1959; Milano, C.S.I.E. Labor.; engl.) — Unterss. des Ausheilungsprozesses isolierter Frenkel-Defekte bei Ge, das mit $10^{16}$ Elektronen/cm² von 1,3 MeV bestrahlt worden war, zeigen, daß dieser Prozeß komplex ist. Zunächst findet eine bevorzugte Rekombination sich gegenseitig nahe befindlicher Zwischengitteratom-Leerstellenpaare statt, die später in eine bimol. Rekombination mit einer therm. Diffusion beweglicher Defekte mit einem Diffusions-Koeff. $D = ca.\ 10 \cdot \exp(-Q/kt)$ cm² s⁻¹ mit $Q = 1{,}4$ eV übergeht, wenn der nach Waite definierte Einfangradius zu $5-10^{-8}$ cm angenommen wird. G. M. Neumann 197◇

*0463* **Elektronenmikroskopische Beobachtung von Leerstellenaggregaten in Germanium.** Kenzo Tanaka, Michihiko Mannami, Kunihide Izumi und Hiroko Niwa. (J. physic. Soc. Japan **16**, 2070, 1961; Kyoto, Univ., Dep. of Phys.; engl.) — Ge-Kristalle mit einem Widerstand von $> 5$ $\Omega \cdot$cm wurden in evakuierten Quarzröhren auf 750—800° erhitzt u. in W. abgeschreckt. Durch chem. Polieren wurden von den Kristallen dünne Folien hergestellt u. elektronenmkr. mit Hilfe der Transmissions-Meth. untersucht. Hierbei wurden Aggregate von überschüssigen Leerstellen beobachtet, die als eine Kette erschienen mit einem dunklen Gebiet auf jeder Seite. Bei Änderung der Richtung des einfallenden Strahls mit Bezug auf die Folie erschien der Kontrast entweder auf beiden Seiten der Kette oder verschwand. Hieraus wird geschlossen, daß die elast. Gitterstörung vorherrschend ist in einem ca. 200 Å breiten Gebiet auf beiden Seiten der Kette, u. daß die Kette Unregelmäßigkeiten im Gitter zuzuschreiben ist. Es wird angenommen, daß die Struktur des Aggregats eine Anhäufung von schwammigen Gebieten ist, die von elast. verzerrten Gebieten umgeben ist.
C. Gottfried 197△

*0464* **Die Elektronenverteilung in Chrom.** M. J. Cooper. (Philos. Mag. [8] **7**, 2059—64, 1962; Cambridge, England, Cavendish Labor., Crystallogr. Labor.; engl.) — An *Cr*-Pulver werden mit $AgK_\alpha$-Strahlung Messungen der abs. Röntgenintensitäten durchgeführt. Vf. zeigt, daß Einfl. aus bevorzugter Orientierung, Oberflächenrauhigkeit, Extinktion u. Wellenlängeveränderung (Verw. von $CuK_\alpha$-Strahlung) zu vernachlässigen sind. Die experimentell bestimmten Streufaktoren stimmen mit den theoret. Werten für den Grundzustand des freien Atoms (relative Vgl.-Skala) gut überein; bezogen auf die Absolutskala liegen sie um ca. 5% niedriger. Diese Beobachtung stimmt mit der von Batterman, Chipman u. DeMarco (C. **1962**, 6685) bei Messungen an Fe, Cu u. Al gefundenen Differenzen von 4% überein.
W. Sobieski 197◇

*0465* **Zum Mechanismus der Leerstellenvernichtung in neutronenbestrahltem Molybdän.** J. F. Kerridge, S. S. Sheinin, A. A. Johnson und H. I. Matthews. (Philos. Mag. [8] **7**, 1073—75, 1962; London, U.K., Imp. Coll. of Sci. and Technol.; engl.) — Nach der Neutronenbestrahlung bei 125—300° nachgetemperte Mo-Proben wiesen keine Versetzungsschleifen auf. Der Mechanismus, der die Leerstellenvernichtung auf eine Leerstellenaggregation u. ein anschließendes Zusammenbrechen dieser Aggregate unter Bldg. von Versetzungsschleifen zurückführt, kann für Mo folglich nicht zutreffen. Mo gleicht in dieser Beziehung *Ni* u. *Fe*.
K. Jaeger 197◇

*0466* **Darstellung von Molybdäneinkristallen durch ein Elektronenstrahl-Zonenschmelzverfahren.** Nay-Ben Ming, Tsun-I Fan, Chi Li, You-San Hsu und Duan Fong. (Acta physica sinica **19**, 160—64, 1963; Nanking, Univ., Dep. of Phys.; chin., Auszug: engl.) — Beschreibung einer App. zur Darst. von Einkristallen bestimmter Orientierung aus schwer schm. Verbindungen. Auf Mo-Einkristallen wurden mkr. zahlreiche Verdampfungsstufen festgestellt.
H. Roschkowski 197◇

*0467* **Experimenteller Nachweis für die Existenz von Versetzungen mit dem Burgers-Vektor [100] in Molybdäneinkristallen.** Duan Fong, Nay-Ben Ming, Chi Li und Tian-Nan Lin. (Acta physica sinica **19**, 165—68, 1963; chin., Auszug: engl.) — Vgl. vorst. Referat. — Unter Verw. von Oxalsäure als Ätzmittel für die nach dem l. c. angegebenen Verf. gezüchteten Mo-Einkristalle werden die Versetzungsdichten entlang dreier sich schneidender Subkorngrenzen auf (1 0 0) festgestellt. Die Shockley-Read-Gleichung für asymm. Kippgrenzen wird bestätigt. Die Ätzgrübchen entlang der Subkorngrenzen entsprechen Kantenversetzungen mit dem Burgers-Vektor [1 0 0].
H. Roschkowski 197◇

*0468* **Eine Untersuchung der plastischen Verformung von Molybdäneinkristallen.** Pang-Hsin Chou. (Acta physica sinica **19**, 285—96, 1963; chin., Auszug: engl.) — Bei —80, 27, 1000 u. ca. 2000° plast. verformte Mo-Einkristalle zeigen u. a. Gleitspuren auf (1 1 2), (1 2 3) u. (1 4 5), die durch konjugiertes Gleiten auf zwei nicht parallelen (1 1 0)-Ebenen entlang [1 1 1] erklärt werden. Das Auftreten der Gleitspuren variiert mit der Probenorientierung.
H. Roschkowski 197◇

*0469* **Kaltwalz- und Rekristallisationstexturen von Molybdäneinkristallen.** Pang-Hsin Chou. (Acta physica sinica **19**, 297—305, 1963; chin., Auszug: engl.) — Die Kaltwalz- u. Rekristallisationstexturen von Mo-Einkristallen mit (1 1 0) [0 0 1]- bzw. (1 1 1) [1 1 $\bar{2}$]-Orientierung wurden nach Stärkenverminderung um 70, 80 u. 85% untersucht. Bei Anstieg der Stärkenverminderung von 70 auf 85% ändert sich die Rekristallisationstextur allmählich von (1 1 0) [0 0 1], (2 2 $\bar{1}$) [1 1 4] zu (3 2 0) [0 0 1] u. (2 1 0) [0 0 1]. H. Roschkowski 197◇

*0470* **Rekristallisationsdiagramm von Wolframguß.** Je. M. Ssawitzki, M. A. Tylkina, A. I. Pekarew, M. I. Gawriljuk und A. P. Sabawnowa. (Ber. Akad. Wiss. UdSSR **140**, 1301—03, 1961; Baikow-Inst. für Metallurg. der Akad. der Wiss. der UdSSR; russ.) — Mit röntgenograph. u. mkr. Meth. wird das Rekristallisationsdiagramm an techn. 99,6% W für den Temp.-Bereich 700—2500° untersucht u. mit Beginn der Rekristallisation bei 1450—1600° eine Deformation der Probe beobachtet, die bis zu 20% betragen kann. Der krit. Deformationsgrad vermindert sich von 12% bei 1600° auf 6% bei 2100°. Röntgenaufnahmen ergeben zwei faserige Texturen mit den Flächen [1 1 1] u. [1 1 0], die Texturdeformation verstärkt sich beim Abkühlen auf 1000 bis 1400° für [1 0 0] auf Kosten von [1 1 1]. Vff. vergleichen Deformationswerte u. Temp. für techn. W u. nach dem Zonenschmelz-Verf. erhaltene W-Einkristalle u. beobachten, daß in W-Einkristallen die Rekristallisation bei 1100—1150° fast 300° früher einsetzt. Auf diese Weise läßt sich der große Einfl. des Reinheitsgrades auf die Rekristallisations-Temp. nachweisen. W.-D. Heußner 197□

*0471* **Untersuchung des Kriechens von Nickeleinkristallen.** W. M. Rosenberg. (Metallphysik u. Metallkunde [UdSSR] **14**, 114—20, 1962; russ.) — Bei Temp. von 670—770° u. einer Scherspannung von 350—1190 g/mm² wird die Geschw. des Kriechens durch die Gleichung $\dot{\varepsilon} = A\tau^n \exp(-67000/RT)$ befriedigend beschrieben, die auf Grund des Modells des Versetzungskriechens (Theorie von Weertman) erhalten wurde. Dabei bedeuten $\dot{\varepsilon}$ = Kriech-Geschw., $\tau$ = Spannung, A, n = Konstanten. Der die Kriech-Geschw. bestimmende Prozeß wird durch Diffusion bestimmt. Die Gegenüberstellung der Abhängigkeit der Kriech-Geschw. von den Spannungen an Ein- u. Polykristallen zeigt, daß die Ggw. der Korngrenzen nicht zur Bldg. eines selbständigen Verformungsmechanismus führt. N. Kubeth 197◇

*0472* **Wechselwirkungen zwischen durch Abschrecken eingeführten Leerstellen und Sauerstoff in Silber.** Y. Quéré. (J. physic. Soc. Japan, Suppl. Nr. III, Proc. int. Conf. Crystal Lattice Defects, Kyoto **1962**, 91—98, 1963; S.E.C. P.E.R., France; engl.) — Aus Widerstandsmessungen in reinem Ag ergeben sich die Wanderungsenergien für Leerstellen u. Doppelleerstellen zu 0,86 bzw. 0,58 eV. Die Bldg.-Energie von Leerstellen in unreinem ($20 \cdot 10^{-6}$ Atome O/Atom) Ag beträgt 1,06 eV. Durch langsames Abschrecken von Temp. von 500—600° wird der eingeführte zusätzliche Widerstand geringer als bei schnellem Abschrecken, beim Anlassen von 30—100° nimmt der Widerstand zunächst zu, dann ab u. erreicht evtl. den Ausgangswert. Das Verh. wird durch den Einfang von Leerstellen durch O-Atome beim Abschrecken u. ihre Ablösung beim Erwärmen erklärt. Die Bindungsenergie Sauerstoff–Leerstelle liegt danach bei 0,35 eV. H. Roschkowski 197◇

*0473* **Eine Deutung von elektronenmikroskopischen Beobachtungen an neutronenbestrahltem Kupfer und Gold.** J. A. Brinkman, A. Sosin und A. Grenall. (J. nuclear Mater. [Amsterdam] **4**, 332—33, 1961; Canoga Park, Calif., North American Aviation, Div. Atomics Internat.; engl.) — Diskutiert werden die unterschiedlichen Charakteristiken von Flecken auf elektronenmkr. Aufnahmen von neutronenbestrahltem Cu u. Au. Diese Flecke werden als direkter Beweis für Verschiebungs-„Spikes" angesehen, die durch schnelle Neutronen oder Spaltfragmente schwerer Metallkerne erzeugt werden. K. Jaeger 197◇

*0474* **Untersuchung von Stadium II und III der Erholung von mit Neutronen bestrahltem Gold und der Einfluß von Quecksilber-Verunreinigungsatomen.** D. G. Martin. (Philos. Mag. [8] **7**, 1721—29, 1962; Harwell, Berks., A.E.R.E., Metallurg. Div.; engl.) — Spektroskop. reines *Au* wurde bei —196° mit $5 \cdot 10^{17}$ n.v.t. Neutronen bestrahlt u. das isochrone Ausheilen der Strahlungsschäden bis zu + 100° durch Messungen des elektr. Widerstands in fl. He untersucht. Die Kurve dR/dT = f(T) zeigt Maxima bei —150, —90 u. + 20° über die allg. Ausheilkurve überlagert. Ein fast ident. Ausheilspektrum zeigt eine *Au-Hg* (0,25 Atom-%)-Leg., wenn sie vor der Bestrahlung bei —196° 1 Std. bei 345° angelassen oder bei 80° mit therm. Neutronen bestrahlt wurde. Die ersten beiden Maxima werden auf eine Wanderung von Leerstellen aus Verunreinigungsplätzen, das dritte Maximum auf Leerstellenwanderung wegen der geringen Bindungsenergie zwischen Hg-Atom u. Zwischengitterplatz (ca. 0,1 eV) zurückgeführt. W. Sobieski 197◇

*0475* **Selbstdiffusion in Platin.** F. Cattaneo, E. Germagnoli und F. Grasso. (Philos. Mag. [8] **7**, 1373—83, 1962; Milano, Italy, Univ., Ist. di Fis.; Catania, Italy, Univ., Ist. di Fis.; engl.) — Vff. bestimmen die Selbstdiffusions-Koeff. von Pt im Temp.-Bereich 1250—1725° zu $D = 0{,}22 \exp \cdot (-2{,}89 \text{ eV}/k\,T)$ cm²/s durch Messung der Aktivitätsabnahme an der Oberfläche neutronenbestrahlter Proben. Die Ergebnisse werden mit Werten aus Abschreck- u. Temperverss. mit reinem Pt verglichen. W. Sobieski 197◇

*0476* **Berechnung der Aktivierungsenergie der Selbstdiffusion in einigen festen Metallen.** Ram Gopal. (J. Indian chem. Soc. **40**, 671—73, 1963; Lucknow, Univ., Dep. of Chem.; engl.) — Nach einem einfachen Verf. berechnet Vf. die Aktivierungsenergie der Selbstdiffusion in festen Metallen aus der Gesamtbindungsenergie, die durch Anwendung der Paulingschen Theorie des metall. Zustandes erhalten wird. Die für *Na, Ag, Cu, Au, Fe, Co, W, Zn* u. *Pb* berechneten Werte werden mit den verfügbaren experimentellen Daten verglichen. J. Simon 197◇

*0477* **Ordnungstypen in kubisch zentrierten binären Legierungen.** A. Corciovei und N. Croitoru. (Rev. Physique [Bucarest] **6**, 187—96, 1961; Bukarest, Inst. für Atomphys.; Physikal. Inst.; dt.) — Vff. untersuchen den Beitrag von Energie- u. Ordnungsparametern sowie der Freien Energie zum Übergang vom 1. zum 2. Ordnungstyp für kub. zentrierte bin. Legierungen. Herbert Müller 197◇

*0478* **Untersuchung des Koagulationsprozesses feindisperser Phasen in Zn–Sb-Legierungen.** W. I. Pssarew, K. A. Dobryden und F. I. Kasjuk. (Metallphysik u. Metallkunde [UdSSR] **14**, 130—32, 1962; Tschernowitz, Univ.; russ.) — Ergebnisse der experimentellen Unters. von Zn–Sb-Legg. mit Sb-Geh. von 2—6% werden gebracht. Mikrogefügebilder der in den Legg. gebildeten Verb. $Zn_3Sb_2$ beim Erhitzen bei 430° u. Anlassen bei dieser Temp. sowie der Veränderung der Mikrostruktur der Kristalle bei der Koagulation bei 420° u. raschem Abkühlen werden gezeigt. Von herausgelösten $Zn_3Sb_2$-Teilchen werden Debye-Aufnahmen angefertigt. Eine Tabelle bringt die Veränderung der Teilchenanzahl dieser feindispersen Phase in den Zn–Sb-Legg. bei der Koagulation. Beim Koagulationsprozeß diffundieren die Sb-Teilchen von den gelösten feinen Kristallen zu den wachsenden großen Kristallen. Die Übersättigung des Zn mit großen Kristallen kann durch Steigerung des Sb-Zusatzes verringert werden. N. Kubeth 197◇

*0479* **Über das Doppelsilicid des Natriums in modifizierten Aluminium-Silicium-Legierungen vom Silumintypus.** Je. A. Boom. (Ber. Akad. Wiss. UdSSR **125**, 323—24, 1959; Fernöstl. Komarow-Zweigstelle der Akad. der Wiss. der UdSSR; russ.) — Vf. nimmt an, daß das modifizierte Verh. von Al–Si-Legg. mit kleinen Mengen Na durch die Bldg. von Natriumsilicid, *$NaSi_2$*, bedingt ist. $NaSi_2$ wird gewonnen beim Zumischen von 1% Na zu einer auf 700—710° temperierten Leg. von 16—17% Si in Al. Der am Boden sofort gebildete Nd. von $NaSi_2$ kann nach der Abkühlung von der Schmelze gut abgetrennt werden. S. Slováková 197◇

*0480* **Einfluß von Atomen des gelösten Stoffs auf das Leerstellenklettern prismatischer Versetzungen in einer Al-Legierung mit 5% Mg.** A. Eikum und G. Thomas. (J. physic. Soc. Japan, Suppl. Nr. III, Proc. int. Conf. Crystal Lattice Defects, Kyoto **1962**, 98—104, 1963; Berkeley, Calif., Univ. of California, Lawrence Radiat. Labor., Dep. of Miner. Technol. and Inorgan. Mat. Res. Div.; engl.) — Die Klettergeschw. prismat. Versetzungen in abgeschreckten Al-Legg. mit 5% Mg wurde mit Hilfe von Anlaßverss. sowie elektronenmkr. bestimmt. Sowohl in massiven Proben als auch in dünnen

Proben wird die Bldg. von Versetzungsschleifen u. -schraubenstrukturen beobachtet. Die Aktivierungsenergien dieser Prozesse betragen 0,95 ± 0,05 eV. Die Bindungsenergie zwischen Mg u. Leerstelle beträgt je nach geometr. Anordnung ca. 0,1–0,4 eV. H. Roschkowski 197◇

*0481* **Wechselwirkung von Leerstellen mit Zinnatomen in Aluminium.** H. Kimura und R. R. Hasiguti. (J. physic. Soc. Japan, Suppl. Nr. III, Proc. int. Conf. Crystal Lattice Defects, Kyoto **1962**, 73–77, 1963; Komagome, Bunkyo-ku, Tokyo, Inst. of Phys. and Chem. Res.; engl.) — Der durch eingefrorene Leerstellen hervorgerufene Anstieg des elektr. Widerstandes von Al-Legg. (99,99 bzw. 99,999%ig.) mit 0,011, 0,025 u. 0,015 Gew.-% Sn wurde untersucht. Die Bindungsenergie eines Sn-Atoms mit einer Leerstelle wurde zu 0,4 eV berechnet. Mit der Assoziation von Sn-Atom u. Leerstelle ist ein Widerstandsverlust gegenüber der Summe der Einzelwiderstände verbunden. H. Roschkowski 197◇

*0482* **Zustandsdiagramm des Systems Indium–Quecksilber.** L. F. Kosin und N. N. Tananajewa. (J. anorg. Chem. [UdSSR] **6**, 909–12, 1961; russ.) — Vff. stellten fest, daß In mit Hg zwei kongruent bei −14,4 bzw. −18,6° schm. intermetall. Verbb.: $InHg_6$ u. InHg, u. eine inkongruent bei + 65° schm. intermetall. Verb. $In_7Hg$ bildet. Eutektika wurden in dem Syst. bei In-Geh. >0,1 (Atom-%) mit F. 38,7°, bei 32,8 In mit F. −36,7° u. bei 63 In mit F. 30,1° gefunden. Folgende feste Legg. wurden festgestellt: α-Lsg. im Bereich 4,3–22,5 In; β-Lsg. im Bereich 48–51 u. γ-Lsg. im Bereich 86,9–100 In. S. Slováková 197◇

*0483* **Zustandsdiagramm der Legierungen des Systems Titan–Scandium.** Je. M. Ssawitzki und G. Ss. Burchanow. (J. anorg. Chem. [UdSSR] **6**, 1253–55, 1961; russ.) — Vff. untersuchen 10 Legg. mit 1,5–98% Sc u. geben das Zustandsdiagramm an. Bei 1440° u. ca. 60 Gew.-% Sc liegt ein eutekt. Punkt. Die Löslichkeit von Sc in Ti beträgt bei 700° ca. 2 Gew.-%. R. Teichmann 197◇

*0484* **Wechselwirkung von Indium und Gallium während der Kristallisation von Germanium aus der Schmelze.** W. Ss. Semskow, A. D. Belaja und T. Je. Puriss. (Festkörperphysik [UdSSR] **5**, 1100–03, 1963; Moskau, Metallurg. Baikow-Inst. der Akad. der Wiss. der UdSSR; russ.) — Es wird gezeigt, daß der Verteilungs-Koeff. K von In u. Ga in Ge, das aus der Schmelze krist., von dem Konz.-Verhältnis In–Ga abhängt. K variiert zwischen $8{,}5 \cdot 10^{-4}$ u. $3 \cdot 10^{-4}$ für In u. zwischen $8{,}5 \cdot 10^{-2}$ u. $1{,}3 \cdot 10^{-1}$ für Ga. Die Schwankungen beruhen auf der Konz.-Abhängigkeit des Fermi-Niveaus. K. Jaeger 197◇

*0485* **Wechselwirkungen zwischen Aluminium und Antimon während der Kristallisation des Germaniums aus diese Elemente enthaltenden Schmelzen.** W. Ss. Semskow und A. D. Belaja. (Festkörperphysik [UdSSR] **5**, 1601–04, 1963; russ.) — Vgl. vorst. Referat. — Gemessen wurden die Verteilungs-Koeff. von Al u. Sb in 97, 90 u. 80%ig. Ge-Kristallen als Funktion der Konz. dieser Elemente. Es wird gezeigt, daß die Ge–*AlSb*-Begrenzungslinie im Phasendiagramm das Gleichgewicht fl.-fest für diesen Fall nicht beschreibt. Die Verteilungs-Koeff. hängen von dem Konz.-Verhältnis Al/Sb ab, was auf eine Änderung des Fermi-Niveaus im Kristall zurückzuführen ist. Die Ergebnisse deuten auf die Bldg. von Al-Sb-Aggregaten für angenähert gleiche Konzz. von Al u. Sb hin. K. Jaeger 197◇

*0486* **Die Kristallstruktur der Verbindungen $(SnSe)_{1-x-y} \cdot (SnTe)_x(PbTe)_y$.** Akiyoshi Nishiyama und Toshihiro Okada. (Mem. Fac. Sci., Kyushu Univ., Ser. B **3**, 3–7, 1960; engl.) — Röntgenograph. Unters. von SnTe ergab NaCl-Struktur mit a = $6{,}31_3$ Å bei Zimmertemperatur. Verbb. des Typs $(SnTe)_{1-x}(PbTe)_x$ haben zwischen x = 0,8–1,0 die NaCl-Struktur. Der Gitterparameter ändert sich linear von $6{,}45_4$ (Å) für PbTe auf $6{,}31_3$ für SnTe. Für x-Werte zwischen 0 u. 0,5 hat die Verb. die SnS-Struktur u. für x = 0,75 besteht die Verb. aus 2 Phasen mit der NaCl- u. SnS-Struktur. Die Verbb. des Typs $(SnSe)_{1-x-y}(SnTe)_x(PbTe)_y$ lassen sich strukturmäßig in 3 Gruppen ordnen: Verbb. mit weniger als 20% SnSe haben NaCl-Struktur, Verbb. mit mehr als 60% haben die SnS-Struktur u. Verbb. mit intermediärem SnSe-Geh. bestehen aus 2 Phasen mit NaCl- u. SnS-Struktur. Die Änderungen der Gitter-Konst. sind graph. wiedergegeben. Der Phasenübergang von der NaCl- zur SnS-Struktur konnte bis zu 400° nicht beobachtet werden. C. Gottfried 197△

*0487* **Untersuchung der halbleitenden Dreikomponentenverbindung $PbBiSe_2$.** L. Ss. Palatnik, O. M. Konowalow, N. T. Gladkich und W. N. Kolessnikow. (Metallphysik u. Metallkunde [UdSSR] **11**, 677–80, 1961; Charkow, Gorki-Univ.; russ.) — Die Verb.-Bldg. im tern. Syst. Pb–Bi–Se wird durch gleichzeitiges Verdampfen u. Kondensieren der Elemente in verschiedenen Verhältnissen im Vakuum (ca. $5 \cdot 10^{-5}$ Torr) untersucht. Es wird nur die Halbleiter-Verb. $PbBiSe_2$ (I) in großen Proben erhalten. I ist tetragonal mit a = 5,26, c = 3,84 Å. Die Abhängigkeit des elektr. Widerstandes von der Temp., die Stromspannungscharakteristik u. die Größen des spezif. elektr. Widerstandes u. der Thermo-EMK der Proben bestätigen, daß $PbBiSe_2$ eine halbleitende Verb. ist. Es ist möglich, $PbBiSe_2$ durch Zonenkristallisation zu reinigen. N. Kubeth 197◇

*0488* **Einige Bemerkungen zum System Cr–Te.** M. Chevreton, E. F. Bertaut und F. Jellinek. (Acta crystallogr. [Copenhagen] **16**, 431, 1963; Lyon, Fac. des Sci., Centre de 3ᵉ Cycle de Génie Chim.; Grenoble, Inst. Fourier, Labor. d'Électrostat. et de Phys. du Métal; Groningen, Rijksuniv., Labor. voor Anorg. Chem.; franz.) — Im Syst. Cr–Te wurden folgende Überstrukturen gefunden, die sich von einem NiAs-Typ ableiten, wobei Lücken im Cr-Teilgitter auftreten: $Cr_2Te_3$, isotyp mit trigonalem $Cr_2S_3$; Raumgruppe P $\bar{3}$ 1 c; Parameter dreier verschiedener Proben: a = 6,787, 6,791, 6,812 ± 0,002 Å; c = 12,059, 12,069, 12,069 ± 0,003 Å; $Cr_3Te_4$, isomorph mit monoklinem $Cr_3S_4$ u. $Cr_3Se_4$ mit großem Homogenitätsbereich; Raumgruppe I 2/m — $C_{2h}^3$; a = 6,89, b = 3,94, c = 12,35 Å, β = 91° 11′; $Cr_7Te_8$, isotyp mit $Cr_7Se_8$; Raumgruppe F 2/m — $C_{2h}^3$; a = 13,81, b = 7,97, c = 12,47 Å, β = 90° 41′. Während stöchiometr. CrTe nicht dargestellt werden konnte, existiert eine Phase $Cr_{1-x}Te$ mit geringem Cr-Unterschuß. Aufgefüllte wechseln mit fehlgeordneten Cr-Gitterebenen ab. Die c-Achse ist die Richtung leichtester Magnetisierbarkeit. Die Gitter-Konst. steigen mit dem Cr-Gehalt. An 3 verschiedenen Proben wurde gefunden: a = 3,995, 3,997, 4,0056 ± 0,0004 Å; c = 6,232, 6,233, 6,2435 ± 0,001 Å. B. Krebs 197◇

*0489* **Zustandsdiagramm der Legierungen des Systems Chrom–Yttrium.** W. F. Terechowa, I. A. Markowa und Je. M. Ssawitzki. (J. anorg. Chem. [UdSSR] **6**, 1252–53, 1 Tafel, 1961; russ.) — Unter He werden 23 Legg. mit 0,1 bis 99,8% Y geschmolzen u. das Zustandsdiagramm aufgenommen. Von 4 Zus. werden Abb. der Mikrostruktur gegeben. Es liegen zwei Eutektika vor (ca. 85 bzw. ca. 13 Gew.-% Cr, 1760 ± 25 bzw. 1315 ± 7°). Bei 1760 ± 25° existiert zwischen 15 u. 70 Gew.-% Y im festen u. fl. Zustand eine Mischungslücke. Verb.-Bldg. wird nicht beobachtet. R. Teichmann 197◇

*0490* **Röntgenographische Untersuchung fester Hochtemperaturlösungen des Systems Chrom–Wolfram–Molybdän.** N. W. Grum-Grshimailo und D. I. Prokofjew. (J. anorg. Chem. [UdSSR] **6**, 1155–64, 1961; russ.) — Vgl. C. **1961**, 3904. — Bei hohen Temp. bildet sich im Syst. Cr–W–Mo eine ununterbrochene Reihe fester Legg., die beim Anlassen zerfallen. Die Gitter-Konst. werden in Abhängigkeit von der Zus. tabellar. angegeben. Bei Steigerung der Cr-Konz. in den bin. Syst. Cr–W u. Cr–Mo sowie im tern. Syst. weichen die Gitter-Konst. von der Végardschen Regel ab. Mo u. W im bin. u. auch im tern. Syst. mit Cr befolgen diese Regel jedoch. R. Teichmann 197◇

*0491* **Elektronenzahl des Stickstoffatoms in $Mn_4N$.** Masao Kuriyama, Sukeaki Hosoya und Tadasu Suzuki. (Physic. Rev. [2] **130**, 898–99, 1963; Pittsburgh, Pa., Westinghouse Res. Labor.; Aza-bu, Minato-ku, Tokyo, Univ. of Tokyo, Japan, Inst. for Solid State Phys.; engl.) — Mit Fe-Kα-Strahlung wird der Atomformfaktor von N u. Mn gemessen. Innerhalb des Meßfehlers von 5% stimmen die Faktoren mit der theoret. Kurve für $N^0$ u. $N^{1-}$ überein. Die Ergebnisse widersprechen der Theorie, nach der das N-Atom als Elektronendonator für die benachbarten Mn-Atome wirkt. R. Nink 197◇

*0492* **Elektronenmikroskopische Untersuchung von Strukturumwandlungen in Titan–Mangan und Titan–Chrom-Legierungen.** R. M. Lerinman, T. W. Schtschegolewa, Ss. A. Kuschakewitsch und Ss. I. Sselitzkaja. (Metallphysik u. Metallkunde [UdSSR] **9**, Nr. 3, 437–40, 1960; Inst. für Metallphys. der Akad. der Wiss. der UdSSR; russ.) — Die Anfangsstadien der Umwandlung der β-Phase wurde in

Ti–Cr (9,4% Cr)- u. Ti–Mn-Legg. (10,5% Mn) elektronenmkr. beobachtet. Nach Anlassen bei 400° wurde in Ti–Cr- u. Ti–Mn-Legg. nach der Härtung die ω-Phase beobachtet. Sie bildet ein Gefüge von feindispersen Lamellen von 400 Å Dicke u. weniger. Stellenweise treten Ketten von gleichgerichteten u. einzelne gleichgerichtete Teilchen auf. Es wird vermutet, daß es sich hierbei um die ersten Entstehungsstadien der ω-Phase handelt. F. Lenz 197◇

*0493* **Zustandsdiagramm des Systems Rhenium-Titan.** Je. M. Ssawitzki, M. A. Tylkina und Ju. A. Sotjew. (J. anorg. Chem. [UdSSR] **4**, 702–04, 1959; Baikow-Inst. für Metallurg. der Akad. der Wiss. der UdSSR; russ.) — Vff. untersuchten metallograph. u. mit Hilfe von Röntgenstrukturanalysen das Syst. Re–Ti. Ein Zustandsdiagramm von peritekt. Typ mit zwei Peritektika wurde aufgestellt. Bei ca. 2750° u. 95 Gew.-% Re besteht die Verb. $Re_{24}Ti_5$. Die mechan. u. elektr. Eigg. verschiedener Ti–Re-Legg. sind beschrieben. Das Verh. der Legg. steht nicht im Einklang mit der Hume-Rothery-Regel. S. Slováková 197◇

*0494* **Kontinuierliche metallartige feste Lösungen im ternären System Co–Ni–B.** I. I. Kornilow und P. T. Kolomytzew. (Ber. Akad. Wiss. UdSSR **125**, 325–27, 1 Tafel, 1959; Schukowski-Militär-Akad. der Luftflotte; russ.) — Es wurde die gegenseitige Löslichkeit in den Syst. $Co_3B$–$Ni_3B$ u. $Co_2B$–$Ni_2B$ untersucht. Die Komponenten wurden durch Zusammenschmelzen der Elemente im stöchiometr. Verhältnis unter Ar dargestellt. Durch röntgenograph. Strukturanalyse, Mikrostruktur- sowie Mikrohärte-Unterss. wurde bestätigt, daß sich in den beiden Syst. kontinuierliche feste Legg. ausbilden. S. Slováková 197◇

*0495* **Die Nickelecke im Dreistoffsystem Nickel–Zink–Bor.** H. H. Stadelmaier, J.-D. Schobel und L. T. Jordan. (Metall **16**, 752–54, 1962; Raleigh, N.C.; dt.) — Durch metallograph. u. röntgenograph. Unters. von Ni–Zn–B-Legg. im Gußzustand u. nach 200std. Glühung bei 800° ist das Zustandsbild in der Ni-Ecke ausgearbeitet worden. Dabei sind 4 kongruent schm. tern. Phasen gefunden worden: Das kub. Borid τ (D $8_4$-Gittertyp) zwischen $Ni_{72}Zn_{10}B_{18}$ u. $Ni_{61}Zn_{13}B_{26}$ mit Gitterparametern zwischen a = $10{,}49_8$ u. a = $10{,}55_5$ Å sowie drei weitere Phasen unbekannter Struktur, φ bei $Ni_{49}Zn_{31}B_{20}$, χ bei $Ni_{45}Zn_{30}B_{25}$ u. Ψ bei etwa $Ni_{57}Zn_{13}B_{30}$. H. Hochstein 197◇

*0496* **Kobaltecke des Dreistoffsystems Kobalt–Zinn–Bor.** H. H. Stadelmaier und R. B. Fitts. (Metall **16**, 773–74, 1962; dt.) — Vgl. vorst. Referat. — Die Co-Ecke des Dreistoff-Syst. Co–Sn–B ist mit Hilfe der Gußgefüge u. durch Unters. der Legg. nach 200std. Glühung bei 800° beschrieben worden. Es tritt ein kongruent schm. tern. Borid der Zus. $Co_{21}Sn_2B_6$ auf, dessen Struktur kub. (D $8_4$-Typ) ist u. dessen Gitter-Konst. $10{,}60_1$ Å beträgt. Außerdem ist noch eine fl. Mischungslücke im Ternären vorhanden. H. Hochstein 197◇

*0497* **Polymorphe Umwandlung des Chroms und das Zustandsdiagramm des Systems Chrom–Nickel im überwiegend chromhaltigen Gebiet.** A. T. Grigorjew, Je. M. Ssokolowskaja, N. A. Nedumow, M. W. Maximowa, I. G. Ssokolowa und Je. Jui Pu. (J. anorg. Chem. [UdSSR] **6**, 1248–51, 1961; russ.) — Mit Hilfe mkr., röntgenograph. u. therm. Analysen werden Cr–Ni-Legg. im Bereich 1–40% Ni untersucht. In diesem Bereich werden anfangs 4 zweiphasige Gebiete (α + β, β + γ, γ + δ, δ + ε) u. 3 eutektoide Umwandlungen bei 850, 960 u. 1140° gefunden. Außerdem wird eine solche Umwandlung bei 1220° u. 32% Ni festgestellt. Die Ergebnisse zeigen, daß Chrom in 5 Modifikationen existiert. R. Teichmann 197◇

*0498* **Das ternäre System Cr–Ni–Si.** Je. I. Gladyschewski und L. K. Borussewitsch. (J. anorg. Chem. [UdSSR] **8**, 1915–20, 1963; Lwow, Franko-Univ.; russ.) — Durch Röntgen- u. Mikrostruktur-Unterss. des tern. Syst. Cr–Ni–Si oberhalb 850° werden 5 intermetall. Phasen [σ- (ca. 15 Atom-% Si), π- (ca. 20), T- (>40), $τ_1$- (< 40) u. $τ_2$-Phase (ca. 40)] nachgewiesen u. das Gleichgewichtsphasendiagramm aufgestellt. Vff. bestätigen, daß die T-Phase (kub.-flächenzentrierte Struktur, a = 11,10 Å) mit der idealen Zus. nahe $Cr_6Ni_{16}Si_7$ zum Strukturtyp des $Mg_6Cu_{16}Si_7$ ($O_h^7$ – F d 3 m) gehört. Setzt man den Legg. ca. 1 Gew.-% C zu, so läßt sich eine η′-Phase der Zus. $Cr_3Ni_2Si(C)$ mit a = 10,62 Å ($O_h^7$ – Fd3m) isolieren, welche strukturell dem Typ des $Ti_2Ni$ oder $W_3Fe_3C$ angehört. — 18 Literaturangaben. W. D. Heußner 197◇

*0499* **Untersuchung der Natur der Änderung des Zustands fester Cu–Al-Lösungen bei thermischer Beanspruchung.** W. P. Fadin, W. Je. Panin und Je. F. Dudarew. (Metallphysik u. Metallkunde [UdSSR] **14**, 35–40, 1962; Sibir. physikal.-techn. Forschungsinst.; russ.) — Die Abhängigkeit des spezif. elektr. Widerstandes ϱ der festen Lsg. Cu + 14,3 Atom-% Al von der Anlaßdauer, die Veränderung von ϱ bei Steigerung der Abschrecktemp., die Abhängigkeit der relativen Veränderung der Dichte u. des Gitterparameters von der Abschrecktemp. u. die Abhängigkeit der Anfangs-Geschw. ($v_0$) der Veränderung von ϱ von der Abschrecktemp. werden graph. angegeben. Aus den Ergebnissen wurde die Bldg.-Energie der Leerstellen bestimmt u. die Einfl. der Leerstellen auf ϱ u. Dichte der Leg. bei verschiedenen Temp. bewertet. Die erhaltenen Ergebnisse beweisen das Vorhandensein einer Nahordnung in der Legierung. N. Kubeth 197◇

*0500* **Untersuchung des Zustandsdiagramms des quartären Systems Al–Zn–Mg–Cu im aluminiumreichen Gebiet.** A. M. Sacharow, I. N. Fridljander und N. M. Edelman. (J. anorg. Chem. [UdSSR] **6**, 1165–71, 1961; russ.) — Bei (460, 430 u. 200) ± 5° werden Legg. aus dem Al-reichen Teil des Phasendiagramms des quatern. Syst. Al–Zn–Mg–Cu nach 12-, 20- bzw. 78tägiger Glühung mkr. untersucht. Die Legg. enthielten 4, 6 u. 8% Zn, 0,5–5,0% Cu, 0,5–7,0% Mg, den Rest Al. Die Ergebnisse werden in zahlreichen Diagrammen wiedergegeben. Im Gleichgewicht mit der quatern. festen Lsg. in Al, deren Existenzbereich sich bei Senkung der Temp. von 460 auf 200° stark verkleinert, befinden sich in Legg. mit 4% Zn die Θ-, S- u. T-Phase ($CuAl_2$ bzw. $Al_2CuMg$ bzw. $Al_6CuMg_4$), bei Legg. mit 6 u. 8% Zn daneben auch die Z- u. M-Phasen (feste Legg. $MgZn_2$–$AlCuMg$ bzw. $MgZn_5$–$Al_{10}Cu_7Mg_3$). Die verwendeten Ätzmittel u. -zeiten sind angegeben. R. Teichmann 197◇

*0501* **Über den Mechanismus der Kondensation von Cu–Ni-Legierungen.** L. Ss. Palatnik und N. T. Gladkich. (Ber. Akad. Wiss. UdSSR **140**, 1297–1300, 1 Tafel, 1961; Charkow, Gorki-Univ.; russ.) — In Cu–Ni-Legg. wechselnder Zus. lassen sich nach Unterss. der Vff. Abhängigkeiten zwischen Mikrofestigkeit u. Temp. feststellen, die für den Bereich von 30–320° als Kondens.-Temp. dieser Legg. im Vakuum bestimmt werden. Über einen „mikroheterogenen" Kondens.-Mechanismus werden die untersuchten Strukturen der Schmelze erklärt. Röntgenograph. werden bei verschiedenen Temp. des genannten Bereiches 2 entsprechend flächenzentrierte Gitter nachgewiesen. Wie man nach dem Röntgenogramm des Zweiphasengemisches erwartet, bilden sich auch 2 feste Legg. von Cu–Ni mit verschiedenen Gitterparametern. Die durch mehrere unabhängige Meßmeth. gefundenen Zustandsdiagramme für geschmolzene u. kondensierte Cu–Ni-Phasen sind angegeben. W.-D. Heußner 197□

*0502* **Die Metallographie der Ausscheidung in einer Al–16% Ag-Legierung.** R. B. Nicholson und J. Nutting. (Acta metallurg. [New York] **9**, 332–43, 1961; Cambridge, Univ., Dep. of Metallurg.; engl.) — Unters. der Ausscheidung einer übersätt. Al–16% Ag-Leg. mittels elektronenmkr. Durchstrahlung dünner Folien ergab die grundlegende Umwandlungsreihe: G.P.-Zonen → γ′ → γ. Die Umwandlung γ′ → γ geschieht durch diskontinuierliche Ausscheidung zusammen mit einem Kornwachstumsmechanismus. Versetzungsspiralen, die durch Abschrecken erzeugt werden, absorbieren Ag u. entarten zu langen, schmalen Stapelfehlern auf (1 1 1)-Ebenen u. bilden Keime für γ′-Ausscheidungen. J. Uhlmann 197◇

*0503* **Elektrolytische Messung der Wasserstoffdiffusion in homogenen Palladium–Silber–Wasserstoff-Legierungen.** A. Küssner. (Z. physik. Chem. [Frankfurt/M.] [N. F.] **36**, 383–86, 1963; Münster/Westf., Univ., Inst. für physikal. Chem.; dt.) — Die Abklinggeschw. des $H_2$-Diffusionsstroms wurde bei potentiostat. Entladung H-haltiger PdAg-Legg. mit 25, 30, 40 u. 50 Gew.-% Ag bestimmt. Die Aktivierungsenergie der Festkörperdiffusion des H ist weitgehend von der Ag-Konz. unabhängig. An einer PdAg-Folie mit 25% Ag konnte bei 25° u. 760 Torr $H_2$ eine maximale anod. Diffusionsstromdichte von ca. 120 mA/cm² erreicht werden, was mit dem Diffusions-Koeff. von $3{,}0 \cdot 10^{-7}$ cm²/s prakt. der theoret. Belastbarkeit entspricht. K. Roß 197◇

*0504* **Über den kolloidalen Zustand der festen Lösung von zweiphasigen metallischen Legierungssystemen.** W. M. Glasow und W. N. Wigdorowitsch. (Kolloid-J. [UdSSR]

21, 18—24, 1959; Moskau, Kalinin-Inst. für Buntmetalle; Metallurg. Baikow-Inst. der Akad. der Wiss. der UdSSR; russ., Auszug: engl.) — Die Unterss. über die Mikrohärte der Kristalle in den festen Lsgg. der Syst. *Al–Cu, Al–Si, Al–Zn, Al–Ti, Al–Ta, Al–Zr, Al–Sn, Al–Mn, Al–Fe, Cu–Ti, Cu–Zr, Cu–Cr, Cd–Bi* u. *Cd–Sn* zeigen, daß eine Mikroheterogenisierung der Kristalle nach einem Dispersions- u. nach einem Kondens.-Schema möglich ist. Die kinet. Unters. des Übergangs der heterogenisierten Kristalle aus dem metastabilen in den stabilen Zustand u. die röntgenograph. Unters. zeigen, daß die heterogenisierten Kristalle als koll. Lsg. anzusehen sind. O. Lebtag 197△

*0505* **Über den Zusammenhang des Verhaltens borhaltiger Phasen bei Einwirkung von Neutronenstrahlung mit den Eigenarten ihres Kristallaufbaues.** G. W. Ssamssonow. (Atomenergie [UdSSR] **14**, Nr. 6, 588—90, 1963; russ.) — Vf. gibt Hinweise auf Übereinstimmungen zwischen Struktur-Eigg. u. Elektronenkonfiguration von Bor-Verbb. ($TiB_2$, *FeB*, $Fe_2B$ u. $AlB_2$) u. ihrem Verh. bei Bestrahlung mit schnellen Elektronen. — 9 Literaturangaben. W.-D. Heußner 197◇

*0506* **Direkte Ermittlung der Wechselwirkung von Versetzungen mit Teilchen einer Sekundärphase.** M. P. Ussikow und L. M. Utewski. (Betriebs-Lab. [UdSSR] **29**, 944—48, 1963; Zentrales wiss. Bardin-Untersuchungsinst. für das Eisenhüttenwes.; russ.) — Vorgeschlagen wird eine Meth. der direkten elektronenmkr. Unters. dünner Folien einer Leg. vom Typ EI437, die durch elektr. Polierung eines gealterten u. plast. verformten Bleches mit einer Dicke von 40—100 μ erhalten werden. Festgestellt werden verschiedene Versetzungskonfigurationen, die für eine Zweiphasenstruktur bei unterschiedlicher Dispersität der mit der Grundmasse kohärenten Sekundärphase charakterist. sind. H. Hochstein 197◇

*0507* **Seitenbandintensitäten bei der kohärenten Entmischung im System Kupfer-Nickel-Eisen.** E. Biedermann. (Acta crystallogr. [Copenhagen] **13**, 650—52, 1960; Frankfurt/M., AEG Forschungsinst.; dt.) — Die regelmäßige schichtweise Anordnung der Entmischungsphasen im Syst. Cu–Ni–Fe gibt Anlaß zu Seitenbändern an den normalen Debye-Scherrer-Linien. Es wurde berechnet, in welcher Weise die Intensitäten dieser Seitenbänder von den Dickenverhältnissen der Entmischungsschichten abhängen. H. Hochstein 197◇

*0508* **Elektronenmikroskopische Untersuchung der Struktur sich dispers verfestigender Legierungen auf Fe-Ni-Cr-Grundlage.** A. W. Smirnowa. (Betriebs-Lab. [UdSSR] **29**, 948—52, 1963; Zentrales Bardin-Forschungsinst. für Eisenmetallurg.; russ.) — Elektronenmkr. Unters. von Federstahl-Legg. mit Al-, Ti- u. Mo-Zusätzen durch einstufige Kohlenstoffabdrucke u. Pseudoabdrucke sowie durch Leg.-Ätzung. Die herausgelösten Ausscheidungen konnten durch Elektronenbeugung in Durchstrahlung als Titan- u. Chromcarbide, $Fe_2Mo$, $Ni_3Ti$ u. eine γ'-Phase vom Typ $(Ni, Fe)_3(Ti, Al)$ identifiziert werden. F. Lenz 197◇

*0509* **Über das Mikrogefüge von Co-Cr-Fe-C-Legierungen.** D. Coutsouradis und L. Habraken. (Kobalt **1961**, Nr. 13, 22—39; Lüttich, Belgien, Centre Nat. de Rech. Métallurg.; dt.) — Untersucht wurde in Co-Cr-Fe-C-Legg. mit 13, 18 u. 27% Cr, bis 1,5% C u. 15, 25, 40 u. 50% Co, Rest Fe die Ausbildung des Mikrogefüges in Abhängigkeit von dem steigenden C-Gehalt. Es zeigt sich, daß die α–γ-Umwandlung wie im Falle des Syst. Fe-Cr nur wenig beeinflußt wird; das Zweiphasenfeld $\alpha + \gamma$ wird aber erheblich verkleinert. Der stabile Bereich der σ-Phase wird durch den C-Zusatz so stark eingeengt, daß in den Legg. mit 0,7 u. 1,5% C die σ-Phase nicht mehr auftritt. Bei diesen C-Geh. u. den Co- u. Cr-Geh. der untersuchten Legg. verschwindet das Vierphasengleichgewicht $\gamma + \sigma \rightarrow \alpha + \varepsilon$. Die ε-Phase tritt in den Legg. mit 0,2% C unter den gleichen Bedingungen auf wie in den Legg. mit sehr niedrigem C-Gehalt. Wird der C-Geh. erhöht, sind höhere Cr- u. Co-Geh. erforderlich, damit sie auftritt. Die bei C-Geh. bis einschließlich 0,7% beobachteten Carbide sind vom Typ $M_{23}C_6$ u. $M_7C_3$. Bei den Legg. mit 1,5% C tritt nur der Typ $M_7C_3$ auf. Bei denjenigen Leg.-Gruppen, bei denen beide Carbide auftreten, war es unmöglich, mit den zur Verfügung stehenden Vers.-Ergebnissen die entsprechenden Umwandlungslinien festzulegen. H. Hochstein 197◇

*0510* **Bestimmung der kristallographischen Orientierung von Einkristallen einer Eisen-Silicium-Legierung aus der Beobachtung von Ätzgrübchen.** B. Wysłocki. (Acta physica polon. **23**, 3—12, 1963; Gliwice, Inst. of Iron Metallurg.; engl.) — Einkristalle einer Fe-Leg. mit 3,25% Si wurden chem. oder elektrolyt. mit einer Reihe bekannter Ätzmittel [$(NH_4)_2 \cdot S_2O_8$, $FeSO_4 + H_2SO_4$, $(NH_4)\,Fe(SO_4)_2 \cdot 6_2O + H_2SO_4$; $HgNO_3$] angeätzt. Die kristallograph. Orientierung der angeätzten Oberflächen erfolgte mit Hilfe eines opt. Zweikreisgoniometers unter Verw. des Wulfschen stereograph. Netzes. H. Roschkowski 197◇

*0511* **Clusterbildung von N und C in Fe.** D. Keefer und C. Wert. (J. physic. Soc. Japan, Suppl. Nr. III, Proc. int. Conf. Crystal Lattice Defects, Kyoto **1962**, 110—14, 1963; Urbana, Ill., Univ. of Illinois; engl.) — Aus den Ergebnissen von Spannungsmessungen bei ca. —25° an Fe mit einem N- bzw. C-Atombruch von ca. 0,0005 wird geschlossen, daß ungefähr 5% der Zwischengitteratome als Paare oder Tripletts vorliegen. N-Paare besitzen eine Bindungsenergie von ca. 1500 (cal/Mol), C-Paare von ca. 1900, N-Tripletts von ca. 5000 u. C-Tripletts von ca. 6000. H. Roschkowski 197◇

*0512* **Der Einfluß durch Bestrahlung erzeugter Defekte auf die Ausscheidung von Kohlenstoff in Eisen.** F. E. Fujita und A. C. Damask. (J. physic. Soc. Japan, Suppl. Nr. III, Proc. int. Conf. Crystal Lattice Defects, Kyoto **1962**, 105—09, 1963; Upton, N.Y., Brookhaven Nat. Labor.; engl.) — Übersicht. — 12 Literaturangaben. H. Roschkowski 197◇

*0513* **Beitrag zur Untersuchung der Textur von Eisenpulver, das durch Reduktion von Eisen(II)-formiat mit Wasserstoff erhalten wurde.** Jean Amiel, Jean-Daniel Thioulouse und Colette Malard. (C. R. hebd. Séances Acad. Sci. **256**, 2176—77, 1963; Paris, Labor. de Chim. des Solides; franz.) — Eisen(II)-formiat wird bei 320 u. 350° im $H_2$-Strom reduziert. Die Röntgenaufnahmen zeigen bei Proben, hergestellt bei einer Strömungs-Geschw. des $H_2$ von 14,5 (Liter/h·g; 320°) oder 22,5 (350°) eine starke Intensitätsabnahme der Linien, aus der auf eine kristallograph. Umbildung des Fe geschlossen wird. I. Zoll 197◇

*0514* **Widerstand von Eisenwhiskern gegenüber Oxydation.** R. Jouty und R. Régis. (J. Physique Radium **23**, 125—27, 1962; Montpellier, Fac. des Sci., Labor. d'Électron. et de Phys. des Métaux; franz.) — Vff. beobachteten an Fe-Whiskern, die nach der Meth. von Brenner (vgl. C. **1957**, **7291**) durch Red. von Fe-Halogeniden mit $H_2$ bei hoher Temp. erhalten worden waren, daß sie nach über 6 Monaten noch keinerlei Rosterscheinungen zeigten u. außerdem ihre mechan. Eigg. behalten hatten. Elast. Biegeverss. an Whiskern, die über 6 Monate der Luft u. der Feuchtigkeit ausgesetzt waren, ergaben eine Verlängerung von 2 u. 3%. Weitere Verss. mit veränderten Darst.-Bedingungen ergaben, daß der Widerstand gegenüber Oxydation entweder einem Schutzfilm zuzuschreiben ist oder aber, daß die Whisker die Struktur eines Idealkristalls haben. C. Gottfried 197△

*0515* **Streckung durch Zug und Verformungsbänder eines Einkristalls aus reinem Eisen.** Shoso Dohi. (J. Sci. Hiroshima Univ., Ser. A **24**, 97—105, 1960; engl.) — Vgl. C. **1962**, 16238. — Die Verformung von Einkristallen aus reinem Fe [0,013 (%) C, 0,006 Si, 0,004 Mn, 0,003 P, 0,004 S, 99,97 Fe] mit verschiedenen kristallograph., durch Streckung erzeugten Orientierungen wird untersucht u. das Auftreten von Gleitbändern erklärt. Die Scher-Spannungs–Dehnungs-Kurve, die von dem durch Einzelgleiten verformten Kristall erhalten wurde, unterscheidet sich von derjenigen, die durch Doppelgleitung erhalten wurde, bis zu 0,5 der Schubdehnung. Die Voraussetzungen für das Auftreten der Gleitbänder beim Einzelgleiten werden mitgeteilt. H. Hochstein 200◇

*0516* **Duktilität von reinem Eisen.** E. Bull Simonsen. (Acta metallurg. [New York] **11**, 62—63, 1963; Brussels, Union Carbide European Res. Assoc.; engl.) — Stäbe von durch Zonenschmelzen gereinigtem Elektrolyt-Fe mit einem Geh. von 6 (ppm) C, 5 $O_2$ u. 3 $N_2$ wurden kalt von 10,4 auf 1 mm Ø ohne intermediäres Anlassen gezogen. Die Zugfestigkeit dieser Proben betrug 47 kg/mm² u. die Verlängerung 5%. Die Drähte wurden hierauf im Vakuum 1 Std. bei Temp. zwischen 285 u. 947° angelassen. Die Zug-Verss. wurden bei Zimmer-Temp. bei einer Verformungs-Geschw. von $3{,}3 \cdot 10^{-4}\,s^{-1}$ durchgeführt. Nach Anlassen zwischen 400 u. 650° war die Verlängerung größer als 30% mit einem Maximum von ca. 60% bei einer Anlaßtemp. von 500°. Von einer kaum merkbaren

Streckgrenze nach Anlassen bei 450° nahm die Streckgrenzenverlängerung schnell auf nahe 10% bei ca. 500° zu u. war nach einer Anlaßtemp. von 650° wieder kaum nachweisbar. Diese ungewöhnliche Veränderung der Verlängerung als Funktion der Anlaßtemp. mit einem Maximum bei 500° steht wahrscheinlich in Zusammenhang mit der von Besnard u. Talbot (vgl. C. **1960**, 16023) für reines Fe beobachteten Existenz einer krit. Anlaßtemperatur. C. Gottfried 200△

*0517* **250° C-Peak für innere Reibung in Eisen.** A. R. Rosenfield. (Nature [London] **196**, 1083, 1962; Liverpool, Univ. of Liverpool, Dep. of Metallurg.; engl.) — Bei ca. 250° u. Frequenzen von ca. 1 Hz tritt bei Fe ein Peak der inneren Reibung auf. Durch Vgl. der Aktivierungsenergie von 32 bis 35 kcal/Mol) für den Peak u. dem unteren Grenzwert von ca. 28 für Sauerstoffdiffusion schließt Vf., daß das Auftreten des Peaks der Diffusion von O-Atomen im innenzentrierten kub. Gitter zuzuordnen ist. Ernst Schulte 200◇

*0518* **Spannungsanisotropie in aufgedampften Eisenschichten.** J. D. Finegan und R. W. Hoffman. (J. appl. Physics **30**, 597—98, 1959; Cleveland, Ohio, Case Inst. of Technol.; engl.) — In aufgedampften Fe-Schichten, bei deren Aufdampfung der Atomstrahl unter 22,5° gegen die Substratoberfläche geneigt war, wurde interferometr. eine Anisotropie der Druckverteilung um das Verhältnis 0,823 bis 0,836 senkrecht u. parallel zum Aufdampfstrahl festgestellt. K. Jaeger 200◇

*0519* **Einfluß der Alterung nach einer Abschreckung auf die mechanischen Eigenschaften von extraweichen Stählen.** Philippe Mazot, Jacques De Fouquet und Raymond Jacquesson. (C. R. hebd. Séances Acad. Sci. **256**, 2170 bis 2172, 1963; Poiters, Labor. de Métallurg. phys.; franz.) — Der Verlauf der mechan. Eigg. von extraweichen Stählen während der Alterung nach einer Abschreckung gestattet, die Kinetik der Ausscheidung von gelöstem C aus dem Ferrit im Temp.-Bereich von 20—80° zu verfolgen. Die Unters. zeigt das Auftreten von zwei deutlichen Temp.-Bereichen, für die der Verlauf der mechan. Eigg. verschieden ist u. deren Grenze in der Nähe von 50° liegt. Dieser Unterschied scheint mit der Art der Verteilung der Ausscheidungen zwischen der Grundmasse u. den Versetzungen bzw. ihrer Wachstums-Geschw. zusammenzuhängen. H. Hochstein 200◇

*0520* **Elektronenmikroskopische Untersuchung von durch Ermüdung und einfachen Zug verformtem rostfreiem Stahl.** P. B. Hirsch, P. G. Partridge und R. L. Segall. (Philos. Mag. [8] **4**, 721—29, 6 Tafeln, 1959; Cambridge, Cavendish Labor., Crystallograph. Labor.; engl.) — Nach Verformung von rostfreiem Stahl wurde die eine Seite der Probe mit einem säurebeständigen Lack überzogen u. die andere Seite elektrolyt. auf die gewünschte Dicke der Probe abgetragen. Hierauf wurde der Lack abgelöst u. die Probe elektronenmkr. untersucht. Nach Zugverformung war die Anordnung der Versetzungen auf der Oberfläche sehr ähnlich der, die von Whelan u. Mitarbeitern (C. **1958**, 5893) im Inneren der Probe festgestellt worden war. Die Versetzungen sind entweder aufgestaut oder bilden Netzwerke auf den Gleitebenen. Diese Netzwerke sind das Ergebnis einer Wechselwrkg. der aufgestauten mit anderen Versetzungen auf sich schneidenden Systemen. Die Netzwerke oder die Aufstauungen enthalten oft ca. 20—30 Versetzungen entsprechend einer Gleitverschiebung von ca. 50—75 Å. Nimmt man eine mittlere Verschiebung von ca. 50 Å u. einen Gleitlinienabstand von ca. 1000 Å an, dann ergibt sich eine mittlere Scherverformung von ca. 5%. Auf den Oberflächen der ermüdeten Proben wurden eine Reihe heller Linien beobachtet, bei denen es sich möglicherweise um frühe Stadien von Sprüngen entlang der Gleitlinien handelt. Diese Linien wurden in den durch Zug verformten Proben nicht beobachtet. Außerdem wurde auf den Proben Ermüdungsstreifung beobachtet. C. Gottfried 200△

*0521* **Über den Mechanismus der mit Zwischengitteratomen verknüpften inneren Reibung in kubisch-flächenzentrierten Manganstählen.** Shih-Wei Ku. (Acta physica sinica **17**, 555—57, 1961; chin.) A. Blaschette 200◇

*0522* **Die Untersuchung der Fehlorientierung von Mosaikblöcken in der Oberfläche verformter Fe-Si-Einkristalle durch Röntgenmessung.** M. Polcarová. (Czechoslov. J. Physics **12**, 60—76, 1962; Prague, Czechosl. Acad. Sci., Inst. of Physics; engl.) — Vf. verfolgte durch Messung der Rocking-Kurven die Fehlorientierung von Blöcken der Oberflächenschicht von Fe-Si-Einkristallen bei der Verformung durch Gravierung mittels Saphir-Nadel oder Abrollen einer Stahlkugel. Die Verteilung der Orientierung in zwei Richtungen auf der Oberfläche u. in verschiedenen Tiefen unterhalb der Oberfläche wurden für ein Beispiel berechnet. R. Uttech 200◇

*0523* **Einfluß von Beimengungen auf den Mechanismus plastischer Verformung und die Form der Dehnungskurven von Legierungen.** W. A. Pawlow und I. A. Pereturina. (Metallphysik u. Metallkunde [UdSSR] **14**, 92—98, 1962; Akad. der Wiss. der UdSSR, Inst. für Metallphys.; russ.) — Auf Grund von Unters. der reinen Metalle *Al* u. *Ni* u. der festen Lsgg. *Al-Mg*, *Ni-Cu*, *Ni-Al* u. *Ni-Co* wird die Abhängigkeit der Fließgrenze von der Temp. u. der Konz. der festen Lsg. gezeigt, wie auch die Veränderung der Kurvenform der Dehnung. Die Fließgrenze der Legg. wird durch eine stärkere, als bei reinen Metallen, u. nicht monotone Abhängigkeit von der Temp. charakterisiert; letzteres ist mit der Entw. von Diffusionsprozessen bei der plast. Verformung verbunden. Die Zusätze bewirken eine Erhöhung der Spannung des $\sigma_{III}$-Übergangs aus dem II. in den III. Bereich der Ausdehnungskurve, was auf eine Verringerung der Stapelfehlerenergie hinweist. N. Kubeth 200◇

*0524* **Über den Einfluß einer Kaltverformung auf die einphasige Entmischung von Aluminium-Zink- und Aluminium-Kupfer-Legierungen.** Gunnar Bartsch und Siegfried Bogott. (Z. Metallkunde **53**, 653—60, 1962; Berlin, Inst. für Metallkunde der Techn. Univ.; dt.) — Durch Messung des Widerstandes u. der Härte an bin. Al-reichen Legg. mit 15% Zn bzw. 4% Cu wurde der Einfl. einer Kaltverformung durch Ziehen oder Walzen auf die Kaltaushärtungsvorgänge untersucht. Aus den Widerstandsmessungen wird gefolgert, daß eine während des Lagerns bei Raum-Temp. nach dem Abschrecken aus dem Löslichkeitsgebiet aufgebrachte Verformung eine kurzzeitige Beschleunigung der Kaltaushärtungsvorgänge hervorruft, die jedoch sehr schnell wieder abklingt, so daß die Kaltaushärtung daran anschließend bei weiterem Lagern sehr viel langsamer verläuft als bei unverformten Proben. Bei einer Rückbildungs-Behandlung verformter Proben verläuft die Kaltaushärtung bei erneutem Lagern mit wesentlich geringerer Geschw. als bei gleichbehandelten unverformten Proben. Die Kaltaushärtungsvorgänge verlaufen hierbei mit einer Aktivierungsenergie von ca. 19,7 kcal/Mol. Bei der angewandten Rückbildungs-Temp. laufen in den verformten Proben Erholungsvorgänge ab. Der normalerweise nach dem Abschrecken unverformter Proben auftretende Ablauf des Aushärtungsvorganges wird bei verformten Proben erst dann wieder beobachtet, nachdem sie vollständig rekrist. sind. Durch eine erneute Verformung verformter u. rückgebildeter Proben kann jedoch die Kaltaushärtung in ähnlicher Weise kurzzeitig beschleunigt werden wie bei Proben, die nach dem Abschrecken aus dem Löslichkeitsgebiet während des Lagerns verformt werden. Diese Erscheinungen werden auf eine Änderung der Kinetik der Kaltaushärtung nach dem Verformen zurückgeführt u. können mit den neueren Vorstellungen über den Einfl. von Leerstellen u. Versetzungen auf die Geschw. des Ablaufs der Kaltaushärtung gedeutet werden. Das verschiedene Verh. von Al-Cu- u. Al-Zn-Legg. wird auf die andersartige Struktur der Kaltaushärtungskomplexe sowie auf den unterschiedlichen Verlauf der Kaltaushärtung zurückgeführt. H. Hochstein 200◇

*0525* **Mechanismus der Verzwillingung bei der Verformung von Einkristallen der Legierung von Mo mit 35 Atom-% Re.** Je. M. Ssawitzki und Zsu-Zun Tao. (Metallphysik u. Metallkunde **14**, 148—50, 1962; Baikow-Inst. für Metallurg.; russ.) — Vff. untersuchen die Kristallographie der Verzwillingung an Einkristallen der Leg. nach Dehnung bei Raum-Temp. um 2%. Zur Best. des kristallograph. Deformationsmechanismus werden die beobachteten ellipsoiden Spuren der Verzwilligung (Zwillingsdicke 0,01 mm) an der Kristalloberfläche, die sich mit der Dehnungsachse bilden, röntgenograph. untersucht. Diese beobachteten Verzwillingungsflächen lassen sich in einer stereograph. Projek-

tion durch Großkreise miteinander verbinden, deren ∢∢ α u. β zur Dehnungsachse 86 u. 53° betragen. Danach weicht die verzwillingte Fläche um 2° von der Fläche (1 1 1) ab.
W.-D. Heußner 200◇

*0526* **Kupferhärtung durch Neutronenbestrahlung.** M. A. Adams und P. R. B. Higgins. (Philos. Mag. [8] **4**, 777—80, 1959; Harwell, U. K., A.E.R.E., Metallurgy Div.; engl.) — Polykristalline Drähte (3,5 cm lang u. 0,060 in. ∅) aus 99,999%ig. Cu mit Korndurchmessern 0,0025—0,08 cm wurden mit verschiedenen Neutronendosen bestrahlt u. anschließend bei 20 u. —78° auf ihre Zugfestigkeit untersucht. Bei konst. Bestrahlungsdosis u. Unters.-Temp. nahm der Wert der Streckgrenze linear mit $d^{-1/2}$ zu (d = Halbkorndurchmesser). Die Härtung beruht auf der nebeneinander auftretenden Erschwerung der Ausbildung einer Gleitung (Quellenhärtung) u. ihrer Fortpflanzung (Gitterreibungshärtung). Die Komponente der Gitterreibungshärtung ist abhängig von der Unters.-Temperatur. K. Jaeger 200◇

*0527* **Über die Verschleißeigenschaften von im Vakuum kondensierten Kupferfilmen.** L. Ss. Palatnik und O. I. Ilinski. (Ukrain. physik. J. **7**, 77—79, 1962; Charkow, Polytechn. Lenin-Inst.; ukrain.) — Berichtet wird über die mechan. Verschleiß-Eigg. bei 20—400° von Schichten aus 99,99%ig. Cu (15—200 μ), die im Vakuum von $10^{-5}$ Torr kondensiert worden waren. K. Jaeger 200◇

*0528* **Aktivierungsenergien für das Kriechen von polykristallinem Uran.** Jean-Pierre André und Paul Lacombe. (C. R. hebd. Séances Acad. Sci. **254**, 2159—61, 1962; Paris, École des Mines, Centre de Rech. métallurg.; franz.) — Vff. bestimmten die Aktivierungsenergien für das Kriechen von polykristallinem U durch Unters. der Veränderung der Deformations-Geschw. mit der Temp. nach der Meth. von Dorn (1957). Der oberhalb 580° konst. Wert von 42 ± 2 kcal/Mol ließ vermuten, daß das Kriechen von U in diesem Temp.-Bereich durch einen Verdrängungsmechanismus der Fehlstellen beherrscht wird, dessen Aktivierungswärme jener der Selbstdiffusion entspricht. Die angewendete Spannung betrug 800 g/mm². H. Fries 200◇

*0529* **Textur und Zipfelbildung beim Tiefziehen von Aluminium.** G. E. G. Tucker. (Acta metallurg. [New York] **9**, 275—86, 1961; Banbury, England, Aluminium Labor. Ltd.; engl.) — Für kub.-flächenzentrierte Metalle wird eine einfache theoret. Behandlung beschrieben, die das Kriterium maximaler wirksamer Schubspannung für Gleitung im Syst. (1 1 1) ⟨1 1 0⟩ benutzt. Experimentelle Unterss. an Näpfchen aus Al-Einkristallen bestätigten die theoret. Voraussagen. Erweiterung auf polykristallines Material wird für möglich gehalten. J. Uhlmann 200◇

*0530* **Die Bildung von Ermüdungsrissen in Aluminium-Einkristallen.** T. H. Alden und W. A. Backofen. (Acta metallurg. [New York] **9**, 352—65, 1961; Schenectady, N.Y., Gen. Electr. Res. Labor.; Cambridge, Mass., MIT, Dep. of Metallurg., Metals Processing Labor.; engl.) — Durch einfaches Biegen u. Zurückbiegen wurden reine Al-Einkristalle ermüdet. Nach 50 Lastwechseln mit Dehnungsamplituden von 0,2% war die anfängliche Verfestigung abgeschlossen. Feine Gleitlinien konnten beobachtet werden, der Kristall wurde durch Erholung wieder weich. Bei Erreichen der Sättigungsverfestigung bildeten sich auf einer polierten Oberfläche feine gebündelte Gleitlinien in großen Abständen. Aus der Oberfläche schieben sich mit einer Geschw. von 1—2 μ pro 1000 Lastwechsel Extrusionen heraus. In den entstehenden Gleitbändern bilden sich Ermüdungsrisse aus. Ein elektrolyt. aufgebrachter anod. Film verhütet die Bldg. von Ermüdungsrissen. Wenn ein anod. Film Oberflächenkerben verhindert, kann gezeigt werden, daß durch die Ermüdung die Gleitbänder im Inneren nicht entfestigt werden.
J. Uhlmann 200◇

*0531* **Walzverformung und Rekristallisation in Aluminium-Einkristallplatten.** Yasumasa Takano. (J. Sci. Hiroshima Univ., Ser. A **24**, 297—310, 2 Tafeln, 1960; Hiroshima, Univ., Fac. of Sci., Dep. of Phys.; engl.) — In den Verss. wurden nach der Meth. von Fujiwara (vgl. J. Sci. Hiroshima Univ., Ser. A **21**, [1957], 555) 6 Al-Einkristallplatten mit verschiedenen Orientierungen hergestellt. Mit Hilfe von Laue-Aufnahmen u. mkr. Beobachtungen wurde die Art der Verformung beim Auswalzen mit Walz-Redd. von 10—90% u. ferner die Art der Mikrokristallisation während der verschiedenen Auswalzstufen untersucht. Ferner wurden mit der gleichen Meth. die Rekristallisationserscheinungen untersucht, die in den verschieden stark ausgewalzten Platten nach Anlassen bei 400, 500 u. 600° auftraten. Im Verlauf des Auswalzens lassen sich 3 Stufen unterscheiden: in der ersten Stufe ist auf den Laue-Aufnahmen Asterismus zu beobachten, d. h. der Kristall beginnt sich zu verformen. In der zweiten Stufe tritt nicht nur Asterismus auf, sondern das Bild wird breiter; in dieser Stufe beginnt die Mikrokristallisation merkbar zu werden u. in der dritten Stufe ist eine deutliche Faserstruktur erkennbar. In den Laue-Aufnahmen nach den verschiedenen Anlaßtemp. sind je nach der Temp. entweder einige Spektrallinien, oder Spektrallinien u. einige kleine Interferenzpunkte zu erkennen u. schließlich erhält man ein Diagramm, das nur von einigen wenigen Körnern herrührt. Analysiert wurde noch die kristallograph. Orientierung der rekrist. Kristallkörner, die sich in der Matrix in den ersten Auswalzstufen gebildet hatten, sowie die der Körner in der Matrix in den späteren Auswalzstufen. In Verbindung mit der Keim-Bldg. der rekrist. Kristallkörner wurde die Beziehung zwischen den verschiedenen Orientierungen u. der der Matrix besprochen.
C. Gottfried 200△

*0532* **Zur Rolle mikroplastischer Verformung im Ermüdungsprozeß von Metallen.** A. W. Gurjew. (Metallphysik u. Metallkunde [UdSSR] **14**, 99—105, 1962; Wolgograd, Mechan. Inst.; russ.) — Die Gesetzmäßigkeiten der Bldg. einer „elast." Hystereseschleife während der Metallermüdung wurden am Beispiel gekohlten Stahles (Stahl 10, 15, 20, 35 u. 45) untersucht. Gleichzeitig wurde das Wachstum der Bereiche der mikroplast. Verformung bewertet u. die Metallverfestigung bei wiederholten Belastungen bestimmt. Der Ermüdungsprozeß wird in 3 Perioden unterteilt. Während der 1. „Inkubations"-Periode werden keine Ermüdungserscheinungen festgestellt; während der 2. wächst der Anteil der sich mikroplast. verformenden Bereiche. In der 3. Periode bilden sich makroskop. Verformungen.
N. Kubeth 200◇

*0533* **Zum Charakter des Anfangsstadiums der plastischen Verformung polykristalliner Metalle.** D. M. Wassiljew. (Metallphysik u. Metallkunde [UdSSR] **14**, 106—13, 1962; Leningrad, Polytechn. Inst.; russ.) — Die neuere Literatur über die Rolle der Gleitungskomponente entlang den Körnern u. des Fließens entlang den Grenzen im Anfangsstadium der plast. Verformung wird einer krit. Betrachtung unterworfen. — 58 Literaturangaben. N. Kubeth 200◇

*0534* **Eine Apparatur zur Untersuchung des Fließens von Metallen unter einfacher Abscherung.** E. N. da C. Andrade. (J. sci. Instruments **40**, 192—93, 1963; London, Imp. Coll., Dep. of Metallurg.; engl.)
H. Roschkowski 200◇

*0535* **Elastizitätskonstanten von hexagonalem Cadmiumsulfid.** D. I. Bolef, N. T. Melamed und M. Menes. (Physics Chem. Solids **17**, 143—48, 1960; Pittsburgh, Pa., Westinghouse Res. Labor.; engl.) — Die adiabat. Elastizitäts-Konst. eines Einkristalls von hexagonalen CdS werden bei 27° gemessen; es ergeben sich die folgenden Werte (in $10^{11}$ dyn/cm²): $c_{11} = 8{,}432$; $c_{33} = 9{,}397$; $c_{44} = 1{,}489$; $c_{12} = 5{,}212$; $c_{13} = 4{,}638$. Der CdS-Einkristall besitzt sehr geringe Anisotropie, wie die Verhältnisse $c_{33}/c_{11} = 1{,}11$ u. $(c_{11} - c_{12})/2c_{44} = 1{,}08$ zeigen. G. Ruban 200◇

*0536* **Über die Theorie der Cauchyschen Beziehung für Alkalimetallhalogenid-Kristalle.** Chia-Chung Sun, Tung-Chen Chaing und Mo-Yi Chou. (Acta physica sinica **18**, 117—34, 1962; Kirin, Univ.; chin., Auszug: engl.) — Mit Hilfe eines neuen Ausdrucks für die Störungsenergie eines Ions im Kristallfeld sämtlicher anderer Ionen (Punktladungen) wird im Rahmen der Born-Huangschen Meth. die Abweichung von der Cauchyschen Beziehung für das elast. Verh. von *LiF*, *LiCl*, *LiBr*, *LiJ*, *NaF*, *NaCl*, *NaBr*, *NaJ*, *KF*, *KCl*, *KBr*, *KJ*, *RbF*, *RbCl*, *RbBr* u. *RbJ* numer. berechnet (Tabelle). A. Blaschette 200◇

*0537* **Die Elastizitätskonstanten dritter Ordnung von Kristallen des CsCl-Typs.** A. A. Nranjan. (Festkörperphysik [UdSSR] **5,** 1865—68, 1963; Leningrad, Akad. der Wiss. der UdSSR, Joffe-Inst. für Physikotechnol.; russ.) — Berechnet werden die Elastizitäts-Konst. dritter Ordnung, $C_{\alpha\beta\gamma}$, von Kristallen des CsCl-Typs als Funktionen der Temperatur. Alle sechs $C_{\alpha\beta\gamma}$ sind negativ u. nahezu temperaturunabhängig. Die Ergebnisse werden mit denen für Kristalle des NaCl-Typs verglichen. K. Jaeger 200◇

*0538* **Kriechen von NaCl- und KCl-Einkristallen in der Nähe des Schmelzpunktes unter der Einwirkung kleiner Lasten.** Ja. Je. Gegusin, W. L. Rabetz und A. A. Tschernyschow. (Festkörperphysik [UdSSR] **5,** 1900—07, 1963; Charkow, Univ., Gesamtsowjet. Inst. für Einkristalle; russ.) — Gemessen werden die Kriech-Geschw. in NaCl-Einkristallen bei 750 u. 780° u. in KCl-Einkristallen bei 700 u. 750° bei Drücken zwischen 1 u. 100 g/mm². Es konnte an Hand der Ergebnisse dieser Unters. gezeigt werden, daß das Kriechen weit mehr durch Versetzungsbewegungen als durch Formänderungen der Mosaikblöcke bestimmt wird. K. Jaeger 200◇

*0539* **Dehnungsverhalten von pyrolytischem Bornitrid bis 2200° C.** W. V. Kotlensky und H. E. Martens. (Nature [London] **196,** 1090—91, 1962; Pasadena, Calif., California Inst. of Technol., Jet Propulsion Labor.; engl.) — Nach einer Meth. ähnlich der zur Darst. von pyrolyt. Graphit kann pyrolyt. BN dargestellt werden. Seine Dehnungs-Eigg. wurden parallel zur Basisrichtung von Raum-Temp. bis zu 2200° gemessen u. mit denen von heißgepreßtem BN u. pyrolyt. Graphit verglichen. Die Zugfestigkeit beträgt bei Raum-Temp. $^1/_2$—$^1/_3$ des Wertes von pyrolyt. Graphit u. ist kaum verschieden von der des heißgepreßten BN. Das pyrolyt. BN zeigt einen kontinuierlichen Anstieg der Zugfestigkeit mit steigender Temp. von ca. 5300 (lbs./in²) bei Raum-Temp. auf Werte von >16400 bei 2200°. Bei 2480° tritt bei einer Deformation des BN in Richtung der Basisflächen eine Strukturänderung ein. Da die Sublimations-Temp. ca. 600° tiefer als die des Graphits liegt, wird vermutet, daß BN eine ähnliche Strukturänderung bei 2200° oder darunter erleiden sollte. Röntgenograph. konnte kein derartiger Übergang festgestellt werden. Ernst Schulte 200◇

*0540* **Die mechanische Relaxation in Eis-HF-Mischkristallen verschiedener HF-Konzentration.** Hellmuth Schulz. (Naturwissenschaften **48,** 691, 1961; Stuttgart, TH, I. Phys. Inst.; dt.) — Im Bereich von 0,2—4 kHz im Temp.-Intervall von 0—110° ist die Relaxationszeit des HF-dotierten Eises von der Temp. u. der Konz. des HF abhängig. Die Kurven unterscheiden sich von der des reinen u. mit $NH_4F$ dotierten Eises. H. U. Borgstedt 200◇

*0541* **Plastische Kristalle.** Syûzô Seki. (Chem. and chem. Ind. [Kagaku to Kôgyô] **15,** 1226—38, 1962; Osaka, Univ., Naturwiss. Fak.; jap.) — Übersicht. — 11 Literaturangaben. E. Maekawa 200◇

*0542* **Anwendung der photoelastischen Methode zur Untersuchung von Restspannungen.** Charles Moretti. (Ann. Physique [13] **3,** 801—58, 1958; Paris, Fac. des Sci.; franz.) — Unter „Restspannungen" werden hier solche Spannungen im Gleichgewichtszustand verstanden, die in einem Körper auch dann vorliegen, wenn keine äußere Kraft mehr auf ihn einwirkt, z. B. in einem Metallstück nach Oberflächenbehandlung. Dabei wird zwischen Restspannungen der Dilatation u. solchen der Verzerrung unterschieden. Im 1. Teil der Arbeit werden die dreidimensionalen mathemat. Ausdrücke abgeleitet, die das Problem (unterteilt in ebenes u. dreidimensionales Problem) der Verteilung der Restspannungen in einem Material beliebiger Form erfassen; hieraus ergibt sich, unter welchen Bedingungen sich eine Analog-Meth. wie die photoelast. Meth. zur Unters. dieser Verteilung heranziehen läßt. Der 2. Teil berichtet über Best. der Doppelbrechung (hervorgerufen durch Härtung oder Eindiffundieren von W.) in einigen photoelast. Materialien (*Bakelit BT 61893, Allit* oder *CR 39, Araldit B, Plexiglas*), in denen Restspannungen erzeugt werden. Die experimentellen Ergebnisse entsprachen hier weitgehend den theoret. Erwartungen aus den Ausdrücken des 1. Teiles. Der abschließende 3. Teil behandelt die Anwendung der photoelast. Meth. auf die Unters. der Restspannungen in Proben von bestimmter einfacher geometr. Form, die mit den nach anderen Meth. erhaltenen Ergebnissen verglichen werden. Vf. kommt zu der Schlußfolgerung, daß sich die photoelast. Meth. vorteilhaft für die Unters. der Restspannungen in elast. oder plast. Material einsetzen läßt. E. Uhlein 200◇

*0543* **Statistik und Zeitabhängigkeit des mechanischen Bruchs in Fasern.** Bernard D. Coleman. (J. appl. Physics **29,** 968—83, 1958; Pittsburgh, Pa., Mellon Inst.; engl.) — Vgl. C. **1958,** 12623. — Vf. entwickelt eine neue phänomenolog. Näherung für die quant. Beschreibung der Statistik u. Zeitabhängigkeit des Bruches in Fasern. Die Theorie, deren formale axiomat. Grundlage hier diskutiert wird, erlaubt die Voraussage der Beziehungen zwischen den Lebensdauerverteilungen, die an Fasern unter verschiedenen Belastungsvorgeschichten beobachtbar sind, sowie der Beziehungen zwischen der Stärke individueller getrennter Fasern u. der von Faserbündeln. Die Theorie berücksichtigt das „Erinnerungsvermögen" der Fasern bzgl. ihrer Vorgeschichte, so weit es den Bruch betrifft. Im Falle period. Belastungen erlaubt die Theorie, abhängig von der Wahl gewisser willkürlicher Funktionen, entweder die Behandlung der zeitabhängigen oder der cyclusabhängigen Ermüdung. Die neue Theorie wird mit den stat. Modellen der klass. Theorien der Festigkeitsverteilungen einzelner Fasern u. Bündel verglichen. D. Jörchel 200◇

*0544* **Iterationsverfahren und Operatorgleichungen in der Elastizitätstheorie.** Georg Rieder. (Abh. braunschweig. wiss. Ges. **14,** 109—343, 1962; dt.) — 166 Literaturangaben. A. Blaschette 200◇

## A₇. Gleichgewichte, Kinetik

*0545* **Über den Einfluß verschiedener Faktoren auf Polymerisierung und Depolymerisierung von Polykieselsäurelösungen.** Rolf Herbst und Elard Stein von Kamienski. (Kolloid-Z., Z. Polymere **180,** 134—44, 1962; Berlin, MPI für vergleichende Erbbiol. u. Erbpathol., Abt. für Gewebezüchtung; dt.) — Kieselsäure-Lsgg. (I) wurden unter verschiedenen Bedingungen angesetzt, verd. u. auf AMA-Kieselsäure (II) analysiert. Höhe u. Dauer der Gleichgewichtseinstellung zwischen Polykieselsäure (III) u. II wurde beobachtet. Es stellte sich heraus, daß beide Werte ganz variabel sind u. von der Art des Ansatzes, von der Konz. der Lsg., der Temp. während der Gleichgewichtseinstellung u. der Anwesenheit von Salzen abhängen. Der in der Literatur zitierte Wert, wonach sich das Gleichgewicht zwischen polymerisierten u. depolymerisierten Anteilen zwischen 100 u. 150 $\gamma$ II/ml einstellt, traf für die verschiedenen Ansätze, Konzz. u. sonstige Bedingungen nicht immer zu, bes. nicht bei 37°. Hier war der Anteil an II bedeutend höher. Die Lsgg. mit einer Gesamt-Konz. von 125 $\gamma$ $SiO_2$/ml in verschiedenen Ansätzen zwischen 9 u. 20° hatten erhebliche Anteile an **III,** u. zwar bei 9° ca. 70% u. bei 20° ca. 55%. Für die verschiedenen Vers.-Ansätze ergab sich außerdem folgendes: Bei Titrationen von I auf pH 7,5 aus stark alkal. Medium hat die Lsg. einen höheren Anfangswert an **II.** Das Gleichgewichtsverhältnis **II:III** stellt sich langsamer ein. Nach der Einstellung ist der Anteil an **III** höher. Wird **I** nach Titration auf pH 7,5 einer Druck- u. Temp.-Erhöhung im Papinschen Topf ausgesetzt, so bilden sich höhere Polymerisationsgrade aus, was sich bei den Verdünnungsreihen auf die Depolymerisation bei fast allen Konzz. hemmend auswirkt. In diesen Lsgg. bleibt der Anteil an **III** größer. Noch ausgeprägter ist der letzte Befund bei gealterten Lösungen. Tyrodesalze können diese Hemmungen nur bei einer Konz. von 125 $\gamma$ $SiO_2$/ml u. einer Temp. von 20° u. 37,5° etwas abschwächen. Werden Lsgg. mit einem Geh. an **III** durch Seitz-Filtration sterilisiert, so kommt es bei einem Porendurchmesser von 1,0 bis 1,5 $\mu$ zu einer fast vollständigen Abtrennung der Moll. von **III.** Andererseits scheint **II** verlustlos hindurchzugehen. K. Huste 223◇

*0546* **Die Bestimmung der Zusammensetzung von Komplexen stark hydrolysierender Kationen.** A. K. Babko, A. I. Wolkowa und T. Je. Getman. (J. anorg. Chem. [UdSSR] **6,** 1035—41, 1961; Inst. für allg. u. anorg. Chem. der Akad. der Wiss. der UdSSR; russ.) — Zur Best. der Zus. von Komplexen verwenden Vff. Messungen der Extinktion entsprechender Lösungen. Untersucht werden Fe- u. Ti-Salicylat(Sal)-Komplexe in Abwesenheit u. Ggw. von

$F^-$-Ionen in verschiedenen Konzentrationen. Sowohl in Fe–Sal-Lsgg. als auch in Ti–Sal-Lsgg. verschiebt sich das Extinktionsmaximum bei zunehmenden Konzz. von $F^-$ zum Verhältnis $MeSal_2$ bzw. $MeSal_3$.
R. Teichmann 223◇

*0547* **Kristallviolettkomplexe von Chloriden und Oxidchloriden einiger Elemente in Lösung. 2. Mitt. Optische Untersuchungen im System: Phosphortrichlorid-Kristallviolett-Chloroform.** E. Kwiatkowski und A. Basinski. (Roczniki Chem. [Ann. Soc. chim. Polonorum] **36**, 1011 bis 1020, 1962; Gdańsk, Norman School, Dep. of Phys. Chem.; Toruń, Copernicus Univ., Dep. of Phys. Chem.; pol.) — 1. vgl. Roczniki Chem. [Ann. Soc. chim. Polonorum] **36**, [1962], 195. — Das Syst. $PCl_3$–Kristallviolett–Chlf. wurde spektralphotometr. untersucht u. mit Hilfe der Meth. von Job das Molverhältnis des gebildeten Komplexes zu 1 bestimmt. Die Beständigkeits-Konst. dieses Komplexes betragen: $K_{C19°} = (12,7 \pm 1,4)\cdot 10^4$, $K_{C25°} = (4,60 \pm 0,19)\cdot 10^4$ u. $K_{C30°} = (2,16 \pm 0,16)\cdot 10^4$. Die Rk.-Enthalpie $\Delta H = -27,8 \pm 3,5$ kcal/Mol.
G. Heller 223◇

*0548* **Neuer Beweis für Tetrahalogenid-Komplexionen in Cadmiumhalogenid-Alkalihalogenid-Schmelzen.** M. A. Bredig. (J. chem. Physics **37**, 451—52, 1962; Oak Ridge, Tenn., Oak Ridge Nat. Labor., Chem. Div.; engl.) — Aus Raman-Spektren sowie Messungen der elektr. Leitfähigkeit geht hervor, daß sich bei Zusatz von KCl zu geschmolzenem $CdCl_2$ $CdCl_4^{2-}$-Ionen stöchiometr. Zus. bilden. Die gemessenen Aktivitäts-Koeff. werden mit denen für die möglichen komplexen Anionen $CdX_3^-$, $CdX_4^{2-}$ u. $CdX_6^{4-}$ verglichen, wobei sich eindeutig ergibt, daß sich nur die Werte für die $CdX_4^{2-}$-Anionen mit den experimentellen Ergebnissen decken. Gegenüber früheren Messungen von Lantratow werden Abweichungen festgestellt, bes. in bezug auf die Bldg. von Verbb. in den Syst. $KCl$–$CdCl_2$, $NaCl$–$CdCl_2$ u. $NH_4Cl$–$CdCl_2$.
D. Noack 223◇

*0549* **Untersuchung von Cadmiumdiphosphatkomplexen.** M. Ss. Nowakowski und M. G. Muschkina. (J. anorg. Chem. [UdSSR] **7**, 1068—73, 1962; russ.) — Die mit Hilfe von EMK-Messungen an den Zellen + Hg | $Hg_2Cl_2$ | KCl | $Cd(NO_3)_2(c_0)$, $NaNO_3$ $(c_y)$ | Cd(Hg) — bzw. + Hg | $Hg_2Cl_2$ | KCl | $Cd(NO_3)_2$ $(c_0)$, $Na_4P_2O_7$ $(c_x)$, $NaNO_3$ $(c_y)$ | Cd(Hg) — gegen die gesätt. Kalomelelektrode durchgeführten Unterss. über die Komplex-Bldg. im Syst. $Cd(NO_3)_2$–$Na_4P_2O_7$ für den pH-Bereich von 6,3—9,8 zeigen, daß zwei komplexe Verbb. der Zus. $[Cd(P_2O_7)_2]^{6-}$ u. $[Cd(OH)(P_2O_7)_2]^{7-}$ mit gleichen Werten für die Instabilitäts-Konst. von $K = (1,37 \pm 0,01)\cdot 10^{-8}$ existent sind.
W.-D. Heußner 223◇

*0550* **Untersuchung der Komplexbildung des Indiums mit einigen Komplexonen.** D. I. Rjabtschikow, Kemin Jao und W. A. Sarinski. (J. anorg. Chem. [UdSSR] **8**, 338—41, 1963; Akad. der Wiss. der UdSSR, Inst. für Geochemie u. analyt. Chem.; russ.) — Vff. untersuchen die Komplex-Bldg. von In mit ÄDTA (I), 1.2-Diaminocyclohexan-N.N.N'.N'-tetraessigsäure (II), Hexamethylendiamintetraessigsäure (III), Nitridotriessigsäure (IV) u. Hydroxyäthyleniminodiessigsäure (V) mittels Hochfrequenz- u. potentiometr. Titration. Es wird festgestellt, daß In mit **I**, **II** u. **III** Komplexe vom Typ 1:1, mit **IV** u. **V** solche vom Typ 1:2 bildet.
G. Engelhardt 223◇

*0551* **β-Diketonkomplexe der Lanthaniden.** 6. Mitt. N. K. Dutt und P. Bandyopadhayya. (Sci. and Cult. [Calcutta] **27**, 403—04, 1961; Calcutta, Univ. Coll. of Sci., Inorg. Chem. Labor.; engl.) — 4. vgl. C. **1962**, 2294. — Die Rk. von 3 Mol $NH_4$-Propionylacetonat ($NH_4X$) mit 1 Mol eines Lanthanidennitrats ergibt nicht das erwartete $LX_3$ (L = Lanthanidenion), sondern einen Hydroxoaquo-Komplex $[L(OH)X_2(H_2O)]$ (I). Beim Behandeln in Aceton-Lsg. mit einem Val HX, Abdampfen zur Trockne u. Kristallisation aus Aceton/A. geht dieser in $LX_3$ über. Die Komplexe $LX_3$ reagieren mit Säuren in 3 Stufen. Für L = *La*, *Pr*, *Nd* u. *Y* wurden pk, $pk_1$, $pk_2$ u. $pk_3$ in Aceton/W. (75:25) bestimmt. Entsprechende Messungen mit den Hydroxoaquo-Komplexen (pH-Titration nach Zusatz von 1 Mol Säure) führen zu den gleichen pK-Werten, woraus auf eine Übereinstimmung der 1. u. 2. Rk.-Stufe von I mit der 2. u. 3. Rk.-Stufe der $LX_3$-Komplexe geschlossen werden kann.
W. Betcke 223◇

*0552* **Komplexbildung im System Benzoylaceton-Zirkonium-Benzol-Wasser und die Hydrolyse der Zirkoniumionen.** W. M. Peschkowa, N. W. Meltschakowa und Ss. G. Shemtschushin. (J. anorg. Chem. [UdSSR] **6**, 1233—39, 1961; russ.) — Vff. untersuchen die Komplex-Bldg. von Zr(IV) mit Benzoylaceton u. die Hydrolyse der Komplexe in Ggw. von OH-Ionen unter Verw. von $^{95}Zr$, das period. mittels $MnO_2$ von $^{95}Nb$ gereinigt wird. Zunächst wird die Dissoziations-Konst. $K_D$ von Benzoylaceton u. die Verteilungs-Konst. $K_V$ in den Syst. $C_6H_6$–$H_2O$ u. $CHCl_3$–$H_2O$ bei $\mu = 1,0$ u. $25 \pm 0,1°$ bestimmt. $pK_D = 8,24 \pm 0,01$; $\log K_V = 2,79 \pm 0,009$ in $C_6H_6$–$H_2O$; $\log K_V = 3,37 \pm 0,027$ in $CHCl_3$–$H_2O$. Für die schrittweisen ($k_n$) u. Gesamtkomplex-Bldg.-Konst. ($\beta_n$) von $(ZrA)^{3+}$, $(ZrA_2)^{2+}$, $(ZrA_3)^+$ u. $ZrA_4$ (A = Benzoylacetonat) werden folgende Werte gefunden: $K_1 = (5,1 \pm 0,4)\cdot 10^{12}$; $K_2 = (7,3 \pm 0,3)\cdot 10^{11}$; $K_3 = (2,2 \pm 0,2)\cdot 10^{11}$; $K_4 = (1,2 \pm 0,1)\cdot 10^{11}$; $\beta_1 = 5,1\cdot 10^{12}$; $\beta_2 = 3,7\cdot 10^{24}$; $\beta_3 = 8,2\cdot 10^{35}$; $\beta_4 = 9,9\cdot 10^{46}$. Die Verteilungs-Konst. des $ZrA_4$-Komplexes in $C_6H_6$–$H_2O$ wird zu $\lambda_4' = 0,83 \pm 0,07$ ermittelt. Die Best. der $K_n$ u. $\beta_n$ für die Komplex-Bldg. von Zr-Ionen mit OH-Ionen u. der Hydrolyse-Konst. ergab folgende Werte: $K_1 = 2,10\cdot 10^{14}$; $K_2 = 0,87\cdot 10^{14}$; $K_3 = 0,45\cdot 10^{14}$; $K_4 = 0,23\cdot 10^{14}$; $\beta_1 = (2,0 \pm 0,2)\cdot 10^{14}$; $\beta_2 = (1,83 \pm 0,02)\cdot 10^{28}$; $\beta_3 = (0,83 \pm 0,01)\cdot 10^{42}$; $\beta_4 = (0,195 \pm 0,005)\cdot 10^{56}$; $K_{1Hydr} = 2,10$; $K_{2Hydr} = 0,87$; $K_{3Hydr} = 0,45$; $K_{4Hydr} = 0,23$.
R. Teichmann 223◇

*0553* **Untersuchung der Komplexbildung des Thoriums mit Anionen organischer Säuren in Lösungen.** K. B. Jatzimirski und Ju. A. Shukow. (J. anorg. Chem. [UdSSR] **8**, 295—301, 1963; russ.) — Vff. untersuchen die Komplex-Bldg. von Th mit Malonsäure, Bernsteinsäure, Äpfelsäure u. Weinsäure in verd. Lsgg. u. bestimmen in Abhängigkeit vom pH-Wert die Beständigkeits-Konst. der Komplexe $[Th(CH_2C_2O_4)]^{2+}$, $[Th_2(CH_2C_2O_4)OH]^{5+}$, $[Th_2((CH_2)_2C_2O_4)]^{6+}$ u. $[Th_2(CH_2CHOHC_2O_4)]^{6+}$ sowie die Gleichgewichts-Konst. der Rk. $2\,ThOH^{3+} + [(CHOH)_2C_2O_4]^{2-} \rightleftharpoons [Th_2(CHO)_2\cdot C_2O_4]^{4+} + H_2O$.
G. Engelhardt 223◇

*0554* **Einfluß äußerer Kationen auf die Bildung von Nitratkomplexen des Bleis(II).** W. Je. Mironow, F. Ja. Kulba und W. A. Fedorow. (J. anorg. Chem. [UdSSR] **8**, 1161—64, 1963; russ.) — Potentiometr. wird die Bldg. von Komplexen vom Typ $Pb(NO_3)_n^{-n}$ mit n = 1, 2, 3 u. 4 in 3m Lsg. von $Li(ClO_4, NO_3)$ bei 25° sowie von Ionenpaaren $A^+(H_2O)_x^+\cdot Pb(NO_3)_4^{2-}$ der Verbb. (A = Na, K oder $NH_4$) in 3m Lsg. von $(Li, A)(ClO_4, NO_3)$ bei 25° nachgewiesen. Die Dissoziations-Konst. der Komplex-Verbb. werden angegeben, sie sind vom Radius des $A^+$-Ions abhängig.
G. Ewald 223◇

*0555* **Bildung des Ionenpaares $Cr^{3+}$-$SO_4^{2-}$ in wässeriger Lösung.** Ryokichi Tsuchiya und Akira Umayahara. (Bull. chem. Soc. Japan **36**, 554—59, 1963; Kanazawa, Kanazawa Univ., Fac. of Sci., Dep. of Chem.; engl.) — Aus Leitfähigkeits- u. pH-Messungen wurde die Bldg.-Konst. für $[Cr(H_2O)_6]^{3+} + SO_4^{2-} \rightleftharpoons [Cr(H_2O)_6]SO_4^+$ bei 25° zu $K = 6,3\cdot 10^4$ bestimmt.
K. Roß 223◇

*0556* **Spektrophotometrische Untersuchung der Komplexbildung von Plutonium(IV) mit Arsenazo.** A. Je. Klygin und W. K. Pawlowa. (J. anorg. Chem. [UdSSR] **6**, 1050 bis 1054, 1961; russ.) — Unters. der Komplex-Bldg. von Pu(IV) mit Arsenazo [1.8-Dihydroxy-3.6-disulfonaphthyl-azo-(2)-benzolarsonsäure-(2')] ($H_6R$), bei $20 \pm 0,5°$ im Bereich pH 2—5 nach der spektrophotometr. Methode. Es bilden sich die Verbb. $[Pu(OH)(H_4R)]^+$ oder $[Pu(H_3R)]^+$ mit folgenden Eigg.: molarer Extinktions-Koeff. E (590 nm) = $2,20\cdot 10^4$, E (600 nm) = $2,17\cdot 10^4$, Komplex-Bldg.-Konst. $3,6\cdot 10^6$ bzw. $4,8\cdot 10^7$. Die maximale Ausbeute wird bei pH 2,20 beobachtet. Die Best. des Pu(IV) erfolgt am günstigsten in $1\cdot 10^{-4}$m Lsg. bei pH 2—5.
R. Teichmann 223◇

*0557* **Komplexbildung von Eisen(III) mit Oxalatlösungen.** W. I. Paramonowa und Ss. A. Bartenew. (J. anorg. Chem. [UdSSR] **8**, 311—17, 1963; russ.) — Die Komplex-Bldg. von Fe(III)- mit Oxalationen wird an Hand der relativen Adsorption an Kationen- (KU-2) u. Anionenaustauschern (EDE-10) untersucht. Die Adsorptionskurven werden mit Hilfe des radioakt. Indicators $^{59}Fe$, das den untersuchten Fe(III)-Lsgg. zugesetzt wurde, gemessen. Folgende Ionen werden in der Lsg. festgestellt: $Fe^{3+}$, $[FeOx]^+$ (Ox = Oxalat), $[FeOx_2]^-$ u. $[FeOx_3]^{3-}$. Die Dissoziations-Konst. werden bestimmt u. aus ihnen die Existenzgebiete der Eisenkomplexe in der Lsg. in Abhängigkeit von der Konz. des Oxalats berechnet. G. Engelhardt 223◇

*0558* **Über die Bildung tetraedrischer Kobalt(II)-Komplexe in Lösung. 5. Mitt. Chlorokomplexe in Acetonitrillösungen.** Włodzimierz Libuś. (Roczniki Chem. [Ann. Soc. chim. Polonorum] **36**, 999—1010, 1962; Warszawa, Polish Acad. of Sci., Inst. of Phys. Chem., Dep. of Electrochem.; engl.) — 4. vgl. Roczniki Chem. [Ann. Soc. chim. Polonorum] **35**, [1961], 411. — Die Änderungen des Absorptionsspektrums von $CoCl_2$-Lsgg. in Acetonitril (L) bei Änderung der $Cl^-$-Konz. ($C_{Cl}$) durch Zugabe von $[(C_2H_5)_4N]Cl$ zeigen nacheinander die Bldg. der tetraedr. Komplexe $[CoCl_2L_2]$ (I), $[CoCl_3L]^-$ (II) u. $[CoCl_4]^{2-}$ (III; $C_{Cl}:C_{Co} = >20$). In verd. Lsg. von $CoCl_2$ in L liegen 75 (±1)% als **I**, 17 (±1)% als **II** u. 8 (±1)% als oktaedr. $[CoL_6]^{2+}$ vor. Die Bldg. von **III** erfolgt zur Hälfte bei $C_{Cl}:C_{Co} = 4{,}5$. G. Heller 223◇

*0559* **Untersuchungen über Koordinationsverbindungen von Kobaltnitrat und Mandelsäure.** A. B. Sen und Subodh N. Kapoor. (J. prakt. Chem. [4] **20**, 237—43, 1963; Lucknow, India, Lucknow Univ., Inorg. Chem. Labor.; engl.) — Leitfähigkeits- u. pH-Messungen in Lsg.-Gemischen von $Co(NO_3)_2$ u. Natriummandelat weisen auf das Vorliegen von drei Komplexen hin, bei denen das Verhältnis Co:Mandelsäure (I) 1:1, 1:2 u. 1:3 beträgt. Die beiden letzten Komplexe können isoliert werden. Man versetzt hierzu eine $Co(NO_3)_2$-Lsg. mit I-Überschuß u. engt ein, wobei sich der 1:2-Komplex abscheidet. Weiteres Einengen führt zur Abscheidung eines 1:3-Komplexes, der in einer anion. Form vorliegt. H. Kuchenbecker 223◇

*0560* **Chelat zwischen Kupfer(II) und p-Nitrophenylazochromotropsäure.** Satendra Prasad Sangal und Arun K. Dey. (Indian J. Chem. **1**, 270—71, 1963; Allahabad, Univ. of Allahabad, Chem. Labor.; engl.) — Cu(II) bildet mit p-Nitrophenylazochromotropsäure einen violetten 1:1-Komplex ($\lambda_{max}$ = 540 nm), der im pH-Bereich von 5,5—9,2 stabil ist. Die Stabilitäts-Konst. wurde nach der Meth. von Banerji u. Dey (C. **1961**, 16774) u. nach der Molar-ratio-Meth. zu 9,9 bzw. 9,7 bei pH 6,0, 25° u. der Ionenstärke 0,1m bestimmt. P. Kurzmann 223◇

*0561* **Untersuchung der Komplexbildung im System Silbernitrat–Urotropin–Wasser.** E. A. Gjunner. (J. anorg. Chem. [UdSSR] **8**, 423—27, 1963; Päd. Frunse-Inst. der Krim; russ.) — Die Rk. zwischen $AgNO_3$ u. Urotropin (Ur) in wss. Lsg. wird durch Best. des Brechungsindex, der Löslichkeit u. durch chem. Analyse des Nd. untersucht. Dabei werden im Syst. $AgNO_3$–Ur–$H_2O$ zwei schwerlösl. Verbb. der Zus. $2\,AgNO_3 \cdot C_6H_{12}N_4$ u. $AgNO_3 \cdot C_6H_{12}N_4$ (I) gefunden. Eine Erhöhung der Leitfähigkeit von I bei Überschuß an Ur wird durch folgende Komplex-Bldg. hervorgerufen: $AgNO_3 \cdot Ur + Ur \rightleftharpoons [Ag(Ur)_2]^+ + NO_3^-$ (a) bzw. $AgNO_3 \cdot Ur + 2\,Ur \rightleftharpoons [Ag(Ur)_3]^+ + NO_3^-$ (b). Die Gleichgewichts-Konst. betragen $K_a = 5{,}71 \cdot 10^{-4}$ bzw. $K_b = 1{,}28 \cdot 10^{-3}$. Die Löslichkeit von I in der Ur-Lsg. läßt sich bis zu einer Ur-Konz. von 0,7 Mol/Liter nach $S = S_0\{S_0^2 + 4[Ur](K_a + K_b[Ur])\}^{1/2}/2$ berechnen. $S_0$ = konst. = 0,01332 Mol/Liter. G. Engelhardt 223◇

*0562* **Die Anwendung des Ionenaustausches zur Untersuchung des Zustandes von Substanzen in Lösung. 6. Mitt. Untersuchung der Komplexbildung von Ruthenium(IV) in salz- und perchlorsauren Lösungen.** W. I. Paramonowa und Je. F. Latyschew. (Radiochemie [UdSSR] **1**, 458—64, 1959; russ.) — 5. vgl. C. **1960**, 3794. — Die „hellblaue" Hydrolyse von Ru(IV) verläuft bei einer Gesamtsalz-Konz. der Lsg. von 1m, wenn die Säurestärke <0,05m ist. In Lsgg. von Ru(IV) in $HCl/HClO_4$-Mischungen konst. Säurestärke (1m), aber mit wechselndem Verhältnis der Komponenten, existieren verschiedene Komplexe: $[Ru(OH)_2]^{2+}$ dominiert bei [HCl] < 0,07m; $[Ru(OH)_2Cl_2]$ (I) existiert in allen untersuchten Gebieten, außer $[HClO_4]$ = 1m, $[Ru(OH)_2Cl_4]^{2-}$ (II) existiert bei [HCl] > 0,17m; bei [HCl] > 0,60m beginnt sich ein Komplex, ~ $[RuCl_6]^{2-}$, zu bilden, dessen genaue Zus. aber noch untersucht werden muß. Aus Verss. mit $^{106}$Ru u. dem Kationenaustauscher KU-1, bzw. dem Anionenaustauscher EDE-10 wurden die Zerfalls-Konst. für I zu $(1{,}6 \pm 0{,}3) \cdot 10^{-4}$, für die Dissoziation von II bis zum neutralen Komplex zu 4,3 ± 0,7 u. für die vollständige Dissoziation von II zu $(0{,}7 \pm 0{,}2) \cdot 10^{-3}$ berechnet (jeweilige Ionenstärke $\mu$ = 1). K.-D. Schubert 223◇

*0563* **Untersuchung von Verbindungen des Rhodiums mit Äthylendiamintetraessigsäure.** N. A. Jeserskaja und W. N. Filimonowa. (J. anorg. Chem. [UdSSR] **8**, 830—38, 1963; russ.) — Vgl. C. **1964**, 1-1785. — Mit Hilfe von polarograph., spektrophotometr. u. potentiometr. Meth. wird festgestellt, daß $Na_3[RhCl_6]$ mit ÄDTE ($H_4Y$) bei pH 4,5—5,0 einen Aquokomplex der Form $Na[RhY(H_2O)]$ (I) bildet, bei pH 5,0—8,0 liegt gleichzeitig ein weiterer Komplex der Form $[RhYOH]^{2-}$ vor. Einw. von HCl auf I führt zu den Monochloro- u. Dichlorokomplexen $Na[Rh(HY)Cl] \cdot 2\,H_2O$ (II) bzw. $Na[Rh(H_2Y)Cl_2] \cdot 2\,H_2O$ (III). Wird III in W. gelöst, so bildet sich II. G. Engelhardt 223◇

*0564* **Die komplexometrische Analyse von Di- und Triphosphaten. 1. Mitt. Die Stabilitätskonstanten der Protonen- und Metallkomplexe der Säuren.** Axel Johansson und Erkki Wänninen. (Talanta [London] **10**, 769—77, 1963; Stockholm, Royal Inst. of Technol., Inst. of Analyt. Chem.; engl.) — Vff. bestimmen durch potentiometr. Messungen die Dissoziations-Konst. der Diphosphorsäure $H_4X$ u. der Triphosphorsäure $H_5X$ (X = Säurerest) sowie die Stabilitäts-Konst. $K^H_{HMX}$ = [HMX]/[H][MX] u. $K_{MX}$ = [MX]/[M][X] (M = Mg, Co, Cu u. Zn) der Metallkomplexe. Folgende Werte werden angegeben: Für $H_4X$ bzw $H_5X$: log $K_1$ = 8,3 bzw. 7,9; log $K_2$ = 6,0 bzw. 5,6; log $K_3$ = 2,7 bzw. 2,6; log $K_4$ = 2,5 bzw. 2,2, für Mg mit $H_4X$: log $K^H_{HMX}$ = 6,0, log $K_{MX}$ = 4,7, mit $H_5X$ 5,8 bzw. 5,7, für Co 5,7 bzw. 6,1 u. 5,4 bzw. 6,6, für Cu 5,4 bzw. 7,3 u. 5,2 bzw. 7,3, für Zn (nur für $H_5X$) 5,3 bzw. 6,9. J. Kraetsch 223◇

*0565* **Reaktionen von Phenylbrenztraubensäureoxim mit Kationen.** Mohan Katyal und R. P. Singh. (J. Indian chem. Soc. **40**, 491—92, 1963; Delhi, Univ. of Delhi, Dep. of Chem.; engl.) — Phenylbrenztraubensäureoxim (I) gibt mit $Li^+$, $Na^+$ u. $K^+$ keine Ndd., mit $Cd^{2+}$, $Hg^{2+}$ u. $Bi^{3+}$ bei den pH-Werten der Lsgg. ihrer Nitrate weiße Ndd., die sich in $HNO_3$ lösen (keine Trennung von $Cu^{2+}$ möglich), mit Ce(IV), $ZrO^{2+}$, $Th^{4+}$ u. W(VI) Ndd., die beim Glühen zu den Oxiden keine quant. Ergebnisse liefern, mit $Co^{2+}$ u. $Ni^{2+}$ leicht gefärbte Ndd. (keine quant. Bldg.) u. mit $UO_2^{2+}$ erst in Ggw. von Th(IV) oder Ce(IV) eine Fällung. Der blaue Cu-Komplex von I zersetzt sich bei 204°; sein IR-Spektrum zeigt bei 1670 cm$^{-1}$ eine Bande, die für COO—Cu-Bindung u. für Koordination des Oxim-N an Cu spricht. G. Heller 223◇

*0566* **Zur Elektromigration in Salzschmelzen bei Untersuchungen über Komplexionen.** R. A. Bailey und Aaron Steger. (J. Chromatogr. [Amsterdam] **11**, 122—23, 1963; Troy, N.Y., Rensselaer Polytechnic Inst., Dep. of Chem.; engl.) — Vgl.-Verss. in Schmelzen von KSCN (I) u. eutekt. $LiNO_3$-$KNO_3$-Gemischen (II) wurden auf Glasfaserpapierstreifen durchgeführt. In I zeigte anion. Wanderung bei Co(II), Zn(II) u. Cr(III) Komplex-Bldg. an; Re(V) als $K_3[ReO_2(SCN)_4]$ erwies durch anion. Wanderung die Stabilität dieses Komplexes; Ag(I), Tl(I), Cu(II) u. Pb(II) wanderten kathod.; Cd(II), Sn(II) u. Bi(III) bildeten unlösl. Niederschläge. In II fand bei allen diesen Salzen keine anion. Wanderung, also keine Komplex-Bldg. statt. Fe(III) u. Ni(II) ergaben in I u. II unlösl. Prodd., vermutlich Oxide. I. Trupke 223◇

*0567* **Sauerstoffaustausch zwischen CO und $CO_2$.** C. A. Bank und E. A. Th. Verdurmen. (J. inorg. nuclear Chem. **25**, 667—75, 1963; Amsterdam, Labor. voor Massascheiding, F.O.M.; engl.) — Vgl. C. **1963**, 3141. — Der Austausch wurde im Temp.-Bereich von 800—900° in einem Quarzgefäß untersucht. Die Gase wurden mit $^{18}$O markiert. Nur bei 900° trat Isotopenaustausch mit dem mit Quarzgrieß gefüllten Gefäß auf. Der $CO/CO_2$-Austausch scheint teilweise heterogen zu sein. Feuchtigkeit erhöht die Austauschgeschwindigkeit. Zwischen 820 u. 850° ist sie unabhängig vom CO-Druck. Bei 900° findet der Austausch z. T. in der Gasphase statt. Die Austausch-Geschw. ist bei 800—900° proportional $p_{CO_2}$, bei 820 u. 850° unabhängig von $p_{CO}$, bei 900° proportional $p^n_{CO}$ (n < 1). Vgl. mit Arbeiten, bei denen der Austausch mit $^{13}$C- u. $^{14}$C-markierten Gasen untersucht wurde. B. Schmitt 225◇

*0568* **Sauerstoffaustausch zwischen $CO_2$ und $O_2$.** C. A. Bank und E. A. Th. Verdurmen. (J. inorg. nuclear Chem. **25**, 677—82, 1963; engl.) — Vgl. vorst. Referat. — Analog zu vorst. Arbeit wurde der Isotopenaustausch zwischen $CO_2$ u. $O_2$ untersucht. Nur bei 850 u. 900° trat Isotopenaustausch mit

dem mit Quarzgrieß gefüllten Quarzgefäß auf. Bei 820—900° ist die Austausch-Geschw. gegeben durch $S = k \cdot p_{CO_2}^{0,5} \cdot p_{O_2}^{0,5}$.
B. Schmitt 225◇

*0569* **Kinetik der alkalischen Hydrolyse des Difluorophosphations.** I. G. Ryss und W. B. Tultschinski. (J. anorg. Chem. [UdSSR] 8, 1060—63, 1963; Dnepropetrowsk, Ing.-Inst. für Eisenbahntransport; russ.) — Vff. untersuchten die Kinetik der Rk. $PO_2F_2^- + 2\,OH^- \rightleftharpoons PO_3F^{2-} + F^- + H_2O$ im Intervall 0—25°. Es handelt sich um eine Rk. 2. Ordnung vom Typ S$_N$2. Die Hydrolyse-Geschw. wächst mit der Ionenstärke der Lösung. Bei $\mu = 0{,}5$ gilt folgende Arrhenius-Gleichung: log K (Liter·Mol$^{-1}$·min$^{-1}$) = 11,11$_1$ — 3160,3/T. Die Aktivierungsenergie bzw. -entropie der alkal. Hydrolyse betragen 14,4 kcal bzw. —17,8 Entropieeinheiten.
G. Ewald. 225◇

*0570* **Eine kinetische Untersuchung des Isotopenaustauschs von Indium zwischen Indiumionen und ihrem Komplex mit Äthylendiamin-N.N.N'.N'-tetraacetat in Wasser.** K. Saito und M. Tsuchimoto. (J. inorg. nuclear Chem. 25, 1245—52, 1963; Tokyo, Univ., Inst. for Nucl. Study; engl.) — Unter Verw. von $^{114m}$In zur Markierung des hydratisierten In(III)-EDTA-Komplexes konnte festgestellt werden, daß der Isotopenaustausch zwischen In(III)-Ionen u. dem Komplex in neutraler Lsg. unmeßbar langsam, in stark saurer bzw. bas. Lsg. dagegen sehr schnell verläuft. Die Austausch-Geschw. wurden in der Nähe der pH-Werte 1,5 u. 10 bestimmt. Die Geschw.-Konst. erwiesen sich als unabhängig von der Konz. der freien In-Ionen, dagegen waren sie der Konz. des komplex gebundenen In proportional. Im alkal. Gebiet ist die Geschw.-Konst. bei der Verw. von Barbiturat bzw. p-Hydroxybenzoat als Puffer proportional $[OH^-]^2$. Die Aktivierungsenergie beträgt 25 kcal/Mol. In stark saurer Lsg. ist die Geschw.-Konst. proportional $[H^+]^3$. Die Dissoziation des 3fach protonierten In-EDTA-Komplexes wird als geschwindigkeitsbestimmender Schritt angesehen. Ein Vgl. mit dem entsprechenden Ga-Komplex zeigt, daß der In-Komplex wesentlich reaktionsträger ist.
W. Wiechmann 225◇

*0571* **Über Austauschversuche zwischen Ph-Tl$^{2+}$ und radioaktiv markiertem *Tl$^{3+}$ in Perchlorsäure.** H. Hartmann und K. Tennstedt. (Naturwissenschaften 50, 442, 1963; Braunschweig, TH, Inst. für Anorg. Chem.; dt.) — Die Isotopenaustausch-Rk. zwischen $C_6H_5Tl(ClO_4)_2$ u. radioakt. markiertem *$Tl(ClO_4)_3$ wurde in Abhängigkeit von der Säure-Konz. (0,5—4m) u. der Temp. (bei 21 u. 40°) untersucht. Der Austausch erfolgt bei 40° u. in 0,5m $HClO_4$ am schnellsten (Halbaustauschzeit: 4,75 d, Austauschgleichgewicht erreicht nach 16,75 d). Der Austausch erfolgt über das hydrolysierte $Tl^{3+}$-Ion, deshalb die Zunahme der Austausch-Geschw. mit fallender $HClO_4$-Konzentration. Für die Geschw.-Konst. wurden folgende Werte ermittelt: k (21°, 2m $HClO_4$) = 1,63·10$^{-5}$, k (21°, 4m) = 1,09·10$^{-5}$, k (40°, 2m) = 6,22·10$^{-5}$ u. k (40°, 4m) = 3,56·10$^{-5}$ Liter/Mol·s. Unter Annahme einer Temp.-Unabhängigkeit der Aktivierungsenergie E ergaben sich folgende Werte: E (in 4m $HClO_4$) = 11300 cal/Mol u. E (in 2m $HClO_4$) = 12830 cal/Mol.
W. Wiechmann 225◇

*0572* **Zur Beweglichkeit des Hydrid-Wasserstoffs in Trialkylzinn-, -germanium- und -siliciumhydriden.** W. P. Neumann und R. Sommer. (Angew. Chem. 75, 788, 1963; Gießen, Univ., Chem. Inst.; dt.) — Äquimolare Mengen *Triisobutylzinnhydrid* u. *Triäthylzinndeuterid* (I) tauschen bei 40° H u. D bereits in 25 Min. bis zur Gleichgewichtseinstellung aus. Dieses Gleichgewicht stellt sich zwischen I u. *Diisobutylalan* bei 50° nach 3 Min. ein, hingegen ließ sich bei 60° zwischen *Diäthylaluminiumdeuterid* (II) u. *Triäthylsilan* u. *-german* kein Austausch feststellen. Vff. nehmen als Zwischenzustand der Austausch-Rk. eine Vierringstruktur an.

Versuche: *Triorganylzinndeuteride*, aus Triorganylzinnchlorid u. II: *Triäthyl-*, Kp.$_{11}$ 35—37°, $n_D^{20}$ 1,4702; *Triisobutyl-*, Kp.$_{11}$ 104—106°, $n_D^{20}$ 1,4697; *Triphenyl-*, Kp.$_{0,002}$ 152—156°, $n_D^{23}$ 1,6318.
H. Bürger 225◇

*0573* **Verwendung der Ultraschall-Kavitation zur schnellen Bestimmung der Zusammenhänge zwischen Druck und Zusammensetzung.** Samuel A. Harrell und Darl H. McDaniel. (Inorg. Chem. [Washington] 2, 865—66, 1963; Cincinnati, Ohio, Univ. of Cincinnati, Dep. of Chem.; engl.) — Mit Hilfe von Ultraschallwellen (UW; 38 kHz) wurde das Syst. *AgCl–NH$_3$* bei 0° erneut untersucht (vgl. Biltz u. Stollenwerk, 1920); nachst. Verbb. konnten gesichert werden: *AgCl·NH$_3$*, *2 AgCl·3 NH$_3$* u. *AgCl·3 NH$_3$*. Durch Verw. von UW verkürzt sich die Gleichgewichtseinstellung auf 10 Min. bis 2½ Std. (nach klass. Meth.: 30 Min. bis 20 Std.). Das Diagramm $p_{NH_3}$-Zus. wird mitgeteilt.
G. Gattow 225◇

*0574* **Über die Gesetzmäßigkeiten des trans-Einflusses.** Ch. Ch. Chakimow. (J. anorg. Chem. [UdSSR] 8, 1165—67, 1963; russ.) — Vf. zeigt die Anwendbarkeit der von Tschernjajew [1926] u. von Grinberg [1951] aufgestellten Gesetzmäßigkeiten des trans-Einfl. auf die metallorgan. Verbb. mit ebener Struktur an Hand von Beispielen aus der Literatur. Das bei Rk. von $R_4Me$ (R = Aryl, Alkyl oder anderes organ. Radikal) mit verschiedenen Verbb. (HA, $HgCl_2$, $BiCl_3$; A = Rest einer organ. Säure) erhaltene Prod. ist immer ein cis-Isomeres. Das bei der Oxydation von $R_2Sn$ erhaltene Prod. ist ein trans-Isomeres. — 28 Literaturangaben.
G. Ewald 225◇

*0575* **Hydratisierung des trans-Dichloro-bis-[äthylendiamin]-chrom(III)-Ions in wässeriger Perchlorsäure.** Donald C. Olson und Clifford S. Garner. (Inorg. Chem. [Washington] 2, 414—15, 1963; Los Angeles, Calif., Univ. of California, Dep. of Chem.; engl.) — Die Geschw.-Konst. der Hydratisierung von trans-$[CrCl_2(en)_2]^+$ betragen in 0,125 f $HClO_4$ bei 35° ($k_1$ =) 9,7·0,5 oder 9,0 ± 0,4 (·10$^5$ s$^{-1}$) u. in 0,1 f $HNO_3$ 9,5 ± 0,1. Rk.-Prodd. der Hydratisierung in $HClO_4$ sind wie in $HNO_3$ (C. **1963**, 2757) *cis-* u. *trans-*$[CrCl(H_2O)(en)_2]^{2+}$ u. *trans-*$[CrCl_2(H_2O)_2(en)]^+$.

Versuche: *trans-*$[CrCl_2(en)_2]ClO_4$, durch Zugabe von $NaClO_4$ zu einer Lsg. von trans-$[CrCl_2(en)_2]Cl \cdot HCl \cdot 2\,H_2O$ in 0,1 f $HClO_4$; 90%. — *trans-*$[CrCl_2(en)_2]NO_3$, analog.
G. Heller 225◇

*0576* **Die cis-trans-Isomerisierung des Dihydroxo-bis-[äthylendiamin]-chrom(III)-Kations.** Donald C. Olson und Clifford S. Garner. (Inorg. Chem. [Washington] 2, 415—17, 1963; engl.) — Die Gleichgewichts-Konst. K = cis-$[Cr(OH)_2(en)_2]^+$/trans-$[Cr(OH)_2(en)_2]^+$ in 0,1 f Äthylendiamin u. 0,1 f $LiClO_4$ beträgt bei 35° 4,1 ± 0,1 u. bei 25° 5,1 ± 1,3; die Messung erfolgte spektralphotometr. bei 378 u. 530 nm. Aus den Geschw.-Konst. der Isomerisierung wurden unter Vernachlässigung ihrer geringen pH-Abhängigkeit für die trans → cis- bzw. die cis → trans-Isomerisierung Aktivierungsenergien (Ea) von 27 (kcal) bzw. 32 gefunden. Die Isomerisierungs-Konst. stimmen ungefähr mit denen des entsprechenden Co(III)-Komplexes überein, so daß der von Kruse u. Taube für den Co(III)-Komplex mitgeteilte (C. **1961**, 14969) Isomerisierungsmechanismus auch für den Cr(III)-Komplex gilt.
G. Heller 225◇

*0577* **Die Reaktionen von Jodopentamminkobalt(III) mit verschiedenen „Ein-Elektron"-Oxydations-Reduktionsreagentien.** Albert Haim und Henry Taube. (J. Amer. chem. Soc. 85, 495—500, 1963; Stanford, Calif., Stanford Univ., Dep. of Chem.; engl.) — Die Rk. von $[CoJ(NH_3)_5] \cdot (ClO_4)_2$ (I) mit Ce(IV)-Sulfat (II) oder -Perchlorat (III) sowie mit Co(III)-Perchlorat in wss. Lsg. ergibt über einen weiten Konz.-Bereich nahezu äquimol. Gemische von Co(II) u. $[Co(H_2O)(NH_3)_5]^{3+}$ (**IV**). Bei Zugabe von **II** oder **III** zu einem Gemisch von I u. $J^-$ ist die Ausbeute an Co(II) nahezu quantitativ. Die photochem. Zers. von I bei 2537 Å unter Bldg. von Co(II) u. $J_2$ verläuft mit einer Quantenausbeute von 1,94. Ce(IV) reagiert mit I offenbar zu **IV** u. J-Atomen, die dann mit I zu Co(II) u. $J_2$ weiterreagieren. Bei der Rk. von I mit Fe(II)–$H_2O_2$-Gemischen hängt das Verhältnis von entstandenem Co(II) u. **IV** von den Konzz. der drei Rk.-Teilnehmer ab; die Ausbeuten an Co(II) liegen zwischen 65 u. 92%. Bei den Rkk. von I mit Fe(II)–$O_3$- u. Fe(II)–$S_2O_8^{2-}$-Gemischen sind die Ausbeuten an Co(II) >90%. Die Natur der bei den 3 Syst. auftretenden Zwischenprodd. wird diskutiert; vermutlich findet eine Rk. zwischen OH-Radikalen u. I unter Bldg. von Co(II) u. HJO statt. Unterss. mit tert.-Butylhydroperoxid–Fe(II)-Gemischen zeigen, daß bei den Rkk. von I, $[CoBr(NH_3)_5]^{2+}$ u. $[CoN_3(NH_3)_5]^{2+}$ mit $CH_3$-Radikalen Red. des Co(III)-Zentralatoms eintritt. Der Unterschied im Verh. von J-Atomen, OH- u. $CH_3$-Radikalen einerseits u. Ce(IV) u. Co(III) andererseits hängt vermutlich von der Fähigkeit des Oxydations–Red.-Mittels ab, mit dem J in der Koordinationssphäre des Co(III)-Komplexes eine Bindung zu bilden.
P. Scharner 225◇

*0578* **Eine kinetische Untersuchung des Azidopentammin-kobalt(III)-Ions in Wasser und in basischen und sauren Lösungen.** G. C. Lalor und E. A. Moelwyn-Hughes. (J. chem. Soc. [London] **1963**, 1560—69; Kingston, Jamaica, Univ. of the West Indies, Dep. of Chem.; engl.) — Die Kinetik der Rkk. von $[CoN_3(NH_3)_5]^{2+}$-Ionen (I) in bas., neutralen u. sauren Lsgg. wurde spektralphotometr. bei 30, 40 u. 50° untersucht. Die Substitution von $N_3^-$- durch $OH^-$-Ionen ist eine bimol. Reaktion. Die Geschw.-Konst. zeigen einen normalen prim. Elektrolyteffekt; sie werden bei einer Ionenstärke Null empir. durch $k_2 = 6{,}27 \cdot 10^{20} \cdot \exp[-(33180 \pm 800)/RT]$ wiedergegeben. Die spontane Hydratation von I in sauren oder neutralen Lsgg. ist eine pseudomonomol. Rk. mit der gleichen Aktivierungsenergie wie bei der bimol. Substitution, deren Geschw.-Konst. empir. durch $k(s^{-1}) = 1{,}14 \cdot 10^{16} \exp[-(33730 \pm 1000)/RT]$ wiedergegeben werden kann. Die Ergebnisse werden mit ähnlichen Rkk. von $[CoBr(NH_3)_5]^{2+}$ u. $[CoCl(NH_3)_5]^{2+}$ verglichen. P. Scharner 225◇

*0579* **Kinetik der Bildung eines Aquokomplexes in Lösungen von Chloro-[äthylamin]-bis-[äthylendiamin]-kobalt(III)-chlorid.** W. D. Panassjuk und L. G. Reuter. (J. anorg. Chem. [UdSSR] **8**, 1131—35, 1963; Kiew, Schewtschenko-Univ., Lehrstuhl für Seltene Elemente; russ.) — Vff. untersuchten die Kinetik der Rk. $[CoEn_2(C_2H_5NH_2)Cl]^{2+} + H_2O \rightleftarrows [CoEn_2(C_2H_5NH_2) \cdot H_2O]^{3+} + Cl^-$ bei 50—70°. Es handelt sich um eine Rk. 1. Ordnung, die folgender Arrhenius-Gleichung entspricht: $r = 1{,}679 \cdot 10^{11} \cdot \exp(-A/RT)$ (r = scheinbare Konst.). Die Aktivierungsenergie A beträgt 21600 cal/Mol. Vff. untersuchten den Einfl. von Konz.-Änderungen des Komplexsalzes, des pH-Wertes u. fremder Beimengungen auf die Rk.-Geschwindigkeit. $NaNO_3$ u. $NaClO_4$ haben keine Einfl. auf die Geschw.; Fluoride u. Acetate beschleunigen sie ebenso wie eine Vergrößerung des pH. Die Geschw.-Konst. wurde für 70° zu $3{,}03 \cdot 10^{-4}$ berechnet. Die Bldg. des Aquokomplexes verläuft nach einem Ein-Ionenmechanismus. G. Ewald 225◇

*0580* **Kinetik der Isomerisierung von Tris-[thiosemicarbazid]-kobalt(III)-chlorid.** Z. B. Konunowa, N. M. Ssamuss und W. N. Subarew. (J. anorg. Chem. [UdSSR] **8**, 1136—41, 1963; russ.) — Vff. untersuchen mit Hilfe der aufsteigenden Papierchromatographie die Geschw. der gegenseitigen Isomerisation des grünen u. des violetten Tris-[thiosemicarbazid]-kobalt(III)-Ions in Abhängigkeit von den Temp. 0, 30, 50, 70 u. 85° u. den pH-Werten 2,8; 3,3; 4,0 u. 4,5. Bei 0° tritt keine nachweisbare Isomerisation auf. Die Geschw.-Konst. für die Isomerisation des grünen bzw. violetten Komplexes betragen bei pH 3,3 für die restlichen 4 Temp.: $K_1(\cdot 10^3 min^{-1})$ 0,42; 1,9; 8,7 u. 25,2 u. $K_2(\cdot 10^3 min^{-1})$ 0,36; 1,7; 7,8 u. 21,9. Für die 4 pH-Werte betragen bei 50° die Konst.: $K_1(\cdot 10^3 min^{-1})$ 1,2; 1,9; 4,6 u. 5,4 bzw. $K_2$ $(\cdot 10^3 min^{-1})$ 1,1; 1,7; 4,3 u. 4,9. Im Gleichgewicht befinden sich 52% des violetten Isomeren mit 48% des grünen. Die Gleichgewichts-Konst. beträgt für das grüne Isomere 0,92. G. Ewald 225◇

*0581* **Einige Substitutionsreaktionen von Kobalt(III)-Komplexen in N.N-Dimethylformamid und gemischten Lösungsmitteln.** C. H. Langford und Patricia Langford. (Inorg. Chem. [Washington] **2**, 300—03, 1963; Amherst, Mass., Amherst Coll., Moore Labor. of Chem.; engl.) — Die Rkk. von trans-$[CoClNO_2(en)_2]ClO_4$ (I), trans-$[CoBrNO_2(en)_2] \cdot ClO_4$ (II), trans-$[CoCl_2(en_2)]ClO_4$ (III) u. trans-$[Co(NO_2)_2(en)_2] \cdot NO_3$ mit $SCN^-$ in Dimethylformamid (DMF) u. in Mischungen von DMF mit W., Pyridin, Methanol, Propanol-(2), Harnstoff, Essigsäure oder Phenol wurden reaktionskinet. untersucht. Die Aktivierungsenergie der Rk. von I beträgt 23,5 ± 1 (kcal/Mol), II 20,4 ± 0,5 u. III 24 bei DMF ($\mu$ = 0,1). Die Rkk. von I u. II führen zu trans-$[CoNO_2SCN(en)_2]ClO_4$, die von III zu einem Gemisch aus cis- u. trans-$[CoClSCN(en)_2] \cdot ClO_4$ u. weiter zu $[Co(SCN)_2(en)_2]ClO_4$. Die Rk.-Geschw. sind von der $SCN^-$-Konz. unabhängig u. unterscheiden sich trotz der unterschiedlichen nucleophilen Eigg. der Lsgm. in den Lsgm.-Gemischen nur wenig von denen in reinem DMF. Die Ergebnisse sprechen für das Vorliegen eines $S_N1$-Mechanismus. G. Heller 225◇

*0582* **Die thermische Zersetzung von Metallkomplexen. 7. Mitt. Eine thermomagnetische Untersuchung der Reduktion Co(III) → Co(II) in Kobalt(III)-Ammin-Komplexen.** W. W. Wendlandt und J. P. Smith. (J. inorg. nuclear Chem. **25**, 1267—72, 1963; Lubbock, Tex., Texas Technol. Coll., AFOSR Centre for Molecular Res., Dep. of Chem.; engl.) — 6. vgl. J. inorg. nuclear Chem. **25**, [1963], 985. — Vff. untersuchten die Red. Co(III) → Co(II) in den Komplexen $[Co(NH_3)_6]X_3$, $[Co(NH_3)_6]_2(SO_4)_3 \cdot 2{,}5\ H_2O$, $[Co \cdot (NH_3)_5H_2O]X_3$, $[Co(NH_3)_5X]X_2$ (X = Cl, Br, J u. $NO_3$) u. $[Co(NH_3)_5X]Y_2$ (X u. Y = Cl, Br u. J) durch Messung der magnet. Susceptibilitäten bei 50—500° mit einer Gouyschen App. (Feldstärke ca. 8000 Gauß). Die niedrigsten Red.-Temp. lagen bei 100—200°, bei den meisten Verbb. im Bereich 150 bis 200°. Die Kurven für $[Co(NH_3)_5Br]J_2$ u. $[Co(NH_3)_5Cl]J_2$ besitzen einen Knick bei 193 bzw. 185°, der auf zwei aufeinanderfolgende Red., nämlich erst durch $J^-$, dann durch $J^- + NH_3$, hindeutet. P. Kurzmann 225◇

*0583* **Siliciumdioxid-Pulver von „Atmungs"-Korngröße.** 4. Mitt. **Die langzeitige Auflösung von Siliciumdioxid-Pulvern in verdünnter Flußsäure: Ein anisotroper Auflösungsmechanismus für grobkörnige Quarzpulver.** I. Bergman. (J. appl. Chem. **13**, 356—61, 1963; Sheffield, Safety in Mines Res. Establ., Central Labor.; engl.) — 3. vgl. J. appl. Chem. **13**, [1963], 319. — Die Auflösungs-Verss. wurden bei 25° mit $SiO_2$-Teilchen (Quarz, Tridymit u. glasartiges $SiO_2$) verschiedener Korngröße zwischen 0,2 u. 64 $\mu$ in 0,1 u. 1 m HF über Zeiten bis zu 300 Std. durchgeführt. Die Auslösungs-Geschw. ist von der Korngröße nahezu unabhängig. Lediglich für Quarzpulver mit Teilchendurchmesser $> 2\ \mu$ wurde ein anisotroper Auflösungsmechanismus beobachtet, der sich in einem stärkeren Anstieg der Auflösungs-Geschw. im mittleren Zeitbereich äußert. D. Noack 225◇

*0584* **Auflösungsgeschwindigkeit von Kristallen (Beispiele: Magnesit und Dolomit).** F. Halla. (Z. physik. Chem. [Frankfurt/M.] [N. F.] **38**, 110—17, 1963; Brüssel, Soc. S.E.R.A.I.; dt.) — Eine genauere Analyse zeigt, daß die Auflösungs-Geschw. $\dot{c}$ eines frei schwebenden Einkristalls oder mehrere solcher (Kristallpulver gleicher Größe) einer komplizierteren Abhängigkeit gehorchen muß als der einfachen Proportionalität zur Oberfläche oder zu $V^{2/3}$. Sie ist gegeben durch $-\dot{y} = Ay(1 - k\int_0^t y\,dt)^2$, wobei $y \equiv c_s - c$ die Differenz zwischen der Sättigungs- u. der augenblicklichen Konz. bedeutet. Die Konstanz von A u. k wurde für die Auflösung von synthet. Magnesit u. auch für nichtkrist. Carbonate in wss. $CO_2$-Lsg. zutreffend gefunden, ohne daß alle Voraussetzungen der Theorie in den letztgenannten Fällen erfüllt waren. Im Idealfalle müßte A/k nur von der Anzahl der auf 1 Liter Lsgm. entfallenden Mole des Kristalls abhängen. Ernst Schulte 225◇

*0585* **Zur anomalen Oxydation des Fe–Ni-Mischkristalles im Magnetfeld.** S. Yamaguchi. (Z. anorg. allg. Chem. **325**, 334—36, 1963; Tokio, Inst. für Phys. u. Chem.; dt.) — Ein Fe–Ni-Mischkristall (36 Gew.-% Ni) zeigt im Magnetfeld um 300° eine anomal beschleunigte Oxydation zu reinem $Fe_3O_4$. Bei der magnet. Umwandlungs-Temp. in der Nähe des Curie-Punktes entsteht ein aktivierter Zustand des Festkörpers (magnetokatalyt. Effekt nach Hedvall). Ernst Schulte 225◇

*0586* **Einfluß der Feinzerteilung auf die physikochemischen Eigenschaften fester Körper.** G. Ss. Chodakow. (Fortschr. Chem. [UdSSR] **32**, 860—81, 1963; Allunions Wiss. Forsch.-Inst. für neue Baumaterialien; russ.) — Übersicht (Strukturänderung, Bldg. freier Radikale, Erhöhung der Adsorptionsfähigkeit, Vergrößerung der Löslichkeit). — 103 Literaturangaben. Ch. Weiske 225◇

*0587* **Photochemische Bildung des hydratisierten Elektrons.** Leonard I. Grossweiner, George W. Swenson und Earl F. Zwicker. (Science [Washington] **141**, 805—06, 1963; Chicago, Ill., Illinois Inst. of Technol.; engl.) — Bei der Bestrahlung luftfreier, wss. Lsgg. von *KJ*, $Na_3PO_4$, $Na_2CO_3$, $Ca(OH)_2$, *p-Kresol*, *Phenol*, *L-Tyrosin*, *3-(p-Hydroxyphenyl)-propionsäure*, *Glycyl-L-tyrosin* u. *DL-Leucyl-DL-tyrosin* mit UV-Lichtblitzen konnten mit einer 10-$\mu$s-Xe-Blitzlampe Spektren aufgenommen werden, die auf die Existenz einer Übergangsform mit den Eigg. eines hydratisierten Elektrons schließen lassen. W. Wiechmann 226◇

*0588* **Wirkung von $\gamma$-Strahlen auf wässerige Lösungen von Kohlenmonoxid.** Y. Raef und A. J. Swallow. (Trans. Faraday Soc. **59**, 1631—40, 1963; London, Imp. Coll., Nucl. Technol. Labor.; engl.) — Mit einer Kilocurie-$^{60}$Co-Quelle wurden Lsgg. von Kohlenmonoxid ($4{,}84 \cdot 10^{-4}$m) in sauerstofffreier 0,1n Schwefelsäure bestrahlt (Dosisleistung $3 \cdot 10^4$ rad/h). Folgende Rk.-Prodd. konnten bestimmt werden: $H_2$ mit G = 0,95; $CO_2$, G = 2,6; HCHO, G = 0,5; CHO-CHO, G = 0,3 u. HCOOH, G = 0,4. Die Bldg. dieser Prodd. verläuft über intermediäre CHO- u. COOH-Radikale. Der Einfl. der Aciditätsänderung auf die Ausbeute ist untersucht worden. Dabei wurde u. a. in alkal. Lsg. für HCOOH ein G-Wert von **44** gefunden. Weiterhin wurde der Einfl. von Eisenionen auf die Ausbeute untersucht. Die Bldg. von $Fe^{3+}$ aus $Fe^{2+}$ in 0,1n $H_2SO_4$ konnte nicht beobachtet werden, dagegen entstand aus $Fe^{3+}$ in 0,1n $H_2SO_4$ in Ggw. von Kohlenmonoxid $Fe^{2+}$ mit G = 6,3—6,4. Die Verhältnisse der Geschw.-Konst. der Rkk. H + HCHO zu H + CO betragen **14,8 ± 3**, von OH + CO zu OH + $Fe^{2+}$ **3,6 ± 0,5** u. von H + CO zu H + $H^+$ + $Fe^{2+}$ 2,5 ± 0,3 (in 0,1n $H_2SO_4$ u. bei 25°). W. Wiechmann 226◇

*0589* **Photokatalytische Reduktion von $CuCl_2$ in Gegenwart von $Na_2S_2O_4$.** J. Wojtczak. (Bull. Soc. Amis. Sci., Lettres Poznań, Ser. B **1960**, 123—24; Poznań, A.Mickiewicz Univ., Dep. of Phys. Chem.; engl.) — Beim Mischen von 5 ml 10% ig. $CuCl_2$-Lsg., 5,5 ml 10% ig. $Na_2S_2O_4$-Lsg. mit 10 ml 5% ig. wss. Polyvinylalkohol- oder Gummi arabicum-Lsg. entsteht eine schneeweiße Suspension, die beim Belichten durch Bldg. von metall. Cu schwarz wird. Ohne die Polymerenzusätze tritt dieser Effekt stark abgeschwächt auf. K. Strenge 226◇

*0590* **Strahleninduzierte Zerstörung spaltbarer Oxide in wässeriger Suspension.** H. S. G. Slooten und R. G. Sowden. (Nature [London] **198**, 369—71, 1963; Arnhem, Holland, N.V. Kema; Harwell, A.E.R.E., Chem. Div.; engl.) — Bei der Bestrahlung von Suspensionen von $PuO_2$, $(Th, Pu)O_2$ u. $(Th, U)O_2$ in W. entstehen lyophobe Koll. von ca. 100 Å Ø. Die Ausbeute an Koll. ist abhängig von der Neutronendosis, der spezif. Oberfläche der suspendierten Oxide u. dem pH-Wert der Lösung. Elektronenmkr. Aufnahmen zeigen, daß nach der Bestrahlung Löcher von mehreren hundert Å Ø entstanden sind. Bei der Bestrahlung entstehen kurzlebige amorphe Stellen in der Oberfläche, die in wss. Medien hydratisiert u. bei pH > 4 hydrolysiert werden. Dabei bauen sich Kolloide auf. Bei Fehlen von Dispersionsmitteln sintern die amorphen Stellen unter dem Einfl. von örtlichen Erhitzungen durch nachfolgende Spaltereignisse wieder zusammen. B. Schmitt 226◇

*0591* **Tritiumabgabe neutronenbestrahlter Lithiumsalze.** C. Mântescu und T. Costea. (Physica Status solidi [Berlin] **3**, K 290—93, 1963; Bucharest, Inst. of Atom. Phys.; engl.) — Thermisch vorbehandelte Proben von *LiF*, *LiCl*, *LiBr*, *LiH*, $Li_2CrO_4$, $LiNO_3$ u. $LiAlH_4$ wurden unter Vakuumverschluß mit einem integralen Neutronenfluß von $4 \cdot 10^{14}$ bis $3 \cdot 10^{16}$ nvt bestrahlt. Die bestrahlten Proben unterzog man einer Wärmebehandlung u. bestimmte die abgegebene T-Menge durch Aktivitätsmessung. Die T-Abgabe steigt in den ersten Min. stark an u. erreicht dann ein der jeweiligen Erhitzungs-Temp. entsprechendes Pseudoplateau. Durch Kondens. des gebundenen T mit fl. $N_2$ konnte der Anteil des freien T in der Gesamtmenge des abgegebenen T bestimmt werden. Aus den Li-Halogeniden konnten als kondensierbare Fraktionen *TF*, *TCl* u. *TBr* abgetrennt werden. LiH lieferte $T_2$ bzw. *HT*. Sauerstoffhaltige Lithiumsalze bildeten nur kondensierbare Gase ($T_2O$). Durch Auflösen der vorher erhitzten Proben wurde festgestellt, daß der größte Teil des gebildeten T im Kristall verblieben war, was entweder mit einer Verb.-Bldg. während der Bestrahlung oder einem Einschluß in durch die Bestrahlung gebildeten Hohlräume erklärt wird. W. Wiechmann 226◇

*0592* **Chemie heißer Atome in festem Hexamminchrom-(III)-nitrat.** Nagao Ikeda, Kenji Yoshihara, Hiroshi Ebihara und Kiyomi Suzuki. (Bull. chem. Soc. Japan **34**, 1705—10, 1961; Tokyo, Univ. of Educ.; Ibaragi-ken, Tokai-mura, Jap. Atom. Energy Res. Inst.; engl.) — Das Verh. der mit Cyclotron-Neutronen gebildeten $^{55}$Cr-Rückstoßkerne bzw. der mit Reaktorneutronen erzeugten $^{51}$Cr-Rückstoßkerne in pulverförmigem Hexamminchrom(III)-nitrat (I) bei der heterogenen Extraktion mit Salpetersäure wurde untersucht. Während I in $HNO_3$ fast unlösl. ist (bei 20° lösen sich 0,9 mg in 25 ml 12n $HNO_3$), gehen Cr(III)- u. Cr(VI)-Ionen in Lösung. Die mit dieser Meth. erzielten Anreicherungsfaktoren lagen für $^{55}$Cr zwischen 200 u. 400 bei Extraktionsausbeuten von 60—80% sowie für $^{51}$Cr zwischen 150 u. 230 bei Extraktionsausbeuten zwischen 57 u. 73%. Wiederholte Extraktion des bestrahlten I zeigte eine schnelle Abnahme der radiochem. Ausbeute mit jeder folgenden Extraktionsstufe. Der Verlauf der Ausbeutekurven erwies sich als eine Funktion der Säurekonzentration. Bei Verw. von mit I gesätt. $HNO_3$ konnte dagegen kein Einfl. der Säure-Konz. auf die radiochem. Ausbeute festgestellt werden. Dieser Unterschied wird mit der geringfügigen Löslichkeit des Komplexes in $HNO_3$ erklärt. Der Einfl. der Extraktionsdauer zeigte sich darin, daß bei längerem Ausschütteln höhere Ausbeuten erzielt wurden. Die Best. der chem. Form der Rückstoß-Prodd. geschah einmal durch Fällung von Fe(III)-Hydroxid aus wss. Lsg. unter Chromatzusatz als Rückhalteträger für Cr(VI), wobei das Cr(III) mitgefällt wurde, u. zum zweiten durch Extraktion des Chromats aus 1n salzsaurer Lsg. mit Tri-n-butylphosphat, wobei I u. die Cr(III)-Ionen in der wss. Phase blieben. Ergebnis: 98—99% Cr(III), Cr(VI) < 0,2%, Retention 1—2%. Eine Messung der Targetoberfläche vor u. nach der Bestrahlung mit der Stickstoffadsorptions-Meth. zeigte keine Veränderung der Korngröße. Allg. wird die beobachtete Extrahierbarkeit der Cr-Rückstoß-Prodd. auf Oberflächenprozesse zurückgeführt, denen sich ein Auslaugeprozeß überlagert. W. Wiechmann 226◇

*0593* **Chemische Wirkungen des $^{80m}$Br-Kernisomeren-Überganges in kristallinen Co-, Rh- und Ir-Pentamminbromokomplexsalzen. Der Einfluß der Temperatur, des Anions und der Ligandatome.** G. B. Schmidt und W. Herr. (Z. Naturforsch. **18a**, 505—09, 1963; Köln, Univ., Inst. für Kernchem.; Mainz, MPI für Kernchem.; Jülich, Kernforsch.-Anlage, Inst. für Radiochem.; dt.) — Die infolge der Emission von Konversions- u. Auger-Elektronen beim $^{80m}Br \rightarrow {}^{80g}Br$-Übergang entstehenden stark positiv geladenen $^{80g}$Br-Tochteratome liegen oft in anderen chem. Formen vor als vorher in der Muttersubstanz. Der abtrennbare Anteil dieser $^{80g}Br^-$-Ionen wurde in entsprechend markierten Pentamminbromokomplexen des Co, Rh u. Ir bestimmt. Die $^{80g}Br^-$-Ausbeuten für Kristalle der Formel $[MeBr(NH_3)_5] \cdot (NO_3)_2$ sind bis zu 50, 75 u. 110° für *Me* = *Co*, *Rh* u. *Ir* konst., betragen 90, 80 bzw. 77% u. fallen danach linear mit der Temperatur. Die therm. Ausheilung von $^{80g}Br^-$ in den Kristallen geschieht schnell, wobei charakterist., temperaturabhängige Gleichgewichtswerte erreicht werden. Der Ausheilvorgang läßt sich als Rk. erster Ordnung darstellen. Die Aktivierungsenergie für die therm. Ausheilung von $^{80g}Br^-$ in krist. $[Rh(NH_3)_5Br](NO_3)_2$ wurde zu 6,7 kcal/Mol bestimmt. In den Rh- u. Ir-Komplexen nimmt die $^{80g}Br^-$-Ausbeute mit der Temp. zu u. erreicht zwischen 210 u. 250° einen Grenzwert von ca. 66%. Hier erfolgt ein Austausch zwischen komplexgebundenem u. anion. Brom infolge der Wrkg. der Anregungsenergie des Kernisomeren-Übergangs, wobei Temp.-Steigerung einerseits die noch fehlende Energie liefern u. andererseits die Geschw. des Austausches erhöhen kann. Der Einfl. des Anions auf die $^{80g}$Br-Ausbeute wurde an 12 verschiedenen $^{80m}$Br-markierten Ir- u. 5 analogen Rh-Pentamminbromokomplexen bei Zimmer-Temp. untersucht. Die Ausbeute fällt in der Reihenfolge: $NO_3^- > ClO_4^- > NO_2^- > J^- > SO_4^{2-}, Br^-, S_2O_6^{2-} > SiF_6^{2-} > Cl^- > C_2O_4^{2-}$ von 77% auf 41% ab. Anionen mit oxydierenden Eigg. geben höhere Ausbeuten als solche mit reduzierenden. Letztere geben Elektronen an das $^{80g}$Br ab u. bewirken damit eine Ladungsneutralisation. In Umkehrung der vorher beschriebenen Unterss. wurden verschiedene Rh- u. Ir-Komplexe mit markiertem Anion hergestellt u. dann darin der Prozentsatz des nach dem Kernisomeren-Übergang komplexgebundenen $^{80g}$Br bestimmt. Dabei wurden Ausbeuten zwischen 9 u. 18% gefunden. Die Höhe der Ausbeuten erwies sich als temperaturunabhängig, woraus folgt, daß hier die Substitution nur durch Rkk. heißer Atome geschieht. Im einzelnen wurden untersucht (alle mit $^{80m}$Br-markiertem Anion): $[Rh(NH_3)_6]Br_3$; $[RhX(NH_3)_5]Br_2$ mit $X = NO_3, NO_2, J, Br, Cl$; $[IrCl(NH_3)_5]Br_2$. Abschließend werden die Ergebnisse mit denen von (n, γ)-Rkk. verglichen. W. Wiechmann 326◇

*0594* **Untersuchungen über die Thermokraft und Gitterdefekte als aktive Zentren in metallischen Katalysatoren.** Shozo Kishimoto. (J. physic. Chem. **66**, 2694—96, 1962; Kobe, Higashinada-ku, Kobe Univ., Sci. Fac., Chem. Dep.; engl.) — Es werden die Änderungen der Thermokraft von kaltbearbeitetem Cu u. Ni untersucht. Im Falle des Cu (90—15% Kompression) werden die Änderungen im Temp.-Bereich zwischen 120 u. 400° mit dem Verschwinden von

Fehlstellen erklärt. Beim Ni (80% Kompression) sind zwei Stadien zu erkennen; zwischen 200—300° verschwinden die Leerstellen, oberhalb 400° die Fehlstellen. Mit steigender Kompression verschiebt sich die Anfangs-Temp. beginnender Fehlstellenauffüllung zu tieferen Temperaturen. Es wurde ferner eine vollständige Übereinstimmung zwischen den Änderungen der Thermokraft u. der Abnahme der katalyt. Eigg. von kaltbearbeitetem Cu u. Ni während des Temperns festgestellt. Vf. zieht daraus den Schluß, daß die Gitterdefekte auf der Oberfläche die entscheidende Rolle als akt. Zentren bei den verschiedensten Rkk. spielen u. daß folglich thermoelektr. Messungen wichtige Aussagen über Gitterdefekte u. akt. Zentren machen können. D. Noack 227◇

*0595* **Der Einfluß von Elektronenbeschuß vor der Reaktion auf die Aktivität eines Halbleiter-Katalysators.** Nicholas J. Stevens jun., Edward A. Mason und Robert C. Reid. (J. physic. Chem. **66**, 2613—22, 1962; Cambridge, Mass., M.I.T.; engl.) — Zur Klärung des Zusammenhangs zwischen Katalysatoraktivität u. Fehler-Eigg. von Festkörperkontakten untersuchen Vff. den Einfl. von Elektronenbeschuß ($3{,}12 \cdot 10^{12}$ Elektronen; 3,5 MeV/cm²) vor der Rk. auf die katalyt. Eigg. von *$Cu_2O$* bei der Oxydation von *CO*. Die Rk.-Geschw. u. die elektr. Eigg. im Innern u. an der Oberfläche des Katalysators wurden vor u. nach der Bestrahlung gemessen u. an Hand der Kinetik u. Rk.-Mechanismus die Änderung der Art der Gitterfehler u. damit die katalyt. u. elektr. Eigg. des untersuchten Oxidhalbleiters verfolgt. W. Sobieski 227◇

*0596* **Einfluß von Neutronen- und Ultraviolettbestrahlung auf die katalytische Aktivität von Magnesiumoxid.** Jack H. Lunsford und Thomas W. Leland jun. (J. physic. Chem. **66**, 2591—97, 1962; Houston, Tex., Rice Univ., Dep. of Chem. Engng.; engl.) — Durch UV- u. Neutronenbestrahlung wird die Fehler- u. Elektronenstruktur von *MgO*-Katalysatoren schon bei relativ geringer Bestrahlungsdosis (0,5 bis $5 \cdot 10^{12}$ Neutronen/cm²) verändert u. damit ihre katalyt. Aktivität bei der Rk. $H_2 + D_2 \rightleftharpoons 2\,HD$ bei beiden Bestrahlungsarten beträchtlich angehoben (vgl. vorst. Ref.). Der Effekt beruht auf einer weitergehenden Entgasung der Kontakte, wobei dann die weniger akt. Proben [bei 291, 374 u. 520° therm. aktiviert ($E_a = 4{,}6$; 1,6; 1,0 kcal/g-Mol)] stärkere Beeinflussung erfahren. Mit UV-Licht erreichen sie einen definierten Sättigungswert der katalyt. Aktivität, während Neutronenbeschuß diese mit fortschreitender Dosis weiter erhöht. Die Aktivierungsenergien werden durch UV auch nicht verändert. — Ein einfaches Modell mit $Fe^{3+}$ als strahlungsinduziertem Gitterplatz wird für das untersuchte Syst. entwickelt u. mit anderen Deutungsmöglichkeiten verglichen. Es ergibt sich, daß die Änderung der Aktivität in den Katalysatoren hauptsächlich auf Änderungen der Elektronenstruktur (u. nicht der Zahl der Gitterfehler) zurückzuführen ist. W. Sobieski 227◇

## A₈. Präparative anorganische Chemie, Komplexverbindungen, Metallorganische Verbindungen

*0597* **Einige Gleichgewichtsreaktionen im System Ca·$Al_2Si_2O_8$–$H_2O$.** Robert C. Newton und G. C. Kennedy. (J. geophys. Res. **68**, 2967—83, 1963; Los Angeles, Calif., Univ. of California, Inst. of Geophys. and Planetary Phys.; engl.) — Die Gleichgewichte *Lawsonit* ⇌ *Zoisit* + *Cyanit* + *Quarz* + Dampf u. Zoisit + *Sillimanit* + Quarz ⇌ *Anorthit* + Dampf wurden im Temp.-Bereich 500—950° u. im Druckbereich 7—33 kbar bestimmt. Es existiert ein invarianter Punkt bei 5,4 kbar u. 410°, an den die Phasen Lawsonit, Anorthit, Zoisit, Quarz, Sillimanit u. Dampf angrenzen. Die Richtung des Gleichgewichts Lawsonit ⇌ Anorthit + $H_2O$ im geolog. interessanten Bereich wurde aus den Ergebnissen geschätzt. Anwendungen der Resultate auf regionale Metamorphose u. die Batholith-Bldg. werden diskutiert. Ernst Schulte 294◇

*0598* **Darstellung von Organoaluminiumverbindungen. 4. Mitt. Die Synthese von Methylaluminiumsesquichlorid und Ätherkomplexen des n-Propyl- und n-Butylaluminiumsesquichlorids.** Stanisław Pasynkiewicz, Włodzimierz Dahlig und Kazimierz Starowieyski. (Roczniki Chem. [Ann. Soc. chim. Polonorum] **36**, 1583—92, 1962; Warszawa, Inst. of Technol., Dep. of Organic Technol. I; pol.) — 3. vgl. Roczniki Chem. [Ann. Soc. chim. Polonorum] **35**, [1961], 1301. — Wenn man metall. Al (I) oder eine Al-Mg-Mischung (II) vorher in Ggw. von $AlJ_2CH_3$ bei 120° aktiviert, erhält man bei der Rk. von **I** mit $CH_3Cl$ in 80—90%ig. Ausbeute $AlCl_2CH_3$ (III) u. $AlCl(CH_3)_2$ (IV) u. bei der Rk. von **II** mit $CH_3Cl$ reines **IV**. Mit Abnahme der Katalysatormenge verlängert sich die Rk.-Zeit u. die Prozentzahl des Geh. an **IV** nimmt ab. Beim Erhitzen von **IV** in Ggw. von Mg auf 126 bis 128° am Rückfluß entsteht in 7%ig. Ausbeute $Al(CH_3)_3$. Für die Zers.-Rk. bei der Synth. von Organo-Al-Verbb. aus höheren Alkylchloriden (RCl) sind $AlCl_2R$ u. $AlClR_2$ verantwortlich. Die Zers.-Rk. beginnt mit der Bldg. eines Komplexes von $AlCl_2R$ u. RCl. Wenn sich bei den Elektronenlücken von $RAlCl_2$ oder $AlCl_3$ ein Elektronendonator, z. B. Ae., anlagert, wird durch den gebildeten Komplex $AlCl_2R \cdot O(C_2H_5)_2$ die Zers.-Rk. verhindert. Das beweisen die Synth. von *$AlCl_2C_3H_7 \cdot O(C_2H_5)_2$* u. *$AlCl_2C_4H_9 \cdot O(C_2H_5)_2$* mit Hilfe von I. Die Synth. von Propylaluminiumsesquijodid in Ggw. von Anisol wird von Neben-Rkk. begleitet, die durch die Unbeständigkeit des Anisol–$AlCl_2C_3H_7$-Komplexes verursacht werden. Mit anderen Elektronendonatoren, z. B. Pyridin u. THF, wurden keine brauchbaren Ergebnisse erzielt. G. Heller 294◇

*0599* **Die Systeme Seltenerdmetall–Metallhalogenid. 5. Mitt. Lanthan-, Cer- und Praseodymbromid.** Robert A. Sallach und John D. Corbett. (Inorg. Chem. [Washington] **2**, 457 bis 459, 1963; Ames, Iowa, Iowa State Univ., Inst. for Atomic Res. and Dep. of Chem.; engl.) — Vgl. C. **1960**, 3480. — Für die Syst. $LaBr_3$–La, $CeBr_3$–Ce u. $PrBr_3$–Pr werden die Schmelzdiagramme angegeben. Im Syst. $LaBr_3$–La existiert bei einem Geh. von 14,2 (Mol-%) La ein Eutektikum bei 728°, im Syst. $CeBr_3$ + Ce eines bei 12,0 Ce u. 687°. Im Syst. $PrBr_3$ + Pr wurde eine Phase der Zus. $PrBr_{2,38\pm0,01}$ gefunden, die bei 601° in eine Lsg. von 16 Pr in $PrBr_3$ u. Pr (fest) übergeht. Das Eutektikum liegt bei einer Zus. von ca. 16 Pr u. 579°. Das kryoskop. Verh. des Syst. $PrBr_3$ + Pr steht mit der Bldg. von $Pr^{2+}$ im Einklang. Für dieses Modell wird eine Schmelzwärme von 11 ± 1 kcal $Mol^{-1}$ berechnet. Das kryoskop. Verh. der beiden anderen Syst. ist anomal. Für das Syst. La ergeben sich 1,6—1,7 neue Teilchen pro gelöstes Metallatom anstatt ca. 3, für das Syst. Ce 2,0. Wolfgang Krüger 305◇

*0600* **Untersuchung der Systeme $NdCl_3$–Nd und $PrCl_3$–Pr.** G. I. Nowikow und O. G. Poljatschenok. (J. anorg. Chem. [UdSSR] **8**, 1053—59, 1963; Leningrad, Univ., Chem. Fak.; russ.) — Vgl. C. **1963**, 18007. — Vff. nahmen die Schmelzdiagramme u. die Dampfdruckisothermen bei 1180° für die Syst. $NdCl_3$–Nd u. $PrCl_3$–Pr nach der thermograph. u. tensiometr. Meth. auf. Im Syst. $NdCl_3$–Nd wurden die Verbb. *$NdCl_2$* (F. 835°, Zers.), *$NdCl_3 \cdot 2\,NdCl_2$*, *$2\,NdCl_3 \cdot 5\,NdCl_2$* u. *$NdCl_3 \cdot 3\,NdCl_2$* gefunden. Im Syst. $PrCl_3$–Pr wurde *$PrCl_2$* nachgewiesen. Vff. berechneten die Enthalpie $\Delta H^0_{298}$ u. die Freie Energie $\Delta F^0_{298}$ für die Bldg. von festem $NdCl_2$ u. $PrCl_2$ zu $\Delta H^0_{298} = -169 \pm 3$ bzw. $-167 \pm 3$ kcal/Mol u. $\Delta F^0_{298} = -158 \pm 4$ u. $-156 \pm 4$ kcal/Mol. G. Ewald 306◇

*0601* **Über die Beschaffenheit des nach dem magnesiothermischen Verfahren darstellbaren Titanschwamms.** W. W. Ssergejew, W. W. Wlassow und R. A. Ssandler. (J. angew. Chem. [UdSSR] **32**, 1919—24, 1959; russ.) — Der mittlere Geh. an Verunreinigungen im Titanschwamm beträgt 0,0195 (%) $N_2$; 0,053 $O_2$; 0,125 Fe; 0,02 C; 0,05 Si; 0,05—0,12 Mg. Bes. nachteilig ist die Ggw. von $MgCl_2$. Schon ab 0,08% $Cl_2$ wird eine Verschlechterung der mechan. Eigg. des Schwammes beobachtet. Die Geschw. sowie die Art des Feuchtwerdens des Schwammes werden von der Luftfeuchtigkeit u. von dem $Cl^-$-Geh. bestimmt. Bei einem $Cl^-$-Geh. von 1,5—2% kommt es wahrscheinlich zur Bedeckung der gesamten Oberfläche des Schwammes mit $MgCl_2$; bei höheren $Cl^-$-Geh. ist die Luftfeuchtigkeit ohne Einfl. auf die Art der Wasseraufnahme durch den Schwamm. S. Slováková 321◇

*0602* **Additionsverbindungen von Organozinnhalogeniden mit Lewis-Basen.** I. R. Beattie und G. P. McQuillan. (J. chem. Soc. [London] **1963**, 1519—23; London, Univ. of London, King's Coll., Dep. of Chem.; engl.) — $(CH_3)_2SnCl_2$ (I) u. $CH_3SnCl_3$ bilden mit 1.10-Phenanthrolin u. 2.2'-Dipyridyl 1:1-Addukte, während sie mit Pyridin (py) u. Pyridiniumchlorid 1:2-Addukte ergeben. $(CH_3)_3SnCl$ (II) ergibt unter vergleichbaren Bedingungen nur mit py ein Prod. der Zus. *$(CH_3)_3SnCl \cdot py$* (III). Die Abwesenheit einer symm. Sn–C-

Valenzschwingung im IR-Spektrum von festem III führt zu der Annahme, daß Sn in dieser Verb. die Koordinationszahl 5 besitzt. Die Sn–Cl-Schwingungen von I u. II werden nach einer Koordination nach < 250 $cm^{-1}$ verschoben. Zwischen der Intensität der symm. Sn–C-Schwingung u. der Lage der Sn–Cl-Schwingungen von II in $CCl_4$, Bzl., Ae. u. $CH_3CN$ scheint ein Zusammenhang zu bestehen. Die Gründe für dieses Verh. werden diskutiert; die Addukte von I u. II sind vermutlich sechsfach koordiniert (mit trans-$CH_3$-Gruppen bei I). Versuche: Darst. der Addukte als Ndd. durch Mischen der Lsgg. von Lewis-Base u. Acceptor-Verbb.: *Trimethylzinnchlorid* (II), $C_3H_9ClSn$, F. 38°; *$(CH_3)_3SnCl \cdot py$*, $C_8H_{14}ClNSn$, F. 40—41°, in Leichtbenzin (Lsgm.). — *Dimethylzinndichlorid* (I), $C_2H_6Cl_2Sn$, F. 109°; *$(CH_3)_2SnCl_2 \cdot 2\,py$*, $C_{12}H_{16}Cl_2N_2Sn$, F. 161°, Sublimation bei 145°, in Bzl.; *2.2'-Dipyridyladdukt*, $C_{12}H_{14}Cl_2N_2Sn$, F. 240°, in Bzl.; *1.10-Phenanthrolinaddukt*, $C_{14}H_{14}Cl_2N_2Sn$, F. 284°, in Bzl.; *$(CH_3)_2SnCl_2 \cdot 2\,pyHCl$*, $C_{12}H_{18}Cl_4N_2Sn$, F. 151°, in Chloroform. — *Methylzinntrichlorid*, $CH_3Cl_3Sn$, F. 42—44°; *$CH_3SnCl_3 \cdot 2\,py$*, $C_{11}H_{13}Cl_3N_2Sn$, in $CCl_4$; *2.2'-Dipyridyladdukt*, $C_{11}H_{11}Cl_3N_2Sn$, in $CCl_4$; *1.10-Phenanthrolinaddukt*, $C_{13}H_{11}Cl_3N_2Sn$, in $CS_2$; *$CH_3SnCl_3 \cdot 2\,pyHCl$*, $C_{11}H_{15}Cl_5N_2Sn$, in Chloroform. P. Scharner 327◇

*0603* **Eine Untersuchung des Vanadylions in angesäuerter Ammoniumvanadat-Lösung.** 1. Mitt. P. K. Bhattacharya. (J. Indian chem. Soc. **40**, 674—76, 1963; Sagar, M.P., Univ.; engl.) — Beim Ansäuern von $(NH_4)_3VO_4$-Lsgg. bilden sich zuerst Polyvanadate u. schließlich $VO_2^+$- oder $VO^{3+}$-Kationen. Lsgg., denen man genau die zur Bldg. dieser Kationen benötigten Säuremengen zugesetzt hat, wurden konduktometr. mit $K_4[Fe(CN)_6]$-Lsg. titriert. Nach dem Leitfähigkeitsdiagramm ist die Ausfällung von Vanadylhexacyanoferrat(II) dann beendet, wenn ein Äquivalent $K_4[Fe(CN)_6]$ zugesetzt ist. Das Gewicht des Nd. entspricht der Zus. $KVO[Fe(CN)_6]$. Das V wird also als $VO^{3+}$-Kation ausgefällt. J. Simon 330◇

*0604* **Eine Methode zur Reinigung des Protactiniums vom Niob.** A. J. Walter. (J. inorg. nuclear Chem. **25**, 1301, 1963; Harwell, A.E.R.E., Chem. Div.; engl.) — Die vor einiger Zeit in Windscale u. Harwell isolierten 125 g Protactinium-231 (I) (vgl. Collins, Hilary, Nairn u. Phillips, C. **1963**, 8476) enthielten 4% Nb. Vf. reinigte 500 mg von I in folgender Weise: Das Pa wurde aus 8n HCl/0,5n HF als Hydroxid gefällt, in 40 ml 40%ig. $H_2SO_4$ gelöst, die Lsg. mit Eis gekühlt, mit 20 ml $H_2O_2$ (100 Vol.-%) u. genügend $NH_3$ bis zur schwach alkal. Rk. versetzt u. 2 Std. lang sich selbst überlassen. Das ausgefallene gelbe Pa-Peroxid wurde abzentrifugiert u. in kaltem, 40%ig. $H_2SO_4$ gelöst, Die Spektralanalyse des gereinigten Prod. ergab die folgenden Verunreinigungen (in ppm): Fe 600, Mg 10, Al 100, Cu 50, Nb < 200. F. Weigel 333◇

*0605* **Charakterisierung des braunen Molybdänyl-bis-[acetylacetonats].** Melvin L. Larson und Fred W. Moore. (Inorg. Chem. [Washington] **2**, 881—82, 1963; Detroit, Mich., Climax Molybdenum Co., Res. Labor.; engl.) — Das bereits früher (C. **1963**, 10396) von Vff. irrtümlicherweise als Molydänyl-bis-[acetylacetonat] angesehene braune $MoO_2 \cdot (C_5H_7O_2)_2$ wird auf Grund der Best. der Oxydationsstufe des Mo, der Darst. aus einer wss. Lsg. von $(NH_4)_2MoOCl_5$ u. auf Grund des Absorptionsspektrums neu als *μ-Oxo-dioxotetrakis-[2.4-pentandionato]-dimolybdän* (I) charakterisiert. Weiterhin gelingt die Darst. von I durch Rk. von Acetylaceton mit einer neutralisierten Lsg. von $MoO_3$ in konz. HCl nach Red. mit Mo-Pulver. Der Grund für den Diamagnetismus von I wird in der $d\pi$–$p\pi$-Wechselwrkg. entlang der angenommenen Mo–O–Mo-Brücke gesehen. U. Skurnia 336◇

*0606* **Darstellung von Oxiden von Neptunium(V) und Neptunium(VI) aus geschmolzenen Salzen.** Donald Cohen. (Inorg. Chem. [Washington] **2**, 866—67, 1963; Argonne, Ill., Argonne Nat. Labor., Chem. Div.; engl.) — Vgl. C. **1962**, 4465. — Wird in eine Lsg. von Np(V) in geschmolzenem $LiNO_3$–$KNO_3$-Eutektikum bei 150° Ozon eingeleitet, so fällt ein brauner Nd. aus, der sich durch Extrahieren der erkalteten Schmelze mit W. isolieren läßt u. durch Trocknen in Luft bei 90—100° von anhaftendem W. befreit wird. Aus Röntgendaten u. Best. des Np-Geh. wird geschlossen, daß es sich um *$NpO_3 \cdot 2\,H_2O$* (I) handelt, das isomorph mit dem von Dawson u. Mitarbeitern (C. **1957**, 1373) dargestellten $UO_3 \cdot 2\,H_2O$ ist. — Wird Ozon durch eine Lsg. von Np(V) in geschmolzenem $LiClO_4$ bei 260° geleitet, so entsteht ein brauner Nd. (II), der ein ähnliches Röntgendiagramm wie $Np_3O_8$ liefert, doch deutet das Verh. in verd. $HNO_3$ darauf hin, daß es sich um ein Np(V)-Oxid handelt. Der Mechanismus, nach dem sich I u. II bilden, ist noch unbekannt. F. Weigel 342◇

*0607* **Thermische Zersetzung der Plutoniumoxalate.** G. S. Rao, M. S. Subramanian und G. A. Welch. (J. inorg. nuclear Chem. **25**, 1293—95, 1963; Bombay, Atom. Energy Establ. Trombay, Radiochem. and Isotope Div.; engl.) — Vff. revidieren an Hand eigener Experimente die Literaturangaben über die Thermolyse der Plutoniumoxalate. *$Pu(C_2O_4)_2 \cdot 6\,H_2O$* (I) wurde durch Fällung einer durch Ionenaustausch gereinigten Pu(IV)-Nitrat-Lsg. in 2n $HNO_3$ mit 0,6m Oxalsäure erhalten. Es existiert bei Temp. < 100°. Im Bereich 100 bis 175° tritt *$Pu(C_2O_4)_2$* (II) oder *$Pu(C_2O_4)_2 \cdot H_2O$* (III) auf. Bei 250—280° wird ein Zers.-Prod. der Zus. *$Pu(C_2O_4)(CO_3)_{0,5}$* (IV) beobachtet, das $Pu^{3+}$ enthält. Oberhalb 300° geht IV in $PuO_2$ über. — Plutonium(III)-oxalat (V) wurde in gleicher Weise wie I erhalten, nachdem in der Ausgangs-Lsg. vor der Fällung das Pu(IV) mit Hydroxylammoniumchlorid zu Pu(III) red. worden war. V hat nach kristallograph. Unterss. von Chackraburtty (C. **1964**, 6/7-0464) die Zus. *$Pu_2(C_2O_4)_3 \cdot 10H_2O$* u. ist bis zu 40° beständig. Die folgenden Abbau-Prodd. (in Klammern: Existenzbereich in °C) wurden bei Abbau in Luft beobachtet: *$Pu_2(C_2O_4)_3 \cdot 9\,H_2O$* (VI) (55—70); *$Pu_2(C_2O_4)_3 \cdot 2\,H_2O$* (VII) (125—150); *$Pu_2(C_2O_4)_3 \cdot H_2O$* (VIII) (175—195); *$PuO_2$* (> 400). In Ar-Atmosphäre verläuft der Abbau in etwas anderer Weise: V (25); VII (150—175); VIII (215—235); *$Pu_2(C_2O_4)_3$* (300—350); $PuO_2$ (> 400). F. Weigel 343◇

*0608* **Phasenbeziehungen im Granatgebiet des Systems $Y_2O_3$–$Fe_2O_3$–FeO–$Al_2O_3$.** H. J. van Hook. (J. Amer. ceram. Soc. **46**, 121—24, 1963; Waltham, Mass., Raytheon Co., Res. Div.; engl.) — Zwischen Y-Fe- u. Y-Al-Granaten existiert eine lückenlose Mischkristallreihe. Die Minimalschmelztemp. steigt mit Zunahme von $Al_2O_3$ von 1469° im Syst. Y–Fe–O zu einem quatern. isobaren Peritektikum bei 1547° mit der Zus. $Y_{0,22}Fe_{1,08}Al_{0,70}O_{2,83}$. Die therm. Beständigkeit der Granatphase steigt mit der Tonerdesubstitution, so daß oberhalb $Y_{0,75}Fe_{0,65}Al_{0,60}O_3$ der Granat direkt ohne Einschaltung der Orthoferritphase als Oxid schmilzt. Während der Gleichgewichts-Kristallisation der Granatphase treten starke Änderungen der Zus. wegen der Rk. mit der Schmelze auf. Die Zus. der Kristalle ändert sich deshalb vom Kern zum Äußeren stark, falls das Wachstum zu schnell abläuft u./oder Temp.-Änderungen stattfinden. J. Heinze 354◇

*0609* **Über Gleichgewichtsbedingungen bei der Reduktion von Nickelferrit mit Wasserstoff.** G. P. Popow. (Ber. Akad. Wiss. UdSSR **140**, 1338—40, 1961; Metallurg. Inst. der Uraler Zweigstelle der Akad. der Wiss. der UdSSR; russ.) — Unterss. über die Natur der Rkk. in gasförmiger u. fester Phase werden bei der Red. von *$NiFe_2O_4$* bei Einw. eines zirkulierenden Gemisches von $H_2$ u. $H_2O$ für Temp. von 600 bis 900° durchgeführt. Man beobachtet ein Ablaufen der Red.-Rkk. in 2 Stadien, wobei für Red.-Grade von 0—60% die in der metall. Phase entstehenden Rk.-Prodd. aus fast reinem Ni bestehen. Eine Vergrößerung des Red.-Grades führt zur Ausscheidung von Fe bei gleichzeitigem Wachsen der Kristallgitterparameter, die einem Übergang vom Ferritgittertyp zum Magnetitgittertyp entsprechen. Die dabei gebildeten festen Lsgg. haben die Zus. $Ni_{0,794}Fe_{2,206}O_4$ u. $Ni_{0,253}Fe_{2,747}O_4$. Das Endglied dieser Reihe ist $Fe_3O_4$. Außerdem ist eine Änderung der Gleichgewichts-Konst. gemessen worden, deren Größe dem Gleichgewicht $Fe_3O_4$–FeO entspricht. Für das zweite Stadium bei Red.-Graden von 60—100% ist das Auftreten des Wüstitgitters mit einem Gitterparameter von 4,28 Å charakteristisch. Mit Hilfe der Gleichgewichts-Konst. ist bei der Red. fester Lsgg. $NiFe_2O_4$–$Fe_3O_4$ mit $H_2$ die Berechnung von $\Delta H_{298}$ u. $\Delta G_{298}$ für $NiFe_2O_4$ zu 257,0 u. 236,6 kcal/Mol möglich. W.-D. Heußner 356□

*0610* **Kobalt- und Nickelacetate in wasserfreiem Eisessig.** W. P. Tappmeyer und Arthur W. Davidson. (Inorg. Chem. [Washington] **2**, 823—25, 1963; Lawrence, Kans., Univ., Dep. of Chem.; engl.) — $Co(CH_3COO)_2$ (10—12 Mol-%) löst sich in wasserfreiem Eisessig bei 60° unter Bldg. einer viscosen, dunkelblauen Lsg., aus der sich nach 3—4tägigem Stehen bei Raum-Temp. (oder wenige Std. bei 60°) voluminöses, rosafarbenes *$2\,Co(CH_3COO)_2 \cdot CH_3COOH$* (I) abscheidet. Desgleichen fällt aus einer dunkelgrünen Lsg. von $Ni(CH_3COO)_2$ (15—20 Mol-%) in Eisessig nach 6—8std. Stehen bei 98°

grünweißes *2 Ni(CH₃COO)₂·CH₃COOH* (II) aus. Die Löslichkeit von I u. II nimmt von 30—65° mit steigender Temp. ab. Aus tern. Mischungen von $Co(CH_3COO)_2$, $NH_4CH_3COO$ u. Eisessig wird bei 30° kastanienbraunes *$NH_4CH_3COO \cdot 2\,Co(CH_3COO)_2 \cdot CH_3COOH$* isoliert. An Hand von Messungen der Gefrierpunktserniedrigung u. der Zus. der Solvate wird geschlossen, daß diese Acetate in den Eisessig-Lsgg. vorwiegend dimer vorliegen. U. Skurnia 356◇

*0611* **Die Existenz von tetraedrischen α-verzweigten Bis-[R-N-salicylaldiminato]-nickel(II)-Chelaten.** L. Sacconi, P. Paoletti und M. Ciampolini. (J. Amer. chem. Soc. **85**, 411—16, 1963; Firenze, Italy, Univ. di Firenze, Inst. di Chim. Gen. e Inorg.; engl.) — Röntgen-Unterss. sowie die Reflexionsspektren von festen α-verzweigten *Bis-[R-N-salicylaldiminato]-nickel(II)*-Verbb. zeigen, daß die offenkettigen paramagnet. Verbb. (R = *Isopropyl, sek.-* u. *tert.-Butyl*) tetraedr. Struktur besitzen, während die ringhaltigen diamagnet. Verbb. (R = *Cyclopentyl, Cyclohexyl, Cyclooctyl*) eine planare Struktur haben. Aus kryoskop. Unterss. geht hervor, daß eine Assoziation in Lsg. nur für einen Teil des Paramagnetismus verantwortlich ist, der sich beim Lösen dieser Verbb. in inerten Lsgm. zeigt. Während die Assoziation in sd. Bzl. fast gleich Null ist, nimmt der prozentuale Anteil der paramagnet. Formen in Bzl., m-Xylol u. Dibenzyl mit steigender Temp. zwischen 20 u. 180° ständig zu. Spektralphotometr. Unterss. u. Messungen der dielektr. Polarisation an Lsgg. dieser Verbb. in inerten Lsgm. zeigen, daß ein hoher Prozentsatz des beobachteten Paramagnetismus aus dem Gleichgewicht der tetraedr. Teilchen mit assoziierten u. planaren Teilchen resultiert. Bei diesem Konformations-Gleichgewicht steigt der Prozent-Geh. der tetraedr. Formen mit zunehmender Temp. an.

Versuche: Die Darst. der nachst. Verbb. erfolgt durch Kochen von Bis-[salicylaldehydato]-nickel(II)-dihydrat (I) mit einer Lsg. des Amins in A. oder Methanol (II): *Bis-[N-alkylsalicylaldiminato]-nickel(II)*. (Alkyl =) *Cyclopentyl*, $C_{24}H_{28}N_2NiO_2$, F. 162—163° (Xylol), in A.; grüne Nadeln; *Cyclohexyl*, $C_{26}H_{32}N_2NiO_2$, F. 213—215° (Xylol), in A.; grüne Nadeln; *Cyclooctyl*, $C_{30}H_{40}N_2NiO_2$, F. 184—185° (Xylol), in A.; grüne Nadeln; *Isopropyl*, $C_{20}H_{24}N_2NiO_2$, F. 205—207°, in II; aus Cyclohexan dunkelbraune Tafeln; *sek.-Butyl*, $C_{22}H_{28}N_2NiO_2$, F. 143—145° (Cyclohexan), in II; dunkelbraune Tafeln; *tert.-Butyl*, $C_{22}H_{28}N_2NiO_2$, F. 202—203°, durch Rühren von I mit überschüssigem tert.-Butylamin bei Raum-Temp.; dunkelbraune Nadeln. — *Bis-[N-tert.-butylsalicylaldiminato]-kobalt (II)*, $C_{22}H_{28}CoN_2O_2$, F. 210—213°, nach der Meth. von Sacconi u. Mitarbeitern (vgl. C. **1963**, 9630); rot; kristallin. — *Bis-[N-isopropylsalicylaldiminato]-zink(II)*, $C_{20}H_{24}N_2O_2Zn$, F. 230—232°, durch ½ std. Kochen von Zn-Acetattetrahydrat, Salicylaldehyd u. dem Amin in A.; aus wasserfreiem Bzl. gelbe Kristalle. — *Bis-[N-sek.-butylsalicylaldiminato]-zink(II)*, $C_{22}H_{28}N_2O_2Zn$, F. 171—172° (Bzl.), analog vorst. Verb.; gelbe Kristalle. P. Scharner 356◇

*0612* **Eine vorläufige Untersuchung über einige Dithiosemicarbazon-Nickel(II)-Komplexe.** B. A. Gingras, T. Suprunchuk, O. Bernardini und C. H. Bayley. (Canad. J. Chem. **41**, 1629—32, 1963; Ottawa, Ontario, Canada, Nat. Res. Council, Div. of Pure Chem.; engl.) — Ni(II)-Salze bilden in wss. Lsg. mit den Dithiosemicarbazonen (DiTSC) von Glyoxal, Diacetyl, Benzil, Heptandion-(2.3) u. Octandion-(2.3) feste 1:1-Komplexe. Die Komplexe mit Glyoxal- u. Diacetyldithiosemicarbazon enthalten wechselnde Mengen $H_2O$ sehr fest gebunden, wahrscheinlich koordinativ an Ni. Sie sind nur durch wiederholtes Lösen in Dimethylsulfoxid (DMSO) u. Ausfällen mit wenig $H_2O$ wasserfrei zu erhalten. Die übrigen Komplexe fallen wasserfrei an. Nach kryoskop. Molgew.-Best. in DMSO sind die Komplexe monomer.

Versuche: *Glyoxal-DiTSC-Ni(II)-Komplex*, $C_4H_6N_6NiS_2$, dunkelblau, F. >300°, durch Eintropfen einer Lsg. von 0,01 Mol $NiSO_4 \cdot 6\,H_2O$ in 50 ml $H_2O$ in sd. Lsg. von 0,01 Mol Glyoxal-DiTSC in 100 ml Dimethylformamid (DMFA), 15 Min. langes Erhitzen am Rückfluß, Abkühlen, Filtrieren, Waschen mit 3%ig. HCl, $H_2O$, DMFA, A., Aceton u. Trocknen; Ausbeute 90%. — *Diacetyl-DiTSC-Ni(II)-Komplex*, $C_6H_{10}N_6NiS_2$, F. >300°, analog vorst. Verb.; 77%. — *Benzil-DiTSC-Ni(II)-Komplex*, $C_{16}H_{14}N_6NiS_2$, dunkelrot, F. 190°, analog vorst. Verb.; 72%; auch durch 1 std. Erhitzen unter Rückfluß von wasserfreiem $NiSO_4$ u. Benzil-DiTSC in wasserfreiem DMFA, Filtrieren, Abdestillieren des Lsgm. im Vakuum u. Umkristallisieren aus abs. Alkohol. — *Heptandion-(2.3)-DiTSC-Ni(II)-Komplex*, $C_9H_{16}N_6NiS_2$, F. 238°; 48%. — *Octandion-(2.3)-DiTSC-Ni(II)-Komplex*, $C_{10}H_{18}N_6NiS_2$, F. 246°; 35%. E. Steinrücke 356◇

*0613* **Die Komplexe einiger 5-substituierter Tetrazole mit Nickel(II).** N. A. Daugherty und C. H. Brubaker jun. (J. inorg. nuclear Chem. **22**, 193—97, 1961; East Lansing, Mich., Michigan State Univ., Kedzie Chem. Labor.; engl.) — Im Gegensatz zu Cu(II) bildet Ni(II) bei seinen Rkk. mit verschiedenen 5-substituierten Tetrazolen in W., A. u. Dimethylformamid (DMF) nur unreine, amorphe, hygroskop. blaue oder violette, z. T. unlösl. Verbb. mit 1,5—1,9 Tetrazol-Moll. pro Ni(II); in Lsg. konnte jedoch spektralphotometr. Komplex-Bldg. nachgewiesen werden. Bei der Rk. von Natrium-5-phenyltetrazolat mit $Ni(NO_3)_2 \cdot 6\,H_2O$ in DMF bildet sich das $[Ni_2(C_7H_5N_4)_3]^+$-Kation, während bei der Rk. von 5-Aminotetrazol mit $NiCl_2$ in W. vermutlich $[Ni(CH_2N_5)_2]$ auftritt. 5-p- bzw. 5-o-Chlorphenyl- u. 5-p-Methoxyphenyltetrazol verhalten sich wie 5-Phenyltetrazol. Vermutlich koordinieren sich die Tetrazolatoanionen oktaedr. um das Ni(II)-Atom. G. Heller 356◇

*0614* **Die Synthese von Chalkopyrit und Bornit in wässerigen Lösungen bei niedrigen Temperaturen.** W. M. B. Roberts. (Econ. Geol. **58**, 52—61, 1963; Canberra, Bur. of Miner. Resources; engl.) — Chalkopyrit wurde aus Mischungen von gefälltem CuS u. FeS bei Zimmer-Temp. u. bei 150° in dest. W. hergestellt. Der so entstandene Chalkopyrit wandelt sich beim Erhitzen in einer wss. Lsg. von $CuSO_4$ auf 100° in 6 Tagen in Bornit um. Durch Zusatz von überschüssigem S u. Fe konnte Bornit bei den gleichen Bedingungen zurückverwandelt werden. Wegen der hohen Rk.-Geschw. wird Ionen-Rk. u. nicht Festkörperdiffusion für die Bldg. verantwortlich gemacht. Die so gebildeten Minerale werden unter Bedingungen syngenet.-sedimentärer Lagerstätten-Bldg. rekrist., wobei zusätzlich *Digenit* u. *Covellin* auftreten. J. Heinze 358◇

*0615* **Kupfer(I)-N.N-dialkylthiocarbamate.** Stig Åkerström. (Acta chem. scand. **17**, 1187—88, 1963; Nobelkrut, Sweden, AB Bofors, Res. Dep.; Uppsala, Univ., Dep. of Organic Chem.; engl.) — Vgl. C. **1961**, 13500. — Die Cu(I)-N.N-Dialkylthiocarbamate $[CuS{-}C(O){-}NR_2]_n$ sind je nach Darst.-Meth. hexamer oder tetramer. Einige krist. mit Lsgm., z. B. die Verb. mit R = $C_3H_7$ mit ⅓ Mol Aceton, das leicht ohne Zerstörung der äußeren Kristallform entfernt werden kann; dadurch ändern sich jedoch die opt. Eigg. völlig. Vielleicht liegt ein Fall von Pseudomorphie vor. Auch die rote Verb. mit R = $CH_3$ krist. mit ⅓ Mol Chlf.; nach Entfernung des Kristall-Lsgm. ist die Verb. gelb. Die FF. u. der Polymerisationsgrad n der Verbb. sind: (R =) *$CH_3$*, F. 220° (Zers.); *$C_2H_5$*, F. 220° (Zers.), n = 6; *$C_3H_7$*, F. 180—183°, n = 6; *$C_4H_9$*, F. 131—133°, n = 6 u. 4 (polymorph?); *iso-$C_4H_9$*, F. 230° (Zers.), n = 6; *iso-$C_5H_{11}$*, F. 166 bis 171°, n = 6. G. Heller 358◇

*0616* **Die Donoreigenschaften von 2.2'-Dipyridyl-N.N'-dioxid.** P. G. Simpson, A. Vinciguerra und J. V. Quagliano. (Inorg. Chem. [Washington] **2**, 282—86, 1963; Sydney, Univ. of Sydney, Dep. of Chem.; Tallahassee, Fla., Florida State Univ., Dep. of Chem.; engl.) — 2.2'-Dipyridyl-N.N'-dioxid (D) bildet mit Metallperchloraten u. -tetrachloroplatinaten Koordinations-Verbb., die auf Grund chem. Analysen, von Messungen der Leitfähigkeiten u. magnet. Momente die folgenden Komplexkationen enthalten: $[MD_3]^{n+}$ (M = $Cr^{3+}$, $Mn^{2+}$, $Fe^{3+}$, $Co^{2+}$, $Ni^{2+}$, $Cu^{2+}$, $Zn^{2+}$, $Cd^{2+}$), $[CrCl_2D_2]^+$ u. $[CuD_2]^{2+}$. Die Existenz isomerer Formen wurde nicht bestätigt.

Versuche: *Tris-[2.2'-dipyridyl-N.N'-dioxid]-metallperchlorat-x-Wasser*, aus dem Metallperchlorat u. 2.2'-Dipyridyl-N.N'-dioxid (1:3) in kochendem W. (1 Std. lang Rückfluß: *$[Cr(C_{10}H_8N_2O_2)_3](ClO_4)_3 \cdot 2\,H_2O$*, F. 296—298° (Zers.); dunkelgrüne Prismen; *$[Mn(C_{10}H_8N_2O_2)_3](ClO_4)_2 \cdot H_2O$*; lichtempfindliche orange Nadeln; *$[Fe(C_{10}H_8N_2O_2)_3](ClO_4)_3 \cdot 3\,H_2O$*; F. >300°; ($\mu_{eff}$ =) 6,13 (BM); hellgelbe Nadeln; *$[Co(C_{10}H_8N_2O_2)_3](ClO_4)_2 \cdot 2\,H_2O$*; explodiert bei ca. 325°; 4,72; rosabraune Nadeln; *$[Ni(C_{10}H_8N_2O_2)_3](ClO_4)_2 \cdot 2\,H_2O$*; F. >300°; 3,24; gelbgrüne Prismen; *$[Cu(C_{10}H_8N_2O_2)_3](ClO_4)_2 \cdot 2\,H_2O$*; F. 292—294° (Zers.); 2,10; hellgrüne Nadeln; *$[Zn(C_{10}H_8N_2O_2)_3](ClO_4)_2 \cdot 2\,H_2O$*; F. >300°; farblose Nadeln; *$[Cd(C_{10}H_8N_2O_2)_3](ClO_4)_2 \cdot H_2O$*; F. > 300°; elfenbeinfarbene Nadeln. —

*Tris-[2.2'-dipyridyl-N.N'-dioxid]-metalltetrachloroplatinat(II)*, aus $MCl_2 \cdot nH_2O$ u. 2.2'-Dipyridyl-N.N'-dioxid (1:3) in kochendem W.; Filtrieren, Zugeben von wss. $K_2PtCl_4$-Lsg.: $[Mn(C_{10}H_8N_2O_2)_3]PtCl_4$; F. >300°, 6,43; lichtempfindliche hellorangefarbene Prismen; $[Fe(C_{10}H_8N_2O_2)_3]_2[PtCl_4]_3$; F. 227 bis 229° (Zers.); kleine hellbraune Nadeln; $[Co(C_{10}H_8N_2O_2)_3] \cdot PtCl_4$, F. >300°; kurze rötlichorangefarbene Nadeln; $[Ni \cdot (C_{10}H_8N_2O_2)_3]PtCl_4$, F. >300°; feine goldgelbe Nadeln; $[Zn(C_{10}H_8N_2O_2)_3]PtCl_4$, F. >300°; hellgelbbraune Kristalle. — Analog $[Cu(C_{10}H_8N_2O_2)_2]PtCl_4 \cdot 4\,H_2O$, F. >300°; 1,99; kleine gelbgrüne Nadeln; *Dihydrat*, beim Erhitzen vorst. Verb. auf 77°; 1,98; hellgrünes kristallines Pulver; wasserfreie Verb., beim Erhitzen auf 110°; 1,90, dunkelgrüne Kristalle. — *Dichloro-bis-[2.2'-dipyridyl-N.N'-dioxid]-chrom(III)-perchlorat-1-Wasser*, $[Cr(C_{10}H_8N_2O_2)_2Cl_2](ClO_4) \cdot H_2O$, F. >300°; aus 2.2'-Dipyridyl-N.N'-dioxid u. $CrCl_3 \cdot 6\,H_2O$ in A. u. Zugabe einer $NaClO_4$-Lsg.; feine purpurfarbene Kristalle; *Tetrachloroplatinat(II)*, $[Cr(C_{10}H_8N_2O_2)_2Cl_2]_2PtCl_4$, F. >300°; analog mit $K_2PtCl_4$; hygroskop. feine gelbrosafarbene Kristalle. — *2.2'-Dipyridyl-N.N'-dioxidcadmium(II)-chlorid*, $[Cd(C_{10}H_8N_2O_2)]Cl_2$; F. >300°; aus 2.2'-Dipyridyl-N.N'-dioxid u. $CdCl_2$ in heißem W., schmutzigweiße Nadeln; unlösl. in W. u. organ. Lösungsmitteln. G. Heller 358◇

*0617* **Infrarotuntersuchungen an 2.2'-Dipyridyl-N.N'-dioxid und seinen Metallkomplexen im Gebiet zwischen 3 und 38 μ.** A. Vinciguerra, P. G. Simpson, Y. Kakiuti und J. V. Quagliano. (Inorg. Chem. [Washington] **2**, 286—89, 1963; engl.) — Die IR-Spektren von 2.2'-Dipyridyl-N.N'-dioxid (I) u. der im vorst. Ref. beschriebenen Metallkomplexe von **I**, ausgenommen $Mn(C_{10}H_8N_2O_2)_3(ClO_4)_2 \cdot H_2O$, wurden zwischen 4000 u. 260 ($cm^{-1}$) mit den Spektren von Pyridin, Pyridin-N-oxid (II) u. Diphenyl verglichen. Die in den Spektren der **I**-Komplexe erscheinende Bande zwischen 434 u. 340 wurde der Metall–O-Valenzschwingung zugeordnet. Die Frequenzverschiebungen dieser Bande der **I**-Komplexe sind denen der **II**-Komplexe ähnlich u. entsprechen der Reihenfolge der Stabilitäts-Konst. nach Irving-Williams. Die Banden bei 1262 u. 1255 von **I** sowie die zwischen 1195 u. 1235 für die **I**-Komplexe werden der N–O-Valenzschwingung zugeordnet. Durch die Ggw. des Hydratwassers ist keine eindeutige Beeinflussung der N–O-Valenzschwingung durch die Koordination des Metalls erkennbar. Das Hydratwasser bewirkt eine Absorption (O–H-Valenzschwingung) bei 3600—3350 u. weitere Absorption bei ca. 1600 u. 500. Die Bande für die O–H-Valenzschwingung zwischen 3470 u. 3250, die Deformationsschwingungsbanden bei 1671 u. 1617 u. die Pendelschwingungsbande zwischen 667 u. 612 für $[CuD_2][PtCl_4] \cdot 4\,H_2O$ (D = 2.2'-Dipyridyl-N.N'-dioxid) verschwinden beim deuterierten Komplex $[CuD_2][PtCl_4] \cdot 4\,D_2O$ (aus vorst. Verb. u. $D_2O$ in 24 Std., hellgelbgrün) u. bei der wasserfreien Verbindung. Daher können diese Verbb. als Salze des Kations $[CuD_2(H_2O)_2]^{2+}$ formuliert werden. G. Heller 358◇

*0618* **Komplexsalze mit Aurintricarbonsäure.** 3. Mitt. P. Cernătescu, M. Poni, M. Papafil und M. Bostan. (Rev. Chim. [Bucarest] **4**, 141—58, 1959; russ.) — 1. vgl. C. **1961**, 17128. — Komplex-Verbb. von Aurintricarbonsäure (I) mit Ni, Co, Zn, Cd, Mn, Cu u. $UO_2^{2+}$ zusammen mit α-, β- u. γ-Picolin (**II**, Pic), 2.6-Lutidin (**III**, Lut), Piperidin (**IV**, Pip), Anilin (**V**, An) u. o-, m- u. p-Toluidin (**VI**, Tol) wurden nach folgendem allg. Verf. hergestellt: Lsg. des Ammoniumsalzes von **I** in W. wird mit der Lsg. der organ. Base u. dann mit einer wss. Lsg. des Metallsalzes (Überschuß) versetzt. Die beim Abkühlen ausfallende Komplex-Verb. wird abgesaugt u. nach Waschen mit W.–A.-Gemisch an der Luft getrocknet. Alle hergestellten Verbb. sind hell- bis dunkelrot u. beständig. Bis auf einige Neutralsalze sind sie basisch. Bei einigen konnte durch Dehydratation bei steigender Temp. die Bindungsform des enthaltenen W. ermittelt werden, andere geben schon bei niedriger Temp. die organ. Base ab.

Versuche: $HOCd(CO_2C_6H_3O)C(C_6H_3OHCO_2)_2Cd \cdot (\alpha\text{-}Pic)_2 \cdot 8\,H_2O$, aus Ammonium-I, α-II u. $CdCl_2$, hellrot, verliert bis 120° 6 Moll. W., dann auch **II**. — $HONi(CO_2C_6H_3O) \cdot C(C_6H_3OHCO_2)_2Ni(\alpha\text{-}Pic) \cdot 18\,H_2O$, wie vorst., jedoch mit $NiCl_2 \cdot 6\,H_2O$, rosenrot, verliert bis 90° 9 Moll. W., dann auch **II**. — $[(CO_2C_6H_3O)C(C_6H_3OHCO_2)_2]_2Ni_3(\alpha\text{-}Pic) \cdot 14\,H_2O$, wie vorst., jedoch mit $NiSO_4 \cdot 7\,H_2O$, granatrot, verliert bei 100° 13 Moll. Wasser. — $[(CO_2C_6H_3O)C(C_6H_3OHCO_2)_2]_2Ni_3 \cdot (Lut) \cdot 12\,H_2O$, wie vorst., jedoch mit **III**, granatfarben, verliert bei 100° 12 Moll. W., dann auch **III**. — $[(CO_2C_6H_3O) \cdot C(C_6H_3OCO_2)_2]_2Ni_5 \cdot Pip \cdot 15\,H_2O$, wie vorst., jedoch mit **IV**, dunkelrot, verliert bis 100° 14 Moll. W., dann W. zusammen mit **IV**. — $[(CO_2C_6H_3O)C(C_6H_3OHCO_2)_2]_2Ni_3(\gamma\text{-}Pic)_2 \cdot 18\,H_2O$, wie vorst., jedoch mit γ-**II**, dunkelrot, verliert zwischen 70 u. 90° 11 Moll. W., dann W. zusammen mit **II**. — $HOZn \cdot (CO_2C_6H_3O)C(C_6H_3OHCO_2)_2Zn(\beta\text{-}Pic)_2 \cdot 12\,H_2O$, wie vorst., jedoch mit β-**II** u. $ZnSO_4 \cdot 7\,H_2O$, hellrot, verliert zwischen 70 u. 80° 3 Moll. W., über 80° auch **II**. — $HOZn(CO_2C_6H_3O) \cdot C(C_6H_3OHCO_2)_2Zn(\alpha\text{-}Pic)_2 \cdot 4\,H_2O$, wie vorst., jedoch mit α-**II**, karminrot, verliert bei 70° sämtliches Wasser. — $HOZn \cdot (CO_2C_6H_3O)C(C_6H_3OCO_2)_2Zn_2(Lut) \cdot 4\,H_2O$, wie vorst., jedoch mit **III**, dunkelrot, verliert zwischen 50 u. 60° sämtliches Wasser. — $HOZn(CO_2C_6H_3O)C(C_6H_3OCO_2)_2Zn_2 \cdot 2\,Zn(OH)_2 \cdot (Pip) \cdot 9\,H_2O$, wie vorst., jedoch mit **IV**, dunkelrot, verliert zwischen 50 u. 125° 8 Moll. Wasser. — $HOZn(CO_2C_6H_3O) \cdot C(C_6H_3OHCO_2)_2Zn \cdot 2\,Zn(OH)_2(o\text{-}Tol)_3 \cdot 22\,H_2O$, wie vorst., jedoch mit o-**VI**, hellrot, verliert bis 110° 19 Moll. W., zersetzt sich >220°. — $HOZn(CO_2C_6H_3O)C(C_6H_3OHCO_2)_2Zn \cdot 2\,Zn \cdot (OH)_2(m\text{-}Tol)_3 \cdot 22\,H_2O$, wie vorst., jedoch mit m-**VI**, hellrot, verliert bis 110° 17 Moll. W., zersetzt sich >230°. — $HOZn \cdot (CO_2C_6H_3O)C(C_6H_3OHCO_2)_2Zn \cdot 2\,Zn(OH)_2(An)_3 \cdot 16\,H_2O$, wie vorst., jedoch mit **V**, hellrot, verliert zwischen 50 u. 120° 15 Moll. Wasser. — $HOCu(CO_2C_6H_3O)C(C_6H_3OCO_2Cu)_2(\alpha\text{-}Pic) \cdot 7\,H_2O$, wie vorst., jedoch mit α-**II** u. $CuSO_4 \cdot 5\,H_2O$, rot, verliert zwischen 50 u. 90° 5 Moll. W., zwischen 100 u. 150° wenig **II**. — $HOCu(CO_2C_6H_3O)C(C_6H_3OHCO_2)_2Cu(\beta\text{-}Pic)_2 \cdot 4\,H_2O$, wie vorst., jedoch mit β-**II**, granatfarben, verliert zwischen 50 u. 60° 3 Moll. W. u. etwas **II**. — $HOCu(CO_2C_6H_3 \cdot O)C(C_6H_3OCO_2Cu)_2 \cdot 2\,Cu(OH)_2(\gamma\text{-}Pic)_3 \cdot 11\,H_2O$, wie vorst., jedoch mit γ-**II**, dunkelrot, verliert zwischen 50 u. 90° 6 Moll. W. u. etwas **II**, das übrige W. erst bei Zersetzung. — $HOCu(CO_2C_6H_3O)C(C_6H_3OCO_2Cu)_2 \cdot 2\,Cu(OH)_2(Lut) \cdot 5\,H_2O$, wie vorst., jedoch mit 2.6-**III**, dunkelrot, verliert zwischen 50 u. 90° 4 Moll. W. u. etwas **III**, zwischen 90 u. 110° das letzte W. u. viel **III**. — $HOCu(CO_2C_6H_3O)C(C_6H_3OCO_2Cu)_2 \cdot 2\,Cu \cdot (OH)_2 \cdot (Pip) \cdot 11\,H_2O$, wie vorst., jedoch mit **IV**, dunkelrot, verliert zwischen 50 u. 115° 6 Moll. Wasser. — $HOUO_2 \cdot (CO_2C_6H_3O)C(C_6H_3OCO_2UO_2)_2 \cdot (Lut) \cdot 5\,H_2O$, wie vorst., jedoch mit **III** u. Uranylacetat, dunkelrot, verliert zwischen 50 u. 60° 5 Moll. W. u. viel **III**. Albert Krause 358◇

*0619* **Reaktionen einer wässerigen Polyacroleinlösung mit anorganischen Salzen.** M. M. Koton, I. W. Andrejewa, P. F. Andrejew, L. G. Danilow und E. M. Rogosina. (Ber. Akad. Wiss. UdSSR **146**, 608—10, 1962; Inst. für hochmol. Verbb. der Akad. der Wiss. der UdSSR; russ.) — Infolge der Hydratisierung der Aldehydgruppen u. der äußeren Hydrathülle des polymeren Mol. verhalten sich in W. gelöste Moll. von Polyacrolein (I) ähnlich wie hochmol. Polyhydroxyl-Verbb., z. B. Polyvinylalkohol (II). In der Kälte oder beim Erhitzen mit $H_2SO_4$, NaCl, $Fe(NO_3)_3$, $CuSO_4$, $UO_2(NO_3)_2$, $Th(SO_4)_2$, $ZrOCl_2$ oder $NH_4VO_3$ entstehen Ndd. von unlösl. **I** mit wechselnden Mengen der anderen Elemente. So ist der Geh. des Nd. an Th vom pH der Lsg. abhängig u. es bilden sich Ndd. folgender Zus.: ($X = C_6H_{10}O_3$) bei pH 2,36 $X_{28}Th$, 2,40 $X_{24}Th$, 4,73 $X_8Th$, 8,32 $X_9Th$. Bei der Rk. mit $UO_2(NO_3)_2$ nimmt der U-Geh. des Nd. mit dem Verhältnis **I**:U der Ausgangs-Lsg. ab. Mit $H_3BO_3$ u. ihren Salzen u. Lsgg. von $J_2$ in KJ-Lsg. reagiert **I** nicht. Bei der Rk. mit wss. Lsgg. von $UO_2(NO_3)_2$, $NH_4VO_3$ u. ammoniakal. $AgNO_3$-Lsg. erfolgt Red. durch **I**. Vff. nehmen an, daß in den wss. Lsgg. die **I**-Moll. 2 Hydrathüllen haben, eine nichtfeste äußere um das ganze Mol. u. eine innere um die Aldehydgruppen. Wenn nur die äußere Hülle zerstört wird, verhält sich **I** wie **II**. Wird auch die innere Hülle zerstört wie bei den Rkk. mit $UO_2$-, Th- u. Zr-Salzen, dann koaguliert **I**. Treten die Aldehydgruppen in Rk., dann wirkt **I** im Gegensatz zu **II** reduzierend auf Elemente in höheren Oxydationsstufen u. kann keine Äther-Verbb. (mit $H_3BO_3$ oder $J_2$ in KJ-Lsg.) bilden wie **II**. Die Ti-Salze nehmen eine Zwischenstellung ein, sie bilden mit **I** u. mit **II** Gele. R. K. Müller 358◇

*0620* **Amide als Liganden. 1. Mitt. Metallkomplexe von N.N-Dimethylacetamid.** William E. Bull, Stanley K. Madan und Joseph E. Willis. (Inorg. Chem. [Washington] **2**, 303—06, 1963; Knoxville, Tenn., Univ. of Tennessee Dep. of Chem.; Binghamton, N.Y., Harpur Coll., Div. of Sci. and Math.; engl.) — Vff. stellten 26 Metallkomplexe mit N.N-Dimethylacetamid (D) her, die durch die FF., IR-

Spektren zwischen 2 u. 15 $\mu$, elektr. Leitfähigkeiten in D u. magnet. Momente charakterisiert wurden. Die IR-Spektren (Verschiebung der C=O-Frequenzen auf 1590—1630 $cm^{-1}$) lassen Koordination des O-Atoms von D an das Metall vermuten. In den meisten Komplexen ist die Zahl der D-Moll. kleiner als die maximale Koordinationszahl des Metalls, so daß neben D auch Halogen u./oder W. koordiniert sind.

Versuche: $LiClO_4 \cdot D \cdot 2\,H_2O$ (I), F. 133—135°; durch Zugabe von überschüssigem D zu $LiClO_4$, Entfernen von D (48—60 Std.; 0,5 Torr) oder Zugabe von abs. Ae.; farblose Kristalle. — Analog I: $[MnD_4](ClO_4)_2$, F. 73—75°, hellrosa; $MnCl_2 \cdot D \cdot 2\,H_2O$, Zers., blaßgelb; $MnBr_2 \cdot 2\,D \cdot 4\,H_2O$, Zers.; ($\mu_{eff}$ =) 5,90 (BM); hellgelb; $FeCl_3 \cdot 2\,D \cdot 2\,H_2O$, F. 98—100°, braun; $[FeD_4Cl_2][FeCl_4]$, F. 72—75°, gelb; $[FeD_6](ClO_4)_3$, F. 112 bis 114°, orange; $[CoD_6](ClO_4)_2$, F. 70—72°, violett; $[CoD_2Cl_2]$, F. 125—127°; 4,73; tiefblau; $[CoD_2Br_2]$, F. 117—118°; 4,71; tiefblau; $NiCl_2 \cdot 2\,D \cdot 6\,H_2O$, F. 84—86°; 3,11; hellgrün; $NiBr_2 \cdot 2\,D \cdot 3\,H_2O$, F. 82—84°; 2,67; blaugrün; $AgClO_4 \cdot D \cdot H_2O$, F. 92° (Zers.); $CdCl_2 \cdot D$, Zers.; $CdBr_2 \cdot D$, Zers.; $[HgDCl_2]$, F. 95—97°; $[HgDBr_2]$, F. 82—84°; $PbJ_2 \cdot D$, F. 120° (Zers.), hellgelb; $Th(NO_3)_4 \cdot 3\,D \cdot 3\,H_2O$, F. 127—128°. — $[CrD_6](ClO_4)_3 \cdot H_2O$, F. 66—68°; durch Zugabe von D zu einer konz. wss. Lsg. von $Cr(ClO_4)_3$ [aus $Cr(OH)_3$ u. 71%ig. $HClO_4$] u. Abdampfen bei 25° im Vakuum; grüne Kristalle. — $[CrD_3Cl_3]$, F. 92—94°; durch Zugabe von Cr zu einer mit HCl gesätt. Lsg. von D; hygroskop. lilafarbene Kristalle. — $[CuD_4](ClO_4)_2 \cdot H_2O$, F. 186—187°; durch Zugabe von überschüssigem D zu $Cu(ClO_4)_2 \cdot 6\,H_2O$ u. Zerreiben mit abs. Ae.; 1,57; hellblau. — $[ZnD_2Cl_2]$ (II), F. 119—120°; durch Zugabe von $ZnCl_2$ zu D u. Kühlen; farblose Kristalle. Analog II: $[ZnD_2Br_2]$, F. 105—107°; $[ZnD_2J_2]$, F. 112—114°. — $[LaD_4 \cdot (NO_3)_2]NO_3$, F. 92—93°; aus $La(NO_3)_3$ u. D bei 100—110°, Filtrieren u. Kühlen; farblose Kristalle. G. Heller 359◇

*0621* **Die Radiochemie des Goldes.** J. F. Emery und G. W. Leddicotte. (Nat. Acad. Sci. — Nat. Res. Council, nuclear Sci. Ser. NAS-NS **3036**, 1—34, 1961; Oak Ridge, Tenn., Oak Ridge Nat. Labor.; engl.) — Grundlagen u. ausgewählte Methoden. — 85 Literaturangaben. A. Blaschette 360◇

*0622* **Die Radiochemie des Rutheniums.** E. I. Wyatt und R. R. Rickard. (Nat. Acad. Sci. — Nat. Res. Council, nuclear Sci. Ser. NAS-NS **3029**, 1—78, 1961; Oak Ridge, Tenn., Oak Ridge Nat. Labor.; engl.) — 54 Literaturangaben. A. Blaschette 363◇

*0623* **Die Radiochemie des Rhodiums.** G. R. Choppin. (Nat. Acad. Sci. — Nat. Res. Council, nuclear Sci. Ser. NAS-NS **3008**, 1—32, 1960; Tallahassee, Fla., Florida State Univ.; engl.) — 17 Literaturangaben. A. Blaschette 364◇

*0624* **Papierchromatographische Untersuchung einiger Platin(II)-Verbindungen. 2. Mitt. Die Trennung von cis- und trans-Dihalogenodiamminplatin(II)-Komplexen.** F. Basolo, M. Lederer, L. Ossicini und K. H. Stephen. (J. Chromatogr. [Amsterdam] **10**, 262—67, 1963; Rome, Ist. di Chim. Generale ed Inorg., Labor. di Cromatografia del C.N.R.; engl.) — Sowohl trans- als auch cis-Komplexe vom Typ $[Pt(NH_3)_2X_2]^0$ (X = Cl, Br, J) sind mit Hilfe der aufsteigenden Meth. mit Aceton-W. (9:1) oder lediglich mit W. bei 5° voneinander trennbar. Die Wanderungs-Geschw. nimmt in der Reihe Cl, Br, J, unter Einschluß der Chlorobromo- u. Chlorojodokomplexe, zu. In sauren Laufmitteln tritt Umbildung der Komplexe, in W. bei Temp. $>5^0$ Hydrolyse ein. — Die Darst. der Verbb. erfolgt durch Rk. des Dichlorokomplexes mit $AgNO_3$ u. anschließender Einw. von NaBr bzw. KJ. F. M. Friedrich-Anderseck 368◇

## A₉. Mineralogische und geologische Chemie

*0625* **Über die innere Temperatur und den Chemismus der Erde.** A. T. Asslan jun. (Nachr. Akad. Wiss. ArmenSSR, geol. geogr. Wiss. **16**, Nr. 3, 5—14, 1963; russ.) — Die Beziehungen zwischen der Erd-Temp. u. dem chem. Aufbau der Erde werden mathemat. diskutiert, wobei bes. auf die Schmelzprozesse in der Erdkruste eingegangen wird. H. Kelch 378◇

*0626* **Spurenelemente in chinesischen Graniten. 2. Mitt. Über den Caesiumgehalt von Gesteinen der Provinzen Liaoning, Hopei, Shantung, Kiangsu, Szetschuan und Hunan.** Horst Moenke. (Chem. d. Erde **22**, 449—51, 1962; Jena, VEB Carl Zeiss; dt.) — 1. vgl. Geologie **11**, [1962], 529. — Die präkambr. Granite der Sinischen Masse sind nach emissionsspektrograph. Unterss. relativ arm an Cs. Gesteine aus den Provinzen Liaoning, Hopei, Shantung, Szetschuan u. Kiangsu enthalten ≦2,5 g Cs/t u. lassen sich deshalb geochem. gut mit präkambr. Graniten Nordeuropas parallelisieren. Es wurde gefunden, daß auch die kretaz. Yenshangranite sehr wenig Cs enthalten. H. Moenke 378◇

*0627* **Über Zerstreuungsaureolen des Quecksilbers in Böden der polymetallischen Nagolno-Tarasow- und Marjew-Darjew-Lagerstätten.** A. G. Dwornikow, A. Je. Wassilewskaja, W. P. Schtscherbakow und A. A. Schwakowa. (Nachr. Akad. Wiss. UdSSR, geol. Ser. **28**, Nr. 5, 96—100, 1963; Simferopol, Inst. der Mineral., Abt. der Akad. der Wiss. der UkrainSSR; russ.) — Im Gebiet der Lagerstätten liegen die Hg-Geh. der einzelnen Bodenproben bei $1 \cdot 10^{-3}$%, was etwa dem 300fachen Wert der Clarke-Zahlen analoger Vork. entspricht. Gleichzeitig liegt der Wert ca. 10mal höher als die durchschnittlichen Werte der Profile. Es werden 2 parallele Zonen mit erhöhten Hg-Führungen der Böden festgestellt: Die erste gehört zum Kuppelteil der Antiklinale des Lagerstättengebietes von Shurawka, Nagolno-Tarasow u. Uljanowsk, die zweite zur Beresowsker u. Kiselewsker Antiklinale. M. Hähnert 378◇

*0628* **Zur Geochemie des Yttriums und der Seltenerdmetalle in den Granitoiden des Megrinsker Plutons.** B. M. Melikssetjan. (Nachr. Akad. Wiss. ArmenSSR, geol. geogr. Wiss. **16**, Nr. 3, 45—59, 1963; Inst. für Geol. der Akad. der Wiss. der ArmenSSR; russ.) — Die Veränderung der Zus. der Granitoide äußert sich in einer Zunahme der $SiO_2$-, $K_2O$-, Y- u. Seltenerdmetall (SE)-Geh. mit gleichzeitiger Verringerung des Verhältnisses SE (Cergruppe): SE (Y-Gruppe). Y u. die SE sind in Granitplutonen vorwiegend in Akzessorien verteilt (60—85%); 35—15% bilden Orthit, Monazit u. Xenotim. Nur geringe Mengen sind in gesteinsbildenden Mineralen enthalten. Die SE-Verteilung in den Gesteinen u. in den Mineralen weist auf einen gemeinsamen magmat. Herd der drei beschriebenen Granitoidkomplexe u. der mit ihnen verbundenen Ganggesteine hin. Während der Differentiation des Magmas verringerten sich die Verhältnisse $\Sigma$ SE:Y u. SE (Ce-Gruppe): SE (Y-Gruppe). Diese Tatsache kann als charakterist. Indicator petrogenet. Prozesse verwendet werden. H. Kelch 378◇

*0629* **Zur Geochemie des Germaniums in den Granitoiden des Ankawaner intrusiven Massivs.** A. I. Karapetjan. (Nachr. Akad. Wiss. ArmenSSR, geol. geogr. Wiss. **16**, Nr. 3, 37—44, 1963; Inst. für Geol. der Akad. der Wiss. der UdSSR; russ.) — In den Differentiations-Prodd. der Granitintrusionen ist Ge gleichmäßig verteilt. Die Ge-Konz. in verschiedenen gesteinsbildenden u. akzessor. Mineralen ist jedoch unterschiedlich. Der Ge-Geh. ist in der Hornblende am höchsten, es folgen Biotit, Feldspate u. Quarz. Der Ge-Einbau in die Kristallgitter verschiedener Silicate u. die Ge-Verteilung während der magmat. Kristallisationsprozesse wird diskutiert. H. Kelch 378◇

*0630* **Rhenium in einigen Molybdänerzentwicklungen des Ajotzdsorsker Erzgebiets.** A. Ss. Faramasjan und A. G. Akopjan. (Nachr. Akad. Wiss. ArmenSSR, geol. geogr. Wiss. **16**, Nr. 3, 61—66, 1963; Inst. für Geol. der Akad. der Wiss. der ArmenSSR; russ.) — Das Vorhandensein sehr hoher Re-Konzz. in den Erzen u. Molybdäniten ist nicht nur auf hohen Re-Geh. der Intrusionen zurückzuführen, die mit den Erzlagerstätten genet. verbunden sind, sondern hängt auch von den Bldg.-Bedingungen (Temp. u. Tiefe) ab. Mit sinkender Temp. u. abnehmender Tiefe nimmt der Re-Geh. zu. H. Kelch 378◇

*0631* **Über Besonderheiten der Verteilung von Mikroelementen in paläovulkanischen Formationen der Armenischen SSR.** R. T. Dshrbaschjan, E. G. Malchassjan und A. Ch. Mnatzakanjan. (Nachr. Akad. Wiss. ArmenSSR, geol. geogr. Wiss. **16**, Nr. 3, 15—28, 1963; Inst. für Geol. der Akad. der Wiss. der ArmenSSR; russ.) — In allen paläovulkan. Formationen konnten Mikroelementassoziationen festgestellt werden, die für basalt. Stammagmen charakterist. sind. Jeder vulkan. Komplex wird durch spezif. Assoziationen charakterisiert, welche auf geochem. u. petrochem. Besonderheiten der Magmen hinweisen. Eine Differentiation dieser Mikroelemente erfolgte im Laufe des Vulkanismus von alten zu jüngeren Formationen in Verbindung mit wachsendem Säuregrad, mit zunehmender Alkalinität u. zunehmendem Fe-Gehalt. In allen Formationen konnten erhöhte Cu-, Pb- u. Zn-Geh. beobachtet werden, was auf eine metallogene Spezialisierung der Magmen hinweist. H. Kelch 378◇

*0632* **Neue Berechnung des Erdalters aus den Häufigkeiten von Bleiisotopen.** R. G. Ostic, R. D. Russell und P. H. Reynolds. (Nature [London] **199**, 1150—52, 1963; Univ. of British Columbia, Dep. of Phys.; Univ. of Toronto, Dep. of Phys.; engl.) — Nach zwei verschiedenen Meth. wurde das Erdalter aus der Häufigkeitsverteilung von Pb-Isotopen zu 4,53 ± 0,03 ($\cdot 10^9$ Jahre) u. 4,54 ± 0,02 errechnet. Zu dieser Zeit hatte das terrestr. Pb die gleiche Isotopen-Zus. wie die Troilitphase in Fe-Meteoriten. Die Meth. umgehen die Notwendigkeit, das Alter terrestr. Proben festzulegen, u. die Annahme, daß das Erdalter dem Alter der Meteoriten gleichzusetzen ist. Ernst Schulte 378◇

*0633* **Altersbestimmung einiger rezenter Mineralien nach der Bleiisotopenmethode.** Charles Kosztolanyi. (C. R. hebd. Séances Acad. Sci. **257**, 189—90, 1963; Nancy, Univ., Centre de Rech. radiogéol.; franz.) — Es wurde das Alter von zusammen vorkommendem Chalkolith u. Autunit bestimmt, von denen der letztere immer älter ist. Die Altersmessung nach dem Verhältnis $^{206}Pb/^{238}U$ gibt höhere Werte als die nach $^{207}Pb/^{235}U$, was auf die Zirkulation von Rn zurückgeführt wird. Hierunter leidet auch die Genauigkeit der Messungen $^{207}Pb/^{206}Pb$, die zu niedrige Werte ergeben. Die Werte aus der Messung $^{207}Pb/^{235}U$ sind am genauesten. F. Ensslin 378◇

*0634* **Alter der Pechblende von Chameane (Puy-de-Dôme).** Georges Durand und Henri Sanselme. (C. R. hebd. Séances Acad. Sci. **257**, 195—97, 1963; Nancy, Fac. des Sci., Commiss. a l'Énergie atom. et Centre de Rech. radiogéol.; franz.) — In den Quarzgängen der Anatexite in der Nähe eines Granits bei Livradois kommen 2 Generationen Pechblende vor, von denen die ältere mit 346 ± 17 $\cdot 10^6$ Jahren zur selben Zeit gebildet wurde, als die Granitintrusion stattfand. Die jüngere Pechblende hat mit 251 ± 10 $\cdot 10^6$ Jahren das gleiche Alter wie die meisten Pechblenden im Nordosten des Zentralmassivs. Die Pechblende bildet in den Gängen bis 10 cm große Sphärolithe. Es finden sich alle Übergangsstadien von Pechblende bis Gummi. Mitvorkommende Erze sind Pyrit u. Kupferkies u. als Zementations-Prodd. Chalkocit, Neodigenit u. gediegen Kupfer mit Cuprit u. Tenorit verwachsen. F. Ensslin 378◇

*0635* **Altersbestimmungen von antarktischen Gesteinen (Queen-Maud-Land).** P. Pasteels und Sarah Deutsch. (Nature [London] **199**, 996—97, 1963; Bruxelles, Univ. Libre, Serv. de Géol. et Géochim. Nucl.; engl.) — Das Rb/Sr-Alter von Biotiten verschiedener Eruptiv- u. metamorpher Gesteine des Sör-Rondane Mountain wurden früher zu (460 bis 500) $\cdot 10^6$ Jahren bestimmt. Andere Minerale als Biotit u. das Muttergestein wurden untersucht u. eine magmat. u. metamorphe Aktivität vor 460 $\cdot 10^6$ bis 600 $\cdot 10^6$ Jahren festgestellt. Ernst Schulte 378◇

*0636* **Zu Magmatismus und Erzbildung Nordost-Jakutiens auf Grund absoluter Altersdaten.** N. I. Nenaschew. (Nachr. Akad. Wiss. UdSSR, geol. Ser. **28**, 6—17, 1 Tafel, 1963; Jakutsk, Jakut. Filiale der Sibir. Abt. der Akad. der Wiss. der UdSSR; russ.) — Die chem. Zus. der auftretenden Granite entsprechen den mittleren Zus. der postkambr. Granite Dalys, wobei allerdings in ihren zeitlichen Veränderungen starke Unterschiede auftraten. Angaben über die zeitlichen Abfolgen magmat. Tätigkeiten u. die daran geknüpften Vererzungen. M. Hähnert 378◇

*0637* **Heteromorphie und Ungleichgewichtszustände der Mineralbildung bei der Kristallisation basaltischer Schmelzen.** G. A. Raschin. (Nachr. Akad. Wiss. UdSSR, geol. Ser. **28**, 18—33, 1963; Ordshonikidse, Nordkaukas. Berg-metallurg. Inst.; russ.) — Betrachtung der Probleme der Heteromorphie unter den verschiedensten Gesichtspunkten (Auftreten einzelner Elemente in verschiedenen Koordinationen, Wertigkeiten, ihre gegenseitige Ersetzbarkeit, Berücksichtigung fester Lsgg. u. des Si:O-Verh.). Der Begriff der Heteromorphie wird in etwas abgeänderter u. erweiterter Form als bei Lacroix gebraucht. M. Hähnert 378◇

*0638* **Charakteristik und Sedimentationsbedingungen der Tonminerale in den kaukasusnahen Maikop-Serien.** D. D. Kotelnikow. (Nachr. Akad. Wiss. UdSSR, geol. Ser. **28**, 70—92, 1963; Moskau, Inst. für Geol. u. Ausbeutung von Bodenschätzen; russ.) — Zus. u. Verteilung der Tonminerale in den Maikop-Sedimenten sind durch 2 Hauptfaktoren bestimmt: Die gesetzmäßigen Veränderungen innerhalb des Profils einer Bohrung sind stark von den geotekton. Zonen u. hydrodynam. Bldg.-Bedingungen abhängig [Hydroglimmer mit hohen (4,5—5%) $K_2O$-Geh. wechseln zu stark herabgesetzten $K_2O$-Führungen: 2%]. Daneben sind mineral. Provinzen zu erkennen, die auf Grund spezif. Eigentümlichkeiten der einzelnen Gebiete entstanden, so z. B. die hohen Chloritführungen der Südgebiete des Ost- u. Zentralkaukasusvorlandes oder die hohen Palygorskit-Geh. des nördlichen Zentralkaukasusvorlandes. Angaben über chem. Zus. u. röntgenograph. Unterss. der einzelnen Fraktionen. M. Hähnert 378◇

*0639* **International mineralogical Association: Kommission für neue Minerale und Mineralnamen.** Anonym. (Mineralog. Mag. J. mineralog. Soc. **33**, 260—63, 1962; engl.) — Auf Grund der Beschlüsse von Kopenhagen (1960) u. Washington (1962) werden neue Mineralnamen in Tabellen aufgeführt bzw. bei Synonymen der geeignetste Name angegeben. J.-E. Hiller 380◇

*0640* **Über Anthophyllit und einige Reaktionszonen im Anorthosit.** Inge Bryhni. (Norsk geol. Tidsskr. **43**, 59—71, 1963; Blindern, Oslo, Inst. of Geol.; engl.) — Die massiven Meta-Anorthosite von Sunnfjord, West-Norwegen, enthalten große Mengen Klinozoisit u. Zoisit u. Einschlüsse von Amphibolen, gewöhnlich Hornblende oder Aktinolithen u. in einem Fall Hornblende u. Anthophyllit. Letzterer ist durch eine Rk.-Zone abgerundet. Neben diesem tritt Almandin, Prochlorit u. Plagioklas auf. Der Anthophyllit ist entweder ein Prod. der Frühkristallisation im Anorthosit oder aus Orthopyroxenen gebildet worden. Aus einer Rk. zwischen Bronzit u. Plagioklas entstand Diallag, der mit weiterem Plagioklas den Granat bildete. F. Ensslin 380◇

*0641* **Die Atomverhältnisse der natürlichen $Fe^{2+}$-reichen Biotite unter Berücksichtigung der „Stabilitätsbeziehungen des $Fe^{2+}$-reichen Biotits Annit".** M. D. Foster, D. R. Wones und H. P. Eugster. (J. Petrology **4**, 302—06, 1963; Washington, D.C., US Geol. Surv.; Baltimore, Md., Johns Hopkins Univ.; engl.) — Die früher von Vff. berechneten Atomverhältnisse werden korrigiert. F. Ensslin 380◇

*0642* **Calcitkristalle der Wolframitlagerstätten von Bukuka und Belucha.** W. F. Barabanow und I. I. Schafranowski. (Nachr. Leningrader Univ. **18**, Nr. 6, Ser. Geol. Geogr. Nr. 1, 12—23, 1963; russ., Auszug: engl.) — Die Calcit-Bldg. in den Quarz–Wolframit-Gängen sind an Sericitisierungen der Plagioklase unter Einw. $CO_3^{2-}$-führender Lsgg. gebunden. Die Veränderungen im Kristallhabitus in Richtung (0 0 0 1) → (1 0 $\bar{1}$ 1) → (1 0 $\bar{1}$ 0) werden vermutlich durch Herabsetzung der Kohlensäure-Konzz. der mineralbildenden Lsgg. bewirkt. M. Hähnert 380◇

*0643* **Die Entstehung und die Bedeutung der Schneeballstruktur im Granat.** Alan Spry. (J. Petrology **4**, 211—22, 1963; Tasmania, Univ., Geol. Dep.; engl.) — Die spiralförmig angeordneten Einschlüsse im Granat sind durch syntekton. Kristallisation unter gleichzeitiger Rotation des Kristalls während des Wachstums entstanden. Die Spiralen sind eine Variante der Archimedesschen Spirale u. können danach berechnet werden. F. Ensslin 380◇

*0644* **Moissanit aus den tschechischen Mittelgebirgen.** Ja. Bauer, Ju. Fiala und R. Grshichowa. (Nachr. Akad. Wiss. UdSSR, geol. Ser. **28**, Nr. 7, 54—68, 1963; Prag, Chem.-Technolog. Inst.; russ.) — In einer vulkan. Brekzie aus vulkan. Gestein u. kretaz. Xenolithen finden sich in den Schwerefraktionen: Limonit, Granat, Disthen, Pleonast, Magnetit, Diopsid, rhomb. Pyroxene, Apatit, Rutil, Sphen, Olivin, Zirkon, Pyrit, Bleiglanz, Fluorit, gediegen Eisen u. Moissanit. Die nach der Basis ausgebildeten (idiomorphen) Moissanite besitzen eine Größe von 0,3—1,8 mm. Eine 6H-Type u. eine 15R-Type werden beschrieben. $n_0 = 2{,}647$, $n_e = 2{,}689$ (Na-Licht). Spektralanalyt. Unterss., röntgenograph. Unters. sowie morpholog. Beschreibung. M. Hähnert 380◇

*0645* **Natürliches Kobalt(III)-hydroxid.** M. H. Hey. (Mineralog. Mag. J. mineralog. Soc. **33**, 253—59, 1962; London, Brit. Mus., Dep. of Mineral.; engl.) — Natürliches *CoOOH* wurde bestätigt. Der Name *Heterogenit* hat die Priorität. Das häufig vorhandene Cu kann entweder Co ersetzen, (Co, Cu)(O, OH)OH, oder als *Malachit* vorliegen. Für Cu-haltigen Heterogenit hat der Name *Schulzenit* die Priorität. J.-E. Hiller 380◇

*0646* **Die Erzmineralien des Serpentins von Selva-Quadrada (Puschlav).** F. de Quervain. (Schweiz. mineralog. petrogr. Mitt. **43**, 295—310, 1963; Zürich; dt.) — Der Hauptbestandteil des Antigoritserpentins ist mittel- bis grobblättriger Antigorit. Daneben tritt Diallag auf mit kleinsten Einschlüssen von Magnetit u. Ilmenit u. mit Rissen, in denen sich Chlorit u. diopsid. Pyroxen, sowie Erzmineralien abgesetzt haben. Manchmal wird Olivin beobachtet. Die Erzmineralien sind Magnetit, Ilmenit, Perowskit, die Ni-Erze Pentlandit, Awaruit u. Heazlewoodit. Daneben werden in letzterem kleine Einschlüsse von gediegenem Cu gefunden. Weitere Cu-Mineralien sind kleine Flitter von Bornit, Kupferglanz u. einmal Covellin. F. Ensslin 380◇

*0647* **Untersuchungen der eingebetteten kupferhaltigen Eisensulfidlagerstätten in der metamorphen Zone von Sambagawa.** Kazuo Yamaoka. (Sci. Rep. Tôhoku Univ., Ser. III **8**, 1—68, 1962; engl.) — Die Sulfidminerale der Erzlagerstätten (Hauptbestandteile: *Pyrit, Chalkopyrit, Sphalerit, Pyrrhotin, Bornit, Chalkosin*; mkr. Bestandteile: *Idait, Valeriit, Tetraedrit, Chalkostibit, Stromeyerit, gediegen Ag* u. *Bi* u. a.) u. die Minerale des Syst. $FeO-Fe_2O_3-TiO_2$ aus den krist. Schiefern wurden mkr. u. spektrograph. untersucht. Die Nebenelement-Geh. sind in allen Lagerstätten des Sambagawa-Reviers — mit Ausnahme von Okuki — gleich. Co ist hauptsächlich in Pyrit enthalten; die Geh. betragen ca. 40 ppm, das Verhältnis Ni/Co liegt bei 17—20/1. Der remanente Magnetismus der krist. Schiefer ist an den Magnetit geknüpft. Die Richtungen sind parallel zur Faltung aber immer schräg zur Mineralschichtung. J. Heinze 380◇

*0648* **Titan-Mineralogie von bestimmten Bauxiten und ihren Ausgangsmaterialien.** James A. Hartman. (Econ. Geol. **55**, 1313—14, 1960; Kenner, La.; engl.) — Vgl. C. **1961**, 7526. — Vf. nimmt Stellung zu einer privaten Mitt. von Fleischer u. Mitarbeiter (U. S. Geol. Survey Circ. **225**, [1952], 13) zu seiner l. c. referierten Arbeit. E. Fritzsche 380□

*0649* **Einige Ergebnisse elektronenmikroskopischer Untersuchungen von natürlichen plastischen Deformationen der Quarzite.** I. Ss. Delitzin und K. Js. Frolowa. (Ber. Akad. Wiss. [UdSSR] **149**, 1154—56, 2 Tafeln, 1963; Inst. für Geolog. der Erzlagerstätten, Petrograph., Miner. u. Geochem. der Akad. der Wiss. der UdSSR; russ.) — Vff. zeigen, daß befriedigende Aussagen über den Mechanismus bei der plast. Deformation von Quarziten in der Natur nur auf der Grundlage kombinierter polarisations- u. elektronenmkr. Unterss. getroffen werden können. M. Hähnert 385◇

*0650* **Einige Besonderheiten im Wechsel der Zusammensetzung von Alkalipegmatiten in Abhängigkeit von der Zusammensetzung der sie einschließenden Gesteine.** A. G. Teremetzkaja und L. Ju. Chartschenko. (Nachr. Moskauer Univ., Ser. IV **18**, Nr. 2, 50—57, 1963; Lehrst. für Miner. der Univ.; russ.) — 3 Pegmatittypen treten auf: 1. Nephelinfeldspatpegmatite (Mikroklin, Nephelin; Albit, Biotit). die an Miaskite gebunden sind. 2. Pegmatite (zonar gebaut: Nephelin–Feldspat- bis zu peripheren Biotit–Feldspat-Zonen), die in Feniten u. Biotitgneisen lagern. 3. Pegmatite in Biotitgneisen, die sich aus Feldspat, Korund u. Muskovit zusammensetzen. An Hand umfangreicher chem. Analysendaten (Tabellen) werden Betrachtungen über Materialtransporte bei der Pegmatit-Bldg. erörtert. M. Hähnert 385◇

*0651* **Beobachtungen über Radioaktivität und Fossilinhalt des mittleren Buntsandsteins südwestlich von Braunschweig.** Friedbert Herrmann. (Neues Jb. Geol. Paläontol., Mh. **1963**, 26—31; Braunschweig, TH, Inst. für Geol. u. Miner.; dt.) — Nach den Radioaktivitätsmessungen im Hardegsen-Ton des Salzgitterer u. Lichtenberger Höhenzugs konnten die im südlichen Niedersachsen u. in Nordwestdeutschland gefundenen Anomalien bestätigt werden. Auf Grund der gefundenen Fossilien dürften die Tone im Süß- bis Brackwasserbereich entstanden sein. F. Ensslin 385◇

*0652* **Über die Entdeckung von Keratophyren und keratophyrischen Tuffen zwischen dem Lydien des Beckens von Viséen bei Las Cabesses (Ariège).** Jean Bouladon, Georges Machairas und Jean-Pierre Prouhet. (C. R. hebd. Séances Acad. Sci. **257**, 191—92, 1963; Bur. de Rech. Géol., Géophys. et Minières; franz.) — Die Mn-Erzschichten von Las Cabesses überlagern kalkreiche Dolomite. In diesen Schichten werden Quarzkeratophyre mit Einsprenglingen von Oligoklas (mit 7—12% Anorthit) sowie Mikrolithen desselben Feldspats, etwas Quarz, chloritisierter Biotit, Apatit u. Rutil gefunden. In den Quarzkeratophyren sind Hohlräume, mit Calcit gefüllt, enthalten. Sek. Mineralien sind Chlorit, Epidot, Zoisit u. Calcit. Daneben treten die zugehörigen Tuffe auf. F. Ensslin 385◇

*0653* **Zur Charakteristik der physiko-chemischen Bildungsbedingungen paläozoischer Gesteine des Nordwestteiles der Russischen Plattform.** A. I. Lebedewa. (Nachr. Leningrader Univ. **18**, Nr. 6, Ser. Geol. Geogr. Nr. 1, 24—35, 1963; russ., Auszug: engl.) — 3 geochem. Zonen werden unterschieden u. die Mineral-Zus. der Tonfraktionen untersucht (Anfärbungen, röntgenograph., therm., elektronenmkr., chem.): 1. eine alkal., schwache Oxydationszone, die Hydroglimmer u. Montmorillonit sowie in geringen Mengen Kaolinit, Chlorit, Glaukonit, Calcit u. Pyrit führt; 2. eine schwach alkal. u. neutrale Oxydationszone mit Vorherrschen von Hydroglimmer, Chlorit, Glaukonit weiterhin Kaolinit, Pyrit; 3. eine schwach alkal. bis neutrale, schwache Oxydationszone mit hohem Hydroglimmer- u. Kaolinit-Geh.; dazu: Glaukonit, Pyrit, Calcit, Siderit u. Fe-Hydroxide. M. Hähnert 385◇

*0654* **Ergebnisse petrographischer Untersuchungen des kristallinen Fundaments der Russischen Plattform.** M. W. Wesselowskaja. (Nachr. Akad. Wiss. UdSSR, geol. Ser. **28**, Nr. 7, 32—53, 1 Karte, 1963; Moskau, Allunionsforschungs-Inst. für geolog. Erdölerkundung; russ.) — Zusammenfassende Beschreibung der Gesteinstypen, deren Altersrelationen u. Genese. — 22 Literaturzitate. M. Hähnert 385◇

*0655* **Ufernahe marine Diagonalschichtungen in kristallinen Hornfelsen.** L. D. Miroschnikow. (Nachr. Akad. Wiss. UdSSR, geol. Ser. **28**, Nr. 6, 107—09, 1963; russ.) — Die betrachteten Hornfelse sind diopsid., cordierit.-biotit., andalusit. u. turmalin. Abarten verschiedener Struktur. Sie zeigen, bes. bei makroskop. Betrachtung, Relikte der sedimentären Typen (Diagonalschichtung). Vgl. der untersuchten Hornfelse der zentralen Teile der Tscheljuskin-Halbinsel (Taimyr) mit ähnlichen Bldg. verschiedener Provenienz. M. Hähnert 385◇

*0656* **Nephelinsyenite inmitten glazialer Gerölle des Kostroma-Gebietes.** B. W. Tschessnokow. (Nachr. Akad. Wiss. UdSSR, geol. Ser. **28**, Nr. 6, 110—11, 1963; Swerdlowsk, Wachruschewa-Bergins t.; russ.) — Die beschriebenen Nephelinsyenite sind hinsichtlich ihrer Zus., Struktur u. der Ggw. spezif. Minerale analog denen der Chibinite u. Lujaurite der Halbinsel Kola. Besonders wird auf die Eudialyt-, Lamprophyllitführung verwiesen. Während ersterer ca. 5% der Lujaurite ausmacht, findet sich der Lamprophyllit bis zu 1%. M. Hähnert 385◇

*0657* **Listwänitisierung und Carbonatisierung in den Endetappen der Bildung des Uruschtener magmatischen Komplexes im Nordkaukasus.** W. W. Ploschko. (Nachr. Akad. Wiss. UdSSR, geol. Ser. **28**, Nr. 5, 23—46, 1963; Moskau, Inst. für Geol. der Erzlagerstätten, Petrogr., Mineral. u. Geochem. der Akad. der Wiss. der UdSSR; russ.) — Die Unters. der kontaktmetasomat. Bldg. des Gebietes ergibt 2 Phasen von Carbonatisierungen u. Listwänitisierungen: Eine autometamorphe u. eine allometamorphe. Die Autometamorphose der Peridotite führt zu verschiedenen Talk- u. Quarz–Carbonat-Bldg., die sich im Inneren der Serpentinitmassive befinden. Die allometamorphe Phase ist an kontaktmetasomat. Einw. saurer Intrusionen gebunden u. ist intensiver als die erstere: Veränderungen der Ultrabasite zu Apatit-Serpentin-, Talk-, Chlorit- u. Quarz–Carbonat-Gesteinen (Exokontaktbereiche der sauren Intrusion). Gleichzeitig trat eine Marmorisierung der Kalkzonen auf. Die autometamorphen

Carbonatisierungen der Pyroxenite u. Listwänitisierungen der Serpentinite gingen unter teilweiser Abfuhr von Si u. Zufuhr von $CO_2$ vor sich. Die Migration der Elemente in der allometamorphen Phase ist durch Ca-, P-, Ti- u. $CO_2$-Zufuhren u. Mg-, Si-Abtransporte charakterisiert; für bas. Gesteine: Ca, P, $CO_2$ bzw. Si, Ti (ohne Mg-Veränderungen). Zwei Listwänittypen werden unterschieden: K-führende u. K-freie. Die allometamorphen veränderten Gabbroide werden zu den listwänit. Bldg. gezählt, unterscheiden sich aber von den typ. Listwäniten durch die Ggw. von Albit u. Apatit. M. Hähnert 385◇

*0658* **Über die petrographische Zusammensetzung des kjassamansker Massivs der basischen und ultrabasischen Gesteine in der Armenischen SSR.** Ss. B. Abowjan. (Nachr. Akad. Wiss. ArmenSSR, geol. geogr. Wiss. **16**, Nr. 2, 7—14, 1963; Inst. für Geol.; russ.) — Das Massiv zeigt eine vollständige Differentiation des Magmas bis zum Plagiogranit u. Quarzdiorit. Chem. u. Spektralanalysen werden angegeben, die charakterist. Cr-, Ni- u. Co-Geh. von ca. 0,001% anzeigen. Die Metall-Geh. zeigen die Verb. dieser Gesteine zur Gabbroformation. S. Aslanjan 385◇

*0659* **Nephelinisierung der Pyroxenite und Gang-Ijolithe im ultrabasischen Alkalimassiv von Kowdorsk.** A. W. Lapin. (Nachr. Akad. Wiss. UdSSR, geol. Ser. **28**, Nr. 5, 9—22, 1963; Moskau, Inst. für Mineral., Geochem. u. Kristallchem. Seltener Elemente; russ.) — Bei den Alkaligesteinen des Massivs sind wahrscheinlich 2 genet. Typen zu unterscheiden. Die Nephelinisierungen der Pyroxenite führen zur Bldg. von Nephelin-Pyroxen-Gesteinen, die in den peripheren Teilen des Massivs auftreten. Eine Gruppe gangartiger Nephelin-Syenite u. Feldspat-Nephelin-Pyroxenite zeigt keinerlei Anzeichen metasomat. Veränderungen Zus., Struktur u. Textur der Gesteine zeigen deutlich die intrusive magmat. Entstehung. M. Hähnert 385◇

*0660* **Strontium in Plagioklasfeldspaten aus vierschichtigen basischen Gesteinskörpern in Somaliland.** J. R. Butler und W. Skiba. (Mineralog. Mag. J. mineralog. Soc. **33**, 213—25, 1962; London, Imp. Coll., Dep. of Geol.; engl.) — Vier bas. Gesteinskörper in Somaliland werden petrograph. beschrieben. Dabei zeigt sich ein Zusammenhang zwischen den Sr-Geh. u. den An-Geh. der Feldspate. Sr steigt mit abnehmendem An-Geh., doch sind die Sr-Geh. selbst verschieden hoch u. betragen zwischen 1000 u. 1850 ppm in dem einen Vork., zwischen 1650 u. 2350 in einem anderen. Es wird daraus geschlossen, daß die 4 Gesteinskörper nicht zu derselben Intrusion gehören. J.-E. Hiller 385◇

*0661* **Grauwacke in den Lower Siwaliks, Simla Hills.** W. A. Cummins. (Nature [London] **196**, 1085, 1962; Univ. of Nottingham, Dep. of Geol.; engl.) — Vf. diskutiert das Vork. von Grauwacke in den Lower Siwaliks u. tritt der Ansicht von Sikka u. Mitarbeitern (C. **1962**, 4117) entgegen, daß die Grauwacke marinen Ursprungs ist. Proben von nichtmariner Grauwacke wurden z. B. in den Old Red-Sandsteinen von Lanarkshire, den pennsylvan. von Rhode Island u. Massachusetts u. in den eozän. von Wyoming gefunden. Ernst Schulte 385◇

*0662* **Über die Rolle des Wassers und anderer leichtflüchtiger Komponenten in natürlichen Schmelzen und ihre Bedeutung bei magmatischen Prozessen.** F. Sch. Radshabow und I. M. Mirchodshajew. (Usbek. geol. J. **7**, Nr. 3, 19—25, 1963; Taschkent, Polytechn. Inst.; russ.) — Magma ist an leichtflüchtigen Komponenten ungesättigt. Es wird durch Assimilation des Nebengesteins oder Eindringen von osmot. Lsgg. aus dem Nebengestein angereichert. Bei Vulkanausbrüchen werden bei 1000° wasserfreie Chloride u. Sulfate mit hohem F-Geh. ausgestoßen, danach Wasserdampf, $NH_4Cl$, $H_2S$ u. S. Bei weiterer Temp.-Erniedrigung folgen Wasserdampf, HCl, $H_2SO_4$ u. Fe- u. Cu-Chloride u. unterhalb 350° kommt $CO_2$ u. am Ende nur Wasserdampf zum Ausbruch. S. Aslanjan 386◇

*0663* **Die Eigenschaften saurer vulkanischer Gläser an Hand neuer französischer Arbeiten.** P. Bordet. (Bull. volcanol. [Napoli] **24**, 73—81, 1962; franz.) — Übersicht. — 13 Literaturangaben. J. Heinze 386◇

*0664* **Magmatitblöcke der Eruption von Soufrière, St. Vincent, 1902.** L. R. Wager. (Bull. volcanol. [Napoli] **24**, 93—99, 1962; engl.) — Eruptionsmaterial des westind. Vulkans Soufrière enthält Blöcke von pluton. Charakter mit Plagioklas, Olivin, Augit, Hornblende u. Magnetit. Sie wurden mineralog. u. chem. (3 Feldspatanalysen) untersucht. J. Heinze 386◇

*0665* **Über das Wegführen von gelöstem Aluminium und Eisen durch Thermalwässer aktiver Vulkane des Kurilen-Inselbogens.** K. K. Zelenov. (Bull. volcanol. [Napoli] **24**, 149—53, 1962; Acad. of Sci. of the USSR, Geol. Inst.; engl.) — Saure (pH 1—3) Thermalwässer der Kurilen enthalten 2 bis 3 g Al/Liter u. 0,5—1 g Fe/Liter. Beim Austritt an die Erdoberfläche werden diese Elemente häufig ausgeschieden. So scheiden Quellen in der Caldera des Bogdan Khmelnitzky, Itrup, mit ca. 60 Liter/s ca. 1 t Limonit pro Tag aus. Andererseits gelangen Al u. Fe durch Flüsse in das Meer. So werden z. B. an der Mündung des Yurieva täglich ca. 35 t Fe u. 65 t Al durch das Meerwasser ausgefällt. Ähnliche Verhältnisse können bei vielen Kurilenflüssen beobachtet werden. J. Heinze 386◇

*0666* **Die chemische Zusammensetzung vulkanischer Gase Japans.** I. Iwasaki, T. Ozawa, M. Yoshida, T. Katsura, B. Iwasaki und M. Kamada. (Bull. volcanol. [Napoli] **24**, 23—48, 1962; engl.) — Unter Berücksichtigung der Ausfluß-Temp. u. der chem. Zus. lassen sich die vulkan. Gase in 5 Kategorien ordnen: 1. 1200—800°; HCl, $SO_2$, $CO_2$, $H_2 \geq H_2S$; 2. 800—100°; A) HCl, $SO_2$, $H_2S$, $CO_2 \geq N_2$, $H_2$; B) $SO_2$, $H_2S$, $CO_2 \geq N_2 > HCl$, $H_2$; 3. 60—100°; $H_2S$, $CO_2 > N_2 > SO_2 \geq H$; 4. <60°; $CO_2 > H_2S = N_2$. Es wird auf eine symbol. Kurzbezeichnung der Gase hingewiesen. J. Heinze 386◇

*0667* **Gase und Sublimate vom Showashinzan.** Shinya Oana. (Bull. volcanol. [Napoli] **24**, 49—57, 1962; Nagoya Univ., Inst. of Earth Sci.; engl.) — Vulkan. Gase u. Sublimate des Showashinzan wurden an Fumarolen (ca. 750°) gesammelt. Hauptbestandteile sind $H_2O$, $CO_2$ u. $H_2$. Es folgen HCl, HF, $N_2$, $SO_2$, $H_2S$, S, $CH_4$, CO, Ar, Si, B, Mg, Na, K, Ca, Al, Fe, P, Br, $NH_3$, As, Zn, Sr, Ba, Cu, Pb, Sn, Sb, Bi, Ge, Ag, Cr, Ni, Mo, Rn, Ra usw. An Mineralen wurden röntgenograph. α-Cristobalit, Hämatit, Thenardit, Quarz, Glaserit, KF u. NaF festgestellt. Die Struktur des Showashinzan ist kompliziert. Einige Abweichungen von der allg. Regel werden mit Grundwasser-Einfl. erklärt. J. Heinze 386◇

*0668* **Das Einstellen des chemischen Gleichgewichts in Vulkangasen aus dem Lavasee des Kilauea, Hawaii.** Sadao Matsuo. (Bull. volcanol. [Napoli] **24**, 59—71, 1962; Nagoya, Nagoya Univ., Inst. of Earth Sci.; engl.) — Gasproben wurden über drei Jahre von verschiedenen Orten desselben Sees gesammelt u. analysiert. Von 6 untersuchten Rkk. zeigten 5 Gleichgewichtseinstellung. Die Gase weisen innerhalb 1000—2000° bei 1 atm „abgeschreckte" Gleichgewichtszustände auf. J. Heinze 386◇

*0669* **Einige Ignimbrite mit oberdevonischem Alter aus Victoria, Australien.** M. C. Brown. (Bull. volcanol. [Napoli] **24**, 429—42, 1962; Melbourne, Victoria, Univ. of Melbourne, Dep. of Geol.; engl.) — Ignimbrite von Tatong werden petrograph. u. geolog. beschrieben. Die Primärtextur ist trotz des bedeutenden Alters gut erkennbar u. zeigt den „nuée ardente"-Typ. J. Heinze 386◇

*0670* **Die opaken Minerale in Steinmeteoriten.** Paul Ramdohr. (J. geophys. Res. **68**, 2011—36, 1963; Washington, D.C., Carnegie Inst. of Washington, Geophys. Labor.; engl.) — Die opaken u. halbopaken Minerale in Anschliffen von 135 Steinmeteoriten wurden erzmkr. untersucht. Gefunden wurden: *Kamazit, Taenit* u. Verwachsungen dieser beiden (Plessit), *Cohenit, Schreibersit, Graphit, gediegen Au, gediegen Cu, Troilit, Pentlandit, Oldhamit, Daubréelith, Chromit, Magnetit* u. *Ilmenit*. Zum ersten Mal in Steinmeteoriten wurden *Chalkopyrrhotin, Valleriit, Sphalerit, Chalkopyrit, Pyrit* u. *Bravoit* bestimmt. An völlig neuen Mineralen wurden entdeckt: $(Ni, Fe)_xSi_y$, (Mg, Fe, Ca, Mn)S mit NaCl-Struktur u. ein hexagonales Schichtgittermineral mit Fe–C–S. Weitere Neuentdeckungen, die aber nicht eindeutig bestimmt werden konnten, sind: A) ein stark anisotropes, dunkelgelbgrünes Mineral; B) dünne Lamellen eines Zers.-Prod. von A; C) ein dunkelolivfarbenes; D) ein farblos durchsichtiges mit hohem Brechungsindex, das Ilmenit u. Chromit verdrängt; E) ein dunkelbraunes, wahrscheinlich isotropes; F) ein weißes mit wahrscheinlich As; G) ein hellblaues; H) ein gelbes, beinahe metall.; I) ein farbloses spinellartiges mit Ilmenitentmischung;

K) ein stark dunkelgraues Sulfid u. L) ein sehr stark pleochroit. Mineral. Die Strukturen u. Texturen werden zusammen mit den Verwitterungserscheinungen beschrieben. J. Heinze 388◇

*0671* **Suche nach organisierten Elementen in kohlenstoffhaltigen Chondriten.** Edward Anders und Frank W. Fitch. (Science [Washington] **138**, 1392—99, 1962; Chicago, Ill., Enrico Fermi Inst. for Nucl. Stud.; Univ. of Chicago, Dep. of Pathol.; engl.) — Die von Claus u. Nagy (vgl. Nature **192**, [1961], 594) auf organisierte Formen untersuchten Meteorite wurden nochmals einer eingehenden Unters. unterzogen. Danach lassen sich die organisierten Formen in zwei Klassen einteilen, solche mit einfacher u. solche mit hochstruktureller Morphologie. Es besteht kein Zweifel, daß die erste Gruppe in den Meteoriten vorkommt, es kann jedoch nicht entschieden werden, ob die Partikel biolog. Ursprungs sind. Für die zweite Klasse ist biolog. Ursprung sichergestellt, jedoch ist es in den meisten der untersuchten Fälle unwahrscheinlich, daß diese Formen in den Meteoriten einheimisch sind. Ernst Schulte 388◇

*0672* **Geochemische Charakteristik verteilter organischer Substanz von Gesteinen tertiärer Ablagerungen des Vorerewaner Bezirks.** A. N. Gussewa und W. W. Pairasjan. (Nachr. Akad. Wiss. ArmenSSR, geol. geogr. Wiss. **16**, Nr. 2, 29—36, 1963; Inst. für Geol.; russ.) — Nach der Meth. von Knopp wurde der Geh. an organ. Kohlenstoff bestimmt, die Qualität u. Quantität der gelösten organ. Substanzen durch Luminescenz- u. Bitumenanalysen. Es werden die Bitumenanalysen für alle Stufen der tert. Ablagerung angegeben. S. Aslanjan 390◇

*0673* **Carotinoid-Gehalt in Sedimenten als Funktion des Umgebungseinflusses.** R. B. Schwendinger und J. G. Erdman. (Science [Washington] **141**, 808—10, 1963; Pittsburgh, Pa., Mellon Inst.; engl.) — Der Carotinoid-Geh. u. das Verhältnis Xanthophyll/Carotin wurde für Oberflächenhorizonte von neun jungen Sedimenten verschiedener Lokalitäten bestimmt. Die Carotinoid-Konz. ist in marinen Sedimenten höher als in Frischwassersedimenten. In allen untersuchten Fällen sind die Xanthophyll/Carotin-Verhältnisse größer als eins. Ernst Schulte 390◇

*0674* **Die Verunreinigung durch kondensierte aromatische Kohlenwasserstoffe vom Typ des 3.4-Benzpyrens im westlichen Arktischen Eismeer.** Lucien Mallet, L. V. Perdriau und J. Perdriau. (C. R. hebd. Séances Acad. Sci. **256**, 3487—89, 1963; Paris, Marine Nat.; Labor. Municip. de la Préfect. de Police; franz.) — Benzpyren-Geh. zwischen 0,5 u. 6 $\mu$g/100 g wurden im Meerwasser an der Küste Grönlands gemessen. Diese Werte entsprechen denen, die an der französ. Atlantikküste bestimmt worden sind, u. deuten damit auf eine allg. Verschmutzung der nördlichen Halbkugel. J. Heinze 393◇

*0675* **Sedimente des Thailändischen Golfs und des benachbarten Kontinentalschelfs.** K. O. Emery und Hiroshi Niino. (Bull. geol. Soc. America **74**, 541—54, 1963; Los Angeles, Calif., Univ. of Southern California; Tokyo, Tokyo Univ. of Fisheries; engl.) — 111 Proben organ. u. anorgan. Sedimente aus dem Unters.-Gebiet wurden sedimentpetrograph. untersucht. Das Material ist hauptsächlich detrit. Entstehung. Im Golf u. im inneren Drittel des Schelfs sind es vorwiegend rezente Ablagerungen, während das übrige Gebiet Relikt eines geringeren Wasserstandes ist. An Hand der Verteilung von organ. Material u. der Korngrößen zeigt sich eine Strömung, die im Norden in den Golf u. im Süden aus ihm heraus führt. Bohr- u. magnet. Messungen lassen in einer Senke im Golf u. im anschließenden Flußtal eine Geosynklinale vermuten. J. Heinze 393◇

*0676* **Über den Sättigungsgrad der Karstwässer.** Lajos Ernst. (Karszt- és Barlangkutató [Karst- u. Höhlenforsch.] **1961**, 21—23; ung.) — Aus dem $CO_2$-Geh. der normalen Luft u. der in den ungar. Höhlen allg. herrschenden Temp. leitet Vf. ab, daß die Gleichgewichts-Konz. des Ca der Kubikwurzel des $CO_2$-Partialdrucks proportional ist, was einer Härte von 3,7° d. H. entspricht. Da aber die Höhlenwässer bedeutend härter sind, kann angenommen werden, daß das W. das zum Weiterleiten nötige $CO_2$ dem Bodenhumus entnimmt. G. Csajághy 393

*0677* **Verteilung und Beständigkeit von Radioindicatoren bei Flußströmungsmessungen.** D. E. Hull. (Int. J. appl. Radiat. Isotopes **13**, 63—73, 1962; Richmond, Calif., California Res. Corp.; engl.) — Für genaue Strömungsmessungen in Flüssen mit turbulenter Strömung wurde die Impulssummen-Meth. mit $^{198}Au$ als Tracer angewendet. Die Entfernung Impfstelle—Meßstelle muß groß genug sein, um völlige Durchmischung zu erreichen, u. klein genug, um ein zu starkes Auseinanderziehen der Tracerwolke zu vermeiden. Die Verteilung der Tracerwolke in Längsrichtung kann für einen kleinen Abschnitt des Flusses angenähert durch eine Gaußsche Fehlerfunktion dargestellt werden. Der Mischungs-Koeff. D ist abhängig von Größe u. Form des Flußbettes. Mit Q = Wasserführung u. v = Fließgeschw. ergab sich $D \cong (Q \cdot v)^{1/2}$. Daraus konnte eine Formel für die zur völligen Durchmischung in Querrichtung bei turbulenter Strömung notwendige Entfernung abgeleitet werden: $L_{min} = a \cdot Q^{1/3}$. Hansjoachim Thiele 393◇

*0678* **Radiokohlenstoffdatierung: Unrichtige Ergebnisse bei Molluskenschalen.** M. L. Keith und G. M. Anderson. (Science [Washington] **141**, 634—37, 1963; University Park, Pa., Pennsylvania State Univ., Dep. of Geochem. and Miner.; engl.) — Junge Molluskenschalen aus Flüssen können anomale $^{14}C$-Alter aufweisen. In die Schalen wird inakt. C aus Humus oder aus $CO_2$, das beim Humuszerfall entsteht, eingebaut. Die anfängliche $^{14}C$-Aktivität wird dann unbestimmt u. die Fehler können für das Alter von Flußschalen einige tausend Jahre betragen. Ernst Schulte. 393◇

*0679* **Neue Daten über Kohlensäurequellen des östlichen Transbaikaliens.** A. P. Karassewa. (Geol. u. Geophysik [UdSSR] **1963**, Nr. 5, 68—78; Moskau, Zentrales wiss. Forschungsinst. für Kurorte; russ., Auszug: engl.) — Die einzelnen $CO_2$-Quellen sind an tekton. Bruchzonen, Kontaktbereiche junger mesozoischer Intrusionen mit Eruptiv- u. metamorphen Gesteinen, gebunden. 2 $HCO_3^-$-Wassertypen zeigen entweder ein Vorherrschen von Na gegenüber (Ca + Mg): Mineralisation bis 16,4 g/Liter oder einen Reichtum an Ca u. Mg: Mineralisation 6—7 g/Liter. Bisweilen treten $F^-$-Führungen auf, während $J^-$ u. $Br^-$ fehlen. An Kationen sind $Sr^{2+}$, $Fe^{2+}$, seltener $Ba^{2+}$, $Al^{3+}$ u. Mn vertreten. Angaben der Zus. der gasförmigen Stoffe der Wässer. M. Hähnert 393◇

*0680* **Änderungen der Konzentrationen von chemischen Bestandteilen in den Quellen in der Gegend Tottori-Misasa und Verteilung der Temperatur der heißen Quellen in Japan.** Takeshi Sugihara. (J. chem. Soc. Japan, pure Chem. Sect. [Nippon Kagaku Zassi] **81**, 1232—37, 1960; Tottori-Misasa, Okayama-Daigaku, Onsen-Kenkyûzyo; jap., Auszug: engl. S. A 85). — Die zeitlichen Änderungen der Konzz. chem. Bestandteile ($Cl^-$, $HCO_3^-$, $Mg^{2+}$, $SO_4^{2-}$, Rn), der Temp. sowie der hervorquellenden Wassermenge der Quellen Hisuino-Yu bzw. Yamadaku-Kyôdô-no-Yu in der Gegend Tottori-Misasa wurden gemessen. Alle Größen zeigen, wie auch die Temp. von weiteren 1639 heißen japan. Quellen, eine lognormale Verteilung. E. Maekawa 393□

*0681* **Vertikale Ozonverteilung in der Atmosphäre.** H. K. Paetzold. (Advances Chem. Ser. Nr. **21**, 209—20, 1959; Weissenau bei Ravensburg, MPI; engl.) — Die berichteten Beobachtungen machen es möglich, Luftmassen verschiedenen Ursprungs in der Stratosphäre zu identifizieren u. die sehr geringe vertikale Bewegung in der Atmosphäre an Hand der Änderungen des $O_3$-Geh. zu prüfen. Diese Unterss. sind für die Beobachtung der allg. Bewegung in der Atmosphäre u. vielleicht auch für die Wettervorhersage nützlich. Während des Internationalen Geophysikal. Jahres wurden Beobachtungen der vertikalen $O_3$-Verteilung in polaren, mittleren u. äquatorialen Breiten mit der kürzlich entwickelten $O_3$-Radiosonde durchgeführt, um mehr Informationen über die täglichen, monatlichen u. jahreszeitlichen Änderungen der vertikalen $O_3$-Verteilung zu gewinnen. P. Golinske 396◇

*0682* **Vertikale Ozonverteilung an Hand der Messung von Absorption und Strahlung durch Ozon.** Edward S. Epstein und Arthur Adel. (Advances Chem. Ser. Nr. **21**, 221—25, 1959; Flagstaff, Ariz., Arizona State Coll., Atmospheric Res. Observat. u. Air Force Cambridge Res. Center; engl.) — Die grundlegende Neuerung der Technik zur Best. der vertikalen Ozonverteilung auf Grund der Absorption u. Emission von $O_3$ ist die Verw. der IR-Spektroskopie. Die Ergebnisse 1jähriger Unterss. über den Einfl. von Temp.-Änderungen auf die $O_3$-Verteilung in der Stratosphäre werden mitgeteilt. P. Golinske 396◇

*0683* **Atmosphärisches Ozon und seine Beziehung zu den meteorologischen Bedingungen.** Y. Miyake und K. Kawamura. (Advances Chem. Ser. Nr. **21**, 226—29, 1959; Tokyo, Meteorol. Res. Inst.; engl.) — Das atmosphär. $O_3$ in Tokio wird nach der Meth. von Stair bestimmt. Die App. besteht in der Hauptsache aus einer Cd-Photozelle u. einem Glasfilter. Die Eichung des Instruments wird durch gleichzeitige $O_3$-Best. mit einem Dobson-Spektrophotometer vorgenommen. Unter Berücksichtigung der täglichen Schwankungen der $O_3$-Konz. in der Atmosphäre wird die Beziehung zwischen dem $O_3$-Geh. u. den meteorolog. Bedingungen in höheren Schichten bestimmt; Luftströmungen werden lokalisiert. Die $O_3$-Konzz. von Tokio schwanken in dem gleichen Bereich, wie die Werte, die in anderen Städten mit gleicher Temp. gefunden wurden. P. Golinske 396◇

*0684* **Ozon in der Atmosphäre über Los Angeles.** N. A. Renzetti. (Advances Chem. Ser. Nr. **21**, 230—62, 1959; San Marino, Calif., Air Pollution Foundat.; engl.) — 41 Literaturangaben. P. Golinske 396◇

*0685* **Über das Ausfallen von radioaktiven Substanzen mit Niederschlägen (Schnee).** Ju. W. Nowikow, W. A. Liperowski und A. A. Polynkowa. (Atomenergie [UdSSR] **13**, 385—87, 1962; russ.) — Der Fallout in einer niederschlagsfreien Periode war in der Stadt größer. Die Aktivitäten der festen unlösl. Bestandteile hatten die Größenordnung 0,05 bis 3,7 mc/km², an einer Meßstelle jedoch 5,2—41,2 mc/km²; die Aktivität der Eindampfrückstände lag bei 0,1—0,6 mc/km², an einer Stelle jedoch bei 0,8—27 mc/km² (Stadt). G. Ewald 396◇

## B. Allgemeine und theoretische organische Chemie

*0686* **Struktur- und Lösungsmitteleffekte auf die n → π*-('U ← 'A)-Übergänge in aliphatischen Carbonylderivaten. Nachweis der Hyperkonjugation in angeregten Elektronenzuständen von Molekülen.** C. N. R. Rao, G. K. Goldman und A. Balasubramanian. (Canad. J. Chem. **38**, 2508—13, 1960; Bangalore, India, Indian Inst. of Sci., Dep. of Inorg. and Physic. Chem.; Lafayette, Ind., Purdue Univ., Dep. of Chem.; engl.) — Vgl. C. **1963**, 14248. — Vff. bestimmten den n → π*-Übergang der Carbonylgruppe folgender Verbb. in Heptan (He), Methanol (Ma) bzw. W.: *Acetonylaldehyd* (I), *Aceton* (III), *Butanon-(2)* (IV), *3-Methylbutanon-(2)* (V), *3.3-Dimethylbutanon-(2)* (VI), *1.1.1-Trifluoraceton* (II), *Acetaceton*, *Pentanon-(3)*, *2.4-Dimethylpentanon-(3)*, *Pentanon-(2)*, *Heptanon-(4)*, *4-Methylpentanon-(2)*, *2.6-Dimethylheptanon-(4)*, *2.2.4.4-Tetramethylpentanon-(3)*, *Heptanon-(2)* u. *Octanon-(2)*. In He besitzt das Spektrum von I eine Feinstruktur, nicht aber in Ma u. in $H_2O$. Die Ketone besitzen auch in He-Lsg. keine Feinstruktur. Die n → π*-Übergangsenergien sämtlicher Carbonyl-Derivv. nehmen mit steigender Polarität oder Neigung zur Bldg. von H-Brückenbindungen des Lsgm. zu. Eine Proportionalität zwischen den n → π*-Frequenzen (ν' in cm⁻¹) u. den polaren Effekten der Alkylgruppen in den Ketonen konnte nicht gefunden werden. Bei Anwendung der Gleichung von Kreevoy u. Taft (C. **1956**, 13081) auf die n → π*-Frequenzen u. unter Berücksichtigung der C—H- u. C—C-Hyperkonjugation (vgl. Taft u. Lewis, C. **1959**, 12498) ergibt sich die Beziehung $\nu' = \nu'_0 + (\Sigma^* \sigma)\,\varrho^* + n_h h_h + n_c h_c$, wobei $n_h$ u. $n_c$ die Anzahl der α-C—H- bzw. α-C—C-Bindungen u. $h_h$ u. $h_c$ die C—H- u. C—C-Hyperkonjugations-Konst. sind. Unter der Annahme einer linearen Beziehung zwischen den Werten für I u. II betragen $h_h$ u. $h_c$ ca. 720 bzw. 410 $cm^{-1}$. Aus der guten Erfüllung der vorst. Beziehung ergibt sich, daß zur Deutung der n → π*-Übergänge Beiträge der induktiven, der C—H- u. C—C-Hyperkonjugationseffekte anzunehmen sind. Der Beitrag der C—H-Hyperkonjugation ist im Vgl. zu dem der C—C-Hyperkonjugation bei aliphat. Verbb. größer als bei aromatischen. Die n → π*-Frequenzen von III > IV > V > VI in He-Lsg. stimmen mit der Baker-Nathan-Reihenfolge überein. *Acetylaceton* gibt keine n → π*-Bande in diesem Gebiet. B. Gnauck B 118◇

*0687* **Nahe Ultraviolett-Absorptionsbanden von Molekülen mit Carbonylgruppen. 4. Mitt. o-, m- und p-Hydroxybenzaldehyd.** I. Achyuta Rao und V. Ramakrishna Rao. (J. sci. ind. Res. [New Delhi], Sect. B **20**, 145—53, 1961; Waltair, Andhra Univ., Dep. of Phys.; engl.) — 3. vgl. C. **1963**, 19968. — Es werden die Absorptionsspektren im nahen UV von *o-* (**I**), *m-* (**II**) u. *p-Hydroxybenzaldehyd* (**III**) aufgenommen (Tabellen) u. zwei Banden-Syst. in **I** u. **II** sowie eines in **III** beobachtet. Die Syst. können dem π—π*-Übergang des Phenylrests (PR) zugeordnet werden, während die Absorption aus dem n—π*-Übergang des Carbonylrests durch die stärkere Absorption des PR verdeckt wird. Die Banden wurden auf Grund der beobachteten Grundschwingungen u. von Raman-Frequenzen zugeordnet. O. Jansen B 118◇

*0688* **Nahe Ultraviolett-Absorptionsbanden von Molekülen mit Carbonylgruppen. 5. Mitt. o-Chlorbenzaldehyd.** I. Achyuta Rao. (J. sci. ind. Res. [New Delhi], Sect. B **20**, 523—29, 1961; Gauhati, Univ., Dep. of Phys.; engl.) — 4. vgl. vorst. Referat. — Im nahen UV des Absorptionsspektrums von *o-Chlorbenzaldehyd* (UV- u. Raman-Spektren) wurden 3 Banden-Syst. in drei verschiedenen Bereichen beobachtet u. deren 0.0-Banden bei 3860,2, 2986,5 u. 2464,4 Å identifiziert. Das Syst. I wird dem n—π*-Übergang der C=O-Gruppe zugeschrieben, die beiden anderen dem π—π*-Übergang der Phenylgruppe (Syst. II u. III). Im Syst. I wurde die C=O-Valenzfrequenz im angeregten Zustand bei 1336 $cm^{-1}$ gefunden. Die im Raman-Spektrum beobachteten Frequenzverschiebungen werden angegeben. O. Jansen B 118◇

*0689* **Zur Konstitution der roten und farblosen Form der Chinolylmethane. 4. Mitt. Tautomerie und optisches Verhalten der Chinolylamine.** Hans G. Credner, Hans J. Friedrich und Günter Scheibe. (Chem. Ber. **95**, 1881—93, 1962; München, TH, Physikal.-chem. Inst.; dt.) — 3. vgl. C. **1962**, 18414. — Vff. nahmen die UV-Spektren folgender Amine zwischen ca. 220 u. 420 mμ bei 20° auf: *2-Aminopyridin* (**I**, in A.), *Bis-[pyridyl-(2)]-amin* (**II**, in Dimethylformamid, DMF), **II**-*ZnCl-Komplex* (in DMF), *N.N'-Dimethylpyrido-(2)-azacyaninjodid* (**III**, in A., W. sowie 0,1—0,8n HCl), *2-Aminochinolin* (**IV**, in A.), *Bis-[chinolyl-(2)]-amin* (**V**, im Gleichgewichtszustand in Ae., Pyridin, Dioxan, n-Heptan bzw. $CCl_4$), *N.N'-Diäthylchino-(2)-azacyaninjodid* (**VI**, in A.), *9-Aminophenanthridin* (**X**, in A.), *Pyridyl-(2)-phenanthridyl-(9)-amin* (**VII**, im Gleichgewichtszustand in DMF, A., $CCl_4$ bzw. $CS_2$), **VII**-$ZnCl_2$-Komplex (bei seiner Bldg. u. im Gleichgewichtszustand in DMF), *Chinolyl-(2)-phenanthridyl-(9)-amin* (**VIII**, im Gleichgewichtszustand in DMF, A., $CCl_4$ bzw. $CS_2$), **VIII**-$ZnCl_2$-Komplex (in DMF), *Bis-[phenanthridyl-(9)]-amin* u. dessen *$ZnCl_2$-Komplex* (**IX**, im Gleichgewichtszustand in DMF). **II** liegt als reine Aminform vor; im Vgl. mit **I** ist die 1. Absorptionsbande von **II** um 1700 $cm^{-1}$ bathochrom verschoben, was mit einer Wechselwrkg. der aromat. Ringe über das freie Elektronenpaar des pyramidalen meso-N-Atoms erklärt wird. **III** weist dagegen eine längerwellige (Farb-) Bande bei 25750 $cm^{-1}$ (0.0-Übergang) auf. Beim **II**-$ZnCl_2$-Komplex erfolgt in DMF die Dissoziation des Amin-H zu einem gelben Farbanion, doch liegt das Gleichgewicht weitgehend auf der Seite der undissoziierten Form. An den starken, im Vgl. zu **IV** bathochrom verschobenen Banden von **V** erkennt man die Wechselwrkg. der Chinolinteilchromophore. Die sehr unterschiedlichen Extinktionshöhen der Farbbanden in verschiedenen Lsgm. sind durch unterschiedliche Gleichgewichte zwischen farbloser u. gelber Form bedingt, die sich aber nicht mit meßbarer Geschw. einstellen. **VI** zeigt die Banden der reinen gelben Form analog **III**. Die Verbb. der Chinolinreihe verhalten sich also wie die entsprechenden Pyridinderivate. Bei **VII** u. dessen $ZnCl_2$-Komplex treten in DMF neben den Banden der farblosen auch solche einer gelben Form auf. Die Banden des Komplexes sind gegenüber denen der Base bathochrom verschoben; die Gleichgewichtseinstellung konnte bei der Bldg. des **VII**-Komplexes teilweise beobachtet werden. Beim $ZnCl_2$-Komplex von **IX** liegt das Gleichgewicht weiter zugunsten der gelben Form als bei **IX** selbst. Die Konzz. an gelber Form im Gleichgewicht in DMF nehmen in der Folge **II** < **V** < **VII** < **VIII** < **IX** zu. Dieses Verh. wird auf die Vergrößerung der Mesomerie-Syst. der aromat. Ringe zurückgeführt. Aus IR-spektroskop. Messungen ergibt sich, daß die gelben Tautomeren eine starke u. wahrscheinlich weitgehend symm. N—H···N-Brücke besitzen. Die Ergebnisse der Messungen an **III** in HCl zeigen, daß bei der Protonierung die

Farbbande sofort verschwindet u. die UV-Absorption der aromat. Ringe im gleichen Maße wieder auftritt. Hieraus wird abgeleitet, daß die protonierte Verb. mit trigonalem Amin-N-Atom (gelbe Form) energiereicher ist als die farblose Form mit pyramidalem sek. Amin-N-Atom.

Versuche: *N.N'-Dimethylpyrido-(2)-azacyaninjodid* (III), $C_{12}H_{14}JN_3$, F. 290° (blaßgelbe Nadeln aus A.), durch 2std. Erhitzen von II mit einem $CH_3J$-Überschuß auf 90° im Rohr. — *Dipyridyl-(2)-amin-$ZnCl_2$-Komplex* (II-$ZnCl_2$-*Komplex*), $C_{10}H_9Cl_2N_3Zn$, F. über 360° (Methanol), durch Zutropfen von II in abs. Methanol zu $ZnCl_2$ in abs. Methanol (Mol-Verhältnis 1 : 1). — *Bis-[phenanthridyl-(9)]-amin* (IX), $C_{26}H_{17}N_3$, F. 372° (gelbe Kristalle aus DMF), durch Schmelzen von X mit 9-Chlorphenanthridin (XI); 70% (Ausbeute). — *Chinolyl-(2)-phenanthridyl-(9)-amin* (VIII), $C_{22}H_{15}N_3$, F. 204° (gelbe Kristalle aus A.), durch Erhitzen von XI mit IV; 20%. — *Pyridyl-(2)-phenanthridyl-(9)-amin* (VII), $C_{18}H_{13}N_3$, F. 170° (gelbe Kristalle aus A.), durch gemeinsames Erhitzen von XI mit I.

B. Gnauck B 118◇

*0690* **Einige Spektraluntersuchungen der wässerigen Lösung von Pyronin G.** Kōnosuke Fujiki, Chieko Iwanaga und Masao Koizumi. (Bull. chem. Soc. Japan **35**, 185—93, 1962; Katahira-cho, Sendai, Tohoku Univ., Fac. of Sci., Dep. of Chem.; engl.) — Vgl. C. **1950/54**, 9489 S. — Vff. untersuchen UV-spektroskop. (zwischen 480 u. 580 mμ) die Wrkg. der Ionenstärke auf die Assoziations-Konst. K (Dimeren-Bldg.) von *Pyronin G* (I) bei 20 u. 30° sowie zwischen pH 0 (5n HCl) u. 7. Zwischen pH 0 u. 3 erfolgt eine Rotverschiebung von $\lambda_{max}$, die auf die Protonierung der $N(CH_3)_2$-Gruppe von I zurückgeführt wird. In 5n HCl wandelt sich das Absorptionsspektrum in eine breite Bande mit $\lambda_{max}$ bei 495 mμ um, die vermutlich auf die Anlagerung von $H^+$ am C- oder O-Atom des mittleren Rings von I zurückgeht. In Ggw. von KCl, $KNO_3$ bzw. $MgSO_4$ betragen die log K-Werte 2,65—3,23. Die Anionen weisen einen spezif. Effekt auf, u. die Dimerisierung erfolgt anscheinend gemäß dem Schema X—D···D—X bzw. D—Y—D···D—Y—D, wobei X u. Y ein- bzw. zweiwertige Anionen u. D = I bedeuten. Auch $J^-$ u. $ClO_4^-$ üben einen bes. starken spezif. Effekt aus; wegen der beobachteten schwachen, breiten Absorption wird jedoch auf die Bldg. von Polymeren höheren Assoziationsgrades geschlossen. In neutraler Lsg. u. in 0,001- u. 0,1n HCl tritt ähnliche Dimeren-Bldg. auf, die K-Werte betragen 1300 (in 0,001n HCl) bzw. 785 (1n HCl, 20°). In 5n HCl ändert sich dagegen das Spektrum von I bei Anwendung verschiedener I-Konzz. nicht. In saurem bzw. neutralem Medium besitzen I-Lsgg. rote Farbe ($\lambda_{max}$ 546 mμ), die reversibel in alkal. Medium ($\lambda_{max}$ 390 mμ) verschwindet. Der Effekt wird auf Carbinol-Bldg. zurückgeführt. Aus Messungen zwischen pH 9,25 u. 14,0 ergibt sich für diese Rk. der pK-Wert zu −2,52 bis −2,48 bei Temp. zwischen 20 u. 30° sowie $\Delta G$ −3,38 bis −3,35 kcal/Mol, $\Delta H$ −8 ± 3 kcal/Mol u. $\Delta S$ ca. −12 cal/Grad·Mol. Schließlich wird das Fluorescenzspektrum von I zwischen pH 7 u. 14 untersucht, $\lambda_{max}$ 566 (neutral) bzw. 460 (alkal. Lsg.). Aus den Daten für 20—30° werden in Übereinstimmung mit vorst. Ergebnissen berechnet: pK −2,66 bis −2,50, $\Delta G$ −3,60 bis −3,45, $\Delta H$ −6,5 ± 1,5 u. $\Delta S$ −14 ± 3. Das Fluorescenzanregungsspektrum von I wird zwischen pH 9,30 u. 12,06 gemessen u. stimmt mit dem Absorptionsspektrum überein. Die Quantenausbeute ist demnach unabhängig von der Wellenlänge. B. Gnauck B 118◇

*0691* **Theorie der elektrischen Doppelbrechung für Gase, die aus nichtstarren Molekülen bestehen.** E. Kluk. (Acta physica polon. **22**, 249—64, 1962; Poznań, A. Mickiewicz Univ., Inst. of Exp. Phys.; engl.) — Theoret. Übersicht über die allg. Theorie des Kerr-Effekts eines Gases aus elast. Moll. mit nur schwacher Wechselwrkg. untereinander im homogenen elektr. Feld. Es wird gezeigt, daß die Kerr-Konst. durch elektroopt. Eigg. angenommener starrer Mol.-Segmente u. durch einige statist. Zuordnungen zur geometr. Struktur u. intramol. Wechselwrkg. ausgedrückt werden können. Der Vgl. der theoret. berechneten Kerr-Konst. für freie Rotation, für „trans"-Konfiguration u. der experimentell bestimmten Werte von *n-Octan*, *-Nonan*, *-Decan* u. *-Dodecan* erbringt den Beweis, daß bei kurzen gasförmigen KW-Stoff-ketten eine „trans"-Konfiguration wahrscheinlicher ist als freie Rotation. W. Sobieski B 119◇

*0692* **Untersuchungen der optischen Rotationsdispersion.** 61. Mitt. **Optische Rotationsdispersion und Spektraldaten von einigen Steroid-Ring-D-Ketolacetaten der 14β-Reihe.** C. Djerassi, J. Fishman und T. Nambara. (Experientia [Basel] **17**, 565—66, 1961; Stanford, Calif., Stanford Univ., Dep. of Chem.; New York, N.Y., Sloan Kettering Inst. for Cancer Res.; engl.) — 60. vgl. Science [Washington] **134**, [1961], 649; 59. vgl. C. **1963**, 3549. — Die opt. Rotationsdispersion sowie die UV- u. IR-Spektren (nur Hauptdaten angegeben) werden gemessen für *14β-Androstan-3β-ol-16-on-3-acetat* (I), dessen *17β-* (II) u. *17α-Acetoxy-Deriv.* (III), *14β-Androstan-3β-ol-17-on-3-acetat* (IV) u. dessen *16β-* (V) u. *16α-Acetoxy-Deriv.* (VI). I besitzt einen positiven Cotton-Effekt (CE), der nach der Oktantenregel durch die Konfiguration am $C_{(13)}$ u. $C_{(14)}$, nicht aber durch die Ringe A—C verursacht wird. Aus den durch die Einführung einer 17-Acetoxygruppe hervorgerufenen Spektralverschiebungen wird abgeleitet, daß III eine quasi-äquatoriale u. II eine mehr axiale Orientierung besitzen. Das Vorzeichen des CE von II u. III ist auch positiv, doch ist die Amplitude von II größer als die von I oder III. Für IV wird ein positiver geringer CE festgestellt, aus dem abgeleitet wird, daß der überwiegende Einfl. vom A—C-Ring-Syst. ausgeht. Beim Übergang zu V wird eine starke bathochrome Verschiebung des opt. Rotationsmaximums um 39 mμ verzeichnet, welcher der weitgehend axialen Anordnung der 16β-Acetoxygruppe zugeschrieben wird. Die Rotationskurve von V weist einen negativen CE auf, dessen Ursache vermutlich eine erhebliche Konformationsdeformation oder große Rotationsbeiträge von frei rotierenden Rotameren sind. Die Rotationsdispersionskurve von VI ist durch einen positiven CE u. (im Vgl. zu IV) bathochrom verschobene Maximum gekennzeichnet. Für VI wird daher eine im Vgl. mit II etwas stärker axiale Orientierung angenommen. B. Gnauck B 119◇

*0693* **Infrarot-Absorptionsspektren von Äthylenchlorhydrin als Gas und in verschiedenen Lösungsmitteln.** Monomohan Mazumder. (Indian J. Physics Proc. Indian Assoc. Cultivat. Sci. **33** (42), 346—56, 1959; Calcutta, Indian Assoc. for the Cultivat. of Sci., Optics Dep.; engl.) — Vgl. C. **1960**, 1784, 4780. — Die IR-Absorptionsspektren von *Äthylenchlorhydrin* (I) bei 28° als dünnem Fl.-Film zwischen NaCl-Scheiben, als Dampf bei 28 u. 70° u. als 2%ig. Lsg. in $CCl_4$, $C_2Cl_4$ u. $C_7H_{16}$ lassen sich mit der Annahme erklären, daß I im fl. Zustand hauptsächlich Dimere über die OH···Cl-Bindung (A), aber auch [wie bei o-Chlorphenol (II)] solche über die HO···H-Bindung (B) bildet. Beim Verdampfen zerfällt B bei 28°, A bei 70°. Die OH···Cl-Bindung wird in $CCl_4$ u. $C_2Cl_4$ durch das Lsgm. gebildet, in $C_7H_{16}$ bleibt A bestehen. Das Verhältnis 3 : 2 der integralen Absorption bei 662 (C—Cl-Schwingung von A oder Solvaten) u. 750 $cm^{-1}$ (C—Cl-Schwingung im Monomeren u. in B) bleibt beim Verdampfen bei 28° oder beim Lösen in $C_7H_{16}$ konst., verringert sich aber beim Erhitzen des Dampfes auf 70°. Beim Lösen in $CCl_4$ u. $C_2Cl_4$ verschwindet die Bande 750 $cm^{-1}$, während sie in $C_7H_{16}$ bestehen bleibt. Die intensive Bande 3100—3650 (Maximum 3360) $cm^{-1}$ von fl. I ist ähnlich der OH-Bande von II (vgl. Sirkar u. Mitarbeiter, C. **1962**, 14077), verschwindet beim Verdampfen von I fast vollständig u. wird daher der HO···H-Schwingung zugeschrieben, während die im Dampf erkennbare schwache Bande 3640 von der OH-Schwingung des freien Monomeren stammt. Messungen u. Ergebnisse stehen im Widerspruch zu denen von Mizushima u. Mitarbeitern (C. **1953**, 506). R. Junge B 120◇

*0694* **Polarisierte Infrarotspektren von Azobenzol.** L. W. Daasch. (J. molecular Spectroscopy **8**, 86—104, 1962; Washington, D.C., U. S. Naval Res. Labor.; engl.) — Die polarisierten IR-Spektren von festem *Azobenzol* werden zwischen 670 u. 5000 $cm^{-1}$ für orientierte Proben angegeben, deren (0 0 1)- bzw. (0 1 0)-Ebenen senkrecht zur einfallenden Energie angeordnet sind. Die beobachteten Richtungen der Übergangsmomente für die Phenylringschwingungen der Klassen $A_1$ u. $B_1$ weichen um 6—24° von den Richtungen ab, die auf Grund der isolierten Phenylringschwingungen vorausgesagt werden können. Während die Gruppenfrequenzanalyse in guter Übereinstimmung mit den Daten ist, trifft dies für die Faktorgruppenanalyse der Polarisationsdaten weniger gut zu. Die Ursache hierfür sind anscheinend noch vorhandene Bandenüberlappungen. B. Gnauck B 120◇

*0695* **Die Untersuchung der Wasserstoffbindung und verwandter Erscheinungen durch spektroskopische Methoden.** 7. Mitt. **Intramolekulare Wasserstoffbindung und sterische Wechselwirkungen in o-Nitrobenzaldehyd und verwandten**

**Verbindungen.** W. F. Forbes. (Canad. J. Chem. **40**, 1891 bis 1898, 1962; Parkville, Victoria, Australia, C.S.I.R.O., Wool Res. Labor., Div. of Protein Chem.; engl.) — 6. vgl. Canad. J. Chem. **38**, [1960], 1852. — Die Lage der $\nu$ (C=O) von *o-* (I), *m-* (II) u. *p-Nitrobenzaldehyd* (III) sowie von *o-Nitroacetophenon*, der $\nu$ (N—O) von I—III sowie *o-*, *m-* u. *p-Nitrophenol* u. die der Aldehyd-C—H-Banden von I, *o-Chlor-*, *o-Brom-* u. *o-Methylbenzaldehyd* wurden in $CCl_4$ bestimmt. Ferner wurden die UV-Spektren (zwischen 200 u. 320 m$\mu$) von I u. II in Cyclohexan, Ae., Chlf., A. u. W. sowie die NMR-Spektren von I u. II in $CCl_4$ aufgenommen. Aus den spektralen Unterschieden wird abgeleitet, daß in I offenbar keine intramol. H-Bindung vorhanden ist, wie Pinchas (Chem. and Ind. **1959**, 1451) angenommen hat, sondern ster. Ursachen anzunehmen sind. Vermutlich nehmen die $NO_2$- u. die CHO-Gruppe von I eine Art gauche-Stellung ein, sind also aus der Ebene des Benzolrings herausgedreht. B. Gnauck B 120◇

*0696* **Schwingungsspektren von Methyl- und $D_3$-Methylcyanid im festen Zustand.** Dolphus E. Milligan und Marilyn E. Jacox. (J. molecular Spectroscopy **8**, 126—33, 1962; Pittsburgh, Pa., Mellon Inst.; engl.) — Vff. nahmen die Grundschwingungen von *$CH_3CN$* u. *$CD_3CN$* an dünnen Filmen bei 77° K mit Hilfe eines Doppelstrahlgitterspektrographen hohen Auflösungsvermögens auf. Drei Absorptionsbanden im Bereich von 1300—1500 cm$^{-1}$ können den Schwingungen $\nu_3$, $\nu_6$ bzw. ($\nu_7 + \nu_8$) von $CH_3CN$ zugeordnet werden. In diesem Spektralbereich wird das Spektrum durch Fermi-Resonanz kompliziert. Beim Übergang der anfänglich glasartigen $CH_3CN$- bzw. $CD_3CN$-Filme in den krist. Zustand treten die charakterist. scharfen komplexen Multiplettstrukturen auf. Ein Hinweis für einen Phasenübergang zwischen zwei verschiedenen Kristallformen konnte nicht erhalten werden. Aus den IR-Multiplettstrukturen der Grundschwingungen von krist. $CH_3CN$ u. $CD_3CN$ wird abgeleitet, daß diese Moll. im orthorhomb., tetragonalen oder trigonalen (rhomboedr.) Syst. kristallisieren. Im Gegensatz zu den Voraussagen aus den Quadrupolresonanz-Unterss. (vgl. Casabella u. Bray, C. **1959**, 5026) behält der Kristall die 3fache Symmetrie des Mol. um die C≡N-Bindung nicht. Die Zuordnung zu einer Kristallklasse ist noch unsicher, doch wird die Punktgruppe $C_{3v}$ als die wahrscheinlichste angenommen. Die IR-Spektren zwischen 340 u. 3200 bzw. 2300 cm$^{-1}$ sind für $CH_3CN$ bzw. $CD_3CN$ angegeben.
B. Gnauck B 120◇

*0697* **Das Mikrowellenspektrum von Formaldehydoxim.** Ira N. Levine. (J. molecular Spectroscopy **8**, 276—84, 1962; Cambridge, Mass., Harvard Univ., Mallinckrodt Chem. Labor.; engl.) — Das Mikrowellenspektrum von *$CH_2$=NOH* (I) u. *$CH_2$=NOD* (*D*-I) wird zwischen 10 u. 60 kMHz aufgenommen. Die Rotations-Konst. betragen für I 67678,28, 11859,25 u. 10080,07 MHz bzw. für D-I 66167,74, 11081,66 u. 9484,57. Aus dem Wert für den Trägheitsdefekt ergibt sich, daß das I-Mol. ebenen Bau besitzt. Die Änderung der Trägheitsmomente durch die Deuterierung von I zeigt, daß das H-Atom der OH-Gruppe vom C-Atom weit entfernt ist. Das Dipolmoment beträgt für I 0,44 D u. die N-Quadrupolkupplungs-Konst. lauten $\chi = 3{,}0$ MHz bzw. $\eta = 2{,}1$. Der erste angeregte Schwingungszustand von I u. D-I wird zugeordnet. D-I wurde aus I u. $D_2O$-Dampf dargestellt. B. Gnauck 121◇

*0698* **Reine Quadrupolresonanz von $N_2$ in $\beta$-Hydrochinon-Clathraten.** Horst Meyer und Thomas A. Scott. (Physics Chem. Solids **11**, 215—19, 1959; Cambridge, Mass., Harvard Univ., Gordon McKay and Lyman Labor.; engl.) — An verschiedenen Kristallen aus *β-Hydrochinon* (I) mit Einschlüssen von $N_2$, die unter verschiedenem $N_2$-Druck nach der Meth. von Evans u. Richards (vgl. C. **1956**, 4088) hergestellt wurden, tritt unterhalb 25° K eine Quadrupolresonanzfrequenz auf, die zwischen 4,2 u. 1,5° K temperaturunabhängig ist u. aus mindestens 7 Linien (3580,2 ± 0,2—3594,0 ± 0,3 kHz) besteht. Die Frequenzen bleiben bei Änderung des $N_2$-Geh. u. nach Temperung konstant. Für die Abhängigkeit der Linienintensitäten vom $N_2$-Geh. konnte keine Gesetzmäßigkeit gefunden werden. Lagerung bei Zimmer-Temp. (ca. 6 Wochen) oder bei 65° (100 oder 275 Std.) verursacht Abnahme des $N_2$-Geh. u. starke Änderung der Intensitätsverhältnisse. Die Zeeman-Aufspaltung der Linien (an 8 parallel gelagerten Kristallen) bei 1,5° K ergibt, daß die N—N-Achse mit $\nu_0$ (1,55 ± 0,10)·10$^{12}$ Hz um die trigonale kristallograph. Achse von I schwingt, was aus orientierenden Messungen der Temp.-Abhängigkeit der reinen Quadrupolresonanz ($\nu_t$ 4,040 MHz) folgt. Ein hydrostat. Druck von 1790 lbs./in.² verursacht bei 4,2° K eine Erhöhung der Resonanzfrequenz um nur ca. 2 kHz. R. Junge B 121◇

*0699* **Der Substitutionseffekt auf die Ionisierungspotentiale freier Radikale und Moleküle. 3. Mitt. Bestimmung der Ionisierungspotentiale von Cycloalkylradikalen und cyclischen Aminen mit den $\delta_K$-Werten.** Joyce J. Kaufman. (J. Amer. chem. Soc. **84**, 4393—94, 1962; Baltimore, Md., RIAS; engl.) — 2. vgl. J. Amer. chem. Soc. **85**, [1963], 1576; 1. vgl. C. **1961**, 6808. — Mit den $\delta_K$-Werten, die den Substituenten-Einfl. auf das Ionisierungspotential I quant. wiedergeben, werden wie früher die Ionisierungspotentiale für folgende Cycloalkylradikale berechnet: *Cyclopropyl-*, *-butyl*, *-pentyl* u. *-hexyl*. Die Daten sind in guter Übereinstimmung mit den von Pottie u. Mitarbeitern (C. **1963**, 16123) gemessenen. Ferner werden die I-Werte für die cycl. Amine *Äthylenimin* (I 8,24 eV), *Azacyclobutan* (8,07), *Pyrrolidin* (7,98) u. *Piperidin* (7,85) berechnet. Die Berechnung der I-Werte mittels der $\delta_K$-Werte scheint allg. anwendbar zu sein.
B. Gnauck B 131◇

*0700* **Der Substitutionseffekt auf die Ionisierungspotentiale freier Radikale und Moleküle. 4. Mitt. $\delta_K$-Werte für Alkohole, Äther, Thiole und Sulfide.** Joyce J. Kaufman. (J. physic. Chem. **66**, 2269—71, 1962; engl.) — 3. vgl. vorst. Referat. — Auf Grund von Photoionisierungsmessungen berechnet Vf. die $\delta_K$-Werte für *Methanol*, *A.*, *n-* u. *Isopropyl-* sowie *n-Butylalkohol*, *Dimethyläther*, *Ae.*, *Di-n-* u. *-isopropyläther*, *Methyläthyl-*, *Methyl-n-propyl-*, *Methylisopropyl-* u. *Methyl-n-butyläther*, *Methyl-*, *Äthyl-*, *n-Propyl-* u. *n-Butylmercaptan*, *Dimethyl-*, *Diäthyl-* u. *Di-n-propylsulfid*, *Methyläthyl-*, *Methyl-n-propyl-* u. *Methyl-n-butylsulfid*. Mit den Daten lassen sich auch die Ionisierungspotentiale cycl. Äther u. Sulfide berechnen (z. B. *Tetrahydrofuran*, *Tetrahydropyran*).
B. Gnauck B 131◇

*0701* **Mechanisches Moment von Flüssigkeitslösungen in einem rotierenden elektrischen Feld.** E. Grossetti. (Nuovo Cimento [10] **19**, 1—5, 1961; Napoli, Univ., Ist. di Fis.; engl.) — Vgl. C. **1964**, 12-0710. — Vf. bestimmte den mechan. Drehimpuls folgender Lsgg. im rotierenden elektr. Feld bei sehr hohen Frequenzen (ca. 100 MHz): *A.*, *Amyl-*, *Isopropyl-* u. *Methylalkohol* (I), *Essigsäure* (II) u. *Nitrobenzol* in Bzl. sowie *A.-Dioxan* (III), *Amylalkohol–A.* u. *Amyl–Methylalkohol* als Funktion der Konzentration. Es zeigt sich, daß bei A., II u. III der Impuls ein Maximum bei einer Konz. aufweist, die etwa jeweils einem Anteil von 70% der polaren Fl. entspricht, während in den anderen Fällen eine monotone Abnahme des Impulses bei Änderung der Konz. auftritt.
D. Jörchel B 132◇

*0702* **ESR-Untersuchungen an bestrahlten aromatischen Verbindungen.** H. Fischer. (Kolloid-Z., Z. Polymere **180**, 64—65, 1962; Darmstadt, Dt. Kunststoffinst.; dt.) — Zwecks Nachw. langlebiger Radikale in Benzol-Derivv., *$C_6H_5R$* [*R = H*, *$CH_3$*, *$C_2H_5$*, *$CH(CH_3)_2$*, *F*, *Cl*] u. in *Polystyrol*, die bei 77° K mit 1-MeV-Elektronen bestrahlt waren, wurden die ESR-Spektren der bestrahlten Prodd. aufgenommen. Alle Spektren weisen 1 Triplett mit einer Aufspaltung der Komponenten von $\Delta H_1$ ca. 50 Oe auf. In dem näher untersuchten Spektrum des bestrahlten Bzl. ist bei 100—200° K jede Komponente des Tripletts in ein Quartett mit einer Aufspaltung $\Delta H_2 = 10{,}6 \pm 0{,}5$ Oe aufgelöst. Die Aufspaltung nimmt mit steigender Temp. zu, u. bei 220° K sind die Komponenten des Quartetts in vermutlich 3 Komponenten mit $\Delta H_3 = 2{,}6 \pm 0{,}2$ Oe aufgespalten. Es wird geschlossen, daß in allen bestrahlten Prodd. vorwiegend *Cyclohexadienylradikale* (bzw. substituierte Radikale) auftreten. $\Delta H_1$ wird durch die Protonen der $CH_2$-Gruppe, $\Delta H_2$ durch die infolge Delokalisierung des ungepaarten Elektrons nahezu äquivalenten o- u. p-Protonen u. $\Delta H_3$ durch die schwach koppelnden m-Protonen verursacht. Die Kopplungs-Konst. der in der Ringebene liegenden Protonen beträgt ca. 26 Oe, die der $CH_2$-Protonen ca. 62 Oe.
G. Winkhaus B 137◇

*0703* **Wechselnde Linienbreite im Elektronenspinresonanzspektrum der Alkalimetall-Radikalionenkomplexe von Pyracen.** E. De Boer und E. L. Mackor. (Proc. chem. Soc. [London] **1963**, 23—24; Amsterdam, Shell Internat. Res. Maatschappij N. V., Koninklijke/Shell Labor.; engl.) — Das Elektronenspinresonanzspektrum des *Pyracen-Na-Komplexes* (I) zeigt in ionenassoziierenden Lsgm., wie z. B. 1.2-Dimethoxy-

äthan (MA), 2-Methyltetrahydrofuran (MTF) oder Tetrahydrofuran (THF) wechselnde Linienbreite (Abb.; THF, −30°) infolge intramol. Austausches. Das Spektrum des „freien" Ions ähnelt in MA dem des positiven Ions (vgl. Molecular Physics **5**, [1962], 493) u. besteht aus 9 Quintupletts. In MTF findet starke Ionenassoziation statt (K $\leq 5 \cdot 10^{-8}$ Mol/Liter bei −80°). Die Hyperfeinstruktur des Ionenpaars I läßt 2 aliphat. Kupplungs-Konst. (Tabelle) erkennen. Die Aufspaltungs-Konst. (in Gauß) von I werden in MA, MTF u. THF bestimmt u. mit denen des *Naphthalin-Na-Komplexes* verglichen. Vff. diskutieren die Spektren hinsichtlich des Gegenionenaustausches zwischen den beiden möglichen symm. Stellungen (Abb.).
G. Kirsten B 137◇

*0704* **Durch Strahlung induzierte freie Radikale in Alanin und einigen verwandten Aminosäuren. Elektronenspinresonanz-Untersuchungen.** Svein Prydz und Thormod Henriksen. (Acta chem. scand. **16**, 791−802, 1961; Oslo, Norway, Norsk Hydro's Inst. for Cancer Res., Norwegian Radium Hosp.; engl.) — Es wurden freie Radikale durch ionisierende Strahlung in polykrist. Proben von α-, β- u. *DL-α-Alanin, L-Asparagin-, L-Glutaminsäure, DL-Glutaminsäure-monohydrat, L-Glutaminsäurehydrochlorid, DL-Serin, L-Cystein, L-Phenylalanin, L-Histidin* u. *L-Tryptophan* erzeugt u. deren ESR-Spektren aufgenommen u. untersucht (Spektren, Tabellen). Die Ergebnisse zeigen, daß die Spektren oftmals zusammengesetzte Linien mehrerer Radikale aufweisen. Qual. Veränderungen beweisen, daß Sekundärprozesse im festen Zustand in einem merklichen Maße stattfinden.
O. Jansen B 137◇

*0705* **Proton-Spin-Gitter-Relaxation in reinem Methan und seinen deuterierten Modifikationen.** M. Bloom und H. S. Sandhu. (Canad. J. Physics **40**, 289−92, 1962; Vancouver, B.C., Canada, Univ. of Brit. Columbia, Dep. of Phys.; engl.) — Die Relaxationszeiten $T_1$ in festem u. fl. $CH_4$, $CH_3D$, $CH_2D_2$ u. $CHD_3$ wurden durch NMR-Messungen (Pulstechnik) zwischen 57 u. 110° K an bes. gereinigten Proben bestimmt. Für die fl. Proben gilt $\partial/\partial_n\,(1/T_1)_n = -0{,}2\,(1/T_1)_0 \pm 10\%$, für die festen Proben $\partial/\partial_n\,(1/T_1)_n = -0{,}24\,(1/T_1)_0$. Zur Proton-Spin-Gitterrelaxation tragen intramol. Wechselwrkg. im Vgl. zu intermol. Dipol-Wechselwrkg. in festem (u. evtl. auch in fl.) Zustande nur vernachlässigbar bei.
G. Winkhaus B 137◇

*0706* **Ionenassoziation bei polyvalenten symmetrischen Elektrolyten.** 3. Mitt. **Die Leitfähigkeit von Kupferbiphenyl-4.4'-disulfonat und verwandten Salzen in Wasser bei 25°.** Masatoki Yokoi und Gordon Atkinson. (J. Amer. chem. Soc. **83**, 4367−69, 1961; Ann Arbor, Mich., Univ. of Michigan, Dep. of Chem.; engl.) — 2. vgl. C. **1962**, **18016**. — Die Leitfähigkeiten des *Na-* (I), *K-* (II) u. *Cu(II)-Salzes* von *Diphenyl-4.4'-disulfonsäure* u. des Na- u. K-Salzes der *Benzolsulfonsäure* wurden in W. bei 25° gemessen u. die Äquivalentleitfähigkeiten nach der Fuoss-Onsager-Gleichung untersucht. Das Cu(II)-Salz ist ein hauptsächlich unassoziierter 2-2-Elektrolyt, während I u. II starke 2-1-Salze sind. Die Beweglichkeiten der Sulfonatanionen werden verglichen, u. es wird gezeigt, daß das Diphenyldisulfonatanion als ein starres ellipsoides Dimeres des Benzolsulfonatanions angesehen werden kann.
E. Wiehr B 138□

*0707* **Kinetik der Protonenübertragung in Methanol und der Mechanismus der anomalen Leitfähigkeit des Wasserstoffions.** Ernest Grunwald, Charles F. Jumper und S. Meiboom. (J. Amer. chem. Soc. **84**, 4664−71, 1962; Murray Hill, N.J., Bell Telephone Labor., Inc.; engl.) — Die Geschw. der Protonenübertragung (v) zwischen dem *Methoxonium* (I)-Ion u. *Methanol* (II) sowie zwischen dem $CH_3O^-$-Ion u. II in gepufferten Lsgg. wurden bestimmt u. auf die Konz. Null des Puffers extrapoliert. Die Ergebnisse bei T = 24,8° lassen sich zusammenfassen durch die Gleichung: $v = 8{,}8 \cdot 10^{10}[I] + 1{,}85 \cdot 10^{10}[CH_3O^-]$ in $Mol \cdot Liter^{-1} \cdot s^{-1}$. Die Aktivierungsenthalpie von I beträgt ca. 2 kcal. Unter der Annahme eines spezif. Modells für den Protonenübergang kann ein Wert für die anomale Leitfähigkeit des $H^+$ berechnet u. mit den experimentellen Werten verglichen werden. Die Modelle stellen einmal einen zufälligen Übergang dar (die Richtungen des schrittweisen $H^+$-Übergangs stehen in keiner Beziehung zueinander), zum anderen verschiedene Abwandlungen struktureller Diffusion. Für zwei Mechanismen struktureller Diffusion ergibt sich eine gute Näherung, während das Modell eines zufälligen Übergangs nicht befriedigt. Die anomale Leitfähigkeit des $CH_3O^-$-Ions ist zu klein, um durch Leitfähigkeitsmessungen bestimmt werden zu können. Aus v wurde ein Wert von 8,4 $\Omega^{-1} \cdot cm^2$ ermittelt. G. Kemmer B 139◇

*0708* **Die Art der Protonierung von Amiden.** Gideon Fraenkel und Carl Niemann. (Proc. nat. Acad. Sci. USA **44**, 688−91, 1958; Pasadena, Calif., California Inst. of Technol., Gates and Crellin Labor. of Chem.; engl.) — In 100%ig. $H_2SO_4$ werden nach den i-Faktoren (ca. 2) *N.N-Dimethylformamid* (I), *-acetamid* (II) u. *Acetamid* (III) monoprotoniert. Auf Grund der NMR-Spektren der Amide in konz. Säuren (HCl, HBr, $H_2SO_4$, $D_2SO_4$, $HClO_4$) wird geschlossen, daß die Protonierung bei tert. (**I**, **II**, *N.N-Dimethylisobutyramid, -cyclopropancarbonsäureamid*), sek. (*N-Methylacetamid* u. *Acetylglycin*) u. auch prim. Amiden (III) am O-Atom erfolgt. G. Pötzscher B 139◇

*0709* **Die thermodynamischen Eigenschaften von Furoesäure in Wasser und wässeriger Dioxan-Lösung.** Donald S. Klett und Ben F. Freasier. (J. chem. Soc. [London] **1962**, **4741**−42; Kingsville, Tex., Texas Coll. of Arts and Ind., Dep. of Chem.; engl.) — Der negative Logarithmus der scheinbaren Gleichgewichts-Konst. $pK_c$ für *Furoesäure* (F. 132,0 bis 132,8°) hängt unmittelbar von der Konz. ab. Die empir. Gleichung für die thermodynam. Gleichgewichts-Konst. als Funktion der Gew.-% von Dioxan (x) u. der abs. Temp. ist: $pK_a = 4{,}198 + 1{,}019 \cdot 10^{-2}\,x + 7{,}683 \cdot 10^{-4}\,x^2 - 275{,}9/T$. Werte von $pK_a$ sind für drei Dioxan-Konzz. tabelliert.
G. Kemmer B 139◇

*0710* **Reduktionspotentiale und intermolekulare Ladungsübertragungsspektren von organischen Acceptormolekülen.** 2. Mitt. **Anhydride und Cyankohlenwasserstoffe.** M. E. Peover. (Trans. Faraday Soc. **58**, 2370−74, 1962; Teddington, Middlesex, Nat. Chem. Labor.; engl.) — 1. vgl. C. **1963**, 8088. — Vf. untersuchte die polarograph. Red. von *Pyromellit-* (I), *Dibrompyromellit-* (II), *Phthal-*, *Tetrachlorphthal-* (III), *Malein-* u. *Bernsteinsäureanhydrid*, *Tetracyanäthylen*, *-benzol* u. *-chinodimethan* in Acetonitril- oder Dimethylformamid. Die Red. verläuft anfangs als Einelektronenaddition. Die Red.-Potentiale sind im wesentlichen allein durch die Nernst-Gleichung bestimmt. **I**, **II**, **III** sowie die Cyan-Verbb. zeigen eine 2. Stufe, die wahrscheinlich durch die Red. zum 2 wertig negativen Ion hervorgerufen wird. Die Spektren der Acceptorkomplexe mit *Pyren* (**IV**) oder *Hexamethylbenzol* (**V**) als Donatoren zeigen Banden, die die Acceptor-Moll. allein nicht besitzen. Die Energie der längstwelligen Bande der Komplexe hängt im Fall der Anhydride linear vom Red.-Potential ab, die Steigung der Geraden ist fast genau 1. Im Fall der Cyan-Verbb. wird die Linearität ziemlich gut von den **IV**-Komplexen, weniger gut von den **V**-Komplexen, erfüllt. Die Stabilität der Komplexe scheint in keiner einfachen Beziehung zu der Elektronenaffinität der Acceptor-Moll. zu stehen. J. Richter B 142◇

*0711* **Der zweite Virialkoeffizient einiger cyclischer Kohlenwasserstoffe.** H. G. David, D. S. Hamann und R. B. Thomas. (Austral. J. Chem. **12**, 309−18, 1959; Sydney, Univ. of Sydney, C.S.I.R.O., Chem. Res. Labor.; Div. of Phys. Chem., High Pressure Labor.; engl.) — Der zweite Virial-Koeff. B von *Cyclopropan* (I) wurde im Bereich 300−400° K gemessen u. für *Bzl.* u. *Cyclohexan* (II) aus veröffentlichten Daten für den Bereich 300−650° K berechnet. Die B-Werte erfüllen die Gleichung $B = \alpha + \beta \cdot T^{-1} + \gamma \cdot T^{-2} + \delta \cdot T^{-3}$. Die B-Werte von Bzl. u. **II** stehen in Übereinstimmung mit dem Einfl. des Drucks auf die Enthalpie u. die spezif. Wärme der Gase, sie zeigen eine größere Abweichung vom Gesetz der korrespondierenden Zustände monoatomarer Gase als I. Die Lennard-Jones-Beziehung kann nur mit dem Wechselwrkg.-Potential n = 28 u. m = 7 bei Bzl. u. **II** u. wahrscheinlich mit einem Wert zwischen 28,7 u. 12,6 bei I angewendet werden.
A. Grohmann B 149◇

*0712* **Thermodynamische Eigenschaften organischer Sauerstoffverbindungen.** 9. Mitt. **Die kritischen Eigenschaften und die Dampfdrucke über 5 Atmosphären von 6 aliphatischen Alkoholen.** D. Ambrose und T. Townsend. (J. chem. Soc. [London] **1963**, 3614−25; Teddington, Middlesex, Nat. Chem. Labor.; engl.) — 8. vgl. C. **1964**, 5-0697. — Krit. Daten u. Dampfdrücke folgender Alkohole wurden ermittelt: *n-Propanol* (I), *Isopropanol* (II), *n-* (III), *Iso-* (IV), *sek.-* (V) u. *tert.-Butanol* (VI). Die im Bereich zwischen ca. 5 atm u. dem krit. Punkt gemessenen Dampfdrücke lassen sich durch die Gleichungen log p (atm) = A' − B/(C + t) −

Dt + E (t − F)³ bei t > G bzw. log p (atm) = A − B/(C + t) bei t < G darstellen (t in Grad). Für die Konst. gilt: I: A: 4,84830; A': 4,90882; B: 1428,977; C: 197,585; D·10⁴: 4,19; E·10⁸: 2,43; F: 195; G: 120; II: 4,84508; 4,90388; 1351,627; 196,726; 4,72; 3,095; 170; 112; III: 4,48681; 4,53285; 1307,445; 173,670; 2,84; 1,83; 210; 140; IV: 4,41833; 4,46403; 1233,095; 171,197; 2,91; 2,27; 200; 138; V: 4,32347; 4,37118; 1158,543; 168,452; 3,24; 3,55; 184; 130. Außerdem wurden etwa in den gleichen Temp.-Bereichen Paare isobarer Dichten $\varrho_L$ u. $\varrho_V$ für Fl. u. Dampf gemessen, die sich darstellen lassen durch $\varrho_L + \varrho_V = 2\,\varrho_{krit.} + a\,(t_{krit.} - t) - b\,(t_{krit.} - t)^2$ u. $\varrho_L - \varrho_V = c\,(t_{krit.} - t) - d\,(t_{krit.} - t)^2$, wobei für die Konst. gilt: I: a·10³: 1,34; b·10⁶: 1,23; c: 0,1410; d·10⁶: 1,29; II: 1,33; 0,72; 0,1420; 1,53; III: 1,31; 1,16; 0,1357; 1,28; IV: 1,20; 0,73; 0,1368; 1,00; V: 1,29; 0,80; 0,1378; 0,74; VI: 1,32; 0,80; 0,1308; 0,96. B. Krebs B 150◇

*0713* **Physikalische Eigenschaften von Perfluorpropan.** James A. Brown. (J. chem. Engng. Data **8**, 106–08, 1963; Morristown, N.J., Allied Chem. Corp., General Chem. Res. Labor.; engl.) — Eine Martin-Hou-Zustandsgleichung wurde entwickelt, die für *Perfluorpropan* (I) bei 58 at u. 165° u. einem mol. Vol. von 0,3 Liter/Mol anwendbar ist. Der Dampfdruck wurde von −60° bis +71,9° besitmmt u. die krit. Temp. gemessen, desgleichen die Dichten der Fl. u. des gesätt. Dampfes zwischen −50° u. der krit. Temperatur. Aus den Ergebnissen berechneten sich der korr. lineare Durchmesser u. die Verdampfungswärme. Tabellar. wurden für I experimentelle Punkte sowie Abweichungen von der abgeleiteten Zustandsgleichung, Dampfdruck, Dichtewert u. Verdampfungswärme, weiterhin Kp. u. krit. Werte aufgeführt. G. Kemmer B 150◇

*0714* **Verbrennungs- und Bildungswärme von Trimethylboran, Triäthylboran und Tri-n-butylboran.** Walter H. Johnson, Marthada V. Kilday und Edward J. Prosen. (J. Res. nat. Bur. Standards, A **65**, 215–19, 1961; engl.) — Die Verbrennungswärme der genannten Verbb. bei 25°, bei welcher Rk. krist. Borsäure, W. u. gasförmiges $CO_2$ entstehen, wurde zu −714,48 ± 5,36; −1189,2 ± 3,6; −2127,4 ± 2,4 kcal/Mol, die Bldg.-Wärme bei 25° zu −34,79; −47,2; −83,2 kcal/Mol bestimmt. Die Werte werden mit denen anderer Autoren verglichen u. diskutiert. O. Jansen B 156◇

*0715* **Verbrennungswärmen von Monosacchariden.** H.-H. Stroh und C.-R. Fincke. (Z. Chem. **3**, 265, 1963; Potsdam-Sanssouci, Pädagog. Hochschule, Inst. für Org. Chem.; dt.) — Vff. bestimmten die Verbrennungswärme von *D-Mannose* (672,33 ± 0,81 kcal·Mol⁻¹), *D-Ribose* (557,89 ± 1,09 kcal·Mol⁻¹) u. *D-Galaktose* (670,09 ± 2,62 kcal·Mol⁻¹) in einem Berthelot-Calorimeter mit paraffinum liquidum als Hilfssubstanz. Beim Vgl. mit den der Literatur entnommenen Werten für andere Aldopentosen, -hexosen u. -methylosen sowie für Hexite ergibt sich ein gleichbleibender Zusammenhang zwischen den calor. Daten u. der Konfiguration: die homomorphen Zucker nehmen in den entsprechenden Reihen jeweils den gleichen Platz ein. Ch. Zechel B 156◇

*0716* **Der Angriffspunkt des Sauerstoffs bei der Verbrennung von Kohlenwasserstoffen.** 2. Mitt. **Bildung und Ursprung von Ketonen.** C. F. Cullis, F. R. F. Hardy und D. W. Turner. (Proc. Roy. Soc. [London], Ser. A **251**, 265 bis 273, 1959; London, Imp. Coll., Dep. of Chem.; engl.) — 1. vgl. Proc. Roy. Soc. [London], Ser. A **244**, [1958], 573. — Die Haupt-Prodd. der $O_2$-Verbrennung von $^{14}C_{(2)}$, $^{14}C_{(3)}$, $^{14}C_{(4)}$- u. $^{14}C_{(5)}$*-2-Methylpentan* (I) bei 242° bzw. 380° sind CO, Aceton (II) u. Methyläthylketon (III). Radioakt. II entsteht in nennenswerten Mengen nur aus $^{14}C_{(2)}$-I, akt. III nur aus $^{14}C_{(2)}$- oder $C_{(3)}$-, nicht aber aus $^{14}C_{(4)}$- oder $^{14}C_{(5)}$-I, was eine intramol. Umlagerung bei der Bldg. von III voraussetzt (Mechanismus ist angegeben). Die Wahrscheinlichkeit des $O_2$-Angriffs an den einzelnen C-Atomen von I, unter Bldg. eines Peroxids, ist angegeben. Sie ist am tert. C-Atom am größten, am $C_{(3)}$-Atom am effektvollsten. Die Analyse der radiakt. Prodd. erfolgte durch Chromatographie, Bldg. von 2.4-Dinitrophenylhydrazonen, Jodoformspaltung, Schmidt-Rk. u. Fertigstellung der akt. Rk.-Produkte. A. Grohmann B 157◇

*0717* **Über den Reaktionsablauf in fetten Kohlenwasserstoff-Sauerstoff-Flammen.** 1. Mitt. K. H. Homann, M. Mochizuki und H. Gg. Wagner. (Z. physik. Chem. [Frankfurt/M.] [N. F.] **37**, 299–313, 1963; Göttingen, Univ., Inst. für physik. Chem.; dt.) — Auf einem Flachbrenner wurden $CH_4$, $C_3H_8$, $C_2H_4$, $C_2H_2$ u. $C_6H_6$ mit $O_2$ nahe der Grenze der Ruß-Bldg. verbrannt. Die Analyse u. quant. Best. erfolgte durch direktes Einsaugen der Flammengase in die Ionenquelle eines Bendix-Massenspektrometers. Bei Drucken von ca. 30 Torr lassen sich in der Flamme drei Zonen unterscheiden: 1. eine farblose, unmittelbar über dem Brenner; 2. eine blaugrüne u. 3. darüber eine ausgedehnte gelbe Leuchtzone. In der 1. Zone traten bei aliphat. KW-Stoffen folgende Zwischen-Prodd. auf: $CH_2O$ teilweise überlagert von $C_2H_6$, wahrscheinlich $C_2H_2O$ u. $CH_2O_2$, sowie Äthylenoxid in Äthylenflammen. In der blaugrünen Hauptreaktionszone liegen die Maxima folgender Verbb.: $CH_4$, Methylacetylen, Propylen, Butadien, Vinylacetylen oder Butatrien sowie $C_5H_6$ u. $C_5H_4$. Ferner wurden nachgewiesen Bzl. u. ein KW-Stoff der Zus. $C_6H_4$. In der Acetylenflamme wurden in diesem Bereich die relativen Konz.-Verläufe der Radikale $CH_2$, $CH_3$, $C_2H$, $C_3H$, $C_3H_3$, $C_4H$, $C_2H_5$ u. OH bestimmt. Die Anwesenheit von $C_2$, $C_3$ u. CH ergab sich aus den Emissionsspektren. H-Atome wurden wegen der zu geringen Nachw.-Empfindlichkeit nicht bestimmt. In der 3. Leuchtzone aller untersuchten Flammen wurden neben den Oxydations-Prodd. $CO_2$, CO, $H_2O$ auch $H_2$, $C_2H_2$, $C_4H_2$ u. weitere Polyacetylene (z. T. bis $C_{12}H_2$) nachgewiesen. Die Konz.-Profile der Ausgangsstoffe $O_2$, $C_2H_2$, $C_2H_4$, $C_3H_8$ sowie der Mehrzahl der genannten Zwischen- u. Endprodd. in den drei Flammenzonen werden in übersichtlichen Kurven dargestellt. Auffällig ist der geringe Anteil anoxydierter KW-Stoffe. Unter den KW-Zwischen-Prodd., die größere C-Zahl haben als das eingesetzte $C_3H_8$, $C_2H_4$ u. $C_2H_2$, liegen die mit gerader C-Zahl in viel größerer Konz. vor als die mit ungerader. Die Benzolflamme hatte die niedrigste Temp. u. geringste Flammen-Geschw. (18,5 cm/s gegenüber 50 cm/s bei $C_2H_2$, 39 cm/s bei $C_2H_4$ u. 23 cm/s bei $C_3H_8$). Das am frühesten auftretende Maximum ist einem Prod. mit der Massenzahl 94 zuzuordnen, wahrscheinlich Phenol oder ein isomeres Epoxid des Benzols. Offenbar reagieren die entstehenden Radikale zunächst mit $C_6H_6$ zu Verbb. aus kondensierten 5- u. 6-Ringen, die in der Flamme dort verschwinden, wo auch das $C_6H_6$ verbraucht ist. Die Abgasanalysen zeigen, daß in einem bestimmten Bereich der gelben Leuchtzone der untersuchten Flammen die Konz. der Polyacetylene prakt. konst. ist. Es wird angenommen, daß sich neben dem Wassergasgleichgewicht noch ein quasistationärer Zustand folgender Art einstellt: $2\,C_2H_2 \rightleftharpoons C_4H_2 + H_2$, $C_4H_2 + C_2H_2 \rightleftharpoons C_6H_6 + H_2$ bzw. $3\,C_2H_2 \rightleftharpoons C_6H_2 + 2\,H_2$. Die Gleichgewichts-Konst. werden angegeben u. erläutert. G. Bigorajski B 157◇

*0718* **Mesomorphe Phasen in Assoziations-Kolloid-Systemen.** Leo Mandell. (Finska Kemistsamfundets Medd. **72**, 49–58, 1963; Åbo, Finland, Åbo Acad., Inst. of Phys. Chem.; engl.) — Im Gegensatz zu den aus zwei Komponenten zusammengesetzten Koll. bilden koll. Syst. mit drei Komponenten häufig mesomorphe Phasen, z. B. Syst. aus langkettigen Fettsäuren, aliphat. Alkoholen u. Alkylaminen. Ausgehend vom Syst. *Na-Caprylat* (I), *Decanol/W.*, bei dem im Mittelbereich eine größere Zahl mesomorpher Phasen auftritt, wurden von Vf. die organ. Komponenten dieses Syst. der Reihe nach durch verschiedene homologe Verbb. ersetzt u. die sich ergebenden Phasenänderungen untersucht. Für die drei Syst. 1. I/*Caprylsäure* (II), W., 2. I/*Cholesterin*/W. u. 3. *Polyoxyäthylenglykolmonolauryläther*, II/W. werden die jeweiligen Phasendiagramme für 20° angegeben u. im einzelnen besprochen. D. Forst B 162◇

*0719* **Einfluß der cis-trans-Isomerie auf die Gelatinisierungstemperatur von Seifenlösungen.** G. Popescu. (Studii Cercetări Chim. [București] **6**, 465–79, 1958; București, Acad. R.P.R., Centrul de cerc. chim.; rum.) — Vf. vergleicht die Abkühlungskurven von 0,2n *Na-Oleat-* (I) u. *Na-Elaidinat* (II)-Lsgg. sowie den Einfl. der Elektrolyte NaCl, NaBr, NaJ, $NaNO_3$ u. $CH_3COONa$. An Hand der Ergebnisse werden die Gelierungs-Temp. sowie deren durch die Elektrolyte hervorgerufenen Zunahmen pro Mol. Daraus ergibt sich: Die Gelierungs-Temp. für I u. II liegt unter derjenigen einer Stearat-Lsg. gleicher Konzentration. Die Temp. von I ist niedriger als die von II. In Ggw. von Elektrolyten tritt die Gel-Bldg. bei höheren Temp. ein, wobei die Temp.-Erhöhung der Elektrolytmenge nicht proportional ist. Bzgl. ihres Einfl. auf die mol. Zunahme der Gelierungs-Temp. gilt die Folge $Cl^- > NO_3^- > J^- > Br^- > CH_3COO^-$. Bei niedrigen Konzz.

ist $CH_3COO^-$ wirksamer als $NO_3^-$, $J^-$ u. $Br^-$, bei hohen Konzz. jedoch weniger wirksam. Die mol. Zunahme der Gelierungs-Temp. zeigt in Abhängigkeit von der Elektrolyt-Konz. ein Maximum, das für $Cl^-$ u. $NO_3^-$ sehr, für $CH_3COO^-$ etwas weniger ausgeprägt ist. Dieses Maximum scheint sich nach größeren Konzz. zu verschieben, wenn sich der Hydratisierungsgrad des Elektrolyten vermindert. J. Richter B 163◇

*0720* **Kondensierte Phasen in unlöslichen monomolekularen Filmen auf Wasser.** Monica Lundquist. (Finska Kemistsamfundets Medd. **72**, 14—27, 1963; Göteborg, Univ., Inst. of Med. Biochem.; engl.) — Mit Hilfe einer Filmwaage vom horizontalen Langmuir-Adam-Typ werden die Isothermen für den als Funktion der Mol.-Oberfläche bestimmten Grenzflächendruck von verschiedenen langkettigen *n-Fettsäuren* ($C_{14}$ *bis* $C_{18}$, $C_{20}$, $C_{22}$, $C_{23}$, $C_{24}$, $C_{26}$ *u.* $C_{29}$), von *n-Dokosanol* u. von *Estern* (*n-Dokosansäuremethyl-* u. *-äthylester*, *n-Dokosylformiat* u. *-acetat*) untersucht. Aus der Gegenüberstellung der entsprechenden Diagramme für Verbb. mit einer Kettenlänge von 14—29 C-Atomen werden Rückschlüsse auf den Einfl. der mol. Anordnung auf die Oberflächen-Eigg. gezogen. Der Einfl. unterschiedlicher Temp. (8—29°) wird am Beispiel von n-Dokosansäure, die auf 0,01n HCl gespreitet wurde, untersucht. Die Ursachen der im einzelnen beobachteten Phasenübergänge werden versuchsweise gedeutet. Abschließend werden die für opt.-akt. u. racem. *n-Tetrakosyl-(2)-acetat* u. *2-Methylhexakosansäuremethylester* bzw. für Gemische beider Verbb. ermittelten Diagramme miteinander verglichen u. die beobachteten Phasenübergänge diskutiert.
D. Forst B 166◇

*0721* **Die Darstellung und Messung der Oberflächenaktivität einer Reihe von 4-Alkyl-1.1 -spirobipiperidinbromiden.** J. Thomas und D. Clough. (J. Pharmacy Pharmacol. **15**, 167—77, 1963; Manchester, Univ., Dep. of Pharm.; engl.) — Vff. stellen 4-Alkyl-1.1′-spirobipiperidiniumbromide her u. bestimmen deren Oberflächenspannung in wss. Lösungen. Innerhalb des untersuchten Konz. (c)-Bereiches besteht eine lineare Beziehung zwischen Oberflächenspannung u. log c, ausgenommen **IV**.

Versuche: *Tetrahydropyranyl-(4)-propylketon* (I), Kp.$_{10}$ 105—106°, aus dem Grignard-Reagens aus $C_3H_7Br$ durch Zugabe von wasserfreiem gesiebtem $CdCl_2$, Kochen unter Rückfluß bis zum negativen Gilman-Grignard-Test, anschließend Ersatz des Ae. gegen wasserfreies Bzl., langsame Zugabe von 4-Chlorcarbonyltetrahydropyran (in trockenem Bzl.), 30 Min. am Rückfluß unter gutem Rühren, Zugabe von verd. HCl u. Aufarbeitung; 75% (Ausbeute). *2.4-Dinitrophenylhydrazon* (DPH), $C_{15}H_{20}N_4O_5$, F. 137—138° (A.). — Analog: Tetrahydropyranyl-(4)-alkylketone: *Äthyl-*, Kp.$_{11}$ 100—102°, 60,2%, DPH, F. 148—149°; *Butyl-*, Kp.$_{15}$ 124—125°, 69,0%, DPH, F. 98—99°; *Pentyl-*, Kp.$_{10}$ 130°, 66,0%, DPH, F. 84—85°; *Hexyl-*, Kp.$_{10}$ 146—148°, 53,0%, DPH, F. 61—62°; *Heptyl-* (II), Kp.$_{15}$ 162°, 56,0%, DPH, F. 61—62°; *Octyl-*, Kp.$_{15}$ 172—173°, 58,0%, DPH, F. 72—73°; *Nonyl-*, Kp.$_{11}$ 176—178°, 60,0%, DPH, F. 108°; *Decyl-*, Kp.$_{13}$ 192—193°, 56,0%, DPH, F. 74—75°. — 4-Alkyltetrahydropyrane: *Butyl-* (III), $C_9H_{18}O$, Kp.$_{25}$ 84—85°, aus I mit KOH u. Hydrazinhydrat (HH) in Triäthylenglykol (TEG), 1 Std. lang auf dem Dampfbad, Temp.-Steigerung auf 190° u. Auffangen des Destillats, dann das Gemisch nach 3 Std. unter Rückfluß u. Aufarbeiten nach Vereinigung des Destillats (+ W.) u. Rückstands; 58,5%. — Analog: *Propyl-*, $C_8H_{16}O$, Kp.$_{11}$ 55—56°, 68,5%; *Pentyl-*, $C_{10}H_{20}O$, Kp.$_{18}$ 83—84°, 50,0%; *Hexyl-*, $C_{11}H_{22}O$, Kp.$_{15}$ 101—102°, 68,5%; *Heptyl-*, $C_{12}H_{24}O$, Kp.$_{13}$ 122—124°, 64,5%; *Octyl-*, $C_{13}H_{26}O$, Kp.$_{10}$ 130—132°, aus II u. HH in abs. A. 1 Std. lang am Rückfluß, Ersatz des A. durch Zugabe von TEG u. KOH, Erhitzen auf 190° (Innen-Temp.), weiter wie vorst.; 57%. *Nonyl-*, $C_{14}H_{28}O$, Kp.$_{10}$ 150 bis 152°, 62,0%; *Decyl-*, $C_{15}H_{30}O$, Kp.$_{15}$ 164—166°, 53,0%; *Undecyl-*, $C_{16}H_{32}O$, Kp.$_{13}$ 178—180°, unter Zusatz von 10% Bzl. zum A., 67,0%. — 3-n Alkyl-1.5-dibrompentane (**A**): *Butyl-*, Kp.$_{13}$ 148°, aus III mit 60%ig. HBr (35 ml) u. konz. $H_2SO_4$ (2 ml), 5 Std. lang auf dem Wasserbad unter Schütteln, 60%; *Bis-thiuroniumdipikrat* (BTP), $C_{23}H_{30}N_{10}O_{14}S_2$, F. 181° (A.). — Analog: *Propyl-*, Kp.$_{17}$ 147°, 64,0%, BTP, F. 135°; *Pentyl-*, Kp.$_{13}$ 157°, 69,5%, BTP, F. 175°; *Hexyl-*, Kp.$_{15}$ 166°, 59,5%, BTP, F. 159°; *Heptyl-*, Kp.$_{13}$ 180°, 66,0%, BTP, F. 161°; *Octyl-*, Kp.$_{10}$ 188—190°, 42,0%, BTP, F. 148°; *Nonyl-*, Kp.$_{16}$ 203—205°, 78,0%, BTP, F. 107—108°; *Decyl-*, Kp.$_{14}$ 210°, 61,0%, BTP., F. 158°. — 4-Alkyl-1.1′-spirobipiperidiniumbromide, durch Kondens. der **A** mit Piperidin, in Chlf. unter Rückfluß, Umkristallisation aus Äthylmethylketon. *Unsubstituiert*, F. 335—336° (Zers.); *Propyl-*, F. 287° (Zers.); *Butyl-*, F. 288° (Zers.); *Pentyl-*, F. 298° (Zers.); *Hexyl-*, F. 303° (Zers.); *Heptyl-*, *Octyl-*, F. 300—301° (Zers.); *Nonyl-* (IV), F. 298° (Zers.). O. Jansen B 166◇

*0722* **Physiko-chemische Versuche mit Phosphatidyläthanolamin-Sole.** D. C. Robins und I. L. Thomas. (J. Pharmacy Pharmacol. **15**, 157—66, 1963; Cardiff, Welsh Coll. of Advances Technol., Welsh School of Pharm.; engl.) — Es wurden die Löslichkeiten von *Phosphatidyläthanolamin* (I) in Ae., A., $CH_3OH$, Methyläthylketon, Aceton u. Chlf. bestimmt. Die Ergebnisse der Unters. der Oberflächenspannung wss. Sole von I zeigen, daß sie merkliche oberflächenakt. Eigg. aufweisen u. Oberflächenalterung eintritt. Die Wrkg. des pH, der Konz., ein- u. zweiwertiger Salze auf die Oberflächenaktivität wurde untersucht u. diskutiert. Die krit. Micell-Konz. liegt im Bereich von 0,002—0,01% (Gew./Vol.). Der isoelektr. Punkt liegt bei pH 3,1. Ferner wird der Einfl. ein- u. zweiwertiger Salze auf die Stabilität der I-Sole untersucht. O. Jansen B 166◇

*0723* **Verschiebung des Konzentrationsgleichgewichtes in der Oberfläche von Kolloidsystemen.** E. Angelescu und Y. Davidescu. (Studii Cercetări Chim. [București] **6**, 391 bis 402, 1958; București, Acad. R.P.R., Centrul de cerc. chim.; rum.) — Vgl. C. **1959**, 16236. — Vff. fraktionierten das Syst. Seife (*Na-* bzw. *K-Palmitat*)*-Kresol* (I)*-W.* durch pneumat. Schaum-Bldg. u. analysierten die verschiedenen Fraktionen. Dadurch konnten die l. c. angenommenen Hypothesen bestätigt werden. I konzentriert sich stets im Schaum, was den Austausch der kapillar-akt. Teilchen an der Oberfläche bestätigt. I prägt seinen oberflächenakt. Charakter dem gesamten Syst. auf. Die große Stabilität der *p*-I enthaltenden Schäume bestätigt die Annahme, daß der Einfl. der I-Isomeren in der Folge *o-* < *m-* < *p*-I zunimmt. p-I ist infolge seines Mol.-Baues am besten zur Ausbldg. von H-Brücken mit den Seifen-Moll. befähigt, so daß es dauerhafte Assoziate bildet, die eine erhöhte Stabilität der Oberflächenschicht bedingen. Die mangelhafte Stabilität stark kresolierter Syst. von Na-Oleat-Lsgg. (vgl. l. c.) bestätigt die Annahme der Vff. bzgl. der mäßigen Kolloid-Eigg. dieser Systeme. Die Partikel dieser Syst. sind kleiner als die der anderen u. diffundieren daher rascher aus der Oberfläche. Es wird als sehr wahrscheinlich angenommen, daß die Moll. in den Schäumen u. in den Lsg.-Oberflächen orientiert sind u. die Oberfläche, in der sich die Wrkg. der intermol. Kräfte von der im Inneren unterscheidet, aus einer mehr als monomol. Schicht besteht. Die Konz. der untersuchten Seifen-Lsgg. war 0,05, 0,1 u. 0,2n, die I-Konz. wurde zwischen 0,08 u. 0,5n variiert. J. Richter B 167◇

*0724* **Elektrische Leitfähigkeit des Systems Seife–Wasser–Elektrolyt während des Übergangs vom Sol in das Gel und umgekehrt.** 1. Mitt. **Natriumstearat-Wasser-Natriumchlorid.** E. Angelescu und M. Radu. (Studii Cercetări Chim. [București] **6**, 403—15, 1958; București, Acad. R.P.R., Centrul de cerc. chim.; rum.) — Vff. verfolgten die elektr. Leitfähigkeit von 0,1 u. 0,2n *Na-Stearat*-Lsgg. in Ggw. von NaCl in Konzz. von 0,02—0,1n aller 10° zwischen 80 u. 20° sowohl während der Abkühlung als auch während des Erwärmens des Systems. Während der Umwandlung Sol → Gel werden eine Hysterese beobachtet u. gleichzeitig negative Abweichungen von der Regel der Additivität. Aus den Werten wird gefolgert, daß der hauptsächliche Einfl. von NaCl sich aus der Abnahme der spezif. Ladung der Micellen ergibt, die durch Verminderung des Dispersionsgrades des Syst. hervorgerufen wird. Die Elektrolyt-Wrkg. ist bei erhöhten Temp., also bei wenig ausgeprägtem Kolloidzustand, gering, dagegen während der Umwandlung Sol → Gel sehr deutlich. Bei niedrigen Temp., wenn die Seifen-Lsg. in Ggw. von NaCl zum Gel erstarrt ist, nähert sich der Beitrag der Seife zur Leitfähigkeit mit steigender Elektrolyt-Konz. dem Wert 0. J. Richter B 168◇

*0725* **Gruppenschwingungen.** 2. Mitt. **$D_3$-Methylgruppen.** W. T. King und Bryce Crawford jun. (J. molecular Spectroscopy **8**, 58—72, 1962; Providence, R.I., Brown Univ., Metcalf Res. Labor.; engl.) — 1. vgl. J. molecular Spectroscopy **5**, [1960], 421. — Mit den l. c. entwickelten Meth. wird die Analyse der charakterist. Gruppenfrequenzen der $CD_3$-Gruppe durchgeführt. Diese besitzt 5 charakterist. Frequenzen: drei $\nu$(CD), u. zwar $\nu_1(A_1)$ bei 2111 [$cm^{-1}$], u. $\nu_{3x,3y}$(E) bei 2275 sowie zwei $\delta$ (CD), u. zwar $\nu_{4x,4y}$ (E) bei 1039. Die symm. Gruppendeformationsschwingung $\nu_2$ ($A_1$) bei 1066 tritt dagegen in starke Wechselwrkg. mit der $\nu$(CR) [= $\nu_5$ ($A_1$)], wenn R ein Atom der 1. oder vielleicht auch der 2. Periode des Period. Syst. ist. Die effektiven Massen der $CD_3$-Gruppe u. die Kraft-Konst. werden berechnet, so daß eine Säkulargleichung reduzierter Ordnung durch einfache Meth. für die Berechnung der nicht-charakterist. oder „Gerüst"-Frequenzen für $CD_3$-haltige Moll. abgeleitet werden kann. Ferner wird eine empir. Beziehung zur Abschätzung der symm. $CH_3$- u. $CD_3$-Gruppenfrequenzen angegeben. Die charakterist. u. nicht-charakterist. Frequenzen für $CD_3F$, $CD_3Cl$, $CD_3Br$ u. $CD_3J$ sowie für $D_6$-*Dimethylacetylen* werden berechnet. B. Gnauck B 182◇

*0726* **Nichtempirische Untersuchung der π-Elektronenstruktur des Vinylchloridmoleküls mit der Valenzbindungsmethode.** Shozaburo Takekiyo. (Bull. chem. Soc. Japan **34**, 1466—67, 1961; Ohashi, Nagasaki, Nagasaki Univ., Fac. of Liberal Arts; engl.) — Mit Hilfe sämtlicher π-Resonanzstrukturen u. deren Energiewerten werden unter Verw. der Standard-VB-Meth. nach Heitler u. London [1927], Slater [1931] u. Pauling [1931] die π-Elektronenenergieniveaus, die Wahrscheinlichkeiten der Resonanzstrukturen, die π-Elektronendichten u. die Bindungsordnungen des *Vinylchlorid*-Mol. berechnet. Hierbei werden für C- u. Cl-Atome die $2p_\pi$- u. $3p_\pi$-Elektronenbahnen nach Slater verwendet u. sämtliche Überlappungs- u. Austauschintegrale berücksichtigt. Die berechnete Übergangsenergie zwischen Grund- u. erstem Anregungszustand beträgt 11,41 eV. Der ion. Charakter beläuft sich auf 31,54% u. die positive Teilladung des Cl-Atoms hat den berechneten Wert 0,0849 (experimentell 0,06). B. Gnauck B 182◇

*0727* **Verbesserte Berechnung der Energieniveaus von Benzol und Hexamethylbenzol mit dem antisymmetrischen Molekularbahn-Verfahren.** F. A. Gray, I. G. Ross und J. Yates. (Austral. J. Chem. **12**, 347—55, 1959; Sydney, Univ. of Sydney, Chem. Dep.; engl.) — Vgl. C. **1951**, II, 2754. — Die Berechnung (l. c.) der unteren π-Elektronenenergieniveaus von *Bzl.* wurde, unter Berücksichtigung des Beitrags der H-Atome auf das Rumpfpotential u. der Austausch-Wechselwrkg. zwischen π-Elektronen u. dem Rumpf, wiederholt, u. es wurden für die Niveaus im Bereich von 4—10 eV durchschnittlich um 1 eV höhere Werte gefunden. Im *Hexamethylbenzol* (I) verkleinert das veränderte Rumpfpotential die Energieniveauunterschiede. Der Effekt macht ca. 35% der Energiedifferenz des $^1B_{2u}$-$^1A_{1g}$-Überganges (gemessen bei 3800 $cm^{-1}$) bei Bzl. u. I aus u. ist in diesem Zusammenhang ebenso bedeutend wie Hyperkonjugation u. andere Effekte. A. Grohmann B 182◇

*0728* **Eigenschaften der self-consistent-field-Behandlung konjugierter Moleküle.** H. H. Greenwood und T. H. J. Hayward. (Molecular Physics **3**, 495—509, 1960; Billingham, Imp. Chem. Ind. Ltd., Billingham Div., Res. Dep.; engl.) — Vff. berechnen die Polarisierbarkeits-Koeff. für π-Elektronen-Syst. nach der SCF-Meth. u. geben numer. mit einem Digitalrechner gewonnene Werte für *Bzl.*, *Naphthalin*, *Anthracen* u. *Phenanthren* an. Die Voraussagen der chem. Eigg. stimmen besser mit dem Experiment überein als die Ergebnisse nach der Hückelschen Theorie, von der gezeigt wird, daß sie nur mit Störungsnäherungen arbeitet, während die angegebene Behandlung formal exakt ist. Aus der π-Elektronenkonfiguration substituierter KW-Stoffe werden analyt. bestimmte allg. Symmetrieparameter der SCF-Meth. abgeleitet, welche die Hückelsche Theorie der induktiven Substituenten als vereinfachten Sonderfall enthält. D. Jörchel B 182◇

*0729* **Resonanzenergien, erhalten aus den Paulingschen Bindungsordnungen.** L. S. Bartell. (J. physic. Chem. **67**, 1865—68, 1963; Ames, Iowa, Iowa State Univ., Dep. of Chem.; engl.) — Vf. berechnet für nachst. Polyacene die Resonanzenergie pro C-Atom unter Benutzung einer Beziehung zwischen Bindungsenergie u. Bindungsordnung u. vergleicht die Ergebnisse mit experimentellen Befunden u. LCAO-MO-Berechnungen. — *Bzl.*, *Naphthalin*, *Anthracen*, *Phenanthren*, *Naphthacen*, *Benz-[a]-anthracen*, *Chrysen*, *Benzo-[c]-phenanthren*, *Triphenylen*, *Perylen*, *Pentacen*, *Pentaphen*, *Dibenz-[a;h]-anthracen*, *Dibenz-[a;j]-anthracen*, *Dibenz-[a;c]-anthracen*, *Benzo-[g]-chrysen*, *Picen*, *Benzo-[g·h·i]-perylen*, *Coronen*, *Graphit* u. *Phenalen*. Hubertus Zimmer B 182◇

*0730* **Farbe und Polarisierbarkeit konjugierter Kettenmoleküle.** Tomokazu Murai. (Progr. theoret. Physics [Kyoto] **27**, 899—935, 1962; Nara, Nara Women's Univ., Phys. Dep.; engl.) — Nach der Meth. der kollektiven Bewegung, von denen eine der wichtigsten die Dipolschwingung ist, wird die Elektronenanregung langer konjugierter Ketten-Moll. theoret. untersucht. Die Abhängigkeit der Absorptionswellenlänge von der Kettenlänge wird für Cyaninfarbstoffe u. Carotinoide behandelt. Die Einführung der klass. Polarisierbarkeit u. der Depolarisation entspricht einer Konfigurationsmischung. Berechnungen werden durchgeführt für *Äthylen*, *Butadien*, *Hexatrien*, *Decapentaen*, *Phytoen*, *Phytofluen*, *ζ-Carotin*, *Neurosporin*, *δ-Carotin* u. *Lycopin*. M. Wiedemann B 182◇

*0731* **Streuung langsamer Neutronen durch Moleküle des flüssigen Methans.** Z. Rogalska. (Physica [Utrecht] **29**, 491—98, 1963; Kraków, Inst. Fizyji Jądrowej; engl.) — Der totale Streuquerschnitt von fl. $CH_4$ (bei 117° K) in Abhängigkeit von der Neutronenenergie wurde gemessen. Die Neutronenenergien lagen zwischen 0,0057 u. 0,101 eV. Es besteht Übereinstimmung mit der theoret. Kurve nach Krieger u. Nelkin (vgl. C. **1957**, 12357) für gasförmiges $CH_4$. Daher wird geschlossen, daß eine freie Mol.-Rotation auch in fl. $CH_4$ möglich bleibt. F. Kitzka B 186◇

*0732* **Bestätigung der Kristallstruktur von 2-Aminoäthanolphosphat.** W. G. Ferrier, A. R. Lindsay und D. W. Young. (Acta crystallogr. [Copenhagen] **15**, 616, 1962; Dundee, Univ. of St. Andrews, Queen's Coll., Carnegie Labor. of Phys.; engl.) — Vf. nehmen Bezug auf die von Kraut (vgl. Acta crystallogr. [Copenhagen] **14**, [1961], 531) durchgeführte Struktur-Best. von *2-Aminoäthanolphosphat* u. berichten über eigene Struktur-Best. der gleichen Substanz, die mit den Ergebnissen von Kraut (vgl. l. c.) übereinstimmen. Die Parameter wurden von den Vff. mittels zweidimensionaler Patterson- u. Fourier-Projektionen bestimmt. C. Gottfried B 195△

*0733* **Aktivitätskoeffizienten und Molekularstruktur.** C. H. Deal, E. L. Derr und M. N. Papadopoulos. (Ind. Engng. Chem., Fundamentals **1**, 17—19, 1962; Emeryville, Calif., Shell Dev. Co.; engl.) — Es wird gezeigt, daß 3 ein Lsgm. kennzeichnende Parameter ausreichen, um die Verteilungs-Koeff. zahlreicher KW-Stoffe zwischen 2 bestimmten Lsgm. zu bestimmen. Diese allg. Gültigkeit beruht auf der Beziehung zwischen der Struktur der KW-Stoffe u. der Wechselwrkg. zwischen KW-Stoffen u. Lösungsmittel. W. Wesly B 224□

*0734* **Aktivitätskoeffizienten und Molekularstruktur.** G. M. Wilson und C. H. Deal. (Ind. Engng. Chem., Fundamentals **1**, 20—23, 1962; engl.) — Vgl. vorst. Referat. — Eine Lsg. wird als Gemisch von Gruppen bestimmter Struktur (—$CH_2$-, —OH, —$CH_2$OH usw.) aufgefaßt, was die Best. der Aktivitäts-Koeff. (AK) ermöglicht. Die Werte für andere Moll. in anderer Umgebung mit gleichen Gruppen bilden die Grundlage der Bestimmung. So kann man die Werte für ein bin. Alkohol–Paraffin-Syst. zur Best. der AK bei jeder Konz. jedes Paraffin–Alkohol-Syst. mit einer Genauigkeit von ca. 10% des Logarithmus des AK bestimmen. — Beispiele. W. Wesly B 224□

*0735* **Eine Untersuchung der Dehydratisierung und Hydratisierung von Oxalsäure mittels der Deuteriumaustauschreaktion.** Nobukazu Okazaki und Eiko Takemura. (Bull. chem. Soc. Japan **34**, 977—82, 1961; Nara, Nara Women's Univ., Dep. of Chem.; engl.) — Wasserfreie *Oxalsäure* (I) wurde im Vakuum-Syst. mit $D_2O$-Dampf hydratisiert u. das I-Dihydrat wieder dehydratisiert .Während H/D-Austausch bei der Wasseranlagerung an 100° dehydratisierter I durch die Hydrat-Bldg. erfolgt, läuft er bei im Vakuum bei Raum-Temp. dehydratisierter I über einen Oberflächenaustauschmechanismus ab. Für diese I-Proben beträgt das Mol-Verhältnis von I in der Oberfläche zur Gesamt-I-Menge 0,6 bis 0,7. Im Vakuum des Elektronenmikroskops erhält man I·2 $H_2O$ amorphe wasserfreie I. Die Rekristallisation der amorphen I (zwischen 35,0 u. 35,1°) wird ebenfalls mit der H/D-Austausch-Rk. als Maß für die Oberflächengröße untersucht. Das adsorbierte W. übt einen katalyt. Effekt auf die Rekristallisation aus, die Aktivierungsenergie ist dabei gering oder Null, u. es entsteht die α-Form von I. H/D-Austausch-Rkk. treten zwischen nicht hydratisierter I u. dem Hydratwasser von durch $D_2O$-Dampf partiell hydratisierter I auf. Die Geschw. dieser Rk. ist prakt. von der Temp. (15—25°) unabhängig. Vermutlich erfolgt die Deuterierung im Inneren des Kristallgitters von wasserfreier I. Durch Einw. von geringen Wasserdampfmengen auf amorphe I wird eine erhebliche Verminderung der Geschw. der folgenden Rehydratisierung verursacht. B. Gnauck B 224◇

*0736* **Beitrag zur Untersuchung des Präexponentialfaktors monomolekularer Reaktionen.** Simon Zeno. (An. Univ. „C. J. Parhon", Bucureşti, Ser. Ştinţ. Naturii 6, Nr. 14, 113—28, 1957; Cercal ştiinţ. stud., Catedra de chim. fiz.; rum.) — Es wird eine Näherung zur Berechnung des Präexponentialfaktors A monomol. Rkk. beschrieben, wobei letztere als Folge der Dissoziation einer chem. Bindung oder des Zusammenstoßes bestimmter Atome des Mol. angesehen wird. Als Ergebnis erhält Vf. A = Kνp (E), worin K das Analogon des durch die Eyringsche Theorie gegebenen Transmissions-Koeff. der Potentialschwelle, ν die die Rk. auslösende Schwingungsfrequenz, E die Aktivierungsenergie u. p (E) eine Funktion sind, die die Beteiligung anderer Schwingungsgrade an der Rk. berücksichtigt. Die Form von p (E) ergibt sich halbempirisch. Für eine bestimmte, für die Rk. notwendige Lage einer rotierenden Gruppierung muß die Abnahme der Entropie berücksichtigt werden. Die berechneten A-Werte werden an Hand der Literatur mit den für 47 monomol. Rkk. experimentell gefundenen verglichen; sie stimmen größenordnungsmäßig überein. Die Abweichungen lassen sich mit Änderungen der Potentialoberfläche während der Rk. erklären. — 41 Literaturangaben. J. Richter B 225◇

*0737* **Ringerweiterungen.** 8. Mitt. **Der stereochemische Verlauf der Diazoalkan-Carbonylreaktion.** C. David Gutsche und Catherine T. Chang. (J. Amer. chem. Soc. **84**, 2263—64, 1962; St. Louis, Mo., Washington Univ., Dep. of Chem.; engl.) — 7. vgl. C. **1961**, 18272. — Durch Hydrolyse von (—)-trans-2-Methylcyclohexylhydrogenphthalat ($[\alpha]_D^{25}$ —31,4°) erhielt man über den Alkohol ($[\alpha]_D^{25}$ —17,8° in Ae.) durch milde Oxydation ($CrO_3$/Ae. bei Raum-Temp.) nach Brown u. Garg (C. **1962**, 10817) (—)-*2-Methylcyclohexanon* [(—) I; $[\alpha]_D^{25}$ —5,0 in $CH_3OH$]. I ergab durch Einw. von $CH_2N_2$ in Ae.—$CH_3OH$ 21% *2-Methylcycloheptanon* [(—)-II; $[\alpha]_D^{25}$ —4,5° in $CH_3OH$], 24% *3-Methylcycloheptanon* [(+)-III $[\alpha]_D^{25}$ +18° in $CH_3OH$] u. 36% *Methylcyclooctanone* u. *Oxide*, die gaschromatograph. getrennt u. deren Konstit. IR-spektroskop., durch Best. ihres Rk.-Vermögens gegenüber $NaHSO_3$ u. ihrer Neigung zur basenkatalysierten Racemisierung bestimmt wurden. (+)-I lieferte analog (+)-II u. (—)-III, doch waren die spezif. Rotationen dieser Verbb. höher als die der Antipoden, so daß angenommen wird, daß bei den Ringerweiterungs-Rkk. Racemisierungen verschiedenen Ausmaßes eintreten. (—)-I u. (—)-II besitzen einen negativen, (+)-III einen positiven Cotton-Effekt. Die Rk. von (+)-3-Methylcyclohexanon [(+)-IV] führt zu (—)-III. Da die abs. Konfiguration von (+)-IV bekannt ist, kann geschlossen werden, daß diese Rk. unter Erhaltung der Konfiguration verläuft. Mit Hilfe der Oktantenregel (vgl. Moffitt u. Mitarbeiter, C. **1962**, 12597) kann aus den opt. Daten die abs. Konfiguration von (—)-I in Übereinstimmung mit den Befunden von Beard u. Mitarbeitern (C. **1963**, 16876) festgelegt werden. (—)-II dürfte die gleiche abs. Konfiguration wie (—)-I haben. Vff. schließen, daß die Umwandlung von (—)-I in (+)-III unter Inversion der Konfiguration verläuft, obwohl dies zu Widersprüchen mit dem allg. Mechanismus solcher nucleophiler 1.2-Umlagerungen, den Befunden anderer Autoren u. der Ringerweiterungs-Rk. von I mittels der Meth. nach Demjanoff u. Tiffeneau, die den gleichen ster. Verlauf nimmt, führt. B. Gnauck B 225◇

*0738* **Mechanismus der Friedel-Crafts-Reaktion von 1-Benzolsulfonyl-2-brommethyläthylenimin mit Benzol.** Walter J. Gensler und Walter R. Koehler. (J. org. Chemistry **27**, 2754—62, 1962; Boston, Mass., Boston Univ., Chem. Dep.; engl.) — Vgl. C. **1956**, 2160. — 1-Benzolsulfonyl-2-phenylazetidin (I) liefert mit Bzl. in Ggw. von $AlCl_3$ *N-[3.3-Diphenylpropyl]-benzolsulfonamid* (II), das analog (l. c.) aus 1-Benzolsulfonyl-2-brommethyläthylenimin (III) erhalten worden war. Daher wird vermutet, daß die Rk. von III über I als Zwischen-Prod. verläuft. Zur Aufklärung, in welcher Weise die C-Atome von III in II angeordnet sind, wird $^{14}C_{(3)}$-III aus $C_2H_3Br$ u. $^{14}CO_2$ über 9.10-Dihydro-9.10-äthanoanthracen-11-$^{14}$C-carbonsäure, $^{14}C_{(1)}$-Allylamin u. N-[$^{14}C_{(1)}$-Allyl]-benzolsulfonamid (IV) dargestellt u. der $^{14}$C-Geh. der Abbau-Prodd. des aus $^{14}$C-III erhaltenen $^{14}$C-II untersucht. Der Abbau erfolgte durch Einw. von heißer konz. HBr/Phenol zu $^{14}C_{(1)}$-*3.3-Diphenylpropylaminhydrochlorid* (F. 213—214°, abs. A.-PAe.; 71% Ausbeute), Dimethylierung mit HCHO/HCOOH unter Bldg. von $^{14}C_{(1)}$-*N.N-Dimethyl-3.3-diphenylpropylamin* (F. 43—44°, PAe. bei —23°; 61%), Umwandlung in das *N-Oxid* (mit 30%ig. $H_2O_2$), Pyrolyse bei 70—170° unter Bldg. von $^{14}C_{(1)}$-*3.3-Diphenylpropen* ($C_{15}H_{14}$, Kp.$_{0,5}$ 89—92°; 82%), Ozonolyse zu $H^{14}CHO$ u. inakt. *Diphenylacetaldehyd* (*Semicarbazon*, F. 162—163°, $CH_3OH$-W.; 73%) u. Spaltung des Semicarbazons mit $KMnO_4$/NaOH in Pyridin zu *Benzophenon* (V, F. 46—47°; *Semicarbazon*, F. 163,5—164,5°). Ferner wurde durch Abbau die Stellung des $^{14}$C in IV nachgeprüft, u. zwar durch Einw. von $O_3$ (in $CH_2Cl_2$) u. von $Ag_2O$/10% wss. NaOH (3 Std. lang bei 90—95°) unter Bldg. von *N-Benzolsulfonyl-*$^{14}C_{(2)}$*-glycin* [F. 165—167°, W.; *Methylester*, $C_9H_{11}NO_4S$, F. 64,5—65°, Chlf.-PAe., durch Einw. von $CH_2N_2$ in Ae. oder Kochen mit $CH_3OH$/Bzl. (10:1) in Ggw. von konz. $H_2SO_4$; 70—86%], Einw. von $C_6H_5MgBr$ auf den Ester (→ *N-[2-Hydroxy-2.2-diphenyl-*$^{14}C_{(1)}$*-äthyl]-benzolsulfonamid*, F. 136—137°, Bzl.-Hexan; 47%) u. Spaltung mit Pb(IV)-Acetat/Essigsäure (1½ Std. lang, Dampfbad) in radioakt. HCHO u. inakt. V. Ein abweichendes Ergebnis wurde bei der Zers. des Ozonolyse-Prod. von IV mit Zn erhalten, da gebildetes HCHO radioakt. war. Vff. nehmen zur Erklärung an, daß bei der Ozonolyse von IV nicht nur eine Spaltung der Doppelbindung, sondern auch ein Angriff an der C—C-Einfachbindung erfolgt. Es ergibt sich, daß bei der Friedel-Crafts-Rk. von III keine Verschiebung der Stellung von Atomen auftritt, wie sie bei den Rkk. von Cyclopropylcarboniumionen beobachtet wird. Zum Ablauf der Rk. werden zwei Mechanismen diskutiert, die als Zwischenstufe ein klass. Azacyclopropylmethylcarboniumion bzw. ein nichtklass. Bicycloazabutoniumion durchlaufen.

Versuche: *3-Amino-3-phenylpropanol*, F. 73—75° (Bzl.-PAe.), a) durch 7std. Kochen von 3-Amino-3-phenylpropansäure mit $LiAlH_4$ in Tetrahydrofuran (Thf.); 88% (Ausbeute). b) aus Styrol, Paraformaldehyd u. Acetonitril durch alkal. Hydrolyse des zuerst gebildeten Diacetylderivats. — *1-Benzolsulfonyl-2-phenylazetidin* (I), $C_{15}H_{15}NO_2S$, F. 123,5—124° (95%ig. A.), a) durch Zugabe von Benzolsulfonylchlorid (VI) zu vorst. Verb. in W. unter heftigem Rühren, sofortige Zugabe von wss. NaOH u. Rühren (70 Min. lang); 7% (daneben aus dem Filtrat durch Ansäuern mit wss. HCl 76% *3-Benzolsulfonamido-3-phenylpropanol*, $C_{15}H_{17}NO_3S$, F. 131—132°, abs. A.). b) durch Zugabe von VI zu vorst. Verb. in abs. Pyridin bei —2° unter Eiskühlung, Gießen auf Eiswasser, Lösen des Ae.-Extraktrückstands in Aceton, Zugabe von stark verd. wss. NaOH u. Stehen über Nacht; 16%. — *N-[3.3-Diphenylpropyl]-benzolsulfonamid* (II), F. 127—128°, analog l. c. aus I (bzw. III) u. $AlCl_3$ in abs. Bzl.; 73 bzw. 15%. — $^{14}C_{(1)}$*-Acrylsäure*, durch Zugabe von $CH_2 = CHBr$ in Thf. zu Mg-Spänen in Thf. im $N_2$-Strom bei 30—35°, ¼std. Stehen bei Raum-Temp., Verdünnen mit Ae., Evakuieren unter Kühlung mit fl. $N_2$, Schmelzen der Grignard-Lsg., erneutes Abkühlen mit fl. $N_2$ bei 25 cm Druck, Evakuieren auf $10^{-4}$ mm, Einleiten von $^{14}CO_2$ bei —20 bis —25°, je ½std. Rühren bei dieser Temp. u. bei —80°, Erwärmen auf Raum-Temp., Zugabe von Hydrochinon (VII) in Ae., Eindampfen (Dampfbad, bei 200 mm), Zugabe von Citronensäure in W. u. Extraktion mit VII-haltigem Äther. — *9.10-Dihydro-9.10-äthanoanthracen-11-*$^{14}$*C-carbonsäure*, F. 184—186° (wss. A.), durch 17std. Kochen vorst. Verb. mit Cu-Nd., VII u. Anthracen in Xylol; 85 bzw. 25% bezogen auf $Ba^{14}CO_3$. *Amid*, $C_{17}H_{15}NO$, F. 238 bis 239° (Xylol), durch 2std. Kochen der Säure mit $SOCl_2$ in Bzl., Abdestillieren von flüchtigen Stoffen, langsames Gießen in konz. wss. $NH_4OH$ bei —10°; 93%. — *11-[*$^{14}$*C-Aminomethyl]-9.10-dihydro-9.10-äthanoanthracen*, $C_{17}H_{17}N$, F. 116,5—117° (n-Heptan), durch Lösen vorst. Verb. in Dioxan unter Erwärmen, Zugabe von $LiAlH_4$ in Dioxan, 1std. Kochen, Stehen (1 Nacht) bei Raum-Temp., Zutropfen von wss. HCl, Abdestillieren des Lsgm. im Wasserstrahlvakuum bis 100°, Lösen des Rückstands in sd. W. (→ *Hydrochlorid*, $C_{17}H_{18}ClN$, F. 310 bis 310,5°) u. Schütteln mit wss. NaOH/Ae.; 87%. — *N-[*$^{14}C_{(1)}$*-Allyl]-benzolsulfonamid* (IV), F. 40—40,5° (wss. A.), durch ½std. Erhitzen vorst. Verb. u. Anthracen mit gemahlenem Tonteller unter $N_2$ auf 350° u. Auffangen der Dämpfe in W. u. in wss. HCl, Schütteln der wss. Fll. mit 10%ig. NaOH u. VI (20 Min. lang), Filtrieren u. Ansäuern; 67%. — $^{14}C_{(3)}$*-1-Benzolsulfonyl-*

*2-brommethyläthylenimin* (III), F. 87,5—88°, durch Bromieren von IV u. Einw. von wss. NaOH; 97%. Liefert analog II $^{14}$C-II. B. Gnauck B 225◇

*0739* **Die Curtius-Umlagerung. 3. Mitt. Die Zersetzung von substituierten Benzaziden in sauren Lösungsmitteln, Säurekatalyse.** Yasuhide Yukawa und Yuho Tsuno. (J. Amer. chem. Soc. **81**, 2007—12, 1959; Osaka, Univ., Inst. of Sci. and Ind. Res.; engl.) — 2. vgl. C. **1961**, **6445**. — Vff. untersuchen die Kinetik der Zers. substituierter Benzazide in Essigsäure (AcOH), $Ac_2O$, AcOH mit W., $H_2SO_4$, LiCl u. in Toluol. Die Zers.-Geschw. bei einem gegebenen Substituenten nimmt in den verschiedenen Lsgm. nach der Reihenfolge Toluol < $Ac_2O$ < AcOH < AcOH/W. < AcOH/$H_2SO_4$ zu, sie verläuft bei allen Rkk. genau nach 1. Ordnung. In AcOH/$H_2SO_4$ wurde eine lineare Hammett-Beziehung beobachtet. Dieser Substituenteneffekt ist ähnlich dem bei der Schmidt-Rk. u. unterscheidet sich von dem der Curtius-Umwandlung in Toluol. Die Aktivierungsenergie $\Delta E^*$ wird durch die Substituenten geringfügig variiert. In AcOH/$H_2SO_4$ ist log PZ konst., der sich dagegen in reiner AcOH im gleichen Maße wie $\Delta E^*$ ändert. Die Geschw.-Konst. $k_1$ (in $10^{-3}$/min) bei 65,20° in AcOH/W. (20 Vol.-%); AcOH/LiCl (0,25m); $AcO_2$ sowie $\Delta E^*$ (kcal/Mol) in AcOH wurden von folgenden substituierten Benzaziden bestimmt: *p-HO-* 14,2 ± 0,1; 9,82 ± 0,2; 3,92 ± 0,02; 25,6. — *p-CH₃O-* 13,1 ± 0,1; 8,776 ± 0,013; 3,10 ± 0,02; 25,5. — *p-tert.-C₄H₉-* 15,68 ± 0,03; 10,30 ± 0,08; 4,694 ± 0,012; 25,7. — *Unsubstituiert* 13,44 ± 0,06; 9,41 ± 0,02, 4,42 ± 0,03; 25,9. — *p-Cl-* 9,45 ± 0,04; 6,81 ± 0,06; 3,72 ± 0,02; 26,1. — *p-NO₂-* 7,90 ± 0,06; 5,37 ± 0,03; 3,79 ± 0,02; 27,0. — *m-NO₂-* 5,44 ± 0,02; 3,867 ± 0,012; 2,70 ± 0,02; 28,6. H. Henze B 225◇

*0740* **Die durch Zirkontetrachlorid und Zinn(IV)-chlorid katalysierte Friessche Umlagerung von p-Tolylacetat.** N. M. Cullinane, R. A. Woolhouse und B. F. R. Edwards. (J. chem. Soc. [London] **1961**, 3842—45; Catheys Park, Cardiff, Univ. Coll.; engl.) — Die Umlagerung von *p-Tolylacetat* (I) zu 2-Hydroxy-5-methylacetophenon erfolgt in homogener Nitrobenzol-Lsg. u. wird durch $ZrCl_4$ u. $SnCl_4$ katalysiert. Die Rk. erfolgt am schnellsten bei Verw. von 2 Mol I u. 1 Mol $SnCl_4$. Bei der Umsetzung werden Intermediärkomplexe von 1 oder 2 Mol I mit den Katalysatoren gebildet. Die katalyt. Aktivitäten von $TiCl_4$, $AlCl_3$, $ZrCl_4$ u. $SnCl_4$ wurden für diese Isomerisation verglichen u. die Rk.-Geschw.-Konst. (in $10^{-5} \cdot s^{-1}$) bei 40, 50 u. 60° u. die Aktivierungsenergien der Gesamt-Rk. (in kcal/Mol) der Rkk. mit $ZrCl_4$ bzw. $SnCl_4$ zu 1,5; 5,0; 13,5; 22,5 bzw. 1,07; 2,4; 5,65; 17,5 bestimmt. O. Jansen B 225◇

*0741* **Mechanismus einer N-Oxid-Umlagerung.** M. S. Habib und C. W. Rees. (Chem. and Ind. **1959**, 367—68; London, Univ., Birkbeck Coll. and King's Coll.; engl.) — Die Umlagerung von *3.4-Dihydro-4-methyl-3-oxochinoxalin-2-carbonsäure-[N-methylanilid]-1-oxid* (I) in kalter konz. $H_2SO_4$ unter $CO_2$-Abspaltung zu 3.4-Dihydro-4-methyl-3-oxo-2-[o-methylaminophenyl]-chinoxalin (II) erfolgt intermediär über ein cycl. Lactam u. dessen Hydrolyse u. Decarboxylierung. Das Anilid muß eine freie o-Stellung besitzen; so werden *3.4-Dihydro-4-methyl-3-oxochinoxalin-2-carbonsäure-N.N-dimethylamid-1-oxid* u. *-[N-methyl-2.6-dimethylanilid]-1-oxid* in konz. $H_2SO_4$ bei Zimmer-Temp. nicht angegriffen. Ein elektrophiler Substituent in p-Stellung des Anilidrestes von I (*p-NO₂-Deriv.* von I), verlangsamt die vollständige Umlagerung von 10 Min. bei 0° für I auf 24 Std. bei 55°. Die N-Oxidfunktion ist zu dieser Umlagerung nötig. Verringerung des elektrophilen Charakters des $C_{(2)}$-Atoms von I vermindert die Umlagerung; 2 Std. bei 55° sind nötig bei *3.4-Dihydro-3-oxopyrazin-2-carbonsäure-[N-methyl-p-toluidid]-1-oxid* u. *-4-methyl-2-carbonsäure-[N-methylanilid]-1-oxid.* Beide vorst. Verbb. ergeben bei gemeinsamer Rk. u. etwa gleicher Umlagerungs-Geschw. nur ihre eigenen u. keine Mischprodukte. Nicht oxydierte Basen erleiden andere Rkk. bei gleichen Bedingungen. A. Grohmann B 225◇

*0742* **Die Umlagerung von Bromfenchon durch Basen. Die Struktur von γ-Fencholensäure und die Synthese von Dihydro-α-fencholensäure.** D. S. Tarbell und F. C. Loveless. (J. Amer. chem. Soc. **80**, 1963—67, 1958; Rochester, N.Y., Univ. of Rochester, Dep. of Chem.; engl.) — Die Bromierung von *dl*-Fenchon erfolgt wahrscheinlich in 10-Stellung, da für die Bldg. der bei der anschließenden Verseifung entstehenden *γ-Fencholensäure* (I) eine *β*-Eliminierungs-Rk. vorausgesetzt werden kann. I hat eine exocycl. Doppelbindung (IR für exocycl. = $CH_2$ 873 $cm^{-1}$), die durch Ozonirung zu $CH_2O$ + α-[Cyclopentanon-(3)-yl]-isobuttersäure nachgewiesen wurde. Somit hat I einen Cyclopentan- u. nicht einen Cyclobutanring, wie von Semmler u. Bartelt [1907] angenommen. I lagert sich unter Wanderung der Doppelbindung im Ring an unter Bldg. von *α-Fencholensäure* (II), die wie I bei Hydrierung die gleiche *α-[3-Methylcyclopentyl]-isobuttersäure* (III) bildet. III wurde aus 3-Methylcyclopentanon (IV) durch Reformatski-Synth. gebildet. Durch $LiAlH_4$ wurde der Ester von III zum entsprechenden Alkohol reduziert.

Versuche: *d-Fenchon* (V), Kp. 170—180°, $[\alpha]_D$ 61°, aus Fenchensamenöl durch Dest.; *β-Oxim*, F. 123°, $[\alpha]_D$ 129°; *α-Oxim*, F. 165°, $[\alpha]_D$ 41°. — *10-Bromfenchon* (VI), $C_{10}H_{15}BrO$, *dl-Form*, F. 44,5° (Sublimation), aus 500 g vorst. Verb. mit Cu-Pulver u. $Br_2$ bei 90° in 16 Std., 3 Tage langes Rühren bei 90°, Trennung durch Wasserdampf-Dest.; 56,5 g krist. u. 34 g öliges Prod.; Red. mit Zn u. Eisessig gibt dl-V (Oxim, F. 155°) zurück. *d-Form*, $[\alpha]_D$ 14,3°, $n_D^{26}$ 1,5068. — *dl-β-Fencholensäureamid*, F. 81,5—82,5° (W.), aus dl-V-Oxim über das Nitril u. dessen Hydrolyse. — *dl-γ-Fencholensäure* (I), a) aus VI mit KOH in A., 3 Std. am Rückfluß; 26%; b) aus dem Äthylester (neben der Säure nach a); 47%] durch 48std. Kochen mit KOH in wss. Dioxan. Methylester, aus der Säure mit $CH_2N_2$ bzw. aus VI mit KOH in Methanol. — *α-[Cyclopentanon-(3)-yl]-isobuttersäure*, IR-Spektrum, durch Ozonisieren von I bei —78° in Chlf. *Semicarbazon*, $C_{10}H_{17}N_3O_3$, F. 198—200° (Zers.). — *dl-α-[3-Methylcyclopentyl]-isobuttersäure* (III), a) durch Hydrierung von dl-I in A. an Kohle–Pd.; b) analog aus dl-II. — *Amid*, $C_{10}H_{19}NO$, F. 128—129° (Hexan). *Äthylester*, $C_{12}H_{22}O_2$, Kp.$_5$ 84°, aus zweitnachst. Verb. durch Dehydratisierung mit $MgSO_4$ u. Hydrierung an Pd–Kohle. — *dl-α-[3-Methyl-3-hydroxycyclopentyl]-isobuttersäure-δ-lacton*, $C_{10}H_{16}O_2$, F. 71,2—72,8° (PAe.), a) aus 1,85 g dl-I mit konz. $H_2SO_4$, 30 Min. bei Zimmer-Temp.; 0,3 g; b) analog aus 0,5 g dl-II mit konz. $H_2SO_4$. — *α-[3-Methyl-1-hydroxycyclopentyl]-isobuttersäureäthylester*, $C_{12}H_{22}O_3$, aus α-Bromisobuttersäureäthylester u. IV mit Mg in abs. Ae., 2std. Rühren am Rückfluß; 32%. — *2.2-Dimethyl-2-[3-methylcyclopentyl]-äthanol*, aus 1,7 g III-Äthylester durch Red. mit $LiAlH_4$, 4std. Rühren am Rückfluß; 1 g. — *3.5-Dinitrobenzoat*, $C_{17}H_{22}N_2O_6$, F. 58,5—59,5° (A.), mit 3.5-Dinitrobenzoylchlorid u. Pyridin; 1½ Std. im Dampfbad. A. Grohmann B 225◇

*0743* **Kinetik und Mechanismus der Oxydation von Malonsäure durch Cer(IV)-Salze.** Kalyan K. Sengupta und S. Aditya. (Z. physik. Chem. [Frankfurt/M.] [N. F.] **38**, 25—35, 1963; Calcutta, India, Univ., Coll. of Sci. and Technol., Dep. of Appl. Chem.; engl.) — Die Oxydation der *Malonsäure* (I) mit $Ce(SO_4)_2$, $Ce(NO_3)_4$ u. $Ce(ClO_4)_4$ zu HCOOH u. $CO_2$ wird untersucht. Der Rk.-Ablauf wird durch jodometr. Best. des Ce(IV) verfolgt. Die Rk. ist 1. Ordnung u. verläuft am schnellsten mit $Ce(ClO_4)_4$, am langsamsten mit $Ce(SO_4)_2$. Folgende Aktivierungsgrößen werden bestimmt: für die Rk. mit $Ce(SO_4)_2$ $\Delta H$ 16,1 [kcal/Mol], $-\Delta S$ 16,5 [cal/Grad·Mol], $Ce(NO_3)_4$ 11,5, 31,4 bzw. $Ce(ClO_4)_4$ 9,2, 38,6. Die Stöchiometrie beträgt 6 Ce(IV) : 1 I. Zwischenprodd. können von Vff. nicht isoliert werden. Ein Absinken der Rk.-Geschw. wird durch $H^+$, $Na_2SO_4$ u. $MgSO_4$ sowie bei Durchführung der Rk. unter $CO_2$ u. $N_2$ beobachtet, während unter $O_2$ eine Steigerung der Rk.-Geschw. festgestellt wird. Verdünnung der Reaktanten sowie Zusatz von $NaClO_4$ besitzen keinen Einfl. auf die Rk.-Geschwindigkeit. Die Oxydation scheint mit der Bldg. eines aktivierten Komplexes zu beginnen, der in freie Radikale zerfällt. Über intermediär gebildete Tartronsäure u. Glyoxylsäure erfolgt die Oxydation zu HCOOH. Aus den Geschw.-Gleichungen der einzelnen Teilschritte wird eine Geschw.-Gleichung für die Gesamt-Rk. abgeleitet. G.-O. Jäger B 225◇

*0744* **Die Metallierung von Methoxynaphthalinen.** Roderick A. Barnes und Louis J. Nehmsmann. (J. org. Chemistry **27**, 1939—42, 1962; New Brunswick, N.J., State Univ., School of Chem.; engl.) — Mittels der LCAO-Meth. berechneten Vff. die Verteilung der *π*-Elektronen in *1-* (I) u. *2-Methoxy-*, *1.2-*, *1.3-* (IV), *1.4-* (V), *1.5-* (III), *1.6-* (VI),

*1.7-, 1.8-, 2.3-, 2.6-* u. *2.7-Dimethoxynaphthalin*. Ferner werden die induktiven Effekte u. mit den Daten die relativen Reaktivitäten der Verbb. gegenüber einer Metallierung [z. B. mit Butyl-Li (**II**)] abgeschätzt. Die Voraussagen stimmen mit den experimentellen Daten überein, eine Ausnahme ist **I** (vgl. Sunthanker u. Gilman, C. **1952**, 838). Im Gegensatz zu diesen Autoren fanden Vff., daß **I** erwartungsgemäß in 8-Stellung rascher als in 2-Stellung durch **II** metalliert wird, durch eine Umlagerung des prim. Prod. unter Wanderung des Li in 2-Stellung schließlich eine höhere Ausbeute an 2-substituiertem Prod. beobachtet wird. Vff. nehmen an, daß zwischen den Substituenten in 1- u. in 8-Stellung ster. Wechselwrkg. auftritt, wodurch unter Bedingungen einer leichten Gleichgewichtseinstellung die thermodynam. begünstigte 1.2-Orientierung erfolgt. Aus dem gleichen Grunde dürften Methoxynaphthaline, die am schnellsten in peri-Stellung metalliert werden, ein analoges Verh. zeigen; so müßte der Metallierungssubstituent bei **III—V** in 2-Stellung bzw. bei **VI** in 7-Stellung wandern. — Metallierung von **I**: Zugabe von Butylchlorid zu Li in sd. abs. Ae., Zugabe von **I**, 22std. Kochen, Zugabe von Trockeneispulver, Ansäuern des Ae.-Extrakts u. Extraktion des Rohprod. mit 20%ig. Bzl. in Ligroin im Soxhlet-App. → *1-Methoxynaphthoesäure-(8)* (**VII**), F. 159—160,5°, daneben *1-Methoxynaphthoesäure-(2)* (**VIII**), F. 127—128°. — *1-Hydroxynaphthoesäure-(8)-lacton*, F. 106—107° (Ligroin), durch 5std. Kochen von **VII** mit HBr/Essigsäure u. Zusatz von W.; aus dem Filtrat *freie Säure*, F. 167—168° (Ligroin). — Die UV-Daten von **VII** u. **VIII** sind angegeben. B. Gnauck B 225◇

*0745* **Acylierung.** 3. Mitt. **Säurekatalysierte Acylierung durch Isopropenylacetat.** E. A. Jeffery und D. P. N. Satchell. (J. chem. Soc. [London] **1962**, 1876—87; London, King's Coll.; engl.) — 2. vgl. C. **1963**, 1233; vorl. Mitt. vgl. Chem. and Ind. **1960**, **1444**. — Bei Acetylieren von Essigsäure (**I**) mit Isopropenylacetat (**II**) entstehen *Aceton* (**III**) u. *Acetanhydrid* (**IV**) in hoher Ausbeute, wobei die Rk. durch starke Säuren [HX: HCl, HBr, $HClO_4$, $H_2SO_4$, p-$CH_3C_6H_4 \cdot SO_3H$, $CH_3SO_3H$, Sulfoessigsäure (**V**)] katalysiert wird. Mit Überschuß an **I** verläuft die Rk. in 2 Stufen (ausgenommen $H_2SO_4$): $CH_2{=}CCH_3OCOCH_3 + HX \xrightarrow{k_1} III + XCOCH_3$ (1) u. $XCOCH_3 + I \underset{k_{-2}}{\overset{k_2}{\rightleftharpoons}} IV + HX$ (2). Für die Halogensäuren ist das Gleichgewicht von (2) stark nach links, für die anderen HX hingegen stark nach rechts verschoben. Die Rk.-Geschw. von (1) ist um so größer, je höher die Säurestärke von HX ist. Als akt. Acetylierungsagens der Rk. tritt $XCOCH_3$ auf. $H_2SO_4$ reagiert rasch u. quant. mit **II**, u. erst die weitere Rk. zwischen der gebildeten Sulfonsäure (wahrscheinlich Acetonmonosulfonsäure) u. **II** folgt vorst. Beziehung. Die mittleren Rk.-Geschw.-Konst. betragen in Ggw. von HCl bzw. HBr $k_2^{40°} = 0{,}0457$ bzw. $0{,}750$ Mol$^{-1}\cdot$min$^{-1}$ sowie $k_1^{40°}/k_{-2}^{0} = 0{,}361$ bzw. 0,536; in Ggw. von $HClO_4$, p-$CH_3C_6H_4SO_3H$, $CH_3SO_3H$, **V** bzw. $H_2SO_4$ $k_1^{40°} = 47{,}3$, 1,70, 1,14, 6,39 bzw. 5,92 Liter·Mol$^{-1}\cdot$min$^{-1}$. Säurekatalysierte Acetylierungs-Rkk. mit **II** bzw. Anhydriden besitzen große Ähnlichkeit miteinander, wenn dabei **I** als Lsgm. dient. Die Annahme, Keten sei eine Zwischenstufe der Acetylierung, läßt sich nicht aufrechterhalten. G. Kirsten B 225◇

*0746* **Acylierung.** 4. Mitt. **Der Acylierungsmechanismus durch Carbonsäureanhydride in nichtwässerigen Medien bei Katalyse durch Schwefel- und durch Sulfoessigsäure.** E. A. Jeffery und D. P. N. Satchell. (J. chem. Soc. [London] **1962**, 1887—94; engl.) — 3. vgl. vorst. Referat. — Die Kinetik der Acylierung von *m-Nitrophenol* mittels *Acetanhydrid* (**I**) in Essigsäure (Syst. A) bzw. *n-Buttersäureanhydrid* (**II**) in n-Buttersäure (Syst. B) mit $H_2SO_4$ oder Sulfoessigsäure (**III**) als Katalysator wird untersucht. Bei beiden Katalysatoren ist deren Acyl-Deriv. das eigentliche Acylierungsagens, das aus den Anhydriden in einem raschen vorgelagerten Gleichgewicht gebildet wird. Im Falle von $H_2SO_4$ bilden sich sowohl das Mono- als auch das Diacylderivat. Die Gleichgewichts-Konst. der Rk. $(RCO)_2O + H_2SO_4 \rightleftharpoons RCOHSO_4 + RCOOH$ beträgt $K = 10 \pm 2$ bzw. $20 \pm 3$ für die Syst. A bzw. B. Die Rk.-Geschw.-Konst. betragen bei **I** u. $H_2SO_4$ für 0,00140 bis 0,0211 Mol $H_2SO_4$/Liter (**I**-Anfangs-Konz. 0,405 Mol/Liter) $k_1^{40°} = 0{,}231-2{,}78\cdot10^{-2}$ min$^{-1}$ u. für 0,124—0,832 Mol **I**/Liter ($H_2SO_4$-Anfangs-Konz. $7{,}6\cdot10^{-3}$ Mol/Liter) 0,200 bis $3{,}74\cdot10^{-2}$ min$^{-1}$ bzw. bei **II** u. $H_2SO_4$ für 0,003 64—0,0146 Mol $H_2SO_4$/Liter (**II**-Anfangs-Konz. 0,232 Mol/Liter) $k_1^{40°} = 0{,}834-3{,}54\cdot10^{-2}$ min$^{-1}$ u. für 0,099—0,498 Mol **II**/Liter ($H_2SO_4$-Anfangs-Konz. $7{,}28\cdot10^{-3}$ Mol/Liter) 0,548—4,76 min$^{-1}$. Für **I** u. **III** wird $k_3^{40°} = 4{,}23-4{,}35$ Liter$^2\cdot$Mol$^{-2}$ min$^{-1}$ bestimmt. G. Kirsten B 225◇

*0747* **Acylierung.** 5. Mitt. **Acetylierung mit Acetanhydrid in Essigsäure, katalysiert durch Lewis-Säuren.** D. P. N. Satchell. (J. chem. Soc. [London] **1962**, 1894—98; engl.) — 4. vgl. vorst. Referat. — Das Verh. von $ZnCl_2$- oder $SnCl_4$-Lsgg. in Eisessig auf die Acetylierung von *β-Naphthol* mit *Acetanhydrid* (**I**) zeigt, daß sich $SnCl_4$ kinet. ähnlich wie $H_2SO_4$ verhält, wogegen die gebildeten komplexen Zn-Säuren, wie z. B. $H_2ZnCl_2(OCOCH_3)_2$, wesentlich schwächere acid. Wrkg. zeigen. Bei $ZnCl_2$-Konzz. von 0,133 bzw. 0,266 Mol/Liter u. **I**-Konzz. von 0,08—1,00 bzw. 0,03—0,38 beträgt $k_1^{40°} = 0{,}077-1{,}2\cdot10^{-2}$ bzw. $0{,}11-1{,}6\cdot10^{-2}$ min$^{-1}$. Für eine **I**-Konz. von 1,0 bzw. 0,1 Mol/Liter u. $ZnCl_2$-Konzz. von 0,04—0,266 bzw. 0,53 Mol/Liter beträgt $k_1^{40°} = 0{,}20-4{,}9\cdot10^{-2}$ bzw. $1{,}1\cdot10^{-2}$ min$^{-1}$. Bei $8{,}6\cdot10^{-3}$ Mol/Liter $SnCl_4$ beträgt bei **I**-Konzz. von 0,01—1,0 Mol/Liter $k_1^{40°} = 0{,}9-11{,}5\cdot10^{-2}$ min$^{-1}$ u. bei einer **I**-Konz. von 0,5 Mol/Liter u. $SnCl_4$-Konzz. von $0{,}69-8{,}6\cdot10^{-3}$ Mol/Liter ist $k_1^{40°} = 0{,}088$ bis $6{,}6\cdot10^{-2}$ min$^{-1}$. Bei Katalyse durch $ZnCl_2$ wird $k_3^{40°} = 1{,}5\cdot10^{-3}$ Liter·Mol$^{-1}\cdot$min$^{-1}$ gefunden. Verschiedene mögliche Rk.-Mechanismen u. die Struktur der Zwischenkomplexe werden diskutiert u. die katalyt. Wrkg. von Lewis- mit der von Brønsted-Säuren verglichen. G. Kirsten B 225◇

*0748* **Acylierung.** 6. Mitt. **Kinetische Untersuchung der Friedel-Crafts-Acylierung durch Monocarbonsäureanhydride in Tetrachlorkohlenstoff als Lösungsmittel und Zinn(IV)-chlorid als Katalysator.** D. P. N. Satchell. (J. chem. Soc. [London] **1962**, 1899—1905; engl.) — 5. vgl. vorst. Referat. — Die $SnCl_4$-katalysierte Acylierung von Phenolen durch Monocarbonsäureanhydride (**A**) in $CCl_4$ bei 25° führt vorwiegend zu Estern statt zu Ketonen. Der Einfl. von Substituenten kommt in der beobachteten Reaktivitätsfolge Acetanhydrid (**I**) > Buttersäureanhydrid (**II**) ≫ Monochloressigsäureanhydrid zum Ausdruck, wobei wahrscheinlich ster. Effekte vorherrschen. Bei Acylierung von *β-Naphthol* (**III**, F. 122°, ca. $5\cdot10^{-4}$ Mol/Liter) mit 0,012 Mol **I**/Liter wird für $SnCl_4$-Konzz. von $3{,}5\cdot10^{-4}$ bzw. $7{,}0\cdot10^{-4}$ Mol/Liter $k_1^{25°}\cdot10^{-2} = 14{,}0$ bzw. 30,0 min$^{-1}$ gefunden. Bei gleicher Anfangs-Konz. liefert *m-Nitrophenol* (**IV**, F. 95°) bei **I**-Konz. von 0,003 bis 0,012 u. $SnCl_4$-Konzz. von $7{,}0\cdot10^{-4}$ bzw. $14{,}0\cdot10^{-4}$ Mol/Liter $k_1^{25°}\cdot10^{-2} = 1{,}4-6{,}3$ bzw. 2,7—12,0 min$^{-1}$, u. *2.4-Dibromphenol* (**V**, F. 39°) ergibt bei **I**-Konzz. von 0,006—0,012 bzw. 0,012—0,024 u. $SnCl_4$-Konzz. von 7,0, 14,0 bzw. $28{,}0\cdot10^{-4}$ Mol/Liter $k_1^{25°}\cdot10^{-2} = 0{,}64-1{,}3$, 2,7 bzw. 6,0—13,0 min$^{-1}$. **IV** bzw. **V** reagieren in Abwesenheit von $SnCl_4$ kaum. Die Rk. ist 1. Ordnung, wenn die **A**-Konz. weniger als das 20—40fache der $SnCl_4$-Konz. beträgt, wobei die $k_1$-Werte von der 1. Potenz sowohl der **A**- u. $SnCl_4$-Konz. abhängen. Beträgt die **A**-Konz. mehr als das 20—40fache der Katalysator-Konz., nähert sich die Rk. recht abrupt 0. Ordnung, während die Rk.-Geschw. nunmehr weitgehendst von der $SnCl_4$-Konz., jedoch kaum von der **A**-Konz. abhängt u. die Art des Phenols größeren Einfl. gewinnt. Für die verschiedenen Phenole werden bei **I**- bzw. $SnCl_4$-Konzz. von 0,012 bzw. $7{,}0\cdot10^{-4}$ Mol/Liter gefunden: **III** $k_1^{25°}\cdot10^{-2} = 30{,}0$, **IV** 6,3 u. **V** 1,3 min$^{-1}$. **IV** ($5\cdot10^{-4}$ Mol/Liter) weist bei Rk. mit Benzoesäureanhydrid (**VI**, 0,0055—0,0225 Mol/Liter) u. $14{,}0\cdot10^{-4}$ Mol $SnCl_4$/Liter $k_1^{25°} = 1{,}5-6{,}3\cdot10^{-2}$ min$^{-1}$ auf, was auf große Ähnlichkeit im Verh. aromat. **A** u. **I** deutet. Bei gleicher $SnCl_4$-Konz. ist **I** ca. 5mal reaktiver als **VI**. Im Falle von **IV** u. **V** erweist sich unter gleichen Bedingungen **II** ebenfalls als weniger reaktiv im Vgl. zu **I** (Tabelle). $GeCl_4$ ist als Katalysator unwirksam. Vf. vergleicht die Rk. allg. mit der analogen Acylierungs-Rk. durch Acylchloride (**B**). Obwohl letztere kinet. wesentlich einfacher verläuft, wird ein gegebenes Phenol bei gleicher $SnCl_4$-Konz. in **A** ca. 50mal rascher acyliert als im entsprechenden **B**. Der untersuchte Rk.-Typ zeigt keinerlei Ähnlichkeit mit Katalysen durch $AlCl_3$. G. Kirsten B 225◇

*0749* **Acylierung.** 7. Mitt. **Kinetik und Mechanismus der Enolacetylierung von Acetophenon durch Isopropenylacetat, katalysiert durch p-Toluolsulfonsäure.** E. A. Jeffery und D. P. N. Satchell. (J. chem. Soc. [London] **1962**, 1906—12; engl.) — 6. vgl. vorst. Referat. — Die Kinetik der Enolacetylierung von *Acetophenon* (**I**, Kp.$_{2,5}$ 54°, $n_D^{19,3}$ 1,5341$_5$) durch *Isopropenylacetat* (**II**) u. p-Toluolsulfonsäuremonohydrat (**III**) als Katalysator (**HX**) zu α-Acetoxystyrol (**IV**, Kp.$_5$ 89°) wird bei 105,3° untersucht, wobei **I** außerdem als Lsgm. fungiert. Die Rk. umfaßt folgende 3 Gleichgewichtszustände: a) $\mathbf{I} + \mathbf{HX} \rightleftharpoons CH_2 = C(OH)C_6H_5$ (**IA**) + **HX**, b) $\mathbf{II} + \mathbf{HX} \underset{k_{(-1)}}{\overset{k_{(1)}}{\rightleftharpoons}} CH_3COCH_3 + X \cdot COCH_3$, c) $X \cdot CO \cdot CH_3 + \mathbf{IA} \underset{k_{(-2)}}{\overset{k_{(2)}}{\rightleftharpoons}} \mathbf{IV} + \mathbf{HX}$. Die mathemat. Behandlung der Vers.-Ergebnisse nach der im Syst. Essigsäure–**II**–**HX** angewendeten Meth. (vgl. 3. Mitt.) sowie eine ausgedehntere mathemat. Behandlung (s. Original) zeigen, daß sich a) im untersuchten Syst. rasch einstellt, kinet. durch b) u. c) bestimmt wird, u. daß $k_{(1)}$ u. $k_{(-2)}$ von sehr ähnlicher Größe sind. Im Gebiet von 0,406—1,11 Mol **II**/Liter u. **III**-Konzz. von 0,35—5,12·10$^{-3}$ beträgt $k_{(1)} = 0{,}96$—$8{,}50 \cdot 10^{-2}$ Liter·Mol$^{-1}$·h$^{-1}$, $k_{(2)}$[Enol] = 41,7—45,9 h$^{-1}$ u. $k_{(-1)} = 15{,}8$ bis 19,0 Liter·Mol$^{-1}$·h$^{-1}$ (Tabelle). Der Rk.-Mechanismus des Syst. **I**–**II**–**III** wird diskutiert u. mit dem des Syst. Essigsäure–**II**–**HX** verglichen. G. Kirsten B 225◇

*0750* **Kupfer (II)-Ionen-induzierte Jodabspaltung aus o-Jodbenzoesäure.** M. Anbar, S. Guttmann und C. Friedman. (Proc. chem. Soc. [London] **1963**, 10; Rehovoth, Weizman Inst. of Sci., Isotope Dep. and Soreq Res. Establ., Atomic Energy Comm.; engl.) — In wss. Lsg. erfolgt $J_2$-Abspaltung aus *o-Jodbenzoesäure* (**I**) durch Red.-Mittel, wie z. B. Sulfit (**II**), Azid (**III**) oder Ascorbinsäure (**IV**) in Ggw. von $Cu^{2+}$, wobei hauptsächlich $C_6H_5COOH$ entsteht. Äthylendiamintetraessigsäure, $H_2O_2$, $Fe^{2+}$ oder $[Fe(CN)_6]^{3-}$ unterbinden die Rk., $Cu^+$ ist katalyt. unwirksam. Im Bereich von 10$^{-4}$ bis 10$^{-2}$ Mol **I**/Liter betragen die Rk.-Geschw.-Konst. für **II**, **III** bzw. **IV** $k_3^{25^0}$ = 600, 3000 bzw. 1000 Liter$^2$·Mol$^{-2}$·s$^{-1}$. **I** reagiert ca. 1000mal rascher als p-Jodbenzoesäure. Die Rk. verläuft vermutlich über einen Cu-Komplex von **I**, aus welchem Elektronendonatoren $J_2$ abspalten.

G. Kirsten B 225◇

*0751* **Der Einfluß des N-ständigen Restes auf das Reaktionsverhalten von α-Iminosäuren.** Alfred Schellenberger, Gerhard Osske und Wolfgang Rödel. (Hoppe-Seyler's Z. physiol. Chem. **329**, 149—62, 1962; Halle/Saale, Univ., Inst. für Organ. Chem.; dt.) — Durch Best. der elektr. Leitfähigkeit verfolgen Vff. die Kinetik der Hydrolyse folgender N-substituierter α-Iminosäuren (als 0,05n Lsg. in $CH_3OH$ bei Zugabe eines 200fachen Wasserüberschusses) bei 20° u. bestimmen die Halbwertszeit: *N-Isopropyl-* (**I**) 128 [s], *N-Cyclohexyl-* (**II**) 126, *N-n-Propyl-* (**III**) 35, *N-Isohexyl-* 27,5, *N-Isobutyl-* (**IV**) 23, *N-n-Butyl-* (**V**) 23, *N-Äthyl-* (**VI**) 17,5, *N-[β-Phenyläthyl]-* (**VII**) 8, *N-Benzyl-* (**VIII**) 7 u. *N-Phenyl-α-iminotrimethylpropionsäure* (**IX**) < 1. Die Rkk. folgen der 2. Ordnung, bei Anwendung äquivalenter Mengen Iminosäure u. W. verläuft die Rk. ca. 50mal langsamer; $k_2$ 2,2·10$^{-2}$ Liter/Mol·s für **IX** bzw. 1,55·10$^{-2}$ für **V**. Die Hydrolysen-Geschw. der analogen N-substituierten *Brenztraubensäurenimine* (*IBT*) ist wesentlich größer als die der vorst. Säuren. Durch volumetr. Best. des gebildeten $CO_2$ wird die Decarboxylierung der α-Iminosäuren bei 150° (Bad-Temp.) kinet. verfolgt: **I** [Halbwertszeit] 820 (s), **II** 94, **IV** 95, **V** 96, **VI** 147, **VII** 75, **VIII** 80, **IX** 87. Ferner wird ihre Hydrierungs-Geschw. in Ggw. von $PtO_2$ bei Normaldruck in abs. $CH_3OH$ gemessen: **I** [Halbwertszeit] 47 (s), **II** 42, **III** 72, **IV** 96, **V** 72, **VI** 84, **VII** 80, **VIII** 81 u. **IX** 86. Die meisten der gebildeten N-substituierten α-Aminotrimethylpropionsäuren fielen bereits während der Hydrierung an u. wurden aus Dimethylformamid umkristallisiert. Zusatz von W. verzögert die Hydrierung stark, da das vorgeschaltete Gleichgewicht ketosaures Salz ⇌ Schiffsche Base die Hydrierung stört. — Aus α-Ketosäuren u. prim. Aminen erhält man α-ketosaure Aminsalze. Die Salze liefern mit 2.4-Dinitrophenylhydrazin sofort die entsprechenden Hydrazone. Ihre Konstit. ergibt sich aus den IR-Spektren, die für das *Salz aus Trimethylbrenztraubensäure* (**X**) u. *Cyclohexylamin* sowie für **II** zwischen 667 u. 4000 cm$^{-1}$ in Nujol bzw. Chlf. angegeben sind. Die Salze stehen bes. in Lsg. mit den entsprechenden Schiffschen Basen im Gleichgewicht, doch wird die Wasserabspaltung nicht so weit gefördert, daß die Azomethine isoliert werden können. Beim Erhitzen über den F. tritt Decarboxylierung der Salze unter Bldg. von 60—75% Aldimin ein. Salze von 4-Aminopyrimidinen zersetzen sich erst beim Erhitzen, vermutlich liegt daher die 4-ständige $NH_2$-Gruppe bei den Pyrimidinen in der Iminoform vor. Die α-Iminosäuren wurden aus den Äthylidenaminen mit äquimol. Mengen an α-Ketosäure in Ae. unter Wasserausschluß hergestellt. Die Darst. der **IBT** verliert im Gegensatz zu den **X**-Derivv. weniger einfach, da bei der Austausch-Rk. der reaktive Acetaldehyd gebildet wird. Daher wurden zur Darst. von **IBT** als Aldiminkomponente Trimethyläthylidenamine eingesetzt. Bei —40° erhielt man aus Brenztraubensäure u. Trimethyläthylidencyclohexylamin bzw. -trimethylmethylamin *N-Cyclohexyl-* bzw. *N-Trimethylmethylbrenztraubensäureimine* als Öle, deren Zers. nach 4 Std. bei —40° beginnt. Aus den IR-Spektren der α-Iminosäuren wird abgeleitet, daß diese in Lsg. u. im festen Zustand als innere Salze vorliegen.

Versuche (FF. korr. nach Kofler): trimethylbrenztraubensaure Aminsalze, durch Zutropfen von Amin in Ae. zu **X**: *Cyclohexylaminsalz*, $C_{12}H_{23}NO_3$, F. 143° (PAe.); 96% (Ausbeute). *Anilinsalz*, $C_{12}H_{17}NO_3$, Kristalle aus Bzn.; 92%. *Benzylaminsalz*, $C_{13}H_{19}NO_3$, F. 175—176° (Chlf.–Ae.); 97%. *β-Phenyläthylaminsalz*, $C_{14}H_{21}NO_3$, F. 116 bis 119° (Bzl.); 99,6%. *Isopropylaminsalz*, F. 144° (Bzn.); 85%. *n-Butylaminsalz*, $C_{10}H_{21}NO_3$, F. 82° (Bzn.); 94,3%. *Isobutylaminsalz*, $C_{10}H_{21}NO_3$, F. 72° (Bzn.); 96%. *n-Hexylaminsalz*, F. 55° (Bzn., unkorr.); 86%. *β-Naphthylaminsalz*, F. 146° (Bzn.); 81%. *α-Pyridylaminsalz*, $C_{11}H_{16}N_2O_3$, F. 136 bis 137° (Bzn.); 90,5%. *2-Methyl-5-äthoxymethylpyrimidyl-(4)-aminsalz*, F. 85° (Bzn.); 81%. Das *Äthyl-*, *n-Propyl-* u. *Isohexylaminsalz* fielen als Sirup an. — *Trimethyläthyliden-n-hexylamin* (**XII**), $C_{11}H_{23}N$, Kp.$_{20}$ 82°, Kp.$_{760}$ 189—190°, durch ca. 1std. Erhitzen des entsprechenden vorst. Salzes auf 100—120°; $n^{20}$ 1,4245; 63,3%. — Analog: Trimethyläthylidenamine: *-cyclohexylamin* (**XI**), $C_{11}H_{21}N$, Kp.$_{11}$ 62 bis 63°, n 1,4475; 75%. — *-anilin*, $C_{11}H_{15}N$, Kp.$_5$ 75—76°, n 1,5142; 17%. — *-benzylamin*, $C_{12}H_{17}N$, Kp.$_{11}$ 79—80°, n 1,4988; 37%. — *-β-phenyläthylamin*, Kp.$_{11}$ 92—93°, n 1,4939; 48%. — *-äthylamin*, $C_7H_{15}N$, Kp. 97—98°, n 1,4024; 57%. — *-n-propylamin*, $C_8H_{17}N$, Kp. 123°, n 1,4091; 45%. — *-isopropylamin*, $C_8H_{17}N$, Kp. 107°, n 1,3990; 60%. — *-n-butylamin*, Kp. 145—146°, n 1,4160; 77%. — *-isobutylamin*, $C_9H_{19}N$, Kp. 136—137°, n 1,4110; 64%. — *-isohexylamin*, $C_{11}H_{23}N$, Kp. 179°, n 1,4238; 78%. — *α-Cyclohexyliminotrimethylpropionsäure* (**II**), $C_{12}H_{21}NO_2$, F. 171—174° (Chlf.–Ae.), durch Zugabe von **X** in abs. Ae. zu **XI** in abs. Ae. unter Eiswasserkühlung (Rk.-Zeit 2 Tage); 42%. — Analog N-Alkyliminotrimethylpropionsäuren: *N-Phenyl-* (**IX**), $C_{12}H_{15}NO_2$, F. > 130° (Zers.), 3 Std.; 39%. — *N-Benzyl-* (**VIII**), $C_{13}H_{17}NO_2$, F. 136—140°, 2 Tage; 94%. — *N-[β-Phenyläthyl]-* (**VII**), $C_{14}H_{19}NO_2$, F. 138°, 1 Std.; 96%. — *N-Äthyl-* (**VI**), $C_8H_{15}NO_2$, F. 54—57°, 5 Tage; 61%. — *N-n-Propyl-* (**III**), $C_9H_{17}NO_2$, zerfließlich, 3 Monate; 26%. — *N-Isopropyl-* (**I**), $C_9H_{17}NO_2$, F. 157—158°, 6 Tage; 73%. — *N-n-Butyl-* (**V**), $C_{10}H_{19}NO_2$, F. 72—73°, 2 Tage; 40%. — *N-Isobutyl-* (**IV**), $C_{10}H_{19}NO_2$, F. 64°, 7 Tage; 59%. — *N-Isohexyl-*, $C_{12}H_{23}NO_2$, F. 118—120°, 20 Tage; 14%. — Mit **XII** war keine Rk. zu beobachten. B. Gnauck B 225◇

*0752* **Imidazolkatalyse der Hydrolyse von δ-Thiovalerolacton.** F. H. Westheimer und Myron L. Bender. (J. Amer. chem. Soc. **84**, 4908—09, 1962; Cambridge, Mass., Harvard Univ., James Bryant Conant Labor.; Evanston, Ill., Northwestern Univ., Dep. of Chem.; engl.) — Vff. zeigen, daß der von Bruice u. Bruno (C. **1963**, 11205) auf Grund ihrer kinet. Unters. der Katalyse der Hydrolyse von *δ-Thiovalerolacton* durch Imidazol angenommene Rk.-Mechanismus nicht mit den Prinzipien des dynam. Gleichgewichts zu vereinbaren ist. Es wird daher ein anderer Mechanismus vorgeschlagen, der ebenfalls mit den Ergebnissen in Übereinstimmung ist u. bei dem eine Acylimidazolium-Ion-Zwischenstufe durchlaufen wird, ähnlich wie ihn Jencks u. Carriulo (C. **1960**, 3177) für die Hydrolyse von Acetylimidazol angenommen haben. B. Gnauck B 225◇

*0753* **Der Einfluß des Aggregatzustandes auf die spezifische säurekatalysierte Hydrolyse von Natriumdodecylsulfat.** Vincent A. Motsavage und Harry B. Kostenbauder. (J. Colloid Sci. **18**, 603—15, 1963; Philadelphia, Pa., Temple Univ., School of Pharmacy; engl.) — Lsgg. von *Na-Dodecylsulfat* (**I**) hydrolysieren bei Konzz. oberhalb der krit. Micellen-Konz. (CMC) ca. 30mal so schnell wie bei Konzz. unterhalb dieses Wertes, was auf die verstärkte Assoziation des katalyt. wirksamen Hydroniumions u. des Dodecylsulfations in micellarer Form zurückzuführen ist.

Darüber hinaus führt ein Zusatz nichtionisierter, zur Bldg. gemischter Micellen mit **I** fähiger Substanzen ober- u. unterhalb der CMC zu einer Steigerung der entsprechenden Hydrolysengeschwindigkeit. Allg. scheinen diese Steigerungen der Hydrolysen-Geschw. mit hohen Entropiewerten u. nicht mit günstigeren Aktivierungsenergiewerten verbunden zu sein. D. Forst B 225◇

*0754* **Das Cyclopropenylcarbinylkation, ein nichtklassisches Carboniumion.** Ronald Breslow, Joyce Lockhart und Audrey Small. (J. Amer. chem. Soc. **84,** 2793 bis 2800, 1962; New York, N.Y., Columbia Univ., Dep. of Chem.; engl.) — Die Solvolyse von *$\Delta^2$-2.3-Diphenylcyclopropenylcarbinyl-p-toluolsulfonat* (**I**) in wss. Acetonitril (17 Std.) ergab 5% 2.3-Diphenylcrotonaldehyd [**II**, $C_{16}H_{14}O$, F. 127—128°, sublimiert; 2.4-Dinitrophenylhydrazon (DNPH), F. 224—225°; Benzolsolvat, $C_{16}H_{14}O \cdot C_6H_6$, F. 126°. Bzl.–Hexan], 20—25% Äthylidendesoxybenzoin (DNPH, $C_{22}H_{18}N_4O_4$, F. 185°, heißer A.–Äthylacetat) u. 50—60% $\Delta^2$-2.3-Diphenylcyclobutenol (**III**). Beim Erhitzen wandelt sich **III** teils in **II**, teils offenbar durch Aldol-Kondens. des aus **III** entstehenden Enols 2.3-Diphenylbutadien-(1.3)-ol-(1) mit **II** in höher sd. Prodd. um. Vff. verfolgten UV-spektroskop. u. titrimetr. die Kinetik der Solvolyse von **I** zwischen 18 u. 40° in abs. A. (E 24.5 kcal/Mol, S$^{\pm}$ +4.45 bis +4.55 cal/Grad·Mol) sowie von *2.3-Diphenylcyclopropylcarbinyl-p-toluolsulfonat* (**IV**) u. *$\Delta^2$-2-p-Methoxyphenyl-3-phenylcyclopropenylcarbinyl-p-toluolsulfonat* (**V**) bei 30°. Die Relativ-Geschw. von **IV**, **I** u. **V** verhalten sich wie 1:3:11. Zwischen den titrimetr. u. spektroskop. bestimmten Daten besteht sehr gute Übereinstimmung. Die Solvolyse-Rkk. der Cyclopropenylcarbinyltosylate verlaufen über nichtklass. Carboniumionen, die beiden Phenylgruppen haben nur eine geringe Wirkg. auf die Rk.-Geschwindigkeit. Wegen der Ähnlichkeit der Geschw. verläuft die Ringausdehnung bei **I** analog der bei **IV** über ein Diphenylcyclobutenylkation. Bei der Ionisierung ist die Doppelbindung nicht unmittelbar beteiligt. Unter Delokalisierung einer Ringeinfachbindung wird ein Übergangszustand durchlaufen, der dem Cyclopropenylcarbinyl-Syst. geometr. u. stereoelektron. ähnlich ist, worauf sich schließlich ein Cyclobutenylkation bildet. Der erwartete Effekt einer $CH_3O$-Gruppe auf die Rk.-Geschw. wird mittels der einfachen MO-Meth. als Funktion der Geometrie des Übergangszustands behandelt. Die Elektronen-Delokalisierungsenergien werden für **I**, **V** sowie die Diphenyl- u. Methoxyphenylphenylcyclobutenylkationen berechnet. Ferner wurden die Minimalwerte der Relativ-Geschw. der Bromierung von *$\Delta^2$-2.3-Diphenyl-* (**VI**) u. *$\Delta^2$-p-Methoxyphenyl-3-phenylcyclopropenylcarbonsäureäthylester* (**VII**) auf titrimetr. Wege (mit Cyclohexen als Vgl.-Substanz) bestimmt; die Relativ-Geschw. von **VII**:**VI** beträgt wenigstens 1000:1.

Versuche: *$\Delta^2$-2.3-Diphenylcyclopropenylcarbinol* (**VIII**), $C_{16}H_{14}O$, F. 71—72° (wss. A.), durch Zutropfen von Oxalylchlorid zu $\Delta^2$-2.3-Diphenylcyclopropencarbonsäure (**IX**), 2std. Kochen, Eindampfen, Zugabe von Bzl.–Hexan-Gemisch (1:1), Eindunsten, Lösen des Prod. in Diglym, Zugabe von Tri-tert.-butoxy-LiAlH oder Tri-tert.-butoxyaluminohydrid in Giglym unter Eiskühlung, 2std. Rühren bei 0° u. Gießen auf Eiswasser: 78% (Ausbeute). *p-Toluolsulfonat* (**I**), $C_{23}H_{20}O_3S$, F. 70—71° (Hexan), durch Zugabe von p-Toluolsulfonylchlorid zum Alkohol in abs. Pyridin unter Eiskühlung, Stehenlassen bei 0° (1 Nacht) u. Gießen auf Eis–konz. $H_2SO_4$; 51%. — *2-trans.3-trans-Diphenylcyclopropylcarbinol*, $C_{16}H_{16}O$, F. 88,5—89,5° (Hexan), durch Zugabe von **IX** zu $LiAlH_4$ in Ae. unter $N_2$, 2std. Rühren u. Zugabe von feuchtem Ae. u. von W.; 74%. *p-Toluolsulfonat* (**IV**) $C_{23}H_{22}O_3S$, F. 76 bis 77°; 57%. — *$\Delta^2$-2-p-Methoxyphenyl-3-phenylcyclopropencarbonsäure*, $C_{17}H_{14}O_3$, F. 179.5—181,5° (Aceton), aus p-Methoxytolan, Diazoessigsäureäthylester u. Cu-Pulver; 21%. — *$\Delta^2$-2-p-Methoxyphenyl-3-phenylcyclopropenylcarbinol*, $C_{17}H_{16}O_2$, F. 72,5—73,5° ($CH_2Cl_2$–Hexan), aus vorst. Säure analog **VIII**; 35%. *p-Toluolsulfonat* (**V**), $C_{24}H_{22}O_4S$, F. 74° (Zers.); 50%. — *$\Delta^2$-2.3-Diphenylcyclopropenylcarbonsäureäthylester* (**VI**), F. 75,5—76,5°, aus Diphenylacetylen nach Breslow u. Mitarbeitern (C. **1960,** 113); 3%. — *$\Delta^2$-2-p-Methoxyphenyl-3-phenylcyclopropenylcarbonsäureäthylester* (**VII**), $C_{19}H_{18}O_3$, F. 69,5—71° (Hexan), aus p-Methoxytolan, Cu-Pulver u. Diazoessigsäureäthylester u. Chromatographie; 12%. B. Gnauck B 225◇

*0755* **Kinetik und Mechanismen der Carbonyl-Methylen-Kondensationen.** 2. Mitt. **Die Reaktion von Malonsäure mit substituierten Benzaldehyden.** Saul Patai und Tiqva Goldman-Rager. (Bull. Res. Council Israel, Sect A **7A,** 59—65, 1958; Jerusalem, Hebrew Univ., Dep. of Organ. Chem. A: engl.) — 1. vgl. C. **1955,** 552; 10. vgl. C. **1963,** 3180. — Die Kinetik der Kondens. von *Malonsäure* (**I**) mit folgenden Benzaldehyden (in äquimol. Mengen) in Pyridin (Py) in Ggw. von Piperidin (Pip) bei 58,7° wurde titrimetr. (Best. der abgespaltenen W.) verfolgt, wobei die gleichzeitig auftretende Decarboxylierung von **I** u. der entstehenden substituierten Benzalmalonsäuren berücksichtigt wurde: Rk. von **I** mit *m-Nitro-* $10^5 k_2$ 34 (Liter/Mol·s, Anfangs-Geschw.-Konst.), *p-Nitro-* 28, *unsubstituiertem* 25, *o-Chlor-* 22, *o-Hydroxy-* 22, *p-Chlor-* 21, *p-Brom-* 20 bzw. *p-Hydroxybenzaldehyd* 13. Ermittelt wurde ferner die Decarboxylierungs-Geschw. der *Benzalmalonsäuren* während der Kondens. sowie nur in Py: *unsubstituiert* $10^5$k 24 ($s^{-1}$, während der Kondens.), 25 (nur in Py), *m-Nitro-* 26, 25, *p-Brom-* 27, 25, *p-Nitro-* 41, 22 (inhomogene Rk.), *o-Chlor-* 17, 21, *p-Chlor-* 22, 17, *o-Hydroxy-* 64, —, *p-Hydroxybenzalmalonsäure* 16, —. Da sich die $k_2$-Werte der Kondens. ziemlich ähnlich sind, wird angenommen, daß der wichtigste geschwindigkeitsbestimmende Schritt zwar die Ionisation der $CH_2$-Gruppe von **I** ist, aber die gemessene Gesamt-Geschw. auch durch die Polarität der Carbonylgruppe beeinflußt wird. Ein entsprechender Mechanismus wird angegeben. Die k-Werte der konkurrierenden Decarboxylierung u. der Decarboxylierung der Benzalmalonsäuren selbst sind in den meisten Fällen prakt. ident., offenbar üben also die anderen Reaktanten u. Pip keinen Effekt auf die Decarboxylierung aus. Wegen des geringen Substituenteneffekts hierbei ist anzunehmen, daß entweder dieser nicht durch den Ring zum Ort des Bindungsbruchs weitergeleitet wird oder der elektronenanziehende Effekt der zweiten COOH-Gruppe den Substituenteneffekt weit übertrifft. — *p-Brombenzalmalonsäure*, $C_{10}H_7BrO_4$, F. 209—210° (A.), aus **I** u. p-Brombenzaldehyd in Eisessig. Liefert durch Decarboxylierung *p-Bromzimtsäure*, F. 250°. — p- u. o-Hydroxybenzalmalonsäure konnten analog nicht dargestellt werden. B. Gnauck B 225◇

*0756* **Eine Fragmentierungsart von tosylgeschützten Gruppen der Tosylaminosäuren und Peptide.** J. Kovács und U. R. Ghatak. (Chem. and Ind. **1963,** 913—14; New York, N.Y., St. John's Univ., Dep. of Chem.; engl.) — Die Fragmentierung von *Tosyl-L-glutaminsäure* mit Na in fl. $NH_3$ führt zu 14—15% p-Thiokresol (**II**), 70—75% Sulfit (**I**) u. 26% Toluol (**III**), während aus *Tosyl-L-alanyl-L-leucin* 40% **I** neben 6% **II** entstehen. Vff. vermuten daher, daß p-Toluolsulfinsäure (**IV**) nicht das hauptsächliche Zwischenprod. darstellt. In stärkerem Maß soll eine C–S-Fragmentierung unter Bldg. von **III**, $SO_2$ u. Amin erfolgen. Die durch eine S–N-Fragmentierung entstandene **IV** zerfällt weiter zu **II** u. in geringerer Menge zu **III** u. $SO_2$. J. Weiner B 225◇

*0757* **Homologisierung des Triphenylmethylkations.** H. W. Whitlock jun. (J. Amer. chem. Soc. **84,** 2807—11, 1962; Madison, Wis., Univ. of Wisconsin, Dep. of Chem.; engl.) — Vgl. Tetrahedron Letters [London] **1961,** 593. — Beim Zutropfen von $CH_2N_2$/Ae. zu 1 Val Tritylperchlorat (**I**) in Ae. bei 0° bilden sich 62% *Triphenyläthylen* (**II**, F. 66.5—68.0°), mit überschüssigem $CH_2N_2$ dagegen 34% **II** u. 27% *1.2.3-Triphenylpropen* ($C_{21}H_{18}$, F. 52.5—54°; Hexan). Eine Bldg. von Polymethylen wurde in keinem Falle beobachtet. Die Rkk. laufen wohl nach einem Carboniumion-Mechanismus ab, u. zwar mit 1.1.2-Triphenyläthylcarboniumion als Zwischenstufe. Die Kationen liegen vermutlich als Oxoniumsalze vor, die bei der Aufarbeitung sich in die Prodd. umwandeln. Phenyldiazomethan (**V**) ergibt mit **I** in Ae. in rascher Rk. die theoret. $N_2$-Menge, doch wird **I** zu 86% unverändert wiedergewonnen, außerdem werden 11% *trans-Stilben* (**III**, F. 123,8 bis 124,5°), 6% *Tetraphenyläthylen* (**IV**, F. 220—224°), wenig *Triphenylmethan* (F. 91—92°; Hexan) u. ziemlich viel nicht identifizierte dunkle Öle gebildet. Bei Anwendung 1/10 Val **I** erhält man 15% **III**, 11% **IV** u. 48% *Triphenylcarbinol* (**VII**) sowie ebenfalls dunkle Öle. Die Zers. von **V** scheint durch **I** katalysiert zu sein. **I** liefert mit Diazoessigsäureäthylester in Acetonitril 72% *Triphenylacrylsäureäthylester* ($C_{23}H_{20}O_2$, F. 223,5—224°; Äthylacetat). Diphenyldiazomethan (**VI**) ergibt mit **I**/Ae. bei 0° 97% **IV** sowie geringe, wechselnde Mengen *Dibenzhydryläther* (F. 100—103°), die sich vielleicht durch Wasserspuren im Medium bilden; **I** wird nach Hydrolyse als **VII** zu 96% zurückgewonnen. Die Zugabe-Geschw.

von **VI** hat keinen Einfl. auf die Ausbeute an **IV**. Bei der Rk. von Bis-[p-methoxyphenyl]-diazomethan mit katalyt. Mengen **I** entstehen (bei 0° in Ae.) 84% *Tetra-[p-methoxyphenyl]-äthylen* ($C_{30}H_{28}O_4$, F. 184—185°; Äthylacetat). Diese Rk. verläuft vermutlich über das Pentaphenyläthyl- u. Heptaphenylpropylcarboniumion. $BF_3$-Ätherat führt bei 0° in Ae. zur Umwandlung von **VI** in 91% *Benzophenonazin* (**VIII**, $C_{26}H_{20}N_2$, F. 163°, hellgelbe Stäbchen aus Äthylacetat). $AlCl_3$/Ae. katalysiert ebenfalls die Zers. von **VI**, es bilden sich äquimol. Mengen an **VIII** u. **IV**. — *1.2.3-Triphenylpropen*, F. 62—63° (höher schm. Form), durch Wasserabspaltung aus Dibenzylphenylcarbinol in sd. Bzl. in Ggw. von p-Toluolsulfonsäure; 65% Ausbeute. B. Gnauck B 225◇

*0758* **Einfluß der chemischen Struktur des Lösungsmittels auf die Kinetik und Mechanismus der Menschutkin-Reaktion.** A. D. Stepuchowitsch, N. I. Lapschowa und T. D. Jefimowa. (J. physik. Chem. [UdSSR] **35**, 2532—39, 1961; Ssaratow, Tschernyschewski-Univ.; russ., Auszug: engl.) — Es wurde der Einfl. von prim. n-Alkoholen ($C_1$—$C_8$), benzol. KW-Stoffen (Bzl., Toluol, Xylol) u. Aceton bei verschiedener Temp. auf die Kinetik der Menschutkin-Rk. von *N.N-Diäthylanilin* mit *Äthylbromid* zum quatern. Bromid bei 70—98° untersucht. Es wurden die Aktivierungsenergie E, die -entropie S*, der Präexponential-Koeff. sowie die Solvatationswärme $Q_s$ der Rk. in den verschiedenen Lsgm. bestimmt. Die Geschw.-Konst. der Rk. nimmt mit wachsender Kettenlänge des Alkohols zu, die Zunahme ist bes. stark zwischen den $C_3$—$C_5$-Alkoholen. Die E-Werte nehmen mit der Kettenlänge der Alkohole linear oder mit der Zahl der $CH_3$-Gruppen im Ring der KW-Stoffe ab; analoges gilt für die S*-Werte. Die Q-Werte nehmen linear mit wachsender Kettenlänge des Alkohols zu u. mit steigender DK ab. Die S*-Werte steigen linear mit der DK des Alkohols. Die Unters.-Ergebnisse bestätigen, daß der Mechanismus der Menschutkin-Rk. auf der Bldg. von solvatisierten aktivierten Komplexen beruht, falls die Unterschiede in der Solvatation von Ausgangs- u. Endprodd. in verschiedenen Lsgm. als Effekte 2. Ordnung vernachlässigt werden können. C. Kozák B 225□

*0759* **1.3-Dipolare Additionen der Thioketocarbene.** R. Huisgen und V. Weberndörfer. (Experientia [Basel] **17**, 566, 1961; München, Univ., Inst. für Organ. Chem.; dt.) — Vgl. C. **1961**, 15344. — Bei der Thermolyse von 1.2.3-Benzothiadiazol (**I**) tritt unter $N_2$-Abspaltung nach Vff. intermediär ein Thioketocarben **A** auf, das beim Erhitzen von **I** auf 200 bis 220° unter Dimerisierung *Thianthren* (**II**) liefert (vgl. Jacobson u. Janssen [1893]). Auch beim Zerfall von **I** in Fumarsäurediäthylester oder α-Naphthylisocyanat bei 220° wird nur die Bldg. von **II** beobachtet. Das gilt auch für die Rk. in sd. Benzonitril. Dagegen entstehen beim Erhitzen von **I** in $CS_2$ auf 220° (Autoklav) offenbar durch Addition von $CS_2$ an **A** 84% *1.3-Benzodithiol-2-thion* (**III**). Analog erhält man beim Erhitzen von **I** in **III** bei 200° 69% (vermutlich) *2.2'-Spiro-bis-[1.3-benzodithiol]*. Mit Phenylsenföl (Phenylisothiocyanat) bilden sich bei der therm. Zers. von **I** 38% *2-Phenylimino-1.3-benzdithiol*, dessen Struktur durch Synth. aus Dithiobrenzcatechin u. Phenylisocyaniddichlorid in Ggw. von Triäthylamin gesichert wurde. Auch bei der Thermolyse oder Photolyse von 4-Phenyl-1.2.3-thiadiazol erfolgt keine Addition des Thioketocarbens an Alkene, Alkine oder Nitrile. Die Zers. des unsubstituierten 1.2.3-Thiadiazols in $CS_2$ bei 200° liefert nur 0,2% *1.3-Dithiolthion-(2)*. B. Gnauck B 225◇

*0760* **Orientierung bei einigen Eliminierungsreaktionen in cyclischen Systemen.** T. H. Brownlee und W. H. Saunders jun. (Proc. chem. Soc. [London] **1961, 314**—15; Rochester, N.Y., Univ., Chem. Dep.; engl.) — Übereinstimmend mit Unterss. von Hückel [1940] u. Read u. Henry (vgl. J. chem. Soc. [London] **1952, 153**) finden Vff., daß beim Erhitzen von *Trimethylneomenthylammoniumhydroxid* hauptsächlich Menthen-(3)-Verbb. entstehen. Die Haupt-Rk. ist tatsächlich vom E2-Typ, aber es gibt darin unter bestimmten Bedingungen eine E1-Komponente. Diese unübliche Art der Eliminierung in cycl. Syst. wird durch die Vers.-Ergebnisse über die Orientierung bei der Eliminierung von *Trimethyl-2-methylcyclohexylammoniumsalzen* u. der entsprechenden *Toluol-p-sulfosäureester* bewiesen. Bei normalen Hofmann-Bedingungen ergibt das Ammoniumhydroxid nur 3-Methylcyclohexen in einer trans-Eliminierung, aber in verd. wss. Lsg. in verschlossener Röhre entstehen merkliche Mengen von *1-Methylcyclohexen*. O. Jansen B 225◇

*0761* **Bestimmung der einzelnen Geschwindigkeitskonstanten für die Stufen bei der thermischen Zersetzung des Äthans.** D. R. Blackmore und Cyril Hinshelwood. (Proc. Roy. Soc. [London], Ser. A **271**, 34—43, 1963; Oxford, Univ., Physic. Chem. Labor.; engl.) — Ein Rk.-Schema, welches jenem für höhere Paraffine verwendeten analog ist, wurde auf seine Anwendbarkeit auf die therm. Zers. von *Äthan* (**I**) u. deren Hemmung durch NO geprüft. **I** stellt einen Grenzfall der Paraffinreihe dar, in welchem die H-Atome die Methylradikale als kettenbildende Elemente vertreten. Die Geschw.-Konst. der Rk.-Stufen wurden auf Grund des nachst. Schemas bestimmt: $C_2H_6 \rightarrow CH_3 + CH_3$, $CH_3 + C_2H_6 \rightarrow CH_4 + C_2H_5$, $C_2H_5 \rightarrow C_2H_4 + H$, $H + C_2H_6 \rightarrow H_2 + C_2H_5$, $C_2H_5 + H \rightarrow C_2H_6$, $CH_3 + NO \rightarrow CH_3NO$ (Endprod.), $C_2H_5 + NO \rightarrow C_2H_5NO$ (Endprod.), $H + NO \rightarrow HNO$ (Endprod.). O. Jansen B 225◇

*0762* **Untersuchungen über Peroxyverbindungen. 4. Mitt. Reaktionen zwischen tert.-Butylperbenzoat und Benzyläthern mit Kupfersalzkatalysatoren.** S.-O. Lawesson und C. Berglund. (Tetrahedron Letters [London] **1960**, Nr. 2, 4—6; Uppsala, Univ., Dep. of Org. Chem.; engl.) — 3. vgl. C. **1961**, 3626. — Denney u. Mitarbeiter (vgl. Tetrahedron Letters [London] **1959**, Nr. 15, 19) nehmen bei den genannten Rkk. an, daß die freien Radikale in Ggw. von Cu-Salzen nicht ganz frei sind. Nachst. Unterss. unterstützen diese Annahme. Bei der Zers. von tert.-Butylperoxid in Ggw. von verschiedenen Benzyläthern wird ein H-Atom vom Äther unter Bldg. eines Radikals abgespalten. Nach diesem Mechanismus kann die Benzoyloxygruppe in den Äther eingeführt werden. Es wurden nur Benzoate einer Art isoliert, was ein Beweis für obige Annahme ist. A. Jánossy B 225

*0763* **Die thermische Dissoziation blockierter Toluoldiisocyanate.** George R. Griffin und Lawrence J. Willwerth. (Ind. Engng. Chem., Product Res. Development **1**, 265—68, 1962; Wilmington, Mass., Avco Corp.; engl.) — Die Temp., bei der einige blockierte (keine freie Isocyanatgruppe) Diisocyanate [Gemische von Tolylen-2.4-diisocyanat u. -2.6-diisocyanat (80 : 20)] deblockiert werden, d. h. wie freie Isocyanate (**A**) reagieren, werden durch IR-Spektroskopie u. Messung des bei Rk. mit W. entwickelten $CO_2$ bestimmt. Blockierte **A**, die sich von Phenolen, Alkyl- u. Arylthiolen u. β-Dicarbonyl-Verbb. ableiten, dissoziieren beim Erhitzen, wobei freie Isocyanatgruppen gebildet werden. Das Additions-Prod. der **A** mit tert. Butylalkohol liefert beim Erhitzen Isobutylen, $CO_2$ u. das entsprechende Amin. Die Wärmebeständigkeit fällt mit der Dichte der negativen Ladung am Brückenatom zwischen dem Tolylendiisocyanat u. dem zu addierenden Molekül. Bei negativ substituierten Phenolen treten die niedrigsten Dissoziations-Temp. auf. Diese werden auch bei Verw. von Lsgm. mit stark nucleophilen Gruppen (Polyalkylenglykol) gesenkt. Als blockierende Verbb. werden verwendet: *A.*, *tert.-Butanol*, *m-Kresol*, *o-Nitro-*, *p-Chlorphenol*, *Guajacol*, *Resorcin*, *Phloroglucin*, *Dodecanthiol-(1)*, *Thiophenol*, *Acetessigsäureäthylester*, *Malonsäurediäthylester*, *ε-Caprolactam*, *Äthylcarbamat*, $H_3BO_3$. W. Wesly B 225◇

*0764* **Pyrazoline.** 7. Mitt. **Die Stereochemie der thermischen Zersetzung von 5-Phenyl-$\Delta^1$-pyrazolinen.** W. M. Jones und Wun-Ten Tai. (J. org. Chemistry **27**, 1324—28, 1962; Gainesville, Fla., Univ. of Florida, Dep. of Chem.; engl.) — 6. vgl. C. **1963**, 12019. — Durch Einw. von Phenyldiazomethan (**I**) auf Mesaconsäure- (**II**) bzw. Citraconsäuredimethylester (**III**) wurde *3-Methyl-trans-* (trans-**IV**) bzw. *-cis-3.4-dicarbomethoxy-5-phenyl-$\Delta^1$-pyrazolin* (cis-**IV**) dargestellt. Die therm. Zers. von trans-**IV** bei 180—185° lieferte *1-Methyl-trans-1.2-dicarbomethoxy-3-phenylcyclopropan* (*trans*-**V**), dessen Struktur durch das Ausbleiben der Anhydrid-Bldg. beim Erhitzen der freien Säuren auf 230° sichergestellt wurde. Die therm. Zers. von 3.5$^c$-Dicarbomethoxy-4$^c$-phenyl-5$^t$-methyl-$\Delta^2$-pyrazolin lieferte ein Gemisch mit 72% trans-**V**. Es wird deshalb angenommen, daß in trans-**V** $CH_3$- u. $C_6H_5$-Gruppe trans-ständig zueinander sind. Dagegen konnte bei der Pyrolyse von cis-**IV** (bei 137°) die Bldg. eines Cyclopropan-Deriv. nicht beobachtet werden. Das erwartete Prod. (cis-**V**) wurde daher auf anderem Wege [durch Rk. von **I** mit Citraconsäureanhydrid (VI) u. folgende therm. Zers.] über das Anhydrid dargestellt. Die Konstit. von cis-V (Phenylgruppe in cis-Stellung zur $CH_3$-Gruppe) ergab sich aus der Zers. von 3.5t-Dicarbomethoxy-4c-phenyl-5c-methyl-$\Delta^2$-pyrazolin bei 240 bis 260°, bei der 90% des Cyclopropan-Deriv. enthaltenden Prod. aus cis-V bestand. Bei weiteren Pyrolyse-Verss. mit cis-IV in sd. Xylol, Mesitylen bzw. Dekalin konnte auch kein Cyclopropan-Deriv. im Prod. entdeckt werden, wohl aber beim Einbringen von cis-IV in ein auf 280° erhitztes Pyrolysenrohr. Die 8%ig. Ausbeute an Cyclopropyl-Verbb. bestand zu 75% aus V u. zu 25% aus trans-Verbindungen. Unter den gleichen Bedingungen ergab trans-IV keine Cyclopropanverbindung. cis- u. trans-V sind unter diesen Bedingungen therm. stabil, ihre Konstit. wurde auch durch Aufnahme des kernmagnet. Resonanzspektrums nachgeprüft. Die Bldg. von trans- bzw. cis-V aus trans- bzw. cis-IV erfolgt offenbar nicht ausschließlich über eine gemeinsame Zwischenstufe, u. es wird geschlossen, daß die Rk. bestenfalls teilweise stereospezif. bzgl. der $C_{(3)}$–$C_{(4)}$-Bindung des heterocycl. Ring-Syst. verläuft.

Versuche: *Benzaldehydhydrazon*, $Kp._{12}$ 134–136°, durch Zutropfen von Benzaldehyd in Ae. zu abs. $N_2H_4$ in Ae. u. Stehen (3–4 Tage) über fester NaOH; 60% (Ausbeute). Liefert durch Zugabe von rotem HgO in Pentan (Pe.) ca. 38% I. — *3-Methyl-cis-3.4-dicarbomethoxy-5-phenyl-$\Delta^1$-pyrazolin* (*cis*-IV), $C_{14}H_{16}N_2O_4$, F. 137° (Methanol, Zers.), durch Zugabe von I in Pe. zu 14,8 g III u. 3tägiges Stehen im Kühlschrank; 1,30 g. — *3-Methyl-trans-3.4-carbomethoxy-5-phenyl-$\Delta^1$-pyrazolin* (*trans*-IV), $C_{14}H_{16}N_2O_4$, F .175° (Aceton. Zers.), analog cis-IV aus 24,5 g II; ca. 1 g. — *1-Methyl-cis-1.2-dicarbomethoxy-3-phenylcyclopropan* (*cis*-V), $C_{14}H_{16}O_4$, $Kp._6$ 160 bis 162°, durch Zugabe von I in Pe. zu VI, Stehen im Kühlschrank (1 Nacht), Zers. bei 90–100° (28,8 g Prod.), 6std. Kochen von 12 g in Methanol, Einw. von überschüssigem $CH_2N_2$ in Ae. u. Einw. von wss. $KMnO_4$ auf den Rückstand in Aceton; 3,2 g. — *1-Methyl-trans-1.2-dicarbomethoxy-3-phenylcyclopropan* (*trans*-V), $C_{14}H_{16}O_4$, F. 41,5–43° (wss. Methanol), durch Dest. des Prod. aus I u. II bei 13 mm u. Chromatographie an $Al_2O_3$; 0,250 g. Hydrolyse mit 5%ig. methanol. KOH bei Raum-Temp. (4 Tage) liefert freie *Disäure*, $C_{12}H_{12}O_4$, F. 113–115° (wss. Methanol). — *3.5t-Dicarbomethoxy-4c-phenyl-5c-methyl-$\Delta^2$-pyrazolin*, $C_{14}H_{16}N_2O_4$, F. 114,5–115° ($CCl_4$), durch Zugabe von Diazoessigsäuremethylester zu 24,1 g trans-α-Methylzimtsäuremethylester, 3tägiges Erhitzen auf 90–95°, Lösen in Ae. u. Chromatographie an $Al_2O_3$; ca. 4,6 g. — *3.5c-Dicarbomethoxy-4t-phenyl-5t-methyl-$\Delta^2$-pyrazolin*, Kp. > 106°, analog vorst. Verb. aus 2,93 g cis-α-Methylzimtsäuremethylester; 1,75 g.
B. Gnauck B 225◇

*0765* **Durch Jod photokatalysierte cis-trans-Isomerisierung von Stilben.** Shigeru Yamashita. (Bull. chem. Soc. Japan **34**, 972–76, 1961; Sakai, Osaka, Univ. of Osaka Prefecture, Coll. of Gen. Educat., Dep. of Chem.; engl.) — Vgl. C. **1963**, 3178. — Die Kinetik der Isomerisierung von *Stilben* (I) in Ggw. von $J_2$ in n-Hexan unter Bestrahlung zwischen ca. 10 u. 30° wird UV-spektroskop. verfolgt. Bei Anwendung von Licht der Wellenlänge von 530–600 mμ folgt die Isomerisierung von cis-I dem kinet. Gesetz $v = kI_0^{0,5}[cis\text{-}I][J_2]^{0,5}$; I: Lichtintensität. Die Aktivierungsenergie E beträgt 7,6 (kcal/Mol). Die Quantenausbeute $\Phi$ bzgl. $J_2$ beträgt 0,08 (25°). Als Primärprozeß wird $J_2 + h\nu \rightarrow 2\,J$ angenommen. Die geringe $\Phi$ wird der Rekombination von J-Atomen u. dem geringen $\Phi$-Wert der Photodissoziation von $J_2$ zugeschrieben. Bei Bestrahlung mit Licht im Bereich von 360–430 mμ gilt das gleiche kinet. Gesetz wie oben, jedoch beträgt der $\Phi$-Wert ca. 1,2 u. E 4,1. Als Primärprozeß wird daher angenommen $cis\text{-}I\cdot J_2 + h\nu \rightarrow cis\text{-}I\cdot J_2^+$, worauf $cis\text{-}I\cdot J_2^+ + cis\text{-}I \rightarrow 2\,cis\text{-}I\cdot J_2$ folgt (cis-I·$J_2$: Mol.-Komplex). Als sek. Rkk. werden formuliert $cis\text{-}I + J \rightleftharpoons cis\text{-}I\cdot J$ u. $cis\text{-}I\cdot J \rightarrow trans\text{-}I\cdot J \rightarrow trans\text{-}I + J$. Die Umwandlung von trans-I wird mit Licht von 310–400 mμ in Ggw. von $J_2$ erzielt, wobei die Geschw. auch ohne $J_2$ gleich groß ist. Die Lichtabsorption erfolgt daher offenbar direkt durch trans-I, u. $J_2$ leistet keinen Beitrag zur Isomerisierung. Die UV-Spektren von cis- u. trans-I u. ihrer $J_2$-Komplexe sind angegeben.
B. Gnauck B 226◇

*0766* **Eine kinetische Untersuchung der Photobromierung von Trifluorbromäthylen.** J. R. Lacher, R. D. Burkhart und J. D. Park. (Univ. Colorado Stud., Ser. Chem. Pharmacy **4**, 8–21, 1962; engl.) — Die Kinetik der Dampfphasenbromierung von $CF_2 = CFBr$ (I) bei 50° unter Bestrahlung mit einer Hochdruck-Hg-Bogenlampe (546 mμ) wird manometr. untersucht. Trotz sorgfältiger Reinigung des $Br_2$ u. Ausschaltung von permanenten Gasen im Syst. konnten keine reproduzierbaren Ergebnisse erhalten werden. Es tritt eine Induktionsperiode von 100–400 s auf; während dieser fällt der Druck entsprechend der Beziehung $P = Ae^{\Phi t}$. Es wird ermittelt, welchem Einfl. (Lichtintensität, J, J = ca. 9,24·$10^{13}$ Quanten/s; Bromdruck, $p_{Br_2}$; I-Druck) die Faktoren A u. $\Phi$ unterliegen. $\Phi$ ändert sich bei Zusatz von $CF_2Cl_2$ als Inertgas nicht, A scheint dagegen mit abnehmendem $CF_2Cl_2$-Druck größer zu werden. Nach Ende der Induktionsperiode hängt die Geschw. im stationären Zustand von $p_{Br_2}^{1,5}$ u. von $J^{0,5}$ ab, wenn I im Überschuß vorhanden ist. Die Geschw. wird jedoch vom I-Druck nicht beeinflußt. Ein $Br_2$-Überschuß inhibiert die Rk., vermutlich ist dies auf eine Inhibierung durch einen Überschuß an Prod. zurückzuführen.
B. Gnauck B 226◇

*0767* **Photochemische Kinetik. Die Chlorierung von Trifluorbromäthylen.** J. R. Lacher, R. D. Burkhart und J. D. Park. (Univ. Colorado Stud., Ser. Chem. Pharmacy **4**, 22–30, 1962; engl.) — Vgl. vorst. Referat. — Wie l. c. verfolgen Vff. die photochem. Chlorierung von $C_2F_3Br$ (I) unter Bestrahlung bei 424 mμ u. 50°. Die Rk.-Geschw. v entspricht der Beziehung $v = k\cdot p_{Cl_2}\cdot J^{0,5}$, sie ist unabhängig vom I-Druck. An Prodd. entstehen 60% 1.1.2-Trifluor-1.2-dichlor-2-brom- u. je 20% 1.1.2-Trifluor-1.2-dibrom-2-chlor- (II) u. 1.1.2-Trifluor-1.2.2-trichloräthan (III) die gaschromatograph. getrennt werden. Inertgase, wie $CF_2Cl_2$ sowie die Prodd. haben keinen erheblichen Einfl. auf v. Die Bldg. von II u. III muß auf eine Austausch-Rk. zwischen I u. einem Cl-Atom unter Bldg. von $C_2F_3Cl$ u. Br-Atom zurückgeführt werden.
B. Gnauck B 226◇

*0768* **Die chemische Wirkung ionisierender Strahlung auf einfache aliphatische Alkohole.** 1. Mitt. **Bestrahlung des Äthanols im flüssigen und festen Zustand und in Anwesenheit gelöster Stoffe.** E. Hayon und J. J. Weiss. (J. chem. Soc. [London] **1961**, 3962–70; Newcastle-upon-Tyne, Univ. of Durham, King's Coll., Dep. of Chem.; engl.) — Vff. untersuchen den Einfl. von $^{60}$Co-γ- u. 200 keV-Röntgen-Strahlen auf festen u. fl. *A.* als Funktion der Temp. u. der Konz. einiger gelöster Stoffe ($O_2$, Chloressig-, Glykol-, Essigsäure-, 2-Chloräthanol). Der prim. Radiolysemechanismus deutet darauf hin, daß A. in positive u. negative „Polaronen" ionisiert ist, welche wie folgt reagieren können: $(CH_3\cdot CH_2\cdot OH)^+ \rightarrow CH_3\cdot CH\cdot OH + H^+$; $(CH_3\cdot CH_2\cdot OH)^- \rightarrow CH_3\cdot CH_2\cdot O^- + H$; $(CH_3\cdot CH_2\cdot OH)^- + H^+ \rightarrow CH_3\cdot CH_2\cdot OH + H$; $CH_3\cdot CH_2\cdot O^- + H^+ \rightarrow CH_3\cdot CH_2\cdot OH$. In Ggw. von gelösten Stoffen mit guten Elektronenacceptor-Eigg., wie $O_2$ u. chlorierte organ. Verbb., kann das negative Polaron direkt mit diesen reagieren: $(CH_3\cdot CH_2\cdot OH)^- + O_2 \rightarrow CH_3\cdot CH_2\cdot OH + O_2^-$ bzw. $(CH_3\cdot CH_2\cdot OH)^- + RCl \rightarrow CH_3\cdot CH_2\cdot OH + R + Cl^-$. Dieser Mechanismus ähnelt dem für wss. Syst. vorgeschlagenen.
O. Jansen B 226◇

*0769* **Die chemische Wirkung ionisierender Strahlung auf einfache aliphatische Alkohole.** 2. Mitt. **Die Bestrahlung des Methanols in Abwesenheit und Gegenwart von Sauerstoff im festen und im flüssigen Zustand.** E. Hayon und J. J. Weiss. (J. chem. Soc. [London] **1961**, 3970–73; engl.) — Vgl. vorst. Referat. — Die Unterss. wurden bei 20 u. —196° durchgeführt. Der Rk.-Mechanismus ist im Wesen der gleiche, wie für A. l. c. berichtet wurde. O. Jansen B 226◇

*0770* **γ-Radiolyse von Methanol und Methanollösungen.** J. H. Baxendale und F. W. Mellows. (J. Amer. chem. Soc. **83**, 4720–26, 1961; Manchester, U.K., Univ., Chem. Dep.; engl.) — Die Radiolyseausbeute von mit 2·$10^{15}$ bzw. 3·$10^{16}$ eV/cm³·min $^{60}$Co-γ-bestrahltem, bes. reinem neutralem *Methanol* (I) u. Mischungen von I mit Methyljodid, Bzl., Benzochinon, Anthracen, Diphenyl, Naphthalin, $FeCl_3$ u. $10^{-2}$n $H_2SO_4$ stimmt mit der von Meshitsuka u. Burton (vgl. C. **1960**, 1799) gefundenen überein. Vff. nehmen an, daß Spuren von Verunreinigungen, die einen reaktiven Vorläufer von H abfangen, für die niedrige Ausbeute verantwortlich sind. Vff. untersuchen die Änderung der G-Werte mit der Temp. u. den verschiedenen Lsgm. der I-Lösungen. Die Vers.-Ergebnisse deuten auf die Anwesenheit zweier Vorläufer von H, die mit der Annahme erklärt wird, daß ein Vorläufer das H-Atom, der andere ein Elektron ist.

O. Jansen B 226◇

*0771* **Freie Radikale durch Massenspektrometrie.** 15. Mitt. **Die Quecksilber-photosensibilisierte Zersetzung von Ameisensäure, Essigsäure und Methylformiat.** P. Kebarle und F. P. Lossing. (Canad. J. Chem. **37,** 389—402, 1959; Ottawa, Canada, Nat. Res. Council, Div. of Pure Chem.; engl.) — 14. vgl. C. **1959,** 15623; 18. vgl. C. **1964,** 4-0673. — Die $Hg(^3P_1)$-photosensibilisierte Zers. von *$HCO_2H$* verläuft auf 2 intramol. Wegen, die zur Bldg. von $H_2O$ u. CO sowie von $H_2$ u. $CO_2$ führen; freie Radikale werden nicht gebildet. Die Zers. von *$CH_3CO_2H$* u. *$HCO_2CH_3$* dagegen erfolgt überwiegend über freie Radikale, intramol. Umlagerungs-Rkk. finden jedoch ebenfalls statt. Die Radikal-Rkk. dieser beiden Verbb. verlaufen nach $RCO—OR' + Hg^* \rightarrow RCO + OR' + Hg$ u. $RCO—OR' + Hg^* \rightarrow R + CO—OR' + Hg$; die Rk. $RCO—OR' + Hg^* \rightarrow RCO—O + R' + Hg$ tritt nicht ein.

G. Pötzscher B 226◇

*0772* **Über organische Katalysatoren.** 68. Mitt. **Chelatkatalyse.** 13. Mitt. Manfred Augustin und Wolfgang Langenbeck. (J. prakt. Chem. [4] **19 (291),** 186—91, 1963; Halle/Saale, Martin-Luther-Univ., Inst. für Organ. Chem.; dt.) — 67. vgl. Hoppe-Seyler's Z. physiol. Chem. **327,** [1962] 205; 12. vgl. Ber. dtsch. chem. Ges. **95,** [1962] 777; 62. bzw. 7. vgl. C. **1963,** 21898. — Vff. untersuchten die katalyt. Wrkg. der aus Mn, Cu u. Co mit *Äthylendiamin* (**I**), *N.N'-Dimethyläthylendiamin* (**II**), *N.N.N'.N'-Tetramethyläthylendiamin* (**III**) u. *Piperazin* (**IV**) gebildeten Chelate als Katalasemodelle auf die Zers. von $H_2O_2$. Bei 0°, pH 7 (Acetatpuffer) u. einer Anfangs-Konz. von 1 mMol $H_2O_2$ wurde die durch die katalyt. Wrkg. der Metallchelate zersetzte $H_2O_2$-Menge in der Warburg-App. durch manometr. Messung des gebildeten $O_2$ sowie durch jodometr. Titration des verbleibenden $H_2O_2$ gemessen. Dabei lagen jedoch die manometr. Werte ca. 25 bis 30% tiefer als die jodometr. ermittelten. Die Wirksamkeit der Mn-Chelate nimmt in der Reihenfolge **IV** > **I** > **II** > **III**, die der Cu- u. Co-Chelate in der Reihenfolge **I** > **III** > **IV** > **II** ab. Die Wrkg. der Fe-Chelate von **I**—**IV** ist gering. Die $H_2O_2$-Zers. folgt in jedem Falle einer Rk.-Kinetik 1. Ordnung. Die gemessenen Konst. sind tabelliert.

Winfried Krüger B 227◇

*0773* **Direktsynthese von Alkoholen aus Olefinen, Kohlenmonoxid und Wasserstoff.** 3. Mitt. **Über eine einheitliche Deutung der Reaktionen, die unter den Bedingungen des Hydrooxymethylierungsverfahrens (modifizierte Oxosynthese) ablaufen.** M. Almási, L. Szabó, A. Brenman und T. Bota. (Acta chim. Acad. Sci. hung. **18,** 273—90, 1959; Cluj, Bolyai Univ., Labor. of Org. Chem.; Bucureşti, Res. Inst. for Chem., Dep. for Org. Chem.; dt.) — 2. vgl. Rev. Chim. [Bucureşti] **10,** [1958] 533. — Nach einer einleitenden Diskussion der in der Literatur vorliegenden u. sich zum Teil widersprechenden Mechanismen zur Deutung der Hydroformylierung wird versucht, für alle unter den Bedingungen des Hydrooxymethylierungs-Verf. (modifizierte Oxosynth.) verlaufenden Rkk. (Hydroformylierung, Red. eines Aldehyds zum Alkohol, Bldg. von Alkoholhomologen, Red. eines Alkohols zum KW-Stoff, Bldg. eines Acetals u. Entstehung einer Säure bzw. eines Esters) einheitlich zu erklären. Bei diesen Rkk. wirkt $HCo(CO)_4$ (**I**) katalytisch. Es wird betont, daß die Rkk. durch **I** als eine starke Lewis-Säure mittels Protonenübertragung eingeleitet werden. **I** wird nach Ansicht der Vff. durch einen Prozeß gebildet, der durch die Wände des Rk.-Gefäßes oder durch das anwesende metall. Co heterogen katalysiert wird. — 50 Literaturangaben.

E. Koßmehl B 227□

*0774* **Homogene katalytische Hydrierung von Olefinverbindungen.** J. Halpern, J. F. Harrod und B. R. James. (J. Amer. chem. Soc. **83,** 753—54, 1961; Vancouver, Canada, Univ. of British Columbia, Dep. of Chem.; engl.) — Vgl. C. **1959,** 10493. — Vff. berichten über die Hydrierung von *Malein-* (**I**), *Fumar-* u. *Acrylsäure* unter Verw. einer Ru(II)-Komplex-Verb. (durch Red. von $(NH_4)_2RuCl_6$ mit $TiCl_3$) als Katalysator. Die meisten Verss. wurden in wss. 3m-HCl-Lsg. mit **I**-Überschuß durchgeführt. Die Rk. verläuft über einen Ru(II)-Olefinkomplex, der mit $H_2$ unter Bldg. der gesätt. Prodd. reagiert. Bei **I** beträgt die Stabilitäts-Konst. des 1:1-Komplexes $5 \cdot 10^3$, die Entropie u. Enthalpie der Rk. bei 70 bis 90° — 2 cal/Grad·Mol u. bzw. 19 kcal/Mol.

O. Jansen B 227◇

*0775* **Katalytische Aminierung von Methanol.** 2. Mitt. W. Richarz, M. Lutz und A. Guyer. (Helv. chim. Acta **45,** 2154—61, 1962; Zürich, ETH, Techn.-chem. Labor.; dt.) — 1. vgl. C. **1960,** 10537. — Vff. untersuchen die zeitliche Veränderung (50 Std. Vers.-Dauer) der Aktivität u. Selektivität von Borphosphat (BP) als Katalysator bei der Rk. von $NH_3$ mit $CH_3OH$ zwischen 280 u. 400°. Bei höheren Temp. tritt anfänglich ein weniger starker Aktivitätsabfall des Katalysators als bei tieferen auf, was auf eine verringerte Chemisorption an der akt. Oberfläche bei höheren Temp. zurückgeführt wird. Die Selektivität ändert sich während der Rk. nur wenig. Die Prod.-Zus. beträgt ca. 50—80% *Mono-*, 9 bis 16% *Di-* u. 8—32% *Trimethylamin* (**I**). Als Katalysatoren wurden verwendet BP auf Kieselgur oder Bimsstein, durch Zerstäubungstrocknung hergestelltes BP u. Bormetaphosphat auf Bimsstein, für die durch Aufnahme der $N_2$-Ad- u. Desorptionsisothermen die innere Oberfläche u. die Porenverteilung (auch mittels der Hg-Penetrations-Meth.) berechnet wurde. Die Aktivität des BP wird durch Füllstoffe herabgesetzt. Ein bei der Herst. von BMP angewendeter Überschuß an $H_3PO_4$ bewirkt eine erhöhte Aktivität. Das durch Zerstäubungstrocknung gewonnene BP weist die höchste Aktivität auf, was auf die durch die rasche Verdampfung des W. verursachten Gitterfehlstellen mit katalyt. Wirksamkeit zurückgeht. Herabsetzung der Porosität des BP führt zu einer Abnahme der Selektivität, d. h. Zunahme der Bldg. von **I**. Durch Erhöhung des **I**-Partialdrucks während der Synth. gelingt es, die Gleichgewichts-Zus. des Prod. so zu verschieben, daß die **I**-Bldg. ganz oder teilweise unterdrückt wird. Zur Erklärung wird die Rk. $I + NH_3 \rightarrow CH_3NH_2 + (CH_3)_2NH$ angenommen.

B. Gnauck B 227◇

*0776* **Hydrierung und Hydrogenolyse.** 7. Mitt. **Selektive Hydrierung aromatischer Verbindungen, welche C—O-Bindungen enthalten, die zur Hydrogenolyse mit Rhodium-Platinoxid unter hohem Druck neigen.** Shigeo Nishimura und Hisaaki Taguchi. (Bull. chem. Soc. Japan **36,** 353—55, 1963; Tokyo, Inst. of Phys. and Chem. Res.; engl.) — 6. vgl. Bull. chem. Soc. Japan **36,** [1963], 318. — Vff. untersuchen die Hydrierung aromat., C—O-Bindungen enthaltender Verbb. mit Rh-/Pt-Oxiden (7 : 3) in Essigsäure unter hohem Druck (ca. 100—150 kg/cm²) bei Raumtemperatur. Untersucht u. erhalten wurden: *Phenol* → Cyclohexanol [Kp. 159,0 bis 159,5°, $n_D^{19}$ 1,4647; 91% (Ausbeute)], *Anisol* → Cyclohexylmethyläther (Kp. 131°, $n_D^{16}$ 1,4363; 91%), *Diphenyläther* (?) → Dicyclohexyläther (?, Kp.$_{22}$ 119°, $n_D^{22}$ 1,4690; 51—71%) u. Cyclohexanol (22—10%), *p-Hydroxybenzoesäure* → 4-Hydroxycyclohexan-1-carbonsäure [2 Isomere, F. 149,0 bis 150,5° (Chlf.); 82% u. F. 128—135°; 65%)] u. Cyclohexancarbonsäure (F. 30—31°, Kp.$_{20}$ 127°; 2,3—10%), *Benzylacetat* → Hexahydrobenzylacetat (Kp.$_{22}$ 89°, $n_D^{22}$ 1,4430; 21 bis 62%), *Acetophenon* → Cyclohexylmethylcarbinol (Kp.$_{22}$ 90°, $n_D^{19}$ 1,4652; 80—86%), *Benzophenon* → Dicyclohexylcarbinol (F. 60—62°, Kp.$_{20}$ 156—157°; 93%), *Dibenzyläther* (?) → Bis-[cyclohexylmethyl]-äther (?, Kp.$_{22}$ 150—151°, $n_D^{20}$ 1,4703; 83%), *1-Naphthol* → Dekalol-(1) [F. 89—90,5° (PAe.), Kp.$_{20}$ 126—129°; 90%], *2-Naphthol* → Dekalol-(2) [F. 103 bis 104° (PAe.), Kp.$_{22}$ 133°; 90%], *Furfurylalkohol* → Tetrahydrofurfurylalkohol (Kp.$_{19}$ 75—76°, $n_D^{24}$ 1,4482; 88%).

O. Jansen B 227◇

*0777* **Reduktion organischer Verbindungen mit Urushibara-Katalysatoren unter hohem Druck.** 9. Mitt. **Reduktion einiger Carbonylverbindungen mit Urushibara-Katalysatoren, die nach verschiedenen modifizierten Verfahren hergestellt worden waren.** Shin-ichi Taira. (Bull. chem. Soc. Japan **43,** 1294—99, 1961; Setagaya-ku, Tokyo, Metropolitan Univ., Fac. of Sci., Dep. of Chem.; engl.) — 8. vgl. C. **1963,** 6942. — Vf. beschreibt die Red. von *Desoxybenzoin, Benzoin, Benzil* (**I**) u. *Furil* (**II**) bei hohem Druck (38—101 kg/cm²) u. Temp. zwischen 20 u. 138° unter Verw. verschiedener Urushibara-Katalysatoren (bes. Ni) u. gibt modifizierte Verff. zur Darst. von U-Ni-B, U-Ni-A u. U-Cu-C an. Für die Digerierung des gefällten Ni kann auch HCl anstatt Essigsäure verwendet werden. **I** u. **II** werden bei partieller Red. in die entsprechenden α-Ketole umgewandelt.

Versuche: *Deoxybenzoin,* F. 55—56° (Methanol), Kp.$_6$ 159,5—160,5°; aus Phenylacetylchlorid u. Bzl. nach Friedel-Crafts. — *Phenylbenzylcarbinol,* F. 66—67° (PAe.); Red.-Prod. von 9,8 g vorst. Verb., Katalysator mit

0,5 g Ni, 50 ml 99%ig. A., pH 9—11, Rühren bei 60—68°, 50—100 kg/cm² Anfangsdruck, farblose Nadeln; 91—94% (Ausbeute). — *Benzoin*, F. 133—134° (A.), a) aus Benzaldehyd; b) aus 10,5 g Benzil analog vorst. Verb.; 76 bis 80%. — *Hydrobenzoin*, F. 139—140° (A.), analog aus 10,6 g, farblose Schuppen; 90—93%. — *Benzil* (I), F. 96,5 bis 97° (Methanol), durch katalyt. Oxydation von Benzoin mit $NH_4NO_3$. — *Furil* (II), F. 165°; analog aus Furoin. — *Furoin*, F. 137—138°; a) durch katalyt. Red. aus 9,5 g Furil, hellgelbe Prismen; 79—81%; b) aus Furfural.

L. Johannsen B 227◇

*0778* **Die katalytische Hydrierung von Bernsteinsäureanhydriden.** R. McCrindle, K. H. Overton und R. A. Raphael. (Proc. chem. Soc. [London] **1961**, 313—14; Glasgow, Univ., Dep. of Chem.; engl.) — Die Hydrierung substituierter *Bernsteinsäureanhydride* an Pt-Katalysatoren führt nach —CO·O·CO— → —CH(OH)·O·CO—, bzw. → $-CH_2·CO_2H-$ je nach Verb., Lsgm. u. Red.-Zeit zur Bldg. von Hydroxylactonen u. Methylsäuren. So gibt *$\Delta^4$-3.6-Oxido-6-acetoxycyclohexen-1.2-dicarbonsäureanhydrid* (I) bei 1 at. > 90% 3'.6'-Oxido-6'-acetoxycyclohexano-[1'.2':3.4]-2-hydroxy-5-ketotetrahydrofuran (II) u. < 2% 3.6-Oxido-6-acetoxy-2-hydroxymethylcyclohexancarbonsäurelacton (III). II wird durch Chromsäure zu I zurückoxydiert u. gibt bei der weiteren Hydrierung III u. 2-Methyl-3.6-oxido-6-acetoxycyclohexancarbonsäure (IV). III u. IV werden durch Hydrolyse in 4-Hydroxy-3-hydroxymethyl- bzw. 4-Hydroxy-3-methylcyclohexanon umgewandelt. Analog I verhalten sich *3.6-Oxido-*, *3.6-Methano-*, *2-Methyl-3.6-methano-$\Delta^4$-cyclohexen-* u. *$\Delta^4$-Cyclohexen-1.2-dicarbonsäureanhydrid*. O. Jansen B 227◇

## C. Präparative organische Chemie, Naturstoffe

*0779* **Isopropenyl- und Isopropylidengruppen: das Terpenproblem.** T. Oliver, J. C. Smith und C. M. Fenning. (Chem. and Ind. **1959**, 1575, 12/12.; Oxford, Oxford Univ., Dyson Perrins Labor.; engl.) — Vorläufige Mitt. zur C. **1963**, 17659 referierten Arbeit. K. Lange 520△

*0780* **Pyrolyse von Estern.** 23. Mitt. **2.3-Divinylbutadien-(1.3).** William J. Bailey und Norman A. Nielsen. (J. org. Chemistry **27**, 3088—91, 1962; College Park Md., Univ. of Maryland, Dep. of Chem.; engl.) — 22. vgl. J. org. Chemistry **27**, [1962], 2732; 20. vgl. C. **1964**, 2-0844. — Zur Gewinnung von *2.3-Divinylbutadien-(1.3)* (I) wurde Butan-1.2.3.4-tetracarbonsäuretetraäthylester (III) durch reduzierende Acetylierung in *1.6-Diacetoxy-3.4-bis-[acetoxymethyl]-hexan* (II) übergeführt, welches einer Pyrolyse unter vermindertem Druck unterworfen wurde. Neben ca. 25% I werden *Styrol*, *o-*, *m-* u. *p-Xylol* u. *Äthylbenzol* gefunden. Zum Strukturbeweis wurde II hydrolysiert, wobei *3.4-Bis-[hydroxymethyl]-hexandiol-(1.6)* entsteht, während die Struktur von I spektrograph. u. durch Hydrierung zu *3.4-Dimethylhexan* nachgewiesen wurde. I gibt mit Maleinsäureanhydrid (IV) u. p-Benzochinon (V) *4.4'-Bis-[1.2.3.6-tetrahydrophthalsäureanhydrid]* bzw. *6.6'-Bis-[5.8.9.10-tetrahydronaphthochinon-1.4)]*.

Versuche: *Butan-1.2.3.4-tetracarbonsäuretetraäthylester* (III), $Kp._{5,0}$ 186°, aus der Säure u. abs. A. in Bzl. in Ggw. von $H_2SO_4$ unter Rückfluß; $D._4^{25}$ 1,1288; $n_D^{25}$ 1,4551; 72% (Ausbeute). — *1.6-Diacetoxy-3.4-bis-[acetoxymethyl]-hexan* (II), $C_{16}H_{26}O_8$, $Kp._{0,7}$ 190,5°, aus III u. $LiAlH_4$ in Ae., nach 11tägigem Kochen Umsetzen mit Essigsäureanhydrid u. 12tägiges Kochen; $n_D^{25}$ 1,4523; 84%. — *3.4-Bis-[hydroxymethyl]-hexandiol-(1.6)*, $C_8H_{18}O_4$, F. 89,5—91°, durch ½std. Kochen von II in Methanol mit Na-Methylat; 93%. — *2.3-Divinylbutadien-(1.3)* (I), $C_8H_{10}$, $Kp._{746}$ 122,5°, durch Pyrolyse von II bei 590° u. 50 mm; $n_D^{20}$ 1,4850; 24,7%. — *3.4-Dimethylhexan*, Kp. 117°, a) durch 4tägiges Kochen von sek.-Butylbromid u. Na in Ae.; $n_D^{35}$ 1,4040; 11%; b) aus I durch katalyt. Hydrierung an $PtO_2$ in A.; $n_D^{25}$ 1,4044. — *4.4'-Bis-[1.2.3.6-tetrahydrophthalsäureanhydrid]*, $C_{16}H_{14}O_6$, Zers. bei 230—240°, aus I u. IV in abs. Ae. in 12 Stunden. — *6.6'-Bis-[5.8.9.10-tetrahydronaphthochinon-(1.4)]*, $C_{20}H_{18}O_4$, F. 181°, aus I u. V in abs. Ae. in 48 Stunden. R. Becher 520△

*0781* **Homologe des Monovinylacetylens.** 10. Mitt. **Hydratisierung des Vinylacetylenkohlenwasserstoffs Hexen-(4)-in-(2).** I. A. Faworskaja und E. M. Auwinen. (J. allg. Chem. [UdSSR] **32** (**94**), 1373—76, 1962; Leningrad, Univ.; russ.) — 9. vgl. C. **1963**, 6945. — Bei der Hydratisierung von Hexen-(4)-in-(2) entsteht *Hexen-(4)-on-(3)* (I), wie durch Hydrierung von I zu *Äthylpropylketon* u. IR-Analyse gezeigt wird. Das *2.4-Dinitrophenylhydrazon* von I wird als Stereoisomerengemisch (gelbe u. rote Form) erhalten. Im Gegensatz zu Mesityloxid-2.4-dinitrophenylhydrazon (II) zersetzt sich I-2.4-Dinitrophenylhydrazon beim Vers., es zum Pyrazolin-Deriv. zu isomerisieren.

Versuche: *Hexen-(4)-in-(2)*, $C_6H_8$, Kp. 91—92°, $Kp._{90}$ 35,5—36,5°, durch Dehydratisierung von Hexin-(2)-ol-(4) an Porzellan bei 300°; $D._4^{20}$ 0,7689; $n_D^{20}$ 1,4634. — *Hexen-(4)-on-(3)* (I), durch Hydratisierung vorst. Verb. nach Kutscherow. *2.4-Dinitrophenylhydrazon*, $C_{12}H_{14}N_4O_4$, F. 110—120° (Isomerengemisch; A.), aus A.-Äthylacetat große Kristalle der gelben (F. 147,5°) u. roten Form. — *Äthylpropylketon*, durch Hydrierung von I in A. an Pt. *2.4-Dinitrophenylhydrazon*, F. 132—134° (A.). — *1-[2.4-Dinitrophenyl]-3.5.5-trimethylpyrazolin*, $C_{12}H_{14}N_4O_4$, F. 154—155°, durch 1¾std. Erhitzen von 1,5 g II mit 1 ml HBr in 200 ml Eisessig.

Helmut Schäfer 530△

*0782* **Vinylierung von Mannit und seinen Acetonderivaten.** B. I. Michantjew, W. L. Lapenko und L. P. Pawlow. (J. allg. Chem. [UdSSR] **32** (**94**), 2505—08, 1962; Woronesh, Univ.; russ.) — Durch Rk. von Mannit (I), 1.2;3.4-Diisopropyliden- oder 3.4-Isopropylidenmannit mit Acetylen (II) bei 160—165° werden die entsprechenden *Hexa-*, *Di-* bzw. *Tetravinyläther* erhalten. Bei tieferen Temp. verläuft die Rk. nicht vollständig, bei höheren erfolgt Zers. der Äther.

Versuche: *Mannithexavinyläther*, $C_{18}H_{26}O_6$, $Kp._{0,5-1}$ 89 bis 90°, durch 14std. Erhitzen von 25 g I, 670 ml Dioxan u. 5 g KOH auf 160—162° u. einem II-Druck von 20 at (20°); $n_D^{20}$ 1,4740; $D._4^{20}$ 1,0460; 50,6% (Ausbeute). — *Mannithexaäthyläther*, $C_{18}H_{38}O_6$, $Kp._{0,5-1}$ 85—86°, durch 18std. Hydrierung von 5,2 g vorst. Verb. in 25 ml A. an 1,5 g Raney-Ni; $n_D^{20}$ 1,4600; $D._4^{20}$ 1,0220; 65,1%. — 3.4-Isopropylidenmannite: *Unsubstituiert* (III), F. 85—86°, aus Aceton u. I; 29%. — *1.2.5.6-Tetravinyl-*, $C_{17}H_{26}O_6$, $Kp._{0,5-1}$ 97—98°, durch 7std. Erhitzen von 15 g III in 650 ml Dioxan u. 3 g KOH bei 162—165° u. einem II-Druck von 19 at (20°); $n_D^{20}$ 1,4710; $D._4^{20}$ 1,0500; 55,3%. — *1.2.5.6-Tetraäthyl-*, $C_{17}H_{34}O_6$, $Kp._{0,5-1}$ 93—95°, durch Hydrierung von 6,5 g vorst. Verb. in 25 ml A. an 2 g Raney-Ni; $n_D^{20}$ 1,4460; $D._4^{20}$ 1,0100; 72,3%. — 1.2;3.4-Diisopropylidenmannite: *Unsubstituiert* (IV), F. 39—40°, aus Aceton u. I neben III; 15%. — *5.6-Divinyl-*, $C_{16}H_{26}O_6$, $Kp._{0,5-1}$ 78—80°, F. 61—62°, aus 17,5 g IV, 650 ml Dioxan, 3,6 g KOH, 8 Std. bei 160°, II-Druck 21 at (20°); 58,3%. — *5.6-Diäthyl-*, $C_{16}H_{30}O_6$, F. 57—58°; 84,2%.

I. Schade 580△

*0783* **Reaktionen chlorhaltiger Telomerer von Dienkohlenwasserstoffen.** 7. Mitt. **Reaktion von 1-Chlor-5-methyl-, 1.3-Dichlor-5-methyl- und 1-Chlor-3.5-dimethyloctadien-(2.6) mit Natriumacetylaceton.** L. I. Bunina-Kriworukowa und A. A. Petrow. (J. allg. Chem. [UdSSR] **31** (**93**), 2965—67, 1961; Leningrad, Technol. Lensowjet-Inst.; russ.) — 6. vgl. nachst. Referat. — Die Kondens. von 1-Chlor-5-methyl-, 1.3-Dichlor-5-methyl- u. 1-Chlor-3.5-dimethyl-octadien-(2.6) mit Na-Acetylaceton liefert entsprechend *3-[5-Methyl-*, *3-[3-Chlor-5-methyl-* u. *3-[3.5-Dimethyloctadien-(2.6)-yl-(1)]-pentandion-(2.4)*. Die IR-Spektren der Dione wurden aufgenommen.

Versuche: Pentandione-(2.4): durch 50—60std. Kochen von 20 g Na-Acetylaceton mit der äquivalenten Menge des Chlordions in 200 ml abs. Aceton; 20—25% Ausbeute: *3-[5-Methyloctadien-(2.6)-yl-(1)]-*, $C_{14}H_{22}O_2$, $Kp._5$ 128—130°; $D._4^{20}$ 0,9270; $n_D^{20}$ 1,4770. — *3-[3-Chlor-5-methyloctadien-(2.6)-yl-(1)]-*, $C_{14}H_{21}ClO_2$, $Kp._5$ 150—152°; $D._4^{20}$ 1,0230; $n_D^{20}$ 1,4905. *Bis-2.4-dinitrophenylhydrazon*, $C_{26}H_{29}ClN_8O_8$, F. 68—70°. — *3-[3.5-Dimethyloctadien-(2.6)-yl-(1)]-*, $C_{15}H_{24}O_2$, $Kp._5$ 136—137°; $D._4^{20}$ 0,9283; $n_D^{20}$ 1,4820. *Bis-2.4-dinitrophenylhydrazon*, $C_{27}H_{32}N_8O_8$, F. 58—60°. — Bei 10std. Kochen von 1,3 g vorvorst. Verb., 0,5 g Harnstoff u. 0,8 ml konz. HCl in 40 ml A. werden 3 N-haltige Verbb. nicht

aufgeklärter Struktur [F. 176—178° (Zers.; wasserunlösl.), F. 176—176,5° (wasserlösl.) u. F. 119° (wasserlösl.)] erhalten.
Helmut Schäfer 720△

*0784* **Reaktionen chlorhaltiger Telomerer von Dienkohlenwasserstoffen. 6. Mitt. Reaktion von 1-Chlor-5-methyl-, 1-Chlor-3.5-dimethyl- und 1.3-Dichlor-5-methyloctadien-(2.6) mit Natriummalonester.** L. I. Bunina-Kriworukowa und A. A. Petrow. (J. allg. Chem. [UdSSR] **31 (93)**, 767—71, 1961; Leningrad, Technol. Lensowjet-Inst.; russ.) — Durch Kondens. von 1-Chlor-5-methyl- (**I**), 1.3-Dichlor-5-methyl- (**II**) u. 1-Chlor-3.5-dimethyloctadien-(2.6) (**III**) mit Na-Malonester (**IV**) wurden die entsprechenden *Alkadienylmalonester* u. aus diesen durch Verseifung u. Decarboxylierung die entsprechenden *Alkadiensäuren* dargestellt.
Versuche: Man gibt zu **IV** (0,2 Mol Na, 0,2 Mol Malonester, 200 ml abs. A.) in 1½ Std. tropfenweise 0,24 Mol **I, II** oder **III**, erhitzt 2½—3 Std. auf <70° u. erhält durch Fraktionierung in 40—60%ig. Ausbeute: *5-Methyloctadien-(2.6)-yl-(1)-malonsäurediäthylester*, $C_{16}H_{26}O_4$, Kp.$_{10}$ 166°, aus **I**; $D._4^{20}$ 0,9660; $n_D^{20}$ 1,4547. — *3-Chlor-5-methyloctadien-(2.6)-yl-(1)-malonsäurediäthylester*, $C_{16}H_{25}ClO_4$, Kp.$_{10}$ 181 bis 182°, aus **II**; $D._4^{20}$ 1,0406; $n_D^{20}$ 1,4658. — *3.5-Dimethyloctadien-(2.6)-yl-(1)-malonsäurediäthylester*, $C_{17}H_{28}O_4$, Kp.$_{10}$ 171 bis 172°, aus **III**; $D._4^{20}$ 0,9639; $n_D^{20}$ 1,4580. — Alkadiensäuren: durch Zutropfen vorst. Verbb. bei 70—80° zu konz. Alkali-Lsg. u. 10std. Erhitzen; 60—80% Ausbeute. Zur Überführung in die Amide erhitzt man ³/₄ Std. mit $SOCl_2$ u. gießt in $NH_4OH$. — *7-Methyldecadien-(4.8)-säure-(1)*, $C_{11}H_{18}O_2$, Kp.$_{10}$ 151—153°; $D._4^{20}$ 0,9366; $n_D^{20}$ 1,4642. *Amid*, $C_{11}H_{19}NO$, F. 75—76°. — *5-Chlor-7-methyldecadien-(4.8)-säure-(1)* (**V**), $C_{11}H_{17}ClO_2$, Kp.$_{10}$ 169—170°; $D._4^{20}$ 1,0416; $n_D^{20}$ 1,4800. *Amid*, $C_{11}H_{18}ClNO$, F. 46—47°. — *5.7-Dimethyldecadien-(4.8)-säure-(1)*, $C_{12}H_{20}O_2$, Kp.$_{10}$ 156—159°; $D._4^{20}$ 0,9284; $n_D^{20}$ 1,4690. — *7-Methyldecen-(8)-on-(5)-säure-(1)*, $C_{11}H_{18}O_3$, Kp.$_{10}$ 182—184°, F. 96—97° (Toluol, W.-A.), man gibt zu 10 g **V** unter Eiskühlung 6,5 ml konz. $H_2SO_4$ u. rührt 2 Tage lang bei 20°. *2.4-Dinitrophenylhydrazon*, $C_{17}H_{22}N_4O_6$, F. 135 bis 137° (A.).
Helmut Schäfer 820△

*0785* **Neue Methode zur Darstellung von Arylsulfonylharnstoffen.** Vorl. Mitt. A. Markovac-Prpić und N. Tipić. (Croat. chem. Acta **35**, 73—75, 1963; Zagreb, Pharmaceut. and Chem. Works, Res. Dep. „Pliva"; engl.) — Durch 8std. Kochen von 1 Teil des Na-Salzes eines Arylsulfonamids mit 3 Teilen eines N-substituierten Carbaminsäureesters in 10 Teilen N.N-Dimethylformamid, Lösen des nach Eindampfen im Vakuum erhaltenen semikristall. Rückstands in gesätt. $NaHCO_3$-Lsg., mehrstd. Stehen in der Kälte, Entfernen der nichtumgesetzten Ausgangsstoffe durch Filtration u. Benzolextraktion, Ansäuern mit HCl auf pH 4 u. Umkristallisieren aus verd. A. wurden nachst. *N-Alkyl-* u. *N-Phenyl-N'-arylsulfonylharnstoffe* erhalten: N'-p-Toluolsulfonylharnstoffe: *N-Butyl-*, F. 128°; 70% (Ausbeute). — *N-Propyl-*, F. 151°; 68%. — *N-Phenyl-*, F. 172°; 52%. — N'-p-Chlorbenzolsulfonylharnstoffe: *N-Propyl-*, F. 127°; 71%. — *N-Butyl-*, F. 116—117°; 69%. — *N-Methyl-*, F. 189°; 52%. — *N-Phenyl-*, F. 180°; 55%. — N'-p-Acetamidobenzolsulfonylharnstoffe: *N-Phenyl-*, F. 189°; 56%. — *N-Propyl-*, F. 198°; 59%. — *N-Butyl-*, F. 194°; 51%.
A. Jungblut 880◇

*0786* **Zur Kenntnis der Carbonsäureester von α-Dialkylaminoalkanolen.** Horst Böhme, Hans Joachim Bohn, Ernst Köhler und Jürgen Roehr. (Liebigs Ann. Chem. **664**, 130—40, 1963; Marburg, Univ., Pharm.-Chem. Inst.; dt.) — Ausführliche Wiedergabe der C. **1960**, 17085 referierten Arbeit. Zusätzlich wird mitgeteilt: Verss., [2-Methyl-1-piperidinopropyl]-n-butyläther (**VII**) mit Acetanhydrid (**I**) zu Essigsäure-2-methyl-1-piperidinopropylester umzusetzen, gaben *Essigsäure-n-butylester* (**VIII**) u. *2-Methyl-1-piperidinopropen-(1)*, das mit HCl in *N-[1-Chlor-2-methylpropyl]-piperidin* übergeführt wird. Die Rk. von Essigsäuredimethylaminomethylester (**III**) mit Trichloressigsäure (**IX**) führt zu *N.N-Dimethyl-N-methylenammoniumtrichloracetat*, das auch aus **III** u. Trichloracetylfluorid (**X**) erhalten wird; analog reagiert Essigsäurepiperidinomethylester (**V**) mit **IX**. Mit $CH_3COCl$ reagieren Essigsäurediäthylamino- (**II**) bzw. -pyrrolidinomethylester (**XI**) bzw. -α-piperidinobenzylester (**VI**) zu *N-Chlormethyldiäthylamin* bzw. *N-Chlormethylpyrrolidin* bzw. *N-α-Chlorbenzylpiperidin*. Mit Methylmalonsäurediäthylester (**XII**) reagieren **III** bzw. **V** unter Bldg. von *[Dimethylaminomethyl]-* bzw. *[Piperidinomethyl]-methylmalonsäurediäthylester*, mit Acetophenon (**XIII**) geben sie *β-Dimethylamino-* bzw. *β-Piperidinopropiophenon*. Weiter werden die Rkk. von **III** bzw. **II** mit Phenylacetylen (**XIV**) zu *3-Dimethylamino-* bzw. *3-Diäthylamino-1-phenylpropin*, von **III** mit N.N-Dimethylanilin (**XV**) zu *N.N-Dimethyl-p-dimethylaminobenzylamin* u. von **III** bzw. Essigsäuremorpholinomethylester (**IV**) mit Succinimid (**XVI**) zu *N-Dimethylaminomethyl-* bzw. *N-Morpholinomethylsuccinimid* beschrieben. Das nach Knoevenagel u. Mercklin [1904] erhaltene Prod. ist wahrscheinlich ein Gemisch (**A**) von N.N-Diäthylacetamid (**XVII**) u. Methylendiacetat. Dies geht aus den IR-Spektren (Abb.) des Prod. u. der beiden Komponenten, aus der Isolierung von **XVII** in Form des *$HAuCl_4$-Addukts* aus **A**, aus der Isolierung von **XVII** nach partieller Zers. von **A** mit NaOH, aus der Hydrolyse zu *$CH_2O$* u. aus der Änderung der Zus. von **A** bei der Fraktionierung hervor. **II** u. die meisten analogen Verbb. zersetzen sich an der Luft langsam unter Abspaltung von $CH_2O$. Bei 80° wird **II** zu $CH_2O$ u. einem Harz zersetzt, aus dem mit Ae. nur geringe Mengen einer Substanz isoliert werden, bei der es sich nach dem IR-Spektrum um **XVII** handelt.
Versuche: Acetate: *Dimethylaminomethyl-* (**III**), $C_5H_{11}NO_2$, Kp.$_{44}$ 48—50°, durch Zutropfen von **I** zu N.N.N'.N'-Tetramethyldiaminomethan (**XVIII**) unter Rühren u. Feuchtigkeitsabschluß <60°; $n_D^{21}$ 1,4210; 92% (Ausbeute); daneben *N-Acetyldimethylamin*, Kp.$_{24}$ 67°, $n_D^{20}$ 1,4373. — Analog: *Diäthylaminomethyl-* (**II**), $C_7H_{15}NO_2$, Kp.$_{20}$ 63—64°, aus N.N.N'.N'-Tetraäthyldiaminomethan <50°; $n_D^{21}$ 1,4226; 85%; daneben **XVII**, Kp.$_{20}$ 80—82°. — *Pyrrolidinomethyl-* (**XI**), $C_7H_{13}NO_2$, Kp.$_1$ 40—41°, aus Dipyrrolidinomethan <50°; $n_D^{21}$ 1,4450, 73%; daneben *N-Acetylpyrrolidin*, Kp.$_2$ 75—76°. — *Morpholinomethyl-* (**IV**), $C_7H_{13}NO_3$, Kp.$_3$ 88—89°, aus Dimorpholinomethan <50°; $n_D^{20}$ 1,4527; daneben *N-Acetylmorpholin*, Kp.$_8$ 103°, $n_D^{20}$ 1,4833. — *Piperidinomethyl-* (**V**), $C_8H_{15}NO_2$, Kp.$_1$ 55—57°, a) analog **III** aus Dipiperidinomethan <50°; $n_D^{21}$ 1,4506; 67%; daneben *N-Acetylpiperidin*, Kp.$_{12}$ 100—101°, $n_D^{20}$ 1,4806; b) durch Rk. von Piperidinomethyl-n-butyläther u. **I**; daneben **VIII**. — *Di-n-butylaminomethyl-*, $C_{11}H_{23}NO_2$, Kp.$_{0,2}$ 76°, analog **III** aus N.N.N'.N'-Tetra-n-butyldiaminomethan <60°; 82%; daneben *N-Acetyldi-n-butylamin*, Kp.$_{0,2}$ 85°, $n_D^{22}$ 1,4453. — *N-Methylbenzylaminomethyl-*, $C_{11}H_{15}NO_2$, Kp.$_{0,04}$ 71—73°, analog **III** aus Bis-[N-methylbenzylamino]-methan <60°; 75%; daneben 67% *N-Methyl-N-benzylacetamid*, F. 43° (Ae./PAe.), Kp.$_{0,1}$ 88—90°. — *α-Piperidinobenzyl-* (**VI**), $C_{14}H_{19}NO_2$, Kp.$_{0,01}$ 76—80°, analog **III** aus N.N'-Benzylidendipiperidin in $CCl_4$; $n_D^{20}$ 1,5099; 54%. — *Dimethylaminomethylbenzoat*, $C_{10}H_{13}NO_2$, Kp.$_2$ 108°, durch Rk. von **XIX** u. Benzoesäureanhydrid in $CCl_4$ <50°; $n_D^{20}$ 1,5400; 89%; daneben *N-Benzoyldimethylamin*, F. 42°, Kp.$_2$ 100°. — *1-Piperidino-2-methylpropen-(1)*, $C_9H_{17}N$, Kp.$_{12}$ 65°, durch Rk. von **VII** mit **I**; 62%; daneben **VIII**, Kp. 126°, $n_D^{21}$ 1,3950. — *N-[1-Chlor-2-methylpropyl]-piperidin*, $C_9H_{18}ClN$, aus vorst. Verb. in Ae. u. HCl-Gas. — *N.N-Dimethyl-N-methylenammoniumtrichloracetat*, $C_5H_8Cl_3NO_2$, a) durch Zutropfen von **IX** in abs. Ae. zu **III** in Ae.; 89%; b) durch Rk. von **III** in Ae. mit 1 Val **X**. — *N-Methylenpiperidiniumtrichloracetat*, $C_8H_{12}Cl_3NO_2$, analog vorst. Verb. aus **V** u. **IX**; 85%. — *N-[α-Chlorbenzyl]-piperidin*, $C_{12}H_{16}ClN$, durch Zutropfen von $CH_3COCl$ zu **VI** in abs. Ae.; Nadeln; 95%. — Analog: *N-Chlormethyldiäthylamin*, $C_5H_{12}ClN$, aus **II**. — *N-Chlormethylpyrrolidin*, $C_5H_{10}ClN$, aus **XI**. — *[Piperidinomethyl]-methylmalonsäurediäthylester*, $C_{14}H_{25}NO_4$, Kp.$_{10}$ 150—151°, durch 2—3std. Kochen von **V** u. **XII** in $CCl_4$, Zusetzen von verd. HCl, Waschen mit Ae., Alkalisieren u. Extraktion mit Ae.; $n_D^{21}$ 1,4551; 49%. — Analog: *[Dimethylaminomethyl]-methylmalonsäurediäthylester*, $C_{11}H_{21}NO_4$, Kp.$_{10}$ 118—119°, aus **III** u. **XII**; $n_D^{20}$ 1,4330; 55%. — *β-Piperidinopropiophenon*, $C_{14}H_{19}NO$, Kp.$_{0,01}$ 70—73°, aus **V** u. **XIII**; $n_D^{21}$ 1,5341, gelb; 38%. — *ω-Dimethylaminopropiophenon*, *Hydrochlorid*, F. 156°, aus **III** u. **XIII** (Lösen des erhaltenen intermediären Acetats in A. u. Zusetzen von HCl-Gas in Ae.); 62%. — *1-Phenyl-3-diäthylaminopropin-(1)*, F. 137°, durch 3std. Kochen von **II** u. **XIV** in $CCl_4$; 50%. *Hydrochlorid*, F. 136°. — Analog: *1-Phenyl-3-dimethylaminopropin-(1)*, Kp.$_{20}$ 124°, aus **III** u. **XIV**; $n_D^{21}$ 1,5430; 78%. *Hydrochlorid*, F. 156°. — *N.N-Dimethyl-N-[p-dimethylaminobenzyl]-amin*, Kp.$_{12}$ 134°, aus **III** u. **XV**; $n_D^{20}$ 1,5419; 31%. — *N-Morpholinomethylsuccinimid*,

$C_9H_{14}N_2O_3$, F. 111–112°, durch mehrstd. Kochen von **IV** u. **XVI** in $CCl_4$; aus A. Prismen; 60%. — *N-Dimethylaminomethylsuccinimid*, $C_7H_{12}N_2O_2$, F. 45° (Ligroin), Kp.$_{10}$ 146°, a) durch Rk. von **III** mit **XVI**; Nadeln; 75%; b) durch Erwärmen von **XVI**, Paraformaldehyd u. 33%ig. Dimethylamin-Lsg. auf dem Wasserbad, Eindampfen unter Vakuum u. mehrstd. Stehen; 68%. *Hydrochlorid*, $C_7H_{13}ClN_2O_2$, F. 139°, aus Acetonitril/Ae. Nadeln. — *N.N-Diäthylacetamid* (**XVII**), Kp.$_8$ 68°, durch Zutropfen von 2n NaOH zu **A** bis zur beständigen Rotfärbung von Phenolphthalein u. Ausäthern. *HAuCl$_4$-Addukt*, $C_{12}H_{27}AuCl_4N_2O_2$, F. 56°, durch Zusetzen von $HAuCl_4$ in W. zu **A** in verd. HCl u. 2std. Stehen; gelbe Nadeln. Gemisch (**A**) mit Methylendiacetat (?), nach Knoevenagel u. Mercklin (l. c.). H. Gleinig 920◇

*0787* **Über die Darstellung von 1-Aminobutin-(2)-ol-(4) und einigen seiner Derivate.** Andrée Marszak-Fleury und Jeannine Laroche. (Bull. Soc. chim. France **1963**, 1270–72; Le Bouchet, Seine-et-Oise, C.N.R.S.; Inst. Nat. de Rech. chim. appl.; franz.) — Vgl. C. **1960**, 11269. — Durch Rk. von 1-Chlorbutin-(2)-ol-(4) (**I**) mit Hexamethylentetramin (**II**) wird das *Hydrochlorid* (**IV**) des 1-Aminobutin-(2)-ols-(4) (**III**) erhalten, aus dem man **III** über das *Sulfat* gewinnen kann. **IV** läßt sich mit HCOOH–$CH_2O$ in das *N.N-Dimethyl-Deriv.* überführen u. an Raney-Ni zu *1-Aminobutanol-(4)* (**IX**) hydrieren. An Pd erfolgt partielle Hydrierung unter Bldg. von *1-Aminobuten-(2)-ol-(4)*. Vff. stellen nach bekannten Meth. eine Anzahl von Derivv. ausgehend von **III** bzw. **IV** her.

Versuche: *1-Aminobutin-(2)-ol-(4)* (**III**), $C_4H_7NO$, F. 62°, Kp.$_{0,2}$ 92°, durch Rk. von **IV** mit verd. $H_2SO_4$, Behandeln des erhaltenen *Sulfats* mit $BaCO_3$ in W., Einengen der von $BaSO_4$ abfiltrierten Lsg., Aufnehmen in abs. A. u. Dest. des A.-Rückstands im Vakuum; 10% (Ausbeute). *Hydrochlorid* (**IV**), $C_4H_8ClNO$, F. 175° (abs. A.), durch 6std. Kochen äquimol. Mengen **I** u. **II** in Chlf., Abfiltrieren des ausgeschiedenen **I**–**II**-Komplexes ($C_{10}H_{17}ClN_4O$), Erhitzen des **I**–**II**-Komplexes mit methanol. HCl auf 60°, Einengen der von $NH_4Cl$ abfiltrierten Lsg., erneutes Erhitzen mit methanol. HCl auf 60°, Eindampfen der filtrierten Lsg., Lösen des erhaltenen **IV**–$NH_4Cl$-Gemisches in $CH_3OH$ u. fraktionierte Fällung mit Ae.; ca. 30%. *N-Acetyl-Deriv.* (**VI**), $C_6H_9NO_2$, Kp.$_{0,5}$ 170°, a) durch 1½std. Aufbewahren von 12,1 g **IV** mit Na-Acetat u. Acetanhydrid (**VII**) in W. bei Raum-Temp., Zugabe von W., Einengen u. fraktionierte Dest.; $n_D^{20}$ 1,5050; 4,9 g; daneben **VI**–**V**-*Gemisch* (Kp.$_{0,7}$ 100–150°; 2 g); b) durch 14std. Erwärmen von 4 g **V** mit 4%ig. methanol. $NH_3$ im Rohr auf 40° u. Einengen; 2,5 g. *N.O-Diacetyl-Deriv.* (**V**), $C_8H_{11}NO_3$, F. 85° (Bzl.), Kp.$_1$ 152°, durch 5std. Erwärmen von 20,7 g **IV** mit Na-Acetat u. **VII** auf 80° u. Einengen der filtrierten Lsg.; 15,6 g. *N-Benzoyl-Deriv.*, $C_{11}H_{11}NO_2$, F. 74° (abs. A./Ligroin), durch 20std. Erwärmen von 2 g **VIII** mit 4%ig. methanol. $NH_3$ auf 60° u. Einengen; 1,6 g. *N.O-Dibenzoyl-Deriv.* (**VIII**), $C_{18}H_{15}NO_3$, F. 88° (wss. A.), durch 5std. Rühren von 4,8 g **IV** mit $C_6H_5COCl$ in 10%ig. NaOH bei Raum-Temp.; 5,5 g. *N.N-Dimethyl-Deriv.*, Kp.$_{0,5}$ 80°, durch 8std. Erwärmen von 4,8 g **IV** in wss., mit $NH_4OH$ neutralisierter Lsg. mit HCOOH u. 30%ig. Formalin-Lsg. auf dem Wasserbad, Zugabe von konz. HCl, Einengen im Vakuum, Ae.-Extraktion in Ggw. von NaOH u. Aufarbeitung der Ae.-Lsg.; $n_D^{20}$ 1,4760; 1,7 g; *Methojodid*, F. 130°. — *1-Aminobutanol-(4)* (**IX**), Kp.$_{10}$ 100°, durch Hydrierung von 3,64 g **IV** in W. an Raney-Ni, Einengen, Zusetzen von 10%ig. KOH, Einengen, Zugabe von A., Filtration u. Dest.; $n_D^{20}$ 1,4610; 1,5 g. *N.O-Dibenzoyl-Deriv.*, F. 74° (Ae./Ligroin), a) durch Benzoylierung von **IX**; b) durch Hydrierung von 0,5 g **VIII** in A. an Pd/$Al_2O_3$; 0,25 g. *N-Acetyl-Deriv.*, $C_6H_{13}NO_2$, F. ca. 20°, Kp.$_{0,4}$ 147°, durch Hydrierung von 3,38 g **VI** an Raney-Ni; $n_D^{20}$ 1,469; 2,15 g. *N.O-Diacetyl-Deriv.*, $C_8H_{15}NO_3$, Kp.$_1$ 150°, durch Hydrierung von 2,71 g **V** an Pd/$Al_2O_3$; $n_D^{20}$ 1,4550; 2 g. — *1-Aminobuten-(2)-ol-(4)*, Kp.$_{0,7}$ 85°, durch Hydrierung von 3,02 g **IV** in 80%ig. A. an Pd bis zur Aufnahme von 1 Mol $H_2$, Einengen, Zugabe von 1n äthanol. KOH, Einengen, Zugabe von abs. A. zur filtrierten Lsg., Einengen u. Dest.; $n_D^{20}$ 1,499; 2 g. *N.O-Diacetyl-Deriv.*, $C_8H_{13}NO_3$, Kp.$_{0,3}$ 124°, durch Hydrierung von 2,3 g **V** in A. an Pd/$Al_2O_3$ bis zur Aufnahme von 1 Mol $H_2$; $n_D^{20}$ 1,4730; 1,9 g. *N-Acetyl-Deriv.*, Kp.$_{0,3}$ 145°, durch Hydrierung von 3,03 g **VI** wie vorst.; $n_D^{20}$ 1,4890; 2,5 g.
H. Gleinig 920◇

*0788* **Einige α-Aminosäuren mit Trifluormethylgruppen.** I. L. Knunjanz und Ju. A. Tscheburkow. (Nachr. Akad. Wiss. UdSSR, Abt. chem. Wiss. **1960,** 1516–18; Inst. für elementorgan. Verbb. der Akad. der Wiss. der UdSSR; russ.) — Aus ω.ω.ω.ω'.ω'.ω'-Hexafluorvalinäthylester u. Äthylenoxid in 60%ig. Essigsäure wurde *N-[β-Hydroxyäthyl]-ω.ω.ω.ω'.ω'.ω'-hexafluorvalinäthylester* [**I**; Kp.$_1$ 91 bis 91,5°; D.$_4^{20}$ 1,3805; $n_D^{20}$ 1,3874; *Hydrochlorid*, $C_9H_{14}Cl\cdot F_6NO_3$, F. 148,5–149° (Äthylacetat)] erhalten, der auch durch Rk. von β.β-Bis-trifluormethylacrylsäureäthylester mit Äthanolamin dargestellt werden konnte. Beim Kochen mit $SOCl_2$ in Bzl. liefert **I** *N-[β-Chloräthyl]-ω.ω.ω.ω'.ω'.ω'-hexafluorvalinäthylester* [Kp.$_5$ 82–82,5°; D.$_4^{20}$ 1,3820; $n_D^{20}$ 1,3910; *Hydrochlorid*, $C_9H_{13}Cl_2F_6NO_2$, F. 129–130° (Äthylacetat–$CCl_4$-Gemisch)], dessen Verseifung mit konz. HCl im Rohr die *Säure* [$C_7H_8ClF_6NO_2$, F. 145–146,5°] ergab.
A. Draeger 950□

*0789* **Organoborverbindungen.** 90. Mitt. **Ester von halogenthioarorganischen Säuren.** B. M. Michailow und T. K. Kosminskaja. (Nachr. Akad. Wiss. UdSSR, Abt. chem. Wiss. **1962,** 256–60; Zelinsky-Inst. für Organ. Chem. der Akad. der Wiss. der UdSSR; russ.) — 88. vgl. C. **1963,** 11232. — Bei der Rk. von Alkyl- (**A**) oder Arylboronsäuredihalogeniden mit äquimol. Mengen an Mercaptanen entstehen *Alkyl-* bzw. *Arylthioboronsäureesterhalogenide* [**B**; RB(SR')Hal], die sich auch aus Alkyldithioboronsäureestern u. Borhalogeniden oder **A** bilden. In **B** ist das Halogenatom reaktionsfähiger als die Mercaptogruppe u. läßt sich leicht durch Diäthylamin substituieren.

Versuche (alle Verss. unter $N_2$): *n-Propylthioboronsäureäthylesterchlorid* (**I**), $C_5H_{12}BClS$, Kp.$_{13}$ 49–50°, a) durch 30std. Kochen von 29,5 g n-Propylboronsäuredichlorid (**II**) mit 75 ml Äthylmercaptan (**III**); D.$_4^{20}$ 0,988; $n_D^{20}$ 1,4665; 23% (Ausbeute); b) man gibt zur Lsg. von 29,2 g **II** in 15 ml Isopentan 21 ml **III** u. kocht 1 Std.; 45%; daneben *n-Propyldithioboronsäurediäthylester* [**IV**; Kp.$_2$ 63°; D.$_4^{20}$ 0,9292; $n_D^{20}$ 1,4990]; nach a) 50%; b) 7,9 g; c) man gibt zu 8,54 g **I** bei 0° 12,1 g **III**, rührt 1 Std. bei Zimmer-Temp. u. läßt über Nacht stehen; 50%. Daneben 5,1 g **III**. — *n-Butylthioboronsäureäthylesterchlorid*, $C_6H_{14}BClS$, Kp.$_4$ 41–42,5°, Kp.$_6$ 47 bis 51°, a) durch 14std. Kochen von 21,4 g n-Butylboronsäuredichlorid (**V**) mit 25 ml **III**; D.$_4^{20}$ 0,9545; $n_D^{20}$ 1,4602; 51,5%; daneben *n-Butyldithioboronsäurediäthylester* (**VI**; $C_8H_{19}BS_2$, Kp.$_{12}$ 112,5°; D.$_4^{20}$ 0,9310; $n_D^{20}$ 1,5011; 42,8%); b) durch 1std. Erhitzen von 17,6 g **V** mit 7,9 g **III** zum schwachen Sieden; 52,7%. Daneben **VI**. — *Isopropylthioboronsäureäthylesterchlorid*, $C_5H_{12}BClS$, Kp.$_{16}$ 39–44°, durch 1std. Erhitzen von 18,8 g Isopropylboronsäuredichlorid mit 10,4 g **III**; 47,3%. Daneben *Isopropyldithioboronsäurediäthylester* (Kp.$_{3,5}$ 67–68°; $n_D^{20}$ 1,4960; 4,2 g). — *Isopropylthioboronsäureäthylesterbromid*, $C_5H_{12}BBrS$, Kp.$_5$ 39–39,5°, durch 1std. Erhitzen von 17,5 g Isopropylboronsäuredibromid mit 7,5 g **III**; D.$_4^{20}$ 1,287; $n_D^{20}$ 1,5065; 65,3%. — *Isoamylthioboronsäure, Äthylesterbromid*, $C_7H_{16}BBrS$, Kp.$_2$ 56–57°, man gibt zu 11,4 g Isoamylboronsäuredibromid in 10 ml Isopentan 4 ml **III** in 8 ml Isopentan u. läßt über Nacht stehen; D.$_4^{20}$ 1,1945; $n_D^{20}$ 1,4945; 74,6%. *n-Butylesterbromid* (**VII**), $C_9H_{20}\cdot BBrS$, Kp.$_1$ 78–79°, man gibt zu 7 g Isoamyldithioboronsäuredi-n-butylester 2,5 g $BBr_3$ u. dest. nach 2 Std.; D.$_4^{20}$ 1,1320; $n_D^{20}$ 1,4890; 80%. Daneben 3 g *Tributyltrithioborat*, Kp.$_{1,5}$ 135–145°; $n_D^{20}$ 1,5172. — *Phenylthioboronsäureäthylesterbromid*, $C_8H_{10}BBrS$, Kp.$_{1,5}$ 89,5–90,5°, man kocht 17,7 g Phenylboronsäuredibromid in 25 ml Isopentan u. 5,5 ml **III** in 6 ml Isopentan ca. 1 Std. u. läßt über Nacht stehen; D.$_4^{20}$ 1,3605; $n_D^{20}$ 1,5962; 71,3%. — *Isoamylthioboronsäure-n-butylesterdiäthylamid*, Kp.$_3$ 102–103°, man gibt zu 11,9 g **VII** in 75 ml Isopentan bei 0° in 20 Min. 15.6 g Diäthylamin (**VIII**) in 25 ml Isopentan, filtriert u. dest.; $n_D^{20}$ 1,4690; 68,8%. — *n-Propylthioboronsäureäthylesterdiäthylamid*, $C_9H_{22}BNS$, Kp.$_3$ 67–69°, Kp.$_{10}$ 91–92°, a) analog aus 15,7 g **I** in 120 ml Isopentan u. 21 ml **VIII** in 100 ml Isopentan; D.$_4^{20}$ 0,8688; $n_D^{20}$ 1,4720; 55,4%; b) aus 8,8 g **IV** u. 5,2 ml **VIII** bei Zimmer-Temp.; 96,2%. — *n-Propylboronsäure-bis-diäthylamid*, $C_{11}H_{27}BN_2$, Kp.$_{18}$ 97–97,5°, zu 7,9 g **II** in 40 ml n-Hexan gibt man die gekühlte Lsg. von 18,8 g **VIII** in 100 ml n-Hexan u. hält 1 Std. bei 20°; D.$_4^{20}$ 0,8120; $n_D^{30}$ 1,4450; 71%. Renate Richter 980◇

*0790* **Organische Phosphorverbindungen.** 1. Mitt. **Geschichte, Nomenklatur und Herstellung.** R. S. Edmundson. (School Sci. Rev. **44**, 531—41, 1963; Bradford Inst. of Technol., Dep. of Chem. Technol.; engl.) — Übersicht. — 17 Literaturhinweise. H.-D. Jacobi 980△

*0791* **Synthese und Substitutionsreaktionen von 3.5-Di-tert.-butylphenol.** John W. Elder und Raymond P. Mariella. (Canad. J. Chem. **41**, 1653—56, 1963; Chicago, Ill., Loyola Univ., Dep. of Chem.; engl.) — *3.5-Di-tert.-butylphenol* (I) wurde aus 3.5-Di-tert.-butyltoluol (II) über *3.5-Di-tert.-butylbenzoesäure* u. *3.5-Di-tert.-butylaniliniumsalz* sowie aus symm.-Tri-tert.-butylbenzol (III) über *1-Brom-3.5-di-tert.-butylbenzol* dargestellt u. gab bei der Nitrierung unter verschiedenen Bedingungen das *2-Nitro-* u. das *2.6-Dinitro-Deriv.*, während 3.5-Di-tert.-butylpikrinsäure nicht erhalten werden konnte. Die Bromierung von I lieferte *2.6-Dibrom-3.5-di-tert.-butylphenol*, während bei der Chlorierung wahrscheinlich *2.6-Dichlor-3.5-di-tert.-butylphenol* u. *2.4.4.6-Tetrachlor-3.5-di-tert.-butylcyclohexadien-(2.5)-on* entstehen, für deren Konstit. ihr IR- bzw. IR- u. UV-Spektrum sprechen.

Versuche (FF. korr.): *3.5-Di-tert.-butylbenzoesäure*, F. 171—173°, aus II nach A.P. 2 634 114: 64% Umsatz. — *3.5-Di-tert.-butylaniliniumsulfat*, durch Rühren vorst. Verb. mit konz. $H_2SO_4$ u. Chlf. bei 45° unter Zugabe von $NaN_3$ in kleinen Portionen, weiteres 4std. Rühren, Entfernen des Chlf. unter vermindertem Druck, Gießen auf Eis u. Kristallisation des Nd. aus A.; 93% (Ausbeute). — *1-Brom-3.5-di-tert.-butylbenzol*, F. 62.5—65°, durch Bromierung von III nach Bartlett u. Mitarbeitern (C. **1955**, 1718); 65%. — *3.5-Di-tert.-butylphenol* (I), $C_{14}H_{22}O$, F. 94—95° (Vakuumsublimation), a) durch 24std. Rühren vorst. Verb. mit $Cu_2O$ u. Cu-Pulver in 10%ig. NaOH im Autoklaven bei 275°, Aufnehmen in Ae. u. W., Extraktion der Ae.-Lsg. mit methanol. KOH, Abdestillieren des $CH_3OH$ aus den wss. Lsgg. u. Ansäuern mit $H_2SO_4$: 53%; b) durch Zufügen vorvorst. Verb. u. 20%ig. $H_2SO_4$, Zugabe von Eis bis zur Abkühlung auf 0°, Eintragen von wss. $NaNO_2$-Lsg. unter Rühren in 10 Min., 1std. Stehen unter gelegentlichem Rühren, portionsweises Eintragen in 20%ig. $H_2SO_4$ unter Dest. mit Wasserdampf u. Extraktion des Destillats mit Bzl.: 80%. *Benzoat*, $C_{21}H_{26}O_2$, F. 82,5—83°. *α-Naphthylurethan*, $C_{25}H_{29}$·$NO_2$, F. 162—162,5°. — *2.6-Dinitro-3.5-di-tert.-butylphenol*, $C_{14}H_{20}N_2O_5$, F. 214—215° (A., Sublimation), durch Zutropfen von I in konz. $H_2SO_4$ zu roter rauchender $HNO_3$ u. konz. $H_2SO_4$ unter Rühren bei 10° in 20 Min., 4std. Rühren bei Raum-Temp. u. Gießen auf Eis: 28%. — *2-Nitro-3.5-di-tert.-butylphenol*, $C_{14}H_{21}NO_3$, F. 127—128° (Pentan), durch Zugabe von 70%ig. $HNO_3$ in Essigsäure zu I in Eisessig in 10 Min. bei Raum-Temp. unter Rühren, weiteres $^1/_4$std. Rühren, Gießen in W. u. teilweise Neutralisation mit festem $NaHCO_3$; 48%. — *2.6-Dibrom-3.5-di-tert.-butylphenol*, $C_{14}$·$H_{20}Br_2O$, F. 121,5—123° (Pentan), durch 1std. Kochen von I u. $Br_2$ in Essigsäure u. Eindampfen; 44%. — *2.6-Dichlor-3.5-di-tert.-butylphenol* (?), $C_{14}H_{20}Cl_2O$, F. 88—89,5°, durch Einleiten von $Cl_2$ in eine Lsg. von I in $CCl_4$ in einer geschwärzten Flasche in 10 Min., ½std. Kochen unter weiterem Einleiten von $Cl_2$, Eindampfen unter vermindertem Druck u. fraktionierte Kristallisation aus Pentan; 58%. — *2.4.4.6-Tetrachlor-3.5-di-tert.-butylcyclohexadien-(2.5)-on* (?), $C_{14}H_{18}$·$Cl_4O$, F. 160—160,5°, neben vorst. Verb.; aus Pentan lange Nadeln; 5,8%. I. Spaeth 1060◇

*0792* **Die Strukturen von Zinckes sogenannten o- und p-Nitrobenzolsulfensäureanhydriden.** Shigeru Oae und Shunichi Kawamura. (Bull. chem. Soc. Japan **35**, 1156—59, 1962; Sakai, Osaka, Radiation Center, Dep. of Chem.; engl.) — Durch neutrale Hydrolyse von o- (I) bzw. p-Nitrobenzolsulfenylchlorid (II) entstehen nicht, wie Zincke [1913] vermutete, die entsprechenden Sulfensäureanhydride, sondern über *o-Nitrobenzolthiolsulfinsäure-o-* (III) bzw. *p-Nitrobenzolthiolsulfinsäure-p-nitrophenylester* durch deren Disproportionierung beim Stehen, Erhitzen im Vakuum oder Umkristallisieren ein Gemisch von III, *o.o'-Dinitrodiphenyldisulfid* (V) u. *o-Nitrobenzolthiolsulfonsäure-o-nitrophenylester* (IV) bzw. ein Gemisch von *p.p'-Dinitrodiphenyldisulfid* (VI) u. *p-Nitrobenzolthiolsulfonsäure-p-nitrophenylester* (VII), wie aus den IR- u. UV-Spektren hervorgeht. Weiter findet in dem mit $^{18}O$ angereichertem Hydrolyse-Prod. aus II in $H_2SO_4$ kein O-Austausch statt. Oxydation von VI mit Perbenzoesäure (VIII) gibt ebenfalls ein Gemisch von VI u. VII. Das frisch dargestellte III enthält IV. Oxydation von V mit VIII verläuft auch unter UV-Bestrahlung langsam u. gibt nur geringe Mengen IV. Vers., III darzustellen, scheiterten. *o-Nitrobenzolsulfensäuremethylester* wird aus I u. $CH_3ONa$ als stabile Verb. erhalten, während die analoge Rk. mit II nur unreines Prod. liefert.

Versuche: „*p-Nitrobenzolsulfensäureanhydrid*", $C_{12}$·$H_8N_2O_5S_2$, F. 152.5—153,5° (Bzl.), a) durch Hydrolyse von II nach Zincke (l. c.) u. Kristallisation aus Bzl.; blaßgelb; b) durch Zusetzen von 1 Val VIII in Chlf. zu 10 g VI in Chlf. bei 0°, Rühren bei Raum-Temp. über Nacht, Neutralisieren mit $NaHCO_3$-Lsg. u. Aufarbeiten; 2 g (Ausbeute); c) aus je 1 Val VI u. VII in $C_6H_6$. — Analog nach a): „*o-Nitrobenzolsulfensäureanhydrid*", F. 181—196°. — *p-Nitrobenzolthiolsulfonsäure-p-nitrophenylester* (VII), F. 182—183°, aus Ag-p-Nitrobenzolsulfinat u. II. — *o-Nitrobenzolthiolsulfonsäure-o-nitrophenylester* (IV), F. 145—145.5°, a) analog VII aus I; b) durch Rk. von V u. VIII unter UV-Bestrahlung. — *o-Nitrobenzolsulfensäuremethylester*, F. 51—52°, durch Rk. von I u. $CH_3ONa$. — *p-Nitrobenzolsulfensäuremethylester*, $C_7H_7NO_3S$, F. ca. 151—156° (Zers.; Dunkelfärbung bei 125—135°), nach Zincke [1913] (auch in Hexan, unter Kühlen mit Eis oder bei verkürzter Rk.-Zeit). H. Gleinig 1090◇

*0793* **Aus der Chemie der Organoselen-Verbindungen.** J. Gosselck. (Angew. Chem. **75**, 831—40, 1963; Gießen, Univ., Chem. Inst.; dt.) — Vgl. auch C. **1962**, 7091 u. C. **1963**, 10043. — Übersicht über den Vgl. der Reaktivität isologer organ. Verbb. mit Elementen der 6. Gruppe, relative Elektronendonator-Eigg. isologer Äther u. Alkohole, selenhaltige Carbene, neuere Meth. zur Darst. organ. Selenide u. fluorierter Organoselenverbindungen. — 51 Literaturangaben. I. Hahn 1090◇

*0794* **Synthese von Methylendioxydiphenylätherdicarbonsäuren.** Masao Tomita und Hisashi Ishii. (J. pharmac. Soc. Japan [Yakugakuzasshi] **76**, 634—37, 1956; Kyoto, Univ., Pharmaceut. Inst.; jap., Auszug: engl.) — Repandulinsäure, das Oxydations-Prod. von Repandulin, ist *2.3-Methylendioxydiphenyläther-5.4'-dicarbonsäure*. Außer dieser Verb. wird noch *3.4-Methylendioxydiphenyläther-6.4'-dicarbonsäure* synthetisiert.

Versuche: *6-Brompiperonal*, durch Bromieren von Piperonal. — *6-Brompiperonylsäure*, F. 204—205°, durch $KMnO_4$-Oxydation vorst. Verb.; 51.4% (Ausbeute). *Methylester*, F. 84—87°, mit Methanol; 93.5%. — *6-Brompiperonylidenaceton*, F. 154—155.5°, aus Aceton u. vorvorst. Verbindung. — *3.4-Methylendioxydiphenyläther-6.4'-dicarbonsäuredimethylester*, $C_{17}H_{14}O_7$, F. 93—94.5°, Kp.$_{0,45}$ 120°, aus 1,52 g p-Hydroxybenzoesäuremethylester u. vorvorst. Methylester (2.59) mit Naturkupfer C bei 198—205°; 250 mg. — *3.4-Methylendioxydiphenyläther-6.4'-dicarbonsäure*, $C_{15}H_{10}O_7$, F. 249—252°, aus vorst. Verb. mit 1n methanol. KOH. — *6-Nitropiperonylsäuremethylester*, F. 102—104°, aus Piperonylsäuremethylester u. $HNO_3$ (D. 1,49); 77,7%. — *6-Aminopiperonylsäuremethylester*, F. 106—107°, durch Hydrieren vorst. Verb. an Raney-Ni; 98,8%. — *5-Brom-6-aminopiperonylsäuremethylester, Hydrobromid*, $C_9H_8BrNO_4$·HBr, F. 210—212.5°, durch Bromieren vorst. Verbindung. *Freie Base*, F. 153—154°. — *5-Brompiperonylsäuremethylester*, F. 94—99°, Kp.$_{3,5}$ 132°, durch Sandmeyer-Rk. vorst. Hydrobromids (5 g); 1,6 g. — *2.3-Methylendioxydiphenyläther-5.4'-dicarbonsäuredimethylester*, $C_{17}H_{14}O_7$, F. 117—118°, durch Rk. von 5,16 g vorst. Verb. mit 1,54 g p-Hydroxybenzoesäuremethylester in Ggw. von Naturkupfer C bei 195 bis 205°; 150 mg. — *2.3-Methylendioxydiphenyläther-5.4'-dicarbonsäure*, $C_{15}H_{10}O_7$, F. 285—291° (Zers.), durch Verseifen vorst. Verb. mit 1n methanol. KOH; 40 mg. D. Dargel 1250△

*0795* **Zur Synthese der Phenylbrenztraubensäuren.** 3. Mitt. G. Billek. (Mh. Chem. **92**, 343—50, 1961; Wien, Univ., Organ.-chem. Inst.; dt.) — 2. vgl. C. **1962**, 11535. — *Phenylbrenztraubensäure* bzw. die *Lactone* von *Hydroxyphenylbrenztraubensäuren* können durch alkal. Hydrolyse der entsprechenden 5-Benzalhydantoine (**A**) bzw. 3-Acetyl-5-benzalhydantoine (**B**) dargestellt werden. Es wird bewiesen, daß die alkal. Spaltung der Hydantoine mit Toluol zu *Oxalsäure* (I), $NH_3$ u. $CO_2$ über Brenztraubensäuren (**C**) verläuft.

Versuche: Phenylbrenztraubensäuren (**C**), a) durch 3std. Kochen von 50 mMol **A** bzw. **B** mit 240 ml 20%ig. NaOH im $N_2$-Strom, Ansäuern mit konz. HCl u. Puffern mit $NaHCO_3$; nach Ausäthern der phenol. Verunreinigungen Ansäuern mit konz. HCl u. Extraktion der C mit Ae. (Meth. D); b) nach alkal. Hydrolyse der A wie oben ½std. Kochen mit konz. HCl u. Absaugen des Lactons (Meth. E); c) durch 4std. Kochen von 50 mMol des entsprechenden 3-Acetamidocumarins in einem Gemisch aus 100 ml Essigsäure, 75 ml $H_2O$ u. 25 ml konz. HCl u. Eindampfen (Meth. F): *Unsubstituiert*, F. 155–158° (Chlt.), nach D; 60% (Ausbeute). — *3-Hydroxy-* (II), F. 176° (W.), nach D; 62%. — *4-Hydroxy-*, F. 220° (W.), nach D; 65%. — *3.4-Dihydroxy-*, F. 192–193° ($H_2O/SO_2$), nach D; 40%. — *2-Methoxy-*, F. 161° (Essigsäure), nach D; 60%. — *3-Methoxy-*, F. 158° (Essigsäure), nach D; 55%. — *4-Methoxy-* (IV), F. 194° (Essigsäure), nach D; 70%. — *3-Methyl-4-hydroxy-*, F. 170° (W.), nach D; 55%. — *3.4-Methylendioxy-*, F. 215° (Essigsäure), nach D; 68%. — *3-Methoxy-4-hydroxy-*, F. 161° (Essigsäure), nach D; 68%. — *3-Hydroxy-4-methoxy-* (III), F. 184° (Essigsäure), nach D; 55%. — *2.4-Dimethoxy-*, F. 160 bis 162° (Essigsäure), nach D; 70%. — *3.4-Dimethoxy-*, F. 187° (Essigsäure), nach D; 65%. — *3.5-Dimethoxy-4-hydroxy-*, F. 203° (Essigsäure), nach D; 68%. — Phenylbrenztraubensäurelactone: *2-Hydroxy-*, F. 152° (A.), nach E; 72%. — *2.4-Dihydroxy-*, F. 265° (W.), nach F; 60%. — *2.5-Dihydroxy-*, F. 225° (W.), nach F; 80%. — *2-Hydroxy-5-methyl-*, F. 197° (A.), nach E; 56%. — *2-Hydroxy-3-methoxy-*, F. 180° (A.), nach E; 64%. — *4-Methoxytoluol*, a) aus 5-[4-Methoxybenzal]-hydantoin nach D mit 20%ig. NaOH bei 108°; 5% neben 70% IV u. wenig I; b) analog mit 40%ig. NaOH bei 120°; 42% neben 38% IV u. 45% I; c) analog aus IV mit 20%ig. NaOH bei 108°; 5% neben 81% unverändertem IV u. wenig I; d) aus IV mit 40%ig. NaOH bei 120°; 27% neben 21% IV u. 52% I; e) aus IV mit 20%ig. NaOH bei 120°; 33% neben 20% IV u. 70% I. — *m-Kresol*, a) aus 3-Acetyl-5-[3-acetoxybenzal]-hydantoin mit 40%ig. NaOH bei 120°; 95% neben 80% I; b) aus II mit 40%ig. NaOH bei 120°; 79% neben 80% I. — *3-Hydroxy-4-methoxytoluol*, a) aus 3-Acetyl-5-[3-acetoxy-4-methoxybenzal]-hydantoin mit 40%ig. NaOH bei 120°; 41% neben 49% III u. 35% I; b) aus III mit 40%ig. NaOH bei 120°; 49% neben 39% III u. 41% I. J. Gartzke 1270△

*0796* **Acetylenverbindungen von pharmakologischem Interesse. 2. Mitt. 4-Aminobutin-(2)-ylester von Phenylcarbaminsäuren.** Richard Dahlbom und René Mollberg. (Acta chem. scand. **17**, 1182–83, 1963; engl.) — 1. vgl. C. **1964**, 13-0879. — Durch Rk. von Phenylisocyanaten (Ph) mit N-substituierten 4-Aminobutin-(2)-olen-(1) (A) werden *Phenylcarbaminsäure-4-aminobutin-(2)-ylester* dargestellt. Die Verbb. werden auf ihre lokalanästhet. Wlkg. geprüft. Die Aktivität der Verbb. wird durch 2- u. 6ständige Substituenten im Phenylkern erhöht. Die dargestellten Verbb. besitzen z. T. eine höhere Aktivität als Lidocain, ihre hohe Toxizität ($DL_{50}$ 0,09–0,16 g/kg Maus) schließt jedoch ihre Verw. als Lokalanästhetika aus.

Versuche: *2.6-Dimethylphenylisocyanat*, nach Dahlbom u. Österberg (vgl. C. **1959**, 15012). — *2-Chlor-6-methylphenylisocyanat*, $C_8H_6ClNO$, $Kp._{10}$ 84–85°, durch Mischen von 2-Chlor-6-methylphenylcarbaminsäureäthylester mit $P_2O_5$ u. Vakuum-Dest.; Öl; $n_D^{23}$ 1,5548; 72% (Ausbeute). — Phenylcarbaminsäure-4′-dimethylaminobutin-(2′)-ylesterhydrochloride, durch 3std. Kochen von A u. Ph in Bzl., Behandeln mit äther. HCl-Lsg., Isolieren u. Kristallisation aus A./Äther: *Unsubstituiert*, $C_{13}H_{16}N_2O_2 \cdot HCl$, F. 160,5 bis 161,5°; 50%. — *2.6-Dimethyl-*, $C_{15}H_{20}N_2O_2 \cdot HCl$, F. 182,5 bis 183,5°; 72%. — *2-Methyl-6-chlor-*, $C_{14}H_{17}ClN_2O_2 \cdot HCl$, F. 171,5–172,5° (Zers.); 86%. — Phenylcarbaminsäure-4′-diäthylaminobutin-(2′)-ylesterhydrochloride: *Unsubstituiert*, $C_{15}H_{20}N_2O_2 \cdot HCl$, F. 129,5–130,5°; 54%. — *2-Methyl-*, $C_{16}H_{22}N_2O_2 \cdot HCl$, F. 129,5–131°; 82%. — *2.6-Dimethyl-*, $C_{17}H_{24}N_2O_2 \cdot HCl$, F. 175,5–176,5°; 61%. — *2-Methyl-6-chlor-*, $C_{16}H_{21}ClN_2O_2 \cdot HCl$, F. 168–170° (Zers.); 86%. — Phenylcarbaminsäure-4′-pyrrolidinobutin-(2′)-ylesterhydrochloride: *Unsubstituiert*, $C_{15}H_{18}N_2O_2 \cdot HCl$, F. 148,5–149,5°; 68%. — *2-Methyl-*, $C_{16}H_{20}N_2O_2 \cdot HCl$, F. 147,5 bis 148° (Zers.); 79%. — *2.6-Dimethyl-*, $C_{17}H_{22}N_2O_2 \cdot HCl$, F. 194–194,5° (Zers.); 62%. — *2-Methyl-6-chlor-*, $C_{16}H_{19}ClN_2O_2 \cdot HCl$, F. 184,5–185° (Zers.); 77%. — Phenylcarbaminsäure-4′-piperidinobutin-(2′)-ylesterhydrochloride: *Unsubstituiert*, $C_{16}H_{20}N_2O_2 \cdot HCl$, F. 174,5 bis 175,5°; 65%. — *2-Methyl-*, $C_{17}H_{22}N_2O_2 \cdot HCl$, F. 177 bis 178° (Zers.); 57%. — *2.6-Dimethyl-*, $C_{18}H_{24}N_2O_2 \cdot HCl$ F. 192,5–193° (Zers.); 80%. — *2-Methyl-6-chlor-*, $C_{17}H_{21}ClN_2O_2 \cdot HCl$, F. 177–178° (Zers.); 77%. — Phenylcarbaminsäure-4′-morpholinobutin-(2′)-ylesterhydrochloride: *Unsubstituiert*, $C_{15}H_{18}N_2O_3 \cdot HCl$, F. 152,5–153°; 78%. — *2-Methyl-*, $C_{16}H_{20}N_2O_3 \cdot HCl$, F. 173,5–174,5° (Zers.); 84%. — *2.6-Dimethyl-*, $C_{17}H_{22}N_2O_3 \cdot HCl$, F. 225–226° (Zers.); 73%. — *2-Methyl-6-chlor-*, $C_{16}H_{19}ClN_2O_3 \cdot HCl$, F. 212–213° (Zers.); 75%. E. Mirsch 1280△

*0797* **Synthese von 4-substituierten 1.1-Diphenylthiosemicarbaziden.** K. K. Ginwala und J. P. Trivedi. (Current Sci. [Bangalore] **32**, 159–60, 1963; Ahmedabad, St. Xavier's Coll., Dep. of Chem.; engl.) — Durch Kondens. von N.N-Diphenylhydrazin (I) mit Isothiocyanaten (A) werden *1.1-Diphenylthiosemicarbazide* dargestellt.

Versuche: 1.1-Diphenylthiosemicarbazide, durch 3std. Kochen von I mit dem entsprechenden A in Bzl., Behandeln mit 5%ig. HCl u. Kristallisation aus A.: *4-Phenyl-*, $C_{19}H_{17}N_3S$, F. 178°; 62% (Ausbeute). — *4-[o-Tolyl]-*, $C_{20}H_{19}N_3S$, F. 171°. — *4-[p-Tolyl]-*, $C_{20}H_{19}N_3S$, F. 183°. — *4-[o-Methoxyphenyl]-*, $C_{20}H_{19}N_3OS$, F. 179°. — *4-[p-Methoxyphenyl]-*, $C_{20}H_{19}N_3OS$, F. 172–173°. — *4-[p-Bromphenyl]-*, $C_{19}H_{16}BrN_3S$, F. 197°. — *4-[p-Jodphenyl]-*, $C_{19}H_{16}JN_3S$, F. 191°. — *4-n-Butyl-*, $C_{17}H_{21}N_3S$, F. 67–68°. — *4-Benzyl-*, $C_{20}H_{19}N_3S$, F. 176°. — *4-Naphthyl-(1)-*, $C_{23}H_{19}N_3S$, F. 184°. — *4-Triphenylmethyl-*, $C_{32}H_{27}N_3S$, F. 94–95°. E. Mirsch 1280△

*0798* **Reaktion von substituierten Benzolen und Chloral. 4. Mitt. Reaktion von N-Acetyl-p-toluidin mit Chloral. Konstitution der Neutralprodukte.** Masaiti Yasue. (J. pharmac. Soc. Japan [Yakugakuzasshi] **76**, 693–96, 1956; Nagoya City, Univ., Pharmac. Fac.; jap., Auszug: engl.) — 3. vgl. — J. pharmac. Soc. Japan [Yakugakuzasshi] **76**, 1956, 95. — Zwei der drei durch Rk. von N-Acetyl-p-toluidin mit Chloral erhaltenen Substanzen werden als *4-Methyl-3-[α.β.β.β-tetrachloräthyl]-acetanilid* (I) u. *5-Acetamido-2-methylbenzaldehyd* (III) identifiziert. Die dritte *Substanz vom F. 268°* (Zers.) konnte nicht bestimmt werden, da sie in zu geringer Menge vorlag. I bildet mit Acetanhydrid eine *Diacetyl-Verb.*, kann in die acetylfreie Verb. übergeführt werden u. verliert mit äthanol. Na-Äthylat ein Mol HCl. I wird durch Zn-Staub u. Eisessig zu *4-Methyl-3-[β.β-dichloräthyl]-acetanilid* (II) red., das auch durch Red. mit HJ u. rotem P u. anschließende Acetylierung erhalten wird. II läßt sich durch HCl-Abspaltung in das entsprechende *β-Vinyl-Deriv.* überführen (mit äthanol. NaOH), das bei der Oxydation *5-Acetamido-2-methylbenzoesäure* liefert. 18std. Erhitzen von I mit konz. $H_2SO_4$ ergibt *5-Acetamido-2-methylphenylglykolsäure.* Verss., nur das α-ständige Cl-Atom allein auszutauschen, mißlangen. III entsteht auch beim Kochen von 5-Acetamido-2-methylphenylglycin, 5-Amino-2-methylglyoxylsäure u. $Al^{3+}$.

Versuche: *4-Methyl-3-[α.β.β.β-tetrachloräthyl]-acetanilid* (I), $C_{11}H_{11}Cl_4NO$, F. 166–168°, aus N-Acetyl-p-toluidin u. Chloral. — *N.N-Diacetyl-3-[α.β.β.β-tetrachloräthyl]-p-toluidin*, $C_{13}H_{13}Cl_4NO_2$, F. 134–136°, aus 1 g I u. Acetanhydrid; 0,5 g. — *3-[α.β.β.β-Tetrachloräthyl]-p-toluidin*, $C_9H_9Cl_4N$, F. 120 bis 122°, durch Verseifen von 1,5 g I; 1 g. — *4-Methyl-3-[α.β.β-trichlorvinyl]-acetanilid*, $C_{11}H_{10}Cl_3NO$, F. 146 bis 148°, durch HCl-Abspaltung aus I mit äthanol. NaOH. — *4-Methyl-3-[β.β-dichloräthyl]-acetanilid* (II), $C_{11}H_{13}Cl_2NO$, F. 134–136°, a) durch Red. von 1 g I mit Zn/Eisessig; 0,7 g; b) durch Acetylierung nachst. Verbindung. — *4-Methyl-3-[β.β-dichloräthyl]-anilin, Oxalat*, $C_9H_{11}Cl_2N(COOH)_2$, F. 188° a) durch Verseifen von II mit HCl; b) durch Red. von I mit HJ u. rotem P. — *4-Methyl-3-[β-chlorvinyl]-acetanilid*, $C_{11}H_{12}ClNO$, F. 132–134°, aus 1,7 g II mit NaOH in A.; 1,4 g. — *2-Methyl-5-acetamidobenzoesäure*, F. 230°, durch Oxydation von 0,7 g vorst. Verb. mit $KMnO_4$; 0,3 g. — *2-Methyl-5-acetamidophenylglykolsäure*, F. 228° (Zers.), durch 18std. Erhitzen von I mit konz. $H_2SO_4$ auf 65–70°. — *5-Acetamido-2-methylbenzaldehyd* (III), F. 129°, a) neben I aus N-Acetyl-p-toluidin u. Chloral; b) durch Kochen von 2-Methyl-5-acetamidophenylglycin u. 2-Methyl-5-aminophenylglyoxylsäure in Ggw. von $Al_2(SO_4)_3$. *Oxim, Hydrat*, $C_{10}H_{12}N_2O_2 \cdot H_2O$, F. 165 bis 167°. *Semicarbazon*, $C_{11}H_{14}N_4O_2$, F. 268–270°. — *Verb. vom F. 268°* (Zers.), neben I u. III. D. Dargel 1300△

*0799* **Untersuchungen über die Synthese neuer antibakterieller Substanzen. 1. Mitt. Synthese von 2.5-Dichloranilin-Derivaten und deren antibakterielle Wirkung.** Ryuichi Kimura, Takahiro Yabuuchi, Masakatsu Hisaki, Hideki Sugimoto, Akio Ohyama und Kooichi

Mochida. (Chem. pharmac. Bull. [Tokyo] **10**, 1226–32, 1962; Univ. of Kyoto, Sci. Res. Inst. for Practical Life; engl.) — 2. vgl. C. **1964**, 13-0846. — 24 *Derivv.* des *2.5-Dichlor-, 2.5-Dichlor-4-brom-* u. *2.5-Dichlor-4-thiocyanatoanilins* wurden durch pyridinkatalysierte Kondens. der entsprechenden Aniline mit verschiedenen Säurechloriden in trocknem Bzl. dargestellt. Prüfung auf antibakterielle Wrkg. gegenüber *Staph. aureus FDA* u. *E. coli communior* zeigt starke in vitro-Wrkg. von *N-[2-Hydroxy-3.5-dibrombenzoyl]-2.5-dichloranilin, N-[2-Hydroxy-5-brombenzoyl]-2.5-dichlor-4-bromanilin* u. *N-[2-Hydroxy-3.5-dibrombenzoyl]-2.5-dichlor-4-bromanilin* gegenüber *Staph. aureus.*

Versuche: *2.5-Dichlor-4-bromanilin*, F. 90–91° (Ligroin), durch tropfenweises Zufügen von $Br_2$/Methanol-Lsg. zu methanol. Lsg. von 2.5-Dichloranilin u. 2std. Rühren bei 0–5°; 71,3% (Ausbeute). — Allg. Meth.: Äquivalente Mengen Säurechlorid u. Halogenanilin werden in trocknem Bzl. mit wenigen Tropfen Pyridin 5 Std. erhitzt u. das Rk.-Gemisch unter vermindertem Druck zur Trockne verdampft. — 2.5-Dichloraniline: *N-Chloracetyl-* (I), $C_8H_6Cl_3NO$, F. 116–117° (Bzl.). — *N-Dichloracetyl-*, $C_8H_5Cl_4NO$, F. 146–147° (Bzl.). — *N-[$\Delta^{10}$-Undecenoyl]-*, $C_{17}H_{23}Cl_2NO$, F. 76–76,5° (Methanol). — *N-[2-Hydroxybenzoyl]-* (II), $C_{13}H_9Cl_2NO_2$, F. 237–238° (Bzl.). — *N-[2-Hydroxy-5-brombenzoyl]-*, $C_{13}H_8BrCl_2NO_2$, F. 208–209° (Tetrahydrofuran). — *N-Chloracetyl-4-brom-*, $C_8H_5BrCl_3NO$, F. 119–120° (Bzl.). — *N-Dichloracetyl-4-brom-*, $C_8H_4BrCl_4NO$, F. 137–138° (Bzl.). — *N-[2-Hydroxy-3.5-dibrombenzoyl]-4-brom-*, $C_{13}H_6Br_3Cl_2NO_2$, F. 187–188° (Bzl.). — 2.5-Dichlor-4-thiocyanatoaniline: *N-Acetyl-*, $C_9H_6Cl_2N_2OS$, F. 143–144° (A.). — *N-Chloracetyl-*, $C_9H_5Cl_3 \cdot N_2OS$, F. 124–125° (Bzl.). — *N-Dichloracetyl-*, $C_9H_4Cl_4N_2OS$, F. 136–137° (Methanol). — *N-Trichloracetyl-*, $C_9H_3Cl_5N_2OS$, F. 76,5–77° (Methanol). — *N-[$\Delta^{10}$-Undecenoyl]-*, $C_{18}H_{22}Cl_2 \cdot N_2OS$, F. 77° (Methanol). — *N-[β-(5-Nitro-α-furyl)-acryloyl]-*, $C_{14}H_7Cl_2N_3O_4S$, F. >255°, gelbe Prismen aus Tetrahydrofuran. — *N-Benzoyl-*, $C_{14}H_8Cl_2N_2OS$, F. 133° (A.). — *N-[2-Hydroxybenzoyl]-*, $C_{14}H_8Cl_2N_2O_2S$, F. 246–247° (Tetrahydrofuran). — *N-[2-Hydroxy-5-brombenzoyl]-*, $C_{14}H_7BrCl_2N_2O_2S$, F. 218–219° (Aceton). — *N-[2-Hydroxy-3.5-dibrombenzoyl]-*, $C_{14}H_6Br_2Cl_2N_2O_2S$, F. 235–236° (Tetrahydrofuran). — *N-[4-Chlorbenzolsulfonyl]-*, $C_{13}H_7Cl_3N_2O_2S_2$, F. 148–149° (Bzl.). — Weitere 2.5-Dichloraniline: *N-Morpholinoacetyl-, Hydrochlorid*, $C_{12}H_{14}Cl_2N_2O_2 \cdot HCl$, F. 210–211° (Zers.), aus Methanol, durch 8std. Kochen von I mit Morpholin in trocknem Toluol u. Ansäuern des Filtrats mit überschüssigem HCl/A.-Gemisch in Chlf.; 80,3%. — *N-[2-Hydroxy-3.5-dibrombenzoyl]-* (III), $C_{13}H_7Br_2Cl_2NO_2$, F. 165–165,5° (Bzl.), a) durch 4std. Kochen von 0,25 Mol 2-Hydroxy-3.5-dibrombenzoesäure mit 0,75 Mol $SOCl_2$ bei 75 bis ca. 80°, Entfernung des $SOCl_2$-Überschusses u. Kochen von 0,02 Mol Rohchlorid mit 0,04 Mol 2.5-Dichloranilin in Ggw. einiger Tropfen Pyridin in trocknem Bzl.; 81,5%; b) durch tropfenweises Zufügen von 0,04 Mol $Br_2$ in Essigsäure zu Lsg. von 0,02 Mol II in Tetrahydrofuran/Essigsäure-Gemisch bei 15–25° (Kühlung), 5std. Rühren; 88,6%. — *N-[2-Hydroxy-5-brombenzoyl]-4-brom-*, $C_{13}H_7Br_2Cl_2NO_2$, F. 237–238° (Aceton), a) aus äquimol. Mengen 2-Hydroxy-5-brombenzoylchlorid u. 2.5-Dichlor-4-bromanilin analog III; 75,2%; b) durch tropfenweises Zufügen von $PCl_3$ zur Lsg. von äquimol. Mengen 2-Hydroxy-5-brombenzoesäure u. 2.5-Dichloranilin in Toluol bei 75–85° u. 5std. Kochen, erneuten $PCl_3$-Zusatz u. 2std. Kochen; 88,0%. — *N-[β-Hydroxyäthyl]-4-thiocyanato-*, $C_9H_7 \cdot Cl_2N_2OS$, F. 111–112° (Methanol/Bzl.), durch tropfenweises Zufügen methanol. $Br_2$-Lsg. zu Lsg. von 0,05 Mol N-[2-Hydroxyäthyl]-2.5-dichloranilin u. 0,16 Mol $NH_4SCN$ in Methanol bei 5–10° u. 3std. Rühren bei 20°; 54,5%. — *N-[2-Carboxybenzoyl]-4-thiocyanato-*, $C_{15}H_8Cl_2N_2O_3S$, F. 194° (Dioxan), durch 6std. Kochen einer Lsg. von äquimol. Mengen 2.5-Dichlor-4-thiocyanatoanilin u. Phthalsäureanhydrid in trocknem Bzl. in Ggw. von wenig Pyridin; 78,4%. R. Schirner 1310△

*0800* **Untersuchungen auf dem Gebiet der Diazoverbindungen. 13. Mitt. Über die Diazotierung aromatischer Amine mit Nitrit in Essigsäure und deren Substitutionsverbindungen.** W. W. Koslow und B. I. Below. (J. allg. Chem. [UdSSR] **31** (**93**), 2206–11, 1961; russ.) — 12. vgl. C. **1964**, 13-0828. — Die Diazotierung aromat. Amine in Essigsäure, Glykolsäure u. Chloressigsäure verläuft um so leichter, je größer die Dissoziations-Konst. der betreffenden Säure ist. Anilin u. seine Chlor- u. Nitro-Derivv. geben vorwiegend Diazoaminoverbindungen. Aus α-Naphthylamin entsteht *4(?)-[Naphthalinazo-(1)]-1-aminonaphthalin.* Die Diazotierbarkeit der Amine steigt mit Einführung elektrophiler Substituenten in den Kern, deren Wrkg. in folgender Reihe abnimmt: $NO_2 > SO_3H > COOH > Cl$. Der Einfl. von p-Substituenten ist am stärksten. Einige der dargestellten Diazoniumsalze wurden als Doppelsalze mit $HgCl_2$ isoliert. Die Beständigkeit der wss. Diazoniumsalz-Lsgg. gegen Bestrahlung u. beim Aufbewahren im Dunkeln hängt vom Anion des Salzes ab u. nimmt in der Reihe Trichloracetat > Chloracetat > Chlorid > Acetat > Hydroxyacetat ab.

Versuche: *Diazoaminobenzol*, F. 98° (wss. A.), aus 0,1 Mol Anilin u. 0,1 Mol $NaNO_2$ in 4m Essigsäure bei 0–5°; orangegelbe Kristalle; 92,4% (Ausbeute). — *4.4'-Dinitrodiazoaminobenzol*, F. 234° (Bzl.), analog aus p-Nitroanilin; 97%. — *4(?)-[Naphthalinazo-(1)]-1-aminonaphthalin*, F. 173 bis 175° (A., Ae.), aus 0,01 Mol α-Naphthylamin in 0,04 Mol Eisessig mit Nitrit-Lsg. bei 0°; dunkelrote Nadeln; 51%. — Diazoniumsalz-$HgCl_2$-Doppelsalze: *Benzoldiazoniumacetat-*, F. 119–121° (Zers.), durch Zugabe einer äquivalenten Menge 10%ig. wss. $HgCl_2$-Lsg. zur Diazoniumsalz-Lsg.; orangegelbe Nadeln; 90–98%. — *4-Methylbenzoldiazoniumacetat-*, F. 159–161° (Zers.). — *4-Nitrobenzoldiazoniumacetat-*, F. 142–143° (Zers.), orange Nadeln. — *2-Carboxybenzoldiazoniumacetat-*, F. 106–107° (Zers.), hellbraune Nadeln. — *4-Carboxybenzoldiazoniumacetat-*, F. 79–80° (Zers.), hellbraune Nadeln. — *Naphthalin-1-diazoniumacetat-*, F. 92–93° (Zers.), braune Nadeln. — *1-Nitronaphthalindiazoniumacetat-*, F. 121–122° (Zers.), gelbe Nadeln. — *Benzoldiazoniumchloracetat-*, F. 103–105° (Zers.), cremefarbene Nadeln. — *4-Methylbenzoldiazoniumchloracetat-*, F. 131–133° (Zers.). — *4-Nitrobenzoldiazoniumchloracetat-*, F. 122–125° (Zers.), blaßgelbe Nadeln. — *Benzoldiazoniumtrichloracetat-*, F. 126–128° (Zers.). — *4-Methylbenzoldiazoniumtrichloracetat-*, F. 142 bis 144° (Zers.). — *4-Nitrobenzoldiazoniumtrichloracetat-*, F. 134–136° (Zers.), blaßgelbe Nadeln. B. Celms 1310

*0801* **Untersuchungen auf dem Gebiet der Diazoverbindungen. 14. Mitt. Über die Diazotierung aromatischer Amine mit Nitrit in gesättigten Carbonsäuren.** B. I. Below und W. W. Koslow. (J. allg. Chem. [UdSSR] **31** (**93**), 2212 bis 2217, Juli 1961; russ.) — 13. vgl. vorst. Referat. — Die Diazotierungs-Geschw. aromat. Amine in gesätt. Carbonsäuren steigt mit der Dissoziations-Konst. der Säure. Substituenten im Kern der aromat. Amine beeinflussen deren Diazotierbarkeit in der Reihe $NO_2 > SO_3H > COOH > CH_3$. Bei der Diazotierung schwach bas. Amine entsteht um so mehr Diazoamino-Verb., je schwächer die gesätt. Carbonsäure ist. Einige der dargestellten Diazoniumsalze wurden als Doppelsalze mit $HgCl_2$ isoliert. Die Diazoniumsalz-Lsgg. sind gegen Bestrahlung u. beim Aufbewahren im Dunkeln um so beständiger, je niedriger das Molgew. des Carbonsäureanions ist. Dabei erweisen sich die Diazoniumsalze der Dicarbonsäuren als beständiger als Diazoniumsalze von Monocarbonsäuren u. von HCl.

Versuche: *2.2'.5.5'-Tetrachlordiazoaminobenzol*, F. 171° (Bzl.), aus 0,1 Mol 2.5-Dichloranilin in 4 m Ameisensäure mit wss. $NaNO_2$ bei 0–5°; gelber, flockiger Nd.; 80% (Ausbeute). — Diazoniumsalz-$HgCl_2$-Doppelsalze: *Benzoldiazoniumformiat-*, F. 99° (Zers.), rosa Blättchen. — *4-Methylbenzoldiazoniumformiat-*, F. 121–122° (Zers.), lange Nadeln. — *4-Nitrobenzoldiazoniumformiat-*, F. 127–128° (Zers.), blaßgelbe, kleine Blättchen. — *4-Carboxybenzoldiazoniumformiat-*, F. 98–99° (Zers.), kleine Blättchen. — *Naphthalindiazoniumformiat-*, F. 101–102° (Zers.), hellbraune Blättchen. — *1-Nitronaphthalindiazoniumformiat-*, F. 117–118° (Zers.), gelbe Blättchen. — *Benzoldiazoniumoxalat-*, F. 102° (Zers.), lange Nadeln. — *4-Methylbenzol-2-diazoniumoxalat-*, F. 142° (Zers.), lange Nadeln. — *4-Nitrobenzoldiazoniumoxalat-*, F. 143 bis 144° (Zers.), Nadeln. — *4-Carboxybenzoldiazoniumoxalat-*, F. 106–107° (Zers.), lange Nadeln. — *Naphthalindiazoniumoxalat-*, F. 109–111° (Zers.), gelbe Nadeln.

B. Celms 1310

*0802* **Untersuchungen auf dem Gebiet der Diazoverbindungen. 15. Mitt. Über die Diazotierung aromatischer Amine mit Nitrit in Hydroxycarbonsäuren.** W. W. Koslow und B. I. Below. (J. allg. Chem. [UdSSR] **31** (**93**), 2217–21, Juli 1961; russ.) — 14. vgl. vorst. Referat. — Die Diazotierungs-Geschw. aromat. Amine wächst mit steigender Dissoziations-Konst. der verwendeten Hydroxycarbonsäure. Sie ist durchweg größer als die Diazotierungs-

Geschw. bei Verw. der entsprechenden Fettsäure. Aus Anilin entsteht dabei um so mehr Diazoaminobenzol, je schwächer die verwendete Hydroxycarbonsäure ist. Die Diazotierung von α-Naphthylamin in Milch-, Wein- u. Citronensäure führt zum Naphthalindiazoniumsalz, in Glykolsäure entsteht daneben viel *4(?)-[Naphthalin-(1)-azo]-1-aminonaphthalin.* Die Diazotierungs-Geschw. in Hydroxycarbonsäuren steigt durch Einführung folgender Substituenten im Kern des aromat. Amins: $SO_3H > NO_2 > COOH > CH_3$. Einige der dargestellten Diazoniumsalze wurden als Doppelsalze mit $HgCl_2$ isoliert. Die Beständigkeit wss. Lsgg. der Diazoniumsalze bei Bestrahlung u. beim Aufbewahren im Dunkeln bei 20° ist um so größer, je höher die Dissoziations-Konst. der betreffenden Hydroxycarbonsäure ist. Diazoniumsalz-$HgCl_2$-Doppelsalze: *Benzoldiazoniumtartrat-*, F. 96 bis 97° (Zers.), Blättchen. — *4-Methylbenzoldiazoniumtartrat-*, F. 109—110° (Zers.), Blättchen. — *4-Nitrobenzoldiazoniumtartrat-*, F. 118—119° (Zers.), gelbe Nadeln. — *4-Carboxybenzoldiazoniumtartrat-*, F. 106—107° (Zers.), Blättchen. — *α-Naphthalindiazoniumtartrat-*, F. 127—128° (Zers.), hellgelbe Blättchen. — *Benzoldiazoniumcitrat-*, F. 99—101° (Zers.), Blättchen. — *4-Methylbenzoldiazoniumcitrat-*, F. 114—115° (Zers.), Blättchen. — *4-Nitrobenzoldiazoniumcitrat-*, F. 121 bis 122° (Zers.), gelbe Blättchen. — *4-Carboxybenzoldiazoniumcitrat-*, F. 110—111° (Zers.), Blättchen. — *α-Naphthalindiazoniumcitrat-*, F. 131—132° (Zers.), graue Blättchen.

B. Celms 1310

*0803* **Fungicide in der Landwirtschaft. p-Aminoazobenzole.** J. A. Silk und L. A. Summers. (J. chem. Soc. [London] **1963**, 3472—74; Bracknell, Berks., Plant Protection Ltd., Jealott's Hill Res. Station; engl.) — Durch Rk. von Aryldiazoniumsalzen mit Phenol (**I**) oder I-Derivv. bzw. Anilinen werden entsprechende *Azo-Verbb.* dargestellt.

Versuche: 4'-Hydroxy-4-nitroazobenzole (**A**), durch Diazotieren der entsprechenden p-Nitroaniline u Kuppeln der Prodd. mit I bzw. I-Derivv.: *3-Methyl-*, $C_{13}H_{11}N_3O_3$, F. 165° ($CH_3COOH$). — *3-Methoxy-*, $C_{13}H_{11}N_3O_4$, F. 198° ($CH_3COOH$). — *2-Chlor-*, $C_{12}H_8ClN_3O_3$, F. 209° (Bzl.). — *2.3'-Dimethyl-*, $C_{14}H_{13}N_3O_3$, F. 153° ($CH_3COOH$). — *2.2'-Dimethyl-*, F. 183° ($CH_3COOH$). — *2-Methyl-3'-methoxy-*, $C_{14}H_{13}N_3O_4$, F. 151° ($CH_3COOH$). — *2-Methyl-2'-methoxy-*, F. 188° ($CH_3OH$). — *3.3'-Dimethoxy-*, $C_{14}H_{13}N_3O_5$, F. 159° ($CH_3COOH$). — *2-Methyl-3'-äthoxy-*, $C_{15}H_{15}N_3O_4$, F. 124° ($CH_3OH$). — *2-Methyl-3'-äthyl-*, $C_{15}H_{15}N_3O_3$, F. 134° (A.). — *2-Methyl-3'-chlor-*, $C_{13}H_{10}ClN_3O_3$, F. 170° ($CH_3COOH$). — *2-Äthyl-3'-methoxy-*, $C_{15}H_{15}N_3O_4$, F. 121° ($CH_3OH$). — *2.3'-Dichlor-*, $C_{12}H_7Cl_2N_3O_3$, F. 192° ($CH_3COOH$). — *2.3'.5'-Trimethyl-*, $C_{15}H_{15}N_3O_3$, F. 192° (Bzl.). — *2.5-Dimethyl-3'-methoxy-*, $C_{15}H_{15}N_3O_4$, F. 128° ($CH_3OH$). — *2-Chlor-3'.5'-dimethyl-*, $C_{14}H_{12}ClM_3O_3$, F. 217° (Bzl.). — *3-Methoxy-3'.5'-dimethyl-*, $C_{15}H_{15}N_3O_4$, F. 201° ($CH_3COOH$). — *2.5.3'.5'-Tetramethyl-*, $C_{16}H_{17}N_3O_3$, F. 200° (A.). — 4-Acetamido-4'-hydroxyazobenzole (**B**), durch Diazotieren von p-Acetamidoanilin (**II**) u. Kuppeln des Prod. mit I-Derivv.: *2'-Methyl-*, $C_{15}H_{15}N_3O_2$, F. 225° (wss. A.). — *3'-Methyl-*, F. 192° (wss. A.). — *3'-Methoxy-*, $C_{15}H_{15}N_3O_3$, F. 209° (A.). — 4-Amino-4'-hydroxyazobenzole, a) durch 5std. Kochen der entsprechenden rohen **A** mit $Na_2S$-Lsg. u. Neutralisieren [42—68% (Ausbeute)]: *3-Methyl-*, $C_{13}H_{13}N_3O$, F. 179° (Bzl./Methanol). — *2-Methyl-*, F. 151° (wss. Methanol). — *2-Methoxy-*, *1/4-Methanolat*, $C_{13}H_{13}N_3O_2 \cdot 1/4\,CH_3OH$, F. 191° (Methanol). — *3-Methoxy-*, F. 152° (Methanol). — *2-Chlor-*, $C_{12}H_{10}ClN_3O$, F. 170° (Methanol). — *2.3'-Dimethyl-*, $C_{14}H_{15}N_3O$, F. 204° (Methanol). — *2.2'-Dimethyl-*, F. 192° (Methanol). *2-Methyl-3'-methoxy-*, $C_{14}H_{15}N_3O_2$, F. 172° (Methanol). — *2-Methyl-2'-methoxy-*, F. 199° (Methanol). — *3.3'-Dimethoxy-*, *1/4-Methanolat*, $C_{14}H_{15}N_3O_3 \cdot 1/4\,CH_3OH$, F. 154° (Methanol). — *2-Methyl-3'-äthoxy-*, *1/4-Methanolat*, $C_{15}H_{17}N_3O_2 \cdot 1/4\,CH_3OH$, F. 135° (Methanol). — *2-Methyl-3-äthyl-*, $C_{15}H_{17}N_3O$, F. 154° (Bzl.). — *2-Methyl-2'-hydroxy-*, *1/4-Methanolat*, $C_{13}H_{13}N_3O_2 \cdot 1/4\,CH_3OH$, F. 196° (wss. Methanol). — *2-Methyl-3-chlor-*, *1/4-Methanolat*, $C_{13}H_{12}ClN_3O \cdot 1/4\,CH_3OH$, F. 176° (wss. Methanol). — *2-Äthyl-3'-methoxy-*, $C_{15}H_{17}N_3O_2$, F. 155° (Methanol). — *2-Chlor-3'-methoxy-*, $C_{13}H_{12}ClN_3O_2$, F. 165° (Methanol). — *2.3'-Dichlor-*, $C_{12}H_9Cl_2N_3O$, F. 135° (Methanol). — *2.3'.5'-Trimethyl-*, *1/4-Methanolat*, $C_{15}H_{17}N_3O \cdot 1/4\,CH_3OH$, F. 144° (Methanol). — *3.3'.5'-Trimethyl-*, $C_{15}H_{17}N_3O$, F. 177° (Methanol). — *2.5-Dimethyl-3'-methoxy-*, $C_{15}H_{17}N_3O_2$, F. 147° (Methanol). — *2-Chlor-3'.5'-dimethyl-*, *1/4-Methanolat*, $C_{14}H_{14}ClN_3O \cdot 1/4\,CH_3OH$, F. 160° (Methanol). — *3-Methoxy-3'.5'-dimethyl-*, $C_{15}H_{17}N_3O_2$, F. 187° (Methanol). — *2.5.3'.5'-Tetramethyl-*, $C_{16}H_{19}N_3O$, F. 156° (Methanol). — b) durch 5std. Kochen der entsprechenden rohen **B** mit 5n NaOH u. Neutralisieren (50—73%): *2'-Methyl-*, $C_{13}H_{13}N_3O$, F. 199° (A.). — *3'-Methyl-*, F. 178° (A.). — *2'-Methoxy-*, $C_{13}H_{13}N_3O_2$, F. 163° (wss. A.). — *2'-Amino-*, $C_{12}H_{12}N_4O$, F. 185° (Zers.; A.). — *2'-Hydroxy-*, $C_{12}H_{11}N_3O_2$, F. 195° (A.). — *3'-Isopropyl-*, $C_{15}H_{17}N_3O$, F. 164° (Bzl.). — *3'.5'-Dimethyl-*, $C_{14}H_{15}N_3O$, F. 138° (wss. Methanol). — *2'-Methyl-3'-isopropyl-*, $C_{16}H_{19}N_3O$, F. 126° (wss. A.). — *3'.5'-Diisopropyl-*, $C_{18}H_{23}N_3O$, F. 140° (wss. A.). — *3'-Methoxy-*, $C_{13}H_{13}N_3O_2$, F. 143° (A.). — *3'-Äthoxy-*, $C_{14}H_{15}N_3O_2$, F. 120° (wss. A.). — *3'.5'-Dimethoxy-*, $C_{14}H_{15}N_3O_3$, F. 102° (wss. A.). — *4-[p-Aminophenylazo]-naphthol-(1)*, $C_{16}H_{13}N_3O$, F. 160° (Methanol), über das **B** entsprechende Prod. aus Naphthol-(1). — *4-Amino-2'-hydroxy-5'-methylazobenzol*, $C_{13}H_{13}N_3O$, F. 138—140° (wss. A.), analog vorst. Verb. aus p-Kresol. — 4.4'-Diaminoazobenzole: *3-Methyl-*, $C_{13}H_{14}N_4$, F. 148° (wss. A.), durch Erwärmen von o-Toluidin mit $CH_2O/NaHSO_3$-Addukt in W. auf 80°, Zusetzen von Na-Acetat, Zusetzen von diazotiertem **II** in W. bei 5° u. 5std. Kochen des erhaltenen *3-Methyl-4'-acetamido-4-aminoazobenzol-Na-N⁴-methylsulfonats* in wss.-alkohol. KOH; 60—65%. — Analog: *2-Methyl-*, F. 185° (wss. A.). — *3-Methoxy-*, $C_{13}H_{14}N_4O$, F. 119° (wss. A.). — *3.5-Dimethyl-*, $C_{14}H_{16}N_4$, F. 175° (wss. A.), durch Zusetzen von diazotiertem **II** zu 2.6-Dimethylanilin (**III**) u. 3 Val Na-Acetat in wss. Methanol u. 5std. Kochen des erhaltenen *4'-Acetamido-4-amino-3.5-dimethylazobenzols* [$C_{16}H_{18}N_4O$, F. 184° (A.), orangefarben] mit wss.-alkohol. KOH. — *2'.3.5-Trimethyl-*, $C_{15}H_{18}N_4$, F. 171° (A.), durch Zusetzen von diazotiertem 2-Amino-5-nitrotoluol zu **III** u. 3 Val Na-Acetat in wss. Methanol u. Red. des erhaltenen *4-Amino-4'-nitro-2'.3.5-trimethylazobenzols* [$C_{15}H_{16}N_4O_2$, F. 117° (Methanol)] in wss. A. mit $Na_2S$. — *4-[p-Hydroxybenzylidenamino]-anilin*, $C_{13}H_{12}N_2O$, F. 194—196° (A.), durch Rk. von p-Phenylendiamin u. p-Hydroxybenzaldehyd in heißem Alkohol.

H. Gleinig 1310◇

*0804* **Über β.β'-Bis-[alkylpiperidino]-1.4-dipropionylbenzole und β-Alkylpiperidino-4-acetylpropiophenone.** Elmar Profft und Dieter Hoffmeister. (Wiss. Z. Techn. Hochschule Chem. Leuna-Merseburg **3**, 271—77, 1960/61; dt. — C. **1962**, 16652).

R. Gutzschebauch 1340◇

*0805* **Synthese spasmolytisch wirksamer Substanzen. 16. Mitt. Synthese von α-Phenyl-α-[N'.N'-dialkylaminoalkyl]-aminoessigsäureamiden.** Josef Klosa. (J. prakt. Chem. [4] **17** (**287**), 232—39, 1962; Berlin-Zehlendorf, Wiss. Privatlabor.; dt.) — 15. vgl. ibid. [4] **16** (**287**), [1962], 258; 17. vgl. C. **1964**, 12-0866. — Arylaldehyde wurden nach Bucherer mit N'.N'-Dialkylaminoalkylaminen u. Alkalicyaniden zu den entsprechenden *α-Aryl-α-[N'.N'-Dialkylaminoalkylamino]-essigsäurenitrilen* umgesetzt, von denen eine Anzahl mit konz. $H_2SO_4$ zu *α-Aryl-α-[N'.N'-dialkylaminoalkylamino]-essigsäureamiden* verseift werden konnten; der Rest bildete Harze. Die spasmolyt. Wrkg. der Amide übertraf nicht die von α-Phenyl-α-alkylaminoessigsäurealkylestern, bei Dosen von 50 bis 100 mg zeigten sie keine analget. Wirkung.

Versuche: Phenylacetonitrile, durch Zugabe von 0,2 Mol NaCN zu 0,2 Mol des entsprechenden N'.N'-Dialkylaminoalkylamins in W. u. 0,1 Mol konz. HCl, Schütteln, Zugabe von 0,25 Mol des entsprechenden Aldehyds in Methanol, 10—14std. Rk., Verdünnen mit W., Einstellen mit 1 n HCl auf pH 1—3, Waschen mit Ae., Alkalisieren der sauren Lsg. mit 10%ig. NaOH u. Ausäthern: *α-[N'-Methylpiperazino]-*, $C_{13}H_{17}N_3$, F. 67—69°. *Dihydrochlorid*, F. 188 bis 190°. — *α-[N'-Methylpiperazino]-p-methoxy-*, $C_{14}H_{19}N_3O$, F. 114—116°. *Dihydrochlorid*, F. 173—175°. — *α-[N'-Methylpiperazino]-m.p-dimethoxy-*, $C_{15}H_{21}N_3O_2$, F. 48—50°. *Dihydrochlorid*, F. 153—155°. — *α-[N'-(β-Hydroxyäthyl)-piperazino]-*, $C_{14}H_{19}N_3O$, F. 68—70°. *Dihydrochlorid*, F. 182—184°. — *α-[N'-(β-Hydroxyäthyl)-piperazino]-p-methoxy-*, $C_{15}H_{21}N_3O_2$, F. 102—104°. — *α-[N'-Methylpiperazino]-m.p-methylendioxy-*, $C_{14}H_{17}N_3O_2$, F. 80—82°. *Dihydrochlorid*, F. 186—188°. — *α-[β-Diäthylaminoäthylamino]-*, Öl. *Dihydrochlorid*, $C_{14}H_{21}N_3 \cdot 2\,HCl$, F. 143—145°. — *α-[β-Diäthylaminoäthylamino]-p-methoxy-*, Öl. *Dihydrochlorid*, $C_{15}H_{23}N_3O \cdot 2\,HCl$, F. 133—135°. — *α-[β-Diäthylaminoäthylamino]-m.p-dimethoxy-*, Öl. *Dihydrochlorid*, $C_{16}H_{25}N_3O_2 \cdot 2\,HCl$, F. 155—157°. — *α-[β-Diäthylaminoäthylamino]-p-chlor-*, $C_{14}H_{20}ClN_3$, F. 44—46°. — *α-[β-Di-*

*äthylaminoäthylamino]-m.p-methylendioxy-*, Öl. *Dihydrochlorid*, $C_{15}H_{21}N_3O_2 \cdot 2\,HCl$, F. 161—163°. — *α-[γ-Diäthylaminopropylamino]-*, $C_{15}H_{23}N_3$, Kp.$_2$ 145—150°. — *α-[γ-Diäthylaminopropylamino]-p-methoxy-*, Öl. *Dihydrochlorid*, $C_{16}H_{25}N_3O \cdot 2\,HCl$, F. 118—120°. — *α-[γ-Diäthylaminopropylamino]-m.p-dimethoxy-*, Öl. *Dihydrochlorid*, $C_{17}H_{27}N_3O_2 \cdot 2\,HCl$, F. 141 bis 143°. — *α-[γ-Diäthylaminopropylamino]-p-chlor-*, $C_{15}H_{22}ClN_3$, Kp.$_2$ 133—137°. *Dihydrochlorid*, Öl. — *α-[γ-Diäthylaminopropylamino]-m.p-methylendioxy-*, Öl. *Dihydrochlorid*, $C_{16}H_{23}N_3O_2 \cdot 2\,HCl$, F. 98—100°. — *α-[γ-Dimethylaminopropylamino]-*, $C_{13}H_{19}N_3$, Kp.$_2$ 140—145°. *Dihydrochlorid*, Öl. — *α-[γ-Dimethylaminopropylamino]-p-methoxy-*, $C_{14}H_{21}N_3O$, F. 94 bis 96°. — *α-[γ-Dimethylaminopropylamino]-p-chlor-*, Öl. *Dihydrochlorid*, $C_{13}H_{18}ClN_3 \cdot 2\,HCl$, F. 93—95°. — Phenylacetamide, durch Zugabe des entsprechenden Nitrils zu konz. $H_2SO_4$ bei 30—40°, 3std. Erhitzen auf 80—90°, 12std. Stehen, Gießen in W., Alkalisieren mit KOH unter Kühlen u. Extrahieren mit Ae. oder Bzl.: *α-[N'-Methylpiperazino]-*, $C_{13}H_{19}N_3O$, F. 169—171°. *Dihydrochlorid*, F. 230°. — *α-[N'-Methylpiperazino]-p-methoxy-*, $C_{14}H_{21}N_3O_2$, F. 176—178°. *Dihydrochlorid*, F. 190—192°. — *α-[β-Diäthylaminoäthylamino]-*, F. 78—80°. *Dihydrochlorid*, $C_{14}H_{23}N_3O \cdot 2\,HCl$, F. 168—170°. — *α-[γ-Diäthylaminopropylamino]-*, $C_{15}H_{25}N_3O$, F. 84—86°. — *α-[γ-Dimethylaminopropylamino]-*, $C_{13}H_{21}N_3O$, F. 152—157°. *Dihydrochlorid*, F. 152—154°. — *α-[γ-Dimethylaminopropylamino]-p-methoxy-*, $C_{14}H_{23}N_3O_2$, F. 88—90°. — *α-[γ-Dimethylaminopropylamino]-m.p-dimethoxy-*, Öl. *Dihydrochlorid*, $C_{1}$[illegible]$H_{25}N_3O_3 \cdot 2\,HCl$, F. 203—205°. — *α-[γ-Dimethylaminopropylamino]-p-chlor-*, $C_{13}H_{20}ClN_3O$, F. 98—100°. K. Lange 1350△

*0806* **Über die Reaktion von Phosphorpentachlorid mit ungesättigten Kohlenwasserstoffen.** G. K. Fedorowa und A. W. Kirssanow. (J. allg. Chem. [UdSSR] **30** (**92**), 4044 bis 4048, 1960; Inst. für org. Chem. der Akad. der Wiss. der UkrainSSR; russ.) — Die Rk. von 2 Mol $PCl_5$ mit 1 Mol Styrol liefert unter HCl-Abspaltung *Styryltrichlorphosphorylhexachlorphosphat* [I; $C_6H_5CH{=}CHPCl_3^+ \cdot PCl_6^-$], nicht aber, wie bisher angenommen, die Verb. $C_6H_5CHClCH_2PCl_4 \cdot PCl_5$. Intermediär entsteht wahrscheinlich der unbeständige Komplex $[C_6H_5CHClH_2PCl_4]^+ \cdot PCl_6^-$. I reagiert mit einem weiteren Mol Styrol unter HCl-Abspaltung zu *Styryltetrachlorphosphor* (II). I u. II werden durch $SO_2$ in *Styrylphosphonsäuredichlorid*, durch roten P in *Styryldichlorphosphin* übergeführt. Phenyl- u. p-Tolylphosphonsäuredichlorid reagieren mit $PCl_5$ zu *Phenyl-* (III) bzw. *p-Tolyltrichlorphosphorylhexachlorphosphat* (IV). Diese liefern mit rotem P entsprechend *Phenyl-* u. *p-Tolyldichlorphosphin*, die auch aus Phenyl- bzw. p-Tolyltetrachlorphosphor erhalten werden.

Versuche: *Styryltrichlorphosphorylhexachlorphosphat* (I), $C_8H_7Cl_9P_2$, man gibt zu 0,2 Mol $PCl_5$ in 100 ml Bzl. bei 70—75° in 10 Min. 0,1 Mol Styrol in 20 ml Bzl. u. rührt 2 Std.; zersetzt sich bei 110—130° zu HCl u. $PCl_3$, reagiert stürm. mit W., Alkoholen, Aminen; 62% (Ausbeute). — *Styryltetrachlorphosphor* (II), $C_8H_7Cl_4P$, F. 65—78°, man gibt zu 0,1 Mol $PCl_5$ in 100 ml Bzl. bei 70° in 10 Min. 0,1 Mol Styrol in 20 ml Bzl., rührt 3 Std. u. dampft die Lsg. im Vakuum ein; 90%. — *Styrylphosphonsäuredichlorid*, Kp.$_4$ 127 bis 130°, F. 69—70°, a) man leitet in 0,05 Mol I in 80 ml Bzl. bei 3—5° bis zur Lsg. $SO_2$ ein; 100%; b) aus II u. $SO_2$; 84%. — *Styryldichlorphosphin*, $C_8H_7Cl_2P$, Kp.$_7$ 133—135°, $n_D^{19}$ 1,6345 bis 1,6355; a) durch Erhitzen von 0,1 Mol II mit 0,07 Mol roten P auf 140—160°; 50%; daneben 60% $PCl_3$; b) aus 0,08 Mol I u. 0,11 Mol roten P; 52%; daneben 82% $PCl_3$. — *Phenyltrichlorphosphorylhexachlorphosphat* (III), $C_6H_5Cl_9P_2$, Zers. bei 200—220°, man gibt zur heißen Lsg. von 0,2 Mol $PCl_5$ in 100 ml Bzl. in ½ Std. 0,1 Mol Phenylphosphonsäuredichlorid in 20 ml Bzl. u. rührt 5 Std. bei 80°; gelbliche Kristalle; 65%. — *p-Tolyltrichlorphosphorylhexachlorphosphat* (IV), $C_7H_7Cl_9P_2$, F. 158—160°, aus p-Tolylphosphonsäuredichlorid u. $PCl_5$; 75%. — *Phenyldichlorphosphin*, $C_6H_5Cl_2P$, Kp.$_8$ 80—83°, $n_D^{16}$ 1,5940; $n_D^{19}$ 1,5984; a) durch 30—40 Min. langes Erhitzen von 0,03 Mol Phenyltetrachlorphosphor mit 0,02 Mol roten P auf 140—155°; 70%; daneben 80% $PCl_3$; b) aus 0,02 Mol III u. 0,03 Mol roten P (½ Std. bei 100°); 78%; daneben 82% $PCl_3$. — *p-Tolyldichlorphosphin*, $C_7H_7Cl_2P$, Kp.$_{12}$ 108—110°, Kp.$_{18}$ 117—118°; $n_D^{19}$ 1,5860; $n_D^{20}$ 1,5851; a) aus p-Tolyltetrachlorphosphor u. P; 4%; daneben 71% $PCl_3$; b) aus IV u. P; 42%; daneben 86% $PCl_3$.
Helmut Schäfer 1780

*0807* **Untersuchungen über die Methylcyclohexanaldehyde. Darstellung der Tri- und Tetramethylcyclohexanaldehyde und ihre Kondensation mit Aceton.** Marcel de Botton. (C. R. hebd. Séances Acad. Sci. **256**, 2866—69, 1963; Paris, Labor. de Synth. organ.; franz.) — 2.2.6-Trimethylcyclohexanon (I), 3.3.5-Trimethylcyclohexanon (II) u. 2.2.6.6-Tetramethylcyclohexanon (III) werden durch Rk. mit Mg, Äthylenoxid (IV) u. $CH_3Cl$ in Tetrahydrofuran (THF) in entsprechend methylierte *1-Äthoxymethylcyclohexanole-(1)* übergeführt, die durch Kochen mit HCOOH entsprechend methylierte *Formylcyclohexane* liefern, deren Kondens. mit Aceton zu entsprechend methylierten *[trans-3-Oxobuten-(1)-yl]-cyclohexanen* (**A**) führt. *1-Formyl-2.2.6.6-tetramethylcyclohexan* (**X**) gibt bei dieser Kondens. jedoch an Stelle von **A** *2.2.6.6-Tetramethylcyclohexancarbonsäure-(1)*. Für **VIII**, **IX** u. **A** sind die IR-Banden, für **A** die UV-Maxima angegeben.

Versuche: 1-Äthoxymethylcyclohexanole-(1): *2.2.6-Trimethyl-* (**V**), $C_{12}H_{24}O_2$, Kp.$_{15}$ 106—120°, durch Rk. von **I** mit Mg, **IV** u. $CH_3Cl$ in THF; $n_D^{20}$ 1,4579, $D_{24}^{24}$ 0,935; 60—65% (Ausbeute). — *3.3.5-Trimethyl-* (**VI**), Kp.$_{17}$ 116 bis 118°, analog **V** aus **II**; $n_D^{20,5}$ 1,4504, $D_{24}^{24}$ 0,9134; 88—90%. — *2.2.6.6-Tetramethyl-* (**VII**), $C_{13}H_{26}O_2$, Kp.$_{22}$ 127—130°, analog **V** aus **III**; $n_D^{18}$ 1,4648, $D_{24}^{24}$ 0,9398; 25%; daneben unverändertes **III**. — 1-Formylcyclohexane: *2.2.6-Trimethyl-* (**VIII**), $C_{10}H_{18}O$, Kp.$_{13}$ 78—85°, durch 4—5std. Kochen von **V** mit 98%ig. HCOOH im Überschuß; $n_D^{19}$ 1,4579, $D_{24}^{24}$ 0,9087; 80—85%. *2.4-Dinitrophenylhydrazon*, $C_{16}H_{22}N_4O_4$, F. 118 bis 168° (A.). — *3.3.5-Trimethyl-* (**IX**), Kp.$_{22}$ 90—91°, analog **VIII** aus **VI** in 2 Std.; $n_D^{22}$ 1,4493, $D_{24}^{24}$ 0,8865; 80%. *2.4-Dinitrophenylhydrazon*, F. 147—148° (A.). — *2.2.6.6-Tetramethyl-* (**X**), $C_{11}H_{20}O$, Kp.$_{24}$ 101—104,5°, analog **VIII** aus **VII** in 3 Std. u. anschließende Hydrolyse mit 1 n $H_2SO_4$ bei Raum-Temp.; $n_D^{19,5}$ 1,4638, $D_{24}^{24}$ 0,9336; 95%. *2.4-Dinitrophenylhydrazon*, $C_{17}H_{24}N_4O_4$, F. 173,5—174,5° (A.). — 1-[trans-3-Oxobuten-(1)-yl]-cyclohexane (**A**): *2.2.6-Trimethyl-*, $C_{13}H_{22}O$, F. 45—46°, Kp.$_{17}$ 128—131°, durch Rk. von **VIII** mit Aceton in Ggw. von 3 n äthanol. KOH; $n_D^{20,5}$ 1,4812; 55—58%. *2.4-Dinitrophenylhydrazon*, $C_{19}H_{26}N_4O_4$, F. 160—161° (A.). — *3.3.5-Trimethyl-*, Kp.$_{16}$ 135—137°, wie vorst. aus **IX**; $n_D^{22}$ 1,4731, $D_{24}^{24}$ 0,9029; 55—58%. *2.4-Dinitrophenylhydrazon*, F. 137—138° (A.). — *2.2.6.6-Tetramethylcyclohexancarbonsäure-(1)*, $C_{11}H_{20}O_2$, F. 120—121° — (PAe.; Plättchen), Kp.$_{15}$ 103—107°, a) durch Oxydation von **X** an der Luft; b) durch Rk. von **X** mit Aceton u. äthanol. KOH; $n_D^{19,5}$ 1,4594. A. Kumm 1960◇

*0808* **Die Troponoid-Mannich-Base und ihre Anwendung.** 9. Mitt. **Reaktion von 7-Brom-5-formyl-3-isopropyltropolon.** Kyozo Ogura. (Bull. chem. Soc. Japan **36**, 45—47, 1963; Katahira-cho, Sendai, Tohoku Univ., Chem. Res. Inst. of Non-Aqueous Solutions; engl.) — 8. vgl. Bull. chem. Soc. Japan **35**, [1962], 808; 5. vgl. C. **1963**, 15021. — Bei der Umsetzung von 7-Brom-5-formyl-3-isopropyltropolon (**I**) mit Aceton-1.3-dicarbonsäurediäthylester (**II**) in Ggw. von Piperidin folgt der Kondens. eine intramolekulare Substitutions-Rk. unter Bldg. von *3'.5'-Diäthoxycarbonyl-4'-hydroxy-3-isopropyl-5.6-benzotropolon*, wobei sich das 7ständige Brom abspaltet. Dagegen bildet sich bei der Alkalibehandlung von **I**-p-Tosylhydrazon kein Pyrazolotropolon, sondern *7-Brom-3-isopropyltropolonyl-(5)-methyl-p-tolylsulfon*. Mit Thioharnstoff (**III**) in Ggw. von Pyridin wird **I** zu *3-Isopropyl-5-formyltropolon* u. 3.7-Dibromtropolon (**IV**) zu *3-Bromtropolon* debromiert.

Versuche: *3'.5'-Diäthoxycarbonyl-4'-hydroxy-3-isopropyl-5.6-benzotropolon*, $C_{20}H_{22}O_7$, F. 213—215°, durch Kochen von 100 mg **I** mit 120 mg **II** in Piperidin (7 Std.); aus A. Nadeln; 5 mg (Ausbeute). — *3'.5'-Dicarboxy-4'-hydroxy-3-isopropyl-5.6-benzotropolon*, $C_{16}H_{14}O_7$, F. 270—275° (Zers.), durch Verseifen vorst. Verb. (30 mg) mit KOH in W.; aus Methanol Nadeln; 10 mg. — *7-Brom-5-formyl-3-isopropyltropolon-p-tosylhydrazonmonohydrat*, $C_{18}H_{19}BrN_2O_4S \cdot H_2O$, F. 165—166°, durch Kondens. von **I** mit p-Tolylsulfonyl-hydrazin in Methanol; gelbe Körnchen; 120 mg. — *7-Brom-3-isopropyltropolonyl-(5)-methyl-p-tolylsulfon*, $C_{18}H_{19}BrO_4S$, F. 162 bis 164°, durch Kochen von 100 mg vorst. Verb. mit Piperidin in A.; aus Methanol Nadeln; 20 mg. — *3-Isopropyl-5-formyltropolonhemihydrat*, $C_{11}H_{12}O_3 \cdot \frac{1}{2}H_2O$, F. 107—109° (Sublimation), durch Erhitzen von 130 mg **I** u. **III** in Pyridin u. Fällen mit HCl; aus Methanol gelbe Körnchen; 20 mg. — *3-Bromtropolon*, analog vorst. Verb. aus **IV** u. **III** in Pyridin.
H. Hartmann 1980◇

*0809* **6-Oxocyclohexen-(1)-carbonsäureäthylester.** C. W. T. Hussey und A. R. Pinder. (J. chem. Soc. [London] **1962**, 1517—18; Cardiff, Univ. Coll., Dep. of Chem.; engl.) — Die Halogenierung u. Dehydrohalogenierung von 2-Oxocyclohexan-1-carbonsäureäthylester wird untersucht. Es werden verschiedene Prodd., aber kein 6-Oxocyclohexen-(1)-carbonsäureäthylester erhalten. Durch Kochen von 8,5 g 2-Oxocyclohexancarbonsäureäthylester in $CCl_4$ mit 9,34 g N-Bromsuccinimid entstehen 11,1 g *1-Brom-2-oxocyclohexan-1-carbonsäureäthylester*, der allmählich, schneller bei der Dest. oder unter der Einw. von HBr in die *Enolform* übergeht. Durch Kochen mit Anilin in Ae. oder mit Kollidin entsteht *2-Oxocyclohexancarbonsäureäthylester* (*2.4-Dinitrophenylhydrazon*, F. 157—158°) u. *Salicylsäureäthylester*. *1-Chlor-2-oxocyclohexan-1-carbonsäureäthylester*, (I; $C_9H_{13}ClO_3$, $Kp._{8,5}$ 132 bis 134°) wurde nach Brenner (C. **1961**, 10150), jedoch ohne $K_2CO_3$, dargestellt. Durch Erhitzen von I mit Kollidin entsteht *Salicylsäureäthylester*, *Salicylsäure* u. *Cyclohexen-(2)-on* (*2.4-Dinitrophenylhydrazon*, F. 166—167°). Durch $^1/_4$std. Kochen von 8,5 g I, 17 g Eisessig u. 17 g wasserfreiem Na-Acetat, Abkühlen, Verdünnen mit W., Alkalisieren, Ausäthern, Verdampfen des Lsgm. u. Dest. des Rückstandes im Vakuum entstehen *Cyclopenten-(1)-carbonsäureäthylester* ($Kp._{12}$ 78—82°; 0,3 g), *1-Acetoxy-2-oxocyclohexan-1-carbonsäureäthylester* ($C_{11}H_{16}O_5$, $Kp._{0,1}$ 80—100°; 0,5 g. *2.4-Dinitrophenylhydrazon*, $C_{17}H_{20}N_4O_8$, F. 195,5—196°, orangegelbe Plättchen aus A.), aus der alkal. Lsg. nach Ansäuern u. Ausäthern *Cyclopenten-(1)-carbonsäure* [F. 119,5—120° (W.); 3,2 g] u. *trans-Cyclopentan-1.2-dicarbonsäuremonoäthylester* [$C_9H_{14}O_4$, $Kp._{1,45}$ 172—175°; 1,4 g; bildet bei alkal. Hydrolyse *trans-Cyclopentan-1.2-dicarbonsäure*, F. 160—161°]. — *1-Chlor-2.2-äthylendioxycyclohexan-1-carbonsäureäthylester* ($C_{11}H_{17}ClO_4$, $Kp._{0,05}$ 83—84°; 3,4 g) wird durch 4std. Kochen von 5,1 g I, 3,1 g Äthylenglykol in Bzl. in Ggw. von wenig p-Toluolsulfonsäure erhalten. *1-Chlor-2-oxocyclopentan-1-carbonsäureäthylester* (II; $C_8H_{11}ClO_3$, $Kp._{0,5}$ 85—89°; 85%) wird durch Umsetzung von 2-Oxocyclopentancarbonsäureäthylester (III) mit $SO_2Cl_2$ erhalten. *1-Brom-2-oxocyclopentan-1-carbonsäureäthylester* entsteht bei der Bromierung von III mit N-Bromsuccinimid. *1-Chlor-2-2-äthylendioxycyclopentan-1-carbonsäureäthylester*, $C_{10}H_{15}ClO_4$, $Kp._{0,2}$ 87—88°; 2,3 g, wird durch Umsetzung von 3,8 g II, 2,3 g Äthylenglykol u. p-Toluolsulfonsäure in Bzl. erhalten.

R. Gnauck 2070△

*0810* **Reaktionen von Phenolen mit Dicyclohexylcarbodiimid.** Erich Vowinkel. (Chem. Ber. **96**, 1702—11, 1963; Kiel, Univ., Inst. für Organ. Chem.; dt.) — Vgl. C. **1963**, 10823. — Dicyclohexylcarbodiimid (I) reagiert mit Phenol (IX) u. IX-Derivv. zu *N.N'-Dicyclohexyl-O-arylisoharnstoffen* (**A**). **A** werden, wahrscheinlich wegen der hohen Elektronendichte am zentralen C-Atom, leicht in I u. die entsprechenden IX-Derivv. gespalten. Die Rk. von I mit einem IX-Deriv. erfolgt wahrscheinlich über ein Assoziat durch gleichzeitige Anlagerung des Protons u. Addition des Phenolations an I. Dafür sprechen das IR-Spektrum einer Lsg. von I u. IX in $CCl_4$ u. die geringere Geschw. der Rk. in Lsgm. mit freien Elektronenpaaren. Zugabe von 1 Val Tri-n-butylamin hemmt die Rk. von I u. IX. Die Rk. von I mit Nitrophenolen führt zu *trisubstituierten Harnstoffen* (**B**), die sich teilweise in Sekundär-Rkk. weiter umsetzen. Pikrinsäure (VII) u. I geben *N.N'-Dicyclohexyl-N-pikrylharnstoff* (XVI); 2.4-Dinitrophenol (II) reagiert wesentlich langsamer als VII mit I. Die Rk. von 2-Nitrophenol (III) u. I liefert neben dem **B** (XV) *Cyclohexylisocyanat* (IV) u. *[2-Nitrophenyl]-cyclohexylamin* (V) durch therm. Zers. von XV. Aus 4-Nitrophenol (VI) u. I werden durch 4tägige Rk. in sd. Bzl. *N.N'-Dicyclohexyl-N-[4-nitrophenyl]-harnstoff* (XII), *[4-Nitrophenyl]-cyclohexylamin* (VIII), IV u. *N-Cyclohexylcarbaminsäure-[4-nitrophenylester]* erhalten. XII wird aus der Rk.-Lsg. in Form von Mol.-Verbb. (1:1) mit VIII (XIX) bzw. mit VI (XVIII) isoliert. Die IR-Spektren von XIX u. XVIII zeigen intermol. H-Brücken. XIX zerfällt in Dioxan u. Diphenylamin völlig, in Bzl. z. T. in seine Komponenten, wie kryoskop. Unterss. zeigen. XIX läßt sich mit VI in $CH_3OH$ in XVIII überführen. Die Rkk. von I u. Nitrophenolen verlaufen über einen nur im IR-Spektrum nachweisbaren **A**. Die Umlagerung zu **B** erfolgt nicht bei Rkk. mit elektropositiv substituierten IX-Derivv., auch nicht unter drast. Bedingungen. Eine kationotrope Wanderung des Phenylrestes ist daher wahrscheinlich. XII zerfällt in sd. Bzl. langsam, oberhalb seines F. schneller, in IV u. VIII. Analoge Pyrolyse erfolgt bei höheren Temp. auch bei den anderen **B**.

Versuche: N.N'-Dicyclohexylisoharnstoffe (**A**): *O-Phenyl-*, $C_{19}H_{28}N_2O$, F. 65° (Isopropanol), a) durch 2tägiges Erhitzen von IX u. I auf 100°, Aufnehmen in Ae., Waschen mit verd. NaOH, Zusetzen von Eisessig, 1std. Stehen, Filtrieren, Waschen mit NaOH u. W., Eindampfen, Lösen in Isopropanol, Zusetzen von VII in Isopropanol [→ *Pikrat*, $C_{19}H_{28}N_2O \cdot C_6H_3N_3O_7$, F. 158° (Zers.; Isopropanol)] u. Chromatographie an $Al_2O_3$; 71% (Ausbeute); b) durch 19std. Erwärmen von I u. 1 Val IX in $CCl_4$, $CCl_4$/Tri-n-butylamin, Bzl., Ae., Aceton bzw. $CH_3CN$ auf 51°, Eindampfen unter Vakuum u., bei möglichst tiefer Temp., Chromatographie an $Al_2O_3$, Einengen, Zusetzen von Eisessig, $^1/_2$std. Stehen, Filtrieren, Eindampfen, Chromatographie an $Al_2O_3$ u. Aufarbeiten über das *Pikrat*; 37, 21, 35, 2, 2 bzw. 5% (in Dioxan erfolgt keine Rk.); 3std. Erhitzen auf 100°/11 Torr u. Dest. (→ IX; 67%) u. Dest. bei 150° → 74% I, F. 34°. — Analog nach a): *O-[2-Methoxyphenyl]-*, $C_{20}H_{30}N_2O_2$, F. 76° (Isopropanol), aus Guajacol (XI); 42% (therm. Zers. analog vorst. Verb. → 77% XI u. 70% I). *Pikrat*, $C_{20}H_{30}N_2O_2 \cdot C_6H_3N_3O_7$, F. 169° (Zers.; Isopropanol). — *O-[p-Tolyl]-*, aus p-Kresol (XVII) über das *Pikrat*; 91% (bezogen auf das Pikrat; mit I verunreinigt); 3std. Erhitzen bei 11 Torr unter Dest. auf 110°, dann auf 150—160° u. Aufarbeiten → 82% XVII u. 79% I, das mit Eisessig *Dicyclohexylharnstoff* (X), F. 228°, gibt. *Pikrat*, $C_{20}H_{30}N_2O \cdot C_6H_3N_3O_7$, F. 156° (Zers.; Isopropanol); 59%. — N.N'-Dicyclohexylharnstoffe (**B**): *N-Pikryl-* (XVI), $C_{19}H_{25}N_5O_7$, F. 203° (Isopropanol), durch Zutropfen von VII in abs. Ae. zu I in sd. abs. Ae., $^1/_2$std. Kochen u. Einengen; 96%. — *N-[2.4-Dinitrophenyl]-* (XIV), $C_{19}H_{26}N_4O_5$, F. 142° (Isopropanol/W.), durch 24std. Kochen von II u. I in abs. Ae. u. Eindampfen; 94%. *Hemibenzolat*, $C_{19}H_{26}N_4O_5 \cdot {}^1/_2 C_6H_6$, F. 104° (Bzl.–Bzn; 1:1). — *N-[2-Nitrophenyl]-* (XV), $C_{19}H_{27}N_3O_3$, F. 124°, a) durch 7tägiges Kochen von 1,39 g III u. 2,06 g I in abs. Bzl., Eindampfen u. Extrahieren mit PAe., Zusetzen von Cyclohexylamin (XIII), $^1/_2$std. Stehen, Abfiltrieren [→ 387 mg X (≙17% IV)], Zusetzen von Eisessig zum Filtrat, 1std. Stehen, Abfiltrieren (→ 322 mg X ≙14% I), Waschen des Filtrats mit verd. NaOH u. W., Eindampfen, Lösen mit dem Rückstand der PAe.-Extraktion in Ae., Waschen mit verd. NaOH (Ansäuern → 16% III) u. W., Eindampfen, fraktioniertes Kristallisieren aus A., Filtrieren [→ 387 mg V, F. 105°, orangerot], Eindampfen, Lösen in Methanol u. Zersetzen von W.; 56% (nach Chromatographie der Mutterlauge an $Al_2O_3$); b) analog a) in abs. Ae. statt in Bzl.; 9%; daneben 79% I u. 82% III. — *N-[4-Nitrophenyl]-* (XII), $C_{19}H_{27}N_3O_3$, F. 134° (Bzn.), durch Chromatographie von XVIII an $Al_2O_3$ mit Bzl. u. Einengen; 93%; daneben 88% VI. *4-Nitrophenol-Addukt* (XVIII), $C_{19}H_{27}N_3O_3 \cdot C_6H_5NO_3$, F. 157° (Methanol), a) durch 4tägiges Kochen von VI u. I in abs. Bzl., Eindampfen, Extrahieren mit warmem PAe., Zusetzen von XIII, $^1/_2$std. Stehen, Filtrieren (→ X, ≙22% IV), Zusetzen von Eisessig, 1std. Stehen, Filtrieren (→ X, ≙13% I), Neutralwaschen, Eindampfen, Lösen zusammen mit dem Rückstand der PAe.-Extraktion in Ae., 24std. Stehen im Kühlschrank, Filtrieren [→ *N-Cyclohexylcarbaminsäure-4-nitrophenylester*, $C_{13}H_{16}N_2O_4$, F. 142° (Isopropanol); 18%], Eindampfen unter Vakuum u. Lösen in Methanol; 12%; b) durch Zugabe von VI zu 1 Val XII in Methanol u. Zusetzen von W.; 94%. *[4-Nitrophenyl]-cyclohexylamin-Addukt* (XIX), $C_{19}H_{27}N_3O_3 \cdot C_{12}H_{16}N_2O_2$, F. 94° (Isopropanol), a) neben XVIII nach a) durch Ausschütteln des äther. Filtrats mit verd. NaOH (Ansäuern mit HCl, Extrahieren mit $CH_2Cl_2$ u. Eindampfen → 2% VI), Neutralwaschen, Eindampfen u. Chromatographie an $Al_2O_3$; 21%; daneben 38% VIII; b) durch Lösen von XII u. 1 Val VIII in PAe. unter Erwärmen; 94%; c) durch 5tägiges Kochen von IV u. VIII in abs. Bzl., Eindampfen u. PAe.-Extraktion; 70%. — Cyclohexylamine: *N-4-Nitrophenyl-* (VIII), F. 99° (PAe.), durch 5std. Erhitzen von XII auf 180°, Auffangen des Destillats in abs. Ae. u. Zusetzen von XIII; 88%; daneben X (≙79% IV). — Analog: *2.4-Dinitrophenyl-*, F. 154° (Methanol), aus XIV in 5 Std. bei 200°; 88%; daneben X (≙61% IV). — *2-Nitrophenyl-* (V), F. 104° (A.), aus XV in 5 Std. bei 215°; 71%; daneben X (≙77% IV). — *Pikryl-*, F. 108° (Bzn.), aus XVI in 40 Min. bei 230°; 50%; daneben X (≙51% IV).

H. Gleinig 2080◇

*0811* **Versuche mit Chloramin T in der Toluolsulfonylharnstoff-Reihe. Umsetzungen von Chloramin T mit Alkylisonitrilen.** W. Aumüller. (Angew. Chem. **75**, 857—58,

1963; Frankfurt/M., Farbwerke Hoechst Akt.-Ges. vormals Meister Lucius & Brüning; dt.) — Aus äquivalenten Mengen Chloramin T (I), p-Toluolsulfonamid (II) u. Cyclohexylisocyanid (III) in wss. Aceton wurden 61% (Ausbeute) *1.2-Bis-[p-toluolsulfonyl]-3-cyclohexylguanidin* (IV) vom F. 122—124° erhalten. Vf. nimmt an, daß zunächst aus I u. III *N-[p-Toluolsulfonyl]-N'-cyclohexylcarbodiimid* entsteht; als Nebenprod. entstand IV auch bei der Rk. von I u. III ohne Zusatz von II. — Bei der Rk. von I mit III in wss. Aceton in starker Verdünnung wurde eine geringe Menge *N-[p-Toluolsulfonyl]-N'-cyclohexylharnstoff* isoliert. — In Methanol oder A. ergab die Rk. von I mit Alkyl- oder Cycloalkylisonitrilen dagegen bis zu 65% (Alkylisonitrile geringer) *N-[p-Toluolsulfonyl]-N'-cycloalkyl-* bzw. *-alkylisoharnstoffäther*; die Cycloalkyl-Verbb. ließen sich durch Hydrolyse annähernd quant. in *N-[p-Toluolsulfonul]-N'-cycloalkylharnstoffe* überführen.
J. Rothe 2080◇

*0812* **β-Ketophosphonsäureester.** 10. Mitt. **Cyclopentan-on-(2)-yl-(1)-phosphonsäurediäthylester.** B. A. Arbusow, W. Ss. Winogradowa und N. A. Poleshajewa. (Nachr. Akad. Wiss. UdSSR, Abt. chem. Wiss. **1962**, 71—78, Jan.; Kasan, Univ., Chem. Butlerow-Forschungsinst.; russ.) — 9. vgl. C. **1963**, 2058. — Die Rk. von 2-Chlorcyclopentanon-(1) (I) mit Triäthylphosphit (II) liefert *Diäthylcyclopenten-(1)-yl-(1)-phosphat*, Aus 1-Äthoxycyclopenten-(1) (III) u. $PCl_5$ wird nach Einw. von $SO_2$ auf das prim. entstehende Zwischenprod. *1-Äthoxycyclopenten-(1)-yl-(2)-phosphonsäure* (IV), *Dichlorid* u. aus diesem IV-*Diäthylester* erhalten. Die Verseifung der Äthoxygruppe von IV-Diäthylester gibt *Cyclopentanon-(2)-yl-(1)-phosphonsäurediäthylester* (V). Die UV- u. IR-Spektren der Verbb. werden aufgenommen. V liegt teilweise (ca. 5%) enolisiert vor, wie die Titrationen mit $Br_2$ u. das UV-Spektrum zeigen.

Versuche: *Diäthylcyclopenten-(1)-yl-(1)-phosphat*, $C_9H_{17}O_4P$, Kp.$_{1,5}$ 100°, man gibt zu 31 g I bei 120° tropfenweise 43,5 g II, erhitzt 2 Std. lang u. dest. dabei Äthylchlorid ab; $D._0^{20}$ 1,1113; $n_D^{20}$ 1,4458; 30 g (Ausbeute). Aus nieder sd. Fraktionen wird durch Umestern mit A.-Na-Alkoholat *Cyclopentanon* (Kp.$_{30}$ 30—34°; *2.4-Dinitrophenylhydrazon*, F. 143—144°) u. *Triäthylphosphat* (Kp.$_2$ 67—68°; $D._0^{20}$ 1,0644; $n_D^{20}$ 1,4133) erhalten. — *1-Äthoxycyclopenten-(1)* (III), Kp.$_{53}$ 60—62°, durch ½std. Erhitzen von Cyclopentanondiäthylacetal in Ggw. von Camphersulfonsäure u. Chinolin auf 110—120°/140—160 mm; $n_D^{20}$ 1,4363. — *1-Äthoxycyclopenten-(1)-yl-(2)-phosphonsäure* (IV), *Dichlorid*, $C_7H_{11}Cl_2O_2P$, Kp.$_2$ 139—140°, man gibt zu III in $CCl_4$ bei —20° $PCl_5$ in $CCl_4$, behandelt nach ½ Std. mit $SO_2$, bis sich alles gelöst hat, u. dest. langsam. *Diäthylester*, $C_{11}H_{21}O_4P$, Kp.$_{1,5}$ 125 bis 126°, man setzt 33,5 g $PCl_5$ u. 9 g III in $CCl_4$ um, dampft nach Behandeln mit $SO_2$ ein u. versetzt in 100 ml Ae. mit 16,3 g Triäthylamin u. 11,5 ml abs. A.; $D._0^{20}$ 1,0903; $n_D^{20}$ 1,4665; 6 g. — *Cyclopentanon-(2)-yl-(1)-phosphonsäurediäthylester* (V), $C_9H_{17}O_4P$, Kp.$_1$ 109,5°, durch Hydrolyse von IV-Diäthylester in verd. HCl (1:10) bei 20°; $D._{20}^{20}$ 1,1391; $n_D^{20}$ 1,4555.
Helmut Schäfer 2180

*0813* **Reaktionen von Dibenzoylperoxid mit Derivaten des Titanocens.** G. A. Rasuwajew, W. N. Latjajewa und L. I. Wyschinskaja. (Ber. Akad. Wiss. UdSSR **138**, 1126 bis 1129, 1961; Gorki, Univ., Chem. Forsch.-Inst.; russ.) — Titanocen (I) reagiert mit Dibenzoylperoxid (II) unter Bldg. von *Titanocendibenzoat* (III). Bei der partiellen Alkoholyse von III in Isopropanol (IV) werden eine nichtschm. *Verb.* $C_{12}H_{10}O_5Ti$ u. *Benzoesäure* bei der $O_2$-Oxydation in IV *Aceton* u. *Cyclopentadien* (V) erhalten. Die Alkoholyse von Titanocendiacetat (VI) in IV liefert eine nichtschm. *Ti-Verb.*, *Essigsäure* u. *Aceton*. Bei der Hydrolyse von VI in 0,1n KOH werden *Essigsäure*, $H_2TiO_3$ u. V erhalten.

Versuche: *Titanocendibenzoat* (III), F. 188—192° (Zers.; Bzl.-PAe.), durch Zugabe von 1,2 g II zu 1,66 g I in 10 ml Bzl. oder A.; 0,8 g (Ausbeute); b) durch 50std. Schütteln von 2,5 g I mit 1,82 g II in 25 ml IV; 1,5 g; c) durch ¼std. Rühren von 3,0 g Dichlortitanocen (VII) mit 5,53 g Ag-Benzoat in 60 ml Bzl. u. Verdünnen mit PAe.; 2,0 g. — *Titanocendiacetat* (VI), F. 127—130° (Zers.; Bzl.-PAe.), aus 2,5 g VII u. 5,0 g Ag-Acetat in 60 ml Bzl.; 0,7 g.
Helmut Schäfer 2180△

*0814* **Die Verwendung von Tetrahydrofuran bei der Diazotierung.** J. A. Cade und A. Pilbeam. (Chem. and Ind. **1959**, 1578—79; Harwell, Berks., Atomic Energy Res. Establishment; engl.) — Die Diazotierung schwerlösl. substituierter Aminopolyphenyle wird in wss. THF erleichtert. Zum Beispiel wird das über das Diazoniumchlorid in wss. THF dargestellte 3-Brom-4'-nitro-4-aminobiphenyl (I) durch $H_3PO_2$ in besserer Ausbeute u. Qualität zu *3-Brom-4'-nitrobiphenyl* desaminiert als nach anderen Verfahren. Obwohl THF als Red.-Mittel wirkt (vgl. Meerwein u. Mitarbeiter, C. **1961**, **6454**) wird die Bldg. von Aryljodiden nicht gestört. UV-Maxima s. Original.

Versuche: *3-Brom-4'-nitrobiphenyl*, F. 88°, a) durch Behandeln von I-Perchlorat [F. >190° (Zers.)] in THF mit HCl/W., Diazotieren mit wss. $NaNO_2$ bei 5—7°, Zugabe von 50%ig. $H_3PO_2$, 60std. Rühren, Zugabe von W. u. Extraktion des Nd. mit Methanol; 72% (Ausbeute); b) analog aus I-Hydrochlorid oder I-Perchlorat ohne THF; 40—50%; c) nach Case [1938]; 49%. — *2-Jod-4'-phenylbiphenyl*, $C_{18}H_{13}J$, F. 100° (PAe.), durch Lösen von 2-Amino-4'-phenylbiphenyl in THF, Zugabe von HCl/W., Diazotieren mit wss. $NaNO_2$ bei 5—10°, 20 Min. langes Rühren, 2std. Erhitzen mit KJ unter Rühren, Gießen in W., mehrstd. Stehen u. Waschen des braunen Nd. mit heißer $NaHSO_3$, NaOH u. W.; sublimiert bei 85—90°/0,01 Torr; 88%. — *3-Phenyl-4-jodbiphenyl*, $C_{18}H_{13}J$, F. 38—40°, Kp.$_{0,01}$ 168—170°, durch Zugabe von HCl zu 3-Phenyl-4-aminobiphenyl in Ae., Diazotieren des *Hydrochlorids* [F. 185° (Zers.)] in W./HCl/THF u. Rk. mit KJ; $n_D^{20}$ 1,712; 79%. K. Lange 2210△

*0815* **Über Phosphinalkylene als olefinbildende Reagentien.** 5. Mitt. **Die Zersetzung von Diazoverbindungen in Gegenwart von Triphenylphosphin.** G. Wittig und M. Schlosser. (Tetrahedron [London] **18**, 1023—28, 1962; Heidelberg, Univ., Inst. für organ. Chem.; dt.) — 4. vgl. C. **1962**, 10806. — Die durch Cu-Salze katalysierte Zers. von Diazo-Verbb. (B) in Ggw. von Triphenylphosphin (II) liefert *Phosphylene* (A). Nach diesem Prinzip lassen sich mit Hilfe der A Carbonyl-Verbb. in die entsprechenden *Olefine* überführen. Die Zers. der B gelingt auch in Ggw. von Benzyldimethylamin (III) unter Bldg. der entsprechenden *Amine*.

Versuche: *Methyltriphenylphosphoniumtetraphenylboratrat*, F. 195—196°, a) durch Zugeben der Lsg. von wasserfreiem CuCl in Tetrahydrofuran (THF) zu II u. Diazomethan (IV), ¼std. Stehen, Abdestillieren des Lsgm., Zugabe von verd. HCl, Abtrennen von *Triphenylphosphinoxid* (V; 6,5%), Neutralisieren der wss. Phase u. Fällen mit Kalignost; 13% (Ausbeute); daneben *Bis-[triphenylphosphin]-Cu(I)-Chlorid*, F. 239—242°; b) analog a) in Ae.; 1,6% neben 13% V; c) analog b) unter Zusatz von Pyridin; 2,6% neben 15% V. — *Benzyltriphenylphosphoniumchlorid*, F. 325—328°, analog vorst. Verb. mit Phenyldiazomethan; 10%. *Tetraphenylboratrat*, F. 228—232°; daneben 45% V u. 41% *Benzalazin* (I). — *Benzhydryltriphenylphosphoniumchlorid*, $C_{31}H_{26}ClP$, F. 280—282°, analog mit Diphenyldiazomethan u. 4std. Kochen; 34%; daneben 11% V u. 9% *Benzhydrol*. — *Fluorenyl-(9)-triphenylphosphoniumbromid*, F. 307—310°, analog mit 9-Diazofluoren; 32%; daneben 71% V u. 14% *Fluorenonazin*, F. 253—256°. — *[Carbäthoxymethyl]-triphenylphosphoniumtetraphenylboratrat*, F. 173—175°, a) analog mit Diazoessigsäureäthylester; 27%; daneben 44% V; b) analog in Ggw. von $AgNO_3$; 4%; daneben 67% V. — *Triphenylphosphinphenacyliden-*, F. 180—182°, analog aus α-Diazoacetophenon u. II; 28%. — *1.1-Diphenyläthen*, a) durch Zutropfen von IV in Ae. zu II u. Benzophenon in THF in Ggw. von CuCl, Abdestillieren von THF, Hydrolysieren, Zugabe von $CH_3J$, Dest. des Rückstands u. Chromatographie der Fraktion vom Kp.$_{14}$ 142—172° an neutralem $Al_2O_3$; 23%; daneben 45% V; b) durch 4std. Kochen von Formaldehydtriphenylphosphazin (VI) u. Benzophenon in 1.2-Dimethoxyäthan analog a) u. Chromatographie der Fraktion vom Kp.$_{14}$ 128—175°; 35%; daneben 72% V; c) analog b) mit überschüssigem VI; 62%; daneben 51% V. — *1.1.2-Triphenyläthen*, F. 69—71°, analog vorst. Verb. nach a) aus II u. Phenyldiazomethan u. 50std. Kochen; 23%; daneben 6% *trans-Stilben*, 34% I u. 33% V. — *Gemisch* aus *cis-* u. *trans-Stilben*, analog vorst. Verb. mit Benzaldehyd in 1 Std.; 28%; daneben 89% V u. 71% I. — *N-[9-Benzylfluorenyl-(9)]-dimethylamin*, F. 99—101°, durch Zutropfen von 9-Diazofluoren in THF zu $CuCl_2$/III in THF, ¼std. Kochen, Zugabe von Ae., Extrahieren mit verd. HCl u. Dest.; 21%. — *α-Dimethylamino-β-phenylpropionsäureäthylester*, $C_{13}H_{19}NO_2$, analog vorst. Verb. mit Diazoessigsäureäthylester; 5%.
M. Krüger 2210◇

*0816* **Synthese einiger auxochromhaltiger α.α-Diaryläthylene und Stilbene.** Yousef Al-Attar und Robert Wizinger. (Helv. chim. Acta **46**, 1286—94, 1963; Basel, Univ., Inst. für Farbenchem.; dt.) — Die Kondens. von Chlor- (I) oder Bromacetal (II) mit auxochromhaltigen Komponenten in konz. $H_2SO_4$ u. Eisessig führt zu stabilen *α.α-Diaryl-β-halogenäthanen*, die meist in reiner Form isoliert wurden. Aus diesen entstehen durch Kochen in alkohol. KOH, ggf. in Ggw. weiterer organ. Lsgm. wie Bzl. oder Pyridin, unter Halogenwasserstoffabspaltung in guten Ausbeuten *α.α-Diaryläthylene* u. in höher sd. Lsgm., wie Amylalkohol (III) oder Eisessig, unter Umlagerung in prakt. quant. Ausbeute *Stilbene*. Die auxochromhaltigen α.α-Diaryläthylene zeigen mit konz. $H_2SO_4$ intensive, auf Protonierung der $CH_2$=C-Gruppe beruhende Halochromie unter Bldg. von *Carbeniumfarbsalzen*; auch mit $Br_2$-Dampf entstehen intensive Färbungen, während die entsprechenden α.α-Diaryl-β-halogenäthane u. Stilbene keine oder nur blasse Farbeffekte mit konz. $H_2SO_4$ oder $Br_2$ zeigen.

Versuche: *α.α-Bis-[p-methoxyphenyl]-β-chloräthan* (IV) $C_{16}H_{17}ClO_2$, F. 53—54°, durch Zugabe von konz. $H_2SO_4$ u. Eisessig zu I u. Anisol unter Kühlung u. Rühren < 15° innerhalb 45 Min., ½ std. Rühren, Gießen in Eiswasser, Aufnehmen des ausgeschiedenen Öls in Ae., Neutralisieren, Trocknen, Eindampfen u. Abpressen auf Ton; aus Ae. Kristalle; 80% (Ausbeute); mit (konz.) $H_2SO_4$ farblos. — *α.α-Bis-[p-methoxyphenyl]-β-bromäthan* (V), $C_{16}H_{17}BrO_2$, F. 68—69°, analog IV aus II u. Anisol < 10°; aus A. Nadeln; 85—90%; mit $H_2SO_4$ farblos, dann rosa. — *α.α-Bis-[p-methoxyphenyl]-β-jodäthan* (VI), $C_{16}H_{17}JO_2$, F. 75°, aus V u. NaJ durch 6std. Kochen in Aceton, Abfiltrieren von NaBr u. weiteres 2std. Kochen; aus Ae. Kristalle; bei längerem Liegen Braunfärbung durch Jodabspaltung, mit $H_2SO_4$ hellorangerot, dann rot. — *α.α-Bis-[p-methoxyphenyl]-äthylen*, F. 142—143°, aus IV oder V durch 2std. Kochen mit wss.-alkohol. KOH; aus Methanol glänzende Kristalle; 70—75 bzw. 75—80% (bezogen auf Anisol); mit $H_2SO_4$ rotorange, mit $Br_2$ (Dampf) violett. — *4.4'-Dimethoxystilben*, F. 212°, a) aus IV in III oder Eisessig durch 15std. Kochen; 50%; b) aus V in III durch 6std. Kochen; ca. 100%; c) aus VI in A. durch 3std. Kochen; ca. 100%; aus Bzl. glänzende Blättchen; mit $H_2SO_4$ blaßgelb. — *α.α-Bis-[p-äthoxyphenyl]-äthylen*, F. 140°, durch Zutropfen von $H_2SO_4$ u. Eisessig zu Phenetol, II u. Eisessig bei 10° innerhalb 1 Std., weiteres Rühren während 1 Std., Aufnehmen des nach Gießen in Eiswasser erhaltenen rohen *α.α-Bis-[p-äthoxyphenyl]-β-bromäthans* (VII) in Ae. u. weiter analog vorvorst. Verb.; aus A. glänzende Blättchen; ca. 65%; mit $H_2SO_4$ rotorange, mit $BrO_2$ violett. — *4.4'-Diäthoxystilben*, F. 207°, aus VII durch 6std. Kochen in III; aus Bzl. glänzende Blättchen; ca. 60%; mit $H_2SO_4$ hellgelb, mit $Br_2$ rasch vorübergehende Grünfärbung. — *α.α-Bis-[p-methylmercaptophenyl]-β-bromäthan*, $C_{16}H_{17}BrS_2$, F. 73°, aus Thioanisol u. II; aus A. Kristalle; 75—80%; mit $H_2SO_4$ farblos. — *α.α-Bis-[p-methylmercaptophenyl]-äthylen*, $C_{16}H_{16}S_2$, F. 132 bis 133°, durch 1std. Kochen vorst. Verb. mit KOH in Bzl. u. A.; aus A. oder Eisessig Blättchen; ca. 75%; mit $H_2SO_4$ tiefviolettblau, mit $Br_2$ vorübergehend schwachgrün. — *4.4'-Bis-[methylmercapto]-stilben*, $C_{16}H_{16}S_2$, F. 207—208°, aus vorvorst. Verb. in III durch 6std. Kochen; aus Aceton Kristalle; fast 100%; mit $H_2SO_4$ blau. — *α.α-Bis-[2-methoxy-5-methylphenyl]-β-bromäthan*, $C_{18}H_{21}BrO_2$, F. 98°, aus p-Kresolmethyläther u. II; aus Aceton oder aus A./Bzl. Kristalle; ca. 75%; mit $H_2SO_4$ farblos. — *α.α-Bis-[2-methoxy-5-methylphenyl]-äthylen*, $C_{18}H_{20}O_2$, F. 45—46°, aus PAe. Kristalle; 75%; mit konz. $H_2SO_4$ intensiv rotstichigblau, mit $Br_2$ vorübergehend grün. — *2.2'-Dimethoxy-5.5'-dimethylstilben*, $C_{18}H_{20}O_2$, F. 163°, aus vorvorst. Verb. durch 6std. Kochen in III; aus Aceton Kristalle; mit $H_2SO_4$ schwachbräunlichgelb. — *α.α-Bis-[3.4-dimethoxyphenyl]-β-bromäthan*, $C_{18}H_{21}BrO_4$, F. 93—94°, aus Veratrol u. II; aus A. Kristalle; 80 bis 85%; mit $H_2SO_4$ schwachweinrot, dunkelt nach. — *α.α-Bis-[3.4-dimethoxyphenyl]-äthylen*, $C_{18}H_{20}O_4$, F. 103°, aus A./W. (3:1) glänzende Blättchen; mit $H_2SO_4$ blaustichig rot, mit $Br_2$ grün. — *3.4.3'.4'-Tetramethoxystilben*, F. 155°, aus A./W. Kristalle; mit $H_2SO_4$ braunschwarz. — *α.α-Bis-[2.5-dimethoxy-4-methylphenyl]-β-bromäthan*, $C_{20}H_{25}BrO_4$, F. 135°, aus 2.5-Dimethoxytoluol u. II bei 10°; aus A. Kristalle; 85—90%; mit $H_2SO_4$ rotviolett. — *α.α-Bis-[2.5-dimethoxy-4-methylphenyl]-äthylen*, $C_{20}H_{24}O_4$, F. 86°, aus PAe. oder Aceton Kristalle; mit $H_2SO_4$ tiefblau, mit $Br_2$ vorübergehend grün. — *2.2'.5.5'-Tetramethoxy-4.4'-dimethylstilben*, $C_{20}H_{24}O_4$, F. 163° (aus III). — *α.α-Bis-[vic.-trimethoxyphenyl]-äthylen*, $C_{20}H_{24}O_6$, F. 78—79°, aus 33,6 g Pyrogalloltrimethyläther u. 19,7 g II in Eisessig/$H_2SO_4$ bei 10°, Lösen des erhaltenen rohen *α.α-Bis-[vic.-trimethoxyphenyl]-β-bromäthans* (22 g) in Bzl. u. Kochen mit alkohol. KOH; aus PAe. Kristalle; ca. 80%; mit $H_2SO_4$ tief blaustichig, mit $Br_2$ vorübergehend tiefviolett. — *vic.-Hexamethoxystilben*, $C_{20}H_{24}O_6$, F. 172°, aus vorst. Bromäthan durch 7std. Kochen in III; aus Aceton Würfel. — *α.α-Bis-[4-äthoxynaphthyl-(1)]-β-chloräthan*, $C_{26}H_{25}ClO_2$, F. 162—163° (Farbänderung nach Gelbgrün), aus α-Naphtholäthyläther u. I bei 30—35°; aus Aceton Kriställchen; 90%; mit $H_2SO_4$ hellgelbgrün. — *α.α-Bis-[4-äthoxynaphthyl-(1)]-bromäthan*, $C_{26}H_{25}BrO_2$, F. 132—133° (unter Farbänderung nach Gelbgrün), aus Aceton Kriställchen; über 90%; mit $H_2SO_4$ hellgelbgrün, nachdunkelnd. — *α.α-Bis-[4-äthoxynaphthyl-(1)]-äthylen*, $C_{26}H_{24}O_2$, F. 95—96°, aus vorst. Verb. in Pyridin u. alkohol. KOH durch 1std. Kochen; aus A. Nadeln; > 80%; mit $H_2SO_4$ tiefgrünstichigblau, mit $Br_2$ dunkelgrün. — *4.4'-Diäthoxydinaphthostilben*, F. 185—186°, aus vorst. Bromäthan durch 1½ std. Kochen in III; aus Bzl. blaßgelbe, starkblaugrün fluorescierende Blättchen; ca. 100%; mit $H_2SO_4$ hellgrünlichblau, dann Verfärbung nach Braunrot, mit $Br_2$ blauschwarz.

A. Jungblut 2260◇

*0817* **Eine Synthese von 2'-Acetyl-5.5'.6-trimethoxybiphenyl-2-carbonsäure.** Shigeru Kobayashi und Chizuru Kuraishi. (Chem. pharmac. Bull. [Tokyo] **10**, 1137—41, 1962; Nagasaki, Univ., Pharmac. Fac.; engl.) — Für die geplante Synth. des Hydroxyapogalanthamins sollte das Zwischenprod. *2'-Carboxy-5.5'.6'-trimethoxybiphenylyl-(2)-essigsäure* über die 2'-Acetyl-5.5'.6-trimethoxybiphenyl-2-carbonsäure dargestellt werden. Bei der Friedel-Crafts-Umsetzung von 3-Jodanisol mit Acetylchlorid entstehen 2 Hauptprodd., *2-Jod-4-methoxyacetophenon* (III) u. *2-Hydroxy-4-jodacetophenon* (IV) sowie *2-Methoxy-4-jodacetophenon* (V) u. *2-Jod-4-hydroxyacetophenon* (I). V läßt sich mit KOCl zur *2-Methoxy-4-jodbenzoesäure*, die auch durch Methylierung von 2-Hydroxy-4-jodbenzoesäuremethylester u. anschließende Verseifung gewonnen wird, oxydieren. V ist mit dem durch Friessche Verschiebung von 3-Jodphenylacetat u. nachfolgende Methylierung erhaltenen Prod. u. mit der durch Sandmeyer-Rk. des 2-Methoxy-4-aminoacetophenons in Ggw. von KJ dargestellten Verb. identisch. Zum Strukturbeweis von III kondensiert man 2-Jod-4-methoxybenzoylchlorid u. Malonsäurediäthylester in Ggw. von Mg, hydrolysiert u. decarboxyliert. Durch HBr wird III zu I entmethyliert.

Versuche: *2-Hydroxy-4-jodacetophenon* (IV), $C_8H_7JO_2$, F. 52—54° (Methanol), durch 2std. Erhitzen von 5,5 g 3-Jodphenylacetat in Ggw. von $AlCl_3$ in Nitrobenzol; 2,5 g (Ausbeute). — *2-Methoxy-4-jodacetophenon* (V), $C_9H_9JO_2$, F. 70—71°, durch Methylieren von IV; aus PAe. Nadeln. *2.4-Dinitrophenylhydrazon*, $C_{15}H_{13}JN_4O_5$, F. 195—197°; aus Essigester/A. orangefarbene Nadeln. — *2-Jod-4-methoxyacetophenon* (III), $C_9H_9JO_2$, F. 45—47°, a) durch ½ std. Rühren von 8 g 3-Jodanisol mit Acetylchlorid in Ggw. von $AlCl_3$ in $CS_2$ bei Raum-Temp., ½ std. Kochen, Zugabe von Eis/HCl, Extrahieren mit Bzl., Ausschütteln mit 10%ig. NaOH, Dest. u. Chromatographie an $Al_2O_3$; aus PAe. Prismen; 1,8 g. *2.4-Dinitrophenylhydrazon*, $C_{15}H_{13}JN_4O_5$, F. 137—140°, aus Essigester/A. orangefarbene Nadeln; daneben aus den Mutterlaugen V, durch Ansäuern des NaOH-Auszugs mit HCl u. Extrahieren mit Ae. 1,3 g IV u. durch Chromatographieren der methanol. Mutterlaugen von IV *2-Jod-4-hydroxyacetophenon* (I; $C_8H_7JO_2$, F. 131—132°; aus Bzl. Nadeln); b) durch Zugabe von Malonsäurediäthylester in abs. A./Ae. zu einer Suspension von Mg in abs. Ae./$CCl_4$/abs. A., 6std. Kochen, Zugabe einer äther. Lsg. von 2-Jod-4-methoxybenzoylchlorid, 3½ std. Kochen, Entfernen des Ae., 4std. Kochen mit konz. $H_2SO_4$/Essigsäure, Alkalisieren mit 20%ig. NaOH, Extrahieren mit Ae. u. Dest. im Vakuum. — *4-Jod-2-methoxybenzoesäure*, $C_8H_7JO_3$, F. 146—148°, a) durch 2std. Rk. von V mit KOCl in Methanol bei —10°, 2std. Stehen bei 0° u. 1½ std. Stehen bei 15°; Platten aus Ae.; 0,2 g; b) durch 5std. Kochen von 1,5 g 2-Hydroxy-4-jodbenzoesäuremethylester mit $CH_3J$ u. $K_2CO_3$ in Aceton u. 1std. Kochen mit 8%ig. alkohol. KOH. — *2-Jodveratrumsäuremethylester* (II), $C_{10}H_{11}JO_4$, F. 46—47°, durch Zugabe einer 10%ig. Lsg. von $NaNO_2$ zu 2-Aminoveratrumsäuremethylester in 10%ig. $H_2SO_4$ bei 3°, 1std. Rühren, Zugabe einer 10%ig. Lsg. von KJ bei 3°, 3std. Stehen bei 15°, ½std. Stehen bei 60° u. Extrahieren mit Chlf.; Nadeln aus Methanol. — *2'-Acetyl-5.5'.6-trimethoxybiphenyl-2-carbonsäure*, $C_{18}H_{18}O_6$, F. 176—177,5°, a) durch 4std. Erhitzen von 3 g III u. 1 g 2-Bromveratrumsäuremethylester mit Cu-Bronze auf 220° im Einschlußrohr u. 1½ std. Kochen mit 10%ig. alkohol. KOH; Nadeln aus Ae.; 60 mg; daneben 30 mg *5.6.5'.6'-Tetramethoxybiphenyl-2.2'-dicarbonsäure*; b) durch Ullmann-Kondens. von 2,6 g III mit 1 g II in Ggw. von Cu-Bronze u. Hydrolyse nach a); 130 mg. *Oxim*, $C_{18}H_{19}NO_6$, F. 243 bis 245,5°. Kuben aus Methanol. *Methylester*, $C_{19}H_{20}O_6$, F. 82 bis 84°, aus Ae. Kuben. H.-J. Haase 2470◇

*0818* **Verdoppelnde Reduktionen von Gemischen α,β-ungesättigter Ketone.** Joseph Wiemann und Feiga Weisbuch. (C. R. hebd. Séances Acad. Sci. **257**, 1486—88, 1963; Paris, Labor. de Chim. organ. structurale; franz.) — Bei der Red. des Gemisches aus 4.4-Dimethylcyclohexan-(2)-on-(1) (I) u. Methylvinylketon (II) mit Na-Amalgam oder Mg in Essigsäure entsteht außer den Verdoppelungs-Prodd. von I u. II eine Verb., die sich auf Grund ihres UV-, IR- u. NMR-Spektrums als *7-Oxo-1.4.4-trimethyl-2.3.4.5.6.7-hexahydro-3aH-inden* (III; $C_{12}H_{18}O$, Kp.$_6$ 110°, $n_D^{20}$ 1,5080, $D_4^{20}$ 0,79; *2.4-Dinitrophenylhydrazon*, $C_{18}H_{22}N_4O_4$, F. 190°; *Semicarbazon*, $C_{13}H_{21}N_3O$, F. 184—186°) erweist. III bildet sich vermutlich über die Zwischenstufe des *1-Hydroxy-7-oxo-1.4.4-trimethylhexahydroindans*, das jedoch nur durch sein IR-Spektrum in einer Fraktion vom Kp.$_{15}$ 120—140° nachgewiesen wird. I reagiert mit Methylisopropenylketon an Stelle von II zu *4.4-Dimethyl-3-[3-oxo-2-methylbutyl]-cyclohexanon-(1)*. Ozonisierung von III führt zu *7-Oxo-3.3-dimethyloctandicarbonsäure-(1.4)* ($C_{12}H_{20}O_5$, F. 116°), die durch NaOBr in *3.3-Dimethylhexantricarbonsäure-(1.4.6)* ($C_{11}H_{18}O_6$, F. 178—180°) umgewandelt wird. Katalyt. Hydrierung von III an Raney-Ni liefert *7-Oxo-1.4.4-trimethylhexahydroindan* ($C_{12}H_{20}O$, Kp.$_{15}$ 115°; *2.4-Dinitrophenylhydrazon*, $C_{18}H_{24}N_4O_4$, F. 204—205°), dessen Struktur durch sein IR- u. NMR-Spektrum gesichert wird. F. Bourseaux 2650◇

*0819* **Untersuchungen über Terramycin und verwandte Verbindungen.** 7. Mitt. **Synthese von 4-Carboxy-3-methylindanon-(1)-yl-(2)-essigsäure (Desoxyterracinoesäure).** Zen-ichi Horii, Yasumitsu Tamura, Ichiya Ninomiya und Hiroshi Kugita. (J. pharmac. Soc. Japan [Yakugakuzasshi] **76**, 736—38, 1956; Osaka, Univ., Pharmac. Fac.; jap., Auszug: engl.) — 6. vgl. C. **1963**, 17679. — Als Vorvers. für die Synth. von Terracinoesäure wird das Prod. des alkal. Abbaus von Oxytetracyclin, *4-Carboxy-3-methylindanon-(1)-yl-(2)-essigsäure*, dargestellt.

Versuche: *β-[o-Carbäthoxyphenyl]-buttersäureäthylester*, $C_{15}H_{20}O_4$, Kp.$_7$ 162—163°, durch Verestern von β-[o-Carboxyphenyl]-buttersäure (I) mit A.; 79% (Ausbeute). — *4-Carbäthoxy-3-methylindanon*, $C_{13}H_{14}O_3$, Kp.$_6$ 161—164°, a) durch Cyclisieren vorst. Verb. mit Polyphosphorsäure; 39%; b) durch Verestern nachst. Verb.; 52%. *2.4-Dinitrophenylhydrazon*, $C_{19}H_{18}N_4O_6$, F. 224—225,5°; 63%. — *4-Carboxy-3-methylindanon*, $C_{11}H_{10}O_3$, F. 178—182°, durch Cyclisieren von I mit Polyphosphorsäure bei 150—155° (35 Min.); 31%. — *2-Brom-4-carbäthoxy-3-methylindanon*, $C_{13}H_{13}BrO_3$, F. 86—87°, durch Bromieren vorvorst. Verb. bei 10°; 60%. — *4-Carbäthoxy-3-methylindanon-(1)-yl-(2)-malonsäurediäthylester*, Kp.$_1$ 182—185°, durch Rk. vorst. Verb. mit Na-Malonsäurediäthylester; 57%. — *4-Carboxy-3-methylindanon-(1)-yl-(2)-malonsäure*, $C_{14}H_{12}O_7$, F. 176—177° (Zers.), durch Verseifen vorst. Verb.; 73%. — *4-Carboxy-3-methylindanon-(1)-yl-(2)-essigsäure* (*Desoxyterracinoesäure*), $C_{13}H_{12}O_5$, F. 186 bis 188°, durch Decarboxylieren von 0,5 g vorst. Verb. bei 190°; 120 mg. D. Dargel 2650△

*0820* **Untersuchungen über Terramycin und verwandte Verbindungen.** 8. Mitt. **Synthese von Terracinoesäure.** Yasumitsu Tamura. (J. pharmac. Soc. Japan [Yakugakuzasshi] **76**, 739—42, 1956; jap., Auszug: engl.) — 7. vgl. vorst. Referat. — *Terracinoesäure* ist ein Prod. der alkal. Zers. von Oxytetracyclin u. spielt eine wichtige Rolle bei der strukturellen Best. dieses Antibioticums. Die Struktur von Terracinoesäure entspricht der einer *4-Carboxy-5-hydroxy-3-methylindanon-(1)-yl-(2)-essigsäure*, wie durch Synth. u. Vgl. mit einer authent. Probe des Abbau-Prod. bewiesen wird.

Versuche: *2-Hydroxymethylen-7-methoxy-3-methylindanon*, $C_{12}H_{12}O_3$, F. 120—122° (Zers.), durch Rk. von 7-Methoxy-3-methylindanon mit Na-Methylat; 91% (Ausbeute). — *Bis-[7-methoxy-3-methyl-1-oxoindanyliden-(2)-methyl]-hydroxylamin*, F. 151—155° (Zers.), aus vorst. Verb. mit $NH_2OH$. — *β-[2-Carboxy-3-methoxyphenyl]-buttersäure*, $C_{12}H_{14}O_5$, F. 160,5—161,5°, durch Rk. vorst. Verb. mit NaOH; 29%. — *β-[2-Carbomethoxy-3-methoxyphenyl]-buttersäuremethylester*, $C_{14}H_{18}O_5$, Kp.$_1$ 158—160°, durch Verestern vorst. Verb.; 80%. — *β-[2-Carbomethoxy-3-methoxyphenyl]-buttersäure*, $C_{13}H_{16}O_5$, F. 114,5—116°, aus vorst. Verb. durch partielle Verseifung; 70%. — *4-Carbomethoxy-5-methoxy-3-methylindanon*, $C_{13}H_{14}O_4$, F. 106—107°, a) durch Cyclisieren vorvorst. Verb. (3,5 g) mit Polyphosphorsäure; 1,3 g; b) durch Cyclisieren vorst. Verb. mit Polyphosphorsäure (35 Min.); 54%. *2.4-Dinitrophenylhydrazon*, F. 238—240° (Zers.). — *4-Carboxy-5-methoxy-3-methylindanon*, $C_{12}H_{12}O_4$, F. 139—140°, durch Verseifen vorst. Verb.; 20%. — *2-Brom-4-carbomethoxy-5-methoxy-3-methylindanon*, $C_{13}H_{13}BrO_4$, F. 113,5—114°, durch Bromieren vorvorst. Verb. bei 5—10°; 54%. — *4-Carbomethoxy-5-methoxy-3-methylindanon-(1)-yl-(2)-malonsäurediäthylester*, $C_{20}H_{24}O_8$, Kp.$_{0,5}$ 201—203°, aus vorst. Verb. mit Na-Malonsäurediäthylester; 57%. — *4-Carboxy-5-methoxy-3-methylindanon-(1)-yl-(2)-malonsäure*, $C_{15}H_{14}O_8$, F. 180—181° (Zers.), durch Verseifen vorst. Verb. mit KOH; 41%. — *4-Carboxy-5-methoxy-3-methylindanon-(1)-yl-(2)-essigsäure* (*Terracinoesäuremethyläther*), $C_{14}H_{14}O_6$, F. 179 bis 180°, a) aus nachst. Verb. durch vollständiges Methylieren u. Verseifen der Estergruppen; b) durch Decarboxylieren vorst. Verb. (150 mg) bei 185—190°; 60 mg. — *4-Carboxy-5-hydroxy-3-methylindanon-(1)-yl-(2)-essigsäure* (*Terracinoesäure*), $C_{13}H_{12}O_6$, F. 223—234° (Zers.), a) durch Abbau von Terramycin; 29%; b) durch Abspaltung der Methylgruppe vorst. Verb.; 305 mg. D. Dargel 2650△

*0821* **Indananaloga des Hexöstrols und Diäthylstilböstrols.** Charles A. Panetta und Stanley C. Bunce. (J. org. Chemistry **26**, 4859—66, 1961; Troy, N.Y., Rensselaer Polytechn. Inst., Walker Labor.; engl.) — Zur Darst. von *meso-5.5'-Dihydroxy-1.1'-biindan* (meso-I) wurde das aus Indanol-(5) mit Dimethylsulfat u. nachfolgende $CrO_3$-Oxydation erhaltene *5-Methoxyindanon-(1)* (V) mit $N_2H_4$ in sein *Ketazin* übergeführt, dessen Hydrierung u. anschließende Luftoxydation zum Gemisch der *meso-* u. *rac.-Form* von *5.5'-Dimethoxy-1.1'-azoindan* führte. Beide Isomeren zersetzen sich beim Erhitzen zu einem Gemisch der *meso-* u. *rac.-Form* von *5.5'-Dimethoxy-1.1'-biindan* (II), aus dem nach Trennung u. Entmethylierung meso-I mit 7% Gesamtausbeute isoliert werden konnte. Verss. der Darst. von meso-II nach der $CoCl_2$-Grignard-Kupplungs-Meth. ergaben *5.5'-Dimethoxy-1.6'-biindan* (X). Ein nicht trennbares Gemisch von *5-Methoxy-* (III), *1-Brom-5-methoxy-* u. *5-Brom-6-methoxyindan* (IV) entstand durch Rk. von III u. N-Bromsuccinimid, aus dem durch Behandlung mit wasserfreiem $CoCl_2$ u. Äthyl-MgBr X mit 3% erhalten wurde. Zum Vgl. wurde *6.6'-Dimethoxy-5.5'-biindan* aus IV mit $CoCl_2$ u. Äthyl-MgBr dargestellt. Die Rk. von V mit Chloressigsäureäthylester u. Na-Methylat ergab *2-[α-Chloracetyl]-5-methoxyindanon-(1)*. III wurde mit $SO_2Cl_2$ u. Benzoylperoxid in *5-Chlor-6-methoxyindan* (IX) u. ein Öl übergeführt, aus dem nach Rk. mit Mg u. $CO_2$ *5-Methoxyindencarbonsäure-(1)* entstand. Mit $J_2$ u. Äthyl-MgBr reagiert III zu *4-Jod-5-methoxyindan* mit 2% Ausbeute. Das zum Vgl. aus III durch Jodierung mit Ag-Trifluoracetat synthetisierte *5-Jod-6-methoxyindan* (VI) lieferte bei der Oxydation *5-Jod-4-methoxyphthalsäureanhydrid*. Analog VI entstand aus 1.1'-Biinden *2.2'-Dijod-3.3'-dihydroxy-1.1'-biindan*. Die Behandlung von 5-Nitroindan (VII) mit KOH u. Luft bei erhöhter Temp. rief nur eine vollständige Zers. hervor. Aus dem Hydrazon von 5-Hydroxyindanon-(1) wurde mit HgO u. durch anschließende Einw. von $SO_2$ das *Azin* von V, jedoch nicht das beabsichtigte 5.5'-Dimethoxybiindanyliden-(1.1') erhalten. VII u. III kondensierten sich nach Cope u. Field (vgl. J. Amer. chem. Soc. **71**, [1949], 1589) mit V nicht. Ebenso reagierte VII nicht mit 5-Nitroindenon-(1), aus dem offensichtlich ein *Diacetoxydimethoxybiindan* entstand. Beim Kochen von VII mit $N_2H_4$ u. KOH wurde neben *5-Aminoindan* wahrscheinlich *5.5'-Diamino-1.1'-biindan* erhalten. Während *Stilben* aus Bibenzyl durch 6std. Erhitzen mit Pd-Kohle auf 330 bis 360° entstand, konnte der Dimethyläther von meso-Hexöstrol nicht dehydriert werden. 6-Methoxyindanon-(1) wurde nach Hückel u. Mitarbeitern [1935] red. u. nachfolgend durch

Dest. mit $KHSO_4$ zu *6-Methoxyinden* (**VIII**) dehydratisiert, zu dem Vff. analog auch ausgehend von **V** gelangten. **VII** bildet ein Grignard-Deriv., das nicht mit **V** reagierte.

Versuche: Indane: *5-Methoxy-1-oxo-* (**V**), F. 108,4 bis 109,4° (Methanol; Nadeln), aus Indanol-(5) in Aceton mit Dimethylsulfat u. 44%ig. KOH u. anschließende Zugabe zum erhaltenen *5-Methoxyindan* [**III**, $Kp._{0,6}$ 75—77°, $n_D^{20}$ 1,5424; 92% (Ausbeute)] von $CrO_3$ in 80%ig. Essigsäure bei 25—35° u. 4std. Rühren; 81%. *Oxim*, F. 151—153°. *Semicarbazon*, F. 235—238° (Zers.). *Azin*, $C_{20}H_{20}N_2O_2$, F. 212,8—214,8° (Zers.; Bzl.); 96,5%. *Hydrazon*, $C_{10}H_{12}N_2O$, F. 107—110°, aus **V** in abs. A. durch 13½std. Kochen mit 95%ig. $N_2H_4$; 75%; liefert durch Erhitzen oder durch 24std. Schütteln mit HgO in PAe., nachfolgende Einw. von $SO_2$ u. 1std. Kochen des erhaltenen Prod. in W. das *Azin*; liefert durch Einw. von Aceton das *Isopropylidenhydrazon*, $C_{13}H_{16}N_2O$, F. 82—85,5° (PAe.). — *5.5'-Dimethoxy-1.1'-azo-*, $C_{20}H_{22}N_2O_2$, F. 133,3—134,3° (Zers.; Methanol), aus **V** durch 53std. Hydrierung an $PtO_2$ in Essigsäure-Methanol bei 3 at u. anschließende Luftoxydation; 60%. — *5-Brom-6-methoxy-* (**IV**), $C_{10}H_{11}BrO$, F. 35,2—35,9° (A.), aus **III** u. N-Bromsuccinimid in abs. $CCl_4$ durch langsames Erhitzen in Ggw. von Benzoylperoxid; liefert durch Einw. von alkal. $KMnO_4$ ein *Prod. vom F. 188—192°*, das durch 1std. Kochen mit Acetanhydrid *4-Brom-5-methoxyphthalsäureanhydrid* [F. 170,9 bis 172,4° (Essigsäure)] ergab. Daneben *1-Brom-5-methoxyindan*. — *2-[α-Chloracetyl]-5-methoxy-1-oxo-*, $C_{12}H_{11}ClO_3$, F. 110,5 bis 111,5° (A.; cremefarbene Nadeln), aus 8,1 g **V** u. Chloressigsäureäthylester in abs. Ae. durch Zugabe von Na-Methylat innerhalb ³/₄ Std. u. 21std. Rühren bei Raum-Temp.; 7,4 g; 2 g liefern durch 17std. Erwärmen mit wss. NaOH u. nachfolgendes 4std. Erhitzen des nach Aufarbeitung erhaltenen Prod. auf 150° **V** (0,6 g). — *5-Chlor-6-methoxy-* (**IX**), $C_{10}H_{11}ClO$, F. 47,4—48,4° (A.; Blättchen), aus **III** in Chlf. durch Zugabe von $SO_2Cl_2$ bei 0—10° in 10 Min. u. Stehen über Nacht bei Raum-Temp. in Ggw. von Benzoylperoxid, 17%; liefert durch Behandlung mit alkal. $KMnO_4$ u. anschließendes 1std. Kochen der erhaltenen *4-Chlor-5-methoxyphthalsäure* [F. 163 bis 165,8° (Essigsäure)] mit Acetanhydrid deren *Anhydrid* [$C_9H_5ClO_4$, F. 152,8—153,5° (Essigsäure-PAe.)]; 1,8 g liefern durch 10std. Kochen mit 48%ig. HBr in Essigsäure *5-Chlor-6-hydroxyindan*, F. 36,2—40,7°. — *5-Methoxy-4-jod-*, $C_{10}H_{11}JO$, F. 74—75° (Methanol; Tafeln), aus 14,8 g **III** in abs. Xylol u. Äthyl-MgBr in Ae. durch 10std. Kochen, Zugabe von $J_2$ im Xylol, Rühren über Nacht; Dest.; 0,6 g. — *5-Jod-6-methoxy-* (**VI**), $C_{10}H_{11}JO$, F. 39—39,4° (A.), aus **III** u. $J_2$ in $CCl_4$ durch Zugabe von Ag-Trifluoracetat in der Siedehitze; liefert durch $KMnO_4$-Oxydation u. anschließende Einw. von Acetylchlorid *5-Jod-4-methoxyphthalsäureanhydrid* [F. 168,6 bis 169,9° (Essigsäure)]. — *5-Nitro-1-oxo-*, $C_9H_7NO_3$, F. 133,1 bis 134,1° (A.), durch Zugabe von $CrO_3$ in 80%ig. Essigsäure zu **VII** in Essigsäure unterhalb 35° u. 26½std. Rühren; 29%. *2.4-Dinitrophenylhydrazon*, F. 254—258° (Zers.). *Oxim*, $C_9H_8N_2O_3$, F. 192,2—192,8° (Zers.; A.); liefert durch 18½std. Kochen mit $NH_4$-Acetat u. Essigsäure in Bzl. ein *Prod. $C_{24}H_{26}O_7$* [F. 232—233,2° (Zers.; Aceton)]. — *5-Amino-, Hydrochlorid*, F. 280,3—283,9°, aus vorst. Verb. durch 3std. Kochen mit 85%ig. $N_2H_4$ u. KOH in Triäthylenglykol u. Wasserdampf-Dest.; 5,3%. *Acetylderiv.*, F. 106,5—107,5° (A. u. W.). — *6-Methoxyinden* (**VIII**), Kp. 220—240°, a) aus 6-Methoxyindanon durch 3½std. Hydrierung an $PtO_2$ in A. bei 3 at u. nachfolgende Dest. des entstandenen Prod. in Ggw. von $KHSO_4$; $n_D^{24,3}$ 1,5746; 55%; b) aus **V** analog a); $n_D^{24,5}$ 1,5730. — *6-Methoxyindenyl-(1)-MgBr*, aus **VIII** u. Äthyl-MgBr durch Kochen in Äther. — Biindane: *5.5'-Dimethoxy-1.1'-* (**II**), *meso-Form*, $C_{20}H_{22}O_2$, F. 146,7—147,7° (A.; Nadeln), durch langsames Erhitzen von 3,3 g vorst. Verb. auf 140°, dann auf 190°; 0,8 g. *dl-From*, F. 112,1—112,9° (A.; Nadeln), neben der meso-Form; 0,5 g. — *meso-5.5'-Dihydroxy-1.1'-* (**I**), $C_{18}H_{18}O_2$, F. 200,2—201,3° (Zers.; Bzl.-PAe.; cremefarbene Nadeln), aus meso-**II** durch 10std. Kochen mit 48%ig. HBr in Essigsäure; 66%. — *Prod. von F. 182,2—183,8°* (Zers.), aus dl-**II** analog. — *5.5'-Domethoxy-1.6'-*, $C_{20}H_{22}O_2$, F. 140,7 bis 141,7° (Aceton), durch Zugabe von wasserfreiem $CoCl_2$ zu Äthyl-MgBr in Ae., dann Zusatz von 1-Brom-5-methoxyindan in Ae. innerhalb 25 Min. u. Aufarbeitung; 3%; daneben **III**. — *6.6'-Dimethoxy-5.5'-*, $C_{20}H_{22}O_2$, F. 95,4—96,1° (Methanol; Nadeln), aus 13 g **IV** u. Mg in Ae. durch 3std. Kochen, dann Zugabe zu $CoCl_2$ in Äthylbromid u. weiters 1std. Kochen; 3,0 g. — *2.2'-Dijod-3.3'-dihydroxy-1.1'-*, $C_{18}H_{16}J_2O_2$, F. 188,8—189,4° (Zers.; Aceton), aus 2,3 g 1.1'-Biinden u. $J_2$ in $CCl_4$ durch Zugabe von Hg-Trifluoracetat in der Hitze; 0,5 g. — *5.5'-Diamino-1.1'-* (?), F. 234,8—235,7° (Aceton), analog aus 5-Aminoindan (aus **VII**) durch Ae.-Extraktion der Rk.-Mischung u. Schütteln der äther. Lsg. mit gesätt. Salz-Lsg. u. 2n HCl. — *5-Methoxyinden-1-carbonsäure*, $C_{11}H_{10}O_3$, F. 121,8—122,6° (W.; Nadeln), aus dem neben **IX** erhaltenen Öl durch 2tägiges Rühren mit Mg in Ae. bei Raum-Temp. u. anschließende Zugabe zu Trockeneis, dann Aufarbeitung: 0,5 g.
D. Kirstein 2650◇

*0822* **Umsetzungen mit Vinylnaphthalinen.** Elmar Profft und Martin Biedermann. (Wiss. Z. Techn. Hochschule Chem. Leuna-Merseburg **3**, 289—94, 1960/61; dt. — C. **1962**, 8963.) R. Gutzschebauch 2700◇

*0823* **Die Struktur von Nepodin.** Takao Murakami und Atsuko Matsushima. (Chem. pharmac. Bull. [Tokyo] **9**, 654, 1961; Tokyo, Schinjuku-ku, Funakawara, Coll. of Sci., Pharmaceut. Fac.; engl.) — Aus dem Hexan-Extrakt der Wurzeln von *Rumex japonicus* wurde *Nepodin* (**I**; $C_{13}H_{12}O_3$, F. 162—163°, hellgelbe Prismen) erhalten. **I** ist lösl. in $Na_2CO_3$-Lsg. u. gibt mit $FeCl_3$ Grünfärbung. Rk. mit $CH_2N_2$ zum *Dimethyläther* (F. 63—64°), das *Diacetat* (F. 186—187°) u. *Dibenzoat* (F. 188—189°) deuten auf 2 OH-Gruppen in **I** hin. Alkalischmelze von **I** gibt *1.8-Dihydroxy-3-methylnaphthalin* ($C_{11}H_{10}O_2$, F. 137°; *Diacetat*, F. 115°). Durch Misch-F. u. Vgl. der IR-Spektren erwies sich **I** als ident. mit *Musizin* (*2-Acetyl-1.8-dihydroxy-3-methylnaphthalin*; vgl. Covell u. Mitarbeiter, J. chem. Soc. [London] **1961**, 702). H.-J. Kötzsch 2700◇

*0824* **Chinol-Zwischenprodukte bei der Oxydation von Phenolen und ihre Umlagerung. Labile Stoffwechselprodukte.** 4. Mitt. Sidney Goodwin und Bernhard Witkop. (J. Amer. chem. Soc. **79**, 179—85, 1957; Bethesda, Md., Nat. Inst. of Health; engl.) — Vorl. Mitt. vgl. Experientia **8**, [1952], 377; 3. vgl. J. Amer. chem. Soc. **78**, [1956], 2882. — Die aus p-Kresol, Methyl-p-hydroxyphenylacetat bzw. 6-Hydroxytetralin dargestellten p-Chinole u. deren *O-Acetyl-Verbb.* werden im wss. sauren oder bas. Medium zu *Hydrochinon-Derivv.* u. unter den Bedingungen der Thiele-Rk. [Acetanhydrid(**I**)/konz. $H_2SO_4$] oder mit $BF_3$ in Ae. zu *Resorcin-Derivv.* umgelagert. Die Umlagerungen werden als Acyloinverschiebungen gedeutet. Mechanismen für Alkyl- u. Acyloxywanderungen werden diskutiert. Bei der Einw. von Alkali auf 4-Carbomethoxymethyl-4-acetoxycyclohexadien-(2.5)-on-(1) entsteht *Homogentisinsäure*. Unter den Bedingungen der Thiele-Rk. entsteht aus 4-Methyl-2.2-diacetoxycyclohexadien-(3.5)-on-(1) (**IV**) *5-Methylpyrogalloltriacetat* (**VII**). Diese Umlagerungen werden im Hinblick auf biolog. Oxydationsmechanismen diskutiert. UV- u. IR-Maxima s. Original.

Versuche (FF. korr.): *p-Toluchinol* (**II**), F. 76—78° (Vakuumsublimation), durch portionsweise Zugabe von 30 g p-Tolylhydroxylamin zu teilweise gefrorener verd. $H_2SO_4$, 16std. Schütteln bei Raum-Temp., Filtrieren von 4,3 g *p-Azoxytoluol* (F. 69—70°; aus A. gelbe Nadeln) u. Chromatographie des in Ae. lösl. Prod. in Bzl. an $Al_2O_3$; 33% (Ausbeute); daneben *Verb. $C_7H_{10}O_3$*, F. 108—109° (Vakuumsublimation), aus den Bzl./A.-Eluaten nach mehrtägigem Stehen; prismat. Kristalle. *3.5-Dinitrobenzoyl-Deriv.*, $C_{14}H_{10}N_2O_7$, F. 161—162° (Bzl.); Platten. *N-Phenylcarbamat*, $C_{14}H_{13}NO_3$, F. 180—181° (Methanol), Nadeln. *Acetylderiv.* (**III**), F. 40°, $Kp._{1,1}$ 87°, a) durch Einleiten von Keten in eine Lsg. von **II** in Aceton; b) aus den Mutterlaugen von **IV**. — *p-Kresol*, durch Red. von **II** mit $LiAlH_4$ in Äther. *3.5-Dinitrobenzoylderiv.*, F. 181—182° (Bzl.); gelbliche Flocken. — *4-Methyl-2.2-diacetoxycyclohexadien-(3.5)-on-(1)* (**IV**), F. 141 bis 142° (Vakuumsublimation; Methanol), durch Pb(IV)-Acetat-Oxydation von 10,8 g p-Kresol in Eisessig; Nadeln; 3,64 g. — *Toluhydrochinon*, F. 125—127° (Bzl.), a) durch Kochen von **II** mit $BF_3$ in Ae. (20 Min.); 54%; b) durch Zugabe von **III** in Methanol zu 10%ig. NaOH, ¹/₄std. Kochen unter $N_2$, Ansäuern u. Ausäthern; Nadeln; 4%. — *Kresorcin*, F. 105—107° (Umwandlung bei 86°; Vakuumsublimation; Bzl.), a) durch 2std. Kochen von **V** mit 5%ig. NaOH unter $N_2$, Ansäuern u. Ausäthern; b) durch Hydrolyse von **VI**; Nadeln. *Di-O-acetylderiv.* (**V**), $Kp._{0,1-0,2}$ 130—150° (Badtemp.), a) durch Zugabe von konz. $H_2SO_4$ in **I** zu **II** in **I**, mehrstd. Stehen, Gießen in W., 1std. Stehen u. Ausäthern; b) durch Acetylierung von **VI**. *2-Acetat* (**VI**), $C_9H_{10}O_3$, F. 102 bis 104° (Vakuumsublimation; Bzl.), durch Zugabe von $BF_3$ in Ae. zu **III** in Ae. (→ 60°) u. 1tägiges Stehen;

Nadeln; 70%. — *5-Methylpyrogalloltriacetat* (**VII**), F. 101,5 bis 102,5° (wss. Methanol oder Bzl.), a) aus **IV** u. **I** analog **V**; 90%; b) durch Red. von 3.4.5-Trimethoxybenzoesäure mit $LiAlH_4$ in Ae. (2std. Kochen) u. Acetylierung; 37%. — *5-Methylpyrogallol* (**VIII**), F. 126—127° (sublimiert bei 100°/3 Torr), durch 3std. Kochen von 2,9 g **VII** in $CH_3COOH$/2n HCl unter $N_2$; Blättchen; 1,13 g. *Trimethyläther* (**IX**), Kp.$_1$ 95°, mit äther. $CH_2N_2$; Öl. *Methylstrychnin-Komplex, Hemihydrat*, $C_{29}H_{32}N_2O_5 \cdot ½ H_2O$, F. 232—233°, aus **VIII** u. Methylstrychnin in W.; Nadeln. — *Gallussäuretrimethyläther*, F. 163 bis 166° (Vakuumsublimation), durch 1std. Kochen von 181 mg **IX** in Aceton mit wss. $KMnO_4$, Entfärben mit $SO_2$, Verdünnen mit W., Ausäthern, Schütteln der äther. Lsg. mit n-NaOH, Ansäuern der wss. Lsg., Ausäthern u. Eindampfen der äther. Lsg.; 50 mg. — *4-Carbomethoxymethyl-2.2-diacetoxycyclohexadien-(3.5)-on-(1)* (**X**), $C_{13}H_{14}O_7$, F. 103—104° (Methanol), durch portionsweise Zugabe von Pb(IV)-Acetat unter Rühren zu 4,2 g p-Hydroxyphenylessigsäuremethylester (Kp.$_{0,7}$ 132 bis 134°, aus diazotierter p-Aminophenylessigsäure u. Veresterung; $n_D^{19}$ 1,5369) in Eisessig, 24std. Stehen bei Raum-Temp., Einengen im Vakuum, Gießen in W., Filtrieren u. Extraktion des Rückstandes u. des Filtrats mit Ae.; prismat. Kristalle; 280 mg. — *4-Carbomethoxymethyl-4-acetoxycyclohexadien-(2.5)-on-(1)*, $C_{11}H_{12}O_5$, Kp.$_3$ 152°, neben **X** durch Dest. der Mutterlaugen; hellgelbes Öl; 0,7 g. — *Homogentisinsäure*, durch Zugabe vorst. Verb. zu 0,7n NaOH unter Durchleiten von $N_2$, 1½std. Erwärmen auf 50°, Ansäuern mit 2n $H_2SO_4$, 12std. Extraktion mit Ae. u. Nachw. durch Papierchromatographie. — *3.4.5-Triacetoxyphenylessigsäuremethylester*, $C_{15}H_{16}O_8$, F. 138,8—139,7° (Bzl.), aus **X** u. **I** analog **V**; Tafeln; 88%. — *1.2.4-Triacetoxynaphthalin*, F. 137—139° (Methanol), aus 1-Keto-2.2-diacetoxy-1.2-dihydronaphthalin (F. 169°; vgl. Wessely u. Mitarbeiter; C. **1950/54, 3134** S) u. **I** analog **V**; Blättchen. — *6-Hydroxytetralin*, F. 58—59° (Bzl./Hexan 1 : 10), Kp.$_{2,5}$ 121—124°, durch Hydrieren von β-Naphthol in HCl/A. in Ggw. von $PtO_2$ unter Erwärmen; 92%. — *10-Acetoxy-2-keto-$\Delta^{1,9,3}$-hexahydronaphthalin*, F. 75 bis 76° (Ae./Pentan), aus 7,4 g vorst. Verb. analog **X**; prismat. Kristalle; 3,75 g. — *5.7-Diacetoxytetralin*, Kp.$_{0,1}$ 175 bis 185° (Bad-Temp.), aus vorst. Verb. u. **I** analog **V**. — *5-Acetoxy-7-hydroxytetralin*, $C_{12}H_{14}O_3$, F. 113—114° [sublimiert bei 110—115°/0,3 Torr (Bad-Temp.)], durch Stehen von 800 mg vorvorst. Verb. mit $BF_3$ in Ae. über Nacht, Gießen in W. u. Ausäthern; aus Bzl./Pentan Nadeln; 71%. — *5.7-Dihydroxytetralin*, F. 120—121° [Bzl., sublimiert bei 160°/0,3 Torr (Bad-Temp.)], durch 2std. Kochen von 400 mg vorvorst. Verb. oder von vorst. Verb. in HCl/Methanol, Verdünnen mit W., Ausäthern, Eindampfen der äther. Lsg., Lösen in Bzl. u. Fällen mit Pentan; 297 mg.

H. Ascherl 2700□

*0825* **Terpensynthese. 1. Mitt. Alkylierung mit Benzyloxymethylchlorid als eine Methode zur Einführung einer Hydroxymethylgruppe.** C. L. Graham und F. J. Mc Quillin. (J. chem. Soc. [London] **1963**, 4634—43; Newcastle-upon-Tyne, King's Coll.; engl.) — Vff. beschreiben die Alkylierung von 2-Methylcyclohexanon (**II**) u. 1.10-Dimethyl-$\Delta^{1,9}$-oktalon-(2) (**V**) mit Benzyloxymethylchlorid (**I**). Das relative Verhältnis von C- u. O-Alkylierung ist abhängig vom Lsgm.; in schwach polaren Lsgm. erfolgt hauptsächlich C-Alkylierung. Spaltungen der eingeführten Benzyloxymethyl- zu Hydroxymethylgruppen u. weitere Folge-Rkk. führten zu Prodd., die für Terpen-Synth. von Interesse sind. Die Alkylierung mit **I** ist weitgehend stereoselektiv. Die Konfiguration des Hauptprod. aus **I** u. **V**, *1α-Benzyloxymethyl-1β.10β-dimethyl-$\Delta^8$-oktalon-(2)* (**III**), wurde bestimmt u. seine Chemie untersucht.

Versuche: *Benzyloxymethylchlorid* (**I**), Kp.$_{11}$ 105 bis 109°, durch Sättigen eines Gemisches von $C_6H_5CH_2OH$ u. wss. HCHO mit HCl unter Rühren u. Kühlen (Eis/NaCl); $n_D^{20}$ 1,5192. — *2-Benzyloxymethyl-2-methylcyclohexanon*, $C_{15}H_{20}O_2$, Kp.$_{0,5}$ 125°, aus 15,7 g **II** u. NaH in sd. Dioxan unter $N_2$, dann Zugabe von **I** unter Eiskühlung u. Rühren u. 1std. Hydrolyse mit warmer 1n HCl; $n_D^{20}$ 1,5190; 5,5 g (Ausbeute); daneben 8,3 g **II** zurück; als Lsgm. auch Ae. (17,2 g **II** → 4,3 g u. 11,1 g **II** zurück), Bzl. (15,7 g **II** → 5,8 g u. 8,0 g **II** zurück) oder Dioxan/Ae. (20 g **II** → 11,8 g u. 10,2 g **II** zurück). *2.4-Dinitrophenylhydrazon* (DNP), $C_{21}H_{24}N_4O_5$, F. 113° ($CH_3OH$). — *2-Benzyloxymethyl-2-methylcyclohexanol*, $C_{15}H_{22}O_2$, Kp.$_{0,5}$ 120—125°, aus vorst. Verb. u. $NaBH_4$ in 80%ig. A.; $n_D^{20}$ 1,5222. — *2-Hydroxymethyl-2-methylcyclohexanol*, $C_8H_{16}O_2$, F. 89°, Prismen (PAe.), Kp.$_{0,3}$ 84°, a) aus vorst. Verb. u. $H_2$/Pd-Kohle; b) aus 5 g 1-Methyl-2-oxocyclohexancarbonsäureäthylester u. $LiAlH_4$ in Ae. (3,3 g); $n_D^{20}$ 1,4850. — *1α-Benzyloxymethyl-1β.10β-dimethyl-$\Delta^8$-oktalon-(2)* (**III**), $C_{20}H_{26}O_2$, F. 69°, Prismen, Kp.$_{0,1}$ 140—150°, aus dem Na-Enolat von **V** u. **I** in Dioxan, dann Hydrolyse mit 2,5%ig. $H_2SO_4$ (20 Min. bei 100°); $n_D^{20}$ 1,5380; 60% [Rohausbeute an Gesamtalkylierungs-Prodd.; 17 : 83 (Verhältnis O- : C-Alkylierungs-Prod.)], in 1-Methylpyrrolidon (68 : 32), in Tetrahydrofuran 45% (15 : 85), in PAe. 38% (59 : 5). *Semicarbazon*, $C_{21}H_{29}N_3O_2$, F. 168°, Prismen (A.). Daneben *1β-Benzyloxymethyl-1α.10β-dimethyl-$\Delta^8$-oktalon-(2)*, *Semicarbazon*, F. 174°. — *1α-Benzyloxymethyl-1β.10β-dimethyl-$\Delta^8$-oktalol-(2β)* (**IV**), $C_{20}H_{28}O_2$, Kp.$_{0,02}$ 130°, aus **III** u. $NaBH_4$ in A.; $n_D^{20}$ 1,5444; ausgezeichnete Ausbeute. *3.5-Dinitrobenzoat* (DNB), $C_{27}H_{30}N_2O_7$, F. 162° (Bzl./PAe.). — *1α-Benzyloxymethyl-1β.10β-dimethyl-$\Delta^8$-oktalol-(2α)*, Kp.$_{0,1}$ 140°, aus 3 g **III** u. Al-Isopropylat in sd. Isopropanol (6 Std.) neben **IV**; $n_D^{20}$ 1,5446; Trennung von **IV** über das *DNB*, F. 144°; 1,03 g. Daneben 0,86 g **IV**-*DNB*. — *1α-Hydroxymethyl-1β.10β-dimethyl-$\Delta^8$-oktalol-(2β)* (**VI**), $C_{13}H_{22}O_2$, Kp.$_{0,15}$ 135°, aus **IV** u. Na in fl. $NH_3$ in Ggw. von A.; $n_D^{20}$ 1,5315. *Bis-DNB*, $C_{27}H_{26}N_4O_{12}$, F. 195°, Prismen (Bzl./PAe.). *O.O'-Isopropyliden-Deriv.*, $C_{16}H_{26}O_2$, Kp.$_{0,05}$ 80°, $n_D^{20}$ 1,5053. — Analog: *1α-Hydroxymethyl-1β.10β-dimethyl-$\Delta^8$-oktalol-(2α)*, F. 77° (PAe.), Kp.$_{0,02}$ 135°, $n_D^{20}$ 1,5297. *O.O'-Isopropyliden-Deriv.*, Kp.$_{0,1}$ 90°, $n_D^{20}$ 1,4986. — *1α-Hydroxymethyl-1β.10β-dimethyl-9αH-dekalol-(2β)*, $C_{13}H_{24}O_2$, F. 107°, Prismen (PAe.), Kp.$_{0,05}$ 120°, aus 0,96 g **IV** u. $H_2$ an Pd-Kohle in A.; $n_D^{20}$ 1,5180; 0,6 g roh. *O.O'-Isopropyliden-Deriv.*, $C_{16}H_{28}O_2$, F. 97°, Prismen ($CH_3OH$). *Bis-DNB*, $C_{27}H_{28}N_4O_{12}$, F. 222° (Bzl./PAe.). — *1α.10β-Dimethyl-9αH-dekalon-(2)* (**VII**), $C_{12}H_{20}O$, Kp.$_{0,6}$ 85°, a) aus 1,2 g **V** u. Li in Ae./fl. $NH_3$ in Ggw. von $NH_4Cl$ u. anschließende Nachoxydation mit $CrO_3$ in $CH_3COOH$; 1 g; b) aus 0,155 g vorst. Verb. u. $CrO_3$ in wasserhaltiger $CH_3COOH$ u. anschliessendes Erhitzen; 0,05 g roh; $n_D^{20}$ 1,4900. Ident. mit dem von Gunstone u. Heggie (C. **1953**, 1183) durch katalyt. Hydrierung von **V** erhaltenen „cis"-Produkt. *Semicarbazon*, $C_{13}H_{23}N_3O$, F. 188°, Prismen (A.). *DNP*, $C_{18}H_{24}N_4O_4$, F. 187°, gelbe Prismen (A./Essigester). — Oxydation von 0,4 g **IV** mit $CrO_3$ in Pyridin (24 Std.) gab 0,17 g **III**. — *1α-Hydroxymethyl-1β.10β-dimethyldekalon-(2)*, $C_{13}H_{22}O_2$, F. 60° (Pentan), aus **III** u. $H_2$ an Pd-Kohle in A. oder Hexan. Gab beim Stehen mit 4%ig. wss.-methanol. KOH **VII**. — *2β-Acetoxy-1α-benzyloxymethyl-1β.10β-dimethyl-$\Delta^8$-oktalin*, $C_{22}H_{30}O_3$, Kp.$_{0,05}$ 148 bis 156°, aus 0,7 g **IV**; $n_D^{20}$ 1,5265; 0,7 g. — *2β-Acetoxy-1β.10β-dimethyl-1α-hydroxymethyl-$\Delta^8$-oktalin*, $C_{15}H_{24}O_3$, F. 99°, Prismen (Pentan), aus 1,2 g vorst. Verb. u. $H_2$ an Pd-Kohle in A.; 0,43 g. Gab nach 26std. Stehen in 90%ig. $CH_3COOH$ ein *Acetatgemisch*, das mit methanol. KOH unter $N_2$ zu **VI** hydrolysiert wurde. — *1α-Benzyloxymethyl-1β.10β-dimethyl-$\Delta^8$-oktalin* (**VIII**), $C_{20}H_{28}O$, Kp.$_{0,2}$ 152°, durch Zugabe von 0,76 g **III** zu einer Lsg. aus Na in Diäthylenglykol in Ggw. von $N_2H_4$ (3 Std. bei 180°, 2 Std. bei 210°); $n_D^{20}$ 1,5365; 0,45 g. — *1α-Hydroxymethyl-1β.10β-dimethyl-$\Delta^8$-oktalin* (**IX**), $C_{13}H_{22}O$, Kp.$_{0,1}$ 90°, aus **VIII** u. a) $H_2$ an Pd-Kohle in A., b) Li in fl. $NH_3$/Ae. (3,4 → 2 g); $n_D^{20}$ 1,5165. *DNB*, $C_{20}H_{24}N_4O_6$, F. 68°, Prismen ($CH_3OH$). — *1α-Formyl-1β.10β-dimethyl-$\Delta^8$-oktalin*, $C_{13}H_{20}O$, Kp.$_{0,7}$ 80°, aus 0,68 g **IX** u. $CrO_3$ in Pyridin; $n_D^{20}$ 1,5052; 0,33 g. *DNP*, $C_{19}H_{24}N_4O_4$, F. 162°, gelbe Prismen ($CH_3OH$). — *1α-Hydroxymethyl-1β.10β-dimethyldekalin*, $C_{13}H_{24}O$, Kp.$_{0,15}$ 95°, aus **VIII** u. $H_2$ an Pd-Kohle in A.; $n_D^{20}$ 1,5037. *DNB*, $C_{20}H_{26}N_2O_6$, F. 79°, Prismen ($CH_3OH$). — *1β.10β-Dimethyldekalincarbonsäure-(1α)*, $C_{13}H_{22}O_2$, F. 103° (wss. $CH_3OH$), Kp.$_2$ 140°, aus 0,47 g vorst. Verb. u. $CrO_3$ in wasserhaltiger $CH_3COOH$; $n_D^{20}$ 1,4978; 0,32 g roh. Nicht ident. mit der von Ghatak u. Mitarbeitern (C. **1958**, **11214**) beschriebenen Säure (**A**). *Methylester*, mit $CH_2N_2$. Wurde wie die Methylester von **A** u. Abietinsäure mit sd. 0,5n alkohol. KOH in ca. 6 Std. hydrolysiert; o-Methylpodocarpsäuremethylester war dagegen nach 12 Std. der gleichen Behandlung unverändert. Chromatograph. Mikrometh. für diese Best. vgl. Original. — *1.10-Dimethyl-$\Delta^{1,9}$-oktalol-(2ξ)*, $C_{12}H_{20}O$, Kp.$_{0,3}$ 85—90°, aus **V** u. $NaBH_4$ in A.; $n_D^{20}$ 1,5080. — *1.2.3.7.8.9-Hexahydro-5.9-dimethylnaphthalin*, $C_{12}H_{18}$, Kp.$_{22}$ 95°, aus vorst. Verb. u. $HClO_4$ in Dioxan (2 Std. bei 60°); $n_D^{20}$ 1,5290. — *1α-Benzyloxymethyl-1β.10β-dimethyl-$\Delta^8$-oktalin*, $C_{20}H_{28}O$, Kp.$_{0,4}$ 155—160°, aus 0,7 g **VIII** u. Perbenzoesäure in Chlf. (24 Std. bei 0°); $n_D^{20}$ 1,5290; 0,63 g. — *1α-Benzyloxymethyl-1β.10β-dimethyldekalindiol-(9α.8β)*, $C_{20}H_{30}O_3$, F. 89° (Pentan), aus vorst. Verb. u. wss.-aceton. $HClO_4$ (36 Std.). —

*8.9-Epoxy-1α-hydroxymethyl-1β.10β-dimethyldekalin*, $C_{13}H_{22}O_2$ Kp.$_{0,3}$ 95°, a) aus **IX** u. Perbenzoesäure in Chlf.; b) aus vorvorst. Verb. u. $H_2$ an Pd-Kohle in A.; $n_D^{20}$ 1,5060. — *1α-Hydroxymethyl-1β.10β-dimethyldekalindiol-(9α.8β)*, $C_{13}H_{24}O_3$, F. 128° (PAe.), a) aus vorst. Verb. u. $HClO_4$; b) aus vorvorst. Verb. u. $H_2$. J. Rothe 2700◇

*0826* **Terpensynthese.** 2. Mitt. **Eine stereoselektive, durch einen Äthoxycarbonylsubstituenten induzierte Alkylierung.** F. J. McQuillin und P. L. Simpson. (J. chem. Soc. [London] **1963, 4726—34**; engl.) — 1. vgl. vorst. Referat. — Alkylierung des Na-Enolats von 4-Methyl-3-oxo-$\Delta^4$-oktalincarbonsäure-(9β)-äthylester (I) mit $C_6H_5CH_2OCH_2Cl$ führte stereoselektiv zu *4β-Benzyloxymethyl-4α-methyl-3-oxo-$\Delta^{5,10}$-oktalincarbonsäure-(9β)-äthylester* (**III**). Diese Stereoselektivität wird zurückgeführt auf einen dirigierenden Einfl. der $COOC_2H_5$-Gruppe, die wegen ihrer dipolaren Natur einen günstigen solvolyt. Effekt auf den Übergangs-Komplex ausübt, mit dem sie bei der Alkylierung assoziiert ist. Die chem. Eigg. von **III** wurden untersucht.

Versuche: *4-Methyl-3-oxo-$\Delta^4$-oktalincarbonsäure-(9β)-äthylester* (**I**), $C_{14}H_{20}O_3$, Kp.$_{0,4}$ 120—124°, durch Zugabe von 2-Oxocyclohexancarbonsäureäthylester in A. unter Rühren zu $C_2H_5ONa$ in A., Kühlen mit Eis u. Zugabe von Diäthylaminopentanon-(3)-methojodid in A. (4 Std. bei Raum-Temp., dann 4std. Kochen); $n_D^{20}$ 1,5085: 55% (Ausbeute). *2.4-Dinitrophenylhydrazon* (DNP), $C_{20}H_{24}N_4O_6$, F. 156°, rote Nadeln (A.). — *4α-Methyl-3-oxo-10α-dekalincarbonsäure-(9β)-äthylester* (**II**), $C_{14}H_{22}O_3$, Kp.$_{0,1}$ 96°, aus **I** u. Li in Ae./fl. $NH_3$; $n_D^{20}$ 1,4890; 80%. *DNP*, $C_{20}H_{26}N_4O_6$, F. 156°, orange (A.). *Semicarbazon*, $C_{15}H_{25}N_3O_3$, F. 172°, Nadeln (A.). *Freie Säure*, $C_{12}H_{18}O_3$, F. 85° (Ae./PAe.); 62%. — *4β-Methyl-3-oxo-10α-dekalincarbonsäure-(9β)-äthylester*, $C_{14}H_{22}O_3$, Kp.$_{0,1}$ 92°, aus **I** u. $H_2$ an Pd-Kohle in A.; $n_D^{20}$ 1,4870; 85%. *Semicarbazon*, F. 191°, Platten (A.). Gab **II**-*DNP*. Wurde durch 24std. Stehen in $CH_3COOH$ in Ggw. von $HClO_4$ zu **II** isomerisiert. — *4β-Benzyloxymethyl-4α-methyl-3-oxo-$\Delta^{5,10}$-oktalincarbonsäure-(9β)-äthylester* (**III**), $C_{22}H_{28}O_4$, F. 60—61° (PAe.), Kp.$_{0,5}$ 170—180°, aus dem Na-Enolat aus 30 g **I** u. $C_6H_5CH_2OCH_2Cl$ in trockenem Dioxan unter $N_2$ (4½std. Rühren bei Raum-Temp.), dann 25 Min. Schütteln des Rohprod. mit wss.-dioxan. $H_2SO_4$ bei 60°; $n_D^{20}$ 1,5340; 8 g. *DNP*, $C_{28}H_{32}N_4O_7$, F. 102°, orangegelbe Platten (A.). *Semicarbazon*, $C_{23}H_{31}N_3O_4$, F. 142°, Platten (A.). Aus dem Rohprod. daneben *4α-Benzyloxymethyl-4β-methyl-3-oxo-$\Delta^{5.10}$-oktalincarbonsäure-(9β)-äthylestersemicarbazon*, F. 153°, Platten (Bzl./PAe.). — *4β-Benzyloxymethyl-4α-methyl-3-oxo-$\Delta^{5,10}$-oktalincarbonsäure-(9β)* (**IV**), $C_{20}H_{24}O_4$, F. 96° (Ae./Pentan), aus **III**; 90%. — *4β-Hydroxymethyl-4α-methyl-3-oxo-10α-dekalincarbonsäure-(9β)-äthylester*, $C_{15}H_{24}O_4$, Kp.$_{0,15}$ 130—133°, aus **III** u. $H_2$ an Pd-Kohle in A. (2 Tage); $n_D^{20}$ 1,5062; 85%. Daneben 3% *4β-Hydroxymethyl-4α-methyl-3-oxo-10α-dekalincarbonsäure-(9β)-lacton*, $C_{13}H_{18}O_3$, F. 136°, Nadeln (Bzl./PAe.). — *4α-Methyl-3-oxo-10α-dekalincarbonsäure-(9β)-äthylester* (**II**), Kp.$_{0,1}$ 95° aus vorst. Ester u. $CH_3COOH$ in Ggw. von 60%ig. $HClO_4$ (Stehen über Nacht); $n_D^{20}$ 1,4900; 90%. *Semicarbazon*, F. 172°. — *4-Methyl-3-oxo-$\Delta^4$-oktalincarbonsäure-(9)-äthylester*, durch Entbenzylierung von **III** mit $H_2$ u. nachfolgendes Stehen des rohen *4β-Hydroxymethyl-4α-methyl-3-oxo-$\Delta^{5,10}$-oktalincarbonsäure-(9β)-äthylesters* mit alkohol. 2%ig. HCl oder alkohol. 5%ig. NaOH. — *4β-Benzyloxymethyl-3β-hydroxy-4α-methyl-$\Delta^{5,10}$-oktalincarbonsäure-(9β)-lacton*, $C_{20}H_{24}O_3$, Kp.$_{0,1}$ 170°, aus **III** u. $NaBH_4$ in wss. A.; $n_D^{20}$ 1,5330; 65%. — *1β-Benzyloxymethyl-10-hydroxymethyl-1α-methyl-$\Delta^8$-oktalol-(2β)* (**V**), $C_{20}H_{28}O_3$, F. 106°, Platten (Ae./PAe.), aus **III** u. $LiAlH_4$ in sd. Ae. (5 Std.); 68%. *Diacetat*, $C_{24}H_{32}O_5$, Kp.$_{0,1}$ 160°, $n_D^{20}$ 1,5230; *Bis[3.5 dinitrobenzoat]*, $C_{34}H_{32}N_4O_{13}$, F. 170°, Nadeln ($CH_3OH$), — *4β-Hydroxymethyl-4α-methyl-3-oxo-10β-dekalincarbonsäure-(9β)-lacton* (**VI**), $C_{13}H_{18}O_3$, F. 128°, Nadeln (PAe.), aus 4β-Hydroxymethyl-4α-methyl-3-oxo-$\Delta^{5.10}$-oktalincarbonsäure (9β) u. $H_2$ an Pd-Kohle in A. (4 Tage); 82%. *DNP*, $C_{19}H_{22}N_4O_6$, F. 220°, gelbe Platten (A./Essigester). *Semicarbazon*, $C_{14}H_{21}N_3O_3$, F. 230—231°, Platten (A./Chlf.). — *4α-Methyl-3-oxo-10β-dekalincarbonsäure-(9β)*, $C_{12}H_{18}O_3$, F. 155° (Essigester), aus **V** u. wss.-methanol. NaOH (5std. Erhitzen); 70%. — *4β-Hydroxymethyl-4α-methyl-3-oxo-$\Delta^{5,10}$-oktalincarbonsäure-(9β)-lacton*, $C_{13}H_{16}O_3$, F. 71°, Nadeln (Ae./PAe.), aus **IV** u. $H_2$ an Pd-Kohle in A.; 85%. *DNP*, $C_{19}H_{20}N_4O_6$, F. 222°, orangegelbe Platten (Essigester/Chlf.). *Semicarbazon*, $C_{14}H_{19}N_3O_3$, F. 248°, Platten (A./Chlf.). — *3α-Hydroxy-4β-hydroxymethyl-4α-methyl-10β-dekalincarbonsäure-(9β)-lacton-(9→4)*, $C_{13}H_{20}O_3$, F. 127°, Nadeln (Essigester/PAe.), aus vorst. Verb. u. $H_2$ an Pd-Kohle in A. (6 Tage; 61%) oder aus **VI** u. $NaBH_4$ in wss. A. (65%). Gab mit $CrO_3$ in wss. $CH_3COOH$ (24 Std.) 85% **VI**. — *1β.10β-Bis-[hydroxymethyl]-1α-methyl-9β-dekalol-(2α)*, $C_{13}H_{24}O_3$, F. 144°, Platten (Essigester), aus vorst. Verb. u. $LiAlH_4$ in Ae.; 65%. — *1β.10β-Bis-[hydroxymethyl]-1α-methyl-$\Delta^8$-oktalol-(2β)*, $C_{13}H_{22}O_3$, F. 169°, Nadeln (Chlf./PAe.), aus **V** u. Li in fl. $NH_3$/Ae.; 87%. — *1β.10β-Bis-[hydroxymethyl]-1α-methyl-9β-dekalol-(2β)*, $C_{13}H_{24}O_3$, F. 138°, Nadeln (Essigester), aus **V** u. $H_2$ an Pd-Kohle in A. (24 Std.; 78%) oder aus vorst. Verb. u. $H_2$. — *4β-Benzyloxymethyl-4α-methyl-$\Delta^{5.10}$-oktalincarbonsäure-(9β)* (**VII**), $C_{20}H_{26}O_3$, F. 108° Platten (PAe./Ae.), aus **IV** nach Huang-Minlon; 78%. *Methylester* (**VIII**), $C_{21}H_{28}O_3$, F. 82—83°, Nadeln (Ae./PAe.). — *1β-Benzyloxymethyl-10-hydroxymethyl-1α-methyl-$\Delta^8$-oktalin*, $C_{20}H_{28}O_2$, Kp.$_{0,3}$ 160°, aus **VIII** u. $LiAlH_4$ in Ae.; $n_D^{20}$ 1,5442; 95%. — *4β-Hydroxymethyl-4α-methyl-10β-dekalincarbonsäure-(9β)-lacton*. $C_{13}H_{20}O_2$, Kp.$_{0,3}$ 110°, aus **VII** (88%) oder aus **VIII** (90%) u. $H_2$ an Pd-Kohle in A.; $n_D^{20}$ 1,5155. — *1β.10β-Bis-[hydroxymethyl]-1α-methyl-$\Delta^8$-oktalin*, $C_{13}H_{22}O_2$, F. 76°, Platten (Chlf./PAe.), aus vorvorst. Verb. u. Li in fl. $NH_3$/Ae.; 66%. *Bis-[3.5-dinitrobenzoat]*, $C_{27}H_{26}N_4O_{12}$, F. 168°, Nadeln (A.) J. Rothe 2700◇

*0827* **Synthese von β-Sorigenindimethyläther.** Z. Horii und T. Tanaka. (Chem. and Ind. **1959,** 1576, 12/12.; Hotarugaike, Toyonaka, Osaka, Univ. of Osaka, Pharmac. Fac.; engl.) — Durch Synth. von *β-Sorigenindimethyläther* wird die von Haber u. Mitarbeitern (C. **1959,** 9234) für β-Sorigenin vorgeschlagene Konstit. bestätigt. Durch Kondens. von 7-Methoxyindanon-(1) mit Kohlensäurediäthylester in Ggw. von NaH wird *2-Äthoxycarbonyl-7-methoxyindanon-(1)* (Kp.$_{0,2}$ 165°) dargestellt, das durch Rk. mit Bromessigsäureäthylester *1-Oxo-2-äthoxycarbonyl-7-methoxyindan-2-essigsäureäthylester* (**I**, Kp.$_{0,1}$ 185°) liefert. **I** gibt durch Kochen mit wss./alkohol. KOH *α-[2-Carboxy-3 methoxybenzyl]-bernsteinsäure* (F. 167,5°), die mit Diazomethan zum *Trimethylester* (Kp.$_{0,15}$ 168°) verestert u. durch Dieckmann-Rk. mit Na in sd. Toluol in *1-Oxo-8-methoxy-1.2.3.4-tetrahydronaphthalin-2.3-dicarbonsäuredimethylester* (F. 121,5°) übergeführt wird. Letzterer gibt durch Bromierung u. anschließende Dehydrobromierung mit Kollidin *1-Hydroxy-8-methoxynaphthalin-2.3-dicarbonsäuredimethylester* (F. 145,5°), der durch Rk. mit Methyljodid/$K_2CO_3$ in Aceton in *1.8-Dimethoxynaphthalin-2.3-dicarbonsäuredimethylester* (F. 112°) u. anschließende Hydrolyse mit wss./alkohol. KOH in *1.8-Dimethoxynaphthalin-2.3-dicarbonsäure* (**II**, F. 251°) übergeführt wird. **II** wird durch Acetanhydrid zu *1.8-Dimethoxynaphthalin-2.3-dicarbonsäureanhydrid* (**III**, F. 251—251,5°) dehydratisiert. **III** liefert durch Erhitzen mit Zn in Dioxan/Essigsäure/konz. HCl auf 100°, Aufnehmen in Bzl. u. Chromatographie an $Al_2O_3$ *1.8-Dimethoxy-3-hydroxymethylnaphthalin-2-carbonsäurelacton* (*β-Sorigenindimethyläther*, F. 176,5°, gelbliche Prismen). K. Lange 2700△

*0828* **Untersuchungen auf dem Gebiet der Diazoverbindungen.** 12. Mitt. **Über die Umwandlungen von Anthrachinondiazoniumacetaten.** W. W. Koslow und B. I. Below. (J. allg. Chem. [UdSSR] **29 (91), 3450—55,** 1959; Moskau, Plechanow-Inst. für Volkswirtschaft; russ.) — *Anthrachinon-α-* u. *-β-diazoniumacetat*, *-1.5-* u. *-1.4-bis-diazoniumacetat* u. *4-Nitroanthrachinon-1-diazoniumacetat* werden durch Diazotierung der entsprechenden Aminoanthrachinone mit $NaNO_2$ in Eisessig dargestellt, u. ihre Umwandlung in Acetoxyanthrachinone wird in Abhängigkeit von Temp., Rk.-Dauer u. Art des Lsgm. untersucht. Als Nebenprodd., werden dabei *Hydroxyanthrachinone* u. *Anthrachinon* in unterschiedlichen Mengen erhalten. I. Schade 2800△

*0829* **Welkstoffe und Antibiotica.** 28. Mitt. **Synthese von 2.4-Dimethoxy-6-hydroxyphenanthren und Konstitution des Orchinols.** E. Hardegger, H. R. Biland und H. Corrodi. (Helv. chim. Acta **46, 1354—60, 1963**; Zürich, ETH, Organ. Chem. Labor.; dt.) — 27. vgl. Helv. chim. Acta **46,** [1963], 1171. — *2.4-Dimethoxy-6-hydroxyphenanthren* sowie dessen *Methyläther* werden dargestellt. Diese beiden Verbb. sind nicht ident. mit Dehydroorchinol bzw. seinem Methyläther. Dem Orchinol kommt deshalb die Struktur von *2.4-Dimethoxy-7-hydroxy-9.10-dihydrophenanthren* zu.

Versuche (FF. korr.): *3.5-Dimethoxyphenylessigsäure* F. 100—101°, durch 16std. Kochen von 3.5-Dimethoxybenzylcyanid mit 20%ig. wss. KOH; 90% (Ausbeute). — *α-[3.5-Dimethoxyphenyl]-2.4-dinitrozimtsäure* (I), $C_{17}H_{14}N_2O_8$, F. 205 bis 206° (Bzl.), durch Zugabe von Triäthylamin zu vorst. Verb. u. 2.4-Dinitrobenzaldehyd in Acetanhydrid (Temp. bei 40—50°) u. 16std. Stehen; 65%. *Methylester*, $C_{18}H_{16}N_2O_8$, F. 95—96°, durch Stehen von 3,75 g I in Ae. mit $CH_2N_2$, Chromatographie an $Al_2O_3$ u. Eluieren mit Bzl.; aus Bzl. gelbe Nadeln; 3,9 g. *Isomeres*, F. 118°, durch Animpfen der niedrig schmelzenden Form in Ae.; Rhomboeder; 100%. — *α-[3.5-Dimethoxyphenyl]-β-[2.4-diaminophenyl]-propionsäurelactam*, $C_{17}H_{18}N_2O_3$, F. 185°, durch 22std. Hydrieren von 3,88 g I-Methylester an Pd/Kohle in Methanol; aus Chlf./Methanol Nadeln; 3,3 g. *Acetyl-Deriv. Hemimethylat*, $C_{19}H_{20}N_2O_4 \cdot ½$ $CH_3OH$, F. 256—258°. — *α-[3.5-Dimethoxyphenyl]-2-amino-4-nitrozimtsäurehemihydrat*, $C_{17}H_{16}N_2O_6 \cdot ½$ $H_2O$, F. 205°, durch Zugabe von einer bei 0° mit HCl gesätt. $ZnCl_2$-Lsg. in W./Eisessig zu I in Eisessig bei 20°, 24std. Rühren bei 40—45°, Isolieren als *Hydrochlorid* (F. 70°, hellgelbe Nadeln), Versetzen des Hydrochlorids mit Methanol/W. (1:1) u. Kochen, bis eine klare Lsg. entsteht; aus Chlf./Methanol orangefarbene Nadeln; 29%. *Methylester*, $C_{18}H_{18}N_2O_6$, F. 172°, analog I-Methylester u. Eluieren mit Äther. — 2.4-Dimethoxyphenanthrene: *6-Nitro-10-methoxycarbonyl-* (II), $C_{18}H_{15}NO_6$, F. 198° (Bzl.), durch Diazotieren vorst. Säure in konz. HCl bei — 10°, Verkochen u. Chromatographie an $Al_2O_3$; 47%. — *6-Nitro-10-carboxy-*, $C_{17}H_{13}NO_6$, F. 280—281° (Zers.; $CH_2Cl_2$/Methanol), durch 2std. Kochen von II in methanol. KOH. — *6-Amino-10-methoxycarbonyl-*, $C_{18}H_{17}NO_4$, F. 147—148°, durch 3std. Hydrieren vorvorst. Verb. an Pd/Kohle in Tetrahydrofuran; aus Methanol feine gelbliche Nadeln. — *6-Hydroxy-*, $C_{16}H_{14}O_3$, F. 135° (Bzl./Hexan), aus 622 mg vorst. Verb. analog II u. ½std. Erhitzen auf 100°, Abfiltrieren, 3std. Kochen des Nd. mit methanol. KOH, Abdampfen von Methanol, Zugabe von W., mit konz. HCl, 2½std. Kochen mit $CuCrO_3$ in Chinolin, Chromatographie an $Al_2O_3$ u. Eluieren mit Bzl./PAe.; 8 mg. — *2.4.6-Trimethoxyphenanthren*, $C_{17}H_{16}O_3$, F. 109—110° (Hexan), aus 311 mg vorst. Verb. analog II, Versetzen mit überschüssiger äther. $CH_2N_2$-Lsg. u. Chromatographie an $Al_2O_3$; 17 mg. — *α-[p-Hydroxyphenyl]-2-brom-3.5-dimethoxy-6-nitrozimtsäure* (III), $C_{17}H_{14}BrNO_7$, F. 263—266° (Zers. ab 230°; Dioxan), durch 6std. Stehen von 2-Brom-3.5-dimethoxy-6-nitrobenzaldehyd u. p-Hydroxyphenylessigsäure mit Triäthylamin in Acetanhydrid unter öfterem Umschütteln bei 95—100°; 47,5%. *Methylester*, $C_{18}H_{16}BrNO_7$, F. 210—211° (Methanol), aus III u. $CH_2N_2$. *Methyläther*, $C_{18}H_{16}BrNO_7$, F. 224° (A./$CCl_4$), durch 1std. Zugabe von Dimethylsulfat u. 4n KOH zu III in W. unter Rühren; 80%. *Benzyläther*, $C_{24}H_{20}BrNO_7$, F. 235—237° (Chlf./Methanol), durch 21std. Kochen von III mit Benzylchlorid in Ggw. von $K_2CO_3$ in A.; 43%. *Benzyläthermethylester*, $C_{25}H_{22}BrNO_7$, F. 187° (Ae./PAe.) E. Mirsch 2850△

*0830* **Neue Umlagerungen von α,β-ungesättigten Ketonen.** S. Isobe und M. Nakazaki. (Chem. and Ind. **1959**, 1574—75, 12/12.; Kitaku, Osaka, Osaka City Univ., Inst. of Polytechnics, Dep. of Chem.; engl.) — Durch 5 Min. langes Erhitzen von 2-Keto-12-methyl-2.3.4.9.10.12-hexahydrophenanthren [F. 89—91°. Semicarbazon, F. 223° (Zers.)] mit Polyphosphorsäure auf 150—165° entsteht *3-Keto-11-methyl-1.2.3.9.10.11-hexahydrophenanthren* [F. 62—63°. *Semicarbazon*, F. 248° (Zers.)]. Analog entsteht aus 6-Phenylspiro[4.5]-decen-(6)-on-(8) [Kp.$_2$ 151—152°. Semicarbazon, F. 228—229° (Zers.)]. *10-Phenyl-2-keto-$\Delta^{1.9}$-oktahydronaphthalin* [Kp.$_2$ 148—153°. *Semicarbazon*, F. 229—230° (Zers.)]. 3.4-Dimethyl-4-phenylcyclohexen-(2)-on-(1) (Kp.$_1$ 112—116°. 2.4-Dinitrophenylhydrazon, F. 245°) konnte nicht zu 4.4-Dimethyl-3-phenylcyclohexen-(2)-on-(1) (Kp.$_1$ 122—125°. 2.4-Dinitrophenylhydrazon, F. 198—199°) isomerisiert werden, während die Darst. von 2.3-Dimethyl-3-phenylindolenin aus 3-Phenylbutanon-(2)-phenylhydrazon nach Fischer-Brunner wegen der leichten Umlagerung zu *3.3-Dimethyl-2-phenylindolenin* nicht gelang. Der Umlagerungsmechanismus wird diskutiert. — UV-Maxima s. Original. K. Lange 2850△

*0831* **Untersuchungen auf dem Gebiet der Hydroxyderivate des Phenanthrens.** 2. Mitt. **Einige Umwandlungsprodukte der Bisulfitverbindung von Phenanthro-[1'.2':3.4]-furoxan.** Ss. W. Bogdanow und L. Ss. Schibrjajewa. (J. allg. Chem. [UdSSR] **31** (**93**), 522—28, 1961; Woroschilow-Forschungsinst. für organ. Zwischenprodd. u. Farbstoffe; russ.) — 1. vgl. C. **1964**, 5-0808. — Bei der Einw. von Soda-Lsg. auf 3'.4'-Dihydro-4'-sulfophenanthro-[1'.2':3.4]-furoxan (I) in der Kälte entstehen *1-Amino-2-nitro-* (II), *1-Hydroxy-2-nitrophenanthren-4-sulfonsäure* (III) u. *1-Amino-2-nitrophenanthren* (IV), daneben *Phenanthro-[1'.2':3.4]-furazan*. Beim Kochen von I mit Soda-Lsg. entsteht III. II geht bei der Einw. von HCl in IV über. IV liefert beim Erhitzen mit NaOH u. III beim Erhitzen mit HCl *1-Hydroxy-2-nitrophenanthren* (V). Bei der Nitrierung von III u. V wird *1-Hydroxy-2.4(?)-dinitrophenanthren* erhalten. Durch Red. von V, II u. III werden entsprechend *1-Hydroxy-2-aminophenanthren, 1.2-Diamino-* (VI) bzw. *1-Hydroxy-2-aminophenanthren-4-sulfonsäure* dargestellt. Die Red. von Phenanthren-1.2-chinondioxim (VII) oder IV bzw. die Einw. von HCl auf VI liefert *1.2-Diaminophenanthren* (VIII). Durch Rk. von VIII u. VI mit $SeO_2$ werden *Phenanthro-[1'.2':3.4]-1.2.5-selenodiazol* u. dessen *4'-Sulfonsäure* erhalten. Die Kondens. von VIII mit Phenanthren-9.10-chinon (IX) liefert *Naphtho-[1'.2':5.6]-1.2;3.4-dibenzophenazin*.

Versuche: *3'.4'-Dihydro-4'-sulfophenanthro-[1'.2':3.4]-furoxan* (I), *Na-Salz, Trihydrat*, $C_{14}H_9N_2NaO_5S \cdot 3$ $H_2O$, durch 50 Min. langes Erhitzen von 5,4 g 3.4-Dihydro-4-sulfophenanthren-1.2-chinondioxim in 135 ml W. u. 60 ml 57,4%ig. $HNO_3$ auf 90—95°; aus A. gelbe Nadeln; 72,7% (Ausbeute). Daneben *Phenanthro-[1'.2':3.4]-furoxan* (X), F. 221—222° (Essigsäure); Nadeln; 0,47 g. — *1-Amino-2-nitrophenanthren-4-sulfonsäure* (II), *Na-Salz, Hydrat*, $C_{14}H_9N_2NaO_5S \cdot H_2O$, durch Zugabe von 10 ml 9%ig. Soda-Lsg. zu 11,8 g I-Na-Salz in 80 ml W. u. 4 Min. langes Kochen; aus W. orangerote Prismen; 26,1%. Daneben III-*Na-Salz* (19,3%), IV (17,4%), *Phenanthro-[1'.2':3.4]-furazan* (F. 171—172°) u. X. — *1-Hydroxy-2-nitrophenanthren-4-sulfonsäure* (III), *Na-Salz, Dihydrat*, $C_{14}H_8NNaO_6S \cdot 2$ $H_2O$, durch 1std. Kochen von 3,94 g I in 200 ml W. u. 20 ml 10%ig. Soda-Lsg., Zugabe von 30 ml 27,7%ig. NaOH u. Kochen bis zur Beendigung der $NH_3$-Entw.; aus W. gelbe Plättchen; 81%. *Di-Na-Salz*; rote Nadeln. *Cu-Salz, Hexahydrat*, $C_{28}H_{16}CuN_2O_{12}S_2 \cdot 6$ $H_2O$; aus W. gelbe Nadeln. — *1-Amino-2-nitrophenanthren* (IV), $C_{14}H_{10} \cdot N_2O_2$, F. 229—229,5° (Essigsäure), durch 6std. Erhitzen von II-Na-Salz auf 130—140°; orange Nadeln; 100%. — *1-Hydroxy-2-nitrophenanthren* (V), $C_{14}H_9NO_3$, F. 159,5—160° (A.), durch 16std. Kochen von 0,22 g II-Na-Salz in 125 ml 7%ig. NaOH oder durch ½std. Kochen von 0,37 g III-Na-Salz in 15 ml 0,5n HCl; gelbe Nadeln; 0,10 bzw. 0,22 g. — *1-Hydroxy-2.4(?)-dinitrophenanthren*, $C_{14}H_8N_2O_5$, F. 177—177,2° (Zers.), durch 5 Min. langes Erhitzen von 0,37 g III-Na-Salz in 15 ml 0,5n $HNO_3$ auf 80° oder durch 7std. Kochen von 0,07 g V in 15 ml 7,4%ig. $HNO_3$; gelbe Nadeln; 71,8 bzw. 98,6%. — *1-Hydroxy-2-aminophenanthren-4-sulfonsäure, Semihydrat*, $C_{14}H_{11}NO_4S \cdot 0,5$ $H_2O$, durch Eintragen von 2 g Al bei 20° in 1,88 g III-Na-Salz, 30 ml W. u. 3 ml 30%ig. NaOH; Nadeln; 1,14 g. — *Phenanthren-1.2-chinon-4-sulfonsäure*, durch Oxydation vorst. Verbindung. *p-Toluidinsalz*, F. 246—247° (Zers.). — *1-Hydroxy-2-aminophenanthren, Hydrochlorid*, $C_{14}H_{11}NO \cdot HCl$, F. 317—318° (A.), durch 1std. Kochen von 0,72 g V mit 15 ml 38,4%ig. $SnCl_2$-Lsg. in 100 ml A./HCl; Plättchen; 0,67 g. *Diacetyl-Deriv.*, $C_{18}H_{15}NO_3$, F. 181—181,5° (A.), durch 2std. Kochen von 0,21 g vorst. Hydrochlorids in 10 ml Acetanhydrid; Plättchen; 0,23 g. — *1.2-Diaminophenanthren-4-sulfonsäure* (VI), $C_{14}H_{12}N_2O_3S$, durch Zugabe von 3 g Al bei 20° zu 3,58 g II-Na-Salz in 60 ml W. u. 2 ml 30%ig. NaOH; hellbraune Prismen; 2,18 g. — *Phenanthro-[1'.2':3.4]-1.2.5-selenodiazol-4-sulfonsäure*, durch 14std. Rühren von 0,57 g VI mit 0,6 g $SeO_2$ in 22 ml W.; 0,7%. *Na-Salz, Trihydrat*, $C_{14}H_7N_2 \cdot NaO_3SSe \cdot 3$ $H_2O$; aus W. gelbe Plättchen. — *1.2-Diaminophenanthren* (VIII), $C_{14}H_{12}N_2$, F. 177—178° (Zers.; A.), a) durch 1std. Kochen von 2,38 g VII oder 1,27 g IV mit 15 ml 38,5%ig. $SnCl_2$-Lsg. in 100 ml HCl/A.; 2,31 bzw. 1,23 g; b) durch 3std. Kochen von 0,22 g VI mit 40 ml 5%ig. HCl; 0,20 g. *Hydrochlorid*, $C_{14}H_{12}N_2 \cdot HCl$, F. 282—283° (Zers.; A.); Nadeln. *Dihydrochlorid*, $C_{14}H_{12}N_2 \cdot 2$ HCl; Plättchen. *Diacetyl-Deriv.*, $C_{18}H_{16}N_2O_2$, F. 245,7—246,2° (70%ig. Essigsäure), durch 3½std. Kochen von 0,56 g VIII-Dihydrochlorid mit 0,35 g Na-Acetat in 10 ml Acetanhydrid; Nadeln; 0,52 g. *Dibenzoyl-Deriv.*, $C_{28}H_{20}N_2O_2$, F. 268—269° (Essigsäure), durch Zugabe von 0,7 g Benzoylchlorid u. 0,65 g Na-Acetat zu 0,14 g VIII-Dihydrochlorid in 25 ml W. u. 24std. Stehen; Nadeln; 0,18 g. — *Phenanthro-[1'.2':3.4]-1.2.5-selenodiazol*, $C_{14}H_8N_2Se$, F. 189,9—190° (Essigsäure), durch Zugabe von 5 g $SeO_2$ zu 0,42 g VIII-Dihydrochlorid in 100 ml W.; gelbe Prismen; 0,32 g. — *Naphtho-[1'.2':5.6]-1.2;3.4-dibenzophenazin*, $C_{28}H_{16}N_2$, F. 299,5—300° (Polychlorbenzole), durch 1std. Kochen von

0,24 g **VIII**-Dihydrochlorid mit 0,3 g **IX** in 150 ml A.; gelbe Nadeln; 0,23 g. Helmut Schäfer 2850△

*0832* **Oligo- und Polyspirane mit Cyclobutanringen ausgehend vom Pentaerythrittetratosylat.** Emil Buchta und Wolfgang Merk. (Naturwissenschaften **50**, 441, 1963; Erlangen-Nürnberg, Univ., Inst. für org. Chem.; dt.) — Pentaerythrittetratosylat reagiert mit Na-Malonsäurediäthylester in 72%ig. Ausbeute zu *Spiro-[3.3]-heptan-2.2.6.6-tetracarbonsäuretetraäthylester*, der mit $LiAlH_4$ in Tetrahydrofuran in 77% zu dem entsprechenden *Tetrol* (**II**) red. wird. Die Veresterung von **II** mit p-Toluolsulfochlorid in abs. Pyridin führt in 93%ig. Ausbeute zum entsprechenden *Tetratosylat* (**III**). Analog lassen sich in ähnlich guten Ausbeuten aus **III** *Trispiro-[3.1.1.3.1.1]-tridecan-2.2.10.10-tetracarbonsäuretetraäthylester*, dessen *Tetrol* u. dessen *Tetratosylat* (**IV**), aus **IV** *Pentaspiro-[3.1.1.1.1.3.1.1.-1.1]-nonadecan-2.2.14.14-tetracarbonsäuretetraäthylester*, dessen *Tetrol* u. dessen *Tetratosylat* (**V**) u. aus **V** *Heptaspiro-[3.1.1.1.1.-1.1.3.1.1.1.1.1.1]-pentakosan-2.2-18.18-tetracarbonsäuretetra-äthylester* u. dessen *Tetrol* herstellen. J. Gloede 2950△

*0833* **Synthese polycyclischer aromatischer Verbindungen. 4. Mitt. Einfache Synthese von Chrysen und drei Methylchrysenen.** W. Davies und J. R. Wilmshurst. (J. chem. Soc. [London] **1961**, 4079—82; Melbourne, Australia, Univ.; engl.) — 3. vgl. J. chem. Soc. [London] **1960**, 1488; s. C. **1960**, 119. — 4-Methyldehydrobenzol (**I**) u. 1-Vinylnaphthalin (**II**) reagieren zu einem trennbaren Gemisch von *2-* u. *3-Methylchrysen*. Dehydrobenzol selbst setzt sich mit **II** u. *1-Methyl-5-vinylnaphthalin* (**III**) zu *Chrysen* bzw. *1-Methylchrysen* um. Die Ausbeuten dieser Rkk. sind sehr niedrig. **I** wird aus 4-Brom-3-fluortoluol erhalten. Beim Erhitzen von Cholesterin auf 330° bilden sich *1-* u. *2-Methylchrysen*, während das erstere auch durch Red. von *7-Methylchrysenchinon-(1.4)*, das aus **III** u. Benzochinon-(1.4) gewonnen wird, mit $LiAlH_4$ synthetisiert werden kann. Allerdings liegt hierbei die Ausbeute im Verhältnis zu der Red. des unsubstituierten Chrysenchinons überraschend niedrig.

Versuche: 5-Bromnaphthaline: *1-Hydroxymethyl-*, F. 123—124°, durch Red. von 5-Bromnaphthoesäure-(1) mit $LiAlH_4$ in Ae.; 90,5% (Ausbeute). — *1-Chlormethyl-*, $C_{11}H_8BrCl$, F. 82—82,5°, durch 4std. Stehen vorst. Verb. mit $SOCl_2$ bei Raum-Temp.; Nadeln aus Methanol; 89%. — *1-Jodmethyl-*, $C_{11}H_8BrJ$, durch 4std. Kochen, vorst. Verb. mit NaJ in abs. Aceton; aus A.; blaßgelbe Nadeln; 92%. — *1-Methyl-*, F. 62—63°, durch Red. vorst. Verb. mit $LiAlH_4$ in Ae.; Nadeln aus Methanol; 79,8%. *Pikrat*, F. 109—110°. — *1-Methyl-5-[2-hydroxyäthyl]-naphthalin*, F. 37—39°, Kp.₁ 156°, aus vorst. Verb. über die Grignard-Verb. u. 1std. Kochen mit Äthylenoxid; 75%. — *1-Methyl-5-vinylnaphthalin* (**III**), $C_{13}H_{12}$, Kp. 154—157°, durch Dest. vorst. Verb. mit geschmolzenem KOH bei 240°/20 Torr; 73%. — *7-Methylchrysenchinon-(1.4)*, $C_{19}H_{12}O_2$, F. 260—260,2°, durch 6std. Erhitzen von **III** u. Benzochinon-(1.4) in Essigsäure auf dem Wasserbad; orangerote Nadeln aus Eisessig; 63%. — *1.4-Diacetoxy-7-methylchrysen*, $C_{23}H_{18}O_4$, F. 233,5—234°, durch 1std. Erhitzen vorst. Verb. mit Na-Acetat u. Zn-Staub in Eisessig; Nadeln aus A.; 88%. — *1-Methylchrysen*, F. 253—254°, a) durch Red. vorvorst. Verb. mit $LiAlH_4$; 1,5%; b) analog aus 0,2 g vorvorst. Verb. mit Zn-Staub; 2 mg; c) durch Rk. von **III** mit o-Bromfluorbenzol u. Mg in Tetrahydrofuran, 10 Min. langes Erhitzen auf dem Wasserbad u. Chromatographie in Isohexan an $Al_2O_3$ neben *Triphenylen* (F. 196—197°); 5,6%. *2.4.7-Trinitrofluorenon-Deriv.*, $C_{19}H_{14}\cdot C_{13}H_5N_3O_7$, F. 242 bis 242,5°, orangefarbene Nadeln aus Toluol. — *Chrysen*, F. 253 bis 254°, a) aus Chrysenchinon-(1.4) (**IV**) analog vorst. Verb. nach a); 34%; b) aus 0,2 g **IV** mit Zn-Staub; 20 mg; c) aus **II** analog vorst. Verb. nach c), neben *Triphenylen*. *2.4.7-Trinitrofluorenon-Deriv.*, F. 248—249°. — *4-Brom-3-fluortoluol*, $C_7H_6BrF$, Kp.₇₆₀ 184—186°, aus 3-Amino-4-bromtoluol durch Diazotierung, Umsetzung mit $NaBF_4$ u. therm. Zers.; 60%. — *2-Methylchrysen*, F. 228—229°, aus 4 g **II** u. 2 g vorst. Verb. analog nach c); 24 mg; daneben 14 mg *3-Methylchrysen*, F. 173 bis 174°. R. Becker 2950△

*0834* **Synthese und Umwandlungen von Dihydroanthrylennaphthohydrochinon (zur Stereochemie der Katalyse).** A. A. Balandin, Je. I. Klabunowski und L. W. Antik. (Nachr. Akad. Wiss. UdSSR, Abt. chem. Wiss. **1961**, 2189 bis 2192; Zelinsky-Inst. für organ. Chem. der Akad. der Wiss. der UdSSR; russ.) — Naphtho-[2'.3':2.3]-dibenzo-[5''.6'':5.6]-[5'''.6''':7.8]-bicyclo-[2.2.2]-octatrien-(2.5.7)-dion-(1'.4') (**I**) wird an Ni bereits unter milden Bedingungen zum sehr oxydationsempfindlichen *1'.4'-Diol* (**II**; *Dihydroanthrylennaphthohydrochinon*) hydriert. Die Rk. von Anthracen (**III**) mit 1.4-Naphthochinon (**IV**) in Äthylbenzol (24 Std. bei 150°) liefert auch unter strengem $O_2$-Ausschluß nicht **II**, sondern **I**, das vermutlich durch oxydative Einw. von **IV** auf zunächst gebildetes **II** entsteht. In Übereinstimmung damit lassen sich bei der Umsetzung von **III** mit **IV** in Essigsäureanhydrid unter $N_2$ neben **I** auch **II**-*Diacetat* u. *1.4-Naphthohydrochinondiacetat* isolieren.

Versuche: *Naphtho-[2'.3':2.3]-dibenzo-[5''.6'':5.6]-[5'''.6''':7.8]-bicyclo-[2.2.2]-octatrien-(2.5.7)-diol-(1'.4')* (**II**), durch Hydrieren von **I** in A.-Toluol an Raney-Ni bei 45°; 95% (Ausbeute). *Chinhydron*, *Semihydrat*, $C_{24}H_{16}O_2\cdot C_{24}H_{14}O_2\cdot 0{,}5H_2O$, F. 267—268° (in unter $N_2$ zugeschmolzener Capillare), durch teilweises Eindampfen der erhaltenen **II**-Lsg. im Luftstrom; aus Toluol (unter $N_2$) schwarze Nadeln; wandelt sich beim F. an der Luft in **I** um. *Diacetat*, $C_{28}H_{20}O_4$, F. 284—286°, aus Eisessig viereckige Blättchen. *Bis-phenylurethan*, $C_{38}H_{26}N_2O_4$, F. 226—228°, aus Toluol Nadeln. — *Naphtho-[2'.3':2.3]-dibenzo-[5''.6'':5.6]-[5'''.6''':7.8]-bicyclo-[2.2.2]-octatrien-(2.5.7)-dion-(1'.4')* (**I**), $C_{24}H_{14}O_2$. *Hydrat*, $C_{24}H_{14}O_2\cdot H_2O$, F. 278 bis 280°, durch 15std. Kochen von **III** mit **IV** in Essigsäureanhydrid unter $N_2$; gelbe Prismen; daneben *1.4-Naphthohydrochinondiacetat*, F. 126—128°, u. **II**-*Diacetat*. H.-E. Toussaint 2950

*0835* **Zur Kenntnis der Azulene.** 11. Mitt. **Nucleophile Substitution halogenierter Azulene.** Klaus Hafner, Heinz Patzelt und Hans Kaiser. (Liebigs Ann. Chem. **656**, 24—33, 1962; Marburg/Lahn, Univ., Chem. Inst.; dt.) — 10. vgl. C. **1962**, 13747. — Durch Einw. von N-Chlor- (**I**) oder N-Bromsuccinimid (**II**) auf verschiedene Azulene (**A**) in polaren Lsgm. entstehen nur die entsprechenden *1-* oder *3-Chlor-* bzw. *Bromazulene* (**B**). In sd. Ae. werden in gleicher Weise *1.3-Dihalogenazulene* (**C**) erhalten. Die *1.3-Dibromazulene* werden auch bei der Einw. von Dioxandibromid oder Pyridinhydrobromidperbromid (**III**) auf **A** gebildet, während die *1.3-Dichlorazulene* durch Einw. von tert.-Butylhypochlorit (**IV**) entstehen. *1-Jodazulen* geht aus der Rk. von Azulen (**VIII**) mit JCl in Dioxan hervor. Zur Halogenierung der 6-Stellung wurde 6-Hydroxy-4.8-dimethylazulen (**V**) mit $POCl_3$ bzw. $POBr_3$ umgesetzt. Mit $PCl_5$ bzw. $PBr_5$ entstanden aus **V** *1.3.6-Trichlor-* bzw. *1.3.6-Tribrom-4.8-dimethylazulen*. Die Beständigkeit der **B** u. **C** in polaren Lsgm. nimmt in der Reihe Cl > Br > J ab; in Bzl., PAe. oder Pyridin sind die **B** u. **C** stabiler. Die *6-Halogenazulene* (**D**) sind beständig. Die **B** machen aus wss. KJ $J_2$ frei u. geben beim Erhitzen in N.N-Dimethylanilin (**XI**) die entsprechenden enthalogenierten **A**. Mit CuCN in sd. Pyridin läßt sich in **B** Br gegen CN austauschen, während in **C** nur ein Br-Atom ausgetauscht wird. Im 6-Chlor-4.8-dimethylazulen (**VII**) wird das Cl leicht gegen Amine u. die Alkoxylgruppe ausgetauscht. Durch Einw. von $Na_2S$ u. S in sd. A. bildet **VII** *Bis-[4.8-dimethylazulenyl-(6)]-disulfid*. Mit $NaN_3$ entsteht aus **VII** unmittelbar *6-Amino-4.8-dimethylazulen*. Im Gegensatz zu den in 1-Stellung halogenierten **A** reagieren die 6-Halogen-4.8-dimethylazulene weder mit CuCN, noch mit AgSCN oder Ag-Acetat. Für die Umsetzungen der **B** wird ein „push and pull"-Mechanismus angenommen. Die Absorptionsmaxima der **B** zeigen im sichtbaren Bereich gegenüber **VIII** eine starke u. die der **D** eine schwache bathochrome Verschiebung. Dagegen verursacht die $NH_2$-Gruppe in 6-Stellung eine große hypsochrome Verschiebung der Maxima.

Versuche (FF. korr.): Azulene: *1-Brom-* (**X**), durch 10 Min. langes Rühren von **VIII** mit **II** in Ae., Einengen im Vakuum u. Chromatographie des Rückstandes an $Al_2O_3$; grünblaues, nicht beständiges Öl; 97% (Ausbeute). *Trinitrobenzolat*, $C_{16}H_{10}BrN_3O_6$, Zers. > 105°; aus A. braune Nadeln. — *1.3-Dibrom-*, F. 91—92°, a) durch ¼std. Kochen von **VIII** mit **II** in Ae. (Meth. **E**); 84%; b) durch Zutropfen von $Br_2$ in Dioxan zu **VIII** in Ae./Pyridin unter Kühlen mit Eis/NaCl (Meth. **F**); 77%; c) durch Zugabe von **III** unter Rühren zu **VIII** in Bzl./Pyridin (Meth. **G**); 66%. *Trinitrobenzolat*, $C_{16}H_9Br_2N_3O_6$, Zers. > 110°; aus A. braune Nadeln. — *1.3-Dichlor-*, F. 88—89°, durch Zutropfen von **IV** zu **VIII** in Bzl. unter Rühren bei 0° (Meth. **H**); aus PAe. blaugrüne Nadeln; 78%. — *1-Jod-*, durch Zutropfen von JCl in abs. Dioxan zu **VIII** in abs. Ae./abs. Pyridin u. ¼std. Rühren; hellgrüne Nadeln, die sich bei 25—30° unter Abgabe von J u. HJ zersetzen; 79%. *Trinitrobenzolat*, $C_{16}H_{10}JN_3O_6$, Zers. > 50°; aus A. hellbraune Nadeln. — *1-Cyan-*, F. 54—55°, durch 6std. Kochen von **X** mit CuCN u. wenig CuJ in Acetonitril, Eindampfen, Extraktion mit Bzl. u. Chromatographie an $Al_2O_3$ (Meth. J); aus PAe. violette Nadeln; 80%; daneben 12% X. — 4.6.8-Trimethylazulene: *1-Brom-* (VI), $C_{13}H_{13}Br$, F. 96°, analog X aus 4.6.8-Trimethylazulen (IX); dunkelblaue Blättchen; 93%. *Trinitrobenzolat,* $C_{19}H_{16}BrN_3O_6$, Zers. >110°; rotbraune Nadeln. — *1.3-Dibrom-* (XII), $C_{13}H_{12}Br_2$, F. 74—75° (Zers.), a) aus IX nach E; aus PAe. blaue Nadeln; 93%; b) aus IX nach F; 72%; c) aus IX nach G; 46%. *Trinitrobenzolat,* $C_{19}H_{15}Br_2$·$N_3O_6$, Zers. >110°; aus A. rotbraune Nadeln. — *1-Brom-3-cyan-*, $C_{14}H_{12}BrN$, F. 145—146°, analog X aus 1-Cyan-4.6.8-trimethyl-azulen durch 15std. Kochen; aus Ae./PAe. (1:1) violette Nadeln; 84%; b) aus XII nach J; 63%; daneben 13% XII. — *1-Chlor-*, $C_{13}H_{13}Cl$, Zers. >50°, analog X; dunkelblaue Blättchen; 93%. *Trinitrobenzolat,* $C_{19}H_{16}ClN_3O_6$, F. 136—137°; aus A. rotbraune Nadeln. — *1.3-Dichlor-*, $C_{13}H_{12}Cl_2$, F. 86—87°; a) aus IX nach E; aus A. blaue Nadeln; 96%; b) aus IX nach H; 80%. — *1-Cyan-*, F. 126—127°, aus VI nach H; aus A. rote Nadeln; 83%. — *1-Rhodan-*, $C_{14}H_{13}NS$, F. 122—123°, durch 6std. Kochen von VI mit AgSCN in Pyridin; aus A. rote Nadeln; 92%. — 4.8-Dimethylazulene: *6-Chlor-* (VII), $C_{12}H_{11}Cl$, F. 104—105°, durch 4std. Kochen von V mit $POCl_3$ in Bzl. u. Chromatographie an $Al_2O_3$; aus A. blaue Nadeln; 57%. *Trinitrobenzolat,* $C_{18}H_{14}ClN_3O_6$, F. 118 bis 119°; aus A. rotglänzende Nadeln. — *6-Brom-*, $C_{12}H_{11}Br$, F. 85—86°, analog VII mit $POBr_3$; aus A. dunkelblaue Nadeln; 70%. *Trinitrobenzolat,* $C_{18}H_{14}BrN_3O_6$, F. 124—126°; aus A. dunkelrote Nadeln. — *1.3.6-Trichlor-*, $C_{12}H_9Cl_3$, F. 151—152°, durch ½std. Erhitzen von V u. $PCl_5$ in Äthylenchlorid auf dem Wasserbad u. Chromatographie des Eindampfrückstandes an $Al_2O_3$; aus PAe. grüne Nadeln; 80%. — *1.3.6-Tribrom-*, $C_{12}H_9Br_3$, F. 131—132°, analog vorst. Verb. mit $PBr_5$; aus A. grüne Nadeln; 92%. — *6-Piperidino-*, $C_{17}H_{21}N$. F. 86—87°, durch ½std. Kochen von VII in Piperidin; aus Methanol rote Blättchen; 95%. *Trinitrobenzolat,* $C_{23}H_{24}N_4O_6$, F. 172—173°; aus A. dunkelbraune Nadeln. — *6-Phenylamino-*, $C_{18}H_{17}N$. F. 106 bis 107°, durch 5std. Erhitzen von VII in Anilin auf 140° u. Chromatographie des Rohprod. an $Al_2O_3$; aus Methanol/W. rote Blättchen; 46%. *Trinitrobenzolat,* $C_{24}H_{20}N_4O_6$, F. 169 bis 170°; aus A. dunkelbraune Nadeln. — *6-Äthoxy-*, F. 87—88°, durch 9std. Kochen von VII in 1m äthanol. $NaOC_2H_5$ u. Chromatographie des Rohprod. an $Al_2O_3$; aus dem PAe./Ae. (30:1)-Eluat rote Kristalle; 82%. *Trinitrobenzolat,* F. 118—119°. — *6-Amino-*, $C_{12}H_{13}N$, F. 214—216°, durch 12std. Erwärmen von VII mit $NaN_3$ in Dimethylsulfoxid auf 100°; aus Methanol rote Kristalle; 30%. — *Bis-[4.8-dimethylazulenyl-(6)]-disulfid,* $C_{24}H_{22}S_2$, F. 183°, durch 12std. Kochen von VII mit $Na_2S$·$9H_2O$ u. S in A.; aus Essigester blaue Blättchen; 29%. — *p-Bromdimethylanilin,* F. 53—54°, durch mehrstd. Erhitzen von VI mit XI in Bzl.; daneben VI u. IX.

P.-G. Dietrich 2950△

*0836* **Zur Kenntnis der Azulene.** 12. Mitt. **Azulen-Mannich-Basen.** Klaus Hafner und Werner Senf. (Liebigs Ann. Chem. **656**, 34—39, 1962; dt.) — 11. vgl. vorst. Referat. — Durch Einw. von N.N.N'.N'-Tetramethyldiaminomethan (I) auf in 1- bzw. 3-Stellung unsubstituierte Azulene in Ggw. von Säuren werden die entsprechenden *1-* bzw. *3-Dimethylaminoazulene* (A) erhalten. Mit 2n Säuren reagieren die A unter Bldg. von *α.α-Bis [azulenyl-(1)] alkanen,* während mit sek. aliphat. Aminen, wie z. B. Piperidin, ein Aminaustausch erfolgt. Die Jodmethylate von A setzen sich mit Alkalisalzen CH-acider Verbb. sowie mit Alkalimetallalkoholaten u. -phenolaten zu den *Azulenyl-(1)-methyl-Derivv.* um; dabei bilden sich häufig auch *Bis-[azulenyl-(1)]-methane* oder *polymere Produkte.* 1-Dimethylaminomethyl-3-methylazulenjodmethylat (II) wird mit $NaBH_4$ zu *1.3-Dimethylazulen* reduziert. Die Absorptionsmaxima im sichtbaren werden durch die Dimethylaminomethylgruppe in A nur gering bathochrom u. erst nach Quaternierung stark hypsochrom (20—30 mμ) verschoben.

Versuche: 1-Dimethylaminomethylazulene: *Unsubstituiert,* $C_{13}H_{15}N$, durch Zutropfen von Paraformaldehyd (III) in Eisessig zu einer Lsg. von Azulen (V) u. I in Bzl./A., 4—5std. Erhitzen auf 50—60°, Extraktion der organ. Phase mit 2n Essigsäure, Freisetzen der Base mit 4n NaOH, Extraktion mit Ae., Eindampfen u. Chromatographie des Rückstandes an $Al_2O_3$ mit Bzl./Ae. (3:1); blaues Öl; 80% (Ausbeute). *Jodmethylat,* $C_{14}H_{18}JN$, Zers. beim Erhitzen; aus Ae. violettblaue Nadeln. *Pikrat,* $C_{19}H_{18}N_4O_7$, F. 132—134°; aus Methylenchlorid/Ae. dunkelgrüne Kristalle. — *3-Dimethylaminomethyl-*, $C_{16}H_{22}N_2$, durch Zugabe von Eisessig zu V u. III in I, 48 std. Stehen, Extrahieren mit 2n Essigsäure, Alkalisieren der wss. Phase, Extrahieren mit Bzl., Eindampfen u. Chromatographie an $Al_2O_3$ mit Ae.; blaus Öl; 70%. — *3-Methyl-*, $C_{14}H_{17}N$; blaues Öl; 75%. *Jodmethylat* (II), $C_{15}H_{20}JN$, Zers. beim Erhitzen; aus Ae. hellblaue Nadeln. *Trinitrobenzolat,* $C_{20}H_{20}N_4O_6$, F. 71—72°; aus A. dunkelbraune Nadeln. — *4.6.8-Trimethyl-* (IV), $C_{16}H_{21}N$, F. 54 bis 55°; aus A. violette Blättchen; 84%. *Jodmethylat,* $C_{17}H_{24}$·JN, Zers. >40°; aus Ae. violette Nadeln. *Trinitrobenzolat,* $C_{22}H_{24}N_4O_6$, F. 96,5—98°; aus A. dunkelbraune Kristalle. — *3-Äthyl-4.6.8-trimethyl-*, $C_{18}H_{25}N$, F. 56—58°, durch Zutropfen von Eisessig zu 1-Äthyl-4.6.8-trimethylazulen u. III in I, 4std. Erwärmen auf 50°, Extraktion mit 2n Essigsäure u. Alkalisieren mit 2n NaOH; blauviolette Kristalle; 76%. — *3-Dimethylaminomethyl-1.4-dimethyl-7-isopropylazulen,* $C_{18}H_{25}N$, wie vorst. aus Guajazulen; blaues Öl; 63%. — *1-Piperidinomethyl-4.6.8-trimethylazulen,* $C_{19}H_{25}N$, a) durch 10 Tage langes Stehen von IV in Piperidin bei 20°, Zugabe von W., Extraktion mit Ae., Eindampfen u. Chromatographie des Rückstandes an $Al_2O_3$; violettes Öl; 93%; b) analog aus 1-Trimethylammoniomethyl-4.6.8-trimethylazulenjodid bei 40—50°; 84%. *Jodmethylat,* $C_{20}H_{28}JN$, Zers. >50°; braune Kristalle. — *α.α-Bis-[4.6.8-trimethylazulenyl-(1)]-äthan,* F. 190—191,5°, durch Schütteln von 0,3 g 1-[α-Dimethylaminoäthyl]-4.6.8-trimethylazulen in PAe. mit 2n Essigsäure, Extraktion der wss. Phase mit Bzl., Chromatographie des erhaltenen Eindampfrückstandes an $Al_2O_3$ mit Essigester; aus A. blaue Nadeln; 180 mg; daneben aus PAe.-Phase 50 mg *4.6.8-Trimethylazulen* (F. 80 bis 81°). — *1-[p-Nitrophenoxymethyl]-3-methylazulen,* $C_{18}H_{15}$·$NO_3$, F. 151—153° (Zers.), durch mehrstd. Erwärmen einer Lsg. von Na-p-Nitrophenolat in Dimethylformamid mit II auf 60°, Versetzen mit 2n Essigsäure, Extraktion mit Bzl., Eindampfen u. Chromatographie des Rückstandes an $Al_2O_3$ mit PAe. u. Ae.; grüne Nadeln; 70%; daneben *1.1-Bis-[3-methylazulenyl-(1)]-methan* ($C_{23}H_{20}$, F. 79—80°; dunkelblaue Kristalle. *Trinitrobenzolat,* $C_{29}H_{23}N_3O_6$, F. 147—147,5°; aus A. dunkelblaue Nadeln). — *3-Methylazulenyl-(1)-acetonitril,* $C_{13}$·$H_{11}N$, F. 36,5—38°, durch 4std. Kochen von II mit KCN in Acetonitril/A. (1:1), Filtrieren, Eindampfen des Filtrats im Vakuum u. mehrmalige Chromatographie des Rückstandes an $Al_2O_3$ mit Ae.; aus Ae. grüne Kristalle; 37%. — *1.3-Dimethylazulen,* $C_{12}H_{12}$, F. 51°, durch 1std. Kochen von II mit $NaBH_4$ in Methanol/Methylenchlorid, Zugabe von 2n Essigsäure, Extraktion mit Bzl. u. Chromatographie des Eindampfrückstandes an $Al_2O_3$ mit PAe.; durch Sublimation im Vakuum blaue Blättchen; 76%. *Trinitrobenzolat,* $C_{18}H_{15}N_3O_6$, F. 172 bis 172,5°; aus A. dunkelviolette Nadeln.

P.-G. Dietrich 2950△

*0837* **Zur Kenntnis der Azulene.** 13. Mitt. **Elektrophile Substitutionen des Azulens in 2- und 5- beziehungsweise 7-Stellung.** Klaus Hafner und Karl-Ludwig Moritz. (Liebigs Ann. Chem. **656**, 40—53, 1962; dt.) — 12. vgl. vorst. Referat. — Durch Formylierung von 1.3-Di-tert.-butylazulen (I) nach Vilsmeier wird *1-tert.-Butyl-3-formylazulen* (II) neben wenig *1.3-Di-tert.-butyl-5-formylazulen* (III) erhalten. II entsteht in gleicher Weise auch aus dem 1-tert.-Butylazulen (XIV). II u. III werden durch Red. nach Wolff-Kishner in die entsprechenden *KW-Stoffe* übergeführt. 1.3-Diisopropylazulen (IV) reagiert ähnlich wie I, neben *1.3-Diisopropyl-5-formylazulen* (VI) u. *1-Isopropyl-3-formylazulen* (VII) wurde wenig *1.3-Diisopropyl-2-formylazulen* (V) isoliert. Die *2-Formylazulene* entstehen neben *5-* u. *7-Formylazulenen* durch elektrophile Substitution auch aus 1-Isopropyl-3-methylazulen (XI) u. 1-tert.-Butyl-3-methylazulen (XII). Aus 1.3-Dimethylazulen (XV) entsteht ausschließlich *1.3-Dimethyl-2-formylazulen* (VIII), das nach Red. *1.2.3-Trimethylazulen* gibt. Die Acetylierung von I mit Acetylfluoroborat (XVI) liefert *1.3-Diacetylazulen* (XIII), mit Acetylchlorid (XVII) oder Acetanhydrid (XVIII) in Ggw. von $AlCl_3$ entsteht daneben *1.3-Di-tert.-butyl-5.7-diacetylazulen,* während IV mit XVI *1-Isopropyl-3-acetylazulen* mit XVIII bei Verw. von nicht frisch sublimiertem $AlCl_3$ daneben XIII bzw. mit XVII *1.3-Diisopropyl-5-acetylazulen* neben XIII gibt. Die Nitrierung von I u. IV mit Tetranitromethan (XIX) führt zu den entsprechenden *5-Nitroazulenderivaten.* Die Formyl-, Acetyl- u. die Nitrogruppe in 5- bzw. 7-Stellung bewirkt eine hypsochrome u. die Formylgruppe in 2-Stellung eine starke bathochrome Verschiebung der Absorptionsmaxima des Azulens im sichtbaren Gebiet.

Versuche (FF. korr.): Azulene: *1.3-Di-tert.-butyl-5-formyl-* (III), $C_{19}H_{24}O$, F. 119—120°, durch Zutropfen von

$POCl_3$ in Dimethylformamid (DMF) zu I in DMF, 2std. Erwärmen auf 60°, Gießen in Eiswasser, Zugabe von 2n NaOH (pH 9—10), Extraktion mit Ae., Einengen im Vakuum, Chromatographie des Rückstandes an $Al_2O_3$ (sauer), Eluieren der blaugrünen Zone mit Ae./PAe. (1:5) u. Eindampfen; aus A. grüne Kristalle; 18% (Ausbeute). *Semicarbazon*, F. 220° (Zers.); aus A. blaugrüne derbe Nadeln. — *1-tert.-Butyl-3-formyl-* (II) $C_{15}H_{16}O$, F. 71—72°, a) neben III durch Eluieren der violetten Zone mit Ae./PAe. (1:5); aus A. dunkelviolette Kristalle; 67%; b) durch Formylierung von XIV nach Hafner u. Bernhard (C. 1960, 9203); 71%; c) durch Zutropfen von Oxalylchlorid zu I in DMF, 3std. Erwärmen auf 70° u. Aufarbeitung analog III; 34%. *Semicarbazon*, F. 213—215°; aus A. grüne Blättchen. — *1.3-Diisopropyl-2-formyl-* (V), $C_{17}H_{20}O$, F. 92°, analog III aus IV, Chromatographie der grünen Zone an $Al_2O_3$ (sauer) u. Eluieren mit Ae./PAe. (1:10); aus A. grüne Blättchen; 4%; daneben 8% *1.3-Diisopropyl-5-formylazulen* (VI), $C_{17}H_{20}O$, grünes Öl). *Semicarbazon*. F. 229—231° (Zers.); aus A. hellgrüne, metall. glänzende Kristalle. — *1-Isopropyl-3-formyl-* (VII), $C_{14}H_{14}O$, F. 57—58°, a) neben V u. VI durch Eluieren der violetten Zone; aus A. violettschwarze Kristalle; 74%; b) aus 1-Isopropylazulen nach Hafner u. Bernhard (l. c.); 82%. *Semicarbazon*, F. 190—192° (Zers.); aus A. grüne Nadeln. — *1.3-Dimethyl-2-formyl-* (VIII), $C_{13}H_{12}O$, F. 72°, analog III aus XV; aus PAe. olivgrüne Nadeln; 21%. — *1-tert.-Butyl-3-methyl-2-formyl-* (IX), $C_{16}H_{18}O$, analog III aus XII, Chromatographie der grünen Zone an $Al_2O_3$ (sauer) u. Eluieren mit Ae./PAe. (1:20); blaues Öl; 10%; daneben ein Gemisch aus *1-tert.-Butyl-3-methylazulen-7-* u. *-5-aldehyd*. — *1-Methyl-3-formyl-*, F. 73—74°, a) neben IX aus der violetten Zone; aus A. violettblaue Kristalle; 35%; b) analog III aus XI; 39%; daneben *1-Isopropyl-3-methyl-2-formylazulen* (X), $C_{15}H_{16}O$, F. 56—58°; aus PAe. braune Kristalle; 11%) u. 29% eines Gemisches aus *1-Methyl-3-isopropyl-5-* u. *-7-formylazulen* als grünes Öl. — *1.3-Di-tert.-butyl-5-methyl-*, $C_{19}H_{26}$, F. 106 bis 107°, a) durch Zutropfen einer kurz erwärmten Lsg. von III u. Hydrazinhydrat in A. zu einem auf 240° erhitzten Gemisch aus KOH u. Diäthylenglykol (Meth. A); aus Methanol blaue, nicht sehr beständige Blättchen; 70%; b) durch Zugabe von $AlCl_3$ zu einem gerührten Gemisch aus 5-Methylazulen u. tert.-Butylbromid in $CCl_4$ bei 0°, 1std. Erhitzen auf 60°, Zers. mit Eiswasser, Extraktion mit Ae. u. Chromatographie des Eindampfrückstandes an $Al_2O_3$; wenig. — *1-tert.-Butyl-3-methyl-*, $C_{15}H_{18}$, F. 55—56°, aus II analog A; aus Methanol blaue Kristalle; 78%. *Trinitrobenzolat*, $C_{21}H_{21}N_3O_6$, F. 139°; aus A. violette Nadeln. — *1.3-Diisopropyl-2-methyl-*, $C_{17}H_{22}$, F. 74°, aus V analog A; aus Methanol blaue Nadeln; 57%. — *1.3-Diisopropyl-5-methyl-*, $C_{17}H_{22}$, aus VI analog A; blaues, nicht beständiges Öl. — *1-Isopropyl-3-methyl-*, F. 27°, aus VII analog A; aus Methanol blaue Kristalle; 68%. *Trinitrobenzolat*, $C_{20}H_{19}N_3O_6$, F. 130 bis 131°; aus A. braune Nadeln. — *1.2.3-Trimethyl-*, aus VIII analog A; blaues Öl; 72%. *Trinitrobenzolat*, F. 178—180°; aus A. braunrote Nadeln. — *1.2-Dimethyl-3-tert.-butyl-*, aus IX nach A; blaues Öl. — *1.2-Dimethyl-3-isopropyl-*, aus X analog A; wenig blaues unbeständiges Öl. *Trinitrobenzolat*, $C_{21}H_{21}N_3O_6$, F. 160°; aus A. dunkelbraune Nadeln. — *1.3-Diacetyl-* (XIII), F. 185—187°, durch 2½std. Erwärmen von I mit XVI in $CCl_4$ auf 60°; aus Aceton rote Nadeln; 15%. — *1-Isopropyl-3-acetyl-*, $C_{15}H_{16}O$, F. 83—84°, a) wie XIII aus IV; aus PAe. violettschwarze Kristalle; 72%; b) aus IV mit XVIII u. nicht frisch sublimiertem $AlCl_3$ in $CCl_4$; 15%; daneben 12% XIII u. 67% IV. — *1.3-Di-tert.-butyl-5.7-diacetyl-*, $C_{22}H_{28}O_2$, F. 167—169°, durch 2std. Erwärmen von I mit XVIII oder XVII u. $AlCl_3$ + 11% $H_2O$ in $CCl_4$ unter Rühren auf 50—60° (Meth. B); aus PAe. blaugrüne, metall. glänzende Blättchen; 4,6%; daneben 60% I u. 17% XIII. — *1.3-Diisopropyl-5-acetyl-*, $C_{18}H_{22}O$, aus IV nach B; blaues Öl; 9,5%; daneben 25% XIII. — *1.3-Di-tert.-butyl-5-nitro-*, $C_{18}H_{23}NO_2$, F. 137°, durch Zugabe von methanol. XIX zu I in Pyridin; aus PAe. grüne Kristalle; 39%; daneben 32% I. — *1.3-Diisopropyl-5-nitro-*, $C_{16}H_{19}NO_2$, F. 92 bis 93°, aus IV analog vorst. Verb.; aus PAe. dunkelgrüne Kristalle; 24%; daneben 10% IV. P.-G. Dietrich 2950△

*0838* **Sulfonierung von Azulen und 4.6.8-Trimethylazulen.** W. Schroth und K. Achtelik. (Z. Chem. 3, 426—27, 1963; Leipzig, Univ., Inst. für organ. Chem.; dt.) — Vgl. Treibs u. Schroth, C. 1955, 7921. — Azulen (I) u. 4.6.8-Trimethylazulen (II) werden durch das $SO_3$–Dioxan-Addukt (III) in die *1-Monosulfonsäuren* übergeführt, die in Form ihrer *Salze* isoliert u. in verschiedene Derivv. umgewandelt werden. *Azulen-1-sulfonsäuremethylester* wird sehr leicht zur instabilen *Sulfonsäure* verseift. Die Sulfogruppe verschiebt das Hauptmaximum des sichtbaren Spektrums von I bzw. II hypsochrom.

Versuche: *Azulen-1-sulfonsäure*, durch Zugabe von III zu I in abs. Ae. unter Kühlen, Zers. mit Eiswasser nach 2 Min., Ansäuern mit Essigsäure u. Fällen als *Anilinsalz* [$C_{16}H_{15}NO_3S$, F. 219—220° (Zers.), violette Täfelchen aus A.; 63% (Ausbeute)]. *p-Toluidinsalz*, $C_{17}H_{17}NO_3S$, F. 234 bis 235° (Zers.), violette Blättchen aus A.; 50%. *S-Benzylisothiuroniumsalz*, $C_{18}H_{18}N_2O_3S_2$, F. 236—237° (Zers.), Rhomben aus A.; 64%. *K-Salz* (IV). *Sulfochlorid* (V), F. 146—151° (Zers.), durch Zugabe von $PCl_5$ zu IV in abs. Pyridin unter Kühlung, kurzes Erwärmen auf 50—60° u. Aufnehmen in Ae./Eiswasser; goldgelbe Nadeln. *Methylester*, $C_{11}H_{10}O_3S$, F. 140—141°, durch Behandeln von V mit Methanol u. Pyridin, Einengen im Vakuum u. Aufnehmen in Ae.; rotorangefarbene Blättchen; 35%; wird durch ½std. Behandeln der äther. Lsg. mit W. bei 30—40° zur instabilen, öligen *freien Säure* verseift. *Anilid*, $C_{16}H_{13}NO_2S$, F. 178° (Zers.), durch Zugabe von Anilin zu V in Ae., Eindampfen im Vakuum, kurzes Erwärmen auf 70—80° u. Aufnehmen in Ae.; weinrote Blättchen aus Aceton/W.; 35%. *p-Toluidid*, $C_{17}H_{15}NO_2S$, F. 210°, analog mit p-Toluidin; rote Blättchen aus Aceton/W.; 40%. — *4.6.8-Trimethylazulen-1-sulfonsäure*, *K-Salz*, $C_{13}H_{13}\cdot KO_3S$, durch Rk. von II u. III in Ae., Zugabe von wenig Eiswasser u. von $K_2CO_3$; violette Blättchen aus W.; 45%. *Sulfochlorid*, durch Rk. mit $PCl_5$/abs. Pyridin (10 Min. unter Kühlung, 15 Min. bei Raum-Temp.); instabile blaßrote Nadeln. *p-Toluidid*, $C_{20}H_{21}NO_2S$, F. 169° (Zers.), rote Blättchen aus Aceton/W.; 30%. G. Fischer 2950◇

*0839* **Konjugierte cyclische Kohlenwasserstoffe und ihre heterocyclischen Analoga.** 5. Mitt. **1-[Azulenyl-(1)-methylen]-azuleniumsalze und 1-Äthoxymethylenazuleniumsalze.** E. C. Kirby und D. H. Reid. (J. chem. Soc. [London] 1961, 1724—30; St. Andrews, Univ., Dep. of Chem.; engl.) — 4. vgl. C. 1963, 18445. — 1-Formylazulen (I) reagiert mit Azulen (II) in Ggw. von $HClO_4$ zu *1-[Azulenyl-(1)-methylen]-azuleniumperchlorat* (III). Unter gleichen Rk.-Bedingungen entsteht aus I u. 7-Isopropyl-1.4-dimethylazulen (IV) *1-[5-Isopropyl-3.8-dimethylazulenyl-(1)-methylen]-azuleniumperchlorat*. Während sich 1-Formyl-3-methylazulen (V) bei der Kondens. ebenso wie I verhält, läßt sich 1-Formyl-4.6.8-trimethylazulen (VI) nur unvollständig mit Azulenen kondensieren. An Stelle von $HClO_4$ kann bei der Kondens. auch HCl oder HBr in Essigsäure oder in Acetonitril (AN) verwendet werden. Man erhält dann statt der betreffenden Azuleniumperchlorate die *Azuleniumchloride*. Die bei der Kondens. erhaltenen *1-[Azulenyl-(1)-methylen]-azuleniumsalze* (A) sind Farbstoffe. Die A sind Resonanzhybride, denn aus II u. V bildet sich das gleiche A wie aus 1-Methylazulen (VII) u. I, nämlich *1-[Azulenyl-(1)-methylen]-3-methylazuleniumperchlorat*, das man daher auch als *1-[3-Methylazulenyl-(1)-methylen]-azuleniumperchlorat* formulieren kann. Das gleiche gilt für die Formulierung der anderen A. Werden II u. VII mit Orthoameisensäuretriäthylester (VIII) u. $HClO_4$ behandelt, so erhält man in guter Ausbeute III bzw. *1-[3-Methylazulenyl-(1)-methylen]-3-methylazuleniumperchlorat*. Dagegen liefert IV mit VIII im Überschuß in Ggw. von $HClO_4$ in A. fast quant. *3-Äthoxymethylen-1.4-dimethyl-7-isopropylazuleniumperchlorat* (IX), das mit IV in Abwesenheit von $HClO_4$ das entsprechende A ergibt. Analog IX erhält man aus 4.6.8-Trimethylazulen (X) *1-Äthoxymethylen-4.6.8-trimethylazuleniumperchlorat* (XI), das wiederum mit II, IV, VII oder X entsprechende A liefert. IX u. XI lassen sich mit W. zu *3-Formyl-1.4-dimethyl-7-isopropylazulen* bzw. zu VI hydrolysieren. Bei der Kondens. von IV mit Chlormethoxymethan (XII) u. $HClO_4$ in $CH_3OH$ erhält man in geringer Ausbeute *1-[5-Isopropyl-3.8-dimethylazulenyl-(1)-methylen]-5-isopropyl-3.8-dimethylazuleniumperchlorat*. Für die A sind die Absorptionsmaxima im sichtbaren Bereich angegeben.

Versuche: *3-Äthoxymethylen-1.4-dimethyl-7-isopropylazuleniumsalze*, *Perchlorat* (IX), $C_{18}H_{23}ClO_5$, F. 161—163° (Zers.; Aceton + Ae.; orangefarbene Nadeln), durch Zugabe von 2,5 ml $HClO_4$ in A. zu 1,98 g IV u. 15 ml VIII in A. bei Raum-Temp., Einrühren von Ae. u. Absaugen; 3,23 g (Ausbeute). *Jodid* (XIII), $C_{18}H_{23}JO$, F. 128—130° (Zers.; rote Nadeln), durch Zugabe von HBr–Eisessig in A. zu 4 g IV,

6 g NaJ u. 30 ml **VIII** in A. bei Raum-Temp. u. Absaugen; 6,16 g. — *1-Äthoxymethylen-4.6.8-trimethylazuleniumsalze, Perchlorat* (**XI**), $C_{16}H_{19}ClO_5$, F. >180° (Zers.; gelbgrüne Nadeln), analog **IX** aus 1,70 g **X** bei Raum-Temp.; 3,05 g. *Bromid*, $C_{16}H_{19}BrO$, F. 146—150° (Zers.; grüne Prismen), durch Zugabe von HBr–Eisessig in A. zu 340 mg **X** u. 5 ml **VIII** in A. bei Raum-Temp.; 308 mg. *Jodid*, $C_{16}H_{19}JO$, F. 145 bis 150° (Zers.; braune Nadeln), analog **XIII** aus 340 mg **X**; 700 mg. — *1-Formyl-4.6.8-trimethylazulen* (**VI**), F. 105—106° (A.), durch Schütteln von 3,05 g **XI** mit Aceton u. W., Verdünnen mit W., Ae.-Extraktion u. Eindampfen der Ae.-Lsg.; 1,83 g. — *3-Formyl-1.4-dimethyl-7-isopropylazulen*, durch Einrühren von W. in die Lsg. von 2,84 g **IX** in sd. Aceton; braune Nadeln; 1,79 g. — *1-[Azulenyl-(1)-methylen]-azuleniumsalze, Chlorid*, $C_{21}H_{15}Cl$, F. >340° (schwarzes Pulver), durch Zugabe einer gesätt. Lsg. von HCl in Eisessig zu der Lsg. von äquimol. Mengen **I** u. **II** in AN, kurzes Aufkochen, Abkühlen u. Absaugen; 82%. *Perchlorat* (**III**), $C_{21}H_{15}ClO_4$, F. >350° (AN; schwarze Nadeln), a) durch Aufkochen der Lsg. äquimol. Mengen **I** u. **II** in Eisessig in Ggw. von $HClO_4$, Abkühlen der blauen Lsg. u. Absaugen; 100%; b) durch Zugabe von $HClO_4$ in A. zu **II** u. überschüssigem **VIII** in A. bei Raum-Temp.; 98%. — *1-[Azulenyl-(1)-methylen]-4.6.8-trimethylazuleniumperchlorat* (**XIV**), $C_{24}H_{21}ClO_4$, F. >270° (Zers.; AN; schwarze Nadeln), durch Aufkochen äquimol. Mengen **II** u. **XI** in $CH_3OH$ u. Abkühlen; 50%. — *1-[Azulenyl-(1)-methylen]-3-methylazuleniumperchlorat*, $C_{22}H_{17}ClO_4$, F. >350° (Zers.; AN; schwarze Nadeln), a) analog **III** nach a) aus **II** u. **V**; 100%; b) analog **III** nach a) aus **VII** u. **I**; 97%. — *1-[4.6.8-Trimethylazulenyl-(1)-methylen]-4.6.8-trimethylazuleniumperchlorat*, $C_{27}H_{27}ClO_4$, F. >300° (Zers.; $CH_3OH$; schwarze Nadeln), analog **XIV** aus **X** u. **XI**; 20%. — *1-[Azulenyl-(1)-methylen]-5-isopropyl-3.8-dimethylazuleniumsalze, Bromid* (**XV**), $C_{26}H_{25}Br$, F. 188° (Zers.; Eisessig; grüne Nadeln), durch Aufkochen äquimol. Mengen **I** u. **IV** in HBr–Eisessig; 92%. *Jodid*, $C_{26}H_{25}J$, F. 180—181,5° ($CH_3OH$, AN; violettschwarze Nadeln), durch Aufkochen äquimol. Mengen **II** u. **XIII** in $CH_3OH$; 47%. *Perchlorat*, $C_{26}H_{25}ClO_4$, F. 199—200,5° (AN; grüne Nadeln), analog **III** nach a) aus **I** u. **IV**; 85%. — *1-[3-Methylazulenyl-(1)-methylen]-4.6.8-trimethylazuleniumperchlorat*, $C_{25}$·$H_{23}ClO_4$, F. 274—280° (Zers.; AN; schwarze Nadeln), analog **XIV** aus **VII** u. **XI**; 65%. — *1-[3-Methylazulenyl-(1)-methylen]-3-methylazuleniumsalze, Bromid*, $C_{23}H_{19}Br$, F. 280° (Zers.; AN; grüne Prismen), analog **XV** aus **V** u. **VII**; 92%. *Perchlorat*, $C_{23}H_{19}ClO_4$, F. 350° (Zers.; AN; grüne Nadeln), a) analog **III** nach a) aus **V** u. **VII**; b) analog **III** nach b) aus **VII** u. **VIII**; 97%. — *1-[4.6.8-Trimethylazulenyl-(1)-methylen]-5-isopropyl-3.8-dimethylazuleniumperchlorat*, $C_{29}H_{31}ClO_4$, F. 217—219° ($CH_3OH$; blaue Nadeln), analog **XIV** aus **IV** u. **XI**; 20%. — *1-[3-Methylazulenyl-(1)-methylen]-5-isopropyl-3.8-dimethylazuleniumsalze: Jodid (Jodkomplex)*, $C_{27}H_{27}J\cdot J$, F. 214° (AN; schwarze Nadeln), durch Zugabe der gesätt. Lsg. von HCl in Eisessig zu äquimol. Mengen **IV** u. **V** in Eisessig, kurzes Aufkochen, Zugabe von NaJ, Aufkochen, Abkühlen u. Absaugen; 55%. *Bromid*, $C_{27}H_{27}Br$, F. 185—187° (Eisessig, AN; grüne Nadeln), analog **XV** aus **IV** u. **V**; 75%. *Perchlorat*, $C_{27}H_{27}ClO_4$, F. >265° (Zers.; Eisessig; grüne Nadeln), analog **III** nach a) aus **IV** u. **V**; 84%. — *1-[5-Isopropyl-3.8-dimethylazulenyl-(1)-methylen]-5-isopropyl-3.8-dimethylazuleniumperchlorat*, $C_{31}H_{35}ClO_4$, F. 247—250° (Zers.; Eisessig; schwarze Nadeln), a) durch Aufkochen von **IV** u. **IX** in mit Ae. verd. $CH_3OH$ u. 3std. Aufbewahren; 3%; b) durch Zugabe von $HClO_4$ zu der Lsg. von **IV** u. **XII** in sd. abs. A., Aufkochen, Verdünnen mit Ae. u. Aufbewahren bei Raum-Temp.; 10%. R. Strufe 2950

*0840* **Kondensation von Phenoläthern mit Formaldehyd.** 5. Mitt. **Kondensation von Brenzcatechindiäthyläther mit Formaldehyd.** Antonino Arcoleo und Torquato Garofano. (Ann. Chimica **46**, 934—46, 1956; Palermo, Univ., Ist. di Chim. organ.; ital.) — 4. vgl. C. **1964**, 4-0839; 6. vgl. C. **1960**, 6482. — Kondens. von 1.2-Diäthoxybenzol (**I**) mit überschüssigem Formaldehyd (**II**) ergibt *1.2;4.5;7.8;10.11;-13.14;16.17-Hexakis-[4.5-diäthoxybenzo]-cyclooctadecahexaen* (**III**), das durch Oxydation mit $Na_2Cr_2O_7$/Eisessig das *9.18-Dion*, mit $CrO_3$/Eisessig dagegen *2.3.6.7-Tetraäthoxyanthrachinon* u. *α.α-Dihydroxy-bis-[2-carboxy-4.5-diäthoxyphenyl]-methandilacton* (**IV**) bildet. Letztere beide Verbb. entstehen auch durch Bichromatoxydation von *2.2'-Dimethyl-4.5.4'.5'-tetraäthoxydiphenylmethan* (**V**). UV-Spektren vgl. Original.

Versuche: *1.2;4.5;7.8;10.11;13.14;16.17-Hexakis-[4.5-diäthoxybenzo]-cyclooctadecahexaen* (**III**), $C_{66}H_{84}O_{12}$, F. 144 bis 145° (A.), Kp.$_{0,0005}$ 265°, a) durch Zugabe von 5 ml 40% ig. **II** zur Lsg. von 8,3 g **I** in Eisessig unter Kühlen mit Eis, Zutropfen von 98% ig. $H_2SO_4$ in Eisessig, mehrstd. Rühren, 24std. Stehen u. Zers. mit Eis/Wasser; 20 g (Ausbeute); b) durch Zugabe von Eisessig zu 0,5 g nachst. Verb. u. Zn-Amalgam, Versetzen mit wenig konz. HCl unter Sieden, 48std. Stehen u. Verdünnen mit W.; 0,3 g. — *1.2;4.5;7.8;-10.11;13.14;16.17-Hexakis-[4.5-diäthoxybenzo]-cyclooctadecahexaendion-(9.18)*, $C_{66}H_{80}O_{14}$, F. 170—171° (Methanol), durch 3std. Zugabe einer Lsg. von $Na_2Cr_2O_7$ in Essigsäure (Konz.: ≙ ½ Mol $O_2$/Liter) zur sd. Lsg. von 1,4 g **III** im gleichen Lsgm. u. 2std. Kochen; 0,7 g. *Bis-[2.4-dinitrophenylhydrazon]*, $C_{78}H_{88}N_8O_{20}$, F. 115° (Zers.; Essigsäure bzw. Essigester/A.), aus 0,3 g Dion; 0,2 g. — *1.2;4.5;7.8;10.11;13.14;16.17-Hexakis-[4.5-dimethoxybenzo]-cyclooctadecahexaendion-(9.18)*, *Bis-[2.4-dinitrophenylhydrazon]*, $C_{66}H_{64}N_8O_{20}$, F. 219—220° (Essigsäure). — *α.α-Dihydroxy-4.5.4'.5'-tetraäthoxydiphenylmethan-dicarbonsäure-(2.2')-dilacton* (**IV**), $C_{23}H_{24}O_8$, F. 261—262° (A.), a) durch 12std. Zugabe von 250 ml 10% ig. $CrO_3$/Essigsäure-Lsg. zur sd. Lsg. von 5 g **III** im gleichen Lsgm., Einengen, Fällen mit W. (1,18 g Gemisch aus **IV** + nachst. Verb.), 2std. Kochen des Prod. (1,5 g) mit wss.-äthanol. KOH u. mehrstd. Stehen; 1,15 g; b) durch Zugabe von 75 ml einer $Na_2Cr_2O_7$-Lsg. (Konz. = 1 Mol $O_2$/Liter) zur sd. Lsg. von 3,72 g **V** in Eisessig u. Verdünnen mit W.; 0,8 g. — *2.3.6.7-Tetraäthoxyanthrachinon*, $C_{22}H_{24}O_6$, F. 237—238° (Essigsäure), neben **IV** nach a) (0,25 g) bzw. nach b). — *3.4-Diäthoxybenzaldehyd*, Kp.$_{0,2}$ 120°, durch Zugabe von trockenem $K_2CO_3$ zur Lsg. von 40 g 3.4-Dihydroxybenzaldehyd in abs. Aceton u. Diäthylsulfat u. 5std. Kochen; 48,5 g. — *3.4-Diäthoxytoluol* (**VI**), Kp.$_{0,1}$ 65°, durch 8std. Zutropfen der mit konz. HCl versetzten Lsg. von 48,5 g vorst. Verb. in 95% ig. A. zum schwach erwärmten Gemisch von Zn-Amalgam u. konz. HCl u. ½ std. Erhitzen; 28,5 g. — *2.2'-Dimethyl-4.5.4'.5'-tetraäthoxydiphenylmethan* (**V**), $C_{23}H_{32}O_4$, F. 106—107° (A.), durch Versetzen der mit Eis gekühlten Lsg. von 9 g **VI** in Eisessig mit konz. $H_2SO_4$, 3std. Zugabe von 8 ml 40% ig. **II**, 2std. Rühren u. Zers. mit Eiswasser; 9 g. — *2.2'-Dimethyl-4.5.4'.5'-tetraäthoxybenzophenon*, $C_{23}H_{30}O_5$, F. 111 bis 112° (A. bzw. Eisessig), analog **IV** nach b) aus 3,72 g **V**; 3,15 g. *2.4-Dinitrophenylhydrazon*, F. 151—152°. — *4.5.4'.5'-Tetraäthoxybenzophenon*, $C_{21}H_{26}O_5$, F. 109—110° (Methanol), durch 1std. Erwärmen von 0.5 g **IV** in Chinolin mit Cu-Staub u. Zugabe von Chlf.; 0,3 g. *2.4-Dinitrophenylhydrazon*, F. 179 bis 180°. — *4.5.4'.5'-Tetraäthoxydiphenylmethan*, $C_{21}H_{28}O_4$, F. 68° (Methanol), durch 4std. Versetzen von 0,2 g vorst. Verb. u. Zn-Amalgam in sd. Eisessig mit 8 ml konz. HCl (1 ml ½ std.) u. 12std. Kochen; 0,1 g. — *1.1-[2.2'-Dimethyl-4.5.4'.5'-tetraäthoxydiphenyl]-äthan*, $C_{24}H_{34}O_4$, F. 64—65° (A.), durch Versetzen von 3 g **VI** in Eisessig mit konz. $H_2SO_4$ unter Kühlen mit Eis/NaCl, Zutropfen von Acetaldehyd/Eisessig u. Zers. mit Eiswasser nach 20 Min.; 2,5 g.
H.-J. Weigmann 2950△

*0841* **Über Keten-Derivate.** 10. Mitt. **Die Darstellung einiger Heterocyclen aus Acylketen-Derivaten (Benzoxazole, Benzothiazole, Benzothiadiazine, Chinazolone).** Hans-Dietrich Stachel. (Arch. Pharmaz. **296/68**, 337—43, 1963; Marburg/Lahn, Univ., Pharmazeut.-Chem. Inst.; dt.) — 9. vgl. Chem. Ber. **96**, [1963], 1088; 6. vgl. C. **1963**, 12378. — Vf. synthetisierte aus Benzoylketenacetal (**I**) bzw. Oxalylketenacetal (**II**) u. o-Aminophenol (**III**) die entsprechenden acylierten *Orthosäureesteramide* (**A**), deren alkohol. Lsgg. sich wie Lsgg. der *Acylketen-O.N-acetale* (**B**) verhalten. Mit Anthranilsäureamid (**IV**) entstand aus **I** kein **A**, sondern das entsprechende **B**. **A** u. **B** wurden durch Kochen cyclisiert: Benzoylessigsäure-o-hydroxyaniliddiäthylacetal lieferte *2-Phenacylbenzoxazol* (**V**), 3.4-Diketoadipinsäure-bis-[o-hydroxyanilid]-tetraäthylacetal, *1.4-Bis-[benzoxazolyl-(2)]-butandion-(2.3)* u. Benzoylketen-N-[o-aminocarbonylphenyl]-O-äthyl-O.N-acetal *2-Phenacylchinazolon-(4)*. Umsetzung von **I** u. **II** mit o-Aminothiophenol (**IIIa**) oder Orthanilsäureamid (**IVa**) führte direkt zu Heterocyclen: **I** lieferte mit **IIIa** *2-Phenacylbenzothiazol*, **II** mit **IIIa** *1.4-Bis-[benzthiazolyl-(2)]-butandion-(2.3)* u. **I** mit **IVa** *3-Phenacyl-1.2.4-benzthiadiazin-1.1-dioxid*. **V** wurde mit $CH_2N_2$ zu *2-Benzoylmethylen-3-methyl-2.3-dihydrobenzoxazol* methyliert, das auch aus **I** u. o-N-methylaminophenol (**VI**) erhalten wurde.

Versuche: *Benzoylessigsäure-[o-hydroxyanilid]-diäthylacetal*, $C_{19}H_{23}NO_4$, F. 110—111°, aus 0,6 g I durch Aufkochen mit III in A.; gelbe Nadeln aus A.; 0,7 g (Ausbeute). — *2-Phenacylbenzoxazol* (V), $C_{15}H_{11}NO_2$, F. 87—88°, aus 0,75 g vorst. Verb. durch 5 Min. langes Kochen in Eisessig; schwachgelbliche Nadeln aus A.; 0,55 g. — *2-Benzoylmethylen-3-methyl-2.3-dihydrobenzoxazol*, $C_{16}H_{13}NO_2$, F. 231—233°, a) aus V mit $CH_2N_2$; b) aus 0,55 g I durch 1 Min. langes Kochen mit VI in A. u. Stehen über Nacht; Blättchen aus A. oder Dioxan; 0,4 g. — *3.4-Diketoadipinsäure-bis-[o-hydroxyanilid]-tetraäthylacetal*, $C_{26}H_{36}N_2O_8$, Zers. bei 210—230°, aus 1,3 g II durch Auflösen in sd. alkohol. Lsg. von III u. Absaugen in der Wärme; grünlichgelbe Kristalle; 1,7 g. — *1.4-Bis-[benzoxazolyl-(2)]-butandion-(2.3)*, $C_{18}H_{12}N_2O_4$, Zers. bei 230°, durch Erhitzen vorst. Verb. in Eisessig oder Dimethylformamid; gelbe Kristalle. — *3.4-Diketoadipinsäure-bis-[o-hydroxyanilid]*, $C_{18}H_{16}N_2O_6$, Zers. bei 265—270°, aus 0,4 g vorvorst. Verb. durch Anrühren mit 20%ig. HCl u. Aufkochen; hellgelbe Kristalle; 0,11 g. — *2-Phenacylbenzthiazol*, $C_{15}H_{11}NOS$, F. 113—114°, aus 0,75 g I u. IIIa durch Stehen unter $O_2$-Ausschluß u. Waschen mit PAe.-Ae.; gelbe Kristalle aus Acetanhydrid–Dipropyläther (1:1); 0,85 g. — *1.4-Bis-[benzthiazolyl-(2)]-butandion-(2.3)*, $C_{18}H_{12}N_2O_2S_2$ Zers. bei 215° aus 1,1 g II u. IIIa durch vorsichtiges Erwärmen; gelbe Kristalle; 0,25 g. — *Benzoylketen-N-[o-aminocarbonylphenyl]-O-äthyl-O.N-acetal* $C_{18}H_{18}N_2O_3$, F. 127—130° (Zers.), aus I durch 1 Min. langes Kochen mit IV in A. u. 1std. Stehen; Nadeln aus A.; 1,0 g. — *2-Phenacylchinazolon-(4)*, $C_{16}H_{12}N_2O_2$, Zers. bei 255—263°, aus 0,5 g vorst. Verb. durch 5 Min. langes Kochen in Eisessig; hellgelbe Nadeln aus Acetanhydrid; 0,27 g. — *3-Phenacyl-1.2.4-benzthiadiazin-1.1-dioxid*, $C_{15}H_{12}N_2O_3S$, F. 248—253°, aus 1,1 g I durch 30 Min. langes Kochen mit IVa in A.; gelbe Kristalle aus Acetessigester; 0,8 g.

H. J. Kötzsch 3000◇

*0842* **Darstellung und Reaktionen von 1-[Nitroguanyl]-aziridinen.** James U. Lowe jun., Takahiko A. Oda und Robert Evans. (J. org. Chemistry **28**, 1496—98, 1963; Indian Head, Md., U. S. Naval Propellant Plant, Res. and Dev. Dep.; engl.) — Durch Rk. von 2-Methyl-1-nitro-2-thiopseudoharnstoff (III) mit Äthylenimin (II) wird *1-[N'-Nitroguanyl]-aziridin* (I) erhalten. Analog liefert III mit 2-Methylaziridin (IV) das *2-Methyl-Deriv.* (V) von I. Das durch Rk. von I mit Methylmercaptan bzw. von III u. 2-Methylmercaptoäthylamin erhältliche *1-[2-Methylmercaptoäthyl]-2-nitroguanidin* wird auch durch Rk. von II u. III in Methanol dargestellt. Mit A. u. p-Toluolsulfonsäure (VI) liefert I *2-Imino-1-nitroimidazolidinium-p-toluolsulfonat* (VII) u. *1-[2-Äthoxyäthyl-2-nitroguanidin*, das auch aus III u. Äthoxyäthylamin entsteht. Das Nitrat von VII wird auch durch Rk. von 2-Amino-1-nitroimidazolidinnitrat mit VI erhalten. Die Alkoholysen von I mit Pentanol-(1) u. 2-Methylpropanol-(2) geben die entsprechenden *1-[2-Alkoxyäthyl]-2-nitroguanidine*. Die Spaltung von I in Methylenchlorid mit $HNO_3$, HCl u. HBr liefert die entsprechenden *2-substituierten Äthylnitroguanidine*. Cyanbromierung von I führt, wahrscheinlich über intermediäres $N_{(1)}$-*[2-Bromäthyl]-$N_{(1)}$-cyan-$N_{(2)}$-nitroguanidin*, zu *3-Cyan-2-imino-1-nitroimidazolidin*. Daneben wird *2-Amino-1-nitroimidazolidiniumbromid* erhalten. V liefert mit Methylmercaptan *1-[1-Methylmercaptopropyl-(2)]-*, mit VI *1-[2-Äthoxypropyl-(1)]-2-nitroguanidin*, dessen Konstit. durch unabhängige Synth. gesichert wird. Einige der dargestellten Verbb. werden durch längeres Erhitzen mit $D_2O$ auf 50—55° in markierte Verbb. übergeführt u. durch ihre UV-Spektren identifiziert.

Versuche: Aziridine: *1-[N'-Nitroguanyl]-* (I), $C_3H_6N_4O_2$, F. 129—130° (Methanol), durch Zusetzen von III zu II in abs. Ae.-abs. Methanol, Zusetzen von abs. Ae.-Methanol nach 15 Min. bei 38° u. ½std. Erwärmen auf 50°, Kühlen auf 30° u. Eindampfen durch Einleiten von trockener Luft; 80,2% (Ausbeute). — *2-Methyl-1-[N'-nitroguanyl]-* (V), $C_4H_8N_4O_2$, F. 109—110° (A.-$CH_2Cl_2$), durch Zusetzen von IV u. III zu abs. Ae.-abs. Methanol, 1½—2std. Stehen bei 25—27° u. analoge Aufarbeitung; 83%. — 2-Nitroguanidine: *1-[2-Methylmercaptoäthyl]-*, $C_4H_{10}N_4O_2S$, F. 115—116° (Methanol-W.), a) durch 21std. Rk. äquimol. Mengen von II u. III in abs. Methanol; 18,2%; b) durch 1std. Einleiten von Methylmercaptan bis zur Sättigung in I in abs. A. bei 20°, 18std. Stehen bei 23° u. Eindampfen; 53%; c) durch Stehen des durch die Rk. von Methylmercaptan mit II erhaltenen *2-[Methylmercapto]-äthylamins* u. III in abs. Ae.-abs. A.; 73%. — *1-[2-Äthoxyäthyl]-*, $C_5H_{12}N_4O_3$, F. 83,5 bis 84,5°, a) durch Eindampfen des Filtrats von VII; 47%; b) durch Rk. von 2-Äthoxyäthylamin mit III. — *1-[2-Pentoxyäthyl]-*, $C_8H_{18}N_4O_3$, F. 92° (A., W.), durch 6std. Kochen von I mit Pentanol-(1) u. VI. — *1-[2-tert.-Butoxyäthyl]-*, $C_7H_{16}N_4O_3$, F. 150—151° (A.), durch 18std. Kochen von I mit 2-Methylpropanol-(1) u. VI. — *1-[1-Methylmercaptopropyl-(2)]-*, $C_5H_{12}N_4O_2S$, F. 79—80° ($CH_2Cl_2$), a) durch Kondens. von III u. 1-Methylmercaptopropyl-(2)-amin; 54%; b) durch 4std. Stehen von V u. Methylmercaptan in Methanol bei —24° u. Stehen über Nacht bei Raumtemperatur. — *1-[2-Äthoxypropyl-(1)]-*, $C_6H_{14}N_4O_3$, F. 155—156° (A.), a) durch 5std. Kochen von V u. VI in abs. A. u. Eindampfen im Luftstrom; 24%; b) durch 3std. Kochen von 2-Äthoxypropyl-(1)-amin u. III in A., Eindampfen u. Behandeln mit Äther. — *1-[1-Äthoxypropyl-(2)]-*, $C_6H_{14}N_4O_3$, F. 88—89° (W.), durch 19std. Rühren von 1-Äthoxypropyl-(2)-amin [Kp. 116°, $n_D^{20}$ 1,4079; *Pikrat*, $C_{11}H_{16}N_4O_8$, F. 132° (Ae.-A.)] u. III in Ae.-A.; 63%. — *3-Cyan-2-imino-1-nitroimidazolidin*, $C_4H_5N_5O_2$, F. 139°, durch 110 Min. langes Kochen u. Rühren von I u. Bromcyan in abs. Bzl.; 43%; daneben *2-Imino-1-nitroimidazolidin, Hydrobromid* [$C_3H_7BrN_4O_2$, F. 183—185°; 41%. *p-Toluolsulfonat* (VII), $C_{10}H_{14}N_4O_5S$, F. 183—185° (abs. A.), durch 4½std. Kochen von I u. VI in abs. A., 74std. Stehen bei Zimmer-Temp. u. Lösen des eingedampften Filtrats in abs. Methanol, Zusetzen von Ae. u. Stehen bei 0° über Nacht; 29,6%]. — *1-Methylmercaptopropyl-(2)-amin*, $C_4H_{11}NS$, Kp. 155—156°, durch 4std. Einw. äquimol. Mengen Methylmercaptan u. IV in überschüssigem Methanol bei —78° u. Stehen über Nacht bei Raum-Temp.; 53%. *Pikrat*, $C_{10}H_{14}N_4O_7S$, F. 150 bis 151°. — *2-Äthoxyäthylamin*, aus 2-Äthoxyäthylbromid u. Hydrazinolyse des erhaltenen *N-[2-Äthoxyäthyl]-phthalimids* [$C_{12}H_{13}NO_3$, F. 39—40° (Ae.-PAe.); 57%]; 50%.

H. Gleinig 3030◇

*0843* **Synthese von Klebstoffen mit Ringstruktur.** 4. Mitt. **Synthese und Klebeeigenschaften von Bis-äthylenharnstoffen mit fünfgliedrigem heterocyclischem Ring.** Yoshio Iwakura, Katsumi Hayashi, Masahiro Sakamoto und Makoto Shindo. (Chem. High Polymers [Tokyo] **15**, 298—304, 1958; jap., Auszug: engl.) — *2.5-Bis-[β-isocyanatoäthyl]-tetrahydrofuran* ($Kp._5$ 143°), *2.5-Bis-[β-isocyanatoäthyl]-furan* ($Kp._4$ 126—128°) u. *2.5-Bis-[β-isocyanatoäthyl]-thiophen* ($Kp._5$ 155—157°) werden aus Lävulinsäure u. Furfurol dargestellt u. ergeben durch Rk. mit Äthylenimin *2.5-Bis-[β-(N.N-äthylenureido)-äthyl]-tetrahydrofuran* (F. 82—85°; 84% Ausbeute), *2.5-Bis-[β-(N.N-äthylenureido)-äthyl]-furan* (F. 43—47°; 78%) bzw. *2.5-Bis-[β-(N.N-äthylenureido)-äthyl]-thiophen* (F. 117—118°; 68%). Letztere Verbb. besitzen ausgezeichnete Klebewirkung. Die Darst. von *1.4-Bis-[N.N-äthylenureido]-butan* (F. 124°) u. *1.6-Bis-[N.N-äthylenureido]-hexan* (F. 106—107°) wird beschrieben. Zur Unters. der Beziehung zwischen Klebe-Wrkg. u. chem. Struktur der dargestellten Bis-äthylenharnstoffe werden Klebetests an Holz durchgeführt. Die Struktur dieser Verbb. hängt eng mit den wasserabweisenden Eigg. bei der Adhäsion des Holzes zusammen.

H.-J. Weigmann 3051△

*0844* **Untersuchungen über die Synthese heterocyclischer Verbindungen.** 43. Mitt. **Synthese von Furanderivaten.** 2. Mitt. **Synthese von Furo-[3.2:c]-pyridinderivaten und verwandten Verbindungen.** Tetsuji Kametani, Yukio Nomura und Kikuko Morita. (J. pharmac. Soc. Japan [Yakugakuzasshi] **76**, 652—54, 1956; Osaka, Univ., Pharmac. Fac.; Osaka, Kinki Univ.; jap., Auszug: engl.) — 42. vgl. C. **1961**, 10937. — 4-[3-Methoxy-4-benzyloxyphenyl]-6.7-dihydrofuro-[3.2:c]-pyridin zeigt $^1/_{50}$ der uteruskontrahierenden Wrkg. von Oxytocin, während die debenzylierte Verb. diese Wrkg. verliert. Es scheint naheliegend, daß die am Phenylkern gebundene Benzyloxygruppe für die Wrkg. verantwortlich ist. Um diese Verhältnisse näher zu untersuchen, werden folgende Verbb. durch Bischler-Napieralski-Rk. bzw. anschließende Red. mit $NaBH_4$ dargestellt: *4-[3-Methoxy-4-benzoyloxyphenyl]-*, *4-[3-Benzyloxy-4-methoxyphenyl]-* u. *4-[3.4-Dibenzyloxyphenyl]-6.7-dihydrofuro-[3.2:c]-pyridin* u. *4-[3-Benzyloxy-4-methoxyphenyl]-* u. *4-[3.4-Dibenzyloxyphenyl]-4.5.6.7-tetrahydrofuro-[3.2:c]-pyridin.* Weiter wird *N-Methyl-3-methoxy-4-benzyloxybenzylamin* dargestellt.

Versuche: *N-Methyl-3-methoxy-4-benzyloxybenzylamin, Hydrochlorid*, $C_{16}H_{20}ClNO_2$, F. 168—169°, durch Methylieren von 3-Methoxy-4-benzyloxybenzylamin mit 80%ig. HCOOH u. 35%ig. HCHO; 77% (Ausbeute). — *β-[Furyl-(2)]-äthylamine*: *Unsubstituiert* (I), F. 171—172°, durch

Hydrieren von 2-[β-Nitrovinyl]-furan mit $LiAlH_4$ in THF. — *N-[3-Methoxy-4-benzoyloxybenzoyl]-* (II), $C_{21}H_{19}NO_5$, F. 153°, durch Umwandeln von O-Benzoylvanillinsäure mit $SOCl_2$ in das Säurechlorid u. Rk. nach Schotten-Baumann mit I u. 10%ig. NaOH bei 0°; 60%. — *N-[3-Benzyloxy-4-methoxybenzoyl]-* (III), $C_{21}H_{21}NO_4$, F. 155—156°, analog II aus I u. O-Benzylisovanillinsäurechlorid; 94%. — *N-[3.4-Dibenzyloxybenzoyl]-* (IV), $C_{27}H_{25}NO_4$, F. 145—148°, aus 3.4-Dibenzyloxybenzoesäurechlorid u. I; 84,1%. — Furo-[3.2:c]-pyridine: *4-[3-Methoxy-4-benzoyloxyphenyl]-6.7-dihydro-, Hemipikrat*, $C_{21}H_{17}NO_4 \cdot 1/2\, C_6H_3N_3O_7$, F. 70—120° (Zers.), durch Ringschluß aus II mit $POCl_3$. — *4-[3-Benzyloxy-4-methoxyphenyl]-6.7-dihydro-, Hemihydrat, Hemihexachloroplatinat*, $C_{21}H_{19}NO_3 \cdot 1/2\, H_2PtCl_6 \cdot 1/2\, H_2O$, F. 175—177° (Zers.), aus III mit $POCl_3$. — *4-[3-Benzyloxy-4-methoxyphenyl]-4.5.6.7-tetrahydro-, ¹/₄-Hexachloroplatinatsesquihydrat*, $C_{21}H_{21}NO_3 \cdot 1/4\, H_2PtCl_6 \cdot 1/2\, H_2O$, F. 203° (Zers.), durch Red. vorst. Verb. mit $NaBH_4$; 84,1%. — *4-[3.4-Dibenzyloxyphenyl]-6.7-dihydro-, Hemihexachloroplatinat*, $C_{27}H_{23}NO_3 \cdot 1/2\, H_2PtCl_6$, F. 158°, aus IV u. $POCl_3$; 15,5%. — *4-[3.4-Dibenzyloxyphenyl]-4.5.6.7-tetrahydro-, ¹/₄-Hexachloroplatinatpentahydrat*, $C_{27}H_{25}NO_3 \cdot 1/4\, H_2PtCl_6 \cdot 5\, H_2O$, F. 74—115° (Zers.), aus vorst. Verb. mit $NaBH_4$; 132 mg. D. Dargel 3061

*0845* **Untersuchungen über die Synthese heterocyclischer Verbindungen. 44. Mitt. Synthese von Furanderivaten. 3. Mitt. Synthese von N-substituierten β-[Furyl-(2)]-äthylaminderivaten.** Tetsuji Kametani und Yukio Nomura. (J. pharmac. Soc. Japan [Yakugakuzasshi] **76**, 753—54, 1956; jap., Auszug: engl.) — 43. bzw. 2. vgl. vorst. Referat. — Durch Red. der entsprechenden Schiffschen Basen mit $NaBH_4$ werden folgende β-[Furyl-(2)]-äthylamine dargestellt: *N-[3-Benzoyloxy-4-äthoxybenzyl]-*, *N-[3-Methoxy-4-benzyloxybenzyl]-*, *N-[3.4-Dibenzyloxybenzyl]-*, *N-[3.4-Dimethoxybenzyl]-*, *N-[3-Methoxy-4-hydroxybenzyl]-* (I), *N-[3.4-Methylendioxybenzyl]-*, *N-Furfuryl-* (II). Ein Vgl. der pharmakolog. Wrkg. dieser Verbb. mit der uteruskontrahierenden Wrkg. von 2-Methoxy-6-allylphenyldiäthylaminoäthyläther zeigt, daß I ¹/₁₀ u. II ¹/₅₀ der Wrkg. hat.

Versuche: β-Furyl-(2)-äthylamine: *N-[3-Methoxy-4-hydroxybenzyl]-* (I), *Hydrochlorid*, $C_{14}H_{17}NO_3 \cdot HCl$, F. 180 bis 181°, durch Kondens. von 0,4 g Vanillin mit 0,3 g 2-[β-Aminoäthyl]-furan u. Red. des erhaltenen Prod. mit $NaBH_4$ bei 40—45°; 0,7 g Ausbeute. — *N-[3-Benzyloxy-4-methoxybenzyliden]-*, $C_{21}H_{21}NO_3$, F. 91—92°, analog I. — *N-[3-Benzyloxy-4-methoxybenzyl]-*, $C_{21}H_{23}NO_3$, F. 55—56°, durch Red. vorst. Verbindung. — *N-[3-Methoxy-4-benzyloxybenzyl]-, Hydrochlorid*, $C_{21}H_{23}NO_3 \cdot HCl$, F. 181—182°. — *N-[3.4-Dibenzyloxybenzyliden]-*, $C_{27}H_{25}NO_3$, F. 65—66,5°. — *N-[3.4-Dibenzyloxybenzyl]-, Hydrochlorid*, $C_{27}H_{27}NO_3 \cdot HCl$, F. 156 bis 157°. — *N-[3.4-Dimethoxybenzyl]-, Hydrochlorid*, $C_{15}H_{19}NO_3 \cdot HCl$, F. 158—160°. — *N-[3.4-Methylendioxybenzyl]-, Hydrochlorid*, $C_{14}H_{15}NO_3 \cdot HCl$, F. 216—218°. — *N-Furfuryl-* (II), *Hydrochlorid*, $C_{11}H_{13}NO_2 \cdot HCl$, F. 169—171°.

D. Dargel 3061

*0846* **Untersuchungen über die Synthese neuer antibakterieller Substanzen.** 2. Mitt. **Synthesen von 3-[5-Nitrothienyl-(2)]-acrylsäure-Derivaten und deren antibakterielle Aktivität.** Ryuichi Kimura, Takahiro Yabuuchi und Masakatsu Hisaki. (Chem. pharmac. Bull. [Tokyo] **10**, 1232—37, 1962; Univ. of Kyoto, Sci. Res. Inst. for Practical Life; engl.) — 1. vgl. C. **1964**, 13-0799. — *3-[5-Nitrothienyl-(2)]-acrylsäure* (I) wird durch direkte Nitrierung von 3-[Thienyl-(2)]-acrylsäure in guter Ausbeute dargestellt, letztere wird unmittelbar durch Rk. von Thiophen-2-aldehyd mit Malonsäure erhalten. Kondens. mit Aminen, Alkoholen oder Phenolen liefert Ester u. Amide. *2-Brom-3-[5-nitrothienyl-(2)]-acrylsäureester* werden durch Bromierung der Ester dargestellt. Die antibakteriellen Wrkg. der neuen Verbb. werden in vitro untersucht.

Versuche: *3-[5-Nitrothienyl-(2)]-acrylsäure* (I), F. 251 bis 252° (Methanol), zu einer bei 0—5° hergestellten Lsg. von $HNO_3$ in Acetanhydrid werden bei —5 bis —10° portionsweise 3-[Thienyl-(2)]-acrylsäure zugefügt u. 2 Std. gerührt; blaßgelbe Nadeln; 78,5% (Ausbeute). *Chlorid* (II), durch 1std. Erwärmen eines Gemisches von Lsgg. aus I in PAe. u. $SOCl_2$ in Chlf. auf 55—60°. — β-[5-Nitrothienyl-(2)]-acrylsäureamide, allg. Meth.: Zur wasserfreien Benzol-Lsg. von II wird unter Schütteln die wasserfreie Benzol-Lsg. des Amins (wasserfreier A. bei p-Aminophenol) zugefügt u. 5 Std. bei Raum-Temp. stehengelassen; 65—75%: *-methylamid*, $C_8H_8N_2O_3S$, F. 180—181°; gelbe Nadeln aus Methanol. — *-dimethylamid*, $C_9H_{10}N_2O_3S$, F. 163—164°; gelbe Nadeln aus Methanol. — *-diäthylamid*, $C_{11}H_{14}N_2O_3S$, F. 112—113°; gelbe Nadeln aus Methanol. — *-isopropylamid*, $C_{10}H_{12}N_2O_3S$, F. 193—194°; gelbe Nadeln aus Methanol. — *-piperidid*, $C_{12}H_{14}N_2O_3S$, F. 120—121°; aus A. gelbe Prismen. — *-morpholid*, $C_{11}H_{12}N_2O_4S$, F. 227—228°; gelbe Platten aus Methanol. — *-anilid*, $C_{13}H_{10}N_2O_3S$, F. 220—221°; gelbe Prismen aus Tetrahydrofuran (THF). — *-p-methylanilid*, $C_{14}H_{12}N_2O_3S$, F. 247—248°; gelbe Prismen aus THF. — *-p-hydroxyanilid*, $C_{13}H_{10}N_2O_4S$, F. 255°; gelbe Prismen aus THF. — *-p-chloranilid*, $C_{13}H_9ClN_2O_3S$, F. 248—249°; gelbe Prismen aus THF. — *-p-bromanilid*, $C_{13}H_9BrN_2O_3S$, F. 243—244°; gelbe Prismen aus THF. — *-p-äthoxycarbonylanilid*, $C_{16}H_{14}N_2O_5S$, F. 229—230°; gelbe Prismen aus THF. — *-p-aminosulfonylanilid*, $C_{13}H_{11}N_3O_5S_2$, F. 255°; gelbe Prismen aus THF. — β-[5-Nitrothienyl-(2)]-acrylsäureester: *-methylester*, $C_8H_7NO_4S$, F. 156—157°, durch 30—40 Min. langes Einleiten von trocknem HCl in eine methanol. Lsg. von I bei 0° u. Eindampfen zur Trockne; aus A. gelbe Prismen; 88%. — Allg. Meth. für folgende Verbb.: durch langsames Hinzufügen des entsprechenden Alkohols (Phenols) in trocknem Bzl. zu II u. 5std. Erhitzen im Ölbad; 70—80%: *-n-propylester*, $C_{10}H_{11}NO_4S$, F. 73—74°; aus A. gelbe Prismen. — *-isopropylester*, $C_{10}H_{11}NO_4S$, F. 79—80°; aus A. gelbe Prismen. — *-n-butylester*, $C_{11}H_{13}NO_4S$, F. 63—64°; aus A. gelbe Prismen. — *-n-pentylester*, $C_{12}H_{15}NO_4S$, F. 54,5—55°; aus Methanol gelbe Prismen. — *-benzylester*, $C_{14}H_{11}NO_4S$, F. 81—83°; aus Methanol gelbe Prismen. — *-phenylester*, $C_{13}H_9NO_4S$, F. 137—138°; aus Methanol gelbe Prismen. — *-p-[1.3.3-trimethylbutyl]-phenylester*, $C_{20}H_{23}NO_4S$, F. 137 bis 138°; gelbe Platten aus Methanol. — 2-Brom-3-[5-nitrothienyl-(2)]-acrylsäureester, allg. Meth.: durch Zufügen von $Br_2$ zum entsprechenden 3-[5-Nitrothienyl-(2)]-acrylsäureester in $CH_2Cl_2$, 24std. Stehen bei Raum-Temp., Verdampfen von $CH_2Cl_2$, Behandeln des Rückstandes mit Na-Acetat in abs. A. u. 1—2std. Kochen: *-methylester*, $C_8H_6BrNO_4S$, F. 132—133°; gelbe Nadeln aus Methanol. — *-n-butylester*, $C_{11}H_{12}BrNO_4S$, F. 108,5—109,5°; gelbe Nadeln aus Methanol. — *-benzylester*, $C_{14}H_{10}BrNO_4S$, F. 144—144,5°; gelbe Nadeln aus Aceton. R. Schirner 3071△

*0847* **Synthese verschiedener Nitromethyl(oder Nitroalkoxy)-indol-2-carbonsäureäthylester und ihrer entsprechenden Aminoverbindungen.** Tsung-Yao Owen, Chung-Yen Wang und Ting Wang. (Acta chim. sinica **28**, 108—13, 1962; Academia Sinica, Inst. of Materia Media; chin., Auszug: engl.) — Die Diazoniumsalze von 2-Nitro-, 4-Nitro-, 5-Nitro-2-methyl-, 2-Nitro-4-methyl-, 2-Nitro-4-methoxy- u. 2-Nitro-4-äthoxyanilin wurden mit 2-Methyl- bzw. 2-Äthylacetessigsäureäthylester in Ggw. von KOH zu *α-Oxobuttersäureäthylester-2-nitro-* [$C_{12}H_{15}N_3O_4$, F. 105°; 42% (Ausbeute)] u. *-4-nitrophenylhydrazon* ($C_{12}H_{15}N_3O_4$, F. 157°; 41%) bzw. *Brenztraubensäureäthylester-2-methyl-5-nitro-* ($C_{12}H_{15}N_3O_4$, F. 140°; 71%), *-2-nitro-4-methyl-* ($C_{12}H_{15}N_3O_4$, F. 145°; 71%), *-2-nitro-4-methoxy-* u. *-2-nitro-4-äthoxyphenylhydrazon* ($C_{13}H_{17}N_3O_5$, F. 171°; 75%) kondensiert. Diese wurden mit Polyphosphorsäure zu nachst. Indol-2-carbonsäureäthylestern cyclisiert: *3-Methyl-7-nitro-*, $C_{12}H_{12}N_2O_4$, F. 138°; 40%. — *3-Methyl-5-nitro-*, F. 236°; 63%. — *4-Nitro-7-methyl-*, F. 192°; 38%. — *5-Methyl-7-nitro-*, F. 114°; 40%. — *5-Methoxy-7-nitro-*, $C_{12}H_{12}N_2O_5$, F. 121°; 62%. — *5-Äthoxy-7-nitro-*, $C_{13}H_{14}N_2O_5$, F. 126°; 59%. — Daraus durch Hydrierung an Pd-Kohle: *3-Methyl-7-amino-*, $C_{12}H_{14}N_2O_2$, F. 159°; 85%. — *3-Methyl-5-amino-* (I), F. 126°; 93%. — *4-Amino-7-methyl-* (II), F. 153°; 93%. — *5-Methyl-7-amino-*, F. 183°; 82%. — *5-Methoxy-7-amino-*, $C_{12}H_{14}N_2O_3$, F. 187°; 50%. — *5-Äthoxy-7-amino-*, $C_{13}H_{16}N_2O_3$, F. 178°; 45%. — I bzw. II wurden von Äthylenoxid in verd. Eisessig zu *3-Methyl-5-[bis-(2-hydroxyäthyl)-amino]-* ($C_{16}H_{22}N_2O_4$, F. 139—140°; 76%) bzw. *4-[Bis-(2-hydroxyäthyl)-amino]-7-methylindol-2-carbonsäureäthylester* ($C_{16}H_{22}N_2O_4$, F. 144—145°; 89%) hydroxyäthyliert. 5-Nitro- u. 7-Nitroindol-2-carbonsäure wurden bei 190—200° zu *5-Nitro-* (F. 141—142°) u. *7-Nitroindol* (F. 95 bis 96°; 88%) decarboxyliert, die katalyt. zu *5-Amino-* ($C_8H_8N_2$, F. 129—130°) u. zu *7-Aminoindol* ($C_8H_8N_2$, F. 96 bis 97°; 92%) hydriert wurden. H.-J. Kötzsch 3081◇

*0848* **Basische Derivate des 4.5.6-Trimethoxyindols und des 3.4.5-Trimethoxyphenols.** A. Carlsson, H. Corrodi und T. Magnusson. (Helv. chim. Acta **46**, 1231—35, 1963;

Göteborg, Univ., Pharmakolog. Inst.; AB Hässle, Biochem. Forschungslabor.; dt.) — Aus 3.4.5-Trimethoxyphenol (I) wurden durch Rk. mit Äthylenbromid (II) u. $NH_3$ bzw. mit $\beta$-Chloräthyldimethylamin (III) *β-[3.4.5-Trimethoxyphenoxy]-äthylamin* (VI) u. sein *N.N-Dimethyl-Deriv.* (VII), 2 dem Mescalin nahestehende Verbb., dargestellt. Weiter gelang die Synth. von *4.5.6-Trimethoxytryptamin* u. seinem *N.N-Dimethyl-Deriv.* (VIII) aus 4.5.6-Trimethoxyisatin (IV), das zunächst mit $LiAlH_4$ in abs. Pyridin in 47%ig. Ausbeute zu *4.5.6-Trimethoxyindol* (V) red. wurde. Die Struktur von V wurde UV-spektroskop. gesichert. In vorläufigen pharmakolog. Verss. an Mäusen u. im Human-Vers. zeigten VI—VIII keine psychotropen Effekte.

Versuche: *β-[3.4.5-Trimethoxyphenoxy]-äthyldimethylamin* (VII), $Kp._1$ 140°, aus 36,8 g I u. 35 g III-Hydrochlorid in einer Lsg. von 10 g Na in 500 ml A. durch 5std. Kochen; Öl; 31 g (Ausbeute). *Hydrochlorid*, $C_{13}H_{22}ClNO_4$, F. 172° (Methanol–Essigester). *Methojodid*, $C_{14}H_{24}JNO_4$, F. 211° (Methanol–Essigester). — *β-[3.4.5-Trimethoxyphenoxy]-äthylbromid*, durch Zutropfen einer Lsg. von 1,45 g Na in 50 ml abs. A. zu einer sd. Lsg. von 11,5 g I u. 30 g II in A. u. 4std. Kochen; 7,5 g (roh). — *β-[3.4.5-Trimethoxyphenoxy]-äthylamin* (VI), aus 9 g vorst. Verb., 50 ml Bzl. u. 30 ml fl. $NH_3$ durch 12std. Erhitzen im Autoklaven auf 70°; Öl; 6,9 g. *Hydrochlorid*, $C_{11}H_{18}ClNO_4$, F. 168° (Methanol–Essigester). — *4.5.6-Trimethoxyindol* (V), $C_{11}H_{13}NO_3$, F. 101°, aus 10 g IV durch portionsweise Zugabe zu einer Mischung aus 7 g $LiAlH_4$ u. 500 ml abs. Pyridin, 4std. Rühren bei 20°, Zers. mit W., Gießen in wss. Weinsäure-Lsg., Ae.-Extraktion, Waschen mit Weinsäure-Lsg., Trocknen, Lösen des nach Eindunsten erhaltenen, langsam kristallisierenden, tiefvioletten Öls (5,8 g) in Ae. u. Filtrieren durch Alox; aus Aceton–Cyclohexan Kristalle; 4,1 g. — *4.5.6-Trimethoxyindolyl-(3)-glyoxylsäurechlorid*, aus 2 g V u. 2,2 g Oxalylchlorid in abs. Ae. durch 12std. Stehen bei 0°; 2,4 g (roh). — *4.5.6-Trimethoxyindolyl-(3)-glyoxylsäuredimethylamid*, $C_{15}H_{18}N_2O_5$, F. 204° (Aceton–Cyclohexan), aus 0,9 g vorst. Verb. u. 20%ig. wss. Dimethylamin-Lsg. in 2 Std.; 0,7 g. — *N.N-Dimethyl-4.5.6-trimethoxytryptamin* (VIII), $C_{15}H_{22}N_2O_3$, F. 97° (Aceton–Cyclohexan), durch Zutropfen einer Lsg. von 1,5 g vorst. Verb. in Tetrahydrofuran (THF) zu einer Suspension von 1,5 g $LiAlH_4$ in THF, 4std. Kochen, Zusatz von Methylenchlorid zum erkalteten Rk.-Gemisch u. Zers. mit 5 ml W. u. 5 ml THF; 0,6 g. — *4.5.6-Trimethoxyindol-3-aldehyd*, $C_{12}H_{13}NO_4$, F. 170° (Methanol–W.), durch Zutropfen einer Lsg. von 2,07 g V in 4 ml Dimethylformamid zu einer eisgekühlten Mischung aus 1 ml Phosphoroxychlorid u. 3,5 g Dimethylformamid, 1std. Stehen bei 40°, Verdünnen mit W., Einstellen auf pH 7 mit 5n NaOH u. mehrtägiges Stehen; 1,4 g. — *4.5.6-Trimethoxy-3-[β-nitrovinyl]-indol*, $C_{13}H_{14}N_2O_5$, F. >200° (Zers.), aus 1 g vorst. Verb., 0,2 g Ammoniumacetat u. 3 ml Nitromethan durch ½std. Kochen; aus Methylenchlorid–Methanol gelbe Kristalle; 1,1 g. — *4.5.6-Trimethoxytryptamin*, $C_{13}H_{18}N_2O_3$, F. 146° (Aceton–Cyclohexan), aus vorst. Verb. durch $LiAlH_4$-Reduktion.

A. Jungblut 3081◇

*0849* **Untersuchungen über die Synthese von aliphatischen Aminosäuren und Indolaminosäuren.** Serge David und Jean-Claude Fischer. (C. R. hebd. Séances Acad. Sci. **257**, 1628—30, 1963; Nancy, Fac. des Sci., Labor. de Chim. organ.; franz.) — Durch Nitrierung von 3-Methylbuten-(2)-yl-malonsäurediäthylester mit Acetoncyanhydrinnitrat in Ggw. von NaH entsteht *2-Nitro-5-methylhexen-(4)-säure-(1)-äthylester* (I, $Kp._{0,05}$ 68—72°; $n_D^{19}$ 1,4528), aus dem sich durch Hydrierung an Raney-Ni u. anschließende alkal. Verseifung *2-Amino-5-methylhexen-(4)-säure-(1)* (II, F. 220°) darstellen läßt. In gleicher Weise wird aus Isopentylmalonsäurediäthylester über *2-Nitro-5-methylhexansäure-(1)-äthylester* (III, $Kp._{0,1}$ 85—86°; $n_D^{20}$ 1,4330) *2-Amino-5-methylhexansäure-(1)* [F. 273° (W.)] gewonnen. Kondens. von III mit Gramin (IV) ergibt *3-[2-Nitro-5-methyl-2-äthoxycarbonylhexyl]-indol*, F. 81 bis 82° (A.), das durch katalyt. Hydrierung der Nitrogruppe an Raney-Ni *3-[2-Amino-5-methyl-2-äthoxycarbonylhexyl]-indol* (V) liefert [*Acetyl-Deriv.* (VI), F. 152° (Methanol/W.)]. V geht durch Verseifung mit $K_2CO_3$ in A. in *3-[2-Amino-5-methyl-2-carboxyhexyl]-indol* [$C_{16}H_{22}N_2O_2 \cdot H_2O$, F. 258 bis 259° (A.)] über, das beim Trocknen über $P_2O_5$ bei 110° 2 Moll. $H_2O$ verliert u. eine *Verb. vom F. 264°* ergibt. Bei der Kondens. von I mit IV entsteht *3-[2-Nitro-5-methyl-2-äthoxycarbonyl-hexen-(4)-yl]-indol* (VII), F. 102—103°. Aus VII läßt sich durch Druckhydrierung an Raney-Ni bei Raum-Temp. u. durch anschließende Acetylierung VI darstellen, während schonende Hydrierung u. Acetylierung *3-[2-Acetylamino-5-methyl-2-äthoxycarbonylhexen-(4)-yl]-indol* (VIII, F. 138°) ergeben. Alkal. Hydrolyse von VIII führt zu einer Verb., in der vermutlich *3-[2-Amino-5-methyl-2-carboxyhexen-(4)-yl]-indol* (IX, $C_{16}H_{20}N_2O_2 \cdot H_2O$, F. 244°) vorliegt. IR-Banden sind für I, II, III, VII u. IX, UV-Maxima für VII, VIII u. IX angegeben.

Fr. Geiger 3081◇

*0850* **Wirkung von Aminosäuren und anderen Verbindungen auf die Farbreaktion von Tryptophan und p-Dimethylaminobenzaldehyd.** Shotaro Nakajima und Gen-ichi Okuyama. (J. pharmac. Soc. Japan [Yakugakuzasshi] **76**, 620—24, 1956; Tokyo, Taisho Pharmac. Co.; jap., Auszug: engl.) — Die Blaufärbung bei der Rk. von Tryptophan u. p-Dimethylaminobenzaldehyd in saurer Lsg., die Ehrlich-Rk., wird durch Erhitzen der Lsg. oder durch Zugabe eines Oxydationsmittels beschleunigt, gleichzeitig wird die Farbe aber instabil u. neigt zum Verblassen. Zugabe von Eiweißhydrolysaten stabilisiert die Farbe wieder u. verlängert die Periode der Beständigkeit. Es wird gefunden, daß Methionin allein den größten Stabilisierungseffekt bewirkt, dann folgen Cystin, Tyrosin, Histidin, Asparaginsäure u. Glutaminsäure. Lävulinsäure zeigt gleiche Wrkg. wie das Methionin, während Brenztraubensäure u. Fructose weniger wirksam sind. Das zeigt, daß Verbb., die Schwefel oder eine Carbonylgruppe enthalten, bei der Ehrlich-Rk. stark wirksam sind.

D. Dargel 3081△

*0851* **Reaktionen von einigen Arylpyrazolylsulfiden.** G. Cowell und I. L. Finar. (J. chem. Soc. [London] **1963**, 4920—24; London, Northern Polytechn.; engl.) — *4-[2-Nitrophenylmercapto]-pyrazole* (A) (Darst. vgl. C. **1963**, 6975) wurden durch Rk. mit 1 Val bzw. mit überschüssigem $H_2O_2$ in Eisessig in die entsprechenden *Sulfoxide* (B) bzw. *Sulfone* (C) übergeführt. Aus 3.5-Diphenylpyrazolyl-(4)-sulfiden werden keine B erhalten. *1.3.5-Triphenyl-* u. *1-[2.4-Dinitrophenyl]-3.5-diphenylpyrazolyl-(4)-o-nitrophenylsulfid* (V) geben ein Gemisch aus B u. C. *3.5-Diphenylpyrazolyl-(4)-o-nitrophenylsulfid* reagiert nicht mit $H_2O_2$. Durch Rk. von 1-[2.4-Dinitrophenyl]-Derivv. von A mit $CH_3ONa$ werden entsprechende, in 1-Stellung unsubstituierte, Verbb. u. 2.4-Dinitrophenol (IV) erhalten. Eine Anzahl von *Diarylsulfiden* wird durch Rk. von o-Nitrobenzolsulfenylchlorid (I) mit entsprechenden KW-Stoffen sowohl in Ggw. von $AlCl_3$ als auch ohne Katalysator dargestellt.

Versuche: 1-[2.4-Dinitrophenyl]-4-[2-nitrophenylmercapto]-pyrazole: *3.5-Dimethyl-* (II), $C_{17}H_{13}N_5O_6S$, F. 160—162°, a) durch Zugabe von 3-[2-Nitrophenylmercapto]-pentandion-(2.4) in heißem A. zu 2.4-Dinitrophenylhydrazin in heißem A. u. 2std. Erhitzen in Ggw. von konz. $H_2SO_4$ auf dem Wasserbad; aus wss. A. gelbe Nadeln; 87% (Ausbeute); b) durch 3std. Erhitzen von I u. 1-[2.4-Dinitrophenyl]-3.5-dimethylpyrazol (III) auf 120° u. Kristallisieren aus PAe./Chlf.; 60,5%; c) durch 4std. Erhitzen von III u. I in Nitrobenzol auf 120°, Chromatographie an $Al_2O_3$ u. Kristallisieren aus verd. Essigsäure; 63%. *Sulfoxid*, $C_{17}H_{13}N_5O_7S$, F. 249—251°, durch 7tägiges Stehen von II u. 1 Val 30%ig. $H_2O_2$ in Essigsäure, Zusetzen von W. u. Kristallisieren aus PAe./Chlf.; 87%. *Sulfon*, $C_{17}H_{13}N_5O_8S$, F. 168—170°, a) durch 1std. Erhitzen von II u. 30%ig. $H_2O_2$ in Eisessig/Essigsäureanhydrid auf dem Wasserbad, Zusetzen von W. u. Kristallisieren aus wss. Essigsäure; 91%; b) analog a) aus dem Sulfoxid; 90%. — *3-Methyl-5-phenyl-* (VII), $C_{22}H_{15}N_5O_6S$, F. 201—202°, analog II; nach a) 86%, nach b) 64%, nach c) 65%. *Sulfoxid*, $C_{22}H_{15}N_5O_7S$, F. 211—213°; 85%. *Sulfon*, $C_{22}H_{15}N_5O_8S$, F. 207—209°; 89 bzw. 87%. — *3.5-Diphenyl-* (V), $C_{27}H_{17}N_5O_6S$, F. 208—209°, analog II; nach a) 89%, nach b) 59%, nach c) 62%. *Sulfon*, $C_{27}H_{17}N_5O_8S$, F. 206 bis 208°; 88%; auch durch 7tägiges Stehen von 5,4 g V u. 1 Val 30%ig. $H_2O_2$ in Eisessig; 2,6 g. — *3-Phenyl-5-methyl-* (VIII), $C_{22}H_{15}N_5O_6S$, F. 145—146°, analog II; nach b) 64%, nach c) 63%. *Sulfoxid*, $C_{22}H_{15}N_5O_7S$, F. 194—196°; 83%. *Sulfon*, $C_{22}H_{15}N_5O_8S$, F. 165—167°; 88 bzw. 86%. — 1-Phenyl-4-[2-nitrophenylmercapto]-pyrazole: *Unsubstituiert*, *Sulfoxid*, $C_{15}H_{11}N_3O_3S$, F. 148—149°; 73%. *Sulfon*, $C_{15}H_{11}N_3O_4S$, F. 154—156°; 78 bzw. 77%. — *3-Methyl-*, *Sulfoxid*, $C_{16}H_{13}N_3O_3S$, F. 121—122°; 69%. *Sulfon*, $C_{16}H_{13}N_3O_4S$, F. 140—141°; 89 bzw. 85%. — *5-Methyl-*, *Sulfoxid*,

F. 123—124°; 67%. *Sulfon*, F. 136—137°; 82 bzw. 83%. — *3.5-Dimethyl-*, *Sulfoxid*, $C_{17}H_{15}N_3O_3S$, F. 153—154°; 68%. *Sulfon*, $C_{17}H_{15}N_3O_4S$, F. 143,5—144,5°; 86 bzw. 87%. — *3-Methyl-5-phenyl-*, *Sulfoxid*, $C_{22}H_{17}N_3O_3S$, F. 183—184°; 77%. *Sulfon*, $C_{22}H_{17}N_3O_4S$, F. 187,5—189°; 84 bzw. 83%. — *3-Phenyl-5-methyl-*, *Sulfoxid*, F. 154—156°; 74%. *Sulfon*, F. 168,5—169,5°; 83 bzw. 80%. — *3.5-Diphenyl-*, *Sulfon*, $C_{27}H_{19}N_3O_4S$, F. 215—216°; 80%. — 4-[2-Nitrophenylmercapto]-pyrazole: *3.5-Dimethyl-* (VI), F. 170—171°, durch 1std. Kochen von II u. 0,6n methanol. $CH_3ONa$, Eindampfen u. Waschen mit sd. W.; aus A. gelbe Nadeln; 88%; daneben IV (F. 113°). *Sulfoxid*, $C_{11}H_{11}N_3O_3S$, F. 164—166°; 71%. *Sulfon*, $C_{11}H_{11}N_3O_4S$, F. 139—141°; 73 bzw. 74%. — *3-Methyl-5-phenyl-*, analog VI aus VII; 87%. *Sulfoxid*, $C_{16}H_{13}N_3O_3S$, F. 211,5—213°; 79%. *Sulfon*, $C_{16}H_{13}N_3O_4S$, F. 206—207°; 74 bzw. 72%. — *3.5-Diphenyl-*, analog VI aus V; 89%. *Sulfon*, $C_{21}H_{15}N_3O_4S$, F. 195—197°; 71%. — *3-Phenyl-5-methyl-*, analog VI aus VIII; 86%. — o-Nitrophenylsulfide: *Naphthyl-(1)-* (IX), $C_{16}H_{11}NO_2S$, F. 148 bis 149°, a) durch 4std. Erhitzen von Naphthalin (X) u. I auf 120°; aus A. orangefarbene Nadeln; 66%; b) durch 6std. Erhitzen von X u. I in Nitrobenzol auf 120° u. Chromatographie an $Al_2O_3$; 64%; c) durch Lösen von X u. I in Äthylenchlorid bei —10°, Zugeben von $AlCl_3$, 10 Min. langes Rühren <0°, Zugeben von abs. A. < 10°, Waschen mit 6n HCl u. Eindampfen; 71%; d) analog b), Eindampfen des Eluats, Lösen in Ae., Schütteln mit 2n $Na_2CO_3$, Filtrieren u. Eindampfen; 68%; daneben *2.2'-Dinitrodiphenyldisulfid* (F. 194 bis 196°). — *Anthryl-(9)-*, $C_{20}H_{13}NO_2S$, F. 225—227°, analog IX; nach b) 65%, nach c) 69%, nach d) 66%. — *Phenanthryl-(9)-*, $C_{20}H_{13}NO_2S$, F. 189—191°, analog IX; nach a) 69%, nach b) 67%, nach d) 68%. G. Reinöhl 3122◇

*0852* **Einfache Synthese von 5-substituierten Hydantoinen und Rhodaninen.** Jun-ichi Iwao und Kōichi Tomino. (J. pharmac. Soc. Japan [Yakugakuzasshi] 76, 755—56, 1956; Osaka, Gohei Tanabe and Co. Ltd., Osaka Res. Labor.; jap., Auszug: engl.) — Bei der üblichen Darst. kondensiert man aromat. Aldehyde mit Hydantoin oder Rhodanin in Essigsäureanhydrid oder Eisessig in Ggw. von Na-Acetat. Bei Zusatz geringer Mengen Diäthanolamin geht die Rk. wesentlich schneller u. bringt bessere Ausbeuten. Als Aldehyde werden Vanillin, Piperonal, Benzaldehyd u. p-Nitrobenzaldehyd verwendet.

Versuche: Hydantoine: *5-Vanilliden-*, F. 264° (Zers.), durch 10 Min. langes Erhitzen von Vanillin, Hydantoin u. Diäthanolamin auf 170°; 74,5% (Ausbeute). — *5-Piperonyliden-*, analog vorst. Verb. bei 170° (20 Min.); 83%. — *5-Benzyliden-*, durch Erhitzen auf 170° (40 Min.); 72%. — *5-p-Nitrobenzyliden-*, durch Erhitzen auf 165° (5 Min.); 76%. — Rhodanine: *5-Vanilliden-*, F. 228—230°, durch 1 Min. langes Erhitzen von Vanillin, Rhodanin u. Diäthanolamin auf 120°; 97,5%. — *5-Piperonyliden-*, 1 Min. bei 90°; 96%. — *5-Benzyliden-*, 1 Min. bei 80°; 99%. D. Dargel 3122△

*0853* **Über einige unsymmetrische heterocyclische Disulfide.** 2. Mitt. F. Runge, A. Jumar und F. Koehler. (J. prakt. Chem. [4] 21 (293), 39—49, 1963; Halle/Saale, Martin-Luther-Univ., Inst. für techn. Chem.; Magdeburg, VEB Fahlberg-List; Biolog. Inst.; dt.) — 1. vgl. J. prakt. Chem. [4] 8, [1959], 73. — Aus 2-Mercaptothiazolen u. -imidazolen u. aromat. bzw. aliphat. Sulfenylchloriden (Su) werden eine Reihe *unsymm. Disulfide* (D) dargestellt, um ihre insekticiden Eigg. zu prüfen. Ein großer Teil der D ist äußerst instabil u. zerfällt unter Bldg. der entsprechenden *symm. Disulfide*. Verss., D aus 5-Mercaptoimidazolen darzustellen, scheiterten. Auch die Synth. gemischter heterocycl. Disulfide des Thiazols mißlingt, da kein heterocycl. Sulfenylchlorid dargestellt werden kann. Ein Teil der D wird zwecks näherer Charakterisierung der Dünnschichtchromatographie unterworfen. Es werden Zusammenhänge zwischen der Konstit. der D u. ihren $R_F$-Werten aufgezeigt. Die Su werden aus Thiophenolen bzw. deren Disulfiden u. $SOCl_2$ nach Kharasch (vgl. A. P. 2 929 820) dargestellt. Beim Vers., das 2-Chlormercapto-4-phenylthiazol nach dieser Meth. darzustellen, wird das *Bis-[4-phenyl-5-chlorthiazolyl-(2)]-disulfid* erhalten. Zum Vgl. werden eine Reihe von *symm. Disulfiden* dargestellt. $R_F$-Werte, IR- u. UV-Spektren s. Original.

Versuche: 4'-Phenylthiazolyl-(2')-disulfide, a) durch Lösen von Su in heißem abs. Eisessig, Zugabe des entsprechenden Thiols in Eisessig u. Erwärmen auf 100° (Meth. A); b) durch Zugabe von Su u. $CH_2Cl_2$ zum Thiol in $CH_2Cl_2$ u. mehrstd. Stehen (Meth. B); c) analog B durch 1std. Kochen in Äthylendichlorid (Meth. C): *2-Nitrophenyl-*, F. 114—115°, nach A; 67% (Ausbeute). — *2.4-Dinitrophenyl-*, F. 108—109°, nach A; 63%. — *2-Nitro-4-chlorphenyl-*, F. 119 bis 120°, nach A; 75%. — *2-Chlorphenyl-*, F. 78—79°, nach B; 16%. — *4-Chlorphenyl-*, F. 82—83°, nach B; 77%. — *4-Methylphenyl-*, F. 91°, nach B; 69%. — 4'-[p-Fluorphenyl]-thiazolyl-(2')-disulfide: *Phenyl-*, F. 72—73°, nach B; 56%. — *2-Nitrophenyl-*, F. 116—117°, nach B; 52%. — *2.4-Dinitrophenyl-*, F. 113—114°, nach B; 52%. — *2-Nitro-4-chlorphenyl-*, F. 144°, nach B; 35%. — *2-Chlorphenyl-*, F. 97—98°, nach B; 31%. — *4-Chlorphenyl-*, F. 121—122°, nach B; 72%. — *4-Methylphenyl-*, F. 90,5°, nach B; 33%. — 4'-[p-Chlorphenyl]-thiazolyl-(2')-disulfide: *Phenyl-*, F. 68°, nach B; 43%. — *2-Nitrophenyl-*, F. 119—121°, nach A; 45%. — *2.4-Dinitrophenyl-*, F. 115—117°, nach B; 37%. — *2-Nitro-4-chlorphenyl-*, F. 130°, nach A; 35%. — *4-Nitrophenyl-*, F. 126—129°, nach B; 7%. — *2-Chlorphenyl-*, F. 112 bis 113°, nach B; 65%. — *4-Chlorphenyl-*, F. 115—116°, nach B; 71%. — *4-Methylphenyl-*, F. 101—102°, nach B; 50%. — 4'-[p-Bromphenyl]-thiazolyl-(2')-disulfide: *Phenyl-*, F. 93—94°, nach B; 95%. — *2-Nitrophenyl-*, F. 131 bis 132°, nach B; 36%. — *2.4-Dinitrophenyl-*, F. 126—127°, nach B; 40%. — *2-Nitro-4-chlorphenyl-*, F. 119—121°, nach B; 50%. — *4-Nitrophenyl-*, F. 131—134°, nach B; 4%. — *2-Chlorphenyl-*, F. 106—107°, nach B; 64%. — *4-Chlorphenyl-*, F. 118—119°, nach B; 40%. — *4-Methylphenyl-*, F. 95—96°, nach B; 32%. — 4'-[o-Chlorphenyl]-thiazolyl-(2')-disulfide: *Phenyl-*, F. 67—70°, nach B; 16%. — *2-Nitrophenyl-*, F. 104—110°, nach B; 64%. — *2.4-Dinitrophenyl-*, F. 116 bis 117°, nach B; 55%. — *2-Nitro-4-chlorphenyl-*, F. 128 bis 129°, nach B; 19%. — *2-Chlorphenyl-*, F. 112—113°, nach B; 42%. — *4-Chlorphenyl-*, F. 110—111°, nach B; 34%. — *4-Methylphenyl-*, F. 99—101°, nach B; 32%. — *4'-[m-Nitrophenyl]-thiazolyl-(2')-4-chlorphenyldisulfid*, F. 107 bis 108°, nach B; 24%. — 4'-Thienyl-(2'')-thiazolyl-(2')-disulfide: *2-Nitrophenyl-*, F. 133—135°, nach B; 58%. — *2.4-Dinitrophenyl-*, F. 109—112°, nach B; 24%. — *2-Nitro-4-chlorphenyl-*, F. 135—136°, nach B; 34%. — *2-Chlorphenyl-*, F. 77—79°, nach B; 30%. — *4-Chlorphenyl-*, F. 88—90°, nach B; 64%. — *4-Methylphenyl-*, F. 67—68°, nach B; 24%. — 4'.5'-Diphenylthiazolyl-(2')-disulfide: *2-Nitrophenyl-*, F. 123°, nach A; 42%. — *2-Nitro-4-chlorphenyl-*, F. 122—125°, nach A; 58%. — *2-Chlorphenyl-*, F. 78—81°, nach B; 9%. — *4-Chlorphenyl-*, F. 93—94°, nach A; 35%. — 4'-Methyl-5'-carbäthoxythiazolyl-(2')-disulfide: *2-Nitrophenyl-*, F. 114—115°, nach B; 41%. — *2-Nitro-4-chlorphenyl-*, F. 117—119°, nach A; 21%. — *2-Chlorphenyl-*, F. 98—99°, nach A; 38%. — *4-Chlorphenyl-*, F. 60—65°, nach B; 65%. — 4'-Methylthiazolyl-(2')-disulfide: *2-Nitrophenyl-*, F. 81—82°, nach B; 24%. — *4-Chlorphenyl-*, F. 186—189°, nach B; 18%. — *5'-Methyl-2-nitrophenyl-*, F. 83—85°, nach B; 43%. — *5'-Methyl-2-nitro-4-chlorphenyl-*, F. 69—72°, nach B; 72%. — Thiazolyl-(2)-trichlormethyldisulfide: *4-Phenyl-*, F. 89—90°, nach B; 68%. — *4-[4-Chlorphenyl]-*, F. 106—107°, nach C; 57%. — *4-[4-Bromphenyl]-*, F. 103°, nach B; 62%. — *4-[2-Chlorphenyl]-*, F. 106°, nach C; 7%. — *4-[Thienyl-(2)]-*, F. 64—65°, nach B; 19%. — *4-Methyl-5-carbäthoxy-*, F. 83—84°, nach C; 37%. — Imidazolyl-(2)-2'-nitrophenyldisulfide: *1-Phenyl-4.5-dicarbäthoxy-*, F. 114—116°, nach A; 32%. — *1-Methyl-4.5-dicarbomethoxy-*, F. 104—105°, nach B; 76%. — *1.4.5-Triphenyl-*, F. 185—187°, nach B; 36%. — Disulfide: *Bis-[4-(p-chlorphenyl)-thiazolyl-(2)]-*, F. 155°. — *Bis-[4-(p-bromphenyl)-thiazolyl-(2)]-*, F. 186—187°. — *Bis-[4-(o-chlorphenyl)-thiazolyl-(2)]-*, F. 157—158°. — *Bis-[4-(m-chlorphenyl)-thiazolyl-(2)]-*, F. 101—102°. — *Bis-[4-(m-nitrophenyl)-thiazolyl-(2)]-*, F. 75 bis 80°. — *Bis-[4-thienyl-(2')-thiazolyl-(2)]-*, F. 141—142°. — *Bis-[4-phenyl-5-chlorthiazolyl-(2)]-*, $C_{18}H_{10}Cl_2N_2S_4$, F. 150 bis 151° ($CCl_4$), durch Zugabe von $SO_2Cl_2$ u. Pyridin zu 2-Mercapto-4-phenylthiazol in Methylenchlorid u. 1tägiges Stehen bei Raum-Temp.; 56,7%. — Phenylsulfenylchloride, nach Kharasch (l. c.): *Unsubstituiert*; 89%. — *2-Chlor-*; 60%. — *3-Chlor-*; 69%. — *4-Chlor-*, a) 83%; b) aus dem Disulfid; 86%. — *4-Methyl-*; 83%. E. Mirsch 3142△

*0854* **Eine bequeme synthetische Methode für 2-Carbamoyl-6-methoxybenzothiazol, eines der Zwischenprodukte für die Synthese von Leuchtkäfer-Luciferin.** Shuichi Seto, Kyozo Ogura und Yukio Nishiyama. (Bull. chem.

Soc. Japan 36, 331—33, 1963; Sendai, Tohoku-Univ., Chem. Res. Inst. of Non-Aqueous Solutions; engl.) — *2-Carbamoyl-6-methoxybenzothiazol*, das zur Luciferin-Synth. (vgl. White u. Mitarbeiter, J. Amer. chem. Soc. 83, [1961], 2402) dient, wird aus Carbamoylthiocarbonylmercaptoessigsäure (**I**; $H_2N\cdot C(O)C(S)SCH_2COOH$) über das durch Rk. mit p-Anisidin (**II**) erhältliche *4'-Methoxy-2-thiooxanilamid* synthetisiert. Durch Rk. von **I** mit Anilin (**III**) u. anderen aromat. Aminen werden *2-Thiooxanilamid* (**IV**) u. einige seiner Derivv. dargestellt.

Versuche: *Carbamoylthiocarbonylmercaptoessigsäure-Lsg.* (**I**), aus Trichloracetamid in A. unter $N_2$ durch Zutropfen zu einer mit $H_2S$ halbgesätt. Lsg. von KOH in A. unter Schütteln bei Raum-Temp., Zusatz von Chloressigsäure-K-Salz in W., Schütteln u. Filtrieren. — *2-Thiooxanilamid* (**IV**), $C_8H_8N_2OS$, F. 168—170°, durch Rk. von 200 mg **III** in 50%ig. A. u. vorst. Lsg. bei Raum-Temp. u. 3tägiges Stehen; gelbe Nadeln aus A.; 50 mg (Ausbeute). — *4'-Methyl-2-thiooxanilamid*, $C_9H_{10}N_2OS$, F. 166—168°, analog **IV** aus 200 mg p-Toluidin über Nacht; 60 mg. — *2-Thiooxalsäure-1-amid, 2-[α-Naphthylamid]*, $C_{12}H_{10}N_2OS$, F. 198—200°, analog **IV** aus 100 mg α-Naphthylamin in 70%ig. A. über Nacht; aus A. gelbe Nadeln; 50 mg. *2-[β-Naphthylamid]*, F. 163 bis 166°, analog **IV** aus 100 mg β-Naphthylamin in A. in 4 Tagen; aus A. gelbe Nadeln; 40 mg. — *4'-Methoxy-2-thiooxanilamid*, $C_9H_{10}N_2O_2S$, F. 182—185°, aus 1 g **II** analog **IV** bei Raum-Temp.; gelbe Nadeln aus A.; 0,5 g. — *2-Carbamoyl-6-methoxybenzothiazol*, $C_9H_8N_2O_2S$, F. 246—250° (Zers.), aus 0,5 g vorst. Verb. in 10%ig. NaOH durch Zutropfen von $K_3Fe(CN)_6$ in W., ½std. Rühren u. Absaugen; Schuppen aus A.; 0,4 g. — *2-Cyan-6-hydroxybenzothiazol*, $C_8H_4N_2OS$, F. 205—207° (Zers.), aus 120 mg Methyläther mit Pyridinhydrochlorid in 4 Std. bei 150—160° im Rohr u. Fällen mit W.; schwachgelbe Nadeln aus Bzl.; 45 mg. *Methyläther*, $C_9H_6N_2OS$, F. 129—130° (Sublimation, bei 100°/4 Torr), aus 100 mg vorst. Verb. in $POCl_3$ durch ½std. Kochen, Eindampfen im Vakuum u. Fällen mit W.; Nadeln aus Bzl./PAe.; 80 mg. — *Leuchtkäferluciferin*, $C_{11}H_8N_2O_3S$, F. 200—202°, aus 20 mg vorst. Verb. u. 20 mg D-Cysteinhydrochlorid mit $K_2CO_3$ in 50%ig. Methanol unter $N_2$ durch 1½std. Rühren u. Neutralisieren mit verd. HCl; schwachgelbe Prismen aus Methanol; 25 mg. H.-J. Kötzsch 3142◇

*0855* **Darstellung von 2-Amino-$\Delta^2$-1.3.4-thiodiazolinen.** Ehrenfried Bulka, Hans Beyer und Helmut Zöllner. (Chem. Ber. 96, 2199—2207, 1963; Greifswald, Univ., Inst. für Organ. Chem. u. Univ.-Kinderklinik; dt.) — Durch Kondens. von 1-Phenylthiosemicarbazid (**VI**) mit p-Nitrobenzaldehyd (**VII**) wird *2-[p-Nitrobenzalamino]-4-phenyl-5-[p-nitrophenyl-$\Delta^2$-1.3.4-thiodiazolin* dargestellt. Die Synth. gelingt auch mit im Phenylkern substituierten 1-Phenylthiosemicarbaziden u. anderen Aldehyden. 2-[p-Nitrobenzalamino]-4-benzyl-5-[p-nitrophenyl]-$\Delta^2$-1.3.4-thiodiazolin (**I**) gibt mit Phenylhydrazin *p-Nitrobenzaldehydphenylhydrazon*, Vff. folgern daraus, daß **I** dabei in die Ausgangskomponenten zerfällt. Bei der Umsetzung von 1-Benzyl- u. 1-[α-Phenyläthyl]-thiosemicarbazid mit Benzaldehyd (**II**), p-Methoxy- u. p-Isopropylbenzaldehyd bleibt die Rk. auf der Stufe der entsprechenden *2-Amino-$\Delta^2$-1.3.4-thiodiazoline* stehen. 2-Amino-4-benzyl-5-phenyl-$\Delta^2$-1.3.4-thiodiazolin (**III**) wird durch Einw. von Methyljodid in 3-Stellung methyliert unter Bldg. von *2-Imino-3-methyl-4-benzyl-5-phenyl-1.3.4-thiodiazolinhydrojodid* (**IV**), das noch mögliche 2-Methylamino-4-benzyl-5-phenyl-$\Delta^2$-1.3.4-thiodiazolin (**V**) entsteht nicht. Zum Vgl. wird 1-Benzyl-4-methylthiosemicarbazid (**VIII**) mit **II** zu **V** umgesetzt.

Versuche: 4-Phenyl-$\Delta^2$-1.3.4-thiodiazoline: *2-[p-Nitrobenzalamino]-5-[p-nitrophenyl]-*, $C_{21}H_{15}N_5O_4S$, F. 209 bis 210°, durch ½std. Kochen von 0,02 Mol **VII** u. 0,01 Mol **VI** in A.; aus Pyridin/W. rote Stäbchen; 85% (Ausbeute). — *2-[o-Nitrobenzalamino]-5-[o-nitrophenyl]-*, $C_{21}H_{15}N_5O_4S$, F. 189°, durch 3std. Kochen von **VI** mit o-Nitrobenzaldehyd in Ggw. von konz. HCl (Meth. **A**); aus n-Butanol rote Nadeln mit grünem Oberflächenglanz; 13%. — *2-[2.4-Dinitrobenzalamino]-5-[2.4-dinitrophenyl]-*, $C_{21}H_{13}N_7O_8S$, F. 222—223°, durch mehrtägiges Stehen von **VI** mit 2.4-Dinitrobenzaldehyd in Ggw. von HCl bei Raum-Temp. (Meth. **B**); aus Toluol dunkelrote Nadeln mit grünem Oberflächenglanz; 76%. — *2-[p-Chlorbenzalamino]-5-[p-chlorphenyl]-*, $C_{21}H_{15}Cl_2N_3S$, F. 186—187°, nach **B** (5 Std.); aus Toluol gelbe Stäbchen; 85%. — 2-[p-Nitrobenzalamino]-5-[p-nitrophenyl]-$\Delta^2$-1.3.4-thiodiazoline: *4-[p-Nitrophenyl]-*, $C_{21}H_{14}N_6O_6S$, F. 254° (Zers.), nach **A** (10 Tage bei 50°); aus Dimethylformamid /W. kleine rote Nadeln; 80%. — *4-Benzyl-* (**I**), $C_{22}H_{17}N_5O_4S$, F. 73° (Zers.), analog **A** (mehrere Tage bei 50°); aus A. rote glänzende Nadeln; 53%. — *4-[α-Phenyläthyl]-*, $C_{23}H_{19}N_5O_4S$, F. 167 bis 168°, nach **B** (3 Tage); aus Toluol rote Prismen; 94%. — $\Delta^2$-1.3.4-Thiodiazoline: *2-Benzalamino-4.5-diphenyl-*, $C_{21}\cdot H_{17}N_3S$, F. 183—184°, nach **A** (50°); aus n-Butanol orangerote Blättchen; 95%. — *2-Benzalamino-4-[p-nitrophenyl]-5-phenyl-*, $C_{21}H_{16}N_4O_2S$, F. 217—218° (Zers.), nach **A** (50°); aus n-Butanol rote glitzernde Blättchen; 98%. — *2-[o-Nitrobenzalamino]-4-benzyl-5-[o-nitrophenyl]-*, $C_{22}H_{17}N_5O_4S$, F. 148° (Zers.), nach **A** (40° u. mehrtägiges Stehen); aus Essigester oder n-Butanol rote Prismen; 34%. — *2-[p-Chlorbenzalamino]-4-benzyl-5-[p-chlorphenyl-*, $C_{22}H_{17}Cl_2N_3S$, F. 198—200° (Zers., nach **A** (60° u. einwöchiges Stehen); aus Methylglykol blaßgelbe Prismen; 67%. — *2-[o-Nitrobenzalamino]-4-[α-phenyläthyl]-5-[o-nitrophenyl]-*, $C_{23}H_{19}N_5O_4S$, F. 166 bis 167°, nach **B** (3 Wochen); aus Toluol rote Blättchen; 85%. — *p-Nitrobenzaldehydphenylhydrazon*, $C_{13}H_{11}N_3O_2$, F. 159°, durch 10std. Kochen von **I** mit Phenylhydrazin in A.; aus A. derbe Nadeln; 88%. — 2-Amino-$\Delta^2$-1.3.4-thiodiazoline: *4-Benzyl-5-phenyl-* (**III**), $C_{15}H_{15}N_3S$, F. 209°, nach **A** (40° u. 6std. Kochen); aus A. Nadeln; 86%. *Diacetyl-Deriv.*, $C_{19}H_{19}N_3\cdot O_2S$, F. 141°, durch ½std. Erhitzen von **III** mit Acetanhydrid auf 130°; aus Methanol Rhomboeder; 82%. *$N^2$-Methyl-Deriv.* (**V**), $C_{16}H_{17}N_3S$, F. 124—125°, durch 8tägiges Erwärmen von **II** u. **VIII** in A. in Ggw. von konz. HCl auf 50°; aus Methanol glänzende Blättchen; 58%. — *4-Benzyl-5-[p-methoxyphenyl]-*, $C_{16}H_{17}N_3OS$, F. 184°, nach **A** (1 Woche bei 50°); aus A. Nadeln; 70%. — *4-Benzyl-5-[p-isopropylphenyl]-*, $C_{18}H_{21}N_3S$, F. 174°, nach **B** u. 1tägiges Erwärmen auf 50°; aus A. Prismen; 80%. *Diacetyl-Deriv.*, $C_{22}H_{25}N_3O_2S$, F. 118°, durch ¼std. Erhitzen mit Acetanhydrid auf 120°; aus Methanol Stäbchen; 81%. — *4-[α-Phenyläthyl]-5-phenyl-*, $C_{16}H_{17}\cdot N_3S$, F. 224°, nach **A** (1 Woche bei 50°); aus A. Nadeln; 97%. — *4-[α-Phenyläthyl]-5-[p-methoxyphenyl]-*, $C_{17}H_{19}N_3OS$, F. 176°, analog vorst. Verb.; aus A. Nadeln; 81%. — *4-[α-Phenyläthyl]-5-[p-isopropylphenyl]-*, $C_{19}H_{23}N_3S$, F. 211—212° (Zers.) analog vorst. Verb.; aus A. Blättchen; 37%. — *2-Imino-3-methyl-4-benzyl-5-phenyl-1.3.4-thiazolidinhydrojodid* (**IV**), $C_{16}H_{17}N_3S\cdot HJ$, F. 170°, durch ½std. Kochen von **III** mit Methyljodid in Methanol; aus A. prismat. Säulen; 87%. *Freie Base*, $C_{16}H_{17}N_3S$, F. 152°, durch Versetzen einer warmen Lsg. von **IV** mit 3%ig. NaOH; aus A. Säulen; 100%. — *1-Benzyl-4-methyl-thiosemicarbazid* (**VIII**), $C_9H_{13}N_3S$, F. 99°, durch 5std. Zugabe von 4%ig. Na-Amalgam zur sd. Lsg. von Benzaldehyd-[4-methylthiosemicarbazon] in wss. A. unter Rühren u. 1std. Erhitzen; aus A./W. (1:1) Nadeln; 73%. E. Mirsch 3173△

*0856* **Synthesen mit vinylogen Säurehalogeniden.** 6. Mitt. **Ringisomerisierung bei der Kondensation von Äthoxyalkyliden-2-phenyloxazolonen-(5) mit aktiven Methylenverbindungen.** Hans Behringer und Kurt Falkenberg. (Chem. Ber. 96, 1428—35, 1963; München, Univ., Organ.-chem. Inst.; dt.) — 5. vgl. Chem. Ber. 96, [1963], 381; 3. vgl. C. **1959**, 8540. — Aktive Methylen-Verbb. (**A**) reagieren in Ggw. von Triäthylamin (**I**) mit 4-Chlor-(**X**) bzw. 4-Äthoxymethylen-2-phenyloxazolon-(5) (**II**) zu *4-Alkyliden-2-phenyloxazolonen-(5)* (**B**). Bei Verw. von Enaminen als **A** können die gebildeten **B** durch Säuren zu *3-Benzoylaminopyronen-(2)* (**C**) bzw. *-cumarinen* (**D**) umgelagert werden. Besitzen die **A** ein genügend reakt., zur Methylengruppe α-ständiges O-Atom, bilden sich sofort die **C** bzw. **D**. Das aus **X** u. p-Kresol erhältliche *4-[2-Hydroxy-5-methylbenzyliden]-2-phenyloxazolon-(5)* (**VIII**), isomerisiert sich in Ggw. von **I** zu *3-Benzoylamino-6-methylcumarin*. Mit Triphenylcarbäthoxymethylenphosphoran (**V**) bildet **II** *Triphenyl-β-[5-oxo-2-phenyloxazolinyliden-(4)]-α-carbäthoxyäthylidenphosphoran.*

Versuche: *4-[α-Methoxyäthyliden]-2-phenyloxazolon-(5)* (**III**), $C_{12}H_{11}NO_3$, F. 93—95°, durch Rk. von 4-[α-Hydroxyäthyliden]-2-phenyloxazolon-(5) mit $CH_2N_2$ in Ae.; Kristalle aus wss. Methanol; 62% (Ausbeute). — 2-Phenyloxazolone-(5) (**B**): *4-[β.β-Dicyanäthyliden]-*, *Triäthylammoniumsalz*, $C_{13}H_7N_3O_2\cdot C_6H_{15}N$, F. 100—105°, durch 24std. Stehen von **II**, Malonsäuredinitril (**IV**) u. mol. Menge **I** in $CH_2Cl_2$; aus Essigester zitronengelbe Kristalle; 97%. — *4-[β.β-Dicyanisopropyliden]-*, *Triäthylammoniumsalz*, $C_{14}H_9N_3O_2\cdot C_6H_{15}N$, F. 139—140°, analog vorst. Verb. aus **III** u. **IV**; aus

Essigester gelbe Blättchen; 90%. — *4-[β-Carbomethoxy-β-cyanäthyliden]-*, $C_{14}H_{10}N_2O_4$, F. 200° (Zers.), analog aus **II** u. Cyanessigsäuremethylester; aus Acetonitril gelborangefarbene Kristalle; 92%. — *4-[Carbamoyl-β-cyanäthyliden]-*, $C_{13}H_9N_3O_3$, F. 200—205°, analog aus **II** u. Cyanessigsäureamid in Dimethylformamid (DMF) bei 20° (3 Tage) u. Gießen in 2 n HCl; aus Dioxan gelbe Kristalle; 72%. — *4-[γ-Piperidino-β-methylallyliden]-* (**VI**), $C_{18}H_{20}N_2O_2$, F. 168—171°, aus **II** u. 1-Piperidinopropylen in $CH_2Cl_2$ bei Raum-Temp. (2 Tage); aus Essigester hellrote Kristalle; 30—48%. — *4-[2-Piperidino-Δ¹-cyclohexenylmethylen]-* (**VII**), $C_{21}H_{24}N_2O_2$, F. 162°, analog aus **II** u. 1-Piperidinocyclohexen-(1) in $CH_2Cl_2$; aus Essigester tiefrote Kristalle; 90%. — *4-[γ.γ-Bis-(p-dimethylaminophenyl)-allyliden]-*, $C_{28}H_{27}N_3O_2$, F. 203° (Zers.), aus **II** u. α.α-Bis-[p-dimethylaminophenyl]-äthylen in Eisessig bei 100° (1 Std.); aus Eisessig schwarzrote Kristalle; 85%. — *4-[2-Hydroxy-5-methylbenzyliden]-* (**VIII**), $C_{17}H_{13}NO_3$, F. 195°, durch 24std. Stehen von **X** u. p-Kresol in $CH_2Cl_2$ in Ggw. von $AlCl_3$ bei Raum-Temp.; aus Essigester gelborangefarbene Kristalle; 60%. — 3-Benzoylaminopyrone-(2) (C): *5-Acetyl-6-methyl-* (**IX**), $C_{15}H_{13}NO_4$, F. 139—140°, durch 24std. Stehen von **II** u. Acetylaceton in $CH_2Cl_2$ in Ggw. von **I**; aus Isopropanol (I) Nadeln; 69%. — *5-Carbäthoxy-6-methyl-*, $C_{16}H_{15}NO_5$, F. 135—138°, analog **IX** aus **II** u. Acetessigsäureäthylester; aus I Nadeln; 80%. — *5.6-Dicarbäthoxy-*, $C_{18}H_{17}NO_7$, F. 95°, analog **IX** aus **II** u. Oxalessigsäurediäthylester; aus I Nadeln; 63%. — *5-Carbäthoxy-6-äthoxy-*, $C_{17}H_{17}NO_6$, F. 123—126°, analog aus **II** u. Malonsäurediäthylester in DMF in 5 Tagen; aus I Kristalle; 69%. — *5-Cyan-6-phenyl-*, $C_{19}H_{12}N_2O_3$, F. 174°, analog **IX** aus **II** u. Benzoylacetonitril; aus Essigester Schuppen; 48%. — *4.6-Dimethyl-5-carbäthoxy-*, F. 126—129°, durch 10 Min. langes Erwärmen von **III**, Acetessigester u. **I** in Pyridin auf dem Wasserbad u. 5tägiges Stehen bei Raum-Temp.; aus I Kristalle; 31%. — *5-Methyl-*, $C_{13}H_{11}NO_3$, F. 175 bis 177°, durch ¼std. Kochen von **VI** mit 2n HCl in Tetrahydrofuran (THF); aus I Nadeln; 44%. — 3-Benzoylaminocumarine (D): *5-Oxo-5.6.7.8-tetrahydro-*, $C_{16}H_{13}NO_4$, F. 189 bis 190°, analog **IX** aus **II** u. Dihydroresorcin; aus Acetonitril Kristalle; 54%. — *5.6.7.8-Tetrahydro-*, $C_{16}H_{15}NO_3$, F. 123°, durch Erhitzen von **VII** in THF mit 2n HCl; aus I Kristalle; 81%. — *6-Methyl-*, $C_{17}H_{13}NO_3$, F. 172—173°, durch Erhitzen von **VIII** mit **I** in Pyridin (45 Min.); aus I Kristalle; 75%. — *3-Benzoylamino-7-methyl-2.5-dioxo-2H.5H-pyrano-(4.3:b]-pyran*, $C_{16}H_{11}NO_5$, F. 258—260°, durch 5std. Kochen von **II** u. Triacetlacton in Pyridin in Ggw. von **I**; aus Acetonitril Kristalle; 59%. — *Triphenyl-β-[5-oxo-2-phenyloxazolinyliden-(4)]-α-carbäthoxyäthylidenphosphoran*, $C_{32}H_{26}NO_4P$, F. 230—232°, durch 2tägiges Stehen von **II** u. **V** in $CH_2Cl_2$ bei 20°; aus Acetonitril gelbe Kristalle; 77%.

H. Hartmann 3211◇

*0857* **Lokalanästhetica.** 11. Mitt. **Einfache Chromanderivate.** V. Hach. (Collect. czechoslov. chem. Commun. **24,** 3136—40, 1959; Prag, Forschungsinst. für Pharmazie u. Biochemie; dt.) — 10. vgl. C. **1960,** 12343. — Die beschriebenen *Chroman-Derivv.*, bes. **V, VI** u. **II,** die als cycl. Analoga der lokalanästhet. wirksamen p-alkoxysubstituierten Dialkylaminoacylanilide anzusehen sind, weisen keine bedeutende lokalanästhet. Wirksamkeit auf.

Versuche: *Chroman* (**I**), $Kp._{24-27}$ 100—105°, $n_D^{20}$ 1,5480, durch Behandeln von 20 g o-Allylphenylacetat in trockenem $CCl_4$ mit 2 g Dibenzoylperoxid, 3std. Durchleiten von HBr bei 0° (aus ca. 300 g $Br_2$ im $H_2$-Strom), Stehen über Nacht, Abdampfen von $CCl_4$, Zugeben von 10%ig. NaOH, Ausschütteln mit Ae., 2std. Kochen des öligen Rückstandes mit 10 g NaOH, 50 cm³ W. u. 100 cm³ A., Verdünnen mit W., Aufnehmen in Ae. u. Destillation. — *6-Nitrochroman*, $C_9H_9NO_3$, F. 104° (A.), durch Zutropfen von 20 g **I** innerhalb 12 Min. bei 15—25° zu 100 cm³ 60%ig. $HNO_3$, 10 Min. langes Stehen, Gießen auf Eis/W. u. Verreiben mit A.; ockergelbes Pulver; 9,5 g (Rohausbeute). — *6-Aminochroman* (**III**), $C_9H_{11}NO$, F. 74° (PAe.), durch Hydrieren vorst. Verb. an Raney-Ni in A. bei Raumtemperatur. *Pikrat*, $C_{15}H_{14}N_4O_8$, F. 203° (A.), *Acetyl-Deriv.*, $C_{11}H_{13}NO_2$, F. 118° (A.). — *6-Chloracetylaminochroman* (**IV**), $C_{11}H_{12}ClNO_2$, F. 125° A.), durch Rk. von 12 g **III** in 50 cm³ Eisessig bei 10° mit 12 g Chloracetylchlorid u. Gießen nach 1 Min. in eine Lsg. von 50 g Na-Acetat in 150 cm³ W.; 15 g (roh). — *6-Diäthylaminoacetylaminochroman* (**V**), $C_{15}H_{22}N_2O_2$, $Kp._{0,3}$ 180—185°, F. 63° (PAe.), aus **IV** u. Diäthylamin in Bzl.; 90—95% (Ausbeute). *Hydrochlorid*, $C_{15}H_{23}ClN_2O_2$, F. 163° (A.). *Pikrat*, $C_{21}H_{25}N_5O_9$, F. 201° (A.). *Äthobromid*, $C_{17}H_{27}BrN_2O_2$, F. 188° (A.-Ae.), in Aceton mit $C_2H_5Br$ in 4 Tagen; 70%. — *6-Piperidinoacetylaminochroman* (**VI**), $C_{16}H_{22}N_2O_2$, $Kp._{0,5}$ 190—195°, wie **V** aus **IV** u. Piperidin; 90%. *Hydrochlorid*, $C_{16}H_{23}ClN_2O_2$, F. 225° (A.). *Pikrat*, $C_{22}H_{25}N_5O_9$, F. 217° (A.). — *6-Acetylchroman* (**VII**), F. 43° (PAe.), aus **I** u. Acetylchlorid in Ggw. von $AlCl_3$ nach Chatelus (C. **1950,** I, 542). *Oxim*, $C_{11}H_{13}NO_2$, F. 88° (A.). *Thiosemicarbazon*, $C_{12}H_{15}N_3OS$, F. 219° (A.). Das Oxim liefert durch 7½ Min. langes Erhitzen mit 85%ig. $H_3PO_4$ u. $P_2O_5$ auf 100—110° 1,6 g des **III**-*Acetylderivats*. — *6-[β-Piperidinopropionyl]-chromanhydrochlorid* (**II**), $C_{17}H_{24}ClNO_2$, F. 202° (A.), durch 8std. Erwärmen von 8,8 g **VII**, 11,1 g Piperidinhydrochlorid u. 8 g Paraformaldehyd in A. auf dem Wasserbad u. 48std. Stehen bei 5°; 10,3 g (roh).

A. Emr/Prag 3211

*0858* **Untersuchungen über die chemischen Bestandteile von Umbelliferen.** 1. Mitt. **Bestandteile der Wurzel von Angelica glabra Makino.** Tatsuo Kariyone und Kiyoshi Hata. (J. pharmac. Soc. Japan [Yakugakuzasshi] **76,** 649—51, 1956; Kyoto, Univ., Pharmac. Inst.; jap. Auszug: engl.) — Ein neues Cumarin-Deriv. wurde aus der Wurzel von *Angelica glabra* Makino (Familie der Umbelliferen) isoliert u. *Glabralacton* benannt. Es gibt negative $FeCl_3$-Rk., entfärbt Permanganat u. Brom. Bei der katalyt. Red. erhält man eine *Dihydroverbindung*. Schmilzt man diese mit Pottasche, erhält man *Phloroglucin, Essigsäure* u. *Isovaleriansäure*. Beim Erhitzen von Glabralacton mit Essigsäure u. etwas Schwefelsäure, erhält man *5.7-Dimethoxycumarin* u. *β.β-Dimethylacrylsäure*.

Versuche: *Glabralacton*, $C_{16}H_{16}O_5$, F. 129—130°, aus den Wurzeln von *Angelica glabra* Makino durch Ae.-Extraktion; 0,2%. *Addukt mit W., Dihydrat*, $C_{16}H_{18}O_6 \cdot 2\,H_2O$, F. 124—125°, mit 5%ig. NaOH, Versetzen mit W. u. 20%ig. $H_2SO_4$. *Addukt mit Hydroxylamin*, $C_{16}H_{19}NO_6$, F. 161—162°, aus Glabralacton u. $NH_2OH \cdot HCl$ in Ggw. von $Na_2CO_3$. — *Dihydroglabralacton*, F. 150—151°, $C_{16}H_{18}O_5$, durch Hydrieren von Glabralacton. — *Tetrahydroglabralacton*, $C_{16}H_{20}O_5$, F. 210—212°, durch Red. von Glabralacton mit 1%ig. Na-Amalgam. — *Phloroglucin, Dihydrat*, $C_6H_6O_3 \cdot H_2O$, F. 215 bis 217° (Zers.), durch 1std. Erhitzen von Dihydroglabralacton mit KOH auf 220—230°; daneben *Essigsäure* u. *Isovaleriansäure*. — *5.7-Dimethoxycumarin*, $C_{11}H_{10}O_4$, F. 146—147°, durch Erhitzen von 3 g Glabralacton mit Essigsäure u. $H_2SO_4$; 1,9 g. — *β.β-Dimethylacrylsäure*, $C_5H_8O_2$, F. 69 bis 70°, neben vorst. Verb.; 0,7 g.

D. Dargel 3211△

*0859* **Untersuchungen über die chemischen Bestandteile von Umbelliferen.** 2. Mitt. **Bestandteile von Angelica glabra Makino.** 2. Mitt. Kiyoshi Hata. (J. pharmac. Soc. Japan [Yakugakuzasshi] **76,** 666—69, 1956; jap., Auszug: engl.) — 1. vgl. vorst. Referat. — Durch Kochen von Glabralacton (**I**) mit 30%ig. KOH entsteht *5.7-Dimethoxy-8-acetylcumarin* (**II**). **II** liefert durch Verseifung u. Äthylierung nach Oxydation mit $KMnO_4$ *2.4-Dimethoxy-6-äthoxyacetophenon*. Daraus u. aus der Tatsache, daß **I** nicht opt.-akt. u. daß die Epoxy-Verb. sich nicht in eine Glykolform umwandeln läßt, folgt für **I** die Struktur eines *5.7-Dimethoxy-8-[β.β-dimethylacryloyl]-cumarins*.

Versuche: *5.7-Dimethoxy-8-acetylcumarin* (**II**), $C_{13}H_{12}O_5$, F. 192—193°, durch Kochen von 3 g **I** mit 30%ig. KOH; 2,1 g; daneben *Aceton* (*2.4-Dinitrophenylhydrazon*, $C_9H_{10}N_4O_4$, F. 127—128°). — *5.7-Dimethoxycumarin*, F. 144—146°, aus **II** durch Erhitzen mit konz. $H_2SO_4$ u. Eisessig. — *2-Hydroxy-3-isovaleroyl-4.6-dimethoxyzimtsäure*, $C_{16}H_{20}O_6$, F. 140—141° (Zers.), durch Kochen von Dihydroglabralacton mit 30%ig. KOH. *Methylester*, $C_{17}H_{22}O_6$, F. 118—120°. — *5.7-Dimethoxy-8-äthylcumarin*, $C_{13}H_{14}O_4$, F. 150—151°, durch Red. von **II** nach Clemmensen-Martin in Toluol. — *4-Äthyl-5.7-dihydroxycumarin*, $C_{11}H_{10}O_4$, F. 261—263° (Zers.), nach Blaise (1901). — *4-Äthyl-5.7-dimethoxycumarin*, $C_{13}H_{14}O_4$, F. 144 bis 145°, aus vorst. Verbindung. — *2.4.6-Trimethoxyacetophenon*, $C_{11}H_{14}O_4$, F. 101—102°, durch Verseifen von **II** mit 10%ig. NaOH u. Dimethylsufat, Oxydation mit $KMnO_4$ u. Zersetzung. — *2.4-Dimethoxy-6-äthoxyacetophenon*, $C_{12}H_{16}O_4$, F. 72—73°, analog vorst. Verbindung. — *5.7-Dimethoxy-8-[β-hydroxyisovaleroyl]-cumarin*, $C_{16}H_{18}O_6$, F. 184—185° (Zers.), durch 30std. Kochen von **I** mit 5%ig. Oxalsäure in A./W.; gibt durch Kochen mit Acetanhydrid/Na-Acetat wieder **I**.

D. Dargel 3211△

*0860* **Furanobenzopyrone. 4. Mitt. Synthese von 3-Methoxyfurano-[3'.2':6.7]-flavonen.** S. K. Pavanaram, L. Ramachandra Row und G. S. R. Subba Rao. (J. sci. ind. Res. [New Delhi], Sect. B **19,** 57–59, Febr. 1960; Waltair, Andhra Univ., Dep. of Chem.; engl.) — 3. vgl. C. **1960,** 12337. — Durch Rk. von 6-Hydroxycumaran mit $KHCO_3$ u. $CO_2$ in Glycerin bei 150° wird *6-Hydroxycumaran-5-carbonsäure* (I) erhalten, deren *Acetyl-Deriv.* über das *Diazoketon* in *5-Methoxyacetyl-6-hydroxycumaran* (II) übergeführt wird. Durch Kondens. von II mit Veratrumsäureanhydrid bzw. Piperonylsäureanhydrid u. katalyt. Dehydrierung der *Dihydro-Verbb.* werden *3.3''.4''-Trimethoxy-* bzw. *3-Methoxy-3''.4''-methylendioxyfurano-[3'.2':6.7]-flavon* erhalten.

Versuche: *6-Hydroxycumaran-5-carbonsäure* (I), $C_9H_8O_4$, F. 196–197°, durch 6std. Erhitzen von 1 g 6-Hydroxycumaran u. $KHCO_3$ in Glycerin im $CO_2$-Strom auf 155°, Lösen in W. u. Ansäuern mit HCl; aus A. Prismen; 0,5 g (Ausbeute). *Methylester*, $C_{10}H_{10}O_4$, F. 116–117°, aus I u. $CH_2N_2$ in Ae.; aus A. Nadeln. *Acetyl-Deriv.*, $C_{11}H_{10}O_5$, F. 164 bis 165°, durch Zugeben von Acetylchlorid zu 4 g I in Pyridin bei 0° u. 2std. Stehen bei 0–5°; aus A. Nadeln; 3,0 g. — *5-Diazoacetyl-6-acetoxycumaran*, $C_{12}H_{10}N_2O_4$, F. 140–142°, durch ½std. Kochen von 2,5 g I-Acetyl-Deriv. u. $SOCl_2$ in $CCl_4$, Eindampfen im Vakuum, Rk. des *Säurechlorids* (F. 126–127°) in abs. Ae. mit $CH_2N_2$ bei −5° u. 12std. Stehen; aus Ae. hellgelbe Nadeln; 1,5 g. — *5-Methoxyacetyl-6-hydroxycumaran* (II), $C_{11}H_{12}O_4$, F. 129–130°, durch ½std. Erhitzen von 1 g vorst. Verb. u. Cu-Bronze in $CH_3OH$ auf 50–55°, Eindampfen des Filtrats im Vakuum, ½std. Erhitzen des Rückstandes mit 4%ig. NaOH auf 80° u. Ansäuern mit HCl; aus A. Platten. — *3.3''.4''-Trimethoxy-4'.5'-dihydrofurano-[3'.2':6.7]-flavon*, $C_{20}H_{18}O_6$, F. 175–176°, durch 4std. Erhitzen von 0,5 g II, Veratrumsäureanhydrid u. Na-Veratrat auf 180° im Vakuum, ½std. Kochen mit A., Zugeben von wss. KOH, Kochen für 20 Min., Einengen im Vakuum u. Waschen mit W.; aus A. Nadeln; 0,3 g. — *3.3''.4''-Trimethoxyfurano-[3'.2':6.7]-flavon*, $C_{20}H_{16}O_6$, F. 156–160° durch 4std. Kochen von 300 mg vorst. Verb. u. 30%ig. Pd/Kohle in Diphenyläther; aus A. gelbe Platten; 50 mg. — *3-Methoxy-3''.4''-methylendioxy-4'.5'-dihydrofurano-[3'.2':6.7]-flavon*, $C_{19}H_{14}O_6$, F. 215–216°, wie vorst. Verb. aus 0,2 g II, Piperonylsäureanhydrid u. Na-Piperonylat; aus A. blaßgelbe Prismen; 50 mg. — *3-Methoxy-3''.4''-methylendioxyfurano-[3'.2':6.7]-flavon*, $C_{19}H_{12}O_6$, F. 180–181°, aus 75 mg vorst. Verb. u. Pd/Kohle in sd. Diphenyläther; aus A. Platten; 24 mg. F. Heller 3211◇

*0861* **Heterocyclische Verbindungen.** 1. Mitt. **Untersuchung der Konfiguration von 4-Äthinyl-, 4-Vinyl- und 4-Äthyl-2.5-dimethylpiperidol-(4).** A. Sch. Scharifkanow, T. G. Ssarbajew und Ss. A. Jussupow. (J. allg. Chem. [UdSSR] **32 (94),** 2508–14, 1962; Kasach. Univ.; russ.) — Durch Kondens. der β- oder γ-Form von 4-Äthinyl- (I), 4-Vinyl- u. 4-Äthyl-2.5-dimethylpiperidol-(4) (II) mit p-Nitrobenzaldehyd (III), die bei der γ-Form von I u. II unter Bldg. von *6-Äthinyl-* bzw. *6-Äthyl-2-[p-nitrophenyl]-4.7-dimethyl-1-oxa-3-azabicyclo-[2.2.2]-octan* u. in den anderen Fällen unter Bldg. nichtkrist. Prodd. verläuft, wird die verschiedene räumliche Anordnung der OH-Gruppe in den β- u. γ-Formen gezeigt. Bei Rk. der β- u. γ-Form von I u. II mit Allylbromid (IV) oder Crotylbromid (V) werden neben schon früher isolierten (vgl. C. **1959,** 12225; 12226) drei weitere Stereoisomere [*γ-1-Allyl-* bzw. *γ-1-Crotyl-2.5-dimethyl-4-äthylpiperidol-(4)* u. *β-1-Crotyl-2.5-dimethyl-4-äthinylpiperidol-(4)*] erhalten. Die l. c. als γ-Form angegebenen *1-Allyl-* (F. 64–65°) u. *1-Crotyl-2.5-dimethyl-4-äthylpiperidol-(4)* werden als β-Form identifiziert. Bei der Methylierung von I (β-, γ- u. fl. Isomeres) wird neben den zwei bekannten stereoisomeren Formen (vgl. C. **1962,** 11919) von *1.2.5-Trimethyl-4-äthinylpiperidol-(4)* ein neues, fl. Isomeres erhalten.

Versuche: 2-[p-Nitrophenyl]-4.7-dimethyl-1-oxa-3-azabicyclo-[2.2.2]-octane: *6-Äthinyl-*, $C_{16}H_{18}N_2O_3$, F. 78–79° (Ae.), durch Erhitzen von 0,59 g γ-I-Carbamat mit 0,52 g III in 30 ml Chlorbenzol (VI) ($CO_2$-Entw.), Abdestillieren von 25 ml VI während 2 Std., Zugabe von 25 ml VI, erneutes Abdestillieren (3mal wiederholt) u. Dest. des Rückstandes im Vakuum; 93% (Ausbeute). — *6-Äthyl-*, $C_{16}H_{22}N_2O_3$, F. 74–75°, analog aus 0,6 g γ-II-Carbamat u. 0,52 g III in 30 ml VI; 91,2%. — *γ-4-Äthyl-2.5-dimethylpiperidol-(4)*, *Pikrat*, F. 197–198°, durch Eindampfen der Lsg. von 100 mg vorst. Verb. mit 79 mg Pikrinsäure in 5 ml Methanol auf 2 ml u. Zugabe von Ae.; 0,12 g. — 2.5-Dimethyl-4-äthinylpiperidole-(4): *γ-1-Allyl-*, F. 92–93° (Bzn., Kp. 80–100°), durch 5std. Erhitzen von 0,8 g γ-I (F. 93 bis 94°) mit 0,33 g IV in 10 ml Bzl. auf 80–85° u. Stehenlassen über Nacht; 89,1%. — *β-1-Allyl-*, F. 78–79° (Bzn.), analog aus 0,8 g β-I (F. 131–132°); 88,5%. — *γ-1-Crotyl-*, F. 79 bis 80° (PAe.), durch 3 Tage langes Stehen von 0,31 g γ-I in Bzl. mit 0,18 g V u. ½std. Erwärmen auf 40–45°; 0,1 g. — *β-1-Crotyl-*, $C_{13}H_{21}NO$, F. 86–87° (Bzn.), durch Zugabe von 1,5 g V zu 1,8 g β-I in 100 ml Bzl. u. Stehenlassen über Nacht; 0,5 g. *Hydrochlorid*, $C_{13}H_{22}ClNO$, F. 213–214° (A. u. Aceton). — *1-Methyl-*, a) F. 113–114° (Bzn.), durch 5std. Erhitzen von 0,8 g γ-I mit 0,4 g Methyljodid (VII) u. 5 ml Bzl. auf 45–60°; 81%; *Jodmethylat*, F. 225–226,5° (A.), durch 8std. Erhitzen von 0,21 g mit 0,22 g VII in 5 ml Aceton auf 60–65°; 87%; b) F. 177–178°, analog aus β-I; 73,5%. *Jodmethylat*, F. 246–247° (A.); 83,2%; c) $C_{10}H_{17}NO$, Kp.$_2$ 105 bis 106°, analog aus dem fl. Isomeren von I ($n_D^{20}$ 1,4905); $n_D^{20}$ 1,4935; 60%. *Jodmethylat*, $C_{11}H_{20}JNO$, F. 179–180° (A.); 79,1%. — 2.5-Dimethyl-4-äthylpiperidole-(4): *γ-1-Allyl-*, $C_{12}H_{23}NO$, F. 44–45°, durch 4½std. Erhitzen von 0,8 g γ-II (F. 135–136°) in 10 ml Bzl. mit 0,4 g IV in 5 ml Bzl. auf 80–85° u. Stehenlassen über Nacht; 0,32 g. *Hydrochlorid*, $C_{12}H_{24}ClNO$, F. 185–186° (A. u. Aceton). — *β-1-Allyl-*, $C_{12}H_{23}NO$, F. 64–65°, analog aus β-II (F. 98–99°); 0,3 g. *Hydrochlorid*, F. 179–180°. — *γ-1-Crotyl-*, $C_{13}N_{25}NO$, Kp.$_{2,5}$ 103–104°, durch Zugabe von 2,5 g V zu 3,6 g γ-II in 75 ml Bzl. u. 100 ml Ae. u. Stehenlassen über Nacht; 1 g. *Hydrochlorid*, $C_{13}H_{26}ClNO$, F. 193–194°. — *β-1-Crotyl-*, F. 169 bis 170°, durch 2 Tage langes Stehen von 0,31 g β-II mit 0,18 g V in Bzl.; 0,13 g. I. Schade 3231△

*0862* **Hochwirksame Anästhetica aus der Reihe der Falicaine: β-[4-Alkoxy(beziehungsweise 4-Alkyl)-3-pipecolino]-propiophenone und -thienone.** Elmar Profft und Gernot Schulz. (Wiss. Z. Techn. Hochschule Chem. Leuna-Merseburg **3,** 265–70, 1960/61; dt. — C. **1962,** 16682.) R. Gutzschebauch 3231◇

*0863* **Über γ-[Pyridyl-(2)]-buttersäuren.** Elmar Profft und Walter Steinke. (Wiss. Z. Techn. Hochschule Chem. Leuna-Merseburg **3,** 285–87, 1960/61; dt. — C. **1962,** 16684.) R. Gutzschebauch 3231◇

*0864* **Über die Darstellung eines stabilen, nichtaromatischen Diazoniumsalzes.** H. Reimlinger. (Angew. Chem. **75,** 788–89, 1963; Brüssel, Union Carbide European Res. Assoc., S. A.; dt.) — *Pyridyl-(4)-phenyldiazomethan* (I), F. 64,5–66° (PAe.), wurde erhalten aus 4-Benzoylpyridinhydrazon u. $Ag_2O$ in Pentan. Lösen in Ae. u. Zugabe von $CCl_3COOH$ gab *α-[Pyridyl-(4)]-benzyldiazoniumtrichloracetat* (II), $C_{14}H_{10}Cl_3N_3O_2$, Zers. bei 97°, gelborange. Die gelbe wss. Lsg. ist relativ stabil. Bei Zugabe einer Lsg. von $(C_2H_5)_3N$ in $CCl_4$ zu einer Suspension von II in $CCl_4$ löste sich II sofort unter Rückbldg. von I. J. Rothe 3231◇

*0865* **Über eine Reaktion der N-Oxide der Chinolin-Reihe mit Bleitetraacetat.** Akihiro Ohta und Eiji Ochiai. (Chem. pharmac. Bull. [Tokyo] **10,** 1260–61, 1962; Tokio, Org.-synth. Labor. des Forsch.-Inst. für physikal. u. chem. Forsch.; dt.) — *Chinolin-N-oxid* (I) gibt bei Erhitzen mit 1,2–1,5 Mol $Pb(OOCCH_3)_4$ in Benzol- oder Chlf.-Lsg. eine sirupöse Verb., wahrscheinlich *N-Acetoxycarbostyril* (II), das bei Stehenlassen oder Verseifung mit verd. HCl krist. *N-Hydroxycarbostyril* (III), $C_9H_7NO_2$, F. 188–189° (Prismen), liefert; 73,4% (Ausbeute). Analog werden erhalten: *4-Methyl-N-hydroxycarbostyril*, $C_{10}H_9NO_2$, F. 224–226° (Nadeln) aus Lepidin; 81,2%. — *6-Methyl-N-hydroxycarbostyril*, $C_{10}H_9NO_2$, F. 200–201° (Prismen), aus 6-Methylchinolin; 78,8%. — *4-Chlor-N-hydroxycarbostyril*, $C_9H_6ClNO_2$, F. 200–202° (Nadeln), aus 4-Chlorchinolin; 66,4%. — *3-Brom-N-hydroxycarbostyril*, $C_9H_6BrNO_2$, F. 187–188° (Prismen), aus 3-Bromchinolin; 62,6%. R. Schirner 3231△

*0866* **Amyostatische Gifte.** 10. Mitt. **Synthesen von Jodderivaten des 3-Aminohydrocarbostyrils.** Tokuji Hashimoto. (J. pharmac. Soc. Japan [Yakugakuzasshi] **76,** 105–06, 1956; jap., Auszug: engl.) — 9. vgl. C. **1963,** 21550. — *3-Amino-6-jodhydrocarbostyril* entsteht bei der Einw. von JCl auf eine essigsaure Lsg. von 3-Acetamidohydrocarbostyril u. anschließender Desacetylierung mit verd. HJ. Durch Oxydation von 3-Acetamido-6-jodhydrocarbostyril (I) mit $KMnO_4$ u. folgende Hydrolyse mit n-NaOH entsteht *5-Jodanthranilsäure*. Pharmakolog. Unterss. werden beschrieben.

Versuche: *3-Acetamido-6-jodhydrocarbostyril* (I), $C_{11}H_{11}JN_2O_2$, F. 300°, durch Einw. von JCl auf 2 g 3-Acetamidohydrocarbostyril in Essigsäure; 2,3 g (Ausbeute). — *3-Amino-6-jodhydrocarbostyril*, $C_9H_9JN_2O$, F. 217—218°, durch Umsetzen von 2 g Hydrojodid mit verd. Alkalien; 1,6 g. *Hydrojodid*, $C_9H_9JN_2O \cdot HJ$, F. 278—280° (Zers.), durch Desacetylierung von 3 g I mit verd. HJ; 1,6 g. — *2-Oxalylamino-5-jodbenzoesäure*, $C_9H_6JNO_5$, F. 300°, durch Oxydation von 1 g I mit wss. $KMnO_4$-Lsg.; 0,8 g. — *5-Jodanthranilsäure*, $C_7H_6JNO_2$, F. 209—210° (Zers.), durch Hydrolyse von 0,5 g vorst. Verb. mit n-NaOH; 0,3 g; daneben 0,2 g *Ca-Oxalat-monohydrat*. W. Hampel 3231△

*0867* **Eine Methode zur Synthese von Diterpenalkaloiden. 1. Mitt. Mannich-Reaktion von 2.6-disubstituierten Cyclohexanonen.** Bunji Shimizu, Akira Ogiso und Issei Iwai. (Chem. pharmac. Bull. [Tokyo] **11**, 333—36, 1963; Tokyo, Sankyo Co., Takamine Labor.; engl.) — Es werden *2-[p-Methoxyphenyl]-* (I) u. *2-[m-Methoxyphenyl]-6-hydroxymethylencyclohexanon* (II) dargestellt. Diese u. weitere 2.6-disubstituierte Cyclohexanone werden durch Mannich-Rk. in 1.5-disubstituierte *3-Methyl-3-azabicyclo-[3.3.1]-nonanone-(9)* übergeführt.

Versuche: Cyclohexanone: *2-[p-Methoxyphenyl]-6-hydroxymethylen-* (I), durch Kondens. von 2-[p-Methoxyphenyl]-cyclohexanon (30 g) u. Ameisensäureäthylester mit $NaOCH_3$ in abs. Bzl.; Öl; 30 g (Ausbeute). — *2-[m-Methoxyphenyl]-6-hydroxymethylen-* (II), analog I aus 30 g 2-[m-Methoxyphenyl]-cyclohexanon; Öl; 14 g. — *2-[p-Methoxyphenyl]-6-methyl-* (III), $C_{14}H_{18}O_2$, F. 74—75°, durch Hydrieren von 30 g I an Pd/Kohle in A.; aus Hexan Nadeln; 26 g. — *2-[m-Methoxyphenyl]-6-methyl-* (IV), Kp.$_{0,1}$ 120—126°, analog III aus 14 g II; gelbes Öl; 12 g. — *5-[p-Methoxyphenyl]-1.3-dimethyl-3-azabicyclo-[3.3.1]-nonanon-(9)* (V), durch 24std. Kochen von III (20 g) mit 28%ig. $CH_3NH_2$ u. 39%ig. $CH_2O$ in A.; Öl; 21 g. *Hydrochlorid*, $C_{17}H_{24}ClNO_2$, F. 230—231°, aus Methanol Nadeln. *Pikrat*, $C_{23}H_{26}N_4O_9$, F. 188—189° (Zers.). — *5-[m-Methoxyphenyl]-1.3-dimethyl-3-azabicyclo-[3.3.1]-nonan-on-(9)*, analog V aus IV; Öl. *Hydrochlorid*, $C_{17}H_{24}ClNO_2$, F. 224—226° (Zers.). — *3-Methyl-9-oxo-3-azabicyclo-[3.3.1]-nonan-1-carbonsäureäthylester* (VI), analog V aus 6 g Cyclohexanon-2-carbonsäureäthylester in A. bei 35°; 7,2 g. — *1.3-Dimethyl-9-oxo-3-azabicyclo-[3.3.1]-nonan-5-carbonsäureäthylester, Hydrochlorid* (VII), $C_{13}H_{22}ClNO_3$, F. 212—213° (Zers.), analog VI durch Fällen von 5,2 g 2-Oxo-3-methylcyclohexancarbonsäureäthylester in Aceton mit HCl; aus Methanol/Aceton Nadeln; 7,4 g. *Freie Säure, Hydrochlorid* (VIII), $C_{11}H_{18}ClNO_3$, F. 206—208° (Zers.), durch 2std. Kochen von 1,2 g VII mit 25%ig. HCl; aus Methanol Nadeln; 0,81 g. — *3-Methyl-3-azabicyclo-[3.3.1]-nonanon-(9)*, $C_9H_{15}NO$, F. 14 bis 15°, a) durch 24std. Erhitzen von 3-Methyl-9-oxo-3-azabicyclo-[3.3.1]-nonan-1.5-dicarbonsäurehydrochlorid (0,3 g) mit 50%ig. $H_2SO_4$ auf 140—150° u. Freisetzen der Base mit 20%ig. NaOH; aus Bzn. Kristalle; 0,16 g; b) durch Hydrolyse u. Decarboxylierung von VI; hellgelbe Kristalle. *Semicarbazon*, $C_{10}H_{18}N_4O$, F. 215—216° (Zers.); aus A. Nadeln. *2.4-Dinitrophenylhydrazon*, $C_{15}H_{19}N_5O_4$, F. 180—182° (Zers.); aus A. orangefarbene Nadeln. *Thiosemicarbazon*, $C_{10}H_{18}N_4S$, F. 192—193° (Zers.); aus A. Prismen. — *1.3-Dimethyl-9-oxo-3-azabicyclo-[3.3.1]-nonanhydrojodid*, $C_{10}H_{18}JNO$, F. 214 bis 216° (Zers.), aus 1,1 g VIII analog vorst. Verb. nach a) u. Fällen mit 57%ig. HJ; aus Methanol/Aceton Nadeln; 0,73 g. H. Hartmann 3231◇

*0868* **Direkte Chlorierung von Acridon.** Maria Ionescu und Ileana Goia. (Rev. Chim. [Bucarest] **5**, 85—94, 1960; dt.) — Durch Einw. von $Cl_2$-Gas auf Acridon (XI) in $CCl_4$ bzw. Eisessig werden *2.7-Dichlor-* (I) bzw. *2.4.5.7-Tetrachloracridon* (II) erhalten; die Strukturen von I u. II werden durch Synth. bewiesen. I kann zu II chloriert werden. Verss. der Chlorierung von XI mit $Cl_2$-gesätt. Lsgm. oder mit HCl/30%ig. $H_2O_2$ gaben keine einheitlichen Produkte. In Alkoholen, Nitrobenzol bzw. $H_2SO_4$ geht die Chlorierung mit $Cl_2$-Gas langsamer als in Eisessig vonstatten. Bei höherer Temp. wird die Chlorierung beschleunigt; die Konz. der Lsg. u. die $Cl_2$-Durchflußgeschw. sind ohne Einfl. auf die Geschw. der Chlorierung. Zur Synth. von I wird 5-Chloranthranilsäure (III) mit p-Nitrobrombenzol (IV) in ihr *N-p-Nitrophenyl-Deriv.* (V) übergeführt, dessen Cycylisierung mit $POCl_3$ *2-Nitro-7-chloracridon* (VI) gibt. Red. von VI mit Zn-Staub in wss. A. u. Ggw. von $CaCl_2$ u. Sandmeyer-Rk. der erhaltenen *Amino-Verb.* (VII) führen zu I. Verss., III mit p-Dichlor- bzw. p-Nitrochlorbenzol zu kondensieren, waren erfolglos. Red. von VI mit $SnCl_2$/HCl gelang auch unter drast. Bedingungen nicht. Überführen von III durch Sandmeyer-Rk. in *2.5-Dichlorbenzoesäure*, deren Kondens. mit p-Chloranilin (VIII) zum *N-p-Chlorphenyl-Deriv.* (IX) von III u. dessen Cyclisierung mit $POCl_3$ führen ebenfalls zu I. Die Cyclisierung von V gelingt nicht mit konz. $H_2SO_4$. Kondens. von III mit p-Chlorbrombenzol gibt nur geringe Mengen IX. I wird durch Überführen in *9-[p-Dimethylaminophenyl]-2.7-dichloracridin* charakterisiert. Zur Synth. von II wird *N-Benzoyl-2.4-dichloranilin* in das entsprechende *Imidchlorid* übergeführt, das durch Kondens. mit 3.5-Dichlorsalicylsäure (XII), Äthylester *N-[2.4-Dichlorphenyl]-benzimidsäure-2-carbäthoxy-4.6-dichlorphenylester* (X) gibt, der durch Erhitzen auf 260° in *N-Benzoyl-2.2'.4.4'-tetrachlor-6-carbäthoxydiphenylamin* umgelagert wird. Durch Erhitzen in Ggw. von konz. $H_2SO_4$ wird diese Verb. in II übergeführt. II gibt mit $POCl_3$ *2.4.5.7.9-Pentachloracridin*.

Versuche: Acridone: *2.7-Dichlor-* (I), $C_{13}H_7Cl_2NO$, F. 434°, a) durch Einleiten von $Cl_2$ in eine Lsg. von 2 g XI in $CCl_4$ auf dem sd. Wasserbad, 10 Min. langes Kochen, Abfiltrieren u. Waschen mit $CCl_4$ u. A.; aus 98%ig. $CH_3COOH$ gelbe Nadeln; 0,25 g (Ausbeute); b) durch Kochen von VII mit konz. HCl, Zusetzen von $NaNO_2$-Lsg. bei 0—5°, Gießen auf Cu-Bronze, 20std. Stehen bei Zimmer-Temp., Zusetzen von heißem W., Abfiltrieren, Waschen mit heißem W. u. Extrahieren mit Essigsäure; c) durch 4std. Erhitzen von 3,2 g IX mit $POCl_3$ auf 135°, Gießen in Eiswasser u. 2std. Kochen; 2,75 g. — *2-Nitro-7-chlor-* (VI), F. >415°, analog I nach c) aus 1,1 g V; aus A. orangefarben; 0,1 g. — *2-Amino-7-chlor-* (VII), $C_{13}H_9ClN_2O$, F. ca. 317° (50%ig. A.), durch 1½std. Kochen von 0,1 g VI mit Zn in Ggw. von $CaCl_2$ in wss. A.; 0,06 g. — *2.4.5.7-Tetrachlor-* (II), $C_{13}H_5Cl_4NO$, F. 253°, a) durch Einleiten von $Cl_2$ in eine Lsg. von XI in Eisessig auf dem sd. Wasserbad; aus Toluol Nadeln; 98%; b) durch 10 Min. langes Erhitzen von X auf 260°, Zusatzen von konz. $H_2SO_4$ bei 150°, 1 Min. langes Erhitzen auf 200—203° u. Gießen in W.; 0,15 g. — *2.4.5.7.9-Pentachloracridin*, $C_{13}H_4Cl_5N$, F. 193°, durch langsames Erwärmen von II u. $POCl_3$ auf 85—90°, 2std. Erhitzen auf 135—140°, Abdestillieren von $POCl_3$ bei 140—150°/50 Torr, Gießen in konz. $NH_4OH$/Chlf./Eis unter Rühren, ½std. Stehen u. Eindampfen der organ. Schicht; aus Bzl. gelbe Nadeln. — *N-[2.4-Dichlorphenyl]-benzimidchlorid*, $C_{13}H_8Cl_3N$, F. 78° (PAe.), durch Erwärmen von 3 g 2'.4'-Dichlorbenzanilid mit $PCl_5$ auf dem Wasserbad, Zusetzen von PAe. zum heißen Filtrat u. Abschrecken; 1,85 g. — *3.5-Dichlorsalicylsäure* (XII)*-Äthylester*, F. 57° (A.), durch 3—4std. Erhitzen von XII u. konz. $H_2SO_4$ in A. im Autoklaven auf 125—135° u. Stehen über Nacht. Verss., XII mit sd. A in Ggw. von $H_2SO_4$ oder HCl zu verestern, gaben auch nach längerer Rk. nur geringe Umsetzungen. — *N-[2.4-Dichlorphenyl]-benzimido-[2-carbäthoxy-4.6-dichlorphenyl]-ester* (X), $C_{22}H_{15}Cl_4NO_3$, F. 126° (Zers.), durch Zusetzen von 2,27 g vorst. Verb. u. dann von 1,85 g vorvorst. Verb. in abs. Ae. zu einer gekühlten $C_2H_5ONa$-Lsg., Stehen unter Verschluß über Nacht, Einengen unter Vakuum, Zusetzen von W., Eindampfen unter Vakuum u. Extrahieren mit sd. PAe.; Schuppen; 2 g. — *9-[p-Dimethylaminophenyl]-2.7-dichloracridin*, $C_{21}H_{16}Cl_2N_2$, F. 263°, durch 3std. Erhitzen von 0,2 g I mit Dimethylanilin u. $POCl_3$ auf dem Wasserbad, Zusetzen von W., Alkalisieren u. Einleiten von Wasserdampf; aus A. orangefarben; 0,3 g. — *5-Chloranthranilsäure* (III)*-N-[p-Nitrophenyl]-Deriv.* (V), F. 257° (50%ig. A.), a) durch 5std. Erhitzen von 0,5 g III u. IV in Amylalkohol u. Ggw. von $K_2CO_3$ u. Cu-Bronze auf 170°, Einleiten von Wasserdampf, Einengen u. Fällen mit konz. HCl; 0,6 g; b) analog a) mit Cu-Pulver statt -Bronze; ca. 0,2 g. *N-[p-Chlorphenyl]-Deriv.* (IX), $C_{13}H_9Cl_2NO_2$, F. 225° (Bzl.), analog V aus 0,7 g nachst. Verb. u. VIII; 0,55 g. — *2.5-Dichlorbenzoesäure*, F. 154°, durch Diazotieren von 2 g III bei 0—4° in 8n HCl, Zusetzen zu 4 g CuCl in konz. HCl, ¾std. Stehen, Abfiltrieren, Lösen in 2n NaOH u. Fällen mit konz. HCl; 0,8 g.

H. Gleinig 3231◇

*0869* **Innermolekulare umkehrbare Cyclisierung von 8-[2'.3'(CO);6'.5'(CO)-Dibenzoylenpyridyl-(4')]-1-naphthoesäureamiden.** G. Ja. Dubur und G. Ja. Wanag. (Ber. Akad. Wiss. UdSSR **134**, 1356—59, 21/10. 1960; Inst. für org. Synth. der Akad. der Wiss. der LettSSR; russ.) — Von der durch Kondens. von 2 Mol Indandion-(1.3) mit 1 Mol Acenaphthenchinon, Aminierung mit $NH_3$ u. Oxydation erhaltenen *8-[2'.3'(CO);6'.5'(CO)-Dibenzoylenpyridyl-(4')]-naphthoesäure-(1)* (I) werden das *Amid*, *Äthylamid* u. *Diäthylamid* dargestellt. Die Amide sind im neutralen u. sauren Medium gelb gefärbt. I-Amid u. I-Äthylamid lösen sich in alkohol. Alkali violett, wobei sich die Absorptionsspektren im sichtbaren u. UV-Bereich stark verändern; beim Ansäuern stellt sich die gelbe Farbe wieder ein. Nicht dagegen ändern I-Diäthylamid, I-Äthylamiddioxim oder das aus I-Äthylamid durch Red. der beiden Ketogruppen zu Hydroxylgruppen erhaltene Prod. die Farbe im alkal. Gebiet, während sich die *N-Acetyl-* u. *N-p-Nitrobenzoyl-Derivv.* von I-Äthylamid in Alkali nur langsam unter Abspaltung der Acylgruppen mit violetter Farbe lösen. — Die beobachtete Farbänderung der Amide im alkal. Gebiet wird auf eine innermol. reversible Umlagerung zurückgeführt.

Versuche: *8-[2'.3'(CO);6'.5'(CO)-Dibenzoylenpyridyl-(4')]-naphthoesäure-(1)* (I), *Amid*, $C_{30}H_{16}N_2O_3$, F. 314—316° (Chlorbenzol, Eisessig), man läßt 3,4 g I-Chlorid u. 40 ml 25%ig. $NH_3$ in 170 ml Dioxan 1 Tag lang stehen, verd. mit W. u. säuert an; gelb; 2,8 g (*Na-Salz*, $C_{30}H_{15}N_2NaO_3$, Zers. bei 275—280°; dunkelblaue Platten). *Äthylamid*, $C_{32}H_{20}N_2O_3$, F. 320° (Eisessig), man kocht 10 g I-Chlorid, 350 ml Dioxan, 10,4 g Äthylaminhydrochlorid u. 5,1 g NaOH 2 Std., verd. mit W. u. säuert an; gelb; 8 g (*Dioxim*, $C_{32}H_{22}N_4O_3$, F. 290°; aus A. hellgelbe Nädelchen; *Acetyl-Deriv.*, $C_{34}H_{22}N_2O_4$, F. 263°; aus Bzl. gelbe Platten; *p-Nitrobenzoyl-Deriv.*, $C_{39}H_{23}N_3O_6$, F. 274°; aus Eisessig gelbe Platten). *Diäthylamid*, $C_{34}H_{24}N_2O_3$, F. 332° (Eisessig), man kocht 1,8 g I-Chlorid u. 10 ml Diäthylamin in 150 ml Chlf. 2 Std., engt stark ein, verd. mit A. u. W. u. behandelt mit 0,5%ig. NaOH; gelb. — *8-{1'.1''-Dihydroxydiindeno-[2'.3':3.2;2''.3'':5.6]-pyridyl-(4)}-naphthoesäure-(1), Äthylamid*, $C_{32}H_{24}N_2O_3$, F. 316—318° (Eisessig, o-Xylol), man kocht 2 g I-Äthylamid in 60 ml Eisessig mit Zn-Staub bis zur Entfärbung u. verd. mit W. u. $NH_4OH$; 1,85 g. Helmut Schäfer 3231

*0870* **o-[2.3(CO);6.5(CO)-Dibenzoylenisonicotinoyl]-benzoesäure.** G. Ja. Dubur und G. Ja. Wanag. (Ber. Akad. Wiss. UdSSR **139**, 369—72, 11/7. 1961; Inst. für org. Synth. der Akad. der Wiss. der LettSSR; russ.) — Die Oxydation von Trisindandion-(1.3) {I; 2.2-Bis-[indandion-(1'.3')-yl-(2')]-indandion-(1.3)} liefert *2-[Indandion-(1'.3')-yl-(2')]-2-[2'-hydroxyindandion-(1'.3')-yl-(2')]-indandion-(1.3)* (II). Die Kondens. von I mit $NH_4$-Acetat führt zu *Indandion-(1'.3')-spiro-(2'.4)-2.3(CO)-6.5(CO)-dibenzoylen-1.4-dihydropyridin* (III), die von II mit $NH_4$-Acetat zu *o-[2.3(CO);6.5(CO)-Dibenzoylenisonicotinoyl]-benzoesäure* (IV). IV wird auch durch Oxydation von III erhalten. III gibt beim Behandeln mit Na-Alkoholaten IV-*Ester*. Die Darst. von IV, IV-*Methyl-* u. *-Äthylester* u. einigen IV-*Salzen* wird beschrieben.

Versuche: *o-[2.3(CO);6.5(CO)-Dibenzoylenisonicotinoyl]-benzoesäure* (IV), $C_{27}H_{13}NO_5$, F. 364° (Dioxan), a) man kocht 8 g II mit 240 ml Eisessig u. 24 g $NH_4$-Acetat 2 Std. filtriert u. kocht den Nd. mit 75 ml Essigsäure; gelb; 5 g (Ausbeute); b) man suspendiert 2,15 g III in 150 ml Methanol u. versetzt mit 15 ml 10%ig. NaOH u. 10 ml Perhydrol; nach einigen Min. fällt IV-Na-Salz aus, das man in wss. A. (1:1) löst u. durch Ansäuern in IV überführt. *Na-Salz*, $C_{27}H_{12}NNaO_5$, Zers. bei 390°; gelbe Nadeln. *K-Salz*, $C_{27}H_{12}KNO_5$, Zers. bei 360°; gelb. *Ag-Salz*, $C_{27}H_{12}AgNO_5$. *Diäthylammoniumsalz*, $C_{31}H_{24}N_2O_5$, F. 340° (Dioxan); gelb. *Piperidiniumsalz*, $C_{32}H_{24}N_2O_5$, F. 326°; gelbe Nadeln. *β-Phenylisopropylammoniumsalz*, $C_{36}H_{26}N_2O_5$, F. 263° (Dioxan); gelb. *Chlorid*, $C_{27}H_{12}ClNO_4$, F. 335°, durch 3std. Kochen von 5,8 g IV mit 50 ml $SOCl_2$. *Äthylester*, $C_{29}H_{17}NO_5$, F. 325—327° (Eisessig; Nadeln), a) aus 0,1 g IV-Ag-Salz u. 6 ml Äthyljodid (6 Std., 180°); b) durch Stehenlassen von 0,3 g III mit 25 ml 1%ig. Na-Äthylat-Lsg. über Nacht. *Methylester*, $C_{28}H_{15}NO_5$, F. 338° (Eisessig), durch 10 Min. langes Kochen von 0,3 g III mit 20 ml 3%ig. Na-Methylatlösung. Helmut Schäfer 3231□

*0871* **Ein Weg zur Synthese von substituierten Dioxenderivaten.** K. Balenović und N. Bregant. (Croat. chem. Acta **28**, 67—68, 1956; Zagreb, Univ., Fac. of Sci., Chem. Inst.; engl.) — 1-Diazo-3-phthalimidopropanon (I) ergibt in Äthylenglykol (II) in Ggw. katalyt. Mengen $BF_3$-Ätherat *1-[2-Hydroxyäthoxy]-3-phthalimidopropanon*, durch dessen Rk. mit $P_2O_5$ *2-Phthalimidomethyl-1.4-dioxen-(2)* erhalten wird.

Versuche: *1-[2-Hydroxyäthoxy]-3-phthalimidopropanon*, $C_{13}H_{13}NO_5$, F. 132—135°, durch ½std. Erwärmen einer Suspension von I in II mit $BF_3$-Ätherat auf 50—60°, Gießen in W. u. mehrstd. Stehen bei 0°; aus Dichlormethan/PAe. Nadeln; 63% (Ausbeute). — *2-Phthalimidomethyl-1.4-dioxen-(2)*, $C_{13}H_{11}NO_4$, F. 164—165°, durch 24std. Schütteln der Lsg. vorst. Verb. in Bzl. mit $P_2O_5$ bei Raum-Temp.; aus Dichlormethan/PAe. Prismen; 83%. H.-J. Weigmann 3252△

*0872* **Synthese von 4-Aminopyridazin.** Tsukasa Kuraishi. (Pharmac. Bull. [Tokyo] **4**, 137—38, 1956; Nagasaki, Univ., Pharm. Fac.; engl.) — Aus 3.4.6-Trichlorpyridazin (I) entsteht durch Einw. von alkohol. $NH_3$ *4-Amino-3.6-dichlorpyridazin* (II), das mit $H_2$/Pd zu *4-Aminopyridazin* (III) red. werden konnte.

Versuche: *4-Amino-3.6-dichlorpyridazin* (II), $C_4H_3Cl_2N_3$, F. 203° (W.), aus 20 g I u. gesätt. alkohol. $NH_3$ durch 5std. Erhitzen auf 100—105° im Rohr; 7 g (Ausbeute). — *4-Aminopyridazin* (III), $C_4H_5N_3$, F. 129—131°, aus 2 g II mit $H_2$/Pd-C in methanol. NaOH, Abdampfen des Lsgm. u. Extraktion mit Essigester; 1 g. G. Reinisch 3272□

*0873* **2-Alkylaminomethyl-Δ²-imidazoline und -Δ²-tetrahydropyrimidine.** H. Baganz und L. Domaschke. (Arch. Pharmaz. Ber. dtsch. pharmaz. Ges. **295/67**, 758—64, Okt. 1962; Berlin, TU, Organ. Chem. Inst.; dt.) — Beschrieben wird die Darst. von *N-[Dialkylaminoacetyl]-äthylendiaminen* (**A**) aus α-Dialkylaminosäureestern (**B**) u. Äthylendiamin (**III**). Die **A** gehen beim Erhitzen in Ggw. von CaO unter Wasserabspaltung in *2-Dialkylaminomethyl-Δ²-imidazoline* über. Mit Trimethylendiamin (**IV**) liefert **B** sofort die entsprechenden *2-Dialkylaminomethyl-Δ²-tetrahydropyrimidine.*

Versuche: *Diäthylaminoessigsäure-[β-aminoäthylamid]* (**V**), $C_8H_{19}N_3O$, $Kp._{0,4}$ 124,5°, durch 15std. Erhitzen von Diäthylaminoessigsäuremethylester (**VI**) mit **III** im Autoklaven auf 130°; $n_D^{25}$ 1,4763; 74% (Ausbeute). — *Di-n-butylaminoessigsäure-[β-aminoäthylamid]* (**VII**), $C_{12}H_{27}N_3O$, $Kp._{0,6}$ 134°, durch 12std. Kochen von Di-n-butylaminoessigsäuremethylester (**VIII**) mit **III** in A. u. Einengen; $n_D^{25}$ 1,4711; 74%; daneben *N.N'-Bis-[di-n-butylaminoacetyl]-äthylendiamin* [$C_{22}H_{46}N_4O_2$, F. 66° (Essigester)]. — *Di-n-butylaminoessigsäuremethylester* (**VIII**), $C_{11}H_{23}NO_2$, $Kp._{12}$ 107°, durch Zutropfen von Chloressigsäuremethylester zu Di-n-butylamin in Ae. u. 5 Tage langes Stehen unter häufigem Umschütteln; $n_D^{25}$ 1,4313; 70%. — *Morpholinoessigsäureäthylester* (**IX**), $C_8H_{15}NO_3$, $Kp._{12}$ 113°, analog **VIII**; $n_D^{25}$ 1,4523; 77%. — *Piperidinoessigsäure-[β-aminoäthylamid]* (**X**), $C_9H_{19}N_3O$, $Kp._{0,2}$ 144°, a) durch 12std. Kochen von 85 g Piperidinoessigsäureäthylester (**XI**) mit **III** in A.; $n_D^{25}$ 1,5028; 81,5%; daneben *N.N'-Bis-[piperidinoacetyl]-äthylendiamin* [**XII**, $C_{16}H_{30}N_4O_2$, F. 138—139° (A.); 7 g] u. 3 g nachst Verb.; b) durch 24std. Erhitzen von 70 g **XI** mit **III** im Autoklaven bei 200 at $N_2$ auf 190—195°; 53%; daneben 8 g **II** u. 6 g nachst. Verbindung. — *2-[Piperidinomethyl]-Δ²-imidazolin*, $C_9H_{17}N_3$, F. 87—88° (Pentan; Sublimation), $Kp._{0,2}$ 113 bis 115°, durch 5std. Erhitzen von **X** mit CaO auf 240—245°; 97%. — *2-[Morpholinomethyl]-Δ²-imidazolin*, $C_8H_{15}N_3O$, F. 90°, $Kp._{0,2}$ 118—122°, durch 8std. Kochen von 56 g **IX** mit **III** in A.; 95%; daneben *N.N'-Bis-[morpholinoacetyl]-äthylendiamin* [$C_{14}H_{26}N_4O_4$, F. 193° (A.); 8 g]. — *2-Diäthylaminomethyl-Δ²-imidazolin*, $C_8H_{17}N_3$, F. 42° (Essigester/PAe.; 1:1), $Kp._{0,4}$ 91°, durch 5std. Erhitzen von **V** mit CaO unter Rühren auf 230°, Aufnehmen in A. u. Filtrieren; hygroskop.; 75,3%. — *2-[Di-n-butylaminomethyl]-Δ²-imidazolin*, $C_{12}H_{25}N_3$, F. 38° (Essigester), $Kp._{0,3}$ 112—123°, analog aus **VII** u. CaO; 87,5%. — *2-Diäthylaminomethyl-Δ²-tetrahydropyrimidin*, $C_9H_{19}N_3$, F. 46—47° (Essigester/PAe.; 1:1), $Kp._{0,6}$ 109—111°, durch 6std. Kochen von 87 g **VI** mit **IV** in A.; hygroskop.; 73%; daneben *N.N'-Bis-[diäthylaminoacetyl]-trimethylendiamin* [$C_{15}H_{32}N_4O_2$, F. 36°, $Kp._{0,02}$ 183°; $n_D^{25}$ 1,4860; 10 g]. *Pikrat*, F. 204° (A./W.). — *2-[Di-n-butylaminomethyl]-Δ²-tetrahydropyrimidin*, $C_{13}H_{27}N_3$, $Kp._{0,1}$ 106—107°, aus **VIII** u. **IV** in A.; Öl; $n_D^{25}$ 1,4816; 75,5%. — *2-[Morpholinomethyl]-Δ²-tetrahydropyrimidin*, $C_9H_{17}N_3O$, F. 83°, durch Zutropfen von **IX** zu **IV** in A., 6std. Kochen u. Dest. bei 140—165°/

0,4—0,5 Torr; 76,5%. — *2-Piperidinomethyl-$\Delta^2$-tetrahydropyrimidin*, $C_{10}H_{19}N_3$, F. 65—66°, Kp.$_{0,005}$ 85°, analog aus 129 g **XI** u. **IV** in A.; 65,7%; daneben *N.N'-Bis-[piperidinoacetyl]-trimethylendiamin* [$C_{17}H_{32}N_4O_2$, F. 83° (Essigester), Kp.$_{0,005}$ 212—213°; 16 g]. — *Hippursäure-[β-aminoäthylamid]* (**I**), $C_{11}H_{15}N_3O_2$, F. 126—128,5°, durch Zutropfen von Hippursäureäthylester in A. zu **III** in A. u. 4std. Kochen; 72,5%. — *2-Phenyl-$\Delta^2$-imidazolin*, $C_9H_{10}N_2$, F. 99—101° (Sublimation), durch 20std. Erhitzen von **I** mit **III** im Autoklaven auf 200° bei 240 at $N_2$ u. Dest. bei 135—165°/0,2—0,3 Torr. — *2-Benzamidomethyl-$\Delta^2$-imidazolin*, $C_{11}H_{13}N_3O$, F. 135° (Essigester), durch 25std. Kochen von **I** in Xylol an einem Wasserabscheider u. heißes Filtrieren; 47,5%. — *Benzamid*, $C_7H_7NO$, F. 127°, durch Erhitzen vorst. Verb. auf 320°/<0,005 Torr. D. Jahnke 3272△

*0874* **Über eine neue Methode zur Darstellung von N.N'-Diarylpiperazinen.** Alain Verdier und Armand Lattes. (C. R. hebd. Séances Acad. Sci. **256**, 2635—37, 1963; Toulouse, Fac. des Sci., Labor. de Chim. Organ.; Centre de Catal. et Pétrochim.; franz.) — Bei der Darst. von N.N'-Diarylpiperazinen (vgl. C. **1964**, 12 0705) betragen die Ausbeuten mit Al-Silicat (bzw. $Al_2O_3$) als Katalysator an *Di-o-* (**I**) 10 (Spuren) u. *Di-p-methoxyphenyl-* (**II**) 50 (22)%. Bessere Ausbeuten wurden erhalten beim Erhitzen der N-Aryl-2-aminoäthanole mit 5% p-Toluolsulfonsäure auf 300° u. Fällen mit A.: *Diphenyl-*, F. 164°; 86%; *Di-o-tolyl-*, F. 174°; 53%; *Di-m-tolyl-*, F. 126°; 88%; *Di-p-tolyl-*, F. 190°; 95%; **I**, F. 170—171° (Bzl.); 42%; **II**, F. 233°, 78%; *Bis-[2.6-dimethylphenyl]-*, $C_{20}H_{26}N_2$, F. 203—204° (A., PAe., Bzl.); 16%; *Dimesityl-*, $C_{22}H_{30}N_2$, F. 188° (A.); 26%. Für die Synth. der beiden letzten Verbb. wurden aus 2.6-Di- bzw. 2.4.6-Trimethylanilin u. 2-Chloräthanol in Ggw. von W. *2-[2.6-Dimethylanilino]-äthanol* [$C_{10}H_{15}NO$, Kp.$_9$ 147—148°; $n_D^{25}$ 1,5487; 49%] u. *2-Mesitylaminoäthanol* [$C_{11}H_{17}NO$, F. 63° (PAe.); 57%] dargestellt. G. Cleve 3272◇

*0875* **Neue N.N'-disubstituierte Derivate des Piperazins mit neurotropen Eigenschaften.** H. Morren, D. Zivkovic, R. Linz, H. Strubbe und L. Marchal. (Ind. chim. belge **28**, 123—34, 1963; Bruxelles, UCB, Labor. de Rech. Chim., Div. Pharm.; franz.) — Zur Prüfung auf pharmakolog. Wrkg. synthetisieren Vff. eine größere Anzahl von *Piperazinen* (**A**), die in 4-Stellung durch einen Arylrest u. in 1-Stellung durch einen Arylalkylrest substituiert sind. Bei dem letzteren handelt es sich in den meisten Fällen um einen 4-Arylbutylrest, der in 4-Stellung außer dem Arylrest eine Cyan-, Carbamoyl-, Acyl-, Alkoxcarbonyl- oder eine verwandte Gruppe trägt. Die **A** werden als *Hydrochloride* isoliert. Vff. beschreiben ferner eine Reihe von als Zwischenprodd. benötigten *4-Aryl-4-cyanbutylchloriden* (**B**) bzw. *4-Aryl-4-carbamoylbutylchloriden* (**C**) sowie einige von deren niederen oder höheren Homologen. Die **B** u. **C** werden durch Chlorierung entsprechender Alkohole oder durch Rk. von Arylacetonitrilen (**D**) mit 1-Chlor-3-brompropan (**I**) in Ggw. von $NaNH_2$ in Toluol erhalten. Die **A** entstehen in den meisten Fällen durch Kondens. der **B** oder **C** mit entsprechenden 1-Arylpiperazinen.

Versuche: *5-Cyan-5-[p-tolyl]-pentyl-(1)-tetrahydropyranyläther*, Kp.$_{0,001}$ 172°, aus p-Tolylacetonitril (Na-Verb.) u. 4-Chlorbutyl-(1)-tetrahydropyranyläther. — *5-Cyan-5-[p-tolyl]-pentanol-(1)*, durch Verseifung vorst. Verbindung. — *5-Chlor-2-[p-tolyl]-valeriansäure*, F. 74—75°, Kp.$_{0,005}$ 150 bis 160°, durch Lösen von 5-Chlor-2-p-tolylvaleronitril in einem Gemisch aus Eisessig, W. u. konz. $H_2SO_4$, 3std. Erhitzen auf 110—120° unter Rühren, Gießen auf Eis u. Ae.-Extraktion. — *5-Chlor-2-[p-tolyl]-pentanol-(1)* (**XVI**), durch Red. vorst. Verb. mit $LiAlH_4$. — 4-Aryl-4-cyan-1-chlorbutane: *4-Phenyl-* (**II**), $C_{11}H_{12}ClN$, Kp.$_{0,05}$ 120—125°, durch Zugabe von 1 Mol $NaNH_2$ in Toluol zu der Lsg. von 1 Mol Phenylacetonitril u. 3 Mol **I** in Toluol unterhalb 10°, 1std. Rühren bei Raum-Temp., Gießen in W. u. Aufarbeitung der Toluolschicht; 48% (Ausbeute). — *4-[4-Methoxyphenyl]-*, $C_{12}H_{14}ClNO$, Kp.$_{0,3}$ 152—157°, aus dem entsprechenden **D**, **I** u. $NaNH_2$ in Toluol; 60%. — *4-[4-Chlorphenyl]-*, $C_{11}H_{11}Cl_2N$, Kp.$_{0,1}$ 136—140°, analog **II**; 55%. — *4-[4-Fluorphenyl]-*, $C_{11}H_{11}ClFN$, Kp.$_{0,005}$ 130—135°, analog **II**; 55%. — *4-[p-Tolyl]-*, $C_{12}H_{14}ClN$, Kp.$_{0,01}$ 138—142°; 51%. — *4-[4-Äthylphenyl]-*, $C_{13}H_{16}ClN$, Kp.$_{0,05}$ 157—162°; 70%. — *4-[4-Isopropylphenyl]-*, $C_{14}H_{18}ClN$, Kp.$_{0,05}$ 155—160°; 50%. — *4-[4-tert.-Butylphenyl]-*, $C_{15}H_{20}ClN$, Kp.$_{0,001}$ 150—155°; 25%. — *4-[m-Tolyl]-* (**IV**), $C_{12}H_{14}ClN$, Kp.$_{0,1}$ 148—150°; 54%. — *4-[3-Chlorphenyl]-*, $C_{11}H_{11}Cl_2N$, Kp.$_{0,001}$ 135—140°; 44%. — *4-[2-Methoxyphenyl]-*, $C_{12}H_{14}ClNO$, Kp.$_{0,05}$ 150—155°; 57%. — *4-[2-Chlorphenyl]-*, $C_{11}H_{11}Cl_2N$, Kp.$_{0,001}$ 135—140°; 50%. — *4-[o-Tolyl]-*, $C_{12}H_{14}ClN$, Kp.$_{0,05}$ 148—152°; 63%. — *4-Phenyl-4-dimethylcarbamoyl-1-chlorbutan* (**IX**), $C_{13}H_{18}ClNO$, Kp.$_{0,01}$ 130—135°, analog **II**; 48%. — 4-Aryl-1-chlorbutane: *4-[4-Chlorphenyl]-* (**III**), $C_{10}H_{12}Cl_2$, Kp.$_{12}$ 145—150°, durch Eintropfen von 1 Mol $SOCl_2$ zu der mit wenig Pyridin versetzten Lsg. von 1 Mol 4-[4-Chlorphenyl]-butanol-(1) in Bzl. u. Kochen bis zur Beendigung der Gas-Entw.; 61%. — *4-[4-Methoxyphenyl]-* (**XV**), $C_{11}H_{14}ClO$, analog **III**. — 4-Aryl-4-cyan-2-methyl-1-chlorbutane: *4-[p-Tolyl]-*, $C_{13}H_{16}ClN$, Kp.$_{0,01}$ 105°, analog **II**; 35%. — *4-Phenyl-* $C_{12}H_{14}ClN$, Kp.$_{0,005}$ 110—115°, analog **II**; 34%. — *3-[p-Tolyl]-3-cyan-1-chlorpropan* (**XVIII**), $C_{11}H_{12}ClN$, Kp.$_{0,1}$ 115—120°, analog **III**; 50%. — *5-[p-Tolyl]-5-cyan-1-chlorpentan*, $C_{13}H_{16}ClN$, Kp.$_{0,2}$ 150°, analog **III**; 70%. — 4-Phenylpiperazine: *1-[4-(m-Tolyl)-4-cyanbutyl]-*, *Dihydrochlorid* (**V**), $C_{22}H_{27}N_3 \cdot 2\,HCl$, F. 210—212° (A.), durch 5 td. Erhitzen äquimol. Mengen **IV**, 1-Phenylpiperazin (**VI**) u. $(C_2H_5)_3N$ bzw. 1 Mol **IV** u. 2 Mol **VI** in Xylol auf 110°, Verdünnen mit Bzl., Eindampfen der filtrierten Lsg. u. Umwandlung der rohen *Base* in das *Dihydrochlorid* in äthanol. Lsg.; 58%. — *1-[4-Phenyl-4-cyanbutyl]-*, *Dihydrochlorid* (**VII**), $C_{21}H_{25}N_3 \cdot 2\,HCl$, F. 225—227° (A.), analog **V**; 85%. — *1-[4-(4-Methoxyphenyl)-4-cyanbutyl]-*, *Dihydrochlorid*, $C_{22}H_{27}N_3O \cdot 2\,HCl$, F. 200—201° (A.), durch Zugabe von 1 Mol $NaNH_2$ in Toluol zu der Lsg. von 1 Mol 1-[3-Chlorpropyl]-4-phenylpiperazin u. 3 Mol 4-Methoxyphenylacetonitril in Toluol, 1std. Rühren bei Raum-Temp., 1std. Rühren bei 80°, Zugabe von W., Eindampfen u. Behandeln des Rückstands mit äthanol. HCl; 50%. — *1-[4-(4-Chlorphenyl)-4-cyanbutyl]-*, *Dihydrochlorid*, $C_{21}H_{24}ClN_3 \cdot 2\,HCl$, F. 218—220° (A.), analog **V** aus **VI** u. dem entsprechenden **B**; 68%. — *1-[4-(4-Fluorphenyl)-4-cyanbutyl]-*, *Dihydrochlorid*, $C_{21}H_{24}FN_3 \cdot 2\,HCl$, F. 234—235° (A.), analog **V**; 66%. — *1-[4-(p-Tolyl)-4-cyanbutyl]-*, *Dihydrochlorid*, $C_{22}H_{27}N_3 \cdot 2\,HCl$, F. 200—201° (A.), analog **V**; 48%. — *1-[4-(4-Äthylphenyl)-4-cyanbutyl]-*, *Dihydrochlorid*, $C_{23}H_{29}N_3 \cdot 2\,HCl$, F. 194—196° (A.), analog **V**; 41%. — *1-[4-(4-Isopropylphenyl)-4-cyanbutyl]-*, *Dihydrochlorid*, $C_{24}H_{31}N_3 \cdot 2\,HCl$, F. 205—207° (A.); 47%. — *1-[4-(4-tert.-Butylphenyl)-4-cyanbutyl]-*, *Dihydrochlorid*, $C_{25}H_{33}N_3 \cdot 2\,HCl$, F. 242° (A.); 45%. — *1-[4-(3-Chlorphenyl)-4-cyanbutyl]-*, *Dihydrochlorid*, $C_{21}H_{24}ClN_3 \cdot 2\,HCl$, F. 211—213° (A./Aceton); 50%. — *1-[4-(2-Methoxyphenyl)-4-cyanbutyl]-*, *Dihydrochlorid*, $C_{22}H_{27}N_3O \cdot 2\,HCl$, F. 190—192° (A.); 42%. — *1-[4-(o-Tolyl)-4-cyanbutyl]-*, *Dihydrochlorid*, $C_{22}H_{27}N_3 \cdot 2\,HCl$, F. 235—237° (A.); 66%. — *1-[4-(2-Chlorphenyl)-4-cyanbutyl]-*, *Dihydrochlorid*, $C_{21}H_{24}ClN_3 \cdot 2\,HCl$, F. 211—213° (A.); 45%. — *1-[4-Phenyl-4-carbamoylbutyl]-*, *Dihydrochlorid* (**VIII**), $C_{21}H_{27}N_3O \cdot 2\,HCl$, F. 210—211° (A.), durch 3std. Erhitzen von **VII** mit 90%ig. $H_2SO_4$ auf 100°, Gießen in W., Alkalisieren mit $Na_2CO_3$ u. Umwandlung der *Base* [F. 153—154° (A.)] in das *Dihydrochlorid*; 75%. — *1-[4-(4-Chlorphenyl)-4-carbamoylbutyl]-*, *Dihydrochlorid*, $C_{21}H_{26}ClN_3O \cdot 2\,HCl$, F. 237—239° (A.), analog **VIII** aus dem entsprechenden Cyan-Deriv.; 80%. — *1-[4-Phenyl-4-dimethylcarbamoylbutyl]-*, *Dihydrobromid*, $C_{23}H_{31}N_3O \cdot 2\,HBr$, F. 201—203° (A.), analog **V** aus **VI** u. **IX**; 63%. — *1-[4-Phenyl-4-propionylbutyl]-*, *Dihydrochlorid* (**X**), $C_{23}H_{30}N_2O \cdot 2\,HCl$, F. 208—210° (A.), aus **VII** u. $C_2H_5MgBr$; 76%. — *1-[4-(4-Methoxyphenyl)-4-butyrylbutyl]-*, *Hydrochlorid*, $C_{25}H_{34}N_2O_2 \cdot HCl$, F. 170—172° (Aceton/Ae.), analog **X**; 60%. — *1-[4-Phenyl-4-äthoxycarbonylbutyl]-*, *Dihydrochlorid* (**XI**), $C_{23}H_{30}N_2O_2 \cdot 2\,HCl$, F. 197—199° (A.), durch Verseifung der CN-Gruppe von **VII** u. darauffolgender Veresterung; 35%. — *1-[4-Phenyl-5-hydroxypentyl]-* (**XII**), $C_{21}H_{28}N_2O$, F. 85—86° (Ae.), durch Red. von **XI** mit $LiAlH_4$ in Ae.; 78%. — *1-[4-Phenyl-5-aminopentyl]-*, *Trihydrochlorid* (**XIII**), $C_{21}H_{29}N_3 \cdot 3\,HCl$, F. 185° (A./Ae.). durch Red. von **VII** mit $LiAlH_4$; 75%. — *1-[4-Phenylbutyl]-*, *Dihydrochlorid* (**XIV**), $C_{20}H_{26}N_2 \cdot 2\,HCl$, F. 205° (A.), durch Rk. von **VII** mit $NaNH_2$; 50%. — *1-[4-(4-Methoxyphenyl)-butyl]-*, *Dihydrochlorid*, $C_{21}H_{28}N_2O \cdot 2\,HCl$, F. 205° ($CH_3OH$), analog **V** aus **VI** u. **XV**; 40%. — *1-[4-(4-Chlorphenyl)-butyl]-*, *Dihydrochlorid*, $C_{20}H_{25}ClN_2 \cdot 2\,HCl$, F. 215—217° (A.), analog **V** aus **VI** u. **III**; 44%. — *1-[4-Phenyl-4-carbamoyl-2-methylbutyl]-*, *Dihydrochlorid*, $C_{22}H_{29}N_3O \cdot 2\,HCl$, F. 205—206° (A.), analog **VIII**; 25%. — 4-[4-Chlorphenyl]-piperazine: *1-[4-Phenyl-4-cyanbutyl]-*, *Dihydrochlorid*, $C_{21}H_{24}ClN_3 \cdot 2\,HCl$, F. 221—223° (A.), analog

**V** aus 1-[4-Chlorphenyl]-piperazin u. **II**; 60%. — *1-[4-(4-Chlorphenyl)-4-cyanbutyl]-, Dihydrochlorid*, $C_{21}H_{23}Cl_2N_3 \cdot 2HCl$, F. 206—208° (A.), analog vorst. Verb.; 55%. — *1-[4-(4-Chlorphenyl)-4-carbamoylbutyl]-, Hydrochlorid*, $C_{21}H_{25}Cl_2N_3O \cdot HCl$, F. 218—220° (A.), aus vorst. Verb. analog **VIII**; 80%. — 4-[3-Chlorphenyl]-piperazine: *1-[4-Phenyl-4-cyanbutyl]-, Dihydrochlorid*, $C_{21}H_{24}ClN_3 \cdot 2\,HCl$, F. 197—198° (A.), analog **V** aus 1-[3-Chlorphenyl]-piperazin u. **II**; 74%. — *1-[4-(4-Methoxyphenyl)-4-cyanbutyl]-, Hydrochlorid*, $C_{22}H_{26}ClN_3O \cdot HCl$, F. 200—201° (A.), analog vorst. Verb.; 64%. — *1-[4-(p-Tolyl)-4-cyanbutyl]-, Dihydrochlorid*, $C_{22}H_{26}ClN_3 \cdot 2\,HCl$, F. 203—204° (A.), analog vorst. Verb.; 60%. — *1-[4-(4-tert.-Butyl)-4-cyanbutyl]-, Hydrochlorid*, $C_{25}H_{32}ClN_3 \cdot HCl$, F. 230° (A./Ae.), analog vorst. Verb.; 60%. — *1-[4-(m-Tolyl)-4-cyanbutyl]-, Dihydrochlorid*, $C_{22}H_{26}ClN_3 \cdot 2\,HCl$, F. 198—199° (A.); 49%. — *1-[4-(3-Chlorphenyl)-4-cyanbutyl]-, Dihydrochlorid*, $C_{21}H_{23}Cl_2N_3 \cdot 2\,HCl$, F. 175—177° (A.); 71%. — *1-[4-(2-Methoxyphenyl)-4-cyanbutyl]-, Hydrochlorid*, $C_{22}H_{26}ClN_3O \cdot HCl$, F. 223° (A.); 58%. — *1-[4-(o-Tolyl)-4-cyanbutyl]-, Hydrochlorid*, $C_{22}H_{26}ClN_3 \cdot HCl$, F. 235—236° (A.); 62%. — *1-[4-(2-Chlorphenyl)-4-cyanbutyl]-, Dihydrochlorid*, $C_{21}H_{23}Cl_2N_3 \cdot 2\,HCl$, F. 216° (A.); 52%. — *1-[4-Phenyl-4-carbamoylbutyl]-, Hydrochlorid*, $C_{21}H_{26}ClN_3O \cdot HCl$, F. 201—203° (A.), analog **VIII** aus dem entsprechenden Cyan-Deriv.; 85%. — 4-[2-Chlorphenyl]-piperazine: *1-[4-Phenyl-4-cyanbutyl]-, Dihydrochlorid*, $C_{21}H_{24}ClN_3 \cdot 2\,HCl$, (A.), analog **V** aus 1 [2-Chlorphenyl]-piperazin u. **II**; 54%. — *1-[4-(4-Methoxyphenyl)-4-cyanbutyl]-, Hydrochlorid*, $C_{22}H_{26}ClN_3O \cdot HCl$, F. 197—198° (Aceton/Ae.), analog vorst. Verb.; 40%. — *1-[4-(p-Tolyl)-4-cyanbutyl]-, Hydrochlorid*, $C_{22}H_{26}ClN_3 \cdot HCl$, F. 198—200° (A./Ae.), analog vorst. Verb.; 32%. — *1-[4-(m-Tolyl)-4-cyanbutyl]-, Hydrochlorid*, $C_{22}H_{26}ClN_3 \cdot HCl$, F. 200—202° (Aceton/Ae.); 50%. — *1-[4-(3-Chlorphenyl)-4-cyanbutyl]-, Hydrochlorid*, $C_{21}H_{23}Cl_2N_3 \cdot HCl$, F. 187—188° (A./Ae.); 30%. — *1-[4-(o-Tolyl)-4-cyanbutyl]-, Hydrochlorid*, $C_{22}H_{26}ClN_3 \cdot HCl$, F. 175° (A./Ae.); 20%. — *1-[4-Phenyl-4-carbamoylbutyl]-*, $C_{21}H_{26}ClN_3O$, F. 143—144° (wss. A.), analog **VIII**; 86%. — 4-[o-Tolyl]-piperazine: *1-[4-Phenyl-4-cyanbutyl]-, Hydrochlorid*, $C_{22}H_{27}N_3 \cdot HCl$, F. 235° (A.), analog **V** aus 1-[o-Tolyl]-piperazin u. **II**; 52%. — *1-[4-(4-Methoxyphenyl)-4-cyanbutyl]-, Hydrochlorid*, $C_{23}H_{29}N_3O \cdot HCl$, F. 233—235° ($CH_3OH$), analog vorst. Verb.; 44%. — *1-[4-(4-Chlorphenyl)-4-cyanbutyl]-, Hydrochlorid*, $C_{22}H_{26}ClN_3 \cdot HCl$, F. 220—221° (A.); 60%. — *1-[4-(4-Fluorphenyl)-4-cyanbutyl]-, Dihydrochlorid*, $C_{22}H_{26}FN_3 \cdot 2\,HCl$, F. 216—218° ($CH_3OH$); 34%. — *1-[4-(p-Tolyl)-4-cyanbutyl]-, Hydrochlorid*, $C_{23}H_{29}N_3 \cdot HCl$, F. 225°; 44%. — *1-[4-(4-Äthylphenyl)-4-cyanbutyl]-, Dihydrochlorid*, $C_{24}H_{31}N_3 \cdot 2HCl$, F. 213—215° (A./Ae.); 42%. — *1-[4-(4-Isopropylphenyl)-4-cyanbutyl]-, Dihydrochlorid*, $C_{25}H_{33}N_3 \cdot 2\,HCl$, F. 246—248° ($CH_3OH$); 30%. — 4-[m-Tolyl]-piperazine: *1-[4-Phenyl-4-cyanbutyl]-, Dihydrochlorid*, $C_{22}H_{27}N_3 \cdot 2\,HCl$, F. 205° (A./Aceton), analog **V** aus 1-[m-Tolyl]-piperazin u. **II**; 63%. — *1-[4-(4-Methoxyphenyl)-4-cyanbutyl]-, Dihydrochlorid*, $C_{23}H_{29}N_3O \cdot 2\,HCl$, F. 182—183° (A.), analog vorst. Verb.; 69%. — *1-[4-(4-Chlorphenyl)-4-cyanbutyl]-, Dihydrochlorid*, $C_{22}H_{26}ClN_3 \cdot 2\,HCl$, F. 208° (A.); 70%. — *1-[4-(p-Tolyl)-4-cyanbutyl]-, Dihydrochlorid*, $C_{23}H_{29}N_3 \cdot 2\,HCl$, F. 208—209° (A.); 70%. — *1-[4-(4-tert.-Butylphenyl)-4-cyanbutyl]-, Dihydrochlorid*, $C_{26}H_{35}N_3 \cdot 2\,HCl$, F. 225° (A./Ae.); 40%. — *1-[4-(m-Tolyl)-4-cyanbutyl]-, Dihydrochlorid*, $C_{23}H_{29}N_3 \cdot 2\,HCl$, F. 208° (A.); 54%. — *1-[4-(3-Chlorphenyl)-4-cyanbutyl]-, Dihydrochlorid*, $C_{22}H_{26}ClN_3 \cdot 2\,HCl$, F. 195—197° (A.); 66%. — *1-[4-(2-Methoxyphenyl)-4-cyanbutyl]-, Dihydrochlorid*, $C_{23}H_{29}N_3O \cdot 2\,HCl$, F. 188—189° (A.); 65%. — *1-[4-(o-Tolyl)-4-cyanbutyl]-, Dihydrochlorid*, $C_{23}H_{29}N_3 \cdot 2\,HCl$, F. 232—233° (A.); 73%. — *1-[4-(2-Chlorphenyl)-4-cyanbutyl]-, Dihydrochlorid*, $C_{22}H_{26}ClN_3 \cdot 2\,HCl$, F. 205—207° (A.); 74%. — *4-[3-Trifluormethylphenyl]-1-[4-phenyl-4-cyanbutyl]-piperazin, Dihydrochlorid*, $C_{22}H_{24}F_3N_3 \cdot 2\,HCl$, F. 190—192° (A.), analog **V** aus 1-[3-Trifluormethylphenyl]-piperazin u. **II**; 60%. — 4-[3-Methoxyphenyl]-piperazine: *1-[4-Phenyl-4-cyanbutyl]-, Dihydrochlorid*, $C_{22}H_{27}N_3O \cdot 2\,HCl$, F. 209—211° (A.), analog **V** aus 1-[3-Methoxyphenyl]-piperazin u. **II**; 57%. — *1-[4-(4-Methoxyphenyl)-4-cyanbutyl]-, Dihydrochlorid*, $C_{23}H_{29}N_3O_2 \cdot 2\,HCl$, F. 197 bis 198° (A.), analog vorst. Verb.; 60%. — *1 [4-(p-Tolyl)-4-cyanbutyl]-, Dihydrochlorid*, $C_{23}H_{29}N_3O \cdot 2\,HCl$, F. 195—197° (A.); 76%. — *1-[4-(4-tert.-Butylphenyl)-4-cyanbutyl]-, Dihydrochlorid*, $C_{26}H_{35}N_3O \cdot 2\,HCl$, F. 207—208° (A.); 50%. — *1-[4-(4-Methoxyphenyl)-butyl]-, Dihydrochlorid*, $C_{22}H_{30}N_2O_2 \cdot 2\,HCl$, F. 185—186° (A.), analog **XIV**; 60%. — 4-[2-Methoxyphenyl]-piperazine: *1-[4-Phenyl-4-cyanbutyl]-, Dihydrochlorid*, $C_{22}H_{27}N_3O \cdot 2\,HCl$, F. 190—196° (A.), analog **V** aus 1-[2-Methoxyphenyl]-piperazin (**XVII**) u. **II**; 40%. — *1-[4-(4-Methoxyphenyl)-4-cyanbutyl]-, Dihydrochlorid*, $C_{23}H_{29}N_3O_2 \cdot 2\,HCl$, F. 178—179° (A./A .), analog vorst. Verb.; 34%. — *1-[4-(4-Chlorphenyl)-4-cyanbutyl]-, Dihydrochlorid*, $C_{22}H_{26}ClN_3O \cdot 2\,HCl$, F. 206—208° (A.), analog vorst. Verb.; 57%. — *1-[4-(4-Fluorphenyl)-4-cyanbutyl]-, Dihydrochlorid*, $C_{22}H_{26}FN_3O \cdot 2\,HCl$, F. 197—199° (A.); 38%. — *1-[4-(p-Tolyl)-4-cyanbutyl]-, Dihydrochlorid*, $C_{23}H_{29}N_3O \cdot 2\,HCl$, F. 193 bis 195° (A.); 66%. — *1-[4-(4-Isopropylphenyl)-4-cyanbutyl]-, Dihydrochlorid*, $C_{25}H_{33}N_3O \cdot 2\,HCl$, F. 204° (A.); 38%. — *1-[4-(m-Tolyl)-4-cyanbutyl]-, Dihydrochlorid*, $C_{23}H_{29}N_3O \cdot 2HCl$, F. 188—190° (A./A .); 50%. — *1-[4-(3-Chlorphenyl)-4-cyanbutyl]-, Dihydrochlorid*, $C_{22}H_{26}ClN_3O \cdot 2\,HCl$, F. 170—171° (A.); 60%. — *1-[4-(o-Tolyl)-4-cyanbutyl]-, Dihydrochlorid*, $C_{23}H_{29}N_3O \cdot 2\,HCl$, F. 183—185° (A./Ae.); 58%. — *1-[4-Phenyl-4-acetylbutyl]-, Dihydrochlorid*, $C_{23}H_{30}N_2O_2 \cdot 2\,HCl$, F. 181 bis 183° (A.–Hexan), analog **X**; 25%. — *1-[4-(p-Tolyl)-4-propionylbutyl]-, Dihydrochlorid*, $C_{25}H_{34}N_2O_2 \cdot 2\,HCl$, F. 188 bis 190° [Butanon-(2)], analog **X**; 50%. — *1-[4-(m-Tolyl)-4-acetylbutyl]-, Dihydrochlorid*, $C_{24}H_{32}N_2O_2 \cdot 2\,HCl$, F. 180° (A./Ae.), analog **X**; 55%. — *1-[4-Phenyl-4-äthoxycarbonylbutyl]-, Dihydrochlorid*, $C_{24}H_{32}N_2O_3 \cdot 2\,HCl$, F. 195° (A./Ae.), analog **XI**; 50%. — *1-[4-Phenyl-5-hydroxypentyl]-, Dihydrochlorid*, $C_{22}H_{30}N_2O_2 \cdot 2\,HCl$, F. 180° (A./Ae.), aus vorst. Verb. analog **XII**; 40%. — *1-[4-(p-Tolyl)-5-hydroxypentyl]-, Dihydrochlorid*, $C_{23}H_{32}N_2O_2 \cdot 2\,HCl$, F. 186—187° (Aceton), analog **V** aus **XVI** u. **XVII**; 50%. — *1-[4-(4-Chlorphenyl)-5-aminopentyl]-, Trihydrochlorid*, $C_{22}H_{30}ClN_3O \cdot 3\,HCl$, F. 230° ($CH_3OH$/Ae.), analog **XIII**; *1-[4-(p-Tolyl)-5-aminopentyl]-, Trihydrochlorid*, $C_{23}H_{33}N_3O \cdot 3\,HCl$, F. 120° ($CH_3OH$/Ae.), analog **XIII**; 60%. — *1-[4-Phenylbutyl]-, Dihydrochlorid*, $C_{21}H_{28}N_2O \cdot 2\,HCl$, F. 200°, (A./Ae.), analog **XIV**; 20%. — *1-[4-(4-Chlorphenyl)-butyl]-, Dihydrochlorid*, $C_{21}H_{27}ClN_2O \cdot 2\,HCl$, F. 210° (A.), analog **V** aus **III** u. **XVII**; 50%. — *1-[4-(p-Tolyl)-butyl]-, Dihydrochlorid*, $C_{22}H_{30}N_2O \cdot 2\,HCl$, F. 220—221° (A.), analog **XIV**; 50%. — *1-[4-(m-Tolyl)-butyl]-, Dihydrochlorid*, $C_{22}H_{30}N_2O \cdot 2\,HCl$, F. 195° (A.), analog **XIV**; 30%. — *1-[4-(o-Tolyl)-butyl]-, Dihydrochlorid*, $C_{22}H_{30}N_2O \cdot 2\,HCl$, F. 202—203° (A.); 50%. — *1-[3-(p-Tolyl)-3-cyanpropyl]-, Dihydrochlorid*, $C_{22}H_{27}N_3O \cdot 2\,HCl$, F. 195° (Aceton/A.), analog **V** aus **XVII** u. **XVIII**; 55%. — *1-[3-(p-Tolul)-3-cyan-2-methylpropyl]-, Dihydrochlorid*, $C_{23}H_{29}N_3O \cdot 2\,HCl$, F. 215° (Aceton/A.); 20%. — *1-[4-(p-Tolyl)-4-cyan-2-methylbutyl]-, Hydrochlorid*, $C_{24}H_{31}N_3O \cdot HCl$, F. 160° (Aceton/A.); 20%. — *1-[5-(p-Tolyl)-5-cyanpentyl]-, Dihydrochlorid*, $C_{24}H_{31}N_3O \cdot 2\,HCl$, F. 200° (Aceton/A.); 40%. — *1-[4-(p-Tolyl)-4-cyanbutyl]-4-[2.5-dimethoxyphenyl]-piperazin, Dihydrochlorid*, $C_{24}H_{31}N_3O_2 \cdot 2\,HCl$, F. 185° (A.), analog **V** aus 1-[2.5-Dimethoxyphenyl]-piperazin; 35%. *Hydrochlorid*, $C_{24}H_{31}N_3 \cdot HCl$, F. 230° (A.); 30%.

W. A. Schäfer 3272◇

*0876* **Untersuchungen über die Synthese von Phenthiazinderivaten.** 1. Mitt. **Synthese von N-substituierten Phenthiazinen durch Tosylate.** Kiichi Fujii. (J. pharmac. Soc. Japan [Yakugakuzasshi] **76**, 637—40, 1956; Osaka, Gohei Tanabe and Co. Ltd., Osaka Res. Labor.; jap., Auszug: engl.) — Bei Einw. von p-Tosylchlorid auf γ-Dimethylaminopropanol u. N-Methyl-3-hydroxymethylpiperidin werden die entsprechenden *p-Tosylate* erhalten. Die Rk. dieser Tosylate mit Phenthiazin u. dessen ringsubstituierten Homologen in Ggw. von $NaNH_2$ ergibt *10-[γ-Dimethylaminopropyl]-phenthiazin* u. *10-[N-Methylpiperidyl-(3)-methyl]-phenthiazin*.

Versuche: *γ-Dimethylaminopropyl-p-tosylat, Hydrochlorid*, $C_{12}H_{19}NO_3S \cdot HCl$, F. 103—104°, aus γ-Dimethylaminopropanol u. p-Tosylchlorid. *Pikrat*, $C_{18}H_{22}N_4O_{10}S$, F. 124 bis 125°. — *γ-Dimethylaminopropylchlorid, Pikrat*, $C_{11}H_{15}ClN_4O_7$, F. 110 bis 111°, durch Erhitzen vorst. Verb. auf 105°. — *10-[γ-Dimethylaminopropyl]-phenthiazin*, $Kp._1$ 184—187°, durch Rk. 4,7 g vorvorst. Verb. mit 3 g Phenthiazin in Ggw. von $NaNH_2$; 2,4 g (Ausbeute). *Pikrat*, $C_{23}H_{23}N_5O_7S$, F. 143—144°. *Methojodid*, $C_{18}H_{23}JN_2S$, F. 250—251°. — *2-Chlor-10-[γ-dimethylaminopropyl]-phenthiazin*, $Kp._2$ 205—206°, analog vorst. Verb. mit 3,5 g 2-Chlorphenthiazin; 2,9 g. *Hydrochlorid*, $C_{17}H_{20}Cl_2N_2S$, F. 194—195°. *Pikrat*, $C_{23}H_{22}ClN_5O_7S$, F. 172 bis 173°. — *N-Methylpiperidyl-(3)-methyltosylat*, F. 105 bis 106°, aus dem Methanol u. p-Tosylchlorid. *Pikrat*, $C_{20}H_{24}N_4O_{10}S$, F. 170—171°. — *N-Methylpiperidyl-(3)-methylchlorid, Pikrat*, $C_{13}H_{17}ClN_4O_7$, F. 131—132°, a) durch Erhitzen vorst.

Verb. auf 100° u. Umwandeln in das Pikrat; b) durch Rk. der entsprechenden Hydroxyverb. mit $SOCl_2$. — *10-[N-Methyl-piperidyl-(3)-methyl]-phenthiazin*, $Kp._{0,7}$ 198°, a) aus 5,6 g vorvorst. Verb. u. 4 g Phenthiazin in Ggw. von $NaNH_2$; 3,7 g; b) aus vorst. Verb. u. Phenthiazin in Ggw. von $NaNH_2$. *Pikrat*, $C_{25}H_{25}N_4O_7S$, F. 153—154°. *Hydrochlorid*, $C_{19}H_{23}$·$ClN_2S$, F. 228—229°. *Oxalat*, $C_{21}H_{24}N_2O_4S$, F. 231° (Zers.).
D. Dargel 3292△

*0877* **Untersuchungen über die Synthese von Phenthiazinderivaten. 2. Mitt. Reduktion von 10-[β-Cyanäthyl]-phenthiazinen.** Kiichi Fujii. (J. pharmac. Soc. Japan [Yakugakuzasshi] **76**, 640—44, 1956; jap., Auszug: engl.) — 1. vgl. vorst. Referat. — *2-Chlor-10-[β-cyanäthyl]-phenthiazin* (II) erhalten durch Rk. von 2-Chlorphenthiazin u. Acrylnitril, wird der katalyt. Red. unterworfen u. das entstehende *2-Chlor-10-[γ-aminopropyl]-phenthiazin* wird zu *2-Chlor-10-[γ-dimethyl-aminopropyl]-phenthiazin* methyliert. Die Red. in Ggw. formylierender Reagentien führt zu *2-Chlor-10-[γ-formamido-propyl]-phenthiazin*, Methylierung ergibt das *10-γ-Dimethyl-derivat*. Red. mit $LiAlH_4$ führt zu dem Monomethylderivat. Die Methylierung von Bis-[γ-2-chlorphenthiazinopropyl]-amin, einem Nebenprod., u. anschließender Hoffmannscher Abbau ermöglicht die Rückgewinnung von *2-Chlor-10-[γ-dimethylaminopropyl]-* u. *2-Chlor-10-allylphenthiazin*.

Versuche: Phenthiazine: *10-[β-Cyanäthyl]-* (I), F. 160°, aus Phenthiazin u. Acrylnitril in Ggw. von Triton B bei 30°; 74,5% (Ausbeute). — *2-Chlor-10-[β-cyanäthyl]-* (II), $C_{15}H_{11}ClN_2S$, F. 191°, analog vorst. Verbindung. — *4-Chlor-10-[β-cyanäthyl]-* (III), $C_{15}H_{11}ClN_2S$, F. 150°. — *10-[3-Form-amidopropyl]-* (IV), $Kp._3$ 261°, durch Hydrierung von 30 g I an Raney-Ni bei 50 at/100—105° u. gleichzeitiges Umwandeln in das Formyl-Deriv.; 21 g. — *2-Chlor-10-[3-form-amidopropyl]-* (V), $C_{16}H_{15}ClN_2OS$, $Kp._2$ 263—265°, analog vorst. Verb. aus II. — *10-[3-Dimethylaminopropyl]-*, $Kp._{2,5}$ 193 bis 196°, durch Methylieren von IV mit 80% ig. HCOOH u. 35% ig. HCHO bei 100—105°; 65%. *Pikrat*, F. 143—144°. — *2-Chlor-10-[3-dimethylaminopropyl]-*, $Kp._2$ 205—206°, analog vorst. Verb. aus V. *Pikrat*, F. 172—173°. — *10-[3-Methyl-aminopropyl]-*, $Kp._2$ 188—190°, durch Red. von IV mit $LiAlH_4$ bei 40°; 63%. *Oxalat*, $C_{18}H_{20}N_2O_4S$, F. 209—210° (Zers.). — *2-Chlor-10-[3-methylaminopropyl]-* (VI), $Kp._{1,5}$ 197—198°, analog vorst. Verb. aus V; 69%. *Oxalat*, $C_{18}H_{19}ClN_2O_4S$, F. 220 bis 221° (Zers.). *Hydrochlorid*, $C_{16}H_{18}Cl_2N_2S$, F. 180—182°. — *10-[3-Aminopropyl]-*, $Kp._{2,5}$ 205°, a) durch 2std. Hydrieren von I in Dioxan bei 108—115°/45 at an Raney-Ni; 26,5%; b) durch Hydrieren von I in Dioxan in Ggw. von $NH_3$ an Raney-Ni bei 105—116°/58 at (3 Std.); 87%. *Pikrat*, $C_{21}H_{19}N_5O_7S$, F. 193—194°. — *2-Chlor-10-[3-aminopropyl]-*, $Kp._{3,5}$ 220—223°, a) durch 2std. Hydrieren von II in Bzl. an Raney-Ni bei 108—117°/52 at; 24%; b) durch 2std. Hydrieren von II in Dioxan an Raney-Ni bei 110—118°/55 at; 87%. *Pikrat*, $C_{21}H_{18}ClN_5O_7S$, F. 207°. — *4-Chlor-10-[3-amino-propyl]-*, $Kp._{2,5}$ 216°, durch 2std. Hydrieren von III in Dioxan an Raney-Ni bei 107—115°/58 at; 25%; b) durch 2std. Hydrieren von III in Dioxan an Raney-Ni bei 104 bis 109°/70 at; 84,6%. — *Na-N-Methyl-γ-[2-chlorphenthiazino]-propylaminomethansulfonat, Sesquihydrat*, $C_{17}H_{18}ClN_2NaO_3S_2$·1½ $H_2O$, F. 160° (Zers.), aus VI. — *Na-N-Methyl-γ-[2-chlor-phenthiazino]-propylaminomethansulfinat, Trihydrat*, $C_{17}H_{18}$·$ClN_2NaO_2S_2$·3 $H_2O$, aus VI. — *Bis-[γ-2-chlorphenthiazino-propyl]-methylamin, Hydrochloridhydrat*, $C_{31}H_{30}Cl_3N_3S_2$·$H_2O$, neben *2-Chlor-10-[3-aminopropyl]-phenthiazin* bei der Hydrierung von 20 g II an Raney-Ni bei 108—116°/45 at u. Methylieren mit 80% ig. HCOOH u. 35% ig. HCHO bei 95—105°; 12 g. *Pikrat*, $C_{37}H_{32}Cl_2N_6O_7S_2$, F. 90—110° (Zers.). — *2-Chlor-10-[3-dimethylaminopropyl]-phenthiazin*, $Kp._2$ 205—206°, durch Hofmannschen Abbau des Methojodids vorst. Verb.; 25%. *Pikrat*, 172—173°. — *2-Chlor-10-allylphenthiazin*, $C_{15}H_{12}ClNS$, $Kp._3$ 194—196°, F. 74—75°, neben vorst. Verb.; 39%.
D. Dargel 3292◇

*0878* **Untersuchungen über die Synthese von Phenthiazinderivaten. 3. Mitt. Reduktion von 10-[β-Cyanäthyl]-phenthiazinen in Gegenwart sekundärer Amine und Synthese von N.N.N'.N'-tetrasubstituierten Propylendiaminderivaten durch Reduktion von β-Cyanäthylaminderivaten.** Kiichi Fuji. (J. pharmac. Soc. Japan [Yakugakuzasshi] **76**, 644—48, 1956; jap., Auszug: engl.) — 2. vgl. vorst. Referat. — Bei der katalyt. Red. von 2-Chlor-10-[β-cyanäthyl]-phenthiazin (I) in Ggw. von Dimethylamin erhält man *2-Chlor-10-[γ-dimethyl-aminopropyl]-phenthiazin* (II). Die Red. in Ggw. von Diäthylamin, Piperidin oder Morpholin ergibt die entsprechenden Homologen. Die Rk. von Carbazol, Indol oder Benzimidazol mit Acrylnitril ergibt die *N-[β-Cyanäthyl]-Derivv.*, deren Red. in Ggw. von Dimethylamin *N-[γ-Dimethylaminopropyl]-Derivv.* liefert.

Versuche: 2-Chlorphenthiazine: *10-[3-Dimethyl-aminopropyl]-* (II), $Kp._2$ 199—201°, a) durch Hydrieren von I in Bzl. an Raney-Ni in Ggw. von Dimethylamin bei 40—53°/24 at im Gemisch mit *2-Chlor-10-[3-aminopropyl]-phenthiazin* (III); 33% (Ausbeute); daneben 56% III; b) durch Methylieren des nach a) entstandenen Gemisches mit 80% ig. HCOOH u. 35% ig. HCHO bei 95—110°; 79%. — *10-[3-Diäthylamino-propyl]-*, $Kp._{2,5}$ 217°, analog vorst. Verb. (4 Std. bei 88 bis 97°/62 at) im Gemisch mit I ($Kp._{3,5}$ 203—219°); 19%. *Oxalat*, $C_{21}H_{25}ClN_2O_4S$, F. 196° (Zers.). — *10-[3-Piperidinopropyl]-*, $Kp._{1,5}$ 225—228°, 6 Std. bei 46—56°/58 at im Gemisch mit I ($Kp._3$ 219—227°); 24,7%. *Oxalat*, $C_{22}H_{25}ClN_2O_4S$, F. 219° (Zers.). — *10-[3-Morpholinopropyl]-*, 6 Std. bei 49 bis 61°/56 at im Gemisch mit I ($Kp._{2,5}$ 213—227°); 39,7%. *Pikrat*, $C_{25}H_{24}ClN_5O_8S$, F. 178—179°. — *10-[3-Form-amidopropyl]-*, $Kp._3$ 267°, durch Formylieren des entsprechenden Amins; 33%. — *10-[3-Dimethylaminopropyl]-phenthiazin*, durch Hydrieren der entsprechenden Cyanäthylverb. in Bzl. an Raney-Ni bei 108—117°/40—42 at im Gemisch mit *10-[3-Aminopropyl]-phenthiazin* (2 Std.). — Propionitrile: *3-Carbazolyl-(9)]-*, F. 155°, durch Rk. des entsprechenden Heterocyclus mit Acrylnitril in Ggw. von Triton B bzw. Pyridin oder Na-Methylat; 85%. — *3-Indolyl-(1)]-*, F. 47 bis 48°, $Kp._2$ 164—168°, analog vorst. Verb.; 83%. — *3-[Benz-imidazolyl-(1)]-*, F. 112°; 48%. — *3-[N-Phenyl-m-chlorphenyl-amino]-*, $Kp._{5,5}$ 197—202°; 82%. — *3-[4-Methylpiperazino]-*, $Kp._6$ 107—111°; 82,3%. *Dipikrat*, $C_{20}H_{21}N_9O_{14}$, F. 246° (Zers.). — *3-[4-Phenylpiperazino]-*, $C_{13}H_{17}N_3$, F. 72—74°, $Kp._{6,5}$ 194—197°; 80%. — 1-Dimethylaminopropane: *3-[Carbazolyl-(9)]-*, $Kp._1$ 176—181°, durch Hydrieren des entsprechenden N-[β-Cyanäthyl]-heterocyclus in Ggw. von Dimethylamin an Raney-Ni wie oben beschrieben bei 60 bis 70°; 53%. *Pikrat*, $C_{23}H_{23}N_5O_7$, F. 182—183°. — *3-[Indolyl-(1)]-*, $Kp._{1,2}$ 171—173°, analog vorst. Verb.; 30,3%. *Pikrat*, $C_{19}H_{21}N_5O_7$, F. 128—129°. — *3-[Benzimidazolyl-(1)]-*, $Kp._3$ 142 bis 145°; 33%. *Dipikrat*, $C_{24}H_{23}N_9O_{14}$, F. 191—192°. — *3-[N-Phenyl-m-chloranilino]-*, $Kp._3$ 174—176°; 22,6%. *Pikrat*, $C_{23}H_{24}ClN_5O_7$, F. 128—130°. — *3-[4-Methylpiperazino]-*, $Kp._{2,5}$ 78—82°; 38,6%. *Diäthobromid*, $C_{14}H_{33}Br_2N_3$, F. 258° (Zers.). — *3-[4-Phenylpiperazino]-*, $Kp._9$ 181—184°; 21%. *Dipikrat*, $C_{27}H_{31}N_9O_{14}$, F. 208°. — Propylamine: *3-[Carb-azolyl-(9)]-*, $Kp._1$ 213—215°, neben den entsprechenden Dimethylaminopropyl-Derivv.; 22,2%. *Formyl-Deriv.*, $C_{16}H_{16}N_2O$, F. 127—128°. — *3-[Indolyl-(1)]-*, $Kp._5$ 161—163°; 35%. *Pikrat*, $C_{17}H_{17}N_5O_7$, F. 166—167,5°. — *3-[Benzimidazolyl-(1)]-*, *Formyl-Deriv.*, $Kp._3$ 274—284°; 29%. *Pikrat*, $C_{17}H_{16}N_6O_8$, F. 155°. — *3-[N-Phenyl-m-chloranilino]-*, $Kp._3$ 181—184°; 51%. *Pikrat*, $C_{21}H_{20}ClN_5O_7$, F. 172—173°. — *3-[4-Methyl-piperazino]-*, $Kp._7$ 90—93°; 34,5%. *Tripikrat*, $C_{26}H_{28}N_{12}O_{21}$, F. 253° (Zers.). — *3-[4-Phenylpiperazino]-*, $Kp._6$ 178—183°; 47,5%. *Tripikrat*, $C_{31}H_{30}N_{12}O_{21}$, F. 152—153°.
D. Dargel 3292△

*0879* **Acetylenverbindungen von pharmakologischem Interesse. 1. Mitt. 4-Aminobutin-(2)-ylester von Diphenylessigsäure, 1-Phenylcyclopentancarbonsäure und Phenthiazin-10-carbonsäure.** Richard Dahlbohm und René Mollberg. (Acta chem. scand. **17**, 916—20, 1963; Stockholm, Royal Inst. of Pharmacy, Dep. of Chem.; Södertälje, AB Astra, Res. Labor.; engl.) — 2. vgl. C. **1964**, 13-0796. — Eine Reihe von *4-Aminobutin-(2)-ylestern* von *Diphenylessigsäure*, *1-Phenyl-cyclopentan-1-carbonsäure* u. *Phenthiazin-10-carbonsäure* werden dargestellt, um ihre pharmakolog. Eigg. zu untersuchen.

Versuche: *4-Piperidinobutin-(2)-ol-(1)*, $C_9H_{15}NO$, $Kp._{0,9}$ 112—113°, $n_D^{22}$ 1,5092; 85% (Ausbeute). — *4-Pyrro-lidinobutin-(2)-ol-(1)*, $C_8H_{13}NO$, $Kp._{0,4}$ 101—102°, $n_D^{22}$ 1,5043; 71%. — Phenthiazin-10-carbonsäuren, durch 20std. Kochen eines Säurechlorids mit dem entsprechend substituierten 4-Aminobutin-(2)-ol-(1) u. Triäthylamin in Bzl., Filtrieren, Abdestillieren von Bzl., Zugabe von äther. HCl-Lsg. u. Kristallisation aus A./Ae. (Meth. A): *4-Dimethylaminobutin-(2)-ylester, Hydrochlorid*, $C_{19}H_{18}N_2O_2S$·HCl, F. 185—186° (Zers.); 48%. *Äthobromid*, $C_{19}H_{18}N_2O_2S$·$C_2H_5Br$, F. 158—159° (Zers.); 83%. — *4-Diäthylaminobutin-(2)-ylester, Hydrochlorid*, $C_{21}H_{22}N_2O_2S$·HCl, F. 181—182° (Zers.); 61%. *Methobromid*, $C_{21}H_{22}N_2O_2S$·$CH_3Br$, F. 141—142° (Zers.); 91%. — *4-Pyrrolidinobutin-(2)*-

*ylester, Hydrochlorid*, $C_{21}H_{30}N_2O_2S \cdot HCl$, F. 155,5–156,5° (Zers.); 69%. *Methobromid*, $C_{21}H_{30}N_2O_2S \cdot CH_3Br$, F. 163 bis 164° (Zers.); 89%. — *4-Piperidinobutin-(2)-ylester, Hydrochlorid*, $C_{22}H_{32}N_2O_2S \cdot HCl$, F. 176–177° (Zers.); 72%. *Methobromid*, $C_{22}H_{32}N_2O_2S \cdot CH_3Br$, F. 170–171° (Zers.; 98%. — *4-Morpholinobutin-(2)-ylester, Hydrochlorid*, F. 188–189° (Zers.; 64%. — 1-Phenylcyclopentancarbonsäurehydrochloride, analog A in 3 Std.: *4-Dimethylaminobutin-(2)-ylester*, $C_{18}H_{23}NO_2 \cdot HCl$, F. 144–146°; 86%. — *4-Diäthylaminobutin-(2)-ylester*, $C_{20}H_{27}NO_2 \cdot HCl$, F. 92,5–94°; 57%. — *4-Piperidinobutin-(2)-ylester*, $C_{21}H_{27}NO_2 \cdot HCl$, F. 124–126°; 65%. — *4-Morpholinobutin-(2)-ylester*, $C_{20}H_{25}NO_3 \cdot HCl$, F. 167 bis 169°; 71%. — Diphenylessigsäurehydrochloride: *4-Diäthylaminobutin-(2)-ylester*, $C_{22}H_{25}NO_2 \cdot HCl$, F. 128–130° 79%. — *4-Pyrrolidinobutin-(2)-ylester*, $C_{22}H_{23}NO_2 \cdot HCl$, F. 142 bis 144°; 83%. — *4-Piperidinobutin-(2)-ylester*, $C_{23}H_{25}NO_2 \cdot HCl$, F. 158–160°; 78%. — *4-Morpholinobutin-(2)-ylester*, $C_{22}H_{23}NO_3 \cdot HCl$, F. 160–161,5°; 80%. E. Mirsch 3292△

*0880* **Derivate von 7-Methyl-6-thia-1.6-dihydro- und 7-Methyl-6-thia-1.2.3.6-tetrahydropurin-6.6-dioxid.** F. F. Blicke und Cheuk-Man Lee. (J. org. Chemistry **26**, 1861 bis 1867, Juni 1961; Ann Arbor, Mich., Univ., Coll. of Pharm.; engl.) — Die Rk. von 1-Methyl-4-amino-5-sulfamoylimidazol (**I**) mit HCOOH oder Orthoameisensäure- (**II**) bzw. Orthoessigsäure- (**III**) bzw. Orthopropionsäuretriäthylester (**IV**) führt zu *7-Methyl-* bzw. *2.7-Dimethyl-* bzw. *2-Äthyl-7-methyl-6-thia-1.6-dihydropurin-6.6-dioxid* (oder deren 3.6-Dihydrotautomeren). Mit $COCl_2$ bzw. $CSCl_2$ reagiert **I** zu *7-Methyl-6-thia-2-keto-* ((**V**) bzw. *-2-thioketo-1.2.3.6-tetrahydropurin-6.6-dioxid*. **V** setzt sich mit Dimethylsulfat (**VI**) zu *1.3.7-Trimethyl-* u. *3.7-Dimethyl-6-thia-2-keto-1.2.3.6-tetrahydropurin-6.6-dioxid* um. 1-Methyl-4-amino-5-[methylsulfamoyl]-imidazol (**IX**) gibt mit $COCl_2$ bzw. $CSCl_2$ *1.7-Dimethyl-6-thia-2-keto-* bzw. *-2-thioketo-1.2.3.6-tetrahydropurin-6.6-dioxid*. Verss., **I** mit Harnstoff, $ClCOOC_2H_5$, Diäthylcarbonat, $HCONH_2$ oder Acetanhydrid (**VIII**) zu Purinanalogen zu cyclisieren, schlugen fehl. Auch 1-Methyl-4-amino-5-methylsulfamoyl- (**IX**), -5-phenylsulfamoyl-, -5-o-tolylsulfamoyl-, -5-[2-methoxyphenylsulfamoyl]- bzw. -5-[2-chlorphenylsulfamoyl]-imidazol ließen sich nicht mit **II** cyclisieren. Es gelang auch nicht, $N^4$-Formyl-, $N^4$-Acetyl-, $N^4$-Butyryl-, $N^4$-Carbamoyl-, $N^4$-Äthoxycarbonyl-I sowie das N-Formyl-Deriv. von **IX** durch Erhitzen, Rk. mit verd. $H_2SO_4$ oder Rk. mit NaOH zu cyclisieren. Die Darst. einer Reihe von *1-Methyl-4-nitro-* u. *-4-aminoimidazolen* werden beschrieben.

Versuche: 1-Methyl-4-nitroimidazole: *5-Mercapto-* (**X**), $C_4H_5N_3O_2S$, F. 193–196° (Zers.; $CH_3OH$), durch Einleiten von $H_2S$ in eine Lsg. von $C_2H_5ONa$ in abs. A. bei 0°, Zugabe von 1-Methyl-4-nitro-5-chlorimidazol, 12std. Rühren bei 50–55°, 4std. Kochen, Kühlen, Zugabe von W. u. Zutropfen von konz. HCl bis zur sauren Rk.; 100% (Ausbeute). — *5-Äthoxycarbonylmercapto-*, $C_7H_9N_3O_4S$, F. 71–72° (wss. $CH_3COOH$), durch Zutropfen von $ClCOOC_2H_5$ zu **X** in 10%ig. alkohol. NaOH, 3std. Kochen, Kühlen, Verdünnen mit W. u. Extraktion mit Ae.; 78%. — *5-Carboxymethylmercapto-*, $C_6H_7N_3O_4S$, F. 202–203° (W.), durch portionsweise Zugabe von Bromessigsäure (**XI**) zu **X** in 4%ig. NaOH, mehrstd. Stehen u. Ansäuern mit konz. HCl; 64%. — *5-Carbäthoxymethylmercapto-*, $C_8H_{11}N_3O_4S$, F. 62–63° (wss. $CH_3COOH$), analog vorst. Verb. aus dem Äthylester von **XI** statt **XI**; 51%. — *5-Chlorsulfonyl-* (**XII**), $C_4H_4ClN_3O_4S$, F. 105–106° (Chlf.), durch Einleiten von $Cl_2$ in eine Suspension von **X** in 2n HCl unter Kühlen im Eis/Salz-Bad; 79%. — *5-Phenoxysulfonyl-*, $C_{10}H_9N_3O_5S$, F. 63–64° (A.), durch Zugabe von **XII** zu Phenol in Pyridin unter Kühlen im Eis/Salz-Bad, 3std. Rk. u. Ansäuern mit 2n HCl; 79%. — *5-[4-Chlorphenoxysulfonyl]-*, $C_{10}H_8ClN_3O_5S$, F. 117–118° (A.), analog vorst. Verb.; 25%. — *5-[α-Naphthoxysulfonyl]-*, $C_{14}H_{11}N_3O_5S$, F. 134 bis 135° ($CH_3OH$), analog vorvorst. Verb.; 36%. — *5-Sulfamoyl-* (**XIII**), $C_4H_6N_4O_4S$, F. 172–173° (W.), durch Einleiten von $NH_3$ in eine Lsg. von **XII** in p-Dioxan; 79%. — *5-Methylsulfamoyl-*, $C_5H_8N_4O_4S$, F. 136–138° (W.), analog **XIII** aus **XII** u. $CH_3NH_2$; 59%. — *5-Phenylsulfamoyl-*, $C_{10}H_{10}N_4O_4S$, F. 134–135° (A.), durch portionsweise Zugabe von **XII** zu Anilin, 1/4std. Erhitzen auf dem Dampfbad, Kühlen u. Zugeben von 2n HCl; 80%. — Analog: *5-[o-Tolylsulfamoyl]-*, $C_{11}H_{12}N_4O_4S$, F. 180–181° (A.); 68%. — *5-[2-Methoxyphenylsulfamoyl]-*, $C_{11}H_{12}N_4O_5S$, F. 128–129° (A.); 79%. — *5-[2-Chlorphenylsulfamoyl]-*, $C_{10}H_9ClN_4O_4S$, F. 150–151° (A.); 84%. — *5-[α-Naphthylsulfamoyl]-*, $C_{14}H_{12}N_4O_4S$, F. 170–171° ($CH_3COOH$), aus **XII** u. α-Naphthylamin in Pyridin; 51%. — *5-Dimethylsulfamoyl-*, $C_6H_{10}N_4O_4S$, F. 101–102° (wss. A.), durch Zugabe von Dimethylamin zu **XII** in p-Dioxan; 50%. — *5-Dimethylaminomethylensulfamoyl-* (**XIV**), $C_7H_{11}N_5O_4S$, F. 150–151° (Aceton), durch 2½std. Erhitzen von **XIII**, N.N-Dimethylformamid, $POCl_3$ u. Toluol auf 110°, Lösen des Nd. in heißem W. u. Kühlen; 54%. — *5-Piperidinomethylsulfamoyl-*, $C_{10}H_{17}N_5O_4S$, F. 65–67°, durch 1/4std. Rühren von **XIII**, 37%ig. $CH_2O$-Lsg., Piperidin u. W. bei Raum-Temp.; 100% (roh; zersetzt sich beim Vers. des Umkristallisierens aus heißem W.). — *5-Morpholinomethylsulfamoyl-*, $C_9H_{15}N_5O_5S$, F. 143–144° (A.), durch mehrstd. Rühren von **XIII**, 37%ig. $CH_2O$-Lsg., Morpholin u. W. bei Raum-Temp.; 82%. — *5-Carbamoylsulfamoyl-*, $C_5H_7N_5O_5S$, F. 184–185° (W.), durch 4std. Kochen von **XIII**, KOCN u. abs. A., Abfiltrieren, Lösen in W. u. Fällen mit $CH_3COOH$; 47%. — *5-Acetylsulfamoyl-*, $C_6H_8N_4O_5S$, F. 211–212° (Zers.; A.), durch 4std. Kochen von **XIII**, $CH_3COCl$ u. $CH_3COOH$; 68%. — *5-Benzoylsulfamoyl-*, $C_{11}H_{10}N_4O_5S$, F. 183–184° (Zers.; W.), durch 5std. Erhitzen von **XIII**, $C_6H_5COCl$ u. Pyridin auf dem Dampfbad u. 12std. Stehen bei Raum-Temp.; 40%. — *5.5'-Dithio-bis-[1-methyl-4-nitroimidazol]*, $C_8H_8N_6O_4S_2$, F. 203 bis 205° (Zers.; A.), durch Zugabe von 3%ig. $H_2O_2$ zu **X** in p-Dioxan, 1/4 std. Schütteln, Verdünnen mit W. u. Kühlen; 50%. — 1-Methyl-4-aminoimidazole: *5-Mercapto-, Hydrochlorid*, $C_4H_8ClN_3S$, F. 174–175° (Zers.; A.), durch Lösen von **X** in $NH_4OH$, Eindampfen, Lösen in W., Zugabe von $Na_2S_2O_4$, Filtrieren, Extraktion mit Ae. u. Zugeben von äther. HCl; 11%. — *5-Sulfamoyl-* (**I**), $C_4H_8N_4O_2S$, F. 168–169° (Zers.; $CH_3OH$), durch Hydrieren von **XIII** in N.N-Dimethylformamid in Ggw. von Raney-Ni bei 40–50 lbs./sq.in., Filtrieren, Zugeben von konz. HCl, Eindunsten im Luftstrom, Lösen in W. u. Neutralisieren mit 8%ig. NaOH; 58%. *Hydrochlorid*, $C_4H_9ClN_4O_2S$, F. 164–165° (Zers.; $CH_3OH$); 50%. *$N^4$-Formyl-Deriv.*, $C_5H_8N_4O_3S$, F. 189–190° (Zers.; W.), durch 1std. Erhitzen von **I** u. abs. HCOOH auf dem Dampfbad u. Gießen auf Eis; 24%. *$N^4$-Acetyl-Deriv.*, $C_6H_{10}N_4O_3S$, F. 184 bis 185° (A.), durch 24std. Stehen von **I** (aus **XIII**) u. $H_2$ in abs. A. in Ggw. von Raney-Ni bei 30 lbs./sq.in.) in abs. A. mit **VIII**; 37%. *$N^4$-Butyryl-Deriv.*, $C_8H_{14}N_4O_3S$, F. 170–171° (W.), analog dem Acetyl-Deriv. aus **I** u. Buttersäureanhydrid; 33%. *$N^4$-Carbamoyl-Deriv.*, $C_5H_9N_5O_3S$, F. 169–171° (W.), durch 3std. Rk. von I-Hydrochlorid u. KOCN in wenig W.; 48%. *$N^4$-Äthoxycarbonyl-Deriv.*, $C_7H_{12}N_4O_4S$, F. 165–166° (A.), durch portionsweise Zugabe von $ClCOOC_2H_5$ zu **I** u. Pyridin bei 0°, 12std. Rühren bei Raum-Temp., Verdünnen mit W. u. mehrstd. Kühlen; 35%. — *5-Acetylsulfamoyl-, $N^4.N^4$-Diacetyl-Deriv.*, $C_{10}H_{14}N_4O_5S$, F. 209–211° (W.), a) durch 3std. Kochen von **I** in **VIII** u. Pyridin; 53%; b) durch 5std. Erhitzen von **I** u. **VIII** auf dem Dampfbad. — Analog: *5-Methylsulfamoyl-* (**IX**), $C_5H_{10}N_4O_2S$, F. 137–138° (Zers.; A.); 31%. *Hydrochlorid*, $C_5H_{11}ClN_4O_2S$, F. 151–152° (Zers.; A.); 57%. *$N^4$-Formyl-Deriv.*, $C_6H_{10}N_4O_3S$, F. 144–145° (W.); 53%. — *5-Dimethylsulfamoyl-*, $C_6H_{12}N_4O_2S$, F. 128–129° (A.); 46%. *Hydrochlorid*, $C_6H_{13}ClN_4O_2S$, F. 151–152° (Zers.; A.); 40%. — *5-Phenylsulfamoyl-*, $C_{10}H_{12}N_4O_2S$, F. 148 bis 149° (W.); 48%. *Hydrochlorid*, $C_{10}H_{13}ClN_4O_2S$, F. 165–166° (Zers.; A.); 72%. *$N^4$-Acetyl-Deriv.*, $C_{12}H_{14}N_4O_3S$, F. 153–154° (W.); 41%. *$N^4.N^4$-Diacetyl-Deriv.*, $C_{14}H_{16}N_4O_4S$, F. 176–178° (W.), durch 12std. Stehen der Base mit **VIII** u. Pyridin bei Raum-Temp.; 55%. — *5-[o-Tolylsulfamoyl]-*, $C_{11}H_{14}N_4O_2S$, F. 156–157° (Zers.; A.); 79%. *$N^4$-Formyl-Deriv.*, $C_{12}H_{14}N_4O_3S$, F. 151–153° (W.); 22%. *$N^4.N^4$-Diacetyl-Deriv.*, $C_{15}H_{18}N_4O_4S$, F. 168–170° (W.), analog vorst. Diacetyl-Deriv.; 52%. — *5-[2-Methoxyphenylsulfamoyl]-*, $C_{11}H_{14}N_4O_3S$, F. 137–138° (Zers.; A.); 68%. *$N^4$-Formyl-Deriv.*, $C_{12}H_{14}N_4O_4S$, F. 169 bis 170° (W.); 34%. — *5-[2-Chlorphenylsulfamoyl]-*, $C_{10}H_{11}ClN_4O_2S$, F. 155–156° (Zers.; A.); 63%. *Hydrochlorid*, $C_{10}H_{12}Cl_2N_4O_2S$, F. 162–163° (Zers.; A. in Ggw. von HCl); 81%. *$N^4$-Acetyl-Deriv.*, $C_{12}H_{13}ClN_4O_3S$, F. 137–138° (W.); 43%. — *$N^4.N^4$-Diacetyl-Deriv.*, $C_{14}H_{15}ClN_4O_4S$, F. 181–183° (W.), analog dem Diacetyl-Deriv. drittvorst. Verb.; 60%. — *5-[α-Naphthylsulfamoyl]-*, $C_{14}H_{14}N_4O_2S$, F. 169–170° (Zers.; A.); 36%. — *5-Dimethylaminomethylensulfamoyl-*, $C_7H_{15}N_5O_4S$, F. 141–142° (A.), durch Hydrieren von **XIV** in N.N-Dimethylformamid in Ggw. von Raney-Ni bei 30 lbs./sq.in.; 60%. — 6-Thia-1.6-dihydropurin-6.6-dioxide: *7-Methyl-*, $C_5H_6N_4O_2S$, F. > 340° (W.), a) durch ca. ½ std. Erhitzen von **I** u. **II** auf 130–140° unter Abdampfen des sich bildenden A.; 52%; b) durch 3std. Kochen von **I** in abs. HCOOH u. Zugabe

von Eiswasser; 7%. — *2.7-Dimethyl-*, $C_8H_8N_4O_2S$, F. 340 bis 341° (Zers.; $CH_3OH$), analog vorst. Verb. nach a) mit **III** statt **II**; 45%. — *2-Äthyl-7-methyl-*, $C_7H_{10}N_4O_2S$, F. 296 bis 297° ($CH_3OH$), analog vorvorst. Verb. nach a) mit **IV** statt **II**; 56%. — 6-Thia-1.2.3.6-tetrahydropurin-6.6-dioxide: *7-Methyl-2-keto-* (**V**), $C_5H_6N_4O_3S$, F. 226—228° (Zers.; W.), durch Zutropfen einer 12,5%ig. benzol. $COCl_2$-Lsg. zu **I** in 4%ig. NaOH, Zugabe von etwas 25%ig. NaOH bis zur Lsg., 4std. Rühren, Kühlen u. Ansäuern mit konz. HCl; 86%. — *7-Methyl-2-thioketo-*, $C_5H_6N_4O_2S_2$, F. 277—228° (Zers.; W.), durch Zugabe von $CSCl_2$ zu **I** in 4%ig. NaOH bei 0° u. 4std. Rühren bei Raum-Temp.; 23%, — *1.3.7-Trimethyl-2-keto-*, $C_7H_{10}N_4O_3S$, F. 175—176° (W.), durch Zugabe von **VI** zu 3 g **V** in 5%ig. Soda-Lsg., 1std. Stehen, Zusatz von gesätt. Soda-Lsg. zur Lsg. des Nd., 12 std. Rühren u. mehrstd. Stehen bei 0°; 0,5 g. — *3.7-Dimethyl-2-keto-*, $C_6H_8N_4O_3S$, F. 288—289° (Zers.; W.), neben vorst. Verb. durch Ansäuern der Mutterlauge mit konz. HCl u. 12std. Stehen im Kühlschrank; 0,65 g. — *1.7-Dimethyl-2-keto-*, F. 243—244° (Zers.; W.), durch Zutropfen einer 12,5%ig. benzol. Lsg. von $COCl_2$ zu **IX** in 4%ig. NaOH, 3std. Stehen, Kühlen u. Ansäuern mit konz. HCl; 17%. — *1.7-Dimethly-2-thioketo-*, $C_6H_8N_4O_2S_2$, F. 230 bis 231° (Zers.; $CH_3COOH$), durch Zugeben von $CSCl_2$ zu **IX** in 4%ig. NaOH bei 0° u. 4std. Rühren bei Raum-Temp.; 37%.
H. Pagel 3333◇

*0881* **Neuer Abbau von Glucose zu Arabinose.** Manfred Schulz und H. Steinmaus. (Angew. Chem. **75**, 918, 1963; Berlin-Adlershof, Dt. Akad. der Wiss., Inst. für Organ. Chem.; dt.) — α-Acetobromglucose gibt mit tert.-Butylhydroperoxid in Bzl. in Ggw. von überschüssigem $Ag_2CO_3$ bei Raum-Temp. in 7 Std. *2.3.4.6-Tetra-O-acetyl-β-tert.-butylperoxyglucosid* [I; F. 120°, $[\alpha]_D^{25}$ —46,8° (A.), 70% (Ausbeute)]. Behandlung von **I** mit 100n Na-Methylat-Lsg. (Raum-Temp., 3 Tage) führt quant. zu *D-Arabinose.* Aus dem $C_{(1)}$ der Glucose wird dabei *HCOOH.* D-Arabinose entsteht auch beim Erhitzen von **I** mit 2n $H_2SO_4$/A. (1:1). Dieser Zuckerabbau ist verallgemeinerungsfähig.
Klaus Schoene 3400◇

*0882* **Die chemische Untersuchung von Picrorhiza kurrooa Benth.** 5. Mitt. **Versuche über die Synthese von Kutkin.** R. P. Rastogi. (J. sci. ind. Res. [New Delhi], Sect. B **18**, 522—24, 1959; Lucknow, Central Drug Res. Inst.; engl.) — 4. vgl. J. sci. ind. Res. [New Delhi], Sect. B **18**, [1959], 219. — Bei dem Vers., *Kutkin* [*1-O-Vanilloyl-6-O-cinnamoyl-β-D-glucose*] (*β*-I) zu synthetisieren, wurde ausgehend von 1.2.3.4-Tetra-O-acetyl-6-O-tosyl-β-D-glucose (**II**) über die *1-Brom*-Verb. u. *1-O-Acetylvanilloyl-2.3.4-tri-O-acetyl-6-O-tosyl-β-D-glucose* (**III**) durch Kondens. mit dem K-Salz der Zimtsäure u. Desacetylieren mit methanol. $NH_3$ die *1-O-Vanilloyl-6-O-cinnamoyl-α-D-glucose* (α-I) erhalten, die nicht wie Kutkin u. Salicin bei der Einw. von Emulsin Glucose abspaltet. Bei vergeblichen Verss. *β*-I durch Modifizierung im Vers.-Schema zu erhalten, wurden noch *1-Vanilloyl-6-desoxy-6-jod-β-D-glucose* u. *1-O-Vanilloyl-6-O-tosyl-β-D-glucose* dargestellt, die beim Vers. der Kondens. mit dem K-Salz der Zimtsäure Vanillinsäure abspalteten.

Versuche: *1-Brom-2.3.4-tri-O-acetyl-6-O-tosyl-β-D-glucose*, $C_{19}H_{23}BrO_{10}S$, F. 70° (Ae./PAe.), durch 18std. Stehen von 8 g **II** in HBr-haltigem Eisessig bei 20°; 6,3 g (Ausbeute). — *1-O-Acetylvanilloyl-2.3.4-tri-O-acetyl-6-O-tosyl-β-D-glucose* (**III**), $C_{29}H_{32}O_{15}S$, F. 151° (Nadeln, A.), durch 45 Min. langes Stehen vorst. Verb. (5 g) verrieben mit Acetylvanillinsäure, $Ag_2O$ u. Chinolin im Exsiccator; $[\alpha]_D$ —30,7° (c = 1%; Chlf.); 3,6 g. — *1-O-Acetylvanilloyl-2.3.4-tri-O-cetyl-6-O-cinnamoyl-β-D-glucose*, $C_{31}H_{32}O_{14}$, F. 150° ($CH_3OH$) durch 48std. Erhitzen von **III** (0,5 g) mit K-Cinnamat u. Dimethylformamid auf 130°, $[\alpha]_D$ —3,7° (c = 1%; Chlf.); 0,18 g. — *1-O-Vanilloyl-6-O-cinnamoyl-α-D-glucose* (α-I), $C_{23}H_{24}O_{10}$, F. 198° (Nadeln, Äthylacetat) durch Sättigen einer Suspension vorst. Verb. (1 g) in $CH_3OH$ mit $NH_3$ bei 0°, 6std. Stehen u. Abdampfen bei 30°, chromatograph. Reinigung über einer Silicagelkolonne; 0,21 g; die alkal. Hydrolyse ergibt *Vanillinsäure, Zimtsäure* u. *Glucose.* — *1-O-Vanilloyl-6-O-tosyl-β-D-glucose*, $C_{21}H_{24}O_{11}S$, F. 157°, durch Desacetylierung von **III** mit methanol. $NH_3$ bei 0°; $[\alpha]_D$ —17,2° (c = 1%; A.). — *1-O-Acetylvanilloyl-2.3.4-tri-O-acetyl-6-desoxy-6-jod-β-D-glucose*, $C_{22}H_{25}JO_{12}$, F. 77° (Nadeln, Bzl./PAe.), durch Erhitzen von 2 g **III** u. NaJ in Aceton (4 Std., Rohr, Wasserbad); 1,8 g. — *1-O-Vanilloyl-6-desoxy-6-jod-β-D-glucose*, $C_{14}H_{17}JO_8$, F. 171° (W.), $[\alpha]_D$ —21,0° (c = 1%; W.). — *Vanillin-2.3.4.6-tetra-O-acetyl-β-D-glucosid*, $C_{22}H_{26}O_{12}$, F. 144° (Nadeln, A.) aus 2 g Vanillin u. 4,1 g Acetobromglucose in Chinolin mit $Ag_2O$, $[\alpha]_D$ —50° (c = 1%; Chlf.); 2,8 g. — *o-Methoxy-p-carboxyphenyl-2.3.4.6-tetra-O-acetyl-β-D-glucosid*, $C_{22}H_{26}O_{13}$, F. 172° (Nadeln, A.), durch Oxydation vorst. Verb. (0,5 g) mit einer wss. $KMnO_4$-Lsg., $[\alpha]_D$ —38,7° (c = 1; Chlf.); 0,23 g. — *o-Methoxy-p-carbomethoxyphenyl-2.3.4.6-tetra-O-acetyl-β-D-glucosid*, $C_{23}H_{28}O_{13}$, F. 143° (Stäbchen u. Nadeln, A.), aus Methylvanillat (1 g), Acetobromglucose u. $Ag_2O$ in Chinolin, $[\alpha]_D$ —37,7° (c = 1; Chlf.); 0,95 g. — *o-Methoxy-p-carbäthoxyphenyl-2.3.4.6-tetra-O-acetyl-β-D-glucosid*, $C_{24}H_{30}O_{13}$, F. 118° (Nadeln, A.), aus 1 g Äthylvanillat wie vorst., $[\alpha]_D$ —36,1° (c = 1; Chlf.); 1,4 g.
H. Rossow 3400◇

*0883* **Synthese des 1.2-O-Isopropyliden-3-oxo-5-O-acetyl-D-glucofuranuronsäuremethylesters.** Morizo Ishidate, Zenzo Tamura und Toshio Kinoshita. (Chem. pharmac. Bull. [Tokyo] **10**, 1258—59, 1962; Tokyo, Univ., Faculty of Pharm. Sci.; engl.) — Bei der Synth. von *3-Oxoglucuronsäure* wird *1.2-O-Isopropyliden-3-oxo-5-O-acetyl-D-glucofuranuronsäuremethylester* (**III**) als Zwischenstufe isoliert u. identifiziert.

Versuche: *Ba-1.2-O-Isopropyliden-5-O-acetyl-D-glucofuranuronat* (**II**); amorphes Pulver (als *S-Benzylthiuronium-salz*, $C_{19}H_{28}N_2O_8S$, F. 183—184°), aus *1.2-O-Isopropyliden-5-O-acetyl-D-glucofuranurono-γ-lacton* (**I**) u. $Ba(OH)_2$-Lsg. bei 2—4°; fast 100%. — *1.2-O-Isopropyliden-5-O-acetyl-D-glucofuranuronsäure*, aus **II** mittels Amberlite IR-120 (H-Form), lactonisiert leicht zu **I**. *Ag-Salz* (**IV**), aus **II** mit $Ag_2SO_4$. — *1.2-O-Isopropyliden-5-O-acetyl-D-glucofuranuronsäuremethylester* (**V**), $C_{12}H_{18}O_8$, F. 105—106°, a) aus **IV** mit $CH_3J$; b) aus **I** durch Rühren mit Amberlite IR-45 (OH-Form) in Methanol. — *1.2-O-Isopropyliden-3.5-di-O-acetyl-D-glucofuranuronsäuremethylester*, $C_{14}H_{20}O_9$, F. 80°, aus **V**. — *1.2-O-Isopropyliden-3-O-phenylcarbamoyl-5-O-acetyl-D-glucofuranuronsäuremethylester*, $C_{19}H_{23}NO_9$, F. 183°, aus **V**. — *1.2-O-Isopropyliden-3-oxo-5-O-acetyl-D-glucofuranuronsäuremethylester* (**III**), $C_{12}H_{16}O_8$, F. 102—103°, aus **V** durch $CrO_3$-Oxydation in Essigsäure oder Aceton. — *1.2-O-Isopropyliden-D-allofuranose*, $C_9H_{16}O_6$, F. 133°, durch $LiAlH_4$-Red. von **III**.
R. Schirner 3400△

*0884* **Glykopeptide.** 2. Mitt. **Synthese von 6-O-Aminoacylderivaten der Glucose.** W. A. Derewitzkaja, L. M. Lichoschersstow, Ss. G. Kara-Mursa und N. K. Kotschetkow. (J. allg. Chem. [UdSSR] **32** (**94**), 2134—40, 1962; Inst. für Chem. der Naturstoffe der Akad. der Wiss. der UdSSR; russ.) — 1. vgl. C. **1964**, 5-0862. — Durch Kondens. von D-Glucose (**I**) mit N-Cbo-DL-valin (**II**), -DL-norleucin (**III**), -β-alanin (**IV**) u. -ω-aminocapronsäure (**V**) in Ggw. von N.N'-Dicyclohexylcarbodiimid (**VI**) wurden die *N-Cbo-Derivv.* von *6-O-DL-Valyl-*, *6-O-DL-Norleucyl-*, *6-O-β-Alanyl-* bzw. *6-O-ε-Aminocapronyl-D-glucose* dargestellt u. durch Hydrierung in die entsprechenden *6-O-Aminoacylglucosen* übergeführt.

Versuche: *6-O-[N-Cbo-DL-valyl]-D-glucose*, $C_{19}H_{27}NO_9$, durch Zugabe von 1,25 g **VI** bei 5° zu 1,8 g **I** u. 1,25 g **II** in 40 ml abs. Pyridin, 36std. Stehenlassen u. Reinigen durch Chromatographieren an Cellulose u. Behandeln mit Benzaldehyd-$ZnCl_2$; $[\alpha]_D^{27}$ +28,4° (Methanol); gelbes, hygroskop. Pulver; 35% (Ausbeute). — *6-O-DL-Norleucyl-D-glucose, Oxalat*, $C_{24}H_{46}N_2O_{14}\cdot C_2H_2O_4$, durch 1½std. Hydrierung von 240 mg des Cbo-Deriv. in 6 ml 75%ig. Methanol an 120 mg 5%ig. Pd/$BaSO_4$ in Ggw. von 42,5 mg Oxalsäuredihydrat; $[\alpha]_D^{23}$ +36,2° (W.); amorphes Pulver; 68,5%. *N-Cbo-Deriv.*, $C_{20}H_{29}NO_9$, aus **I**, **III** u. **VI**; $[\alpha]_D^{20}$ +42,8° (Methanol); amorphes Pulver; 26% [daneben *4.6-Benzyliden-3-O-[N-Cbo-DL-norleucyl]-D-glucose*, $C_{27}H_{33}NO_9$, F. 193—194° (A.); Nadeln]. — *6-O-β-Alanyl-D-glucose, Oxalat*, $C_{18}H_{34}N_2O_{14}\cdot C_2H_2O_4$, durch Hydrierung des Cbo-Deriv.; $[\alpha]_D^{25}$ +32,1° (W.); hygroskop. Pulver; 87%. *N-Cbo-Deriv.*, $C_{17}H_{23}NO_9$, F. 127 bis 128°, aus **I**, **IV** u. **VI**; $[\alpha]_D^{24}$ +52,7° (W., 5 Min.), +31,5° (20 Std.); 31%. — *6-O-ε-Aminocapronyl-D-glucose, Oxalat*, $C_{24}H_{46}N_2O_{14}\cdot C_2H_2O_4$, durch Hydrierung des Cbo-Deriv.; $[\alpha]_D^{25}$ +30,4° (W.); hygroskop. Pulver; 65%. *N-Cbo-Deriv.*, $C_{20}H_{29}NO_9$, F. 119,5—120° (Äthylacetat–Methanol 3:1), aus **I**, **V** u. **VI**; $[\alpha]_D^{27}$ +48,0° (Methanol, 1 Std.), +33,9° (6 Tage); 42%.
Helmut Schäfer 3400△

*0885* **Glycopeptide.** 3. Mitt. **Synthese von N-Aminoacylderivaten von Aminozuckern.** N. K. Kotschetkow, W. A. Derewitzkaja und N. W. Molodzow. (J. allg. Chem. [UdSSR] **32** (**94**), 2500—05, 1962; russ.) — 2. vgl. vorst.

Referat. — Es wird eine Meth. zur Darst. von *N-α-Aminoacyl-Derivv.* von *Aminozuckern* durch Kondens. von D-Glucosamin-(I) oder D-Galaktosaminhydrochlorid (II) mit N-Carbobenzoxy(Cbo)-glycin (III), N-Cbo-DL-alanin (IV), Hippursäure (V), Benzoesäure (VI) u. Essigsäure (VII) in Ggw. von N.N'-Dicyclohexylcarbodiimid (VIII) in wss. Pyridin (IX) mit anschließender hydrierender Abspaltung der Cbo-Gruppe beschrieben. O-Acyl-Derivv. werden in keinem Fall erhalten $R_F$-Werte u. IR-Spektren der dargestellten Verbb. sind angegeben.

Versuche: D-Glucosamine: *N-[N-Cbo-glycyl]-* (X), $C_{16}H_{22}N_2O_8$, F. 178—180° (Methanol oder A.), durch Zugabe von 5 ml 2n Alkali zu 2,2 g I in 5 ml W. bei 0°, 15—20 Min. langes Rühren, Zugabe von 2,1 g III in 7,5 ml IX, langsame Zugabe von 3 g VIII nach Auflösung von III, 1—2 Tage langes Stehen: lassen bei Zimmer-Temp., Auffüllen mit W. auf 100—120 ml, Filtrieren, Ausschütteln des Filtrats mit Ae., Eindampfen der wss. Phase bei 40—50° im Vakuum bis zur Trockne u. Extrahieren mit sd. A.; $[\alpha]_D^{18}$ +84,7°, nach 10 Min. +77,5° (c = 1,4; IX); 75—85% (Ausbeute). — *N-[N-Cbo-DL-alanyl]-* (XI), $C_{17}H_{24}N_2O_8$, F. >220° (Zers.; 50%ig. Methanol), analog aus 2,2 g I, 5 ml 2n Alkali, 2,3 g IV u. 3,1 g VIII; $[\alpha]_D^{25}$ +69,5°, nach 5 Min. +71,9° (c = 1; IX); 63%. — *N-Hippuryl-*, F. 211—212° (Äthylacetat oder A.), aus 0,55 g I, 1,25 ml 2n Alkali, 0,45 g V u. 0,75 g VIII; $[\alpha]_D^{20}$ +38,3° (30 Min.; c = 1,2; IX); 60%. — *N-Acetyl-*, F. 196—200° (A.), aus 0,55 g I in 1,25 ml 2n Alkali, 0,15 ml VII in 1,5 ml IX u. 0,75 g VIII in 5 ml IX; $[\alpha]_D^{20}$ +55,0° (30 Min.; c = 1,6; W.); 48%. — *N-Benzoyl-*, F. 190—193° (Zers.; A.), analog aus 1,2 g VI; 25%. — *N-Glycyl-, Oxalat*, $C_{10}H_{18}N_2O_{10}$, durch Hydrieren von 0,8 g X in 40 ml 50%ig. Methanol u. 0,4 g Oxalsäure an 0,5 g 5%ig. Pd/$BaSO_4$ im $H_2$-Strom bei Atmosphärendruck, Filtrieren, Eindampfen bei 30° im Vakuum u. Fällen mit A.; amorphes Pulver; $[\alpha]_D^{25}$ +27,3°, nach 5 Min. +24,4° (c = 1,5; W.); 80%. — *N-[DL-Alanyl]-, Oxalat*, $C_{11}H_{20}N_2O_{10}$, analog aus XI; amorphes Pulver; $[\alpha]_D^{25}$ +18,0°, nach 5 Min. +16,0° (c = 1; W.); 50%. — D-Galaktosamine: *N-[N-Cbo-glycyl]-*, $C_{16}H_{22}N_2O_8$, F. 178—179° (A.), analog X aus 0,55 g II, 1,25 ml 2n Alkali, 0,55 g III u. 0,75 g VIII; $[\alpha]_D^{18}$ +82,3°, nach 30 Min. +64,0° (c = 1,25; IX); 64,5%. — *N-Glycyl-, Oxalat*, $C_{10}H_{18}N_2O_{10}$, aus vorst. Verb.; amorphes Pulver; $[\alpha]_D^{25}$ +42,6°, nach 5 Min. 63,4° (c = 1; W.); 68%. I. Schade 3400△

*0886* **Darstellung und Infrarotspektrum von reiner wasserfreier β-Lactose.** Yojiro Tsuzuki und Nobuo Mori. (J. chem. Soc. Japan, pure Chem. Sect. [Nippon Kagaku Zassi] 77, 993—95, 1956; Tokyo, Rika Univ.; jap.) — Wasserfreie *β-Lactose* [I; F. 248°; $[\alpha]_D^{25}$ 34,9° (c = 2,7; W.)] wird durch Sättigen von W. mit α-Lactosemonohydrat (II) bei 100° erhalten. Die IR-Spektren folgender Verbb. werden angegeben: I: 891, 876, 769 $cm^{-1}$; II: 915, 899, 875, 780 $cm^{-1}$; Oktaacetyl-α-lactose: 839, 905 $cm^{-1}$; u. Oktaacetyl-β-lactose: 837, 899 $cm^{-1}$. H.-J. Weigmann 3400△

*0887* **Synthese und pharmakologische Eigenschaften des Desmethylmuscarons und der stereoisomeren Desmethylmuscarine. Die Basenstärken der isomeren Normuscarine.** 11. Mitt. **über Muscarin.** Guido Zwicky, P. G. Waser und C. H. Eugster. (Helv. chim. Acta 42, 1177 80, 1050; Zürich, Univ., Pharmakolog. Inst.; dt.) — 10. vgl. C. **1959**, 14721. — Die Formylierung des Furan-3-carbonsäuremethylesters (I) mit Dimethylformamid u. $POCl_3$ führt zu *4-Carbomethoxyfurfurol*, das durch reduktive Aminierung mit Dimethylamin in Ggw. von Lindlar-Katalysator *2-Dimethylaminomethyl-4-carbomethoxyfuran* (II) ergibt. Die Spaltung des durch Curtius-Abbau der Carboxylgruppe von II erhältlichen *Azids* bzw. *Urethans* zu 2-Dimethylaminomethyl-4.5-dihydrofuranon-(4) gelingt nicht. Aus Glykolsäureäthylester u. Maleinsäurediäthylester erhält man über *4-Ketotetrahydrofuran-2-carbonsäure 2-Dimethylaminomethyltetrahydrofuranon-(4)* (III), dessen Red. mit verschiedenen Red.-Mitteln neben wenig *trans-2-Dimethylaminomethyltetrahydrofuranol-(4)* (*trans*-IV) überwiegend *cis*-IV liefert. Die Konfiguration von cis-IV, das durch Chromatographie von trans-IV getrennt wurde, ergibt sich aus dem IR-Spektrum. Die aus III, cis- u. trans-IV dargestellten quatern. Verbb. sind gegenüber den entsprechenden Muscarinen physiolog. nur schwach wirksam, jedoch bleibt die cholinerg. Wrkg. erhalten. IR-Spektren s. Original.

Versuche: *4-Carbomethoxyfurfurol*, F. 90—91° (Ae.), durch Zugabe von I zum eiskalten Gemisch aus Dimethylformamid u. $POCl_3$, 10 Min. langes Rühren unter Eiskühlung, schnelles Erhitzen auf 128° ($H_3PO_4$-Bad), 1std. Erhitzen auf 130° (Bad), Gießen auf Eis, Einstellen auf 6—8 mit $Na_2CO_3$, Extrahieren mit Ae., fraktionierte Dest. u. Umkristallisieren der Fraktion vom Kp.$_{12}$ 115—150° aus $CH_3OH$ oder Ae.; 40% (Ausbeute). — *4-Carbäthoxyfurfurol*, analog vorst. Verbindung. *Semicarbazon*, $C_9H_{11}N_3O_4$, F. 200—201°. — *2-Dimethylaminomethyl-4-carbomethoxyfuran* (II), Kp.$_{13}$ 100 bis 125°, durch Zugabe einer alkohol. Lsg. vorvorst. Verb u. 33%ig. alkohol. Lsg. von Dimethylamin zu Lindlar-Katalysator, Hydrieren, Filtrieren, Abdampfen des A., Aufnehmen in verd. HCl, Extrahieren mit Ae.. Alkalisieren der wss. Phase mit kalter gesätt. $Na_2CO_3$-Lsg. (pH 9), Extraktion mit Ae. u. Dest.; 44%. *Pikrat*, $C_{15}H_{16}N_4O_{10}$, F. 170—170,5° (A.). — *2.3(5)-Dicarbäthoxytetrahydrofuranon-(4)*, $C_{10}H_{14}O_6$, Kp.$_{0,005}$ 95—105°, durch Zutropfen einer äther. Lsg. von Glykolsäureäthylester innerhalb 45 Min. unter Rühren u. Kühlen zu Na-Pulver in Ae., ½std. Rühren, Zutropfen von Maleinsäurediäthylester, 2std. Rühren bei Raum-Temp., 4—5 td. Erhitzen unter Rückfluß, Stehen über Nacht, Zugabe von A., Gießen auf Eis, Einstellen auf pH 5—6 mit konz. $H_3PO_4$, Sättigen mit NaCl, Extraktion mit Ae. u. Dest. im Hochvakuum; 30%. — *2-Carbomethoxytetrahydrofuranon-(4)*, $C_6H_8O_4$, Kp.$_{15}$ 118—119°, durch Decarboxylierung vorst. Verb. mit 10%ig. $H_2SO_4$ bei 120° (Bad) in 90 bis 100 Min., Sättigen mit NaCl, Extraktion mit Ae., Versetzen des erhaltenen *2-Carboxytetrahydrofuranons-(4)* (75%) mit äther. Diazomethan, Dest. u. Fraktionieren. *Dinitrophenylhydrazon*, $C_{12}H_{12}N_4O_7$, F. 113—114,5° ($CH_3OH$). — *2-Carbomethoxytetrahydrofuranon-(4)-äthylenketal*, $C_8H_{12}O_5$, Kp.$_{0,001}$ 70—80°, durch Kochen der Benzol-Lsg. von 10,3 g vorst. Verb., Äthylenglykol u. p-Toluolsulfonsäure am Wasserabscheider, Verdünnen mit Ae. u. Dest. im Hochvakuum; 8,6 g. — *2-Dimethylaminocarbonyltetrahydrofuranon-(4)-äthylenketal*, $C_9H_{15}NO_4$, Kp.$_{0,001}$ 120—130°, durch 18std. Rk. von 4 g vorst. Verb. mit 33%ig. alkohol. Dimethylamin bei 65—70° im Bombenrohr u. Dest. im Hochvakuum; 2,3 g. — *2-Dimethylaminomethyltetrahydrofuranon-(4)-äthylenketal*, $C_9H_{17}NO_3$, Kp.$_{0,001}$ 45—50°, durch Zutropfen einer äther. Lsg. vorst. Verb. in Tetrahydrofuran unter Rühren bei 0° zu $LiAlH_4$ in Ae., 3std. Kochen, Stehen über Nacht, Zugabe von Essigester u. 70%ig. $CH_3OH$, Filtrieren u. Abdampfen des Lsgm.; 82%. — *2-Dimethylaminomethyltetrahydrofuranon-(4)* (III), $C_7H_{13}NO_2$, Kp.$_{11}$ 85—95°, durch 1½std. Erhitzen vorst. Verb. mit 1n $H_2SO_4$ auf dem Wasserbad, Extraktion mit $CH_2Cl_2$, Alkalisieren der wss. Phase mit eiskalter NaOH (pH 10) u. Extraktion mit $CH_2Cl_2$; 66%. *Pikrat*, $C_{13}H_{16}N_4O_9$, F. 110—111° ($CH_3OH$). — *Desmethylmuscaronjodid* (V), $C_8H_{16}JNO_2$, F. 154—154,5° (A. u. $CH_3OH$/Isopropanol). — *cis-2-Dimethylaminomethyltetrahydrofuranol-(4)* (*cis*-IV), $C_7H_{15}NO_2$, Kp.$_{20}$ 95—100°, a) durch Zugabe einer Lsg. von $KBH_4$ in W. zu methanol. III, ¾std. Stehen unter Eiskühlung, Ansäuern mit 2n HCl, kurzes Erwärmen auf 60°, Abdampfen des $CH_3OH$ im Vakuum, Extraktion mit Ae., Einstellen der wss. Phase auf pH 14 mit kalter 20%ig. NaOH, Extraktion mit $CH_2Cl_2$, Fraktionierung bei 11 Torr, Chromatographie der Fraktion vom Kp. 90—100° an mit 5% W. desaktiviertem $Al_2O_3$ (Woelm, neutral), Eluieren mit Bzl./$CH_3OH$ (0,5—1%) u. Dest. im Vakuum; daneben wenig *trans*-IV; b) aus V u. einer AgCl-Suspension über das *Chlorid*, Red. mit $KBH_4$ analog a), Ansäuern, Eindampfen im Vakuum zur Trockne, Extraktion mit abs. A. u. Pyrolyse bei 200—240°/0,001 Torr; ca. 65%; daneben ca. 35% *trans*-IV. — *cis-Desmethylmuscarinjodid* (VI), $C_8H_{18}JNO_2$, F. 119,5 bis 120,5° (A./Ae.). *Chlorid* (VII), F. 159—160° (Isopropanol/Ae.), aus VI u. AgCl-Suspension. *Tetrachloroaurat*, $C_8H_{18}AuCl_4NO_2$, F. 115,5—116° (W.), aus VII u. 20%ig. $HAuCl_4$-Lsg. in 0,1 n HCl. *trans*-IV, $C_7H_{15}NO_2$, Kp.$_{0,001}$ 60—70°, durch Versetzen der Lsg. von 0,877 g III in Ae. bei 0° mit äther. $LiAlH_4$-Lsg. ½std. Stehen unter Eiskühlung, Zugabe von Essigester u. 70%ig. $CH_3OH$. Filtrieren durch Hyflo-Cel, Fraktionieren bei 0,001 Torr, Chromatographie der Fraktion vom Kp. 70 bis 90° an $Al_2O_3$, Eluieren mit Bzl./$CH_3OH$ (2,5%) u. Dest.; 208 mg; daneben *cis*-IV. — *trans-Desmethylmuscarinjodid*, $C_8H_{18}JNO_2$, F. 119,5—120°; aus A./Ae. glänzende Schuppen. *Chlorid*, F. 162,5—163° (Isopropanol/Ae.), analog VII. *Tetrachloroaurat*, $C_8H_{18}AuCl_4NO_2$, F. 126,5—127,5° W.). H. J. Jahns 3500△

*0888* **Die chemischen Bestandteile von australischen Flindersia-Arten. 11. Mitt. Die Struktur von Maculosidin und Maculosin, zwei Alkaloiden aus F. maculosa Lindl.** R. H. Prager, E. Ritchie und W. C. Taylor. (Austral. J. Chem. **13**, 380—84, Aug. 1960; Sydney, Univ., Dep. of Organic Chem.; engl.) — 9. vgl. C. **1957**, 13051. — Die Hydrogenolyse von *Maculosidin* (**I**) ergibt *4.6.8-Trimethoxy-3-äthylchinolon-(2)*, das leicht zur *4-Hydroxy-Verb.* demethyliert wird. Diese Verb. wurde aus *2.4-Dimethoxyanilin* (**II**) u. *Diäthylmalonsäurediäthylester* (**III**) synthetisiert. Die Oxydation von *Maculosin* (**IV**) mit Perjodat führt zu HCOH, *Aceton* u. *3-Äthyl-4-hydroxy-6.7-methylendioxychinolon-(2)*, diese Verb. wird auch beim Abbau von **IV** unter Bedingungen erhalten, wie sie bei **I** angewandt werden. UV-Spektren vgl. Original.

Versuche: *Isomaculosidin*, $C_{14}H_{13}NO_4$ (50 Std. bei 120°/1 mm getrocknet). *Sesquihydrat*, $C_{14}H_{13}NO_4 \cdot 1\frac{1}{2} H_2O$, F. 168°, Nadeln aus Bzl. nach 12std. Trocknen bei 50°/1 mm. — *4.6.8-Trimethoxy-3-äthylchinolon-(2)*, $C_{14}H_{17}NO_4$, F. 126—127°, durch Red. von 0,2 g **I** in A. in Ggw. von Adams Katalysator (Meth. **A**), Nadeln aus PAe.; 0,15 g (Ausbeute). — *6.8-Dimethoxy-3-äthyl-4-hydroxychinolon-(2)*, $C_{13}H_{15}NO_4$, F. 293 bis 294°, a) durch ½std. Erhitzen vorst. Verb. mit 5 n HCl (Meth. **B**); b) durch ³/₄std. Kochen eines Gemisches von 1,4 g **II** u. 1,9 g **III** in Diphenyläther; 0,65 g; aus A. Nadeln. *Acetyl-Deriv.*, $C_{15}H_{17}NO_5$, F. 193—194°; aus Bzl. Nadeln. — *Maculosin* (**IV**), $C_{17}H_{17}NO_6$, F. 229—230°; $[\alpha]_D^{25}$ +36° (c = 0,83; abs. Pyridin). — *3-Äthyl-4-hydroxy-6.7-methylendioxychinolon-(2)*, $C_{12}H_{11}NO_4$, F. 301—303°, a) durch 2tägiges Stehen von 0,03 g **IV** in Dioxan mit 0,1 n Perjodsäure, Ansäuern mit HCl, Wasserdampf-Dest., Rückstand Alkalisieren mit $NH_3$ u. Extrahieren mit Chlf.; 0,007 g (daneben *HCHO* u. *Aceton*); b) durch Hydrolyse nachst. Verb. analog **B**; Nadeln aus A. bei nachfolgender Sublimation bei 222°/10⁻⁴ mm. — *Tetrahydromaculosin*, $C_{17}H_{21}NO_6$, F. 202—203°, durch Red. von 0,05 g **IV** analog **A**; Nadeln aus Bzl.-PAe.; 0,04 g.

E. Hanschke 3500◇

*0889* **Synthese von dl-O-Methylcorpaverin.** Masao Tomita und Kiyoshi Okui. (J. pharmac. Soc. Japan [Yakugakuzasshi] **76**, 632—34, 1956; Kyoto, Univ., Med. Fac., Pharmac. Inst.; jap., Auszug: engl.) — Aus Mezcalin u. p-Methoxyphenylessigsäure wird das Alkaloid von *Corydalis aurea* Willd., das *dl-1-[p-Methoxybenzyl]-6.7.8-trimethoxy-2-methyl-1.2.3.4-tetrahydroisochinolin* dargestellt.

Versuche: *Tri-O-methylgallussäure*, F. 168°, aus Gallussäure u. $(CH_3)_2SO_4$. *Chlorid*, Kp.₁₈ 185°. *Methylester*, F. 83°. *Hydrazid*, F. 157—159°, aus dem Ester mit $N_2H_4 \cdot H_2O$. *Benzolsulfonylhydrazid*, F. 238—239°, aus dem Hydrazid mit Benzolsulfonylchlorid. — *3.4.5-Trimethoxybenzaldehyd*, F. 74°, aus vorst. Säurechlorid durch Hydrieren in Xylol an Pd/BaSO₄ nach Rosenmund. — *3.4.5-Trimethoxy-ω-nitrostyrol*, F. 118—120°, aus vorst. Verb. u. Nitromethan; 61,5%. — *Mezcalin*, durch Red. vorst. Verb. mit $LiAlH_4$; 74%. *Pikrat*, F. 216°. — *p-Methoxyphenylacetylchlorid*, Kp.₃ 125°, aus p Hydroxybenzylcyanid. — *N-[3.4.5 Trimethoxyphenäthyl]-p-methoxyphenylacetamid*, $C_{20}H_{25}NO_5$, F. 115°, aus vorvorst. u. vorst. Verb. in Ggw. von NaOH; 74%. — *1-[p-Methoxybenzyl]-6.7.8-trimethoxy-3.4-dihydroisochinolin*, *Pikrat*, $C_{20}H_{23}NO_4 \cdot C_6H_3N_3O_7$, F. 173°, durch Erhitzen vorst. Verb. mit $POCl_3$ auf 120°; 66,6%. — *1-[p-Methoxybenzyl]-6.7.8-trimethoxy-1.2.3.4-tetrahydroisochinolin*, *Hydrochlorid*, $C_{20}H_{25}NO_4 \cdot HCl$, F. 187°, durch Hydrieren vorst. Verb. mit Zn/Essigsäure; 58%. — *dl-O-Methylcorpaverin*, *Pikrat*, $C_{21}H_{27}NO_4 \cdot C_6H_3N_3O_7$, F. 80° (sintert ab 74°), durch Methylieren vorst. Verb. mit 85%ig. HCOOH u. 35%ig. HCHO; b) durch Red. des Methojodids vorvorst. Verbindung.

D. Dargel 3500△

*0890* **Die Struktur von Thalicmidin und Laurelliptin, einem neuen Aporphin-Alkaloid.** P. S. Czezy, A. W. Nichol und E. Gellert. (Experientia [Basel] **19**, 1—2, 1963; Sydney, Univ. of New South Wales, Dep. of Organ. Chem.; Wollongong, N.S.W., Univ. Coll.; engl.) — Aus *Beilschmiedia elliptica* White u. Francis wird ein neues Alkaloid, *Laurelliptin* {I; $C_{18}H_{19}NO_4$, F. 191°; $[\alpha]_D^{21}$ +47° (A.)}, isoliert u. seine Konstit. als *1.9-Dimethoxy-2.10-dihydroxynoraporphin* durch Überführung in bekannte Aporphin-Verbb. u. weitere Rkk. festgestellt. **I** gibt mit Acetanhydrid das *O.O.N-Triacetyl-Deriv.* {F. 188—189°; $[\alpha]_D^{17}$ +76° (A.)} u. mit $CH_2N_2$ den *Dimethyläther* (*Pikrat*, F. 135—137°). Die Hydrierung von **I** u. $CH_2O$ über Raney-Ni liefert *N-Methyllaurelliptin* {F. 121 bis 123°; $[\alpha]_D^{16}$ +41° (A.)}, das durch $CH_2N_2$ zum *Dimethyläther* methyliert wird, der mit *Glaucin* ident. ist; das daneben gebildete *O¹⁰.N-Dimethyllaurelliptin* {**II**; F. 189—191°; $[\alpha]_D^{17}$ +43° (A.). *Methojodid*, F. 231—232°; $[\alpha]_D^{22}$ +26° (W.)} wird durch direkten Vgl. des *Methopikrats* (F. 141—148°) mit einem authent. Präp. als *1.9.10-Trimethoxy-2-hydroxyaporphin* erkannt. Die von Shamma (vgl. Experientia [Basel] **17**, [1962], 64) für *Thalicmidin* vorgeschlagene Konstit. als *1.2.9-Trimethoxy-10-hydroxyaporphin* wird durch dessen Nichtidentität mit **II**, N-Methyllaurotetanin u. Glaucentrin bestätigt.

F. Heller 3500◇

*0891* **Untersuchungen über die Alkaloide der Berberidaceen. 11. Mitt. Die Alkaloide von Nandina domestica Thunb. 2. Mitt.** Masao Tomita und Takehiko Kugo. (J. pharmac. Soc. Japan [Yakugakuzasshi] **76**, 751—52, 1956; Kyoto, Univ., Med. Fac., Pharmac. Inst.; jap., Auszug: engl.) — 10. vgl. J. pharmac. Soc. Japan [Yakugakuzasshi] **76**, [1956], 599; 15. vgl. C. **1963**, 9311. — Bei der Unters. der quatern. Basen von *Nandina domestica* Thunb. werden zwei Alkaloide, *Magnoflorin* u. *Menispermin*, mit aporphinartiger Struktur neben den schon bekannten berberinartigen Alkaloiden isoliert.

Versuche: *Magnoflorin*, *Styphnat*, $C_{20}H_{24}NO_4 \cdot C_6H_2 \cdot N_3O_8$, F. 231° (Zers.), durch Extraktion von 2,5 kg von Nandina domestica Thunb. mit Methanol u. Isolieren über das *Reineckat*; 1 g (Ausbeute). *Jodid*, $C_{20}H_{24}JNO_4$, F. 254 bis 255° (Zers.). — *Menispermin*, *Styphnat*, $C_{21}H_{26}NO_4 \cdot C_6H_2N_3O_8$, F. 201—202° (Zers.), neben vorst. Verb. durch Isolieren über das *Reineckat*; 0,4 g. *Jodid*, $C_{21}H_{26}JNO_4$, F. 229—230° (Zers.), aus dem Styphnat über das *Chlorid*. *Pikrat*, F. 198—200°.

D. Dargel 3500△

*0892* **Konstitution und Biogenese von zwei neuen Sesquiterpenen.** J. Gough, V. Powell und M. D. Sutherland. (Tetrahedron Letters [London] **1961**, Nr. 21, 763—67; Brisbane, Univ. of Queensland, Dep. of Chem.; engl.) — Aus dem Gurjunbalsamöl u. aus *Dysoxylon frazeranum* wird *δ-Elemen* [**I**, *1-Isopropyl-3-isopropenyl-4-vinyl-4-methylcyclohexen-(1)*] isoliert, welches durch vollständige Hydrierung ein mit dem *Eleman* (*1.3-Diisopropyl-4-äthyl-4-methylcyclohexan*; vgl. Sýkora u. Mitarbeiter, C. **1950/54**, 7407 S) ident. Prod. ergibt. Ozonierung von **I** u. nachfolgende Behandlung mit $H_2O_2$ in Essigsäure gibt ein *Säuregemisch*, welches über die Methylester getrennt wird u. als Hauptprod. *2.7-Dioxo-4.8-dimethylnonan-4-carbonsäure* (**III**) gibt. Unvollständige Hydrierung von **I** gibt eine *Dihydro-Verb.* $C_{15}H_{26}$ (**IV**), deren Ozonierung zu einem *Diketon* $C_{13}H_{24}O_2$ führt. Durch Oxydation wird ein *Keton* $C_{11}H_{20}O$ erhalten. Schließlich läßt sich **I** auch zu einem konjugierten Hydroaromaten isomerisieren. Daraus u. aus einigen anderen, speziell spektroskop. Ergebnissen wird **I** die Struktur eines *Isopropylgeijerens* zugeschrieben, das wie dieses trotz zweier asymm. Zentren opt.-inakt. ist. Die andere hydroaromat. Verb., *Cogeijeren* [**II**; *2.6-Dimethylbicyclo-[4.4.0]-decadien-(1.9)*], wird neben Geijeren im Öl von *Geijera parviflora* gefunden. Durch Red. von **II** wird eine *Dihydro-Verb.* $C_{12}H_{20}$ (**V**) erhalten, deren Ozonierung zu den zwei isomeren Carbonsäuren *1-[β-Carboxyäthyl]-1.3-dimethyl-2-formylcyclohexan* führt. Ozonierung von **II** ergibt als Hauptprod. *4-Methyl-4-carboxy-8-oxononansäure-(1)* (**VI**), die mit Alkalihypobromit in die *4-Methyl-4-carboxyoctandisäure-(1.8)* u. *Bromoform* übergeht. Auch hier lassen zusätzliche spektrograph. Messungen die Richtigkeit der für **II** angegebenen Struktur annehmen. Es wird angenommen, daß die opt. inakt. Natur von **I** u. **II** auf ihre Bldg. aus opt.-inakt. Vorstufen ohne enzymat. Kontrolle zurückzuführen ist.

Versuche: *δ-Elemen* [**I**; *1-Isopropyl-3-isopropenyl-4-vinyl-4-methylcyclohexen-(1)*], $C_{15}H_{24}$, Kp.₁₀ 107°, aus Gurjunbalsamöl u. aus *Dysoxylon frazeranum*; $D_4^{25}$ 0,8590, $n_D^{25}$ 1,4828. *Nitrosochlorid*, F. 200°. — *Eleman* (*1.3-Diisopropyl-4-äthyl-4-methylcyclohexan*; vgl. l. c.), $C_{15}H_{30}$, durch vollständige Hydrierung von **I**; $D_4^{25}$ 0,8399, $n_D^{25}$ 1,4609, $[\alpha]_D$ −0,17. — *2.7-Dioxo-4.8-dimethylnonan-4-carbonsäure* (**III**), aus **I** durch Ozonierung u. nachfolgende Behandlung mit $H_2O_2$ in Essigsäure. *Methylester*, $C_{13}H_{22}O_4$, Kp.₅ 145 bis 148°; *Bis-[2.4-dinitrophenylhydrazon]*, $C_{25}H_{30}N_8O_{10}$, F. 138,5 bis 139°. — *Verbindung* $C_{15}H_{26}$ (**IV**), durch Hydrierung von **I** mit desaktiviertem Adams-Katalysator in Äthanol. — *Diketon* $C_{13}H_{24}O_2$, Kp.₅ 122—127°, aus **IV** analog **III**; $[\alpha]_D$

—1,15. *Bis-[2.4-dinitrophenylhydrazon]*, $C_{25}H_{32}N_8O_8$, F. 167°. — *Keton* $C_{14}H_{26}O$, durch Oxydation von IV; $[\alpha]_D$ —1,82. *2.4-Dinitrophenylhydrazon*, $C_{20}H_{30}N_4O_4$, F. 124—125°. — *Cogeijeren* [II; *2.6-Dimethylbicyclo-[4.4.0]-decadien-(1.9)*], $C_{12}H_{18}$, Kp.$_{10}$ 97°, aus dem Öl von *Geijera parviflora*; $D._4^{25}$ 0,9396, $n_D^{25}$ 1,5298, $[\alpha]_D$ +0,70. — *Verb.* $C_{12}H_{20}$ (V), Kp.$_{10}$ 91°, durch Red. von II mit Na-Methylat in fl. $NH_3$; $D._4^{25}$ 0,9086, $n_D^{25}$ 1,4962. — *1-[β-Carboxyäthyl]-1.3-dimethyl-2-formylcyclohexan (Isomerengemisch)*, aus V analog III. *p-Bromphenacylester* des einen *Isomeren*, $C_{20}H_{25}BrO_4$, F. 125°. *Methylester (Isomerengemisch)*, $C_{13}H_{22}O_3$. — *4-Methyl-4-carboxy-5-oxononansäure-(1)* (VI), aus II analog III. *Dimethylester*, $C_{13}H_{22}O_5$, Kp.$_5$ 164°; *2.4-Dinitrophenylhydrazon*, $C_{19}H_{26}N_4O_8$, F. 80—81°. — *4-Methyl-4-carboxyoctandisäure-(1.8)*, $C_{10}H_{16}O_6$, F. 115°, aus VI u. Alkalihypobromit. *Tris-[p-bromphenacylester]*, $C_{34}H_{31}Br_3O_9$, F. 127°.

R. Becker 3600△

*0893* **Gemischte Schwefelsäureester von Methanol und Hydroxysteroiden in der Androstanreihe.** Roméo Emiliozzi. (Bull. Soc. chim. France [5] **1960**, 911—15, Mai; Paris, Fac. de Méd., Labor. de Chimie méd.; franz.) — Vf. beschreibt die Darst. einiger gemischter Schwefelsäureester von Methanol u. 3-Hydroxy-17-oxoandrostanen. Die IR-Spektren sind angegeben.

Versuche: *3α-Hydroxy-17-oxo-5α-androstansulfat, Na-Salz, Dihydrat* (I), $C_{19}H_{29}NaO_5S \cdot 2\,H_2O$, FF. 139—140° u. 170°, durch Erhitzen von 3α-Hydroxy-17-oxo-5α-androstan (F. 185°) mit Pyridin/$SO_3$ u. Pyridin, nach Erkalten Zugabe von Triäthylamin, 48std. Stehen, Abdestillieren des Pyridins u. Triäthylamins im Vakuum unterhalb 60°, Trocknen im Exsiccator, Aufnehmen in gesätt. $Na_2SO_4$-Lsg., 2std. Rühren; Kristalle aus heißem W.; 90% (Ausbeute). *Methylester* (II), $C_{20}H_{32}O_5S$, F. 114—116°, durch Rk. von I mit verd. HCl, Eindampfen zur Trockne, Versetzen mit benzol. $CH_2N_2$-Lsg.; Kristalle aus Bzl./Hexan; $[\alpha]^{23}$ +76 ± 2° (c = 1; Chlf.); 75%. — *3β-Hydroxy-17-oxo-5α-androstansulfat, Na-Salz, Dihydrat*, $C_{19}H_{29}NaO_5S \cdot 2\,H_2O$, F. 174—176°, durch 48std. Rk. von 3β-Hydroxy-17-oxo-5α-androstan (F. 174°) mit Pyridin/$SO_3$ in Pyridin u. Triäthylamin analog I; 90%. *Methylester*, $C_{20}H_{32}O_5S$, F. 129—131°, analog II; $[\alpha]^{23,5}$ +62 ± 2° (c = 1; $CHCl_3$); 80%. — *3α-Hydroxy-17-oxo-5β-androstan*, F. 150—152°, durch Rk. von 3α.17α-Dihydroxy-20-oxo-5β-pregnan [F. 218—219°; $[\alpha]_D^{20}$ +52,5° (c = 1; A.)] mit $KBH_4$ in Methanol, Oxydation mit $Pb(CH_3CO_2)_4$, Zugabe von W. u. Extraktion mit Dichlormethan; Kristalle aus wss. Methanol. — *3α-Hydroxy-17-oxo-5β-androstansulfat, Na-Salz, Dihydrat*, $C_{19}H_{29}NaO_5S \cdot 2\,H_2O$, F. 158—159°, durch 3tägige Rk. vorst. Verb. mit Pyridin/$SO_3$ in Pyridin u. Triäthylamin bei Raum-Temp. analog I. *Methylester*, $C_{20}H_{32}O_5S$, F. 126 bis 128°, analog II; $[\alpha]^{23,5}$ +97 ± 2° (c = 1; $CHCl_3$); 80%. — *3β-Acetoxy-20-oxo-5β-Δ^{16}-pregnen*, F. 143°, aus Sarsasapogenin nach Wall u. Mitarbeitern [vgl. C. **1959**, 11255] u. Chromatographie an $Al_2O_3$; Kristalle aus Methanol; $[\alpha]^{22}$ 56 ± 2°; 40%. *Oxim*, F. ca. 170°, Darst. nach Rosenkranz u. Mitarbeitern (vgl. C. **1958**, **3328**); Kristalle aus Methanol. — *3β-Hydroxy-17-oxo-5β-androstan*, $C_{19}H_{30}O_2$, F. 152—154°, durch Beckmannsche Umlagerung aus vorst. Oxim, Hydrolyse, Chromatographie u. Umkristallisieren aus Ae./Hexan; $[\alpha]^{24}$ 89 ± 2° (c = 1; Chlf.). — *3β-Hydroxy-17-oxo-5β-androstansulfat, Na-Salz, Dihydrat*, $C_{19}H_{29}NaO_5S \cdot 2\,H_2O$, F. 148—150°, durch 5tägige Rk. vorst. Verb. mit Pyridin/$SO_3$ in Pyridin u. Triäthylamin analog I; 94%. *Methylester*, $C_{20}H_{32}O_5S$, F. 106 bis 108,5°, analog II; $[\alpha]^{24}$ +73 ± 2° (c = 1; $CHCl_3$); 40%. — *3β-Hydroxy-17-oxo-Δ^5-androstensulfat, Na-Salz*, $C_{19}H_{27}NaO_5S$, F. 172—174°, durch 48std. Rk. von 3β-Hydroxy-17-oxo-Δ^5-androsten (F. 149—150°) mit Pyridin/$SO_3$ in Pyridin u. Triäthylamin analog I. *Methylester*, $C_{20}H_{30}O_5S$, F. 128—131°, analog II; $[\alpha]^{23,5}$ —1 ± 2° (c = 1; $CHCl_3$); 90%.

Gottfried Schreiber 3700□

*0894* **2- und 3-Methylensteroide.** D. D. Evans, D. E. Evans, G. S. Lewis und P. J. Palmer. (J. chem. Soc. [London] **1963**, 4312—17; Hounslow, Middlesex, Parke, Davis & Co., Res. Labor.; engl.) — *3-Methylensteroide* der Androstan-, Δ^4-Androsten- u. der entsprechenden 19-Nor-Reihen wurden aus den 3-Ketosteroiden nach Wittig dargestellt. *2-Methylen-Δ^4-3-ketosteroide* wurden aus den 2-Äthoxalyl-Δ^4-3-keto-Derivv. mit HCHO erhalten. Die gesätt. Analogen waren auf diese Weise jedoch nicht zugänglich. *17α-Methyl-2-methylentestosteron* entstand auch aus dem 2-Äthoxalyl-Deriv. mit $CH_3OCH_2Cl$.

Versuche ($[\alpha]_D$ bei Raum-Temp. in Chlf.): *17α-Methyl-3-methylen-Δ^4-androsten-17β-ol*, $C_{21}H_{32}O$, F. 134—137° (A./W.), aus 17α-Methyltestosteron u. $(C_6H_5)_3P{=}CH_2$ (I) in Ae. unter $N_2$ (4std. Rühren, dann Stehen über Nacht, Abdestillieren des Ae. u. Zugabe von Tetrahydrofuran bis zur Innentemp. 60—65°, 5—6std. Kochen u. Stehen über Nacht); $[\alpha]_D$ +151°; 20% (Ausbeute). — Analog aus den 3-Ketosteroiden u. I in Ae. oder Ae./Bzl.: *17α-Äthyl-3-methylen-Δ^4-androsten-17β-ol*, $C_{22}H_{32}O$, F. 91—97°, $[\alpha]_D$ +132°; 25%. — *17α-Methyl-3-methylen-19-nor-Δ^4-androsten-17β-ol*, $C_{20}H_{30}O$, F. 106—109°, $[\alpha]_D$ +86°; 6%. — *17α-Äthyl-3-methylen-19-nor-Δ^4-androsten-17β-ol*, $C_{21}H_{32}O$, F. 120—123°, $[\alpha]_D$ +105°; 10%. — *17α-Methyl-3-methylen-5α-androstan-17β-ol*, $C_{21}H_{34}O$, F. 179—181°, $[\alpha]_D$ —19°; 45%. — *17α-Äthyl-3-methylen-5α-androstan-17β-ol*, $C_{22}H_{36}O$, F. 140—142°, $[\alpha]_D$ —11°; 45%. — *3-Methylen-5α-östran-17β-ol* (II), $C_{19}H_{30}O$, F. 136—137°, $[\alpha]_D$ +24°; 50%. — *17α-Methyl-3-methylen-5α-östran-17β-ol*, $C_{20}H_{32}O$, F. 152—154°, $[\alpha]_D$ +3°; 40%. — *17α-Äthyl-3-methylen-5α-östran-17β-ol*, $C_{21}H_{34}O$, F. 115—116°, $[\alpha]_D$ +8°; 40%. — *3-Methylen-19-nor-Δ^4-androsten-17β-ol*, Öl. *Acetat*, $C_{21}H_{30}O_2$, F. 89—92°, $[\alpha]_D$ +120° (c = 0,93). — *3-Methylen-5α-androstan-17-on*, $C_{20}H_{30}O$, F. 145—147° (Aceton), aus 1 g 3-Methylen-5α-androstan-17β-ol (III) u. $CrO_3$ in Pyridin; $[\alpha]_D$ +88° (c = 1,14); 772 mg; auch aus III mit Jones-Reagens. — *3-Methylen-5α-östran-17-on* (IV), $C_{19}H_{28}O$, F. 95—97° ($CH_3OH$), aus 1 g II u. Jones-Reagens; $[\alpha]_D$ +119° (c = 1); 680 mg. — *17α-Äthinyl-3-methylen-5α-androstan-17β-ol*, $C_{22}H_{32}O$, F. 155 bis 156° (Aceton), sublimiert bei 120—130°/0,5 mm, aus 1 g 3-Methylen-5α-androstan-17-on u. HC≡CMgJ in sd. Tetrahydrofuran (20 Min.); $[\alpha]_D$ —39° (c = 0,83); 505 mg. Daneben 74 mg *17.17'-Äthinylen-bis-[3-methylen-5α-androstan-17β-ol]*, $C_{42}H_{62}O_2$, F. 282—285° (Aceton), $[\alpha]_D$ — 58° (c = 0,7). — *17α-Äthinyl-3-methylen-5α-östran-17β-ol*, $C_{21}H_{30}O$, F. 110 bis 112° (PAe.), aus 800 mg IV wie vorst.; $[\alpha]_D$ —22° (c = 1); 539 mg. — *3-Methylen-Δ^4-androsten-17-on*, $C_{20}H_{28}O$, F. 106 bis 108° ($CH_3OH$), aus 3-Methylen-Δ^4-androsten-17β-ol (V) u. $CrO_3$ in Pyridin; $[\alpha]_D$ +253° (c = 1,33); 21%. — *17α-Methyl-2-methylentestosteron*, $C_{21}H_{30}O_2$, F. 179—182° (Aceton), aus 2-Äthoxalyl-17α-methyltestosteron u. a) wss. HCHO in $CH_3OH$ (dann Zugabe von wss. $K_2CO_3$-Lsg. innerhalb 60 Min. unter Rühren u. 90 Min. Rühren; 5,2 → 1,7 g), b) $CH_3OCH_2Cl$ u. $K_2CO_3$ in Aceton (30 Min. Rühren, dann 4std. Kochen u. Stehen über Nacht; 3 → 0,41 g); $[\alpha]_D$ +151° (c = 0,99). — *2-Methylentestosteron* (VI), $C_{20}H_{28}O_2$, F. 160—162°, aus 2-Äthoxalyltestosteron wie vorst. (Meth. a); $[\alpha]_D$ +166° (c = 1); 37%. — Analog: *17α-Äthyl-2-methylentestosteron*, $C_{22}H_{32}O_2$, F. 145—147° u. 156—158°, $[\alpha]_D$ +138°; 34%. — *17α-Äthinyl-2-methylentestosteron*, $C_{22}H_{28}O_2$, F. 183—185°, $[\alpha]_D$ +74°; 18%. — *2-Methylen-19-nortestosteron*, $C_{19}H_{26}O_2$, F. 124—126°, $[\alpha]_D$ +63°; 20%. — *17α-Methyl-2-methylen-19-nortestosteron*, $C_{20}H_{28}O_2$, F. 122—123°, $[\alpha]_D$ +28°; 7%. — *17α-Äthyl-2-methylen-19-nortestosteron*, $C_{21}H_{30}O_2$, Öl, $[\alpha]_D$ +18°; 17%. — *17α-Äthinyl-2-methylen-19-nortestosteron*, $C_{21}H_{26}O_2$, F. 123—124°, $[\alpha]_D$ —42°; 20%. — *2-Methylen-Δ^4-androsten-3.17-dion*, $C_{20}H_{26}O_2$, F. 195—198°, aus 1,5 g VI u. Jones-Reagens; $[\alpha]_D$ +217° (c = 1,02); 1,2 g. — Analog: *2-Methylen-19-nor-Δ^4-androsten-3.17-dion*, $C_{19}H_{24}O_2$, F. 134 bis 137°, $[\alpha]_D$ +135° (c = 1,035); 66%. — Durch übliche Veresterung in Pyridin: V-*Acetat*, $C_{22}H_{32}O_2$, F. 111—112°, $[\alpha]_D$ +157°; 80%. — V-*Propionat*, $C_{23}H_{34}O_2$, F. 80—82°, $[\alpha]_D$ +155°; 71%. — V-*β-Phenylpropionat*, $C_{29}H_{38}O_2$, F. 101 bis 103°, $[\alpha]_D$ +149°; 21%. — III-*Acetat*, $C_{22}H_{34}O_2$, F. 105 bis 107°, $[\alpha]_D$ +6°; 67%. — III-*Propionat*, $C_{23}H_{36}O_2$, F. 103 bis 105°, $[\alpha]_D$ +9°; 70%. — VI-*Propionat*, $C_{23}H_{32}O_3$, F. 153—156°, $[\alpha]_D$ + 134° (c = 1,09); 73%. — VI-*β-Phenylpropionat*, $C_{29}H_{36}O_3$, F. 161—163°, $[\alpha]_D$ +133° (c = 1,035); 41%. — VI-*Hexahydrobenzoat*, $C_{27}H_{38}O_3$, F. 176—178°, $[\alpha]_D$ +134° (c = 0,96); 22%.

J. Rothe 3700◇

*0895* **Beiträge zur Herstellung des 3α.6α-Dihydroxy-5β-pregnan-20-ons, ausgehend von Hyodesoxycholsäure.** F. Hodosan, M. Kircz, O. Mantsch und L. Kolofon. (Z. Chem. **2**, 371—72, 1962; Cluj, Chem.-Pharmazeut. Forschungsinst.; Akad., Chem. Inst.; dt.) — Der Abbau von Hyodesoxycholsäure (I) nach Bharucha u. Mitarbeitern (C. **1958**, **5379**) über I-*Methylester* u. *3α.6α.24-Trihydroxy-24.24-diphenyl-5β-cholan* (II, F. 208—210°) zu *3α.6α-Dihydroxy-*

*5β-pregnan-20-on* (III) wird durch Überführen von II in *3α.6α-Diformyloxy-24.24-diphenyl-Δ²³-5β-cholen* statt in das Diacetylanalogon verbessert. — 5std. Kochen von 5 g II mit 98—100%ig. HCOOH, Eindampfen im Vakuum, Lösen in sd. PAe., Entfärben mit Kohle, Neutralwaschen, Trocknen, Zusetzen von N-Bromsuccinimid, $NaHCO_3$ u. Azodiisobutyronitril, 20 Min. langes Kochen unter Rühren, Filtrieren, Zusetzen von HCOOH u. Na-Formiat, Einengen bis Kp. 95°, ½std. Kochen, Eindampfen im Vakuum, Lösen in sd. Chlf., Filtrieren, Neutralwaschen u. Oxydieren nach Bharucha u. Mitarbeitern (l. c.) mit $CrO_3$ → *3α.6α-Diformyloxy-5β-pregnan-20-on* [$C_{23}H_{34}O_5$, F. 219—221° (Äthylacetat); 1,9 g (Ausbeute)], das in $CH_3OH$-Lsg. durch Einrühren in methanol. HCl zu III [$C_{21}H_{34}O_3$, F. 191—193° (Äthylacetat), $[\alpha]_D$ +70° (Dioxan); 87—90%; *Diacetat*, F. 130—131°, $[\alpha]_D$ +56° (Dioxan)] verseift wird. Die intermediär auftretenden Diformiate könnten nicht krist. erhalten werden. Bei der Darst. von II aus 150 g I-Methylester u. Phenyl-MgBr nach Justoni u. Pessina (C. **1950/54**, 4644 S) wurde als Nebenprod. *3α.6α-Dihydroxy-24-phenyl-5β-cholan-24-on* [IV; $C_{30}H_{44}O_3$, F. 201—203° (A.); reagiert mit Phenyl-MgBr zu II, F. 208 bis 210° (Bzl.; dann wss. $CH_3OH$)] als *2.4-Dinitrophenylhydrazon* [$C_{36}H_{48}N_4O_6$, F. 140—150° u. F. 230—231° (Zers.; nach Wiedererstarren), orangerote Kristalle aus Äthylacetat/A.; 58 g] erhalten, von dem 20 g durch Kochen unter $N_2$ mit $Na_2S_2O_4$ in wss. A. in 9 g IV übergeführt wurden.

H.-J. Kötzsch 3700◇

*0896* **Die Konfiguration der B-Norsteroid-Derivate.** William G. Dauben, George A. Boswell jun., William Templeton, James W. McFarland und Gilbert H. Berezin. (J. Amer. chem. Soc. **85**, 1672—76, 1963; Berkeley, Calif., Univ. of California, Dep. of Chem.; engl.) — Im Gegensatz zu den natürlichen Steroid-Derivv. führt die Hydrierung von *B-Norcholesterinacetat* (I) zur A/B-cis-Konfiguration von *B-Norkoprostan-3β-ol* (II) neben wenig *B-Norcholestan-3β-ol* (III). II u. III wurden zu *B-Norkoprostan-3-on* (IV) u. *B-Norcholestan-3-on* oxydiert. Es wurde die Konfiguration von 5α.6α-Epoxy-B-norcholestan-3β-olacetat (VI) durch Bldg. von *19-Nor-5β-methyl-Δ⁹-B-norcholesten-3β.6α-diol*, dessen *3-Acetat* (VIII) u. durch Oxydation von VIII zu *19-Nor-5β-methyl-Δ⁹-B-norcholesten-3β-ol-6-on-3-acetat* (IX) nachgewiesen. Durch Hydrolyse u. Oxydation von VI erhält man *5α.6α-Epoxy-B-norcholestan-3-on* (XI). In Ggw. von $BF_3$-Ätherat (XII) lagert sich XI in *B-Norkoprostan-3.6-dion* (XIII) u. wenig *Δ⁴-B-Norcholesten-3-on-6α-ol* um. Durch Red. von XIII entstehen 4 isomere *B-Norkoprostan-3.6-diole*, deren Konfiguration bestimmt wurde. IR- u. UV-Spektren vgl. Original.

Versuche: *B-Norkoprostan-3β-ol* (II), $C_{26}H_{46}O$, F. 74 bis 76° (Methanol), a) durch Hydrierung von I an $PtO_2$ in Eisessig bei Raum-Temp., Abfiltrieren des Katalysators, Eindampfen, Kochen mit 5%ig. methanol. KOH u. Chromatographie an $Al_2O_3$; Nadeln; $[\alpha]_D^{25}$ +16°; 74%; daneben 16% *B-Norcholestan-3β-ol* (III), F. 132—133° (Methanol), $[\alpha]_D^{20}$ +8°; b) durch 4std. Rühren von 0,35 g B-Norkoprostanon mit $LiAlH_4$ in abs. Ae. bei Raum-Temp. u. Chromatographie an $Al_2O_3$; 25%; daneben 75% *3α-Isomeres* (V), $C_{26}H_{46}O$, F. 95—96° (Methanol; geschlossene Capillare); Nadeln; $[\alpha]_D^{20}$ +16°. — *B-Norkoprostan-3-on* (IV), F. 75—76° (Methanol), durch ¼std. Erwärmen von V mit $CrO_3$ in Eisessig auf dem Wasserbad; $[\alpha]_D^{20}$ +18°; $[\alpha]_{589}$ +21; $[\alpha]_{310}$ −580; $[\alpha]_{265}$ +1280 (c = 0,162; Methanol); 81%. — *B-Norcholestan-3-on*, $C_{26}H_{44}O$, F. 96—97° (Methanol), analog IV aus III; $[\alpha]_D^{20}$ +36°; $[\alpha]_{589}$ +40; $[\alpha]_{312}$ +1200; $[\alpha]_{265}$ −1500 (c = 0,172; Methanol); 38%. — *5α.6α-Epoxy-B-norcholestan-3β-olacetat* (VI), $C_{28}H_{46}O_3$, F. 107—108° (Methanol), durch 15std. Stehen von 2 g I mit Monoperphthalsäure in abs. Ae. bei Raum-Temp.; $[\alpha]_D^{20}$ −32°; 89%; Verseifung mit methanol. KOH ergibt 93% *5α.6α-Epoxy-B-norcholestan-3β-ol*, $C_{26}H_{44}O_2$, F. 139—140° (Aceton). — *19-Nor-5β-methyl-Δ⁹-B-norcholesten-3β.6α-diol-3-acetat* (VIII), $C_{28}H_{46}O_3$, F. 102 bis 103° (wss. Aceton), durch 12std. Stehen von 0,56 g VI mit XII in abs. Bzl. bei Raum-Temp. u. Chromatographie an $Al_2O_3$; 42%; $[\alpha]_D^{20}$ +60°; daneben 0,22 g eines *Prod. vom F. 146—147°* (Aceton). *Freies Diol*, $C_{26}H_{44}O_2$, F. 135—138°, durch Verseifung mit alkohol. KOH; 80%. — *19-Nor-5β-methyl-Δ⁹-B-norcholesten-3β-ol-6-on-3-acetat* (IX), $C_{28}H_{44}O_3 \cdot 0,5H_2O$, F. 123—124° (Methanol), durch Einw. von $CrO_3$ in $H_2SO_4$ auf VIII in Aceton; $[\alpha]_D^{26}$ +71°; 70%. — *Δ⁵-B-Norcholesten*, $C_{26}H_{44}$, F. 63—64° (wss. Aceton), durch 2std. Stehen von 2 g B-Norcholesterin mit $SOCl_2$ bei Raum-Temp., Eindampfen, Lösen in Isoamylalkohol, 1std. Kochen mit Na, Gießen in W. u. Extrahieren mit Ae.; $[\alpha]_D^{25}$ −129°; 63%. — *5α.6α-Epoxy-B-norcholestan*, $C_{26}H_{44}O$, F. 97—98° (Aceton), durch 18std. Stehen vorst. Verb. mit Monoperphthalsäure in Ae. bei 0° u. Chromatographie an $Al_2O_3$; $[\alpha]_D^{25}$ −41°; 27%. — *19-Nor-5β-methyl-Δ⁹-B-norcholesten-6α-ol*, $C_{26}H_{44}O$, F. 104—105° (Aceton), durch 12std. Stehen von 185 mg vorst. Verb. mit XII in Bzl. bei Raum-Temp. u. Chromatographie an $Al_2O_3$; $[\alpha]_D^{25}$ +74°; 70%. — *19-Nor-5β-methyl-Δ⁸-B-norcholesten-6-on*, $C_{26}H_{42}O$, F. 79—80° (Methanol), aus vorst. Verb. analog IX, 14std. Stehen mit methanol. 10%ig. KOH bei Raum-Temp., Extraktion mit Ae. u. Chromatographie an $Al_2O_3$; $[\alpha]_D^{25}$ −36,8°; 15 mg. — *5α.6α-Epoxy-B-norcholestan-3-on* (XI), $C_{26}H_{42}O_2$, F. 157—160° (A.), durch ¼std. Rühren von 290 mg 5α.6α-Epoxy-B-norcholestan-3β-ol mit 2,67 m Lsg. von $CrO_3/H_2SO_4$ bei −25° unter $N_2$ in Aceton; $[\alpha]_D^{20}$ +12°; 50,3%. — *B-Norkoprostan-3.6-dion* (XIII), $C_{26}H_{42}O_2$, F. 110—111°, durch 18std. Stehen von XI mit XII u. Chromatographie an $Al_2O_3$; 45%; daneben 30% *Δ⁴-B-Norcholesten-3-on-6α-ol*, F. 164—165° [Aceton; gibt durch Oxydation mit $CrO_3$ in $H_2SO_4$ *Δ⁴-B-Norcholesten-3.6-dion*, F. 113—115°; gelbe Nadeln]. — *B-Norkoprostan-3α.6α-diol*, $C_{26}H_{46}O_2$, F. 140—142° (Aceton), durch Red. von XIII mit $NaBH_4$ in Methanol bei 50°, 3std. Rühren bei 25°, Zugabe von verd. HCl u. Chromatographie an $Al_2O_3$; $[\alpha]_D^{20}$ ±0°; 30%; daneben 14% *3β.6α-Isomeres* [$C_{26}H_{46}O_2 \cdot 0,5H_2O$, F. 80—85°; lange Nadeln aus wss. Aceton], 27% *3α.6β-Isomeres* [F. 170—173° (Aceton)] u. 15% *3β.6β-Isomeres* ($C_{26}H_{46}O_2 \cdot 0,5H_2O$, F. 125—127°; lange Nadeln aus Aceton). — *3α.6α-Oxido-B-norkoprostan* (X), F. 84,5—86° (wss. Aceton), a) durch Einw. von p-Tosylchlorid auf B-Norkoprostan-3β.6α-diol bei 0° u. Gießen in Eis/W.; 85%; b) durch 40 Min. langes Erhitzen von B-Norkoprostan-3α.6α-diol-3-tosylat (VII) mit Pyridin auf 90° u. Chromatographie an $Al_2O_3$; 58%. — *Δ³-Norkoprosten-6α-ol*, $C_{26}H_{44}O$, F. 102—103° (Aceton), a) durch 5std. Erhitzen von X mit p-Toluolsulfonsäure u. Acetanhydrid auf dem Wasserbad, Chromatographie an $Al_2O_3$, Verseifung mit methanol. 5%ig. KOH u. Chromatographie an $Al_2O_3$; $[\alpha]_D^{27}$ +2°; 8%; b) durch 4std. Erhitzen von VII mit K-tert.-Butylat in tert.-Butanol auf 50°, mehrstd. Stehen bei Raum-Temp., Neutralisieren mit Eisessig, Einengen, Gießen in W. u. Extrahieren mit Ae.; 65%.

U. Friese 3700◇

*0897* **Umlagerungen von 4.5-Oxidocholestan-3-on.** William Reusch und Ronald LeMahieu. (J. Amer. chem. Soc. **85**, 1669—72, 1963; East Lansing, Mich., Michigan State Univ., Kedzie chem. Labor.; engl.) — Es wird die basenkatalysierte Umlagerung der beiden α- (I) u. β-Isomeren (II) des *4.5-Oxidocholestan-3-ons* zu *4-Methoxy-Δ⁴-cholesten-3-on* (III) in Methanol beschrieben. Ein isomerer Enoläther, dem man bisher die Struktur III zuschrieb, wurde als *3-Methoxy-Δ²-cholesten-4-on* (IV) identifiziert. Red. von III, IV u. 4-Hydroxy-Δ⁴-cholesten-3-on (V) führt zu *Cholestan-4-on* (VI). Die Darst. der stereoisomeren Lactonsäuren *5α-* (VII) u. *5β-Carboxy-4-oxacholestan-3-on* (VIII) erfolgte durch Oxydation von I u. II mit alkal. $H_2O_2$. Oxydativer Abbau von VII u. VIII ergibt *5-Oxo-3.5-seco-A-norcholestan-3-säure*. Die IR-, UV- u. kernmagnet. Resonanzdaten sind angegeben.

Versuche: *4-Methoxy-Δ⁴-cholesten-3-on* (III), $C_{28}H_{46}O_2$, F. 136—138° (PAe. oder wss. Methanol), a) durch 24std. Kochen von 200 mg II mit 4n NaOH in Methanol; Nadeln; $[\alpha]_D^{28}$ +87,5° (c = 0,56; Chlf.); 140 mg (Ausbeute); b) analog a) durch Kochen mit Na-Methylat; 50%; c) analog a) aus 23 mg I; 17 mg. — *3-Methoxy-Δ²-cholesten-4-on* (IV), F. 148 bis 149° (Methanol), a) durch 1std. Kochen von 700 mg 4α-Acetoxy-Δ⁵-cholesten-3-on (X) mit $BF_3$-Ätherat (IX) in Methanol; Nadeln; 120 mg; b) durch 24std. Kochen von 700 mg V mit $(CH_3)_2SO_4$ in methanol. NaOH, Verdünnen mit W. bis zur Trübung, Kühlen auf 0° u. Chromatographie an $Al_2O_3$; 80 mg. — *4-Hydroxy-Δ⁴-cholesten-3-on* (V), F. 145—147° (Methanol), a) durch 3std. Kochen von X mit alkohol. HCl u. Verdünnen mit W.; 100 mg; b) durch 24 std. Kochen von 200 mg III mit HCl/Dioxan; 100 mg. — *Cholestan-4-on* (VI), F. 97—98° (wss. Methanol), a) durch 15std. Stehen von 100 mg III in Essigsäure mit Dithioäthylenglykol u. IX, Zugabe von W., Extrahieren mit Ae., Eindampfen, Lösen des zurückbleibenden Öls in A., 10 Min. langes Erwärmen mit wenig 20%ig. HCl auf dem Wasserbad, Extrahieren mit Ae., Eindampfen, 6std. Kochen des Rückstandes in abs. A. mit Raney-Ni, Abfiltrieren des Katalysators u. Extrahieren mit Ae.; 70 mg; b) durch 1std. Kochen von 200 mg **III** mit 47%ig. HJ in Eisessig; 100 mg; c) analog b) durch ½std. Kochen von 100 mg **IV**; 55 mg; d) analog c) aus 200 mg **V**; 80 mg. — *$\Delta^4$-Cholesten-3-on* (**XI**), F. 78—79°, aus 200 mg **II** analog **VI** nach c); Nadeln aus wss. Methanol; 170 mg. — *Cyclohexanon*, aus 1 g α-Hydroxycyclohexanon analog **VI** nach b); 420 mg. *2.4-Dinitrophenylhydrazon*, F. 158—159°. — *5α-Carboxy-4-oxa-cholestan-3-on* (**VII**), F. 213—215° (wss. Methanol), a) durch 24std. Kochen von 200 mg **II** mit 30%ig. $H_2O_2$ u. 4n NaOH in Methanol; 180 mg; b) bei der Epoxydation von **XI** (vgl. C. **1956**, 11726). *Methylester*, $C_{28}H_{46}O_4$, F. 152—154°. — *5β-Carboxy-4-oxacholestan-3-on* (**VIII**), F. 186—192° (wss. Methanol oder Essigester/Cyclohexan), aus 49 mg **I** analog **VII** nach a); 11 mg. *Methylester*, $C_{28}H_{46}O_4$, F. 116—119°; glänzende Plättchen aus wss. Methanol. — *5-Oxo-3.5-seco-A-norcholestan-3-säure*, F. 140—150° (PAe./Bzl.), a) durch 80std. Einw. von $Pb(OCOCH_3)_4$ auf **VII** in Bzl./Essigsäure bei Raum-Temp., Zugabe von wenig Äthylenglykol, Verdünnen mit W. u. Ausäthern; 320 mg; b) durch 24std. Einw. von Na-Bismutat auf **VIII** in Bzl./Essigsäure, 3std. Erhitzen auf dem Wasserbad u. Chromatographie an $Al_2O_3$; c) durch Ozonolyse von **XI**. *Methylester-2.4-dinitrophenylhydrazon*, F. 91—93°.

U. Friese 3700◇

*0898* **Untersuchung cyclischer Ketone.** 8. Mitt. **Darstellung und Eigenschaften von polycyclischen α-Diketonen.** Robert Hanna und Guy Ourisson. (Bull. Soc. chim. France **1961**, 1945—51; Strasbourg, Inst. de Chim.; franz.) — 7. vgl. C. **1960**, 13377. — Durch Autoxydation entsteht in Ggw. von K-tert.-Butylat aus 3-Oxo-4.4-dimethyl-5α-cholestan (**I**) *2.3-Dioxo-4.4-dimethyl-5α-cholestan* (**XIII**), aus 3-Oxotrisnordammaran-24 → 20ξ-olid (**II**) *2.3-Dioxotrisnordammaran 24 → 20ξ-olid* (**XII**), aus 3-Oxo-4.4-dimethyl-$\Delta^5$-cholesten (**III**) *2.3-Dioxo-4.4-dimethyl-$\Delta^5$-cholesten* (**V**) u. aus 3-Oxolupan (**IV**) *2.3-Dioxolupan* (**IX**). **V** geht bei der Autoxydation in eine um 1 C-Atom ärmere Verb. über, die sich auf Grund ihres UV- u. IR-Spektrums als ein Lactol, *1α-Hydroxy-3-oxo-4.4-dimethyl-2-oxa-$\Delta^5$-cholesten* (**VII**), erweist. **VII** ist auch durch Autoxydation von *3-Oxo-4.4-dimethyl-1-nor-$\Delta^5$-cholesten* (**VI**) zugänglich. **VII** geht bei der Oxydation mit $CrO_3$ in Essigsäure in *1.3-Dioxo-4.4-dimethyl-2-oxa-$\Delta^5$-cholesten* über, das man auch aus *2.3-Dioxo-4.4-dimethyl-1-nor-$\Delta^5$-cholesten* (**VIII**) durch Einw. von Perhydrol erhält. Mit alkal. $H_2O_2$ liefert **VIII** dagegen *1.3-Seco-4.4 dimethyl-A-nor-$\Delta^5$-cholesten-1.3-disäure*. **VIII** selbst wird durch Oxydation von **VI** mit $SeO_2$ gewonnen. **V** geht durch Kochen mit äthanol. KOH in *3ξ-Hydroxy-4.4-dimethyl-1-nor-$\Delta^5$-cholesten-3-carbonsäure* über, die mit Pb-Tetraacetat **VI** ergibt. Analog **V** liefert **IX** in Ggw. von K-tert.-Butylat bei der Autoxydation *1α-Hydroxy-3-oxo-2-oxalupan*. Bromierung von **II** führt zu einem Gemisch von 2α- u. *2β-Brom-3-oxotrisnordammaran-24 → 20ξ-olid*, das sich durch Erhitzen mit Dimethylsulfoxid (**XI**) in *1α-Brom-2.3-dioxotrisnordammaran-24 → 20ξ-olid* (**X**) umwandeln läßt, aus dem man mit Zn in Essigsäure **XII** erhält. Umgekehrt läßt sich **XII** über das *Acetat* seiner Enolform zu **X** bromieren. Wie **XII** lassen sich auch **XIII** u. **V** in Essigsäure bromieren, wobei *1α-Brom-2.3-dioxo-4.4-dimethyl-5α-cholestan* bzw. *1α-Brom-2.3-dioxo-4.4-dimethyl-$\Delta^5$-cholesten* entstehen, die ebenso wie **X** keine Enolform bilden, obwohl bei ihnen an $C_{(1)}$ noch 1 H-Atom verfügbar ist. Vff. beschreiben eine Ringverengungs-Rk., ausgehend von 3-Oxoallobetulan (**XVI**). Für die beschriebenen Verbb. sind die UV-Maxima u. IR-Banden angegeben. Rotationsdispersionen sind aufgeführt.

Versuche: *2.3-Dioxo-4.4-dimethyl-5α-cholestan* (**XIII**), F. 165—167° ($CH_2Cl_2$/A.; Plättchen), durch Einleiten von $O_2$ in die Lsg. von **I** u. K-tert.-Butylat in tert.-Butanol (**XIV**) bei Raum-Temp. unter Rühren, Ansäuern mit konz. HCl, Ae.-Extraktion u. Eindampfen der neutralgewaschenen Ae.-Lsg.; $[\alpha]_D$ +49° (c = 0,23; Chlf.); gibt mit $FeCl_3$ intensive Violettfärbung. — *1α-Brom-2.3-dioxo-4.4-dimethyl-5α-cholestan*, $C_{29}H_{47}BrO_2$, F. 160° ($CH_2Cl_2$/A.; gelbe Nadeln), durch Zugabe von $Br_2$ zu der Lsg. von **XIII** in Eisessig-Chlf., Abdestillieren von Chlf. nach 3 Std. im Vakuum, 1std. Aufbewahren bei 0° u. Absaugen; $[\alpha]_D$ —82° (c = 0,14; Chlf.); gibt mit $FeCl_3$ keine Farbreaktion. — *2α(2β)-Brom-3-oxotrisnordammaran-24 → 20ξ-olid*, $C_{27}H_{41}BrO_3$, F. 211—213° ($CH_2Cl_2$/$CH_3OH$), durch Lösen von **II** in Eisessig, Zugabe von $Br_2$ in Eisessig, 4std. Aufbewahren bei Raum-Temp., Zugabe von W. u. Absaugen; $[\alpha]_D$ +58° (c = 0,17; $CH_3OH$). — *1α-Brom-2.3-dioxotrisnordammaran-24 → 20ξ-olid* (**X**), $C_{27}H_{39}BrO_4$, F. 245° (Zers.; $CH_2Cl_2$/$CH_3OH$; gelbe Kristalle), durch 85std. Erhitzen von 500 mg vorst. Verb. mit **XI** auf 75°, Gießen in W.-Eis, Ae.-Extraktion, Chromatographie des Ae.-Rückstandes an Florisil u. Elution mit Ae.; $[\alpha]_D$ —40° (c = 0,22; Chlf.); 460 mg (Ausbeute). — *2.3-Dioxotrisnordammaran-24 → 20ξ-olid* (**XII**), a) durch Autoxydation von 350 mg **II** in **XIV** in Ggw. von K-tert.-Butylat analog **XIII**; 430 mg; b) durch 2std. Kochen von 118 mg **X** mit Zn u. Eisessig, Eindampfen der filtrierten Lsg. im Vakuum, Chromatographie an Florisil u. Elution mit Ae.; 79 mg. *2-Enolacetat*, $C_{29}H_{42}O_5$, F. 263° (Zers.; $CH_2Cl_2$/$CH_3OH$), durch 40std. Aufbewahren von **XII** mit Acetanhydrid (**XV**) u. Pyridin bei Raum-Temp. u. Ae.-Extraktion; $[\alpha]_D$ +75° (c = 0,23; Chlf.); liefert bei 62std. Aufbewahren mit $Br_2$ in Eisessig/Chlf. bei Raum-Temp., Abdestillieren des Chlf.. Ae.-Extraktion u. Eindampfen der Ae.-Lsg. **X**. — *2.3-Dioxo-4.4-dimethyl $\Delta^5$-cholesten* (**V**), $C_{29}H_{46}O_2$, F. 121° (Ae./A.; gelbe Kristalle), durch Lösen von 3 g **III** in Bzl.-**XIV** (1:1), Zugabe von K-tert.-Butylat, 3tägiges Rühren bei Raum-Temp. im $O_2$-Strom, Ansäuern mit konz. HCl, Einengen im Vakuum, Ae.-Extraktion, Eindampfen der neutral gewaschenen Ae.-Lsg., Kristallisation des Rückstands aus $CH_2Cl_2$/PAe., Abfiltrieren des ausgeschiedenen **VII** (392 mg), Chromatographie des Filtrats an $Al_2O_3$ u. Elution mit PAe./Bzl.; $[\alpha]_D$ —25° (c = 0,12; Chlf.); 782 mg. **V** liegt vollständig enolisiert vor. — *1α-Brom-2.3-dioxo-4.4-dimethyl-$\Delta^5$-cholesten*, $C_{29}H_{45}BrO_2 \cdot 2\,H_2O$, F. 122 u. 132° ($CH_2Cl_2$/$CH_3OH$; gelbe Kristalle), durch 5std. Aufbewahren von **V** mit $Br_2$ in Eisessig bei Raum-Temp. u. Ae.-Extraktion; $[\alpha]_D$ —41° (c = 0,15; Chlf.). — *3ξ-Hydroxy-4.4-dimethyl-1-nor-$\Delta^5$-cholesten-3-carbonsäure*, $C_{29}H_{48}O_3$, F. 223° (Ae./PAe.), durch 26std. Kochen von 3 g **V** mit KOH in A. unter $N_2$, Eindampfen im Vakuum u. Abtrennen des sauren Anteils in der üblichen Weise; $[\alpha]_D$ +8° (c = 0,87; Chlf.); 2,9 g. — *3-Oxo-4.4-dimethyl-1-nor-$\Delta^5$-cholesten* (**VI**), $C_{28}H_{46}O$, F. 129,5—131° (Ae.), durch 45std. Aufbewahren vorst. Verb. mit Pb-Tetraacetat in Eisessig/Chlf. bei Raum-Temp., Zugabe von Glykol, Einengen im Vakuum, Zugabe von W., Absaugen, Chromatographie an $Al_2O_3$ u. Elution mit PAe./Bzl.; $[\alpha]_D$ +15° (c = 0,11; $CH_3OH$); 82%. — *2.3-Dioxo-4.4-dimethyl-1-nor-$\Delta^5$-cholesten* (**VIII**), $C_{28}H_{44}O_2$, F. 149°, durch 24std. Kochen von **VI** mit der berechneten Menge $SeO_2$ in Eisessig; $[\alpha]_D$ +38° (c = 0,13; $CH_3OH$); 92%. — *1.3-Seco-4.4 dimethyl-A-nor-$\Delta^5$-cholesten-1.3-di-säure*, $C_{28}H_{46}O_4$, F. 255°, durch Oxydation von **VIII** mit alkal. $H_2O_2$; $[\alpha]_D$ +38° (c = 0,83; Chlf.). — *1α-Hydroxy-3-oxo-4.4-dimethyl-2-oxa-$\Delta^5$-cholesten* (**VII**), $C_{28}H_{46}O_3$, F. 223° (PAe.), a) durch Lösen von 170 mg **V** in Cyclohexan/**XIV**, Zugabe von K-tert.-Butylat, 24std. Rühren bei Raum-Temp. im $O_2$-Strom u. Aufarbeitung analog **XIII**; $[\alpha]_D$ —25° (c = 0,70; Chlf.); 197 mg; b) analog a) aus 206 mg **VI** in **XIV** in Ggw. von K-tert.-Butylat; 200 mg; c) durch 10std. Kochen des Methyläthers mit äthanol. KOH unter $N_2$, Einengen u. Ae.-Extraktion. *Methyläther*, $C_{29}H_{48}O_3$, F. 91° ($CH_3OH$), durch Rk. von 100 mg **VII** mit $CH_2N_2$ in Ae.; $[\alpha]_D$ —33° (c = 0,57; Chlf.); 20 mg. *Acetyl-Deriv.*, $C_{30}H_{48}O_4$, F. 147° (Ae./$CH_3OH$), aus **VII**, **XV** u. Pyridin; $[\alpha]_D$ +52° (c = 0,73; Chlf.). — *1.3-Dioxo-4.4-dimethyl-2-oxa-$\Delta^5$-cholesten*, $C_{28}H_{44}O_3$, F. 200° (Ae./PAe.), a) durch 20std. Rühren von 200 mg **VII** mit $CrO_3$ in wss. Essigsäure auf dem Wasserbad, Ae.-Extraktion, Chromatographie des Ae.-Rückstands an $SiO_2$ u. Elution mit PAe./Ae.; $[\alpha]_D$ +27° (c = 0,67; Chlf.); 190 mg; b) durch Zugabe von 9 ml 30%ig. $H_2O_2$ zu der Lsg. von 347 mg **VIII** in 15 ml Aceton, 24std. Aufbewahren bei Raum-Temp. u. Absaugen; 80 mg. — *2.3-Dioxolupan* (**IX**), $C_{30}H_{48}O_2$, F. 223—224° (Ae./$CH_3OH$; Nadeln), durch 24std. Rühren von **IV** in Bzl./**XIV** in Ggw. von K-tert.-Butylat bei Raum-Temp. im $O_2$-Strom u. Aufarbeitung analog **XIII**; $[\alpha]_D$ +28° (c = 0,17; Chlf.). **IX** liegt vollständig enolisiert vor. — *1α-Hydroxy-3-oxo-2-oxalupan*, $C_{29}H_{48}O_3$, F. 248—249° ($CH_2Cl_2$/PAe.), aus **IX** u. Bzl./**XIV** in Ggw. von K-tert.-Butylat u. $O_2$ innerhalb von 6 Tagen; $[\alpha]_D$ —10° (c = 1; Chlf.). *Acetyl-Deriv.*, $C_{31}H_{50}O_4$, F. 198° (PAe.), durch Rk. von 100 mg vorst. Verb. mit **XV** u. Pyridin; $[\alpha]_D$ —3° (c = 0,6; Chlf.); 60 mg. — *3-Oxo-2.2-dibromallobetulan*, $C_{30}H_{46}Br_2O_2$, F. 211° (Zers.; Chlf./$CH_3OH$), durch Zugabe von $Br_2$ in Eisessig zur Lsg. von 500 mg **XVI** in Eisessig, 24std. Aufbewahren bei Raum-Temp., Zugabe von W. u. Absaugen; 516 mg. — *3ξ-Hydroxy-1-norallobetulan-3-carbonsäure*, durch Zugabe von 3,5 g $Ba(OH)_2$ in W. zu der Lsg. von 3,1 g vorst. Verb. in Dioxan, 48std. Erhitzen im Autoklaven auf 140° (140 kg/cm²),

Eindampfen im Vakuum, Zugabe von verd. HCl, Ae.-Extraktion, Extraktion der Ae.-Lsg. mit $Na_2CO_3$ u. Aufarbeitung der alkal. Lsg.; 1,69 g; daneben *Neutralstoffe*; 938 mg. — *3-Oxo-1-norallobetulan*, $C_{29}H_{46}O_2$, F. 236—238° (Zers.; $CH_2Cl_2/CH_3$·OH; Nadeln), aus 2,13 g vorst. Verb. analog **VI** bei 50°; $[\alpha]_D$ +135° (c = 0,22; Chlf.); 606 mg. — *2.3-Dioxo-1-norallobetulan*, $C_{29}H_{44}O_3$, F. 245—248° (Zers.), durch 24std. Kochen vorst. Verb. mit $SeO_2$ in Eisessig, Ae.-Extraktion, Chromatographie des Ae.-Rückstands an $Al_2O_3$ u. Elution mit PAe./Bzl.; $[\alpha]_D$ +146° (c = 0,15; $CH_3OH$); 87%. H. Gleinig 3700◇

*0899* **Chemische Zusammensetzung des Benzinextrakts von Polyporus betulinus.** M. Kocór, I. Malunowicz und K. Szwed. (Bull. Acad. polon. Sci., Sér. Sci. chim. **8**, 337—43, 1960; Wrocław, Coll. of Agric.; engl.) — Die Hydrolyse eines Benzinextrakts von *P. betulinus* mit methanol. KOH gab eine neutrale Fraktion, aus der durch Chromatographie *Neosterin* [*Ergosterin/5.6-Dihydroergosterin* (*3:1*)], ein ungesätt. *Phytosterin* mit Carbonylgruppe im Fünfring u. ein *Triterpen* isoliert wurden, u. eine saure Fraktion, aus der *Palmitin-*, *Stearin-*, *Öl-* u. *Polyporensäure A*, *B* u. *C* (**I**) isoliert wurden.

Versuche: *Polyporensäure C* (**I**), $C_{31}H_{46}O_4$, F. 269 bis 270° (Isopropanol), durch 6std. Erhitzen von 0,5 g des Methylesters mit 10%ig. methanol. KOH auf dem Wasserbad u. Aufarbeiten; $[\alpha]_D^{20}$ +6 ± 5° (c = 1,2; Pyridin); 270 mg (Ausbeute). *Methylester*, $C_{32}H_{50}O_4$, F. 197—198°, durch 4std. Extraktion von 2 kg P. betulinus-Mehl mit sd. Bzn., 2tägiges Stehen bei Raum-Temp., Filtrieren, Eindampfen (→ 70 g), 6std. Erhitzen mit 5%ig. methanol. KOH, Eindampfen im Vakuum bei 50°, Verdünnen mit W., Waschen mit Ae. (→ neutrale Fraktion), Ansäuern mit HCl, Extraktion mit Ae., Eindampfen (→ 48 g), Lösen in heißem Ae., mehrtägiges Stehen, Abfiltrieren (→ 5,6 g Kristalle vom F. 180—190°), Lösen in Aceton, Zugabe von $CH_2N_2$ in Ae., Aufarbeiten (→ 6 g), Lösen in abs. $CH_3OH$, Rk. mit Girard-Reagens T u. Eisessig, 1std. Kochen, Aufarbeiten u. Chromatographie der Ketonfraktion (0,9 g) an $Al_2O_3$; aus $CH_3OH$ Nadeln; $[\alpha]_D^{20}$ +10 ± 5° (c = 2,3; Chlf.). — *Polyporensäure-B-methylester*, $C_{32}H_{52}O_4$, F. 165—167°, neben I-Methylester durch Lösen der nichtketon. Fraktion (4,8 g) in heißem $CH_3OH$, Kühlen, Abfiltrieren u. Chromatographie an $Al_2O_3$; aus $CH_3OH$ Nadeln; $[\alpha]_D^{20}$ +26 ± 5° (c = 1,03; Chlf.); *3.16-Diacetat*, $C_{36}H_{56}O_6$, F. 158 bis 160°, aus $CH_3OH$ Nadeln; $[\alpha]_D^{20}$ +10 ± 5° (c = 1; Chlf.); 60 mg (aus 100 mg Methylester). — *Polyporensäure A*, $C_{31}H_{50}O_4$, F. 198—199° (Isopropanol), analog vorvorst. Verb. aus 1 g des Methylesters in 72 Std. bei Raum-Temp.; $[\alpha]_D^{20}$ +6,3 ± 5° (c = 2,4; Pyridin); 0,6 g. *Methylester*, $C_{32}H_{52}O_4$, F. 147—148° ($CH_3OH$), neben vorst. Methylester durch Einengen der Mutterlauge u. Chromatographie an $Al_2O_3$; 3,2 g. — *Ölsäure*, Kp.$_{0,2}$ 162—166°, durch Eindampfen des bei der Isolierung von I-Methylester neben den Kristallen vom F. 180 bis 190° erhaltenen äther. Filtrats (→ 10 g), Lösen in heißem 95%ig. A. in Ggw. von $CH_3COOH$, Zugabe von Pb-Acetat in 95%ig. sd. A. u. wenig $CH_3COOH$, 12std. Stehen bei 15°, Filtrieren [Trocknen des Nd., Ansäuern mit HCl, Zentrifugieren u. Aufarbeiten mit Ae. u. W. → *Gemisch von Palmitin- u. Stearinsäure*, F. 61—64° (Bzn.); 450 mg], Eindampfen, Lösen in Ae., Aufarbeiten, Verestern mit $CH_2N_2$ (→ 5 g), Lösen der Ester in Bzn., Chromatographie an $Al_2O_3$, Dest. bei 159 bis 161°/2 Torr u. Hydrolyse; $n_D^{20}$ 1,4580. *Amid*, F. 79—75°. — *Neosterin*, 3 $C_{28}H_{44}O \cdot C_{28}H_{46}O$, F. 161—163°, durch Chromatographie von 5,5 g der neutralen Fraktion von P. betulinus an Silicagel u. danach von 2,08 g der Bzl./Ae.-Fraktionen an $Al_2O_3$; Nadeln aus Aceton; $[\alpha]_D^{20}$ —96,5 ± 5° (c = 1,48; Chlf.); 1,2 g. *Acetat*, 3 $C_{30}H_{46}O_2 \cdot C_{30}H_{48}O_2$, F. 175—177° (Aceton), aus 0,5 g mit Pyridin/Acetanhydrid (1:1) in 72 Std. bei Raum-Temp.; $[\alpha]_D^{20}$ —63,1 ± 5° (c = 2,2; Chlf.); 0,42 g; daneben 0,3 g *Phytosterin* $C_{28}H_{44}O_2$, F. 179—180°; Nadeln aus Methanol; $[\alpha]_D^{20}$ —23,5 ± 5° (c = 2,12; Chlf.) [*Diacetat*, $C_{32}H_{48}O_5$, F. 195 bis 197°, aus 100 mg mit Pyridin/Acetanhydrid in 3 Std. auf dem Wasserbad; $[\alpha]_D^{20}$ —27,9 ± 5° (c = 1,4; Chlf.); Nadeln aus Methanol; 80 mg] u. 150 mg *Triterpen* $C_{31}H_{52-54}O_3$, F. 244 bis 245° (sublimiert bei 225°; Aceton/Methanol), $[\alpha]_D^{20}$ 33,4 ± 5° (c = 0,75; Chlf.) [*Acetat*, F. 222—223°, $[\alpha]_D^{20}$ 30 ± 5° (c = 0,9; Chlf.)]. H.-J. Kötzsch 3700◇

*0900* **Synthese von 2-Hydroxy-17β-östradiol.** L. R. Axelrod und P. Narasimha Rao. (Chem. and Ind. **1959**, 1454 bis 1455, 14/11.; San Antonio, Tex., Southwest Foundation for Res. and Education, Dep. of Physiol. and Biochem.; engl.) — Beschrieben wird die Synth. von *2-Hydroxyöstradiol*. 17β-Acetoxy-$\Delta^4$-östren-3-on reagiert mit Pb-Tetraacetat zu *2α.17β-Diacetoxy-$\Delta^4$-östren-3-on* [**I**; $C_{22}H_{30}O_5$, F. 235—237°, $[\alpha]_D^{23,5}$ +24° (Chlf.)] u. *2β.17β-Diacetoxy-$\Delta^4$-östren-3-on* [$C_{22}H_{30}O_5$, F. 185 bis 186°, $[\alpha]_D^{23,5}$ —101,6° (Chlf.)]. Durch 1 Val KOH wird in **I** bei Raum-Temp. unter $N_2$ die $C_{(2)}$-Acetatgruppe selektiv unter Bldg. von *2α-Hydroxy-17β-acetoxy-$\Delta^4$-östren-3-on* [**II**; $C_{20}H_{28}O_4$, F. 150—151°, $[\alpha]_D^{23,5}$ +76,4° (Chlf.)] verseift. **II** wird durch $Bi_2O_3$ zum *2.3-Dion* oxydiert, das unmittelbar zu *2.3-Dihydroxy-17β-acetoxy-$\Delta^{1.3.5,10}$-östratrien* [**III**, $C_{20}H_{26}O_4$, F. 183—185°, $[\alpha]_D^{23,5}$ +60,3° (Chlf.)] aromatisiert. Aus **III** wird durch Hydrolyse mit 1n NaOH bei Raum-Temp. u. Kristallisation aus verd. Methanol *2.3.17β-Trihydroxy-$\Delta^{1.3.5,10}$-östratrienmonomethanolsolvat* [*2-Hydroxyöstradiolmonomethanolsolvat*, $C_{18}H_{24}O_3 \cdot CH_3OH$, F. 162—163° (Zers.; gibt bei 102—106° Methanol ab), $[\alpha]_D^{23,5}$ +83,2° (A.)] erhalten. UV- u. IR-Maxima s. Original. K. Lange 3750△

*0901* **Oxydation von Steroidketonen. 2. Mitt. Selendioxid-katalysierte Wasserstoffperoxid-Oxydation von $\Delta^4$-3-Ketonen.** E. Caspi und S. N. Balasubrahmanyam. (Experientia [Basel] **19**, 396—97, 1963; Shrewsbury, Mass., Worcester Foundation for Experimental Biol.; engl.) — 1. vgl. Tetrahedron Letters [London] **1963**, Nr. 12, 745. — Die inl. c. beschriebene Meth. der Oxydation gesätt. 3-Ketosteroide durch 7std. Kochen mit $H_2O_2$ in tert.-Butanol in Ggw. von $SeO_2$, Versetzen mit W. u. Extraktion mit Essigester–Methylenchlorid wird auf ein 17-Ketosteroid u. 3-Keto-$\Delta^4$-steroide übertragen. 3β-Acetoxy-5α-androstan-17-on gab als einziges Prod. *3β-Acetoxy-17a-oxa-D-homo-5α-androstan-17-on* (F. 158—159°). Die analoge Oxydation von Testosteronpropionat (**I**) führte zu einem sirupösen sauren Rückstand, aus dem *2-[β-Carboxyäthyl]-2-methyl-7-oxo-3′-propionyloxy-3a′-methylperhydroindano-[6′.7′:3.4]-oxepan* (**III**; F. 154—155°) isoliert wurde. Das durch Verseifung von **III** erhaltene instabile *2-[β-Carboxyäthyl]-2-methyl-7-oxo-3′-hydroxy-3a′-methylperhydroindano-[6′.7′:3.4]-oxepan* (**II**; F. 211—213°) ging beim Kristallisations-Vers. in *6-[2′-Methyl-5′-oxotetrahydrofuryl-(2′)]-7-[β-carboxyäthyl-3-hydroxy-3a-methylperhydroindan* [**IV**; F. 211—212°. *3-Propionat* (**V**), F. 170 bis 174°] über. Behandlung von **II** mit äther. $CH_2N_2$ gab den **IV**-*Methylester* (F. 151—152°). **II** u. Pyridin–Propionsäureanhydrid gab **V**. Durch Veresterung von sowohl **III** als auch **V** wurde der **V**-*Methylester* erhalten. Zur Bestätigung der Struktur von **III** wurde **I** zum *4-Oxaandrostan-5α.17β-diol-3-on-17β-propionat* ozonisiert, das durch Behandlung mit $H_2O_2$/Essigsäure **III** gab. Weitere Strukturbeweise lieferten die KMR u. IR-Spektren. Durch analoge Oxydation von 20β-Acetoxy-$\Delta^4$-pregnen-3-on wurde *6-[2′-Methyl-5′-oxotetrahydrofuryl-(2′)]-7-[β-carboxyäthyl]-3-[α-hydroxyäthyl]-3a-methylperhydroindan* (**VI**; F. 220—222°. *Methylester*, F. 177—180°. *Methylesteracetat*, F. 164—165°) gewonnen. Durch Peressigsäureoxydation von 20-Acetoxy-4-oxapregnan-5α-ol-3-on (F. 186—189°) u. anschließende Verseifung wurde ebenfalls **VI** erhalten. Die Meth. scheint zur oxydativen Eliminierung des α-C-Atoms in konjugierten Ketonen geeignet zu sein. Ein möglicher Rk.-Mechanismus wird diskutiert. H. D. Jacobi 3750△

*0902* **Über Steroide. 196. Mitt. 19-Norsteroide. 3. Mitt. Synthese von 19-Norprogesteronen.** J. Kalvoda, K. Heusler, G. Anner und A. Wettstein. (Helv. chim. Acta **46**, 1017—29, 1963; Basel, Ciba-AG, Forschungslabor., Pharmazeut. Abt.; dt.) — 195. vgl. Helv. chim. Acta **46**, [1963], 618, Erratum 1832; 2. vgl. Helv. chim. Acta **46**, [1963], 344. — Ausgehend von Pregnenolonacetat (**I**), seinem 17-Acetoxy-Deriv. (**II**) u. 3β.11α.20β-Triacetoxy-$\Delta^5$-pregnen (**XVII**) werden nach der in der 2. Mitt. (l. c.) beschriebenen Meth. *19-Norprogesteron*, *17α-Acetoxy-19-norprogesteron* u. *11-Oxo-19-norprogesteron* dargestellt. IR- u. UV-Maxima s. Original.

Versuche ($[\alpha]_D$ in Chlf.): *3β-Acetoxy-5α-chlor-6β-hydroxy-20-oxopregnan* (**III**), $C_{23}H_{35}ClO_4$, F. 199—200° (Methylenchlorid–PAe.), durch 5 Min. langes Schütteln von 37 g **I** in Ae.–PAe. (11:4) mit einer wss. Lsg. von Chlorkalk, Zugabe von Eisessig u. 25 Min. langes Rühren; $[\alpha]_D^{25}$ +26° (c = 1,029) 19,2 g (Ausbeute). — *3β.17α-Diacetoxy-5α-chlor-6β-hydroxy-20-oxopregnan* (**IV**), $C_{25}H_{37}ClO_6$, F. 200—201° (Aceton), analog **III** aus 20 g **II**; $[\alpha]_D^{25}$ —35° (c = 1,004); 12,6 g. — *3β-Acetoxy-5α-chlor-6β.19-oxido-20-oxopregnan* (**V**), $C_{23}H_{33}ClO_4$, F. 153 bis 154°, durch 1std. Kochen von Pb-Tetraacetat u. $CaCO_3$ in Cyclohexan mit 1,5 g **III** u. $J_2$ unter Rühren u. Filtration durch Celit; aus Ae./PAe. Nadeln oder Plättchen; $[\alpha]_D^{24}$ +65° (c = 1,018); 1,211 g. — *3β.17α-Diacetoxy-5α-chlor-6β.19-oxido-20-oxopregnan* (VI), $C_{25}H_{35}ClO_6$, F. 188—189° (Methylenchlorid-Ae.-PAe.), F. 210—211° (Aceton); a) durch 2½std. Erwärmen von 100 mg 3β.17α-Dihydroxy-5α-chlor-6β.19-oxido-20-oxopregnan (VII) mit Acetanhydrid (VIII)/p-Toluolsulfonsäure auf 40°, Gießen in 0,5%ig. wss. Pyridin u. Ausäthern; 90 mg; b) analog aus 4,2 g nach nachst. Verb.; 3 g; c) durch Zugabe von 10 g IV u. $J_2$ zu Pb-Tetraacetat u. $CaCO_3$ in Cyclohexan bei 80° u. 1½std. Kochen; $[\alpha]_D^{26}$ −6° (c = 1,048); 6 g. — *3β-Hydroxy-5α-chlor-6β.19-oxido-17α-acetoxy-20-oxopregnan* (IX), $C_{23}H_{33}ClO_5$, F. 244—246° (Methylenchlorid-Methanol), durch 13std. Rühren von 2,89 g VI in wss. Methanol mit $K_2CO_3$ bei Raum-Temp., Verdünnen mit W., Einengen im Vakuum u. Extraktion mit Ae.-Methylenchlorid (5:1); 1,98 g. — *3β-Acetoxy-5α-chlor-6β.19-oxido-17α-hydroxy-20-oxopregnan*, $C_{23}H_{33}ClO_5$, F. 169—170° (Ae.-PAe.); a) durch Rk. von 200 mg VII mit VIII bei Raum-Temp.; 185 mg; b) durch 1std. Erwärmen von 21 g rohem 3β.20-Diacetoxy-5α-chlor-6β.19;17α.20-bis-oxidopregnan (X) mit 66%ig. Essigsäure auf 100°, Kühlen, Verdünnen mit W., Einengen im Vakuum u. Extraktion mit Methylenchlorid-Ae. (1:4); $[\alpha]_D^{25}$ −2° (c = 1,082); 12,08 g. — *3β.17α-Dihydroxy-5α-chlor-6β.19-oxido-20-oxopregnan* (VII), $C_{21}H_{31}ClO_4$, F. 251—253° (Methylenchlorid-Methanol), durch 1std. Stehen von 10,02 g rohem X mit alkohol. NaOH bei Raum-Temp., Zugabe von W., Einengen im Vakuum u. 3std. Kühlen auf 0°; $[\alpha]_D^{25}$ +13° (c = 1,072; A.); 4,21 g. — *3β.20-Diacetoxy-5α-chlor-6β.19-oxido-*$\Delta^{17,20}$*-pregnen* (XI), $C_{25}H_{35}ClO_5$, F. 172—173° (Methylenchlorid-Ae.-PAe.), durch 4std. Kochen von 820 mg V mit p-Toluolsulfonsäure in VIII unter Abdest. eines Teils des VIII u. der gebildeten Essigsäure, 15std. Stehen bei Raum-Temp., Gießen auf Eiswasser, Extraktion mit Ae., Eindampfen im Vakuum, Chromatographie in PAe.-Bzl. (9:1) an neutralem $Al_2O_3$ u. Eluieren mit PAe.-Bzl. u. Bzl.; $[\alpha]_D^{25}$ +19° (c = 0,99); 700 mg. — *3β.20-Diacetoxy-5α-chlor-6β.19;17α.20-bis-oxidopregnan* (X), $C_{25}H_{35}ClO_6$, F. 192—194° (Methylenchlorid-Ae.; durch 3½std. Epoxidierung von 300 mg XI in Bzl. mit 0,15m Phthalmonopersäure bei Raum-Temp., Zugabe von KJ-Lsg. u. Rücktitration mit $Na_2S_2O_3$, Verdünnen mit Ae. u. Eindampfen im Vakuum; $[\alpha]_D^{25}$ +15° (c = 1,005); 325 mg. — *3.20-Dioxo-5α-chlor-6β.19-oxido-17α-acetoxypregnan*; F. 158°, nach Wiedererstarren F. 185—190°, durch ½std. Oxydation von IX in Aceton mit 8n $CrO_3$-Lsg. in verd. $H_2SO_4$ bei 0°, Zugabe von Na-Acetat u. Extraktion mit Benzol. — *3.20-Dioxo-6β.19-oxido-*$\Delta^4$*-pregnen*, $C_{21}H_{28}O_3$, F. 143—145° (Methanol), a) durch ½std. Kochen von 38 g V in wss. Methanol mit $K_2CO_3$, Einengen im Vakuum, Versetzen mit W. u. Extraktion mit Ae.-Methylenchlorid (4:1); 22std. Erwärmen des rohen *3β-Hydroxy-5α-chlor-6β.19-oxido-20-oxopregnans* (F. 186 bis 188°; 32,5 g) mit $CrO_3$ in wss. Pyridin auf 60°, Zugabe von $NaHSO_3$-Lsg. u. Extraktion mit Methylenchlorid; 16,4 g; b) durch 4std. Kochen von 2 g 3β.20β-Diacetoxy-5α-chlor-6β.19-oxidopregnan mit $K_2CO_3$ in wss. Methanol, Lösen des erhaltenen *Diols* (F. 230—236°; 1,6 g) in Pyridin, 20std. Rühren mit $CrO_3$ bei 60°, Einengen, Versetzen mit W., Extraktion mit Methylenchlorid u. Filtration durch Celit; $[\alpha]_D^{25}$ −19° (c = 1,089); 850 mg. — *3.20-Dioxo-6β.19-oxido-17α-acetoxy-*$\Delta^4$*-pregnen*, $C_{23}H_{30}O_5$, F. 199—200° (Methylenchlorid-Ae.-PAe.), durch langsames Eindampfen einer Lsg. von 308 mg vorvorst. Verb. u. K-Acetat in Methanol bis fast zur Trockne, Zugabe von W. u. Extraktion mit Ae.-Methylenchlorid (5:1); $[\alpha]_D^{27}$ +109° (c = 1,025); 211 mg. — *19-Hydroxyprogesteron* (XII), F. 169—170° (Methylenchlorid-PAe.; Aceton-W.), durch 40 Min. langes Rühren von 2 g vorvorst. Verb. in Eisessig mit Zn bei Raum-Temp. u. anschließend 40 Min. bei 30°; $[\alpha]_D^{24}$ +184°; 1,17 g. — *3.20-Dioxo-17α-acetoxy-19-hydroxy-*$\Delta^4$*-pregnen* (XIII), $C_{23}H_{32}O_5$, F. 240—241° (Aceton-Ae.), durch Erwärmen von 1 g vorvorst. Verb. in Essigsäure auf 95°, Versetzen unter Rühren in 10 Min. mit Zn, Kühlen, Filtrieren, Eindampfen im Vakuum u. Aufnehmen in Methylenchlorid-W.; $[\alpha]_D^{25}$ +66° (c = 1,035); 772 mg. — *3.20-Dioxo-17α.19-diacetoxy-*$\Delta^4$*-pregnen*, $C_{25}H_{34}O_6$, F. 208 bis 210° (Methylenchlorid-Ae.-PAe.), durch Acetylierung von 300 mg XIII mit VIII/Pyridin; $[\alpha]_D^{25}$ +108° (c = 0,967); 277 mg. — *19-Oxoprogesteron*, $C_{21}H_{28}O_3$, F. 142—144° (Ae.-PAe.), durch 1std. Oxydation von 1,3 g XII mit $CrO_3$ in Pyridin bei 60°; $[\alpha]_D^{25}$ +250° (c = 0,968); 900 mg. — *3.20-Dioxo-*$\Delta^4$*-pregnen-19-säure* (XIV), $C_{21}H_{28}O_4$, F. 138° (Zers.; Methylenchlorid-Bzl.), durch 40 Min. lange Oxydation von 2,2 g XII in Aceton mit 8n $CrO_3$-Lsg. in $H_2SO_4$ bei 0°, Zugabe von Na-Acetat u. Extraktion mit Bzl.; $[\alpha]_D^{27}$ +237° (c = 0,990); 2 g. *Methylester*, $C_{22}H_{30}O_4$, F. 143—144° (Methylenchlorid-Ae.-PAe.), durch ¼std. Rk. von 716 mg Säure mit Diazomethan bei Raum-Temp.; $[\alpha]_D^{27}$ +234° (c = 0,881); 653 mg. — *3.20-Dioxo-17α-acetoxy-*$\Delta^4$*-pregnen-19-säure* (XV), $C_{23}H_{30}O_6$, F. 162—163° (Zers.; Methylenchlorid-Aceton), durch Oxydation von 4 g XIII in Aceton mit 8n $CrO_3$-Lsg. in $H_2SO_4$ bei 0°, Gießen auf Eis, Zugabe von Na-Acetat, Lösen des Nd. in Ae./Methylenchlorid, Extrahieren des Filtrats mit Methylenchlorid, Extraktion der organ. Lsg. (A) mit $NaHCO_3$-Lsg., Ansäuern u. Extraktion mit Methylenchlorid; $[\alpha]_D^{25}$ +120° (c = 0,865); 400 mg; daneben aus A 3,215 g nachst. Verbindung. — *3.19.20-Trioxo-17α-acetoxy-*$\Delta^4$*-pregnen*, $C_{23}H_{30}O_5$, F. 260—269° (Methylenchlorid-Ae.-PAe.), durch ¾std. Oxydation von 200 mg XIII mit $CrO_3$ in Pyridin bei 50°, Gießen in Eiswasser u. Extraktion mit Ae.-Methylenchlorid (5:1); $[\alpha]_D^{25}$ +121° (c = 0,964); 193 mg. — *19-Norprogesteron*, $C_{20}H_{28}O_2$, F. 141—142° (Ae.-PAe.), durch 20 Min. langes Kochen von 300 mg XIV in tert.-Butanol mit konz. HCl; $[\alpha]_D^{25}$ +137° (c = 0,613); 175 mg. — *3.20-Dioxo-17α-acetoxy-*$\Delta^4$*-19-norpregnen*, $C_{22}H_{30}O_4$, F. 221—222° (Methylenchlorid-Aceton), analog vorst. Verb. aus 150 mg XV; $[\alpha]_D^{25}$ +22° (c = 0,518); 104 mg. — *3β.20β-Diacetoxy-5α-chlor-6β-hydroxypregnan* (XVI), $C_{25}H_{39}ClO_5$, F. 201—202° (Methylenchlorid-PAe.; Aceton-Hexan), durch 25 Min. langes Mischen von 5,1 g 3β.20β-Diacetoxy-$\Delta^5$-pregnen in Ae.-PAe. mit wss. Chlorkalk u. Eisessig; $[\alpha]_D^{25}$ −12° (c = 1,029); 3,1 g. — *3β.11α.20β-Triacetoxy-5α-chlor-6β-hydroxypregnan*, $C_{27}H_{41}ClO_7$, F. 225—227° (Ae.), analog XVI aus 3 g XVII; $[\alpha]_D^{25}$ −43° (c = 1,058); 1,78 g. — *3β.11α.20β-Triacetoxy-5α-chlor-6β.19-oxidopregnan*, $C_{27}H_{39}ClO_7$, F. 228—230° (Umwandlung bei 175—178°; Methylenchlorid-Ae.), durch Zugabe von 6,66 g vorst. Verb. u. 8,6 g $J_2$ zur sd. Suspension von Pb-Tetraacetat u. $CaCO_3$ in $CCl_4$, Chromatographie an $Al_2O_3$ (Akt.II), Eluierung mit Bzl. u. Bzl.-Essigester (1:1); $[\alpha]_D^{25}$ −6° (c = 1,165); 3,75 g; daneben durch Eluierung mit Bzl.-Essigester u. Essigester *3β.11α.20β-Triacetoxy-5α-chlor-6β.19-oxido-19-hydroxypregnan* [XVIII, $C_{27}H_{39}ClO_8$, F. 232—233° (Methylenchlorid—Ae.); $[\alpha]^{25}$ −13° (c = 1,023; Chlf.-Methanol; 1:1); 871 mg]. — *3β.11α.20β-Triacetoxy-5α-chlor-6β-hydroxypregnan-19-säure-lacton-(19 → 6)*, $C_{27}H_{37}ClO_8$, F. 246—247° (Methylenchlorid-Ae.), durch 10 Min. lange Oxydation von 100 mg XVIII in Aceton mit 8n $CrO_3$-Lsg. in $H_2SO_4$ bei 0°; $[\alpha]_D^{25}$ −50° (c = 0,999); 75 mg. — *3β.20β-Diacetoxy-5α-chlor-6β-hydroxypregnan-19-säurelacton-(19 → 6)*, $C_{25}H_{35}ClO_6$, F. 185—190° (Methylenchlorid-Ae.), durch ½std. Oxydation von 5 g nachst. Verb. mit Eisessig-$CrO_3$ bei 70°, Verdünnen mit W. u. Methylenchlorid, Eindampfen der organ. Lsg. im Vakuum, Chromatographie in Bzl. an $Al_2O_3$, (Akt. II) u. Eluierung mit Bzl. u. Bzl.-Essigester (9:1); $[\alpha]_D^{25}$ −3° (c = 1,128); 1,97 g. — *3β.20β-Diacetoxy-5α-chlor-6β.19-oxidopregnan*, $C_{25}H_{37}ClO_5$, F. 152—153° (Aceton-Hexan), durch Zugabe von 10 g XVI u. 46 g $J_2$ zu einer sd. Suspension von Pb-Tetraacetat u. $CaCO_3$ in Cyclohexan; $[\alpha]_D^{25}$ +25° (c = 1,065); 6,7 g. — *3β.11α.20β-Trihydroxy-5α-chlor-6β.19-oxidopregnan, Methanolsolvat*, $C_{21}H_{33}ClO_4 \cdot CH_3OH$, F. 264—266° (Methylenchlorid-Methanol-Ae.), durch 10std. Kochen von 1,87 g des Triacetats mit $K_2CO_3$ in wss. Methanol, Zugabe von Eisessig, Sättigung mit NaCl u. Extraktion mit Methylenchlorid-Methanol (4:1); $[\alpha]_D^{25}$ −26° (c = 0,996; A.); 1,487 g. — *3.11.20-Trioxo-5α-chlor-6β.19-oxidopregnan*, $C_{21}H_{27}ClO_4$, F. 130—135° (Zers.; Ae.), durch ¼std. Oxydation von 295 mg vorst. Verb. in Aceton mit 8n $CrO_3$-Lsg. in $H_2SO_4$ bei 0° u. Zugabe von Isopropanol u. Na-Acetat; $[\alpha]_D^{25}$ +167° (c = 1,0095); 288 mg. — *3.11.20-Trioxo-6β.19-oxido-*$\Delta^4$*-pregnen* (XIX), $C_{21}H_{26}O_4$, F. 190—191° (Methylenchlorid-Ae.), durch 1std. Erwärmen von 2,169 g vorst. Verb. (roh) in Pyridin auf 100° u. Eindampfen im Vakuum; $[\alpha]_D^{25}$ +134° (c = 0,982); 1,562 g. — *3.11.20-Trioxo-6β.19-oxido-*$\Delta^4$*-17-isopregnen*, $C_{21}H_{26}O_4$, F. 265—268° (Methylenchlorid-Ae.), durch 6std. Kochen von 50 mg XIX in Methanol mit NaOH unter $N_2$; $[\alpha]_D^{25}$ −13 ± 2° (c = 0,501); ca. 25 mg. — *3.11.20-Trioxo-19-hydroxy-*$\Delta^4$*-pregnen*, $C_{21}H_{28}O_4$, F. 203—205° (Aceton-Ae.), durch Red. von 5,20 g XIX in Essigsäure bei 40° mit Zn, Filtration, Zugabe von wss. Na-Acetat-Lsg., 1½std. Erwärmen auf 100°, Einengen im Vakuum u. Extrahieren mit Methylenchlorid; $[\alpha]_D^{25}$ +233° (c = 0,949); 3,79 g. — *3.20-Dioxo-11β.19-oxido-*$\Delta^4$*-pregnen*, $C_{21}H_{28}O_3$, F. 167 bis 170° (Ae.), a) durch Chromatographie der Mutterlauge vorst. Verb. an $Al_2O_3$ (Akt. II) u. Eluierung mit Bzl.; $[\alpha]_D^{25}$

+200° (c = 1,031); 100 mg; b) durch ½std. Red. von 795 mg **XIX** in Eisessig mit Zn bei 100°; ca. 250 mg. — *3.11.19.20-Tetraoxo-Δ⁴-pregnen*, $C_{21}H_{26}O_4$, F. 210—214° (Methylenchlorid-Ae.; Stäbchen; gelegentlich auch Plättchen vom Umwandlungspunkt 180° u. F. 205—207°), durch ¼std. Oxydation von 2,79 g vorvorst. Verb. in Aceton mit 8n $CrO_3$-Lsg. in $H_2SO_4$ bei 0—5°, Gießen in W., Extraktion mit Bzl., Extraktion der Benzol-Lsg. mit Soda-Lsg. u. Eindampfen im Vakuum; $[\alpha]_D^{25}$ +527° (c = 1,089); 1,744 g; daneben durch Ansäuern der alkal. Extrakte u. Extraktion mit Methylenchlorid *3.11.20-Trioxo-Δ⁴-pregnen-19-säure* [**XX**; 437 mg (roh)]. — *3.11.20-Trioxo-19-nor-Δ⁴-pregnen*, $C_{20}H_{26}O_3$, F. 167—169° (Methylenchlorid-Ae.), a) durch ½std. Rühren von 450 mg vorst. Verb. (roh) in Methanol mit NaOH unter Eiskühlung, Zugabe von Eisessig, Verdünnen mit W., Extraktion mit Methylenchlorid, Eindampfen, Chromatographie an $Al_2O_3$ (Akt. II) u. Eluierung mit Bzl.-Essigester (1:1); 180 mg; b) durch 20 Min. langes Kochen von 444 mg rohem **XX** in tert.-Butanol mit konz. HCl, Eindampfen im Vakuum, Verdünnen mit Methylenchlorid, Chromatographie des Neutralteils an $Al_2O_3$ u. Eluierung mit Bzl.-Essigester (9:1); $[\alpha]_D^{25}$ +278° (c = 0,914); 125 mg.
H.-D. Jacobi 3750△

*0903* **Untersuchungen über Steroide. 28. Mitt. Stereochemie des 15α- sowie des 15β-Hydroxyprogesterons.** Hiroko Hasegawa, Yoshihiro Sato, Tokuji Tanaka und Kyosuke Tsuda. (Chem. pharmac. Bull. [Tokyo] **9**, 740—44, 1961; Tokio, Univ., Inst. angew. Mikrobiol.; dt.) — 27. vgl. Chem. pharmac. Bull. [Tokyo] **9**, [1961], 131. — Die Raumstruktur des Steroidringes D in *15α-* (α-I) bzw. *15β-Hydroxyprogesteron* (β-I) wurde durch folgende Rkk. geklärt: Mit $CrO_3$ wird β-I schneller als α-I angegriffen. Papierchromatograph. zeigte es sich, daß mit dem Gemisch Methanol-Propylenglykol (7:1)/Toluol-Dioxan (4:1) β-I schneller lief als α-I. Mit p-Toluolsulfonsäure (II) gibt β-I *Δ⁴·¹⁴-Pregnadien-3.20-dion* (**III**), dessen Konstit. durch Red. mittels Li/$NH_3$/Propanol u. anschließende $CrO_3$-Oxydation zu *Δ¹⁴-5α-Pregnen-3.20-dion* (**IV**) bewiesen wird. **IV** liefert nach katalyt. Hydrierung u. anschließender $CrO_3$-Oxydation *5α-Pregnan-3.20-dion*. α-I reagierte unter gleichen Bedingungen nicht. Entsprechende Ergebnisse werden mit p-Toluolsulfochlorid (**VII**) erhalten. Mit $POCl_3$/Pyridin gibt β-I ebenfalls **III**; dagegen bildet α-I das entsprechende *15β-Chlorid*. Die Rkk. zeigen, daß sich die 15α- bzw. die 15β-Hydroxylgruppe im Ring D so verhalten, wie die äquatoriale bzw. die axiale OH-Gruppe in der Cyclohexanreihe. UV- u. IR-Maxima s. Original.

Versuche: *Δ⁴·¹⁴-Pregnadien-3.20-dion* (**III**), $C_{21}H_{28}O_2$, F. 141—143°, a) durch 5std. Kochen von 400 mg β-I mit **II** in Bzl., Chromatographie an $SiO_2$ u. Eluieren mit PAe./Bzl. (1:4); aus Ae. Prismen; $[\alpha]_D^{21}$ +125° (c = 0,510; Chlf.); 130 mg (Ausbeute); daneben 199 mg β-I; b) durch 114std. Stehen von 200 mg β-I u. **VII** in Pyridin bei Raum-Temp. u. Chromatographie an $SiO_2$; 10 mg; daneben 141 mg β-I, c) durch 15std. Stehen von 200 mg β-I mit $POCl_3$ in Pyridin bei —10°; 80 mg. — *15β-Chlor-Δ⁴-pregnen-3.20-dion*, $C_{21}H_{29}ClO_2$, F. 182—184° (Ae.), 200 mg α-I u. $POCl_3$ in Pyridin bei —10°; $[\alpha]_D^{10}$ +100° (c = 0,979; Chlf.). — *Δ¹⁴-5α-Pregnen-3.20-dion* (**IV**), $C_{21}H_{30}O_2$, F. 186—192°, a) durch Zutropfen von 120 mg **III** in Ae. zu Li in fl. $NH_3$ bei —55°, Zugabe von Li in Propylalkohol nach ½std. Rühren, Zugabe von $NH_4Cl$ nach weiteren 30 Min., Abdampfen von $NH_3$, Neutralisation mit verd. HCl, Ausäthern, Eindampfen, Lösen in Aceton, Versetzen mit Kiliani-Lsg. bei 0°, ¼std. Rühren, Zugabe von W., Ausäthern u. Chromatographie an $SiO_2$; aus Ae. Nadeln; $[\alpha]_D^{15}$ +73° (c = 1,067; Chlf.); 30 mg; b) durch 1std. Kochen nachst. Verb. in KOH/Methanol oder HCl/Methanol. — *Δ¹⁴-5α.17α-Pregnen-3.20-dion* (**V**), $C_{21}H_{30}O_2$, F. 140—142°, a) durch 11std. Kochen von 15β-Hydroxy-5α-pregnan-3.20-dion (**VI**) in Bzl. mit **II**, Einengen u. Chromatographie an $SiO_2$; $[\alpha]_D^{32}$ +125° (c = 1,039; Chlf.); wenig; daneben 182 mg **IV**; b) durch 7std. Einleiten von HCl in 200 mg **IV** in Chlf. bei 0°, Eindampfen u. Chromatographie von $SiO_2$; 90 mg; daneben 28 mg **IV**. — *5α-Pregnan-3.20-dion*, F. 194—197°, durch 30std. Hydrieren von 30 mg **IV** in Ggw. von $PtO_2$ in Eisessig u. anschließendes 2std. Stehen mit $CrO_3$ in Eisessig bei Raum-Temp.; aus Aceton Blättchen; 25 mg. — *5α.14β.17α-Pregnan-3.20-dion*, $C_{21}H_{32}O_2$, F. 140 bis 141° (Ae.), durch 25std. Hydrieren von **V** in Eisessig in Ggw. von $PtO_2$ u. Oxydation mit $CrO_3$ in Eisessig; $[\alpha]_D^{23}$ +45° (c = 0,840; Chlf.). — *15β-Hydroxy-5β-pregnan-3.20-dion*, $C_{21}H_{32}O_3$, F. 223,5—227°, durch Hydrieren von 15β-Hydroxy-Δ⁴·⁶-pregnadien-3.20-dion in Ggw. von Pd/Kohle in KOH/Methanol; aus Methanol Prismen; $[\alpha]_D^{25}$ +77° (c = 1,111; Chlf.); daneben **VI**.
P.-G. Dietrich 3750△

*0904* **Synthese von Thiaminalkylsulfiden.** Shun-Ichi Yamada, Tadashi Fujita und Tomishige Mizoguchi. (J. pharmac. Soc. Japan [Yakugakuzasshi] **76**, 616—20, 1956; Osaka, Gohei Tanabe and Co., Res. Labor.; jap., Auszug: engl.) — Durch Alkylierung von Thiamin mit Dimethylsulfat, Alkylhalogenen oder Alkyl-p-toluolsulfotiat werden verschiedene *Thiaminalkylsulfide* hergestellt. Alle diese Substanzen haben zwei Schmelzpunkte. *Das Methylsulfoniumjodid* von S-Methylthiamin (I) entsteht aus I u. $CH_3J$.

Versuche: *S-Methylthiamin* (I), $C_{13}H_{20}N_4O_2S$, F. 189 bis 190°, a) aus 3,4 g Vitamin $B_1$ u. Methyljodid durch ¼std. Erwärmen auf 30°; Nadeln; 1 g (Ausbeute); b) durch Rk. von 1,7 g Vitamin $B_1$ mit Dimethylsulfat in Ggw. von NaOH in Methanol bei 50°; 0,8 g; c) F. 127—131°, durch 10 Min. lange Rk. von Vitamin $B_1$ mit p-Toluolsulfonsäuremethylester bei 30°; d) aus dem Na-Salz von Vitamin $B_1$ u. Dimethylsulfat in Methanol. *Methojodid*, $C_{14}H_{23}JN_4O_2S$, F. 174—175°, aus 2,96 g I mit $CH_3J$ bei 40—60°; Nadeln; 1,7 g. *Hydrochlorid*, $C_{13}H_{21}ClN_4O_2S$, F. 152—153° (Zers.), mit HCl. — *2-Methyl-4-amino-5-aminomethylpyrimidin*, Kp.₅ 101—102°, durch Erhitzen von 15 g I mit 10%ig. HCl auf 80—90° u. Extrahieren mit Ae.; 6 g. *Dihydrochlorid*, F. 268° (Zers.). — *3-Methylmercapto-3-acetylpropanol*, Kp.₅ 100—107°, aus dem Acetylderivat. *Acetyl-Deriv.*, Kp.₅ 105—111°, aus 3-Chlor-3-acetyl-1-acetoxypropan (55,7 g) u. 15 g Methylmercaptan in alkal. Lsg.; 21,8 g. — *S-Äthylthiamin*, $C_{14}H_{22}N_4O_2S$, F. 194 bis 195°, analog I aus 5 g Vitamin $B_1$ u. p-Toluolsulfonsäureäthylester bei 40—50°; 2,7 g. *Hydrochlorid*, $C_{14}H_{23}ClN_4O_2S$, F. 122—123° (Zers.). — *S-Propylthiamin*, $C_{15}H_{24}N_4O_2S$, FF. 120—127 u. 172—174°, durch 10 Min. lange Rk. von 3,4 g Vitamin $B_1$ u. p-Toluolsulfonsäurepropylester in Ggw. von NaOH bei 40—45°; 2,4 g. — *S-Butylthiamin*, $C_{16}H_{26}N_4O_2S$, FF. 124—125,5 u. 151—153°, durch 50 Min. lange Rk. von 5 g Vitamin $B_1$ mit p-Toluolsulfonsäurebutylester bei 50 bis 53°; 3,5 g. *Hydrochloridhemiäthanolsolvat*, $C_{16}H_{27}ClN_4O_2S \cdot ½ C_2H_5OH$, F. 95—99°.
D. Dargel 3800△

*0905* **Untersuchungen in der Gruppe der Vitamine K und E. 9. Mitt. Totalsynthese des Dihydrophytols.** V. Kvita und J. Weichet. (Collect. czechoslov. chem. Commun. **25**, 254—58, 1960; Prag, Forschungsinst. für Pharmazie u. Biochem.; dt.) — 8. vgl. C. **1960**, 12007. — Aus Äthyliden-bis-[4-methylcyclohexandion-(2.6)] (I) wurde in 1,7%ig. Gesamtausbeute *Dihydrophytol* dargestellt, dessen Identität mit dem aus natürlichem Phytol durch Hydrierung hergestellten papierchromatograph. u. IR-spektrophotometr. bewiesen wurde.

Versuche: *3.7.11-Trimethyltridecandisäuredimethylester*, $C_{18}H_{34}O_4$, Kp.₀,₇ 155°, $n_D^{20}$ 1,4564, durch 45std. Erhitzen von I in Methanol mit KOH u. 91%ig. Hydrazinhydrat in Diäthylenglykol auf 120—125°, Abdestillieren der flüchtigen Anteile, 12std. Erhitzen auf 195—200° u. 3std. Kochen der in 56%ig. Ausbeute isolierten rohen Säure mit HCl/Methanol; 43% (Ausbeute). *Monomethylester*, $C_{17}H_{32}O_4$, Kp.₀,₃ 179—180°, $n_D^{20}$ 1,4650, durch Stehen mit $Ba(OH)_2$ in Methanol bei Zimmer-Temp.; 75%. — *2.6.10.14-Tetramethylpentadecanon-(12)-carbonsäure-(1)*, $C_{20}H_{38}O_3$, Kp.₀,₂ 165°, $n_D^{20}$ 1,4591, durch 2std. Erwärmen vorst. Monoesters mit $SOCl_2$ auf 60°, Zutropfen in Bzl. zu einer Lsg., die durch 1std. Kochen von Isobutyl-MgBr mit $CdCl_2$ in Ae. u. Ersatz des Ae. durch Bzl. erhalten wurde, 1std. Kochen mit Girard-P-Reagens in A. u. Essigsäure, Abdampfen, Aufnehmen in Äthylenglykol, Zugabe von W. u. $H_2SO_4$, Extraktion mit PAe. u. Verseifen des erhaltenen Esters (12,3%) mit methanol. KOH unter 1std. Kochen. — *2.6.10.14-Tetramethylpentadecan-1-carbonsäure*, $C_{20}H_{40}O_2$, Kp.₀,₂ 161—162°, $n_D^{20}$ 1,4560, durch 4std. Erhitzen vorst. Säure mit KOH u. Hydrazinhydrat in Diäthylenglykol auf 195°; 75,5%. — *Dihydrophytol*, $C_{20}H_{42}O$, Kp.₀,₂ 137°, $n_D^{20}$ 1,4560, a) durch 3std. Kochen vorst. Säure mit $LiAlH_4$ in Ae.; b) durch Hydrieren von Phytol an Pd/Kohle in Methanol; IR-Maxima 1055, 1381, 1481, 1467, 2930—2962, 3640 cm⁻¹. — *Azobenzol-4-carbonsäuredihydrophytylester*, $C_{33}H_{50}N_2O_2$, durch 2std. Kochen vorst. Verb. mit dem Säurechlorid in Pyridin.
J. Kovář/Prag 3800

*0906* **Untersuchungen in der Gruppe der Vitamine K und E.** 10. Mitt. **Synthese von Vitamin-$K_1$-Analoga mit unverzweigter Seitenkette.** S. Šmolík, V. Kvita, J. Weichet und V. Trčka. (Collect. czechoslov. chem. Commun. **25**, 259—64, 1960; dt.) — 9. vgl. vorst. Referat. — *2-Methyl-3-[alken-(2)-yl]-naphthochinone-(1.4)* (**A**) mit 16, 18, 19 u. 20 C-Atomen in der Alkenylgruppe wurden durch $BF_3$-Kondens. von 1-Acetoxy-4-hydroxy-2-methylnaphthalin (**I**) mit den entsprechenden Alkenylalkoholen (**B**) dargestellt u. ihre physiolog. Wrkg. untersucht; die Wrkg. ist allg. kleiner als die der Analoga mit verzweigter Kette. Die benötigten **B** wurden durch Bromierung von Alkenen, Acetolyse u. Hydrolyse dargestellt, sie fallen als Gemische der isomeren *1-* u. *3-Alkylallylalkohole* an u. wurden in dieser Form weiter verwendet. Die **A**, die als entsprechende *Naphthohydrochinon-(1.4)-diacetate* charakterisiert wurden, sind auf Grund der Allylumlagerung während der Kondens. der **B** mit **I** einheitlich [n-Alken-(2)-yl-Seitenkette], was spektrophotometr. u. in einem Fall auch durch oxydativen Abbau bewiesen wurde. UV-Maxima der **A** s. Original.

Versuche: *Hexadecen*, $Kp._{0,7}$ 138—149°, durch therm. Spaltung von Palmitinsäurehexadecylester; 63% (Ausbeute) — *Octadecen*, $Kp._{20}$ 178—183°, durch Red. von Stearinsäure mit $LiAlH_4$, Veresterung des erhaltenen *Octadecylalkohols* mit Stearinsäurechlorid u. Pyrolyse; 77%. — *Nonadecen*, $Kp._{10}$ 177—181°, aus Cetyl-MgBr u. Allylbromid; 56%. — *Eikosen*, F. 27—28°, $Kp._{0,7}$ 120—125°, durch Red. der Heptadecansäure mit $LiAlH_4$, Überführung des erhaltenen *Heptadecanols* (F. 53—55°) in das Bromid, Grignard-Rk. u. Umsetzung des *Heptadecyl-MgBr* mit Allylbromid; 65%. — *1- u. 3-Tridecyl-*, *1- u. 3-Pentadecyl-*, *1- u. 3-Hexadecyl-* (98,5%) u. *1- u. 3-Heptadecylallylbromid* (jeweils *Gemische*), durch 1std. Kochen vorst. Alkene mit N-Bromsuccinimid u. Dibenzoylperoxid in $CCl_4$. — 1- u. 3-Alkylallylacetate (Gemische), durch 10std. Kochen vorst. Isomerengemische mit Na-Acetat in Eisessig u. Bzl., erneutes Zugeben von Na-Acetat u. 10std. Kochen: *1- u. 3-Tridecyl-*, $C_{18}H_{34}O_2$, $Kp._{0,1}$ 119—121°, $n_D^{20}$ 1,4520. — *1- u. 3-Pentadecyl-*, $C_{20}H_{38}O_2$, $Kp._{0,1}$ 134—135°, $n_D^{20}$ 1,4540. — *1- u. 3-Hexadecyl-*, $C_{21}H_{40}O_2$, $Kp._{0,2}$ 153 bis 155°, F. 19—21°, $n_D^{25}$ 1,4540. — *1- u. 3-Heptadecyl-*, $C_{22}H_{42}O_2$, $Kp._{0,4}$ 170—171°, F. 24—26°. — 1- u. 3-Alkylallylalkohole (**B**; Gemische), aus vorst. Acetaten durch 1½std. Kochen mit NaOH in 80%ig. A.: *1- u. 3-Tridecyl-*, $C_{16}H_{32}O$, $Kp._{0,25}$ 122°, F. 36—38°. — *1- u. 3-Pentadecyl-*, $C_{18}H_{36}O$, F. 48—50°. — *1- u. 3-Hexadecyl-*, $C_{19}H_{38}O$, $Kp._{0,15}$ 133°, F. 45—47°. — *1- u. 3-Heptadecyl-*, $C_{20}H_{40}O$, F. 52—53°. — 3-Alkenyl-2-methylnaphthochinone-(1.4) (**A**), durch Kondens. vorst. Alkoholgemische mit **I** u. $BF_3$-Ätherat bei 50—60° u. Umkristallisieren aus Methanol; 25—30% (roh): *3-Hexadecen-(2')-yl-* (**II**), $C_{27}H_{38}O_2$, F. 67—68°. — *3-Octadecen-(2')-yl-* (**III**), $C_{29}H_{42}O_2$, F. 75—76°. — *3-Nonadecen-(2')-yl-*, $C_{30}H_{44}O_2$, F. 73—74°. — *3-Eikosen-(2')-yl-*, $C_{31}H_{46}O_2$, F. 78°. — 3-Alkenyl-2-methylnaphthohydrochinon-(1.4)-diacetate nach Weichet u. Mitarbeiter (C. **1959**, 8902) u. Umkristallisieren aus Methanol: *3-Hexadecen-(2')-yl-*, $C_{31}H_{44}O_4$, F. 98°. — *3-Octadecen-(2')-yl-*, $C_{33}H_{48}O_4$, F. 88°. — *3-Nonadecen-(2')-yl-*, $C_{34}H_{50}O_4$, F. 89°. — *3-Eikosen-(2')-yl-* (**IV**), $C_{35}H_{52}O_4$, F. 85°. — *Stearinsäure*, F. 67°, durch 2std. Rühren von **IV** mit $CrO_3$ u. $KHSO_4$ in Eisessig. — *2-Methyl-3-octadecylnaphthochinon-(1.4)*, $C_{29}H_{44}O_2$, F. 93—94°, durch Hydrierung von **III** in Essigsäure an $PtO_2$. — *2-Methyl-3-hexadecylnaphthochinon-(1.4)*, $C_{27}H_{40}O_2$, F. 92—93°, ebenso aus **II**.

J. Kovář/Prag 3800

*0907* **Untersuchungen in der Gruppe der Vitamine K und E.** 11. Mitt. **Darstellung einiger 4-Acyloxy- und 4-Alkenyloxy-1-acetoxy-2-methylnaphthaline.** V. Kvita, S. Šmolík und J. Weichet. (Collect. czechoslov. chem. Commun. **25**, 1700—02, 1960; dt.) — 10. vgl. vorst. Referat. — 1-Acetoxy-4-acyloxy-2-methylnaphthaline, aus 0,1 Mol 1-Acetoxy-2-methylnaphthol-(4) (**I**) u. 0,11 Mol des entsprechenden Säurechlorids über Nacht in Pyridin, Verdünnen mit W. u. Ausziehen mit Ae.-Bzl. (1:1); 80—85% (Ausbeute): *-4-palmitoyloxy-*, $C_{29}H_{42}O_4$, F. 94° (Methanol). — *-4-stearoyloxy-*, $C_{31}H_{46}O_4$, F. 96° (Methanol). — *-4-phytenoyloxy-*, selbst nach Reinigung der PAe.-Lsg. an $SiO_2$–$ZnCO_3$ (1:1) ölig; $n_D^{20}$ 1,4843. — 1-Acetoxy-4-alkenyloxy-2-methylnaphthaline (**II**-**IV**), aus dem entsprechenden Alkylendibromid (aus 0,032 Mol Carbinol) u. 0,062 Mol **I** in Ggw. von 0,062 Mol $K_2CO_3$ u. Spuren KJ in 60 cm³ Aceton unter 100std. Rühren bei Raum-Temp. u. 8std. Erhitzen auf 50—60°, Filtrieren, Dest. im Vakuum, Ausziehen mit sd. PAe. (**I** darin unlösl.), Neutralwaschen u. Vakuum-Dest.; 35—45% (Ausbeute): *-4-[3-methyloctadecen-(2)-yloxy]-* (**II**), $C_{32}H_{48}O_3$, F. 55° (Methanol). — *-4-[3-methylnonadecen-(2)-yloxy]-* (**III**), $C_{33}H_{50}O_3$, F. 57° (Methanol). — *-4-[3.7.11.15-tetramethylhexadecen-(2)-yloxy]-* (**IV**), $C_{33}H_{50}O_3$, auch nach Reinigung an $ZnCO_3$-Aktivkohle ölig; $n_D^{20}$ 1,5245. — Die zur Darst. von **II**—**IV** nötigen *Alkylenbromide* wurden aus den entsprechenden Vinylcarbinolen u. $PBr_3$ in PAe., Neutralwaschen u. Abdestillieren des PAe. bei höchstens 20° im Vakuum erhalten.

A. Emr/Prag 3800

*0908* **Untersuchungen in der Gruppe der Vitamine K und E.** 12. Mitt. **Synthese von 2-Methyl-3-difarnesyl-naphthochinon-(1.4) und verwandten Verbindungen.** J. Weichet, L. Bláha und V. Kvita. (Collect. czechoslov. chem. Commun. **25**, 1914—21, 1960; dt.) — 11. vgl. vorst. Ref.; vgl. auch C. **1962**, 11898. — Durch Kondens. von Farnesylnerolidol (**I**), Geranylnerolidol (**II**) u. Geranyllinalool (**III**) mit 2-Methylnaphthohydrochinon-(1.4)-acetat-(1) (**IV**) wurden *2-Methyl-3-difarnesyl-* (**V**), *-3-farnesylgeranyl-* bzw. *-3-geranylgeranylnaphthochinon-(1.4)* dargestellt. Die zur Synth. erforderlichen Vinylcarbinole (**I**—**III** u. Homologen) wurden aus Aceton u. Acetylen in Ggw. von KOH u. Hydrieren der gebildeten *Äthinylcarbinole* gewonnen. Die höheren Methylketone wurden nach einem einfacheren Verf. durch Behandlung der Vinylcarbinole mit $PBr_3$, Überführung der Bromide in die α-substituierten Acetessigester u. therm. Spaltung erhalten. Alle Verbb. sind Gemische von *cis-* u. *trans-Isomeren*; das Endprod. **V** ist ölig u. unterscheidet sich dadurch vom natürlichen Vitamin $K_2$ mit dessen all-trans-Anordnung; die UV-Spektren sind jedoch identisch.

Versuche: Äthinylcarbinole, durch Schmelzen von KOH in Dibutylformal, Sättigen mit Acetylen bei 70 bis 80°, Versetzen mit dem Keton bei —15 bis —10° unter stetigem Einleiten von Acetylen u. Stehen über Nacht bei 0°: *Dimethyl-* (**VI**), $C_5H_8O$, Kp. 104—106°, $n_D^{20}$ 1,4186, aus Aceton u. $C_2H_2$; 76% (Ausbeute). — *Dehydrolinalool* (**VII**), $C_{10}H_{16}O$, $Kp._{12}$ 87—89°, $n_D^{20}$ 1,4595, aus 6-Methylhepten-(5)-on-(2); 83%. — *Dehydronerolidol* (**VIII**), $C_{15}H_{24}O$, $Kp._{11}$ 141 bis 144°, $n_D^{20}$ 1,4790, aus Geranylaceton; 73%. — *Geranyldehydrolinalool* (**IX**), $C_{20}H_{32}O$, $Kp._{0,1}$ 119—122°, $n_D^{20}$ 1,4892, aus Farnesylaceton; 79,5%. — *Geranyldehydronerolidol* (**X**), $C_{25}H_{40}O$, $Kp._{0,05}$ 150—157°, $n_D^{20}$ 1,4946, aus Geranylgeranylaceton; 77,4%. — *Farnesyldehydronerolidol* (**XI**), $C_{30}H_{48}O$, $Kp._{0,005}$ 143—148°, $n_D^{20}$ 1,5040, aus Farnesylgeranylaceton; 63%. — *Dimethylvinylcarbinol* (**XII**), $C_5H_{10}O$, Kp. 97—99°, durch Hydrieren von **VI** u. Chinolin am Lindlar-Katalysator bei 20° u. einem Überdruck von 180 mm u. Dest.; $n_D^{20}$ 1,4145; 85%. — *Linalool*, $C_{10}H_{18}O$, $Kp._{10}$ 82—83°, $n_D^{20}$ 1,4593, analog aus **VII**; 93%. — *Nerolidol*, $C_{15}H_{26}O$, $Kp._2$ 108—112°, $n_D^{20}$ 1,4762, aus **VIII**; 95%. — *Geranyllinalool* (**III**), $C_{20}H_{34}O$, $Kp._{0,2}$ 129—133°, $n_D^{20}$ 1,4878, analog aus **IX**, jedoch in Cyclohexan-Lsg. bei 15—25°; 95%. — *Geranylnerolidol* (**II**), $C_{25}H_{42}O$, $Kp._{0,04}$ 152—157°, $n_D^{20}$ 1,4948, aus **X**; 92%. — *Farnesylnerolidol* (**I**), $C_{30}H_{50}O$, $Kp._{0,005}$ 149 bis 151°, $n_D^{20}$ 1,5000, aus **XI**; 70%. — *Geranylgeranylaceton*, $C_{23}H_{38}O$, **A**) $Kp._{0,15}$ 146—147°, $n_D^{20}$ 1,4879, durch Zutropfen von 0,16 Mol $PBr_3$ zu 0,139 Mol **III** in abs. Ae. bei —5°, 1std. Rühren bei 0°, Gießen auf Eis, Eindampfen der Ae.-Phase, Zugabe des erhaltenen *Geranylgeranylbromids* zu Na-Acetessigsäureäthylester in abs. Methanol u. wenig KJ bei —10° innerhalb 3 Std., Stehen über Nacht, 1std. Kochen, Zugabe von KOH in Methanol u. 5std. Rühren, Abdampfen des Lsgm., Verdünnen mit W., Extraktion mit PAe., Neutralisieren mit 5%ig. HCl u. Vakuum-Dest.; 50%; **B**) $Kp._{0,2}$ 162—167°, $n_D^{20}$ 1,4889, durch 8std. Erhitzen des Gemisches aus 0,462 Mol **III**, 0,55 Mol Acetessigester u. Al-Isopropylat auf 130—210° unter Abdestillieren des A. (ab 160° $CO_2$-Entw.), Verdünnen mit PAe. u. Vakuum-Dest.; 68,8%. — *6-Methylhepten-(5)-on-(2)*, $C_8H_{14}O$, $Kp._9$ 58°, $n_D^{20}$ 1,4400, aus **XII**; nach **A** 45%, nach **B** 48%. — *Geranylaceton*, $C_{13}H_{22}O$, **A**) $Kp._{12}$ 126—130°, $n_D^{20}$ 1,4667, aus Linalool; 43%; **B**) $Kp._7$ 110—117°, $n_D^{20}$ 1,4664; 74,6%. — *Farnesylaceton*, $C_{18}H_{30}O$, **A**) $Kp._{0,1}$ 107—109°, $n_D^{20}$ 1,4808, aus Nerolidol; 47,7%; **B**) $Kp._{0,3}$ 120—125°, $n_D^{20}$ 1,4801; 60,5%. — *Farnesylgeranylaceton*, $C_{28}H_{46}O$, **A**) $Kp._{0,01}$ 140—143°, $n_D^{20}$ 1,4942, aus **II**; 48%; **B**) $Kp._{0,01}$ 136—138°, $n_D^{20}$ 1,4900; 72%. — 2-Methylnaphthochinone-(1.4), durch Versetzen des Vinylcarbinols mit **IV** in Ggw. von $AlCl_3$ in Ae. bei 0° oder von $BF_3$-Ätherat in Dioxan bei 50°; 28—33%: *3-Geranylgeranyl-*, $C_{31}H_{40}O_2$, orangefarbenes viscoses Öl, aus **III** u. Reinigung an Silicagel/$ZnCO_3$ (1:1). — *3-Farnesylgeranyl-*, $C_{36}H_{48}O_2$, analog aus **II**. — *3-Difarnesyl-* (**V**), $C_{41}H_{56}O_2$, aus **I**. — *2-Methyl-3-difarnesylnaphthohydrochinon-(1.4)-diacetat*, $C_{45}H_{62}O_4$, durch ½std. Schütteln von **V** mit Zn in Acetanhydrid u. Pyridin, Verdünnen mit Essigsäure, 10 Min. langes Kochen, Extraktion mit PAe. u. Chromatographie des Rückstandes in PAe. an Silicagel/$ZnCO_3$ (1:1); wachsartiges gelbliches Produkt. J. Kovář/Prag 3800

*0909* **Bestandteile von Peucedanum japonicum Thunb.** 1. Mitt. **Isolierung neuer Verbindungen: Peucedalacton, Isopeucedalacton und Peucin.** Yukio Akahori. (Chem. pharmac. Bull. [Tokyo] **9**, 921—25, 1961; Oshika, Shizuoka, Coll. of Pharm.; engl.) — Vf. isolierte aus der neutralen Fraktion des Ae.-Extrakts von *Peucedanum japonicum Thunb.* (Umbelliferae; **P**) aus Izu durch Vakuum-Dest. *Bergapten* u. eine Neutralfraktion, aus der durch Verseifung u. Dest. eine Fraktion u. 2 Verbb., die *P-Säure, Peucedalacton* (**I**) u. *Isopeucedalacton* (**II**) genannt werden, isoliert wurden. **I** u. **II** zeigen schwachblaue Fluorescenz u. besitzen dem UV-Spektrum (Abb.) nach ein Cumarinskelett. Das IR-Spektrum (Abb.) von **I** u. **II** zeigt OH-Gruppe u. Lactonring. **I** bildet ein *Monoacetat*. Die Neutralfraktion aus Extrakten von **P** aus Fukuoka enthält dagegen eine Verb., die *Peucin* (**III**) genannt wird, u. *Palmitinsäure*. **III** ist nach UV- (Abb.) u. IR-Spektrum ein Lacton mit Cumarinskelett.

Versuche: *Bergapten*, $C_{12}H_8O_4$, F. 187—187.5°, $Kp._1$ 170—180°, aus zerkleinerten Wurzeln von **P** aus Izu durch 2tägige Ae.-Extraktion, Waschen mit 5%ig. $NaHCO_3$-Lsg. u. 5%ig. NaOH u. Fraktionierung; Nadeln aus Ae.; 0,02 bis 0,04% (Ausbeute). — *P-Säure*, $Kp._1$ 50°, aus 15 g der neben vorst. Verb. erhaltenen Fraktion vom $Kp._1$ 210—220° (0,3—0,7%) durch 1std. Kochen mit äthanol. 10%ig. KOH unter $N_2$, Einengen im Vakuum, Zusatz von W., Waschen mit Ae., Ansäuern mit verd. HCl, Ae.-Extraktion u. Dest.; 2,3 g. — *Peucedalacton* (**I**), $C_{16}H_{18}O_5$, F. 159°, a) durch Zugabe von Ae. zu der neben vorst. Verb. erhaltenen Fraktion vom $Kp._1$ 210° (6,1 g), Filtrieren [→ **I/II**-*Gemisch*, $C_{16}H_{18}O_5$, F. 144° (A.), $[\alpha]_D$ −39,8°; 1,27 g] u. Einengen; aus Ae. Nadeln; $[\alpha]_D$ +70,8° (Methanol); 850 mg; b) aus dem **I/II**-Gemisch durch Chromatographie. *Acetat*, $C_{18}H_{20}O_6$, F. 167,5° (A.), a) aus 30 mg **I**; $[\alpha]_D$ +32,8° ($CH_3OH$); 21 mg; b) aus 50 mg **I/II**-Gemisch; 19 mg. — *Isopeucedalacton* (**II**), $C_{16}H_{18}O_5$, F. 122,5° (Ae.), aus 100 mg **I/II**-Gemisch durch Chromatographie an $Al_2O_3$; $[\alpha]_D$ −145,6° (Methanol); 5 mg. — *Peucin*, $C_{15}H_{14}O_4$, F. 291,5—292°, aus dem neutralen Anteil des Ae.-Extraktes von **P**-Wurzeln aus Fukuoka durch Dest.; Nadeln aus Chlf./Methanol; $[\alpha]_D$ −163,5° (Methanol); daneben *Palmitinsäure*, $C_{16}H_{32}O_2$, F. 62,5—63,2°; glänzende Schuppen aus Methanol; *p-Bromphenacylester*, $C_{24}H_{37}BrO_3$, F. 85,3 bis 86°. H.-J. Kötzsch 3950◇

*0910* **Bestandteile von Peucedanum japonicum Thunb.** 2. Mitt. **Untersuchungen über P-Säure.** Yukio Akahori. (Chem. pharmac. Bull. [Tokyo] **9**, 936—38, 1961; engl.) — 1. vgl. vorst. Referat. — Die aus P. japonicum isolierte „P-Säure"-Fraktion (**A**) ist ein Gemisch aus *Seneciosäure* (**I**), *Angelicasäure* u. einer nicht identifizierten Verb., wie das Gaschromatogramm (Abb.) der Methylester zeigt. Das Gaschromatogramm (Abb.) des durch Hydrieren von **A** zu *„Dihydro-P-Säure"* (**B**) u. Verestern erhaltenen **B**-*Methylesters* enthält hauptsächlich *Isovaleriansäure* (**II**)- u. *2-Methylbuttersäuremethylester*. **I** u. **II** werden als *p-Bromphenacylester* charakterisiert. Das NMR-Spektrum von **A** ist abgebildet. Die Ozonisierung von **A** gibt ein Ozonidgemisch, das durch Aufarbeiten mit 2.4-Dinitrophenylhydrazin die *2.4-Dinitrophenylhydrazone* von *Aceton* u. *$CH_3CHO$* liefert.

Versuche: *„P-Säure"* (**A**), $C_5H_8O_2$, $Kp._{760}$ 167—175°. *Methylester*, aus 100 mg **A** mit $CH_2N_2$; Fl.; 98 mg (Ausbeute). — *Dihydro-P-Säure* (**B**), aus 110 mg **A** durch 2std. Hydrierung an 5%ig. Pd/Kohle in Methanol; Fl.; 106 mg. *Methylester*, aus 100 mg **B** mit $CH_2N_2$; 96 mg. — *Seneciosäure* (**I**), *p-Bromphenacylester*, $C_{13}H_{13}BrO_3$, F. 101°, aus 100 mg **A** mit p-Bromphenacylbromid; Blättchen aus A.; 28 mg. *p-Phenylphenacylester*, $C_{19}H_{18}O_3$, F. 142—143° (Blättchen), aus p-Phenylphenacylbromid. — *Isovaleriansäure, p-Bromphenacylester*, F. 68,0—68,5° (A.), aus 97 mg **B**; 3 mg. H.-J. Kötzsch 3950◇

## D. Makromolekulare Chemie

*0911* **Der Einfluß von Entladungen hoher Frequenz auf die Oberfläche von Feststoffen.** 1. Mitt. **Die Erzeugung von Radikalen an der Oberfläche von Polymeren.** C. H. Bamford und J. C. Ward. (Polymer [London] **2**, 277—93, 1961; Maidenhead, Berks., Courtaulds Ltd., Res. Labor.; engl.) — Viele Polymere bilden bei Einw. von elektr. Entladungen mit hoher Frequenz durch $H_2$-Gas bei niedrigem Druck Radikale in der Oberflächenschicht des Polymeren, die dünner als 1 $\mu$ ist. Die Bldg. u. die Eigg. der Radikale bes. bei Temp.-Erhöhung u. $O_2$-Einw. wurden durch Elektronenspin-Resonanzspektrometrie untersucht. Mittels dieser Oberflächenradikale wurden *Vinylpfropfcopolymere* (mit *Acrylonitril* u. *Methacrylsäure*) auf der Oberfläche von *Nieder-* u. *Hochdruck-Polyäthylen, isotakt. Polypropylen* u. anderen Polymeren erzeugt. Mit einigen Ausnahmen scheinen die Radikale denen analog zu sein, die durch $\gamma$-Bestrahlung oder energiereiche Elektronen erhalten werden. Diese neue Technik hat den prakt. Vorteil, schnell u. einfach anwendbar zu sein. R. Schäff 4000◇

*0912* **Der Kompensationseffekt für die elektrische Leitfähigkeit kristalliner polymerer Dielektrika.** B. I. Ssashin und N. G. Podossenowa. (Ber. Akad. Wiss. UdSSR **148**, 627—29, 1963; Forschungs-Inst. für Polymerisations-Kunststoffe u. Versuchswerk des Staatl. Komitees des Ministerrats der UdSSR auf dem chem. Sektor; russ.) — Der Einfl. der Kristallinität von techn. reinem *Polyäthylenterephthalat, Polytrichloräthylen* u. *Pentaplast* (*3.3-Dimethylchlorhydroxycyclobutan*) auf die elektr. Leitfähigkeit wird untersucht. Proben verschiedener Kristallinität wurden durch Wärmebehandlung der Ausgangsstoffe hergestellt. Die Temperung erzeugt keine irreversiblen Änderungen, da die getemperten Proben nach erneuter Abschreckung wieder die ursprüngliche Leitfähigkeit zeigen. Der Kristallinitätsgrad der Proben wurde aus der Dichte bestimmt, die man aus hydrostat. Wägung erhält. Der elektr. Widerstand wurde bei Temp. oberhalb der Glas-Temp. gemessen, bei denen jedoch noch keine weitere Kristallisierung erfolgt. Eine Vergrößerung der Dichte um 0,5—5% verringert die elektr. Leitfähigkeit um das 10—1000fache. In einer graph. Darstellung wird die Abhängigkeit der Aktivierungsenergie U vom Logarithmus des prädexponentiellen Faktors $\sigma_0$ in der Arrhenius-Gleichung dargestellt. Es ergibt sich eine Gerade $U = A + B \lg \sigma_0$, die für den Kompensationseffekt charakterist. ist (A- u. B-Konst.). Storbeck 4000◇

*0913* **Dynamische Polarisation von Protonen und Fluorkernen.** J. Burget, M. Odehnal, V. Petříček und J. Šácha. (Arch. Sci. [Genève] **14** (**166**), 487—89, 1961; Prag, Tschechoslovak. Akad. der Wiss., Inst. für Kernforsch.; dt.) — Protonen in mit Neutronen bestrahltem *Polyäthylen* (**I**), *Polycarbonat* (**II**), *Polycaprolactam, Polystyrol, Buna* u. Fluorkerne in *Teflon* wurden nach der „Effekt solide"-Meth. (vgl. Erb u. Mitarbeiter, C. R. hebd. Séances Acad. Sci., **246**, [1958], 3050 bzw. Abragam u. Mitarbeiter, C. **1962**, 14039) polarisiert. Die stärkste Erhöhung der Polarisation in **I** u. **II** betrug 15, bei den anderen Polymeren 7—10. Die Abhängigkeit der Polarisation von der Mikrowellenleistung im Hohlraumresonator u. von der Kernresonanzfrequenz bei konst. Elektronenresonanzfrequenz wurde untersucht. H. Roschkowski 4000◇

*0914* **Beiträge zur Thermodynamik von Polymerlösungen.** 2. Mitt. **Halbmikro-Apparat zur Messung der Gefrierpunktserniedrigung, besonders von Lösungsmitteln mit hohem Schmelzpunkt.** Kurt Ueberreiter und Hideto Sotobayashi. (Makromolekulare Chem. **59**, 71—81, 1963; Berlin-Dahlem, Max-Planck-Ges., Fritz-Haber-Inst.; dt.) — 1. vgl. Z. Elektrochem., Ber. Bunsenges. physik. Chem. **66**, [1962], 838; dt.) — Ausführliche Beschreibung der Apparatur. Die Temp. wird mit einem Thermistor gemessen. Die Lsg. wird durch Vibration gerührt. Impfen der Lsgg. u. Wiederaufschmelzen erfolgt mit einem Impfheizstab. Messungen in Naphthalin als

Lsg. mit Benzil u. D-Campher zeigen eine Reproduzierbarkeit innerhalb von 0,00022° bei einer Konz. von ca. 2%. Diese Genauigkeit ermöglicht eine Molgew.-Best. von Polymeren bis zu einem Molgew. von 60000. O. Fuchs 4000◇

*0915* **Beiträge zur Thermodynamik von Polymerlösungen.** 3. Mitt. **Die Molekulargewichtsabhängigkeit des zweiten osmotischen Virialkoeffizienten von Lösungen kurzkettiger Polystyrole.** Hideto Sotobayashi und Kurt Ueberreiter. (Ber. Bunsenges. physik. Chem. **67**, 178–86, 1963; dt.) — 2. vgl. vorst. Referat. — Unter Verw. von Naphthalin als Lsgm. wurde für *Polystyrol* (I) nach der l. c. beschriebenen kryoskop. Meth. die Abhängigkeit des 2. Virialkoeff. B vom Polymerisationsgrad (PG; von 2—44 variiert) gemessen. B (in Einheiten von at·cm$^6$·g$^{-2}$) von I mit PG = 2 beträgt —120, steigt mit wachsendem PG sehr stark an, geht bei ca. PG = 4 durch ein Maximum ($B_{max}$ = 140) u. fällt schließlich monoton ab. Durch Zerlegung von B in einen Enthalpie- u. Entropieteil ($B_H$ bzw. $B_S$, $B_H$ aus Literaturdaten) u. Diskussion der so erhaltenen $B_S$-Werte folgt: Bei sehr kleinem PG (< 4) verhalten sich die I-Moll. in verd. Lsg. wie gestreckte Stäbchen; dieser „Stäbcheneffekt" steht in qual. Übereinstimmung mit der Theorie von Flory, Bei höherem PG macht sich der „Verknäuelungseffekt" bemerkbar, der von Vff. bereits früher (vgl. Z. Elektrochem., Ber. Bunsenges. physik. Chem. **66**, [1962], 838) beschrieben wurde (Einfl. der verschiedenen Wechselwrkg. zwischen Lsgm. einerseits u. den Substituenten bzw. der aliphat. Hauptkette andererseits, dadurch verschiedene Zus. des Innern eines Makromol.-Knäuels u. seiner Oberfläche). O. Fuchs 4000◇

*0916* **Der von der Orientierung abhängige mechanische Bruch eines hochpolymeren Modellfeststoffs.** C. C. Hsiao, J. E. Osborn und D. B. Rozendal. (J. physic. Soc. Japan **16**, 459—62, 1961; Minneapolis, Minn., Univ.; engl.) — Eine verallgemeinerte Theorie des mechan. Bruchs wird abgeleitet. Auf Basis einer Betrachtung eines stat., quasistat. oder dynam. Syst. wird die von der Orientierung abhängige mechan. Festigkeit eines linearen polymeren Feststoffs analysiert. Die maximal erreichbare Bruchfestigkeit ist sechsmal größer als die unorientierte Festigkeit; sie tritt in Richtung der Orientierung bei einem vollkommen orientierten stat. Syst. auf. R. Schäff 4000◇

*0917* **Der Bruch von Vernetzungen und ihre Rückbildung in gedehnten Polymerisatnetzwerken.** J. Scanlan. (Trans. Faraday Soc. **57**, 839—45, 1961; Shawbury, Shrewsbury, Shrops., Rubber & Plast. Res. Assoc.; engl.) — Der Einfl. des Bruchs von Vernetzungen u. ihrer Rückbldg. in neuen stabilen Positionen auf die elast. Eigg. eines Polymerisatnetzwerks wurde theoret. untersucht. Quant. stimmte diese mathemat. vollständige Behandlung für diesen speziellen Fall gut mit der weniger vollständigen Behandlung von Flory (vgl. Trans. Faraday Soc. **56**, [1960], 722) überein. R. Schäff 4000◇

*0918* **Eine Theorie der Schaeferschen Spreitungsfiguren.** R. H. Aranow und L. Witten. (J. Colloid sci. **16**, 127—38, 1961; Baltimore, Md., RIAS; engl.) — Vers. zur theoret. Interpretation der von Schaefer [1938] beobachteten Spreitungsfiguren beim Absetzen eines Öltropfens auf einer mit einer Proteinschicht bedeckten Wasseroberfläche. Der vorgeschlagenen Deutung liegt eine Art von hydrodynam. Instabilität, bekannt als Rayleigh-Taylor-Instabilität, zugrunde. Die physikal. Kriterien für die Ggw. solcher Instabilitäten werden abgeleitet; der Unterschied zwischen gezackt-kreisförmigen u. sternförmigen Figuren wird erörtert. R. Schäff 4000◇

*0919* **Bemerkung zu der Arbeit „Untersuchung der Benetzbarkeit von Polymeren aus dem Gleiten eines Wassertropfens" von Koji Kawasaki.** Ervin Wolfram. (J. Colloid sci. **16**, 195—97, 1961; Budapest, Hungary, Univ., Inst. Coll. Chem. and Coll. Technol.; Dresden, TH, Inst. Coll. Chem.; engl.) — Vgl. C. **1963**, 19624. — Es werden Ergänzungen zu den abgeleiteten Beziehungen gegeben, die zu einer besseren Übereinstimmung von Theorie u. Experiment führen. R. Tümmler 4000◇

*0920* **Anwendung der Ultrazentrifuge auf die Untersuchung synthetischer Hochpolymerer.** 1. Mitt. J. H. S. Green und H. M. Paisley. (Res. appl. in Ind. **14**, 107—12, 1961; Teddington, Middlesex, Nat. Chem. Labor.; engl.) — Übersicht. Die Anwendung der Meth. u. die Charakterisierung von Polymeren durch Best. ihres Molgew. u. ihrer Molgew.-Verteilung werden diskutiert. — 25 Literaturangaben. K. Gröbe 4000◇

*0921* **Anwendung der Ultrazentrifuge auf die Untersuchung synthetischer Hochpolymerer.** 2. Mitt. **Molekulargewichtsverteilung.** J. H. S. Green und H. M. Paisley. (Res. appl. in Ind. **14**, 170—76, 1961; engl.) — 1. vgl. vorst. Referat. — Übersicht. — 37 Literaturangaben. K. Gröbe 4000◇

*0922* **Die Molekülstruktur elastischer Hochpolymerer.** G. Damaschun. (Plaste u. Kautschuk **10**, 68—72, 1963; Jena, Univ., phys. Inst.; dt.) — Übersicht. — 17 Literaturangaben. G. Kunath 4000◇

*0923* **Der Helix-Knäuel-Übergang bei geladenen Makromolekülen.** Bruno H. Zimm und Stuart A. Rice. (Molecular Physics **3**, 391—407, 1960; Schenectady, N.Y., Gen. Electric Res. Labor.; Chicago, Ill., Univ. of Chicago, Inst. for the Study of Metals, Dep. of Chem.; engl.) — Übergänge von Strukturformen von Makromoll. ineinander hängen sowohl von den inneren Wechselwrkg. in der polymeren Kette als auch von den Wechselbeziehungen zwischen dem gelösten Polymeren u. dem Lsgm. ab. Es werden daher Unterss. durchgeführt, um die Effekte, die durch elektrostat. Kräfte verursacht werden, abzuschätzen. Die thermodynam. Parameter für den Helix-Knäuel-Übergang werden aus einer Verteilungsfunktion abgeleitet. L. Träger 4000◇

*0924* **Einfluß der atmosphärischen Faktoren auf die Alterung von makromolekularen Stoffen.** D. Čermáková und B. Doležel. (Korose Ochrana Mater. **1962**, 73—77; Praha, Stát. výzk. ústav ochrany materiálu; tschech.) — Vff. erläutern die einzelnen Alterungsfaktoren, die die Alterung von makromol. Stoffen hervorrufen u. weisen darauf hin, daß in der Praxis stets eine Faktorengruppe, niemals ein einziger Faktor die Alterung hervorruft. Deswegen müssen die Labor.-Prüfungen stets eine Faktorengruppe mit einem dominierenden Faktor enthalten, u. zur Bewertung der Ergebnisse einige sich ergänzende Meth. benutzt werden. Unter dieser Anschauungsweise werden die einzelnen Alterungsfaktoren in 16 Gruppen unterteilt u. einige Ergebnisse von Alterungs-Unterss. von *Polycaprolactam* tschechoslowak. Erzeugung angeführt. J. Tůmová 4000◇

*0925* **Röntgenlinienverbreiterung in Polyäthylen-Fasern.** Ken-ichi Katayama. (J. physic. Soc. Japan **16**, 462—68, 1961; Takatsuki, Japan, Asahi Chem. Ind. Co. Ltd., Textile Res. Labor.; engl.) — Die Hauptgründe für die Röntgenlinienverbreiterung in hochorientierten linearen *Polyäthylen*-(*Marlex 50*-) Fasern wurden untersucht. Es sind die Effekte der Kristallitgröße u. der Gitterverzerrung. Da die Spannungsverteilungsfunktion etwa der Cauchy-Form $1/(1 + k^2x^2)$ entspricht, können mittels der Gleichung von Hall (vgl. Acta Met. **1**, [1953], 22) beide Effekte unterschieden werden. Durch Verw. der 110- u. 220-Reflexe auf dem Äquator wurden die Rekristallisation des Kristallits beim Tempern, das Aufbrechen des Kristallits beim Dehnen u. die Änderung der Gitterverzerrung beobachtet. Die gefundenen Spannungswerte sind auch bei sehr kleiner Spannung um eine Größenordnung größer als die in kaltverarbeiteten Metallen. R. Schäff 4010◇

*0926* **Physikalische Eigenschaften von Polyäthylen.** 2. Mitt. **Diskussion über die Kristallitgröße.** Toshihiko Kuroda, Shozo Iida und Hiroshi Sakami. (Rep. Government ind. Res. Inst., Nagoya **10**, 241—48, 1961; jap., Auszug: engl.) — 1. vgl. Rep. Government ind. Res. Inst., Nagoya **10**, [1961], 87. — Unter der Annahme, daß die Kristallitgröße (KG) von *Polyäthylen* (I) der von Paraffin gleichen Molgew. u. gleicher F.-Temp. entspricht, wird gezeigt, daß die Verteilungskurve der KG von verzweigtem I die Form eines „M" hat, die von linearem I hat ein Maximum mit schwacher Neigung nach kleineren KG hin. Die mittlere KG fällt mit Zunahme der kurzen Seitenketten. Die KG von linearem I ist 3—4mal so groß wie die von verzweigtem I. Die Verteilungskurve ändert sich durch Erhitzen der Probe. W. Wesly 4010◇

*0927* **Physikalische Eigenschaften von Polyäthylen.** 3. Mitt. **Kristallisation unter 100° C.** Toshihiko Kuroda, Shozo Iida und Hiroshi Sakami. (Rep. Government ind. Res. Inst., Nagoya **10**, 324—30, 1961; jap., Auszug: engl.) — 2. vgl. vorst. Referat. — Unterss. über die Kristallisation von *Polyäthylen* (I) nach raschem Erwärmen auf 50—100° zeigen, daß die Vol.-Kontraktion bei abgeschreckten Proben größer als bei langsam abgekühlten ist. Die Kontraktion von verzweigtem, abgeschrecktem I hat einen Höchstwert bei 70—80°, die von langsam abgekühltem I bei > 100°. Die Kristallisationshalbzeit von abgeschrecktem I ist kürzer als die langsam abgekühlter Proben. Die scheinbare Aktivierungsenergie der Kristallisation beträgt 7,05 kcal/Mol. Die Kontraktion von linearem I ist geringer als die von verzweigtem I u. fällt mit steigendem Molgewicht. W. Wesly 4010◇

*0928* **Untersuchung der Bildung von Katalysatorsystemen und Aluminiumalkylen im Zusammenhang mit der Polymerisation von Äthylen bei Atmosphärendruck.** **2. Mitt.** A. Schimon, P. Kowatsch, D. Desheni und D. Lechotzki. (J. angew. Chem. [UdSSR] **32,** 2541—46, 1959; russ.) — Es wird eine Meth. zur quant. Best. der Zus. des Katalysator-Syst. $Al(C_2H_5)_3$–$TiCl_4$ angegeben, das bei Variierung des Mol-Verhältnisses der Ausgangskomponenten von 0,5—5 entsteht. Die Mengen an Al u. Ti sind innerhalb dieses Bereichs etwa gleich. Ferner wird eine Meth. zur Messung der entstehenden Gasmenge bei der Bldg. des Katalysators beschrieben. Die entstehende Gasmenge nimmt hierbei mit der Zeit ab, was offenbar auf Sekundär-Rkk. der prim. entstehenden gasförmigen Prodd. zurückzuführen ist. Helmut Schäfer 4010△

*0929* **Polymerisation von Äthylen durch γ-Bestrahlung unter Druck.** Yoshinobu Hosaka, Masaaki Takehisa, Yōkichi Urano und Masahiko Yasumoto. (Rep. Government chem. ind. Res. Inst., Tokyo **56,** 225—32, 1961; jap., Auszug: engl. S. 27). — Unterss. über die Polymerisation von *Äthylen* (I) bei — 195 bis + 100° u. 30—100 kg/cm² durch γ-Strahlen zeigen, daß die Werte für $G(-C_2H_4)$ für die Polymerisation von reinem I viel höher sind als die von ungereinigtem I. Bei Polymerisation in der Gasphase liegt der höchste $G(-C_2H_4)$-Wert bei 40°, bei Polymerisation in fl. Phase bei ca. 7°. Zusätze organ. Peroxide fördern die Polymerisation u. erhöhen den $G(-C_2H_4)$-Wert. Die G(Polyäthylen)-Werte liegen zwischen 1 u. 3. Die Rk.-Geschw. der Polymerisation wird durch eine Rk. 1. Ordnung wiedergegeben. Durch γ-Bestrahlung gewonnenes *Polyäthylen* (II) hat höhere Werte für Dichte u. F. als herkömmliches Hochdruck-II. Aus den physikal. Werten des gewonnenen II wird gefolgert, daß es dem Ziegler- oder Phillips-II mehr ähnelt als stärker verzweigtem Hochdruck-II. W. Wesly 4010◇

*0930* **Einfluß von Jod auf die elektrischen Eigenschaften der Produkte einer strahlenthermischen Modifizierung von Polyäthylen.** A. W. Wannikow und N. A. Bach. (Ber. Akad. Wiss. UdSSR **149,** 357—59, 1963; Inst. für Elektrochem. der Akad. der Wiss. der UdSSR; russ.) — Nachdem an dem durch therm. Bestrahlung modifizierten *Polyäthylen* Jod adsorbiert worden war, wachsen sowohl Leitfähigkeit als auch Aktivierungsenergie der Proben. Die Thermo-EMK wird stark temperaturabhängig, es kann Vorzeichenwechsel eintreten. Wege zur Darst. organ. Materialien mit festgelegtem Leitfähigkeitstyp werden angedeutet. M. Bülow 4010◇

*0931* **Die thermische und die parakristalline Störung in den Kristalliten verschiedener partiell kristallisierter Polymerer.** H. G. Kilian. (Kolloid-Z., Z. Polymere **185,** 13—27, 1962; Marburg/Lahn, Philipps Univ., Inst. für Polymere; dt.) — Die früheren (vgl. C. **1963,** 15068) Befunde an verschieden verzweigten, partiell kristallinen *Polyäthylenen*, daß der „verallgemeinerte" Debye-Waller-Faktor, der die therm. u. in 1. Näherung die parakristallinen Störungen im Kristallgitter berücksichtigt, von einer bestimmten Temp. an zu tiefen Temp. hin konst. bleibt, waren den parakristallinen Störungen des Gitters zugeschrieben worden. Zur Prüfung dieser Deutung wurden analoge Verss. an weiteren Polymeren (*Polytetrafluoräthylen*) u. *4.6-Polyurethan* durchgeführt. Die parakristallinen Störungen im Gitter sind anisotrop; die longitudinale Gitterrichtung, in der die Mol.-Achsen liegen, ist im allg. am stärksten gestört. Bei hinreichend hohen Temp. herrschen aber bei gut kristallisierenden Polymeren die therm. Störungen des Gitters vor. Bei tieferen Temp. können die parakristallinen Störungen des Gitters direkt nachgewiesen werden. R. Schäff 4010◇

*0932* **Über die Autoxydation gesättigter makromolekularer Kohlenwasserstoffe.** L. Dulog, E. Radlmann und W. Kern. (Makromolekulare Chem. **60,** 1—17, 1963; Mainz, Organ.-Chem. Inst.; dt.) — Am Beispiel von *isotakt. Polypropylen* u. *Polybutylen-(1)* sowie *atakt. Polypropylen, Polybutylen-(1)* u. *Polyäthylen* wurde in einem Gemisch von 1.2.3- u. 1.2.4-Trichlorbenzol bei Temp. von 120—176° die Autoxydation untersucht. Bei den atakt. Polymeren steigt die Rk.-Geschw. proportional der Rk.-Dauer an, nicht dagegen bei den isotakt. Polymeren, bei letzteren ist die Rk.-Geschw. proportional der aufgenommenen $O_2$-Menge. Beim Auftragen der Rk.-Geschw. der atakt. Polymeren gegen $\sqrt{[O_2]}$ ergeben sich lineare Beziehungen. Die Autokatalyse der Autoxydation isotakt. Prodd. wird durch einen bimol. Kettenstart der gebildeten Hydroperoxide hervorgerufen, bei den atakt. Polymeren tritt monomol. Kettenstart auf. K. Gröbe 4010◇

*0933* **Elektronenspinresonanzuntersuchung an γ-bestrahltem Polyvinylchlorid.** M. M. R. Gautron, J. Roch, M. Ptak und C. Wippler. (J. Chim. physique Physico-Chim. biol. **58,** 649—50, 1961; St. Cloud, Seine-et-Oise, École Norm. Super.; Antony, Seine, Centre de Res. de la Cie de St-Gobain; franz.) — Vgl. Gautron, Roch u. Wippler, J. Chim. physique Physico-Chim. biol. **58,** [1961], 159. — Die Unterschiede zwischen den l. c. mitgeteilten Ergebnissen u. denen anderer Autoren wurden beseitigt, nachdem die Probeampullen nach der Bestrahlung bei 77° K abgeschmolzen wurden u. damit $O_2$ ausgeschlossen wurde. Bei Aufwärmen der verschlossenen Ampullen nimmt die Radikalkonz. [R·] nur sehr langsam mit der Zeit ab u. die weiße Probe färbt sich rosa. [R·] wächst bei Bestrahlung mit wachsender Strahlendosis D nach [R·] = $18{,}10^{18}$ (1-exp 0,023 D). Die radiochem. Radikalausbeute bei 77° K beträgt 0,66 ± 20%. G. Winkhaus 4010◇

*0934* **Mechanische Eigenschaften von hochmolekularen Substanzen.** 35. Mitt. **Methode zur Messung der dynamisch-mechanischen Eigenschaften von viscoelastischen Flüssigkeiten und Gelen; die Gelierung von Polyvinylchlorid.** Meyer H. Birnboim und John D. Ferry. (J. appl. Physics **32,** 2305—13, 1961; Madison, Wis., Univ., Dep. of Phys. and Chem.; engl.) — 34. vgl. C. **1962,** 868. — Vff. entwickelten eine App. zur Messung der Komponenten des komplexen Schermoduls viscoelast. Fll. u. verdünnter Gele im kontinuierlichen Frequenzbereich von 0,01—400 Hz u. im Temp.-Bereich von —40 bis 150° u. untersuchten den Übergang einer viscoelast. Fl. in einen gelatinösen Feststoff. Vorläufige Verss. an 2,29 u. 3%ig. Lsgg. von *Polyvinylchlorid* in Bis-[2-äthylhexyl]-phthalat lieferten die dynam. Moduln G' u. G'' u. das Relaxationsspektrum während des Geliervorgangs. Die Moduln der ungelierten Lsgg. im frühen Zustand des Aggregationsvorgangs folgen weitgehend der Theorie von Zimm (vgl. C. **1956,** 12014) u. die daraus abgeleitete lokale effektive Viscosität liegt zwischen der Viscosität des Lsgm. u. der der Lösung. J'' (loss compliance) der gealterten Gele wird annähernd durch die Theorie der Netzwerke von Bueche (vgl. C. **1950/54,** 1716 S) wiedergegeben. Deutlich zeigt sich aber, daß die Gele viel Solfraktion (nicht ans Netzwerk geknüpfte Polymeranteile) enthalten. R. Schäff 4010◇

*0935* **Über die Bildung einer mikroporösen Struktur bei der thermischen Zersetzung von Saran.** A. A. Tager, M. R. Zilipotkina, D. M. Romanowa und M. M. Dubinin. (Ber. Akad. Wiss. UdSSR **144,** 602—05, 1962; Gorki-Univ. des Urals; russ.) — *Saran* (I; Copolymeres aus 85% *Vinyliden-* u. 15% *Vinylchlorid* mit 0,0206 Mol HCl/g) wird im Quarzrohr bei 2—3 Torr im elektr. Ofen in 1 Std. auf 170°, 1 Std. auf 170°, in je 2 Std. von 170 auf 180° u. von 180 auf 200°, in je 1 Std. von 200 auf 300° u. von 300 auf 400° u. in ½ Std. von 600 auf 700° erhitzt. Bei 180° bleiben von 1 Teil I α = 0,580 übrig, auf 1 g I sind q = 0,0115 (Mol) HCl abgespalten, Rest-HCl-Geh. 0,0157 (Mol/g); die entsprechenden Zahlen sind bei 350° 0,404, 0,0163, 0,0106; bei 500° 0,296, 0,0192, 0,0048; bei 700° 0,248, 0,0206, ca. 0. Zur Unters. der Mikroporosität werden die Adsorptionsisothermen für $N_2$ bei — 195° u. für Bzl. bei 24° aufgenommen. Die adsorbierten Mengen (cm³/g) sind für I 0, für C-180 (Prod. der Zers. bei 180°) für $N_2$ 0,023, für Bzl. (0,12), für C-350 0,34 (0,14), für C-500 0,41 (0,15), für C-700 0,46 (0,27). Für die Bzl.-Moll. sind also weniger Mikroporen-Vol. zugänglich als für $N_2$ (bei 180° 52, 350° 41, 500° 37, 700° 59%). Die Mikroporositäts-Konst. B beträgt C-180 6,8 (·10⁻⁶), C-350 4,6, C-500 3,0, C-700 3,4. Der Austritt von HCl bei der therm. Zers. von I bis zum prakt. völligen Übergang in Rest-C (C-700) führt also zur Bldg. eines relativ großen Vol. an Mikroporen. R. K. Müller 4010◇

*0936* **Untersuchung des Mechanismus der Sinterung von Fluoroplast-4.** 1. Mitt. **Untersuchung des Sorptionsprozesses.** A. A. Gorina und W. A. Kargin. (Kolloid-J. [UdSSR] **21,** 276—82, Mai/Juni 1959; Moskau, Forsch.- u. Planungs-Inst.

für plast. Massen; russ., Auszug: engl.) — Bei Drücken von ca. 500 kg/cm² verschwinden im *Fluoroplast-4* (*Polytetrafluoräthylen*, I) die Poren. Mit Erhöhung der Sinterungs-Temp. verringert sich die Adsorptionsfähigkeit von I. Der geringste Betrag der Adsorptionsfähigkeit liegt im Intervall des Übergangs zur Sinterungs-Temp. bei 390°. Bei weiterer Temp.-Erhöhung steigt die Adsorption an. Der Sinterungsprozeß von I läßt sich somit bei 327—390° durchführen, jedoch verläuft er bei 327—360° langsam. Bei Temp. über 390° treten destruktive Prozesse u. Relaxationserscheinungen auf. Daher ist die optimale Sinterungs-Temp. für I 375 ± 15°. Die gleichen Gesetzmäßigkeiten für die Durchlässigkeit von Farbstoffen bei I u. *Polyäthylen* beweisen, daß es sich hierbei um eine Diffusion der Farbstoffe, aber nicht um ein Durchdringen durch die Poren handelt. J. v. Schroeder 4010◇

*0937* **Copolymerisation von Hexafluorbutadien mit Dienverbindungen in Lösung.** A. L. Klebanski und O. A. Timofejew. (J. allg. Chem. [UdSSR] **30** (92), 60—67, Jan. 1960; russ.) — Vff. untersuchten die Bedingungen der Copolymerisation von *Hexafluorbutadien-(1.3)* (I) mit *Chloropren* (II), *Fluoropren* (III) u. *Isopren* (IV) in Lösung. Die Abhängigkeit der Rk. von der Natur des Lsgm. (Geschw. in Chlf. > Chlorbenzol > $CCl_4$ > Bzl.), von der Konz. (Monomeres : Lsgm. = 1 : 1; 1 : 2; 1 : 3), von der Natur der Initiatoren (Dibenzoylperoxid > Azodiisobuttersäurenitril > tert.-Butylhydroperoxid > Isopropylbenzolhydroperoxid), vom Ausgangsverhältnis der Monomeren (II : I = 7,5 : 2,5 > 5,0 : 5,0 > 2,5 : 7,5) u. von der Temp. (—60°; —50°; —40°) ist dargestellt. Die relative Aktivität der Monomeren läßt sich in folgender Reihe anordnen: II > III > IV > I. Diese Reihe läßt sich aus den gemessenen u. berechneten Konst. auf einen Substituenteneffekt in Butadien zurückführen. Die verwendete App. wird ausführlich beschrieben. B. Lücke 4010◇

*0938* **Der Einbau eines mit Azobenzolgruppen gekennzeichneten Katalysators bei der Polymerisation von Styrol.** Hermann Kämmerer, François Rocaboy und Werner Kern. (Makromolekulare Chem. **51**, 220—21, 1962; Mainz, Univ., Org.-Chem. Inst.; dt.) — Peroxide lösen die Polymerisation von *Styrol* aus. Katalysatorbruchstücke (KB) werden kovalent im gebildeten *Polystyrol* (I) gebunden. Da zur Kenntnis der Struktur von I die Zahl der je I-Mol. gebundenen KB von Bedeutung ist u. da colorimetr. Messungen genaue quant. Best. erlauben, wurde ein gefärbtes Peroxid, *4.4'-Bis-[phenylazo]-dibenzoylperoxid* (Zers. bei 147—148°), hergestellt u. in das I eingebaut. Nicht umgesetzter Katalysator wurde durch Umfällen oder durch Chromatographie an bas. $Al_2O_3$ abgetrennt. H. Cnobloch 4010◇

*0939* **Versuch einer colorimetrischen Molekulargewichtsbestimmung von Polystyrol.** Hermann Kämmerer, François Rocaboy und Werner Kern. (Makromolekulare Chem. **51**, 222—224, 1962; Mainz, Univ., Org.-Chem. Inst.; dt.) — Vgl. vorst. Referat. — Mit Hilfe des l. c. hergestellten farbigen Peroxids, das ins *Polystyrol* (PS) eingebaut wird, läßt sich durch colorimetr. Messungen (bei 450 nm) nach $\varepsilon'/\varepsilon_0' = k \cdot \overline{M}_n^{-\beta}$ das Molgew. von PS bestimmen. Dabei sind $\varepsilon'$ der spezielle dekad. Extinktions-Koeff. der jeweiligen PS-Fraktion, $\varepsilon_0'$ der spezielle dekad. Extinktions-Koeff. der farbigen (End-)Gruppen, k eine Konst., $\beta \approx 1$ u. $\overline{M}_n$ das Zahlenmittel des Molgewichts. H. Cnobloch 4010◇

*0940* **Zur Verwendung ¹⁴C-markierter Lösungsmittel beim Studium der Polymerisationskinetik.** G. Henrici-Olivé und S. Olivé. (Makromolekulare Chem. **51**, 236—38, 1962; Zürich, Monsanto Res. S.A.; dt.) — Es wurden mehrere *Polystyrol*-Präpp. unter variierenden Konz.-Verhältnissen in $^{14}$C-Bzl. hergestellt. Man beobachtet eine erhebliche Radioaktivität im Polymeren, die vorerst als ein Ergebnis der Copolymerisation mit dem Lsgm. gedeutet wurde. Wegen starker Streuung der Werte für den konzentrationsunabhängigen Copolymerisationsparameter $r_1 = [(A_{LM}/A_P)\text{-}1][LM]/[M]$ ($A_{LM}$ u. $A_P$ auf ein Mol bezogene Aktivität des Lsgm. u. Polymeren, [LM] u. [M] = Konz. des Bzl. u. des Monomeren in der Rk.-Lsg.) wird geschlossen, daß die Radioaktivität in Polystyrol fast ausschließlich auf eine Verunreinigung des verwendeten $^{14}$C-Bzl. zurückzuführen ist. H. Cnobloch 4010◇

*0941* **Durch Äthyllithium initiierte Polymerisation von Styrol, Butadien und Isopren in verschiedenen Medien.** Ju. L. Spirin, D. K. Poljakow, Ja. R. Gantmacher u. Ss. Ss. Medwedew. (Ber. Akad. Wiss. UdSSR **139**, 899—902, 1961; russ.) — Die Polymerisation von *Styrol* (I), *Butadien*(II) u. *Isopren* (III) sowie die Copolymerisation von I mit II u. I mit III in Ggw. von Äthyl-Li in verschiedenen Lsgm. wird untersucht. Relativ schwache Elektronendonatoren als Lsgm., wie Toluol, Triäthylamin, Ae. oder Dioxan, verlangsamen die Polymerisations-Rk., da sie die Polarisation der Li—C-Bindung nur wenig beeinflussen, die Aktivierungsenergie der Kettenwachstums-Rk. in den meisten Fällen jedoch erhöhen. Tetrahydrofuran eignet sich als Lsgm. bes. gut, da es die Li—C-Bindung stark polarisiert, wodurch ein anion. Polymerisationsmechanismus ausgelöst wird. Hans Nestler 4010□

*0942* **Stereospezifität bei der kationisch koordinierten Polymerisation von Methoxystyrolen.** G. Natta, G. Dall'Asta, G. Mazzanti und A. Casale. (Makromolekulare Chem. **58**, 217—25, 1962; Milan, Italy, Soc. Montecatini; C.N.R., Centro Chim. di Macromol.; engl.) — Es wird untersucht, ob bei der kation.-koordinierten Polymerisation von Vinyl- u. Alkenyläthern stereospezif. wirkende „modifizierte Friedel-Crafts-Katalysatoren" [$AlCl_2C_2H_5$, $AlCl(C_2H_5)_2$, $TiCl_2(OOCH_3)_2$, $TiCl_2(O\text{-}n\text{-}C_4H_9)_2$] auch dann noch Stereospezifität entfalten, wenn der Äther-Sauerstoff nicht unmittelbar an die Vinyl-Doppelbindung geknüpft ist. Zu diesem Zweck wird die Polymerisation von *o-*, *m-* u. *p-Methoxystyrol* untersucht. Während m-Methoxystyrol wegen des ungünstigen Einfl. des Substituenten auf die π-Elektronen der Vinylgruppe nicht polymerisiert, erhält man bei den o- u. p-Isomeren amorphe Polymere. Durch Hydrierung der Phenylringe von *Poly-o-methoxystyrol* zu kristallinem *Poly-o-methoxyvinylcyclohexan* wird der Beweis erbracht, daß die Polymerisation von o-Methoxystyrol stereospezif. verlaufen ist u. daß der Mechanismus kation.-koordinativ ist.

Versuche: *Poly-o-methoxystyrol*, Erweichungspunkt (Ew.) 120°, aus o-Methoxystyrol u. $AlCl_2C_2H_5$ in Toluol unter $N_2$ durch 5std. Rk. bei —78° u. Eingießen in HCl-haltiges Methanol; 92% (Ausbeute). — *Poly-p-methoxystyrol*, Ew. 230°, aus p-Methoxystyrol analog der o-Verb. u. $AlCl(C_2H_5)_2$; 82%. — *Poly-o-methoxyvinylcyclohexan*, kristallin, F. 190 bis 195°, durch Hydrieren von 4,5 g Poly-o-methoxystyrol in 1.2-Diäthoxyäthan u. A. an Raney-Ni unter 110 at $H_2$-Druck, 65std. Schütteln bei 185°, Abkühlen, Abfiltrieren des Ni u. Eingießen in Methanol; 4,3 g. K. Pfleghar 4010◇

*0943* **Forschung über den katalytischen Abbau des Kolophoniums.** Akira Mitsutomi. (Bull. chem. Soc. Japan **34**, 1319—25, 1961; Miyakojima-ku, Osaka, Univ., Techn. Fak., Chem. Inst.; dt.) — Vf. untersucht den kontinuierlichen Abbau von *Kolophonium* nach dem Gasphasen-Verf. bei gewöhnlichem Druck u. Temp. von 400, 450 u. 500° unter Verw. von 12 verschiedenen Katalysatoren [japan. Säureerde (I), Kieselgur (II), Bimsstein, Kaolin, Bentonit sowie Mischkatalysatoren: I-$Al_2O_3$ (70 : 30), I-Aktivkohle (50 : 50), I-ZnO (70 : 30), I-$TiO_2$ (70 : 30), I-Eisenoxid (70 : 30), I-Kieselsäureanhydrid (70 : 30) u. I-$ZnSO_4$ (70 : 30)]. Dabei zeigt es sich, daß optimale Mengen an niedrigsd., fl. Prodd. bei 450° unter Verw. von II als Katalysator erhalten werden. In den fl. Pyrolyse-Prodd. bis zu einem Kp. von 200° wurden *Bzl.*, *Toluol*, *Xylol*, *Cumol*, *Pseudocumol* u. *p-Cymol* nachgewiesen, die fl. Prodd. mit einem Kp. > 200° enthalten *Naphthalin*, *Anthracen*, *Phenanthren* u. *Reten*. Die gasförmigen Prodd. bestehen hauptsächlich aus $CO_2$, *Olefinen*, *CO*, $H_2$ u. gesätt. KW-Stoffen. — Die Vers.-App. wird beschrieben. J. Sickfeld 4010◇

*0944* **Forschung über den katalytischen Abbau des rohen Kieferharzes.** Akira Mitsutomi. (Bull. chem. Soc. Japan **34**, 1325—29, 1961; Miyakojima-ku, Osaka, Univ., Techn. Fak., Chem. Inst.; dt.) — Vgl. vorst. Referat. — Nach gleichem Verf., wie l. c. beschrieben, untersucht Vf. den kontinuierlichen Abbau von rohem *Kiefernharz* bei Temp. von 400, 450 u. 500° unter Verw. von 17 verschiedenen Katalysatoren [japan. Säureerde (I), CuO, ZnO, I-$Al_2O_3$ (80 : 20, 70 : 30, 50 : 50 u. 30 : 70), I-ZnO (90 : 10, 70 : 30), I-$ZnCl_2$ (90 : 10), I-$ZnSO_4$ (90 : 10, 70 : 30 u. 50 : 50), I-$Al_2(SO_4)_3$ (70 : 30), I-MgO (70 : 30) Kieselgur-$ZnSO_4$ (90 : 10) u. CuO-ZnO (50 : 50)]. Alle Katalysatoren mit Ausnahme von CuO-ZnO ergaben bei 450° gute Ausbeuten an fl. Pyrolyse-Prodd. (35—50%), als optimaler Katalysator erwies sich jedoch der Mischkatalysator aus I u. $Al_2O_3$. Als Pyrolyse-Prodd. wurden fast die gleichen Prodd. wie die bei dem katalyt. Abbau von *Kolophonium* (vgl. l. c.) nachgewiesen. J. Sickfeld 4010◇

*0945* **Kinetik der Photoleitfähigkeit von Acetylenpolymeren.** W. Ss. Mylnikow. (Ber. Akad. Wiss. UdSSR **148,** 620–23, 1963; russ.) — Es wurde die Photoleitfähigkeit u. ihre Relaxation bei *Polyacetylenen* der Struktur $C_6H_5-C\equiv C-[C\equiv C-C_6H_4-C\equiv C]_n-C\equiv C-C_6H_5$ (I) u. $-[C\equiv C-C_6H_4-N=N-C_6H_4-C\equiv C]_n-$ (II) untersucht. I ist ein Prod. der oxydierenden Dehydropolykondens. von p-Diäthinylbenzol u. Phenylacetylen (1 : 1). Die Proben wurden in Form sehr dünner I (II)-Schichten aus einer Dimethylformamid-Lsg. auf Quarzträger aufgebracht, die Pt-Elektroden enthielten. Die Spannung an den Elektroden betrug 400 V. Die Photoleitfähigkeit wurde mit moduliertem, unzerlegtem Licht der Wellenlängen 350–600 m$\mu$ untersucht u. ein Photostrom von $10^{-10}$ bis $10^{-12}$ A nachgewiesen. Es werden typ. Oscillogramme der Änderung des Photostroms mit der Zeit angegeben. Die Relaxation der Photoleitfähigkeit $\sigma$ wird gut durch das hyperbol. Gesetz $\Delta\sigma = \Delta\sigma_0/(1-at)^{\alpha}$ wiedergegeben. Die Konst. a u. $\alpha$ werden für I u. II angegeben, desgleichen die Zeit-Konst. des Anstiegs u. Abfalls des Photostroms u. die Halbwertszeiten. Der Photostrom steigt in Luft ($O_2$) gegenüber dem im Vakuum an, womit frühere Messungen, die Löcherleitung bei I zeigten, bestätigt werden. Dagegen verringert sich der Photostrom bei II durch Luft ($O_2$) gegenüber Vakuum, obwohl auch II Löcherleitung zeigt. Die Kurzzeit-Messungen ergaben, daß die Photoleitfähigkeit Elektronencharakter besitzt. Das hyperbol. Gesetz des Abfalls des Photostroms deutet auf einen bimol. Charakter der Relaxation der Photoleitung. Storbeck 4010◇

*0946* **Untersuchung über das Verhalten von Hochpolymeren in Lösung.** 13. Mitt. **Intra- und intermolekulare Wasserstoffbindungen in Lösungen von Polyvinylalkohol.** Hirokuni Maeda, Tōru Kawai und Sumio Sekii. (Chem. High Polymers [Tokyo] **15,** 719–27, 1958; Tokyo, Inst. of Technol., Labor. Textile Chem.; jap., Auszug: engl.) — 11. vgl. C. **1961,** 14675. — Die Existenz von inter- u. intramol. H-Bindungen wird durch viscosimetr. Messung wss. Lsgg. von *Polyvinylalkohol* (I) mit verschiedenem Geh. von Harnstoff u. NaOH untersucht. Im untersuchten Konz.-Bereich von 0–15% steigt die Intrinsicviscosität [$\eta$] mit dem Harnstoffgehalt. Bei Zusätzen bis zu 6% NaOH steigt sie ebenfalls u. fällt dann bei steigender NaOH-Konz. rasch ab. Die von I-Filmen adsorbierte NaOH-Menge u. das Gleichgewichts-Quellungsverhältnis als Funktion der NaOH-Konz. in der umgebenden Lsg. wurden bestimmt. Es zeigte sich, daß I-Moll. sich nicht wie Polyelektrolyte verhalten u. weder Na- noch OH-Ionen selektiv adsorbieren. Trotz des „Aussalzeffekts" durch NaOH-Zugabe steigt das Gleichgewichts-Quellungsverhältnis mit dem NaOH-Geh. der umgebenden Lösung. Vff. führen dieses Verh. auf das Auseinanderbrechen von H-Bindungen zwischen I-Moll. durch NaOH zurück. Ähnlich deutet das Ansteigen von [$\eta$] mit dem Geh. an NaOH oder Harnstoff auf das Aufbrechen intramol. H-Bindungen zwischen OH-Gruppen hin, die durch viele dazwischentretende Segmente entlang der Kette getrennt sind. Andererseits weist der schnelle Abfall von [$\eta$] bei 6% NaOH auf die Existenz eines weiteren Typs von intramol. H-Bindungen zwischen nahe benachbarten OH-Gruppen entlang der Polymerkette hin. U. Stürzer 4010◇

*0947* **Strahlungsinduzierte Einflüsse auf teilweise acetylierten Polyvinylalkohol in wässerigen Lösungen.** Tatsuo Matsuda und Chen-Chong Lin. (Rep. Government ind. Res. Inst. Nagoya **10,** 567–70, 1961; jap., Auszug: engl.) — Unterss. über den Einfl. von Struktur u. Zus. auf strahlungsinduzierte Einw. in teilweise acetyliertem *Polyvinylalkohol* (I) mit verschiedenem *Vinylacetat* (II)-Geh. in wss. Lsgg. zeigen, daß der G-Wert der Zers. von I in verd. Lsg. größer ist als der von II. Der G-Wert der I-Vernetzung in konz. Lsg. ist geringer als der von II. Es wird gefolgert, daß die Geschw. der Zers. u. Vernetzung von II in wss. Lsg. stark von der Menge der II-Einheiten in der Polymerenkette abhängt u. dieser Menge annähernd proportional ist. W. Wesly 4010◇

*0948* **Gelierung von konzentrierten wässerigen Polyvinylalkohol-Lösungen.** Syuzi Matsuzawa und Ichiro Sakurada. (Chem. High Polymers [Tokyo] **15,** 735–39, 1958; Kyoto, Univ., Dep. of Textile Chem.; jap., Auszug: engl.) — Aus *Vinylalkohol* u. ca. 5 Mol-% *Allylalkohol* wurden *Copolymere* dargestellt u. fraktioniert. Die Viscosität der 10-, 13- u. 15%ig. wss. Lsgg. verschiedener Fraktionen wurde bei $10^0$ gemessen u. mit der von entsprechenden *Polyvinylalkohol* (I)-*Homopolymeren* verglichen. Die Gelierungs-Geschw. wss. I-Lsgg. steigt mit dem Molgew. an u. wird durch einen geringen Geh. an I mit höherem Molgew. beeinflußt. U. Stürzer 4010◇

*0949* **Polymerisation von Vinylacetat durch stille elektrische Entladung.** Yasuo Kikuchi und Satoru Tsuda. (J. electrochem. Soc. Japan **29,** E117–E118, 1961; Hiroshima, Univ., Fac. Engng., Dep. of Appl. Sci.; engl.) — *Vinylacetat*-Polymerisate wurden durch stille elektr. Entladungen (12,5, 8,25 u. 4,5 kV in $N_2$) in Ggw. von Azo-bis-isobutyronitril (I) bei $30^0$ erhalten. Die Polymerisations-Geschw. ist bei Kurzzeitpolymerisation proportional der I-Konz. [I], bei Langzeitpolymerisation proportional $[I]^{0,5}$. Der Polymerisationsgrad wird bei fallendem [I], mit kürzerer Polymerisationszeit bzw. mit niedrigerer Entladungsspannung größer. Es wird gefolgert, daß das Monomere in 2 Stufen polymerisiert: Bldg. von Monomerenradikalen durch die Entladung bzw. durch die Entladung aktivierte Polymerisation mit Hilfe von I. R. Schäff 4010◇

*0950* **Die Polymerisation von Epoxiden.** 4. Mitt. **Die Polymerisation von Propylenoxid und Äthylenoxid mit Eisen(III)-chlorid-Katalysator.** 1. Mitt. G. Gee, W. C. E. Higginson und J. B. Jackson. (Polymer [London] **3,** 231–42, 1962; Manchester, Univ., Dep. of Chem.; engl.) — 3. vgl. C. **1962,** 14892. — Die Kinetik der Polymerisation in Substanz bzw. in Lsg. ($CH_2Cl_2$) von *Äthylenoxid* (I, $Kp._{760}$ $10,5^0$) u. *Propylenoxid* (II, $Kp._{760}$ $33,0^0$) in Ggw. von $FeCl_3$ wird dilatometr. zwischen 25 u. $101,1^0$ verfolgt. Die Rkk. folgen der 1. Ordnung bzgl. Oxid u. Katalysator, bei II treten jedoch während der Anfangsphase der Rk. bei $91,6^0$ Abweichungen auf. Für die Rk. von I lauten die Aktivierungsgrößen E 9,4 kcal/Mol, A $1,5 \cdot 10^2$ Liter/Mol·s, für II liegt der E-Wert etwas niedriger. Die bei der Rk. von II bei $91,6^0$ beobachtete Rk.-Beschleunigung wird auf eine Änderung im Katalysator zurückgeführt. Zusatz von W. bewirkt eine Erhöhung der Rk.-Geschw. von I u. II. Aus II entstehen sowohl teilkristalline (Verhältnis kristallin/amorph ca. 0,12) als auch amorphe u. fl. Polymere; die I-Polymeren sind dagegen sämtlich bei Raum-Temp. kristallin. In Ggw. von W. steigt das Verhältnis kristallin/amorph bei den II-Polymeren bis zu 0,50. Dieses Verh. wird einer partiellen Hydrolyse des Katalysators u. der folgenden Kondens. unter Bldg. von Fe–O–Fe-Brücken zugeschrieben. Die Molgew. der I- u. II-Polymeren liegen zwischen ca. $10^3$ u. $10^5$. Ohne W. werden pro Fe-Atom aus I 4 bzw. aus II 6 Polymer-Moll. gebildet. Ferner ergibt sich, daß im Rk.-Gemisch jedes Fe-Atom mit 2 Polymerketten assoziiert ist. Für die Rkk. von I u. II gilt der Mechanismus von Price u. Miller (vgl. J. Polymer Sci. **34,** [1959], 161); Polymerisation über Koordinationskomplexe). Daneben treten bei I aber auch Kettenübertragungen auf, da im Polymeren auch ungesätt. Bindungen beobachtet werden. Bernhard Gnauck 4010◇

*0951* **Der Mechanismus der Vernetzung von Epoxidharzen durch Amine.** — Ieuan T. Smith. (Polymer [London] **2,** 95–107, 1961; Teddington, Middlesex, Res. Assoc. of Brit. Paint Colour and Varnish Manufacturers, Paint Res. Stat., Jordan Labor.; engl.) — Durch kinet. Unterss. wird bestätigt, daß die Rk. über einen termol. Zwischenzustand mit H-Bindung verläuft. Durch isotherme Gelpunkts-Best. u. Messung der Temp.-Änderung bei der Vernetzung können Aktivierungsenergie u. -entropie einiger *Epoxid–Amin-Netzwerke* bestimmt werden. Der Mechanismus 2. Ordnung (bestimmt bei Unterss. in verd. wss. u. alkohol. Lsgg.) ist also nicht auf eine bimolekulare Rk. zurückzuführen. K. Gröbe 4010◇

*0952* **Untersuchungen über die Bildungsreaktion von Phenolharz.** 23. Mitt. **Kinetische Untersuchungen über die Zersetzung von Novolak in Gegenwart von Säuren.** Hikaru Horiuchi. (J. chem. Soc. Japan, ind. Chem. Sect. [Kōgyō Kagaku Zassi] **66,** 139–40, 1963; Ôsaka-Kitaku, Siritu-Kôgyô-Kenkyûzyo; jap., Auszug: engl. S. A10.) — 22. vgl. J. chem. Soc. Japan, ind. Chem. Sect. [Kōgyō Kagaku Zassi] **63,** [1960], 1651. — Das Molgew. von p-Kresolnovolak nimmt beim Erhitzen in p-Kresol (I) in Ggw. von p-Toluolsulfonsäure auf $158-194^0$ nach der Gleichung $v = k[-CH_2-] \cdot [H^+][I]$ ab. Die scheinbare Aktivierungsenergie beträgt 20,3 kcal/Mol. E. Maekawa 4010◇

*0953* **Untersuchungen über die Bildungsreaktion von Phenolharz.** 24. Mitt. **Xanthen und seine Derivate, die sich bei der Zersetzung von Phenolharz in Gegenwart von Säure bilden.** Hikaru Horiuchi. (J. chem. Soc. Japan, ind. Chem. Sect. [Kōgyō Kagaku Zassi] **66,** 141–44, 1963;

jap., Auszug: engl. S. A10.) — 23. vgl. vorst. Referat. — *Novolak* (I) oder therm. gehärtetes *Phenolharz* wird 10 Std. in Phenol (II) in Ggw. von p-Toluolsulfonsäure (III) zum Sieden erhitzt, das Rk.-Gemisch mit Wasserdampf dest., das Destillat mit NaOH neutralisiert u. der Nd. aus A. umkrist., wobei *Xanthen* (IV; F. 102—103°) als Hauptprod., *Dixanthenyl-(9.9')* ($C_{26}H_{18}O_2$, F. 198—199°) u. *Xanthon* (V; $C_{13}H_8O_2$, F. 174 bis 175°) aus der Mutterlauge u. daneben *9-[4'-Hydroxyphenyl]-xanthen* [VI; $C_{19}H_{14}O_2$, F. 154—155°. *Acetyl-Deriv.*, $C_{21}H_{16}O_3$, F. 112—113° (aus A. Prismen)] aus dem Destillat durch starkes Alkalisieren isoliert werden. Zum Vgl. wird durch Erhitzen von 2.2'-Dihydroxydiphenylmethan auf 350° IV dargestellt, das durch Oxydation in Eisessig mit $CrO_3$ oder in Aceton mit $KMnO_4$ in V übergeht. VI wird durch Erhitzen von Xanthydrol (VII) mit II in Ggw. von $ZnCl_2$ oder durch Kochen von IV mit II u. III dargestellt. *2.7-Dimethylxanthen* [F. 166,5° (A.)] wird durch 10std. Kochen von I in p-Kresol mit II u. Wasserdampf-Dest. des Rk.-Gemisches erhalten, wobei *2.2'-Dihydroxy-5.5'-dimethyldiphenylmethan* (F. 124 bis 125°) als nichtflüchtiges Nebenprod. isoliert wird. *2.7-Dichlorxanthen* [$C_{13}H_8Cl_2O$, F. 153—154° (aus A.)] wird analog aus I, p-Chlorphenol u. II dargestellt, wobei sich *2.2'-Dihydroxy-5.5'-dichlordiphenylmethan* (F. 176—178°, aus W. Nadeln) bildet. Das aus VII u. 2.6-Dibromphenol durch 1std. Erhitzen mit $ZnCl_2$ dargestellte *9-[3'.5'-Dibrom-4'-hydroxyphenyl]-xanthen* ($C_{19}H_{12}Br_2O_2$, F. 182—183°, aus A. Nadeln) ergibt durch Hydrierung in Methanol an Raney-Ni unter Zusatz von KOH VI. E. Maekawa 4010◇

*0954* **Untersuchungen über die Bildungsreaktion von Phenolharz. 25. Mitt. Spaltung und Rekombination von Novolakmolekülen in Gegenwart von Alkalien.** Hikaru Horiuchi. (J. chem. Soc. Japan, ind. Chem. Sect. [Kōgyō Kagaku Zassi] **66**, 145—47, 1963; jap., Auszug: engl. S. A10.) — 24. vgl. vorst. Referat. — 2.2'- (I), 2.4'- (II) u. 4.4'-Dihydroxydiphenylmethan (III) werden im Einschlußrohr in 20%ig. NaOH auf 180° erhitzt u. der chem. Verlauf papierchromatograph. untersucht. I ist ziemlich stabil u. ergibt erst nach 8 Std. wenig II; III bildet nach 3 Std. II u. mehrkernige Produkte. II ist sehr labil, schon nach ½ Std. wird die Bldg. von I, III u. mehrkernigen Verbb. beobachtet. I, II, III u. auch andere höhere Novolak-Moll. werden durch Erhitzen mit Alkali offenbar unter Hydrolyse der $CH_2$-Gruppen zu den Methylol-Verbb. u. den niedrigeren Zwischenprodd. gespalten; die ersteren bilden mit den letzteren oder mit den Ausgangs-Prodd. unter Rekombination die umgebauten Harze. E. Maekawa 4010◇

*0955* **Untersuchungen über die Bildungsreaktion von Phenolharz. 26. Mitt. Zur Analyse der phenolischen Komponenten.** Hikaru Horiuchi. (J. chem. Soc. Japan, ind. Chem. Sect. [Kōgyō Kagaku Zassi] **66**, 147—50, 1963; jap., Auszug: engl. S. A10.) — 25. vgl. vorst. Referat. — *Kresol-Novolak* wird in überschüssigem Phenol unter Zusatz von p-Toluolsulfonsäure 3—5 Std. erhitzt, das Gemisch mit Wasserdampf dest., das Destillat alkalisiert, filtriert, das Filtrat angesäuert u. ausgeäthert. Die äther. Lsg. wird mit $Na_2SO_4$ getrocknet, eingeengt u. der Rückstand mit einer Kolonne, die Terephthalsäuredilaurylester enthält, gaschromatograph. analysiert. Die phenol. Komponenten, wie o- u. p-Kresol, werden auf diese Weise quant. bestimmt. Die Meth. ist auch zur prakt. Best. der phenol. Komponenten im gehärteten *Phenolharz* anwendbar. E. Maekawa 4010◇

*0956* **Untersuchungen über die Bildungsreaktion von Phenolharz. 27. Mitt. Acetalverbindungen in erster Stufe der Novolakbildung.** Hikaru Horiuchi. (J. chem. Soc. Japan, ind. Chem. Sect. [Kōgyō Kagaku Zassi] **66**, 150—55, 1963; jap., Auszug: engl. S. A11.) — 26. vgl. vorst. Referat. — 94 g Phenol werden 20 Min. mit 73 g 37%ig. Formalin (I) u. 2 ml 1n HCl zum Sieden erhitzt; das Gemisch wird mit NaOH neutralisiert, mit Wasserdampf dest., das Destillat wiederholt ausgeäthert, der Auszug mit 10%ig. NaOH gewaschen, getrocknet u. eingeengt; es bleiben 2 g einer Fl. ($Kp._2$ 53—55°), die IR-spektrograph. keine phenol. OH-Gruppe trägt. Diese Fl. enthält gaschromatograph. *Benzo-1.3-dioxan* (II) als Hauptbestandteil u. daneben *Phenoxymethoxymethan* (III). Auf Grund der Daten der papierchromatograph. Analyse der Rk.-Gemische wird geschlossen, daß sich II u. III gemäß nachst. Schemata bilden: $C_6H_5OH + \overset{+}{C}H_2OH \rightleftharpoons [C_6H_5-\overset{H}{\underset{}{O^+}}\cdots CH_2OH] \rightleftharpoons C_6H_5OCH_2OH + H^+$; $C_6H_5OCH_2 \cdot OH + CH_3OH \text{ (in I)} \xrightarrow{H^+} III + H_2O$; $C_6H_5OH + \overset{+}{C}H_2OCH_2 \cdot OH \rightleftharpoons C_6H_5OCH_2OCH_2OH + H^+ \xrightarrow{-H_2O} C_6H_5OCH_2 \cdot OCH_2 \xrightarrow{-H^+} II$. Aus o- bzw. p-Kresol (IV) wird auch gaschromatograph. die Bldg. der entsprechenden Acetal-Verbb. nachgewiesen, worunter *6-Methylbenzo-1.3-dioxan* [$C_9H_{10}O_2$, $Kp._{2,8}$ 87°, F. 39—40° (aus verd. A.), aus IV] rein isoliert wird. Zum Vgl. wird *8-Methylbenzo-1.3-dioxan* ($C_9H_{10}O_2$, $Kp._3$ 81—82°, F. —14°, $D._4^{25}$ 1,1269, $n_D^{25}$ 1,5362) durch Hydrierung von 6-Brom-8-methylbenzo-1.3-dioxan (V) an Raney-Ni in Methanol unter Zusatz von KOH dargestellt. V [$C_9H_9BrO_2$, F. 60—61° (60%ig. A.)] wird durch Stehen von 2-Methyl-4-bromphenol mit Paraformaldehyd in einem Gemisch aus konz. $H_2SO_4$ u. Eisessig (1:4 Vol.) u. Gießen des Gemisches in 10%ig. NaOH erhalten u. gibt durch Oxydation mit $CrO_3$ *2-Hydroxy-3-methyl-5-brombenzoesäuremethylenesteräther* [$C_9H_7BrO_3$, F. 144—145° (aus 90%ig. A.)], der durch Hydrolyse mit NaOH in *2-Hydroxy-3-methyl-5-brombenzoesäure* (F. 232—233°) übergeht. E. Maekawa 4010◇

*0957* **Untersuchungen über die Bildungsreaktion von Phenolharz. 28. Mitt. Einflüsse von Lösungsmitteln auf die Bildung von Resol.** Hikaru Horiuchi. (J. chem. Soc. Japan, ind. Chem. Sect. [Kōgyō Kagaku Zassi] **66**, 155—58, 1963; jap., Auszug: engl. S. A11.) — 27. vgl. vorst. Referat. — Die Bldg. von *Methylolphenolen* aus Phenol u. Formaldehyd in W. wird in Ggw. von bas. Katalysatoren u. unter Zusatz von Methanol (I), A., Isopropylalkohol (II), tert.-Butylalkohol (III) oder Tetrahydrofuran (IV) untersucht, wobei die katalyt. Aktivität in der Reihenfolge $Mg(OH)_2$, $Ba(OH)_2$, NaOH zunimmt. Unter Zusatz der organ. Lsgm. bilden sich *Polymethylolphenole* leichter im Vgl. zu parallelen Verss. in W.; diese Wrkg. nimmt im allg. in der angegebenen Reihenfolge der Lsgm. zu. Die Geschw. der Methylol-Bldg. von 2.4- (V) bzw. 2.6-Xylenol (VI) hängt vom Lsgm. stark ab; sie nimmt bei V in der Reihenfolge I < A. < II ~ IV ~ W. < III, bei VI in der Reihenfolge I < A. < W. ~ IV < III < II zu. E. Maekawa 4010◇

*0958* **Zur Polymerisation des Acetaldehyds.** K. Weissermel und W. Schmieder. (Makromolekulare Chem. **51**, 39—52, 1962; Farbwerke Hoechst Akt.-Ges.; dt.) — *Acetaldehyd* polymerisiert bei tiefen Temp. (vorzugsweise zwischen —30 u. —90°) in Ggw. kation. (Lewis-Säuren, wie $BF_3$, $SnCl_4$, $SbCl_5$), aktivierter anorgan. ($Al_2O_3$, Silicagel, Tonerdegel, Alkali-Al-Silicate) u. organ. [*Polypropylen* (*PP*), *PP/Polyoxymethylen* (I)] Feststoffkontakte bzw. Feststoffkontaktmischungen (PP/Kieselgel, PP/$Al_2O_3$, Polyvinylchlorid/Silicagel, I/Silicagel, I/$Al_2O_3$) in Anwesenheit oder in Abwesenheit eines indifferenten organ. Lsgm. (Pentan, Toluol, Cyclohexan) zu einem linearen, hochmol., amorphen *Polyacetaldehyd* (II). II wird in 30 Min. bei 165—175° nahezu quant. depolymerisiert. Als Thermostabilisatoren sind Mischungen aus β-Naphthylamin, Diphenylamin bzw. Tributylamin mit *Poly-N-[methoxymethyl]-caprolactam*, *Ultramid 1 C*, *Polyamid* aus *Sebacinsäure* u. *Äthlenglykol-bis-[x-aminopropyläther]* oder *Polyamid* aus *Oxalsäure* u. *N-Methyl-bis-[β-aminopropyl]-amin* wirksam. Für ein kautschukartiges Rohpolymerisat mit einer Lösungsviscosität von 4,28 dl/g ist die Defo-Härte 375, die Defo-Elastizität 6. Das osmot. Molgew. eines fraktionierend umgefällten Polymerisats (mit $\eta$ = 4,1 dl/g) liegt bei 163000. H. Cnobloch 4010◇

*0959* **Dielektrische α- und β-Dispersion bei Butanalpolyvinylacetal.** Yūzō Takahashi. (J. physic. Soc. Japan **16**, 1024, 1961; Otaru, Hokkaido, Hokkai Can Mfg. Co. Ltd., Labor.; engl.) — Bei 200° u. 30 Min. wärmebehandeltem *Butanalpolyvinylacetal* (I) wurde die Frequenzabhängigkeit des dielektr. Verlusts $\varepsilon''$ im Temp.-Bereich von —70 bis 120° u. im Frequenzbereich von 0,3—$10^6$ Hz bestimmt. So wurden 2 dielektr. Dispersionen (α bei höheren bzw. β bei niedrigeren Temp.) beobachtet. Nur für die β-Dispersion ist die log $f_m$/(1/T)-Kurve linear ($f_m$ = Frequenz bei $\varepsilon''_{max}$; dielektr. Aktivierungsenergie A = 12 kcal/Mol). A in kcal/Mol für die α-Dispersion beträgt 93 (80°), 66 (92°), 53 (102°), 42 (110°) u. 34 (120°), berechnet mittels der Gleichung von Williams, Landel u. Ferry. Die unterschiedliche α- u. β-Dispersion von I scheint von Segmentbewegungen der Hauptkette bzw. von Bewegungen lokaler Teile, wie Seitengruppen, verursacht zu werden. R. Schäff 4010◇

*0960* **Polyspiroacetalharze. 1. Mitt. Darstellung und Charakterisierung.** Saul M. Cohen und Edward Lavin.

(J. appl. Polymer Sci. **6**, 503—07, 1962; Springfield, Mass., Shawinigan Resins Corp., Res. Dep.; engl.) — Durch Rk. verschiedener Dialdehyde u. eines Diketons mit Pentaerythrit (I) oder Pentaerythrit–Dipentaerythrityläther (II)-Gemischen nach zwei verschiedenen Verff., der Transacetalisierung u. der wss. Kondens., werden eine Reihe von *Polyspiroacetalharzen* erhalten. Diese besitzen ein Molgew. bis zu 10000 (bestimmt durch OH-Endgruppenanalyse), Löslichkeit in einer beschränkten Anzahl von Lsgm. u. hohe FF., ermittelt im Fisher-Johns-F.-Best.-App. sowie im Kofler-Apparat. Einige der Polymeren ergaben bei geeigneter Vernetzung transparente, zähe, flexible Filme.

Versuche: Für die Polymerisation werden 2 Meth. angewandt: a) Kondens. in wss. Lsg.: Durch Zugabe von ca. 0,5 Gew.-% p-Toluolsulfonsäure (III), bezogen auf das Gesamt-Syst., zu einer wss. Lsg. äquimol. Mengen I u. dem entsprechenden Dialdehyd u. Beendigung der Rk. (erkenntlich am Erstarren der zuerst entstandenen Öltröpfchen) durch Zugabe eines leichten Überschusses an wss. KOH, Filtrieren. Waschen des Polymeren mit W. u. Methanol u. Trocknen im Vakuum bei 55° (Meth. **A**); b) Transacetalisierung: Durch Zugabe von ca. 0,3 Gew.-% III (bezogen auf das Gesamt-Syst.) zu einer Lsg. äquimol. Mengen I u. dem Diacetalmonomeren in Bzl. bei 80—83°, azeotrope A.–Bzl.-Dest., bis kein azeotropes Destillat mehr gebildet wird, Verdünnen des niedrigmol. Polymeren mit dem 4fachen Vol. eines Gemisches (KX) aus m-, p-Kresol u. Xylenolen, weitere Zugabe von 0,6 Gew.-% III, 2std. Rühren des Rk.-Gemisches bei 85°, Abdestillieren des gebildeten Alkohols im Vakuum, Abkühlen, Zugabe einer ausreichenden Menge wss. KOH, Verdünnen mit W., Filtrieren, Waschen mit W. u. Methanol u. Trocknen im Vakuum bei 55° (Meth. **B**): *Poly-{[2.4.8.10-tetraoxaspiro-[5.5]-undecylen-(3.9)]-co-{5.5'-[2-oxatrimethylen]-bis-[5-hydroxymethyl-1.3-dioxanyl-(2)]}}*, I:II = 1,4:0,1, F. >310° (Fischer-Johns), F. 191—209° (Kofler), aus I u. II mit Glyoxal nach **B**; 64% (Ausbeute); Molgew. (MG) 252, Polymerisationsgrad $\overline{DP}$ 1,5, Viscosität bei 20° in 7,5%ig. KX-Lsg. 40,0 cP. — *Poly-{2.4.8.10-tetraoxaspiro-[5.5]-undecyl-(9)-methylen-(3)}*, besteht aus 21,6 I-Einheiten, F. >300° (Fisher-Johns), aus Malondialdehyd u. I nach **B**; 70%, MG 3720, 62,8 cP. — *Poly-{[3-trimethylen-2.4.8.10-tetraoxaspiro-[5.5]-undecyl-(9)]-co-{5.5'-[2-oxatrimethylen]-bis-[5-hydroxymethyl-1.3-dioxanyl-(2)]-trimethylen-(2')}}*, I:II = 21,7:1,6, F. 260 bis 270° (Fisher-Johns), F. 247—257° (Kofler), aus I, II u. Glutardialdehyd nach **A**; 92%; MG 4850, 111 cP. — *Poly-{[3-(2'-methyltrimethylen)-2.4.8.10-tetraoxaspiro-[5.5]-undecyl-(9)]-co-{5.5'-[2-oxatrimethylen]-bis-[5-hydroxymethyl-1.3-dioxanyl-(2)]-2''-methyltrimethylen-(2')}}*, I:II = 35:2,6, F. 205—208° (Fisher-Johns), F. 148—160° (Kofler), aus 3-Methylglutardialdehyd, I u. II nach **A**; 98%; MG 8350, 65,8 cP. — *Poly-{[3-(p-phenylen)-2.4.8.10-tetraoxaspiro-[5.5]-undecyl-(9)]-co-{2'-(p-phenylen)-5.5'-[2-oxatrimethylen]-bis-[5-hydroxymethyl-1.3-dioxanyl-(2)]}}*, I:II = 7,7:0,6, F. >300° (Fisher-Johns), aus I, II u. Terephthaldialdehyd nach **A**; 55%; MG 2000. — *Poly-[3-äthylen-3.9-dimethyl-2.4.8.10-tetraoxaspiro-[5.5]-undecyl-(9)]*, 38,5 I-Einheiten, F. 225 bis 238° (Fisher-Johns), F. 216—221° (Kofler), aus I u. Hexandion-(2.5) nach **B**; 27%; MG 8250, 51,8 cP.

J. Sickfeld 4010◇

*0961* **Polyspiroacetalharze.** 2. Mitt. **Struktur und Eigenschaften von Polyspiroacetalen aus Pentaerythrit–Glutardialdehyd und aus (Pentaerythrit–Dipentaerythrit)–Glutardialdehyd.** S. M. Cohen, C. F. Hunt, R. E. Kass und A. H. Markhart. (J. appl. Polymer Sci. **6**, 508—17, 1962; engl.) — 1. vgl. vorst. Referat. — Aus *Pentaerythrit* u. *Dipentaerythrityläther* (I) [Gew.-% a) 100:0, b) 88:12, c) 76:24 u. d) 88:12, letzteres mit 1% Na-Laurylsulfat als Emulgator) u. *Glutardialdehyd* wurden *Polyspiroacetalpolymere* u. *-copolymere* (vgl. l. c.) nach dem l. c. beschriebenen Verf. hergestellt u. die physikal. Eigg. der Polymeren untersucht. Durch Elementaranalyse u. IR-Unterss. wurde die Polyspiroacetalstruktur der Polymeren bestätigt, u. die Röntgenanalyse ergab eine Kristallinität von 20—40%. Letztere wird durch den Einbau von I verringert. Durch den Einbau von I werden auch die technolog. Eigg. der Polymerfilme verbessert. Mit ca. 5 Gew.-% *Pyromellitsäureanhydrid* vernetzte Filme zeigen eine gute Flexibilität u. Zugfestigkeit. Auch ist ihre therm.-oxydative Beständigkeit, wie die Messung des dielektr. Durchschlags zeigt, nur wenig schlechter als die von vernetztem Polyäthylenterephthalat. Die allg. Löslichkeit ist abhängig vom Geh. an I. Das Polymere b) ist bei Raum-Temp. lösl. in Phenol, Kresol/Xylenol-Gemisch (KX) u. einigen fl. Phenolharzen, bei höherer Temp. in Furfurylalkohol, Benzylalkohol, Dimethylsulfoxid, Pyrrolidon-(2), Trikresylphosphit u. -phosphat, Dimethylformamid, Dimethylacetamid, Pyridin u. einigen fl. Epoxidharzen, während es in Furfurol, Chlorbenzol, Äthylendichlorid u. Cyclohexanon nur gequollen wurde. Ausgehend von der Beobachtung, daß das Polymere aus seiner Lsg. in KX häufig schnell in ein Gel umgewandelt wird, untersuchen Vff. den Einfl. von Zeit, Konz., Temp. u. Molgew. (MG) des Harzes auf die Lsg.-Viscosität durch Lösen von Polymeren mit verschiedenem MG u. in verschiedener Konz. in KX bei 60° u. schnelles Abkühlen der Lsg.; Lsgg. im Konz.-Bereich von mehr als 20—23% gelieren schnell; durch Erhöhung der Temp. auf 50° wird die Lsg.-Stabilität etwas verbessert. Durch Vgl. der Viscosität eines durch Erhitzen auf 100° in KX wiederaufgelösten Gels nach Verdünnen auf eine Konz. von 7,5% mit der aus einer 23,7%ig. Lsg. durch Verdünnen frisch bereiteten 7,5%ig. Lsg. des Polymeren wurde festgestellt, daß die Gel-Bldg. auf einem physikal. Phänomen beruhen muß.

J. Sickfeld 4010◇

*0962* **Die Polymerisation des Acrylonitrils unter dem Einfluß der Strahlung aus der Kernreaktion $B^{10}(n,\alpha)Li^7$.** A. Henglein, J. Fock und W. Schnabel. (Makromolekulare Chem. **63**, 1—11, 1963; Berlin-Wannsee, Hahn-Meitner-Inst. für Kernforsch.; dt.) — Bei gleicher absorbierter Dosisleistung ist die Geschw. der Polymerisation von *Acrylonitril* (I) durch γ-Strahlung von $^{60}$Co (150 r) 7,4mal größer, das mittlere Molgew. aber um 1,6mal kleiner als durch $^4$He/$^7$Li-Strahlung (entstanden aus der Kern-Rk. $^{10}B + n \rightarrow {^4He} + {^7Li}$ unter Verw. von 5 Gew.-% Borsäuretriäthylester in I). Die niedrigere Geschw. der dicht ionisierenden Strahlung wird damit erklärt, daß nur ein Bruchteil f der gesamten absorbierten Dosisleistung der $^4$He/$^7$Li-Strahlung fähig ist, lange Polymerisationsketten auszulösen. Der Faktor f wird mit dem Bruchteil des gesamten spezif. Energieverlustes identifiziert, der zur Erzeugung energiereicher δ-Elektronen geringer LET (linear energy transfer = mittlerer spezif. Energieverlust) verwendet wird. Freie Radikale, die unmittelbar in der Bahn eines dicht ionisierenden Teilchens entstehen, können wegen ihrer hohen lokalen Konz. keine längeren Ketten auslösen. Durch den Vgl. des experimentell bestimmten Anteils f von 0,07 mit der aus der Bethe-Theorie abgeleiteten Energie zur Erzeugung energiereicher δ-Elektronen ergibt sich, daß nur solche δ-Elektronen polymerisierend wirken, deren kinet. Anfangsenergie mindestens 215 eV beträgt.

H. Kunze 4010◇

*0963* **Polymerisation von Äthylacrylat in benzolischer Lösung und in Gegenwart von Dibenzoylperoxid bei 60°.** Michel Devalériola. (Bull. Soc. roy. Sci. Liège **30**, 367—82, 1961; Liège, Univ., Labor. de Chim. Phys.; franz.) — Vf. untersucht die Kinetik der Polymerisation von *Äthylacrylat* (I) in benzol. Lsg. (0,84; 1,69; 2,5 Mol/Liter) u. in Ggw. von Dibenzoylperoxid (II) als Beschleuniger mit Hilfe der dilatometr. Meth. (Verw. von 3 verschiedenen Dilatometertypen), bei der die von der I-Konz. abhängigen Veränderungen der Steighöhen (Kontraktionen $-\Delta M$) innerhalb von 20 Min. bei 60° gemessen werden. Die graph. Auswertung ($-\Delta M$ gegen die Vers.-Zeit) ergibt geradlinig verlaufende Kurvenscharen, aus denen hervorgeht, daß die auf I u. II bezogene Polymerisations-Rk. 1,5. bzw. 0,5. Ordnung ist, u. die Polymerisations-Geschw. daher $R_P = K[II]^{0,5} \cdot [I]^{1,5}$ entspricht. Die Geschw.-Konst. der Gesamt-Rk. beträgt $1{,}49 \cdot 10^{-3}$ Liter·Mol$^{-1}$·s$^{-1}$. Die erhaltenen Ergebnisse werden mit denen von Hachihama u. Sumitomo (C. **1959**, 1151) verglichen, die die gleiche Rk. bei 70° als eine solche 1. Ordnung nachwiesen.

P. Fahrnlaender 4010◇

*0964* **Perspexelektrete.** C. S. Bhatnagar. (Current Sci. **30**, 11—12, 1961; Bhopal, Coll. of Technol., Dep. of Phys.; engl.) — Elektrete aus *Perspex* (*Polymethylmethacrylat*) wurden bei Temp. zwischen 120 u. 160° mit polarisierenden Feldern zwischen 8 u. 20 kV/cm dargestellt, wobei die Polarisierungszeit stets 12 Std. betrug. Die Oberfläche des Elektrets, die in Kontakt mit der positiven Elektrode war, wurde positive, die andere negative Oberfläche genannt u. die Oberflächenladung der Elektrode mit Homo- u. Heteroladungen bezeichnet, wobei die Homoladung die Ladung ist, die dieselbe Polarität hat wie die formierende Elektrode, während die Heteroladung die Ladung mit entgegengesetzter Polarität ist. Die Ladungszerfallskurven auf der positiven Oberfläche hatten dieselbe Form wie die von anderen beobachteten Kurven der *Carnauba-Wachse*. Die anfängliche Ladung ist eine Heteroladung für Temp. von 150, 160° u. darüber, nur eine Homoladung für Temp. von 140 u. 130°. Die Entladung ist in allen Fällen eine Homoladung; sie ist abhängig von der polarisierenden Temp. u. vom Feld. Bei tieferer Temp. (140°) nimmt die Anfangsladung mit der Zunahme des polarisierenden Feldes zu, bei höheren Temp. jedoch ist das Verh. unregelmäßig. Bis zu 140° ist die Anfangsladung nur eine Homoladung, $>$ 140° erhält man Hetero- u. Homoladung mit der üblichen Ladungsumkehr von Hetero- zu Homoladung nach einigen Tagen. C. Gottfried 4010

*0965* **Die Wärmeleitfähigkeit von Polymethylmethacrylat.** Robert H. Shoulberg und John A. Shetter. (J. appl. Polymer Sci. **6**, S32—S33, 1962; Bristol, Pa., Rohm & Haas Co., Res. Labor.; engl.) — Während im Gegensatz zu einer Hypothese von Kline (C. **1963**, 2476) die Wärmeleitfähigkeit amorpher Polymerer mit der Temp. ansteigt, fällt die Wärmeleitfähigkeit von *Polymethylmethacrylat* oberhalb der Glasumwandlungs-Temp. bis mindestens 160° mit steigender Temp. (Wärmeleitfähigkeit bei 100° ca. $4{,}5 \cdot 10^{-4}$ [gcal/s · cm$^3$ Grad] u. bei 160° ca. $4 \cdot 10^{-4}$). U. Stürzer 4010◇

*0966* **Dynamisches Verhalten von Polymethylmethacrylat zwischen 60 und 300° K.** P. G. Bordoni, M. Nuovo und L. Verdini. (Nuovo Cimento [10] **20**, 667—93, 1961; Pisa, Univ., Ist. di Fis. Matem.; Roma, Ist. Naz. di Ultracustica; engl.) — An *Polymethylmethacrylat* mit u. ohne Weichmacher wurden die Resonanzfrequenz f (Biegeschwingungen von 6—40 Hz) u. der Koeff. der Energiedispersion $Q^{-1}$ als Funktion der Temp. T zwischen 60 u. 300° K bestimmt. Bei ca. 110° K macht sich ein therm. aktivierter Relaxationseffekt durch eine Bande in der $Q^{-1}$/T-Kurve bemerkbar. Bei der gleichen Temp. wird in der f/T-Kurve eine leichte Biegung — in Übereinstimmung mit der Theorie linearer dynam. Deformationen — beobachtet. Der Relaxationseffekt, der wahrscheinlich mit dem Platzwechsel von Seitenketten zusammenhängt, wird durch einen anderen Energiedispersionseffekt überlagert, der durch obige Theorie in ihrem jetzigen Zustand nicht erklärt werden kann (der entsprechende Dispersions-Koeff. steigt nicht nur mit T, sondern auch mit der Frequenz). Die f/T-Kurve zeigt einen Knick nahe der Temp. 230° K, die offensichtlich unabhängig von der Frequenz ist. Der Knick scheint mit einer Umwandlung 2. Ordnung zusammenzuhängen. R. Schäff 4010◇

*0967* **Thermische Zersetzung dünner Polymerfilme. Eliminierung des Einflusses der Diffusion und des Temperaturgradienten durch Wahl der Filmdicke.** A. Barlow, R. S. Lehrle und J. C. Robb. (Makromolekulare Chem. **54**, 230—31, 1962; Birmingham, Univ., Chem. Dep.; engl.) — Bei Fortsetzung der Unterss. zur Kinetik der therm. Zers. von Polymeren im Gaschromatographen (vgl. C. **1964**, 1-0959) wurde bestimmt, daß die Schichtdicke der Proben bei *Polymethylmethacrylat* erst unterhalb 250 Å keinen Einfl. auf die Zers. hat. Klaus Müller 4010

*0968* **Monomolekulare Schichten von linearen, gesättigten Polybernsteinsäureestern an Luft-Flüssigkeit-Grenzflächen.** Wendell M. Lee, J. Leon Shereshefsky und Robert R. Stromberg. (J. Res. nat. Bur. Standards **65A**, 51—57, 1961; engl.) — Es werden die Oberflächendruck (OD)/Flächen-Isothermen bei 25° für *Polyäthylen-* (I), *Polypentamethylen-* (II) u. *Polyneopentylensuccinat* (III) an Luft–Fl.-Grenzflächen mitgeteilt. Die Verbb. I—III wurden als monomol. Schichten (MS) versprüht u. auf den Subphasen dest. W. u. 0,01 n HCl untersucht. Ihre Erweichungspunkte betrugen 96, 38 bzw. 76°, die mittleren Molgew. 4100, 4500 bzw. 4400. Die MS von I befinden sich im expandierten Zustand u. brechen bei niedrigem OD zusammen. MS von II sind ebenfalls expandiert, zeigen aber keinen Zusammenbruch, auch nicht bei hohem OD. MS von III brechen bei hohem OD zusammen u. sind im untersuchten OD-Bereich weniger expandiert als die MS von I u. II. Die spezif. Fläche für jedes Polymere u. der Einfl. der Struktur auf die Isothermen von II u. III werden diskutiert. Claus Fischer 4010◇

*0969* **Darstellung von Graft-Copolymeren. 3. Mitt. Aufpfropfen von Vinylmonomeren auf Polyamide.** W. W. Korschak, K. K. Mosgowa und M. A. Schkolina. (Hochmolekulare Verbind. [UdSSR] **1**, 1364—68, Sept. 1959; Inst. für organ. Verbb. der Akad. der Wiss. der UdSSR; russ., Auszug: engl.) — Durch Ozonisierung von *Poly-ε-caprolactam* (I), *Polyamid „Anid G-669"* (II; aus Hexamethylendiamin u. Adipinsäure) u. *„Önanth"* (III; Polyamid der ω-Aminoönanthsäure) entstehen in den Polymeren reaktionsfähige Stellen, auf die andere Monomere, wie *Styrol* (IV), *Methylmethacrylat* (V), *Vinylacetat* (VI) u. *Acrylonitril* (VII) aufgepfropft werden können. Gereinigtes, nicht mit Ozon behandeltes II addiert nur bis zu 2,88 Gew.-% IV, während Proben von kommerziellem II nach längerem Lagern an der Luft bei gleichen Bedingungen ohne Ozonbehandlung 60 bis 80% IV addieren. V läßt sich auf einen mit Ozon behandelten I-Film gut, VI u. VII lassen sich mit schlechten Ausbeuten aufpfropfen. Auf Fasern von I, II u. III wird IV schlecht (bis ca. 3 Gew.-%) aufgepfropft, VI ebenfalls schlecht (bis ca. 2 Gew.-%), während sich *Vinylidenchlorid* etwas besser (bis ca. 4 Gew.-%) addiert. Bei der Aufpfropfung von V auf eine II-Faser hat die Dauer der Ozonbehandlung prakt. keinen Einfl. auf die Menge des sich addierenden V, dagegen beim Aufpfropfen von VII auf eine I-Faser. Für Messungen wurden Filme einer Dicke von 40—70 μ verwendet. Die Proben der Polyamide wurden nach Auskochen u. Waschen mit Bzl. im Vakuum bei 55—60° bis zur Gew.-Konstanz getrocknet. Proben von ca. 0,2—0,3 g wurden eine bestimmte Zeit mit Ozon behandelt, wobei jeweils eine Gew.-Zunahme beobachtet wurde, u. bei den gewünschten Vers.-Bedingungen in ein Gefäß mit dem entsprechenden Monomeren gegeben. R. Sattelmeyer 4010◇

*0970* **Photoleitfähigkeit von Acetylen-Polymeren.** W. Ss. Mylnikow, Je. K. Putzeiko und A. N. Terenin. (Ber. Akad. Wiss. UdSSR **149**, 897—900, 1963; russ.) — Die Photoleitfähigkeit von *Poly-p.p'-diäthinylazobenzol* im Langwellenbereich wächst nach einer UV-Aktivierung stark an. Unter dem Einfl. der UV-Strahlung werden die Elektronen im Objekt an gewissen Zentren konz., wodurch im Polymeren Fehlstellen entstehen, die als Träger des Photostroms dienen. M. Bülow 4010◇

*0971* **Organoborverbindungen. 1. Mitt. Über die Reaktion von n-Butylboronsäure mit Polyvinylalkohol.** Seiji Kato, Yojiro Tsuzuki und Shigenobu Kitajima. (Bull. chem. Soc. Japan **34**, 1107—10, 1961; Tokyo, Shinjuku-ku, Tokyo Coll. of Sci.; engl.) — *Polyvinylalkohol* wird mit *n-Butylboronsäure* (I) unter Bldg. von PVA$\begin{smallmatrix}O\\O\end{smallmatrix}$B—n-$C_4H_9$ partiell verestert. Der Veresterungsgrad steigt mit zunehmender I-Konz. u. steigender Temp. (maximal 85,6% bei 70°). Das Rk.-Prod. zeigt neue IR-Banden bei 1190 cm$^{-2}$ (—B—C-Bande) u. 1390 cm$^{-2}$ (—B—O-Bande), die OH—Bande wird von 3280 nach 3500 cm$^{-1}$ verschoben u. verliert an Intensität. — *n-Butylboronsäure*, F. 92—94°, durch Rk. von n-Butyl-MgBr mit der äquivalenten Menge Trimethylborat u. Verseifung; ca. 50% (Ausbeute). K. Gröbe 4010◇

*0972* **Viscoelastische Dispersion von Polydimethylsiloxan im kautschukelastischen Bereich.** Donald J. Plazek, Walter Dannhauser und John D. Ferry. (J. colloid sci. **16**, 101—26, 1961; Madison, Wis., Univ., Dep. of Chem.; Pittsburgh, Pa., Mellon Inst.; engl.) — An 6 *Polydimethylsiloxan* (I)-Proben (Molgew. $0{,}41$—$4{,}9 \cdot 10^{-6}$) wurden die viscoelast. Eigg. durch dynam. u. Kriech-Unterss. zwischen —49 u. 75°, von maximal 600 kHz, u. bis maximal 36 Tagen ermittelt. Die scheinbare Aktivierungswärme des Fließens bei niedermol. I war 3,65 kcal/Mol. Alle dynam. Messungen bei verschiedenen Temp. wurden nach der Meth. red. Variabler ausgewertet. Wegen der sehr hohen Kettenbeweglichkeit wurde der Übergang zwischen kautschukelast. u. Glaszustand auch bei der höchsten Frequenz u. niedrigsten Temp. nicht erreicht. Bei —49° fängt offensichtlich Kristallisation an. Durch eine indirekte Berechnung wurde bei den beiden niedermol. I-Proben der Logarithmus des Reibungs-Koeff. monomerer Einheiten zu —7,3 bei 25° ermittelt. Beim Molgew. $2{,}2$—$4{,}9 \cdot 10^{6}$ war kein Fließen bei niedrigen Spannungen wahrnehmbar, obwohl ihre vollkommene Löslichkeit die Abwesenheit von Vernetzung bewies. Jedoch wurde bei höheren Spannungen ein Fließanteil oberhalb einer krit. Deformation beobachtet. Diese war unabhängig von der Größe der Spannung u. entsprach beim Molgew. $3,2 \cdot 10^6$ einer Scherspannung von 22% in der I-Probe. Die effektive Viscosität für dieses verzögerte Fließen war viel höher als die, welche aus der $\eta$-$M_w$-Beziehung bei niedrigeren Molgew. extrapoliert wurde; sie nimmt sehr schnell mit steigender Spannung ab. Die Ergebnisse lassen auf die Ggw. eines quasipermanenten Netzwerks schließen, dessen Merkmale zwischen einem chem. vernetzten u. einem verknäuelten Netzwerk liegen, bei dem die Bindungen eine Streckgrenze oberhalb einer krit. Spannung zeigen. R. Schäff 4010◇

*0973* **Untersuchungen über Silylcarbosiloxanpolymere. 1. Mitt. Synthese und hydrolytische Polykondensation von Methyläthoxydisilylmethanen.** Pao-Jen Wang, Yu-jue Zeng, Chih-Tang Huang, Shü-Tsong Nieh und I. Lin. (Scientia sinica **11,** 76—89, 1962; Acad. Sin., Inst. of Chem.; engl.) — *Bis-[trichlorsilyl]-methan* wurde aus Dichlormethan u. Si in 39%ig. Ausbeute gewonnen. Durch Umsetzung mit A. entsteht daraus *Bis-[triäthoxysilyl]-methan* (VI), aus dem durch Rk. mit wechselnden Mengen Methyl-MgBr [*Methyldiäthoxysilyl]-[triäthoxysilyl]-methan* (I), *Bis-[methyldiäthoxysilyl]-methan* (II), [*Dimethyläthoxysilyl]-[methyldiäthoxysilyl]-methan* (III), *Bis-[dimethyläthoxysilyl]-methan* (IV) u. [*Trimethylsilyl]-[dimethyläthoxysilyl]-methan* (V) dargestellt wurden. Durch saure Hydrolyse dieser Verbb. mit verd. HCl entsteht aus V *1.3-Bis-[trimethylsilylmethyl]-tetramethyldisiloxan* (VII), aus IV das cycl. Dimere *1.1';3.3'-Dimethylen-bis-[tetramethyldisiloxan]*, aus III eine destillierbare Fl. der Zus. *Dodeka-Si-methyl-1.7;9.15-dioxido-1.3.5.7.9.11.13.15-oktasila-4.-8.12.16-tetraoxacyclohexadecan* sowie *Poly-[hexa-Si-methyl-1.3.5.7-tetrasila-2.6-dioxacyclooctylen-(1.3)-* oder *-(1.5)-äther]* vom Molgew. 1530 u. aus II eine trimere Verb. $C_9H_{24}O_6Si_6$ der Stereokonfiguration *1.1';3.3';5.5'-Tris-methylen-bis-[trimethylcyclotrisiloxan]* oder *1.1'-Methylen-3.3';5.5'-dioxido-bis-[1.3.5-trimethyl-1.3.5-trisila-2.6-dioxacyclohexan]*. Beide Verbb. sind therm. stabil u. sublimierbar vom F. 203,5—204,2° u. sind dem von Sprung u. Guenther (vgl. C. **1956,** 3880) erhaltenen 1.1';3.3';5.5'-Trioxido-bis-[trimethylcyclotrisiloxan] vom F. 210—211° sehr ähnlich. Die Cohydrolyse von II u. IV im Verhältnis 1:2 ergab neben den Eigen-Kondens.-Prodd. ein *Copolymeres* der möglichen Struktur eines *Dekamethylbicyclo-[5.5.1]-1.3.5.7.9.11-hexasila-2.6.8.12-tetraoxatridecans* oder *Bis-[pentamethyl-1.3.5-trisila-2.6-dioxacyclohexyl]-methans*. Durch saure Hydrolyse von I entsteht ein unlösl. u. unschmelzbares, vernetztes Hochpolymeres von harter, körniger Struktur, das durch Erhitzen auf 300° oder durch Kochen mit konz. $H_2SO_4$ unverändert bleibt. Die Strukturen der synthetisierten Verbb. wurden ausführlich diskutiert.

Versuche: *Bis-[trichlorsilyl]-methan*, Kp. 180—185°, durch Überleiten eines mit $N_2$ gemischten Stroms von Dichlormethan bei 310—320° über Cu-Si [1:9, aus einem entwässerten u. red. Gemisch aus reinem Si-Pulver u. $Cu(OH)_2$]; 39% (Ausbeute). — *Bis-[triäthoxysilyl]-methan* (VI), $Kp._{11}$ 121 bis 124°, durch Eintragen von A. in vorst. Verb. bei 0°, kurze Nach-Rk. bei Raum-Temp. u. anschließendes Kochen; $n_D^{20}$ 1,4096; 90%. — [*Triäthoxysilyl]-[methyldiäthoxysilyl]-methan* (I), $C_{12}H_{30}O_5Si_2$, $Kp._{25}$ 132—134°, durch 8std. Kochen von VI mit Methyl-MgBr (Mol-Verhältnis 1:1) in Ae.; $D._4^{20}$ 0,9519; $n_D^{20}$ 1,4104; 42,9%. — *Bis-[methyldiäthoxysilyl]-methan* (II), $C_{11}H_{28}O_4Si_2$, $Kp._{25,5}$ 123—124°, analog I (Mol-Verhältnis 1:2); $D._4^{20}$ 0,9292; $n_D^{20}$ 1,4127; 45,9%. — [*Dimethyläthoxysilyl]-[methyldiäthoxysilyl]-methan* (III), $C_{10}H_{26}O_3Si_2$, $Kp._{25}$ 104—106°, analog I (Mol-Verhältnis 1:3); $D._4^{20}$ 0,8974; $n_D^{20}$ 1,4144; 23,7%. — *Bis-[dimethyläthoxysilyl]-methan* (IV), $Kp._{28}$ 88—90°, analog I (Mol-Verhältnis 1:4,4); $D._4^{20}$ 0,8600; $n_D^{20}$ 1,4152; 71,6%. — [*Trimethylsilyl]-[dimethyläthoxysilyl]-methan* (V), $Kp._{760}$ 161—163°, analog I (Mol-Verhältnis 1:6,6); $D._4^{20}$ 0,8159; $n_D^{20}$ 1,4160; 56,8%. — *1.3-Bis-[trimethylsilylmethyl]-tetramethyldisiloxan* ($Mc_2$; VII), $Kp._{20}$ 123—124°, durch 3std. Rk. von V mit 2n HCl u. Ae. bei 0°; $D._4^{20}$ 0,8434; $n_D^{20}$ 1,4340; 95,6%. — *1.1';3.3'-Dimethylen-bis-[tetramethyldisiloxan]* ($Dc_2$), F. 28,6—29,0° (PAe.), $Kp._{768}$ 213—214°, analog VII aus IV; $D._4^{25}$ 0,9035; $n_D^{25}$ 1,4328; Molgew. (MG) 281,5; 95%. — *Dodeka-Si-methyl-1.7;9.15-dioxido-1.3.5.7.9.11.13.15-oktasila-4.8.12.16-tetraoxacyclohexadecan* ($Tc_4$), $C_{16}H_{44}O_6Si_8$, $Kp._{2,5}$ 125—126°, analog VII aus 18 g III neben nachst. Polymeren; $D._4^{20}$ 1,035; $n_D^{20}$ 1,4509; MG 490; 1,83 g. — *Poly-[hexa-Si-methyl-1.3.5.7-tetrasila-2.6-dioxacyclooctylen-(1.3)* oder *-(1.5)-äther]* ($Tc_{2n}$), neben vorst. Verb.; $D._4^{20}$ 1,0474; $n_D^{20}$ 1,4566; MG 1530; 6,01 g. — *1.1';3.3';5.5'-Tris-methylen-bis-[trimethylcyclotrisiloxan]* oder *1.1'-Methylen-3.3';5.5'-dioxido-bis-[1.3.5-trimethyl-1.3.5-trisila-2.6-dioxacyclohexan]* ($Qc_3$), $C_9H_{24}O_6Si_6$, F. 203,5—204,5° (Ae.), analog VII aus II; MG 392; aus Ae. monokline Kristalle; 92,4%. — *Polymeres aus* I ($Pc_n$), $(C_4H_{10}O_5Si_4)_x$, analog VII aus I; 96%. — *Copolymeres Dekamethylbicyclo-[5.5.1]-1.3.5.7.9.11-hexasila-2.6.8.12-tetraoxatridecan* oder *Bis-[pentamethyl-1.3.5-trisila-2.6-dioxacyclohexyl]-methan* ($QcDc_2$), $C_{13}H_{36}O_4Si_8$, F. 54,2—54,8°, $Kp._8$ 120—121°, aus 6,6 g IV u. 4,2 g II analog VII neben $Qc_3$ u. $Dc_2$; MG 419; 3 g. Robert Becker 4010△

*0974* **Untersuchung der Thermostabilität von Polyorganosiloxanen und Polyorganometallsiloxanen durch Differentialthermoanalyse.** K. A. Andrianow und I. F. Mantscharowa. (Nachr. Akad. Wiss. UdSSR, Abt. techn. Wiss. **1962,** 420—24, März; Inst. für elementorgan. Verbb. u. Kurnakow-Inst. für allg. u. anorgan. Chem. der Akad. der Wiss. der UdSSR; russ.) — Durch differential-therm. Analyse wird die Thermostabilität (T) von *Polymethylphenylensiloxan, Polyphenylphenylensiloxan, Polymethylalumosiloxan, Polyäthyl-* u. *Polyphenylalumosiloxan* sowie *Polymethyl-, Polyäthyl-* u. *Polyphenyltitanosiloxan* untersucht. Es wird gezeigt, daß durch die Einführung von Al oder Ti in die Kette der Polysiloxane deren T zunimmt. Auch durch einen Ersatz der O-Atome in der Hauptkette der Polymeren durch Phenylenreste wird T erhöht. C. Kozák 4010□

*0975* **Synthese polymerisierbarer ungesättigter quecksilberorganischer Verbindungen.** M. M. Koton und T. M. Kisselewa. (Ber. Akad. Wiss. UdSSR **131,** 1072—73, 1960; Inst. für hochmol. Verbb. der Akad. der Wiss. der UdSSR; russ.) — Aus p-Vinylphenyl-MgCl (I) u. Phenyl-HgBr in Tetrahydrofuran wird *Phenyl-p-vinylphenylquecksilber* (II) dargestellt. II polymerisiert leicht ohne Initiatoren oder in Ggw. von Azodiisobutyronitril. Die Anwendung von Dibenzoylperoxid, Katalysatoren der kation. Polymerisation oder von komplexen Katalysatoren ist nicht möglich, da diese mit II in Rk. treten. Im Verlauf der Polymerisation von II findet Disproportionierung unter Bldg. von *Diphenylquecksilber* u. *Bis-[p-vinylphenyl]-quecksilber* (III) statt. III, das aus I u. $HgBr_2$ in Tetrahydrofuran synthetisiert wird, polymerisiert sehr leicht unter Bldg. eines unlösl., unschmelzbaren, vernetzten Polymeren, das sich >250° unter Abscheidung von metall. *Hg* zersetzt. Die aus II u. III erhaltenen polymeren Prodd. haben gleiche Struktur. II u. III bilden mit Styrol durchsichtige, farblose, unlösl. Copolymere.

Versuche: *Phenyl-p-vinylphenylquecksilber* (II), $C_{14}H_{12}Hg$, F. 84—86° (A.), aus I u. Phenyl-HgBr in abs. Tetrahydrofuran im $N_2$-Strom; 25% (Ausbeute). Mit alkohol. HCl entsteht bei 0—20° *Styrol, Phenyl-HgCl* u. $HgCl_2$ u. bei —5° nur *Styrol* u. *Phenyl-HgCl*. — *Bis-[p-vinylphenyl]-quecksilber* (III), $C_{16}H_{14}Hg$, F. 140—145°, aus I u. $HgBr_2$ analog II; 30%. — *Polymere Verb.* $(C_{16}H_{14}Hg)_n$, F. 270—300° (Zers. unter Abscheidung von Hg), a) durch Polymerisation von II unter $N_2$ in Abwesenheit eines Initiators oder in Xylol in Ggw. von 0,3% Azodiisobutyronitril; 50%; b) analog durch Polymerisation von III; blaßgelber, durchsichtiger, spröder, unschmelzbarer Körper. Ch. Böhme 4010□

*0976* **IR-spektroskopische Untersuchung über die Vulkanisation von Fluorcopolymeren mit Polyaminen.** A. Ss. Nowikow, F. A. Galil-Ogly, N. A. Slowochotowa, T. N. Djumajewa und W. A. Kargin. (Hochmolekulare Verbind. [UdSSR] **4,** 1799—1804, 1962; Forschungsinst. der Gummiind.; russ., Auszug: engl.) — An einem *Copolymeren* aus *Hexafluorpropylen* u. *Vinylidenfluorid*, das mit Hilfe von Hexamethylendiamin (I) in einer Presse 10 Min. lang bei 120°/270 kg/cm² vulkanisiert worden war, wurde untersucht, welche Veränderungen beim Erhitzen des vulkanisierten Prod. im Thermostaten auf 200° während 24 bzw. 48 Std. eintreten. Die Strukturen wurden an Hand der IR-Spektren von ca. 100 μ dicken Filmen gedeutet. Die Intensitätserhöhung der Bande bei 1730 cm⁻¹ nach der Vulkanisation ist auf eine Vermehrung der $—CH{=}CF_2$- u. $—CH{=}CF$-Bindungen zurückzuführen, die durch Abspaltung von HF entstehen. Dabei bildet sich das I-Salz, was durch Verschiebung der Banden bei 3300 $cm^{-1}$ nach 2800—2200 $cm^{-1}$ u. Bldg. eines Tripletts (1655, 1610, 1575 $cm^{-1}$) bestätigt wird. Die Doppelbindungen können durch Anlagerung von I vernetzt werden u. die entstandenen $—CH_2—CFNH(CH_2)_6NHCF—CH_2$-Gruppierungen spalten mit starken Basen (z. B. MgO) HF ab unter Bldg. von C=N-Bindungen. Bei der Vulkanisation in Ggw. von MgO bildet I kein HF-Salz, die Bande bei 1730 $cm^{-1}$ ist aber intensiver. Dafür treten Banden bei 1670 bzw. 1635 $cm^{-1}$ auf, die einsamen bzw. zu C=C-Bindungen benachbarten C=N-Bindungen zugeordnet werden. Beim Erhitzen auf 200° wird das HF-Salz von I abgebaut, doch entstehen weitere Doppelbindungen, teils durch Freiwerden von I, teils durch Hitzeeinwirkung. R. Sattelmeyer 4030◇

*0977* **Über die innere Oberfläche und die Capillarstruktur von nativer und mercerisierter Baumwollcellulose.** N. I. Klenkowa und G. P. Iwaschkin. (J. angew. Chem. [UdSSR] **36**, 398—408, 1963; russ.) — Aufnahmen der Isothermen der Adsorption von $N_2$ durch Baumwolle bei —195,8° zeigten, daß lufttrockne, sorgfältig evakuierte *mercerisierte Baumwolle* (I) eine 4mal geringere, für $N_2$ zugängliche Oberfläche besitzt als *native Baumwollfasern* (II). Die Berechnung der Größe der inneren Oberfläche u. der Capillaren wies darauf hin, daß II ein viel stärker entwickeltes Netz von submkr. Capillaren besitzt als I. Mercerisation bewirkt eine Vergrößerung des Abstandes zwischen den Mol.-Ketten an Stellen von H-Bindungen, während in Gebieten feinster Capillaren sich der Abstand verringert. Die Unters. des Sorptionsprozesses der Dämpfe von $CH_3OH$, $C_2H_5OH$ u. $CH_3COOH$ bei 20° zeigte, daß die Struktur von I auch für diese Verbb. viel weniger zugänglich ist als diejenige von II. Andere Verhältnisse liegen bei der Sorption von Wasserdämpfen vor. Hier ist die innere, für W. zugängliche Oberfläche bei I größer als bei II. Das Capillar-Syst. der Cellulose ist im Falle von W. von geringerem Einfl., da W. die vorliegende Struktur weitgehend aufzulockern vermag. Vff. betonen, daß für eine gute Rk.-Fähigkeit von Cellulosefasern weniger der Grad der Kristallinität u. die Wrkg. von zwischenmol. Kräften maßgebend sind als vielmehr der Zustand der Capillarstruktur u. die Möglichkeit eines schnellen Eindringens von Reagentien in das Faserinnere. M. Ulmann 4050◇

*0978* **Bewertung von Alkalicellulosen aus rheologischen Messungen.** V. Mašura. (Chem. Zvesti **16**, 232—38, 1962; Bratislava, Ústav dreva, celulózy a chem. vlákien SAV; slowak.) — Die durch rheolog. Messungen ermittelten U-Werte der in Form der *Nitrocellulose* (I) auf verschiedenen Polymerisationsgrad abgebauten Alkalicellulosen in Essigsäurebutylester ($U = P_v/P_0 - 1$, $P_v$ = Gew.-Polymerisationsgrad, $P_0$ = Zahlenpolymerisationsgrad) sinken mit dem sich erniedrigenden Durchschnittspolymerisationsgrad der Alkalicellulose. Die aus den Werten der polydispersen Kurven ermittelten U-Werte durchlaufen dagegen ein Minimum, denn die Verteilungskurven abgebauter u. nichtabgebauter Alkalicellulosen weichen von den idealen Gaußschen Kurven ab. Der Einfl. des Geschw.-Gradienten auf die Viscosität der Lsgg. von I in Essigsäurebutylester erhöht sich mit steigendem Molgew. des Polymeren u. mit der Konz. der Lösung. J. Komenda 4050△

*0979* **Die Größe der Cellulosemikrofibrille.** J. Ross Colvin. (J. Cell Biol. **17**, 105—09, 1963; Ottawa, Canada, Nat. Res. Council, Div. of Appl. Biol.; engl.) — Vf. widerlegt die Auffassung von Ohad, Danon u. Hestrin (vgl. C. **1964**, 10-1155), nach welcher bei der Messung der Breite von *Cellulose*(I)-Mikrofibrillen mittels Metallbedampfung infolge der sich bildenden Metallschicht zu große Breiten gefunden werden u. die Breite von I nur 30 Å beträgt. Vf. weist u. a. an Hand der Photographien von I parallel u. senkrecht zur Richtung der Metallbedampfung, von nichtbedampften Teilen von I im Vgl. zu bedampften Teilen derselben I nach, daß eine Metallschicht dieser Stärke in dem bedampften Material nicht entsteht u. die wahre Breite von I 150—200 Å beträgt. K. Schwabe 4050◇

*0980* **Untersuchung der mit Stickstoffdioxid oxydierten Cellulose.** 2. Mitt. **Einfluß der Zugänglichkeit und des durchschnittlichen Polymerisationsgrades auf das Maß der Oxydation und auf die Alkalilöslichkeit des oxydierten Produktes.** István Rusznák. (Magyar Kémiai Folyóirat [Ung. Z. Chem.] **69**, 33—37, 1963; Budapest, Forschungsinst. der Textilind.; ung.) — 1. vgl. Periodica Polytechn. **2**, [1958], 253. — Vor der Oxydation wurden die Baumwollproben mit NaOH-Lsgg. bei 2 at 6 Std. gekocht, mit $NaO_2Cl$ gebleicht u. getrocknet. Zum Quellen wurde mit 25%ig. NaOH bei 20° 10 Min. behandelt. Die Oxydation wurde mit $NO_2$ geregeltem Feuchtigkeits-Geh. durchgeführt. Die Oxydation der *Cellulose* (I) ist eine topochem. Reaktion. Das Verhältnis des COOH-Geh. der oxydierten Proben zeigt eine gute Parallelität mit der Wassersorption des nicht oxydierten Materials. Das Ausmaß der Oxydation wird vom Polymerisationsgrad nicht beeinflußt. In NaOH-Lsgg. über 8% sind alle oxydierten Proben lösl., oxydierte I mit mehr als 10% COOH-Geh. ist in NaOH-Lsgg. unabhängig von der Konz. lösl., kann aber aus den Lsgg. nicht regeneriert werden. Unterhalb 10% erfolgt eine rapide Abnahme der Löslichkeit bis zur Unlöslichkeit, u. die Regenerierung ist nur mit Verlusten möglich. T. Wein 4050△

*0981* **Untersuchung der mit Stickstoffdioxid oxydierten Cellulose.** 3. Mitt. **Kinetische Untersuchung des alkalischen Lösungsmechanismus der Celluronsäure.** István Rusznák und Gyula Lévai. (Magyar Kémiai Folyóirat [Ung. Z. Chem.] **69**, 49—53, 1963; ung.) — 2. vgl. vorst. Referat. — Die untersuchten *Celluronsäure* (I)-Proben, deren Carboxyl-Geh. zwischen 1,82 u. 19,5% liegt, sind in NaOH-Lsgg. über 8% ausnahmslos löslich. Die Löslichkeit von I ist oberhalb eines COOH-Geh. von 10% unabhängig von der NaOH-Konz.; mit weniger als 10% COOH-Geh. ist I in NaOH unter 8% in der Regel unlöslich. Es wird gefolgert, daß die Ursache der Löslichkeit außer der Bldg. von Na-Salz auch in Zers.-Rkk. liegt, die zur Kettenspaltung führen, u. daß die bei der Auflösung in Alkali feststellbare Abnahme des Polymerisationsgrades nicht in der sauren Hydrolyse bei der Oxydation, sondern in der dem Carboxyl-Geh. proportionalen Alkaliempfindlichkeit liegt. Nach reaktionskinet. Berechnungen bilden sich infolge der alkal. Zers. je Anhydroglucoseeinheit höchstens 3 Aldehydgruppen, ihre Canizzaro-Rk. erklärt den zusätzlichen Alkaliverbrauch. Beide Rkk. werden von der Alkali-Konz. u. der Temp. beeinflußt. T. Wein 4050△

*0982* **Untersuchungen an Cellulosederivaten.** 1. Mitt. **Die Dimensionen und die Konfiguration von Natriumcarboxymethylcellulose in Cadoxen und der Einfluß des Substitutionsgrades.** W. Brown, D. Henley und J. Öhman. (Makromolekulare Chem. **62**, 164—82, 1963; Uppsala, Univ. of Uppsala, Inst. of Phys. Chem.; engl.) — Die Dimensionen u. die Konfiguration von *Na-Carboxymethylcellulose* (*Na-CMC*) in Triäthylendiamin–Cadmiumhydroxid (Cadoxen)-Lsg. wurden durch Viscositäts-, osmot. u. Lichtstreuungsmessungen untersucht u. der Einfl. des Substitutionsgrades (SG) auf die mol. Konfiguration u. die Lsg.-Eigg. in verd. Lsgg. an drei Proben vom SG 0,2—1 untersucht. Es zeigte sich, daß die Konfiguration von *Na-CMC* in Cadoxen-Lsg. unabhängig vom SG ist, sie ist ähnlich der von *Cellulose* im gleichen Lösungsmittel. Die gefundenen niedrigen Werte für Streckungsparameter, wie die effektive Bindungslänge b, die Länge $A_m$ des statist. Fadenelements nach Kuhn sowie das Verhältnis $(\overline{R}^2_0/\overline{R}^2_f)^{1/2}$ der Dimensionen des ungestörten Mol. zu den Dimensionen unter der Annahme freier Rotation der Fadenelemente deuten darauf hin, daß *Na-CMC* sich in Cadoxen wie ein statist. Knäuel-Mol. in einem guten Lsgm. verhält. R. Werner 4050◇

*0983* **Reaktion des Pektins mit Gelatine.** 1. Mitt. **Faktoren, welche die Ausflockung der Komplexe von Pektin und Gelatine beeinflussen.** V. Zitko, J. Rosík und J. Vašátko. (Chem. Zvesti **16**, 175—86, 1962; Bratislava, Slovenská akad. vied, Chem. ústav; slowak.) — Zur Bldg. der unlösl. *Komplexe* zwischen *Pektin* u. *Gelatine* kommt es im pH-Bereich 2,50 bis 4,75, d. h. unter dem I.P. der Gelatine. Für den pH-Wert der maximalen Ausflockung wurde folgende Gleichung abgeleitet: $\log X = A - B \cdot pH$, worin X das Gew.-Verhältnis der beiden Komponenten u. A u. B Konst. sind. Experimentell gemessene Werte stimmen mit denen nach der Gleichung gut überein. Für einen bestimmten pH-Wert kann man auch das Gew.-Verhältnis der beiden Komponenten berechnen, bei dem die maximale Ausflockung eintritt. Der viscosimetr. definierte Flockungsgrad steigt mit der Erhöhung der Pektin- u. der Gelatine-Konz., sinkt aber, wenn man zur Rk. Pektin-Präpp. mit partiell veresterten Carboxylgruppen verwendet. Die Ausflockung wird durch indifferente Elektrolyte (KCl, $CaCl_2$) gehemmt. Z. Pechan 4070△

*0984* **Infrarotspektroskopische Untersuchung der Bindungsart der Feuchtigkeit in Gelatine und Photoemulsionen.** L. A. Lepilkina. (Kolloid-J. [UdSSR] **22**, 411—17, 1960;

Moskau, Inst. für physikal. Chem. der Akad. der Wiss. der UdSSR; Technolog. Inst. der Fleischind.; russ., Auszug: engl.) — Es wurden die Abhängigkeit des dielektr. Verlust-Koeff. vom Feuchtigkeits-Geh. u. die IR-Spektren von *Gelatine* u. *photograph. Emulsionen* untersucht. Ein Wasser-Geh. von 40% entspricht bei einer Diapositivemulsion der Menge des absorptiv gebundenen Wassers. Mit Erhöhung des Ag-Geh. der Emulsion vermindert sich der Geh. an absorptiv gebundenem W.; er beträgt für eine Emulsion vom Typ P 6—8%. In einer durch Zerstäubung getrockneten Gelatine sind H-Bindungen irreversibel zerstört, was im Vgl. mit einer als Gallerte getrockneten Gelatine eine Verschlechterung der strukturmechan. Eigg. der Lsgg. bzw. Gallerten bedingt. Helmut Schäfer 4070△

0985 **Quantitative Analyse des zweidimensionalen Fließens mit Hilfe der Strömungsdoppelbrechung.** S. P. Sutera und Harold Wayland. (J. appl. Physics **32,** 721—30, 1961; Pasadena, Calif., Inst. of Technol., Div. of Engng.; engl.) — Vff. berichten über Messungen der Strömungsdoppelbrechung von koll. wss. Lsgg. des *Tabakmosaikvirus* in einem näher beschriebenen exzentr. Zylindersystem. Die erhaltenen Ergebnisse wurden mit der von Lodge (vgl. C. **1957,** 7371) entwickelten Orientierungstheorie der Strömungsdoppelbrechung im zweidimensionalen laminaren Fließen verglichen. Es wurde festgestellt, daß für ausreichend verd. Lsgg. von Makromoll. mit einer kurzen Relaxationszeit diese Theorie Gültigkeit besitzt; sie kann daher verwendet werden, um das Fließen aus opt. Messungen zu erklären, vorausgesetzt, daß der vollständige Charakter des Fließens wenigstens entlang einer Stromlinie bekannt ist. C. Gottfried 4070

0986 **Zur Frage der Zuordnung von n → $\pi^*$-Übergängen in Polynucleotiden.** Martin Gellert. (J. Amer. chem. Soc. **83,** 4664—65, 1961; Bethesda, Md., Nat. Inst. of Mental Health, Sect. of Phys. Chem.; engl.) — Vgl. C. **1961,** 7971. — Das UV-Spektrum von *Copolymeren* aus *Desoxyadenylsäure* u. *Desoxythymidylsäure* wurde eingehend untersucht. Dabei zeigt es sich, daß eine hyperchrome Schulter des Spektrums bei 280 m$\mu$ nicht durch einen n → $\pi^*$-Übergang verursacht worden sein kann. Damit ist auch die kürzlich durch Rich u. Kasha erfolgte Zuordnung eines n → $\pi^*$-Übergangs für eine entsprechende Schulter im Spektrum von *Copolymeren* aus *Polyadenylsäure* u. *Polyuridylsäure* unwahrscheinlich. Reinhold Böhm 4090◇

# E. Biologische Chemie, Physiologie, Medizin

## $E_1$. Allgemeine Biologie und Biochemie

0987 **Die Wirkung von Detergentien auf die Konformation von Proteinen.** 1. Mitt. **Eine anomale Zunahme der optischen Rotationsdispersionskonstanten.** B. Jirgensons. (Arch. Biochem. Biophysics **94,** 59—67, 1961; Houston, Tex., Univ., M. D. Anderson Hosp. and Turner Inst., Dep. of Biochem.; engl.) — Vgl. C. **1961,** 13578. — Die Unters. des Einfl. von *Na-Dioctylsulfosuccinat, Na-Dihexylsulfosuccinat, Na-Caprat* u. *Na-Caproat* auf die opt. Rotationsdispersion von *γ-Globulinen* (I), *Sojabohnen-Trypsin-Inhibitor* (II), *Pepsin* (III) u. *Caseine* ergab eine Erhöhung der Dispersions-Konst. ($\lambda_c$) von I, II, III u. *α-Casein,* bes. nach Erhitzen der Lsg. auf 50—60°. Die Wrkg. hing von der Länge der hydrophoben Kette des Detergens ab. Es wird eine teilweise Auseinanderfaltung der Protein-Makromoll. durch das oberflächenakt. Agens angenommen, wobei dessen hydrophober Teil in das hydrophobe Innere des Proteins eindringt. Aus den $\lambda_c$-Werten ergibt sich eine Tendenz der entfalteten Polypeptidabschnitte zum Übergang in die α-Helixkonformation. K. Maier 4100◇

0988 **Die Oberflächenladung von Zellen und einigen anderen kleinen Partikeln auf Grund der Elektrophorese.** 1. Mitt. **Die Zetapotential-Oberflächenladung-Beziehungen.** D. A. Haydon. (Biochim. biophysica Acta [Amsterdam] **50,** 450—57, 1961; Cambridge, Univ., Dep. of Colloid Sci.; engl.) — Die Auswertung elektrokinet. Messungen an einzelnen Zellen wird meist unter Verw. einer Form der Gouy-Chapman-Gleichung, die nur für ionenundurchlässige Oberflächen gilt, vorgenommen. Es werden mehrere Gleichungen entwickelt, die zeigen, daß in allen Fällen die wahre Oberflächenladung der Zelle wahrscheinlich höher als die für eine undurchlässige Oberfläche berechnete ist. K. Maier 4102◇

0989 **Mischkolonien auxotropher und Wildtypzellen nach Behandlung von Escherichia-coli-Zellen mit salpetriger Säure.** F. Kaudewitz, K. Moebus und H. Kneser. (Z. Naturforsch. **18b,** 245—52, 1963; Berlin-Dahlem, Max-Planck-Inst. für vergleichende Erbbiolog. u. Erbpatholog.; Tübingen, Max-Planck-Inst. für Virusforsch.; dt.) — Behandlung von *Escherichia coli* mit salpetriger Säure spaltet verstärkt auxotrophe Zellen allein oder mit unveränderten Zellen gemischt ab. Vff. nehmen an, daß die gemischten Kolonien (auxotrophe u. unveränderte) von Einzelzellen abstammen, die Hybriddesoxyribonucleinsäure mit einer Untereinheit (Schwesterstrang) besitzen, die durch Desaminierung eines Cytosins oder Adenosins verändert wird. Vff. geben eine mathemat. Hypothese zur rechner. Abschätzung der Genorte in *Escherichia coli.* Ekkehard Schmid 4130◇

0990 **Untersuchungen über Maltose-Utilisation in Saccharomyceten.** 1. Mitt. **Der Erwerb der Fähigkeit zur Maltosevergärung bei S. capensis.** C. Roberts und J. P. van der Walt. (C. R. Trav. Lab. Carlsberg **32,** 19—34, 1960; engl.) — Die *Maltose* (I) nichtvergärende Hefespecies *Saccharomyces capensis* (S.c.) kann durch eine m → I-Mutation die Fähigkeit zur I-Utilisation erlangen. Die Progenität eines Hybrids zwischen dem I-nichtvergärenden Muttertyp u. der vergärenden Mutanten erbrachte eine 2 : 2-Segregation; das zeigt, daß nur ein Gen für die I-Vergärung verantwortlich ist. Berthold Franz 4130◇

0991 **Die Wirkung der akuten Bestrahlung der Samen der Balsamine (Impatiens balsamina L.) auf die Anthocyanenbildung in den Blüten.** Eva Klozová. (Biol. Plantarum [Praha] **4,** 246—54, 1962; Prag, Tschech. Akad. der Wiss., Inst. für exp. Bot.; engl.) — Die Samen von *Impatiens balsamina* L. wurden nach 18std. Quellung mit Röntgenstrahlen bestrahlt (Dosis 4560 r). Bei den Pflanzen u. zwei weiteren Generationen wurden die Färbung der Blüten u. die Menge der *Anthocyane* (I) untersucht. Bei 3 der 4 Pflanzenlinien erhöhte sich der I-Geh. bei den Elternpflanzen um 18—29%, in den weiteren Generationen sank er aber im Vgl. zu den unbestrahlten Pflanzen. In der 1. Generation wurden 3,4% rezessiv mutierte Pflanzen mit rosa Blüten gefunden. Z. Šesták 4130◇

0992 **Die Entstehung von Radiomutanten des Chlorinetypus bei Arabidopsis thaliana L. (Heynh.).** Milan Sosna. (Biol. Plantarum [Praha] **4,** 255—59, 1962; Prag, Tschech. Akad. der Wiss., Inst. für exp. Bot.; engl.) — Durch wiederholte Bestrahlung der aufgequollenen Samen von *Arabidopsis* mit 3000 r wurden Mutationen des Chlorinetypus hervorgerufen, welche durch eine kleinere Blattfläche, eine kleinere Anzahl größerer Chloroplasten, durch einen niedrigeren *Chlorophyll*-Geh., durch ein anderes Verhältnis von Chlorophyll a u. b u. durch eine verlangsamte Entw. gek. werden. Im Laufe der weiteren Generationen normalisieren sich die Mutationsmerkmale. Z. Šesták 4130◇

0993 **Einführungsbemerkungen: Bereich und Grenzen der Zellfraktionierung.** C. de Duve. (Biochem. J. **84,** 1P—2P, 1962; Louvain, Belgien, Univ., Labor. Physiol. Chem.; engl.) — Überblick über die „klass." Zellfraktionierung (Kombination analyt. u. präparativer Meth.) u. ihre morpholog. Auswertung, Trennung von Fraktionen auf Grund verschiedener Sedimentations-Geschw., Dichte, Größe, Gestalt usw., die oft am Medium scheitert. Wichtig sind eindeutige Nomenklaturen, bes. zur Unterscheidung intracellulärer Strukturen von subcellulären Fraktionen. G. Vogel 4150◇

0994 **Methoden zum Sprengen von Zellen.** D. E. Hughes und V. R. Cunningham. (Biochem. J. **84,** 2P—3P, 1962; Oxford, Med. Res. Council, Cell Metabol. Res. Unit; Newcastle-upon-Tyne, King's Coll., Med. Res. Council Res. Group on Demyelinating Diseases; engl.) — Überblick über die Vor- u. Nachteile der verschiedenen physikal. Meth. zum Sprengen von Zellen durch Ultraschall, Extrusionspressen, Turbulenz in Fll., Nadeldüsen (unter hohem Druck), Schütteln mit Glaspartikeln, bes. in gefrorenem Zustand, hörbaren

Schall (Kavitation) u. das Explosions-Verf. (plötzliche Druckentspannung) bei der Unters. von tier. u. pflanzlichen Zellen u. Bakterien. G. Vogel 4150◇

*0995* **Technische Methoden zur Abtrennung von Glykogenpartikeln und deren Untersuchung im Elektronenmikroskop.** P. Drochmans. (Biochem. J. **84**, 8P—9P, 1962; Brüssel, Univ. Libre, Labor. de Cytol. et de la Cancerol. Exp.; engl.) — Differentialzentrifugen liefern reinere *Glykogen* (I)-Prodd., wenn die Leberextrakte leicht auf pH 5,2 angesäuert, die sedimentierten Mitochondrien u. Mikrosomen 5 Min. bei 1100·*g* u. das I 50 Min. bei 20000·*g* zentrifugiert werden. Nach zwei neuen elektronenmkr. Meth. wird I in Agarsuspension mit $KMnO_4$ positiv gefärbt oder (negativ) als dünner I-Film in einer Kaliumphosphorwolframatsuspension betrachtet. G. Vogel 4150◇

*0996* **Die Abtrennung von subcellulären Fraktionen aus Gehirngeweben.** V. P. Whittaker. (Biochem. J. **84**, 5P—7P, 1962; Babraham, Cambridge, Agric. Res. Council, Inst. of Animal Physiol., Biochem. Dep.; engl.) — Durch Kombination einer Differentialzentrifuge u. eines Separators (mit Dichtegradient) können Zellkern, Myelin, Nervenendpartikel, Mitochondrien u. Mikrosomen gut voneinander getrennt werden. Ferner sind nicht nur intracelluläre Organzellen als solche, sondern auch funktionelle Zellteile isolierbar. Es wurde eine bei Virus- u. Bakterien-Unterss. eingeführte Schnellmeth. (an Stelle der langsamen Elektronenmikrographie) angewandt, nach der die Probe mit vorneutralisierter *Phosphorwolframsäure* (I), pH 7,4, gemischt u. auf einen Schirm gesprüht wird, auf dem I ein Glas bildet, so daß die Partikel von oben zu betrachten sind. G. Vogel 4150◇

*0997* **Abtrennung von Ribosomen und Oxidosomen aus Bakterien.** J. De Ley. (Biochem. J. **84**, 9P—10P, 1962; Ghent, Belgien, Univ., Fac. of Sci., Labor. for Microbiol.; engl.) — Essigsäurebakterien wurden durch Ultraschall gesprengt u. das Homogenisat a) in einem linearen Dichtegradienten (Saccharose-Lsg. 0—70%ig) oder b) in einem geschichteten (20%ig. u. 70%ig. Saccharose-Lsg.) Dichtegradienten zentrifugiert oder c) in einem linearen Dichtegradienten der Elektrophorese ausgesetzt oder d) in einem Na-Dextransulfat–Methylcellulose-Zweiphasen-Syst. verteilt. Alle 4 Meth. führten zur Isolierung von *Ribosomen* u. *Oxidosomen.* G. Vogel 4150◇

*0998* **Ein vergleichender Bericht über die Methoden zur Isolierung von Zellkernen.** D. B. Roodyn. (Biochem. J. **84**, 3P—4P, 1962; London, Nat. Inst., Med. Res.; engl.) — Überblick über die bisherigen Meth. u. deren Mängel zur Isolierung von Zellkernen: Morpholog. Zellkernbeschädigung durch Ionen-Konz., pH, Kationen, Reißen u. Abschälen von Membranen; Änderung der chem. Zus. durch Cytoplasmaanteile, Verlust lösl. Proteine usw.; ungenaue Ausbeuten, ausgenommen bei direkter Kernauszählung oder *Desoxyribonucleinsäure* (*DNS*)-Best., wenn DNS allein anwesend ist; Verunreinigungen durch Fremdzellen, Mitochondrien, Proteine usw.; Zerstörung der biolog. Aktivität, z. B. bei *Protein-* u. *Ribonucleinsäure*-Synth., durch Beschädigung der Kerne. G. Vogel 4150◇

*0999* **Die Struktur und Funktion der subcellulären Partikel.** 2. Mitt. D. E. Green. (Pharmazie **17**, 567—80, 1962; Madison, Wis., Univ. of Wisconsin, Inst. for Enzyme Res.; dt.) — 1. vgl. Pharmazie **17**, [1962], 487. — Sequenz, Anordnung u. Fragmentierung sowie die Reagentien zur Zerlegung der Elektronentransportkette u. des Mitochondrion (M) werden besprochen. Vf. behandelt weiterhin die Angriffspunkte der Hauptinhibitoren am Elektronentransport-Syst., Citronensäurecyclus u. Hilfsenzyme sowie die Rekonstruktion u. den Mechanismus des Elektronentransports, die oxydative Phosphorylierung, Lebenszeit u. Entstehung von M u. stellt Vgl. von M u. Chloroplast an. In einem Nachtrag wird noch auf ergänzende u. erweiternde Befunde zur Einheit von M, über das Mitochondrienlipid u. über die oxydative Phosphorylierung eingegangen. — 133 Literaturangaben. H. Moldenhauer 4150◇

*1000* **Der Einfluß der Zusammensetzung der Suspensionsflüssigkeit auf die Eigenschaften von Mitochondrien.** J. B. Chappell und G. D. Greville. (Biochem. J. **84**, 4P—5P, 1962; Babraham, Cambridge, Univ., Dep. of Chem.; Agric. Res. Council Inst. of Animal Physiol., Biochem. Dep.; engl.) — Untersucht wurden die Ursachen der Vol.-Änderungen von *Mitochondrien.* Rasche Änderung beruht auf der Anpassung an wechselnde osmot. Drücke (W.-Zucker Salz); langsame starke Änderung auf der Einw. von Quellmitteln u. geringe rasche Änderung auf der Änderung des Redox-Syst. der Atmungsträger. G. Vogel 4150◇

*1001* **Der Einfluß von Kohlendioxid auf die Zellstrukturen des Weizens, der Gerste und der Zwiebel.** Marie N. Končalová. (Biol. Plantarum [Praha] **4**, 170—75; 1962; Prag, Karls Univ., Dep. Plant Physiol. and Soil Biol.; engl.) — Epidermisstückchen der Zwiebel u. Wurzelhärchen von Weizen- u. Gerstenembryonen werden 30—180 Min. der Wrkg. einer $CO_2$-Atmosphäre ausgesetzt. Mittels Phasenkontrast konnte bei kurzen (30—40 Min.) Expositionen bei Zwiebel u. Gerste Aufhören der Plasmaströmung, Verlängerung der Mitochondrien u. Abrundung der Plastiden, beim Weizen das Abrunden aller Plasmapartikeln beobachtet werden. Bei längerer $CO_2$-Einw. kommt es zu Mitochondrienfragmentationen (vielleicht als Schutz gegen ungünstige Atmungsbedingungen) u. hernach zum Absterben der Zellen. Z. Šesták 4150◇

*1002* **Die Lokalisierung intracellulärer Teichosäuren.** J. B. Hay, A. J. Wicken und J. Baddiley. (Biochim. biophysica Acta [Amsterdam] **71**, 188—90, 1963; Newcastle-upon-Tyne, King's Coll., Dep. of Chem.; engl.) — Unterss. an Protoplasten von *Bacillus megatherium* 7581 u. einem Streptokokkenstamm 8191 der Gruppe D kann nachgewiesen werden, daß die sog. „intracellulären" (innerhalb der Zellwand befindlichen) *Teichosäuren* (die alle Glycerinphosphatpolymere mit Alaninesterresten u. verschiedenen Zuckermengen am Glycerinanteil darstellen) in einem Gebiet zwischen der Zellwand (welche frei von Teichosäuren war) u. dem Protoplasten (der nur wenig enthielt) lokalisiert sein müssen, möglicherweise in schwacher Bindung an die Protoplastenmembran. Obwohl diese Verbb. niedrigere Molgew. als die Nucleinsäuren aufweisen, ist eine Dialyse durch Cellophan nicht möglich; Form u. polyion. Struktur entsprechen denen größerer Moleküle. U. Tausendfreund 4150◇

*1003* **Beziehung zwischen Zellwachstum und Zellteilung.** 5. Mitt. **Volumen der Zell- und des Makronucleus von Tetrahymena pyriformis HSM während des Lebenscyclus der Zelle.** I. L. Cameron und D. M. Prescott. (Exp. Cell Res. **23**, 354—60, 1961; Los Angeles, Calif., Univ. of California, Dep. of Anat.; Oak Ridge, Tenn., Oak Ridge Nat. Labor., Biol. Div.; engl.) — 4. vgl. C. **1961**, 4380. — Die Änderung des Zell- u. Makronucleus-Vol. einzelner *Tetrahymena*-Zellen wurde von Teilung zu Teilung kontinuierlich gemessen (zur Erhöhung der Genauigkeit unter Abflachung der Zellen auf 8 μ). Während der Interphase verliefen die Vol.-Wachstumskurven von Zelle u. Makronucleus linear, stiegen aber während der Teilung stark an. Die Befunde bestätigen die frühere Annahme, daß das Zellwachstum nicht autokatalyt. Natur ist. K. Maier 4150◇

*1004* **Die Aufnahme von radioaktiv markiertem Phosphat durch explantierte Haut erwachsener Individuen als Maßstab für die Eignung der Nährflüssigkeit.** H. Wrba und R. Kageyama. (Klin. Wschr. **38**, 1005, 1960; München, Univ., Patholog. Inst.; dt.) — Unterss. über die Aufbewahrung menschlicher Haut u. der Haut von Mäusen in Nährlsgg. zeigten, daß Hauttypen in einer Nährlsg., bestehend aus 80% „synthet. Nährmedium" (TCM der Behringwerke), 20% Kälber- oder Menschenserum u. 1% Periston oder Periston-N, bis zu 5 Tagen bei 37° vital bleiben u. keine regressiven Veränderungen zeigen. F. O. W. Meyer 4150◇

*1005* **Über die Veränderung des Ribonucleinsäuregehaltes in der Schleimhaut des Zahnfleisches bei Paradontopathien.** Je. N. Baltschewa und M. D. Slatewa. (Stomatologie [UdSSR] **40**, Nr. 6, 20—21, Nov./Dez. 1961; Sofia, Lehrstuhl für patholog. Anat.; Forschungsinst. für Stomatolog.; russ.) — Die *Ribonucleinsäure*-Menge in den Epithelzellen des Zahnfleisches ist bei Paradontopathie im Vgl. zum Normalzustand der Zellen wenig erniedrigt. Ch. Zimmer 4150□

*1006* **Veränderungen der Nucleinsäuren in der Schleimhaut der Zunge bei der reparativen Regeneration.** Li-Jun Juan. (Arch. Anatom., Histol. Embryol. [UdSSR] **40**, Nr. 1, 71—75, Jan. 1961; Leningrad, Medizin. Inst. für Sanitätswes. u. Hyg.; russ., Auszug: engl.) — Der *Ribonucleinsäure* (I)-Geh. im Cytoplasma der Schleimhautzellen der Zunge wurde

während der reparativen Regeneration untersucht. Sowohl die Nucleoli- als auch die I-Menge steigt in den Epithelzellen an. Auf Grund der Veränderung des I-Geh. u. der Verteilung von I im Epithel werden Veränderungen im Stoffwechsel u. der Protein-Synth. während der Regeneration diskutiert.
Ch. Zimmer 4150□

*1007* **Der Mononucleotidbestand der Cytoplasma-Ribonucleinsäure, die nach verschiedenen Methoden aus der Leber von Ratten isoliert wurde.** A. A. Hadjiolov und K. I. Dancheva. (C. R. Acad. bulg. Sci. **14**, 195—98, 1961; Sofia, Medizin. Inst., Lehrstuhl für Biochem.; engl.) — Die durch Extraktion mit Phenol aus dem Cytoplasma der Rattenleber gewonnene *Ribonucleinsäure* (I) unterscheidet sich von der totalen Cytoplasma-I durch die Mononucleotidzusammensetzung. Sie enthält mehr Guanylsäure (33,8 bzw. 31,8 Mol-%) u. weniger Uridylsäure (18,2 bzw. 21,0 Mol-%) als die totale I.
O. Lebtag 4150△

*1008* **Metabolische Aktivitäten von Kernproteinen und -nucleinsäuren.** Tung-Yue Wang. (Biochim. biophysica Acta [Amsterdam] **68**, 52—61, 1963; St. Louis, Mo., Washington Univ., Henry Shaw School of Bot.; Adolphus Busch III Labor. of Mol. Biol.; engl.) — Kalbsthymuszellen wurden vor u. nach Inkubation mit *L-$^{14}$C-Leucin*, *$^{14}$C-Glycin* u. *$^{14}C_{(\omega)}$-Orotsäure* (I) durch Extraktion mit 0,14- bzw. 1m Kochsalz-Lsg. u. Fraktionierung der so erhaltenen Lsgg. durch Ultrazentrifugation, Behandlung mit Desoxycholat u. Fällen mit Ammoniumsulfat in 7 Fraktionen zerlegt. Die Ribonucleoproteine des Kerns zeigten dabei die allg. höchste Einbaurate, die Kernribosomen selbst hauptsächlich Proteinsynthese. Eine desoxycholatlösl. Fraktion zeigte einen sehr raschen Einbau von I in die Kern-*Ribonucleinsäure*.
G. Seltmann 4150◇

*1009* **Viscosität einsträngiger Desoxyribonucleinsäure nach Röntgenbestrahlung im nativen Zustand.** Ulrich Hagen. (Nature [London] **197**, 1004—05, 1963; Freiburg/Br., Univ., Radiolog. Inst.; engl.) — *Desoxyribonucleinsäure* (*DNS*) aus Kalbsthymus wird 10 Min. bei 90° denaturiert u. anschließend rasch abgekühlt, wobei die DNS einfädig bleibt. Native DNS hat eine Viscosität von 38,0 dl/g, während bei der einsträngigen DNS der Wert 20,5 dl/g gemessen wird. Zum Vgl. wird eine 0,05%ig. Lsg. von nativer DNS in 0,01m NaCl mit 2—16 kr bestrahlt u. dann denaturiert. Die Viscosität u. die Wasserstoffbrücken zwischen den beiden Strängen in der DNS weisen fast die gleiche Strahlensensibilität auf. Die Dosis $D_{37}$ ist ca. 30 kr. Werden die Stränge nach Bestrahlung getrennt, so fällt die Viscosität stark ab. Die Dosiseffektkurve scheint dabei zwei Komponenten zu enthalten mit $D_{37}$ 0,7 u. 2,5 kr. Die Röntgenbestrahlung spaltet demnach vornehmlich einsträngige DNS. Wird denaturierte DNS bestrahlt, so beobachtet man bis zur Dosis 1 kr prakt. keine Viscositätsänderungen. Das einzelne Nucleotid ist demnach in der nativen Doppelhelixstruktur strahlenempfindlicher als im denaturierten einsträngigen DNS-Knäuel. L. Träger 4150◇

*1010* **Einfache Ionenaustauschmethoden zur Analyse von Ribonucleinsäure.** S. Petrović und V. Janković. (Bull. Boris Kidrich Inst. nuclear Sci. **13**, Nr. 3, 47—55, 1962; Dep. of Radiobiol.; engl.) — Zur Best. der Menge u. der Nucleotid-Zus. von *Ribonucleinsäure* wurde diese mit 0,3n KOH hydrolysiert u. dann an 7 cm langen Säulen von Dowex 1-X 10, Formiatform, 200—400 mesh, innerer Durchmesser 4, 5 oder 6 mm, chromatographiert. Die Meth. eignet sich für Serien-Best. u. erfordert weniger als 7 Stunden. Eluiert wurde mit Ameisensäure u. Ameisensäure–Ammonformiat-Mischungen verschiedener Normalität. Es können auch reine Mononucleotide auf diese Weise gewonnen werden.
M. Wiedemann 4150◇

*1011* **Eine einfache präparative Methode für cyclische Ribonucleosid-2′.3′-phosphate.** Kentaro Tanaka. (J. Biochemistry [Tokyo] **47**, 398—99, 1960; Amagasaki, Hyogo Pref., Shionogi Res. Labor.; engl.) — Zur Vereinfachung der umständlichen Darst. *cycl. Nucleotide* wird eine Meth. empfohlen, die an der Darst. cycl. Ribonucleosid-2′.3′-phosphate aus Hefe-*Ribonucleinsäure* (I) demonstriert wird. Dazu werden 100 mg getrockneter I in 1 ml Formamid suspendiert u. mit 5 ml fl. $NH_3$ unter Verschluß vermischt, 3 Std. Wasserbad, $NH_3$-Vertreibung, Fällung der Prodd. in der restlichen Formamid-Lsg. mit 20 ml Aceton u. 30 ml Ae.; Trennung der cycl. Nucleotide durch Papierchromatographie in $NH_3$-Atmosphäre (70 Vol.-%) u. wss. Isopropanol als Lsgm.; Hauptflecke werden durch *cycl. Adenylsäure*, Gemisch *cycl. Pyridinnucleotide*, *cycl. Guanylsäure* u. *2′.3′-Nucleotide* repräsentiert. U. Tausendfreund 4150◇

*1012* **Mikrokultur von HeLa-Zellen und Humanembryo-Leber auf Polythene-Platten.** Hilliard Festenstein. (Nature [London] **199**, 981—83, 1963; Johannesburg, South African Inst. for Med. Res.; engl.) — Bei dieser Meth. werden Polytheneplättchen (∅ 15 mm, Dicke 0,03 mm) in Petri-Schalen ausgelegt. Jedes Plättchen erhält einen sterilen Glasring (∅ 7 mm, Höhe 6,5 mm) aufgesetzt, der zur Aufnahme des Nährsubstrats u. der Zellsuspension dient.
P. Loch 4150◇

*1013* **Eine biochemische Grundlage für die Resistenz der L 1210-Mäuseleukämie gegenüber 6-Thioguanin.** Patricia Stutts und R. W. Brockman. (Biochem. Pharmacol. **12**, 97—104, 1963; Birmingham, Ala., Southern Res. Inst., Kettering-Meyer Labor.; engl.) — An Hand von Unterss. über die *Pyrophosphorylase*-Aktivität (mit Synth. von Inosin-, Guanyl-, Azaguanyl- u. Thioguanylsäuren aus den entsprechenden Purinbasen u. 5-Phosphoribosyl-1-pyrophosphat) wird gezeigt, daß einer der Mechanismen der Resistenz von L 1210-Mäuseleukämieasciteszellen gegenüber *6-Thioguanin* auf einer verminderten Kapazität der resistenten Zellen zur Synth. von Thioguanylsäure beruht.
U. Tausendfreund 4160◇

*1014* **Rattenblutdruck als diagnostisches Verfahren bei Phäochromocytom.** W. T. Beraldo. (Arch. int. Pharmacodynam. Thérap. **126**, 37—42, 1960; São Paulo, Fac. de Med., Dep. of Physiol.; engl.) — Durch i.v. Injektion von 0,3 ml Harn (mit HCl auf pH 2—3 eingestellt, Gefrierlagerung; vor Verw. mit NaOH auf pH 7 eingestellt) bei Urethan-Ae.-narkotisierten Ratten läßt sich am Blutdruck-Verh. ein vermehrter Geh. des Harns an *Pressoraminen* nachweisen. Bei 4 Patienten mit Phäochromocytom entsprach die Rk. einem *Noradrenalin*-Standard von 0,66—1 μg/ml. Harn normaler Personen führt zu keiner Reaktion.
U. Tausendfreund 4160◇

*1015* **Phosphorstoffwechsel bei virusinduzierten Neoplasmen.** 1. Mitt. **Gegenüber dem Mammatumorvirus empfindliche Mäusestämme.** Robert F. McGregor und W. E. Cornatzer. (Canad. J. Biochem. Physiol. **41**, 985—91, 1963; Grand Forks, N.Dak., Univ. of North Dakota, School of Med., Dep. of Biochem.; Guy and Bertha Ireland Res. Labor.; engl.) — Es existieren Unterschiede im *P*-Stoffwechsel bei ♀ Mäusen des gegenüber Mammatumorvirus empfindlichen A-Mäusestammes u. des weniger tumorempfindlichen BALB/c-Stammes (es werden Angaben über die relativen Aktivitäten von *P-Verbb.* in Leber, Niere u. Milz nach $^{32}$P-Injektion u. nach verschiedenen Zeitabständen gemacht). Auch können nach $^{32}$P-Injektion bei 10 Monate alten u. älteren A-Tieren mit Mammatumoren in den Brustdrüsen (ohne Tumorgewebe) eine gesteigerte *Phospholipid*-Synth. u. *Nucleinsäure*-Synth. im Vgl. mit den Brustdrüsen von A-Tieren ohne Tumor-Entw. nachgewiesen werden. U. Tausendfreund 4160◇

*1016* **Untersuchung über die Östrogenausscheidung im Urin in Beziehung zum Brustkrebs.** J. W. Jull, H. S. Shucksmith und G. M. Bonser. (J. clin. Endocrinol. Metabolism **23**, 433—44, 1963; Leeds, Univ., Dep. of Exp. Pathol. and Cancer Res.; engl.) — Es wurde die Ausscheidung der Östrogene *Östriol*, *Östron*, *Östradiol* u. *Pregnandiol* untersucht. Bei Patienten mit Brustkrebs, die sich vor dem Klimakterium befanden, war die Ausscheidung normal. Bei prophylakt. Entfernung der Ovarien nahm die Östrogenausscheidung ebenso wie nach dem Klimakterium ab. Nach Ovarektomie stieg die Ausscheidung wieder langsam an. Die Ausscheidung von Östron u. Östradiol korreliert nicht mit der klin. Rk. auf eine prophylakt. Adrenalektomie.
P. Lange 4160◇

*1017* **Der Einfluß von Dehydroisoandrosteron auf die in vivo-Umwandlung von 17α-Hydroxypregnenolon zu 11-Desoxy-17-ketosteroiden im Urin.** Albert F. Clark und Samuel Solomon. (J. clin. Endocrinol. Metabolism **23**, 481—88, 1963; Montreal, Canada, McGill Univ., Dep. of Biochem. and exp. Med.; Royal Victoria Hosp., Univ. Clin.; engl.) — Bei Personen mit einem Nebennierenrindencarcinom wird oral gegebenes *3β.17α-Dihydroxy-Δ$^5$-pregnen-20-on* (*17α-Hydroxypregnenolon*; **I**) zu einem höheren %-Satz in *11-Des-*

*oxy-17-ketosteroide* (*17-KS*) umgewandelt als bei Gesunden. Zu den 17-KS im Urin rechnen Vff.: *3β-Hydroxy-Δ⁵-androsten-17-on* (*Dehydroisoandrosteron*; **II**), *3α-Hydroxyandrostan-17-on* (*Androsteron*) u. *3α-Hydroxyätiocholan-17-on* (*Ätiocholanolon*). Vff. prüfen, ob die zahlreichen Metastasen beim Nebennierenrindencarcinom oder der gleichzeitig erhöhte Blutspiegel von **II** für die vermehrte Umwandlung von **I** in 17-KS im Urin verantwortlich ist. Aus den Verss. geht hervor, daß eine Erhöhung des Blutspiegels von **II** durch orale Gabe bei Gesunden zu keiner verstärkten Umwandlung von tritiummarkiertem **I** zu 17-KS im Urin führt.
P. Lange 4160◇

*1018* **Die Temperaturabhängigkeit der Permeabilitätswirkung des Aescins.** H. Siering. (Naturwissenschaften **49**, 543, 1962; Jena, Univ., Medizin. Klinik; dt.) — Unter der Einw. von dest. W. u. mehr noch unter dem Einfl. des Saponins *Aescin* (*Reparil*; **I**) kommt es im Ascites des Ehrlich-Mäuseascitescarcinoms zu Verschiebungen des Geh. an *Na*, *K* u. *Ca*. Die Zellen nehmen mit Ca u. Na auch W. auf u. geben K ab. Dabei ist die Ca-Aufnahme so stark, daß im Überstand des Ascites oft ein Nachw. für Na nicht mehr geführt werden kann. Weitere Verss. zeigen, daß die Permeabilitätsbeeinflussung des **I** temperaturabhängig ist; bei 20° ist deutliche Erhöhung der Ionenpermeabilität festzustellen, bei 4° kein nennenswerter Ionentransport durch die Zellmembran.
U. Tausendfreund 4160◇

*1019* **Eine Kollagenplattenprobe für cytotoxische Agentien. 1. Mitt. Methoden.** H. E. Renis, H. G. Johnson und B. K. Bhuyan. (Cancer Res. **22**, 1126—30, 1962; Kalamazoo, Mich., Upjohn Co., Res. Labor.; engl.) — Es wird eine Scheibenplatten-Meth. aus Kollagengel zum Nachw. u. Bioautographie cytotox. Agentien u. ihre Anwendung beschrieben.
O. Jansen 4160◇

*1020* **N-Hydroxylierung carcinogener Amine in vivo und in vitro mit Lebermikrosomen.** Hartmut Uehleke. (Biochem. Pharmacol. **12**, 219—21, 1963; Tübingen, Univ., Pharmakolog. Inst.; engl.) — N-Oxydations-Prodd. aromat. Amine spielen vermutlich eine wichtige Rolle bei der carcinogenen Wirkung. Eine durch N-Oxydation erklärbare Bldg. von Methämoglobin konnte bei Katzen nach Injektion von *4-Aminodiphenyl* (**I**), *Anilin*, *2-Naphthylamin*, *2-Aminofluoren* u. *4-Aminostilben* (letzte beide nur bei Lsg. in 1.2-Propylenglykol wirksam) konstatiert werden. Nach der Injektion von **I** wurde *4-Nitrosodiphenyl* im Blut nachgewiesen. An den gleichen Substanzen konnte in vitro eine N-Hydroxylierung in Ggw. isolierter Lebermikrosomen u. von red. Nicotinamidadenindinucleotidphosphat beobachtet werden.
U. Tausendfreund 4160◇

*1021* **Faktoren mit Einfluß auf die Leber-Ribonucleinsäure und Ribonucleotide.** E. Reid. (Acta endocrinol. [Copenhagen], Suppl. Nr. **51**, 975, 1960; London, Royal Cancer Hosp., Inst. of Cancer, Chester Beatty Res. Inst.; engl.) — Einfl. von *Hormonen* u. *Azofarbstoff*-Carcinogenese auf den Leberstoffwechsel. H. Herper 4160□

*1022* **Multiple Carcinome und diffuse Papillomatose des Nierenbeckens und des Ureters infolge von Benzidin.** E. Sartorelli, A. Grieco und F. Rilke. (Med. del Lavoro **52**, 706—12, 1961; Milano, Univ., Clin. del Lavoro „L. Devoto", Centro di Studi e Ric. sulle Mal Prof. sotto il Patronato dell' I.N.A.I.L.; ital.) — Bei einem Arbeiter, der 18 Jahre bei der *Benzidin*-Umsetzung in einer Fabrik für Azofarbstoffe beschäftigt war u. an Niereninsuffizienz starb, wurden bei der Autopsie multiple Carcinome auf der Grundlage einer Papillomatose in Nierenbecken u. Uretern mit sek. Hydropyonephrose u. Lymphknotenmetastasen festgestellt. K. Zingraf 4160◇

*1023* **Metallionenkomplexbildende Eigenschaften von Metaboliten carcinogener Substanzen.** John H. Weisburger, Preston H. Grantham und Elizabeth K. Weisburger. (Biochem. Pharmacol. **12**, 179—91, 1963; Bethesda, Md., Nat. Cancer Inst., Carcinogenesis Branch; engl.) — Mit $Cu^{2+}$, $Ni^{2+}$, $Zn^{2+}$, $Pb^{2+}$ u. $Co^{2+}$ bilden *2-Aminofluorenol-(1)*, *2-Aminofluorenol-(3)*, *3-Aminofluorenol-(2)*, *2-Amino-4-phenylphenol* u. *2-Aminophenol* sowie *N-Hydroxyfluorenyl-(2)-acetamid* Komplexe 2 : 1; *5-Dimethylamino-2-phenylazophenol* ergibt mit den Metallen einen Komplex 1 : 1 Schlechtere Liganden sind *2-Aminonaphthol-(1)*, *1-Aminonaphthol-(2)* u. *Adenin*. Keine Komplexe kommen mit *2-Fluorenamin* (**I**), *2.7-Fluorendiamin*, *7-Aminofluorenol-(2)*, *2-[p-Dimethylaminophenylazo]-phenol*, *Adenosin* u. *Nicotinamidadenindinucleotid* zustande. **I** u. *2-Naphthylamin* ergeben gemischte Komplexe mit $Cd^{2+}$ u. $CrO_4^{2-}$, nicht jedoch *3-Fluorenamin*. Die chelierenden Eigg. der Metaboliten sind teilweise für deren tox. Wrkg. verantwortlich (kompetitive Enzymhemmung). U. Tausendfreund 4160◇

*1024* **Die Wirkung von Oxamat auf die Oxydation von spezifisch markierter Glucose durch Ehrlich-Ascites-Carcinomzellen.** Eleanor Christensen und Arne N. Wick. (Proc. Soc. exp. Biol. Med. **112**, 430—32, 1963; San Diego, Calif., San Diego State Coll., Chem. Dep.; engl.) — *Na-Oxamat* (0,01; 0,03; 0,06m) wird mit *$^{14}C_{(1)}$-Glucose* oder *$^{14}C_{(6)}$-Glucose* (0,01m) u. Ehrlich-Ascitescarcinomzellen inkubiert. Wird $^{14}C_{(6)}$-Glucose als Substrat benutzt, so steigt mit steigender Oxamat-Konz. das ausgeatmete $CO_2$ an. Bei $^{14}C_{(1)}$-Glucose zeigt Oxamat keinen Einfluß. Das akkumulierte *Lactat* sinkt bei beiden Glucosesubstraten mit zunehmender Oxamatkonzentration. W. Hiller 4160◇

*1025* **Pteroylglutaminsäure- (Folsäure-) Derivate bei Wachstumsstudien und bei der Behandlung von Uterus-choriocarcinom.** David M. Goldenberg. (Arzneimittel-Forsch. **12**, 457—61, 1962; Fürth; engl.) — Ein Überblick der amerikan. Literatur (23 Angaben). G. Kimmerle 4160△

*1026* **Kombination von Prednisolon und Stickstofflost.** G. C. Scaltrini, S. Tognella und S. Conigliaro. (Farmaco [Pavia], Ediz. prat. **16**, 603—11, 1961; Milano, Univ., Ist. di Patol. Spec. Med.; ital.) — Durch die Kombination von *Prednisolon* mit *Stickstofflost* wurde die antilymphat. Wirksamkeit der beiden Präpp. bei Mäusen herabgesetzt.
K. Zingraf 4160◇

*1027* **Pharmakologische Notizen über ein neues Antitumormittel: Dopan.** L. Mazzucchelli. (Boll. chim. farmac. **101**, 630—32, 1962; Milano, Labor. Pastival; ital.) — Kurze Übersicht über Toxizität u. Antitumor-Wrkg. von *5-[Bis-(2-chloräthyl)-amino]-6-methyluracil* (*Dopan*). — 14 Literaturangaben.
K. Zingraf 4160◇

*1028* **Untersuchungen über Antitumorsubstanzen von Streptomyceten. 2. Mitt. Der Antitumoreffekt von Pluramycin auf experimentelle Tiertumore.** Atsushi Nishibori. (J. Antibiotics [Tokyo], Ser. A **10**, 213—18, 1957; Nikken Chem. Co. Ltd.; engl.) — 1. vgl. J. Antibiotics [Tokyo], Ser. A **9**, [1956], 31. — Pluramycin A (**I**) in 0,02%ig. *Ascorbinsäure* gelöst, wird auf seinen Einfl. auf 3 Arten von Tiertumoren untersucht. Bei i.v. Injektion beträgt die $DL_{50}$ 16,2 μg/Maus u. bei intraperitonealer Injektion 131 μg/Maus. Bei der Behandlung von Mäusesarkom 180 durch intraperitoneale Injektion genügen bereits tägliche Gaben von 5,0, 2,5 oder 1,55 μg/Maus. Beginnt die Behandlung erst 5 Tage nach der Infektion, so wird Sarkom 180 mit einer täglichen Dosis von 10,0 oder 5,5 μg/Maus gehemmt. Bei der Behandlung vom Ascitestyp des Ehrlich-Carcinoms liegen die täglichen Dosen bei 0,025, 0,1 bzw. 1,0—2,0 μg/Maus. Bei soliden Tumoren sowohl des Sarkoms 180 als auch des Ehrlich-Carcinoms zeigen tägliche Injektionen von 1,0—4,0 μg/Maus sehr gute Ergebnisse. Der Einfl. von **I** auf Yoshida-Rattensarkom ist geringer. Hier sind tägliche Dosen von 5,0—20,0 μg/Maus erforderlich. H. Dölle 4160◇

*1029* **Vergleichende Untersuchung der Antigeschwulst- und toxischen Wirkung von Aurantin, einiger seiner Fraktionen und Actinomycin C.** O. W. Subowa, A. B. Ssilajew und W. G. Ssolowjewa. (Antibiotika [UdSSR] **6**, 485—88, 1961; Moskau, Univ., Fak. für Bodenbiolog.; russ., Auszug: engl.) — Mäusen mit Ehrlich-Sarkom (ES) oder Krocker-Sarkom (KS) wurden alle 48 Std. intraperitoneal *Aurantin* (**I**), die **I**-Fraktionen $A_1$ oder $A_2$ ($A_1$ enthält im Unterschied zu $A_2$ kein Valin) u. *Actinomycin C* (**II**) zugeführt. Gegenüber KS zeigten **I**, $A_1$, $A_2$ u. **II** eine etwas stärkere Wrkg. als gegenüber ES. Alle angewandten Präpp. waren annähernd gleich stark wirksam. Bei 8—9maliger Verabreichung von je 75 γ/kg betrug die Abnahme des Körper-Gew. am Ende des Vers. 12% nach $A_1$, 20% nach $A_2$, 15% nach **I**, 21% nach **II**. Das Gew. der Milz nahm um 63 bzw. 34 bzw. 42 bzw. 28% im Vgl. zur Kontrolle ab. Die Zahl der letalen Ausgänge betrug bei dieser Dosierung 3% nach $A_1$, 16% nach $A_2$, 3% nach **I** u. 22% nach **II**. O. Lebtag 4160△

*1030* **Antigeschwulsteigenschaften der Extrakte aus dem Mycel einiger Pilze.** S. E. Bekker, Je. G. Rodionowa, I. W. Jangulowa, M. A. Petrowa, W. G. Korolewa, M. M. Majewski, Je. A. Romanenko, A. P. Urasowa, A. Ss.

Bondarewa, W. G. Masajewa, M. Je. Timoschetschkina und Ju. N. Molkow. (Antibiotika [UdSSR] **6**, 488—92, 1961; Inst. für exp. u. klin. Onkolog. der Akad. der Med. Wis. der UdSSR; Allunions Inst. für Antibiotica; russ., Auszug: engl.) — Untersucht wurde die Wrkg. der Mycelextrakte von *Fusarium sporotrichiella* var. *poae Nr. 1329, F. sambucinum Nr. 1297/8, F. sambucinum Nr. 4/9, Fusella olivacea Nr. 5c, Stemphyllium sp. Nr. 1936/1, Helminthosporium sp. Nr. 641, Trichoderma sp. Nr. 6/9, Tr. sp. Nr. 2074/6, Aspergillus niger Nr. 72/2, Asp. niger Nr. 81, Asp. velutinus Nr. 792, Asp. fumigatus Nr. 4/3* auf die Aktivität der *Dehydrase* (I) von Ehrlich-Adenocarcinom, Krocker-Sarkom, Sarkom 45, Sarkom M-1, Lymphom Lyo-1 u. Guérin-Sarkom. Keiner der untersuchten Extrakte war gegenüber mehr als 3 Geschwulstarten wirksam. Die I des Guérin-Sarkoms wurde von keinem Extrakt beeinflußt. Die Wrkg. der einzelnen Stämme auf I ist verschieden. Es gibt jedoch mindestens eine I, auf welche alle Stämme einer Art einwirken. O. Lebtag 4160△

*1031* **Experimentelle Antikrebsuntersuchungen. 14. Mitt. Antikrebsversuch mit Streptococcus haemolyticus bei immunisierten Tieren.** Susumu Shoin. (Jap. J. Pharmacol. **10**, 119—25, 1961; Kanazawa, Univ. School of Med., Dep. of Pharmacol., and Res. Inst. of Tuberculosis, Dep. of Chem.; engl.) — Die Empfindlichkeit der Maus gegen Ehrlich-Carcinomzellen wurde nicht vom Immunisierungszustand der Tiere gegen hämolyt. Streptokokken (So-Stamm) beeinflußt. Der Antikrebseffekt hämolyt. Streptokokken (Sa-Stamm) war bei Tieren, die mit Streptokokken immunisiert waren, der gleiche wie bei nichtimmunisierten. K. Maier 4160◇

## E₂. Enzymologie, Gärung

*1032* **Terminale Atmungsenzyme in der Nebennierenrinde.** Sherwood M. Reichard. (Acta endocrinol. [Copenhagen], Suppl. Nr. **51**, 959, 1960; Baltimore, Md., Johns Hopkins Univ., McCollum-Pratt Inst.; engl.) H. Herper 4210□

*1033* **Untersuchungen über das Elektrontransportsystem.** 30. Mitt. **Reduziertes Nicotinamidadenindinucleotid Cytochrom-c-Reduktase.** 1. Mitt. Y. Hatefi, A. G. Haavik und P. Jurtshuk. (Biochim. biophysica Acta [Amsterdam] **52**, 106—18, 1961; Madison, Wis., Univ. of Wisconsin, Inst. for Enzyme Res.; engl.) — 29. vgl. C. **1962**, 160. — Aus Rinderherzmitochondrien wurde eine sehr akt. *red. Nicotinamidadenindinucleotid* (NADH)-*Cytochrom-c-Reduktase* (I) isoliert, deren beste Präpp. die Red. von ca. 50 bis 60 μMol *Cytochrom c*/Min./mg Protein bei 28° katalysieren. Die I-Aktivität wird von *Amytal, p-Chlormercuriphenylsulfonat, Antimycin A, SN-5949* (ein Naphthochinon) oder *2-Nonyl-4-hydroxychinolin-N-oxid* vollständig gehemmt, von Äthylendiamintetraacetat aktiviert. Das I-Präp. enthält NADH-Flavoprotein, Cytochrom b u. $c_1$, Coenzym Q u. Nichthäm-Fe u. ist prakt. frei von Succinat-Cytochrom-c-Reduktase- u. Cytochromoxydase-Aktivität. Lipidzusatz steigert die I-Aktivität in begrenztem Maße. K. Maier 4210◇

*1034* **Untersuchungen über das Elektrontransportsystem.** 31. Mitt. **Reduziertes Nicotinamidadenindinucleotid-Cytochrom-c-Reduktase.** 2. Mitt. Y. Hatefi, P. Jurtshuk und A. G. Haavik. (Biochim. biophysica Acta [Amsterdam] **52**, 119—29, 1961; engl.) — 30. vgl. vorst. Referat. — Die Unters. der Redox-Eigg. der bei einer aus Rinderherzmitochondrien angereicherten, stark akt. *red. Nicotinamidadenindinucleotid* (NADH)-*Cytochrom-c-Reduktase* (R-4B) beteiligten Komponenten [*Flavoprotein, Coenzym Q* (I), *Cytochrom b* (II), *Cytochrom* $c_1$(III)] ergab eine schnelle Red. der Enzymkomponenten durch NADH u. Oxydation in Ggw. katalyt. Mengen von *Cytochrom c* (VI) + *Cytochromoxydase. Amytal* (IV) bzw. *Antimycin A* (V) hemmen das Elektrontransport-Syst. nach den Flavoproteinen u. vor den Cytochromen bzw. vor III u. nach I u. II. Nach dem derzeitigen Stand haben die Elektroncarrier in R-4B die Anordnung: NADH → [Flavoprotein $\xrightarrow[\text{Hemmung}]{\text{IV}}$ I, II $\xrightarrow[\text{Hemmung}]{\text{V}}$ III] → VI. K. Maier 4210◇

*1035* **Untersuchungen über das Elektrontransportsystem.** 32. Mitt. **Die Atmungsregelung in Rinderherzmitochondrien.** Y. Hatefi, P. Jurtshuk und A. G. Haavik. (Arch. Biochem. Biophysics **94**, 148—55, 1961; engl.) — 31. vgl. vorst. Ref.; 33.—37. vgl. C. **1962**, 15262. — Unters. der Atmung von Rinderherzmitochondrien ergab eine weitgehende Regelung der Oxydation von *Pyridinoprotein*-Substraten, nicht aber der von *Succinat* (I), durch einen Atmungskontrollmechanismus. Eine geringfügige Kontrolle der I-Oxydation wird von *Amytal* aufgehoben. Anscheinend erstreckt sich die Atmungsregelung der isolierten Herzmitochondrien nur auf die ersten Abschnitte der Atmungskette, wo die erste Phosphorylierung im *red. Nicotinamidadenindinucleotidoxydase*-Syst. stattfindet. K. Maier 4210◇

*1036* **Eigenschaften der mit Desoxycholat präparierten Herzmuskelcytochrome.** W. W. Wainio. (Trans. New York Acad. Sci. [2] **22**, 426—35, 1960; New Brunswick, N.J., State Univ., Bureau Biol. Res. and Dep. Physiol. Biochem. Rutgers; engl.) — Ausgehend von den chem. u. physikochem. Eigg. des *Desoxycholats* (I) wird auf dessen Wrkg. bei der Freisetzung u. des Löslichwerdens der Mitochondriencytochrome eingegangen. Der wahrscheinlichste Mechanismus der Freisetzung ist der durch Verdrängung der Cytochromlipoproteide, u. das Löslichwerden dürfte durch Komplex-Bldg. des I mit dem Lipid erfolgen. Die relative Enzymaktivität nimmt bei steigendem Geh. an I im Falle der *Cytochrom-c-Oxydase* (II) zunächst zu, dann bei einem I/II-Verhältnis (auf Gew.-Basis) $>2$ steil ab, im Falle der *red. Nicotinamidadenindinucleotid* (NADH)-*Cytochrom-c-Reduktase* wird sie durch I stets vermindert, *Succinat-Cytochrom-c-Reduktase* nimmt eine gewisse Zwischenstellung ein. Es werden Angaben über verschiedene method. Variationen der II-Präparation unter Verw. von I zusammengestellt u. diskutiert. II ist ein Lipoid- u. Cu-haltiges Hämoproteid, das für seine Wrkg. Phospholipoid benötigt. *Cytochrom* $c_1$ wurde zwecks Reindarst. durch längeres Waschen vom *Cytochrom c* befreit u. mit 1% I extrahiert. Durch Alterung wird die *Succinodehydrogenase* u. das *Cytochrom b* schließlich zerstört. Dieses Präp. ist enzymat. wenig akt., es beschleunigt die aerobe Oxydation von NADH nur schwach, die anaerobe Oxydation von NADH in Ggw. von Fumarat u. fragmentierten Herzmuskelmitochondrien deutlich. Auch *Cytochrom b* wurde unter Verw. von I sowie *Phospholipase, Protease* u. $(NH_4)_2 \cdot SO_4$ präpariert. Es ist anscheinend enzymat. inaktiv. Die Ursachen dafür werden diskutiert. W. Scheler 4210◇

*1037* **Fraktionierte Auflösung von Hämoproteinen und teilweise Reinigung des CO-bindenden Cytochroms aus Lebermikrosomen.** Tsuneo Omura und Ryo Sato. (Biochim. biophysica Acta [Amsterdam] **71**, 224—26, 1963; Kita-ku, Osaka, Osaka Univ., Inst. for Protein Res.; engl.) — Es wurde gezeigt, daß das *CO-bindende Pigment* (I) in Kaninchenlebermikrosomen ein neues *Cytochrom* vom *b*-Typ ist. Es zeigt anomale Spektra in der *mikrosomalgebundenen Form* (**Im**), verhält sich aber als typ. Hämoprotein bei Umwandlung in die *lösl. Form* (**Is**). Es wird über die Trennung der beiden mikrosomalen Hämoproteine durch fraktionierte Auflösung u. die teilweise Reinigung von **Is** berichtet. Verdauung von Mikrosomen mit roher Pankreaslipase führt zur quant. Auflösung nur des Cytochroms $b_5$. Der Hauptanteil von I bleibt an die unverdauten Partikel gebunden u. kann durch Zentrifugierung bei 105000·*g* in 60 Min. gefällt werden. Im Sediment war I in beiden Formen (**Im** u. **Is**) vorhanden. I ist labil gegenüber $O_2$. Unter $N_2$ konnte I mehrere Tage ohne Verlust aufbewahrt werden. Bei anaerober Behandlung von I mit 0,1% Schlangengift oder 0,1% Desoxycholat (pH 8,5, 37°, 20 Min.) wurde I vollständig zu **Is** umgewandelt u. konnte durch fraktionierte Fällung mit Ammoniumsulfat (zwischen 20 u. 40% Sättigung), Gelfiltration durch Sephadex u. Hydroxylapatitsäulenchromatographie gereinigt werden. Obgleich sich dieses Präp. bei Elektrophorese als homogenes Protein verhielt, war es noch heterogen bei der Unters. mittels Ultrazentrifuge. Das Präp. war viel stabiler gegenüber Belüftung. Es folgen Angaben über Absorptionsspektren u. Extinktions-Koeff.; zum Unterschied von **Im** u. **Is**, durch anaerobe Verdauung von Mikrosomen erhalten, wurde das gereinigte Präp. von **Is** durch Nicotinamidadenindinucleotid nicht reduziert. H. Aman 4210◇

*1038* **Mögliche Funktion von α-Tocopherol in der Atmungskette. 3. Mitt. Tocopherol- und Ubichinongehalt eines Herzmuskelpräparats.** E. C. Slater, H. Rudney, J. Bouman und J. Links. (Biochim. biophysica Acta [Amsterdam] **47**, 497—514, 1961; Amsterdam, Univ., Labor. of Physiol. Chem.; engl.) — 1. vgl. C. **1958**, 11847. — *Ubichinon-50* (I), F. 48°, wurde aus Pferdeherz wie üblich, nur unter Pyrogallolzusatz bei der Extraktion, hergestellt. I-Behandlung mit Ascorbinsäure in HCl u. Ggw. von Pyrogallol lieferte ein *Red.-Prod.* (II; Ausbeute ca. 30%), das von *Ubichinol* (III) verschieden u. vermutlich *Ubichromanol* oder ein Deriv. desselben war. II ist nach der früher zur Best. des *α-Tocopherol* (IV)-Geh. von Herzmuskel-Präp. verwendeten Meth. nicht von IV unterscheidbar u. Ursache des beschriebenen „Extra-IV". *Vitamin $K_1$* gibt unter gleichen Bedingungen ebenfalls ein stabiles Red.-Prod., das wahrscheinlich auch ein Chromanol ist. Der IV-Geh. des Herzmuskel-Präp. (P) von Keilin- u. Hartree wurde durch Chromatographie an $ZnCO_3$-imprägniertem Papier u. an $Al_2O_3$, UV-Spektrum u. das Absorptionsspektrum des durch $AuCl_3$-Oxydation erhaltenen *α-Tocopherylchinons* (V) bestätigt. P (Pferd) enthält durchschnittlich 0,4 μMol IV/g Protein u. 9,1 μMol I/g Protein, P (Ochse), 0,8 u. 2,9. I u. IV des Herzens sind ausschließlich in den Sarkosomen lokalisiert. IV ist keine Vorstufe der I-Biosynth. in Kaninchenherz oder -leber. IV, V u I hemmen den Adenosintriphosphat–Phosphat (anorg.)-Austausch von Rattenlebermitochondrien u. aktivieren Adenosintriphosphatase. K. Maier 4210◇

*1039* **Mechanismus und biologische Rolle der peroxydatischen Wirkung der Katalase.** H. Aebi. (Bull. Soc. chim. biol. **42**, 187—207, 1960; Bern, Univ.; franz.) — Vortrag mit 53 Literaturangaben. A. Hesse 4210◇

*1040* **Die Katalase- und Phosphataseaktivität in Weizenpflanzen bei Wachstumseinschränkung.** Svatava Fialová und Marie Dobřemyslová. (Biol. Plantarum [Praha] **4**, 182—90, 1962; Prag, Karls Univ., Dep. Plant Physiol. and Soil Biol.; engl.) — Der Winterweizen, Sorte Pyšelka, wird in einer konz. oder 25%ig. Knopschen Nährlsg. oder in dest. W. unter Beigabe von 100 mg *K-Humat* (I)/Liter oder ohne diese kultiviert. I stimuliert das Pflanzenwachstum, erhöht die *Phosphorylase* (II)-Aktivität in den Blättern u. Wurzeln u. die *Katalase* (III)-Aktivität in den Wurzeln. Die Erhöhung der Kultivierungs-Temp. auf 30° führt zur Herabsetzung der II- u. III-Aktivität. Die Anästhetisierung durch Chlf. führt zur Wachstumsherabsetzung u. zur Erhöhung der relativen Aktivität von III u. die ersten Tage auch von II; zu ähnlichen Resultaten führt das Entfernen des Endosperms aus dem Weizenkorn. Die Aktivität von II in den Blättern ist immer niedriger als in den Wurzeln; die Aktivität von III ist dagegen in den Blättern immer höher als in den Wurzeln. Die Aktivität von II sinkt während des Alterns in den Blättern u. den Wurzeln; die Aktivität von III sinkt im Laufe des Alterns in den Wurzeln, steigt aber in den Blättern an. Z. Šesták 4210◇

*1041* **Die reversible Spaltung von Schilddrüsen-Jodid-Peroxydase in Apoenzym und prosthetische Gruppe.** Nicholas M. Alexander und Betty J. Corcoran. (J. biol. Chemistry **237**, 243—48, 1962; West Haven, Conn., Veterans Administration Hospital, Radioisotope Service; New Haven, Conn., Yale Univ., Dep. of Biochemistry; engl.) — Die Chromatographie von rohen Schilddrüsenextrakten auf Amberlit IRC-50 ergibt eine hitzelabile Fraktion, die eine merklich red. Tyrosin jodierende Aktivität zeigt. Die Aktivität wird durch Hämatin- u. Methämoglobinzusatz wiederhergestellt. Globin hemmt die Aktivität, Hämatin hebt diese Wrkg. auf. Schilddrüsenstimulierendes Hormon, Ei- u. Serumalbumin hemmen weniger stark u. Hämatin überwindet auch ihre Wrkg., während andere Proteine wie Urease oder Ribonuclease ohne Effekt sind. Vff. schließen daraus, daß Jodidperoxydase durch IRC-50 sowie durch die prosthet. Gruppe bindende Proteine, vielleicht Ferriprotoporphyrin IX, in Apoenzym u. prosthet. Gruppe gespalten wird. Da Hämatin die jodierende Aktivität von Rohextrakten stimuliert, wird vermutet, daß freies Peroxydase–Apoenzym vorhanden ist. Speichelperoxydase wird von IRC-50 oder Globin nicht angegriffen. K. Heumann 4210◇

*1042* **Versuche zur Demonstration der Hemmung von Nitroreduktase durch Aureomycin in zellfreien Extrakten und Isolierung einer Aureomycin resistenten Nocardia V.** J. R. Villanueva. (Nature [London] **193**, 95, 1962; Madrid, Inst. „Jaime Ferran" de Microbiol.; engl.) — Vf. stellte fest, daß das Wachstum von *Nocardia V.* durch *Aureomycin* (I) gehemmt, das zellfreie *Nitroreduktase*-Syst. durch I aber nicht beeinflußt wird. Es konnte eine I-resistente Mutante von Nocardia V. gezüchtet werden, deren morpholog. u. kulturelle Eigg. dem Elternstamm sehr glichen. Der resistente Organismus besitzt ein Nitroreduktase-Syst., das sich unter zellfreien Bedingungen vom normalen Syst. nicht wesentlich unterscheidet. K. Heumann 4210◇

*1043* **Wirkungsmechanismus der Inaktivierung kristallisierter Leber-Alkoholdehydrogenase durch Röntgenstrahlen.** A. Temperli, H. Aebi und A. Zuppinger. (Helv. chim. Acta **44**, 1573—82, 1961; Bern, Univ., Medizin.-chem. Inst. u. Röntgeninst.; dt.) — Enzyme mit freien, funktionell wichtigen SH-Gruppen sind besonders strahlenempfindlich. Der Inaktivierungsmechanismus wurde bisher mit der Oxydation der Gruppen zu Disulfid erklärt. Unterss. zeigten, daß red. Glutathion u. inerte Proteine schützend, kleine Mengen Katalase dagegen ungünstig wirken. Eine Parallele zwischen Aktivitätsverlust u. Thioloxydation wurde gefunden. Die teilweise Wiederherstellung der SH-Gruppen kann erreicht werden, sie bewirkt aber keine Aktivitätssteigerung. Vff. vermuten daher, daß mehr als die SH-Oxydation eine Eiweißdenaturierung für die Inaktivierung verantwortlich ist. K. Heumann 4210◇

*1044* **Untersuchungen über Radioempfindlichkeit bei Enzymen. 1. Mitt. Die Wirkung von Bicarbonat auf Alkoholdehydrogenase der Leber.** Trevor Robinson und A. W. Phillips. (Biochim. biophysica Acta [Amsterdam] **42**, 290 bis 297, 1960; Syracuse, N.Y., Syracuse Univ., Dep. of Bacteriol. and Bot.; Biol. Res. Labor.; engl.) — Wenn verd. wss. Lsgg. der *Alkoholdehydrogenase* (I) der Leber der Einw. von Röntgenstrahlen ausgesetzt werden, ist die Inaktivierung in Ggw. von Bicarbonatpuffer (II) größer als mit Phosphatpuffer oder dest. Wasser. Dies beruht nicht auf stabilen Zwischenprodd., die etwa aus dem II entstehen können. Auch erscheint es unwahrscheinlich, daß I durch die Bestrahlung in irgendeinen langlebigen, halbstabilen Zustand übergeführt wird, dessen Zerstörung durch II beschleunigt wird. I u. II müssen dabei stets gleichzeitig zugegen sein. — Bei *Hexokinase* (Hefe), *Aldolase* (Muskel) u. *Milchsäuredehydrogenase* (Muskel) wurde dieser Effekt nicht beobachtet. A. Hesse 4210◇

*1045* **Biochemie der Methanolvergiftung.** 3. Mitt. **Der enzymatische Weg der Umwandlung von Methanol in Formaldehyd.** M. M. Kini und J. R. Cooper. (Biochem. Pharmacol. **8**, 207—15, 1961; New Haven, Conn., Yale Univ., School of Med., Dep. of Pharmacol.; engl.) — 2. vgl. C. **1963**, 1771. — Aus Rhesusaffenleber (Überstand, Hitzebehandlung bei 55°, $(NH_4)_2SO_4$-Fraktionierung, Chromatographie an DEAE-Cellulose) wurde ein *Enzym-Syst.* (I) fast 90fach angereichert, das *$CH_3OH$* u. *A.* in Ggw. von *Nicotinamidadenindinucleotid* (NAD) oder *Nicotinamidadenindinucleotidphosphat* (NADP) oxydiert u. anscheinend mit Leber-*Alkoholdehydrogenase* (II) ident. ist. A. hemmt die $CH_3OH$-Oxydation durch II. Krist. II aus Pferdeleber zeigte gegenüber $CH_3OH$ als Substrat erhebliche Aktivität. Die $CH_3OH$-Abnahme des Blutes von Affen nach oraler $CH_3OH$-Zufuhr stimmt mit der in vitro beobachteten Geschw. der $CH_3OH$-Oxydation überein. Für die physiolog. $CH_3OH$-Oxydation ist wahrscheinlich der Dehydrogenasemechanismus, nicht das Katalase–Peroxid-Syst., verantwortlich. K. Maier 4210◇

*1046* **α-Glycerinphosphat- und Milchsäure-Dehydrogenaseaktivitäten in Geweben von unter Thiaminmangel stehenden Ratten.** Jan van Eys. (J. of Nutrit. **73**, 403—08, April 1961; Nashville, Tenn., Vanderbilt Univ. School of Med., Dep. of Biochem.; engl.) — Unter *Thiamin* (I)-Mangel stehende Ratten, die an Stelle der erforderlichen I-Menge (10 μg) nur 0,1 μg dafür aber *Oxythiamin* (II) bzw. *Pyrithiamin* (III) unterschiedlicher Menge erhalten, weisen in der Leber bes. in Ggw. von III einen erheblichen Rückgang der *α-Glycerinphosphatdehydrogenase*-Aktivität (IV) bei gleichzeitiger Hemmung des Wachstums auf. IV sinkt proportional zur II- u. III-Menge. Auch die *Milchsäuredehydrogenaseaktivität* (V) sinkt in Ggw. von II u. III, jedoch in wesentlich geringerem Ausmaß, wobei II wirksamer ist. Durch 5—10tägiges Hungern von vorher normal mit I versorgten Vers.-Tieren wird ein Rückgang der IV u. V von ca. 30% festgestellt; dies ist wesentlich weniger als bei I-Mangel. A. Täufel 4210◇

*1047* **Ernährungsbezogene Veränderungen der Bernsteinsäuredehydrogenaseaktivität.** R. R. Nielson und H. M. Klitgaard. (Amer. J. Physiol. **201**, 37—40, 1961; Milwaukee, Wis., Marquette Univ. School of Med., Dep. of Physiol.; engl.) — Im Herzmuskel, Psoasmuskel, Leber u. Niere von Ratten traten in Abhängigkeit von der seit der Fütterung verstrichenen Zeit bzw. von der Dauer des Hungerns Veränderungen der *Bernsteinsäuredehydrogenase*-Aktivität auf. K. Zingraf 4210◇

*1048* **Über das Verhalten der Succinodehydrase in der normalen Nebenniere von Kaninchen und während der pharmakologischen Hypothermie.** J. Jonek. (Protoplasma **54**, 369—81, 1962; Wien, Univ., Histolog.-Embryolog. Inst.; dt.) — Vf. stellte fest, daß die *Bernsteinsäuredehydrase* (I)-Aktivität der Nebennieren (NN) von normalen Kaninchen über alle drei Zonen verteilt ist. Die NN von Kaninchen zeigten nach 6std. Hibernation der Tiere in der Zona arcuata verstärkte, in der Fasciculata u. Reticularis kleinere I-Aktivität, während die NN nach 7tägiger Hibernation der Tiere in der Zona arcuata u. Reticularis verstärkte I-Aktivität zeigen. Vf. sieht damit die Hypothese der funktionellen Zweiteilung der NN gestützt. Eine Parallele zwischen I-Aktivität u. histochem. nachweisbaren Lipoiden war nicht zu finden. Während der pharmakolog. Hypothermie kommt es zu einer erhöhten Red.-Lage des Blutes. K. Heumann 4210◇

*1049* **Oxydative Enzyme und Phosphorylierungen in Mitochondrien unter Kälteeinwirkung und bei Winterschlaf.** Rowand R. J. Chaffee, Frederic L. Hoch und Charles P. Lyman. (Amer. J. Physiol. **201**, 29—32, 1961; Boston, Mass., Harvard. Med. School and Peter Bent Brigham Hosp., Dep. of Med., Biophys. Res. Labor.; Cambridge, Mass., Harvard Univ., Dep. of Biol.; engl.) — Mitochondrien von Ratten unter Kälte-Einw. zeigten eine hohe *Bernsteinsäuretriphenyltetrazoliumreduktase*-Aktivität, keine Veränderung der *Bernsteinsäureoxydase* (I)-, *Glutaminsäureoxydase* (II)- u. *Cytochromoxydase* (III)-Aktivität u. normale P/O-Quotienten. Bei akt. u. im Winterschlaf befindlichen Hamstern war unter Kälte-Einw. die Aktivität von I, II u. III, gemessen bei 37°, erhöht u. die P/O-Quotienten waren normal. K. Zingraf 4210◇

*1050* **Spezifität der D-Aminosäureoxydase im Verhältnis zur Glycinoxydaseaktivität.** Allen H. Neims und Leslie Hellerman. (J. biol. Chemistry **237**, PC 976—PC 78, 1962; Baltimore, Md., Johns Hopkins Univ., School of Med., Dep. of Physiol. Chem.; engl.) — Es wird die Oxydations-Geschw. von *Glycin* (Gly) u. *Alanin* (Ala), die unter der Mitwirkung von *Schweinenieren*- bzw. *Lammnieren-D-Aminosäureoxydase* (I bzw. II) erreicht wird, bestimmt. Das Verhältnis der Geschw. von Gly/Ala unter dem Einfl. von I bleibt bei allen Stufen der Reinigungsprozedur unverändert. Dieses Verhältnis bleibt im Verlauf der Reinigung auch bei II konst., liegt jedoch doppelt so hoch wie bei I. — Auch in Verss. mit Hemmstoffen kann kein Verh. gefunden werden, das auf die Existenz einer Glycinoxydase u. einer separaten D-Aminosäureoxydase schließen läßt. K. Heumann 4210◇

*1051* **Die Wirkung von Thyroxin auf isolierte Dehydrogenasen. 2. Mitt. Sedimentationsänderungen von Glutaminsäuredehydrogenase.** J. Wolff. (J. biol. Chemistry **237**, 230—35, 1962; Bethesda, Md., National Inst. of Arthritis and Metabolic Diseases, National Inst. of Health; engl.) — 1. vgl. C. **1959**, 6198. — Vf. untersuchte die enzymzerlegende Wrkg. des *L-Thyroxins* (I) u. verwandter Verbindungen. I, L-Trijodthyronin, Pentabromphenol, Trijodphenol u. *Butyl-4-hydroxy-3.5-dijodbenzoat* (II) spalten *Glutaminsäuredehydrogenase* (III) in Untereinheiten, deren Sedimentations-Koeff. bei 14 S liegt, während das Ausgangsmaterial eine S von 26,4 hatte. I verkleinert S des ungespaltenen Restenzyms, während II S vergrößert. Adenosindiphosphat (ADP) hebt die hemmende Wrkg. von I auf III teilweise auf, was durch das Sedimentationsbild bestätigt wird. Serumalbumin u. Dialyse haben den gleichen Effekt. Thiocyanat bewirkt mit steigender Konz. die Spaltung von III, wobei S auf 13—14 hinuntergeht. ADP hatte keinen Einfluß. Milchsäuretriosephosphat- u. Äpfelsäuredehydrogenase wurden von I oder o-Phenanthrolin nicht gespalten, I dissoziierte aber einige Präpp. von Hefe-Alkoholdehydrogenasen. K. Heumann 4210◇

*1052* **Die Wirkung von Thyroxin auf isolierte Dehydrogenasen. 3. Mitt. Der Wirkungsort von Thyroxin bei Hemmung der Glutaminsäuredehydrogenase, die Funktion von Adenin- und Guaninnucleotiden und das Verhältnis von Kinetik zu Sedimentationsänderung.** J. Wolff. (J. biol. Chemistry **237**, 236—42, 1962; Bethesda, Md., National Inst. of Arthritis and Metabolic Diseases, National Inst. of Health; engl.) — 2. vgl. vorst. Referat. — Es wird gezeigt, daß die Hemmung der *Glutaminsäuredehydrogenase* (I) durch *Thyroxin* (II) gegenüber Nicotinamidadenindinucleotidphosphat (NADP) nicht kompetitiver Natur, gegenüber Nicotinamidadenindinucleotid (NAD) jedoch kompetitiv ist. Der Angriff dieser Nucleotide dürfte daher nicht am akt. Zentrum, sondern am „aktivierenden“ bzw. „inaktivierenden Ort“ erfolgen. Von den Adenosinphosphaten hemmt 5′-diphosphat den II-Effekt > -5′-monophosphat > -5′-triphosphat, während die Nucleotide anderer Basen wirkungslos sind. Guanosindi- u. -triphosphat sind selbst Inhibitoren von I, letztes greift dabei an zwei Stellen an. — I weist gleichzeitig eine durch Hitzeinaktivierung nicht differenzierbare *Norvalindehydrogenase*-Aktivität auf, die durch II gehemmt wird, dieser Vorgang ist ebenfalls gegenüber NADP kompetitiv. — In Verss. mit Norvalin, α-Ketovaleriansäure, α-Ketoisovaleriansäure, α-Ketobuttersäure u. Brenztraubensäure als Substrat zeigt Adenosindiphosphat ebenfalls seinen hemmenden Einfluß. K. Heumann 4210◇

*1053* **Dopamingehalt im Harn und Monoaminoxydaseaktivität der Niere bei hypertensiven Ratten.** David R. De Fanti und John J. De Feo. (Biochem. Pharmacol. **12**, 173—77, 1963; Kingston, R. I., Univ. of Rhode Island, Coll. of Pharmacy, Dep. of Pharmacol.; engl.) — Bei experimenteller Hypertension (einseitige Nephrektomie, Arterienunterbindung) scheiden ♂ Ratten innerhalb der nächsten Wochen steigende Mengen von *Dopamin* (I) mit dem Harn aus (von 673 auf 1022 μg/Liter ansteigend). Während bei Kontrolltieren mit ansteigendem Gew. die Ausscheidungswerte zurückgehen, kommt es bei hypertensiven Tieren mit steigendem Körper-Gew. zu erhöhter Ausscheidung. — Nach Beginn der Hypertension geht die *Monoaminoxydase* (II)-Aktivität zurück, nach 6 Wochen ist ein kompensator. Anstieg zu beobachten, danach ein scharfer Abfall. Eine Beziehung zwischen der II-Aktivität u. der I-Ausscheidung besteht nicht. U. Tausendfreund 4210◇

*1054* **Norepinephrinstoffwechsel in Hirn und Herz der Ratte.** J. Richard Crout, Cyrus R. Creveling und Sidney Udenfriend. (J. Pharmacol. exp. Therapeut. **132**, 269—77, Juni 1961; Bethesda, Md., Nat. Heart Inst. Sect. of Exper. Therap. u. Labor. of Clin. Biochem.; engl.) — Bei der Ratte war die *Monoaminooxydase* (I)-Aktivität in vitro in Hirn 3,6mal u. im Herzen 5mal größer, in der Leber aber 15mal geringer als die *Brenzcatechin-O-methyltranspherase* (II)-Aktivität. Durch intraperitoneale Injektion von I-Hemmstoffen, nicht aber von *Pyrogallol* (III, II-Hemmstoff) wurde der Brenzcatechinamin-Geh. in Hirn u. Herz erhöht. Nach Vorbehandlung mit Iproniazid wurde *Noradrenalin* (IV) nach i.v. Injektion bes. im Myocard angereichert, die Ausscheidung aus dem Plasma war nur wenig verlangsamt. Durch Vorbehandlung mit III wurde der Stoffwechsel von zirkulierendem IV beeinträchtigt. K. Zingraf 4210□

*1055* **Der Einfluß der Ascorbinsäure auf die Polyphenoloxydaseaktivität der Tabakblätter und seine praktische Anwendung.** M. Andreitschewa und D. Bailow. (Bull. Inst. Cult. Plantes, Akad. Sci. Bulg. **8**, 79—87, 1959; bulg., Auszug: dt.) — Die Unterss. des Rk.-Mechanismus der schnellen objektiven Best. der Tabakreife in verschiedenen Substraten, bes. mit Hilfe von *Guajaktinktur*, ergaben, daß *Ascorbinsäure* (I) durch Wrkg. auf die *Phenoloxydase* (II) die Oxydation der *Phenolstoffe* an der Luft hemmt u. der hemmende Einfl. der I von der II der reifen Tabakblätter schneller überwunden wird. Die I kann daher als Kontrolle der objektiven Rk. angewandt werden. I. v. Kloch-Kornitz 4210◇

*1056* **Die enzymatische Oxydation von $^{14}C_{(16)}$-Östron in vitro.** P. H. Jellinck. (Biochim. biophysica Acta [Amsterdam] **41**, 37—45, 1960; London, Middlesex Hosp. Med. School, Courtauld Inst. Biochem; engl.) — Vgl. C. **1960**, 3581 u. 9935. — Bei der Inkubation von *$^{14}C_{(16)}$-Östron* (I) mit Champignonextrakten oder eines Champignontyrosinase-Präp. (pH 6,8; 5 Std.) bilden sich in Ae. unlösl. Produkte. Die Natur der Stoffwechsel-Prodd. von I wird untersucht u. gezeigt, daß sich bei der enzymat.

Oxydation o-chinoide I-Prodd. (*Östron-2.3-chinon* u. *Östron-3.4-chinon*) als Stoffwechsel-Zwischenprodd. bilden, die dann an Proteine gebunden werden. Diese Bindung ist sehr stabil u. Verss. (saure Hydrolyse) zur Abtrennung des I-Stoffwechsel-Prod. waren nicht erfolgreich. Verss. mit Rattenleberschnitten zeigen ebenfalls Bldg. von in Ae. unlösl. Prodd. aus I, aber nur 10—15% sind an Protein gebunden. Die in Ae. unlösl. Verbb. zeigen keine deutliche östrogene Aktivität. Die Signifikanz der Proteinbindung im I-Stoffwechsel wird diskutiert. I. Hähn 4210△

*1057* **Verwendung von Hübeners 20β-Hydroxysteroiddehydrogenase bei mikrochemischer Identifizierung und Trennung.** H. D. Henning und J. Zander. (Hoppe-Seyler's Z. physiol. Chem. **330**, 31—37, 1962; Köln, Univ.-Frauenklinik; dt.) — Die Verw. der gruppenspezif. Hübener-*20β-Hydroxysteroiddehydrogenase* (*Cortisonreduktase*; I) ist den gebräuchlichen nichtenzymat. Meth. für die mikrochem. Oxydation u. Red. im allg. vorzuziehen. I eignet sich besonders für die Identifizierung von 20-Hydroxysteroiden mit wenig reaktionsfähigen Gruppen sowie zur Trennung von Steroiden ähnlicher Polarität. Vff. geben die $R_F$-Werte einer Reihe von $C_{21}$-Steoiden in 20-Oxo-Form u. 20β-Hydroxy-Form nach der Behandlung mit I an u. beschreiben eine Meth., die sich für die routinemäßige Identifizierung von Steroiden eignet. H. Köditz 4210◇

*1058* **Oxydative Enzyme und der Stoffwechsel bei Verletzung von Cecropia-Seidenraupen in der Diapause.** David G. Shappirio. (Ann. New York Acad. Sci. **89**, 537—48, 1960; Ann Arbor, Mich., Univ. of Michigan, Dep. of Zool.; engl.) — Übersicht. — 31 Literaturangaben. K. Zingraf 4210◇

*1059* **Durch Hydrocortison induzierte Änderungen der Aktivität von Glucose-6-phosphatase und Fructosediphosphatase der Leber.** Donald C. Kvam und R. E. Parks jun. (Amer. J. Physiol. **198**, 21, 1960; Madison, Wis., Univ. of Wisconsin, Med. School, Dep. of Pharmacol. and Toxicology; engl.) — Die ausgeprägte Zunahme von *Glucose-6-phosphatase* (I) u. *Fructose-1.6-diphosphatase* (II), welche in der Leber von adrenalektomierten Ratten bei Verabreichen von *Hydrocortison* (III) beobachtet wird, kann durch intraperitoneale Anwendung von *Äthionin* [IV, das ein Antagonist von *Methionin* (V) ist] verhindert werden. Andererseits wird diese Hemmung durch Verabreichen von V aufgehoben. Die beobachteten I- u. II-Zunahmen stellen demnach adaptative Enzym-Bldg. unter Synth. von neuem Protein dar. In Ggw. von IV steigt der Geh. an *Blutzucker* (VI) u. an *Glykogen* der Leber nach III-Injektion an, jedoch nur auf Werte, die unter denen liegen, die bei der Möglichkeit adaptiver Enzym-Bldg. auftreten können. — Behandlung mit IV beeinflußt nicht die Geschw., mit der die Konzz. von VI u VII während der ersten 6—12 Std. nach III-Injektion zunehmen. — Die Zunahmen von I u. II, welche bei normalen Ratten bei einer *Saccharose*-reichen Ernährung beobachtet werden, treten bei adrenalektomierten Ratten nicht auf. A. Hesse 4210◇

*1060* **Diätadaptation und Glucose-6-phosphatase- und Phosphohexoseisomerase-Aktivität der Rattenleber.** M. E. Nimni. (J. of Nutrit. **73**, 352—54, April 1961; Buenos Aires, Comisión Nat. de Energia Atómica, Dep. de Biol. y Med.; engl.) — Ratten weisen nach einmaliger Verabfolgung einer fett- bzw. kohlenhydratreichen Nahrung in der Leber anfangs gleiche *Glucose-6-phosphataseaktivität* (I) auf, die in Ggw. von Kohlenhydraten nach 12 Std. abfällt, in Ggw. von Fetten leicht ansteigt. Eine 55 Tage dauernde fett- bzw. kohlenhydratreiche Ernährung führt zu einer durch Adaption entstandenen höheren I aber nur bei kohlenhydratreicher Nahrung. I sinkt hierbei ebenfalls nach 12 Std. u. erreicht nach 30 Std. das anfängliche Niveau. Adaptiv ansteigender Fettstoffwechsel verursacht keine I-Veränderung, dafür aber eine Erniedrigung der *Phosphohexoseisomerase*-Aktivität. A. Täufel 4210◇

*1061* **Beziehungen von Nahrung und Kälteeinwirkung in ihrer Wirkung auf ausgewählte glykolytische Enzyme der Leber.** David A. Vaughan, John P. Hannon und Lucile N. Vaughan. (Amer. J. Physiol. **201**, 33—66, 1961; Seattle, Wash., Arctic Aeromed. Labor., Dep. of Biochem.; engl.) — Bei Ratten erhöhte eine 28tägige Kälte-Einw. (3—5°) die *Glucose-6-phosphatase*-Aktivität in der Leber bei kohlenhydratfreier u. fett- oder eiweißreicher Nahrung u. bei einer Nahrung die 65% *Glucose* (I) enthielt. Die *Glucokinase*-Aktivität wurde nur bei I-reichem Futter erhöht, u. die *Phosphorylase*-Aktivität wurde durch Kälte nicht beeinflußt. Die Pyruvat-Bldg. zeigte bei allen Gruppen eine Zunahme. Tiere mit fettreicher Nahrung zeigten eine äußerst geringe *Glucose-6-phosphatdehydrogenase*-Aktivität, die durch Kälte nicht verändert wurde. K. Zingraf 4210◇

*1062* **Untersuchungen zur Wechselwirkung von Insulin und Fructose-1.6-diphosphatase.** Eberhard Heise, Max Görlich und Walter Lührs. (Z. Naturforsch. **16b**, 747—49, 1961; Berlin, Deutsche Akademie der Wissenschaften, Robert-Rössle-Klinik; dt.) — Nachdem Vff. eine Hemmung der aeroben u. anaeroben Glykolyse (GL) von Asciteszellen durch *Fructose-1.6-diphosphatase* (I) gefunden hatten, lag eine Unters. des Einfl. von *Insulin* (II) auf I nahe. Zur Best. der anaeroben GL an Asciteszellen diente als Inkubationsmedium ein Gemisch aus Ringer-Lsg., Glucose u. $NaHCO_3$; der Gasraum bestand aus 95% $N_2$ u. 5% $CO_2$. Die eingesetzte I-Menge entsprach der Abspaltung von 5 μ Molen Phosphat/Std. aus Fructose-1.6-diphosphat. Die Milchsäure-Best. zeigte, daß II die durch I bewirkte Hemmung der GL teilweise aufhebt, die normale GL aber kaum beeinflußt. Große II-Mengen können I sogar völlig inaktivieren. Vff. schließen daraus, daß II zu einem gewissen Grade als Antagonist der I betrachtet werden kann. K. Heumann 4210◇

*1063* **Die Beeinflussung der Glucoseaufnahme in den Muskel. 5. Mitt. Wirkung von Sauerstoffmangel, Insulin, Adrenalin und langsames Sterben auf die Hexosephosphatkonzentrationen im isolierten Zwerchfell und im durchströmten isolierten Herz der Ratte.** E. A. Newsholme und P. J. Randle. (Biochem. J. **80**, 655—62, Sept. 1961; Cambridge, Univ. Dep. of Biochem.; engl.) — Isolierte Rattenzwerchfelle u. -herzen wurden unter aeroben u. anaeroben Bedingungen in An- u. Abwesenheit von *Insulin* (IV) u. *Adrenalin* (V) behandelt bzw. durchströmt u. anschließend die Konz. von *Glucose-6-phosphat* (I), *Fructose-6-phosphat* (II) u. *Fructose-1.6-diphosphat* (III) aus den Organextrakten durch die Enzym-Meth. bestimmt. Im Herzen werden durch Sauerstoffabschluß mit u. ohne IV I u. II vermindert, III erhöht. Im unversehrten Zwerchfell unter gleichen Bedingungen I, II, III erhöht; in Zwerchfellhälften unter Sauerstoffabschluß I u. II wenig, III sehr erhöht, u. unter Sauerstoffabschluß u. IV, I u. II vermindert, III erhöht. Bei Behandlung mit V u. IV, I u. II erhöht, III vermindert. Es wird geschlossen, daß unter aeroben Bedingungen die Glykolyse durch die Größe der Phosphorylierung von II zu III begrenzt wird, u. daß anaerobe Bedingungen die Glykolyse dadurch beschleunigen, daß der Übergang von II zu III verstärkt wird. Die Phosphorylierung von Hexose durch Hexokinase wird durch die intercelluläre Konz. von I bestimmt. Der Monosaccharidtransport im Muskel wirkt nicht auf die intercelluläre Konz. von I ein. Der Pasteureffekt wird auf Verminderung des Glucosetransportes u. Verhinderung der Phosphorylierung der Glucose durch Hexokinase unter aeroben Bedingungen zurückgeführt. G. Alcer 4210◇

*1064* **Die Hemmung der Erythrocyten-Adenosintriphosphatase durch Pyridinaldoximdodecyljodid.** H. G. Schweiger und E. Schweiger. (Naturwissenschaften **49**, 544, 1962; Wilhelmshaven, Max-Planck-Inst. für Meeresbiol.; dt.) — Bei der Hämolyse von Erythrocyten freigesetzte *Adenosintriphosphatase* (I) behindert die Umwandlung der Erythrocyten in ein zellfreies Stoffwechsel-Syst. durch Zerstörung des Adenosintriphosphats (ATP). Außer dem (nicht so günstigen) Abzentrifugieren des Stromas (als Sitz der I-Aktivität) besteht die Möglichkeit der Verw. spezif. Hemmstoffe von I, wie *Pyridinaldoximdodecyljodid* (II). Die Hemmung der I-Aktivität der Erythrocyten durch II erstreckt sich dabei über den gleichen Konz.-Bereich wie die Hemmung der I-Aktivität in Mikrosomen. Die Hemmwrkg. von II auf die ATP-Spaltung ist nicht kompetitiv. Die Michaelis-Menten-Konst. für ATP beträgt $2{,}2 \cdot 10^{-4}$ Mol·Liter$^{-1}$. U. Tausendfreund 4210◇

*1065* **Scheinbare Auskoppelung der $Na^+$- und $K^+$-Aktivierung der Adenosintriphosphatase der menschlichen Erythrocytenmembran.** Amir Askari und Joseph C. Fratantoni. (Biochim. biophysica Acta [Amsterdam] **71**, 232—34,

1963; New York, N.Y., Cornell Univ., Med. Coll., Dep. of Pharmacol.; engl.) — Vorläufige Unterss. mit Erythrocyten-„ghosts" u. durch Ultraschall erhaltenen Fragmenten davon sowie Verss. mit Ouabain als Glykosid zeigten folgende Ergebnisse. Obgleich eine *Adenosintriphosphatase* (I) der Erythrocytenmembran in den Pumpenmechanismus für das Einströmen von $K^+$ u. das Ausströmen von $Na^+$ verwickelt sein kann, braucht die Bindung dieser zwei Prozesse keine Eig. von I per se zu sein. Es wird auch angenommen, daß die Hemmwrkg. niedriger Konzz. von herzwirksamen Glykosiden auf den akt. Transport einwertiger Kationen von ihrer Wrkg. auf den Kopplungsmechanismus herrührt.
H. Aman 4210◇

*1066* **Untersuchungen über die alkalische Serumphosphatase der Ratte.** 2. Mitt. **Das Verhalten der alkalischen Serumphosphatase der rachitischen Ratte unter Vitamin D.** H. Doose. (Z. ges. exp. Med. **134,** 73—81, 1960; Kiel, Univ. Kinderklin.; dt.) — 1. vgl. C. **1961,** 2738. — Bei der rachit. Ratte steigt die *alkal. Serumphosphatase* unter *Vitamin D*-Behandlung an, bei fortschreitender Heilung sinkt sie dann wieder auf den Ausgangswert ab. Diese Wrkg. tritt sowohl bei prolongierter (3 E/Tag Vigantolöl oder Vigantolaquat) als auch nach der Stoßbehandlung (40 E in 4 Tagen) auf. Die prolongierte Therapie ist wirksamer als die Stoßtherapie. Voraussetzung für den Anstieg der Serumphosphatase ist eine Rachitis stärkeren Grades. Diskutiert wird, ob *Vitamin D* die Phosphataseaktivität direkt oder indirekt steigert.
K. Böhm 4210◇

*1067* **Phosphomonoesterase- und Adenylpyrophosphatase-Aktivitäten der Aorta in frühen Stadien experimenteller Kaninchenatherosklerose.** T. Zemplényi, O. Mrhová und Z. Lojda. (J. Atherosclerosis Res. [Amsterdam] **3,** 50—56, 1963; Prague-Krč, Inst. for Cardiovascular Res.; Prague, Charles Univ., Angiol. Labor.; engl.) — Verfütterung von 1 g *Cholesterin* (I) in 10 g *Margarine*/Tag zusätzlich zur Normkost hatte bei Kaninchen eine Erhöhung der Aktivität der *Phosphomonoesterase I* in der Aorta (Unters. in Extrakten von Aortenhomogenaten) nach 4 u. 10 Wochen zur Folge. Die Prüfung der Aktivität von *Phosphomonoesterase II* ergab eine Erhöhung der Randsignifikanz nach 10wöchiger I-Fett-Verfütterung. Unverändert blieben die Aktivitäten von *Adenylpyrophosphatase* u. *5'-Nucleotidase.*
U. Tausendfreund 4210◇

*1068* **Die Enzymologie virusinfizierter Bakterien.** 2. Mitt. **Nachweis von zwei Formen von Thymidylatkinase in infizierten Escherichia coli-Bakterien.** Leonard J. Bello, Mary Jane van Bibber und Maurice J. Bessman. (Biochim. biophysica Acta [Amsterdam] **53,** 194—98, 1961; Baltimore, Md., Johns Hopkins Univ., McCollum-Pratt Inst.; engl.) — 1. vgl. C. **1962,** 3501. — *Thymidylatkinase* ($I_1$), deren Aktivität nach Infektion von *E. coli* mit $T_2$-Bakteriophagen ansteigt, unterscheidet sich von $I_2$ nichtinfizierter Bakterien in doppelter Hinsicht. $I_1$ ist von $I_2$ durch Chromatographie an Diäthylaminoäthylcellulose trennbar u. wird im Unterschied von $I_2$ von *Desoxyguanylat* gehemmt.
K. Maier 4210◇

*1069* **Die intracelluläre Lokalisierung, partielle Reinigung und Eigenschaften der Flavokinase aus Rattenleber.** Donald B. McCormick. (J. biol. Chemistry **237,** 959—62, 1962; Ithaca, N.Y., Cornell Univ., Graduate School of Nutrition; engl.) — *Flavokinase* von Rattenleber ist in der überstehenden Lsg. enthalten, die durch hochtouriges Zentrifugieren erhalten wird. Nahe der optimalen Konz. von Riboflavin, Adenosintriphosphat (ATP) u. $Zn^{2+}$ war die Rk. nullter Ordnung. Das Temp.-Optimum für eine 30-Min.-Inkubation lag bei 50°. Das pH-Optimum lag mit $Zn^{2+}$ als aktivierendem Faktor bei 8. ATP ist der wirksamste Phosphatdonator, Guanosin- u. Cytosintriphosphat zeigten einige Aktivität. Riboflavin, Dichlorflavin u. L-Araboflavin dienen als Substrat für die Leberkinase. Lumichrom, Lumiflavin u. bes. 9-[2'-Hydroxyäthyl]- u. 9-Formylmethyl-6.7-dimethylisoalloxazin sind Inhibitoren der Phosphorylierung von Riboflavin durch das Enzym. Die folgenden Analoga sind inaktiv: Isoriboflavin, 3-Methylriboflavin; D-Galaktoflavin; D-Sorboflavin; L-Rhamnoflavin; 6.7-Dichlor-9-[D-arabityl-(1')]-isoalloxazin; 7-Methyl-9-[D-mannityl-(1')]-isoalloxazin u. 7-Methyl-9-[D-dulcityl-(1')]-isoalloxazin.
K. Heumann 4210◇

*1070* **Einfluß von PAM-2 und TMB-4 auf „Arminase".** Z. Binenfeld. (Arhiv Hig. Rada Toksikol. **12,** 223—26, 1961; Beograd, VAM, Inst. za toksikol.; kroat.) — Der Einfl. von *Pyridin-2-aldoximmethyljodid* (I; *PAM-2*) u. von *1.3-Trimethylen-bis-[4-formylpyridiniumbromid]-dioxim* (II; *TMB-4*) auf die Aktivität der „*Arminase*" (III) im Kaninchenplasma wird in vitro untersucht. In $1 \cdot 10^{-3}$m Konz. zeigen I u. II keine Wrkg. gegenüber der III-Aktivität, auch nicht bei gemeinsamer Verw. mit einem III-Aktivator (NaF) oder einem III-Inhibitor (2-Diäthylaminoäthyl-2:2-diphenylvalerathydrochlorid, SKF-525A). Als Substrat dient bei den Verss. eine $1 \cdot 10^{-3}$m wss. Lsg. von Äthyl-p-nitrophenylphosphorsäureäthylester (Armin).
R. K. Müller 4210◇

*1071* **Untersuchungen über Habu-Schlangengift.** 4. Mitt. **Fraktionierung von Habu-Schlangengift durch Chromatographie an CM-Cellulose.** Hiroo Maeno und Susumu Mitsuhashi. (J. Biochemistry [Tokyo] **50,** 434—39, 1961; Maebashi, Gunna Univ., School of Med., Dep. of Microbiol.; engl.) — 2a. vgl. C. **1961,** 3361. — Säulenchromatographie des gefriergetrockneten Gifts der japan. Giftschlange Habu, *Trimeresurus flavoviridis,* an Carboxymethylcellulose ergab mindestens 5 *Diesterasen,* darunter 2 *Ribonucleasen* u. *1 Desoxyribonuclease,* die alle, ebenso wie Phosphomonoesterase u. proteolyt. Enzyme, von letalen Faktoren abgetrennt werden konnten. 2 von mindestens 3 chromatograph. trennbaren *5'-Nucleotidase*-Fraktionen gingen der letalen Toxizität parallel.
K. Maier 4210◇

*1072* **Nicotinamidadenindinucleotidgehalt bei Carraghenin-induzierter Proliferation.** Mollie Luscombe. (Nature [London] **197,** 691—92, 1963; Bath, Manor Hosp., Bath Area Central Labor., Med. Res. Council Rheumatism Res. Unit; engl.) — Die Atmung von rheumat. Synovialgewebe (SG) wird durch *Cortison* gehemmt. Diese Hemmung wird durch Zugabe von *Nicotinamidadenindinucleotid* (I) aufgehoben. Die Wucherung wird bei Kaninchen durch Injektion von 2 ml 0,2% *Carragheenin* (II) in physiolog. NaCl-Lsg. stimuliert. Nach 1, 2, 3 oder 5 Tagen wird SG isoliert u. I extrahiert. Danach steigt zwar der I-Geh. nach dem 1. Tag, bezogen auf das feuchte SG-Gew., an. Wird jedoch auf den *Desoxyribonucleinsäure*-Geh., d. h. pro Zelle, bezogen, so fällt der I-Geh. pro Zelle bis zum 5. Tage ab, wobei der Abfall zwischen 1. u. 2. Tag am größten ist. Erhalten Ratten dorsal subkutan 0,2 ml 2,5%ig. II-Lsg. u. sofort entweder 0,2 ml 1%ig. wss. I-Lsg. oder 0,2 ml W. (Kontrolle) u. nach 2 u. 5 Tagen noch 0,4 ml I-Lsg. bzw. W., so ist das Durchschnitts-Gew. der Granulomata der I-behandelten Ratten mit 0,544 g deutlich geringer gegenüber 1,18 g bei den Kontrolltieren. *Adenin* statt I ist ohne Einfluß.
L. Träger 4210◇

*1073* **Innermolekulare Wasserstoffübertragung in der Phosphoglucoseisomerase-Reaktion.** Irwin A. Rose und Edward L. O'Connell. (J. biol. Chemistry **236,** 3086—92, 1961; New Haven, Conn., Yale Univ., Dep. of Biochem.; engl.) — Die Umwandlung von *Fructose-6-phosphat* (I) durch *Phosphoglucoseisomerase* zu Glucose-6-phosphat in $D_2O$ geschieht durch Einbau von D am $C_{(2)}$ von I, wobei eine intramol. Wanderung des D vom $C_{(1)}$ zum $C_{(2)}$ in I nicht angenommen wurde. Vff. zeigten, daß unter bestimmten Bedingungen die intramol. Rk. stark überwiegt. Die Netto-Rk. mit deuterierten Substraten verläuft in beiden Richtungen mit einem prim. Isotopieeffekt. Zur Prüfung auf inner- oder zwischenmol. H-Übergang geben Vff. eine Meth. an. Sie erklären das Ergebnis mit einem Endiolmechanismus, in dem eine bas. Gruppe mit dem akt. Ort des Enzyms gekoppelt das α-H-Atom zur Carbonylgruppe des Substrates bringt u. eine Säure-Endiol-Zwischenstufe bildet, die das Prod. durch eine zweite Protonenwanderung bildet.
K. Heumann 4210◇

*1074* **Einfluß von Mercurichlorid auf einige Nierenenzyme in mit Mischfutter und mit Saccharose gefütterten Ratten.** V. Shore und B. Shore. (Amer. J. Physiol. **198,** 187—90, 1960; Saint Louis, Mo., Washington Univ., School of Med., Dep. of Physiol.; engl.) — Ratten, welchen während 3 Wochen eine *Saccharose* (I)-Vitamin-Nahrung verabreicht war, entwickelten eine größere Widerstandsfähigkeit gegen *Mercurichlorid* als solche Ratten, die ein Mischfutter („Purina laboratory chow") erhielten. Die verschiedene Fütterung war zunächst ohne Einfl. auf die Aktivität der Enzyme (II) *des Tricarbonsäurencyclus, Bernsteinsäuredehydrogenase, Cytochromoxydase, α-Ketoglutarsäuredehydrogenase, alkal. Phosphatase, Kathepsin* u. *β-Glucuronidase.* Intravenöse Injektion von 3 mg $HgCl_2$/kg bewirkt erhebliche Unterschiede in der Hemmung der II. 24 Std. nach solcher Injektion waren die Nieren der mit Mischfutter gefütterten Ratten in den biolog. Energieumwandlungen ernstlich gestört. Oxydation u. Phosphorylierung waren bei den mit I gefütterten Ratten wesentlich weniger gehemmt. A. Hesse 4210◇

*1075* **Der histochemische Nachweis von Kohlensäureanhydratase. — Versuch zur Lokalisierung ihrer Hemmung in der Rattenniere mittels Azetazolamid (Diamox).** Kimmo K. Mustakallio, Jyrki Raekallio und Eeva Raekallio. (Ann. Med. exp. Biol. fenn. **38**, 247—51, 1960; Helsinki, Univ., Dep. of Forensic Med.; engl.) — Bei der Meth. von Häusler (C. **1959**, 14440) zum histochem. Nachw. von *Kohlensäureanhydratase* in Ggw. von $NaHCO_3$ u. $CoCl_2$ ist die auftretende Färbung zum größten Teil „nicht-enzymat." hervorgerufen. An Modellen mit Zn-Gelatine bzw. Cd-Gelatine erhaltene, nichtspezif. Anfärbungen brachten einen indirekten Nachw. dafür, daß ein Kationenaustausch zwischen den in Nierenschnitten vorhandenen 2wertigen Kationen u. dem an der Oberfläche des Inkubierungmediums sich konzentrierenden $Co^{2+}$ erfolgt. — Um die Anfärbung in Nierenrinde der Ratte etwas zu unterdrücken, sind große Mengen von *Acetazolamid* (*Diamox*) erforderlich. A. Hesse 4210◇

*1076* **Hemmung der Kohlensäureanhydratase und Elektrolytzusammensetzung im Gehirn.** Alan Koch und Dixon M. Woodbury. (Amer. J. Physiol. **198**, 434—40, 1960; Salt Lake City, Utah, Univ. of Utah, Coll. of Med., Dep. of Pharmacol.; engl.) — *Acetazolamid* (I) setzt im Gehirn von Ratten die Konz. an intracellulärem *Na* herab, erhöht die Konz. an intracellulärem *K* u. hat wenig Einfl. auf das intracelluläre pH; ferner wird die Geschw. des Umsatzes von $^{22}Na$ herabgesetzt. Dies deutet darauf hin, daß I die Permeabilität der neuronalen Membran gegen Na herabsetzt; möglicherweise ist dies der Mechanismus für die krampfhemmende Wrkg. von Na. — I ist ein Inhibitor der *Kohlensäureanhydratase* (II). Die Verss. zeigen, daß die erste Wrkg. der II-Hemmung in einer Verminderung der Na-Konz. besteht. A. Hesse 4210◇

*1077* **Ureasevergiftung beim Hund.** Stanley Wing Handford (unter Mitarbeit von Paul J. Stonestreet und Paul W. Johnson). (Amer. J. Physiol. **201**, 71—73, 1961; Bethesda, Md., Nat. Naval Med. Center, Naval Med. Res. Inst.; engl.) — $NH_3$-Vergiftung kann bei Hunden durch i.v. Anwendung von *Urease* (I) erzeugt werden; sie bietet eine gute Möglichkeit zur Unters. des $NH_3$-Stoffwechsels in vivo wegen der ununterbrochenen cycl. $NH_3$-Freisetzung. Durch I wird $NH_3$–N aus *Harnstoff* (II) freigesetzt u. dann über den Ornithin–Arginin-Cyclus in der Leber wieder zu II synthetisiert. Bei der Vergiftung wurde eine Zunahme von Glutamin u. $NH_3$–N im Plasma u. eine Abnahme des II–N im Blut beobachtet. K. Zingraf 4210◇

*1078* **Phosphobrenztraubensäurecarboxylase aus Bäckerhefe. 1. Mitt. Isolierung, Reinigung und Charakterisierung.** J. J. B. Cannata und A. O. M. Stoppani. (J. biol. Chemistry **238**, 1196—1207, 1963; Buenos Aires, Univ. of Buenos Aires, School of Med., Inst. of Biochem., and Nat. Atomic Energy Commission, Labor. for Cell Metabolism; engl.) — *Phosphobrenztraubensäurecarboxylase* (I) wird aus mit Aceton getrockneten Hefen 200fach gereinigt durch Fällung mit Ammoniumsulfat, A., u. durch chromatograph. Trennung u. elektrophoret. Reinigung gewonnen. I katalysiert die Austausch-Rk. zwischen $^{14}CO_2$ u. der β-Carboxylgruppe des Oxalacetats in Anwesenheit von Adenosintriphosphat u. $Mn^{2+}$. Optimal reagiert I bei pH 6,1 u. Cystein als Aktivator. I carboxyliert Phosphoenolbrenztraubensäure in Oxalacetat bei $CO_2$, Adenosindiphosphat, $Mn^{2+}$ u. pH 5,4. S. Paprotny 4210◇

*1079* **Phosphobrenztraubensäurecarboxylase aus Bäckerhefe. 2. Mitt. Eigenschaften des Enzyms.** J. J. B. Cannata und A. O. M. Stoppani. (J. biol. Chemistry **238**, 1208—12, 1963; Buenos Aires, Univ. of Buenos Aires, School of Med., Inst. of Biochem., and Nat. Atomic Energy Commission, Labor. for Cell Metabolism.; engl.) — 1. vgl. vorst. Referat. — *Phosphobrenztraubensäurecarboxylase* (I) benötigt Adenosinpolyphosphate als essentielle Cofaktoren für die Austausch- u. Carboxylierungsreaktion. Auch begrenzt sind *Desoxyadenosinpolyphosphate* wirksam. Mit *Guanosin-*, *Cytidin-* u. *Uridinphosphaten* ist I inaktiv. Zur Aktivierung benötigt I $Mn^{2+}$, $Zn^{2+}$, $Co^{2+}$ u. $Mg^{2+}$. Die Aktivierung sinkt in der Reihe von links nach rechts. Die $K_m$-Werte betragen für $CO_2$ 9,9 mm u. für $HCO_3^-$ 5,0 mm. I wird als Thiolenzym von *Mercuribenzoat* (II) u. *Melarsen* u. bes. durch *Azid* gehemmt. Die II-Hemmung kann durch *Glutathion* aufgehoben werden. Keine Hemmung erfolgt mit Dinitrophenol, Fluorid, 1.10-Phenanthrolin u. Äthylendiamintetraessigsäure. S. Paprotny 4210◇

*1080* **Veränderungen der Aldolaseaktivität im Blutserum bei Muskelarbeit.** K. Richter und K. Konitzer. (Klin. Wschr. **38**, 998—99, 1960; Berlin, Charité, I. Med. Univ.-Klin.; dt.) — Verss. am Fahrradergometer zeigten, daß bei ungeübten Personen bei Beginn der Arbeit eine Steigerung der *Aldolase* (I) im Serum eintritt u. daß dann der I-Geh. auf den Normalwert zurückgeht; in der Erholungsphase steigt der I-Wert wiederum an. Bei Leistungssportlern fiel die I-Aktivität in den ersten 5 Min. der Arbeit deutlich ab; nach Beendigung der Arbeit findet man ein unterschiedliches Verh. bei den einzelnen Vers.-Personen. A. Hesse 4210◇

*1081* **Hemmung von Glucosidasen durch Aldonolactone entsprechender Konfiguration.** 3. Mitt. **Inhibitoren der β-D-Galaktosidase.** G. A. Levvy, A. McAllan und A. J. Hay. (Biochem. J. **82**, 225—32, 1962; Buckburn, Aberdeenshire, Rowett Res. Inst.; engl.) — 2. vgl. C. **1959**, 10613. — Bei der starken Hemmung von β-N-Acetylglucosaminidase durch *2-Acetamido-2-desoxygluconolacton* (I) u. *2-Acetamido-2-desoxygalaktonolacton* (II) wird die Umwandlung von 1.4- zu 1.5-Lactonen beobachtet. Es wird geschlossen, daß die beiden Formen von I gleich stark, während von II die 1.5-Form stärker als die 1.4-Form wirken, da feststeht, daß β-Glucosidase durch die 1.4- u. 1.5-Form des Gluconolactons gleich stark gehemmt wurde. Vff. untersuchen den Effekt, der möglicherweise nur der Galaktosereihe zuzuschreiben ist, mit β-D-Galaktosidase verschiedener Säuger u. Galaktono-1.4-lacton als Inhibitor. Ratten haben in verschiedenen Organen das gleiche Enzym, während beim Ochsen Leber- u. Genitalenzym verschieden sind. Das Ochsenleberenzym ist relativ beständig gegen den Inhibitor, wurde aber durch D-Fucono-1.4-lacton gehemmt. Galaktono- u. Fucono-1.5-lacton sind wesentlich stärkere Enzyminhibitoren als die entsprechenden 1.4-Lactone. Das kann mit der Struktur dieser Moll. u. der Substrate erklärt werden. K. Heumann 4210◇

*1082* **Aktivierung der Glykogensynthetase durch Glucose-6-phosphat.** Robert R. Traut und Fritz Lipmann. (J. biol. Chemistry **238**, 1213—21, 1963; New York, N.Y., Rockefeller Inst.; engl.) — *Glykogensynthetase* (I; *Uridindiphosphat-D-glucose-Glykogenglykosyl-Transpherase*) wird durch Fällung aus Schenkelmuskeln des Lammes gewonnen u. durch Chromatographie 400fach gereinigt. Vff. untersuchen die Aktivierung von I-Rohpräpp. verschiedener Herkunft durch *Glucose-6-phosphat* (II). Die Stärke der II-Aktivierung hängt ab von der Substratkonzentration. Für die Aktivierung durch II ist eine Zunahme der Affinität für *Uridindiphosphatglucose* Voraussetzung. Die I-Stimulierung wird durch Adenosintriphosphat gehemmt. II + Sulfhydrylverbb. dagegen stimulieren. Vff. setzen für die I-Aktivität eine Einheit fest. 1 Einheit I ist die Menge, die den Einbau von 1 μMol Glucose aus Uridindiphosphatglucose in Glykogen innerhalb von 15 Min. katalysiert unter Standardbedingungen u. in Ggw. von II. S. Paprotny 4210◇

*1083* **Beziehung zwischen endoplasmatischer Reticulumfraktion der Rattenniere und glykolytischen Enzymen.** Vernon D. Jones, John L. Norris und Erwin J. Landon. (Biochim. biophysica Acta [Amsterdam] **71**, 277—84, 1963; Nashville, Tenn., Vanderbilt Univ., School of Med., Dep. of Pharmacol. and Anat.; engl.) — Als Beitrag zum Problem der Zurverfügungstellung von Stoffwechselenergie für die Transportaktivität an der Zellmembran u. der Beeinflussung der Stoffwechselabläufe in der Zelle durch Transportaktivität wird gezeigt, daß endoplasmat. Reticulumfraktion (als Mikrosomenmembran-Präp.) aus der Rattenniere die Aktivität eines glykolyt. Syst. aus dem Cytoplasma um mehr als 50% stimuliert. Angriffspunkt der Stimulierung ist die 3-Phosphoglycerat-Rk.; die Stimulierung ist bedingt durch Adenosintriphosphataseaktivität der Membran, welche auf das mit dem Kinaseenzym verbundene Adenosintriphosphat einwirkt; die Membranfraktion oxydiert das durch die Glykolyse gebildete NADH (red. Nicotinamidadenindinucleotid bzw. DPNH). U. Tausendfreund 4210◇

*1084* **Transosylierungen und Synthese der Polysaccharide.** Raymond Dedonder. (Proc. Fifth Latin int. biochem. Meeting **1**, 1—29, Suppl. 1 zu: Rev. espan. Fisiol. **16**, 182, 1960; Paris, Inst. Pasteur.; franz.) — Übersicht. *Phosphotransosylasen*, Polysaccharid-Synth. durch Transosylierung (Transglucosidasen, Trans-α-glucosylasen), thermodynam. Daten, Art der übertragenen Gruppe, Spezifitätsprobleme, Wrkg.-Mechanismus der Transosylasen. — 90 Literaturangaben. K. Maier 4210◇

*1085* **Biologische und chemische Eigenschaften der Vorstufe der α-Amylase.** Akira Yoshida, Tohru Tobita und Jiro Koyama. (Biochim. biophysica Acta [Amsterdam] **44**, 388—90, 1960; Tokyo, Univ., Fac. of Gen. Education, Dep. of Chem., Inst. of Infectious Diseases; engl.) — Nach Yoshida, Tobita (C. **1963**, 2881) besteht die letzte Stufe der Bldg. von *α-Amylase* (**I**) in *Escherichia coli* in der Umwandlung einer zunächst gebildeten **I**-Vorstufe. Bei Chromatographieren eines unter Beschallen aus E. coli erhaltenen Extraktes an Diäthylaminoäthylcellulose wurden 5 Proteine nachgewiesen, von denen das dritte sich als **I**-*Vorstufe* (**II**) erwies. **II** ist homogen bei Rechromatographieren u. Sedimentation in der Ultrazentrifuge; es hat *Phenylalanin* als einzige endständige Aminosäure. Aus $S_{20,w}$ = 3,88 *S* von **II**, $S_{20,w}$ = 4,22 *S* der **I** u. dem Molgew. 49000 der **I** berechnet sich für **II**: Molgew. ca. 43000. A. Hesse 4210◇

*1086* **Viscosimetrische Bestimmung von Hyaluronidaseaktivität in biologischen Flüssigkeiten.** P. J. Knudsen und J. Koefoed. (Scand. J. clin. Lab. Invest. **13**, 673—82, 1961; Copenhagen, Kommunehosp., Centrallabor., Univ., Fys.-Kem. Inst.; engl.) — Es wird bestätigt, daß zur Erzielung reproduzierbarer Ergebnisse bei der Best. von *Hyaluronidase* (**I**)-Aktivität in biolog. Fl. in saurem Puffer niedriger Ionenstärke u. mit verd. Proben gearbeitet werden muß. Geringfügige Veränderungen am Ostwald-Viscosimeter (Ablagerungsort für feste Partikel auf dem Grund des weiten Rohrs; Erweiterung der Capillare um das Reservoir auf 1 mm innerem Durchmesser) ließen die viscosimetr. **I**-Best. schneller u. leichter durchführbar werden, die Empfindlichkeit gegenüber geringen Aktivitäten wurde größer, die Arbeitsweise ökonomischer. Zugabe von *Albumin* steigert Aktivität u. Reproduzierbarkeit. Aus der Beobachtung der Form der Abbaukurve kann auf das Vorhandensein zweier viscositätsvermindernder Stoffe, *H-Faktor* u. *L-Faktor*, geschlossen werden. H-Faktor-Hemmung kommt im normalen menschlichen Harn vor (Erklärung für Diskrepanzen in der Literatur). U. Tausendfreund 4210◇

*1087* **Die Serumtransaminasen bei hypermetabolischen Zuständen nach Trijodthyronin.** J. Kellen. (Biochem. Z. **333**, 282—84, 1960; Levoča, Tschechoslowakei, Bezirkskrankenhaus, Zentral-Labor.; dt., Auszug: engl.) — Bei akuter Stoffwechselsteigerung nach Verabreichen von *Trijodthyronin* (**I**) sind — auch nicht nach Zusatz von Pyridoxalphosphat als Coenzym — die 60- u. 30-Min.-Werte von *Glutaminsäure-Oxalessigsäure-Transaminase* (**II**) u. von *Glutaminsäure-Brenztraubensäure-Transaminase* (**III**) nicht erhöht. Jedoch zeigen die nach 18 Std. langer Einw. bei 37° erhaltenen Werte einen deutlichen Anstieg von **II** u. **III**, der die Anwendung von **II** kurz überdauert u. wobei nach 1 Woche die Ausgangswerte wieder erreicht sind. — Eine quant. Erhöhung der **II**- u. **III**-Werte ist hier also mit üblichen Meth. nicht nachweisbar, sondern erst nach 18 Stunden. — Es scheint, daß sich die bei akuter Hyperthyreose gesteigerten Stoffwechselvorgänge auch bei **II** u. **III** äußern, was zur Zeit nicht erklärbar ist. A. Hesse 4210◇

*1088* **Verteilung der Glutaminase I der Niere und Ausscheidung von Ammoniak bei der Ratte.** Marc B. Weiss und James B. Longley. (Amer. J. Physiol. **198**, 223—26, 1960; Bethesda, Md., Nat. Inst. of Arthritis and Metabol. Diseases, Labor. of Pathol. and Histochem.; engl.) — *Glutaminase I* (**I**) wurde in sorgfältig abgesonderten Zonen der Nieren von normalen u. von acidot. Ratten bestimmt. Normale Ratten zeigten höchste **I**-Aktivität im inneren Streifen der „äußeren Medulla"; dann folgen: „innere Medulla" (Papilla) > Cortex > äußerer Streifen der „äußeren Medulla". (Die besondere Nomenklatur der Vff. wird an einer Zeichnung erläutert.) Bei Ratten mit einer durch Verabreichen von $NH_4Cl$ während 12—14 bzw. 222 Tagen induzierten Acidosis wurde eine physiolog. signifikante Zunahme der **I**-Aktivität der Cortex beobachtet. Unter Besprechung entgegenstehender Ergebnisse anderer Autoren wird geschlossen, daß das Freisetzen von $NH_3$ — obwohl das Harn-$NH_3$ durch die papillären Sammelkanälchen ausgeschieden werden kann — nicht auf Wrkg. der **I** in diesem Bezirk beruht. A. Hesse 4210◇

*1089* **Beziehung von Glutaminase I-Aktivität zur Glutaminsäurekonzentration in der Rattenniere.** Leon Goldstein und J. H. Copenhaver jun. (unter techn. Mitarbeit von W. A. Ceranski). (Amer. J. Physiol. **198**, 227—29, 1960; Hanover, N.H., Dartmouth Coll., Dep. of Zool.; engl.) — Injektion von *Natriumglutamat* (**II**) ist ohne besonderen Einfl. auf die *Glutaminase I* (**I**) der Niere von normalen Ratten. Jedoch wird durch **II** der sonst bei Ratten, welche mehrfach mit *$NH_4Cl$* behandelt waren, beobachtete Anstieg der **I**-Aktivität gehemmt. — Injektion von *Glutamin* führte zu geringer Zunahme der **I** bei unbehandelten Ratten, jedoch zur Hemmung der **I**-Zunahme nach Verabreichen von $NH_4Cl$. — Injektion von *Glykokoll* war ohne Einfl. bei behandelten u. bei unbehandelten Ratten. — 2 Std. nach Injektion von $NH_4Cl$ nahm die *Glutaminsäure* (**III**)-Konz. in der Niere erheblich ab. — Vff. meinen, daß eine Beziehung zwischen der **III**-Konz. u. der **I**-Synth. in der Rattenniere besteht. A. Hesse 4210◇

*1090* **Der Stoffwechsel des α-Methylserins.** 1. Mitt. **α-Methylserinhydroxymethyltranspherase.** Edith M. Wilson und Esmond E. Snell. (J. biol. Chemistry **237**, 3171—79, 1962; Berkeley, Calif., Univ., Dep. of Biochem.; engl.) — Vff. beschreiben die teilweise Reinigung u. die Eigg. einer *Pyridoxal-5-phosphat* (**II**)- u. *Tetrahydrofolat* (**V**)-abhängigen *Hydroxymethyltranspherase*, welche die reversible Spaltung von *α-Methylserin* (**I**) zu Formaldehyd u. D-Alanin katalysiert. — Zu einem zellfreien Extrakt von *Pseudomonas MS* (Ultraschallbehandlung) wurde eine wss. 19%ig. Lsg. von Streptomycinsulfat gegeben, vom inakt. Nd. abzentrifugiert u. der Überstand bei pH 8 auf 30%ig. Sättigung mit $(NH_4)_2$·$SO_4$ gebracht. Aus dem Überstand wurde durch 45%ig. $(NH_4)_2SO_4$-Sättigung eine akt. Fällung bei 17300·*g* u. 20 Min. abzentrifugiert u. in 5 mm Natriumpyrophosphatpuffer (A), pH 8, welcher 1 mm 2-Mercaptoäthanol u. 1 mm Äthylendiamintetraessigsäure enthielt, u. 5 μm **II** gelöst, über Nacht gegen A dialysiert u. auf eine DEAE-Cellulosesäule (1 × 30 cm, 2-ml-Fraktionen, Elution mit einem linearen Gradienten von 5—50 mm A, welcher 5 μm **II** enthielt) gegeben. **I**-*Hydroxymethyltranspherase* (**III**) u. *5.10-Methylen-***V**-*dehydrogenase* (**IV**) konnten nicht vollständig voneinander getrennt werden. Die **IV**-freien Fraktionen wurden vereinigt u. mit trockenem Sephadex G-50 konzentriert. Die Reinigung ergab in 18%ig. Ausbeute eine 25fach angereicherte **III**. — **III** katalysiert die reversible Spaltung von **I** zu *D-Alanin*, *α-Hydroxy*-**I** zu *D-Serin* u. analog *α-Äthylserin* zu *D-α-Aminobuttersäure*. **V** wird als obligator. Cosubstrat benötigt. Das pH-Optimum liegt bei ca. 9,0. **III** wird beträchtlich durch seine Cofaktoren u. Substrate gegen Hitze stabilisiert, u. es wird gehemmt durch relativ kleine Konzz. von D- oder *L-Cycloserin* u. durch höhere Konzz. von *Zn*, *Cu* oder *p-Chlormercuribenzoat*. P. Teichgräber 4210◇

*1091* **Der Stoffwechsel des α-Methylserins.** 2. Mitt. **Die Stereospezifität der α-Methylserinhydroxymethyltranspherase.** Edith M. Wilson und Esmond E. Snell. (J. biol. Chemistry **237**, 3180—84, 1962; engl.) — 1. vgl. vorst. Referat. — Es wird die Isolierung von (—)-*α-Methylserin* (**I**) aus *Pseudomonas MS*-Kulturen, die Herst. von (+)-α-**I** durch Einw. von *α-Methylserinhydroxymethyltranspherase* (**III**) auf *Formaldehyd* (**V**) u. *D-Alanin* (**VI**) u. von (—)-*α-Äthylserin* (**IV**) in analoger Weise aus **V** u. *D-α-Aminobuttersäure* (**VII**) beschrieben. **III** reagiert nicht mit (—)-α-**I**, während (+)-α-**I** mit einer doppelt so großen Geschw. zu **VI** wie *α-Methyl-DL-serin* (**VII**) gespalten wird. (—)-α-**IV** wird ebenfalls durch **III** abgebaut. Falls während der enzymat. Einw. eine Inversion ausgeschlossen ist, muß (+)-α-**I** eine α-Methyl-L-serinkonfiguration besitzen. Bzgl. des Rotationsdispersions-Verh. gleicht (—)-α-**I** u. das O-Acetyl-Deriv. dem D-Serin u. seinem O-Acetylderivat. Wie L-Isovalin zeigt (+)-α-**I** eine Abnahme der positiven Drehung beim Ansäuern der neutralen Lösung. Mittels Markierung mit $^{14}C$ konnte nachgewiesen werden, daß **III** zwischen den zwei „ident." Hydroxymethylgruppen des Substrates unterscheidet. Die bei der Spaltungs-Rk. frei werdende Hydroxymethylgruppe ist die gleiche, die bei der Synth. eingebaut wird. — (—)-*α-Methylserin*: $C_4H_9NO_3$, F. 260—265° (Zers.), nach 50% ig. Ausnützung des Substrates **VIII** wurde das Wachstum des Pseudomonas MS gestoppt, das Kulturmedium nach Entfernung der Zellen mit HCl auf pH 2 gebracht u. im Vakuum zur Trockne eingedampft. Darauf wurde mit heißem 95% ig. A. extrahiert, zum Sirup eingedickt, überschüssige HCl durch Trocknen über NaOH entfernt, in 45 ml W. aufgenommen, filtriert u. die Hälfte davon auf eine Dowex 50-X 8 ($H^+$)-Säule gegeben u. mit 1n HCl eluiert. Die vereinigten Fraktionen wurden zur Trockne gebracht, mit A. extrahiert, 2 ml frisch dest. Anilin zugegeben u. 2mal aus 40- bzw. 25% ig. A. umkristallisiert. (Ausbeute) 1 g, feine weiße Nadeln. (—)-α-I war papierchromatograph. einheitlich (Pyridin–W. 80:20), u. wanderte gleich weit wie **VIII**. — (+)-*α-Methylserin*: F. 255—260°, durch Inkubation (38°) von **III** (6 Einheiten, spezif. Aktivität 2,5) mit 100 ml einer Lsg. von 4 (mMol) **VI**, 0,005 Pyridoxal-5-phosphat, 5 Kaliummaleatpuffer pH 7,5; 1,5 2-Mercaptoäthanol, 0,05 Tetrahydrofolsäure u. 0,1 Äthylendiamintetraessigsäure (EDTA), unter $N_2$-Zugabe von 1,2 **V** (0,02 mMol/h), nach 64 Std. Aufkochen mit Aktivkohle, filtrieren u. Chromatographie an Dowex 50-X 8 ($H^+$). Die nur **I** enthaltenden Fraktionen wurden vereinigt, u. weiter wie bei Isolierung des (—)-α-I beschrieben, gereinigt. Umkristallisation aus 75% ig. A. 40 mg (Ausbeute), papierchromatograph. einheitlich. — (—)-*α-Äthylserin*: F. 230—235° unter Zers., wie (+)-α-I, unter Verw. von **VII**, 17 mg, papierchromatograph. einheitlich. — *O-Acetyl-(—)-α-methylserin*: $C_6H_{11}NO_4$, F. 149—150° (Zers.), aus 200 mg (—)-α-I durch Ausfällung aus einer Lsg. des Hydrochlorids in A.–Aceton (1:1) mit Triäthylamin, umkrist. aus 95% ig. A. 110 mg, hygroskop., papierchromatograph. frei von I. P. Teichgräber 4210◇

*1092* **Enzymresistente Phosphopeptone des γ-Caseins.** M. Pantlitschko und E. Gründig. (Biochem. Z. **333**, 244—51, 1960; Wien, Univ., Inst. für Med. Chem.; dt.) — Auch *γ-Casein* mit seinem relativ geringen P-Geh. von 0,11% liefert bei pept. u. trypt. Abbau enzymresistente phosphorhaltige Peptide (bzgl. α- u. *β-Casein* vgl. C. **1963**, 18142). Die beiden durch pept. u. trypt. Abbau erzielten Phosphopeptone waren jeweils elektrophoret. einheitlich u. setzten sich aus *Asparaginsäure* (**I**), *Glutaminsäure* (**II**), *Threonin* (**III**), *Serin* (**IV**), *Methionin*, *Glykokoll*, *Alanin* (**V**), *Valin*, *Leucin* (**VI**), *Isoleucin* (**VII**), *Phenylalanin* bzw. aus **I**, **II**, **IV**, **III**, *Cystein*, **V**, **VI**, **VII**, *Lysin* u. *Glucosamin* zusammen. Es werden die bisherigen Befunde über die aus den 3 Caseinfraktionen erzielten Phosphopeptone zusammengefaßt. U. Tausendfreund 4210◇

*1093* **Vergleich der Mechanismen von hormonaler und Substratinduktion der Rattenleber-Tryptophanpyrrolase.** Philip Feigelson, Muriel Feigelson und Olga Greengard. (Recent Progr. Hormone Res. **18**, 491—507, 1962; New York, N.Y., Columbia Univ., Coll. of Phys. and Surg., Dep. of Biochem. and Med.; engl.) — Vortrag mit Diskussion über die 2 Arten adaptiver Regulierung von Enzymspiegeln im Gewebe unter Berücksichtigung einiger Aspekte nuclearer Enzymkontrolle. Als Modell dient *Tryptophanpyrrolase* der Rattenleber, da die Stärke ihrer katalyt. Aktivität in der Leber durch den Geh. des Blutes an Substrat (*Tryptophan*) u. an Nebennierenrindensteroiden bestimmt wird. — 28 Literaturangaben. U. Tausendfreund 4210◇

*1094* **Untersuchungen über den Sojabohnen-Trypsin-Inhibitor.** 2. Mitt. **Konformationelle Eigenschaften.** Ying Victor Wu und Harold A. Scheraga. (Biochemistry [Washington] **1**, 905—11, 1962; Ithaca, N.Y., Cornell Univ., Dep. of Chem.; engl.) — 1. vgl. C. **1964**, 3-1184. — UV-Spektren u. opt. Drehungsmessungen wurden mit dem *Sojabohnen-Trypsin-Inhibitor* (**I**) bei verschiedenem pH, verschiedenen Ionen-Konzz. u. Temp. durchgeführt. Bei Raum-Temp. ist die Conformation im wesentlichen unabhängig vom pH zwischen 2—7, ändert sich aber im alkal. Bereich. Das Protein erleidet eine ziemlich scharfe thermale Transition, reversibel bei pH 6,6 u. 9,0 u. niedriger Ionen-Konz., irreversibel aber bei pH 1,3. Die Transitions-Temp. hängt ab vom pH u. der Ionenkonzentration. Die opt. Drehung ergibt allg. temperaturunabhängige $b_0$-Werte, nicht sehr verschieden von 0. Die Unterschiede in der opt. Dichte besagen, daß *Tyrosyl-* u. *Tryptophanylchromophoren* aus W. in eine Region eindringen mit nichtpolaren u./oder negativ geladenen Gruppen. Mit **I** durchgeführte opt. Drehungsmessungen lassen vermuten, daß keine signifikante Änderung der Conformation eines Proteins die Assoziation begleitet. H. Aman 4210◇

*1095* **Einfluß der Änderungen in pH und Dielektrizitätskonstante auf die Kinetik der Hydrolyse von nativem β-Lactoglobulin durch Trypsin.** Jeannine Yon und Geneviève Aubel-Sadron. (Bull. Soc. Chim. biol. **42**, 209—19, 1960; Paris, Fac. des Sci., Inst. de Biol. physicochim., Labor. de Biol. physicochim.; franz., Auszüge engl., dt.) — Untersucht wird die Proteolyse von Rinder-*β-Lactoglobulin* [**I**; nicht denaturiert nach Ogston u. Cecil (1949) hergestellt u. in 0,1m NaCl gelöst] durch *Trypsin* (**II**; $MgSO_4$ enthaltend, das durch Dialyse entfernt wird), wobei das pH zwischen 6,60 u. 9,00 variiert u. die Dielektrizitäts-Konst. durch Zusatz von Dioxan, A. oder Glykokoll verändert wird. Dabei wurde bestätigt, daß bei Bldg. des I-II-Komplexes prakt. nur van der Waals-Kräfte tätig sind; die Änderungen der Michaelis-Konst. $K_m$ (niedrigster Wert bei pH 7,60) mit Änderung des pH können auf Ggw. von zwei verschiedenen mol. Formen von I zurückgeführt werden. Die Ergebnisse deuten ferner auf das Vorhandensein einer α-$NH_2$-Gruppe hin, die an dem Vorgang der Aktivierung des intermediären Komplexes teilnimmt, unter Bedingungen, unter denen diese Gruppe ionisiert ist, muß im Verlauf der Aktivierung diesem Komplex ein Proton entrissen werden. A. Hesse 4210◇

*1096* **Die Veränderungen der Michaelis-Konstanten des Pepsins und Trypsins und der elektrophoretischen Wanderung bei verschieden stark erhitzten Eiweißen.** W. Prellwitz, E. Krug und K. Lang. (Biochem. Z. **333**, 236—43, 1960; Mainz, Univ., Physiol.-Chem. Inst.; dt.) — Nach einer trockenen Erhitzung von reinem *Human-Albumin*, *Rinder-Albumin*, *Ovalbumin* u. *Casein* auf 120° für 10 Min. (teilweise auch nach Erhitzung auf 120° für 60 Min.) findet sich bei allen 4 Proteinen ein deutliches Mininum der Werte für die Michaelis-Konst. ($K_m$) des *Pepsins* u. *Trypsins*; nach Erhitzung auf höhere Temp. (bis 180°) u. längerer Erhitzung (bis 360 Min.) steigt $K_m$ wieder an. Nach Erhitzung der Proteine in Lsg. auf 120° für 10—45 Min. bei 2,1 at kommt es zu starker Erniedrigung von $K_m$. Agar-Elektrophorese nach hohen Temp. u. langer Erhitzungsdauer zeigt Verringerung der anod. Wanderung u. Verlust der endoosmot. Wanderung der Proteine; nach Erhitzung in Lsg. geht die elektr. Ladung zum großen Teil verloren, die Albumine bleiben an der Auftragsstelle liegen. Die antigenen Eigg. der Proteine (Immunelektrophorese) werden durch trockene Erhitzung nicht beeinflußt, durch Erhitzung in Lsg. werden sie jedoch teilweise zerstört. U. Tausendfreund 4210◇

*1097* **Trypsinspaltung von Papain.** 1. Mitt. **Isolierung und Sequenz einiger Peptide des oxydierten Proteins.** J. R. Kimmel, George K. Kato, Antonio C. M. Paiva und Emil L. Smith. (J. biol. Chemistry **237**, 2525—34, Aug. 1962; Utah, Salt Lake City, Univ. of Utah Coll. of Med., Labor. for the Study of Hereditary and Metabol. Disorders u. Dep. of Biol. Chemistry and Med.; engl.) — Perameisensäure-oxydiertes *Papain* (**I**) wurde mit *Trypsin* (**II**) in Tris-Puffer behandelt u. das erhaltene Peptidgemisch bei 37° an einer 150 cm langen Dowex 50-X2-Säule durch Eluieren mit Natriumformiat oder -acetat oder mit Pyridinacetatpuffer getrennt. Die Fraktionen wurden nach der Hydrolyse durch eine im Text beschriebene zweidimensionale Elektrophorese-Chromatographie analysiert. Durch Kombination von Dinitrophenylierung, Chymotrypsin-Einw., Edman-Abbau u. Carboxypeptidasebehandlung konnte die Sequenz einzelner Peptide bestimmt werden. Die nach ihrer Reihenfolge bei der Säulenelution numerierten Fraktionen des oxydierten (O), II-gespaltenen (T) I sind folgendermaßen aufgebaut: Peptid O-T-VI: Gly·Gly·Ileu·Phe·Val·Gly·Pro·$CySO_3H$·Gly·$AspNH_2$·Lys, Peptid O-T-X: Tyr·$CySO_3H$·Arg, Peptid O-T-XII: Gly·Ala·Val·Thr·Pro·Val·Lys, Peptid O-T-XIV: Thr·Asp·Gly·Val·Arg, Peptid O-T-XV: Glu·Lys, Peptid O-T-XVIII: $AspNH_2$·Thr·Pro·Tyr·Glu·Gly·Val·$GluNH_2$·Arg, Peptid O-T-XXII: Ser·Arg, Peptid O-T-XXIII: Asp·Phe·$GluNH_2$·Leu·Tyr·Arg. Bernd Johannsen 4210◇

*1098* **Beteiligung der Partikelfraktion an der Fettsäuresynthese in Leber- und Hefesystemen.** S. Abraham, I. L. Chaikoff, W. M. Bortz, H. P. Klein und Halina Den.

(Nature [London] **192**, 1287—88, 1961; Berkeley, Calif., Univ., Dep. of Physiology; Waltham, Mass., Brandeis Univ., Dep. of Biol.; engl.) — Teilchenfreie Gewebezentrifugate von Säugerlebern zeigen eine gesteigerte Fettsäure-Synth. (FS) aus Acetat, wenn die Mikrosomenfraktionen hinzugefügt werden. Vff. untersuchen die Wrkg. von Lebermikrosomen (Lm.) u. Hefeteilchen (Ht.). Sie finden, daß Lm. in spezif. kleinen Mengen auf Leber- u. Hefe-Synth., Ht. nur auf Hefe-Synth. wirken. Zugabe von Lm. u. Ht. steigert den Einbau von $^{14}C$ des $^{14}C_{(1)}$-Acetylcoenzyms A (AcCoA) in Fettsäuren, berührt aber nicht FS aus Malonyl-CoA. Für Hefe-Syst. liegt der Grund in der vorhandenen AcCoA-Carboxylase. Lm. u. Ht. werden mit Acetat, AcCoA u. Malonyl-CoA inkubiert. Lm. bewirkt den Einbau merklicher Mengen von $^{14}C$ von $^{14}C_{(2)}$-Malonyl-CoA in Fettsäuren, nicht aber von $^{14}C_{(1)}$Acetat oder $^{14}C_{(1)}$-Acetyl-CoA. Ht. wandelt bedeutende Mengen aller drei Substrate in Fettsäuren um. Ht. enthält also ein Enzym-Syst., das zur vollständigen FS aus Acetat fähig ist. Lm. dagegen fehlt wahrscheinlich die AcCoA-Carboxylase sowie Acetokinase. Vielleicht wird das Malonyl-CoA durch eine Wechselwrkg. zwischen Teilchen u. Zentrifugat ergänzt bei der durch Lm. induzierten FS. Vff. vermuten, daß ein Bestandteil des Syst. eine Carboxylgruppe an das Ac-CoA abgibt, ohne über einen Bicarbonatspeicher zu laufen. Eventuell ist die tert. Carboxylgruppe des Citrates in eine Transcarboxylierungs-Rk. mit AcCoA verwickelt, die dann zur Bldg. des Malonyl-CoA führt. K. Heumann 4210◇

*1099* **Bindung organischer Phosphate an Cholinesterasen.** R. D. O'Brien. (J. agric. Food Chem. **11**, 163—66, 1963; Ithaca, N.Y., Cornell Univ., Dep. of Entomol.; engl.) — Unterss. über die Störung der Inhibierung von 3 *Cholinesterasen* durch 8 *organ. Phosphate* (I), durch Tetraäthylammonium u. Tetrapropylammonium zeigen, daß I sich bzgl. Bindung an die anion. u. des Angriffs auf die Esteraseseite unterscheiden. W. Wesly 4210◇

*1100* **Histochemischer Nachweis der Esterase mit Hilfe der Azokupplung in den Wurzelspitzen bei Vicia faba L.** Karel Beneš. (Biol. Plantarum [Praha] **4**, 211—19, 1962; Prag, Tschech. Akad. Wiss., Inst. Exp. Bot.; russ.) — Mit Hilfe der Azofarbstoff-Meth. (*α-Naphthylacetat* oder *Naphthylacetat AS* + *Fast Blue RR*) wurde in Querschnitten durch die Wurzelspitzen von *Vicia faba* die Ggw. der *Esterase* bewiesen. Z. Šesták 4210◇

*1101* **Die Beziehung zwischen Plasmacholinesterase und durch Succinylcholin verursachter, prolongierter Apnoe.** Francis F. Foldes, Vera M. Foldes, J. Crispin Smith und Elmer K. Zsigmond. (Anesthesiology **24**, 208—16, 1963; Pittsburgh, Pa., Mercy Hosp., Dep. of Anesthes.; Univ. of Pittsburgh, School of Med., Dep. of Anesthes.; engl.) — Prüfung der Plasma-*Cholinesterase* (I)-Aktivität bei 20 Personen, bei denen es durch relativ geringe Dosen von *Succinylcholindichlorid* zu prolongierter Apnoe gekommen war, ergab bei 16 anomale Werte. Die enzymat. Hydrolyse der Substrate *Acetylcholin, Butyrylcholin, Succinylcholin, Benzoylcholin* u. bes. *Procain* (II) war vermindert (bes. bei den 12 atyp. Homozygoten, weniger bei den 4 Heterozygoten); die Wrkg. der Hemmstoffe *Neostigmin, RO 2-0683* [*(2-Hydroxy-5-phenylbenzyl)-trimethylammoniumbromiddimethylcarbamat*; III) *Dibucain* u. *Succinylcholin* war verringert. Zum Nachw. atyp. I-Aktivität sind II u. III sowie *Decamethoniuminhibitoren* bes. geeignet. U. Tausendfreund 4210◇

*1102* **Der Abbau von Hypophysenhinterlappenhormon durch eine Phytooxytocinase.** Kurt Semm. (Naturwissenschaften **49**, 59, 1962; München, Univ., II. Frauenklinik; dt.) — *Oxytocin* wird durch schwangerschaftsspezif. *Serumoxytocinasen* fermentativ zerstört. In Pflanzenzellen tritt regelmäßig ein Enzym mit Oxytocinase-Wrkg. auf. Die beste Enzymausbeute erhält man aus Früchten von *Pisum sativum*. Von 84 untersuchten Pflanzen u. deren Samen enthielten 80% die Phytooxytocinase. Der Totalextrakt von Pisum sativum hat eine uterusrelaxierende Wirkung. K. Heumann 4210◇

*1103* **Stoffwechsel von 16-Ketoöstron in der menschlichen Placenta.** Kenneth J. Ryan. (Endocrinology **66**, 491—94, 1960; Boston, Mass., Harvard Med. School, Dep. of Obstet. and Gyn., Fearing Res. Labor.; engl.) — Es konnte in vitro die Umwandlung von *16-Ketoöstron* (I) zu *Östriol* (II) u. *16-Ketoöstradiol* (III) in menschlichem Placentagewebe mit einer Ausbeute von je 10—12% nachgewiesen werden. III kann nicht als Intermediärprod. der Umwandlung von I zu II angesehen werden. Die Umwandlung von I zu II wird durch eine 16-Ketohydrogenase vermittelt, Intermediärprod. ist vermutlich 16α-Hydroxyöstron. Die Umwandlung von I zu III ist mit Hilfe von 17β-ol-Dehydrogenase möglich. U. Tausendfreund 4210◇

*1104* **Zelluläre Lokalisierung der 17β-Östradiol:16α-Hydroxylase.** Gerta Pangels und H. Breuer. (Naturwissenschaften **49**, 106—07, 1962; Bonn, Chirurg. Klinik, Chem. Abt.; dt.) — Vff. inkubierten eine Mikrosomenfraktion der Leber von Wistar-Ratten mit red. Nicotinamidadenindinucleotidphosphat u. 17β-Östradiol für 30 Min. bei 37°. Nach papierchromatograph. Trennung des Ae.-Chlf.-Extraktes wird Östriol festgestellt, womit bewiesen ist, daß die 16α-Hydroxylase, die 17β-Östradiol zu Östriol hydroxyliert, in den Mikrosomen der Leber lokalisiert ist. K. Heumann 4210◇

*1105* **Wirkung des Aldosteronantagonisten auf die in vitro-Bildung von Aldosteron und Corticosteron bei Ratten.** George W. Kittinger, Bernard C. Wexler und Benjamin F. Miller. (Proc. Soc. exp. Biol. Med. **105**, 394—95, Nov. 1960; Cincinnati, Ohio, Jewish Hosp. of Cinncinati, Inst. for Med. Res.; Univ. of Cincinnati, Coll. of Med., Dep. of Biochem., Pathol. and Med.; engl.) — In den nach 12wöchiger Behandlung mit dem *Aldosteron* (I)-Antagonisten *Spironolacton SC-8109* (Searle Co.) in vitro inkubierten Nebennieren ♀ u. ♂ Sprague-Dawley-Ratten lassen sich mehr I u. weniger *Corticosteron* nachweisen als in Nebenniereninkubaten von Kontrollratten; bes. bei ♂ Tieren tritt eine starke I-Bldg. nach der Antagonistenbehandlung auf. U. Tausendfreund 4210◇

*1106* **Ein theoretisches Rumen-Fermentationsgleichgewicht.** Meyer J. Wolin. (J. Dairy Sci. **43**, 1452—59, 1960; Urbana, Ill., Univ., Dep. of Dairy Sci.) — Vf. berichtet über die Kalkulation eines theoret. Rumen-Fermentationsgleichgewichtes. Diese Kalkulation gestattet die Entw. eines theoret. Fermentationsgleichgewichtes für eine gegebene mol. Verteilung der flüchtigen Fettsäuren *Acetat* (I), *Propionat* (II), *Butyrat* (III). Zusätzlich werden $CO_2$ u. $CH_4$ gebildet. Die gefundenen Fermentations-Prodd. werden aus Pflanzenkohlenhydraten mit der empir. Formel $C_6H_{12}O_6$ gebildet. Die Anzahl der $C_6H_{12}O_6$-Einheiten kann durch Summierung der Anzahl der C-Atome in den Prodd. kalkuliert werden. Für die mol. Verteilung wurde das nachstehende Gleichgewicht kalkuliert: $57{,}5\,(C_6H_{12}O_6) \rightarrow 65\,I + 20\,II + 15\,III + 60\,CO_2 + 35\,CH_4 + 25\,H_2O$. Das Fermentationsgleichgewicht erklärt bestimmte quant. Aspekte der Wiederkäuerernährung hinsichtlich der mikrobiellen Rumenfermentation. G. Bratfisch 4210◇

*1107* **Bakterienlyse.** 1. Mitt. **Der Einfluß von Enzyminhibitoren auf die Ultraschall-Lyse.** Lars Edebo. (Acta phathol. microbiol. scand. **52**, 372—83, 1961; Stockholm, Karolinska Inst., Dep. of Bacteriol.; engl.) — Die Unters. der Wrkg. von Enzyminhibitoren (I) auf die Ultraschall-Lyse von *Escherichia coli* B zeigte, daß von den thiolbindenden Verbb. nur *Mercuriacetat* (II) die Lyse hemmte. Jodacetamid, $J_2$ u. $K_3[Fe(CN)_6]$ waren fast unwirksam, obgleich das Tetrazolium-Red.-Vermögen in einem relativ großen Konz.-Bereich völlig verschwand. Die zur Lysehemmung erforderlichen II-Konzz. waren größer als die für Enzymhemmung notwendigen. Andere I-Typen, wie *Azid, Cyanid, Dinitrophenol* u. *Arsenat* beeinflußten die Lyse, auch in wesentlich höheren Konzz. als zur Energiehemmung notwendig, nicht. Da $Hg^{2+}$-Ionen auch das Bakterienprotoplasma fällen, beruht deren Wrkg. auf die Lyse vermutlich auf verschlechterten Bedingungen der Verteilung der Cytoplasmakomponenten nach Zerstörung der Bakterienzellwand. K. Maier 4210◇

*1108* **Über die Bestimmung der aktiven Stellen einiger Enzyme mittels Roussinschen Salzes, eines neuen spezifischen Reagenses.** 3. Mitt. A. Dobry-Duclaux. (Biochim. biophysica Acta [Amsterdam] **54**, 76—83, 1961; Paris, Inst. de Biol. physico-chim.; franz.) — 2. vgl. C. **1963**, 16983. — Nachdem frühere Unterss. eine starke, reversible Hemmung einiger Enzyme durch spezif. Rk. von Roussinschem Salz, $K[Fe_4S_3(NO)_7]$ (I), mit deren $NH_2$-Gruppen ergeben hatten, wurden jetzt *Lipase, Tyrosinase, β-Amylase, Lipoxydase* (II)-*Malatdehydrogenase* (III), *Glutamatdehydrogenase, Formaldehyd,* *dehydrogenase* u. *Phosphorglycerinaldehyddehydrogenase* geprüft. Bei II u. III ist die Hemmung kompetitiv, d. h. beide Enzyme besitzen im akt. Zentrum akt. $NH_3^+$-Gruppen, an denen Substratbindung stattfindet. Die übrigen Enzyme wurden von $10^{-5}$ bis $10^{-7}$m I gehemmt. K. Maier 4210◇

*1109* **Über die Bestimmung der aktiven Stellen einiger Enzyme mittels Roussinschen Salzes, eines neuen spezifischen Reagenses. 4. Mitt. Bindung verschiedener Substrate an Polyvinylaminhydrochlorid und Polyacrylhistamin.** A. Dobry-Duclaux. (Biochim. biophysica Acta [Amsterdam] **54,** 84—91, 1961; franz.) — 3. vgl. vorst. Referat. — Da Enzyme gewisse Substrate an die bas. Gruppen ihrer akt. Zentren binden, wurde die Substratfixierung an den bas. Gruppen chem. definierter, synthet. Makromoll., *Polyvinylaminhydrochlorid* (I) u. *Polyacrylylhistamin* (II) mit den funktionellen Gruppen $NH_3^+$ u. Imidazol, durch Gleichgewichtsdialyse untersucht. Im pH-Bereich 6—8 bindet II keines der geprüften Substrate, wie Salze von *Brenztraubensäure, Äpfelsäure, Milchsäure, Oxalessigsäure, α-Ketoglutarsäure, Mesityloxid, Aceton, Acetylaceton, Acetonylaceton, Linolsäure* (III), *Nicotinamidadenindinucleotid* (NAD), red. NAD, *Adenosintriphosphat, Glucose, Äthanol.* I bindet außer den 2 letztgenannten alle. Die Bindung der meisten Substrate erfolgt rein elektrostat. u. daher unspezifisch. I bindet α-Ketosäuren u. III bevorzugt gegenüber den anderen Anionen. Bei den untersuchten Fällen stimmen die durch die Meth. der direkten Bindung erhaltenen Ergebnisse mit den durch Hemmung mittels Roussinschem Salz gewonnenen überein. K. Maier 4210◇

*1110* **Bestimmung der Aktivität von Cholinesterase in einem automatischen Analysensystem.** George D. Winter. (Ann. New York Acad. Sci. **87,** 629—81, 1960; Chauncey, N.Y., Technicon Instruments Corp., Res. Labor.; engl.) — Beschreibung einer als „Auto Analyzer" bezeichneten App. zur automat. Best. von *Cholinesterase* (I). Durch Rohre aus Polyvinylchlorid werden I-Muster, Substrat u. Puffer mittels einer Dosierpumpe angesaugt, einer Mischvorr. u. dann einem Inkubationsgefäß (37°) zugeführt; nach automat. Zusatz von Phenolrot, Luft u. NaCl wird automat. dialysiert (37°), u. dann das Dialysat einem Colorimeter zugeführt, dessen Werte von einem Schreibgerät aufgezeichnet werden. Es können 40—60 Best. je Std. durchgeführt werden. A. Hesse 4210◇

*1111* **Automatisierung von Enzymbestimmungen: Phosphohexoseisomerase.** Morton K. Schwartz, Gerald Kessler und Oscar Bodansky. (Ann. New York Acad. Sci. **87,** 616—28, 1960; New York, N.Y., Sloan Kettering Inst. for Cancer Res., Div. of Metabolism. and Enzymic Studies; Memorial Center for Cancer and Allied Diseases, Dep. of Biochem.; Cornell Univ., Med. Coll., Sloan Kettering Div.; engl.) — Vgl. vorst. Referat. — Es wird eine automatisierte Meth. zur Best. von Enzymen beschrieben, die bei der zunächst untersuchten *Phosphohexoseisomerase* (I) bei gleicher Genauigkeit u. Reproduzierbarkeit 8mal schneller als die bisher üblichen manuellen Meth. arbeitet. Mittels einer Dosierungspumpe werden durch Plastikrohre in festgesetzten Abständen (40, 60 oder 120 Sek.) abgemessene Proben von I, Substrat u. Puffer angesaugt (ggf. nach Verdünnung), gemischt, dem Inkubationsbad (37,5°) zugeführt, nach Einw. u. Zusatz von 50%ig. $H_2SO_4$ u. 1%ig. Resorcin (in 50%ig. Äthylenglykol) u. Mischen in einer Glasschlange in einem unterhalb des Inkubationsbades liegendem Bad auf 95° erhitzt, einem Durchflußcolorimeter zugeführt, dessen Werte von einem Schreibgerät aufgezeichnet werden. Manche sonst bei I-Best. üblichen Reagentien können dabei nicht verwendet werden. A. Hesse 4210◇

*1112* **Automatisierte enzymatische Bestimmung der Rückstände von Organophosphor-Schädlingsbekämpfungsmitteln.** George D. Winter. (Ann. New York Acad. Sci. **87,** 875—81, 1960; engl.) — Der beschriebene „Auto Analyzer" (vgl. vorst. Ref.) kann zur Best. der Rückstände von *Organophosphor-Schädlingsbekämpfungsmitteln* an der durch diese bewirkten Hemmung von *Cholinesterase* verwendet werden. Beispiele werden gegeben für *Parathion, Thimet, Diazonin* u. *Malathion.* A. Hesse 4210◇

*1113* **Automatisch-enzymatische Analyse von L-Lysin via Decarboxylierung.** George E. Schaiberger und Andreas Ferrari. (Ann. New York Acad. Sci. **87,** 890—93, 1960; Ekton, Va., Merck u. Co., Inc., Chem. Div., Process Development; Chauncey, N.Y., Technicon Intruments Corp., Res. Labor.; engl.) — Der von Winter (vgl. vorst. Ref.) beschriebene „Auto Analyzer" wird zur raschen Best. von *L-Lysin* verwendet. Die Meth. beruht auf colorimetr. Best. des bei Einw. von käuflicher *L-Lysindecarboxylase* auf I gebildeten $CO_2$ unter Best. der durch die pH-Zunahme bewirkten Änderung der opt. Dichte einer Lsg. von Phenolphthalein bei 555 mμ. A. Hesse 4210◇

## E₃. Mikrobiologie, Bakteriologie, Immunologie

*1114* **Gen-gesteuerte erleichterte Diffusion und aktiver Transport von α-Thioäthylglucopyranosid in Saccharomyces cerevisiae.** Hirosuke Okada und H. O. Halvorson. (Biochim. biophysica Acta [Amsterdam] **71,** 229—32, 1963; engl.) — *S. cerevisiae* besitzt zwei Mechanismen zur Aufnahme von *α-Thioäthylglucopyranosid.* u. zwar für dessen erleichterte Diffusion u. akt. Transport, welche beide durch das $MG_2$-Gen gesteuert werden. H. Aman 4310◇

*1115* **Zur Rolle des Natriums im anaeroben Lichtstoffwechsel von Rhodopseudomonas.** A. Pirson und W. Grosse. (Naturwissenschaften **50,** 359—60, 1963; Göttingen, Univ., Pflanzenphysiol. Inst.; dt.) — Bei Lichtanzucht einer grünen Mutante von *Rhodopseudomonas sphaeroides* van Niel unter anaeroben Bedingungen setzt das Wachstum bei $Na^+$-Entzug mit starker Verzögerung ein, ergibt aber bei etwas verringerter Geschw. eine nur leicht verringerte Ausbeute an Substanz. $K^+$-Entzug bewirkt eine progressive Wachstumshemmung ohne Latenzphase. $Na^+$-Entzug beeinträchtigt unmittelbar die Verwertbarkeit des durch Lichtphosphorylierung entstandenen Adenosintriphosphat für Wachstum oder Speicherung. Die Bldg. des unlösl. stabilen organ. Phosphats (bes. Nucleinsäure-P u. Lipid-P) ist bei $Na^+$-Mangel gehemmt. K. Zingraf 4310◇

*1116* **Einfluß von Temperatur und Natriumchloridkonzentration auf Wachstum und Morphologie einiger halophiler Bakterien.** N. E. Gibbons und John I. Payne. (Canad. J. Microbiol. **7,** 483—89, Aug. 1961; Ottawa, Canada, Nat. Res. Council, Div. of Applied Biol.; engl.) — Die roten *Halophilen, Halobacterium salinarium, H. cutirubrum, H. halobium* u. *Sarcina litoralis,* wuchsen am schnellsten bei Salz-Konzz. von 20—25% u. Temp. von 40—45°. Die maximale Trübung wurde erhalten bei gleichen Salz-Konzz. bei 35—40°. D. Pöhland 4310◇

*1117* **Der Stoffwechsel des Trigonellins.** Jayant G. Joshi und Philip Handler. (J. biol. Chemistry **237,** 3185—88, 1962; Durham, N.C., Duke Univ. School of Med., Dep. of Biochem.; engl.) — Vff. untersuchen den Stoffwechsel des *Trigonellins* (I, N-Methylnicotinsäure) in der Hefe *Torula cremoris* u. in jungen Erbsenpflanzen. Mit Hilfe papierchromatograph. Unterss. der Stoffwechsel-Prodd. des carboxyl- bzw. methyl-$^{14}$C-markierten I konnte gezeigt werden, daß in Hefe die Methylgruppe von I oxydativ abgespalten wird u. in den $C_{(1)}$-Vorrat eingeht. Die dabei entstehende *Nicotinsäure* (II) findet bei der *Diphosphopyridinnucleotid* (DPN)-Biosynth. Verwendung. Junge Erbsenpflanzen setzen I nur langsam in der DPN-Biosynth. um. Ein rascher Abbau von II wurde nur bei Erbsenpflanzen, nicht bei Hefe beobachtet. P. Teichgräber 4320◇

*1118* **Phosphate bei der Oxydation und Stickstoffixierung durch einige bakteriostatische Verbindungen unter unsterilen Bedingungen.** 1. Mitt. **Zinksalze von Ameisen- und Oxalsäure mit Bentonit als Träger.** N. R. Dhar und G. C. Shukla. (Proc. nat. Acad. Sci. India, Sect. A **31,** 269—74, 1961; Allahabad, Univ., Sheila Dhar Inst. of Soil Sci.; engl.) — *Zn-Formiat* u. *Zn-Oxalat* gemischt mit Bentonit (Konz. der organ. Säuren entspricht 1% C), werden an der Luft (Rk.-Dauer 120 Std.) unter Fixierung von atmosphär. $N_2$ oxydiert. Die Rkk. werden durch Licht (500 W-Lampe) sowie durch Phosphate (0,5% $P_2O_5$ in Form von Algerian Rock phosphate, Kulti basic slag) beschleunigt. B. Görlich 4320◇

*1119* **Phosphate bei der Oxydation und Stickstoffixierung durch einige organische Substanzen und bakteriostatische Verbindungen unter sterilen Bedingungen mit Bentonit und Erde als Träger.** N. R. Dhar und G. C. Shukla. (Proc. nat. Acad. Sci. India, Sect. A **31,** 275—89, 1961; engl.) — Vgl. vorst. Referat. — Mischungen von Bentonit mit 1% C in Form von Torf, Sägespänen oder Weizenstroh werden an

der Luft unter Fixierung von atmosphär. $N_2$ oxydiert. Unter sterilen Bedingungen verlaufen die Rkk. etwas träger als unter nicht sterilen. Sie werden durch Licht u. durch Phosphate (0,5% $P_2O_5$ in Form von Algerian Rock phosphate, Kulti basic slag) beschleunigt. *Zn-Formiat* u. *Zn-Oxalat* werden rascher oxydiert, da Zn als Photosensibilisator u. als bakteriostat. Agens wirkt. Vff. nehmen an, daß die N-Fixierung eine Oberflächen- bzw. photochem. Rk. ist.
B. Görlich 4320◇

*1120* **Die Wirkung von kurzkettigen Fettsäuren auf die Atmung von Uredosporen von Puccinia graminis var. tritici.** H. J. Reisener, W. B. McConnell und G. A. Ledingham. (Canad. J. Microbiol. **7**, 865—68, 1961; Saskatoon, Saskatchewan, Nat. Res. Council, Prairie Regional Labor.; engl.) — Werden Fettsäuren zu einer Suspension von Uredosporen von *Puccinia graminis var. tritici* Rasse 15 B gegeben, so wird die $O_2$-Aufnahme in der Reihenfolge Acetat < Propionat < Butyrat < Valerat stimuliert. Bei Pflanzen, die unter künstlichem Licht gewachsen sind, wird die Reihenfolge Butyrat—Valerat umgekehrt. Radiomarkierungen zeigten, daß sich mit zunehmender Kettenlänge der Anteil von $CO_2$ aus der Carboxylgruppe erhöht. Acetat stimuliert die Umsetzung von C der Sporen zu $CO_2$, während Valerat das Sporenmaterial als veratembare C-Quelle teilweise ersetzt.
K. Sattler 4325◇

*1121* **Zur keimtötenden Wirkung von NaOH-Lösungen gegen einige aerobe sporenbildende Bakterien nach einer spezifischen Methodik.** E. E. van de Gehuchte. (Milchwissenschaft **17**, 693—700, 1962; Gent, Rijksh. Techn. School voor Landbouw en Landbouwindustrieën.; dt.) — Die keimtötende Wrkg. wird bestimmt, an Hand der Zeit (F-Wert), welche erforderlich ist, um den Testorganismus oder die Sporen von einer Anfangs-Konz. $10^5$ zu einem Endwert $10^0$ zu reduzieren. Testorganismen: *Bacillus subtilis, cereus, circulans* u. *calidolactis.* Wenn die Einw.-Zeit = x u. der Logarithmus der Anzahl überlebender Sporen = y ist, so wird die Beziehung: $y = y_0 - bx$ berechnet u. daraus der F-Wert = 5/b abgeleitet. Die Einfl. der Temp. u. der Konzz. auf die verschiedenen Sporenbildner werden graph. dargestellt. Bacillus calidolactis besitzt eine deutliche therm. u. chem. Resistenz (F 85°, 2% Lauge: 31 Min.). Bacillus circulans ist bei 75° u. 85° am empfindlichsten (F 85°, 2% Lauge; 3,2 Min.), während Bacillus cereus u. subtilis zwischen beiden stehen (F 85°, 2% Lauge: 16,9 bzw. 12,5 Min.).
H. Aman 4330◇

*1122* **Methoden zur Bestimmung der antibakteriellen Aktivität oberflächenaktiver Verbindungen: Technische Aspekte des Problems.** 1. bis 3. Mitt. J. G. Davis. (Lab. Pract. **10,** 563—67, 639—44, 725—28, 1961; London, Dr. J. G. Davis & Partners; engl.) — Übersicht. Typen oberflächenakt. *Germicide* (kation., anion., nichtion., amphotere-ampholyt.); Testmeth. zur Best. der antibakteriellen Aktivität; die antibakterielle Aktivität beeinflussende Faktoren; Phenol-Koeff.-Test; Reproduzierbarkeit. — 138 Literaturangaben.
K. Maier 4330◇

*1123* **Eine neue fungicide Substanz, wirksam gegen Botrytis Spp.** N. G. Clark, A. F. Hams, D. J. Higgons und H. A. Stevenson. (Chem. and. Ind **1960,** 572—73, Nottingham, Boots Pure Drug Co. Ltd., Lenton Exp. Stat., Agric. and Horticult. Div., Res. Dep.; engl.) — *2.6-Dichlor-4-nitroanilin* ist wirksam gegen ca. 20 Erreger von Pflanzenpilzkrankheiten (u. a. *Fusarium caeruleum, Phoma foveata, Phytium debaryanum, Botrytis cinerea*). Die Wrkg. gegen *Botrytis*-Arten ist am größten. Die Wrkg. wurde bestimmt am mit *Botrytis cinerea* infizierten Lattich u. mit der von *Tecnazen* u. *Tetramethylthiuramdisulfid* verglichen. Die Säugetiergiftigkeit ist gering; das Wachstum der Pflanzen wird nicht beeinträchtigt.
E. Hieke 4330◇

*1124* **Suche nach neuen chemotherapeutischen Substanzen.** 1. Mitt. **Bestimmung der bakteriostatischen und fungistatischen Wirkungen der Salicylanilide und gewisser substituierter Salicylanilide mittels einer Diffusionsmethode im festen Medium mit und ohne Zusatz von Pferdeblut.** Ole G. Clausen. (Arzneimittel-Forsch. **12,** 948—50, 1962; Oslo, Norway; Institute of Pharmacy, Department of Bacteriol., Univ.; engl.) — Im Agarplattenlochtest zeigt *Salicylanilid* (Na-Salz) höhere bakteriostat. u. fungistat. Wrkg. als die Vgl.-Substanz *Undecylensäure* in gleichen Konzz. (0,01, 0,1 u. 1%ig.). Auch die substituierten Salicylanilide: *2'.3'-Dichlor-, 2'.5'-Dichlor-, 3'.4'-Dichlor-, 3'-Chlor-2'-methyl-* u. *5'-Chlor-2'-methyl-* reichen in ihrer Wirksamkeit nicht an die Stammsubstanz heran.
O. Jansen 4330◇

*1125* **Beschleunigung des Absterbens von Bakterien durch Wachstumssubstanzen.** John R. Postgate und J. R. Hunter. (Nature [London] **198,** 273, 1963; Porton Down, Wiltshire, Microbiol. Res. Establishment; engl.) — In Anwesenheit von Wachstumssubstanzen zeigen kontinuierlich wachsende oder ruhende Bakterienkulturen nach mehrfachem Waschen u. Resuspendierung in physiolog. Kochsalz-Puffer-Lsg. als nährstofffreiem Substrat bei Belüftung unter optimalen Temp.- u. pH-Bedingungen eine beschleunigte Absterberate nach Zugabe der gleichen Wachstumssubstanz. Untersucht wurden Stämme von *Aerobacter aerogenes, Escherichia coli, Serratia marcescens* sowie die Substanzen *Glycerin,* $KH_2PO_4$, $NH_4Cl$, *Glucose, Mannit, Na-Lactat* u. *Pyruvat.* Vff. glauben darin eine Erklärung für widersprechende Literaturberichte bei Stoffwechsel- (Warburg-) Unterss. sehen zu können.
Ekkehard Schmid 4330◇

*1126* **Antibiotica.** Hans Zähner. (Fortschr. Bot. **24,** 471—81, 1961; Zürich, dt.) — Übersicht; Resistenz gegen Antibiotica; Weiterentw. bekannter Wirkstoffe, Penicillin u. Tetracycline, neue Antibiotica. — 170 Literaturangaben.
P. Gregorzewski 4340◇

*1127* **Gewinnung von Tetracyclin mittels Streptomyces psammoticus.** A. Virgilio und C. Hengeller. (Farmaco [Pavia], Ediz. Sci. **15,** 164—74, März 1960; Torre Annunziata, Napoli, Labor. Antibiotici Lepetit S.P.A.; ital.) — Mit einem Fermentationsansatz aus Sojamehl, Maiskleiewürze, Cerelose u. Salzen wird in 72 Std. die maximale Ausbeute an *Tetracyclin* unter Verw. von *Streptomyces psammoticus* (*Str. feofaciens*) erhalten. Das Antibioticum ist frei von Halogentetracyclinen, selbst wenn die Fermentation in Halogenhaltigem Substrat verläuft.
P. Loch 4340◇

*1128* **Bedeutung des funktionellen Zustandes der Mikroben für die antibakterielle Wirkung des Tetracyclins.** W. N. Ssolowjew u. W. Ss. Sujewa. (Antibiotika [UdSSR] **6,** 508—13, 1961; Inst. für Pharmakol. u. Chemotherapie der Akad. der med. Wiss. der UdSSR; russ., Auszug: engl.) — Die Unterss. über die Wrkg. von *Tetracyclin* (**I**) auf das Wachstum von *Staphylococcus aureus* (St. a.) u. *Kl. pneumoniae* (Kl.p.) ergaben, daß bei Intensivierung des Stoffwechsels von Kl.p. durch Belüftung die baktericide Wrkg. von **I** ansteigt, nicht jedoch die bakteriostatische. Verstärkte Belüftung erhöht nicht die Empfindlichkeit der überlebenden Zellen aus einer großen, tagelang der **I**-Wrkg. ausgesetzten Population. Bei der Aussaat auf Agar mit **I**-Geh. zeigen diese Zellen eine erhöhte Resistenz. St.a. ist gegenüber der bakteriostat. **I** Wrkg. empfindlicher als Kl.p., ist jedoch gegenüber der baktericiden **I**-Wrkg. resistenter. Die durch verstärkte Belüftung erzielte Intensivierung des Stoffwechsels von St.a. verstärkt die baktericide Wrkg. von **I** nicht. Die Geschw. der baktericiden **I**-Wrkg. ist bei Kl.p. proportional der **I**-Konz., nicht jedoch bei Staphylococcus.
O. Lebtag 4340△

*1129* **Die Hemmung der endotrophischen Sporenbildung bei Bacillus cereus in Beziehung zu der Wachstumshemmung.** Dolly H. Kanga und V. Iyer. (Current Sci. [Bangalore] **29,** 430—31, 1960; Poona-5, Coll. of Agric., Chem. Res. Labor.; engl.) — Die von $H_3BO_3$, *Chlortetracyclin, Formaldehyd, Penicillin,* $NaN_3$, *NaF* u. *Streptomycin* zur Wachstumshemmnng von *Bacillus cereus* notwendigen Dosierungen waren im wesentlichen die gleichen wie zur Hemmung der endotroph. Sporenbildung. Bei $H_2O_2$ reichte hingegen schon etwa $^1/_{10}$ u. bei *KCN* die Hälfte der Hemmdosis für das Wachstum, um die endotroph. Sporulation zu verhindern.
E. Lück 4340◇

*1130* **Wirkung von oralen Mitteln gegen Mikroben auf die Resorption von Cholesterin.** C. S. N. Setty und A. C. Ivy. (Amer. J. Physiol. **201,** 179—84, 1961; Chicago, Ill., Univ. of Illinois Coll. of Med., Dep. of Clin. Sci.; engl.) — Verfüttertes *Terramycin* + *Sulfathalidin* sowie *Streptomycin* + *Sulfasuxidin* hatten keinen statist. signifikanten Einfl. auf die Ausscheidung des $^{14}C$ von verfüttertem *$^{14}$C-Cholesterin* (**I**) im unverseifbaren Material der Faeces oder auf die Resorption von **I** bei Ratten.
K. Zingraf 4340◇

*1131* **Stoffwechselprodukte des Myrothecium roridum Tode.** 1. Mitt. **Myrothecin.** M. Kocór, A. Nespiak und A. Siewiński. (Bull. Acad. polon. Sci., Sér. Sci. chim. **9,**

207—11, 1961; Wroclaw, Coll. of Agric., Dep. of Gen. Chem. and Dep. of Phytopathol.; engl.) — Aus 3—4 Wochen alten Nährböden des *M. roridum* läßt sich mit Chlf. ein Gemisch fungistat. wirksamer Substanzen isolieren. Bei der Kristallisation des Rohprod. erhält man das wenig wirksame *Myrothecin* (I), $C_{18}H_{22}O_6$, F. > 350° (Zers.); $[\alpha]_D^{20}$ +174,6° (± 5) (c = 2,1, Chlf.), das nach dem UV- u. dem IR-Spektrum einen hochkonjugierten Chromophor (C=C—C=C—C=O) aber keine Hydroxylgruppen enthält. Im Rohextrakt ist darüber hinaus eine sehr stark hautreizende Substanz enthalten. Es werden außerdem eine Substanz mit dem F. 115—120° u. eine mit dem F. 204—205° isoliert. Die letzte ist antibiot. wirksamer als I. K.-W. Glombitza 4340◇

*1132* **Über die Reinigung des Myxoviromycins.** Nakao Ishida, Masahiko Kuroya, Jun-Ichi Shōji und Ken Katagiri. (J. Antibiotics [Tokyo], Ser. A **14**, 165, Mai 1961; Tohoku Univ., School of Med., Dep. of Bacteriol.; Amagasaki (Japan), Shionogi Res. Labor.; engl.) — Aus Kulturfiltrat des *Streptomyces*-Stamms E 212 wurde das virusantagonist. Antibioticum *Myxoviromycin* (I) durch IRC-50 ($Na^+$)-Passage, Kohleentfärbung der Eluate bei pH 2, Fällung bei pH 7, Kohleadsorption, Elution mit 50%ig. wss. Aceton, pH 2, Extraktion von Roh-I-Hydrochlorid mit $CH_3OH$ aus Eindampfrückstand, IRC-50 ($Na^+$)-Passage u. Elution mit verd. $H_2SO_4$ als *Sulfat*, $C_9H_{18-20}N_4O \cdot H_2SO_4$, Zers. bei 284—290°, $[\alpha]_D^{25}$, isoliert. Die freie Base, die sehr hygroskop. u. unbeständig ist, wurde mittels IRA-400 erhalten. Die wss. Lsg. hat pH > 12. K. Maier 4340□

*1133* **Peptolide.** E. Schröder und K. Lübke. (Experientia [Basel] **19**, 57—67, 1963; Berlin-West, Schering Akt.-Ges., Hauptlabor.; dt.) — Übersicht über Vork. (in Fusariaarten), Eigg., Struktur-Best. u. Synth. von *Peptoliden* (Antibiotica, wie *Enniatin A* u. *B*, *Amidomycin* etc.) sowie deren IR-Spektren. — 68 Literaturangaben. F. Heller 4340◇

*1134* **Synthese von Enniatin B.** Pl. A. Plattner, K. Vogler, R. O. Studer, P. Quitt und W. Keller-Schierlein. (Experientia [Basel] **19**, 71—72, 1963; Zürich, ETH, Organ.-chem. Labor.; Basel, F. Hoffmann-La Roche Co. Akt.-Ges., Chem. Forschungsabt.; engl.) — Vgl. auch vorst. Referat. — Nach der thermoelektr. Meth. wird für *Enniatin B* (I) ein Molgew. von 655 gefunden. Die Hexapeptolidstruktur von I als *1.17.13-Trimethyl-3.6.9.12.15.18-hexaisopropyl-2.5.8.11.-14.17-hexaoxo-4.10.16-trioxa-1.7.13-triazacyclooctadecan* wird durch Synth. bewiesen, für die das Rk.-Schema angegeben wird. F. Heller 4340◇

*1135* **Über die Herkunft der Isovaleriansäure im Magnamycin. 9. Mitt. Zur Biogenese der Makrolide.** H. Grisebach und H. Achenbach. (Experientia [Basel] **19**, 6—7, 1963; Freiburg/Br., Univ., Chem. Labor.; dt.) — 8. vgl. Hofheinz, Tetrahedron [London] **18**, [1962], 1265; 10. vgl. C. **1963**, 14365. — Im $^{14}C_{(U)}$-*L-Leucin*-haltigen Fermentationsansatz von *Streptomyces halstedii* wurde $^{14}C$-*Magnamycin* (Einbaurate 0,16%; Aktivität = 100%) gebildet, dieses isoliert u. abgebaut. Die Aktivität von *Carimbose* (14%), *Mycarose* (8%) u. *Isovaleriansäure* (I; 79%) beweist die Biosynth. der I aus Leucin. Die durch Oxydation von I nach Kuhn u. Roth erhaltene $^{14}C$-*Essigsäure* besitzt 38% der Aktivität von I. F. Heller 4340◇

*1136* **Nährboden für die submerse Biosynthese von Polymyxin M.** Ss. A. Iljinskaja und N. K. Ssolowjewa. (Antibiotika [UdSSR] **8**, 7—11, 1963; Allunions Forschungsinst. für Antibiotica; russ., Auszug: engl.) — Als Nährboden für Bac. polymyxa var. Ross., den Produzenten von *Polymyxin M* (I), eignet sich am besten die folgende Mischung (in %): 0,25 Maisextrakttrockensubstanz, 0,05 Kochsalz, 0,5 $(NH_4)_2SO_4$, 4 Saccharose u. 0,3 Kreide. Die Saccharose kann durch Stärke + Glucose ersetzt werden. Auf diesem Nährboden erreicht die I-Produktion sowohl im Labor. als auch im techn. Betrieb 6000—10000 E./ml. O. Lebtag 4340△

*1137* **Die Reduktion von Tetrazoliumsalzen durch Hefen, ihre Anwendung zur schnellen Bestimmung von einigen Arten der Gattung Candida.** J.-A. Rioux, J.-M. Bastide und P. Galzy. (Trav. Soc. Pharmac. Montpellier **20**, 41—46, 1960; Montpellier, Fac. de Méd., Serv. de Dermatol.; franz.) — Für die Verss. wird *Triphenyltetrazoliumchlorid* (I) verwendet. Alle sporenbildenden Hefen reduzieren I mit Ausnahme von *Pischia fermentans*. Von den nicht sporenbildenden Hefen reduzieren nur *Candida albicans*, *C. rugosa* u. *C. krusei* I nicht. Der Wert der Meth. für einen schnellen Nachw. von *C. albicans* in patholog. Material wird bes. hervorgehoben. F. Zeidler 4350◇

*1138* **Mikrobiologische Bestimmung der Proteinqualität mit Tetrahymena pyriformis W.** J. A. Stott, H. Smith und G. D. Rosen. (Brit. J. Nutrit. **17**, 227—33, 1963; Liverpool, J. Bibby and Sons Ltd., Res. Dep.; London, Int. Protein Products Ltd.; engl.) — 2. vgl. Brit. J. Nutrit. **10**, [1956], 156. — Vff. zeigten, daß das Wachstum von *Tetrahymena pyriformis W* innerhalb der Grenzen von 0,1 bis 0,4 mg N/ml linear der Menge des anwesenden Proteins entspricht. Als Energiequelle des Nährmediums erwies sich Glucose besser als Stärke. Untersucht wurden Mischfutter u. (lt. Tabelle) Ei, Casein, Hefe, Fleischmehl, Fischmehl, Walfleischmehl, Sojabohnenmehl, Erdnußmehl, Baumwollsamenmehl, Sonnenblumensamenmehl, Weizen, Mais, Gerste; Zugabe von Aminosäuren, z. B. Lysin, Methionin, zu Pflanzenproteinen erhöhte teilweise deren Nährwert. Ei zeigte sich den übrigen Proteinquellen überlegen, Casein u. die besten Fisch- u. Fleischmehle folgten. J. Trupke 4360◇

*1139* **Verteilung von Desoxyribonuclease in Anti-R-Pneumokokkenseren und ihre Beziehung zur Transformierungsreaktion.** M. Kohoutová und H. Kopecká. (Nature [London] **198**, 711—12, 1963; Prague, Czechoslovak Acad. of Sci., Inst. of Microbiol., Dep. of Microbial Genet. and Variability; engl.) — Die Unters. der Verteilung von *Desoxyribonuclease* (I) in verschiedenen Fraktionen von Anti-R-Pneumokokkenseren unter Berücksichtigung der möglichen akt. Rolle von I bei der Transformierungs-Rk. zeigt, daß Seren mit niedriger Rest-Intrinsic-I-Aktivität die Transformierung einer Polysaccharidkapsel nach Inaktivierung bei 61—63° (30 Min.; mit univalenten Kationen) deutlich unterstützen; im Gegensatz dazu unterstützen Seren mit hoher I-Aktivität nach gleicher Inaktivierung die Transformierung nicht, sondern nur nach Inaktivierung bei 65 oder 70°. U. Tausendfreund 4370◇

*1140* **Bildung von Octadecansäure im Plasma durch Staphylococcus aureus.** Julia T. Weld, B. H. Kean und William M. O'Leary. (Proc. Soc. exp. Biol. Med. **112**, 448—51, 1963; New York City, N.Y., Cornell Univ., Med. Coll., Dep. of Public Health and Microbiol.; engl.) — Bei Kultur von *Staphylococcus aureus* auf menschlichem Blutagar oder 10%ig. Plasmaagar entstehen Flecken, die vorwiegend *Octadecansäure* enthalten, jedoch keine Triglyceride. Des weiteren werden noch geringere Geh. an *Stearin-*, *Palmitinsäure* u. anderen Säuren mit kürzeren Ketten gefunden. Vff. nehmen an, daß eine von den Staphylokokken freigesetzte *Lipase* auf die Lipide des menschlichen Plasmas wirkt. W. Hiller 4370◇

*1141* **Wirkung von Bakterienendotoxin im Blut auf die Bernsteinsäuredehydrogenase in der Leber und Niere des Kaninchens.** J. Cascarano, A. D. Rubin, A. K. Neumann und B. W. Zweifach. (Amer. J. Physiol. **201**, 16—18, 1961; New York City, N.Y., New York Univ., Bellevue Med. Center, Dep. of Pathol.; engl.) — Die *Bernsteinsäuredehydrogenase*-Aktivität war nach der Verabreichung letaler Dosen von *Escherichia coli-Endotoxin* (I), nicht aber von *Salmonella typhi-Endotoxin* (II), in der Leber, nicht aber in der Niere von Kaninchen signifikant herabgesetzt; histochem. konnte eine Verringerung der Aktivität im Zentrallappen der Leber, nicht jedoch in der Niere, nach I u. II nachgewiesen werden. K. Zingraf 4370◇

*1142* **Reinigung und Aktivierung von Clostridium botulinum-Typ-E-Toxin.** Julia Gerwing, Claude E. Dolman und David A. Arnott. (J. Bacteriol. **81**, 819—22, Mai 1961; Vancouver, B.C., Univ. of Brit. Columbia, Dep. of Bacteriol. and Immunol.; engl.) — *Clostridium botulinum*-Typ-E-Toxin wurde durch Fällen tox. Filtrate mit A. (Endkonz. 35%), Adsorption des in Acetatpuffer, pH 6,0, suspendierten Nd., roh oder nach Trypsinaktivierung, an DEAE-Cellulose u. Elution mit W. → 0,5m Acetatpuffer, pH 6,5, weitgehend gereinigt. Diese tox. Fraktionen bestanden vorwiegend, wenn nicht völlig, aus Protein. K. Maier 4370□

*1143* **Die Wirkung von Phosphor auf die Vermehrung von Tabakmosaikvirus bei in Sandkultur gewachsenem türkischem Tabak (Nicotiana tabacum).** J. P. Varma. (Sci. and

Cult. [Calcutta] **29,** 92—93, 1963; Lucknow, Lucknow Univ., Bot. Dep.; engl.) — Vf. setzt die Unters. über den Einfl. der Ernährung der Wirtspflanze auf die Vermehrung des Tabakmosaikvirus (TMV) fort. Die Nährlsg. enthält P-Konzz. von 0—630 ppm. Bei 315 ppm zeigen die Tabakpflanzen das stärkste Wachstum, den höchsten TMV-Geh. u. den höchsten Geh. an N im Blattsaft. Der höchste P-Geh. im Blattsaft ist jedoch bei 630 ppm vorhanden. Die P-Konz. im Blatt ist demnach nicht direkt korreliert mit der Konz. an TMV. W. Hiller 4374◇

*1144* **Faktoren, die die Inaktivierung der Infektivität und des Hämagglutinins des Influenzavirus durch γ-Bestrahlung beeinflussen.** John R. Polley. (Canad. J. Microbiol. **7,** 535—41, Aug. 1961; Ottawa, Canada, Dep. of Nat. Health and Welfare, Labor. of Hyg., Virus Labor.; engl.) — In gereinigten Influenzavirussuspensionen [A(PR 8)] in physiolog. Kochsalz-Lsg. wurde das *Hämagglutinin* (I) rascher zerstört als die Infektivität. Zugabe von *Histidin, Natrium-p-aminohippurat, Ascorbinsäure* oder *Cystin* zur Salzsuspension kehrte den Effekt um. Verabreichung der Strahlenmenge in einer Gesamtdosis oder in mehreren Einzeldosen bringt gleiche Ergebnisse. Zugabe von 0,2% Histidin zur Virussuspension zeigte optimale Schutz-Wrkg. für I. D. Pöhland 4374◇

*1145* **Elektrostatische und enzymatische Dissoziation der in Oxalatmilieu durch die Partikel des Phagen H-Sh und die sensiblen Zellen von Shigella flexneri F 6 S gebildeten Komplexe.** M. P. Beumer-Jochmans. (Ann. Inst. Pasteur **101,** 845—59, Dez. 1961; Bruxelles, Inst. Pasteur du Brabant; franz.) — In einem *Oxalat-Maleat*-Medium (*Maleat-NaOx*, $Na^+$ 0,4 m, *Oxalat* $10^{-3}$ m) bilden *H-Sh*-Phagenpartikel, adsorbiert an durch Toluol oder Erhitzen (30 Min. auf 60°) abgetötete *Shigella flexneri F 6 S*-Zellen mit *F 6 S* ausgesät auf ein *Oxalat*-Nähragar noch Häutchen. Zugabe von *Ca* zum Adsorptionsmedium führt sofort zur Inaktivierung des an die toten Zellen adsorbierten Phagen. Keine Inaktivierung tritt ein bei Mischung mit lebenden *F 6 S*-Zellen vor der *Ca*-Zugabe. Die durch *F 6 S*-Zellen u. *H-Sh*-Partikel gebildeten Komplexe sind bei 0° stabil, dissoziieren aber bei 37° unter Freisetzung akt. Phagen. Die Phagendesorption ist sicher kein elektrostat., sondern wahrscheinlich ein enzymat. Vorgang. An mit *Natriummetaperjodat* vorbehandelte Zellen von *Sh. flexneri* adsorbierte Phagenpartikel werden inaktiviert, da mit *Perjodat* behandelte Zellen abgetötet werden u. an solche Zellen adsorbierte Phagenpartikel unfähig sind, lebende Zellen zu reinfizieren. H. Aman 4374◇

*1146* **Der Mechanismus der Jodanhäufung durch die Braunalge Laminaria digitata.** 2. Mitt. **Atmung und Jodaufnahme.** T. I. Shaw. (Proc. Roy. Soc. [London], Ser. B **152,** 109—17, 1960; Plymouth, Marine Biol. Labor.; engl.) — Vgl. C. **1960,** 6203. — Die *J*-Aufnahme der Braunalge *Laminaria digitata* läuft mit einem 5fach erhöhten $O_2$-Verbrauch parallel. Die J-Anhäufung geht mit einem Kohlenhydratabbau einher. E. Lück 4380◇

*1147* **Das Wirkungsspektrum für die Phasenverschiebung im Rhythmus der Luminescenz in Gonyaulax polyedra.** J. Woodland Hastings und Beatrice M. Sweeney. (J. gen. Physiol. **43,** 697—706, 1960; Urbana, Ill., Univ. of Illinois, Div. of Biochem., Noyes Labor. of Chem.; La Jolla, Calif., Scripps Inst. of Oceanography; engl.) — Die Phasenverschiebungen im Rhythmus der Luminescenz der Meeresalge *Gonyaulax polyedra* bei der Bestrahlung mit Licht verschiedener Wellenlängen wurden untersucht. Es wurde ein Wrkg.-Spektrum, in dem maximale Änderungen bei 475 u. 650 mμ auftraten, bestimmt u. diskutiert. K. Heyns 4380◇

## E$_4$. Pflanzenchemie, Pflanzenphysiologie, Pflanzenpathologie

*1148* **Bestimmung des durch die Isotopenverdünnungstechnik erhaltenen Restes der tritiummarkierten Gibberellsäuren in Kartoffeln, Weintrauben und Produkten aus Gerste.** Lavera Lazer, Ann M. Dalziel, Walter E. Baumgartner, Robert V. Dahlstrom und Bruce J. Morton. (Advances Chem. Ser. Nr. **28,** 116—21, 1961; Manitowoc, Wis., Rahr Malting Co.; Chicago, Ill., Abbott Labor.; engl.) — Die Isotopenverdünnungs-Meth. wird zur Best. der restlichen tritiummarkierten *Gibberellsäure* in Kartoffeln, Weintrauben u. verschiedenen Gersten-Prodd. verwendet. Samen, junge Pflanzen oder Früchte werden mit markierter Gibberellsäure behandelt u. nach Beendigung der Wachstumsperiode unter Verw. von unmarkierter Gibberellsäure als Träger extrahiert u. mittels Fl.-Scintillationszählung analysiert. P. Golinske 4400□

*1149* **Über die Stabilität der Speicherungskoeffizienten von Strontium-90, Yttrium-91 und Cer-144 in Meeresalgen.** G. G. Polikarpow. (Ber. Akad. Wiss. UdSSR **140,** 1192—94, 1961; Sewastopol, Biolog. Kowalewski-Stat. der Akad. der Wiss. der UdSSR; russ.) — In 12 Aquarien, gefüllt mit je 2,5 Litern Meerwasser einer spezif. Aktivität von $10^{-5}$ c $^{90}$*Sr* u. $^{144}$*Ce*/Liter (entspricht $10^{-6}$ u. $10^{-9}$ g/Liter), befanden sich 18 *Cystoseira barbata* (Good. et Wood.). Das Aktivitätsniveau wurde durch täglichen Ersatz des W. konst. gehalten; die Probenahmen zur Aktivitäts-Best. des W. sowie zur Best. des Trockengew. u. der Aktivität der Pflanze erfolgten täglich. Die Unters. mit $^{91}$*Y* ($10^{-6}$ bis $10^{-3}$ c/Liter = $10^{-11}$ bis $10^{-8}$ g/Liter) erfolgte ident. an *Ulva rigida* (Ag.) Le Jolis. Für Sr wurde der Anreicherungs-Koeff. nach 2 Tagen konst. (ca. 50), für Ce nach 6 Tagen (ca. 500). Es traten keine Unterschiede im Vgl. zu einer einmaligen Zugabe der Aktivität auf. Für $^{91}$Y ist der Anreicherungs-Koeff. unabhängig von der eingebrachten Aktivität konst. (ca. 100). Das weist auf die Ggw. von 10—100fach größeren Mengen von Y im Meerwasser hin. G. Ewald 4404◇

*1150* **Biochemische Untersuchungen über Ruhe und Nachreifung von Samen.** 2. Mitt. **Veränderungen in oligobasigen organischen Säuren und Kohlenhydraten.** Lela V. Barton. (Contr. Boyce Thompson Inst. **21,** 147—61, Juli/Sept. 1961; New York, N.Y., Boyce Thompson Inst. for Plant Res., Inc.; engl.) — 1. vgl. Contr. Boyce Thompson Inst. **19,** [1958], 483. — Vff. untersuchten die biochem. Veränderungen, die bei Samen von *Paeonia suffruticosa* Haw. in der Epicotylruhe u. der Nachreifeperiode eintreten. Im embryonalen u. endospermalen Gewebe wurden Geh.-Best. bei 5° u. bei Gewächshaus-Temp. von 21—30°, bei denen das Epicotyl ebenfalls in Ruhe bleibt, durchgeführt. Es wurden von oligobasigen organ. Säuren: *Pyrrolidoncarbonsäure,* ferner *Bernsteinsäure* — beide in geringen Mengen — u. *Äpfel-* u. *Citronensäure* in größeren Mengen gefunden. An Zuckern wurden bestimmt: *Fructose, Glucose, Raffinose, Saccharose* u. eine nicht identifizierte Substanz. P. Nachtwey 4420□

*1151* **Kristalline chemische Bestandteile der Rinde der Wrightia tinctoria, Br.** S. Rangaswami und M. Nageswara Rao. (Proc. Indian Acad. Sci., Sect. A **57,** 115—20, 1963; Waltair, Andhra Univ., Dep. of Pharm.; engl.) — Durch Extraktion wurden aus der Rinde der *Wrightia tinctoria, Br. β-Sitosterin, β-Amyrin, Lupeol* u. ein noch nicht aufgeklärtes *Triterpen X* erhalten.

Versuche: *Triterpen X*, $C_{30}H_{50}O$, F. 170—172° (A.), Isolierung aus dem PAe.-Extrakt von 2,5 kg gepulverter Rinde der *Wrightia tinctoria*, Br., Prismen; 1 g; $[\alpha]_D^{27}$ + 37,9 ± 2° (c = 0,796; Chlf.). *Acetat*, $C_{32}H_{52}O_2$, F. 160—162° (A. oder PAe.); Nadeln; $[\alpha]_D^{31}$ + 60,2 ± 2° (c = 0,930; Chlf.). — *β-Sitosterin*, $C_{29}H_{50}O$, F. 132—134° (A.), aus der Mutterlauge der vorst. Verb., Chromatographie an $Al_2O_3$, fraktionierte Kristallisation, Plättchen; 50 mg; $[\alpha]_D^{28}$ − 36 ± 2° (c = 1,11; Chlf.). *Acetat*, F. 120—124° (A.), feine Nadeln. — *β-Amyrin*, $C_{30}H_{50}O$, F. 188—192° (A.), Isolierung aus 2 g der eingedampften Mutterlauge der vorst. Verb. durch Acetylierung, Chromatographie an $Al_2O_3$ (0,5 g neben Triterpen X-Acetat) u. anschließende Verseifung mit KOH in A./Bzl., Nadeln; $[\alpha]_D^{26}$ + 79,5 ± 2° (c = 1,23; Chlf.). *Acetat*, $C_{32}H_{52}O_2$, F. 238—240° (A.), faserige Nadeln; $[\alpha]_D^{31}$ − 75,0 ± 2° (c = 1,00; Chlf.). *Benzoat*, $C_{37}H_{54}O_2$, F. 230—231° (A.), Plättchen. — *Lupeol*, $C_{30}H_{50}O$, F. 206—208° (A.), Isolierung analog vorst. Verb., aber durch Benzoylierung u. Extraktion des Benzoats mit A., Umkristallisation des unlösl. Anteils, Verseifung; Plättchen; $[\alpha]_D^{30}$ + 33,2 ± 2° (c = 0,934; Chlf.). *Benzoat*, $C_{37}H_{54}O_2$, F. 266—270° (A./Chlf.), Blättchen; $[\alpha]_D^{30}$ + 61,0 ± 2° (c = 1,00; Chlf.). *Acetat*, F. 198—202° (A.), Plättchen. U. Friese 4420◇

*1152* **Kristalline chemische Bestandteile des Samens von Cassia tora Linn. Die Identität der Tora-Substanz C mit Rubrofusarin und der Tora-Substanz B mit Norrubrofusarin.** S. Rangaswami. (Proc. Indian Acad. Sci., Sect. A **57,** 88—93, 1963; Waltair, Andhra Univ., Dep. of

Pharmacol.; engl.) — Es wurde auf Grund übereinstimmender IR-Spektren, physikal. u. chem. Daten die Identität der *Tora-Substanz C* mit *Rubrofusarin* u. der *Tora-Substanz B* mit *Norrubrofusarin* bewiesen.

Versuche: *Tora-Substanz C* (= *Rubrofusarin*), $C_{15}H_{12}O_5$, F. 208—209° (Chlf./Aceton), rote Nadeln, Isolierung aus dem Samen der *Cassia tora* Linn. *Diacetat*, $C_{19}H_{16}O_7$, F. 267—269° (Bzl./PAe.), Stäbchen. *Monomethyläther*, $C_{16}H_{14}O_5$, F. 207—209° (Bzl./PAe. oder abs. A.), gelbe Nadeln. *Dimethyläther*, $C_{17}H_{16}O_5$, F. 183—185° (Bzl./PAe.), Nadeln. — *Tora-Substanz B* (= *Norrubrofusarin*), $C_{14}H_{10}O_5$, F. 286 bis 288° (A. oder Aceton), Isolierung aus dem Samen der *Cassia tora* Linn., gelbe Nadeln. *Diacetat*, $C_{18}H_{14}O_7$, F. 206 bis 209° (A.), gelbe Nadeln. *Triacetat*, $C_{20}H_{16}O_8$, F. 216—218° (Bzl./PAe.), gelbe Nadeln. *Dimethyläther*, $C_{16}H_{14}O_5$, F. 207 bis 209° (Bzl./PAe. oder abs. A.), gelbe Nadeln. *Trimethyläther*, $C_{17}H_{16}O_5$, F. 186—189° (Bzl./PAe.), Nadeln.
U. Friese 4420◇

*1153* **Über die Extrahierbarkeit der Proteine des Mehls durch Wasser.** Jacques Baudet und Jacques Mossé. (C. R. hebd. Séances Acad. Sci. **255**, 2843—45, 1962; Versailles, Stat. de Physiol. végétale; franz.) — Durch wiederholte Extraktion mit W. können in lösl. Form über die Hälfte (55%) der gesamten Proteine des Mehls gewonnen werden. Menge u. N-Geh. in den einzelnen Extrakten wurden bestimmt. Das *Gliadin* scheint in Lsg. zu gehen.
M. Wiedemann 4420◇

*1154* **Vergleich der Löslichkeit des mit Hexan oder mit Äthanol bei zwei verschiedenen Temperaturen aus Baumwollsamenflocken extrahierten Proteins.** Lionel K. Arnold und R. Basu Roy Choudhury. (Proc. Iowa Acad. Sci. **67**, 213—14, 1960; engl.) — Es sollte geprüft werden, welcher Extrakt aus Baumwollsamenflocken auf Grund besserer Löslichkeit besser verfüttert werden kann. Mit *Hexan* (I) wurde 100 Min. bei 140° F, mit *Äthanol* (II) bei 140 u. 175° F extrahiert. Das durch I extrahierte Protein ist in W., 3%ig. NaCl-Lsg. u. 0,2m NaOH besser lösl. als das durch II extrahierte. Die Löslichkeitsdifferenzen ergeben sich weniger durch die unterschiedlichen Extraktions-Temp. als durch die Lösungsmittel. Die Löslichkeitsdifferenzen sind in NaOH geringer als in NaCl-Lösung.
P. Lange 4420◇

*1155* **Der Lipid-Protein-Komplex des Weizenmehls.** R. A. Bottomley, B. R. McAuslan und A. D. G. Powell. (Chem. and Ind. **1958**, 1476—77; Sydney, M.B.T. Res. Labor. Pty. Ltd.; engl.) — Aus *Gluten* wird mit n-Butanol ein *Lipid* extrahiert u. 18 Std. mit Salzsäure hydrolysiert. Es werden 17 Aminosäuren nachgewiesen. Auffällig ist ein relativ hoher *Cystin*-Gehalt.
P. Gregorzewski 4420◇

*1156* **Fettsäurezusammensetzung von reifenden Vernonia anthelmintica (L.) Willd.-Samen. Dihydroxyölsäure — eine eventuelle Vorstufe der Epoxyölsäure.** T. K. Miwa, F. R. Earle, Glenda C. Miwa und I. A. Wolff. (J. Amer. Oil Chemists' Soc. **40**, 225—29, 1963; Peoria, Ill., Nol Utiliz. Res. and Dev. Div., ARS, U.S.D.A., Northern Reg. Res. Labor.; engl.) — Zur Klärung der Biosynth. von *Epoxyölsäure* wurde diese mit den gleichzeitig auftretenden Fettsäuren (Palmitin-, Stearin-, Öl-, Linol-, Dihydroxyöl-, Palmito-unbekannt, Stearo-unbekannt, Öleo-unbekannt, Linoleo-unbekannt, Epoxyoleo-unbekannt, Hydroxy-unbekannt, Linolen-? u. kürzeren als $C_{16}$-Säuren) in reifendem (12, 15, 18, 21, 24, 27, 30, 33, 36 Tage) Vernonia anthelmintica (L.) Willd.-Samen quant. (HBr-Titration oder Gaschromatographie nach Miwa, Mikolajaczak, Earle u. Wolff, Analytic Chem. **32**, [1960], 1739) bestimmt. Es wird angenommen, daß die Hauptkomponente einer Zwischenreifestufe (21 Tage), die freie (+)-threo-12.13-Dihydroxy-cis-$\Delta^9$-octadecensäure, vor dem Einbau in Glyceride zu freier Epoxyölsäure dehydratisiert wird.
H. Brämer 4420◇

*1157* **Untersuchungen über das Öl aus Karelasamen.** 1. Mitt. V. A. Saraf und K. K. Dole. (J. Karnatak Univ., Sci. [Dharwar, India] **5**, 33—36, 1960; Dharwar Vidyagiri, J.S.S. Coll.; Prona, Fergusson Coll.; engl.) — Vff. untersuchen das Öl von reifen Samen von *Momordica charantia* Linn. (Cucurbitaceae) u. finden folgende Werte: JZ. (Wijs) 119,6; JZ. (Wöburn) 171,0; SZ. 2,1; Molgew. 720,0; $[n]_D^{40}$ 1,4950; VZ. 180,3. An Fettsäuren sind vorhanden: ***α-Eläostearinsäure* 46,7%, *Linolsäure* 7,7%, *Ölsäure* 15,8%, *Stearinsäure*** 29,8%. Das Öl ergibt in 6 Std. einen nichtklebrigen Film, dieser ist resistent gegen W., Alkali u. Lösungsmittel.
W. Hiller 4420◇

*1158* **Untersuchungen über die Chemie der indischen Lantana-Arten.** 2. Mitt. **Das fette Öl und die Fettsäuren der Samen.** S. K. Nigam und K. N. Kaul. (J. sci. ind. Res. [New Delhi], Sect. B **17**, 472, 1958; Lucknow, Nat. Bot. Garden; engl.) — 1. vgl. J. sci. ind. Res. [New Delhi], Sect. B **16**, [1958], 11, 514. — Das aus Samen extrahierte Öl (9%) liefert bei der Verseifung 80% ungesätt. Fettsäuren (5,9% *α-Linolensäure*, 45,8% *Linolsäure* u. 47,3% *Ölsäure*) u. 10% gesätt. Säuren (*Stearin-* u. *Palmitinsäure*). Der unverseifbare Anteil enthält eine *Substanz vom F. 124—125°*, *Digitosid*, F. 280°, u. eine *Substanz vom F. 57°*.
P. Gregorzewski 4420◇

*1159* **Vorkommen enantiomorpher Leucofisetinidine in Harthölzern.** J. W. Clark-Lewis und D. G. Roux. (Chem. and Ind. **1958**, 1475—76; Univ. of Adelaide, South Australia; Grahamstown, South Africa, Rhodes Univ., Leather Ind. Res. Inst.; engl.) — *Mollisacacidin* (*Gleditsin*, **Ia**) ist die rechtsdrehende Form von *7.3'.4'-Trihydroxyflavandiol-(3.4)* (I) u. enantiomorph mit dem kürzlich isolierten (—)-*Leucofisetinidin* (**Ib**). Als Beweis für die Enantiomorphie der rechts- u. linksdrehenden Formen von **I** werden folgende Werte angegeben: **Ia**, F. 125—130° (Zers.); $[\alpha]_D^{18}$ + 13° ($CH_3OH$), + 31° (50%ig. wss. Aceton); **Ia**-*Trimethyläther*, F. 129—130°; $[\alpha]_D^{16}$ —9,5° ($C_2H_4Cl_2$); **Ia**-*Trimethylätherdiacetat*, F. 102°; $[\alpha]_D^{16}$ —17,1° ($C_2H_4Cl_2$); **Ia**-*Trimethylätherisopropyliden*-Deriv., F. 120—122°; $[\alpha]_D^{12}$ + 5,8° ($C_2H_4Cl_2$). **Ib**, F. 130° (Zers.); $[\alpha]_D^{25}$ —12° ($CH_3OH$), —32° (50%ig. wss. Aceton); **Ib**-*Trimethyläther*, F. 129—134°; $[\alpha]_D^{16}$ + 9,4° ($C_2H_4Cl_2$); **Ib**-*Trimethylätherdiacetat*, F. 102—104°; $[\alpha]_D^{15}$ + 16,5° ($C_2H_4Cl_2$); **Ib**-*Trimethylätherisopropyliden*-Deriv., F. 120 bis 122°; $[\alpha]_D^{12}$ —6,3° ($C_2H_4Cl_2$); Gemische aus **Ia-** u. **Ib**-Derivv. bilden folgende Racemate: *Trimethyläther*, F. 147—148°; *Trimethylätherdiacetat*, F. 121—122°; *Trimethylätherisopropyliden*-Deriv., F. 133—134°.
P. Gregorzewski 4420◇

*1160* **Farbstoffe australischer Pflanzen.** 7. Mitt. **Flavonoidglykoside aus Exocarpus cupressiformis Labill.** R. G. Cooke und H. F. Haynes. (Austral. J. Chem. **13**, 150—55, 1960; Melbourne, Univ., Chem. Dep.; engl.) — 6. vgl. C. **1962**, 14142. — Das Laub von *E. cupressiformis* enthält 2,5% *Dihydrokämpferol-7-rhamnosid* (**I**), 0,48% *Kämpferol-7-rhamnosid* (**II**), 0,16% *Kämpferol-3-rhamnobiosid* (**III**) u. 0,23% *Quercetin-3-rhamnobiosid* (**IV**). Daneben wurden *Mannit* (**V**) u. *Oleanolsäure* (**VI**) isoliert.

Versuche: Extraktion der Verbb.: 1,64 kg lufttrockne, gepulverte Blätter wurden nacheinander mit PAe., Aceton, W. u. Methanol extrahiert. Der PAe.-Auszug enthielt Wachse. Der Acetonauszug wurde zur Trockne gedampft, der Rückstand mit Ae. extrahiert, die Ae.-Auszüge mit wss. 5%ig. NaOH geschüttelt, das gebildete Salz in sd. 50%ig. A. gelöst u. mit konz. HCl angesäuert, es fielen 45,7 g **VI** aus. Das ätherunlösl. Material wurde mit W. bei 80° extrahiert (als Rückstand blieben 38 g **I**), Einengen der wss. Lsg. auf 100 ml, Extraktion mit Äthylacetat, Eindampfen u. Lösen des braunen Gummis in A., fraktionierte Fällung mit neutralem Pb-Acetat, Zers. des Nd. mit $H_2S$ gab 3,6 g **IV** als gelber Gummi. Das Filtrat der obigen Fällung wurde mit bas. Pb-Acetat behandelt, der Nd. analog zersetzt. Beim Verreiben des gebildeten Gummis mit Methanol verblieben 1,9 g **II** krist., in Lsg. gingen 2,5 g **III**. Einengen des wss. Auszugs, Extraktion mit Äthylacetat, Einengen gab 1,4 g **II** (weitere 4 g aus dem methanol. Auszug neben wenig **V**), völliges Eindampfen zur Trockne, Lösen in A. gaben 2,5 g krist. **V**. — *Oleanolsäure* (**VI**), $C_{30}H_{48}O_3$, F. 308—309°; $[\alpha]_D^{21}$ + 77,1 ± 0,5° (c = 0,92 in Chlf.). *Acetat*, F. 265—265,5°, Nadeln aus Methanol. *Methylester*, F. 200,5—201°, lockere Nadeln aus Methanol. — *Kämpferol-7-rhamnosid* (**II**), $C_{21}H_{20}O_{10}$, F. 221—222°, feine, gelbe Nadeln aus Methanol. *Hydrat*, $C_{21}H_{20}O_{10} \cdot H_2O$, F. 221—222°, aus der Mutterlauge. [Hydrolyse → *Kämpferol*, $C_{15}H_{10}O_6$, F. 280—280,5°, gelbe Nadeln aus wss. Methanol. (*Tetraacetat*, $C_{23}H_{18}O_{10}$, F. 185,5 bis 186,5°) u. *Rhamnose* (**VII**) (papierchromatograph. Nachw. in Äthylacetat/Pyridin/W. 12 : 5 : 4 u. Isopropanol/W. 4 : 1; Sprühfl. Anilinphthalat)]. *Methyl-Deriv.*, $C_{24}H_{26}O_{10}$, F. 254 bis 254,5° [Hydrolyse → *7-Hydroxy-3.4'.5-trimethoxyflavon*, $C_{18}H_{16}O_6$, F. 292—292,5°, Nadeln aus Methanol (*Acetat*, F. 158—159°, Nadeln aus Methanol)]. — *Dihydrokämpferol-7-rhamnosid* (**I**), $C_{21}H_{22}O_{10} \cdot ½ H_2O$, F. 165—166°; $[\alpha]_D^{21}$

— 99,0 ± 0,3° (c = 2,0 in A.) [Hydrolyse → *Dihydrokämpferol*, $C_{15}H_{12}O_6$, F. 242—243°; $[\alpha]_D^{23}$ + 47,3 ± 0,3° (c = 1,7 in Aceton/W. 1 : 1), Nadeln aus Methanol]. *Dimethyläther*, $C_{23}H_{26}O_{10}$, F. 231—232°, Nadeln aus Methanol [Hydrolyse → *3.7-Dihydroxy-4'.5-dimethoxyflavanon*, $C_{17}H_{16}O_6$, F. 237 bis 237,5°, Nadeln aus Methanol (Dehydrierung → *3.7-Dihydroxy-4'.5-dimethoxyflavon*, F. 315—316°, gelbe Prismen aus Methanol {*Diacetat*, F. 192—193°, Nadeln aus Methanol})]. — *Quercetin-3-rhamnobiosid* (IV), $C_{27}H_{30}O_{15}$, F. 179—180°, gelbe Nadeln aus W. [Hydrolyse → *Quercetin*, $C_{15}H_{10}O_7$, F. 315 bis 316°, feine, gelbe Nadeln aus wss. A. (*Pentaacetat*, F. 196 bis 196,5°) u. VII]. — *3-Hydroxy-3'.4'.5.7-tetramethoxyflavon*, $C_{19}H_{18}O_7$, F. 198—198,5°, feine Nadeln aus Benzol. *Acetat*, F. 163—164°, Nadeln aus Methanol. — *Kämpferol-3-rhamnobiosid* (III), krist. nicht. *Trimethyläther*, $C_{30}H_{36}O_{14}$, F. 243 bis 243,5°, Nadeln aus wss. Methanol [Hydrolyse → *3-Hydroxy-4'.5.7-trimethoxyflavon*, $C_{18}H_{16}O_6$, F. 149—150°, Nadeln aus Methanol (*Acetat*, F. 192—193°, Nadeln aus Methanol)].
H. Nürnberger 4420◇

*1161* **Flavonoidsophoroside.** J. B. Harborne. (Experientia [Basel] 19, 7—8, 1963; Brayfordbury, Hertford, Herts., John Innes Inst.; engl.) — Die Anthocyane von *Brassica-*, *Papaver-*, *Phaseolus-*, *Raphanus-*, *Tropaeolum-* u. *Watsonia*-Arten sowie Flavonglykoside aus *Helleborus*, *Petunia*, *Pisum*, *Rosa* u. *Solanum* enthalten als Diglucosidrest *Sophorose* [*Glucosyl-(1 → 2)-β-glucose*], die durch Oxydation der Pigmente mit $H_2O_2$ abgespalten u. papierchromatograph. sowie Elektrophorese der Zucker nachgewiesen wird.
F. Heller 4420◇

*1162* **Besondere chemische Komponenten von technisch verwertbaren Hölzern und damit in Zusammenhang stehende Pflanzenmaterialien. 9. Mitt. Morindonin, ein neues Glykosid des Morindons.** S. Balakrishna, T. R. Seshadri und B. Venkataramani. (J. sci. ind. Res. [New Delhi], Sect. B 19, 433—36, Nov. 1960; Delhi, Univ., Dep. of Chem.; engl.) — 8. vgl. C. 1963, 11078. — Aus der Wurzelrinde von *Morindus tinctoria* Roxb. wird ein neues Glykosid, *Morindonin* (I), isoliert u. seine Konstit. als *6-Diglucosid des Morindons* (II) durch enzymat. Hydrolyse mit Emulsin zu II u. *Glucose* sowie Hydrolyse des I-*Dimethyläthers* zu II-*1.5-Dimethyläther* festgestellt. Für den Diglucosidrest wird wegen der Beständigkeit gegen Takadiastase die Konstit. als *Gentiobiose* wahrscheinlich gemacht.

Versuche: *Morindonin* (I), *Monohydrat*, $C_{27}H_{30}O_{15} \cdot H_2O$, F. 255—256° (Zers.), durch Extrahieren von frischer Wurzelrinde mit sd. A. u. Einengen des Extrakts; aus verd. A. orangegelbe Prismen; 0,25% (Ausbeute); Lsg. in NaOH tiefrot. *Nonaacetyl-Deriv.*, $C_{45}H_{48}O_{24}$, F. 252—253°, aus I u. Pyridin in sd. Acetanhydrid; aus Eisessig gelbe Nadeln. — *Chlororubin*, durch Hydrolyse der Mutterlauge von I. — *Morindon* (II), F. 280—281°, a) neben *Glucose* (*Phenylosazon*, F. 203—204°), durch 10std. Kochen von I u. 7%ig. alkohol. $H_2SO_4$; 43,4%; b) aus I u. Emulsin in 10%ig. A. bei 37° (10 Tage); aus Eisessig rote Nadeln. *Triacetyl-Deriv.*, F. 250 bis 251°, aus II u. Na-Acetat/Acetanhydrid; aus Eisessig gelbe Nadeln. *6-p-Tosyl-Deriv.*, *Semihydrat*, $C_{22}H_{16}O_7S \cdot \frac{1}{2} H_2O$, F. 201—202°, aus 190 mg II, p-Tosylchlorid u. $K_2CO_3$ in sd. Aceton (6 Std.); aus $CH_3OH$/Chlf. orangegelbe Platten; 170 mg. — *1.5-O-Dimethylmorindon* (*1.5-Dimethoxy-6-hydroxy-2-methylanthrachinon*), $C_{17}H_{14}O_5$, F. 219—222°, a) durch 80std. Kochen von I, Dimethylsulfat u. $K_2CO_3$ in Aceton, 10std. Kochen des I-Dimethyläthers mit 7%ig. alkohol. $H_2SO_4$; b) durch Kochen von 100 mg p-Tosyl-Deriv. mit methanol. KOH für 20 Min.; aus A. blaßgelbe Nadeln; 30 mg. *p-Tosyl-Deriv.*, $C_{24}H_{20}O_7S$, F. 191—192°, durch 40std. Kochen von 150 mg II-p-Tosylat mit Dimethylsulfat u. $K_2CO_3$ in Aceton; aus $CH_3OH$/Chlf. Platten; 125 mg.
F. Heller 4420◇

*1163* **Bestimmung von Gossypol in verschiedenen Sorten von Baumwollsamen und in den als tierische Nahrung verwendeten Nebenprodukten.** Genoveva Vega Urquizo. (An. Fac. Farmac. Bioquím. 7, 614—19, 1956; Lima, Esc. Nac. de Agr., Labor. de Bioquím.; span.) — Baumwollsamen der Sorte *Tangüis* enthalten 0,6668—2,361 g% Baumwollsamenkuchen u. 0,04657—0,4475 g% andere Konzentrate, welche als tier. Futter dienen, $\lessdot$ 0,025 g% *Gossypol* (I). Herkunft der Samen u. Extraktions-Meth. spielen für den I-Geh. eine wichtige Rolle.
K. Zingraf 4420◇

*1164* **Papierchromatographische Differenzierung einiger Arten und Sorten der Gattung Populus.** Siegfried Börtitz. (Züchter 32, 24—33, 1962; Tharandt, Dt. Akad. der Landwirtschaftswiss. zu Berlin, Inst. für Forstwiss., Abt. Forstliche Pflanzenphysiolog.; dt.) — Blattpreßsäfte einer Reihe von Arten u. Sorten der Gattung *Populus* werden papierchromatograph. mit verschiedenen Fließmitteln getrennt u. deren fluorescierende Inhaltsstoffe beobachtet, ohne diese zu identifizieren. Es wird bestätigt, daß die Pflanzeninhaltsstoffe in engster Beziehung zur Phylogenese stehen.
P. Gregorzewski 4420◇

*1165* **Mineralstoffwechsel.** Hans Burström. (Fortschr. Bot. 24, 169—77, 1961; Lund; dt.) — Vgl. C. 1961, 10625. — Übersicht; Salztransport, Wrkg. einzelner Elemente. — 66 Literaturangaben.
P. Gregorzewski 4450◇

*1166* **Ein Nährstofferfordernis für die optimale Wasseraufnahme durch intakte Wurzelsysteme.** D. H. Drew. (Nature [London] 199, 93—94, 1963; Wellesbourne, Warwick, Nat. Vegetable Res. Stat.; engl.) — Werden Maissämlinge in einer Long-Ashton-Nährlsg. bei verschiedenen Konzz. kultiviert, so erfolgt die stärkste Wasseraufnahme, wenn die Konz. der Nährlsg. einen osmot. Wert von 1,0 at erreicht. Das Wurzel- u. Sproßwachstum ist sehr stark mit der Wasseraufnahme linear korreliert. Verss. mit Weizen zeigen eine optimale Wasseraufnahme bei einem osmot. Wert der Nährlsg. von 0,1 at.
W. Hiller 4450◇

*1167* **Der Einfluß von stimulierenden Dosen von 6-Benzylaminopurin auf Apfelbaumknospen und deren Sauerstoffverbrauch.** L. Chvojka, M. Trávníček und M. Zakouřilová. (Biol. Plantarum [Praha] 4, 203—06, 1962; Prag, Czech. Acad. Sci., Inst. Exp. Bot.; engl.) — Im Laufe von 5 Tagen nach der Anwendung von *6-Benzylaminopurin* (I) auf die Knospen (50 μg I pro Knospe) von 5jährigen Apfelbäumen der Sorte Boskoop wurde mit Hilfe der Warburg-Meth. das Atmen der in eintägigen Intervallen abgeschnittenen Knospen untersucht. I erhöhte die Atmungsintensität, mit zunehmender Zeit nach der Anwendung von I immer ausdrucksvoller: Am 5. Tage war der Sauerstoffverbrauch um 75% höher als bei den Kontrollknospen.
Z. Šesták 4450◇

*1168* **Ein die Knöllchenbildung hemmendes Wurzelexkret von einem Sojastamm, der keine Knöllchen bildet.** Gerald H. Elkan. (Canad. J. Microbiol. 7, 851—56, 1961; North Carolina Agric. Exp. Stat.; engl.) — Ein Sojabohnenstamm, der keine Wurzelknöllchen bildet, scheidet während seines Wachstums eine Substanz aus, die bei einem anderen, normalerweise knöllchenbildendem Stamm die Knöllchen-Bldg. unterdrückt. In Gewächshausexperimenten wurden Setzlinge beider Stämme unter Belüftung auf N-freier Hoagland-Nährlsg. gehalten. Die Besetzung der Vers.-Gefäße wurde so kombiniert, daß immer ein oder zwei knöllchenbildende u. nichtknöllchenbildende Pflanzen zusammenkamen. Die Wurzelexkretionen der Mutante führten zu einer signifikanten Abnahme der Knöllchen-Bldg. der normalen Pflanzen.
K. Sattler 4450◇

*1169* **Die Stimulierung der Keimung von Wacholder (Juniperus virginiana L.) durch Citronensäure.** Cosimo Cotrufo. (Nature [London] 199, 92—93, 1963; Asheville, N.C., US Dep. of Agricult., Forest Serv., Southeastern Forest Exp. Stat.; engl.) — Werden Samen von *Juniperus virginiana* vor dem 90tägigen Stratifizieren 4 Tage lang in eine Lsg. von 10000 ppm *Citronensäure* gebracht, so wird nach 30 Tagen eine Keimung von 93% erreicht, Einbringen nur in W. ergibt 73% Keimung u. Stratifikation allein nur 23%.
W. Hiller 4455◇

*1170* **Keimungs- und entwicklungshemmende Wirkung von Bicyclo-[1.2.2]-heptanlactonen.** Siegfried Beckmann. (Naturwissenschaften 50, 47, 1963; Stuttgart-Hohenheim, Landw. Hochschule, Chem. Inst.; dt.) — Die bei vielen Lactonen mit Doppelbindung beobachtete keimungshemmende Wrkg. findet sich auch in Lactonen ohne Doppelbindung, wenn sie dem mit Spannungen behafteten Bicyclo-[1.2.2]-heptan-Syst. angehören. Die nachst. Verbb. dieser Art werden in der eben noch sichtlich wirksamen Konz. 1 : 1000 auf Gartenkressesamen angewendet u. dabei folgende Werte (% der nach 4 Tagen gekeimten Samen; Wurzellänge von 24 Std. in W. vorgekeimten u. dann in die Test-Lsg. gebrachten Samen; Sproßlänge sonst wie vorst.) erhalten: *Bicyclo-*

[*1.2.2*]-*heptanol-(endo-b)-carbonsäure-(endo-2)-lacton*, 4; 17,0; 22,5; — *exo-2-Methyl-*, 0, 12,3; 15,0; — *exo-3-Methyl-*, 2; 9,9; 10,0; — *exo-2.exo-3-Dimethyl-*, 0; 4,5; 1,5; — *3.3-Dimethyl-*, 0; 7,5; 5,0; — *Bicyclo-*[*1.2.2*]*-heptanol-(exo-2)-carbonsäure-(syn-7)-lacton*, 4; —; —; — *1-Methyl-*, 10; 12,3; 20,0; — *anti-7-Methyl-*, 0; 11,4; 15,0; — *1.anti-7-Dimethyl-*, 0; 4,3; 2,5; im Vgl. zu W., 98; 36,0; 22,5. P. Loch 4455◇

*1171* **Biogenese von Anthocyanen.** 7. Mitt. **Der Bedarf von Purin und Pyrimidin.** Kenneth V. Thimann und Babette S. Radner. (Arch. Biochem. Biophysics **96**, 270—79, 1962; Cambridge, Mass., Harvard Univ., Biol. Labor.; engl.) — 6. vgl. C. **1960**, 5203. — Am Beispiel *Spirodela oligorrhiza* wird gezeigt, daß die Synth. von *Anthocyan* (I) von einem komplexen Nucleotid oder einer instabilen Nucleinsäure abhängig ist. Als Beweis dafür wird die Hemmung der I-Bldg. nach Verfütterung von Aza- bzw. Thioanaloge von Bausteinen der Ribonucleinsäure, wie *8-Azaguanin*, *8-Azaadenin*, *6-Azauracil* sowie *2-Thiocytosin* u. durch *2.6'-Dimethyl-6.4-pyrimidylamino-4.2'-diaminochinolin-1.1-dimethosulfat*, einem spezif. Inhibitor des Purineinbaues in Nucleinsäuren, angeführt. Die Hemmung der I-Synth. wird quant. durch gleichzeitige Gaben von Riboflavin oder durch die den Azaverbb. entsprechenden Purinen bzw. Pyrimidinen aufgehoben. Dabei können Purin- u. Pyrimidinbase nicht vertauscht werden. Interessanterweise wird durch subinhibitor. Gaben der genannten Aza-Verbb. die I-Bldg. über das Kontrollniveau gehoben. Ebenfalls wird die I-Synth. nach Aufhebung der Hemmwrkg. durch Riboflavin gesteigert. Heinz Schulz 4460◇

*1172* **Untersuchungen über die Biogenese der Anthocyane.** 8. Mitt. **Die Identifizierung des Anthocyans von Spirodela.** Yuk Lin Ng und Kenneth V. Thimann. (Arch. Biochem. Biophysics **96**, 336—39, Febr. 1962; engl.) — 7. vgl. vorst. Referat. — Aus *Spirodela oligorrhiza* wurde durch Extraktion mit 0,1n HCl, Vorreinigung über das Bleisalz sowie präparative Papierchromatographie ein Anthocyanylglykosid isoliert u. als *Petunidin-3-glucosid* identifiziert. Daneben wurde in reichlicher Menge *Kaffeesäure*, einem Spalt-Prod. der ursprünglich vorhandenen Chlorogensäure, gefunden. Es wird die Schlußfolgerung gezogen, daß diese als Vorstufe bei der Anthocyan-Synth. auftritt. Der Beweis für diese These konnte aber nicht erbracht werden. Heinz Schulz 4460◇

*1173* **Zur Biosynthese der Lupinenalkaloide.** 2. Mitt. H. R. Schütte. (Arch. Pharmaz. Ber. dtsch. pharmaz. Ges. **293/65**, 1006—11, 1960; Halle/Saale, Dt. Akad. der Wiss., Inst. für Biochem. der Pflanzen; dt.) — 1. vgl. C. **1960**, 4894. — Die Einbauraten von $^{14}C_{(2)}$-*Glutaminsäure* (I), $^{14}C_{(2)}$-*Lysin* u. $^{14}C_{(1.5)}$-*Cadaverin* (II) in *Lupinin* (III) u. *Spartein* durch *Lupinus luteus* betragen 0,1—0,46, 1,25—3,5 u. 4,5—7,1%. I ist danach als Vorläufer der Lupinenalkaloide unwahrscheinlich. Abbau des aus II erhaltenen III zeigte, daß die Hydroxymethylgruppe 29% der Gesamtradioaktivität enthält, was auf Bldg. von III aus 2 Moll. II schließen läßt. Mögliche Mechanismen dieser Biosynth. werden erörtert. H.-G. Floß 4460◇

*1174* **Biogenese von Ephedrin.** I. Imaseki, S. Shibata und M. Yamazaki. (Chem. and Ind. **1958**, 1625; Tokyo, Univ. of Tokyo, Fac. of Pharm. Sci., Tsumure Labor.; engl.) — Nach Hydrokultur von *Ephedra distachya* L. auf einer $^{14}C_{(CO)}$-*ω-Aminoacetophenon*-haltigen Lsg. wird *Ephedrin* (I) isoliert u. chem. abgebaut. $^{14}$C-Aktivität wird nur in der α-Stellung der Seitenkette des I-Mol. gefunden. Zusammen mit früheren Unterss. ergibt sich folgender Synth.-Weg: Phenylalanin $\xrightarrow{-CO_2}$ Phenyäthylamin $\xrightarrow{\text{Oxydation}}$ ω-Aminoacetophenon, Addition eines C-1-Bruchstücks (Formiat) u. N-Methylierung durch Methionin oder Formiat. P. Gregorzewski 4460◇

*1175* **Biogenese von Anabasin: Bevorzugter Acetateinbau in den Pyridinring.** E. Leete. (Chem. and Ind. **1958**, 1477; Minneapolis, Minn., Univ. of Minnesota, School of Chem.; engl.) — Es wird der Acetatstoffwechsel in abgeschnittenen Schößlingen der *Anabasin* (I)-bildenden Art *Nicotiana glauca* untersucht. 6 Tage nach Verabreichung von $^{14}C_{(2)}$-*Acetat* wird I isoliert u. durch chem. Abbau nachgewiesen, daß $^{14}$C hauptsächlich in den Pyridinring eingebaut wird. P. Gregorzewski 4460◇

*1176* **Einfluß der Umweltfaktoren auf die Zersetzung von Phosphamidon.** R. E. Menzer und L. P. Ditman. (J. agric. Food Chem. **11**, 170—73, 1963; College Park, Md., Univ. of Maryland, Dep. of Entomol.; engl.) — Unterss. über den Einfl. äußerer Faktoren auf die Zers. von *Phosphamidon* [*1-Chlor-1-diäthylcarbamoyl-1-propen-(1)-yl-(2)-dimethylphosphat*; I) in Pflanzen zeigen, daß die Dauer der Tageslicht-Einw. die Geschw. der Zers. von I u. seinen Stoffwechsel-Prodd. nicht beeinflußt, obwohl eine Mindest-Einw. notwendig ist. Für je 15° Temp.-Steigerung zwischen 60 u. 90° F erhöht sich die Geschw. der Zers. um ca. 2 Tage. Bei 90° F ist nach 8 Tagen alles I abgebaut. In allen Konzz. verläuft die Zers. der Stoffwechsel-Prodd. von I rascher als die von I. W. Wesly 4460◇

*1177* **N-Stoffwechsel.** Erich Kessler und Horst Kating. (Fortschr. Bot. **24**, 254—74, 1961; Marburg; Bonn; dt.) — Vgl. C. **1962**, 15657. — Übersicht über die Jahre 1960—61; anorgan. N-Stoffwechsel, $N_2$-Bindung, symbiont. $N_2$-Bindung, $N_2$-Bindung freilebender Organismen; Nitrat-Red., assimilator. u. dissimilator.; Nitrifikation; organ. N-Stoffwechsel, abiogene Entstehung organ. N-Verbb., Aminosäuren, Aminierung u. Desaminierung, Transaminierung, Harnstoff u. Ureide, Purine, Pyrimidine u. Nucleinsäuren, zur Funktion der lösl. Ribonucleinsäure, Protein-Synth. mit synthet. Ribonucleinsäurematrix. — 300 Literaturangaben. P. Gregorzewski 4460◇

*1178* **Untersuchung des Nitratstoffwechsels bei Chlorella pyrenoidosa im Dunkeln.** 1. Mitt. **Assimilation von $^{14}$C-Glucose in Verbindung mit der Nitratverwertung.** Minh-Nguy Thang. (Biochim. biophysica Acta [Amsterdam] **52**, 478—94, 1961; Paris, Inst. de Biol. Physico-chim.; franz.) — Red. u. Assimilation von *Nitrat* (I) im Dunkeln durch Zellsuspensionen von *C. pyrenoidosa* ist mit einer Zunahme der *Glucose*-(II)-Verwertung verbunden. Verss. mit einheitlich markierter $^{14}C$-II zeigen, daß die Ketosäuren des Tricarbonsäurecyclus anscheinend Vorstufen der Aminodicarbonsäuren u. des Alanins sind. I aktiviert den Einbau von II-$^{14}C$ in Zellmaterial (*Nucleinsäuren*, *Proteine*). In Ggw. von II findet eine Netto-Synth. von Saccharose u. eines II-Polymeren statt, die bei Erschöpfung der exogenen II u. Verbrauch der synthetisierten Kohlenhydrate aufhört. Diese Verwertung nimmt bei gleichzeitiger I-Assimilation zu. K. Maier 4460◇

*1179* **Untersuchung des Nitratstoffwechsels bei Chlorella pyrenoidosa im Dunkeln.** 2. Mitt. **Assimilation des Stickstoffs von $K^{15}NO_3$ in Gegenwart von Glucose.** Minh-Nguy Thang. (Biochim. biophysica Acta [Amsterdam] **52**, 495 bis 501, 1961; franz.) — 1. vgl. vorst. Referat. — Untersuchung der *Nitrat* (I)-Red. u. -Assimilation im Dunkeln durch Zellsuspensionen von *C. pyrenoidosa* ergab, daß $^{15}$N prim. in *Aminosäuren* (II) u. dann in *Proteine* (III) eingebaut wird. Bei Verbrauch des exogenen I hört der $^{15}N$-Einbau in II auf, während der Einbau in III noch weiter geht. Die Tatsache einer Nettozunahme der Gesamt-III spricht für die III-Synth. aus $^{15}N$-I über II. K. Maier 4460◇

*1180* **Einfluß der Bedingungen der Stickstoffernährung auf die Produkte der Photosynthese.** Ss. G. Baklinowa und N. G. Doman. (Bull. Inst. Cult. Plantes, Acad. Sci. Bulg. **8**, 11—30, 1959; bulg., Auszug: engl.) — Bei den Unterss. der Photosynth. mit Hilfe von $^{14}$C, Papierchromatographie u. Radioautographie u. einer Exposition in $^{14}CO_2$-Atmosphäre von 1, 5 u. 10 Min. wurde die Radioaktivität (RA) der freien *Aminosäuren* von Mais (M) u. Bohnen (B) durch N-Ernährung, bes. auf $(NH_4)NO_3$-Nährboden (a), erhöht. Die stärkste RA von niedrigmol. u. hochmol. Kohlenhydraten zeigte sich bei N-freier Ernährung, die geringste RA auf a. Das Verh. der RA der *Zucker*/RA der *Aminosäuren* war bei M < B, jedoch bei M auf Nitratnährboden (b) > a, bei B auf a > b. M bildete 2mal mehr organ. $^{14}$C-Säuren als B, wobei sich im M bes. die Synth. des *Glykokolls*, in B bes. die Synth. des *Alanins* verstärkte. I. v. Kloch-Kornitz 4460◇

*1181* **Stoffwechsel organischer Verbindungen.** 1. Mitt. **(Photosynthese.)** Helmut Metzner. (Fortschr. Bot. **24**, 178—233, 1961; Tübingen; dt.) — 1. (Teilmitt.) vgl. C. **1963**, 9763. — Übersicht über die Jahre 1959—1961; method. Fortschritte, Messung der Photosynth.-Rate; Kultur der Vers.-Objekte; Chromatophorenpigmente, Chemie u. Biosynth., Lokalisation; Photochemie der Chloroplasten; Biochemie der Photosynth., Bereitstellung des Reduktors u. des Adenosintriphosphats, Einbau des Kohlenstoffs; Photosynth. unter natürlichen Bedingungen. — 660 Literaturangaben. P. Gregorzewski 4460◇

*1182* **Stoffwechsel organischer Verbindungen.** 2. Mitt. **a) Kohlenhydrat- und Säurestoffwechsel.** Hans Reznik. (Fortschr. Bot. **24,** 234–53, 1961; Heidelberg; dt.) — 1. vgl. vorst. Referat. — Übersicht über die Jahre 1960–1961; Kohlenhydrate, Saccharose, Uridinphosphoglucose u. die Physiologie der Nektarien, Biosynth. der Heteroside, Uridindiphosphat bei der Bldg. der Pektine u. Hemicellulosen, Rhamnose, 3.6-Didesoxyhexosen, die „Raffinose-Familie", Kallose u. Chrysolaminarin, Varianten des Glucoseabbaus. Säurestoffwechsel u. Atmung, aktivierte Thiaminpyrophosphat-Verbb., Tricarbonsäurecyclus, Glyoxalatcyclus bei höheren Pflanzen, Atmungskette u. oxydative Phosphorylierung, Chinone bei dem Elektronentransport, Umkehrung der Atmungskette; Fette u. Lipoide, Malonyl-CoA als Schlüsselmetabolit in der Fettsäure-Biosynth., Fettsäuresynthetase als Multienzymkomplex, weitere Befunde über die Fettsäure-Synth. in höheren Pflanzen u. bei Tieren, Biosynth. der olefin. Fettsäuren, Poly-β-hydroxybuttersäure, Phospholipide, Glykolipide, Sulfolipide. — 127 Literaturangaben. P. Gregorzewski 4460◇

*1183* **Kinetik der Photosyntheseinduktion bei Chlorella pyrenoidosa.** 2. Mitt. **Kinetik der Sauerstoff- und Fluorescenzabgabe während der Anfangsphase der Belichtung.** Pierre Joliot. (J. Chim. physique Physico-Chim. biol. **58,** 584–95, Juni 1961; Paris, Inst. de Biol. physicochim., Labor. de Biol. physicochim. de la Fac. de Sci.; franz.) — 1. vgl. J. Chim. physique Physico-Chim. biol. **58,** [1961], 570. — Die Unters. der $O_2$-Emission zu Beginn der Belichtung unter Ausschaltung der durch die Meß-Meth. bedingten Verzögerung bei der Alge *C. pyrenoidosa* ergab während der ersten Augenblicke eine sehr kurze photochem. Aktivierungsreaktion. Messung der bei Einw. sehr kurzer Elektronenblitze entwickelten $O_2$-Menge bestätigten die Messungen von Emerson. Wahrscheinlich ist das Enzym-Syst., das die Menge des bei Belichtung durch Elektronenblitze gebildeten $O_2$ begrenzt, mit dem an der photochem. Aktivierungs-Rk. beteiligten identisch. Geschw. der $O_2$-Emission u. Intensität der Chlorophyllintensität wurden während der Induktionsperiode der Photo-Synth. gleichzeitig gemessen. Die kinet. Daten zeigen, daß beide Größen während dieser Phase sich parallellaufend verändern. Die Befunde deuten auf Energieübertragung zwischen Chlorophyll u. den von Emerson aufgefundenen photochem. Zentren hin. K. Maier 4460◇

*1184* **Das wirksame Spektrum für die Beseitigung der Phase verzögerter Chlorophyllbildung in Blättern des Weizens, die vorher im Dunkeln gewachsen waren.** Hemming I. Virgin. (Physiol. Plantarum [Copenhagen] **14,** 439–52, 1961; Uppsala, Royal Agricult. Coll., Inst. of Plant Physiol.; engl.) — Stücke von 7 Tage alten Blättern von Weizen, der bei 22° in totaler Dunkelheit in Nähr-Lsg. gezogen worden war, wurden 2 Min. mit 146 erg/cm²·s (1,75 mjoule/cm²) eines monochromat. Lichts ($\lambda$ = 400–800 m$\mu$) bestrahlt, dann 5 Std. im Dunkeln gehalten u. schließlich 2 Std. mit 4000 Lux in einem belüfteten Gefäß belichtet. Die Best. der Menge des gebildeten *Chlorophylls* (I) durch Lichtabsorption in situ ergab ein Maximum im roten Bereich bei 660 m$\mu$ mit 0,028 mg I/g Frisch-Gew. u. 3 kleine Kurvenvorsprünge bei 540, 600 u. möglicherweise auch bei 700 m$\mu$. Charakterist. war die starke I-Bldg. im entfernt roten Bereich. Dieser photomorphogene Prozeß war nur schwach reversibel durch konsekutive u. simultane Belichtung mit $\lambda$ = 730 m$\mu$, wodurch der I-Geh. auf ca. 0,028 mg/g Frisch-Gew. absank. Die Werte variierten jedoch stark. H. G. W. Gleiß 4460◇

*1185* **Der Hexosemonophosphatweg der Atmung in den Kartoffelknollen.** B. A. Rubin und O. L. Oseretzkowskaja. (Nachr. Akad. Wiss. UdSSR, biol. Ser. **1959,** 257–64, März/April; Bach-Inst. für Biochem. der Akad. der Wiss. der UdSSR; russ., Auszug: engl.) — Die Unterss. über den Hexosemonophosphatweg der Atmung der Kartoffelknolle u. über dessen Rolle bei der Wechselwrkg. zwischen Kartoffelknolle u. Phytophthora infestans ergaben, daß in der Knolle u. in Ph. infestans ein Ferment-Syst. der apotom. Oxydation vorliegt. Während der Lagerung der Kartoffel sind die Veränderungen der Aktivitäten von *Glucose-6-phosphatdehydrase* (I) u. *6-Phosphogluconatdehydrase* (II) vom gleichen Charakter wie die Veränderungen der Atmungsintensität. Bei künstlicher Infektion mit Ph. infestans werden bei wenig resistenten Kartoffelsorten die Aktivitäten von I u. II erhöht. Bei resistenten Sorten dagegen sind die Aktivitäten von I u. II nach der Infektion im Vgl. zur Norm vermindert. O. Lebtag 4462△

*1186* **Untersuchung der Veränderung der Zucker bei der Atmung von Gerstenpflanzen mit Hilfe von $^{14}$C.** Chrissto Dilow. (Bull. Inst. Cult. Plantes Acad. Sci. Bulg. **8,** 31–46, 1959; bulg., Auszug: engl.) — Papierchromatograph. u. radioautograph. Unterss. von jungen Gerstenpflanzen, deren *Zucker*-Geh. vorwiegend aus *Saccharose* (I), *Glucose* (II) u. *Fructose* (III) bestand, der in den Blättern > in den Wurzeln war, zeigten in der Dunkelheit bei Temp. von 6° in den Blättern nach 6½ Std. Verminderung der *Zucker*, nach 18 Std. Vermehrung von II u. III, bei 28° in Blättern u. Wurzeln Verminderung der *Zucker*. Nach Photosynth. von 40 Min. in $^{14}CO_2$-Atmosphäre (20,8 $\mu$c/Liter Luft) war der Geh. an $^{14}$C in den Blättern in I > II > III u. verringerte sich in nachfolgender Dunkelheit bei 28° > bei 6°. Nach 18½ Std. bei 6° erhöhte sich die Radioaktivität der II u. III in den Blättern durch Hydrolyse, während in den Wurzeln nur $^{14}$*C*-I u. $^{14}$*C*-III u. in geringerem Maße als in den Blättern auftrat. I. v. Kloch-Kornitz 4462◇

*1187* **Metallchelatbildung durch Glucose–Ammoniak-Derivate.** J. E. Hodge, E. C. Nelson und B. F. Moy. (J. agric. Food Chem. **11,** 126–29, 1963; Peoria, Ill., Northern Reg. Res. Labor.; engl.) — Die Komplex-Bldg. von $Cu^{2+}$, $Ca^{2+}$, $Sr^{2+}$ u. $Fe^{3+}$ durch *d-Glucose, Sorbit, Maltose, Gluconat, Glucoheptonat, Saccharat, N-Methylglucamin, Mono-* u. *Di-d-glucosylamine* u. ihre Derivv. zu wasserlösl. Verbb. wird in neutralen u. alkal. Lsgg. bestimmt. *Disorbitylamin* u. das *Anhydro-Enolisations-Prod.* von *Di-d-glucosylamin* ($C_{14}H_{25}$·$NO_{11}$·$H_2O$; Struktur noch unbekannt) vermögen relativ große Mengen der mehrwertigen Kationen komplex zu binden. Die Ergebnisse werden im Hinblick auf die Bedeutung für die Pflanzenernährung erörtert. W. Wesly 4470◇

*1188* **Metallchelate zur Pflanzenernährung.** E. J. Haertl. (J. agric. Food Chem. **11,** 108–11, 1963; Midland, Mich., Dow Chemical Co.; engl.) — Unterss. über die Metallversorgung von Pflanzen mit synthet. Chelaten zeigen, daß Fe-Chelat zur Versorgung höherer u. niederer Pflanzen verwendet werden kann. Die Verw. von Chelaten 2wertiger Metalle zur Korrektur von spezif. Mangelerscheinungen ist noch ungeklärt, weil das betreffende Metall nicht immer im Gewebe der behandelten Pflanze anstieg. Vf. ist der Ansicht, daß die Korrektur eines Metallmangels nicht völlig auf dem Anstieg des Metalls im Gewebe beruht. W. Wesly 4470◇

*1189* **Chelate und die Versorgung von Mais mit Spurenelementen.** Leon Chesnin. (J. agric. Food Chem. **11,** 118–22, 1963; Lincoln, Nebr., Univ. of Nebraska, Dep. of Agron.; engl.) — Unterss. über die Ernährung von Mais mit *Fe* in Form wss. Lsgg. von Chelaten zeigen, daß das maximale Gew. der Kolben der Reihenfolge entspricht: HEDTA (*N'-[2-Hydroxyäthyl]-äthylendiamin-N'.N.N-tetraessigsäure*) > EDTA (*Äthylendiamintetraessigsäure*) > DTPA {[(*Carboxymethylimino*)-*bis*-(*äthylennitrilo*)]-*tetraessigsäure*}. Die Menge des aufgenommenen Fe schwankt mit seiner Form u. Konzentration. An Maispflanzen in *Zn*-armem Boden ausgeführte Unterss. zeigen, daß bei Verabreichung von Zn in organ. Bindung höhere Ausbeuten u. Zn-Geh. als bei Gaben von $ZnSO_4$ auftreten. W. Wesly 4470◇

*1190* **Einfluß von Stickstoffdüngern in verschiedenen Epochen des Lebenscyclus auf die Qualitätscharakteristica von Getreide.** Paolo Paris. (Ric. sci., Parte II, Sez. B [2] **2,** 316–18, 1962; Piacenza, Univ. Cattolica del „Sacro Cuore" di Milano, Ist. di Agron. Generale e Coltiv. Erbacee; ital.) — Bericht über Unterss., die gegenwärtig durchgeführt werden, um zu klären, welchen Einfl. die Verzögerung der *N*-Düngung bis zur Blüte auf den *Protein*-Geh. von Weichgetreide besitzt. K. Zingraf 4470◇

*1191* **Untersuchung der Dynamik des Wachstums von Batateknollen und der Veränderung ihrer chemischen Zusammensetzung.** El. Andreewa und Iw. Russenowa-Kondarewa. (Bull. Inst. Cult. Plantes, Acad. Sci. Bulg. **8,** 253–69, 1959; bulg., Auszug: engl.) — Bei der Kultivierung der Batatawinde *Ipomoea batatas* zeigte sich im Gebiet von Krichem von Anfang Juli bis zur optimal Ende September/Anfang Oktober stattfindenden Ernte Wachstum der Wurzelknollen, die 15–20% *Stärke* (I) u. 5–9% vorwiegend reduzierende *Zucker* (II) u. in geringem Maße *Saccharose* enthielten. Die Lagerung der Früchte war mit Verminderung bzw. Vermehrung des Geh. an I bzw. II verbunden. Die Sorten Sun Li 100 u. Nr. 169 erwiesen sich wegen ihrer kurzen Vegetationsperiode, der reichen Ernte u. der günstigen chem. Zus. für den Anbau im Unters.-Gebiet geeigneter als Niu Nuan. I. v. Kloch-Kornitz 4480◇

*1192* **Bildung der Phosphorverbindungen während des Wachstumscyclus der Tomate.** Giovanni Ferrari und Arturo Zamorani. (Ind. Conserve **36**, 319–20, Okt./Dez. 1961; Padova, Univ., Ist. di Chim. Agr.; ital.) — Anorgan. P, der in den Tomatensamen nur in ganz geringen Mengen vorkommt, zeigt bei der Keimung eine starke Zunahme u. findet sich dann vor allem in den Blättern. Der säurelösl. u. Ester-P herrscht im Samen u. während der Keimung vor. In neugebildeten Blättern nimmt sein Prozentsatz ab (Vorherrschen des Nucleinsäure-P), um bei der weiteren Fortentw. des Blatt-App. wieder zuzunehmen. K. Zingraf 4480◇

*1193* **Auxine des Kakaos und der die physikalischen Symptome der „cherelle"-Welke verursachende Mechanismus.** R. Nichols. (Rep. Cacao Res. **1961**, 14–17; engl.) — Vf. weist im Kakao 3 Wachstumsregulatoren (zwei saure u. einen neutralen) nach, die als *Kakaoauxin I* u. *II* bezeichnet werden. Eine saure Verb. ist ein Hemmstoff, der in allen untersuchten Geweben gegenwärtig ist. Vf. vermutet einen Komplex von Phenolsäuren. Pflanzen, die leicht von der Welke befallen werden, zeigen geringeren Geh. an freien Auxinen. W. Hiller 4485◇

*1194* **Wirkung von 2.4-Dichlorphenoxyessigsäure auf die Pektin-Methylesterase in Schnitten von Tabakmark.** K. T. Glasziou. (Nature [London] **181**, 428–29, 8/2. 1958; Sydney, Univ., Bot. Dep., Plant Physiol. Unit.) — Werden Schnitte von Tabakmark in einer Lsg. von 0,5% Pektin u. 0,1 m NaCl gehalten, so wird eine große Aktivität von *Pektin-Methylesterase* (I) beobachtet. Die Hydrolyse der Esterbindungen des Pektins steigt, bis ein Gleichgewichtszustand erreicht ist. Werden die Schnitte nach Erreichen des Gleichgewichtszustandes in eine frische Vers.-Lsg. übergeführt, so tritt nochmals eine I-Aktivität auf, bis wiederum ein gleichbleibendes Niveau erreicht ist. Dieser Zustand stellt also das Gleichgewicht zwischen dem Enzym in der Lsg. u. dem in den Schnitten gebundenen Enzym dar. Durch Zusatz von *2.4-Dichlorphenoxyessigsäure* wird dieses Gleichgewicht jedoch verschoben, u. zwar durch Bindung der I an die Zellwände. Durch diese Beobachtung wird die Hypothese unterstützt, wonach eine Beziehung besteht zwischen dem durch Auxin beeinflußten Wachstum u. der durch Auxin ausgelösten Inaktivierung der I. Dem entspricht auch der Befund von Ordin u. Mitarbeitern (Plant Physiol. **32**, [1957], 207), daß die Methylierung der Pektine in den Zellwänden von Coleoptilen durch Auxin stimuliert wird. G. Klesse 4485

*1195* **Neue Methoden zur chromatographischen Abtrennung von Gibberellin $A_1$ und $A_3$.** Milan Kutáček, Jan Rosmus und Zdeněk Deyl. (Biol. Plantarum [Praha] **4**, 226–31, 1962; Prag, Tschech. Akad. der Wiss., Inst. Exp. Bot.; engl.) — *Gibberellin $A_1$* (I) u. *$A_3$* (II) wurden mittels Zentrifugalfeldchromatographie auf Whatman-Papier 3 mit dem Gemisch Bzl.-Essigsäure-W. (4:1:2) bei gleichzeitiger Indikation der Bewegung des Lsgm. durch Bromphenolblau getrennt. Erfolgreich war gleichfalls die Dünnschichtchromatographie auf $Al_2O_3$ mit dem Gemisch Bzl.-Essigsäure (100:23). Zu beiden Analysen benötigt man ca. 6 Stunden. Die Papierelektrophorese führte nicht zu befriedigenden Resultaten. Die Flecke von I u. II werden mit Hilfe einer 0,5%ig. $KMnO_4$-Lsg. bestimmt. Für den Nachw. von II nimmt man an Stelle von 70%ig. $H_2SO_4$ besser 70%ig. $HClO_4$. Z. Šesták 4485◇

*1196* **Eine anatomische Untersuchung über die Einwirkung der Gibberellsäure auf die Differenzierung des Vegetationspunktes bei der Art Perilla ocimoides L. im Kurz- und Langtag.** B. Hořavka, J. Krekule und F. Seidlová. (Biol. Plantarum [Praha] **4**, 239–45, 1962; Prag, Tschech. Akad. der Wiss., Inst. Exp. Bot.; engl.) — Die 7 mal wiederholte (in 3–4tägigen Intervallen) Besprühung der Keimlinge von *Perilla* mit einer 25 mg/Liter *Gibberellsäure*-Lsg. rief bei im kurzen u. langen Tag gezüchteten Pflanzen eine vorübergehende Beschleunigung der Blütendifferenzierung hervor. Der Unterschied schwand im Laufe der Entw. wieder, so daß trotz bedeutender Verlängerung der Pflanzen die Blüte nicht früher als bei den Kontrollpflanzen eintritt. Z. Šesták 4485◇

*1197* **Beweis für das weitverstreute Vorkommen einer gibberellsäureähnlichen Substanz in höheren Pflanzen.** Norman Adler, Thomas Medwick, Rosemary G. Johl und M. A. Manzelli. (Advances Chem. Ser. Nr. **28**, 26–36, 1961; Rahway, N.J., Merck & Co., Inc., Merck Chem. Div.; engl.) — Die aus Kudzu-Wein (80–500 ppb), Pintobohnen (12 ppb), Limabohnen (15 ppb), Luzerne (15–75 ppb) u. aus Zuckermais durch Säulenchromatographie, Dialyse, Extraktion u. wiederholte Papierchromatographie isolierte Substanz wird durch das chromatograph. Verh. u. die gelbe Fluorescenz nach dem Besprühen mit $H_2SO_4$ im UV-Licht u. durch Vgl. mit einer Standard-Gibberellsäure als *gibberellsäureähnliche Substanz* identifiziert. P. Golinske 4485□

*1198* **Eigenschaften der Gibberelline aus Blütenpflanzen.** Charles A. West und Thomas Reilly. (Advances Chem. Ser. Nr. **28**, 37–41, 1961; Los Angeles, Calif., Univ., Dep. of Chem.; engl.) — Eine *gibberellinsäureähnliche Substanz* aus den Samen von *Lupinus succulentus* wird aus den Aceton/W.-Extrakten gewonnen. Die chromatograph. Eigg. deuten auf ein relativ polares Gibberellin, vielleicht ident. oder verwandt mit Gibberellin $A_8$. Die Reinigung der gibberellinähnlichen Substanzen aus *Echinocystis macrocarpa* liefert zwei biolog. akt. Substanzen, die hinsichtlich ihrer chromatograph. u. Fluorescenz-Eigg. dem Gibberellin $A_7$ u. der Gibberellsäure ähnlich sind. P. Golinske 4485□

*1199* **Durch Gibberellin bewirkte Modifikation des Geschlechtes in Blüten von Cucumis sativus L.** M. J. Bukovac und S. H. Wittwer. (Advances Chem. Ser. Nr. **28**, 80–88, 1961; East Lansing, Mich., Michigan State Univ.; engl.) — Das Geschlecht der Blüten von Gurken kann durch verschiedene Wachstumsregulatoren modifiziert werden. Mit Ausnahme von *Gibberellin* reduzieren Chemikalien die Zahl bzw. unterdrücken die Entw. von Blüten mit vorwiegend ♂ Organen u. bewirken die Bldg. einer größeren Zahl bzw. die schnellere Entw. von Blüten mit ♀ Organen (Stempel). Gibberellin zeigt die entgegengesetzte Wirkung. *Gibberellin $A_4$* wirkt ungefähr 10 mal stärker als *Gibberellin $A_3$*. P. Golinske 4485□

*1200* **Blühen und Fruchttragen von Erdbeeren in Abhängigkeit von Gibberellinen.** Carter R. Smith, Zygmunt Soczek und William B. Collins. (Advances Chem. Ser. Nr. **28**, 109–15, 1961; New Brunswick, N.J., Rutgers State Univ.; engl.) — Der Einfl. von Gibberellinen, speziell dem K-Salz von *Gibberellsäure* auf das Wachsen u. Fruchten von Erdbeeren (Sparkle) im Treibhaus u. im Freien wurde mehrere Jahre lang untersucht. Wenn die Pflanzen im Freien ab September 3 mal wöchentlich besprüht werden (10 ppm), kann die Haupternte in eine frühere Periode verlegt werden (vor Juni). Im Treibhaus erfolgt bei mit Gibberellinen behandelten Pflanzen eine frühere Blüte. P. Golinske 4485□

*1201* **Gibberelline und Blütenbildung.** Anton Lang und Ernst Reinhard. (Advances Chem. Ser. Nr. **28**, 71 bis 79, 1961; Pasadena, Calif., California Inst. of Technol.; engl.) — *Gibberelline* sind die ersten Chemikalien, an denen nachgewiesen werden konnte, daß sie die Blüten-Bldg. begünstigen. Wenn die Blüten-Bldg. durch physikal. Faktoren (Photoperiode, Temp.) eingeleitet worden ist, erfolgt eine quant. u. qual. Veränderung der endogenen Gibberelline. Es ist anzunehmen, daß die Gibberelline einige Funktionen bei der physiolog. Regulierung der Blüten-Bldg. übernehmen. P. Golinske 4485□

*1202* **Wachstum von Wein in Abhängigkeit von Gibberellin.** Robert J. Weaver. (Advances Chem. Ser. Nr. **28**, 89–108, 1961; Davis, Calif., Univ., Dep. of Viticultur and Enology; engl.) — Übersicht. — 50 Literaturangaben. P. Golinske 4485□

*1203* **Endogene Gibberelline in ruhenden und keimenden Kartoffeln.** Orrin E. Smith und Lawrence Rappaport. (Advances Chem. Ser. Nr. **28**, 42–48, 1961; Davis, Calif., Univ., Dep. of Vegetable Crops; engl.) — Frisch geerntete Kartoffeln (Red Pontiac) werden bei 20° bis zum Erscheinen der Keime stehengelassen. Die Schalen werden extrahiert, u.

nach Einengen im Vakuum, Kohleadsorption, Verteilungs- u. Papierchromatographie zeigen die Eluate vom $R_F$ 0,25—0,46 „gibberellinähnliche" Aktivität. Die Konz. der endogenen Gibberelline in ruhenden Pflanzen bleibt gering, wächst aber in 12 Tagen auf das 30fache (3 $\mu$g/kg Frisch-Gew.). Aus weiteren Verss. geht hervor, daß *Gibberellin* $A_5$ nicht die akt. Substanz ist. P. Golinske 4485□

*1204* **Natürliche Inhibitoren des durch Gibberelline induzierten Wachstums.** Mary R. Corcoran, Charles A. West und Bernard O. Phinney. (Advances Chem. Ser. Nr. **28**, 152—158, 1961; Los Angeles, Calif., Univ.; engl.) — Extrakte aus den Früchten oder Samen von verschiedenen Pflanzenarten unterdrücken das von *Gibberellsäure* induzierte Wachstum. Der inhibierende Extrakt aus unreifen Früchten von *Ceratonia siliqua* L. wird partiell gereinigt, u. aus ihm werden 4 inhibierende Substanzen gewonnen. Eine ist eine anorgan. Verb., die nach dem Veraschen inhibierend wirkt. 3 organ. Inhibitoren, A, B u. C, sind hauptsächlich für die Inhibitor-Wrkg. des Extrakts verantwortlich. B u. C werden an A-Kohle adsorbiert u. können so von A getrennt werden. C kann mit Ae. aus der wss. Lsg. von B u. C bei pH 5 extrahiert werden. P. Golinske 4485□

*1205* **Gibberellin, Auxin und Wachstumsverzögerungswirkungen auf Zellteilung und Schoßhistogenese.** Roy M. Sachs. (Advances Chem. Ser. Nr. **28**, 49—58, 1961; Los Angeles, Calif., Univ., Dep. of Floricult. and Ornamental Horticult.; engl.) — Gibberelline spielen wahrscheinlich eine große Rolle bei der „Regulierung" der Zellteilung im subapicalen Gewebe, das für die Bldg. fast aller Zellen des Stammateriais verantwortlich ist. — 35 Literaturangaben. P. Golinske 4485□

*1206* **Vergrößerung der durch Gibberellin hervorgerufenen Phänomene.** H. M. Cathey, N. W. Stuart, V. K. Toole und Sam Asen. (Advances Chem. Ser. Nr. **28**, 135—41, 1961; Beltsville, Md., U. S. Dep. of Agricult., Crops Res. Div.; engl.) — Übersicht. — 20 Literaturangaben. P. Golinske 4485□

*1207* **Translocation von $^{14}$C-Gibberellin in roten „Kidney"-Bohnen, in normalem und Zwergmais.** Gunter Zweig, Shogo Yamaguchi und George Mason. (Advances Chem. Ser. Nr. **28**, 122—34, 1961; Davis, Calif., Univ., Pesticide Residue Res. and Dep. of Bot.; engl.) *$^{14}$C-Gibberellin* (I) wird mittels *Fusarium moniliforme* in Ggw. von $^{14}C_{(1)}$-Acetat dargestellt. I wird auf die Blätter von Mais u. Bohnen u. auf die Samenknoten von Bohnen gebracht. Wanderungs-Unterss. durch Autoradiographie u. Wachstums-Rkk. werden bei hoher u. niedriger Feuchtigkeit von 1—216 Std. verfolgt. Ein Beweis für den Xylem- u. Phloemtransport von I in Bohnen u. einem möglichen Phloemtransport in Mais wird erbracht. Wachstums-Rkk. werden mit der Akkumulierung der Radioaktivität von I im Wachstumsgewebe der Stengelspitzen der Bohnenpflanzen in Zusammenhang gebracht. Blattanwendung von I auf Bohnen ergibt Absorption u. Wanderung nur bei hoher Feuchtigkeit. Merkliche Bewegung von I in die Wurzeln wird nur bei Bohnen, nicht bei Mais beobachtet. P. Golinske 4485□

*1208* **Organische Bestandteile der Conidien von Erysiphe graminis hordei.** Isaac Malca, Hazel C. Murray und F. P. Zscheile. (Phytopathology **52**, 891—93, 1962; Davis, Calif., Univ. of California, Dep. of Agronomy; engl.) — Die Hälfte der organ. Säuren besteht aus *Äpfelsäure*, außerdem werden *Citrat*, *Isocitrat*, *Fumarat*, *Succinat* u. *Malonat* nachgewiesen. 18 Aminosäuren werden nachgewiesen, von denen *Asparaginsäure*, *Glutaminsäure*, *Asparagin*, *Glutamin* u. *α-Alanin* die mit den höchsten Konzz. sind. In den Proteinhydrolysaten lassen sich 12 Aminosäuren identifizieren. Als Zucker treten *Glucose*, *Ribose* u. *Fructose* auf. P. Gregorzewski 4490◇

*1209* **Chromatographie des „Malsekko"-Toxins A.** K. Ss. Achwlediani. (Mitt. Akad. Wiss. GrusinSSR **26**, 711—14, 1961; Tbilissi, Inst. für Pflanzenschutz der Akad. der Landw.-Wiss. der GrusinSSR; russ.) — Das aus dem Pilz Phoma tracheiphila, dem Erreger der „Malsecco"-Krankheit der Citrusbäume, isolierte *Malseccotoxin A* (I) wird chromatograph. in der $Al_2O_3$-Säule untersucht u. mit den tox. Stoffen aus dem Holz des an Malsecco erkrankten Citrusbaumes verglichen. Aus den chromatograph. Flecken u. den Ausbeuten der Fraktion ergibt sich, daß die tox. Stoffe des erkrankten Citrusholzes mit I ident. sind. O. Lebtag 4490△

*1210* **Dimethoatresorption und seine Verschiebung in der Baumwollpflanze.** Joseph Hacskaylo, D. A. Lindquist und T. B. Davich. (J. econ. Entomol. **54**, 1206—09, Dez. 1961; US-Dep. of Agric., Agric. Res. Serv., Crops Res. Div., Entomol. Res. Div.; Texas Agric. Exp. Station, Coll. Station; engl.) — Baumwollpflanzen auf Sandkultur mit *$^{32}$P-Dimethoat* (I) akkumulieren mehr von dem Insekticid in den Blättern, wenn sie unter transpirationsfördernden Bedingungen aufwachsen. An den Fruchtformen, an denen der Baumwollkäfer (*Anthonomus grandis* Boheman) frißt, finden sich jedoch geringe Konzentrationen. Junge Pflanzen resorbieren aus I-haltigen Nähr-Lsgg. I nicht mit der gleichen Geschw. wie W., ebenso wird weniger I aus P-Mangelnähr-Lsgg. als aus kompletten Nähr-Lsgg. resorbiert. U. Tausendfreund 4490◇

*1211* **Resorption und Verschiebung von Di-Syston durch Baumwollpflanzen.** Ching H. Tsao und Edgar W. Clark. (J. econ. Entomol. **54**, 1228—29, 1961; Brownsville, Tex., US-Dep. of Agric., Agric. Res. Serv., Entomol. Res. Div.; engl.) — *Di-Syston* {Vero Beach Labor.; *O.O-Diäthyl-S-[β-(äthylmercapto)-äthyl]-dithiophosphat*; I} wird zwar von Wurzeln u. Blättern rasch resorbiert u. zu Blättern bzw. zum Stamm transportiert, es konnte jedoch keine I-Konzentrierung in den Fruchtformen der Baumwollpflanze nachgewiesen werden. U. Tausendfreund 4490◇

*1212* **Die physiologische Aktivität substituierter Phenole.** 1. Mitt. **Beziehungen zwischen chemischer Struktur und physiologischer Wirkung.** G. E. Blackman, M. H. Parke und G. Garton. (Arch. Biochem. Biophysics **54**, 45—54, 1955; Oxford, Univ., Dep. of Agric.; engl.) — Die biolog. Aktivität verschiedener substituierter *Phenole* wurde an der entstehenden Chlorose bei *Lemna minor* bzw. am radialen Wachstum von *Trichoderma viride* in Nähr-Lsg. oder einem Agarmedium hinsichtlich der desinfizierenden Wrkg. getestet. Zur Unters. kamen folgende Phenole: *4-Chlor-*, *2.4-Dichlor-*, *2.4.6-Trichlor-*; *2.4.5-Trichlor-*; *2.3.4.6-Tetrachlor-* u. *2.3.4.5.6-Pentachlor-*; *2-Methyl-4-chlor-*; *2-Methyl-6-chlor-*; *3-Methyl-4-chlor-*; *4-Methyl-2.6-dichlor-*; *3-Methyl-2.4.6-trichlor-*; *3-Methyl-2.4.5.6-tetrachlor-*; *2-Methyl-*; *2.6-Dimethyl-*; *2.4-Dimethyl-*; *2.5-Dimethyl-*; *3.5-Dimethyl-*; *2.4.6-Trimethyl-*; *2.3.5-Trimethyl-* u. *3-Methyl-5-äthyl-*; u. 4-Chlorphenole: *3.5-Dimethyl-*; *2.5-Dimethyl-*; *2.6-Dimethyl-*; u. *3-Methyl-5-äthyl-*. Die Konz. der zugesetzten Verbb. lag zwischen $1{,}6 \cdot 10^{-2}$ u. $7{,}1 \cdot 10^{-7}$ zur Erzielung einer äquivalenten Wachstumshemmung. — Wenn die Resultate hinsichtlich des Ausmaßes der Dissoziation korrigiert werden, kann man für relativ lösl. Verbb. schließen, daß Verlängerung der Alkylseitenkette oder Vermehrung der Chloratome bzw. Alkylgruppen am Ring zu einer progressiven Verstärkung der biolog. Wrkg. führt. Außerdem ist die Position der Substituenten von Bedeutung. Wolfgang Albrecht 4495◇

*1213* **Die physiologische Aktivität substituierter Phenole.** 2. Mitt. **Beziehungen zwischen physikalischen Eigenschaften und physiologischer Wirkung.** G. E. Blackman, M. H. Parke und G. Garton. (Arch. Biochem. Biophysics **54**, 55 bis 70, 1955; engl.) — 1. vgl. vorst. Referat. — Bei der Prüfung von 32 substituierten *Phenolen* (vgl. vorst. Ref.) auf ihre physiol. Wrkg. hinsichtlich der Chlorose von *Lemna minor* u. des Wachstums von *Trichoderma viride* wurde die Bedeutung der Löslichkeit u. pK-Werte untersucht. Bei Vermehrung der Chloratome bzw. der Alkylgruppen oder Verlängerung der Alkylseitenketten besteht inverse lineare Beziehung zwischen den log der relativen biolog. Aktivität u. der Löslichkeit. Abweichungen von dieser Linearität beruhen auf der Stellung der Komponenten. Wird der log der Aktivität (aus dem Verhältnis gleiche Effektiv-Konz.: Löslichkeit) gegen den pK aufgezeichnet, so findet sich eine lineare Beziehung, ausgenommen für die in 2.6-Stellung substituierten Phenole, bei denen mindestens ein Substituent ein Chloratom ist. — Die theoret. Bedeutung der Ergebnisse wird diskutiert. Wolfgang Albrecht 4495◇

*1214* **Photolyse von Aminosäuren.** N. R. Dhar und S. R. Hasan. (Proc. nat. Acad. Sci. India, Sect. A **31**, 257—62, 1961; Allahabad, Univ., Sheila Dhar Inst. of Soil Science; engl.) — Belüftung von sterilen Lsgg. von Aminosäuren (200 ml m/20), die 0,1 g Photokatalysator ($TiO_2$, ZnO, $Al_2O_3$, $Fe_2O_3$) enthielten, bei 36° u. Belichtung (100-Watt-Birne) bewirkte nach 100 Std. eine Zers. der Aminosäuren durch Hydrolyse u. Oxydation bzw. einen Verlust an N als $NH_3$ u. $N_2$. Intermediär bildet sich $NH_4NO_2$, das zu $NH_4NO_3$ oxydiert bzw. zu $N_2 + H_2O$ aufgespalten wird. Monoaminodicarbonsäuren (*Asparagin-* u. *Glutaminsäure*) reagieren langsamer als Monoaminomonocarbonsäuren (*Glycin*, *Alanin*, *Asparagin*). Der N-Verlust wird durch Zusatz von *Glucose*, $CaCl_2$, $Na_2HPO_4$ verzögert u. durch Belichtung beschleunigt. B. Görlich 4499◇

*1215* **Verlust an Stickstoff während der Photonitrifikation von Ammoniumsalzen, Harnstoff und Harnsäure.** N. R. Dhar und S. R. Hasan. (Proc. nat. Acad. Sci. India, Sect. A **31**, 263—68, 1961; Allahabad, Univ., Sheila Dhar Inst. of Soil Science; engl.) — $NH_4$-*Salze* (10 ml 1%), mit 100 g Sand vermischt, unterliegen an der Luft einer schwachen Oxydation unter Verlust von N u. Bldg. von *Nitrat*. Licht beschleunigt die Reaktionen. Vff. nehmen an, daß diese Nitrifikationen vorwiegend eine induzierte Oberflächenoxydation sind. $NH_4$-Salze von anorgan. Säuren werden rascher oxydiert als $NH_4$-Salze von organ. Säuren. Die Rk. nimmt in folgender Reihenfolge ab: $NH_4$-Phosphat > $(NH_4)_2SO_4$ > $NH_4Cl$ > $NH_4NO_3$ > $(NH_4)_2S_2O_8$. $NH_4$-Oxalat reagiert langsamer als $NH_4$-Citrat u. $NH_4$-Tartrat. Harnstoff u. Harnsäure reagieren noch langsamer. B. Görlich 4499◇

## $E_5$. Tierchemie, Tierphysiologie, Tierpathologie

*1216* **Dialyse von Imidazolverbindungen aus Froschmuskelsuspensionen.** Fred G. Bock und Wilson D. Langley. (Biochim. biophysica Acta [Amsterdam] **42**, 348—51, 1960; Buffalo, N.Y., Univ., School of Med., Dep. of Biochem.; engl.) — Die Dialyse von *Imidazol-enthaltenden Verbb.* (I) des Froschmuskels mittels Cellophanmembran zeigte, daß alle Pauly-positiven I in das Dialysat diffundieren. Diese unterscheiden sich von *Carnosin* (II) u. sind nicht nachweisbar, wenn ihre Menge weniger als 10% der gesamten diffusiblen Muskelimidazole darstellt. Eine merkliche Chelatierung zwischen II u. Metallionen ($Ca^{2+}$, $Mg^{2+}$, $Li^+$, $K^+$, $Rb^+$) war nicht feststellbar. L. Macher 4500◇

*1217* **Weitere Beiträge zur Kenntnis der chemischen Zusammensetzung des Giftes von Ameisen aus der Gattung Formica.** M. F. H. Osman und J. Brander. (Z. Naturforsch. **16b**, 749—53, 1961; Würzburg, Univ., Inst. für Angew. Zoologie u. Chem. Inst.; dt.) — An 10 Proben von 3 Arten der Gattung Formica wurde festgestellt, daß das Gift zu 61—65% reine *Ameisensäure* (I) enthält. Außer I sind keine nennenswerten Mengen Säure vorhanden. Die Gesamtmenge der Trockensubstanzen beträgt 1,17—1,82% des Rohgiftgewichtes. In einer Probe überwinternder Ameisen bestehen 19,85%, bei Sommerameisen 4,83% der acetonlösl. Substanzen aus $NH_3$ u. 15—17% aus Aminosäuren. Das Gift enthält kein Phosphat. K. Heumann 4520◇

*1218* **Über die Kohlenhydrate im Hühnerei.** 2. Mitt. **Gebundene Kohlenhydrate.** P. Tunmann und H. Silberzahn. (Z. Lebensmittel-Unters. -u. -Forsch. **116**, 340—42, 1962; Würzburg, Univ., Inst. für Pharm.- u. Lebensmittelchem.; dt.) — 1. vgl. C. **1964**, 10-2851. — Von Lipoiden, freien *Kohlenhydraten* (I), Vitaminen, Farbstoffen u. W. befreites *Eigelb* (I) aus Hühnereiern sowie die aus I nach bekannten Meth. dargestellten Proteine *Vitellin* (II), *Phosvitin* (III) u. *Livetin* (IV) wurden nach milder Hydrolyse auf den Geh. an V untersucht. Außer *Mannose* u. *Glucosamin* wurde auch *Galaktose* gefunden. Im einzelnen enthalten die gereinigten Proteine folgende Mengen an V: Mannose I: 1,18%, II: 1,05%, III: 1,06%, IV: 1,87%; Glucosamin I: 1,17%, II: 0,92%, III: 0,94%, IV: 2,05%; Galaktose I: 0,34%, II: 0,16%, III: 0,35%, IV: 0,97%. K. Heyns 4520◇

*1219* **Die mechanischen Eigenschaften des dicken Eiweißes des Hühnereis.** 2. Mitt. **Die Beziehung zwischen Festigkeit und Zusammensetzung.** J. Brooks und H. P. Hale. (Biochim. biophysica Acta [Amsterdam] **46**, 289—301, 1961; Cambridge, Low Temp. Res. Station; engl.) — Vgl. C. **1958**, 8778. — Ca. 45% des *Ovomucins* (I) des „dicken" Eiweißes (mittlere Gelschicht) waren nach ca. 25 Tagen bei 20° oder nach 44 Wochen bei 0° nicht mehr isolierbar u. wahrscheinlich im Eiweiß als nichtfällbare, nicht für Cellophan passierbare Aggregate oder Ketten verteilt. Trotz des Verlustes stieg die I-Konz. im dicken Eiweiß mit der Zeit infolge Schrumpfens des Gels u. Wasserverlustes durch Verdampfen u. Diffusion an. Diese Zunahme war von einer Festigkeitsabnahme begleitet. Die mechan. Eigg. dieser Eiweißfraktion lassen sich durch Annahme der Bldg. eines Netzwerks aus Ketten eines I-Lysozymkomplexes deuten. K. Maier 4520◇

*1220* **Isoölsäuren.** 6. Mitt. **Isoölsäuren der Rinderleber und des Ziegenmilchfettes.** I. S. Shenolikar und M. R. Subbaram. (J. sci. ind. Res. [New Delhi], Sect. C **17**, 207—08, 1958; Coonoor, Indian Council of Med. Res., Nutrit. Res. Labor.; engl.) — 5. vgl. C. **1959**, 6667. — Die *Ölsäure*-Fraktionen werden verestert, mit $KMnO_4$ in Eisessig oxydiert u. das erhaltene Dicarbonsäuregemisch papierchromatographiert. Es werden 6 Flecke erhalten, die den Säuren von der *Suberinsäure* bis zur *Dodecandisäure* angehören. Dadurch wird der Beweis für die Ggw. von $\Delta^8$-, $\Delta^9$-, $\Delta^{10}$-, $\Delta^{11}$-, $\Delta^{12}$- u. $\Delta^{13}$-*Octadecensäuren* in den genannten Fetten erbracht. P. Gregorzewski 4520◇

*1221* **Gaschromatographische Untersuchungen über die Fettzusammensetzung von Pimelodus maculatus.** Rodolfo R. Brenner, Maria E. De Tomas und Raul O. Peluffo. (An. Asoc. quím. argent. **48**, 236—44, 1960; La Plata, Facul. de Ciencias Med., Cat. de Quím. Biol.; span.) — In dem Depotfett des Süßwasserfisches *Pimelodus maculatus* wurden auf gaschromatograph. Wege folgende Fettsäuren gefunden: *Laurinsäure* 0,04 (%); *Myristinsäure* 7,35; *Myristoleinsäure* 0,35; *Palmitinsäure* 20,28; *Palmitoleinsäure* 15,15; *Stearinsäure* 4,89 u. ungesätt. $C_{18}$—$C_{20}$-Säuren ca. 50%. Insgesamt wurden 33 Säuren aufgefunden, deren Zus. aber nicht in jedem Falle gesichert werden konnte. Die VZ. des Fettes wurde mit 269,1; die JZ. mit 79,9 u. der Geh. an Unverseifbarem mit 17,9% bestimmt. E. Lück 4520◇

*1222* **Einfluß des Haarwachstumscyclus auf die Fettsäurezusammensetzung der Triglyceride der Mäuseepidermis.** C. Carruthers und A. Heining. (Proc. Soc. exp. Biol. Med. **112**, 278—80, 1963; Buffalo, N.Y., New York State Dep. of Health, Roswell Park Mem. Inst., Dep. of Biochem. Res.; engl.) — Die Fettsäure-Zus. der Triglyceride der Mäuseepidermis zu verschiedenen Zeitabständen nach dem Rupfen der Haare ist bei ♂ u. ♀ Tieren ungefähr gleich. *Ölsäure* u. *Linolsäure* machen ca. 70% u. *Palmitinsäure* ca. 18% der Fettsäuren aus. 12 u. 22 Tage nach dem Rupfen der Haare steigt bei den ♀ der Geh. an Ölsäure auf Kosten der Linolsäure an. W. Hiller 4520◇

*1223* **Über die Guanidinverbindungen einiger Annelida polychaeta des Mittelmeeres und über die Herkunft des Phosphorgehaltes von Spirographis.** Y. Robin, L. A. Pradel, N.-v. Thoai und J. Roche. (C. R. Séances Soc. Biol. Filiales **153**, 54—57, 30/4. 1959; Naples, Stat. Zool. u. Concarneau, Finistère, Labor. de Biol. marine; franz.) — Es wurden die Gewebe von einigen *Annelida polychaeta* des Mittelmeeres papierchromatograph. auf den Geh. an *Arginin* (I), *Glykocyamin* (Guanidinessigsäure; II), *Taurocyamin* (III) u. *Kreatin* (IV) untersucht. Gefunden wurde im Extrakt des Muskelgewebes von *Diopatra napoleitana* Della Chiaje I u. IV, ferner in *Eunice* sp. I (nur in Spuren) u. IV, in *Halla parthenopeia* D. Zh. u. in *Marphysa sanguinea* Spuren von I u. IV, in *Perinereis* sp. I (in Spuren) sowie III u. IV, in *Protula intestinum* nur I im Muskelgewebe u. im Extrakt von *Spirographis spallanzanii* Viviani. Die Annelida des Mittelmeeres haben mit denen des Atlantik manche Übereinstimmung: I kommt in allen Tieren z. T. nur in Spuren vor, II u. III sind jeweils nur im einen oder dem anderen Gebiet festgestellt worden. IV kommt in beiden Tiergruppen vor, fehlt aber in *Spirographis* sp., bei dem I-Phosphat festgestellt wurde. Offenbar ist bei diesen Tieren IV die Base des Muskelphosphats. Vff. urteilen, daß bei der gleichen Gattung von Tieren individuelle Unterschiede in bezug auf die Herkunft nicht zu bestehen scheinen. P. Nachtwey 4520◇

*1224* **Über die Pigmente von Paederus fuscipes Curt.** Cesare Cardani, Lucio Merlini und Rosanna Mondelli. (Gazz. chim. ital. **92**, 41—60, 1962; Parma, Univ., Ist. di Chim. Organ.; ital.) — Die Pigmente, denen *Paederus fuscipes* (Insekt) seine charakterist. Färbung verdankt, sind *Carotinoide* (I), die sich in der Lipidfraktion befinden. Chromatograph. wurden 8 I isoliert, davon konnten *β-Carotin*, *γ-Carotin*, *Torulin*, *β-Zeacarotin* u. *Xantophyll* identifiziert werden; daneben wurde aus dieser Fraktion ein Gemisch von *KW-Stoffen*, vorzüglich mit linearer Kette sowie kleine Mengen *Cholesterin* u. *Ergosterin* isoliert. K. Zingraf 4520◇

*1225* **Über das Vorkommen lichtempfindlicher, fluorescierender Substanzen in verschiedenen Geweben von Rinderaugen.** G. Cremer-Bartels. (Graefes Arch. Ophthalmol. verein. Arch. Augenheilkunde **164,** 391—98, 1962; Bonn, Univ., Inst. für exp. Ophthalmol.; dt.) — Aus Hornhäuten, Linsen u. Netzhäuten von Rindern wird papierchromatograph. eine Substanz isoliert, bei der es sich auf Grund ihrer Fluorescenz (alkal.: grün; sauer: blau) u. des UV-Spektrum um ein *Pteridin* handeln soll. P. Gregorzewski 4520◇

*1226* **Teilnahme des Skelettmuskels und der Nieren an der ohne Zittern zustandekommenden Thermogenese bei kälteakklimatisierten Ratten.** L. Jansky und J. S. Hart. (Canad. J. Biochem. Physiol. **41,** 953—64, 1963; Ottawa, Ontario, Canada, Nat. Res. Council, Div. of Applied Biol.; engl.) — Es konnte bei kälteakklimatisierten Ratten im Verlaufe einer Kälte-Einw. (5°) der Nachw. geführt werden, daß die Skelettmuskulatur in beträchtlichem Ausmaß an der ohne Muskelzittern erzeugten Wärmeproduktion beteiligt ist [Verss. auch unter *Curare*-Einw. u. mit *Noradrenalin* (I)-Infusion]. Die Nieren dagegen zeigen bei Kälteexposition oder I-Infusion keine Zunahme des $O_2$-Verbrauchs, obwohl bei der Kälte-Einw. oder I-Infusion der Gesamtorganismus eine Zunahme des $O_2$-Verbrauchs um 75% aufweist. U. Tausendfreund 4550◇

*1227* **Eine kinetische Analyse des Quellens von Rattenschwanzsehnen.** Harry R. Elden und Marsha Feldman. (J. Polymer Sci., Part A. **1,** 23—35, 1963; Miami, Fla., Howard Hughes Med. Inst.; Coral Gables, Fla., Univ. of Miami, Dep. of Med.; engl.) — Die vorliegende Unters. zeigt, daß, obgleich die Diffusion möglicherweise die Transportgrundlage für die Quellung bildet, eine anomale Abhängigkeit der Diffusion von der Quellungsdauer besteht. Es wird angenommen, daß die Quellungs-Geschw. (dW/dt) einem Term $K_s$ (A/W = BW) gleichgesetzt werden kann, welcher eine spezif. Geschw.-Konst. $K_s$, einen Antriebsfaktor A u. einen Verzögerungsfaktor B enthält; das jeweilige Sehnen-Gew. W wird dadurch zum Anfangs-Gew. $W_0$, zum Gleichgewicht-Gew. $W_\infty$ u. zur Zeit t in Beziehung gesetzt. Die Integration dieser Gleichung liefert einen Ausdruck, der befriedigend mit experimentellen Daten übereinstimmt. Sie wird ferner durch die Theorie der Quellung anisotroper Gele gestützt. Streckung durch Gew.-Belastung setzt das Quellungsverhältnis $W_\infty/W_0$ herab, beschleunigt jedoch die Gleichgewichtseinstellung. K. Pfleghar 4550◇

*1228* **Die chemische Zusammensetzuug des Wehrsekretes von Dicranura vinula. 17. Mitt. über Insektenabwehrstoffe.** H. Schildknecht und Helmut Schmidt. (Z. Naturforsch. **18b,** 585—87, 1963; Erlangen-Nürnberg, Univ., Inst. für Organ. Chemie; dt.) — 12. vgl. Z. Naturforsch. **17b,** [1962], 439. — Das von Gabelschwanzraupen (*Dicranura vinula*) in einem drüsigen Abwehrorgan enthaltene Sekret wird untersucht. Im stechend riechenden Abwehrstoff wird papierchromatograph., mikroanalyt. (nach Frehden u. Fürst, [1938]), sowie absorptionsspektroskop. (206 mμ) *Ameisensäure* (28 bis 32 Gew.-%) nachgewiesen. Im noch vorhandenen Rest der Probe werden durch Vgl. mit den entsprechenden Formiaten von Aminosäuren papierchromatograph. *L-Lysin*, *DL-Threonin* u. *DL-Asparaginsäure* als Komponenten erkannt. P. Loch 4555◇

*1229* **Fructose als Vorstufe von Aminosäuren bei der Milchkuh.** Arthur L. Black, Jack R. Luick, Max Kleiber und Claude F. Baxter. (Amer. J. Physiol. **201,** 74—76, 1961; Davis, Calif., Univ. of California, School of Vet. Med.; Coll. of Agricult.; engl.) — Bei der laktierenden Kuh wurde nach Injektion von $^{14}$C-*Glucose* u. $^{14}$C-*Fructose* (I) in gleicher Weise Bldg. von $^{14}$C-*Serin* u. $^{14}$C-*Alanin* beobachtet. *Aminosäuren* (II) von Molkeneiweiß zeigten die gleiche $^{14}$C-Verteilung wie II von Casein. Auch Cystin wurde durch die Kuh synthetisiert, jedoch nur in kleiner Menge aus I. K. Zingraf 4555◇

*1230* **Einige endokrine Faktoren in der Regulation der Fettsäuremobilisierung während des Fastens.** H. M. Goodman und E. Knobil. (Amer. J. Physiol. **201,** 1—3, 1961; Boston, Mass., Harvard Med. School, Dep. of Physiol.; engl.) — Die beim Fasten bei der Ratte eintretende Erhöhung der Lipidmobilisierung (Zunahme der Konz. freier Fettsäuren im Plasma) konnte durch Hypophysektomie, Adrenalektomie oder Thyreoidektomie verringert, aber nicht aufgehoben werden. Bei adrenalektomierten Tieren wurde die Rk. durch Cortisol normalisiert. K. Zingraf 4558◇

*1231* **Hemmung gewisser Reaktionen auf Steroide durch N-p-Chlorphenyl-2.4-diamino-1.3.5-triazin.** Harold E. Wiliamson und F. E. Shideman. (J. Pharmacol. exp. Therapeut. **130,** 222—31, 1960; Madison, Wis., Univ. of Wisconsin, Dep. of Pharmacol. and Toxicol.; engl.) — Bei ♂ adrenalektomierten Ratten u. bei ♂ Mäusen hemmt *N-p-Chlorphenyl-2.4-diamino-1.3.5-triazin* (*Chlorazanil*; I) deutlich die Einlagerung von Leberglykogen nach *Hydrocortison*- (II) u. *9α-Fluorhydrocortison*-Gaben u. in geringerem Grade die myotroph. Wrkg. von *Testosteronpropionat* (III) u. *Noräthandrolon* (IV). Die Glykogeneinlagerung in die Leber ist dabei kompetitiv u. reversibel. Es war nicht möglich, die Wrkg. aller Steroide oder alle Effekte eines einzigen Steroids mit I zu hemmen. I kann die östrogene Aktivität von *Östradiol* nicht aufheben u. unterdrückt nicht die antiphlogist. Wrkg. von II. Die androgenen Rkk. nach III u. IV werden in den meisten Fällen nicht signifikant beeinflußt. In keinem Falle hatte I einen merkbaren Effekt in Abwesenheit der geprüften Steroide an ihren peripheren Angriffspunkten. K. Böhm 4558◇

*1232* **Vergleichende Wirkung von Östradiol und Cumöstroldiacetat, einer nichtsteroiden östrogenen Substanz, auf den Lipidstoffwechsel der männlichen Ratte.** R. L. Lyman und B. J. Krueger. (J. of Nutrit. **73,** 391—96, April 1961; Berkeley, Calif., Univ. of California, Dep. of Nutrit.; engl.) — Normale u. kastrierte ♂ Ratten erhalten zur Basaldiät oral *Cumöstroldiacetat* (I) [(*6'.7-Dihydroxybenzofuro-(3'.2';3.4)-cumarin*], eine im Klee (*Trifolium repens*) vorkommende Verb., jeweils in unterschiedlicher Menge (1, 3, 5, 10 bzw. 15 mg/Tag). Als Vgl. erhält eine Gruppe subkutan *Östradiolbenzoat* (II) (15, 30 oder 100 g/Woche). In Ggw. von II wird bei normalen u. kastrierten Vers.-Tieren vermindertes Wachstum, testiculäre Veränderungen, Anstieg des Plasmacholesterins sowie ein lipotroper Effekt (Fettleber) festgestellt. Derartige Veränderungen sind mit I nicht nachweisbar, woraus die Vff. folgern, daß I trotz seiner östrogenen Wrkg. auf den Uterus der ♀ Ratte für normale kastrierte ♂ Vers.-Tiere nicht tox. ist. A. Täufel 4559◇

*1233* **Freies Östriol im Blutplasma.** Joseph C. Touchstone und John W. Greene jun. (J. clin. Endocrinol. Metabolism **20,** 647—49, 1960; Philadelphia, Pa., Univ. of Pennsylvania, School of Med., Dep. of Obstetrics and Gyn.; engl.) — Im Nabelschnurblut werden 7,8 μg *Östriol*/100 ml, im mütterlichen peripheren Blut 4,1 μg/100 ml gefunden. P. Gregorzewski 4559◇

*1234* **Die Fluorescenz acht natürlicher Östrogene in Schwefelsäure.** William S. Bauld, Morris L. Givner, Lewis L. Engel und Joseph W. Goldzieher. (Canad. J. Biochem. Physiol. **38,** 213—32, 1960; San Antonio, Tex., Southwest Found. for Res. and Educ., Dep. of Endocrinol.; Montreal, Quebec, Canada, Montreal Gen. Hosp.; Boston, Mass., Harvard Med. School, Dep. of Biol. Chem.; engl.) — Bestrahlung von 1 μg *Östron* (I) in 80% (v/v) $H_2SO_4$ mit 436 mμ (Hg) führt zur bes. hohen Fluorescenzaktivität, Maximum 480 mμ. Ebenso führt Bestrahlung von 10 μg *17β-Östradiol* (II) in $H_2SO_4$ mit 403 mμ zum Fluorescenzmaximum bei 480 mμ u. Erhöhung der 445 mμ-Fluorescenz. Bestrahlung von 10 μg *Östriol* (III) in $H_2SO_4$ mit 480 mμ bewirkt breites Fluorescenzspektrum von 500—600 mμ u. Anstieg zwischen 530 u. 550 mμ; unter 436 mμ-Bestrahlung Fluorescenzmaximum bei 480 mμ. 10 μg *16α-Hydroxyöstron* (IV) in 88% $H_2SO_4$ weist nach Bestrahlung mit 365, 405 oder 492 mμ Fluorescenzmaximum bei 529 mμ, nach 436 mμ-Bestrahlung eine zusätzliche Erhöhung bei 475 mμ auf. 10 μg *2-Methoxyöstron* (V) in $H_2SO_4$ reagiert auf 436, 405 u. 365 mμ-Bestrahlung mit Fluorescenzmaximum bei 579 mμ; 313 mμ-Bestrahlung führt zu breitem Fluorescenzspektrum von 340—600 mμ. Um maximale Fluorescenzintensität nach Erhitzung in kochendem Wasserbad abzugeben, benötigen I, II u. *16-Epiöstrol* (VI) nur 5 Min., III, IV u. V benötigen 10, 15 bzw. 20 Minuten. Es werden auch die von Säurekonz. u. A.- bzw. Toluol-A.-Zugabe ausgehenden Einfl. auf die Fluorescenz von I, II, III, IV, V, VI, *16-Ketoöstradiol* u. *16-Ketoöstron* untersucht. U. Tausendfreund 4559◇

*1235* **Grundlegende Leitfäden für Untersuchungen über den Mechanismus der Östrogenwirkung.** Elwood V. Jensen und Herbert I. Jacobson. (Recent Progr. Hormone Res. **18,** 387—414, 1962; Chicago, Ill., Univ. of Chicago, Ben May Labor. for Cancer Res.; engl.) — Vortrag mit Diskussion. In Verss. an ♀ Ratten kann als grundlegend für weitere Unterss.

gezeigt werden, daß *Östradiol* (I) seinen Einfl. auf das Uteruswachstum ohne stoffwechselmäßige Umwandlung ausübt (bis zu 6 Std. nach Verabreichung physiolog. $^3$H-I-Mengen findet sich im Uterus freies I als einzige radioakt. Substanz; in der Leber dagegen liegt I in Proteinbindung u. in umgewandelter Form vor). Allerdings übersteigt die Menge von I im Uterus nie 0,1—0,2% der verabreichten Dosis, doch können Uterus u. Vagina im Gegensatz zu anderen Geweben I ständig u. für längere Zeit einbauen. *Östron* (II) hingegen übt seine hormonale Wrkg. auf den Uterus erst nach Umwandlung in I aus (2 Std. nach Verabreichung von $^3$H-II enthält der Uterus $^3$H-I). In vivo kommt es im Rattenuterus offenbar zu keiner Oxydation von I zu II. U. Tausendfreund 4559◇

*1236* **Die Nebennieren als Östrogenquelle. Östrogenausscheidung bei kastrierten und adrenalektomierten Frauen.** S. Carcatzoulis. (Presse méd. **69**, 2437—39, 1961; Athènes; franz.) — Übersicht. — Nach Kastration u. Adrenalektomie verschwindet die *Östrogen* (I)-Ausscheidung in 28,9% der Fälle u. nimmt in 40,3% der Fälle deutlich ab. Die Nebennieren stellen beim Menschen eine I-Quelle dar. Nach Kastration u. Adrenalektomie stammen die noch vorhandenen I wohl aus aberrantem Nebennierengewebe; vielleicht kommen auch Hypophyse, Zirbeldrüse, Thymus, Körperzellen oder Nahrungsmittel als I-Quelle in Frage. — 50 Literaturangaben. K. Zingraf 4559◇

*1237* **Östrogene und adrenocorticale Funktion beim Menschen.** Ralph E. Peterson, George Nokes, Philip S. Chen jun. und Roger L. Black. (J. clin. Endocrinol. Metabolism **20**, 495—514, 1960; Bethesda, Md., Nat. Inst. of Health, Nat. Inst. of Arthritis and Metabolic Diseases and Nat. Heart Inst.; engl.) — 0,5 mg *Äthinylöstradiol* (I) täglich oral an Männer u. Frauen verabreicht, erhöht die mit Phenylhydrazin reagierenden Chromogene (Porter-Silber) u. *Corticosteron* (II) im Plasma. Die Porter-Silber-Chromogene bestehen zu 80% aus *Cortisol* (III). Nach 2—3wöchiger I-Behandlung nehmen die Corticoide im Urin auf 30—50% gegenüber den Kontrollen ab; die 17-Ketosteroide u. Aldosteron zeigen keine bzw. nur geringe Veränderungen. Infundiertes II oder III verschwindet nach I-Behandlung langsamer aus dem Plasma. Die I-Therapie wird von einer verringerten II- u. III-Synth. begleitet. Es wird angenommen, das der erhöhte III-Plasmaspiegel durch Proteinbindung biolog. inaktiviert wird u. daher keine Symptome einer Hypercortisolämie hervorruft. P. Gregorzewski 4559◇

*1238* **Der Einfluß von Östrogengaben auf den Stoffwechsel und die Proteinbindung von Hydrocortison.** Ivor H. Mills, H. P. Schedl, P. S. Chen jun. und Frederic C. Bartter. (J. clin. Endocrinol. Metabolism **20**, 515—28, 1960; Bethesda, Md., Nat. Inst. of Health, Nat. Heart Inst., Sect. of Clin. Endocrin.; engl.) — *Cortison*-Gaben bewirken bei Normalpersonen in einigen Fällen eine progressive Verringerung des Plasma-*Hydrocortisons* (I). *Östrogen* (II) kehrt diese Wrkg. um. 5—10% I sind im Plasma nicht an Protein gebunden, durch II wird der Prozentsatz erniedrigt. Da der durch II-Therapie erhöhte I-Spiegel im Plasma keine Verringerung der Eosinophilen verursacht, wird gefolgert, daß nur freies I biolog. akt. ist. Die Halbzeit von Plasma-I wird durch II-Gaben verlängert. Der Einfl. von II auf den I-Stoffwechsel ist ähnlich wie eine Schwangerschaft. P. Gregorzewski 4559◇

*1239* **Die Wirkung von Östrogen auf die Konzentration von Cholesterin in der Galle des Huhns.** L. N. Katz, R. Nagle, D. Kaplan, P. Johnson und D. Century. (J. Atherosclerosis Res. [Amsterdam] **3**, 80—85, 1963; Chicago, Ill., Michael Reese Hosp. and Med. Center, Cardiovascular Inst.; engl.) — *Östrogen* (25 mg *Premarin*/Tag + 1 mg *β-Östradiolbenzoat*/Tag) führt beim Huhn zur Verminderung der Konz. von *Cholesterin* (I) in der Galle im Vgl. zur I-Konz. im Plasma. Da eine Verflüssigung der Galle allein nicht zur Erklärung dieser Wrkg. ausreicht, muß eine Beeinflussung der Physiologie des Leber-Galle-Syst. mitspielen. U. Tausendfreund 4559◇

*1240* **Unterdrückung der Hypophysengonadotropine durch 17-Äthinyl-19-nortestosteron bei Patienten mit metastatisierendem Brustkrebs.** L. Martin und K. Cuningham. (J. clin. Endocrinol. Metabolism **20**, 529—33, 1960; Sydney, Univ. of Sydney, Dep. of Vet. Physiol.; Rachel Forster Hosp. for Women and Children; engl.) — 5 Patientinnen erhalten wöchentlich 100 mg *17-Äthinyl-19-nortestosteron* (I)-*önanthat* 6 Wochen lang injiziert, danach 15 mg I-Acetat täglich 15 Wochen lang oral verabreicht. Die tägliche *Gonadotropin*-Exkretion sinkt von 34,5 μg auf 7,7 bzw. 5,7 μg. Hierfür wird die leicht östrogene Wrkg. von I verantwortlich gemacht. P. Gregorzewski 4559◇

*1241* **Die Wirkung von Testosteron auf die Corticosteroide bei chirurgischem Trauma; Untersuchungen am Menschen.** Louis L. Smith, Richard W. Steenburg, Ulrich F. Gruber, Aud J. Kaalstad und Francis D. Moore. (J. clin. Endocrinol. Metabolism **20**, 919—28, 1960; Boston, Mass., Peter Bent Hosp., Harvard Med. School; engl.) — 1—5tägige Vorbehandlung mit täglich 40—200 mg *Testosteron* (i. m. oder i. v.) hat keinen Einfl. auf die Konz. der freien oder konjugierten *Corticosteroide* (I) des Plasmas sowie auf die Ausscheidung von I u. *Ketosteroid* mit dem Urin während u. nach der Operation (subtotale Gastrektomie). P. Gregorzewski 4559◇

*1242* **Die Wirkung von verschiedenen 19-Norsteroiden, Testosteron und Progestosteron auf Uterus, Ovarien, Nebennieren, Hoden, Östrus-Cyclus und Harn-17-Ketosteroidausscheidung bei der Ratte.** Robert H. H. Richter. (Acta endocrinol. [Copenhagen], Suppl. Nr. **51**, 851—52, 1960; Bern, Univ.-Frauenklinik; engl.) H. Herper 4559□

*1243* **Eliminierung von Dehydroepiandrosteron bei normalen Personen und verschiedenen endokrinen Störungen; Bestimmungsmethode.** Sara Borrell. (Acta endocrinol. [Copenhagen], Suppl. Nr. **51**, 1033, 1960; Madrid, Centro de Investigaciónes Biol., Inst. de Endocrinol. Exper.; span.) H. Herper 4559□

*1244* **Der Einfluß von Dehydroepiandrosteron auf das konjunktive Gewebe.** A. Rubens-Duval und J. Villiaumey. (Acta endocrinol. [Copenhagen], Suppl. Nr. **51**, 863, 1960; Paris, Hôpital Bichat; franz.) H. Herper 4559□

*1245* **Beweis, daß 16-Androsten-3α-ol kein peripheres Stoffwechselprodukt des Teststerons beim Menschen ist.** Hildegard Wilson, Mortimer B. Lipsett und Stanley G. Korenman. (J. clin. Endocrinol. Metabolism **23**, 491—92, 1963; Bethesda, Md., Nat. Inst. of Health, Nat. Cancer Inst., Endocrinol. Branch; engl.) — Im Gegensatz zur bisherigen Meinung ist *16-Androsten-3α-ol* (I) kein peripheres Stoffwechsel-Prod. von *Testosteron* (II) oder *Dihydroepiandrosteron* (III). Bei gesunden Männern u. bei Frauen mit einer Vermännlichung hormoneller Ursache ist die spezif. Aktivität von I nach Gabe von $C_{(4)}$-II oder $H_{(7)}$-III nicht erhöht. P. Lange 4559◇

*1246* **Wirkungen von Androstanolonbasen bei 120 Patienten.** F.-J.-D. Huguet, P. Tournigand und G. Duran (unter Mitarbeit von J. Pastor). (Presse méd. **69**, 2433—34, 1961; Marseille, C.A.C., Chaire de Pneumol. expérim.; franz.) — *Androstanolon*-Base (I) besitzt eine beachtliche anabol. Wirksamkeit. Bei 66% von 120 Patienten mit Krebs bewirkte I eine Gew.-Zunahme, in 20% der Fälle blieb das Gew. konstant. Ebenfalls günstig war die Wrkg. auf Allgemeinzustand u. Appetit. I kann oral verabreicht werden. Virilisierungserscheinungen wurden nicht beobachtet. K. Zingraf 4559◇

*1247* **Wirkung der Enolätherisierung auf die antiöstrogene und kontrazeptive Aktivität einiger Progestine bei Ratten.** Giovanni Falconi und Alberto Ercoli. (Proc. Soc. exp. Biol. Med. **108**, 3—6, 1961; Castenovo, Como, Labor. de Richerche Vister; engl.) — Die *Cyclopentylenoläther* von *17α-Acetoxyprogesteron* (I), *6α-Methyl-17α-acetoxyprogesteron* (II) u. *17α-Äthinyl-19-nortestosteronacetat* wurden auf ihre Fähigkeit, Östrus, Reife u. Fruchtbarkeit bei ♀ Ratten zu hemmen. untersucht. I hatte keinen Hemmeffekt, II blockierte den östrogenen Cyclus, ohne Reife u. Fruchtbarkeit zu beeinflussen, u. III zeigte sich als starker antiöstrogener u. kontrazeptiver Stoff, obwohl er die sexuelle Empfänglichkeit nicht stört u. keine permanente Sterilität bewirkt. So vermindert die Enoläther-Bldg. die antifertilitären Effekte von *6α-Methyl-17α-acetoxyprogesteron*, stärkt aber die von *17α-Äthinyl-19-nortestosteron*. G. Kimmerle 4559△

*1248* **Untersuchungen über die Beziehung zwischen Steroidhormonen und Glutaminsäuredehydrogenase.** K. Lemone Yielding und Gordon M. Tomkins. (Recent Progr. Hormone Res. **18**, 467—89, 1962; Bethesda, Md., Nat. Inst. of Arthritis and Metabol. Dis.; engl.) — Vortrag mit

Diskussion. Als Modell für die biolog. Wrkg. von Steroidhormonen wird über die Beeinflussung krist. *Glutaminsäure-dehydrogenase* (I) durch *Progesteron* (II), *16-Dehydro*-II, *11α-*, *11β-*, *17α-Hydroxy*-II, *11-Keto*-II, *5α-Methyl*-II, *2α-Methyl-11-keto*-II, *11-Dehydro*-II, *Pregnenolon*, *$\Delta^4$-Androsten-3.17-dion*, *Androstan-3.17-dion*, *Androsteron*, *Testosteron* (III), *Dihydro*-III, *3β-Aminoandrostan-17β-ol*, *4-Androsten-3.11.17-trion*; *Ätiocholan-3.11.17-trion*, *17β-Östradiol*, *17α-Östradiol*, *Östron*, *Östriol*, *Equilin*, *Equilenin* berichtet. In Ggw. niedriger red. Pyridinnucleotid-Konzz. führen die Steroide zu einer Aufteilung der Protein-Moll. in Untereinheiten. Dadurch werden neue Pyridinnucleotidbindungsorte frei, die denjenigen ähneln, die die Steroid-Wrkg. erleichterten (u. weniger den bei der enzymat. Rk. benötigten). Die Aufteilung führt zur Hemmung der I-Wrkg. (während *Alanindehydrogenase* stimuliert wird), so daß die Untereinheiten als Alanin fungieren u. das Aggregat als I. Die Steroide interferieren vermutlich mit nichtcovalenten (wahrscheinlich hydrophoben) Bindungen zwischen den Untereinheiten. Die Wrkg. der Steroide ist allerdings von einer ganzen Reihe anderer intracellulärer Faktoren abhängig. — 24 Literaturangaben.

U. Tausendfreund 4559◇

*1249* **Progesteron und Norethisteron bei klinischem Ödem und Ascites.** John S. Jenkins. (Brit. med. J. **1961**, II, 861—933, 30/9.; London, St. George's Hosp.; engl.) — Bei 4 Fällen von generalisierten Ödemen bewirkte die Verabreichung von *Progesteron* (I; 75—200 mg intramuskulär 3—4 Tage) eine vermehrte Na-Harnausscheidung. Dagegen kam es durch *Norethisteron*-Gaben (10 mg 3mal täglich oral) zu einer Na-Retention. Die Wrkg. von I in einem Fall von Lebercirrhose mit Ascites war ähnlich wie die des Aldosteronantagonisten *Spironolacton*. G. Kimmerle 4559△

*1250* **Einfluß von Scheinträchtigkeit und Progesteron auf die 5-Nucleotidaseaktivität im Mäuseuterus.** F. B. Lammes und R. G. J. Willighagen. (Nature [London] **198**, 394—95, 1963; Leyden, State Univ., Dep. of Pathol.; engl.) — Bei scheinträchtigen Mäusen (6. Tag) kommt es ebenso wie bei *Progesteron*-behandelten, ovarektomierten Tieren zu einer Steigerung der Aktivität der *5-Nucleotidase* in Stroma u. Muskulatur, möglicherweise als Ausdruck einer Veränderung im Adenosin-5-phosphatstoffwechsel.

U. Tausendfreund 4559◇

*1251* **Strukturaktivitätsbeziehung von progestativen Steroiden.** Hilton A. Salhanick und John Swanson. (Acta endocrinol. [Copenhagen], Suppl. Nr. **51**, 903, 1960; Omaha, Nebr., Univ. of Nebraska, Coll. of Med.; engl.)

H. Herper 4559□

*1252* **Harngonadotropine bei Frauen nach der Menopause.** P. S. Brown. (J. Endocrinology **25**, 427—41, 1963; Aberdeen, Md., Univ., Obstet. Med. Res. Unit; Dep. of Materia Med. and Therap.; engl.) — Gemessen am Mäuseuterustest schieden Frauen nach der Menopause (normale u. solche mit akt. rheumat. Arthritis) eine Menge an Gesamtgonadotropin pro Tag mit dem Harn aus, die 10—200 mg HMG 20 A (Human menopausal gonadotrophin; Organon) äquivalent ist. Bei Anorexie, Reticulose oder Anämie war die Ausscheidung gering. Prüfung auf *Follikelreifungshormon* zeigte, daß dieses bei der Ausscheidung überwiegt.

U. Tausendfreund 4560◇

*1253* **Die Gonadotropinausscheidung während des Menstruationscyclus und in der Menopause. Zugleich ein methodologischer Beitrag über die Verwendung der $^{32}$P-Anreicherung in den Erfolgsorganen der Maus als Kriterium exogener Human-Menopausen-Gonadotropin-Stimulierung.** Karl-Ludwig Petersohn. (Z. Geburtshilfe Gynäkol. **157**, 296—309, Nov. 1961; Kiel, Univ.-Frauenklinik; dt.) — Human-Menopausen-Gonatropin (*HMG 24*) wurde hinsichtlich seiner Wrkg. auf Gew. u. Anreicherung von $^{32}$P in den Ovarien u. Uteri infantiler Mäuse untersucht. Der untere Schwellenwert einer Rk. der Erfolgsorgane liegt zwischen 2—4 mg. Die Tagesausscheidung im Urin von 10 postklimakter. Frauen war unterschiedlich zwischen 9 u. 4600 mg HMG-24-Äquivalenten. Bei einer eumenorrhoischen Frau betrug die während eines Cyclus ausgeschiedene Gesamtmenge an hypophysären Gesamtgonadotropinen nach dem Uterus-Gew.-Verf. 1423 mg, unter Anwendung der $^{32}$P-Best.-Meth. 2196 mg HMG-24-Äquivalente. Gipfelwerte fanden sich am 16. Tage (Temp.-Tiefstpunkt) u. am 2., 7. u. 21. Regeltag.

G. Kimmerle 4560△

*1254* **Vasopressin und Oxytocin im Hypophysenhinterlappen des Menschen.** Alastair R. Currie, Hannelore Adamsons und H. B. van Dyke. (J. clin. Endocrinol. Metabolism **20**, 947—51, 1960; Glasgow, Univ. of Glasgow, Dep. of Pathol.; Royal Infirmary; New York, N.Y., Columbia Univ., Coll. of Physicians and Surg., Dep. of Pharmacol.; engl.) — Der durchschnittliche Geh. an *Vasopressin* beträgt 8,63 ± 4,61 u. der an *Oxytocin* 7,14 ± 2,51 Einheiten pro Hinterlappen, wie Unters. an den Hypophysen von 9 Leichen ergaben. Alters- u. Geschlechtsunterschiede werden nicht festgestellt. P. Gregorzewski 4560◇

*1255* **Wirkungen von Vogel- und Rattenhypophysenextrakten auf das tibiale Wachstum und die Blutzusammensetzung.** R. L. Hazelwood und B. S. Hazelwood. (Proc. Soc. exp. Biol. Med. **108**, 10—12, 1961; Boston, Mass., Boston Univ., School of Med., Dep. of Physiol.; engl.) — Hühner- u. Rattenhypophysenextrakte wurden bei hypophysektomierten, unreifen ♀ Ratten bzgl. ihres Wachstumseffektes am Tibiaknorpel u. ihren hämatol. Veränderungen mit dem von gereinigten Rinderwachstumshormon verglichen. Die Hühneradenohypophyse enthält nur $^1/_8$ des Wachstumseffektes gegenüber der von Ratten. Eine deutliche Depression des Hämatokritwertes u. gesamten spezif. Blutdichte erscheint bei ersteren schon bei Dosen, die das Epiphysenwachstum noch nicht beschleunigen. G. Kimmerle 4560△

*1256* **Verschiedene Empfindlichkeit von A- und C3H-Mäusemammageweben gegen Somatotropin enthaltende Hormonkombinationen.** Satyabrata Nandi. (Proc. Soc. exp. Biol. Med. **108**, 1—3, 1961; Berkeley, Calif., Univ. of California, Dep. of Zool. u. Cancer Res. Genetics Labor.; engl.) — Mammagewebe von A/Crgl- u. C3H/Crgl-Mäusestämmen wurden in Mammadrüsen-freie Fettgewebepartien von ♀ Hybriden (C3H X A, A X C3H) transplantiert. Die Wirtstiere wurden hypophysektomiert u. ovarektomiert u. mit Östradiol + Progesteron + *Somatotropin* (I) für 21 Tage behandelt. Die Hälfte der Tiere erhielt für 5 Tage zusätzlich eine Behandlung mit Cortisol + I. Es ergab sich ein quant. Unterschied in der lobuloalveolären mammogenen Rk. von A/Crgl u. C3H/Crgl. Mammageweben gegen die I-enthaltenden Hormonkombination, die bei letzteren größer war. Es ergab sich auch zwischen den Geweben ein Unterschied in der lactogenen Reaktion. Das Vork. der Milchsekretion in Mamma von Hybriden u. in C3H-Mammatransplantaten u. das Nichtvorhandensein bei A-Transplantaten zeigt, daß die genet. Determinante für die Mammaempfindlichkeit gegenüber I-enthaltenden Hormonkombinationen in dem Mammagewebe selbst liegt u. daß diese durch die ♂ oder ♀ C3H-Eltern auf Hybride übertragen werden kann.

G. Kimmerle 4560△

*1257* **Wirkung des Magnesiumions auf die Reaktion des Rattenuterus auf Neurohypophysenhormone und Analoge.** Robert A. Munsick. (Endocrinology **66**, 451—57, 1960; New York, N.Y., Columbia Univ., Coll. of Physic. and Surg., Dep. of Pharmacol.; engl.) — Die wehenerregende Wrkg. von *U.S.P. Hypophysenhinterlappenstandard*, *Oxytocin*, *Lysin-*, *Arginin-* u. *Histidinvasopressin*, *Oxypressin*, *2-Phenylalanin*, *Valyloxytocin* u. *Argininvasotocin* wurde durch 0,5 mm $Mg^{2+}$/Liter gesteigert. K. Zingraf 4560◇

*1258* **Hypoadrenotropismus: Isolierter Mangel an adrenotropem Hormon.** William D. Odell, Gareth M. Green und Robert H. Williams. (J. clin. Endocrinol. Metabolism **20**, 1017—28, 1960; Seattle, Wash., Univ. of Washington, School of Med., Dep. of Med.; engl.) — Es werden 2 Fälle von Nebenniereninsuffizienz beschrieben, bei denen sich die Nebennierenfunktion bei Gaben von adrenocorticotropem Hormon (ACTH) normalisiert. Es wird ein Mangel an zirkulierendem ACTH mit unbekannter Ätiologie dieses Ausfalls nachgewiesen. P. Gregorzewski 4560◇

*1259* **Untersuchung der Hypophysennebennierenachse bei einfachem Hirsutismus.** Joseph W. Goldzieher und Howard Laitin. (J. clin. Endocrinol. Metabolism **20**, 967—82, 1960; San Antonio, Tex., Southwest Found. for Res. and Educ., Dep. of Endocrinolog.; engl.) — Bei der Unters. der *17-Ketosteroide* u. der *Corticoide* im Urin von 63 Frauen mit einfachem Hirsutismus ergibt sich nach statist. Auswertungen, daß die Nebennieren dieser Patienten empfindlicher auf fluktuierende Gaben von adrenocorticotropem Hormon reagieren als bei Normalpersonen.

P. Gregorzewski 4560◇

*1260* **Wechselbeziehungen zwischen 5-Hydroxytryptamin und dem Hypophysen-Nebennierenrinden-System.** E. Schmid, F. Scheiffarth, L. Zicha und C. Schwemmle. (Acta endocrinol. [Copenhagen], Suppl. Nr. **51**, 843, 1960; Erlangen, Med. Univ. Klinik; dt.) H. Herper 4560□

*1261* **Adrenocorticotropine.** 21. Mitt. **Die Aminosäuresequenz von Rinderadrenocorticotropin.** Choh Hao Li, Jonathan S. Dixon und David Chung. (Biochim. biophysica Acta [Amsterdam] **46**, 324–34, 1961; Berkeley, Calif., Univ. of California, Hormone Res. Labor.; engl.) — 20. vgl. C. **1961**, 8364. — Aus Rinder-*Adrenocorticotropin* (I) durch trypt. u. chymotrypt. Spaltung erhaltene Peptidbruchstücke wurden mittels Craig-Verteilung, Papierzonenelektrophorese u. Papierchromatographie fraktioniert u. Zus. u. Endgruppen der Peptide bestimmt. Es ergab sich, zusammen mit der Endgruppen-Best. am intakten I, für I die Aminosäuresequenz: *Ser·Tyr·Ser·Met·Glu·His·Phe·Arg·Try·Gly·Lys·Pro·Val·Gly·Lys·Lys·Arg·Arg·Pro·Val·Lys·Val·Tyr·Pro·Asp·Gly·Glu·Glu·Ala·Glu·Asp·Ser·Ala·Glu* (*$NH_2$*)*·Ala·Phe·Pro·Leu·Glu·Phe.* K. Maier 4560◇

*1262* **Steroidausscheidung bei hypophysektomierten Frauen und die Initialwirkungen von Corticotropin: Eine Untersuchung der Steroide des Urins.** Hildegard Wilson, Mortimer B. Lipsett und Lillian C. Butler. (J. clin. Endocrinol. Metabolism **20**, 534–45, 1960; Bethesda, Md., Nat. Inst. of Arthritis and Metabolic Diseases; Nat. Inst. of Health, Nat. Cancer Inst.; engl.) — Es wird der Einfl. von *Adrenocorticotropem Hormon* (*ACTH*) auf die Biosynth. in den Nebennierenrinden durch eingehende Analyse der Steroide des Urins untersucht. Die auffälligste ACTH-Wrkg. besteht in einer Erhöhung der Ausscheidung von *Cortisol*-Stoffwechselprodukten. Es wird angenommen, daß ACTH die Hydroxylierung fördert. P. Gregorzewski 4560◇

*1263* **Charakteristica der Reaktion von Ascorbinsäure aus Nebennieren auf Adrenocorticotropes Hormon bei der Ratte.** A. Brodish und C. N. H. Long. (Endocrinologie **66**, 149–59. 1960; New Haven, Conn., Yale Univ., Dep. of Physiol.; engl.) — Nach einseitiger Adrenalektomie, Scheinadrenalektomie, Einführung einer Kanüle in die Arteria u. Vena femoralis, Reizung des Ischiadicusnervs, subkutane Anwendung von *L-Epinephrin* oder Anwendung von *Adrenocorticotropem Hormon* bei hypophysektomierten Tieren erfolgen die Veränderungen des *Ascorbinsäure* (I)-Geh. in der Nebenniere von Ratten mit gleicher Geschwindigkeit. Der Verlust von I aus der Nebenniere spielt sich 120mal schneller ab als die Wiedereinspeicherung. 48 Std. nach einseitiger Adrenalektomie wurde eine Gew.-Zunahme der verbleibenden Drüse festgestellt (Fl.-Ansammlung). K. Zingraf 4560◇

*1264* **Anwendung von adrenocorticotropem Hormon und Steroidhormonen bei Nephritis.** L. R. Poljanzewa. (Sowjet-Med. **24**, Nr. 10, 73–82, 1960; Moskau, I. med. Lenin-orden-Ssetschenow-Inst.; russ.) — Nach einer Übersicht berichtet Vf. über eigene Erfahrungen in 14 Fällen von Nephritis. Außer Adrenocorticotropem Hormon wurden *Cortisonacetat* u. *Prednison* verwendet. Bei 7 Kranken trat daraufhin eine Verstärkung der Diurese ein, bei 6 ein Rückgang der Proteinurie. Im Pherogramm trat eine leichte Verschiebung in Richtung zur Norm ein. Bei längerer Dauer des Leidens (in einigen Fällen bis zu 8 Jahren) blieben die therapeut. Ergebnisse unbefriedigend. F. du Mans 4561◇

*1265* **Quantitative histochemische Verteilung von freiem und gebundenem Pantothenat in der Rattennebenniere und die Reaktion auf ACTH.** Robert M. Twedt und David Glick. (Endocrinology **67**, 547–50, 1960; Minneapolis, Minn., Univ. of Minnesota, Med. School, Dep. of Physiol. Chem., Histochem. Labor.; engl.) — Bei Unters. des *Pantothenat* (I)-Geh. in der Rattennebenniere finden sich in Mikrotomschnitten der Nebennierenrinde weniger als 20% des Gesamt-I in freier Form, u. zwar ziemlich gleichmäßig verteilt; im Mark kommt es zu höheren Konzz. an freiem I. Subkutane Injektion von *Adrenocorticotropem Hormon* (*ACTH*; 25 mg/kg 3 Std. vor der Tötung) vermindert den Geh. an freiem I gleichmäßig. Gebundenes I (vorwiegend an *Coenzym A*; II) ist einheitlich über die ganze Nebenniere verteilt. Durch ACTH kommt es zu einem Anstieg der Konz. an gebundenem I nur in der Zona fasciculata, der den Abfall an freiem I nach ACTH übertrifft (Mobilisierung von II). U. Tausendfreund 4561◇

*1266* **Einige Wirkungen von Anomalien der Hypophysen-, Nebennieren- oder Schilddrüsenfunktion auf die Aldosteronsekretion und die Reaktion auf Corticotropin oder Natriumentzug.** A. H. Lieberman und J. A. Luetscher. (J. clin. Endocrinol. Metabolism **20**, 1004–16, 1960; Palo Alto, Calif., Stanford Univ., Med. School and Hosp., Dep. of Med.; engl.) — Bei einigen Kindern mit angeborener Adrenalhyperplasie ist die Ausscheidung von *Aldosteron* (I) u. *Cortisol*-Stoffwechsel-Prodd. geringer als normal. Patienten mit Hypophysen- u. Schilddrüsenunterfunktion scheiden normale I-Mengen aus, doch Corticotropingaben bewirken nicht die bei Normalen auftretende Erhöhung der I-Exkretion. Ebenso fehlt bei verschiedenen Patienten mit Hypophysenunterfunktion die erhöhte I-Exkretion bei Na-Entzug. P. Gregorzewski 4561◇

*1267* **Untersuchungen über die biologische Bestimmung der Nebennierenrindenhormone mit dem Leberglykogenausscheidungstest.** M. Atsumi. (Tokyo Jikeikai med. J. **69**, 1272–83, 1955; jap.) H. Krause 4561△

*1268* **Wirkung des Nebennierenrindenhormons auf den Glykogengehalt der Leber von mit Phosphor vergifteten Mäusen.** M. Atsumi. (Tokyo Jikeikai med. J. **69**, 1284 bis 1289, 1955; jap.) H. Krause 4561△

*1269* **Chromatographische Trennung von 17-Ketosteroiden, welche aus einigen 17-Hydroxycorticosteroiden nach den Methoden von Norymberski und Appleby erhalten wurden.** 1. Mitt. **Untersuchungen mit kristallinen Steroiden.** S. Pesonen. (Acta endocrinol. [Copenhagen] **42**, 101–22, 1963; Helsinki, Helsingin Yliopistollinen Keskussairaala, I symytys-ja naistentautien klinikka; engl.) — 17α-Hydroxyprogesteron, 11-Desoxycortisol, Cortison, Cortisol, Pregnan-5-3β.17α.20α-triol, Pregnantriol, 3α.17α-Dihydroxy-5β-pregnan-20-on, 3α.17α-Dihydroxy-5α-pregnan-11.20-dion, 3α.17α-Dihydroxy-5β-pregnan-11.20-dion, Dihydrocortison, β-Cortolon, Tetrahydrocortison, 3α.11β.17α-Trihydroxy-5β-pregnan-20-on u. Tetrahydrocortisol wurden nach den Meth. von Norymberski (Nature [London] **170**, [1952], 1074) u. Appleby u. Mitarbeiter (Biochem. J. **60**, [1955], 453) behandelt. Beide Meth. ergaben fast ident. Prodd. aus den Steroiden (I), von denen theoret. *11-Desoxy-17-ketosteroide* (II) gebildet werden sollten; über 90% der gebildeten 17-Ketosteroide waren II, weniger als 10% 11-Hydroxyverbindungen. Bei Behandlung der Steroide, die 11-Hydroxy-Verbb. liefern sollten, mit $NaBiO_3$ lieferte 70% *11-Hydroxy-17-ketosteroide* (III), Red. mit $NaBH_4$ u. Oxydation mit $NaBiO_3$ dagegen nur 20,6% III u. mehr als 65% Androstanolon. K. Zingraf 4561◇

*1270* **Quantitative Bestimmung von Nebennierenrindenhormonen und ihren α-Keto-Stoffwechselprodukten im Harn.** 2. Mitt. **Pathologische Nebennierenrindenüberfunktion.** W. S. Cost. (Acta endocrinol. [Copenhagen] **42**, 39–52, 1963; Groningen, Univ., Dep. of Med.; engl.) — 1. vgl. Acta endocrinol. [Copenhagen] **41**, [1962], 571. — Bei Morbus Cushing konnte aus den Ausscheidungsverhältnissen im Harn auf eine Hypersekretion von *Cortisol* (I) u. Reichsteins *Substanz S* (II) geschlossen werden, während alle übrigen Hormone u. Vorstufen normal gebildet werden. Der Stoffwechsel von I u. *Corticosteron* (II) zeigt eine Verschiebung zugunsten von *Tetrahydrocortisol* bzw. *Tetrahydrocorticosteron*, bei geringerer Bldg. von Allotetrahydrocortisol u. Tetrahydrocortison bzw. Allotetrahydrocorticosteron u. Tetrahydro-11-dehydrocorticosteron. Charakterist. für Nebennierenrindencarcinome scheint ein außergewöhnlich hoher Verlust der Vorstufen II u. wahrscheinlich *17-Hydroxyprogesteron* (III) zu sein, ganz gleich ob I oder Androgene im Überschuß erzeugt werden. Vor allem die Ausscheidung von *Tetrahydro-11-desoxycortisol* kann zur Differentialdiagnose von Hyperplasie u. Carcinom verwendet werden. Beim adrenogenitalen Syndrom (angeborene Nebennierenhyperplasie infolge zu geringer 21-Hydroxylierung) besteht eine überschüssige Sekretion von III, dagegen ist die Erzeugung von II sehr gering. Beim Connschen Syndrom besteht eine hohe Aldosteronsekretion neben einer geringen Sekretion von I. K. Zingraf 4561◇

*1271* **Quantitative Bestimmung von Nebennierenrindenhormonen und ihren α-Keto-Stoffwechselprodukten im Harn.** 3. Mitt. **Nebennierenrindenunterfunktion.** W. S.

Cost. (Acta endocrinol. [Copenhagen] **42,** 53—60, 1963; Groningen, Univ., Dep. of Med.; engl.) — 2. vgl. vorst. Referat. — Bei Patienten mit prim. Nebennierenrinden-unterfunktion besteht eine emotial niedrige Sekretion von *Cortisol* (I), *Corticosteron* (II) u. Reichsteins *Substanz S* (III), die Sekretion von *Aldosteron* (IV) ist normal oder mitunter erhöht. Bei prim. Nebennierenrindenunterfunktion (Morbus Addison) ist die Sekretion von II u. IV äußerst gering, die von I kann normal sein u. die von III ist oft sogar erhöht.
K. Zingraf 4561◇

*1272* **Quantitative Bestimmung von Nebennierenrinden-hormonen und ihren α-Keto-Stoffwechselprodukten im Harn. 4. Mitt. Überfunktion der Nebennierenrinde infolge von exogenem adrenocorticotropem Hormon.** W. S. Cost. (Acta endocrinol. [Copenhagen] **42,** 61—68, 1963; Groningen, Univ., Dep. of Med.; engl.) — 3. vgl. vorst. Referat. — Bei Verabreichung von *adrenocorticotropem Hormon* tritt unmittelbar eine Zunahme der Erzeugung von *Corticosteron* (I) über die von *Cortisol* (II) hinaus u. eine Verschiebung im Stoffwechsel von I u. II zugunsten aller 11-Hydroxy-Verbb. ein. Erst nach längerer Verabreichung treten die charakterist. Anzeichen des Morbus Cushing auf, nämlich ein hoher II/I-Quotient u. niedrige Werte für die 11-Hydroxyallo-verbindungen.
K. Zingraf 4561◇

*1273* **Eine neue enzymatisch-fluorometrische Analyse der Plasma-Nebennierenrindenhormone. Methode und klinische Anwendungen.** W. Rick, H. J. Hübener und E. F. Pfeiffer. (Acta endocrinol. [Copenhagen], Suppl. Nr. **51,** 1045, 1960; Gießen, Justus-Liebig-Univ., Med. Klinik; Frankfurt/M., Johann-Wolfgang-Goethe-Univ., Inst. für vegetative Physiol. u. I. Med. Klinik; dt.)
H. Herper 4561□

*1274* **Einige Beobachtungen über die Ausscheidung von 17-Ketosteroiden und 17-ketogenen Steroiden bei Meerschweinchen.** R. V. Brooks, Barbara E. Clayton und Joyce E. Hammant. (J. Endocrinology **20,** 24—35, 1960; London, St. Thomas's Hosp., Med. School, Dep. of Chem. Pathol.; engl.) — Es wurden folgende Beobachtungen über *17-Ketosteroide* (I) u. *17-ketogene Steroide* (II; bestimmt nach Norymberski, Stubbs & West, 1953) im Harn von ♀ Meerschweinchen gemacht: tägliche Scheidenspülungen löschen das Maximum der I-Ausscheidung u. kürzen den Östruscyclus; die II-Ausscheidung zeigt keine charakterist. Veränderungen während eines normalen Cyclus; nach Ovarektomie keine cycl. I-Veränderungen mehr; während Trächtigkeit wird vermehrt I u. II ausgeschieden, Ovarektomie löscht diese Ausscheidung nicht aus; nach Adrenalektomie keine I- u. II-Ausscheidungsvermehrung; durch unspezif. Nebennierenreizung steigt die I- u. II-Ausscheidung. Fraktionierung von I führte zu einer 11-Desoxy-Verb. (vermutlich *Epiandrosteron*) u. vier 11-Hydroxyverbindungen.
U. Tausendfreund 4561◇

*1275* **Vergleichende tierexperimentelle und klinische Prüfungen neuer Dexamethasonester.** F. Scheiffarth. (Acta endocrinol. [Copenhagen], Suppl. Nr. **51,** 783, 1960; Erlangen, Med. Univ.-Klinik; dt.)
H. Herper 4561□

*1276* **Kariometrische und cytochemische Gesichtspunkte der durch 6α-Methylprednisolon hervorgerufenen Lymphopenie.** L. Verga. (Farmaco [Pavia], Ediz. Sci. **15,** 158—63, März 1960; Pavia, Univ., Ist. di Clinica Medica Generale e Terapia Medica; ital.) — Während der Verabfolgung von *6α-Methylprednisolon* (8 bzw. 0,8 mg/kg·Tag) fällt die Zahl der zirkulierenden Lymphocyten auf weniger als die Hälfte ab. Gleichzeitig verringert sich ihr Kerndurchmesser u. erhöht sich ihr Geh. an cytoplasmat. Polysacchariden. — Nach Beendigung der Hormonbehandlung normalisieren sich die Werte rasch, doch findet bei den Polysacchariden auf dem Wege der Normalisierung ein Überschießen statt.
P. Loch 4561◇

*1277* **Kompensatorische Nebennierenhypertrophie als mögliche Ursache von Hypertension nach Corticoidanwendung.** T. Omae und G. M. C. Masson. (Endocrinology **66,** 428—32, 1960; Cleveland, Ohio, Cleveland Clin. Found. and Frank E. Bunts Educ. Inst., Res. Div.; engl.) — *Desoxycorticosteronacetat* (I), *Cortison* (II) oder *Cortisol* (III) lösten eine Hypertension aus, die nach Absetzen nur in der I-behandelten Gruppe von Ratten erhalten blieb. Diese anhaltende Hypertension ist nicht auf eine Hypertrophie der Nebennieren nach kompensator. Atrophie u. nicht auf Nierenschäden zurückzuführen. I u. III, nicht jedoch II, bewirkten Nephrosklerose. Ähnliche Schädigungen, begleitet von massiven Blutungen u. Nekrosen des Herzmuskels wurden mit *Adrenocorticotropem Hormon* erhalten, jedoch nur nach Vorbehandlung mit II.
K. Zingraf 4561◇

*1278* **Kompetitiver Antagonismus zwischen g-Strophantin und Corticosteron an isolierten Streifen von Rattenaorten.** H. J. Schatzmann. (Experientia [Basel] **15,** 73—74, 1959; Bern, Univ., Pharmakol. Inst.; dt.) — *Corticosteron* ($5 \cdot 10^{-6}$ g/ml) hemmt den durch $10^{-4}$ g *g-Strophanthin* (I)/ml hervorgerufenen Tonusanstieg des isolierten Aortenstreifens der Ratte. Dieser Antagonismus (der sich über einen 10fachen Konz.-Bereich von I erstreckt) entspricht der Kinetik einer kompetitiven Hemmung. U. Tausendfreund 4561◇

*1279* **Ein Vergleich freier Nebennierenrindensteroide im Blut eines winterschlafenden und eines nichtwinterschlafenden Säugetiers.** Arliss Denyes und Robert H. Horwood. (Canad. J. Biochem. Physiol. **38,** 1479—87, 1960; Kingston, Ontario, Canada, Queen's Univ., Biol. Dep.; engl.) — Bei Hamstern u. Ratten ist eine unterschiedliche Nebennierenrinden-Rk. gegenüber Kälteexposition (6°) zu beobachten. Hamster weisen beim Winterschlaf keine typ. Alarm-Rk. auf u. zeigen nur Spuren von *Nebennierenrindensteroidhormonen* (*Corticosteron* sowie eine langsamere, amorphe Fraktion); 6 Std. nach dem Erwachen entsprechen die Konzz. an zirkulierenden Steroidhormonen denen bei Kontrollen (bzw. übertreffen diese). Die Veränderungen der zirkulierenden Steroidhormone beim kälteexponierten Hamster stehen zu den Veränderungen im Intermediärstoffwechsel u. zum Ionengleichgewicht in Beziehung.
U. Tausendfreund 4561◇

*1280* **Urinsteroide bei der hypertensiven Form der angeborenen Nebennierenhyperplasie.** Orville C. Green, Claude J. Migeon und Lawson Wilkins. (J. clin. Endocrinol. Metabolism **20,** 929—46, 1960; Baltimore, Md., Johns Hopkins Univ., School of Med., Dep. of Pediat.; Johns Hopkins Hosp., Harriet Lane Home; engl.) — An 17 Patienten mit verschiedenen Arten des Syndroms wird die Ausscheidung der Gesamt-*17-Ketosteroide* sowie von *Pregnantriol, Tetrahydrocortisol, Tetrahydrocortison, Pregnan-3α.17α.21-triol-20-on* u. *Tetrahydrodesoxycorticosteron* im Urin untersucht. Es bestehen signifikante Unterschiede in der Fähigkeit zur enzymat. Hydroxylierung, die für die Cortisol-Bldg. notwendig ist. Längere Behandlung mit Adrenocorticotropem Hormon verstärkt die Hydroxylierung nicht.
P. Gregorzewski 4561◇

*1281* **Ein neues Steroid in der dermatologischen Therapie, Synalar und Synalar N.** Miguel Carcia Muñoz. (Medicamenta [Madrid] **29** (15), 115—16, 1963; Valladolid; span.) — Bericht über gute u. sehr gute Erfolge bei 39 von 40 Patienten mit Hautkrankheiten bei Behandlung mit *6.9-Difluor-16-hydroxyprednisolon-16.17-acetonid* (*Fluocinolonacetonid, Synalar*), das 40mal stärker als Hydrocortison u. 20mal stärker als Prednison wirken soll. K. Zingraf 4561◇

*1282* **Adrenalin, Noradrenalin und Carotissinusreflexe beim Faultier (Bradypus tridactylus).** N. Chaves, M. Barros, D. Mendonca und E. Portela. (Arch. int. Physiol. Biochim. **68,** 263—66, 1960; Recife, Fac. Méd., Inst. Physiol.; Liège, Univ., Labor. Pathol. générale; franz.) — Unterss. an 8 Faultieren beiderlei Geschlechts im Vgl. mit Hund u. Katze. Bei den Blutdruckmessungen wurden die Tiere mit *Chloralose* narkotisiert. *Adrenalin* (I) u. *Noradrenalin* (II) wirken auf Grund der hypothyreot. Stoffwechsellage des Faultiers sehr stark blutdruckerhöhend; der maximale Effekt beider Verbb. ist gleich groß. Die Wrkg. dauert wesentlich länger als beim Hund. Ebenso wird die Nickhaut sehr lange durch I beeinflußt. Die Herzfrequenz ändert sich nicht. Das Adrenolyticum, *Piperidinomethylbenzodioxan*, hebt die Blutdrucksteigerung nach I u. II beim Faultier nicht wie beim Hund u. bei der Katze auf; der Carotissinusreflex verläuft weniger brüsk, es dauert lange, bis der Blutdruck zur Ausgangslage zurückkehrt. P. Lange 4561◇

*1283* **Der Gehalt des Rattenherzens an Noradrenalin und Adrenalin nach Verabreichung von Rauwolfiaalkaloiden.** M. K. Paasonen und Otto Krayer. (Experientia [Basel] **15,** 75—76, 1959; Boston, Mass., Harvard Med. School,

Dep. of Pharmacol.; engl.) — *Raunescin*, *Isoraunescin*, *Deserpidin*, *Rescinnamin* u. *Reserpin* bewirken nach intraperitonealer Injektion von jeweils 5 mg/kg bei Ratten eine Verminderung des *Noradrenalin* (I)-Geh. des Herzens. Der Geh. des Herzens an *Adrenalin* ändert sich nicht eindeutig. Ohne Wrkg. auf den I-Geh. des Herzens blieb das chem. von den anderen, untereinander verwandten Alkaloiden abweichende *α-Yohimbin*. U. Tausendfreund 4561◇

*1284* **Wirkung von Epinephrin auf Glucoseaufnahme und Glucose-α-phosphat des Hundeherzens in situ.** Steven E. Mayer. (Biochem. Pharmacol. **12**, 193—201, 1963; Atlanta, Ga., Emory Univ., Div. of Basic Health Sci., Dep. of Pharmacol.; engl.) — Vers.-Ergebnisse an narkotisierten Hunden zeigen, daß die durch *Adrenalin* (I) hervorgerufene Hemmung der *Glucose* (II)-Verwertung im Herzmuskel mit einer Akkumulierung von *II-6-Phosphat* einhergeht; diese Akkumulierung steht jedoch zur positiv inotropen Wrkg. von I nicht in Beziehung, da eine stärkere Akkumulierung von keiner Erhöhung der Kontraktionskraft begleitet ist. U. Tausendfreund 4561◇

*1285* **Wirkungsmechanismus konstanter Epinephrininfusion gegenüber Blutdruck, Herzfrequenz und arteriellem Hämatokrit bei normalen und sympathektomiert-splanchnektomierten Hunden.** Guillermo Latorre, Victor Cardenas und Oscar Lopez. (Arch. int. Physiol. Biochim. **68**, 785—92, 1960; Medellin, Univ. of Antioquia, School of Med., Dep. of Physiol.; engl.) — Bei mit Pentobarbital narkotisierten normalen Hunden führt Dauerinfusion von *Epinephrin* (I; 0,204—1970 μg/kg/min) zu einem leichten Blutdruckanstieg, der innerhalb von 24 Min. zurückgeht; bei denervierten Hunden (Sympathicus- u. Splanchnicusfasern) senkt I (0,245—1790 μg/kg/min) den mittleren arteriellen Blutdruck (Vasodilatation). Bei normalen Hunden führt I zur Herzbeschleunigung (Folge direkter Stimulierung der Effektorzellen des Acceleratornervs), bei denervierten Hunden zu keiner Veränderung. Der arterielle Hämatokritwert steigt bei normalen Hunden unter I-Infusion (Milzkontraktion u. möglicherweise Fl.-Verlust aus dem Gefäß-Syst.), bei denervierten Hunden nur geringe Reaktion. U. Tausendfreund 4561◇

*1286* **Noradrenalin und das Überleben von Ratten bei Kälte.** E. Schönbaum, E. A. Sellers und G. E. Johnson. (Canad. J. Biochem. Physiol. **41**, 975—83, 1963; Toronto, Ontario, Univ., Dep. of Pharmacol.; engl.) — Die Unterss. über den Einfl. von *Noradrenalin* (I) auf die Kälteakklimatisierung u. die Thermogenese kälteakklimatisierter Ratten zeigen, daß offenbar eine gesteigerte Gewebesensibilität für I bei kälteakklimatisierten Tieren besteht. Eine hohe I-Dosis (500 μg/Tier) hemmt bei normalen Ratten, die plötzlich der Kälte (2°) ausgesetzt werden, das Zittern u. vermindert die $O_2$-Aufnahme; bei kälteakklimatisierten Ratten steigert die gleiche Dosis den $O_2$-Verbrauch. Kälteakklimatisierung ist auch möglich, wenn durch Reserpin u. Guanethidin der Geh. der Gewebe an I (u. 5-Hydroxytryptamin) vermindert wird. Mittlere u. hohe I-Dosen führen bei nichtakklimatisierten Ratten, die der Kälte ausgesetzt werden, zu tödlicher Hypothermie, während bei Zimmer-Temp. die Dosis nicht tödlich wirkt. Bei 30° beträgt die $DL_{50}$ für I intraperitoneal 7,37 mg/kg, bei plötzlich der Kälte ausgesetzten Tieren jedoch nur 3,66 mg/kg. U. Tausendfreund 4561◇

*1287* **Reaktion der Lebergefäße auf Epinephrin.** William C. Shoemaker, L. Newton Turk III und Francis D. Moore. (Amer. J. Physiol. **201**, 58—62, 1961; Boston, Mass., Harvard Med. School, Peter Bent Brigham Hosp., Dep. of Surg.; Chicago, Ill., Michael Reese Hosp. and Med. Center, Dep. of Surg. Res.; engl.) — Nach Injektion von 1—10 μg *Epinephrin* (I)/kg in die Vena femoralis trat bei nichtnarkotisierten Hunden eine der I-Dosis grob proportionale Zunahme der Leberdurchblutung ein. Bei Dosen von 25 μg I/kg u. mehr war die erhöhte Durchblutung von einer verringerten Durchblutung gefolgt u. in einigen Fällen trat der Tod ein. Nach Injektion in die Vena femoralis erfolgte ein Anstieg des arteriellen Druckes, des Venendruckgradienten zwischen Pfortader u. Vena hepatica u. der mechan. Impedanz im venösen Bereich der Leber. Bei Injektion von I in die Pfortader wurde die Leberdurchblutung u. der arterille Druck nur wenig beeinflußt, dagegen stiegen Venendruck in der Pfortader, Venendruckgradient u. Impedanz rascher u. stärker an. K. Zingraf 4561◇

*1288* **Noradrenalin-Antagonismus durch vasomotorische Umkehr von Isoproterenol.** Gertrude D. Maengwyn-Davies, Donald T. Walz und Theodore Koppanyi. (Arch. int. Pharmacodynam. Thérap. **134**, 61—75, 1961; Washington, D.C., Georgetown Univ., Schools of Med. and Dent., Dep. of Pharmacol.; engl.) — Bei Hunden bewirkt die Entleerung der *Noradrenalin* (I)-Speicher durch Reserpin eine Verminderung der Dosis an *Phenylephrin* (II) oder *Adrenalin* (III) um eine vasomotor. Umkehr von *Isoproterenol* (IV) zu verursachen. Die Blockierung der I-Freisetzung durch *TM-10* (*Cholin-2.6-xylyläther bromid*) steigert ebenfalls die Umkehrpotenz von II u. III. Eine Cocainvorbehandlung verändert die III-Dosis für die IV-Umkehr, während es die Dosis für II reduziert. G. Kimmerle 4561△

*1289* **Entwicklung der Schilddrüsenforschung.** Alice Ligeti-Reviczky. (Gyógyszerészet [Pharmazie] **6**, 413—15, Nov. 1962; Budapest, Inst. Rheumaforsch. u. Balneologie; ung.) — Es werden die Antithyreoid-Wrkg. der *Rhodanid*- u. u. *Perchlorat-Präpp.*, *Thioharnstoff*, *Sulfaguanidin*, *Resorcin* sowie das $^{131}J$ diskutiert. G. Ligeti 4562△

*1290* **Eine empfindliche einfache quantitative Reaktion für jodierte Aminosäuren des menschlichen Serums auf dem Papierchromatogramm.** Th. Postmes. (Acta endocrinol. [Copenhagen] **42**, 153—62, 1963; Maastricht, Ziekenhuis St. Annadal, Isotopen-Labor.; engl.) — Beschreibung einer Modifikation der $FeCl_3$-$K_3[Fe(CN)_6]$-$H_3AsO_3$-Rk. zur Best. *jodhaltiger Aminosäuren* des menschlichen Serums nach Chromatographie, wobei die Fe-Konz. eines jeden Fleckens nach dem Veraschen colorimetr. mit α.α'-Dipyridyl bestimmt wird. Empfindlichkeit für Thyroxin: 0,1—0,005 μg. K. Zingraf 4562◇

*1291* **Einfluß von l-Thyroxin auf die Acetatumwandlung in Cholesterin durch Leber von Ratten nach Entfernung der Hypophyse.** N. S. Nejad und I. L. Chaikoff. (Amer. J. Physiol. **204**, 137—39, 1963; Berkeley, Calif., Univ. of California, Dep. of Physiol.; engl.) — Unterss. über den Einfl. täglicher, 14 Tage lang ausgeführter Injektionen von 3 u. 6 μg *Thyroxin* in Ratten mit u. ohne Hypophyse auf die Einlagerung von *$^{14}C$-Acetat* in *Fettsäuren* (I) u. *Cholesterin* (II) durch Schnitte ihrer Leber zeigen, daß die Hormongaben die Menge des in Form von I u. II rückgewonnenen $^{14}C$ bei Verw. von Lebern normaler Ratten nicht beeinflußt. Dagegen wird bei Verw. von Leber der Ratten ohne Hypophyse die Einlagerung von $^{14}C$ in II im Vgl. mit normalen Ratten verzehnfacht. W. Wesly 4562◇

*1292* **Vergleich der Fähigkeiten von Thyroxin und Trijodthyronin als Hemmstoffe der Thyreotropinsekretion durch die Hypophyse des Rindes.** B. N. Premachandra, G. W. Pipes und C. W. Turner. (Amer. J. Physiol. **201**, 77—80, 1961; Columbia, Mo., Univ. of Missouri, Dep. of Dairy Husbandry; engl.) — Die blockierende Wrkg. von *l-Trijodthyronin* auf die Freisetzung von *thyreotropem Hormon* durch die Hypophyse u. von $^{131}J$ durch die Schilddrüse war bei Rindern im Durchschnitt etwas mehr als doppelt so stark wie die von *l-Thyroxin*. K. Zingraf 4562◇

*1293* **Biochemische Untersuchungen über amphibische Metamorphose. 1. Mitt. Der Einfluß von Thyroxin auf die Proteinsynthese in der Kaulquappe.** Woon Ki Paik und Philip P. Cohen. (J. gen. Physiol. **43**, 683—96, 1960; Madison, Wis., Univ. of Wisconsin, Service Memorial Inst., Dep. of Physiol. Chem.; engl.) — *Thyroxin* (I) erhöhte die Synth. von *Carbamylphosphatsynthetase* (II) in der Leber von *Rana catesbeiana* in spezif. Weise. Der Einfl. der Konz. u. der Dauer der Einw. von I sowie der Temp. auf die Synth. von II wurde untersucht. Während II zunahm, sank die *Succinatoxydase*-Aktivität. Leberkatalase reagierte langsamer auf I als II. Das Verhältnis von biochem. zu morpholog. Veränderungen bei der durch I beeinflußten Metamorphose änderte sich beträchtlich. Chloramphenicol u. Thiouracil wirkten dem Einfl. von I auf die Synth. von II entgegen. K. Heyns 4562◇

*1294* **Trijodthyronin bei der Diagnose und Behandlung von Hypothyroidismus: Das Fehlen eines Nachweises für das Stoffwechselinsuffizienzsyndrom.** Stella H. Sikkema. (J. clin. Endocrinol. Metabolism **20**, 546—55, 1960; Minneapolis, Minn., Univ. of Minnesota Health Serv.; engl.) — In Doppelblindverss. an Patienten mit angenommenem Hypothyroidismus wird folgendes beobachtet: Bei 20 Personen wird sowohl mit Placebo als auch mit *Trijodthyronin* (I) eine Besserung erreicht; bei 12 Personen mit normalem Serumspiegel an proteingebundenem J gelingt die Bekämpfung der Müdigkeit u. die Erhöhung des Grundumsatzes sowohl mit getrockneter Schilddrüse als auch mit **I**, wenn äquivalente Mengen verwendet werden. P. Gregorzewski 4562◇

*1295* **Serumkonzentration und Aufnahmegeschwindigkeit von stabilem Jod durch die Schilddrüse bei verschiedener Schilddrüsenfunktion.** Wilfried Fitting. (J. clin. Endocrinol. Metabolism **20**, 569—80, 1960; Bonn, Univ., Dep. of Internal Med.; engl. — Die Aufnahme-Geschw. von stabilem *J* durch die Schilddrüse ist dem Prod. aus Clearance-Geschw. der Schilddrüse u. der Serum-Konz. äquivalent. An 16 Patienten können keine signifikanten Unterschiede zwischen den Konzz. von Serumjod bei verschiedener Schilddrüsenaktivität nachgewiesen werden. P. Gregorzewski 4562◇

*1296* **Das angeborene hypothyroide Syndrom mit defekter Enthalogenierung von Jodtyrosinen. Weitere Beobachtungen und Diskussion der Pathophysiologie.** J. C. Choufoer, A. A. H. Kassenaar und A. Querido. (J. clin. Endocrinol. Metabolism **20**, 983—1003, 1960; Leiden, Acad. Ziekenhuis, Dep. of Clin. Endocrin. and Metabolism; engl.) — Es wird über 4 Fälle von Hypothyroidismus mit gestörter Enthalogenierung von Jodtyrosinen berichtet. In einem Fall wird die Unfähigkeit der Schilddrüse, Dijodtyrosin zu entjodieren, in vitro nachgewiesen. In einem anderen Fall wird ein spezif. Defekt der Thyroxin-Synth. aufgezeigt. P. Gregorzewski 4562◇

*1297* **Wirkungen des Fastens und des Alloxandiabetes auf die Albuminsynthese durch die durchströmte Rattenleber.** Julian B. Marsh. (Amer. J. Physiol. **201**, 55—57, 1961; Philadelphia, Pa., Univ. of Pennsylvania, School of Med., Dep. of Biochem.; engl.) — In der mit einer Erythrocytensuspension durchströmten Leber von Ratten war die Albumin-Synth. nach 24std. Fasten im Durchschnitt um 29% u. bei Alloxandiabetes um 41% verringert. K. Zingraf 4564◇

*1298* **Durch einzelne Injektionen von Antiinsulinserum hervorgerufener akuter Insulinmangel.** J. Armin, R. T. Grant und P. H. Wright. (J. Physiology **153**, 131—45, 1960; London, Guy's Hosp. Med. School, Dep. of Exp. Med. and Chem. Pathol.; engl.) — Durch wiederholte subkutane Injektion von Rinder-*Insulin* (I) gebildetes *Antiinsulinserum* (AIS) vom Meerschweinchen wurde i.v. Kaninchen, Ratten, einer Katze u. einem Meerschweinchen injiziert. Mit Ausnahme vom Meerschweinchen kam es bei allen Tieren zu einer vorübergehenden Hyperglykämie (Hyg), die auf Neutralisation des endogenen I im Serum der Tiere durch I-Antikörper beruht. Eine unspezif. Fremdprotein-Rk. liegt nicht vor. Bei der Ratte ist die Stärke u. Dauer der Hyg dosisabhängig von der i. v. injizierten AIS-Menge. K. Böhm 4564◇

*1299* **Experimenteller durch parenterale Zufuhr von Antiinsulinserum bewirkter Diabetes bei Ratten.** J. Armin, R. T. Grant und P. H. Wright. (J. Physiology **153**, 146 bis 165, 1960; London, Guy's Hosp. Med. School, Dep. of Exp. Med. and Chem. Pathol.; engl.) — Durch Behandlung mit Rinder-*Insulin* (I) gebildetes Antiinsulinserum vom Meerschweinchen wurde intraperitoneal injiziert oder i.v. für 20 Std. wachen Ratten infundiert. Bei genügend hoher Dosis kommt es zu einem Diabetessyndrom mit Hyperglykämie, Glykosurie, Polyurie, Ketonurie u. Appetitsverlust, in einzelnen Fällen auch zu Gew.-Verlust, Oligurie, Anurie u. Tod. Das Syndrom ist ähnlich dem, das bei total pankreatektomierten Ratten auftritt, unterscheidet sich aber vom Alloxandiabetes. Nach dem Befund kann die Ratte ca. 1,2—2,6 E I/kg/Std. bilden u. besitzt im Pankreas einen I-Vorrat von 5—8 E/kg, der schnell abgesondert werden kann. K. Böhm 4564◇

*1300* **Regulation des Blutzuckers. — Wirkung von Insulin auf die Leber.** Jack R. Leonards, Bernard R. Landau, James W. Craig, F. I. R. Martin, M. Miller und Frank M. Barry. (Amer. J. Physiol. **201**, 47—54, 1961; Cleveland, Ohio, Western Res. Univ., School of Med., Dep. of Biochem., Med. and Surg.; engl.) — Bei eiweißreich ernährten Hunden wurde die Freisetzung von *Glucose* (I) durch die Leber u. der Schwellenwert für eine Nettoaufnahme von I durch die Leber bei I-Belastung durch Verabreichung von *Insulin* (II) nicht beeinflußt. Bei kohlenhydratreich ernährten Tieren erfolgte bei gleichzeitiger Verabreichung von I u. II eine Nettoaufnahme von I durch die Leber bei unternormalen I-Konzz. im Plasma. Nach Injektion von $^{14}$C-I u. anschließend II wurde eine kurzdauernde Abnahme der I-spezif. Radioaktivität im Plasma bei beiden Gruppen beobachtet. K. Zingraf 4564◇

*1301* **Regulation des Blutzuckers: Reaktion der Leber auf Glucoseanwendung.** Bernard R. Landau, Jack R. Leonards und Frank M. Barry. (Amer. J. Physiol. **201**, 41—46, 1961; Cleveland, Ohio, Western Res. Univ., School of Med., Deps. of Biochem., Med. and Surg.; engl.) — Infusion von *Glucose* (I) bei eiweißreich ernährten Hunden bewirkte einen Anstieg des Blutzuckers (BZ), wobei die Netto-I-Prod. durch die Leber nur bei Hyperglykämie aussetzte. Bei Kohlenhydraternährung nahm BZ nach I-Infusion nur wenig zu, u. es erfolgte Nettoaufnahme von I durch die Leber. K. Zingraf 4564◇

*1302* **Insulinwirkung auf isolierte Gewebe aus dem Zentralnervensystem.** Ole J. Rafaelsen. (Acta endocrinol. [Copenhagen], Suppl. Nr. **51**, 1253, 1960; Risskov, Denmark, State Mental Hosp.; engl.) H. Herper 4564□

*1303* **Insulinempfindlichkeit und Glucoseaufnahme von Fettgewebe (epididymal und dorsal) und Diaphragma der Ratte nach Kälteaussetzung und während der Überwinterung.** José Luis R-Candela. (Acta endocrinol. [Copenhagen], Suppl. Nr. **51**, 1239, 1960; Madrid, Inst. de Metabolism y Nutrición; engl.) H. Herper 4564□

*1304* **Insulinähnliche Aktivität im menschlichen Serum und Pankreasextrakten, gemessen mittels Rattenfettgewebe.** A. E. Renold, J. Steinke und H. N. Antoniades. (Acta endocrinol. [Copenhagen], Suppl. Nr. **51**, 1235, 1960; Boston, Mass., Harvard Med. School, Dep. of Med., Baker Clinic Res. Labor.; engl.) H. Herper 4564□

*1305* **Die Wirkung der Denervierung und von Insulin auf das Eindringen von D-Xylose in Rattendiaphragmen.** Maria Gordon Buse und John Buse. (Acta endocrinol. [Copenhagen], Suppl. Nr. **51**, 949—50, 1960; Charleston, S.C., Med. College of South Carolina; engl.) H. Herper 4564□

*1306* **Insulinantagonismus im Serum unbehandelter Diabetiker und bei ursprünglich behandelten Diabetikern mit Ketoacidose.** Kare Gundersen und Robert H. Williams. (Proc. Soc. exp. Biol. Med. **105**, 390—93, 1960; Seattle, Wash., Univ. of Washington, School of Med., Dep. of Med.; engl.) — In unverdünnten Seren frischer, noch unbehandelter Diabetiker u. von Diabetikern, die zwar bereits einmal behandelt wurden, jetzt jedoch Ketoacidose aufweisen, läßt sich ein Antagonismus gegenüber *Insulin* (I) nachweisen (in vitro-Test am Rattenzwerchfell). Es müssen also Substanzen in diesen Seren vorliegen, die sich mit I verbinden u. die I-Wrkg. auf die Glucoseaufnahme durch das Zwerchfell neutralisieren. Bei den neuen Diabetikern dürfte es sich kaum um einen Antikörper handeln. Es ist möglich, daß die betreffenden Diabetiker exzessive Mengen der *bas. Proteine* aufweisen, welche das aus dem Pankreas abgegebene I binden u. somit die Mengen an freiem I vermindern. Der Beginn des Diabetes könnte demnach eher in einer solchen exzessiven Bindung u. damit Inaktivierung als in einer I-Minderproduktion gesehen werden. In einem Fall konnte in einem acidot. Serum nach „hanging curtain"-Elektrophorese ungewöhnlich hohe I-Aktivität nachgewiesen werden. U. Tausendfreund 4564◇

*1307* **Gastrische Sekretion, laufend registrierter Blutzucker und Plasmasteroide nach Insulingaben.** Richard A. Davis und Frank P. Brooks. (Amer. J. Physiol. **204**, 143—46, 1963; Philadelphia, Pa., Univ. of Pennsylvania School of Med., Dep. of Neurosurgery; engl.) — An Hunden nach Verabreichung von *Insulin* (I; 1,5 I.E./kg) ausgeführte Unterss. zeigen, daß in 7 von 10 Fällen die Menge der Magensäure 30—60 Min. nach der I-Gabe ein Maximum aufweist. Die gastr. Sekretion tritt 30—35 Min., der geringste Geh. an Blutzucker 37 ± 4 Min. nach der I-Verabreichung auf. Hypoglykämie beginnt mit 13 ± 2 Min. Verzögerung. Der Mittelwert des geringsten Blutzucker-Geh. beträgt 28 ± 2 mg pro 100 ml. Die Konzz. an Plasmahydrocortison erreichen nach 2 Std. Höchstwerte u. fallen in 6 Std. auf den normalen Wert. Die gastr. Sekretion nimmt in den meisten Fällen in dem Maße ab, wie der Blutzucker-Geh. sich den Fastenwerten nähert. W. Wesly 4564◇

*1308* **Einfluß von Diabetes auf die Synthese von Cholesterin und Fettsäure.** Daniel W. Foster und Marvin D. Siperstein. (Amer. J. Physiol. **198**, 25–28, 1960; Dallas, Tex., Univ. of Texas Southwestern Med. School, Dep. of Internal Med.; engl.) — Bei 42 diabet. Ratten wurde die Synth. von *Cholesterin* (I) aus $^{14}C_{(1)}$-*Acetat* (II) in Leber signifikant in 13 Fällen erhöht, in 13 Fällen erniedrigt u. in 16 Fällen unbeeinflußt gegenüber normalen Ratten gefunden. Die Synth. von *Fettsäure* (III) aus II in der Leber war bei 39 der 42 diabet. Ratten erniedrigt. — Die I-Bldg. in der Aorta war nur bei 2 der 13 diabet. Ratten, welche erhöhte I-Synth. zeigten, erhöht. Die III-Synth. in der Aorta war bei 21 der 42 diabet. Ratten herabgesetzt. — Hieraus wird geschlossen, daß die Aorta verhältnismäßig widerstandsfähig gegen die Stimulierung der I-Synth. durch Diabetes ist u. zwar selbst dann, wenn im gleichen Tier die Synth. von Leber-I erhöht ist. Andererseits ist III-Bldg. in Aorta u. Leber im allg. bei Diabetes erniedrigt. — I wurde unter Dibromierung nach Fieser (1953) gereinigt. — Es wurde gezeigt, daß Aorta von normalen u. von diabet. Ratten zur vollständigen I-Synth. befähigt ist. A. Hesse 4564◇

*1309* **Reproduktion der Insulinwirkung auf die Aktivität der Hexokinase der Leber in vitro.** W. Ss. Iljin und G. W. Titowa. (Ber. Akad. Wiss. UdSSR **141**, 227–29, 1/11. 1961; Inst. für experim. Med. der Akad. der med. Wiss. der UdSSR; russ.) — Beim normalen Kaninchen bewirkt die i. v. Zufuhr von *Insulin* (I), das mit Leberextrakt inkubiert wurde, keine Verminderung der Glykämie. Wird I in Ggw. von Insulinase-inhibitor (II) mit dem Leberextrakt inkubiert, so erfolgt eine sehr starke Hypoglykämie. Zusatz von I u. II ist ohne merklichen Einfl. auf die *Hexokinase* (III)-Aktivität der Leberextrakte normaler Kaninchen. Bei Zusatz von I + II zum Leberextrakt von Kaninchen mit Alloxandiabetes oder von normalen Kaninchen, denen 14–16 Std. vorher i.m. Cortisonacetat zugeführt wurde, wird die III-Aktivität um 14–59% erhöht. Die I-Wrkg. auf die III-Aktivität zeigt sich bereits nach 20 Minuten. Die Ergebnisse beweisen nach Ansicht der Vff., daß die I-Wrkg. in vitro in einer direkten Beeinflussung der Glucokinaseaktivität besteht u. daß die Thesen vom sek. Charakter der Leberstörungen bei Diabetes u. vom Fehlen eines direkten I-Einfl. auf den Stoffwechsel der Leber damit widerlegt sind. O. Lebtag 4564△

*1310* **Über die Anwendung eines neuen Protein-anabolen Mittels bei der Therapie von Diabetes mellitus.** Halim Doss. (Acta endocrinol. [Copenhagen], Suppl. Nr. **51**, 1263, 1960; Cairo, Univ., Kasr-el-Aini Fac. of Med., Dep. of Med.; engl.) — Verw. von *Methandrostenolon* (*17α-Methyl-17β-hydroxyandrosta-1.4-dien-3-on*) in der Diabetestherapie. H. Herper 4564□

*1311* **Bestimmung des neuen oralaktiven anabolischen Agens Metandrolon (Dianabol).** Jorge Miguel Rosner. (Acta endocrinol. [Copenhagen], Suppl Nr. **51**, 1265, 1960; Buenos Aires, Center of Endocrinol.; engl.) — Vgl. auch vorst. Referat. — Unterss. an Mädchen u. Jungen von 9–15 Jahren mit Untergröße u. Untergew. mit dem anabol. Agens *Metandrolon* (*17α-Methyl-17β-hydroxyandrosta-1.4-dien-3-on*). Das Mittel hatte gewichts- u. wachstumsfördernde Wirkung. H. Herper 4564□

*1312* **Über die Wirkung des Chlorpropamid auf die Glykoneogenese der Leber.** A. Káldor und G. Pogátsa. (Acta med. Acad. Sci. hung. **19**, 51–57, 1963; Budapest, Med. Univ., II. Med. Klin.; dt.) — Die am Rattenleberperfusions-Präp. durch 100 mg% *Alanin* (I) bewirkte Verminderung der *Zucker*-Abgabe kommt nicht bei der Umwandlung von I in *Brenztraubensäure* (II) zustande, da auch 100 mg% II eine gleiche Wrkg. entfalten. Diese Wrkg. von I u. II kann durch 100 mg% *Chlorpropamid* (*Chlorphenylsulfonylpropylcarbamid*; III) aufgehoben werden. 100 mg% *Glykokoll* (IV), welches selbst keine Verminderung der Zuckerabgabe herbeiführt, ist auf die I- u. II-Wrkg. ohne Einfluß. Die durch IV-Perfusion zustandekommende Verminderung des Leber-*Glykogens* (V) wird durch III ebenfalls gehemmt, während III die durch II hervorgerufene Verminderung des Leber-V nicht beeinflußt. Der Mechanismus der Beeinflussung der Gluconeogenese in der Leber durch hypoglykäm. wirkende Sulfonylharnstoff-Derivv. ist noch nicht geklärt. U. Tausendfreund 4564◇

*1313* **Durch Serotonin ausgelöste Apnoe.** D. C. Kroeger und L. J. Lucco. (J. Amer. pharmac. Assoc., sci. Edit. **49**, 170–75, 1960; Houston, Tex., Univ. of Texas, Pharmacol. Labor. Dental Branch; engl.) — An Hunden, Katzen, Rhesusaffen u. Küken wurde die besondere Rolle der peripheren u. zentralen Wrkg. von *Serotonin* (I), die Apnoe bewirkt, untersucht. Bei Hunden können nach i.v. Injektionen von I 3 Atemphasen beobachtet werden: Beide Formen der Atemstimulation sind *Procain*-empfindlich, die Schnappatmung wird selektiv durch Carotissinus-Denervierung blokkiert. Bei der Hyperpnoe spielt sicherlich die Hyperkapnie als Folge der Apnoe u. Bronchokonstriktion eine Rolle. Dabei ist die Apnoe beim Hund anderen Ursprungs als bei der Katze. Wird die Bronchokonstriktion verhindert, so tritt beim Hund die Apnoe selten auf. Die Reflexschnappatmung kann durch I gehemmt werden. K. Böhm 4569◇

*1314* **Wirkung von Serotonin, Epinephrin, Histamin und Hexamethonium auf die Lymphe des Ductus thoracicus.** Walton K. T. Shim, Eugene L. Pollack und Theodore Drapanas. (Amer. J. Physiol. **201**, 81–84, 1961; Buffalo, N.Y., Univ. of Buffalo Med. School, Dep. of Surg.; Edward J. Meyer Memor. Hosp.; engl.) — Bei nicht narkotisierten Hunden wurde die Fließgeschw. der Lymphe im Ductus thoracicus durch *Serotonin* (I), *Epinephrin* (II) u. *Histamin* (III) i.v. erhöht, durch *Hexamethoniumchlorid* (IV) dagegen deutlich verringert. Die Gesamtprotein-Konz. in dieser Lymphe wurde durch I verringert, durch II erhöht u. durch III u. IV nicht beeinflußt. K. Zingraf 4569◇

*1315* **Die subcelluläre Lokalisierung von 5-Hydroxytryptamin im Meerschweinchenhirn.** I. Arthur Michaelson und V. P. Whittaker. (Biochem. Pharmacol. **12**, 203–11, 1963; Cambridge, Agric. Res. Council, Inst. of Animal Physiol., Biochem. Dep.; engl.) — Es wird bestätigt, daß sich *5-Hydroxytryptamin* (I) in Meerschweinchenhirnhomogenaten hauptsächlich in einer von Myelin u. Mitochondrien freien Partikelfraktion findet (Nervendenpartikel). Im Verhältnis zur *Acetylcholin* (II)-Bindung sind die I-bindenden Kräfte labil. *Iproniazid* steigert den I-Geh. des Gehirngewebes, die subcelluläre Verteilung ändert sich dadurch jedoch nicht. Während II vorwiegend mit den helleren Nervendenpartikelchen verbunden ist, gehört I mehr zu den dunkleren, größeren Partikeln. U. Tausendfreund 4569◇

*1316* **Ununterbrochene Messung der hämodynamischen Wirkungen von Angiotensin, Norepinephrin und Bradykinin bei nicht narkotisierten Hunden.** Irvine H. Page und Frederick Olmsted. (Amer. J. Physiol. **201**, 92–96, 1961; Cleveland, Ohio, Cleveland Clin. Found., Res. Div.; Frank E. Bunts Educ. Inst.; engl.) — *Isoleucyl*$^5$- oder *Valyl*$^5$-*Angiotensinoktapeptid* bewirkte bei Hunden eine brüske Abnahme des Herz-Min.-Vol. (MV), der Herzfrequenz (HF) u. des Schlag-Vol. (SV) u. eine Zunahme des peripheren Widerstandes (pW). Bei 1std. Infusion blieb der systol. u. diastol. Druck erhöht, HF, SV u. MV nahmen ab, während pW anstieg. Pentobarbitalnarkose erhöhte den Blutdruck u. beschleunigte HF. Nach Norepinephrin trat zunächst ein abrupter Anstieg des Blutdrucks u. von pW ein, während die Zunahme von HF u. SV gering war. Dann sank der Blutdruck zusammen mit MV allmählich ab. *Bradykinin* bewirkte zunächst ein Absinken des Blutdrucks, der dann wieder etwas anstieg, um bald weiter abzusinken. HF wurde zunächst verlangsamt u. nahm dann zu. MV stieg während des anfänglichen Absinkens des Blutdrucks brüsk an u. blieb während der Hypotension erhöht. SV nahm anfänglich stark, später nur noch geringfügig ab, während pW brüsk abfiel. K. Zingraf 4569◇

*1317* **Über den Mechanismus der Acetylcholinwirkung auf den kleinen Blutkreislauf.** A. I. Chomasjuk und A. A. Moibenko. (Bul. exp. Biol. Med. [UdSSR] **51** (26), Nr. 2, 3–9, 1961; Kiew, Ukrain. Strashesko-Forschungs-Inst. für klin. Medizin, Abt. Pathophysiol.; russ., Auszug: engl.) — In Verss. an 21 Hunden, denen 0,5–50 γ *Acetylcholin* (I)/kg zugeführt wurde, trat in allen Fällen eine Erhöhung des Lungenarteriendruckes ein, deren Höhe u. Dauer von der I-Dosis abhängig war. Unabhängig von der Art der I-Zufuhr trat die Druckverminderung im großen Kreislauf gleichzeitig oder früher ein als die Druckzunahme im kleinen Kreislauf. Vorherige Zufuhr von Hexonium verminderte die Wrkg. von I. Bei Zufuhr von Atropin wurde die Wrkg. der mittleren I-Dosen ganz oder nahezu ganz aufgehoben. I war ohne Wrkg. auf die Hämodynamik des kleinen Kreislaufs u. auf den Tonus der Lungengefäße. Aus den Ergebnissen folgern die Vff., daß die Druckerhöhung in der Lungenarterie durch I in der Hauptsache auf den hämodynam. Verschiebungen im großen Kreislauf beruht. O. Lebtag 4569△

*1318* **Reinigung und Wirksamkeit des Geschlechtslockmittels von Diprion similis.** J. E. Casida, H. C. Coppel und T. Watanabe. (J. econ. Entomol. **56**, 18—24, 1963; Madison, Wis., Univ. of Wisconsin, Dep. of Entomol.; engl.) — Prüfung der Herkunft aus den verschiedenen Teilen des Insektenkörpers, Biovers., Reinigung u. Eigg. des Geschlechtslockstoffs aus frisch geschlüpften Fliegen zeigten, daß der alkaliunbeständige Teil der chromatograph. Reinigung in Höhe von nur 0,004 μg innerhalb 5 Min. 500—1000 ♂ auf eine Entfernung von 100—200 ft. anlockte. In einigen Extrakten war der Lockstoff verdeckt, konnte aber durch Säulen- oder Gaschromatographie wieder wirksam gemacht werden. Fritz Müller/Ludwigshafen 4569◇

*1319* **Erythropoietin.** 3. Mitt. **Chemische Charakterisierung weitgehend gereinigter Fraktionen aus Schaferythropoietinkonzentraten.** B. J. Campbell, R. J. Schlueter, G. F. Weber und W. F. White. (Biochim. biophysica Acta [Amsterdam] **46**, 279—88, 1961; Chicago, Ill., Armour and Comp., Res. Div.; engl.) — 2. vgl. C. **1961**, 1621. — Die Reinigung von *Erythropoietin* aus anäm. Schafplasma wurde um eine 4. Stufe, Chromatographie an XE-97-Austauscher, erweitert. Die größere, biolog. inakt. Fraktion erwies als $\alpha_1$-*Glykoprotein* (I), die kleinere, biolog. wirksame als ein in den chem. Eigg. verschiedenes *Glykoprotein 4 B* (II), das elektrophoret. nicht von I trennbar war. II ist wahrscheinlich nicht das echte erythropoiet. Hormon, da aus normalem Schafplasma eine in allen chem. u. physikal. Eigg. ident., biol. inerte Substanz isoliert werden konnte. Die N-terminale Aminosäure von II ist Serin. K. Maier 4569◇

*1320* **Blutspiegel der Eosinophilen, Plättchen, Leukocyten und 17-Hydroxycorticosteroide beim normalen Menstruationscyclus.** Herman Pepper und Stuart Lindsay. (Proc. Soc. exp. Biol. Med. **104**, 145—47, 1960; Redwood City, Sequoia Hosp.; San Francisco, Calif., Univ. of California, School of Med., Dep. of Pathol.; engl.) — Zur Ovulationszeit lassen sich bei normalen Frauen eine Eosinopenie, Thrombocytose, Leukocytose u. gesteigerter *17-Hydroxycorticosteroid* (I)-Spiegel im Plasma nachweisen. Während der Menstruation kommt es bei den meisten Frauen zu Eosinopenie, Thrombocytopenie u. höherem I-Spiegel. Die Steigerung des I-Spiegels (mit nachfolgender Eosinopenie) wird auf streßartige Belastung bei Ovulation u. Menstruation zurückgeführt. U. Tausendfreund 4572◇

*1321* **Chromatographische Identifizierung von Porphyrinen in verschiedenen Turbellariaspecies.** Edith Krugelis MacRae. (Experientia [Basel] **19**, 77—78, 1963; Chicago, Univ. of Illinois, Coll. of Med., Dep. of Anatomy; engl.) — Durch Chromatographie des HCl-Extraktes in 2.4-Lutidin/W. (10:7) an Whatman Nr. 1 wird in *Dugesia dorotocephala, D. tigrina, D. gonocephala* u. *Cura foremanii* nur *Uroporphyrin* ($R_F$ 0,12) nachgewiesen. *Phagocata gracilis gracilis, Ph. iwanai, Ph. vivivda* u. *Bdellocephala brunnea* enthalten neben *Coproporphyrin* ($R_F$ 0,68) ein nichtidentifiziertes *Porphyrin-Deriv.* ($R_F$ 0,40). Mesoporphyrin zeigt $R_F$ 0,91. Die Porphyrine sind in den Rhabditen der Epidermiszellen lokalisiert. F. Heller 4572◇

*1322* **Wirkung von Röntgenbestrahlung auf die Funktion des Hämoglobins.** Akihiko Kajita, Akio Hashimoto, Taro Okazaki und Koozoo Kaziro. (J. Biochemistry [Tokyo] **49**, 538—47, 1961; Tokyo, Nippon Med. School, Dep. of Biochem.; engl.) — Die Wrkg. von Röntgenstrahlung auf *Pferdehämoglobin* (Hb) wurde an Hand des *Äthylisocyanid* (I)-Gleichgewichtes verfolgt. Die Lichtabsorption des $HbO_2$ in der Soret-Region vermindert sich, es entsteht MetHb u. daneben ein nicht identifiziertes Abbauprodukt. Die Zerstörung des Hb bei 4200 r beträgt ca. 9%. I-Zugabe zu bestrahltem Hb bewirkte ähnliche spektrale Änderungen wie die Zugabe zu nativem Hb. Mit zunehmender Strahlendosis verschiebt sich die Hb-I-Dissoziationskurve nach links u. wird zunehmend asymmetrisch. Bei 6000 r wird sie wieder weitgehend symm., wobei dann aber der Sigmoid-Koeff. 1,0 beträgt (normal 2,4). Die Halbsättigungs-Konz. an I sinkt dabei von $1{,}0 \cdot 10^{-4}$ m auf $8 \cdot 10^{-6}$ m, die Affinität des bestrahlten Hb gegenüber I ist beträchtlich gestiegen. Das I-Gleichgewicht des bestrahlten Hb ist pH-unabhängig. Es wird abgeleitet, daß natives Hb durch Bestrahlung in einer Einstufen-Rk. in einen modifizierten Zustand umgewandelt wird. Bei Aufbewahrung einer Hb-Lsg. bei 4—5° erfolgt eine ähnliche Verschiebung der Hb-I-Dissoziationskurve wie nach Bestrahlung. Der Alterungseffekt führt gleichfalls zur Linksverschiebung u. Abflachung. Diese Alterungsphänomene müssen von den Strahleneffekten abgezogen werden, um die reine Strahlen-Wrkg. zu erhalten. Die Strahlen-Wrkg. ist in konz. Hb-Lsgg. schwächer als in verdünnten, sie ist zwischen pH 5,5 u. 8,0 unabhängig von der $H^+$-Konzentration. *Myoglobin* wird in seiner I-Bindung durch Bestrahlung nicht verändert (bis 4536 r). *Katalase, red. Glutathion* sowie *p-Chlormercuribenzoat* üben eine Schutz-Wrkg. bei der Röntgenbestrahlung des Hb aus. Photooxydation des Hb in Methylenblau-Ggw. führt hinsichtlich der I-Bindung zu entsprechenden Veränderungen wie Röntgenbestrahlung. Der Abbau von bestrahltem Hb zu Verdoglobin ist gegenüber normalem Hb nicht beschleunigt. Bei der Strahlen-Wrkg. dürften die SH-Gruppen des Hb-Mol. vorrangig alteriert werden, sek. kommt es dann zu einer Modifikation der Proteinkonformation. W. Scheler 4572◇

*1323* **Der Gehalt an SH-Gruppen im menschlichen foetalen und Sichelzell-Hämoglobin.** A. C. Allison, R. Cecil und N. S. Snow. (Biochem. J. **74**, 273—76, 1960; London, Mill Hill, Nat. Inst. for Med. Res.; Oxford, Univ., Dep. of Biochem.) — Mittels ampèrometr. Titration mit *Phenylmercurihydroxid* wurden im nativen *menschlichen fötalen Hämoglobin* (HbF) im Mittel 2,0 SH-Gruppen pro Mol., nach Denaturierung mittels Na-Dodecylsulfat 4,2 SH-Gruppen pro Mol. gefunden. Die Best. der einzelnen HbF-Proben schwankte stärker (1,8—2,2 bzw. 3,6—4,5). Im *Sichelzellhämoglobin* (HbS) werden im nativen Zustand 2,2, im denaturierten 6,0 H-Gruppen pro Mol. titriert. Das entspricht somit dem normalen Erwachsenenhämoglobin. W. Scheler 4572◇

*1324* **Die Reaktionskinetik von Schafhämoglobin mit Isocyaniden.** S. Ainsworth, Q. H. Gibson und F. J. W. Roughton. (Proc. Roy. Soc. [London]. Ser. B **152**, 331—45, 1960; Sheffield, Univ., Dep. of Biochem.; Cambridge, Univ., Dep. of Colloid Sci.; engl.) — Von frischem *Schafhämoglobin* (I) bzw. kristallinem *Walmyoglobin* (II) wurde die Rk.-Kinetik mit *Methylisocyanid* (III), *Äthylisocyanid* (IV), *n-Propylisocyanid, Isopropylisocyanid* (V), *Isobutylisocyanid* u. *tert.-Butylisocyanid* (VI) untersucht. Die Initial-Geschw. der Bindung der α-methylierten Isocyanide bei pH 9,1 u. 21° an I nimmt mit steigender Kettenlänge ab; sie liegt für III bei 96, für IV bei 92, für V bei 4,4 u. für VI bei $0{,}2 \cdot 10^3$ $Mol^{-1} \cdot sec^{-1}$. Für die Bindung an II betragen die entsprechenden Werte: III → 135, IV → 65, V → 17, VI → $1{,}6 \cdot 10^3$ Mol. Die Bindung des 4. Isocyanid-Mol. an I ist im Falle des VI jedoch nur ca. 14fach geringer als im Falle des IV, was zur Unterstützung der Paulingschen Theorie angeführt wird, wonach die Bindung des 1. Liganden die ster. Verhältnisse für die Bindung weiterer Liganden begünstigt. Die Dissoziations-Geschw. des 1. Liganden von völlig gesätt. I-Isocyanid- bzw. II-Isocyanid-Komplex ist für alle Isocyanide weitgehend gleich. Damit wird die Affinität der Isocyanide zu I bzw. II prakt. durch eine unterschiedliche Bindungs-Geschw. bestimmt u. nicht (wie im Falle der $O_2$-, CO- u. NO-Komplexe des I) durch die Dissoziations-Geschw. des Komplexes. Eine Ausnahme bildet das I–III, das ca. 50fach schneller dissoziiert als die I-Komplexe mit höheren Alkylisocyaniden. Die Verss. werden im Hinblick auf die Theorie der ster. Hinderung diskutiert. Weiterhin wird betont, daß die Häm–Häm-Wechselwrkg. nicht nur eine Funktion des I-Mol. ist, sondern auch von der Natur des Liganden abhängt. W. Scheler 4572◇

*1325* **Die Häm-Globin-Bindung.** 1. Mitt. **Artifizielle Hämoglobine aus Carboxylgruppenfreien Häminen.** J. E. O'Hagan. (Biochem. J. **74**, 417—23, 1960; Brisbane, Queens-

land, Australia, Red Cross Blood Transfusion Serv., Biochem. Dep.) — Zur Analyse der Häm—Protein-Bindung im menschlichen *Hämoglobin* (*Hb*) wurde nach Abspaltung der prosthet. Gruppe (*Protohämin IX*) das Globin mit verschieden variierten Häminen rekombiniert u. die Eigg. der erhaltenen artifiziellen Hb-Arten untersucht. Folgende Hämine wurden verwendet: *Ätiohämin III*, *Mesohämin IX*, *Dimethylprotohämin IX*, *Tetramethylkoprohämin III*, *Koprohämin III*. Im allg. wurden die rekombinierten Hb-Arten in ihrer Ferristufe, Ferrostufe, als CO bzw. $O_2$-Verbb. spektral untersucht. Aus den Befunden wird geschlossen, daß zwar auch Carboxylgruppen-freie Hb-Arten zur $O_2$-Bindung befähigt sind, daß die Propionyle jedoch zur Stabilisierung der Häm—Protein-Bindung beitragen. So ist z. B. das *Ätiohämoglobin* sehr wenig stabil u. spektral wenig charakteristisch. Die Bldg. eines akt. *Tetramethylkoprohämoglobins* wird als Hinweis auf eine oberflächliche Lage der prosthet. Gruppen im Eiweiß gewertet.
W. Scheler 4572◇

*1326* **Die Häm-Globin-Bindung.** 2. Mitt. **Artifizielle Myoglobine aus Carboxylgruppenfreien Hämatinen.** J. E. O'Hagan und P. George. (Biochem. J. **74**, 424—27, 1960; Philadelphia, Pa., Univ. of Pennsylvania, John Harrison Labor. of Chem.) — 1. vgl. vorst. Referat. — Die Eiweißkomponente des *Pferdemyoglobins* wurde mit *Ätiohämin III*, *Dimethylprotohämin IX* u. *Dimethylmesohämin IX* gekoppelt u. die spektralen Eigg. der entstandenen Ferri-, Ferro- u. CO-Verbb. mitgeteilt. *Ferridimethylmesomyoglobin* ist auch zur Bindung von $F^-$ fähig. Die Befunde weisen darauf hin, daß auch Hämin ohne oder mit veresterten Carboxylgruppen eine anscheinend spezif. Apomyoglobinbindung eingeht.
W. Scheler 4572◇

*1327* **Über den Myoglobingehalt im Herzen und in einigen Skelettmuskeln von Karakullämmern.** I. Ss. Nikolskaja. (Nachr. Akad. Wiss. UdSSR, biol. Ser. **1959**, 250—56, März/April; Ssewertzow-Inst. für Morpholog. der Tiere der Akad. der Wiss. der UdSSR; russ., Auszug: engl.) — Mit zunehmendem Alter des Karakullamms nimmt der Geh. an *Myoglobin* (I) im Herzen u. im Skelettmuskel zu. Unmittelbar nach der Geburt beträgt der I-Geh. im Herzmuskel ca. 360 mg%; im Skelettmuskel kommen nur Spuren von I vor. Bei den Albinoiden sinkt der I-Geh. im Herzmuskel nach 1—2 Monaten, bes. stark nach 6 Monaten (bis zu 50%). In den Skelettmuskeln nimmt der I-Geh. bei den bes. geschwächten Albinoiden nach 6—7 Monaten etwas ab. Der I-Geh. der Muskeln ist von den Aufzuchtbedingungen in den einzelnen Jahren abhängig.
O. Lebtag 4573△

*1328* **Beobachtungen über das Verhalten einiger Furocumarine bei der Hämolyse durch UV-Strahlen.** Giuseppe Caporale und Adolfo Porro. (Atti Ist. Veneto Sci., Lettere Arti, Cl. Sci. mat. natur. **116**, 203—10, 1958; Padova, Univ., Ist. di Chim. farm. e di Patol. med.; ital.) — Durch einen Zusatz von *Furocumarinen* (I; *Psoralin*, *Xanthotoxin*, *Bergaptin*, *Angelicin* oder *Imperatorin*) zu Salzsuspensionen von Erythrocyten vom Kalb wird die hämolyt. Wrkg. der UV-Strahlen stark herabgesetzt, aber die Einw. von hypoton. Lsgg. oder *Saponinen* in keiner Weise gehemmt. Durch Absorption des UV-Lichtes zeigen die I physiolog. Filterwirkung.
G. Platzer 4573◇

*1329* **Ionenzusammensetzung in den Erythrocyten von fötalen, neugeborenen und ausgewachsenen Schafen.** Jack N. Blechner. (Amer. J. Physiol. **201**, 85—88, 1961; New Haven, Conn., Yale Univ., School of Med., Dep. of Physiol.; engl.) — In Erythrocyten von Dorset-Mutterschafen war teils die Na-Konz. höher als die K-Konz., teils umgekehrt, aber bei den Föten war die K-Konz. immer höher als die Na-Konz., bei ihnen war auch die K-Konz. immer höher u. die Na-Konz. immer niedriger als in den Erythrocyten der Muttertiere. Bei Lämmern von Müttern mit hoher Na-Konz. war der Übergang von der fötalen Elektrolyt-Konz. zu der ausgewachsener Tiere 7—8 Wochen nach der Geburt vollzogen.
K. Zingraf 4573◇

*1330* **Über Beziehungen zwischen Glykogengehalt und Retraktionsvermögen von Blutplättchen.** Ellen Weber, Wolfgang Littmann und Rosina Freitag. (Biochem. Pharmacol. **12**, 145—56, 1963; Heidelberg, Univ., Pharmakolog. Inst.; dt.) — Der *Glykogen* (I)-Geh. von Thrombocyten (des Schweines; normal 2,38% der Trockenmasse) geht bei Inkubation in Puffer-Syst. innerhalb von 2 Std. auf 20% zurück. In Plasma u. Glucose–NaCl-Lsg. ist der I-Rückgang verlangsamt; durch $10^{-3}$m *NaF* kann er gehemmt werden. Gutes Retraktionsvermögen der Thrombocyten ist bei hohem I-Geh., schlechte Retraktion bei niedrigem I-Geh. zu verzeichnen (Korrelations-Koeff. + 0,74).
U. Tausendfreund 4573◇

*1331* **Der Einbau von Phosphor in die Zellmembran menschlicher Erythrocyten.** Gunnar Ågren, Birgitta Hallberg und Gunnar Ronquist. (Acta chem. scand. **16**, 1770—78, 1962; Uppsala, Schweden, Univ. of Uppsala, Inst. of Med. Chem.; engl.) — Ungefähr 30 isotopenmarkierte Phosphoproteide u. Serinphosphat wurden aus der Zellmembran roter Blutkörperchen isoliert, die mit $^{32}P$ inkubiert worden waren. Der Einbaugrad u. die pH-Abhängigkeit der Markierung wurden bestimmt. Die Lokalisierung der Phosphoproteide in der Zellmembran sowie die Möglichkeit, die Proteide aus der Membran zu extrahieren, lassen vermuten, daß diese als stoffwechselaktivierte natürliche Ionenaustauscher fungieren. Das Ergebnis soll der Transport des Phosphors durch die Membran sein.
K. Heyns 4573◇

*1332* **Die Hämolyse menschlicher Erythrocyten in Beziehung zur Gitterstruktur des Wassers.** 3. Mitt. **Die Wirkung von Nichtelektrolyten auf die Malonamid-induzierte Hämolyse.** William Good. (Biochim. biophysica Acta [Amsterdam] **50**, 486—94, 1961; Glasgow, Western Infirmary, Dep. of Biochem.; engl.) — 2. vgl. C. **1963**, 1749. — Die Unters. der Hemmung der *Malonamid*-induzierten Erythrocytenhämolyse durch Nichtelektrolyte, bes. durch Kohlenhydrate u. höhere mehrwertige Alkohole (D-Mannit, Glycerin, Dulcit, Erythrit usw.) spricht erneut für die Annahme, daß der wesentliche Faktor beim Mechanismus dieses Vorgangs die Strukturstabilität des W. ist. Die mehrwertigen Alkohole sind strukturbrechende Verbb., u. die $C_4$- u. $C_6$-Vertreter tragen erheblich zur Verzerrung des Gitters bei.
K. Maier 4573◇

*1333* **Leukokinetische Untersuchungen.** 2. Mitt. **Eine Methode zur in vitro-Markierung von Granulocyten mit radioaktivem Diisopropylfluorphosphat ($DF^{32}P$).** A. M. Mauer, J. W. Athens, Helen Ashenbrucker, G. E. Cartwright und M. M. Wintrobe. (J. clin. Invest. **39**, 1481—86, 1960; Salt Lake City, Utah, Univ., Coll. of Med., Dep. of Med.; engl.) — 1. vgl. C. **1961**, 3386. — Vff. beschreiben eine Meth. zur in vitro-Markierung von Granulocyten mit radioakt. *Diisopropylfluorphosphat* (I; $^{32}P$). 500 ml Humanblut einer gesunden Person wurden unter sterilen Bedingungen in Citrat/Dextrose aufgefangen u. bei Raum-Temp. für 1 Std. mit 0,3 $\mu$g I/ml Blut inkubiert. Hiernach wurden dieser Person 20 ml des behandelten Blutes über 10—15 Min. infundiert. Nach 0, 3, 6, 10, 24 u. 30 Std. wurden 20 ml Proben entnommen u. die Radioaktivität (Blood **14**, [1959], 303) bestimmt. 54% der markierten Granulocyten waren während der Infusion aus dem Kreislauf verschwunden. Die restlichen Granulocyten verschwinden nach einem exponentialen Gesetz aus dem Kreislauf. Die durchschnittliche Halbwertzeit war bei 45 gesunden Personen nach 6,6 ± 1,4 Std. erreicht. Das Verhältnis der markierten Zellen zur Zeit des Beginns der Infusion u. am Ende der Infusion u. die Halbwertzeit wurde nicht durch Temp. bei der Inkubation, Konz. an I, Vol. des markierten Blutes u. Typ des Antikoagulans beeinflußt. Das Verhältnis wird jedoch durch die Inkubationszeit beeinflußt: je länger die Inkubationszeit, desto kleiner das Verhältnis. Bei Infusion des markierten Blutes in eine andere gesunde Person wurden in 7 von 10 Fällen gleiche Verhältnisse beobachtet. In 2 Fällen war das Verschwinden der markierten Zellen aus dem Kreislauf beschleunigt. In dem letzten Fall wurden streuende Werte erhalten.
G. Bratfisch 4573◇

*1334* **Proteolytische Aktivität und Polymeraseaktivität von Thrombin.** Ricardo H. Landaburu und Walter H. Seegers. (Amer. J. Physiol. **198**, 173—79, 1960; Detroit, Mich., Wayne State Univ., Coll. of Med., Dep. of Physiol. and Pharmacol.; engl.) — Vff. zeigen, daß die Wrkg. von *Thrombin* (I) nicht auf Abspaltung von Peptiden u. Kohlenhydrat aus *Fibrinogen* (II) beschränkt ist, sondern daß es auch als *Polymerase* für das *Fibrin* (III)-Monomere wirkt. Die übliche Meinung, daß I nicht II koagulieren kann, ist unzutreffend. Dies konnte gezeigt werden, als es gelang,

I mittels 3,0m *Harnstoff* (V) zu zerstören, ohne dabei III zu schädigen. Es ergibt sich folgendes Rk.-Schema: Proteolyse: II + I ⇌ III + P + I (1); Polymerisation: x III + I ⇌ x III — I (Fibringerinnsel) (2); Proteolyse: x III — I → inakt. III + I + $P_2$ (3) (dabei bedeuten „P": Peptide + Kohlenhydrate; $P_2$: Peptide oder andere Rk.-Prodd.). Mit steigender I-Konz. nimmt die Polymerisationszeit ab. *p-Toluolsulfonylargininmethylester* (IV) (der ein Substrat von I ist) verzögert die Polymerisation. Bei einer gegebenen I-Konz. kann die Gerinnungszeit von II umgekehrt proportional der II-Konz. sein. Der größte Teil der Gerinnungszeit muß als Polymerisationszeit angesehen werden; jedoch ist die für Polymerisation benötigte I-Menge gering. In 3m V verliert I irreversibel seine Aktivität. Ist I jedoch durch ein Substrat, wie IV, III oder II, geschützt, so bleibt I in V-Lsg. aktiv. Die Aktivität hängt dann von der IV-Konz. unter Bedingungen ab, unter denen I sich verhält, als ob es mit Substrat gesätt. ist; dabei muß aber IV in der V-Lsg. sein, bevor I zugesetzt wird. — Das „Esterase-I" verwendet auch III als Substrat, ist jedoch keine Polymerase u. wirkt nicht gegen II.
A. Hesse 4574◇

*1335* **Die Identifizierung der Eisen-, Kupfer- und Thyroidhormone-bindenden menschlichen Serumproteine durch Stärkegelelektrophorese.** A. C. Allison. (Experientia [Basel] 15, 281—84, 1959; London, Nat. Inst. for Med. Res.; engl.) — Durch Stärkegelelektrophorese an Serumproteinen wurde bestätigt, daß *β-Globulin*, ident. mit *Transferrin*, als Fe-bindende Komponente u. *Caeruloplasmin*, ident. mit einem *$\alpha_2$-Globulin*, als Cu-bindende Komponente fungiert. Das wichtigste Protein für den Transport des *Thyroxins* ist *Praealbumin*.
K. Heyns 4574◇

*1336* **Untersuchungen der Gerinnung von Kükenblut. 8. Mitt. Die Verwendung von Aluminiumoxid, Eisen-III-oxid, Wismutsulfid, Magnesiumborat und Zinkwolframat zur Differenzierung und Bestimmung von an Strontiumcarbonat nicht adsorbierbaren labilen Faktoren.** Øyvind Sørbye und Inger Kruse. (Acta chem. scand. 16, 2025—40, 1962; Kopenhagen, Polytechn. Inst., Dep. of Biochem. and Nutrit.; engl.) — 7. vgl. C. **1963**, 14391. — Vff. untersuchten verschiedene Sorten Aluminiumoxid, andere Oxide u. Salze auf ihre Adsorptionsfähigkeit für *labile Gerinnungsfaktoren* (I) des Kükenplasmas. Mit sechs verschiedenen Gruppen von Adsorbentien (*Mg*-Borat, *Zn*-Wolframat, *Fe*- u. *Al-Oxid*, *Bi*-Sulfid) wurden sechs verschiedene, an $SrCO_3$ nicht adsorbierbare I (α-, ϑ-, ξ-, ω-, η-, ζ-Faktor), die nicht mit acht früher gefundenen I ident. waren, gefunden. Die Testung der jeweiligen I-Aktivität erfolgte mit früher beschriebenen Meth. mit *Thromboplastin* oder *Russelviperngift*. Mit geringen Ausnahmen wurde die spezif. Aktivität jedes I durch die Konz. der 13 anderen I beeinflußt. P. Walsmann 4574◇

*1337* **Elektrophorese von menschlichem Serumalbumin bei pH 4,0. 3. Mitt. Deutung des elektrophoretischen Verhaltens verschiedener Albuminpräparate.** K. Schmid, A. Polis und S. Takahashi. (Biochim. biophysica Acta [Amsterdam] 57, 48—59, 12/2. 1962; Boston, Mass., Harvard Med. School; Massachusetts Gen. Hosp., Dep. of Med.; engl.) — 2. vgl. C. **1961**, **3051**. — Menschliche *Serumalbumine* werden mit Hilfe der freien Elektrophorese, Papierelektrophorese, Stärkegelelektrophorese u. Ultrazentrifuge untersucht. Meistens erhielt man ähnliche Modelle. Albumine, die ein umgekehrtes Verhältnis der zwei bewegten Fronten zeigten, zerfielen in zwei Gruppen: eine, bei der eine bewegende Grenze bei der Elektrophorese u. keine Änderung mit der Stärkegelelektrophorese u. Ultrazentrifuge auftritt, u. die andere, bei der keine einzige Grenze u. bedeutende Änderungen mit der Ultrazentrifuge u. der Stärkegelelektrophorese im Vgl. mit den Eigg. der meisten Albumin-Präpp. beobachtet werden.
K. Heyns 4574◇

*1338* **Untersuchungen der Wirkung von Quecksilber-II-chlorid (Test nach Gros) auf die Proteine des menschlichen Blutserums durch Elektrophorese und Immunoelektrophorese. 1. Mitt. Quantitative und qualitative Veränderungen der verschiedenen Proteinfraktionen.** P. Monnier, M. Arnavielhe-Bony, C. Sany und J.-C. Thomas. (Trav. Soc. Pharmac. Montpellier 20, 54—62, 1960; Montpellier, Fac. de Pharm., Labor. de Chim. Biol.; franz.) — Vermischt man Blutserum mit $HgCl_2$, so treten 2 Veränderungen ein: 1. quant. Veränderung, wobei eine starke Fällung von γ-Globulinen stattfindet, 2. qual. Veränderungen, die sich auf die Beweglichkeit einiger Fraktionen, bes. auf die der β-Globuline, erstreckt, deren elektrophoret. Beweglichkeit erhöht wird.
F. Zeidler 4574◇

*1339* **Die Verwendung von Harnstoff-Stärkegel-Elektrophorese bei Untersuchungen der reduktiven Spaltung eines $\alpha_2$-Makroglobulins.** M. D. Poulik. (Biochim. biophysica Acta [Amsterdam] 44, 390—93, 1960; Detroit, Mich., Child Res. Center; engl.) — Es wird gezeigt, daß sich die Untereinheiten des *$\alpha_2$-Makroglobulins* („*slow $\alpha_2$-globulin*", *hitzelabiles Glykoprotein*) durch Harnstoff-Stärkegel-Elektrophorese erfolgreich voneinander trennen lassen (Stärkegelelektrophorese zum Nachw. der durch reduktive Spaltung mit Mercaptoäthanol in Harnstoff erzielten Prodd. im Anschluß an Stabilisierung der SH-Gruppen durch Jodacetamid). Die Befunde weisen auf das Vorhandensein von, wenigstens teilweise, durch S—S-Bindungen verbundene Untereinheiten des Makroglobulins. U. Tausendfreund 4574◇

*1340* **Reinigung von Human- und Rinderaccelerin (Serumacceleratorglobulin) an einer Anionenaustauschharzsäule.** K. Korsan-Bengtsen und J. Ygge. (Scand. J. clin. Lab. Invest. 13, 604—08, 1961; Göteborg, Univ., Sahlgren's Hosp., Med. Dep. II; engl.) — Zur Reinigung von *Accelerin* (I) eignet sich am besten eine kurze Dowex-2-Säule; nur bei kurzer Säule gelingt die Elution des akt. Prinzips. Die Pufferentfernung geht an einer Sephadexsäule leicht vor sich. Die Meth. gestattet die Herst. von Human- u. Rinder-I. Bei dem auf diese Weise hergestellten I handelt es sich wahrscheinlich nicht um eine niedermol. Substanz (sie passiert die Sephadexsäule zusammen mit dem Protein, sie ist nicht ultrafiltrierbar u. passiert die Dialysenmembran nicht).
U. Tausendfreund 4574◇

*1341* **Reinigung von menschlichem Thrombin an einer Carboxymethylcellulosesäule.** K. Korsan-Bengtsen und J. Ygge. (Scand. J. clin. Lab. Invest. 13, 591—93, 1961; Göteborg, Univ., Sahlgren's Hosp., Med. Dep. II; engl.) — Im Gegensatz zu Rinderthrombin läßt sich *menschliches Thrombin* (I) nur schwer an einer Amberlite IRC-Säule reinigen. Für I-Reinigung empfiehlt sich die Verw. einer *Carboxymethylcellulose*-Säule, mit deren Hilfe die Trennung des I von inakt. Proteinen gelingt; anschließend werden Puffer u. NaCl an einer Sephadexsäule entfernt. Es ergibt sich I von hoher Reinheit in guter Ausbeute.
U. Tausendfreund 4574◇

*1342* **Orte der Bildung von Immunglobulinen und einer $C'_3$-Komponente. 1. Mitt. Eine neue Technik zum Nachweis der in vitro-Synthese individueller Serumproteine durch Gewebe.** G. M. Hochwald, G. J. Thorbecke und R. Asofsky. (J. exp. Medicine **114**, 459—70, 1961; New York, N.Y., New York Univ., School of Med., Dep. of Pathol.; engl.) — Die Bldg. von *γ-Globulin*, *$\beta_2$-Makroglobulin* u. einer $C'_3$-Komponente durch Mäusemilzgewebe u. von anderen Serumproteinen durch Lebergewebe wurde durch Einbau *$^{14}C$*-markierter Aminosäuren durch Gewebe in vitro u. anschließende Autoradiographie der Mikroimmunoelektrophorogramme aus einem Gemisch von Kultur-Fl. u. Trägerserum mit einem Antiserum zu letzterem untersucht. Die aus einem Kaninchenserum mit Mäuseserum erhaltenen Immunelektrophorogramme wurden mit den in der Literatur beschriebenen verglichen.
K. Maier 4574◇

*1343* **Bindung von Heparin an Fibrin(ogen).** H. C. Godal. (Scand. J. clin. Lab. Invest. 13, 550—52, 1961; Oslo, Rikshosp., Univ. Hosp., Inst. for Thrombosis Res.; engl.) — Es wird gezeigt, daß *Heparin* (I) während der Koagulation von *Fibrinogen* (II) durch Thrombin an *Fibrin* (III) in stöchiometr. Verhältnis gebunden wird. 2 mg III binden ca. 10 μg I. Wenn I-behandeltes II hitzegefällt oder durch A. in der Kälte gefällt wird, wird I ebenfalls gebunden. Albumin u. andere Plasmabestandteile hemmen die I-Bindung.
U. Tausendfreund 4574◇

*1344* **Mechanismus der koagulationsfördernden Wirkung von Fettsäuren und synthetischen Anionendetergentien.** K. Korsan-Bengtsen und J. Ygge. (Scand. J. clin. Lab. Invest. 13, 594—603, 1961; Göteborg, Univ., Sahlgren's Hosp., Med. Dep. II; engl.) — Die Wrkg. von *Fettsäuren* u. *synthet. Detergentien* auf die *Thrombin*-Bldg. ist nicht ident. mit der Wrkg. von zur Lysis gebrachten erhitzten Thrombocyten oder

Lipidmaterial des Gehirns. Zusammen mit einer Substanz aus Proaccelerin oder rohem Accelerin wird die Aktivität der Fettsäuren u. Detergentien derjenigen des Lipidmaterials des Gehirns oder der Thrombocyten jedoch ähnlich.
U. Tausendfreund 4574◇

*1345* **Probleme bei der Behandlung mit Antikoagulantien und Fibrinolytica.** F. K. Beller. (Arzneimittel-Forsch. **12,** 365–70, April 1962; Tübingen, Univ.-Frauenklinik; dt.) — In der Übersicht wird auf *Heparin* u. die *Heparinoide* (Präpp. *Thrombocid, Eleparon, Dexulate, Heparinoid* Geigy) ihre Wirkungsweise u. ihre wesentlichen Nebenwrkg. eingegangen. Heparinoide sollten wegen ihrer größeren Toxizität bei hoher Dosierung nicht länger als 6–8 Tage gegeben werden. Bei den Cumarinen bzw. Indandionen (Präpp. *Marcumar, Tromexan, Sintron*), die als Antithrombotica nur die Prothrombin-Synth. in der Leber blockieren, wird auf das Problem der Überwachung der Therapie bes. hingewiesen. Schließlich werden die bisherigen Kenntnisse über die Thrombolytica, bei denen die Rethrombosierung eine Rolle spielt, besprochen. — 56 Literaturhinweise. K. Böhm 4574◇

*1346* **Regulation des Umsatzes der freien Fettsäuren des Plasmas.** D. T. Armstrong, R. Steele, N. Altszuler, A. Dunn, J. S. Bishop und R. C. De Bodo. (Amer. J. Physiol. **201,** 9–15, 1961; Upton, N.Y., Brookhaven Nat. Labor., Dep. of Biol.; New York City, N.Y., New York Univ., School of Med., Dep. of Pharmacol.; engl.) — Vgl. C. **1962,** 11988. — Bei Hunden werden unter verschiedenen Bedingungen durch Veränderungen in der Produktion *freier Fettsäuren* (I) Veränderungen in der Konz. von freien I im Plasma ausglöst. Veränderungen in der Aufnahme von freien I sind einfache Massen-Wrkg.-Effekte von Veränderungen der Konz. von freien I. Etwa ein Viertel des gesamten ausgeatmeten $CO_2$ stammt von freien I nach deren Resorption. Bei Konzz. von 0,081–3,31 $\mu$-Äquivalenten freier I/Liter im Plasma betrug ihr Umsatz 2,1–58,8 $\mu$-Äquivalente I/kg/min.
K. Zingraf 4574◇

*1347* **Serumlipoproteinspiegel von Meriones unguiculatus bei Hypercholesterinämie.** Samuel Gordon und Walter P. Cekleniak. (Amer. J. Physiol. **201,** 27–28, 1961; Pearl River, N.Y., Lederle Labor., Div. of Amer. Cyanamid Co., Biochem. Dep.; engl.) — *Meriones unguiculatus* entwickelt bei Zusatz von 1% *Cholesterin* zum Futter innerhalb einer Woche eine maximale Hypercholesterinämie, an die sich eine allmähliche Abnahme auf über der Norm liegende Werte anschließt. Atherom-Bldg. konnte innerhalb von 6 Monaten nicht beobachtet werden. Die höchsten Serumlipoprotein-Konzz. wurden in den $S_f$-Klassen 35–100 u. 100–400, nach 90 Tagen jedoch in den $S_f$-Klassen 0–10 u. 10–20 gefunden.
K. Zingraf 4574◇

*1348* **Wirkung von Harnstoff auf das Verhalten des Proteinanteils gelöster Human-Serum-α-Lipoproteine.** S. S. Sanbar und P. Alaupovic. (Biochim. biophysica Acta [Amsterdam] **71,** 235–36, 1963; Oklahoma, Okla., Univ., School of Med., Dep. of Chem.; Med. Res. Inst., Cardiovascular Sect.; engl.) — Der Proteinanteil hochgereinigter *α-Lipoproteine* des menschlichen Serums (d 1,063–1,210 g/ml) wurde isoliert u. seine Homogenität durch Ultrazentrifugierung, Elektrophorese, Best. der Endgruppen u. biolog. Verss. nachgewiesen. Es wurde der Beweis geliefert, daß das Protein monomer ist u. in 0,15m NaCl, Phosphatpuffer- u. Veronalpuffer-Lsgg. Aggregation erleidet. Die Zugabe von *Harnstoff* oder Zunahme des pH führt zur teilweisen Dissoziation der Aggregate zur monomeren Form, ohne daß eine Denaturierung festgestellt wurde. H. Aman 4574◇

*1349* **Über die behauptete Wechselwirkung in vitro zwischen Plasma-β-Lipoproteinen und Mucopolysacchariden der Aorta.** C. J. F. Böttcher, F. P. Woodford und F. B. Klynstra. (J. Atherosclerosis Res. [Amsterdam] **3,** 24–31, 1963; Leiden, Univ., Dep. of Physical Chem.; engl.) — Nachprüfung der Befunde von Gerö u. Mitarbeitern (J. Atherosclerosis Res. [Amsterdam] **1,** [1961], 67) über die Komplex-Bldg. zwischen *Mucopolysacchariden* (I) der Aortenwandung u. *β-Lipoproteinen* des Plasmas bei Papierelektrophorese ergab auch bei Variation der Bedingungen keine Komplexbildung. Vermutlich kommt es nur dann zur Komplex-Bldg., wenn den I-Präpp. noch Proteinreste anhaften. Wenn sich auch Wechselwrkg. zwischen gebundenen arteriellen I u. Plasmaproteinen in vivo nicht ausschließen lassen, so kommen sie doch offenbar zwischen rein isolierten I u. intakten Plasmaproteinen während Papierelektrophorese nicht vor.
U. Tausendfreund 4574◇

*1350* **Ein Mikroschnellverfahren zur Bestimmung von freiem und verestertem Cholesterin im Blutserum unter Verwendung der Kieselsäuretrennung.** B. G. Creech und Bettie W. Sewell. (Analyt. Biochem. [New York] **3,** 119–23, 1962; Houston, Tex., Texas Med. Center, Methodist Hosp.; engl.) — Entfettetes u. deproteinisiertes Serum wird an einer $SiO_2$ (Unisil)-Säule durch Elution mit Bzl.–Hexan (1 : 1) von *verestertem Cholesterin* (II) getrennt, worauf *freies Cholesterin* (I) mittels Chlf. eluiert wird. In bekannter Weise wird dann colorimetriert. — Größere Abweichungen vom Normalwert ca. 2,6 für das I/II-Verhältnis zeigen Lebererkrankung an (1,1–1,8). O. Jansen 4574◇

*1351* **Eine neue Methode zur Isolierung der „reinen" klinischen Dextranfraktion durch Phosphatfällung.** L. Lacko, J. Málek und J. Dvoráková. (Chem. and Ind. **1958,** 1553–54; Prague, Inst. of Haematol. and Blood Transfus.; engl.) — An Stelle des bisher verwendeten A. oder Acetons zur Abtrennung der hochmol. Anteile von Dextranhydrolysaten zur Gewinnung von *klin. Dextran* als Plasmaexpander wird $Na_3PO_4$ verwendet, d. h. bei Aufarbeitung von 100 Litern Hydrolysat werden 25,9 Liter A. durch 600 g Phosphat ersetzt. P. Gregorzewski 4576◇

*1352* **Bence-Jonessche Eiweißkörper.** 1.Mitt. **Kristallisation und Molekulargewicht.** A. Holasek, I. Pascher und H. Hauser. (Mh. Chem. **92,** 463–67, 1961; Graz, Univ., Medizin.-chem. Inst. u. Pregl-Labor.; dt.) — Drei Bence-Jonessche Eiweißkörper wurden aus dem Harn Myelomkranker in kristalliner Form isoliert. Die $S_{20,w}$ betragen 3,91, 3,60 u. 4,04, die Diffusions-Konst. $D_{20,w}$ 7,02, 7,71 u. 6,71. Die resultierenden Molgew. sind 51200, 43000 u. 55300.
K. Heyns 4577◇

*1353* **Partielle Synthesen von $\Delta^{16}$-Androsten-3α-ol und deren β-Glucuronosidbestimmung im Harn.** B. W. L. Brooksbank und G. A. D. Haslewood. (Acta endocrinol. [Copenhagen], Suppl. Nr. **51,** 1023–24, 1960; London, Guy's Hosp., Med. School; engl.) H. Herper 4577□

*1354* **Eine vereinfachte Methode zur Bestimmung von Xylose im Harn.** J. Kerstell. (Scand. J. clin. Lab. Invest. **13,** 637–41, 1961; Gothenburg, Sahlgren's Hosp., Labor. for Clin. Chem.; engl.) — Zur Vereinfachung der *Xylose*-Best. im Harn nach Roe u. Rice [1948] kann die Eliminierung von *Protein* weggelassen werden (Harn ist auf 1 : 50 bis 1 : 200 zu verdünnen), falls der Protein-Geh. im unverd. Harn 6% nicht übersteigt; ebenso ist die *Chromogen*-Korrektur durch Verw. individueller Lehrproben überflüssig, da auch die Ablesung gegen Standardleerproben korrekte Werte ergibt. *Glucose* bis zu 4% des unverd. Harns stört nicht.
U. Tausendfreund 4577◇

*1355* **Inaktivität der cerebrospinalen Flüssigkeit bei der Regelung der Blut-Glucose-Konzentration.** Henry A. Sloviter und Kazuki Sakata. (Amer. J. Physiol. **204,** 153–56, 1963; Philadelphia, Pa., Univ. of Pennsylvania, School of Med., Harrison Dep. of Surg. Res.; engl.) — An Hunden u. Kaninchen ausgeführte Unterss. zeigen, daß steigende oder fallende Konzz. der cerebrospinalen Fl. an *Glucose* (I) die Blut-I-Konz. nicht signifikant beeinflussen. Diese wird auch durch Ggw. von 2-Desoxy-d-glucose oder d-Ribose in der spinalen Fl. nicht beeinflußt, obwohl diese Verbb. bei i.v. Verabreichung eine deutliche Wrkg. zeigen. Die Injektion von *Insulin* (II) in die spinale Fl. hat keinen Einfl. auf die Blut-I-Konz., außer wenn es sich um große Mengen II handelt, die dann die I-Konz. vermindern. W. Wesly 4578◇

*1356* **Über Veränderungen in der Aminosäurezusammensetzung des enteiweißten Liquor cerebrospinalis bei Leber- und Niereninsuffizienz.** Dieter Müting. (Klin. Wschr. **38,** 1000–01, 1960; Homburg/Saar, Univ., Medizin. Klinik; dt.) — 20–25 freie *Aminosäuren* (I), manche davon nur in Spuren, sind im Liquor cerebrospinalis gesunder Erwachsener nachweisbar. Sowohl bei schwerer Leber- als auch bei Niereninsuffizienz kommt es zu erheblichen quant. u. qual. Veränderungen in den Geh. des Liquors an freien I u. anderen Eiweißabbauprodukten. Bes. gestört scheint der oxydative Abbau von *Methionin, Tyrosin, Glutamin* (II) u. *Glycin* (III) im Coma hepaticum u. der von *Tryptophan, Alanin,* II u. III im Coma uraemicum zu sein. Als Ursachen dafür nimmt man neben einer verschlechterten oxydativen Desaminierung der I eine erhöhte Durchlässigkeit der Blut–Liquor-Schranke an. F. O. W. Meyer 4578◇

*1357* **Saure Desoxyribonucleaseaktivität bei der Amphibienmetamorphose.** John R. Coleman. (Biochim. biophysica Acta [Amsterdam] **68,** 141—43, 1963; Baltimore, Md., Carnegie Inst. of Washington, Dep. of Embryol.; engl.) — Die Best. erfolgte durch Inkubation einer Lsg. makromol. *Desoxyribonucleinsäure* mit Schwanzgewebehomogenaten von Kaulquappen von *Rana catesbeiana* u. Messen der Extinktion bei 260 mμ nach Zugeben von verd. $HClO_4$ zu Aliquoten. Das Verschwinden des Schwanzes ist mit einem Anstieg der *Desoxyribonuclease*-Aktivität verbunden. G. Seltmann 4583◇

*1358* **Zunahme von Trypsinhemmstoff im Serum während der Schwangerschaft.** Hans J. Faarvang und O. S. Lauritsen. (Nature [London] **199,** 290—91, 1963; Copenhagen, Carlsberg Foundat., Biol. Inst.; Rigshosp., Med. Dep. A; engl.) — Das Serum von nichtschwangeren Frauen enthielt 300—1965 Einheiten *Trypsinhemmstoff* (I)/ml. Während der Schwangerschaft (bes. während des 2. u. 3. Drittels) nahm die Konz. von I im Serum u. seine Ausscheidung im Harn beträchtlich zu. K. Zingraf 4583◇

*1359* **Geschlechtschromatin in der Leber von Hühnerembryonen.** W. Ja. Asarowa. (Ber. Akad. Wiss. UdSSR **140,** 1471—72, 1961; Inst. für exp. Med. der Akad. der Med. Wiss. der UdSSR; russ.) — Die Unterss. an der Leber von Hühnerembryonen nach 16 Tagen Inkubation ergaben bei weiblichen Embryonen die Ggw. von *Geschlechtschromatin* (I) in 71,48% der untersuchten Zellkerne, bei männlichen Embryonen nur bei 15,52%. Das Auftreten von I in den interkinet. Kernen hängt nicht mit dem Vorhandensein der doppelten Zahl von Chromosomen zusammen. I ist ein cytolog. Merkmal des weiblichen Geschlechts. O. Lebtag 4583△

*1360* **Umgebungstemperatur und Überleben bei einer Proteinmangeldiät.** I. Andik, Sz. Donhoffer, Maria Farkas und P. Schmidt. (Brit. J. Nutrit. **17,** 257—61, 1963; Pecs, Ungarn, Univ., Med. School, Inst. of Pathophysiol.; engl.) — 4 Gruppen von jungen Albinoratten wurden unter verschiedenen Bedingungen gehalten, um das Überleben in der Kälte bei vorher unter Raum-Temp. ungenügender Proteinzufuhr zu klären. Gruppe 1: Diät mit 22% Protein; Haltung bei Raum-Temp. (20—24°, im Mittel 21°). Gruppe 2: 6,2% Protein; Raumtemperatur. Gruppe 3: 4,3% Protein; Raumtemperatur. Gruppe 4: 4,3% Protein; Raum-Temp.; nach 3 Wochen Übersiedlung in einen Kühlraum (5°) für 7—9 Wochen, dann Verbringen wiederum in Raumtemperatur. Gruppe 2 zeigte gegenüber Gruppe 1 ein deutlich vermindertes Wachstum; die Tiere der Gruppe 3 starben nach starkem Gew.-Verlust alle innerhalb 6 Wochen. Gruppe 4 zeigte sofort nach ihrer Aufnahme in dem Kühlraum ein starkes Wachstum, das Zurückbringen in die Raum-Temp. hatte Tod zur Folge. Während des Aufenthalts im Kühlraum wurde mehr Futter aufgenommen. J. Trupke 4585◇

*1361* **Aminostickstoffbilanz bei der Aminofusinbehandlung schwerer akuter Ernährungsstörungen im Säuglingsalter.** G. Erdmann und W. Heine. (Klin. Wschr. **38,** 1001—02, 1960; Rostock, Univ., Kinderklinik; dt.) — Schwere akute Ernährungsstörungen bei Säuglingen können durch Behandlung mit äquilibrierten Aminosäuregemischen unter Zusatz von Kohlenhydraten, bes. *Sorbit* (I), entscheidend gebessert werden. Das „Aminofusin-Pfrimer" enthält neben Elektrolyten, Vitaminen u. I vor allem auch die essentiellen u. hemiessentiellen Aminosäuren. Es schien daher bes. geeignet, bei parenteraler Ernährung von Säuglingen die N-Bilanz zu stabilisieren. Schwerkranke Säuglinge mit Toxikose u. Prätoxikose erhielten bei völliger Nahrungskarenz dieses Aminofusin als i.v. Dauertropfinfusion. Nicht selten wirkte diese Maßnahme als lebenserhaltend. F. O. W. Meyer 4585◇

*1362* **Nachweis natürlicher, die Verwertung von Zink durch Küken unterstützender Chelate.** M. L. Scott und T. R. Zeigler. (J. agric. Food Chem. **11,** 123—25, 1963; Ithaca, N.Y., Cornell Univ., Dep. of Poultry Husbandry; engl.) — Manche natürliche Futterstoffe (Casein, Leberextrakt) enthalten Faktoren, die die Resorption u. Stoffwechselverwertung von *Zn* verbessern. Da die Zn-Verwertung auch durch Zusatz von *Äthylendiamintetraessigsäure* zur Diät von Küken verbessert wird, müssen die wirksamen Prinzipien in natürlichen Futterstoffen natürliche Chelate sein, die Transport u. Verwertung notwendiger mineral. Nährstoffe verbessern. W. Wesly 4585◇

*1363* **Der durch Unterschiede in der Stickstoffdüngung und durch das Reifestadium beeinflußte Nährwert von im Herbst geerntetem Küsten-Bermudagras-Heu.** R. A. Alexander, J. F. Hentges jun., J. T. McCall, H. W. Lundy, N. Gammon jun. und W. G. Blue. (J. Animal Sci. **20,** 93—98, 1961; Gainesville, Fla., Florida Agric. Exp. Stat.; engl.) — Vff. führten Fütterungs- u. Verdaulichkeits-Verss. mit Rindern u. Schafen durch, um die Einfl. von 2 N-Düngungsvarianten (50 bzw. 100 lbs./acre) u. 2 Erntevarianten (Mitte Oktober u. Anfang Dezember) auf Nährstoff-Zus., Verdaulichkeit u. Futterwert von Küsten-Bermudagras (Cynodon dactylon)-Heu zu prüfen. Bei spätem Schnittzeitpunkt u. geringerer N-Düngung gingen Futter (Heu)-Aufnahme, Lebendmassezunahmen der Tiere sowie Rohprotein-Geh. u. -verdaulichkeit des Heus zurück u. umgekehrt. H.-D. Bock 4585◇

*1364* **Wasserlösliche Futterkomponenten und ihr Einfluß auf die Stoffwechselaktivität des Pansens.** A. Bondi und H. Tagari. (Bull. Res. Council Israel, Sect. A **9,** 143—48, 1960; Rehovot, Hebrew Univ., Fac. of Agric., Dep. of Animal Nutrit.; engl.) — Der Geh. an *Mono-* u. *Disacchariden,* an *Fructosanen* u. *Nichtproteinen* (freie Aminosäuren, Peptide u. Amide) wurde in fünf verschiedenen Grünfuttern u. Heu ermittelt. Der Pansensaft (PS) wurde Schafen entnommen, denen die obigen Futtermittel verabreicht wurden. Die Stoffwechselaktivität des PS wurde durch seine Einw. auf grobes Mehl u. Sojabohnenprotein ermittelt, wobei die Celluloseverdauung (CV) u. das freigesetzte $NH_3$ als Index der metabol. Aktivität dienten. Es konnte kein Verhältnis zwischen der CV u. der Desaminierungskapazität (DK) des PS gefunden werden. Die DK des Pansensaftes von mit Heu gefütterten Schafen überstieg die Werte, die für Grünfutter erhalten wurden. L. Macher 4585◇

*1365* **Statistische Untersuchungen über die Beziehung zwischen Diätlinolat und Fettsäuren in den Herz- und Blutlipiden.** W. O. Caster und Ralph T. Holman. (J. of Nutrit. **73,** 337—46, 1961; Minneapolis and Austin, Minn., Univ. of Minnesota, Dep. of Physiol. Chem.; engl.) — Es werden variierte Gaben an *Linolsäure* (I) u. gesätt. Fettsäuren an Ratten verabfolgt u. die Herz- u. Blutlipide auf ihren Geh. an Dien, Trien, Tetraen, Pentaen u. Hexaen untersucht. Die Ergebnisse bilden die Grundlage für die vorgenommene statist. Auswertung der Korrelationen zwischen den einzelnen Variablen. Es besteht eine strenge Beziehung zwischen I u. der Herzlipid-Zus., eine weniger ausgeprägte Beziehung zwischen I u. der Plasma- bzw. Erythrocytenlipidzusammensetzung. Es wird eine positive Korrelation zwischen I-Aufnahme u. Dien-, Tetraen- u. Pentaen-Konz. in den Gewebelipiden, dagegen eine negative zwischen I-Aufnahme u. Trien im Gewebelipid festgestellt. A. Täufel 4585◇

*1366* **Dialyse von Thiamin und seinen Phosphorsäureestern in Rattenleberhomogenaten.** Ulderico Ventura. (Ric. sci., Parte II, Sez. B [2] **2,** 273—78, 1962; Pavia, Univ., Ist. di Fisiol. umana; ital.) — Lsgg. von reinem *Thiamin* (I), I-*Monophosphat,* I-*Diphosphat* oder I-*Triphosphat* sind innerhalb von 8—9 Std. vollständig dialysiert. Die Dialyse-Geschw. ist dem Molgew. umgekehrt proportional. Bei der Dialyse von Rattenleberhomogenaten in 0,05m Trispufferhydrochlorid bei pH 7,4 ist freies I in 24 Std. vollständig, verestertes I in 3 Std. nur zu 69,7% dialysiert. K. Zingraf 4587◇

*1367* **Über die Antithiaminwirkung einiger Phenolderivate und ihren Wirkungsmechanismus.** A. Koller und J. C. Somogyi. (Int. Z. Vitaminforsch. [Bern] **33,** 196—206, 1963; Rüschlikon-Zürich, Inst. für Ernährungsforsch.; dt.) — Unterss. über die *Thiamin*-Hemmung durch phenol. Substanzen ergaben, daß diese durch *Brenzcatechin* (I) unabhängig vom pH ist, mit zunehmender Temp. ansteigt u. bei 90° von der Vers.-Dauer abhängig ist. $O_2$ ist ohne Einfluß. Die inakt. Additions-Verb. I-*Thiamin* läßt sich mit Kationenaustauschern spalten, Thiamin kann quant. zurückgewonnen werden. Die Antithiaminaktivität (a) ist bei den 2wertigen Phenolen am höchsten u. fällt von der meta-

über die ortho- zur para-Stellung ab. Substitution bzw. Verätherung führt zu starker Verminderung der a, eine Ausnahme bildet *Hydrochinonmonomethyläther*. Eine Verringerung der a wird auch durch Erhöhung der Salz-Konz. der Vers.-Lsg. erzielt. Zur Unters. gelangten: *Phenol*, I, *Resorcin* (II), *Hydrochinon*, *Pyrogallol*, *Phloroglucin*, *DL-β-Dihydroxyphenylalanin*, *Orcin*, *1.3-Dihydroxynaphthalin*, *Guajakol*, *Veratrol*, II-*Mono-* u. *-Dimethyläther*, *Hydrochinonmono-* u. *-dimethyläther*, *Quercetin* u. *Quercitrin*.
H. Ackermann 4587◇

*1368* **Die Ausscheidung von Thiamin durch die Nieren während Verabreichung von Probenecid(p-[Di-n-propylsulfamyl]-benzoesäure).** H. N. Haugen. (Scand. J. clin. Lab. Invest. **13**, 661—64, 1961; Oslo, Univ., Inst. for Med. Biochem. and Physiol.; engl.) — *Probenecid* (1,5 g) führt bei Gesunden zu einer Verminderung der *Thiamin* (I)-Ausscheidung durch die Nieren um 30—60%, auch wenn I-Hydrochlorid peroral verabreicht wird. Eine Erklärung findet sich im Zwei-Wege-Mechanismus der tubulären I-Behandlung, der Rückresorption u. Sekretion, welche beide nicht nur bei großen I-Dosen, sondern auch bei geringer I-Ausscheidung tätig sind. U. Tausendfreund 4587◇

*1369* **Die Wirkung von Cocarboxylase auf das Herzminutenvolumen bei akuter Hypoxie.** Z. Nagy und J. Skolnik. (Acta mec. Acad. Sci. hung. **19**, 59—66, 1963; Budapest, Univ., Med. School, II. Dep. of Med.; engl.) — Beim Hund wird die durch akute arterielle Hypoxie hervorgerufene Erhöhung des Herz-Min.-Vol. durch 50 mg *Cocarboxylase* (*Thiaminpyrophosphat*; I; i.v.) vermindert, obwohl die arterielle $O_2$-Sättigung nicht verbessert wird; vermutlich besteht bei Hypoxie ein relativer oder abs. I-Mangel. Bei normaler $O_2$-Sättigung hat I jedenfalls keinen Einfl. auf das Herz-Min.-Volumen. U. Tausendfreund 4587◇

*1370* **Folsäureaktivität in Rattengeweben vor und nach Pteroylglutaminsäurebelastung.** N. Grossowicz, M. Rachmilewitz und G. Izak. (Proc. Soc. exp. Biol. Med. **112**, 486—89, 1963; Jerusalem, Hebrew Univ., Hadassah Med. School, Dep. of Bacteriol., Hematol. Res. Labor.; Dep. of Int. Med. B; engl.) — Best. der *Folsäure* (I)-Aktivität mit Hilfe der *Lactobacillus casei*-Biometh. (Gesamt-I-Aktivität) erbrachte bei (70 normalen) Ratten im Blut einen 25fach höheren Wert als die biolog. I-Best. mit Hilfe von *Streptococcus faecalis* (Monoglutamat-Aktivität) u. *Pediococcus cerevisiae* (red. I-Aktivität), während die Aktivitäts-Best. in Leber, Nieren, Milz u. Darm nach den genannten Meth. ein Verhältnis von 1,4:1:1 ergab; über 50% der I-Derivv. in den Rattengeweben dürften demnach in red. Form vorliegen. Intraperitoneale Injektion von 2 μg *Pteroylglutaminsäure*/g bewirkte eine vorübergehende Erhöhung der mit der Lactobacillus casei- u. Streptococcus faecalis-Meth. erzielbaren Werte (Rückgang nach 6—24 Std.), ließ jedoch die mit der Pediococcus cerevisiae-Meth. ermittelten Werte unverändert.
U. Tausendfreund 4587◇

*1371* **Vergleichende Vitamin-$B_6$-Aktivität von gefrorenen, bestrahlten und hitzebehandelten Nahrungsmitteln.** L. R. Richardson, Stella Wilkes und S. J. Ritchey. (J. of Nutrit. **73**, 363—68, April 1961; College Station, Tex., Texas Agric. Exp. Stat., Agric. and Mech. Coll. of Texas, Dep. of Biochem. and Nutrit.; engl.) — An ausgewählten Nahrungsmitteln (Rindsleber, Kraut, grüne Bohnen, Limabohnen, süße Kartoffeln), die durch Gefrieren (—20°), durch Bestrahlen mit γ-Strahlen (2,79 u. 5,58 megrad) sowie durch Hitzebehandlung haltbar gemacht sind, wird die *Vitamin-$B_6$*-Aktivität (I) im Verlaufe einer bis 15 Monate dauernden Lagerung bestimmt. Für die I-Best. dienen Ratten, deren Wachstum nach Verabfolgung der zu testenden Nahrungsmittel ermittelt wird. Nach den nach Ablauf von 9 u. 15 Monaten vorgenommenen Best. vermindern sich die I-Werte in jeder der drei Vorratsformen. Bei Limabohnen u. süßen Kartoffeln verzögert sich hingegen die I geringer, wahrscheinlich durch Freisetzung der gebundenen Form des $B_6$-Vitamins. Nach den Ergebnissen ist Gefrieren die schonendste Methode. I der hitzebehandelten u. bestrahlten Nahrungsmittel beträgt nur 40—60% der gefrorenen Proben. A. Täufel 4587◇

*1372* **Veränderungen der Aminosäurenkonzentrationen von Rattenleber durch diätetischen Mangel an Pyridoxin, Biotin und Folsäure.** G. B. Nadkarni und A. Sreenivasan. (Proc. Indian Acad. Sci., Sect. B **47**, 193—201, April 1958; Bombay, Univ., Dep. of Chem. Technol.; engl.) — Vff. stellen fest, daß bei diätet. Mangel an *Vitamin $B_6$* u. *Folsäure* ein Absinken der Aminosäure-Konz. in der Rattenleber eintritt. Der Effekt trat nicht bei *Biotin*-Mangel auf.
K. Hermann 4587◇

*1373* **Untersuchungen über Vitamin $B_{12}$ im Blut. 2. Mitt. Die Bestimmung von freiem Vitamin $B_{12}$ im Blut.** J. Hayashi und K. Iwamoto. (J. agric. chem. Soc. Japan [Nippon Nogeikagaku Kaishi] **30**, 399—401, 1956; Shiga Agric. Coll., Biochem. Labor.; jap.) — 1. vgl. C. **1950/54**, 4080 S.
H. Krause 4587△

*1374* **Untersuchungen über die Beziehungen zwischen Vitamin $B_{12}$ und der Schilddrüse.** Cs. Hadnagy, M. Mózes Sz. P. Erdei und L. M. Nagy. (Int. Z. Vitaminforsch. [Bern] **33**, 141—50, 1963; Tirgu-Mures, Roumanie, Clin. Méd. II et Inst. de Physiopath.; franz.) — Unterss. an Ratten ergaben, daß die Sauerstoffverwertung durch *Vitamin $B_{12}$* (I) nicht beeinflußt wird. Bei Hyperthyreotikern hemmt es die Abnahme der *Glucose* (II)-Toleranz bei Verabreichung von 1000 μg I. Bei Myxödematösen konnte eine Erhöhung der II-Resorption durch I festgestellt werden.
H. Ackermann 4587◇

*1375* **Untersuchungen über die Anreicherung einiger Nahrungsmittel mit Vitamin $B_{12}$.** 3. Mitt. **Über die Übertragung von Vitamin $B_{12}$ von in fermentierten Reiskleieprodukten eingelegtem Gemüse.** Jūsaku Takahashi und Yoshikazu Sahashi. (Vitamins [Kyoto] **21**, 466—70, 1960; Utsunomiya, Utsunomiya Univ., Fac. of Agricult.; Tokyo, Tokyo Agricult. Univ., Dep. of Agricult. Chem., Labor. of Biochem.; jap., Auszug: engl.) — 2. vgl. C. **1962**, 550. — Radies u. Gurken werden in fermentierte Reiskleie-Prodd. eingelegt u. die Diffusion von *Vitamin $B_{12}$* (I) in die Gemüse untersucht. Beide Gemüse nehmen in ihrem I-Geh. zu. Der maximale Geh. wird bei Gurken nach 4—5 u. bei Radies nach 7 Tagen erreicht. Zu Gurken gegebenes I nimmt innerhalb von 1 bis 2 Wochen um 44—58% ab. $K_3[Fe(CN)_6]$ u. $K_4[Fe(CN)_6]$ verhüten diese I-Abgabe. W. Hiller 4587◇

*1376* **Bestimmung des Intrinsic factors mittels Antiintrinsic-factor-Serum in vitro.** J. Abels, W. Bouma und H. O. Nieweg. (Biochim. biophysica Acta [Amsterdam] **71**, 227—29, 1963; Groningen, State Univ., Dep. of Med., Div. of Haematol.; engl.) — Bei den an Hunden mittels $^{58}Co$ markiertem *Vitamin $B_{12}$* (I) durchgeführten Verss. wurde gefunden, daß nur solches Material in seiner I-bindenden Kapazität bei Berührung mit Antiintrinsic-factor-Serum abnimmt, wenn es eine *Intrinsic-factor* (II)-Aktivität in vivo besitzt. Das Antiintrinsic-factor-Serum unterscheidet anscheinend spezif. u. nichtspezif. II-Bindungsvermögen. Bei Unters. von Proben mit unbekannter I-bindender Kapazität (die nicht ident. ist mit der durch II bewirkten I-Bindung) ist die Abnahme im normalen menschlichen Magensaft deutlicher, wenn seine I-Bindungskapazität nahezu abgesättigt ist. Die I-bindende Kapazität des Serums selbst kann die Resultate bis zu einem gewissen Grad beeinflussen. Die kann vermieden werden, wenn man eine Fällung des Serums mit 34% Ammoniumsulfat verwendet, welche die gesamte Antiintrinsic-factor-Aktivität enthält. Die Best. der gegen Hemmung durch den Antiintrinsic factor des Serums empfindlichen I-bindenden Kraft bedeutet eine mehr spezif. Meth. zur II-Best. in vitro. Die Best. im menschlichen Magensaft nach dieser Meth. liefert eine brauchbare diagnost. Technik bei perniciöser Anämie, da sie es vermeidet, dem Patienten radioakt. Material zuzuführen. H. Aman 4587◇

*1377* **Die Wirkung gesteigerter Kupferzufuhr auf den Vitamin-C-Haushalt von Meerschweinchen bei parenteral zugeführter Ascorbinsäure.** Katalin Szöke, T. Zempléni und L. Kállai. (Int. Z. Vitaminforsch. [Bern] **33**, 175—80, 1963; Budapest, Inst. für Ernährungswiss.; dt.) — In Fortsetzung früherer Unterss. wurde am Meerschweinchen die Wrkg. enteral zugeführten *Kupfers* (I) auf subkutan injizierte *Ascorbinsäure* (II) geprüft. Es zeigte sich, daß I innerhalb des Organismus auf den II-Stoffwechsel einwirkt. Durch II wird das relative Gew. der Organe, der II-Geh. der Nebenniere u. der Leber sowie die *alkal. Phosphatase*-Aktivität im Serum herabgesetzt. H. Ackermann 4587◇

*1378* **Die wachstumserhaltende Aktivität von Ascorbinsäure.** J. R. Evans und R. E. Hughes. (Brit. J. Nutrit. **17**, 251—55, 1963; Cardiff, Wales Coll. of Advanced Technol.; engl.) — Die Verss. dienten der Feststellung, ob die verringerte Gew.-Erhöhung bei Mangel an *Ascorbinsäure* (I) auf das Fehlen von I oder auf durch den Mangel verursachte verminderte Futteraufnahme zurückzuführen sei. ♂ Meerschweinchen erhielten 1. Futter mit suboptimalen I-Gaben von 0,4 mg/d; 2. mit optimalen Gaben von 8 mg/d in gleichen Mengen, wie sie von Gruppe 1 verzehrt wurden; 3. wie 2, jedoch Futter ad libitum; 4. wie 1, jedoch Futter ad libitum. Gruppen 2 u. 3 zeigten bedeutend stärkere Gew.-Erhöhungen als 1 u. 4. Die Futteraufnahme war jedoch — bezogen auf das Körper-Gew. — bei der mit suboptimalen I-Gaben ernährten Gruppe 4 nicht geringer als bei der optimal gefütterten Gruppe 3. Die Wachstumsinsuffizienz ist also eine direkte Folge des I-Mangels u. nicht auf eine verminderte Futteraufnahme zurückzuführen. J. Trupke 4587◇

*1379* **Einfluß von Nitrat und einigen seiner Reduktionsprodukte auf die Stabilität von Carotin.** O. E. Olson, D. L. Nelson und R. J. Emerick. (J. agric. Food Chem. **11,** 140—43, 1963; Brookings, S.Dak., South Dakota State Coll., Agric. Exper. Stat.; engl.) — Unterss. über den Einfl. von *Nitrat* (I) u. seinen Red.-Prodd. auf die Zers. von *β-Carotin* (Best. der opt. Dichte von Lsgg. oder Extrakten bei 440 mμ) zeigen, daß I keine Zers. bewirkt. *Nitrit* (II) verursacht in neutraler oder alkal. Lsg. höchstens eine geringe Zers., die bei Zusatz von *Cu* steigt. In saurer Lsg. ruft II eine rasche Zers. hervor; ebenso wirken $N_2O_5$ u. $N_2O_4$. W. Wesly 4587◇

*1380* **Die Beziehungen zwischen Vitamin A und Carotin in Plasma und Leber des Rindes.** R. H. Diven, O. F. Pahnish, C. B. Roubicek, E. S. Erwin und H. M. Page. (J. Dairy Sci. **43,** 1632—38, 1960; engl.) — Es bestehen keine Zusammenhänge zwischen *Vitamin A* (I) im Plasma u. in der Leber oder zwischen *Carotin* (II) in der Leber u. I im Plasma. Dagegen finden sich Beziehungen zwischen Plasma-II u. Leber-II, Leber-II u. Leber-I, Plasma-II u. Plasma-I sowie Leber-I u. Plasma-II. Die Beziehungsfaktoren sind sehr klein, so daß aus ihnen keine Vorhersagen abgeleitet werden können. F. Zeidler 4587◇

*1381* **Vitamin-A-Mangel bei Küken.** Margaret B. Aydelotte. (Brit. J. Nutrit. **17,** 205—10, 1963; Cambridge, Univ., Physiol. Labor.; engl.) — Rachitisfreie Küken wurden mit *Vitamin-A* (I)-Mangeldiät (750 I.E./kg Futter) ernährt u. die dadurch hervorgerufenen histolog. Veränderungen festgestellt. Außer den bekannten Verhornungserscheinungen, z. B. am Epithelgewebe der Bindehaut, erwies sich, daß beim Trachealepithel ein für die Ausbildung der Schleimzellen optimales I-Niveau existiert, das spezif. ist u. niedriger als das für den Körper normale liegt. Demgemäß zeigt der Befund bei progressivem I-Mangel zunächst eine Zunahme des schleimabsondernden Gewebes, bevor das Epithel infolge Hyperplasie der Basalzellen verhornt. J. Trupke 4587◇

*1382* **Die Bestimmung von Vitamin A in tierischen Geweben und seine Gegenwart in der Leber der Ratte mit Vitamin-A-Mangel.** A. T. Diplock, J. Green und J. Bunyan. (Brit. J. Nutrit. **17,** 199—204, 1963; Tadworth, Surrey, Vitamins Ltd., Walton Oaks Stat.; engl.) — 4 Meth. wurden in Vgl.-Verss. auf ihre Eignung zur Feststellung kleiner Mengen *Vitamin A* (I) geprüft. Der I-Geh. wurde dann jeweils durch Messung der mit $SbCl_3$ erzeugten Färbung spektrophotometr. bestimmt. Die Lebern u. davon getrennt die Nieren von normalen Ratten, die gleiche I-Mengen im Futter erhalten hatten, wurden aufbereitet u. in aliquoten Teilen mittels 1. Alkalidigestion; 2. völliger Verseifung; 3. Direktextraktion; 4. kombinierter Extraktion–Verseifung parallel untersucht. Die erhaltenen Werte wichen voneinander signifikant ab. Meth. 1 ergab nur 60% der mit den anderen Meth. erhaltenen Höchstwerte, auch Meth. 2 lieferte zu niedrige Resultate. In den Lebern von Ratten, die bei einer I-Mangeldiät gehalten worden waren u. klin. bereits I-Mangelerscheinungen (Wachstumsstillstand; Xerophthalmie) gezeigt hatten, konnten eindeutig mit Hilfe der Extraktion–Verseifungs-Meth. u. nachfolgender Papierchromatographie vorhandene Restwerte I festgestellt werden. Die gegenteiligen Befunde anderer Autoren sind auf Zerstörung des I bei der Alkalibehandlung der Gewebe zurückzuführen. Bei dem von Vff. benutzten Verf. wurden solche Verluste durch Zusatz von einem das I schützenden Antioxydans (Pyrogallol) vermieden. J. Trupke 4587◇

*1383* **Wirkung hoher Dosen Vitamin-A-Palmitat auf den Gehalt an Vitamin-A-Aldehyd, -Estern und -Alkohol und Carotinoiden von Hühnereiern.** P. A. Plack. (Brit. J. Nutrit. **17,** 235—42, 1963; Shinfield, Reading, Nat. Inst. for Res. in Dairying, Unit. for Biochem. Res. bearing in Fisheries Problems; engl.) — Hühner erhielten 15 Tage lang (Vorperiode) eine 250 μg *Vitamin A*/100 g Futter enthaltende Diät, darauf 14 Tage lang zuzüglich oral eine 10 mg *Vitamin-A-Alkohol* (I)/d entsprechende Dosis (als Vitamin-A-Palmitat gegeben) u. weitere 14 Tage lang eine doppelt so hohe Menge. 30 Tage danach wurden sie getötet. Zweimal wöchentlich erfolgte Befruchtung; untersucht wurden die einzelnen Eidotter u. am Vers.-Ende die Lebern der Hühner. Während des Vers. ging das Dotter-Gew. zurück, ebenso der Carotinoid-Geh., dagegen stiegen signifikant die Werte für *Vitamin-A-Aldehyd* (II). Die Werte der Vitamin-A-Ester waren erhöht. I zeigt einen Anstieg, doch konnte keine Relation zum II-Geh. festgestellt werden, so daß die beiden Komponenten nicht in einem einfachen enzymat. Gleichgewicht stehen dürften. Die (nicht getrockneten) Lebern enthielten 1—2,5 μg II pro g. Der geringe Geh. an Vitamin $A_2$ wurde vernachlässigt. J. Trupke 4587◇

*1384* **Der Gehalt an Vitamin-A-Aldehyd, -Estern und -Alkohol und Carotinoiden in Hühnereiern und Eintagsküken.** P. A. Plack. (Brit. J. Nutrit. **17,** 243—50, 1963; Shinfield, Reading, Nat Inst. for Res. in Dairying, Unit for Biochem. Res. bearing in Fisheries Problems; engl.) — Vgl. vorst. Referat. — Es wurden Eier aus der Vorperiode sowie der 1. Zusatzperiode, in der zuzüglich 10 mg Vitamin A/d oral gegeben wurden (vgl. vorst. Ref.) benutzt. Die bei den Küken gefundenen Werte betrugen, auf die Werte der Eier der entsprechenden Periode bezogen, in der Vorperiode: *Vitamin-A-Aldehyd* 16%, *Vitamin-A-Ester* 270%, *Vitamin-A-Alkohol* 18%, *Vitamin-A-Aldehyd* + *-Ester* + *-Alkohol* 56%, *Carotinoide* 76%; in der 1. Zusatzperiode: 16, 177, 16, 61, 76%. Für die bebrüteten unbefruchteten Eier betrugen die entsprechenden Relationen zu den unbebrüteten unbefruchteten Eiern: 86, 130, 75, 84, 86%. Während der Entw. zum Küken scheint eine Umwandlung des Vitamin-A-Aldehyds in die Ester- oder Alkoholform oder ein reiner Abbauprozeß vor sich zu gehen. Ca. 40% des im Ei vorhandenen Vitamin A wird im Küken nicht mehr wiedergefunden. J. Trupke 4587◇

*1385* **Die biologische Wirksamkeit von d-α-, dl-α- und l-α-Tocopherolpräparaten.** J. Brüggemann, K.-H. Niesar und Ch. Zentz. (Int. Z. Vitaminforsch. [Bern] **33,** 180—96, 1963; München, Univ., Inst. für Physiol. u. Ernährung der Tiere; dt.) — Bei der Synth. des *dl-α-Tocopherols* (I) entstehen keine einheitlich stereoisomeren Verbindungen. Vff. prüften die biolog. Aktivität (a) von exakt definierten Verbb. des I im Hämolysetest an Ratten. Als Standard-Präp. diente ein dl-α-I-*Acetat* mit opt. einheitlicher Seitenkette. In der a wurden zwischen den verschiedenen Isomeren beträchtliche Unterschiede gefunden. Der Wrkg.-Grad scheint von der Raumstruktur der asymm. Zentren der *Phytol*-Seitenkette u. durch die in freier oder acetylierter Form vorliegenden OH-Gruppen des Chromanringes abhängig zu sein. Die Beeinflussung des Hämolysetests durch *Butylhydroxytoluol* läßt an seiner Spezifität für *Vitamin E* zweifeln. H. Ackermann 4587◇

*1386* **Vergleichende Vitamin-K-Aktivität von gefrorenen, bestrahlten und hitzebehandelten Nahrungsmitteln.** L. R. Richardson, Stella Wilkes und S. J. Ritchey. (J. of Nutrit. **73,** 369—73, April 1961; College Station, Texas, Texas Agric. Exp. Stat., Agric. and Mech. Coll. of Tex., Dep. of Biochem. and Nutrit.; engl.) — Ausgewählte Nahrungsmittel, wie Spinat, Kraut, Blumenkohl, Spargel u, grüne Bohnen, die durch Einfrieren (—20°), Bestrahlung mit γ-Strahlen (2,79 u. 5,58 megarad) sowie konventionelle Hitzebehandlung haltbar gemacht sind, werden auf ihre *Vitamin-K*-Aktivität (I) im Verlauf der 15 Monate andauernden Lagerung untersucht. Es wird festgestellt, daß die I-Werte bei Vers.-Beginn sowie nach 9 u. 15 Monaten Lagerung variieren; sie sind bei Bestrahlung u. Hitzebehandlung teils höher teils niedriger als im eingefrorenen Nahrungsmittel. Die Art des Haltbarmachens hat nach den Ergebnissen keinen signifikanten Einfl. auf die I. A. Täufel 4587◇

*1387* **Einfluß von Diät-Calcium, -Phosphor und Vitamin $D_3$ auf die $^{45}$Ca-, $^{32}$P- und $^{85}$Sr-Aufnahme bei Küken.**

Frank R. Mraz. (J. of Nutrit. **73**, 409–14, April 1961; Oak Ridge, Tenn., Univ. of Tennessee Atomic Energy Commission Agric. Res. Labor.; engl.) — Hühner (250 Tage alt) erhalten in 15 getrennten Gruppen ein Futter, dem *Ca* (0,5–2,5%), *P* (0,3–1,5%) u. *Vitamin* $D_3$ (10–100000 I.E.) in variierter Menge zugesetzt wird. Nach 3wöchiger Fütterung wird zusätzlich an einen Teil oral entweder $^{45}Ca$ (I; 20 $\mu$c), $^{32}P$ (II; 30 $\mu$c) oder $^{85}Sr$ (III; 5 $\mu$c), an den anderen Teil I, II, III intraperitoneal verabfolgt u. nach 48 Std. der I-, II-, III-Geh. der Tibia bestimmt. Mit erhöhtem Vitamin-$D_3$-Geh. ist eine vermehrte Ablagerung von oral verabfolgtem I u. III nachweisbar, hingegen sinkt der intraperitoneal verabfolgte I- u. III-Gehalt. Durch Vitamin $D_3$ wird die Ablagerung von intraperitoneal zugeführten II stark erniedrigt. Mit erhöhter Ca-Gabe vermindert sich die Ablagerung von I u. III, aber intraperitoneales II tritt vermehrt auf. Bei erhöhter Diätphosphorgabe wird weniger an II u. III u. auch an intraperitoneal verabfolgtem II deponiert. Bei extremen Mengen an P u. Vitamin $D_3$ aber wenig Ca wird vermindertes Wachstum festgestellt. A. Täufel 4587◇

*1388* **Trennung von Gallensäurekonjugaten durch Ionenaustauscherchromatographie.** B. A. Gordon, A. Kuksis und J. M. R. Beveridge. (Canad. J. Biochem. Physiol. **41**, 77–89, 1963; Kingston, Ontario, Queen's Univ., Dep. of Biochem.; engl.) — Unter Benutzung von Ionenaustauscherharzen wurde eine einfache u. zuverlässige Meth. zur Trennung von *Gallensäurekonjugaten* (I) in Mengen von wenigen mg bis zu einigen g entwickelt. Die I wurden aus einer wss. 25%ig. A.-Lsg. an einer Dowex-1-Ionenaustauschersäule (Acetatform) adsorbiert. Nach Waschen der Säule mit wss. 25%ig. A. wurden die *Glycinkonjugate* mit 0,05n HCl in 25%ig. A. u. die *Taurinkonjugate* mit 0,5n HCl in 25%ig. A. eluiert. Die Meth. gestattet eine vollständige Trennung der Glycin- u. Taurinkonjugate. Dazu erfolgte eine wirksame, jedoch nicht vollständige Trennung der *Tri-* u. *Dihydroxycholansäure*-Derivv. innerhalb jeder Konjugatgruppe. Mit der Meth. wurden befriedigende Fraktionierungen der Gallenblasengalle von Hund, Rind u. Mensch ausgeführt. H. Aman 4594◇

*1389* **Zur Resorption von Magnesium und einer Möglichkeit ihrer Beeinflussung.** K. Opitz, G. Bornmann und A. Loeser. (Arzneimittel-Forsch. **11**, 1066–67, 1961; Münster/Westf., Univ., Pharmakol. Inst.; dt.) — Der Normalwert für *Mg* im Vollblut wurde bei Ratten zu 3,8 mg% gefunden. Nach oraler Zufuhr von 3,0 g $MgSO_4$/kg stieg dieser Wert um 40% an. Die Mg-Resorption konnte durch gleichzeitige Verabreichung von mehr als 100 mg *Alkylarylsulfonat*/kg erkennbar gefördert werden (zusätzlicher Anstieg um 9%). G. Kimmerle 4594△

*1390* **Kinetik der Eisenresorption bei normalen Hunden.** W. B. Stewart und S. R. Gambino. (Amer. J. Physiol. **201**, 67–70, 1961; New York City, N.Y., Columbia Univ., Coll. of Physic. and Surg., Dep. of Pathol.; Lexington, Ky., Univ. of Kentucky, Coll. of Med., Dep. of Pathol.; engl.) — Durch gleichzeitige Anwendung von $^{55}$Fe i.v. u. $^{59}$Fe oral war es möglich, die Geschw. der Fe-Resorption aus dem Verdauungstrakt normaler Hunde zu ermitteln. Die Resorption beginnt mit hoher Geschw. (22,8–578 $\mu$g/Std.), die Halbwertszeit beträgt 0,25–0,66 Stunden. Der Hauptgrund für die schnelle Geschw.-Abnahme scheint in der Entw. eines Hemm-Mechanismus oder im Vorhandensein einer geschwindigkeitsbegrenzenden Rk. in einer der Stufen des Übergangs von Fe vom Darmlumen ins Plasma zu liegen. K. Zingraf 4594◇

*1391* **Beziehung zwischen Körpergewicht und Ausscheidung von endogenem Sterin bei der Ratte.** A. C. Ivy, H. M. Janecek und R. Wojciech. (Amer. J. Physiol. **201**, 194–96, 1961; Chicago, Ill., Univ. of Illinois, Coll. of Med., Dep. of Clin. Sci.; engl.) — Bei der Ratte besteht ein lineares Verhältnis zwischen der Ausscheidung von endogenem *Sterin* pro Tag u. dem Körper-Gew., bzw. der Summe der Gew. von Leber u. Darm, bzw. der zur Aufrechterhaltung des Gew. erforderlichen Calorienzahl. K. Zingraf 4595◇

*1392* **Verteilung und Ausscheidung von $^{18}$F-Fluorid beim Rind.** M. C. Bell, G. M. Merriman und D. A. Greenwood. (J. Nutrit. **73**, 379–85, April 1961; Oak Ridge, Tenn., Univ. of Tennessee, Agric. Res. Labor., Atomic Energy Commission; Knoxville, Tenn., Univ., of Tennessee, Animal Husbandry-Vet. Sci. Dep.; Logan, Utah, Utah State Univ., Dep. of Chem.; engl.) — An Kälber sowie Rinder wird i.v. $^{18}$F (80 mc; I) als NaF verabfolgt u. in Blut, Urin, Faeces u. Speichel der I-Geh. ermittelt. Es wird festgestellt, daß I rasch aus dem Blut verschwindet; nach 2 Min. sind noch 53%, nach 240 Min. 4,5% nachweisbar. Das proteinfreie Filtrat weist jeweils höhere I-Werte auf als das Plasma oder die Zellen. Mit dem Harn werden nachweisbar die größten Mengen an I (Maxima nach 15 Min.) ausgeschieden, während in Faeces ein wenig ausgeprägtes I-Maximum nach 180 Min. erkennbar wird. Im Gastrointestinaltrakt wird nach 240 Min. eine bevorzugte I-Konz. in den Wandungen des Pansens, des Reticulums sowie des Omasums gefunden; dagegen ist der Inhalt des Intestinums reicher an I. I wird weiterhin in der Lunge, Niere u. den Knochen ermittelt. Nach Angaben der Vff. beeinflußt eine fortgesetzte Fluoridfütterung den Stoffwechsel u. die Ausscheidung von I nicht. A. Täufel 4596◇

*1393* **Spezifität der Zink-Stoffwechselbahn beim Kaninchen: Zink-Cadmium-Austausch.** G. C. Cotzias, D. C. Borg und B. Selleck. (Amer. J. Physiol. **201**, 63–66, 1961; Upton, N.Y., Brookhaven Nat. Labor., Med. Res. Center; engl.) — Deutliche Störungen der Clearance-Kurven von $^{65}Zn$ u. der anschließend gemessenen Radioaktivität in Blut u. Gewebe wurden bei Kaninchen durch Injektion von $ZnSO_4$ bzw. $CdSO_4$, nicht jedoch von $CuSO_4$, Galliumcitrat oder $HgCl_2$ bewirkt. Anscheinend ist *Cd* ein Antimetabolit von Zn. K. Zingraf 4596◇

*1394* **Zinkstoffwechsel bei akuter intermittierender Porphyrie.** Ray A. Olsson und Howard E. Ticktin. (J. Lab. clin. Med. **60**, 48–52, 1962; Washington, D.C., District of Columbia General Hosp., George Washington Univ. Med. Div.; George Washington Univ. School of Med., Dep. of Med.; engl.) — Bei Patienten mit akuter intermittierender Porphyrie war die Ausscheidung von *Zn* im Harn normal (außer bei gleichzeitiger alkohol. Lebercirrhose). Orale Anwendung hoher Zn-Dosen löste weder eine Porphobilinogenurie noch einen Porphyrieanfall aus. Bei Zusatz von 39,2 mg Zn zu einer Nahrung, die 10–15 mg Zn bereits enthielt, wurde eine vorübergehende Aminacidurie u. erhöhte Ausscheidung von Zn im Harn beobachtet. K. Zingraf 4596◇

*1395* **Untersuchungen über Verteilung und Phosphatumsatz der säurelöslichen Phosphorverbindungen in verschiedenen normalen und neoplastischen Geweben der Ratte.** 1. Mitt. **Eine Semimikro-Gradientenelutionschromatographie mit Dowex-1-Formiat und Identifizierung einiger Phosphatester auf dem Chromatogramm.** Shigeo Horie und Shin-Ichi Terada. (J. Biochemistry [Tokyo] **47**, 335–50, 1960; Tokyo, Univ. of Tokyo, Fac. of Med., Dep. of Biochem.; engl.) — 2. vgl. C. **1963**, 13214. — Mit Hilfe einer Semimikro-Meth., welche allerdings nicht in dem Maße zur Abtrennung jedes Nucleotids geeignet ist wie die Original-Makro-Meth., können auch kleine Organe von Ratten (1 bis 3 g schwer) der Gradientenelutionschromatographie unterzogen werden. Die Chromatogramme von Leber, Muskulatur u. Thymus zeigen Maxima, die denen bei der Makro-Meth. vergleichbar sind. Nach $^{32}P$-Injektionen lassen sich Verteilung u. Umsatz *säurelösl. P-Verbb.* in der Leber untersuchen. Dabei konnten 4 bis dahin nicht identifizierte radioakt. Verbb. isoliert u. 3 davon als *Glucose-6-phosphat*, *L-α-Glycerophosphat* u. eine Aminosäuren-enthaltende P-Verb. identifiziert werden. U. Tausendfreund 4596◇

*1396* **Untersuchungen über den Phosphorstoffwechsel von dystrophischen Küken.** C. C. Calvert, R. A. Monroe und M. L. Scott. (J. of Nutrit. **73**, 355–62, 1961; Ithaca, N.Y., Cornell Univ., Dep. of Poultry Husbandry; engl.) — Durch Vitamin-E-Mangel wird an Küken Muskeldystrophie ausgelöst u. am Brustmuskel der Einfl. auf den P-Geh. untersucht. Gegenüber den normal ernährten Tieren ist der P-Geh. erhöht, aber die Trockensubstanz erniedrigt. Der erhöhte P-Geh. ist in der säurelösl. Fraktion nachweisbar u. bezieht sich auf anorgan. Phosphat. Durch „7-Min.-Hydrolyse" werden niedrige P-Werte erhalten. Bei Isotopen-Verss. erhalten die Vers.-Tiere intraperitoneal jeweils 150 $\mu$c $^{32}$P. Nach 4, 24 u. 48 Std. werden im dystroph. Muskel eine höhere Aktivität als im gesunden Muskel gefunden; die Erhöhung konz. sich wieder auf die säurelösl., die Ba-lösl. u. bes. die Ba-unlösl. Fraktion. $^{42}$K u. $^{137}$Cs erscheinen ebenfalls bevorzugt im dystroph. Muskel. A. Täufel 4596◇

*1397* **Quantitative Gesichtspunkte des Glucose-Stoffwechsels trächtiger und nichtträchtiger Schafe.** E. N. Bergman. (Amer. J. Physiol. **204**, 147—52, 1963; Ithaca, N.Y., Cornell Univ., New York State Veterin. Coll., Dep. of Physiol.; engl.) — Nichtträchtige, gefütterte u. fastende, doppeltträchtige, gefütterte u. hypoglykäm. u. ketonäm. Schafe erhielten Infusionen von $^{14}$*C-Glucose* (I). Die Größen der I-„Pools" betrugen 157 (mg/kg) bei nichtträchtigen, 127 bei trächtigen Schafen; geringe Werte traten bei fastenden u. hypoglykäm. Tieren auf. Nichtträchtige, gefütterte Schafe zeigten einen I-Umsatz von 0,22 (g/Std.·kg), fastende 0,15. Diese Werte betrugen nur 60—80% der Werte trächtiger Tiere. Das mittlere I-Verteilungs-Vol. betrug ca. 27% des Körper-Gew., woraus die hauptsächlich extracelluläre I-Verteilung hervorgeht. Bei allen Vers.-Tieren stammen 8—10% des ausgeatmeten $CO_2$ von der I-Oxydation; ca. $^1/_3$ des I-Umsatzes diente zur $CO_2$-Erzeugung. W. Wesly 4596◇

*1398* **Glucosestoffwechsel und Mobilisierung von Fettsäuren in Fettgewebe von fettsüchtigen Mäusen.** Bernard Leboeuf, Serene Lochaya, Nicole Leboeuf, Francis C. Wood jun., Jean Mayer und George F. Cahill jun. (Amer. J. Physiol. **201**, 19—22, 1961; Boston, Mass., Harvard Med. School, Dep. of Med.; Peter Bent Brigham Hosp., Dep. of Med.; New England Deaconess Hosp., Baker Clin. Res. Labor.; Harvard School of Publ. Health, Dep. of Nutr.; engl.) — Fettgewebe von genet. fettsüchtigen hyperglykäm. Mäusen baute weniger Glucose in Ggw. von *Insulin* (0,1 Einheiten/ml; I) oder *Epinephrin*, $10^{-4}$m; II) bzw. ohne Zusatz von Horman ab als Gewebe von nichtfettsüchtigen Tieren vom gleichen Wurf, u. die Freisetzung von freien Fettsäuren wurde durch I weniger gehemmt u. durch II weniger gesteigert. Keine solchen Unterschiede bestanden zwischen Fettgewebe von fettsüchtigen Schweizer Mäusen nach Injektion von Goldthioglucose u. mageren Tieren vom gleichen Wurf. K. Zingraf 4596◇

*1399* **Chromatographische Untersuchung der im Urin ausgeschiedenen Zucker nach oraler Einnahme von Sorbit.** P. Monnier, M. Solère, R. Huguet und J. Gras. (Trav. Soc. Pharmac. Montpellier **20**, 34—40, 1960; Montpellier, Fac. de Pharmacie; Labor. de Chim. Biol.; franz.) — An 3 Vers.-Personen werden steigende Mengen (5, 10 u. 20 g) *Sorbit* (I) verabfolgt. Aus dem Urin werden im Chromatogramm folgende Zucker nach der Entfernung vom Startpunkt geordnet, identifiziert: Lactose–Maltose, Saccharose, Glucose–Galaktose, Fructose–Mannose–Arabinose, Xylose, Fucose–Ribose, nicht festgestellter Fleck, Rhamnose. Zwischen der Menge der einzelnen Zucker besteht bei den Personen keine Parallelität. Die der Xylose entsprechende Fraktion nimmt bei 2 Personen mit steigenden Sorbitmengen ab, was mit der Erhöhung der Peristaltik der Eingeweide u. damit verbundener stärkerer Verdauung erklärt wird. F. Zeidler 4596◇

*1400* **Untersuchung der beim Einbau von Aminosäuren in Eiweißstoffe im Organismus entstehenden Bindungen.** Ju. Je. Babskaja, A. Ss. Konikowa und M. G. Kritzman. (Ber. Akad. Wiss. UdSSR **141**, 473—76, 1961; Wischnewski-Inst. für Chirurgie der Akad. der med. Wiss. der UdSSR; russ.) — Die Unterss. über den Einbau von $^{35}$*S-Methionin* (I) u. $^{35}$*S-Cystein* (II) in die Proteine der Leber u. des Blutplasmas in vivo ergaben, daß die Radioaktivität der Leberproteine durch Behandlung mit Perameisensäure (III), Thioglykolsäure (IV) oder Lauge prakt. nicht verändert wird, während bei den Plasmaproteinen dadurch eine starke Abnahme der Radioaktivität eintritt. Bei der Zufuhr von I entstehen nicht nur stabile, sondern auch labile Bindungen. Auch bei Zufuhr von $^{14}$C-Methionin entstehen, ähnlich wie bei I, Bindungen, die durch III, IV u. Lauge teilweise gesprengt werden. Die labilen Bindungen entstehen demnach nicht nur beim Einbau von II, das aus I durch Transsulfurierung entsteht. Das Verhältnis zwischen labilen u. stabilen Bindungen ist abhängig von der Zeit nach der Zufuhr von I oder II, von der Art des Eiweißes u. vom funktionellen Zustand des Organismus. Im Blutplasma beträgt der Anteil an II, das unter Bldg. von labilen Bindungen eingebaut wird, 80—90%. Bei Hypothermie (24°) wird dieser Anteil im Kaninchen-Vers. auf 94% erhöht. O. Lebtag 4596△

*1401* **Über einige Prozesse des Aminosäureumsatzes im Herzmuskel.** M. A. Dawtjan. (Biochemie [UdSSR] **27**, 542—48, 1962; Moskau, Inst. für biol. u. med. Chemie der Akad. der med. Wiss. der UdSSR, Labor. für Pathol. des Eiweißumsatzes u. Immunochemie; russ., Auszug: engl.) — Bei der Inkubation der Homogenate des Herzmuskels von weißen Ratten mit *DL-* u. *L-Alanin* (I) oder *L-Glutaminsäure* (II) erfolgt eine nur sehr geringe Desaminierung. Da I u. II in den übrigen Organen am leichtesten desaminiert werden, kann im Herzmuskel die Oxydation von I (vielleicht auch der übrigen Aminosäuren) nicht durch direkte Desaminierung erfolgen. Im Herzmuskel beobachtet man eine Synth. von I aus Brenztraubensäure u. $NH_3$. Die diese Synth. katalysierenden Fermente kommen ausschließlich in den Sarkosomen vor, bei dessen Zerstörung durch wiederholtes Einfrieren u. Auftauen sie vollständig in den Extrakt übergehen. Durch Elektrophorese an Stärke läßt sich aus diesem Extrakt eine Fermentfraktion isolieren, deren Aktivität 130mal höher liegt als beim Ausgangsprodukt. O. Lebtag 4596△

*1402* **Leberglutathion-Umsatz bei Trauma.** Sarah C. Kaiser und L. V. Beck. (Biochem. J. **87**, 618—23, 1963; Pittsburgh, Pa., Univ. of Pittsburgh, School of Med., Dep. of Pharmacol.; engl.) — Zur Prüfung der Hypothese, ob die *Glutathion* (I)-Verarmung der Leber von Mäusen, die einem Trauma unterworfen werden (Ligaturen an den Hinterextremitäten), durch Hemmung der I-Synth. zustandekommt, wurde bei Kontroll- u. traumatisierten Mäusen die I-Synth. nach Injektion von $^{35}$*S-L-Cystein* untersucht. In Kurzzeit-Verss. von 1—4 Min. konnte dabei tatsächlich verminderte I-Synth. nach Trauma festgestellt werden; die I-Umsatzzeit entsprach derjenigen bei Kontrolltieren, die I-Umsatz-Geschw. betrug bei traumatisierten Tieren nur die Hälfte der Norm. In Langzeit-Verss. von 5—120 Min. erwies sich die I-Synth. als beschleunigt; als Erklärung für diesen Unterschied wird angenommen, daß einer der Defekte der I-Synth. bei Trauma im Transfer von neugebildetem I aus einer labilen in eine stabile Form zu suchen ist. U. Tausendfreund 4596◇

*1403* **Die Rolle von Glycerin bei Hormon-Wirkungen auf den Fettstoffwechsel.** George F. Cahill jun., Bernard Leboeuf und Albert E. Renold. (Acta endocrinol. [Copenhagen], Suppl. Nr. **51**, 941, 1960; Boston, Mass., Harvard Med. School, Dep. of Med.; engl.) H. Herper 4596□

*1404* **Fettsäurenzusammensetzung der Lipide von Serum und Aorta beim Huhn unter verschiedenen Kostformen.** P. Björntorp, A. Liljemark und L. Angervall. (J. Atherosclerosis Res. [Amsterdam] **3**, 72—79, 1963; Göteborg, Univ., Sahlgren's Hosp., 1. Med. Serv. and 2. Dep. of Pathol.; Swedish Inst. for Food Preservation Res.; engl.) — Durch Fütterung verschiedener Fettsäurenzusammenstellungen läßt sich eine entsprechende Veränderung in der *Fettsäuren*-Zus. der Serumlipide beim Huhn erzielen. Besonders deutlich ist das bei *Glyceriden* + *freien Fettsäuren*, weniger deutlich bei *Phospholipiden*. In der Aorta finden sich ähnliche Veränderungen bei *Cholesterinestern* u. Glyceriden + freien Fettsäuren. Die deutlichsten Veränderungen in den Absolutwerten der Fettsäuren in der Serumlipidfraktion u. in den Aortenlipiden treten (bei gesätt. u. ungesätt. Fettfütterung) bei den gesätt. u. Monoen-Fettsäuren auf. U. Tausendfreund 4596◇

*1405* **Wirkung der Kettenlänge auf den Stoffwechsel gesättigter Fettsäuren bei der Ratte.** Seymour L. Kirschner und Robert S. Harris. (J. of Nutrit. **73**, 397—402, April 1961; Cambridge, Mass., Massachusetts Inst. of Techn., Dep. of Nutrit., Food Sci. and Technol.; engl.) — Albinoratten erhalten nach vorausgegangenem Fasten über eine Magensonde Triglyceride, die als Fettsäurekomponente jeweils aus $^{14}C_{(1)}$-*Butter-* (I), $^{14}C_{(1)}$-*Capryl-* (II), $^{14}C_{(1)}$-*Laurin-* (III) u. $^{14}C_{(1)}$-*Palmitinsäure* (IV) bestehen. Aus der innerhalb von 48 Std. ausgeatmeten Menge an $^{14}CO_2$ sowie Aktivitätsmessungen der Faeces u. des Urins wird der Weg des Fettstoffwechsels untersucht. Die Resorption von IV ist niedriger (86%) als die von I, II oder III (98—100%). Die mit I u. II gefütterten Ratten scheiden nach 4 Std. erheblich mehr $^{14}CO_2$ aus als bei Verabfolgung von III u. IV. Bei III u. IV tritt erst im weiteren Verlauf (16 Std.) eine größere $^{14}CO_2$-Ausscheidung ein. Nach den Ergebnissen deutet die rasche

$^{14}CO_2$-Ausscheidung auf eine bevorzugte Oxydation von I u. II hin an Stelle einer Speicherung im Depotfett.
A. Täufel 4596◇

*1406* **Die Regulierung des Depotfettes durch Linolsäure.** Hans Kaunitz, C. A. Slanetz, R. E. Johnson und V. K. Babayan. (J. of Nutrit. **73**, 386—90, April 1961; New York, Columbia Univ., Dep. of Pathol. and Inst. of Comparative Med.; Boonton, N.J., E. F. Drew and Comp., Inc.; engl.) — Albinoratten erhalten eine fettfreie Diät, eine zu 20% aus gesätt. Triglyceriden (MCT) mit kurzkettigen Fettsäuren ($C_6$ 7, $C_8$ 78, $C_{10}$ 14%) bestehende Nahrung oder eine zu 20% aus Triglyceriden (LCT) mit langkettigen gesätt. Fettsäuren ($C_{10}$ 5, $C_{12}$ 45, $C_{14}$ 25, $C_{16}$ 8 u. $C_{18}$ 16%) bestehende Nahrung. Jede der Gruppen erhält gesondert keine 0,1 oder 2% *Linolsäure* (I). Nach 71 Tagen wird der testiculäre Fettkörper auf seine Fettsäuren-Zus. untersucht. Es wird festgestellt, daß bei fettfreier Diät in Ggw. oder Abwesenheit von I nur 2% an kurzkettigen Fettsäuren gegenüber 47,4 bzw. 30,8% an Oleat u. 29% an Palmitat vorliegen, wobei mit steigendem I-Geh. die Werte für Oleat sinken (von 47 auf 30%). Mit MCT ohne I werden ähnliche Ergebnisse ermittelt. Hingegen lassen sich in Ggw. von I vermehrt kurzkettige Fettsäuren ($C_8$ 5,8, $C_{10}$ 5,7, $C_{12}$ 2%) bei gleichzeitigem Rückgang des Oleat-Geh. von 45 auf 26% nachweisen. Mit LCT entstehen bevorzugt Laurat u. Myristat, wobei durch I-Zusatz die Werte erheblich ansteigen. Nur bei I-Zusatz wird I selbst nachgewiesen (6%). Aus den Ergebnissen leiten die Vff. den direkten Einfl. von I auf die Art der Fettablagerung ab; durch I wird ein der Nahrung ähnliches Fett deponiert.
A. Täufel 4596◇

*1407* **Stoffwechsel des Fettgewebes von fettsüchtigen Mäusen bei Standardkost und fettreicher Kost.** Serene Lochaya, Nicole Leboeuf, Jean Mayer und Bernard Leboeuf. (Amer. J. Physiol. **201**, 23—26, 1961; Boston, Mass., Harvard Med. School, Dep. of Med.; Peter Bent Brigham Hosp., Dep. of Med.; N. England Deaconess Hosp., Baker Clin. Res. Labor.; Harvard School of Publ. Health, Dep. of Nutr.; engl.) — Im Fettgewebe von nicht fettsüchtigen Mäusen war bei fettreicher Nahrung der Abbau von *Glucose* (I) zu $CO_2$ u. zu *Fettsäuren* (II) ohne Zusatz von *Insulin* (III) in vitro verringert u. der Einbau von I-*C* in *Glycerid* (IV)-*Glycerin* (V) erhöht. Unter Zusatz von III (0,1 Einheit/ml) war die I-Aufnahme u. die Umwandlung von I in $CO_2$, in II u. in Glykogen, nicht aber der I-Einbau in IV—V, verringert. Unter Zusatz von Epinephrin konnte unter fettreicher Nahrung weniger I-C zurückgewonnen werden. Der Stoffwechsel fettsüchtiger hyperglykäm. Mäuse wurde durch fettreiche Nahrung prakt. nicht beeinflußt. K. Zingraf 4596◇

*1408* **Cholesterinstoffwechsel und Blut-Hirn-Schranke: eine experimentelle Untersuchung mit $^{14}C_{(2)}$-Na-Acetat.** Harold J. Nicholas und Byron E. Thomas. (Brain **84**, 320—28, 1961; engl.) — Nach intraperitonealer Injektion von $^{14}C_{(2)}$-*Acetat* (I) wird dieses bei reifen Ratten u. Meerschweinchen sowohl in Leber- als auch in Hirn-*Cholesterin* (II) eingebaut. Bei I-Injektion an schwangere Ratten oder Meerschweinchen durchdringt I die Placenta u. wird in fötales Hirn-II eingebaut. G. Kimmerle 4596△

*1409* **Endogene Ausscheidung und Vermögen des Darmes zur Resorption von Cholesterin beim Hund.** R. Wojciech, H. M. Janecek und A. C. Ivy. (Amer. J. Physiol. **201**, 190—93, 1961; Chicago, Ill., Univ. of Illinois Coll. of Med., Dep. of Clin. Sci.; engl.) — Bei Hunden mit Sterin- u. fettfreiem Futter wurde die Ausscheidung von endogenem *Cholesterin* (I; 138 mg täglich bei einem Durchschnitts-Gew. der Tiere von 13,9 kg) durch Zusatz von 6 Gew.-% Ölsäure zum Futter nicht beeinflußt. Das mittlere Resorptionsvermögen des Darmes für exogenes I betrug 1,05 g I täglich. Nach oraler Gabe von $^{14}C$-I wurden innerhalb von 8 Tagen 29% des angewandten $^{14}C$ im unverseifbaren u. 17,7% im verseifbaren Material der Faeces ausgeschieden.
K. Zingraf 4596◇

*1410* **Wirkung langdauernder diätetischer Behandlung auf die Atherosklerose des erwachsenen Huhns.** H. Fisher, H. S. Weiss und P. Griminger. (J. Atherosclerosis Res. [Amsterdam] **3**, 57—62, 1963; New Brunswick, N.J., State Univ., Dep. of Poultry Sci. Rutgers; engl.) — Unter 18monatiger Verfütterung einer mit 20% Eipulver angereicherten Geflügelkost [4,5 cal/g verwertbare Energie, 12% Fett, 0,51% Cholesterin (I)] kommt es bei 20 Monate alten Leghornhühnern zu einer Zunahme an abdominaler Aortenatherosklerose im Vgl. mit einer Verfütterung durch Dicumarol (300 mg/kg Kost) ergänzten Kontrollkost (I-frei). Verfütterung einer aus „Army-C"-Rationen hergestellten Nahrung (3,9 cal/g, 17% Protein, 17% Fett, 0,1% I) führt gegenüber Kontrollen zu einer Verminderung der Aortenschäden; vermutlich spielt dabei der hohe Pektin- u. Erdnußöl-Geh. der Kost eine Rolle. *Vitamin* $K_1$ oder Kombination von *Vitamin A*, *E* u. $B_6$ ist ohne Einfluß. U. Tausendfreund 4596◇

*1411* **$\beta$-Glucuronidaseaktivität der Aorta in frühen Stadien experimenteller Kaninchenatherosklerose.** O. Mrhová, T. Zemplényi und Z. Lojda. (J. Atherosclerosis Res. [Amsterdam] **3**, 44—49, 1963; Prague-Krč, Inst. for Cardiovascular Res.; Prague, Charles Univ., Angiol. Labor.; engl.) — Verfütterung von 1 g *Cholesterin* (I) in 10 g *Margarine*/Tag zusätzlich zur Normkost hat bei Kaninchen einen Anstieg der *β-Glucuronidase*-Aktivität in der Aorta zur Folge (bereits nach 4 Wochen, sowie auch nach 10 Wochen nachweisbar). Ebenso kommt es zur Erhöhung des Serum-*Glucosamin*-Spiegels bei unverändertem *Mucoprotein*-Spiegel. Vermutlich weisen die beobachteten Veränderungen auf frühe Stoffwechselveränderungen im Aortengewebe bei I-Fett-Verfütterung. U. Tausendfreund 4596◇

*1412* **Untersuchung über bestimmte Metabolite bei experimenteller Rachitis.** A. Garbe und J. Ströder. (Klin. Wschr. **41**, 292—93, 1963; Würzburg, Univ.-Kinderklinik; dt.) — Im Blut rachit. Ratten wurde der Geh. an *Adenosintriphosphat* (I), *Fructosediphosphat* (II), *Phosphoglycerinaldehyd* (III) + *Dihydroxyacetonphosphat* (IV), *Pyruvat* (V) u. *Lactat* (VI) untersucht. I war gegenüber den Kontrolltieren vermindert, V gleich, VI um das ca. 2fache, II sowie III u. IV um das 4—5fache erhöht. In der Leber waren *Adenosinmono*- u. -*diphosphat* auf Kosten von I erhöht, ebenfalls waren VI u. *Glycerin-1-phosphat* (VII) höher, dagegen waren II, III u. IV, V, *Malat* u. *Glucose-6-phosphat* wenig verändert. Die Quotienten VI/V u. IV/VII waren auf das 2—3fache gestiegen. W. Damerau 4596◇

*1413* **Über die Natur der metabolischen Acidose bei experimenteller Rachitis.** J. Ströder und A. Garbe. (Klin. Wschr. **41**, 293—94, 1963; Würzburg, Univ.-Kinderklinik; dt.) — Vgl. vorst. Referat. — Der pH-Wert des Blutes rachit. Ratten war gegenüber dem in normalen Tieren verringert, der p-$CO_2$ dagegen etwa gleich. Die gefundene Acidose wird zu 80% auf vermehrtes *Lactat* zurückgeführt.
W. Damerau 4596◇

*1414* **Einfluß von Kalium und Calcium auf das Verhalten isolierter Rattenvorhöfe.** Raymond R. Paradise. (Proc. Soc. exp. Biol. Med. **112**, 483—86, 1963; Los Angeles, Calif., Univ. of Southern California, School of Med., Dep. of Pharmacol.; engl.) — Krebs-Ringer-Bicarbonatmedium mit 6 mm $K^+$ kann bzgl. K-Geh. u. osmot. Druck als physiolog. für isolierte Rattenvorhöfe gelten, da auch nach 3 Std. Stimulierung in diesem Medium K- u. Wasser-Geh. noch wie bei frischem Gewebe sind. Stimulierung in K-freiem Medium führt in 2 Std. zum Verlust von 57,4% K; der Wasser-Geh. bleibt unverändert. 200 Reize/Min. in K-freiem Medium führen zu idiopath. Rhythmus, Kontraktur u. vorübergehendem Anstieg der Kontraktionskraft. Spontan schlagende Vorhöfe steigern in K-freier Lsg. vorübergehend die Frequenz, dabei Empfindlichkeit gegenüber der chronotropen Wrkg. von Epinephrin (I); danach niedrige Frequenz mit Unempfindlichkeit gegenüber I; Arrhythmien in beiden Phasen. — Die spontane Frequenz steht in direkter Beziehung zur $Ca^{2+}$ Konz., in Ggw. sowie beim Fehlen von K.
U. Tausendfreund 4597◇

*1415* **Verhinderung der Pigmentierung und Konstitution der Hautpigmente eines Insekts.** Suzel Fuzeau-Braesch. (C. R. Séances Soc. Biol. Filiales **153**, 57—60, 30/4. 1959. Paris, Univ., Faculté des Sci. S.P.C.N., Labor. de Biol. animale; franz.) — Vf. hatte früher (C. **1960**, 10654) gezeigt, daß die Cuticulapigmentierung der Grille *Gryllus bimaculatus* de Geer (Orthoptera) nach der Mauser an den Stoffwechsel des *Tyrosins* gebunden ist. Vf. versuchte, die Pigmentierung selektiv durch Modifikation des Potentials der Oxydo-Red. zu verhindern. Hierzu verwandte er: *Hydrochinon* (I), *Brenzcatechin* (II), *Ascorbinsäure* (III), *Na-Sulfit* (IV) u. *Na-Hydrogensulfit* (V). In vitro rufen nur Lsgg. von I u. II auf der frisch gewechselten *Cuticula* Pigmentierung u. Härtung hervor, wogegen III, IV u. V wirkungslos sind. In vivo wird auch

die Härtung durch I—V nicht gehemmt, dagegen werden die natürlichen Pigmente durch stark reduzierende Substanzen an der Bldg. verhindert. Zur Prüfung der Einw. von *Tyrosin* (VI) u. *Tryptophan* (VII) wurden den Tieren unmittelbar nach der Mauser Lsgg. von $^{14}$C-markiertem VI oder VII injiziert. Vf. stellte fest, daß VII nicht zur normalen Zus. der Cuticulapigmente gehört, nur VI — das nach der Mauser eindringt — ist zur Bldg. der Pigmente erforderlich; dagegen nimmt VI nicht an der Härtung der Cuticula teil.
P. Nachtwey 4597◇

*1416* **Die direkte Extraktion von Aktin in fibröser Form auf Kaninchenmuskel.** G. N. Graham. (Biochem. J. **88**, 10P, 1963; Leeds, Univ., Astbury Dep. of Biophys.; engl.) — Zur direkten Extraktion von *fibrösem Aktin* (*Fn-Aktin* zur Unterscheidung von durch normale Polymerisation entstandenem *F-Aktin*) aus Kaninchenmuskulatur ist die 1. Extraktion mit Hydrogencarbonat innerhalb 10 Min. nach dem Tode des Tieres nach 2maliger Zerkleinerung im Mixgerät vorzunehmen, danach Vorgehen nach Barany u. Mitarbeiter (C. **1958**, 2204); Aktin wird durch Extraktion aus Acetonmuskelpulver mit 10 Vol. gekochtem entionisiertem W. (1 Std. bei Zimmer-Temp.) erzielt; die Ggw. von Fn-Aktin kann durch Strömungsdoppelbrechung, Viscositäts- u. Ultrazentrifugen-Best. nachgewiesen werden.
U. Tausendfreund 4597

*1417* **Vergleich des Lipidstoffwechsels von Hühnerembryonenorganen und -zellen in der Kultur.** S. Halevy und Robert P. Geyer. (Proc. Soc. exp. Biol. Med. **108**, 6—9, 1961; Boston, Mass., Harvard School of Public Health, Dep. of Nutrit.; engl.) — Der relative Einbau von $^{14}C_{(1)}$-*Acetat* (I) in Lipide von Hühnerembryonengeweben in ovo u. Gewebekulturen wurde untersucht. Embryonales Herz, Muskel u. Magen inkorporiert I hauptsächlich in Phospholipide in ovo u. in Neutralfette in vitro. Der relative $^{14}$C-Geh. der Cholesterinester ist höher, wenn die Zellen in Medium gewachsen sind, das Kälberserum enthält (im Gegensatz dazu Hühnerserum). Der I-Einbau durch hergestellte Zellinien (HeLa- u. Changleber) ähnelt mehr dem von Hühnerembryoorganen in ovo als dem von Hühnerembryogeweben in vitro.
G. Kimmerle 4597△

*1418* **Hirnlipide bei Multipler Sklerose und anderen Krankheiten.** B. Gerstl, M. J. Kahnke, J. K. Smith, M. G. Tavaststjerna und R. B. Hayman. (Brain **84**, 310—19, 1961; Oakland, Calif., Veterans Administration Hosp.; San Francisco, Calif., Univ. of California, School of Med., Dep. of Pathol.; engl.) — Die Konzz. an mehrfach *ungesätt. Fettsäuren* (I) wurden beim Menschen in der grauen u. weißen Hirnsubstanz untersucht. Die Hexaene überwiegen in der grauen, die Tetraene in der weißen Substanz. Die meisten Triene fanden sich in der weißen Substanz. In 2 Hirnen von Patienten mit extrakraniellen Tumoren bestand eine Verminderung an *Phospholipiden* (II), u. in einem Falle war die I-Konz. erniedrigt. Auch in den Hirnen von Multiple Sklerose (MS)-Kranken war die II-Konz. vermindert. In den MS-Plaques war die Plasmologen-Konz. nur 1/10 der Kontrollen. In der weißen Substanz mit prim. demyelinisierenden Krankheiten war der Anteil an Trienen erniedrigt. In einem Fall von schwerer Unterernährung durch Atrophie u. Lipomatose des Pankreas waren die II leicht, die I stark vermindert.
G. Kimmerle 4597△

*1419* **Die Wirkung von Nerven und Gehirn vom Standpunkt der Molekulartheorie aus gesehen.** Kosuke Ohki. (Kagaku no Ryôiki [J. Jap. Chem.] 430—38, Juni 1963; Hukuoka, Kyûsyû-Daigaku, Igakubu; jap.) — Übersicht. — 28 Literaturangaben.
E. Maekawa 4598◇

*1420* **γ-Aminobuttersäure.** Marc van Sande. (Ing. Chimiste [Bruxelles] **44**, 93—116, 1962; Berchem-Anvers, Inst. Bunge, Labor. de Neurochim.; Anvers, Inst. de Méd. Tropicale, Labor. de Biochim.; franz.) — Übersicht über die Bedeutung der *γ-Aminobuttersäure* als Konstituent des Hirngewebes, Biochemie, Best., Physiologie. — 69 Literaturangaben.
P. Gregorzewski 4598◇

*1421* **Die laminare Verteilung von γ-Aminobuttersäure und verwandten Aminosäuren in der Gehirnrinde der Ratte, sowie deren Veränderungen nach Verabreichung von Hydroxylamin oder Semicarbazid.** Ke-pang Chang, Sheng-ken Chang und Hsiu-fang Chen. (Acta physiol. sinica **25**, 136—42, 1962; Shanghai Acad. Sinica, Inst. of Physiol.; chin., Auszug: engl.) — Bei normalen Ratten sind *γ-Aminobuttersäure* (I) u. *Asparaginsäure* (II) in der Hirnrinde gleich verteilt. I u. II hatten höchste Konz. in der Schicht IV. *Glutaminsäure* (III) war in den verschiedenen Schichten der Grauen Masse relativ gleichmäßig verteilt. Die Konz. von I—III war in der Weißen Masse weit niedriger. Nach Gabe von *Hydroxylamin* (IV) stieg der Geh. von I bei gleichzeitigem Abfall von III in der Hirnrinde, während II gleich blieb. Nach Gabe von *Semicarbazid* (V) fiel der Geh. an I, während II u. III gleich blieben. Das laminare Verteilungsmuster von I—III wurde durch IV u. V nicht verändert. Unabhängig von der Tötungsart stieg der I-Geh. nach dem Tode sehr schnell an.
H.-G. Trüper 4598◇

*1422* **Über die Verteilung der Polysaccharide in Cornea und Augenlinse der Ratte.** W. G. Saitzewsjaka. (Nachr. Akad. Wiss. UdSSR, biol. Ser. **1959**, 245—49, März/April; Ssewertzow-Inst. für Morphol. der Tiere der Akad. der Wiss. der UdSSR; russ., Auszug: engl.) — Der hohe Geh. an *Mucopolysacchariden* (I) in allen Bereichen von Cornea u. Augenlinse der Ratte ist eine Vorbedingung für die Lichtdurchlässigkeit. Im vorderen Corneaepithel nimmt der I-Geh. nach der Oberfläche hin ab. In der Nähe des Limbus ist der I-Geh. in allen Fällen stark vermindert. Epithel u. Bindegewebe des Limbus enthalten keine I. Nach chem. Verletzung der Hornhaut sinkt der I-Geh. sehr stark. In der nach Entfernung von Hornhautbereichen entstandenen Narbe fehlen die I. Glykogen läßt sich nur im Cytoplasma der basalen Schicht des vorderen Hornhautepithels nachweisen.
O. Lebtag 4598△

*1423* **Das Auftreten von Lysophosphatiden bei der Autolyse.** Friedrich Lindlar. (Naturwissenschaften **49**, 543—44, 1962; Berlin, FU., Pathol. Inst.; dt.) — Orientierende papierchromatograph. Unterss. an Lipidextrakten aus menschlichen Organen zeigten, daß Pankreaslipide auffallend wenig *Lecithin* (I), dagegen in größerer Menge *Lysophosphatide* enthalten als andere Organe. Da Pankreas schnell einer Autolyse unterworfen ist, wurde geprüft, ob diese abweichende Phosphatid-Zus. schon intravital besteht oder Folge der Autolyse ist. Es zeigte sich, daß *Lysolecithin* u. *Lysocephalin* in Pankreas (u. Leber) mit fortschreitender Autolyse, in größerem Umfange jedoch erst nach 24 Std. aus I bzw. Plasmalogen u. Colamincephalin gebildet wird. Für den Esterphosphatidabbau dürfte die im menschlichen Pankreas nachgewiesene *Phospholipase A* verantwortlich sein. Für den Acetalphosphatidabbau genügt vielleicht schon die bei der Autolyse auftretende Säuerung des Gewebes.
U. Tausendfreund 4599◇

## E6. Pharmakologie, Therapie, Toxikologie, Hygiene

*1424* **Eine radiometrische Methode zur quantitativen Bestimmung von experimenteller Entzündung und entzündungshemmender Aktivität.** E. E. Vogin, G. V. Rossi, G. D. Chase und A. Osol. (Experientia [Basel] **18**, 191—92, 1962; Philadelphia, Pa., Coll. of Pharm. and Sci., Dep. of Pharmacol. and Dep. of Radiochem.; engl.) — Vff. beschreiben eine radiometr. Tracer-Meth., die eine Abschätzung des durch ein entzündungerregendes Mittel erzeugten Zustandes u. der Schutz-Wrkg. nicht hormoneller Verbb. erlaubt. Durch eine $^{131}$*J-Serumalbumin* (RISA)-Injektion an Mäuse wurde die phlogogene Wrkg. von *5-Hydroxytryptaminkreatininsulfat* (5-HT) mit der von Salz-Lsg. verglichen u. nach: Aktivität pro g linke Hinterpfote (5-HT)— Aktivität pro g rechte Hinterpfote (Salz-Lsg.) = Aktivität pro μl Blut berechnet. Die Entzündungs-Wrkg. wurde sowohl als Funktion des Anstiegs des Entzündungsexsudats der 5-HT-Pfote als auch in Gegenüberstellung zur Salz-Lsg.-Pfote ausgedrückt.
U. Drehmann 4600◇

*1425* **Pharmakologischer Beweis für eine aktive, reflektorische Gefäßerweiterung.** Akira Sakuma und Lloyd Beck. (Amer. J. Physiol. **201**, 129—33, 1961; Ann Arbor, Mich., Univ. of Michigan, Dep. of Pharmacol.; engl.) — Durch Anwendung von Mitteln, die die Freisetzung von *Norepinephrin* (I) verhindern, oder die seinen Abbau verzögern, konnte bei Hunden das Vork. einer akt. reflektor. Gefäßerweiterung nachgewiesen werden. Diese tritt in Rk. auf i.v. Injektion von Epinephrin oder I auf; der Reflex ist auch wirksam, wenn ein hoher Sympathicustonus besteht.
K. Zingraf 4600◇

*1426* **Versuch einer biologischen Gruppierung der psychotropen Arzneimittel. Pharmakologische Einflüsse auf die Stoffwechselregulationen im Zentralnervensystem.** H. Laborit. (Presse méd. **69**, 2428—30, 1961; Toulon, C.E.R.B., Marine Nat., Sect. de Rech. Biophysiol.; Paris, Hôp. Boucicaut, Labor. d'Eutonol.; franz.) — Übersicht. — 22 Literaturangaben. K. Zingraf 4600◇

*1427* **Tabellen zur Toxikologie, Pharmakologie und Chemie von Inhaltsstoffen des Tabaks und des Tabakrauches.** 1. Mitt. E. Werle und H. Schievelbein. (Arzneimittel-Forsch. **11**, 1011—16, 1961; München, Univ., Chirurg. Klin., Klin.-Chem. Inst.; dt.) — Übersicht. — 95 Literaturangaben. K. Maier 4600◇

*1428* **Strahlenbiologie.** Ichijiro Honjo und Young-Tchel Tchoe. (2. Mitt.: Kagaku no Ryôiki [J. Jap. Chem.] **17**, 396—403, Mai 1963; 3.: **17**, 483—92, Juni 1963; 4.: **17**, 545—56, Juli 1963; 5.: **17**, 632—44, Aug. 1963; Ôsaka-Daigaku, Rigakubu; jap.). — 1. vgl. C. **1964**, 11-1038. — Vorlesung. — 34 Literaturangaben. E. Maekawa 4601◇

*1429* **Die Taurinausscheidung normaler und $B_2$-avitaminotischer Ratten nach Ganzkörperbestrahlung.** E. Nyffenegger, K. Lauber und H. Aebi. (Biochem. Z. **333**, 226—35, 1960; Bern, Univ., Med.-Chem. Inst.; dt.) — Bei *Vitamin-$B_6$* (I)-Mangelratten ist zwar die Ausscheidung von *Taurin* (II) mit dem Harn gegenüber der Norm vermindert, nach einer Ganzkörperbestrahlung mit 500 r kommt jedoch auch bei I-Mangel eine II-Mehrausscheidung wie bei normalen Tieren ($\Delta$-II ca. 5—10 mg/100 g/72 Std.) zustande. Der Geh. des Gehirns an II entspricht bei I-Mangel u. nach Bestrahlung der Norm; in Milz u. Muskulatur ist bei I-Mangel eine geringe Erhöhung, nach Bestrahlung eine leichte Abnahme des II-Geh. zu konstatieren. U. Tausendfreund 4601◇

*1430* **Über die Wirkungen von wiederholter Kieselsäureverabreichung.** Michel Mosinger, Guy Cartouzou und Guy de Bisschop. (C. R. hebd. Séances Acad. Sci. **250**, 1389—90, 1960; Aix-Marseille, Univ. Inst. de Méd. légale, d'Hygiène industr. et de Méd. du Travail; franz.) — Ratten u. Meerschweinchen erhielten *Kieselsäure* (I)-Injektionen mit 0,5—0,6% $SiO_2$-Gehalt. Der unmittelbar nach der Herst. bestimmte Grad der Polymerisation betrug 10 bis 18%. Ratten bekamen 1—2 intraperitoneale Injektionen am Tag mit 0,75 mg I/ml, Meerschweinchen 88—98 mg I/kg. Patholog.-anatom. fand sich ein exsudativ-ödematöser, exsudativ-nekrot., granulomatöser, sklerosierender u. sklerohyaliner Phasenwechsel. In den Follikeln der Lymphknoten u. der Milz wurden Rkk. wie nach größeren kristallinen I-Gaben beobachtet. An weiteren Befunden traten auf: Hepatitis, Glomerulonephritis, Lungenaffektionen, Testikelatrophie, Schilddrüsenüberfunktion u. Nebennierenrindenhypertrophie. Der Stoffwechsel verläuft in 3 Phasen: Ansammlung von I in der Milz, der Leber u. der Lunge, Verringerung des Geh. in Leber u. Lunge u. Anstieg der I in der Niere u. schließlich auch Abnahme der I in der Milz. Bei der Ratte bewirken schwache Dosen von I eine starke Vermehrung der $\alpha_2$-Globuline u. manchmal der $\alpha$-Glucoproteine u. $\beta$-Lipoproteine sowie Verringerung der $\gamma$-Globuline. Große I-Dosen steigern die $\gamma$-Globuline, $\beta$-Globulin u. $\beta$-Lipoprotein. Beim Meerschweinchen finden sich die $\gamma$-Globuline vermehrt. K. Böhm 4606◇

*1431* **Untersuchungen über die kapillaren und cardiovasculären Wirkungen intravenöser Natriumarsenit- und Natriumarsenatgaben.** Calvin Hanna und Patricia B. McHugo. (Toxicol. appl. Pharmacol. **2**, 674—82, 1960; Burlington, Univ. of Vermont Med. Coll., Dep. of Pharmacol.; engl.) — Durch *Na-Arsenit* u. *Na-Arsenat* wird bei Katzen der K-, Ca- u. Na-Geh. des Plasmas nicht verändert, bei hohen Dosen aber der Blutdruck gesenkt. Bei abwechselnden Injektionen von As-Lsgg. u. *Histamin* (?) versagt der sonst nach I erfolgende K-Anstieg im Plasma. Bei 90%ig. Hepatektomie erreicht der K-Anstieg nach I nur $^1/_3$ des Normalwertes bei As-Vorbehandlung. Beide As-Verbb. erhöhen die Kapillarpermeabilität im Kaninchenhauttest weniger stark als I, aber die Permeabilität des Gastrointestinaltraktes, der Leber u. der Nieren sehr viel stärker als I. P. Gregorzewski 4606◇

*1432* **Bestimmte, durch Markierung mit $^{32}P$ im Baumwollkäfer hervorgerufene biologische Wirkungen.** M. S. Mayer und J. R. Brazzel. (J. econ. Entomol. **54**, 1197—1203, Dez. 1961; Texas Agric. Exp. Stat.; US-Dep. of Agric., Entomol. Res. Div.; engl.) — Werden erwachsene Baumwollkäfer (*Anthonomus grandis* Boheman) mit $H_3{}^{32}PO_4$ gefüttert, so verlieren sie $^{32}P$ eher als bei Fütterung im Larvenstadium. $^{32}P$ hat eine schädlichere Wrkg., wenn es an Larven verfüttert wird (von ♀ Tieren werden nach Verfütterung von 4,96 u. 9,91 $\mu$c/g Kost in der Larvenzeit keine Eier mehr gelegt). Die Larvenmortalität steigt mit steigendem $^{32}P$-Anteil in der Kost. U. Tausendfreund 4606◇

*1433* **Beobachtungen und Untersuchungen über die gemeinsame Wirkung von Alkohol und Kohlenmonoxid.** H. J. Mallach und P. Röseler. (Arzneimittel-Forsch. **11**. 1004—08, 1961; Berlin, Freie Univ., Inst. für gerichtl. u. soziale Med.; dt.) — Bei 20 Leichen, die an akuter *CO*-Vergiftung verstorben waren, betrug der CO-Hämoglobin Geh. 65 ± 6%. Die tödliche *A.*-Dosis wurde für den Menschen an Hand von 13 Fällen zu 3,0—3,5 g/kg u. die Höhe der A.-Konz. im Blut zu 3,9—4,2% rechner. ermittelt. Es besteht ein Synergismus bei CO-Einw. u. Alkoholisierung. Dieses zeigte sich bei Beobachtungen an Menschen, die durch aufeinanderfolgende Einw. beider Gifte ums Leben gekommen waren u. in tierexperimentellen Unterss. bei Mäusen. Bei längerer Einw. von CO auf den alkoholisierten menschlichen oder tier. Organismus ist bei tödlicher Vergiftung ein gegenüber dem oben erwähnten Durchschnitt deutlich erniedrigter CO-Hb-Spiegel zu beobachten; er sinkt um so tiefer, je höher die A.-Konz. im Blut steigt. Es wird vermutet, daß dieser Synergismus beim Menschen auch bei geringen CO- u. A.-Dosen eine merkbare Rolle spielt u. so zu einer Beeinträchtigung der Verkehrstauglichkeit führen kann. G. Kimmerle 4606△

*1434* **Mobilisierung von Lipoiden nach Verabreichung von Tetrachlorkohlenstoff.** Arlene J. Maximchuk und David Rubinstein. (Canad. J. Biochem. Physiol. **41**, 525—28, 1963; Montreal, Quebec, McGill Univ., Dep. of Biochem.; engl.) — Es wurde die Möglichkeit der Steigerung der Lipoidmobilisierung aus den Fettdepots der Leber 8 Std. nach der Verabreichung von *$CCl_4$* untersucht. ♂ Ratten erhielten mittels intraduodenaler Injektion 1,0 ml $CCl_4$/kg Körpergewicht. Schon 8 Std. nach der Verabreichung von $CCl_4$ ist eine Mobilisierung von *Fettsäuren* eingetreten, was aus dem erhöhtem Geh. des Serums an freien Fettsäuren hervorgeht. Die meisten der mobilisierten Fettsäuren wurden in der Leber als *Triglyceride* aufgefunden. H. Aman 4607◇

*1435* **Konstitution und Wirkung biologisch aktiver Verbindungen.** 15. Mitt. **Säureamide, Carbamate, Thiocarbamate, Harnstoff-Derivate.** Werner Perkow. (Arzneimittel-Forsch. **12**, 1185—91, 1962; Hamburg; dt.) — 14. vgl. Arzneimittel-Forsch. **12**, [1962], 151; 10. vgl. C. **1962**, **5757**. — Übersicht. — Ein Ort im Mol. biolog. akt. Verbb. mit verringerter Elektronendichte wird, da in den betrachteten Verb.-Reihen immer wiederkehrend, als ***biolog. akt. Zentrum*** (b.a.Z.) bezeichnet. Das b.a.Z. wird durch gewisse, untereinander austauschbare elektronenanziehende Gruppen hervorgerufen. Daneben spielt auch die Löslichkeit eine Rolle bei der Wrkg.-Stärke. Die Erscheinungen werden an 66 Verbb. dargelegt. W. Holland 4607◇

*1436* **Therapie akuter Hypothermie unter besonderer Berücksichtigung von Harnstoff.** J. R. Beaton und J. Hunter. (Canad. J. Biochem. Physiol. **38**, 305—09, 1960; Toronto, Ontario, Defence Res. Med. Labor.; engl.) — Bei einem Vgl. zwischen *Acetazolamid* (I), *Harnstoff* (II) u. *2-Amino-2-[hydroxymethyl]-1.3-propandiol* (THAM) zur Erleichterung erfolgreicher Wiederbelebung bei innerhalb von 55—60 Min. auf 0—3° unterkühlten Ratten steigerte II (360 mg) die Überlebensquote ebenso wie I (10 mg), während von THAM nur bei niedriger Dosis (15 mg) ein geringer Erfolg ausging. Möglicherweise spielt die starke Diurese während der Wiedererwärmung eine wichtige Rolle. Bemerkenswert ist, daß I u. II die Lähmung der hinteren Extremitäten bei Unterkühlung u. Wiedererwärmung verhüten. U. Tausendfreund 4607◇

*1437* **Der Einfluß des antithyreoidalen Arzneimittels Propylthiouracil auf die Fortpflanzung von Ratten.** Kenneth M. Cook. (Proc. Iowa Acad. Sci. **67**, 463—70, 1960; Iowa, Cedar Rapids, Coe Coll., Dep. of Biology; engl.) — Die Wrkg. von *6-n-Propyl-2-thiouracil* (I; 0,1% im Futter)

auf das Gew. verschiedener Organe, auf Sauerstoffumsatz, Zeugungsfähigkeit, Regelmäßigkeit u. Intensität des Menstruationscyclus sowie auf Charakteristica des Nachwuchses (Wurfgröße, Gew., Überleben) wird bei allen Paarungsmöglichkeiten zwischen I-behandelten u. normalen ♂ u. ♀ weißen Ratten untersucht. Fortpflanzung u. Nachwuchs werden durch I nicht beeinflußt, alle untersuchten Stoffwechselvorgänge sind bei I-behandelten Tieren verlangsamt.
Wolfgang Herrmann/Berlin 4607◇

*1438* **Direkte und indirekte Messungen des arteriellen Blutdrucks bei normalen und mit Propylthiouracil behandelten Ratten.** Lloyd Hoffmann. (Proc. Iowa Acad. Sci. **67**, 471—79, 1960; Iowa, Cedar Rapits, Coe Coll., Dep. of Biology; engl.) — Beide genau beschriebenen Meth. ergaben bei Ratten durch Behandlung mit *Propylthiouracil* (I; 0,1% im Futter) eine Senkung des Blutdrucks um ca. 10%. Ob I durch Verminderung der Förderleistung des Herzens oder durch Verringerung des peripheren Widerstandes wirkt, ließ sich nicht entscheiden.
Wolfgang Herrmann/Berlin 4607◇

*1439* **Untersuchungen über die chronische Toxizität von N-[3-Chlorphenyl]-carbaminsäureisopropylester.** P. S. Larson, E. M. Crawford, R. Blackwell Smith jun., Gordon R. Henninger, H. B. Haag und J. K. Finnegan. (Toxicol. appl. Pharmacol. **2**, 659—73, 1960; Richmond, Va., Med. Coll. of Virginia, Dep. of Pharmacol.; Brooklyn, State Univ. of New York, Coll. of Med., Dep. of Pathol.; engl.) — Bei einjähriger Fütterung von Hunden u. zweijähriger Fütterung von Ratten mit *N-[3-Chlorphenyl]-carbaminsäureisopropylester* (Herbicid) treten unterhalb einer Diätkonz. von 0,2% keine schädlichen Wrkg. auf. 2,0% verursachen bei beiden Tierarten Schäden (erhöhte Mortalität).
P. Gregorzewski 4607◇

*1440* **Der Synergismus von Salicylaten und Steroiden.** Thomas Butterworth und Lyon P. Strean. (Arch. Dermatology **84**, 964—71, Dez. 1961; Reading, Norristown, Pa.; engl.) — 7 Fälle von Alopecia areata bzw. totalis, die länger als 1 Jahr bestanden, wurden mit verschiedenen Kombinationen von Steroiden (*Dexamethason*), *Salicylaten* u. *Ascorbinsäure* behandelt. Bei einigen Fällen von Alopecia areata bewirkte die Salicylatbehandlung neuen Haarwuchs, der bei gleichzeitiger Verabreichung mit Steroiden noch verstärkt wurde.
G. Kimmerle 4607△

*1441* **Mit der unterschiedlichen Empfindlichkeit von Maisöhrwurmlarven gegenüber DDT zusammenhängende Faktoren.** R. T. Gast. (J. econ. Entomol. **54**, 1203—06, Dez. 1961; Raleigh, N.C., North Carolina Agric. Exp. Stat., Entomol. Dep.; engl.) — Die über 1000mal geringere Empfindlichkeit großer *Heliothis zea* (Boddie) gegenüber der tödlichen Wrkg. von *DDT* im Vgl. mit kleinen Larven beruht auf einer geringeren Penetration des DDT durch die Haut. So sind auch gelbe Larven doppelt so empfindlich wie dunkelrote oder schwarze Larven. Durch Beigabe *nichtflüchtiger Öle* zum oberflächlich verabfolgten DDT kann dessen Wirksamkeit bei großen Larven erhöht werden.
U. Tausendfreund 4607◇

*1442* **Esterasehemmung bei der Organophosphor-Vergiftung von Stubenfliegen.** R. D. O'Brien. (J. econ. Entomol. **54**, 1161—64, Dez. 1961; Ithaca, N.Y., Cornell Univ., Dep. of Entomol.; engl.) — Der Tod der Stubenfliegen nach Vergiftung mit Organophosphorinsekticiden ist wahrscheinlich durch *Cholinesterase* (I)-Hemmung bedingt. In Verss. mit *Parathion*, *Malathion*, *Diazinon* (Geigy; *O.O-Diäthyl-O-[2-isopropyl-4-methylpyrimidinyl-(6)]-thiophosphat*) u. *Coral* [Chemagro Corp. (*O.O-Diäthyl-O-[3-chlor-4-methyl-2-oxo-2H-benzopyranyl-(7)]-thiophosphat*) u. Prüfung enzymat. Aktivitäten bei *Musca domestica L.* war die I-Aktivität bei überlebenden Fliegen regelmäßig am wenigsten gehemmt, während die I-Hemmung bei verendeten Fliegen eine Inaktivierung von 74—99% I anzeigte u. I sich als das am meisten geschädigte Enzym erwies.
U. Tausendfreund 4607◇

*1443* **Eine Untersuchung über die Effekte nach Hautresorption von Tri-o-kresylphosphat bei Hennen.** P. Glees und W. G. White. (J. Physiology **153**, 20P—22P, 1960; Oxford, Univ., Labor. of Physiol.; engl.) — Bei Hennen (3—5 kg Gew.) bewirken 0,2 ml reines *Tri-o-kresylphosphat* (I) weder klin. noch neurolog. Veränderungen. I wurde auf den Kamm aufgestrichen. 0,1 ml I/kg Körper-Gew. verursachen nach einem Intervall von 8—25 Tagen eine Schwäche der Extensoren der Beine u. als allg. Vergiftungssymptome Appetitverlust u. Trägheit. 0,05 ml I/kg Körper-Gew. bewirken nur neurolog. Symptome wie selektive Myelindegeneration in den langen ab- u. aufsteigenden Bahnen. Dosen unter 0,05 ml verursachen keinerlei Symptome. Da die Ausscheidung von I aber sehr langsam geschieht, ist eine Kumulation möglich, so daß mit der Zeit auch diese Mengen Wrkg. haben könnten. In der Kumulationsmöglichkeit liegt auch die Gefahr von I in den I-verarbeitenden Industriebetrieben.
K. Böhm 4607◇

*1444* **Parasiticid-Stoffwechsel. Rückstand und Stoffwechsel von radioaktivem 4-tert.-Butyl-2-chlorphenylmethyl-O-methylphosphorsäureamid nach einmaliger oraler Verabreichung an Schafe.** Wallace R. Bauriedel und Marlene G. Swank. (J. agric. Food Chem. **10**, 150—54, 1962; Midland, Mich., Dow Chemical Co., Agricultural Chem. Res.; engl.) — Schafe erhielten einmalige orale Dosen von 100 bzw. 200 mg *$^{32}$P-4-tert.-Butyl-2-chlorphenylmethyl-O-methylphosphorsäureamid* (I; *Ruelene*)/kg verabreicht, u. es wurden Stoffwechsel- u. Ausscheidungs-Unterss. durchgeführt. I u. einige Hydrolysen-Prodd. (*O-4-tert.-Butyl-2-chlorphenyl-O-methylhydrogenphosphat*, *O-Methyl-N-methylaminohydrogenphosphorsäureamid*, *O-4-tert.-Butyl-2-chlorphenyldihydrogenphosphat*, *O-Methyldihydrogenphosphat*, *Phosphorsäure*, *O-4-tert.-Butyl-2-chlorphenylhydrogen-O-methylphosphorsäureamid*) wurden im Blut kurz nach der Behandlung gefunden, aber nach 2 Tagen waren nur noch Spuren I im Blut nachzuweisen. Ca. 85% des verabreichten $^{32}$P wurde in den Ausscheidungs-Prodd. gefunden. Der $^{32}$P im Urin, der bis zu 75% der verabreichten Dosis entsprach, bestand hauptsächlich aus Hydrolysen-Prodd. von I. Ein Teil des I wurde bis zu anorgan. Phosphat hydrolysiert u. entweder als natürliche Phosphatester oder als anorgan. Phosphat in den Geweben zurückgehalten. I selbst konnte in den Geweben nach 7 Tagen nicht mehr nachgewiesen werden.
G. Kimmerle 4607△

*1445* **Radioaktiv markierte Phosphorsäureester.** 3. Mitt. **Das Verhalten von $^{32}$P-markiertem Wotexit bei intravenöser und intramuskulärer Injektion an Rindern.** W. Dedek und M. Kühnert. (Isotopentechnik **2**, 307—09, 1962; dt.) — 2. vgl. Isotopentechnik **2**, [1962], 182. — *Wotexit* (W), *O.O-Dimethyl-1-hydroxy-2.2.2-trichloräthylphosphonat*, wird auf seine Wrkg. bei der Bekämpfung der Dassellarve bei i.v. bzw. i.m. Injektion an Rindern untersucht. Es werden Verss. mit einem Präp. (*Bubulin*) durchgeführt, das einen gewissen Anteil von $^{32}$P enthält. Die in den Extrakten gemessenen Aktivitäten werden mit Hilfe von wiedergegebenen Verteilungs-Koeff. korrigiert. Auf Grund der Vers.-Ergebnisse sollten keine länger anhaltenden Nebenwrkg. nach der Injektion des wotexithaltigen Präp. *Bubulin* zu erwarten sein.
F. Zeidler 4607◇

*1446* **Wirkung von verfüttertem Guthion auf Küken.** Peter C. Steve, Donald L. Anderson und J. H. Lilly. (J. econ. Entomol. **54**, 1229—31, 1961; Univ. of Massachusetts, Dep. of Entomol. and Plant Pathol., Dep. of Poultry Sci.; engl.) — Bei Verfütterung von 306 ppm *Guthion* {*O.O-Dimethyl-S-[4-oxo-4H-1.2.3-benzotriazinyl-(3)-methyl]-dithiophosphat*; I} an wenige Tage alte Küken führt innerhalb 1 Woche zu vermindertem Gew.-Anstieg, der bei höheren I-Konzz. noch stärker zurückgeht; bei 2177 ppm I 95% Mortalität in der 2. Woche. Ungünstiger Einfl. auf *Nicarbazin* oder *Sulfachinoxilin* (gegen Coccidien) wird von I (100—600 ppm) nicht ausgeübt. I verflüchtigt sich sehr schnell, so daß eine Beigabe zu Handelskost nicht möglich ist.
U. Tausendfreund 4607◇

*1447* **Chronische Giftigkeit von Dimethoat bei Legehühnern.** Martin Sherman, Ernest Ross, F. F. Sanchez und M. T. Y. Chang. (J. econ. Entomol. **56**, 10—15, 1963; Hawaii Agric. Exp. Stat.; engl.) — Zugabe von 30 ppm techn. *Dimethoat* oder Emulsion zum Trinkwasser für Legehennen mit einer täglichen Aufnahme von 0,010 bzw. 0,0092 g über 59 Wochen hatte ein ausgezeichnetes Bekämpfungsergebnis der Abgänge gegen eine Anzahl von Fliegenlarven zur Folge. Die Hühner starben nicht, die *Cholinesterase*-Aktivität wurde zwar schnell herabgesetzt, erholte sich aber bald nach der Beendigung der Behandlung. Die Gesamt-

futteraufnahme u. die Gew.-Zunahme wurden vermindert, bes. mit der Emulsion. Die Eierlegetätigkeit blieb normal u. war bei der Emulsion höher als die der Kontrollhühner. Nachteilige Wrkg. auf die Stärke der Eierschale oder das Eier-Gew. wurde nicht beobachtet, der Eierinhalt war im Gegenteil sichtlich verbessert, er hatte keinen störenden Geschmack, Geruch, unveränderte Dichte u. Färbung.
Fritz Müller 4607◇

*1448* **Stoffwechsel von O.O-Dimethyl-O-[3-methyl-4-methylmercaptophenyl]-thiophosphat bei weißen Ratten.** U. E. Brady jun. und B. W. Arthur. (J. econ. Entomol. **54,** 1232—36, Dez. 1961; Auburn, Ala., Auburn Univ., Dep. of Zool.-Entomol.; engl.) — *O.O-Dimethyl-O-[3-methyl-4-methylmercaptophenyl]-thiophosphat* (*Bayer 29493*; I) wird bei Ratten an beiden S-Atomen oxydiert. Es konnten Sulfoxid- u. Sulfon-Derivv. isoliert u. identifiziert werden. Der vorherrschende Aktivierungsprozeß ist Oxydation u. nicht Isomerisierung. Die Hydrolyse geht vorwiegend an der P—O—Phenyl-Bindung vor sich; kein Nachw. einer Spaltung der P—O—Methyl-Bindung. Der Prozentsatz hydrolyt. Prodd. geht mit steigender Zahl der Dosen (10 mg/kg/Tag für 10 Tage) zurück. Die Cholinesterase in Blut u. Gehirn wird rasch gehemmt u. erholt sich langsam. Die acetonitrillösl. Reste in Leber, Niere, Muskel, Haut u. Herz sind 3 Tage nach I gering. 80% des verabreichten I wird ausgeschieden.
U. Tausendfreund 4607◇

*1449* **Verteilung und Löslichkeitseigenschaften von an legende Hennen verfütterter Phosphorsäure und O.O-Diäthyldithiophosphat.** H. W. Dorough und B. W. Arthur. (J. econ. Entomol. **54,** 1140—43, Dez. 1961; Auburn, Ala., Agric. Exp. Station, Dep. of Zool.-Entomol.; engl.) — Nach Verfütterung von 100 ppm $H_3{}^{32}PO_4$ u. *³²P-O.O-Diäthyldithiophosphorsäure* an legende Hennen (7 Tage lang) findet sich in Leber, Nieren u. Knochen mehr $^{32}$P als in Blut, Hirn, Brust, Fett, Federn, Magen oder Haut. Im Eigelb ist mehr $^{32}$P enthalten als in Eiweiß oder Schale. In Faeces, Eigelb u. Leber sind acetonitrillösl. Reste auffindbar. Ca. 46 bzw. 36% der aufgenommenen Säuren erscheinen nach 14 Tagen in den Faeces. Beide Säuren zeigen Löslichkeitseigg. wie viele Organophosphatinsekticide.
U. Tausendfreund 4607◇

*1450* **Verhalten der roten Citrusmilbe gegen chemische Sterilisationsmittel.** A. W. Cressman. (J. econ. Entomol. **56,** 111—12, 1963; Riverside, Calif., Entomol. Res. Div.; engl.) — Behandlung von ♀ *Panonychus citri* McGregor mit Emulsionen, Suspensionen oder wss. Lsgg. von 0,1% ig. *Tepa* (*Tris-[1-aziridinyl]-phosphinoxid*), *Aphamide* {*N.N'-Äthylen-bis-[P.P-bis-(1-aziridinyl)]-N-methylphosphonamid*} oder *Apholote* (*2.2.4.4.6.6-Hexahydro-2.2.4.4.6.6-hexakis-[aziridinyl-(1)]-1.3.5.2.4.6-triazatriphosphorin*) hatte in der 1. Generation einen Rückgang der Fruchtbarkeit der ♀♀ u. der Schlüpffähigkeit der Eier zur Folge, geringere Konzz. waren weniger wirkungsvoll, jedoch kam bei 0,1% nur ein ♀ zur Reife, ihre Anzahl war auch bei 0,03% stark eingeschränkt. Die geprüften Sterilisationsmittel erscheinen jedoch für die Anwendung im Obstbau als zu giftig.
Fritz Müller/Ludwigshafen 4607◇

*1451* **Der Antimetabolit Imidazol als Schädlingsbekämpfungsmittel.** Roy J. Pence. (J. econ. Entomol. **56,** 1—7, 1963; Los Angeles, Calif., Univ. of California, Dep. of Entomol.; engl.) — *Imidazol* (I) mit einer oralen Giftigkeit von $DL_{50}$ zwischen 1000 u. 1500 mg/kg ist ein Bekämpfungsmittel für viele Schadinsekten, wie Textilschädlinge oder Vorratsschädlinge. Es kann mit *Borsäure* verstärkt werden; mit *2-Aminopyridin* verstärkt, hatte es in Öl-Lsg. eine schnelle Wrkg. auf Insekten. Die biolog. Wrkg. von I als Umwandler u. Kontaktinsekticid wurde geprüft. Von gegenteiliger Wrkg. sind *Histamine*, seine Derivv. u. *Nicotinsäure*. Zugabe von oberflächenakt. Stoffen verstärkte die Wrkg. von I. Zugabe von Protyl 7105 (hydrophil) erhöhte seine physiolog. Eigg., ohne die physikal. Eigg. des Öles zu verändern. *Perchloräthylen* verstärkte die Fettlöslichkeit.
Fritz Müller/Ludwigshafen 4607◇

*1452* **Der Stoffwechsel von Sevin bei Milchkühen.** W. E. Whitehurst, E. T. Bishop, F. E. Critchfield, George G. Gyrisco, E. W. Huddleston, H. Arnold und D. J. Lisk. (J. agric. Food Chem. **11,** 167—69, 1963; South Charleston, W.Va., Union Carbide Chemicals Co.; engl.) — Die Milch von Kühen, deren Futter *Sevin* (I) enthält, ist frei von I, *1-Naphthol* (II) u. konjugierten, entgifteten II-Produkten. Ein Teil des I erscheint im Urin als I u./oder II. Ein weiterer Teil des I tritt unverändert in den Faeces auf.
W. Wesly 4607◇

*1453* **Einige Auswirkungen von Aldrin, Chlordan, Dieldrin und Heptachlor auf den Europäischen Ohrwurm, Forficula auricularia.** E. Fred Legner und Donald W. Davis. (J. econ. Entomol. **56,** 29—31, 1963; Logan, Utah, Utah State Univ., Dep. of Zool.; engl.) — In Labor.-Verss. hatte *Dieldrin* [I; 1 (lb/100 gall.)] die längste Dauerwrkg. gegen *Forficula* mit 50% ig. Abtötung nach 524 Stunden. *Aldrin* (II; 2) u. *Chlordan* (III; 4) wirkten genügend noch nach 207 Stunden. *Heptachlor* (IV) hatte die geringste Dauerwrkg., aber die höchste Sofortwirkung. IV u. I gekörnt (4 lbs./acre) zeigten in Freiland-Verss. die höchste Abtötung nach 5 Tagen, II u. III waren weniger wirksam, alle jedoch wirkten nach 26 Tagen ausgezeichnet.
Fritz Müller/Ludwigshafen 4607◇

*1454* **Rückstände im Rinderfett nach Heptachlorfütterung.** R. D. Radeleff und Percy B. Polen. (J. econ. Entomol. **56,** 71—73, 1963; Kerrville, Tex., Animal Diseases and Parasite Res. Div.; Chicago, Ill., Velsicol chem. Co.; engl.) — Nach Fütterung von *Heptachlor* (*1.4.5.6.7.8.8-Heptachlor-3a.4.7.7a-tetrahydro-4.7-methanoinden*; I) an Vieh, beginnend mit 5 (ppm), nach 6 Wochen abfallend bis 0 konnten keine I- oder I-*Epoxid* (II)-Rückstände im Fett der Tiere festgestellt werden. Nach weiterer Fütterung mit 1—60 für 16 Wochen fanden sich unter 3,75 keine Spuren von I oder II. 30 I 16 Wochen lang verursachte nur II-Rückstände im Fett, bei 60 I wurden kleine Mengen II (<2) in Leber u. Thymus, höhere im Fett beobachtet. I-Rückstände wurden nicht festgestellt.
Fritz Müller/Ludwigshafen 4607◇

*1455* **Biochemie der Malathionresistenz bei Culex tarsalis.** F. Matsumura und A. W. A. Brown. (J. econ. Entomol. **54,** 1176—85, Dez. 1961; London, Canada, Univ. of Western Ontario, Dep. of Zool.; engl.) — Der Unterschied zwischen *Culex tarsalis*-Larven, welche gegenüber *Malathion* (I) resistent sind u. normalen Larven beruht auf einem höheren Geh. an *Phosphatase*-Aktivität (zur Hydrolyse von *Malaoxon*) u. vor allem *Carboxyesterase* (II)-Aktivität (zur Hydrolyse von I). *EPN* (du Pont de Nemours & Co.) wirkt als II-Hemmer synergist. mit I. Die Vererbung der I-Resistenz ist partiell dominant. U. Tausendfreund 4607◇

*1456* **Über die toxische Wirkung von Toxopyrimidylacetylpyridin.** Michiko Tsuji. (Biochem. Pharmacol. **12,** 135—44, 1963; Tokyo, Jikei Univ., School of Med., Dep. of Biochem.; engl.) — *Toxopyrimidylacetylpyridin* {I; *N-[2-Methyl-4-aminopyrimidyl-(5)-methyl]-3-acetylpyridinium-bromidhydrobromid*} ist eine tox. Substanz (550 μg/g intraperitoneal wirken z. B. bei Mäusen in allen Fällen tödlich), deren pharmakolog. Eigg. von denen ihrer Komponenten *Toxopyrimidin* (*2-Methyl-4-amino-5-hydroxymethylpyrimidin*) u. *3-Acetylpyridin* (II) vollständig abweichen. Die Symptome nach I ähneln denen nach KCN bei Mäusen; der Angriffsort ist jedoch verschieden. Offenbar wirkt I direkt auf das Atemzentrum. Durch *Phenobarbital* u. *Veronal* (25—55 bzw. 25 μg/g) wird eine Schutz-Wrkg. gegenüber I ausgeübt; künstliche Beatmung kann die Atemdepression überwinden helfen, so daß nach 80 Min. die Vergiftung überstanden ist. I wurde durch Kondensierung von *2-Methyl-4-amino-5-brommethylpyrimidindihydrobromid* mit II synthetisiert.
U. Tausendfreund 4607◇

*1457* **Zur Nierenverträglichkeit parenteral verabreichter Sorbitlösungen.** G. Erdmann. (Klin. Wschr. **38,** 1002—03, 1960; Rostock, Univ., Kinderklinik; dt.) — Aus den näher beschriebenen gezielten Verss. u. den dabei erhaltenen Ergebnissen wird bewiesen, daß *Sorbit*-Infusionen i.v. (10% ig.) irgendwelche gewebliche Schädigungen nicht hervorrufen.
F. O. Walter Meyer 4607◇

*1458* **Untersuchungen über Glucozuckersäurelactone. 1. Mitt. Glucozuckersäure-1.4-lacton.** Akio Kiyomoto, Shoichi Harigaya, Satoshi Ohshima und Takashi Morita. (Biochem. Pharmacol. **12,** 105—12, 1963; Todamachi, Saitama, Tanabe-Seiyaku Ltd., Tokyo Res. Labor., Dep. of Biochem.; engl.) — Nach peroraler Verabreichung von *Glucozuckersäure-1.4-lacton* (I) kommt es bei Mäusen,

Ratten u. Meerschweinchen zur Verteilung von I im gesamten Organismus unter mindestens 2 Std. anhaltender Hemmung der *β-Glucuronidase* (II)-Aktivität in Leber u. Niere. 10—20% des verabreichten I kann später aus dem Harn wiedergewonnen werden, so daß keine Beschleunigung der Ringöffnung von I in Leber u. Niere stattzufinden scheint. Verabreichung von *Glucosaccharat, Glucuronat, Glucuronolacton* u. *Gluconolacton* übt keine Wrkg. auf die II-Aktivitäten aus.

Versuche: *Glucozuckersäure-1.4-lacton*, $C_6H_8O_7$, F. 90—93°, $[\alpha]_D^{26}$ +37,0° aus Kaliumhydrogensaccharat nach Smith (J. chem. Soc. [1944], 634). — *Glucozuckersäure-3.6-lacton*, $C_6H_8O_7$, F. 140—145°, $[\alpha]_D^{22}$ +48,9° analog vorst. Methode. U. Tausendfreund 4607◇

*1459* **Die Wirkung von Ricinolsäure und Phenolphthalein auf den Kreatinphosphatgehalt des Rattendarms in vitro.** Sumiko Nakao. (Biochem. Pharmacol. **12**, 216—17, 1963; Fukushima, Fukushima Med. Coll., Dep. of Pharmacol.; engl.) — *Ricinolsäure* u. *Phenolphthalein* wirken auf den isolierten Rattendarm wie *2.4-Dinitrophenol*, welches mit oxydativen Phosphorylierungsvorgängen interferiert. Der *Kreatinphosphat*-Geh. des Darms nimmt unter dem Einfl. der Substanzen ab, bei den letzten beiden kann ein Ausfließen von *Kreatin* in das Medium beobachtet werden. U. Tausendfreund 4607◇

*1460* **Wirkung intraventriculärer Injektion N-methylierter γ-Aminobuttersäurederivate auf das Zentralnervensystem der wachen Maus.** T. Kita, H. Kamiya und C. Kiyota. (Biochem. Pharmacol. **12**, 213—14, 1963; Osaka, Kinki Univ., Fac. of Pharm., Dep. of Pharmacol.; engl.) — *N-Methylasparaginsäure* (I) kann als eine der aktivsten Substanzen angesehen werden, die im Gehirn vorkommen; I dürfte eine exzitator., neurochem. Transmittersubstanz sein, wobei die $CH_3$-Gruppe bedeutsam ist. Nach intraventriculärer Injektion von 0,5—10 μg von DL-I kommt es zu Laufkrämpfen, nach einigen Min. zu ton. Streckerkrämpfen u. Tod; minimale Letaldosis 0,5 μg. D-I besitzt eine minimale Letaldosis von 0,1 μg. Nach 5 μg *N-Methyl-DL-glutaminsäure* kommt es zu gleichen Krämpfen, die in ton. Flexoren u. Extensorenkrämpfe übergehen. 50—200 μg *γ-Dimethylaminobuttersäure–HCl* führen für einige Min. zu kinet. Krämpfen, danach exzitator. Form. Die minimale $DL_{50}$ der ebenfalls zu Krämpfen führenden *Erythro-* u. *Threo-DL-β-hydroxyglutaminsäure* beträgt 10 μg. Im Vgl. dazu führen 1,5 μg *Picrotoxin* nach einer Latenzzeit zum Klonus, der sich bis zum Verenden steigert; 200 μg *Pentylentetrazol* führen nicht zum Exitus. U. Tausendfreund 4607◇

*1461* **Die biologischen Wirkungen einer neuen Serie von Bis-[dichloracetyl]-diaminen.** Frederick Coulston, Arthur L. Beyler und Hans P. Drobeck. (Toxicol. appl. Pharmacol. **2**, 715—31, 1960; Rensselaer, N.Y., Sterling-Winthrop Res. Inst.; engl.) — Untersucht werden *N.N'-Bis-[dichloracetyl]-N.N'-diäthyl-1.4-xylylendiamin* (*Win 13,099*), *N.N'-Bis-[dichloracetyl]-N.N'-diäthyl-1.6-hexandiamin* (*Win 17,416*) u. *N.N'-Bis-[dichloracetyl]-1.8-octandiamin* (*Win 18,446*) an Ratten, Hunden u. Rhesusaffen. Die Substanzen besitzen eine geringe Toxizität u. eine spezif. Wrkg. auf die Testes. Sie bewirken eine Unterbrechung der Spermatogenese für die Dauer der Behandlung. P. Gregorzewski 4607◇

*1462* **Wirkung von Derivaten des Santonins und Alantolactons auf die Bewegung von Ascaris im U-Rohr.** T. Wakayama und T. Inasaka. (Tokyo Jikeikai med. J. **69**, 1241—44, 1955; jap.) — Es werden *1α-Hydroxy-2α-[α-carboxyvinyl]-4αx.8-dimethyl-Δ⁷-oktalin, Alantolacton, Isoalantolacton* u. *Desmotroposantonin* überprüft. H. Krause 4607△

*1463* **Chronische Toxizität von Santomerse No. 3 aus Olefin.** Orville E. Paynter und Robert J. Weir jun. (Toxicol. appl. Pharmacol. **2**, 641—48, 1960; Falls Church, Va., Hazleton Labor.; engl.) — *Santomerse Nr. 3* (Monsanto Chemical Comp., *Na-p-Dodecylbenzolsulfonat*) verursacht bei Ratten nach 2jähriger Fütterung (0, 200, 1000 u. 2000 ppm als Futterzusatz) keine Änderungen des Gew., der Futteraufnahme, Überlebenszeit, hämatolog. Werte, Organ-Gew. u. keine patholog. Gewebeveränderungen. P. Gregorzewski 4607◇

*1464* **Drei mit Adenosin-5-monophosphorsäure behandelte Fälle mit idiopathischer Porphyrie.** A. Gajdos, H. Mercier und P. Planchon. (Presse méd. **69**, 2431—33, 1961; Paris, Centre Hôp. de Saint-Nazaire; Hôtel-Dieu, Clin. Méd., Labor. de Rech.; franz.) — Bei 3 Patienten mit akuten Episoden von idiopath. Porphyrie verschwanden die Symptome nach Anwendung von 250 mg *Adenosin-5-monophosphorsäure* täglich, 5—15 Tage lang, u. der Geh. von Porphobilinogen u. Uroporphyrin im Harn nahm deutlich ab. K. Zingraf 4607◇

*1465* **Lösliche Steroide.** 1. Mitt. **Zuckerderivate.** Winthrop E. Lange und Merle E. Amundson. (J. pharmac. Sci. **51**, 1102—06, 1962; Boston, Mass., Massachusetts Coll. of Pharmac., Samuel M. Best Res. Labor.; engl.) — Von pharmakolog. wichtigen Steroiden werden Glucosamin-, Glucamin- u. N-Methylglucamin-Derivv. dargestellt, um die Wasserlöslichkeit der Substanzen zu erhöhen. Die acylierbare OH-Gruppe wird mit $COCl_2$ zum Chlorameisensäureester umgesetzt u. dieser mit dem entsprechenden Aminozucker kondensiert. Durch diese Substitution erhöht sich bei den meisten Steroiden die Löslichkeit auf das 8—18fache Triamcinolonacetonid verliert durch diese Deriv.-Bldg. seine pharmakolog. Aktivität.

Versuche: *N-Methyl-N-[cyclohexen-(1)-yl]-glucamin*, $C_{13}H_{25}NO_5$, F. 93—95° (Bzl.–Methanol), durch Kochen von Cyclohexanon u. *N-Methylglucamin* (I) in Bzl. unter Abdestillieren von entstehendem W., quant. (Ausbeute). *2.3.4.5.6-Pentaacetyl-N-methylglucamin, Hydrochlorid*, $C_{17}H_{27}NO_{10}\cdot HCl$, F. 90—92°, durch 2std. Erhitzen von I-Hydrochlorid in Acetanhydrid unter Zusatz von 5 Tropfen konz. $H_2SO_4$, 12std. Kühlen u. Fällen mit Ae.; 80%. *3β-Chlorformyloxy-Δ⁵-cholesten* (II), F. 121—122°, nach Wieland, Honold u. Pascual-Vila [1923]; 79%. — *N-Methyl-3β-[glucityl-(1)-carbamoyloxy]-Δ⁵-cholesten* (III), $C_{35}H_{61}NO_7\cdot H_2O$, F. 131 bis 133° (A.), durch 1std. Kochen von II mit I in Dioxan. *3β-[2-Desoxyglucosyl-(2)-carbamoyloxy]-Δ⁵-cholesten* (IV), $C_{34}H_{57}NO_7\cdot H_2O$, F. 155—158°, durch Behandeln einer Lsg. von 4,5 g II in Dioxan mit D(+)-Glucosamin (aus 4,3 g Hydrochlorid u. NaOH) in W. u. 10 Min. langes Erhitzen; 3,75 g. *17β-Chlorformyloxy-Δ⁴-androsten-3-on*, $C_{20}H_{27}ClO_3$, F. 110—111° (Skelly B), durch Einw. von $COCl_2$ auf 5 g Testosteron in Bzl.; 5,8 g. *N-Methyl-17β-[glucityl-(1)-carbamoyloxy]-Δ⁴-androsten-3-on*, $C_{27}H_{43}NO_8$, F. 183—185° (wss. Methanol), wie III unter Verw. von Aceton–W. als Lsgm.; 95%. *17β-[2-Desoxyglucosyl-(2)-carbamoyloxy]-Δ⁴-androsten-3-on*, $C_{26}H_{39}NO_8$, F. 185—190° (Zers.), wie IV unter Verw. von Aceton–W.; 89%. Δ⁴-Pregnen-3.20-dione: *9α-Fluor-11β.17α-dihydroxy-21-chlorformyloxy-*, $C_{22}H_{28}ClFO_6$, F. 159—162°, aus 9α-Fluorhydrocortison u. $COCl_2$ in Tetrahydrofuran; 95%. *N-Methyl-9α-fluor-11β.17α-dihydroxy-21-[glucityl-(1)-carbamoyloxy]-* (V), $C_{29}H_{44}FNO_{11}\cdot H_2O$, F. 120°, wie III; 52%. — *9α-Fluor-11β.17α-dihydroxy-21-[2-desoxyglucosyl-(2)-carbamoyloxy]-*, $C_{28}H_{40}FNO_{11}\cdot H_2O$, F. 176 bis 178°, wie IV; 68%. *9α-Fluor-11β.17α-dihydroxy-21-[glucityl-(1)-carbamoyloxy]-*, $C_{28}H_{42}FNO_{11}\cdot H_2O$, F. 105—110°, wie V aus Glucamin; 54%. 9α-Fluor-11β-hydroxy-16α.17α-isopropylidendioxy-Δ¹·⁴-pregnadien-3.20-dione: *21-Chlorformyloxy-*, $C_{25}H_{30}ClFO_7$, F. 165—167°; 90%. *N-Methyl-21-[glucityl-(1)-carbamoyloxy]-*, $C_{32}H_{46}FNO_{12}\cdot H_2O$, F. 152°; 38%. *21-[2-Desoxyglucosyl-(2)-carbamoyloxy]-*, $C_{31}H_{42}FNO_{12}\cdot H_2O$, F. 250—255° (Zers.); 98%. *21-[Glucityl-(1)-carbamoyloxy]-*, $C_{31}H_{44}FNO_{12}\cdot H_2O$, F. 150° (wss. Methanol; Zers.); 83%. n-Hexane: *3.4-Bis-[p-chlorformyloxyphenyl]-*, $C_{20}H_{20}Cl_2O_4$, F. 115—117° (Bzl.), durch Behandeln von 0,54 g Hexöstrol in 2,5%ig. wss. NaOH mit $COCl_2$ in Bzl. bei Raum-Temp., 0,52 g. *3.4-Bis-{p-(N-methyl-[glucityl-(1)]-carbamoyloxyphenyl)}-*, $C_{34}H_{52}N_2O_{14}$, F. 80—82°; 28%. *3.4-Bis-[p-(2-desoxyglucosyl-(2)-carbamoyloxyphenyl)]-*, $C_{32}H_{44}N_2O_{14}$, F. 188—190°; 15%. P. Gregorzewski 4607◇

*1466* **Toxizität von Methyleugenol, Methylisoeugenolen und Methyldihydroeugenol.** Fernand Caujolle und Denise Meynier. (C. R. hebd. Séances Acad. Sci. **250**, 1148—49, 1960; Toulouse, Fac. de Méd. et de Pharm., Labor. de Pharmacodyn.; franz.) — An weißen Mäusen wurde die Toxizität von *Methyleugenol* (*1.2-Dimethoxy-4-allylbenzol*; I), *cis-Methylisoeugenol* (*1.2-Dimethoxy-4-propenylbenzol*; II), *trans*-II u. *Methyldihydroeugenol* (*1.2-Dimethoxy-4-propylbenzol*; III) untersucht. Die $DL_{50}$ (nach Kaerber) betrug bei intraperitonealer Injektion für I 0,97 g/kg; für II 0,535; für trans-II 0,35 u. für III 1,25. Die Verbb. der I-Serie sind tox. als die entsprechenden Homologen des Safrols. Immer besitzen aber die Propyl-Derivv. eine geringere Toxizität. K. Böhm 4608◇

*1467* **Untersuchungen der chronischen Toxizität zweier epoxidierter Sojabohnenöle an Ratte und Hund.** P. S. Larson, J. K. Finnegan, H. B. Haag, R. Blackwell Smith jun. und Gordon R. Hennigar. (Toxicol. appl. Pharmacol. 2, 649—58, 1960; Richmond, Va., Med. Coll. of Virginia, Dep. of Pharmacol.; Brooklyn, N.Y., State Univ. of New York, Coll. of Med., Dep. of Pathol.; engl.) — Epoxidierte Sojaöle, *Paraplex G-60* u. *Paraplex G-62* (Rohm & Haas Co., Philadelphia, Pa.) werden 2 Jahre lang bis zu 5% als Futterzusatz verabreicht. Bei Ratten tritt lediglich eine Wachstumsdepression auf u. das Verhältnis Leber:Körper-Gew. wird vergrößert. Bei Hunden tritt bei hohen Gaben Gew.-Verlust ein. P. Gregorzewski 4608◇

*1468* **Zur toxischen Wirkung der Jackbohne.** B. Tschiersch. (Pharmazie 17, 621—23, 1962; Pharmakognostisches Inst. der Martin-Luther-Univ. Halle-Wittenberg; dt.) — Mäuse werden sowohl durch Verfütterung des canavaninhaltigen Samenmaterials als auch von *Canavanin* (I) deutlich geschädigt. Hohe I-Dosen führen zum Tode. Die Gift-Wrkg. kann ebenso mit gekochtem Samenmehl erreicht werden. Nach Fraktionierung von Canavaliasamenmehl kommt der mit 70% ig. A. extrahierbaren Fraktion des „lösl. Stickstoffs", die vor allem aus I besteht, die tox. Wrkg. zu, während die Proteinfraktion nicht giftig ist. Die Verfütterung von I enthaltendem Material läßt den *Harnstoff*-Geh. der Leber stark ansteigen. I ist dann nicht mehr nachweisbar. In der Fraktion der freien Aminosäuren der Leber wird nach I-Fütterung eine Verb. in größerer Menge gefunden, bei der es sich um Citrullin oder Ureidohomoserin handeln könnte. K. Winkler 4608◇

*1469* **Zur angeblich andrenocorticoiden Wirkung von Ginseng.** Yu-chu Chuan. (Acta physiol. sinica 25, 108—13, 1962; Hankow, China, Wuhan Med. Coll., Dep. of Pharmacol.; chin., Auszug: engl.) — Es wurde untersucht, ob *Ginseng* (die Wurzel von *Panax ginseng*; I) adrenocordicoide, glykocorticoide oder mineralocorticoide Wirksamkeit zukommt. Folgende Tests waren negativ: 1. der Leberglykogentest nach Venning an fastenden adrenektomierten Mäusen, 2. der Kälteresistenztest nach Dorfman an adrenektomierten Ratten, 3. Unters. der Überlebenszeit adrenektomierter Ratten. I zeigte jedoch einen Hemmeffekt gegenüber dem durch Dextran induzierten anaphylakt. Pfotenödem der Ratte. H.-G. Trüper 4608◇

*1470* **Die Wirkung von Panax ginseng auf das Neurohypophysen-Nebennieren-System.** Keng-tao Liu und Chen-yu Sung. (Acta physiol. sinica 25, 129—35, 1962; Peking, Chin. Acad. of Med. Sc., Inst. of Materia Med., Dep. of Pharmacol.; chin., Auszug: engl.) — Vgl. auch vorst. Referat. — Ratten wurden Beanspruchungen, wie Unterdruck oder Injektionen von *Adrenalin* oder *Adrenocorticotropem Hormon* (*ACTH*) ausgesetzt, wodurch der *Ascorbinsäure*-Geh. der Nebenniere stark abfiel. Diese Rk. wurde durch vorherige Gabe von *Panax ginseng* (I) nicht gehemmt. Die auf elektr. u. Geräuschreize folgende ACTH-Sekretion wurde durch I nicht beeinflußt, die Ausscheidung von *17-Ketosteroiden* im Urin durch I nicht verändert (Vers. an Meerschweinchen). Bei fastenden adrenektomierten Mäusen bewirkten orale Gaben von I-Extrakt eine erhöhte Ablagerung von Glykogen in der Leber. H.-G. Trüper 4608◇

*1471* **Die sedative und hypotensive Wirkung von Uncaria rhynchophylla Miq.** Wen-Xue Yuan und I. Chang. (Acta physiol. sinica 25, 161—70, 1962; Dalian, China, Dalian Med. Coll., Dep. of Pharmacol.; chin., Auszug: engl.) — Infusionen u. Alkoholextrakte von *Uncaria rhynchophylla Miq.* wirkten beruhigend auf coffeinbehandelte weiße Mäuse; der hypnot. u. anästhet. Effekt von Natriumpentobarbital wurde jedoch nicht übertroffen. Die Droge bewirkte einen Blutdruckabfall bei Hunden, Kaninchen u. Ratten. H.-G. Trüper 4608◇

*1472* **Ein hypocholesterinämischer Faktor in Meeressteristerinen.** E. Reiner, D. R. Idler und J. D. Wood. (Canad. J. Biochem. Physiol. 38, 1499—1500, 1960; Vancouver, Brit. Columbia, Fisheries Res. Board of Canada, Chem. and Microbiol. Sect., Technol. Stat.; engl.) — Verfütterung von 1% eines Steringemisches aus der Buttermuschel *Saxidomus giganteus* vermindert den durch Verfütterung von 1% *Cholesterin* (I) bei Küken zu erwartenden Anstieg des Serum-I-Geh. um fast die Hälfte. Als Hauptsterin der Muschel war bereits früher *24-Methylencholesterin* nachgewiesen worden. U. Tausendfreund 4609◇

*1473* **Die Ausscheidung der 5-Hydroxyindolylessigsäure während der Isonicotinsäurehydrazid-Behandlung.** H. Greuel und E. L. Schäfer. (Tuberkulosearzt 15, 761—63, Nov. 1961; Düsseldorf, Med. Akad., 1. Med. Klinik; dt.) — 7 tuberkulösen Patienten wurden an 6 Tagen täglich 10 mg *Isonicotinsäurehydrazid* (*INH*)/kg oral verabreicht. Die Konz. der *5-Hydroxyindolylessigsäure* im Urin nahm während der INH-Behandlung ab, nahm aber nach Entzug von INH normale Werte an. G. Kimmerle 4610△

*1474* **Die experimentelle Bewertung neuer Sulfanilamide.** Ekkehard Krüger-Thiemer. (Chemotherapia [Basel] 6, 229—36, 1963; Borstel, Forsch.-Inst., Inst. für exp. Biol. u. Med.; dt.) — Aus den biolog. Eigg. (antibakterielle Aktivität, Adsorptions- u. Verteilungs-Geschw., Ausscheidungshalbwertszeit) u. den Verteilungs-Konst. (Plasmaverteilungs-Koeff., Dissoziations-Konst., der Eiweißbindung, spezif. maximale Bindungskapazität der Plasmaproteine) sowie dem Therapiesicherheitsfaktor ($\sigma \approx 5$) lassen sich die relative Erhaltungsdosis u. die Anzahl der notwendigen Tagesdosen errechnen. Für die beiden neuen Sulfonamide *3-Sulfa-5-methylisoxazol* [*Sinomin* (japan.) *Gantanol* (USA) u. *2-Sulfa-5-methoxypyrimidin* (*Durenat*)] ergeben sich dann äquieffektive relative Tagesdosen von 2,2 bzw. 4,8 mg/kg·d. Für die bekannten Sulfonamide: *2-Sulfa-4-methylpyrimidin* (*Methylpyrimal, Debenal M*) 3,1; *2-Sulfapyrimidin* (*Pyrimal, Debenal*) 3,3; *2-Sulfa-5-methylpyrimidin* (*Pallidin*) 6,5; *3-Sulfa-6-methoxypyridazin* (*Davosin, Lederkyn*) 11,3; *4-Sulfa-2.6-dimethoxypyrimidin* (Madribon) 12,9; *5-Sulfa-1-phenylpyrazol* (*Orisul*) 24,0; *2-Sulfa-4.5-dimethyloxazol* (*Sulfuno, Tardamid*) 32,4 u. *5-Sulfa-3.4-dimethylisoxazol* (*Gantrisin*) 55,6 mg/kg·d. K. W. Glombitza 4610◇

*1475* **Beitrag zur Pharmakologie verschiedener Chinazolonabkömmlinge.** 1. Mitt. K. Gebler. (Pharmazie 17, 616—21, 1962; Leipzig, Univ., Inst. für Pharmakologie u. Toxikologie; dt.) — *2-Methyl-3-[tolyl-(2)]-chinazolinon-(4)* (I), *2-Methyl-3-[2'.4'-dimethylphenyl]-chinazolinon-(4)* (II), *2-Methyl-3-[2'.5'-dimethylphenyl]-chinazolinon-(4)* (III), *2-Methyl-3-[3'-chlorphenyl]-chinazolinon-(4)* (IV), *2-Methyl-3-[3'-dimethylaminophenyl]-chinazolinon-(4)* (V) u. *2-Methyl-3-(2'.3'-dimethylphenyl)-chinazolinon-(4)* (VI) wurden auf akute Toxizität, Wrkg. auf Körper-Temp., glatte u. quergestreifte Muskulatur, ihrer motilitäts-, koordinations- u. krampfhemmenden sowie narkoseverlängernden Wrkg. untersucht. Nach dem Gesichtspunkt abnehmender Wrkg.-Geschw. läßt sich folgende Reihenfolge aufstellen: II, I, VI, III, d. h. mit wachsendem Abstand der beiden Methylgruppen am Phenylrest voneinander verspätet sich der Wrkg.-Eintritt. I mit nur einer Methylgruppe steht dazwischen. Verglichen mit den pharmakolog. Eigg. von I weist nur IV geringe Vorteile auf. H. Preisler 4610◇

*1476* **Die Toxizität von Kanamycin und Bacitracin unter Stress und Natriumchloridbelastung.** S. Renaud. (Toxicol. appl. Pharmacol. 2, 708—14, 1960; Montréal, Univ. de Montréal, Inst. de Méd. et de Chirurgie exp.; engl.) — Unter Stress (gewaltsame Unbeweglichkeit durch Festbinden der Tiere) wird die chron. Toxizität von *Kanamycin* u. *Bacitracin* erheblich verstärkt (Nephrocalcinose u. hohe Mortalität). Gleichzeitige NaCl-Gaben inhibieren diese schädlichen Wirkungen. P. Gregorzewski 4611◇

*1477* **Stimulierung der Nebennierenrinde durch einige Antibiotica aus der Gruppe der Makrolide.** W. I. Gontscharowa und Je. D. Bobkowa. (Antibiotika [UdSSR] 8, 58—64, 1963; Gamaleja-Inst. für Epidemiol. u. Mikrobiol. der Akad. der med. Wiss. der UdSSR, Abt. für Infektionspathol. u. experim. Therapie der Infektionen; russ., Auszug: engl.) — Bei i.m. Zufuhr von *Sekasin* (I) oder *Erythromycin* (II) in der Dosierung von mindestens 100 (mg/kg) nimmt das Gew. der Thymusdrüse von Maus, Ratte u. Kaninchen nach 2—3maliger Zufuhr ab; durch 5malige Zufuhr von 200 I oder II täglich beträgt die Gew.-Abnahme 50%, bei Zufuhr von 800 mg I oder II 75%. Das Gew. der Nebenniere nimmt hierbei zu. Bei Zufuhr von 400 mg/kg I oder II per os nimmt das Gew. der Thymusdrüse um 20—30% ab. Bei adrenalektomierten Ratten haben I u. II diese Wrkg. nicht. Der Ascorbinsäure (III)-Geh. der Nebennierenrinde erreicht 2—3 Std. nach 1- oder 2maliger Zufuhr von I oder II ein

Minimum. Nach 3 u. mehr Injektionen nimmt III zu. Auf die Zufuhr von ACTH nach 3 Injektionen von I oder II reagiert die Nebennierenrinde mit einer Abnahme von III Bei der Anwendung von Antibiotica mit stimulierender Wrkg. auf die Nebennierenrinde ist in der Klinik die gleichzeitige Anwendung von ACTH oder Cortison zu unterlassen.
O. Lebtag 4611△

*1478* **Die Antibioticaempfindlichkeit von Darmstäbchenstämmen, die zu verschiedenen Zeiten der akuten Strahlenkrankheit von antibioticabehandelten und unbehandelten Tieren isoliert wurden.** N. N. Klemparskaja und N. W. Rajewa. (Antibiotika [UdSSR] **6**, 534—41, 1961; russ., Auszug: engl.) — In Verss. mit Mäusen, die nach einer Bestrahlung mit 500 r 10 Tage lang täglich einmal eine Injektion von 2000 E. *Streptomycin* (I) bzw. 4000 E. *Oxytetracyclin* (II) erhielten oder nicht mit I oder II behandelt wurden, zeigten die meisten Stämme von *B. coli* nach 3—4 Tagen bei I- bzw. II-Behandlung eine Resistenz gegenüber I u. II, die nach 20—27 Tagen fast völlig verschwand. In der Kontrolle zeigte sich diese Resistenz nicht. Die Zufuhr von I oder II führt demnach zur Kreuzresistenz. Die gleichen Erscheinungen beobachtete man bei Verss. mit Hunden, die mit 350—350 r bestrahlt wurden. Im Unterschied zu den Verss. mit Mäusen beobachtete man bei den strahlenkranken Hunden eine Resistenz gegenüber I u. II auch ohne Behandlung mit I oder II. Eine Erklärung hierfür konnte noch nicht gefunden werden.
O. Lebtag 4611△

*1479* **Die Beiträge der medizinischen Chemie zur Psychopharmakologie.** C. Jelleff Carr. (J. chem. Educat. **37**, 192—95, 1960; Bethesda, Md., Nat. Inst. of Health; engl.) — Allg. Ausführungen über psychotomimet. wirkende Pharmaca (*Lysergsäurediäthylamid, Reserpin, Phenothiazine, Diphenylmethane, substituierte Diole*) u. die Psychopharmakologie als neue Wissenschaft.
K. Böhm 4620◇

*1480* **Die pharmakologischen Wirkungen der Aminoalkylphthalide.** J. Iván. (Arzneimittel-Forsch. **18**, 453 bis 456, 1962; Szeged, Medizin. Univ., Pharmakodynam. Inst.; dt.) — Folgende 15 Aminoalkylphthalide (Hydrochloride oder Hydrobromide) wurden bei Mäusen auf ihre i.v. Toxizität (DL g/kg) u. bei narkotisierten Katzen nach i.v. Injektion von 1—10 bzw. 10—20 mg/kg auf ihre Wrkg. am Blutdruck (+ oder — = Grad der Blutdruckerhöhung bzw. -erniedrigung) geprüft: *3-[Aminomethyl]-phthalid*: Maus DL i.v. 0,75; Blutdruck Katze i.v. 1—10 mg/kg +, 10 bis 20 mg/kg +; *5-Hydroxy-3-aminomethyl-*: 0,75; +, +; *6-Hydroxy-3-aminomethyl-*: 1,17; +, ++; *6-Hydroxy-3-[methylaminomethyl]-*: 0,76; +, ±; *5.6-Dihydroxy-3-[aminomethyl]-*: 3,0; +, +; *6.7-Dihydroxy-3-[aminomethyl]-*: 0,40; —, ++++; *6.7-Dimethoxy-3-[aminomethyl]-* (I): 0,50; +++, +++; *6.7-Dihydroxy-3-[methylaminomethyl]-* (II): 0,70; ++++, ++++; *6.7-Dihydroxy-3-[benzylaminomethyl]-*: 0,16; ——, —; *6.7-Dihydroxy-3-[1'-aminoäthyl]-*: 1,62; +, ++; *6.7-Dihydroxy-3-[1'-aminopropyl]-*: 0,92; +, ±; *4-Brom-6.7-dihydroxy-3-[aminomethyl]-*: 0,75; ±, ±; *2-[1'-Hydroxy-2'-aminoäthyl]-5.6-dihydroxybenzoesäure* (*Na*-Salz): 1,67; ——, —; *2-[1'-Hydroxy-2'-aminoäthyl]-5.6-dimethoxybenzoesäure* (*Na*-Salz): 0,72; —, ——; *1-Keto-4.7.8-trihydroxy-1.2.3.4-tetrahydroisochinolin*: 0,72; —, ±±. Bes. I u. II zeigen deutliche sympathicomimet. Effekte. II ist ca. 25—50mal bzw. I 100—200mal schwächer als *Adrenalin* (III), aber anhaltender wirksam. Sie vermögen den III-Effekt erheblich zu steigern. Typ. für sie ist, daß Dihydroergotamin ihre Wrkg. anhebt, aber nicht umkehrt u. daß sie nach Vorbehandlung (Katzen) mit Chlorpromazin ihre sympathicusreizenden Eigg. beibehalten.
G. Kimmerle 4620△

*1481* **Beitrag zur Untersuchung des Wirkungsmechanismus der antidepressorischen Effekte von Hydrazid- und Hydrazininhibitoren der Monoaminoxydase. Pharmakologischer Antagonismus zwischen Pyridoxal-5-phosphat und einem Monoaminoxydaseinhibitor.** Jeanne Lévy und Estera Michel-Ber. (VII° Congr. int. Thérapeut., Genève **1961**, 365—69, 1962; Genève, Clin. thérapeut. univ.; franz.) — *Pyridoxal-5-phosphat* (I) hemmt in vivo bei der Maus die antagonist. Wrkg. des *Monoaminoxydase* (II)-Inhibitors *2-Hydrazinooctan* auf die Verstärkung des experimentellen Schlafes (Chloral, intraperitoneal) durch *DL-3.4-Dihydroxyphenylalanin* oder *Reserpin*. Der Wrkg.-Mechanismus des Antagonismus I-II-Inhibitoren wird besprochen.
K. Maier 4620◇

*1482* **Monoaminoxydase und Brenzcatechin-O-methyltransferase-Hemmer.** Gerard A. DeOreo und Richard B. Stoughton. (Arch. Dermatology **84**, 972—79, Dez. 1961; Cleveland, Ohio, Western Reserve Univ.; engl.) — In der menschlichen Haut konnte *Brenzcatechin-O-methyltransferase* (I) nachgewiesen werden. Dagegen konnte eine Entaktivierung von *Noradrenalin* (II) durch *Monaminoxydase* (III) nicht beobachtet werden. Verss., endogenes II in der menschlichen Haut durch Injektion von I- u. III-Inhibitoren (Pyrogallol, Rutin, Hesperidin, Indol, Pyrrolidin, Iproniazid) nachzuweisen, waren ohne Erfolg.
G. Kimmerle 4620△

*1483* **Die Freisetzung von Brenzcatechinaminen aus den isolierten chromaffinen Granula des Nebennierenmarks durch adrenolytische Mittel.** A. D'Iorio und J. G. Laguë. (Canad. J. Biochem. Physiol. **41**, 121—25, 1963; Montreal, Quebec, Canada, Univ., Dep. of Physiol.; Ottawa, Canada, Univ., Dep. of Biochem.; engl.) — *Phentolamin* (I), *Benzodioxan, Dibenamin* u. *Phenoxybenzamin* setzen bei einer Konz. von $10^{-2}$m *Brenzcatechinamine* u. *Adenosintriphosphat* aus isolierten, chromaffinen Granula von Nebennieren von Rindern in Freiheit. Dies geschieht mit I sofort, verläuft aber progressiv bei den anderen untersuchten Substanzen. Es wurde auch gezeigt, daß ähnliche Konzz. von *Glutathion* gewöhnlich die Freisetzungsaktivität dieser Substanzen schwächen.
H. Aman 4620◇

*1484* **Entzug von Perphenazin bei chronischer Schizophrenie.** C. B. Whittaker und R. M. Hoy. (Brit. J. Psychiatry **109**, 422—27, 1963; Larbert, Bellsdyke Hosp.; engl.) — Verss. mit Entzug von *Perphenazin* (*Fentazin*, Allen & Hanburys) bei chron. Schizophrenen unter Kontrollbedingungen zeigen, daß zwar die Möglichkeit zur Weglassung des Mittels für die Dauer von 3 Monaten besteht, daß sich jedoch nicht voraussagen läßt, bei welchen Patienten die frühzeitig eintretenden Verschlechterungen einsetzen. Um Rückfälle zu vermeiden, sollen Medikationspausen deshalb nicht länger als 1 Woche dauern.
U. Tausendfreund 4620◇

*1485* **Eine Prüfung von Fluphenazin bei Schizophrenie.** John Millar. (Brit. J. Psychiatry **109**, 428—32, 1963; Narborough, Leicester, Carlton Hayes Hosp.; engl.) — Bei Verss. unter Kontrollbedingungen, in denen 48 chron. schizophrene Frauen, die unter Behandlung mit *Chlorpromazin* (I) standen, $^{1}/_{40}$ der Dosis von I in Form von *Fluphenazin* (Squibb; II) erhielten, war I wirksamer als Placebo u. II wirksamer als I. Ein Vorteil von II besteht außerdem in der nur einmal täglich erforderlichen Verabreichung.
U. Tausendfreund 4620◇

*1486* **Über eine Phenothiazin(N-[2-Dimethylaminopropyl]-phenothiazinhydrochlorid „Prothazin")-Intoxikation mit Delirium bei einem 5 jährigen Mädchen.** D. Müller und E. Gladtke. (Psychiatrie, Neurol. med. Psychol. **14**, 54—59, Febr. 1962; Berlin, Univ.-Nervenklinik (Charité), Univ.-Kinderklinik, Kinderneurolog. Abt.; dt.) — Es wird ein Fall berichtet, bei dem ein 5 jähriges Mädchen nach Aufnahme von 200—300 mg *Prothazin* ein delirantes Syndrom bot.
P. Gregorzewski 4620◇

*1487* **Zur Frage des Mechanismus der Wirkung von Aminazin und Imizin.** Ju. Ja. Geinissman. (Ber. Akad. Wiss. UdSSR **141**, 461—63, 11/11. 1961; Inst. für höhere Nerventätigkeit u. Neurophysiol. der Akad. der Wiss. der UdSSR; russ.) — Bei Zufuhr von *Aminazin* (I) bzw. *Imizin* (II) im Ratten-Vers. erfolgen die morpholog. Veränderungen in der Hirnrinde in 2 Phasen. In der 1. Phase tritt Hyperchromatose in der Hirnrinde, Hypochromie u. Vakuolisierung im subcorticalen Bereich ein. Die Nissl-Substanz, vor allem Proteine u. Ribonucleinsäure (III), nimmt im Cytoplasma der Neuronen ab. Die Aktivität der sauren Phosphatase (IV) nimmt ab. In der 2. Phase der I- u. II-Wrkg. sind die Veränderungen im subcorticalen Bereich nur gering. In den Neuronen tritt Hypochromie auf. In den corticalen Zellen nehmen Proteine, SH-Gruppen u. III ab. Die IV-Aktivität nimmt ab. Die Unterschiede in der Wrkg. von I u. II bestehen darin, daß nach I die 1. Phase intensiver u. länger verläuft u. daß nach II nach Intensität u. Dauer die 2. Phase vorherrschend ist.
O. Lebtag 4620△

*1488* **Über Besonderheiten der Reaktion des Tieres auf ein schockauslösendes Reizmittel bei Zufuhr von Aminazin.** O. P. Chrabrowa. (Bul. exp. Biol. Med. [UdSSR] **51** (26),

Nr. 2, 23—27, 1961; Leningrad, Dshanelides-Forschungsinst. für erste Hilfe, Labor. für Pathophysiol.; russ., Auszug: engl.) — Im Katzen-Vers. verursacht die i.m. Zufuhr von 5 mg *Aminazin* (I)/kg bei experimentellem Schock in der erektilen Phase eine Senkung des Blutdrucks auf 70—80 mm. Der Übergang der 1. in die 2. torpide Phase wird durch I verzögert. Bei Zufuhr von 1 ml Pituitrin (3 E) sofort nach den ersten Anzeichen der Hypotonie nach I werden Verlauf u. Ausgang des Schocks verbessert. O. Lebtag 4620△

*1489* **Imipramin und sein Stoffwechsel.** L. Mazzucchelli. (Boll. chim. farmac. **101**, 633—36, 1962; Milano, Labor. Pastival; ital.) — Kurze Übersicht über Stoffwechsel-Prodd., Pharmakologie u. therapeut. Wrkg. von *Imipramin.* — 15 Literaturangaben. K. Zingraf 4622◇

*1490* **Experimentelle Parameter bei der Bewertung von Analgetica.** Thomas B. O'Dell. (Arch. int. Pharmacodynam. Thérap. **134**, 154—74, 1961; Decatur, Ill., Irwin, Neisler & Co., Res. Labor.; engl.) — An Hand der experimentellen Wrkg. der Analgetica *Phenyramidol* (Analexin), *Codein, Meperidin* (Demerol), *d-Propoxyphen* (Darvon), *Methocarbamol* (Robaxin), *Ethoheptazin* (Zactane) u. *Carisoprodol* (Soma, Rela) betreffend Analgesie, motor. Aktivität u. Toxizität im Tier-Vers., werden Betrachtungen darüber angestellt, ob diese Ergebnisse auf die Effekte beim Menschen in Beziehung zu bringen sind. Diese Beziehung liegt in qual. u. vielleicht semi-quant. Hinsicht vor. G. Kimmerle 4627△

*1491* **Wirkung eines Barbiturates (Amylobarbiton-Natrium) auf den vestibulo-ocularen Reflex.** C. Rashbass und G. F. M. Russell. (Brain **84**, 329—35, 1961; London, Maudsley Hosp.; engl.) — Bei 2 normalen Personen wurde durch Kältestimulation ein vestibularer Nystagmus erzeugt. Die Verabreichung von *Natrium-Amytal* hob den hemmenden Effekt der visuellen Fixierung auf den Nystagmus auf, ohne daß der vestibuläre-oculäre Reflex selbst gestört wurde. G. Kimmerle 4627△

*1492* **Neuropathie nach Einnahme von Thalidomid (Distaval).** Pamela M. Fullerton und Michael Kremer. (Brit. med. J. **1961, II**, 855—58, 30/9.; London, Middlesex Hosp., Dep. of Nervous Diseases; engl.) — Bei 13 Patienten kam es 2—18 Monate nach der regelmäßigen Einnahme von täglich 50—400 mg *Thalidomid* zu neurotox. Erscheinungen (hauptsächlich periphere sensor. Neuritis). G. Kimmerle 4627△

*1493* **Die relative Wirksamkeit von Methohexital und Thiopental.** J. Weldon Bellville, Peter J. Fennel, Terence Murphy und William S. Howland. (J. Pharmacol. exp. Therapeut. **129**, 108—14, 1960; New York, N.Y., Mem. Hosp.; Sloan-Kettering Inst., Div. of Exp. Surg., Sect. of Exp. Anesthesia; engl.) — Am Menschen u. am Hund wurde die relative Wirksamkeit von *Methohexital* [*Na-Salz von α-dl-1-Methyl-5-allyl-5-[1-methylpentinyl-(2)]-barbitursäure*; I] u. *Thiopental* (II) untersucht. Dabei wurde beim Menschen in überwachten Kreuz-Verss. die Veränderungen im Elektroencephalogramm u. die Tiefe der Barbituratanästhesie kontrolliert. Nach den Befunden ist I 2,78mal so wirksam wie II. In den Verss., die an Hunden ausgeführt wurden, betrug die relative Wirksamkeit von I im Vgl. zu der von II 3,07. K. Böhm 4627◇

*1494* **Beeinflussung des Zentralnervensystems durch das Lokalanästheticum Dyclonine.** Lawrence C. Weaver, Alice B. Richards und Benedict E. Abreu. (Toxicol. appl. Pharmacol. **2**, 616—27, 1960; Indianapolis, Ind., Pitman-Moore Co.; engl.) — *Dyclonine* (*4'-n-Butoxy-3-piperidinopropiophenonhydrochlorid*, I; 100 u. 200 mg/kg mit Magensonde) wirkt im Tier-Vers. (Maus, Kaninchen, Hunde) antikonvulsiv, auf den multisynapt. Spinalreflex depressiv u. stimulierend auf das Zentralnervensystem. Die durch I-Gaben hervorgerufenen Folgen der Zentralnerven-Syst.-Stimulation (Tremor, Konvulsionen, Emesis) werden durch Barbiturate gut, durch Meprobamat, Chloralhydrat, Chlorpromazin, Pheniramine, Diphenylhydantoin u. Na-3-Methyl-1-pentin-(3)-ylsuccinat schwächer gedämpft. P. Gregorzewski 4627◇

*1495* **Benzoesaures Convocain für die Infiltrations- und Leitungsanästhesie.** L. P. Ssemenow. (Tierheilkunde [UdSSR] **37**, Nr. 10, 54—55, 1960; Saratow, Vet.-zoolog. Inst.; russ.) — Benzoesaures *Convocain* (I) ist ein Deriv. des Convolamins aus *Convolvulus subhirsutus* u. wurde an 24 Hunden u. 4 Pferden auf lokal- u. leitungsanästhet. Wrkg. geprüft. 5 ml einer 0,4% ig. I-Lsg. in physiolog. NaCl-Lsg. in u. unter die Rückenhaut injiziert, verursachen 2std. Anästhesie einer 63—70 $cm^2$ großen Fläche ohne patholog. Folgeerscheinungen. Die Leitungsanästhesie wurde an der Blockade des Nervus pudendus bei 4 Pferden untersucht. 20 ml einer 5% ig. I-Lsg. bewirken nach 8—14 Min. eine 2½ Std. anhaltende Anästhesie des Penis. Die gleiche Wrkg. zeigt eine 3% ig. Novocainlösung. 20 ml einer 2% ig. I-Lsg. haben keine merkliche Anästhesie zur Folge. Konrad Müller 4627◇

*1496* **Die Wirkung von Procain und Atropin auf spinale Neuronen.** D. R. Curtis und J. W. Phillis. (J. Physiology **153**, 17—34, 1960; Canberra, Australian Nat. Univ., Dep. of Physiol.; engl.) — Motoneuronen, Interneuronen u. Renshaw-Zellen der unteren Lumbalsegmente des Rückenmarks der Katze wurden durch ihre Antworten auf Reize, die über das Rückenmark durch die ventralen u. dorsalen Wurzeln geleitet wurden, identifiziert. Das Rückenmark wurde dann im unteren Thoraxbereich durchtrennt, die Tiere waren leicht anästhesiert. *Procain* (I) u. *Atropin* (II), die iontophoret. appliziert wurden, unterdrücken die Antworten der genannten Zellen, gleichgültig, auf welche Art Reizung sie verursacht wurden. Die postsynapt. u. Ruhepotentiale der Motoneuronen wurden nicht beeinflußt. Wahrscheinlich haben I u. II zusätzlich zu ihren blockierenden Wrkg. auf cholinoceptive Synapsen eine direkte Wrkg. auf die postsynapt. Membran, möglicherweise durch Verhinderung der Aktivierung des Natriumträgers. K. Böhm 4627◇

*1497* **Der analgetische Effekt intraventriculärer oder intracerebraler Mikroinjektion von Morphin.** Kong Tsou und Ch'ang-shaw Jang. (Acta physiol. sinica **25**, 119—28, 1962; Shanghai, Acad. Sinica, Inst. of Materia Med.; chin., Auszug: engl.) — Die Wrkg. von *Morphin*-Mikroinjektionen in verschiedene Gehirnregionen des Kaninchens wird untersucht. Der analget. Effekt auf bestimmte pericerebrale Regionen konnte durch i.v. verabreichte *Nalorphin*-Gaben aufgehoben werden. H.-G. Trüper 4627◇

*1498* **Untersuchungen über die pharmakologischen Wirkungen von Corydalis.** 9. Mitt. **Wirkungen von Corydalis L und J auf das Zentralnervensystem.** Xi-can Tang, Kuo-chang Kin und Bin Hsu. (Acta physiol. sinica **25**, 143—48, 1962; Shanghai, Acad. Sinica, Inst. of Materia Med.; chin., Auszug: engl.) — Die hypnot. Wrkg. von *Natriumpentobarbital* wird durch *Corydalis L* u. *B* gesteigert. Der Orientierungssinn hungernder Mäuse wurde durch beide Substanzen gehemmt. Beide waren Antagonisten gegen die Wrkg. von *Mescalin.* Die Toxizität von *Amphetamin* wurde durch Corydalis B stärker herabgesetzt als durch L. Der sedative Effekt von L ist schwächer als der von B. Die analget. u. sedative Wirksamkeit von *Corydalis J* war sehr schwach. J u. L hatten keine Antielektroschockwirkung. H.-G. Trüper 4627◇

*1499* **Neue Lokalanästhetica in der Reihe der Cyclan-substituierten Urethane.** Roger Vieillefosse, Henri-P. Vayson de Pradenne und Germain-F. Costerousse. (Ann. pharmac. franç. **16**, 408—13, Juni 1958; Asnieres, Seine, Serv. de Rech. des Labor. SITSA.) — Die Modifizierung der Anästhetica mit langer aliphat. Kette ($C_7$) durch Ringschluß ergab, daß die *N-[p-(Morpholinoäthoxy)-phenyl]-cycloaklylurethane* weniger akt. sind als ihre Homologen mit gerader Kette. Von den dargestellten unverzweigten Derivv. besitzt das Cycloheptyl-Deriv. ein Maximum an Wirksamkeit. während das Cyclopentyl-Deriv. eine merklich schwächere u. Derivv. mit mehr als 7 C-Atomen eine stark red. Wirksamkeit zeigen. Erwartungsgemäß besitzt ein verzweigtes Deriv. mit $C_{10}$, wie das *Menthyl*-Deriv. keine Wirksamkeit mehr. Vgl. zwischen Cycloheptyl- u. Methylcyclohexyl-Derivv. ergibt für 2- bzw. 4-Methyl- eine etwas geringere Wirksamkeit, für das 3-Methyl- ein Maximum (noch etwas größer als das des Cycloheptyl-Deriv.). — Die Cyclopentyl-, -hexyl- u. -heptyl-Derivv. erscheinen deutlich weniger tox. als das an sich schon schwach tox. Procain. Die Toxizität schwankt geringfügig mit der Zahl der Ringatome. In bezug auf die Änderung der FF. der Hydroxyphenylurethane läßt sich wegen Strukturisomerie keine einfache Regel ableiten.

Versuche: *Cycloheptylchlorformiat* (I), durch Einw. von gasförmigem Phosgen auf Cycloheptanol in der Kälte. I reagiert in Aceton-Lsg. unter Rückfluß mit p-Aminophenol unter Bldg. des *N-[p-Hydroxyphenyl]-cycloheptylurethans* (II), F. 132°. Behandlung von **II** mit 1-Morpholino-2-chloräthan in alkohol. Lsg. u. in Ggw. von Na-Äthylat liefert das *N-[p-(Morpholinoäthoxy)-phenyl]-cycloheptylurethan* (III), F. 111°. *Hydrochlorid*, F. 165°, durch Einw. äther. HCl auf die Base **III**. Analog wurden folgende Verbb. hergestellt: *N-p-Hydroxyphenylcarbaminsäurecyclopentylester*, F. 128°; 78% (Ausbeute), *-cyclohexylester*, F. 144°; 93%, *-2-methylcyclohexylester* (Isomerengemisch), F. 126°; 65%, *-3-methylcyclohexylester* (Isomerengemisch), F. 162°; 65%, *-4-methylcyclohexylester* (Isomerengemisch), F. 184°; 73%, *-menthylester*, F. 146°; 76%. — *N-[p-(β-Morpholinoäthoxy)-phenyl]-carbaminsäurecyclopentylester*, F. 110°; 89%, *Hydrochlorid*, F. 168°, *-cyclohexylester*, F. 113°; 95%, *Hydrochlorid*, F. 170°, *-2-methylcyclohexylester*; 47%, *Hydrochlorid*, F. 145°, *-3-methylcyclohexylester*, F. 141°; 47%, *Hydrochlorid*, F. 175°, *-4-methylcyclohexylester*, F. 135°; 81%, *Hydrochlorid*, F. 185°, *-menthylester*, F. 123°; 68%, *Hydrochlorid*, F. 140°.

J. Malpricht 4627□

*1500* **Pharmakologische Untersuchung von 3-p-Methoxyphenyl-5-diäthylaminoäthyl-1.2.4-oxadiazol.** B. Silvestrini und C. Pozzatti. (Arzneimittel-Forsch. **12**, 539—43, 1962; Rom, A.C.R. Angelini Francesco, Dep. of Pharmacol.; engl.) — *3-[p-Methoxyphenyl]-5-diäthylaminoäthyl-1.2.4-oxadiazol* (**I**, AF 594, Mexolamine) zeigte folgende akute Toxizität ($DL_{50}$ in mg/kg): Maus i.v. 83, intraperitoneal 331, subkutan (s.k.) 691, oral 722; Ratte: intraperitoneal 288, oral 1899; Meerschweinchen: intraperitoneal 233, oral 700. In tox. Dosen traten Krämpfe auf. Durch eine Vorbehandlung mit Pentobarbital (20 bzw. 40 mg/kg, s.k.) wurde die $DL_{50}$ von **I** (Maus, s.k.) auf 346 bzw. 395 mg/kg erhöht. Tägliche intraperitoneale Injektion von 100 mg **I**/kg für 30 Tage, die Tremor verursachte, ergab gegenüber Kontrollen keine Blut- bzw. Körper-Gew.-Veränderungen u. die histolog. Unters. von Leber, Niere, Milz, Herz u. Nebennieren zeigte keine patholog. Befunde. Intraperitoneale Injektionen von 25 mg **I**/kg führten bei Ratten, Mäusen u. Katzen zu einer gesteigerten Reaktivität gegen äußere Stimuli. **I** besaß in verschiedenen Testen eine bedeutende analget., antientzündliche u. antipyret. Wirksamkeit, jedoch keine antitussive Aktivität. **I** hatte am isolierten Darm eine dem Papaverin ähnliche nichtspezif., spasmolyt. Wrkg. u. besaß an der Kaninchencornea eine lokalanästhet. Aktivität. 10 mg **I**/kg i.v. veränderten bei Katzen die Frequenz u. die Amplitude der Atmung nicht; meist bestand dabei auch ein geringer hypotensiver Effekt. Die pressor. Wrkg. von Adrenalin, Acetylcholin u. Histamin wurden durch **I** nicht beeinflußt. In diesen Dosen hemmte **I** die Hypotension nach Vagusreizung, die Hypertonie von Dimethylphenylpiperazinium am atropinisierten Tier u. die Kontraktion der Nickhaut nach präganglionärer Reizung des Halssympathicus. Die orale Gabe von 10 mg **I**/kg steigerte bei Ratten die Harnmenge. Orale Gaben von 100 mg **I**/kg erhöhten bei Mäusen die Peristaltik nicht. **I** hatte keine Anti-Tremorin-Effekte. Die bedingten Reflexe wurden bei Ratten bis zu Dosen von 50 mg **I**/kg s.k. nicht gehemmt. Die intraperitoneale Injektion von 100 mg **I**/kg verhinderte bei Mäusen das Auftreten von Krämpfen u. den Tod durch Strychnin u. Pentamethylentetrazol nicht. **I** besitzt also hauptsächlich antiinflammator. u. analget. Wirsamkeit.

G. Kimmerle 4627△

*1501* **Eine Prüfung von Thioridazin bei Schwachsinn.** J. N. Badham, L. M. Bardon, P. O. Reeves und A. M. Young. (Brit. J. Psychiatry **109**, 408—10, 1963; St. Albans, Harperbury Hosp.; Colchester, Royal Eastern Counties Hosp.; engl.) — Mit Hilfe von *Thioridazin* (*10-[2-(N-Methylpiperidyl-2)-äthyl]-2-methylthiophenothiazinhydrochlorid*, Erwachsenendosis ca. 100 mg 3mal täglich, Kinder entsprechend weniger) können Besserungen der Verh.-Störungen von Schwachsinnigen bei einem signifikanten %-Satz der Behandelten erzielt werden (z. B. 37 deutliche, 34 mäßige u. 32 leichte Besserungen von insgesamt 143 Fällen). Die Nebenwrkg. sind geringfügig; es kann bei Epileptikern mit den Routineantikrampfmitteln kombiniert werden.

U. Tausendfreund 4628◇

*1502* **Eine Prüfung von Taractan bei chronischer Schizophrenie unter Kontrollbedingungen.** Eileen P. Scanlan und Arthur E. May. (Brit. J. Psychiatry **109**, 418—21, 1963; Liverpool, Rainhill Hosp.; engl.) — Mit Hilfe von *Taractan* (*Chlorprothixen*; *α-2-Chlor-9-[ω-dimethylaminopropyliden]-thioxanthen*; 15-Tage-Behandlung, beginnend mit 15 mg 3mal täglich, steigernd auf 100 mg 3mal täglich) konnte während eines Doppel-Blindvers. bei 22 von 45 Schizophrenen (Durchschnittsalter 45 Jahre, seit 3—32 Jahren hospitalisiert) eine Besserung erzielt werden; 16 blieben unverändert, 7 zeigten Verschlechterung. Demgegenüber wiesen unter Placebo 9 Besserungen auf, 16 blieben unverändert, 20 zeigten Verschlechterungen. Gegenüber der Placebogruppe mit Gew.-Verlust kam es in der therapeut. Gruppe zu Gew.-Anstieg.

U. Tausendfreund 4628◇

*1503* **Erfahrungen bei der Spasmolytinbehandlung von chronischer Gastritis und Ulcus.** P. I. Schilow und Ju. I. Fischson-Ryss. (Sowjet-Med. **24**, Nr. 10, 44—49, 1960; Kriegsmedizin. Leninorden-Kirow-Akad.; russ., Auszug: engl.) — Von 208 Patienten mit chron. Gastritis oder Magengeschwüren erhielten 156 *Spasmolytin* (**I**) u. 52 nur *Ascorbinsäure*. Die schmerzstillende Wrkg. von **I** war deutlich. Die normalisierende Wrkg. auf das Relief der Magenschleimhaut u. auf das Nahrungssyndrom war erheblich schwächer ausgeprägt. Die normalisierende Wrkg. von **I** auf den funktionellen Zustand des Magens, vor allem auf seine Motorik, wird angenommen. Die herabgesetzte Funktion wird dabei verstärkt, die verstärkte herabgesetzt. Eine normale Funktion wird durch **I** nicht beeinflußt. Gute Erfolge werden durch Zufuhr per os erzielt. Zusätzliche intrakutane Blockaden verstärken zwar seine allg. Wrkg., doch rufen sie bei neuropath. Personen unerwünschte allg. Aufregung hervor.

F. du Mans 4628◇

*1504* **Untersuchungen über blutdrucksenkende Arzneimittel. Wirkung der Gesamtalkaloide von Rauwolfia verticillata auf den Coronarkreislauf von Hunden.** Hsiao-yü Li, Xiao-lu Wang und Kuang-sheng Ting. (Acta physiol. sinica **25**, 87—92, 1962; Shanghai, Acad. Sin., Inst. of Mat. Med.; chin., Auszug: engl.) — Bei chloralosenarkotisierten Hunden verringerten 0,2 mg der *Gesamtalkaloide* der Wurzel von *Rauwolfia verticillata*/kg den Blutdruck um 30—40% u. senkten den Widerstand der Coronargefäße, beeinflußten aber die Coronardurchblutung nicht.

K. Zingraf 4630◇

*1505* **Untersuchungen an antihypertensiven Drogen. Wirkung der Gesamtalkaloide von Rauwolfia verticillata auf die Coronarzirkulation und den Herzmuskel-Stoffwechsel.** Hsiao-yü Li und Kuang-sheng Ting. (Acta physiol. sinica **25**, 149—60, 1962; Shanghai, Acad. Sinica, Inst. of Materia Med.; chin., Auszug: engl.) — Die Gesamt-*Alkaloide* von *Rauwolfia verticillata* zeigten am katheterisierten Hundeherz gewisse coronargefäßerweiternde Wrkg., wodurch die Leistung der Herzmuskulatur erhöht u. ihre Energieversorgung verbessert wurde. Der Verbrauch von $O_2$, Glucose, Milchsäure u. Brenztraubensäure durch das Herzmuskelgewebe wurde an Hand der Konz.-Differenzen im arteriellen u. Coronarsinusblut berechnet.

H.-G. Trüper 4630◇

*1506* **Über die Wirkung des Strophanthins auf die Nierenfunktion.** F. Solti, I. Márton, Judith Rév und R. Hermann. (Acta med. Acad. Sci. hung. **19**, 31—41, 1963; Budapest, Medizin. Univ., I. Medizin. Klinik; dt.) — 0,25 mg *Strophanthin* (**I**) führen beim Menschen zu deutlich vermehrter *Wasser*- u. *K*-Ausscheidung u. zu geringerer Steigerung der *Na*-Ausscheidung (bei kreislaufgesunden u. bei chron. Kreislaufinsuffizienz). Die erhöhten Ausscheidungswerte beruhen nicht auf Kreislaufveränderung, sondern auf Verminderung der tubulären Resorption; zu Veränderungen des Serum-Geh. an *antidiuret. Hormon* kommt es nicht. Verss. unter Narkose, Dibenzylin-Einw., nach Sympathicusdurchschneidung u. nach Trennung des Körper- vom Kopfkreislauf bei Hunden zeigen, daß die **I**-Wrkg. auf die Nierenfunktion hauptsächlich durch Vermittlung des Zentralnerven-Syst. u. über die zu den Nieren laufenden Sympathicusbahnen erfolgt.

U. Tausendfreund 4630◇

*1507* **Der Einfluß von Acetylstrophanthidin auf das Elektrocardiogramm normaler Hunde.** Gladstone Smith, Jack Freund und Reno R. Porter. (Toxicol. appl. Pharmacol. **2**, 628—34, 1960; Richmond, Va., Med. Coll. of Virginia, Dep. of Med., Cardiovascular Sect.; engl.) — *Acetylstrophanthidin* (**I**, 0,056—0,180 mg/kg, i.v.; 13 Hunde) zeigt digitalisähnliche Wrkg. auf das Elektrocardiogramm. Die Vagus-Rk. ist dosisunabhängig, die Normalisierung erfolgt innerhalb von 10—30 Minuten. Oberhalb von 0,082 mg **I**/kg treten Arrhythmien auf.

P. Gregorzewski 4630◇

*1508* **Wirkung von Herzglykosiden auf das Blutvolumen des Hundes.** Marion de V. Cotten und Betty J. Williams. (Amer. J. Physiol. **201,** 112—16, 1961; Atlanta, Ga., Emory Univ., School of Med., Dep. of Pharmacol.; engl.) — Die Anwendung von 40% der Letaldosis von *Ouabain* (I) zeigte bei Hunden keine statist. signifikanten Wrkg. auf das Plasma-Vol. (PV), das Vol. des extracellulären W., den Hämatokrit, die Konz. von *Hämoglobin* (II) u. Plasmaeiweißkörpern oder das Blut-Vol., die einer direkten Wrkg. von I auf die Gefäße zugeschrieben werden könnten. In einigen Verss. mit nichtnarkotisierten Tieren nahm PV nach I ab, wahrscheinlich infolge von starkem Erbrechen. Bei Normaltieren war der Hämatokrit u. die II-Konz. nach I oft mäßig erhöht (wahrscheinlich infolge von Milzkontraktion nach I).
K. Zingraf 4630◇

*1509* **Digitalisbehandlung.** Tage Søttrup. (Norges Apotekerforen. Tidsskr. **69,** 257—65, 1961; norw.) — Übersicht: Chemie u. Pharmakologie, Schicksal im Organismus, Wrkg., Toxizität, Indikationen u. Gegenindikationen, optimale Digitalisierung, Dosierung, Handelspräparate.
R. K. Müller 4630◇

*1510* **Tachyphylaxie.** 4. Mitt. **Einige cardiovasculäre Wirkungen von Hydroxyamphetamin und verwandter Verbindungen.** Calvin Hanna. (Arch. int. Pharmacodynam. Thérap. **128,** 469—80, 1960; Burlington, Vt., Univ. of Vermont, Coll. of Med., Dep. of Pharmacol.; engl.) — 5. vgl. C. **1961,** 18028. — An Hunden wurden in Pentobarbital-Na-Narkose (30 mg/kg intraperitoneal) die cardiovasculären Wrkg. von *dl-p-Hydroxyamphetamin* (I), *l-Amphetamin* (II), *l-Ephedrin* (III), *Mephentermin* (IV), *l-Phenylephrin* (V) u. *l-Arterenol* (VI) untersucht. In allen Fällen bewirkte die 1. i.v.-Gabe von I, II, III, IV, V u. VI eine arterielle pressor. Rk. mit Anstieg des gesamten peripheren Widerstandes (GPW). Wiederholte Injektionen von VI ergaben immer die gleiche Antwort, V (25 /kg) führte zu einem dauernden Anstieg des GPW ohne veranderte Pressorantwort. Nach wiederholten Gaben von I—IV entwickelte sich Tachphylaxie (Tach), jedoch änderte sich der GPW nicht mit der Tach-Entwicklung. Wenn nach I die Tach voll entwickelt war, waren Blutdruck, Blut-Vol., Herz-Min.-Vol., Hämatokrit u. Kaliumplasmawert nahe dem Kontrollwert, nur die Herzfrequenz war angestiegen u. blieb nach der 1. Injektion maximal. Bei Hunden mit geöffnetem Brustkorb führten 5 Injektionen in die Aorta zu einer Pressor-Tach zu einer Zeit, als die Herzfrequenz u. Herzkontraktionskraft leicht verändert waren. In diesem Zeitpunkt bewirkte eine i.v. Injektion von I eine deutliche Stimulierung der Herzfrequenz u. der Herzkontraktionskraft, aber nur eine kleine u. vorübergehende Änderung des arteriellen Blutdrucks u. Herzminutenvolumens. Die Ergebnisse der Unterss. deuten darauf hin, daß das Tach-Phänomen ein vasculäres Phänomen ist oder sein kann, das ohne cardiale Kompensation vorkommt.
K. Böhm 4630◇

*1511* **Synthese und pharmakologische Eigenschaften der Aminoabkömmlinge von 1-Phenohydroxypropanol-(2).** I. I. Tschyshewskaja, S. B. Ideltschyk, L. A. Jakimowitsch und K. Ss. Schadurski. (Nachr. Akad. Wiss. BelorussSSR, Ser. physik.-techn. Wiss. **1957,** Nr. 2, 115—27; beloruss., Auszug: russ.) — An Mäusen wurden $DL_{100}$, $DL_{50}$ u. maximal verträgliche Dosis der Hydrochloride u. Jodäthylate der nachst. Verbb. untersucht: *1-Phenoxy-3-diäthylaminopropanol-(2)* (I, F. nicht angegeben; F. 119°), *1-o-*, *1-m-* u. *1-p-Nitrophenyloxy-3-diäthylaminopropanol-(2)* (II, III, IV, F. 219—220 bzw. 134°, F. 167—167,5 bzw. 190—190,5°, F. 162—165° bzw. keine Angabe); *1-o-* bzw. *1-p-Tolyloxy-3-diäthylaminopropanol-(2)* (V bzw. VI, F. 107 bzw. 141,5°, F. keine Angabe bzw. 135,5°). Danach sind die Hydrochloride, Jodäthylate u. Nitro-Verbb. wenig toxisch. Die Hydrochloride von II u. III sind bei intraperitonealer Zufuhr toxischer als das Hydrochlorid von I. Die $NO_2$-Gruppe in m-Stellung (IV) verstärkt die Toxizität nicht. Die Toxizität steigt dagegen bei Einführung von $CH_3$ in den Ring (V u. VI). Sowohl bei subkutaner als auch bei intraperitonealer Zufuhr sind die Jodäthylate toxischer als die Hydrochloride. Alle untersuchten Verbb. wirken hypotensiv. Ihre Wrkg. beruht weniger auf dem Einfl. auf die N-cholinreaktiven Strukturen als auf der Einw. auf das motor. Zentrum der Gefäße. Wegen ihrer starken hypotensiven Wrkg. können vor allem die Hydrochloride von II u. III sowie die Jodäthylate von I u. II klin. empfohlen werden.
O. Lebtag 4630△

*1512* **Die neuere Entwicklung der diuretischen Therapie.** R. Richterich. (Schweiz. Apotheker-Ztg. **98,** 461—79, 1960; Basel, Medizin. Univ.-Klinik; Bern, Medizin.-chem. Inst.; dt.) — Übersicht. — 24 Literaturangaben.
K. Böhm 4634◇

*1513* **Der kompetitive Effekt von Probenecid auf die Bromsulfalein-Aufnahme durch Ratten- und Hunde-Leberschnitte.** G. Barber-Riley. (J. Physiology **153,** 22P—23P, 1960; Liverpool, Univ., Physiol. Labor.; engl.) — Durch *Probenecid* (*p-[Dipropylaminosulfonyl]-benzoesäure*; I), ein diuresehemmendes Mittel, wird die *Bromsulfalein* (II)-Ausscheidung bei Hunden herabgesetzt, während sie bei Ratten unbeeinflußt bleibt. In in vitro-Verss. mit frischen Leberschnitten, die unter Kontrollbedingungen in einem Standard-I-Medium inkubiert wurden, wurde die II-Aufnahme unter I-Einfl. durch die Leberzellen untersucht. Bei Hunden verringert I die II-Aufnahme um 14,5%, im Gegensatz dazu wird sie in der Rattenleber nicht eindeutig beeinflußt. Wurde an Stelle von I *Biligrafin* zugesetzt, so ist die II-Aufnahme in Rattenleber um 24%, in Hundeleberschnitten um 27% herabgesetzt. Für das verschiedene Verh. der Leberzellen in I-Anwesenheit könnten möglicherweise in der Rattenleber effektive Konzz. von I in die Leberzellen nicht eintreten, das andererseits in die Zelle eingetretene I entweder nicht proteingebunden werden oder qual. von II differente Plätze besetzen.
K. Böhm 4634◇

*1514* **Wirkungen von wässerigen Zubereitungen der „zweiten Rinde" der Linde auf die Galle.** J. Giroux, J. Tarbouriech und I.-S. Beaulaton. (Trav. Soc. Pharmac. Montpellier **20,** 30—33, 1960; Montpellier, Fac. de Pharm., Labor. de Pharmacodynam.; franz.) — Die mit kaltem bzw. heißem W. erhaltenen Auszüge werden auf ihre Giftigkeit, ihre Wrkg. auf Galle, Harnausscheidung, Kreislauf u. Krampferregung untersucht. Beide Auszüge sind, namentlich bei oraler Verabfolgung, schwach toxisch. Die Wrkg. auf die Galle ist, je nach dem Vers.-Tier, bei beiden Extrakten verschieden. Der Kaltextrakt ist anscheinend dem Heißextrakt vorzuziehen, bes. bei Verss. an Meerschweinchen u. Hund.
F. Zeidler 4640◇

*1515* **Wirkung von Derivaten des Cumarins, Tetralins und Phenylbutyrolactons auf die Bewegung der Ascaris des Schweines im U-Rohr.** T. Wakayama und T. Inasaka. (Tokyo Jikeikai med. J. **69,** 1245—51, 1955; jap.) — Es werden überprüft: Cumarine: *Unsubstituiert, 4-Methyl-6-hydroxy-, 4-Methyl-7-hydroxy-, 4-Methyl-6.7-dihydroxy-, 4-Methyl-7.8-dihydroxy-, Dihydro-, 4-Methyl-7-hydroxydihydro-, 4-Methyl-6.7-dihydroxydihydro-, 4-Methyl-7.8-dihydroxydihydro-.* — Curomone: *Unsubstituiert, 2-Methyl-6-hydroxy-, 2-Methyl-7.8-dihydroxy-.* — Curomane: *Unsubstituiert, 2-Methyl-7-hydroxy-, 2-Methyl-4.7.8-trihydroxy-.* — Tetraline: *Unsubstituiert, 1-Hydroxy-, 2-Hydroxy-3-benzyl-, 2.3-Dihydroxy-, 7-Hydroxy-, 1.7-Dihydroxy-, 1.7-Dihydroxy-2-äthyl-, 1-Hydroxy-2-[β-carboxyäthyl]-, Lacton, 1.7-Dihydroxy-2-[β-carboxyäthyl]-, Lacton, Peroxid, 7-Oxo-10-dichlormethyl-, 7-Oxo-4a-hydroxy-1.2.3.4.4a.7-hexahydronaphthalin, 4-Hydroxyphenylbutyrolacton, 4-Methoxyphenylbutyrolacton.*
H. Krause 4649△

*1516* **Sulfamethoxypyridazin in der Behandlung von Infektionen der Atemwege bei Kindern.** I. R. Wallace. (Practitioner **183,** 613—17, 1959; Belfast, Royal Belfast Hosp. for Sick Children; Queen's Univ., Dep. of Child Health; engl.) — Ein neues langwirksames *Sulfonamid*, das *Sulfamethoxypyridazin* (I) wurde bei der Behandlung von 61 Kindern mit Infektionen der Atemwege, mit *Sulfadimidin* (II) verglichen. I ist wirksamer als II u. die tox. Wrkg. ist niedriger.
O. Jansen 4650◇

*1517* **Antitussive Eigenschaften von Morpholinoäthylmorphin.** Michael G. Mulinos. (Toxicol. appl. Pharmacol. **2,** 635—40, 1960; New York, N.Y., Commercial Solvents Corp.; engl.) — *Morpholinoäthylmorphin* (*Pholcodine*) wirkt an der anästhesierten Katze etwas besser antitussiv als Codein. Außerdem wird eine Meth. zur Grobsichtung von Arzneimitteln mit antitussiven Eigg. beschrieben.
P. Gregorzewski 4650◇

*1518* **Hexokinasehemmung durch Disulfiram und Diäthyldithiocarbamat.** Johan H. Strömme. (Biochem. Pharmacol. **12,** 157—66, 1963; Oslo, Univ., Rikshosp., Inst. of Clin.

Biochem.; engl.) — An Hefe u. Kälberhirn kann eine wirksame Hemmung der *Hexokinase* (I) durch *Tetraäthylthiuramdisulfid* (*Disulfiram, Antabus*; II) demonstriert werden. *Diäthyldithiocarbamat* führt zu einer I-Hemmung erst nach Oxydation zu II, welche durch *Cytochrom c* erreicht werden kann; *red. Glutathion* verhütet die I-Hemmung. Da *Cysteamin* in niedrigen Konzz. eine vollständige I-Reaktivierung bewirkt, dürfte die Hemmung auf einer Blockierung essentieller SH-Gruppen von I beruhen. Die Wrkg. von II gegen A.-Konsum kann möglicherweise auf einer Disulfidhemmung verschiedener Enzyme oder auf einer Disulfidvergiftung beruhen. U. Tausendfreund 4670◇

*1519* **Eintgiftung von sechswertigem Chrom durch Komplexon.** Vl. Resl und J. Sýkora. (Československá Dermatol. **36,** 287—90, 1961; Plzeň, Karl. univ., Dermatovenerol. klin.; tschech.) — Beim Kochen von $Cr_2O_7^{2-}$ enthaltenden sauren Lsgg. mit *Komplexon III* (I) geht in langsamer Rk. die orange Farbe in braun über, es entsteht ein violetter Cr–I-Komplex. In alkal. Medium reagieren $Cr_2O_7^{2-}$ u. I nicht miteinander, auch nicht beim Kochen. Die langsame Rk. in saurer Lsg. wird durch Zusatz von Red.-Mitteln beschleunigt. Für die Herst. einer prophylakt. u. therapeut. gegen $Cr^{6+}$-Vergiftung der Haut anwendbaren I-Salbe wird als Red.-Mittel Ascorbinsäure verwendet. R. K. Müller 4675◇

*1520* **Ein Oximanaloges von Atropin — einige pharmakologische Beobachtungen.** G. Lennart Albanus. (Biochem. Pharmacol. **12,** 218—19, 1963; Sundbyberg, Res. Inst. of Nat. Defence, Dep. 1; engl.) — Die Vermutung, daß in *Phenylglyoxylsäuretropylesteroxim* die parasympathicolyt. Eigg. bestimmter Oxime u. die reaktivierenden Eigg. von *Atropin* (I) kombiniert zur therapeut. Anwendung als Antidot bei Organophosphor–Anticholinesterase-Vergiftung zur Verfügung stehen, scheint sich nicht zu bestätigen. Es konnte nur eine 10mal schwächere parasympathicolyt. Wrkg. als die von I u. keine reaktivierende Wrkg. am isolierten Meerschweinchendarm in Tyrode-Lsg. gefunden werden. U. Tausendfreund 4675◇

*1521* **Hämolytische Krise nach Einatmung von Benzol in massiver Einzeldosis.** G. Saita und L. Moreo. (Med. del Lavoro **52,** 713—16, 1961; Milano, Univ., Clin. del Lavoro „L. Devoto", Centro di Stud. e Ric. sulle Mal. Profess. sotto il Patronato dell' I.N.A.I.L.; ital.) — Bei einem Arbeiter entwickelte sich wenige Tage nach Einatmung einer massiven *Benzol*-Menge eine subakute hämolyt. Krise. Bei dem Patienten lagen Anzeichen für eine Thalassämie vor. Normalerweise bewirkt Bzl. keine Hämolyse. Bei Thalassämie ist jedoch der Geh. der Erythrocyten an *Gluthation* (I)-*Reduktase* verringert; diese ist erforderlich, um I, das bei Vergiftung mit Bzl. verringert ist, in der red. Form zu erhalten, in der es zur Aufrechterhaltung der Zellfunktionen dient. K. Zingraf 4675◇

*1522* **Experimentelle Verhütung der Anticholinesterasewirkung der organischen Phosphate. Wirkung von oralem α-Pyridylaldoximsulfomethylat (7676 RP) bei chronischer oraler Vergiftung mit EPN + Malathon.** M. Salvini und L. Tominz. (Med. del Lavoro **52,** 676—83, 1961; Pavia, Univ., Ist. di Med. del Lavoro, Centro di Stud. e Ric. sotto il Patronato dell' I.N.A.I.L.; ital.) — Die bei chron. Anwendung von EPN + Malathon eintretende Hemmung der *Cholinesterase* (I)-Aktivität im Blut wurde durch *α-Pyridylaldoximsulfomethylat* (7676 RP; II) oral verhütet bzw. verringert. II übte auch eine allerdings geringere Schutzwrkg. auf die I im Hirn aus. K. Zingraf 4675◇

*1523* **Über die akute Isonicotinsäurehydrazidvergiftung und ihre Behandlung.** Hans-Joachim Schneider. (Tuberkulosearzt **15,** 764—68, Nov. 1961; Leipzig, Univ., Med. Klin.; dt.) — In selbstmörder. Absicht nahm eine 22jährige Frau 17 Tabletten *Neoteben* (*INH*, 3,7 g) ein. Es entstand ein schweres Vergiftungsbild mit Krämpfen, Zyanose u. Koma. Dabei konnte mit Calciumgluconat u. Papaverin in hohen Dosen kein, mit Luminal (0,3 g i.m.) ein guter Therapieerfolg erreicht werden. G. Kimmerle 4675△

*1524* **Carposanvergiftung.** Ana Magdić und Jelena Frketić. (Arhiv Hig. Rada Toksikol. **12,** 199—202, 3 Tafeln, 1961; Zagreb, Med. fak., Zavod za sudsku med. i kriminalistiku; kroat.) — *Carposan* (I) enthält, wie Parathion (E 605), als akt. Bestandteil *Diäthyl-p-nitrophenylthiophosphat*. Es wird der Fall eines 1½ jährigen Kindes berichtet, das ½ Std. nach Einnehmen von 50 g I gestorben ist. Als Todesursache werden eine Schädigung des Zentralnerven-Syst. u. akutes Lungenödem festgestellt. Bei der Sektion u. histolog. Unters. werden hauptsächlich im Gehirn u. in den Lungen Schäden gefunden. R. K. Müller 4675◇

*1525* **Anwendung eines neuen Mittels, TMB-4 $Cl_2$, zum Schutz von mit Armin vergifteten Mäusen.** Z. Binenfeld und V. Vojvodić. (Arhiv Hig. Rada Toksikol. **12,** 219—21, 1961; Beograd, VMA, Inst. za Toksikol.; kroat.) — *1.3-Trimethylen-bis-[4-formylpyridiniumchlorid]-dioxim* (I, *TMB-4 $Cl_2$*), F. 235°, wird bei 10std. Kochen einer 10%ig. wss. Lsg. von 1.3-Trimethylen-bis-[4-formylpyridiniumbromid]-dioxim (II, TMB-4) mit einem 20%ig. Überschuß an frisch bereitetem AgCl bei 100° in 70% Ausbeute erhalten. Der mol. Extinktions-Koeff. von I bei 280 mμ ist 32280, pK 8,28, Löslichkeit in W. 2:3, $DL_{50}$ bei Albinoratten (♂ u. ♀) im Mittel 88 mg/kg. Die Schutz-Wrkg. von I bei mit Armin vergifteten Mäusen u. seine reaktivierende Wrkg. gegenüber der Cholinesterase des Gesamtblutes u. des Plasmas u. der Erythrocyten bei Kaninchen sind die gleichen wie bei II. R. K. Müller 4675◇

*1526* **Therapeutische Wirkung von PAM-2-chlorid bei mit Armin vergifteten Mäusen.** Z. Binenfeld, V. Vojvodić und V. Božić. (Arhiv Hig. Rada Toksikol. **12,** 207—17, 1961; Beograd, VMA, Inst. za toksikol.; kroat.) — *Pyridin-2-aldoximmethylchlorid* (I, *PAM-2 Cl*) wird beim Durchleiten von Pyridin-2-aldoximmethyljodid (II, PAM-2) durch den Anionenaustauscher Duolit A-30 oder beim Kochen seiner gesätt. Lsg. mit AgCl in 35—50% Ausbeute erhalten; F. 218—220°, Löslichkeit in W. 1:1. In $1 \cdot 10^{-3}$m Konz. bewirkt I beim Kaninchen 25%ig. Hemmung der Plasma- u. Erythrocyten-*Cholesterase* (III), in $1 \cdot 10^{-4}$m Konz. werden 80% der durch Armin (IV, Äthyl-p-nitrophenyläthylphosphonat) inhibierten III durch I reaktiviert. Diese Ergebnisse entsprechen den mit II erhaltenen. Die Schutz-Wrkg. von I bei mit IV vergifteten Mäusen ist bzgl. der Dosis u. der Anwendungszeit ebenfalls dieselbe wie bei II. R. K. Müller 4675◇

*1527* **δ-Aminolävulinsäure und Porphobilinogen im Harn von Bleivergifteten.** G. Saita und L. Moreo. (Med. del Lavoro **52,** 668—75, 1961; Milano, Univ., Clin. Del Lavoro „L. Devoto", Centro di Stud. e Ric. sulle Mal. Profess. sotto il Patronato dell' I.N.A.I.L.; ital.) — Bei Bleivergifteten war die Ausscheidung von *δ-Aminolävulinsäure* (I), nicht jedoch von Porphobilinogen im Harn deutlich erhöht. Der Geh. von I im Harn sank bereits am 2. Tag einer Behandlung mit Calcium-Dinatriumäthylendiamintetraacetat ab. K. Zingraf 4681◇

*1528* **Bleivergiftung bei der Verarbeitung von Bleistearat.** C. Sassi, M. Finulli und C. Nava. (Med. del Lavoro **52,** 658—67, 1961; Milano, Univ., Clin. del Lavoro „L. Devoto", Centro di Stud. e Ric. sulle mal. Profess. sotto il Patronato dell' I.N.A.I.L.; ital.) — Bei 43 Personen, die teils mit der Herst. von *Bleistearat* (I), teils mit der Verarbeitung von I als Stabilisator für Kunststoffe zu tun hatten, traten Pb-Vergiftungen auf. Dabei standen Leibschmerzen (Pb-Kolik) u. Anämie im Vordergrund des Vergiftungsbildes, während die Leberfunktion nicht gestört war. Vergiftung mit I verläuft in den meisten Fällen wie Vergiftungen mit anorgan. Pb, bei bes. starker Exposition kommt allerdings auch tox. Hepatitis hinzu. K. Zingraf 4681◇

*1529* **Berufsdermatitis bei der Herstellung von Vitamin $B_6$.** K. Kadlec und L. Hanslian. (Československá Dermatol. **36,** 291—98, Aug. 1961; Olomouc, Pal. univ., Dermatol. klin. u. Krajská hyg.-epidemiol. stan.; tschech.) — Bei der Herst. von *Vitamin $B_6$* wird 2-Methyl-4-methoxymethyl-5-cyan-6-hydroxypyridin („Cyanpyridon") über 2-Methyl-3-nitro-4-methoxymethyl-5-cyan-6-hydroxypyridin („Nitrocyanpyridon") in *2-Methyl-3-nitro-4-methoxymethyl-5-cyan-6-chlorpyridin* (I, „*Chlorpyridin*") übergeführt. I kann in 1%ig. Lsg. auf der gesunden Haut tox. Rkk. (40% positiv) bewirken. Als Schutzsalbe wird eine alkal. wirkende „Polyzanpaste" mit einem Geh. an Eucerin, Vaseline, Salicyl-Eucerin, Zn-Lanolin, Stearin u. Lanolin empfohlen, mit der die offenen Hautpartien der mit I in Berührung kommenden Personen eingekremt werden. R. K. Müller 4681◇

# F. Pharmazeutische Chemie, Desinfektion

*1530* **Über die Zubereitung der Augentropfen nach dem I. Addendum des V. Ungarischen Arzneibuches.** György Kedvessy. (Gyógyszerészet [Pharmazie] **2**, 63—65, 1958; Budapest, Orvostud. Egyetem, Gyógysz. Int.; ung.) — Die Verw. von *Phenyl-Hg II-Borat* als allg. Konservierungsmittel in einer Verdünnung von 1:50000 mit Ausnahme der Ag-Präpp. wurde offiziell eingeführt. P. Hajdú 4750◇

*1531* **Besprechung des pharmakognostischen Teiles des VII. Französischen Arzneibuches.** Pál Rom. (Gyogyszerészet [Pharmazie] **2**, 70—73, 1958; Budapest, Orsz. Mezőgazd. Minőségvizsgáló Int.; ung.) P. Hajdú. 4750◇

*1532* **Mischung fester Substanzen.** András Vincze. (Gyógyszerészet [Pharmazie] **2**, 51—56, 1958; Budapest, Egyesült Gyógyszer- és Tápszergyár; ung.) — Nach den theoret. Grundlagen werden einige in der Industrie verwendeten App.-Prototypen beschrieben. P. Hajdú 4766◇

*1533* **Über die Granulierung.** Andor Kertész. (Gyógyszerészet [Pharmazie] **2**, 56—58, Budapest, Vegyimüveket Tervező Váll.; ung.) — Allg. theoret. Überlegungen. — 16 Literaturangaben. P. Hajdú 4766◇

*1534* **Herstellung von abgeteilten Pulvern mit 0,1 g Coffein, 0,5 g Antipyrin und 0,5 g Salicylamid.** Vibeke Waarst. (Arch. Pharmac. og Chem. **69 (119)**, 507—10, 1962; Danmarks Apotekerforen. Kontrollabor.; dän.) — Bei der Herst. von Pulvern mit *Coffein* (I), *Antipyrin* (II) u. *Salicylamid* (III) 1:5:5 hängt die I-Verteilung von der Teilchengröße ab. Zur Vermeidung von I-Klumpen werden zweckmäßig 50% des **II** mit **I** gemischt durch Sieb Nr. 20 gesiebt, dann der Rest von **II** u. **III** zugegeben u. granuliert. R. K. Müller 4766◇

*1535* **Arzneimittel mit Dauerwirkung (Tabletten).** O. Leoveanu, Natalia Zaharia, V. Pilea und Aurora Mossang. (Rev. Chim. [Bucureşti] **14**, 202—07, 1963; rum.) — Die Ausscheidungs-Geschw. der Arzneimittel kann als Funktion der Zeit, einer Ausscheidungs-Konst. (K) u. der Konz. zur Zeit 0, berechnet werden. Die Gesamtdosis für eine bestimmte Zeit kann durch die Anfangsdosis u. K berechnet werden. Tabletten mit Dauerwrkg. kann man durch Vermischung u. Komprimierung von Granulaten sowie durch Herst. verschiedener Schichten, wobei Mantel u. Kern verschiedene Angriffsphasen des Medikaments beinhalten, erzielen. *Phenylbarbitursäure* (I) wurde in drei Granulate gebracht, von denen eines als Angriffsdosis wirkt. Die verschieden gefärbten Granulate werden vermischt u. komprimiert. Das Granulat A enthält I, Milchzucker (II) u. Zucker in alkohol. Stearinlösung. Bei dem Granulat B wird **I** in geschmolzenes Stearin eingebracht u. das Gemisch gesiebt. Getrennt davon wird eine 30% ig. Celluloseacetophthalat-Lsg. in Aceton hergestellt. In diese Lsg. werden **II** u. das Gemisch mit **I** suspendiert. Nach Verdunsten des Acetons wird das Gemisch gesiebt u. getrocknet. Das Granulat C ist genauso wie B zubereitet mit dem Unterschied, daß **I** in einem Gemisch von Wachs mit Stearin geschmolzen wird. P. W. Kittner 4766◇

*1536* **Erstes Verzeichnis der Arznei- und Giftpflanzen der Casamance (Sénégal).** J. Kerharo und J.-G. Adam. (Ann. pharmac. franç. **20**, 726—44, 823—41, 1962; Dakar, Inst. Français d'Afrique noire u. Fac. Méd. et Pharm., Labor. de Mat.; franz.) W. Rittler 4782◇

*1537* **Zur Herstellung einer stabilen Paraffin-Emulsion.** W. Horsch und H. Stoermer. (Pharmaz. Zentralhalle Deutschland **101**, 459—70, 1962; Leipzig, Univ., Pharm. Inst. u. Labor. für Galenik u. pharm. Techn.; dt.) — Um eine optimale Rezeptur für eine 40% ig. Paraffinölemulsion zur oralen Anwendung zu finden, wurden zur Stabilisierung u. Dispergierung neben der Anwendung von Misch- u. Homogenisiergeräten organ. u. anorgan. Verdickungsmitteln, Emulgatoren sowie Kombinationen von Emulgatoren u. Quasiemulgatoren eingesetzt. Die Stabilität der Emulsionen wurde beim Lagern u. im Schnelltest beurteilt. Nach den Vers.-Ergebnissen lassen sich Paraffinölemulsionen mit Quasiemulgatoren besser herstellen als mit den getesteten Emulgatoren oder mit Kombinationen beider. Die Qualität der mit 3,5% Äthoxose (Hydroxyäthylcellulose) bereiteten Emulsion wurde von keiner der 60 geprüften Rezepturen übertroffen. G. Leithäuser 4786◇

*1538* **Einige medizinische und pharmazeutische Gesichtspunkte zu Infusionslösungen.** Rolf Barkman. (Arch. Pharmac. og Chem. **69 (119)**, 861—65, 1962; Stockholm, Militärapoteket; schwed.) — Vortrag über Erfahrungen in der Herst., Standardisierung u. Rationalisierung. R. K. Müller 4790◇

*1539* **Über die Stabilität der Fingerhut-Präparate.** Jolán Pálné Tuzson und Gábor Vastagh. (Gyógyszerészet [Pharmazie] **2**, 25—29, 1958; Budapest, Orsz. Közegész. Int. kém. oszt.; ung.) — Untersucht wurden 0,2 mg/ml *Lanatosid A*, *B* u. *C* enthaltende wss. Lsgg. mit A. u. Glycerinzusatz vom pH 2—10. Die von Vff. entwickelte papierchromatograph. Meth. [1953] zeigte schon in solchen Fällen die Zers., wo die üblichen chem. Unters.-Verff. (Baljet- u. Xanthydrol-Rk.) noch einwandfreie Ergebnisse lieferten. Da die papierchromatograph. Resultate mit der biolog. Auswertung vollkommen übereinstimmen, wird die Notwendigkeit der papierchromatograph. Kontrolle nicht nur in Lsgg., sondern auch bei Unterss. fester Ausgangs-Prodd. betont. Die beste Stabilität in Lsgg. wird nur in dem sehr engen pH-Bereich von 6—6,5 erreicht. P. Hajdú 4790◇

*1540* **Gefäßverengende Mittel.** 2. Mitt. **Phenylpropylamin-Abkömmlinge.** József Nagy. (Gyógyszerészet [Pharmazie] **2**, 73—77, 1958; Budapest, Gyógysz. Közp. Gyógyszervizsgáló Labor.; ung.) — 1. vgl. C. **1962**, 8342. — Zusammenstellung der wichtigsten Präpp. (Sympathomimetica, Adrenergica) mit kurzer chem. u. therapeut. Beschreibung. P. Hajdú 4806◇

*1541* **Die Chemie der Barbiturat-Schlafmittel.** Antal Végh. (Gyógyszerészet [Pharmazie] **2**, 16—21, 1958; Budapest, Orvostud. Egyet. Gyógysz. kém. Inti; ung.) — Allg. Überblick. P. Hajdú 4806◇

*1542* **Herstellung des Hefepolysaccharids Zymosan.** A. Ginterová, L. Mitterhauszerová und M. Grodovský. (Chem. Zvesti **15**, 922—27, 1961; Bratislava, Ustredný výsk. úst. potrav. priemyslu; slowak.) — Die einzelnen Phasen der Herst. des Hefepolysaccharids *Zymosan* (I) werden beschrieben u. ihre Probleme erörtert: Kochen, Sterilhalten, Waschen, Trocknen u. Lagern. Auch die Darst. von **I** durch Beseitigen der Proteine mittels des Syst. Phenol—W. wird untersucht. Aus den Verss. wird ein techn. Verf. entwickelt. R. K. Müller 4812◇

*1543* **Bemerkungen zur Konservierung pharmazeutischer Präparate.** B. Fečák und F. Špaček. (Farmac. Obzor **30**, 306—11, 1961; Bratislava, Farmac. fak., kat. galen. farm.; slow.) — Übersicht über physikal. (UV- u. Röntgenstrahlen) u. chem. Konservierungs-Meth. für pharmazeut. Zubereitungen. — 27 Literaturangaben. J. Spinka 4832◇

*1544* **Eine kurze Bemerkung zur qualitativen Prüfung des Antimonpentasulfids.** József Morvay und Elemér Vinkler. (Gyógyszerészet [Pharmazie] **2**, 129—30, 1958; Szeged, Orvostud. Egyetem Gyógysz. Kém. Int.; ung.) — Nach dem ungar. Arzneibuch muß zur qual. Prüfung die wss. Suspension klar filtriert werden. Diese Forderung ist auch mit analyt. Filterpapieren schwierig zu erreichen, man kann sie jedoch durch Zusatz von 0,5 g $KNO_3$ erfüllen. In diesem Falle wird der Dispersionsgrad des $SbS_5$ mkr. nachweisbar bedeutend größer. P. Hajdú 4880◇

*1545* **Die Bestimmung von Acetylsalicylsäure, Phenacetin und Codeinphosphat in gemischten Pulvern.** J. Mohorič. (Farmac. Vestnik [Ljubljana] **13**, 1—5, 1962; Ljubljana, Zav. za farmac. in kontr. zdravil; slowen.) — Zur Best. von *Acetylsalicylsäure* (I), *Phenacetin* (II) u. *Codeinphosphat* (III) nebeneinander wird **III** in Eisessig-Lsg. potentiometr. mit 0,1n $HClO_4$ in Dioxan (**IV**) titriert. Eine zweite Substanzmenge wird mit 10% ig. HCl u. danach mit 50% ig. NaOH behandelt, mit Chlf. ausgeschüttelt u. im Chlf.-Extrakt **II** u. **III** potentiometr. mit $HClO_4$ in **IV** titriert. In einer dritten Probe wird **I** u. **III** in Dimethylformamid-Lsg. mit 0,1n

Na-Methylat in Bzl.-Methanol mit Thymolblau als Indicator titriert. S. Beckmann 4880◇

*1546* **Colorimetrische Bestimmung von Kainsäure, dem aktiven Prinzip von Digenea simplex Ag.** Michiharu Miyasaki, Raitaro Haraoka, Kazuo Fujisaki und Akira Morimoto. (J. pharmac. Soc. Japan [Yakugakuzasshi] **75**, 477—79, 1955; Kashima-cho, Higashiyodogawa-ku, Osaka, Fujisawa Pharmac. Ind. Ltd.; jap., Auszug: engl.) — Die Empfindlichkeit der colorimetr. Best. von *Kainsäure* mit Ninhydrin kann durch vorherige Zugabe von Bzl. erhöht werden. Die Ggw. von Aminosäuren oder $NH_4$-Salzen stört, wenn ihre Konz. $>2$m beträgt; Zucker u. anorgan. Salze aus *Digenea* können vernachlässigt werden. L. Lamza 4880△

*1547* **Die spektrophotometrische Bestimmung von Synopen.** R. Vasiliev und V. Scînteie-Pazarina. (Rev. Chim. [Bucureşti] **14**, 236—37, 1963; Anst. für Arzneimittelkontrolle u. pharmazeut. Forsch.; rum.) — Die Meth. beruht auf der Absorption von *Synopen* (Hydrochlorid des N-Dimethylaminoäthyl-N-p-chlorbenzyl-α-aminopyridins; I) im UV-Spektralgebiet. Die Absorptionskurven zeigen Maximalwerte für $\lambda = 245$ u. 306 mμ sowie einen Minimalwert ($\lambda = 274$ mμ). Best., die mit Lsgg. von I in A. ausgeführt wurden, ergaben für alle Fälle Gültigkeit des Lambert-Beerschen Gesetzes. Die Meth. ist für Tabletten u. Injektions-Lsgg. anwendbar. P. W. Kittner 4880◇

*1548* **Über die Identifizierung der Tinctura Ipecacuanhae bzw. des Emetins.** István Bayer, László Buda, István Ihász und Kálmán Katona. (Gyógyszerészet [Pharmazie] **2**, 62—63, 1958; Budapest, Egészség. Min., Müszaki Fejl. Oszt.; ung.) — Nach papierchromatograph. Trennung mit dem Laufmittel Butanol: Eisessig: W. (10:2:5) kann das *Emetin* durch Besprühen mit einer 10%ig. Chloramin-Lsg. (vorher mit Essigsäure angesäuert) sichtbar gemacht werden. Der Fleck zeigt eine gelbe Farbe oder noch empfindlicher (2 μg) orangefarbene Fluorescenz. Diese Oxydations-Rk. ist auch zur Identifizierungs-Rk. verwendbar: Mit Essigsäure angesäuerte Ipecacuanha-Tinktur färbt sich durch Chlorkalkzusatz orangegelb. Die Färbung ist stabil, wogegen die mit HCl angesäuerte Lsg. (Nachw. des Arzneibuches) nur eine vorübergehende Orangefärbung liefert. P. Hajdú 4880◇

*1549* **Perchlorsäuretitration von Purinalkaloiden in wasserfreiem Milieu.** Edith Posgay. (Pharmaz. Zentralhalle Deutschland **101**, 471—76, 1962; Budapest, Staatl. Inst. Pharm.; dt.) — Die Basizität von *Coffein* (I), *Theobromin* (II) u. *Theophyllin* (III) wurde durch potentiometr. Titrationen in wasserfreien Lsgm. untersucht. Die Perchlorsäuretitration in Eisessig liefert unbefriedigende, dagegen die Titration in einem Eisessig/Essigsäureanhydrid-Gemisch oder in einem Gemisch aus Essigsäureanhydrid u. einem inerten Lsgm. gute Resultate. Die Basenstärke von II u. III läßt sich durch Zugabe von Hg-Acetat erhöhen. Zur Best. von II u. III wurden Titrations-Meth. mit visueller Endpunkts-Best. entwickelt. Zur Best. von II werden 0,1 g II in 5 ml Eisessig unter Erwärmen gelöst, mit 20 ml Chlf./Essigsäureanhydrid (4:1), neutralisiert mit 0,1n $HClO_4$, u. mit 3 Tropfen Sudan III-Indicator-Lsg. versetzt u. langsam mit 0,1n $HClO_4$ bis zum Auftreten der blauen Farbe titriert. Zur Best. von III werden 0,1 g III in 2—3 ml 0,1n $HClO_4$ gelöst, mit 30 ml eines mit 6 Tropfen Sudan III-Indicator-Lsg. versetzten u. neutralisierten Bzl./Essigsäureanhydrid-Gemisches (2:1) versetzt u. mit 0,1n $HClO_4$ titriert. Vor dem Endpunkt werden noch ca. 3—4 Tropfen Indicator zugefügt. G. Leithäuser 4880◇

*1550* **Die nitritometrische Bestimmung des Procainhydrochlorids im Präparat „Procafin" in Gegenwart eines inneren Indicators.** R. Vasiliev und A. Cosmin. (Rev. Chim. [Bucureşti] **14**, 235, 1963; Anst. für Arzneimittelkontrolle u. pharmazeut. Forsch.; rum.) — Die nitritometr. Meth. zur Best. der Aminogruppe in aromat. Verbb. wird zur Best. des *Procainhydrochlorids* (I) angewandt. *Procafin* (II) enthält außer 2,73% I Coffein, Na-Benzoat, Benzoesäure u. $Na_2S_2O_7$ (III). Die Best. erfolgt nach der Ausfällung von III mit Pb-Acetat (IV). Der Überschuß an IV fällt als Pb-Benzoat aus. Das Filtrat wird mit HCl, KBr u. Metanilgelb versetzt u. mit $NaNO_2$-Lsg. titriert. 1 ml 0,1m $NaNO_2$ entspricht 0,02728 g I. P. W. Kittner 4880◇

*1551* **Quantitative Bestimmung von Dehydrocholsäure in Tabletten.** Vishnu Das Gupta. (J. pharmac. Sci. **51**, 1196, 1962; Peoria, Ill., Schlicksup Drug Co., Inc., Qual. Control Div.; engl.) — Zur Best. der *Dehydrocholsäure* (I, F. 238—241°) werden die gepulverten Tabletten in Chlf. gelöst, nach Stehen (1 Min.) wird filtriert, eingedampft u. nach Zusatz von abs. A. erneut das Lsgm. vertrieben. Im Rückstand wird I nach der USP-Meth. mit 0,02n NaOH (1 ml = 8,05 mg abs. I) titrimetr. bestimmt. Falls die Tabletten keine chloroformlösl. Bestandteile enthalten, kann der Rückstand nach $^1/_4$std. Trocknen bei 100° als reines I gravimetr. bestimmt werden. Bernhard Gnauck 4880◇

*1552* **Bewertungsmethoden für Cyanocobalamin-Präparate.** E. H. Vogelenzang. (Farmaco [Pavia], Ediz. prat. **18**, 189—98, 1963; Leyde, Univ.; franz.) — Bei einem Vgl. bekannter Bewertungs-Meth. für *Cyanocobalamin*-Präpp. befürwortet Vf. die Radioisotopen-Verdünnungs-Meth. u. schlägt die Markierung mit $^{58}$Co vor. Es wurde festgestellt, daß bei der Analyse von Vitamin-$B_{12}$-Präpp. nach Ph. US, Suppl. [1955] durch die zahlreichen Trennungsstufen u. unter dem Einfl. der verwendeten Austauscherharze bei reinen Präpp. nur 70% u. in Ggw. von Leberextrakt nur 35—60% des Cyanocobalamins bestimmt wurden. U. Drehmann 4880◇

---

*1553* Nehemia Salomon, Tel-Aviv, Israel, **Medikamente mit langanhaltender Wirkung** werden aus pulverförmigem oder granuliertem Material mit Teilchengrößen zwischen 12 u. 80 mesh durch Aufbringen von Überzügen hergestellt. Die überzogenen Teile können dann zu Kapseln oder Tabletten verarbeitet werden. Kleinere Teile nehmen einen dünneren Überzug an als größere, so daß sich das Eindringen des Medikaments über eine längere Zeit verteilt. Als Überzüge werden in W. unlösl., verdaulich bekannte Überzugsmittel verwendet. (**Israel. A. S. 16440** vom 8/12. 1961, ausg. 23/5. 1963.) Y. Hess 4767

*1554* Wellcome Foundation Ltd., London, England, **Biologische Aktivstoffe enthaltende Tabletten zur Behandlung von Wiederkäuern** mit verlängerter Wirkungsdauer. Die Tabletten bestehen aus einem schweren Kern, z. B. $Co_2O_3$, CuO u./oder Fe, der mit einer Lage des Aktivstoffs, mit inertem Trägerstoff gemischt, umgeben ist. Die Tabletten haben ein Gew. von ca. 6—8 g u. verbleiben relativ lange Zeit infolge ihrer Schwere im Netzmagen. (**Ind. P. 70187** vom 28/12. 1959. E. Prior. 16/1. 1959.) C. Lüttgen 4767

*1555* Laboratoires de Thérapie Énergetique, Riom, Frankreich, **Arzneimittel gegen Kaliummangel** enthält als Wirkstoff in isoton. NaCl-Lsg. oder festem Träger 40—75%, bzw. 0,1—0,5 g pro 5 cm³ Lsg., *Mono-* oder *Dikaliummaleat*, *-fumarat* oder *-succinat*. (**E. P. 913863** vom 7/7. 1961, ausg. 28/12. 1962. F. Prior. 11/7. u. 29/12. 1960.) W. Heyer 4791

*1556* Guy Leopold van Moorleghem, Aix-les-Bains, Frankreich, **Herstellung einer injizierbaren wässerigen Lösung der Acetylsalicylsäure,** dad. gek., daß man die ASS in pulvriger Form zunächst mit einem linearen Elektron-Accelerator von 4 MeV sterilisiert u. das Prod. dann mit Na-Citrat unter sterilen Bedingungen in pyrogenfreiem W. löst. (**E. P. 912894** vom 27/10. 1960, ausg. 12/12. 1962. F. Prior. 2/11. 1959.) W. Heyer 4791

*1557* Georges Tixier, Seine, Frankreich, **Herstellung von Leberproteolysat.** 300 (g) von Fett u. Nerventeilen befreite Leber werden fein zerkleinert, der Brei wird mit der gleichen Menge W. vermischt, auf 65° erwärmt u. mit 2‰ Papain (I), 200 $NaHCO_3$ als Aktivator, 100 Glykokoll, 1 Vitamin $B_2$ u. 100 cm³ Kirschlorbeerwasser versetzt; die Verdauung des Gemisches erfolgt in 4 Std. bei 65°; die Temp. wird sodann schnell auf 85° erhöht u. bis zur Zerstörung des I beibehalten; die filtrierte Fl. wird darauf im Vakuum $<60°$ konz. u. als Saft von 12° Bé abgezogen, der durch Zusatz von Eis einen Saft von 15° Bé bei 20° ergibt; nach Zusatz von 1,4 Liter 96%ig. A. je kg Extrakt u. 12std. Stehenlassen wird filtriert u. bei höchstens 60° bis zur pastenförmigen Konsistenz konzentriert. Der so gewonnene Extrakt enthält alle Wirkstoffe der Leber; er ist völlig enteiweißt u. enthält $< 70\gamma$ Histamin/g; sein Geh. an Vitamin $B_{12}$ beträgt 1 γ/kg behandelter Leber, nämlich 7 $\gamma$/g Leberextraktpaste. (**F. P. 1 287 301** vom 24/3. 1955, ausg. 30/7. 1962.) W. Raetz 4791

*1558* Laboratoires Albert Rolland, Seine, Frankreich, **Lyophilisieren von Leberextrakten.** Zur Konservierung von Leberextrakten ohne Veränderung ihrer Eigg. unterwirft man sie einer Trocknung bei niedriger Temp. (−45°) u. unter Vakuum ($10^{-3}$ mm), u. zwar befreit man zunächst die nach dem Schlachten der Tiere steril entnommene Leber bei niedriger Temp. (4°) mechan. von Fremdkörpern u. extrahiert sie in wss. Mittel, worauf man den Extrakt in Ampullen füllt, schnell gefrieren läßt u. dann einem Vakuum unterwirft. Das so erhaltene lockere u. poröse Trocken-Prod. kann durch Verdünnen in wss. Mittel sofort wieder in den Ausgangsextrakt mit allen seinen Eigg. übergeführt werden; es enthält in unverändertem Zustand die wesentlichen Inhalts- bzw. Wirkstoffe der Leber, wie Albumine, Globuline, Desoxyribonucleinsäure, Ribonucleinsäure, freie Aminosäuren, die Vitamine der B-Gruppe, Vitamin $B_{12}$, Purine (Xanthin, Guanin, Adenin, Hypoxanthin, Uracil, Guanosin), Cholin- oder Succinoxydase, Tributyrinase, Acetylcholinesterase, Arginase. (**F. P. 1 288 705** vom 18/7. 1956, ausg. 10/8. 1962.) W. Raetz 4791

*1559* Byk-Gulden Lomberg, Chemische Fabrik G. m. b. H., Konstanz/Bodensee, **Herstellung eines antaciden Arzneimittels** durch Rk. einer Alkalialuminat-Lsg., die 3—5 (Mol) Alkalioxid auf 1 $Al_2O_3$ enthält, bei $\leq$50° mit einer Mg-Salz-Lsg. in solchem Verhältnis, daß das Atomgramm-Verhältnis von Al:Mg 1:0,9—3 beträgt, Abtrennen des entstandenen Nd. aus Mg-Al-Hydrat u. Trocknen bei $\leq$120°. (**Ind. P. 69 318** vom 13/10. 1959.) C. Lüttgen 4805

*1560* Knoll Akt.-Ges. (Erfinder: Ferdinand Dengel), **Herstellung von N-[Dialkylaminoalkyl]-salicylamiden.** Zu D. A. S. 1 098 001; C. **1961,** 12929, ist nachzutragen: Nach dem gleichen Verf. sind noch folgende *Salicylamid-Hydrochloride* erhältlich: *N-[Methylamino-β-äthyl]-*, F. 98,5°; *N-[β-Di-n-butylaminoäthyl]-*, F. 120—121,5°; *N-[γ-Dimethylaminopropyl]-*, F. 138—139,5°; *N-[N'-Methyl-N'-homoveratryl-β-aminoäthyl]-*, F. 190—192°; *N-[1-Piperidino-β-äthyl]-*, F. 190 bis 192°; *N-[1-Methylpiperazino-4-β-äthyl]-*, F. 260°, u. *N-[N'-Morpholino-β-äthyl]-*. (**Aust. P. 234 872** vom 28/8. 1958, ausg. 31/8. 1961. D. Prior. 12/9. 1957.) C. Lüttgen 4807

*1561* Cilag Soc. An., Schaffhausen, Schweiz, **p-Tolylsulfonylacetamide** der allg. Formel p-$CH_3C_6H_4S(O_2)\cdot CH_2C(O)Am$ (Am = Mono- oder Dialkylamidorest mit 3—5 C-Atomen) werden hergestellt durch Rk. von p-Tolylsulfonylessigsäure oder einem ihrer reaktionsfähigen Derivv. mit dem entsprechenden Amin oder durch Rk. eines Halogenacetamids mit p-Tolylsulfinsäure oder -sulfinaten oder durch Rk. von p-Tolylmercaptoessigsäure mit dem entsprechenden Amin oder durch Rk. von p-Tolylmercaptan mit einem Halogenacetamid u. anschließende Oxydation. — 25 (g) Na-p-Tolylsulfinat, 20,4 $ClCH_2C(O)N(H)CH(CH_3)_2$ u. eine Spatelspitze Cu kocht man in 100 ml $C_2H_5OC_2H_4OH$ 2 Std. lang unter Rückfluß, filtriert, gibt das Filtrat in 400 ml W. → 23 *p-Tolylsulfonylessigsäure* (**I**)*-isopropylamid*, F. 126—127° (aus verd. A.); 64% (Ausbeute), diese Verb. erhält man auch aus I-Chlorid u. überschüssigem Isopropylamin in Bzl. oder Toluol. — Analog erhält man: **I**-*diäthylamid*, F. 86—87° (aus A./W.), 60%; **I**-*n-butylamid*, F. 106—107° (aus Essigester/PAe.), 50%; **I**-*isoamylamid*, F. 124—125°. — I-diäthylamid erhält man auch aus Chloressigsäurediäthylamid u. p-$CH_3C_6H_4SNa$ u. anschließende Oxydation mit $H_2O_2$ in Eisessig. — *Perorale Antidiabetica* ohne Wrkg. auf die Intestinalflora. (**Belg. P. 558 647** vom 24/6. 1957, ausg. 8/4. 1960. Schwz. Prior. 25/7. 1956.) A. Debo 4807

*1562* Schweiz. Serum- & Impfinstitut und Institut zur Erforschung der Infektionskrankheiten, Bern, Schweiz, **Herstellung von N-[3-Aminobenzolsulfonyl]-N'-alkylharnstoffen** durch Kochen von N-[3-Aminobenzolsulfonyl]-harnstoff mit der äquimol. Menge eines Alkylamins, bes. n-Butylamin, in Ggw. eines Ketons vom Kp. 80—120°, bes. Kp. 90—120°, bes. Methylisobutyl- oder Methylisopropylketon. — N-[3-Aminobenzolsulfonyl]-harnstoffe: *Unsubstituiert*, F. 158—161° (Zers.; W.), aus 3-Aminobenzolsulfonamid u. KCNO durch 4std. Rühren u. Kochen wird das *K-Salz* erhalten [F. 180—189° (Zers.)], das in W. gelöst wird. Nach Zusatz von konz. HCl wird die Lsg. auf pH 3 eingestellt; 86% (Ausbeute). *Butylammoniumsalz*, F. 141—144°, aus vorst. Verb. durch Lösen in Aceton u. Versetzen mit n-Butylamin; 94—99%. — *N'-[n-Butyl]-*, F. 114—116°, durch Suspendieren vorst. Verb. in Methylisobutylketon u. 9—15 Min. Erhitzen unter $N_2$, 73—85%. — *Antidiabetica.* — Vgl. Schwz. P. 338 184; C. **1961,** 2714. (**Oe. P. 218 533** vom 17/6. 1960, ausg. 11/12. 1961. Schwz. Prior. 5/8. 1959.) G. Colsmann 4807

*1563* Sterling Drug, Inc., New York, N.Y., V.St.A. (Erfinder: Aram Mooradian), **Neue Carbaminsäurealkylester,** bes. der allg. Formel $X-CH_2-C(R)(R')\cdot -CH_2-C(=O)-NH_2$ (X = Cl, Br oder J; R u. R' = Alkyl·($C_{1-6}$)-, Cl·$CH_2$- oder Br·$CH_2$-Rest) erhält man durch Rk. eines entsprechenden Alkohols, bes. der allg. Formel $X-CH_2\cdot -C(R)(R')-CH_2OH$ mit $COCl_2$ bei −10 bis 0° in einem organ. Lsgm. in Ggw. eines Säurebindemittels u. dann mit $NH_3$. — Man erhitzt z. B. ein Gemisch aus 125 (g) 2-Äthyl-2-hydroxymethylpropandiol-(1.3) u. 158 Pyridin auf Rückfluß-Temp. u. läßt $SOCl_2$ zutropfen → 86,9 2.2-Bis-[chlormethyl]-butanol-(1), $C_6H_{12}Cl_2O$, $Kp._{27}$ 129°. Man läßt eine Lsg. von 17,1 der vorst. Verb. u. 12,1 Dimethylanilin in 50 ml Chlf. einem Gemisch aus 10 $COCl_2$ u. 100 ml Toluol bei −10 bis 0° zutropfen u. leitet nach Stehen über Nacht $NH_3$-Gas ein → 14 *2.2-Bis-[chlormethyl]-butanol-(1)-carbaminsäureester*, $C_7H_{13}Cl_2NO_2$, F. 78 bis 79° (korr.). Analog erhält man folgende *Carbaminsäurealkylester*: aus 2.2-Bis-[chlormethyl]-propanol-(1), $Kp._{32}$ 116—120°, → $C_6H_{11}Cl_2NO_2$, F. 75,5—78,5° (korr.); aus 2-Chlormethyl-2-methylpentanol-(1), $Kp._{23}$ 104—108°, → $C_8H_{16}ClNO_2$, F. 51 bis 53° (korr.); aus 3-Chlor-2.2-dimethylpropanol-(1), $Kp._{32}$ 84 bis 86°, → $C_6H_{12}ClNO_2$, F. 79—81,5° (korr.); aus 2.2-Bis-[chlormethyl]-pentanol-(1), $Kp._{15}$ 124—127°, → $C_8H_{15}Cl_2NO_2$, F. 80 bis 82° (korr.); aus 2-Chlormethyl-2-äthylbutanol-(1), $Kp._{11}$ 95 bis 100°, → $C_8H_{16}ClNO_2$, F. 91,5—94° (korr.); aus 2.2-Bis-[chlormethyl]-heptanol-(1), $Kp._{27}$ 168—170°, → $C_{10}H_{19}Cl_2NO_2$, F. 65—67,5° (korr.); aus 2-Brommethyl-2-methylpentanol-(1), $Kp._{13}$ 106—107°, → $C_8H_{16}BrNO_2$, F. 58—60,5° (korr.); aus 2-Jodmethyl-2-methylpentanol-(1), $Kp._{11}$ 118° → $C_8H_{16}JNO_2$, F. 56—58° (korr.); aus 2-Chlormethyl-2-methylbutanol-(1), $Kp._{100}$ 132—136°, → $C_7H_{14}ClNO_2$, F. 52,5—54,5° (korr.); aus 3-Chlor-2.2-bis-[chlormethyl]-propanol-(1) → *3-Chlor-2.2-bis-[chlormethyl]-propanol-(1)-carbaminsäureester*, F. 58—60°. — *Spasmolytica* mit relativ niedriger Toxizität. (**E. P. 850 003** vom 27/4. 1959, ausg. 28/9. 1960.) G. Vogel 4807

*1564* John H. Billmann, Bloomington, Ind., und Donald B. Borders, Urbana, Ill., V.St.A., **Herstellung von N-Aralkylidenaminomaleimiden** der allg. Formel I

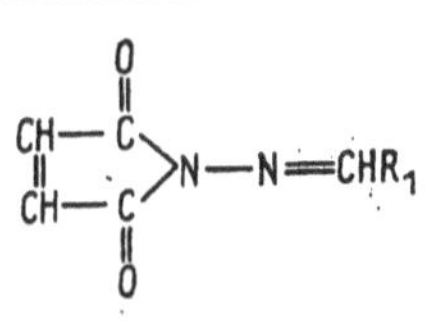

I

($R_1$ = Styrolrest oder ein durch $R_2$ u. $R_3$ substituierter Benzolrest, wobei $R_2$ u. $R_3$ = H, OH, Acetoxy-, Alkoxy-, Alkyl-, Alkylamino- oder $NO_2$-Gruppe), dad. gek., daß man z. B. 21,2 (g) Benzaldehyd mit 10 Hydrazinhydrat u. 19,6 Maleinsäureanhydrat in Eisessig bei 15—45° zur Rk. bringt u. das erhaltene Benzylidenmonohydrazid (F. 176°) mit dem Anhydrit der Propion- oder Buttersäure oder bes. der $CH_3COOH$, in Ggw. von K-Acetat, Na-propionat, bes. Na-acetat bei 60—100° ca. 10—60 Min. lang behandelt → *N-Benzylidenaminomaleimid*, F. 121—127°; analog folgende *Aminomaleimide*: *N-p-Acetoxybenzyliden-*, F. 158,5—164,5°; *N-p-Anisyliden-*; *N-p-dimethylaminobenzyliden-*; *N-(4-Acetoxy-3-methoxybenzyliden)-*, F. 155,5—162,5°; *N-m-Nitrobenzyliden-N-piperonyliden-*, F. 201—211°; *N-Salicyliden-*; *N-p-Butoxybenzyliden-*; *N-p-Butylbenzyliden-* u. *N-o-Methylaminobenzyliden-*. Bes. gegen Pilze u. Bakterien wirkende chemotherapeut. *Mittel.* (**A. P. 3048585** vom 25/10. 1960, ausg. 7/8. 1962.) W. Heyer 4807

*1565* Farbenfabriken Bayer Akt.-Ges., Leverkusen (Erfinder: Hans-Rolf Furtwängler, Hans Leuchs und Ernst Schegk, Wuppertal), **Aminomethylenverbindungen** der allg. Formel **I** (X = Carbalkoxy, Acyl; Y = Alkoxy oder X u. Y = je eine Methylgruppe; A = m-Chlorphenyl, Phenyl, Methyl; B = H oder Methyl; n = O oder, falls X u. Y zusammen die $-CH_2-CH_2$-Gruppe bilden, = 1 oder 2) erhält man dadurch, daß man Verbb. der allg.

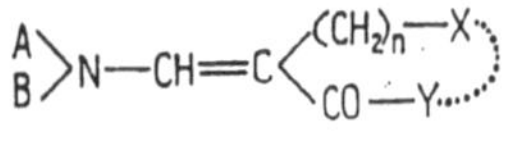

I

Formel $X-CH_2-(CH_2)_n-CO-Y$ (II) in Ggw. von säurebindenden Mitteln (Alkali- oder Erdalkalimetalle, deren Hydride, Amide, Carbonate, Bicarbonate, Hydroxide, Alkoholate oder Salze organ. Säuren u. organ. Basen) oder nur die Na- bzw. Äthoxy-Mg-Salze dieser Verbb. mit quatern. Amidchloriden der allg. Formel $[A-\overset{+}{N}=CH-Cl]Cl^-$ oder $-[PO_2 \cdot Cl_2]^-$ bei niedriger Temp. bis zu etwa Raum-Temp. umsetzt. — Aus 0,5 Mol Dimethylformamid u. 0,5 Mol $COCl_2$ in 300 $cm^3$ Toluol bei $-5^0$ unter $CO_2$-Entw. → Amidchlorid, $[(CH_3)_2\overset{+}{N}=CHCl]Cl^-$ (III); aus 0,5 Mol davon u. 0,5 Mol Na-Malonsäurediäthylester in 800 $cm^3$ Toluol bei $20^0$ → *Dimethylaminomethylenmalonsäurediäthylester*, $C_{10}H_{17}NO_4$, $Kp._{0,01}$ 81—83°; schwach gelbes Öl; (Ausbeute) 80%; auch erhältlich aus Äthoxy-Mg-malonsäurediäthylester, 78%. — Aus 0,5 Mol Dimethylformamid u. 0,5 Mol $POCl_3$ → $[(CH_3)_2\overset{+}{N}=CHCl][PO_2Cl_2]^-$ + Malonsäurediäthylester in Ggw. von Triäthylamin bei 20° → *vorst. Ester*. — N-Methylformamid + Bzl. + $POCl_3$ → $[C_6H_5 \cdot \overset{+}{N}(CH_3)=CHCl][PO_2Cl_2]^-$ + Malonsäurediäthylester → *N-Phenyl-N-methylaminomethylenmalonsäurediäthylester*, $C_{15}H_{19}NO_4$, $Kp._{0,01}$ 121°; quantitativ. — Acetessigsäureäthylester + III → *Dimethylaminomethylenacetessigsäureäthylester*, $C_9H_{15}NO_3$, $Kp._{0,01}$ 70—72°; schwachgelbes Öl; 58%; auch aus Äthoxy-Mg-acetessigsäureäthylester; 65%. — m-Chlorformanilid + $POCl_3$ → $[m\text{-}ClC_6H_4\overset{+}{N}H=CHCl][PO_2Cl_2]^-$ + Äthoxy-Mg-malonsäurediäthylester → *m-Chlorphenylaminomethylenmalonsäurediäthylester*, $m\text{-}ClC_6H_4NHCH=C(COOC_2H_5)_2$, $Kp._{0,01}$ 120°; F. 55 bis 57°; 87%. — Cyclohexanon-Na + III → *Dimethylaminomethylencyclohexanon*, $C_9H_{15}NO$, $Kp._{0,01}$ 60—64°; 53%. — Cyclopentanon-Na + III → *Dimethylaminomethylencyclopentanon*, $C_8H_{13}NO$, $Kp._{0,01}$ 33—38°; 44%. — Methyläthylketon-Na + III → *Dimethylaminomethylenmethyläthylketon*, $C_7H_{13} \cdot NO$, $Kp._1$ 85—90°; 38%. — Acetylaceton-Na + III → *Dimethylaminomethylenacetylaceton*, $(CH_3)_2N-CH=C(COCH_3)_2$, $Kp._{0,01}$ 75—80°; 35%. — *Zwischenprodd.* zur *Herst.* von *Heilmitteln*. (**D. A. S. 1 147 573** Kl. 12o vom 4/3. 1960, ausg. 25/4. 1963.) G. Krauß 4807

*1566* American Home Products Corp., New York, N.Y., V.St.A. (Erfinder: Julius Diamond, Michael Dymicky und William Fansset Bruce), **Substituierte Azacycloheptane.** Aus $NaNH_2$ u. 4-Dimethylamino-2-phenylbutyronitril mit Crotonaldehyd → *3-Methyl-4-phenyl-4-cyano-6-dimethylaminohexanol-(1)*, $Kp._{0,6}$ 180—185°, $n_D^{24,5}$ 1,5240 (dessen Jodmethylat, F. 68—70°, Zers.), mit $NaBH_2$ → 3-Methyl-4-phenyl-4-cyanohexanol-1, mit $SOCl_2$ → 1-Chlor-3-methyl-4-phenyl-4-cyano-6-dimethylaminohexan, durch 15std. Erhitzen in o-Nitrotoluol auf 100° → *4-Phenyl-4-cyano-1.5-dimethylazacycloheptanchlormethylat*, F. 253—256° (Zers.), durch trockene Dest. *4-Phenyl-4-cyano-1.5-dimethylazacycloheptan* (I), $Kp._{0,40}$ 128—130°, $n_D^{29}$ 1,5332, durch 3std. Erhitzen mit $H_2SO_4$ u. 17std. Kochen mit A. → *4-Phenyl-4-carbäthoxy-1.5-dimethylazacycloheptan*, $Kp._{0,3}$ 126—128°, $n_D^{28,5}$ 1,5235 (desen *Methojodid* F. 165—170°), beim Stehen → *4-Phenyl-4-carboxy-1.5-dimethylazacycloheptan*, F. 182—184°. Analog aus I mit $CH_3OH$ → *4-Phenyl-4-carbomethoxy-1.5-dimethylazacycloheptan* (II), $Kp._{0,3}$ 122—126°, $n_D^{23}$ 1,5301. Aus I u. $C_2H_5MgBr$ u. Hydrolyse des Rk.-Prod. mit HCl → *4-Phenyl-4-propionyl-1.5-dimethylazacycloheptan*, $Kp._{0,3}$ 130—145°. Analog: *4-Phenyl-4-cyano-1.6-*, $Kp._{0,3}$ 120—140°, $n_D^{26}$ 1,5351, *4-Phenyl-4-carbäthoxy-1.6-*, $Kp._{0,3}$ 122—124°, $n_D^{24}$ 1,5278, *4-Phenyl-4-cyano-1.7-*, $Kp._{0,3}$ 125—130°, $n_D^{25}$ 1,5249, $d_4^{25}$ 0,997, *4-Phenyl-4-carbäthoxy-1.7-azacycloheptan*, $Kp._{0,2}$ 126—130°, $n_D^{20}$ 1,5232, $d_4^{23}$ 1,044, *4-Phenyl-4-cyano-6-äthyl-7-n-propyl-*, $Kp._{0,8-0,9}$ 170—174°, $n_D^{30}$ 1,5048, *4-Phenyl-4-carbäthoxy-6-äthyl-7-n-propyl-*, $Kp._{0,7}$ 174—178°, *4-Phenyl-4-cyano-6.6-dimethyl-7-isopropyl-*, $Kp._{0,5}$ 172°, u. *4-Phenyl-4-cyano-6.6-dimethyl-N-methylazacycloheptan*, F. 160—162,5°. Aus II u. Laurylbromid, 6 Std. in Acetonitril (III) u. nach Abdest. des III 6 Std. lang auf 100° erhitzt, → II-*Laurobromid* mit oberflächenakt. Eigenschaften. — *Therapeutica*. (**E. P. 843 924** vom 6/2. 1957, ausg. 10/8. 1960. A. Prior. 7/2. 1956.) C. Lüttgen 4807

*1567* Ormonoterapia Richter S. p. A., Mailand, Italien, **Herstellung von Tetradekahydro-15H-cyclopenta-[a]-phenanthren-3-onen.** 0,125 (Teile) Li werden langsam zu 100 fl. $NH_3$ in Ggw. von einem Kristall $Fe(NO_3)_3$ gegeben u. nach Verschwinden der blauen Farbe im Verlauf von ½ Std. mit einer Lsg. von 1 3-Methoxy-13-methyl-17α-äthinyl-6.7.8.9.11.12.13.14.16.17-dekahydro-15 H-cyclopenta-[a]-phenanthren-17β-ol in 50 wasserfreiem Ae. gegeben. Die Suspension wird 90 Min. lang gerührt, langsam 1 Li zugegeben (20 Min.) u. noch ½ Std. lang gerührt. Die Lsg. wird vorsichtig (20 Min. lang) mit abs. A. versetzt, worauf der $NH_3$ verdampft, der Rückstand mit W. verd. u. mit Ae. extrahiert wird. Der äther. Extrakt wird mit W. gewaschen, getrocknet u. eingedampft u. der Rückstand in 90 $CH_3OH$ gelöst u. nach Zugabe von 1,3 $(CH_2COOH)_2 \cdot 2\,H_2O$ in 16,5 W. 40 Min. lang auf 25° erwärmt. Das Rk.-Gemisch wird mit W. verd., die erhaltene Lsg. mit Ae. extrahiert u. der äther. Extrakt aufgearbeitet, Ausbeute: 0,8 *13-Methyl-17α-vinyl-17β-ol-1.2.3.4.6.7.8.9.11.12.13.14.16.17-tetradekahydro-15 R-cyclopenta-[a]-phenanthren-3-on*, F. 142—143°. Analog die *1.2.3.6.7.8.9.10.11.12.13.14.16.17-Tetradekahydro*-Verb., F. 164—166°. An Stelle von Li kann die Rk. auch mit Na oder K durchgeführt werden. — *Therapeutica* mit *östrogener*, *progestationaler* u. *anabol.* Wirkung. (**Ind. P. 67 558** vom 1/5. 1959.) C. Lüttgen 4807

*1568* U.S. Vitamin & Pharmaceutical Corp., übert. von: Seymour L. Shapiro, Hastings on Hudson, und Louis Freedman, Bronxville, N.Y., V.St.A., **Herstellung von N-[Carbanilido]-3-hydroxypyridylbetain** durch Rk. von 3-Hydroxypyridin mit einem Arylisocyanat. — aus 3,9 (g) m-Tolylisocyanat u. 2,8 3-Hydroxypyridin bei 195° u. Lösen in Acetonitril erhält man eine Verb. der allg. Formel I ($R = m\text{-}CH_3$), F. 120—121. Wenn in der allg. Formel I

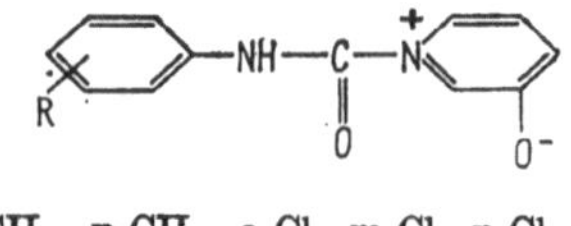

I

$R = H$, $o\text{-}CH_3$, $p\text{-}CH_3$, o-Cl, m-Cl, p-Cl, p-Br, $o\text{-}CH_3$ oder $p\text{-}OCH_3$ ist, liegen die FF. bei 135—136°, 81—84°, 153—155°, 103—104°, 159—160°, 196—197°, 203—208°, 83—84° u. 134 bis 135°. — *Arzneimittel*. (**A. P. 3 020 285** vom 13/4. 1960, ausg. 6/2. 1962.) W. Heyer 4807

*1569* Wellcome Foundation Ltd., England, **Herstellung von 8-[Piperazinoalkylamino]-chinolinen.** Zu E. P. 834 300; C. **1962**, 3553 sind folgende Piperazine nachzutragen: *N-[β-Chloräthyl]-N'-methyl-*, *Dihydrochlorid* (I), F. 210 bis 211° (A.), aus N-[β-Hydroxyäthyl]-N'-methylpiperazin u. $SOCl_2$ durch 1std. Kochen in Chlf.; Prismen. — *N-[γ-Chlorpropyl]-N'-methyl-*, $Kp._{12}$ 108—110°, aus N-Methylpiperazin u. 1-Chlor-3-brompropan durch 4std. Kochen in Benzol. — *N-[γ-Brompropyl]-N'-äthyl-*, *Dihydrobromid* (II), F. 215,5 bis 216,5° (A.), aus nachst. Verb. durch 24std. Kochen mit konz. HBr u. anschließende Wasserdampf-Dest. des gebildeten Phenols. — *N-[γ-Phenoxypropyl]-N'-äthyl-*, $Kp._{0,45}$ 135—137°, durch 72std. Umsetzung von 3-Phenoxypropylbromid mit N-Äthylpiperazin in $CH_3OH$. — *N-[β-Chlorpropyl]-N'-methyl-*, *Dihydrochlorid*, F. 210—211°, analog I, Nadeln. — *N-[β-Chlorpropyl]-N'-äthyl-*, *Dihydrochlorid* (III), F. 217—219° (A.; Zers.); Nadeln. — *N-[6-Bromhexyl]-N'-methyl-*, *Dihydrobromid* (IV), F. 237—238° (Zers.; A.), aus nachst. Verb. durch 4std. Kochen mit konz. HBr; Nadeln. — *N-[6-Methoxyhexyl]-N'-methyl-*, $Kp._{4,5}$ 123—126°, aus 1-Brom-6-methoxyhexan u. N-Methylpiperazin durch 20std. Kochen in 90%ig. Alkohol. — *N-Äthoxycarbonyl-N'-[n-propyl]-*, $Kp._{11}$ 127—128°, aus n-Propyl-p-toluolsulfonat u. N-Äthoxycarbonylpiperazindihydrochlorid durch 20std. Kochen in n-Propanol in Ggw. von $Na_2CO_3$. — *N-[n-Propyl]-*, $Kp._{11}$ 60—62°, aus vorst. Verb. durch 24std. Kochen in konz. HCl. — Analog: *N-Äthoxycarbonyl-N'-isopropyl-*, $Kp._{14}$ 128—130°; $n_D^{22}$ 1,4714. — *N-Isopropyl-* (V), $Kp._{26}$ 76—78°; $n_D^{22}$ 1,4735. — *N-Äthoxycarbonyl-N'-[n-butyl]-*, $Kp._{14}$ 140—142°; $n_D^{20}$ 1,4687. — *N-[n-Butyl]-* (VI), $Kp._{13}$ 77,5—80°; $n_D^{22}$ 1,4689. — *N-Äthoxycarbonyl-N'-isobutyl-*, $Kp._{23}$ 148—152°; $n_D^{27}$ 1,4620. — *N-Isobutyl-* (VII), $Kp._{13}$ 78—80°. — *N-[γ-Chlorpropyl]-N'-äthoxycarbonyl-* (VIII), $Kp._{0,1}$ 109°. — *N-[γ-Brombutyl]-N'-methyl-*, *Dihydrobromid* (IX), F. 234—235° (wss. A.), aus nachst. Verb. durch 5std. Kochen in 48%ig. HBr u. Eindampfen. — *N-[γ-Hydroxybutyl]-N'-methyl-*, $Kp._{21}$ 133—136°, aus 1-Chlor-

butanol-(3) u. N-Methylpiperazin durch 18std. Kochen in Xylol. — 6-Methoxychinoline: *8-[3-(N-Äthylpiperazino)-propylamino]-*, $Kp._{0,1}$ 195—200°, aus **II** u. 8-Amino-6-methoxychinolin durch 72std. Kochen in n-Propanol. — Analog: *8-[3-(N-Äthylpiperazino)-propyl-(2)-amino]-*, $Kp._{0,4}$ 198—203°, aus **III**. *Trihydrochlorid*, F. 177—180° (A.), gelbe Nadeln. — *8-[6-(N-Methylpiperazino)-hexylamino]-*, $Kp._{0,1}$ 218—224°, aus **IV**. — *8-[γ-(N-Isopropylpiperazino)-propylamino]-*, *Trihydrochlorid*, F. 233—237° (Zers.; $CH_3OH$), aus **V**; gelbe Nadeln. — *8-[γ-(N-{n-butyl}-piperazino)-propylamino]-*, $Kp._{0,05}$ 193—195°, aus **VI**. *Trihydrochlorid*, F. 242—244° (Zers.; $CH_3OH$). — *8-[γ-(N-Isobutylpiperazino)-propylamino]-*, $Kp._{0,005}$ 182—184°, aus **VII**. *Trihydrochlorid*, F. 248—250° (Zers.; $CH_3OH$). — *8-[4-(N-Methylpiperazino)-butyl-(2)-amino]-*, $Kp._{0,05}$ 192 bis 195°, aus **IX**. — *8-[γ-(N-Methylpiperazino)-propylamino]-* **(X)**, $Kp._{0,08}$ 188—191°. — 6-Äthoxychinoline: *8-[γ-(N-Methylpiperazino)-propylamino]-*, *Trihydrochlorid*, F. 227—229° (Zers. $CH_3OH$), gelborangefarbene Nadeln. — *8-[γ-(N-Äthylpiperazino)-propylamino]-*, $Kp._{0,15}$ 205°. *Trihydrochlorid*, F. 230 bis 232° (Zers.; $CH_3OH$), orangefarbene Nadeln. — *8-[β-(N-Methylpiperazino)-propylamino]-*, *Trihydrochlorid*, F. 192—195° (A.), gelborangefarbene Nadeln. — *8-[γ-(N-Äthoxycarbonylpiperazino)-propylamino]-*, $Kp._{0,02}$ 242—250°, aus **VIII**. *Trihydrochlorid*, F. 216—217° (Zers.; A.), gelbe Nadeln. — *8-[6-(N-Methylpiperazino)-hexylamino]-*, $Kp._{0,01}$ 214—222°. *Maleat*, F. 166—167° (A.), cremefarbene Nadeln. — 6-Hydroxychinoline: *8-[γ-(N-Methylpiperazino)-propylamino]-*, *Trihydrochlorid*, F. 227—229° (Zers.; $CH_3OH$), aus **X**-Trihydrochlorid durch 7std. Kochen in 4n HCl; rotorangefarbene Nadeln. — Analog: *8-[β-(N-Methylpiperazino)-äthylamino]-*, *Trihydrochlorid*, F. 223—225° (Zers.; wss. A.), orangefarbene prismat. Nadeln. — *8-[γ-(N-Äthylpiperazino)-propylamino]-*, *Trihydrochlorid*, F. 230—232° (Zers.; wss. A.), gelbe Nadeln. — *8-[3-(N-Äthylpiperazino)-propyl-(2)-amino]-*, *Trihydrochlorid*, F. 181—183° (A.). — *8-[6-(N-Methylpiperazino)-hexylamino]-*, *Trihydrochlorid*, F. 225—227° (Zers.; wss. A.), orangefarbene Nadeln. — *8-[γ-(N-{n-Propyl}-piperazino)-propylamino]-*, *Monohydrochlorid*, F. 143—145° (A.), chamoisfarbene Prismen. — *8-[γ-(N-Isopropylpiperazino)-propylamino]-*, *Trihydrochlorid*, F. 180° (A.), gelbe Nadeln. — *8-[γ-(N-{n-Butyl}-piperazino)-propylamino]-*, *Hydrochlorid*, F. 119 bis 121° (W.), gelbe Prismen. — *8-[γ-(N-Isobutylpiperazino)-propylamino]*, *Hydrochlorid*, F. 109—110°, Plättchen. — 5.6-Dimethoxychinoline: *8-[γ-(N-Methylpiperazino)-propylamino]-*, $Kp._{0,15}$ 210°, aus 8-Amino-5.6-dimethoxychinolin u. N-Methyl-N'-[γ-chlorpropyl]-piperazindihydrochlorid durch 72std. Kochen in n-Propanol. *Trihydrochlorid*, F. 224—225° (Zers.; $CH_3OH$/A.), rote Nadeln. — Analog: *8-[γ-(N-Äthoxycarbonylpiperazino)-propylamino]-*, $Kp._{0,05}$ 224—227°. *Dihydrochlorid*, F. ca. 110—112°. **(F. P. 1 242 836** vom 19/3. 1958, ausg. 9/1. 1961. E. Prior. 22/3. 1957.)
Eberhard Riedel 4807

*1570* Wellcome Foundation Ltd., London, England, **Herstellung von Piperazinverbindungen.** Aus Chlorpropionylchlorid u. N-Methylpiperazin → *N-3-Chlorpropionyl-N'-methylpiperazin-Hydrochlorid* (**I**; F. 196°). — Analog: *N-3-Chlorpropionyl-N'-äthoxycarbonylpiperazin*, $Kp._{0,5}$ 164 bis 165°, u. *N-(2-Chlorpropionyl)-N'-äthoxycarbonylpiperazin*, $Kp._{0,8}$ 152—154°. — *Pharmazeutica*. (**Ind. P. 68 825** vom 21/8. 1959.)
C. Lüttgen 4807

*1571* Boots Pure Drug Co. Ltd. (Erfinder: Douglas Archibald Peak, Thomas Iswel Watkins, John Stuart Nicholson, James Loudon Lowe und Charles Isaac Brodrick), Nottingham, England, **Herstellung von 2-Amino-7-[2'-amino-6'-methyl-4'-pyrimidylamino]-9-p-aminophenylphenanthridin-(10.1')-dibrommethylat, dad.** gek., daß man z. B. 950 (g) 2:7-Diamino-9-p-aminophenyl-10-methylphenanthridiniumbromid mit 576 2-Amino-4-chlor-1:6-dimethylpyrimidiniumbromid (oder -pyrimidiniummethylsulfat) in 12 Liter 4n HCl bei 45° ca. 72 Std. lang umsetzt, das Prod. abkühlt, filtriert, das Filtrat mit W. verd., das pH mit konz. $NH_3$-Lsg. auf 6,8 einstellt, die Lsg. zum Sieden erhitzt, mit $NH_4Br$ versetzt, den Nd. abtrennt u. in heißem $CH_3OH$ reinigt u. im Vakuum trocknet. — *Trypanosomenmittel*. (**E. P. 816 236** vom 27/6. 1956, ausg. 8/7. 1959. **Zusatz zu E. P. 767 588; C. 1963, 13663.**)
W. Heyer 4807

*1572* VEB Farbenfabrik Wolfen, Deutschland, **Herstellung von Sulfamethylpyrimidin,** dad. gek., daß man den Dichlorbutanon (**I**)-$AlCl_3$-Komplex der aus $AlCl_3$, Acetyl- u. Vinylchlorid in $CCl_4$ gewonnen wird, in $CCl_4$ mit Eis versetzt, die entstehende Lsg. aus **I** u. $CCl_4$ in einem Dünnschichtverdampfer trennt u. **I** in Methanol in Ggw. von Na-Methylat mit Sulfaguanidin kondensiert. — 2 Zeichnungen. (**F. P. 1 239 506** vom 5/10. 1959, ausg. 7/12. 1960.)
S. Böttcher 4807

*1573* Imperial Chemical Industries Ltd., London (Erfinder: Wilhelm Peter Seebode und Charles Henry Vasey, Grangemouth), England, **Herstellung von Hexahydropyrimidin-4.6-dionderivaten** der allg. Formel **I**

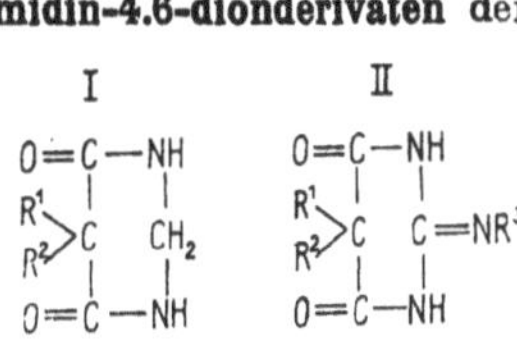

durch Red. von Imino-Derivv. der allg. Formel **II** ($R^1$ = ggf. durch Halogen substituierter Phenylrest, $R^2$ = Alkylrest, $R^3$ = H oder $-C{\equiv}N$) mit nascierendem $H_2$ in saurem Medium oder auf elektrolyt. Wege. — Aus 2-Cyanimino- oder 2-Imino-5-äthyl-5-phenylhexahydropyrimidin-4.6-dion in 80%ig. $H_2SO_4$ unter Verw. von Pb-Elektroden → *5-Äthyl-5-phenylhexahydropyrimidin-4.6-dion*, F. 280—281°. — Konvulsionshemmende *Arzneimittel*. (**D. A. S. 1 147 950** Kl. 12p vom 14/12. 1960, ausg. 2/5. 1963. E. Prior. 21/12. 1959 u. 19/10. 1960.)
C. Lüttgen 4807

*1574* Wellcome Foundation Ltd., London, England (Erfinder: George Herbert Hitchings, Yonkers, Gertrude B. Elion, Bronxville, und Lottie E. Mackay, Pleasantville, N.Y., V.St.A.), **Herstellung von 6-Phenylmercaptopurinen** der allg. Formel I (Y = $NH_2$ oder H)

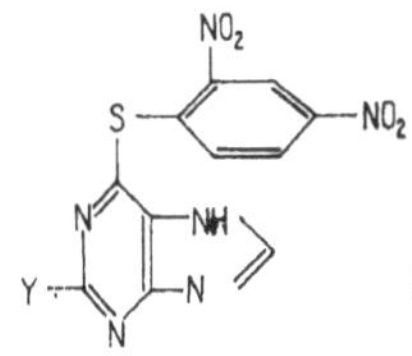

I

durch Rk. eines ggf. in 2-Stellung durch eine Aminogruppe substituierten 6-Mercapto- bzw. 6-Halogenpurins in an sich bekannter Weise mit einem 1-Halogen- bzw. 1-Mercapto-2.4-dinitrobenzol in Ggw. eines Halogenwasserstoffacceptors. — Eine Lsg. von 6-Mercaptopurinhydrat in 2n NaOH u. 95%ig. A. wird mit 1-Chlor-2.4-dinitrobenzol versetzt u. 4 Std. lang gerührt. Der entstandene gelbe Nd. wird abgetrennt u. gereinigt. *6-(2.4-Dinitrophenylmercapto)-purin* (**II**), F. 239 bis 240°. — Analog aus 2-Amino-6-mercaptopurin → *2-Amino-II*, F. 235°. — Die Verbb. verhindern das Wachstum von Mikroorganismen u. sind als *Antitumormittel* verwendbar. (**D. A. S. 1 149 362** Kl. 12p vom 17/11. 1960, ausg. 30/5. 1963. A. Prior. 18/11. 1959.)
C. Lüttgen 4807

*1575* Roland Yves Mauvernay, Riom, Frankreich, **Herstellung von 7-Methylmorpholinotheophyllin,** F. 174 bis 177°. 18 g Theophyllin (**I**) werden in 50 ($cm^3$) Ae. suspendiert u. mit 8,7 g Morpholin gemischt, worauf man 10 36%ig. Formalin zutropft, überschüssiges **I** abfiltriert, das Filtrat nach 1 Std. gekühlt u. am nächsten Tage das ausgefallene Rk.-Prod. abtrennt, mit A. u. Aceton auswäscht u. trocknet. — *Diureticum* mit bronchodilator., coronardilator. u. cardioton. Wirkung. (**E. P. 881 827** vom 17/8. 1960, ausg. 8/11. 1961. F. Prior. 27/8. 1959.)
C. Lüttgen 4807

*1576* Laboratoires Dausse, Frankreich, **Herstellung von 2-Amino-5.6-dihydro-1.3-oxazinen** aus γ-Chlorpropylisocyanat (**I**) durch Umsetzung mit einem prim. Amin $R-NH_2$ (R = Alkyl-, Aralkyl- oder Arylrest) in einem inerten Lsgm., bes. Ae., zu einem entsprechenden N-substituierten N'-[γ-Chlorpropyl]-harnstoff, der in wss. Suspension durch Kochen am Rückfluß kondensiert wird. — N-[γ-Chlorpropyl]-harnstoffe: *N'-[2.6-Dimethylphenyl]-* (**II**), F. 149° (Essigester), aus **I** durch 24std. Umsetzung mit 2.6-Dimethylanilin in Ae.; 43% (Ausbeute). — Analog: *N'-Benzyl-*, F. 76° (Essigester/Hexan); 35%. — *N'-[β-Phenyläthyl]-*, F. 69° (Essigester/Hexan); 65%. — *N'-[Diphenylmethyl]-*, F. 116° (Essigester/Hexan); 36%. — *N'-[Naphthyl-(1)-methyl]-*, F. 127—128° (A.); 49%. — *N'-[Naphthyl-(1)]-*, F. 137—138° (A.); 59%. — 5.6-Dihydro-1.3-oxazine: *2-[2.6-Dimethylphenylamino]-*, F. 132,5° (Hexan), aus II durch 1½ std. Kochen in W.; 72% (Ausbeute). — Analog: *2-[n-Heptylamino]-*, $Kp._{0,08}$ 98°. — *2-Benzylamino-*, F. 64° (Hexan); 55%. — *2-[β-Phenyläthylamino]-*, $Kp._{0,07}$ 110°, Öl; 62%. *Pikrat*, F. 166° (A.). — *2-[Diphenylmethylamino]-*, F. 112° (Hexan/1.2-Dichloräthan 20/1); 74%. — *2-[Naphthyl-(1)-methyl]-amino-*, Öl; 59%. *Hydrochlorid*, F. 180—182° (A.). — *2-Naphthyl-(1)-amino-*, F. 165 bis 166° (Essigester); 67%. — *Therapeutica*. (**F. P. 1 241 140** vom 17/10. 1958, ausg. 20/12. 1960.) Eberhard Riedel 4807

*1577* Soc. des Usines Chimiques Rhône-Poulenc, Paris (Erfinder: Serge Tchelitcheff, Vitry sur Seine, Raymond Jacques Horclois, Malakoff, und Jacques Georges Robert, Gentilly), Frankreich, **Herstellung von 3-Formylphenothiazinderivaten,** die in 1-Stellung den Rest $(R)_2N—A-$ (A = gerader oder verzweigter $C_{2-5}$-Alkylenrest; R = $C_{1-4}$ Alkylrest) enthalten, aus entsprechenden 3-Cyanphenothiazinen durch Red., bes. mit Na-Triäthoxyaluminiumhydrid in Tetrafuran u. Hydrolyse, oder durch Hydrierung in Ggw. eines Katalysators u. eines Semicarbazidsalzes u. Umsetzung des Semicarbazons mit einer eine Carbonylgruppe enthaltenden Verbindung. — *3-Formyl-10-[3-dimethylamino-2-methylpropyl]-phenothiazin, Semicarbazon* (I), F. 199—200°, aus 32,3 (g) 3-Cyano-10-[3-dimethylamino-2-methylpropyl]-phenothiazin (II) in $CH_3OH$/W. u. 23,4 Semicarbazidhydrochlorid (III) durch 10std. Hydrierung bei 20° in Ggw. von Na-Acetat u. Raney-Ni; gelbe Kristalle; 27,2 g (Ausbeute). *Saures Maleat*, F. 168—170° (A.), aus 27 I in W. u. 27 ml Brenztraubensäure (IV), durch 30 Min. langes Erhitzen auf 75° oder aus 15,7 II durch Red. mit Na-Triäthoxyaluminiumhydrid in Tetrahydrofuran bei normaler Temp. u. Umsetzung des Rk.-Prod. mit Maleinsäure (V) in Ae.; gelbe Kristalle; 26,9 g bzw. 11 g. — Analog: *3-Formyl-10-[2-dimethylaminopropyl]-phenothiazin, Semicarbazon* (VI), F. 192 bis 195° (Bzl.), aus 9,27 3-Cyan-10-[2-dimethylaminopropyl]-phenothiazin u. 6,69 III, gelbe Kristalle, 5 g. *Saures Maleat*, F. 180—182° (A.), aus 5 VI, 5 ml IV u. 1,6 V, gelbe Kristalle; 3,3 g. — *Antihistaminica*. (**Oe. P. 218 526** vom 12/12. 1960, ausg. 11/12. 1961. E. Prior. 18/12. 1959.) G. Colsmann 4807

*1578* Geigy Chemical Corp., Ardsley, N.Y., V.St.A., übert. von: Walter Schindler, Riehen, und Franz Häfliger, Basel, Schweiz, **Basisch substituierte Azepinderivate.** 19,5 (Teile) Iminodibenzyl in 50 abs. Bzl. (I) werden mit der Base aus 30 Diäthylaminoäthoxyäthylchlorid-hydrochlorid in 300 I vermischt u. nach tropfenweiser Zugabe von 4,4 $NH_2Na$ in Toluol bei 60—70° 16 Std. lang unter Rückfluß gekocht. Nach Zugabe von W. wird die Base mit verd. HCl aus der Benzolphase ausgeschüttelt, der Extrakt alkal. gemacht, ausgeäthert u. die äther. Lsg. aufgearbeitet [*5-(Diäthylaminoäthoxyäthyl)* = A] *A-Iminodibenzyl*, $Kp._{0,005}$ 163°, mit alkohol. HCl → *Hydrochlorid* (II), F. 130—131°. Analog: *A-3.7-Dichloriminodibenzyl*), [*5-(Diäthylaminoäthoxyäthoxyäthyl)* = B], *B-Iminodibenzyl*, $Kp._{0,005}$ 170—171°, *A-Iminostilben*, $Kp._{0,003}$ 163°, dessen II, F. 167—167,5°, *B-Iminostilben*, $Kp._{0,005}$ 195°, [*5-(Dimethylaminoäthoxyäthyl)-* = C] C-Iminostilben, $Kp._{0,005}$ 160°, *B-3.7-Dichloriminodibenzyl*, $Kp._{0,01}$ 215°, *C-Iminodibenzyl*, $Kp._{0,03}$ 175°, *C-3.7-Dichloriminodibenzyl*, $Kp._{0,005}$ 175° u. *5-(Dimethylaminoäthoxyäthoxyäthyl)-3-chloriminodibenzyl*, $Kp._{0,02}$ 228—234°. — *Pharmazeutica*. (**A. P. 2 965 639** vom 23/6. 1959, ausg. 20/12. 1960. Schwz. Prior. 23/7. 1958.) C. Lüttgen 4807

*1579* Smith, Kline & French Laboratories, Philadelphia, Pa., V.St.A., **Herstellung von Trifluormethyldibenzazepinen und -dihydrobenzazepinen.** Eine Lsg. von 40,8 (g) 2.2'-Dinitro-4.4'-bis-trifluormethyldibenzyl (hergestellt aus 2-Nitro-4-trifluormethyltoluol, Amylnitrit u. $C_2H_5 \cdot ONa$) in 200 Dioxan wird in Ggw. von 10 Raney-Ni (I) bei 40—50° hydriert, auf 90—95° erhitzt u. noch heiß nach Abfiltrieren des I mit 43,2 $H_3PO_4$ versetzt. Das ausgefallene Diphosphat (II) wird abgetrennt u. gewaschen. 10,8 II werden mit 100 ml Diphenyläther 40 Min. lang auf 280° erhitzt, abgekühlt u. die Festteile abfiltriert, mit verd. HCl u. W. gewaschen. *3.7-Bis-trifluormethyl-10.11-dihydro-5H-dibenz-(b,f)-azepin.* Dieser wird durch eine mit Glaswolle, die mit Pd-Holzkohle gemischt ist, gefüllte elektr. geheizte Glaskolonne unter Vakuum von 0,2 mm Hg sublimiert u. gibt *3.7-Bis-trifluor-5H-dibenz-(b,f)-azepin* in Form orangegelber Kristalle. Analog die 3-Trifluorverbindungen. — *Zwischenprodd. zur Herst. von Arzneimitteln*. (**E. P. 854 553** vom 11/9. 1958, ausg. 23/11. 1960. A. Prior. 7/10. 1957.) C. Lüttgen 4807

*1580* Ciba Soc. An., Basel, Schweiz (Erfinder: P. R. Ulshafer), **Raujemidin (I)** aus Methylenchlorid-Methanol viereckige Blättchen, F. 144—150° (unter Aufschäumen); $[\alpha]_D^{25}$ —88° ± 1° (Chlf.). Aus dem durch Ausziehen von Rauwolfia(R.)-Pflanzen, bes. Wurzeln, wie R. canescens oder vomitoria, erhaltenen Extrakt wird Reserpin u. Deserpidin entfernt u. I durch Zusatz von $HNO_3$, $HClO_4$, $H_2SO_4$, Phosphorwolfram- oder Phosphormolybdänsäure oder Hg-Jodat als schwerlösl. Salz ausgefällt. Man kann die Abtrennung auch mit $Al_2O_3$, $SiO_2$, Diatomeenerde, Silicaten, Bleicherden oder durch Elektrodialyse oder Ionophorese durchführen. I-*Nitrat*, aus Methanol, F. 235—237°; Zers.); *Perchlorat*, F. 253—257° (Zers.). — *Zwischenprod.* u. *Heilmittel*, bes. *beruhigend* u. *schmerzlindernd* wirkendes Mittel gegen *Angstzustände*. (**Belg. P. 555 709** vom 12/3. 1957, ausg. 12/2. 1960. A. Prior. 12/3. 1956.) G. Krauß 4807

*1581* Merck & Co., Inc., Rahway, N.J., V.St.A., **Herstellung von Derivaten des Novobiocins.** Zu D. A. S. 1 079 024; C. **1961,** 1297 ist nachzutragen: Methyl-4-methylnovobiosid, F. 69—71° (aus PAe.), $[\alpha]_D^{25}$ —42,5° (c = 1,6 in W.), ergibt mit Carbamylchlorid in Dioxan bei ca. 25° Methyl-3-carbamyl-4-methylnovobiosid u. Methyl-2-carbamyl-4-methylnovobiosid. Hieraus erhält man mit Äthylmercaptan *3-Carbamyl-4-methylnovobiosediäthylmercaptal*, $C_{13}H_{27}NO_5S_2$, F. 143—145° (Chlf. u. PAe.). Die Lsg. dieser Verb. in A. wird mit Raney-Ni unter Rückfluß 75 Min. behandelt. Man erhält *3-Carbamyl-4-methyl-1-dioxynovobiose*, $C_9H_{19}NO_5$, F. 117 bis 118° (Aceton/Ae.). Mit 0,1n NaOH erhält man unter Erhitzen am Dampfbad 4-Methyl-1-dioxynovobiose u. gewinnt daraus mit Carbamylchlorid *3-Carbamyl-4-methyl-1-dioxynovobiose* u. *2-Carbamyl-4-methyl-1-dioxynovobiose*. — *Lokalanästhethica, Hypnotica, Zwischenprodd.* zur Herst. bactericider Verbindungen. (**E. P. 853 592** vom 16/4. 1957, ausg. 9/11. 1960. A. Prior. 19/4. 1956.) G. König 4807

*1582* Riker Laboratories, Inc., Los Angeles, Calif., V.St.A., **Arzneimittel** zur Behandlung der Lipämie, bestehend aus einem wasserlösl. Salz eines sulfatierten Maisstärkedextrins oder -syrups mit durchschnittlich 15 Glucoseeinheiten (I) in α-1.4- u. α-1.6-Bindungen pro Mol. u. 1,5 bis 3 Sulfatgruppen pro I. Die Herst. der Verbb. erfolgt durch Sulfatieren mit Chlorsulfonsäure in Ggw. von Pyridin u. Ausfällen mit NaOH in Form der Salze. (**Ind. P. 68 625** vom 3/8. 1959.) C. Lüttgen 4807

*1583* Bryan Coleby, Cambridge, Cambridgeshire, England, **L-Ascorbinsäure und Dehydro-L-ascorbinsäure und deren Stereoisomeren** erhält man durch Behandeln der wss., bes. 0,1 mol. Lsg. eines γ-Lactons einer Aldohexonsäure mit ionisierenden Strahlen (Röntgen-, Kathoden-, γ- oder β-Strahlen) unter oxydierender Abspaltung von 2H-Atomen in Abwesenheit von $O_2$ u. bes. im Vakuum. In Ggw. von $Ce^{4+}$, $Fe^{3+}$ u. $Tl^{3+}$ wird die Ausbeute erhöht. Als Ausgangsstoffe dienen die γ-Lactone von: L-Galacton-, L-Gulon-, L-Talon- u. L-Idonsäure. Die L-Ascorbinsäure (I) kann leicht durch Ionenaustauscher oder Elektrodialyse aus der Rk.-Mischung abgetrennt werden. Durch Red. von Dehydro-I, bes. mit $H_2S$, entsteht I. (**E. P. 871 500** vom 30/10. 1956, ausg. 28/6. 1961.) G. Krauß 4809

*1584* Ciba Soc. An., Schweiz, **Pregnan-18-säurederivate.** Man spaltet z. B. das 18 → 11-Lacton der dl-3-Äthylendioxy-$\Delta^5$-11β-hydroxy-16α,17α-oxydo-20-oxo-21-acetoxypregnen-18-säure mit Cr(II)-Acetat in Ggw. von Na-Acetat u. Eisessig u. arbeitet chromatograph. über Silicagel auf → *18 → 11-Lacton der dl-$\Delta^{5,16}$-3-Äthylendioxy-11β-hydroxy-20-oxo-pregnadien-18-säure*, neben dem *18→11-Lacton der dl-$\Delta^5$-3-Äthylendioxy-11β.16α-dihydroxy-20-oxo-21-acetoxypregnen-18-säure*, F. 233,5—245,5°. — Analog: *18→11-Lacton der dl-$\Delta^4$-3.20-Dioxo-11β,16α-dihydroxy-21-acetoxypregnen-18-säure*, F. 242 bis 245,5°. — Alternativ lassen sich die 16- bzw. 21ständige Hydroxygruppe in entsprechende Desoxyverbb. durch mikrobiolog. Hydroxylierung einführen. — *Zwischenprodd.* zur Herst. von *Heilmitteln*. (**F. P. 1 269 582** vom 29/6. 1959, ausg. 20/12. 1961. Schwz. Prior. 1/7. 1958.) U. Sievers 4809

*1585* Chas. Pfizer & Co., Inc., Brooklyn, N.Y., V.St.A., **Herstellung von 6-Fluor-16α-methylsteroiden.** 16α-Methyl-$\Delta^4$-pregnen-17α.21-diol-3.11.20-trion-21-acetat wird zu dem entsprechenden 21-Alkohol hydrolysiert, der mit wss. $CH_2O$ in-Ggw. von Halogenwasserstoff zu dem Bismethylendioxy-Deriv. (I) umgesetzt wird. Mit Alkylenglykol erhält man das 3-Ketal der $\Delta^5$-Steroid-Verb., das mit $NaBH_4$ zu dem I des 16α-Methyl-$\Delta^5$-pregnen-11β.17α.21-triol-3.20-dion-3-alkylenketals red. u. anschließend mit $H_2O_2$ in das entsprechende 5α.6α-Epoxid übergeführt wird. Durch Dehydrieren gelangt man zum I des 5α.6α-Oxido-16α-Methyl-$\Delta^{9,11}$-pregnen-17α.21-diol-3.20-dion-3-alkylenketals, das mit HF in das I des 6β-Fluor-16α-methyl-$\Delta^{9,11}$-pregnen-5α.17α.21-triol-3.20-dion-3-alkylenketal übergeführt wird. Durch Behandeln mit wss. HF oder Kochen mit 60%ig. HCOOH erhält man *6β-Fluor-16α-methyl-$\Delta^{9,11}$-pregnen-5α.17α.21-triol-3.20-dion* u. daraus durch Acetylieren u. Dehydrieren *6β-Fluor-16α-methyl-$\Delta^{4.9,11}$-pregnadien-17α.21-diol-3.20-dion-21-acetat*, das durch Behandeln mit wasserfreiem HCl in Chlf.- u. A.-Lsg. bei —5 bis —10° in die isomere *6α-Fluor-Verb.* übergeht. (**Ind. P. 68878** vom 27/8. 1959.) C. Lüttgen 4809

*1586* Merck & Co., Inc., Rahway, N.J., V.St.A., **Herstellung von bromierten Steroiden.** 3α-Acetoxy-11β-hydroxypregnan-20-on, gelöst in Eisessig, wird langsam mit einer Lsg. von $Br_2$ in Essigsäure versetzt, worauf das Rk.-Gemisch 1 Std. bei 25° gerührt, anschließend mit W. vermischt u. mit Chlf. extrahiert wird. Der Extrakt wird gereinigt u. im Vakuum eingedampft → *17.21-Dibrom-3α-acetoxy-$\Delta^{9,11}$-pregnen-20-on.* Mit NaJ in Aceton gekocht erhält man die 17-Brom-21-jod-Verb., die mit $NaHSO_3$-Lsg. behandelt wird → *17-Brom-3-acetoxy-$\Delta^{9,11}$-pregnen-20-on*, F. 182—184,3°. — Analog: *17.21-Dibrom-3α-acetoxy-11β-hydroxypregnan-20-on* u. *17-Brom-3α-acetoxy-11β-hydroxypregnan-20-on*, F. 146 bis 156° (Zers.). (**Ind. P. 68584** vom 30/7. 1959. E. Prior. 8/9. 1958.) C. Lüttgen 4809

*1587* Merck & Co., Inc., Rahway, N.J., V.St.A. (Erfinder: Glen Edward Arth, Roger Eldon Beyler und Lewis Hastings Sarett), **Herstellung von Dimethylpregnadienverbindungen.** 6α.16α-Dimethyl-$\Delta^4$-pregnen-17α.21-diol, 3.11.20-trion wird in Dimethylformamid gelöst u. mit einer Kultur von Bacillus sphaericus (ATCC-245) behandelt → *6α.16α-Dimethyl-$\Delta^{1.4}$-pregnadien-17α.21-diol-3.11.20-trion.* Analog aus 6α.16α-Dimethyl-$\Delta^4$-pregnen-11β.17β.21-triol-3.20-dion mit Nocardia asteroides (ATCC 9970) *6α.16α-Dimethyl-$\Delta^{1.4}$-pregnadien-11β.17α.21-triol-3.20-dion*, u. aus der entsprechenden F-Verb. mit Mycobacterium smegmatis (NRRLB-1667) *6α.16α-Dimethyl-9α-fluor-$\Delta^{1.4}$-pregnadien-11β.17α.21-triol-3.20-dion.* (**Ind. P. 65115** vom 2/9. 1958, ausg. 15/2. 1961. Can. Prior. 9/5. 1958. **Aust. P. 234524** vom 11/9. 1958, ausg. 3/8. 1961. A. Prior. 16/9. 1957.) C. Lüttgen 4809

*1588* Merck & Co., Inc., Rahway, N.J., V.St.A., **Herstellung von $\Delta^{1.4.6}$-Pregnatrienverbindungen** durch Bebruten von $\Delta^{4.6}$-Pregnadien-Verbb. mit Bacillus sphaericus (ATCC-245). Aus 16α-Methyl-11β.17α-21-trihydroxy-$\Delta^{4.6}$-pregnadien-3.20-dion → *16α-Methyl-11β.17α.21-trihydroxy-$\Delta^{1.4.6}$-pregnatrien-3.20-dion.* — Analog *16β-Methyl-* u. *16α-Methyl-9α-fluor-11β.17α.21-trihydroxy-$\Delta^{1.4.6}$-pregnatrien-3.20-dion, 16α-Methyl-* u. *16β-Methyl-17α.21-dihydroxy-$\Delta^{1.4.6}$-pregnatrien-3.11.20-trion.* (**Ind. P. 68463** vom 21/7. 1959.) C. Lüttgen 4809

*1589* Merck & Co., Inc., Rahway, N.J., V.St.A., **Tert.-Alkylaminsalze von Steroidphosphatestern** erhält man durch Rk. eines entsprechenden 21-Chlor-, Brom-, Jod-, Methansulfonyloxy- oder -p-Toluolsulfonyloxysteroids mit dem Phosphat eines tert.-Alkylamins in Ggw. eines organ. Lsgm. bei alkal. Rk. der Lösung. — Man setzt z. B. 21-Jod-$\Delta^{1.4}$-pregnadien-11β.17α-diol-3.20-dion mit Triäthylamin u. $H_3PO_4$ in Acetonitril um → *Triäthylaminsalz des prim. $\Delta^{1.4}$-Pregnadien-11β.17α.21-triol-3.20-dion-21-phosphats*, Zers. bei 201°. — Analog: *Triäthylaminsalz des prim. $\Delta^4$-Pregnen-11β.17α.21-triol-3.20-dion-21-phosphats*, F. 183—187°. — *Heilmittel.* (**Oe. P. 224274** vom 20/11. 1958, ausg. 12/11. 1962. A. Prior. 20/11. 1957.) U. Sievers 4809

*1590* Ciba Soc. An., Schweiz, **16α-Methylallopregnan-3β.11α.17α-triol-20-on-(1)** erhält man durch Epoxydation von $\Delta^{17,20}$-16α-Methyl-3β.11α.17α-triacetoxyallopregnen (Gemisch der Isomeren) mit Monoperphthalsäure u. Spaltung des erhaltenen Epoxides mit methanol. Na-Methylat in Ggw. von wenig Eisessig. Durch übliche Acetylierung mit Acetanhydrid in Pyridin erhält man hieraus → I-*3.11-Diacetat*, F. 168 bis 174°. — *Zwischenprod.* zur Herst. von *Heilmitteln.* (**F. P. 1274419** vom 15/12. 1959, ausg. 16/2. 1962. Schwz. Prior. 24/12. 1958.) U. Sievers 4809

*1591* W. I. Makssimow, F. A. Luri und L. S. Morosowa, **$\Delta^{5.16}$-Pregnadienol-3β-on-20-acetat (I)** wird durch Isomerisation von Diosgenin (II) mit $(CH_3CO)_2O$ u. Eisessig erhalten. — 10 g II, 20 ml eines Gemisches von $(CH_3CO)_2O$ u. Eisessig (3 : 1) werden in einem evakuierten u. verschmolzenen Rohr 3 Std. bei 180° erhitzt, danach abgekühlt u. mit 115 ml 98%ig. $CH_3COOH$ (die gegen $CrO_3$ beständig ist) verdünnt. Man erhitzt bis 28°, u. bei heftigem Rühren wird eine Lsg. von 5,2 g $Na_2Cr_2O_7$ in 34 ml $CH_3COOH$ zugegeben. Dabei erhöht sich die Temp. auf 47°. Man läßt 10 Min. stehen, fügt 1,2 g wasserfreies $Na_2SO_4$ u. 15 ml $(CH_3CO)_2O$ zu, kocht 3 Std. u. dest. den Überschuß von $CH_3COOH$ im Vakuum ab. Zum Rückstand werden unter Rühren 80 ml W. gegeben: 4,93 g I, F. 171,5—173,5°. (**UdSSR. P. 146309** vom 3/7. 1961.) T. Ogibina 4809

*1592* Takeda Pharmaceutical Industries Ltd., Japan, **19-Hydroxysteroide der Androstan- oder Pregnanreihe** erhält man durch Bebrütung einer entsprechenden 19-Desoxyverb. mit einer Kultur eines Organismus der Art *Corticium microsclerotia* unter üblichen aeroben Bedingungen. — Es werden beschrieben: *$\Delta^4$-Pregnen-17α.19.21-triol-3.20-dion*, F. 235—236°; $[\alpha]_D$ 123°. — *$\Delta^4$-Pregnen-19.21-diol-3.20-dion*, F. 153—156°; *Diacetat*, F. 122—124°; $[\alpha]_D^{18}$ 215°. — *$\Delta^4$-Androsten-19-ol-3.17-dion*, F. 165°; $[\alpha]_D$ 180°. — *$\Delta^4$-Pregnen-19-ol-3.20-dion*, F. 170—171° $[\alpha]_D$ 175° *Acetat*, F. 125 bis 126°. — *Zwischenprodd. zur Herst. von Heilmitteln.* (**F. P. 1281867** vom 2/12. 1959, ausg. 30/5. 1962. Jap. Prior. 19/12. 1959 [so Orig. 1958? Die Red.].) U. Sievers 4809

*1593* Sterling Drug, Inc., V.St.A. (Erfinder: Raymond Otto Clinton), **Herstellung von Steroid-[3.2:c]-pyrazolen.** Man setzt 2-Hydroxymethylensteroide der Androstan- oder Pregnanreihe mit Hydrazin (I) oder dessen reaktionsfähigen Derivv. um. — 2-Hydroxymethylen-17α-methylandrostan-17β-ol-3-on, F. 185—190°; $[\alpha]_D^{25}$ 22,3° + I-Hydrat in A. unter Rückfluß → *17β-Hydroxy-17α-methyl-androstan-[3.2:c]-pyrazol*, F. 230—242° $[\alpha]_D^{25}$ 35,7°. *Hydrochlorid*, F. 234—254° *N-Acetylderiv.*, F. 111,5—115,5°; $[\alpha]_D^{25}$ 43,1°. — Analog werden die folgenden Steroidpyrazole dargestellt (P = [3.2:c]-pyrazol): *17β-Hydroxy-17α-methyl-androstan-[3.2:c]-1'-methylpyrazol*, F. 249,5—259°; $[\alpha]_D^{25}$ 39°. *Methojodid*, F. 282,4—291,5°; $[\alpha]_D^{25}$ 35,8°. — *17β-Hydroxy-17α-methylandrostan-[3.2:c]-N-phenylpyrazol*, F. 99,5°; $[\alpha]_D^{25}$ 55°. — *17β-Hydroxyandrostan-P*, F. 127,5—128,5°; $[\alpha]_D^{25}$ 55,1°; *17-Propionat*, F. 181—195°; $[\alpha]_D^{25}$ 40,2°. — *17α-Äthyl-17β-hydroxyandrostan-P*, F. 249—252,5°; $[\alpha]_D^{25}$ 32,7°. — *17β-Hydroxy-$\Delta^4$-androsten-P*, F. 227—240°; N-Carboxamid (II), F. 221,5—228°; $[\alpha]_D^{25}$ 83,4°. — *17-Oxo-$\Delta^4$-androsten-P-carboxamid*, F. 270—271° (aus II durch $CrO_3$-Oxydation). — *17-Oxo-$\Delta^4$-androsten-P*, F. 258,6—263,8°; $[\alpha]_D^{25}$ 199,1°. — *17β-Hydroxy-17α-methyl-$\Delta^4$-androsten-P*, F. 248—258,5°; $[\alpha]_D^{25}$ 132,6°. — *17β-Hydroxy-17α-äthyl-$\Delta^4$-androsten-P*, F. 284,5—290,5°; $[\alpha]_D^{25}$ 102,1°. — *17β-Hydroxy-17α-vinyl-$\Delta^4$-androsten-P*, F. 247—259,5°; $[\alpha]_D^{25}$ 101,2°. — *17α-Äthionyl-17β-hydroxy-$\Delta^4$-androsten-P*, F. 239,6—246,6°; $[\alpha]_D^{25}$ 29°. — *20β-Hydroxy-$\Delta^4$-pregnen-P*, F. 262,5—269°; $[\alpha]_D^{25}$ 114,9°; *N-Carboxamid*, F. 219,8—232,2°; $[\alpha]_D^{25}$ 54,4°. — *20-Oxo-$\Delta^4$-pregnen-P*, F. 226,4—234,4°; $[\alpha]_D^{25}$ 156,4°. — *20-Oxo-$\Delta^4$-pregnen-P*, F. 259,6—269,6°; $[\alpha]_D^{25}$ 233,9°. — *17β-Hydroxy-17α-methyl-$\Delta^{4.6}$-androstadien-P*, F. 279—284°; $[\alpha]_D^{25}$ —126,1°. — *17β-Hydroxy-$\Delta^{4.6}$-androstadien-P*, F. 272,8—277°; $[\alpha]_D^{25}$ —137,2°. — *17β-Hydroxy-4.4.17α-trimethyl-$\Delta^5$-androsten-P*, F. 270—276°; $[\alpha]_D^{25}$ —55°. — *17β-Hydroxy-17α-methyl-19-norandrostan-P*, F. 140,4—152,4°; $[\alpha]_D^{25}$ 90°. — *17β-Acetoxy-androstan-[3.2:c]-5'-methylpyrazol*, F. 254—262,8°; $[\alpha]_D^{25}$ 41,7°; *freie 17-Hydroxyverb.*, F. 236,4—240,6°; $[\alpha]_D^{25}$ 60,1°. — *17β-Hydroxyandrostan-[3.2:c]-5'-(n-propyl)-pyrazol*, F. 169,4 bis 172°; $[\alpha]_D^{25}$ 56,5°. — *4.4-Dimethyl-17β-hydroxy-$\Delta^5$-androsten-P* F. 231—233,6°; $[\alpha]_D^{25}$ —20,1°. — *4.4.17-Trimethyl-17β-hydroxyandrostan-P*, F. 269,2—274,6°; $[\alpha]_D^{25}$ 4,7°. — *6.17α-Dimethyl-17β-hydroxy-$\Delta^4$-androsten-P.* — *20-Oxoallopregnan-P*, F. 250—263,8°; $[\alpha]_D^{25}$ 135,9°. — *17α.21-Dihydroxy-11.20-dioxo-$\Delta^4$-pregnen-P-17.20;20.21-bis-methylendioxyverb.*, F. >

300°. — *20 Oxallopregnan [3.2:c] 1' methylpyrazol*, F. 194 bis 211°; $[\alpha]_D^{25}$ 136°; *Methojodid*, F. 277,6—295,8°; $[\alpha]_D^{25}$ 97,1°. — *17α Methyl-17β-hydroxyandrostan-[3.2:c]-2'-methylpyrazol*, F. 186,6—198°; $[\alpha]_D^{25}$ 38,3°. — *17β-Propionoxyandrostan-[3.2:c]-N-propionylpyrazol*, F. 178—181°. — *17β-Hydroxy-17α-methylätiocholan-***P**, F. 271,4—279,6°; $[\alpha]_D^{25}$ —23°. — *6α.17α-Dimethylandrostan-17β-ol-3-on*, F. 181,6 bis 184,6°; $[\alpha]_D^{25}$ 10,3°; daraus *6α.17α-Dimethyl-17β-hydroxyandrostan-***P**, F. 156—174°; $[\alpha]_D^{25}$ 44,8°. — *17β-Hydroxy-17α-vinylandrostan-***P**, F. > 300°; $[\alpha]_D^{25}$ 24,5°. — *17α-Äthyl-17β-hydroxy-19-norandrostan-***P**, F. 149,2—150,4°; $[\alpha]_D^{25}$ 93°. — *20-Oxopregnan-***P**, F. 231,2—253°; $[\alpha]_D^{25}$ 91,6°. — *17α-Äthinyl-17β-hydroxyandrostan-***P**, F. 237,4—242°; $[\alpha]_D^{25}$ 12,4°. — *17α-Allyl-17β-hydroxy-$\Delta^4$-androsten-***P**, F. 239,8—248,2°; $[\alpha]_D^{25}$ 93,7°. — *17β-Hydroxy-6α-methyl-17α-propionyl-$\Delta^4$-androsten-***P**, F. 160,4°; $[\alpha]_D^{25}$ 3,6°. — *17β-Hydroxy-17α-äthyl-$\Delta^{4.6}$-androstadien-***P**, F. > 300°; $[\alpha]_D^{25}$ —55,4°. — *17β-Hydroxy-17α-methylandrostan-[3.2:c]-N-(4-chlorphenoxyacetyl)-pyrazol*, F. 164,8—167,6°; $[\alpha]_D^{25}$ 35°. — *17β-Hydroxy-17α-methyl-$\Delta^4$-androsten-[3.2:c]-N-acetylpyrazol*, Kp. 92 bis 100,2°; $[\alpha]_D^{25}$ 67,1°. — *17β-Hydroxy-17α-methylandrostan-[3.2:c]-N-propionylpyrazol*, F. 121,8°; $[\alpha]_D^{25}$ 43,5°. — *17β-Hydroxy-17α-propyl-$\Delta^4$-androsten-***P**, F. 223—223,4°; $[\alpha]_D^{25}$ 89,5°. — *17β-Hydroxy-17α-methyl-$\Delta^4$-androsten-[2.3:c]-1'-methylpyrazol*, F. 175,2—193,2°; $[\alpha]_D^{25}$ 103,6°; *Methojodid*, F. 257,8—261,6°; $[\alpha]_D^{25}$ 13,3°. — *17β-Hydroxy-19-norandrostan-***P**, F. 141,6°. — *17β-Hydroxy-17α-propylandrostan-***P**, F. 217,6—220,8°; $[\alpha]_D^{25}$ 35,2°. — *11β.17α.21-Trihydroxy-20-oxo-$\Delta^4$-pregnen-***P***-17.20;20.21-bis-methylendioxyverb.*, F. 301 bis 304°. — *9-Fluor-11β.17α.21-trihydroxy-20-oxo-$\Delta^4$-pregnen-***P***-17.20;20.21-bis-methylendioxyverb.*, F. 220—260°. — *11β.17β-Dihydroxy-$\Delta^4$-androsten-***P**, F. 233,2—246°. — *17α-Methyl-17β-hydroxy-19-nor-$\Delta^4$-androsten-***P**, F. 111—126°; $[\alpha]_D^{25}$ 0,2°. — *17β-Hydroxy-17α-propionylandrostan-***P**, F. 143,2 $[\alpha]_D^{25}$ —29,6°. — *5.6-Epoxy-17β-hydroxy-17α-methylandrostan-***P**, F. 259,5—264°. — Von den als Ausgangs-Prodd. hergestellten 2-Hydroxymethylenverbb. werden die folgenden beschrieben: *2-Hydroxymethylenandrostan-17β-ol-3-on*, F. 199,5°; $[\alpha]_D^{25}$ 48,7°. — *2-Hydroxymethylen-17α-methyl-$\Delta^4$-androsten-17β-ol-3-on*, F. 178,5—180°; $[\alpha]_D^{23}$ 14°. — *2-Hydroxymethylen-17α-methyl-$\Delta^{4.6}$-androstadien-17β-ol-3-on*, F. 117—123°. — *2-Hydroxymethylen-$\Delta^{4.6}$-androstadien-17β-ol-3-on*, F. 80—100°. — *2-Hydroxymethylen-17α-methyl-19-norandrostan-17β-ol-3-on*, F. 206,2—210,6°; $[\alpha]_D^{25}$ 96,1°. — *2-Acetyl-17β-acetoxyandrostan-3-on*, F. 183—184,6°; $[\alpha]_D^{25}$ 59,2°. — *2-(n-Butyryl)-androstan-17β-ol-3-on*, F. 130,8 bis 132,0°; $[\alpha]_D^{25}$ 55,8°. — *2-Hydroxymethylen-4.4.17α-trimethylandrostan-17β-ol-3-on*, F. 150—154°. — *2-Hydroxymethylenallopregnan-3.20-dion-20-äthylenglykolketal*, F. 198,6—203,2°; $[\alpha]_D^{28}$ 137,2°. — *2-Hydroxymethylen-17α-methylätiocholan-17β-ol-3-on*, F. 205,6—211,6°; $[\alpha]_D^{25}$ 0,3°. — *2-Hydroxymethylen-6α.17α-dimethylandrostan-17β-ol-3-on*, F. 198 bis 199,8°; $[\alpha]_D^{25}$ 54,3°. — *2-Hydroxymethylen-17α-äthyl-19-norandrostan-17β-ol-3-on*, F. 77—115°. — *2-Hydroxymethylenpregnan-3.20-dion*, F. 139,8—146°; $[\alpha]_D^{25}$ 114,2°. — *2-Hydroxymethylen-6α-methyl-17α-propinyl-$\Delta^4$-androsten-17β-ol-3-on*, F. 89—93°. — *2-Hydroxymethylen-$\Delta^4$-androsten-11β.17β-diol-3-on*, F. 168—190°. — *Heilmittel sowie Zwischenprodd. zu deren Herstellung.* (**F. P. 1 283 158** vom 23/3. 1959, ausg. 20/6. 1962. A. Prior. 24/3. 1958 u. 16/2. 1959.)

U. Sievers 4809

*1594* Shionogi & Co. Ltd., Japan (Erfinder: Wataru Nagata), **D-Homo-18-norandrostene.** Man red. z. B. 2-Methoxy-8-oxo-10a-methyl-5.6.8.9.10.10a.11.12-oktahydrochrysen mit Li in fl. $NH_3$ u. in Ggw. von A.–Dioxan zu einem Prod., F. 114—117°, welches sich durch Hydrolyse mit methanol HCl überführen läßt → *Isomerengemisch*, F. 150—169°; daraus durch chromatograph. Trennung an $Al_2O_3$ (Merck) → *dl-5α.3β-Hydroxy-D-homo-18-nor-$\Delta^{13,17a}$-androsten-17-on*, F. 183—185°; *3-Acetat*, F. 137—139°; neben *dl-5α.8α.14α.3β-Hydroxy-D-homo-18-nor-$\Delta^{13,17a}$-androsten-17-on*, F. 202—204°; *3-Acetat*, F. 110—113°. — Analog: *dl-5β-3α-Hydroxy-D-homo-18-nor-$\Delta^{13,17a}$-androsten-17-on*, F. 169—171°, neben *dl-5β.8α.90.14β-3α-Hydroxy-D-homo-18-nor-$\Delta^{13,17a}$-androsten-17-on*, F. 168—169°. — *dl-5β.9β-17-methoxy-D-homo-18-nor-$\Delta^{13.16}$-androstadien-3α-ol*, F. 121—123°, welches sich durch Hydrolyse mit HCl überführen läßt → *dl-5β.9β-3α-Hydroxy-D-homo-18-nor-$\Delta^{13,17a}$-androsten-17-on.* — *Zwischenprodd. zur Herst. von Heilmitteln.* (**F. P. 1 294 961** vom 25/4. 1961, ausg. 29/10. 1962. Jap. Prior. 25/4. 1960.) U. Sievers 4809

*1595* Soc. An. Farmaceutici Italia, Italien (Erfinder: Bruno Camerino, Bianca Patelli und Giovanni Sala), **4.11β-Dihydroxy-17α-methyltestosteron,** F. 183 bis 185°, erhält man durch Rk. von 11β-Hydroxy-17α-methyltestosteron mit $H_2O_2$ in Trimethylcarbinol u. in Ggw. von $OsO_4$ u. Dehydratisierung der erhaltenen 4.5-Dihydroxyverb. mit methanol. KOH. — *Heilmittel.* (**F. P. 1 288 729** vom 24/2. 1960, ausg. 13/8. 1962. E. Prior. 26/2. 1959.)

U. Sievers 4809

*1596* Soc. An. Ormonoterapia Richter, übert. von: Pietro de Ruggieri und Carlo Ferrari, Mailand, Italien, **6α-Methyl-17α-hydroxyprogesteron (I),** F. 218 bis 222°; $[\alpha]_D$ 73°, erhält man durch Rk. von 3β-Acetoxy-5α.6α-oxidoandrostan-17β-cyan-17α-(2'-tetrahydropyranyloxy) mit $CH_3MgBr$ → *6β-Methyl-17α-(2'-tetrahydropyranyloxy)-pregnan-3β.5α-diol-20-on* (**II**), welches sich nach Oppenauer oxydieren u. Behandlung mit $Al_2O_3$ überführen läßt → *6α-Methyl-17α-(2'-tetrahydropyranyloxy)-$\Delta^4$-pregnen-3.20-dion*, F. 138—143°; $[\alpha]_D$ 72°; daraus durch saure Abspaltung der Schutzgruppe → **I**. — **II** läßt sich mit verd. HCl spalten → *6β-Methylpregnan-3β.5α.17α-triol-20-on*, F. 247—249°; $[\alpha]_D$ —34°. — **I**-*17-Acetat*, F. 207—209°; $[\alpha]_D$ 61°; **I**-*17-Hexanoat*, $[\alpha]_D$ 54°; **I**-*17-Heptanoat*, Öl, $[\alpha]_D$ 51°. — *Heilmittel* sowie Zwischenprodd. zu deren Herstellung. (**A. P. 3 043 832** vom 28/4. 1961, ausg. 10/7. 1962. It. Prior. 27/2. 1961.)

U. Sievers 4809

*1597* E. N. Batenin und M. Sch. Wertgeim, **Herstellung von Pituitrin** aus mit Aceton behandelten Hypophysenhinterlappen durch Extraktion mit dest. W. bei 20° u. pH 6,6—6,8. Durch diese Meth. erhöht sich die Ausbeute des Präp., seine Aktivität u. Eigg. werden verbessert. — Frisch ausgefrorene Hypophysenhinterlappen von Schweinen oder Hornvieh werden zerkleinert u. mit Aceton begossen (Verhältnis 1 : 5); man rührt 5—6 Std., läßt 24 Std. stehen, filtriert den Rückstand ab, behandelt ihn erneut mit Aceton (1 : 5), läßt 24 Std. stehen, filtriert, gibt zum Rückstand Aceton (1 : 2) hinzu, läßt 24 Std. stehen, filtriert, gießt zum Rückstand 20 Liter Aceton u. läßt 24 Std. stehen. Der Rückstand wird abfiltriert, mit 3—4 Litern Aceton durchgewaschen; man läßt trocknen u. erhält 2,1 kg Ausgangsprodukt. Das verbrauchte Aceton wird regeneriert. 2,1 kg des Prod. verreibt man mit 8—10 Liter dest. W. zu einer homogenen Masse, fügt 53—55 Liter dest. W. hinzu u. rührt bei 20° 20—30 Minuten. Die Masse läßt man 1½—2 Std. stehen oder zentrifugiert 8—10 Min. u. filtriert. Das Festprod. wird in dest. W. suspendiert (auf 1 kg gefrorenen Rohstoff 1 Liter dest. W.), man rührt, bis eine homogene Masse erhalten wird, zentrifugiert 8—10 Min. u. filtriert. Der Rückstand wird mit dest. W. extrahiert (auf 1 kg des gefrorenen Rohstoffs 0,8 Liter W.); Dauer der Extraktion, die wie vorst. durchgeführt wird, 10—15 Minuten. Die Auszüge werden vereinigt. Aktivität des Konzentrates aus Schwein-Hypophysenhinterlappen 22 bis 23 Einheiten/ml. — Verf.-Schema. (**UdSSR. P. 150 583** vom 29/12. 1961.) T. Ogibina 4809

*1598* S. B. Katkowski, S. I. Schwarz, I. G. Ssarkisowa und A. F. Nedobora, **Insulin** (**I**) erhält man aus Hormonrohstoffen durch Extraktion mit A., der mit Milchsäure (**II**) angesäuert wurde. — Zerkleinerter Pankreas-Drüsenstoff wird 3—6 Std. bei 12—15° mit 3 —6 Vol.-Einheiten A., der mit **II** (2—3% vom Vol.) angesäuert wurde, extrahiert. Für die erste Extraktion benutzt man 70—90%ig. A., für die folgenden — 50—60%igen. Die Extrakte werden gefiltert u. nach bekannten Verff. aufgearbeitet. Man erhält krist. **I**. Die Ansäuerung des A. mit **II** anstelle von $H_2SO_4$ oder HCl erhöht die Ausbeute an **I** um 25—30% u. die biolog. Aktivität um 1—1,5 Einheiten. (**UdSSR. P. 150 582** vom 12/12. 1961.) T. Ogibina 4809

*1599* Egyesült Gyógyszer és Tápszergyár, Budapest, Ungarn, **Herstellung von threo-l-p-Nitrophenyl-2-acylaminopropandiolen,** dad. gek., daä p-Nitro-α-acylamino-β-hydroxypropiophenone mit Calciumborhydrid red. u. in bekannter Weise aufgearbeitet werden. Die Rk. wird bes. in A. oder Methanol bei —25 bis —35° oder in Tetrahydrofuran oder Dioxan durchgeführt. (**E. P. 905 722** vom 10/12. 1959, ausg. 12/9. 1962. Ung. Prior. 17/12. 1958.)

R. Bauereis 4811

*1600* Frank W. Horner Ltd., Montreal, Quebec, Canada, **Oral anwendbares Penicillin-Präparat.** Es enthält

Penicillin-G-Kalium oder ein Salz des Penicillin V im Gemisch mit einem Chelat-bildenden Mittel, bes. dem *Dinatriumsalz* der *Äthylendiamintetraessigsäure*. — Herst. von Tabletten. — (**E. P. 909 365** vom 1/12. 1960, ausg. 31/10. 1961. Can. Prior. 28/4. 1960). W. Heyer 4811

*1601* Commercial Solvents Corp., Terre Haute, übert. von: Homer E. Stavely, Evansville, Ind., V.St.A., **Anilinomethylpenicilline** (I) der allg. Formel p-R—$C_6H_4$—N($R^1$)—$CH_2$—CO—A [R = $R^2$O-, $(R^2)_2$N-; $R^1$ = H, $R^2$; A = 6-Aminopenicillansäurerest; $R^2$ = niedermol. Alkylrest] werden erhalten aus Kulturbrühen von Penicillium chrysogenum, W 49-133 unter Zusatz des entsprechenden Säureamids als Praecursor. — Es werden Kaliumsalze u. andere Salze folgender I hergestellt: *p-Methoxy-*; *p-Äthoxy-*; *N-Methyl-*; *N-Äthyl-*; *p-Dimethylamino-*; *p-Diäthylamino-*. — *Säurestabiles Antibioticum*. (**A. P. 3 006 914** vom 27/6. 1958, ausg. 31/10. 1961.) F. Hirsch 4811

*1602* E. M. Ssawizkaja, T. S. Kolygina, G. S. Libinsson und N. N. Schellenberg, **6-Aminopenicillansäure** (I) kann aus Lsgg., die Prodd. der fermentativen Hydrolyse des Penicillins enthalten, durch Sorption auf Ionenaustauscherharzen im Beisein des übrigbleibenden Penicillins erhalten werden. Der Ionenaustauscher wird mit Salz-, Hydroxid- oder Puffer-Lsgg. durchgewaschen, u. man fügt zur erhaltenen Lsg. Säure hinzu, um die Inaktivität des Antibioticums zu beseitigen, u. um Penicillin vor Zers. in der Lsg. zu bewahren. — 5000 ml Lsg. (Konz. an I 4000 Einheiten/ml), die von den Zellen des Mikroorganismus befreit u. durch fermentative Hydrolyse von Benzylpenicillin erhalten wurde, kühlt man bis zu 5° ab, säuert mit 40%ig. $H_2SO_4$ bis zu pH 2,1 an u. schickt sie 5 Std. durch eine Kolonne, die 50 g des trockenen Kationiten KU-2 (mit 3% Divinylbenzol) enthält (Korngröße des Kationiten 0,5—1,0 mm). 1 g des trockenen Ionenaustauschers nimmt 350000 Einheiten I auf. Die Kolonne wird mit dest. W., danach 40 Min. mit 0,5n NaOH durchgewaschen. Man erhält 150 ml Lsg. mit einer Konz. an I von 9300 Einheiten/ml. Sie wird mit 10%ig. HCl bis pH 4,05 angesäuert, der Nd. abfiltriert, mit Eiswasser gewaschen u. getrocknet. Man erhält 4,36 g I (Konz. 2650 Einheiten/ml) in 96%ig. Reinheit. (**UdSSR. P. 150 590** vom 14/2. 1961.) T. Ogibina 4811

*1603* Upjohn Co., Kalamazoo, Mich., V.St.A., **Gewinnung von Novobiocin** aus einem Gemisch mit säurefällbaren Nebenprodd., dad. gek., daß es in einer Lsg., die 5 bis 45% Aceton enthält, bei pH 4—6,5 von den begleitenden säurefällbaren Verunreinigungen abgetrennt wird. (**E. P. 902 807** vom 6/2. 1961, ausg. 9/8. 1962. A. Prior. 18/3. 1960.) R. Bauereis 4811

*1604* Ciba Pharmaceutical Products, Inc., Summit, N.J., V.St.A., übert. von: Albert Wettstein, Ernst Vischer, Basel, und Hans Bickel, Binningen, Schweiz, **Tetrahydrospiramycin A** erhält man durch Hydrolyse von Tetrahydrospiramycin (I), B, C oder D oder deren Mischungen mit 1,3 Äquivalenten eines bas. wirkenden Mittels (Alkali- u. Erdalkalihydroxide u. -carbonate, $NH_3$, Alkylamine, Tetramethylammoniumhydroxid, bas. Ionenaustauscher in der OH-Form) bei pH 9 in Ggw. von W. oder organ. Lsgm. oder deren Mischungen (Alkanole, Ketone, Dioxan, Tetrahydrofuran, Glykole u. deren Äther, Pyridin). — Aus 4,66 g I B (erhalten durch katalyt. Hydrierung von Spiramycin B mit $H_2$ in Ggw. von 10% Pd auf $CaOC_3$) in 45 ml einer Mischung aus Methanol u. W. im Verhältnis 1 : 1) u. 5 ml 1n-NaOH bei 20—25° unter Ausschluß von Licht u. Luft, Verdünnen mit dem 2fachen Vol. W. nach 24 Std. u. Extraktion mit Ae. → I A; Ausbeute 80—85%, aus Ae.-Hexan, F. 108—112°, Sintern bei 104°; $[\alpha]_D^{24}$ —68° (c = 0,99; Chlf.). — I A ist *antibiot.* wirksam, bes. gegen *Streptococcus mitis* bzw. *pyogenes* bzw. *faecalis*, *Micrococcus pyogenes var. aureus*, *Corynebacterium diphtheriae* u. *Bazillus megatherium*. Die Reinigung kann über Aktivkohle, mit sauren Ionenaustauschern oder durch Verteilungschromatographie erfolgen. (**A. P. 3 000 786** vom 2/6. 1958, ausg. 19/9. 1961. Schwz. Prior. 14/6. 1957.) G. Krauß 4811

*1605* A. J. Ssinka und M. R. Eitelberg, **Herstellung des Heilpräparates „Vipratox"**. Das Injektions-Präp. „Vipratox" aus Schlangengift erhält man durch Zugabe von Glycerin, bidest. W., 0,1n HCl u. Trikresol zu dem trockenen Schlangengift. — Das fl. Gift trocknet man im Exsiccator aus gelbem Glas bei — 20°. Das trockene Gift wird gewogen, man fügt chem. reines Glycerin hinzu, rührt u. verd. mit dest. W. bis zu einer Konz. von 1 : 5000 (auf 1 g Schlangengift kommen 100 g Glycerin u. 4,9 g bidest. W.). Die Lsg. wird an weißen Mäusen biolog. standardisiert. Nach der Best. der Mauseinheit (50% der Letaldosis für weiße Mäuse mit einem Gewicht von 18—22 g beim Einführen einer Lsg. von 1 : 5000 unter die Haut u. einer Beobachtungszeit von 24 Std.) fügt man W. zur Ausgangs-Lsg., so daß man eine Lsg. erhält, die in 1 ml die Menge Schlangengift enthält, die einer Mauseinheit entspricht (0,04—0,08 mg trockenes Schlangengift). Die koll. Lsg. wird mit 0,1n KCl bis pH 3,2—3,5 angesäuert u. filtriert. Um tox. Eigg. zu beseitigen u. die Lsg. zu konservieren, fügt man Trikresol hinzu, so daß im fertigen Präp. seine Konz. 0,3% beträgt, läßt 72 Std. stehen u. kontrolliert an weißen Mäusen (es dürfen keine Todesfälle bei der Einführung unter die Haut von 1 ml der fertigen Lsg. sein). Die Lsg. wird unter sterilen Bedingungen in Ampullen gefüllt. Das Präp. „Vipratox" ist therm. instabil u. verliert seine Eigg. bei Berührung mit A. (die Spritze wird durch Kochen u. Abkühlen bis zu — 20° sterilisiert). (**UdSSR. P. 150 581** vom 9/12. 1958.) T. Ogibina 4813

*1606* Chas. Pfizer & Co., Inc., Brooklyn, N.Y., V.St.A., **Herstellung von Vaccine**, dad. gek., daß die virushaltige Lsg. durch ein Filter filtriert, das vorher mit einem Serumprotein, bes. von Rindern oder Menschen, gesätt. wurde. (**Ind. P. 69 651** vom 11/11. 1959.) C. Lüttgen 4813

*1607* Wellcome Foundation Ltd., London, England, **Herstellung eines Tierheilmittels** gegen die Infektion des Magen-Darm-Kanals durch Nematoden, dad. gek., daß man als wirksame Verb. ein N-Benzyl-N.N-dimethyl-N-[2-phenoxyäthyl]-ammoniumsalz zusammen mit einem oder mehreren neutralen Excipienten oder Verdünnungsmitteln vermischt u. ggf. verformt oder in einem vegetabil. oder mineral. Öl suspendiert. (**Oe. P. 212 626** vom 2/12. 1957, ausg. 27/12. 1960.) T. Oppermann 4817

*1608* Elgin Pharmaceutical Co., übert. von: Harvey Gunderson, Elgin, Ill., V.St.A., **Mittel zur Mastitisbehandlung** bei Tieren, bestehend aus einem nicht reizend u. nicht entzündlich wirkenden, durch Hitze vom W. befreiten Milchrückstand in einer Menge von 3,5 g auf 10 ml W. u. den gegen die Mastitis wirksamen Mitteln (Antibiotica, Chemotherapeutica). Die Mittel können durch den Ausführungsgang der Milchdrüsen injiziert werden. (**A. P. 3 013 941** vom 9/5. 1958, ausg. 19/12. 1961.) R. Bauereis 4817

*1609* May & Baker Ltd., Dagenham, England, **Röntgenkontrastmittel**, bestehend aus Estern der 2.3.4.6-*Tetrajodbenzoesäure* (I). 50 Teile) I werden in 300 trockenem A., der 1,84 Na enthält, gelöst, mit 15 Methyltoluol-p-sulfonat gemischt u. 16 Std. gekocht. Das Gemisch wird in wss. $NaHCO_3$-Lsg. gegossen, der Nd. abfiltriert, bei 90° getrocknet u. aus Äthylacetat umkristallisiert. I-*Methylester*, F. 151—152°. Analog der *Äthylester*, F. 107,5—108,5°, der *n-Propylester*, F. 97—98,5°, der *n-Butylester*, Kp. 225—230° (Bad-Temp.) u. der *n-Dodecylester*, F. 61,5—63°. (**Ind. P. 69 103** vom 17/9. 1959. E. Prior. 2/10. 1958.) C. Lüttgen 4825

*1610* May & Baker Ltd., Dagenham, England, **Röntgenkontrastmittel**, bestehend aus 2.3.4.6-Tetrajodbenzoemethylester (**Ind. P. 75 400** vom 17/2. 1960.) C. Lüttgen 4825

*1611* Vitamins Ltd., England, **Herstellung von Alkoxybiguaniden.** Zu D. A. S. 1 061 773; C. **1960**, 7942 sind folgende Biguanide nachzutragen: *N-[n-Octyloxy]-*, *Hydrochlorid*, F. 123—124°. *Pikrat*, F. 209°. — *N-[n-Nonyloxy]-*, F. 100—101°. — *N-[n-Decyloxy]-*, *Dihydrochlorid*, F. 123 bis 130°. — *N-[n-Undecyloxy]-*, *Dihydrochlorid*, F. 145—148°. — *N-[sek.-Undecyloxy]-*, *Hydrochlorid*, F. 105—108°. — *N-[n-Dodecyloxy]-*, *Dihydrochlorid*, F. 162—164°. — *N-[n-Tetradecyloxy]-*, *Hydrochlorid*, F. 138—140°. — *N-[n-Hexadecyloxy]-*, F. 101—103°. *Hydrochlorid*, F. ca. 120°. — *N-Benzyloxy-*, sintert bei 110°. *Dihydrochlorid*, sintert bei 146 bis 147°. — *N-[p-Methylbenzyloxy]-*, F. 177°. (**F. P. 1 247 932** vom 5/11. 1957, ausg. 1/3. 1961. E. Prior. 15/11. 1956.) Eberhard Riedel 4831

*1612* Merck & Co., Inc., Rahway, übert. von: Horace D. Brown, Plainfield, Alexander R. Matzuk, Colonia, und Lewis H. Sarett, Princeton, N.J., V.St.A., **N-[5-Nitro-2-furoyl]-morpholin** erhält man durch Rk. von 5-Nitro-2-furancarbonsäure mit $PCl_5$ zum 5-Nitro-2-furoylchlorid u. weitere Rk. mit Morpholin, F. 115—117° (A.). — *Bactericid* mit weitem *Wirkungsspektrum.* (**A. P. 2 989 530** vom 29/12. 1958, ausg. 20/6. 1961.) A. Jahn 4833

*1613* Ciba Ltd., Basel, Schweiz, **3-Isoreserpsäure,** deren Carboxylgruppe in 16-Stellung mit einem Alkanol, bes. mit 1—5 C-Atomen, u. deren OH-Gruppe in 18-Stellung mit einer aliphat., araliphat., aromat. oder heterocycl. Carbonsäure oder Sulfonsäure verestert sein kann, erhält man durch Epimerisieren von Reserpsäure (I) oder deren Estern oder Salzen durch Behandeln mit einer Lewis-Säure (aliphat. Carbonsäuren, organ. Sulfonsäuren, Halogenwasserstoffsäuren oder $BF_3$), bes. in Ggw. eines Lsgm. (Kollidin). Man kann auch Tetrahydro-I oder deren Ester u. Salze mit $NaBH_4$ behandeln. Die I kann vor oder nach der Behandlung in die Ester übergeführt oder diese mit Alkalien verseift u. mit Halogenwasserstoffsäuren, $H_2SO_4$, $H_3PO_4$, $HNO_3$, Hydroxyäthansulfon-, Toluolsulfon-, Essig-, Wein- oder Citronensäure in die Salze umgewandelt werden. — Aus 1 g I-Methylester durch 6std. rückfließendes Erhitzen mit 10 ml Essigsäureanhydrid → *O-Acetyl-3-iso-I-Methylester*, aus Aceton-W. feine Nadeln, F. 270—271°; $[\alpha]_D^{25}$ —130° (Chlf.); auch erhältlich aus O-Acetyl-I-Methylester in Essigsäure; daraus mit Na in wasserfreiem Methanol unter Rückfluß → *3-Iso-I-Methylester*, aus Methanol-W. F. 220—221°; $[\alpha]_D^{25}$ —62° (A.); *Nitrat*, $C_{23}H_{31}N_3O_8$, aus W. F. 265—270°; auch erhältlich aus I-Methylester durch Erhitzen mit p-Toluolsulfonsäure in Ggw. von Kollidin; daraus mit p-Toluolsulfochlorid in Ggw. von Pyridin → *O-p-Toluolsulfonyl-3-iso-I-Methylester*, aus Aceton-W. feine, haarartige Nadeln, F. 229—230°; $[\alpha]_D^{24}$ — 58° (Chlf.). Durch Rk. mit 3.4.5-Trimethoxybenzoylchlorid in Ggw. von Pyridin entsteht *O-3'.4'.5'-Trimethoxybenzoyl-3-iso-I-Methylester* (= *3-Isoreserpin*), aus A.-W. F. 152 bis 155°; $[\alpha]_D^{24}$ —164° (Chlf.); leichtlösl. in Aceton; auch erhältlich durch Erhitzen von Reserpin mit Essigsäureanhydrid; durch Behandeln mit Pb-Tetraacetat in Essigsäure bei 25° u. anschließend mit 50%ig. wss. NaOH entsteht *Tetradehydroreserpin*; *Hydrochlorid*, F. 200—205° (Zers.); daraus mit $NaBH_4$ in Methanol → 3-Isoreserpin. — Tetradehydro-I-Methylesterhydrochlorid + $NaBH_4$ → 3-Iso-I-Methylester; daraus mit wss. NaOH in Methanol → *3-Iso-I*; *Nitrat*, aus W. F. 266—270°; daraus mit Essigsäureanhydrid in Ggw. von Pyridin → *O-Acetyl-3-iso-I*, aus W. F. 265° (Zers.); *Nitrat*; daraus mit Diazomethan → Methylester. — Die Verbb. absorbieren UV-Licht von 280—320 m$\mu$ u. dienen als *Sonnenschutzmittel* oder als *Zwischenprodd.* zur Herst. von *beruhigend* und *blutdrucksenkend* wirkenden Mitteln. Durch Rk. mit Estern höhermol. Alkohole entstehen *quatern. Verbb.*, die *Desinfektionsmittel*, bes. gegen *Staphylococcus aureus* sind. (**E. P. 823 707** vom 9/4. 1956, ausg. 18/11. 1959. A. Prior. 7/4. u. 7/6. 1955.) G. Krauß 4833

*1614* Robert Duschinsky, Essex Fells, Walter G. Farkas, Upper Montclair, N.J., und Charles Heidelberger, Madison, Wis., V.St.A., **Herstellung von 5-Fluoruracilnucleotiden.** 5-Fluoruridin wird in trockenem Pyridin (I) mit Chlorphosphorsäure, $ClPO(OH)_2$, umgesetzt, das Gemisch mit NaOH auf einen pH-Wert von 7,2 eingestellt, das I im Vakuum abdest. u. der Rückstand in W. gelöst u. mit NaOH auf einen pH-Wert von 9 eingestellt. Die Lsg. wird durch eine Anionenaustauscherkolonne („Dowex 1-X 4") geschickt, die mit HCOOH eluiert wird → *5-Fluoruridin-5'-mono-*, *-di-* u. *-triphosphat.* — Analog die *2'-Desoxy-5-fluoruridinphosphate.* — *Germicide*, bes. wirksam gegen Staphylococcus aureus u. Lactobacillus leichmannii. (**A. P. 2 970 139** vom 20/5. 1958, ausg. 31/1. 1961.) C. Lüttgen 4833

*1615* F. Hoffmann-La Roche & Co. Akt.-Ges., Basel, Schweiz, **Herstellung von Nucleotiden des 5-Fluoruracil** u. deren Salzen, dad. gek., daß man entwede reine Gewebekultur in Ggw. von 5-Fluoruracilnucleosiden, bes. Ehrlich-Ascites-Tumorzellen in Ggw. von 2'-Desoxy-5-fluoruridin u. Glucose, inkubiert, oder 5-Fluoruracilnucleoside, z. B. 5-Fluoruracil-N-riboside, 5-Fluoruracil-N-desoxyriboside, 5-Fluoruridin oder 2'-Desoxy-5-fluoruridin, mit Phosphorsäurechlorid umsetzt. — *Germicide Mittel*, bes. gegen grampositive Bakterien, wie Staphylococcus aureus. (**Ind. P. 67 602** vom 5/3. 1959, ausg. 18/9. 1961.) W. Heyer 4833

# G. Analyse, Laboratorium

*1616* **Vorrichtung zum Arbeiten mit luftempfindlichen Lösungen.** A. A. Wosskressenski. (Betriebs-Lab. [UdSSR] **29**, 1012—13, 1963; Moskau, Inst. für Chemiemaschinenbau; russ.) — Die Gefäße (Kolben u. a.) werden mit einem vakuumdichten Verschluß aus weichem Vakuumgummi versehen ((Skizze), der zum Einführen oder zur Entnahme von Lsgg. mit einer Injektionsnadel durchstochen werden kann, ohne daß auch nach deren Entfernung nennenswerte Leckstellen entstehen. R. Gerbatsch 5010◇

*1617* **Polytetrafluoräthylenband für Verbindungen von Glasschliffen.** Claude J. Schmidle. (Chemist-Analyst **52**, 120, 1963; Phillipsburg, N.J., J. T. Baker Chem. Co.; engl.) — Vf. beschreibt die Vorteile von Teflonband bei der Verbindung von Glasschliffen. D. Heinrich 5010◇

*1618* **Mörser zur Zerkleinerung fester Kristalle.** A. N. Steinberg. (Betriebs-Lab. [UdSSR] **29**, 1013—14, 1963; Moskau, Metallurg. Baikow-Inst.; russ.) — Ein Mörser zum Zerstoßen von SiC-Proben (Prinzip des „Diamantmörsers") wird beschrieben (Zeichnung). Die Arbeitsflächen bestehen aus Cu, dessen Abrieb dann aus der Probe mit $HNO_3$ herausgelöst wird. R. Gerbatsch 5012◇

*1619* **Einfache Apparatur für die Serienentnahmen von Flüssigkeit.** W. M. Djatschenko. (Laboratoriumswesen [UdSSR] **7**, Nr. 5, 59—60, 1961; Kamenez-Podolski, Landwirtsch. Inst.; russ.) — App.-Beschreibung. E. Steinberg 5014□

*1620* **Thermoelemente für hohe Temperaturen.** Anonym. (Nuclear Power **6**, Nr. 62, 70, 1961; engl.) — Angaben über keram. Thermoelemente aus Graphit, SiC oder W in konzentr. Anordnung mit einem isolierenden Luftspalt, die für Messungen von Temp. zwischen 1500 u. 2500° in Hochtemp.-Graphit-Reaktoren geeignet erscheinen. W. Menz 5016◇

*1621* **Ummantelte Miniatur-Thermoelemente und ihre Verarbeitung.** H. J. Horn. (Glas-Instrumenten-Techn. **4**, 391—96, 1960; Hamburg; dt.) — Es wird die Anwendungsweise eines Thermoelementkabels beschrieben, das aus einem 1,5 mm starken Chromel- u. Alumeldraht (Thermospannung 4,1 mV/100°), einer Isolation aus MgO-Pulver u. einem koaxialen, temperatur- u. korrosionsbeständigen Metallmantel besteht. R. Junge 5016◇

*1622* **Untersuchung der Wirksamkeit von Materialien für Thermoelemente.** Ch. M. Kulijew. (Nachr. Akad. Wiss. TurkmenSSR, Ser. physik-techn. chem. geol. Wiss. **1962**, Nr. 6, 9—12; Inst. für techn. Phys. der Akad. der Wiss. der TurkmenSSR, Inst. für techn. Phys.; russ.) — Vf. beschreibt eine App., die es gestattet, den Koeff. der Thermo-EMK, die spezif. elektr. Leitfähigkeit u. die Wärmeleitfähigkeit verschiedener Materialien für Thermoelemente sowie die Temp.-Abhängigkeit dieser Größe im Bereich 300—800° K auf zwei verschiedenen, voneinander unabhängigen Wegen zu bestimmen. Die Meth. u. die Berechnung der Kennwerte werden erläutert. Für die Best. des Wärmeleitfähigkeits-Koeff. wird ein Fehler von 3—5 bzw. 7—8% angegeben. E. Winkler 5016◇

*1623* **Verfahren zur Zeitkonstantenbestimmung von Thermoelementen.** E. Gehrmann und J. Schusta. (Wiss. Z. Hochschule Elektrotechn. Ilmenau **8**, 419—21, 1962; Adlershof, Dt. Akad. der Wiss., Inst. für Opt. u. Spektroskopie; dt.) — Beschreibung eines Geräts zur Best. der Zeit-Konst. von Thermoelementen mit mittlerer Zeit-Konst. u. seiner Anwendung (Wiedergabe von Oscillogrammen). W. Wesly 5016◇

*1624* **Gerät zur Herstellung von Emulsionen im Laboratorium.** Frederic E. Holmes. (Chemist-Analyst 52, 121, 1963; Falmouth, Mass.; engl.) — Beschreibung eines Geräts zur Herst. von Emulsionen mit einem Magnetrührer. D. Heinrich 5036◇

*1625* **Verwendung einer Plastikscheibe in Verbindung mit einem Magnetrührer.** John M. Corliss. (Chemist-Analyst 52, 120, 1963; Army Chem. Center, Md., US Army Chem. Res. and Dev. Labor.; engl.) — Vf. empfiehlt, eine Plastikscheibe (Teflon) zwischen Rührmotor u. Titrierbecher als Isolierung gegen die Wärme-Entw. des Motors u. zum besseren Erkennen der Farbe der Lsg. während der Titration zu legen. D. Heinrich 5036◇

*1626* **Automatische Vakuumapparatur für Quecksilberdestillationen.** J. Hejduk, M. Šula und E. Rechziegel. (Chem. Listy 56, 539—42, 1962; Praha, Českoslov. akad. věd. Fys. ústav; tschech.) — App., bei der das Hg-Niveau im Dest.-Gefäß durch automat. Verschiebung des Hg-Reservoirs mit Hilfe eines Elektromotors in konst. Höhe gehalten wird. K. Setínek/Prag 5038△

*1627* **Ein verbessertes Kugelviscosimeter mit Gegengewicht zum Gebrauch bis zu 1750° C.** E. F. Riebling. (Rev. sci. Instruments 34, 568—72, 1963; engl.) — Es wird eine automat. anzeigende Anordnung beschrieben, die für Messungen in geschmolzenen Oxiden geeignet ist. Es wird außerdem eine Meth. angegeben, mit der sich Einfl. der Oberflächenspannung auf die Dichtemessungen korr. lassen. D. Noack 5040◇

*1628* **Kombinierter Thermostat mit elektrischer und Petroleumerhitzung.** Je. A. Gurewitsch und A. I. Stepanow. (Laboratoriumswesen [UdSSR] 6, Nr. 2, 55—57, 1960; russ.) — Vf. beschreibt einen Thermostat mit kombinierter Heizung. 2 Spiralen aus NiCr-Draht von 0,2 mm Ø sind auf Keramikkörper gewickelt, die quadrat. Querschnitt haben. Die Stromzufuhr erfolgt seitlich. Die 2. Heiz-Vorr. ist unten am Thermostat montiert. In der oberen Wand des Thermostats ist ein Rohr eingelötet, das zur Montage eines bimetall. Thermoregulators dient. Die Spiralen können entweder in Reihe bei 220 V oder parallel bei 127 V geschaltet werden. E. Steinberg 5046□

*1629* **Kühleinheit für Tieftemperaturthermostaten.** Stuart R. Gunn. (Rev. sci. Instruments 33, 880—81, 1962; Livermore, Calif., Univ. of California, Lawrence Radiat. Labor.; engl.) — Beschreibung eines Thermostaten (Kühlmittel: fl. $N_2$ u. Trockeneis), dessen Temp. durch Änderung der Größe der Wärmeübergangsfläche einfach eingestellt wird. A. Helms/Merseburg 5046◇

*1630* **Ein Kryostat einfacher Konstruktion für Laboratoriumszwecke.** T. R. Phillips und D. R. Owens. (J. sci. Instruments 40, 426—27, 1963; Capenhurst, Chester, U.K. A.E.A., Techn. Dep.; engl.) — App. zur Herst. von Temp. zwischen —60 u. —140° bzw. zwischen 0 u. —50° (Kühlmittel: fl. $N_2$ bzw. Trockeneis). Temp.-Schwankungen von ca. 2° lassen sich, wenn nötig, vermindern. Als Meßfühler dient ein Cu-Konstantan-Thermoelement. Hinweise für die Behebung der üblichen Schwierigkeiten beim Arbeiten unter tiefen Temperaturen. A. Helms/Merseburg 5046◇

*1631* **Anregung eines Vibrationsmagnetometers: besonders geeignet zur Verwendung in Kryostaten.** J. W. Heaton und A. C. Rose-Innes. (J. sci. Instruments 40, 369, 1963; Baldock, Herts., Serv. Electron. Res. Labor.; engl.) — Beschreibung eines Magnetometers, bei dem die Probe mit Hilfe einer elast. Feder zwischen den Polen eines Elektromagneten parallel zur Richtung des Magnetfeldes in Schwingung versetzt werden kann. W. Betcke 5048◇

*1632* **Apparative Probleme der katalytischen Mikrohydrierung.** Helmut Trutnovsky. (Mikrochim. ichnoanalyt. Acta [Wien] 1963, 685—95, Kopenhagen, Novo Terapeutisk, Mikroanalyt. Labor.; dt.) — Der Zusammenhang zwischen den Dimensionen einer App. zur quant. katalyt. Mikrohydrierung u. der damit maximal erreichbaren Meßgenauigkeit wird formelmäßig dargestellt. Es wird dann eine App. beschrieben, die nach dem Resultat dieser Berechnungen u. nach prakt. Gesichtspunkten konstruiert wurde. Mit ihr kann der $H_2$-Verbrauch sicher auf $\pm 1\ \mu l$ gemessen werden. Die App. arbeitet nach dem Kompensationsverfahren. Zur Vol.-Messung wird eine Mikrometerbürette verwendet. R. Drautzburg 5048◇

*1633* **Entwicklung der anylytischen Chemie im Jahr 1962 (Übersicht).** A. K. Babko. (Betriebs-Lab. [UdSSR] 29, 901—19, 1963; russ.) — Neuentwickelte Reagentien; Fortschritte in der Entw. von Trenn- u. Best.-Verfahren. — 198 Literaturangaben. R. Gerbatsch 5050◇

*1634* **Mathematisch-statistische Methoden in der chemischen Forschung und Produktion. 3. Mitt. Statistische Beurteilung und Analyse der Genauigkeit analytischer Methoden.** Jan Kamiš. (Chemie [Praha] 10, 824—31, 1958; Pardubice-Rybitví, Výzk. úst. org. synthes; tschech.) — 2. vgl. Chemie [Praha] 10, [1958], 730. — Bei der Auswertung von statist. Unterss. werden die Fehlerquellen u. ihre systemat. Ausschaltung durch Vgl. zwischen 2 Gruppen von analyt. Daten sowie die Analyse der Koeff. der Regressionsgeraden besprochen. R. K. Müller 5050◇

*1635* **Kombinierte Anordnung zum Mikroskopieren im Dunkelfeld und bei Luminescenzbeleuchtung.** F. W. Persson. (Laboratoriumswesen [UdSSR] 6, Nr. 2, 54—55, 1960; Moskau, Forsch.-Inst. für Tuberkulose, Klin.-diagnost. Labor.; russ.) — App.-Beschreibung. E. Steinberg 5056□

*1636* **Gaschromatographie.** K.-P. Hupe. (Glas-Instrumenten-Techn. 7, 271—78, 1963; Tübingen, Univ., Chem. Inst.; dt.) — Allg. Einführung. G. Bock 5062◇

*1637* **Neuere Entwicklungen in der Gaschromatographie.** D. H. Desty. (Trans. Soc. Instruments Technol. 15, 81—95, 1963; Sunbury-on-Thames, Middlesex, British Petroleum Co. Ltd., Petroleum Div., BP Res. Centre; engl.) — Vgl. C. 1963, 13298. — Überblick über die neuere Entw. der Ionisationsdetektoren, Capillarsäulen, Säulenfüllungen u. der Hochgeschwindigkeitschromatographie. — 71 Literaturangaben, H. J. Altmann 5062◇

*1638* **Effekte der beweglichen Phase in flüssigkeitsgefüllten gaschromatographischen Säulen.** S. M. Gordon, G. J. Krige, P. C. Haarhoff und Victor Pretorius. (Analytic. Chem. 35, 1537—39, 1963; Pretoria, Südafrika, Univ., Abt. für Phys. u. theoret. Chem.; engl.) — Verss. an 50 cm langen, mit Glasperlen gefüllten Messingsäulen mit 5,5 $\mu l$ n-Butylalkoholproben u. n-Heptan als Träger u. einem DK-Meter-Detektor werden beschrieben. Aus den Ergebnissen wird geschlossen, daß für die Bandenverbreiterung sowohl der Einfl. der Wand als auch der der Kanäle in der Säule mitbestimmend sind. W. Luchsinger 5062◇

*1639* **Die Möglichkeit der Verwendung eines einfache Ausdruckes zur Charakterisierung der Bandensymmetrie in der Gaschromatographie.** L. S. Ettre. (J. Chromatogr. [Amsterdam] 11, 267—70, 1963; Norwalk, Conn., Perkin Elmer Corp.; engl.) — Es wird vorgeschlagen, das Verhältnis $w_b : w_\eta$ zu verwenden ($w_b$ = Bandenbreite am Schnittpunkt der Tangenten mit der Grundlinie, $w_\eta$ = Bandenbreite in halber Höhe). Für eine symm. Bande (Gauß-Kurve) ist $w_\eta : w_b = 1{,}698$. G. Bock 5062◇

*1640* **Ein neuer quantitativer Integraldetektor für die Gaschromatographie. Der „Brunel"-Massenintegral-Detektor.** S. C. Bevan und S. Thorburn. (J. Chromatogr. [Amsterdam] 11, 301—06, 1963; London, Brunel Coll., Dep. of Chem.; engl.) — Der aus der Trennsäule austretende Gasstrom wird durch eine Capillare in eine Wägegefäß geleitet, in dem die getrennten Komponenten von einem Absorptionsmittel ($H_2SO_4$, A-Kohle) aufgenommen werden. Die dadurch hervorgerufene Gew.-Zunahme wird von einer automat. Waage mit Bandschreiber kontinuierlich registriert. Es wird ein Stufenchromatogramm erhalten, die Höhen der Stufen geben direkt die Massen an. Das Verf. liefert im mg-Bereich gute Resultate. G. Bock 5062◇

*1641* **Ein modifizierter Hochtemperatur-Argon-β-Strahlendetektor für die Gaschromatographie.** R. Mahadeva Iyer und J. P. Mittal. (J. Chromatogr. [Amsterdam] 11, 404—05, 1963; Trombay, Bombay, India, Chem. Div., Atom. Energy Establ.; engl.) — Zur Überwindung der Schwierigkeiten beim Arbeiten mit einem Ar-Detektor, nämlich die Isolierung der hohen elektr. Spannungen bei hohen Temp. u. die Wahl geeigneter Verbindungsstücke zwischen der Trennsäule u. dem Detektorboden, wird in der angegebenen modifizierten Bauweise weder die Hoch-, noch die Niederspannung mit dem Detektorkörper verbunden, sondern die Metallkolonne direkt mit dem metall. Detektorboden ohne Isolierung verbunden. Die Hochspannungselektrode wird durch eine erweiterte Zündkerzensonde u. die Sammelelektrode durch einen Porzellankegel „Anticorona" isoliert. Die $^{90}$Sr-Quelle (10 mc) ist mit Au überzogen. Der Detektor arbeitet bis 500°. K. Dorfner 5062◇

*1642* **Spiegel vom Typ Metall/Dielektrikum mit hohem Reflexionsvermögen im nahen UV-Bereich für das Fabry-Perot-Interferometer.** F. Leś und Z. Leś. (Acta physica polon. **21**, 523—28, 1962; Cracow, Jagellonian Univ., Inst. of Phys.; engl.) — Halbdurchlässige Spiegel für den Bereich 3000—4000 Å wurden durch Vakuumverdampfung unter Verw. von *Al* als Metall u. von $MgF_2$ oder $Sb_2O_3$ als Dielektrikum hergestellt. Ihre opt. Eigg. werden untersucht. A. Blaschette 5063◇

*1643* **Filter mit mehreren und regelbaren Wellenlängenbanden zur Untersuchung des kontinuierlichen Sonnenultravioletts.** R. M. Bonnet und G. Courtès. (Ann. Astrophysique **25**, Nr. 5, 367—73, 1962; Mendon, Serv. d'Aéronomic Observatoire; Marseille, Observ.; franz. — Vff. beschreiben ein neues Filter, mit dem man gleichzeitig mehrere Wellenlängenbanden auswählen kann. Es ist mit photograph. Emulsionen u. photoelektr. App. gekoppelt verwendbar. Das Filter dient speziell zur Unters. der UV-Sonnenstrahlung zwischen 2000 u. 3000 Å oberhalb der Erdatmosphäre. C. Gottfried 5063△

*1644* **Beitrag zur Untersuchung von Lichtquellen im fernen Ultraviolett und Anwendung auf die spektrochemische Analyse.** Germaine Balloffet. (Ann. Physique [13] **5**, 1243—1300, 1960; Paris, Univ., Fac. des Sci.; franz.) — 1. Experimentelle Unters. zweier Typen von Vakuumentladungen, die stabile Lichtquellen bis in den Bereich der UV-Grenze (Röntgenstrahlen) liefern; 2. Anwendung dieser Entladungen auf die Spektralanalyse [quant. Best. von *S*, *P* u. *C* in leicht legierten *Stählen*, von *P* in *Cu* u. *Al-Legg.*, von *C*, *S* u. *P* in nichtleitenden Pulvern ($Al_2O_3$); Erweiterung des Begriffs der „letzten Spektrallinie"; Anwendung der quant. Analyse auf die Elemente der 4. u. 5. Reihe quant. Best. der *Halogene* in Pulvern sowie von *O* u. *N* in Metallen, bes. *Ti*]; 3. Verss. zur Best. der Anregungs-Temp. im Falle der unter 1. beschriebenen Vakuumentladungen durch Messung der relativen Intensität der Spektrallinien. D. Jörchel 5063◇

*1645* **Über das ferne Ultraviolett.** E. W. Salpeter. (Metallurgia ital. **54**, 329—32, 1962; Castel Gandolfo, Specola Vaticana; ital.) — Vf. bespricht die analyt. Möglichkeiten u. die Schwierigkeiten der Spektroskopie im fernen UV, sowohl in Absorption als auch in Emission. C. Gottfried 5063△

*1646* **Untersuchungen über die Analyse mit Konvektionselektroden.** 5. Mitt. **Amperometrische Titration mit der Konvektionselektrode.** Tokuro Ozaki. (Japan Analyst **11**, 241—45, 1962; Shizuika Univ., Fac. of Educat.; jap., Auszug: engl.) — 4. vgl. J. pharmac. Soc. Japan [Yakugaku-zasshi] **82**, [1961], 46; 1. vgl. C. **1961**, 12196. — $Fe^{2+}$ in 0,1n $H_2SO_4$- u. $Ag^+$ in 0,1m $KNO_3$-Lsg. geben reproduzierbare Stufen. Die Best. von $10^{-6}$ u. $Cr_2O_7^{2-}$ u. $S_2O_3^{2-}$ ergibt Fehler von ca. 2%, die von $10^{-4}$n $Cl^-$ u. $Fe(CN)_6^{3-}$ von ca. 3 bzw. 1%. Zur Verminderung der Löslichkeit der Ndd. empfiehlt sich ein Zusatz von Alkohol. W. Wesly 5066◇

*1647* **Wasserstoffperoxid als elektrometrischer Indicator bei der Bestimmung von Säuren und Basen, durch amperometrische Titration mit Platinelektroden ohne angelegte äußere Spannung.** 1. Mitt. Walentyna Ruskul. (Chem. analit. [Warszawa] **8**, 209—15, 1963; Łódź, Univ., Dep. of Inorg. Chem.; pol.) — Bei dieser Meth. wird die Tatsache ausgenutzt, daß zwischen sauren u. alkal. Lsgg. von $H_2O_2$ eine beträchtliche Potentialdifferenz auftritt. Eine Pt-Elektrode als Kathode dient als Indicatorelektrode, als Bezugselektrode wird eine in gesätt. $Hg_2(NO_3)_2$-Lsg. tauchende Pt-Elektrode mit Anodenfunktion verwendet. Analysen-Lsg. u. $Hg_2(NO_3)_2$-Lsg. sind über eine Salzbrücke miteinander verbunden; in den Stromkreis ist ein Galvanometer geschaltet. Die Best. wird als Neutralisations-Rk. durchgeführt, wobei bereits ein Zusatz von 1—2 Tropfen 1%ig. $H_2O_2$-Lsg. zur Analysen-Lsg. ausreichend ist. Bei Auftragung der gemessenen Stromstärke gegen zugesetzte Menge Neutralisationsmittel ergibt sich der Neutralpunkt aus dem Schnittpunkt zweier Geraden. Titrationen von *HCl*, *Essig-*, *Bernstein-*, *Oxal-* u. *Isobuttersäure* mit NaOH-Lsg. sowie von HCl mit $NH_4OH$-Lsg. werden durchgeführt. H. Kuchenbecker 5068◇

*1648* **Wasserstoffperoxid als eketrometrischer Indicator bei der Bestimmung von Säuren und Basen durch amperometrische Titration mit Platinelektroden ohne angelegte äußere Spannung.** 2. Mitt. Walentyna Ruskul. (Chem. analit. [Warszawa] **8**, 217—24, 1963; pol.) — 1. vgl. vorst. Referat. — Titrationen von Essig- (I), Bernstein- (II), Isobutter- (III) u. Oxalsäure mit $NH_4OH$-Lsg. sowie Titrationen von HCl in Ggw. von I, II u. III mit NaOH- bzw. $NH_4OH$-Lsg. werden durchgeführt. Es zeigt sich, daß starke Säuren in Ggw. schwacher Säuren titriert werden können, wenn der pK-Wert letzterer nicht kleiner als 5 ist. H. Kuchenbecker 5068◇

*1649* **Fällung von Metallchelaten aus homogener Lösung. Ein Überblick.** F. H. Firsching. (Talanta [London] **10**, 1169—75, 1963; Athens, Ga., Univ. of Georgia, Dep. of Chem.; engl.) — Übersicht unter Berücksichtigung der Literatur vom Jahre 1952 an. — 48 Literaturangaben. Gerhard Schulze 5072◇

*1650* **Adiabatisches Mikrocalorimeter mit automatischer Kompensation für Radioaktivitätsmessungen.** 2. Mitt. A. Sanielevici und J. Nagl. (Int. J. appl. Radiat. Isotopes **14**, 347—50, 1 Tafel, 1963; Seibersdorf, Autriche, Labor. de l'Agence Internat. de l'Énergie Atom.; franz.) — 1. vgl. C. **1964**, 2-0136. — Verbesserungen des l. c. beschriebenen automat. adiabat. Mikrocalorimeters gestatten, die Empfindlichkeit des Geräts um den Faktor 50 zu erhöhen. Eine Nadel mit ca. $88 \cdot 10^{-6}$ g $^{226}$Ra konnte mit einer Genauigkeit von ±1% abs. gemessen werden. H. Jehne 5084◇

*1651* **Bestimmung von Sauerstoff, Stickstoff und Kohlendioxid in Luftproben.** Ihor Lysyj und Peter R. Newton. (J. Chromatogr. [Amsterdam] **11**, 173—76, 1963; Canoga Park, Calif., North Amer. Aviation, Inc., Res. Dep. Rocketdyne; engl.) — Die gaschromatograph. Analyse erfolgt in zweiparallel geschalteten Trennsäulen bei 26° mit He als Trägergas u. einer Wärmeleitzelle als Detektor. In Säule A (5 ft. × $^1/_4$ in., Mol.-Sieb 5 A) werden $O_2$ u. $N_2$, in Säule B (2 ft. × $^1/_4$ in., Silicagel) $N_2 + O_2$ von $CO_2$ getrennt. Aus den 4 Bandenflächen wird der %-Geh. berechnet. Nach Ausfrieren aus 100 ml Luft mit fl. $N_2$ u. Analyse an Säule B können bis 2 ppm $CO_2$ bestimmt werden. G. Bock 5088◇

*1652* **Volumetrische Bestimmung von Sulfurylfluorid-Konzentrationen in der Luft.** Stanley G. Heuser. (Analytic. Chem. **35**, 1476—79, 1963; Slough, Buckinghamshire, England, Agricult. Res. Council, Pest Infestation Labor.; engl.) — Zur Best. von $SO_2F_2$ in der Luft werden 2 Meth. angegeben: 1. Titration mit 1n NaOH, dessen Überschuß nach Zugabe von $BaCl_2$- oder $SrCl_2$-Lsg. mit 0,05n HCl bei pH 9,2 (Thermolphthalein) zurücktitriert wird. Zur gleichzeitigen Best. von $CO_2$ wird ohne $BaCl_2$- oder $SrCl_2$-Zugabe mit 0,05n HCl bei 0° mit Phenoltetrachlorphthalein (pH 8,3) titriert. 2. Titration mit 1n $Ba(OH)_2$, dessen Überschuß mit 0,1n HCl zurücktitriert wird. In Ggw. von $CO_2$ werden dabei $SO_2F_2$ u. $CO_2$ erfaßt. Nach Zugabe eines Überschusses von 0,1n HCl wird $BaF_2$ gelöst u. $BaCO_3$ zersetzt. Die Rücktitration erfolgt mit 0,02n $Ba(OH)_2$ bei pH 5,0 (Methylrot-Bromkresolgrün). W. Luchsinger 5088◇

*1653* **Methoden der Analyse von Kohlenwasserstoffen in atmosphärischen Verunreinigungen. Literaturarbeit.** J. Denis und G. Parc. (Rev. Inst. franç. Pétrole Ann. Combustibles liquides **17**, 1473—1507, 1962; franz.) — 157 Literaturangaben. G. Seidel 5088◇

*1654* **Anwendung der 3-Methyl-2-benzothiazolonhydrazon-Methode zur Analyse aliphatischer Aldehyde in der Atmosphäre.** A. P. Altshuller und L. J. Leng. (Analytic. Chem. **35**, 1541—42, 1963; Cincinnati, Ohio, US Dep. of Health, Education and Welfare, Public Health Serv., Robert A. Taft Sanitary Engng. Center; engl.) — Zur Best. von aliphat. Aldehyden wird die Luft durch 10 ml einer 0,2%ig. wss. 3-Methyl-2-benzothiazolonhydrazon-Lsg. geleitet (500 bzw. 1000 ml/min), die Lsg. mit 25 ml einer 0,2%ig. wss. $FeCl_3$-Lsg. versetzt, mit Aceton auf 100 ml aufgefüllt u. die Extinktion bei 635 nm gemessen. In Rauchgasen wurden ca. 0,50 ppm aliphat. Aldehyde (als Formaldehyd) neben 0,30 ppm Formaldehyd (Chromotropsäure-Meth.) u. 0,03 ppm Acrolein (4-Hexylresorcin-Meth.) gemessen. W. Luchsinger 5088◇

*1655* **Eine spektrophotometrische Methode zur Bestimmung von Pentachlorphenol in der Luft.** K. Bencze

(Analyst **88**, 622—26, 1963; Bratislava, ČSSR, Inst. für Ind. Hyg. u. Gewerbemed.; engl.) — Es wird eine spektrophotometr. Meth. zur Best. von Pentachlorphenol beschrieben, bei der bei pH 7,4 aus 4-Aminophenazon u. Pentachlorphenol durch Oxydation mit $(NH_4)_2S_2O_8$ eine blaue Lsg. entsteht, die mit Bzl. ausgeschüttelt bei 589 nm gegen Bzl. gemessen wird. Damit können noch 0,15 $\mu$g Pentachlorphenol/Liter Luft bestimmt werden. Durch 2.3.5.6-Tetrachlorphenol wird diese Best. gestört.
W. Luchsinger 5088◇

*1656* **Eine Feldmethode zur Bestimmung von 2.4-Toluoldiisocyanat-Dampf in der Luft.** D. A. Reilly. (Analyst **88**, 732—35, 1963; Manchester, Imp. Chem. Ind. Ltd., Farbstoffabt.; engl.) — Zur Best. von 2.4-Toluoldiisocyanat werden 3 Liter Luft mit einer Geschw. von 1 Liter/Min. durch ein kleines Absorptionsgefäß gleitet, die Lsg. wird zur Diazotierung mit $NaNO_2$–NaBr-Lsg. behandelt, der Nitritüberschuß mit Sulfaminsäure entfernt u. das Diazoniumsalz mit N-1-Naphthyläthylendiamin gekuppelt. Die entstandene Rosafärbung wird mit Standard-Lsg. aus $CoCl_2$ u. $CuSO_4$ verglichen. W. Luchsinger 5088◇

*1657* **Colorimetrische Bestimmung von Dibutylphthalat in der Luft.** Władysław Stanilewicz. (Chem. analit. [Warszawa] **8**, 267—72, 1963; Łódź, Polen, Inst. für Gewerbemed. in der Textil- u. Chem. Ind., Abt. gewerbl. Toxikologie; engl.) — Zur Best. von Dibutylphthalat werden 100 Liter Luft durch eine Frittenwaschflasche mit 10 ml A. bei einer Strömungs-Geschw. von 2 Liter/Min. geleitet. Der Lsg. werden alkal. Hydroxylaminhydrochlorid- u. $FeCl_3$-Lsg. zugefügt. Bei 580 nm wird die Extinktion gemessen. Die Empfindlichkeit der Meth. beträgt 0,003 mg/Liter bei 100 Liter Luft, die Genauigkeit bei 0,3—10,0 mg Dibutylphthalat $\pm 3$ bis $\pm 10$%. Die Meth. ist nicht spezif., Ester u. Anhydride von Carboxylsäuren stören. W. Luchsinger 5088◇

### a) Elemente und anorganische Verbindungen

*1658* **Spektrophotometrische Bestimmung von Silicium in Uranverbindungen.** L. Lorenzini, C. Stoppa und W. Barbieri. (Metallurgia ital. **54**, 387—88, 1962; Milano, C.N.E.N.; ital.) — Vff. beschreiben 2 Verff. zur Best. von Si in U-Verbb., wobei nach dem ersten Verf. U nach Zusatz von gesätt. NaF- u. $H_3BO_3$-Lsgg. mit Hilfe einer Lsg. von Tri-n-butylphosphat in $CCl_4$ extrahiert wird. In dieser Lsg. wird Si nach Zusatz von Ammoniummolybdat als Molybdatokieselsäure bei 400 nm spektrophotometr. bestimmt. Das zweite Verf., bei dem U nicht extrahiert wird, beruht darauf, daß der Lsg. bei pH 1 ebenfalls Ammoniummolybdat zugesetzt wird. Nach ca. 15 Min. setzt man eine 15%ig. Weinsäure-Lsg. hinzu, bringt auf pH 2,5 u. red. die Molybdatokieselsäure mit Hilfe der folgenden Red.-Lsgg.: Lsg. A 0,16 g 1-Amino-2-naphtholsulfonsäure-(4) u. 0,8 g $Na_2SO_3$ in 20 ml $H_2O$; B: 10 g $Na_2S_2O_5$ in 70 ml Wasser. Beide Lsgg. werden vor Gebrauch gemischt u. auf 100 ml gebracht. Das bei der Red. entstehende Molybdänblau wird bei 815 nm spektrophotometr. bestimmt. C. Gottfried G 261△

*1659* **Benzidinmethode zur Bestimmung von Silicium in einigen siliciumorganischen Verbindungen.** A. P. Kreschkow, L. W. Myschljajewa und W. W. Krassnoschtschekow. (Betriebs-Labor. [UdSSR] **29**, 924—26, 1963; russ.) — $H_2SiF_6$ bildet mit Benzidin (I) einen schwerlösl. Nd. von $C_{12}H_{12}N_2 \cdot H_2SiF_6$ (doppelbrechende Kristallnadeln, Polarisationswinkel 42°). Zur Si-Best. werden 0,03—0,05 g Probe $[(RO)_4Si$, $R = CH_3$, $C_2H_5$, $n\text{-}C_3H_7$, $n\text{-}C_6H_{13}$; $(CH_3O)_3SiCl]$ zu 10 ml 0,3 n HF-Lsg. in A. gegeben, nach 2 Min. werden 10 ml 1%ig. I-Lsg. in A. zugefügt. Der Nd. wird abfiltriert, mit 150 ml heißem W. hydrolysiert u. das entstehende $H_2SiF_6$ mit 0,1 n KOH gegen Phenolphthalein titriert. Wenn eine definierte Menge HF zugesetzt wurde, kann auch deren Überschuß im Filtrat titriert werden. Alle Operationen werden in Polyäthylengefäßen durchgeführt. R. Gerbatsch G 261◇

*1660* **Vergleichende Untersuchung zur Bestimmung von Phosphor und Bor in Halbleitersilicium.** K.-H. Berthel, H.-G. Döge, G. Ehrlich, A. Köthe und A. Schmidt. (Mikrochim. ichnoanalyt. Acta [Wien] **1963**, 702—11; Dresden, Dt. Akad. Wiss., Inst. angew. Phys. der Reinstoffe; dt.) — Die aus Hall-Effekt-Messungen an Si-Einkristallen ermittelten Verunreinigungs-Geh. an P u. B werden im Konz.-Bereich zwischen $10^{-5}$ u. $10^{-7}$ Gew.-% mit chem.-analyt. Daten verglichen. P wird aktivierungsanalyt., B spektrophotometr. bestimmt. Unter Beachtung der Fehlergrenze jeder Meth. findet man im allg. befriedigende Übereinstimmung. Bei der Aktivierungsanalyse von P stört ein Rest-Geh. an Cl. Dadurch ergibt sich eine systemat. Abweichung von den Ergebnissen aus Hall-Effekt-Messungen.
R. Drautzburg G 261◇

*1661* **Untersuchung der Kationensorption aus Komplexanmedium. 4. Mitt. Trennung von Calcium und Magnesium aus Lösungen von Äthylenglykol-bis-[$\beta$-aminoäthyläther]-N.N'-tetraessigsäure.** Pavel Povondra und Rudolf Přibil. (Talanta [London] **10**, 713—18, 1963; Prag, Tschechosl. Akad. der Wiss., Polarograph. Inst., Analyt. Labor.; dt.) — 3. vgl. C. **1963**, 10212. — Im pH-Bereich 7,5—8,5 bildet Ca mit Äthylenglykol-bis-[$\beta$-aminoäthyläther]-N.N'-tetraessigsäure ein stabiles negativ geladenes Chelat, während das Chelat des Mg völlig dissoziiert u. Mg quant. durch einen stark sauren Kationenaustauscher adsorbiert werden kann. Die Abtrennung von Ca aus Mg-reichen Mineralien sowie die Trennung u. Best. von Mn, Ca u. Mg in natürlichen Carbonaten wird beschrieben. Es ist möglich unter Verw. von Amberlite IR-120 u. von Boratpuffern 3—10 mg Ca von 50 mg Mg zu trennen. Dreiwertige Elemente müssen vorher als Hydroxide abgetrennt werden. J. Kratsch G 283◇

*1662* **Volumetrische Bestimmung von Zink mit Komplexon III in Gegenwart von Dithizon als Indicator.** Dumitru Negoiu und Claudia Vasilescu. (An. Univ., C. I. Parhon," Ser. Ştiinţ. naturii, Chim. **9**, 65—68, 1960; Fac. de Chim., Labor. de chim. anorg.; rum.) — Auf Zusatz einiger Tropfen einer 0,5%ig. Dithizon-Lsg. in Ae. zu der Zn-Lsg. fällt Zn-Dithizonat, das durch Zusatz von 96%ig. A. in Lsg. gebracht wird, wobei eine Orangefärbung auftritt, die beim Überschreiten des Äquivalenzpunktes in Blaugrün umschlägt. P. Kurzmann G 288◇

*1663* **Neue gravimetrische Methoden zur Bestimmung von Thorium, Aluminium, Beryllium, Zink und ihre Trennung von bestimmten Elementen.** G. Spacu und Th. I. Pirtea. (Rev. Chim. [Bucarest] **1**, Nr. 2, 5—25, 1956; Bucarest, Univ., Labor. de Chim. inorg. et anal.; franz.) — Vff. beschreiben die genaue gravimetr. Best. von Th, Al, Be u. Zn mit *Mercaptobenzothiazol* ($C_7H_5NS_2$; I), mit dem sie in neutraler Lsg., unlösl., gut wägbare u. gut kristallisierende, weiße, stabile Verbb. bilden, die auch geglüht werden können, wodurch die Metalle in die ebenfalls gut wägbaren Oxide übergeführt werden. Unter gewissen Bedingungen können obige Metalle auch in Ggw. von Alkalimetallen, Mg, Fe u. Al bestimmt werden. I wird in der Form eines Na-Salzes verwendet, das durch Umsetzung von I mit NaOH erhalten wird. Die verwendete Reagens-Lsg. ist 10%ig. u. soll einen pH-Wert von 8 haben. Al kann noch in Konzz. von 4 g pro cm³ bestimmt werden, wird jedoch normalerweise in einer Menge von 0,003—0,06 g bestimmt. Auch neben Mg kann Al bestimmt werden, wobei zunächst Al mit I u. im Filtrat Mg mit 8-Hydroxychinolin (II) gefällt wird. Be, das als Nitrat, Chlorid oder Sulfat vorliegen soll, fällt im Gegensatz zu Th, Al u. Zn in bas. Form als $C_7H_4 \cdot NS_2 \cdot BeOH$ aus u. wird auf jeden Fall zum Oxid verglüht. $SO_4^{2-}$, $NO_3^-$, $Cl^-$, $Br^-$, $J^-$, $CH_3COO^-$, $Na^+$, $K^+$ u. $NH_4^+$ stören die Be-Best. nicht. Mg kann auch neben Be, u. zwar im Filtrat der Be-Fällung mit II ausgefällt u. bestimmt werden. Liegt neben Be noch Al vor, so wird letzteres in essigsaurer Lsg. mit II gefällt, das Filtrat auf 30—50 ml eingeengt, mit NaOH oder $NH_4OH$ neutralisiert u. ersteres mit I bei 60° gefällt. Damit Zn mit I kompakter ausfällt, muß der Lsg. NaCl oder KCl zugesetzt werden. NaCl, KCl, $KNO_3$, $Na_2SO_4$, $MgCl_2$ u. $MgSO_4$ stören die Zn-Best. nicht, jedoch die Puffer-Lsgg. Essigsäure–Na-Acetat u. Weinsäure–Na-Tartrat, weshalb bei ihrer Ggw. Zn als ZnO bestimmt wird. Bei Best. von Zn neben Al u. Fe werden letztere mit Weinsäure (III) maskiert. Zur Vers.-Lsg. werden 1—2 g III gegeben, dann wird die Lsg. neutralisiert u. schließlich mit 2—3 Tropfen verd. HCl versetzt. Bei Berücksichtigung oben erwähnter Probleme bei der Best. gilt folgende allg. *Arbeitsvorschrift*: 5—50 cm³ der neutralen wss. Best.-Lsg., die 0,01—0,1 g Th oder 0,003—0,06 Al, Be u. Zn enthält, werden unter kontinuierlichem Rühren bei Zimmer-Temp. mit 2—10 $cm^3$ einer 10%ig. wss. Lsg. des Na-Salzes von I versetzt, 5 Min. lang gerührt, Nd. filtriert, mit 50—100 $cm^3$ einer Lsg., die 0,1—0,15 g Na-Salz von I enthält, versetzt, 4—6mal mit 2—3 ml W. gewaschen, 30 bis 45 Min. lang bei 105—120° getrocknet u. Nd. in vorliegender Form oder als Oxid ausgewogen. Zur Fällung sollte ein 2 bis 3facher Überschuß an Reagens verwendet werden. Nd. von Be mit I wird mit 100—200 ml einer warmen (50—70°) 3%ig. Lsg. von $NH_4NO_3$, die 1,5—2 ml Lsg. von I pro Liter enthält, u. schwach alkal. Waschwasser gewaschen. Bei der Fällung von Zn neben Al u. Fe wird Nd. mit 2%ig. neutraler Lsg. von $NH_4NO_3$ u. W. gewaschen. H. Fries G 234◇

*1664* **Polarographische Bestimmung von Blei und Tellur in technischem Selen.** R. G. Patz, L. N. Wassiljewa, T. W. Saglodina und Je. D. Schuwalowa. (Betriebs-Lab. [UdSSR] **29**, 928—29, 1963; Moskau, Wiss. Forsch.-Inst. für Buntmetalle; russ.) — Zur Best. von 0,01—5% Te werden 1—2 g Se (0,2 g bei hohen Te-Geh.) in 30 ml $HNO_3$ (D. 1,4) gelöst, zweimal mit 10 ml $HNO_3$ abgeraucht u. 8—10 Min. lang auf 300° erhitzt. Der Rückstand wird in 15 ml 20%ig. NaOH gelöst u. die Lsg. mit W. auf 50 ml aufgefüllt. Zu 10 ml der Lsg. wird 1 g $Na_2SO_3$ zugefügt u. nach 4 Min. mit 300 mV/min polarographiert. Das Halbwellenpotential des Te beträgt —1,12 V, Auswertung nach dem Zusatzverfahren. Zur Best. von 0,003—5% Pb werden 5 g Se (0,5 g bei hohen Pb-Geh.) wie beschrieben gelöst u. abgeraucht. Der Rückstand wird in HCl unter mehrfachem Einengen gelöst, mit 1—2 ml 50%ig. Na-Tartrat-Lsg., 15 ml 20%ig. NaOH u. W. auf 50 ml versetzt u. polarographiert. Das Halbwellenpotential des Pb beträgt —0,6 V. R. Gerbatsch G 328◇

*1665* **Amperometrische Titration der $Pb^{2+}$-Ionen unter Anwendung von Thioacetamid.** M. Pryszczewska. (Zeszyty naukowe Politechn., Szczecińskiej, Chem. **1960**, Nr. 14, 79—80; pol.) — $Pb^{2+}$-Ionen wurden allein u. in Ggw. von $Zn^{2+}$ u. $Cd^{2+}$ bestimmt. Bei Konzz. von $10^{-4}$ Mol $Pb^{2+}$/Liter störten selbst größere $Zn^{2+}$-Mengen nicht. Bei der $Cd^{2+}$-Ggw. wird in einer Probe Pb mit $NH_3$ gefällt u. Cd allein bestimmt, in einer zweiten nach Versetzen mit NaOH die Summe (Pb + Cd) ermittelt. P. Kadach G 328◇

*1666* **Bestimmung von Vanadin mit Benzoylphenylhydroxylamin in Gegenwart störender Substanzen.** D. Hernández de Pool und R. Díaz Cadavieco. (Acta ci. venezolana **13**, 157—63, 1962; Univ. Central de Venezuela, Fac. de Ci.; span.) — Vff. untersuchten die photometr. Best. von V in Stählen mit Benzoylphenylhydroxylamin in 50% ig. Äthanol. Fe stört stark; es war nicht möglich, die Störung durch Maskieren mit Citrat + Phosphat, Tartrat, Thioglykolsäure oder KF zu beseitigen. Für $MnO_4^-$, $Mn^{2+}$, $Ni^{2+}$, $Mo_7O_{24}^{6-}$, $Co^{2+}$, $CrO_4^{2-}$ u. $WO_4^{2-}$ werden die Toleranzgrenzen angegeben. Zur Best. von V neben Fe muß der V-Komplex mit Bzl. aus 3 m HCl-Lsg. bei 70° extrahiert werden. Die Messung erfolgt bei 530 nm. Der Fehler beträgt 2 Rel.-%. Die Meth. wurde zur Best. von 1,20% V in einem Stahl mit 0,70% C, 4,50% Cr u. 18,5% W herangezogen. P. Kurzmann G 330◇

*1667* **Colorimetrische Bestimmung von Vanadin in Aluniten und Zwischenprodukten seiner Bearbeitung.** G. B. Schachtachtinski, Ss. M. Gusseinsade und Ch. Ss. Chalilow. (Ber. Akad. Wiss. AserbaidshanSSR **19**, 87—94, 1963; russ.) — Übersicht über Meth. zur raschen colorimetr. V-Best., die bei analyt. Unterss. von Alunit sowie den Zwischen- oder Endprodd. bei dessen Aufarbeitung angewendet werden können. — 4 Literaturangaben. W.-D. Heußner G 330◇

*1668* **Gravimetrische Bestimmung von Molybdän und Wolfram mit Pyridoin als Reagens.** A. N. Bhat und B. D. Jain. (Z. analyt. Chem. **195**, 424—27, 1963; Delhi, Univ. of Delhi, Dep. of Chem.; engl.) — Bei Zugabe einer heißen alkohol. Pyridoin (I)-Lsg. zu einer wss. Ammoniummolybdat-Lsg. fällt im pH-Bereich 2—9 der I-Komplex des Mo als schwarzbrauner Nd. aus, der zwischen 550 u. 570° zu $MoO_3$ verglüht wird. W fällt aus einer wss. Na-Wolframat-Lsg. im pH-Bereich 2,0—4,5 bei langsamer Zugabe einer I-Lsg. in Eisessig als I-Komplex aus. Nach Digerieren auf dem Wasserbad wird der abfiltrierte Nd. mit einer verd. $CH_3COONH_4$/$CH_3COOH$-Lsg. gewaschen u. bei 800° zu $WO_3$ verglüht. L. Hoppe G 337◇

*1669* **p-Thiokresol als Reagens für Technetium und Rhenium.** M. Al-Kayassi und R. J. Magee. (Talanta [London] **10**, 1047—53, 1963; Belfast, Northern Ireland, Queen's Univ., Dep. of Chem.; engl.) — Tc(VII) wird in Eisessig durch p-Thiokresol (I) zu Tc(V) red., das mit I einen gelbbraunen, mit Chlf. extrahierbaren Komplex bildet, der sich zur photometr. Best. eignet. Gemessen wird bei 410 nm gegen eine Blindprobe. Auf diese Weise wird Tc vom Re getrennt, das unter den gegebenen Bedingungen nicht red. wird. Anschließend wird Re(VII) mit $SnCl_2$-Lsg. zu Re(V) red., das mit I ebenfalls einen Komplex bildet. Nach Extraktion dieses Komplexes mit Chlf. erfolgt die Best. des Re nach der Thiocyanat-Meth. (vgl. Geilmann u. Mitarbeiter [1932]). Ru, Pd, Pt u. Rh stören. Mo(VI) wird durch I ebenfalls red. u. bildet einen blauen bzw. bei der Red. mit $SnCl_2$-Lsg. dunkelbraunen Niederschlag. Beide Ndd. sind jedoch mit Chlf. nicht extrahierbar. H. Kuchenbecker G 352◇

*1670* **Bestimmung des Einflusses des Probenahmeverfahrens von Gußeisen mit verschiedenem Kohlenstoffgehalt auf den Gehalt an Gesamtkohlenstoff, Graphit und Schwefel.** Roman Krzeszewski und Jan Buciewicz. (Prace Inst. Odlewnictwa **10**, 144—62, 1960; pol.) — Die Reproduzierbarkeit u. die mittleren Werte einer Best.-Reihe für Gesamt-C, Graphit u. S in Grauguß sind von der Art der Probenahme abhängig. Für Gesamt-C u. Graphit ist die Reproduzierbarkeit eine Funktion des mittleren Geh. dieser Bestandteile im Material. F. Urban G 354◇

*1671* **Bestimmung des gebundenen Kohlenstoffs im Gußeisen.** Zofia Wacławik. (Prace Inst. Odlewnictwa **12**, 168—76, 1962; pol.) — Die Genauigkeit der Verff. zur Best. von gebundenem C in Gußeisen u. der Berechnung aus der Differenz zwischen Gesamt-C u. Graphit wird erörtert. Die photometr. Best. des gebundenen C unter Verw. des photoelektr. „Elpho"-Zusatzes wird beschrieben u. ihre Genauigkeit besprochen. W. Wesly G 354◇

*1672* **Bestimmung von Bor-Mikromengen mit Methylenblau.** Ju. G. Jeremin und P. N. Romanow. (Betriebs-Lab. [UdSSR] **29**, 420, 1963; Wolgograd, wiss. Forsch.-Inst. für Techn. des Maschinenbaus; russ.) — Zur Best. von B bis zu 0,001% mit einem relativen Fehler von 1—3% in Chromnickelstahl wird 0,1 g der Probe in 10 ml 2 n $H_2SO_4$ mit Zugabe von $H_2O_2$ gelöst. Die Lsg. wird mit 5 ml $NH_4F$-Lsg. (98 g/Liter) u. 10 ml W. versetzt, im Pt-Tiegel zum Sieden erhitzt u. nach Zugabe von 2—3 Tropfen Ammoniak, 0,1 m $KMnO_4$-Lsg. bis zur Rosafärbung, 2 ml einer 4%ig. Lsg. von Mohrschem Salz, W. auf 65 ml u. 10 ml 0,001 m Methylenblau-Lsg. mit 25 ml Dichloräthan (I) extrahiert. 10 ml der organ. Phase werden mit I auf 50 ml aufgefüllt, die Lsg. wird bei 656 nm colorimetriert. 0,1 g Schnelldrehstahl werden in 10 ml 2 n$H_2SO_4$ + $H_3PO_4$ (1:1) gelöst. Der abfiltrierte Carbidrückstand wird mit $K_2S_2O_7$ bei 700° aufgeschlossen u. mit dem Filtrat ausgelaugt, $H_2WO_4$ wird abfiltriert. Weiterverarbeitung wie beschrieben. R. Gerbatsch G 354◇

*1673* **Bestimmung von Leichtmetallen durch Röntgenstrahlspektrometrie unter Verwendung von Elektronenstrahlung.** J. G. M. Fox. (J. Inst. Metals **91**, 239—41, 1963; London; engl.) — Bei Verw. eines Elektronenstrahlbündels ist die Best. von Leichtmetallen, bes. in einer Grundmasse von schwereren Metallen, z. B. Al in Cu, Mg in Al, P in P-Bronze, Si in hochlegierten Stählen, viel schneller als bei einer Röntgenfluorescenzanalyse u. mit genügender Genauigkeit durchzuführen. F. Vier G 354◇

*1674* **Über die Anwendung von Benzoylphenylhydroxylamin bei der Extraktion zur Trennung von Schwermetallen.** 1. Mitt. **Die Extraktion von Kupfer, Eisen, Blei, Nickel, Kobalt und Cadmium.** Jadwiga Chwastowska und Jerzy Minczewski. (Chem. analit. [Warszawa] **8**, 157—62, 1963; Warszawa, Politechn, Dep. of Analyt. Chem.; pol.) — Der Einfl. des pH-Wertes, der Extraktionsdauer, der Anzahl der Extraktionen u. der Reagensmenge auf den Extraktionsgrad wird ermittelt. Als Extraktionsmittel wird eine Lsg. von Benzoylphenylhydroxylamin (BPHA) in $CHCl_3$ verwendet. Bei einem Verhältnis Me:BPHA (Me = Metall) von 1:50 werden Cu, Fe, Pb, Ni u. Co bei zweimaliger Extraktion quant., Cd nur zu ca. 70%, extrahiert. Cu u. Fe lassen sich aus schwach sauren Lsgg., Pb, Cu, Ni, Co u. Cd nur aus alkal. Lsgg. extrahieren. H. Kuchenbecker G 358◇

*1675* **Gleichzeitige colorimetrische Bestimmung von Kupfer und Nickel oder Kupfer und Kobalt mit dem Reagens Di-β-hydroxyäthylamidodithiocarbonat.** P. Balatre und M. Pinkas. (Chim. analytique **43**, 433—38, 1961; Lille, Fac. Méd. et de Pharm.; franz.) — Di-β-hydroxyäthylamidodithiocarbonat (I), das durch die OH-Gruppen wasserlösl. ist, erlaubt die Best. von Cu, Ni u. Co in wss. Lsg., da diese in Ggw. von Komplexon III (II) unterschiedlich mit I reagieren. Co reagiert nur, wenn I vor II zugegeben wird; Cu reagiert auf jeden Fall, Ni in Ggw. von II überhaupt nicht. Das Absorptionsmaximum von Cu-I liegt bei 440 nm u. das der Ni- u. der Co-Verb. bei 390 nm. Ni kann in Ggw. der gleichen Cu-Menge mit 20% Fehler, Cu bei einem 4fachen Ni-Überschuß mit 5% Fehler bestimmt werden. Cu läßt sich neben der 100fachen Ni-Menge bestimmen, wenn Ni mit II maskiert wird. Für 1000 μg Ni sind 24 mg II, für 1000—1500μg 36 mg u. für 1500—2000 μg 54 mg erforderlich. Bei Cu-Co-Gemischen erhält man ohne II-Zusatz bei 390 nm die Summe (Cu + Co), nach Maskierung mit II nur die Cu-Menge. Bei > 100 μg Co ist eine genaue Best. nicht möglich.
I. Balke G 358◇

*1676* **Beitrag zur Spektrographie des Kupfers.** L. Alladio und A. Bianchini. (Metallurgia ital. **54**, 350—54, 1962; Torino, Centro Ric. Metallurg.; ital.) — Vff. beschreiben ausführlich die von ihnen angewandte Meth. zur quant. Best. von geringen Mengen von Verunreinigungen im Cu. Zu diesem Zweck wurden mit Elektrolyt-Cu Leg.-Proben hergestellt, die geringe Mengen Ag, Pb, Bi, As, Sb, Sn u. Ni enthielten; die höchste zugesetzte Menge der obigen Metalle betrug 0,11%. Mit der Meth. waren die folgenden geringsten Mengen quant. bestimmbar: Ni 0,01(%); Ag 0,001; Pb 0,005; Sn 0,01; Bi 0,003; Sb 0,02 u. As 0,02. C. Gottfried G 358△

*1677* **Spurenanalyse von Cu in ZnS-Phosphoren mittels Neutronenaktivierung.** I. Broser und K.-H. Franke. (Z. Physik **172**, 520—29, 1963; Berlin-Dahlem, MPG, Fritz-Haber-Inst.; dt.) — Eine direkte Cu-Best. in ZnS ist wegen der Störung der Nachw.-Rk. durch Zn mit Neutronenaktivierung unmöglich. Nach der Bestrahlung ist daher eine Trennung notwendig (Ausfällung von CuCNS aus der salpetersauren Lsg.). Als Indicator dient die β-Strahlung des $^{64}$Cu. Die die Analyse verfälschende Rk. $^{64}$Zn(n, p)$^{64}$Cu kann man durch genügend großes Flußdichteverhältnis der therm. zu den schnellen Neutronen innerhalb der geforderten Fehlergrenze halten. Die notwendigen therm. Flußdichten sind von der Konz. u. der abs. Cu-Menge abhängig. Bei einem therm. Neutronenfluß von $3 \cdot 10^{11}$ cm$^{-2}$s$^{-1}$ wurden bei der Konz. von $1 \cdot 10^{-4}$ g Cu/g ZnS $3 \cdot 10^{-8}$ g Cu nachgewiesen.
K. Maier G 358◇

*1678* **Selektive Bestimmung von Spurenmengen Silber durch Sorption von $Ag(NH_3)_2^+$ an Silicagel.** František Vydra. (Talanta [London] **10**, 753—56, 1963; Prague, Czechoslov. Acad. of Sci., Polarographie Inst., Analyt. Labor.; engl.) — Ag kann als $[Ag(NH_3)_2]^+$ auch in Ggw. von EDTA bei pH > 8,5 quant. an Silicagel adsorbiert werden. Mengen von ca. 50 μg Ag können neben 1—2 g Cu, Hg, Cd, Zn, Ni, Fe u. Bi bestimmt werden, wenn EDTA zur Maskierung der Begleitionen vorhanden ist. Genaue Vorschriften sind angegeben. R. Krämer G 359◇

*1679* **Voltamperometrie von Gold (III) an Festelektroden.** O. L. Kabanowa. (J. analyt. Chem. [UdSSR] **17**, 796—801, 1962; Moskau, Akad. der Wiss. der UdSSR, Vernadski-Inst. für Geochem. u. anal. Chem.; russ., Auszug: engl.) — $10^{-6}$ bis $10^{-4}$ m Au(III) in 0,5 m Äthylendiamintartrat zeigen an Au- oder Pt-Elektroden eine Stufe mit einem Halbstufenpotential nahe — 0,1 V gegen SCE. Die Stufe entspricht der Red. des Au-Äthylendiamintartrat-Komplexes zu Au(0). Der Grenzstrom ist proportional der Au(III)-Konzentration. Die Best. wird bei — 0,2 V ausgeführt u. erfaßt Konzz. bis herab zu $10^{-6}$ m Au(III). W. Pötsch G 360◇

*1680* **Gravimetrische Bestimmung von Palladium.** Constanța Gheorghiu und Roza Costea. (An. Univ. „C. I. Parhon", Ser. Științ. naturii, Chim. **9**, 69—71, 1960; Fac. de Chim., Labor. de chim. anorg.; rum.) — Vff. beschreiben zwei Meth. zur gravimetr. Best. von Pd als $[Pd\ en_2]_3[Cr(SCN)_6]_2$ bzw. $[Pd\ en_2][B(C_6H_5)_4]_2$. Die Ndd. sind im pH-Bereich 8—10 wenig lösl. u. bei 110° stabil. Die analyt. Faktoren betragen 0,2161 bzw. 0,1233. Zur Fällung wird der Lsg. von $Pd^{2+}$ erst en, dann eine Lsg. von $K_3[Cr(SCN)_6] \cdot 4\,H_2O$ bzw. Kalignost zugesetzt. P. Kurzmann G 365◇

*1681* **Amperometrische Titration von Palladium mit Thionalid.** Ju. I. Ussatenko und T. W. Samorskaja. (Betriebs-Labor. [UdSSR] **29**, 291—93, 1963; Dnepropetrowsk, Chem.-Technolog. Dsershinski-Inst.; russ.) — Die Best. wird mit einer rotierenden Pt-Elektrode bei E = 1—1,1 V mit 1 n $H_2SO_4$ als Grundelektrolyt u. $Bi^{3+}$ als amperometr. Indicator durchgeführt. Pt, Ir, Rh, Cu, Fe, Ag, Ni, Co, Zn, Pb, Bi, Al u. andere Metalle stören bei nicht zu großem Überschuß nicht. Es stören Au, As, Se u. Sb. Variations-Koeff. von 10 Wiederholungsmessungen 1,3%.
R. Gerbatsch G 365◇

*1682* **Amperometrische Titration von Iridium unter Verwendung der rotierenden Platinelektrode.** N. K. Pschenitzyn und N. A. Jesjerskaja. (J. analyt. Chem. [UdSSR] **14**, 81—86, 1959; Moskau, Inst. für allg. u. anorgan. Chem. der Akad. der Wiss. der UdSSR; russ.) — Vff. bestimmen geringe Mengen von $Ir^{4+}$ (aus $Na_2IrCl_6$) mit Hydrochinon oder Ascorbinsäure durch amperometr. Titration in Ggw. von Rh, Pt, Pd, Cu, Ni, Pb, Se u. Te. Störungen durch $Ru^{4+}$ können durch Behandeln mit Königswasser u. NaCl, von $Te^{3+}$ durch Zugabe von $H_3PO_4$ verhindert werden.
D. Hoene G 367◇

*1683* **Über neue Verfahren zur Steigerung der Reproduzierbarkeit und Richtigkeit der spektralanalytischen Bestimmung der Hauptkomponenten von Legierungen.** L. N. Filimonow. (Betriebs-Labor. [UdSSR] **29**, 930—35, 1963; Moskau, Wiss. Forsch. u. Projekt.-Inst. für Legierungen u. Verarbeitung von Buntmetallen; russ.) — Vf. zeigt, wie durch Auswahl geeigneter Anregungsbedingungen (verwendet wurde ein elektron. Anregungsgerät GEU-1) für Syst. mit großen negativen Abweichungen vom Raoultschen Gesetz (z. B. Al Cu) die Verdampfung so gesteuert werden kann, daß Eichkurvensteilheiten bis zu η = 8 u. damit hohe Reproduzierbarkeiten erreichbar sind. Ausgehend vom Modell der Probenverdampfung aus einer oberflächlichen Oxidschicht werden Möglichkeiten angegeben, um hauptsächlich durch geeignete Wahl der Vorfunkzeit den Einfl. dritter Partner zu unterdrücken. R. Gerbatsch 5280◇

*1684* **Über die Natur des Einflusses „dritter" Elemente auf die Intensität der Linien bei der Spektralanalyse einiger Legierungen auf Kupferbasis.** N. K. Rudnewski und Ju. Ss. Kalinin. (Nachr. Akad. Wiss. UdSSR, physik. Ser. **26**, 846—48, 1962; Gorki, Wiss. Forsch.-Inst. für Chem.; russ.) — Bei der *Fe*-Best. in *Cu-Ni-* u. *Cu-Mn*-Legg. mit Anregung von Stabelelektroden im Wechselstrombogen von 5 A lassen sich, durch die schwankende Proben-Zus. bedingt, keine eindeutigen Eichkurven in den üblichen Koordinaten aufstellen. Wird dagegen lg(VC) an Stelle von lg C gegen lg I aufgetragen, erhält man für Fe I-Linien gerade Eichkurven, so daß hier dritte Elemente hauptsächlich V beeinflussen (V-Verdampfungs-Geschw. der Fe-Atome, C deren Konz. in der Leg., I Linienintensität). Für Fe II-Linien ist noch die Berücksichtigung des Ionisationsgrades erforderlich, 3. Elemente wirken also hier auch durch Beeinflussung der Bogentemperatur. R. Gerbatsch 5280◇

*1685* **Felduntersuchungen mit Dithizon.** H. E. Hawkes. (Econ. Geol. **58**, 579—86, 1963; Berkeley, Calif., Univ. of California; engl.) — Zur Best. von *Cu*, *Pb* u. *Zn* in Böden u. Sedimenten werden detaillierte Meth. zur Feld-Unters. mit Hilfe von Dithizon beschrieben u. die Rkk. erläutert. Die Anwendbarkeit der Meth. wird diskutiert.
Ernst Schulte 5290◇

*1686* **Bestimmung der Größe zufälliger Fehler bei der chemischen Analyse geologischer Proben.** W. I. Titow, Je. P. Ossiko und E. A. Antonowa. (Betriebs-Labor. [UdSSR] **29**, 316—21, 1963; Moskau, Allunions-Forsch.-Inst. für mineralische Rohstoffe; russ.) — Aus laufenden Doppel-Best. an 25000 Proben u. aus 293 Analysen von 14 Kontrollproben in verschiedenen Laboratorien wurden Größe, Konz.-Abhängigkeit u. Verteilung der Analysenfehler für gravimetr., volumetr., polarograph., colorimetr. u. flammenphotometr. Best. von 16 Elementen in geolog. Proben verschiedener Zus. untersucht. Graph. Darst. zeigen, daß für die Abhängigkeit der Standardabweichung σ von der Konz. C allg. gilt: lg σ = lg b + k lg C, wobei b u. k für die jeweilige Analysen-Meth. charakterist. Größen sind (z. B. k = 0,32 bis 0,46 für volumetr. u. k = 0,50—0,80 für colorimetr., flammen-

photometr. u. polarograph. Meth.). Knickpunkte treten auf, wenn mit wachsendem C die Analysenbedingungen (Titer, Einwaage u.a.) geändert werden. Signifikante Abweichungen von Fehlernormalverteilungen wurden gefunden, haben aber nur geringe Bedeutung, so daß in der Praxis mit Gauß-Verteilung gerechnet werden kann.
R. Gerbatsch 5290◇

*1687* **Die quantitative Bestimmung einiger Minerale in natürlichen und künstlichen Gemischen mittels DTA.** G. O. Pilojan. (Nachr. Akad. Wiss. UdSSR, geol. Ser. **28**, Nr. 6, 24—42, 1963; Moskau, Inst. für Geol. der Erzlagerstätten, Petrograph., Mineral. u. Geochem. der Akad. der Wiss. der UdSSR; russ.) — Übersicht unter besonderer Berücksichtigung von Unterss. an Gips–Kaolin–Schamotte-, Steinsalz–Gips–Polyhalit- u. Magnesit–Calcit-Gemischen. — 22 Literaturangaben. M. Hähnert 5290◇

*1688* **Derivatographische Bestimmung des Calcitgehaltes von Bauxiten.** F. Paulik, G. Liptay und S. Gal. (Talanta [London] **10**, 551—56, 1963; Budapest, TU, Inst. for General Chem.; engl.) — Der aus der thermogravimetr. Kurve erhaltene Calcit-Geh. fällt in vielen Fällen zu hoch aus. Dieser Fehler wird darauf zurückgeführt, daß manche Bauxite erst oberhalb 650° vollständig zersetzt werden, so daß eine Überschneidung mit dem therm. Zers.-Bereich des Calcits erfolgt. Eine graph. Meth. zur Abschätzung dieses Fehlers wird empfohlen. Es treten ferner Störungen auf, wenn der Bauxit durch Pyrit oder Alunit verunreinigt ist. Die durch Pyrit hervorgerufenen Störungen lassen sich beseitigen, wenn unter $CO_2$-Atmosphäre gearbeitet wird.
H. Kuchenbecker 5292◇

## b) Organische Verbindungen

*1689* **Neue elementar-analytische Mikromethoden auf dem Prinzip des reduzierenden Aufschlusses durch Magnesium.** Josef Jeník. (Sborník vědeckých Prací, Vysoká Škola chem.-technol. Pardubice **1961**, Nr. 2, 183—241; Kat. Anal. Chem.; tschech.) — Übersicht über die Anwendung von Mg-Pulver bei der Elementaranalyse (Best. von C, N, Halogene, S, P, As, Si u. Sb). — 100 Literaturhinweise.
W. Wesly 5352◇

*1690* **Neue Gedanken zur organischen Mikroanalyse. 1. Mitt. C—H, O, N, Halogene, S und andere Elemente.** Wolfgang Schöniger. (Advances analyt. Chem. Instrumentat. **1**, 199—240, 1960; Basel, Sandoz Ltd.; engl.) — Krit. Überblick über Modifikationen u. neue Meth. auf dem Gebiet der organ. Elementaranalyse im Mikromaßstab. — 276 Literaturangaben. Gerhard Schulze 5352◇

*1691* **Schnellmethode zur Bestimmung von H, Cl, Br, J, S und N in organischen Verbindungen.** Bengt Smith und Ulf Persmark. (Acta chem. scand. **16**, 2053—54, 1962; Göteborg, Chalmers TH, Inst. för Org. kem.; engl.) — Bei der Pyrolyse am glühenden Pt-Draht in $H_2$-Atmosphäre bildet sich aus halogenhaltigen organ. Verbb. HHal, aus S-haltigen $H_2S$ u. aus N-haltigen HCN. Zur Best. von H wird die Pyrolyse in Ggw. von S in $N_2$-Atmosphäre vorgenommen. Die Pyrolyse-Prodd. werden mit $H_2$ in 0,5 ml 10%ig. NaOH-Lsg. übergeführt u. analysiert. Die Pyrolyse dauert 10—110 Sek., 3—5 mg oder 4—6 $\mu$l Substanz werden benötigt. Die App. wird beschrieben. R. Krämer 5352◇

*1692* **Notiz über einen Nachweis von organisch gebundenem Rhodan nach der Arbeitsweise der Tüpfelanalyse. 4. Mitt. Über organische Rhodanverbindungen.** R. Pohloudek-Fabini, D. Göckeritz und M. Schüßler. (Mikrochim. ichnoanalyt. Acta [Wien] **1963**, 668—73; Greifswald, Ernst-Moritz-Arndt-Univ., Pharmazeut. Inst.; dt.) — 2. vgl. C. **1962**, 8957. — Zur Mikrobest. organ. gebundenen Rhodans mittels $Na_2SO_3$ werden wenige mg der Verb. oder 1—2 Tropfen (Tr) einer Lsg. derselben mit 4—5 Tr n-Butanol, 2 Tr 10%ig. $Na_2SO_3$-Lsg. u. 5 Tr 2%ig. NaOH gemischt, fast zur Trockne eingedampft, nochmals mit 2 Tr $Na_2SO_3$ eingedampft, nach Zusatz von 1 Tr 10%ig. $FeCl_3$-Lsg. abgekühlt u. mit 3 Tr 15%ig. $H_2SO_4$ angesäuert, wobei bei positiver Rk. Fällung oder Färbung von Berliner Blau eintritt. Aus 1-Rhodan-2.4-dinitrobenzol wird $SCN^-$ abgespalten, das rotes $Fe(SCN)_3$ bildet. Die Erfassungsgrenzen lagen zwischen 23,2 u. 115,8 $\mu$g $SCN^-$, die Grenz-Konzz. zwischen 1 : 200 u. 1 : 1600.
K. Maier 5360◇

*1693* **Analyse der Dampfphasenbutannitrierungsprodukte durch Gaschromatographie mit Parallelsäulen.** R. M. Bethea und F. S. Adams jun. (J. Chromatogr. [Amsterdam] **10**, 1—8, 1963; Ames, Iowa, Univ. of Sci. and Technol., Chem. Engng. Dep.; Cincinnati, Ohio, Procter and Gamble Co., Miami Valley Labor.; engl.) — Bei der quant. Unters. der drei anfallenden Phasen werden durch drei verschiedene Trennsäulen (Armeen SD, Apiezon N, Squalan, Aktivkohle mit 2% Squalan), die $C_1$—$C_4$-Nitroparaffine neben $H_2O$, Oxydations-Prodd., wie $CH_3OH$, HCHO, Gase, wie NO, $NO_2$, $CO_2$ u. $HNO_3$, mit einer Genauigkeit von $\pm 2\%$ des wahren Geh. einer jeden Komponente bestimmt. Die C- u. N-Mengenbilanz kann bis auf annähernd 92% bestimmt werden. W. Leipnitz G 510

*1694* **Coulometrische Mikrobestimmung von 2.3-Dimercaptopropanol.** Wiktor Kemula und Wanda Brachaczek. (Chem. analit. [Warszawa] **8**, 579—83, 1963; Warszawa, Polish Acad. of Sci., Inst. of Phys. Chem.; pol.) — Die coulometr. Best. von 2.3-Dimercaptopropanol (I) erfolgt bei konst. Stromstärke in wss.-alkohol. KJ-haltiger Lösung. Hierbei wird I durch anod. erzeugtes $J_2$ zum entsprechenden Disulfid oxydiert. Der Endpunkt wird amperometr. mit Hilfe zweier Pt-Indicatorelektroden, zwischen denen eine Spannung von 100 mV liegt, ermittelt. Die günstigsten Ergebnisse werden in acetatgepufferter 50%ig. alkohol. Lsg., die 0,05 m in bezug auf KJ ist, erzielt; ca. 0,15 mg I lassen sich bestimmen.
H. Kuchenbecker G 600◇

*1695* **Schnellmethode zur Bestimmung von Acetylmethylcarbinol in Essig.** G. Ruggieri und F. M. Minutilli. (Rass. Chim. **14**, 142—43, 1962; Roma, Univ., Ist. di Merceolog.; ital.) — Eine colorimetr. Meth. zur Best. von *Acetylmethylcarbinol* (*Acetoin*) in Essig wird beschrieben, die sich gegenüber den gebräuchlichen Meth. von Kuiphorst-Kruisheer [1937] u. von Mecca [1953] durch ihre schnellere Ausführung (45 Min.) auszeichnet. Die Meth. beruht auf der Extraktion des Ni-Dimethylglyoxims aus dem Destillat u. Messung der Extinktion bei 500 nm. G. Platzer G 740◇

*1696* **Colorimetrische Bestimmung des Dihydroxyacetons.** A. Pribela. (Nahrung **7**, 382—90, 1963; Bratislava, Slowak. TH, Inst. für chem. Technolog. der Saccharide; dt.) — Zur Best. von Dihydroxyaceton (I) wird die Intensität der Gelborangefärbung nach Umsatz mit p-Toluidin u. Barbitursäure bei 476 nm gemessen u. an Hand von Eichkurven ausgewertet. Die Rk.-Partner werden in Isopropanol 30 Min. lang auf 80° erhitzt, die maximale Farbtiefe bleibt ca. 20 Min. lang konstant. Monosaccharide (II) u. Furan-Derivv. (III) gehen eine ähnliche Rk. ein. In Ggw. von II läßt man die Rk. bei 20° ablaufen, dadurch wird zwar die Empfindlichkeit von 1 bis 25 $\mu$g/ml auf 10—250 $\mu$g/ml Meßlsg. herabgesetzt; es entfällt aber die Notwendigkeit von Vortrennungen. Die Ggw. von III fordert chromatograph. Trennung von I u. III. Das Verf. wird mit bisher üblichen, weniger spezif. Meth. verglichen u. eine Hypothese über den Chemismus der Farb-Rk. aufgestellt.
W. Kupfer G 740◇

*1697* **Papierchromatographischer Nachweis von Dihydroxyaceton neben Glycerin.** D. Waldi und H. R. Lange. (Naturwissenschaften **50**, 126, 1963; Darmstadt, E. Merck Akt.-Ges., Forschungslabor., Biochem. Abt.; dt.) — Bei Anfertigung zweier Vgl.-Chromatogramme sind die Mengen von gemeinsam wanderndem Glycerin (I) u. Dihydroxyaceton (II) abschätzbar, wenn das eine Chromatogramm mit einer Lsg. von 0,1 g 2.4-Dinitrophenylhydrazin in A.–konz. HCl (100 : 1) besprüht u. das andere zuerst mit 0,1%ig. wss. $NaJO_4$-Lsg. u. anschließend mit der Lsg. von 2,8 g Benzidin in A.–W.–Aceton–1n HCl (80 : 70 : 30 : 1,5) behandelt wird. Chromatograph. Trennung [$R_F$ (I) 0,40; $R_F$ (II) 0.52] erreicht man mit einem Laufmittel aus Phenol–Xylol (1 : 1), das zu 75% mit W. gesätt. wird. Die mit $NaJO_4$ u. Benzidin angefärbten Verbb. sind bes. gut in gefiltertem UV-Licht (365 nm) erkennbar.
F.-M. Friedrich-Anderseck G 740◇

*1698* **Quantitative Bestimmung des Acrylnitrils mit Hilfe von Hexamethylenimin.** A. P. Terentjew, M. M. Buslanowa, Ss. I. Obtemperanskaja und W. Je. Wolodsko. (Nachr. Moskauer Univ., Ser. II **17**, Nr. 5, 83—84, 1962; Lehrstuhl für organ. Chem.; russ.) — Acrylnitril läßt sich quant. durch Rk. mit Hexamethylenimin (I) in Methanol in Ggw. von wenig Essigsäure (4std. Stehen), Binden des überschüssigen I mit Essigsäureanhydrid u. Titration des entstandenen Hexamethylen-[β-cyanäthyl]-amins mit HCl gegen Methylrot–Methylenblau bis zur rosavioletten Farbe bestimmen. Die Genauigkeit beträgt ±0,3 abs. %. Es stören Acrylsäure u. -ester. Helmut Schäfer G 810△

*1699* **Spektralphotometrische Bestimmung von Acrylnitril neben Styrol.** K. H. Birr und G. Zieger. (Z. analyt. Chem. **196**, 351–54, 1963; Frankfurt/M., H. J. Zimmer-Verfahrenstechn.; dt.) — Die UV-Spektren von Acrylnitril (I) u. Styrol (II) werden in dem Bereich von 200–320 nm untersucht. Eine Arbeitsvorschrift zur Best. von I wird angegeben. Der relative Fehler beträgt höchstens 3%. Bis zu 0,2 mg I pro Liter II lassen sich bestimmen. H. J. Altmann G 810◇

*1700* **Chromatographie quaternärer Stickstoffverbindungen an gepufferten Kationenaustauscherharzen.** D. D. Christianson, J. S. Wall, J. F. Cavins und R. J. Dimler. (J. Chromatogr. [Amsterdam] **10**, 432–38, 1963; Peoria, Ill., Northern Reg. Res. Labor.; engl.) — Zur Trennung quatern. N-Verbb. (I) empfehlen Vff. die Chromatographie an Amberlite IR-120 (CG-120) bzw. Aminex-MS mit Na-Citratpuffern vom pH 2,2, 3,25, 4,25 bzw. 5,28 u. 0,2 bzw. 0,35n an $Na^+$-Ionen als Elutionsmittel. Der Geh. an I wird durch Messung der UV-Absorption der Perjodid-Derivv. bestimmt (vgl. C. **1961**, **3105**). Die Meth. wurde an reinen Verbb. (*Betain, Stachydrin, Trigonellin, Carnitin, γ-Butyrobetain, Cholin* u. *N-Methylnicotinamid*) sowie an einem wss. Extrakt aus Maiskörnern mit Erfolg angewendet. M. Finke G 900◇

*1701* **Trennung der niederen aliphatischen Amine durch Gaschromatographie.** Y. L. Sze, M. L. Borke und D. M. Ottenstein. (Analytic. Chem. **35**, 240–42, 1963; Pittsburgh, Pa., Duquesne Univ., School of Pharm.; Fisher Sci. Co.; engl.) — An Chromosorb W mit Tetrahydroxyäthyläthylendiamin (I) u. Tetraäthylenpentamin (II) in verschiedenen Verhältnissen als fl. Phase können 9 niedere aliphat. Amine u. $NH_3$ getrennt werden. Mit einer 15 ft. langen Säule von 4 mm ∅ mit 2% I u. 6% II auf Chromosorb W, bei einem He-Trägergasstrom von 100 ml/min erhält man bei 58° folgende Retentionszeiten, die auf die Luftbande korr. sind: *$NH_3$* 0,6, *Methylamin* 1,6, *Dimethylamin* 1,3, *Trimethylamin* 0,5, *Äthylamin* 2,55, *Diäthylamin* 3,4, *Triäthylamin* 2,95, *n-Propylamin* 5,5, *Di-n-propylamin* 11,1 u. *Tri-n-propylamin* 13,3. Die Trennung wird durch Erhöhen der Konz. der fl. Phase auf 5% I u. 15% II noch besser. R. Krause G 910◇

*1702* **Qualitative Analyse höherer aliphatischer Amine.** M. Oktawiec. (Prace Inst. hutniczych **14**, 203–09, 1962; pol.) — Titrimetr. Best. des Gesamtamin-N mit wasserfreier methanol. HCl. Die prim. u. sek. Amine werden nach Umsetzung mit $CS_2$ zu Amidodithiokohlensäure alkalimetr. bestimmt. Die sek. Amine werden durch Resttitration, nachdem die prim. mit 2.4-Pentadion umgesetzt wurden, ermittelt. P. Kadach G 910◇

*1703* **Dünnschicht-chromatographische Trennungen von Aminosäuren an Cellulose-Schichten.** Paul Wollenweber. (J. Chromatogr. [Amsterdam] **9**, 369–71, 1962; Düren/Rhld., Machery, Nagel & Co., Wiss. Abt.; dt.) — Vf. untersucht die Trennung von Aminosäuren (I) auf Celluloseschichten (Machery-Nagel Nr. 300) ohne Gipszusatz. Laufzeiten 30–90 Min., günstigste Probenmenge ca. 1 γ/Aminosäure. Nach der Chromatographie werden die Platten mit Ninhydrin-Lsg. gesprüht u. ca. 30 Min. auf 70° erhitzt, wobei verschieden gefärbte Flecken erscheinen. $R_F$-Werte von 15 I in 9 verschiedenen Laufmittel-Syst. werden tabellar. angegeben. M. Finke G 950◇

*1704* **Chromatoelektrophorese von Aminosäuren.** Zbigniew Podeszewski. (Roczniki państwowego Zakładu Hig. **13**, 71–75, 1962; Olsztyn, Zakł. Zabezpieez. Surowc. Rybnych WSR; pol.) — Vf. trennt ein Gemisch von 18 Aminosäuren [*Alanin, Arginin, Asparaginsäure, Cystein, Phenylalanin, Glutaminsäure, Glycin, Histidin, Isoleucin* (I), *Leucin* (II), *Lysin, Methionin, Prolin, Serin, Threonin, Tryptophan, Tyrosin, Valin*] in der ersten Dimension durch Papierchromatographie u. in der zweiten durch Niederspannungselektrophorese. Nur I u. II wurden nicht scharf voneinander getrennt. Papierchromatographie: Laufmittel: n-Propanol. Ameisensäure: W. (70: 15: 15), n-Butanol: Ameisensäure: W. (24: 4: 4). Niederspannungselektrophorese: 2 Std. in Acetatpuffer (pH 2) bei 15 V/cm u. 2–3 mA/cm. Entw. mit Ninhydrin-Lsg. bei 40° innerhalb von 30 Minuten. J. Sobel G 950◇

*1705* **Eine neue papierchromatographische Methode und die quantitative Bestimmung von Aminosäuren.** Thadée Staron, Claude Allard und Marie-Madeleine Chambre. (C. R. hebd. Séances Acad. Sci. **253**, 1630–32, 1961; Versailles, France, Serv. de Biochim. de la Stat. centrale de Pathol. végétale, I.N.R.A.; franz.) — Aminosäuren können durch absteigende Chromatographie getrennt werden, bei mehr als 10 Aminosäuren nach dem zweidimensionalen Verfahren. Das Papier wird mit 30%ig. Cyclohexanol in Aceton imprägniert. Als Entwickler dienen Butanol: Iso-: tert.-Butanol: Methanol: Diäthylketon: Pyridin: W. = 1:1:1:1:2:2:1 oder Butanol: Methanol: Diäthylketon: Pyridin: W. = 3:1:2:2: 1 + 2% Methylcyclohexanol, als Detektor 2% Ninhydrin in 30%ig. Methylcyclohexanol in Aceton. Die Laufzeit beträgt bei 28° 40 Std., bei 20° 4 Tage. Die Verluste überschreiten 2% nicht. Nach dem Trocknen werden die Flecken ausgeschnitten u. mit 4 ml 50%ig. A. übergossen. Nach 30 Min. wird die Farbintensität mit einem Photocolorimeter bei 570 nm gegen ein weißes Papier gemessen. I. Balke G 950◇

*1706* **Papierchromatographie mit flüssigen Ionenaustauschern.** W. H. Orme-Johnson und C. G. Skinner. (J. Chromatogr. [Amsterdam] **11**, 549–51, 1963; Austin, Tex., Clayton Foundat. Biochem. Inst.; Univ. of Texas, Dep. of Chem.; engl.) — Zur Trennung der α-Aminodicarbonsäuren von den entsprechenden Amiden wurde eine 5%ig. Lsg. des fl. Ionenaustauschers Amberlite LA-2 in n-Butanol, gesätt. mit 0,5m Phosphatpuffer, pH 6, auf Papier Whatman Nr. 1 als Steig-Fl. verwendet. Diese Steig-Fl. erwies sich allg. als geeignet zur Trennung der *Aminosäuren*. Die Anfärbung kann direkt mit 0,2% Ninhydrin in Aceton vorgenommen werden. Die $R_F$-Werte von Alanin $R_F$ 0,13, Arginin 0,01, Asparaginsäure 0,42, Asparagin 0,04, Cystein 0,03, Cystin 0,03, Glutaminsäure 0,51, Glutamin 0,05, Histidin 0,06, Glycin 0,08, Isoleucin 0,46, Leucin 0,50, Lysin 0,01, Methionin 0,33, Phenylalanin 0,53, Prolin 0,17, Serin 0,09, Threonin 0,14, Tryptophan 0,28, Tyrosin 0,23, Valin 0,31 wurden bei Zimmer-Temp. bestimmt. K. Dorfner G 950◇

*1707* **Die Schnellbestimmung von L-Leucin, L-Isoleucin und L-Valin in einer Mischung durch Infrarot-Spektrometrie.** Shin-ichiro Kaga und Taizo Hayashi. (J. agric. chem. Soc. Japan [Nippon Nôgei-Kagaku Kaishi] **37**, 116–17, 1963; Yanagishima Factory, Dai-ichi Seiyaku Co. Ltd.; jap.) H. Franzen G 950◇

*1708* **Bestimmung von ε-Caprolactam in technischen Lösungen durch eine Formaldehydmethode.** Zdzisław Ziółkowski, Józef Respondek und Jan Przondo. (Chem. analit. [Warszawa] **8**, 273–78, 1963; Wroclaw, Politechn., Dep. of Chem. Engng.; pol.) — ε-Caprolactam wird aus techn. Lsgg. mit Trichloräthylen extrahiert u. mit Formaldehyd in eine Schiffsche Base übergeführt, die anschließend alkalimetr. bestimmt wird. Der Extraktionsaufwand läßt sich erheblich verringern, wenn man mit 50%ig. $(NH_4)_2SO_4$-Lsg. aussalzt. H. Kuchenbecker G 950◇

*1709* **Analysen der Zwischenprodukte von Farbstoffen durch IR-Absorptionsspektroskopie.** 1. Mitt. **Quantitative Analyse von Chlornitrobenzolisomeren.** Naofumi Ōi und Kei-ichiro Miyazaki. (J. pharmac. Soc. Japan [Yakugakuzasshi] **77**, 1027–29, 1957; Osaka, Sumitomo Chem. Co., Osaka Works, Res. Dep.; jap., Auszug: engl.) — Die quant. Best. von *2-Nitro-* (I), *3-Nitro-* (II) u. *4-Nitrochlorbenzol* (III) gelingt mittels IR-Absorptionsspektroskopie. Bei der Überprüfung der Resultate nach der Meth. von Youden (vgl. Analytic. Chem. **19**, [1947], 946) ergaben sich Standardabweichungen für I von 0,63%, für II von 0,33% u. für III von 0,60%. IR-Spektren s. Original. H. Krause G 1010△

*1710* **Analysen der Zwischenprodukte von Farbstoffen durch IR-Absorptionsspektroskopie.** 2. Mitt. **Quantitative Analyse von Chlordinitrobenzolisomeren.** Naofumi Ōi und Kei-ichiro Miyazaki. (J. pharmac. Soc. Japan [Yakugakuzasshi] **77**, 1030–32, 1957; jap., Auszug: engl.) — 1. vgl. vorst. Referat. — Bei der quant. Best. mittels IR-Absorptionsspektroskopie ergaben sich bei der Überprüfung der Resultate nach der Meth. von Youden Standardabweichungen für *2.4-Dinitrochlorbenzol* von 0,56%, für *2.6-Dinitrochlorbenzol* von 1,68% u. für *3.4-Dinitrochlorbenzol* von 0,51%. IR-Spektren s. Original. H. Krause G 1010△

*1711* **Diphenylpikrylhydrazil als Reagens für Phenole in der Papierchromatographie.** 2. Mitt. Hermann Herzmann und Peter Venker. (Z. Chem. **1**, 221, 1961; Berlin-Buch, Inst. für Med. u. Biolog. der Dt. Akad. der Wiss., Bereich Angew. Isotopenforsch.; dt.) — Papierchromatogramme werden mit einer $5 \cdot 10^{-4}$m Lsg. von *Diphenylpikrylhydrazil* in Aceton besprüht: Die violette Farbe des Papiers wird durch minimal 0,06 $\mu$g *Brenzcatechin, Hydrochinon, Pyrogallol, Protocatechusäure, Gallussäure* u. deren Ester sowie durch nicht angegebene Mengen *Quercetin* u. *Kaffeesäure* ausgelöscht. Hydroxyphenole, wie Resorcin u. Phloroglucin, sowie Monophenole sind mit vorst. Rk. der Farbauslöschung nicht nachweisbar.
S. Dittmann-Mitzscherlich G 1060◇

*1712* **Über die chromatographische Bestimmung von 4-Chlor-2-methylphenoxyessigsäure.** Sanja Ghyczy. (Kem. u Ind. [Zagreb] **10**, 119—24, 1961; Zagreb, Pliva; kroat.) — Zur Ausarbeitung eines Verf. zur Analyse von 4-Chlor-2-methylphenoxyessigsäure (I) werden die möglichen Begleitstoffe von I, nämlich 2-Methyl-, 6-Chlor-2-methyl- u. 4.6-Dichlor-2-methylphenoxyessigsäure, rein dargestellt. Die zur Trennung verwendete chromatograph. Kolonne wird mit Diatomeenerde (Hyflo Supercel) beschickt, die zuerst mit $Na_2HPO_4$–$NaH_2PO_4$-Puffer-Lsg., dann mit Chlf.–Ae.-Gemisch 1 : 1 vorbehandelt wird. Die Trennung wird an einem synthet. Gemisch ausgearbeitet u. an techn. I erprobt.
R. K. Müller G 1200◇

*1713* **Adsorption polarer Moleküle durch lineare Polyamide 4. Mitt. Chromatographische Trennung aromatischer Amine.** Vincenzo Carelli. (Ricerca sci. **30**, 2382—86, 1960; Roma, Univ., Ist. di Chim. farm. e tossicol.; ital.) — 3. vgl. C. **1960**, 5774. — Die l. c. beschriebene Meth. wurde auf die Trennung eines Gemisches von *N.N-Dimethylanilin, N-Methylanilin* u. *Anilin* mit Erfolg angewandt. Zur Trennung wurden 3 ml Cyclohexan (I) verwendet, die je 30 mg der 3 Amine enthielt; die Säule enthielt 5,6 g Polyhexamethylenadipinsäureamid u. eluiert wurde mit I. C. Gottfried G 1310△

*1714* **Weiterentwicklung der Trennung von Jod, Mono- und Dijodtyrosin mit Hilfe von modifizierter Holzkohle.** Israel Posner und Enrique Pimentel. (Nature [London] **199**, 177—78, 1963; Caracas, Univ. Central de Venezuela, Inst. de Med. Exp., Cat. de Patol. Gen. y Fisiopatol.; engl.) — Vgl. Nature [London] **195**, [1962], 1097. — Die l. c. beschriebene Meth. wird vervollständigt, indem A. vor der Chromatographie herausgewaschen wird u. zwei selektive Elutionsmittel (verschieden konz. alkohol. Alkali-Lsgg.) für Mono- u. Dijodtyrosin benutzt werden. Die Schärfe der Trennung wird papierchromatograph. mit n-Butanol–Eisessig–W. (78 : 5 : 17) als Laufmittel kontrolliert. Radiochem. ($^{131}$J als Indicator) werden systemat. Schwierigkeiten bei der chem. Hydrolyse u. Eluierung sowie die Vorteile der enzymat. Polypeptidhydrolyse ermittelt. W. Kupfer G 1350◇

*1715* **Analytische Aspekte der Oxydation organischer Stickstoffverbindungen mit Chromsäure. 4. Mitt. Oxydation aromatischer Azoverbindungen und Bestimmung der Azogruppen.** P. Kozák, Vl. Novák, Zd. Boháčková und M. Jureček. (Mikrochim. ichnoanalyt. Acta [Wien] **1963**, 643—54; Pardubice, ČSSR, Chem. Technol. Hochsch. Inst. für analyt. Chem.; dt.) — 2. vgl. C. **1963**, 5591. — Die l. c. beschriebene App. u. Meth. wurde vervollkommnet u. zur Azogruppen-Best. in *Azobenzol, 4-Hydroxy-, 4-Methoxy-, 4-Amino-, 4-N.N-Dimethylamino-, 4-Acetylamino-, 4-Methyl-4'-hydroxy-, 4-Methyl-, 4.4'-Dimethyl-, 2-Hydroxy-5-methyl-2'-methoxy-, 2-Hydroxy-5-methyl-2'-methyl-, 2-Hydroxy-5-methyl-4'-methylazobenzol; 2-Hydroxy-(1.2')-azonaphthalin; 2.5-* u. *2.3-Dimethyl-, 2-, 3-* u. *4-Methyl-, 3-* u. *4-Nitro-, 2.4-Dinitro-, 3-Nitro-4-methyl-, 2-Methyl-5-nitro-* u. *2-Nitro-4-methylbenzol-* sowie *Benzol-(1.1')-azo-2'-naphthol* benutzt. Dazu wird die Azo-Verb. in einem heizbaren Al-Block in einer geschlossenen App. mit Chromsäure/$H_2SO_4$ aufgeschlossen. Der entwickelte $N_2$ wird mit $CO_2$ in ein Halbmikroazotometer gespült, das Aufschlußgemisch wird mit 0,2n $FeSO_4$-Lsg. titriert u. eine im einzelnen definierte Oxydationszahl errechnet. C, H u. N in seinen verschiedenen Funktionen werden bestimmte Oxydationswerte zugeordnet. Aus Azogruppen entsteht $N_2$, aus $NO_2$-Gruppen $HNO_3$ u. aus $NH_2$-Gruppen $NH_3$. Die Oxydationszahlen entsprechen meistens der Erwartung. Ausnahmen treten auf bei Verzweigungen im Alkylrest bei substituierten Aminen. W. Kupfer G 2700◇

*1716* **Die Reaktion von S-Methylglucosylisothioharnstoff mit Histidin.** K. Maekawa und Irvin E. Liener. (Arch. Biochem. Biophysics **91**, 101—07, 1960; St. Paul, Minn., Univ. of Minnesota, Dep. of Agric. Biochem.; engl.) — Die Behandlung von *Histidin* (I) mit S-Methylglucosylisothioharnstoff bei pH 8,4 führte zur Bldg. von 5 Pauly-positiven I-Derivv., die durch Papierelektrophorese oder durch Chromatographie auf Dowex-50 (Abtrennung des Zuckerrestes von mindestens 2 Verbb.) getrennt werden konnten. Chromatographie auf Cellulosesäulen ermöglichte die Isolierung der 2 Hauptprodd. der Rk.; diese sind I-Derivv., bei denen eine Glucosylamidylgruppe am $\alpha$-Amino-N u. eine weitere an C 2 oder C 4 des Imidazolrings sitzt. K. Zingraf G 3122□

*1717* **Polarographische Untersuchung von Phthaleinderivaten vom Xanthen-Typ.** 1. Mitt. **Reduktion der chinoiden und der Lacto-Form des 3.6-Bis-[diäthylamino]-9-[2'-carboxyphenyl]-xanthydrols (Rhodamin B).** Gy. Pályi, F. Péter und I. Szeberényi. (Acta chim. Acad. Sci. hung. **32**, 387—95, 1962; Budapest, TU, Dep. of Appl. Chem.; engl.) — Bei der Red. des *3.6-Bis-[diäthylamino]-9-[2'-carboxyphenyl]-xanthydrols* (*Rhodamin B*) (I) an der Hg-Tropfelektrode wurden im pH-Bereich 2,11—11,50 zwei polarograph. Stufen beobachtet. Aus der Änderung des Hg-Niveaus, der Depolarisator-Konzz. u. der Temp. geht hervor, daß die bei negativerem Potential auftretende Stufe als Adsorptionsstufe der ersteren angesehen werden kann. Dagegen deutet die Gesamthöhe der beiden Stufen auf diffusionsbedingten Red.-Strom hin. Weiterhin wurde die pH-Abhängigkeit des zwischen der chinoiden u. der Lactoform bestehenden Gleichgewichts sowie der der jeweiligen Form entsprechende Red.-Mechanismus untersucht. Die Gleichgewichts-Konst. $K_{LC}$ des Gleichgewichts $L + OH^- \rightleftharpoons C$ der chinoiden u. der Lactoform beträgt $10^{7,35}$. Die lineare Abhängigkeit der Gesamthöhe der beiden Stufen von der I-Konz. im Konz.-Bereich $10^{-4}$ bis $10^{-3}$m sowohl in saurer als auch in bas. Lsg. bietet eine analyt. Meth. zur quant. Best. von I bei einem mittleren Fehler von $\pm 1,5\%$ für $10^{-3}$m I-Konzentration. Als Grundelektrolyt wird Britton-Robinson-Puffer verwendet. E. Beyerle G 3211◇

*1718* **Die Bestimmung von $\beta$- und $\gamma$-Picolinen und von 2.6-Lutidin in der $\beta$-Picolinfraktion.** M. M. Bragilewskaja, I. Je. Kogan und M. Je. Neimark. (Koks u. Chem. [UdSSR] **1962**, Nr. 4, 44—47; Charkow, Forschungsinst. für Kohlechem.; russ.) — Lsgg. von $\beta$- (I) u. $\gamma$-Picolinen (II) u. 2.6-Lutidin (III) in 0,1n $H_2SO_4$ zeigen je 1 Maximum des Absorptions-Koeff. (E) im UV bei Wellenlängen von 260,0, 252,5 u. 270,0 nm. Durch Messung der opt. Dichte für die Maxima kann im Gemisch die Konz. der einzelnen 3 Komponenten durch Auflösen der 3 Gleichungen mit 3 Unbekannten $D = E_1 C_1 + E_2 C_2 + E_3 C_3$ (D = opt. Dichte, C = Konz. bestimmt werden. Die Konz. der Lsg. soll 0,015 g/Liter betragen. Die Best. kann auch nach der graph. Meth. erfolgen, wobei noch bei der Wellenlänge 262,5 die opt. Dichte gemessen wird. Für $\alpha$-Picolin (IV) liegt das Maximum für E bei 262,5 nm, wobei dieser E-Wert für die gleiche Wellenlänge bedeutend höher liegt als bei I. Die Anwesenheit von IV stört dadurch die spektrometr. Meth. der Analyse der I-Fraktion. Bei den techn. Proben der I-Fraktion wird das evtl. anwesende IV als Fraktion bis 138° auf einer Kolonne mit 25 Böden abdestilliert. Der mittlere Fehler der Best. einzelner Komponenten übersteigt nicht 4,5 Rel.-%. W. Füner G 3231◇

*1719* **Organische Analyse.** 29. Mitt. **Ein neues Sprühreagens für reduzierende Zucker.** Tsutomu Momose und Masaru Nakamura. (Talanta [London] **10**, 115—16, 1963; Fukuoka, Japan, Univ. of Kyushu, Med. Fac., Pharm. Inst.; engl.) — 28. vgl. C. **1962**, 11891; 37. vgl. C. **1963**, 21671. — *Arabinose, Ascorbinsäure, Fructose* (**I**), *Galaktose* (**II**), *Glucosamin* (**III**), *Glucose* (**IV**), *Glucuronolacton, Lactose* (**V**), *Maltose* (**VI**), *Rhamnose, Ribose* (**VII**) u. *Xylose* werden papierchromatograph. mit den Laufmitteln mit W. gesätt. n-Butanol (**A**), n-Butanol–$C_2H_5OH$–W. (40 : 10 : 50; **B**), Äthylacetat–Pyridin-W. (8 : 2 : 1; **C**) oder mit W. gesätt. Phenol (**D**) getrennt u. an der Luft getrocknet. Die Chromatogramme werden dann mit einer Lsg. von 0,4 g K-Salz der 3.6-Dinitrophthalsäure in 100 ml W. u. Zusatz von 2,0 g $K_2CO_3$ besprüht, an der Luft getrocknet u. 3 Min. lang auf 100° erhitzt. Die reduzierenden Zucker erscheinen als weinrote Flecken auf blaßrosa Untergrund. Die Empfindlichkeit entspricht der von Anilinhydrogenphthalat oder p-Anisidinhydrochlorid. Höhere Empfindlichkeit zeigen: **II, III VII** u. **A** (0,2 μg), **I, IV** u. **B** (0,2 μg), **VI** u. **B** (0,5 μg), **I, II** u. **C** (0,2 μg), **V, VI** u. **D** (2,0 μg). K. Ross G 3400◇

*1720* **Nachweis einiger Desoxyzucker und Aldehyde unter Verwendung von Thiobarbitursäure.** L. D. Saslaw und V. S. Waravdekar. (Arch. Biochem. Biophysics **90**, 245–49, 1960; Washington, D.C., Armed Forces Inst. of Pathol., Biochem. Branch; engl.) — Mit Hilfe 0,6%ig. Thiobarbitursäurereagens gelingt papierchromatograph. der Nachw. von *Glycerinaldehyd, Dihydroxyaceton, Glykolaldehyd, N-Acetylglucosamin, Na-Glyoxylat, 2-Desoxyribose, 2-Keto-3-desoxygluconsäure, N-Acetylneuraminsäure* (nach vorheriger Oxydation mit 0,025m $HIO_4$ in 0,125n $H_2SO_4$), *Shikimisäure, Chinasäure, Malonaldehyd-bis-[diäthylacetal]*, ferner von *Desoxyadenosin, Desoxyguanosin, Desoxyinosin, Dihydrothymidin, Dihydrodesoxyuridin, Desoxycytidin, Methyldesoxycytidin, Desoxyribose-5-phosphat, Desoxyadenylsäure, Desoxyguanylsäure.* U. Tausendfreund G 3400◇

*1721* **Über den Einfluß einiger Anionen auf die Diphenylaminreaktion von Dische.** A. M. Powerenny und T. L. Aleinikowa. (Ukrain. biochem. J. **34**, 910–14, 1962; Rostow/Don, Medizin. Inst., Lehrstuhl für biolog. Chem.; russ., Auszug: engl.) — Der Nachw. von *Desoxypentosen* nach Dische mit Diphenylamin (**I**) soll durch Fremdionen gestört werden. Es wurde deshalb der Einfl. von NaCl, KCl, HCl, $Na_2SO_4$, NaBr, $Na_2HPO_3$, NaF u. $HClO_4$ auf die I-Rk. untersucht. In Abhängigkeit von der Konz. des Anions, nicht jedoch von der Konz. der Desoxyribonucleinsäure beeinflussen $Cl^-$, $Br^-$ u. $F^-$ die I-Rk. sehr stark. In Ggw. von 0,2m NaCl-Lsg. wird die Intensität der I-Rk. z. B. um 28–29% unterdrückt. O. Lebtag G 3400△

*1722* **Acylierte Anthocyane.** 1. Mitt. **Methode zur Bestimmung des Acyl- und Zuckerrestes in Anthocyanidin-3-(acyl)-disacchariden.** Leonhard Birkofer und Christelmargot Kaiser. (Z. Naturforsch. **18b**, 337, 1963; Köln, Univ., Inst. für organ. Chem.; dt.) — Anthocyane werden mit $H_2O_2$ zwischen $C_2$ u. $C_3$ oxydativ gespalten u. hydrolysiert. Unter Einsatz entsprechenden Vgl.-Materials wird papierchromatograph. nachgewiesen, daß das Disaccharid aus 3-Rhamnoseglucosido-5-glucosid u. daß der Acylrest aus Hydroxyzimtsäure bestehen. W. Kupfer G 3550◇

*1723* **Colorimetrische Bestimmung der Leucoanthocyane.** Jeanne Golse. (Bull. Soc. Pharmac. Bordeaux **102**, 25–32, 1963; franz.) — Verschiedene Meth. werden miteinander verglichen: Leucoanthocyane (I) ergeben mit Vanillin + $H_2SO_4$ eine stark rote Färbung. Ersetzen der $H_2SO_4$ durch HCl oder $H_3PO_4$, um ein stabileres Reagensgemisch zu erhalten, ergab keine befriedigenden Resultate. Zur Best. muß I isoliert werden, da Catechine u. alle Stoffe mit Phloroglucin- u. Resorcingruppen die gleiche Rk. geben. I wird in alkal. Lsg. durch $NaNO_2$ + Na-Molybdat in charakterist. gefärbte Nitro-Verbb. übergeführt. Catechine u. Triphenole geben jedoch die gleiche Reaktion. I wird durch Erhitzen im Wasserbad mit 4n HCl + Isopropanol in die gefärbten Anthocyane übergeführt. Nur diese recht einfache Meth. ist spezif., da die häufig mit I zusammen vorliegenden Catechine nicht stören. R. Drautzburg G 3550◇

*1724* **Dünnschichtchromatographie von steroidähnlichen Sapogeninen.** Raymond D. Bennett und Erich Heftmann. (J. Chromatogr. [Amsterdam] **9**, 353–58, 1962; Bethesda, Md., U.S. Dep. of Health, Educ. and Welfare, Publ. Health Serv., Nat. Inst. of Health, Nat. Inst. of Arthrit. and Metabol. Diseases; engl.) — Vgl. C. **1964**, 12-1663. — Beschreibung der dünnschichtchromatograph. Trennung von Sapogeninen (I) an Kieselgel G- oder Kieselgur G-Platten mit W. als stationärer Phase. Durch wahlweise Verw. von 10 verschiedenen Lsgm.-Syst. gelang die Trennung von Verbb. mit unterschiedlicher Zahl u. Art polarer Gruppen, mit verschiedener A/B-Ringverknüpfung sowie von verschiedenen anderen Strukturisomeren. Eine Meth. zur direkten Herst. der Trifluoracetate der **I** auf der Platte wird angegeben. Nachw. der **I** durch Sprühen mit 50%ig. $H_2SO_4$ u. Erwärmen auf 120–140°. M. Finke G 3650◇

*1725* **Dünnschichtchromatographie von Sterinen.** Raymond D. Bennett und Erich Heftmann. (J. Chromatogr. [Amsterdam] **9**, 359–62, 1962; Bethesda, Md., U.S. Dep. of Health, Educ. and Welfare, Publ. Health Serv., Nat. Inst. of Health, Nat. Inst. of Arthrit. and Metabol. Diseases; engl.) — Vgl. vorst. Referat. — Zur Trennung von Sterinen u. Sterinestern benutzen Vff. Dünnschichtplatten mit Silicagel G bzw. Silicagel–Kieselgur G (1 : 1) als Adsorbens u. 4 verschiedene Laufmittel-Syst. zur Entwicklung. Damit konnten 3β-Sterine mit verschiedener Zahl an Doppelbindungen im Ring B u. in der Seitenkette getrennt werden. Nachw. der Verbb. erfolgte mit 50%ig. $H_2SO_4$ u. Erwärmen auf 120°. M. Finke G 3700

*1726* **Dünnschichtverteilungschromatographie. Eine schnelle Methode zur Chromatographie von Steroiden.** Jacek Vaedtke und Anna Gajewska. (J. Chromatogr. [Amsterdam] **9**, 345–47, 1962; Warsaw, Poland, Inst. of Pharm., Labor. of Hormones and Vitamins; engl.) — Zur Trennung von Steroiden auf Dünnschichtplatten benutzen Vff. Schichten von Celite 545 mit Gips als Bindemittel u. Formamid (I), Propylenglykol (II), Petroleum (III) oder Paraffinöl (**IV**) als stationärer Phase. Als Laufmittel werden für **I** n-Hexan, Bzl., Chlf. u. deren Mischungen; bei **II** Ligroin, bei **III** Methanol–n-Butanol–W. (40 : 30 : 30) u. bei **IV** Methanol–W. (95 : 5) verwendet, wobei in 2–7 Min. (10 cm) befriedigende Trennungen erhalten werden. Nachw. der Verbb. durch $H_3PO_4$, $SbCl_3$, Isonicotinsäurehydrazid oder Triphenyltetrazoliumchlorid, $R_F$-Werte von 19 Verbb. werden tabellar. angegeben. M. Finke G 3700◇

*1727* **Chromatographische Trennung von Gemischen von Vitamin $D_2$, Ergosterin und Tachysterin.** Anthony W. Norman und Hector F. DeLuca. (Analytic. Chem. **35**, 1247–50, 1963; Madison, Wis., Univ. of Wisconsin, Dep. of Biochem.; engl.) — Vff. beschreiben 2 chromatograph. Meth. zur Auftrennung der durch UV-Bestrahlung von Ergosterin oder 7-Dehydrocholesterin erhaltenen Gemische. Mit Hilfe der Dünnschichtchromatographie wird das Gemisch in 6 verschiedene Komponenten aufgetrennt. An einer $SiO_2$-Säule kann man Vitamin $D_2$ aus dem Ausgangsgemisch abtrennen u. das Gemisch in weitere 4 Fraktionen auftrennen. A. M. Fretzdorff G 3800◇

*1728* **Untersuchungen über einige zur quantitativen Bestimmung der Ascorbinsäure verwendeten papierchromatographischen Methoden.** Mario Milletti. (Ann. Chimica **50**, 1685–92, 1960; Cagliari, Univ., Ist. di Chim. inorgan. e tossicol.; ital.) — Zur Best. der Empfindlichkeit bei der Papierchromatographie von Ascorbinsäure (**I**) werden die planimetr. Meth. u. die Titration des Eluats mit 2.6-Dichlorphenolindophenol-Lsg. untersucht. Die 1. Meth. ist für 15–100 μg **I** durch absteigende Chromatographie u. für 3 bis 100 μg **I** durch die Rundfilterchromatographie mit ± 6% Genauigkeit zu empfehlen, während die 2. für > 400 μg **I** (± 6 bis 8% Fehler) bes. geeignet ist. G. Platzer G 3800◇

*1729* **Elektrochromatographische Trennung von anorganischem Phosphat, Adenosinmonophosphat, Adenosindiphosphat und Adenosintriphosphat.** T. R. Sato, J. F. Thomson und W. F. Danforth. (Analyt. Biochem. [New York] **5**, 542–47, 1963; Argonne, Ill., Argonne Nat. Labor., Div. of Biol. and Med. Res.; Chicago, Ill., Illinois Inst. of Technol., Dep. of Biol.; engl.) — Das Trennverf. wurde für Unterss. des enzymkatalysierten Austausches Phosphat—Adenosintriphosphat ausgearbeitet. Zur Markierung der Verbb. wurde $^{32}P$ verwendet u. durch Autoradiographie dessen Einbau nach elektrochromatograph. Auftrennung der Substanzen festgestellt. Die Wanderungs-Unterss. wurden bei niedrigem elektr. Potential auf Papierstreifen durchgeführt. Eine Puffer-Lsg. aus 0,003m Zn-Acetat, 0,035m Citronensäure u. 0,0148m Na-Citrat vom pH 3,8 gewährleistete gute Resultate sowohl bei künstlichen Gemischen aus reinen Substanzen als auch bei Mitochondrienextrakten. J. Trupke G 3950◇

*1730* **Die Trennung der durch alkalische Hydrolyse von Ribonucleinsäure erhaltenen Nucleotide durch die Dünnschichtchromatographie.** T. A. Dyer. (J. Chromatogr. [Amsterdam] **11**, 414–15, 1963; London, Imp. Coll. of Sci. and Technol., Dep. of Plant Physiol.; engl.) — Auf DEAE-Celluloseschichten wird zuerst mit Propanol/$NH_3$/W. (60 : 30 : 10) bei 40° u. dann in gleicher Richtung mit 0,24m Essigsäure als Laufmittel chromatographiert. Die $R_F$-Werte von Guanyl-, Uridyl-, Cytidyl- u. Adenylsäure werden angegeben. H. J. Altmann G 3950

*1731* **Untersuchungen über die Analyse von Purin- und Pyrimidinbasen von Nucleinsäuren.** 2. Mitt. **Eine direkte spektrophotometrische Methode für die Analyse von Purin- und Pyrimidinbasen in Ribonucleinsäuren.** Cheng-pin Liu, Ping-cheng Hu, Hui Wu und Chihchuan Liang. (Scientia sinica **12,** 673—84, 1963; Peking, Chin. Acad. of Med. Sci.; Dep. of Biochem., Inst. of Exper. Med.; engl.) — Bei unterschiedlichen pH-Werten absorbieren die Basen, die beim Abbau der Ribonucleinsäure entstehen — nämlich *Adenin, Guanin, Cytosin* u. *Uracil* — im UV recht unterschiedlich. Der quant. Best. werden die Differenzen der opt. Dichte bei **249, 262,** 274 u. 290nm bei pH 1 u. 13 zugrunde gelegt. Der optimale Konz.-Bereich liegt bei 60—160 μg Base/5 ml Meßlösung. W. Kupfer G 3950◇

*1732* **Freie Elektrophorese: Theorie und Anwendung bei der Untersuchung makromolekularer Substanzen.** Jan Čejka. (Chem. Listy **56,** 584—618, 1962; Praha, Ústav hematologie a krevní transfuze; tschech.). — Vgl. C. **1962,** 3914. V. Holeyšovský/Prag G 4000△

*1733* **Analyse von Polyäthylen und Polyolefinen durch gaschromatographische Bestimmung der durch gesteuerte Pyrolyse gewonnenen, flüchtigen Produkte.** Edward W. Neumann und Herbert G. Nadeau. (Analytic. Chem. **35,** 1454—57, 1963; New Haven, Conn., Olin Mathieson Chem. Corp.; Olin Res. Centre; engl.) — 20—50 mg Probegut werden in einer Pyrolysezelle, die aus einem verschlossenen Borsilicatrohr u. einem auf 500° anheizbaren Ofen besteht, bei definierten Temp. (410° für Äthylen–Butylen-Copolymere u. 360° für Homo- u. Copolymerisate aus Äthylen- u. Propylenoxiden) in ½—2 Std. zersetzt. Das Aufschlußrohr wird abgekühlt, geöffnet u. mit einer Spritze werden bis zu 1 ml Pyrolysat entnommen u. in die Aufgabe eines Gaschromatographen mit Flammenionisationsdetektor gespritzt. Die Trennung der Pyrolyse-Prodd. erfolgt an 2m langen Silicon-DC-200-Säulen mit He als Trägergas bei einer Trägergas-Geschw. von 35 ml/min. W. Kupfer G 4010◇

*1734* **Die Verwendung von Phosgen zur Bestimmung von Hydroxyl-Gruppen in Polymeren.** David G. Bush, Leo J. Kunzelsauer und Stewart H. Merrill. (Analytic. Chem. **35,** 1250—52, 1963; Rochester, N.Y., Eastman Kodak Co., Res. Labor.; engl.) — Polymeres wird in einer Menge, die 0,3—0,8 Millimol OH entspricht, in einem OH- u. $NH_2$-Gruppen-freien Lsgm. (Bzl., Dichlor-, Trichlor-, 1.2-Dimethoxyäthan) gelöst. In die mit Trockeneis gekühlte Lsg. werden 25 g $COCl_2$ einkondensiert u. einige Std. stehengelassen. Danach wird die Lsg. mit wss. KOH bzw. bei hydrophobem Material mit Tetrabutylammoniumhydroxid in Tetrahydrofuran verseift u. $Cl^-$ potentiometr. titriert. Wegen der Genauigkeit der $Cl^-$-Best. u. wegen des Fehlens von Umfäll- u. Fraktionierverff. ist die Meth. zur Best. von OH-Endgruppen in Polyestern sehr geeignet. W. Kupfer G 4010◇

### c) Bestandteile von Pflanzen und Tieren

*1735* **Ein Einbettungskunststoff für Dünnschnitte in der Licht-Mikroskopie.** William J. Cathey. (Stain Technol. **38,** 213—16, 1963; Baltimore, Md., Univ. School of Med., Dep. of Pathol.; engl.) — Vf. beschreibt eine Meth. zur Darst. dünner Schnitte großer Oberfläche (Dicke: 1—2 μ, Oberfläche: 2 cm²) von menschlichem u. tier. Gewebe. Das zu schneidende Organ wird in ein polymerisationsfähiges Medium eingebettet u. durch Benzoylperoxid bei 50° verfestigt. Der entstehende feste Block ist durchsichtig u. kann mit einem Rotationsmikrotom mit Stahlmesser geschnitten werden. Die Dünnschnitte lassen sich von der Kunstharzmasse mit Aceton ohne Veränderung befreien u. anfärben. Zus. der Einbettungsmasse: 27 = ml Methylmethacrylat, 6 g Polyäthylenglykoldistearat MW 1540, 4 ml Dibutylphthalat, 9 g Plexiglas-Formpulver A-100 (wird zuletzt zugesetzt) u. 0,8 g Benzoylperoxid/100 ml Methacrylat. K. Pfordte 5661◇

*1736* **Einfache Methode der Thrombocytenfärbung.** K. W. Mowschowitsch. (Laboratoriumswesen **6,** Nr. 2, 34—35, 1960; Lipetzk, Bezirkskrankenhaus, Klin. Labor.; russ.) — Zum Abstrich nimmt man das Citratblut wie bei der Roe-Best. u. fixiert wie gewöhnlich. Darauf färbt man 1—2 Min. lang mit 1% ig. wss. Methylviolett-Lsg., wäscht mit W. u. trocknet. E. Steinberg 5661□

*1737* **Analyse von Eisenchelaten in Pflanzenextrakten.** 2. Mitt. **Eisen(III)-äthylendiamin-bis-(o-hydroxyphenylessigsäure).** D. G. Hill-Cottingham und C. P. Lloyd-Jones. (J. Sci. Food Agric. **14,** 171—75, 1963; Bristol, Long Ashton, Res. Station; engl.) — 1. vgl. C. **1963,** 15555. — Zur Spurenanalyse von Fe(III)-Äthylendiamin-bis-(o-hydroxyphenylessigsäure) (**I**) werden die Chelate an Holzkohle (**A**) oder Kationenaustauschern (**B**) adsorptiv oder durch Austausch von den im Überschuß vorhandenen Pflanzeninhaltsstoffen — wie anorgan. Salzen, Kohlehydraten u. gefärbten Materialien — getrennt. Die Austausch- u. Eluierbedingungen wurden mit radioakt. $^{14}C$ erarbeitet. Quant. Desorption von **A** erfolgt mit 1n $NH_3$-Lsg. in 25% ig. A., die von **B** (Zeokarb 225; $H^+$-Form) mit 1n $NH_4Cl$-Lsg. (pH 8) oder mit 1n $NH_3$-Lsg. in 25% ig. Alkohol. Zur Identifizierung wird das aus **A** oder **B** eluierte **I** papierchromatograph. getrennt. Bei Verw. von Butanol–Eisessig–W. (4 : 1 : 5) als Laufmittel entstehen ein rotbrauner u. ein karminroter Fleck, bei denen es sich um die d.l- u. die Mesoform von **I** handelt. Zur quant. Best. wird die rote Färbung bei 485nm gemessen. In 1-cm-Küvetten gibt 1 μg komplex begundenes Fe/ml noch eine Extinktion von 0,083. Wegen der abweichenden Eigg. von Fe(III)-äthylendiamintetraessigsäure (**II**) wird zur Best. der Äthylendiamintetraessigsäure (**III**) vorgeschlagen, die Pflanzenextrakte mit überschüssigem $FeCl_3$ zu versetzen u. bei pH 3 durch einen Kationenaustauscher ($H^+$-Form; pH 3) zu geben. Dabei werden die freien Kationen ausgetauscht, **II** läuft durch. Im Ablauf wird mit $CaCl_2$ u. $Ca(OH)_2$ Fe(III) aus dem Komplex verdrängt u. als Hydroxid gefällt. Das Filtrat wird über einen Kationenaustauscher ($H^+$-Form) gegeben, nun wird **II** ausgetauscht. Mit wss. $NH_3$-Lsg. kann man es eluieren. W. Kupfer 5664◇

*1738* **Untersuchung des Gehaltes freier Aminosäure in Pflanzen.** Ayako Matsushita und Akira Yamada. (J. agric. chem. Soc. Japan [Nippon Nôgei-Kagaku Kaishi] **31,** 578—81, 1957; Kumamoto, Women's Univ., Dep. of Nutrit.; jap.) S. Hess 5666◇

*1739* **Nachweis von Rutin und Isoquercitrin in Baumwollsamen.** Charles Pratt und Simon H. Wender. (J. Amer. Oil Chemist's Soc. **36,** 392—94, 1959; Norman, Okla., Univ. of Oklahoma, Chem. Dep.; engl.) — Durch wiederholte Anwendung der Papierchromatographie lassen sich aus dem Isopropylalkohol–W.-Extrakt von entlintertem Baumwollsamen Rutin (**I**, *Quercetin-3-rhamnoglucosid*) u. *Isoquercitrin* (**II**; *Quercetin-3-glucosid*) trennen u. isolieren. Die Identifizierung erfolgt durch Farb-Rk., UV- u. IR-chromatograph. Trennung des Säurehydrolysates. Für **I** wurde ein Verhältnis von Quercetin : Glucose : Rhamnose gleich 1 : 1 : 1 u. für **II** von Quercetin : Glucose gleich 1 : 1 gefunden. H. Spohn 5666◇

*1740* **Untersuchungen über die Alkaloide in Menispermaceuspflanzen.** 159. Mitt. **Multigepufferte Papierchromatographie von Oxyacanthin und Repandin.** Yasuo Watanabe und Mikio Uchiyama. (J. pharmac. Soc. Japan [Yakugakuzasshi] **78,** 96—98, 1958; Kyoto, Univ., Med.-Fac., Pharmaceut. Inst.; jap., Auszug: engl.) — 158. vgl. J. pharmac. Soc. Japan [Yakugahnzasshi] **77,** [1957], 1019; 152. vgl. C. **1963,** 18851. — Die Trennung von *Oxyacanthin* (**I**) u. *Repandin* (**II**), zweier Isomere mit einer Bisbenzylisochinolinstruktur, gelingt durch multigepufferte Papierchromatographie. Als Laufmittel dient Ae./Bzl. (1 : 1) u. als Entwickler $PtCl_2$–KJ-Lsg., wobei **I** bei pH 5,6 eine rötlichviolette, **II** bei pH 5,8 eine grauviolette Färbung ergibt. W. Hampel 5666△

### d) Medizinische und toxikologische Analyse

*1741* **Bromidbestimmung im Blut.** Harold V. Street. (Clin. chim. Acta [Amsterdam] **5,** 938—41, 1960; Edinburgh, Univ., Dep. of Forens. Med.; engl.) — 2 ml Blut mit 2 ml $H_2O$ werden durch Zusatz von 10 ml 20% ig. $CCl_3POOH$ enteiweißt u. 9 ml des Filtrats mit 5 ml Ae. ausgeschüttelt. Zu 7 ml der wss. Phase gibt man 2 ml 6n $H_2SO_4$, eine Spatelspitze $KMnO_4$ u. 3 ml Cyclohexan (**I**), schüttelt u. zentrifugiert. Messung der Absorption der **I**-Schicht bei 405 nm. $Cl^-$ stört nicht. H. Ackermann 5727◇

*1742* **Chloridbestimmung mit Quecksilberchloranilat.** Hans E. Renschler. (Klin. Wschr. **40,** 484—85, 1962; Marburg/Lahn, Med. Univ.-Poliklin.; dt.) — Zur *Cl*⁻-Best. im Serum wird zu einer Serumverdünnung (1 : 100) Hg-Chloranilat zugesetzt, 20 Min. lang geschüttelt u. die durch $Cl^-$

in Freiheit gesetzte Chloranilsäure nach Abzentrifugieren u. Filtrieren des Centrifugats photometr. bei 530 nm bestimmt. P. Gregorzewski 5728◇

*1743* **Zur Methodik der Jodprobe.** I. D. Michalew. (Laboratoriumswesen [UdSSR] 6, 28–29, 1960; Kunaner Med. Inst., Lehrst. für Hospitaltherap.; russ.) – Die Zeit der Blutentnahme, eine geringe Menge Erythrocyten im frischen Serum u. das Aufbewahren des Serums bei 17–18° beeinflussen die Resultate der Jodprobe nicht. Bei Zusatz von 1 Tropfen einer 1%ig. NaCl-Lsg. zu 1 Tropfen Serum u. Lugolscher Lsg. fällt nach dem Mischen ein Nd., den man mit bloßem Auge erkennen kann. E. Steinberg 5728□

*1744* **Automatische amperometrische Messung von Reaktionsgeschwindigkeiten. Enzymatische Bestimmung von Glucose im Serum, Plasma und Gesamtblut.** Harry L. Pardue. (Analytic. Chem. **35**, 1240–43, 1963; West Lafayette Ind., Purdue Univ., Dep. of Chem.; engl.) – Die Meth. beruht auf der enzymat. Oxydation von Glucose (I) zu $H_2O_2$, das in Ggw. von Molybdat als Katalysator $J^-$ in $J_2$ umwandelt, dessen Konz. an einer polarisierten, rotierenden Pt-Elektrode bestimmt wird. Die Messungen werden nach Rk.-Zeiten nur wenig > 0 ausgeführt, da dann die I-Konz. proportional der gebildeten $J_2$-Menge ist. In 0,02 ml Blut wird I in 10–100 Sek. mit einer Reproduzierbarkeit von 95–104% bei ca. 62 bis 193 mg% I bestimmt. A.-M. Fretzdorff 5728◇

*1745* **Eine Modifikation der Pearsonreaktion zur schnellen Bestimmung des Gesamtcholesterins im Blut.** G. L. van Boetzelaer und H. A. Zondag. (Clin. chim. Acta [Amsterdam] **5**, 943–44, 1960; Haarlem, Netherlands, St. Elisabeth's Hosp., Clin. Chem. Labor.; engl.) – 0,1 ml Serum werden mit 5 ml Reagens-Lsg. [45 g p-Toluolsulfonsäure in 600 ml Essigsäureanhydrid u. 400 ml Eisessig lösen u. mit konz. $H_2SO_4$ (5 : 1) mischen] versetzt. Die Extinktion wird bei 615 nm gemessen. Die Färbung ist 5–10 Min. lang konstant. Es stört Biliuribin. H. Ackermann 5728◇

*1746* **Eine einfache indirekte Bestimmungsmethode der β-Lipoproteide.** Rudolf Fried und Joachim Hoeflmayr. (Klin. Wschr. **41**, 246, 1963; München, Firma Dr. Heinz Haury, wiss. Labor.; dt.) – Da *Cholesterin* (I) aus *β-Lipoproteiden* (II) u. die II-Gesamtfraktion in einem bestimmten Verhältnis stehen (II/I = 2,63), wurde folgende Meth. zur indirekten II-Best. entwickelt. In ein Zentrifugenglas mit 2 ml Fällungsreagens (0,025 m $CaCl_2$, 20 Einheiten Heparin-Na/ml) werden 0,1 ml Serum einpipettiert u. der entstehende II-Nd. abzentrifugiert u. mit 2 ml I-Reagens (1 Teil Eisessig, 5 Teile Essigsäureanhydrid u. 1 Teil konz. $H_2SO_4$) versetzt. Der II-Nd. löst sich mit blaugrüner Farbe u. wird nach 30 Min. colorimetr. gegen eine Standard-Lsg. (0,1 ml Lsg. mit 400 mg% I in Eisessig + 0,1 ml W. + 1,9 ml I-Reagens) bei 560–590 mμ gemessen. W. Damerau 5728◇

*1747* **Vorschlag für Standardmethoden esterspaltender Enzyme. 2. Mitt. Methode zur Bestimmung der Serumlipase mit Analysenautomaten.** H. J. Raderecht. (Arzneimittelstandardisier., Inform.-Dienst **4**, 147–49, 1963; Berlin, Univ., Inst. für Physiol. Chem.; dt.) – 1. vgl. C. **1963**, 18173. Zur Best. des Lipase-Geh. werden 0,5 ml Serum in Ggw. von 100 mg Na-Cholat mit 5 ml einer standardisierten Phenyllaurat-Lsg. umgesetzt. Das frei werdende Phenol wird nach Zugabe von 6 mg 4-Aminoantipyrin u. 120 mg $K_3[Fe(CN)_6]$ photometr. im Vgl. zu einem Phenol-Standard bestimmt. U. Gollnisch 5728◇

*1748* **Vorschlag für Standardmethoden esterspaltender Enzyme. 3. Mitt. Methode zur Bestimmung der Cholinesterase.** H. J. Raderecht. (Arzneimittelstandardisier., Inform.-Dienst **4**, 151–53, 1963; dt.) – 2. vgl. vorst. Referat. – Zur Best. von Cholinesterase werden 0,2 ml Serum in NaCl-Lsg. mit 5 ml einer standardisierten Phenylbutyrat-Lsg. umgesetzt. Das frei werdende Phenol wird nach Zugabe von 3 ml Folin-Reagens photometr. im Vgl. zu einem Phenol-Standard bestimmt. U. Gollnisch 5728◇

*1749* **Vorschlag für Standardmethoden esterspaltender Enzyme. 4. Mitt. Methode zur Bestimmung der Serumcholinesterase mit Analysenautomaten.** H. J. Raderecht. (Arzneimittelstandardisier., Inform.-Dienst. **4**, 155–57, 1963; dt.) – 3. vgl. vorst. Referat. – Zur Best. von Cholinesterase werden 0,2 ml Serum in NaCl-Lsg. mit 5 ml einer standardisierten Phenylbutyrat-Lsg. umgesetzt. Das frei werdende Phenol wird nach Zugabe von 6 mg 4-Aminoantipyrin u. 120 mg $K_3[Fe(CN)_6]$ photometr. im Vgl. zu einem Phenol-Standard bestimmt. U. Gollnisch 5728◇

*1750* **Eine einfache Bestimmungmethode für die Transaminasen SGOT und SGPT mit dem Pulfrich-Photometer.** S. M. Idu und Lucia Cociumian. (Jenaer Rdsch. **7**, 68 bis 70, 1962; Bukarest, Med. Klinik „Coltea", Biochem. Labor.; dt.) – Von SGPT (Serum-Glutaminsäure-Brenztraubensäure-Transaminase) werden aus Alanin u. α-Ketoglutarsäure (I) Brenztraubensäure (II) u. von SGOT (Serum-Glutaminsäure-Oxalessigsäure-Transaminase) aus Asparaginsäure u. I Oxalessigsäure (III) freigesetzt. Mit Anilincitrat wird III zu II decarboxyliert, dessen 2.4-Dinitrophenylhydrazon mit Toluol ausgeschüttelt u. nach Zusatz von alkohol. KOH sofort photometriert wird. Der Test für Blutserum ist ein Indicator für Gewebelyse bzw. Permeabilitätsstörungen. W. Berndt 5728◇

*1751* **Untersuchungen über organische quecksilberhaltige Diuretica.** 1. Mitt. **Polarographische Bestimmung von Quecksilber in Urin.** Hirokazu Kadowaki, Kihachiro Okamoto und Minoru Nakajima. (J. pharmac. Soc. Japan [Yakugakuzasshi] **75**, 485–89, 1955; Kyoto, Univ., Agric. Fac. and Kyoto-yakuhin Ind., Ltd.; jap., Auszug: engl.) – Nach i.v. Applikation von *Edematrin* (I) wird der Hg-Geh. des Urins period. polarograph. untersucht. Der Gesamt-Hg-Geh. wird dabei nach Zers. einer 20-ml-Probe mit $^1/_4$ Vol. $H_2SO_4/NHO_3$ (1 : 3), Zugabe einer definierten Menge Alkali u. Verdünnen mit 20 ml W. aus der Stufenhöhe bestimmt. Das in Form von I gebundene Hg wird nach dem Verdünnen der Urinprobe mit dem gleichen Vol. Sörensen-Puffer (pH 8,4) gemessen. Nahezu das gesamte Hg wird unverändert in Form von I ausgeschieden. Die Hg-Konz. im Urin erreicht 1 Std. nach der Injektion ihr Maximum, nimmt dann rasch ab u. bleibt nach 3–5 Std. konstant. Ein gesunder Mensch scheidet in 24 Std. ca. 70% I aus, ein Kranker benötigt für die gleiche Menge 48 Stunden. L. Lamza 5732△

*1752* **Ein Beitrag zur Uroporphyrinbestimmung.** Heinz Hoffmann. (Klin. Wschr. **41**, 668–69, 1963; Krankenhaus Sarepta, Behel.; dt.) – Vf. verbessert die Uroporphyrin-Best. im Urin durch Einführung einer absorptiven Reinigung mit Cellulosepulver. Nach Entfernung des Koproporphyrins mit Ae./Eisessig wird das Uroporphyrin an Cellulosepulver adsorbiert, mehrmals gewaschen, durch HCl desorbiert u. schließlich photometr. bestimmt. H. Rüssel 5732◇

*1753* **Über die Carbazol-Methode zur quantitativen Bestimmung von Glucuronsäure im Harn.** I. A. Akssamitnaja und W. W. Tatarski. (Laboratoriumswesen [UdSSR] **7**, Nr. 6, 21–23, 1961; Labor. für exp. Onkolog. der Akad. der med. Wiss. der UdSSR, Leningrad, klin. Labor. des Inst. für Onkol.; russ.) – Zu 4 Proben von je 1 ml Harn, der vorher 20mal verd. wurde, gibt man unter Kühlung je 6 ml $H_2SO_4$ u. mischt sorgfältig durch. Die Reagensgläser werden mit Uhrgläschen bedeckt u. 20 Min. lang auf sd. Wasserbade erhitzt. Nach dem Abkühlen in kaltem W. gibt man zu 2 Lsgg. unter Umrühren 0,2 ml 0,1%ig. alkohol. Carbazol-Lsg. u. in die 2 übrigen (Kontrolle) 0,2 ml A.; nach 2 Std. wird photometriert. Das Absorptionsmaximum liegt bei 530 nm. E. Steinberg 5732□

*1754* **Verwendung eines Kationaustauschharzes zur Bestimmung einiger basischer Substanzen (Tyrosin, Tyramin, Kynurenin, 3-Hydroxykynurenin und Cystin) im Urin.** S. L. Tompsett. (Clin. chim. Acta [Amsterdam] **7**, 50–54, 1962; Edinburgh, Northern Gen. Hospital, Biochem. Labor.; engl.) – Zur Best. von Tyrosin (I), Tyramin (II), Kynurenin (III), 3-Hydroxykynurenin (IV) u. Cystin (V) wurde der Austauscher Dowex 50-X12 benutzt. Zunächst wurden die Stoffe einzeln untersucht. I u. V wurden in 0,1n HCl auf die Säule gegeben, II, III u. IV in 1n HCl. Eluiert wurde mit 0,1–8n HCl, wobei die Hauptmengen von I mit 0,5 u. 1n HCl, V mit 2,5 HCl, II, III u. IV mit 5n HCl herausgewaschen wurden. Die Rückgewinnung war fast quant., genauso bei den weiteren Verss., bei denen I–V in Urin gelöst wurden. Nach der Elution wurden die Fraktionen zur Trockne eingedampft, mit W. aufgenommen u. die einzelnen Substanzen colorimetr. bestimmt. F. Voigt 5732◇

*1755* **Die Bestimmung von Aminohippursäure und Aminobenzoesäure im Harn.** S. L. Tompsett. (Clin. chim. Acta

[Amsterdam] **8**, 308—11, 1963; Edinburgh, Northern General Hosp., Biochem. Labor.; engl.) — Beschreibung einer Meth. zur photometr. Best. von Aminohippursäure u. Aminobenzoesäure im Harn nach Adsorption an eine Dowex 50-X12-Säule u. Auswaschen mit 1 bzw. 2,5n HCl. Eine Trennung der o- von den p-Verbb. ist dadurch möglich, daß die Farbentw. nach Zugabe der Kupplungssubstanz bei den p-Verbb. rascher erfolgt als bei den o-Verbindungen. K. Zingraf 5732◇

*1756* **Eine Methode zur quantitativen Bestimmung von Allantoin im Harn.** U. Zelck. (Biochem. Z. **337**, 525—30, 1963; Rostock, Dt. Akad. der Landwirtswiss., Oskar-Kellner-Inst. für Tierernährung; dt.) — 0,05—0,01 ml Harn werden mit n-Butanol-Essigsäure-W. (4 : 1 : 5) aufsteigend chromatographiert. Zum Nachw. von Allantoin (I) werden die Streifen durch eine Lsg. von p-Dimethylaminobenzaldehyd (II) in Pyridin (III) gezogen; aus Harnstoff gebildete Flecken, die intensiver gefärbt sind als die von I, werden abgeschnitten u. die Streifen in einem sauren II-Bad ausgefärbt. Die Flecken der gebildeten Schiffschen Basen werden ausgeschnitten, mit trockenem III extrahiert u. bei 443 nm gemessen. Die mittlere Abweichung der Einzelbest. liegt bei ca. ± 2%.
W. Kupfer 5732◇

*1757* **Der Einfluß von Phenthiazinen auf die 5-Hydroxyindolylessigsäurebestimmung im Harn.** B. T. Chadwick und J. H. Wilkinson. (Clin. chim. Acta [Amsterdam] **5**, 879—86, 1960; London, Westminster Med. School, Dep. of Chem. Path.; engl.) — Der 5-Hydroxyindolyl-3-essigsäure (I)-Nachw. im Urin nach Dalgliesh wird durch *Trifluorperazin* (II) u. *Chlorpromazin* gestört. Zur Ausschaltung der Störung werden 5 ml Urin mit 5 ml Chlf. ausgeschüttelt, mit 1 ml 6n $H_2SO_4$ angesäuert u. mit ca. 2 g NaCl gesättigt. Danach wird mit 25 ml Ae. extrahiert u. die äther. Lsg. mit 5 ml Phosphatpuffer (pH 7,0) extrahiert. Zu 4 ml Pufferextrakt werden 1 ml 1-Nitroso-2-naphthol (III)-Lsg. (0,25%ig. in A.) u. 1 ml $HNO_2$ (frisch hergestellt aus 9 ml $H_2SO_4$ u. 0,4 ml 5% wss. $NaNO_2$-Lsg.) zugesetzt u. 5 Min. lang bei 37° inkubiert. Überschüssiges III wird durch zweimaliges Extrahieren mit je 5 ml Äthylacetat entfernt. Messung der Absorption bei 520 nm. Unterss. bei Schizophrenen ergaben nach II-Behandlung erhöhte I-Ausscheidung im Harn.
H. Ackermann 5732◇

*1758* **Quantitative Bestimmung individueller $C_{19}O_2$- und $C_{19}O_3$-Harn-17-Ketosteroide durch Gaschromatographie.** Mario Sparagana, E. H. Keutmann und W. B. Mason. (Analytic. Chem. **35**, 1231—38, 1963; Rochester, N.Y., Univ. of Rochester, School of Med. and Dent., Dep. of Med. and Biochem.; engl.) — Verf. zur Trennung u. Best. von *Ätiocholanolon*, *Androsteron*, *Dehydroepiandrosteron*, *11-Ketoätiocholanolon*, *11-Hydroxyätiocholanolon* u. *11-Hydroxyandrosteron*. A. M. Fretzdorff 5732◇

*1759* **Eine einfache Schnellmethode zur papierelektrophoretischen Bestimmung von Harn-Proteinen.** Richard Collens, Harry Meyers und Kurt Lange. (Clin. Chem. [New York] **9**, 330, 1963; New York, N.Y., Med. Coll., Dep. of Med. and Pediatrics, Renal Serv. and Labor.; engl.) — Im Gegensatz zu bereits bekannten, erlaubt die vorliegende Meth. eine genaue, quant., routinemäßige Analyse von Urin-Proteinen. Der Harn wird sedimentiert, filtriert, die Protein-Konz. nach der Biuret-Meth. bestimmt, durch Einengen auf eine Konz. von ca. 5 g Eiweiß/100 ml eingestellt u. gegen eine 40%ig. Lsg. von Polyäthylenglykol (Carbowax 20 M) in Veronalpuffer (pH 8,6; Ionenstärke 0,075) 5 Std. lang bei 4° dialysiert. Die erhaltene Lsg. wird in der Beckman-Spinco-Durrum-App. papierelektrophoret. aufgetrennt, der Papierstreifen mit Bromphenolblau angefärbt u. im Beckman-RB-Analytrol quant. ausgewertet. K. Pfordte 5732◇

*1760* **Bestimmung kleinster Mengen Radiostrontium in Menschenknochen.** Pierre Lerch, Marco Quijano und Georges Banna. (Chimia [Aarau, Schweiz] **15**, 524—28, 1961; Lausanne, Univ., Inst. de Radiophys. Appl. et Hôp. Cantonal Univ.; franz.) — Um die β-Strahlung sehr geringer Mengen $^{90}$Sr u. $^{90}$Y — die durch radioakt. Ndd. in den menschlichen Körper gelangt sind — genau messen zu können, wird eine Meßanordnung mit guter Geometrie, kleinem Nulleffekt u. großer Spannungsstabilität benötigt. Deshalb wird der relative Wirkungsgrad einer entwickelten Meßeinheit in Abhängigkeit von der Anodenart, der Entfernung Anode-Quelle, der Arbeitsspannung, der Plateaulänge u. -steigung bestimmt. Ebenso wird der Einfl. der elektr. Leitfähigkeit der Quelle u. ihrer Unterlage untersucht. Aus diesen Daten ergeben sich die optimalen Meßbedingungen. Abschließend erfolgen Angaben über den Geh. an Sr in pc/g Ca in Rückenwirbel-, Brustbein-, Schädelknochen usw. bei Erwachsenen u. Kindern der Schweiz für 1960. W. Wiechmann 5756◇

*1761* **Der papierchromatographische Nachweis von Dextromoramid.** Klaus Jürgen Freundt. (Arzneimittel-Forsch. **12**, 614—17, 1962; Tübingen, Univ., Inst. für Toxikol.; dt.) — Um den toxikolog. Nachw. für *Dextromoramid* (4-[2-Methyl-4-oxo-3.3-diphenyl-4-pyrrolidinobutyl]-morpholin führen zu können, wurden die $R_F$-Werte bestimmt. Laufmittel: Butanol-Ameisensäure-W. (12 : 1 : 7), $R_F$ = 0,31, Dichloräthan-Eisessig-W. (20 : 8 : 2) 0,68. Zur Anfärbung waren geeignet: Dragendorff-Reagens (ziegelrot), Bromkresolgrün (himmelblau), $J_2$-KJ (gelbbraun), $FeCl_3$-$K_3[Fe(CN)_6]$ (dunkelgrün), Ninhydrin (blauviolett) u. diazotiertes p-Nitranilin (gelb).
E. Captens 5764◇

# H. Angewandte Chemie

## $H_1$. Allgemeine chemische Technologie

*1762* **Zur Entwicklung der Automatisierung in der chemischen Industrie.** Herbert Kortum. (Chem. Techn. **15**, 323—24, 1963; Jena; dt.) — Allg. Überblick.
H. Hoffmann 5800◇

*1763* **Eine allgemeine Gleichung für die Geschwindigkeitsverteilung nicht-Newtonscher Flüssigkeiten.** R. S. Brodkey, Jon Lee und R. C. Chase. (A. I. Ch. E. Journal **7**, 392—93, 1961; Columbus, Ohio, Ohio State Univ; engl.) — Vff. entwickeln eine allg. Gleichung für Geschw.-Profile, die für laminare u. turbulente Strömungen Newtonscher u. nicht-Newtonscher Fll. von der Rohrwand bis zur Rohrmitte gilt. Der Vgl. mit anderen theoret. u. experimentellen Ergebnissen zeigt gute Übereinstimmung.
I. Köditz 5800

*1764* **Berechnung optimaler Rohrdurchmesser für nicht-Newtonsche Flüssigkeiten.** Einar Böhmer. (Tidsskr. Kjemi, Bergves. Metallurgi **22**, 172—76, 1962; Säffle, Schweden; norw.) — Sind die scheinbare Viscosität, eine Kraft n ($0 < n < 1$) u. die Fließ-Geschw. bekannt, kann der optimale Durchmesser aus einem Nomogramm (Abb.) bestimmt werden. A. Koss-Rosenqvist 5800◇

*1765* **Kurzzeit-Photographie zur Untersuchung einer 2-Phasen-Strömung.** R. A. S. Brown und G. W. Govier. (Canad. J. chem. Engng. **39**, 159—64, 1961; Edmonton, Alta., Univ. of Alberta; engl.) — Eine fl. 2-Phasen-Strömung (Öl-blasen in W.) im senkrechten Rohr wurde mit Kurzzeitphotographie beobachtet. Form, Größenverteilung u. Geschw. der Ölblasen sowie deren Abhängigkeit von der Wasser-Geschw. wurden untersucht; das direkt gemessene „holdup ratio" (= Vol.-Verhältnis der Phasen im Auslauf durch Vol.-Verhältnis im Rohr) wird mit der aus den Blasen-Geschw. errechneten verglichen. Einfl. des Einlaufs auf die Strömung scheinen entgegen früheren Annahmen u. U. möglich zu sein.
W. G. Ackermann 5800◇

*1766* **Die Anwendung des Kihara-Potentials auf Phasengleichgewichte bei hohem Druck.** J. M. Prausnitz und R. N. Keeler. (A. I. Ch. E. Journal **7**, 399—405, 1961; Berkeley, Calif., Univ.; engl.) — Vff. zeigen, daß für Gasgemische aus einer schweren u. einer sehr leichten Komponente die Virial-Koeff. sich mit Hilfe der stat. Thermodynamik unter Zugrundelegung der von Kihara (C. **1955**, **989**) vorgeschlagenen Potentialfunktion berechnen lassen. Diese Berechnungsart ist bes. für niedrige Temp. zu empfehlen, für die wegen der großen experimentellen Schwierigkeiten die Virial-Koeff. nicht ohne weiteres gemessen werden können. Die Anwendung des Kihara-Potentials wird für die Berechnung des Verhältnisses der Mol.-Fraktion in der Dampfphase zu der in der Fl.-Phase für einige schwere Komponenten ($N_2$,

$CH_4$, $C_6H_6$, $C_5H_{12}$, $C_{10}H_{22}$ u. i-$C_8H_{18}$) bei erhöhtem Druck berechnet. Der Vgl. mit experimentellen Werten zeigt gute Übereinstimmung. I. Köditz 5800

*1767* **Manganindraht zur Messung von hohen Drücken.** Donald H. Newhall. (Instruments Control Syst. **35**, 103—04, 1962; Harwood Engng. Comp., Inc.; engl.) — Der Widerstand eines Manganindrahtes steigt linear mit dem Druck an. Diese Tatsache findet bei Druckmessungen (bis zu 400000 lbs./sq.in.) Verwendung. J. Martins 5800◇

*1768* **Anwendung der Thermodynamik im chemischen Apparatebau.** Barnett F. Dodge. (Brit. chem. Engng. **7**. 603—06, 683—88, 1962; New Haven, Conn., Yale Univ., School of Engng.; engl.) — Vf. diskutiert die Grundlagen der Thermodynamik u. ihre Anwendung auf Maschinenbauprobleme. I. Köditz 5802

*1769* **Kritische Berechnungen der Grenzbedingungen für röhrenförmige Strömungsreaktoren.** Liang-Tseng Fan und Yong-Kee Ahn. (Ind. Engng. Chem., Process Design Development **1**, 190—95, 1962; Manhattan, Kans., Univ., Dep. of Chem. Engng.; engl.) — Vff. unterziehen die 3 Ansätze der Grenzbedingungen, welche häufig für die Best. u. Analyse von einer isothermalen röhrenförmigen Strömung in chem. Reaktoren angewendet werden, erneut einer krit. Prüfung. Die Differenzen sowie die Beziehungen zwischen den Konz.-Profilen u. der Konvertierung, die sich bei Anwendung dieser Gleichungen ergeben, werden numer. berechnet. W.-D. Heußner 5802◇

*1770* **Entwurf eines Strahlenchemie-Reaktors speziell zur Polymerisation von Äthylen.** Melvin Levine und Meyer Steinberg. (Nuclear Sci. Engng. **12**, Nr. 4. 498—504, 1962; Upton, Long Island, N.Y., Brookhaven Nat. Labor.; engl.) — Es wird die Best. einer optimalen Reaktorgröße für chem. Bestrahlungen — speziell zur Polymerisation von Äthylen — beschrieben. In einem einfachen Druckbehälter sind die $\gamma$-Bestrahlungsquellen ($^{60}$Co) in Stäben untergebracht, die wiederum in einem dreieckförmigen Gitter im Kessel stehen. Durch diese Gitteranordnung wird das zu bestrahlende Medium geleitet. Da es zwischen Quellstärke, Gitterschritt, Behälter-Vol. u. Behälterdurchmesser einen bestimmten, auch kostenmäßigen Zusammenhang gibt, ist die Best. eines Optimums möglich. Für verschiedene Parameter werden auch die optimalen Größen berechnet u. angegeben. R. Nitsch 5802□

*1771* **Die Anwendung von rostfreien Stählen in der Tieftemperatur-Technik.** G. Molinder. (Z. Schweisstechn. [Zürich] **52**, 131—37, 1962; Avesta Jernverks Aktiebolag, Schweden; dt.) — Die Eigg. austenit. rostfreier Stähle bei tiefen Temp. u. das Schweißgut werden besprochen u. einige prakt. Beispiele gegeben. — Diskussion. F. Vier 5804◇

*1772* **Korrosionsschutz in chemischen Betrieben.** H. A. Holden. (Chem. Process Engng. atomic Wld. **43**, 574—77, 1962; Pyrene Co. Ltd., Metal Finishing Div.; engl.) — Theorie u. neueste Entwicklung. — 21 Literaturangaben (1959—1962). J. Martins 5804◇

*1773* **Nutzbarmachung von Produkten und Materialien der organischen Chemie als Korrosionsschutz in der Industrie.** M. H. Tixier. (Corrosion et Anticorrosion **10**, 408—15, 1962; franz.) — Zusammenfassender Überblick auf die Möglichkeiten des Einsatzes u. der Verw. von Kunststoffen als Korrosionsschutzüberzüge in der chem. Industrie. W.-D. Heußner 5804◇

*1774* **Neue Entwicklungen für das Brechen und Mahlen.** Yuji Yamamoto. (J. Mining metallurg. Inst. Japan **77**, 627—32, 1961; jap., Auszug: engl.) — Fortschrittsbericht. — 26 Literaturangaben. W. Wesly 5820◇

*1775* **Neue Anwendungsmöglichkeiten der Aerofall-Mühle.** A. Temoin. (Aufbereitungs-Techn. **3**, 395—99, 1962; Longwy-Bas; dt.) — Aus den Ergebnissen der Mahlung von Minette, Magneteisenstein, Kalkstein, Schlacke, Zechenkoks u. Bauxit mit teilweiser Trocknung des Mahlguts werden eine Reihe von Schlußfolgerungen dür die Anwendung der Aerofallmühle gezogen: Die Mühle, die Stoff nach ihrer mineral. Zus. selektiv zerkleinert u. damit den Klassierprozeß erleichtert, eignet sich für relativ feine Zerkleinerungen (zwischen 0,1 u. 1 mm). Sie ermöglicht die Zusammenfassung mehrerer Aufbereitungsstufen: Brechen, Mahlen, Luftstromtrennung u. Trocknung. I. Köditz 5820

*1776* **Mechanische Flüssigkeitsabtrennung und Siebklassieren.** S. Kiesskalt. (Fortschr. Verfahrenstechn. **5**, 698—702, 1960/61, herausgeg. 1962; Aachen; dt.) — Kurzer Fortschrittsbericht 1960/61 über Grundlagen, Sedimentation, Filtration, Zentrifugieren, Pressen u. Siebklassieren. — 44 Literaturhinweise. G. Günther 5828◇

*1777* **Stromklassieren.** W. Gründer. (Fortschr. Verfahrenstechn. **5**, 600—07, 1960/61, herausgeg. 1962; Berlin-Charlottenburg; dt.) — Fortschrittsbericht 1960/61 über die Entw. auf dem Gebiet des Klassierens mit mechan. App. u. Zyklonen. — 47 Literaturhinweise. G. Günther 5828◇

*1778* **Schwerkraftaufbereitung sowie magnetische und elektrische Sortierverfahren.** W. Gründer. (Fortschr. Verfahrenstechn. **5**, 608—34, 1960/61, herausgeg. 1962; Berlin-Charlottenburg; dt.) — Fortschrittsbericht 1960/61 über die Entw. der Verff. zur Stofftrennung oder Anreicherung unter der Wrkg. der Schwerkraft oder magnet. oder elektr. Kräfte. — 192 Literaturhinweise. G. Günther 5828◇

*1779* **Windsichten, Staubabscheiden, pneumatische und hydraulische Förderung.** W. Barth. (Fortschr. Verfahrenstechn. **5**, 635—41, 1960/61, herausgeg. 1962; Karlsruhe; dt.) — Fortschrittsbericht 1960/61. — 90 Literaturhinweise. G. Günther 5828◇

*1780* **Vakuumtechnik und Molekulardestillation.** H. L. Eschbach, R. Jaeckel und G. Müschenborn. (Fortschr. Verfahrenstechn. **5**, 83—105, 1960/61, herausgeg. 1962; Bonn; dt.) — Fortschrittsbericht 1960/61 über apparative Fragen, bes. Pumpen, Meßtechnik u. Verf.-Technik auf den Anwendungsgebieten der Dest. u. Trocknung, der Metallurgie u. der Herst. von Dünnschichten durch Aufdampfverfahren. — 530 Literaturhinweise. G. Günther 5842◇

*1781* **Gasabsorption.** D. W. van Krevelen und P. J. Hoftyzer. (Fortschr. Verfahrenstechn. **5**, 344—65, 1960/61, herausgeg. 1962; Arnheim, Niederlande; dt.) — Fortschrittsbericht 1960/61 mit den Abschnitten Theorie, Dünnschichtabsorber, Füllkörpersäulen, Blasen u. Tropfen, Absorptions-App. verschiedener Art sowie Absorptionsverfahren. Im letzten Abschnitt wird eine tabellar. Übersicht jeweils mit dem absorbierten Stoff (*$CO_2$, CO, $O_2$, $H_2O$, $NH_3$, $H_2S$, $SO_2$, HCl, $Cl_2$, $ClO_2$, N-Oxide*, verschiedener organ. Gase u. Dämpfe, *Zn* u. *$SeO_2$*) u. der Rk.-Komponente der Fl. gebracht. — 159 Literaturhinweise. G. Günther 5848◇

*1782* **Absorbieren und Ionenaustausch.** K. Bratzler und E. Ruhl. (Fortschr. Verfahrenstechn. **5**, 366—93, 1960/61, herausgeg. 1962; Frankfurt/M.; dt.) — Fortschrittsbericht 1960/61 auf den Gebieten der Adsorption aus Gasphase u. fl. Phasen, dabei auch Einsatz von Mol.-Sieben, sowie dem Gebiet des Ionenaustausches mit Abschnitten u. a. über Herst., Bewertung u. Anwendung von Ionenaustauschern. — 188 Literaturhinweise. G. Günther 5848◇

*1783* **Experimentelle Bestimmung der Zurückhaltewirkung faseriger Luftsterilisationsfilter.** Shuichi Aiba, Sumi Shimasaki und Shuzoh Suzuki. (J. gen. appl. Microbiology **7**, 192—205, 1961; Tokyo, Univ. of Tokyo, Inst. of Appl. Microbiol.; engl.) — Die Filter-Wrkg. von Luftsterilisationsfiltern wurde unter Verw. eines Aerosols aus einer fl. *Serratia marcescens*-Suspension mit $10^2$—$10^4$ Partikeln/m$^3$ Luft experimentell bestimmt. K. Maier 5848◇

*1784* **Über die Anwendung neuer Sorbentien zur weitgehenden Trocknung von Gasen.** S. A. Shukowa, N. W. Kelzew, I. P. Ogloblina und N. Ss. Torotscheschnikow. (Chem. Ind. [UdSSR] **1962**, 100—05; russ.) — Die Adsorption von Wasserdampf an künstlichen, granulierten *Zeolithen* (**I**, Typ 4A u. 5A) wird an Isothermen bei 0—350° u. Partialdrücken bis herab zu $10^{-5}$ Torr untersucht. Der Vorzug der I zeigt sich darin, daß z. B. bei einer Erhöhung der Temp. von 30 auf 80° ihre dynam. Aktivität nur von 21 auf 16 g/100 g, also um 25%, abnimmt, wobei der Taupunkt von ursprünglich ca. +20 auf ca. −60° sinkt. Daraus ergibt sich die Möglichkeit der Verw. der I zur Trocknung heißer Gase. Die Regeneration der I erfolgt am zweckmäßigsten bei 200—350°. Bei Gasen mit höherem Wasser-Geh. wird die Trocknung in 2 Stufen mit den üblichen Trocknungsmitteln in der 1. u. I in der 2. Stufe empfohlen. Die Trocknung kann mit der Entfernung von $CO_2$ aus dem Gas verbunden werden. Bei einem

Gas mit 12,8 g/m³ Wasserdampf wird eine dynam. Aktivität der I für $CO_2$ von 10 (g/100 g) u. für Wasserdampf von 11,3 gefunden. R. K. Müller 5854◇

*1785* **Stoffübergang beim Blasendurchgang durch Flüssigkeiten in dessen einzelnen Perioden. (Blasenbildung, -aufstieg und -zerfall).** Zoltán Szabó. (Központi Elelmiszeripari Kutató Intézet Közleményei [Mitt. Zentralforsch.-Inst. Lebensmittelind.] **1961**, Nr. 2, 13—23; ung.) — Es wurde bewiesen, daß der in der Literatur angegebene Stoffübergang während dem Aufstieg der Blasen nur ein Durchschnittswert ist. Infolge Ähnlichkeit zwischen Tropfen u. Blasen werden die Gesetze des Tropfen-Bldg.-Stoffübergangs für die Blasen herangezogen u. mit diesen der während dem Aufstieg erfolgte Stoffübergang berechnet. J. Plank 5860△

*1786* **Stoffübertragung.** Gg. Kling und K. Feind. (Fortschr. Verfahrenstechn. **5**, 229—78, 1960/61, herausgeg. 1962; Ludwigshafen/Rh.; dt.) — Fortschrittsbericht 1960/61 auf dem Gebiet der Stoffübertragung an Phasengrenzen, bes. durch Diffusions- u. Konvektionsvorgänge. — 318 Literaturhinweise. G. Günther 5860◇

*1787* **Extraktion.** H. E. Liebgott. (Fortschr. Verfahrenstechn. **5**, 334—43, 1960/61, herausgeg. 1962; Frankfurt/M.; dt.) — Fortschrittsbericht 1960/61 mit Beschränkung auf wesentlich Neues. Auf dem Gebiet der Theorie werden Gleichgewichte u. Stufenzahlberechnungen, Tropfen-Verh. u. Durchsätze sowie der Stoffübergang behandelt, auf apparativem Gebiet bes. Mischer, Abscheider u. Kolonnen. — 86 Literaturhinweise. G. Günther 5862◇

*1788* **Diffusion in Gasen bei hohen Drücken.** I. R. Kritschewski, N. Je. Chasanowa, L. Ss. Lessnewskaja und S. A. Poljakowa. (Chem. Ind. [UdSSR] **1962**, 105—11; russ.) — Vgl. C. **1958**, 5015. — Nach der l. c. beschriebenen Capillaren-Meth. wird die Diffusion im Syst. $N_2$–$CO_2$ bei Drücken bis 74 at untersucht. Der Diffusions-Koeff. $D_{N_2}$ für $N_2$ nimmt bei Zunahme des Gesamtdrucks u. Abnahme des $N_2$-Molenbruchs $N_{N_2}$ im Syst. ab, seine Änderung mit der Temp. ist bei $>$15—20 at fast null. So beträgt bei 28,15° u. $N_{N_2}$ = 0,45 $D_{N_2}$ bei 6 at 27,5 ($\cdot 10^{-3}$ cm²/s), bei 13,8 at 11,7, bei 24 at 5,40, bei 65,8 at 1,00. Die Ergebnisse werden unter dem Gesichtspunkt der Theorie von Enskog u. Chapman in Gleichungen behandelt. R. K. Müller 5862◇

*1789* **Destillieren und Rektifizieren.** V. Stevanović. (Fortschr. Verfahrenstechn. **5**, 394—435, 1960/61, herausgeg. 1962; Zürich; dt.) — Fortschrittsbericht 1958/1961 mit den Abschnitten Einführung, Grundlagen, Arbeitsweise der Kolonnen, Arbeitsweise des Bodens, App., Anlagen u. neue Verff., Berechnungs-Meth. sowie Kontrolle, Steuerung u. Regelung von Kolonnen. — 400 Literaturhinweise. G. Günther 5864◇

*1790* **Rektifikation bei tiefen Temperaturen.** H. Hausen. (Fortschr. Verfahrenstechn. **5**, 436—52, 1960/61, herausgeg. 1962; Hannover; dt.) — Fortschrittsbericht 1958/1961 mit den Abschnitten Luftzerlegung, Zerlegung anderer Gasgemische als Luft, Reinigung der zu zerlegenden Gase, Regelung der Zerlegungsanlagen, Werkstoffe, App. u. Maschinen, Anwendung der gewonnenen Gase sowie theoret. u. experimentelle Grundlagen zur Berechnung u. Beurteilung der Zerlegungsverfahren. — 191 Literaturhinweise. G. Günther 5864◇

*1791* **Nicht-filmartige Kondensation eines dampfförmigen Zweistoff-Systems von mischbaren Flüssigkeiten.** V. V. Mirkovich und R. W. Missen. (Canad. J. chem. Engng. **39**, 86—87, 1961; Toronto, Univ., Dep. of Chem. Engng.; engl.) — Das Syst. Pentan–Hexan u. 3 Syst. aus den Komponenten Pentan, Methanol u. $CH_2Cl_2$ wurden untersucht. Photograph. Aufnahmen der Kondens. der Syst. Pentan–$CH_2Cl_2$ u. Pentan–Methanol werden gezeigt. E. Miessgang 5866◇

*1792* **Kristallisieren, Ausfrieren, Sublimieren, Gefriertrocknen.** G. Matz. (Fortschr. Verfahrenstechn. **5**, 565 bis 569, 1960/61, herausgeg. 1962; Elberfeld; dt.) — Auswählende Literaturzusammenstellung aus den Jahren 1960/61 von 55 Arbeiten mit wesentlichen Fortschritten mit den Abschnitten Tagungsberichte, Grundlagen, Keim-Bldg., Zonenschmelzen, Halbleiter, Einkristalle, Kristallisation in Kunststoffen, Kristallisations-Verff., Kristallisatoren, apparative Anordnungen, Ausfrieren u. Sublimieren. G. Günther 5868◇

*1793* **Fest-Flüssig-Gleichgewichte bei der Wachs-Kristallisation.** R. M. Butler und D. M. MacLeod. (Canad. J. chem. Engng. **39**, 53—63, 1961; Sarnia, Ontario, Imp. Oil Ltd., Res. Dep.; engl.) — Auf Grund theoret. Ableitungen ergab sich, daß der Abtrennungsgrad von n-Paraffinen vorausgesagt werden kann, wenn man annimmt, daß die feste Phase eine ideale Lsg. darstellt. Die mittels der abgeleiteten Gleichungen errechneten Werte wurden mit den analyt. bestimmten (Massenspektrometer) verglichen, wobei überraschend gute Übereinstimmung gefunden wurde. Weiter hat sich gezeigt, daß Keton-Lsgm. prakt. die gleiche Selektivität für die Rekristallisation von Wachsen aufweisen wie n-Hexane. Die Trennung von n-Paraffinen bei einstufiger Rekristallisation ist nicht sehr scharf, sie kann bei mehrstufiger Arbeitweise im Gegenstrom verbessert werden. E. Miessgang 5868◇

*1794* **Trocknung — Wissenschaftliche Grundlagen.** O. Krischer. (Fortschr. Verfahrenstechn. **5**, 279—90, 1960/61, herausgeg. 1962; Darmstadt; dt.) — Fortschrittsbericht 1960/61 über die Probleme der Bindung der Feuchtigkeit an das Gut, der Stoff- u. Energietransporte, bes. in porösen Gütern, des Trocknungsverlaufes in durchströmten Gütern, der Gefriertrocknung u. der entsprechenden Meßtechnik. — 26 Literaturhinweise. G. Günther 5874◇

*1795* **Trockner, technische Trocknungsverfahren.** K. Kröll. (Fortschr. Verfahrenstechn. **5**, 291—333, 1960/61, herausgeg. 1962; Bad Hersfeld; dt.) — Fortschrittsbericht 1960/61 über die einzelnen App.-Typen zur Durchführung von Trocknungs-Verff. sowie im Hinblick auf die Anwendung der verschiedenen App. in 11 Produktionszweigen. — 322 Literaturhinweise. G. Günther 5874◇

*1796* **Dimensionierung und Wahl von Regelventilen.** O. A. Asbjørnsen. (Tidsskr. Kjemi, Bergves. Metallurgi **21**, 115—19, 1961; Trondheim, Tekn. Høgskole, Inst. f. Kjemitekn.; norw.) — Die Ventilgröße richtet sich nach dem gewünschten Kontrollbereich. Daraus wird der Energiebedarf der Druckerzeuger bemessen. Störungen der äußeren Druckverhältnisse sind bei kleinen Regelbereichen von großer Bedeutung u. werden durch einen Aufschlag bei der Festlegung des Regelbereiches u. der Druckhöhe berücksichtigt. Das dynam. Verh. der Steuer-Vorr. u. der Rohrleitungen ist bei Fll. nur für schnell verlaufende Vorgänge, wie z. B. Flußmessungen, von Bedeutung. W. Knoch 5882◇

*1797* **Indirekte Bestimmung kleinster Säureverbrauchs-Werte.** H. Galster. (Chemie-Ing.-Techn. **32**, 667—68, 1960; Hamburg, Bran & Lübbe; dt.) — Es wird ein automat. Gerät für die Best. der Säureverbrauchswerte von Dampferzeuger-Speisewässern beschrieben, das sich auch als Steuergerät eignet. Das Verf. ist ein pH-Meß-Verf. u. beruht darauf, daß bei bekannter kleiner $CO_2$-Konz. (nach Gleichgewichtseinstellung des $CO_2$-Geh. von W. u. Luft) der Säureverbrauchswert des W. eindeutig vom pH abhängt. W. Betcke 5888◇

*1798* **Der Natrium-Graphit-Reaktor.** Glen W. Wensch. (Nuclear Engng. **7**, 388—92, 1962; U.S. AEC, Metal Cooled Reactor Branch, Div. of Reactor Dev.; engl.) — Beschreibung der Vorteile von Na als Wärmeüberträger u. des Entw.-Programms in USA mit einer 300-MW-Prototypanlage u. einem 1000-MW-Kernkraftwerk. Gerhard Schmidt 5894◇

*1799* **Verschmutzungen in organischen Reaktoren.** C. A. Trilling. (Nuclear Engng. **6**, 523—24, 1961; Atom. Internat., Organic Reactors; engl.) — Die Bldg. von wärmeisolierenden Schmutzschichten auf den Brennelementen des OMRE-Reaktors wird beschrieben, u. ihre Ursachen werden diskutiert. Die Film-Bldg. war bes. stark, wenn vorher das heiße organ. Kühlmittel der Luft ausgesetzt worden war. Analysen der Ndd. ergaben eine hohen Geh. an anorg. Korrosions-Prodd. sowie unlösl., hochsd. Radiolyse-Prodd. des Kühlmittels. Auf der Grundlage dieser Ergebnisse wird eine Theorie der Film-Bldg. entwickelt. Zur Vermeidung der Verschmutzungen wird eine ständige intensive Reinigung des Kühlmittels von Korrosions-Prodd. u. hochsd. Bestandteilen durch Filtration u. Dest. sowie eine Erhöhung der Umlauf-Geschw. des Kühlmittels vorgeschlagen. Tomas Tamberg 5894◇

*1800* **Die Piqua-Kernenergieanlage.** 1. Mitt. **Stand der Arbeiten.** E. F. Weisner. (Nuclear Engng. **6**, 515, 1961; engl.) — Kurze Beschreibung der Situation bzgl. Bau der Anlage, Ausbildung des Personals u. Erlangung der Betriebslizenz. Die Inbetriebnahme ist für das Frühjahr 1962 geplant. Tomas Tamberg 5894◇

*1801* **Die Piqua-Kernenergieanlage.** 2. Mitt. **Allgemeine Beschreibung des Piqua-Reaktors.** E. F. Weisner. (Nuclear Engng. **6**, 516—22, 1961; engl.) — 1. vgl. vorst. Referat. — Die Piqua-Kernenergieanlage (11,4 MW Nennleistung) enthält einen therm., heterogenen, organ. moderierten u. gekühlten Reaktor mit einer Wärmeleistung von 45,5 MW. Die Brennelemente bestehen aus einer U-Mo-Al-Leg., die 1,94% $^{235}U$ (insgesamt 134 kg) enthält. Die als Moderator u. Kühlmittel benutzte Mischung von Terphenylisomeren verläßt den Reaktorkern mit einer Temp. von 301° u. gelangt in Wärmeaustauscher, wo Wasserdampf hohen Drucks erzeugt wird. Dieser wird in einem bereits vorhandenen Kraftwerk zu Stromerzeugung benutzt. Tomas Tamberg 5984◇

*1802* **Korrosions- und Reinigungsfragen bei wassergekühlten Reaktoren.** G. Pier. (Atomwirtschaft **6**, 601—04, 1961; Mannesmann Akt.-Ges., Forsch.-Inst.; dt.) — Die Langzeit-Unterss. der allg. Korrosionsbeständigkeit u. die Verss. über die Anfälligkeit gegen Spannungsriß- u. Spaltkorrosion von Rohren u. Blechproben aus hochlegierten Cr- u. Cr-Ni-Stählen in 70° warmem Reinstwasser zeigen, daß weder ein allg. abtragender Korrosionsangriff noch Spannungsriß- oder Spaltkorrosion auftreten. Für die Schlußreinigung von Reaktoren u. Werkstoffen aus hochlegierten Cr-Ni-Stählen wird ein eigens für diesen Zweck entwickeltes Reinigungs-Verf. angegeben, das beim FR-2-Reaktor Karlsruhe mit Erfolg angewendet wurde. H. Schöberl 5894◇

*1803* **Reaktionen von festen Stoffen mit Flüssigkeiten.** Vladimír Šatava. (Silikáty [Praha] **5**, 171—81, 1961; Praha, Vysoka škola chem.-technol., Kat. technol. sil.; tschech.) — Übersicht über die Bedingungen u. Gleichungen für Rkk., bei denen lösl. Prodd. entstehen, u. solche, bei denen unlösl. Prodd. entstehen, mit besonderer Berücksichtigung der Anwendung auf die Technologie der Silicate u. verwandte Technologien. — 25 Literaturangaben. R. K. Müller 5896◇

*1804* **Fließbett-Technik.** W. Kraus. (Fortschr. Verfahrenstechn. **5**, 106—26, 1960/61, herausgeg. 1962; Leverkusen; dt.) — Fortschrittsbericht 1960/61 über Grundlagen (Strömungsverhältnisse u. Wärme- u. Stoffübergang) u. Anwendungstechnik, bes. auf den Gebieten der Röstung von Erzen, der Trocknung u. Entwässerung, der Wärmebehandlung von Werkstoffen, der Durchführung von Gas-Rkk. u. der Rk.-Technik mit Katalysatoren. — 144 Literaturhinweise. G. Günther 5904◇

*1805* **Das Fließen von Körnern durch Öffnungen.** W. A. Beverloo, H. A. Leniger und J. van de Velde. (Chem. Engng. **15**, 260—69, 1961; Wageningen, Netherlands, Agricult. Univ., Technol. Labor.; engl.) — Vff. vergleichen die von verschiedenen Autoren abgeleiteten Formeln für das Ausströmen von Schüttgut (Samenkörner u. andere körnige Stoffe, wie Zucker, Polystyrolkörner, Sand) durch runde Öffnungen mit den Ergebnissen ihrer eigenen Untersuchung. Der Durchfluß aller untersuchten Samen durch runde Öffnungen wird durch die Gleichung $W = 35\,\varrho\,\sqrt{g}\,(D - 1{,}4d)^{2{,}5}g$ pro Min. beschrieben, wobei $\varrho$ = Packungsdichte der Samen, D = Durchmesser der Öffnung u. d = durchschnittliche Siebgröße der Teilchen ist. Vff. untersuchen den Einfl. der Schütthöhe, der Teilchengröße u. der Teilchenform auf die Ausströmungsgeschwindigkeit. I. Köditz 5906

---

*1806* Esso Research and Engineering Co., Elizabeth, N.J. (Erfinder: James F. Ross, Leon Clifford Kenyon jun., Baton Rouge, La., und Bruce R. Tegge, Madison, N.J.), V.St.A., **Reinigen eines Kohlenwasserstoff-Verdünnungsmittels** wie Isopentan, Cyclohexan, Heptan u. aromat. KW-Stoffe, wie Bzl., Toluol, Xylol, die Acetylaceton u./oder Diacetyl gelöst enthalten, dad. gek., daß man KW-Stoff-Verdünnungsmittel mit wss. Alkalilauge wäscht, nach dem Waschen von der Lauge abtrennt, mit W. wäscht u. durch azeotrope Dest. entwässert. — Zeichnung. (**D. A. S. 1 150 057** Kl. 12o vom 28/10. 1959, ausg. 12/6. 1963. A. Prior. 10/10. 1958.) E. Kahles 5829

*1807* Commissariat à l'Énergie Atomique, Paris (Erfinder: Charles Eyraud, Yves Trambouze, Germaine Thomas und Jeannine Lenoir geb. Miron, Lyon), Frankreich, **Mikroporöses Feinfilter.** In die Poren einer aus gesintertem oder gefrittetem hergestellten festen Membran, die als poröse Trag- oder Halte-Vorr. dient, sind innerhalb einer dünnen Oberflächenschicht sehr kleine körnige Partikel aus $Al_2O_3$ oder $TiO_2$ mit einem Durchmesser von $10^{-1}$ bis $10^{-2}\,\mu$ eingepreßt, wodurch sich ein bes. kleiner Durchflußwiderstand ergibt. (**D. A. S. 1 151 210** Kl. 80b vom 23/1. 1959, ausg. 4/7. 1963. F. Prior. 27/1. 1958.) G. Frikell 5831

## $H_2$. Betriebsschutz, Feuerschutz

*1808* **Über die Biochemie und die Toxikologie der in der Industrie verwendeten oder unter den Verunreinigungen der atmosphärischen Luft enthaltenen aromatischen Kohlenwasserstoffe.** Monique de Clercq. (Ind. chim. belge **27**, 1165—72, 1962; Centre Nat. de la Rech. Sci.; franz.) — Übersicht über Arten, Eigg. u. biolog. Umwandlungen der in der Industrie verwendeten u. in die Atmosphäre entweichenden, aromat. KW-Stoffe, bes. Cyclohexan, Toluol u. andere Alkylbenzole, Naphthalin u. seine Derivate. — 40 Literaturangaben. W. Wesly 5930◇

*1809* **Chromylchlorid. Ein möglicher bedeutender industrieller Luftverunreiniger.** William H. Hill und Francis X. Worden. (Amer. ind. Hyg. Assoc. J. **23**, 186—93, 1962; Pittsburgh, Pa., Univ., Graduate School of Public Health, Environmental Health Sect., Dep. of Public Health Pract.; engl.) — Es werden die Bedingungen für die Bldg. von $CrOCl_2$ aus wss. Lsgg. mit $H_2SO_4$, $Cl^-$ u. $CrO_4^{2-}$ untersucht. Es ergibt sich, daß entgegen früherer Annahmen nicht wasserfrei gearbeitet werden muß, u. daß $CrOCl_2$ nicht so leicht hydrolysiert wird, wie angenommen wurde. $CrOCl_2$-haltige Gase werden analysiert u. die Möglichkeit der Entstehung in der Industrie wird diskutiert. Es wird in Betracht gezogen, daß $CrOCl_2$ eine große Bedeutung bei der Bldg. von Lungenkrebs der Chromatarbeiter spielen kann. K. Huste 5932◇

*1810* **Der Arbeitsschutz bei der friedlichen Erzeugung von Kernenergie.** Mario Panaccione. (Calore **333**, 49—57, 1962; ital.) — Begründung für die Notwendigkeit einer gesetzlichen Regelung in Italien für den Schutz der mit Strahlungsstoffen operierenden Personen etwa nach Artikel 30 der Institute-Vereinbarung von Euratom vom Jahre 1959. R. Kaiser 5932◇

*1811* **Vergleichen der Explosionsfähigkeit von Stäuben.** W. J. Montgomery. (Canad. Mining metallurg. Bull. **55**, 765—67, 1962; Ottawa, Ontario, Canada, Dep. of Min. and Techn. Surveys, Mines Branch; engl.) — Übersicht über die Explosionsfähigkeit verschiedener Stäube (Kohlen- u. Erzstaub, bes. Sulfide) u. die Maßnahmen zur Explosionsverhütung. W. Wesly 5936◇

*1812* **Ein Explosionsschutz-System greift dort ein, wo vorbeugende Maßnahmen enden.** Lewis F. White. (Paint Ind. Mag. **77**, Nr. 6, 16—23, 1962; Ashland, Mass., Fernwal, Inc.; engl.) — Nach Ausführungen über das Wesen der Explosion (E), über Dampf- u. Staub-E u. vorbeugenden Schutz wird das Prinzip des neuartigen E-Schutzes geschildert: in der kurzen Zeitspanne zwischen Zündung u. maximalem Druckaufbau vorbeugende Maßnahmen auszulösen, welche die Entw. von E unterdrücken. Vorr. zum Entdecken eines E-Beginns u. rechtzeitigen Auslöschen der Flamme werden besprochen. M. Hagedorn 5936◇

*1813* **Die Bildung von Detonationen in Leitungen, ihre Entwicklung und Maßnahmen zum Vermeiden ihrer Folgen.** J. Neumann. (Petrol şi Gaze **12**, 521—24, 1961; rum.) R. Grundmann 5936◇

*1814* **Über die Entflammbarkeit von Lösungsmittelgemischen in Luft, welche Methyläthylketon und Tetrahydrofuran enthalten.** Michael G. Zabetakis, John C. Cooper und Aldo L. Furno. (U. S. Dep. Interior, Bur. Mines, Rep. Invest **1962**, Nr. 6048, 1—14; engl.) — An Hand verschiedener Kurven wird die Entflammbarkeit folgender Mischungen in Luft behandelt: Methyläthylketon (I); I-Toluol (II); Tetrahydrofuran (III)-II; I-II-Äthylalkohol (IV); III-II-IV-Äthylacetat; I-II bei 30—200° u. III-II bei 30—200°. Weiter werden experimentell die unteren Grenzen der Entflammbarkeit bestimmt u. mit den berechneten Werten verglichen. R. Worbis 5936◇

*1815* **Durch Ätherrückstände hervorgerufene Unfälle in Beziehung zur Bildung explosiver Peroxide.** V. J. Karnojitzky. (Chim. et Ind. **88**, 233—38, 1962; Onera; franz.) — Übersicht über die durch Äthyl- u. Isopropyläther verursachten Explosionen, die Selbstoxydation der Äther, die Peroxid-Bldg. u. Ratschläge zur Lagerung u. Dest. der Äther. — 21 Literaturhinweise. W. Wesly 5936◇

*1816* **Sicherer Umgang mit Aluminiumalkylen.** W. B. Heck jun. und R. L. Johnson. (Ind. Engng. Chem. **54**, Nr. 12, 35—38, 1962; Baton Rouge, La., Ethyl Corp. Mfg. Dep.; engl.) — Beschreibung der Sicherheitsmaßnahmen für den Umgang mit Al-Alkylen. W. Wesly 5936◇

*1817* **Der Umgang mit flüchtigen Lösungsmitteln.** W. L. Ball. (Chem. in Canada **14**, Nr. 9, 70—72, 1962; Ottawa, Ontario, Canada, Dep. of Nat. Health and Welfare; engl.) — Übersicht über Arten, Eigg. u. Möglichkeiten flüchtiger Lsgm., in den menschlichen Körper zu gelangen u. Sicherheitsmaßnahmen. W. Wesly 5936◇

*1818* **Emissionsprobleme in Gießereien.** J. Morkowski. (Wasser, Luft Betr. **6**, 474—80, 1962; Köln; dt.) — Vf. gibt einen Überblick über die wesentlichsten Staubentfernungs-Verff. für Gießereien u. beschreibt die in Gießereischmelzöfen auftretenden spezif. Staubprobleme. Er erläutert den Entwurf einer VDI-Norm für die Staubauswurfbegrenzung für Heiß- u. Kaltwindkupolöfen. I. Koschitzki 5940

## H$_4$. Wasser, Abwasser

*1819* **Überblick über die Theorie der Koagulation.** William B. Davis. (Proc. Texas Water Sewage Works Short School **1962**, Nr. 44, 119—120; engl.) — Nach Definition des Koagulationsprozesses u. der Funktion der Koagulationsmittel wird ein kurzer Auszug der Kolloidchemie u. der Kinetik der Koagulation gegeben. Die Stabilität der koll. Verunreinigungen wie Farbe u. Trübung hängt vom $\zeta$-Potential u. den van der Waalsschen Kräften ab. Eine wirksame Koagulation vollzieht sich in 2 Phasen: 1. Zugabe des Koagulationsmittels zwecks Senkung von $\zeta$. Hierdurch ist 2. die Agglomeration der Flocken möglich, wobei ihnen durch Mischen die zur Annäherung nötige kinet. Energie erteilt wird. Karl Richter 6010◇

*1820* **Decarbonisierung des Wassers durch Zerstäuben bei geringem Vakuum.** N. D. Alekssenko und A. D. Burawowa. (Gas-Ind. [UdSSR] **8**, Nr. 4, 24—25, 1963; russ.) — Die Erprobung der Decarbonisierung des W. durch Zerstäubung im geringen Vakuum in einer industriellen Kesselanlage ergab, daß bei einem Unterdruck von 10—30 mm u. bei einer Wasser-Temp. von 70—80$^0$ nicht nur das freie, sondern auch das gebundene $CO_2$ teilweise entfernt wird. Es wird ein pH von 8,2 erreicht. O. Lebtag 6030△

*1821* **Abwasserreinigung in Schottland: Die Kosten der Behandlung.** A. Herriot. (J. Proc. Inst. Sewage Purificat. **1963**, 157—66; Lanark County Council, Drainage Eng. Dep.; engl.) — Öffentliche Abwässer (städt.) werden besprochen. Kurzer geschichtlicher Überblick über die Entw. der Abwasserreinigung. Dann wird eingegangen auf die verschiedenen Kostenfaktoren, die beim Bau u. beim Betrieb von Abwasserreinigungsanlagen anfallen. W. Melloh 6036◇

*1822* **Die Flußreinigung und die Entwicklung der Wasserversorgung.** J. Ian Waddington. (J. Proc. Inst. Sewage Purificat. **1963**, 140—56; Tweed River Purification Board; engl.) — Die Wassersituation in Schottland wird beschrieben, bes. der Zustand des Tweed. Die Flüsse in Schottland sind noch relativ sauber. Es werden Maßnahmen diskutiert, diesen Zustand zu erhalten oder ihn zu verbessern. W. Melloh 6038◇

*1823* **Zunahme des Gehaltes an oberflächenaktiven Substanzen im Lee River.** C. Hammerton. (J. Proc. Inst. Sewage Purificat. **1961**, 48—56; Metropolitan Water Board; engl.) — Aus den in Tabellen zusammengefaßten Werten regelmäßig durchgeführter Analysen ist zu entnehmen, daß nach Einführung eines neuen Waschmittels der Geh. an oberflächenakt. Substanzen im Lee River innerhalb der Monate April bis September durchschnittlich von 1,4 mg/Liter [1958] auf 0,9 mg/Liter [1959] abgesunken ist, was auf einen besseren biolog. oxydativen Abbau der neuen Substanz hinweist. H. Schumann 6038◇

*1824* **Belüftung durch feinverteilte Luft: Eine Kostenanalyse.** R. W. Bayley. (J. Proc. Inst. Sewage Purificat. **1963**, 174—81; Water Pollution Res. Labor.; engl.) — Bei den Baukosten spielen die Kosten für die Errichtung einer Belebtschlammanlage u. ihre mechan. Ausrüstung eine entscheidende Rolle. Ca. 1 m unterhalb der Wasseroberfläche sitzende Belüfter haben optimale Wirksamkeit. Das bedeutet flachere Belüftungsbecken als üblich. Der Einfl. der Tiefe des Belüftungsbeckens auf Betriebs-, Investitions- u. Gesamtkosten ist graph. dargestellt. Die Angaben beziehen sich auf in Großbritannien übliche Belebtschlammanlagen. W. Melloh 6040◇

*1825* **Abwasserverschmutzung — Reinigung und Messung.** R. Hübner. (Chem. Rdsch. [Solothurn] **16**, 157—58, 1963; Wettingen, Schweiz; dt.) — Nach einem allg. Überblick über Maßnahmen zur Reinigung u. Entgiftung von Gewässern wird die Konstruktion u. Wirkungsweise einer Entgiftungsanlage der Firma Gauthier, Calmbach, die eine Cyanid- u. Chromentgiftung mit anschließender Neutralisation umfaßt u. für cyanhaltige, chromhaltige, saure u. alkal. Abwässer (40 $m^3$/h) bestimmt ist, besprochen. Außerdem werden das Meßprinzip eines industriellen Trübungsmessers, der die Lichtdurchlässigkeit bzw. Extinktions- oder Absorptionsdifferenz mißt sowie der Aufbau u. die Arbeitsweise des Trübungsmessers eingehend beschrieben. H. Guischard 6042◇

*1826* **Abwässer der Produktion von synthetischem Kautschuk.** Bolesław Kotulski. (Przemysł chem. **40**, 537—41, 1961; Oświęcim, Zakłady Chem.; pol.) — Übersicht über die Zus. der Abwässer der Styrol-, Butadien- u. Buna-Kautschuk-Produktion, ihre Schädlichkeit u. Reinigungsmethoden. — 36 Literaturangaben. F. Urban 6042◇

*1827* **Reinigung von Abwässern von Fluoriden.** Ju. Ju. Lurje, P. Ss. Antipowa und A. N. Belewzew. (Nichteisenmetalle [UdSSR] **34**, Nr. 2, 43—47, 1961; russ.) — Ausgearbeitet wird eine Meth. zur Reinigung von *Fluoride* enthaltenden Abwässern, bei der der größte Teil der Fluoride durch eine Behandlung mit Kalk entfernt wird u. die restliche kleinere Menge (8—40 mg) durch $Na_2HPO_4 \cdot 12\,H_2O$ mit Kalk oder durch Superphosphat mit Kalk ausgefällt wird. Der restliche F-Geh. in den Abwässern beträgt 0,5 bis 1,5 mg/Liter. H. Hochstein 6042◇

*1828* **Extraktion von Bichromat-Ionen aus wässerigen Lösungen durch Anionite.** Ju. Ju. Lurje und P. Ss. Antipowa. (Nichteisenmetalle [UdSSR] **34**, Nr. 11, 25, 1961; russ.) — Die Unters. einer Regenerierung von Chromaten aus Abwässern durch verschiedene Lsgg. von NaOH, NaCl u. durch verschiedene Mischungen dieser Lsgg. ergab, daß eine 3%ig. NaOH-Lsg. oder eine 5%ig. NaCl-Lsg. am wirksamsten ist. Die Verw. einer NaOH-Lsg. ergibt keine vollständige Cr-Rückgewinnung vom Anionit, trotz einer langen Behandlung des Teeres durch solche regenerierende Lösung. Bei Verw. von NaCl-Lsgg. werden dagegen größere Vol. Regenerat mit entsprechend geringem Cr-Geh. erhalten. Die Cr-Konz. im Regenerat wird durch die Permanganat-Meth. bestimmt. Es werden Arbeitsergebnisse bei Verw. des Anionits *AN-18* mitgeteilt. H. Hochstein 6042◇

*1829* **Verhalten eines neuen synthetischen Reinigungsmittels im Abwasserreinigungsprzeß.** G. E. Eden und G. A. Truesdale. (J. Proc. Inst. Sewage Purificat. **1961**, 30—42; Stevenage, Water Pollution Res. Labor.; engl.) — Ein im Labor.-Experiment erprobtes neues oberflächenakt. Material wird mit den üblichen Substanzen in Waschpulvern im Rahmen eines Groß-Vers. an Abwässern der Stadt Luton verglichen. Das für die Eigg. eines Waschmittels ausschlaggebende Verhältnis Methyl- zu Methylengruppen ist im neuen Mittel geringer. Untersucht werden der biochem. Abbau, der $KMnO_4$-Verbrauch, $NH_3$-Geh. sowie verschiedene Belüftungsverhältnisse im Abwasser. H. Schumann 6042◇

*1830* **Der Luton-Versuch.** B. A. Southgate und G. E. Eden. (Chem. Process Engng. incorp. Atomic Wld. **42**, 5—10, 1961; Water Pollution Res. Labor.; engl.) — Es wird über den Einfl. von Detergentien (De), hauptsächlich von Alkylbenzolsulfonaten (ABS), auf den Abbau von Abwasserverunreinigungen in biolog. Reinigungsanlagen u. auf das aquat. Leben berichtet. ABS reduzieren den $O_2$-Eintrag; ihre Toxizität wird durch die biolog. Behandlung herabgesetzt. Zur Überwachung „harter" u. „weicher" De wurde der sog. Luton-Vers. in England durchgeführt. Der Ort Luton besitzt eine einwandfrei arbeitende Abwasserreinigungsanlage; die Bewohner werden — zeitlich getrennt — mit den verschiedensten De beliefert u. deren Wrkg. auf die Anlage wird untersucht. B. Franz 6044◇

*1831* **Laufende Registrierung in Abwasser suspendierter Feststoffe.** R. Briggs. (J. sci. Intruments **39**, 2—7, 1962; Stevenage, Herts., Water Pollution Res. Labor.; engl.) — Beschreibung eines Gerätes zur Registrierung der in Abwasser suspendierten Feststoffe, das das Verhältnis des von einer Wasserprobe durchgelassenen Lichtes zu dem von einem durchgeleiteten Lichtbündel zerstreuten Licht ermittelt. Der Meßbereich beträgt 0—20 oder 0—1000 mg/kg. W. Wesly 6050◇

*1832* **Über die Entnahme radioaktiver Spaltprodukte bei der Trinkwasser-Aufbereitung durch Flockung.** Klaus Haberer. (Kerntechn., Isotopentechn. u. -chem. **4**, 377—82, 1962; Karlsruhe, TH, Lehrst. für Wasserchemie; dt.) — Vom 2. Halbjahr 1958 bis zum 1. Halbjahr 1962 wurde an 8 Trinkwasser-Talsperren die Dekontaminierungs-Wrkg. der Aufbereitung durch Flockung gegenüber der Fallout-$\beta$-Aktivität untersucht. Die Aktivitätsentnahme lag im Mittel für niedrige Rohwasseraktivitäten bei 40%, für hohe bei 70%. $\gamma$-spektrometr. Unterss. ergaben für die $\gamma$-Aktivität stets bessere Dekontaminierungsgrade als für die $\beta$-Aktivität. $^{141}Ce$, $^{144}Ce$ u. $^{95}Zr-^{95}Nb$ wurden zu fast 100%, $^{103}Ru$ zu ca. 80% entnommen. Unterss. des Filterschlamms ergaben eine nur geringe zeitliche Verschiebung zwischen dem Auftreten erhöhter Radioaktivität im Rohwasser u. im Filterschlamm, die auf kurzfristige völlige Umwälzungen des gesamten Stauraums zurückzuführen sind. R. Wolter 6050◇

*1833* **Dekontaminationsgrad und Kapazität einer Wasseraufbereitungsanlage System Krupp.** A. Sittkus. (Kerntechn., Isotopentechn. u. -chem. **4**, 383—86, 1962; Freiburg i. Br.; dt.) — Die Wasseraufbereitungsanlage besteht aus dem B-Teil zur Entkeimung u. Klärung (Chlorung, Flockung, mechan. Filtration) u. dem A-Teil zur Dekontaminierung (je 400 Liter Mischbettionenaustauscher als Arbeits- u. Sicherheitssäule). Die Erprobung wurde mit einer ion. Lsg. von je 6 mc/m³ $^{137}Cs$, $^{90}Sr$, $^{60}Co$, $^{46}Sc$ u. $^{144}Ce$ u. 12 mc/m³ $^{131}J$ in Leitungswasser einer Gesamthärte von 12,6 DG durchgeführt. Bei einer Leistung von 3,0—3,3 m³/h wurden 32 m³ W. durchgesetzt. Die Dekontaminierungsgrade betrugen für den B-Teil allein: Für $^{60}Co$, $^{46}Sc$ u. $^{144}Ce$ ständig >80%, für $^{131}J$ anfänglich 88%, schnell absinkend, u. für $^{137}Cs$ anfänglich fast 100%, langsamer absinkend. Durch B- u. A-Teil hintereinander, ohne Sicherheitssäule, wurden entnommen: $^{137}Cs$, $^{60}Co$ u. die $\beta$-Aktivität des Gemisches $^{137}Cs$, $^{90}Sr$, $^{60}Co$, $^{46}Sc$, $^{144}Ce$ zu 99,99%; $^{46}Sc$ u. $^{144}Ce$ zu 99,97—99,99%. Nach Durchsatz von (umgerechnet) 42 m³ W. von 10 DG betrug der Dekontaminierungsgrad für jedes dieser Nuklide noch mindestens 99,97%. Für $^{131}J$ betrug der Dekontaminierungsgrad anfänglich 99,99%, sank jedoch nach Durchsatz von 26 m³ W. von 10 DG auf 99,10%, dann schnell weiter ab. Mit nachgeschalteter Sicherheitssäule wurden nach Durchsatz von 42 m³ W. von 10 DG noch 99,08% des $^{131}J$ entnommen. Wirtschaftlichkeit, Einsetzbarkeit u. Strahlenschutz wurden nicht betrachtet. R. Wolter 6050◇

*1834* **Wasseranalyse und ihre Interpretation.** Gilbert Baetslé. (Fermentatio [Gand] **1962**, 69—81, 137—47; Inst. Sup. de l'État pour la Chim. et les Ind. Aliment.; franz.) — Fortsetzung von C. **1963**, 9459. — Erläuterung der Begriffe Alkalität gegen Phenolphthalein u. Methylorange, der alkalisierenden oder acidifizierenden Wrkg. von Ionen, der Anwendung von $CaSO_4$, der Aggressivität des W. u. deren Bekämpfung durch Beseitigung des freien $CO_2$ sowie Übersicht über die Aufbereitung von W. mit Ionenaustauschern. W. Wesly 6060◇

*1835* **Eine neue bakteriologische und epidemiologische Untersuchung von Abwasserverunreinigungen in britischen Seebädern.** B. Moore. (J. Proc. Inst. Sewage Purificat. **1961**, 133—48; Public Health Labor., Serv. Comm. on Bathing Beach Contamination; engl.) — Nach Beschreibung der experimentellen Unters.-Meth. wird statist. festgestellt, daß z. B. von 150 *Poliomyelitis*-Patienten im Alter von 0—15 Jahren nur 45 in mit Abwässern verunreinigtem Seewasser gebadet hatten. Den Unterss. ist es zu verdanken, daß rechtzeitig 2 Flecktyphusherde in Küstengewässern beseitigt werden konnten, was erstaunlich ist, da derartige Konz. von Flecktyphuserregern nur sehr selten in Küstengewässern auftreten. — Diskussion. H. Schumann 6064◇

*1836* **Analytische Probleme beim Luton-Experiment.** H. L. Bolton und P. J. Cooper. (J. Proc. Inst. Sewage Purificat. **1961**, 43—47, 1961; Labor. of Goverment Chemist; engl.) — Die Best. der anion. Reinigungsmittel in Abwässern mit Hilfe von Methylenblau wird durch bereits vorhandene natürliche Verbb. u. anorgan. Verunreinigungen erschwert. Die einem synthet. Abwasser zugefügten oberflächenakt. Substanzen, z. B. Alkylarylsulfonate in Gelatine-Lsg., konnten erst mit einer quart. Ammonium-Verb. beim isoelektr. Punkt pH 7 bzw. bei pH 10 quant. zurücktitriert werden. Anorgan. Ionen wurden in salzsaurer Lsg. durch Extraktion mit $CHCl_3$ entfernt. Als Vgl.-Standard für die oberflächenakt. Materialien diente *Monoxol O.T.* (Natriumdioctylsulfosuccinat). Aus den IR-Spektren geht hervor, daß tert. Benzolsulfonate vorlagen, die biolog. nur schwer abbaubar sind. Die Isolierung der oberflächenakt. Mittel aus den Abwässern erfolgte in einer bes. App. durch Schaumentwicklung. H. Schumann 6068◇

## H₅. Anorganische Industrie

*1837* **Ergebnisse bei der Automatisierung einer Versuchsanlage zur Sauerstoffgewinnung.** Kubiak. (Mitt. Inst. Chem.- u. Kälteausrüst. VVB Chem.- u. Klimaanlagen **2**, 246—61, 1962; dt.) — Kurze Übersicht über Arbeiten zur Klärung der prinzipiellen Möglichkeiten der Regelung von Luftzerlegungsanlagen sowie deren Übertragung auf den automat. Betrieb. Die Verss., die sich auf die eigentliche Trennsäule beschränkten, wurden an einer Hochdruckanlage mit Drosselentspannung u. Wärmeaustauscher (Linde-Verf.) ausgeführt. L. Mögele H 239◇

*1838* **Flußspat, ein Flußmittel für Fluorkohlenstoff.** C. M. Bartley. (Canad. Mining metallurg. Bull. **55**, 685—90, 1962; Ottawa, Ontario, Canada, Dep. of Min. and Techn. Surveys, Mineral Sect.; engl.) — Übersicht über (kanad.) Vork., Eigg. u. Verw. von Flußspat. W. Wesly H 246◇

*1839* **Untersuchungen über die Synthese von hochgradigem Kryolith aus silicatischem Flußspat.** 2. Mitt. **Extraktion von Fluor als Natriumfluorid.** J. Lobo, S. H. Iqbal und J. Gupta. (J. sci. ind. Res. [New Delhi], Sect. D **20**, 306—08, 1961; Poona, Nat. Chem. Labor.; engl.) — 1. vgl. C. **1963**, 11783. — Die früher (l. c.) beschriebene Extraktion von F aus Flußspat mit Alkali wird durch Ggw. von Ilmenit gefördert. Der nach der Endentkieselung mit Zinkammoniumhydroxid anfallende, Si enthaltende Extrakt eignet sich zur Gewinnung von hochgradigem Kryolith durch Rk. mit $Na_3AlO_3$. W. Wesly H 246◇

---

*1840* Kali-Chemie Akt.-Ges. (Erfinder: Ulrich Hauschild und Martin Stahl), Hannover, **Herstellung von selektiv wirkenden Raney-Nickel-Hydrierkatalysatoren für die Herstellung von Wasserstoffperoxid,** die bei der Hydrierung von Chinonen zu Hydrochinonen eine Bldg. von kernhydrierten Prodd. verhindern, dad. gek., daß die in bekannter Weise hergestellten Raney-Ni-Hydrierkatalysatoren mit einer Lsg. eines Aldehyds, bes. $CH_2O$, ggf. unter Inertgasatmosphäre, behandelt werden. An Stelle von $CH_2O$ können wss. oder alkohol. Lsgg. z. B. von Acetaldehyd oder Benzaldehyd verwendet werden. (**D. A. S. 1 137 719** Kl. 12i vom 5/10. 1960, ausg. 11/10. 1962.) K. Demmler H 241

*1841* K. A. Bogenss, **Abtrennung von $NH_3$ und organischen Basen aus phenolhaltigen Abwässern** durch Ausblasen der auf 80—90° erwärmten entölten Abwässer in Waschtürmen, in deren unterem Teil Rauchgase erzeugt werden, Kühlen der Gase auf 40—45°, Abtrennen des phenolhaltigen Kondensats, u. Aufarbeitung nach bekannten Methoden. (**UdSSR. P. 128 855** vom 17/12. 1956.) L. Großner H 243

*1842* Hercules Powder Co., Wilmington, übert. von: Dewey Robert Levering, Wilmington, und Lucien G. Maury, Brookside, Del., V.St.A., **Herstellung eines gasförmigen Gemisches von Stickstoffoxiden,** welches in

fl. Phase zur Nitrosierung von sek. Aminen verwendbar ist. NO, $NO_2$, $N_2O_3$, $N_2O_4$, $N_2O_5$ oder $HNO_2$ sowie deren Mischungen werden bei 25—100°, 0,5—15 at mit 30—70%ig. $HNO_3$ so behandelt, daß die Mischung einen Oxydationsgrad von 2,4—3,2 besitzt. — Gleichgewichtsdiagramm, Verf.-Schema. (**A. P. 2 935 480** vom 20/7. 1956, ausg. 3/5. 1960.)
E. Miessgang H 243

*1843* Badische Anilin- & Soda-Fabrik Akt.-Ges. (Erfinder: Kurt Krauss und Heinrich Diekmann), Ludwigshafen/Rh., **Herstellung von hochprozentigem Stickstoffmonoxid.** Ein Gemisch von 1 (Vol-Teil) $NH_3$ wird mit 1,28—1,4 $O_2$ in Ggw. von Wasserdampf als Schutzgas der Oxydation an Pt-Katalysatoren unterworfen u. $NO_2$ abgetrennt. — Diagramme. (**D. A. S. 1 085 142** Kl. 12i vom 10/4. 1958, ausg. 14/7. 1960. **E. P. 843 597** vom 2/4. 1959, ausg. 4/8. 1960. D. Prior. 10/4. 1958.)
E. Miessgang H 243

*1844* Chemetron Corp., Chicago, Ill., übert. von: Ronald E. Reitmeier, Anchorage, Ky., V.St.A., **Entfernung von Stickstoffoxiden aus den Abgasen der Salpetersäureherstellung.** Die Abgase, die neben $N_2 < 5\%$ N-Oxide, $O_2$ u. Wasserdampf enthalten, werden mit ausreichenden Mengen eines reduzierenden Gases ($H_2$, CO, KW-Stoffen) gemischt u. über einen Katalysator, der 1—5 Gew.-% Fe, Co, Ni oder Cu auf einem inerten Trägermaterial enthält, geleitet. Die Raum-Geschw. beträgt 40000 Vol.-Teile Gas pro Vol.-Teil Katalysator pro Stunde. Die Temp. des eintretenden Gases wird so eingestellt, daß es nach der Rk. mit 1500 bis 1900° F austritt. Dabei werden die N-Oxide zu $N_2$ reduziert. (**A. P. 2 924 504** vom 30/8. 1956, ausg. 9/2. 1960.)
E. Miessgang H 243

*1845* Engelhard Industries, Inc., Newark (Erfinder: Holger C. Andersen, Morristown, und Carl D. Keith, Summit), N.J., V.St.A., **Selektives Entfernen von Oxiden des Stickstoffes aus Gasgemischen,** die bis ca. 22 (Vol.-%) $O_2$ bis ca. 2 NO u. bis ca. 2 $NO_2$ enthalten u. zum Rest aus inerten Gasen bestehen. Dem Gasgemisch wird gasförmiges $NH_3$ (stöchiometr. Menge zur vollständigen Umsetzung mit den Oxiden des N bis zum 10- oder mehrfachen dieser Menge) zugesetzt u. das Gemisch bei 121—427° u. einem Druck bis ca. 10,5 atü über Co, Ni oder Fe als Katalysator geleitet. (**D. A. S. 1 115 230** Kl. 12i vom 5/6. 1959, ausg. 19/10. 1961. A. Prior. 5/6. 1958. **A. P. 3 008 796** vom 5/6. 1958, ausg. 14/11. 1961.) E. Miessgang H 243

*1846* W. I. Konwissar, W. I. Atroschtschenko, P. W. Ssitschkow, Ss. N. Ssoroko, P. A. Platonow und B. I. Kruglow, **Herstellen von Salpetersäure** durch $NH_3$-Verbrennung u. Absorption in W., wobei man mit netzartigen, übereinander angeordneten Absorptionsböden arbeitet, auf deren obersten W. rieselt u. sich im Gegenstrom mit nitrosen Gasen bis zum untersten auf 65—70% $HNO_3$ konzentriert. Entsprechend verd. $HNO_3$ erhält man durch Entnahme aus höher angeordneten Böden. — Abbildung. (**UdSSR. P. 131 344** vom 16/12. 1959.) B. Pankow H 243

*1847* National Distillers & Chemical Corp., New York, N.Y., übert. von: Irving L. Mador und Louis J. Rekers, Cincinnati, Ohio, V.St.A., **Herstellung von sauren Salzen des Hydroxylamins.** Ein N-nitroso-dialkylamin der Formel RR'NNO, worin R u. R' Alkylgruppen mit 1—6 C-Atomen bedeuten, wird in saurem Medium (HCl, $H_2SO_4$, $HNO_3$, $CH_3COOH$, $H_2C_2O_4$) in Ggw. eines Edelmetalls der VIII. Gruppe des Period. Syst. hydriert. (**A. P. 2 950 954** vom 23/9. 1957, ausg. 30/8. 1960.) E. Miessgang H 243

*1848* Scientific Design Co., Inc., übert. von: David Brown und John W. Colton, New York, N.Y., V.St.A., **Gewinnung von Schwefel** aus einer Lsg. von S in $CS_2$. Die Lsg. wird in einem Autoklav auf 130—140° bei 1100—1500 mm Hg erhitzt u. $CS_2$ abgetrieben, wobei 96%ig. S als Rückstand erhalten wird. Durch Strippen mit Dampf kann die Reinheit des S auf 99,6% gebracht werden. — Schema der Anlage. (**A. P. 2 941 873** vom 1/7. 1955, ausg. 21/6. 1960.)
E. Miessgang H 253

*1849* Freeport Sulphur Co., New York, N.Y., übert. von: Vas Hubert Brogdon jun., Port Sulphur, und Edward W. Olsen, Houma, La., V.St.A., **Reinigung von Rohschwefel** mit einem Geh. an KW-Stoffen. Der unreine S wird auf eine Temp. erhitzt, bei der unlösl. C—S-Verbb. (I) u. $H_2S$ (II), welches abgezogen wird, gebildet werden. I wird aus dem fl. S abgetrennt u. mindestens teilweise (unter $O_2$-Zusatz) zu $SO_2$ verbrannt. Das so gebildete $SO_2$ wird im Claus-Ofen mit II zu S umgesetzt. — Verf.-Schemata. (**A. P. 2 941 868** vom 28/3. 1957, ausg. 21/6. 1960.)
E. Miessgang H 253

*1850* Blaw-Knox Co., V.St.A. (Erfinder: Paul Frederick Steinstoff), **Behandlung, besonders Reinigung von Schwefel.** Rohschwefel wird rasch auf $\geqq 370°$ erhitzt, u. die Dämpfe werden in fl. S aufgefangen, welcher auf $\leqq 160°$ erwärmt ist. Auf diese Weise wird der Temp.-Bereich, in welchem die viscose Modifikation des S vorherrscht, augenblicklich durchlaufen, ohne daß sich merkliche Mengen viscoser S bilden. — Anwendung zur *Trennung des S vom Selen.* — Anlage, Vorrichtungen. (**F. P. 1 220 337** vom 17/2. 1959, ausg. 24/5. 1960. A. Prior. 18/2. 1958.)
W. Wittholz H 253

*1851* Blaw-Knox Co., Pittsburgh (Erfinder: Paul Frederick Steinstoff, Allegheny), Pa., V.St.A., **Kontinuierliche Reinigung von Schwefel.** Verunreinigter fl. S einer Temp. $< 162°$ wird zunächst auf $> 260°$ dadurch schnell erhitzt, daß er kontinuierlich mit einer entsprechenden Menge auf höherer Temp. gehaltenem fl. S vermischt wird. Der erhitzte S wird fraktioniert dest. u. $> 260°$ kondensiert. Anschließend wird eine Schnellkühlung auf $< 162°$ dadurch vorgenommen, daß der kondensierte S kontinuierlich mit einer entsprechenden Menge auf niedrigerer Temp. gehaltenem fl. S vermischt wird, u. der S zur Erstarrung gebracht. — Verfahrensschema; Vorr.; Diagramm. (**D. A. S. 1 115 723** Kl. 12i vom 17/2. 1959, ausg. 26/10. 1961. **E. P. 889 037** vom 11/2. 1959, ausg. 7/2. 1962. Beide A. Prior. 18/2. 1958. **A. P. 2 961 301** vom 18/2. 1958, ausg. 22/11. 1960.) E. Miessgang H 253

*1852* Simon-Carves Ltd., Cheadle Heath, Stockport, Cheshire, England (Erfinder: Donald Ray Cummings), **Herstellung schwefeldioxidhaltiger Gase** aus $H_2SO_4$ u. organ. Abfallstoffe enthaltenden Säureschlämmen. Die Säureschlämme werden durch Zumischen von heißem Koks zersetzt, die brennbaren Komponenten der dabei gebildeten Gase verbrannt u. die daraus resultierenden heißen Verbrennungsgase über den Koks (zu dessen Erhitzung) geleitet. Die $SO_2$-haltigen Gase werden als Teilstrom aus dem Syst. abgezogen. — Verfahrensschema. (**E. P. 857 111** vom 29/7. 1958, ausg. 29/12. 1960.) E. Miessgang H 253

*1853* N. Sch. Ssafiullin, **Gewinnung von reinem $SO_2$** durch Abrösten von Pyrit im Gemisch mit $FeSO_4$ unter Luftausschluß u. äußerer Beheizung oder im Fließbett von zirkulierendem $SO_2$. — Verfahrensschemata. (**UdSSR. P. 128 854** vom 2/3. 1959.) L. Großner H 253

*1854* Imperial Chemical Industries Ltd., London, England, **Katalysator** zur Oxydation von $SO_2$ zu $SO_3$, bestehend aus 6—10% $V_2O_5$, 6—15 $K_2O$, 1,5—6 $Na_2O$ u. 10—30 $SO_3$, Rest $SiO_2$. Die Herst. erfolgt durch Bldg. eines Kieselsäuregels (I) durch Zusatz von $(NH_4)_2SO_4$-Lsg. zu einer wss. K-Na-Silicat-Lsg., Zusatz von $VOSO_4$-Lsg. zum I, Trocknen bei 100—120° u. 6std. Erhitzen auf 500°. (**Ind. P. 69 871** vom 28/11. 1959. E. Prior. 17/12. 1958.) C. Lüttgen H 253

*1855* Monsanto Chemical Co., St. Louis, Mo., übert. von: Kenneth J. Shaver, Stoneham, und Randolph Perry jun., Arlington, Mass., V.St.A., **Stabilisieren von Schwefeltrioxid.** Zur Verhinderung der Polymerisation werden 0,1—2 Gew.-% *Dimethylsulfit* zugesetzt. (**A. P. 2 832 671** vom 29/3. 1957, ausg. 29/4. 1958.)
E. Miessgang H 253

*1856* Monsanto Chemical Co., St. Louis, übert. von: William B. Kraich und Carlton M. Dean, Webster Groves, Mo., V.St.A., **Entfernung von Selen aus dem beim Kontakt-Prozeß erhaltenen Schwefeltrioxid.** Das 50 bis 1000 ppm Se u. $SO_3$ in einer Konz. von 3—11 Vol.-% enthaltende Kontaktofengas wird mit Oleum (mit 25% freiem $SO_3$) behandelt. — Gleichgewichtskurven. (**A. P. 2 958 572** vom 20/5. 1957, ausg. 1/11. 1960.) E. Miessgang H 253

*1857* Puriron & Chemicals, Inc., übert. von: Charles B. Francis, Pittsburgh, Pa., V.St.A., **Herstellung von Schwefelsäure** aus $FeSO_4$ (Beizlaugen). Festes $FeSO_4$ (I) wird mit 50%ig. $H_2SO_4$ (34% des Gew. von I) vermischt u. zur Entwässerung mittels heißer Luft auf $> 212°F$ erhitzt. Das gebildete bas. Fe(III)-Sulfat wird zu $Fe_2O_3$ u. $SO_3$ zersetzt (900—1450° F) u. letzteres mit W. zu $H_2SO_4$ umgesetzt. (**A. P. 2 946 659** vom 15/5. 1958, ausg. 26/7. 1960.)
E. Miessgang H 253

*1858* Badische Anilin- & Soda-Fabrik Akt.-Ges. (Erfinder: Kurt Jockers und Hermann Meier), Ludwigshafen/Rh., **Reinigung verdünnter technischer Schwefelsäure** von geringen Mengen anorgan. u. organ. Verunreinigungen. Die $H_2SO_4$ wird mit $H_2S$ (bes. 5—50 mg $H_2S$ je Liter $H_2SO_4$) in Ggw. von Aktivkohle behandelt u. nach anschließender Abtrennung der Aktivkohle von der $H_2SO_4$ der restliche $H_2S$ mit $H_2O_2$ in Ggw. von Aktivkohle zerstört. (**D. A. S. 1 124 024** Kl. 12i vom 15/11. 1960, ausg. 22/2. 1962.) E. Miessgang H 253

*1859* Willy Carl Ferdinand Büsching, Hamburg, **Kontinuierliche Aufarbeitung von sulfathaltigen verdünnten Abfallschwefelsäuren** mittels Eindampfen, wobei die sulfathaltige Dünnsäure in einer oder zwei Stufen auf einen $H_2SO_4$-Geh. von 60—80% vorkonzentriert u. einer Hochkonzentrierungsstufe auf einen Säure-Geh. von 97—98% gebracht wird. In der oder den Vorkonzentrierungsstufen wird eine kalte, geklärte, prakt. sulfatfreie $H_2SO_4$ der gleichen Konz. vorgelegt, wie sie in der betreffenden Stufe auch im Endprod. erreicht wird, diese Säure zum Sieden gebracht u. kontinuierlich in gleichmäßiger Menge Abfalldünnsäure sowie weitere kalte geklärte Vorlagesäure zugesetzt. Die vorkonzentrierte Säure wird unter Konstanthaltung des Spiegels im Eindampf-App. kontinuierlich abgezogen u. von dem sich ausscheidenden grobkristallinen Sulfatschlamm befreit, dann der Hochkonzentrierungsstufe zugeführt u. die hochkonz. Säure entschlammt u. nachgeklärt. — Vorrichtung. (**D. A. S. 1 119 835** Kl. 12i vom 2/4. 1958, ausg. 21/12. 1961.) E. Miessgang H 253

*1860* Sun Oil Co., Philadelphia, übert. von: Lloyd G. Magill, Berwyn, Pa., V.St.A., **Umsetzung von Schwefelwasserstoff zu Schwefel** unter Verw. eines Katalysators (z. B. Bauxit, $Fe_2O_3$). Die Ausbildung einer Anlage für die Umsetzung des $H_2S$ in 3 Stufen, bes. für die Anwendung auf Abgase von Rohölraffinerien u. der Reinigung von Naturgas, ist beschrieben. — Anlage. (**A. P. 2 945 748** vom 23/4. 1958, ausg. 19/7. 1960.) E. Miessgang H 253

*1861* Badische Anilin- & Soda-Fabrik Akt.-Ges. (Erfinder: Ewald Wygasch, Helmut Zahn und Werner Huhn), Ludwigshafen/Rh., **Gewinnung von hochprozentigem Natriumhydrogensulfid** aus verd. wss. Lsgg. von NaSH, dad. gek., daß die Lsg. unter vermindertem Druck im Walzenauftragsumpf eines Zweiwalzenvakuumsumpftrockners auf einen Geh. von 75—85% voreingedampft wird u. dem hierbei resultierenden Kristallbrei auf den Walzen das restliche W. entzogen wird, wobei die Eindampfung auf den Walzen unmittelbar vor Erreichen eines zähplast. Zustandes des Prod. abgebrochen wird. (**D. A. S. 1 122 045** Kl. 12i vom 27/9. 1960, ausg. 18/1. 1962.) E. Miessgang H 253

*1862* Imperial Chemical Industries Ltd., London (Erfinder: Frederick Maurice Tayler, Norton-on-Tees), England, **N-Sustituierte Borazane** werden hergestellt durch Rk. von $NaBH_4$ oder $KBH_4$ mit dem Salz eines prim. oder sek., gesätt. oder ungesätt. aliphat. Amins oder einer heterocycl. Verb. mit ringständigem N-Atom bei Raum-Temp. in neutraler oder alkal.-wss. Lsg., wobei das gebildete *Borazan* mittels eines inerten organ. Lsgm., das mit W. nur unvollständig mischbar ist, isoliert wird. — Zu einer wss. Lsg. von 0,79 (g) $NaBH_4$, der eine gleiche Menge Ae. zugesetzt war, gibt man unter Rühren 3,86 n-Laurylaminhydrochlorid. Nach 10 Min. trennt man die Ae.-Schicht ab, trocknet u. dampft ein: 1,01 *n-Laurylborazan*, $C_{12}H_{25}NH_2 \cdot BH_3$, F. 38°; 30—80% (Ausbeute). — Analog folgende Borazane: *Monoisobutyl-*, F. 76°. — *Monoisopropyl-*, F. 24°, Zers. bei 225°. — *Monoallyl-*, F. 20°. — *Hexamethylentetramino-*, Zers. >300°. — *Di-n-propyl-*, F. 30°. — *Diisopropyl-*, F. 21°; 30%. — *Isochinolino-*, farblose Fl., Zers. 50°; 65%. — *Chinaldino-*, F. 112°. — *Acridino-*, F. 225° (Zers.). — *Morpholino-*, F. 93°. — *Piperazinodi-*, $C_4H_{10}N_2 \cdot 2\,BH_3$, Zers. bei 250°. — *Piperidino-*, F. 61°. — *Chinolino-*, F. 20°, Zers. bei 100°; 71%. (**D. A. S. 1 138 398** Kl. 12q vom 31/3. 1959, ausg. 25/10. 1962. E. Prior. 31/3. 1958.) A. Debo H 258

*1863* Ruhrchemie Akt.-Ges., Oberhausen (Erfinder: Hans Feichtinger, Dinslaken, und Siegfried Puschhof, Duisburg), **N-Substituierte B-Trifluorborazane** mit chlorierten aliphat. oder cycloaliphat. Substituenten oder Alkylpyridinen werden hergestellt durch Anlagerung von $BF_3$ an prim. oder sek. aliphat. oder cycloaliphat. Amine oder Alkylpyridine u. anschließende Chlorierung der Komplexe in Ggw. eines inerten Lsgm. mit gasförmigem $Cl_2$ bei 0—70°. — Zu 73,1 g n-Butylamin in 800 ml $CCl_4$ gibt man unter Eiskühlung 67,8 g $BF_3$. In diese Suspension leitet man innerhalb 4 Std. bei 50° 45 Liter $Cl_2$ ein unter Bestrahlung mit einer 500 W Hg-Dampflampe: 170 g $BF_3 \cdot NH_2C_4H_{8,1}Cl_{0,9}$. — Analog: 1 g n-Butylamin u. 100 Liter $Cl_2$ → 200 g $BF_3 \cdot NH_2 \cdot C_4H_{7,3}Cl_{1,7}$. — 64,6 g n-Octylamin u. 65 Liter $Cl_2$ → 190 g $BF_3 \cdot NH_2C_8H_{11,6}Cl_{5,4}$. — 64,6 g n-Octylamin u. 30 Liter $Cl_2$ → 135 g $BF_3 \cdot NH_2C_8H_{15}Cl_2$. — 92,7 g n-Dodecylamin u. 185 Liter $Cl_2$ → 281 g $BF_3 \cdot NH_2C_{12}H_{15,9}Cl_{9,1}$. — 92,7 g n-Dodecylamin u. 290 Liter $Cl_2$ → 293 g $BF_3 \cdot NH_2C_{12}H_{13,8}Cl_{11,2}$. — 49,6 g Cyclohexylamin u. 80 Liter $Cl_2$ → 98 g $BF_3 \cdot NH_2C_6H_{10,1}Cl_{0,9}$. — 74,6 g $\gamma$-n-Amylpyridin u. 48 Liter $Cl_2$ → 132 g $BF_3 \cdot NC_{10} \cdot H_{13,7}Cl_{1,3}$. — *Zwischenprodd., Fungicide, Insekticide, Bakterícide, Emulgatoren, Netzmittel, Imprägnierungsmittel.* (**D. A. S. 1 138 787** Kl. 12q vom 24/4. 1958, ausg. 31/10. 1962.) A. Debo H 258

*1864* Kali-Chemie Akt.-Ges., Hannover (Erfinder: Herbert Jenkner, Köln), **N-Alkylborazane** werden hergestellt durch Rk. von Borsäureestern der allg. Formel $B(OR)_3$ (R = Alkyl, Cycloalkyl, Aryl, Aralkyl) mit Verbb. der allg. Formel $SiR''_xH_{4-x}$ (R'' = R, OR, Halogen; x = 0, 1, 2, 3) u. prim., sek. oder tert. aliphat., cycloaliphat., araliphat., aromat. oder heterocycl. Aminen bei erhöhter Temperatur. — Auf 41 (Gew.-Teile) $B(OCH_3)_3$ u. 41 $(C_2H_5)_3N$ preßt man 60 atü $SiH_4$, erhitzt 5 Std. lang auf 150—260° u. dest. → 41 *N-Triäthylborazan* (**I**), $Kp._{13}$ 97°. — Analog: 20,8 $B(OCH_3)_3$, 30 $(C_2H_5)_2SiH_2$ u. 20,2 $(C_2H_5)_3N$ → 19,1 **I**, $Kp._{15}$ 99—102°; 90% (Ausbeute). — 21 $B(OCH_3)_3$, 53 $(C_2H_5)_2SiH_2$ u. 19 $(C_2H_5)_3 \cdot N$ → 21,2 **I**; 98%. — 20,8 $B(OCH_3)_3$, 30 $(C_2H_5)_2SiH_2$ u. 24 N-Methylmorpholin → 22,5 *N-Methylmorpholinborazan*, $Kp._{3,5}$ 95—96°. — 63 $(C_2H_5)_2SiHCl$, 35 $(C_2H_5)_3N$ u. 16 $B(OCH_3)_3$ → 14,5 **I**; 82%. — An Stelle von $B(OR)_3$ kann man auch Boroxole verwenden. (**D. A. S. 1 150 390** Kl. 12q vom 5/9. 1960, ausg. 20/6. 1963.) A. Debo H 258

*1865* Reinluft G.m.b.H., Essen, **Herstellung von Aktivkohle.** Holzkohle, Torfkoks, Koks oder dgl. werden mit einem Gemisch von $SO_2$, Dampf u. $O_2$ behandelt u. anschließend auf 300—700° erhitzt. (**E. P. 852 661** vom 30/9. 1958, ausg. 26/10. 1960. D. Prior. 13/11. 1957.) E. Miessgang H 260

*1866* Bergwerksverband G.m.b.H., Essen (Erfinder: Dietrich George, Essen, Otto Grosskinsky, Dortmund, und Joachim Karweil, Essen), **Aktivierung kohlenstoffhaltiger Materialien.** Ein mehrstufiger, für die Aktivierung C-haltiger Materialien bestimmter Wirbelschichtreaktor, in dem die Ausgangsmaterialien mittels von unten u. in die Räume zwischen den Stufen eingeblasenen Gasen aktiviert werden, wird so betrieben, daß man bei der Aktivierung von einen Abfall der Dichte erfahrenden pechgebundenen Kohleformlingen die Gase in die Räume zwischen den Wirbelschichten zusätzlich in so großen Mengen einführt, daß sich in der Wirbelschicht eine gleichmäßige Aufwirbelung des körnigen Materials einstellt. (**D. A. S. 1 119 238** Kl. 12i vom 12/12. 1957, ausg. 14/12. 1961.) E. Miessgang H 260

*1867* Bergwerksverband G.m.b.H., Essen (Erfinder: Dietrich George, Essen, Otto Grosskinsky, Dortmund, und Joachim Karweil, Essen), **Aktivierung kohlenstoffhaltiger Materialien** in der Wirbelschicht unter Verw. wasserdampfhaltiger Gase bei 800—1000°. Im Treibgas soll ein Wasser-Geh. von 0,65 kg Dampf/Nm³ Treibgas nicht überschritten werden. (**D. A. S. 1 134 059** Kl. 12i vom 19/8. 1957, ausg. 2/8. 1962. **E. P. 869 472** vom 5/6. 1958, ausg. 31/5. 1961. D. Prior. 19/8. 1957.) E. Miessgang H 260

*1868* Union Carbide Corp., New York, N.Y., V.St.A. (Erfinder: Curry Elliston Ford, New Canaan, Conn., und Charles Vernon Mitchell, Shaker Heights, Ohio), **Herstellung faserigen oder faserhaltigen kohlenstoffhaltigen Materials.** Cellulose oder regenerierte Cellulose wird unter gleichmäßigem Temp.-Anstieg erhitzt, wobei die Temp. des Materials zweckmäßig von 100—400° um 10—50°/Std., bis zu 900° um bis zu 100°/Std. steigt u. sodann bis zur Graphitierung des Materials weitererhitzt. (**D. A. S. 1 130 419** Kl. 12i vom 18/12. 1959, ausg. 30/5. 1962. **E. P. 894 458** vom 16/12. 1959, ausg. 18/4. 1962. Beide A. Prior. 18/12. 1958.) E. Miessgang H 260

*1869* United States Atomic Energy Commission, übert. von: Ronald Arthur Dugdale, Harwell, England, **Färben farbloser Diamanten.** Die Diamanten werden mit Elektronen einer Energie von ca. 1 MeV 1 Std. bei einem Gesamtelektronenfluß von $1-2\cdot10^{18}$ Elektronen/$cm^2$ bestrahlt, wobei eine blaue Färbung mit schwachem Grünstich auftritt. Bei ½ std. Erhitzen der bestrahlten Diamanten auf 500° erhalten diese eine reine blaue Färbung. (**A. P. 2 945 793** vom 28/4. 1958, ausg. 19/7. 1960.) E. Miessgang H 260

*1870* Chemical Construction Corp., V.St.A. (Erfinder: Srini Vasan und Harry George Boeckino), **Trennen von Kohlensäuregas und S-haltigen Verbindungen,** wie $H_2S$, COS, Mercaptanen. Man leitet das trockene oder feuchte Gasgemisch durch eine Zeolithschicht (I), die durch Erhitzen auf ca. 350° entwässert ist u. deren Porengröße ca. 5 Å beträgt. Die Absorption der S-Verbb. erfolgt bei 38° u. 14 bis 35 at, bes. 24,6 at. Die Regenerierung der I wird mit heißen Gasen bei 200—260°, z. B. mit $CO_2$, bei anschließendem Abkühlen auf Absorptions-Temp. durchgeführt. Man gewinnt getrennt reines $CO_2$ u. die S-Verbb., z. B. $H_2S$. — Tabellen; Schema der Anlage. (**F. P. 1 226 740** vom 17/3. 1959, ausg. 15/7. 1960. A. Prior. 18/3. 1958.) W. Wittholz H 260

*1871* Vetrocoke S.p.A., Italien, **Abtrennen und Wiedergewinnen von Kohlensäure** aus $H_2S$-freien oder zum größten Teil von $H_2S$ befreiten Gasgemischen durch Verw. von Alkaliarsenit-Lsgg. im Kreislauf. Das absorbierte $CO_2$ wird unterhalb des Kp. der Absorptions-Fl., zweckmäßig durch Einblasen von Luft, ausgetrieben. Hierdurch wird ein Teil des Arsenits zu Arsenat oxydiert, welches entfernt u. zu Arsenit rückverwandelt wird. Durch $H_2S$ kann As-Sulfid gebildet werden, welches durch Cyanide oder unlösl. Sulfide bildende Metalle entfernt werden kann. — Schema der Anlage. (**F. P. 1 221 473** vom 2/4. 1959, ausg. 2/6. 1960. It. Prior. 16/1. 1959.) W. Wittholz H 260

*1872* Texas Instruments, Inc., V.St.A. (Erfinder: Willis Alfred Adcock und Raymond Charles Sangster), **Herstellung sehr reiner Elemente,** bes. *Si*, aus den Halogeniden. $SiCl_4$ oder $SiHCl_3$ wird zusammen mit $H_2$ bei 1100—1300° in einer Rk.-Kammer umgesetzt, welche mit einer inerten Trägeroberfläche für das abzuscheidende Metall ausgerüstet ist. Die diese Kammer verlassenden Abgase, welche aus nicht umgesetztem Metallchlorid, $H_2$ u. HCl bestehen, werden bei 600—800° mit Zn-Dampf behandelt, wodurch HCl zu $H_2$ u. $ZnCl_2$ rückgebildet wird. Nach Entfernen des $ZnCl_2$ wird das Gasgemisch der Rk.-Kammer wieder zugeleitet. In gleicher Weise lassen sich *Cu, Ag, Au, Be, Mg, Ca, Zn, B, Al, Ga, In, Tl, Ti, Zr, Hf, Th, Ge, Sn, Pb, V, Nb, Ta, P, As, Sb, Bi, Tm* u. *U* aus ihren Halogeniden in hochreiner Form gewinnen. — Anlageschemata, Vorrichtungen. (**F. P. 1 229 718** vom 31/12. 1958, ausg. 9/9. 1960. A. Prior. 31/12. 1957.) W. Wittholz 6077

## $H_6$. Silicatchemie, Baustoffe

*1873* **Die Farbwissenschaft in der keramischen Industrie.** 1. Teil der Conférence technique de la Soc. franç. de Céramique., 11. Febr. 1959: **Die Farbe vom physikalischen Standpunkt.** Ch. Kiefer und Ch. Le Bris. (Bull. Soc. franç. Céram. **1959,** Nr. 43, 5—18; Manufacture Nat. de Sèvres; franz., Auszug: dt.) — Erläuterungen der geometr. u. physikal. Gesetzmäßigkeiten der Farbenoptik: Refraktion, Absorption, Reflexion u. Diffusion; Spektrophotometrie u. Einfl. der Chromophoren. R. Kaiser 6202◇

*1874* **Die Farbwissenschaft in der keramischen Industrie.** 1. Teil der Conférence technique de la Soc. franç. de Céramique, 11. Febr. 1959: **Die Farbe vom Standpunkt der Farbmessung.** Gérard Bertrand. (Bull. Soc. franç. Céram. **1959,** Nr. 43, 19—27; l'Assoc. Franç. de Colorimétrie; franz., Auszug: dt.) — Vgl. vorst. Referat. — Erläuterung der drei Grund-Eigg. der Farbe, die durch 3 Faktoren zum Ausdruck gebracht werden: Leuchtkraft, diffuse Reflexion u. totale Reflexion. R. Kaiser 6206◇

*1875* **Die Farbwissenschaft in der keramischen Industrie.** 2. Teil der Conférence technique de la Soc. franç. de Céram., 11. Febr. 1959: **Die Farbe vom keramischen Standpunkt.** C. Kiefer. (Bull. Soc. franç. Céram. **1959,** Nr. 43, 28—43; Paris, Soc. Franç. de Céramique; franz., Auszug: dt.) — Vgl. vorst. Referat. — Diskussionsbeiträge zur Frage der allg. gültigen Bewertung von Farbnuancen keram. Platten. Als objektive Geräte für die Unterscheidung u. Sortierung werden neben dem bekannten Zeiß-Elrepho-Colorimeter u. dem Differentialcolorimeter von Hunter das Löwener Spektralphotocolorimeter u. der „Spektromat" der Pretema, zwei Neu-Entw., beschrieben. Sie eignen sich für automat. Kennzeichnung der Farbe u. stündliche Sortierung bis zu 2500 Platten. R. Kaiser 6206◇

*1876* **Die elektrischen Verfahren.** C. R. Collin. (Bull. Soc. franç. Céram. **1959,** Nr. 43, 59—68; Commissariat à l'Énergie Atomique, Serv. Géophysique; franz., Auszug: dt.) — Das Wesen der elektr. Bodenerforschung durch Messung der Widerstandswerte der Bodenschichten wird erläutert u. an einigen Beispielen die tekton. Auswertung dargelegt. Wiedergabe einer hiernach hergestellten Karte einer Kaolinlagerstätte. R. Kaiser 6208◇

*1877* **Der Chemismus, die Verteilung und die ökonomische Bedeutung der triasischen Kalkgesteine der Norddobrogea (Rumänien).** M. Savul und A. Movileanu. (Studii Cercetări ştiinţ. [Iaşi], Chim., **10,** 89—111, **1959;** rum.) — Vff. untersuchen auf Grund von 83 chem. Analysen den Chemismus der Kalkgesteine u. der Dolomite der Norddobrogea. Reiner u. toniger Kalkstein herrschen vor. Das Verhältnis $Fe_2O_3$/Rückstand + $R_2O_3$ kann unter dem Einfl. der marinen Diabase schwanken. Ein scharfer Unterschied zwischen dem Chemismus der triasischen Gesteine in den östlichen Karpaten u. denen der Dobroega wird festgestellt. Der Mittelwert Ca/Mg für die triasischen Gesteine der Dobrogea erreicht 24,7 (%) u. ist somit wesentlich größer als der für die östlichen Karpaten (2,9). I. Gabe 6208

*1878* **Die Entwicklung beim Brand keramischer Erzeugnisse im Elektroofen.** J. Ferré. (Bull. Soc. franç. Céram. **1959,** Nr. 43, 83—96; Société M.E.C.I.; franz.) — Eine Zusammenfassung der gebräuchlichen elektr. Öfen für die verschiedenen Zweige der keram. Industrie u. ihre neuzeitliche Entwicklung. R. Kaiser 6210◇

*1879* **Gegenwärtiger Stand der Industrie feuerfester Steine in Japan.** Yoshio Kora. (J. chem. Soc. Japan, ind. Chem. Sect. [Kogyo Kagaku Zassi] **59,** 583—87, 1956; jap.) — Übersicht über die Entw. seit 1951. L. Schuler 6218□

*1880* **Übersicht über metallkeramische Sockel für hohe Temperaturen.** Hayne Palmour III. (J. electrochem. Soc. **102,** 160 C—164 C, 1955; Chattanooga, Tenn., Amer. Lava Corp., Res. Dep.; engl.) — Übersicht über keram. Werkstoffe (Forsterit, $Al_2O_3$, Glas); elektr. u. mechan. Eigg.; Temp.-Verh.; Verwendung. — 14 Literaturangaben. P. Frenzel 6220◇

*1881* **Über den Bildungsmechanismus von porigen Strukturen.** M. Ss. Osstrikow und G. D. Dibrow. (Kolloid-J. [UdSSR] **21,** 97—101, 1959; Rostow a. Don, Univ. u. Inst. für Bauingenieure; russ., Auszug: engl.) — Im dispersen Syst. Gips–Pech–W. entsteht beim Anmachen u. Umrühren spontan eine Porosität, die mehr als 70% erreichen kann. Die beim Abbinden u. bei der Erhärtung des Gipses entstandene Schaumstruktur wird nach der Thermobehandlung stabiler u. wasserfester. Aus der Porosität, dem Vol.-Gew., der Wärmeleitfähigkeit u. der Wasserdurchlässigkeit ergibt sich die Brauchbarkeit des obigen Syst. als hydrophobes wärmeisolierendes Material. Durch Zusatz von Saponin u. Präp. GK (Schaumbildner aus hydrolysiertem Blut), die für die Herst. von Schaumbeton angewandt werden, wird die Porosität des untersuchten Syst. von 72 auf 58,6% gesenkt. Diese schaumbrechende Wrkg. der Schaumbildner erklärt sich aus der selektiven Adsorption an der Oberfläche des Pechs, wodurch dessen Teilchen hydrophiliert werden. O. Lebtag 6226

*1882* **Gesichtspunkte für die Auswahl und Normen für die Verwenung hydraulischer Bindemittel.** F. Ferrari. (Cemento [Milano] **4,** Nr. 57, 19—29, **5,** Nr. 57, 21—28, **6,** Nr. 57, 9—21, **7—8,** Nr. 57, 11—19; 1960; ital.) — Um bei der Vielfalt u. Differenziertheit der hydraul. Bindemittel (HB) Fehlentscheidungen vorzubeugen, wird auf Grund von Arbeiten namhafter Autoren u. eigenen Veröffentlichungen über die Charakteristik, Anwendungsbereiche u. den rationellen Einsatz der gebräuchlichsten HB-Portlandzemente (P), Ferrari-Zement (FZ) u. seine Mischungen mit Puzzolanen, Puzzolanzemente (PZ), Hüttenzemente (HZ), Erzpuzzolane, Zemente ohne Schwindung, Tonerdezemente, weiße Zemente u. Magerungsmittel — berichtet. Es wird die genaue Wahl der HB entsprechend dem Verw.-Zweck angegeben, um bei ökonom. Verarbeitung u. Bauweise einen maximalen Nutzen zu erreichen. Es werden eingehend die chem. Zus. u. die Anwendungsbereiche von P, von Spezialzementen mit erhöhter (niedriger) Hydratationswärme, von Zementen hoher chem. Widerstandsfähigkeit, von FZ erhöhter, verminderter u. niedriger Basizität, von PZ, von P-Puzzolan–Gips- bzw. FZ-Puzzolan–Gips-Gemischen, von HZ, von FZ-Klinkermischungen mit bas. Schlacken, Gips u. hochakt. $SiO_2$ bzw. mit Puzzolanen u. $CaSO_4$, von weißen Zementen u. gemagerten Zementen einschließlich ihrer charakterist. Eigg. besprochen. Das physikal.-chem. Verh. (Vol-Veränderungen unter verschiedenen Bedingungen, die Elastizität u. Wasserdurchlässigkeit) sowie die Ursachen auftretender Veränderungen (Treiben, Ausblühungen, Einfl. der Abbindwärme u. aggressiver W.) werden besprochen. Dabei werden Angaben über die Festigkeiten in Abhängigkeit des Alters u. der Konz. der agressiven W. sowie über die Einfl. von Bakterien, Humus-, Essig-, Oxal-, Milch-, Butter-, Wein- u. Fettsäuren, Fetten u. Ölen, von Glycerin u. Mineralölen für die verschiedenen Typen der HB gemacht. Über die Mischungsmöglichkeiten der HB u. die Härte verschiedener Zemente wird berichtet. — 162 Literaturangaben. W. Anika 6226◇

*1883* **Verwendung von Mörtelstoffen aus Flugasche und Zement.** F. Vavřin und F. Tůma. (Stavivo **39**, 86–87, 1961; Gottwaldov, KSNPS, Výzk. úst. stavební; tschech.) — Vgl. C. **1963**, 258. — Bericht über Erfahrungen bei der Herst. von Beton mit guten plast. Eigg. mit Verw. der l.c. beschriebenen Flugasche–Zement-Gemische. R. K. Müller 6226◇

*1884* **Eine neue Type von ölgefeuerten Kalköfen. Das Catagas-System.** Anonym. (Cement, Lime Gravel **37**, 321–24, 1962; engl.) — Beschrieben wird eine direkte Anwendung von Ölbrennern in Kalkschachtöfen, die 5–6 Tage nach Betriebsaufnahme mit relativ niedrig liegenden Feuerungskosten maximal produzieren. H. Schumann 6226◇

*1885* **Entwicklung der Erzeugung von Schamottebaustoffen.** Č. Macháček. (Stavivo **39**, 74–77, 1961; Praha, OSKS; tschech.) — Übersicht über die Fortschritte in der Herst. von Schamottesteinen mit höherem $Al_2O_3$-Geh., leichterer Schaumschamotte für Bauzwecke u. verschiedener Typen von feuerfestem Beton u. über die Mechanisierung u. Automatisierung der Herstellungsprozesse. R. K. Müller 6228◇

*1886* **Anlage mit kurzfristig umkehrbarer Führung der Trocknungsluft für die Trocknung von Ziegel- und keramischen Erzeugnissen mit auf 24 Stunden verkürzter Trocknungsdauer.** M. Bět'ák. (Stavivo **39**, 94–95, 1961; Praha; tschech. — In einer Trocknungsanlage mit 2 Kammern ist eine einfache Umkehrung der Führung der Trocknungsluft vorgesehen, durch die die Trocknungsdauer wesentlich verkürzt wird. R. K. Müller 6228◇

*1887* **Cyclogramme von Ziegeltrocknern und -öfen.** L. Kišiday. (Stavivo **39**, 88–93, 1961; Košice, Krajské združenie stavebnictva; slowak.) — Im Vgl. mit idealen Cyclogrammen für Ringöfen mit 1 u. 2 Feuerungsanlagen werden Cyclogramme aus dem prakt. Betrieb zur Klärung von Fehlerursachen ausgewertet. R. K. Müller 6228◇

*1888* **Chemische Stabilisierung der Fundamentfuge eines Brückenpfeilers.** B. Krčmář und O. Sedlák. (Inž. Stavby **7**, 326–28, 1959; Velké Meziříčí, Geolog. průzkum u. Olomouc, Doprav. stavby; tschech.) — Zur Verfestigung von Sanden für das Fundament des Brückenpfeilers bei Kroměříž (Mähren) wurden Injektionen von Wasserglas mit $CaCl_2$ sowie labilem Wasserglas mit Zusätzen verschiedener Zementmengen geprüft. — Die besten Ergebnisse gaben Injektionen mit Wasserglas (130 Liter; 37–38° Bé) gefolgt von $CaCl_2$ (100 Liter; 21° Bé); Abstand der Injektionsnadeln 0,7 m; Tiefe bis 6 m; Druck bis 7 at; 50 Liter Wasserglas u. 35 kg $CaCl_2$ auf eine Nadel. 5×5 cm große Blöcke des gehärteten Sandes zeigten nach 24 Std. an der Luft eine Festigkeit bis 16,50 kg/cm²; die Wasserdurchlässigkeit ging auf $k = 10^{-2}$ cm/s herab. J. Tůmová 6232◇

*1889* **Untersuchung über synthetischen Asbest. 10. Mitt. Hydrothermale Reaktion von Kaliumfluorid mit Chrysotil.** Hajime Saito. (J. chem. Soc. Japan, ind. Chem. Sect. [Kogyo Kagaku Zassi] **59**, 592–96, 1956; Kofu, Yamanishi Univ.; jap.) — 2. vgl. C. **1956**, 832; 9. vgl. J. chem. Soc. Japan, ind. Chem. Sect. [Kogyo Kagaku Zassi] **56**, [1953], 756. — In einem Autoklaven werden je 2 3 *Chrysotil* in 50 cm³ *KF*-Lsg. (295–1450 mMol F) bis 40 Std. bei 150, 250, 300 u. 350° (5–165 at) behandelt, u. der $F^-$-Geh. (maximal 25%) nach dem $Th(NO_3)_4$-Verf. bestimmt. Bes. bei höherer Temp. entstehen, wie die Röntgenbeugungsanalyse zeigt, $MgSiO_3$ u. $MgF_2$. Aus der Natur der Feuchtigkeits-, Absorptions- u. Trocknungskurven der Prodd. wird auf einen Austausch zwischen OH- u. F-Ionen im Gitter geschlossen. L. Schuler 6234□

*1890* **Die Herstellung von Mineralwatte auf Grundlage der Verarbeitung von flüssigen Schlacken.** K.E Gorjainow. (Baumaterialien [UdSSR] **5**, Nr. 12, 1–5, 1959; russ.) — Vf. hat auf Grund experimenteller Arbeiten eine Formel aufgestellt, die die Berechnung von notwendigen Ton- u. Kieselerdezusätzen zu Schlacken verschiedener Herkunft ermöglicht: $D = 1-(Ao-Ad)/(As-Ad)$, wobei D den Zusatzanteil im Verhältnis zur ganzen Schicht, $A_0$ den $SiO_2 + Al_2O_3$-Anteil in der korrigierten Schmelze, Ad den $SiO_2 + Al_2O_3$-Anteil im sauren Zusatz u. As den $SiO_2 + Al_2O_3$-Anteil in der Schlacke bedeuten. Die Menge an $A_0$ wird der chem. Zus. der Schlacken angepaßt u. darf nicht weniger als 53% für Hochöfen- u. 58% für Kupolofenschlacken betragen. Vf. berichtet von drei verschiedenen Verff. zur Herst. von Mineralwatten u. vergleicht diese miteinander. K. Wekua 6234□

*1891* **Siliciumcarbid, Schleifmittel und Rohstoff für die Feuerfestindustrie.** G. Wiebke. (Keram. Z. **15**, 84–85, 1963; dt.) J. Heinze 6238◇

*1892* **Herstellung, Eigenschaften und Verwendung von Siliciumcarbid.** Hans Abrecht. (Keram. Z. **15**, 83–84, 1963; Waldshut, Baden; dt.) J. Heinze 6238◇

*1893* **Über den Zerkleinerungswiderstand von synthetischen Schleifmitteln. Versuch einer relativen Messung.** W. Mann. (Ber. dtsch. keram. Ges. e.V. **40**, 179–85, 1963; Beuel/Rh., Guilleaume-Werk; dt.) — Vf. untersucht die Mahlbarkeit von braunen Normal- u. weißen Edelkorund, eines hellgrünen u. eines dunkelgrünen Siliciumcarbids u. eines Borcarbids mit den Körnungen Nr. 12, 30, 60 u. 100 bei einer progressiven Steigerung der Mahldauer von 30 auf 120 Min. mit Stahlkugeln von 350, 700 u. 1000 g u. bei einer konst. Umdrehungs-Geschw. von 53 U/min. Der Einfl. von Mahldauer u. Mahlintensität wird durch Siebanalysen ermittelt. Vf. zeigt, daß sich der Nennkornrückstand, d. h. der Rückstand auf dem betreffenden Nennsieb, u. der Zerkleinerungswiderstand, für den eine Formel entwickelt wird, bestimmen lassen. — Der Kugelmühlentest eignet sich gut für die Ermittlung des Zerkleinerungswiderstandes von Schleifmitteln, doch ermöglichen die bisher durchgeführten Verss. keine Differenzierung verschiedener Schleifmittelgruppen. I. Köditz 6238

*1894* **Über die Existenz des Metakaolins.** J. E. Planz und H. Müller-Hesse. (Ber. dtsch. keram. Ges. e.V. **40**, 186 bis 190, 1963; Aachen, TH, Inst. für Gesteinshüttenkunde; dt.) — Aus röntgenograph. u. infrarotspektroskop. Unterss. des Tons von Ponholz, einem Ton vom Fireclaytyp, geht hervor, daß nach der Entwässerung von Kaolinmineralien ein mehr oder weniger definiertes Zwischenprod., der sog. Metakaolin, vorliegt. Nach der Dehydratation liegen im Restgitter (Metakaolin) Si–O- u. Al–O-Gruppen in einem Verband vor. Bei steigender Temp. erfolgt eine Lockerung der Bindung beider Gruppen untereinander, während die Bindung in den Gruppen selbst zunächst fester wird. Bei 900° bricht das Metakaolingitter zusammen unter Bldg. von amorpher Kieselsäure u. $\gamma$-$Al_2O_3$. Oberhalb 1000° entstehen Cristobalit bzw. Cristobalit u. Mullit aus den Zerfallsprodukten. I. Köditz 6240

*1895* **Untersuchungen über Festkörperreaktionen im System $BaO$–$Al_2O_3$–$SiO_2$.** 2. Mitt. **Über die Celsianbildung durch Festkörperreaktionen.** J. E. Planz und H. Müller-Hesse. (Ber. dtsch. keram. Ges. e.V. **40**, 191–200, 1963; Aachen, TH, Inst. f. Gesteinshüttenkunde; dt.) — 1. vgl. C. **1963**, 3910. — Vff. beschreiben die röntgenograph. u. IR-spektroskop. Unters. der Synth. von Celsian aus 1. Ba-Silicaten, 2. Ba-Monoaluminat u. 3. Metakaolin, die im Syst. $BaO$–$Al_2O_3$–$SiO_2$ möglich sind. Es wird das Auftreten zweier Formen der Hochtemp.-Modifikation des Celsians beobachtet, die sich durch unterschiedliche Si/Al-Verteilung voneinander unterscheiden. — Abschließend stellen Vff. fest, daß sich die Verb. $3\,BaO \cdot 3\,Al_2O_3 \cdot 2\,SiO_2$ nur im Gleichgewicht mit Celsian u. Ba-Monoaluminat synthetisieren läßt. I. Köditz 6240

*1896* **Die Anwendungen der Fluorescenzspektrometrie mit Röntgenstrahlen in der chemischen Analyse.** C. Legrand. (Bull. Soc. franç. Céram. **1959**, Nr. 43, 113—24; C.N.R.S., Labor. des rayons X; franz.) — Eine theoret. Erörterung der Grundprinzipien der Röntgenfluorescenzspektrometrie, ihre Einrichtungen u. ihre Grenzen bei der quant. Erfassung von Elementen. R. Kaiser 6240◇

*1897* **Nephelometrische und turbidimetrische $SO_3$-Bestimmung in Silicaten.** H. Humpola. (Stavivo **39**, 95 bis 98, 1961; Brno, OSMO Výzk. prac.; tschech.) — In Vgl.-Verss. wird festgestellt, daß die nephelometr. $SO_3$-Best. in Silicaten unzuverlässig ist, während die turbidimetr. Best. bis zu $SO_3$-Geh. von 3% Ergebnisse liefert, die mit der konduktometr. Titration unter Verw. eines photoelektr. Colorimeters gut übereinstimmen. R. K. Müller 6240◇

*1898* **Bestimmung kleiner Fluormengen durch Pyrohydrolyse.** H. Bennett und W. G. Hawley. (Trans. Brit. ceram. Soc. **62**, 397—404, 1963; British Ceram. Res. Assoc.; engl.) — Die Meth., welche eine gute u. schnelle Best. kleiner Fluoridmengen in Silicaten erlaubt, besteht in der Umsetzung des Fluorids mit einem Katalysator (z. B. $U_3O_8$) unter Erhitzen auf 1050° u. Übertreiben von $H_2F_2$ mit Wasserdampf. Anschließend Titration der Fluorid-Lsg. mit Thoriumnitrat u. Alizarin S als Indicator. Genauigkeit: ±0,1%. — Zeichnung der Apparatur. W. Gulbins 6240◇

*1899* **Alkalibestimmung bei Feldspäten und feldspathaltigen Sanden mit Hilfe des Flammenphotometers.** Peter Mandt. (Keram. Z. **15**, 89—90, 1963; Krohenhammer; dt.) — Die Probenvorbereitung, das Aufstellen der Eichkurven, das Ansetzen der Eich-Lsgg. ($K_2O$-, $Na_2O$-, $Al_2O_3$-, CaO-Stamm-Lsgg.) u. die Fehlerquellen werden angeführt. In 24 Std. sind mit Hilfe des Flammenphotometers die Alkalien in Feldspat u. feldspathaltigen Gesteinen zu bestimmen (im Vgl. zu 8—10 Tagen nach der gravimetr. Meth.). J. Heinze 6240◇

*1900* **Lichtdurchlässigkeitsmessung von gelbem Glas für Kontrollzwecke.** Ernest C. Taylor. (Glass Ind. **43**, 607 bis 611, 636, 1962; Brockway Glass Co., Inc.; engl.) — Der Zusammenhang zwischen der Lichtdurchlässigkeit bei 550 u. 1050 mμ u. der Zus. des Glases wird einer Prüfmeth. zugrunde gelegt, da hierbei ein unmittelbarer Eingriff in die Fabrikation erfolgen kann. Das angewandte Verf. wird eingehend dargestellt u. die mögliche Fehlerberichtigung aufgezeigt. Vorteil ist, daß nicht nur die Qualität der Färbung, sondern auch die Abweichungen in der Zus. des Glases erfaßt werden. L. Kühnert 6242◇

*1901* **Hochtemperaturphasen in einigen Kaolinit–Glimmer–Quarz-Tonen.** W. F. Cole und E. R. Segnit. (Trans. Brit. ceram. Soc. **62**, 375—95, 1963; Melbourne, Australia, Div. of Building Res. Commonwealth Sci. and Ind. Res. Organization; engl.) — Die vergleichende röntgenograph. u. mkr. Unters. der beim Brennen entstehenden Hochtemp.-Phasen von fünf austral. Kaolinit–Glimmer–Quarz-Tonen ergab gute Übereinstimmung der Befunde. Dabei erwies sich die Röntgen-Meth. als besonders geeignet für den Nachw. von weniger gut kristallinem Mullit u. Cristobalit, während auf mkr. Wege besser die verglasten u. die akzessor. Bestandteile feststellbar waren. W. Gulbins 6248◇

*1902* **Bestimmung des Kaolinitanteils durch Titration.** Cirilo Jelacic. (Bull. Soc. franç. Céram. **1959**, Nr. 43, 45—54; Zagreb, Jugoslawien, Inst. des Silicates, Labor. de Chimie physique; franz.) — Es wird eine rationelle u. rasch auszuführende Analysen-Meth. zur Best. des Geh. an Kaolinit (I) in Tongesteinen u. Pasten angegeben. Sie beruht auf der Bldg. von Kaliophilit ($K[SiAlO_4]$) durch Umsetzung mit Alkalichlorid bei 700—750° unter Zusatz eines stöchiometr. Überschusses von Alkalicarbonat (I). Im wss. Auszug der Schmelze wird der Überschuß an II mit n/10 HCl zurücktitriert u. der Verbrauch von II als $K_2O \cdot Al_2O_3 \cdot 2\,SiO_2$ auf I berechnet. Unter Einhaltung gewisser Arbeitsbedingungen (Steigerung des II-Zusatzes bei höheren Quarzanteilen im Ausgangs-Prod.) lassen sich nach den zahlreichen Verss. des Vf. Genauigkeiten von ±3% erreichen. Feldspate stören die Ergebnisse nicht. R. Kaiser 6248◇

*1903* **Ein Test der Homogenität der feuerfesten Tone und weitere Prüfmethoden in der keramischen Praxis.** Vladimir Tománek. (Keram. Z. **15**, 86—89, 1963; Prag; dt.) — Vf. verweist auf die ungenügende Genauigkeit der Unters. von Feuerfesttonen, die durch die Probenvorbereitung entsteht. Einfache Prüfverff. werden vorgeschlagen u. an einigen Beispielen demonstriert. J. Heinze 6248◇

*1904* **Über die Prüfung der Temperaturwechselbeständigkeit von Steinzeug.** E. Witzig. (Ber. dtsch. keram. Ges. e.V. **40**, 175—78, 1963; Thayngen, Schweiz, Tonwerke Thayngen Akt.-Ges.; dt.) — Vf. beschreibt die Best. der Temp.-Wechselbeständigkeit (TWB) eines aus Ton–Talk-Massen bei 1250° dichtgebrannten chem. techn. Steinzeugs (Entw. dieses Steinzeugs vgl. Masson, C. **1954**, 10797) u. vergleicht die verschiedenen Meth. zur Best. der TWB. Als brauchbarste Meth. erweist sich die Prüfung nach BS 784: 1953. Das beschriebene Steinzeug ist bis 150°, unabhängig von Form u. Größe des Werkstücks, temperaturwechselbeständig. I. Köditz 6248

*1905* **Abriebversuche zur Qualitätsbewertung der feuerfesten Elektroschmelzerzeugnisse von Durchlauftunnelöfen.** A. Auerbach. (Bull. Soc. franç. Céram. **1959**, Nr. 43, 55—58; Labor. de Rech. de l'Électro-Réfractaire; franz., Auszug: dt.) — Beschreibung eines Gerätes, mit welchem hochfeuerfeste keram. Prüfzylinder bestimmter Abmessung unter dem Druck einer sich drehenden Stahlscheibe bei 1200 bis 1280° der Abnutzung durch Reibung u. dem Einfl. des entstehenden FeO-Abriebs ausgesetzt werden. Änderungen der Länge u. des Vol. dienen als Kriterien für die Brauchbarkeit der Elektroprüflinge als Schleifkufen (Gämse) in Tunnelöfen. R. Kaiser 6248◇

*1906* **Über die Zonenbildung bei der Reaktion von Glas mit feuerfesteln Steinen, vorzugsweise Schamotte-Wannensteinen.** Kamillo Konopicky. (Glastechn. Ber. **36**, 37—51, 1963; Bonn, Forsch.-Inst. der Feuerfest-Ind.; dt.) — Um die Ausbildung der Rk.-Schichten (RS) zwischen Na-Kalkglas u. feuerfesten Steinen unterschiedlichen $Al_2O_3$-Geh. (24—64%) zu untersuchen u. den Rk.-Mechanismus zu erkennen, wurden Verss. in einer sog. Drehherdwanne durchgeführt. Aufbau der Wanne u. Vers.-Durchführung werden eingehend beschrieben u. die apparativen Schwierigkeiten geschildert. Die Verschlackungs-Verss. wurden bei verschiedenen Temp. (1300—1500°) u. bei verschiedenen Zeiten (5 u. 14 Tage) vorgenommen. Die Vers.-Ergebnisse zeigen, daß RS einander nach Zus. u. Fließverh. diskontinuierlich folgen. Sich entsprechende RS sind qual. ähnlich aufgebaut. Die Dicke u. quant. Zus. der Schichten werden durch Temp. u. Vers.-Dauer beeinflußt. Die weiße Rk.-Schicht ist weitgehend dem Stein zuzuordnen, während die angrenzende, meist graue Schicht bei der Vers.-Temp. vollständig oder weitgehend fl. ist u. mit weiteren glasigen Schichten in Diffusionsaustausch steht. Beobachtungen im Phasenkontrastmikroskop deuten auf einen period. Verlauf der Auflösungsvorgänge. Der Einfl. der Porosität auf die Zerstörungsvorgänge im feuerfesten Stein wird durch die Verss. herausgestellt, während der ungünstige Einfl. von Inhomogenitäten in der Textur u. Unterschiede im chem. u. mineralog. Aufbau zwischen Korn u. Matrix durch die Prüfdaten der Steine nur ungenügend erfaßt werden. H.-O. Mulfinger 6248◇

*1907* **Die Wirkung von Vanadinverbindungen auf Silicasteine.** Anna V. Morsanyi. (Glass Technol. **4**, 23—28, 1963; Lathom, Ormskirk, Lancs., Pilkington Brothers Ltd., Res. Labor.; engl.) — Mit zunehmendem Einsatz von Heizöl wird eine raschere Korrosion (K) des Oberbaues der Schmelzöfen beobachtet. Auffallend ist der V-Geh. der K-Prodd. (0,01—1,0% $V_2O_5$) u. der Asche (im Flugstaub bis 3% $V_2O_5$). Untersucht wurde der Einfl. von $V_2O_5$; $Na_3VO_4$; $Na_2CO_3$; $Na_2SO_4$; 3 $Na_2SO_4$ + $V_2O_5$ in gewöhnlicher sowie von $Na_2SO_4$ bzw. 3 $Na_2SO_4$ + $V_2O_5$ in reduzierender Atmosphäre auf Kieselglas u. Silicasteine (S.) sowie auf Quarzpulver. Die Proben wurden 2 Std. auf 1450 bzw. 1600° erhitzt u. danach visuell, mkr. u. röntgenstrukturanalyt. untersucht. Es gab keine Anzeichen, daß $V_2O_5$ mit $SiO_2$ chem. reagiert. Mit $V_2O_5$ allein war keinerlei K zu erkennen; in allen anderen Fällen korrodierten die Proben. Da der $V_2O_5$-Zusatz die K-Wrkg. des $Na_2SO_4$ nicht verstärkte, werden die K-Erscheinungen im wesentlichen auf Na zurückgeführt. Die reduzierende Atmosphäre veränderte die Ergebnisse kaum. $V_2O_5$ begünstigt die Umwandlung in Cristobalit, während Na die Bldg. von Tridymit stark fördert. $V_2O_5$ färbt die glasigen K-Prodd. braun. Eine synthet. Schlacke mit 2,24% bzw. ohne

$V_2O_5$ ließ man bei 1600° 2 Std. auf S. einwirken. $V_2O_5$ verstärkte die K-Wrkg. nicht. Die K-Festigkeit von S. gegen geschmolzenes, $V_2O_5$-haltiges Glas wurde mit dem Rührtest (Vago u. Griffith, C. **1962**, 18971) bei 1350° geprüft. Mit zunehmendem $V_2O_5$-Geh. nahm die K-Wrkg. des Glases ab. Bei Gemischen von 10(%) $Na_2CO_3$, 90—85 S. u. 0—5 $V_2O_5$ ist keine Abhängigkeit des Erweichungspunktes vom V-Geh. zu erkennen. In diesem Konz.-Bereich hat also V auf die Feuerfestigkeit von S. keinen Einfluß. H. Ziegler 6248◇

*1908* **Bestimmung des Calorienverbrauchs mittels Rauchgasanalyse.** M. Černý. (Stavivo **39**, 78—80, 1961; Horné Srnie, Vývojové prac. pre cement a vápno; tschech.) — Es werden Gleichungen für die Auswertung des in der Rauchgasanalyse ermittelten Geh. an $CO_2$, CO, $O_2$ u. $N_2$ zur Ermittlung der je kg Klinker verbrauchten Wärme mitgeteilt. Ihre Anwendung wird an einem Beispiel erläutert. R. K. Müller 6252◇

*1909* **Messung der (Transportzahl) Überführungszahl von Kationen in der flüssigen Phase des Portlandzementklinkers.** P. P. Budnikow, I. I. Cholin und S. B. Entin. (Ber. Akad. Wiss. UdSSR **142**, 1342—45, 1962; Allunions-Forschungsinst. für die Zementind.; russ.) — Best. der Überführungszahl nach der Hittdorf-Meth. durch Analyse der Schmelze im Anodenraum vor u. nach der Elektrolyse. Mathemat. Berechnung erfolgt unter Einbeziehung der experimentellen Bedingungen. Die Summe der Überführungszahlen von $Ca^{2+}$, $Ba^{2+}$ u. $Fe^{3+}$ nahe 1 weist auf Ionenleitfähigkeit hin. Die verhältnismäßig hohe Überführungszahl von $Fe^{3+}$ läßt Vff. ein oktaedr. Koordination von Fe zum O annehmen. Der Einfl. von BaO auf die Beweglichkeit von $Ca^{2+}$ u. $Fe^{3+}$ sowie von Zusätzen auf die Kalkaufnahme beim Klinkerbrennen wird gezeigt. R. Thätner 6252◇

*1910* **Die Untersuchung früher Stadien der Hydratation beim Anmachen von Zementverbindungen.** 2. Mitt. S. Chatterji und J. W. Jeffery. (J. Amer. ceram. Soc. **46**, 187—91, 1963; London, Univ. of London, Birkbeck Coll. Crystall. Labor.; engl.) — 1. vgl. C. **1963**, 17097. — Die Hydratation von Pasten aus Alit, $C_3A$ u. $C_4AF$ mit u. ohne Gips u./oder NaOH wurde elektronenmkr. u. röntgenograph. untersucht. In Abwesenheit von Gips u. NaOH bildeten sich zuerst ein häutchenartiges Rk.-Prod. u. hexagonale Ca–Al-Oxidhydrate. Bei Anwesenheit von $CO_2$ kommt es zur Bldg. von Ca-Carboaluminaten. Nach einiger Zeit entstehen aus den Häutchen CSH u. aus den hexagonalen Aluminathydraten kub. $C_3AH_6$. Bei Abwesenheit von Gips verzögerte NaOH die Bldg. hexagonaler Aluminate in sehr frühen Stadien; auf den späteren Ablauf hat er keinen Einfluß. Mit Gips u. ohne Alkalien entstanden zuerst wiederum ein häutchenartiges Prod. u. Ettringit. Später folgte Umwandlung zu CSH bzw. Monosulfat. Alkalien verzögerten bei Anwesenheit von Gips die Bldg. von CSH. Die Hydratation von Alit geht selbst nach 14 Tagen über die Lsg.-Phase. J. Heinze 6252◇

*1911* **Untersuchungen der Anfangsstadien der Hydratation bei verschiedenen Portlandzementtypen.** S. Chatterji und J. W. Jeffery. (J. Amer. ceram. Soc. **46**, 268—73, 1963; London, Univ. of London, Birkbeck Coll. Cristal. Labor.; engl.) — Vgl. vorst. Referat. — Die Hydratation von 4 Portlandzementen wurde elektronenopt. u. röntgenograph. verfolgt. Innerhalb der ersten 3 Std. bildete sich sehr wenig Ettringit. Dieser ist in sulfatresistentem Zement bis zu 30 Monaten stabil, obgleich er sich in anderen Zementen schon nach 14 Tagen in Monosulfat umzuwandeln beginnt. Gips bildet sich in einigen Zementen aus $CaSO_4 \cdot 0{,}5\,H_2O$ oder lösl. Anhydrit. J. Heinze 6252◇

*1912* **Bestimmung des Dehydratationsgrades von Gips in Zement.** Jerzy Sulikowki, Jerzy Dyczek und Józef Sawków. (Cement-Wapno-Gips **18 (28)**, 99—104, 1963; Krakow Akad. Górniczo-Hutnıczej; pol.) I. Köditz 6252

*1913* **Bestimmung des Gehaltes an freiem Kalk in Zement mit chemischen Methoden.** Jerzy Grzymek, Krystyna Gustawowa und Wiesław Majcher. (Cement-Wapno-Gips **18 (28)**, 93—99. 1963; Krakow, Akad. Górniczo-Hutnıczej, Katedra Technol. Materiałów; Wiazacych Betonów; pol.) — Die Ergebnisse der Geh.-Best. von freiem Kalk im Portlandzementklinker nach dem Glykol- (I) u. dem Phenolat-A. (II)-Verf. weichen stark voneinander ab. Die nach dem I-Verf. erhaltenen Werte hängen von der im Klinker enthaltenen Menge an Alkalioxiden ab, während die nach dem II-Verf. erhaltenen Werte von der im A. enthaltenen Wassermenge beeinflußt werden. I. Köditz 6252

*1914* **Beitrag zur Schnellanalyse in der Zementindustrie.** Sandro Buzzi. (Cemento-Hormigón [2] **27 (29)**, 446—48, 453—59, 486—94, 1961; span. — C. **1963**, 5623.) R. Grundmann 6252◇

*1915* **Auswahl der Rohstoffe für die Drehofenproduktion von Leichtbeton.** Howard P. Hamlin und George Templin. (U. S. Dep. Interior, Bur. Mines, Inform. Circ. **1962**, Nr. 8122, 1—23; Norris, Tenn., Bur. of Mines, Norris Metallurgy Res. Labor.; engl.) — Nach Angaben über die Entw. der Leichtbausteinindustrie u. die Haupt-Eigg. dieser Bausteine werden allg. Labor-Meth. auf ihre Eignung zur Auswahl der Rohstoffe überprüft. Die gesamte Prüfung eines Rohstoffs dauert 3 Tage, umfaßt Tone, Schiefertone u. Schiefer u. besteht aus der Unters. folgender Eigg. bzw. folgenden Prüfverff.: Trocknung, Mahlcharakteristik, Siebanalyse, Brennproben (langsame Erhitzung bis 2400° F in 6 Std. u. schnelle Erhitzung durch Einbringen der Proben in vorerhitzte Öfen, je 15 Min. bei 1800°, 1900° usw. bis 2400° F), Drehofentest (ein geeigneter kleiner Drehofen mit einem Durchsatz von 5—125 lbs./Std. wird beschrieben), scheinbares spezif. Gew., Absorption von W. in % nach 24std. Lagerung von getrocknetem Material in W., Ermittlung der Porosität u. Oberflächenstruktur, Bruchfestigkeit u. Puzzolaneigenschaften. Die für die Auswahl erforderlichen Grenzwerte werden angegeben. O. Henning 6252◇

*1916* **Schwinden und Quellen verschiedener Leichtbetone. Versuchsergebnisse aus Italien.** Karl-H. Tischer. (Beton-stein-Ztg. **29**, 74—78, 1963; München; dt.) — An mehreren Leichtbetonen ausgeführte Unterss. zeigen, daß ihre Schrumpfung unter W. durch das Aggregat selbst u. den ursprünglichen Feuchtigkeits-Geh. beeinflußt wird. Ein Gemisch von Bims (oder $CaCO_3$) u. Lapillo vermindert die Schrumpfung u. ist empfehlenswert, wenn Schüttgew., Druckfestigkeit u. Wärmeisolierung für die geplante Anwendung ausreichen. W. Wesly 6252◇

*1917* **Der Konvektionseinfluß auf die Wärmeleitfähigkeit von Wandisolierungen aus Mineralfaserstoffen.** W. F. Cammerer. (Allg. Wärmetechn. **11**, Nr. 6, 95—101, 1962; München, Forsch.-Heim f. Wärmeschutz; dt.) — Es werden Ergebnisse von Wärmeleitfähigkeitsmessungen an Mineralfaserplatten aus Glas-, Gesteins- u. Hüttenwolle bei Schichtdicken von 50—200 mm u. Schichthöhen von 300 bis 1200 mm bei senkrechter Anbringung mitgeteilt. O. Henning 6256◇

*1918* **Die chemische Analyse von Emails.** J. Debras-Guédon, I. A. Voinovitch und M. Lancelot. (Bull. Soc. franç. Céram. **1959**, Nr. 43, 97—112; Soc. Franç. de Céramique, Labor. de Chimie; franz.) — Aus den bekannten Analysen-Verff. werden zur Unters. von Email-Zus. einige zweckmäßige Meth. für die Best. der 18 wichtigsten Elemente ausgewählt. Man teilt die jeweilige Probe in 5 Einzeleinwaagen: für die Best. des Glühverlustes, des $SiO_2$ nach Sajo, der Alkalien nach der flammenphotometr. Meth., von B nach A.S.T.M.-Vorschrift u. für die Best. der übrigen 11 Elemente (Sn, Pb, Ba, Mn, Al, Fe, Ti, Zr, Zn, Ca, Mg) durch Aufschluß mit $HNO_3$ + HF. Für ihre Trennung werden zwei Analysengänge vorgeschlagen, in deren einem (A) Fe, Ti, V, Zr mit Kupferron gefällt u. colorimetr. bzw. gravimetr. bestimmt werden oder (B), indem bei Spuren von V Fällung mit Ammoniumbenzoat erfolgt, wobei Al mitfällt. Nur in Ggw. von Sb wird der Aufschluß mit $Na_2O_2$ ausgeführt u. Sb ebenso wie Sn als Sulfid gefällt. Ihre Einzelbest. erfolgt volumetrisch. Auf die Best.-Meth. A u. B wird in einem Anhang näher eingegangen. Das geschilderte Verf. soll für die Schwermetalle Cr, Co, Ni, Cu, Ag u. die Anionen Cl, F, S, $SO_4$, P, die alle ebenfalls in Emails auftreten können, erweitert u. in einer späteren Mitt. behandelt werden. Die obige Verf.-Darst. erlaubt die Fertigstellung einer Emailanalyse mit ca. 17 Elementen in 10mal 8 Stunden. R. Kaiser 6260◇

## $H_7$. Agrikulturchemie, Schädlingsbekämpfung

*1919* **TVA-Verfahren zur Erzeugung von granuliertem Diammoniumphosphat.** R. D. Young, G. C. Hicks und C. H. Davis. (J. agric. Food Chem. **10**, 442—47, 1962;

Wilson Dam, Ala., Tennessee Valley Authority; engl.) — In einem Vorneutralisationsgefäß wird $H_3PO_4$ teilweise u. in einem Drehgranulator vollends ammonisiert, wobei feines Granulat in die Drehtrommel zurückkehrt. Durch überschüssiges $NH_3$ wird ein $NH_3$:$H_3PO_4$-Verhältnis von ca. 2,0 eingestellt, wobei die Löslichkeit der $NH_4$-Phosphate vermindert wird. Der $NH_3$-Überschuß wird durch Waschen der Trommelgase mit der in der Vorneutralisation verwendeten $H_3PO_4$ beseitigt. Nach Sieben des getrockneten Granulators erhält man $(NH_4)_2HPO_4$ der Zus. 18—46—0 bis 21—53—0. Durch Zusatz von K-Salzen wird Mischdünger der Zus. 18—18—18, 15—15—15 u. 14—35—14 gewonnen. W. Wesly 6290◇

*1920* **Hochkonzentrierte Düngemittel aus Phosphorsäure und üblichen Ammonisierungsmitteln.** M. R. Siegel, R. S. Meline und T. M. Kelso. (J. agric. Food Chem. **10**, 350—61, 1962; Wilson Dam, Ala., Tennessee Valley Authorithy; engl.) — In einer Vers.-Anlage konnten durch Rk. von Phosphorsäure mit üblichen Ammonisierungsmitteln (mit u. ohne Zusatz von KCl) mittels eines rotierenden Ammonisators homogene, granulierte, hochkonz. Düngemittel, z. B. $NH_4$-Phosphatnitrat, $NH_4$-Phosphat-Harnstoff, hergestellt werden. W. Wesly 6290◇

*1921* **Verarbeitung von Molybdänindustrieprodukten zu Ammoniummolybdat für die Landwirtschaft.** K. Ja. Schapiro, Ju. N. Jurkewitsch und W. A. Skorow. (Nichteisenmetalle [UdSSR] **35**, Nr. 9, 67—70, 1962; russ.) — Ausarbeitung eines Produktionsschemas zur Herst. von *$NH_4$-Molybdat* in Form von Na-$NH_4$-Molybdat u. $NH_4$-Paramolybdat zu Düngezwecken. Als optimale Fällungsbedingungen werden angegeben: pH der Mutterlauge 1,5—2,0, $NH_4Cl$-Verbrauch 60—70%, Mo-Konz. in der Lsg. nicht unter 40 g/Liter u. Fällungszeit 1—3 Stunden. J. Lehmberg 6292△

*1922* **Über Organo-Mineralgemische und Kompost.** A. Georgiew. (Ackerbau [UdSSR] **24**, Nr. 2, 67—70, 1962; Allunions-Forsch.-Inst. für Düngung u. Agro-Bodenkunde; russ.) — Die Gemische bestehen aus Humus, verrottetem oder halbverrottetem Mist, Torfkompost, Niederungstorf u. Jauche. An Kalkbestandteilen finden Verw.: gemahlener Kalk, Dolomitmehl u. Kalktuff. Phosphordünger werden als pulverisiertes Superphosphat u. Phosphoritmehl beigegeben. Infolge des Vegetationsablaufs müssen Organo-Mineral-Gemische (OMG) vor der Aussaat in den Boden kommen. Wichtig ist die Einbringung in die obersten Bodenschichten, um Luft an die OMG zu bringen u. günstige Lebensbedingungen für aerobe Mikroorganismen zu schaffen. Dungerde u. Rasenkomposte, die durch Mineraldünger angereichert werden, sind für die Ernteerträge hochwirksam. Komposte müssen bereits im Frühjahr angesetzt werden, damit sie zur Aussaat der Winterkulturen benutzt werden können. In letzter Zeit hat die Mineral-Torf-Düngung weite Verbreitung gefunden. Neben der Anreicherung des Torfes mit Mist, Jauche u. anderen Komponenten wurden 1959/60 Verff. entwickelt, bei denen Torf mit Ammoniakwasser, Phosphoritmehl, Superphosphat u. Düngekali versetzt wird. Solche Mischungen haben größere Wrkg. als einzelnes Einbringen von Torf u. Mineraldüngung. H. Findeisen 6292◇

*1923* **Die Kompostierung von Müll nach dem „Biotank"-Verfahren.** M. Trénel. (Städtehygiene **13**, 224—29, 1962; Berlin, Humboldt-Univ., Inst. für Bodenkunde u. Pflanzenernährung; dt.) — Durch die starke gleichmäßig verteilte Belüftung des im „Biotank" gärenden Mülls entwickeln sich so hohe Temp., daß der (allerdings zu trockene) Kompost nach 18 Tagen frei von pathogenen Keimen, Unkrautsamen u. Wurzeln, die Ansiedlung von Ungeziefer unmöglich u. eine Belästigung durch Staub oder Gestank ausgeschlossen ist. R. Grundmann 6294◇

*1924* **Über die Porosität von Bodenaggregaten.** 2. Mitt. **Untersuchungsergebnisse.** R. Sunkel. (Z. Pflanzenernähr., Düng., Bodenkunde **93** (**138**), 221—34, 1961; dt.) — 1. vgl. C. **1963**, 6390. — Nach der vom Vf. ausgearbeiteten Meth. zur Best. des Substanz- u. Poren-Vol. von Bodenaggregaten wurden Porositätsmessungen an Proben von 68 Ackerböden vorgenommen. Die Dichte der Böden schwankte zwischen 2,52 u. 2,71, das Poren-Vol. der Aggregate zwischen 31 u. 45%. Die Aggregatporosität korrelierte am stärksten mit dem Poren-Vol. des gesamten Bodens, daneben auch mit dem Schluff- u. Tongehalt. Je höher der Schluff- u. je niedriger der Ton-Geh., desto größer war das Poren-Vol. der Aggregate. Zwischen 45 u. 90% des gesamten Poren-Vol. der Böden waren auf das Poren-Vol. der Aggregate zurückzuführen. Bei der Mehrzahl der Bodenproben nahm die Porosität mit zunehmender Aggregatgröße ab. Durch den Einfl. der Witterung u. der Bodenfeuchtigkeit änderte sich die Aggregatporosität im Laufe der Vegetationsperiode bei an gleichen Stellen entnommenen Proben um 4 Vol.-%. Wilfried Werner 6302◇

*1925* **Über die Porosität von Bodenaggregaten.** 3. Mitt. **Vergleich zwischen Stabilität und Porosität von Aggregaten und Beziehungen zum Kohlenstoffgehalt und zur Korngrößenverteilung.** R. Sunkel. (Z. Pflanzenernähr., Düng., Bodenkunde **93** (**138**), 234—44, 1961; dt.) — 2. vgl. vorst. Referat. — Zwischen Aggregatstabilität u. -porosität bestand nach Ergebnissen von Unterss. an 60 Bodenproben keine gesicherte einfache Korrelation. Nach der rechner. Ausschaltung des Einfl. des C-, Schluff- u. Sand-Geh. ließ sich jedoch eine sehr gut gesicherte Teilkorrelation zwischen diesen Größen ermitteln. Zwischen Aggregatstabilität u. C. bzw. Sand-Geh. bestand eine positive, zwischen Stabilität u. Schluff-Geh. eine negative Korrelation. Auch zwischen Stabilität u. Ton-Geh. trat eine Ausschaltung des C-Geh. eine gesicherte Korrelation zutage. Die Ergebnisse der Korrelationsrechnungen werden im Hinblick auf die kausalen Zusammenhänge diskutiert. Wilfried Werner 6302◇

*1926* **Gefrieren und Auftauen des Bodens unter dem Einfluß von Bodenfeuchte und Lufttemperatur.** Mikko Sillanpää. (Maataloustieteellinen Aikakauskirja [J. sci. agric. Soc. Finland] **33**, 233—39, 1961; Helsinki, Agric. Res. Center, Dep. of Soil Sci.; engl.) — Im Labor.-Vers. erwies sich die Zeit des Gefrierens oder Auftauens einer lehmigen Bodenprobe als lineare Funktion des Wasser-Geh. der Probe u. in doppelt-logarithm. Darst. als lineare Funktion der Lufttemperatur. Verglichen mit der Wrkg. des Wasser-Geh. ist der Textur-Einfl. gering, wie an verschiedenen texturierten Bodenproben nachgewiesen wird. Unter Feldbedingungen bestimmen die Eigg. der Wasserhaltefähigkeit den Verlauf von Gefrieren u. Auftauen des Bodens. Wilfried Werner 6302◇

*1927* **Ein Beitrag aus dem Bereich der molekularen Dimension zur Morphologie des Bodens.** W. Flaig, H. Beutelspacher und H. Söchtig. (Z. Pflanzenernähr., Düng., Bodenkunde **98** (**143**), 225—31, 1962; Braunschweig-Völkenrode, Bundesforschungsanst. für Landwirtschaft, Inst. für Biochemie; dt.) — Vff. demonstrieren an 2 Beispielen, inwieweit die wechselseitigen Einw. von Bodenbestandteilen im mol. Bereich einen Einfl. auf die Morphologie des Bodens ausüben können. M. Winiker 6304◇

*1928* **Einige mikromorphologische Auswirkungen der Zeit als bodenbildender Faktor, dargestellt an Orten Südost-Englands.** J. B. Dalrymple. (Z. Pflanzenernähr., Düng., Bodenkunde **98** (**143**), 232—39, 1962; Univ. of London, Wye College; engl.) M. Winiker 6304◇

*1929* **Lessivé-Braunerde-Interferenzen auf Geschiebemergel.** G. Reuter. (Z. Pflanzenernähr., Düng., Bodenkunde **98** (**143**), 240—46, 1962; Rostock, Univ., Inst. für Agrikulturchemie u. Bodenkunde; dt.) — Vf. demonstriert profil- u. mikromorpholog. die auf jungpleistozänem Geschiebemergel in unterschiedlichem Ausmaß festgestellten Interferenzen von Lessivé u. Braunerde u. erklärt dieselben mit einem disharmon. Entwicklungsprozeß. M. Winiker 6304◇

*1930* **Beitrag zur mikromorphologischen Differenzierung von durchschlämmter Parabraunerde, Podsol-Braunerde und Humus-Podsol.** H.-J. Altemüller. (Z. Pflanzenernähr., Düng., Bodenkunde **98** (**143**), 247—58, 1962; Braunschweig-Völkenrode, Forschungsanst. für Landwirtsch., Inst. für Bodenbearbeit.; dt.) — Vf. beschreibt an einigen Bodentypen aus glacialen u. postglacialen Sedimenten wichtige Gefügeformen. M. Winiker 6304◇

*1931* **Einige mikromorphologische Bemerkungen über den Vererdungsvorgang im niederländischen Moor.** A. Jongerius und L. J. Pons. (Z. Pflanzenernähr., Düng., Bodenkunde **97** (**142**), 243—55, 1962; Hilversum, Stichting voor Bodemkartering; dt.) — Die Hoch- u. Niederungsmoorgebiete in den Niederlanden wurden größtenteils mehr oder weniger entwässert u. urbar gemacht. Hierbei erfolgte eine Änderung des Moors infolge physikal. u. chem.-biolog. Reifevorgänge. Meistens bildete sich ein organ. $A_1$-Horizont, d. h. gut vererdetes Moor vom Mull- oder Modertyp. Profile organ. Böden mit Mullhumus weisen unter Graswuchs in der Regel keine Heterogenisation auf, ausgenommen die „Meermolmdecken", welche infolge ihrer Genese einen labilen Humus aufweisen. Dies führt, namentlich beim Ackerbau, zu einer Entmischung u. einer verstärkten Einschwemmung von Ton u. organ. Substanz. Moder ist meist weniger stabil. Bes. bei Ackerböden tritt ein Verfließen zu dispersem Humus u. eine Bldg. organ. B-Horizonte auf. M. Winiker 6304◇

*1932* **Zur Genese, Morphologie und Mikromorphologie der Hangtorfbildung auf Kalksteinen in Kroatien.** Zlatko Gračanin. (Z. Pflanzenernähr., Düng., Bodenkunde **98 (143)**, 264—72, 1962; Reinbek, Bundesforschungsanst. für Forst- u. Holzwirtsch., Abt. für Bodenkunde; Gießen, Justus-Liebig-Univ., Inst. für Bodenkunde u. Bodenerhalt.; dt.) — Die Sphagnum-Torfböden des Hohen Karstes in Kroatien sind zwar mit Hochmooren eng verwandt, stellen aber bzgl. des Profilaufbaus u. der Kalksteinunterlage eine bes. systemat. Einheit („Sphagnumtorfmoor auf Kalksteinen") dar. M. Winiker 6304◇

*1933* **Ein Beitrag zur Bodenbildung auf Serpentin.** M. Cirić. (Z. Pflanzenernähr., Düng., Bodenkunde **96 (141)**, 115—20, 1962; Sarajevo, Sumarsni facultet; dt.) — Innerhalb der jugoslaw. Serpentinmassive gibt es mehrere Gesteinsmodifikationen, auf denen unterschiedliche Böden enstanden. Auf peridotit. Gesteinen wurden hauptsächlich Braunerden gebildet, während auf serpentinisierten Gesteinen tonige Ranker, Parabraunerden u. Pseudogleye entstanden. Die Braunerde steht somit nicht als Glied in der Entw.-Reihe Ranker, Parabraunerde u. Pseudogley. M. Winiker 6304◇

*1934* **Formen der Eisenoxidhydratausscheidungen in Gleyen und Pseudogleyen.** F. Blümel. (Z. Pflanzenernähr., Düng., Bodenkunde **98 (143)**, 258—64, 1962; Petzenkirchen, Österreich, Bundesversuchsinst. für Kulturtechn. u. techn. Bodenkunde; dt.) — Die Fe(III)-Ausscheidungen der Grundwasser- u. Hanggleye haben im allg. die Form von Röhren u. Flocken, während die der Pseudogleye in den mehr oder minder gebleichten g-Horizonten in Form von Konkretionen auftreten. In Böden, die sowohl tag- als auch hang- bzw. grundwasservernäßt waren, konnten die typ. Fe(III)-Ausscheidungen der Pseudogleye u. der Grundwasser- bzw. Hanggleye gefunden werden. M. Winiker 6304◇

*1935* **Art und Ausmaß der Veränderungen des Bestandes mobiler Oxide in Böden aus jungpleistozänem Geschiebemergel und ihren Horizonten.** E. Schlichting und H.-P. Blume. (Z. Pflanzenernähr., Düng., Bodenkunde **96 (141)**, 144—56, 1962; Kiel, Univ., Inst. für Pflanzenernähr. u. Bodenkunde; dt.) — An Hand der Ergebnisse eigener umfassender Unterss. legen Vff. dar, daß die Verteilung mobiler Fe-, Al-, Si-, Mn- u. Ti-Oxide bzw. -Hydroxide in Parabraunerden aus jungpleistozänem Geschiebemergel der balt. Klimaprovinz wesentlich durch Mineralverwitterungs- u. -Bldg.-Prozesse sowie durch Verlagerungsvorgänge beeinflußt worden ist. M. Winiker 6304◇

*1936* **Untersuchungen an Salz- und Alkaliböden in Indien. 5. Mitt. Morphologie, Genese und Klassifizierung einiger Salz- und Alkaliböden in Südindien.** S. P. Raychaudhuri, R. S. Murthy und V. D. Sharma. (Indian J. agric. Sci. **32**, 278—87, 1962; New Delhi, Indian Agric. Res. Inst.; engl.) M. Winiker 6304◇

*1937* **Salz- und Alkaliböden und Pflanzenertrag im Ayacut-Gebiet, Coimbatore-Distrikt, des Amaravathy-Reservoir-Projekts.** T. A. Govina Iyer, C. Ramadoss und V. S. Krishnamoorthy. (Madras agric. J. **49**, 225—30, 1962; Coimbatore, Amaravathy Project Soil Surv.; engl.) — Unterss. über die Zusammenhänge zwischen Pflanzenertrag u. chem. Boden-Eigg. (pH, Salz-Geh.) der Salz- u. Alkaliböden im Gebiet von Ayacut ließ eine Einstufung der Böden in folgende 3 Gruppen zu: 1. Böden mit gutem Pflanzenwachstum: pH $<$8,4, elektr. Leitfähigkeit $<$0,56 mmhos; 2. Böden mit schlechtem Pflanzenwachstum: pH 8,4—8,8, elektr. Leitfähigkeit 0,56—0,70 mmhos; 3. Böden, auf denen kein Pflanzenwachstum mehr möglich ist: pH $>$8,8, elektr. Leitfähigkeit $>$0,70 mmhos. Wilfried Werner 6304◇

*1938* **Das Ausmaß der Verbesserung eines Natriumsalzbodens im Lajas-Tal, Puerto Rico.** G. Acevedo Ramos, J. A. Bonnet und J. Ortiz Vélez. (J. Agric. Univ. Puerto Rico **45**, 157—71, 1961; engl.) — Salz-Geh. (elektr. Leitfähigkeit) u. prozentualer Anteil des austauschbaren Na am Sorptionskomplex wurden in einem Natriumsalzboden (schwerer Ton mit schlechter Wasserführung) durch steigende Bewässerung deutlich vermindert (bes. in den oberen Bodenschichten). Zugabe von *Bagasse* (I), I + $CaCl_2$, *S* oder I + *S* begünstigte die „entsalzende" Wrkg. der Bewässerung noch. Wilfried Werner 6304◇

*1939* **Eine Untersuchung der Böden des Barind-Traktes, Ost-Pakistan.** A. Karim und A. Qasem. (Soil Sci. **91**, 406—12, 1961; Ramna, Dacca, Dacca Univ.; engl.) — In der Nacheiszeit führte die trop. Verwitterung zu einer intensiven Mineralisierung der verschiedenartigen Kalksteine, roten Argillite u. Fe-schüssigen Sandsteine, die als Ausgangsmaterial den Boden der Tethys bedeckten. Harter Kalkstein u. schwache Aridität führten zu einer Erhaltung von freiem $CaCO_3$, u. die leichte Auswaschung bewirkte: a) einen hellgelbbis rotbraunen A-Horizont u. leichten, braunen Lehm mit grauer Tönung, vermutlich bedingt durch organ. Substanz, b) einen rotbraunen $B_1$-Horizont mit lehmigem Ton bis Ton, c) einen $B_2$-Horizont mit rotbraunem, gelbem oder grauem schluffigem Tonlehm bis Ton, d) Anwesenheit von rot u. braun gefärbten Kalkkonkretionen oder Kalksteinbruchstücken im B-Horizont, e) Anwesenheit von Fe-Konkretionen im B-Horziont, f) schwach saure bis neutrale Oberfläche, pH mit der Tiefe ansteigend, g) eine basenungesätt. Oberfläche, die Basensättigung mit der Tiefe ansteigend, h) ein $SiO_2/R_2O_3$-Verhältnis $>2$, mit der Tiefe ansteigend, mit einem durchschnittlichen Wert von 2,43 an der Oberfläche. Diese Böden entsprechen damit der Terra rossa. Die mit der Tiefe ansteigende Tendenz des $SiO_2/R_2O_3$-Quotienten ist die Andeutung eines laterit. Prozesses, jedoch sind die Quotienten selbst zu hoch für laterit. Böden. Die vertikale Verteilung des freien $Fe_2O_3$, der $TiO_2$-Geh. des Tones (0,8—1,1%), das verfügbare $P_2O_5$ u. $K_2O$ (1,9—2,5 u. 8,3—18,5 mg% im A-Horizont) sowie die Basensättigung sind Anzeichen für einen Podsolierungsprozeß in diesen Böden. G. Jagnow 6304◇

*1940* **Vergleichende chemische und mikromorphologische Untersuchungen bei der Extrahierung von Huminstoffen aus Waldböden.** Max W. v. Buch. (Z. Pflanzenernähr., Düng., Bodenkunde **97 (142)**, 255—65, 1962; Reinbek, Bundesforschungsanst. für Forst- u. Holzwirtsch., Abt. Bodenkunde; dt.) — Humoses Material aus einem Mull, einem Moder u. einem Rohhumus wurde mechan. vorgereinigt u. sodann einem fortlaufenden Extraktions-Verf. mit 0,1n $Na_4P_2O_7$-Lsg. u. 0,5%ig. *NaOH* unterworfen. In den einzelnen Fraktionen wurden die Extinktionswerte bei 492 u. 691 m$\mu$ (Q 4/6-Wert nach Welte) sowie der Geh. an organ. Substanz bestimmt. Bei den ersten milden u. kurzfristigen Extraktionen mit $Na_4P_2O_7$ resultierten für die einzelnen Humusformen charakterist. Werte. Hingegen führten lang andauernde milde Extraktionen mit $Na_4P_2O_7$ sowie die Extraktion mit NaOH zu einer Nivellierung der Q 4/6-Werte. Außerdem erfolgte eine Schwärzung u. Auflösung der nicht humifizierten Pflanzenreste. M. Winiker 6304◇

*1941* **Vergleichende Mikrobiologie und Mikromorphologie der Humusbildung eines Buchen- und Fichtenbestandes auf Basaltbraunerde.** F. H. Meyer. (Z. Pflanzenernähr., Düng., Bodenkunde **97 (142)**, 234—43, 1962; Reinbek, Bundesforschungsanst. für Forst- u. Holzwirtsch., Inst. für Weltforstwirtsch.; dt.) — Bei Fichte wird häufig in der 2. u. 3. Generation ein Abfall der Wuchsleistung beobachtet, der offenbar eine Folge der Bodenverschlechterung durch den Bestandsabfall darstellt. Zur Aufklärung des Einfl. des Bestandsabfalls der Fichte auf den Boden im Vgl. zu dem der Buche wurde ein Flächenpaar auf eutropher Basaltbraunerde mit mikromorpholog. u. mikrobiolog. Meth. untersucht. Es zeigte sich, daß der Zers.-Verlauf des Bestandsabfalls von Buche u. Fichte durch seine morpholog. u. chem. Struktur bestimmt wird. Zuerst erfolgt ein Abbau der weniger von Sklerenchymelementen durchsetzten Gewebepartien, sodann werden die stärker mit Lignin inkrustierten Gewebeteile zersetzt. Die Reste der Buchenstreu werden durch die Regenwurmtätigkeit mit Mineralboden vermischt, was ihre Zers.

offenbar sehr fördert. Hingegen häufen sich die Reste der Fichtennadeln infolge mangelnder Regenwurmtätigkeit auf dem Mineralboden an. Im reinen Fichtenforst kommt es nicht zur Mull-Bldg., vielmehr entsteht ein Moder, in dem die mikrobielle Aktivität geringere Werte erreicht als im Mull, u. in dem die Pilze stärker hervortreten. Die Fichtenstreu zersetzt sich unter vergleichbaren Bedingungen also langsamer als die Buchenstreu. Im Laufe der Zeit erfolgt daher unter Fichte eine immer stärkere Ansammlung organ. Substanz. Die mögliche Bedeutung dieser Ansammlung einer sauren Humusdecke auf dem Mineralboden für den Leistungsabfall von Fichtenreinbeständen in der 2. u. 3. Generation wird diskutiert. M. Winiker 6304◇

*1942* **Fraktionierung von Huminsäuren mit organischen Lösungsmitteln.** Jiro Kosaka, Chikabumi Honda und Akira Iseki. (J. Sci. Soil Manure, Japan [Nippon Dozyô-Hiryô-Gaku Zasshi] **32**, 333—37, 1961; jap.) — Je 10 g der *Huminsäuren* (I) aus den $A_1$-, $A_2$- u. $A_3$-Horizonten von 6 vulkan. Ascheböden mit 0,02—0,39% austauschbarem Ca wurden erschöpfend mit Ae., Aceton sowie Bzl. + A. extrahiert. Die Best. der Molgew. sowie der Geh. an Carboxyl- u. Methoxylgruppen ergab: Einer Abnahme des Methoxyl-Geh. entsprach eine Zunahme der Gew.-Anteile der in den organ. Lsgm. lösl. Fraktionen, bei denen es sich um von Bitumen freie I handelt. Das Molgew. der in den organ. Lsgm. lösl. Fraktionen war geringer als das der entsprechenden unlösl. Rückstände. Der Vorgang der Humus-Bldg. in vulkan. Ascheböden wird diskutiert. L. Schuler 6304◇

*1943* **Austausch von Phosphor zwischen Orthophosphat und kondensierten Phosphaten in vitro und im Boden.** R. R. Allmaras, Norio Koiwa und C. A. Black. (Iowa State J. Sci. **36**, 147—57, 1961; engl.) — Durch Vermischung von mit $^{32}P$ markiertem *Orthophosphat* (I) u. *Ca-Metaphosphat* (II) u. spätere papierchromatograph. Trennung von I u. II konnte nachgewiesen werden, daß sowohl in wss. Lsg. als auch in Bodensuspensionen ein geringer P-Austausch zwischen I u. II erfolgt. In einer wss. Lsg. mit 84% des Gesamt-P in Form von II wurden nach einer 72std. Gleichgewichtsperiode ca. 1% der Gesamtradioaktivität in II gefunden. Bei Bodensuspensionen lagen nach 24 Std. ca. 2,4% des $^{32}P$ als II vor (bei einem Anteil von 64% II aus Gesamt-P in der Suspension). Wilfried Werner 6304◇

*1944* **Die Bedeutung der Phosphatdüngung für die Pflanzkartoffelerzeugung.** O. Fischnich und Chr. Pätzold. (Z. Pflanzenernähr., Düng., Bodenkunde **93 (138)**, 214—20, 1961; Braunschweig-Völkenrode, Forschungsanst. für Landwirtsch., Inst. für Pflanzenbau u. Saatguterzeug.; dt.) — Auf 2 Standorten (Sandboden, pH 5,15, bzw. lehmiger Sand, pH 6,1) wurde in 3- bzw. 2jährigen Verss. die Wrkg. gestaffelter Phosphatgaben (40, 80 u. 160 kg $P_2O_5$/ha) auf Entw. u. Ertrag der Pflanzknollen unter bes. Berücksichtigung der Früherntc geprüft. Die unterschiedlichen P-Gaben beeinflußten die Auflaufgeschw. der vorgekeimten Knollen (Sorte Comtessa) nicht. Einige Wochen nach dem Auflaufen war jedoch eine Verbesserung der Pflanzenhöhe mit zunehmender P-Versorgung festzustellen. Gesamtknollenzahl, Pflanzknollenzahl u. Pflanzgutertrag wurden eindeutig durch die gesteigerte P-Zufuhr erhöht. Ebenso wurden Trockensubstanz- u. Rohprotein-Geh. des Ernteguts positiv beeinflußt. Diese positive P-Wrkg. war bei allen Rodeterminen deutlich ausgeprägt. Eine ausreichende P-Düngung dürfte daher gerade bei der in der Pflanzguterzeugung üblichen Frühernte für die Gewinnung eines befriedigenden Ertrags an Pflanzgut guter Qualität von Bedeutung sein. Wilfried Werner 6304◇

*1945* **Über die Umwandlungen von Phosphor aus Organomineralgemischen und Superphosphat.** A. P. Kurtessow. (Ackerbau [UdSSR] **24**, Nr. 2, 63—67, 1962; Altai, Forschungsinst. für Landwirtsch.; russ.) — Bei Einbringung von *Superphosphat* (I) in den Boden beginnt eine Retrogradation (RG) der beweglichen Phosphate in Formen, die für die Pflanzen schwer zugänglich sind. Die RG beginnt während des Vermischens von I mit dem Boden, entwickelt sich aber im weiteren Verlauf nicht in fühlbaren Quantitäten. Darum kann I vorzeitig in den Boden eingebracht werden. Labor.-Verss. mit sibir. Schwarzerdeböden ergaben, daß die RG 23—28% des eingebrachten $P_2O_5$ (in Form von I) beträgt, bei Umrechnung auf den Ernteertrag 12—22%. Der Grund für die unzureichende Wrkg. des I liegt nicht in der RG von $P_2O_5$, sondern im Mangel an mineral. N im Boden. Werden Phosphate als Organo-Mineral-Gemisch eingebracht, so ist eine RG von $P_2O_5$ nicht feststellbar. H. Findeisen 6304◇

*1946* **Ertrag und chemische Zusammensetzung von Luzerne unter dem Einfluß verschieden hoher Phosphor- und Kaligaben.** Paul Gervais, J. L. Dionne und W. S. Richardson. (Canad. J. Plant Sci. **42**, 1—10, 1962; Lennoxville, Quebec, Canada, Dep. of Agric.; engl.) — Düngungs-Verss. zu Luzerne auf einem Lehm- u. einem Schlufflehmboden mit bis zu 240 lbs. $P_2O_5$ u. $K_2O$/acre ergaben: Mit fortschreitender Nutzung (insgesamt 9 Schnitte) stieg der K-Bedarf der Pflanzen. Demzufolge stiegen die Erträge mit der Höhe des K-Angebots an. Der Ca-Geh. der Pflanzen nahm mit steigender K-Düngung ab u. wurde durch die P-Düngung wenig beeinflußt. Der P-Geh. der Pflanzen nahm mit steigenden P-Gaben zu u. sank mit steigenden K-Gaben. Der K-Geh. der Pflanzen verminderte sich mit steigenden P-Gaben u. stieg mit zunehmenden K-Gaben an. W. Wesly 6304◇

*1947* **Vorratsdüngung mit Phosphorsäure und Kali in der Fruchtfolge.** H. Ansorge. (Dtsch. Landwirtsch. **14**, 119—21, 1963; Berlin, Halle-Lauchstädt, Dt. Akad. der Landwirtschaftswiss., Inst. für Saatgut u. Ackerbau; dt.) — Übersicht über die Vorteile der Vorratsdüngung, den Zeitpunkt der PK-Düngung, den Einfl. der Bodenart u. die Anwendung in der Fruchtfolge. R. Grundmann 6304◇

*1948* **Die Eingliederung der periodischen PK-Düngung in die Fruchtfolgen leichter Sandböden.** G. Specht. (Dtsch. Landwirtsch. **14**, 121—24, 1963; Potsdam, Inst. für landwirtschaftl. Untersuchungswesen; dt.) — Es werden Verss. mit PK-Vorratsdüngung u. period. PK-Düngung auf leichten Böden beschrieben. R. Grundmann 6304◇

*1949* **Formen der Phosphorverbindungen in den Lupinen in Abhängigkeit von der Einbringungsart von Kalk und Phosphoritmehl in den Boden.** Ch. K. Assarow und L. M. Garmasch. (Nachr. landwirtsch. Timirjasew-Akad. [UdSSR] **1963**, Nr. 1, 50—60; Inst. für Agrochem. der Timirjasew-Akad. für Landwirtsch.; russ., Auszug: engl.) — Die Durchführung der Verss. erfolgte im Gewächshaus, wobei den Böden *Kalk* (I) u. *Phosphoritmehl* (II) unter verschiedenen agrotechn. Bedingungen beigegeben wurden. Vff. stellten fest, daß bei gleichzeitiger Verw. von I u. II die P-Absorption der Pflanzen in der ersten Vegetationszeit gestört u. der Phosphoritmetabolismus in den Gewächsen unterbrochen wird. Analysen ergaben in der Grünmasse hauptsächlich Phosphatide, in den Wurzeln Nucleotide u. in den Samen der blauen Lupine Phytin. Der Geh. verschiedener P-Verbb. in den Lupineblättern u. -wurzeln war unterschiedlich: in den Wurzeln der 1jährigen u. perennierenden Lupine waren organ. Phosphate, in den überird. Teilen (mit Ausnahme der Reproduktionsorgane) anorgan. Verbb. vorherrschend. H. Findeisen 6304◇

*1950* **Ergebnisse eines Bodenverbesserungs- und Düngungsversuchs auf Fehnkultur in Leteensuo.** Yrjö Pessi. (Maataloustieteellinen Aikakauskirja [J. sci. agric. Soc. Finland] **33**, 223—32, 1961; Leteensuo, Exp. Stat. of the Soc. of Peat Cultivat.; engl.) — Vf. teilt die Ergebnisse eines 1909 auf 2 m mächtigem Waldseggentorf begonnenen Kultivierungs-Vers. mit, in dem neben einer 1928 wiederholten Melioration mit 0—400 m³ Ton bzw. Sand/ha jährlich 50 bzw. 100 kg $P_2O_5$ pro ha als Superphosphat (seit 1928 40 bzw. 80 kg) u. 100 kg $K_2O$/ha in allen Kombinationen gedüngt wurden. Die Ertragsbeobachtungen umfassen 29 Jahre Grünland u. 11 Jahre Haferanbau. Bei den ungedüngten Gliedern ist der Durchschnittsertrag aller Vers.-Jahre bei der höchsten Ton- bzw. Sandzufuhr doppelt so hoch wie „ohne Behandlung". Mit steigender P-Düngung erreicht der Ertrag gegenüber „ohne Sand" bei Anwendung von 400 m³ Sand/ha 400%. In den entsprechenden Vers.-Gliedern mit Tonmelioration beträgt die Steigerung ca. 600%. Die zusätzliche K-Düngung bewirkt auf Sandkultur, nochmals eine Steigerung um 100%. Demgegenüber ist der K-Effekt bei Tonmelioration infolge dessen hoher K-Reserve geringer. Die Wrkg. der Sand- bzw. Tonauflage ist so dauerhaft, daß ein Abfall des durchschnittlichen Jahresertrags noch nicht zu beobachten ist. Wilfried Werner 6304◇

*1951* **Der Aschegehalt der Pflugschicht unterschiedlich kultivierter Torfmoorböden.** Yrjö Pessi. (Maataloustieteellinen Aikakauskirja [J. sci. agric. Soc. Finland] **33**, 215—22,

1961; Leteensuo, Exp. Stat. of the Soc. of Peat Cultivat.; engl.) — 1960 bestimmte Vf. die Asche-Geh. der Pflugschichten langjähriger Moorkultivierungs-Verss. an 3 finn. Vers.-Stationen. Die Inkulturnahme der selten einen Asche-Geh. von 10% überschreitenden Seggen- u. Sphagnumtorfe liegt Jahrzehnte zurück. Sie war durch Sand- u./oder Ton- u./oder Kalkzusatz in unterschiedlichen Mengen zu Torfen oder Fehnkulturen erfolgt, die auch verschieden hoch mit K- u. P-Düngern versorgt worden waren. In allen Fällen führten Sand-, bes. aber Tonmeliorationen mit Mengen bis zu 800 $m^3$/ha zu steigendem Asche-Geh. der Pflugschichten, die bis zu 70% betrugen. Düngerzufuhr hatte überall eine steigernde Wrkg. auf den Asche-Geh., eine Kalkung dagegen hatte keinen Einfluß. Die Kultivierungsmaßnahmen haben zu einem Verlust des ursprünglichen Charakters der Ausgangsböden geführt. Wilfried Werner 6304◇

*1952* **Das Volumgewicht der organischen Substanz in der Pflugschicht unterschiedlich kultivierter Torfflächen.** Yrjö Pessi. (Maataloustieteellinen Aikakauskirja [J. sci. agric. Soc. Finland] **33**, 248—55, 1961; Leteensuo, Exp. Stat. of the Soc. of Peat Cultivat.; engl.) — An 7 vor Jahrzehnten kultivierten Fehn- u. Sphagnumtorfflächen wurden die Vol.-Gew. der aschefreien organ. Substanz untersucht. Mit Ausnahme einer ursprünglich aschereichen (40%) Fehnkultur führten alle Meliorationen mit Sand oder Ton, die Kalkung u. Düngung mit P- u. K-Salzen zu einer Erhöhung der Vol.-Gewichte. Dies wird auf einen höheren Humifizierungsgrad zurückgeführt, der sich auch in einem verstärkten Schrumpfen bei Wasserverlust des organ. Materials bemerkbar macht. Wilfried Werner 6304◇

*1953* **Beziehung zwischen dem Stickstoffgehalt des Bodens und der für den Reisbau optimalen Menge an Stickstoffdünger.** Sándor Polgár. (Agrokémia és Talajtan [Agrochem. u. Bodenkunde] **11**, 391—402, 1962; Debrecen, Landw. Akad.; ung.) — Es wurde festgestellt, daß für Reiskulturen der Geh. des Bodens an nativem N als wesentlichster ertragsbestimmender Faktor anzusehen ist. Im allg. benötigt Reis mehr N-Dünger als andere Kulturen. Der Geh. des Bodens an nativem $CaCO_3$ ist ein weiterer ertragsbestimmender Faktor von großer Bedeutung. Auf Böden mit sehr geringem Geh. an $CaCO_3$ war die Wirksamkeit künstlicher Dünger gering. G. Csajághy 6304△

*1954* **Düngungsversuche auf dem Grünland von Bombay. 1. Mitt. Auswirkungen der Düngung auf die chemische Zusammensetzung von Heylandia latebrosa DC.** J. V. Shankar und F. R. Bharucha. (Indian J. agric. Sci. **31**, 233—35, 1961; Bombay, Inst. of Sci.; engl.) — Der Rohprotein-Geh. der Futterleguminose Heylandia latebrosa DC wurde durch Düngung mit jeweils 100 (lbs./acre)$(NH_4)_2SO_4$ oder *$CaCO_3$* bzw. 200 *Superphosphat* von 9 auf 14—18% erhöht. Der Geh. an CaO u. $P_2O_5$ stieg dagegen nur geringfügig an. Der Futterwert kann demzufolge durch Düngungsmaßnahmen beachtlich gesteigert werden. Wilfried Werner 6304◇

*1955* **Das Ansprechen von Guinea-, Pangola- und Bermuda-Gras auf unterschiedliche Stickstoffdüngung bei Bewässerung im Lajas-Tal von Puerto Rico.** L. Rivera Brenes, J. Torres Más und J. A. Arroyo. (J. Agric. Univ. Puerto Rico **45**, 123—46, 1961; engl.) — In einem 2jährigen Feld-Vers. auf Tonboden wurden Guinea-Gras (Panicum maximum), Pangola-Gras (Digitaria decumbens) u. Bermuda-Gras (Conydon dactylon) mit steigenden *N*-Gaben gedüngt (200, 400, 800 u. 1200 lbs. N/acre, verabreicht in 6 Gaben) u. nach jeweils 60 Tagen geschnitten. Insgesamt erfolgten 12 Schnitte. Durch die N-Düngung wurden bei allen Gräsern Frischmasse-, Trockenmasse-, Heu- u. Roheiweißertrag signifikant erhöht, wobei jedoch zwischen den beiden höchsten N-Gaben keine Unterschiede mehr bestanden. Guinea-Gras war den beiden anderen Gräsern im Ertragsniveau deutlich überlegen u. reagierte auch bzgl. des Protein-Geh. stärker auf die N-Düngung. Die Erträge wiesen starke jahreszeitliche Schwankungen auf. Wilfried Werner 6304◇

*1956* **Über langsam wirkende Stickstoffverbindungen, insbesondere Crotonylidendiharnstoff.** J. Jung. (Z. Pflanzenernähr., Düng., Bodenkunde **94** (**139**), 39—47, 1961; Limburgerhof, Landwirtsch. Versuchsstat. der BASF; dt.) — Vf. berichtet über Gefäß-Verss. zur Wrkg. von *Crotonylidendiharnstoff* (I) auf verschiedenen Böden zu verschiedenen Kulturen im Vgl. zu mineral. N-Düngemitteln. I wird durch Umsetzung von Crotonaldehyd u. Harnstoff im Verhältnis 1 : 1 hergestellt. Das Kondens.-Prod. I liegt wahrscheinlich als 2-Oxo-4-methyl-6-ureidohexahydropyrimidin vor; seine Bldg. wird so erklärt, daß intermediär entstehender I unter Absättigung der $\alpha.\beta$-Doppelbindung cyclisierend isomerisiert wird. Verss. zeigten, daß I sämtliche Vorzüge einer langsam wirkenden N-Verb. in noch wesentlich stärkerem Maße besitzt als die bisher bekannten Harnstoff–Formaldehyd-Kondens.-Prodd.: I besitzt bei hoher Gesamt-N-Ausnutzung eine langsame u. nachhaltige N-Wrkg., wird nur sehr schwer ausgewaschen u. wird von Kulturpflanzen sehr gut vertragen. Wilfried Werner 6304◇

*1957* **Stickstoffixierung und -abgabe durch einige Grünlandleguminosen der Tropen und der gemäßigten Zone in Sandkultur.** E. F. Henzell. (Austral. J. exp. Agric. animal Husbandry **2**, 132—40, 1962; St. Lucia, Queensland, Div. tropic. Pastures, Cunningham Labor.; engl.) — In N-freier Nährlsg. wurde die N-Fixierung der mit Rhizobien inoculierten trop. Leguminosen Indigofera spicata, Desmodium uncinatum, Lotononis bainesii u. Stylosanthes bojeri sowie die N-Abgabe an das mitwachsende Gras Paspalum commersonii untersucht u. mit der Leistung von Luzerne u. Weißklee verglichen. In 2 Vers.-Jahren lieferten Luzerne u. Weißklee 23 Schnitte u. fixierten 25,8 bzw. 21,1 g N/Gefäß, die trop. Leguminosen bei 14 Schnitten zwischen 7,1 u. 18,4 g N. Die letzteren waren teilweise nur unbefriedigend mit Rhizobien infiziert. Ca. 80% des fixierten N fanden sich in den Sprossen wieder, der Rest in Wurzeln u. Sand. Vom fixierten N wurde durch D. uncinatum, Weißklee, Luzerne bzw. I. spicata 0,21 (= 1,66%), 0,23 (1,12), 0,22 (0,87) bzw. 0,10 (0,59) g N/Gefäß in den Sprossen von P. commersonii gefunden. Wilfried Werner 6304◇

*1958* **Einfluß organischer Dünger auf die Stickstoffverhältnisse im Rasen-Podsolboden.** Ss. I. Markewitsch. (Nachr. Akad. Wiss. BelorussSSR, Ser. biol. Wiss. **1962**, Nr. 2, 115—21; beloruss.) — Im Rasen-Podsolboden bewirkt Torf–Stallmist (1 : 2)-Kompost eine Zunahme an *Gesamt-N*, *leicht hydrolysierbarem N*, *Ammoniak-N* u. *Nitrat-N*. Bei Zusatz von Dolomit- u. Phosphatmehl sowie Kainit zum Kompost wird der Geh. an den genannten N-Formen noch stärker erhöht. Durch Kompost mit einem Zusatz von Kalk u. Kainit wird der Ertrag von Lein, Weizen u. Gerste stärker erhöht als durch Kompost ohne Zusatz. O. Lebtag 6304△

*1959* **Einfluß der Torfdüngepräparate auf die Pflanzenernährungsprozesse.** Marian Niklewski. (Freiberger Forsch.-H., Reihe A Nr. **254**, 131—44, 1962; Szczecin; dt.) — Vortrag, in dem ein Überblick über poln. Unterss. vermittelt wird. — 14 Literaturangaben. Diskussion. M. Winiker 6304◇

*1960* **Die Pflanzenverfügbarkeit des Kaliums.** D. J. Eagle. (Nature [London] **198**, 558—60, 1963; Wolverhampton, Nat. Agric. Advisory Serv., West Midland Reg.; engl.) — Vf. nimmt an, daß unter normalen Bedingungen die Pflanze über die Boden-Lsg. sowohl austauschbares (a) als auch nicht austauschbares Kalium (b) aufnehmen kann. Die Höhe von a steigt mit dem Lehm-Geh. des Bodens an. Nach der Theorie des Vf. sind a u. b gleich wichtig für die Pflanzenernährung. Die Kationenaustauschkapazität ist auch vom Geh. des Bodens an organ. Substanz abhängig. Zugabe von mit Kalk auf pH 7 gebrachtem Torf bewirkt bei den meisten Böden eine Steigerung von a um 20—100%. Die Böden, bei denen Torfzusatz eine Erhöhung von b bewirkt, zeigen im allg. ein niedrigeres Verhältnis a : organ. Substanz im Vgl. zu solchen Böden, bei denen sich a durch Torfzusatz nicht ändert. Bei Böden mit von vornherein hohen Austauschwerten bewirkt Torfzusatz nach den Vers.-Ergebnissen u. der Theorie des Vf. keine Verbesserung der a-Werte. W. Hiller 6304◇

*1961* **Der Einfluß von Kalium und Calcium (sowie anderer Erdalkaliionen) auf die Borernährung von Pflanzen.** J. J. Oertli. (Z. Pflanzenernähr., Düng., Bodenkunde **94** (**139**) 1—8, 1961; Los Angeles, Calif.; dt.) — In Kurzzeit-Verss. (1 Tag) nahmen abgeschnittene Gerstenwurzeln aus Einzel-

salz-Lsgg. von K wesentlich höhere Mengen an B, Cl u. $NO_3$ auf als aus Einzelsalz-Lsgg. der Erdalkalimetalle. Die Aufnahme dieser Nährstoffe aus Zweisalz-Lsgg. mit K u. einem Erdalkalimetall war oft noch höher. Von den Erdalkalien übt Ca den stärksten hemmenden Einfl. auf die B- u. $NO_3$-Aufnahme aus, gefolgt von Sr u. Ba. Demgegenüber konnte in langfristigen Wasserkultur-Verss. zu Sonnenblumen u. Tomaten kein gesicherter Einfl. der Ca- oder K-Konz. der Lsg. auf die B-Aufnahme festgestellt werden. Der durch Kalkung induzierte B-Mangel bei Pflanzen kann deshalb nicht mit einer negativen Ionen-Wrkg. des Ca auf die B-Aufnahme befriedigend erklärt werden. Da andererseits auch das Ca : B-Verhältnis in gesunden Blättern um mehr als das 100fache schwankte, äußert Vf. auch Zweifel daran, daß diese Relation zur Diagnose von B-Mangel geeignet ist.
Wilfried Werner 6304◇

*1962* **Der pH-Wert des Bodens in Abhängigkeit von der Zufuhr verschiedener Kalkungsmaterialien zu einer Apfel- und einer Pfirsichanlage.** S. J. Gamble und A. L. Kenworthy. (Michigan State Univ., agric. Exp. Stat., quart. Bull. **43**, 695—99, 1961; engl.) — In einer Apfelanlage wurden 5 Jahre nach der Verabreichung von je 2 tons/acre verschiedener Kalke folgende Boden-pH-Werte gemessen: Hüttenkalk 4,4, feingemahlener Dolomit 4,8, grob gemahlener Dolomit 5,1, Acetylenabfallkalk [verunreinigtes $Ca(OH)_2$] 6,2. Der pH-Wert des nicht gekalkten Bodens betrug 4,3. In einem entsprechenden Vers. in einer Pfirsichanlage wurden bereits 3 Jahre nach der Kalkung die Veränderungen des Boden-pH gemessen. Hier war der pH-Wert in der Krume von 4,6 durch gemahlenen Kalkstein auf 5,2, durch 3 Dolomitsorten auf 5,4—6,1, durch gelöschten Kalk auf 6,8 u. durch dolomit. Löschkalk auf 7,0 angestiegen. Im Unterboden hatte sich der pH-Wert nur wenig verändert. Wilfried Werner 6304◇

*1963* **Die Reaktion junger Citrusbäume auf eine Kalkung, die mit dem Bodenprofil des Leon-Immoklee-Feinsandes (einschließlich der Humusorterdeschicht) vermischt wurde.** O. C. Bryan. (Citrus Ind. **43**, Nr. 9, 9—10, 1962; Lakeland, Fla., Soil Sci. Foundat.; engl.) — Im Zuge der Ödlandkultivierung wurde ein saurer, nährstoffarmer Sandboden mit Orterdeschicht bei 20—40 in. mit Volldüngung versehen, z. T. gekalkt, ferner tiefgepflügt (32 in.) u. gemischt, mit Untergrundpflug (32 in.) bzw. mit der Scheibenegge (10 in.) bearbeitet. Die Ca-Düngung (4 to/acre) erhöhte unabhängig von der Bodenbearbeitung den Ca-Geh. der Blätter um 50—100%. Die obersten 12 in. enthielten 2 Jahre nach dem Tiefpflügen u. Mischen infolge gesteigerter Ca-Löslichkeit u. -Auswaschung weniger Ca als die der übrigen Glieder. Die größte Durchwurzelungstiefe u. beste Resistenz gegen Trockenheit fand sich nach dem Tiefpflügen. Im Vgl. zur Kalkung war der Einfl. gestaffelter Mg- u. K-Düngung geringer.
Wilfried Werner 6304◇

*1964* **Versuche zur Melioration eines Wiesenbodens von stark ausgeprägtem Solonetzcharakter mit verminderten Mengen an Meliorationsmitteln.** József Bocskay. (Agrokémia és Talajtan [Agrochem. u. Bodenkunde] **11**, 323—34, 1962; Budapest, Forschungsinst. für Bodenkunde u. Agrochem.; ung.) — Vf. stellte fest, daß zur Melioration von solonetzartigen Alkaliböden wesentlich geringere Mengen an gepulvertem *Kalkstein* erforderlich sind als bisher allg. angenommen wurde. G. Csajághy 6304△

*1965* **Auf dem Weg zur Behebung des Kupfermangels im Boden.** William C. White und George E. Spain. (Agric. Chemicals **18**, Nr. 1, 14—15, 96, 1963; Raleigh, N.C., North Carolina State Coll., Dep. Soil Sci. and Crops Sci.; engl.) — Mit zunehmender Inkulturnahme organ. Böden im Südostteil Nordkarolinas tritt bei pH-Werten zwischen 4,8 u. 5,0 an Getreidearten Cu-Mangel auf. Eine eindeutige Unterscheidung der Symptome von denen des Mn-Mangels ist schwierig, wie auch die Boden-Unters. zur Zeit keinen Anhalt bietet. Es wird vorgeschlagen, die Rk. des Bestandes auf eine Düngung mit 15—20 lbs. $CuSO_4$/acre (25% Cu) oder bas. Cu-Sulfat (53% Cu) zu beobachten. Auf Cu-Mangelstücken zeigte die Cu-Düngung eine Nachwirkung.
Wilfried Werner 6304◇

*1966* **Der Einfluß verschiedener Kupfergaben auf die Dynamik der Kohlenhydrate der Gerste.** W. M. Zjarenzew und M. D. Mintschankawa. (Nachr. Akad. Wiss. BelorussSSR **1962**, Nr. 4, 26—32; beloruss.) — Die Unters. des Einfl. einer Zudüngung von 39,3, 78,5 oder 157 mg $CuSO_4$ (I) zu 1,6 g $K_2HPO_4$ im Vegetations-Vers. mit Gerste ergab, daß in allen Phasen der Entw. der Pflanzen u. bei jeder Cu-Gabe eine Zunahme der Summe der *Monosaccharide* (II) u. *Disaccharide* (III) erfolgt. Der Geh. an III ist in den Blättern, Stengeln u. Ähren gegenüber der Kontrolle immer erhöht. Der II-Geh. ist in der Phase des Schossens nur bei Gaben von 157 mg I erhöht. Der Geh. an Cellulose, Hemicellulose u. Lignin im Stengel ist bei I-Gaben erhöht. Dies ist bes. wichtig im Hinblick auf das Lagern des Getreides.
O. Lebtag 6304△

*1967* **Der Einfluß einiger Spurenelemente auf die Gras- und Leguminosenproduktion in Neuschottland.** G. G. Smeltzer, W. M. Langille und K. S. MacLean. (Canad. J. Plant Sci. **42**, 46—52, 1962; Kentville, Nova Scotia, Canada Dep. of Agric.; Truro, Nova Scotia, Dep. of Agric. and Marketing; engl.) — Durch Düngung der Grasnarbe verschiedener Böden Neuschottlands mit $CoSO_4$, $Na_2MoO_4$, $ZnSO_4$, $MnSO_4$, $CuSO_4$ u. $Na_2B_4O_7$ (in Form von Sprays) konnte zwar der Geh. der Gräser u. Leguminosen, aus denen sich die Grasnarbe jeweils zusammensetzte, an *Co*, *Mo*, *Zn*, *Mn*, *Cu* u. *B* erhöht werden, nicht aber der Ertrag. Vff. schließen hieraus, daß die Böden Neuschottlands hinreichend mit den genannten Spurenelementen versorgt sind.
W. Wesly 6304◇

*1968* **Die Rolle von Molybdän bei der Erhöhung des Ernteertrages von Erbsen.** W. I. Martynenko und W. I. Iwanowa. (Ackerbau [UdSSR] **24**, Nr. 2, 72—74, 1962; Chmelnitzk. Staatl. Gebiets-Vers.-Stat. für Landwirtsch.; russ.) — Bei Verss. wurden 200 g $(NH_4)_2MoO_4$ (I)/ha während der Aussaat bzw. 40 g I/ha bei Vorbehandlung des Saatguts mit I verwendet. Außerdem erfolgte eine Kopfdüngung (0,03%ig. Lsg. von I, 1000 Liter/ha) während der Knospenbildung. Die Saatgutvorbehandlung ergab die besten Vers.-Ergebnisse. Der Geh. an Roheiweiß stieg in den Erbsen unter dem Einfl. von Mo um 4,5—6%. Kopfdüngung ergab keine guten Resultate u. bedingte außerdem Anwendung von Spezialgeräten. Am wirksamsten war Mo in Böden mit höherem Säurewert. Die Ernteerträge stiegen um 2,15 bis 4,5 Ztr/ha bei Körnern, um 5—6 Ztr/ha bei Erbsenstroh. Sorgfältiges Umschaufeln ist bei der Samenbehandlung unbedingt vorzunehmen. H. Findeisen 6304◇

*1969* **Die Salzverträglichkeit von ägyptischem Reis.** 1. Mitt. **Salzwirkungen bei kontinuierlicher und intermittierender Anwendung in verschiedenen Wachstumsstadien nach dem Auspflanzen.** Malek T. Kaddah und Selim I. Fakhry. (Soil Sci. **91**, 113—20, 1961; Bacos, Alexandria, Soil Salinity Labor.; engl.) — Das für die Verss. verwendete salzhaltige W. ($CaCl_2$ + NaCl) hatte Salz-Geh. von 1500—4500 ppm. Der Kornertrag wurde durch alle Konzz.. der Strohertrag nur durch die höchste Konz. negativ beeinflußt. Die Blüte wurde durch steigende Salz-Konz. zunehmend verzögert. Die stärksten Schäden konnten vermieden werden, wenn abwechselnd mit W. guter Qualität gegossen wurde. Die Salzempfindlichkeit des Reises ist im Jugendstadium am größten, er übertrifft in dieser Beziehung alle anderen bekannten Feldfrüchte. Die drei geprüften Reissorten reagierten wenig unterschiedlich.
W. Hiller 6304□

*1970* **Die natürliche Anreicherung löslicher Salze in der Deckschicht von Champignonbeeten.** P. B. Flegg. (J. horticult. Sci. **36**, 139—44, 1961: Littlehampton, Glasshouse Crops Res. Inst.; engl.) — Die laufende Messung des Salz-Geh. in der Deckschicht von Champignonbeeten ergab, daß eine Salzanreicherung unabhängig von der Anwesenheit von Pilzmycelien erfolgt. Diese Anreicherung hängt im wesentlichen von der Evaporations-Geschw. ab. Infolge der kontinuierlichen Evaporation findet ein Transport von Salzen aus dem salzreichen unterliegenden Kompost in die Deckschicht statt. Auch die Diffusion trägt zur Anreicherung bei. Jedoch erreichte in den Verss. die Salzanreicherung noch nicht ein solches Ausmaß, daß Frucht-Bldg., Ertrag u. Gew. der Pilze beeinträchtigt worden wären. In Modell-Verss. traten Ertragsdepressionen erst bei Zugabe von 0,2 g $CaCl_2$/sq.ft. u. Woche auf. Diese Salz-Konz. liegt noch weit über der Konz., die infolge der natürlichen Anreicherung in der Deckschicht auftrat. Wilfried Werner 6304◇

*1971* **Auswirkungen des Zusatzes löslicher Salze zur Deckschicht auf Ertrag und Größe kultivierter Champignons.** P. B. Flegg. (J. horticult. Sci. **36**, 145—48, 1961; Littlehampton, Glasshouse Crops Res. Inst.; engl.) — Vf. bringt eine zusammenfassende Auswertung von insgesamt 11 eigenen bzw. Verss. anderer Autoren zur Frage des Einfl. von Nährsalzzusätzen [NaCl, KCl, $MgCl_2$, $CaCl_2$, $Na_2SO_4$, $K_2SO_4$, $(NH_4)_2SO_4$, $Ca(NO_3)_2$ u. $Na_2HPO_4$] zur Deckschicht von Champignonkulturen auf Größe u. Gew. der Pilze. Aus den erhaltenen Korrelations-Koeff. u. Regressionsgleichungen geht eine große Variabilität der Beziehung zwischen Salz-Geh. der Deckschicht u. Pilzwachstum hervor. Sie lassen daher keine allg. Empfehlungen bzgl. der optimalen Höhe der Salzgaben für die Praxis zu. Wilfried Werner 6304◇

*1972* **Die Bedeutung der biologischen Faktoren für die Steigerung der Fruchtbarkeit rasenpodsoliger Böden.** S. I. Ponomareva. (Z. Pflanzenernähr., Düng., Bodenkunde **97 (142)**, 205—15, 1962; Moskau, Dokučaev-Inst. für Bodenkunde der Akad. der Wiss. der UdSSR; dt.) — In Gefäß-Verss. wurden verschiedene Getreidearten auf Regenwurmexkremente, die aus schwach u. mittelmäßig erodierten, stark lehmigen, rasenpodsoligen Böden unter Grasbestand entnommen worden waren, eingesät. Zum Vgl. wurden Verss. mit Bodenmaterial aus dem gleichen rasenpodsoligen Boden sowie aus Tschernosemen unter Wald- u. Ackerkultur durchgeführt. Auf den Regenwurmexkrementen wurde ein deutlich besseres Wachstum festgestellt als auf dem Bodenmaterial. Ebenso wurde auf Tschernosem ein besseres Wachstum beobachtet, wenn demselben halb zersetzte Pflanzenreste beigemischt worden waren, die aus der Umgebung von Regenwurmgängen stammten. M. Winiker 6304◇

*1973* **Die Natur der Wirkung von bakteriellen Düngern (Azotobakterin, Phosphobakterin) auf Kulturpflanzen.** A. N. Naumowa, Je. N. Mischusstin und W. M. Marjenko. (Nachr. Akad. Wiss. UdSSR, biol. Ser. **27**, 709—17, 1962; Mikrobiol. Inst. der Akad. der Wiss. der UdSSR; russ., Auszug: engl.) — Durch Verss. über die Bldg. von Wuchsstoffen vom *Auxin* (I)-Typ durch die Kulturen von *Azotobacter chroococcum, Bact. megatherium* u. *Pseudomonas fluorescens* wird festgestellt, daß in das Nährmedium I, *Gibberellin* u. *Vitamine* ausgeschieden werden, durch welche das Wachstum der Pflanzen stimuliert wird. Der positive Einfl. der Bakterisierung mit *Azotobakterin* oder *Phosphobakterin* auf die Kulturpflanzen erklärt sich weitgehend aus der Wrkg. der von den Bakterien ausgeschiedenen biolog. akt. Substanzen. Die obengenannten Bakterien besitzen auch fungistat. Eigg. u. hemmen das Wachstum einer Reihe von Pilzen, darunter das von Fusarium u. Alternaria, welche einen schädlichen Einfl. auf das Pflanzenwachstum haben. O. Lebtag 6306△

*1974* **Einfluß der Düngung auf die Aktivität der mikrobiologischen Prozesse im Weinbergboden.** G. Peschakow. (Nachr. Akad. Wiss. UdSSR, biol. Ser. **26**, 787—90, 1962; Plewna, Bulgarien, Zentr. Forsch.-Inst.; russ., Auszug: engl.) — Im Feld-Vers. wurde die Frühjahrseinbringung von 20 t *Stallmist* (je ha), 20 t Stallmist + 90 kg N (als $NH_4NO_3$) + 120 kg $P_2O_5$ (als granuliertes *Superphosphat*) + 130 kg $K_2O$ (als $KNO_3$) oder NPK allein (in der obigen Dosis) so vorgenommen, daß der Stallmist alle 3 Jahre, die Mineraldüngung jedes Jahr gegeben wurde. Es zeigte sich, daß die kombinierte organ.-mineral. Düngung die Zahl der die Assimilation des mineral. N bewirkenden Mikroorganismen sowie die Zahl der ammonifizierenden u. nitrifizierenden Mikroorganismen bes. stark erhöht. O. Lebtag 6306△

*1975* **Stickstoffbindende Mikroorganismen in Reisböden. 7. Mitt. Stoffe in der Mischkultur von Rhodopseudomonas capsulatus mit Azotobacter vinelandii.** 1. Mitt. Azuma Okuda. Masuro Yamaguchi und Michiharu Kobayashi. (Soil Sci. Plant Nutrit. [Tokyo] **7**, 115—18, Nov. 1961; engl.) — 6. vgl. C. **1962**, 17803. — *Rhodopseudomonas capsulatus* u. *Azotobacter vinelandii* geben in Reinkultur beide eine Reihe von Aminosäuren in das Kulturmedium ab. An Kohlenhydraten wurde nur bei Rhodopseudomonas) *D-Desoxyribose* gefunden. In Mischkulturen tritt keine neue Substanz auf. U. Eberhardt 6306□

*1976* **Über die vertikale Verbreitung der Strahlenpilztypen in einem schwarzerdeähnlichen Auboden.** M. Marton. (Z. Pflanzenernähr., Düng., Bodenkunde **96 (141)**, 105—14, 1962; Budapest, Ungar. Akad. der Wiss., Forsch.-Inst. für Bodenkunde u. Agrikulturchemie; dt.) M. Winiker 6306◇

*1977* **Fortschritte und neue Wege in Agrikultur und Schädlingsbekämpfung.** Florian Knotz. (Österr. Apotheker-Ztg. **17**, 165—69, 1963; Graz; dt.) — Allg. Ausführungen. M. Winiker 6312◇

*1978* **Die Adsorption einiger organischer Verbindungen, insbesondere Herbicide an Tonmineralien.** M. J. Frissel. (Versl. landbouwkund. Onderz. **1961**, Nr. 67. 3, 1—54; Wageningen, Labor. Soils and Fertilizers; engl.) — An Montmorillonit, 3 Illiten u. 3 Kaoliniten wurde die Adsorption der Säuren *2.4-D, 2.4.5-T, MCPA, DNC, Pikrinsäure* u. *Pikrolonsäure*, ferner die der schwachen Basen *Simazin, Chlorazin, Triätazin* (*Triazin*), *CMU* u. *DCMU* u. der starken Base *Methylenblau* untersucht. Salz-Konz. (NaCl, $CaCl_2$, $AlCl_3$), pH-Wert u. Konz. der organ. Substanz wurden variiert. Verschiedene Rk.-Typen wurden in Abhängigkeit vom pH-Wert gefunden, d. h. Adsorption in ion. u. nichtion. Form. Methylenblau wurde am stärksten adsorbiert, meist über die Umtauschkapazität der Tonmineralien hinaus u. in NaCl-Lsg. stärker als in $CaCl_2$- u. $AlCl_3$-Lösung. In stark saurem Bereich wurden alle Herbicide adsorbiert. Im schwach bas. Milieu überwog die mol. Adsorption, während die Anionen eine negative Adsorption zeigten. Anionen wurden im sauren Bereich nur an Illit durch positive Randladungen ion. adsorbiert. Die Unterss. lassen darauf schließen, daß im Boden eine Anhäufung verschiedener Herbicide möglich ist. Wilfried Werner 6312◇

*1979* **Einige Auswirkungen von 4-(MCPB) bei Anwendung als selektives Unkrautbekämpfungsmittel zu Selleriekulturen auf organischen Böden.** J. J. Jasmin und J. S. F. Coiteux. (Canad. J. Plant Sci. **42**, 40—52, 1962; engl.) — *4-(MCPB)* [I, *4-(2-Methyl-4-chlorphenoxybuttersäure*] ist ein selektives Unkrautbekämpfungsmittel für Selleriekulturen. Seine Anwendung hat nur einen geringen Einfl. auf die Aufnahme von $P_2O_5$, N, $K_2O$, Ca u. Mg durch Sellerie u. beeinflußt deren Qualität u. Lagerfähigkeit bei Anwendung von 12—72 oz. I/acre nicht. W. Wesly 6312◇

*1980* **Beobachtungen bei der Bekämpfung von Sterngras in Luzerne(kulturen) mit Dalapon.** L. Jaklitsch und F. B. Rhodes. (Rhodesia agric. J. **60**, 67—69, 1963; engl.) M. Winiker 6312◇

*1981* **Untersuchungen über Unkrautbekämpfung in Weizen. 1. Mitt. Die Wirkung der Vor- und Nachauflaufanwendung von 2.4-D, des Handjätens und der Zwischenkultur auf die Unkräuter und den Weizenertrag.** R. B. L. Bhardwaj und R. D. Verma. (Indian J. agric. Sci. **31**, 192—206, 1961; New Delhi, Indian Agric. Res. Inst.; engl.) — In mehrjährigen Verss. wurden in Weizenbeständen durch eine Nachauflaufbehandlung mit 1 lb. *2.4-D* (*Na-Salz*)/acre bessere Erfolge bei der Unkrautbekämpfung (mit Ausnahme der Gräser) erzielt als durch Handjäten. Eine Kombination von Zwischenkultur u. Vorauflaufbehandlung mit 2.4-D erwies sich als unbefriedigend. Wilfried Werner 6312◇

*1982* **Der Einfluß der Placierung und der Konzentration von 2.3-DCDT auf die selektive Bekämpfung von Wildhafer in Weizen.** H. A. Friesen, J. D. Banting und D. R. Walker. (Canad. J. Plant Sci. **42**, 91—104, 1962; Lacombe, Alta., Exp. Farm; Regina, Sask., Exp. Farm.; engl.) — Mit verschiedenen Böden u. verschiedenen Konzz. von *2.3-DCDT* (*2.3-Dichlorallyldiisopropylthiocarbamat*, I) ausgeführte Verss. zeigen, daß dessen Wrkg. sich hauptsächlich auf die Koleoptile u. weniger auf die Wurzeln von Wildhafer u. Weizen erstreckt. Wildhafer ist sehr empfindlich gegen I während des ersten Stadiums des Koleoptilenwachstums (Höhe der Koleoptilen: ½ in.) u. während eines späteren Stadiums des Koleoptilenwachstums, das zeitlich mit dem Erscheinen des Kronknotens zusammenzufallen scheint. Weizen ist nur während des ersten Stadiums des Koleoptilenwachstums sehr gegen I empfindlich. Er ist auch gegen relativ hohe I-Konzz. unempfindlich, wenn man ihn mindestens ½ in. unter der mit I behandelten Bodenschicht pflanzt. Es besteht somit die Möglichkeit einer selektiven Wildhaferbekämpfung in Weizen durch I. W. Wesly 6312◇

*1983* **Einfluß der Zufuhr von Nucleinsäurestoffen auf die Tabakpflanze. 1. Mitt. Einfluß auf die erste Wachstumsperiode des Tabaks.** Akio Fujiwara und Makoto Kurosawa. (J. Sci. Soil Manure, Japan [Nippon Dojohiryogaku

Zasshi] **32**, 315—18, 1961; Tohoku Univ., Nogaku-bu; jap.) — In Sandkulturen wurden den Wurzeln von *Tabak*-Pflanzen (White Burley, Mito No. 3), in getrennten Ansätzen, je *RNA* (I), *Ribonucleotid*, *DNA* (II), *Desoxyribonucleotid*, *Adenin* (III), *Guanin*, *Uracil* (IV) bzw. *Thymin* zugeführt. Die Stoffe förderten das Wachstum junger Tabakpflanzen (Zunahme des Frisch-Gew. u. der Blattflächen). Das lebhafteste Wachstum der Setzlinge wurde durch II veranlaßt; gut wirkten bes. auch I, III u. IV. L. Schuler 6312◇

*1984* **Einfluß der Zufuhr von Nucleinsäurestoffen auf die Tabakpflanze.** 2. Mitt. **Bezeihung zwischen Licht und Zufuhr von Nucleinsäuren bei Tabakpflanzen.** Akio Fujiwara und Makoto Kurosawa. (J. Sci. Soil Manure, Japan [Nippon Dojohiryogaku Zasshi] **32**, 319—22, 1961; jap.) — 1. vgl. vorst. Referat. — In Sandkulturen wird der Einfl. von *Nucleinsäurestoffen* (*NS*) auf das Blühen untersucht. Die Kultur wird unter den Bedingungen für Langtag u. Kurztag, mit u. ohne NS durchgeführt. Außer den l. c. angegebenen Substanzen wird auch weicher *Heringsrogen* (I) mit 16% Nucleinsäuren (II) verwendet. Die Blätter unter Kurztag u. Blaulicht wiesen höhere Geh. an II auf als solche mit Langtag u. Rotlicht. Am besten wird das Wachstum (bes. der Blattfläche) im Frühstadium durch DNA u. I gefördert. L. Schuler 6312◇

*1985* **Eine Untersuchung über die Wirkung von Gibberellinsäure auf die Phytotoxizität von Dalapon für Cynodon dactylon Pers. (Hariyali).** J. Sakharam Rao. (Madras agric. J. **49**, 209—21, 1962; Coimbatore, Agricult. Coll. and Res. Inst.; engl.) — Bermudagras (Cynodon dactylon Pers.) wurde durch eine Behandlung mit *Gibberellinsäure* (I) in Konzz. >200 ppm stark geschädigt. I-Konzz. von 50 oder 100 ppm bewirkten eine Verlängerung des 5. Internodiums. Die Wurzel-Entw. wurde durch I ungünstig beeinflußt. Durch Behandlung mit dem Herbicid *Dalapon* (II), in einer Konz. von 1 lb. Säureäquival./15 gall. W., konnte keine vollständige Abtötung des Grases erzielt werden. Wurden jedoch die II- u. die I-Behandlung kombiniert, so wurden die Pflanzen, unabhängig von der I-Konz., vollständig abgetötet. Wilfried Werner 6312◇

*1986* **Auswirkungen eines Anritzens der Samenschale und von Giberellinsäure auf die Keimung von Samen der Kongowassermelone.** Agripino Pérez López. (J. Agric. Univ. Puerto Rico **45**, 182—87, 1961; Rio Piedras, Univ. of Puerto Rico Agric. Exp. Stat., Isabela Substat.; engl.) — Durch eine Samenbehandlung mit *Gibberellinsäure* (I, 50 u. 100 ppm) wurden Keimzahl u. Keim-Geschw. der Wassermelone deutlich herabgesetzt. Dieser negative Effekt stieg mit der I-Konz. an. Die auf verschiedene Art durchgeführte Samenritzung hatte keinen Einfl. auf die Keimung. Wilfried Werner 6312◇

*1987* **Wirkungen von Gibberellinsäure auf die Keimung von Papaya- (Carica papaya L.-) Samen.** Oscar D. Ramírez. (J. Agric. Univ. Puerto Rico **45**, 188—90, 1961; Rio Piedras, Univ. of Puerto Rico Agric. Exp. Stat.; engl.) — Papayasamen wurden mit steigenden Konzz. *Gibberellinsäure* (2,5—10 mg eines Prod. mit 0,88% *K-Gibberellat*/2 g Samen) behandelt u. anschließend ausgesät. Weder die Keimzahl noch die Keim-Geschw. wurden durch diese Behandlung gesichert beeinflußt. Wilfried Werner 6312◇

*1988* **Baktericid-Sprays gegen den Bakterienkrebs der Tomate.** Olga M. Goss. (J. Agric. Western Australia [4] **4**, 99—101, 1963; engl.) — Durch *Cetrimid-*, *Streptomycin-*, *Agrimycin-* u. *Vancomycin*-Sprays konnte der durch Corynebacterium michiganense hervorgerufene Bakterienkrebs der Tomate erfolgreich bekämpft werden. M. Winiker 6312◇

*1989* **Die Bekämpfung der bakteriellen Fleckigkeit und anderer Frucht- und Blattkrankheiten bei Tomaten.** M. C. Strong. (Michigan State Univ., agric. Exp. Stat., quart. Bull. **43**, 690—94, 1961; engl.) — In 2jährigen Unterss. wurde die Wirksamkeit zahlreicher organ. u. anorgan. Fungicide auf die „bakterielle Fleckigkeit", verursacht durch Xanthomonas vesicatorium, sowie auf die Krautfäule, die Septoriafäulnis u. die Anthraknose von Tomaten geprüft, wobei jeweils 6 Besprühungen, beginnend zu dem Zeitpunkt, an dem die ersten Früchte ca. 3 cm Ø aufwiesen, in 10tägigen Intervallen durchgeführt wurden. Die besten Erfolge wurden bei gleichzeitiger Anwendung verschiedener organ. Fungicide mit Cu-Fungiciden erzielt. Als günstigste Kombinationen erwiesen sich *Zineb* + *Cu-Oxychloridsulfat* (I), *Niacide-M* + I, *Miller-258* (II, *Cu–Zn-Chromat*) + *Maneb* sowie II + *Ziram*. In einem Jahr wurde weiterhin mit *TC-90* (*Cu*-Mittel) + *Dyrene*, *Phaltan* + *ML-481-Copper* (*Cu*-Mittel) u. *Cu-Omadine* [*Cu-Salz* des *Pyridinthion-(2)-1-oxids*] eine befriedigende Wrkg. erzielt. Wilfried Werner 6312◇

*1990* **Der Einfluß von verschiedenen Temperaturen und von 2-Chloräthyltrimethylammoniumchlorid und Allyltrimethylammoniumbromid auf Pfeffer und Tomaten.** H. Tiessen. (Canad. J. Plant Sci. **42**, 142—49, 1962; Guelph, Ontario, Ontario Agric. Coll.; engl.) — Tomaten- u. Pfeffersetzlinge wurden im Gewächshaus Nacht-Temp. von 54—56 bzw. 64—68° F ausgesetzt. Die niedrigere Temp. bewirkte einen höheren Ertrag u. frühere Reife. Erfolgte eine Behandlung des Bodens mit Lsgg. ($10^{-3}$ bis $10^{-4}$ m) von *2-Chloräthyltrimethylammoniumchlorid* (I) oder *Allyltrimethylammoniumbromid* (II), so wurden das Längenwachstum der Tomaten- u. Pfefferpflanzen sowie die Erträge im negativen Sinne beeinflußt. Eine Behandlung der Blätter mit I- oder II-Lsg. bewirkte bei Pfeffer eine Ertragssteigerung, wenn die Pflanzen der höheren Temp. ausgesetzt gewesen waren. Hingegen wurde der Ertrag bei Pfeffer durch Blattbehandlung mit I gar nicht u. durch Blattbehandlung mit II im negativen Sinne beeinflußt, wenn die Pflanzen bei der niedrigeren Temp. gehalten worden waren. Bei Tomaten hatte eine Blattbehandlung mit I oder II in keinem Falle eine Wirkung. W. Wesly 6312◇

*1991* **Begasung von landwirtschaftlichen Produkten.** 17. Mitt. **Bekämpfung der Erbsenfleckenkrankheit durch Begasung.** Juliet Kennedy. (J. Sci. Food Agric. **12**, 96—103, 1961; Ascot, Berkshire, Imperial Coll. Field Stat. Sunninghill; engl.) — 16. vgl. Lubatti u. Bunday, C. **1963**, 17908. — Zur Abtötung der die Krankheit hervorrufenden 3 Pilzarten Ascochyta pisi, A. pinodella u. Mycosphaerella pinodes sind *Äthylenoxid*, *Methylbromid* u. *organ. Hg-Verbb.* ungeeignet; *Chlorpikrin* (I) ist bei Sättigungs-Konzz. u. langer Begasungszeit wirksam. Bei einem Wasser-Geh. von 14—16% u. 20° waren zur weitgehenden Abtötung der Mikroorganismen 72 Std. erforderlich, da I nur langsam eindringt. Die Schädigung der Erbsen durch die I-Begasung war bei einer Sorte gering, bei anderen stärker. M. W. Rothe 6312□

*1992* **Die Empfindlichkeit von Branchiura sowebyi, Limnodrilus socialis und Limnodrilus willeyi gegen verschiedene, in der Landwirtschaft benutzte Chemikalien.** Tadahiko Inoue und Kazunobu Kondo. (Botyu-Kagaku [Sci. Insect Control] **27**, 97—99, 1962; Shimizu, Ihara Agricult. Chem. Inst.; jap., Auszug: engl.) — Labor.-Verss. mit *Malathion*, *Thimet*, *Dimethoate*, *Nemagon*, *Vapam*, *Mylone*, *Monofluoracetamid*, *Äthylparathion*, *EPN*, *Diazinon*, *DDT*, *Lindan*, *Endrin*, *Dieldrin*, *Rotenon* (II), *Pyrethrinen* (II) u. *PCP-Na* (III) zur Bekämpfung von Branchiura sowebyi, Limnodrilus socialis u. L. willeyi ergaben: Gegen alle drei Schädlinge ist nur III wirksam. I u. II eignen sich sehr gut zur Bekämpfung von Branchiura sowebyi. W. Wesly 6312◇

*1993* **Die Anwendung neuer Insekticide (Rogor und Trichlormetaphos-3) bei der Bekämpfung von Schädlingen von Mais und Zwiebel.** J. Cinovskis, K. Jegina und A. Strazdina. (Nachr. Akad. Wiss. LettSSR **1962**, Nr. 3, 67—70; Biolog. Inst. der Lett. Akad. der Wiss.; lett., Auszug: russ.) — *Rogor* (I) wird in 0,05- bzw. 0,1%ig. Lsg. gegen Zwiebelfliege u. Maisschädlinge angewendet. Es wirkt systemisch. Seine Reste werden in der Pflanze schnell abgebaut, so daß der Einsatz auch gegen Drahtwürmer bei anderen Gemüsearten erfolgen kann. I-Lsgg. können gegen Zwiebelparasiten bei der Bearbeitung, vor dem Pflanzen oder beim Gießen in der Vegetationsperiode angewendet werden. Werden Zwiebeln 30 Min. mit einer 0,01%ig. I-Emulsion benetzt, so verringert sich die Zahl der befallenen Zwiebeln ganz beträchtlich. Zweimaliges Gießen mit der gleichen Emulsion tötete innerhalb von 14 Tagen 89,7% aller Zwiebelfliegenlarven u. 66,6% aller Schwebfliegenlarven ab. *Trichlormetaphos-3* (O-Methyl-O-äthyl-O-[2.4.5-trichlorphenyl]-thiophosphat wird in 0,1%ig. Lsg. gegen Maisschädlinge angewendet u. wirkt verhältnismäßig gut gegen Schnellkäferlarven. Gegen Zwiebelschädlinge benutzt man es in einer Konz. von 0,018%. H. Findeisen 6312◇

*1994* **Untersuchungen über den Übergang von radioaktivem Schradan in Pflanzen und seine Aufnahme aus Filmen durch Insekten.** G. W. Rahalkar, G. R. Sethi und P. N. Saxena. (Current Sci. [Bangalore] **30**, 105—06, März 1961; New Delhi, Indian Agricult. Res. Inst., Div. of Entomol.; engl.) — Zur Unters. der Aufnahme von *Schradan* (I) durch Pflanzen wurden Baumwoll- u. Zuckerrohrsamen 10—40 Min. in eine I (mit $^{32}$P markiert)-haltige Nähr-Lsg. getaucht u. dann in normaler Weise weiter gezogen, oder die in Erde gezogenen Pflanzen wurden mit 0,25%ig. I-Lsg. berieselt. Radioaktivitätsmessungen ergaben, daß das I in die Blätter transportiert wird, wo seine Konz. je nach Pflanzenmaterial u. Meth. nach 4—7 Tagen ein Maximum erreicht u. dann wieder abnimmt. — Die Wirksamkeit von I als Kontaktinsekticid wurde an *Dysdercus*-Nymphen mit Hilfe von imprägniertem Filtrierpapier untersucht.
W. Betcke 6312◇

*1995* **Untersuchungen über die Bekämpfung von gegen Organische Phosphorinsekticide resistenten Insekten. 1. Mitt. Über die synergistische Wirkung natürlicher und synthetischer Synergisten mit Diazinon gegen resistente Stubenfliegen.** Hyogo Ito und Hiromichi Matsubara. (Bōtyu-Kagaku [Sci. Insect Control] **27**, 43—48, 1962; Gifu Univ., Fac. of Agric., Dep. of Agric. Chem.; jap., Auszug: engl.) — Unterss. über die Wrkg. von *Diazinon* (I) mit Zusatz verschiedener Synergisten (*Egonol, Hinokinin, Piperonylbutoxid, Sulfoxid, MGK-F 5026*) auf Stubenfliegen, die gegen organ. P-Insekticide resistent waren, ergaben, daß eine Bekämpfung derartiger Fliegen durch Kombination von I mit Synergisten prakt. aussichtslos ist. W. Wesly 6312◇

*1996* **Untersuchungen über Synergisten für Insekticide. 21. Mitt. Über die synergistische Einwirkung von natürlichen und synthetischen Synergisten auf Barthrin.** Hiromichi Matsubara. (Botyu-Kagaku [Sci. Insect Control] **26**, 125—32, Nov. 1961; Gifu Univ., Fac. of Agric., Dep. of Agric. Chem.; jap.) — Vgl. C. **1962**, 3951. — Unterss. über die synergist. Einw. natürlicher u. synthet. Synergisten (*Hibalacton, Hinokinin, Piperonylbutoxid, Egonol, MGK-F-5026, Sulfoxid*) auf *Barthrin* (I), geprüft an Moskitolarven bzw. Stubenfliegen, zeigen, daß die Kombinationen von I mit den genannten Synergisten einen geringeren Grad von Synergismus geben als eine Kombination mit *Pyrethrin* oder *Allethrin*. W. Wesly 6312□

*1997* **Über die Wirksamkeit von mit S-421 und MGK-5026 verstärkten Begasungsmitteln zur Moskitovernichtung.** Akifumi Hayashi Akira Itoga. (Botyu-Kagaku [Sci. Insect Control] **27**, 48—50, 1962; jap., Auszug: engl.) — In Labor.-Verss. mit Stubenfliegen zeigte sich, daß die insekticide Wrkg. von Begasungsmitteln auf Basis *Pyrethrin* + *Allethrin* durch Zusatz von *S-421* oder *MGK-5026* verstärkt werden kann. W. Wesly 6312◇

*1998* **Untersuchungen über den Bioversuch mit Insekticiden. 41. Mitt. Vereinigte Giftwirkung von Gemischen von Malathion, Dimethoate und Dibrom auf Adulte der gewöhnlichen Stubenfliege, Musca domestica vicina.** Sumio Nagasawa und Yoshifuyu Tsuruoka. (Botyu-Kagaku [Sci. Insect Control] **27**, 78—81, 1962; jap., Auszug: engl.). — 35. vgl. C. **1959**, 14538. — In Labor.-Verss. wurde eine Steigerung der Gift-Wrkg. von *Malathion* (I) auf Stubenfliegen durch Zusatz von *Dimethoate* (II) oder *Dibrom* (III) festgestellt. Die geprüften Mischungsverhältnisse (I:II bzw. I:III) waren 95:5, 83:17 u. 57:43. Im Falle der I-III-Mischungen nahm der synergist. Effekt mit Abnahme des I-Geh. der Mischung zu. W. Wesly 6312◇

*1999* **Vergleich von Dimethoate mit anderen Mitteln zur Bekämpfung der Roten Citrusmilbe und der Citrusrostmilbe.** Roger B. Johnson. (Citrus Ind. **43**, Nr. 9, 4—5, 7, 1962; Lake Alfred, Fla., Florida Citrus Exp. Stat.; engl.) — Gegen Phyllocoptruta oleivora Ashm. wirkte *Dimethoate* (I) zunächst gar nicht gut, dagegen *Kepone* (II). *Zineb* (III) war ebenfalls ungenügend wirksam, doch wurde der Erfolg durch I-Zusatz verbessert. Kombinationen von I mit II, III oder *Chlorbenzilat* wirkten gut, etwas weniger erfolgreich waren I + *S*. Gegen Panonychus citri McG. war I ungenügend wirksam, ebenso wie *Trithion* (IV), aber besser als *Kelthane* (V). 1960 war die Wrkg. im allg. gut in der Reihenfolge: *Tedion* > *Ethion* > *Delnav* > *NP-90* > IV > I > V.
Fritz Müller/Ludwigshafen 6312◇

*2000* **Die insekticide Wirkung einiger neuer gemischter Dithiophosphorsäureester.** Eugen Rădulescu und Elisabeta Kolosy. (Studii Cercetări Agronom. [Cluj] **12**, 207—12, 1961; Cluj, Stat. cerc. agronom.; rum.) — Die kontaktinsekticide Wrkg. einiger neuer gemischter Dithiophosphorsäureester der allg. Formel $(C_2H_5O)_2P(S)S \cdot Ar$, wobei Ar = 2.5-Dichlorphenyl-, 3.4-Dichlorphenyl- (I), 2.5-Dibromphenyl-, 3.4-Dimethylphenyl-, 2.4-Dimethylphenyl-, 2.5-Dimethylphenyl-, 4-Methoxy-3-methylphenyl-, 4-Chlor-3-methylphenyl- (II), 5-Chlor-2-methylphenyl-, 4-Brom-3-methylphenyl- (III), 4-Brom-2-methylphenyl-, 5-Brom-3-methylphenyl-, sein kann, wird untersucht. Die biolog. Aktivität dieser Verbb. ist durch eine gute bis sehr gute insekticide Wrkg. gekennzeichnet. Bzgl. ihrer Freßgift-Wrkg. sind die Verbb., die Substituenten in o-Stellung am Benzolring enthalten, denen überlegen, die die gleichen Substituenten in m- oder p-Stellung enthalten. I, II u. III sind am wirksamsten.
R. Grundmann 6312◇

*2001* **Die Auswirkungen des Verbrennens (der Pflanzenreste) im Frühjahr und von Insekticiden auf Adelphocoris superbus (Uhl.) und die vergesellschaftete Fauna in Luzernesaatfeldern.** C. E. Lilly und G. A. Hobbs. (Canad. J. Plant Sci. **42**, 53—61, 1962; Lethbridge, Alberta, Canada Agric. Res. Stat.; engl.) — Durch Verbrennen der Pflanzenreste auf Luzernefeldern im Frühjahr wurden Adelphocoris superbus (Uhl.) sowie seine Prädatoren Phymata fasciata (Gray) u. Sinea diadema (F.) vernichtet. Durch 0,4—1,0 (lbs./acre) *Toxaphen* oder 0,3—0,5 *DDT* (beide in Form von Sprays) konnte der Befall durch A. superbus signifikant vermindert werden. Die Prädatoren wurden hierbei offensichtlich nicht geschädigt. W. Wesly 6312◇

*2002* **Insekticide Reaktionsaerosole.** H. G. Bremer. (Z. Pflanzenkrankh. [Pflanzenpathol.] Pflanzenschutz **70**, 147 bis 157, 1963; Darmstadt, E. Merck Akt.-Ges., Forschungsabt.; dt.) — Vf. vermittelt an Hand einiger Beispiele einen Überblick über die Anwendungsmöglichkeiten u. die Leistungsfähigkeit insekticider Rk.-Aerosole. — 8 Literaturangaben. M. Winiker 6312◇

*2003* **Der derzeitige Stand der Anwendbarkeit der Blattanalyse bei Tomatenkulturen.** H. Broeshart und G. C. Redlich. (Ann. Inst. nat. Rech. agronom., Ser. A **12**, 549 bis 560, 1961; Gargenville, Seine-et-Oise, Syndicat pour l'Amélioration des Sols et des Cultures; franz.) — Überblick. — 21 Literaturangaben. M. Winiker 6320◇

*2004* **Verwendung der Blattanalyse zur Überwachung der Nährstoffzufuhr bei Nelken.** D. Blanc. (C. R. hebd. Séances Acad. Agric. France **48**, 791—97, 1962; Antibes, I.N.R.A., Stat. d'Agron. et de Physiol. végétale; franz.)
R. Grundmann 6320◇

*2005* **Die Einteilung des Porenraumes in Böden auf Grund der Bewegung des Wassers.** Andor Klimes-Szmik. (Agrokémia és Talajtan [Agrochem. u. Bodenkunde] **11**, 41—54, 1962; Budapest, Forsch.-Inst. für Bodenkunde u. Agrochem.; ung.) — In Modell-Verss. mit Bodensäulen stellte Vf. fest, daß der Differenz zwischen den Werten für die capillare u. die minimale Wasserkapazität ein charakterist. Porenraum entspricht. Die Größe dieses Porenraums reagiert empfindlich auf Änderungen der Korngrößenverteilung, des Humus-Geh. u. des Feuchtigkeits-Geh. des Bodens sowie des Salz-Geh. der Bodenlösung. Vf. empfiehlt, den Gesamtporenraum des Bodens wie folgt zu gliedern: Durch das gebundene W. eingenommener Porenraum, capillarer Porenraum, capillarer Gravitationsporenraum u. Gravitationsporenraum (nichtcapillarer Porenraum). Die vorgeschlagene Gliederung kann einheitlich für alle Arten von Böden angewendet werden. Sie bietet vom Standpunkt der Praxis gewisse Vorteile gegenüber der bisher üblichen Einteilung des Porenraums nach der Größe der Poren. Die erforderlichen Messungen können mit einfachen Geräten u. Meth. durchgeführt werden, die beschrieben sind. G. Csajághy 6324

*2006* **Die Messung des Quellungsdruckes von Marschböden.** H. Kuntze. (Z. Pflanzenernähr., Düng., Bodenkunde **96** (**141**), 97—105, 1962; Infeld über Nordenham, Grünlandlehranst. u. Marschversuchsstat. für Niedersachsen; dt.) — Vf. konnte Beziehungen zwischen dem Quellungsdruck (**a**) u. einigen für Marschböden wichtigen Eigg. feststellen. So bestand eine gute Korrelation zwischen **a** u. dem Ton-Geh. der Marschböden. Weiter bestanden für Marsch-

böden mit 25% Ton gesicherte Korrelationen zwischen **a** u. der Lagerungsdichte sowie zwischen **a** u. dem Ca/Mg-Verhältnis am Sorptionskomplex. Für Marschböden mit 42% Ton waren diese Korrelationen nicht mehr gesichert.
M. Winiker 6324◇

*2007* **Die Verwendung von Tensiometern und Bodenfeuchtigkeitsmessern in Freilandversuchen als Kriterien für die Bewässerung von einzudosenden Tomaten.** W. J. Flocker und J. C. Lingle. (Proc. Amer. Soc. horticult. Sci. **78,** 450—58, 1961; Davis, Calif., Univ.; engl.)
R. Grundmann 6324◇

*2008* **Colorimetrische Bestimmung des Gesamtphosphors in Böden nach der Methode der Reduktion durch Ascorbinsäure in der Kälte.** Ben-Hur Marques Ramos. (Bol. Inst. Quím. agríc. **1961,** 7—31; port.) — Die photocolorimetr. $P_2O_5$-Best. in Böden beruht auf der Red. mit 2%ig. wss. Lsg. von Ascorbinsäure (I) in Ggw. eines Katalysators. Zur Herst. der Katalysator-Lsg. werden 0,508 g $Bi_2(SO_4)_3$ in 28 ml $H_2SO_4$ (D. 1,84) + 1 ml HCl (D. 1,19) in der Wärme gelöst, die Lsg. auf 50 ml verd. u. 4 g $Na_2MoO_4$ in 20 ml dest. W. gelöst, beide Lsgg. vereinigt u. mit W. auf 100 ml verd.; auf 100 ml Standard-Lsg. mit 15 μg $P_2O_5$ werden 5 ml dieser Lsg. u. 50 ml I-Lsg. verwendet. Die Extinktion wird bei 620 nm (Rotfilter) bestimmt. Die Färbung hält 2 Std. an. Die Ergebnisse stimmen mit denjenigen der colorimetr. Meth. mit $SnCl_2$ u. der gravimetr. Meth. mit Lorenz-Reagens überein.
R. K. Müller 6324◇

*2009* **Die Werte von Phosphorbestimmungen bei frischen und luftgetrockneten Bodenproben.** Armi Kaila. (Maataloustieteellinen Aikakauskirja [J. sci. agric. Soc. Finland] **34,** 210—15, 1962; Helsinki, Univ., Dep. of Agricult. Chem.; engl.) — 32 Bodenproben wurden frisch bzw. nach Lufttrocknung bei 20° nach folgenden Meth. auf ihren P-Geh. untersucht: (**a**) Extraktion mit 0,5n Essigsäure, (**b**) Extraktion mit 0,03n $NH_4F$ + 0,025n HCl („adsorbierter" P), (**c**) Extraktion mit 0,1n KOH + $K_2CO_3$ („austauschbarer" P), (**d**) Behandeln mit 0,0005 $KH_2PO_4$ u. 0,005m $KH_2PO_4$ an 2 aufeinanderfolgenden Tagen (P-Absorptionsgleichgewicht). Durch die Trocknung wurde der Geh. an nach **a** lösl. P in 13 Proben (im Mittel um 13%), an nach **b** lösl. P (im Mittel um 28%) vermindert. Bei den übrigen Proben trat keine Änderung bzw. ein sehr geringer Anstieg der Werte ein. Die nach **c** u. **d** erhaltenen Werte zeigten keine sicheren Veränderungen. Es bestanden keine Beziehungen zwischen der Veränderung der P-Werte durch Trocknung der Bodenproben u. dem Feuchtigkeits-Geh. des frischen Bodens, dem Geh. des Bodens an Gesamt-C, lösl. Fe u. Al oder dem pH-Wert.
Wilfried Werner 6324◇

*2010* **Untersuchungen über die Bestimmung des verfügbaren Phosphors im Boden.** Luciano Tombesi und Maria Teresa Calé. (Plant and Soil [The Hague] **17,** 137—54, 1962; Rom, Stazione Chimico-Agraria Sperimentale; engl.) — Vff. bestimmten bei zwei verschiedenen Bodentypen den Geh. an *verwertbarem P* mit den Best.-Meth. nach Joret u. Hebert [1955], Dupuis [1950], Smith u. Mitarb. [1957], Tommasi u. Marimpietri [1936], Ferrari [1952]. Als unbrauchbar wurden folgende Meth. verworfen: Nach Miller u. Axley [1956], Hiroux u. Soignet [1956]. Die Ergebnisse zeigen, daß einige der Meth. für den *verwertbaren Rest-P* (VRP) gleiche oder manchmal höhere Werte liefern als berechnet wurde. Außerdem besteht eine Differenz zwischen verschiedenen Bodenarten. Es wird eine Extraktions-Meth. mit den *K-Salzen* organ. Säuren (*Citronen-*, *Äpfel-* u. *Bernsteinsäure*) beschrieben. Die damit bestimmten Werte zeigen, daß die VRP-Menge ca. 50% niedriger ist als die auf der Basis angewandtes — aufgenommenes — unlösl. gewordenes Phosphat berechnete Menge. Bei gleichen Ernteerträgen wurden für die verschiedenen Bodentypen übereinstimmende Werte erhalten.
H. Goebel 6324◇

*2011* **Einfluß des Phosphors des Samens auf den L-Wert.** J. T. Machado Grácio und Noémia O. Lima. (Agronom. lusitana **23,** 207—27, 1961; port.) — Die Best. des *L-Wertes* (= Geh. von pflanzenverfügbarem Phosphat) eines Bodens aus dem Verhältnis des zugesetzten markierten P zu dem in der Pflanze gefundenen nach der Meth. der Isotopen-Verdünnung wird ungenau, wenn der P-Geh. des Samens nicht berücksichtigt wird. Der Fehler wird kleiner, wenn kleine Samen ausgelesen werden, wenn Pflanzen mit hohem Verhältnis von Wachstums-Geschw./Samen-Gew. als Testpflanzen verwendet werden, wenn starke Düngung (bes. N-Düngung) angewandt wird u. wenn die Wachstumsperiode möglichst lange gewählt u. die Verss. unter günstigen Bedingungen für ein rasches Wachstum der Keimlinge durchgeführt werden.
R. K. Müller 6324◇

*2012* **Die Anreicherung des Bodens durch Phosphatdüngung und ihr Nachweis mit verschiedenen Bodenuntersuchungsmethoden.** W. U. Behrens. (Z. Pflanzenernähr., Düng., Bodenkunde **96 (141),** 35—45, 1962; Hannover, Kali-Chemie AG., Landw. Versuchsstat.; dt.) — In Bestätigung der Beobachtungen anderer Autoren stellte Vf. fest, daß die zur Unters. des Phosphat-Geh. von Böden in verschiedenen Ländern benutzte Lactat-Meth. von Egnèr u. Riehm den im Rohphosphat enthaltenen Fluorapatit gut löst, während der Fluorapatit-P von den Pflanzen nur schlecht aufgenommen wird. Demzufolge liefert die Lactat-Meth. zu hohe Werte bei Böden, die mit Rohphosphat gedüngt sind oder die von Natur aus fein verteilte Fluorapatite oder andere Apatite enthalten. Diesen Nachteil weist die Fluorid-Meth. von Bray u. bes. die Natriumbicarbonat-Meth. von Olsen nicht auf.
M. Winiker 6324◇

*2013* **Bestimmung des Gehaltes an beweglichen Phosphaten in den Acetatpufferauszügen von Böden.** D. M. Cheifetz. (Bodenkunde [UdSSR] **1962,** Nr. 5, 114—22; Dokutschajew-Inst. für Bodenkunde; russ., Auszug: engl.) — Bei Herst. von Acetatpufferauszügen von Tschernosemböden ist es zweckmäßig, das Verhältnis Boden:Lsg. von 1:10 auf 1:20 zu erweitern, wodurch die sek. Adsorption der Phosphate durch den Boden um 15—20% vermindert wird. Dabei erhöht sich die Menge der durch den Auszug extrahierten Phosphate etwa um das 2fache. Der P-Geh. im Acetatpufferauszug kann nicht nur visuell durch den Vgl. mit der Probierskala bestimmt werden, sondern auch colorimetr., was eine größere Genauigkeit ergibt. Das erstgenannte Verf. eignet sich gut für Feld-Best., das zweite für Labor.-Bestimmungen. Beim Colorimetrieren des Acetatpufferauszuges von carbonatfreien Böden kann $(NH_4)_2MoO_4$ mit HCl bzw. $H_2SO_4$ benutzt werden.
M. Gordienko 6324◇

*2014* **Bestimmung der assimilierbaren Phosphate in Torfmoorböden.** B. B. Belski, T. N. Kulakowskaja und M. Ss. Rosina. (Bodenkunde [UdSSR] **1961,** Nr. 11, 93—98; Belloruss. Wiss. Forschungsinst. für Melioration u. Wasserwirtschaft; russ., Auszug: engl.) — Zur Best. von für die Pflanzen verfügbarem *P* in Torfmoorböden wird 0,2n HCl bei einem Verhältnis Boden:Lsg. = 1:50 empfohlen. Mit der vorgeschlagenen Meth. wurden Resultate erzielt, die mit denen von Vegetations-Verss. sehr gut übereinstimmten. Zur Charakteristik der Torfmoorböden in bezug auf ihren Bedarf an P-Düngung wird folgende Einteilung vorgeschlagen: 1. Böden mit einem Geh. von unter 20 (mg $P_2O_5$/100 g) Boden bedürfen einer erhöhten P-Düngung; 2. Böden mit 20—40 können mit normalen P-Gaben gedüngt werden; 3. Böden mit 40—60 brauchen keine jährliche P-Düngung; sie brauchen nur verminderte jährliche P-Gaben; 4. Böden mit einem $P_2O_5$-Geh. von über 60 bedürfen P nur zu den in bezug auf P anspruchsvollen Kulturpflanzen in Kombination mit K- u. N-Gaben.
M. Gordienko 6324◇

*2015* **Die Bestimmung des gesamten organisch gebundenen Phosphors in Proben von Mineralböden.** Armi Kaila. (Maataloustietellinen Aikakauskirja [J. sci. agric. Soc. Finland] **34,** 187—96, 1962; Helsinki, Univ., Dep. of Agricult. Chem.; engl.) — An 345 Proben finn. Böden wurde das Verf. von Mehta u. Mitarbeitern zur Best. des organ. Boden-P (aufeinanderfolgende Extraktionen mit konz. HCl bei 70°, 0,5n NaOH bei Zimmer-Temp. u. 0,5n NaOH bei 90°) mit folgender, vom Vf. ausgearbeiteter Meth. verglichen: 2 g Boden werden mit 50 ml 4n $H_2SO_4$ in einem 100-ml-Erlenmeyer-Kolben 18 Std. bei Zimmer-Temp. stehengelassen. Sodann wird durch ein Papierfilter filtriert u. mit so viel dest. W. nachgewaschen, daß 200 ml Filtrat erhalten werden. Der Rückstand wird mit dem Filter in einen 300-ml-Erlenmeyer-Kolben gebracht, mit 200 ml 0,5n NaOH versetzt u. über Nacht stehengelassen. Zur Best. des anorgan. P werden gleiche Mengen des sauren u. des alkal. Extraktes gemischt; die hierbei ausfallende organ. Substanz wird abfiltriert. Zur Best. des Gesamt-P bedient man sich der nassen Veraschung mit einer 2:1-Mischung von 70%ig. $HClO_4$ u. konz. $H_2SO_4$. Der organ. gebundene P wird als Differenz zwischen Gesamt-P u. anorgan. P erhalten. Die nach den beiden Verff. erhaltenen Werte stimmten im Mittel gut überein.
Wilfried Werner 6324◇

*2016* **Zur Methodik der Extraktion von gebundenem Ammonium aus dem Boden.** L. I. Daschewski. (Bodenkunde [UdSSR] **1961**, Nr. 11, 112—14; Kirgisische Versuchs-Selektionsstation für Zuckerrüben; russ., Auszug: engl.) — In Verss. wurde gezeigt, daß die Hydrolyse des Amid-N in Suspensionen mit 1%ig. KCl-Lsg. bei der Extraktion des adsorbierten $NH_3$ des Bodens in Ggw. von Toluol nur im Zusammenhang mit den Amidasen des Bodens steht, da unter diesen Bedingungen die Aktivität der Ammonifikatoren stark unterdrückt wird. In Abwesenheit von Toluol kann dieser Prozeß auch durch die Tätigkeit lebender ammonifizierender Mikroorganismen hervorgerufen werden.
M. Gordienko 6324◇

*2017* **Bestimmung des Gesamtgehaltes an löslichen Salzen in den Schwarzerdeböden von Andhra Pradesh mit Hilfe einer Leitfähigkeitsmethode.** B.V. Kameswara Rao und A. S. Sastry. (Current Sci. **30**, 108—09, 1961; Rajahmundry, Centr. Tobacco Res. Inst.; engl.) — Bei bekanntem Extraktionsverhältnis läßt sich der Geh. eines Bodens an vollständig lösl. Salzen auf Grund der Leitfähigkeit des Extraktes bestimmen. Es wird ein verbesserter empir. Faktor zur quant. Darst. der Beziehung zwischen diesen Größen mitgeteilt.
W. Betcke 6324◇

*2018* **Universalmethode zur Bestimmung des Adsorptionsvermögens von Böden.** M. Sch. Russtamow. (Nachr. Akad. Wiss. AserbaidshanSSR, Ser. biol. med. Wiss. **1961**, Nr. 7, 95—100; russ.) — Die Best. des Adsorptionsvermögens von Böden beruht auf der Verdrängung der vom Boden absorbierten $Ca^{2+}$ durch $H^+$ (aus HCl) bzw. $Al^{3+}$ (aus $AlCl_3$) bzw. $Ba^{2+}$ [aus $Ba(OH)_2$]. Nach dem Auswaschen des verdrängenden Kations wird zu der suspendierten Bodenprobe eine bestimmte Menge 0,5n $Na_2CO_3$-Lsg. zugefügt. Nach 5—6std. Stehenlassen wird in der Suspension das restliche $Na_2CO_3$ zurücktitriert. S. Baryschnikow 6324

*2019* **Bestimmung der Summe der austauschbaren Basen in Böden nach der Methode der Differentialpolarographie.** W. D. Skobetz, I. L. Abarbartschuk und Je. M. Skobetz. (Wiss. Hochschulber. [Moskau], biol. Wiss. **1962**, Nr. 3, 189—93; Ukrain. Akad. der Landw.-Wiss., Lehrstuhl für anorgan. u. analyt. Chemie; russ.) — Es wird folgende polarograph. Meth. zur Best. der Summe von K + Na in Böden vorgeschlagen: zu 10 ml der zu untersuchenden Lsg. werden 8 Tropfen 1n LiOH-Lsg. zugesetzt u. es wird eine Differentialkurve gefertigt. Das Differentialmaximum korr. man auf den Na-Geh. in LiOH. Nach der Eichkurve für reines Na ermittelt man dessen Gehalt. Die ermittelte Na-Menge setzt man der zu untersuchenden Lsg. zu, fertigt wieder die Differentialkurve der Lsg. an u. ermittelt nach der gleichen Eichkurve den Na-Gehalt. Man zieht die in die Lsg. eingeführte Na-Menge ab u. erhält die gesuchten Werte für K u. Na. Die Genauigkeit der beschriebenen Meth. (für die Summe K + Na) beträgt ca. 2,0%.
M. Gordienko 6324◇

*2020* **Ein Vergleich der Eignung gewogener und abgemessener Bodenproben für die Bestimmung des austauschbaren Kaliums und Calciums im Boden.** J. C. Shickluna. (Michigan State Univ., agric. Exp. Stat., quart. Bull. **44**, 534—40, 1962; engl.) — Es wurde festgestellt, daß der Geh. eines Bodens an austauschbarem *K* u. *Ca* mit für Reihen-Unterss. hinreichender Genauigkeit bestimmt werden kann, wenn man sich auf ein Boden-Vol. bezieht, also auf das sehr zeitraubende Wägen der jeweiligen Probe verzichtet. Ist eine sehr große Genauigkeit erwünscht, so ist es unerläßlich, von einer gewogenen Bodenprobe auszugehen.
W. Wesly 6324□

*2021* **Maßanalyse des austauschbaren Ca in Gegenwart von Ba bei der KUK-Bestimmung nach Mehlich.** F. Scheffer, B. Meyer, H. Fölster und H. Gebhardt. (Z. Pflanzenernähr., Düng., Bodenkunde **93 (138)**, 245—46, 1961; Göttingen, Univ., Agrikulturchem. u. Bodenkundl. Inst.; dt.) — Die maßanalyt. Best. des durch $Ba^{2+}$ aus Bodenproben ausgetauschten $Ca^{2+}$ in den Verdrängungs-Lsgg. bei der Best. der KUK (Kationenaustauschkapazität) nach Mehlich (gemeinsame Fällung von $Ba^{2+}$ als Sulfat u. $Ca^{2+}$ als Oxalat, Filtration durch einen Gooch-Tiegel, oxydimetr. Titration des Ca-Oxalats mit $KMnO_4$) weist nach Ansicht der Vff. folgende Mängel auf: 1. Triäthanolaminstabilisierung von koll. $BaCO_3$, das erst später als Oxalat mitgefällt wird u. so um bis zu 15% zu hohe Ca-Werte vortäuscht; 2. Okklusion von $Ca^{2+}$ in dem bei Oxalatzusatz zu grobflockig werdenden $BaSO_4$-Präzipitat (Verlust an Ca bis zu 10%); 3. Sorption von $Ca^{2+}$ an den $BaSO_4$-Oberflächen u. Entstehung suspendabler Oxalathäute, die bei der Filtration verlorengehen (Verlust von bis zu 18% Ca). Auch bei der flammenphotometr. Best. des ausgetauschten $Ba^{2+}$ treten durch unterschiedliche Beimengungen des Triäthanolaminpuffers Ungenauigkeiten auf. Vff. geben daher ein maßanalyt. Verf. an, das mit den gleichen Mengen u. Konzz. an Reagentien arbeitet wie die Original-Meth., bei dem aber die angegebenen Fehlermöglichkeiten ausgeschlossen sind: Der Triäthanolaminpuffer wird abgetrennt, das Ba-Oxalat umgefällt u. das am $BaSO_4$-Nd. sorbierte $Ca^{2+}$ durch $H^+$ ausgetauscht.
Wilfried Werner 6324◇

*2022* **Anwendung der Elektrodialyse zur Ausscheidung der adsorbierten Basen (Ca und Mg) aus dem Boden.** L. P. Orlowa. (Bodenkunde [UdSSR] **1961**, Nr. 12, 110—13; Dokutschajew-Inst. für Bodenkunde; russ., Auszug: engl.) — Durch die Elektrodialyse des Bodens in einer $H_3BO_3$-Lsg. können die adsorbierten Basen im Laufe von 30 Min. isoliert werden, wenn die Stromstärke 0,1—0,2 A bei einer Spannung von 300—500 V u. die Temp. der Bodensuspension 40—50° beträgt. Die Endbest. von *Ca* u. *Mg* wird nach der trilonometr. Meth. durchgeführt. Die beschriebene Elektrodialyse ergibt Resultate, die mit denen von der Ammoniumacetat-Meth. zur Best. von adsorbierten Basen gut übereinstimmen, hat aber vor der letzteren den Vorteil, daß sie rascher ausgeführt werden kann. M. Gordienko 6324◇

*2023* **Bestimmung von Calcium und Magnesium in Bodenproben in Anwesenheit von Sesquioxiden.** P. Zugrăvescu. (Rev. Chem. [Bucureşti] **12**, 86—88, Febr. 1961; rum.) — Ausführliche Beschreibung der Best. von *Ca* u. *Mg* im Boden mit Hilfe von ***Komplexon III.*** R. Grundmann 6324◇

*2024* **Methoden zur Bestimmung der nichtsilicatischen amorphen und kristallinen Sesquioxide in Böden und im Ton.** N. I. Gorbunow, G. Ss. Dsjadewitsch und B. M. Tunik. (Bodenkunde [UdSSR] **1961**, Nr. 11, 103—11; Dokutschajew-Inst. für Bodenkunde; russ., Auszug: engl.) — Keines von den untersuchten Lsgm.: Tamm-Reagens (**I**), 0,2n HCl (Meth. von Kirssanow; **II**), Trylon B (Stefanowitsch), $Na_2S_2O_4$ (Deb; **III**), $Na_2S_2O_4$ im Gemisch mit Natriumcitrat u. $NaHCO_3$ (Mehra, Jackson; **IV**) vermag es, bei einmaliger Einw. auf nichtsilicat. Sesquioxide im Boden diese aufzulösen. Bes. schwer lösl. sind krist. Sesquioxide. Bei 3maligem Auszug steigt jedoch die Löslichkeit um das 2—3fache. Für $Fe(OH)_3$ erweist sich als das beste Lsgm. $Na_2S_2O_4$, für die summar. Sesquioxide **I**. Auch amorphe nichtsilicat. Sesquioxide lösen sich bei 3maligem Auszug im **I** gut auf. Gleichzeitig lösen sich in geringem Maße der hochdisperse Teil u. die amorphysierten Tonmineralien, $R_2O_3$ u. $SiO_2$. **I** wirkt auf Mineralien stärker als **II** u. **III**. In Roterden u. Lateriten liegen freie Sesquioxide hauptsächlich in krist. Form vor, daher ist ihre Auflösung sehr erschwert. Zur Auflösung amorpher Sesquioxide werden drei Auszüge u. **I** oder **IV**, zur Auflösung von $Fe(OH)_3$ **III** empfohlen.
M. Gordienko 6324◇

*2025* **Einfluß der Stromstärke des Kohlebogens auf die Verdampfung und die Strahlungsintensität der Spurenelemente bei der Spektralanalyse der Böden.** N. G. Syrin, G. D. Belitzyna und A. I. Obuchow. (Bodenkunde [UdSSR] **1962**, Nr. 5, 123—27; Moskau, Staatl. Univ.; russ., Auszug: engl.) — Es wurden Zusammenhänge zwischen der Stromstärke (6—20 A) des Kohlebogens bei Wechselstrom u. den Verdampfungskurven von *Zn, Pb, Sn, V, Cr, Mn, Co, Ni, Ti* in Eichproben u. Böden untersucht. Bei einer Erhöhung der Stromstärke im Kohlebogen wird die Verdampfungsdauer der Elemente aus der Probe gekürzt. Best. flüchtiger Elemente können am besten bei kurzer Verdampfungsdauer (1,0—1,5 Min.) ausgeführt werden. Die Genauigkeit der Best. von Elementen der Fe-Gruppe kann durch Steigerung der Stromstärke erhöht werden. Bei der Best. dieser Elemente beträgt die optimale Tiefe der Kohleelektrode bei einer Stromstärke von ≈ 15 A ca. 2 mm. Mit Erhöhung der Stromstärke steigt die abs. Intensität der Linien der vorst. Elemente, auch vermindert sich dabei der Einfl. von Unterschieden in der Zus. von Böden. M. Gordienko 6324◇

*2026* **Anwendung der Papierelektrophorese bei der Fraktionierung von Humusstoffen des Bodens und Untersuchung ihrer Komplexverbindungen mit Eisen.** M. M. Kononowa und N. A. Titowa. (Bodenkunde [UdSSR] **1961**, Nr. 11, 81—88; russ., Auszug: engl.) — Durch die Papierelektrophorese von einer Dauer von 1½—2 Std. bei 500—460 V werden Huminsäuren aus gewöhnlichem Tschernosem-, Grasnarbe-, Podsolboden u. aus illuvialem humushaltigem Horizont stark podsolierter Böden sowie Fulvosäuren aus der Roterde in drei Fraktionen (Zonen A—B—C) differenziert. B u. C verlagern sich zur Fraktionsanode, außerdem fluoresciert C im UV-Licht. Das Verhältnis der Fraktionen in verschiedenen Humussubstanzen variiert. Durch Aufsprühen von 4% ig., mit $H_2SO_4$ angesäuerter $K_4[Fe(CN)_6]$-Lsg. auf die Pherogramme tritt in der B-Zone der Fulvosäuren u. der Huminsäure aus illuvialem humushaltigem Horizont Fe in Erscheinung. In Lsgg. von den aus der Zone B eluierten Stoffen wurden Fe u. organ. C quant. bestimmt, wodurch die Ggw. des Fe-Humuskomplexes angezeigt wurde. Durch 0,1 m $Na_4 \cdot P_2O_7$-Lsg. wurden aus den Böden bewegliche Fe-Humuskomplexe isoliert u. mit Hilfe der Elektrophorese ermittelt. Diese Komplexe bilden sich unter Beteiligung von Fulvosäuren, niedermol. organ. Säuren sowie den Fulvosäuren nahestehenden Huminsäuren stark podsolierter Böden.
M. Gordienko 6324◇

*2027* **Über die aromatische Natur des Kernes der Huminsäuren aus Schwarzerde und Rasenpodsolboden.** D. Ss. Orlow und M. F. Denissowa. (Wiss. Hochschulber. [Moskau], biol. Wiss. **1962**, Nr. 3, 184—88; Moskau, Lomonossow-Univ., Lehrstuhl für Bodenkunde; russ.) — Oxydations-Prodd. von *Huminsäuren* (I) weisen einen höheren Geh. an *Benzolcarbonsäuren* (II) auf, wodurch die Ggw. der aromat. Struktur bestätigt wird. Bei Huminsäuren von Podsolböden unter dem Waldbestand beträgt die Menge von **II** ca. 5,6%, bei denen der Schwarzerde erreicht deren Geh. 20%. Es wurde die chem. Zus. der **II** von verschiedenen Böden ermittelt, wobei man in diesen Säuren einen sehr hohen N-Geh. feststellen konnte. Der Zus. der **I** u. dem Geh. an aromat. Stoffen bei der Oxydation entsprechen die Werte der opt. Dichte von Na-Humaten. Die Oxydationsergebnisse werden durch IR-Adsorptionsspektren von **I** bestätigt. Somit zeigt es sich, daß die Lichtadsorption im sichtbaren u. IR-Spektrum die Möglichkeit zur Anwendung der Oxydations-Meth. zur Best. der Kondens. von **I** bietet. M. Gordienko 6324◇

*2028* **Mikromorphologie des Bodens als Methode zur Untersuchung der geochemischen Landschaften.** E. O. Parfenova und E. A. Jarilova. (Z. Pflanzenernähr., Düng., Bodenkunde **97 (142)**, 265—73, 1962; Moskau, Dokucaev-Inst. für Bodenkunde der Akad. der Wiss. der UdSSR; dt.) — Vff. vermitteln einen Überblick über die Lehre von Polynov über die geochem. Landschaften u. demonstrieren die Anwendungsmöglichkeiten der Mikromorphologie bei der Unters. der Landschaften. — 9 Literaturangaben.
M. Winiker 6324◇

*2029* **Wesen, Ziele und Anwendungsgebiete der mikromorphologischen Bodenforschung.** W. Kubiena. (Z. Pflanzenernähr., Düng., Bodenkunde **97 (142)**, 193—205, 1962; Reinbek/Hamburg, Bundesforschungsanst., Abt. für Bodenkunde u. Forstökologie; dt.) — Allg. Ausführungen. — 15 Literaturangaben. M. Winiker 6324◇

*2030* **Einige Probleme der biologischen Untersuchung der Ackerböden.** W. Sauerlandt und M. Marzusch-Trappmann. (Z. Pflanzenernähr., Düng., Bodenkunde **97 (142)**, 216—24, 1962; Braunschweig-Völkenrode, Forschungsanst. für Landw., Inst. für Humuswirtschaft; dt.) — Vff. demonstrieren an Hand der Ergebnisse eigener Unterss., daß bodenbiolog. Auszählungen durch mikromorpholog. Unterss. (Dünnschliff-Meth.), durch kontinuierliche Messung der Bodenatmung, durch gasanalyt. Unterss. der Bodenluft sowie durch physikal. Messungen (Poren-Vol., Wurmgänge) ergänzt werden sollten. M. Winiker 6324◇

*2031* **Ein automatisches Probenahmegerät zur Verbesserung der Reproduzierbarkeit bei der Untersuchung granulierter Substanzen.** Ernest L. Gooden. (J. agric. Food Chem. **10**, 397—99, 1962; Beltsville, Md., USDA, Agric. Res. Serv., Entomol. Div.; engl.) — Beschreibung eines Drehtischprobenehmers (Abb.) für granulierte Insekticidzubereitungen. W. Wesly 6328◇

*2032* **Eine neue Qualitätsbestimmungsmethode bei der Anwendung von Pflanzenschutzmitteln.** S. Andrejew, B. Martens und W. Moltschanowa. (Int. Z. Landwirtsch. [Sofia/Berlin] **1962**, Nr. 4, 72—76; dt.) — Vff. entwickelten eine Meth. zur Best. der mengenmäßigen Verteilung von Pflanzenschutzmitteln auf den mit ihnen behandelten Pflanzen bzw. auf der Bodenoberfläche mit Hilfe radioakt. Isotope. Die Leistungsfähigkeit dieser Meth. wird an einem Beispiel demonstriert. M. Winiker 6328◇

*2033* **Freilandbestimmung von Konzentrationen an Stop-Mold-B.** Ulo Kiigemagi und Forest Van Vleck jun. (J. agric. Food Chem. **10**, 392—93, 1962; Corvallis, Oreg., Oregon State Univ., Dep. of Agric. Chem.; engl.) — Zur Best. von *Stop-Mold-B* (I; *Na-o-Phenylphenolat*, Mittel zur Bekämpfung der Lagerfäule von Birnen u. Äpfeln) in Waschtanks dient die Farb-Rk. mit dem Reagens nach Folin u. Ciocalteau [1927]. Das rasch ausführbare Verf. eignet sich bes. für I-Konzz. von 0,4—0,8%. W. Wesly 6328◇

*2034* **Die Abtrennung und Bestimmung von Mikromengen Rhodan bei Mais nach dem Mikrodiffuisonsverfahren.** Hirsh S. Segal. (J. agric. Food Chem. **10**, 10—12, 1962; Ambler, Pa., Amchem Products, Inc.; engl.) — Zur Best. von *Amitrol-T*, einem annähernd äquimol. Gemisch von *3-Amino-1.2.4-triazol* u. *$NH_4CNS$*, das als Unkrautvernichtungsmittel in Maisfeldern dient, wird $CNS^-$ im wss. Extrakt des Ernte-Prod. mit $NH_2Cl$ in CNCl umgewandelt, im Mikrodiffusionsgerät von störenden (Eiweiß-) Verbb. getrennt, mit einer Lsg. von Bis-pyrazolon in Pyridin versetzt u. die Farbstärke bei 620 mμ ermittelt. Die Eichkurve verläuft bis 7 μg linear; die Nachweisbarkeitsgrenze für $CNS^-$ beträgt ca. 0,2 μg. W. Wesly 6328□

*2035* **Innere Standards für die Analyse von chlorhaltigen Herbiciden mittels Gaschromatographie.** Eleanor E. Storrs und H. P. Burchfield. (Contr. Boyce Thompson Inst. **21**, 423—37, 1962; Austin, Tex., Univ. of Texas, Clayton Found Biochem. Inst.; San Antonio, Southw. Res. Inst.; engl.) — Eine Reihe von Verbb., die in naher Beziehung zu Pesticiden des Handels stehen, wurde zur Auffindung innerer Standards für die gaschromatograph. Analyse der letzteren untersucht. Gaschromatograph. Trennungen (an Siliconvakuumöl bei Temp. zwischen 180 u. 212°) wurden durchgeführt mit 2.4.6-, 2.3.6-, 2.4.5-, 2.3.4-Trichlor-, 2.3.5.6- u. 2.3.4.5-Tetrachlorsowie Pentachlorbenzoesäuremethylester; Monochlor-, 2.5- u. 2.8-Dichlor-, Trichlor-, Tetrachlor- u. 2.5-Dibrom-, 3.6-Dichlorterephthalsäuredimethylester, Tetrachlorterephthalsäuremethylbutylester sowie mit 4-Chlor-, 4-Brom-, 2.4-Dichlor- (I), 2-Chlor-4-brom- (II) u. 2.4.5-Trichlorphenoxyessigsäuremethylester. Der Einfl. der Substitution auf das Retentions-Vol. wurde bei diesen Verbb. ermittelt. **II** wurde als innerer Standard für die Analyse von **I** verwendet.
W. Betcke 6328◇

*2036* **Quantitative Gaschromatographie der Insektenabwehrmischung M-1960.** Fred Acree jun. und Morton Beroza. (J. econ. Entomol. **55**, 469—71, 1962; engl.) — Die Komponenten von *M-1960*, nämlich *2-Butyl-2-äthyl-1.3-propandiol*, *N-Butylacetanilid* u. *Benzylbenzoat*, konnten durch Gaschromatographie an einer 8-Foot-Säule von 5% Dow Corning Silicone 550 auf Haloport F bei 225° quant. in einem bes. hergestelltem, einem käuflichen Prod. u. in einem Kleiderauszug bestimmt werden. Als innerer Standard wurde *N.N-Diäthyl-o-chlorbenzamid* benutzt.
Fritz Müller/Ludwigshafen 6328◇

*2037* **Identifizierung organischer chlorierter Pesticide durch Dünnschichtchromatographie.** Junichi Yamamura und Tetsukichi Niwaguchi. (Proc. Japan Acad. **38**, 129—31, 1962; Tokyo, Sci. Police Res. Inst., Chem. Sect.; engl.) — Vff. chromatographieren Pesticide in den Syst. *Cyclohexan* (I)/*Aceton* (**II**; 75:25), **I/II** (80:20), **I/II** (85:15), **I/II** (90:10), **I/II** (92:8) sowie **II**/*n-Hexan* (15:85) u. geben die $R_F$-Werte für *Aldrin*, *Dieldrin*, *Endrin* u. *Thiodan* an. Die Entw. erfolgt nach Besprühen mit konz. $H_2SO_4$ im Ultraviolett. H. J. Altmann 6328◇

*2038* **Bestimmung von DDT in DDD.** A. P. Antykow. (Betriebs-Lab. [UdSSR] **28**, 1321, 1962; russ.) — 1 g Probe wird in 50 ml Bzl. gelöst. Zu 10 ml Lsg. werden 0,5 g $AlCl_3$ gegeben u. 1 Std. auf 66° erwärmt. Durch Zugabe von 3 ml W. wird der DDD-Komplex zerstört. Nach Zugabe von 30 ml Bzl. wird die organ. Phase abgetrennt, mit 1,5 g $CaCl_2$ getrocknet, filtriert, mit Bzl. auf 100 ml aufgefüllt u. die Extinktion des DDT-Komplexes mit grünem Filter gemessen. R. Gerbatsch 6328◇

*2039* **Methode zur Bestimmung von Mikromengen organischer Phosphorinsekticide.** N. Faderl. (Mitt. Gebiete Lebensmitteluntcrs. Hyg. [Bern] **53**, 154—75, 1962; Basel, Sandoz AG., Agrochem. Labor.; dt.) — Nach einem Überblick über die Möglichkeiten zur Best. kleiner Mengen organ. P-Insekticide beschreibt Vf. eine eigene Meth., die folgende Schritte umfaßt: Aufbereitung der insekticidhaltigen Probe, papierchromatograph. Trennung der Insekticide, Verbrennung der Chromatogrammflecken nach Schöniger u. spektrophotometr. Best. von P nach der Molybdänblaumethode. — 78 Literaturangaben. M. Winiker 6328◇

*2040* **Möglichkeiten zur Schnellprüfung von Nematociden.** L. Kämpfe. (Nachrichtenbl. dtsch. Pflanzenschutzdienst [Berlin] [N. F.] **17** (43), 1—9, 1963; Greifswald, Ernst-Moritz-Arndt-Univ., Zoolog. Inst.; dt.) — Zur Durchführung von Schnellverff. in der Nematocidprüfung haben sich die Species Panagrellus redivivus Goodey u. Turbatrix aceti Peters als günstig erwiesen. Die für jede Art ermittelte $DL_{50}$ einzelner Nematocide zeigt, daß Turbatrix am empfindlichsten u. Heteroderalarven am widerstandsfähigsten sind. Auf die Bedeutung des Temp.-Faktors wird bes. hingewiesen. Die Möglichkeiten, die die einzelnen Arten bieten, werden gegeneinander abgewogen u. den beiden frei lebenden Species große Vorteile für Schnellverff. zuerkannt. Sie liegen vor allem in der leichten Züchtbarkeit, großen Aktivität, hohen Giftempfindlichkeit u. guten Färbbarkeit. R. Grundmann 6328◇

*2041* **Biologische Methode der Bestimmung von γ-HCH in Insekticiden mittels Kleiderläusen (P. humanus humanus L.).** K. Goszczyńska und B. Domicz-Styczyńska. (Roczniki państwowego zakładu Hig. **12**, 315—19, 1961; Warszawa, PZH, Zakł. Dezynf., Dezyns. i Deratyz.; pol.) — F. Urban 6328◇

*2042* Erling Bjarne Johnson, Odda, Norwegen, **Herstellung von geformten Pflanzennährstoffen,** dad. gek., daß man die Nährstoffe bzw. das Volldüngemittel einem als Träger dienenden $CH_2O$-$CO(NH_2)_2$-Kondens.-Prod. mit einem $CH_2O$-$CO(NH_2)_2$-Verhältnis von mindestens 1,25:1 u. bes. von 1,5—1,75:1 einverleibt. Die Pflanzennährstoffe werden dem Kondens.-Prod. im Verhältnis von 1:0,2 bis 1:1,25 einverleibt u. zusammen mit geeigneten Mengen eines oder mehrerer Mikronährstoffe zugesetzt. Das Gemisch aus dem Kondens.-Prod. u. den Pflanzennährstoffen wird, ggf. unter Druck, einer Nachkondens. bei >100° unter Bldg. einer glasartigen Masse oder eines porösen Stoffes unterzogen, die bzw. der nachfolgend unter Aussieben der gewünschten Korngröße zerkleinert wird. Die Prodd. werden durch Pressen, z. B. zu Stäben u. dgl., oder durch Gießen in Formen geformt. Die Düngemittel werden im Boden langsam zersetzt u. geben die Nährstoffe in dosierten Mengen über einen längeren Zeitraum an die Pflanzen ab. Auswaschungsverluste u. Festlegung der Nährstoffe sowie Schädigungen der Pflanzen durch Überdüngung werden vermieden. (**D. A. S. 1 139 133** Kl. 16 vom 22/7. 1958, ausg. 8/11. 1962. Norw. Prior. 27/8. 1957.) H. Karst 6291

*2043* Erling Bjarne Johnson, Odda, Norwegen, **Herstellung von Mikronährstoffe (Spurenelemente) enthaltenden Düngemitteln,** welche die Mikronährstoffe in feinteiliger, gleichmäßig wirkender Form enthalten u. unter geringem Verlust durch Fixierung im Erdboden eine kontinuierliche Abgabe derselben an die Pflanzen gewährleisten, dad. gek., daß man die Mikronährstoffe einem $CH_2O$-$CO(NH_2)_2$-Kondens.-Prod. mit einem $CH_2O$-$CO(NH_2)_2$-Verhältnis von mindestens 1,25:1, bes. von 1,5—2:1, einverleibt, das, ggf. unter Druck, bei >100° nachkondensiert u. nach dem Abkühlen zu Körnern von ca. 0,1—4 mm Korngröße zerkleinert wird. Die Mikronährstoffe werden den Kondens.-Prodd. in Mengen von ca. 1—10% u. bes. in Form von Chelaten zugegeben. Sie können auch in Form wasserunlösl., feinteiliger Verbb. bzw. in solcher Form zugegeben werden, daß sie bei der Herst. der Trägerstoffe als solche ausgefällt werden, z. B. in alkal. Rk. als Hydroxide oder Oxide. Die Prod. werden in körniger Form von 0,1—4 mm Korngröße üblichen Düngemitteln zugemischt oder in fl. Form in Mengen von 1—5% auf die Düngemittel aufgespritzt. (**D. A. S. 1 139 134** Kl. 16 vom 22/7. 1958, ausg. 8/11. 1962. Norw. Prior. 23/8. 1957.) H. Karst 6291

*2044* Investment Trust, Vaduz, Liechtenstein (Erfinder: Eugen Ruckstuhl-Scherrer, Basel, Schweiz), **Umwandlung von Müll, Klärschlamm u. dgl. in Kompost** mit oder ohne Beimischung von Eigen- oder Fremdbakterienkulturen unter Umwälzung des Gemenges in geschlossenen Gärbehältern, bei der das Gut nach Ausscheidung der für die Kompostierung ungeeigneten Bestandteile in einem Behälter, dessen Wandungen senkrecht oder sich erweiternd bis zu einer Austrags-Vorr. abfallen, dadurch zur kontinuierlichen oder absatzweisen Umwälzung gebracht wird, daß das von der Austrags-Vorr. abgezogene Gut mittels einer Förder-Vorr. dem Behälter von oben her wieder zugeführt wird, wobei die Austrags-Vorr. u. der Förderer so von Gehäusen umschlossen sind, daß der gesamte Umwälzvorgang in einem in sich geschlossenen, nur für die erforderliche Zufuhr von Luft oder anderen Fremdstoffen zu öffnenden Syst. erfolgt u. die Zumischung von Bakterienkulturen u. die Behandlung des Gutes in aufeinanderfolgenden zeitlichen Phasen bei hoher Temp., unter hoher Luftfeuchtigkeit, mit hoher $CO_2$-Anreicherung sowie unter Zufuhr stark $O_2$-haltiger Luft erfolgt, dad. gek., daß das in den Behältern eingebrachte Gut zwischen ca. 3—24 Std. ohne Umwälzung im Behälter ruhen gelassen wird u. währenddessen nur das entstehende Luft-Gas-Gemisch von unten nach oben umgewälzt, dann bei angereichertem $CO_2$-Geh. der Luft das Gut selbst von oben nach unten ohne oder mit Beimischung geringer Frischluftmengen im Gegenstrom absatzweise umgewälzt, anschließend unter Zufuhr größerer Mengen $O_2$-haltiger Luft im Gleichstrom weiter absatzweise umgewälzt u. schließlich unter Zufuhr großer Mengen Frischluft kontinuierlich umgewälzt wird. Während des Ablaufs einzelner Prozeßphasen wird jeweils eine geringe Menge des der Verrottung unterworfenen Gutes entnommen u. einem einzigen oder jeweils einem von mehreren getrennten Behältern (Impfbehälter) zugeführt. Das einer bestimmten Prozeßphase entstammende Impfbehältergut wird dabei während des Ablaufs der vorhergehenden Phase dem der Verrottung unterworfenen Gut zugeführt. Die Entnahme des für den jeweiligen Impfbehälter bestimmten Gutes erfolgt gegen Ende einer Phase u. die Wiedereinführung des Gutes in den Prozeß zu Beginn der entsprechenden Phase. Die Nachbehandlung des Kompostes erfolgt durch Lagerung im Behälter u. Umwälzung in größeren Abständen unter leichtem Temp.-Anstieg u. leichter Durchlüftung. In Abständen von 1—3 Tagen wird das Gut jeweils einmal langsam umgewälzt. Man erhält einen sehr feingekörnten Kompost, wobei die Umwandlung der organ. Stoffe sehr rasch u. ohne Gefahr einer anaeroben Gärung erfolgt. (**D. A. S. 1 137 050** Kl. 16 vom 12/2. 1960, ausg. 27/9. 1962.) H. Karst 6295

*2045* Richard Titze, Dresden, **Selbständige, kurzfristige Umwandlung von Ödland in Humus- oder Kulturböden** durch Zufuhr von organ. Abfallstoffen, dad. gek., daß an Ort u. Stelle vorhandene organ. Abfallstoffe tier. oder pflanzlicher Herkunft, bes. Industrie-, Haushalts-, Gärtnereiabfälle oder Unkrautmassen, am Ort ihres Anfalls gesammelt, in Schichten von ca. 30—50 cm Dicke auf die unbearbeiteten Ödlandflächen abgelagert u. dort nach Pressung durch einen Walzvorgang u. dgl. in Ggw. geeigneter Feuchtigkeitsmengen einer selbsttätigen Verrottung zu Dauerhumusstoffen überlassen werden. Den organ. Abfallstoffen werden zur Beschleunigung der Verrottung Kulturen von Mikroorganismen u. zur Beschleunigung der Entw. dieser Kulturen anorgan. Nährstoffe zugesetzt. Zur Erzielung der erforderlichen Verottungs-Temp. u. eines Luftabschlusses gegenüber der Atmosphäre werden die Abfallstoffe einer wiederholten Pressung unterworfen. Nach dem Verf. gelingt es, Ödlandböden in ca. 1—3 Jahren ohne jeden Bau von Anlagen u. sonstigen Aufwand in Kulturböden umzuwandeln, wobei bes. Unkräuter, Staudenrückständ Abfallblumen, Kartoffelkraut, Quecken, Rapsstroh u. dgl. als Ausgangs-Prodd. dienen. (**D. A. S. 1 137 051** Kl. 16 vom 18/11. 1958, ausg. 27/9. 1962.) H. Karst 6295

*2046* Universität von Concepción (Erfinder: Walter Dreifus), Concepción, Chile, **Förderung des Wachstums von Pflanzen** durch einmalige Behandlung von Saatgut vor der Aussaat oder von wachsenden Pflanzen mit wss.

Suspensionen oder pulverförmigen Präpp. von lebenden Mikroorganismen, dad. gek., daß die Behandlung mit akt. lebenden Hefen der Saccharomyces- oder Torulopsis-Familien erfolgt. Das ggf. schonend, vorgetrocknete Saatgut wird unter Umwälzen mit pulverförmigen Hefen, bes. von einer Korngröße < 0,175 mm u. mit einem Feuchtigkeits-Geh. von 6—14 (%) behandelt. Die wachsenden Pflanzen werden mit einer wss. Suspension der Hefen berieselt, deren Konz. an Hefen 0,05—2 beträgt. Die Behandlung des Saatgutes mit den Hefen wird für die Dauer von 2—15 Std. mit Hefemengen von 0,5—2,5, auf das zu behandelnde Saatgut berechnet, durchgeführt. Durch die Hefebehandlung wird eine stärkere Entw. des Wurzel-Syst., eine Erhöhung des Chlorophyll-Geh. der Blätter, eine Beschleunigung der Biosynth. der Kohlenhydrate oder der Aminosäuren, eine Verkürzung der Wachstumszeit u. eine Ertragssteigerung der behandelten Pflanzen erreicht. — Ergebnisse aus Vgl.-Verss. mit Erbsen, Bohnen u. Zuckerrüben. (**D. A. S. 1 138 581** Kl. 451 vom 24/2. 1959, ausg. 25/10. 1962.) H. Karst 6297

*2047* Hans-Joachim Renner, Werner Salzbrenner und Hubert Krüger, Bitterfeld, **Unkrautbekämpfungsmittel,** welche als Wirkstoff den *2-Äthylbutylester* der *2.4-Dichlorphenoxyessigsäure* u. der *2.4.5-Trichlorphenoxyessigsäure* für sich oder in Kombination enthalten. (**D. P. [DDR] 24 464** Kl. 451 vom 22/3. 1961, ausg. 27/12. 1962 [Wirtschaftspatent].) W. Wittholz 6313

*2048* United States Borax & Chemical Corp., Los Angeles, Calif., V.St.A., **Herstellung von organischen Unterborsäureestern,** die eine B—B-Bindung enthalten, dad. gek., daß ein Dibortetraalkyl- oder -arylamin, welches sich von einem prim. oder sek. Amin ableitet, bes. ein Dibortetradialkylamin, deren Alkylreste 1—6 C-Atome enthalten, bes. Dibortetradimethylamin, mit einem Alkohol, einem Phenol oder 8-Hydroxychinolin, bes. im Mol-Verhältnis 1 : 4 umgesetzt wird. Vorteilhaft wird der Rk. ein wasserfreier Halogenwasserstoff außer HJ, bes. 4 Mol pro Mol der B enthaltenden Verb. zugesetzt. — 4,27 g Dibortetradimethylamin werden mit 3,97 g abs. Ae. u. 25 ml $C_6H_{14}$ auf 40—50° unter heftigem Rühren erhitzt. Das sich bildende $(CH_3)_2NH$ wird mit einem trockenem $N_2$-Strom in 0,5n HCl gespült. Nach 135 Std. ist das Amin entfernt u. wird das $C_6H_{14}$ unter Vakuum abdestilliert. Der Rückstand ergibt ein Gemisch von *Äthylborat* u. *Unterborsäuretetraäthylester,* $Kp._{0,4-0,2}$ 20—21°, $n_D^{24}$ 1,3960. Wird der Unterborsäureester ca. 6 Std. auf 50° erhitzt, erhält man eine polymerisierte, viscose Fl., die bei weiterem Erwärmen auf 100° fest wird. — In analoger Weise erhält man *Unterborsäuretetramethylester, -isopropylester,* $C_{12}H_{28}B_2O_4$, $n_D^{25}$ 1,3970, *-chinolyl-(8)-ester,* $C_{36}H_{24}B_2N_4O_4$ u. *-phenylester.* — *Herbicide.* (**D. A. S. 1 139 822** Kl. 12o vom 4/3. 1960, ausg. 22/11. 1962. A. Prior. 27/4. 1959.) G. König 6313

*2049* Farbenfabriken Bayer Akt.-Ges., Leverkusen (Erfinder: Otto Telle und Ferdinand Grewe, Köln), **Fungicide Spritzmittelzubereitungen** auf der Basis organ. Wirkstoffe enthalten neben den akt. Stoffen eine Kombination von Fettalkoholpolyglykoläthern oder Fettsäurepolyglykolestern oder Arylpolyglykoläthern u. Mg-Salzen höherer Fettsäuren, sowie ggf. zusätzlich zur Stabilisierung feste niedere aliphat. oder aromat. mehrbas. Carbonsäuren oder Hydroxycarbonsäuren. (**D. A. S. 1 139 696** Kl. 451 vom 10/3. 1959, ausg. 15/11. 1962.) K. Koebke 6313

*2050* Upjohn Co. (Erfinder: Clement David Vellaire), Kalamazoo, Mich., V.St.A., **Fungicide Mittel** auf Basis von Cycloheximid, das in einem nichtflüchtigen KW-Stoff-Öl (I) gelöst ist, dad. gek., daß sie zusätzlich ein polares Lsgm. [Cyclohexanon, bes. 0,2—15 (Teile) je 100 I] enthalten, das mit I mischbar ist, u. eine Wasserlöslichkeit von < 5 Vol.-% aufweist. Netzmittel können zugegeben werden. — Die Mittel sind bes. geeignet zur Bekämpfung des Blasenrosts an Kiefern. (**D. A. S. 1 140 391** Kl. 451 vom 24/3. 1960, ausg. 29/11. 1962. A. Prior. 22/4. 1959.) K. Koebke 6313

*2051* Diamond Alkali Co., Cleveland (Erfinder: Reynold A. Bergey, Painesvillle, und Henry Bluestone, University Heights), Ohio, V.St.A., **Mittel zur Bekämpfung von Pilzkrankheiten von Pflanzen,** gek. durch einen Geh. an *3.3.4.4-Tetrachlortetrahydrothiophen-1.1-dioxid.* — Vgl. D. A. S. 1 114 505; C. **1962,** 17538. (**D. A. S. 1 140 392** Kl. 451 vom 13/3. 1958, ausg. 29/11. 1962. A. Prior. 13/3. 1957.) K. Koebke 6313

*2052* Rohm & Haas Co., Philadelphia (Erfinder: Hans Peter Frohlich), Pa., V.St.A., **Bekämpfung von Schorf an Apfelbäumen** unter Verw. von bekannten fungiciden quartern. Ammonium-Verbb. in wss. Lsg., dad. gek., daß man die Mittel erst nach Auftreten der Krankheitserscheinungen in einer Häufigkeit von einem Krankheitsherd je 100—1000 Blätter in Konzz. von 12—360 g je Liter W. bis zur tropfenden Nässe aufbringt. (**D. A. S. 1 140 393** Kl. 451 vom 8/7. 1960, ausg. 29/11. 1962. A. Prior. 15/7. 1959.) K. Koebke 6313

*2053* Rohm & Haas Co., Philadelphia, Pa. (Erfinder: David Buchanan Fordyce, Moorestown, N.J., und Gerard Conrad Riley, Churchville, Pa.), V.St.A., **Schädlingsbekämpfungsmittel** auf der Basis von Metalldithiocarbamatwirkstoffen, dad. gek., daß auf der Oberfläche der Wirkstoffteilchen 0,5—15 Gew.-% eines in Öl lösl. Polymeren aufgetragen ist, dessen Löslichkeits-Konst. zwischen 7,7 u. 8,3 u. dessen Molgew. zwischen 100 000 u. 2 000 000 liegt. (**D. A. S. 1 139 692** Kl. 451 vom 25/3. 1961, ausg. 15/11. 1962. A. Prior. 6/4. 1960.) K. Koebke 6313

*2054* Schering Akt.-Ges. (Erfinder: Horst Werres, Heinz-Eberhard Freund und Ernst Albrecht Pieroh), Berlin, **Mittel zur Bekämpfung von Nematoden** enthalten eine oder mehrere Verbb. der Formel *R·NH·C(:S)SR'* (R = halogensubstituierter Phenylrest oder ggf. halogensubstituierter Benzylrest; R' = ggf. substituierter niederer Alkyl- oder Alkenylrest, Phenyl- oder Benzylrest), bes. *N-[p-Chlorphenyl]-dithiocarbaminsäure* (I)-*Alkylester,* z. B. I-*Methylester,* F. 107—108°, I-*Äthylester,* F. 90—91°, I-*Butylester,* F. 88—89°, I-*Benzylester,* F. 101—102°, I-*p-Chlorbenzylester,* F. 104—105°, I-*Allylester,* F. 89—90°. (**D. A. S. 1 139 693** Kl. 451 vom 15/12. 1959, ausg. 15/11. 1962.) K. Koebke 6313

*2055* Schering Akt.-Ges. (Erfinder: Heinz-Eberhard Freund und Albert Jäger), Berlin, **Acaricide Mittel,** gek. durch einen Geh. an einer oder mehreren Verbb. der Formel $R^1·NH·C(:X^1)X^2R^2$ ($R^1$ = ggf. substituierter, bes. halogenierter Phenylrest; $R^2$ = ggf. substituierter, bes. halogenierter, niederer Alkyl- oder Alkenylrest; $X^1$ u. $X^2$ = O oder S; mindestens $X^1$ oder $X^2$ = S), bes. *4-Chlorphenylcarbaminsäureäthylester.* (**D. A. S. 1 139 694** Kl. 451 vom 19/7. 1960, ausg. 15/11. 1962.) K. Koebke 6313

*2056* Farbenfabriken Bayer Akt.-Ges., Leverkusen (Erfinder: Gerhard Schrader, Wuppertal), **Dithiophosphonsäureesteramide** der allg. Formel $R-P(:S)\cdot[N(R_1)(R_2)](SR_3)$ (I) erhält man durch Rk. von Thionophosphorsäureamidhalogeniden der allg. Formel $R-P(:S)\cdot[N(R_1)(R_2)]$-Halogen mit Phenylmercaptanen der allg. Formel $HS-R_3$ (R = gesätt. oder ungesätt. aliphat. Rest, cycloaliphat. oder aromat. Rest; $R_1$ u. $R_2$ = niedere Alkylreste oder gemeinsam mit dem N-Atom ein ggf. weiterhin durch O, S oder N unterbrochener heterocycl. Ring; $R_3$ = ggf. durch Halogenatome, niedere Alkyl-, Alkylmercapto- oder $NO_2$-Gruppen substituierter Phenylrest). — Zu 37 g p-Chlorphenylmercaptan in 100 ml A. gibt man Na-Äthylat-Lsg., die 0,25 Mol Na gelöst enthält, erwärmt 20 Min. auf 40°, gibt unter kräftigem Rühren 40 g Dimethylaminomethylthionophosphonsäurechlorid zu u. hält 1 Std. bei 40°, gießt in Eiswasser u. arbeitet auf: 45 g *Methyldithiophosphonsäure-p-chlorphenylester-N.N-dimethylamid.* — Analog erhält man folgende Verbb. der Formel I ($R_1$=$R_2$=$CH_3$): $R = CH_3$, $R_3 = p$-*Tolyl.* — $R = CH_3$, $R_3 = C_6H_5$, $Kp._{0,01}$ 102°. — $R = C_2H_5$, $R_3 = p$-*Chlorphenyl,* F. 74—75° (Ligroin), Nadeln. — $R = C_2H_5$, $R_3 = p$-*Tolyl,* $Kp._{0,01}$ 109°. — $R = C_2H_5$, $R_3 = C_6H_5$, $Kp._{0,01}$ 104°. — *Schädlingsbekämpfungsmittel.* (**D. A. S. 1 139 119** Kl. 12o vom 5/10. 1960, ausg. 8/11. 1962.) A. Jahn 6313

*2057* Peter Schmialeck, Berlin-Dahlem, **Schädlingsbekämpfungsmittel,** gek. durch einen Geh. an einer Verb. der Formel $CH_3-C(CH_3)=CH-CH_2CH_2-C(CH_3)=CH-CH_2-CH_2-C(CH_3)=CH-R$, worin R die Gruppen $-CH_2OH$, $-CHO$, $-CH_2-CH_2-CO-CH_3$, $-CO_2-NH_2$ oder $-CO\cdot OH$ bedeutet, bzw. einen Äther oder Ester des genannten Alkohols oder einem Salz der genannten Säure, bes. *Farnesol, Farnesal, Farnesensäure, Farnesylacetat.* Die Mittel sind für Warmblüter prakt. ungiftig, sie verändern den

normalen Entw.-Ablauf bei Arthropoden. (**D. A. S. 1 140 394** Kl. 451 vom 2/2. 1961, ausg. 29/11. 1962.)
K. Koebke 6313

*2058* **American Cyanamid Co.** (Erfinder: **Glentworth Lamb** und **James Wellington Clapp**), *Fungicide Mittel*. (**Aust. P. 236 716** vom 13/8. 1959, ausg. 11/1. 1962. A. Prior. 20/8. 1958. — C. **1962**, 13919 [A. PP. 2 935 440 u. 2 935 443].)

*2059* **Diamond Alkali Co.** (Erfinder: **Henry Bluestone** und **Zoltan Mandel**), Cleveland, Ohio, V.St.A., *3.4-Dichlortetrahydrothiophen-1.1-dioxide*. (**E. P. 866 450** vom 22/8. 1957, ausg. 26/4. 1961. A. Prior. 24/8. 1956. — C. **1962**, 5818 [Aust. P. 222 611].)

*2060* **Benzol Products Co.**, Newark, N.J., und **McLaughlin Gormley King Co.**, Minneapolis, Minn. (Erfinder: **William Frederick Barthel**, Gulfport, Miss.), V.St.A., *Insektenbekämpfungsmittel*. (**D. A. S. 1 150 242** Kl. 451 vom 20/10. 1958, ausg. 12/6. 1963. A. Prior. 29/10. 1957. — C. **1962**, 2517 [F. P. 1 204 238.])

*2061* **Ludwig Maier**, Zürich, Schweiz, *Herstellung von Organophosphorhalogeniden*. (**A. P. 3 057 917** vom 29/6. 1959, ausg. 9/10. 1962. Schwz. Prior. 7/7. 1958. — C. **1962**, 15380 [D. A. S. 1 122 522].)

*2062* **American Cyanamid Co.**, New York, N.Y., V.St.A., *Herstellung heterocyclischer Thiophosphorsäureester*. (**E. P. 887 676** vom 23/6. 1959, ausg. 24/1. 1962. A. Prior. 30/6. 1958. — C. **1961**, 14806 [D. A. S. 1 106 766].)

## $H_8$. Metallurgie, Korrosion

*2063* **Die Blei-Zink-Lagerstätte River Jordan, Revelstoke Mining Division, B. C.** Christopher Riley. (Trans. Canad. Inst. Mining Metallurgy Mining Soc. Nova Scotia **64**, 268—72, 1961; engl.) — Die Lagerstätte liegt in hochmetamorphen Gesteinen der praekambr. Monashee-Gruppe des Shuswap Terrane. Die Metall-Geh. sind in zwei Adern im Kalk konzentriert. Der südliche Gang ist stärker u. wird als potentieller Haupterzbringer betrachtet. Aus Oberflächenproben werden die Vorräte auf 2873000 t Erz mit 1,1 oz./t *Ag*, 5,1% *Pb* u. 5,6% *Zn* geschätzt. J. Heinze 6354◇

*2064* **Entdeckung der Eisenerzlagerstätte der Mount Wright Iron Mines Co. Ltd.** T. Koulomzine und R. P. Jaeggin. (Trans. Canad. Inst. Mining Metallurgy Mining Soc. Nova Scotia **64**, 456—62, 1961; Val d'Or, Quebec; Urwick, Currie Ltd.; engl.) — Die Lagerstätte liegt ca. 170 Meilen NNW von Seven-Island am St. Lawrencestrom u. wurde mit Hilfe von magnetometr. Bodenvermessungen u. gleichzeitiger geolog. Erkundung aufgefunden. Daran anschließende Bohrungen erbrachten den Nachw. einer Lagerstätte mit 147 Mio.t. Erz bei 30,6% *Fe*. Es handelt sich um $^1/_{10}$ in. bis 1 ft starke *Hämatit*-Bänder mit zwischengeschaltetem *Magnetit*, eingelagert in einen sehr reinen brüchigen *Quarzit*. Das Erz enthält an Verunreinigungen: 0,0039 (%) *P*, 0,27 *Al*, 0,024 *S* u. 0,06 *Mn*, daneben Spuren von *MgO*, *CaO* u. $TiO_2$. Es kann im Tagebau gewonnen werden. — 16 Literaturangaben. J. Heinze 6354◇

*2065* **Die Lagerstätte Murray, Restigouche County, New Brunswick. Eine geochemisch-geophysikalische Entdeckung.** H. W. Fleming. (Trans. Canad. Inst. Mining Metallurgy Mining Soc. Nova Scotia **64**, 163—68, 1961; Toronto, Kennco Explorations [Canada] Ltd.; engl.) — Vgl. C. **1963**, 7682. — Es werden die geochem. Daten, die zur Entdeckung der Lagerstätte führten, zusammen mit den ergänzenden geophysikal. Unterss. vorgelegt. Die Lagerstätte ist typ. für New Brunswick u. enthält feinkörnigen *Pyrit* mit *Zinkblende*, *Bleiglanz* u. *Chalkopyrit*. *Pyrrhotin* — sonst auf allen Lagerstätten des Gebietes vorhanden — fehlt. Die Erze sind in Form eines Verdrängungskörpers in einem Chloritschiefer eingelagert. Auffallend ist die ausgedehnte, 50—60 ft tiefe Auslaugungszone. J. Heinze 6354◇

*2066* **Grundlegende Betrachtungen über die Kinetik der periodischen Extraktion der sulfidischen Erzregion von Tarnobrzeg mit Ammoniumsulfid.** R. Marcinkowski. (Bull. Acad. polon. Sci., Sér. Sci. chim. **9**, 97—101, 1961; engl.) — Die Tarnobrzeger Erze sind sehr uneinheitlich; *S* ist ganz ungleichmäßig in den Erzkörnchen verteilt u. tritt in Form von Kristallen verschiedener Größe oder selbst in amorphen Überkrustungen auf. Die Erze sind z. T. in harten Mergel u. Kalkstein, z. T. in weichen Lehm eingelagert, der leicht unter der Wrkg. von W. oder anderen Lsgm. zerfällt. Vf. stellte mathemat. Überlegungen über die charakterist. Werte für den Aufarbeitungsprozeß an. Bei der Extraktion dieser Erze hängt die Geschw. des Aufarbeitungsprozesses von der Diffusions-Geschw. des Extraktionsmittels ab. Nach dem Auslaugen des S aus der Oberfläche der Erzkörnchen werden die Hohlräume zwischen ihnen mit Lsgm. gefüllt, Form u. Größe der Kanäle wechseln mit fortschreitender Extraktion. Der totale Diffusionswiderstand ist eine Funktion des Grades der Erzextraktion u. darum eine Funktion des Geh. an Rest-S im Erz. Die Extraktions-Geschw. wird proportional der Differenz der Konz. u. umgekehrt proportional dem Diffusionswiderstand. Die Richtigkeit der mathemat. Formulierung wurde durch die Ergebnisse von Gleichgewichtsextraktionen des S aus Erzen mit einem S-Geh. von 17,6 bis 28% mittels einer $(NH_4)_2S$-Lsg. von 3,6 Mol. $H_2S$/Liter bewiesen. Die experimentell festgestellten Werte lagen auf geraden Linien innerhalb der Fehlergrenzen. P. Nachtwey 6360◇

*2067* **Grundlegende Untersuchungen über die Sammlung sulfidischer Mineralien mit Xanthogensäuren. 2. Mitt. Reaktionen der Bildung von Schwermetallkomplexverbindungen mit Xanthogensäuren.** Hiroshi Majima. (Sci. Rep. Res. Inst. Tôhoku Univ., Ser. A **13**, 433—47, 1961; Res. Inst. of Min. Dressing and Metallurgy; engl.) — 1. vgl. Sci. Rep. Res. Inst. Tôhoku Univ., Ser. A **13**, [1961], 183. — *Äthylxanthogensäure* (I) bildet mit $Pb^{2+}$, $Ni^{2+}$ u. $Co^{2+}$ je eine Komplex-Verb. im Verhältnis 1 Pb : 2 **I**, 1 Ni : 3 **I** u. 1 Co : 3 **I**. Die Bldg.-Konst. in Aceton-W.-Gemisch (1 : 1) betragen $1{,}83 \cdot 10^9$ für die Pb- u. $0{,}90 \cdot 10^{14}$ für die Ni-Verb. bei 25° u. einer Ionenstärke von 0,5. Die Bldg.-Konst. von $Co^{2+}$ mit **I**, *Methyl*- *n-Propyl*- u. *n-Butylxanthogensäure* betragen $1{,}02 \cdot 10^{12}$, $0{,}98 \cdot 10^{13}$, $3{,}40 \cdot 10^{13}$ bzw. $4{,}35 \cdot 10^{13}$. W. Wesly 6362◇

*2068* **Pelletisierverfahren der Reserve Mining Company.** Kenneth M. Haley. (Trans. Canad. Inst. Mining Metallurgy Mining Soc. Nova Scotia **64**, 256—60, 1961; Silver Bay, Minn., Pelletizing Reserve Mining Co.; engl.) — Die Herst. von Pellets aus einem Konzentrat mit 64,3% *Fe*, 5,7 $SiO_2$ u. der Korngröße —325 mesh bei 80% des Materials (entspricht einem synthet. Taconit) wird beschrieben. J. Heinze 6376◇

*2069* **Leicht herausschlagbare und schnell trocknende Gemische.** F. A. Degtjar. (Giesserei-Betr. [UdSSR] **1963**, Nr. 2, 42—43; russ.) — Empfohlen wird ein Kerngemisch aus 65—70 (%) trockenem Bantyschew-Sand u. 30—35 Trockengemisch, dem 3—3,5 *Sulfitablauge* mit einer Dichte von 1,26, ferner 0,1—0,2 techn. *Harnstoff* u. 1 W. zugesetzt werden. H. Hochstein 6382◇

*2070* **Die Hydrolyse von Äthylsilicat und ihre Rolle in der Industrie.** P. D. Grinew. (Giesserei-Betr. [UdSSR] **1960**, Nr. 8, 8—9; russ.) — Bestimmt wird die stat. Biegefestigkeit von Formkästen mit u. ohne keram. Schutzhaut, die durch Hydrolyse von Äthylsilicat gebildet wird. Für die Unterss. werden Hydrolysate verwendet, die verschiedenen $SiO_2$- u. Wassergeh. aufweisen u. nach ein- u. mehrstufigen Verff. hergestellt werden. Am wirksamsten sind Überzüge aus mehrstufigem Hydrolysat mit minimalem $SiO_2$-Gehalt (12%) J. Lehmberg 6382△

*2071* **Besondere Schmelzverfahren im Dienst eines Forschungslaboratoriums.** W. F. Moore. (Mod. Castings **40**, Nr. 4, 75—85, 1961; General Electric Co.; engl.) — Einige besondere Schmelzverff. wie das Vakuuminduktionsschmelzen, das Lichtbogenschmelzen mit selbstverzehrender u. mit beständiger Elektrode, das *Arcatom*-Schmelzen sowie das Zonenschmelzen werden beschrieben u. erörtert, nach welchen Gesichtspunkten die für den jeweilig vorliegenden Fall geeignetsten Verff. auszuwählen sind. Ferner werden Hinweise für das erforderliche Zubehör gegeben. K. Hillinger 6382◇

*2072* **Das Verhalten von Wasserstoff bei der Elektroschlackenerhitzung und bei der Zuspeisung von Gußblöcken.** Sch. Sch. Bekturssunow, W. I. Jawoisski, D. F. Tschernega, G. Ss. Tjagun-Belouss und N. M. Ssytowa. (Hochschulnachr. [Moskau], Eisenmetallurgie **4**, Nr. 9, 44—53, 1961; Moskau, Stahl-Inst.; Kiew, Polytechn. Inst., Inst. für Elektroschweißung, Shdanow-Hüttenwerk; russ.) — Die Elektroschlacken-Erhitzung oder die Zuspeisung eines Blockkopfes gewährleistet den Übergang von H aus dem Stahl in die fl. Schlacke, was zu einer gewissen Verringerung der H-Konz. über den gesamten Blockquerschnitt, bes. in seinem Kopfteil, führt. Dieser Übergang von H in die fl. Schlacke tritt nicht nur auf infolge des Perren-Totschinski-Effektes, sondern auch infolge der elektrolyt. Übertragung von $OH^-$-Ionen u. ihrer Entladung an den Elektroden während der Halbperiode, wenn die Elektroden Anoden sind. H. Hochstein 6382◇

*2073* **Reduktion eines Eisenoxidbettes durch ein Gas. 1. Mitt.: Theoretische Untersuchung der Hypothese unendlicher Reaktionsgeschwindigkeiten.** A. Rist und G. Bonnivard. (Rev. Métallurgie **60**, 23—37, 1963; St. Germain-en-Laye u. Maizières-les-Metz, IRSID; franz.) — Durchgeführt wird eine theoret. Unters. der Red. von Fe-Erzen eines halbunendlichen u. eines endlichen unbeweglichen Erzbettes. Dabei findet die Red. der Erze im Dauerbetrieb einer im Gegenstrom zum Reduziergas u. einer im gleichen Sinne wie das Gas strömenden Erzschicht statt. Die hierbei zu erreichenden Unters.-Ergebnisse lassen sich mittels eines einfachen graph. Verf. auf bestimmte Betriebsverhältnisse übertragen. H. Hochstein 6390◇

*2074* **Der Einfluß der Konzentration von Wasserstoff in der Siemens-Martin-Endschlacke auf Veränderungen des Gehaltes an Wasserstoff im Metall zur Zeit des Abstiches und Ausgießens.** B. P. Nam, G. N. Oikss, W. A. Kudrin und Ju. M. Netschkin. (Hochschulnachr. [Moskau], Eisenmetallurgie **4**, Nr. 9, 54—58, 1961; Moskau, Stahl-Inst.; russ.) — Mit einer Zunahme des H-Geh. in der Schlacke am Ende einer Schmelzführung im Siemens-Martin-Ofen (SMO) wird die Intensität der Abnahme seines Geh. im Stahl während des Abstiches u. Ausgießens verringert. Zur Verminderung des H-Geh. in den Endschlacken ist gegen Ende der Schmelzung eines mit einem Gas-Masut-Gemisch beheizten SMO der Übergang auf Beheizung des Ofens mit Masut allein wünschenswert. H. Hochstein 6390◇

*2075* **Graue und weiße Erstarrung von Gußeisen.** Mats Hillert. (Trans. Amer. Soc. Metals **53**, 555—67, 1961; Stockholm, Swed. Inst. for Metal Res.; engl.) — Die Erstarrung von Gußeisen beginnt mitunter ungewöhnlicherweise mit der Bldg. einer grauen Struktur, der dann eine weiße Struktur folgt. Bei der erneuten Unters. dieser Erscheinung wird festgestellt, daß eine anfänglich graue Erstarrung einer Gußeisenschmelze von der leichten Graphit-Keim-Bldg. abhängt. Eine schnelle Abkühlung beschleunigt die weiße Erstarrung in der Hauptsache infolge der leichteren Zementit-Keim-Bldg., je tiefer die Temp. ist. Bei der umgekehrten Hartguß-Bldg. findet die Änderung von der grauen zur weißen Erstarrung statt, wenn günstige Bedingungen für die Zementit-Keim-Bldg. an einigen Stellen in der Schmelze vorhanden sind, z. B. bei einem örtlichen Temp.-Abfall oder einer örtlichen Seigerung, wobei aber der erstgenannte Faktor die größere Bedeutung besitzt. Nach seiner Keim-Bldg. breitet sich Zementit schnell aus u. bestimmt die Erstarrung der Restschmelze. Es ist möglich, daß die Bedingungen für das Wachstum von Zementit schließlich so ungünstig werden können, daß sich die Erstarrung von der weißen zur grauen ändert. Dies tritt bei normaler Schreck-Wrkg. dann auf, wenn die anfänglich kalte Kokille erhitzt wird. — 14 Literaturangaben. H. Hochstein 6402◇

*2076* **Versuche zur Überwachung des Thomasprozesses mit Hilfe kontinuierlicher spektrochemischer Analyse des Blasstaubes.** W.-D. Hagenah und K. Laqua. (Z. analyt. Chem. **198**, 88—98, 1963; Dortmund, Inst. für Spektrochem. u. Spektroskopie; dt.) — Es wird über Verss. berichtet, durch unmittelbare spektrochem. Analyse der Elemente *Mn* u. *Fe* aus dem Rauch eines Thomas-Konverters zu einer Best. des Blasendes beim Frischen zu gelangen. Die benutzte App. u. ihre Konstruktionsprinzipien werden beschrieben. Die Analyse kann unter sehr rauhen Betriebsbedingungen durchgeführt werden. Eine genaue Best. des Blasendes ist jedoch ohne Hinzuziehung weiterer Information nicht möglich. H. Kuchenbecker 6408◇

*2077* **Über die mikroskopische Struktur und die chemische oder kristalline Zusammensetzung nichtmetallischer Stahleinschlüsse.** Tomizo Onuki, Yosaku Koike und Tomio Chiba. (Tetsu to Hagané [J. Iron Steel Inst. Japan] **47**, 1878—83, 1961; jap., Auszug: engl.) — Unterss. über die nichtmetall. Stahleinschlüsse (durch Vgl. mit künstlich hergestellten Verbb.) zeigen, daß $\alpha$-$Al_2O_3$, $SiO_2$, *MnO*, *MnO-FeO*, *Sulfid*, einfache *Silicate* u. *Aluminate* vorhanden sind. Zur Best. der Einschlüsse eignet sich deren Mikrohärte. Die Stärke der durch Reagentien bewirkten Ätzung ist bei den verschiedenen Einschlüssen verschieden, aber oft schwierig quant. zu bestimmen. Demnach läßt sich die chem. oder krist. Zus. von Maserungen (Einschlüssen) durch ihre mkr. Struktur u. Mikrohärte annähernd ermitteln. W. Wesly 6408◇

*2078* **Über den Härtbarkeitseffekt von Bor im Stahl.** R. A. Grange und J. B. Mitchell. (Trans. Amer. Soc. Metals **53**, 157—85, Diskussion: 903—07, 1961; Monroeville, Pa., US Corp., Edgar C. Bain Labor.; engl.) — Die Faktoren, welche die Menge des ausgeschiedenen B-Bestandteiles sowie dessen Ausscheidungs-Geschw. bestimmen, werden an einer Reihe von *86B00*-Normstählen mit 0,2; 0,5 u. 0,8% C ermittelt. Die Ausscheidung des B-Bestandteils vor oder während der frühen Umwandlungsstufen hat einen Verlust in der Wirksamkeit von B zur Folge. Die Abnahme in der Härtbarkeit bei der Austenitisierung der B-haltigen Stähle bei einer zu hohen Temp. steht in direkter Beziehung zur Kinetik der Ausscheidung des B-Bestandteils. Die ausgeprägte Abnahme im Härtbarkeitseffekt von B bei steigendem C-Geh. wird darauf zurückgeführt, daß für einen gegebenen, im Austenit gelösten B-Geh. der B-Bestandteil schneller u. in größerer Menge zur Ausscheidung gelangt, je größer der C-Geh. des Stahles ist. B hat einen starken Härtbarkeitseffekt möglicherweise dad., daß es an bevorzugten Keimbildungsseiten konz. wird, wenn Austenit auf den Umwandlungs-Temp.-Bereich abgekühlt wird. — 12 Literaturangaben. H. Hochstein 6408◇

*2079* **Einfluß von Mangan auf die Hochtemperatureigenschaften der Legierung N-155.** Renpei Yoda, Heitaro Yoshida und Yuuichi Sato. (Tetsu to Hagané [J. Iron Steel Inst. Japan] **49**, 166—73, 1963; jap., Auszug: engl.) — Die Kriech-Bruch (KB)-Festigkeit von Stahl mit $< 0,2$ (%) C, 1,0—2,0 Mn, $< 0,6$ Si, $< 0,04$ S, 20,0—22,0 Cr, 18,0—22,0 Ni, 18,0—22,0 Co, 2,50—3,25 Mo, 2,0—3,0 W, 0,75—1,25 Nb, 0,08—0,16 N, in dem 10 Ni durch 10 Mn ersetzt worden sind, ist bei 700—900° größer als die des Originalstahles. Stahl mit ca. 4% Mn hat die größte KB-Dauerfestigkeit. Den gleichen Wert zeigt Stahl mit 10 (%) Mn, 0,48 C u. 0,38 N bei 700°. Zusätze von *V* u. *P* erhöhen die KB-Dauerfestigkeit von Stahl mit 10% Mn bei 700°; diese Wrkg. verschwindet bei $> 800°$. Die Oxydationsfestigkeit wird durch steigende Mn-Zusätze wenig, aber stark durch V u. P verschlechtert. Auf Grund der Ergebnisse ist die optimale Zus. des Stahles: 0,21 (%) C, 19,96 Cr, 9,52, Ni, 20,13 Co, 9,91 Mn, 3,01 Mo, 2,79 W, 0,97 Nb, 0,38 N, 0,012 P, 0,10 Si, 4,6 ppm O. W. Wesly 6410◇

*2080* **Wasserstoffsprödigkeit.** T. van der Klies. (Galvanotechnik **52**, 237—46, 1961; **54**, 12—18, 1963; Holland, dt.) — Das Entstehen der $H_2$-Sprödigkeit, ihre Verhütung u. Untersuchung. Verff. zu ihrer Feststellung werden erörtert. — 12 Literaturangaben. F. Vier 6480◇

*2081* **Fortschritte der Schweißtechnik in den USA.** K. L. Zeyen. (Schweißen u. Schneiden **13**, 97—104, 152—59, 1961; Zürich; dt.) — Überblick. — 97 Literaturangaben. M. Gehlen-Keller 6506◇

*2082* **Fortschritte im Bogenschweißen.** W. I. Pumphrey. (Metallurgia [Manchester] **65**, 159—63, 1962; engl.) — Überblick. — 19 Literaturangaben. M. Gehlen-Keller 6506◇

*2083* **Wurzelschweißen an hoch beanspruchten Rohren aus niedrig- und hochlegierten Stählen.** R. Faulstich. (Schweissen u. Schneiden **13**, 110—14, März 1961; Leverkusen; dt.) F. Vier 6506

*2084* **Die Untersuchung von Legierungen für Elektroden von Widerstandsschweißmaschinen.** Ss. K. Sliosberg. (Automat. Schweissen [UdSSR] **16**, 30—35, 1963; Allunions-Forsch.-Inst. für Elektroschweißausrüstung; russ.) — Mitgeteilt werden die Ergebnisse einer experimentellen Unters. von Legg. für Elektroden von Widerstandsschweißmaschinen. Hierbei werden die Meth. der Unters. u. das Kriterium der Beurteilung der Güte der Elektroden u. Legg. behandelt. Nachgewiesen wird der Einfl. der chem. Zus. u. der Wärmebehandlung einer *Cr-Bronze* auf die Elektrodenhaltbarkeit. Festgestellt wird auch eine Abhängigkeit zwischen der Elektrodenhaltbarkeit, der elektr. Leitfähigkeit u. der Härte der Legg. beim Widerstandsschweißen von unlegiertem Stahl. Eine gute Haltbarkeit besitzen Elektroden aus Legg. mit einem günstigsten Verhältnis von elektr. Leitfähigkeit u. Härte bei erhöhten Temperaturen. Beim Punktschweißen von unlegiertem Stahl besitzt die höchste Beständigkeit eine handelsübliche Cr-Bronze mit 0,4—0,7 (%) Cr sowie eine Vers.-*Cu-Cr-Zr*-Leg. mit 0,2 Cr u. 0,2 Zr. Beim Punktschweißen von nichtrostendem Stahl wird als Elektroden-Werkstoff eine *Cu-Co-Be*-Leg. empfohlen. H. Hochstein 6506◇

*2085* **Abschmelzschweißelektroden für zunderbeständige Ni-Cr-Legierungen.** Joachim Sternkopf und Heinz Richter. (Neue Hütte **8**, 102—07, 1963; Pirna u. Berlin; dt.) — Es wird über die Entw. von umhüllten Schweißelektroden für die Lichtbogenschweißung dünner Bleche aus zunderbeständigen Ni-Cr-Legg. u. über Werkstoff-Unterss. an Schweißverbindungen berichtet, die mit diesen Elektroden hergestellt wurden. Hierbei zeigt sich, daß die kerndrahtlegierten Elektroden *NT 78* u. *NT 96* die Herst. von Schweißverbindungen ermöglichen, die in ihren Eigg. denen von WIG-Schweißungen kaum nachstehen. Die Werkstoff-Eigg. der Schweißverbindungen u. das Schweiß-Verh. der Elektroden wurden hierbei nur unter den Bedingungen der einlagigen Dünnblechschweißung an Blechdicken von 1,5 bis 3,0 mm untersucht. Die bei Raum-Temp. ermittelten Zugfestigkeiten betrugen stets über 90% der für die Grundwerkstoffe vorgeschriebenen Festigkeitswerte. Bei Prüftemp. von 800 u. 900° wurden die für die Grundwerkstoffe vorgeschriebenen Festigkeiten von den Schweißverbindungen weit überschritten. Infolge der größeren Wärme-Entw. beim Schweißen mit abschmelzender Elektrode ist die wärmebeeinflußte Zone, die durch gröberes Korn gekennzeichnet ist, etwas breiter als bei WIG-Schweißungen, wodurch die Festigkeits-Eigg. nicht nachteilig beeinflußt werden. Es wird angenommen, daß sich eine Beseitigung des dendrit. Erstarrungsgefüges des Schweißgutes sowie der Spannungsabbau auf die Werkstoff-Eigg. nur im günstigen Sinne auswirkt. — 13 Literaturangaben. H. Hochstein 6506◇

*2086* **Schweißverbindungen aus hochfesten Vergütungsstählen.** Herbert Tauscher. (Neue Hütte **8**, 91—95, 1963; Pirna, Inst. für Leichtbau; dt.) — Bei der Erörterung der schweißbaren hochfesten Vergütungsstähle wird festgestellt, daß die Wahl des Zusatzwerkstoffs nicht immer so getroffen werden kann, daß er in seiner Zus. dem Grundwerkstoff entspricht. Außer der Eignung zum Schweißen müssen auch die Verbindungen nach dem Schweißen einer Vergütung unterzogen werden. Das Schweißgut muß dabei bei der Härte- u. Anlaß-Temp. des Grundwerkstoffs annähernd gleiche Festigkeits-Eigg. erreichen wie dieser. Unter Beachtung der werkstoffbedingten Einfl. u. bei Anwendung geeigneter schweißtechnolog. Vorsichtsmaßnahmen können die hochfesten Vergütungsstähle einwandfrei verschweißt werden. Unterss. an Schweißverbindungen der Stähle *K30SiMnCr4* u. *40SiNiCr7.6* ergaben Zugfestigkeiten, die weniger als 10% unter der Festigkeit das Grundwerkstoffs liegen u. je nach Stahlart bis zu 195 kp/mm² betragen können. Die Dauerfestigkeit der Verbindungen ist trotz hoher Zugfestigkeit relativ niedrig, da die Kerbwrkg. mit der Festigkeit stark ansteigt. Durch technolog. Nachbehandlungs-Verff. (Kugelstrahlen, Ausfräsen der Einbrandkerben u. dgl.) sind höhere Dauerfestigkeitswerte erreichbar. — 13 Literaturangaben. H. Hochstein 6506◇

*2087* **Über den Initialvorgang der elektrolytischen Bildung nichtmetallischer Korrosionsschutzschichten.** U. F. Franck. (Werkstoffe u. Korrosion **14**, 367—77, 1963; Aachen, TH, dt.) — Die Vers. zeigen, daß die Müllersche Regel über den Mechanismus des Bedeckungsvorganges bei allen elektrolyt. Bedeckungsvorgängen gebietsweise erfüllt sind, obwohl ihre Einfachheit im Gegensatz zur tatsächlichen Kompliziertheit der beobachteten Vorgänge steht. Aus dem Wert 1,5 für die in der Müllerschen Regel auftretende Konst. m ist nur die Aussage zu folgern, daß bei höherer Stromdichte die Deckschichtsubstanz größeres Deckvermögen besitzt als bei niedriger Stromdichte, daß also die bei höherer Stromdichte gebildete Schicht dünner ist. — 19 Literaturangaben. F. Vier 6514◇

*2088* **Entwicklungsstand und Einsatzmöglichkeit des Lichtbogenmetallspritzens.** Eberhard Kretzschmar. (Schweisstechnik **11**, 308—12, 342—45, 1961; 1961; Halle/Saale; dt.) — Überblick. — 14 Literaturangaben. M. Gehlen-Keller 6516◇

*2089* **Vergoldung durch Eintauchen.** H. Robinson. (Engelhard Ind., Inc., techn. Bull. **3**, 86—90, 1962; Newark, N.J., Engelhard Ind., Inc.; engl.) — Zum Vergolden durch Eintauchen dient das *Atomex*-Verf., wobei eine wss. *Au*-Salz-Lsg. mit einem geeigneten Komplexbildner verwendet wird. Das zu vergoldende Metall wird durch das komplexbildende Netzmittel angegriffen; dabei wird Au abgeschieden. Die Anwendung des Verf. auf *Cu* wird beschrieben; theoret. kann das Verf. auf alle Metalle, die unedler als Au sind, angewendet werden. W. Wesly 6526◇

*2090* **Gegen hohe Temperaturen und Korrosion beständige flammengespritzte Schutzüberzüge aus hochschmelzenden Werkstoffen.** H. S. Ingham. (Mater. Protect. **1**, 74—78, 1962; Westbury, Long Island, N.Y., Metco., Inc.; engl.) — Beschrieben wird das Pulver-Spritzverf., das Stab-Spritzverf., das Plasma-Verf. zum Aufbringen hochschm. Überzüge, z. B. aus $ZrO_2$, *WC* oder $Al_2O_3$. F. Vier 6528◇

*2091* **Die Oxydationscharakteristiken von Niob-1-Zirkoniumlegierungen.** E. J. Delgrosso, R. C. Krutenat, C. E. Carlson und J. S. Carta. (J. less-common Metals [Amsterdam] **5**, 57—77, 1963; Middletown, Conn., United Aircraft Corp.; engl.) — Die Oxydation einer *Nb*-Leg. mit 1% *Zr* bei 400—2200° F wurde durch Gew.-Best. an strömender trockner Luft untersucht. Über 600° F übte die gebildete Oxidschicht keinen Schutz aus, dementsprechend wurde eine lineare Oxydations-Geschw.-Kinetik beobachtet. Die Oxydations-Geschw. bei 1100—1800° war nicht wesentlich von der von reinem Nb verschieden. Ebenso waren auch die mittleren Temp.-Koeff. gleich. Der negative Temp.-Koeff. der linearen Oxydations-Geschw. trat in demselben Wärmeintervall u. in derselben Weise wie bei reinem Nb auf. Bei rekrist. Proben wurde eine höhere Oxydations-Geschw. beobachtet als bei Proben im bearbeiteten Zustand. Bei 700° F trat der plötzliche Übergang zu höheren Oxydations-Geschw. nach 200 Std. auf. Bei 500° F konnte dieser Übergang auch nach 1512 Std. nicht beobachtet werden. In Ar-Luft-Gemischen mit 1 u. 5% $O_2$ sank die Oxydations-Geschw. um das Zehnfache. Die Geschw. der inneren Oxydation stieg an. F. Vier 6530◇

*2092* **Hartanodisieren. Untersuchungen über die Beziehung zwischen den Anodisierungsbedingungen, dem Wachstum und den Eigenschaften von harten anodischen Oxidüberzügen.** P. Csokán. (Electroplating Metal Finishing **15**, 75—82, 1962; Budapest, Res. Inst. for Non-Ferrous Metals; engl.) — Die Vers.-Ergebnisse zeigen, daß ein Herabsetzen der Konz. des $H_2SO_4$-Elektrolyten wirksamer die Zellspannung steigert u. die Auflösungs-Geschw. der Überzugsschichten auf Al herabsetzt als Senken der Temperatur. Die Bldg.-Geschw. der Oxidschicht erreicht ein Maximum u. die Geschw. ihrer Auflösung ein Minimum bei einem Elektrolyten aus 1%ig. $H_2SO_4$, 0° u. 40—60 V Spannung. An Hand der Literatur werden die Eigg. der Oxidschichten beschrieben. — 36 Literaturangaben. F. Vier 6530◇

*2093* **Über den Mechanismus des atmosphärischen Rostens des Eisens.** Gerhard Schikorr. (Werkstoffe u. Korrosion **14**, 69—80, 1963; Stuttgart, Chem. Landesuntersuchungsanstalt; dt.) — Freiluft-Verss. ergaben, daß rostendes Fe ebensoviel $SO_2$ aus der Luft aufnimmt, wie gleich große Flächen mit $Na_2CO_3$ getränkten Filterpapiers. Regen wäscht das während des Rostens entstandenen *Sulfat* nur wenig aus. Bei hoher Feuchtigkeit wurden Rost-Geschw. von 28 g/m²/Tag festgestellt. Rostiges Fe nimmt bei einer Feuchtigkeit von 33% noch bei —10° $SO_2$ auf. Das atmosphär. Rosten von Fe verläuft in 3 Stufen. Zuerst wird $SO_2$ aufgenommen, dann wird $FeSO_4$ gebildet u. schließlich entsteht Rost unter Freiwerden von $H_2SO_4$, das erneut angreift, so daß das Rosten katalyt. beschleunigt wird. Auf diese Weise kann die Aufnahme eines Mol. $SO_2$ in einem Monat die Verrostung von 15—40 Atomen Fe zur Folge haben. F. Vier 6538◇

*2094* **Dreijährige Einwirkung der Atmospähre auf Aluminiumlegierungen in Nigeria.** K. G. Latimer und F. F. Booth. (Metallurgia [Manchester] **67**, 73—79, 1963; Banbury, Aluminium Labor., Ltd.; engl.) — Unters. über die 3jährige Einw. der trop. Atmosphäre von Nigeria auf Bleche u. Winkel aus zahlreichen Al-Legg. zeigen, daß das trop. Klima nicht korrodierender als gemäßigtes Klima auf Al wirkt. Im allg. ist Al bzgl. Korrosionsfestigkeit verzinktem Schmiedeeisen überlegen. W. Wesly 6538◇

*2095* **Spannungskorrosionsempfindlichkeit modifizierter hochfester Gelb-Messing-Gußlegierungen.** D. K. Fox. (Mod. Castings **42**, Nr. 6, 51—56, 1962; East Pittsburgh, Pa., Westinghouse Electr. Corp.; engl.) — Die Empfindlichkeit der Gelb-Messing-Guß-Legg. gegen Spannungskorrosion unter korrosiven Bedingungen zwingt zu einer steigenden Verw. von *Al-Bronze*. Vorläufige Verss. an Hand von Kurzzeitprüfungen ergaben, daß durch Zusätze von *B* u. *Cr* die Neigung zur Spannungsrißkorrosion von Gelb-Messing herabgesetzt werden kann. F. Vier 6538◇

*2096* **Korrosionsbeständigkeit einer verbesserten Knet-Zink-Legierung.** E. L. White, P. D. Miller und W. K. Boyd. (Mater. Protect. **1**, 56–58, 1962; Columbus, Ohio, Battelle Mem. Inst.; engl.) — Untersucht wurde die Korrosionsbeständigkeit einer neu entwickelten *Zn*-Knet-Leg. mit 0,4–0,7(%) *Cu*, 0,08–0,16 *Ti*, 0,002–0,10 *Mn* u. 0,003 bis 0,020 *Cr*, u. zwar in Luftfeuchtigkeit, $SO_2$ + Luft u. beim wiederholten Tauchen. Die Labor.-Verss. zeigten, daß die neue Leg. in ihrer Korrosionsbeständigkeit handelsüblichem Zn u. verzinktem Stahl gleich oder leicht überlegen ist. F. Vier 6538◇

*2097* **Die Korrosion von Schweißverbindungen von Titan und dessen Legierungen in Lösungen von anorganischen Chloriden.** L. N. Jagupolskaja und Ss. M. Gurewitsch. (Automat. Schweissen [UdSSR] **16**, Nr. 1, 44–47, 1963; Paton-Inst. für Elektroschweißung der Akad. der Wiss. der UkrainSSR; russ.) — In konz. Lsgg. anorgan. Chloride bei erhöhten Temp. sind Schweißverbindungen aus techn. Ti der Marke *WT 1-1* u. der Leg. *OT 4*, die unter einem Flußmittel u. nach dem Ar-Lichtbogen-Schweißverf. hergestellt waren, hinsichtlich ihrer Korrosionsbeständigkeit mit dem Grundmetall prakt. gleichwertig u. neigen nicht zur Spannungskorrosion. Schweißverbindungen aus beiden Werkstoffen können für einen Betrieb in konz. Lsgg. von $MgCl_2$ (52–53%) bei Temp. bis 162° u. von $CaCl_2$ (50–51%) bis 130° u. auch in einer sd. gesätt. $NH_4Cl$-Lsg. (46–47%) empfohlen werden. H. Hochstein 6538◇

*2098* **Wirkung der galvanischen Korrosion von mit Magnesium umhüllten Brennstoffelementen beim Lagern unter Wasser nach ihrer Entladung.** H. G. Masterson und J. T. Harrison. (Corrosion et Anticorrosion **10**, 151–63, 1962; Central Electricity Res. Labor. Royaume-Univ.; franz.) — Labor.-Verss. bestätigten, daß eine elektrolyt. Korrosion an den Umhüllungen aus *Mg*-Leg. von Brennstoffelementen aus *U* beim Lagern unter W. nach ihrer Entladung auftreten können. Aus abgeschiedenem *C*, z. B. von dem Kühlgas $CO_2$ stammend, u. dem Metall der Umhüllung bilden sich Lokalelemente aus, die zur Durchlöcherung der Umhüllung u. zur Korrosion des Brennstoffelementes führen. Auch bei Kontakt mit *rostfreiem Stahl* können sich Lokalelemente ausbilden. F. Vier 6538◇

*2099* **Die Korrosion von Plutonium und Uran.** J. T. Waber. (Progr. nuclear Energy, Ser. V **4**, 871–93, 1961; Los Alamos, N.Mex., Univ. of Calif., Los Alamos Scientific Labor.; engl.) — Überblick über die Korrosion von *Pu* u. von *U*-Legg. an der Luft. — 26 Literaturangaben. I. Köditz 6538

*2100* **Schutzprobleme beim Lagern von militärischen Ausrüstungen.** Oliver R. Dinsmore jun. (Mater. Protect. **1**, 66–73, 1962; Durham, N.C., Transportation Corps, N.J., Army Res. Office; engl.) — Dynam. Entfeuchten der Atmosphäre ist der beste Korrosionsschutz beim Lagern von militär. Ausrüstungen von Marine u. Landstreitkräften. F. Vier 6538◇

*2101* **Inhibition in flüssiger Phase.** Jean Frasch. (Corrosion et Anticorrosion **10**, 249–58, 1962; Soc. Framalite; franz.) — Nach einer Erläuterung der Begriffe Inhibition u. Passivierung wird gezeigt, daß weder die freie Enthalpie der metall. Verbb. aus ihren Elementen noch die elektrochem. Potentiale der Metalle ihre Korrosions-Geschw. bestimmen. Die sich auf den Metallen natürlich oder durch gezielte Einw. bildenden Sperrschichten, die deren Passivität hervorrufen, sind von entscheidender Bedeutung. Die Bldg. solcher Sperrschichten u. die Rolle der dabei verwendeten Inhibitoren wird beschrieben. Einige Verw.-Beispiele werden gebracht. F. Vier 6538◇

*2102* **Wirtschaftliche Kriterien für die Korrosionsbekämpfung in Raffinerien.** Peter W. Sherwood. (Werkstoffe u. Korrosion **14**, 364–67, 1963; White Plains, N.Y.; dt.) F. Vier 6538◇

*2103* **Ursachen und Verhütung der Korrosion von Maschinenteilen von Schiffsdieselmotoren.** Walter Bauer. (Bull. techn. Bureau Veritas **44**, 93–100, 1962; Bremen, Wisura; franz.) — Übersicht über die Korrosionsarten u. Beschreibung der an Teilen von Schiffs-Diesel-Motoren entstandenen Korrosionen infolge der Ggw. von *W.* im Schmierkreislauf, des Eindringens von Verbrennungs-Prodd. in das Getriebegehäuse u. der Alterung des Schmieröls bzw. der damit verknüpften Verschlechterung der Schmiereigenschaften. W. Wesly 6538◇

*2104* **Kathodischer Schutz für unterirdische Telefonkabel durch verteilte Anoden und Röhrenelektrodensysteme.** Elliot R. Perkins. (Mater. Protect. **1**, 60–65, 1962; Boston, Mass., New England Telephone and Telegraph Co.; engl). — Überblick. F. Vier 6538◇

*2105* **Klimaprüfung galvanischer Überzüge.** J. Jeney. (Elektrie **16**, 251–52, 1962; Budapest; dt.) — Als Ursachen der Korrosion ergeben sich zahlreiche Faktoren, von den 1. das Grundmaterial, 2. der Überzug u. 3. der Einfl. der Atmosphäre eine besondere Bedeutung haben. Eine Kalkulation des Vf. zeigt, daß ca. 72% der produzierten Stahlbleche durch elektrochem. Korrosion wieder vernichtet werden. Beim Grundmaterial wird die Korrosion einerseits durch den physikal. Zustand, die Oberflächenrauhigkeit u. andererseits durch Leg.-Elemente beeinflußt. Beim Überzug wird der Korrosionsschutz durch das elektrochem. Verh. der einzelnen metall. Überzüge u. durch das Verh. des Grundmaterials sowie der Eigg. der einzelnen Schichten (Schichtdicke, Kristallstruktur, innere Spannung, Verunreinigungen, Porosität usw.) bestimmt. Der wichtigste Faktor ist der Einfl. der Atmosphäre. Hier ist zwischen den verschiedenen klimat. Bedingungen zu unterscheiden. Trotz bereits weit entwickelter künstlicher Prüfverff. — Tauchmeth. in W. bzw. im Elektrolyt der Salzsprühnebel, Industrieluftprüfung, *Corrodkote*-Test u. a. — sind die kostspieligen, langjährigen natürlichen Prüfungen noch immer unentbehrlich. H. Schöberl 6540◇

*2106* **Die Messung der Verschleißfestigkeit.** Howard S. Avery. (Wear [Amsterdam] **4**, 427–49; Mahwah, N.J., Amer. Brake Shoe Co.; engl.) — Behandlung der die Verschleiß-Eigg. eines Werkstoffs beeinflussenden Faktoren u. die an eine Verschleißprüfung zu stellenden Anforderungen. W. Wesly 6546◇

---

*2107* G. W. Koslow, **Selektive Flotation von pyrithaltigen Cu/Zn-Konzentraten** hoher Basizität. Das eingedickte Konzentrat wird mit 150–300 g/t Cyanschmelze u. 600–1000 g/t $ZnSO_4$ vermahlen. Danach wird unter Zusatz von 80–360 g/t *Xanthogenat* die alkal. *Cu*-Flotation durchgeführt. Der Rückstand wird der üblichen alkal. *Zn*-Flotation unterworfen; Cu- u. Zn-Ausbeute 90–97%. (**UdSSR. P. 124 884** vom 7/3. 1959.) B. Pankow 6363

*2108* Je. M. Tschaplygina, I. N. Plakssin, Ss. A. Ssyssoljatin, M. Ss. Koslow und A. A. Perschukow, **Flotieren von Ti-Zr-Sanden und Ti-Magnetit-Erzen.** Der Sammler wird als belüftete Emulsion in die Trübe gegeben, wodurch eine bessere Trennung der Ti-Mineralien (Rutil u. Ilmenit) von Zr u. Fe erreicht wird. (**UdSSR. P. 127 963** vom 7/10. 1959.) L. Großner 6363

*2109* Comp. pour l'Étude et la Réalisation de Combustibles Atomiques, Frankreich, **Tiegel zur Herstellung von Stoffen hoher Reinheit.** Die innere Tiegelwandung wird mit $ZrO_2CaO$ überzogen, welches durch Frittung von $ZrO_2$ mit *Kalkstein* erhalten wird. Das $ZrO_2CaO$ wird fein gemahlen u. dann in Form von geschmolzenen Tröpfchen oder als Suspension auf die Tiegelwand aufgespritzt. Das $ZrO_2CaO$-Pulver kann z. B. in *W.*, *Alkohol* oder anderen verdampfbaren oder sich zersetzenden Fll. suspendiert werden, z. B. in *Äthyl-* u. *Methylsilicaten.* Dem $ZrO_2CaO$ können andere feuerfeste Stoffe zugesetzt werden, z. B. $ThO_2$. (**F. P. 1 278 632** vom 9/8. 1960, ausg. 13/4. 1962.) M. Neckermann 6371

*2110* Robert T. C. Rasmussen, Cambridge, Ohio, V.St.A., **Kontinuierliches Schmelzverfahren** zur Herst. von Metallen, Metalloiden oder Legg. durch Red. des Rohmaterials mit C in einem elektr. Ofen, wobei sich über der Schmelzzone aus Rohmaterial u. Flußmittel ungeschmolzenes Rohmaterial u. das C-haltige Red.-Mittel befinden u. kontinuierlich ergänzt werden, dad. gek., daß die obere Schicht so mit voluminösem C-haltigem Material versehen wird, daß nur so viel der frei fallenden Beschickung die Schmelzzone erreicht, daß die zum Schmelzen u. für die chem. Rk. aufgenommene Wärme der zugeführten Wärme unter Aufrechterhaltung der Höhe der Schmelzzone äquivalent ist; mindestens 0,16 ft³ Vol. C-haltiges Material pro pound des stöchiometr. notwendigen C liegen in der Rk.-Mischung vor

u. es werden nicht mehr als die für die Red. stöchiometr. notwendige Menge C eingesetzt. — So wird *Ferronickel* durch selektive Red. von *Ni* u. nur eines Teiles des *Fe* aus Rohmaterial mit ≦35% Ni u. ≧10% Fe gewonnen, wobei das Ausgangsgut ≧0,45 $ft^3$ C-haltiges Material pro 100 pounds Ausgangsgut enthält. — *Mn-Legg.* werden aus *Mn-Oxide* u. *$SiO_2$* im Verhältnis Mn:Si = 1,25:1 enthaltendem Ausgangsmaterial in Ggw. eines bas. Flußmittels gewonnen. (**Can. P. 571 015** vom 14/5. 1954, ausg. 24/2. 1959.)
H.-J. Nitzschke 6381

*2111* Soc. Générale Métallurgique de Hoboken, Hoboken, Antwerpen, Belgien, **Herstellung von Niob durch Schmelzflußelektrolyse** in einem Elektrolyten auf der Basis z. B. von *Alkalifluorniobat*, dad. gek., daß dem Elektrolyten *Ca, Mg, Al* oder *Zn* in metall. Form oder als Legg. oder ein *Seltenes Erdmetall* oder mehrere Seltene Erdmetalle zugesetzt werden. (**D. A. S. 1 133 139** Kl. 40c vom 9/12. 1959, ausg. 12/7. 1962. E. Prior. 10/12. 1958.) K. Bayer 6449

*2112* Soc. Continentale Parker, Frankreich, **Erleichterung der plastischen Verformung von Beryllium** durch einen Überzug aus *Fe-* u. *Be-Oxiden*. Mittels einer wss. Lsg., die *Ferrioxalat, Oxalsäure* u. einen Aktivator (*NaCl*) enthält, wird ein Überzug aufgebracht, der durch Erhitzen auf 500 bis 600° in einen Mischüberzug aus Fe- u. Be-Oxiden umgewandelt wird. — Beispiel: Lsg. aus 28—1000 (g/Liter) Ferrioxalat, 10—500 Oxalsäure, 5—1000 Aktivator. (**F. P. 1 282 887** vom 27/2. 1961, ausg. 15/6. 1962. E. Prior. 15/8. 1960.)
H. Baur 6491

*2113* Electrolab Printed Electronics Corp., Needham Heights, Mass., übert. von: John B. Franklin, Norwalk, und Norton W. Vallance jun., Downey, Calif., V.St.A., **Anodische Oxydation von hochsiliciumhaltigen Aluminiumlegierungen.** Als Elektrolyt wird eine 19 bis 25%ig. Lsg. einer *$H_2SO_4$* (66° Bé) verwendet, der ein wss. *Torfextrakt* zugesetzt ist. Temp. 20—50° F. Es wird mit steigender Spannung gearbeitet, bis 65 bis 90 V erreicht sind. Bei dieser Spannung wird der Gegenstand noch ca. 15 bis 45 Min. weiterbehandelt. Es bildet sich eine harte, dichte Oxidschicht. — Diagramm. (**A. P. 3 020 219** vom 12/1. 1959, ausg. 6/2. 1962.) F. Markhoff 6531

*2114* General Electric Co., übert. von: Kenneth P. Zeman, Schenectady, N.Y., V.St.A., **Herstellen von dünnen Folien aus Aluminiumoxid.** Ein Blech aus reinstem Al, mindestens 99,95% Al, wird mit Gleichstrom in einem sauren Bad, z. B. in 10%ig. $H_2SO_4$, anod. oxydiert. Zum Schluß wird die Stromrichtung umgekehrt, wodurch sich die entstandene Oxidschicht von der Unterlage ablösen läßt. Derartige Schichten können z. B. als *Isoliermittel* u. zum *Schutz gegen hohe Temp.* Verw. finden. — Abbildung. (**A. P. 3 023 149** vom 30/10. 1957, ausg. 2/2. 1962.)
F. Markhoff 6531

*2115* Charles Calvin Cohn und Samuel Lenard Cohn in Gemeinschaft mit Colonial Alloys Co., Philadelphia, Pa., V.St.A., **Behandlung oxydierter Oberflächen von Aluminium und Aluminiumlegierungen** zur Verbesserung der Korrosionsbeständigkeit. Der Oxidüberzug wird mit einer wss. Lsg. eines Salzes einer schwachen anorgan. Base (*Ni-* oder *Co-Acetat*) mit einem pH-Wert von 4,5—7,5 u. bei ca. 40° u. dann mit einer wss. Silicat-Lsg. bei über 80° behandelt. Das Verhältnis von $SiO_2$:$Na_2O$ soll nicht kleiner als ca. 2:1 sein. (**E. P. 894 261** vom 21/4. 1960, ausg. 18/4. 1962. **F. P. 1 262 541** vom 19/7. 1960, ausg. 22/9. 1961. Beide A. Prior. 26/8. 1959.) H. Baur 6531

*2116* Wilhelm Schmidding, Köln (Erfinder: Adelheid Stang-Schmidding), **Herstellung einer korrosionsbeständigen Innenfläche von Bierfässern aus Leichtmetall,** die ggf. mit Rein-Al plattiert sein kann, durch chem. oder elektrochem. Glänzen, bevor die Fläche chem. oder elektrochem. oxydiert wird. — Beispiel: Die Innenfläche wird zunächst in einem chem. Glänzbad bei ca. 55° ca. 60 Sek. lang behandelt, mit W. gespült, mit *$HNO_3$* neutralisiert, erneut mit W. gespült, sodann chem. oder anod. oxydiert u. wieder mit W. gespült. Die Oxidschicht wird schließlich ca. 60 Min. lang unter Anwendung von Dampf bei ca. 98° nachverdichtet. (**E. P. 890 660** vom 21/5. 1959, ausg. 7/3. 1962. D. Prior. 24/5., 28/5. u. 14/6. 1958.) H. Baur 6531

*2117* Quaker Chemical Products Corp., Conshohocken, übert. von: Charles E. Santangelo, Norristown, und Bernard H. Kress, Lafayette Hill, Pa., V.St.A., **Bad zur gleichzeitigen Herstellung einer Phosphat- und einer Schmierschicht auf Eisen** besteht im wesentlichen aus einer wss. Lsg. aus (a) 1—30 Gew.-% eines tert. Aminoalkylamids der Formel A, in der R eine $CH_3$-, $C_2H_5$- oder eine

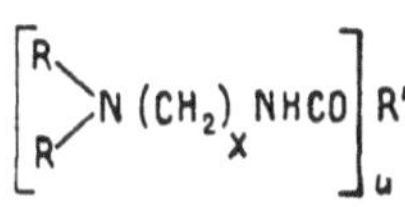
A

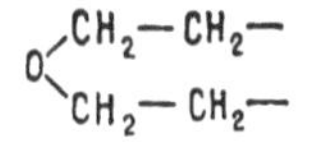
B

B-Gruppe ist, x eine ganze Zahl von 2—3, R' ein einwertiger aliphat. Rest, wie $C_nH_{2n+1}$, $C_nH_{2n-1}$ oder $C_nH_{2n-3}$, in dem n eine ganze Zahl ist von 7—21, ein zweiwertiger Rest $C_{34}H_{66}$= oder $C_{34}H_{62}$=, oder ein dreiwertiger Rest $C_{51}H_{99}$≡ oder $C_{51}H_{93}$≡ u. in der a eine ganze Zahl von 1—3, aber nicht größer als die Valenz des R'-Restes ist, u. aus b) *$H_3PO_4$* in dem Amid (a) äquivalenten Mengen. — Beispiel: a) 1—30 (Gew.-%) *Dimethylaminopropylamid einer Fettsäure* mit 8—22 C-Atomen u. b) 0,25—18 $H_3PO$. Zugesetzt werden noch c) 0,1—4,5 *Tetranatriumpyrophosphat* u. d) 0,1—10 *2-n-Butoxyäthanol* zur Regulierung des pH-Wertes (c) u. der Viscosität u. Trübung (d). (**A. P. 2 992 145** vom 20/1. 1960, ausg. 11/7. 1961.)
H. Baur 6533

*2118* Metallgesellschaft Akt.-Ges., Frankfurt/M., **Aufbringen von Phosphatüberzügen auf Metallen,** bes. Fe u. Stahl, sowie Al, mit Hilfe von *Zn, Phosphat* u. Beschleuniger, bes. *Nitrit*, enthaltenden Lsgg. bei Temp. unter 50°, dad. gek., daß Lsgg. verwendet werden, die solche Mengen an mindestens einer *α-Hydroxycarbonsäure* bzw. an Salzen einer solchen enthalten, daß das Schicht-Gew. der erhaltenen Überzüge erniedrigt, die Schicht-Bldg. jedoch nicht unterdrückt wird u. deren pH-Wert in dem bei der Kaltphosphatierung mit Zn-Phosphat enthaltenden Phosphatierungs-Lsgg. üblichen Bereich bis ca. 3,5 liegt. Zum Beispiel: 0,35(%) Zn, 0,95 $PO_4$, 0,5 $NO_3$, 0,02 $NO_2$ u. 1 g/Liter Dihydroxyweinsäure. Es wird ein Schicht-Gew. von 17,3% erhalten. (**Oe. P. 220 910** vom 24/11. 1960, ausg. 25/4. 1962. E. Prior. 27/11. 1959.)
H. Hänle 6533

*2119* Imperial Chemical Industries Ltd., London, England (Erfinder: Arthur Alfred Blake), **Ergänzung von Zinkphopshatlösungen** mittels einer Alkalizinkat-Lsg., die durch Auflösen von 5 (Gew.-Teilen) ZnO u. 15 NaOH in 80 W. hergestellt wird. — Beispiel: Ein Phosphatierungsbad wird aus 12 (lbs.) *Zinkdihydrogenphosphat,* 2,7 *$H_3PO_4$,* 1,25 *NaOH,* 0,2 *$H_2O_2$* (100%) u. 100 g gal W. hergestellt. Zur Ergänzung wird eine Lsg. (I) hergestellt aus 40 (lbs.) Zinkdihydrogenphosphat, 9 $H_3PO_4$ u. 51 Wasser. $H_2O_2$ u. Na-Zinkat werden in solchen Mengen zugegeben, daß sie einem Verhältnis von Lsg.(I):$H_2O_2$:Na-Zinkat = 8:1:4 entsprechen. (**E. P. 887 924** vom 20/11. 1959, ausg. 24/1. 1962.)
H. Baur 6533

*2120* Heintz Mfg. Co., Philadelphia, Pa., V.St.A. (Erfinder: Ludwig K. Schuster, Harvey A. Whitenight und William A. Jung jun.), **Herstellung von Überzügen auf Metallen** zur Erleichterung der Kaltverformung mit Hilfe eines Mittels aus 1—15 (Gsw.-%) W., 2,5—25 *$H_3PO_4$* bzw. $H_3PO_3$, Rest eine hydrophile organ. Verb. mit 12—30 C-Atomen, vorzugsweise einem prakt. nicht flüchtigen organ. Schmiermittel, das mindestens bis zu 80° eine stabile einphasige Fl. ist. Die hydrophilen Verbb. sind entweder Amine bzw. Amide, die mit hydrophilen Radikalen, z. B. Hydroxy-, Methoxy-, Äthoxy-, Amin- oder Iminradikalen, substituiert sind, wobei auf eine Gruppe von 12—30 C-Atomen mindestens insgesamt 3 hydrophile Radikale entfallen, oder ein Amid, das durch Kondens. von im wesentlichen äquimol. Teilen Fettsäuren mit 12—22 C-Atomen im Mol. u. Polyalkylenpolyaminen von Alkylgruppen gebildet ist, die nicht mehr als 4 C-Atome je Gruppe haben. Als Beispiel wird ein Mittel angegeben, das aus 10—40 (Gew.-%) eines Rk.-Prod. aus äquimol. Teilen einer 14—20 C-Atome/Mol. aufweisenden Fettsäure u. einem Polyäthylenpolyamin, 30—80 eines organ., eine Kette von mindestens 12 C-Atomen aufweisenden Gleitmittelöls, 4—15 W. u. 5—20 $H_3PO_4$ besteht, wobei W.

u. Säure in den übrigen Bestandteilen gelöst sind. (**E. P. 891 150** vom 24/4. 1958, ausg. 14/3. 1962.) H. Baur 6533

*2121* E. I. du Pont de Nemours & Co., V.St.A. (Erfinder: Rolf Dessauer), **Färben von anodisch oxydiertem Aluminium** mittels einer Farbstoff-Lsg. aus *Dimethylformamid, Dimethylacetamid, Diäthylacetamid* oder *Dimethylsulfoxid* als Lsgm. u. einem Metall- (Cr- oder Co-) Komplex eines Azofarbstoffs (eines *o-o'-Dihydroxy-* oder eines *o-Hydroxy-o'-carboxyazofarbstoffs*). Der mit dem Farbstoff imprägnierte Aluminiumoxidüberzug wird mit Wasserdampf oder heißem W. nachverdichtet. (**F. P. 1 272 704** vom 20/10. 1960, ausg. 31/1. 1962. A. Prior. 22/10. 1959.) H. Baur 6535

*2122* Air Reduction Co., Inc., New York, N.Y., übert. von: Robert J. Burch, North Plainfield, und George Davidowich, Bayonne, N.J., V.St.A., **Verhinderung der Korrosion von Metallen durch Wasser,** das korrodierende Bestandteile (Säuren, Basen, Salze) enthält, durch Zusatz einer entsprechenden Menge eines Inhibitors aus der Gruppe der Äthylenoxidaddukte des Acetylenglykols der Formel (**I**), in der $R_1$, $R_2$, $R_3$ u. $R_4$ Alkyl-, Cycloalkyl-, Aryl- oder Aralkylreste sind oder H, wobei $R_1$, $R_2$, $R_3$ u. $R_4$ insgeamt mindestens 7 C-Atome enthalten, u. x u. y ganze Zahlen zwischen 3 u. 25 sind, oder aus der Gruppe der Äthylenoxidaddukte des Acetylencarbinols der Formel **II**,

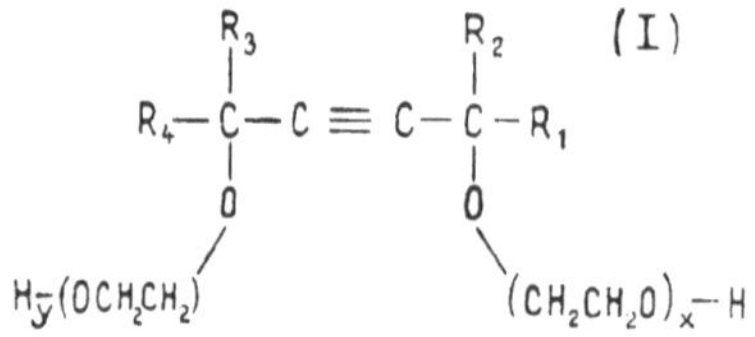
(I)

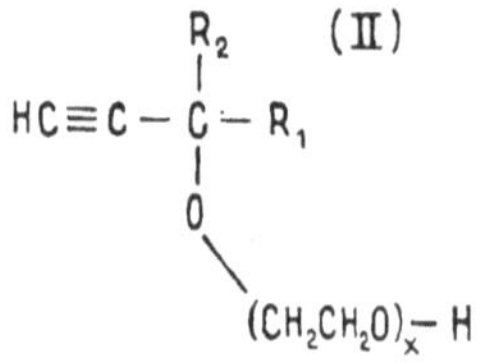
(II)

in der $R_1$ u. $R_2$ Alkyl-, Cycloalkyl-, Aryl- oder Aralkylreste sind oder H, wobei $R_1$ u. $R_2$ insgesamt mindestens 3 C-Atome haben, u. in der x eine ganze Zahl zwischen 3 u. 30 ist. — Beispiele: *2.4.7.9-Tetramethyl-5-decin-4.7-diol-Äthylenoxidaddukt* mit durchschnittlich 16 Oxyäthyleneinheiten oder *3-Methyl-1-nonyl-3-ol-Äthylenoxidaddukt* mit durchschnittlich 10 Oxyäthylen-Einheiten. (**A. P. 3 004 925** vom 18/3. 1959, ausg. 17/10. 1961.) H. Baur 6539

*2123* Dow Chemical Co., V.St.A. (Erfinder: Alvin Francis Beale jun. und Clare Kucera), **Verhinderung der Korrosion von Metallen** durch wss. Lsgg. von Säuren, wie *HCl*, *$H_2SO_4$*, *$H_3PO_4$*, *Essigsäure* oder *Sulfosäure*, durch Zusatz eines *Alkinols* der Formel $C_nH_{2n+1}-CHOH-C{\equiv}CH$, in der n wenigstens gleich 3 u. vorzugsweise nicht größer als 8 ist. Ein weiteres Alkinol derselben Formel kann zugesetzt werden, in der n $\geqq$ 0 u. von dem n des ersten Alkinols verschieden ist. Das n der Alkinole soll um wenigstens 3 voneinander verschieden sein u. jedes Alkinol soll in einer Menge von wenigstens 15 Vol.-% des Gesamtvol. der in der Säure enthaltenen Alkinole vorliegen. (**F. P. 1 273 571** vom 8/11. 1960, ausg. 7/2. 1962. A. Prior. 21/4. 1960.) H. Baur 6539

*2124* Jersey Production Research Co., Tulsa, Okla., übert. von: Joseph A. Caldwell und Melba L. Lytle, Houston, Tex., V.St.A., **Verhinderung der Korrosion von Eisenmetallen durch sulfatreduzierende Bakterien in Nährlösungen.** In letztere wird anstatt Kieselerde nach A. P. 2 906 708 eine Si-enthaltende Verb., wie *Dibutylamin-*, *Anilin-* oder *Methylaminsilicofluorid* in Mengen von 0,01—0,5 Gew.-%, bezogen auf die Nährlsg., in fester Form, gelöst in W. oder suspendiert in Öl, eingebracht. — Vgl. A. P. 2 906 708; C. **1961,** 17001. (**A. P. 3 021 278** vom 20/6. 1956, ausg. 13/2. 1962.) H. Baur 6539

*2125* Union Carbide Co., New York, N.Y., V.St.A. (Erfinder: Edward Lewis Morehouse und Arthur Noah Pines), **Korrosionsschutzüberzug für Magnesium** u. alle Metalle, die in der Spannungsreihe tiefer stehen, sowie deren Legierungen. Auf ihrer Oberfläche wird ein Film aus einem *Aminoalkylsilicon* gebildet der Formel ($>N-R-Si{\equiv}$), in welcher R ein 2wertiger gesätt. aliphat. KW-Stoffrest mit einer Kette aus mindestens 3 C-Atomen ist, in der N an ein C dieses Restes so gebunden ist, daß zwischen ihm u. Si mindestens 3 C stehen, in der jede der freien Bindungen des N an ein H oder einen KW-Stoff- oder $[-(CH_2)_aSi{\equiv}]$-Rest, in welchem „a" eine ganze Zahl von mindestens 3 ist, gebunden ist, u. in der mindestens eine freie Valenz des Si an ein Alkylradikal oder mittels einer Si—O-Bindung an Si u. die übrigen freien Valenzen des Si an eine KW-Stoffgruppe gebunden sind. Den Film läßt man auf der Metalloberfläche auftrocknen. (**E. P. 886 109** vom 17/7. 1958, ausg. 3/1. 1962. A. Prior. 19/7. 1957.) H. Baur 6539

---

*2126* **J. Stone & Co. (Charlton) Ltd.,** London (Erfinder: **Ronald James Malcolm Payne,** London, und **Alfred William Owen Webb,** Bromley), England, *Aluminiumbronze.* (**D. A. S. 1 144 012** Kl. 40b vom 26/10. 1957, ausg. 21/2. 1963. E. Prior. 29/10. 1956. Zusatz zu D. A. S. 1 066 029; C. 1960, 13857. — C. **1960,** 10053 [E. P. 809 973].)

*2127* **General Electric Co.,** Schenectady, N.Y., V.St.A., *Herstellung von polykristallinem magnetischem Material in Blechform.* (**E. P. 870 211** vom 17/9. 1957, ausg. 14/6. 1961. A. Prior. 20/9. 1956. Zusatz zu E. P. 870 209; C. 1963, 14120. — C. **1961,** 13707 [Belg. P. 560 938 u. A. P. 2 940 881].)

*2128* **Elektrophysikalische Anstalt Bernhard Berghaus,** Vaduz, Liechtenstein (Erfinder: **Hans Bucek,** Zürich, Schweiz), *Verminderung der Gleitreibung.* (**D. A. S. 1 141 851** Kl. 48b vom 20/11. 1956, ausg. 27/12. 1962. Schwz. Prior. 26/11. 1955. — C. **1962,** 10994 [E. P. 850 587].)

*2129* **Elektro-Thermit G. m. b. H.** (Erfinder: **Wilhelm Ahlert**), *Gießform für Schienenschweißung.* (**Aust. P. 236 329** vom 11/3. 1960, ausg. 30/11. 1961. D. Prior. 16/3. 1959. — C. **1962,** 7318 [D. A. S. 1 110 502].)

*2130* **Dehydag Deutsche Hydrierwerke G. m. b. H.,** übert. von: **Wennemar Strauss, Gregor Michael** und **Karl-Heinz Worms,** Düsseldorf, *Benetzungsmittel für galvanische Bäder.* (**A. P. 3 035 991** vom 28/4. 1960, ausg. 22/5. 1962. D. Prior. 2/5. 1959. — C. **1963,** 12974 [E. P. 877 146].)

*2131* **Goodyear Tire & Rubber Co.** (Erfinder: **Charles W. Taylor jun.**), Akron, Ohio, V.St.A., *Überziehen von Metallträgern mit Polyestern.* (**F. P. 1 227 920** vom 23/6. 1959, ausg. 24/8. 1960. **Jap. A. S. 3878/1961** vom 20/6. 1959, ausg. 24/4. 1961. Beide A. Prior. 22/8. 1958. — C. **1963,** 4541 [Aust. P. 231 544].)

*2132* **Soc. Continentale Parker,** Frankreich, *Nachbehandlung von dünnen Phosphatüberzügen auf Eisen und Stahl.* (**F. P. 75 478** vom 13/3. 1958, ausg. 25/10. 1961. D. Prior. 20/4. 1957. Zusatz zu F. P. 1 263 776; C. 1963, 13366. — C. **1961,** 5245 [Oe. P. 205 308].)

*2133* **Metallgesellschaft Akt.-Ges.,** Frankfurt/M., *Aufbringen einer hitzebeständigen Schutzschicht auf Metalloberflächen.* (**Niederl. P. 102 487** vom 5/6. 1958, ausg. 17/9. 1962. D. Prior. 6/6. 1957. — C. **1963,** 4521 [Aust. P. 232 037].)

*2134* **Amchem Products, Inc.** (Erfinder: **Leon Van**), Ambler, Pa., V.St.A., *Erhöhen der Korrosionsbeständigkeit von Zinkoberflächen.* (**D. A. S. 1 143 079** Kl. 48d vom 2/8. 1955, ausg. 31/1. 1963. Zusatz zu D. B. P. 975 498; C. 1962, 14692. — C. **1958,** 10204 [E. P. 773 757].)

## H₉. Organische Industrie

*2135* **Die Dehydrierung von normalen Alkanen mit Katalysatoren auf Basis von Metalloxiden im Fließbettsystem.** Y. N. Plotnikov, V. S. Smirnov, E. A. Timofeeva, V. M. Kleimenova und N. I. Shuikin. (Rev. Combustibili **16,** 423—28, 1962; Mosca, Acad. Sci., Ist. di Chim. Org.; ital.) — Die *Dehydrierung* von *n-Hexan* u. *n-Nonan* mit einem *Al/Cr-Oxidkatalysator* verläuft mit einer Olefinausbeute von 10% selektiv ohne Crack- u. Aromatisierungsreaktionen. Ein *Katalysator* aus *Al/Cr/K-Oxiden* erzielt zwar höhere Ausbeute, aber unter Bldg. von niederen Olefinen u. Aromaten. Der Katalysator K-5 bildet keine Aromaten, jedoch viel niedere Olefine. W. Holland 6582◇

*2136* **Herstellungsmethoden von α-Trihalogencarbinolen.** J. H. T. Ledrut und G. Combes. (Ind. chim. belge **27,** 635—56, 1962; Mons, Centre de la Fac. Polytechn., Inst. Interuniv. des Sci. Nucl.; franz.) — 28 Verff. zur Herst. von *α-Trihalogencarbinolen* werden angegeben. Im einzelnen sind ca. 280 Verbb. aufgeführt. — 200 Literaturangaben. W. Holland H 460◇

*2137* **Hochtemperaturpyrolyse der Butan–Butylen-Fraktion zwecks Gewinnung von Acetylen und Äthylen.** A. I. Ssubotin, P. Ss. Kogan und Ss. N. Kasarnowski. (Gas-Ind. [UdSSR] **7,** Nr. 6, 49—53, 1962; russ.) — Die Unters. der Pyrolyse einer techn. Butan-Butylen-Fraktion aus den Pyrolysegasen von hellen Erdöl-Prodd. bei 1050—1400° u. 60 bis

150 mm Hg in Ggw. von $O_2$ ergab, daß jeder Temp. eine optimale Verweilzeit des Gases in der Rk.-Zone entspricht, bei welcher die Ausbeute an *Acetylen* (I) maximal ist. Der Bldg. von I geht die Bldg. von *Äthylen* (II) voraus. Die Höchstausbeute an II wird bei einer geringeren Kontaktzeit erreicht als die maximale I-Ausbeute. Mit steigender Temp. wird bei optimaler Verweilzeit der Rk.-Prodd. in der Rk.-Zone der Umwandlungsgrad erhöht; der I-Geh. nimmt zu. Die Ausbeute an II nimmt hierbei ab. Bei 1400° u. einer Kontaktzeit von 0,0013 Sek. sind die Ausbeuten an I u. I + II mit 59,2 bzw. 79,4 Vol.-% am höchsten. Das hierbei erhaltene Gas enthält 15,3 Vol.-% I u. 5,3 Vol.-% II. O. Lebtag H 500△

*2138* **Transport, Verwendung und Umwandlung von Butan.** J. A. Ward. (Gas [Roma] **12**, 184—89, 1962; ital. — C. **1963**, 3752.) W. Holland H 510◇

*2139* **Die Oxydation von Isobutan in der flüssigen Phase.** D. E. Winkler und G. W. Hearne. (Ind. Engng. Chem., int. Edit. **53**, 655—58, 1961; Emeryville, Calif., Shell Dev. Co.; engl.) — Die *Oxydation* von *Isobutan* (III) in *fl. Phase* durch Luft in Abwesenheit von Lsgm. u. von metall. Verunreinigungen wird beschrieben. In Abhängigkeit von den Vers.-Bedingungen läßt sich in hohen Ausbeuten entweder *tert.-Butylhydroperoxid* (I) als Haupt-Prod. oder ein Gemisch von I mit *tert.-Butanol*, das in Ggw. von konz. $H_2SO_4$ zu *Di-tert.-butylperoxid* (II) umgesetzt werden kann, darstellen. Als Katalysatoren dienen I, II u. Co-Naphthenat. Der Einfl. von I u. II, der Reinigungs-Verff. des Oxydationsgefäßes u. des Co-Katalysators auf die Ausbeute u. das Mol-Verhältnis wird untersucht. Der Mechanismus der Oxydation von III wird diskutiert u. die Darst. von II beschrieben. I. Köditz H 560

*2140* **Die Gewinnung von technischem Isoamyl- und Isobutylalkohol aus Fuselöl.** W. F. Ssuchodol und P. A. Tschatzki. (Spiritus-Ind. [UdSSR] **28**, Nr. 3, 35—38, 1962; russ.) — Vor der Dest. wird das Fuselöl mit Kochsalz entwässert (15—20 g/Liter), wobei eine Vol.-Verringerung von 2—3% eintritt. Der Wasser-Geh. sinkt von 12—18 (%) auf 4—6 u. der A.-Geh. von 6—8 auf 3—5. Da das abgetrennte W. noch nicht regeneriert wird, ergibt sich ein A.-Verlust von 9—11%. Bei der Dest. gehen über: bei 82—102° die A.-Fraktion; sie enthält 70—75 (%) A., 15—20 W., 5—10 andere Alkohole; $D._4^{20}$ 0,85—0,86; bei 102° eine Zwischenfraktion, die 5—10 A., 15—20 Propanol, 35—40 Isobutanol, 30 Isoamylol, 5—8 W. enthält, $D._4^{20}$ 0,851; bei 124—130° die Isobutanolfraktion. Die ersten beiden Fraktionen werden nochmals entwässert u. dann wieder destilliert. Prodd. sind techn. Isobutanol, Isoamylol u. eine brennbare Fraktion ($D._4^{20}$ 0,845—0,860). Aus letzterer gewinnt man Propanol. Der Kesselrückstand ist eine harzige Masse aus Alkoholen, Fettsäuren u. neutralen Stoffen. I. Weber H 560◇

*2141* **Ein kontinuierlich arbeitender Reaktor zur Herstellung von Schwefelkohlenstoff.** F. Molyneux. (Ind. Engng. Chem. **54**, Nr. 7, 50—54, 1962; engl.) — An Stelle der zylinder- oder ellipsenförmigen Retorten, die gewöhnlich für die Darst. von $CS_2$ verwendet werden, empfiehlt Vf. einen Kegel von 30°, der oben einen kurzen Zylinder von 6 ft. trägt u. auf dessen Mantel zur Verbesserung des Wärmeübergangs Kreiskegelstümpfe aufgeschweißt sind. Bei einem Tagesdurchsatz von 25 Tonnen beträgt die Gesamthöhe dieser Retorte 15 feet. Sie zeichnet sich durch folgende Vorteile aus: Die Rk.-Kammern sind länger haltbar; die Abwärme kann wieder verwendet werden, der Durchsatz ist höher als bei den üblichen Retorten, u. es lassen sich billigere Rohstoffe einsetzen. Zur Erhöhung der Rk.-Geschw. ist die Retorte als Hydrocyclon ausgebildet. Der Retorte wird ein Gemisch aus pulverisierter Holzkohle u. geschmolzenem S zugeführt. Durch den Einbau eines S-Vorerhitzers läßt sich die Rk. automat. steuern. Das in den Abgasen enthaltene COS u. $H_2S$ wird katalyt. zu $CS_2$ umgesetzt. Die Theorie der Rk. wird diskutiert u. die Materialbilanz sowie die benötigte Energiemenge bei einem Tagesdurchsatz von 25 long tons $CS_2$, einer Rk.-Temp. von 850° u. einer 90%ig. Umwandlung von S zu $CS_2$ angegeben. I. Köditz H 880

---

*2142* Farbwerke Hoechst Akt.-Ges. vormals Meister Lucius & Brüning, Frankfurt/M. (Erfinder: Wilhelm Riemenschneider, Frankfurt/M., Otto-Erich Bänder, Hofheim/Taunus, und Ulrich Schwenk, Frankfurt/M.), **Regenerieren eines Katalysators zur Olefinoxydation.** Katalysator-Lsgg., die für die Herst. von *Aldehyden*, *Ketonen* oder den Aldehyden entsprechenden *Säuren* durch Rk. von Olefinen mit $O_2$ oder diesen enthaltenden Gasen im neutralen bis sauren Medium in Ggw. von W., Edelmetallchloriden u. Cu-Chlorid verwendet wurden, werden dadurch aufgearbeitet, daß man aus der Lsg. durch Einw. von Olefinen u./oder $H_2$, denen noch ungeordnete Mengen CO beigemischt sein können, unter Ausschluß wesentlicher Mengen $O_2$ das $CuCl_2$ als CuCl u. das Edelmetallchlorid als Edelmetall ausfällt. Der abgetrennte Nd. wird entweder in wss. HCl in Ggw. von $O_2$ gelöst oder in wss. HCl suspendiert der Olefinoxydation zugeführt. Während der Ausfällung der wertvollen Katalysatorbestandteile wird die Katalysator-Lsg. zweckmäßig ganz oder teilweise neutralisiert oder gepuffert. (**D. A. S. 1 143 499** Kl. 12o vom 25/10. 1957, ausg. 14/2. 1963.) A. Jahn 6583

*2143* Farbwerke Hoechst Akt.-Ges. vormals Meister Lucius & Brüning, Frankfurt/M. (Erfinder: Lothar Hörnig, Frankfurt/M., Emmerich Paszthory, Hofheim/Taunus, Otto Probst und Wilhelm Riemenschneider, Frankfurt/M., und Alfons Steinmetz, Kelkheim/Taunus-Münster), **Schutz der metallischen Teile der Aufarbeitungsanlagen für gas- und/oder dampfförmige Reaktionsprodukte aus der Oxydation von Olefinen** mit freiem $O_2$ oder diesen enthaltenden Gasen mit Hilfe eines Katalysators, bestehend aus einem Edelmetallsalz u. einem Redox-Syst., gegen die Korrosion durch eingeschleppte Metallsalzspuren aus dem Katalysator. Man bringt die den Katalysator verlassenden Gase oder Dämpfe mit Metallen bzw. Metallegierungen (Fe, Cr, Cd, Zn, Mg, Fe–C, Fe–Si, Fe–Cr, Zn–Cu, Zn–Al, Zn–Cr, Zn–Fe) mit möglichst großer Oberfläche (Späne, Siebe, Füllkörper) in Berührung, die ein elektrochem. Potential (I) von $> -1{,}7$, bes. $-1{,}7$ bis 0, u. ein I kleiner als die edelste im Katalysator enthaltene Komponente besitzen. (**D. A. S. 1 143 500** Kl. 12o vom 19/11. 1958, ausg. 14/2. 1963.) A. Jahn 6583

*2144* Farbwerke Hoechst Akt.-Ges. vormals Meister Lucius & Brüning, Frankfurt/M., **Aldehyde, Ketone und Säuren** erhält man durch Rk. von Olefinen mit $O_2$ oder $O_2$ enthaltenden Gasen im neutralen bis sauren Medium in Ggw. von W., Edelmetall-Verbb. u. Redox-Verbb., indem man beim Arbeiten in der Gasphase über lange Zeiten ein Absinken der Katalysatorleistung dadurch verhindert, daß man vorübergehend die Olefinzufuhr unterbricht u. den festen Katalysator (I) mit $O_2$, bes. in Verdünnung mit $N_2$, in Ggw. von Wasserdampf u. dampf- oder gasförmigen Säuren, bes. HCl, bes. bei erhöhter Temp. behandelt. Der bisweilen metall. glänzende I wird hierdurch, ggf. durch mehrstündige Behandlung wieder braun u. aktiv. (**D. A. S. 1 142 353** Kl. 12o vom 2/8. 1957, ausg. 17/1. 1963.) A. Jahn 6583

*2145* Farbwerke Hoechst Akt.-Ges. vormals Meister Lucius & Brüning, Frankfurt/M. (Erfinder: Emmerich Paszthory, Hofheim/Taunus, und Wilhelm Riemenschneider, Frankfurt/M.), **Aldehyde, Ketone und den Aldehyden entsprechende Säuren** erhält man durch Rk. von olefin. KW-Stoffen mit $O_2$ oder $O_2$ enthaltenden Gasen in Ggw. von W. u. neutralen bis sauren Katalysatoren, die Pd oder Pd-Salze u. Metallredoxkatalysatoren enthalten, deren Wertigkeit in red. Zustand $\geqq 1$ beträgt, indem man dem Katalysator geringe Mengen, bes. 0,01—5% bez. auf Pd, an Au- u./oder Pt-Salzen zusetzt. Dadurch wird das bisweilen eintretende Abscheiden von Pd-Spiegeln an den Gefäßwänden, vermutlich durch Bldg. von Lokalelementen, die mit $O_2$ leichter oxydiert werden können, vermieden. (**D. A. S. 1 142 594** Kl. 12o vom 29/11. 1958, ausg. 24/1. 1963.) A. Jahn 6583

*2146* Farbwerke Hoechst Akt.-Ges. vormals Meister Lucius & Brüning, Frankfurt/M. (Erfinder: Ulrich Schwenk, Frankfurt/M., und Heinz Steinrötter, Eppstein/Taunus), **Aldehyde, Ketone und Säuren,** die bei der Oxydation von Olefinen (I) mit $O_2$ in Ggw. von Katalysatoren anfallen, die Redox-Syst. u. mit den I Additions-Verbb. bzw. Komplexsalze bildende Edelmetallsalze enthalten, unter Kreislaufführung der nicht umgesetzten Gase, werden dadurch gewonnen, daß das Waschwasser, mit dem das I enthaltende Abgas vor seiner weiteren Aufarbeitung gewaschen wurde, ggf. unter Zusatz weiteren

W., verwendet wird. Dabei wirkt das im Waschwasser anwesende $CH_3Cl$ als Schleppmittel für die als Neben-Prodd. entstandenen Chlorierungs-Prodd. der Aldehyde u. Ketone, die auf diese Weise leichter entfernt werden. (**D. A. S. 1 147 569** Kl. 12o vom 27/12. 1958, ausg. 25/4. 1963.) A. Jahn 6583

*2147* Eastman Kodak Co., Rochester, N.Y. (Erfinder: Robert Hall Hasek und Edward Underwood Elam, Kingsport, Tenn.), V.St.A., **Herstellung von Alkoholen durch katalyt.** Hydrierung entsprechender Ester bei erhöhten Temp. u. erhöhtem Druck in Ggw. von pastillenförmigen Kupferchromitkatalysatoren, dad. gek., daß solche Kupferpastillen verwendet werden, die zunächst ein wasserlösl. Bindemittel enthalten, das vor Verw. des Katalysators durch Auslaugen mit W., gefolgt von im wesentlichen vollständigem Entziehen des W., entfernt wird. Rk.-Temp. 100 bis 350°, Rk.-Druck 50—500 at. Vorteilhafte Katalysator-Zus.: 30—80 (Gew.-%) CuO, Cr entsprechend 15—55 $Cr_2O_3$, Ba entsprechend 0—15 BaO u. 2—25 Bindemittel, bes. Na-Silicat. — Es werden hergestellt: *1.4-Cyclohexandimethanol*; *1.6-Hexandiol* u. *Octadecylalkohol*. (**D. A. S. 1 144 703** Kl. 12o vom 6/10. 1960, ausg. 7/3. 1963.) G. König 6585

*2148* Diamond Alkali Co., Cleveland, Ohio (Erfinder: John L. Eisenmann, Braintree, und Raymond L. Yamartino, Wayland, Mass.), V.St.A., **Herstellung von Aldehyden durch die Oxosynthese.** *Aldehyde*, prakt. ohne eine Spur von Alkoholen, erhält man durch Rk. von Olefinen mit CO + $H_2$ in Ggw. von $Co_2(CO)_8$ (I) u. in Ggw. von wenigstens äquimol. Mengen eines aromat. Phosphits (II) [Triphenylphosphit (III), Bis-(p-tolyl)-phenylphosphit, Diphenylphosphite, Trinaphthylphosphit] oder von Koordinations-Verbb. von II [Bis-(triphenylphosphit)-chromtetracarbonyl]. Bevorzugt wird ein Verhältnis II:I von 4:1 angewendet. — 0,5 Mol Cyclohexen in 300 ml Bzl., 2 g I u. 8 g III werden im Autoklav mit CO + $H_2$ (1:1) bei 250 at 2 Std. auf 190° erhitzt u. in 67%ig. Ausbeute *Cyclohexancarboxaldehyd* ohne den entsprechenden Alkohol erhalten. (**D. A. S. 1 146 485** Kl. 12o vom 20/4. 1961, ausg. 4/4. 1963. A. Prior. 21/4. 1960.) A. Jahn H 460

*2149* Shell Research Ltd., London, England (Erfinder: Robert Robinson und Gordon Ian Fray), **Diensynthesen** zwischen einem 1.4-Diolefin u. einer dienophilen Verb. mit der Gruppierung $CH_2{=}CH{-}CO{-}$ (z. B. Acrylsäure, Acrolein, Methylvinylketon) in Ggw. eines inerten Lsgm. (Bzl., Isooctan, n-Hexan, Xylol) werden dad. verbessert, daß man sie in Ggw. von Al, Al-Alkylen, Fe-, Zn-, B-, Sn-, Ti-, Bi-, Sb- oder Zr-Halogeniden oder deren Gemischen durchführt. — Z. B. fügt man 9,9 (Vol.) $Al(C_2H_5)_2Cl$ unter Rühren zu einer Lsg. von 4,4 $TiCl_4$ in 200 Isooctan, filtriert den braunen Nd. nach 1 Std. ab, wäscht ihn mit Isooctan, suspendiert ihn in 1000 Bzl., leitet in 100 einer solchen Katalysatorsuspension 1 Std. lang Butadien (I) bei Raum-Temp. ein, fügt 4 Gew.-Teile frisch dest. Acrolein zu, setzt das Einleiten von I 2 Std. lang fort, fügt Methanol u. W. zu, extrahiert mit Ae., dampft die getrocknete Ae.-Extraktion ein u. erhält *1-Cyclohexen-4-al*, $Kp._{15}$ 54—57°; (Ausbeute) 22%. — Analog erhält man aus: I u. Methylvinylketon (II) ($SnCl_4$) → *4-Acetyl-1-cyclohexen*, $Kp._{20}$ 78—79°; 73%. — II u. Acrylsäure ($TiCl_4$) → *1-Cyclohexen-4-carbonsäure*, $Kp._{19}$ 130—133°; 44%. — Anthracen u. II ($TiCl_4$) → *9.10-Acetyl-endoäthylen-9.10-dihydroanthracen*, farblose Rhomben aus A., F. 149,5—151°; 46%. — 2.3-Dimethyl-I u. II (wasserfreies $ZnCl_2$) → *4-Acetyl-1.2-dimethyl-1-cyclohexen*, farblose Fl., $Kp._{22}$ 109—110°; 16%. — Das Verf. bietet den Vorteil, das Arbeiten bei hohen Temp. u. Drucken zu vermeiden. (**E. P. 835 840** vom 6/3. 1958, ausg. 25/5. 1960.) R. Hauß H 460

*2150* Th. Goldschmidt Akt.-Ges. (Erfinder: Erich Ruf), Essen, **Herstellung von Alkylhalogeniden** aus Alkylestern anorgan. Säuren u. anorgan. Halogeniden, dad. gek., daß Phosphorsäuretrialkylester mit Metallhalogeniden oder Ammoniumhalogenid bei 100—210° umgesetzt werden. — 114 g $SbCl_3$ werden mit 70 g Phosphorsäuretrimethylester 2 Std. lang auf 180° erhitzt, wobei $CH_3Cl$ abgeht, das in einer Ausbeute von ca. 97% erhalten wird. Weitere Beispiele beschreiben die Rk. von Phosphorsäurealkylestern mit $SbBr_3$, $ZrCl_4$, $SbCl_5$, Cerchlorid, $NH_4Cl$, KCl, $CuCl_2$, $FeCl_3$, $BaCl_2$, NaCl, KBr, $AlBr_3 \cdot 6\,H_2O$, $SbJ_3$, KJ u. $SbF_3$. (**D. A. S. 1 144 250** Kl. 12o vom 14/1. 1961, ausg. 28/2. 1963.) J. Mühleisen H 510

*2151* K. A. Petrow, N. K. Blisnjuk und Ju. N. Studnew, **Herstellung von Alkylhalogeniden** aus sauren Pyrophosphorsäureestern u. Alkalihalogeniden unter Erwärmen u. kontinuierlicher Abdest. des Endprod. nach $RO(HO)P(O){-}O{-}P(O)(OH)OR + 2\,MeX \rightarrow 2\,RX + MeO(HO)P(O){-}O{-}P(O)(OH)OMe$ (R = Alkyl; X = Cl, Br oder J; Me = Alkalimetall). Dabei tritt der Pyrophosphorsäureester lediglich intermediär auf, indem man z. B. n-Butanol u. NaBr im Verhältnis 2:2,1 zusammengibt u. in kleinen Portionen pro Mol Alkohol 0,5 Mol $P_2O_5$ zugibt. Beim Erwärmen dest. *n-Butylbromid*, Kp. 100—101°, ab. (**UdSSR. P. 124 426** vom 31/3. 1959.) B. Pankow H 510

*2152* Allied Chemical Corp., New York, N.Y. (Erfinder: Ronald Harold Neill, Montclair, Richard Francis Sweeney, Dover, und Cyril Woolf, Morristown, N.J.), V.St.A., **Herstellung von hochfluorierten Propanen,** dad. gek., daß 1.1.1.2.3.3.3-Heptafluorpropan (I) in Ggw. von Aktivkohle (II) auf 500—700°, bes. auf 500—600°, bei einer Kontaktzeit zwischen 5 u. 40 Sek., erhitzt wird. — Während 2½ Std. werden 2,65 Mol I in Dampfform durch ein mit II-Granalien versehenes Ni-Rohr bei 545° u. einer Kontaktzeit von 23 Sek. geleitet, wobei man bei der Aufarbeitung 0,41 (Mol) *Oktafluorpropan*, $CF_3CF_2CF_3$, Kp. −38°, 0,04 *Hexafluorpropen*, $CF_3CF{:}CF_2$, Kp. −31°, 0,72 I, Kp. −17 bis −18°, 0,53 *2-Trifluormethylhexafluorpropan*, Kp. 10—13°, neben nicht identifiziertem Material, Kp. ca. 20°, erhält. (**D. A. S. 1 145 160** Kl. 12o vom 22/3. 1961, ausg. 14/3. 1963. A. Prior. 22/3. 1960.) J. Mühleisen H 510

*2153* Allied Chemical Corp., New York, N.Y. (Erfinder: Richard Francis Sweeney, Dover, und Cyril Woolf, Morristown, N.J.), V.St.A., **Herstellung von 1.1.1.2.2.3.3-Heptafluorpropan** (I) durch Rk. von 1.1.1.-2.3.3-Hexafluorpropen-(2) (II), Kp. −29°, mit HF, dad. gek., daß die Rk. in der Gasphase, in Abwesenheit von W., in Ggw. von Aktivkohle (III) als Katalysator u. bei einer Temp. von 250—450° durchgeführt wird. Zweckmäßig wird ein Mol-Verhältnis von HF zu II zwischen 1:1 u. 3:1 angewandt u. bei Temp. zwischen 372 u. 425° gearbeitet. — Ein Gemisch von 4,4 (Mol) HF u. 1,85 II wird im Verlauf von 120 Min. durch ein mit III-Granalien versehenes Ni-Rohr bei 300—306° u. einer Kontaktzeit von 8 Sek. geleitet. Bei der Aufarbeitung des Prod. erhält man 1,86 Mol I, Kp. −16 bis −17,5°. — *Treibmittel* u. *gasförmiges Dielektrikum*. (**D. A. S. 1 145 159** Kl. 12o vom 22/3. 1961, ausg. 14/3. 1963. A. Prior. 22/3. 1960.) J. Mühleisen H 510

*2154* California Research Corp., San Francisco, Calif., V.St.A., **Dehydrierungskatalysator, besonders zur Dehydrierung aliphatischer Kohlenwasserstoffe** mit 2—5 C-Atomen zu *Olefinen* u. *Diolefinen*, besteht aus $Al_2O_3$-Gel als Träger, auf den 0,025—3 (%) $K_2O$, $Li_2O$ oder $Rb_2O$ oder deren Mischungen u. 3—40 Cr- u. Mo-Oxid oder deren Mischungen aufgebracht sind u. dessen Oberfläche 30—100, bes. 50—80 $m^2$ je g beträgt. Der Katalysator wird bei Temp. über 1400, bes. 1600—1700° F mehrere Std. calciniert. — Butan → *Butene* u. *Butadien*. Der Katalysator ist auch zum *Cracken*, *Isomerisieren* u. zur *reformierenden Dehydrierung* von KW-Stoffen geeignet u. läßt sich leicht durch Abbrennen der Ablagerungen wiederbeleben. (**E. P. 839 813** vom 30/6. 1958, ausg. 29/6. 1960. A. Prior. 28/6. 1957.) G. Krauß H 520

*2155* California Research Corp., San Francisco, Calif., V.St.A., **Reine α-Olefine mit 10—20 C-Atomen,** die <2% andere Olefine enthalten, entstehen durch Cracken von solchen KW-Stoffen, bei denen das Verhältnis des F. zur Brechzahl der Gleichung B = 4400 X−Y entspricht (Y = F. von 110—160° F; X = $n_D$ bei 80° C u. B = 6144,5 ± 7,5) im Gaszustand bei 950—1175, bes. 1000—1050° F, u. höchstens 100 lbs./sq.in. u. einer Verweilzeit von 5—30, bes. 7—15 Sekunden. Die Raum-Geschw. beträgt 1—3 Vol. je Vol. Crackraum je Stunde. Die entstandenen Rk.-Gase können durch fraktionierte Dest. in die einzelnen Olefinfraktionen zerlegt werden. — Tabelle. (**E. P. 848 385** vom 19/12. 1958, ausg. 14/9. 1960. A. Prior. 23/12. 1957.) G. Krauß H 520

*2156* Phillips Petroleum Co., übert. von: Clifford E. Smith, Bartlesville, Okla., V.St.A., **Lösungen von Hydroxyalkylamin + Kupfersalzen,** wie sie zur *Trennung von Olefingemischen* verwendet werden, werden in ihrer Wärmebeständigkeit durch Zugabe von $NH_4OH$ oder Ammoniumsalzen verbessert. Zu Lsgg. der üblichen Zus., die 40—60 Gew.-% eines Hydroxyalkylamins mit 1—4 C-Atomen, 10 bis 35 Gew.-% W., 8—15% $Cu^+$-Ionen u. 0,1—20% $Cu^{2+}$-Ionen enthalten, werden 5—100 Mol $NH_4OH$, $NH_4Cl$, $NH_4NO_3$ oder $NH_4OOCCH_3$ auf 100 Mol Cu gegeben. Bevorzugt verwendet werden Monoäthanolamin, $CuNO_3$, $CuCl_2$ u. $NH_4NO_3$. **(A. P. 2 943 060** vom 25/8. 1955, ausg. 28/6. 1960.) A. Kalix H 520

*2157* Minnesota Mining & Mfg. Co., St. Paul, Minn., übert. von: William T. Miller, Ithaca, N.Y., V.St.A., **Herstellung von Perfluorhalogenolefinen** durch Ersatz eines Halogenatoms X (Cl, Br oder J) durch F u. ggf. Umlagerung der Doppelbindung. Man setzt ein Perfluorhalogenolefin mit einem Alkalifluorid (LiF, NaF, KF, RbF CsF) im Überschuß in Ggw. eines wasserlösl. Lsgm. (A., $CH_3OH$, Propanol, Dioxan, 1.2-Dimethoxyäthan, Äthylenglykol, Glycerin, 1.2- oder 1.3-Propylenglykol, Aceton, Methyläthylketon, fl. HF, Formamid, Acetamid, Propionamid, Acetonitril, Nitromethan oder -äthan, Methyl- oder Äthylcyanid) bei —10° bis 200°, bes. 5—100° oder 25—75°, um u. filtriert den entstandenen Nd. ab, der durch Waschen mit W., fraktionierte Dest. usw. aufbereitet wird. — Man erhält so aus $CF_2 = CF \cdot CF_2Cl$ $CF_3CF = CF_2$, Kp. —30° bis —24°, welches zu $CF_3CFBr \cdot CF_2Br$, $Kp._{728}$ 71°, $n_D^{20}$ 1,3587 bromiert werden kann. — 1.4-Dichlorperfluorbuten-(2) → Gemisch von *Perfluorbuten-(2)* u. *1-Chlorperfluorbuten-(2)*. — $CF_2 = CXCCl_3$ mit LiF in Formamid → $CF_3CX = CCl_2$. — $CF_2 = CClCF_2Cl$ mit KF in Nitromethan → $CF_2 = CClCF_3$. — $CF_2 = CFCFCl_2$ mit LiF in 1.2-Dimethoxyäthan → $CFCl = CFCF_3$. — $CF_2ClCF = CF \cdot CF_2CF_3$ mit KF in Acetonitril/Formamid → $CF_3CF = CFCF_2 \cdot CF_3$. — Geeignet als *Dielektrika, Kühlmittel, Schmiermittel, Insekticide* u. zur *Herst. von Polymerisaten* sowie Schutzüberzügen. **(A. P. 2 842 603** vom 4/3. 1955, ausg. 8/7. 1958.) W. Gräger H 520

*2158* Allied Chemical Corp., N.Y., übert. von: Charles B. Miller, Lynbrook, N.Y., und Lee B. Smith, Woodbridge, N.J., V.St.A., **Herstellung von 1.1.2-Trifluor-2-chloräthylen.** Man führt ein Gemisch aus $H_2$ u. dampfförmigem $CF_2Cl—CFCl_2$ bei 325—425°, bes. 350—400°, durch eine Rk.-Zone, die mit auf $Cr_2O_3$ niedergeschlagenem Ni oder Cu beschickt ist. Dieser Katalysator wird zweckmäßig dadurch hergestellt, daß man die Hydroxide von Cr u. Ni oder Cu aus deren Nitrat-Lsg. gemeinsam mit KOH fällt, filtriert, wäscht, trocknet, zu Kugeln u. dgl. formt u. bei erhöhter Temp. in der Rk.-Zone mit $H_2$ oder dessen Gemisch mit $N_2$ behandelt. Der so hergestellte Katalysator kann ggf. noch $CaF_2$ enthalten. Das $CF_2 = CFCl$ enthaltende Rk.-Gemisch wird zur Entfernung des gebildeten HCl mit W. oder wss. KOH gewaschen u. unter Abkühlung auf 0° vom nicht umgesetzten $CF_2Cl—CFCl_2$ getrennt. Bei weiterer Kühlung auf —78° wird ein im wesentlichen aus $CF_2 = CFCl$ bestehendes festes Prod. erhalten, das durch fraktionierte Dest. gereinigt wird. **(A. P. 2 864 873** vom 16/3. 1954, ausg. 16/12. 1958.) W. Gräger H 520

*2159* Minnesota Mining & Mfg. Co., St. Paul, Minn., übert. von: John S. Rearick, Dover, und Robert P. Schaaf, East Orange, N.J., V.St.A., **Reinigen von Trifluorchloräthylen,** welches geringe Mengen $CH_3OH$ oder A., $C_2HF_3$, Difluorvinylchlorid u. $CFCl_3$ als Verunreinigungen von der Dechlorierung von $C_2F_3Cl_3$ enthält. Man wäscht das dampfförmige Destillat zur Entfernung des Alkohols mit W., trocknet z. B. mit $CaSO_4$, entfernt in der 1. Dest.-Zone Trifluoräthylen u. gewinnt in der 2. Dest.-Zone als Überkopffraktion $C_2F_3Cl$ frei von Verunreinigungen. — Verf.-Schema. **(A. P. 2 831 901** vom 31/10. 1955, ausg. 22/4. 1958.) W. Gräger H 520

*2160* Distillers Co. Ltd., Edinburgh, Schottland (Erfinder: Frederick James Bellringer und Henry Peter Crocker), **Herstellung von 3.4-Dichlorbuten-(1)** (II) durch Chlorierung von n-Buten enthaltendem Butadien-(1.3) mit $Cl_2$ in der Dampfphase bei erhöhter Temp. (300—500°, bes. 330—420°) u. einem Mol-Verhältnis von mindestens 1:1, es ist jedoch wirtschaftlicher, mit einem Überschuß von KW-Stoffen zu arbeiten. Zweckmäßig werden die Rk.-Komponenten vorher erhitzt u. wird die Chlorierung in Ggw. von 5—50% eines inerten Gases oder Verdünnungsmittels ($N_2$, HCl) durchgeführt. Das aus Dichlorbutenen u. Dichlorbutanen bestehende Rk.-Prod. wird, zweckmäßig nach Entfernung von Butadien u. anderen niedrig sd. Verbb. u. ggf. nach Abtrennung von 1.4-Dichlorbuten-(2) (I), ohne oder in Ggw. von Katalysatoren [$BF_3$, Cu oder dessen Salze, wie CuCl, $CuCl_2$, CuO, $CuCO_3$, $Cu_2SO_3$, CuS, $CuSO_4$, $Cu(NO_3)_2$, CuSCN, $Cu_3(PO_4)_2$, $CuSeO_4$, Cu-Acetat, -Tartrat, -Stearat oder -Lactat oder Chloride von Fe, Ti, Zn oder Al] zwecks Isomerisierung von II zu I unter Rückfluß erhitzt (121 bis 131,5°), worauf das gebildete I abgetrennt u. durch Dest. in Ggw. eines Katalysators (bes. CuCl) zu II zurückisomerisiert wird. **(E. P. 800 787** vom 22/6. 1956, ausg. 3/9. 1958. **Zusatz zu E. P. 798 393; C. 1962, 7333.)** W. Gräger H 520

*2161* N. K. Schewljagina, I. Ja. Tjurjajew, A. N. Buschin und T. M. Troizkaja, **Herstellen von Divinyl** im kontinuierlichen Prozeß unter Rückführung nichtumgesetzter Ausgangsstoffe. Man dehydriert bei normalem Druck mit $H_2$ verd. Butan/Butylen-Gemisch (mit 40—45% Butylen) bei 630—650° u. einer Geschw. von 100 Liter/Std., entfernt nach Abkühlung die schweren KW-Stoffe durch Kondens., die nichtkondensierbaren durch Absorption u. zum Schluß das *Divinyl*, worauf man das Restgas zur Wiedereinführung in den Prozeß aufbereitet. **(UdSSR. P. 123 958** vom 29/9. 1950.) B. Pankow H 520

*2162* W. N. Dworjantschikowa und N. W. Shirnowa, **Trennung von Gemischen aus Äther und Kohlenwasserstoffen,** wie sie bei der Kontaktspaltung von Äthylalkohol zu *Divinyl* nebenher anfallen. Man behandelt solche Rückstände, z. B. aus 45% Ae. u. 55% KW-Stoffen, nacheinander bei normaler Temp. mit 2 nicht mischbaren Lsgm., z. B. wss. A. u. Kerosin (Kp. 180—200°), wobei man Ae. gewinnt, verunreinigt mit 0,27—0,8% KW-Stoffen u. 0,1% A., u. KW-Stoffe mit einer Verunreinigung von 1,4—2% Äther. **(UdSSR. P. 122 278** vom 21/3. 1958.) B. Pankow H 520

*2163* K. A. Tscherwinski und P. A. Ssuchopar, **Gewinnung von Vinylchlorid** durch katalyt. Dehydrochlorierung von Dichloräthan (I) in Ggw. inerter Verdünnungsgase unter Verw. von überhitztem Dampf als Wärmeüberträger. Auf 370—380° erhitztes I, W. u. $CO_2$ von 600—650° werden im Gew.-Verhältnis 1:3:1 in die Rk.-Zone geführt, deren Temp. bei 360—380° gehalten wird; der Umsatz beträgt 70%. Herst. des Katalysators: Feuchtes großporiges Silicagel wird mit der Lsg. von 23 (g) $Na_2SiF_6$ u. 10 KF in 1 Liter W. 15 Min. gekocht u. danach 5 Std. bei 70° u. 2 Std. bei 120° getrocknet. — Verf.-Schema. **(UdSSR. P. 127 659** vom 25/5. 1959.) L. Großner H 520

*2164* National Distillers & Chemical Corp., übert. von: Charles E. Frank und Irving L. Mador, Cincinnati, Ohio, V.St.A., **Herstellung von Dichlorderivaten von Dimeren konjugierter Diene,** wie Isopren, Methylpentadien-(1.3), Dimethylbutadien u. bes. Butadien. In einem Redox-Syst. (Peroxid u. reduzierend wirkendes Metallsalz, wie $FeCl_2$ u. $TiCl_3$) werden in Ggw. eines geeigneten Lsgm. (Keton oder tert. Alkohol) unter gleichzeitiger Dimerisation 2 Cl-Atome an 2 Moll. eines konjugierten Diens angelagert. — So werden 2 (Äquivalente) Butadien, in Aceton gelöst, mit 1 $H_2O_2$ (30%ig. wss. Lsg.) u. 1 $TiCl_3$ (20%ig. wss. Lsg., die mit HCl [1,5 Mol HCl auf 1 Mol $TiCl_3$] angesäuert ist) bei ca. 10° zur Rk. gebracht. Man erhält neben 1.4- u. 1.2-Dichlorbuten *Dichloroctadiene*, $Kp._{0,05}$ 48—54°, die als Zwischenprodd., z. B. zur *Herst. von Polyamiden*, verwendbar sind. **(A. P. 2 832 809** vom 4/4. 1955, ausg. 29/4. 1958.) W. Gräger H 520

*2165* Texaco, Inc., Del., übert. von: Samuel P. Dikkens, Poughkeepsie, N.Y., V.St.A., **Herstellung von Acetylen und Erdölkoks.** Man leitet feinverteiltes $CaC_2$ in eine W.-in-Schweröl-Suspension bei 100—230° F ein. Wasserhaltiges $C_2H_2$ entweicht u. die W.-in-Öl-Suspension, enthaltend $Ca(OH)_2$-Teilchen, wird auf 800—1500° F erhitzt, damit die flüchtigen KW-Stoffe abziehen. Der Rückstand wird bei 150° ausgedämpft u. die $Ca(OH)_2$-Ölkoks enthaltende Masse bei 1800—2400° F verkokt, die erhaltene Masse zur $CaC_2$-Herst. verwendet. — Skizze. **(A. P. 2 944 960** vom 11/3. 1957, ausg. 12/7. 1960.) G. König H 530

*2166* Badische Anilin- & Soda-Fabrik Akt.-Ges. (Erfinder: Helmut Nonnenmacher, Ludwigshafen/Rh.-Otto Jenkner, Mannheim, und Richard Sinn, Ludwigshafen/Rh.), **Acetylen** erhält man durch therm. Spaltung von fl. KW-Stoffen, bes. Roherdölen, mit zur voll, ständigen Verbrennung unzureichenden Mengen $O_2$ u. Abschrecken der entstandenen Rk.-Prodd. mit Öl. In einem gemeinsamen freien Raum wird mit Hilfe eines Brenners ein Teil der bei der Spaltung entstandenen u. zurückgeführten rußhaltigen, fl. Prodd. mit $O_2$, der auch mit $N_2$, $CO_2$ u. bes. Wasserdampf verd. sein kann, in bekannter Weise umgesetzt; dem Strahl der dadurch gebildeten heißen Rk.-Prodd. werden seitlich zunächst ein oder mehrere Strahlen der zu spaltenden KW-Stoffe u. anschließend zur Abschreckung des Rk.-Gemisches ein oder mehrere Strahlen von im Kreislauf geführten, rußhaltigen, fl. Spalt-Prodd. zugeführt, wobei die seitlich eingeführten Strahlen einen solchen Staudruck haben, daß sie in den Strahl der Rk.-Prodd. eindringen u. sich mit diesem weitgehend mischen, wobei die Menge der zu spaltenden KW-Stoffe 3—1, bes. 2,5—1,5, kg je 1 $Nm^3$ $O_2$ beträgt u. die Menge der im Kreislauf geführten u. zur Abschreckung des Rk.-Gemisches verwendeten rußhaltigen, fl. Spalt-Prodd. so bemessen ist, daß das Rk.-Gemisch auf $<500^0$ abgeschreckt wird. Die Flammen im Rk.-Raum sollen bes. von unten nach oben gerichtet sein. Die Innenwände werden von oben her mit rußhaltigen, fl. Spalt-Prodd. gespült. Die bei der Spaltung entstandenen $>85^0$ sd. Prodd. werden in einer Menge von 30—50% der zu spaltenden KW-Stoffe in den Brenner zurückgeführt. Der Strahl der entstandenen heißen Rk.-Prodd. hat vor der Durchmischung 1200—2800, bes. 1800—2200°, u. nach der Durchmischung mit den zu spaltenden KW-Stoffen 800—1600, bes. 1000 bis 1400°. Das Abschrecken der Spalt-Prodd. erfolgt auf ca. 100—500°. — Die Spaltdauer beträgt z. B. ca. 0,002 Sek.; aus 25 kg Rohöl entstehen 43 $Nm^3$ Spaltgase, die 11% Acetylen, 4,5% Olefine u. als Rest CO u. $H_2$ enthalten. — Vorr. Zeichnungen. (**D. A. S. 1 144 260** Kl. 12o vom 10/12. 1960, ausg. 28/2. 1963.) G. Krauß H 530

*2167* General Aniline & Film Corp., New York, N.Y. (Erfinder: Otto Friedrich Hecht, Easton, Pa.), V.St.A., **Katalysator zur Herstellung von Alkinolen und Alkindiolen** durch Rk. von Aldehyden oder Ketonen mit Acetylenen, in Ggw. von Cu- oder ggf. noch Bi-Oxid auf einem kieselsäurehaltigen Träger. Dieser wird dadurch hergestellt, daß man ein Gemisch aus Kaolin u. einem wasserlösl. synthet. organ., polymeren Bindemittel (Polyacryl-, Algin-, Pektinsäure, Polyvinylmethyläther, Methylcellulose, deren wasserlösl. Salze) zu Formkörpern verarbeitet, aus diesen das Bindemittel ausbrennt, den Kaolin durch Erhitzen an der Luft auf 800—850° in Montmorillonit u. diesen bei 1000 bis 1200° in Mullit überführt, wodurch die Festigkeit des Katalysators erhöht, dessen Lebensdauer verlängert u. die Cupren-Bldg. verringert wird. — 1000 (Teile) Kaolin, $Al_2O_3 \cdot 2 SiO_2 \cdot 2 H_2O$, werden mit 500 30%ig. wss. Polyvinylmethyläther gemischt, die Mischung wird zu Formkörpern von ca. 4 mm Ø u. ca. 5—6 mm Länge verpreßt. Diese werden dann bei 80—90° getrocknet, 5 Std. auf 800—850° erhitzt, wodurch Montmorillonit, $Al_2O_3 \cdot 4 SiO_2$, entsteht u. das Bindemittel ausgebrannt wurde; daraus entsteht bei 1080° Mullit, $3 Al_2O_3 \cdot 2 SiO_2$. Dieser Träger wird dann mit wss. $CuNO_3$ u. $Bi(NO_3)_3$ getränkt, bei 80° getrocknet u. dann 36 Std. auf 500° erhitzt. — Vgl. E. P. 807 581; C. **1962,** 10636. (**D. A. S. 1 075 593** Kl. 12o vom 22/12. 1955, ausg. 18/2. 1960. A. Prior. 30/12. 1954. **Zusatz zu D. A. S. 1 013 279; C. 1958, 1141.**) G. Krauß H 550

*2168* Bergwerksgesellschaft Hibernia Akt.-Ges., Herne (Erfinder: Ermbrecht Rindtorff, Recklinghausen, und Wilhelm Ester, Herne), **Herstellung von Alkoholen** durch Hydratation von Olefinen in der Gasphase unter Rückführung der nach Abtrennung des Rk.-Prod. verbleibenden Gase in die Hydratationsstufe nach Abscheidung darin enthaltener Verunreinigungen, dad. gek., daß man das die Hydratationsstufe verlassende Gasgemisch vor der Rückführung mit einem Lsgm. zur Abscheidung der Verunreinigungen wäscht u. das mit Lsgm. gesätt. Gas durch Wasserwäsche vom Lsgm. befreit. — Skizze. (**D. A. S. 1 142 590** Kl. 12o vom 8/3. 1961, ausg. 24/1. 1963.) G. König H 560

*2169* A. Je. Akopjan, M. B. Ordjan, Ss. P. Ekmekdshjan und K. L. Chudojan, **Herstellung von n-Butanol und n-Hexanol** durch 1—10 std. Hydrieren von γ-Chlorcrotonalkohol (I) bzw. 3-Chlorhexadien-(2.4)-ol-(1) (II) in Lsg. der entsprechenden Alkohole oder in $CH_3OH$ mit Raney-Ni in Ggw. der zur Bindung des freigesetzten HCl erforderlichen Menge Alkali bei 50—120° u. 5—150 at. — 53,5 (g) I, 23 NaOH, 120 ml $CH_3OH$ u. 1 Raney-Ni werden 10 Std. bei 90° mit 100 at $H_2$ hydriert; Ausbeute 95%. — 66,2 II, 23 NaOH, 300 ml $CH_3OH$ u. 1 Raney-Ni werden 1 Std. bei 24° mit 8 at $H_2$ hydriert; 95%. — Die Ausgangs-Prodd. werden erhalten durch alkal. Verseifung von Dichlorbuten bzw. katalyt. Hydrochlorierung von Divinylacetylen u. Verseifung des erhaltenen Dichlorhexadiens. (**UdSSR. P. 127 647** vom 27/6. 1959.) L. Großner H 560

*2170* E. D. Kornewa und A. I. Rybnikowa, **Herstellen von Äthylen- und Diäthylenglykolmonoalkyläthern,** wobei man zur Herabsetzung der Explosionsgefahr das Äthylenoxid gasförmig in den entsprechenden Alkohol leitet, in Ggw. von festem KOH als Katalysator. — 88 (g) Äthylenoxid leitet man in 20 Std. in 64 Methanol u. 1,56 82%ig. KOH u. hält die Selbsterhitzung bei $<80^0$. Aus 4 Fraktionen erhält man 91,4% *Äthylenglykolmonomethyläther,* Kp. 124—125°, u. 45,4% *Diäthylenglykolmonomethyläther,* Kp. 193—194°. (**UdSSR. P. 124 429** vom 16/3. 1959.) B. Pankow H 570

*2171* D. M. Rudkowski, M. M. Ketzlach und F. A. Eppel, **Extraktion mehrwertiger Alkohole aus wässerigen Lösungen,** bes. aus Rk.-Lsgg. der alkal. Kondens. höherer aliphat. Aldehyde mit $CH_2O$, mit Gemischen von schwach polaren Stoffen mit polaren Lsgm., bes. Toluol (I)–Isobutanol (II); Dichloräthan (III)–II u. $ClCH{:}CCl_2$ (IV)–II. Die optimalen Mischungen sind für Trimethyloläthan: 70 (%) I u. 30 II oder 85—87 III u. 15—13 II oder 85 IV u. 15 II; für Dimethyldimethylolmethan: 93—95 III u. 7—5 II; für Trimethylolpropan: 54 I u. 46 II oder 91 III u. 9 II oder 85 IV u. 15 II. — Vorrichtung. (**UdSSR. P. 127 648** vom 29/7. 1959.) L. Großner H 580

*2172* Helmuth Pobloth und Werner Winzer, Deutschland, **Reinigung von Trimethylolpropan (I)** durch Hydrieren des durch Kondens. von Butyraldehyd (II) mit $CH_2O$ (III) in Ggw. von Alkali- oder Erdalkalihydroxiden erhaltenen Rohprod. bei 20—200°, bes. 100—150°, u. 1—250, bes. 100—200 at, u. Fraktionierung des vor oder nach der Hydrierung entwässerten u. von Formiaten befreiten Produktes. — 3520 (g) der Rk.-Lsg. von 650 II, 2700 30%ig. III u. 330 $Ca(OH)_2$ werden in Ggw. von 100 Ni-Mo-Sulfid-katalysator 3 Std. bei 150° u. 100 at $H_2$ hydriert. Nach Abtrennen vom Katalysator wird eingeengt, Formiat entfernt u. im Vakuum fraktioniert: 870 Hauptprod., Kp. 130—145°, mit 96,5% I, frei von Formiat, Estern u. Carbonyl-Verbb., u. 110 Vorlauf, Kp. 120—130°, mit 70% I u. Estern. (**UdSSR. P. 125 552** vom 3/3. 1959.) L. Großner H 580

*2173* Heyden Newport Chemical Corp., New York, N.Y. (Erfinder: Henri Sidi, Paramus, N.J.), V.St.A., **Herstellung von Dipentaerythrit und anderen Dineopentylalkoholen,** dad. gek., daß man den mehrwertigen Alkohol mit einer aliphat. Carbonsäure teilweise verestert, den Teilester teilweise veräthert, bis ca. 0,1—0,4 Mol Äther-Bldg.-Wasser je Mol Teiläther entwickelt worden sind, wobei sich eine Mischung von Estern des mehrwertigen Alkohols u. des Dimeren des mehrwertigen Alkohols bildet, die Estermischung mit einem einwertigen Alkohol umestert u. den entstandenen Dipentaerythrit oder anderen Dineopentylalkohol isoliert. Der Teilester wird bei 150—210° u. einem abs. Druck von 10—150 mm Hg veräthert. Die Veresterung wird vorteilhaft mit Essigsäureanhydrid ausgeführt. Als Umesterungskatalysator wird Salzsäure verwendet. Dipentaerythrit, Ditrimethyloläthan u. andere Neopentylätheralkohole werden zur Herst. von synthet. trocknenden Ölen u. als Überzugsmassen verwendet. (**D. A. S. 1 143 498** Kl. 12o vom 18/6. 1960, ausg. 14/2. 1963. A. Prior. 19/6. 1959.) G. König H 580

*2174* Ciba Akt.-Ges., Basel, Schweiz (Erfinder: Angus John Duke, Gt. Shelford, Cambridge, Lawrence Stewart Ainslie Smith, Royston, Herts., David Guy Large, Hadstock, Reginald Francis Webb, Cambridge, England), **Diäther oligomerer Oxymethylenglykole** der allg. Formel $R—O—(CH_2O)_x—R$ (R = Rest einer aliphat., cycloaliphat. oder araliphat. Monohydroxy-Verb. der allg. Formel R—OH, der mindestens eine olefin. Doppelbindung, ein Halogen, eine Nitril-, $NO_2$-, Ester-, Thioester- oder Imidgruppe enthält; x = ganze Zahl von 2—6) erhält man dadurch, daß man HCHO oder diesen [abspaltende

Verbb. (Paraformaldehyd) mit einer alkohol. Monohydroxy-Verb. der allg. Formel R—OH auf den Kp. des Rk.-Gemisches, jedoch auf eine 200° nicht übersteigende Temp., bes. auf 25—150° in Ggw. von $J_2$, Halogeniden des $NH_4$, Li, Be, Mg, Ca, B, Al, Ga, Si, Ge, Sn, Bi, Ti, V, Cr, Mn, Fe, Co, Ni, Cu, Zn, Hg oder Th oder $VOCl_3$ oder mehrbas. Säuren mit $pK_s < 4$ u. bes. $< 1$ oder von solchen Säuren abgeleiteten sauer reagierenden Verbb. ($NaHSO_3$, $Al_2[SO_4]_3$, $Fe_2[SO_4]_3$, P-Halogenide, saure Ionenaustauscher) erhitzt u. gleichzeitig das in der Ausgangsmischung vorhandene oder während der Rk. entstandene W. fortlaufend aus dem Rk.-Gemisch, bes. durch azeotrope Dest. in Ggw. eines Schleppmittels (umzusetzender Alkohol, Methylendichlorid, Chlf., $CCl_4$, Bzl., Petroleumfraktion mit Kp. 25—150°) entfernt. Die Katalysatormenge beträgt ca. 0,01—25%, bezogen auf R—OH. — Aus einer Mischung aus 45 (Teilen) Paraformaldehyd, 58 Allylalkohol, 10 Bzl. u. 2,5 $CaCl_2$ nach 24std. rückfließendem Erhitzen u. azeotropem Abdestillieren des W. → 25,3% *Diallylformal*, $Kp._{760}$ 140°, $n_D^{25}$ 1,4201; 22% des *Diallyläthers* von *Bis*-I [I = -(oxymethylen)-glykol], $CH_2{=}CHCH_2(O\cdot CH_2)_nOCH_2CH{=}CH_2$ (n = 2), $Kp._{15}$ 75°; $n_D^{25}$ 1,4277; $D._{25}^{25}$ 0,946; von *Tris*-I, n = 3, $Kp._{15}$ 107°; $n_D^{25}$ 1,4320; $D._{25}^{25}$ 0,992; von *Tetrakis*-I, n = 4; $Kp._{0,3}$ 84°; $n_D^{25}$ 1,4350; $D._{25}^{25}$ 1,027; von *Pentakis*-I, n = 5; $Kp._{0,3}$ 106°; $n_D^{25}$ 1,4380; $D._{25}^{25}$ 1,059, u. von *Hexakis*-I, n = 6; $Kp._{0,2}$ 135°; $n_D^{25}$ 1,4401; $D._{25}^{25}$ 1,079. — $\Delta^3$-Tetrahydrobenzylalkohol → *Bis-($\Delta^3$-tetrahydrobenzyl)-formal*, $Kp._{0,3}$ 106—116°; $n_D^{25}$ 1,4876; *Bis-($\Delta^3$-tetrahydrobenzyl)-äther* des *Bis*-I, $Kp._{0,3}$ 138—142°; $n_D^{25}$ 1,4849; des *Tris*-I, $Kp._{0,3}$ 165—167°; $n_D^{25}$ 1,4893, u. des höheren *oligomeren* I, $Kp._{0,3}$ >180°. — 6-Methyl-1.2.5.6-tetrahydrobenzylalkohol → *Bis-(6-methyl-1.2.3.6-tetrahydrobenzyl)-formal*, $Kp._{0,3}$ 122—127°; *Bis-(6-methyl-1.2.5.6-tetrahydrobenzyl)-äther* des Bis-I, $Kp._{0,3}$ 144—150°, u. des *oligomeren* I, $Kp._{0,3}$ >168°. — 2-Chloräthanol → *Chloräthylformal*, $Kp._{13}$ 101°; *Bis-(2-chloräthyl)-äther* des *Bis*-I, $Kp._{10}$ 130°; des *Tris*-I, $Kp._{0,04}$ 107°; des *Tetrakis*-I, $Kp._{0,03}$ 127°, u. des *oligomeren* I, $Kp._{0,05}$ >137°. — 2-Acetoxyäthanol → *Bis-(2-acetoxyäthyl)-formal*, $Kp._{0,3}$ 115°; gibt bei der alkal. Hydrolyse Essigsäure; *Bis-(2-acetoxyäthyl)-äther* des *Bis*-I, $Kp._{0,3}$ 135°; des *Tris*-I, $Kp._{0,3}$ 155°; des *Tetrakis*-I, $Kp._{0,3}$ 178°, u. des *oligomeren* I, $Kp._{0,3}$ 178—240°. — 2-Cyanäthanol → Mischung aus *Bis-(2-cyanäthyl)-äther* von *oligomeren* I, hellbraune Fl., mittleres Molgew. 192. — N-(2-Hydroxyäthyl)-phthalimid → Mischung aus *Bis-(2-phthalimidoäthyl)-formal* u. *Bis-(2-phthalimidoäthyl)-äther* von *Bis*-I. — 2-Butenol → *Bis-(2-butenyl)-formal*, $Kp._{10}$ 75—80°; *Bis-(2-butenyl)-äther* des *Bis*-I, $Kp._{10}$ 105—116°. — Ferner können umgesetzt werden: Methylallylalkohol, 3-Butenol, Cyclo-2-pentenol, Cyclo-2-hexenol, -3-hexenol, Norborneol, 8(oder 9)-Hydroxydihydrodicyclopentadien, Äthylenchlorhydrin, -bromhydrin, Propylenchlorhydrin, Cyclohexanchlorhydrin, Glykolsäuremethyl-, Milchsäureäthyl-, 3-Hydroxypropionsäureäthyl-, 3-Hydroxybuttersäureäthylester, S-Acetyl-2-thioäthanol, N-(2-Hydroxyäthyl)-succinimid u. 2-Nitroäthanol. — *Zwischenprodd.* zur Herst. von *Polymeren, Epoxidharzen* u. *Insekticiden*. (**D. A. S. 1 144 725** Kl. 12o vom 6/3. 1961, ausg. 7/3. 1963. E. Prior. 7/3. 1960.) G. Krauß H 580

*2175* American Potash & Chemical Corp., Los Angeles, übert. von: Frank H. May, Whittier, Calif., V.St.A., **Herstellung von Trimethylborat (I)**, dad. gek., daß man Boroxid u. Methanol einem azeotrop. Gemisch von Methanol u. I zusetzt, eine feste Phase von $H_3BO_3$ u. I abtrennt u. das verbleibende azeotrop. Gemisch erneut verwendet. — Verf.-Schema. (**Can. P. 571 398** vom 30/7. 1957, ausg. 24/2. 1959.) S. Böttcher H 590

*2176* Ruhrchemie Akt.-Ges. (Erfinder: Hans-Joachim Tomuschat, Oberhausen, Hans Feichtinger, Dinslaken, und Otto Roelen, Oberhausen), **Herstellung von Orthokieselsäureestern** einwertiger aliphat., cycloaliphat. u. araliphat. Alkohole mit 5 u. mehr C-Atomen, durch Rk. dieser Alkohole mit $SiCl_4$, das am Boden des Rk.-Gefäßes eingeleitet wird, dad. gek., daß das entstehende HCl-Gas während der Rk. durch Anlegen von Vakuum aus dem Rk.-Gemisch entfernt wird. Man arbeitet bis zu einem Alkoholüberschuß von 5 Gew.-%. — Es werden folgende „Orthokieselsäureester" hergestellt: *Tetraisononyl-*, $n_D^{40}$ 1,4330; *Tetra-n-hexyl-*; *Tetra-n-octyl-*; *Tetra-2-äthylhexyl-*, *Tetraisodecyl-*; nach beendeter Rk. kann man das Rk.-Prod. durch Behandeln mit Luft oder Inertgas bei normaler oder erhöhter Temp., ggf. im Vakuum von noch anhaftendem Cl-Gas befreien. Durch fraktionierte Dest. oder Kristallisation erfolgt eine weitere Reinigung. (**D. A. S. 1 142 855** Kl. 12o vom 21/4. 1961, ausg. 31/1. 1963.) G. König H 590

*2177* K. A. Petrow und N. K. Blisnjuk, **Herstellung höherer Dialkylphosphite** von Alkoholen mit ≧ 6 C-Atomen durch Rk. von $PCl_3$ (I) mit $CH_3OH$ (II) u. anschließend mit dem höheren Alkohol in Ggw. von 0,0001—0,01% $H_3PO_4$ (III) in einem Mol-Verhältnis I : II : Alkohol = 1 : 1 : 2,1—2,3. — Zu 1 (Mol) I wird bei 0—10° 1 abs. II gegeben. 1 Std. wird bei 15—20° gehalten, danach unter Rühren u. Belüften mit 2,2 Hexanol, die 10 Tropfen III enthalten, bei 40—45° versetzt, 2 Std. bei 40—45° belüftet, 1 Std. auf 100° erwärmt u. im Vakuum eingeengt; 83% *Dihexylphosphit*, $Kp._1$ 127—129°. (**UdSSR. P. 127 649** vom 9/6. 1959.) L. Großner H 590

*2178* Stauffer Chemical Co., übert. von: George E. Lukes, Irvington, und Joseph T. Rabatin, Nyack, N.Y., V.St.A., **Thiophosgen und α-Chlorsulfide** (I) erhält man durch Erhitzen einer Mischung aus bes. stöchiometr. Mengen Perchlormethylmercaptan u. Alkyl- oder Arylsulfid der allg. Formel II auf 25—250°, bes. 120—160°, in Ab- oder Anwesenheit eines Katalysators ($J_2$, $FeCl_3$, $AlCl_3$, $CuCl_2$, $SbCl_3$) u. ggf. eines Lsgm. (chloriertes Diphenyl) nach dem Rk.-Schema: R—S—CH(R′)—R″ (II) + $Cl_3CSCl$ → R—S—CCl(R′)—R″ (I) + $CSCl_2$ + HCl (R = Alkyl, Aryl; R′ u. R″ = Alkyl oder H). — Aus 1,6 Mol Dimethylsulfid u. 2 Mol Perchlormethylmercaptan in Ggw. von 8 g $J_2$ unter rückfließendem Erhitzen → *$CSCl_2$*, Ausbeute 61%, u. *Monochlordimethylsulfid*, Kp. 107°. — Als II werden noch umgesetzt: Äthylmethylsulfid, Diäthylsulfid u. Methylphenylsulfid. — *Zwischenprodukte*. (**A. P. 2 861 103** vom 11/1. 1957, ausg. 18/11. 1958.) G. Krauß H 600

*2179* Stauffer Chemical Co., übert. von: Jerome N. Haimsohn, Ardsley, Joseph T. Bashour, New York, und Joseph T. Rabatin, Nyack, N.Y., V.St.A., **Alkyldisulfide** erhält man durch Oxydation von niedermol. Alkylmercaptanen im Gaszustand mit $O_2$ oder diesen enthaltenden Gasen (Luft, N-Oxide, $H_2O_2$) bei 170—270°, bes. 200°, in Ggw. eines Fließbettkatalysators (Bauxit, Aktivkohle, Ni-, Fe-, Cu-, Co-Oxid, vgl. A. PP. 2028 303; C. **1936**, II, 3383; 2 320 939; C. **1949**, E. 3273 u. 2 558 221; C. **1954**, 9389), wobei die Gase bzw. Dämpfe mit solcher Geschw. durch den feinverteilten Katalysator geleitet werden, daß ein Fließbett erzeugt wird. — Aus einer Mischung aus Methylmercaptan u. Luft im Mol-Verhältnis 1 : 1,25 in Ggw. von aktiviertem Bauxit (Teilchengröße 80—200 Maschen) bei 195° u. normalem Druck → *Dimethyldisulfid*, Ausbeute über 95%. — Vorr., Zeichnung. (**A. P. 2 859 249** vom 17/1. 1957, ausg. 4/11. 1958.) G. Krauß H 600

*2180* Rohm & Haas Co., übert. von: Earl William Lane, Philadelphia, Pa., V.St.A., **Herstellung von Alkylhalogenpentenylsulfiden** der Formel $RSCH_2CH_2CH{=}CHCH_2X$ durch Rk. von Verbb. der Formel $RSCH_2X$ (R = $C_{1-18}$-Alkylrest, X = Cl oder Br) mit Butadien in Ggw. eines Friedel-Crafts-Katalysators ($AlCl_3$, $ZnCl_2$, $ZnBr_2$, $FeCl_3$, $TiCl_4$, $SnCl_4$, Zn-Stearat) u. ggf. eines Beschleunigers (Eisessig) u./oder eines Lsgm. (Chlf., $C_2H_2Cl_2$) bei −10 bis +80°, bes. bei 10—60 oder 35—40° (kühlen, Rk. exotherm). — Man erhält so *Methyl-*, *Butyl-*, *Isobutyl-*, *Octyl-*, *Nonyl-* oder *Octadecylchlorpentenylsulfid*, *Octylbrompentenylsulfid* oder *Dodecylchlorpentenylsulfid*, $Kp._{1,2}$ 151—175°. — Ähnliche Prodd. können mit Isopren, Hexadien, Cyclopentadien erhalten werden. — *Fungicide*. — Durch Rk. mit Na-, K- oder $NH_4$-Thiocyanat entstehen *baktericide* u. *fungicide Verbb.*, mit $Na_2SO_3$ *Reinigungsmittel*, mit Alkylmercaptanen *Korrosions-* u. *Oxydationsinhibitoren* für *Schmieröle*. (**A. P. 2 829 172** vom 19/7. 1955, ausg. 1/4. 1958.) W. Gräger H 600

*2181* Imperial Chemical Industries Ltd., London (Erfinder: John Reginald Case, Northwich, Cheshire), England, **Telomere von $SClF_5$ mit Olefinen** werden hergestellt durch Rk. von $SClF_5$ mit ggf. substituierten Olefinen in Ggw. von 0,1—1% eines freie Radikale liefernden Stoffs u. ggf. eines inerten Lsgm. bei 10—45 at u. 50—200°. — 34 (g) $SClF_5$, 24 $C_2F_4$, 0,4 Benzoylperoxid u. 20 ml $FCCl_3$ erhitzt man 10 Std. im Rührautoklav unter autogenem Druck auf 100° u. dest. → 5,7 *$SF_5\cdot C_2F_4Cl$*, Kp. 46°, u. 5,1

*$SF_5(C_2F_4)_2Cl$*, Kp. 99° sowie 5,1 *$SF_5(C_2F_4)_nCl$*, Kp. 110 bis 160°. — Analog: Aus 25 $SClF_5$, 11 $C_2HF_3$, 0,4 Benzoylperoxid u. 25 ml $CCl_4$ → 13,2 *$SF_5CHFCF_2Cl$*, Kp. 58°, 5,1 Telomere mit Kp. 80—140° u. 0,4 mit Kp. > 140°. — Aus 353 $SClF_5$, 455 $C_2F_4$, 2 $(SF_5O)_2$ u. 600 $SF_5 \cdot C_2F_4Cl$ → 138 $SF_5 \cdot C_2F_4Cl$, 280 $SF_5(C_2F_4)_2Cl$, 123 *$SF_5 \cdot (C_2F_4)_3Cl$*, Kp. 43°, u. 245 $SF_5 \cdot (C_2F_4)_nCl$, F. 40—70°. (**D. A. S. 1 142 862** Kl. 12o vom 5/5. 1961, ausg. 31/1. 1963. E. Prior. 9/5. 1960 u. 24/4. 1961.)
A. Debo H 600

*2182* Consortium für elektrochemische Industrie G.m.b.H., München (Erfinder: Jürgen Smidt, München, Walter Hafner, Burghausen/Obb., Reinhard Jira und Joseph Sedlmeier, München), **Kontinuierliche Herstellung von Aldehyden und Ketonen** aus KW-Stoffen (I) mit einer oder mehreren Doppelbindungen unter Erhaltung der Zahl der C-Atome im Mol., wobei die I in der Rk.-Stufe mit wasserhaltigen Lsgg. von Verbb. der Pt-Metalle in Ggw. von Oxydationsmitteln umgesetzt u. die bei der Rk. reduzierten Lsgg. in der Regenerationsstufe period. mit $O_2$ bzw. Luft wieder aufoxydiert werden, indem man die Umsetzung in der Rk.-Stufe in Ggw. von $O_2$ bzw. Luft durchführt. Dadurch wird die Oxydationskapazität in der Rk.-Stufe erhöht, ohne daß Ausfällungen auftreten. (**D. A. S. 1 142 593** Kl. 12o vom 1/8. 1957, ausg. 24/1. 1963.)
A. Jahn H 650

*2183* Institut Français du Pétrole, des Carburants et Lubrifiants, Rueil-Malmaison (Erfinder: Moise Lerer, Paris, Robert Jenny, Colombes, Seine, und Michel Hellin, Rueil-Malmaison, Seine-et-Oise), Frankreich, **Herstellung von Formaldehyd und Verbindungen mit hoher Hydroxylzahl aus den Nebenprodukten der Herstellung von Metadioxanen** aus Monoolefinen u. Formaldehyd. Man erhitzt diese Nebenprodd. von wirtschaftlich geringem Wert mit W. im sauren Medium, bes. bei pH 1—2, bis zu 180°. $H_2SO_4$, HCl oder $H_3PO_4$ werden bevorzugt, jedoch kann die Rk. in Abwesenheit dieser Säuren durchgeführt werden, wobei das saure pH durch die höher sd. Rückstände (I), die als Ausgangsprod. verwendet werden, selbst hergestellt wird. — In einem Autoklav wird ein Gemisch (pH 3,4) aus 200 g W. u. 100 g I ($Kp._1$ 36—230°, OH-Zahl 142) 2 Std. auf 160° erhitzt u. nach dem Abkühlen 0,83 g $CH_2O$ sowie eine Fl. gewonnen, die nach Konz. 16 g eines schwarzen Prod. ergibt. Die wss. Ablagerung wird filtriert u. dann durch Erhitzen bis zu 110° zuerst bei Normaldruck, dann bei einem Hg-Druck von 15 mm konzentriert. Die Rückstands-Fl. (45 g) hat eine OH-Zahl von 328 $n_D^{20}$ 1,494. *Frostschutzmittel, Lsgm., Hydrauliköl, Weichmacher* (bes. für PVC). (**D. A. S. 1 142 591** Kl. 12o vom 27/3. 1961, ausg. 24/1. 1963. F. Prior. 28/3. 1960.)
A. Jahn H 670

*2184* Badische Anilin- & Soda-Fabrik Akt.-Ges., Ludwigshafen/Rh. (Erfinder: Werner Hagen, Heidelberg), **Gewinnung von Propionaldehyd aus Oxo-Synthese-Gemischen,** indem man nach der Entfernung des gelösten CO, z. B. durch Behandlung mit W. oder Wasserdampf, durch Waschen mit verd. Säuren unter bestimmten Temp.- u. Druckbedingungen oder durch Oxydation der gelösten Metallcarbonyle mittels eingeblasenem $O_2$ bzw. Luft, das Rk.-Gemisch oder mindestens einen Teil davon bei erhöhter Temp., bes. 40—100°, bes. 50—80°, mit bes. 2—3 Gew.-% Bleicherde (I) behandelt, u. den gereinigten Propionaldehyd durch Abfiltrieren oder Dest. abtrennt. Die verbrauchte I kann durch Behandeln mit organ. Lsgm. reaktiviert werden. Man kann die Abscheidung des CO auch mit der Behandlung mit I verbinden, indem man das Rk.-Gemisch mit I rührt u. gleichzeitig Luft einbläst. Durch die Behandlung mit I wird der Großteil der höhermol. Nebenprodd. in Propionaldehyd zurückverwandelt. (**D. A. S. 1 142 592** Kl. 12o vom 19/2. 1960, ausg. 24/1. 1963.)
A. Jahn H 670

*2185* Consortium für elektrochemische Industrie G.m.b.H., München (Erfinder: Reinhard Jira, München, Georg Kirsch, Ferdinand Gerstner, Burghausen, und Hugo Kojer, München), **Reinigung von Acetaldehyd und gleichzeitige Abtrennung von chlorierten Acetaldehyden.** Das durch Oxydation von Äthylen ggf. mit $O_2$ u. einem Katalysator, der neben Verbb. des Pd ein Oxydationsmittel enthält, gewonnene Rohprod. wird in einer Kolonne dest. u. die chlorierten Acetaldehyde innerhalb einer Temp.-Zone von 1—25° unter dem jeweiligen Kp. des W. im Gemisch mit W. seitlich abgezogen. Die Kolonne wird bes. bei 0,5—3 atü betrieben. (**D. A. S. 1 147 211** Kl. 12o vom 27/6. 1961, ausg. 18/4. 1963.)
A. Jahn H 670

*2186* Farbwerke Hoechst Akt.-Ges. vormals Meister Lucius & Brüning, Frankfurt/M. (Erfinder: Kurt Kümmerle, Kelkheim/Taunus), **Abtrennung von Aceton** (I) aus azeotropen Gemischen mit KW-Stoffen Alkoholen, Estern, Halogen-, S- oder N-Verbb. durch Rektifizierung dieser Gemische mit Äthylenglykol (II), wobei man das I aus dem als Sumpf-Prod. anfallenden II durch Rektifikation gewinnt u. II wieder für die Trennung verwendet. Getrennt wurden Gemische aus I u. Methylacetat, n-Pentan, $CHCl_3$, Diäthylamin u. $CS_2$. (**D. A. S. 1 142 354** Kl. 12o vom 20/7. 1957, ausg. 17/1. 1963.)
A. Jahn H 710

*2187* A. P. Grischtschuk und Ss. N. Baranow, **Herstellung von β-Brom- und β-Jodpropionsäure** durch Rk. von Acrylnitril (I) mit HBr bzw. HJ in sd. wss. Medium. — 16 (g) I werden zu dem gekühlten Gemisch von 90 KBr, 70 (ml) W. u. 90 konz. $H_2SO_4$ gegeben, es wird 2 Std. gekocht u. mit $CCl_4$ extrahiert: *β-Brompropionsäure*, F. 63°, $Kp._{18}$ 119 bis 120°; 70% (Ausbeute). — Analog: *β-Jodpropionsäure*, F. 81°; 68—72%. (**UdSSR. P. 127 655** vom 6/7. 1959.)
L. Großner H 810

*2188* A. P. Tschurakow und T. M. Wolynskaja, **Herstellung von Monojodbehensäure** (I) durch Rk. von Erucasäure (II) mit HCl/KJ in $CH_3COOH$ (III). In 68 (kg) KJ, 131 II u. 100 98—99%ig. III wird 5—7 Std. bei 18—30° HCl (aus 110 techn. Salzsäure u. 280 $H_2SO_4$) eingeleitet, danach wird 2—3 Std. bei 30° gehalten u. die Rk. bei 40° zu Ende geführt. Nach Zusatz von 3 Dithionit in 100 Liter W. wird I abgetrennt; Ausbeute 160—165. (**UdSSR. P. 127 652** vom 23/1. 1959.)
L. Großner H 810

*2189* Usines de Melle Soc. An., Saint-Léger-les-Melle (Erfinder: Louis Alherritiere, Melle), Frankreich, **Kontinuierliche Herstellung von Essigsäureanhydrid** (I) durch Luftoxydation von $CH_3CHO$ in einem Rk.-Gefäß, in dem sich ein vorwiegend aus $CH_3COOH$ u. I bestehendes u. einen Katalysator enthaltendes Gemisch befindet, unter Abführen der dampfförmigen Rk.-Prodd. mittels des Oxydationsgases, dad. gek., daß $CH_3CHO$ in fl. Form in den Gasstrom (II) an einer zwischen dem Auslaß des Rk.-Gefäßes u. der Abzugsstelle der Gase aus dem Syst. gelegenen Stelle derart eingeführt wird, daß er II durch Verdampfung Wärme entzieht. — Vorr., Zeichnung. (**D. A. S. 1 142 857** Kl. 12o vom 25/10. 1960, ausg. 31/1. 1963. F. Prior. 22/12. 1959.)
O. Müller-Meiningen H 810

*2190* A. W. Fokin, W. A. Komarow und K. W. Frossina, **Verestern von Alkoholen mit Carbonsäureanhydriden** unter katalyt. Zusatz von Difluornitroessigsäure (I). — Aus 40 ml Acetanhydrid, 10 ml Äthylenglykol u. 0,5 g I erhält man bei 110° in wenigen Min. *Glykoldiacetat*, $Kp._{744}$ 187 bis 189°. — Analog *Heptylacetat*, $Kp._{744}$ 186°, $D.^{16}$ 0,874; $n_D^{16}$ 1,414, Mol.-Refr. D. 43,95. (**UdSSR. P. 124 428** vom 17/2. 1959.)
B. Pankow H 810

*2191* General Mills, Inc., übert. von: Stuart A. Harrison, Minneapolis, Minn., V.St.A., **Dimerisierung von Fettsäuren oder deren Alkylestern,** die 2 durch eine Methylengruppe getrennte Doppelbindungen enthalten, erfolgt durch Erhitzen auf 100—250, bes. 100—200°, in Ggw. von ½—15, bes. 10—15%, eines Peroxids der allg. Formel ROOR' (R = H oder KW-Stoffrest; R' = KW-Stoffrest), wie tert.-Butyl-, Cumolhydroperoxid. — 100 g 87%ig. Linolsäuremethylester u. 3 g Di-tert.-butylperoxid werden unter $N_2$ u. Rühren 24 Std. auf 130 ± 5° u. nach nochmaligem Zusatz von 3 g Peroxid weitere 24 Std. erhitzt; durch Entfernen der flüchtigen Prodd. im Vakuum erhält man den dimeren Ester, VZ. 188; JZ. 168,3; Molgew. 600—640; daraus entsteht mit 65%ig. wss. Äthylendiamin bei 200° ein kautschukartiges *Polyamid.* Ferner können dimerisiert werden: Fettsäuren von trocknenden u. halbtrocknenden fetten Ölen mit JZ. wenigstens 120, bes. Sojabohnenölfettsäuren, Linolensäure u. deren Methylester. — Zwischenprodd., bes. zur Herst. von Polyamiden. (**A. P. 2 964 545** vom 9/3. 1953, ausg. 13/12. 1960.)
G. Krauß H 810

*2192* A. A. Berlin und E. F. Rodionowa, **Herstellen von Glykolmonomethacrylaten und -monoacrylaten** in einstufigem Prozeß unter Zusatz von „Cu-Polychlorid" als Inhibitor. Man gibt (Meth-)Acrylsäure, Chlorhydrin u. Cu-Salz zusammen, erwärmt auf 80° u. fügt ²/₃ der erforderlichen Menge calcinierter Soda unter Temp.-Erhöhung auf 110 bis 150° dazu. Während des weiteren 6—7std. Erhitzens bei 110

bis 115° gibt man langsam das restliche Drittel Soda hinzu, kühlt ab, filtriert u. dest. den erhaltenen Ester im Vakuum. (**UdSSR. P. 123 697** vom 17/5. 1950.)
B. Pankow H 810

*2193* Röhm & Haas G.m.b.H., Darmstadt (Erfinder: Theodor Völker, Tafers, Schweiz, und Hans Walter, Darmstadt), **Äthan-1.2-diol-, Propan-1.2-diolmonoacrylat und -monomethacrylat** erhält man durch Verestern von Acryl- u. Methacrylsäure bei erhöhter Temp., bes. 50—100°, mit Äthylen- oder Propylenoxid oder deren Mischungen in Ggw. von $FeCl_3$ als Katalysator. — Aus 2 Mol Methacrylsäure u. 3,9 Mol Äthylenoxid in Ggw. von 0,1% Cu-Oleat als Polymerisationsverzögerer u. 1% $FeCl_3$ bei 80—90° → *Glykolmonomethacrylat*, $Kp._{13}$ 103—105°; $n_D^{20}$ 1,450; 99% (Ausbeute); polymerisiert in W. in Ggw. von $H_2O_2$ als Katalysator zu einem in W. lösl. *Polymeren.* — Acrylsäure → *Glykolmonoacrylat*, $Kp._{12}$ 90—92°; $n_D^{20}$ 1,4552; 97%; gibt wasserlösl. Hochpolymere. — Propylenoxid → *Propan-1.2-diolmonomethacrylat*, wird durch Zutropf-Dest. in Ggw. von 0,1% Indulin als Stabilisierungsmittel gereinigt, $Kp._{0,5}$ 75—76°; 96%; gibt in Ggw. von Azodiisobuttersäuredinitril ein wasserlösl. Polymeres. (**D. A. S. 1 144 262** Kl. 12o vom 6/3. 1958, ausg. 28/2. 1963.)
G. Krauß H 810

*2194* Chemische Werke Hüls Akt.-Ges. (Erfinder: Willi Ziegenbein, Wolfram Lang und Joachim Schmitt), Marl, **Herstellung von aliphatischen Dicarbonsäuren,** dad. gek., daß man ein 1-Formyl-2-chlorcycloalken-(1) der allg. Zus. I in fl. alkal. Phase mit $O_3$ oder einem $O_3$-haltigen Gas, z.B. Luft, bei 0—100°, bes. 20—30°, in Ggw. eines, bes. durch Rk. einer alkal. $H_2O_2$-Lsg. mit einem wasserlösl. Ag-Salz erhaltenen, Ag-Katalysators oxydiert, das hierbei erhaltene 1-Carboxy-2-chlorcycloalken-(1) mit einer wss. Lsg. von überschüssigem Alkalihydroxid auf 50—200°, bes. 130—160°, erhitzt u. aus dem Rk.-Gemisch die Dicarbonsäure der allg. Zus. $MOOC—R—CH_2—COOH$ (R = Polymethylen $C_2—C_{20}$, das teilweise substituiert u./oder mit substituierten oder nichtsubstituierten aromat. Syst. kondensiert sein u. außerdem eine oder mehrere ungesätt. Bindungen enthalten kann) in Freiheit setzt. Man oxydiert I bes. nur bis zu einem 60%ig. Umsatz. — Beispiele: Cyclohexanon + $POCl_3$ (oder $COCl_2$) → 1-Formyl-2-chlorcyclohexen-(1) ($Kp._{11}$ 88—99°, $n_D^{20}$ 1,5188) + $O_2$ → (80%) *1-Carboxy-Verb.* (F. 107°) → 88,5 *Pimelinsäure*, F. 105,5—106,5° (W.), Cyclopentanon → 1-Formyl-2-chlorcyclopenten-(1) ($Kp._1$ 42—44°, $n_D^{20}$ 1,5128) + $O_2$ → 75 1-Carboxy-Verb. (F. 114—114,5°) → 80 *Adipinsäure*, F. 149—150°. — 1-Formyl-2-chlorcyclohepten-(1) ($Kp._{19}$ 108 bis 111°; $n_D^{20}$ 1,5195) + $O_2$ → 1-Carboxy-Verb. (F. 96°) → 61 *Korksäure* (F. 139—140°). — 1-Chlor-2-formyl-4-methylcyclohexen-(1) ($Kp._{2-3}$ 62—65°; $n_D^{23}$ 1,5050) → 70 1-Chlor-2-carboxy-Verb. (F. 101—102° aus $CH_3CN$) → 70 *γ-Methylpimelinsäure*, F. 53° ($CH_3CN$). I R<(C—Cl ‖ C—CHO) (**D. A. S. 1 125 902** Kl. 12o vom 15/2. 1960, ausg. 22/3. 1962.)
O. Müller-Meiningen H 820

*2195* I. L. Knunjanz, W. W. Schokina und Li Tschshi Juan, **Herstellung von Perfluordicarbonsäuren** der allg. Formel $HOOC(CF_2)_{4n+4}COOH$ durch $KMnO_4$-Oxydation von α.ω-Perfluordiolefinen mit einer durch 4 teilbaren u. > 8 Zahl von C-Atomen. — Zu 150 ml W., 150 ml Aceton u. 30 g $KMnO_4$ werden bei 20—25° 22,4 g Perfluordodecadien-(1.11) in 100 ml Aceton getropft. Nach 5std. Rühren wird filtriert, das Filtrat mit $SO_2$ entfärbt, auf 70 ml eingeengt, mit 50%ig. $H_2SO_4$ angesäuert u. ausgeäthert: *Perfluorsebacinsäure*, F. 160—161° (W.); 92% (Ausbeute). Analog aus Perfluoroctadien-(1.7) *Perfluoradipinsäure*, F. 134 bis 135° (Toluol); 86%. (**UdSSR. P. 127 654** vom 12/6. 1959.)
L. Großner H 820

*2196* Bergwerksgesellschaft Hibernia Akt.-Ges. (Erfinder: Karl Schmitt, Hans Heumann, Herne, und Wilhelm Pollack, Wanne-Eickel), **Trennung von α.α.γ- und α.γ.γ-Trimethyladipinsäure** durch Kristallisation, dad. gek., daß man das Gemisch in mindestens ca. 50%ig., bes. mindestens 65%ig., $HNO_3$ löst, die α.α.γ-Verb. (F. 102—103°) durch Abkühlen auf ca. —5 bis +30°, bes. auf ca. 5—25°, auskristallisieren läßt u. anschließend die α.γ.γ-Verb. (F. 67—71°) durch Abkühlen der Mutterlauge (I) auf ca. —20 bis +5° gewinnt. Die α.γ.γ-Verb. kann auch mit einem organ. Lsgm. aus I extrahiert werden. — Zwischenprodd. zur Herst. von Polyamiden, Polyestern, Weichmachern. — Löslichkeitskurven. (**D. A. S. 1 143 503** Kl. 12o vom 12/12. 1960, ausg. 14/2. 1963.)
O. Müller-Meiningen H 820

*2197* Lonza Akt.-Ges., Basel (Erfinder: August Stocker, Visp, Wallis), Schweiz, **Acetessigsäureamide** erhält man in fast quant. Ausbeuten u. techn. brauchbarer Reinheit ohne Mitverwendung von Lsgm., wenn man Diketen (I) mit Aminen der allg. Formel $HN(R_1)R_2$ ($R_1$ u. $R_2$ = verschiedene oder gleiche Alkylreste oder 1 Alkylrest u. 1 H-Atom) in dem als Rk.-Medium dienenden Rk.-Prod., bes. in der 1,5—10fachen Menge des pro Std. erhaltenen Prod., bei oberhalb dessen F., vorzugsweise bei 5—20° über diesem F. liegenden Temp., umsetzt. — Man tropft z. B. unter Rühren u. Kühlen je Std. 38,4 g 100%ig. n-Heptylamin (II) u. 28,5 g 98,5%ig. I in 100 g *Acetessigsäure-n-heptylamid* (III), die auf 60° erwärmt sind, zieht die entsprechende Menge (ca. 65 g) III mit einem Saugrohr ab u. bringt sie durch Kühlen zum Erstarren (F. 54—57°). Das Verf. kann durch weiteres Zutropfen von I u. II fortgesetzt werden. — Analog werden *Acetessigsäure-n-hexylamid*, *-diäthylamid*, *-2-äthylhexylamid* u. *-di-n-amylamid* hergestellt. (**D. A. S. 1 142 859** Kl. 12o vom 20/5. 1961, ausg. 31/1. 1963. Schwz. Prior. 27/5. 1960.)
A. Mohr H 870

*2198* Toyo Koatsu Industries, Inc., Tokio (Erfinder: Takuo Okada, Omuta, Eiji Otsuka, Fujisawa, und Kohei Tanimoto, Omuta), Japan, **Rückgewinnung des Ammoniaks** in reiner Form aus dem bei der *Synth. des Harnstoffs* aus überschüssigem $NH_3$ u. $CO_2$ erhaltenen Synth.-Prod. durch Einleiten desselben in einen Mitteldruckabscheider u. Infreiheitsetzen des überschüssigen $CO_2$-haltigen $NH_3$, dad. gek., daß man dieses $NH_3$ in ein Druckgefäß einleitet, das mit W. in einer Menge beschickt ist, die dem 1,5—5fachen der von dem überschüssigen $NH_3$ mitgerissenen $CO_2$-Menge entspricht, in welchem das $CO_2$ mit dem gelösten $NH_3$ bei ca. 70° unter Bldg. von $(NH_4)_2CO_3$-Lsg. reagiert, worauf man das überschüssige, von $CO_2$ befreite $NH_3$ in bekannter Weise in einem Kühler verflüssigt. Die $(NH_4)_2CO_3$-Lsg. wird ausgewechselt, wenn $^1/_5$ des darin enthaltenen $NH_3$ zu $(NH_4)_2CO_3$ umgesetzt ist. (**D. A. S. 1 142 356** Kl. 12o vom 25/10. 1954, ausg. 17/1. 1963. Jap. Prior. 26/7. 1950.)
G. König H 880

*2199* Chemisches Werk Lowi G.m.b.H. (Erfinder: Hermann Hagn), Waldkraiburg, **Herstellung von Nitroguanidin,** dad. gek., daß die Dehydratation von Guanidinnitrat in einem Schwefelsäure–Salpetersäure-Gemisch durchgeführt wird oder daß nach Dehydratation durch Schwefelsäure Salpetersäure zugesetzt wird. Das so erhaltene Prod. zeichnet sich durch hohen Reinheitsgrad u. eine hohe spezif. Oberfläche aus. (**D. A. S. 1 142 860** Kl. 12o vom 25/7. 1959, ausg. 31/1. 1963.)
R. Bauereis H 880

*2200* Wasag-Chemie Akt.-Ges., **Essen** (Erfinder: Hans Joachim Riedl, Recklinghausen, und Walter Sauermilch, Haltern), **Herstellung von Nitroguanidin,** dad. gek., daß man Guanidinnitrat mit konz. $H_2SO_4$ dehydratisiert, das gebildete Nitroguanidinsulfat abscheidet u. das unverd. Schwefelsäurefiltrat nach Regenerierung mit Oleum erneut zur Dehydratisierung weiteren Guanidinnitrats verwendet. (**D. A. S. 1 143 194** Kl. 12o vom 20/8. 1960, ausg. 7/2. 1963.)
R. Bauereis H 880

*2201* Farbenfabriken Bayer Akt.-Ges., Leverkusen (Erfinder: Arnold Hausweiler, Klaus Schwarzer, Köln, Bernhard Scherhag und Rudolf Stroh, Leverkusen), **Herstellung von Cyanwasserstoff** durch Rk. von $CH_3CN$ mit $O_2$ u. ggf. mit $NH_3$ bei Temp. von 300—700°, bes. bei 400—600°, in der Gasphase über Katalysatoren (I). Als I dienen entweder Verbb. von Fe, Co, Ni, Cu, Ag, Sb, Bi, V, Sn, Mo u. W allein oder in Mischung, ggf. auf einem Träger, oder feste P-Säuren, wie $BPO_4$, die durch Verbb. der genannten Elemente u. ggf. des Al aktiviert sind. (**D. A. S. 1 146 861** Kl. 12k vom 24/12. 1960, ausg. 11/4. 1963.)
H. Roos H 890

*2202* W. R. Grace & Co., New York, N.Y. (Erfinder: Preston Leonard Veltman, Severna Park, Md.), V.St.A., **Herstellung eines Gemisches aus Ammoniak und Cyansäuredampf** durch therm. Zers. von Harnstoff, dad.

gek., daß fl. Harnstoff in oder auf ein Bad aus geschmolzenem Metall, bes. aus Sn u./oder Pb, bei mindestens 230°, bes. bei 400—510°, ggf. unter Rühren geleitet wird. Dem Bad wird eine Wärmemenge von bes. 740 kcal für die Zers. von 1 kg Harnstoff zugeführt. (**D. A. S. 1 146 858** Kl. 12k vom 20/10. 1960, ausg. 11/4. 1963. A. Prior. 22/10. 1959.) H. Roos H 890

*2203* Badische Anilin- & Soda-Fabrik Akt.-Ges. (Erfinder: Gerhard Schulze und Günther Weiß), Ludwigshafen/Rh., **Herstellung von Blausäure** aus $CH_3OH$ u. $NH_3$ ohne $O_2$-Zusatz in Ggw. von Katalysatoren, z. B. Oxiden des Al oder Si, denen Metalle der Pt-Gruppe oder Oxide der Metalle der II. u. VI. Nebengruppe des Period. Syst. einverleibt sein können, bei Temp. von 500—1200°, bes. 600—950°. (**D. A. S. 1 143 497** Kl. 12k vom 7/3. 1961, ausg. 14/2. 1963.) H. Roos H 890

*2204* Engelhard Industries, Inc., Newark (Erfinder: Holger C. Anderson, Morristown, und Alfred J. Haley jun., Colonia), N.J., V.St.A., **Entfernung von Blausäure aus sauerstoffhaltigen Gasen,** bes. aus Luft, dad. gek., daß man die Gase bei 250—450° über in grober oder fein verteilter Form auf Trägerstoffen vorliegende Katalysatoren aus Pt, Pd, Rh u./oder Ru leitet. (**D. A. S. 1 145 155** Kl. 12k vom 14/6. 1960, ausg. 14/3. 1963. A. Prior. 15/6. 1959.) H. Roos H 890

*2205* E. I. du Pont de Nemours & Co., Wilmington, Del. (Erfinder: Charles Perry Green, Memphis, Tenn.), V.St.A., **Kontinuierliche Herstellung von kristallinem Natriumcyanid** unter Bldg. von NaCN in Lsg. durch kontinuierliche Zusammenführung von HCN, NaOH u. W., Bldg. eines Breies von NaCN-Kristallen in Mutterlauge durch Abdampfen von W. unter Bldg. eines Kuchens von NaCN u. Mutterlauge durch Abtrennung der Kristalle, dad. gek., daß man den Fe-Geh. des NaCN-Filterkuchens auf maximal 22 ppm hält, indem man den Fe-Geh. des verwendeten W. auf unter 1 ppm hält. (**D. A. S. 1 143 798** Kl. 12k vom 31/5. 1960, ausg. 21/2. 1963.) H. Roos H 890

*2206* Badische Anilin- & Soda-Fabrik Akt.-Ges. (Erfinder: Erwin Hartert und Hans Georg Schwarz), Ludwigshafen/Rh., **Trocknung von Natriumcyanid** unter feiner Verteilung des Salzes in einem heißen Gasstrom, wobei der durchschnittliche Wasser-Geh. des Salzes im Trockner auf $<0,5\%$, bes. $<0,1\%$, gehalten wird. (**D. A. S. 1 144 246** Kl. 12k vom 29/10. 1960, ausg. 28/2. 1963.) H. Roos H 890

*2207* Nilok Chemicals, Inc., Niagara Falls, N.Y. (Erfinder: William Arthur Mohun, Lewiston, N.Y., und Harold Henry Morse, Cincinnati, Ohio), V.St.A., **Kontinuierliche Herstellung von Chlorcyan** durch Rk. einer Alkalicyanid-Lsg. (I) mit gasförmigem $Cl_2$, dad. gek., daß eine zerstäubte wss. I, z. B. eine 5—20%ig., bes. 15%ig., NaCN-Lsg., mit $Cl_2$ umgesetzt u. das erhaltene ClCN durch die Rk.-Wärme sofort verdampft wird. Die I kann durch Rk. von HCN mit Alkalihydroxid in situ gebildet werden. (**D. A. S. 1 144 247** Kl. 12k vom 21/11. 1960, ausg. 28/2. 1963.) H. Roos H 890

*2208* Röhm & Haas G.m.b.H. (Erfinder: Wilhelm Gruber), Darmstadt, **Herstellung von Dicyan** durch Spalten von HCN an Pt-Katalysatoren bei 300—800° in Ggw. von $O_2$, wobei dem HCN mehr als 50 bis ca. 120% der $O_2$-Menge zugesetzt werden, die theoret. für die Oxydation der HCN-Menge zu $(CN)_2$ erforderlich ist. (**D. A. S. 1 142 850** Kl. 12k vom 13/6. 1961, ausg. 31/1. 1963. **Zusatz zu D. A. S. 1 102 120; C. 1961, 11892.**) H. Roos H 890

*2209* N. K. Zelm, M. Ju. Mogilewski, N. F. Aleksejew, M. F. Tawobilow, W. M. Kisselew und W. I. Buchrjakowa, **Trennung von Mono-, Di- und Trimethylamin** durch Rk. des Gemisches mit $HNO_3$, Dest. des tert. Amins, Zerlegung der Nitrate des prim. u. sek. Amins mit Kalk u. Fraktionierung. — 100 Gew.-Teile des von $NH_3$ befreiten Rk.-Gemisches der Aminierung von $CH_3OH$ mit 33,2 (Gew.-%) $CH_3NH_2$ (I), 16,5 $(CH_3)_2NH$ (II), 15,3 $(CH_3)_3N$ (III) u. 35 W. werden mit 90 Gew.-Teilen $HNO_3$ behandelt, wobei eine fl. Phase mit 70,9 I-Nitrat, 27,7 II-Nitrat u. 1,4 III-Nitrat u. 14 Gew.-Teile Gasphase mit 2,6 I, 3,3 II u. 94,1 III erhalten werden. Die fl. Phase liefert nach Alkalisieren u. Rektifikation 28,6 (Gew.-Teile) I mit 0,8% II u. 1,5% III u. 13,4 II mit 0,2% I. (**UdSSR. P. 127 662** vom 31/7. 1959.) L. Großner H 910

*2210* Wyandotte Chemical Corp., übert. von: John T. Patton jun., Wyandotte, Mich., V.St.A., **Herstellung von Estern von vollständig hydroxyalkylierten Alkylenpolyaminen.** Als Ausgangsstoffe werden Verbb. der folgenden Typen benutzt: $R_1R_2N-R-NR_3R_4$, $R_1R_2N-CH_2-CH(OH)-CH_2-NR_3R_4$ u. $R_1R_2N-(R-NR_3)_n-R-NR_4R_5$. Diese werden mit Fettsäuren von 8—20 C-Atomen oder mit Harzsäuren verestert. Hierbei ist R eine Alkylengruppe mit 2—6 C-Atomen; $R_1$, $R_2$, $R_3$, $R_4$ u. $R_5$ stellen eine 2-Hydroxypropyl-, 2-Hydroxybutyl- oder 1-Methyl-2-hydroxypropylgruppe dar, n = 0, 1 oder 2. Die Veresterung wird nach einem üblichen Verf. vollständig oder partiell durchgeführt, wozu auch Gemische von Fettsäuren verwendet werden können, wie sie in Oliven-, Ricinus-, Baumwollsaat- u. Tallöl vorkommen. — Beispiele: 2 Äthylhexancarbonsäuremonoester von N.N.N'.N'-Tetrakis-(2-hydroxypropyl)-äthylendiamin (I), I-Monostearat u. Distearat, I-Mono- u. Dioleat, I-Mono- u. Dilaurat, Mono- u. Distearat von N.N.N'.N'-Tetrakis-(2-hydroxypropyl)-1.3-diamino-2-propanol u. von N.N.N'.N''.N'''.N'''-Hexakis-(2-hydroxypropyl)-triäthylentetraamin. Die Verbb. werden als lipophile oberflächenakt. Mittel in nichtwss. Lsgm. verwendet, ihre Säureadditions-Prodd. sind wasserlösl. u. bilden Emulgatoren. Die Ester mit stark ungesätt. Säuren sind als trocknende Öle verwendbar. Andererseits lassen sich mit allen Estern in Ggw. von alkal. Katalysatoren leicht Additions-Prodd. mit einem Geh. an Oxyäthylengruppen (II) bis zu 75% bilden. Je höher der Geh. an II ist, desto besser sind die Verbb. wasserlösl. u. als Waschmittel verwendbar. Die Ausgangsstoffe erhält man aus den entsprechenden Alkylenpolyaminen durch Kondens. mit Propylen- oder Butylenoxid (oder Gemischen davon) bei 40—120°. (**A. P. 2 944 030** vom 31/5. 1957, ausg. 5/7. 1960.) A. Kalix H 920

*2211* N. Je. Koshewnikowa und T. I. Generalowa, **Herstellung von Butyrylcholinjodid (I)** durch Rk. von β-Jodäthylbutyrat (II) mit $(CH_3)_3N$ (III) in Äther. — Zu 162 (g) II in 200 ml abs. Ae. werden 51 III als 20%ig. alkohol. Lsg. gegeben. Nach 2 Tagen werden 98 I, F. 89—90° (A.-Ae.), erhalten. (**UdSSR. P. 127 663** vom 1/7. 1959.) L. Großner H 920

*2212* A. P. Skoldinow, W. T. Klimko, T. W. Protopopowa und A. I. Iwanow, **Herstellung von β-Aminoacroleinen** durch Rk. von Acroleinen der allg. Formel XCH:CRCHO (X = Halogen, Alkoxy-, Acyloxy- oder Alkoxycarbonatrest; R = H, Alkyl oder Aryl) mit prim. oder sek. Aminen. — 11 ml 33%ig. wss. Lsg. von $(CH_3)_2NH$ werden mit 2 g β-Methoxyacrolein gemischt, nach 2 Std. wird fraktioniert: *β-Dimethylaminoacrolein*, Kp.$_{1,5}$ 100—103°; 60% (Ausbeute). — Analog folgende Acroleine: *β-Diäthylamino-*, Kp.$_2$ 122—123°; 67%. — *β-Diphenylamino-*, F. 117 bis 118°; 50%. — *α-Äthyl-β-diäthylamino-*, Kp.$_{4,5-5}$ 120—121°; 68%. — *α-Phenyl-β-diäthylamino-*, Kp.$_5$ 175—178°, F. 57 bis 59°; 40%. — *β-Furfurylamino-*, Kp.$_3$ 105—107°; 30%. — *α-Äthyl-β-phenylamino-*, F. 113—115°; 46%. (**UdSSR. P. 127 650** vom 29/7. 1959.) L. Großner H 930

*2213* Inventa Akt.-Ges. für Forschung und Patentverwertung, Zürich (Erfinder: Hans-Joachim Schultze, Chur), Schweiz, **Herstellung von dl-Methionin** durch Hydrolyse von α-Amino-γ-methylmercaptobutyronitril (I) durch Erhitzen in Ggw. eines in einem OH-Gruppen enthaltenden Lsgm. gelösten alkal. Hydrolysekatalysators, dad. gek., daß man als Katalysator $Ba(OH)_2$ verwendet. — Man setzt z. B. 5,2 (g) I (92,4%ig) während 10 Min. einer 70° warmen Lsg. von 19 $Ba(OH)_2 \cdot 8\,H_2O$ in 50 ml W. zu, setzt dem Gemisch nach weiteren 10 Min. 8,5 $(NH_4)_2CO_3$ zu, erhitzt 30 Min. zum Sieden, filtriert $BaCO_3$ u. dampft das Filtrat zur Trockne ein → 5,45 braungelbes Rohmethionin bzw. 4,92 reines *dl-Methionin* (89,1% Ausbeute). (**D. A. S. 1 145 176** Kl. 12q vom 3/7. 1961, ausg. 14/3. 1963. Schwz. Prior. 9/7. 1960.) G. Vogel H 950

*2214* International Minerals & Chemical Corp., Chicago (Erfinder: Basil B. Dowling, Skokie), Ill., V.St.A., **Trennen von D- und L-Glutaminsäure oder deren Salzen aus racemischen Gemischen** durch Impfen einer übersätt. wss. rac. Lsg. mit Kristallen der einen enantiomorphen Form, wobei diese Form selektiv u. die andere Form später spontan krist., dad. gek., daß man mit Kristallen impft, die größer als ca. 0,1 mm (lichte Maschenweite), bes. 0,15 bis 0,71 mm groß, sind u. die größeren Kristalle, die vorwiegend die enantiomorphe Form der Impfkristalle besitzen, von den kleineren Kristallen absiebt. — Beispiele. (**D. A. S. 1 102 757** Kl. 12q vom 26/6. 1958, ausg. 23/3. 1961. A. Prior. 29/7. 1957.) G. Vogel H 950

*2215* F. Hoffmann-La Roche & Co. Akt.-Ges., Basel (Erfinder: Hugo Gutmann, Birsfelden, Balthasar Hegedüs, Binningen, und Paul Zeller, Neuallschwil), Schweiz, **Herstellung von Aminosäurehydraziden** der allg. Formel $R^3R^4N-CHR^2-CO-NH-NH-R^1$, in der $R^1$ = Aralkyl, Cycloalkyl, lineares oder verzweigtes Alkyl mit bis 7 C-Atomen, $R^2$ = H oder ggf. O, N u./oder S enthaltenden KW-Stoffrest, $R^3$ = H oder Alkyl, $R^4$ = H, Alkyl, Acyl; $R^1$ u. $R^2$ oder $R^3$ u. $R^4$ können zusammen auch einen heterocycl. Ring bilden. Man kondensiert eine Säure der Formel $R^3R^4N-CHR^2-COOH$ mit einem substituierten Hydrazin der Formel $H_2N-NHR^1$ in Ggw. eines Carbodiimids, ggf. wird entacetyliert. — Aus dl-N-Acetylmethioninäthylester u. Isopropylhydrazinhydrochlorid in A. in Ggw. von Triäthylamin durch Erhitzen u. Verdünnen mit Tetrahydrofuran erhält man *dl-1-(N-Acetylmethionyl)-2-isopropylhydrazin*, F. 121—123°. — Analog werden folgende Hydrazine hergestellt: *dl-1-(N-Carbobenzyloxyseryl)-2-isopropyl-*, F. 152—154°; *dl-1-Seryl-2-isopropyl-*, F. 89—90°; *l(+)-1-(N-Acetyl-α-alanyl)-2-isopropyl-*, F. 147—148°; *d(—)-1-(N-Acetyl-α-alanyl)-2-isopropyl-*, F. 148 bis 150°; *dl-1-(N-Acetyl-α-alanyl)-2-isopropyl-*, F. 128—130°; *dl-1-(N-Acetyl-β-phenylalanyl)-2-isopropyl-*, F. 173—174°; *l-Sarkosyl-2-isopropyl-*, F. 73—75°; *l(—)-Tyrosinhydrazid-monohydrochlorid*, F. 205—207°; *l(—)-1-Tyrosyl-1-isopropyl-, -sulfatpentahydrat*, F. 145—150°; *l(—)-1-Tyrosyl-2-(β-phenyläthyl)-*, F. 141—143°; *dl-1-Seryl-2-benzyl-, -hydrochlorid*, F. 195 bis 198°; *dl-1-Seryl-2-äthyl-, -sulfat*, F. 150—152°; *dl-1-Seryl-2-propyl-, -hydrochlorid*, F. 160—161°; *dl-1-Seryl-2-butyl-, -hydrochlorid*, F. 150—152°; *dl-1-Seryl-2-valeryl-, -hydrochlorid*, F. 131—134°; *dl-1-Seryl-2-capryl-, -hydrochlorid*, F. 130—132°; *dl-1-Seryl-2-önanthyl-, -hydrochlorid*, F. 121 bis 123°; *dl-1-Seryl-2-(α-benzyläthyl)-, -hydrochlorid*, F. 80 bis 85°; *dl-1-(N-Carbobenzyloxyseryl)-2-isopropyl-*, F. 152 bis 154°; *dl-1-Seryl-2-isopropyl-*, F. 89—90°; *dl-1-(N-Carbobenzyloxyseryl)-2-isopropyl-*, F. 152—154°; *dl-1-(N-Carbobenzyloxyseryl)-2-sek.-butyl-*, F. 133—134°; *dl-1-Seryl-2-sek.-butyl-*, F. 93—94°; *d(+)-1-(N-Carbobenzyloxyseryl)-2-isopropyl-*, F. 162—163°; *d(+)-1-Seryl-2-isopropyl-*, F. 105 bis 106°; *l(—)-1-(N-Carbobenzyloxyseryl)-2-isopropyl-*, F. 162 bis 163°; *l(—)-1-Seryl-2-isopropyl-*, F. 105—106°; *dl-1-(N-Carbobenzyloxyseryl)-2-methyl-*, F. 185—186°; *dl-1-Seryl-2-methyl-*, F. 94—97°; *dl-1-(N-Acetylmethionyl)-2-isopropyl-*, F. 121 bis 123°; *dl-(N-Acetylmethionyl)-2-sek.-butyl-*, F. 109—110°; *dl-1-[N(α)-Carbobenzyloxytryptophyl]-2-isopropyl-*, F. 183 bis 184°; *dl-1-[N(α)-Acetyltryptophyl]-2-isopropyl-*, F. 190—191°; *dl-1-[N(α)-Carbobenzyloxytryptophyl]-2-sek.-butyl-*, F. 182 bis 183°; *dl-1-(N-Acetylseryl)-2-isopropyl-*, F. 170—171°; *dl-Allo-1-(N-acetylthreonyl)-2-isopropyl-*, F. 214—216°; *dl-1-(N-Acetylthreonyl)-2-isopropyl-*, F. 174—175°; *dl-Allo-1-(N-carbobenzyloxythreonyl)-2-isopropyl-*, F. 190—191°; *dl-Allo-1-threonyl-2-isopropyl-*, F. 103—104°; *dl-1-(N-Carbobenzyloxythreonyl)-2-isopropyl-*, F. 134—136°, *dl-1-Threonyl-2-isopropyl-*, F. 84 bis 85°; *1-(N-Carbobenzyloxyglycyl)-2-isopropyl-*, F. 80—81°; *1-Glycyl-2-isopropyl-*, F. 94—95°; *dl-1-(N-Trifluoracetylmethionyl)-2-isopropyl-*, F. 111—112°; *dl-1-Methionyl-2-isopropyl-*, F. 49—51°; *l-1-(N-Carbobenzyloxyprolyl)-2-isopropyl-*, F. 69 bis 70°; *l-Prolyl-2-isopropyl-*, F. 62—63°; *1-(N-Carbobenzyloxysarkosyl)-2-isopropyl-*, F. 93—95°; *1-Sarkosyl-2-isopropyl-*, F. 73—75°; *l-1-(N-Carbobenzyloxyhydroxyprolyl)-2-isopropyl-*, F. 166°; *l-1-Hydroxyprolyl-2-isopropyl-, -hydrochlorid*, F. 163 bis 164°; *l(+)-1-(N-Carbobenzyloxyalanyl)-2-isopropyl-*, F. 126 bis 127°; *l(+)-1-Alanyl-2-isopropyl-, -hydrochlorid*, F. 204 bis 205°; *l-1-(N-Carbobenzyloxyleucyl)-2-isopropyl-*, F. 106 bis 108°; *l-1-Leucyl-2-isopropyl-*, F. 42°; *l-1-(N-Carbobenzyloxyisoleucyl)-2-isopropyl-*, F. 169—171°; *l-1-Isoleucyl-2-isopropyl-*, F. 60—61°; *dl-1-(N-Carbobenzyloxy-β-phenylalanyl)-2-isopropyl-*, F. 158—159°; *dl-1-(β-Phenylalanyl)-2-isopropyl-, -hydrochlorid*, F. 187—188°; *l-1-(N-Carbobenzyloxy-β-phenylalanyl)-2-isopropyl-*, F. 172—174°; *l-1-(β-Phenylalanyl)-2-isopropyl-*, F. 54—55°; dessen *Monohydrochlorid*, F. 168—170°; *l(+)-1-(N-Carbobenzyloxy-α-glutamyl)-2-isopropyl-, -γ-benzylester*, F. 123—125°; *l(+)-1-α-Glutamyl-2-isopropyl-*, F. 172—173°; *dl-threo-1-(N-Carbobenzyloxy-β-phenylseryl)-2-isopropyl-*, F. 157 158°; *dl-threo-1-(β-Phenylseryl)-2-isopropyl-, -hydrochlorid*, F. 188—189°; *l(+)-1-(N-Carbobenzyloxy-α-glutaminyl)-2-isopropyl-*, F. 159—160°; *l(+)-1-α-Glutaminyl-2-isopropyl-*, F. 105 bis 107°; *l(+)-1-(N-Carbobenzyloxy-α-asparaginyl)-2-isopropyl-*, F. 189—191°; *l(+)-1-α-Asparaginylisopropyl-*, F. 143 bis 145°; *dl-1-(N-Carbobenzyloxy-α-glutaminyl)-2-isopropyl-*, F. 166—168°; *dl-1-α-Glutaminyl-2-isopropyl-*, F. 95—97°; *dl-1-Pyroglutamyl-2-isopropyl-*, F. 136—137°; *l-1-Pyroglutamyl-2-isopropyl-*, F. 119—120°; *dl-1-(α-Dimethylaminopropionyl)-2-isopropyl-*, F. 168—170°; *dl-1-(α-Dimethylamino-β-hydroxypropionyl)-2-isopropyl-, -monohydrochlorid*, F. 141—142°; *dl-α-Methylaminopropionyl-2-isopropyl-*, F. 134—135°. (**E. P. 836 332** vom 24/6. 1958, ausg. 1/6. 1960. Schwz. Prior. 4/7., 23/9., 25/10. 1957, 10/1. u. 12/2. 1958. **A. P. 2 951 849** vom 30/6. 1958, ausg. 6/9. 1960. Schwz. Prior. 23/9. 1957.) A. Dandl H 950

*2216* Farbenfabriken Bayer Akt.-Ges., Leverkusen (Erfinder: Elisabeth Dane, Ganting, Fritz Drees und Peter Konrad, München), **Herstellung von Peptiden,** dad. gek., daß man Aminosäuren oder deren funktionelle Derivv. an der Aminogruppe durch Kondens. mit β-Dicarbonyl-Verbb. schützt, die ggf. abgewandelte Carboxylgruppe der dabei entstehenden Enamin-Derivv. in an sich bekannter Weise in die Carbonamidgruppe überführt u. anschließend die Schutzgruppe durch milde Säurebehandlung abspaltet. — Beispiel: 0,93 g Glycin werden in der Hitze in 5 ml 2,48n methanol. Kalilauge gelöst u. die Lsg. mit der warmen Lsg. von 2 g Benzoylaceton in 4 ml Äthanol versetzt. Der entstandene Nd. wurde mehrmals aus Äthanol umkrist., F. 250—255°; 0,515 g dieses K-Salzes werden mit 3 ml Chloracetonitril u. 4 ml Essigester 3½ Std. am Rückfluß erhitzt. Nach Abtrennung des KCl wird aus Essigester umkrist., F. 139—141°. 0,10 g des Cyanmethylesters werden in 5 ml Essigester gelöst u. mit 0,160 g Glycinäthylester versetzt. Das Glycylglycinäthylesterbenzoylaceton-Deriv., F. 132—133°, wird abgetrennt u. durch Behandlung mit verd. alkohol. HCl u. anschließende alkal. Verseifung *Glycylglycin* erhalten. (**D. A. S. 1 143 516** Kl. 12q vom 27/4. 1961, ausg. 14/2. 1963.) R. Bauereis H 950

*2217* Studiengesellschaft Kohle m.b.H., Mülheim/Ruhr, **N-Trialkylborazane** erhält man aus Trialkylaminoborhalogeniden u. Metallhydriden der 1. u. 2. Gruppe des Period. Systems. Zu D. A. S. 1 052 406; C. **1961,** 2447 ist nachzutragen: Die Rk. erfolgt nach nachst. Formelbildern: $(R)_3N \cdot BF_3 + 3\,Me^IH \rightarrow (R)_3N \cdot BH_3 + 3\,MeF$; $2\,(R)_3N \cdot BF_3 + 3\,Me^{II}H_2 \rightarrow 2\,(R)_3N \cdot BH_3 + 3\,MeF_2$ (R = KW-Stoffrest, bes. Alkyl; Me = Metall der 1. u. 2. Gruppe des Period. Systems. *N-Dimethylcyclohexylborazan*, F. 49°, aus 1 Mol LiH u. 0,33 Mol Dimethylcyclohexylaminborfluorid bei 140—160° in 400 cm³ Perhydrocumol. (**Belg. P. 564 467** vom 1/2. 1958, ausg. 17/6. 1960. D. Prior. 5/2. 1957.) G. Krauß H 980

*2218* Institut für Silikon- und Fluorkarbon-Chemie (Erfinder: Richard Müller und Christian Dathe), Radebeul, **Trennung von $SiCl_4$ und $(CH_3)_3SiCl$** erfolgt durch Rk. des Gemisches mit in W. gelösten Fluorierungsmitteln, bes. HF, u. Isolierung des $(CH_3)_3SiF$. — Die Ausbeute beträgt bis 80% $(CH_3)_3SiF$, Kp. 16°, anschließend erfolgt Hydrolyse mit 2n NaOH → *Hexamethyldisiloxan*; $n_D^{20}$ 1,3779; 92% Ausbeute. (**D. A. S. 1 142 364** Kl. 12o vom 5/8. 1960, ausg. 17/1. 1963.) A. Debo H 980

*2219* Renzo Boscoli, Vicenza, Italien, **Herstellung von Alkyl- und Arylchlorsilanen.** Das als Katalysator für die Rk. von Alkyl- oder Arylchloriden mit Si-Pulver verwendete Cu-Pulver wird mit einer dünnen Schicht von Stearin oder einer gesätt. Fettsäure, wie Laurin-, Tridecyl-, Myristin-, Pentadecyl-, Palmitin-, Margarin-, Stearin-, Nonadecyl-, Arachinsäure, überzogen u. ggf. vor Vermischen mit dem Si-Pulver mit hochgespanntem Wasserdampf behandelt. (**It. P. 548 237** vom 2/2. 1956.) K. Koebke H 980

*2220* Renzo Boscoli, Vicenza, Italien, **Herstellung von alkylsubstituierten Halogensilanen** nach der Direktmethode. Um die schädliche Wrkg. des durch Zers. von freien Alkylradikalen sich bildenden C zu vermeiden, fügt man dem Gemisch von Si u. Cu, bezogen auf Si, 1—2 Teile $SiO_2$ u. ggf. katalyt. Mengen von Oxiden des Al, Fe, K, Na, Mg, Ca, Zn zu. (**It. P. 548 235** vom 2/2. 1956.) K. Koebke H 980

*2221* A. D. Petrow, W. A. Ponomarenko und G. W. Odabaschjan, **Herstellen von Vinyl- und Phenylchlorsilanen** aus Dichlorsilan (**I**) u. Chlorbenzol (**II**) bzw. Vinylchlorid (**III**). — Aus **I** u. **II** erhält man bei 636—638°

neben Ausgangsmaterial wenig $SiHCl_3$, Kp.$_{757}$ 31,5°, hauptsächlich $C_6H_5SiHCl_2$, Kp.$_{750}$ 181,5°; D.$_4^{20}$ 1,2115; $n_D^{20}$ 1,5257, $C_6H_5SiCl_3$, Kp.$_{746}$ 199,3°; D.$_4^{20}$ 1,3210; $n_D^{20}$ 1,5238, u. $(C_6H_5)_2SiCl_2$, Kp.$_5$ 141—141,5°; D.$_4^{20}$ 1,2216; $n_D^{20}$ 1,5819. — Aus I u. III erhält man bei 535—545° $(CH_2{=}CH)_2SiCl_2$, Kp.$_{746}$ 65,2°; D.$_4^{20}$ 1,1214; $n_D^{20}$ 1,4254. (**UdSSR. P. 123 959** vom 2/4. 1959.) B. Pankow H 980

*2222* A. D. Petrow, W. A. Ponomarenko und G. W. Odabaschjan, **Herstellen von Alkyl- und Dialkyldichlorsilanen** aus Dichlorsilan (I) u. Olefinen bei 20° u. 10 bis 15 at in Isopropanol in Ggw. von 0,1 m $H_2PtCl_6 \cdot 6\,H_2O$-Lösung. — Aus I u. Äthylen erhält man $C_2H_5 \cdot SiHCl_2$, Kp.$_{745}$ 74,5°, u. $(C_2H_5)_2SiCl_2$, Kp.$_{745}$ 128,2°. — Aus I u. Propylen $C_3H_7 \cdot SiHCl_2$, Kp.$_{742}$ 101°; D.$_4^{20}$ 1,0610; $n_D^{20}$ 1,4220, u. $(C_3H_7)_2 \cdot SiCl_2$, Kp.$_{755}$ 171°; D.$_4^{20}$ 1,0138; $n_D^{20}$ 1,4390. — Aus I u. 1.1.2-Trifluor-2-chloräthylallyläther bei 75—88° u. 3—5,5 at $Cl_2SiH \cdot CH_2 \cdot CH_2 \cdot CH_2 \cdot O \cdot CF_2 \cdot CFClH$, Kp.$_{746}$ 188°; D.$_4^{20}$ 1,3886; $n_D^{20}$ 1,4171; Mol.-Refr. (gemessen) 49,92, u. $Cl_2Si(CH_2 \cdot CH_2 \cdot CH_2 \cdot O \cdot CF_2 \cdot CFClH)_2$, Kp.$_6$ 151—152°; D.$_4^{20}$ 1,4293; $n_D^{20}$ 1,4240; Mol.-Refr. (gemessen) 80,36. (**UdSSR. P. 123 960** vom 2/4. 1959.) B. Pankow H 980

*2223* I. W. Trofimowa, Ss. A. Golubzow und M. A. Lusganowa, **Herstellen von Methyl- und Dimethyldichlorsilan** im Wirbelschicht-Verf. unter Verw. einer Kontaktmasse aus Cu-Salz, ggf. $ZnCl_2$ u. verd. NaOH, zu der man Wasserglas als Bindemittel u. Ausgangs-Prod. gibt. Man trocknet den gekörnten Kontakt im Rk.-Rohr bei 200° im $H_2$-Strom. Anschließend läßt man bei 350° $CH_3Cl$ durchströmen, wobei 8% Dimethyldichlorsilan, 40% Methyltrichlorsilan u. 42% Methyldichlorsilan entstehen. (**UdSSR. P. 124 436** vom 12/3. 1959.) B. Pankow H 980

*2224* Je. P. Michejew und N. P. Filimonowa, **Herstellung von Trialkylsiloxychlorsilanen** durch Rk. von Hexaalkyldisiloxanen mit $SiCl_4$ (I) in Ggw. von $J_2$ oder lösl. Fe-Verbb. im Autoklaven bei 200—300°. — 94,5 (g) I u. 180,5 $[(CH_3)_3Si]_2O$ (II) werden 2 Std. unter 25 at auf 250° erhitzt: 72 $[(CH_3)_3SiO]_2{-}SiCl_2$, Kp. 172—173°; D.$_4^{20}$ 1,0016; $n_D^{20}$ 1,3981; 67,5% Ausbeute, bezogen auf umgesetztes II. (**UdSSR. P. 127 660** vom 19/6. 1959.) L. Großner H 980

*2225* Renzo Boscoli, Vicenza, Italien, **Alkoholyse von Alkylhalogensilanen** durch Rk. mit Alkoholen, bes. mit Methyl-, Äthyl-, Propyl-, Butylalkohol in wasserfreiem Medium in Ggw. von 2- oder mehrwertigen Metallen, bes. Zn, Fe, Al, Mg. Man verwendet dem Cl-Geh. äquivalente Mengen des Metalls oder einen kleinen Überschuß. Man kann Gemische von Alkylhalogensilanen verwenden, so daß die fraktionierte Dest. der Ausgangsmaterialien entfällt. (**It. P. 548 236** vom 2/2. 1956.) K. Koebke H 980

*2226* Eastman Kodak Co., Rochester, N.Y., übert. von: Harry W. Coover jun., Kingsport, Tenn., V.St.A., **Herstellung von Dialkyl-2-halogenallylphosphonaten und deren Mischpolymeren.** *Dialkyl-2-halogenallylphosphonate*, $CH_2{=}CX{-}CH_2P(O)(OR)_2$, werden durch Rk. eines Allylhalogenids, $CH_2{=}CX{-}CH_2Y$, mit einem Trialkylphosphit oder einem Alkalidialkylphosphit hergestellt (R = $C_{1-5}$-Alkylrest; X u. Y = Cl oder Br). — So können 2-Chlorallylchlorid oder 2-Bromallylbromid mit Trimethyl-, Triäthyl-, Tri-n-propyl-, Triisopropyl-, Tri-n-butyl- oder Tri-n-amylphosphit oder einem entsprechenden Na- oder K-Dialkylphosphit unter Erhitzen auf den Kp. des entstehenden Alkylhalogenids umgesetzt werden. Man erhält so folgende Phosphonate: *Diäthyl-2-bromallyl-*, Kp.$_2$ 79—82°. — *Dimethyl-2-bromallyl-*, Kp.$_2$ 60—62°. — *Di-[n-butyl]-2-chlorallyl-*, Kp.$_2$ 98—99°. — *Di-[n-butyl]-2-bromallyl-*, Kp.$_2$ 109—111°. — *Dimethyl-2-chlorallyl-*, Kp.$_2$ 48—50°. — *Diäthyl-2-chlorallyl-*, Kp.$_2$ 64—66°. — *Di-[n-propyl]-2-bromallyl-*, Kp.$_2$ 94—96°. — *Di-[n-propyl]-2-chlorallyl-*, Kp.$_2$ 81—83°. — *Diisopropyl-2-bromallyl-*, Kp.$_2$ 88 bis 90°. — *Diisopropyl-2-chlorallyl-*, Kp.$_2$ 75—77°. — *Di-[n-amyl]-2-bromallyl-*, Kp.$_{0,2}$ 96—98°. — *Di-[n-amyl]-2-chlorallyl-*, Kp.$_{0,2}$ 85—88°. — Geeignet zur Herst. von *Mischpolymerisaten* jeder Art u. Herstellungsweise mit z. B. Acrylnitril, Methylmethacrylat, Äthylen, Vinylchlorid, -bromid oder -fluorid, Vinylacetat, -butyrat, -stearat oder -trifluoracetat, Methyl-, Äthyl- oder Trifluormethylvinylketon, Methyl-, Äthyl- oder β-Trifluoräthylvinyläther, Vinyl- oder N-Methylvinylsulfonamid, Vinylmethyl- oder Vinyläthylsulfon oder -urethan, Vinylsuccinimid oder -phthalimid, Acrylsäure oder deren Anhydrid, Acrylamid, Methyl-, Äthyl-, Butyl-, Benzyl- oder Phenylacrylat, Propylen, Isobuten, Butadien, Styrol, o- oder p-Methylstyrol. (**A. P. 2 827 475** vom 23/3. 1953, ausg. 18/3. 1958.) W. Gräger H 980

*2227* Farbenfabriken Bayer Akt.-Ges. (Erfinder: Günther Nischk), Leverkusen, **Verbindungen mit Phosphonsäureestergruppe** erhält man durch Rk. von freie OH-Gruppen enthaltenden Halbestern aus α,β-ungesätt. Dicarbonsäuren, die ggf. durch 1 Cl-Atom substituiert sind, u. mehrwertigen Alkoholen mit Phosphiten der allg. Formel RO—P(OR')OR'' (R, R' u. R'' = Alkyl-, Alkenyl- oder Aralkylreste, die ggf. durch Cl- oder Br-Atome substituiert sind) bei ca. 0—200°. — Man setzt 980 (Gew.-Teile) Maleinsäureanhydrid u. 900 1.3-Butylenglykol bei 120° zu 1.3-Butylenglykolmonomaleinat um u. läßt dazu bei ≦ 90° 2700 Tri-β-chloräthylphosphit zutropfen. Die Mischung wird 1 Std. gerührt u. nach dem Aufarbeiten ein hellgelbes Öl mit der SZ. 12 erhalten. — *Unbrennbare Weichmacher, Brandschutzmittel, Zwischenprodd. für P-haltige Polyester.* (**D. A. S. 1 144 275** Kl. 12o vom 25/6. 1959, ausg. 28/2. 1963.) A. Jahn H 980

*2228* Farbenfabriken Bayer Akt.-Ges., Leverkusen (Erfinder: Walter Lorenz und Gerhard Schrader, Wuppertal), **Ester von Thiosäuren des Phosphors** werden hergestellt durch Rk. von Salzen von Thioschwefelsäuremonoestern mit tert. Ammoniumsalzen der entsprechenden Phosphorsäuren. — Zu 74 (g) Na-2-Äthylmercaptoäthylthiosulfat in 150 ml W. tropft man 46 $(C_2H_5O)_2POH$ u. dann bei 10—15° 42 $(C_2H_5)_3N$, läßt 1 Std. bei Raum-Temp. stehen, bringt auf pH 6 u. extrahiert mit $CH_2Cl_2$. Das $CH_2Cl_2$ wird aus dem Extrakt abdest. → 8 *Thiophosphorsäure-O.O-diäthyl-S-(2-äthylmercaptoäthyl)-ester*; $n^{20}$ 1,5088; 96,4% (Ausbeute). — Analog erhält man: *Dithiophosphorsäure-O.O-dimethyl-S-(2-äthylmercaptoäthyl)-ester*, Kp.$_{0,01}$ 71°; $n^{20}$ 1,5484; 85,4%. — *Dithiophosphorsäure-O.O-dimethyl-S-(N-methylcarbamoylmethyl)-ester*, F. 45°; 80%. — *Dithiophosphorsäure-O.O-dimethyl-S-(N-isopropylcarbamoylmethyl)-ester*, F. 78°; 81,7%. — *Dithiophosphorsäure-O.O-dimethyl-S-[bis-(N-methylcarbamoyl)-methyl]-ester*, $C_7H_{15}N_2O_4PS_2$, F. 139°; 86,2%; $DL_{50}$ 250 mg Ratte per os. — *Äthyldithiophosphonsäure-O-äthyl-S-(N-methylcarbamoylmethyl)-ester*; $n^{20}$ 1,5474; 72%. — *Thiophosphorsäure-O.O-dimethyl-S-(N-methylcarbamoylmethyl)-ester*, Öl; 67,6%. (**D. A. S. 1 144 265** Kl. 12o vom 18/1. 1961, ausg. 28/2. 1963. **Zusatz zu D. A. S. 1 124 034; C. 1963, 1434.**) A. Debo H 980

*2229* K. A. Petrow und N. K. Blisnjuk, **Herstellen von Alkylthiophosphonsäuremonoestern, R—P(S)(OR)(OH),** aus Monoalkylphosphoniten u. S bei 100—150° in Dioxan oder aus dioxan. Rk.-Lsgg. von 1 (Mol) Alkyldichlorphosphin, 2 Alkohol u. 1 tert. Amin, die man dann anschließend mit S behandelt. — Man erhält bei 30—35° in Dioxan aus Methyldichlorphosphin, A. u. Triäthylamin eine Lsg., die man 10 Std. bei 110—120° im Autoklaven mit S versetzt: 81% *Methylthiophosphonsäuremonoäthylester.* (**UdSSR. P. 124 438** vom 31/3. 1959.) B. Pankow H 980

*2230* K. A. Petrow, F. L. Makljajew und N. K. Blisnjuk, **Herstellen von [Trialkylsilylmethyl]-phosphonaten** durch Umsetzen von Trialkylchlorsilan mit Na u. Chlormethylphosphonsäuredialkylester bei 35—110°; $R_3SiCl + 2\,Na + ClCH_2{-}P(O)(OR')_2 \rightarrow R_3SiCH_2{-}P(O)(OR')_2 + 2\,NaCl$. — Aus Na, Trimethylchlorsilan u. Chlormethylphosphonsäurediäthylester erhält man in Bzl. in Ggw. von wenig Äthylacetat bei 40—50°, gegen Ende der Rk. bei 70 bis 80° *[Trimethylsilylmethyl]-phosphonsäurediäthylester*, Kp.$_4$ 93—94°; D.$_4^{20}$ 0,9911; $n_D^{20}$ 1,4325. (**UdSSR. P. 124 439** vom 31/3. 1959.) B. Pankow H 980

*2231* Fa. Carl Still (Erfinder: Josef Schmidt), Recklinghausen, **Reine Phenole.** Das bekannte Verf. zur Gewinnung von reinen Phenolen aus phenolhaltigen Ölen oder Teeren durch Extrahieren mit einer wss. Alkaliphenolatlauge, Behandeln der erhaltenen, mit Phenolen übersätt. Phenolatlauge zwecks Entfernung der Neutralöle mit Bzn., Extrahieren der mit Phenolen übersätt. wss. Phenolatlauge mit einem sauerstoffhaltigen organ. Lsgm., Abtrennen der Phenole aus dem erhaltenen Extrakt durch Dest. u. Rückführung der wss. Alkaliphenolatlauge in den Kreislauf wird dad. verbessert, daß man 5—50% bes. 10—30%, der im Kreislauf geführten wss. Alkaliphenolatlauge nach dem

Abtrennen der freien Phenole aus dem Kreislauf entfernt u. diese wss. Alkaliphenolatlauge mit $CO_2$-haltigen Gasen behandelt, die sich hierbei abscheidenden wasserhaltigen Phenole mit wss. Alkalilauge zu wss. Alkaliphenolatlauge umsetzt, die in den Kreislauf zurückgeführt wird, u. die bei der $CO_2$-Behandlung erhaltene Alkalicarbonat-Lsg. zur Gewinnung von $NH_3$ aus fixen Ammoniumsalzen verwendet. — Arbeitsschema. (**D. A. S. 1 144 287** Kl. 12q vom 25/1. 1960, ausg. 28/2. 1963.) A. Mohr H 1060

*2232* Metallgesellschaft Akt.-Ges., Frankfurt/M. (Erfinder: Karl-Heinz Eisenlohr, Buchschlag, und Karl Albert Grob, Frankfurt/M.), **Gewinnung von neutralölfreien und lichtbeständigen Phenolen aus phenolhaltigen Ölen und Rohphenolen.** Das bekannte Verf. zur Gewinnung derartiger Phenole u. Phenolöle durch Extrahieren der phenolhaltigen Öle oder Rohphenole im Gegenstrom mit Alkaliphenolatlauge u. mit KW-Stoffen, Behandeln der erhaltenen, mit Phenolen übersätt. Phenolatlauge mit Wasserdampf u. dann mit Luft oder sauerstoffhaltigen Gasen, Extrahieren der gereinigten, mit Phenolen übersätt. Phenolatlauge mit einem sauerstoffhaltigen organ. Lsgm. (I) u. Abtrennen des I aus dem phenolhaltigen Extrakt wird dad. verbessert, daß man einen Teil der gereinigten, mit Phenolen übersätt. Phenolatlauge oder der von den Phenolen durch Extrahieren mit I befreiten Phenolatlauge mit $CO_2$ behandelt, die dabei frei werdenden Phenole weitgehend von der entstandenen Soda-Lsg. (II) abtrennt, II bei 5—20 at u. 120—200° mit Rohphenolen, bes. Schwelwasserextrakten, behandelt u. die entstandene Phenolatlauge der im Kreislauf geführten Phenolatlauge wieder zugibt. Die bei der Behandlung der Phenolatlauge bzw. der übersätt. Phenolatlauge mit $CO_2$ abgeschiedenen Phenole werden getrocknet u. wie üblich oder im Verf. selbst aufgearbeitet. Man verhindert hierdurch die Anreicherung der Verunreinigungen saurer Natur in der im Kreislauf geführten Phenolatlauge. (**D. A. S. 1 144 286** Kl. 12q vom 10/4. 1959, ausg. 28/2. 1963.) A. Mohr H 1060

*2233* Farbenfabriken Bayer Akt.-Ges., Leverkusen (Erfinder: Willi Hahn, Köln-Stammheim), **2- und beziehungsweise oder 6-Alkylphenole.** Das bekannte Verf. zur Herst. von 2- u./oder 6-Alkylphenolen durch Rk. von Phenol (I) mit Olefinen bei höheren Temp. u. Drücken in Ggw. eines Katalysators wird dadurch verbessert, daß man in fl. Phase u. in Ggw. von $\gamma$-$Al_2O_3$ alkyliert, bes. mit mindestens 1 Mol I je Mol Olefin. Man kann den Katalysator in einem Festbett anordnen u. kontinuierlich alkylieren. — Erhitzt man z. B. 188 (Gew.-Teile) I mit 10 pulverisiertem $\gamma$-$Al_2O_3$ im Autoklaven auf 280°, pumpt 84 fl. Propylen ein, rührt 3 Std. bei 280—300° (Druckabfall von 198 auf 22 atü), läßt erkalten, entspannt u. trennt den Katalysator ab, so erhält man ein Prod., das aus 21,8 (%) I, 63,3 *2-Isopropylphenol*, 12,1 *2.6-Diisopropylphenol*, 2,5 anderen Diisopropylphenolen u. aus 0,3 *2.4.6-Triisopropylphenol* besteht. In weiteren Beispielen ist die Alkylierung von I mit n-Buten, Äthylen u. Cyclohexen beschrieben. (**D. A. S. 1 142 873** Kl. 12q vom 25/1. 1961, ausg. 31/1. 1963.) A. Mohr H 1060

*2234* Koninklijke Industrieele Mij. voorheen Noury & van der Lande N. V. (Erfinder: Pieter Lucas Stedehouder und Cornelis Ugo Kloosterman), Deventer, Niederlande, **Organische Peroxide** erhält man durch Rk. eines ein- oder mehrwertigen, araliphat. Alkohols mit einem ein- oder mehrwertigen, sek. oder tert. aliphat., cycloaliphat. oder araliphat. Hydroxyperoxid oder eines ein- oder mehrwertigen, aliphat. oder cycloaliphat. Alkohols mit einem ein- oder mehrwertigen, sek. oder tert. araliphat. Hydroperoxid in Ggw. einer starken Säure als Katalysator ($H_2SO_4$, Methioninsäure, Toluolsulfonsäure) unter gleichzeitiger Entfernung des während der Rk. entstandenen W., ggf. in Ggw. eines Schleppmittels (Xylol, Cumol, Shell-Spezialbenzin, Kp. 100—140°, Pentane oder deren Mischungen), bes. bei 20—80° unter vermindertem Druck. — Aus ½ Mol Cumylhydroperoxid (II) u. ½ Mol 2-Phenylpropan-2-ol (I) in Ggw. von 185 mg verd. $H_2SO_4$ (1 Teil Säure u. 1 Teil W.) bei 40° u. 15 mm unter weiterem 2maligem Zusatz von je 185 mg verd. $H_2SO_4$ → *Dicumylperoxid*, aus Methanol F. 40—41°. — Benzhydrol + II → *Cumyldiphenylmethylperoxid*, aus Methanol F. 109°. — p-Menthanhydroperoxid + I → *Cumyl-p-methylcyclohexylisopropylperoxid*, schwach gefärbtes Öl. — Tetrahydronaphthalinhydroperoxid + I → *Cumyl-(1-tetrahydronaphthyl)-peroxid.* — II + 3.5.5-Trimethylhexan-1-ol → *Cumyl-3.5.5-trimethylhexylperoxid*, schwach gefärbtes Öl. — Triäthylenglykol + II → *Cumylperoxyäthyloxyäthyloxyäthylperoxycumol.* — tert.-Butylhydroperoxid + I → *Cumyl-tert.-butylperoxid*, $Kp._1$ 50°; $n_D^{20}$ 1,4795. — p-Diisopropylbenzolmonohydroperoxid + I → *Cumyl-p-isopropylphenylisopropylperoxid.* — Triphenylcarbinol + II → *Cumyltriphenylmethylperoxid*, aus Methanol F. 76°. — tert.-Butylhydroperoxid → *tert.-Butyltriphenylmethylperoxid*, aus Methanol F. 72°. Ausbeute fast quantitativ. — Ferner können umgesetzt werden: tert.-Amyl-, Dekahydronaphthalin-, Diisopropylbenzoldi-, p-Cymylhydroperoxid mit I, 2-(p-Isopropylphenyl)-propan-2-ol, 2-(p-Methylphenyl)-propan-2-ol, Benzhydrol u. Triphenylcarbinol. (**D. A. S. 1 144 277** Kl. 12o vom 19/2. 1960, ausg. 28/2. 1963. Niederl. Prior. 3/3. 1959.) G. Krauß H 1060

*2235* L. M. Jagupolski und A. I. Kiprianow, **Herstellung von p-Nitrophenylchlor(brom)methylcarbinol** durch Nitrierung von Styrolchlorhydrin (I) bzw. -bromhydrin mit einem Gemisch von $HNO_3$ (D. 1,5) u. $H_2SO_4$ (D. 1,84) bei $\leqq$ — 15° u. Verseifung der Nitrate. — Zu 27 ml $HNO_3$ u. 60 ml $H_2SO_4$ werden bei — 15° 20 g I getropft, danach wird 2 Std. bei — 10° u. 1 Std. bei 0° gerührt, auf Eis gegossen u. aus A. (3 ml/g) umkrist.: 50% *p-Nitrophenylchlormethylcarbinol* (II)-*Nitrat*, F. 81°. Durch Eindampfen der Mutterlauge wird das *o-Isomere*, F. 61° erhalten. 10 g II-Nitrat werden mit 10 ml konz. HCl 3 Std. auf dem Wasserbad erwärmt: 90% II, F. 78—80°. — Analog: *p-Nitrophenylbrommethylcarbinol* (III), F. 80—81°. *Nitrat*, F. 97—98°. — Durch Oxydation von III mit $CrO_3/CH_3COOH$ entsteht *p-Nitrobromacetophenon*, F. 95 bis 96°. (**UdSSR. P. 99 258** vom 18/11. 1952.) L. Großner H 1070

*2236* Stauffer Chemical Co., San Francisco, Calif., V.St.A. (Erfinder: Llewellyn W. Fancher), **Arylhalogenmethylthioäther.** Zu F. P. 1 191 637; C. **1961**, 18131, ist nachzutragen: Es sind Verbb., der allg. Formel $R—S—CH_2X$ herstellbar, in der X = Cl, Br; R = Phenyl- oder Naphthylrest ist, der noch durch Halogen, $NO_2$, $CH_3$, $OCH_3$, $CH_3CONH$— oder —COOH substituiert sein kann. (**E. P. 840 405** vom 11/2. 1958, ausg. 6/7. 1960.) G. Krauß H 1090

*2237* Gyógyszeripari Kutató Intézet (Erfinder: Andreas Hajós), Budapest, Ungarn, **Herstellung von Carbonylverbindungen** aus $CH_2$-Gruppen enthaltenden KW-Stoffen erfolgt derart, daß man aus KW-Stoffen erhältliche Oxime bei einem pH < 7 hydrolysiert u. das während der Hydrolyse entstehende Hydroxylamin mit oxydierend wirkenden Mitteln, wie $HNO_3$, Estern der $HNO_3$ oder nitrosen Gasen, behandelt. — 0,01 (Mol) p-Nitrobenzaldoxim wird in verd. $H_2SO_4$ unter heftigem Rühren mit wss. $NaNO_2$-Lsg. bei 50—60° versetzt. Das Oxim geht langsam in Lsg. u. unter Gas-Entw. scheidet sich p-Nitrobenzaldehyd aus, F. 103 bis 105°. In analoger Weise p-Nitroacetophenon, F. 80—82°. (**Ung. P. 145 633** vom 26/7. 1957, ausg. 30/11. 1959.) G. König H 1100

*2238* I. M. Lebedew und W. B. Motschalin, **Herstellen von Cuminaldehyd (I)** durch Behandeln von Cuminylchlorid bei 70° mit einer alkal. W./A.-Lsg. von Nitrocyclohexan oder von 2-Nitropropan, wobei im ersteren Falle ein Nitronäther gebildet wird, der zu Cyclohexanonoxim u. I, $Kp._{17}$ 107—112°, spaltet. — Analog stellt man *p-Isopropyl-α-methylzimtaldehyd* dar, $Kp._{2,5}$ 120—140°, indem man das K-Salz des Isonitrocyclohexans bei 70—80° mit Cuminylchlorid umsetzt u. bei 10—15° Propionaldehyd einlaufen läßt. (**UdSSR. P. 124 430** vom 22/4. 1959.) B. Pankow H 1120

*2239* Esso Research and Engineering Co., Elizabeth, N.J. (Erfinder: Louis A. Mikeska, Dunedin, Fla., und Donald F. Koenecke, Westfield, N.J.), V.St.A., **Duroldialdehyd** (I) erhält man durch Oxydation von Bis-hydroxymethyldurol (II) mit einer nitroaromat. Verb. in Ggw. von 0,1—0,5 Moläquivalenten eines Alkalihydroxids. — 200 g II, 200 g Nitrobenzol u. 24 g pulverisiertes NaOH (III) wurden in 600 ml Xylol auf 145—148° erhitzt, nach 1 bzw. 2 Std. jeweils 12 g III zugegeben u. nach 5std. Erhitzen das Rk.-Gemisch auf 85° gekühlt, wobei 71 g II u. 7 g teeriger Säuren ausfielen. Aus dem Filtrat erhält man in 64,5% ig. Umwandlung bei einer Selektivität von 85% I, F. 165°. — *Zwischenprodukt.* (**D. A. S. 1 143 801** Kl. 12o vom 27/7. 1957, ausg. 21/2. 1963.) A. Jahn H 1130

*2240* N. I. Wolynkin, **Abtrennung aromatischer Hydroxyaldehyde** aus Rk.-Gemischen des Nitroso-Verf. durch Behandlung mit wss. Alkali- oder $NH_4$-Hydroxid oder -carbonat in Ggw. von Butanol (I) u. Benzaldehyd (II) oder I allein, Abtrennen der wss. Schicht u. Ansäuern, ggf. unter vorheriger Vakuum-Dest. flüchtiger Säuren. — 10(kg) Guajacol u. 4 30%ig. Formalin werden bei 40° in 4—7 Std. zu dem aus 4.9-Dimethylanilin, 100 g Cu-Chlorid, 20 28%ig. HCl u. 6 Acetanhydrid erhaltenen Nitrosodimethylanilinhydrochlorid gegeben. 100 (g) Rk.-Gemisch mit 15 Vanillin werden von flüchtigen Säuren im Vakuum befreit, mit 10 **II**, 20 **I** u. 120 bis 160 ml 20%ig. $Na_2CO_3$-Lsg. versetzt, 20—30 Min. gekocht u. in W. gegossen. Die Operation wird mit 5%ig. $Na_2CO_3$-Lsg. wiederholt u. die wss. Lsgg. angesäuert: *Vanillin*, F. 80°; Ausbeute 72—80% (bezogen auf Guajacol). Die organ. Schicht wird durch Ansäuern u. Dampf-Dest. aufgearbeitet. (**UdSSR. P. 127 651** vom 16/6. 1959.) L. Großner H 1140

*2241* Sun Oil Co., Philadelphia, übert. von: Abraham Schneider, Overbrook Hills, Pa., V.St.A., **Herstellung organischer Säuren** enthaltend ein tert. oder quatern. α-C-Atom, dad. gek., daß man eine als Olefin reagierende Verb., wie tert. Olefine, tert. Alkylfluoride, tert. Alkylchloride oder tert. Alkohole, in Ggw. von CO u. einer alkylaromat. Verb., in der die Alkylgruppe durch ein sek. oder tert. C-Atom an den Ring gebunden ist, z. B. Isopropylbenzol, bei < 50 at CO-Druck mit einem anorgan. Katalysator, wie $H_2F_2$, $H_2SO_4$, hydratisiertes $BF_3$ oder Fluorsulfonsäure, behandelt. Bei der Hydrolyse erhält man eine Säure, die 1 C-Atom mehr enthält, als die aromat. Verbindung. (**Can. P. 571 358** vom 2/8. 1956, ausg. 24/2. 1959. A. Prior. 23/1. 1956.) S. Böttcher H 1200

*2242* Imperial Chemical Industries Ltd., London (Erfinder: Alan John Shipman, Northwich), England, **Aromatische Carbonsäuren** erhält man durch Oxydation aromat. Verbb., die eine oder mehrere kerngebundene oxydierbare Seitenketten haben, mit $SO_2$ in Abwesenheit von W. bei 100—400 at u. 250—300°. — Hergestellt wurden z. B. *Benzoesäure, Terephthalsäure* u. *Isophthalsäure*. (**D. A. S. 1 143 506** Kl. 12o vom 2/5. 1961, ausg. 14/2. 1963. E. Prior. 3/5. 1960 u. 14/4. 1961.) L. Stadelmann H 1200

*2243* Badische Anilin- & Soda-Fabrik Akt.-Ges., Ludwigshafen/Rh. (Erfinder: Walter Schenk, Heidelberg, und Albrecht Wallis, Ludwigshafen/Rh.), **Herstellung von Alkalisalzen cyclischer Carbonsäuren aromatischer Natur** durch Erhitzen von Alkalisalzen anderer cycl. Carbonsäuren in Ggw. von Katalysatoren, z. B. $CdCO_3$ bei gewöhnlichem oder erhöhtem Druck, dad. gek., daß man als Katalysator den Filterrückstand, der beim Filtrieren einer wss. Lsg. des Rk.-Gemisches, die vorzugsweise auf pH 8—9 durch Einleiten von $CO_2$ eingestellt wurde, erhalten wird, ohne weitere chem. Aufarbeitung benutzt. (**D. A. S. 1 144 254** Kl. 12o vom 8/7. 1961, ausg. 28/2. 1963.) L. Stadelmann H 1200

*2244* Rohm & Haas Co., Philadelphia (Erfinder: Charles Harlan McKeever, Meadowbrook, und Louis Robert Freimiller, Philadelphia), Pa., V.St.A., **5-Methylen-5-phenylvaleriansäuren und deren Ester der allg.** Formel $C_6H_5-C(=CH_2)-CH_2-CH_2-CH(R')-COOR$ (R' = H, Alkyl mit 1—4 C-Atomen; R = H, Alkyl mit 1—18 C-Atomen, Cycloalkyl, Alkylcycloalkyl mit 4—6 C-Atomen im Ring) erhält man durch Rk. von α-Methylstyrol mit Acrylsäuren oder deren Estern der allg. Formel $CH_2=C(R')-COOR$ bei ca. 200—450, bes. 275—250° u. 28—280, bes. 70—210 kg je $cm^2$, ggf. in Ggw. eines Lsgm. (Bzl. oder Toluol), bes. in Abwesenheit von Luft u. unter Zusatz eines Polymerisationsverzögerers (Hydrochinon, Dihalogennaphthol, p-Phenylendiamin). Um Polymerisation u. Mischpolymerisation zu vermeiden, kühlt man die entstandenen Rk.-Prodd. schnell ab. — Aus 30 Mol α-Methylstyrol u. 15 Mol Methacrylsäuremethylester bei 310—325°, 4 Min. Verweilzeit u. 70 kg/$cm^2$, dann schnelles Abkühlen auf < 60° → *2-Methyl-5-methylen-5-phenylvaleriansäuremethylester*, $Kp._{0,5}$ 99°; $n_D^{20}$ 1,5149; VZ. 218; 83% (Ausbeute); daraus mit KOH → *Freie Säure*, $Kp._{0,2}$ 173—174°, aus deren *Na-Salz* mit $H_2$ in Ggw. von Raney-Ni *2-Methyl-5-cyclohexylcapronsäure*, $Kp._{1,1}$ 137 bis 138° entsteht, die mit $Br_2$ nach Hell-Volhard-Zelinsky *2-Brom-2-methyl-5-cyclohexylcapronsäure* liefert, $Kp._{2,2}$ 167 bis 169°; $n_D^{20}$ 1,5051. Durch Umesterung mit Laurylalkohol in Ggw. von 98%ig. $H_2SO_4$ entsteht bei 135° *2-Methyl-5-methylen-5-phenylvaleriansäurelaurylester*, hellbraune Fl.; 95%. — Methacrylsäureäthylester → *2-Methyl-5-methylen-5-phenylvaleriansäureäthylester*, $Kp._{0,5}$ 102—104°; $n_D^{20}$ 1,5160. — Methacrylsäurebutylester → *2-Methyl-5-methylen-5-phenylvaleriansäurebutylester*, $Kp._{0,5}$ 110—114°. — α-Butylacrylsäuredodecylester → *2-Butyl-5-methylen-5-phenylvaleriansäuredodecylester*, $Kp._{0,5}$ > 150°. — Acrylsäuremethylester → *5-Methylen-5-phenylvaleriansäuremethylester*, $Kp._{0,35}$ 95 bis 100°; $n_D^{20}$ 1,5201; VZ. 202; *-äthylester*, $Kp._{0,5}$ 97—99°; *-hexylester*, $Kp._{0,5}$ 116—120°. — α-Äthylacrylsäureoctadecylester → *2-Äthyl-5-methylen-5-phenylvaleriansäureoctadecylester*, $Kp._{0,5}$ 150°. — Methacrylsäure-2-äthylhexylester → *2-Methyl-5-methylen-5-phenylvaleriansäure-2-äthylhexylester*, $Kp._3$ 160°. — Methacrylsäure → *2-Methyl-5-methylen-5-phenylvaleriansäure*, NZ. 216. — Acrylsäure → *5-Methylen-5-phenylvaleriansäure*, NZ. 191. — R' kann noch sein: Propyl, Isopropyl, Butyl, Isobutyl, tert.-Butyl; R = Butyl, Pentyl, Octyl, Decyl, Tetradecyl, Cyclobutyl, Cyclopentyl, Methylcyclopentyl, Butylcyclopentyl, Cyclohexyl, Propyl-, Diäthyl- u. Trimethylcyclohexyl. — Mit HCHO bildet die Methylengruppe eine *Hydroxyäthylgruppe*. Die Säuren u. Ester geben mit Phthalsäureanhydrid oder Glykolen *Alkydharze*. — Die *Cu-Salze* u. die durch Chlorieren der Doppelbindung der Methylengruppe erhaltenen *Chlor-Verbb.* sind Unkraut-, Schädlings- u. Pilzbekämpfungsmittel. Die Säuren u. Ester sind Abwehrmittel für die *Hausfliege*; ferner Weichmacher, bes. für Polyvinylchlorid. (**D. A. S. 1 143 808** Kl. 12o vom 10/1. 1957, ausg. 21/2. 1963. A. Prior. 10/1. 1956.) G. Krauß H 1210

*2245* N. G. Laptew und A. N. Wyssokossow, **Herstellung von p-Nitrobenzamid** durch 3—6std. Erhitzen von p-Nitrobenzosäure mit Harnstoff auf 175—190° in 85—87,5%ig. Ausbeute. (**UdSSR. P. 127 657** vom 29/4. 1959.) L. Großner H 1210

*2246* Shell Research Ltd., London (Erfinder: Geoffrey Edwin Barnsley, Canterbury, Helen Margaret Higson, Grouville, Jersey, John Yates, Chesfield, Johannes Thomas Hackmann, Herne Bay, und Pieter Ten Haken, Herne Bay, Kent), England, **Herstellung von o-chlorsubstituierten Benzonitrilen.** In Dialkylcarbamiden oder Dialkylsulfoxiden gelöstes Chlor- oder o-Dichlorbenzol, das in o-Stellung noch durch je eine Nitrogruppe substituiert ist, wird in an sich bekannter Weise mit Kupfercyanid, bes. in der Siedehitze u. im Mol-Verhältnis 1 : 1 bis 1 : 1,1 umgesetzt u. in dem erhaltenen o-Nitrobenzonitril oder 2-Chlor-6-nitrobenzonitril durch Einleiten von $Cl_2$ oder durch Erhitzen mit Thionylchlorid bei 180—300° die Nitrogruppe durch ein Cl-Atom ersetzt. Hergestellt wurde *2.6-Dichlorbenzonitril*. (**D. A. S. 1 143 803** Kl. 12o vom 1/2. 1960, ausg. 21/2. 1963. E. Prior. 3/2., 14/7., 17/7., 23/7., 24/7., 3/9., 5/10. u. 24/12. 1959.) L. Stadelmann H 1210

*2247* American Cyanamid Co., New York, N.Y. (Erfinder: William Jacob Klapproth und John Fleming Bruesch, Pittsburgh, Pa.), V.St.A., **Herstellung von Phthalsäureanhydrid.** Man oxydiert ein Gemisch aus o-Xylol oder Methylnaphthalin u. Naphthalin, das auf 100 Teile ca. 15—60 Teile o-Xylol oder Methylnaphthalin enthält, in der Gasphase mit Luft bei 325—425° an einem Katalysator, bestehend aus einem hitzegehärteten Siliciumoxidgel, Vanadinoxid, Kaliumpyrosulfat u. ggf. Metalloxiden als Aktivatoren, im Wirbelbett. (**D. A. S. 1 144 706** Kl. 12o vom 16/9. 1961, ausg. 7/3. 1963. A. Prior. 16/9. 1960.) L. Stadelmann H 1220

*2248* I. I. Wolynkin und W. P. Romanenko, **Herstellen von Phthalsäuredialkylestern** niederer aliphat. Alkohole mit Hilfe eines Katalysatorgemisches aus 12 (%) $H_2SO_4$, 80 Kieselsäure oder Silicagel u. 8 $TiO_2$ bei 175° (Diäthylester) oder 180° (Dibutylester) während 1 Std.; Ausbeute 95%. (**UdSSR. P. 124 419** vom 23/2. 1959.) B. Pankow H 1220

*2249* Monsanto Chemical Co., St. Louis, Mo. (Erfinder: Eugene Lee Ringwald, Decatur, Ala.), V.St.A., **Reinigung von Terephthalsäure.** Man erhitzt rohe Terephthalsäure (I) mit konz. $H_2SO_4$ auf 150 bis 300°, kühlt die Lsg. so weit ab, bis ca. 80% der I ausgefallen sind, trennt diese I ab, löst sie in wss. $NH_3$-Lsg., filtriert über Aktivkohle u. fällt die I mit Säure aus. (**D. A. S. 1 144 255** Kl. 12o vom 18/11. 1959, ausg. 28/2. 1963. A. Prior. 18/11. 1958.) L. Stadelmann H 1220

*2250* Badische Anilin- & Soda-Fabrik Akt.-Ges., Ludwigshafen/Rh. (Erfinder: Walter Schenk, Heidelberg, Albrecht Wallis, Ludwigshafen/Rh., und Ludwig Vogel, Frankenthal), **Gewinnung trockener, neutraler Alkalisalze von cyclischen Carbonsäuren.** Man stellt wss. Lsgg. solcher Alkalisalze durch Zugabe von Alkalihydroxiden auf einen pH-Wert ein, der wenig über dem Äquivalenzpunkt liegt, u. teilt die Lsg. in 2 Teilströme, wovon der eine einer üblichen Eindampf- bzw. Trocknungs-Vorr. zugeführt, der andere in einem Waschturm versprüht wird, durch den man im Gegenstrom einen $CO_2$ enthaltenden Gasstrom leitet. — Beispiel: *Dikaliumterephthalat.* (**D. A. S. 1 142 597** Kl. 12o vom 21/7. 1961, ausg. 24/1. 1963.) L. Stadelmann H 1220

*2251* Badische Anilin- & Soda-Fabrik Akt.-Ges., Ludwigshafen/Rh. (Erfinder: Gerald Neubauer, Frankenthal, Joseph Schneiders, Ludwigshafen/Rh., und Werner Nieswandt, Weinheim), **Terephthalsäuredimethylester** erhält man durch Verestern eines Gemisches aus Terephthalsäure u. Methanol im Gewichtsverhältnis 1 : 2 bis 1 : 4 bei 95—180°, bes. 110—150°, u. einem Druck, der etwas über dem jeweiligen Dampfdruck des Methanols liegt, in Ggw. von 0,005—0,05 Teilen $H_2SO_4$ bezogen auf 1 Teil Terephthalsäure. Man braucht hierbei keine korrosionsbeständigen Auskleidungen der Rk.-Behälter, die Bldg. von Dimethyläther wird zurückgedrängt, bei der Aufarbeitung müssen nur geringe Mengen $H_2SO_4$ entfernt werden. (**D. A. S. 1 143 505** Kl. 12o vom 19/7. 1961, ausg. 14/2. 1963.) L. Stadelmann H 1220

*2252* Vereinigte Glanzstoff-Fabriken Akt.-Ges., Wuppertal (Erfinder: Rudolf Lotz, Obernburg/M., und Gerhard Wick, Erlenbach/M.), **Abbau von Polyäthylenterephthalat zu Terephthalsäuredimethylester.** Man behandelt Polyäthylenterephthalat mit Wasserdampf von ca. 400°, bes. im Gegenstrom, mischt es in feinverteilter Form mit überschüssigem Methanol u. mit 0,1—2% einer Zn-Verb., die in Methanol suspendierbar ist, z. B. $ZnCO_3$, bringt das Gemisch bei 280—340° u. 80—140 atü zur Rk. u. kühlt die Rk.-Prodd. fraktioniert ab. Man erhält sehr reines Dimethylterephthalat. (**D. A. S. 1 143 193** Kl. 12o vom 18/10. 1961, ausg. 7/2. 1963.) L. Stadelmann H 1220

*2253* Farbwerke Hoechst Akt.-Ges. vormals Meister Lucius & Brüning (Erfinder: Heinz Hupfer), Frankfurt/M., **Herstellung von Phenylhydrazinhydrochlorid** durch Red. von Phenyldiazoniumchlorid (I) mit einem Gemisch aus $Na_2SO_3$ (II) u. $NaHSO_3$ (III) bei 80—85° u. Abscheidung des Rk.-Prod. durch Einw. von HCl, dad. gek., daß man die I-Lsg. bei 0—30° mit dem Sulfitgemisch, das man ggf. durch Rk. von NaOH mit einer III-Lsg. in Ggw. von I erzeugt, innig vermischt u. die Menge II bzw. NaOH u. III so reguliert, daß das Red.-Gemisch nach dem Erhitzen auf 80—85° ein pH von 5,0—7,0, bes. 5,5—5,8 zeigt. — Zeichnung. (**D. A. S. 1 143 825** Kl. 12q vom 17/8. 1961, ausg. 21/2. 1963.) O. Müller-Meiningen H 1310

*2254* Farbenfabriken Bayer Akt.-Ges., Leverkusen (Erfinder: Harry Danziger und Adolf Kersting, Krefeld), **Diphenylamin** wird hergestellt durch Rk. von Anilin bei höheren Temp. unter Druck u. unter Entfernung des abgespaltenen $NH_3$ in Ggw. eines Halogens u. einer halogenfreien Sauerstoff-Verb. des P, z. B. $P_2O_3$, $P_2O_5$, $H_3PO_3$, $H_3PO_4$, $BPO_4$ oder $CaHPO_4$. — Vgl.-Verss. sind angegeben. (**D. A. S. 1 144 284** Kl. 12q vom 23/3. 1961, ausg. 28/2. 1963.) A. Debo H 1310

*2255* Monsanto Chemical Co., St. Louis, Mo. (Erfinder: Emerson Howard Lee, Texas City, Tex.), V.St.A., **Styrol** erhält man durch Dehydrierung von Äthylbenzol bei 550—800° in Ggw. von Wasserdampf, bes. im Verhältnis 1 : 1—30 Mol, u. eines Fe-Oxids in Form von Preßlingen mit einer Teilchengröße von < ca. 1,59 mm als Dehydrierungskatalysator, der als Beschleuniger noch Alkali- oder Erdalkalioxide oder -carbonate, Oxide von Cr, Mn, Bi, W, Mo oder Ce u. als Stabilisierungsmittel noch Oxide von Cu, Hg, Zn, Cd, Co, Zr, Th, Pb u. Al enthalten kann, Ausbeute 97 (%). Der Katalysator kann z. B. aus 8,3 $K_2O$, 17,13 $Fe_2O_3$, 4,5 CuO u. 6,11 MgO bestehen. (**D. A. S. 1 143 510** Kl. 12o vom 22/3. 1960, ausg. 14/2. 1963. A. Prior. 23/3. 1959.) G. Krauß H 1410

*2256* American Cyanamid Co., New York, N.Y. (Erfinder: Sheldon A. Buckler und Martin Epstein, Stamford, Conn.), V.St.A., **Primäre und sekundäre Phosphinoxide** der allg. Formel R—P(:O)(R')H (R = Alkyl, Cycloalkyl, Aralkyl; R' = H, 1-Hydroxyalkyl, 1-Hydroxycycloalkyl, α-Hydroxyaralkyl; beide Reste können durch Halogen, COOH, Alkoxy oder $NO_2$ substituiert sein) erhält man durch Rk. von $PH_3$ mit ca. 1—2 Mol eines Ketons in Ggw. einer nichtoxydierenden Mineralsäure bei — 5 bis + 100° nach dem Rk.-Schema $(C_2H_5)_2C=O$ (I) + $PH_3$ (II) → $(C_2H_5)_2CH-P(O)H_2$, 2 I + II → $(C_2H_5)_2CH-P(:O)(H)-C(OH)(C_2H_5)_2$. — Cyclohexanon + II → *Cyclohexyl-1-hydroxycyclohexylphosphinoxid*, F. 151—152° (Bzl.) + *Cyclohexylphosphinoxid*. — Aceton + II → *Isopropyl-2-hydroxyisopropylphosphinoxid*, F. 71—72° (Hexan) + *Isopropylphosphinoxid*. — Cyclopentanon + II → *Cyclopentyl-1-hydroxycyclopentylphosphinoxid*, F. 147—148° + *Cyclopentylphosphinoxid*. Acetophenon + II → *α-Methylbenzylphosphinoxid* + *α-Methylbenzyl-α-hydroxy-α-methylbenzylphosphinoxid*, F. 124—126°. — *Komplexbildner* für Schwermetallionen. (**D. A. S. 1 145 614** Kl. 12o vom 1/7. 1960, ausg. 21/3. 1963. A. Prior. 1/7. 1959.) A. Jahn H 2180

*2257* Farbenfabriken Bayer Akt.-Ges., Leverkusen (Erfinder: Edgar Enders, Köln), **Herstellung von Mono-(β-benzoylhydrazino)-naphthalinen oder deren Sulfonsäurederivaten,** dad. gek., daß man 1 (Mol) eines Hydroxy- oder Aminonaphthalins oder des entsprechenden Sulfonsäure-Deriv. mit 1—1,5 eines ggf. im Benzoylrest substituierten Monobenzoylhydrazins bei 70—150° in Ggw. eines $H_2SO_3$-Salzes u. eines Verdünnungsmittels umsetzt. — 104 (Gew.-Teile) 2-Hydroxynaphthalin-3-carbonsäure (II) werden mit 800 40%ig. wss. $NaHSO_3$-Lsg. u. 84 Benzoesäurehydrazid (I) bis zur Beendigung der $CO_2$-Entw. (ca. 12 Std.) gekocht, dann bei 40° 20%ig. HCl bis zur bleibend sauren Rk. zugetropft, wobei 140 (95%) *2-(β-Benzoylhydrazino)-naphthalin,* F. 155 bis 157° ($CH_3OH$) ausfallen. — Verwendet man an Stelle von I Anissäurehydrazid, werden 135 *2-(β-4'-Methoxybenzoylhydrazino)-naphthalin* (F. 205—208°) erhalten. — 2-Amino-8-hydroxynaphthalin-6-sulfonsäure + $NaHSO_3$-Lsg. + $Na_2SO_3$ + I → *2-(β-Benzoylhydrazino)-8-hydroxynaphthalin-6-sulfonsäure.* — Analog wird erhalten *1-* bzw. *2-(β-Benzoylhydrazino)-5-hydroxynaphthalin-7-sulfonsäure.* — II + $NaHSO_3$ + 4-Methansufonylaminobenzoesäurehydrazid (F. 288—289°) (III) → *2-[β-(4'-Methansulfonylaminobenzoyl)-hydrazino]-naphthalin,* F. 199—201° (verd. $CH_3COOH$). — Wird an Stelle von III Salicylsäurehydrazid verwendet, erhält man *2-(β-Salicoylhydrazino)-naphthalin,* F. 136—138°. — Zwischenprodd., bes. zur Herst. von Azofarbstoffen, Heilmitteln, Bakteriostatica, Schädlingsbekämpfungsmitteln u. oberflächenakt. Stoffen. (**D. A. S. 1 142 872** Kl. 12q vom 30/11. 1960, ausg. 31/1. 1963.) O. Müller-Meiningen H 2700

*2258* M. F. Schosstakowski und Ch. I. Kondratjew, **Herstellung von Methyl-α-naphthylsilandiol** (I) durch Hydrolyse von Methyl-α-naphthyldichlorsilan (II), dad. gek., daß bei — 10 bis + 5° zu wss. $CH_3COONa$-Lsg. gleichzeitig äther. II-Lsg. u. NaOH gegeben werden. — Zu 52 (g) $CH_3COONa$ in 75 ml W. werden einige Tropfen Phenolphthalein u. 100 ml Ae. u. dann unter Kühlung in 45 Min. gleichzeitig die Lsgg. von 41,36 II in 50 ml Ae. u. 14 NaOH in 75 ml W. gegeben. Die äther. Schicht wird verdampft u. mit PAe. gewaschen: 89,1% I, F. 104,5—105°. (**UdSSR. P. 128 862** vom 9/5. 1955.) L. Großner H 2700

*2259* Ciba Akt.-Ges., Basel, Schweiz (Erfinder: Walter Wettstein, Münchenstein), **Herstellung eines Katalysators für die Oxydation von Anthracen zu Anthrachinon** in der Gasphase. Man fällt 1—1,5 (Mol) Mn- oder Fe-Salz in wss. Lsg. mit 1 $NH_4$-Vanadat, stellt das pH des Gemisches mit $NH_3$ auf 6—7, filtriert den Nd. mit einem Träger, bes. Bimsstein, vermischt u. erhitzt die Masse auf > 500°, bes. 575—650°, ggf. im Luftstrom. Der Katalysator ermöglicht konst. Ausbeuten von bis zu 91,6% über längere Zeiträume. (**D. A. S. 1 147 213** Kl. 12o vom 16/8. 1960, ausg. 18/4. 1963. Schwz. Prior. 17/8. 1959.) A. Jahn H 2800

*2260* Pittsburgh Plate Glass Co., Pittsburgh, Pa. (Erfinder: Andrew Joseph Kaman, Varberton, Ohio), V.St.A., **Epoxide** erhält man durch Rk. organ. Verbb., die eine Olefindoppelbindung enthalten, in fl. Zustand mit 3—90%ig. wss. $H_2O_2$ in Ggw. von bes. 0,01—2% einer Metalloxidpersäure (Oxide von: Ti, Zr, V, Ta, Cr, Mo, W, U, Ru, Heteropolysäuren der säurebildenden Elemente der

6. Gruppe des Period. Syst., wie 12-Wolframoselen-, 6-Wolframotellur-, 12-Molybdoschwefel-, 12-Molybdotellur- u. 9-Molybdo-3-selenotellursäure) als Katalysator bei pH 3—7, bes. 4—6, der durch Zusatz eines organ. Amins oder einer bas. wirkenden, anorgan. Verb. (aliphat., cycloaliphat., aromat., heterocycl., prim., sek. u. tert. Amine, bas. reagierende Alkali- u. Erdalkalisalze u. wss. $NH_3$) eingestellt wird bei —15 bis +100, bes. 0—70°. — Aus 21 g Cyclopenten-3-ol in Ggw. von 1% N-Methylmorpholin, 0,27 g $H_2WO_4$, 17,9 g 50,3%ig. $H_2O_2$ u. 98,5 g W. bei 30° → *1.2-Epoxycyclopentan-3-ol*, $Kp._6$ 78—78,5°; $n_D^{20}$ 1,4750; $D._4^{20}$ 1,1634; 81% (Ausbeute). — Allylalkohol → *Glycidalkohol*, ca. 75%. — Crotylalkohol → *2.3-Epoxybutan-1-ol*, $Kp._5$ 47,5—48°; $n_D^{20}$ 1,4276; 83,2%. — Methylvinylcarbinol → *1.2-Epoxybutan-3-ol*, $Kp._7$ 47°; $n_D^{20}$ 1,4291; 34%. — Methallylalkohol → *1.2-Epoxy-2-methylpropanol-(3)*, $Kp._6$ 42—43°; $n_D^{20}$ 1,4288; 55,5%. — 2-Buten-1.4-diol → *2.3-Epoxybutandiol*, aus Aceton–Chlf. Kristalle, F. 46—50°; 89%. — 3-Buten-1.2-diol → *1.2-Epoxybutan-3.4-diol*. — Epoxide von *Cyclopenten-3.4-* u. *-3.5-diol*; 58,8%. — Tetrahydrobenzylalkohol (= 3-Cyclohexen-1-methanol) → *3.4-Epoxycyclohexan-1-carbinol*. — Ferner sind epoxidierbar: Cyclohexenylalkohol, 3.4-Hexen-1.6-diol, Ölsäuremethylester, Butadien, Cyclohexen u. ungesätt. Chloralkohole. — Die Epoxidierung kann auch in Ggw. eines bes. mit W. mischbaren Verdünnungsmittels, wie Methanol, A., tert.-Butanol, Äthylen- u. Diäthylenglykol, Aceton, Diäthylketon, Ae., Äthyl-, Propyl-, Butyl- u. Aminodioxan, $CCl_4$, Äthylendichlorid Chlf. u. Äthylenglykoläther durchgeführt werden. (**D. A. S. 1 144 276** Kl. 12o vom 13/12. 1957, ausg. 28/2. 1963. A. Prior. 14/12. 1956 u. 14/5. 1957.) G. Krauß H 3030

*2261* Shell Internationale Research Mij. N. V., Den Haag, Niederlande (Erfinder: Walter Harkness Reay, Orpington, und Granville Thorpe Merrall, Altrincham, England), **Reinigen von Alkylenoxiden**, dad. gek., daß man die Alkylenoxid-Verbb. mit einem Metallborhydrid behandelt. (**D. A. S. 1 144 704** Kl. 12o vom 23/5. 1961, ausg. 7/3. 1963. E. Prior. 23/5. 1960.) G. König H 3030

*2262* Minnesota Mining & Mfg. Co. (Erfinder: William O. Ney jun.), St. Paul, Minn., V.St.A., **Reinigung von 2-Pyrrolidon**, dad. gek. daß man 2-Pyrrolidon aus einem Alkylbenzol, das bei einer Temp. von —20° bis —35° fl. ist, bes. Toluol, umkristallisiert. (**D. A. S. 1 143 814** Kl. 12p vom 11/1. 1961, ausg. 21/2. 1963.) W. Heyer H 3081

*2263* Chemische Werke Witten G.m.b.H., Witten (Erfinder: Kurt Pieroh, Witten), **Gewinnung von Diphenylpolycarbonsäuremethylestern und 3.4-Benzocumarindicarbonsäuredimethylester.** Die Dest.-Rückstände, wie sie bei der Herst. von Terephthalsäuredimethylester anfallen, werden mit Methanol nachverestert, aus dem Veresterungsgemisch etwaige Anteile an Tere- u./oder Isophthalsäuredimethylester durch fraktionierte Dest. abgetrennt, der Rückstand in organ. Lsgm. in der Hitze digeriert, hierin unlösl. Anteile abgetrennt u. die Lsg. vom Lsgm. befreit. Die jeweils erhaltenen Rückstände werden gereinigt u. aufgearbeitet. (**D. A. S. 1 142 858** Kl. 12o vom 19/7. 1961, ausg. 31/1. 1963.) L. Stadelmann H 3211

*2264* Badische Anilin- & Soda-Fabrik Akt.-Ges., Ludwigshafen/Rh. (Erfinder: Hans Moell, Ludwigshafen/Rh., Nikolaus v. Kutepow, Karlsruhe, und Georg Niemann, Ludwigshafen/Rh.), **Gewinnung von Capryllactam aus** dem durch Beckmannsche Umlagerung von Cyclooctanoxim erhaltenen Umlagerungsgemisch (I), dad. gek., daß man das saure oder neutralisierte, harzhaltige I mit 1—10 Teilen W. bei 80—95° vermischt, bei 80—95° durch Feststoffe filtriert oder zentrifugiert u. von dem Filtrat das sich absetzende Lactamrohöl mit ca. 82% Lactam abtrennt. (**D. A. S. 1 144 729** Kl. 12p vom 13/1. 1961, ausg. 7/3. 1963.) C. Lüttgen H 3390

*2265* Deutsche Gold- und Silber-Scheideanstalt vormals Roessler, Frankfurt/M. (Erfinder: Helmut Junkermann, Frankfurt/M.), **Verfahren zur Erhöhung der Reaktionsfähigkeit von Paraformaldehyd (I)**, bes. bei Rkk., die bei pH >8,5 ablaufen, z. B. die Phenolharzherstellung. Man setzt dem I ≧0,5, bes. 0,5—2, bes. 1—2 Gew.-% eines prim. u./oder sek. aromat. Mono- oder Diamins zu, das ggf. im aromat. Rest durch niedere Alkyleste, OH oder Alkoxygruppen substituiert ist, bes. p-Toluidin bzw. eines seiner Salze (Halogenid, Sulfat, Acetat). (**D. A. S. 1 142 856** Kl. 12o vom 23/1. 1959, ausg. 31/1. 1963.) A. Jahn H 4010

## $H_{10}$. Färberei, Organische Farbstoffe

*2266* **Einfluß sterischer Faktoren auf die Eigenschaften von Farbstoffen mit Biphenylkern.** 12. Mitt. **Über die Baumwollverträglichkeit einiger Bis-azofarbstoffe, die Amidgruppierungen enthalten.** B. M. Krassowitzki und B. I. Osstrowskaja. (Ukrain. chem. J. **25**, 493—96, 1959; russ.) — 9. vgl. C. **1961**, 9340. — Es wird die Baumwollaffinität (in kcal/Mol bei 80 u. 100°) von *Azofarbstoffen* bestimmt, die durch Kupplung der Bis-diazonium-Verbb. nachst. Diamine mit 2 Moll. H-Säure erhalten werden: p-Phenylendiamine: N-[m-Aminobenzoyl]- (2,66; 1,65), N-[p-Aminobenzoyl]- (5,15; 4,22), N.N'-Bis-[p-Aminobenzoyl]- (6.00; 4,96); m-Phenylendiamine: N-[p-Aminobenzoyl]- (2,22; 1,10), N-[m-Aminobenzoyl]- (1,63; 1,13); Benzidine: Unsubstituiert (4,45; 3,73), N.N'-Bis-[p-aminobenzoyl]- (7,36; 6,93), N.N'-Bis-[p-aminobenzoyl]-2.2'-methylen- (7,22; 7,0), N.N'-Bis-[p-aminobenzoyl]-2.2'-dimethoxy- (7,35; 7,25), N.N'-Bis-[p-aminobenzoyl]-3.3'-dimethyl- (6,71; 6,58), N.N'-Bis-[p-aminobenzoyl]-2.2'-dimethyl- (6,26; 5,74), N.N'-Bis-[p-aminobenzoyl]-2.2'-dichlor- (6,61; 6,28), N.N'-Bis-[p-aminobenzoyl]-2,2'-difluor. (7,44; 7,09), N-[p-Aminobenzoyl]- (6,90; 5,75), N-[m-Aminobenzoyl]- (5,35; 4,45), N-[p-Aminobenzoyl]-2.2'-dimethyl- (5,27; 4,98), N.N'-Bis-[m-aminobenzoyl]- (5,45; 5,04), N.N'-Bis-[m-aminobenzoyl]-2.2'-dimethyl- (4,35; 3,38); p-Aminoanilide: Oxalbis- (5,64; 5,20), Terephthalsäure-bis- (5,98; 5,49), Diphenyl-4.4'-dicarbonsäure-bis- (7,36; 7,03, Diphensäure-bis- (1,55; 1,23), 4-Aminodiphenyl-2'-carbonsäure- (2,06; 1,35), 2-Aminofluorenon-5-carbonsäure- (2,86; 1,62); N.N'-Bis-[p-aminobenzoyl]-hydrazin (4,88; 4,36). Die Färbung wird bei einem Flottenverhältnis 1:100 u. einer Farbstoff-Konz. von 0,0001 Mol/Liter (unter Zusatz von 0,02 Mol NaCl) bei 80 u. 100° durchgeführt. I. Schade 7002

*2267* **Über fluorsubstituierte Farbstoffe.** H. Hopff. (Chimia [Aarau, Schweiz] **15**, 193—94, 1961; Zürich, ETH, Techn.-Chem. Labor.; dt.) — Die Eigg. (Licht, Sodakoch- u. Lsgm.-Echtheit, Egalisierungsvermögen usw.) von fluorierten Azo- (bes. Fluorpyrazolone u. fluorierte Naphthol-AS-Farbstoffe) u. Küpenfarbstoffen (Acylaminoanthrachinone u. Phthalocyanine) werden untersucht. o-Ständiges F verursacht im allg. einen hypochromen, p-ständiges einen stärker bathochromen Effekt als m-ständiges. Bei den fluorierten Naphthol–AS-Farbstoffen werden die Echtrot–TR-Base (5-Chlor-o-toluidin) u. die Echtrot–ITR-Base (N'.N'-Diäthyl-4-methoxymetanilamid) mit folgenden 2-Hydroxy-3-naphthoesäure-Derivv. gekuppelt: -anilid, -p-, -m- u. -o-fluoranilid, -2-methyl- u. -3-methyl-4-fluoranilid, -4-methyl- u. -6-methyl-3-fluoranilid, sowie -2.5-dimethyl-4-fluoranilid. Gottfried Schreiber 7048◇

*2268* **Neue von Verbindungen mit aktiver Methylgruppe abgeleitete Azofarbstoffe.** H. Wahl. (Chimia [Aarau, Schweiz] **15**, 126—33, 1961; Nancy, Univ.; franz.) — Eine Übersicht über die Darst. von Azofarbstoffen bes. der Indolenin- u. Methylbenzoxazolreihe wird gegeben. Mechanismus u. Kinetik der Kupplungs-Rkk. werden diskutiert. Gottfried Schreiber 7052◇

*2269* **Über die Lichtbeständigkeit einiger Monoazofarbstoffe — Derivate des Benzanilids und J-Säure.** W. A. Blinow, B. M. Krassowitzki und Je. Je. Chotinskaja. (Chem. Wiss. Ind. [UdSSR] **4**, 285—86, 1959; Charkow, Gorki-Univ.; russ.) — Die Licht- u. Wetterbeständigkeit von einigen *Monoazofarbstoffen* (MA) auf Cellophan wird untersucht. Zur Darst. der MA wird J-Säure mit nachst. Aminen gekuppelt: Anilin, p-[Benzoylamino]-, N-[p-Aminobenzoyl]-, p-Hydroxy-N-[p-aminobenzoyl]-, p-Methyl-N-[p-aminobenzoyl]-, p-Brom-N-[p-aminobenzoyl]-, p-[p-Methoxybenzoylamino]-, p-Methoxy-N-[p-aminobenzoyl]-, p-Dimethylamino-N-[p-aminobenzoyl]-, p-Carbäthoxy-N-[p-aminobenzoyl]-, p-[p-Brombenzoylamino]- u. p-Phenylanilin. Alle MA sind lichtecht u. unterscheiden sich hierin nur wenig, während die Wetterbeständigkeit der MA in vorst. Reihenfolge der Amine zunimmt. I. Schade 7052△

*2270* **Zur Darstellung der Leukoschwefelsäureester von Küpenfarbstoffen.** H. Schenkel. (Chimia [Schweiz] **15,** 203—07, 1961; Basel, Durand & Huguenin Akt.-Ges.; dt.) — Eine Übersicht über die Darst. der Leukoschwefelsäureester von anthrachinoiden Küpenfarbstoffen in Abhängigkeit vom pH u. vom Lsgm. wird gegeben. Einzelne Rk.-Mechanismen werden diskutiert. Gottfried Schreiber 7068◇

---

*2271* Comp. Française des Matières Colorantes, Frankreich (Erfinder: Georges Mingasson und Marcelle Ferrand), **Basische Farbstoffe.** Diazokomponenten, die frei von wasserlösl. machenden Gruppen sind, werden mit Azokomponenten der allg. Formel I gekuppelt u. dann

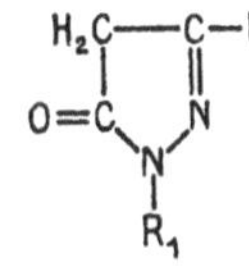

I

quaterniert ($R_1$ = H, Alkyl oder Aryl; $R_2$ = H, Alkyl, Aryl, COOAlkyl oder $CONH_2$). Die Farbstoffe eignen sich zum Färben von Polyacrylnitril (**II**). *Aminobenzol → 3-Methyl-5-pyrazolon.* Der erhaltene Farbstoff wird mit $(CH_3)_2SO_4$ quaterniert. Der ausgesalzene Farbstoff ist wasserlösl. u. färbt **II** grünlichgelb. (**F. P. 1 238 392** vom 1/7. 1959, ausg. 30/11. 1960.) F. Rath 7053

*2272* Imperial Chemical Industries Ltd., London, England (Erfinder: William Elliot Stephen und Frederick Andrew Waite), **Monoazofarbstoffe** der allg. Formel I (X = Halogen, A kann substituiert sein, jedoch nicht

I

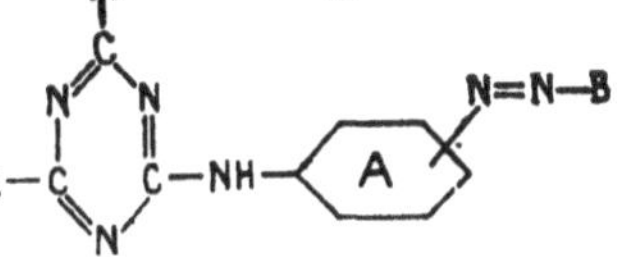

durch OH, $NH_2$ u. NHAlkyl u. B = sulfonierter Hydroxynaphthalinrest mit OH in o-Stellung zur Azogruppe). Die Farbstoffe eignen sich zum Färben von cellulosehaltigem Material. — Das prim. Kondens.-Prod. aus Cyanurchlorid u. 1.3-Diaminobenzol-4-sulfonsäure wird diazotiert u. mit 1-Acetylamino-8-hydroxynaphthalin-3.6-disulfonsäure gekuppelt. Der isolierte Farbstoff färbt bläulichrot. Die Färbungen sind sehr wasch- u. lichtecht. (**F. P. 1 210 719** vom 5/6. 1958, ausg. 10/3. 1960. **Belg. P. 568 297** vom 3/6. 1958, ausg. 12/8. 1960. Beide E. Prior. 5/6. 1957 u. 21/5. 1958. **E. P. 837 035** vom 5/6. 1957, ausg. 9/6. 1960.) F. Rath 7053

## $H_{11a}$. Farben, Anstriche, Lacke, Naturharze

*2273* **Untersuchungen an Temperaturindicatorfarben. 1. Mitt. Wärmebeständigkeit von reversiblen Temperaturindicatorfarben, die mit Jodomercurat pigmentiert sind.** Yoshikazu Horiguchi, Tsutomu Funayama und Taro Nakanishi. (J. sci. Res. Inst. [Tokyo] **53,** Nr. 1524 bis 1537, 274—83, 1959; engl.) — $Ag_2HgJ_4$ (**I**) u. $Cu_2HgJ_4$ (**II**) verwandeln sich beim Erhitzen (ca. 2°/Min.) in Luft ab 130 bis 260 bzw. 230° unter Sublimation von $HgJ_2$ vollständig in AgJ u. CuJ. Die gleiche Rk. ist beim isothermen Erhitzen auf 90° nach ca. 35 Std. beendet. Von den untersuchten Bindemitteln verbessert ein Lack aus Methylmethacrylat–Vinylacetat-Copolymeren die Wärmebeständigkeit von **I** u. **II** am meisten. Beim optimalen Monomerenverhältnis 1:1 verliert der Anstrich mit **II** nach ca. 300 Std. bei 110° seinen Thermochromismus. Die Wirksamkeit des Bindemittels hängt anscheinend nicht von seiner Wärmebeständigkeit ab. R. Junge 7092◇

## $H_{11b}$. Plaste (Kunstharze, Plastische Massen)

*2274* **Hochtemperaturbeständige Polymere.** I. D. Aitken, R. Sheldon und G. B. Stapleton. (Brit. Plastics **34,** 662 bis 667, 1961; **35,** 39—42, 1962; Harwell, U.K.A.E.A., Engng. Div. u. Nat. Inst. for Res. in Nuclear Sci.; engl.) — Vff. untersuchen die Möglichkeiten zur Herst. von hochtemperaturbeständigen Polymeren auf Basis von C-Verbb., von Silikonen, von Siloxan–Metalloxan-Verbb., von Polymer-Syst., die B, Sn, As bzw. N. P, S enthalten, u. von polymeren Metallchelaten. In den meisten Fällen gelingt es nicht, genügend hochmol. Prodd. zu erhalten, da bereits die niedermol. Verbb. so unlösl. sind, daß eine weitere Polymerisation nicht stattfinden kann, oder da die niedermol. Verbb. oft hyrolyt. instabil sind oder da manche der therm. stabilen Substanzen sehr leicht oxydiert werden bzw. sogar pyrophor sind. — 79 Literaturzitate. R. Helbig 7170◇

*2275* **Das Problem der Giftfreiheit von gefärbten oder pigmentierten Kunststoffen.** Gian Maurizio Reiner. (Materie plast. **28,** 671—81, 1962; ital. — C. **1963,** 11049.) B. Scheifele 7170□

*2276* **Die Identifizierung von Plasten durch Pyrolyse und Gaschromatographie.** Donald F. Nelson, John L. Yee und Paul L. Kirk. (Microchem. J. [New York] **6,** 225—31, Juni 1962; Berkeley, Calif., Univ., School of Criminology; engl.) — Die verschiedensten Thermoplaste u. andere Harze lassen sich gut von einander unterscheiden u. identifizieren, wenn man ihre Pyrolyse-Prodd. der Gaschromatographie unterwirft. A.-M. Fretzdorff 7210◇

*2277* **Spektrophotometrische Titration im infrarotnahen Bereich. 1. Mitt. Bestimmung von Hydroxylgruppen in Poly-(äthylen, propylen)glykolen.** Masato Mamiya. (Japan Analyst **11,** 739—43, 1962; Tokyo, Govt. Chem. Ind. Res. Inst.; jap., Auszug: engl.) — Zur Best. von OH-Gruppen in Poly-(äthylen/propylen)glycol dient die spektrophotometr. Titration der Probe mit Acetylchlorid (**I**)-Lsg. in Toluol; die Rk. verläuft in Ggw. von Zn-Pulver in 1—2 Min. bei Zimmertemperatur. Die erforderliche **I**-Menge ergibt sich aus der Extinktion bei ca. 1,45 μ. Für den nach dem Karl-Fischer-Verf. ermittelten Wasser-Geh. wird eine Korrektur entsprechend der Rk. von W. mit **I** angebracht. W. Wesly 7210◇

*2278* **Zuschrift zu „Digitalaufzeichnung und automatische Berechnung von Angaben über die Dehnung bei Zugbeanspruchung von Filmen".** Martin Segal. (J. appl. Polymer Sci. **6,** S 27, 1962; New York, N.Y., Interchem. Corp., Central Res. Labor.; engl.) — Ein Verbesserungsvorschlag an der App. zur Dehnungsmessung wird gemacht, der dann direkt Dehnungsangaben ermöglicht (vgl. Patterson jun. u. Mecca, C. **1963,** 10112). G. Vetter 7210◇

---

*2279* Giuseppe Vidale, Padua, Italien, **Füllstoff für Kunststoffe.** Holzmehl, das in plast. Massen eingebracht werden soll, behandelt man mit geeigneten Lsgm. vor, um ihm die Wachse, Harze u. anderen Inkrustierungsstoffe zu entziehen. (**It. P. 553 888** vom 11/5. 1956.) K. Koebke 7171

*2280* K. K. Mosgowa, W. W. Korschak und M. A. Schkolina, **Herstellen von Pfropfcopolymeren,** indem man auf 80—90° erwärmte Polyamide oder Polyester bei 65—80° mit monomeren Vinyl-Verbb. versetzt. — Ein Copolymerfilm aus Hexamethylendiamin, Azelainsäure, Adipinsäure u. ε-Caprolactam wird 2 Std. auf 80° erwärmt u. dann bei 80° unter $N_2$ mit Styrol behandelt; Gew.-Zunahme des Filmes bis zu 130%. (**UdSSR. P. 131 084** vom 11/11. 1959.) B. Pankow 7171

*2281* August Kettenbach, Wissenbach/Dillkr., **Tropfenweise dosierte Zuführung von flüssigen oder gelösten Härtungs- beziehungsweise Vernetzungsmitteln zu härtbaren beziehungsweise venetzbaren Kunststoffen,** die mit 2 oder mehr Komponenten behandelt werden, dad. gek., daß man die Wirkkonz. der 2 oder mehr gelösten Komponenten auf gleiche Vol. bringt u. sie dem zu härtenden Kunststoff in gleicher Tropfenzahl zumischt. Zur Gestaltung der Tropfengröße kann man die Lsgg. durch unterschiedliche, enge Kanülen laufen lassen. (**D. A. S. 1 133 120** Kl. 39b vom 19/5. 1960, ausg. 12/7. 1962.) K. Sarre 7171

*2282* Farbenfabriken Bayer Akt.-Ges. (Erfinder: Artur Reischl), Leverkusen, **Herstellung von N.N'-Dinitrosohydrazodicarbonsäureamiden,** dad. gek., daß entweder Hydrazo-bis-carbonsäure (**I**)-Amide der allg. Formel R—NH—CO—NH—NH—CO—NH—R (R = gleiche oder verschiedene, ggf. substituierte KW-Stoffreste $C_1$—$C_{10}$) oder die Rk.-Prodd. von $N_2H_4 \cdot H_2O$ mit Isocyanaten R—N=CO oder Carbamidsäurechloriden RNH—COCl ohne vorherige

Isolierung nitrosiert werden, wobei man Verbb. der allg. Formel *R—N(NO)—CO—NH—NH—CO—N(NO)—R* erhält. — Eine Suspension von 146 (Gew.-Teilen) I-Methylamid wird in 1 Liter 10%ig. HCl bei 0 ± 5° mit 63 $NaNO_2$ enthaltenden gesätt. wss. Lsg. nitrosiert, anschließend einige Std. bei Raum-Temp. gerührt, abgesaugt, mit W. gewaschen u. im Vakuum getrocknet: 81% *1.6-Dinitrosohydrazodicarbonsäuredimethylamid*, F. 121—123° (Zers.). — *Diäthylamid*, F. 60—62° (Zers.). — *Polymerisationsregler*. (**D. A. S. 1 139 125** Kl. 12q vom 27/7. 1961, ausg. 8/11. 1961.) O. Müller-Meiningen 7171

*2283* Coalite and Chemical Products Ltd., Chesterfield, England, **Gewinnung von Teersäuren** als *Zwischenprod. zur Herst. ungiftiger Arylphosphatweichmacher*, dad. gek., daß man Teersäurefraktionen, bes. die Kresol- u. Xylenolfraktion, durch Dest., bes. Wasserdampf-Dest., von den o-Alkylphenolen, bes. o-Kresol, o-Äthyl- u. o-Propylphenol, befreit. (**Ind. P. 67 585** vom 5/5. 1959, ausg. 26/11. 1960.) C. Lüttgen 7171

*2284* Farbenfabriken Bayer Akt.-Ges., Leverkusen (Erfinder: Hugo Malz, Leverkusen, Ernst Roos und Wilhelm Göbel, Köln), **Stabilisation der chlorhaltigen höhermolekularen Polymerisate.** Verw. von Thiophosphorsäurehydraziden der Formeln Ar—O—P(S)$(NH—NH_2)_2$ u. $\begin{matrix}Ar_1—O\\Ar_2—O\end{matrix}\!\!>\!P(S)—NH—NH_2$ als Stabilisatoren für chlorhaltige höhermol. Polymerisate, wie Polyvinylchlorid, wobei Ar, $Ar_1$ u. $Ar_2$ Arylreste bedeuten, die durch Halogene oder KW-Stoffreste substituiert sein können. Zum Beispiel verwendet man als Arylreste 4-Chlorphenyl, β-Naphthyl oder 4-(Cyclohexyl)-phenyl. Die Stabilisatoren werden allein oder in Mischung miteinander u./oder im Gemisch mit anderen Stabilisatoren in Mengen von 0,1—5, bes. 0,3—2 Gew.-% den Polymeren zugesetzt, z. B. auf der Walze. (**D. A. S. 1 140 703** Kl. 39b vom 23/10. 1959, ausg. 6/12. 1962.) K. Sarre 7171

*2285* Farbenfabriken Bayer Akt.-Ges., Leverkusen (Erfinder: Wilhelm Graulich, Leverkusen, Gustav Sinn, Bergisch Neukirchen, und Erwin Müller, Leverkusen), **Herstellung von Flächengebilden aus wässerigen Emulsionen von Mischpolymerisaten, wie Filmen, Überzügen, Imprägnierungen oder Verklebungen,** dad. gek., daß man die Emulsionen von Mischpolymeren, die die Gruppierung $—OC—N(R_1)—CH_2—OR_2$, in der $R_1$ H, Alkyl, Aralkyl oder Aryl u. $R_2$ Alkyl bedeutet, ein oder mehrere Male im Mol. enthalten, in Flächegebilde übergeführt u. letztere unter Anwendung erhöhter Temp. u./oder von alkoholisierenden Mitteln, bes. Säuren, vernetzt. — Durch die Auswahl der Komponenten der Mischpolymeren lassen sich die Eigg. der Flächengebilde weitgehend beeinflussen. — Zum Beispiel gießt man eine wss. Dispersion eines Mischpolymeren aus 60 (Teilen) Butadien, 37 Acrylsäurenitril u. 3 des Methylmethyloläthers von Acrylsäureamid, mit 3 (Phenyl-β-naphthylamin stabilisiert, aus, trocknet u. erhitzt den gebildeten Film auf 135°. (**D. A. S. 1 141 079** Kl. 39b vom 3/3. 1955, ausg. 13/12. 1962.) K. Sarre 7171

*2286* Farbwerke Hoechst Akt.-Ges. vormals Meister Lucius & Brüning (Erfinder: Claus Beermann), Frankfurt/M., **Herstellung von mehrere Buntesalzgruppen im Molekül enthaltenden Polymerisaten,** die durch die für Buntesalze bekannten Kondens.-Rkk. zu unlösl. Prodd. vernetzt werden können, dad. gek., daß man Vinylgruppenhaltige Buntesalze (I) polymerisiert bzw. mit anderen Monomeren (II) mischpolymerisiert oder daß man Polymerisate bzw. Mischpolymerisate von halogen- bzw. epoxygruppenhaltigen Vinyl-Verbb. durch Erhitzen mit wasserlösl. anorgan. Thiosulfaten in einem Lsgm. umsetzt. I sind z. B.: $CH_2{=}CH—CONHCH_2CH_2S_2O_3Na$, $CH_2{=}CHC_6H_4NH·COCH_2S_2O_3Na$ u. II Acrylsäure- bzw. Methacrylsäureester, Acrylsäureamid (III) u. Styrol. — 14 g III in 100 g W. werden mit 10 g eines 35%ig. wss. Lsg. von acryloylaminoäthylthiosulfosaurem Na u. 70 g $K_2S_2O_8$ 2 Std. auf 70° erhitzt, wobei man eine zähfl., mit W. verdünnbare Lsg. erhält, die mit $Na_2S$-Lsg. zu einem klaren Gel erstarrt. — Emulgatoren, Netzmittel; die vernetzten Polymerisate eignen sich als kautschukartige Massen für Überzüge u. zur Textilveredlung. (**D. A. S. 1 143 330** Kl. 39c vom 9/9. 1961, ausg. 7/2. 1963.) J. Mühleisen 7173

*2287* Houillères du Bassin du Nord et du Pas-de-Calais, Douai, und Commissariat à l'Énergie Atomique, Paris (Erfinder: Bernard Lefrançois, Henri Sack, Christian Vaniscotte, Douai, und Grégoire Dirian, Paris), Frankreich, **Polymerisation von mono- oder diolefinisch ungesättigten Monomeren** oder deren Gemischen, dad. gek., daß die Polymerisation in Ggw. einer Lsg. von Cs- oder Rb-Amid oder deren Gemisch in fl. $NH_3$ durchgeführt wird. Die Konz. des Amids, bezogen auf das fl. $NH_3$, soll 0,05—10, bes. 0,1—3 Gew.-% betragen. Arbeits-Temp. —70 bis +70°. Beispiele mit Methylmethacrylat, Styrol, Butadien u. Propylenoxid als Monomere. Zahlreiche Vorteile gegenüber der Verw. der Amide des Na, K u. Li. (**D. A. S. 1 124 694** Kl. 39c vom 11/12. 1959, ausg. 1/3. 1962. F. Prior. 13/12. 1958.) H. Schindler 7173

*2288* Esso Research and Engineering Co., Elizabeth (Erfinder: Arthur H. Gerber, Linden, und Irving Kuntz, Roselle Park), N.J., V.St.A., **Polymerisation konjugierter Diolefine.** Man verwendet als KW-Stoff-Alkalisator eine Mono-Li-Verb., die ein an ein sek. oder tert. C-Atom einer aliphat. oder alicycl. Gruppe oder einer Arylkylgruppe gebundenes Li-Atom enthält, z. B. Isopropyl-, sek.-Butyl-, tert.-Butyl-, Dimethylphenylmethyl-, Cyclohexyl-1-Methylcyclohexyl- oder Cyclopentyl-Li. Man erhält *cis-Polydiene-(1.4)* bei verkürzter Polymerisationszeit. Monoolefin. ungesätt. Verbb., wie Styrole, Acrylate, Nitrile, lassen sich mischpolymerisieren, nicht jedoch aliphat. Monoolefine, wie Äthylen, Propylen, Buten-(1), Cyclopenten. (**D. A. S. 1 136 112** Kl. 39c vom 30/4. 1960, ausg. 6/9. 1962. A. Prior. 9/6. 1959.) L. Stadelmann 7173

*2289* Farbenfabriken Bayer Akt.-Ges. (Erfinder: Hugo Malz, Friedrich Lober, Otto Bayer und Hans Scheurlen), Leverkusen, **Stabilisatoren für hochmolekulare Polyolefine** sind Verbb. der allg. Formel $R·SO_2N{=}S(R_1)(R_2)$ (R = ggf. substituierter Arylrest; $R_1$ u. $R_2$ = gleiche oder verschiedene, ggf. substituierte KW-Stoffreste oder Aminogruppen, Pyridino- oder Morpholinoreste, $R_2$ auch ggf. substituierter Sulfonamido-, Iso- bzw. Isothioharnstoff-, Guanidino-, Benzothiazolyl- oder Amidinorest). (**D. A. S. 1 137 206** Kl. 39b vom 9/1. 1959, ausg. 27/9. 1962. **A. P. 3 044 981** vom 29/12. 1959, ausg. 17/7. 1962. D. Prior. 9/1. 1959.) F. Markhoff 7173

*2290* Richter & Hoffmann Harvard Dental-Ges., Berlin (Erfinder: Leonhard Reihs, Mainz), **Herstellung von (Misch-)Polymerisaten** aus Verbb. mit einer oder mehreren Doppelbindungen unter Verw. von Polymerisationsbeschleunigern, dad. gek., daß man als solche Thionamidsäuren der allg. Formel $R(R')N—SO_2H$, worin R bzw. R' für H bzw. einen organ. Rest stehen u. wobei R u. R' gleich, verschieden oder zu einem Ring geschlossen sein können, bzw. deren Salze oder Rk.-Prodd. mit Aldehyden oder Ketonen verwendet. Zusätzlich können noch bekannte Aktivatoren verwendet werden. In den Beispielen werden eingesetzt: Dibutylthionamidsäure, dibutyl-[thionamidsaures (I)] Dibutylamin, n-Hexyl-I-Hexylamin, Stearyl-I-Stearylamin, Cyclohexyl-, Formaldehydcyclohexyl-, Benzaldehydcyclohexyl- u. Acetoncyclohexyl-I-Cyclohexylamin, Benzyl-, Formaldehydbenzyl- u. Acetonbenzyl-I-Benzylamin, Benzaldehydbenzyl-I-Butylamin, Phenyläthyl-I-Phenyläthylamin, Hexamethylen-1.6-bis-I-Hexamethylendiamin u. Äthylen-1.2-bis-I-Äthylendiamin. — Polymerisation von Styrol, Diallylphthalat, Methylmethacrylat usw. — In Ggw. von 0,0012% Cu beträgt die Polymerisationsdauer 3—10 Min., was für Dentalmassen u. Zahnfüllungen wichtig ist. — Tabelle. (**D. A. S. 1 134 200** Kl. 39c vom 13/7. 1960, ausg. 2/8. 1962.) H. Schindler 7173

*2291* Badische Anilin- & Soda-Fabrik Akt.-Ges. (Erfinder: Heinz Horak, Ludwigshafen/Rh., Roland Linke, Weinheim/Bergstraße, und Bruno Hirsekorn, Mannheim), **Herstellen gleichmäßig gefärbter Formteile aus thermoplastischen Äthylen- oder Propylenpolymerisaten.** Man versieht körnige Massen aus thermoplast. Äthylen- oder Propylenpolymerisaten durch mechan. Mischen mit viscosen, Polyisobutylen (I) enthaltenden Dispersionen von

Farbstoffen oder Pigmenten in einem flüchtigen fl. Lsgm, für I mit einem dünnen Überzug aus Farbstoffen oder Pigmenten u. I u. verarbeitet die so erhaltenen Massen in Schneckenmaschinen formgebend. (**D. A. S. 1 142 235** Kl. 39b vom 6/4. 1960, ausg. 10/1. 1963.) F. Markhoff 7173

*2292* Badische Anilin- & Soda-Fabrik Akt.-Ges. (Erfinder: Hans-Peter Siebel, Albrecht Kerckow, Herbert Wagner und Hans-Werner Otto), Ludwigshafen/Rh., **Schlagfeste, thermoplastische Kunststoffmasse** aus A) 80—40 (Gew.-%) Polystyrol oder einem Mischpolymerisat aus Styrol (I) u. Acrylsäurenitril (II) mit überwiegenden Mengen I u. B) 20—60 eines Polymerisats aus 60—40 eines Acrylsäureesters eines aliphat. Alkohols mit 4—8 C-Atomen, das mit Redoxkatalysatoren hergestellt wird u. auf das 40—60, bezogen auf die Menge des Polymerisats B, I oder ein Gemisch von überwiegenden Mengen I u. II aufpolymerisiert worden sind. (**D. A. S. 1 138 921** Kl. 39b vom 25/6. 1960, ausg. 31/10. 1962.) F. Markhoff 7173

*2293* Farbenfabriken Bayer Akt.-Ges., Leverkusen (Erfinder: Wilhelm Graulich, Dormagen, Paul Schneider, Opladen, und Gottfried Scriba, Leverkusen), **Formmasse mit hoher Schlag- und Kerbschlagzähigkeit** aus 10—75 (Gew.-%) eines kautschukartigen Mischpolymerisats auf Basis von Butadien u. Acrylnitril u. 90—25 eines thermoplast. Mischpolymerisats auf Basis von Styrol bzw. Styrol-Derivv. u. Acrylnitril. Die kautschukartige Mischpolimerisatkomponente kann olefin. ungesätt. Monomere mit Carbonylgruppen als selbstvernetzende Gruppen u./oder Vernetzer einpolymerisiert enthalten. Die thermoplast. Mischpolymerisatkomponente enthält $\leqq 10$ Gew.-% eines konjugierten Diolefins einpolymerisiert. Das kautschukartige Mischpolymerisat ist ein solches, welches bei der Herst. auf Ausbeuten über 90% polymerisiert worden ist. (**D. A. S. 1 140 706** Kl. 39b vom 19/6. 1957, ausg. 6/12. 1962.) F. Markhoff 7173

*2294* Badische Anilin- & Soda-Fabrik Akt.-Ges., Ludwigshafen/Rh. (Erfinder: Herbert Bolte, Frankenthal), **Herstellung von pulverförmigen Polymerisaten.** Man zerstäubt fl. anion. polymerisierbare Vinyl-Verbb. zusammen mit Lsgg. alkalimetallorgan. Polymerisationskatalysatoren in Abwesenheit von $O_2$ u. W. mit einer Mehrstoffdüse, bes. unter $N_2$-Druck, in einen Rk.-Raum, an dessen Boden das pulverförmige Polymerisat ausgetragen wird. — Beispiel: Polymerisation von Styrol in Ggw. von Naphthalin-Na in Tetrahydrofuran. Hohe Raum-Zeit-Ausbeute. — Vorr., 3 Zeichnungen. (**D. A. S. 1 139 975** Kl. 39c vom 4/7. 1961, ausg. 22/11. 1962.) L. Stadelmann 7173

*2295* Dow Chemical Co. (Erfinder: Alex K. Jahn und Ernest Junior Gillard), Midland, Mich., V.St.A., **Herstellung eines polymeren Produktes von regulierter Teilchengröße,** das durch Suspensionspolymerisation einer alkenylaromat. Verb. (I) gewonnen wird, die normalerweise während der Polymerisation von einem fl. in einen klebrigen, zur Zusammenballung neigenden Zustand u. dann in einen nicht klebenden, körnigen Zustand übergeht, dad. gek., daß eine Polymerisations-Temp. von 70—120° in einer konstant gerührten wss. Suspension, die eine polymerisierbare monomere I der allg. Formel Ar–CH=$CH_2$, worin Ar einen aromat. (Halogen-) KW-Stoffrest, z. B. der Benzolreihe, bedeutet. oder ein Gemisch aus 99,5—99,99 (Gew.-%) mindestens einer solchen I u. 0,5—0,01 eines divinylaromat. KW-Stoffs der Benzolreihe in einem fl. wss. Medium dispergiert enthält, das 0,017—0,4, bezogen auf das Gew. des W. in diesem Medium, eines Alkalisalzes eines wasserlösl. sulfinierten Polyvinyltoluols enthält, das im Durchmesser 0,85—1 Sulfonatgruppe je Vinyltoluolrest in dem sulfonierten Polymerisat enthält, aufrechterhalten wird, bis eine beträchtliche Menge des Monomeren polymerisiert ist, dann zu der wss. Suspension, wenn 8—60 Gew.-% der I polymerisiert sind u. bevor der genannte, zur Zusammenballung neigende Zustand eingetreten ist, 0,005 bis 0,5%, bezogen auf das Gew. des W. in der wss. Suspension, eines oberflächenakt. Mittels (II) gegeben werden, das ein anion. oder nichtion. II sein kann, die Polymerisation fortgesetzt, bis das I zu einem nicht klebrigen körnigen Zustand polymerisiert ist u. das körnige Prod. von der wss. Fl. abgetrennt wird. Nach den Beispielen werden Styrol u. Divinylbenzol im Gemisch mit 2—15 Gew.-% eines gesätt. aliphat. KW-Stoffs mit 5—8 C-Atomen, bes. Pentan, in Ggw. eines Peroxidkatalysators u. unter Zusatz des Na-Salzes des Sulfobernsteinsäuredihexylesters oder eines Fettalkoholnatrium sulfates oder eines wasserlösl. Alkylbenzolpolyoxyäthylenäthanol polymerisiert. Die Teilchengröße ist, wie aus den Tabellen hervorgeht, vom Zeitpunkt des Zusatzes des II u. vom Prozentsatz des Polymerisationsgrades abhängig. Man erhält Prodd. in Form freifließender Kügelchen oder abgerundete Teilchen. (**D. A. S. 1 100 955** Kl. 39c vom 4/6. 1959, ausg. 2/3. 1961. A. Prior. 19/9. 1958.) H. Schindler 7173

*2296* Goodrich-Gulf Chemicals, Inc., Cleveland (Erfinder: Harvey Scott, Akron), Ohio, V.St.A., **Polymerisation von Butadien-(1.3)-Kohlenwasserstoffen** zu Polymeren mit hohem cis-1.4-Anteil in Ggw. von inerten Lsgm. mit Katalysatoren, die durch Zusammengeben wasserfreier Co-Salze u. Al-organ. Verbb., bes. Alkylaluminiumhalogenid, erhalten werden, wobei man einen nicht polymerisierbaren Äther, z. B. Diisopropyläther, bes. Phenol-Äthylenoxid-Kondensate, vor oder während der Polymerisation zusetzt. Man erhält gelfreie cis-1.4-Polymerisate von erhöhter Klebrigkeit. (**D. A. S. 1 139 646** Kl. 39c vom 17/12. 1959, ausg. 15/11. 1962.) L. Stadelmann 7173

*2297* Farbenfabriken Bayer Akt.-Ges., Leverkusen (Erfinder: Gottfried Pampus, Heinz Gröne, Leverkusen, und Josef Witte, Köln), **Herstellung von 1.4-cis-Polybutadien.** Man polymerisiert Butadien in Lsg. oder in Substanz in Ggw. von Katalysatoren, die durch Rk. von Li-Al-Tetraalkyl, z. B. Li-Al-Triisobutyl-n-butyl, mit $TiJ_4$ oder Gemischen von $TiJ_4$ u. Ti-Halogeniden erhalten worden sind. (**D. A. S. 1 139 979** Kl. 39c vom 18/1. 1961, ausg. 22/11. 1962.) L. Stadelmann 7173

*2298* Continental Oil Co. (Erfinder: Peter Joseph Manno und William Henry Snavely), Ponca City, Okla., V.St.A., **Polymerisation von Isopren,** dad. gek., daß man in Ggw. von wasserfreiem HF u. $H_2$ bei 20—200° u. 0,7—35 atü polymerisiert. (**D. A. S. 1 139 645** Kl. 39c vom 16/5. 1961, ausg. 15/11. 1962. A. Prior. 18/5. 1960.) L. Stadelmann 7173

*2299* Koppers Co., Inc. (Erfinder: Kenneth Worley), Pittsburgh, Pa., V.St.A., **Herstellung von Mischpolymerisaten aus Styrol und α-Methylstyrol,** dad. gek., daß eine wss. Suspension von 95—70 (Gew.-Teilen) Styrol u. 5—30 α-Methylstyrol, die 0—0,5, bezogen auf das Gew. dieser Mischung, eines organ. Peroxids der Zers.-Temp. von 100 bis 125° enthält, ca. 11—26 Std. bei 100—140° polymerisiert wird, bis eine wenigstens ca. 90%ig. Umwandlung der Monomeren in Polymerisate stattgefunden hat, u. die nicht umgesetzten Monomeren aus dem Polymerisat entfernt werden. Das Verf. wird in inerter Atmosphäre durchgeführt. Man erhält Endprodd. mit einem Vicat-Erweichungspunkt von 105—115°, einer Strukturviscosität von 0,5—1 u. einem Molgew. bis zu 150000. Die Wärmefestigkeit beträgt 96—107°, die Zugfestigkeit ca. 6000—9000, die Kerbzähigkeit ist gleich der des Polystyrols u. der Monomeren-Geh. <0,1%. — Tabellen, Diagramme. (**D. A. S. 1 137 864** Kl. 39c vom 24/2. 1959, ausg. 11/10. 1962. **E. P. 859 330** vom 9/2. 1959, ausg. 18/1. 1961. Beide A. Prior. 25/2. 1958.) H. Schindler 7173

*2300* Chemische Werke Hüls Akt.-Ges. (Erfinder: Hermann Hardtung und Rudolf Praefke), Marl, **Wärmefeste Mischpolymerisate aus Styrol und in α-Stellung alkylierten Styrolen** erhält man durch Polymerisation von 95—50 (Teilen) Styrol u. 5—50 α-alkylierter Styrole, z. B. α-Methylstyrol, in Suspension, wobei man bei hohen Temp. zerfallende Aktivatoren verwendet, z. B. tert.-Butylhydroperoxid oder 1.1'-Azo-bis-1-cyclohexylcarbonitril, u. die Polymerisations-Temp. im unteren Teil des Zers.-Temperaturbereichs des Aktivators liegt. — Herst. von *Formkörpern.* (**D. A. S. 1 138 938** Kl. 39c vom 14/12. 1959, ausg. 31/10. 1962.) L. Stadelmann 7173

*2301* Dow Chemical Co., Midland, übert. von: Ronald H. Cooper, Clare, Mich., V.St.A., **Überziehen von zur Schaumbildung geeigneten Teilchen aus Polystyrol.** Die Teilchen werden zunächst mit feinem Überzug einer Lsg. aus einem Gemisch von hygroskop., wasserlösl. aromat. Polycarbonsäuren, Molgew. ca. 270 („coal acids"), versehen, auf den dann feinverteiltes MgO aufgebracht wird. Der Überzug verhindert das Verdampfen der in den Polystyrolteilchen befindlichen leicht flüchtigen Schaummittel, wie Dichlordifluormethan, so daß das Material längere Zeit aufbewahrt wirden kann. (**A. P. 3 013 894** vom 10/2. 1960, ausg. 19/12. 1961.) F. Markhoff 7173

*2302* Shell Internationale Research Mij. N. V., Den Haag, Niederlande, **Stabilisieren von Polymerisaten** äthylen. ungesätt. KW-Stoffen, bes. Polypropylen, die unter Verw. von Ziegler-Katalysatoren gewonnen wurden, durch Zusatz eines Gemisches von Dialkylestern einer Thiodialkancarbonsäure, bes. Dilauryl-β-thiodipropionat, u. dem Kondens.-Prod. eines einwertigen Phenols, bes. Kresol, mit einem cycl. Terpen, bes. Campher, das auch ggf. weiter mit einem Aldehyd oder Keton kondensiert u./oder ganz oder teilweise hydriert sein kann. — Tabellen. (**Ind. P. 69 845** vom 26/11. 1959.) C. Lüttgen 7173

*2303* Badische Anilin- & Soda-Fabrik Akt.-Ges. (Erfinder: Alexander Stassen und Walter Sanne), Ludwigshafen/Rh., **Stabilisieren von Polyolefinen gegen Oxydation.** Neben den üblichen Stabilisatoren werden aliphat. oxyalkylierte Polyamine in Mengen von 0,001—2 Gew.-%, bezogen auf das Polyolefin, verwendet, z. B. auf 100 (Teile) Niederdruckpolyäthylen der D. 0,948 (Schmelzindex 0,84) als Stabilisator 0,1 Bis-[6-(tert.-Butyl)-p-kresyl-(2)]-methan u. 0,1 Tetra-[2-hydroxypropyl]-hexamethylendiamin als Synergist. Die innige Mischung dieser Bestandteile wird 8 Std. lang bei 160° gewalzt. (**D. A. S. 1 138 920** Kl. 39b vom 5/8. 1959, ausg. 31/10. 1962.) F. Markhoff 7173

*2304* Chemische Werke Hüls Akt.-Ges. (Erfinder: Kurt Kopetz, Georg Wick und Otto Hahmann), Marl, **Stabilisieren von Antioxydantien enthaltenden Niederdruckpolyolefinen gegen Verfärbungen.** Als Stabilisator wird eine Mischung aus einem Zn-Salz u. einem Erdalkalisalz jeweils eines partiellen Esters aus einer zwei- oder mehrbas., gesätt. oder ungesätt. Carbonsäure mit 3—10 C-Atomen u. einem aliphat. Alkohol mit 6—20 C-Atomen verwendet. — Beispiel: Polyäthylen mit 0,2 (%) Ca-Salz des Maleinsäuremonolaurylesters. u. 0,2 Zn-Salz des Maleinsäuremonolaurylesters. (**D. A. S. 1 138 215** Kl. 39b vom 24/12. 1960, ausg. 18/10. 1962.) F. Markhoff 7173

*2305* Montecatini Soc. Gen. per l'Industria Mineraria e Chimica, Mailand, Italien, und Karl Ziegler, Mülheim/Ruhr (Erfinder: Piero Pino und Giorgio Mazzanti, Mailand, Italien), **Herstellung von Katalysatoren zur Polymerisation von ungesättigten Kohlenwasserstoffen** durch Rk. von $TiCl_4$ u. Diphenyl-bis-cyclopentadienyl-Ti (I). — 3,3 (g) I (aus Bis-cyclopentadienyl-$TiCl_2$ u. $C_6H_5Li$) werden in 150 cm³ Bzl. mit 0,95 $TiCl_4$ in 150 cm³ Bzl. im Autoklaven gemischt; bei 60° wird Äthylen bis 10 at zugegeben. Man hält bei 70°, u. nach Druckabfall bis 6 at drückt man erneut Äthylen bis 10 at nach u. beendet die Polymerisation nach Druckabfall bis 3 at: Hochkrist. *Polyäthylen.* (**D. P. [DDR] 23 734** Kl. 39c vom 12/6. 1958, ausg. 14/9. 1962 [Ausschließungspatent]. It. Prior. 14/6. 1957.) M. Pankow 7173

*2306* W. R. Grace & Co., New York, N.Y., V.St.A. (Erfinder: Gaetano Francis D'Alelio), **Polymerisation von Äthylen (I).** Zur Herst. des Katalysators setzt man reines Co oder Ni mit $TiCl_4$ in Abwesenheit von I um, wobei die Rk. jedoch abgestoppt wird, bevor das gesamte Metall reagiert hat. Die Rk. kann durch mehrstd. Mahlen der beiden Stoffe in einer Kugelmühle, durch deren Erhitzen oder durch Einw. von $TiCl_4$-Dampf auf das Metall bei 125—500° erfolgen. Die Polymerisation mit dem Katalysator erfolgt bei 20—200°, zweckmäßig in einem inerten Lösungsmittel. — *Preß- u. Spritzmassen, Filme u. Fäden.* (**E. P. 907 763** vom 13/4. 1960, ausg. 10/10. 1962.) J. Mühleisen 7173

*2307* Ruhrchemie Akt.-Ges., Oberhausen/Rhld. (Erfinder: Otto Liethen, Duisburg, und Walter Rottig, Oberhausen/Rhld.), **Herstellung von hochmolekularem Polyäthylen** durch Polymerisation von Äthylen bei 20 bis 150°, bes. 20—100°, u. Drucken von 1—100 kg/cm² in Ggw. von Katalysatoren, die aus Gemischen von Chloriden des V niederer Wertigkeit mit Al-Trialkylen bestehen, dad. gek., daß man als Chlorid des V niederer Wertigkeit $VOCl_2$ verwendet, $VOCl_2$ u. Al-Trialkyl werden zweckmäßig im Mol-Verhältnis von mindestens 1:1 eingesetzt u. die Konz. der beiden Stoffe beträgt <0,02 Mol/Liter Suspensions-Fl. (wie Aromaten, Naphthene u. aliphat., durch Hydrierung gereinigte KW-Stoffe). Man erhält in hoher Ausbeute Polyäthylen mit hohem Molgew. u. hohen Reißfestigkeitswerten u. ZST-Werten (Fließverhalten). (**D. A. S. 1 143 331** Kl. 39c vom 6/12. 1958, ausg. 7/2. 1963.) J. Mühleisen 7173

*2308* Allied Chemical Corp., V.St.A. (Erfinder: Georges Ghislain Joris und William Leroy Reiner), **Herstellung gut spritzbarer Polyäthylenmischungen.** Man mischt schwer spritzbares Polyäthylen (Molgew. ≧500000 nach der Ivan Harris-Formel) mit einem festen Alkan, dessen Viscosität in der Schmelze 100 P bei 121° nicht übersteigt. — 20 (Teile) eines nach A. P. 2 712 534; C. **1957,** 1572, hergestellten Polyäthylenwachses (Molgew. 1500—3000 nach Staudinger) wird mit 5 Paraffinwachs auf 121° erhitzt, mit 0,5 Ruß u. 0,5 octyliertem Diphenylamin-Antioxydans u. danach mit 75 eines Polyäthylenpulvers (Molgew. >1000000; bei 200—350° u. 140—280 kg/cm² nicht spritzbar) 1—2 Std. lang gemischt. Die Mischung kann bei 205—220° u. 238 kg/cm² gespritzt werden. (**F. P. 1 222 166** vom 22/4. 1959, ausg. 8/6. 1960. A. Prior. 22/4. 1958.) M. Pankow 7173

*2309* W. R. Grace & Co., New York, N.Y., V.St.A., **Polyäthylen mit guten Fließeigenschaften und großer Klarheit** besteht aus einem Gemisch von vernetztem u. unvernetztem Polyäthylen (I). Der Anteil an vernetztem I wird so niedrig gehalten, daß der F. nicht soweit verändert wird, daß eine Verformung durch Pressen oder Gießen nicht mehr möglich ist, etwa zwischen 0,5 u. 5%. (**E. P. 904 985** vom 3/3. 1961, ausg. 5/9. 1962. **D. A. S. 1 144 003** Kl. 39b vom 10/3. 1961, ausg. 21/2. 1963. Beide A. Prior. 26/4. 1960.) F. Markhoff 7173

*2310* Ruhrchemie Akt.-Ges., übert. von: Herbert Göthel, Eugen Jacob, Oberhausen, Helmut Kolling, Duisburg, und Otto Roelen, Oberhausen, **Herstellen von für Gase und Flüssigkeiten undurchlässigen porösen Körpern aus Polyäthylen.** Polyäthylen von einer Teilchengröße von bis zu 0,3 mm mit einem Molgew. von 100000, das bei einem Druck von 100 kg/cm² u. einer Temp. von bis zu 100° in Ggw. von Gemischen aus Al-Alkyl-Verbb. mit Ti-Halogen-Verbb. erhalten wurde, wird bei 120—400° vergossen u. mit einem Druck von 50 g/cm² 1—3 Std. lang behandelt. Der entstandene grob poröse Körper wird dann mit einem Strom heißer Luft von 170—250° teilweise oxydiert u. dadurch undurchlässig. (**A. P. 3 024 208** vom 16/10. 1958, ausg. 6/3. 1962. D. Prior. 21/7. 1954. **D. A. S. 1 139 972** Kl. 39b vom 21/7. 1954, ausg. 22/11. 1962.) F. Markhoff 7173

*2311* Continental Oil Co. (Erfinder: Gordon Dwight Brindell, Packanack Lake Wayne, N.J., und David Wesley Marshall), Ponca City, Okla., V.St.A., **Herstellung radioaktiver Polymerisate,** dad. gek., daß man einen olefin. ungesätt. KW-Stoff in Ggw. von Tritium u. einem Organometall-Übergangsmetallhalogenid-Katalysator polymerisiert. — Nach den Beispielen wird *Äthylen,* das einem $H_2$ u. Tritiumgemisch, letzteres zu ca. 1—25 Mol.-%, bezogen auf den KW-Stoff, unter 3 at zugeführt wird, in Ggw. einer Katalysatorkomposition aus $Al(C_2H_5)_3$ u. $TiCl_4$ polymerisiert. Die Endprodd. dienen z. B. als Filme für Standardproben u. als konstante β-Strahlenquelle als Isotopenindicator. Durch Einverleiben von Leuchtstoffen können selbstleuchtende Körper hergestellt werden. (**D. A. S. 1 132 333** Kl. 39c vom 21/7. 1961, ausg. 28/6. 1962. A. Prior. 8/8. 1960.) H. Schindler 7173

*2312* Allied Chemical Corp., V.St.A. (Erfinder: Frank Porter), **Spritzen von Polyäthylenschläuchen.** Um das Kleben der Schläuche an kalten Flächen nach der Formgebung zu vermeiden, gibt man zu dem heißen Polymeren geringe Mengen (0,01—0,5 Gew.-%) eines Nichtlösers vom Kp. 65—150°, z. B. Wasser. — So gibt man zu einer Mischung aus 76 (Gew.-Teilen) hochmol. Polyäthylen, 21,5 wachsartigem Polyäthylen, 2,5 Ruß u. 2,5 Antioxydans in der Strangpresse 0,1—0,2 Gew.-% (der Mischung) W. u. spritzt zu Schläuchen. (**F. P. 1 220 696** vom 21/4. 1959, ausg. 27/5. 1960. A. Prior. 21/4. 1958.) M. Pankow 7173

*2313* I. P. Bemberg Akt.-Ges., Deutschland, **Folien, Schläuche udn ähnliche Formkörper aus Polyolefinen.** Man pastet das Polyolefin mit einem Lsgm. mit Kp. 100 bis 215° an, das das Polyolefin in der Hitze löst, formt u. vergelt die Paste bei 120—180° zu blasenfreien Strängen, die man dann in der Wärme, ggf. nach Zerkleinerung, zu Folien oder Schläuchen formt. — Eine Mischung aus 30 (Teilen) Xylol u. 70 Polyäthylen (Molgew. 250000) wird mit einer Temp.-Folge von 130, 160 u. 125° aus der Zweischneckenpresse zu Strängen gepreßt, die zerkleinert u. aus der Einschneckenpresse bei 140, 170 u. 160° zu weichen Schläuchen gespritzt werden. Ohne Lsgm.-Zusatz würde eine Spritz-Temp. bis 210° nötig sein, die zu einem merkbaren Abbau des Polymeren führt. (**F. P. 1 202 571** vom 15/9. 1958, ausg. 12/1. 1960. D. Prior. 5/11. 1957.) M. Pankow 7173

*2314* Kulzer & Co. G.m.b.H., Bad Homburg v. d. Höhe, **Herstellung von Kunststoffen** unter Verw. fluorhaltiger Mischpolymerisate, dad. gek., daß man ungesätt. organ. polymerisierbaren Verbb. mit endständiger Methylengruppe vor oder während der Polymerisation ein Mischpolymerisat aus Hexafluorpropylen u. Vinylidenfluorid in Mengen bis zu 75 (%), bes. 5—50, vorzugsweise 10—30, bezogen auf die ungesätt. polymerisierbare Verb., zugibt. Bei der Polymerisation der monomeren Fll. können zusätzlich pulverförmige Polymerisate von Verbb. mit endständiger Methylengruppe bes. Polymerisate der verwendeten monomeren Fll. zugegeben werden. Beispiele mit Methylmethacrylat als Monomerem, das als Lsgm. für das fluorhaltige Mischpolymerisat (I) dient u. das nach Einarbeiten von pulverförmigem Polymethylmethacrylat, Benzoyl- u. Lauroylperoxid in einer Form bei ca. 100° auspolymerisiert wird. Das Monomere u. I können auch für sich in Tuben verpackt u. erst bei Gebrauch mit dem Polymerisatpulver vermischt u. dann auspolymerisiert werden. — Auskleidungs- u. Spachtelmassen, Isolierungen, Formkörper, schalldämpfende Platten von erhöhter Hitzebeständigkeit, Schlagzähigkeit, Stoß- u. Dauerbiegefestigkeit. (**D. A. S. 1 137 555** Kl. 39c vom 8/7. 1960, ausg. 4/10. 1962.) H. Schindler 7173

*2315* Dynamit Nobel Akt.-Ges., Troisdorf (Erfinder: Walter Hönig, Frankenthal, Pfalz), **Herstellen von weichmacherfreien Vinylchloridpolymerisatpulvern.** Eine wss. Dispersion von ionogenen Zusatzstoffen, wie Pb-Stearat, wird mit einer wss. Dispersion aus Vinylchloridpolymerisatpulver, nichtionogenen Zusatzstoffen u. dem $NH_4$-Salz des Cetylhalbesters des Mischpolymerisates aus Styrol u. Maleinsäureanhydrid unter Rühren innig vermischt u. dabei koaguliert u. die gebrochene Dispersion in bekannter Weise abgeschleudert, während die Feststoffe wie üblich getrocknet werden. Als nichtionogene Zusatzstoffe dienen z. B. Cetylalkohol, Knochenöl oder Epoxidharz. (**D. A. S. 1 137 204** Kl. 39b vom 31/12. 1959, ausg. 27/9. 1962.) F. Markhoff 7173

*2316* Chemische Werke Hüls Akt.-Ges. (Erfinder: Georg Wick, Dankwart Homann, Marl, Erhard Graf, Hamm über Marl, und Fritz Derichs, Marl), **Herstellen von harten Polyvinylchloridzellkörpern mit hohen Erweichungspunkten aus Gemischen von Polyvinylchlorid, Weichmachern und Treibmitteln.** Als Weichmacher werden 10—30 Gew.-% Chlorphenoläther, bezogen auf Polyvinylchlorid, verwendet. Das Gemisch wird in gasdichten Formen auf Gelatinierungs-Temp. erwärmt, der erhaltene Formkörper in der Form abgekühlt u. außerhalb der Form unter Erwärmen expandiert. (**D. A. S. 1 143 327** Kl. 39b vom 14/2. 1959, ausg. 7/2. 1963.) F. Markhoff 7173

*2317* Farbwerke Hoechst Akt.-Ges. vormals Meister Lucius & Brüning, Frankfurt/M. (Erfinder: Walter Brotz, Gersthofen, und Oswald Metz, Kelheim/Taunus), **Gleitmittel in thermoplastischen Massen chlorhaltiger Vinylpolymerisate** besteht aus Rk.-Prodd., die aus höhermol. Paraffin-KW-Stoffen mit Epp. $>60°$ durch Oxydation mit $O_2$ oder $O_2$-haltigen Gasen u. anschließende vollständige oder teilweise Umwandlung in Seifen von Metallen der II. oder III. Gruppe des Period. Syst. hergestellt worden sind. — Beispiel: Ein höhermol. Hartparaffin der Fischer-Tropsch-Synth. mit Ep. 98° wird mit Luft bei 140° bis zu einer SZ. 77 oxydiert u. dann mit 4 Gew.-% $Ca(OH)_2$ verseift. (**D. A. S. 1 137 858** Kl. 39b vom 25/8. 1959, ausg. 11/10. 1962.) F. Markhoff 7173

*2318* A. A. Berlin, S. W. Popowa und D. M. Janowski, **Erhöhung der Wärme- und Lichtbeständigkeit von halogenhaltigen Polymeren und Copolymeren** durch Verw. von Polyvinylenen als Stabilisatoren, die man durch Polymerisation von Alkyl- oder Arylacetylenen oder durch Destruktierung polymerer Verbb., wie PVC, PVA oder Polyacrylnitril, erhält. — Man unterwirft PVC 5 Std. lang bei 300° u. 2—3 Torr der Destruktion, zermahlt u. gibt das Prod. in 1—10%ig. Menge zu normalem PVC. Während die mittlere Geschw. der HCl-Abspaltung des instabilisierten PVC im Luftstrom nach 3 Std. bei 185° 10 mg HCl/g PVC beträgt, wird sie bei dem so stabilisierten PVC auf 6—7 mg HCl/g PVC gesenkt. (**UdSSR. P. 131 085** vom 22/10. 1959.) B. Pankow 7173

*2319* Farbenfabriken Bayer Akt.-Ges., Leverkusen (Erfinder: Heinrich Schneider, Opladen), **Stabilisator für halogenhaltige thermoplastische Formmassen** auf Grundlage von Vinylchloridpolymerisaten besteht aus mono- oder diaroylierten Hydrazin-Verbb. von am Ring halogenierten aromat. Monocarbonsäuren, ggf. unter Zusatz einer geringen Menge von Dicyandiamid, z. B. aus 4-Chlorbenzoylhydrazid. (**D. A. S. 1 140 705** Kl. 39b vom 9/2. 1957, ausg. 6/12. 1962.) F. Markhoff 7173

*2320* United States Borax and Chemical Corp., Los Angeles, Calif. (Erfinder: Georg William Willcockson, Anaheim, Calif., und Joseph Kirk Sandie, Hartsdale, N.Y.), V.St.A., **Herstellung von Dialkoxyvinylboranen** der allg. Formel $H_2C{=}CH \cdot B(OR)_2$, worin R = Alkylgruppe, dad. gek., daß man eine Lsg. eines Mg-Halogenidtrialkoxyvinylborats (I) der allg. Formel $H_2C{=}CHB(OR)_3MgX$ (X = Cl oder Br) in einem wasserfreien, inerten Lsgm. mit einem Kp. über der Zers.-Temp. des I erhitzt, bis das Borat therm. zersetzt ist, worauf aus der Lsg. *Dialkoxyvinylboran* abdest. wird. — 100 g $HC{=}CHB(OCH_3)_3MgCl$ werden in 100 cm³ leichtem Mineralöl unter Dest. bis zu 240° erhitzt, wobei 43,5 g *Dimethoxyvinylborat*, $Kp._{251}$ 44—48°, $n_D^{25}$ 1,3922, erhalten werden. — Analog erhält man *Diisopropoxyvinylborat*, $Kp._{0,36}$ 123—125°; $n_D^{20}$ 1,4928. — *Diäthoxyvinylborat*, $Kp._{24}$ 31—34°. *Di-n-butoxyvinylborat*, $Kp._{0,9}$ 53 bis 54°; $n_D^{25}$ 1,4165. — *Stabilisatoren* für *Polyvinylchlorid*. (**D. A. S. 1 138 774** Kl. 12o vom 15/9. 1961, ausg. 31/10. 1962. A. Prior. 4/11. 1960.) J. Mühleisen 7173

*2321* B. F. Goodrich Co., New York, N.Y., übert. von: John A. Glass, Akron, und John F. Jones, Cuyahoga Falls, Ohio, V.St.A., **Polymerisieren von monomeren Ausgangsstoffen,** die wenigstens ca. 25 Gew.-% einer polymerisierbaren Monocarbonsäure mit nur einer Carboxylgruppe, z. B. Itaconsäure, oder einer Acrylsäure $CH_2 = C(R){-}COOH$, worin R = H, Halogen, Lacton-, Lactam-, Cyan-, Alkyl-, Aryl-, Aralkyl-, Alkaryl- oder Cycloalkylrest enthalten, in einem gemischten organ. Medium zu einer fließfähigen Suspension von ca. $\geqq 12$ Gew.-% fester polymerer Teilchen im Lsgm., dad. gek., daß die Polymerisation $<90$ in einem Lsgm.-Gemisch vorgenommen wird, das als wesentliche Bestandteile 1. einen aromat. KW-Stoff (I) u. 2. ein damit mischbares Lsgm. enthält, das stärker polar als I ist, u. wobei der Anteil des Lsgm. 2 so hoch sein muß, daß ein Rückgang der Quellung der Polymerisatteilchen um wenigstens ca. 5% bewirkt wird. I soll $<1$ C-Atome enthalten, so daß bes. Bzl., Toluol u./oder Xylol verwendet werden. Als mit I mischbare Lsgm. werden fl., organ., O enthaltende Verbb., bes. einwertige aliphat. Alkohole mit $\leqq 4$ C-Atomen, bes. Methanol u. A., Monocarbonsäuren mit $\leqq 4$ C-Atomen, Tetrahydrofuran u./oder Dioxan verwendet. Ein bevorzugtes Lsgm.-Gemisch erhält man aus Bzl. u. einem azeotropen Gemisch von Bzl. u. einwertigen aliphat. $C_{1-4}$-Alkoholen. Schließlich kann zusammen mit dem Monomeren zur Herst. von in W. unlösl. u. darin stark quellenden Prodd. zusätzlich ein Vernetzungsmonomeres, bes. ein Polyalkenylpolyäther von mehrwertigen Alkoholen mit $>2$ Alkenyläthergruppen je Mol., verwendet werden. Geeignet sind z. B. Divinylbenzol, Äthylenglykoldi-(meth-)acrylat, Polyallylpolyäther von Oligosacchariden, wie Saccharose oder Pentaerythrit, Diallylacrylamid, Polybutadien oder -isopren, Tetraallyl- oder -vinylsilan, Triallylcyanurat u. dergleichen. — Aus wasserfreier Acrylsäure in Eisessig u. Bzl. wird in Ggw. von Benzoylperoxid u. dem Hexaallyläther von Saccharose ein vernetztes stark quellendes Mischpolymerisat in 100%ig. Ausbeute bei ca. 50° erhalten. — Tabellen. Vorteile des Verf. sind leichte Regelung der Rk., niedrige Viscosität des Polymerisatbreis u. gute Trennbarkeit des Prod. von der Flüssigkeit. (**A. P. 2 980 655** vom 27/8. 1957, ausg. 18/4. 1961. **D. A. S. 1 135 173** Kl. 39c vom 26/8. 1958, ausg. 23/8. 1962. A. Prior. 27/8. 1957.) H. Schindler 7173

*2322* Borden Co., V.St.A., **Alkoxylieren von Polyvinylalkohol (I).** Man suspendiert I in einem Nichtlöser für I u. dessen Alkoxylierungs-Prod., der aber Alkylenoxide löst, u. setzt Alkylenoxid, ggf. in Lsg. in dem genannten Nichtlöser, zu. — 500 (Gew.-Teile) I (98% ig. Polyvinylacetathydrolysat) werden mit Hexan unter Rückfluß gekocht, vorhandenes W. wird dabei entfernt. Dann werden bei 85° langsam im geschlossenen Gefäß, 209 Äthylenoxid zugegeben. Die Temp. wird während der 2 Std. bei ca. 100° gehalten u. der Druck bei 4,9—5,25 kg/cm². Nach Abdest. erhält man ein leicht gefärbtes Prod. mit 29,5% $C_2H_5O$-Gruppen. — Die wss. Lsgg. des alkoxylierten I können als *Formtrennmittel* dienen, als wasserlösl. *Verpackungsmaterial*, z. B. für Medikament-, Waschmittel- oder Seifenkapseln oder als Bänder, die Saatgut in richtiger Anordnung enthalten. Man kann sie mit HCHO oder Mono- oder Diisocyanaten zu schwammartigen Stoffen umsetzen oder durch Behandeln mit $H_2O_2$ u. a. Oxydationsmitteln vernetzte Stoffe herstellen. Die Lsgg. dienen auch zum Imprägnieren oder Bedecken von Fäden oder Geweben. Nach diesem Verf. kann man auch Cellulose, z. B. Holzmehl, alkylieren. (**F. P. 1 239 634** vom 31/10. 1959, ausg. 9/12. 1960.) M. Pankow 7173

*2323* Air Reduction Co., Inc., V.St.A. (Erfinder: Gordon J. Arquette und Julius G. Shukys), **Herstellung von kristallinen Polyvinyläthern,** die ungestreckt zu wenigstens 15% krist. sind, mit einem indifferenten organ. Lsgm., einem Katalysator, wie $BF_3$ oder dessen Ätherkomplex, u. wenigstens einem weiteren Katalysator, wie Chloralkan oder Trockeneis, bei —75 bis —80°, um eine Induktionsperiode von wenigstens ½ Std. zu sichern, zweckmäßig bei Überdruck. — Verw. für *Preß- u. Spritzmassen*, Schutzkappen, in *Treibsätzen von Raketen.* — Zu einer Mischung aus 60 (Gew.-Teilen) Trockeneispulver u. 0,6 $BF_3$-Ae.-Komplex gibt man eine Mischung aus 19 Propan u. 37,5 Vinylmethyläther von —78°, hält 2½ Std. bei —78° u. zersetzt den Katalysator mit $NH_3$–$CH_3OH$-Mischung, die 1% Thymol enthält. Das Polymere hat das Molgew. 190000. (**F. P. 1 223 847** vom 6/5. 1959, ausg. 20/6. 1960. A. Prior. 9/5. 1958.) M. Pankow 7173

*2324* Air Reduction Co., Inc., V.St.A. (Erfinder: Gordon J. Arquette), **Herstellung und Verwendung polymerer Vinyläther.** Man polymerisiert in Ggw. eines Katalysators aus einer $BF_3$-Ätherkomplex-Verb. mit chloriertem Methan mit wenigstens 1 H-Atom bei —50 bis +90° u. erhält durchsichtige, farblose, amorphe Polymere, lösl. in organ. Lsgm., unlösl. in W. außer dem Vinylmethylätherpolymeren, das in W. $<35°$ lösl. ist. — Verw. in *Treibsätzen von Raketen*, z. B. in Mischung mit Oxydationsmitteln, wie $NaNO_3$, auch in Mischung mit geringen Mengen eines krist. Polyvinyläthers nach F. P. 1 223 847; vorst. Referat. — Man läßt eine Mischung aus 1 (Gew.-Teil) $BF_3$-Ae.-Komplex u. 50 Chlf. 10 Min. lang stehen u. gibt davon 1 zu 133 Vinylmethyläther, der je 16 Std. mit festem NaOH u. mit Na unter Rückfluß erhitzt wurde. Die bei einer 3 Min. dauernden heftigen Rk. (Rückflußkühler mit Trockeneis) entstandene Fl. wird in 2 Std. dick, worauf man den Katalysator mit $CH_3OH$–$NH_4OH$ zersetzt. Das Polymere hat das Molgew. 150000. (**F. P. 1 223 848** vom 6/5. 1959, ausg. 20/6. 1960. A. Prior. 9/5. 1958.) M. Pankow 7173

*2325* Pennsalt Chemicals Corp., Philadelphia, Pa., übert. von: John T. Barr, Needham, Mass., V.St.A., **Copolymere** aus 1—55 (Mol-%) 2.2.2-Trifluoräthylvinyläther u. 99—45 eines oder mehrerer Monomerer der Formel CHX=CY—COOZ (X = H, Alkyl- oder Carboxyalkylrest; Y = niedrigmol. Alkylrest oder Cl; Z = Alkyl- oder halogenierter Alkylrest mit 1—12 C-Atomen), z. B. cis-[=CH·$COOCH_2(CHY)_nZ]_2$ (X u. Y = H, F oder Cl; Z = H, F, Cl, $CH_3$ oder halogenierter Methylrest; n = 1—8), werden durch Polymerisation des Gemisches bei 0—100° in Ggw. eines Polymerisationskatalysators erhalten. (**Can. P. 569 515** vom 7/6. 1956, ausg. 27/1. 1959. A. Prior. 29/6. 1955.) H.-J. Nitzschke 7173

*2326* Farbwerke Hoechst Akt.-Ges. vormals Meister Lucius & Brüning (Erfinder: Heinz Schmidt, Günther Roos und Hans-Dieter Hermann), Frankfurt/M., **Makromolekulare Polyacetale** werden mit 0,1 bis 10 Gew.-% an Allyl-Verbb., bei denen 1, 2 oder 3 Allylreste über —O-, —S-Atome, oder die —NH-Gruppe mit einem organ. Rest verbunden sind, gegen Hitze u. O stabilisiert, z. B. Allylthiohydantoin, Triallylcyanurat. (**D. A. S. 1 149 896** **Kl. 39b** vom 12/7. 1960, ausg. 6/6. 1963.) F. Koch 7173

*2327* E. I. du Pont de Nemours & Co., V.St.A., **Herstellung von Thermoplasten** auf Basis von polymeren Acrylaten u. Methacrylaten von stabiler Schmelzviscosität u. verbesserter Spritzgußverarbeitung. Man verwendet polymere Ester, die 0,01—0,4 Gew.-% an Epoxyestergruppen in der Kette des Polymeren enthalten, u. erhält die Ester durch Mischpolymerisation von Acryl- oder Methacrylsäureestern mit Glycidylmethacrylat. Die Verarbeitbarkeit der Polymeren kann durch Zusatz von Hydroxyestern von Acryl- oder Methacrylsäure, Hydroxy- u. Alkoxysäureestern, wie Methylsalicylat, verbessert werden. (**F. P. 1 224 490** vom 14/5. 1959, ausg. 24/6. 1960.) M. Pankow 7173

*2328* American Cyanamid Co., V.St.A. (Erfinder: Witold Roman Kocay und Marvin Wishman), **Polymerisationsverfahren** in wss. Medium bei pH $\leq 4$ mit einem Redoxkatalysator, der Chlorat- u. Oxsulfidionen enthält, wobei man das Molgew. des Polymeren erhöht, wenn man bei Konstanthaltung des Oxsulfidionenanteils den Chlorationenanteil erhöht. — Zu 152 (Gew.-Teilen) Acrylnitril, 8 Methylacrylat, 1,2 HCl u. 143 g entionisiertem W. gibt man unter $N_2$ bei 40° 150 cm³ einer wss. Lsg. von 0,852 $NaClO_3$ u. 5,04 $Na_2SO_3$, u. zwar zunächst 60 cm³, nach je 25 Min. 2mal 22,5 cm³, 2mal 15 cm³ u. 2mal 7,5 cm³, rührt noch 1½ Std. u. erhält ein *Polymeres* vom Molgew. 80500; nimmt man statt 0,852 $NaClO_3$ nur 0,716, so hat das Polymere ein Molgew. von 77000. (**F. P. 1 223 467** vom 26/1. 1959, ausg. 17/6. 1960. A. Prior. 27/1. 1958.) M. Pankow 7173

*2329* A. A. Berlin und Ju. M. Ssewergin, **Herstellung von Polyesteracrylaten** durch Polykondens. äquivalenter Mengen von Dicarbonsäuren mit einem S-Atom in der C-Kette u. Glykolen u. dosierter Mengen Acrylsäure. — 1 (Mol) Thiodivaleriansäure, 2,2 Methacrylsäure, 2 Diäthylenglykol, 4% p-Toluolsulfonsäure, 0,2% (bezogen auf Methacrylsäure) Thiodiphenylamin u. 15% Toluol werden bei 112—115° 8—9 Std. unter azeotroper Entwässerung kondensiert, mit NaCl-Lsg., $Na_2CO_3$-Lsg. u. W. wird gewaschen u. von Toluol bei 3—5 Torr befreit: 80—85% monomeres *Dimethacrylat-bis-diäthylenglykolthiodivalerianat*, $D._4^{20}$ 1,121; $n_D^{20}$ 1,4853; Molgew. 509 (berechnet 546,7). Das Prod. bildet leicht trimere unlösl. glasartige *Polymere* u. *Copolymere* mit elast. Eigenschaften. (**UdSSR. P. 129 017** vom 10/4. 1959.) L. Großner 7173

*2330* Aktiebolaget Bofors, Bofors (Erfinder: Allan Rickard Benjamin Furendal, Bofors, Olof Åke Magnusson und Jan Ove Urban Rosberg, Karlskoga), Schweden, **Herstellung von ionenfreien wässerigen Polymerisatemulsionen.** Man setzt den Emulsionen, die durch Polymerisation äthylen. ungesätt. Monomerer, bes. Acrylester, in Ggw. eines Redoxkatalysators, der aus $SO_2$, einem Salz einer reduzierenden Säure von S, dessen Kation schwerlösl. Sulfate u./oder Sulfite bildet, einem $NH_4$-Salz einer solchen Säure oder einem Salz einer solchen Säure mit einem Deriv. von $NH_3$ als reduzierender Komponente u. einem entsprechenden Salz einer Peroxyschwefelsäure als oxydierender Komponente besteht, u. in Ggw. eines nichtion. Emulgators, z. B. Alkylarylpolyglykoläther, hergestellt wurden, Hydroxyde von Ba, Sr oder Ca in einer den Anionen des Katalysator-Syst. äquivalenten Menge zu. Die gefällten schwerlösl. Salze können in der Emulsion verbleiben. — Verw. zur Herst. von *Filmen*, die gegen W. widerstandsfähig sind. (**D. A. S. 1 140 345** Kl. 39c vom 20/2. 1961, ausg. 29/11. 1962. Schwed. Prior. 20/2. 1960.) L. Stadelmann 7173

*2331* National Lead Co., New York, N.Y. (Erfinder: Daniel Francis Herman, Orange, Albert Leo Resnick, Fairlawn, N.J., und Dominic Simone, Bronx, N.Y.), V.St.A., **Polymerisation von Vinylmonomeren,** z. B. (alkylsubstituiertes) Acrylat (am Ring alkylsubstituiertes), Styrol oder Acrylnitril, dad. gek., daß man das Vinylmonomere in einem fl. Medium dispergiert, das eine Verb. der Formel $R_nMR'_m$ enthält, worin R ein KW-Stoffrest, M = Zr oder Ti, R' eine Alkoxy-, Cycloalkyloxy- oder Acyloxygruppe oder Halogen, n = 1 oder 2, m = 1—3 ist, wobei wenigstens ein R'-Rest ein Halogen oder Acylatrest ist, wenn m = 3 ist, wobei m + n = 3 oder 4 ist, u. als weitere Verb. eine (hydroxylsubstituierte) aliphat. oder (substituierte) aromat. organ. Säure enthält, u. die Mischung in bekannter Weise polymerisiert. Als fl. Medium wird W., Bzl., Toluol, Xylol

oder Cyclohexan u. als Säure bes. Wein-, Oxal- oder Benzoesäure verwendet. Als Katalysatoren dienen in den Mengenbeispielen: Bis-cyclopentadienyl–$TiCl_2$ oder –$ZrCl_2$. Hohe Ausbeute bei verbesserten physikal. Eigg. der Polymerisate für vielfache Verw.-Zwecke. (**D. A. S. 1 112 298** Kl. 39c vom 2/3. 1960, ausg. 3/8. 1961. A. Prior. 6/3. 1959.)
H. Schindler 7173

*2332* Soc. des Usines Chimiques Rhône-Poulenc, Paris (Erfinder: Jean Auguste Phelisse und Claude Albert Quiby, Lyon), Frankreich, **Herstellung von Polymeren** mit guter Farbaffinität durch Polymerisation von Äthylen-Verbb., die durch elektronegative Gruppen substituiert sind, dad. gek., daß man die Polymerisation in wss. Medium unter Verw. von aus sulfonierten Azonitril-Verbb. der allg. Formel $X-SO_3-R(A)-C(CN)(R')-N=N-C(CN)(R')-R(A)-SO_3-X$, in der R einen 3wertigen gesätt. KW-Stoffrest mit höchstens 4 C-Atomen, A = H oder einen Alkoxycarbonylrest, R' einen Alkylrest mit höchstens 4 C-Atomen u. X = H oder Alkalimetall bedeuten, bestehenden Katalysatoren durchführt. Als solche sind genannt: Azo-bis-(isobutyronitril-, -($\alpha$-methylbutyronitril- u. -($\alpha$-methyl-$\beta$-äthoxycarbonylbutyronitril-Na-sulfonat). Ihre Herst. erfolgt durch gleichzeitige Einw. von Hydrazin u. HCN auf ein Ketosulfonat der allg. Formel $NaO_3S-R(A)-CO(R')$ u. anschließende Oxydation des Hydrazo-Deriv. zum Azoderivat. Beispiele hierfür u. für die Polymerisationen von Acrylnitril, Acrylamid u. Vinylacetat, deren Polymerisate gute Anfärbbarkeit für bas. Farbstoffe besitzen. (**D. A. S. 1 111 395** Kl. 39c vom 2/2. 1960, ausg. 20/7. 1961. F. Prior. 20/4. 1959.)
H. Schindler 7173

*2333* General Aniline & Film Corp., New York, N.Y., übert. von: Harry D. Anspon, Paducah, Ky., und Joseph J. Baron jun., Easton, Pa., V.St.A., **Dimerer $\alpha$-(Trifluormethyl)-acrylsäuremethylester,** $Kp._{12}$ 28°, Molgew. 300, erhält man durch ca. 50—250std. Erhitzen von $\alpha$-(Trifluormethyl)-acrylsäuremethylester in Ggw. von katalyt. Mengen, z. B. 0,05—1, bes. 1—0,5%, eines organ. Peroxids (Benzoylperoxid, Dibenzoylperoxid, 2.2'-Azo-bis-[2-methylpropionitril]) u. bes. unter UV- oder Sonnenlichtbestrahlung (als Beschleuniger) auf 40—90, bes. 50—60°. — *Weichmacher* für *F-haltige Polymere,* bes. aus $\alpha$-Fluor-, Trifluor- u. $\alpha$-(Trifluormethyl)-acrylsäuremethylester. (**A. P. 2 957 024** vom 18/8. 1958, ausg. 18/10. 1960.)
G. Krauß 7173

*2334* Kurt Bernhard, Gera/Thür., **Herstellung wasserlöslicher Hydrolyseprodukte des Polyacrylnitrils oder Polymethacrylnitrils,** dad. gek., daß eine 26,32 Gew.-% Acrylnitril- oder Methacrylnitrilpolymerisat enthaltende wss. Suspension in 40° warme 83%ig. $H_2SO_4$ eingetragen u. die Temp. unter 90° gehalten wird. Die erhaltene wss. Lsg. kann als solche oder nach Neutralisierung als *Flockungsmittel* verwendet werden. (**D. A. S. 1 151 118** Kl. 39c vom 18/4. 1959, ausg. 4/7. 1963.)
J. Mühleisen 7173

*2335* American Cyanamid Co., New York, N.Y. (Erfinder: Joseph Francis Terenzi, South Norwalk, Conn.), V.St.A., **Abtrennen von (Co-)Polymeren aus ihren Lösungen,** dad. gek., daß man diese Lsgg. in eine turbulente Strömung einer fl., die (Co)-Polymeren (I) nicht lösenden, sie ausfällenden Verb. spritzt, wobei das Nicht-Lsgm. wenigstens teilweise in dem zur Herst. der I-Lsg. verwendeten Lsg. lösl. ist u. wobei die Turbulenz des Fällungsmittels (II) so stark ist, daß die I teilchenförmig ausfallen. Die viscose I-Lsg. soll in etwa einem rechten Winkel zu der turbulenten Strömung eingespritzt u. so lange im II belassen werden, bis die Ausfällung vollständig ist. 14 Beispiele mit *Polyacrylamid* (**III**), *Polymethylstyrol,* ggf. in Mischung mit *Styrol–Butadien-Kautschuk, Kautschuk oder Polyacrylnitril,* u. *Acrylamid–Acrylsäurecopolymerisat,* das man vorteilhaft in wss. Lsg. verwendet. Auch **III** soll in wss. Lsg. vorliegen u. mit einem fl. KW-Stoff, z. B. Heptan, Cyclohexan oder $CCl_4$ gefällt werden. Beschreibung u. Zeichnungen der Injektions-Vorr. u. des Fließdiagramms. (**D. A. S. 1 116 402** Kl. 39c vom 22/5. 1959, ausg. 2/11. 1961. A. Prior. 26/5. 1958.)
H. Schindler 7173

*2336* General Tire & Rubber Co., Akron (Erfinder: Gerard Eduard van Gils, Cuyahoga Falls), Ohio, V.St.A., **Pfropfpolymerisation** von $\alpha$-Alkylacroleinen (**I**) auf Latices von Mono- oder Divinylpolymeren, dad. gek., daß man eine wss. Dispersion (**II**), welche mindestens ein Polymeres einer organ. Vinyl-Verb. mit einer bis zwei äthylen. ungesätt. Bindungen enthält, mit mindestens einem **I** in wss. Medium vermischt u. unter Bldg. eines Pfropfpolymeren (**III**) zur Rk. bringt, worauf man das **III** mit einer Base (**IV**) umsetzt, deren pK > die des $NH_4OH$ bei 25°. Als **II** kann eine solche verwendet werden, die ca. 100 Gew.-Teile eines vorwiegend aus Polyvinylchlorid bestehenden Polymeren enthält. Statt des PVC kann auch ein Mischpolymeres aus einem konjugierten Diolefin mit < 7 C-Atomen u. (alkyl- oder halogensubstituiertem) Styrol oder mit Estern oder Nitrilen von (Meth-)Acrylsäure verwendet werden. **I**, bes. Methacrolein, wird in Mengen von bes. 20—30 (Gew.-Teilen) zu 100 (Misch-)Polymeren verwendet. Als **IV** wird bes. NaOH eingesetzt. Schließlich kann man das mit **IV** behandelte Pfropfpolymerisat noch mit einer Säure u. dann mit $NH_4$ behandelt werden. Mengenbeispiele u. Tabellen mit Butadien–Styrol-Mischpolymerisate enthaltender **II**. Biegsame, nach dem Trocknen unlösl. *Filme* oder *Klebemittel* sowie *Textilschichten* oder *-appreturen.* (**D. A. S. 1 109 898** Kl. 39c vom 29/3. 1960, ausg. 29/6. 1961. A. Prior. 5/5. 1959.)
H. Schindler 7173

*2337* Rohm & Haas Co. (Erfinder: Frank Johnson Glavis), Philadelphia, Pa., V.St.A., **Hydrolysieren von Methacrylsäurealkylester-Polymerisaten (I),** dad. gek., daß man ein zerkleinertes **I**, das in einem Medium suspendiert ist, welches des **I**, jedoch nicht wesentlich ein Alkalisalz der Hydrolyse-Prodd. des **I** mit $\geqq$10% hydrolysierten Methacrylateinheiten anschwellen läßt, auf $\geqq$60°, jedoch unter der Temp., bei der eine merkliche **I**-Zers. stattfindet, erhitzt, wobei das Medium (**II**) aus einem organ. Lsgm., einem Alkalihydroxid u. einer kleinen Menge W., die $\leqq$1 Mol je hydrolysierbarer Einheit des aus Acrylnitril-, Vinylalkoholester- oder (Methy-)Acrylsäureestereinheiten bestehenden **I** ausmacht, besteht. Als **II** dient Isopropanol, ggf. zusammen mit Äthylenglykol. Statt des Homopolymerisats kann auch ein Mischpolymerisat aus z. B. $\geqq$50 (Gew.-%) Methylmethacrylat u. $\leqq$50 Äthylacrylat oder Acrylnitril als Ausgangsstoffe verwendet werden. Ein Homopolymerisat wird in eine auf 40° abgekühlte Lsg. von **II**, NaOH u. W. eingerührt u. auf 80—85° erhitzt. Nach 24 Std. wird die entstandene Suspension abgekühlt u. filtriert. Das Pulver wird bei 60° zu einem frei fließenden, leicht wasserlösl. Prod. getrocknet. Es dient als *Textilhilfsmittel, Eindickungsmittel* für Polymerisatlatices u. Solen, z. B. bei der Erdölgewinnung u. zur Herst. von *kosmet. Salben* oder Pasten. — Tabellen. (**D. A. S. 1 091 336** Kl. 39c vom 30/9. 1958, ausg. 20/10. 1960. A. Prior. 15/10. 1957. **A. P. 3 029 228** vom 15/10. 1957, ausg. 10/4. 1962.)
H. Schindler 7173

*2338* Röhm & Haas G. m. b. H., Darmstadt (Erfinder: Günter Schröder, Klaus Tessmar, Darmstadt, Herbert Schreiber, Oberengstringen, Schweiz, und Wolfgang Köhler, Darmstadt), **Herstellung eutaktischer Polymerisate** des ggf. N-substituierten Methacrylsäureimids (**I**) u. von z. T. aus einem **I** aufgebauten eutekt. Mischpolymerisaten, dad. gek., daß ein durch stereospezif. Polymerisation hergestelltes Poly-(bes. -methyl-)methacrylat mit $NH_3$ oder/u. prim. Aminen umgesetzt wird. Ein Überschuß des bes. fl. $NH_3$ u./oder Amins dient gleichzeitig als Lsgm. bzw. Verdünnungsmittel für das entstehende polymere Imid. Die Rk. erfolgt zweckmäßig in Ggw. alkal. reagierender Verbb., wie Alkali- oder Erdalkaliamiden, oder bei der Rk. in wss. Lsg. von $NH_3$ oder Aminen in Ggw. von Alkalihydroxid. Beispiele mit syndiotakt. u. isotakt. Polymethylmethacrylat u. mit K- oder Na-Amid oder Li-Anilid als Rk.-Komponenten. Die Endprodd. zeigen verbesserte mechan. Eigg. u. eignen sich zur Herst. von *Fasern, Filmen, Formmassen, Lacken* u. *Textilhilfsmitteln.* (**D. A. S. 1 113 309** Kl. 39c vom 30/4. 1960, ausg. 31/8. 1961.)
H. Schindler 7173

*2339* Badische Anilin- & Soda-Fabrik Akt.-Ges., Ludwigshafen/Rh. (Erfinder: Ernst Penning, Ludwigshafen/Rh., Hans Reinhard, Mannheim, und Harry Distler, Ludwigshafen/Rh.), **Herstellung von wässerigen emulgatorfreien Polymerisatdispersionen,** dad. gek., daß man äthylen. ungesätt. polymerisierbare Verbb. mit 0,1 bis 10 Gew.-% von quatern. Ammoniumsalzen der Vinylsulfonsäure, die am N-Atom durch Alkyl, Aralkyl, Aryl oder Cycloalkyl substituiert sind, wobei die Substituenten auch Heteroatome enthalten können, in Abwesenheit von zusätzlichen Emulgatoren in üblicher Weise mischpolymerisiert. Als Monomere werden in den Mengenbeispielen n-Butylacrylat (u. Vinylpropionat oder Vinylacetat) u. Äthylacrylat u. Vinylidenchlorid in Ggw. von Trimethylphenylammoniumvinylsulfonat u. Trimethylcyclohexylammoniumvinylsulfonat bzw. von aus Triäthanolamin u. Vinylsulfonsäuremethylester oder aus letzterem u. dem Rk.-Prod. aus 1 (Mol) Diäthylamin u. 4 Äthylenoxid erhaltenen quatern. Ammoniumsalzen mischpolymerisiert. Die Endprodd. sind zur Herst. von klebenden Bändern u. Folien sowie Filmen mit geringer Wasseraufnahme geeignet. (**D. A. S. 1 114 320** Kl. 39c vom 28/4. 1960, ausg. 28/9. 1961.) H. Schindler 7173

*2340* Badische Anilin- & Soda-Fabrik Akt.-Ges. (Erfinder: Ernst Penning, Hans Wilhelm und Hans Wolf), Ludwigshafen/Rh., **Herstellung von wässerigen emulgatorfreien Polymerisatdispersionen** durch Polymerisation von 0,1—10% quatern. Ammoniumsalzen der Vinylsulfonsäure mit anderen äthylen. ungesätt. Monomeren nach D. A. S. 1 114 320, dad. gek., daß man als Mischpolymerisationskomponente 0,1—30% $\alpha,\beta$-ungesätt. aliphat. Carbonsäuren mitverwendet. — Beispiel: Mischpolymerisat aus Trimethylphenylammoniumvinylsulfonat, Acrylsäureäthylester u. Acrylsäure. — *Veredlung von Fasermaterialien, Klebstoffe.* (**D. A. S. 1 148 747** Kl. 39c vom 18/1. 1961, ausg. 16/5. 1963. **Zusatz zu D. A. S. 1 114 320; s. vorst. Ref.**) L. Stadelmann 7173

*2341* Farbwerke Hoechst Akt.-Ges. vormals Meister Lucius & Brüning, Frankfurt/M. (Erfinder: Alfred Kühlkamp, Hofheim, und Helmut Rinno, Frankfurt/M.), **Herstellung von reaktionsfähigen, vernetzbaren Polymeren.** Man polymerisiert ungesätt. Monomere, die die Gruppe $-SO_2-CH(R)-C(R_2R_1)-OZ$ enthalten, worin R, $R_1$ u. $R_2$ H oder niedrigmol. KW-Stoffreste u. Z den Rest einer ein- oder mehrbas. anorgan. bzw. organ. Säure bedeutet, enthalten, z. B. $CH_2{=}CH-CONH-C_6H_4-SO_2-CH_2-CH_2-OSO_3Na$, für sich allein oder mit anderen ungesätt. Verbb. nach an sich bekannten Methoden. Durch Alkalien werden die esterartig gebundenen Säuregruppen unter Bldg. von Vinylsulfongruppen abgespalten, letztere können mit $-OH$-, $-NH_2$- oder $-CONH$-Gruppen im Polymeren unter Vernetzung oder mit derartigen Gruppen in Faserstoffen reagieren. — *Appreturmittel.* (**D. A. S. 1148748** Kl. 39c vom 8/3. 1961, ausg. 16/5. 1963.) L. Stadelmann 7173

*2342* Canadian Industries Ltd., Montreal (Erfinder: Neil Bonnette Graham und Gordon Hart Segall, St. Hilaire), Canada, **Herstellung von freie $\beta$-Hydroxyalkylestergruppen enthaltenden polymeren Stoffen.** Man dispergiert wenigstens ein gasförmiges niedriges Alkylenoxid bei normalem Druck in Ggw. eines bas. Katalysators, bes. $NH_3$, in einer Lsg. eines freie Carboxylgruppen enthaltenden Polymerisats in einem wasserfreien inerten Lsgm. bei $\leqq 95^0$. — Beispiel: Mischpolymerisate aus Styrol–Acrylsäure werden mit Äthylenoxid in Ggw. von n-Octadecylammoniumchlorid umgesetzt. — Verw. zur Herst. von *Farben.* Die durch Diisocyanate vernetzten Prodd. bilden zähe harte *Schutzfilme.* (**D. A. S. 1 138 939** Kl. 39c vom 13/5. 1960, ausg. 31/10. 1962. Can. Prior. 15/5. 1959.) L. Stadelmann 7173

*2343* Farbwerke Hoechst Akt.-Ges. vormals Meister Lucius & Brüning (Erfinder: Paul Schlack, Frankfurt/M., und Wolfgang Göltner, Kriftel, Taunus), **Herstellung von Folien oder Überzügen** aus Aldehydgruppen enthaltenden Vinylpolymerisaten (I), dad. gek., daß man wss. Lsg. von Additions-Prodd. von $SO_2$ an Acrolein mindestens als anteilige Komponente enthaltende **I**, die außerdem eine untergeordnete Menge hochmol. wasserlösl. Polyglykoläther (**II**) enthalten, auf Unterlagen ausbreitet u. eintrocknet. Anschließend können die Prodd. noch längere Zeit erhitzt werden. Als **II** werden solche mit mindestens 20000 Molgew., die OH- oder SH-Endgruppen enthalten u. die durch Kettenverlängerung mittels mehrwertiger Acylierungsmittel erhalten wurden, verwendet. In den Mengenbeispielen wird von Acrolein–Acrylnitril- oder Methacrylat-Mischpolymerisaten ausgegangen, denen nach Sättigen mit $SO_2$ noch ein Polyäthylenoxid mit Molgew. 20000 zugesetzt wird. Werden die erhaltenen Folien auf 80—120° erwärmt, erhält man klare, farblose, stoß- u. reißfeste Prodd., die sich zur Herst. von Verpackungsmaterial, Papier- u. Textilhilfsmittel, Schichten für photograph. Zwecke u. Klarscheiben für Lichtschutzfolien eignen. (**D. A. S. 1 113 562** Kl. 39b vom 27/5. 1959, ausg. 7/9. 1961.) H. Schindler 7173

*2344* American Cyanamid Co., V.St.A. (Erfinder: Lewis Smith Meriwether und Marilyn Louise Fiene), **Herstellung und Verwendung von Nickelcarbonylphosphinkatalysatoren** zur *Polymerisation von Acetylenen.* Die Katalysatoren haben die Formel $Ni(CO)_2(R_2P\cdot Y\cdot PR_2)$ oder $Ni(CO)_{4-n}[PX_2(C_2H_4CN)]_n$ (n = 1 oder 2; X = H oder $-C_2H_4CN$; R = Alkyl-, Aryl-, Aralkyl-, Alkaryl-, Alkoxy-, Aryloxy-, Cyanalkyl-, Carbalkoxyalkyl-, Carbamylalkylrest; Y = Äthylen, Trimethylen, o-Phenylen). Zur Herst. erhitzt man das substituierte Phosphin mit Ni-Carbonyl in einem Lösungsmittel. — Zu einer Lsg. von 79,5 (Teilen) Acrylnitril in 150 Acetonitril mit 20 Dowex-2 der Formel $\{-CH_2\cdot[p\text{-}C_6H_4CH_2N^+(CH_3)_2CH_2CH_2OH]-CH_2-\}_xOH^-$, wobei x = ca. 5000, gibt man in 2½ Std. bei 45—50° langsam Phosphin, filtriert, dest. im Vakuum u. erhält 5% 2-Cyanäthylphosphin, 44% Bis-[2-cyanäthyl]-phosphin u. 25% Tris-[2-cyanäthyl]-phosphin (**I**). 144,9 (g) **I** werden in 400 cm³ n-Butanol unter Rückfluß langsam mit 62,7 1.2-Dibromäthan versetzt u. insgesamt 24 Std. gekocht: *1.2-Bis-[tris-(2-cyanäthyl)-phosphonium]-äthanbromid* (F. >300°), 58 davon werden mit Na-Äthoxid (4,6 Na u. 250 cm³ A.) 2 Std. unter Rückfluß erhitzt: *Tetrakis-[2-cyanäthyl]-äthylendiphosphin*, F. 101 bis 102° (Aceton-W.-Mischung). — Analog *Tetrakis-[2-cyanäthyl]-trimethylendiphosphin* $(NCCH_2CH_2)_2P(CH_2)_3P-(CH_2CH_2CN)_2$, F. 66—70°. — *Dicarbonyltetraäthyläthylendiphosphin-Ni*, Öl. — 102 Pentin u. 3 $Ni(CO)_2[P(CH_2CH_2CN)_2]$ werden in 500 cm³ Acetonitril 6 Std. unter Rückfluß gekocht: Nd., der mit PAe. u. 10%ig. HCl behandelt wird. Das *Polymere* enthält überwiegend festes Material u. größere Mengen einer Fraktion mit $Kp._{0,4}$ 50—75°. (**F. P. 1 241 964** vom 16/11. 1959, ausg. 30/12. 1960. A. Prior. 17/11. 1958.) M. Pankow 7173

*2345* Montecatini Soc. Gen. per l'Industria Mineraria e Chimica, Mailand, Italien, und Karl Ziegler, Mülheim/Ruhr, **Verbessern der optischen und mechanischen Eigenschaften von Polypropylenfolien,** die durch Extrudern eines Prod. mit einem isotakt. Polypropylen-Geh. von >70° bei 200—350° hergestellt wurden, dad. gek., daß man die Folien rasch auf $\leqq 90^0$ abkühlt, auf das 2—16fache u. in einer senkrechten Richtung zur ersten Streckung auf das 3—20fache bei 50—170° streckt. (**Ind. P. 68 598** vom 1/8. 1959.) C. Lüttgen 7173

*2346* American Cyanamid Co., New York, N.Y. (Erfinder: Joseph Reder Leto, Stamford, Conn.), V.St.A., **(Co-)Polymerisation von acetylenisch ungesättigten Verbindungen,** wobei die Monomeren in einem fl. Rk.-Medium in Ggw. von Katalysatoren (**I**) polymerisiert werden, dad. gek., daß man als **I** ein Carbonyl eines Metalls der Gruppe VIb des Period. Syst. verwendet. Tabellar. sind aufgeführt: $Mo(CO)_6$, $Cr(CO)_6$, $W(CO)_6$ sowie $C_6H_4O_2Mo(CO)_4$, $(C_6H_5)_3P-Mo(CO)_5$ u. $[P(CH_2CH_2CN)_3]Cr(CO)_5$. Als Monomere werden außer (Phenyl-)Acetylen noch Propion, Propiolsäureäthylester, Heptadiin-(1.6) u. Propin in Tetrahydrofuran, PAe., Bis-(2-methoxyäthyl)-äther oder 1.2-Dimethoxyäthan bei 120—130° innerhalb 8 Std. polymerisiert. Die Endprodd. eignen sich z. B. als *Schmiermittel*, als *Füllstoffe* für alle Kautschukarten, als selektive *Gasadsorptionsmittel* oder als *Halbleiter.* (**D. A. S. 1 134 512** Kl. 39c vom 26/1. 1961, ausg. 9/8. 1962. A. Prior. 29/1. 1960.) H. Schindler 7173

*2347* Günter Soder, Vörstetten bei Freiburg/Br., **Herstellung von Polymerisaten des Formaldehyds** durch Polymerisation von monomerem $CH_2O$ in Ggw. von organ. Lsgm. u. Katalysatoren, dad. gek., daß als Initiator ein mit kleinen Mengen Ca oder Na frisch umgesetztes, $NH_3$-gesätt., inertes organ. Lsgm. verwendet wird. (**D. A. S. 1 143 026** Kl. 39c vom 30/9. 1960, ausg. 31/1. 1963.) W. Overbeck 7177

*2348* Houillères du Bassin du Nord et du Pas-de-Calais, Douai (Erfinder: Claude Chachaty, Paris), Frankreich, **Herstellung von Polymerisaten des Acetaldehyds** mit hohem Molgew. durch Polymerisation von Acetaldehyd bei tiefen Temp., dad. gek., daß man monomeren Acetaldehyd in Abwesenheit von O u. Katalysatoren durch ionisierende Bestrahlung unterhalb 0° polymerisiert, bes.

unterhalb −40°. (**D. A. S. 1 145 357** Kl. 39c vom 9/5. 1961, ausg. 14/3. 1963. F. Prior. 10/5. 1960.) W. Overbeck 7177

*2349* Farbwerke Hoechst Akt.-Ges. vormals Meister Lucius & Brüning, Frankfurt/M. (Erfinder: Guido Lorentz-Andreae, Oes bei Butzbach), **Herstellung von härtbaren Kunstharzen, dad. gek.**, daß man mindestens ein aus Furfurol (I) u. mindestens einem Aldehyd mit 2—10 C-Atomen hergestelltes Kondens.-Prod. mit mindestens einem aus mindestens einer phenol. Komponente u. mindestens einem Aldehyd hergestellten Harz umsetzt. — Zum Beispiel unterwirft man 80 (Teile) rohes Furylacrolein, das man durch Kondens. von I mit Acetaldehyd erhalten hat, zusammen mit 20 eines Resols aus 1 (Mol) Phenol u. 1,1 $CH_2O$ alkal. oder sauer einer Vakuum-Dest., bis man ein Prod. von 500 cP erhalten hat, neutralisiert u. wäscht das erhaltene Harz. Es kann, mit inerten Füllstoffen vermischt u. mit Säuren versetzt, mit säurefesten Steinen zur Herst. von chem. sehr widerstandsfähigem Mauerwerk verwendet werden. (**D. A. S. 1 141 446** Kl. 39b vom 10/1. 1959, ausg. 20/12. 1962.) K. Sarre 7177

*2350* Dynamit Nobel Akt.-Ges., Troisdorf, Bez. Köln (Erfinder: Hermann Richtzenhain und Wilhelm Vogt, Köln), **Herstellung von hochmolekularen Polyoxymethylenen** durch Polymerisation von $CH_2O$ in Ggw. von Katalysatoren u. wasserfreien organ. Lsgm., dad. gek., daß man als Katalysatoren Aminoxide von tert. oder sek. Aminen verwendet. (**D. A. S. 1 143 640** Kl. 39c vom 14/3. 1961, ausg. 14/2. 1963.) W. Overbeck 7177

*2351* Farbwerke Hoechst Akt.-Ges. vormals Meister Lucius & Brüning, Frankfurt/M. (Erfinder: Hans-Dieter Hermann und Edgar Fischer, Frankfurt/M.), **Stabilisieren von Polyoxymethylenen** aus $CH_2O$ oder Trioxan, die Oxyendgruppen enthalten u. sich bei 220° in 30 Min. unter N zu < 80% zersetzen, durch Rk. der Polymerisate mit einem oder mehreren α,β-ungesätt. Äthern bei 50—220° in An- oder Abwesenheit von kation. wirksamen Katalysatoren nach D. A. S. 1 136 109, dad. gek., daß man als α,β-ungesätt. Äther Vinyläther der Formel $R-(O-CH_2-CH_2)_n-O-CH{=}CH_2$ verwendet, wobei R einen aromat. Rest, der unsubstituiert oder durch Alkyl-, Alkoxy- u./oder Acyloylgruppen substituiert sein kann, u. n eine ganze Zahl von 1—100 bedeutet. Beispiele: Phenoxy-, β-Naphthoxy-, 2-Methylphenoxy-, 2-Acetophenoxy-, 4-Äthoxyphenoxyäthylvinyläther u. $C_6H_5-O-(CH_2-CH_2-O)-CH{=}CH_2$. (**D. A. S. 1 143 025** Kl. 39c vom 22/12. 1960, ausg. 31/1. 1963. **Zusatz zu D. A. S. 1 136 109; C. 1963, 9901.**) W. Overbeck 7177

*2352* Farbwerke Hoechst Akt.-Ges. vormals Meister Lucius & Brüning, Frankfurt/M. (Erfinder: Hans-Dieter Hermann und Edgar Fischer, Frankfurt/M.), **Stabilisieren von Polyoxymethylenen** aus $CH_2O$ oder Trioxan, die Oxyendgruppen enthalten u. sich bei 220° in 30 Min. unter N zu < 80% zersetzen, durch Rk. der Polymerisate mit einem oder mehreren α,β-ungesätt. Äthern bei 50—220° in Ggw. von kation. wirksamen Katalysatoren nach D. A. S. 1 136 109, dad. gek., daß man als Katalysatoren Salze der Borfluorwasserstoffsäure (I) oder salzartige Verbb. der I mit $NH_3$, Aminen, Amiden oder N-haltigen Heterocyclen in Mengen von 0,0001—2 Gew.-%, bezogen auf die eingesetzten Polymerisate, verwendet. (**D. A. S. 1 143 329** Kl. 39c vom 22/12. 1960, ausg. 7/2. 1963. **Zusatz zu D. A. S. 1 136 109; C. 1963, 9901.**) W. Overbeck 7177

*2353* Farbenfabriken Bayer Akt.-Ges. (Erfinder: Kuno Wagner), Leverkusen, **Stabilisieren von Polyoxymethylenen** durch Acylieren der Hydroxylendgruppen mit organ. Carbonsäureanhydriden bei erhöhter Temp., ggf. in Anwesenheit von Lsgm. u. Katalysatoren, dad. gek., daß man die Acylierung in Ggw. von organ. Mono- oder Diisocyanaten durchführt, bes. oberhalb 150° u. bei erhöhtem Druck. (**D. A. S. 1 145 356** Kl. 39c vom 11/3. 1959, ausg. 14/3. 1963.) W. Overbeck 7177

*2354* General Electric Co. (Erfinder: Jack Kwiatek), Schenectady, N.Y., V.St.A., **Herstellung harzartiger Produkte durch Oxydation von Phenolen** mit Sauerstoff, dad. gek., daß man diesen in Ggw. eines tert. Amins u. eines in diesem lösl. Cu(I)-Salzes, das eine aktivierte Cupriammoniumkomplex-Verb. zu bilden vermag, mit Phenolen der allg. Formel I (b = 0 oder 1; R = einwertiger KW-Stoffrest, Halogen-KW-Stoffrest mit mindestens 2 C-Atomen, Alkoxy- oder Halogenalkoxyrest mit mindestens 2 C-Atomen, R′ u. R″ = R oder H) unter Bldg. von Polyacryläthern umsetzt.

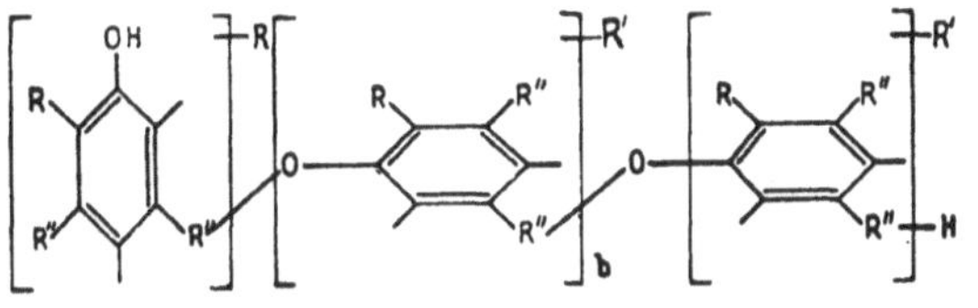
I

Geeignete Cu(I)-Salze sind z. B. CuCl, CuBr, $Cu_2SO_4$, $CuN_3$, $CuOOCCH_3$ u. Cu-Benzoat u. geeignete Phenole sind z. B. 2- u. 4-Phenoxyphenol, 2-(2′-Methylphenoxy)-, 2-(4′-Methylphenoxy)-phenol u. 2.6-Dimethyl-4-[2′.6′-dimethyl-4-(2″.6″-dimethylphenoxy)-phenoxy]-phenol. — 4 g 2.6-Dimethyl-4-(2′-methylphenoxy)-phenol werden mit CuCl u. Pyridin bei 30,5—52° oxydiert, wobei man einen festen Poly-[2.6-dimethyl-4-(2′-methylphenoxy)-phenyl-1.4′]-äther erhält. — *Überzugs-, Preßmassen, Filme* u. *Fasern*. (**D. A. S. 1 145 360** Kl. 39c vom 23/6. 1959, ausg. 14/3. 1963. A. Prior. 24/6. 1958.) J. Mühleisen 7177

*2355* Shell Development Co., New York, N.Y., V.St.A., übert. von: Pieter Bruin und Feye Sinnema, Amsterdam, Niederlande, **Herstellung von Harzen** durch Rk. von einem Polyätherpolyepoxid mit einem 1.2-Epoxyäquivalent > 1, welches keine aliphat. C—C-ungesätt. Bindungen enthält, z. B. einem Glycidylpolyäther eines mehrwertigen Phenols oder Alkohols, mit einem in 2-Stellung aromat. substituierten Alken-(1), z. B. einem 2-Arylalken-(1) (Styrol), 2-Alkaryl- oder 2-[Halogenaryl]-alken-(1), u. > 15% (bezogen auf vorst. Gemisch) einer mehrbas. Säure, welche keine aliphat. ungesätt. C—C-Bindungen enthält, oder deren Anhydrid, z. B. Phthalsäureanhydrid, bei 20—150° in Ggw. von 4—12 Gew.-% eines Peroxidpolymerisationskatalysators (bezogen auf das Alken), wobei das Verhältnis Polyepoxid zu Alken 99 : 1 bis 77 : 30 beträgt. (**Can. P. 569 708** vom 12/7. 1955, ausg. 27/1. 1959. Niederl. Prior. 20/8. 1954.) H.-J. Nitzschke 7177

*2356* Namco Industries, Inc., übert. von: Samuel E. Susman und Edward C. Janis, San Diego, Calif., V.St.A., **Härter für Epoxyharze** sind amphotere Oxide von Elementen der IV. u. V. Gruppe des Period. Syst., z. B. von P, As, Sb, Bi, Sn, Pb, Ge. (**A. P. 3 014 893** vom 19/2. 1959, ausg. 26/12. 1961.) F. Koch 7177

*2357* Schering Akt.-Ges., Berlin (Erfinder: Martin Wallis, Kamen, und Eugen Griebsch, Unna), **Härten von Epoxyharzen** mit mehrwertigen Aminen, dad. gek., daß solche mehrwertigen Amine verwendet werden, die durch Dien-Synth. aus Fettsäuren mit mindestens 2 C=C-Gruppen u. 16—22 C-Atomen oder aus deren Estern mit Acrylnitril u. anschließende Nitrilierung u. durch Überführung der CN-Gruppen in entsprechende Aminogruppen erhalten worden sind. Man erhält so harte, klare, elast. u. gut am Untergrund haftende Produkte. — 200 (Teile) Holzölfettsäuremethylester werden mit 40 Acrylnitril u. 1,2 Hydrochinon im Autoklav 5 Std. auf 160—165° bei einem Druck bis zu 4 atü erhitzt, worauf 150 der Fraktion ($Kp._1$ 209—220°) durch Einblasen von $NH_3$ während 7 Std. bei 300° in das Dinitril übergeführt werden. 100 des Dinitrils werden in Ggw. von 5 Raney-Ni u. 200 mit $NH_3$ gesätt. $CH_3OH$ bei einem $H_2$-Druck von 140 atü bei 120° zum Amin hydriert. 9,5 des Prod. werden mit 15 Bisphenoldiglycidyläther (Epoxidzahl 0,5) vermischt. Das Gemisch, das nach 30 Min. eine Viscosität von 35 P aufweist, härtet bei Zimmer-Temp. zu einem klaren, harten, flexiblen Körper mit einer Kugeldruckhärte von 1275 kg/cm² u. einer Martens-Zahl von 55. — *Filme, Gieß-* u. *Laminierharze*. (**D. A. S. 1 151 935** Kl. 39b vom 17/9. 1960, ausg. 25/7. 1963.) J. Mühleisen 7177

*2358* Badische Anilin- & Soda-Fabrik Akt.-Ges., Ludwigshafen/Rh. (Erfinder: Franz Steden, Mannheim, und Ferdinand Meyer, Ziegelhausen), **Härtbare Gießharze** auf der Basis von Polyepoxiden zur Herst. von gehärteten, geformten Gebilden, enthaltend 1. Polyepoxide u. 2. saure oder bas. Härtungsmittel für Polyepoxide, dad.

gek., daß sie als Polyepoxidkomponente 1.2-5.6-9.10-Triepoxycyclododecan (I) allein oder zusammen mit anderen Polyepoxiden enthalten. — I, F. 64,5°, Kp.$_{0,3}$ 140—142°, erhält man durch Epoxydierung von Cyclododecatrien-(1.5.9) mit Peroxysäuren oder anderen Peroxy-Verbb. in inerten organ. Lösungsmitteln. — 1,86 (Teile) I werden mit 12,1 eines Prod. von Pentaerythrit u. Epichlorhydrin (Epoxywert = 0,62) vermischt, bei 80—210° mit 10,5 Phthalsäureanhydrid verrührt u. in Formen gegossen. Durch 3std. Härten bei 120—150° erhält man einen leicht braunen, klaren Formkörper mit einem Erweichungspunkt von 155°. — *Formkörper Beschichtungs- u. Überzugsmassen.* (**D. A. S. 1 142 703** Kl. 39c vom 22/2. 1961, ausg. 24/1. 1963.) J. Mühleisen 7177

*2359* Henkel & Cie. G. m. b. H. (Erfinder: Manfred Dohr und Horst Rauhut), Düsseldorf, **Wasserfreie, härtbare Form-, Klebe-, Dichtungs- oder Spachtelmassen,** die Epoxidharze (I), übliche Härter (II) u. hohe Füllstoffanteile enthalten, dad. gek., daß die Massen zusätzlich längerkettige Alkohole oder deren Derivv., Alkylphenole, Carbonsäureamide, Amine, Mercaptane oder Aminoxide enthalten, wobei diese Verbb. durchweg nichtionogene, oberflächenakt. Verbb. darstellen. Durch die Zusätze wird die Viscosität der Massen erheblich verringert u. deren Verw. erleichtert. I sind z. B. fl. Prodd. von Epichlorhydrin mit Bisphenol A oder Phthalsäureanhydrid. Als II werden Amine oder Polyamide, die freie Aminogruppen enthalten, bevorzugt. — Beispiele für die Zusatzstoffe sind: Oleylalkohol, Kondens.-Prodd. von Äthylenoxid mit folgenden Verbb.: Fettalkoholen ($C_{12}$—$C_{18}$), n-Octanol oder Nonylphenol. (**D. A. S. 1 151 377** Kl. 39b vom 22/7. 1960, ausg. 11/7. 1963.) J. Mühleisen 7177

*2360* Farbwerke Hoechst Akt.-Ges. vormals Meister Lucius & Brüning, Frankfurt/M. (Erfinder: Guido Lorentz, Oes/Obhess., und Rudolf Stroh, Hofheim/Taunus), **Härten von Formmassen,** die Epoxyharze (I), fl. Cl-KW-Stoffe (II), mehrwertige Amine in einer Menge, daß je Epoxidgruppe 1—2 am N der Amine gebundene H-Atome entfallen, sowie ggf. Füllstoffe enthalten, bei Raum-Temp., dad. gek., daß man Massen aushärtet, die als II solche mit 35—60% Cl mit einem Molgew. unter 1500 u. einer Viscosität bei 20° von 10 cP bis 100 Poise u. mit 5—25 C-Atomen enthalten, wobei die C-Kette eine möglichst geringe Verzweigung haben soll. Durch die II wird die Viscosität der Massen verringert, der Einsatz von flüchtigen u. tox. Lsgm. kann vermieden oder verringert werden u. außerdem wird die Brennbarkeit der Massen herabgesetzt, u. ein Selbstlöscheffekt der erhaltenen Formteile erreicht. I sind bes. Rk.-Prodd. von Epichlorhydrin mit mehrwertigen, mehrkernigen Phenolen oder Novolaken. (**D. A. S. 1 151 376** Kl. 39b vom 30/11. 1960, ausg. 11/7. 1963.) J. Mühleisen 7177

*2361* Dr. Beck & Co. G. m. b. H., Hamburg (Erfinder: Hans Joachim Beck, Karl Schmidt und Günther Weigel, Hamburg), **Verdünnungsmittel in Epoxyharzmassen** sind Glycidyläther von aliphat. Alkoholen, die durch einen O-heterocycl. Rest substituiert sind, z. B. Tetrahydrofurfurylglycidyläther u. Furfurylglycidyläther. (**D. A. S. 1 143 328** Kl. 39b vom 31/5. 1961, ausg. 7/2. 1963.) F. Koch 7177

*2362* Shell Internationale Research Mij. N. V., Den Haag (Erfinder: Robert Willem Frederik Kreps und Jacques Joseph Johan Drost, Amsterdam), Niederlande, **In flüssigen Epoxid-Formmassen** dienen 3 bis 20 Gew.-% einer oder mehrerer Diepoxyalkyläther von Diphenylоläthan u./oder Diphenylolmethan als Stabilisator, um das Auskristallisieren zu verhindern. (**D. A. S. 1 149 898** Kl. 39b vom 18/11. 1960, ausg. 6/6. 1963. Niederl. Prior. 20/11. 1959.) F. Koch 7177

*2363* Gesellschaft für Teerverwertung m. b. H. (Erfinder: Hans Wille und Karl Jellinek), Duisburg, **Elastische Formteile** entstehen durch Aushärten von Epoxyharzformmassen, die als Epoxide Polyätheralkoholdiglycidyläther, die aus polymeren Glykolen (Molgew. 200 bis 4000) hergestellt worden sind, enthalten. (**D. A. S. 1 143 023** Kl. 39b vom 3/10. 1961, ausg. 31/1. 1963.) F. Koch 7177

*2364* Soc. An. Argus Chemical N. V., Drogenbos, Belgien (Erfinder: Arthur Calvin Hecker, Forest Hills, Mark William Pollock, New York, und Seymour Cohen, Brooklyn, N.Y., V.St.A.), **Formteile aus Polyepoxid-Formmassen,** die außer üblichen Bestandteilen (Novolake u. $BF_3$-Komplexe als Härter sind allerdings ausgeschlossen) Salze eines mehrwertigen Metalls mit sauren organ. Verbb. u./oder Neutralester der phosphorigen Säure enthalten. (**D. A. S. 1 150 202** Kl. 39b vom 9/3. 1960, ausg. 12/6. 1963. A. Prior. 9/3. 1959.) F. Koch 7177

*2365* Owens Corning Fiberglas Corp., Toledo, Ohio (Erfinder: Alfred Marzocchi, Cumberland, und Nicholas S. Janetos, Providence, R.I.), V.St.A., **Glasfaserverstärkte Formteile aus Epoxyharz-Formmassen** entstehen mit Glasfasern, die vorbehandelt worden sind mit einem wss. Gemisch aus 2,0—5,0 Gew.-% gesätt. Polyester, 0,1—2,0 Polyvinylalkohol, 0,1—1,0 Dispergiermittel, 0,2—3,0 organ. Si-Verb. u. 0,3—2,5 Polyvinylpyrrolidon, wobei das Gemisch einen pH-Wert von ca. 4,5 hatte. (**D. A. S. 1 141 788** Kl. 39b vom 18/1. 1960, ausg. 27/12. 1962.) F. Koch 7177

*2366* Licentia Patent-Verwaltungs-G. m. b. H., Frankfurt/M. (Erfinder: Paul Nowak, Kassel, Ernst Friedjof Weber, Neu Isenburg, und Wolfram Busch, Wiesbaden), **Herstellung von Formkörpern oder Überzügen** durch Hitzehärten von Formmassen, die B-modifizierte Epoxyharze [erhalten durch Rk. von OH-gruppenhaltigen organ. Polymeren (I) mit Trialkylboraten] u. Dicarbonsäureanhydride enthalten, dad. gek., daß als I Epoxyharze auf Bisphenolbasis umgesetzt worden sind. Die Prodd. haben hohe Wärmebeständigkeit u. gute elektr. Eigenschaften. — 1000 (Teile) eines Epoxyharzes (Epoxyäquivalent-Gew. 190, OH-Geh. 0,2 pro Mol) werden mit 45 Tributylborat umgesetzt u. Butanol wird im Vakuum bei 120° entfernt; von dem viscosen, klaren Prod. werden 200 mit 150 Hexahydrophthalsäureanhydrid bei 150° 15 Std. erhitzt, wobei eine feste, harte Masse erhalten wird. (**D. A. S. 1 151 933** Kl. 39b vom 11/7. 1960, ausg. 25/7. 1963.) J. Mühleisen 7177

*2367* Siemens-Schuckertwerke Akt.-Ges., Berlin und Erlangen (Erfinder: Fritz Weigel, Plöckendorf, Post Schwabach), **Herstellung von kriechstromfesten Formteilen und Überzügen** durch Erhitzen von Massen, die Epoxyharze, Härter u. Füllstoffe enthalten, dad. gek., daß man Massen erhitzt, die zusätzlich zu üblichen Füllstoffen solche enthalten, die aus mindestens einem in W. unlösl. Erdalkalisulfat bestehen, auf dem ein Überzug aus $Al_2O_3$ niedergeschlagen worden ist. (**D. A. S. 1 150 809** Kl. 39b vom 22/3. 1961, ausg. 27/6. 1963.) J. Mühleisen 7177

*2368* Eastman Kodak Co., Rochester, N.Y. (Erfinder: Selma Harmon Long, Clarence Earl Tholstrup und Marshall Tredway Watson, Kingsport, Tenn.), V.St.A., **Lineare Polyester** werden durch 0,01—10 Gew.-% N.N'-Diaryl-p-phenylendiamine gegen Abbau stabilisiert. (**D. A. S. 1 149 894** Kl. 39b vom 20/10. 1960, ausg. 6/6. 1963.) F. Koch 7177

*2369* Reichold Chemie Akt.-Ges. (Erfinder: Horst Dalibor), Hamburg, **Herstellung von löslichen Mischpolymerisaten** aus durch Veresterung von Epoxidharzen (I) mit ungesätt. Fettsäuren gewonnenen I-Fettsäureestern u. monomeren (Meth-)Acrylsäureestern, dad. gek., daß man einen I-Fettsäureester mit einer SZ. $<20$ mit einem Gemisch aus (Meth-)Acrylsäure oder deren Estern u. Styrol in Lsg. in Ggw. von Peroxiden bei erhöhter Temp. mischpolymerisiert. Der Harzester soll bevorzugt SZ. 10 haben. Nach dem Beispiel wird Synourinfettsäure mit einem I verestert, dessen Molgew. ca. 1400 beträgt. Dann wird eine 50%ig. Lsg. des Harzsäureesters mit Xylol verd. u. mit Butylmethacrylat, Methacrylsäure u. Styrol in Ggw. von Di-tert.-butylperoxid bei 125° mischpolymerisiert. Eine 40%ig. Lsg. des Rk.-Prod. liefert z. B. im Gemisch mit Melamin-$CH_2O$-Harzen Einbrennlacke. (**D. A. S. 1 133 553** Kl. 39c vom 2/3. 1960, ausg. 19/7. 1962.) H. Schindler 7177

*2370* Farbenfabriken Bayer Akt.-Ges., Leverkusen (Erfinder: Günther Nischk, Leverkusen, und Karl-Heinz Andres, Köln), **Polyester-Formmassen,** worin sich keine ungesätt. Monomeren befinden, enthalten als Polyester solche, die kristallin sind u. die aus $\alpha,\beta$-ungesätt. Dicarbonsäuren, diprim. Alkoholen u. Diels-Alder-Addukten des Anthracens bzw. seiner Derivv. an $\alpha,\beta$-ungesätt. Dicarbonsäuren, aber ohne gesätt. mehrbas. Säuren hergestellt worden sind. (**D. A. S. 1 150 523** Kl. 39b vom 3/9. 1960, ausg. 20/6. 1963.) F. Koch 7177

*2371* Rheinische Gummi- und Celluloid-Fabrik (Erfinder: Alois Eulgem und Rudolf Woinke), Mannheim, **Polyester-Formteile** mit irisierendem Farbeffekt werden in einem mehrstufigen Verf. erhalten. Die Form massen werden unter Rühren anpolymerisiert, in einzelne Partien geteilt u. jede Partie getrennt mit verschiedenen üblichen Perlpigmenten gemiseht; die Partien läßt man dann in einer rotierenden Trommel zusammenfließen u. aushärten. (**D. A. S. 1 143 024** Kl. 39b vom 18/5. 1961, ausg. 31/1. 1963.) F. Koch 7177

*2372* Badische Anilin- & Soda-Fabrik Akt.-Ges. (Erfinder: Walter Lautenschlager und Herbert Willersinn), Ludwigshafen/Rh., **Herstellen von Formteilen aus Polyester-Formmassen,** die außer üblichen Bestandteilen 2.5-Dihydrofuran, ggf. zusammen mit üblichen Monomeren, enthalten. (**D. A. S. 1 150 522** Kl. 39b vom 23/8. 1961, ausg. 20/6. 1963.) F. Koch 7177

*2373* Günther Will, Darmstadt, **Feinporöse Formteile aus Polyester-Formmassen,** die übliche Bestandteile sowie 50% u. mehr W. enthalten u. eine W.-in-Öl-Emulsion darstellen. (**D. A. S. 1 150 524** Kl. 39b vom 30/7. 1958, ausg. 20/6. 1963.) F. Koch 7177

*2374* California Research Corp., V.St.A., **Herstellung ungesättigter Polyester** durch Rk. eines mehrwertigen Alkohols mit Isophthalsäure bis SZ. $\leqq$10 u. Kondens. des Rk.-Prod. mit einer mehrbas. ungesätt. Säure. — 166 (Gew.-Teile) Isophthalsäure u. 160 Propylenglykol werden in $N_2$ unter Entfernung des Rk.-Wassers 6 Std. auf 188° erhitzt (SZ. des Rk.-Prod. 2), worauf man das Prod. 11 Std. mit 98 Maleinsäureanhydrid auf 215° erhitzt. Man erhält stärker viscose Harze mit erhöhter Biege- u. Stoßfestigkeit u. höherem Erweichungspunkt. Die Polyester können mit monomeren Vinyl-Verbb. in bekannter Weise verarbeitet werden. (**F. P. 1 220 360** vom 20/2. 1959, ausg. 24/5. 1960.) M. Pankow 7177

*2375* Distillers Co. Ltd., Edinburgh, Schottland (Erfinder: Edward Michael Evans, Penarth, und Thomas Hunt, Cadoxton, Glamorganshire, England), **Ungesättigter Polyester** wird durch Rk. einer ungesätt. Dicarbonsäure, deren Anhydrid u. eines Glykolüberschusses sowie anschließende Rk. mit einem Dien hergestellt. Die erste Rk. wird bis zu einer SZ. von 170—50 durchgeführt, dann wird der Masse 0,3—0,4 Mol Dicyclopentadien (je Mol Dicarbonsäure) zugegeben u. auf 180—210° bis zu einer SZ. von unter 30 erhitzt. (**D. A. S. 1 150 203** Kl. 39c vom 24/8. 1960, ausg. 12/6. 1963. E. Prior. 25/8. 1959.) F. Koch 7177

*2376* American Cyanamid Co., V.St.A. (Erfinder: Arthur Maurice Schiller), **Härtbare Harzmischung** aus ungesätt. Polyesterharz, einem damit polymerisierbaren Monomeren vom Kp. $\geqq$60° u. 5—40% (der genannten Mischung) eines linearen Polyphosphonats, $HO[R^1O\cdot P(R)\cdot(O)O]_nR^1OH$ (R = $C_1$-$_6$-Halogenalkyl- oder Halogenphenylrest; $R^1$ = Alkylen der Oxybisalkylen; n = ganze Zahl >1 u. $\leqq$50). Die Mischung ist nach der Härtung flammwidrig, selbstlöschend, unlösl. u. unschmelzbar. Die Polyphosphonate erhält man durch Rk. von Halogenalkyl- oder Halogenphenylphosphonsäuredihalogeniden mit aliphat. Diolen oder durch Umesterung von Halogenalkyl- oder Halogenphenylphosphonsäurediestern mit aliphat. Diolen. — 76 (Gew.-Teile) Propylenglykol, 202 $(C_2H_5)_3N$ u. 750 Bzl. werden bei 10—20° in 1 Std. mit 167,5 Chlormethanphosphonsäuredichlorid 18 Std. verrührt u. 3 Std. unter Rückfluß erhitzt. Nach Abkühlen wird filtriert, Bzl. entfernt u. eine viscose Fl. (I) erhalten. Zu dem Polyester aus 98 Maleinsäureanhydrid, 148 Phthalsäureanhydrid u. 167 Propylenglykol gibt man 45% Styrol im Verhältnis Polyester zu Styrol = 70 : 30, 10 Gew.-% I u. 1% einer Mischung aus je 50% Benzoylperoxid u. Trikresylphosphat u. härtet die Mischung 18 Std. bei 65—120°. (**F. P. 1 236 270** vom 19/9. 1959, ausg. 16/11. 1960. A. Prior. 25/9. 1958.) M. Pankow 7177

*2377* Pittsburgh Plate Glass Co., Pittsburgh, Pa., übert. von: Earl E. Parker, Milwaukee, Wis., V.St.A., **Verhinderung der Gelierung in ungesättigten Polyestern.** Dem copolymerisierbaren Gemisch aus einem olefin. ungesätt. Monomeren (Styrol), einem Polyester aus einem 2wertigen Alkohol (Propylenglykol) u. einer α.β-ungesätt. α.β-Dicarbonsäure (Maleinsäure) wird ein in der Mischung lösl. Monoaminhydrohalogenid zugesetzt, z. B. Trimethylamin-, Triäthylamin-, Dimethylanilinhydrohalogenid, auch Pyridylmaleat. (**Can. P. 569 560** vom 17/4. 1953, ausg. 27/1. 1959.) H.-J. Nitzschke 7177

*2378* American Cyanamid Co., V.St.A. (Erfinder: George Bliss Duhnkrack und Charles Hosea Dugliss), **Verbesserung der Flammfestigkeit von ungesättigten Polyestern,** die mit Monomeren gemischt sind, durch Zusatz der Phosphonate $R^1O(R^2O)P(O)R^3$ u. $(CH_2:CHCH_2O)_2\cdot P(O)R^3$ ($R^3$ = Mono- oder Dihalogenmethyl; $R^1$ u. $R^2$ = KW-Stoffreste). Die Lichtfestigkeit von Polyestern, die Halogen-Verbb. enthalten, wird durch den weiteren Zusatz von UV-Licht absorbierenden Stoffen wesentlich verbessert. — So mischt man 71 (Gew.-Teile) eines aus Propylenglykol, Phthal- u. Maleinsäureanhydrid erhaltenen Polyesters mit 29 Styrol, 10 Dipropylchlormethylphosphonat, 0,25 2-Hydroxy-4-methoxybenzophenon u. 0,008 Hydrochinon u. härtet mit 0,5% Benzoylperoxid in 10 Std. ansteigend von 52—93° u. 3 Std. bei 121° zu einem schwerer brennbaren Harz. (**F.P. 1 209 887** vom 10/5. 1957, ausg. 4/3. 1960. A. Prior. 29/5. u. 1/6. 1956.) M. Pankow 7177

*2379* American Cyanamid Co., V.St.A. (Erfinder: Lennart Albert Lundberg), **Flammwidrige, härtbare Polyesterharzmischungen** aus ungesätt. Polyesterharz, einem damit polymerisierbaren Monomeren mit Kp. $\geqq$60° u. 5—35 Gew.-% (dieser Mischung) der Verb. $RPO(OR)_2$ (R = Halogenalkylrest mit $\geqq$2 C-Atomen) oder ein Kondens.-Polymeres davon. — Man leitet langsam 150 (Gew.-Teile) Äthylenoxid in 140 $PCl_3$ von —5 bis —10°, erhitzt zur Entfernung von Äthylenoxid u. erhält Trichloräthylphosphit ($Kp._{12}$ ca. 50°), das man 5 Std. bei 150° hält u. bei $Kp._{0,3}$ 125 bis 135° dest., wobei Bis-[2-chloräthyl]-2-chloräthylphosphonat (I) anfällt, das 3 Std. bei 28 mm u. 100° u. 2 Std. bei 160° gehalten wird. Wasserhelles Polymeres (II). 87 des Sirups aus 70% Polyesterharz (aus Propylenglykol, Maleinsäure- u. Phthalsäureanhydrid) u. 30% Styrol werden mit 13 I oder II gemischt u. nach Zusatz von 2 Benzoylperoxid-Trikresylphosphat-Mischung 10 Std. bei 50—120° u. 3 Std. bei 121° gehärtet. (**F. P. 1 213 171** vom 7/11. 1958, ausg. 29/3. 1960. A. Prior. 7/11. 1957.) M. Pankow 7177

*2380* American Cyanamid Co., V.St.A. (Erfinder: Arthur Maurice Schiller), **Flammfestes, thermisch härtbares Harz.** Man mischt Polyester aus einem α.β-äthylen. ungeästt. Harz mit einem polymerisierbaren Monomeren mit Kp. $\geqq$60°, das 30—80% Phosphonat, $NC\cdot CH:CH\cdot P(O)(OR)_2$ (R = $C_1$-$_4$-Alkyl) enthält. — 57 (Gew.-Teile) des Polyesterharzes aus Maleinsäureanhydrid, Phthalsäureanhydrid u. Propylenglykol werden in 23 Styrol u. 20 Diäthyl-1-cyanäthylen-2-phosphat (I) gelöst u. mit 1% Lupe rco ATC (Mischung aus je 50% Benzoylperoxid u. Trikresylphosphat) zwischen Glasplatten 18 Std. bei 60—120° gehärtet. I erhält man durch Mischen von 100 Bzl., 41,4 O,O-Diäthylphosphit u. 30 $(C_2H_5)_3N$ (Rk. unter Erwärmen); man gibt 26,3 β-Chloracrylnitril zu u. hält bei 36°, läßt danach noch einige Std. stehen u. fällt mit 150 cm³ Ae., $Kp._{0,3-0,5}$ 83—87°; $n_D^{24}$ 1,4501. (**F. P. 1 241 743** vom 17/7. 1959, ausg. 28/12. 1960. A. Prior. 17/7. 1958.) M. Pankow 7177

*2381* Gevaert Photo-Producten N. V., Mortsel (Erfinder: André Jan Conix, Wilrijk), Antwerpen, Belgien, **Polycarbonate** entstehen aus üblichen Verbb. in Ggw. von wss.-alkal. Lsgg. oder Suspensionen u. quatern. Arsonium-Verbb. in Form der freien Basen oder Salze. (**D.A.S. 1 141 789** Kl. 39c vom 21/4. 1960, ausg. 27/12. 1962.) F. Koch 7177

*2382* Hans-Joachim Nicolai, Dessau-Haideburg, und Fred Schimke, Wolfen, **Herstellung von Polycarbonaten** durch Rk. von $COCl_2$ mit Dihydroxydiphenyl-Verbb., wie Dihydroxydiphenylalkan oder -sulfon, mit Mono- oder Dicarbonsäuren oder deren Salzen als Katalysatoren. — Zu 600 (g) 2.2-Bis-[4'-hydroxyphenyl]-propan u. 316 NaOH in 3680 W. u. 1350 cm³ $CH_2Cl_2$ wird 3 Std. unter Rühren $COCl_2$ geleitet; pH 6—7. Die untere Schicht der Rk.-Mischung wird mit 100 NaOH in 4000 cm³ W. versetzt, 2 Na-Acetat werden als Katalysator zugegeben u. nach 1 Std. starkem Rühren 1500 cm³ $CH_2Cl_2$, ggf. mit Emulgiermittel, zugefügt. Man verd. danach mit $CH_2Cl_2$, wäscht mit W. u. verarbeitet die eingedickte Lsg. auf Filme oder fällt das *Polycarbonat* mit Aceton. — Auch K-Oxalat, Glutar-, Schleim-, Benzoe-,

β-Naphthol- oder Terephthalsäure können als Katalysatoren verwendet werden. (**D. P. [DDR] 24 170** Kl. 39c vom 13/6. 1959, ausg. 29/10. 1962 [Wirtschaftspatent].)
M. Pankow 7177

*2383* Farbenfabriken Bayer Akt.-Ges., Leverkusen, **Verbessern der physikalischen und chemischen Eigenschaften von linearen, hochmolekularen Polycarbonaten,** wie Poly-(dihydroxydiarylmethancarbonaten), Poly-(dihydroxydiaryläther- u. -thiäthercarbonaten) u. Poly-(dihydroxydiarylsulfoncarbonaten) durch Bestrahlen mit Neutronen, Elektronen, Röntgen- oder γ-Strahlen in einer Dosis von 5—50 M. rep. (**Ind. P. 69 269** vom 6/10. 1959. E. Prior. 23/6. 1959.)
C. Lüttgen 7177

*2384* Friedrich Andreas, Leuna, und Reinhard Keck, Weißenfels, **Herstellung von Polysulfonsäureestern** mit einem Molgew. ≧700 durch Rk. von aliphat., cycloaliphat. oder aromat. Di- u./oder Polysulfochloriden mit mehrwertigen Phenolen, Bisphenolen oder Polyalkoholen bei ≦100° in alkal. Medium in Ggw. von Lsgm. zu Verbb. der Formel $HOR-(OSO_2R^1SO_2OR)_mOH$ (R u. $R^1$ = aromat. oder aliphat. Reste). — Verw. zur Herst. von Kunststoffen, Lackrohstoffen, bes. Weichmachern. — In 300 (Gew.-Teile) Propan-1.3-disulfochlorid in 200 Vol.-Teilen Bzl. wird nach Zusatz von 285 2.2-[4.4'-Dihydroxydiphenyl]-propan bei 20—30° $NH_3$ unter Rühren eingeleitet, 5 Std. gerührt, $NH_4Cl$ abfiltriert, Bzl. abdest., u. es werden 500 des *Polysulfonsäureesters* mit Erweichungspunkt 72° erhalten. (**D. P. [DDR] 23 551** Kl. 39c vom 11/11. 1958, ausg. 21/8. 1962 [Wirtschaftspatent].)
M. Pankow 7177

*2385* Scott Paper Co. (Erfinder: John Westley Eastes und Robert William Faessinger), **Herstellung von kationischen, aminmodifizierten Harnstoff-Formaldehyd-Harzen** durch saure Kondens. eines Gemisches aus Harnstoff, $CH_2O$ u. Polyalkylenpolyamin, dad. gek., daß die Kondens. in Ggw. einer die Viscosität herabsetzenden, wasserlösl., nichtion., hydroxylierten, aliphat. Verb., bes. Alkohole, Glykol, Glycerin, $CH_2O$ u. Paraldehyd, durchgeführt wird, um ein Gelieren des Rk.-Gemisches zu verhindern. (**Aust. P. 233 949** vom 11/3. 1959, ausg. 22/6. 1961. A. Prior. 20/3. 1958.)
C. Lüttgen 7181

*2386* Deere & Co., übert. von: Louis E. Craig und John T. Minor, Pryor, Okla., V.St.A., **Harnstoff-Biuret-Formaldehyd-Harz.** $CH_2O$, Harnstoff u. Biuret werden in einer einen Kondens.-Katalysator enthaltenden wss.-alkal. Fl. gelöst, umgesetzt, wobei die Biuretmenge 2—30% der Harnstoff-Biuret-Menge beträgt u. die $CH_2O$-Menge so hoch ist, daß das mol. Verhältnis des $CH_2O$ zu den $[H_2N-C(=O)-]$-Gruppen von Harnstoff u. Biuret ca. 1,5 : 1 bis 2,4 : 1 beträgt. (**A. P. 3 005 792** vom 30/1. 1958, ausg. 24/10. 1961.)
W. Overbeck 7181

*2387* Sumitomo Bakelit Kabushiki Kaisha, Tôkyô (Erfinder: Hirotsugu Ishikawa, Matsudo, Ichita Hanabusa, Hataraku Muroyama und Tsutomu Watanabe, Tôkyô), Japan, **Herstellung modifizierter Aminharze** durch Rk. von Harnstoff, Melamin u./oder Dicyandiamid mit HCHO zusammen mit 2—50% (des Aminharzes) der Verb. $H_2N\cdot CO\cdot CH(R)CH_2XCH_2CH(R)CONH_2$ (X = O oder S, $C_{1-4}$-Alkylendioxyrest, —SR'S—, wobei R' = $C_{2-4}$-Alkylenrest, $-O-[(CH_2)_2-O]_n-$, wobei n = 2 bis 10; R = H oder $CH_3$) oder deren Aldehyd-Rk.-Produkt. — 450 (Gew.-Teile) Harnstoff, 12,135 Bis-[β-carbamylpropoxy]-äthan, 1200 37%ig. Formalin, 30 Hexamethylentetramin u. 2 $NH_4Cl$ läßt man 1 Std. bei 50° reagieren, mischt mit 350 Reyonzellstoff u. trocknet 1 Std. bei 90°. Das zerkleinerte Material kann z. B. zwischen 140° heißen Platten mit 2,5 t gepreßt werden. Man erhält stabile, gegen W., Chemikalien u. Hitze feste Stoffe für *Preßmassen, Laminate, Anstriche, Klebstoffe, Behandlungsmittel für Fäden u. Papier, Schaumharz.* (**Jap. A. S. 896/1961** vom 5/11. 1958, ausg. 22/2. 1961.)
M. Pankow 7181

*2388* Ciba Ltd., Basel, Schweiz, **Harnstoff-Aldehyd-Harze (I)** werden mit *Farbstoffen* (**II**), die mindestens eine in W. lösl. Säuregruppe u. mindestens eine ein labiles Halogenatom enthaltende Gruppe enthalten, z. B. Azo-, Anthrachinon- oder Phthalocyaninfarbstoffen, gemischt u. sauer kondensiert. (**E. P. 874 369** vom 23/9. 1958, ausg. 2/8. 1961. Schwz. Prior. 23/9. 1957.)
E. Dörfel 7181

*2389* Matsushita Denkô Kabushiki Kaisha (Erfinder: Miyoshi Noda und Hiroshi Nagase), Ôsaka, Japan, **Herstellung von Harnstoff-Aceton-Formaldehyd-Kondensationsprodukte,** wobei man Aceton in einer Menge <70% des Harnstoffs u. die 1,2—2fache Mol-Menge HCHO der Aceton-Harnstoff-Mol-Menge anwendet, die schwach alkal. gemachte Mischung auf 50—90° erhitzt, bei 60—80° u. Unterdruck W. entfernt, $(NH_4)_2SO_4$, Phthalsäureanhydrid, Oxalsäure oder p-Toluolsulfonsäure als Katalysator zusetzt u. die Mischung bei Raum-Temp. bis 70° härtet. — 46,4 (g) Aceton, 72 Harnstoff, 240 37%ig. HCHO-Lsg. u. 80 cm³ 28%ig. $NH_4OH$ werden 6 Std. unter Rückfluß bei 90° gehalten, wonach W. bei 80° u. Unterdruck entfernt u. konz. wird; dabei entsteht ein rötlich transparentes Harz, das mit 5% wss. 5%ig. Oxalsäure-Lsg. in 24 Std. bei 70° oder mit 10% 30%ig. $H_2SO_4$ bei Raum-Temp. in 5 Tagen härtet. (**Jap. A. S. 5395/1961** vom 7/2. 1959, ausg. 23/5. 1961.)
M. Pankow 7181

*2390* M. Ss. Wardanjan, M. Ja. Lewschtschuk, F. A. Oleinik, A. W. Wassiljewa, Je. Je. Kurmilewa und N. W. Orlowa, **Kontinuierliche Herstellung von Carbamidharz in flüssiger Phase.** Die Kondens.-Lsg. aus 1 (Gew.-Teil) Harnstoff u. 2,7 37%ig. HCHO wird ≧120° in den zu ²/₃ mit Rk.-Prod. gefüllten Reaktor gegeben, gleichzeitig wird 0,5 Diäthylenglykol zugesetzt, das Rk.-Wasser verdampft u. das Kondens.-Prod. kontinuierlich in einen Behälter übergeführt, wo es durch Neutralisieren auf pH 7—7,8 mit $NH_4OH$ stabilisiert wird. (**UdSSR. P. 129 013** vom 15/12. 1959.)
L. Großner 7181

*2391* Armour & Co., übert. von: Emil Kaiser, Chicago, Ill., V.St.A., **Substituierte Hydantoinsäureharze.** Harnstoff u. das Rk.-Prod. von $CH_2O$ u. einer Verb. der allg. Formel $H_2NCONHCHRCOOH$ werden zur Rk. gebracht. R ist H oder ein Rest, der zu einer α-Aminosäure führt. (**A. P. 3 009 902** vom 4/10. 1956, ausg. 21/11. 1961.)
W. Overbeck 7181

*2392* Petrolite Corp., Wilmington, Del., übert. von: Melvin De Groote, St. Louis, Mo., V.St.A., **Aminmodifizierte, oxyalkylierbare Phenol-Aldehyd-Harze.** Phenol-Aldehyd-Harze, die oxyalkylierbar, in organ. Lsgm. lösl., in W. unlösl. u. schmelzbar u. aus einem Gemisch eines alkylierten Phenols mit 4—24 C-Atomen in der Alkylgruppe (p-tert.-Amylphenol) mit einem Bisphenol mit 13 bis 23 C-Atomen (p.p'-Dioxydiphenylmethan) u. einem Aldehyd ($CH_2O$) so hergestellt sind, daß sie 3—6 Ringe, darunter einen Bisphenolrest, enthalten, werden mit sek. aliphat. Aminen, Polyaminen oder Aminen, die eine cycl. Amidingruppe besitzen, wobei alle Amine hydroxyliert sein können (Diäthanolamin) u. mit $CH_2O$ kondensiert, u. zwar im Mol-Verhältnis von 1 : 3 : 3 bis 1 : 4 : 4, das Rk.-Wasser abdest. u. ggf. das so erhaltene Kondens.-Prod. mit ¹/₅—5fachem seines Gew. mit α.β-Alkylenoxiden mit >5 C-Atomen (Glycid) umsetzt. Harze, bes. als Korrosionsinhibitoren geeignet u. zum Verhüten oder Brechen von Petroleumemulsionen. — Tabellen. (**A. PP. 2 997 460 u. 2 997 461** vom 6/8. 1954, ausg. 22/8. 1961.)
K. Sarre 7181

*2393* Monsanto Chemical Co., St. Louis, Mo. (Erfinder: Hobson Dewey De Witt, New Wilmington, Pa.), V.St.A., **Herstellung schmelzbarer linearer Polykondensate** aus Dicarbonsäuredihydraziden u. Dichlorestern eines 2wertigen Alkohols, dad. gek., daß man ein Dihydrazid einer Dicarbonsäure mit an einem gesätt. aliphat. Rest mit 2 bis 10 C-Atomen gebundenen Carboxylgruppen u. ein Bischlorformiat eines 2wertigen Alkohols umsetzt, bis ein schmelzbares hochpolymeres Prod. gebildet ist. — Zum Beispiel setzt man einer Lsg. von 1,74 g Adipinsäuredihydrazid in 20 cm³ W. unter Rühren 2,15 g Tetramethylen-bis-chlorformiat u. 0,84 g NaOH in 10 cm³ W. zu, rührt 3 Std. weiter, filtriert den Nd. ab, wäscht u. trocknet ihn. Das Polymere hat einen F. von 150—160° u. kann geschmolzen zu Fäden ausgezogen werden. (**D. A. S. 1 149 903** Kl. 39c vom 9/9. 1959, ausg. 6/6. 1963. A. Prior. 10/9. 1958.)
K. Sarre 7181

*2394* Dr. Kurt Herberts & Co. vorm. Otto Louis Herberts (Erfinder: Magdalena Moczar), Wuppertal, **Herstellung von wasserlöslichen, höhermolekularen, modifizierten Kondensationsprodukten** durch Rk. von 1 (Mol)

Melamin mit 3—4 $CH_2O$ in wss. Lsg. in Ggw. von wasserlösl. niederen aliphat. Alkoholen, Dicyandiamid u. Guanidinsalzen, dad. gek., daß man die Polykondens. in Ggw. von 0,01—0,25 Guanidinhydrochlorid u. 0,2—0,8 Dicyandiamid bei einem pH 7,5—8, bis das Umsetzungs-Prod. mit W. im Gew.-Verhältnis 1:3 bis 1:6 verträglich ist, durchgeführt. (**D. A. S. 1 144 006** Kl. 39c vom 24/5. 1958, ausg. 21/2. 1963.)
W. Overbeck 7181

*2395* Badische Anilin- & Soda-Fabrik Akt.-Ges. (Erfinder: Hans Lautenschlager), Ludwigshafen/Rh., **Polyamid-Herstellung.** Ein aliphat., cycloaliphat. oder aromat. Hydroxynitril wird unter Ausschluß von W. u. OH-Gruppen enthaltenden Lsgm. auf 50—300° erhitzt bis zur Bldg. eines in sd. Methanol unlösl., bei 180—350° schm. Polykondens.-Produktes. Es kann bei erhöhtem Druck u. unter einem inerten Gas gearbeitet werden; ferner können katalyt. Mengen eines Alkali- oder Erdalkalimetalls, deren alkal. Verbb., ein Schwermetallhalid oder Halogen zugesetzt werden. (**E. P. 883 323** vom 25/11. 1959, ausg. 29/11. 1961. D. Prior. 28/11. 1958.) W. Overbeck 7181

*2396* Inventa Akt.-Ges. für Forschung und Patentverwertung, Luzern, Schweiz, **Herstellung von Polyamid** durch Erhitzen von wasserfreiem Lactam, bes. ε-Caprolactam (I), in Ggw. eines Polymerisationsinitiators, z. B. Alkali, bes. Na-I, oder Grignard-Reagens, u. eines Monoacylaminocarbonsäureesters, z. B. Benzoyl-ε-aminocapronsäureäthylester (II). Ein Gemisch aus 113 (g) I u. 0,28 II wird auf 250° erhitzt u. mit 0,45 Na-I versetzt. Sobald dieses in Lsg. gegangen ist, setzt die Polymerisation ein. Sie ist nach 5 Min. beendet. Der Polymerisationsgrad beträgt 250 u. bleibt prakt. über 6 Std. bei der gleichen Temp. unverändert. (**Ind. P. 69 720** vom 17/11. 1959.)
C. Lüttgen 7181

*2397* Nippon Reyon Kabushiki Kaisha, Uji (Erfinder: Motohiro Tsuruta, Fumio Kobayashi, Kyôto, und Kôichi Matsutani, Uji), Japan, **Herstellung von Polyamiden.** Man gibt zu 1 Mol Caprolactam (I) $5\cdot10^{-5}$ bis $5\cdot10^{-4}$ Mol Mineralsäure u. als Viscositätsstabilisator ein Diamin u. polykondensiert. — Man erhitzt 113 (g) I, 0,4 W., 0,58 Hexamethylendiamin u. 0,0114 85%ig. $H_3PO_4$ unter $N_2$ im Autoklaven 8 Std. auf 260° u. beendt die Rk. bei einem Druck von 200 mm. (**Jap. A. S. 5394/1961** vom 23/5. 1958, ausg. 23/5. 1961.) M. Pankow 7181

*2398* Tôyo Reyon Kabushiki Kaisha, Tôkyô (Erfinder: Haruo Kobayashi, Masahiro Aoki und Hiroshi Hatori, Nagoya), Japan, **Oxydationsbeständiges synthetisches lineares Polyamid** enthält $\leqq$5% mehrwertiger Phenole oder deren Derivv. (Hydrochinon, Pyrogallol, 2-Butyl-1.4-dihydroxybenzol, 3-Amyl-4-hydroxyanisol. (**Jap. A. S. 2187/1961** vom 5/7. 1954, ausg. 28/3. 1961.)
M. Pankow 7181

*2399* Swift & Co., Chicago, übert. von: Harland H. Young, Western Springs, und Stewart B. Luce, La Grange, Ill., V.St.A., **Polyamide mit verbesserten Eigenschaften** (Erhöhung des F., Verringerung der Aminzahl, Verbesserung der Folienfestigkeit u. Verbesserung der Oberflächenfestigkeit) erhält man durch Erhitzen der Polyamide zusammen mit N-haltigen Verbb. bis über den Zers.-Punkt letzterer. — N-haltige Verbb. sind monosubstituierte, asymm. substituierte Harnstoffe, Malonamid, Malonnitril, Hydrazin, Dimethylhydantoin u. Phthalimid, in Mengen von 0,5—10% vom Polyamid. Polyamide werden aus Alkylenpolyaminen u. polymeren Fettsäurem gewonnen. (**A. P. 2 992 195** vom 29/11. 1957, ausg. 11/7. 1961.)
E. Dörfel 7181

*2400* Chemstrand Corp., Decatur, Ala. (Erfinder: George Edloe Ham, Kansas City, Miss.), V.St.A., **Herstellung von Mischpolyamiden** durch Rk. einer Mischung von Hexamethylendiammoniumadipat (I) mit mindestens 30 Gew.-% Piperaziniumadipat (II). — 7 (Gew.-Teile) I u. 3 II werden in 49,7%ig. wss. Lsg. 2 Std. auf 222° u. 4 Std. unter $N_2$ bei 280° bei normalem Druck gehalten: Kristallines *Polymeres*, F. 215°. — *Fäden* aus dem Material zeigen nach der Kaltstreckung gute mechan. Eigg.; niedrigermol. Prodd. können für *Lacke* verwendet werden. (**F. P. 1 244 691** vom 4/1. 1960, ausg. 25/1. 1961. **Jap. A. S. 2947/1961** vom 9/1. 1960, ausg. 11/4. 1961. Beide A. Prior. 9/1. 1959.)
M. Pankow 7181

*2401* E. I. du Pont de Nemours & Co., übert. von: John Edward Hansen, Wilmington, Del., V.St.A., **Stabilisierung von Polyamiden** (75—99% Polyhexamethylenadipinamid u. 25—1% eines anderen Polyamids) erfolgt durch Zusatz von 0,10—0,30% Na-Phenylphosphinat u. Na-Isobutylphosphinat u. 0,05—0,20% Zn-Stearat. (**A.P. 3 009 900** vom 1/10. 1958, ausg. 21/11. 1961.)
E. Dörfel 7181

*2402* Imperial Chemical Industries Ltd., London (Erfinder: Peter Arthur Baker und Arthur Hill, Manchester), England, **Stabilisieren von Polyamidharzen** (Nachtrag zu F. P. 1 235 656; C. **1962,** 3283). Man kann auch Phosphoroxysäuren in der Phosphor- oder Phosphorigsäureform in Mengen von 0,1—1 Gew.-% als Stabilisierungsmittel verwenden. (**Jap. A. S. 4987/1961** vom 18/7. 1959, ausg. 17/5. 1961. E. Prior. 18/7. 1958 u. 22/5. 1959.)
M. Pankow 7181

*4203* Badische Anilin- & Soda-Fabrik Akt.-Ges., Ludwigshafen/Rh. (Erfinder: Hans Hoerner, München, und Bjoern Olsen, Ludwigshafen/Rh.), **Spannungsfreie Polyamidplatten beziehungsweise -filme** erhält man aus Polyamidfolien durch Behandlung mit Quellungsmitteln (aliphat. u. cycloaliphat. Mono-, Di- u. Trihydroxy Verbb., fl. Halogen-KW-Stoffe, Gemische daraus, auch mit W., u. Polyäthylenoxid mit bis zu 100 C-Atomen in der Kette) u. Verpressen der gequollenen Platten bei 40° bis Polyamid-F.-Temperaturen. Die Filme können Photosensibilisatoren enthalten. (**E. P. 881 273** vom 30/1. 1959, ausg. 1/11. 1961. D. Prior. 31/1. u. 17/9. 1958.) E. Dörfel 7181

*2404* Tôyo Reyon Kabushiki Kaisha, Tôkyô (Erfinder: Masatoshi Itô, Nagoya), Japan, **Polymerisieren von γ-Butyro- oder δ-Valerolactam** mit Alkyl-Al oder Al-Lactam (z. B. hergestellt durch Rk. von wasserfreiem Lactam u. Al-Alkyl-Verbb.) als Katalysator. — Eine bei 30° hergestellte Mischung aus 20 (Teilen) trocknem γ-Butyrolactam (I) u. 0,66 $(C_2H_5)_3Al$ wird 30 Min. auf 100° erhitzt, wobei sich $C_2H_6$ entwickelt. Man hält die Lsg. dann 40 Std. bei 50°, wäscht aus dem festen Prod. I mit W. aus u. erhält ein Polymeres vom F. 241,8°. Zusätzlich kann man noch Acyl-Verbb., wie N-Acetylpiperidon-(2) als Polymerisationsbeschleuniger verwenden. (**Jap. A. S. 892/1961** vom 29/7. 1958, ausg. 22/2. 1961.) M. Pankow 7181

*2405* Chemstrand Corp., übert. von: William B. Black, Decatur, Ala., V.St.A., **Lösungen von Polypyrrolidon** erhält man durch Lösen des letzteren in 1.1.1-Trichlor-3-nitro-2-propanol, ggf. mit einer geringfügigen Menge W. (0,5—10%) bei 25—145°, ggf. bei gleichzeitigem Rühren, unter Zusatz von Weichmachern, Pigmenten, Farbstoffen, Antistaticas oder flammwidrigen Zusätzen. — Herst. von Folien, Fäden, Überzügen, Lacken usw. (**A. P. 3 003 984** vom 27/5. 1959, ausg. 10/10. 1961.) E. Dörfel 7181

*2406* Chemstrand Corp., übert. von: William B. Black, Decatur, Ala., V.St.A., **Polypyrrolidon** wird gelöst in Chloralhydrat, ggf. mit bis zu 70% W. bei 25° bis Kp. des Lsgm.-Gemisches bei gleichzeitigem Rühren, unter Zusatz von Weichmachern, Pigmenten, Farbstoffen, Antistaticas oder flammwidrigen Zusätzen. — Herst. von Folien, Überzügen, Fäden, Lacken usw. (**A. P. 3 003 985** vom 27/5. 1959, ausg. 10/10. 1961.) E. Dörfel 7181

*2407* Gerhard v. Hintzenstern und Kurt Thinius, Leipzig, **Herstellung von plastischen Massen** aus Polymeren mehrfunktioneller Isocyanate durch Rk. von Dicarbonsäurediamiden mit Polyisocyanaten unter Zusatz von Acetalen bzw. Ketalen von mehrwertigen Alkoholen oder daraus erhältlichen Polymeren, auch in Ggw. von Monocarbonsäureamiden. — 60 (g) Adipinsäurediamid u. 290 Toluylendiisocyanat werden in 1 Std. bis zur klaren Lsg. (160°) erwärmt, worauf < 170° 260 Dimethylformamid (I) zugegeben werden. Nach 30 Min. mischt man 520 50%ig. Polydiglykolformal-Lsg. in I zu u. gießt nach einer weiteren Std. zu einem Film, der bei 120° dauernd wärmebeständig ist. (**D. P. [DDR] 24 546** Kl. 39c vom 10/8. 1959, ausg. 3/1. 1963 [Wirtschaftspatent].) M. Pankow 7181

*2408* Imperial Chemical Industries Ltd. (Erfinder: William Arthur Cowdrey, Arthur Lambert, Arthur Lowe und James Harry Wild), **Herstellung von Polyurethanstoffen** durch Rk. eines organ. Polyisocyanats

u. eines OH-Gruppen enthaltenden Polymerisats in Ggw. von katalyt. wirkenden bas. Verbb., wie Hydroxiden, oder schwach sauren Salzen eines Alkali- oder Erdalkalimetalls oder wie vollständig substituierten quatern. Ammonium-, Phosphonium- oder tern. Sulfoniumverbindungen. (**Aust. P. 231 926** vom 16/3. 1960, ausg. 9/2. 1961. E. Prior. 31/3. u. 11/11. 1959.) K. Demmler 7181

*2409* Farbenfabriken Bayer **Akt.-Ges.**, Leverkusen, und Mobay Chemical Co., Pittsburgh, Pa., V.St.A., übert. von: Wilhelm Bunge, Leverkusen, und Karl-Heinz Mielke, Köln, **Polyurethanpolymerisate** erhält man durch Rk. von ungesätt. OH-Gruppen aufweisenden, verzweigten Polyestern u. Polyisocyanaten, wobei wenigstens eine der Komponenten in ungesätt. organ. Lsgm. gelöst ist (10 bis <80% des Rk.-Gemisches an Styrol oder Methylmethacrylat), bevor mit der anderen Komponente vermischt wird. Neben der Polyaddition findet Polymerisation in Ggw. von organ. Peroxiden u. tert. Aminen statt. — Herst. von *Preßmassen, Gießharzen* oder *Schichtstoffen*. (**A. P. 3 007 894** vom 4/8. 1958, ausg. 7/11. 1961.) E. Dörfel 7181

*2410* Hodogaya Kagaku Kôgyô Kabushiki Kaisha, Tôkyô (Erfinder: Hisayuki Satô, Einosuke Higashimura, Tôkyô, und Naotaka Nishijima, Yokohama), Japan, **Polyurethanpräparat.** Man läßt lineare Polymere, wie Polyester, -äther, -esteramide u. Polyisocyanate, mit heterocycl. Äthern, Halogen-, Di-, ungesätt. oder aromat. Äthern reagieren u. setzt vor oder nach der Rk. Vernetzungsmittel u. ggf. Stabilisier-, Verdünnungs-, Füllmittel u./oder Kunstharze zu. — 125 (Teile) Polyäthylenadipat (OH-Zahl 75) werden bei 100° mit 31,8 Diphenylmethan-4.4'-diisocyanat u. 50 Dioxan gemischt, 2 Std. 40 Min. gerührt, u. bei Raum-Temp. werden 8,5 o-Dichlorbenzidin in 336 Dioxan zugemischt. Das Präp. dient als *Spritzlack*, zum *Überziehen* von Cellophan u. Papier, zur Herst. von *Fäden* u. *Filmen*. (**Jap. A. S. 882/1961** vom 30/6. 1958, ausg. 22/2. 1961.) M. Pankow 7181

*2411* General Tire & Rubber Co., übert. von: Otto C. Elmer, Akron, Ohio, V.St.A., **Polyurethanelastomere** erhält man durch Rk. von Polyestern mit einem Molgew. von 10000—20000 u. Polyisocyanaten (Di- oder Triisocyanate) in Mengen von 1—10 Äquivalenten, bezogen auf den Polyester (diese Vorpolymeren lassen sich leicht vermahlen), organ. Peroxiden als Vernetzer sowie Füllstoffen (Ruß, $CaCO_3$, Glimmer oder Silicate). Herst. von *Prodd. hoher Reißfestigkeit, Hitzebeständigkeit* u. *Abriebfestigkeit*. (**A. P. 2 999 851** vom 16/12. 1957, ausg. 12/9. 1961.) E. Dörfel 7181

*2412* Lockheed Aircraft Corp. (Erfinder: Eli Simon und Frank Warren Thomas), **Herstellung von Polyurethanschaumstoff** durch Mischen von 100 (Gew.-Teilen) Harz, bes. Alkydharz, das 66 Mol-% Trimethylolpropan, 16 Adipinsäure, 9 Phthalsäureanhydrid u. 9 dimere Säuren enthält, 20—150 Arylenpolyisocyanat u. 1—60 flüchtige aliphat. KW-Stoffe oder Dialkyläther, wobei die flüchtigen Zusätze nicht mit dem Polyisocyanat reagieren sollen u. bei einem Kp. <75° durch Erhitzen verdampft werden. Beispiel: 30 (g) Alkydharz, 26 Toluylendiisocyanat, 0,5 Diäthyläther. (**Aust. P. 235 295** vom 1/6. 1959, ausg. 5/10. 1961. A. Prior. 30/10. 1958.) K. Demmler 7181

*2413* Imperial Chemical Industries Ltd., London, England (Erfinder: Eric Gee und John Francis Wood), **Polyurethanschaumstoffe** erhält man durch Rk. von Polyäthern (I), Polyisocyanaten (II), W. u. bas. Katalysatoren (III) in Ggw. von Schaumstabilisatoren mit reaktionsfähigen Gruppen (1—5% alkylierte oder acylierte Cellulose, ggf. in Lsgm., wie Aceton, $CH_2Fl_2$ oder Dioctylphthalat) sowie ggf. Siliconen, oberflächenakt. Verbb. oder trifunktionellen Vernetzern. I: Polyäther (auch aus Epichlorhydrin, Oxacyclobutan oder Tetrahydrofuran). II: Mitverwendung anteilig von Triisocyanaten. III: nur tert. Amine genannt. (**E. P. 877 289** vom 22/1. 1958, ausg. 13/9. 1961.) E. Dörfel 7181

*2414* Imperial Chemical Industries Ltd., London, England (Erfinder: Arthur Lowe und Walter Fairbairn Smith), **Polyurethanschaumstoffe** erhält man durch Rk. von Polyisocyanaten u. Polydroxyl-Verbb. [Polyesteramide oder Polyäther] in Ggw. von Katalysatoren (tert. Aminen), W. u. einem Oxydationsmittel [$NaNO_2$, $H_2O_2$ u. bes. $(NH_4)_2Cr_2O_7$] in Mengen von 0,25—3,0% der Gesamtmasse. Die Verarbeitung kann durch Sprühen erfolgen. (**E. P. 879 056** vom 3/4. 1958, ausg. 4/10. 1961.) E. Dörfel 7181

*2415* Imperial Chemical Industries Ltd. (Erfinder: John Woolley Batty, John Frederick Chapman und Brian Francis Jones), **Herstellung von Polyurethanschaumstoffen** durch Rk. eines Polyisocyanats mit einem Polyester, Polyesteramid, Polyäther oder anderen wenigstens 2 Hydroxylreste pro Mol. enthaltenden Polymeren. Man setzt dem Rk.-Gemisch ein Kondens.-Prod. des Äthylenoxids mit einem wenigstens 12 C-Atome enthaltenden Fettalkohol, z. B. Dodecanol, sowie 5—8 Grw.-% W., bezogen auf das Gew. des Hydroxylgruppen enthaltenden Polymeren, zu. (**Aust. P. 235 040** vom 2/7. 1959, ausg. 7/9. 1961. E. Prior. 11/7. 1958.) K. Demmler 7181

*2416* Imperial Chemical Industries Ltd. (Erfinder: Arthur Lowe und Walter Fairbairn Smith), **Herstellung von Polyurethanschaumstoffen** durch Rk. eines Polyisocyanats, z. B. 2:4-Tolylendiisocyanat, mit einem Polyester, Polyesteramid, Polyäther oder Hydroxylreste enthaltenden Polymerisaten oder Mischpolymerisaten mit wenigstens 2 Hydroxylresten im Mol. in Ggw. von W. u. Katalysatoren sowie eines Oxydationsmittels, bes. $(NH_4)_2Cr_2O_7$, in Mengen von 0,25—3,00 Gew.-%, bezogen auf das Polyurethan bildende Rk.-Gemisch. (**Aust. P. 235 285** vom 2/4. 1959, ausg. 5/10. 1961. E. Prior. 3/4. 1958.) K. Demmler 7181

*2417* Farbenfabriken Bayer Akt.-Ges., Leverkusen, und Mobay Chemical Co., Pittsburgh, Pa., V.St.A., übert. von: Fritz Schmidt und Günther Braun, Leverkusen, **Polyurethanschaumstoffe** erhält man durch Rk. von Polyisocyanaten, 0,1—5% Lecithin, einer organ. Verb. mit einem Molgew. von 1500—3000 u. im Durchschnitt mit < 4 OH-Gruppen pro Molgew. von 3000, einer SZ. <2, wie Polyestern aus mehrbas. Carbonsäuren u. Poly-(Thio-)glykolen, u. Wasser. (**A. P. 3 007 883** vom 23/10. 1957, ausg. 7/11. 1961. D. Prior. 25/10. 1956.) E. Dörfel 7181

*2418* Baker Castor Oil Co., Jersey City, übert. von: Arthur Ehrlich, Brooklyn, N.Y., und Malcolm Kent Smith, Westfield, N.J., V.St.A., **Polyurethanschaumstoffe** erhält man durch Rk. von Vorpolymeren aus 2—4 NCO-Äquivalenten eines Arylendiisocyanats/OH-Gruppe von 80 bis 90% Ricinusöl u. 10—20% eines teilepoxydierten Ricinusöls in Abwesenheit von atmosphär. Feuchtigkeit bei 80—130° in Ggw. von Katalysatoren (tert. Aminen), wobei als Treibmittel W. mit Hilfe von Emulgatoren in das Vorpolymere einemulgiert wird (bis 1,5 Mol W./NCO-Gruppe) unter Zuhilfenahme von Zellgrößenregulatoren (Siliconen). (**A. P. 2 984 679** vom 14/5. 1958, ausg. 16/5. 1961.) E. Dörfel 7181

*2419* Allied Chemical Corp., New York, übert. von: Melvin Kaplan, Tonawanda, und Marvin Koral, Buffalo, N.Y., V.St.A., **Flammfeste Polyurethanschaumstoffe** erhält man durch Rk. von Polyisocyanaten, Verbb. mit akt. H-Atomen (Polyalkylenglykoläther, alkoxyliertes Trimethylolpropan, Glycerin oder Hexantriol u. andere lineare u. verzweigte Polyester oder Ricinusöl) u. W. in Ggw. von prim. 2-Hydroxyäthylphosphit in Mengen von wenigstens 1% (—25%), bezogen auf das Gemisch. (**A. P. 3 007 884** vom 10/6. 1959, ausg. 7/11. 1961.) E. Dörfel 7181

*2420* Union Carbide Corp., New York, N.Y., V.St.A. (Erfinder: Ronald Marston Pike und Donald Leroy Bailey), **Organopolysiloxane**, welche pro Mol 1 bis 30 Gruppen der Formel I, durchschnittlich 5—400 Gruppen der Formel $-Si(R^I)_2-O-$ enthalten u. mit einer oder mehr der Gruppen $R_3Si-O-$, $R(R^I)_2\cdot Si-O-$ oder $(R)(R^{II})[(CH_2)_aNH_2]Si-O-$ abgeschlossen sind ($a \geqq 3$; R = Methyl- oder Alkoxyrest; $R^I$ = Methyl oder Phenyl; $R^{II}$ = Alkyl, Aryl oder Alkoxy), werden hergestellt, indem man ein oder mehrere cycl. Polysiloxane, in denen die nicht an O gebundenen Valenzen des Si durch H, $CH_3$ oder Phenyl abgesätt. sind, u./oder lineare Siloxane mit 2—5 Si-Atomen, in denen die nicht an O gebundenen Wertigkeiten des Si mit $CH_3$, Phenyl oder Alkoxyresten abgesätt. sind, sowie Aminoalkyl-

$$-\overset{\displaystyle (CH_2)_aNH_2}{\underset{\displaystyle R^{II}}{\overset{|}{\underset{|}{Si}}}}-O- \qquad I$$

siloxane, endständige Alkoxygruppen aufweisende Aminoalkylalkylpolysiloxane, endständige OH-Gruppen aufweisende Aminoalkylarylpolysiloxane, cycl. Aminoalkylalkylsiloxane, cycl. Aminoalkylarylsiloxane, lineare Aminoalkylpolysiloxane mit Si-gebundenen Alkoxygruppen, Aminoalkylalkoxysilane, Aminoalkyldialkoxysilane, Aminalkylalkylalkoxysilane, Aminoalkyldialkylalkoxysilane, Aminoalkylarylalkoxysilane, Aminoalkylarylalkoxysilane, Aminoalkylaryldialkoxysilane, Aminoalkylalkyldialkoxysilane oder Aminoalkyldialkoxydisiloxane, sowie als Katalysator ein Alkalimetall, dessen Hydroxid oder Silanolat erhitzt, bis sich das gewünschte Polymere gebildet hat. — 101 (g) cycl. tetrameres Dimethylsiloxan 11,5 Dodekamethylpentasiloxan u. 37,5 einer Mischung von cycl. γ-Aminopropylmethylsiloxanen werden unter Edelgasatmosphäre bei tropfenweisem Zusatz von Kaliumsilanolat auf 150° erhitzt. Man erhält als farbloses Öl Trimethylsiloxyendblockiertes γ-Aminopropylmethylsiloxan-modifiziertes Dimethylsiloxan. (**E. P. 882 054** vom 3/10. 1957, ausg. 8/11. 1961. A. Prior. 12/10. 1956.) A. Dandl 7189

## $H_{12}$. Kautschuk

*2421* **Die Isoprenherstellung aus olefinhaltigen $C_4$-Öl-schnitten.** 2. Mitt. **Wirtschaftliche und industrielle Seite des Isoprenverfahrens des Institut Français du Pétrole.** Fernand Coussemant und Michel Hellin. (Erdöl Kohle-Erdgas-Petrochem. **15**, 348—52, 1962; Rueil-Malmaison, Inst. Français du Pétrole; dt.) — 1. vgl. C. **1963**, 11464. — Die Ausgangs-Prodd. der 1. Stufe des IFP-Isopren-Verf. sind HCHO u. Isobuten. HCHO wird zweckmäßig durch partielle Oxydation von $CH_3OH$ hergestellt, während Isobuten direkt in Form eines $C_4$-Schnittes, der unterschiedlicher Herkunft sein kann, im einzelnen aber vom katalyt. oder Dampf-Cracken herrührt, eingesetzt werden kann, da die Rk.-Geschw. der n-Butene wesentlich geringer ist als die der Isobutene. Der $C_4$-Schnitt muß frei von Butadien sein. An einem Schema wird die Gewinnung von Isopren u. den Nebenprodd. erläutert. Für Polymerisationszwecke werden an das Isopren folgende Anforderungen gestellt: Isopren 99,4%, Olefine <0,6%, Butadien in Spuren u. andere Verunreinigungen zwischen 50 u. 100 ppm. Außerdem darf das Isopren keine Heteroatome u. akt. $H_2$ enthalten. Die Wirtschaftlichkeit des Verf. wird unter Berücksichtigung der anfallenden Nebenprodd. berechnet. Neben größeren Mengen 4.4-Dimethyl-m-dioxan fallen in geringen Mengen tert. Butanol, Methylbutyraldehyd u. Methylisopropylketon sowie die höher sd. Verbb. Residol 1 u. 2 an. Residol 1 enthält 3 isomere Dioxanalkohole, ein Methyltetrahydropyrandioxan, ein Tetrahydropyranspirodioxan u. ein Bis-dioxan. Im Residol 2 konnte Limonen nachgewiesen werden. P. Bornemann 7224□

*2422* **Methoden der instrumentalen Analyse in der heutigen Gummiindustrie.** Marian Krygier. (Chemik [Warszawa] **14**, 105—08, 1961; pol.) — Übersicht. F. Urban 7248◇

---

*2423* T. I. Jurshenko, W. A. Putschina, T. W. Baschkatow, G. M. Ssinaisski, Je. N. Popowa und A. W. Petrenko, **Emulsionspolymerisation** u. -copolymerisation zur Herst. von *Synthesekautschuk* unter Verw. von Hydroperoxiden asymm. Diaryl-KW-Stoffe, bes. *1.1-Diphenyläthanhydroperoxid*, als Initiatoren. — Tabelle. (**UdSSR. P. 128 607** vom 6/8. 1958.) L. Großner 7225

*2424* Montecatini Soc. Gen. per l'Industria Mineraria e Chimica, Mailand, Italien, **Butadienpolymerisate**, die bei 15—20° in ungestrecktem Zustand amorph u. durch Strecken kristallisierbar sind, erhält man durch Polymerisieren von Butadien in Ggw. eines Katalysators aus einer organ. Metall-Verb. von Metallen der Gruppe II oder III u. Verbb. von Metallen der Gruppe VIII des Period. Syst., bes. $Al(C_2H_5)Cl$ u. $CoCl_2$. — Diagramme. (**Ind. P. 65 999** vom 2/12. 1958, ausg. 21/6. 1961.) C. Lüttgen 7225

*2425* Montecatini Soc. Gen. per l'Industria Mineraria e Chimica, Mailand, Italien (Erfinder: Carlo Longiave, Renato Castelli und Mario Ferraris), **Polymerisieren von 2.3-Dimethylbutadien-(1.3)** in einem KW-Stoff-Lsgm. mit einem Katalysator, den man erhält, wenn man eine Verb. eines Metalls der Gruppe VIII des Period. Syst. mit einer Organometall-Verb. $MR_{n-1}X$ zusammenbringt (M = Metall der Gruppe II u. III des Period. Syst.; R = Alkyl oder Aryl; X = H; n = Valenz von M). — Man mischt in indifferenter Atmosphäre 100 $cm^3$ abs. Bzl., 0,65 g $CoCl_2$ (wasserfrei), 0,3 $cm^3$ Pyridin, 0,012 Mol $(C_2H_5)_2$·AlCl u. 10 g Dimethylbutadien, rührt 24 Std. bei normaler Temp. u. fällt das Polymere mit $CH_3OH$: Kautschukartiges Elastomeres. (**F. P. 1 264 377** vom 4/8. 1960, ausg. 16/10. 1961. It. Prior. 7/8. 1959.) M. Pankow 7225

*2426* Firestone Tire & Rubber Co. (Erfinder: Lawrence E. Forman, Richard S. Stearns, Richard W. Kibler und Francis A. Bottacco), **Polymerisation von Isopren** bei 0—100° in Ggw. von Li-KW-Stoff-Verbb. als Katalysator (I) nach Aust. P. 218 149, dad. gek., daß das Verf. bei —100° bis —150° in Ggw. von 0,00002—0,001 g I pro 100 g Isopren durchgeführt wird. (**Aust. P. 234 993** vom 4/9. 1958, ausg. 7/9. 1961. A. Prior. 11/9. 1957. **Zusatz zu Aust. P. 218 149; C. 1961, 1036.**) C. Lüttgen 7225

*2427* W. R. Grace & Co., Cambridge, Mass., V.St.A., **Dispergierverfahren.** Wss. Dispersionen von Synth.-Kautschuk werden mit einem flüchtigen organ. Quellmittel vermischt u. durch Einrühren eines organ. Nichtlösers koaguliert, worauf das W. abgetrennt wird. Das weiche Koagulat läßt sich leicht wieder in einem Nichtlöser dispergieren. (**E. P. 880 509** vom 17/2. 1960, ausg. 25/10. 1961. A. Prior. 24/2. 1959.) W. Overbeck 7225

*2428* Dow Chemical Co., Midland, Mich., V.St.A., **Nicht zusammenbackendes Pulver oder Granulat von Natur- oder Kunstkautschuk,** dad. gek., daß es mit einem aromat. Vinylpolymerisat, bes. durch Sprühtrocknen von Polystyrol-Latex gewonnenem Material, bestäubt ist. Das Prod. eignet sich bes. zur Einbringung in monomeres Styrol zur Herst. von Propfpolymerisaten. — Zeichnung. (**Ind. P. 67 218** vom 31/3. 1959, ausg. 18/1. 1961.) C. Lüttgen 7227

*2429* B. N. Dinsburg, B. A. Ssafrai, I. M. Landa und W. A. Shurko, **Verstärken unpolarer Kautschuke** mit Phenol–HCHO-Harzen unter Zusatz von Hexamethylentetramin oder MgO. — Tabelle. (**UdSSR. P. 125 673** vom 23/2. 1959. **Zusatz zu UdSSR. P. 116 654; C. 1961, 5275.**) L. Großner 7227

*2430* W. G. Epschtein und A. G. Belorossowa, **Herstellen von Alkylphenolaldehydharz** zur Erhöhung der Klebfähigkeit in Harzmischungen, wobei man Octyl- oder Hexylphenol verwendet, die man durch Alkylierung von Phenol mit Propylenabkömmlingen erhält. Die Alkylphenole kondensiert man mit HCHO oder Acetaldehyd unter Verw. von Ammoniak oder $H_2SO_4$ als Katalysator. Zum Beispiel mischt man die Endprodd. anstatt Arresin (aus p-[tert.-Butyl]-phenol u. Aldehyd entstanden) in Butadienstryolkautschuk ein. (**UdSSR. P. 130 665** vom 30/9. 1959.) B. Pankow 7227

*2431* National Research Council, übert. von: Thomas Raymond Griffith und John Edward Tyson, Ottawa, Ontario, Canada, **Cyclokautschuk.** Bei der Herst. von Cyclokautschuk durch Zusatz eines schwach sauren Stoffs, z. B. $P_2O_5$, u. einer starken Mineralsäure, z. B. einem Gemisch von $H_2SO_4$ u. HCl, zu Kautschuk u. anschließendes Erhitzen wird die starke Säure zusammen mit einem alkalilösl. u. säureunlösl. Lignin als Trägersubstanz eingemischt. (**A. P. 3 013 094** vom 17/5. 1954, ausg. 12/12. 1961.) W. Overbeck 7227

*2432* A. Je. Grinberg, A. R. Makejewa, A. Ss. Praschtschikina, L. A. Petrowa, P. G. Kaljagin, N. N. Kolpaschnikowa und E. I. Blinowa, **Beschleuniger für Kautschukplastifizierung.** Verw. von Dibenzoylsulfid (DBS), F. 46—48°, in Mengen von 0,1—3% als Granulat oder als Paste mit Stearinsäure oder Vaseline für Natur-, Divinyl-Styrol- u. Divinyl-Nitril-Kautschuk. — Tabellen. (**UdSSR. P. 128 600** vom 22/12. 1958.) L. Großner 7227

*2433* Food Machinery and Chemical Corp., New York, N.Y., V.St.A., **Härter für Polymere, insbesondere Polyäthylen und Kautschuk,** bestehend aus einem Peroxid der allg. Formel $ROOC(R')(R'')-(CH_2CH_2)_n-C(R')(R'')\cdot OOR$ (R = tert. Alkylrest, R' u. R'' = KW-Stoffreste oder zu einem Ring verbundene Alkylenreste, n = 1 oder 2), bes. 2.5-Bis-(tert.-butylperoxy)- u. -(tert.-amylperoxy)-2.5-dimethylhexan. Die Menge des Härtezusatzes beträgt ca. 0,25—7%, die Härte-Temp. ca. 320—340° F. (**Ind. P. 69 738** vom 18/11. 1959.) C. Lüttgen 7227

2434 United States Rubber Co., New York, N.Y., übert. von: John C. Bill, Middlebury, Conn., V.St.A., **Di-(alkyl)-mono-(alkylphenyl)-phosphite** der allg. Formel I $R-C_6H_4-O-P-(O-R_1)_2$ (R u. $R_1$ = Alkylrest mit 8 bis 12 C-Atomen) erhält man durch Rk. eines entsprechend alkylierten Phenols mit überschüssigem $PCl_3$, Entfernen des $PCl_3$-Überschusses, Dest. des Alkylaryloxyphosphordichlorids unter Vakuum u. Rk. des Destillats mit 2 (Mol) eines Alkohols in Ggw. von 2 eines salzbildenden Stoffes. Man rührt z. B. während 3 Std. 5 Nonylphenol in 16,5 $PCl_3$ ein, läßt die Mischung 18 Std. stehen, entfernt $PCl_3$ bei $Kp._{25}$ 70° u. dest. den Rückstand fraktioniert, löst unter einem Rückflußkühler 0,234 der bei $Kp._{0,4-0,5}$ 147—159° u. $Kp._{0,7}$ 139—156° dest. Fraktionen (Nr. 3 u. 4, 620 u. 428 g), die das Nonylphenoxyphosphordichlorid enthalten, in 100 ml wasserfreiem Ae., rührt in die Lsg. eine Lsg. aus 0,48 Dodecylalkohol, 0,48 Pyridin u. 100 ml abs. Ae. ein, rührt 3 Std. bei Raum-Temp. weiter, filtriert, wäscht das Filtrat 3mal mit je 100 ml W., das 5% HCl enthält, trocknet über $Na_2SO_4$ u. dest. bei $Kp._{33}$ 80° → Rückstand aus *Di-(dodecyl)-mono-(nonylphenyl)-phosphit*, $C_{39}H_{73}O_3P$ (II), P-Geh. 5,08%. Analog erhält man aus 0,637 2-Octanol, 0,633 Pyridin, 0,313 Nonylphenoxyphosphordichlorid in 100 ml abs. Ae. nach Dest. bei $Kp._2$ 200° → Rückstand, *Di-(2-octyl)-mono-(nonylphenyl)-phosphit*, $C_{31}H_{57}\cdot O_3P$ (III), gelbes Öl, $n_D^{20}$ 1,4821, P-Geh. 6,68%. Genannt sind noch folgende Phosphite ($R_1$ u. R, wenn nicht genannt, gilt die vorhergehende Bedeutung): $R_1$ = Octyl, R = Octyl; $R_1$ = Nonyl; R = Nonyl; R = Decyl; R = Undecyl; R = Dodecyl; $R_1$ = Decyl, R = Nonyl; $R_1$ = Undecyl. *Stabilisatoren* für synthet. *Kautschuk*, dessen Verharzungszeit z. B. nach Zusatz von III 17 Std., nach Zusatz von II 13 Std., nach Zusatz von Di-(2-octyl)-monophenylphosphit 5 Std. bzw. ohne Zusatz 1 Std. bei 130° beträgt. Tabelle für die Fraktionierung des rohen II. (**A. P. 2 877 259** vom 10/9. 1954, ausg. 10/3. 1959.) G. Vogel 7227

2435 Monsanto Chemicals Ltd., London, übert. von: Bertrand Ernest Wilde, Marchwiel, Wrexham, Wales, England, **Alterungsschutzmittel für Naturkautschuk**, bestehend aus 2.2.4-Trimethyldekahydrochinolin, ggf. mit einem zweiten Schutzmittel, z. B. Benzylkresol, 2.4.6-Trialkylphenol oder dem Monoäther eines 2wertigen Phenols. (**A. P. 2 998 468** vom 11/10. 1954, ausg. 29/8. 1961. E. Prior. 14/10. 1953.) W. Overbeck 7227

2436 American Cyanamid Co., V.St.A. (Erfinder: Frank Aloysius Vincent Sullivan), **Alterungsschutzmittel für Kautschuk** ist *N.N'-Bis-[3-methylcyclohexyl]-p-phenylendiamin* (I). — 53 (Teile) p-Phenylendiamin werden in 300 A. mit 159 3-Methylcyclohexanol u. 10 Pt (auf Holzkohle) im Autoklaven 3 Std. bei 92° u. 93,75 at hydriert: I, $Kp._{0,1}$ 170—173°, F. 75°. (**F. P. 1 224 669** vom 20/5. 1959, ausg. 27/6. 1960. A. Prior. 23/5. 1958.) M. Pankow 7227

2437 B. F. Goodrich Co., New York, N.Y., übert. von: Roger E. Morris, Cuyahoga Falls, Ohio, V.St.A., **Alterungsschutzmittel für Kautschuk**, bestehend aus 2-tert.-Butyl- (oder -Diisobutyl-)-4.5-dimethylphenol. (**A. P. 2 991 272** vom 12/6. 1957, ausg. 4/7. 1961.) W. Overbeck 7227

2438 Firestone Tire & Rubber Co., Akron, Ohio, übert. von: Harry E. Albert, Lafayette Hill, Pa., V.St.A., **Thio-bis-(2-alkyl-4-methylphenole)** mit verzweigter Alkylkette von 4—12 C-Atomen erhält man z. B. dad., daß man 3 Mol p-Kresol mit 13 (g) konz. $H_2SO_4$ mischt, während $1^1/_4$ Std. bei 25—30° 336 Diisobutylen unter Kühlung, dann 6,5 konz. $H_2SO_4$ zusetzt, die Mischung $2^3/_4$ Std. bei 25—30° rührt, 300 ml warmes W. einrührt, die gebildete Emulsion auf 80° erhitzt, im Scheidetrichter einige NaCl, 1,8 Na-Sulfit u. 9 wasserfreie Soda zusetzt u. die organ. Schicht destilliert. Man erhält 115 Destillat bis $Kp._{10}$ 144°, 465 *2-tert.-tert.-Octyl-4-methylphenol* (I), $Kp._{10}$ 144—146° u. 27 höhersd. Fraktionen. Man behandelt 0,1 (Mol) I in 100 ml $CCl_4$ mit 0,05 $SCl_2$ in 50 ml $CCl_4$ einige Tage bei Raum-Temp., krist. aus der sehr viscosen Masse mit Impfkristallen in PAe. *Thio-bis-(2-tert.-tert.-octyl-4-methylphenol)*, $C_{30}H_{46}O_2S$, F. 104,5 bis 105,5° (aus Methanol); analog aus 0,8 2-tert.-Butyl-4-methylphenol u. 0,4 $SCl_2$ → *Thio-bis-(2-tert.-butyl-4-methylphenol)*, F. 83—84° (aus PAe.); aus p-Kresol u. tert.-Amylchlorid → *2-tert.-Amyl-4-methylphenol*, $Kp._{20}$ 135—139°; daraus mit $SCl_2$ → *Thio-bis-(2-tert.-amyl-4-methylphenol)*, gelbe, viscose Fl.; aus p-Kresol u. Buten-(1) → *2-sek.-Butyl-4-methylphenol*, $Kp._{20}$ 130—135°, daraus mit $SCl_2$ → *Thio-bis-(2-sek.-butyl-4-methylphenol)*, klare, braune Fl.; aus p-Kresol u. Mischung aus sek. u. tert. Nonan (aus dem Erdölcrackprozeß) → *2-sek.* -u. *-tert.-Nonyl-4-methylphenol*, $Kp._{10}$ 155—159°; daraus mit $SCl_2$ → *Thio-bis-(2-sek.-* u. *tert.-nonyl-4-methylphenol)*, dunkelbraune, klare viscose Fl.; aus p-Kresol u. Propylentetramer → *2-sek.-* u. *-tert.-Dodecyl-4-methylphenol*, $Kp._{10}$ 180—190°; daraus mit $SCl_2$ → *Thio-bis-(2-sek.-* u. *-tert.-dodecyl-4-methylphenol)*, klarer, dunkler, viscoser Rückstand. *Schutzmittel gegen $O_2$ u. $O_3$*, bes. in *Kautschuk*. — Mengenbeispiele. (**A. P. 2 841 619** vom 5/12. 1957, ausg. 1/7. 1958.) G. Vogel 7227

2439 Monsanto Chemical Co., St. Louis, übert. von: Ching C. Tung, Kirkwood, Mo., V.St.A., **N-Nitroso-N-arylarylendiamine** der allg. Zus. Ar—N(R)—Ar'—N(R')—R'' (R u. R' = H oder NO, davon mindestens 1 Rest = NO; R'' = Alkyl, Cyclopentyl, Cyclohexyl, alkylsubstituiertes Cyclohexyl oder Benzyl; Ar' = 1.4-Arylen, wie Phenylen oder Naphthalinrest; Ar = Phenyl, Naphthyl, niedrigmol. alkyl- oder alkoxysubstituiertes Phenyl) erhält man durch Rk. eines N-Aryl-N'-aliphat.-p-phenylendiamins mit überschüssiger Salzsäure u. $NaNO_2$ in einem Lsgm. bei Temp. $<20°$. Ist das Hydrochlorid des Amins in W. nicht lösl., so rührt man eine Lsg. des Amins in Aceton oder A. in eine Salzsäure, W. u. einige Tropfen eines oberflächenakt. Mittels (Kondens.-Prod. aus Tallölfettsäuren u. Äthylenoxid) enthaltende Lsg. ein u. setzt der gebildeten Dispersion des Aminhydrochlorids $NaNO_2$ zu. — Man suspendiert z. B. 173 (g) N-Cyclohexyl-N'-phenyl-p-phenylendiamin in 1600 ml Butanol, kühlt auf ca. —5°, setzt während 2 Std. 156 ml konz. Salzsäure u. 104 $NaNO_2$ in 160 ml W. bei 0 bis —5° zu, rührt die dicke Mischung noch ½ Std., neutralisiert mit 50 $NaCO_3$ in 200 ml W., filtriert, wäscht den Nd. mit W. u. trocknet → *N.N'-Dinitroso-N-cyclohexyl-N'-phenyl-p-phenylendiamin*, F. 114 bis 116° (A.). Analog erhält man *Nitroso-N-cylohexyl-N'-β-naphthyl-p-phenylendiamin*, F. 87—89°. — *Nitroso-N-cyclohexyl-N'-phenyl-p-phenylendiamin* (aus 133,2 N-Cyclohexyl-N'-phenyl-p-phenylendiamin, 50 37 %ig. HCl u. 38 $NaNO_2$), F. 180—185°, 12,1% N, braun; bei Verw. von 56 $NaNO_2$ u. 81,5 Salzsäure → Prod. F. 80—83°, 14,5% N. — Ferner folgende *N'-Phenyl-p-phenylendiamine*: *N.N'-Dinitroso-N-cyclopentyl-*, $C_{17}H_{18}N_4O_2$, F. 64—65°, 17,9% N. — *N.N'-Dinitroso-N-isopropyl-*, $C_{15}H_{16}N_4O_2$, F. 74—75° ($CH_3OH$), 19,3% N. — *N.N'-Dinitroso-N-n-propyl-*, F. 105—106° (Isopropanol), 19,6% N. — *N.N'-Dinitroso-N-isobutyl-*, $C_{16}H_{18}N_4O_2$, F. 92 bis 93° (Isopropanol), 18,5% N, gelbe Nadeln. — *N.N'-Dinitroso-N-n-butyl-*, F. 64—65°, 18,3% N. — *N.N'-Dinitroso-N-äthyl-*, $C_{14}H_{14}N_4O_2$, F. 94—95° (Isopropanol), 20,2% N. — *N.N'-Dinitroso-N-methyl-*, $C_{13}H_{12}N_4O_2$, F. 111—112° (Isopropanol), 21,5% N. — *N.N'-Dinitroso-N-heptyl-*, $C_{19}H_{24}N_4O_2$, F. 79—80° (Isopropanol), 16,2% N. — *N.N'-Dinitroso-N-sek.-butyl-*, F. 57—58°. — *N.N'-Dinitroso-N-2-methylcyclohexyl-*, *N.N'-Dinitroso-N-3.5-dimethylcyclohexyl-*, *N.N'-Dinitroso-N-3.3.5-trimethylcyclohexyl-*, *N.N'-Dinitroso-N-4-methylcyclohexyl-*, *N.N'-Dinitroso-N-4-nonylcyclohexyl-*, *N.N'-Dinitroso-N-amyl-*, *N.N'-Dinitroso-N-hexyl-*, *N.N'Dinitroso-N-octyl-*, *N.N'-Dinitroso-N-decyl-*, *N.N'-Dinitroso-N-sek.-octyl-*, *N-Nitroso-N-isopropyl-*, *N-Nitroso-N-sek.-butyl-*, *N-Nitroso-N-sek.-octyl-*, *N-Nitroso-N-cyclohexyl-* u. *N-Nitroso-N-cyclopentyl-*. — Ferner: *N.N'-Dinitroso-N-cyclohexyl-N'-phenyl-1.4-naphthalindiamin*. — *N-Nitroso-N-cyclohexyl-N'-(β-naphthyl)-p-phenylendiamin*. — *N.N'-Dinitroso-N-cyclohexyl-N'-(β-naphthyl)-p-phenylendiamin*. — *N.N'-Dinitroso-N-cyclohexyl-N'-p-methoxyphenyl-p-phenylendiamin*. — *N.N'-Dinitroso-N-cyclohexyl-N'-p-äthoxyphenyl-p-phenylendiamin* u. *N.N'-Dinitroso-N-cyclohexyl-N'-p-tolyl-p-phenylendiamin*. — *Oxydations-* u. *Alterungsschutz* für *Kautschuk*. (**A. P. 2 938 922** vom 17/1. 1958, ausg. 31/5. 1960.) G. Vogel 7227

2440 Leda Chemicals Ltd., England, **Vulkanisationsbeschleuniger für Kautschuk**, bestehend aus $NH_4$-N.N-Diäthyldithiocarbamat (I; aus stöchimetr. Teilen $CS_2$, N.N-Diäthylamin u. $NH_3$ bei $\lesseqgtr 12°$). — So gibt man zu 100 (Gew.-Teilen) Kautschuk als Kautschukmilch 2,75 S, 0,5 Antioxydans, 2 ZnO, 1 $Na_2SiF_6$ u. 0,6 I. (**F. P. 1 227 280** vom 29/1. 1959, ausg. 19/8. 1960. E. Prior. 30/1. 1958.) M. Pankow 7229

2441 Monsanto Chemical Co., St. Louis, Mo., übert. von: John J. D'Amico, Charleston, W.Va., V.St.A.,

**Vulkanisationsbeschleuniger** für Kautschuk, bestehend aus einer Verb. der Formel T—S—N=CH—R, in der T = 2-Benzothiazolyl u. R = durch niedere Dialkoxygruppen substituiertes Phenyl, z. B. N-Benzyliden-2-benzothiazolsulfenamid; N-Benzyliden-2-(5-chlorbenzothiazol)-sulfenamid; N-o-Nitrobenzyliden-2-benzothiazolsulfenamid; N-[5-(1.3-Benzodioxolyl)-methylen]-2-benzothiazolsulfenamid; N-Cinnamyliden-2-benzothiazolsulfenamid. (**A. P. 2 986 554** vom 8/2. 1960, ausg. 30/5. 1961.) W. Overbeck 7229

*2442* Pennsylvania Salt Mfg. Co., Philadelphia, übert. von: John F. Olin, Ambler, Pa., V.St.A., **Staubfreier Vulkanisationsbeschleuniger** aus Salzen N-disubstituierter Dithiocarbaminsäuren (Zn-Diäthyl-, Bi-Dimethyldithiocarbamat) u. 0,5—20, bes. 1—10% Polybuten oder hydriertes Polybuten vom Molgew. 500—5000, bes. 750—3000. (**Can. P. 569 186** vom 28/4. 1953, ausg. 20/1. 1959.) H.-J. Nitzschke 7229

*2443* F. F. Lewtschenko, M. M. Konowalenko, A. I. Okorokow, Je. Ss. Awerbuch und A. Ss. Larionowa, **Nichtstaubende Vulkanisationsbeschleuniger** werden durch Tränken des feuchten Filterkuchens des Beschleunigers mit 10% einer Emulsion von Ölsäure in wss. Lsgg. oberflächenakt. Stoffe (Alkalioleaten, Nekal u.a.) u. Trocknen des Prod. erhalten. (**UdSSR. P. 128 139** vom 1/6. 1959.) L. Großner 7229

*2444* Minnesota Mining & Mfg. Co., übert. von: David A. Stivers, St. Paul, Minn., V.St.A., **Vulkanisierverfahren.** Bei der Vulkanisation von Natur- oder synth. Kautschuk (II) unter Zusatz eines m-substituierten Phenol-$CH_2O$-Harzes, z. B. m-Pentadecylphenol-$CH_2O$-Harz, als Vulkanisiermittel (I), Sn(OH)Cl (III) als Katalysator u. einem fl. Alkylchlorid (IV), z. B. sek. oder tert.-Butylchlorid oder n-Heptylchlorid, als HCl-Spender ist das Mengenverhältnis von **I**:**II** ca. 1:100 bis 20:100, u. von **III** u. **IV** zu **I** je ca. 1:10 bis 10:1. Die Vulkanisation erfolgt $\geq$5 Min., bei 250—400° F (= ca. 120—205°). (**A. P. 2 999 081** vom 15/9. 1958, ausg. 5/9. 1961.) W. Overbeck 7229

*2445* I. I. Eitingon, S.N. Tarassowa, B. A. Dogadkina und T. W. Fedorowa, **Herstellung von Gummi** durch Hochtemp.-Vulkanisation (163—173°) von Natur- u. Butadien-Styrolkautschuk unter Verw. von Thiodiphenylamin (Phenothiazin) als Ermüdungsschutzmittel. — Tabellen. (**UdSSR. P. 128 604** vom 26/9. 1959.) L. Großner 7229

*2446* W. N. Karzew, **Herstellen von Vulkanisaten aus Synthese- oder Naturkautschuk,** wobei man zur Vulkanisation 1—5 Gew.-% Mercaptobenzthiazol, Altax oder andere Thiazol-Derivv. verwendet. (**UdSSR. P. 130 667** vom 3/2. 1939.) B. Pankow 7229

*2447* B. L. Babitzki, **Vulkanisieren von Latexmischungen** mit Lsgg. von $ZnSO_4$ in wss. $NH_3$ als Aktivator. Verwendet werden z. B. 34(%ig.) u. 49 Lsgg. in 24 $NH_4OH$. Gegenüber der Verw. von ZnO wird eine gleichmäßigere Verteilung ohne Dispergierungsmittel erzielt. — Tabelle. (**UdSSR. P. 128 603** vom 18/9. 1959.) L. Großner 7229

*2448* B. A. Dogadkin, S. N. Tarassowa und Ss. B. Petrowa, **Vulkanisieren carboxylierter Kautschuke,** z. B. Butadienstyrolkautschuk (SKS 30), in Ggw. von Metalloxiden unter $\gamma$-Bestrahlung mit einer Dosis von 5—20 Mr während oder nach der Vulkanisation, wodurch Thermostabilität u. Reißfestigkeit erhöht werden. — Tabellen. (**UdSSR. P. 128 601** vom 6/11. 1959.) L. Großner 7229

*2449* Minnesota Mining & Mfg. Co., St. Paul, Minn., übert. von: David Wasserman, Springfield, und Warren P. Swett, Scotch Plains, N.J., V.St.A., **Masse aus halogeniertem Butylkautschuk und methylolfreiem mehrwertigem Phenol und Verfahren zum Härten und Vulkanisieren derselben.** Die Masse besteht aus einer innigen Mischung von aldehydreakt., methylolfreiem, mehrwertigem Phenol, dem Oxid eines schweren Metalls u. einem halogenhaltigen kautschukartigen Copolymeren eines 4 bis 7 C-Atome enthaltenden Isoolefins mit einem konjugierten Diolefin von 4—8 C-Atomen, z. B. aus 2—25 (Gew.-Teilen) eines Kondens.-Prod. aus 3-Pentadecylphenol u. $CH_2O$ in Ggw. von $NH_4OH$ als Katalysator, 2—10 ZnO u. 100 eines bromierten Copolymeren (I) aus Isobutylen u. 0,5—10% Butadien, bezogen auf **I**. Die Mischung in Formen unter Druck, gehärtet bzw. vulkanisiert werden. Die Massen sind alterungsbeständig u. gewebefreundlich. (**A. P. 3 014 006** vom 24/12. 1958, ausg. 19/12. 1961.) K. Sarre 7229

*2450* Imperial Chemical Industries Ltd., London, England (Erfinder: Derek Lionel Clarkson), **Mischverfahren.** Ein kautschukartiges Butadien–Acrylsäurenitril-Copolymerisat (I) wird bei 70—100° auf einem Mischwalzwerk mastiziert u. bei der gleichen Temp. mit einem bei Raum-Temp. hergestellten pulverigen Gemisch aus Polyvinylchlorid (II) u. einem Esterweichmacher (III), z. B. Dibutylphthalat, vermischt, so daß das Gemisch 40—65 (Gew.-%) I u. 60—35 **II** enthält, wozu nach 5—40 **III** hinzukommen. Hohe Ozonfestigkeit. (**E. P. 877 225** vom 17/7. 1959, ausg. 13/9. 1961.) W. Overbeck 7231

*2451* General Tire & Rubber Co., Akron, Ohio, V.St.A., **Mischverfahren.** Eine wss. synthet. Kautschukdispersion (I) wird mit so viel trockenem feinem Pulver, bes. Anthrazitkohle u. S, vermischt, daß 5—25% I in der Mischung vorhanden sind. Die Mischung wird im strömenden heißen Gas bis auf einen Wasser-Geh. von <2% getrocknet u. zur Herst. von Formkörpern, bes. Batteriekästen, verwendet. (**E. P. 883 344** vom 11/12. 1958, ausg. 29/11. 1961. Can. Prior. 24/12. 1957.) W. Overbeck 7231

*2452* General Tire & Rubber Co., Akron, übert. von: Emert S. Pfau, Cuyahoga Falls, Gilbert H. Swart und Kermit V. Weinstock, Akron, Ohio, V.St.A., **Kautschukmischungen** aus 1. 5—80 (Teilen) eines Copolymerisats aus einem konjugierten Diolefin von weniger als 8 C-Atomen u. einem Monoolefin, letzteres in Mengen von $\geq$80%, 2. 95 bis 20 des Copolymerisates aus einem konjugierten Diolefin mit weniger als 8 C-Atomen u. einem Monoolefin, das $\geq$50% Diolefin enthält u. so steif ist, daß aus 100 (Teilen) in Mischung mit 30 KW-Stofföl u. 65 eines hochabriebfesten Ofenrußes sich eine Mischung von einer Mooney-Plastizität $\geq$60 ergibt, u. 3. einem öligen Erweicher in Mengen von $\geq$30% des Polymerisats. Verwendung bes. für Zellkautschuk u. Schuhsohlen. — Diagramm. (**A. P. 2 999 822** vom 7/6. 1952, ausg. 12/9. 1961.) W. Overbeck 7231

*2453* Metropolitan-Vickers Electrical Co. Ltd., London, übert. von: Fred Berry Waddington, Sale, England, **Herstellung von Schaumpolymeren durch Bestrahlung mit hoher Energie.** Man vermischt Polymere mit einem Blähmittel u. setzt das Gemisch der Einw. von beschleunigten Elektronen in einer Menge von ca. 30 mrad (1 rad = 100 erg/g) aus. — Zum Beispiel vermischt man *Naturkautschuk* mit 3 Gew.-% Benzoylperoxid oder $\alpha.\alpha'$-Azodiisobutyronitril u. bestrahlt die Mischung mit 4 meV-Elektronen aus einem Linearbeschleuniger bei <40° mit 30 mrad, u. zwar 1 mrad/Minute. Bei einem solchen Verf. wird das Polymere nicht erhitzt, ferner kann der Grad der Blähung durch Dosierung der Bestrahlungsmenge bestimmt werden. (**A. P. 3 013 957** vom 9/12. 1957, ausg. 19/12. 1961. E. Prior. 11/1. 1957.) K. Sarre 7231

*2454* Yokohama Gomu Seizô Kabushiki Kaisha (Erfinder: Takashi Nakane, Chikakiyo Kawakami, Masahiko Narasaki und Yoshirô Umezawa), Tôkyô, Japan, **Kautschuk-Faserhaftung.** Man behandelt Fasercord oder Gewebe mit Resorcin–Formalin-Latex u. danach mit einer Lsg. oder wss. Emulsion von Ölen (Sojabohnen-, Baumwollsamen-, Olivenöl; 10—20%ig. Lsg.) u. vulkanisiert mit Kautschuk zusammen. (**Jap. A. S. 6682/1961** vom 9/1. 1959, ausg. 3/6. 1961.) M. Pankow 7231

*2455* „Semperit" Österreichisch-Amerikanische Gummiwerke Akt.-Ges., Österreich, **Verbesserung der Haftung von Polyestern oder Polyamiden an Kautschuk,** bes. von Fasern u. Gewebe aus diesen Stoffen an Kautschuk. Man bestrahlt die zu vereinigenden Flächen mit nuclerarer Strahlung ($^{60}$Co), zweckmäßig in indifferenter Atmosphäre. (**F. P. 1 233 235** vom 24/7. 1959, ausg. 12/10. 1960. Oe. Prior. 28/7. 1958.) M. Pankow 7231

*2456* John J. Halko sen., Airport Villa, Del., V.St.A., **Reparaturverfahren.** Die zu reparierende Fläche, z. B. einer Reifenlauffläche wird ohne andere Vorbehandlung mit einem Lsgm.-Gemisch aus (z. B.) 80(%) Xylol, 18 $CCl_4$, 1,5 $CH_3CCl_3$ u. 0,5 $CS_2$ abgerieben, bevor der Reparaturflick aufgebracht wird. Das Gemisch kann auch zur Herst. einer Reparatur-Lsg. verwendet werden. (**A. P. 3 005 740** vom 29/9. 1958, ausg. 24/10. 1961.) W. Overbeck 7231

## $H_{14}$. Zucker, Kohlenhydrate, Stärke

*2457* **Der Einfluß von Natrium und dem Kalium-Natrium-Verhältnis auf den Zuckergehalt von Rüben und auf ihre Verarbeitung.** H. Heimann und R. Ratner. (Int. Sugar J. **64**, 136—38, 1962; Haifa, Israel Inst. of Technol., Dep. of Chem.; engl.) — In 93 Zuckerrübenproben wurde der Geh. an Zucker, N, K, Na, Ca u. Mg bestimmt u. der Reinheit der Melassen u. ihrem Geh. an Zucker ,N, Na, K u. Ca zu Beginn u. Ende der Kampagne gegenübergestellt. Dabei wurden frühere Wachstums-Verss. bestätigt, wonach zur Erzielung eines hohen Zucker-Geh. der Pflanze ausreichend K angeboten werden muß, das als Gegengewicht gegen den Na-Geh. in Boden u. W. dient. Der Begriff des „schädlichen N" sollte zum mindesten beim Wachstum auf salzhaltigen Böden überprüft werden. W. Willenberg 7406◇

*2458* **Magnesiumdüngungsprobleme im Zuckerrübenbau.** R. Bucher. (Zucker **16**, 258—63, 1963; Würzburg, Landwirtsch. Untersuchungsamt; dt.) — Bei Unterss. über den Einfl. der Mg-Düngung im Zuckerrübenanbau wurde festgestellt, daß zwischen $K^+$ u. $Mg^{2+}$ starke antagonist. Wrkg.-Verhältnisse bestehen; ebenfalls bestehen zwischen den im Boden ermittelten $CaCl_2$-lösl. Mg-Mengen u. der im Zuckerrübenblatt eingelagerten Mg-Menge enge Beziehungen. Eine zusätzliche Mg-Düngung wirkt sich sehr günstig auf den Zuckerrübenertrag aus. Die aus den Feld-Verss. unter verschiedenen Bedingungen erhaltenen Ergebnisse werden eingehend diskutiert. J. Seidemann 7406◇

*2459* **Wirkung der Bewässerung auf die Qualität der Zuckerrüben.** H. Lüdecke und A. von Müller. (Ind. saccarif. ital. **56**, 51—64, 1963; Göttingen, Inst. für Zuckerrübenforschung; ital.) — Die Beregnung ist beim Zuckerrübenanbau ein vorherrschender Produktivitätsfaktor für leichte Böden, der den Ertrag erhöht u. auch die Qualität der Rüben verbessert, während diese für schwere Böden in trockenen Gegenden oder Jahren nur als Behelf dient. Der ungünstige Effekt später Kopfdüngung läßt sich durch Beregnung vermindern. — 32 Literaturangaben. G. Platzer 7406◇

*2460* **Chemische Beeinflussung der Atmung lagernder Zuckerrüben.** W. Wöhlert. (Zuckererzeugung **7**, 126—33, 1963; Kleinwanzleben, Inst. für Pflanzenzüchtung der Dt. Akad. Wiss. Berlin; dt.) — Vf. untersuchte die chem. Beeinflussung der Atmung von lagernden Zuckerrüben. Als Inhibitoren der Zuckerrübenatmung eigneten sich neben den bekannten Präpp. 2.3.5.6-Tetrachlornitrobenzol, VK-Kreide u. Methylnaphtyläther auch Phenylthioharnstoff u. Dipyridyl; letzteres erwies sich als bester Inhibitor. Weiterhin wurde festgestellt, daß die Atmungsbeeinflussung in den einzelnen Jahren Unterschiede aufweist, sie reicht von einer Inhibition mit um ca. 40% red. Respirationsraten bis zur leichten Stimulation. Es wird versucht, daß unterschiedliche Verh. der Rüben gegenüber den Respirationsinhibitoren zu erklären. — 68 Literaturangaben. J. Seidemann 7406◇

*2461* **Untersuchungen mit einigen Flockungsmitteln für die Saftreinigung.** F. Schneider, G. Baumgarten und D. Schliephake. (Zucker **16**, 250—53, 1963; Braunschweig, TH, Inst. landwirtsch. Technol. u. Zuckerind.; dt.) — Es wird über Unterss. mit fünf Flockungsmitteln unterschiedlicher Zus. u. deren Einw. auf die Sedimentations- u. Filtrations-Eigg. an Schlammsäften verschiedener Rübenqualitäten berichtet. Als am geeignetsten erwies sich das neue Flockungsmittel *Viscalin* (I, Fa. Henkel & Cie.), eine Quellstärke mit anion. Charakter, das auch in Fabrik-Verss. geprüft wurde, u. wobei die gleichen günstigen Ergebnisse erhalten wurden. Mechan. Einw. auf den Schlamm müssen jedoch nach der Zugabe von I vermieden werden. Auf Grund der erhaltenen Ergebnisse konnte festgestellt werden, daß eine Entlastung der Nachfiltration des Klarsaftes erreicht werden kann. J. Seidemann 7412◇

*2462* **Methoden zur Fraktionierung von Verunreinigungen im Rohrzuckersaft und in Fabrikationssirupen.** 1. Mitt. B. Cortis-Jones. (Int. Sugar J. **64**, 133—35, 1962; Sydney-Colonial Sugar Refining Co., Ltd., Res. Dep.; engl.) — Die konz. Säfte werden auf 50° Brix verd. u. das Unlösliche abzentrifugiert; dies wird nach weiterem Verdünnen auf 20° Brix wiederholt. Zur Abtrennung der makromol. Bestandteile dienen die Dialyse u. die Gelfiltration. Bei der letzteren wird der Saft durch eine mit vernetztem Dextran („Sephadex G 25) beschickte Kolonne gegeben. Bei der letztgenannten Meth., die wesentlich schneller als die Dialyse ist, erscheinen die makromol. Substanzen zuerst im Eluat, u. die übrigen Bestandteile wie Oligosaccharide u. reduzierende Zucker machen ebenfalls eine gewisse Fraktionierung durch. W. Willenberg 7412◇

*2463* **Methoden zur Fraktionierung von Verunreinigungen im Rohrzuckersaft und in Fabrikationssirupen. 2. Mitt.** B. Cortis-Jones. (Int. Sugar J. **64**, 165—67, 1962; engl.) — 1. vgl. vorst. Referat. — Zur Fraktionierung der aus den Zuckerfabrikssäften abgetrennten makromol. Substanzen wurden die Anionenaustauscher Ecteola EE u. EM, die auf Äthylcellulose bzw. Methylcellulose basieren, herangezogen. Sie trennen grob in Ablauf u. in mit $NH_4OH$ sowie mit NaOH eluierbare Stoffe. Bei der Feintrennung wird eine EE-Kolonne hinter die EM-Kolonne u. zum Schluß eine Sephadex-G25-Kolonne geschaltet (Tabelle mit Analysen der Eluate). Die mit Sephadex abgetrennten niedermol. Substanzen können mittels Ionenaustauschern sowie Adsorbentien wie Sephadex weiter aufgearbeitet werden. W. Willenberg 7412◇

*2464* **Enthalpiediagramm für Zucker-Wasser-Lösungen.** Tone Baloh. (Zucker **15**, 444—51, 500—05, 1962; Grevenbroich, Masch.-Fabr. Buckau R. Wolf Akt.-Ges.; dt.) — Es wird ein Entwurf zur Berechnung eines Enthalpiediagramms für Lsgg., bes. techn. Zucker–W.-Lsgg. (Reinheit 94,3) aus den kalor. Werten für Zucker, W. u. deren Lsgg. u. die Anwendung des Entwurfs zur Berechnung der Temp. beim Mischen der Säfte, Verdünnen u. Auflösen des krist. Zuckers, Anwärmen u. Abkühlen der Säfte u. der Füllmassen u. Nachkristallisation beim Abkühlen der Füllmassen, ferner eine mehrstufige Verdampfung u. der Dampfverbrauch beim Verkochen des Dicksaftes beschrieben. Ein besonderes Mollier-i,s-Diagramm für Brüden aus Zucker–W.-Lsgg., aus denen die Brüden stammen, mit eingetragenen Linien der Lsg.-Konz. dient zu Wärmeberechnungen bei der Verdampfung. — 29 Literaturangaben. G. Vogel 7414◇

*2465* **Einige Modellpolymere für Bräunungsprodukte in Rohrzuckerendmelassen.** W. W. Binkley. (Int. Sugar J. **64**, 39—40, 1962; New York, New York Sugar Trade Labor.; engl.) — Aus gefriergetrocknetem Rohrzuckersaft hergestellter Scheidesaft wurde 48 Std. bei 95—97° gekocht u. dann 96 Std. gegen W. dialysiert. Die erhaltene Polymeren-Lsg. wurde eingeengt, filtriert u. gefriergetrocknet. Ein mit Kalkwasser auf pH 7,5 eingestelltes Gemisch von D-Glucose, Saccharose u. DL-α-Alanin lieferte bei analoger Behandlung ebenfalls Polymere, wie auch ein entsprechendes Gemisch mit zusätzlich trans-Aconitsäure. Die so erhaltenen Prodd. besitzen nach ihrer Elementaranalyse das C-Skelett der *Melanoidine* der Rohrzuckerendmelassen, doch ist ihre OH-Zahl niedriger als in den Fabrik-Prodd., u. sie sind stärker ungesätt. als diese. W. Willenberg 7440◇

*2466* **Die Polarisation ungeklärter Rohzuckerlösungen.** 2. Mitt. R. J. Mesley. (Int. Sugar J. **64**, 37—39, 1962; London, Custom House, Dep. of Sci. and Ind. Res., Labor. of the Governm. Chemist; engl.) — 1. vgl. C. **1963**, 10690. — Mit dem ETL–NPL automat. Polarimeter, Typ 143 A, läßt sich, in seiner augenblicklichen Form die Polarisation einer ungeklärten Rohzucker-Lsg. in einer Messung nicht genau bestimmen. Man benötigt entweder eine zweite Messung mit einem Rohr verschiedener Länge oder Messungen der opt. Transmission oder den Einbau eines 10-mm-Rohres zwischen Filter u. Polarisator, wodurch der Effekt der Farbe der Rohzucker-Lsg. von dem der Drehung der Probe getrennt werden kann. Man mißt dabei zuerst mit farbloser Zucker-Lsg. u. dann mit Rohzucker-Lsg. in dem oberen Rohr. W. Willenberg 7470◇

*2467* **Das Verhalten einiger der wichtigsten Aminosäuren des Zuckerrohrsaftes während der Melassebildung.** 2. Mitt. **Reaktion der Aminosäuren während der Bildung einer Modellsubstanz des bräunenden Polymers der Endmelasse.** W. W. Binkley. (Int. Sugar J. **64**, 203—04, 1962; New York, New York Sugar Trade Labor.; engl.) — 1. vgl. C. **1963**, 5681. — Lsgg. von D-Glucose, DL-α-Alanin u. Saccharose, die mit Kalkwasser auf pH 7,5 eingestellt worden waren, wurden mit 1-$^{14}$C- bzw. 2-$^{14}$C- bzw. 3-$^{14}$C-markiertem DL-α-Alanin versetzt u. durch 42—44std. Erhitzen auf 95—97° in Polymere übergeführt. Durch chem. u. radiometr. Analyse wurde gefunden, daß nach der unter Decarboxylierung verlaufenden Rk. 60,6—70,3% des N im Polymer noch in irgendeiner Weise an den Alaninrest gebunden waren. 60,7—66,2% der Alaninbestandteile waren bei der Polymerisation decarboxyliert worden, wobei sich 50,8% N-Äthylgruppen u. 49,2% andere N-haltige Reste wie $-NHCH(CH_3)$-Gruppen, welche vernetzende Bestandteile im Polymer darstellen können, bildeten. Bei analogen Verss. unter Verw. von DL-α-Alanin u. gereinigtem Rohrzuckersaft wurde eine geringere Decarboxylierung festgestellt. W. Willenberg 7474◇

*2468* **Getrennte Bestimmung von Glucose und Fructose und Bestimmung anderer reduzierender Substanzen in Melassen.** E. J. Roberts, J. T. Jackson, C. A. Fort und L. F. Martin. (Int. Sugar J. **64**, 197—201, 1962; New Orleans, La., Southern Reg. Res. Labor.; engl.) — Die 10—12% Trokkensubstanz enthaltenden Lsgg. wurden auf eine mit Ultrasorb S.C. 120/240 u. Celite gefüllte Kolonne bei 50° gegeben u. die Hexosen durch Elution mit 0,7% ig. Isopropanol abgetrennt Im Eluat wurde der Gesamtzucker nach Lane-Eynon, die Glucose enzymat. mittels Glucoseoxydase u. die Fructose mit Cystein/$H_2SO_4$ bestimmt. Unterss. verschiedener Melassen bestätigten das Überwiegen von Fructose in den reduzierenden Anteilen. Über das Vork. von anderen reduzierenden Zuckern außer Glucose u. Fructose wurden auf Grund der Analysen Vermutungen angestellt. — 25 Literaturangaben. W. Willenberg 7476◇

## $H_{15}$. Gärungsindustrie

*2469* **Mutationen bei den Hefen von Sherryweinen.** Juan Zajara Jiménez. (Medicamenta [Madrid] **25**(13), Nr. 203, 16—19, 1961; Jerez de la Frontera, Cádiz; span.) — Die Unters. von verschiedenen Hefearten (Saccharomyces rouxii italicus, pastorianus, Hansenula subpelliculosa) zeigt nur bei 8% der Stämme Mutationen. R. K. Müller 7506◇

*2470* **Die Gewinnung von flüssigen Futterhefen in den Brennereien der Krasnodarsker Sownarchosen.** A. W. Petkow. (Spiritus-Ind. [UdSSR] **27**, Nr. 1, 35—36, 1961; russ.) — Die Melasse wird ohne vorherige Abtrennung der Gärhefe verarbeitet. Im Wärmeaustauscher wird auf 28—30° abgekühlt. Anschließend gelangt die Melasse über Filter in Hefeabscheider. Hier erfolgt in drei Stufen eine Hefeanreicherung. In der 1. Stufe steigt der Hefe-Geh. von 12—15 g/ Liter Melasse auf 60—80 g, in der 2. auf 200—220 g u. in der 3. auf 350—380 g. Diese fl. Hefe ist dunkelgrau. Sie kann 3—5 Tage lagern. Eine andere Möglichkeit ist die völlige Abtrennung der Gärhefe aus der Melasse. Dann schließt sich die Aufzucht von *Torula utilis* u. *Candida tropicalis* an. I. Weber 7506◇

*2471* **Die Verbesserung der Technologie der Gewinnung von Alkohol, Furfurol und Hefe.** N. Ss. Sujew. (Hydrolysen- u. holzchem. Ind. [UdSSR] **12**, Nr. 8, 17—19, 1959; russ.) — Vf. sieht die Verbesserung der Alkoholgewinnung aus Polysacchariden u. a. in folgendem: strenge Innehaltung der Dampfzufuhrmenge u. der 30 Min. langen Erwärmungszeit bei der Hydrolyse. Die Säure wird dem Hydrolysier-App. bis zum Ende der Wasserzufuhr zugesetzt u. darauf das Lignin ausgepreßt u. ausgewaschen. Eine bes. Rolle spielt die Neutralisation des Hydrolysats mit einer 25% ig. Ammoniak-Lsg., die die Ausbeute an Alkohol erhöht. Die Neutralisation verbessert darüberhinaus den Wärmeaustausch, automatisiert den Prozeß u. verhindert die Vergipsung der Rohrleitung. Nach der Einführung von Dosierapp. u. Rotametern ist es möglich geworden, zur kontinuierlichen Entnahme von Furfurol von der Grundkolonne u. von Methanol von der zusätzlichen Kolonne überzugehen. Die Zuführung von Furfurolrohstoff in den Kolonnenkessel geschieht mit Hilfe des in der Kolonne erzeugten Vakuums. Diese techn. Verbesserungen bewirkten in einem Vierteljahr eine Verdoppelung der Produktion. Bei der Erzeugung der Hefe wurde Abwasser vorher geklärt, indem es durch Filtration von den suspendierten Teilchen gereinigt wurde. Eine kontinuierliche Herst.-Meth. von Hefekonzentrat wird beschrieben. K. Wekua 7506□

*2472* **Verwendung von Stämmen von Candida Berkhout zur Herstellung von Hefen und Äthylalkohol aus Sulfitablauge und Melasse.** Helena Karczewska. (Przemysl spożywczy **16**, 15—19, 1962; Warszawa; pol.) — *Candida Berkhout* (*Candida tropicalis*) vermag Zucker in Sulfitablauge u. Melasse mit gleichem Ertrag wie Stämme von *Saccharomyces* u. *Schizosaccharomyces* zu vergären u. ist bzgl. Gewinnung von A. u. Futterhefe gleich wirksam. W. Wesly 7536◇

*2473* **Die Reinigung von Hefen bei der Vergärung von Sirup zu Alkohol.** A. D. Bondurjanski und N. I. Tschukina. (Spiritus-Ind. [UdSSR] **27**, Nr. 1, 45, 1961; russ.) — Ein Reinigungs-Verf. für stark verunreinigte *Hefe* wird beschrieben. Die aus der Reinkultur gewonnene Mutterhefe wird beim 2. u. 3. Ansetzen bis zum Säure-Geh. von 2,5—3° angesäuert. In sterilisiertem Sirup erfolgt die Gärung bei 25 bis 30°. Der Zuckerverlust übersteigt nicht 2%. $H_2SO_4$ u. $H_3PO_4$ werden eingespart. Die Alkoholausbeute (auf 1 t Stärke berechnet) beträgt ca. 66,72 dal. I. Weber 7536◇

*2474* **Untersuchungen über Doppel-Mälzen, ein auf der Entfernung von Wurzelfasern nach kurzer Anfangskeimung beruhendes neues Mälzverfahren.** Matti Linko. (Suomalaisen Tiedeakatemian Toimituksia [Ann. Acad. Sci. fenn.], Sarja A. II **1962**, Nr. 112, 1—64; engl.) — Das neue Doppelmälzverf. beruht auf der Entfernung von Wurzelfasern nach kurzer Anfangskeimung. Das Malzgut wird bei 30° nach dem Keimen getrocknet, was die Wurzelfasern mürbe macht. Darauf wird auf 44% Feuchtigkeits-Geh. eingeweicht, wodurch eine hinreichende Enzymaktivität für die anschließende 2. Keimung erreicht wird. Das Darren erfolgt wie üblich. Das Verf. liefert eine höhere Malzausbeute als das konventionelle Verfahren. W. Wesly 7540◇

*2475* **Kälteanwendung in der Önologie. Weinbereitung — Stabilisierung und Konzentration des Weines.** J. Bergeret. (Le Vide **17**, 421—27, 1962; Dijon, Univ., Centre d'Études de Viticult. et d'Œnolog.; franz.) — Übersicht über die Kälteanwendung bei der Stabilisierung des Traubenmostes, der Regulierung der Gärung, der Stabilisierung der fertigen Weine, der Konzentrierung nicht sehr saurer Weine oder der Herst. sich nicht verändernder Konz.-Prodd. bei 20—22°. W. Wesly 7554◇

*2476* **Erzeugung der Milchsäure durch kontinuierliche Molkengärung.** Josef Šiman und Miloš Mergl. (Průmysl Potravin **12**, 42—47, 1961; Praha, Výzk. Úst. mlékárenský; tschech.) — Die süße Molke mit 4,5—5,1% Lactose wird 30 Min. bei 90—95° pasteurisiert, mit *Lactobacillus acidophilus* inokuliert u. 96 Std. vergoren. Die Milchsäure wird dann mit $CaCO_3$ bis maximal 60 SH° neutralisiert. Bei der kontinuierlichen Gärung in der Vers.-Anlage wurde gleich nach der Inokulation mit Durchfluß begonnen. Während der Gärung wurde die Kultur mit frischem Inokulum belebt. J. Spinka 7578◇

*2477* **Die Bestimmung des Gehaltes an Fuselöl im rektifizierten Alkohol.** D. A. Koslowa. (Spiritus-Ind. [UdSSR] **27**, Nr. 1, 26—28, 1961; russ.) — Als Reagens dient eine Lsg. von *p-Dimethylaminobenzaldehyd* [I; 0,5 g I werden in 50 ml $H_2SO_4$ (spezif. Gew. 1,835) gelöst u. in einem Meßkolben mit $H_2SO_4$ bis zu 1 Liter aufgefüllt]. Bei der Best. des Fusel-Geh. werden zu 0,5 ml Alkohol 10 ml Reagens gegeben. Der Kolben mit dem Gemisch bleibt 20 Min. im sd. Wasserbad u. wird danach schnell unter fließendem W. gekühlt. Die Färbung der Fl. geht bald von Gelbrosa in Rosa über. Durch Vgl. der Farbintensität bestimmt man visuell den Geh. an Fuselöl. I. Weber 7596◇

## $H_{16}$. Nahrungs-, Genuß- und Futtermittel

*2478* **Richtlinien zur Technologie und Mechanisierung der technologischen Vorgänge in der Lebensmittelindustrie.** Anonym. (Élelmezési Ipar [Lebensmittel-Ind.] **16**, 355 bis 359, 1962; Budapest, Zentralkomitee der MITE.; ung.) — Es werden Verdampfer, deren Kondensatoren, Trocknungsanlagen, mit hohem Wrkg.-Grad arbeitende Wärmeaustauscher besprochen u. die entsprechenden Einrichtungen empfohlen. K. Gärtner 7632△

*2479* **Die Kühlung in der Nahrungsmittelindustrie.** Arkadiusz Terlecki. (Przeglad techn. Zeszyty problemowe **82**, Nr. 1, 13—17, 1961; pol.) — Übersicht über den Stand u. die Entw. in Polen. F. Urban 7632◇

*2480* **Rückgewinnung von Sojabohnen-Molkeneiweiß mit Hilfe von eßbarem Gummi und Detergentien.** Allan K. Smith, Arlo M. Nash, A. C. Eldridge und W. J. Wolf. (J. agric. Food Chem. **10**, 302—04, 1962; Peoria, Ill., North. Res. Reg. Labor.; engl.) — Sojabohnenmolken bilden auf Grund ihres hohen biolog. O-Bedarfes ein ernstes Abwasserproblem. Molkeneiweiß, entsprechend ca. 12% der Molkenfeststoffe, läßt sich mit negativ geladenen Koll., wie Alginsäure, Karayagummi, Moosextrakt u. anion. Waschmitteln, bis zu 100% ausfällen. Die mit eßbarem Gummi erzeugten Komplex-Verbb. bewahren die enzymat. Wirksamkeit der Eiweiß-Verbb. u. die Eigg. des Gummis. Durch Beseitigen der Eiweiß-Verbb. aus Molken wird deren biolog. O-Bedarf um 8—18% gesenkt. W. Wesly 7646◇

*2481* **Anwendungsmöglichkeit des elektronischen Teilchenzählgeräts in der Forschung und in der Industrie.** József Farkas. (Élelmezési Ipar [Verpflegungs-Ind.] **16**, 365—67, 1962; Budapest, Zentralforsch.-Inst. Lebensmittelind.; ung.) — Vf. behandelt das von ihm entwickelte Zählgerät zum routinemäßigen Zählen von Mikroorganismen, das einen vielfältigen Einsatz gestattet. K. Gärtner 7650△

*2482* **Der Ausgleich des Feuchtigkeitsgehaltes von Getreide beim Mischen.** Pentti Teittinen. (Maataloustieteellinen Aikakauskirja [J. sci. agric. Soc. Finland] **34**, 115—17, 1962; Peipohja, Maatalouden tutkimuskeskus, Satakunnan koeasema; finn.) — Beim Mischen von trokkenem (7,9% W.) u. feuchtem Winterweizen (22,7% W.) findet schon nach 24 Std. ein 58—86%ig. Ausgleich des Feuchtigkeits-Geh. statt; nach 4 Tagen treten nur noch geringfügige Änderungen ein. Ein vollkommener Feuchtigkeitsausgleich wird aber auch nach 3,5 Monaten nicht erreicht. S. Beckmann 7664◇

*2483* **Die Entwicklungsgeschichte der malzhaltigen Backmittel von ihren Anfängen bis zur Gegenwart.** Adolf Tamm. (Müllerei **16**, 31—34, 1963; dt.) R. Grundmann 7674◇

*2484* **Brotteig, Grieß, Hartgetreide.** Jean Buré und Jean Causeret. (Ind. aliment. agric. **79**, 389—400, 1962; franz.) — Es werden zusammenfassende Ausführungen über die technolog. Belange des Brotteiges, seine Herst. u. die Gewinnung von Grieß gemacht u. ein Vgl. der Eigg. des Hartgetreides mit denen des Weichgetreides vorgenommen. A. Täufel 7674◇

*2485* **Erhebungen über den Säuregrad des deutschen Brotes im Jahre 1962.** Gottfried Spicher. (Brot u. Gebäck **17**, 11—19, 1963; Detmold, Bundesforschungsanstalt für Getreideverarbeitung; dt.) R. Grundmann 7674◇

*2486* **Herstellung und Qualitätsbestimmung mit Saccharose und synthetischen Süßstoffen eingemachter Früchte und Fruchtprodukte.** D. K. Salunkhe, R. L. McLaughlin, Sandra L. Day und Margaret B. Merkley. (Food Technol. **17**, 85—91, 1963; Logan, Utah, State Univ., Food Sci. and Technol. Program.; engl.) — Mit 40% *Saccharose* (**I**)-Lsg. eingemachte Kirschen, Aprikosen u. Pfirsiche werden vom Verbraucher als annehmbar bezeichnet. Bei Anstieg der **I**-Konz. auf 50—60% werden die Früchte in zunehmendem Maße abgelehnt. Ebenso annehmbar wie Früchte mit 40% **I** sind solche mit Gemischen von 10 (%) **I** + 0,1 *Ca-Cyclamat* (**II**) oder 10 **I** + 0,02 *Na-Saccharin* (**III**). Früchte mit 0,15 **II** werden solchen mit 0,05 **III** vorgezogen. Die Sirupe beeinflussen Farbe, pH u. Zellstruktur der Früchte nicht. Gelee u. Sirup mit geringen **II**-Werten von Äpfeln, Sauerkirschen, Trauben u. Himbeeren werden den mit 65% **I** gesüßten Proben vorgezogen. W. Wesly 7688◇

*2487* **Über carotinoidhaltige Farbextrakte.** E. Benk. (Süßwaren **6**, 1272—74, 1962; Reutlingen, Chem. Landesuntersuchungsamt; dt.) — Die Zus., der Nachweis u. die derzeitige lebensmittelrechtliche Beurteilung von carotinoidhaltigen Farbextrakten aus *Paprika* u. *Tomate* werden besprochen. R. Grundmann 7690◇

*2488* **Die Gründe der Farbverschlechterung von rosa gefärbter Marmelade bei der Lagerung.** Je. G. Krotow und A. G. Tertilowa. (Hochschulnachr. [Krasnodar], Nahrungsmittel-Technol. **1960**, Nr. 2, 61—66; Odessa, Technolog. Inst. für Nahrungsmittel- u. Kälteind., Lehrst. für Biochem. u. Mikrobiologie; russ.) — Die Farbverschlechterung von rosa gefärbter Marmelade während der Lagerung ist auf die Zerstörung oder Umwandlung von Anthocyanen u. auf die Bldg. von Melanoidin (Farbvertiefung) zurückzuführen. Durch hohe Temp. u. die Ggw. von $O_2$ in den Konserven werden diese Prozesse stark intensiviert. Vff. schlagen vor, den $O_2$ durch Evakuieren der Konserven weitgehend zu entfernen u. die Marmelade bei niedrigen Temp. zu lagern. Ein Zusatz von Ascorbinsäure verhindert die Melanoidinbildung. Citronensäure, die vor dem Kochen zugesetzt wird, bietet einen guten Schutz vor Zerstörung der Anthocyane. H.-P. Pietsch 7702□

*2489* **Qualitätsbeeinflussende Faktoren von Marmeladen aus gefrorenen, entsteinten, verpackten, roten Sauerkirschen.** D. G. Guadagni, Jean Harris und K. M. Eremia. (Food Technol. **17**, 103—06, 1963; Albany, Calif., USDA, West. Reg. Res. Labor., Agric. Res. Serv.; engl.) — Unterss. über die Lagerfähigkeit handelsüblich verpackter, entsteinter, roter Sauerkirschen bei 0—30° F zeigen, daß der Geschmack haltbarer als die Farbe ist. Geschmacksveränderungen treten auf nach 1—2 Wochen langem Lagern bei 30°, nach 13—18 Wochen bei 20°, 27—35 Wochen bei 10° u. 78—104 Wochen bei 0° F. Die Stabilität der gefrorenen Kirschen in 30-lb.-Behältern entspricht der gefrorenen Muses, außer bei 20° F; bei dieser Temp. ist das Lagern gefrorener Früchte vorteilhafter. Nach Lagerung in 30-lb.-Behältern bei 10—30° F werden 5—10% der Kirschen verfärbt. Nach Vermischen mit dem Rest des Behälterinhaltes beeinflussen die verfärbten Früchte Farbe u. Geschmack von Kirschenmus nicht signifikant. Bei 10—30° aufbewahrte Früchte nehmen beim Auftauen rasch an Festigkeit zu. W. Wesly 7702◇

*2490* **Untersuchungen über die Lagerungsfähigkeit von Erdnuß-Süßwaren.** J. R. Iyengar, J. K. Jagtiani und D. S. Bhatia. (Food Sci. [India] **9**, 43—45, Febr. 1960; Mysore, Central Food Technol. Res. Inst.; engl.) — Es wurden 2 Typen (weich u. hart) von Erdnußsüßwaren untersucht, deren Herst. sich in der Temp. u. Konz. des Zuckersirups beim Überziehen der gerösteten Nußkerne unterschied. Das Verhältnis Zukker:Nüsse betrug 16:6. Von der in Stücke zerschnittenen Masse wurden Kontrollproben mit Al-Folie umhüllt, in Polyäthylenbeutel gefüllt u. diese in Dosen verschlossen. Die Verss. zur Verlängerung der Haltbarkeit bestanden in a) Übersprühen der Nüsse mit alkohol. Lsgg. der Antioxydantien *BHA* u. *BHT*, b) Überziehen der so behandelten Nüsse mit 0,1% Schellack u. c) Eintauchen der nach a) u. b) erhaltenen Süßwarenmasse u. der Kontrolle in eine alkohol. Lsg. von *Na-Propionat* (**I**; 0,2% **I**-Überzug auf der Masse). Während der Lagerung bei Raum-Temp. u. 37° wurden die Proben organolept. sowie auf Peroxid u. freie Fettsäuren geprüft. Bei dem weichen Typ (7% Feuchtigkeit) gewährte nur die **I**-Behandlung (nach c) wirksamen Schutz für 170 Tage vor Schimmel u. Ranzigwerden. Bei dem harten Typ (1,5% Feuchtigkeit) ergab auch die Behandlung nach a) u. b) eine längere Lagerfähigkeit als bei den Kontrollen; sie betrug bei 37° mindestens 6 Monate u. bei Raum-Temp. 1 Jahr. Eberhard Müller 7704□

*2491* **Bemerkungen über die Reduktion von Brillantschwarz BN, das in Gegenwart von Zucker erhitzt wird, und über die Bildung von Monoazofarbstoffen, die sich davon ableiten.** I. Saenz Lascano Ruiz und C. Laroche. (Ann. Falsificat. Expertise chim. **53**, 581—92, 1960; Paris, Labor. Municipal; franz.) — Bei der Umsetzung von *Brillantschwarz BN* mit Zucker, wie sie bei der Herst. von *Zuckerwaren* auftritt, werden zwei Azofarbstoffe gebildet, die durch papierchromatograph. u. präparative Unterss. als *Di-Na-Salz* von *4-(Sulfophenylazo)-1-amino-7-sulfonaphthalin* (**I**) u. als *Di-Na-Salz* von *4-(Sulfophenylazo)-1-hydroxy-7-sulfonaphthalin* (**II**) identifiziert werden, wobei **II** durch Hydrolyse aus **I** entsteht. G. Krien 7704◇

*2492* **Über die Konservierung von Fruchtsäften in inerter Atmosphäre.** Y. Ménoret und R. J. Gautheret. (Ind. aliment. agric. **79**, 419—22, 1962; franz.) — Unter Hinweis auf die Meth. zur Konservierung von Fruchtsäften wird über halbtechn. Verss. berichtet, bei denen nach dem Pasteurisieren u. Abkühlen des Fruchtsaftes (Apfel-, Traubensaft) durch Einleiten von $CO_2$ oder $N_2$ ein steriles Erzeugnis erzielt wird. Es werden die verfahrenstechn. Einzelheiten beschrieben u. die Ergebnisse mit denen anderer Verff. verglichen. A. Täufel 7706◇

*2493* **Schaummatten — getrockneter Orangensaft.** O. W. Bissett, J. H. Tatum, C. J. Wagner, M. K. Veldhuis, R. P. Graham und A. I. Morgan jun. (Food Technol. **17**, 92—95, 1963; Winter Haven, Fla., U. S. Fruit and Veget. Prod. Labor., South Utiliz. Res. and Developm. Div.; engl.) — Unterss. über die Entwässerung von Orangensaft mit dem Schaummatten-Verf. zeigen, daß 11,7—26,2 Min. lange Entwässerung bei 160° F ein Prod. von gutem Geschmack mit Wasser-Geh. von 4,55—2,71% liefert. Die nach 10,5 bis 13,1 Min. langer Entwässerung erhaltenen Prodd. enthalten bei gutem Geschmack 3,99—3,37% Feuchtigkeit. Bei längerer Entwässerung treten Geschmacksveränderungen auf. Bei 180° 8,8—13,1 Min. getrocknetes Pulver enthält 4,03—2,46% Feuchtigkeit u. zeigt guten Geschmack. Länger getrocknete Proben weisen Geschmacksveränderungen auf. W. Wesly 7706◇

*2494* **Enterococcus ähnliche Organismen in Citrusfruchtsäften.** Roger Patrick und E. C. Hill. (Food Technol. **12**, 337—40, Juli 1958; Lake Alfred, Fla., Florida Citrus Exp. Station; engl.) — Proben von gefrorenen konz. *Fruchtsäften* (212 von Orangen u. 99 von Grapefruit) aus verschiedenen Betrieben werden untersucht. 71% enthalten Enterococcus-ähnliche Organismen. Streptococcus-ähnliche Organismen konnten durch 14 Sek. langes Erwärmen auf 165° F entfernt werden. K. Schleich 7706□

*2495* **Möglichkeiten und Grenzen der Qualitätsbeurteilung der Vanille.** Claus Osterburg. (Süßwaren **4**, 1278—79, 1337, 1960; Hamburg; dt.) — Das wichtigste Qualitätsmerkmal von *Vanille* ist das Aroma; es wird durch einen bes. enzymat. Präparationsprozeß (Behandlung mit W. von 70° u. Reifung) entwickelt. Verschiedene Werte für Geh. an *Vanillin* u. W. werden mitgeteilt. J. Kube 7714◇

*2496* **Untersuchungen über die Infrarot-Behandlung von Kakaobohnen.** G. Wolf. (Nahrung **3**, 1075—78, 1959; Leipzig, Inst. für die Süßwarenindustrie; dt.) — Bahia- u. Ghana-Kakaobohnen wurden sowohl einer normalen Röstung als auch einer IR-Behandlung (15 Min., 140°) unterworfen. Bei beiden Vers.-Reihen wiesen die chem. Kenndaten gute Übereinstimmung auf. Auf eine durch die IR-Behandlung erhoffte Verkürzung der Conchierzeit bei der Herst. von Tafelschokolade kann aus den chem. Daten nicht geschlossen werden. Bei gleicher Conchierzeit (6 Std.) wiesen die aus normal gerösteten bzw. aus IR-behandelten Kakaobohnen hergestellten Schokoladenmassen keine geschmacklichen Unterschiede auf. Aus IR-behandelten Kakaobohnen hergestelltes Kakaopulver war wegen seiner organolept. Merkmale für Trinkzwecke ungeeignet. M. Winiker 7726◇

*2497* **Experimentelle Forschungsarbeiten an einigen einheimischen Tabakqualitäten.** E. Popper, A. Ionescu, V. Junie, L. Roman, T. Motiu und E. Paiu. (Ind. Alimentară — Produse veget. **11**, 328—30, Nov. 1960; rum.) — Der Geh. von 8 rumän. Tabaksorten der Ernte 1957 an günstig u. ungünstig wirkenden Kationen ($Na^+$, $K^+$ bzw. $Ca^{2+}$, $Mg^{2+}$), organ. Bestandteilen, reduzierenden Substanzen, Gesamt-N u. Nicotin wird in Tabellen mitgeteilt u. erörtert. R. K. Müller 7734□

*2498* **Die Wirksamkeit von Zigarettenfiltern.** I. Trifu. (Ind. Alimentară — Produse veget. **11**, 330—35, 1960; rum.) — Übersicht über die Wirkungsweise von Zigarettenfiltern, die Grundlagen u. die Meth. der Best. ihres Wrkg.-Grades bzgl. der Zurückhaltung von *Teer* u. *Nicotin*. R. K. Müller 7734□

*2499* **16. Forschungskonferenz der Tabakchemiker.** Anonym. (Bull. Inform. CORESTA **1962**, Nr. 4, 21—35; engl. u. franz.) — Übersicht über die auf der Konferenz gemachten Mitt. über Biochemie, Analyse u. Zus. von *Tabak*, Analyse u. Zus. von Tabakrauch u. über Tabaktechnologie. W. Wesly 7734◇

*2500* **Fleischforschung in den USA.** Reiner Hamm. (Dtsch. Lebensmittel-Rdsch. **58**, 333—39, 1962; Kulmbach, Bundesanstalt für Fleischforschung, Inst. für Chemie u. Physik; dt.) — Vgl. C. **1962**, 15802. — Übersicht über Institutionen für Fleischforschung, Forschungsthemen, Arbeitsbedingungen, Möglichkeiten der Entw. u. Gegenüberstellung von amerikan. u. deutscher Forschung. R. Grundmann 7750◇

*2501* **Subjektive und objektive Beurteilung ausgebeinter Rindfleischschnitten.** Mary M. Fielder, Auttis M. Mullins, Marie M. Skellenger, Ruby Whitehead und Dorothy S. Moschette. (Food Technol. **17**, 95—100, 1963; Baton Rouge, La., Louisiana State Univ., Exper. Station, Dep. of Food and Nutrit. and Anim. Sci.; engl.) — Geruch, Geschmack, Saftigkeit, Zartheit, Geh. an Feuchtigkeit, Ae.-Extrakt, Kollagen, Elastin u. Fett werden (Zahlentafeln) in ausgebeinten, rohen u. gebratenen, gegrillten oder geschmorten Rindfleischschnitten verschiedener Qualität u. von verschiedenen Körperteilen objektiv u. subjektiv bestimmt. Die Qualität hat einen signifikanten Einfl. auf die chem. Werte. W. Wesly 7750◇

*2502* **Kollagengehalt und seine Beziehung zur Zartheit von Bindegewebe in zwei Rindfleischmuskeln.** S. J. Ritchey, Sylvia Cover und R. L. Hostetler. (Food Technol. **17**, 76—79, 1963; College Station, Tex., Agric. Exper. Station.; engl.) — Der Muskel *Longissimus dorsi* von rohem u. zubereitetem Rindfleisch (Innen-Temp. 61 u. 80°) enthält weniger *Kollagen* (I)-N als der Muskel Biceps femoris. Die Geschw. der Umwandlung von I zu Gelatine (II) ist in beiden Muskeln gleich. Der Geh. an I-N u. die beim Zubereiten in II umgewandelte I-Menge ist bei verschiedenen Rindern sehr verschieden. In beiden Muskeln besteht die Neigung zur Zartheit mit steigender Temperatur. W. Wesly 7750◇

*2503* **Emulsionen zerkleinerten Fleisches. Faktoren, die Fleischeiweißverbindungen als Emulsionsstabilisatoren beeinflussen.** C. E. Swift und W. L. Sulzbacher. (Food Technol. **17**, 106—08, 1963; Beltsville, Md., USDA, East. Utiliz. Res. and Developm. Div., Agric. Res. Serv.; engl.) — Unterss. über die die Wirksamkeit von Fleischeiweiß als Stabilisator von Fettemulsionen beeinflussenden Faktoren zeigen, daß das Emulgierungsvermögen (EV) von wasserlösl. Proteinen mit der NaCl-Konz. steigt, mit einem Maximum bei pH ca. 5,2. Das EV entspricht der Rangordnung $KSCN > KJ > KNO_3 > KBr > KCl > K_2SO_4$. Durch Eliminieren oder Vermindern des gesalzenem Fleisch zugesetzten W. wird die Wirksamkeit der Salzbehandlung u. somit das EV des Fleisches vermindert. W. Wesly 7750◇

*2504* **Die Biochemie der Schweinemuskulatur.** 1. Mitt. **Der Einfluß der anaeroben Glykolyse und der Temperaturänderung auf die Struktur des Muskelgewebes.** E. J. Briskey und J. Wismer-Pedersen. (J. Food Sci. **26**, 297—305, 1961; Roskilde, Dän. Fleischforsch. Inst.; engl.) — Kontinuierliche Messungen des pH-Wertes u. der Temp. während der Kühllagerung an 20 geschlachteten Schweinen ergaben 4 Typen der pH-Änderung. Bei 3 Typen stellten sich pH-Werte von 5,3—6,3 nach 24, 8 bzw. 3 Std. ein, während bei der 4. Art ein signifikanter pH-Abfall auf 5,1 schon nach 90 Min. eintrat. Im Gegensatz zu den ersten Typen wird bei letztgenannter ein blasses u. wss.-weiches Muskelgefüge festgestellt. In allen Fällen steht eine Zunahme an Milchsäure unter entsprechender Abnahme an Glykogen mit der Zunahme an locker gebundenem W. in Korrelation. Die abweichende Fleischbeschaffenheit der 4. Art der pH-Änderung scheint dann aufzutreten, wenn neben einer gewissen Wärmestauung u. einer extremen pH-Senkung das Adenosintriphosphat nahezu völlig abgebaut ist. Für die unterschiedliche pH-Änderung u. Milchsäure-Bldg. in den einzelnen Muskelpartien ist außer ihrer unterschiedlichen chem. Zus. auch die anatom. bedingte unterschiedliche Kühlung anzusehen. G. Heder 7750◇

*2505* **Die Biochemie der Schweinemuskulatur.** 2. Mitt. **Vorläufige Beobachtungen an Biopsieproben im Vergleich zur postmortalen Muskelstruktur.** E. J. Briskey und J. Wismer-Pedersen. (J. Food Sci. **26**, 306—13, 1961; Roskilde, Dän. Fleischforsch. Inst.; engl.) — 1. vgl. vorst. Referat. — In Biopsieprüfungen von Schweinemuskulatur ergab sich für Proben mit raschem postmortalem pH-Abfall ein erhöhter Geh. an Gesamtglykogen, jedoch ein geringerer Anteil an säurelösl. Glykogen u. eine erhöhte Phosphorylaseaktivität. Fernerhin war in diesem Fall der Geh. an Brenztraubensäure erniedrigt u. der an Milchsäure erhöht. In diesem Fall wird auch in Ggw. von Lactat Methylenblau (I) langsam reduziert. Schweinefleisch, das I rasch red., zeigt die erwünschte Konsistenz u. Farbe. G. Heder 7750◇

*2506* **„Bone-taint" in Rindfleisch.** 2. Mitt. **Bakterien in Ischias-Lymphknoten.** P. M. Nottingham. (J. Sci. Food Agric. **11**, 436—41, Aug. 1960; engl.) — 1. vgl. C. **1957**, 11173. — Aus den Ischiaslymphknoten von frisch geschlachteten Rindern werden grampositive u. -negative Organismen isoliert. Die mittlere Zahl der aeroben Bakterien je Lymphknoten steht in Beziehung zur mittleren Regenmenge in den der Schlachtung vorausgehenden 2 Monaten. Die möglicherweise die Flecken verursachenden Bakterien wurden aus dem verfärbten Fleisch isoliert (Clostridien, Coliformen, Pseudomonaden). An anderer Stelle war der Verderb hauptsächlich auf aerobe Bakterien zurückzuführen. Die Bakterienflora der Lymphknoten u. des verfärbten Fleisches haben vieles miteinander gemein. W. Wesly 7750□

*2507* **Einfluß von Oberflächenpasteurisierung und Chlortetracyclin auf das Auftreten von Bakterien an Brathühnern.** L. E. Dawson, W. L. Mallmann, D. G. Bigbee, R. Walker und Mary Ellen Zabik. (Food Technol. **17,** 100—03, 1963; East Lansing, Mich., State Univ., Dep. of Food Sci., Microbiol. and Publ. Health; engl.) — Oberflächenpasteurisierte Brathühner werden bzgl. Bakterienzahl, Geruch oder Fluorescenz mit unbehandelten u. mit *Chlortetracyclin* (I) behandelten Hühnern beim Lagern bei 34° F verglichen. Die Pasteurisierung bei >140° F u. >1 Min. Dauer bewirkt, daß die Tiere teilweise angebraten werden. Nach 5—10 Min. langem Pasteurisieren bei 135—140° u. Abkühlen in Eis mit 10 mg/kg I beträgt die Bakterienzahl <$^1/_{100}$ der Vgl.-Tiere. Eine geeignete Pasteurisierung mit I-Behandlung läßt die Hühner 1 Woche länger als Vgl.-Tiere annehmbar erscheinen. W. Wesly 7750◇

*2508* **Der Einfluß der Blutungszeit vor dem Brühen und Kaltlagern von Hühnern auf die Bakterienzahl in den Axillardivertikeln des interclavicularen Luftsackes.** F. R. Tarver jun. und K. N. May. (Food Technol. **17,** 80—82, 1963; Athens, Ga., Univ. of Georgia, Dep. of Food Technol. and Poultry; engl.) — Die Mikroben-Konz. des interclavicularen Luftsackes von Hühnern fällt in dem Maße, wie die Blutungszeit vor dem Brühen von 0—240 Sek. steigt. Im allg. weichen die Bakterienzahlen bei Blutungszeiten von ≦90 u. ≧120 Sek. nicht signifikant voneinander ab. Nicht gebrühte Hühner weisen stets niedrigere Bakterienzahlen auf als gebrühte Hühner. Bei verschiedenen Blutungszeiten sind die Bakterienzahlen am Ende der 2. Woche der Kaltlagerung höher als nach 1 Woche. W. Wesly 7750◇

*2509* **Gebräuchliche und neue Verfahren der Milcherhitzerreinigung.** H. Mrozek und H.-J. Schlüßler. (Molkerei- u. Käserei-Ztg. **14,** 174, 176—78, 1963; Düsseldorf, Henkel & Cie. G.m.b.H, Anwendungstechn. Labor.; dt.) R. Grundmann 7756◇

*2510* **Lipide in der Milch.** Sonja Mattsson. (Svensk kem. Tidskr. **73,** 102—14, 1961; Alnarp, Statens mejeriförsök; schwed.) — Übersicht. — 44 Literaturhinweise. A. Senning 7756◇

*2511* **Der Gehalt an $^{131}$J, $^{137}$Cs, $^{140}$Ba + $^{140}$La in der deutschen Milch in der Zeit von September 1961 bis Januar 1962.** Ernst Knoop und Olli Paakkola. (Milchwissenschaft **17,** 289—95, 1962; Kiel, Bundesforsch.-Anst. für Milchwirtschaft, Phys. Inst.; dt.) — An Milchproben von ca. 150 Entnahmestellen wurden ab Herbst 1961 Geh.-Best. an radioakt. Substanz durchgeführt. Es wurde ein Maximum Ende Oktober 1961 gefunden ($^{131}$J: 108—178 pc/Liter, $^{140}$Ba + $^{140}$La: 90 pc/Liter). Der $^{137}$Cs-Geh. blieb konstant. 4 (7) Tage nach einem stark akt. Regen zeigt die Milch ein Maximum an $^{131}$J($^{140}$Ba). Die Meßergebnisse stehen in zeitlicher Korrelation zu Atombombenversuchen. W. Reusse 7756◇

*2512* **Stabilität des in der Kuhmilch löslich gemachten Vitamins A gegen Oxydation.** M. G. Marmori. (Farmaco [Pavia], Ediz. prat. **18,** 26—33, 1963; Milano, „Cheroo Italiana", Labor. Ric. sulla Nutr.; ital.) — Synthet. *Vitamin-A-acetat,* das durch nicht dissoziierte oberflächenwirksame Stoffe in Kuhmilch lösl. gemacht wurde, ist nur im Kühlbehälter gegen Oxydation stabil, wird jedoch, wenn es bei Raum-Temp. sterilisiert u. aufbewahrt wird, oxydiert. K. Zingraf 7756◇

*2513* **Die schützende Wirkung von Amberglasflaschen gegen Verluste von Riboflavin und Vitamin A während der Herstellung von sterilisierter Milch bei Tageslicht.** Denise Hugot, M. Lhuissier und J. Causeret (unter techn. Mitarbeit von Evelyne Biette). (Ann. Technol. agric. **11,** 145—51, 1962; Jouy-en-Josas, Seine-et-Oise, Centre nat. de Rech. zootechn., Labor. d'Études sur la Nutrit.; franz.) — In indirektem Lichte schützt Amberglas das Milchriboflavin u. das Vitamin A vor Lichteinwirkung. Es erhält den Nährwert u. die organolept. Eigg. von sterilisierter Milch während der Lagerung. F. Voerster 7756◇

*2514* **Problemeder Kochkäseherstellung.** Bruno Wauschkuhn. (Dtsch. Molkerei-Ztg. **83,** 99—101, 134—36, 1962; Hameln/Weser, Milchwirtschaftliche Lehr- u. Versuchsanstalt; dt.) — Vortrag mit einer allg. Einführung über geschichtliche Entw., theoret. Grundlagen u. prakt. Verlauf der Kochkäseherstellung. R. Grundmann 7760◇

*2515* **Einfluß des Kesselmaterials auf die Zusammensetzung der freien Aminosäuren.** Herbert Jager. (Dtsch. Molkerei-Ztg. **83,** 1411—15, 1962; dt.) — Die außer dem bisher üblichen Käsefertigermaterial (Cu) jetzt auch verwendeten Niro-Legg. stehen in der Spannungsreihe der Elemente teilweise weit auseinander. Ein Einfl. auf die Eiweißabbauvorgänge bei der Käsereifung ist daher theoret. möglich. Die nach 1—4 Monaten Reifungszeit vorhandenen Aminosäuren wurden quant. bestimmt nach Moore u. Stein (J. biol. Chemistry **176,** [1948], 367). Bes. Glycin, Alanin u. Lysin waren bei den Ansätzen im Niro-Fertiger gegenüber denen im Kupferkessel verringert. Die Geh. an Threonin, Prolin, Cystin, Tyrosin u. Phenylalanin waren umgekehrt gerade im Niro-Fertiger höher. Geschmacklich wurde jedoch kein Unterschied festgestellt. G. Andersen 7760◇

*2516* **Die Buttersäure-Aufblähung von „Cashcaval de Dobroudja"-Käse.** C. Stoian und C. Ungureanu. (Lait **42,** 267—74, 1962; Bucarest, Dir. Gén. de l'Ind. du Lait u Inst. de Pathol. et d'Hyg. Animale; franz.) — Beim langsamen Aufblähen von Cashcaval-Käse bilden sich gaserfüllte Hohlräume u. Risse. Gleichzeitig entsteht ein unangenehmer Geruch. Die Kühe u. Schafe, deren Milch zur Bereitung von Cashcaval-Käse dienten, waren mit Silage minderer Güte gefüttert worden. Stark aufgeblähter Käse enthielt 44,36 (%) W. u. 3,47 Salz bei einem pH von 5,5—5,7. Die Aufblähung wird verursacht durch *Clostridium tyrobutyricum.* Die beste Nähr-Lsg. ist Tarozzi-Fleischbrühe u. Fleischbrühe mit hydrolysierter Milch u. 3—5% Glucose. W. Wesly 7760◇

*2517* **Einfluß der Silagefütterung und Tierhaltung auf die Milchqualität.** A. Orth und G. Koch. (Molkerei- u. Käserei-Ztg. **14,** 92—94, 96, 1963; Kiel, Inst. für Milcherzeugung der Bundesversuchs- u. Forschungsanstalt für Milchwirtschaft; dt.) R. Grundmann 7782◇

*2518* **Anwendung von Harnstoff in der Fütterung von Milchkühen.** Jaroslav Kalous. (Socialist. Zemědělství **16,** 362—69, 1961; Praha, Vys. škola zemědělská; tschech.) — In vergleichenden Unterss. mit u. ohne Zusatz von *Harnstoff* (I) zum Futter wird gezeigt, daß der I-Zusatz die Milchleistung der Kühe u. den Fett-Geh. der Milch verbessert. Bei einem Futter mit 11—12 (kg) Trockensubstanz, 0,59 verdaulichem Eiweiß u. 4,86 Stärkeeinheiten wird schon mit 100 g I eine wesentliche Verbesserung erzielt. R. K. Müller 7786◇

*2519* **Incaparina, Entwicklung einer Idee.** A. A. J. Jansen. (Voeding **23,** 872—82, 1962; Guatemala, Inst. de Nutric. de Centro América y Panamá; niederl.) — Die als „Incaparina" bezeichnete vegetabil. Mischung Nr. 9, bestehend aus 28 (%) Mais, 28 Sorghum, 38 Baumwollsamenmehl, 3 Torulahefe u. 3 Blättermehl, erwies sich als geeignetes *Futtermittel* für Tiere u. Nahrungsmittel für Kinder mit Eiweißmangel. W. Wesly 7786◇

*2520* **Bewertung des Fischfutters nach der Aminosäurezusammensetzung.** M. A. Schtscherbina, K. F. Ssorwatschew und F. M. Ssuchowerchow. (Nachr. Moskauer Univ., Ser. VI **17,** Nr. 6, 20—25, 1962; Moskau, Univ., Lehrstuhl für Biochem. der Tiere; russ.) — Aus der vergleichenden Unters. der Aminosäure (I)-Zus. von Karpfen, Forelle u. der als Fischfutter verwendeten Ölkuchen von *Sojabohne, Leinen, Sonnenblume, Senf, Raps, Baumwollsaat, Erdnuß* u. *Ricinus* sowie von *Hefehydrolysat* u. *Seidenraupenpuppen* geht hervor, daß in allen untersuchten Futtermitteln die qual. I-Zus. als vollwertig für die Fischnahrung anzusehen ist. Am stärksten differieren die Mengen von Lysin u. Methionin. Auf Grund der Ergebnisse werden Rezepte für die Zusammenstellung von Futterrationen für Karpfen vorgeschlagen. O. Lebtag 7786△

*2521* **Die Bestimmung von p-Chlorbenzoesäure in Lebensmitteln durch die Reaktion von Mohler-Groszfeld-Weisz.** Th. Brouwer. (Chem. Weekbl. **59,** 12—15, 1963; 's Gravenhage, Keuringsdienst van Waren; niederl.) — *p-Chlorbenzoesäure* (I) ist in den Niederlanden als Konservierungsmittel nicht zugelassen. Für die quant. Best. von I entwickelte Vf. eine Variante der Ring-Rk. von Weisz [1934]. Hierbei wird anwesendes I erst durch Nitrierung in *4-Chlor-3.5-dinitrobenzoesäure* (II) übergeführt. II wird in saurer Lsg. mit einer wss. Lsg. von $NH_2OH \cdot HCl$ überschichtet. Es bildet sich ein blauer Ring, der unter Farbverstärkung absinkt. *Benzoesäure* (III) gibt unter diesen Bedingungen einen braunroten

Ring. In Abwesenheit von III sind noch 0,01 mg I nachweisbar, in Ggw. von 10 III auf 1 I noch 0,1 mg I. Mit einer auf derselben Rk. beruhenden papierchromatograph. Meth. sind neben größeren Mengen anderer Konservierungsmittel u. Süßstoffe noch 0,001 mg I nachweisbar.
Gerhard Günther 7788◇

*2522* **Versuche zur chromatographischen Trennung von Kohlenhydraten und Eiweißen aus dem wässerigen Extrakt von Roggenvollkornmehl.** G. Rehfeld. (Ernährungsforschung **7**, 704—07, 1963; Potsdam-Rehbrücke, Inst. für Ernährung; dt.) — Elektrophoret. wurde neben *Proteinen, Xylose, Arabinose* u. *Galaktose* das Vork. eines Aminozuckers in Roggenschleimstoffen wahrscheinlich gemacht. Glucose dürfte als Verunreinigung des Präp. durch in Lsg. gegangene Stärke angesehen werden. M. Ulmann 7798◇

*2523* **Nachweis und Bestimmung von Aflatoxin in Erdnüssen und Erdnußmaterialien.** 1. Mitt. **Papierchromatographisches Verfahren.** Trevor J. Coomes und J. C. Sanders. (Analyst **88**, 209—13, 1963; London, Tropical Prod. Inst., Dep. of Sci. and Ind. Res.; engl.) — Die gemahlenen Erdnüsse werden mit $CH_3OH$ extrahiert, das Fett wird mit PAe. entfernt, das $CH_3OH$ abdest. u. der Rückstand mit $CCl_4$ erneut extrahiert u. auf einer $Al_2O_3$-Säule mit $CCl_4$/$CH_3OH$ (95:5) chromatographiert. Auf Whatman Nr. 1-Papier wird dann mit Bzl./Toluol/Cyclohexan/A./W. (3:3:5:8:5) absteigend chromatographiert. Im UV-Licht fluoresciert *Aflatoxin B* blauviolett ($R_F$ zwischen 0,57 u. 0,61). Gleichfarbig fluoresciert *Aflatoxin G* ($R_F$ 0,28—0,31).
H. J. Altmann 7808◇

*2524* **Nachweis und Bestimmung von Aflatoxin in Erdnüssen und Erdnußmaterialien.** 2. Mitt. **Dünnschichtchromatographisches Verfahren.** J. H. Broadbent, J. A. Cornelius und G. Shone. (Analyst **88**, 214—16, 1963; engl.) — 1. vgl. vorst. Referat. — Das *Aflatoxin* wird aus den Erdnüssen mit $CH_3OH$ u. daraus mit $CCl_4$ extrahiert u. auf einer $Al_2O_3$-Schicht in $CCl_4$/$CH_3OH$ (98,5:1,5) entwickelt. Im UV-Licht liegt *Aflatoxin B* (I) als blauvioletter Fleck ($R_F$ 0,5) u. *Aflatoxin G* als grüner Fleck ($R_F$ 0,4). Die Erkennungsgrenze beträgt für I 0,006 $\mu$g. H. J. Altmann 7808◇

*2525* **Untersuchungen über den Coffein-Gehalt im Tee.** Teofil Dąbrowski. (Roczniki państwowego zakładu hig. **12**, 499—502, 1961; Gdańsk, WSSE, Dział Żyw. i Żywn.; pol.) — *Coffein* (I) wurde nach Extraktion der Teeblätter mit W. (nach Bertrand) u. mit Chlf. (nach Nanning) gravimetr. bestimmt. Im Mittel wurden nach der erstgenannten Meth. nur 2,7, nach der letzteren 3,2% I gefunden. Ind. Tee enthält am meisten (bis 4%) I. Der I-Geh. steigt mit abnehmendem Anteil an Stengeln im Tee. F. Urban 7830◇

*2526* **Quantitative Bestimmung von Phenol in Zigarettenrauch.** A. W. Spears. (Analytic. Chem. **35**, 320—22, 1963; Greensboro, N.C., P. Lorillard Co., Inc., Res. Div.; engl.) — Vf. bestimmte nach einer Meth., die Solventextraktion, Wasserdampf-Dest. u. Gaschromatographie an einer neuartigen Säule einschließt, den Phenol-Geh. des Kondensats von *Zigarettenrauch*. Die Reinheit des isolierten Phenols u. der isolierten Kresole wurde UV-spektrophotometr. nachgewiesen. Die Genauigkeit wurde mit der Isotopenverdünnungs-Meth. kontrolliert. Die Meth. kann auch zur halbquant. Best. der Kresole u. anderer flüchtiger Phenole herangezogen werden. Bei der Phenol-Best. beträgt die Standardabweichung 2%. P. Kurzmann 7836◇

*2527* **Die Bestimmung des Ei-Gehalts von Lebensmitteln durch enzymatische Hydrolyse.** F. J. Griffin und C. B. Casson. (Analyst **86**, 544, Aug. 1961; Lodz, Poland, Univ., Dep. of Chem. Technol.; engl.) — Nach einer vor kurzem von Vff. veröffentlichten Meth. (C. **1960**, 11147) läßt sich der Ei-Geh. von Lebensmitteln durch Hydrolyse der Phospholipoide mit *Lecithinase D* u. nachfolgende Best. des freigesetzten Cholins ermitteln. Eine Überprüfung zweier von der Firma C. F. Boehringer, Mannheim, zur Verfügung gestellter Lecithinaseproben aus Kohl u. Karotten ergab nun, daß diese wegen ihres hohen Enzym-Geh. zur kommerziellen Verwertung empfohlen werden können. Der Cholin-Geh. einiger Trockenei- u. Speiseeiproben wurde unter Verw. von 10—30 mg des genannten Enzyms bestimmt. W. Betcke 7854□

*2528* **Einige Laboratoriumsversuche mit eingedampfter entrahmter Milch.** T. A. J. Payens und J. Koops. (Nord. Mejeri-Tidsskr. **27**, 213—14, 1961; dän.) — Das Pasteurisieren u. Eindampfen von entrahmter Milch wird in einem Glasrohr im Ölbad bei 120° verfolgt. Mit abnehmendem Trockensubstanz-Geh. nehmen die Wärmekoagulationszeiten (WKZ) stark zu u. der pH-Wert steigt. Ein deutliches Maximum der WKZ wird bei pH 6,45—6,50 beobachtet. Die Wärmestabilität wird schon durch geringe Phosphatmengen verbessert, durch entsprechende Mengen K-Casein (I) nicht beeinflußt; ein Zusatz von 50 mg I/50 ml verdoppelt die WKZ.
R. K. Müller 7856◇

*2529* **Der Viscositätsindex von Milchcasein.** 1. Mitt. **Bestimmungsmethoden.** R. M. Dolby. (Austral. J. Dairy Technol. **16**, 256—60, 1961; Palmerston North, New Zealand, The Dairy Res. Inst.; engl.) — Der Viscositätsindex von Milch-Casein (I) wurde bestimmt durch Viscositätsmessung von 9%ig. I-Lsg. in NaOH, 10%ig. I-Lsg. in $NH_4OH$ u. 15%ig. I-Lsg. in $Na_2B_4O_7$-Lösung. Zur Best. der Eignung von I zur Papier-Herst. eignet sich Meth. 3 am besten.
E. Lück 7856□

*2530* **Der Viscositätsindex von Milchcasein.** 2. Mitt. **Der Einfluß der Herstellungsbedingungen.** R. M. Dolby. (Austral. J. Dairy Technol. **16**, 261—64, 1961; engl.) — 1. vgl. vorst. Referat. — Bei pH 4,5 ausgefälltes *Casein* (I) gibt in $Na_2B_4O_7$-Lsgg. geringere Viscositätswerte als ein bei pH 5,0 ausgefälltes. Auswaschen des Käsebruches mit W. von > 180° F bewirkt eine geringe Viscositätserhöhung der I-Lösung. Trocknung des I bis zu 2 Std. bei Temp. < 190° F gibt Lsgg. gleicher Viscosität wie gefriergetrocknetes I.
E. Lück 7856□

*2531* **Faktoren, die die Viscosität von mit Säure gefällten Casein-Lösungen beeinflussen.** J. F. Hayes und L. L. Muller. (Austral. J. Dairy Technol. **16**, 265—69, 1961; Melbourne, C.S.I.R.O., Dairy Res. Section; engl.) — Vgl. vorst. Referat. — Die Viscosität (VK) von Säurecasein (I)-Lsgg. ist der I-Konz. logarithm. proportional. Unterss. mit dem Phasenkontrastmikroskop zeigten, daß I in den Lsgg. in Micellenform oder kleinen Aggregaten vorliegt, die über einen weiten pH-Bereich stabil sind. Die geringste VK von I-Lsgg. wurde gefunden, wenn das I mit HCl, $H_2SO_4$ oder Milchsäure bei pH 4,2—4,6 ausgefällt worden war. Ausfällung bei pH 4,2 u. darunter gab etwas höhere VK. Auch bei pH-Werten von 4,8—5,1 wurden höher viscose I-Lsgg. erhalten. Zusätze von Ca zu I-Lsgg. wirkten viscositätserhöhend. E. Lück 7856□

*2532* **Beitrag zur Klärung der Differenzen zwischen den Ergebnissen der butyrometrischen und gravimetrischen Methode zur Fettbestimmung in Milch.** G. Schwarz. (Fette, Seifen, Anstrichmittel **64**, 351—53, 1962; Stuttgart-Hohenheim, Inst. für Milchwirtschaft u. Gärungswesen; dt.). — Die wechselnde Zus. von *Milchfett* wird als Ursache für die bei der Fett-Best. nach Gerber auftretenden höheren Fettwerte angeführt. Die durch die wechselnde Zus. bedingten Unterschiede im spezif. Gew. des Fettes, im Geh. an ungesätt. Fettsäuren usw. machen sich bei der Butyrometer-Ablesung bemerkbar. Über Bestrebungen, die mit Hilfe der Gerber-Meth. erzielten Ergebnisse den nach Röse-Gottlieb erhaltenen anzugleichen, wird berichtet. K. Triems 7856◇

*2533* **Schädlingsbekämpfungsmittel und Antibiotica in der Milch.** Edouard Brochu. (Ind. laitière **1962**, 159—61; franz.) — Es werden allg. Ausführungen über die in der *Milch* vorkommenden Schädlingsbekämpfungsmittel (DDT, Lindan, Captan) gemacht. Die Angaben über Antibiotica umfassen: Beschreibung der anwendbaren Meth. zur Best. der Qualität der Milch, zum Nachw. der das Bakterienwachstum hemmenden Substanzen u. zum Nachw. von Bakteriophagen.
A. Täufel 7856◇

*2534* **Salpeter in Käse.** C. W. Raadsveld. (Nord. Mejeri-Tidsskr. **27**, 15—16, 1961; Ede, Nederl. Melk-en Zuivelinst.; dän.) — Nach einer Darst. der Best. von $NO_3^-$ u. $NO_2^-$ in Käse wird gezeigt, daß $NO_3^-$ u. $NO_2^-$ bei den üblichen Nitratzusätzen (z. B. 20 g $KNO_3$/100 Liter Milch) beim Lagern auf einen konst. bleibenden Wert abnehmen, $NO_2^-$ stärker als $NO_3^-$. Die dem Körper mit Käse zugeführte Menge $NO_3^-$ beträgt ca. 5 mg bei 100 g Käse, ist also im Vgl. mit der durch Gemüse u. Fleisch oder Fleischwaren zugeführten Menge geringfügig. R. K. Müller 7860◇

*2535* **Gewinnung von Hefeeiweiß und Geschmacksverbesserung von Hefefutter.** Al. Kroulík und F. Flám. (Socialist. Zemědělství **16**, 353—62, 1961; Uhříněves, ČSAZV, Výzk. úst. živoč. výroby; tschech.) — Die Eiweißstoffe der *Hefen* (*Saccharomyces cerevisiae, Torula utilis*) werden auf ihre Eignung zur Verw. im *Viehfutter* untersucht.

Als mineral. Nährboden für die Hefezüchtung werden 400 (g) $(NH_4)_2SO_4$ + 200 Superphosphat oder 340 $(NH_4)_2SO_4$ + 60 $(NH_4)_2HPO_4$, 34 KCl u. 18 $MgSO_4 \cdot 7 H_2O$ empfohlen. Zur Verbesserung des Geschmacks eignet sich am besten Melasse (I). Auf 1 kg I werden 10 Liter lauwarmes W., 40 (g) $(NH_4)_2SO_4$, 40 Superphosphat, 40 Viehsalz u. 2 ml HCl verwendet. Mit diesem Gemisch werden 300 g Hefe gemischt.
R. K. Müller 7868◇

## H17. Fette, Seifen, Wasch- und Reinigungsmittel usw.

*2536* **Fette und fette Öle. Ölsaaten, Ölmühlen und Lösungsmittelextraktion.** J. L. R. Pritchard. (Rep. Progr. appl. Chem. **46**, 167–71, 1961; engl.) — Übersicht über Weltproduktion, analyt. Techniken, Saatvorbehandlung u. Pressung, Lsgm.-Extraktions-Technik. — 27 Literaturangaben, Bibliographien. H. Franzen 7872◇

*2537* **Kontinuierliche Raffination von Ölen und Fetten.** Josef Štibinger. (Průmysl Potravin **10**, 42–43, 1959; Nelahozeves, Povltavské tukové záv.; tschech.) — Beschreibung des kontinuierlichen De Laval Short-Mix-Raffinationsverfahrens. E. Rotter 7874□

*2538* **Autoxydation und Antioxydantien.** L. A. O'Neill. (Rep. Progr. appl. Chem. **46**, 184–89, 1961; engl.) — Fortschrittsbericht. — 26 Literaturangaben. Bibliographien.
H. Franzen 7878◇

*2539* **Bewertung der Fettqualität nach Peroxidzahl und organoleptischer Prüfung.** Bohuslav A. J. Sedláček, R. Rybín und A. Tichá. (Průmysl Potravin **10**, 365–67, 1959; Praha, Úst. hyg.; tschech.) — In langen Lagerverss. werden 17 verschiedene Öle durch Peroxidzahl (**A**), Geh. an freien Fettsäuren (**B**) u. auf organolept. Weg (3 Tabellen) auf ihre Haltbarkeit geprüft. Während ein starkes Ansteigen von **A** das Ende der Induktionsperiode u. weiterhin den Grad des Ranzigwerdens auch dort anzeigt, wo nur kleine Geschmacksfehler gefunden werden, weichen die Werte für **B** nur wenig von jenen einwandfreier Öle ab. E. Rotter 7878□

*2540* **Synthese von Nordihydroguajaretsäure und ihre Anwendung zur Verhinderung des Ranzigwerdens der Fette.** M. P. Gertschuk und W. M. Iwanowa. (Chem. Wiss. Ind. [UdSSR] **3**, 685–87, 1958; Moskau, Plechanow-Inst. für Volkswirtschaft; russ.) — *Nordihydroguajaretsäure* (I; *1.4-Bis-[3.4-dihydroxyphenyl]-2.3-dimethylbutan*, $C_{18}H_{22}O_4$, F. 184–185°; *Tetraacetylderiv.*, F. 102°) hemmt wirksam die Oxydation von Fetten u. Ölen in einer Konz. von 0,01%. Zur Synth. wird Brenzcatechin mit Allylbromid in *Brenzcatechinmonoallyläther*, dieser durch Erhitzen auf 180° in *1-Allyl-3.4-dihydroxybenzol* übergeführt. Dieses liefert bei der Anlagerung von HBr *1-[2-Brompropyl-(1)]-3.4-dihydroxybenzol*, aus dem durch Oxydation der Mg-organ. Verb. mit Jod I erhalten wird. Helmut Schäfer 7878△

*2541* **Über ein neues Verfahren zur Bestimmung der Stabilität der Fette und der stabilisierenden Wirkung der Antioxydantien.** Ass. Popow und St. Iwanow. (C. R. Acad. bulg. Sci. **11**, 275–78, 1958; Plowdiw, Bulgarien, Inst. für Lebens- u. Genußmittelind.; russ., Auszug: dt.) — In der beschleunigt verlaufenden Oxydationsphase des Sonnenblumen- u. Olivenöls wurde die Abhängigkeit der Peroxidzahl des Prod. vom Brechungsindex ($n_D^{20}$) festgestellt. Eine Best.-Meth. für die Stabilität der Fette u. die stabilisierende Wrkg. einer 0,02%ig. Zugabe von Äthylgallat (Antioxydans) zum Prod. wird an Hand der Veränderung des $n_D^{20}$ bei der Oxydation erörtert. S. Baryschnikow 7878

*2542* **Mechanismus der Triglyceridhydrierung.** L. F. Albright. (J. Amer. Oil Chemists' Soc. **40**, 16, 17, 26, 28, 29, 1963; Lafayette, Ind., Purdue Univ.; engl.) — In seiner Übersicht über den Mechanismus der Triglyceridhydrierung (Red. von C—C-Doppelbindungen) behandelt Vf. den Massentransport zur Katalysatoroberfläche, die Selektivität der Hydrierung, die Induktionsperiode, die Isomerisierung von Doppelbindungen, den Hydrierungs- u. Isomerisierungsmechanismus, den Mechanismus der Selektivität, techn. u. chem. wichtige Faktoren bei der partiellen Hydrierung von Triglyceriden u. den Mechanismus der katalyt. Olefin- u. Triglyceridhydrierung. H. Brämer 7880◇

*2543* **Der Einfluß der Wachstumsbedingungen auf den Gehalt an Öl und Gossypol in den Samen der Baumwollpflanze.** R. R. Rachmanow und A. A. Abdullajew. (Ber. Akad. Wiss. UsbekSSR **1959**, Nr. 2, 47–50; Inst. Genetik u. Pflanzenphysiol. Akad. Wiss. UsbekSSR; russ., Auszug: usbek.) — Bei Bewässerung u. erhöhten bzw. optimalen NPK-Gaben ist der Öl-Geh. in den Baumwollsamen bedeutend höher, der Eiweiß-Geh. aber niedriger als beim Baumwollanbau ohne Bewässerung. Bestimmte Baumwollsorten reagieren auf den Entzug der Bewässerung mit starker Verminderung des Öl-Geh. in den Samen, andere Sorten dagegen nur wenig. Den höchsten Geh. an Gossypol besitzt die Sorte *Gossipium barbadense* L., den geringsten *G. herbaceum, G. arboreum.* Bei ungenügender Wasserversorgung vermindert sich der Geh. an Gossypol in den Baumwollsamen beträchtlich. Das gleiche ließ sich auch in bezug auf den Geh. an mineral. Elementen feststellen. M. Gordienko 7894◇

*2544* **Die Veränderungen des Gossypols unter der Wirkung von Peroxiden in vivo bei Baumwollsamen verschiedener technischer Sorten.** Ss. N. Kolessow. (Ber. Akad. Wiss. UsbekSSR **1958**, Nr. 11, 41–43, Taschkent, Elektrotechn. Inst.; russ., Auszug: ukrain.) — Der Geh. an *Gossypol* (I) u. Peroxiden (II) wurde in dem aus Baumwollsamen isolierten Öl bestimmt. Danach wurde die Veränderung von I unter der Einw. von II in vivo in Abhängigkeit von der Temp. u. der Erwärmungsdauer untersucht. Es wurde beobachtet, daß mit dem anwachsenden II-Geh. die Menge des I abnimmt u. nach 15 Min. langem Erwärmen des Öls auf 140° ein völliger Übergang des I in eine veränderte Form erfolgt. Es wurde auch festgestellt, daß I in solche Verbb. übergeht, die durch alkal. Raffinierung schlecht entfernt werden können u. darum die Qualität des Baumwollsamenöls verschlechtern.
C. Kozák 7894□

*2545* **Hydrierung von Baumwollsaatöl.** A. L. Markman und A. A. Abdurachimow. (Usbek. chem. J. [UdSSR] **1958**, Nr. 4, 45–51; Mittelasiat. Polytechn. Inst.; russ.) — Aus den Verss. über die Hydrierung von Baumwollsaatöl geht hervor, daß jene Faktoren (Vergrößerung der Katalysatormenge, Erhöhung seiner Aktivität), die eine Steigerung der Hydrierung herbeiführen, deren Selektivität erniedrigen u. umgekehrt. Eine Erhöhung der Temp. wirkt ähnlich wie eine Mengenvergrößerung oder Aktivitätserhöhung des Katalysators. Die Wrkg. einer intensiven $H_2$-Zufuhr ist jedoch eine andere. C. Kozák 7894□

*2546* **Die kontinuierliche Härtung von Pflanzenölen in Säulenapparaten unter Druck.** Ss. A. Derjabin, I. I. Subow und M. W. Dmitrijewskaja. (Öl- u. Fett-Ind. [UdSSR] **23**, Nr. 6, 22–25, 1957; Projektierungsinst. für Fettind.; russ.) — Schema u. Arbeitsweise einer Betriebs-Vers.-Anlage zur kontinuierlichen Hydrierung von Baumwollsaatöl (I). Die mit Hilfe eines Ni-Katalysators in Säulen-App. durchgeführte Hydrierung von I erfolgte bei 160–250° u. einem $H_2$-Druck von 6–18 atü. Der Verbrauch an metall. Ni beträgt 0,024–0,048% des verarbeiteten I. Die Anlage ermöglicht die Herst. techn., nicht zur Ernährung bestimmter gehärteter Fette mit F. 41,5–60,0°, JZ. 13,8–59,7 u. SZ. 0,45–1,70. S. Baryschnikow 7894

*2547* **Die Wirkung von γ-Strahlen auf die Hydrierung von Baumwollsamenöl.** Lyle F. Albright, Lawrence J. Jarrison und Alexander Sesonske. (J. Amer. Oil Chemists' Soc. **35**, 240–44, 1958; Lafayette, Ind., Purdue Univ.; engl.) — Vf. untersucht bei einer Reihe von Mustern raffinierter u. gebleichter Baumwollsamenöle den Einfl. der Gammabestrahlung durch $^{60}Co$ (265000 r/h) auf die Hydrierung bei verschiedener Temp. u. mit u. ohne Ni-Katalysator. Bei Temp. von 170–190° in Ggw. von 0,07 u. 0,70% Ni verläuft die Hydrierungs-Rk. bei Bestrahlung langsamer als ohne Bestrahlung. Aus der Analyse der Rk.-Prodd. hinsichtlich der JZ. der Ölsäure-, Linolsäure- u. Linolensäure wird gefolgert, daß durch die Gammabestrahlung wahrscheinlich teilweise die Triglyceride unter Bldg. von freien Fettsäuren u. Carbonylverbb. abgebaut werden, die als Katalysatorgift wirken. Die *cis-trans*-Isomerisation bei der Hydrierung wird durch Gammastrahlen nicht beeinflußt. H. Spohn 7894◇

*2548* **Beurteilung der Eignung einiger Substanzen mit antioxydierenden Eigenschaften zur Konservierung von Erdnußöl. 2. Mitt.** Jan Pasich. (Dissertat. pharmac. [Warszawa] **14**, 109–14, 1962; Poznań, „Polfa", Zakl. Farm., Labor. Badanscs. Poznańsk.; pol.) — Die stabilisierende Wrkg. von Dehydroacetsäure (I), Gentisinaldehyd, 2.5-Dihydroxybenzyldimethylcarbinol, Bis-[4-hydroxycumarinyl-(3)]-essigsäureäthylester, Oxynex 2378 (Merck), Adenosintriphosphorsäure, Oxynex 2388 (Merck), 2-Amino-n-heptansulfat (II), Butapyrazol, Oxynex 2004 (Merck; III), Butyl-4-

hydroxy-1-methylbenzol (IV), Isobutyl-4-hydroxy-1-methylbenzol (V), Salicylhydroxamsäure, 2.2'.5.5'-Tetrahydroxy-3.3'-dimethoxydiphenyl (VI) u. Progallin P (Chem. Fabr. Naarden) (VII) wurde an Erdnußöl untersucht. Im Schnelltest nach Swift waren am besten wirksam: VI, VII, IV, V u. III. Die natürliche Alterung wird durch IV, II, I u. VII am nachhaltigsten unterbunden. F. Urban 7894◇

*2549* **Bei der Extraktion des Olivenöls auftretende Probleme.** 2. Mitt. J. M. Martinez Moreno, C. Gómez Herrera, C. Janer del Valle und R. Márquez Delgado. (An. Real Soc. españ. Física Quím., Ser. B 57, 453—64, 1961; Sevilla, Inst. de Grasas y sus Derivv.; Madrid, Inst. de Opt.; span.) — 1. vgl. C. 1962, 3304. — Das Emulgiervermögen von *Alpechín* (Vegetationswasser der Oliven) kann durch Zufügung von gewissen oberflächenakt. Stoffen (OASt) ausgeschaltet werden. Zur besseren Unters. des Mechanismus der Emulsionsbrechung von Olivenöl in Alpechín wird die Wrkg. verschiedener reiner OASt (Dialkylsulfosuccinate, Alkylsulfate u. sulfatierte Fettsäureäthanolamide) auf die Emulsionen untersucht. Die Ergebnisse zeigen, daß der Verlust des Emulgiervermögens des Alpechíns nicht auf einer spezif. Gruppe des oberflächenakt. Mol., sondern auf physikal.-chem. Zwischenwrkg. beruht. K. Huste 7894◇

*2550* **Ölverarbeitung.** A. Crossley. (Rep. Progr. appl. Chem. 46, 172—77, 1961; engl.) — Übersicht über Öl-Raffinierung u. damit verbundene Arbeitsvorgänge, über Hydrierung sowie über Herst. von Margarine u. Backfetten. — 43 Literaturangaben, Bibliographien. H. Franzen 7900◇

*2551* **Spaltung von Fetten mit verschiedenen Sulfonsäuren.** Ju. M. Wolkow. (J. angew. Chem. [UdSSR] 33, 742—43, 1960; russ.) — Bei der Hydrolyse von Fetten wird die Wirksamkeit von *Sulfonsäuren* vergleichend untersucht. Neben dem Aufspaltungsgrad (AG, %) wird der Farbfaktor für das rote (633 mμ), grüne (541) u. blaue Gebiet (478) bestimmt. Der AG ist beim „ölfreien Petrow-Kontakt" (I, vorwiegend aromat.) 87—89, bei sulfoniertem Vaselinöl (II, naphthen.) 94—95, bei sulfoniertem Mepasin (III, aliphat.) 85—86, beim üblichen „Kontakt" 87—88; die entsprechenden Grün-Farbfaktoren sind 3,0—3,1, 1,25—1,4, 1,2—1,3 u. 3,4—3,5. Die nach den Farbfaktoren bestimmte Stabilität nimmt ab in der Reihenfolge III > II > I. Die gleiche Natur der färbenden Beimengungen der Fettsäuren zeigt, daß in allen Fällen die Sulfoxylgruppe abgespalten wird. Das Grünfilter eignet sich für die Farbcharakteristik der Fettsäuren besser als das Rot- u. Blaufilter. R. K. Müller 7906□

*2552* **Fettsäuren und ihre natürlichen und synthetischen Derivate.** F. D. Gunstone. (Rep. Progr. appl. Chem. 46, 189—98, 1961; engl.) — Übersicht über Struktur, Vork., Isolierung, Synthese. — 64 Literaturangaben, Bibliographien. H. Franzen 7908◇

*2553* **Die Isolierung von Eruca- und Petroselinsäure nach der Harnstoff-Methode.** I. S. Shenolikar und M. R. Subbaram. (J. sci. ind. Res. [New Delhi], Sect. B 18, 439 bis 441, 1959; Hyderabad, Nutrition Res. Labor.; engl.) — Aus 10 g Fettsäuregemisch des Senfsamenöls erhielten Vff. durch Kochen mit der 5fachen Menge Harnstoff (III) in Methanol, Kristallisation des Addukts u. Zers. mit schwach angesäuertem W. 4,98 g *Erucasäure* [I; F. 32—33°, JZ. 74,2, Neutralisationsäquivalent (NÄ) 332]. Aus 25 g Fettsäuregemisch des Coriandersamenöls wurden analog mit der 4fachen Menge III 11,92 g *Petroselinsäure* (II; F. 29°, JZ. 84,1, NÄ. 279) erhalten. Die Reinheit der erhaltenen Säuren wurde durch $KMnO_4$-Oxydation u. Papierchromatographie der Oxydations-Prodd. bestimmt; I gibt *Tridecandisäure* (F. 110—112°) u. II *Adipinsäure*. Die Isolierung von I u. II wurde auch nach der Bleisalz-Meth. (A) vorgenommen. Die Harnstoff-Meth. ist vorteilhafter für das Senfsamenöl, beim Corianderöl vergleichbar mit A u. liefert Säuren höherer Reinheit. Hans-Dieter Jacobi 7908△

*2554* **Chemische Zusätze zu Seifen.** Paul I. Smith. (Amer. Perfumer 76, Nr. 3, 51—54, 1961; engl.) — Vgl. C. 1963, 14886. — Übersicht über natürliche bes. aber synthet. Zusätze zu Seifen zur Verbesserung der Eigg. bzgl. Struktur, Parfümhaftbarkeit, Stabilität (bes. bei antisept. Seife), sowie Verh. beim Mischvorgang. H. Franzen 7910◇

*2555* **Parfümierung von Seifen und verwandten Produkten.** Roy Huttleston. (Amer. Perfumer 76, Nr. 3, 36—38, 1961; Delawanna, N.J., Givaudan-Delawanna, Inc.; engl.) — Vgl. C. 1961, 1037. — Vf. diskutiert über den zunehmenden Verbrauch parfümierter Seifen u. Waschmittel u. über Probleme der Parfümierung von Seifen mit äther. Ölen u. synthet. aromat. Riechstoffen oder Gemischen derselben. H. Franzen 7910◇

*2556* **Moderne Bestrebungen auf dem Gebiet der geruchhemmenden Seifen.** W. M. Linfield und R. E. Casely. (Amer. Perfumer 76, Nr. 3, 47—48, 1961; Chicago, Ill., Grocery Prod. Div.; Armour and Comp., Res. Dep.; engl.) — Vgl. C. 1964, 2-2690. — Vf. beschreibt die Verw. seifenakt. bakteriostat. Verbb. (Hexachlorophen, 3.4.4'-Trichlorcarbanilid, Synergist 1375) in desodorisierenden Toilettenseifen u. vergleicht an Hand einer Tabelle die Wrkg. dieser Verbb. auf verschiedene Mikroorganismen. H. Franzen 7910◇

*2557* **Beschaffenheit von modernen Waschmittel-Riegeln.** Donald Price. (Amer. Perfumer 76, Nr. 3, 43—46, 1961; New York, N.Y.; engl.) — Übersicht. — Literaturangaben. H. Franzen 7912◇

*2558* **Einfluß der Elektrolyte auf die kritische Konzentration der Micellenbildung und auf das Solubilisierungsvermögen der Lösungen von Natriumlaurat.** P. A. Demtschenko. (Kolloid-J. [UdSSR] 23, 528—30, 1961; Kiew, Inst. für allg. u. anorgan. Chemie der Akad. der Wiss. der UkrainSSR; russ., Auszug: engl.) — Die Unters. des Einfl. von $Na_2SO_4$ (I), $KNO_3$ (II) u. *NaCl* auf das Solubilisierungsvermögen (SV) von *Na-Laurat* (III) gegenüber Toluol u. Heptan ergab, daß durch Zusatz steigender Mengen I, II u. NaCl das SV von III ständig erhöht, die krit. Konz. der Micellen-Bldg. (KK) sehr stark gesenkt wird. Nach dem Einfl. auf das SV bilden die untersuchten Elektrolyte die folgende Reihe: I > II > NaCl. Nach dem Vermögen, die KK zu senken, bilden sie die Reihe: NaCl > II > I. In Ggw. von I, II oder NaCl entstehen stärker oleophile Micellarstrukturen, was einer Verlängerung des KW-Stoffrestes der Seife entspricht. Durch Zusätze von Elektrolyten u. polaren Stoffen muß es demnach möglich sein, Waschmittel mit optimalen koll.-chem. Eigg. zu erhalten. O. Lebtag 7912△

*2559* **Kritische Konzentrationen der micellaren Umwandlungen in wässerigen Lösungen von Alkylsulfaten aus Alkoholen der Unverseifbaren-II.** M. P. Bespjatow und Sh. Ja. Leschtschenko. (Öl- u. Fett-Ind. [UdSSR] 28, Nr. 9, 20—24, 1962; russ.) — Untersucht wird die Abhängigkeit zwischen Oberflächenspannung an der Phasengrenze Lsg./Luft, die schaumbildenden Eigg., Schaumbeständigkeit u. krit. Micell-Konz. von *Alkylsulfaten* durch graph. logarithm. Darstellung. Die auftretenden Schnittpunkte der Geraden entsprechen sprunghaften Änderungen der Alkylsulfatlösungen. Die Änderungen der Eigg. der Lsgg. werden durch unterschiedliche Hydratation der hydrophilen u. hydrophoben Mol.-Teilchen des Waschmittels, hervorgerufen durch verschiedene Faktoren wie Konz. der Lsg., Temp., Ggw. von Elektrolyten usw., bedingt. Die Unterss. zeigen, daß sich die Waschmittel-Konz. von der krit. Micell-Konz. unterscheiden kann; im Falle der untersuchten Alkylsulfate ist sie 10—15mal größer als die krit. Micell-Konzentration. Die Rolle der Elektrolyte im Waschprozeß wird untersucht. I. Eichhorn 7912◇

*2560* **Oberflächenaktive Eigenschaften und Waschfähigkeit einiger Polyglykoläther von Nonylphenol.** F. W. Newolin, T. G. Tipissowa, W. A. Poljakowa und A. M. Ssemenowa. (Öl- u. Fett-Ind. [UdSSR] 28, Nr. 10, 22—26, 1962; Unions-Forsch.-Inst. für Fette; russ.) — Lsgg. der Kondens.-Prodd. von 1 Mol *Nonylphenol* (I) mit 10, 13 u. 30 Mol Äthylenoxid (II) zeigen folgende Eigg.: Die Oberflächenspannung erhöht sich, die Benetzbarkeit verkleinert sich mit wachsender Anzahl der II-Mole. Zugabe von Elektrolyten hat prakt. keinen Einfluß. Die schaumbildenden Eigg. verbessern sich mit steigender Temp. bei gleichzeitiger Abnahme der Schaumbeständigkeit. Die Wascheigg. der untersuchten Lsgg. gegenüber Wolle, Seide u. Capron u. die Antiresorptions-Eigg. gegenüber Seide verschlechtern sich mit wachsender Anzahl der II-Mole. Gegenüber Capron sind die Antiresorptions-Eigg. unabhängig von der Zahl der angelagerten II-Mole gleichmäßig gut. Die Kondens.-Prodd. von I mit 10 Mol II sind durchsichtige, zähe, strohgelbe Fll., spezif. Gew. 1,05, Ep. 5°, Trübungspunkt (2%ig. wss. Lsg.) 60°, pH (10%ig. wss. Lsg.) 7,5. Die Prodd. von I mit 13 Mol II weisen ein spezif. Gew. von 1,07, Ep. 16°, F. ~ 18°, pH (1%ig. Lsg.) 7 auf u. I mit 30 Molen II ergibt einen wachsartigen Stoff. I. Eichhorn 7912◇

*2561* **Waschmittel-Adsorption auf Schmutz und Schmutzträger.** 3. Mitt. Jay C. Harris. (Soap chem. Specialties **35**, Nr. 1 u. 2, 49—52, 108—10 u. 57—58, 103—04, 1959; Dayton, Ohio, Monsanto Chemical Co., Central Res. Labor.; engl.) — 2. vgl. C. **1960**, 12538. — Übersicht über die Adsorption von oberflächenakt. Mitteln auf Fasern (Stoff, Wolle, Nylon, Seide), wobei zahlreiche Waschrohstoffe, oberflächenakt. Grundstoffe mit ihren Verbb. bzgl. Eignung u. Wrkg. untersucht wurden. — 115 Literaturangaben.
H. Franzen 7912◇

*2562* **Mechanismus der Entfernung von fettigem Schmutz.** B. A. Scott. (J. appl. Chem. **13**, 133—44, 1963; Port Sunlight, Cheshire, Unilever Ltd., Res. Labor.; engl.) — Es werden die Einfl. von Temp., Waschmittelart u. -menge, Elektrolytart u. -menge, mechan. Bewegung u. Gewebeart auf die Entfernbarkeit von fettigem Schmutz untersucht. Als Testsubstanzen dienten Octadecan, Tripalmitin, Stearylalkohol u. Stearinsäure, welche $^{14}C$-markiert waren. Die Schmutzentfernbarkeit nimmt bis zu einem Grenzwert zu mit Temp., mechan. Bewegung, Waschmittel- u. Elektrolyt-Gehalt. Die Wirksamkeit des Elektrolyten hängt außerdem von Art u. Wertigkeit des Kations, pH-Wert u. Ionisationsgrad ab.
G.-D. Gollnisch 7912◇

*2563* **Der Einfluß des Phasengleichgewichts $Na_5P_3O_{10}$—$CaCl_2$—$H_2O$ bei der Wäsche von Baumwollgeweben.** W. J. Diamond und J. E. Grove. (Textile Res. J. **29**, 863—72, 1959; Muskegon, Mich., Brunswick-Balke-Collender Comp.; engl.) — Es wird die Schmutzablagerung u. die Waschmittel-Adsorption an Baumwollgeweben in Abhängigkeit von der $CaCl_2$- u. Tripolyphosphat-Konz. bestimmt, wobei radioakt. Zr-Phosphat ($^{32}P$) als Testsubstanz für die Anschmutzung u. gekennzeichnetes Na-Alkylarylsulfonat ($^{35}S$) für die Best. der Waschmittel-Konz. verwendet wurden. Bestimmt wurden jeweils nach einem 10 Min. dauernden Waschprozeß die radioakt. Substanz, die sich auf dem Gewebe abgelagert hatte bzw. nach dem Spülen noch vorhanden war. Die Ergebnisse zeigen, daß die Wiederablagerung des Schmutzes sowie die Abspülbarkeit des Waschmittels vom $CaCl_2$–$Na_5P_3O_{10}$-Phasengleichgewicht, in welchem die Wäsche durchgeführt wurde, abhängt. So verringern hohe Triphosphat-Konzz. in der Waschflotte die Wiederablagerung von Schmutz u. fördern gleichzeitig das Abspülen des Waschmittels von der Ware, so daß Tripolyphosphat vor allem auch beim Spülprozeß zugesetzt werden sollte. Die Wasserhärte übt ebenfalls einen deutlichen Einfl. auf die soeben aufgezeigten Vorgänge beim Waschen aus.
H. G. Fröhlich 7912□

*2564* **Waschen und Trockenreinigung.** C. B. Brown. (Rev. Textile Progr. **13**, 406—21, 1961, herausgeg. 1962; engl.) — Fortschrittsbericht. — 95 Literaturangaben.
R. Grundmann 7914◇

*2565* **Syndets gegen Seife für die Trockenreinigung.** A. Davidsohn. (Amer. Perfumer **76**, Nr. 3, 59—61, 1961; engl.) — Vf. diskutiert über Vorteile u. Nachteile der Verw. von Syndets bei der Trockenreinigung bes. ölbefleckter Bekleidung u. führt mehrere Formeln von Reinigungsgemischen aus synthet., oberflächenakt. Stoffen, Seife u. organ. Lsgm. für die chem. Reinigung an.
H. Franzen 7914◇

*2566* **Beispiele für den Maxwell-Wagnerschen Typ von dielektrischer Absorption bei Verwendung von Wollfett-Wasser-Gemischen.** J. S. Dryden und R. J. Meakins. (Proc. physic. Soc., Sect. B **70**, 427—30, 1957; C.S.I.R.O., Nat. Stand. Labor., Div. of Electrotechnol.; engl.) — Über Messungen des *dielektr. Verlustfaktors* bei 20° an Gemischen von Wollfett (*Adeps lanae*) mit 0—40 Gew.-% W. wird berichtet. Die erhaltenen Ergebnisse wurden in Beziehung zu einem an Kharadly u. Jackson [1953] gegebenen Ausdruck diskutiert. Wegen der Größe der dielektr. Absorption in dem reinen Wollwachs sind die untersuchten Gemische keine idealen Beispiele für die von dem Wagnerschen Modell [1914] zu erwartende dielektr. Absorption. Es werden daher neue Verss. durchgeführt, bei denen als kontinuierliche Phase ein 3- u. 4%ig. Gemisch von Wollfett in Petroleumgallerte (jally) verwendet wird. Durch Zusatz bis zu 40% W. werden zur Unters. geeignete Emulsionen erhalten. In diesem Fall sind die gemessenen Absorptionen bis zu 70% größer als die nach der obigen Mischung von Kheradky u. Jackson berechneten Werte.
C. Gottfried 7924

*2567* **Analytische Methoden.** W. D. Raymond. (Rep. Progr. appl. Chem. **46**, 177—83, 1961; engl.) — Kurze Übersicht über vielfache Meth. u. Techniken (bes. Chromatographie) zur Analyse von Ölen u. Fetten sowie Hinweis auf die Notwendigkeit der Standardisierung u. der Verbesserung bestehender Methoden. — 21 Literaturangaben, Bibliographien.
H. Franzen 7930◇

*2568* **Die Bestimmung von Polymeren in Fetten und Ölen.** David Firestone. (J. Amer. Oil Chemists' Soc. **40**, 247—55, 1963; Washington, D.C., U. S. Dep. of Health, Educat. and Welfare, Food and Drug Admin.; engl.) — Übersicht über die in therm. oder oxydativ polymerisierten Fetten u. Ölen gefundenen Verb.-Typen (Dimere, Polymere, cycl. Monomere), deren Isolierung u. Best. durch allg. chem. u. physikal. Meth. (z. B. Viscositäts- u. Molgew.-Best.), durch Lsgm.-Fraktionierung, Molekulardest., Harnstoffaddukttrennung, Säulen-, Papier-, Dünnschicht- u. Gaschromatographie. — 70 Literaturangaben.
H. Brämer 7930◇

*2569* **Bestimmung der Glyceridstruktur.** R. J. Vander Wal. (J. Amer. Oil Chemists' Soc. **40**, 242—47, 1963; Oak Brook, Ill., Armour & Co., Food Res. Div.; engl.) — Übersicht über die für Fette allg. anwendbaren Best.-Meth. der Glyceridstruktur (fraktionierte Kristallisation, Karthas Oxydationsfraktionierungs-Meth., Gegenstromverteilung, therm. Stufenfraktionierung, Oxydationsfraktionierung nach Youngs [1961] u. Dünnschichtchromatographie) u. die nur auf natürliche Fette anwendbaren Meth. (Regel für die Glyceridtypverteilung nach Kartha [1951]), auf der 1.3- u. 2-Modellverteilung basierende Meth., Pankreas-Lipase-Meth. nach Vander Wal [1960], direkte Best. aus den Daten der Stellungs-Zus., Best. aus dem Geh. an gesätt. Säure (Meth. nach Hammond u. Jones [1960]) u. Abschätzung des %-Geh. der Einzelglieder des Glyceridtyps aus der Säurekomponente u. der Glyceridtyp-Zusammensetzung. — 29 Literaturangaben.
H. Brämer 7930◇

*2570* **Ein für Olivenöle, veresterte Öle und Samenöle verwendeter modifizierter Anilinpunkt.** Vittorino Chioffi. (Boll. Lab. chim. provinc. **12**, 111—22, 1961; Rovigo, Labor. chim. provinc.; ital.) — Vf. beschreibt eine modifizierte Meth. zur Best. des Anilinpunkts [Gew.-Verhältnis Öl-Anilin (2 : 4) u. Korrektur bzgl. des Säure-Geh. im Öl]; die Ergebnisse der unter Verw. von verschiedenen Speiseöltypen ausgeführten Best. sind tabellar. wiedergegeben.
G. Platzer 7932◇

*2571* **Kinematische Viscositäten und viscosimetrische Verhältnisse von Olivenölen, veresterten Ölen und Samenölen mit Hilfe der viscosimetrischen Pipetten von Cannon-Fenske.** Vittorino Chioffi. (Boll. Lab. chim. provinc. **12**, 123—36, 1961; ital.) — Vgl. vorst. Referat. — Die Ergebnisse der Best. der kinemat. Viscosität bei 20 u. 80° von Speiseöltypen mit Hilfe der viscosimetr. Pipetten von Cannon-Fenske werden tabellar. mitgeteilt; der Anzeigewert der Viscosität eines Öls bei 20° für analyt. Zwecke sowie der Wert des viscosimetr. Verhältnisses ($V_{20°} : V_{80°}$) werden angegeben.
G. Platzer 7932◇

*2572* **Untersuchung von Olivenöl durch die Wechselbeziehung von vier Indices (ein Versuch).** Vittorino Chioffi. (Boll. Lab. chim. provinc. **12**, 137—62, 1961; ital.) — Vgl. vorst. Referat. — Der modifizierte Anilinpunkt, die kinemat. Viscosität bei 20°, das viscosimetr. Verhältnis ($V_{20°} : V_{80°}$) u. der Thermo-$H_2SO_4$-Grad (unter Verw. eines Thermooleometers von Tortelli) werden verglichen. Einige Indices erweisen sich als geeignet zum Nachw. von in einem Olivenpreßöl anwesenden Samenölen oder anderen Öltypen. Die Wechselbeziehung kann oftmals zur Identifizierung der Beschaffenheit eines Samenöls beitragen.
G. Platzer 7932◇

*2573* **Charakterisierung der Carbonylverbindungen in revertiertem Sojabohnenöl.** B. D. Mookherjee und S. S. Chang. (J. Amer. Oil Chemists' Soc. **40**, 232—35, 1963; New Brunswick, N.J., Rutgers State Univ., Dep. of Food Sci.; engl.) — Zur Unters. der Monocarbonyl-Verbb. in revertiertem, aber nicht ranzigem Sojabohnenöl (Peroxidzahl 2,7 mVal/kg, Geruchswert 6,0) wurden die Carbonyl-Verbb. (I) durch Passieren des in Hexan gelösten Öls durch eine mit 2.4-Dinitrophenylhydrazin u. Phosphorsäure imprägnierte Celitsäule in die Hydrazone übergeführt, diese durch Passieren einer Seasorb/Celit-545-Säule u. Elution mit 25% Nitromethan in Chlf. u. Passieren einer mit 6% W. hydratisierten $Al_2O_3$-Säule u. Elution mit Bzl./Hexan (1 : 1) gereinigt. Durch

Adsorptionschromatographie ihrer Chlf.-Lsg. an einer Seasorb/Celit-545-Säule u. Elution mit Methanol/Chlf. wurden die I in vic. gesätt. Ketone, gesätt. Aldehyde, 2-Enale u. 2.4-Dienale (Identifizierung durch die Absorptionsmaxima ihrer Chlf./Hexan-Legg.) getrennt u. mittels Dünnschichtchromatographie (Celit, Acetonitril/W. als stationäre u. Hexan als mobile Phase) u. IR-Spektroskopie als Methylketone der Kettenlänge $C_4-C_8$, gesätt. Aldehyde der Kettenlänge $C_2-C_{10}$, $C_{13}$ u. 2-Enale der Kettenlänge $C_7$, $C_9$, $C_{11}$, $C_{12}$ u. $C_{13}$ identifiziert. Die 2.4-Dienalfraktion war zu klein, um weiter analysiert zu werden. Daneben wurden noch Aceton u. eine 5., nicht identifizierte 2.4-Dinitrophenylhydrazonfraktion (evtl. langkettige Ketoester) erhalten. H. Brämer 7932◇

*2574* **Bestimmung von Isoölsäuren in gehärteten Fetten.** Jan Pokorný und B. Kakáč. (Průmysl Potravin **10**, 19–20, 1959; Praha, Vys. škola chem.-technol.; Výzk. úst. pro farm. a biochem.; tschech.) — Die Best. von *Isoölsäuren* (I) mit Hilfe von Pb-Salzen gibt um 1–9% niedrigere Werte als die Best. auf spektrometr. Weg. Es wird eine Meth. zur Messung des IR-Spektrums empfohlen u. eine Eichkurve zur Umrechnung der Ergebnisse nach der Meth. mit Pb-Salzen auf den Geh. an *trans-Säuren* (II) aufgestellt. Ein Hinweis für die Ggw. gehärteter Fette ist ein Geh. von 10% II oder von 1–2% I. E. Rotter 7932□

*2575* **Die Analyse von mit synthetischen Esterschmiermitteln verunreinigten Speiseölen.** G. B. Crump. (Analyst **88**, 456–65, 1963; Chester, „Shell" Res. Ltd., Thornton Res. Centre; engl.) — Verseifung u. JZZ. geben einen ersten Hinweis auf die Verunreinigung. Zur genauen Analyse des Öls wird ein auf Extraktionen, Dest., Verseifungen u. chromatograph. Trennungen beruhender Trennungsgang angegeben. Die physikal. u. chem. Eigg. der in Frage kommenden Verbb. werden mitgeteilt. P. Kurzmann 7934◇

*2576* **Chemische und biologische Untersuchung essentieller Fettsäuren.** Mary C. Williams und Raymond Reiser. (J. Amer. Oil Chemists' Soc. **40**, 237–41, 1963; Texas, A u. M Coll. of Texas, Dep. of Biochem. and Nutrit.; engl.) — Übersicht über die biolog. Wirksamkeit essentieller Fettsäuren u. deren Unters. mittels biolog. (Wassergleichgewicht, Symptommarkierungs- u. Insekten-Unters.-Meth.), chem. (Polybromidzahlen, Isotopenverdünnung kombiniert mit Tetrabromiden, Thiocyanogenzahl), enzymat. u. physikal. Meth. (Spektrophotometrie im UV- u. nahen IR-Licht, magnet. Kernresonanz, Säulen-, Papier-, Dünnschicht-, u. Gaschromatographie), wobei bes. die Unterscheidung der essentiellen von den anderen polyungesätt. Fettsäuren betont wird. — 69 Literaturangaben. H. Brämer 7936◇

*2577* **Quantitative Trennung höherer Fettsäuremethylester durch Adsorptionschromatographie an mit Silbernitrat imprägnierter Kieselsäure.** B. De Vries. (J. Amer. Oil Chemists' Soc. **40**, 184–86, 1963; Vlaardingen, Netherlands, Unilever Res. Labor.; engl.) — Die Trennung der Methylester von Säuren verschiedener Sättigungsgrade (Stearin-, Öl-, Linol-, Linolensäure) u. von cis-trans-Isomeren (Öl-/Elaidinsäure) gelingt durch Adsorptionschromatographie an mit Silbernitrat imprägnierter Kieselsäure (Celit 535), durch Extraktion mit verschiedenen Lsgm.-Syst. u. Analyse mittels Gaschromatographie (Polyäthylenglykoladipat auf Celit) oder IR-Spektroksopie. Oxydation der ungesätt. Verbb. durch die Silberionen während der Chromatographie wurde nicht beobachtet. Die Wiedergewinnung beträgt 93–108%. Im Unterschied zur Trennung an Hg(II)-Acetat erübrigen sich Operationen vor u. nach der Chromatographie. H. Brämer 7936◇

*2578* **Messung der Konsistenz von Waschmitteln.** 1. u. 2. Mitt. Hans E. Tschakert. (Soap chem. Specialties **37**, Nr. 5, 199–201, 219; Nr. 6, 157–61, 1961; Marl-Hüls, Chem. Werke Hüls, Akt.-Ges.; engl.) — Beschreibung u. Auswertung der Anzeige eines Plastegraphen zur Best. der Konsistenz von Waschmitteln wird gegeben u. die Liste der untersuchten zahlreichen Waschmittel aufgeführt. W. Wesly 7942◇

## $H_{18a}$. Holz, Cellulose, Zellstoff, Papier, Papierdruck, Celluloid, Linoleum

*2579* **Die Entwicklung des Pappelanbaues in Jugoslawien.** Ervedo Giordano. (Cellulosa e Carta **13**, Nr. 12, 5–14, 1962; ital.) R. Grundmann 7952◇

*2580* **Über den biologischen Einbau von $^{14}C$-markiertem Xylit in Holz und seine Konstituenten.** K. Kratzl und J. Zauner. (Holzforsch. u. Holzverwert. [Wien] **14**, 108–11, 1962; Wien, Univ., Organ.-chem. Inst.; dt.) — *Vollmarkierter Xylit* (I) wird von der Fichte (Tauchtrieb) aufgenommen u. sowohl in den Polysaccharidanteil als auch in Lignin (**A**) eingebaut. Durch Isolierung der entsprechenden Konstituenten bzw. durch Abbau-Rkk. an **A** wird die radiochem. Verteilung quant. festgelegt u. somit der Übergang eines Zuckeralkohols bes. in aromat. **A** bewiesen. Es werden die Wege diskutiert, die I im Stoffwechsel der höheren Pflanzen möglicherweise durchläuft. F. Zeidler 7952◇

*2581* **Die chemische Veränderung der Holzzellwand-Komponenten unter dem Einfluß pflanzlicher und tierischer Schädlinge. 2. Mitt. Abbau von Pinus sylvestris L. durch Coniophora cerebella Pers.** Karl Seifert. (Holzforschung **16**, 102–13, 1962; Berlin-Dahlem, Bundesanst. für Materialprüfung, Fachgruppe „Biolog. Materialprüfung, Holzschutz u. Holzschutztechnolog."; dt.) — 1. vgl. C. **1963**, 1502. — Kleine Scheiben aus *Kiefernsplintholz* werden nach Extraktion mit $CH_2Cl_2$ dem Angriff des Kellerschwamms, *Coniophora cerebella*, ausgesetzt u. nach 11, 25, 52 u. 80 Tagen auf den Abbau der Wandkomponenten [Cellulose (**A**), Lignin (**B**), Pentosane u. Hexosane] untersucht. **A** wird bes. im Anfang am stärksten hydrolysiert, **B** am wenigsten (10% bzgl. Anfangs-**B**). Da p-Hydroxybenzaldehyd als **B**-Spaltstück nachgewiesen wird, muß der Pilz eine Ligninase besitzen. Die Depolymerisation der Wandbausteine wird papierchromatograph. durch Nachw. verschiedener Oligosaccharide verfolgt. Ebenso wird eine Reihe von organ. Säuren bestimmt. Die Vers.-Ergebnisse werden im Hinblick auf die Folgen für die Holztechnologie diskutiert. W. Wergin 7952◇

*2582* **Die chemische Veränderung der Holzzellwand-Komponenten unter dem Einfluß pflanzlicher und tierischer Schädlinge. 3. Mitt. Über die Verdauung der Holzsubstanz durch die Larven des Hausbockkäfers (Hylotrupes bajulus L.) und des Gewöhnlichen Nagekäfers (Anobium punctatum De Geer).** Karl Seifert. (Holzforschung **16**, 148–54, 1962; dt.) — 2. vgl. vorst. Referat. — Der Abbau von *Kiefernsplintholz* im Darmtrakt der Larven von *Hylotrupes bajulus* L. wird untersucht, nachdem die Tiere in gewogenen Mustern von Holz bekannter Zus. gefressen haben. Ihre Gesamtfreßleistung, der Veratmungsverlust u. die Verdauung der einzelnen Holzbestandteile werden so erstmalig quant. erfaßt. In erster Linie wird Cellulose (**A**) verdaut, in geringerem Umfang, jedoch gleichmäßig, Pentosane (**B**) u. Hexosane (**C**), während Lignin nur zu 5% verloren geht. Die im Kot enthaltenen, nicht vom Larvendarm resorbierten Oligosaccharide werden papierchromatograph. bestimmt. Die ähnlich verlaufende Verdauung von *Erlenholz* durch *Anobium*-Larven ergibt bei **B** u. **C** Verluste, die fast die von **A** erreichen. Der in beiden Fällen beobachtete Stillstand des Abbaus bei einer bestimmten Abbaustufe wird diskutiert. F. Zeidler 7952◇

*2583* **Die Hydrophobierung von Holzfaserplatten durch die Methode der thermischen Bearbeitung.** A. A. Elbert. (Holzverarb. Ind. [UdSSR] **11**, Nr. 10, 3–6, 1962; russ.) — Durch Erhöhung des Harzzusatzes von 7 auf 10–12% u. anschließende Erhitzung der Platten unter Atmosphärendruck auf 160–180° läßt sich eine beständige Hydrophobierung der Platten erreichen. R. Wittwer 7952◇

*2584* **Die Vergasung feiner Späne verschiedenen Feuchtigkeitsgehalts.** W. A. Ljamin. (Hydrolysen- u. holzchem. Ind. [UdSSR] **15**, Nr. 8, 8–11, 1962; Forsttechn. Kirow-Akad.; russ.) — Ausgehend von Holzspänen geringer Größe mit 10–50% Feuchtigkeit zeigt Vf., daß bei deren Vergasung bei höherer Temp. bei einem höheren Feuchtigkeits-Geh. der Späne wohl mehr an Gesamtkondensat resultiert, daß sich jedoch dessen Geh. an organ. Stoffen verringert. Eingehende Unters. der Verhältnisse einer Holzvergasung erwies, daß bei 25% Feuchtigkeits-Geh. das Optimum der Holzverwertung liegt. M. Ulmann 7952◇

*2585* **Die Termiten.** H. Mathieu. (Holzforsch. u. Holzverwert. [Wien] **14**, 97–103, 1962; Le Plessis-Robinson, Seine, Frankreich; dt.) — Von den 2500 auf der Welt bekannten *Termiten* (**A**)-Arten sind 2 in Europa identifiziert worden. Nach einer Aufzählung der verschiedenen **A**-Kasten, Beschreibung ihrer Ernährung u. Fortpflanzung wird auf die

Verbreitung von **A** eingegangen. Sie kann durch Schwärmen, Verseuchung der Nachbarschaft u. Verseuchung auf größere Entfernung, z. B. beim Transport befallenen Brenn- oder Bauholzes, erfolgen. Die Entstehung eines **A**-Baues wird beschrieben. Der Schutzbehandlung muß ein Aufspüren von **A** vorausgehen, eine Inspektion des Befallorts, Abhorchen der Holzteile mit Hilfe eines Hammers (befallenes Holz klingt dumpf) oder mit einem Detektorhorchgerät sowie Stich-Verss. mit einem spitzen Werkzeug geben bald Aufschluß. Die Verw. von Test- oder Fanghölzern wird empfohlen. Bei der Schutzbehandlung gegen u. der Bekämpfung von **A** sind folgende **4 Punkte** beachtenswert: 1. **A** ernähren sich ausschließlich von Cellulose u. können auf Feuchtigkeit nicht verzichten; 2. der Angriff erfolgt fast immer vom Erdboden aus; 3. für die Sanierung eines durch **A** verseuchten Gebäudes genügt es, an der Basis der aufstrebenden Mauern u. im Boden der Kellerräume eine chem. Barriere zu schaffen, die als beständige u. unüberschreitbare Giftzone wirken soll, indem dort unter Druck ein gutes **A**-Schutzmittel (über dessen Natur nichts gesagt wird) injiziert wird; 4. die Ansicht, daß die Tötung der Königin genügt, um ein **A**-Nest zu vernichten, ist irrig. F. Zeidler 7952◇

*2586* **Grundlagen zur Trocknung poröser Stoffe. — Berichtigung.** A. H. Nissan und D. Hansen. (Tappi **45**, 608, 1962; engl.) — Berichtigung zu der C. **1962,** 7374 referierten Arbeit. R. Grundmann 7952◇

*2587* **Eigenschaften und Natur der Oberfläche von Cellulose.** 4. Mitt. **Der Effekt der Veränderung oder Modifizierung der Oberfläche von Cellulose.** Karl Borgin. (Norsk Skogind. **15,** 384—91, 1961; engl.) — Die Eigg. der Oberfläche von Cellulose können verändert werden durch Maskierung der hydrophilen OH-Gruppen mit hydrophobem Material, durch Substitution der OH-Gruppen mit anderen Gruppen oder durch Reduzierung der Zahl der für W. erreichbaren OH-Gruppen mittels Heißbehandlung bei niedriger relativer Feuchtigkeit. Der durch die Heißbehandlung hervorgerufene Effekt wird durch Behandlung mit W. nicht rückgängig gemacht. NaOH hingegen scheint die OH-Gruppen zu reaktivieren. St. Blumberg 7954□

*2588* **Raffinierbarkeit, Löslichkeit und strukturelle Veränderungen von Cellulose.** G. Centola und D. Borruso. (Ind. Carta **16,** 281—92, 1962; Milano, Staz. Sper. Cell., Carta e Fibre Tess. Vegetali e Artificiali; ital.) — ***Kraft*-(A)**, *Bisulfitzellstoff* **(B)** u. *Baumwoll-Linters* **(C)** werden nach Behandeln mit NaOH unterschiedlicher Konzz. auf Aktivierungs- (AK) bzw. Passivierungserscheinungen (P) untersucht. Dabei werden auf Grund von *Löslichkeits-* u. *Rückstands-Best.* in wss. Na-Ferritartrat-Lsg. **(D)** unterschiedlicher Konz. u. Alkalität Rückschlüsse auf die Strukturveränderungen von Cellulose gezogen. Es zeigt sich, daß die *Löslichkeit* u. *Raffinierbarkeit* der Zellstoffe von **C** über **A** nach **B** zunimmt. Sie kann grundsätzlich durch Erhöhung des freien Alkali in **D** verbessert werden u. stellt ein direktes Maß für die Kohäsionskräfte im Innern der Faser dar, die ihrerseits eine Aussage über den Mercerisationsgrad u. damit über AK bzw. P ermöglichen. Es wird festgestellt, daß AK u. P unabhängig vom Vorhandensein von Hemicellulosen sind. Betont wird, daß bei Behandlung von **A, B** u. **C** mit 2%ig. NaOH erhöhte Raffinierbarkeit u. Festigkeit der Papiere erreicht werden kann. W. Anika 7956◇

*2589* **Pappelhalbzellstoff für Zeitungspapier nach dem chemisch-mechanischen Kaltnatronverfahren.** 1. Mitt. **Einfluß auf die chemischen und mechanischen Eigenschaften.** G. Ceragioli und D. Borruso. (Ind. Carta **16,** 169—80, 1962; Milano, Staz. Sper. Cell., Carta e Fibre Tess. Vegetali e Artificiali; ital.) — Mit dem Ziel der Verbesserung der Zellstoff-Eigg. (naß u. trocken) für *Zeitungspapier* **(A)** werden Unterss. durchgeführt, bei denen *Pappelholzschliff* in unterschiedlichen Anteilen durch *Pappelhalbzellstoff* **(B)** ersetzt wird. Es zeigt sich, daß ein chem.-mechan. aufbereiteter Stoff **(C)** unter den angegebenen Mischungsverhältnissen (50—80% **A** werden durch **C** ersetzt) im Vgl. zu handelsüblichen **A** bzgl. der physikal., mechan. u. papiertechn. Eigg. Vorteile aufweist. Das ist bes. dann der Fall, wenn **C** bei seiner Aufbereitung einen Trockengeh. des feuchten Blattes wie die herkömmlichen Papierstoffe **(D)** besitzt. Wichtig für die Qualität von **D** sind die Arbeitsgänge des Mahlens u. Holländerns. Die Verbesserung der Widerstandsfähigkeit im feuchten u. im Trockenzustand ist ohne Nachteil für die Bedruckbarkeit (Opazität, Härte u. Glätte) möglich. W. Anika 7958◇

*2590* **Pappelhalbzellstoff für Zeitungspapier nach dem chemisch-mechanischen Kaltnatronverfahren.** 2. Mitt. **Einfluß auf die Bedruckbarkeit.** D. Borruso und G. Ceragioli. (Ind. Carta **16,** 207—19, 1962; ital.) — 1. vgl. vorst. Referat. — Nach allg. theoret. Überlegungen über die chem.-physikal. Grundlagen der *Bedruckbarkeit* (B) wird über diesbzgl. Unterss. an 7 *Papieren* berichtet. Grundsätzlich wird festgestellt, daß die mit einer IGT-Labor.-Presse erhaltenen einzelnen Daten wegen der unterschiedlichen Konditionen bei großen Zeitungsrotationsmaschinen u. der Vielschichtigkeit des Phänomens der Kohäsionskinetik Papier: Farbe nicht direkt auf die Praxis übertragen werden können, daß derartige Ergebnisse global betrachtet jedoch weitgehende Gültigkeit besitzen. Es wird gezeigt, daß bei Verw. eines Hochausbeutehalbstoffs **(A)** als teilweisem Ersatz für Holzschliff **(B)** die Kohäsion der Druckfarbe **(C)** regelmäßig geringer ist als bei Verw. von reinem **B.** Im Gegensatz zu herkömmlichem Zeitungspapier müssen die Unterschiede in der Opazität bei verschiedenen Drucken u. Farbmengen berücksichtigt werden. Die besten Ergebnisse bzgl. der B werden mit einem **A** erreicht, der in der Qualität weitgehend **B** gleicht. Neben dem Kohäsionsphänomen Papier: **C**, das durch die Raffination ausschlaggebend beeinflußt wird, sind die interlaminaren Kräfte, die in der Opazität zum Ausdruck kommen, für die B maßgeblich mitbestimmend. W. Anika 7958◇

## $H_{18b}$. Textilfasern

*2591* **Über die Wirkungsweise von Stabilisatoren in alkalischen Wasserstoffsuperoxidlösungen und deren praktische Anwendung.** N. Je. Fedorowa, P. W. Moryganow und L. A. Komandakowa. (Hochschulnachr. [Iwanowo], Technol. Textil-Ind. **1962,** Nr. 4, 76—83; Iwanowo, Chem.-technolog. Inst.; russ.) — Durch Messungen der Zers.-Geschw. von $H_2O_2$ in silicathaltigen Lsgg. konnte gezeigt werden, daß die Stabilisierung von $H_2O_2$ durch das bei der Hydrolyse-Rk. entstehende Kieselsäuregel u. nicht, wie früher angenommen, durch Erdalkalisilicate bewirkt wird. Der Stabilisierungseffekt kann entweder durch die Erhöhung des $SiO_2$ : $Na_2O$-Verhältnisses oder durch die Zugabe von Hydrolysebeschleunigern verstärkt werden. Als solche sind Ammoniumsalze u. $NaHSO_4$ am wirksamsten. Auf Grund der Labor.-Verss. wird eine Betriebstechnologie für Einbad-Bleichverf. vorgeschlagen, wonach der Weißgrad von 84—86% bei gleichzeitiger guter Saugfähigkeit u. ohne nennenswerten oxydativen Celluloseabbau erreicht wird. T. Lukanoff 8026◇

*2592* **Nomenklatur der Textilhilfsmittel und der Waschmittel.** Jan Thoma und Jaroslav Varvařovský. (Textil [Praha] **17,** 306—08, 1962; Rybitví, Kolorist. středisko SODB; tschech.) — Die Textilhilfsmittel werden in 3 Hauptgruppen: 1. nach ihrer Ionogenität u. ihren physikal. Eigg., 2. nach ihrem Verw.-Zweck u. 3. nach dem chem. Aufbau eingeteilt. W. Bernard 8028◇

*2593* **Trends bei Chemikalien und Hilfsmitteln für die textile Verarbeitung und Ausrüstung.** T. W. J. Apperley. (Textile J. Australia **37,** 882—85, 1962; Bradford, Inst. of Technol.; engl. — C. **1963,** 10698.) L. Jentgen 8028◇

*2594* **Untersuchungen an Silicon-Hydrophobierungsmitteln.** 2. Mitt. **Neutralisation der Natriummethylsiliconat-Lösung.** Tsunao Araki und Shōji Hagiwara. (Rep. Government chem. ind. Res. Inst., Tokyo **54,** 9—12, 1959; jap., Auszug: engl. S. II.) — Die Anwendung von *Na-Methylsiliconat*-Lsgg. wird durch die beträchtliche Alkalität beschränkt. Verss. zeigen, daß durch Zugabe von $CH_3COOH$ die Siliconat-Lsg. auf pH 5—6 gestellt werden kann, ohne daß der wasserabweisende Effekt dadurch beeinträchtigt wird. H.-A. Wannow 8028◇

*2595* **Untersuchungen an Silicon-Hydrophobierungsmitteln.** 3. Mitt. **Luftoxydation von Methylhydrogenpolysiloxan-Öl.** Tsunao Araki und Shōji Hagiwara. (Rep. Government chem. ind. Res. Inst., Tokyo **54,** 13—17, 1959; jap., Auszug: engl. S. II—III.) — 2. vgl. vorst. Referat. — Die *Härtung* von *Methylhydrogenpolysiloxan* durch Luft-$O_2$ wird durch Katalysatoren in nachst. Reihenfolge beschleunigt bzw. verzögert: Metalle: Cu > Pb > Sn > ohne Metall > Fe > Zn > Al; Metallnaphthenate: Fe > Ni > Pb > Co > Al > Cr > Cu > Mn > Ag. H.-A. Wannow 8028◇

*2596* **Untersuchungen an Silicon-Hydrophobierungsmitteln. 4. Mitt. Wasserabweisende Ausrüstung mit Methylhydrogensiloxan-Öl in Wasser-Emulsion.** Tsunao Araki und Shōji Hagiwara. (Rep. Government chem. ind. Res. Inst., Tokyo **54**, 18—26, 1959; jap., Auszug: engl. S. III.) — 3. vgl. vorst. Referat. — *Textilien* u. *Filterpapier* werden mit *Methylhydrogensiloxan* ausgerüstet u. der erzielte *Hydrophobierungseffekt* in Abhängigkeit von der Zus. u. dem pH-Wert des Bades sowie vom Katalysator untersucht. Pb-Naphthenat u. -Octoat, ferner Zn-Octoat als Katalysatoren erweisen sich als sehr wirksam. H.-A. Wannow 8028◇

*2597* **Differentialgleichung für die Geschwindigkeits-Komponenten im Faserspinn-Prozeß.** Andrzej Ziabicki. (Kolloid-Z. **179**, 116—17, 1961; Warszawa, Poland, Inst. of Gen. Chem., Dep. of Techn. Phys.; engl.) — *Differentialgleichungen* werden abgeleitet, mit denen die axiale Komponente der Geschw. oder der Düsenradius in einem gewählten rheolog. Modell bestimmt werden kann. I. Beßer 8030◇

*2598* **Bewertung der enzymatischen Entschlichtungsmittel.** 1. u. 2. Mitt. **Wirkung der enzymatischen Entschlichtungsmittel.** František Svoboda. (Textil [Praha] **17**, 291—94, 424—26, 1962; Drůr králové n. L., Výzkumný ústav zušlechťovací; tschech.) — Der *Abbau* von *Stärke* in Lsgg. u. als Film mit Malz-, Pankreas- u. Bakterienamylasen wird untersucht. Die Abbau-Prodd. werden photometr. u. papierchromatograph. gemessen u. die Ergebnisse in 8 Tabellen festgehalten. W. Bernard 8030◇

*2599* **Neue Typen von Harzen und deren Bedeutung für die knitterfeste Ausrüstung.** František Dokládal. (Textil [Praha] **17**, 298—300, 1962; Šumperk, Výzk. ústav lýkových vláken; tschech.) — Labor.-Verss. mit *Reaktantharzen* werden geschildert, die auf Basis von cycl. Derivv. des Harnstoffs, Epoxiden, Acetalen u. Triazonen aufgebaut werden. W. Bernard 8032◇

*2600* **Eine Untersuchung der Hypochlorit-Beständigkeit von Melamin-Ausrüstungen.** Sidney L. Vail, J. G. Frick jun. und J. David Reid. (Amer. Dyestuff Reporter **50**, 356—60, 1961; New Orleans, La., U. S. Dep. of Agric., Agric. Res. Serv., Southern Utilizat. Res. and Dev. Div., Southern Reg. Res. Labor.; engl.) — Die Unterss. über das Vergilben von mit *Melaminausrüstungen* behandelten Geweben bei der *Hypochloritbleiche* zeigen, daß das Vergilben auf die Rk. von Hypochlorit mit prim. $NH_2$-Gruppen zurückzuführen ist. Durch Einführen stabiler Substituenten, $CH_3$- oder $HOCH_2CH_2$-Gruppen, an jedem Amino-N des symm. Triazinrings vor der Rk. mit $H_2CO$, werden diese Gruppen inaktiviert u. das Vergilben verhindert. Die Eigg. von Geweben, die mit dem $H_2CO$-Rk.-Prod. von Acetylguanamin, N.N-Bis-[2-hydroxyäthyl]-melamin, N.N'-Dimethyl-N''.N''-bis-[2-hydroxyäthyl]-melamin u. N.N'.N''-Trimethylmelamin behandelt sind, werden dargelegt u. mit denen einiger handelsmäßig mit Methylolmelaminen u. methylierten Methylolmelaminen behandelten verglichen. L. Jentgen 8032◇

*2601* **Über das Beschichten von Geweben mit Polyurethanen.** O. Glenz und F. Kassack. (Tinctoria [Milano] **59**, 245—49, 1962; Leverkusen, Farbenfabriken Bayer Akt.Ges.; ital.) — Bldg., chem. Zus. u. Struktur (Strukturschema) der Polyurethane werden besprochen. Weiter wird mitgeteilt, wie durch Wahl geeigneter Ausgangsstoffe (Rk. von Polyester mit Isocyanat) u. Rk.-Bedingungen eine harzige Streichmasse — IMPRANIL C H bzw. C H W — (I) entwickelt wurde, die zum imprägnierenden Beschichten von Geweben aus Natur- oder Chemiefaser u. vieler anderer Materialien geeignet ist u. sich durch bes. gutes Haften an der Unterlage auszeichnet. I wird fest (100% ig.) in Schuppenform oder als 30% ig. Lsg. in Essigester geliefert; lösl. in Aceton (II), Bzl. /II (3:1), Toluol/II (3:1) oder $Cl_2C{=}CHCl$. Über die Lagerungs- u. Lösebedingungen wird berichtet sowie die Technologie der Herst. u. Verarbeitung (Schemaskizzen u. Abb.) der Streichpasten in Abhängigkeit des Untergewebes u. der jeweiligen Verw.-Zwecke (Versatzangaben) erörtert. Zum Einfärben werden anorgan. Pigmente verwendet; zur Oberflächenbehandlung von Autokarosserien kann der Pigmentanteil z. T. durch Al-Pulver ersetzt werden. Bzgl. der Scherfestigkeit u. Anfälligkeit gegen Öle u. organ. Lsgm. ist I widerstandsfähiger als analoge Prodd. aus PVC. Verarbeitung der behandelten Gewebe erfolgt durch Nähen u. Kleben (Angabe von Kleberversätzen). Verw. für Regenschutzhüllen, Zelte, Markisen, Abdeckungen, Nylonmäntel u. Verpackungsmaterial für Lebensmittel. W. Anika 8034◇

*2602* **Schaumstoffe in der Textilindustrie.** V. L. Erlich. (Z. ges. Textilind. **63**, 91—94, 1963; Reeves Brothers, Inc., Forsch.-Abt.; dt.) Über *Schaumstoff* wird berichtet, der in der Textilindustrie für die Kaschierung von *Textilbahnen* eingesetzt wird. Chem., technolog. u. mechan. Eigg. dieser Materialien u. verschiedene Meth. der Verbindung mit dem Textil werden beschrieben. I. Beßer 8038◇

*2603* **Die Vliesstoffe.** Karl-Arnold Weber und Wolfram v. Langenthal. (Bayer Farben-Rev. **1962**, Nr. 3, 14—27; dt.) — Die Aufbereitung des Rohfasermaterials zum *Vlies* u. die mechan. u. mit chem. Mitteln durchgeführte Verfestigung werden beschrieben. Die einbadige Anwendung von Bindern, Farbstoffen u. Hilfsmitteln sowie die Nachbehandlung von verfestigten Vliesstoffen wird besprochen. I. Beßer 8040◇

*2604* **Untersuchungen von mit Harnstoff-Formaldehyd-Harzen ausgerüsteten Cellulosegeweben.** W. B. Achwal. (Z. ges. Textilind. **63**, 132—37, 1963; dt.) — Die Feuchtigkeitsaufnahme u. das Wasserrückhaltevermögen von Carbamidharzen (**A**) sowie von mit diesen Harzen behandelten Geweben werden untersucht. Die untersuchten **A** nehmen sowohl aus feuchter Luft als auch aus W. Feuchtigkeit auf. Mit abnehmendem Feuchtigkeits-Geh. von **A** nimmt der Trockenknitterwinkel zu. Das hohe Wasserrückhaltevermögen von **A** führt zu einer Abnahme der Knittertendenz im nassen Zustand. Die Wrkg. von **A** auf die Faser steht im direkten Verhältnis zur Menge des aufgebrachten Kunstharzes. I. Beßer 8040◇

*2605* **Anbau und Entwicklung der Verarbeitung der kubanischen Baumwolle.** Jiří Krejčí und Otta Koldinský. (Textil [Praha] **17**, 403—05, 1962; Ústí nad Orlicí, Výzkumny ústav barlnářský; Dvůr Králové nad labem., Výzkumný ústav zušlechťovací; tschech.) — Kurze Übersicht über den gesamten Stand des kuban. Baumwollanbaus. R. Grundmann 8044◇

*2606* **Untersuchungen über die Pfropfpolymerisation auf Baumwolle.** 1. Mitt. **Pfropfung von Styrol auf Baumwolle durch vorherige Bestrahlung mit Elektronenstrahlen.** Ichirō Sakurada, Toshio Okada und Fujiko Kimura. (J. Soc. Textile Cellulose Ind., Japan [Sen-i Gakkaishi] **18**, 687—93, 1962; Kyoto, Japan, Kyoto Univ., Dep. of Polymer Chem.; Higashinada-ku, Kōbe, Japan, Kōnan Univ., Dep. of Chem.; jap., Auszug: engl.) — *Baumwolle* (**A**) wird in Ggw. von Luft (**B**) mit *Elektronenstrahlen* von einem Van de Graff-Accelerator bestrahlt u. dann mit einer Lsg. von *Styrol* (**I**) in $CH_3OH$, die ca. 5% W. enthält, bei verschiedenen Temp. im Vakuum in Berührung gebracht. Es wird festgestellt, daß **I** leicht bei einer Dosis von 1 Mrad auf **A** gepfropft wird. Bei konst. Strahlungsintensität nimmt die Menge an gepfropftem **I** mit der Gesamtdosis u. der Pfropfzeit zu. Die optimale Pfropf-Temp. beträgt 50°. Fast keine Pfropf-Rk. wird bei Arbeiten in **B** beobachtet. Beim Pfropfen im Vakuum beschleunigen Fe-Ionen den Vorgang bei niedrigen Temp., jedoch nicht bei 50 u. 80°. Eine Pfropfung tritt in erheblichen Maße in **B** ein, wenn die Monomeren-Lsg. Fe-Ionen enthält. L. Jentgen 8044◇

*2607* **Untersuchungen über die Pfropfpolymerisation auf Baumwolle.** 2. Mitt. **Einfluß des Lösungsmittels auf die Pfropfung von Styrol auf Baumwolle.** Ichirō Sakurada, Toshio Okada und Fujiko Kimura. (J. Soc. Textile Cellulose Ind., Japan [Sen-i Gakkaishi] **18**, 693—98, 1962; jap., Auszug: engl. S. 687.) — 1. vgl. vorst. Referat. — *Baumwolle* (**A**), die mit *Elektronenstrahlen* in Luft (**B**) bestrahlt wurde, wird im Vakuum bei 50° in $CH_3OH$-Lsg. ohne Zusatz von W. leicht mit *Styrol* gepfropft. Der Pfropfgrad ist fast ebenso groß wie bei einer Monomeren-Lsg., die W. enthält. Neben $CH_3OH$ sind A. u. Propanol beim Pfropfen wirksam, nicht aber Butanol u. Amylalkohol. Bei Bestrahlung mit $^{60}Co$-$\gamma$-Strahlen ist der Pfropfgrad auf im Vakuum bestrahlte **A** doppelt so groß als in **B**, bei Bestrahlung in Bzl. verschlechtert er sich. *Acrylsäure* läßt sich leicht auf **A** pfropfen, obgleich eine erhebliche Menge an Hochpolymerem erzeugt wird. L. Jentgen 8044◇

*2608* **Untersuchungen über die Pfropfpolymerisation auf Baumwolle. 3. Mitt. Pfropfpolymerisation auf gefärbte Baumwollgewebe nach Vorbestrahlung.** Ichirō Sakurada und Fujiko Kimura. (J. Soc. Textile Cellulose Ind., Japan [Sen-i Gakkaishi] **18**, 698—700, 1962; jap., Auszug: engl. S. 688) — 2. vgl. vorst. Referat. — *Gefärbte Baumwollgewebe* (**A**) werden mit *Elektronenstrahlen* vorbestrahlt u. dann der Pfropfpolymerisation im Vakuum bei 50° mit dem Pfropfgemisch Styrol (I)/$CH_3OH$ (II) u. I/II/W. unterworfen. Obgleich der Pfropfgrad niedriger ist als auf ungefärbtem **A**, werden mit *Sirius Supra Yellow* FRAL, *Alcian Blue* 8 GN u. *Sirius Supra Orange* F 3 G gefärbte **A** glatt ohne starkes Verschießen gepfropft. Fast keine Pfropfung wird bei Färbungen mit *Indanthren Braun G*, *Indanthren Grau K* oder *Sulphur Brown MC* beobachtet. L. Jentgen 8044◇

*2609* **Untersuchungen über die Pfropfpolymerisation auf Baumwolle. 4. Mitt. Pfropfpolymerisation von Styrol auf mit Wasser getränktes Baumwollgewebe durch γ-Strahlen.** Ichirō Sakurada und Yasuyoshi Sakaguchi. (J. Soc. Textile Cellulose Ind., Japan [Sen-i Gakkaishi] **18**, 834—38, 1962; jap., Auszug: engl.) — 3. vgl. vorst. Referat. — *Styrol* (**I**) wird mittels *γ-Strahlen*, Dosis $2 \cdot 10^5$ r/h, auf mit *W. getränktes Baumwollgewebe* (**A**) gepfropft. Die Wrkg. des Wasser-Geh. (0—200%) von **A**, der I-Mengen (45—4000%), der Temp. (10 bis 70°) u. Atmosphäre (Luft u. $N_2$) auf den Pfropfgrad wird untersucht. Am wichtigsten ist der Wassergehalt. Anscheinend tritt keine bemerkenswerte Pfropfung mehr ein, wenn eine bestimmte Menge **I** gepfropft ist. L. Jentgen 8044◇

*2610* **Untersuchungen über die Pfropfpolymerisation auf Baumwolle. 5. Mitt. Die Rolle von im Gewebe vorhandenem Wasser und von gepfropftem Styrol bei der Pfropfpolymerisation von Styrol auf Baumwollgewebe.** Ichirō Sakurada und Yasuyoshi Sakaguchi. (J. Soc. Textile Cellulose Ind., Japan [Sen-i Gakkai-shi] **18**, 838—42, 1962; jap., Auszug: engl. S. 834.) — 4. vgl. vorst. Referat. — Die beschleunigende Wrkg. von *W.* beruht hauptsächlich auf dem *Quelleffekt* auf das *Gewebe*, indem W. das Styrolmonomere (**A**) in die innere Faserstruktur einführt. Auf die Fasern gepfropftes Polystyrol beschleunigt das weitere Eindringen von **A** in die Faser. Erörtert werden auch die Sättigung beim Pfropfen u. die Gel-Wrkg. bei der Polymerisation. L. Jentgen 8044◇

*2611* **Untersuchungen über die Pfropfpolymerisation auf Baumwolle. 6. Mitt. Pfropfpolymerisation von Styrol auf trockene Baumwollgewebe durch γ-Strahlen.** Ichirō Sakurada und Yasuyoshi Sakaguchi. (J. Soc. Textile Cellulose Ind., Japan [Sen-i Gakkaishi] **18**, 919—24, 1962; jap., Auszug: engl.) — 5. vgl. vorst. Referat. — *Trockenes Baumwollgewebe* wird in *Styrol* (I)/*organ. Lsgm.* (**A**)-Gemischen bestrahlt. Die Wrkg. der Art u. Menge von **A**, der I-Menge, der Temp. u. Atmosphäre auf Propf-Geschw. u. -Grad wird untersucht. Die verwendeten **A** werden aufgeführt, u. es wird festgestellt, daß die Art von **A** der wichtigste Faktor beim Pfropfen ist, u. daß einige **A** anscheinend auf Grund ihrer Quell-Wrkg. auf die Faser das Pfropfen beschleunigen. L. Jentgen 8044◇

*2612* **Untersuchungen über die Pfropfpolymerisation auf Baumwolle. 7. Mitt. Pfropfpolymerisation von Styrol auf verschiedene Cellulosen durch ein gleichzeitiges Pfropfverfahren mit γ-Strahlen.** Ichirō Sakurada und Yasuyoshi Sakaguchi. (J. Soc. Textile Cellulose Ind., Japan [Sen-i Gakkashi] **18**, 924—29, 1962; jap., Auszug: engl.) — 6. vgl. vorst. Referat. — Verschiedenen *Cellulosen* (**C**), z. B. *Baumwoll* (**A**)-*Fasern* u. *-Gewebe*, *mercerisierte Baumwollgewebe* u. verschiedene *Reyon* (**B**)-*Fasern* u. *-Gewebe* werden untersucht. Bei genügendem Wasser-Geh. reagieren fast alle **B**-Muster leichter als **A**. Wenn dagegen trockene Muster in Styrol (I)-Lsgg. bestrahlt werden, werden manche **B**-Muster leichter u. andere schwerer gepfropft als **A**. Die Pfropf-Geschw. der verschiedenen **C**-Muster ändert sich mit den Pfropfbedingungen. Dies kann durch den Unterschied in der Kristallinität u. Feinstruktur der Muster erklärt werden. Die **A**-Fasern u. -Gewebe werden mit ziemlich der gleichen Geschw. gepfropft. Der Quellgrad der mit I gepfropften **A**-Gewebe wird bei 30° in Bzl. gemessen. Die Werte hängen nicht nur von dem Pfropfgrad, sondern auch von den Pfropfbedingungen ab. L. Jentgen 8044◇

*2613* **Solvatations- und Quellungserscheinungen von Cellulosefasern. Wirkung der Natronlauge-Lösungen.** Jean Chédin, Geneviève Petitpas und Andrée Marsaudon. (Mém. Serv. chim. Etat **40**, 311—19, 1955; Labor. Centr. des Serv. chim. de l'État; franz.) — Gebleichte *Baumwollfasern* (**A**) werden vollständig mercerisiert, wenn ca. 85% der $C_6$-Gruppen 1 Mol. hydratisiertes *NaOH* (**II**) fixiert haben, was beim Eintauchen von **A** in 15%ig. **II**-Lsg. stattfindet; dabei werden $NaOH \cdot 4\,H_2O$-Moll. fixiert. Dasselbe Ergebnis wird durch Mercerisieren in 68—69%ig. $HNO_3$ erhalten. Die getrockneten (zentrifugierten) oder ausgepreßten, gequollenen **A** dürfen zurückhalten: fixiertes, hydratisiertes **II** u. die durch Schwamm-Wrkg. zurückbleibende Fraktion der Tauchflüssigkeit. W. Wesly 8044◇

*2614* **Die Synthese neuer Derivate der Cellulose, welche gegenüber der Einwirkung von Mikroorganismen widerstandsfähig sind.** S. A. Rogowin und W. W. Tschernaja. (Hochschulnachr. [Iwanowo], Technol. Textil-Ind. **1962**, Nr. 5, 109—13; Moskau, Textil-Inst.; russ.) — In die *Cellulose* eingeführte Gruppen, wie Nitril, Pyridin oder Carbonyl machen dieselbe gegenüber bakteriellen Einw. widerstandsfähiger. Auch Propfcopolymere, die 6—10% vom Gew. der Ausgangsfasern an Polymeren, wie Polyacrylnitril, Polymethylvinylpyridin u. Polymethacrylsäure bewähren sich. Am vorteilhaftesten erwies sich eine Bearbeitung von Cellulosefasern mit Diepoxyverbindungen. Von Schimmelpizen werden die genannten modifizierten Cellulosen schon im Verlaufe von 3—4 Tagen angegriffen. M. Ulmann 8044◇

*2615* **Der Einfluß von Thyroxin auf das Wachstum der Wolle und die Aufzucht von Lämmern.** I. E. Coop und V. R. Clark. (New Zealand J. agric. Res. **1**, 365—81, 1958; Christchurch, New Zealand, Lincoln Coll., Canterbury Agric. Coll.; engl.) — Durch Impfen von *Schafen* mit *l-Thyroxin* (**I**) im Spätsommer u. Herbst wird die Geschw. des *Wollwachstums* gesteigert. Die optimale Dosis beträgt 60—90 mg **I** je Schaf von 120—130 lbs. Körpergewicht. Die mit 90 mg **I** erzielte Gew.-Vermehrung beträgt 0,6 lb. oder 6% je Vlies. W. Wesly 8060◇

*2616* **Die Herstellung hochfester Cellulosefäden aus Kupferoxydammoniak-Cellulose-Lösung.** H. Frind. (Kolloid-Z. **179**, 110—16, 1961; Wuppertal, J. P. Bemberg AG, Vers.-Abt.; dt.) — Die Wrkg. von *Fallbädern* auf die techn. *Cupra-Spinn-Lsg.* wird an Hermansschen Modellfäden untersucht. In dem Fällbad ($Ca^{2+}$, $Cu^{2+}$, $Cl^-$, $NH_3$) wird ein *Cu-Ca-Cellulose-Gelfaden* gebildet, der unter starker Verfestigung hoch verstreckt werden kann. Bei der Entw. zu einem halbtechn. Spinn-Verf. kommt der „Inertzone" eine bes. Bedeutung zu. Neben einer Querschnittsverringerung laufen in ihr Desorientierungsvorgänge der im Düsenloch z. T. orientierten Spinn-Lsg.-Struktur ab, was sich auf die mechan. Eigg. des gebildeten Cellulosefadens auswirkt. Unterss. zeigen einen runden Fadenquerschnitt; der nicht scharf begrenzte Mantel ist höher orientiert. I. Beßer 8074◇

*2617* **Feuchtigkeitsverhältnisse der Cellulose. 7. Mitt. Die Befeuchtungswärme für Trocken-Viscose-Reyon und die Übergangstemperatur.** M. Wahba, K. Aziz und A. N. Apostolides. (J. Textile Inst., Trans. **53**, T 318—T 325, 1962; Cairo, Cairo Univ., Fac. of Sci., Chem. Dep.; engl.) — 6. vgl. C. **1963**, 10698. — Die *Befeuchtungswärme* von *Viscosereyon* (**A**), trocken, stabilisiert, wird bei Temp. von 1—50° gemessen. Der Vgl. mit den bei Baumwollcellulose (**B**) erhaltenen Ergebnissen zeigt, daß die Kurven für die Abhängigkeit der Befeuchtungswärme von der Temp. für diese beiden Modifikationen der Cellulose ähnlich sind u. durch 2 Gerade dargestellt werden, die sich bei ca. 23° schneiden. Die Linie im Bereich der niedrigeren Temp. verläuft steiler. Die beiden Kurven zeigen somit dieselbe *Übergangs-Temp.* für **A** u. **B**. A. Seuffert 8074◇

*2618* **Neueste Fortschritte bei der Feinstruktur von hochfestem Reyon.** Yukio Mitsuishi. (J. Soc. Textile Cellulose Ind., Japan [Sen-i Gakkaishi] **18**, 891—96, 1962; Iwakoni City, Yamaguchi Prefect., Japan, Teikoku Rayon Co. Ltd., Res. Labor.; jap., Auszug: engl.) — Zur Feststellung des Fortschritts bei *Struktur* u. Eigg. von neuestem *hochfestem Reyon* wird die Änderung der Feinstruktur beim Übergang vom Super 2-Typ zum Super 3-Typ auf Grundlage des Konzepts der Netzwerkstruktur untersucht. Es ergibt sich **1.**, daß die Kristallite, die Verankerungspunkte der Netzwerkstruktur u. der Kristallisationsgrad kleiner werden, die Orientierung der Kristallite in der Ebene höher wird u. die Spitzen der seitlichen

Verteilungskurve sich bei Super 3 in ein niedrigeres Gebiet verlagern als bei Super 2 u. 2., daß die Mol.-Kettenorientierung im amorphen Bereich niedriger u. DP, der Grad der Kettendurchdringung durch die Kristallite u. der Grad der Gleichmäßigkeit der Kettenlängen zwischen Kristalliten größer werden u. die Netzwerkstruktur von Super 3 dichter wird als von Super 2. L. Jentgen 8074◇

*2619* **Strukturelle Veränderungen der Viscosefasern während der Faserbildung.** W. Ss. Sacharow, I. G. Selenzow und A. B. Pakschwer. (Chemiefasern [UdSSR] **1960**, Nr. 6, 30—32; Kalinin, Zweigstelle des Allunionsforschungsinst. für Kunstfasern; russ.) — Während des technolog. Prozesses der Faser-Bldg. nimmt die spezif. Dichte der Fasern zunächst ab u. steigt dann wieder an. Eine saure Behandlung von Fasern führt zur Herabsetzung der spezif. Dichte. T. Lukanoff 8074◇

*2620* **Die strukturelle und physikalische Bedeutung des Quellgrades und des Trocken-Naß-Festigkeitsverhältnisses (WS/DS) von Reyon.** Yukio Mitsuishi. (J. Soc. Textile Cellulose Ind., Japan [Sen-i Gakkaishi] **18,** 885—90, 1962; Iwakuni City, Yamaguchi Prefect., Japan, Teikoku Rayon Co. Ltd., Res. Labor.; jap., Auszug: engl.) — Bei Zugrundelegung der Netzwerkstruktur mit den Kristalliten als Verankerungspunkten für die Feinstruktur von *Reyons* (**A**) hängt der *Quellgrad* von den intermicellaren Zwischenräumen ab, u. diese hängen von der Kristallinität, der Mol.-Kettenorientierung im amorphen Gebiet u. der Länge des amorphen plus kristallinen Bereichs ab. WS/DS hängt von dem Grad der Durchdringung der Celluloseketten durch Kristallite ab. Der Quellgrad von hochfestem **A** oder *Toramomen* (**B**) ist niedriger als von gewöhnlichem **A**; WS/DS des ersteren ist höher als das des letzteren. Deshalb hat **B** kleinere intermicellare Zwischenräume u. einen höheren Grad der Kettendurchdringung durch Kristallite. L. Jentgen 8074◇

*2621* **Schnelle Acetylierung von Reyon.** 1. Mitt. Kazuhiro Nagai und Masao Saito. (J. Soc. Textile Cellulose Ind., Japan [Sen-i Gakkaishi] **18,** 876—79, 1962; Kitajima-cho, Itano-gun, Tokushima Prefect., Toho Rayon Co. Ltd., Res. Inst.; jap., Auszug: engl. S. 875.) — *Acetyliertes Reyon* (**A**) mit ca. 50% $CH_3COOH$-Geh. kann innerhalb 10 Min. hergestellt werden durch Einw. von $(CH_3CO)_2O$ u. Kerosin bei über 100° auf Reyon, das mit >40% seines Gew. mit $CH_3COOK$ aus wss. Lsg. imprägniert u. dann getrocknet wird. Die *Acetylierung* geht nicht nur glatt u. gleichmäßig vor sich, sondern **A** erleidet auch weder Festigkeitsverlust, noch Verringerung des DP. Ein Strecken von **A** direkt nach der Acetylierung verbessert seine Eigenschaften. $CH_3COOH$, das Nebenprod. der Veresterung, verzögert die Acetylierungsgeschwindigkeit. Überschüssiges $CH_3COOK$, der Acetylier-Fl. zugesetzt, erzeugt ein Doppelsalz, $CH_3COOK \cdot 2\,CH_3COOH$, u. verhindert ein Absinken der Rk.-Geschwindigkeit. Wenn die Acetylier-Fl. abgekühlt wird, trennen sich die Kristalle des Doppelsalzes von der Flüssigkeit. Auf diese Weise kann die $CH_3COOH$ abgeschieden werden; die Reaktivität der Acetylier-Lsg. bleibt konstant. Dieses Acetylier-Verf. wird auch bei der kontinuierlichen Acetylierung von Reyonkabel erfolgreich sein. L. Jentgen 8076◇

*2622* **Schnelle Acetylierung von Reyon. 2. Mitt. Acetylierungsgeschwindigkeit und Geschwindigkeitsgleichung.** Masao Saito, Tadao Kasai und Kazuhiro Nagai. (J. Soc. Textile Cellulose Ind., Japan [Sen-i Gakkaishi] **18,** 879—84, 1962; jap., Auszug: engl. S. 875—76.) — 1. vgl. vorst. Referat. — Unterss. über die *Acetylierung* von *Reyonfasern* (**A**) werden durchgeführt, um festzustellen, ob mit $CH_3COOK$ imprägniertes **A** sehr schnell mit $(CH_3CO)_2O$ acetyliert werden kann. So kann z. B. **A**, das in 40%ig. wss. $CH_3COOK$-Lsg. getaucht, abgequetscht u. dann getrocknet wird, in einem Gemisch von $(CH_3CO)_2O$ u. Kerosin bei 135° in 15 Sek. acetyliert werden, um 50% $CH_3COOH$-Geh. zu erlangen. Bei genauer Beobachtung der Rk.-Geschw. wird festgestellt, daß bei Beginn kaum eine Acetylierung stattfindet u. diese Induktionszeit 2—5 Sek. dauert. Nach dieser Zeit tritt eine außerordentlich schnelle Rk. ein, bis der zugängliche Teil von **A** acetyliert ist. Auf diese schnelle folgt eine langsame Reaktion. Unter Berücksichtigung dieser Tatsachen kann die Acetylierungs-Geschw. durch folgende Gleichung ausgedrückt werden: $-\log(A-x) = kt-(kZ + \log A)$, wobei A = Zugänglichkeit ist. L. Jentgen 8076◇

*2623* **Das Problem der Polyvinylfasern.** G. Kirmaier. (Rev. Chim. [București] **8,** 349—52, 1957; rum.) R. K. Müller 8080◇

*2624* **Untersuchungen über die Herstellung von Acrylonitrilfasern nach dem Verfahren der Auflösung in wässerigen $ZnCl_2$–NaCl-Mischlösungen.** 1. Mitt. **Untersuchungen über die Löslichkeit von Copolymeren.** Masatoshi Yoshida und Masaichi Taniyama. (J. Soc. Textile Cellulose Ind., Japan [Sen-i Gakkaishi] **18,** 903—09, 1962; Katajima-cho, Itano-gun, Tokushima Prefect., Japan, Toho Rayon Co. Ltd., Res. Dep.; jap., Auszug: engl.) — Eine wss. Misch-Lsg. von $ZnCl_2$–NaCl eignet sich besser für das Auflöse-Verf. vom „Breityp" als wss. $ZnCl_2$-Lsg. oder $HCON(CH_3)_2$. Die industriellen Ergebnisse sind hinsichtlich Entschäumen der Lsg. besser. MMA-Copolymeres wird mit zunehmendem Comonomeren-Prozent-Geh. in wss. $ZnCl_2$–NaCl-Lsg. weniger löslich. MA-Copolymeres ist unabhängig vom Comonomeren-Prozent-Geh. darin gut lösl., zeigt aber Schwierigkeiten in der Beibehaltung des „Breizustands". Untersucht werden die Beziehungen zwischen der Viscosität des Breis oder der Lsg., das Molgew., seine Verteilung u. die Konz. der Polymeren. L. Jentgen 8080◇

*2625* **Untersuchungen über die Herstellung von Acrylonitrilfasern nach dem Verfahren der Auflösung in wässerigen $ZnCl_2$–NaCl-Mischlösungen.** 2. Mitt. **Die Wirkungen der Polymerisationsbedingungen auf die Löslichkeit.** Masatoshi Yoshida und Masaichi Taniyama. (J. Soc. Textile Cellulose Ind., Japan [Sen-i Gakkaishi] **18,** 909—12, 1962; jap., Auszug: engl. S. 903.) — 1. vgl. vorst. Referat. — Der Brei von Polymeren, die bei höheren Temp. polymerisiert sind, oder die mit feuchter Hitze behandelten Polymeren zeigen niedrigere Breiviscosität; Trockenhitzebehandlung zeigt keinerlei bemerkbare Wirkung. Die Polymerpulver mit hohem spezif. Gew. zeigen niedrigere Breiviscosität. BASF-Polymeres hat das höchste spezif. Gew. u. die niedrigste Breiviscosität. Die wss. $ZnCl_2$–NaCl-Lsg. zeigt eine Abnahme der Huggins-Konst. K' u. gibt höhere Houwink-Konst. α u. [η] als $HCON(CH_3)_2$. Folglich scheint wss. $ZnCl_2$–NaCl-Lsg. ein gutes Lsgm. zu sein, aber die Gleichmäßigkeit der Comonomeren-Zus. im Copolymeren hat einen Einfl. auf die Löslichkeit in wss. $ZnCl_2$–NaCl-Lösungen. L. Jentgen 8080◇

*2626* **Methoden der Bestimmung von elementarem Schwefel in Spinnbädern.** Stanisław Wydrzycki. (Polimery — Tworzywa wielkocząsteczkowe **7,** 176—77, 1962; Tomaszowskie Zakłady Włók. Sztuczn.; pol.) — Die *Best.* von *S* in *Spinnbädern* kann auf 2 Wegen erfolgen: 1. Die Probe mit dem suspendierten S wird zentrifugiert, der Rückstand mit W. gewaschen, in $Na_2SO_3$ u. n-NaOH gelöst u. die Lsg. mit $CH_3COOH$ neutralisiert; $Na_2S_2O_3$ wird darauf jodometr. titriert; 2. der abzentrifugierte Rückstand wird mit einer alkal. $H_2O_2$-Lsg. gekocht u. in der angesäuerten Lsg. $SO_4^{2-}$ mit $BaCl_2$ im Überschuß gefällt. Der $Ba^{2+}$-Überschuß wird mit einer $K_2SO_4$-Lsg. in Ggw. von Na-Rhodizonat als Indicator titriert. Die 2. Meth. liefert höhere Ergebnisse als die 1. F. Urban 8096◇

*2627* **Nachweis der wärmehärtbaren Harze durch Papierchromatographie.** Jiří Šrámek und Luděk Láš. (Textil [Praha] **17,** 302—04, 1962; Dvůr Králové nad Labem., Výzk. úst. zušlecht'ovací; tschech.) — 2 g ausgerüstetes Gewebe werden 30 Min. lang bei 80° mit 50 ml 0,5n HCl hydrolysiert, das Hydrolysat filtriert, HCHO in 2 Std. durch Kochen entfernt, neutralisiert u. mit Pyridin/Isoamylalkohol/25%ig. $NH_4OH$ (1,3:1:1) chromatographiert, getrocknet, im Exsiccator mit $Cl_2$-Gas behandelt u. mit einer Lsg. von 1% o-Tolidinhydrochlorid besprüht. Die einzelnen Harze zeigen dann eine blaugrüne bis braunschwarze Färbung u. unterscheiden sich durch unterschiedliche $R_F$-Werte. W. Bernard 8098◇

*2628* **Molekulargewicht und Polymerisationsgrad von Faserstoffen als Qualitätsmerkmale.** Werner Schefer. (Textil-Rdsch. [St. Gallen] **14,** 514—18, 1959; St. Gallen, Eidg. Materialprüfung- u. Vers.-Anstalt, Hauptabt. C; dt.) — *Molgew.* u. *Faserschädigungen* werden erläutert. Experimentelle Best. von Molgew. u. Polymerisationsgrad durch *Viscositätsmessungen* werden besprochen. I. Beßer 8100◇

*2629* **Probleme der Verformungsmessung bei Stoßprüfungen an Textilien.** Stanley Backer und Jan G. Krizik. (J. appl. Polymer Sci. **4,** 277—83, 1960; Cambridge, Mass., Massachusetts Inst. of Technol., Text. Div., Slater Memorial Labor.; engl.) — Ein neues Verformungsmeßgerät für Textilien wird beschrieben, bei dem durch Zweipunktmessung die bisher auftretenden Probleme gelöst werden. G.-D. Gollnisch 8100◇

*2630* **Über die Standardmethode zur Abtrennung von Cellulose aus Baumwollfasern.** Ch. U. Ussmanow und W. P. Schatkina. (Usbek. chem J. [UdSSR] **6**, Nr. 2, 24–27, 1962; Inst. für die Chem. der Polymeren der Akad. der Wiss. der UsbekSSR; russ., Auszug: usbek.) – Die Standard-Meth. von Corey u. Gray zur Reinigung u. Best. der *Cellulose* (**I**) in Baumwollfasern liefert auch bei jungen, 15 Tage alten Fasern richtige Werte, da, wie Vff. nachweisen, Extrakte mit 82% ig. A., heißem W. u. 1% ig. NaOH keine **I** enthalten. Der Geh. an *Uronsäuren* (**II**) beträgt bei unbehandelten jungen Fasern 2,40% u. an Methoxylgruppen 0,63%. Diese Werte betragen nach Extraktion der Fasern mit A. 7,08 u. 1,05, mit heißem W. 3,12 u. 0,46 u. mit 1% ig. NaOH 1,02 u. 0,33. Ältere I-Fasern enthalten weniger an **II** u. Methoxylgruppen, z. B. 75 Tage alte Fasern nach Reinigung 0,60% u. 0,21%.
M. Ulmann 8102◇

*2631* **Viscositätsmessungen an Cellulose, hier im besonderen der Baumwolle.** 1. Mitt. G. Prati und L. Errani. (Tinctoria [Milano] **59**, 233–40, 1962; Ind. Carta **16**, 387–95, 1962; Milano, Staz. Sper. per la Cellulosa, la Carta e le Fibre Tess. Vegetali ed Artificiali; Centro di Studio per l'Ind. Tess. del Centro Naz. delle Ric.; ital.) — Nach einführenden, grundlegenden Ausführungen über die Viscosität (V.) u. die Viscositätsmessungen (VM.)-Definition, Theorie, Lösen der Polymeren — wird über die allg. Grundlagen der VM., bes. für hochpolymere Cellulose (**A**), berichtet. Meth. u. Arbeitsweisen des Höppler-Kugelfall-, des Rotations-, des Oswald-Fenske- bzw. des Oswald-Ubbelohde-Viscosimeters (OUV.) werden behandelt u. hervorgehoben, daß das OUV. wegen der Einfachheit der Konstruktion u. Handhabung vorzuziehen ist. Als Lsgm. wird, entgegen den ASTM- u. TAPPI-Normen, wegen der guten lösenden Eigg. für **A** Cupriäthylendiamin — Cuen — angegeben, wobei hervorgehoben wird, daß die gelösten Metallkomplexe der Gefahr der katalyt. Oxydation ausgesetzt sind, die zur Depolymerisation führen kann. Deshalb ist die vorgeschlagene VM. unter $N_2$ durchzuführen. Die Beziehungen zwischen der V. u. dem Polymerisationsgrad von Cellulose u. den intermol. Beziehungen sowie ausländ. Standard-Verff. (amerikan., schwed., franz.) der VM. werden erläutert.
W. Anika 8102◇

*2632* **Viscositätsmessungen an Cellulose, hier im besonderen der Baumwolle.** 2. Mitt. G. Prati und L. Errani. (Tinctoria [Milano] **59**, 279–86, 1962; Ind. Carta **16**, 425–32, 1962; ital.) — 1. vgl. vorst. Referat. — Nach einleitender Besprechung der Technik der Viscositätsmessung (VM.) wird über ein in Anlehnung an das Oswald-Ubbelohde-Viscosimeter entwickeltes, 3armiges Viscosimeter berichtet, das bei einfacher Bedienung für hochmol. Cellulose gute, reproduzierbare Werte liefert. Ausführliche Beschreibung der App. (Skizze) u. der Arbeitsweise. Das Lösen der Probe u. Messen der Auslaufzeit erfolgt in der gleichen Apparatur. Bei Anwendung der vorgeschlagenen VM. in der Praxis konnte über lange Zeit die Brauchbarkeit des Verf. bestätigt werden. Durch Umrechnung des Viscositätswertes ist es möglich, Aussagen über den Polymerisationsgrad zu machen. W. Anika 8102◇

*2633* **Eine Schnellmethode zur Kontrolle des Grades der Entlüftung von Viscose und anderen Spinnlösungen mit niedriger Dampfspannung.** K. W. Perepelkin. (Chemiefasern [UdSSR] **1960**, Nr. 2, 53–56; Unions-Forsch.-Inst. für Chemiefasern; russ.) — Eine Schnell-Meth. zur mikrodilatom. Best. von gelösten Gasen in Fll., basierend auf der Abscheidung der Gase unter Vakuum aus der Fl. in Ggw. von festen, durch die Fl. wenig benetzbaren Oberflächen wurden entwickelt. Die Menge des abgeschiedenen Gases bestimmte man nach der Veränderung der Lage der Fl.-Säule in der Capillare des beschriebenen Gerätes bei Veränderung des abs. Druckes im System. Die Best. von dispergierten Gasen wird ähnlich durchgeführt, jedoch ohne Zugabe von lyophoben Substanzen. Die Best.-Meth. u. das Gerät zur schnellen Kontrolle des Entlüftungsgrades von Spinn-Lsgg. können unter Labor.- u. Betriebsbedingungen angewandt werden.
H. Klüsener 8112

*2634* **Verwendung der qualitativen Prüfung der Jod-Sorption zum Beweis der Schädigung von Viscosefasern durch Licht.** Karel Schwertassek. (Textil [Praha] **17**, 300–02, 1962; Brno, Výzk. ústav pletařský; tschech.) — Durch Behandeln mit Lsgg. von 5 g $J_2$ in 50 ml W. mit 40 g KJ läßt sich auch nach alkal. Seifenwäsche *Photocellulose* nachweisen; Oxy- u. Hydrocellulose zeigen andere Reaktionen.
W. Bernard 8112◇

---

*2635* Revertex Ltd., England, **Herstellung wässeriger kationischer Polymerer.** Man polymerisiert die Monomeren in Ggw. von 0,2–20 Gew.-% (des Monomeren) Aminoalkylestern der Acryl-, α-substituierten Acryl- oder Itaconsäure, wobei ein Aminoalkohol der Formel $Y[C(R^3)(R^4)]_xC(R^1)(R^2)\cdot OH$ verwendet wird ($Y = R^5NR^6$ oder $R^5(R^6)\overset{+}{N}(R^7)$-; $R^1$–$R^6$ = H, niederer Alkyl-, Aralkyl- oder Cycloalkylrest mit ≦8 C-Atomen; $R^7$ = Alkyl-, Aralkyl- oder Cycloalkylrest, die auch substituiert sein können; X = 0, 1, 2 oder 3), in wss. Emulsion in Abwesenheit von koll. anion. Stabilisatoren u. oberflächenakt. anion. Mitteln. — Eine Lsg. von 10 (Gew.-Teilen) Diäthylaminoäthylmethacrylat in 192 W. mit 10 Eisessig u. 0,2 $(NH_4)_2S_2O_8$ wird 48 Std. auf 50° erwärmt. Zu 100 der Lsg. gibt man 25 W., 0,5 kation. oberflächenakt. Stoff Ranotex CW, 100 Vinylacetat mit 0,1 $CCl_4$, emulgiert u. erhitzt auf 67°, gibt 4 4% ig. $K_2S_2O_8$-Lsg. zu u. rührt 2½ Stunden. Mit der Emulsion kann man Faserstoffe (Papier, Leder, Asbest, Textilien) imprägnieren. (**F. P. 1 238 477** vom 4/8. 1959, ausg. 2/12. 1960. E. Prior. 7/8. 1958.)
M. Pankow 8037

*2636* Reichhold Chemicals, Inc., Detroit, Mich., V.St.A., übert. von: Fritz J. Hermann und Egide Rossi, Bezons, Seine-et-Oise, Frankreich, **Imprägnieren von Faserbahnen** zu aufrollbaren u. lagerfähigen, durch Einw. von Druck u. Hitze mit gleichem Material verbindbaren Bahnen bei höherer Temp. mit einer Lsg. eines ungesätt. Alkydpolyesterharzes u. 4–35, bes. 8–20%, eines polymerisierbaren Monomeren (Vinyl-, Allyl-Verbb.) mit Kp. ≧70° als Netzmittel u. Trocknen bei ≦80° unter Entfernung des Lösungsmittels. (**Can. P. 571 367** vom 24/9. 1956, ausg. 24/2. 1959. E. Prior. 15/9. 1955.) H.-J. Nitzschke 8037

*2637* Snia Viscosa Soc. Nazionale Industria Applicazioni Viscosa S. p. A., Italien, **Herstellung von Fäden und Fasern aus Regeneratcellulose** aus alkal. Lsgg. von Cellulosexanthogenat. Als Koagulationsbad nimmt man ein Bad aus Alkalicarbonat, z. B. 0,5–4% $NaHCO_3$, u. hält bei der Rk. den Alkalicarbonat-Geh. des Bades <6%. Regeneration, Entschwefelung u. Bleichung erfolgen wie üblich. Man verwendet im Koagulationsbad z. B. eine Mischung aus 25 (%) $Na_2SO_4$, 3,6 $NaHCO_3$ u. 2,5 $Na_2CO_3$ u. regeneriert anschließend in einem $H_2SO_4$–$ZnSO_4$-Bad. (**F. P. 1 241 888** vom 17/9. 1959, ausg. 28/12. 1960.)
M. Pankow 8075

*2638* Fiber Bond Corp., Chicago, übert. von: Joseph J. Klein, Glencoe, und Emanuel N. Maisel, Aurora, Ill., V.St.A., **Poröse Celluloseacetatmasse** (Watte, Polster) aus ungeordneten Celluloseacetatfasern mit Polyvinylacetat als Bindemittel ist mindestens auf einer Seite mit feinem getrockneten Überzug von Polyvinylacetat überzogen. — Zeichnungen. (**Can. P. 571 334** vom 29/3. 1956, ausg. 24/2. 1959. A. Prior. 30/3. 1955.) H.-J. Nitzschke 8077

*2639* Courtaulds Ltd. und F. W. Berk & Co. Ltd., England, **Herstellung von Fäden aus regeneriertem Protein.** Außer dem in E. P. 869 092; C. **1963**, 3835 genannten Na-Zirkonylsilicat können auch andere Zr-Salze, wie Na-Zirkonylsulfat, -lactat, Zirkonylacetat u. -chlorid, verwendet werden. (**F. P. 1 234 375** vom 21/7. 1959, ausg. 17/10. 1960. E. Prior. 21/7. 1958.) M. Pankow 8079

*2640* Imperial Chemical Industries Ltd., England, **Schmelzspinnen von Polypropylen** mit größeren Anteilen an der isotakt. Form bei 90–140° über dem F. des Prod., z. B. bei 230–290°. Bei tieferen Temp. entstehen blasige, nicht ununterbrochen spinnbare Fäden. (**F. P. 1 230 796** vom 9/7. 1959, ausg. 20/9. 1960.) M. Pankow 8081

*2641* Kurashiki Rayon Co. Ltd., Japan (Erfinder: Kenichi Tanabe, Teruo Suda, Sadamura Miyazaki und Tetsuro Osugi), **Herstellung von Fasern aus Polyvinylalkohol.** Die verwendeten wss. Spinn-Lsgg. enthalten neben Polyvinylalkohol noch Stärke oder deren Derivv.; die erhaltenen Fäden lassen sich besser färben. (**F. P. 1 225 463** vom 25/5. 1959, ausg. 1/7. 1960. Jap. Prior. 26/5. 1958.)
M. Pankow 8081

*2642* Kurashiki Rayon Co. Ltd., Japan (Erfinder: Tetsuro Osugi, Kanji Matsubayashi, Masakazu Matsumoto, Yutaka Hirano und Kenichi Tanabe), **Herstellung von orientierten, gut färbbaren Polyvinylalkoholfasern** durch Verspinnen einer wss. 10—25%ig. Lsg. (Naßspinnen) oder 25—50%ig. Lsg. (Trockenspinnen) von Polyvinylalkohol, die außerdem ein wasserlösl. Polymeres mit Amidgruppen (N-Vinylpyrrolidon, N-Vinylcaprolactam, -acetamid) enthält, Streckung der Fäden u. Nachbehandlung mit Aldehyden. — Eine 15 Gew.-%ig. Lsg. mit 150 (g) Polyvinylalkohol, 4 mit Cyclohexylaminobutyraldehyddimethylacetal acetalisiertem Polyvinylalkohol u. 20 Polyvinylpyrrolidon wird in eine wss. gesätt. $Na_2SO_4$-Lsg. gesponnen, der Faden in 5 Sek. bei 235° auf das 2½fache seiner Länge gereckt u. 10 Sek. bei 240° gehalten, wobei er um 15% schrumpft. Man hält ihn zur 32%ig. Acetalisierung 1 Std. bei 70° in einem Bad aus 12% $H_2SO_4$, 15% $Na_2SO_4$ u. 5% $CH_2O$ bei 70%, worauf er mit sauren oder Direktfarbstoffen gefärbt wird. (**F. P. 1 228 668** vom 23/6. 1959, ausg. 31/8. 1960.) M. Pankow 8081

*2643* Kurashiki Rayon Co. Ltd., Japan, **Wärmebehandlung von Kunstfäden,** bes. aus Polyvinylalkohol, in einem Fl.-Bad, z. B. einer Metallschmelze, in dem die Temp. kontinuierlich oder stufenweise vom Fadeneintritt zum Austritt ansteigt. Man nimmt z. B. ein Bad aus Wood-Metall, das am Eingang 210° aufweist u. auf 225 u. 233° ansteigt. Der Faden wird dabei gestreckt. (**F. P. 1 230 334** vom 17/7. 1959, ausg. 15/9. 1960. Jap. Prior. 18/7. 1958.) M. Pankow 8081

*2644* Kurashiki Rayon Co. Ltd., Japan (Erfinder: Shogo Nakajo und Eiichi Morita), **Herstellung von Kunstfasern aus Polyvinylalkohol** nach dem Trockenspinnverfahren. Man trocknet die erhaltenen Fäden bis zu einem Wasser-Geh. < 10%, streckt den Faden bei ca. 210° auf das 5fache u. härtet ihn durch Erhitzen, wobei er um 0—20% schrumpft. (**F. P. 1 232 647** vom 30/7. 1959, ausg. 11/10. 1960. Jap. Prior. 19/8. 1958.) M. Pankow 8081

*2645* Kurashiki Rayon Co. Ltd., Japan (Erfinder: Kenichi Tanabe und Yasuji Ohno), **Herstellung von gut färbbaren Polyvinylalkoholfasern** durch Verspinnen einer wss. Lsg., die Polyvinylalkohol u. ein wasserlösl., eine Sulfongruppe enthaltendes Polymeres enthält, so daß der S-Geh. 0,01—10 Gew.-% des Gesamt-Gew. der Polymeren beträgt. Die erhaltenen Fäden werden ggf. gereckt, zweckmäßig erhitzt u. danach acetalysiert. Die Sulfongruppen enthaltenden Polymeren erhält man durch Acetalisieren von Polyvinylalkohol mit Sulfoaldehyden oder Halogenaldehyden, die dann weiter mit $Na_2SO_3$, $Na_2S_2O_3$ usw. umgesetzt werden, oder durch Rk. von halogenhaltigen Polymeren mit solchen S-Verbindungen. — Man rührt eine wss. Lsg. mit 6 Gew.-% Polyvinylalkohol, 6% $H_2SO_4$ u. 4% Na-Sulfoacetaldehyddimethylacetal 7 Std. bei 70°, neutralisiert, dialysiert u. trocknet. 14,4 g dieses Acetals u. 120,6 g Polyvinylalkohol in 15%ig. wss. Lsg. werden zu *Fäden* gesponnen, die 1 Std. bei 70° in einer Lsg. von 5% HCHO, 15% $H_2SO_4$ u. 15% $Na_2SO_4$ gehalten werden. (**F. P. 1 233 825** vom 7/8. 1959, ausg. 12/10. 1960.) M. Pankow 8081

*2646* Kurashiki Rayon Co. Ltd., Japan, **Herstellung hochkonzentrierter Polyvinylalkohollösungen** (> 35%). Man mischt den Polyvinylalkohol (I) mit W. < 90°, bes. < 60°, in einer Spritz-App., wobei man I vorher auf 50—85° erhitzt, knetet, schmilzt u. in kleine Teilchen zerkleinert. — 55 (Teile) I (Polymerisationsgrad 1700) u. 45 W. werden in der Schneckenpresse bei 45° u. mit 500 g/min ausgepreßt. Die erhaltene Lsg. kann zu *Fäden* gesponnen werden. Die Fäden können zerkleinert u., mit W. vermischt, erneut bei 130° u. ca. 50 kg/cm² Druck gelöst u. versponnen werden. Die erhaltenen Fäden sind frei von Blasen. (**F. P. 1 235 663** vom 17/7. 1959, ausg. 16/11. 1960. Jap. Prior. 18/7. 1958.) M. Pankow 8081

*2647* Mitsubishi Rayon Co. Ltd., Japan, **Herstellung von Polyvinylalkoholfasern.** Man erhitzt festen Polyvinylalkohol (I) oder I mit ≦0,2 Mol-% einer Acetylgruppe, um ihn in kaltem W. unlösl., in heißem W. lösl. zu machen, acetalisiert ihn in fester Form (mit aliphat., aromat., heterocycl. Aminoaldehyden oder deren Acetalen), wonach er in heißem W. lösl. ist, verspinnt ihn, auch in Mischung mit I u. streckt die Fäden, erhitzt sie in trockner Form auf 200° oder feucht auf 100—150°, ggf. in Ggw. von reduzierenden Stoffen (HCHO, Dicyandiamiden, HCOOH) u./oder acetalisiert sie (mit Benzaldehyd in W. in Ggw. von HCl). Zweckmäßig erfolgt die erste Acetalisierung an dem amorphen Anteil des I, dessen Acetalisierungs-Geschw. größer als die des kristallinen Anteils ist. — 15 (Teile) Polyvinylacetat (Polymerisationsgrad 3000), 73 $CH_3OH$ u. 12 W. werden mit 3/8 Äquivalent NaOH 10 Min. stark verrührt: Polymerisationsgrad des erhaltenen I-Schwammes 1500; 0,5 Mol-% Acetylgruppen. Man erhitzt I 10 Std. auf 75°, pulvert u. behandelt 3 Std. bei 40° in wss. 20 g/Liter $H_2SO_4$ u. 0,3 Äquivalent HCHO enthaltender Lsg., wäscht, löst bei 100° in 5 Std. zu einer 27%ig. Lsg., gibt etwas oberflächenakt. Mittel zu, spinnt die Lsg. in Luft von 150°, streckt die Fäden bei 180° u. hält 1 Min. bei 210° u. behandelt 60 Min. bei 60° mit einer wss. Lsg. mit 4% HCHO, 20% $H_2SO_4$ u. 20% $Na_2SO_4$. (**F. P. 1 202 219** vom 20/2. 1958, ausg. 8/1. 1960.) M. Pankow 8081

*2648* Soc. de la Viscose Suisse, Schweiz, **Herstellung hochmolekularer Polyamide.** Aus dem Diammoniumsalz der Dicarbonsäure u. dem Diamin mit so viel freiem Diamin, daß der pH-Wert wenigstens 9 ist, erhält man eine Lsg., die zur Trockne verdampft wird, worauf der Rückstand in indifferenter Atmosphäre über den F. des entstehenden Polyamids unter Wasserentfernung bei niedrigem Druck (normaler oder leicht erhöhter Druck) erhitzt wird. — Aus einer Lsg. von 75 (Gew.-Teilen) Hexamethylendiammoniumadipat u. 5 Hexamethylendiamin in 50 W. (pH 10) wird das W. abdestilliert. Man steigert die Temp. in indifferenter Atmosphäre in 5½ Std. auf 295°: Verspinnbares *Polyamid*. (**F. P. 1 206 402** vom 19/8. 1958, ausg. 9/2. 1960. E. Prior. 20/8. 1957.) M. Pankow 8081

## $H_{19}$. Brennstoffe, Erdöl, Mineralöle

*2649* **Brennstoff und Energiegewinnung.** K. Littlewood und G. Underwood. (Rep. Progr. appl. Chem. **46**, 343 bis 356, 1961; Sheffield, Univ.; engl.) — Fortschrittsbericht über Kohlen, Elektrizität u. Kernenergie sowie andere Energiequellen. — 134 Literaturhinweise. R. Grundmann 8120◇

*2650* **Erscheinungsformen des mikrokristallinen Kohlenstoffs.** Th. Nemetschek. (Brennstoff-Chem. **43,** 297—302, 1962; Essen, Bergbau-Forsch. G.m.b.H.; dt.) — Die Morphologie mikrokristalliner Kohlenstoffe wird an Hand elektronenmkr. Aufnahmen besprochen u. die Übereinstimmung mit kristallograph. u. techn. Befunden aufgezeigt. S. Gipp 8120◇

*2651* **Bibliographie über die Untersuchung von Kohle und ihren Produkten, 1910—1960, des Bureau of Mines.** Anonym. (U. S. Dep. Interior., Bur. Mines, Inform. Circ. **1962,** Nr. 8049, 1—161, Div. of Bituminious Coal; engl.) — Zusammenstellung von Arbeiten über den Abbau von Kohle u. deren Verarbeitung. — 5066 Literaturhinweise. R. Grundmann 8120◇

*2552* **Die katalysierte Disproportionierung von Kohlenmonoxid.** E. E. Glenda Hughes und J. M. Thomas. (Fuel **41,** 297—98, 1962; Bangor, Caernarvonshire, Univ. Coll. of Northwales, Dep. of Chem.; engl.) — Bei 250—450° können an einem Ag-Beschleuniger Abscheidungen von *C* nach $2\,CO \rightarrow C + CO_2$ beobachtet werden. Bei tieferen Temp. treten keine C-Abscheidungen auf, u. die Gleichung konnte nicht ohne weiteres reproduziert werden. Die Vorbehandlung von Ag war von großem Einfluß. Die höchste Wrkg. von Ag wird durch therm. Behandeln im Vakuum erreicht. F. Rosendahl 8120□

*2653* **Über die Veränderung der Zusammensetzung der organischen Stoffe von Torf in Abhängigkeit von dessen Zerfallgrad und Typus.** M. N. Nikonow und Ss. I. Perlin. (Bodenkunde [UdSSR] **1963,** Nr. 3, 77—82; Zentrale Vers.-Stat. für Torf u. Moor; russ., Auszug: engl.) — 300 Torfproben aus verschiedenen Gebieten des mittleren u. nördlichen europäischen Teils der UdSSR wurden untersucht. Das gesammelte Material ist charakterist. für alle Haupttypen, Gruppen u. Arten der Torfe. Eine Beziehung zwischen dem Zerfallsgrad u. dem Geh. an organ. Verbb. wurde nachgewiesen: Bei niederem Zerfallsgrad liegen viele hydrolysierbare Substanzen u. wenig Huminsäuren vor bzw. umgekehrt. K.-D. Lemke 8122◇

*2654* **Hydrierung von Huminsäuren aus Braunkohlen.** S. Landa und J. Eyem. (Fuel **42**, 265–73, 1963; Prag, Inst. of Fuel Technol.; engl.) – Die Huminsäuren wurden mit Hilfe von $Na_2CO_3$ aus der Braunkohle gewonnen u. mit Pyridin gereinigt. Nach Veresterung u. Methylierung erfolgt die Hydrierung bei 310° unter Druck mit $WS_2$ als Katalysator u. Xylol als Lösungsmittel. Je nach der Dauer der Hydrierung steigt der Geh. an C u. H unter gleichzeitiger Abnahme der Summe von O, N u. S. Innerhalb 42 Std. steigt der C-Geh. von 68,2 auf 88,5 (%), der des H von 6,1 auf 9,9, während die Summe von O, N u. S von 25,7 auf 1,6 abnahm. Mol.-Spaltungen treten bei dieser milden Hydrierung nur in untergeordnetem Maße ein. Die Hydrier-Prodd. sind grün u. rot bei durchscheinendem Licht, halbfest mit einem geringen Phenolgeruch u. beständig an der Luft. Das Molgew. liegt bei ca. 437, die Ausbeute bei 26,5 g (Einwage 50 g). Mit Hilfe der Chromatographie an Silicagel werden nur KW-Stoffe aufgefunden, bei denen solche mit einer Ringstruktur überwiegen. Die ersten Fraktionen bestehen aus aliphat. KW-Stoffen u. polycycl. von Naphthencharakter, dann folgt ein Gemisch von Naphthenen u. Aromaten. Mit der Zunahme der einzelnen Fraktionen je nach der Dauer der Hydrierung verschwinden auch die $CH_3$-Gruppen, nachgewiesen durch Abnahme des für $CH_3$ charakterist. IR-Spektrums.
F. Rosendahl 8124△

*2655* **Untersuchungen über Luftoxydation. 1. Mitt. Die Oxydation eines Vitrains aus einer bituminösen Kohle.** R. B. Conrow, R. A. Durie, J. S. Shannon und S. Sternhell. (Fuel **42**, 275–90, 1963; Chatswood, New South Wales, Austral., C.S.I.R.O., Div. of Coal Res.; engl.) – Die Auswrkg. der Luftoxydation eines Vitrains mit 82% C bei 170 u. 190° wird auf chem. Wege u. durch IR-Spektroskopie untersucht. Während der Oxydation nimmt das Gew. der Masse zunächst zu, um gegen Ende der Behandlung wieder abzunehmen. Die dabei gebildeten in W. lösl. Anteile (<2%) können vernachlässigt werden, da sie kein besonderes Verh. zeigen. Die wichtigste Feststellung ist wohl die, daß die aliphat. Strukturen abnehmen u. das deutliche Hervortreten von aromat. Carbonsäuren, was durch eine Änderung der O-Gruppen durch fortschreitende Oxydation erklärt wird. Während der Oxydation tritt eine Zunahme an acetylierbarem O ein (<15%), doch stellt das den geringsten Anteil des insgesamt aufgenommenen O dar. Daneben treten auch noch starke Änderungen im IR-Spektrum ein. Das gebildete alkalilösl. Material scheint unabhängig von der Dauer der Oxydation zu sein. Ein klares Bild über den Verlauf der Oxydation konnte nicht gewonnen werden, da dieselbe anscheinend sehr komplexer Natur ist. Auch bei Auwertung des Schrifttums konnte kein klares Bild gewonnen werden. – 48 Schrifttumszitate. F. Rosendahl 8126△

*2656* **Gesetzmäßigkeiten des Metamorphismus der Kohlen im Donez-Kohlenbecken.** M. L. Lewenstein. (Sowjet-Geol. **5**, Nr. 2, 61–89, 1962; russ.) – In Kohlenflözen des Donez-Kohlenbeckens treten metamorphe Veränderungen parallel zu den Veränderungen der Mächtigkeit der kohlenführenden Schichten sowie in Abhängigkeit von der stratigraph. Lage der Schichten u. ihrer gegenwärtigen Lagerungstiefe auf. In nördlichen u. westlichen Randgebieten des Donezbeckens mit geringer Mächtigkeit ihrer Ablagerungen unterlagen Kohlen nur geringen Veränderungen, im südlichen Teil dagegen stellen alle Kohlenflöze von den unteren bis zu den oberen Anthrazite dar. M. Gordienko 8126◇

*2657* **Die innere Oberfläche petrographischer Abarten von Steinkohlen entsprechend ihrem Inkohlungsgrad.** Teresa Siemieniewska. (Przemysl chem. **41**, 374–79, 1962; Wroclaw, Politechn., Kat. Chem. i Technol. Wegla brunatn.; pol.) – Die *innere Oberfläche* F verschiedener *Kohle*-Arten wird in Abhängigkeit von ihrem *Inkohlungsgrad* T untersucht. Die Best. erfolgt durch Messung der $N_2$-Adsorption bei –195° u. Berechnung der B.E.T.-Oberfläche. Für alle Abarten gilt die Beziehung $F = (a \cdot T^2 + b\,T + c)/(d \cdot T + 1)$ (a, b, c u. d Konst.). Mit steigendem Vermahlungsgrad verschiebt sich das Maximum von F von geolog. jungen Kohlen zum Anthrazit. Das Minimum von F liegt unabhängig von der Korngröße stets bei den Kokskohlen. Die besondere Stellung dieser Kohlen läßt sich mit Hilfe des Modells von Hirsch [1954] gut erklären. Die Änderungen von F mit dem Inkohlungsgrad dF/dT sind ebenfalls abhängig von T u. erreichen 0 bei Kokskohlen. Bei jungen Kohlen hat die matte Abart stets ein größeres F als die glänzende. Bei älteren Kohlen ist das Verhältnis umgekehrt. Faserige Kohlen zeigen weniger ausgeprägte Gesetzmäßigkeiten. F. Urban 8126◇

*2658* **Die Kinetik des Entweichens der Flüchtigen aus der Kohle.** G. J. Pitt. (Fuel **41**, 267–74, 1962; Stoke Orchard, Cheltenham, Glos., Nat. Coal Board, Coal Res. Establ.; engl.) – Das Entweichen der Flüchtigen einer hochflüchtigen Kohle wird in einem Wirbelbett bei 300–360° untersucht. Aus den gemachten Feststellungen wird gefolgert: Die Kohle ist ein Gemisch verschiedener Substanzen, die unabhängig voneinander zersetzt werden; die Zers.-Rkk. sind, kinet. betrachtet, solche 1. Ordnung; es ist ein großer Beitrag an Aktivierungsenergie gegeben, der sich bei 35–75 kcal/Mol bewegt mit einem deutlichen Maximum bei 50–55 kcal/Mol. F. Rosendahl 8126□

*2659* **Untersuchungen an einer geringbitumenhaltigen Kohle aus dem Tagebau des Beluga-Fluß-Kohlenfeldes in Alaska.** Robert S. Warfield. (U. S. Dep. Interior, Bur. Mines, Rep. Invest. Nr. **6238**, 1–100, 1963; Juneau, Alaska, Bur. Mines, Alaska Office of Mineral Resources, Div. of Mineral Resources; engl.) – Eine größere Probe der Kohle wurde durch Bohrungen erhalten. Die Kohle hat 24,4% Feuchtigkeit, 16,8% Asche u. einen Heizwert von 7162 Btu je Pfund. Nach durchgeführten Verss. ist eine mechan. Aufbereitung von zweifelhaftem Wert.
F. Rosendahl 8126△

*2660* **Halogenierung von Kohle und Huminsäuren in flüssiger homogener Phase.** S. E. Moschopedis, S. C. Srivastava, J. C. Wood und N. Berkowitz. (Fuel **42**, 338–40, 1963; Edmonton, Alberta, Canada, Res. Council of Alberta; engl.) – Die mit diazotierter Sulfanilsäure in W. lösl. Kupplungs-Prodd. von Kohle u. Huminsäuren werden einer Halogenierung unterworfen, indem die wss. Lsg. des Kupplungsprod. mit $CCl_4$ gesätt. u. nun während 3 Std. einem Ultraschallfeld ausgesetzt wird. Das auf diese Weise in statu nascendi erhaltene Cl wird sogleich von den Kupplungs-Prodd. aufgenommen, was durch einen Übergang von dunkelbraun nach strohgelb zu erkennen ist. Wird $Cl_2$ unter UV-Bestrahlung oder bei diffusem sichtbarem Licht durch die Lsg. geleitet, treten die gleichen Effekte auf, doch lagen keinerlei Anzeichen dafür vor, daß eine C–Cl-Bindung eintritt. Mit $Br_2$ treten ähnliche Erscheinungen auf.
F. Rosendahl 8126△

*2661* **Anwendung der densimetrischen Methode zu Untersuchungen der Kohlen- und Koksstruktur.** W. R. K. Wu. (U. S. Dep. Interior, Bur. Mines, Rep. Invest. Nr. **6283**, 1–71, 1963; Pittsburgh, Pa., Bur. Mines, Pittsburgh Coal Res. Center; engl.) – Die angewendete graph.-statist.-densimetr. Meth. beruht auf den Beziehungen zwischen dem Mol.-Vol. je C-Atom ($M_V$/C) einerseits u. dem Verhältnis von H zu C (H/C) andererseits. Schwierigkeiten entstanden bei der Bewertung der Zunahme der Ringwerte bei Kohlen u. Koks bei der densimetr.-statist. Methode. Für die graph. Meth. wurde ein neues Diagramm entwickelt, daneben noch eine Meth. zur Korrektur von $M_V$/C u. H/C in Ggw. von kleineren Anteilen in der Kohle u. im Koks. Mit Hilfe der graph. Meth. wird der Geh. an aromat. C-Atomen im vollständigen C-Geh. einer Kohle, eines Harzes u. bei 5 petrograph. Kohleanteilen bestimmt. Für die Grundeinheiten dieser Moll. werden die Typen der kondensierten Substanzen diskutiert. Ausgewertet wurden insgesamt 28 Kohlen u. 6 Kokse (aus Mischungen) bei 500 u. 1000°. Bei den Kohlen steigt die Anzahl der Ringe mit zunehmendem Alter, bei den Koksen mit steigender Verkokungstemperatur. F. Rosendahl 8126

*2662* **Untersuchungen über die Grundlagen des Antistaub-Verfahrens.** Christian Friedrich Köker. (Glückauf **99**, 685–93, 1963; Herne; dt.) – Die Wirksamkeit des Antistaub-Verf. im Hinblick auf die Bindung von Kohlenstaub wird durch die Benetzung der Kohle durch Sprüh-Fl. u. die Witterungsbeständigkeit der Sprüh-Lsg. bestimmt. Als günstigste Sprüh-Lsg. erweist sich eine 30%ig. $CaCl_2$-Lsg.; sie ist witterungs- u. bis >1000° hitzebeständig. Die erforderliche Sprühmenge beträgt im Betrieb 6 Liter/t Kohle.
R. Grundmann 8126◇

*2663* **Besonderheiten der unvollständigen Verbrennung von Heizstoffen.** W. N. Kosstjakow und A. Je. Jerinow. (Gas-Ind. [UdSSR] **7**, Nr. 11, 26–30, 1962; russ.) – Es wird eine Meth. zur Berechnung der unvollständigen Verbrennung unter Berücksichtigung des Methan-Geh. in den Verbrennungs-Prodd. vorgeschlagen, welche es ermöglicht, aus der Ausgangs-Zus. des Brennstoffs für jeden Wert der Temp. u. des Luftverbrauches die Zus. der Verbrennungs-Prodd. im Gleichgewicht zu berechnen. Die Ggw. von Methan verschiebt das Gleichgewicht nach der Seite des erhöhten $CO_2$-Geh. u. des verringerten Geh. an CO u. $H_2$. O. Lebtag 8128△

*2664* **Verbrennungskontrolle mit Hilfe des Diagramms von Bunte.** S. Kasprzyk. (Brennstoff. Wärme. Kraft **14,** 584—86, 1962; Bytom, Staatsbetr. „Energomontage", Abt. für Modernisierung von Dampf- u. Wärmekraftanlagen; dt.) — Nachw. der Eignung des Bunte-Dreiecks zur Verbrennungskontrolle beliebiger Brennstoffe. Alle Fälle der vollständigen, unvollständigen u. unvollkommenen Verbrennung können erfaßt werden. Das Bunte-Dreieck läßt sich auch zur Darst. der Verbrennung bei Luftmangel (Gasgenerator) verwenden, bei dem das Rauchgas außer CO auch $H_2$ u. $CH_4$ enthält. K.-D. Lemke 8128◇

*2665* **Versuche an einem großen Siederohrkessel mit Abfallholz als Brennstoff.** E. S. Schillinger. (J. Inst. Fuel **36,** 414—19, 1963; Galt, Ontario, Babcock-Wilcox u. Goldie-McCulloch Ltd., Engng. Dep.; engl.) — Der Kessel, an dem die Unterss. durchgeführt wurden, wird beschrieben. Verwendet wurde Abfallholz mit 50% Feuchtigkeit. Eigg. u. Verbrennungsmerkmale von Fichte, Zeder u. Schierlingstanne werden besprochen. Letztere verbrannte wegen ihres leichten Aufnahmevermögens für W. am schlechtesten. Beim Vgl. der Verbrennung in der Schwebe u. auf dem Rost erwies sich letztere Art als günstiger, weil auf dem Rost die Brennstoffmenge bei Bedarf plötzlich um 50% erhöht werden konnte. Eine Hilfsfeuerung zur Aufrechterhaltung der Zündung war nicht nötig. Die Betriebskosten beliefen sich etwa so hoch wie bei der Verfeuerung von bituminöser Kohle auf einem Wanderrost. F. Rosendahl 8132△

*2666* **Die Klassifikation von Kohlen nach der Korngröße auf elektrostatischem Wege.** Jan Krajewski. (Prace Głownego Inst. Górnictwa, Komunikat **1962,** Nr. 284, 2—8; Pion Zakładów Mechanicznej Przeróbki; pol.) — Die Klassierung von rohem Kohlenstaub nach Korngrößen mittels elektrostat. Meth. führt zu folgender Einteilung: Korngröße ≦0,1 mm, 0,1—0,2 mm, 0,2—0,4 mm u. 0,4—1 mm. Die Meth. wird in ihrer Wirksankeit durch Oberflächenfeuchtigkeit beeinträchtigt. Feinkohlen vom Typ 31—35 können nach dieser Meth. mit einem Klassierungseffekt von 90—95% klassiert werden. Entstaubte Feinkohle von einer Korngröße von 10—1 mm kann mit einem Klassierungseffekt von 42—45%, Grobstaub mit einer Korngröße von 1—0,5 mm u. mit einem Klassierungseffekt von 74—85% Feinstaub bis 0,5 mm klassiert werden. F. Zeidler 8134◇

*2667* **Die Korngrößen von in Hardgrove-Standard-Mühlen gemahlenen Kohlen.** L. G. Austin, R. P. Gardner und P. L. Walkner jun. (Fuel **42,** 319—23, 1963; University Park, Pa., Pennsylvania State Univ., Fuel Technol. Dep.; engl.) — Die Körner zeigen innerhalb der Fehlergrenze von 10% den gleichen Durchmesser, ganz gleich, um welche Kohle es sich handelt u. wie hoch der Vermahlbarkeitsindex für die Hardgrove-Mühle liegt. F. Rosendahl 8134△

*2668* **Nichtumkehrbarkeiten und ihre Betrachtung mit Hilfe der Zustandsgrößen Entropie und Exergie, angewandt auf Braunkohlenbrikettfabriken.** Heinz Müller. (Bergbautechnik **12,** 144—49, 1962; Lauchhammer; dt.) — Thermodynam. Prozesse können nicht allein durch die Aufstellung von Wärmebilanzen u. die Ermittlung von therm. Wrkg.-Graden beurteilt werden, da diese nur quant. Auskunft über die Prozeßführung geben. Die stärkere Anwendung der Zustandsgrößen der Entropie u. der Exergie u. damit die Verbindung der beiden Hauptsätze der Thermodynamik geben über jede Prozeßführung qual. Auskunft. Die exerget. Rechnung zeigt nicht nur Verluste auf, sondern verdeutlicht deren Ursachen, die bes. in den Nichtumkehrbarkeiten liegen. R. Grundmann 8136◇

*2669* **Neue Arten von Bindemitteln für die Brikettierung von Heizmaterialien.** I. Ss. Lewin und G. D. Charlampowitsch. (Kohle [UdSSR] **37,** Nr. 9, 48—52, 1962; Uraler Polytechn. Kirow-Inst.) — Die Binde-Eigg. von Pechen, die durch Oxydation von niedrig schmelzenden Rückständen der Dest. von Torf- u. Braunkohle-Generatorteeren erhalten wurden, genügen den Anforderungen, die an Bindemittel für Brikettierung von Steinkohlen- u. Anthrazitfeinkorn gestellt werden. Bindemittelverbrauch 7%. Die Wasserbeständigkeit solcher Steinkohlenbriketts ist genügend, bei Braunkohlenbriketts dagegen deutlich unzureichend. Die Thermobeständigkeit ist gut. Ein kombiniertes Bindemittel aus hochschm. Generatorpech u. niedrigschm., nicht oxydierten Rückständen der Teer-Dest. wird wegen guten Binde-, hydrophoben u. Back-Eigg. zur Anwendung vorgeschlagen. W. v. Füner 8136◇

*2670* **Die Wirkung der Teilchengröße von inerten Zuschlägen auf die Härte des aus hochflüchtigen Kohlen hergestellten Kokses.** W. R. Hesp. (Gas & Coke **25,** 68—70, 1963; Australien, Commonwealth Sci. and Ind. Res. Organisat., Div. of Coal Res.; engl.) — Als Zuschlag zur Kohle diente ein Tieftemp.-Koks aus der gleichen Kohle, der bei 500° im Fließbett gewonnen wurde. Die Kohlen wurden mit einem Zuschlag von 10% des Kokses verschiedener Korngröße u. bei 900° in der üblichen Weise verkokt. Die Hauptwrkg. der Inerten bestand in der Beeinflussung der Dichte des Kokses. Je feiner der Tieftemp.-Koks war, um so größer war die Dichte des Kokses. Ebenso verhielt es sich mit seiner Porosität u. der Abriebfestigkeit. F. Rosendahl 8142△

*2671* **Rheologische Eigenschaften von Halbkoks bei hohen Temperaturen.** A. D. Dainton. (Fuel **41,** 279—84, 1962; Stoke Orchard, Cheltenham, Glos., N.C.B., Coal Res. Establ.; engl.) — Bei der Best. des Youngschen Moduls u. der Viscosität von Halbkoks (**A**) bei 480—800° zeigt sich, daß **A** kein reiner elast. Feststoff ist, daß er aber bei den genannten Temp. deutlich viscoelast. Eigg. besitzt. F. Rosendahl 8144□

*2672* **Die Formbildung von gemahlenem Petrolkoks.** F. Rusinko jun. und W. E. Parker. (Fuel **41,** 275—78, 1962; Niagara Falls, N.Y., Speer Carbon Comp., Res. Labor.; engl.) — Petrolkoks wird mit verschiedenen Mahl-Vorr. zerkleinert u. die Faktoren der Form-Bldg. in den einzelnen Fraktionen bestimmt, aus denen hervorgeht, daß die Art der Veränderung des Kokses von den Mahl-Vorr. unabhängig ist. F. Rosendahl 8144□

*2673* **Die Untergrundvergasung von Kohle.** 1. Mitt. F. E. Warner, J. Szekely und R. S. H. Mah. (Trans. Instn. chem. Engng. **40,** Nr. 5, Chem. Engng. Nr. 163, A68—A78, 1962; London, Cremer & Warner; Imp. Coll., Dep. of Chem. Engng.; engl.) — Einige Probleme, z. B. Verbrennungskontrolle, Luftzufuhr, Ableitung der Verbrennungsgase, Bohrtechnik usw., die sich bei der *Untergrundvergasung* in England ergeben haben, soweit sie für den Chemie-Ingenieur von Interesse sind, werden diskutiert. Für die Ausbreitung der Verbrennungszone u. den Einfl. der Kohlenflözdicke, der Eigg. der einschließenden Schichten u. der Geschw. der Luftzufuhr auf die Qualität des erzeugten Gases werden qual. Erklärungen gegeben. Der Mechanismus der CO-Bldg. wird diskutiert. — Auf Grund von kinet. Überlegungen wird gefolgert, daß höhere Luft-Geschw., Anreicherung der Luft mit $O_2$ u. der Abbau mächtigerer Flöze einen größeren Abstand der Bohrlöcher ermöglichen, während andererseits Faktoren, die zur Erhöhung des Wärmeverlustes beitragen, z. B. eindringendes W., einen kleineren Abstand verlangen. I. Köditz 8148

*2674* **Versuch der Druckvergasung von Masut.** M. I. Derbaremdiker, K. L. Sserebrennikowa und G. I. Tkatschew. (Gas-Ind. [UdSSR] **7,** Nr. 6, 14—16, 1962; russ.) — In einem Gasgenerator mit einer Leistung von 200 bis 250 kg/h Masut wurde bei 800—900° u. 1—15 at unter Anwendung von Luft, Dampf-Luft oder Dampf-$O_2$ die Herst. von Synth.-Gas im Fackelprozeß geprüft. Sowohl bei Anwendung von Luft als auch mit Dampf-$O_2$ nahm mit steigender Temp. der $CH_4$-Geh. im Synth.-Gas ab, der Geh. an CO u. $H_2$ zu, die Ausscheidung von Ruß ab. Bei hoher Temp. war der Druck ohne Einfl. auf die Zus. des Gases. Harz u. Koks wurden im Gas nicht festgestellt. Das W. enthielt nach dem Waschen des Gases nicht mehr als 0,2—0,3 g/Liter Phenole u. 0,1—0,2 g/Liter Ammoniak. O. Lebtag 8148△

*2675* **Austauschprobleme bei neuen Gasen.** L. T. Minchin. (Gas & Coke **25,** 59—61, 1963; engl.) — Es werden verschiedene Diagramme wiedergegeben, mit denen es möglich ist, festzustellen, welche Änderungen bei Brenngasen, bes. Stadtgas, vorgenommen werden können, ohne daß dabei eine verlangte Wobbe-Zahl beeinflußt wird. F. Rosendahl 8156△

*2676* **Hydrieren von Ölen zur Gewinnung gasförmiger Kohlenwasserstoffe.** Anonym. (Gas & Coke **25**, 54–58, 65, 1963; engl.) — Bei dem Verf. handelt es sich um die Umwandlung leichter Erdöldestillate unter Hydrierbedingungen mit $H_2$ zu gasförmigen Produkten. Auf diese Weise wird ein Leichtöl bei 750° unter 350 lbs./sq.in. in ein Gas übergeführt, das sich aus 51 (%) $CH_4$, 40 $H_2$ u. 12 $C_2H_6$ zusammensetzt, während der Rest aus $CO_2$, $C_nH_m$, CO u. $N_2$ besteht. Der Heizwert des Gases liegt bei ca. 750 Btu/ft³ u. hat eine Dichte von 0,47–0,58 (Luft = 1). Wird ein Öl mit einem hohen Geh. Cycloparaffinen eingesetzt, so können bei dem Verf. nicht unbeträchtliche Mengen an Aromaten gewonnen werden. Kurze Beschreibung der geplanten techn. Anlage. Das hier gewonnene Gas dient für Stadtgaszwecke u. ist vollkommen S-frei. F. Rosendahl 8156△

*2677* **Die Verwendung von Erdölprodukten für die Herstellung von Stadtgas in der Schweiz.** H. Räber. (Schweiz. Ver. Gas- u. Wasserfachmännern, Monatsbull. **42**, 268–74, 295–303, 1962; dt.) — Die Anlage in Moudon, die Benzinvergasungsanlage in Porrentruy u. die Ölvergasungsanlage im Gaswerk Winterthur werden besprochen. — Diskussion. R. Grundmann 8156◇

*2678* **Druckvergasung von Kohle — Entwurf einer Stadtgasanlage.** J. M. Solbett und M. C. Goodman. (Trans. Instn. chem. Engr. **40**, Nr. 6, Chem. Engr. Nr. **164**, A55–A64, 1962; London, Humphreys and Glasgow Ltd.; engl.) — Nach einer Beschreibung der in Westfield im Jahr 1960 in Betrieb genommenen Lurgi-*Druckvergasungsanlage* werden bes. Projektierungsgesichtspunkte der Generatorenanlage, Gasreinigung, Heizwerterhöhung, Aufarbeitung der Nebenprodd., Benzolgewinnung, der Anlagen zur Erzeugung von Dampf u. $O_2$ u. des Schornsteinbaues behandelt. Die vielfach angewendete Luftkühlung zeigt eine starke Abhängigkeit von der Lufttemperatur. I. Bramer 8156◇

*2679* **Hydratbildung und Kondensation der schweren Kohlenwasserstoffe beim Transport von Erdölgasen.** F. A. Trebin und Ju. F. Makagon. (Gas-Ind. [UdSSR] **7**, Nr. 10, 39–44, 1962; russ.) — Vff. berichten über die Ergebnisse der Unterss. über die Ursachen von techn. Störungen im Gasleitungsnetz zwischen der Kompressorstation u. der Gas-Bzn.-Fabrik infolge Bldg. von Hydraten. Die Beobachtungen über die Bedingungen u. Lokalisation der Hydrat-Bldg. bestätigen, daß beim Vorliegen eines ungesätt. Gases selbst bei einer relativen Feuchtigkeit von über 90% die Bldg. von Hydraten ausbleibt. O. Lebtag 8160△

*2680* **Die Bestimmung des Isomerenverhältnisses im Steinkohlenteer aus freien Valenzzahlen.** C. Karr jun. (Fuel **41**, 299–300, 1962; Morgantown, W.Va., US Bur. of Mines, Morgantown Coal Res. Center; engl.) — An Hand einer mathemat. Ableitung wird nachgewiesen, daß der *Geh.* an *Isomeren* oder die kinet. Verteilung freier Radikale auf Grund *freier Valenzzahlen* ermittelt werden kann. F. Rosendahl 8176□

*2681* **Die Gaslöslichkeit in Erdöl bei hohem Druck.** N. A. Triwuss. (Gas-Ind. [UdSSR] **7**, Nr. 6, 9–13, 1962; russ.) — Auf Grund theoret. Überlegungen u. des Literaturmaterials wird die Anwendbarkeit der Gleichung von Kritschewski-Iljinskaja bei der Berechnung der Löslichkeit eines reinen Gases in Erdöl im Gebiet der hohen Drücke u. hohen Konzz. geprüft u. festgestellt, daß die Abhängigkeit der Flüchtigkeit von der Konz. für hochkonz. Lsgg. in der genannten Gleichung nicht richtig wiedergegeben wird. O. Lebtag 8188△

*2682* **Die Ausnutzung von betrieblicher Schwarzlauge der Zellstoff-Papier-Industrie.** N. A. Lutzenko, W. P. Kowalew, A. N. Jarow und O. N. Kurtschenko. (Papier- u. Holzverarb.-Ind. [UdSSR] **1962**, Nr. 4, 24–25; Ukrain. Forschungsinst. für Papier; russ.) — Verss. ergaben, daß die bei einer Strohzellstoffanlage anfallenden *Monosulfit*-Schwarzlaugen mit einem Geh. von 0,28% $SO_2$ u. 46,0% Trockensubstanz mit Vorteil als Zusatz zu Ton-Lsgg. bei Erdölbohrungen angewandt werden können. Geringe Zusatzmengen bis zu 10% verringern die Viscosität der NaCl-haltigen Ton-Lsgg., weiterhin steigt die Viscosität an, um bei ca. 20% Zusatz konst. zu bleiben. M. Ulmann 8190◇

*2683* **Trennung von aromatischen Kohlenwasserstoffen durch Clathratbildung.** Vorl. Mitt. P. W. Sherwood. (Riv. Combustibili **16**, 384–89, 1962; ital.) — Literaturübersicht über die Auftrennung einer $C_8$-Fraktion aus *o-*, *m-*, *p-Xylol* u. *Äthylbenzol* durch *Clathrat-Bldg.* sowie die Reinigung von *Bzl.* mit dem Komplexbildner $Ni(CN)_2NH_3$. — 11 Literaturangaben. W. Holland 8194◇

*2684* **Die Aktivität der bei der Reinigung und beim Cracken von Erdölprodukten angewandten Aluminiumsilicate.** S. G. Sulfugarow. (Erdöl-Wirtsch. Aserbaidshan **38**, Nr. 12, 31–34, 1959; aserbaidshan., Auszug: russ.) — Vf. kritisiert die Theorien der Alumosilicatkatalyse bei der Reinigung der Erdöl-Prodd. u. gibt dafür eine eigene Erklärung. Auf der Oberfläche der Alumosilicate befinden sich a) akt. Zentren mit Aluminatstruktur $HAlO_2$, die für die katalyt. Aktivität, u. b) amphotere akt. Zentren $Si(OH)_2$, die für die Vorgänge der Reinigung, Bleichung u. Neutralisation verantwortlich sind. Die akt. $HAlO_2$-Zentren sind infolge der Ggw. von oktaedr. Al u. tetraedr. Si in der Struktur des Silicates stabilisiert. Sie sind nur in Verbindung mit Wassermoll. aktiv. Beim Verlust von Hydroxylgruppen oder Protonen verlieren die Aktivzentren die Fähigkeit, W. anzulagern u. ihre Aktivität zu entfalten. W. v. Füner 8196◇

*2685* **Verarbeitung sowjetischer Roherdöle durch Hochdruckhydrierprozesse und L-Forming-Verfahren.** Hans-Heinrich Reif. (Freiberger Forsch.-H., Reihe A **264**, 141–52, 1963; Leuna; dt.) — Bei der Verarbeitung sowjet. Erdöle traten durch hohen Salz-Geh., hohen Geh. an S u. Asphalt u. hinsichtlich des Geh. an Paraffinen u. Naphthenen verschiedene Schwierigkeiten auf, die für die einzelnen Parameter beschrieben werden. Besonders wirkte sich der hohe Paraffin-Geh. auf die Güte des Dieselöls verschlechternd aus. Um diese Schwierigkeiten zu umgehen, wurde die Hydrieranlage noch zusätzlich mit einer Entsalzungs- u. L-Forming-Anlage versehen. Ebenso wurde ein neuer Gasphasekontakt auf der Grundlage $WO_3$, $MoO_3$, $SiO_2$, $Al_2O_3$ mit gutem Erfolg erprobt. Die Benzinierungsanlage konnte in Fortfall kommen, u. außerdem mußten Verschiebungen u. Umstellungen bei der Dest. vorgenommen werden. So wurde ein Schwerkondensat aus der Vorhydrierungs-Dest. abgenommen, das dann bei der L-Forminganlage zum Einsatz kam. Die Verarbeitung der östlichen Öle konnte jedoch nur durch Zusatz von 15–20% naphthen. Öle, wie Matzen oder Krasnodar, erfolgen, weil bei den reinen Ölen die Schwierigkeiten in steigendem Maße auftraten. F. Rosendahl 8198△

*2686* **Kinetik der Spalthydrierung von Goudron aus Romaschkino-Erdöl unter einem Wasserstoffdruck von 30 atü.** Ja. R. Katzobaschwili und Ss. A. Golossow. (J. angew. Chem. [UdSSR] **33**, 1369–74, 1960; russ.) — Die Prozesse der Spalthydrierung von *Goudron* an einem Al-Mo- u. Al-Ni-Katalysator lassen sich nach Frost in einer angeführten Gleichung (monomol. Rk. 1. Ordnung, die durch Rk.-Prodd. gehemmt wird) darstellen. Die Berechnung der scheinbaren Aktivierungsenergie u. des Temp.-Koeff. der Rk.-Geschw. kann wie bei der Hydrierung von Erdölrückständen unter höherem Druck mit fester Katalysatoranordnung oder bei weit kleinerem Druck in fl. Phase mit aufgeschlämmtem Katalysator erfolgen. Die besten Ergebnisse im Spalt- u. Entschwefelungsprozeß zeigt der Al-Mo-Katalysator 20 M, während Al-Ni-Katalysatoren nur wenig akt. sind. Sehr hohe Werte der Aktivierungsenergie u. des Temp.-Koeff. deuten darauf hin, daß neben der Hydrierung noch ein Cracking stattfinden kann. Herbert Hoffmann 8198◇

*2687* **Untersuchung von Kohlenwasserstoffen der Cyclohexan- und Dekalinreihe im Kerosin des Bawlinsker (Devon) Erdöls.** O. N. Grischina und W. K. Gonik. (Ber. Akad. Wiss. UdSSR **125**, 803–06, 1959; Chem. Inst. d. Kasan. Filiale der Akad. der Wiss. der UdSSR; russ.) — Die chem. Struktur der genannten KW-Stoffe in der Kerosinfraktion (I; Kp. 207–300°) des Bawlinsker Erdöls wird untersucht, indem die entaromatisierte u. entparaffinierte, in zwei Unterfraktionen (Kp. 207–233 u. 233–300°) zerlegte Fraktion katalyt. über Pt-Fe-Katalysator dehydriert u. bei den in enge Fraktionen zerlegten sek. aromat. KW-Stoffen die Gruppen-Zus. aus den physikal. Konst. u. Absorptionsspektren ermittelt wird. Bei der Dehydrierung von I wurde die Bldg. von Azulenen beobachtet, die beim Katalysat eine blaue Nuance hervorrufen. Die erste dehydrierte Unterfraktion liefert 8% sek. Aromaten, enthält in unteren Fraktionen Alkylbenzole u. besteht hauptsächlich aus m- u. p-sub-

stituiertem Bzl. u. 1.3.5-Trialkylbenzol; höhere Fraktionen enthalten α- u. β-Methylnaphthalin u. Äthylnaphthaline. Die zweite Unterfraktion (233—300°) liefert durch Dehydrierung 15% sek. Aromaten, die durch Adsorption an Silicagel von den ungesätt. KW-Stoffen abgetrennt u. in monocycl. Aromaten u. Naphthalin-KW-Stoffe unterteilt werden. 6 Adsorptionsfraktionen der monocycl. Aromaten wurden zusammengenommen u. auf einer Kolonne in Homologe zerlegt. Die Spektralanalyse zeigt die gleichen Homologen wie in den entsprechenden Fraktionen der ersten Unterfraktion. Die zusammengenommenen 3 Fraktionen der Naphthalin-KW-Stoffe enthielten bei Kolonnen-Dest. u. Spektralanalyse Äthyl-, Dimethyl- u. Trimethylnaphthaline.
W. v. Füner 8200◇

*2688* **Pyrolyse des direkt destillierten Benzins mit niedriger Octanzahl zu Butylenen, Divinyl und aromatischen Kohlenwasserstoffen.** T. N. Muchina, G. F. Lessochina und Ss. Je. Itzek. (Chem. Ind. [UdSSR] **1962**, 80—82, russ.) — Die Pyrolyse eines *Bzn.* mit Spezif. Gew. 0,730 u. mittlerem Molgew. 105 führt bei 700—750° u. Zusatz von 25% Wasserdampf zu *Butylenen* (I) u. *Butadien-(1.3)* (II, Divinyl). Das Optimum der I-Ausbeute wird mit 7,8% bei 725° u. Kontaktzeit (t) 0,5—1 (Sek.) erreicht, das Optimum der II-Ausbeute bei 750° u. t = 0,5—1 mit 30,4% der $C_4$-Fraktion bei 51% Olefinausbeute. Die Verss. zur Aromatisierung des Bzn. werden ohne Wasserdampf durchgeführt. Bei 750° werden schon bei t = 4,0 95(%) Aromaten (8,5 Bzl., 3,8 Toluol, 93 sulfonierbar) erhalten neben 2 I u. 1,5 II. Die Pyrolyse kann auch in 2 Stufen erfolgen, um ein Maximum an Aromaten zu gewinnen.
R. K. Müller 8200◇

*2689* **Neuere Entwicklung des Alkylierungsverfahrens.** Christian Schönfeld. (Freiberger Forsch.-H., Reihe A **264**, 93—101, 1963; Markkleeberg; dt.) — Überblick u. Mitt. von neueren Betriebserfahrungen. F. Rosendahl 8200△

*2690* **Probleme bei der Hydroraffination von Benzinen und Dieselölen.** Jürgen Welker. (Freiberger Forsch.-H., Reihe A **264**, 63—74, 1963; Halle; dt.) — Auf Grund durchgeführter Labor.-Verss. werden Betrachtungen über die Entschwefelung von Mineralölen durch Hydrierung angestellt
F. Rosendahl 8200△

*2691* **Probleme der Entwicklung von Platinkatalysatoren für Reformingprozesse.** Ernst Münzing. (Freiberger Forsch.-H., Reihe A **264**, 5—18, 1963; Leuna; dt.) — Für Verss. über L-Forming wurde ein Tonerde—Pt-Beschleuniger verwendet (Geh. an Pt ca. 0,5 Gew.-%). Es wurde festgestellt, daß die Alterungs-Geschw. der Beschleuniger im Zusammenhang mit dem Pt-Geh. der Beschleuniger steht. $O_2$ u. W. sind bei der Red. des Beschleunigers von großem Nachteil, u. ebenso tritt bei falsch geleiteter Red. eine Agglomeration der Pt-Kristalle ein. Die mit neu entwickelten Beschleunigern erzielten Ergebnisse werden bekannt gegeben. Eine erreichte Steigerung der OZ wird durch Spaltung von n-Alkenen unter hoher C-Abscheidung u. vermindertem Anfall an fl. Prodd. erreicht. Der Druck betrug 27—40 at. Wichtig sind das Vermeiden eines Geh. an Alkali u. das Dotieren eines Halogen-Geh. u. das Fällungs-Verf. für die Tonerde. Die neuen Beschleuniger zeigen keine Hysteresis der Aktivität oder der Anlaufzeit. F. Rosendahl 8200△

*2692* **Reformierung von Benzin aus Erdölen vom Typ Romaschkino-Tuimasy-Muchanow.** Gernot Adolphi und Joachim Bauch. (Freiberger Forsch.-H., Reihe A **264**, 51 bis 62, 1963; Leuna; dt.) — Nach dem Vgl. verschiedener Arbeiten in ihren Ergebnissen u. der Entw. über das Reformieren von Erdöl-Prodd. wird die Betriebsweise des L-Forming geschildert. Aus Betriebs-Verss. ist zu entnehmen, daß für das Verarbeiten stark paraffinhaltiger Öle bes. Katalysatoren entwickelt werden müssen u. ferner muß dafür gesorgt werden, daß die Katalysatoren so in der Anlage verteilt werden, daß sie ohne Einbuße an OZ, Ausbeute u. Aromaten-Geh. arbeiten. Beim Vorhandensein mehrerer Reforminganlagen an einem Ort sollen die einzelnen Anlagen nur jeweils bestimmte Fraktionen verarbeiten. F. Rosendahl 8200△

*2693* **Neuere Entwicklungen auf dem Gebiet metallorganischer, insbesondere bleihaltiger Antiklopfmittel.** Rolf Gelius. (Freiberger Forsch.-H., Reihe A **264**, 19—32, 1963; Premnitz/Havel; dt.) — Nach einem geschichtlichen Überblick über Entw. u. Herst. von bleihaltigen Antiklopfmitteln wird der Ablauf der Herst. von BTÄ der Anlage in Gapel beschrieben. Von neueren metallorgan. Antiklopfmitteln werden Bleitetramethyl (BTM) u. Methylcyclopentadienylmangantricarbonyl (MD-CMT) eingehender beschrieben.
F. Rosendahl 8208△

*2694* **Der Einfluß von phosphorhaltigen Ablagerungsmodifikatoren auf die Octan-Qualität von Gasolin.** F. C. Gunderloy jun. und R. F. Neblett. (J. chem. Engng. Data **7**, 142—45, 1962; Linden, N.J., Esso Res. and Engng. Co., Prod. Res. Div.; engl.) — Eine Reihe von Verss. wird beschrieben, die den Mechanismus der Klopfwrkg. von P-Verbb. klären soll. Besonders wird die Abhängigkeit von der Struktur der Verbb. u. den Eigg. der Öle, in denen sie verwendet werden, untersucht. K. Strenge 8208◇

*2695* **Antiklopfwirkung und Wirkungsmechanismus von Methylcyclopentadienylmangantricarbonyl in Benzinen verschiedener Zusammensetzung.** A. Girelli und C. Orlandi. (Riv. Combustibili **16**, 371—78, 1962; ital.) — In *Treibstoffen* aus 8 verschiedenen italien. Raffinerien wird *Methylcyclopentadienylmangantricarbonyl* (I) in seinem Verh. im Vgl. zu *$Pb(C_2H_5)_4$* (II) untersucht. Bei gleicher Metall-Konz. steigt die *Octanzahl* bei Zusatz von I mehr als bei II. Dieses günstige Verhältnis sinkt in aromatenreicheren Benzinen. Auch die in paraffin. Bzn. vorhandene synergist. Wrkg. von I + II nimmt mit steigendem Aromaten-Geh. ab. Sie wird dadurch erklärt, daß sich MnO eher als PbO bildet u. die Rk.-Kette abbricht. W. Holland 8208◇

*2696* **Zusammensetzung des verzweigten Paraffin-Cycloparaffin-Anteils der leichten Gasölfraktion.** Beveridge J. Mair, Ned C. Krouskop und T. Jack Mayer. (J. chem. Engng. Data **7**, 420—26, 1962; Pittsburgh, Pa., Carnegie Inst. of Technol., Petroleum Res. Labor.; engl.) — Bei der Trennung des verzweigten Paraffin (I)-Cycloparaffin (II)-Anteils der leichten Gasölfraktion von Erdöl aus Oklahoma in Gruppen eng verwandter Isomerer werden *2.6.10-Trimethylundecan* u. *2.6.10-Trimethyldodecan* isoliert. Der verzweigte I/II-Anteil wird aus dem Erdöl (Kp. 230—305°) durch Adsorption der aromat. KW-Stoffe an Silicagel u. Beseitigung des größeren Teiles der n-I durch Harnstoff gewonnen. Der verzweigte I/II-Anteil beträgt 10,6% des Erdöls.
W. Wesly 8212◇

*2697* **Stand der Technik der Verfeuerung von Heizöl.** Hermann Koppe. (Freiberger Forsch.-H., Reihe A **246**, 209—26, 1963; Berlin; dt.) — Allg. Betrachtungen über Heizöle, bes. die S-haltigen, Feuerungseinrichtungen für Heizöle u. Auswirkungen eines zu hohen S-Geh. in den Ölen.
F. Rosendahl 8216△

*2698* **Die Bedeutung des Schmieröls für das Betriebsverhalten der Kolben in einem Verbrennungsmotor.** Horst Kleine. (Mineralöl-Techn. **7**, Nr. 13, 1—15, 1962; Stuttgart/Bad Cannstadt; dt.) — Die Beanspruchung des *Schmieröls* in *Verbrennungsmotoren*, bes. bei der *Kolbenschmierung*, wird besprochen. Ansatzpunkte zur weiteren Verbesserung der Schmierfähigkeit u. Hitzebeständigkeit der Motorenschmieröle werden aufgezeigt. O. Henning 8220◇

*2699* **Der Nachweis für Assoziation von Asphaltenen in verdünnten Lösungen.** R. S. Winniford. (J. Inst. Petroleum **49**, 215—21, 1963; Richmond, Calif., California Res. Corp.; engl.) — Mit Hilfe von Ultrazentrifugen wird für *Asphaltene* (A) in Benzol-Lsg. ein Molgew. von ca. 50000 bis 300000 bestimmt werden. Die gleiche Best. in n-Butylamin gibt fast dreimal so hohe Werte. Daraus ist eine Assoziation von A in den Lsgm. erkennbar. Das Viscositäts-Verh. ist jedoch das eines niedermol. Stoffes, bei dem nur geringe Bindungen zwischen den einzelnen Moll. vorhanden sind. Da auch elektromkr. Best. nicht auf die hohen Molgew. hinweisen, wird angenommen, daß A ein Molgew. von ca. 2000 bis 5000 haben. Die Moll. zeigen in geeigneten Lsgm. eine starke Neigung zur Assoziation. F. Rosendahl 8228△

*2700* **Die Hygroskopizität als Anzeiger der Unterscheidung von Braun- und Steinkohlen.** E. Lioznerski. (Prace Głównego Inst. Górnictwa, Komunikat **1962**, Nr. 286, 3—11; pol.) — Eine eindeutige Unterscheidung von Stein- u. Braunkohlen mittels bekannter Meth. ist bisher noch nicht möglich. An 11 oberschles. Steinkohlen, 8 poln. u. 3 tschechoslowak. Braunkohlen wird der Charakter des Verh. hinsichtlich ihrer Hygroskopizität untersucht, der ein wesentliches Merkmal für beide Kohlensorten ist. Dieser Unterschied

beruht auf einer deutlich anderen relativen Luftfeuchtigkeit (LF), bei welcher die größte Hysterese zwischen der Abgabekurve der Feuchtigkeit (F) für Rohkohle u. der Aufnahmekurve von F für vorher getrocknete Kohle hervortritt. Bei Braunkohlen steigt die Hysterese allmählich von 0—96% relativer LF an. Bei Steinkohle wächst die Hysterese mit 0% relativer LF beginnend bis zu einem Maximum, um mit weiterem Steigen der LF abzusinken. Bei Steinkohle tritt die maximale Hysterese immer bei <96% relativer LF auf, u. zwar von 4—96% relativer LF, bes. von 46,2—67%. Es wird vorgeschlagen, alle Kohlen, deren F-Abnahme- u. F-Aufnahmekurven eine maximale Hysterese bei einer unter 96% relativer LF liegenden aufweisen, als Steinkohlen anzusehen u. die übrigen Kohlen den Braunkohlen zuzuzählen.
F. Zeidler 8242◇

*2701* **Untersuchung der Carbonylverbindungen der mittleren Fraktionen von Torfteer.** K. W. Grigorjewa und N. M. Karawajew. (Nachr. Akad. Wiss. UdSSR, Abt. techn. Wiss., Metallurgie Brennstoffe **1961**, Nr. 4, 166—74; russ.) — Die Möglichkeit der Verw. des starkbas. Anionenaustauschers *AB-17* für die chromatograph. Trennung der Ketone, die aus der mittleren Fraktion von Torfteer extrahiert wurden, wird untersucht. Durch die chromatograph. Trennung der hochmol. Ketone von $C_9$—$C_{11}$ sind folgende Ketone extrahiert u. identifiziert worden: m-Methylacetophenon; Methylbenzylketon; 4-Methylpropylphenon; Butyrophenon; 1-Methyl-4.5.6.7-tetrahydroindanon-(3); 2-Cyclopentylindenbutanon-(3); 2-Methylbicyclo-[1.2.3]-octen-(2)-on-(4); $\Delta^{1.4(8)}$-p-Menthadienon-(3). Es wird bewiesen, daß bei zweistufiger Extraktion mit 85%ig. Methanol, das mit n-Hexan verd. ist, nur fettaromat. Ketone extrahiert werden. Im Raffinat verbleiben hauptsächlich Ketone von alicycl. Aufbau. Die Carbonyl-Verbb. der mittleren Fraktion von Torfteer bestehen aus einem komplizierten Gemisch von Isomeren fettaromat., bicycl. u. monocycl. Ketone.
P. Scheer 8244◇

*2702* **Über die derivative thermogravimetrische Analyse von Ligniten, Braun- und Steinkohlen.** M. Weltner. (Acta chim. Acad. Sci. hung. **21**, 1—33, 1959; Budapest-Veszprém, Forsch.-Inst. für Chem. Schwerind.; dt.) — 1. vgl. C. **1960**, 12887. — Die mit den *thermogravimetr.* Resultaten kombinierte *derivative thermogravimetr. Analyse* ermöglicht die quant. Best. der in den einzelnen Entgasungsperioden der *Kohle* entweichenden flüchtigen Bestandteile. Zwischen der Menge des in dem Temp.-Bereich des Höchstwertes der derivativen Thermogravimetrie entweichenden Flüchtigen u. der Höhe des Höchstwertes besteht ein linearer Zusammenhang. Die Unters.-Resultate (ermittelt an *Braun-* u. *Steinkohlen*) der derivativen thermogravimetr. Analyse zeigen Übereinstimmung mit der Roga-Backzahl [1931] u. den Werten der Dilatometerprobe. E. Miessgang 8244◇

*2703* **Die Festigkeit von Steinkohlen und Bergwerksgesteinen und darin auftretende Spannungen.** Max Radmanovich und A. J. Hargraves. (Australas. Inst. Mining Metallurgy, Proc. **1962**, Nr. 203, 45—65; Sydney, Univ., Dep. of Mining Engng.; engl.) — Über die Durchführung von Festigkeits-Unterss. (Kompressions- u. Zerreißfestigkeit) von Kohlen u. Kohlenflözen u. von Spannungsmessungen in u. um Kohlenflöze wird berichtet. Eine Beziehung zwischen dem Stoßfestigkeitsindex (SFI) von Pomeroy [1957] u. der Kompressionsfestigkeit wird festgestellt u. die SFI-Meth. zur schnellen Best. der Festigkeit in all den Fällen empfohlen, in denen Spannungserscheinungen in der Kohle oder dem Gestein eine Gefahr für den Betrieb der Grube darstellen.
I. Köditz 8246

*2704* **Methode zur Unterscheidung der Braunkohlen von Steinkohlen nach der Ausbeute des nichthydrolysierbaren Teils der organischen Hauptmasse der Kohlen.** W. I. Sabawin, L. A. Kleimenowa und W. G. Nemzowa. (Nachr. Akad. Wiss. UdSSR, Abt. techn. Wiss., Metallurg. Brennstoffe **1959**, 224—27; russ.) — Die organ. Grundmasse der Braunkohlen wird bei zweifacher Behandlung mit KOH-Lsg. vollständig aufgespalten, die der Steinkohlen, dem höheren Metamorphosegrad entsprechend, wird erst nach 5—7facher oder noch längerer Behandlung zersetzt. Auf dieser Eig. basiert die quant. Unterscheidung zwischen Braun- u. Steinkohlen. Die Unters.-Meth. (mehrfache Behandlung der trockenen Kohlenproben mit KOH, A. u. Pyridin, Ansäuern mit $H_2SO_4$, Erhitzen mit α-Naphthol, Fällen aus Bzn.) wird ausführlich beschrieben. Nach dieser Meth. wurden je 8 Braun- u. Steinkohlen verschiedener Herkunft untersucht. Die Ausbeute an nicht hydrolysierbarer organ. Masse nach Abzug des Fusinit-Geh. beträgt bei Braunkohlen nicht über 11%, bei Steinkohlen dagegen nicht unter 27%.
W. v. Füner 8246◇

*2705* **Über die Untersuchung der seltenen Elemente in Mineralien aus indischem Vorkommen. 1. Mitt. Über die Bestimmung der Submikromenge von Uran in indischer Steinkohle.** B. C. Purkayastha und S. R. Saha. (Indian J. appl. **25**, 20—23, 1962; Calcutta, Saha Inst. of Nuclear Phys., Nuclear Chem. Div.; engl.) — Eine neue vereinfachte Meth. zur quant. Extraktion von Submikromengen U aus Steinkohlenasche wird beschrieben. — Der U-Geh. der untersuchten Steinkohlen nimmt mit der Tiefe des Flözes ab ($4 \cdot 10^{-6}$ g U bei 220 ft u. $2 \cdot 10^{-6}$ g U bei 385 ft).
I. Köditz 8246

*2706* **Gemeinsame Bestimmung von Germanium und Gallium in Kohlen und Flugstäuben von Kraftwerken.** E. Urbánek. (Paliva **41**, 88—91, 1961; Zbůch, Západočeský uheln. doly, n. p.; tschech.) — Kohleasche, Flugstaub u. dgl. werden gemahlen, mit $HNO_3/H_2SO_4$-Gemisch zur Trockne eingedampft; der Rückstand wird in oxydierender Atmosphäre (nicht reinem $O_2$) auf $\leqq 500$—550° erhitzt, wobei $SiO_2$ unlösl. wird, dest. u. mit 6n HCl behandelt. *Ge* dest. über u. wird colorimetr. mit Phenylfluoren bestimmt. *Ga* bleibt in der Lsg. u. kann mit *Rhodamin B* oder *Malachitgrün* colorimetr. bestimmt werden. Das Verf. erspart die zeitraubende Ae.-Extraktion. Andere Elemente stören nicht, gehen in unlösl. Verbb. über oder ändern ihre Wertigkeit, wie $Fe^{3+}$, $Sb^{5+}$ u. $Tl^{3+}$. Bei den Verss. sind Si, Al, Zn, Pb, Fe, Cu, V, Sb, B, P, Sn, Ti, As, Ni, Co, Cr, Mg, Cd, Mn u. in Spuren Ba, Ag, Zr, Be, Tl, Bi u. In zugegen. R. K. Müller 8246◇

*2707* **Die Bestimmung des Gehalts an Siliciumdioxid in Kohlenaschen mit halbquantitativer spektrochemischer Analyse.** Marie C. Clark und D. J. Swaine. (Fuel **42**, 315—18, 1963; Chatswood, N.S.W., C.S.I.R.O., Div. of Coal Res.; engl.) — Fein gemahlene Kohle wird bei 800° verascht. Die Asche wird einmal mit Graphitpulver (GP) u. ein andermal mit $Li_2CO_3$ (I) u. GP vermischt. Jedes Gemisch wird für sich in eine Graphitelektrode eingefüllt, die als Anode in einer Bogenlampe verwendet wird. Die erhaltenen Spektrogramme werden mit Standardspektrogrammen verglichen. Proben, deren Geh. an Fe, Ca u. Mg höher liegen als die Standards vorsehen, müssen mit dem I-GP-Gemisch verd. u. dann nochmals in die Elektrode eingefüllt werden. Ein Vgl. der Werte für $SiO_2$, die durch chem. Analyse u. durch Spektrochemie im Gemisch mit GP oder I + GP bei austral. Kohlen gefunden wurden, zeigte eine gute Übereinstimmung. Mit Hilfe des Spektrogramms können auch Fe, Ca u. Mg bestimmt werden, daneben auch noch Na, K, Mn u. Ti, wenn sie in ungewöhnlich hoher Konz. vorkommen. F. Rosendahl 8246△

*2708* **Chemische Charakteristik der Aschen oberschlesischer Kohlen (Flözproben).** T. Mielecki und W. Krzyżanowska (unter Mitarbeit von St. Bereta, M. Perkowska, E. Staś und L. Ogrodnik). (Prace Głównego Inst. Górnictwa, Komunikat **1961**, Nr. 273, 2—26; pol.) — Tabellar. Zusammenfassung der in vieljähriger Arbeit erhaltenen Asche-Best. u. Ascheanalysen aus über 80 oberschles. Kohlegruben aus verschiedenen Teufen. Über 900 Einzelanalysen geben Aufschluß über den Asche-Geh. von Flözgruben, die Druckfestigkeit der Asche, ihre Erweichungs-, Fließ- u. Schmelz-Temp., Wasser-Geh., ferner über $SiO_2$-, $Al_2O_3$-, $Fe_2O_3$-, CaO-, MgO- u. $SO_3$-Gehalt.
F. Zeidler 8246◇

*2709* **Untersuchung der Veränderungen der chemischen Struktur von Steinkohlen bei der Oxydation (Verwitterung).** W. I. Sabawin und W. L. Ssurkowa. (Nachr. Akad. Wiss. UdSSR, Abt. techn. Wiss., Metallurg. Brennstoffe **1959**, 236—41, russ.) — Zur Unters. der chem. Zus. u. der Struktur der organ. Massen von 4 Steinkohlenproben des Kusnetzkbeckens unterschiedlichen Metamorphosegrades [Gas- (I), Fett- (II), Koks- (III) u. Magerkohlen (IV)] wurden a) die Ausbeute an A.-Bzl.-Extrakt aus unbehandelten u. 1 Std. auf 350° erhitzten Kohlen, b) die hydrolyt. u. thermohydrolyt. Aufspaltung der organ. Masse der Kohlen mit KOH in A.-Pyridin-Gemisch u. Best. der Ausbeute an Hydrolyse-Prodd.

c) Best. des Oxydationsgrades der Kohlen u. d) Best. der Huminsäuren bei oxydierten Kohlen durchgeführt. Die Oxydation verläuft bei I u. II anders als bei III u. IV. Bei I u. II bilden sich in den ersten Oxydationsstufen in A.-Bzl.-Gemisch lösl. einfache sowie in Pyridin unlösl. kompliziertere Verbindungen. Bei III u. IV bilden sich keine in A.-Bzl. lösl. Verbb.; mit fortschreitender Oxydation bilden sich Prodd. sauren u. neutralen Charakters, die in Pyridin lösl. sind. Die Ausbeute an sauren Prodd. ist 3—4mal höher als die an Huminsäuren, was auf die Bldg. von hydrolysierbaren O-Bindungen bei der Oxydation hinweist. Saure Hydrolyse-Prodd. aus nicht oxydierten Proben fehlen fast ganz. Umgekehrt bestehen die Hydrolyse-Prodd. aus nicht oxydierten I zu 50% aus sauren Prodd.; die Ausbeute an diesen aus oxydierten I u. II ist gleich der Ausbeute an Huminsäuren dieser Proben. W. v. Füner 8246◇

*2710* **Bewertung der Verkokungseigenschaften von Kohlen mit Hilfe von Laboratoriumsmethoden.** B. Kedroň. (Paliva **41**, 177—83, 1961; Praha, Ministerstvo paliva energetiky; tschech.) — Die Verkokungs-Eigg. von Kohlen können auf Grund von Labor.-Unterss. ermittelt werden. Als Meth. werden außer der Unters. des Entgasungsverlaufs besprochen: die Best. der Dynamik der Viscosität nach Kuschnirewitsch [1938], der Viscosität der plast. Zone nach Gieseler [1934] u. der Backfähigkeit nach Roga. Die Ergebnisse der verschiedenen Meth. werden an prakt. Beispielen verglichen. R. K. Müller 8246◇

*2711* **Die optische Anisotropie von Koks und die Möglichkeit, sie quantitativ auszudrücken.** Vl. Holubář. (Hutnické Listy **18**, 166—70, 1963; Praha, ČLAV, Hornický ústav; tschech.) — 2 Formen opt. Anisotropie von Koks werden untersucht: 1. die vorwiegend körnige, 2. die weniger vertretene flächige Form. Außer der Form u. Type der Anisotropie wird auch ihre Stärke in Betracht gezogen. Die quant. Best. der opt. Anisotropie von Koks mit einem Mindestaufwand an apparativen Aufwand wird besprochen. R. Grundmann 8246◇

*2712* **Analyse der Rohphenole 180—270° aus Tieftemperaturteer.** Vladimír Kusý. (Abh. dtsch. Akad. Wiss. Berlin, Kl. Chem. Geol. Biol. **1962**, Nr. 1, 321—38; *Záluží v Krušných horách*, ČSSR, Stalinwerke, Forschungsinst. für die chem. Ausnutzung der Kohle; dt.) — Berichtet wird über die qual. Analyse von Gemischen einwertiger Phenole an einem präparativen u. analyt. Gaschromatographen mit den fl. Phasen *Apiezon W* u. *Na-Dodecylbenzolsulfonat*. W. Luchsinger 8248◇

*2713* **Neuere Entwicklungen auf dem Gebiet der Gaschromatographie.** R. P. W. Scott. (Lab. Pract. **10**, 607 bis 614, Sept. 1961; engl.) — Übersicht über 17 zusammenfassende Arbeiten aus den Jahren 1953—1960. Besprochen werden Ionisationdetektoren, Spurenanalyse u. reaktionskinet. Untersuchungen. Es wird eine App. zur Unters. der Pyrolyse von Kokereigasen an Koks beschrieben.

Versuche: Kokereigas wird ca. 7,5 s lang bei ca. 1000° mit Koks pyrolysiert u. das Chromatogramm mit einem solchen des unpyrolysierten Einsatz-Prod. verglichen. Die Ausbeute an Bzl. ist nach 13std. Verkokungsdauer am höchsten, die an Toluol bei 920°. G. v. Waldeyer-Hartz 8250□

*2714* **Bestimmung des Helium- und Wasserstoffgehalts der ungarischen Erdgase mit Elutions-Chromatographie.** László Gráf und József Tóth. (Abh. dtsch. Akad. Wiss. Berlin, Kl. Chem. Geol. Biol. **1962**, Nr. 1, 145—61; Nagykanizs, Ungarn, Erdöl-Trust; dt.) — Über eine gaschromatograph. Meth. zur Best. von He u. $H_2$ in Konzz. von $10^{-1}$ bis $10^{-5}$% wird berichtet. Der He-Geh. in ungar. Erdgasen liegt in den Grenzen von 1—0,0001%, meist bei 0,001—0,01%. W. Luchsinger 8250◇

*2715* **Polarographische Bestimmung des Gehalts aromatischer Kohlenwasserstoffe im Kokereigas.** J. Kubant und Z. Štěpničková. (Paliva **41**, 253—57, 1961; ÚVP; tschech.) — Das zu analysierende Gas wird mit einem Gemisch von $CH_3OH$ mit einem Überschuß an festem $CO_2$ gekühlt, dann mit Nitriergemisch (10 g getrocknetem $NH_4NO_3$ in 100 ml konz. $H_2SO_4$) behandelt. In einem 10 ml-Meßkolben wird die Lsg. unter Zusatz von 0,1 ml 0,01%ig. Tropäolin-Lsg. mit 40%ig. KOH neutralisiert u. aufgefüllt. Auf Grund einer Eichkurve für Bzl. u. für Toluol (mit Bzl.- bzw. Toluoldampf im Gemisch mit $N_2$ erhalten) wird der Aromaten-Geh. des Gases polarograph. bestimmt. Anwendungsbeispiele werden erläutert. R. K. Müller 8250◇

*2716* **Anwendung der Hochfrequenztitration zur Bestimmung des Salzgehalts in Rohölen.** Marijan Kolombo und Nela Simonić. (Nafta [Zagreb] **11**, 37—42, 1960; Rijeka, Rafinerija nafte; kroat.) — Möglichkeiten zur Best. des Salz-Geh. in Rohölen mittels der DK (Hochfrequenztitration) werden diskutiert. Das Verf. wird mit anderen Analysen-Meth. verglichen. Die Best. des Salz-Geh. erfolgt in wss. Lösung. R. Grundmann 8252◇

*2717* **Vergleich zweier photometrischer Methoden zur Bestimmung von Kupfer in Mineralölen.** J. M. Howard und H. O. Spauschus. (Analytic. Chem. **35**, 1016—17, 1963; Louisville, Ky., Gen. Electr. Co., Major Appliance Labor.; engl.) — Eine Meth. zur Best. des Cu-Geh. in Mineralölen mit Natriumdiäthyldithiocarbamat wird beschrieben. Hierzu extrahiert man das Cu mit Essigsäure, versetzt mit dem Reagens u. mißt die Extinktion des Cu-Carbamatkomplexes bei **440** nm nach Extraktion mit $CCl_4$. Bei Ggw. von Fe muß dieses vor der Reagenszugabe mit Citronensäure maskiert werden. Diese Meth. wurde mit der Neocuproin-Meth. verglichen. Beide Meth. liefern bei Cu-Konzz. zwischen 2 u. 200 $\mu$g pro ml Mineralöl sehr genaue Ergebnisse. Die Neocuproin-Meth. ist schneller u. einfacher; Fe stört nicht. Die Carbamat-Meth. ist empfindlicher. H. Kuchenbecker 8252◇

*2718* **Eine Methode zur Bestimmung von schleifenden Beimengungen in Erdölprodukten.** W. M. Michlin und N. N. Speranssow. (Chem. Technol. Brennstoffe Öle [UdSSR] **5**, Nr. 3, 57—61, 1960; russ.) — Ein Gerät wird beschrieben u. empfohlen, mit dem sich auf Grund der Aufhellung einer vorher aufgerauhten Metallplatte durch Hin- u. Herreiben auf einer mit dem Erdöl-Prod. getränkten Pappe der Geh. an schleifenden Beimengungen im Erdöl-Prod. qual. u. quant. bestimmen läßt. Die Helligkeitsmessung erfolgt photometrisch. Die quant. Best. ist nur für Feststoffe gleichen Dispersionsgrades möglich. H. V. Adolphi 8252□

*2719* **Luminescenzparameter von Erdöl.** W. N. Florowskaja und Ju. A. Kljujew. (Ber. Akad. Wiss. BelorussSSR **5**, 438—41, 1961; Moskau, Lomonossow-Staatsuniv.; russ.) — Bei der Unters. von Erdöl werden zwecks Klärung der Richtigkeit von Luminescenz-Kennwerten diese den erhaltenen Analysenwerten gegenübergestellt u. mit Fluorescenzspektren verglichen. Die erhaltenen Ergebnisse stimmen mit den Angaben der chem. u. Spektralanalyse qual. überein. Jedoch müssen zwecks endgültiger Klärung der Zuverlässigkeit der Luminescenzparameter von Erdöl noch gründliche Unterss. der physikal.-chem. u. opt. Eigg. von in Erdöl vorkommenden Verb.-Gruppen erfolgen. C. Kozák 8252◇

*2720* **Elektronenmikroskopische Untersuchung der Veränderungen von Schwefelverbindungen in mittleren Fraktionen von Brennstoffen aus Priwolsker Erdölen bei der Erwärmung.** Ja. B. Tschertkow, B. I. Leontjew, W. M. Schtschagin und A. Je. Ssasonow. (J. angew. Chem. [UdSSR] **35**, 394—97, 1962; russ.) — Verss. mit Modellgemischen von gereinigtem, S-freiem *Erdöl*, dem verschiedene *Mercaptane*, *Sulfide* (I), *Thiophane* (II), *Thiophene* (III), *Disulfide* (IV) u. S-haltige aus Erdöl isolierte Konzentrate zugesetzt waren, ergaben auf Grund von elektronenmkr. Unterss. vor u. nach Erhitzen im Autoklaven (6 Std.) auf 120, 150, 200 u. 250° in Ggw. von Bronze, daß sich beim Erhitzen ein koll. Syst. bildet, dessen Zerstörung bei höheren Temp. zum Ausfallen fester, aggregierter S-haltiger Teilchen führt. Bes. stark ist die Bldg. der festen Phase beim Erdöl in Ggw. von I (150—200°), II (200°) u. IV (150—200°). Therm. stabiler sind III u. dessen Homologe, auch bei 200 bis 250° bilden sich nur Teilchen unter 0,1 $\mu$ u. nur in unwesentlicher Menge. M. Ulmann 8252◇

*2721* **Identifizierung von Dibenzthiophen und gewisser seiner Derivate im Erdöl von Lacq.** Lucien Espagno und Bernard Poquet. (J. Chim. physique Physico-Chim. biol. **59**, 509, 1962; Pau-Lacq, S.N.P.A., Labor. de Chim. Phys.; franz.) — Mit Hilfe von fraktionierter Dest. u. Kristallisation werden die in der schweren Fraktion des Erdöls von Lacq auftretenden Verbb. untersucht. Im Siedebereich 160 bis 225°/10 Torr werden 23 Fraktionen abgetrennt, von denen 19 bei gewöhnlicher Temp. eine feste Phase bilden. Jede Phase wird in A. bis zu einem konst. F. fraktioniert kristallisiert. Identifiziert werden 2 n-Paraffine mit den röntgenograph. bestimmten Kettenlängen 27,9 u. 29,3 Å. Es sind dies *Dokosan* u. *Tetrakosan*. Isoliert werden ferner 2 S enthaltende Verbb. mit 3 Ringen, deren IR-Spektren denen von *Dibenzthiophen* (I) u. *4-Methyldibenzthiophen* entsprachen. Weiter werden noch 3 andere Derivv. von I isoliert. Die Mikroanalyse u. die massenspektrometr. Unters. zeigen, daß es sich um ein Methyl-, ein Dimethyl- u. ein Trimethyldibenzthiophen handelt. Aus den FF. kann geschlossen werden, daß es sich bei den beiden ersten Verbb. um *2-Methyl-* u. um *4.6-Dimethyldibenzthiophen* handelt. C. Gottfried 8252△

*2722* **Argentometrische Bestimmung von Bleitetraäthyl. Äthylenchlorid und -bromid in Antiklopfmittelgemischen.** Giuseppe Tagliavini. (Chim. e Ind. [Milano] **39**, 902—04, 1957; Padova, Univ., Ist. di Chim. Gen. e Chim. Fisica; E.N.I., Scuola di Alti Studi sugli Idrocarbori; ital.) R. Grundmann 8254◇

*2723* **Die Anwendung der präparativen Gaschromatographie bei der Analyse von Kohlenwasserstoffgemischen im Benzinsiedebereich.** Günther Heinze und Walter Leipnitz. (Freiberger Forsch.-H., Reihe A **264**, 153—65, 1963; Leipzig; dt.) — Bericht über Verss., die präparative Gaschromatographie zur Auftrennung sehr komplizierter KW-Stoffgemische im Bzn.-Siedebereich einzusetzen. Das hierfür benutzte vollautomat. arbeitende Gerät wird beschrieben. Die Verf.-Weise an zwei Beispielen erläutert F. Rosendahl 8254△

*2724* **Cyclohexankohlenwasserstoffe der Benzinfraktionen der Sachaliner Erdöle.** N. Je. Podkletnow. (Ber. Akad. Wiss. UdSSR **125**, 821—22, 1959; russ.) — Aus den Bzn.-Fraktionen 50—100, 100—128, 128—150 u. 150—175° wurden die Aromaten durch chromatograph. Adsorption an Silicagel entfernt, die Fraktionen vereinigt u. über Pt—Fe-Katalysator dehydriert. Die aus den Katalysaten abgetrennten Aromaten wurden in enge Fraktionen zerlegt u. spektrograph. untersucht. Die Bzn. zeigen große Unterschiede im Geh. an Cyclohexanen u. enthalten vorwiegend mono- u. disubstituierte Cyclohexane. In maximalen Mengen werden in den untersuchten Erdölen *Methylcyclohexan*, *Cyclohexan*, *Äthylcyclohexan*, *1.3-* u. *1.2-Dimethylcyclohexan* festgestellt. Von bicycl. Verbb. wird in allen 3 Erdölen *Perhydrindan* ermittelt. W. v. Füner 8254◇

*2725* **Untersuchung der Struktur sauerstoff- und stickstoffhaltiger Verbindungen der Ligroin-Kerosin-Fraktion des Erdöls durch Infrarotabsorptionsspektren.** B. G. Ssawinow, Ja. B. Tschertkow und P. L. Klimenko. (J. angew. Chem. [UdSSR] **35**, 398—404, 1962; russ.) — Die Aufnahme von IR-Spektren von Beimengungen von Nicht-KW-Stoffen der Ligroin-Kerosin-Fraktion von direkt dest. Erdöl u. von Crackprodd. ergab, daß in hieraus auf chromatograph. Wege abgetrennten Prodd., Verbb. von aromat. u. heterocycl. Struktur mit funktionellen Gruppen vorliegen. In O-haltigen Prodd. ließen sich OH-Gruppen u. Carbonylgruppen (Bindung C=O) nachweisen. M. Ulmann 8254◇

*2726* **Gaschromatische Untersuchungen von Vergaserkraftstoffen.** Helmut Kögler. (Abh. dtsch. Akad. Wiss. Berlin, Kl. Chem. Geol. Biol. **1962**, Nr. 1, 291—308; Böhlen, VEB Kombinat „Otto Grotewohl"; dt.) — Über die Anwendung der Gaschromatographie wird berichtet. Aus gaschromatograph. Daten werden wichtige Eigg. wie Siedeverh., Dampfdruck, Heizwert, Klopffestigkeit abgeleitet, die zur motor. Bewertung der Kraftstoffe dienen. W. Luchsinger 8254◇

*2727* **Die Bestimmung der Methyläthylbleiverbindungen in Benzin durch Gaschromatographie mit einem Elektroneneinfangdetektor.** Harold J. Dawson jun. (Analytic. Chem. **35**, 542—45, 1963; Whiting, Ind., Amer. Oil Co., Res. and Developm. Dep.; engl.) — Die Trennung von *Tetramethyl-*, *Trimethyläthyl-*, *Dimethyldiäthyl-*, *Methyltriäthyl-* u. *Tetraäthylblei* erfolgt in einer 30 in.-Stahlsäule, von welcher die ersten 24 in. mit 15% Siliconharz SE 30 u. 6 in. mit 20% mit $AgNO_3$ gesätt. Carbowax 400 auf mit 8% NaOH imprägniertem Chromosorb W als Träger gefüllt sind. Durch die NaOH wird die Isomerisierung der Pb-Alkyle unterdrückt, das $AgNO_3$ dient zur Entfernung von $(CH_2Cl)_2$ u. $(CH_2Br)_2$, die von den Pb-Verbb. nicht getrennt werden u. ebenfalls ein Detektorsignal hervorrufen. Gearbeitet wird mit Temp.-Programm von Raum-Temp. bis 90° bei 6°/min u. 100 ml $N_2$/min. Vor dem Detektor ($^3H$ als Strahlenquelle, 37 V, 180°) werden dem Gasstrom noch 150 ml $N_2$/min zugemischt. Für jede Substanz ist die Anzeige bis 300 Nanogramm linear, dosiert wird 1 µl Benzin mit Gasschleife, bei höherem Pb-Geh. wird die Probe mit Isooctan verdünnt. Analysendauer ca. 25 Minuten. G. Bock 8254◇

*2728* **Gas-Flüssigkeits-Chromatographie eines Anthracenöls.** F. J. Pinchin und E. Pritchard. (Chem. and Ind. **1962**, 1753—54; Leatherhead, Surrey, Brit. Coal Utilisat. Res. Assoc.; engl.) — Chromatograph. wird bei 195 u. 250° die Zus. eines Anthracenöls unter Verw. von $O_2$-freiem $N_2$ als Trägergas bestimmt. Folgende Verbb. konnten identifiziert werden: Inden (Spuren), Naphthalin, 2- u. 1-Methylnaphthalin, Diphenyl, 2.6-, 1.6- u. 2.3-Dimethylnaphthalin, Acenaphthen, Diphenylenoxid, Fluoren, Phenanthren, Anthracen, Fluoranthren u. Pyren. I. Köditz 8256

*2729* **Chromatographie von Kohlenwasserstoffen an jugoslawischem Silicagel.** Boris Prohaska und Elie Trad. (Nafta [Zagreb] **10**, 221—26, 1959; Zagreb, Tehnol. fak.; kroat.) — Eine chromatograph. Meth. zur Trennung von KW-Stoffen aus Schmieröl unter Verw. von Silicagel u. normalen Lsgm. wird beschrieben. R. Grundmann 8258◇

*2730* **Methoden zur Messung der Schmierfilmdicke bei Zapfenlagern.** D. Pavelescu und I. Illiuc. (Studii Cercetări Mecan. apl. [București] **12**, 1117—31, 1961; rum.) — 2 Meth. zur Messung der Schmierfilmdicke bei runden Gleitlagern bei laufendem Betrieb werden angegeben, u. zwar eine radioakt. u. eine induktionselektr. Methode. Außer den Grundsätzen der Meth. u. der Beschreibung der Vers.-Vorr. werden Betrachtungen über die erforderlichen Kalibrierungen u. die Genauigkeit der Messungen angestellt. Es zeigt sich, daß die gestellte Aufgabe mit jeder der gezeigten Meth. gelöst werden kann. Die induktionselektr. Meth. bietet jedoch den Vorteil einer größeren Genauigkeit. Außerdem ist in diesem Falle auch die App. einfacher u. leichter zu handhaben. Al. Nica 8258△

*2731* **Die spektrophotometrische Bestimmung von Öl in Paraffin.** A. P. Lisogub, W. T. Skljar, Ss. I. Krassnowa und S. A. Ssawitzkaja. (Erdöl- u. Gasind. **1962**, 58—59; russ.) — Beschreibung einer spektrophotometr. Best. der spezif. Absorptions-Koeff. des Öls, das aus einem künstlichen Paraffin-Öl-Gemisch abgeschieden wird. Der Öl-Geh. wird als arithmet. Mittel aus den Resultaten zweier Parallelbest. (Fehlergrenze + 0,02—0,05%) berechnet. Best.-Zeit 30 Minuten. J. Lehmberg 8262△

---

*2732* Gas Council, London, England (Erfinder: John David Francis Marsh und John Rich), **Entfernen von CO aus CO-haltigen Brenngasen.** Vor der Konvertierung wird das Gas bei 300—500° mit einem Ni-Subsulfid-Katalysator in Kontakt gebracht. (**E. P. 894 451** vom 17/8. 1959, ausg. 18/4. 1962.) E. Kahles 8157

*2733* Esso Research and Engineering Co., Elizabeth, N.J., V.St.A. (Erfinder: Kenneth Geoffrey Latham und John Tyson Tyson), **Öltrennung.** Die Abtrennung von Öl aus einem Öl-W.-Gemisch geschieht durch Überleiten der Mischung über saure, teilchenförmige Feststoffe, die mit einem bas., wasserlösl., oberflächenakt. Stoff, z. B. einem Alkylaminlactat, überzogen sind. — Zeichnung. (**E. P. 902 600** vom 24/6. 1960, ausg. 1/8. 1962.) P. Unger 8191

*2734* Atlantic Refining Co., Philadelphia, Pa., übert. von: Harold A. Hartung, Collingswood, N.J., V.St.A., **Korrosionsverhinderer für Tanker.** Zus., bestehend aus 1. Öl-in-W.-Emulsion (Ölphase 1—10 Gew.-%), wobei die Ölphase zu 70—80 Gew.-% aus einer Lsg. von alkal. Ba-Salzen von öllösl. Sulfonsäuren in Mineralöl besteht u. die Ba-Salze 15—30 Gew.-% der Mineralöl-Lsg. ausmachen, 2. 10 bis 26 Gew.-% eines Emulgators aus öllösl. Na-Salzen von Erdölsulfonsäuren u. 3. 1—4 Gew.-% eines Kondens.-Prod. aus 1 Mol Octylphenol u. 5 Mol Äthylenoxid. (**A. P. 3 007 880** vom 3/11. 1959, ausg. 7/11. 1961.) P. Unger 8193

*2735* British Petroleum Co. Ltd., London, Alan Arthur Yeo und Clive Leonard Hicks, Sunbury-on-Thames, Middlesex, England, **Trennung von Kohlenwasserstoffmischungen,** die adsorbierbare u. nichtadsorbierbare Bestandteile enthalten, durch Behandlung mit einem Mol.-Sieb in einer 1. Adsorptionsstufe, Entfernung nichtadsorbierten u. oberflächlich adsorbierten Materials in einer 2. Stufe durch Abstreifen in der Dampfhase mit einem normalerweise fl. Mittel, dessen Moll. einen krit. Durchmesser haben, der größer ist als der Porendurchmesser des Mol.-Siebes, u. das unter den angewendeten Verf.-Bedingungen stabil ist. Das adsorbierte Material wird in einer 3. Desorptionsstufe desorbiert. Zweck des Verf.: Abtrennung von geradkettigen KW-Stoffen aus > 200° sd. Erdöldestillaten. Abstreifmittel: Methylisobutylketon, Isoparaffine, Cycloparaffine, Aromaten wie Benzol. (**E. P. 898 059** vom 15/12. 1959, ausg. 6/6. 1962.) P. Unger 8195

*2736* Sinclair Refining Co., New York, N.Y., übert. von: Emmett H. Burk jun., Hazel Crest, und Byron W. Turnquest, Chicago, Ill., V.St.A., **Entfernung metallischer Bestandteile aus Erdölfraktionen** durch Behandlung bei 500—725° unter Vermeidung einer Spaltung mit einer katalyt. Menge HJ u. Hydroaromaten (z. B. Tetralin) in einer Menge von mindestens 20% des Einsatzes, ggf. in Ggw. von freiem $H_2$. (**A. P. 3 008 897** vom 7/8. 1959, ausg. 14/11. 1961.) P. Unger 8195

*2737* British Petroleum Co. Ltd., London, Dennis George Adlington und Kenneth Tupman, Sunbury-on-Thames, England, **Verbesserung von Farbe und Farbstabilität instabiler Erdölfraktionen** (Kp. 150—300°C) durch Behandlung mit $H_2$ in Ggw. eines Hydrierungskatalysators bei 670—750° F, Entfernung des gebildeten $H_2S$ u. Redest., wobei nicht mehr als 10 Gew.-% der Fraktion entfernt werden. Druck: 50—1000 psig, Raum-Geschw. 0,1—20 v/v/Stunde. (**E. P. 889 051** vom 24/6. 1959, ausg. 7/2. 1962.) P. Unger 8195

*2738* British Petroleum Co. Ltd. (Erfinder: Peter Desmond Holmes und Roy Turner), **Katalysatoren für die Konvertierung von Kohlenwasserstoffen,** bestehend aus $Al_2O_3$ als Trägermaterial, 0,01—1 (%) Pt u. 6—8 F. (**Aust. P. 236 378** vom 7/1. 1959, ausg. 7/12. 1961.) K. Demmler 8197

*2739* Lummus Co., New York, N.Y., übert. von: Ward J. Bloomer, Westfield, N.J., V.St.A., **Umwandlung von Gilsonit.** Der Asphaltit wird zusammen mit einem hochsd. KW-Stoff-Öl (Endpunkt 700—900°) auf über Verkokungs-Temp. liegende Crack-Temp. ohne Koks-Bldg. so erhitzt, daß die entstehende Wärmetönung von dem Asphaltit abgegeben wird u. nur zum Verdampfen des hochsd. Öls verbraucht wird. Durch Dest. der kondensierten dampfförmigen Prodd. wird das hochsd. Öl zurückgewonnen u. werden flüchtige KW-Stoff-Anteile aus dem Gilsonit gewonnen; die Asphaltrückstände der Dest. werden verkokt. — Schemat. Zeichnung. (**Can. P. 570 906** vom 30/11. 1955, ausg. 17/2. 1959.) H.-J. Nitzschke 8197

*2740* VEB Leuna-Werke „Walter Ulbricht", Leuna (Erfinder: Siegfried Unger, Hermann Kaufmann und Horst Barwald), **Herstellung eines Katalysators für die Benzinherstellung aus Schwerölen,** der aus $SiO_2$, $Al_2O_3$ u. W- u./oder Mo-Oxiden besteht. $SiO_2$ u. $Al_2O_3$ werden getrennt gefällt u. gewaschen u. anschließend innig miteinander vermischt. Die auf diesen Träger aufzubringenden Komponenten werden durch Zugabe von Lsgg. der entsprechenden Verbb. während des Mischens der Trägeranteile miteinander in den Katalysator eingebracht. (**E. P. 899 684** vom 2/11. 1959, ausg. 27/6. 1962.) E. Kahles 8201

*2741* Cosden Petroleum Corp., Big Spring, Tex., übert. von: William K. Jackson, Wichita, Kans., V.St.A., **Niedrigmolekulare, flüssige Olefinpolymere,** bes. *Polyisobutylen* mit Molgew. 450—1500, bes. 500—1000, erhält man durch Behandeln einer fl. Fraktion mit 1—5 C-Atomen, die aus wenigstens 3% Isobutylen, Butenen u. anderen Olefinen besteht, mit 10—20% festem, trockenem $AlCl_3$ mit einer Teilchengröße von 40—200 Maschen (US-Standard-Sieb) in Ggw. einer geringen Menge, bes. 0,08—0,12%, HCl als Beschleuniger bei —25 bis +60°. Ein Teil der aufgeschlämmten Katalysator-Lsg. wird im Kreislauf geführt, aus dem anderen Teil nach dem Absetzen des Katalysators das polymere Olefin gewonnen; Ausbeute 74,5% *Polyisobutylen.* — Vorr., Zeichnungen. (**A. P. 2 957 930** vom 27/8. 1956, ausg. 25/10. 1960.) G. Krauß 8201

*2742* Ethyl Corp., New York, N.Y., übert. von: Rogers F. Lambert, Baker, und James D. Johnston, Baton Rouge, La., V.St.A., **Triorganophosphin-Mangan-(carbonyl)-nitrosyl-Verbindungen** erhält man durch Rk. von Phosphin-$Mn(CO)_4$ Verbb. mit NO bei ca. 40—190° oder durch Rk. von Alkalimetall-$Mn(CO)_4$-Triorganophosphin mit Nitrosyrierungsmittel (I) wie $NaNO_2$ + Essigsäure oder NO oder Alkalimetall-$Mn(CO)_4$ mit I u. dann Rk. mit einem Triorganophosphin. — Man leitet bei Rückfluß-Temp. NO (6 Std.) in eine Lsg. aus 18 g Triphenylphosphin-$Mn(CO)_4$ in 300 ml Bzl. u. erhält nach dem Aufarbeiten $(C_6H_5)_3P\cdot Mn(NO)_3$ (II) dunkelgrüne Kristalle, F. 128—130° A.); $NaMn(CO)_5$ + NOCl, dann + $(C_6H_5)_3P$ → $(C_6H_5)_3P\cdot Mn(CO)_2(NO)$ (III), $(C_6H_5)_3P\cdot Mn(CO)_4Br + NH_2OH + NH_3$ → **II** + **III**. Tricyclohexylphosphin-$Mn(CO)_4$ + NO → $(C_6H_{11})_3P\cdot Mn(NO)_3$ + $(C_6H_5)_3P—Mn(CO)_3(NO)$. — *Antiklopfmittel.* (**A. P. 3 013 039** vom 29/7. 1960, ausg. 12/12. 1961.) A. Jahn 8209

*2743* Ethyl Corp., New York, N.Y., V.St.A., **Destillatbrennöl,** wie Leuchtöl oder Heizöl. Es enthält **0,01 bis** 5 Gew.-% Mn als *Cyclopentadienylmangantricarbonyl.* (**E. P. 901 689** vom 5/12. 1958, ausg. 25/7. 1962. A. Prior. **19/12. 1957.**) E. Kahles **8211**

*2744* British Petroleum Co. Ltd., London, England, **Kohlenstoffdestillatbrennöle,** die im Bereich des Leuchtöls oder höher sieden u. darin gelöst 0,001—0,5 Gew.-% eines Gemisches enthalten, welches durch Zusammenschmelzen von einem geradkettigen Paraffin mit 15—38 C-Atomen oder einem Gemisch derselben u. einem aromat. KW-Stoff mit 10—25 C-Atomen oder deren Derivv. oder Gemische derselben hergestellt worden ist. In diesem Zusatzgemisch sind die beiden Gemischanteile in molarem Verhältnis zueinander vorhanden. Das Zusammenschmelzen erfolgt bei 70—200°. (**E. P. 893 175** vom 30/3. 1960, ausg. 4/4. 1962. D. Prior. 3/4. 1959.) E. Kahles 8211

*2745* British Petroleum Co. Ltd., London, England, **Destillatbrennöl.** Dieses besteht hauptsächlich aus Erdöl-KW-Stoffen vom Siedebereich des Kerosins u. höher u. enthält eine geringe Menge eines Triesters von einem Trialkanolamin u. einer gesätt. Fettsäure oder eines Salzes aus einem solchen Triester u. einer organ. oder Mineralsäure. — *Dieselöle* u. dgl. (**E. P. 899 261** vom 10/1. 1961, ausg. 20/6. 1962. F. Prior. 13/1. 1960.) E. Kahles 8211

*2746* Engelhard Industries, Inc., Newark, N.J., V.St.A., **Katalytische Zersetzung von 1.1-Dimethylhydrazin.** Dieses wird bei 100—500° mit einem Pt-Katalysator in Kontakt gebracht. *Hilfstreibstoff* für elektr. Kraftanlagen. (**E. P. 900 453** vom 13/7. 1960, ausg. 4/7. 1962. A. Prior. 16/7. 1959.) E. Kahles 8211

*2747* Labofina Soc. An., Brüssel, Belgien (Erfinder: Thierry Ghislain Marc de Menten de Horne und Joseph Eugène Marcel Maréchal), **Katalytische Behandlung von Gasöl,** das einen höheren Fließpunkt als 0° F u. eine Viscosität < 10 cSt. bei 100° F hat. Das Gasöl wird bei 400—450° F u. 5—100 kg/cm², einer Raumströmungs-Geschw. von 0,5—10 u. einem $H_2$-Gasrücklauf von 15 (Mol) $H_2$/l Gasöl mit einem Katalysator in Kontakt gebracht, der aus Oxiden der Metalle der VI. u. VIII. Gruppe des Period. Syst. auf einem Kieselsäure–Tonerde-Träger besteht u. einen $SiO_2$-Geh. < 40 Gew.-% aufweist. (**E. P. 902 437** vom 27/8. 1958, ausg. 1/8. 1962.) E. Kahles 8213

*2748* British Petroleum Co. Ltd., London, Kenneth John MacKenzie und Eric Lewis Howe, Sunbury-on-Thames, England, **Gasturbinentreibstoff,** bestehend aus einer fl. Erdölrückstandsfraktion u. einem geringeren Anteil einer fl. Kohlenteerfraktion. (**E. P. 896 470** vom 24/6. 1959, ausg. 16/5. 1962.) E. Kahles 8213

*2749* Koppers Co., Inc., Del., übert. von: Kurt B. Bonstedt, Pittsburgh, Pa., V.St.A., **Herstellung von Trikresylphosphat** (I), dad. gek., daß man handelsübliche Kresylsäure (II, Mischung aus isomeren Kresolen u. Homologen) mit $POCl_3$, beide wasserfrei, im Mol-Verhältnis von mindestens 3 : 1 mischt, die Mischung in Ggw. eines Kondens.-Katalysators (Al-, Fe-, Cr-, Ti-, Sn-, Sb-, Zn- oder Mg-Chlorid), z. B. auf > 200°, erhitzt, so daß ca. 90—96% der Kresylsäure umgesetzt werden, der Mischung 3—12% II (auf ursprüngliche II bezogen) zusetzt u. weitererhitzt. Man mischt z. B. 1545 (kg) II, „E.G. grade", mit 7,7 $AlCl_3$-Pulver, setzt der Mischung 710 $POCl_3$ zu, erhitzt auf ca. 60—80°, so daß HCl-Gas entsteht, kühlt den Gasstrom erst mit W. u. dann bei —10 bis —30°, so daß II u. $POCl_3$ zurückfließen u. im Gesamtprozeß 506 kg HCl gewonnen werden, erhitzt gradweise weiter, so daß bei 210—220° eine 95%ig. Rk. erfolgt (aus der HCl-Menge berechnet), setzt 77 l II zu, bringt die Mischung (1834 kg) nach ca. 6std. Rk. in eine Vakuumblase, dest. ca. 80 l II (Rest) bei 25 mm Hg-Druck ab, senkt den Druck auf ca. 2 mmHg, erhöht die Temp. auf den Kp. der Mischung, gewinnt bei 238° 240 l (Fraktion 1), dann bei 244° 1400 l (Hauptfraktion, die man bei 100—120° mit Aktivkohle [„Nuchar"] reinigt u. speichert) u. zuletzt bei 246° (in der Blase 290°) ca. 80 l (Fraktion 3), führt die Fraktionen 1 u. 3 zu einer späteren Dest.-Stufe zurück u. ggf. die Fraktion 1 der 2. Stufe der Rk. zu. — Zusatz zu *Brennstoffölen.* — Tabellen für Katalysator ($AlCl_3$)-Mengen, Ausbeuten nach 1 bzw. 2 Std., Zeiten für 100%ig. Rk., Endtemp. sowie $KMnO_4$-Test, SZ., Wassergeh., Farbe u. Geruch nach den ASTM-Standardmethoden. (**A. P. 2870192** vom 30/12. 1957, ausg. 20/1. 1959.) G. Vogel 8217

*2750* Röhm & Haas G. m. b. H., Darmstadt (Erfinder: Otto Hitzler, Darmstadt, und Ernst Koch, Fraisa über Darmstadt), **Herstellung von die Eigenschaften von Schmier- und Hydraulikölen verbessernden öllöslichen Produkten auf Basis von Polymerisaten** höherer $C_{8-20}$-Acryl- u./oder Methacrylsäureester (I), die aus weiteren Comonomeren aufgebaut sein können, dad. gek., daß die genannten (Misch-)Polymerisate mit Phosphorsulfiden (II) u. anschließend mit $NH_3$ oder einer organ. Base umgesetzt werden. Die Mischpolymerisate können bis zu 20% aus Nitril- u./oder Amino- u./oder Amidostickstoff enthaltenden Acryl- u./oder Methacryl-Verbb. bzw. aus Substitutions-Prodd. dieser Verbb. aufgebaut sein, z. B. deren Amide, Nitrile oder Ester der (Meth-) Acrylsäure mit Aminoalkoholen. An Stelle von II können die Phosphorchloride, $POCl_3$, $PSCl_3$ (Chlor-) Thiophosphorsäureester oder deren Gemische treten. Die Neutralisation des Endprod. erfolgt zweckmäßig mit Äthanolamin. (**D. A. S. 1 099 167** Kl. 39c vom 6/8. 1959, ausg. 9/2. 1961.) H. Schindler 8221

*2751* Esso Research and Engineering Co., Del., übert. von: Rosemary O'Halloran, Union, N.J., V.St.A., **Mineralschmieröle** enthalten als Hochdruckzusatz 6—10 (Gew.-%) eines Ca-Mischsalzes aus 5—10 Moll. Ca-Acetat u. 1 Mol. Ca-Salz von $C_{8-12}$-Fettsäuren sowie 2—6 sulfuriertes gecracktes Petrolatum (I) (S-Geh. 35 bis 45 Gew.-%). — Beispiel: Zu 95,2 einer Mischung aus 4,46 Eisessig, 1,18 „Welcolin-Säure" (Gemisch aus 28 Capryl-, 56 Caprin- u. 16 Laurinsäure), 3,3 $Ca(OH)_2$, 90,93 Mineralöl u. 0,13 Phenyl-α-naphthylamin gibt man 4,8 I mit 42 S-Gehalt. (**A. P. 3 007 870** vom 31/12. 1958, ausg. 7/11. 1961.) E. Drews 8221

*2752* Monsanto Chemical Co., St. Louis, Mo. (Erfinder: Joseph Edward Fields, Dayton, Ohio), V.St.A., **Zusätze zu Mineralschmierölen, Brennstoffölen und anderen Kohlenwasserstoffgemischen aus Mineralölen** bestehen aus Mischpolymerisaten (Molgew. 500—150000), die aus äquimol. Anteilen von Äthylen-1.2-dicarbonsäure oder -anhydrid u. einem α-Olefin (bis zu 8 C-Atome), einschließlich von ungesätt. Äthern u. Estern, gebildet sind, bei denen ein Teil der COOH-Gruppen mit geradkettigen Alkoholen oder Aminen mit 10—20 C-Atomen umgesetzt ist u. der Rest der COOH-Gruppen des Mischpolymerisates mit einer Verb. der Formel $(R_1)(R_2)N{-}R_3Y$, worin $R_1$ u. $R_2$ aliphat. KW-Stoff-Reste mit 1—4 C-Atomen oder einen Cyclohexylrest bedeuten, $R_3$ einen aliphat. KW-Stoffrest mit 2—4 C-Atomen darstellt u. Y für $-OH$, $-NH_2$ oder $-NH(R_4)$ steht, wobei $R_4$ ein aliphat. KW-Stoff-Rest mit 1—4 C-Atomen oder $(R_1)(R_2)\cdot N\cdot(R_3)\cdot NH-$ ist, wobei $R_1$, $R_2$ u. $R_3$ die obige Bedeutung haben, umgesetzt ist. Die Zusätze verleihen den Ölen besondere Reingungs- u. Dispergierwrkg. u. erhöhen deren Farbstabilität, Oxydationsfestigkeit, bewirken eine Senkung des Gießpunktes u. verbessern den Viscositätsindex. (**D. A. S. 1 145 289** Kl. 23b vom 26/6. 1959, ausg. 14/3. 1963. A. Prior. 26/6. 1958.) P. Unger 8221

*2753* Standard Oil Co., Cleveland, übert. von: Ernest C. Milberger, Maple Heights, Ohio, V.St.A., **Wasserfestes Schmiermittel** aus einem Mineralschmieröl mit Schmiermittelviscosität als Hauptbestandteil, $\leqq$ 8% eines $SiO_2$-Aerogel-Verdickers, der dem Schmiermittel fettähnliche Konsistenz verleiht u. hergestellt wird aus einer wss., $<$ 8% Silicat (berechnet als $SiO_2$) enthaltenden Lsg.; dieses Aerogel soll folgende Eigg. haben: pH 2,5—5 (4 g in 100 g W.); sek. Agglomerat-Partikelgröße vor dem Mischen mit dem Öl 1—6 μ, nach dem Mischen $\leqq$ 0,25 μ; 93—96% $SiO_2$-Geh.; 0,5—4% Geh. an flüchtigen Bestandteilen (nach ½ std. Erhitzen bei 800°). — Abbildungen. (**Can. P. 569 168** vom 13/8. 1952, ausg. 20/1. 1959. A. Prior. 12/9. 1951.) H.-J. Nitzschke 8223

*2754* Shell Internationale Research Mij. N. V., Den Haag, Niederlande (Erfinder: Gerard Paul Caruso, New Orleans, La., V.St.A.), **Verfahren zur Herstellung von mit Ton gelierten Schmierfetten,** dad. gek., daß man zu der vorgeformten, den Ton u. das oberflächenakt. Mittel enthaltenden Schmierfettmischung, welche nicht mehr als 5 (Gew.-%) W. enthält, noch 0,25—1 öllösl. Aminoamide zusetzt, die durch Rk. von im wesentlichen gesätt. Fettsäuren mit 10—13 C-Atomen mit einem Polyäthylenpolyamingemisch aus 20—80 Polyaminen mit 2—3 N-Atomen u. dem restlichen Anteil an Polyäthylenpolyaminen eines durchschnittlichen Molgew. von 200—500 im Verhältnis von 0,3 bis 0,6 Äquivalenten Fettsäure pro Äquivalent des genannten Polyamingemisches erhalten worden sind, u. daß man ggf. außerdem noch solche öllösl. Aminoamide zusetzt, die sich von Fettsäuren mit 14—22 C-Atomen ableiten, wobei vorzugsweise mindestens 50 dieser Säuren mindestens eine Doppelbindung im Mol. aufweisen. (**D. A. S. 1 148 685** Kl. 23c vom 16/2. 1961, ausg. 16/5. 1963. A. Prior. 18/2. 1960. **A. P. 3 006 848** vom 18/2. 1960, ausg. 31/10. 1961.) E. Drews 8223

*2755* Farbenfabriken Bayer Akt.-Ges., Leverkusen (Erfinder: Elmar-Manfred Horn, Aachen, und Konrad Lang, Leverkusen), **N-substituierte Borazole** erhält man durch Rk. von Borazanen (I) der allg. Formel $R'_3N \rightarrow BH_3$ mit prim. Aminen der allg. Formel $R{-}NH_2$, bes. im Mol-Verhältnis 1 : 1 bei Temp. zwischen der Zers.-Temp. der I u. der herstellbaren Borazole (R = Alkyl, Cycloalkyl, Aryl; R' = H oder R). — Zu 115 g N-Triäthylborazan tropft man bei 120° 99 g Cyclohexylamin unter Schutzgasatmosphäre u. dest. während 1½ Std. das Triäthylamin ab. Man erhält als Rückstand *N.N'.N''-Tricyclohexyl-B.B'.B''-trihydrogenborazol,* weißer Feststoff, F. 98°. Analog erhält man *N.N'.N''-Tridodecyl-B.B'.B''-trihydrogenborazol,* gelbliche viscose Fl., Ausbeute 93,5%. — *Zusätze zu Treibstoffen u. Schmiermitteln, Zwischenprodd. für Neutronenabsorber.* (**D. A. S. 1 150 980** Kl. 12o vom 29/4. 1961, ausg. 4/7. 1963.) A. Jahn 8223

*2756* Hydromécanique et Frottement Sulfinuzation, Loire, Frankreich, **Antifriktionsmittel** aus $MoS_2$, einem synthet. Harz (z. B. Araldit) u. einem härtend wirkenden Mittel (z. B. „Härter 901 Saint-Gobain"). (**F. P. 1 179 087** vom 18/7. 1957, ausg. 20/5. 1959.) T. Oppermann 8223

*2757* Egisto Comoda, Rom, Italien, **Färben von Asphalt, Teer oder Pech.** Man mischt bei 30—220° 5—60% Oxide des Cr, Pb u./oder Ba ein. (**It. P. 558 133** vom 31/8. 1956.) K. Koebke 8229

*2758* Ugo Somigliana, Como, Italien, **Kennzeichnen von Fahrbahnen für Kraftfahrzeuge.** Man verwendet eine Mischung aus einer plast. u. klebenden Komponente [Polychlorparaffin (I) mit 70% gebundenem Cl, ggf. Zusatz von I mit 40% gebundenem Cl als Weichmacher] u. wenigstens einer elastomeren Komponente (Butadienmischpolymere), wobei die beiden Bestandteile als Molekülaggregate oder als feste Lsg. vorliegen. Die plast. Komponente u. die elastomere Komponente sollen bes. im Verhältnis 3 : 2 vorliegen. Füll- u. Farbstoffe können beigemischt werden. (**It. P. 551 808** vom 17/9. 1955.) K. Koebke 8237

## H20. Schieß- und Sprengstoffe, Zündmittel

*2759* **Erfahrungen bei der Vernichtung alter Kampfstoffmunition.** Siegfried Scholz. (Explosivstoffe **11,** 159—63, 181—84, 1963; Sonthofen; dt.) — Wegen des niedrigen Kp. von *Phosgen* sind die Arbeiten im Winter (Januar) auszuführen. Arbeitskräfte sollen Wind stets im Rücken haben; Wasserschläuche zum Niederschlagen ausbrechenden Phosgens sind bereit zu halten; Windrichtung ist ständig zu beobachten. Gasmasken sollen schmerzfrei sitzen; auf häufigen Bekleidungswechsel ist zu achten. Auf Mangel an Kenntnissen bzgl. Kampfstoffvergiftungen bei Ärzten u. Sanitätspersonal wird hingewiesen. — In Glasflaschen befindliches *Clark I* u. *II* wurde in Eisenfässer einbetoniert u. im Atlantik versenkt. Geschosse, die nicht unter Druck stehendes *Clop* enthalten, wurden aufgebohrt u. in alkohol. NaOH eingesetzt. Heftige Rk. erfordert Abdeckung der Fässer. Phosgengranaten enthielten *Pikrinsäure*-Ladung (25 g) zur Aufsprengung der Mundlochbuchsen. Die Lsg. der Pikrinsäure mit Bzl. ist zu zeitraubend; daher ist Ausbohren des Sprengstoffs unter warmer NaOH notwendig. Zur Vernichtung des Phosgens kommen die Geschosse in mit $NaOH/Ca(OH)_2$-Lsg. gefüllte Wannen u. werden unter der Lauge aufgestanzt. Ein Teil des Kampfstoffs wurde aufgenommen, der Rest in Rieseltürmen abgesaugt, die mit drei Lagen $NaOH/Ca(OH)_2$-benetzter Raschig-Ringe beschickt waren. Dort kam es zur völligen Vernichtung des Phosgens. K. Bencker 8290◇

*2760* **Empfindlichkeit von Ozon–Sauerstoff-Lösungen gegenüber dem Druckimpuls.** S. B. Bassyrow und A. W. Pankratow. (Chem. Ind. [UdSSR] **1962**, 174–75; russ.) — Es wird untersucht, welche Druckimpulse erforderlich sind, um bei verschiedenen $O_3$-Geh. in einer Lsg. von $O_3$ in $O_2$ *Detonation* zu erzeugen. Bei Lsgg. mit $<29{,}5$ u. $>68{,}5\%$ $O_3$ nimmt der zur Detonation erforderliche „reflektierte Druck" $P_r$ mit der $O_3$-Konz. (C%) von 100 at bei C = 20 auf 10 at bei C = 80 ab. Als empir. Gleichung gilt $P_3 = 173 \exp(-0{,}0382\ C)$. Die Lsgg. mit C = 29,5–68,5 sind instabil u. zeigen Entmischung. Die Empfindlichkeit der Lsgg. gegenüber Druckimpulsen ist ihrem Zündpunkt direkt proportional. Zum Vgl. wird festgestellt, daß bei Nitroglycerin $P_3 = 96$, bei Oxyliquit $P_r = 82$ atü ist. R. K. Müller 8294◇

*2761* **Über die rheologischen und anderen Eigenschaften der Suspensionen von Hexogen in geschmolzenem Trinitrotoluol.** H.-W. Koch und H. Freiwald. (Explosivstoffe **9**, 221–33, 247–55, 1961; St. Louis, Dt.-franz. Forschungsinst.; dt.) — Die für die Gießfähigkeit von Hexogen–TNT-Gemischen bedeutsamen koll.-chem. Eigg., wie Viscosität, Entmischung usw., werden im Zusammenhang mit der Kornbeschaffenheit des Hexogens (Größe, Form, Oberfläche u. Verteilung) eingehend untersucht. Die Messungen werden an Einkorngemengen (Siebfraktionen) u. polydispersen, techn. Hexogensorten sowie an Zweikorngemengen (Kornverteilung mit Ausfallkörnung) durchgeführt. Unter Zugrundelegen des Einsteinschen Viscositätsgesetzes wird für die Suspensionen eine neue Viscositätsgleichung abgeleitet, die die experimentellen Ergebnisse gut wiedergibt. Wie die Viscositätsmessungen zeigen, sollte das Hexogen zur Erzielung einer großen Wrkg. folgende Korn-Eigg. besitzen: Breite Kornverteilung, möglichst mit einer Ausfallkörnung in einem mittleren Bereich; isometr. u. abgerundete Kornform; geringe Oberflächenrauhigkeit; keine Neigung zu Kristallzwillings-Bldg.; eine mittlere Korngröße zwischen 150 u. 250 $\mu$. Bei gröberer Körnung (ca. 350 $\mu$) tritt bis zu einer Konz. von 50 Gew.-% Hexogen während des Gießens u. Erstarrens Entmischung ein. Die Ergebnisse werden bzgl. des Zusammenhangs zwischen explosiven Eigg. u. physikal. Zustand diskutiert. H. Pförtner 8304◇

*2762* **Neue Beobachtungen an Explosionserscheinungen durch Farbphotographie mit Belichtungszeiten kürzer als Mikrosekunden.** Morton Sultanoff und Robert L. Jameson. (J. SMPTE [Soc. Motion Picture Televis. Engr.] **69**, 113–15, 1960; Aberdeen Proving Ground, Md., Ballistic Res. Labor.; engl.) — Durch mangelnde Schwarz–Weiß-Kontraste ungeklärte Explosionserscheinungen können durch Farbkontraste sichtbar gemacht werden. Ultrakurze Rk.-Zeiten erfordern bes. Aufnahme- u. Auswertungstechniken: Beckman & Whitley-Kamera für 25 Aufnahmen, Belichtungszeit 0,12 $\mu$s, u. Super Anscochrome Tageslichtfilm, 100 ASA, 30 Min. Erstentw., 36 Min. Color-Entw., sonst nach Vorschrift. 2 Proben 50/50 Pentolit werden einander gegenüber aufgestellt u. die herausragenden Enden mit Druckschilden umgeben. Vor der Rk. interessierende Oberflächen werden beleuchtet durch im Winkel von 45° angebrachte Explosionsblitzbomben. Diese enthalten eine Sprengladung in einem Ar-gefüllten Al-Reflektor. Als Hintergrund bewährte sich ein Schirm aus rotem Fluorescenzpapier („Velva-Glo", Norco Mfg. Co.). Bei der elektr. Zündung der einen Probe entsteht eine mit der chem. Rk. einhergehende, stark leuchtende Druckwelle, bei deren Auftreffen auf die 2. Probe eine Verzögerung der Explosion von 0–50 $\mu$s auftritt. Der der Sekundärexplosion vorausgehende Stoß in der 2. Probe wird im Farbbild sichtbar. Bei Übertragung der Originale auf 16-mm-Film, wobei man zweckmäßig von jedem Original 2 Bilder fertigt, erhält man bei Projektion den Explosionsvorgang in Zeitlupe. K. Bencker 8320◇

---

*2763* Nitrochemie G. m. b. H., München (Erfinder: Helmuth Nolte, Aschau-Kemating, Josef Perschina, Ampfing, Theodor Netzer, Pöcking, und Heinz-Werner Hiemisch, Waldkraiburg), **Herstellung isolierter Treibsätze,** dad. gek., daß in die bodenverschlossene Form ein thermoplast. verformbares Isoliermaterial, bes. in Form dünner Platten, dann das Treibpulver in Granulat-, Pulver- oder Zuschnittform u. ggf. eine weitere Schicht Isoliermaterial eingefüllt u. die Füllung unter Druck (20 bis 50 atü) u. bei 60–90° ca. 10 Std. verpreßt wird. (**D. A. S. 1 149 655** Kl. 78d vom 25/8. 1961, ausg. 30/5. 1963.) A. Gradl 8311

*2764* Lohr A. Burkhardt, William G. Finnegan und Rex L. Smith, China Lake, Calif., V.St.A., **Rauchsatz,** bestehend aus J-haltigem Oxydator, wie Jodsäure, -pentoxid, $AgJO_3$, $HgJO_3$, $Pb(JO_3)_2$ im Gemisch mit 10–30% Al, Mg, Ti, B, Zr u. deren Hydride, Polyvinyltetrazole, niedermol. alkylsubstituierte Polyvinyltetrazole u. Mischungen davon. Als Binder kommen Polyurethane, Polysulfide, Epoxyharze, Gummi arabicum u. Mischungen davon in Betracht. (**A. P. 3 046 168** vom 16/10. 1958, ausg. 24/7. 1962.) A. Gradl 8313

*2765* Bölkow-Entwicklungen K. G., Ottobrunn, und Franz Rudolf Thomanek, Sandizell (Erfinder: Franz Rudolf Thomanek), **Hohlladung** mit sek. Nachwirkung, dad. gek., daß die Auskleidung so aufgebaut ist, daß die Grenzfläche zwischen dem späteren Stachel- u. Bolzenmaterial gleichzeitig die Grenzfläche von panzerbrechendem u. nachwirkendem Material ist u. daß das nachwirkende Material aus einem oder mehreren Stoffen besteht, die mit dem Luftsauerstoff unter Vol.-Vergrößerung explosionsartig reagieren. — 4 Zeichnungen. (**D. A. S. 1 136 920** Kl. 78e vom 19/3. 1960, ausg. 20/9. 1962.) A. Gradl 8305

## $H_{21}$. Leder, Gerbstoffe

*2766* **Über den Einfluß von Reduktionsmitteln auf die Struktur des Kollagens.** A. L. Zaides und A. N. Mikhailov. (Rev. techn. Ind. Cuir **55**, 143–50, 1963; Moskau, Zentralinst. der wiss. Unters. von Leder u. Schuhwerk; franz.) — Frische Kalbshaut mit Red.-Mitteln, wie $Na_2SO_3$ u. $Na_2S_2O_4$, in steigenden Konzz. u. Zeiten behandelt u. nachfolgend mit Citratpuffer-Lsg. extrahiert, zeigt elektronenmkr. eine strukturelle Zerstörung der äußeren Kollagenschicht, kenntlich im Verschwinden der typ. Transversalstreifen u. Freilegen der inneren Collastrominschicht. Vermutlich bewirken die Red.-Mittel den Bruch transversaler Bindungen des Kollagens mit Polysaccharidkomponenten. A. Beuther 8334◇

*2767* **Schnellgerbung E. I. (ostindischer) Häute und Felle.** R. Selvarangan, I. M. Patel und Y. Nayudamma. (Leather Sci. [Madras, India] **10**, 175–78, 1963; engl.) — Systemat. Unters. des bisher gebräuchlichen, 35–45 Tage dauernden Gerbverf. führte zu einem Rapidprozeß von ca. 8–15 Tagen. Für die Einarbeitung von Häuten u. Fellen wird je eine Rezeptur angeführt. F. Schade 8336◇

*2768* **Pigmentfarben ohne Binder für die Zurichtung von Leder.** R. Schubert. (Rev. techn. Ind. Cuir **55**, 165–66, 1963; Ludwigshafen/Rh.; franz.) — Für die Atlaszurichtung von Leder werden Pigmentfarben von großer Deckkraft u. Vielseitigkeit empfohlen, die ohne Casein u. ohne Binder verwendet werden. Die BASF bringt sie unter dem Namen *Lipton-Farben* auf den Markt. A. Beuther 8338◇

*2769* **Zusammenhänge zwischen Nachgerbung und Echtheitseigenschaften der Lederzurichtung.** Kurt Eitel. (Bayer Farben-Rev. **1963**, 49–61; Leverkusen, Farbenfabriken Bayer; dt.) — Die Zusammenhänge zwischen Nachgerbung u. Echtheits-Eigg. des fertig zugerichteten Leders werden ausführlich diskutiert. In diesem Zusammenhang werden zunächst die Bedeutung der Fettung für die Zurichtung besprochen u. anschließend die Echtheits-Eigg. verschieden nachgegerbter u. mit weichen u. harten Butadien- bzw. Acrylatbindern zugerichteter Leder aufgezeigt. Hierbei

zeigte sich, daß die harznachgegerbten Leder die Echtheits-Eigg. des fertigen Leders bes. günstig beeinflussen.
H. G. Fröhlich 8340◇

*2770* **Komplexometrische Chrombestimmung in Chrombrühen.** S. Ananthanarayanan und D. Ramaswamy. (Leather Sci. [Madras, India] **10**, 159—61, 1963; engl.) — Es wird eine komplexometr. Titration zur Cr-Best. in Chrombrühen, die mit organ. Red.-Mitteln, wie Sägemehl, Dividivi u. a. hergestellt werden, beschrieben. Es handelt sich um eine photometr. Titration im UV-Bereich, die Mikromengen an Cr zu bestimmen gestattet. Die Fehlergrenze ist ±1,1%. Diese Meth. liefert im Vgl. zu anderen Mikrometh. Chromwerte größerer Genauigkeit.
F. Schade 8364◇

*2771* Wintershall Akt.-Ges., Celle (Erfinder: Gerhard Budan, Kassel), **Herstellung von Häutesalz.** Konz., bes. gesätt. Lsg. von (Alkali-) Salzen solcher Anionen, die schwerer lösl. Salze als $CaSO_4$ bilden, wie Carbonate, Fluoride, Phosphate, u./oder konz. Lsg. von Alkalien (NaOH) u./oder konz. Soda-Lsg. werden in an sich bekannten Mischapp. auf gemahlenes Steinsalz aufgesprüht, wobei die Konz. des aufgebrachten Salzes 0,1 bis unter 2,5%, bes. 0,1—1% (bezogen auf Steinsalz), betragen soll. — Netzmittel, wie Hydroxystearinsulfat, können mit aufgesprüht werden. (**D. A. S. 1 149 487** Kl. 28a vom 26/11. 1958, ausg. 30/5. 1963.)
H. Möllering 8335

*2772* United Shoe Machinery Corp., V.St.A. (Erfinder: Shu-Tung Tu), **Zurichten der Lederrinde auf der Fleischseite.** Zur Verbesserung der Oberflächen-Eigg. u. zur Herst. von glacélederähnlichen Prodd. unterwirft man die Lederrinde einer Nadelstichbehandlung u. überzieht sie dann mit einer fl., härtbaren, plast. Masse, um ein Erweitern oder Verschließen der kleinen kraterförmigen Löcher in der Faserstruktur der Lederrinde zu verhindern; als plast. Massen eignen sich z. B. wss. Emulsionen von Polymeren oder Mischpolymeren der Acrylsäure- oder Methacrylsäureäthyl- oder -methylester, Polyvinylalkohol, -acetat, -butyral oder -acetal oder Natur- oder Kunstkautschuklatices oder auch Lsgg. von Polyestern, Alkyd-, Epoxy- oder Polysulfidkunstharzen, Nitro- oder Acetylcellulose, Polyurethanen oder Polyamiden. So erhältliche Leder können unter Verw. üblicher wss. oder nichtwss. Mittel fertiggestellt werden, ohne daß eine Quellung, ein Verschluß der Löcher oder eine Wiederherstellung des ursprünglichen Faserzustandes erfolgt. (**F. P. 1 288 449** vom 27/4. 1961, ausg. 6/8. 1962. A. Prior. 2/5. 1960.)
W. Raetz 8341

## $H_{24}$. Photographie

*2773* **Die Abnahmegüte von Farbreproduktionen.** R. W. G. Hunt. (J. photogr. Sci. **11**, 194—98, 1963; Wealdstone, Harrow, Middlesex, Kodak Ltd., Res. Labor.; engl.) — Es werden die Bedingungen untersucht, unter denen eine *Farbreproduktion*, wie sie beim Farbfernsehen, beim farbigen Diapositiv, bei der Farbkopie, beim Halbtonfarbdruck u. bei der Zweifarbenreproduktion vorliegen, als annehmbar bezeichnet werden kann. Für die einzelnen Farbwiedergabe-Verff. werden die Faktoren diskutiert, die zu einer originalgetreuen Farbwiedergabe führen.
W. Günther 8630◇

*2774* **Untersuchungen über elektrophotographisches Papier. 3. Mitt. Einwirkung der Cyaninfarbstoffe auf die photoelektrischen Eigenschaften des Elektrofaxpapiers.** Yûji Harazaki, Haruo Hasegawa und Kiichi Kirigaya. (J. chem. Soc. Japan, ind. Chem. Sect. [Kogyo Kagaku Zassi] **66**, 188—91, 1963; Sizuoka-Motimune, Tomoegawa-Seisi; jap., Auszug: engl. S. A12.) — 2. vgl. C. **1963**, 21023. — Die photoelektr. Eigg. des *Elektrofaxpapiers* werden bei Zusatz von verschiedenen *Cyaninfarbstoffen* untersucht. Durch den Zusatz dieser Farbstoffe, die bei längeren Wellenlängen Absorptionsmaxima haben, wird im allg. eine höhere Empfindlichkeit erreicht; im Gegensatz dazu geben die Farbstoffe mit längeren Methinketten, die bei ca. 800 mμ ihr Absorptionsmaxima haben, kaum eine Empfindlichkeitserhöhung.
E. Maekawa 8642◇

*2775* **Die Stabilität des Restthiosulfats in entwickelten Mikrofilmen.** C. I. Pope. (J. Res. nat. Bur. Standards **67 C**, 15—24, 1963; engl.) — Vf. untersuchte den schädigenden Einfl. von geringen *Thiosulfat* (I)-Mengen, die nach dem Entwickeln in photograph. Schichten, speziell in *Mikrofilmen*, zurückbleiben. Es zeigte sich, daß die in der Schicht verbleibende Rest-Konz. von der Bilddichte abhängig ist. Sie steigt bis zu einer Bildschwärzung von 2,0 linear mit der Bilddichte. Das Rest-I ist in den klaren, silberfreien Bildflächen bei Raum-Temp. u. 14% relativer Feuchtigkeit bis zu 9 Monaten stabil. Steigt die Rest-Konz. an I über 10 μg/in.², so treten bei 88% relativer Feuchte schon nach 2 Wochen Zers.-Erscheinungen auf. Mit zunehmender Feuchtigkeit reagiert das I mit dem Bildsilber zu $Ag_2S$. Zur vollständigen Entfernung von $[Ag(S_2O_3)_2]^{3-}$ aus photograph. Schichten wird empfohlen, wie folgt vorzugehen: Nach dem Fixieren wird der Film 3 Min. in laufendem W. gewaschen, dann wird er 10 Min. lang in folgender Lsg. gebadet: 300 ml W., 50 ml $H_2O_2$ (30%ig), 10 ml $NH_4OH$ (28%ig), 1 g KBr u. W. auf 1000 ml. Anschließend soll der Film 2 Min. in einer 1%ig. $Na_2SO_3$-Lsg. gebadet u. zum Schluß 15 Min. lang gewässert werden.
W. Günther 8658◇

*2776* **Der Reziprozitätsfehler von solarisierenden Materialien bei verschiedenen Temperaturen.** F. Trautweiler. (J. photogr. Sci. **11**, 210—13, 1963; Zürich, ETH, Photograph. Inst.; engl.) — Direktpositivemulsionen verhalten sich als solarisierende Schichten unter vergleichbaren Bedingungen verschieden bei Langzeitbelichtung (Belichtungszeiten über 1 Sek.) u. bei Kurzzeitbelichtung (Belichtungszeiten unter $10^{-3}$ Sek.). Eine *solarisierende Emulsion* besitzt die Eig., daß die entwickelbare Schwärzung bei Belichtung mit blauem Licht geringer Intensität mit Verlängerung der Belichtungszeit abnimmt. Bei Kurzzeitbelichtung mit entsprechend hoher Intensität zeigt die Schwärzungskurve eines solchen Materials im Gebiet der Solarisation jedoch einen steilen Anstieg wie die Schwärzungskurve einer normalen Negativemulsion ohne typ. Solarisationsneigung. Der krit. Übergang von dem einen in den anderen Zustand liegt bei einer Belichtungszeit von $10^{-2}$ Sekunden. Da der Reziprozitätsfehler bei normalen Negativemulsionen von der Temp. abhängig ist, wurde die Temp.-Abhängigkeit auch von solarisierenden Schichten untersucht. — Es zeigt sich, daß bei solarisierenden Materialien durch Temp.-Erhöhung während der Belichtung im wesentlichen nur der Teil der Schwärzungskurve im Wiederanstieg beeinflußt wird. Die Temp.-Abhängigkeit des Reziprozitätsfehlers bei niedriger Intensität von solchen Emulsionen entspricht einer Aktivierungsenergie von ungefähr 0,5 eV. Der Effekt wird durch eine spontane Bldg. von Entw.-Keimen erklärt, eine Annahme, die zur Diskussion der Solarisation herangezogen werden sollte.
W. Günther 8660◇

Redaktionsschluß: 17. Januar 1964

Herausgeber: Prof. Dr. Heinrich Bertsch, Berlin, u. Prof. Dr. Dr. h. c. Wilhelm Klemm, Münster
Chefredakteure und verantwortlich für den Inhalt: Dr. Eugen Klever, Berlin 30, Geisbergstraße 39, Fernsprecher: 249541 und Prof. Dr.-Ing. Eberhard Leibnitz, Berlin N 4, Schiffbauerdamm 19, Fernsprecher: 425571
©
Verlag: Akademie-Verlag GmbH, Berlin W 8, Leipziger Str. 3—4 (Fernsprecher: 220441, Lelex-Nr. 011773, Postscheckkonto: Berlin 35021), und Verlag Chemie, GmbH, Weinheim/Bergstr. (Fernsprecher: Weinheim 3635 [Sammelnummer]; Fernschreiber: 0465516 chemieverlwhn; Postscheckkonten: Frankfurt/M. 145314 u. Berlin [West] 7430). Bestellnummer: 1007/135. Das Chemische Zentralblatt erscheint wöchentlich. Preis des Jahrganges einschl. Autoren-, Patent-, Sach- u. Formelregister: DM 1800,—; einseitig bedruckte Ausgabe: DM 2200,—. Abgabe der Zeitschrift nur mit sämtlichen Registern. Abbestellungen nur bis spätestens 6 Wochen vor Ablauf des Kalenderjahres

Satz u. Druck: VEB „Maxim Gorki", Altenburg, u. VEB Leipziger Druckhaus, Leipzig, III/18/203. III. 64
Veröffentlicht unter der Lizenznummer 1273 des Presseamtes beim Vorsitzenden des Ministerrates
Printed in Germany

FSC
www.fsc.org
MIX
Papier | Fördert gute Waldnutzung
FSC® C083411

Kolibri 360 GmbH
Ferdinand-Jühlke-Straße 7
99095 Erfurt, Deutschland
produktsicherheit@kolibri360.de